第四届青年治淮论坛论文集

上册

中国水利学会
水利部淮河水利委员会
河海大学 编

河海大学出版社
HOHAI UNIVERSITY PRESS
·南京·

图书在版编目(CIP)数据

第四届青年治淮论坛论文集／中国水利学会，水利部淮河水利委员会，河海大学编. -- 南京：河海大学出版社，2023.3
ISBN 978-7-5630-7899-8

Ⅰ.①第… Ⅱ.①中… ②水… ③河… Ⅲ.①淮河—流域治理—文集 Ⅳ.①TV882.3-53

中国国家版本馆 CIP 数据核字(2023)第 024917 号

书　　名	第四届青年治淮论坛论文集 DI-SI JIE QINGNIAN ZHIHUAI LUNTAN LUNWENJI
书　　号	ISBN 978-7-5630-7899-8
责任编辑	成　微　张心怡
文字编辑	张嘉彦　夏无双　徐小双
特约校对	徐梅芝　董春香　余　波
封面设计	徐娟娟
出版发行	河海大学出版社
地　　址	南京市西康路1号(邮编：210098)
电　　话	(025)83737852(总编室)　(025)83722833(营销部)
经　　销	江苏省新华发行集团有限公司
排　　版	南京布克文化发展有限公司
印　　刷	南京新世纪联盟印务有限公司
开　　本	889毫米×1194毫米　1/16
印　　张	103.75
字　　数	2680千字
版　　次	2023年3月第1版
印　　次	2023年3月第1次印刷
定　　价	698.00元

《第四届青年治淮论坛论文集》
编委会

主　　任：　刘冬顺　　汤鑫华　　唐洪武

副 主 任：　杨　锋　　顾　洪　　吴　剑　　郑金海　　祝云宪　　焦泰文
　　　　　　周建春　　方桂林　　王祖利　　张旭东

委　　员：　张　旸　　徐时进　　伍宛生　　王世龙　　王　强　　蔡　磊
　　　　　　吴贵勤　　李秀雯　　张立争　　王　飞　　肖建峰　　董开友
　　　　　　华伟中　　付　强　　胡续礼　　王　韧　　何　琦　　张　健
　　　　　　王从明　　马永恒　　闪　黎　　陈红雨　　姚建国　　何雪松
　　　　　　姚孝友　　姜健俊　　张卫军　　叶　阳　　赵永刚　　孙玉明
　　　　　　杨姗姗　　王锦国　　王玲玲　　王彦哲　　宋　平　　赵会香
　　　　　　陈　静　　何光明　　王春雷

主　　编：　杨　锋　　顾　洪

副 主 编：　肖建峰　　张　健　　杨姗姗　　王玲玲

执行主编：　张　健　　戴　飞

编辑人员：　柏　桢　　周慧妍　　马福正　　万燕军　　汤春辉　　郑朝纲
　　　　　　俞　晖　　张汇明　　周思佳

目 录
Contents

上册

议题一　完善流域防洪工程体系 …… 0001
无人机载激光雷达在水利测绘中的应用——以淮河流域岱山水库项目为例 …… 0003
淮河流域某泵站安全监测设计与数据分析 …… 0011
团结港闸站单向竖井贯流泵装置设计研究 …… 0016
跨区域河道堤防防洪风险综合评价方法与应用 …… 0020
浅析淮河中游开辟入江分洪道可行性 …… 0025
基于动态变权和模糊层次分析法的水闸安全评价研究 …… 0030
佛子岭大坝安全监测系统综合评价方法研究 …… 0037
小型水库洪水预警方法研究与应用 …… 0043
推进水利高质量发展背景下的淮干中游生产圩治理对策与建议 …… 0050
基于高分三号的洪涝灾害遥感监测——以2020年淮河洪水期间蒙洼蓄洪区为例 …… 0055
基于沂沭河"8·14"洪水的刘家道口枢纽分洪方案研究 …… 0062
关于治淮多水库流域洪水风险模拟研究 …… 0069
里下河地区沿海典型港闸闸下潮位特征与排涝潮型分析研究 …… 0079
对水库防洪调度方案评价指标筛选的探讨 …… 0087
滁州花山流域大气降水氢氧同位素特征分析 …… 0093
淮河流域极端气候要素空间变化规律分析 …… 0101
新阶段江苏淮河治理的几点思考 …… 0106
关于完善沙颍河流域防洪工程体系的研究 …… 0110
关于岸坡防护工程措施若干问题的思考 …… 0115
无人机搭载双光相机探测堤防渗漏试验分析 …… 0120
关于池河防洪治理的研究 …… 0126
新时期淮河流域信阳段防洪减灾体系能力提升对策 …… 0130
安徽重要行蓄洪区堤防工程设计讨论 …… 0135
受下游湖水顶托影响河道设计洪水计算研究 …… 0140
基于城市环境敏感性的暴雨灾害综合风险评价——以许昌市为例 …… 0146
驷马山滁河四级站干渠工程盾构管片拼装施工技术研究 …… 0151
浅议济宁市防洪安全保障策略 …… 0155

I

浅议洪泽湖周边滞洪区工程建设的必要性	0159
基于有限元法的悬挂式高压摆喷墙防渗性能分析研究	0163
关于完善沂沭泗防洪工程体系的思考	0170
河南省淮河模型建设展望	0174
滁州市池河防洪治理工程总体规划布局	0179
泗河流域蓄滞洪区分洪口门技术研究	0184
关于治淮完善流域防洪工程体系的研究	0189

议题二 实施国家水网重大工程 ············ 0193

南水北调工程二级坝泵站座底式流量自动监测系统应用研究	0195
弯曲河道挖入式码头工程建设对河道冲淤分布的影响分析——以周口港为例	0200
南水北调东线二期工程大型灯泡贯流泵机组轴系稳定研究	0207
南水北调东线二期工程二级坝泵站后置灯泡贯流泵装置CFD优化设计	0215
引江济淮蒙城站泵装置水力性能数值模拟研究	0221
基于MIKE HYDRO的通顺河河网水量水质模型研究	0226
泵站出水流道图元驱动参数化建模方法研究	0233
淮河流域在国家水网建设中的重要性	0238
大型泵站电气设备在线监测系统研究	0241
水利工程建设对国家湿地公园生态影响的研究	0246
关于物探法在治淮工程嶂山闸闸基承压水分布规律研究中的应用	0252
通过静力触探对某河道工程液化计算的研究	0263
静力触探在某河道治理工程中的应用研究	0271
废黄河立交工程防冲减淤模型试验研究	0277
南水北调金湖泵站贯流泵模型试验性能分析	0285
引江济淮工程（河南段）河道采砂淤积地层特征及对工程影响的研究	0292
南四湖湖西地区结构性黏土渗透特性研究	0298
北斗监测技术在响洪甸水库大坝岸坡变形中的探索与应用	0304
浅谈水下砼预制块护坡施工方法	0311
浅谈水轮机的选型设计	0317
浅析依托水利工程建设国家水利风景区	0332
驷马山分洪道切岭段渠道高边坡失稳分析	0341
淮河干流息县枢纽工程地基处理分析与研究	0347
渠系建筑物外观质量控制——引江济淮渠系建筑物外观质量提升经验交流	0352
南四湖二级坝枢纽溢流坝交通桥设计探讨	0356
关于治淮市级平原区现代水网建设的研究	0362
对霍山小水电绿色改造和现代化提升的总结分析	0367
引江济淮朱集站工程金属结构设计	0371
关于治淮有机硅对混凝土性能影响研究	0375
浅谈试验检测在水利工程中的作用	0383
生态预制块护坡在引江济淮小合分线Y003标的应用	0386

引淮供水灌溉工程息县枢纽施工导流设计	0390
某河道堤防裂缝成因分析	0394
引江济淮工程小型建筑物的设计体会	0399
基于BIM的闸墩模板在设计及施工阶段的应用	0403
治淮工程新材料应用	0408
南水北调东线调水前后输水湖泊水位变化研究	0412
浅述推动沂沭泗局直属重点工程建设高质量发展的思考	0418
2020年淮河姜唐湖行蓄洪区运用效果分析	0423
南四湖二级坝工程坝顶公路结构设计	0429
基于混凝土护栏涂料的自动喷涂装置的研究	0433
关于治淮钻孔灌注桩质量控制的关键要点研究	0436
施工场地高度受限情况下的地下连续墙的施工	0441
圆柱形钢制取水头部的设计与应用	0445
基于DInSAR技术的观音寺调蓄水库库区形变监测	0448
淮河姜唐湖进洪闸过闸流量计算分析	0455
混凝土防渗墙在杭埠河倒虹吸中的应用	0460
南水北调东线一期工程实施效果及展望	0465
盾构机选型技术在驷马山工程中应用浅析	0469
驷马山滁河四级站干渠工程盾构始发施工技术研究	0475
城区现代水网建设规划研究	0481
临淮岗洪水控制工程蓄水兴利必要性分析	0485

议题三　复苏河湖生态环境 ... 0491

沂沭泗水系沂河近70年径流变化特征及归因分析	0493
超声波测距在坡面径流监测中的试验研究	0500
淮河流域1982—2015年植被覆盖度时空动态变化特征分析	0507
湖库型生态状况评价方法研究	0515
淮河流域重要河流水资源可利用量与承载能力分析	0520
北淝河下游水环境承载能力测算研究	0526
2020—2021年淮河干流中下游四个典型断面水质分析研究	0531
中型水库工程对吻虾虎鱼影响及对策措施	0537
基于主成分分析和神经网络地下水水质空间异质性研究	0543
淮北市城市生态水系建设实践	0550
基于水土流失动态监测大别山区水源涵养功能评价	0556
淮河流域国家级水土流失重点防治区人为水土流失状况分析	0563
河南省淮河流域水土保持率远期目标值研究	0569
新时期生态河湖评价制度的应用研究——以镇江市澄湘湖为例	0575
淮河典型河流沂河生态流量管控方案研究	0583
沂水县土地利用景观格局时空变化特征	0589
淮河流域生态流量保障工作难点与对策探讨	0595

标题	页码
大别山水土保持生态功能区水土流失状况分析	0600
连云港市石梁河水库生态水位确定与保障研究	0606
基于生态流量保障的洧河上游水库供水调度研究	0613
浅析生态型护岸在青岛市河道治理中的应用	0619
骆马湖水生态环境现状及其藻类水华风险浅析	0624
临淮岗工程以上规划来水量分析研究	0629
淮河六坊堤段河道河势演变规律及趋势浅析	0634
江苏省淮河流域水系连通及水美乡村建设经验与思考	0638
巴歇尔槽量水管理系统在灌区智慧化管理中的应用	0643
多波束技术在淮河流域水下测量中的应用探析	0650
骆马湖水生态现状和修复措施研究	0657
闸坝建设对河流型湿地生态环境影响与保护对策	0664
关于六安市沣河河流生态修复的思考	0669
兴化市水源地水质现状及提升措施	0674
水面光伏发电的水生态环境问题及对策措施	0680
淮河流域国家地下水监测二期工程站网布设初探	0685
关于江苏省中小河流幸福河道建设路径的探索	0690
泰州市河湖生态水位分析与保障措施研究——以生产河为例	0694
浅谈河湖遥感影像解译工作	0699
尖岗水库面源污染物入河量调查与核算	0704
乡村振兴背景下农村黑臭水体治理问题及对策研究	0710
蚌埠市主城区淮河河道生态修复措施研究	0714
生态防洪视角下的泗河生态水系统构建研究	0719
洪泽湖滞洪区项目建设环境影响评价分析	0723
南水北调东线一期工程调水洪泽湖水位变化规律研究	0728
贾鲁河流域径流演变特征及其与降雨关系研究	0731
风电项目水土保持违法违规行为分析研究——以休宁县马金岭风电场项目为例	0738
淮河流域水土流失动态监测现状与思考	0744
基于水生态和人居环境维护的小流域工程建设——以金安区横塘岗小流域为例	0748
沭河左堤邵店段护堤护岸林更新面临的问题与解决方法	0752
平原地区陆面过程模式下的水文模拟研究	0757
天公河连通工程对水环境的改善作用研究	0762
关于淮河流域生态流量监测研究	0768
生态护坡在灌区渠道应用成效评价指标体系与评价方法	0775
淮河流域水利工程管理与水生态文明建设探讨	0781
河南省淮河流域白蚁危害现状及防治思路探讨	0785
浅谈环保绞吸式挖泥船在河湖治理中的应用	0789
骆马湖东堤生态修复工程实践	0794
水利工程建设对生态环境的影响	0797
淮河蚌埠市主城区段河道治理与生态景观设计的融合	0802

淮河流域水系连通及水美乡村建设有关思考 ………………………………………………… 0807
淮河水环境治理问题与改进措施 …………………………………………………………… 0811
一种用于河湖生态环境修复的护坡形式 …………………………………………………… 0816
关于明湖幸福河湖建设的研究 ……………………………………………………………… 0820

下册

议题四　推进数字孪生淮河建设 ………………………………………………………… 0825

数字孪生袁湾水库关键技术研究及应用 …………………………………………………… 0827
淮河中游水文水动力学耦合模型研究及应用 ……………………………………………… 0832
基于机载 LiDAR 点云的建筑物信息提取研究 …………………………………………… 0839
航拍建模技术在农饮业务中的应用研究 …………………………………………………… 0846
洪水退水预报方法研究 ……………………………………………………………………… 0854
数字孪生淮河底板数据 DEM 的生产方法研究 …………………………………………… 0860
淮河洪水预报调度一体化建设技术研究及实践 …………………………………………… 0864
基于三维可视化和数值模拟的地下水资源研究 …………………………………………… 0870
感潮河段工程建设数值模拟 ………………………………………………………………… 0876
智慧水利建设背景下的淮河流域生态流量管理工作探讨 ………………………………… 0884
蚌埠市主城区淮河河道生态修复工程对水文站水文监测影响评价 ……………………… 0889
数字孪生淮河建设及技术浅析 ……………………………………………………………… 0894
浅析数字孪生淮河水资源管理和调配智能应用系统建设需求 …………………………… 0900
无人机遥感技术在智慧水利中的应用研究 ………………………………………………… 0904
浅谈数字孪生淮河蚌埠—浮山段工程总体设计方案 ……………………………………… 0910
加强信息化系统建设,助力水土保持高质量发展 ………………………………………… 0916
基于 GeoStation 的水利工程三维地质建模探究 ………………………………………… 0921
浅谈建设工程对水文站水文监测影响论证 ………………………………………………… 0927
实景三维技术在"智慧淮河"中的应用探讨 ………………………………………………… 0932
机载 LiDAR 测量技术在淮河流域水文大数据采集中的应用 …………………………… 0937
关于治淮数字化风险及其应对的研究 ……………………………………………………… 0943
连云港市智慧水利建设存在问题及提升措施 ……………………………………………… 0948
江风口分洪闸危险源辨识与安全风险分级管控探讨 ……………………………………… 0953
建设数字孪生流域、提升济宁"四预"能力 ………………………………………………… 0958
淮河流域水土流失动态监测数据类型及其特点 …………………………………………… 0962
关于淮河流域蓄滞洪区预警信息系统建设的研究 ………………………………………… 0968
基于数字高程模型(DEM)的洪泽湖库容分析研究 ……………………………………… 0973
水利高质量发展背景下泗河流域信息化分析探讨 ………………………………………… 0976
"数字沙颍河"信息管理平台建设的初步设想 ……………………………………………… 0980
出山店水库数字孪生平台建设的研究 ……………………………………………………… 0985
高质量发展背景下流域数字孪生建设的思考 ……………………………………………… 0989

V

议题五　建立健全节水制度政策 ………………………………………………………………… 0993
基于史密斯模型的县域节水型社会达标建设政策执行研究 ……………………………… 0995
关于治淮灌区农业节水管理研究 ………………………………………………………… 1001
洪凝街道创新零碳灌溉措施的探索与实践 ……………………………………………… 1005
基于南四湖水量刚性约束的调节计算方法探讨 ………………………………………… 1010
水权交易在盱眙县清水坝灌区实践 ……………………………………………………… 1014
安徽省农业用水定额评估 ………………………………………………………………… 1019
安徽省县域节水型社会达标建设经验总结与成效分析 ………………………………… 1026
淮河流域县域节水型社会达标实践与建议 ……………………………………………… 1031
基于灌水满足情况的再生稻种植适宜性评价——以淠史杭灌区为例 ………………… 1036
地下水浅埋条件下夏玉米蒸腾耗水规律试验研究 ……………………………………… 1042
关于火力发电老机组提高节水水平的途径探讨——以淮南市田家庵电厂为例 ……… 1049
河南省淮河流域节水布局探究 …………………………………………………………… 1052
省级节水型工业园区建设探索 …………………………………………………………… 1056
裕安区农村集中供水实施路径探索 ……………………………………………………… 1061
多目标协同的骆马湖水量调度方案研究 ………………………………………………… 1066
基于熵权法和改进层次分析模型在水库初始水权分配中的应用 ……………………… 1071
新时期治水思路下的节水型机关建设探讨——以淮委节水型机关建设为例 ………… 1077
论河流生态环境需水 ……………………………………………………………………… 1082
浅谈沂河、沭河流域水资源调度试行成效 ……………………………………………… 1086
关于六安市水资源开发利用现状与思考 ………………………………………………… 1092
浅谈六安市创建节水型社会建设的有效途径 …………………………………………… 1096
探讨优化节水法规制度提升水资源节约水平的有效策略 ……………………………… 1103

议题六　强化水利体制机制法治管理 ………………………………………………………… 1107
淮河流域农业农村水利助力乡村振兴路径初探 ………………………………………… 1109
在水利工程中推行总承包模式的认识与思考 …………………………………………… 1113
关于山区型小城镇山洪治理的思考——以随州柳林镇为例 …………………………… 1118
淮河流域河道治理情况和防洪标准复核 ………………………………………………… 1123
淮南西淝河片采煤沉陷区综合利用思路探讨 …………………………………………… 1129
河道砂石实行国有化统一开采经营模式的思考 ………………………………………… 1134
航海雷达在日照水库数字管理中的应用探讨 …………………………………………… 1138
济宁市农村人居水域环境整治问题与对策研究 ………………………………………… 1142
关于淮河流域洪泽湖水政公安联合执法新模式之探索 ………………………………… 1147
从泰州市"以水定产"落实情况浅谈水资源刚性约束制度 …………………………… 1152
关于水利工程工程总承包项目管理的探讨 ……………………………………………… 1156
浅谈政府购买服务在五莲县河湖管护中的探索与应用 ………………………………… 1163
对长江防汛抢险技术支撑工作的几点思考 ……………………………………………… 1167
"水行政执法＋检察公益诉讼"中的行政公益诉讼与民事公益诉讼分析与适用 …… 1170

安徽省淮河流域蓄滞洪区居民安置建设历程及方式比较	1174
浅析水行政处罚自由裁量权	1179
淮河干支流滩区生产圩综合治理思路探讨	1183
浅谈水利工程竣工财务决算编制	1189
防洪除涝工程涉及生态保护红线措施初探——以安徽省一般行蓄洪区建设工程为例	1194
浅析水利工程标准化管理的经验和对策	1199
山东省治淮工程财务管理突出问题及对策	1204
关于系统化推动农村供水基础设施建设的几点思考	1209
浅谈引江济淮工程档案管理工作	1212
水利工程总承包智慧管控平台研究	1216
提升基层党建活力 推动淮管事业发展	1222
水管单位安全生产标准化创建实践与思考	1225
浅谈淮河流域采砂管理可采区现场监管措施	1228
从制度建设角度浅谈水行政执法工作	1232
山东省水闸运行管理存在问题及对策研究	1236
浅谈一体化净水设备在安徽省农饮工程中的应用	1240
浅析防汛物资储备管理的现存问题及优化措施	1244
持续加强洼地治理 保障国家粮食安全	1248
新阶段水利高质量发展背景下水利施工企业人才发展探究	1252
新阶段水利高质量发展背景下治淮科技发展思考	1257
关于流域河道管理单位安全生产工作的几点体会和思考	1260
浅谈水利体制机制法治管理的"软规则"建设	1263

议题七 强化流域治理管理 1267

沙颍河阜阳闸来水条件对引江济淮工程西淝河取水口水质的影响研究	1269
基于MIKE11的淮干中游突发水污染事故模拟研究	1276
王家坝罕见持续高水位原因分析	1282
基于层次分析法的淮河流域计划用水管理评估体系构建	1287
极端天气影响下流域防洪治理对策与思考——以郑州"7·20"特大暴雨为例	1293
最低水位保障法在南四湖下级湖干旱预警水位（流量）确定工作中的应用实践	1298
新格局视野下淮河流域水利与经济社会协同发展初步思考	1302
2020年新沂河嶂山—沭阳河段行洪能力分析	1307
关于淮河流域水资源变化特征研究	1313
淮河流域省界断面水质现状及氮磷营养盐变化特征分析	1320
淮河流域行蓄洪区建设与管理对策研究	1325
关于济宁市水资源开发利用与可持续发展研究	1329
怀洪新河灌区农业灌溉退水水质影响分析	1335
浅谈无人机协同无人船在河道监测中的应用	1341
淮河流域省界和重要控制断面水资源监测现状分析与思考	1346
浅谈明光市旱情及农业灌溉供水保障规划	1350

标题	页码
茨淮新河灌区信息化综合管理平台系统框架思路浅析	1356
河南省水资源监控能力建设实施成效评估	1361
实施四水同治助推淮河生态经济带高质量发展	1365
淮河疏浚工程对洪泽湖行洪过程的影响研究	1370
推进"两手发力" 助力南四湖统一治理管理	1377
论基层"水行政+司法"河湖保护体制构建	1382
南四湖地区洙赵新河流域雨洪水资源利用研究	1386
新形势下水利基本建设项目概算与会计核算衔接关系研究	1395
倾斜摄影与贴近摄影相结合的一种三维建模方法	1401
淮河干流上游段多年径流变化分析	1405
加快建立健全节水制度政策 全面提升流域水资源集约节约利用能力	1411
淮委省界水文站水文资料整编问题分析	1415
以系统思维擘画周口现代水网蓝图——周口市现代水网规划	1418
小清河流域运行管理体制与机制研究	1423
"靓淮河"工程对治理淮河蚌埠段的研究	1428
关于洪泽湖蒋坝水位变化规律及影响因素研究	1432
联合优化调度，提升总体效益	1440
从生态水利角度探讨袁湾水库工程建设	1445
关于南四湖流域统一治理管理的思考与探索	1448
浅析淮河流域防洪规划修编的必要性	1453
基于SWOT的基层视角下智慧水利发展战略分析	1457
沂沭河直管堤防工程双重预防机制下的隐患排查管控体系	1463
PRC管桩在引江济淮小合分线Y003标工程上的应用	1469
淮河流域湖泊保护存在问题研究——以焦岗湖为例	1473
流域防洪减灾工程措施方案优选研究	1477
扎实推进山东省淮河流域治理管理重大水问题研究	1482
河湖长制下跨省河湖管理问题探讨	1486
河道内取水项目水源界定浅析	1489
基于GNSS的水汽反演技术及应用研究	1493
关于淮河流域水土保持监测站点布局的思考与建议	1500
水利施工企业安全评估研究	1504
山东省淮河流域水利工程稽察典型问题分析	1509
南四湖湖长制的济宁实践与探索	1514
关于流域治理项目建设管理体制研究	1518
河道堤防护堤换林的实践与思考	1522
VMD-LSTM组合模型在王家坝月径流预测中的应用	1525
浅谈淮河流域治理与管理	1532

议题八　淮河水文化传承与发展 … 1537

从古代诗词情景描述中解析淮河下游河道与海岸线演变及社会经济变迁 … 1539
国媒视角:从《人民日报》看洪泽湖发展转向 … 1543
江苏治淮历程与文化建设实践初探 … 1547
淮河治水重器——"分淮入沂·淮水北调"工程兴建追溯 … 1552
从宋公堤的建设看中国共产党领导人民群众治水兴水的伟大光荣传统 … 1556
神话传说视角下的淮河文化精神分析 … 1562
水文化传承视域下水利工程建筑设计探讨 … 1567
三河闸技术管理70年 … 1572
江风口局水文化建设的实践与探索 … 1577
跟随新中国脚步　感悟治淮思想升华——河南治淮历程感悟 … 1582
浅析新沂河水文化及传承 … 1586
融媒体视阈下淮河文化的传播策略探究 … 1591
挖掘治淮文化　弘扬治淮精神 … 1595
水文文化建设实践与思考 … 1599
浅析淮河水文化建设的内涵及功能价值 … 1603
试论洪泽湖形成于万历初年的必然性 … 1607
关于治淮水工程文化品位提升研究 … 1612
关于淮河水文化发展与传承的研究 … 1617
水工程在水文化传承和发展中的时代价值——以南四湖韩庄水利枢纽为例 … 1621
多维度视域下的潘季驯治水实践及思想考察 … 1625

议题一
完善流域防洪工程体系

无人机载激光雷达在水利测绘中的应用
——以淮河流域岱山水库项目为例

桂宇娟

(中水淮河规划设计研究有限公司　安徽　合肥　230601)

摘　要：机载激光雷达是新兴的综合性测绘应用系统，其激光探测及测距技术能高精度、实时、快速地获取地形表面三维空间信息和光谱信息。它整合了全球定位、惯性导航、激光测距等高新科技，在国民经济多领域被普遍应用并快速发展。无人机载激光雷达技术能够穿透一定密度的植被，获取植被覆盖下的地表点云数据，具有数据获取效率高、人工投入劳动强度低等特点，为淮河流域水利勘测工作提供断面图、地表高程点、数字高程模型(DEM)等所需基础数据。但激光雷达系统的数据处理技术还未发展成熟，各类算法都有其局限性且源代码不公开，因此数据处理有待进一步研究。本文以岱山水库为例，通过激光雷达系统获取数据，使用TerraSolid软件研究出符合淮河流域地形的点云分类算法，并最终生成数字高程模型。

关键词：机载激光雷达系统；水利测绘；点云滤波；数字高程模型

1　引言

水利测绘在现代生活以及经济发展中扮演着至关重要的角色，水利测绘成果是区域水资源分析计算、水工程安全运行、防洪调度决策的重要依据，长期以来，我国对水利测绘工作的开展十分重视[1]。

随着水利测绘技术的发展，机载激光雷达技术被成功应用于实时、高效获取地形表面三维空间信息的实践中，展现出强大的生命力，克服了全站仪、GPS、RTK等传统方法采集地表高程点的局限性，在保证精度的前提下，可以大幅度降低劳动强度，节省人力成本。

地表三维空间信息最核心的用途是生成该地区的数字高程模型(DEM)。获取DEM的传统手段主要是利用航空影像像对生成立体模型，在立体模型上采用人机交互式模式采集高程信息以得到较低分辨率DEM，内插出目标分辨率DEM。利用激光雷达点云数据可以直接得到高精度的DEM数据，解决了传统DEM生产耗时长、精度低、采集难等问题，极大地提高了DEM生产的效率和质量。

2　测区背景及数据概况

2.1　项目背景

岱山水库位于安徽省定远县池河流域七里河上，是一座以灌溉为主，兼有滞洪、水产养殖等综合作用的中型水库。坝址位于定远县岱山乡，距离定远县城30 km。七里河是池河的一条支流，发源于岱山及磨盘山，坝址以上河长13.5 km，坝址以下河道距池河6.8 km。水库流域内地形属浅山区，控制来水面积 68 km², 多年平均径流量 1 647.1 万 m³。水库始建于 1957 年, 后经 1970 年、1976 年、2001 年、2010 年四次加高培厚达到现状规模。岱山水库的防洪保护范围主要包括池河镇、滁定公路及下游沿河的农业人口和耕地。岱山水库枢纽工程主要由大坝、泄洪闸、南放水涵、北放水涵和非常溢洪道等组成。根据岱山水库除险加固工程需要, 2022 年完成了水库区 1∶500 比例尺地形图测绘。

2.2 测区情况及成果要求

水库流域内地形属浅山区, 测区海拔在 22～47 m 之间, 地形高差 35 m, 测区面积 0.943 km², 测区范围如图 1 所示。该除险加固工程需要大坝地形测量资料, 包括总体平面图、断面图、构筑物位置图, 测量图纸坝址地形图比例尺为 1∶1 000, 建筑物地形图比例尺为 1∶500。本研究需要提供 1∶500 比例尺的 DEM, 用于后续地形图绘制。

图 1　测区范围

2.3 数据获取

本项目外业数据采集选用飞马 V-10 无人机和 DV-Lidar30 机载激光雷达。为保证获取数据的精度和质量, 根据天气预报仔细制定飞行计划, 以减少天气因素造成的影像质量低、点云噪点多、精度差等影响; 兼顾测图精度要求及工作效率, 合理确定飞行航高和旁向重叠度[2]。本项目主要飞行参数如表 1。

表 1　主要飞行参数

飞行高度	200 m
旁向重叠率	64%
航向重叠率	80%
航线间距	143 m
拍照间距	53 m
默认空速	20 m/s

3 数据处理

3.1 数据预处理

无人机轨迹采用 Inertial-Explore 软件进行解算,点云解算和航带拼接利用飞马无人机管家点云后处理模块进行相应处理,机载激光雷达数据预处理流程如图 2 所示。

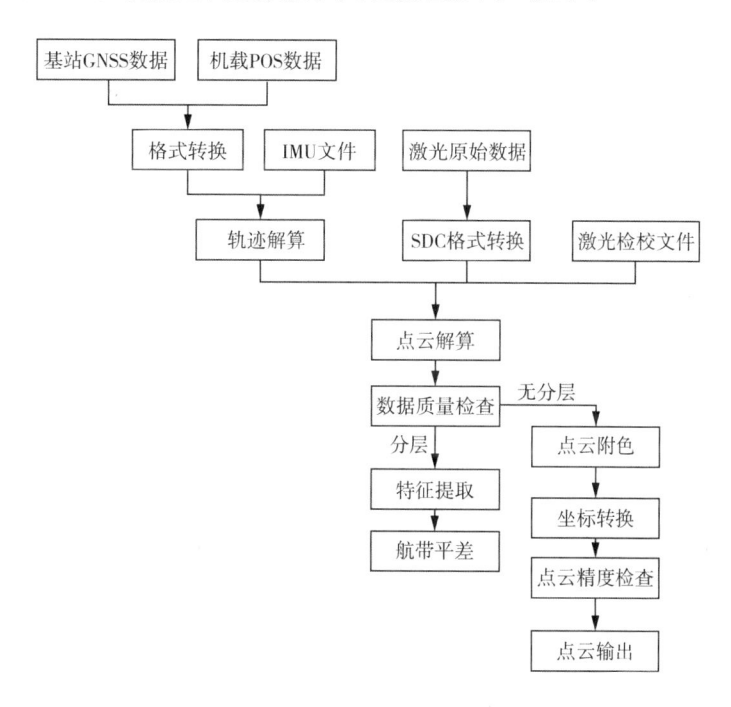

图 2 机载激光雷达数据预处理流程图

3.2 机载激光雷达数据后处理

机载雷达数据经激光点云滤波分类后,获取适宜密度的地面点三维信息制作测区的 DEM。

3.2.1 噪声去除

Cho 等人研究点云数据处理时引进了虚拟网格的概念,将每一尺度网格中最低点作为地面种子点。为了得到点云中的所有地面点,首先需要在点云中选取一些点,这些点应为地面点的概率最大,即是地面种子点[3],而高程值最低的点是地面点的可能性最大。但如下情况会导致种子点错误选取:一是由于多路径效应导致雷达系统产生的粗差低点;二是现代城市中许多低于地面的地陷点,如隧道口等(如图 3)。这些粗差低点和地陷点都有可能被作为地面种子点进行滤波,而真实的地面点被当作地物点滤除,可以统称这些点为地面种子点的噪声。

图 3 噪声点示意图

为了保证提取地面点的准确性,利用 TerraSolid 进行噪声剔除:设定固定范围的窗口,对其中心点的高程值与范围内的点的高程做比较,若中心点明显与其他点离散,则将其剔除。图 4 为 TerraSolid 软件分类噪声的算法[4]。

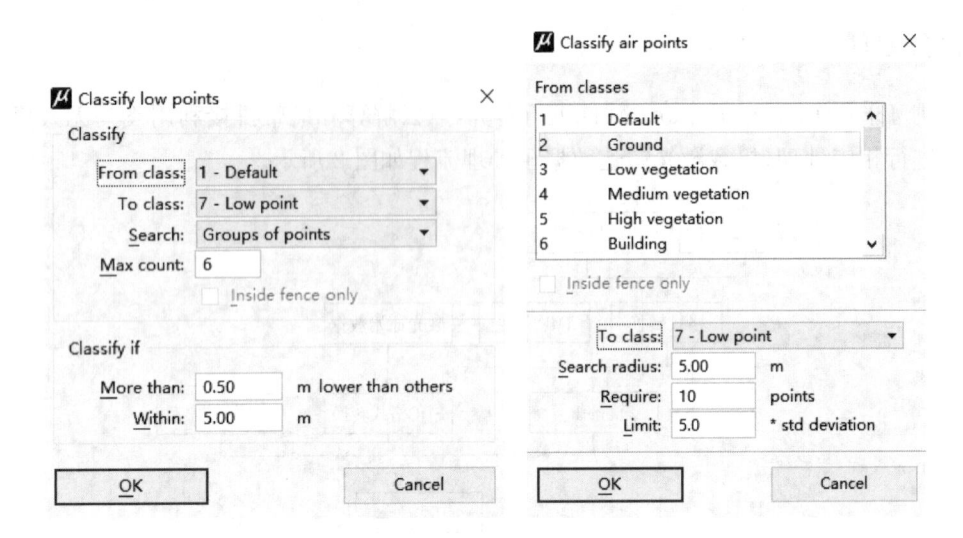

图 4　分离各种噪声点去除算法

3.2.2　点云滤波

TerraSolid 点云滤波采用不规则三角网的渐进加密算法,在利用该算法进行滤波时,参数设置会对地面点分类的结果产生重要影响。滤波参数设置如图 5 所示,滤波参数详见表 2。

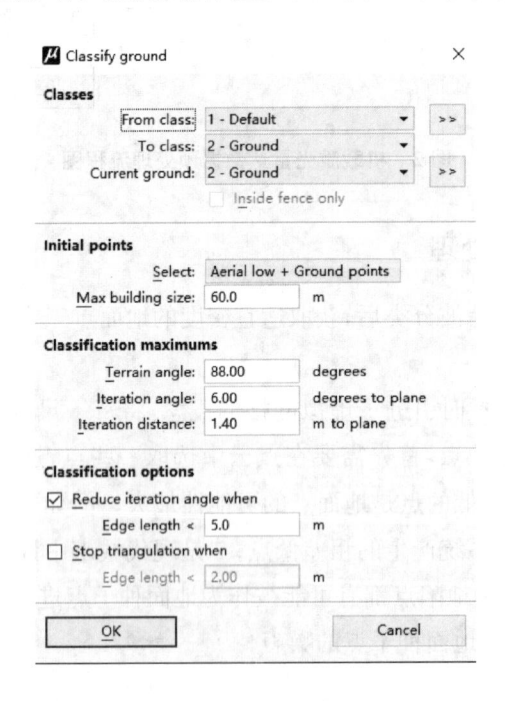

图 5　TerraSolid 滤波参数设置

表 2　重要滤波参数

参数设置	意义
Max building size	最大建筑物尺寸
Terrain angle	最大地形坡度角
Iteration angle	迭代角度,范围通常在 4.0～10.0 m 间
Iteration distance	迭代距离,范围通常在 0.5～1.5 m 间

通过实验发现,各滤波参数应根据测区地形地貌特征做如下调整:最大建筑物尺寸应在地形越复杂的山区设置越小,而在建筑物密集的城区参数调大;迭代角度是点到三角面上投影点与点到最近顶点连线的夹角,其值越小点云起伏越小,因此在山区取大值,在平坦地区取小值;迭代距离是点到三角面的最大距离,三角面过大时迭代距离可以控制迭代的起伏,迭代距离过大则低矮建筑物可能会被错分为地面点,迭代距离过小则地势陡峭的地面点可能识别不出,从而导致分类效果差,因而迭代距离应在点云密度较大时设置值稍小;最大地形坡度角在地势陡峭时参数调大,反之调小[5]。

由于本项目主要对地面点分类生成数字高程模型,在反复实验滤波参数后加入原参数的植被分类和建筑物分类算法,用如下算法对岱山水库点云数据进行分类处理:

```
FnScanClassifyClass(999,1,0)
FnScanClassifyLow(1,7,6,0.50,5.00,0)
FnScanClassifyGround("1",2,"2",1,60.0,88.00,8.00,1.20,0,5.0,0,2.0,0)
FnScanClassifyBelow("2",7,0,3.00,0.05,0)
FnScanClassifyHgtGrd(2,100.0,1,3,0.000,999.000,0)
FnScanClassifyHgtGrd(2,100.0,3,4,0.300,999.000,0)
FnScanClassifyHgtGrd(2,200.0,4,5,1,1.600,999.000,0)
FnScanClassifyBuilding(2,5,6,3,40.0,0.20,0,0)
```

其中:最大坡度角为 88°,最大建筑物尺寸为 60,迭代角度为 8,迭代距离为 1.2。点云分类成果如图 6。

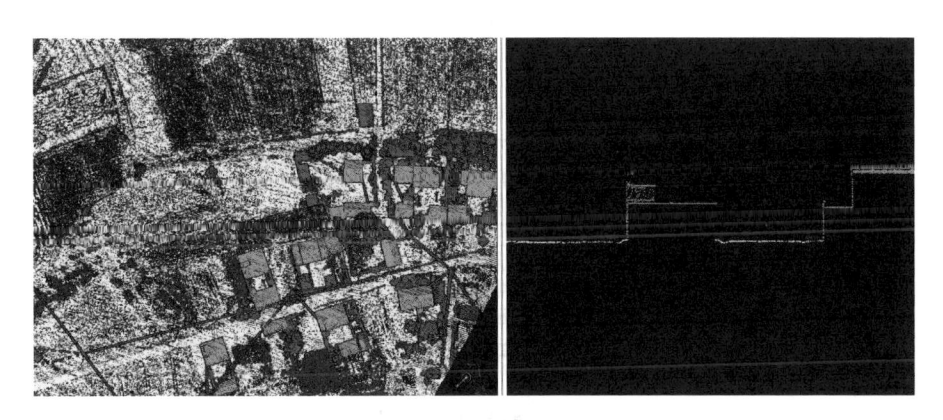

图 6　点云分类后俯视图和剖面图

3.3　生产数字高程模型

数字高程模型(DEM)是对实际地貌形态的数字模拟,是国家基础地理信息数字成果的主要组成部分。传统数字高程模型建立使用的地面点都是野外采点,优点是生成的数字高程模型精度较高,但数据采集时间远远超过机载雷达。利用点云滤波算法提取的地面点通过克里金插值法、反距离权重插值法等可快速生成数字高程模型。

3.3.1 点云插值方法

杨秋丽等人研究使用离散点云数据构建数字高程模型时,比较了克里金插值法、反距离权重法、径向基函数法和自然邻域法4种插值方法。本文选用反距离权重法。对城区点云数据而言,该方法不但可以对空间插值区域进行适当填充和平滑,且对高程最大值最小值的预测精度也很高;对山区点云数据来说,插值生成的DEM插值精度可以达到厘米级,也能很好模拟出地表自然形态[6]。

反距离权重法(inverse distance weighted,IDW)作为一种常见简便的空间插值方法,以插值点和样本点的距离为权重来加权平均,样本点和插值点的距离越近,赋予的权重越大。数学表达式如下:

$$Z = \left[\sum_{i=1}^{n}\frac{Z_i}{d_i^p}\right] \Big/ \left[\sum_{i=1}^{n}\frac{1}{d_i^p}\right] \tag{1}$$

式中:Z为待估算点云的高程值;Z_i为第$i(i=1,2,\cdots,n)$个实测已知点云的高程值;n为实测点云的个数;d_i为插值点到第i个实测点云的距离;p为距离的幂,随已知采样点到插值点距离的增大,影响作用减小,p的取值通常为1或2。

3.3.2 点云特征统计和DEM生成

插值前对点云高程数据进行分析:测区范围点云高程相差29.36 m,变幅较大,平均值与中位数相差1.866 m;峰度值小于零表明数据分布相比于正态分布峰态低平;偏度小于零表示呈负偏态。点云数据参数统计表(表3)和高程统计直方图(图7)如下。

表3 点云数据参数统计表

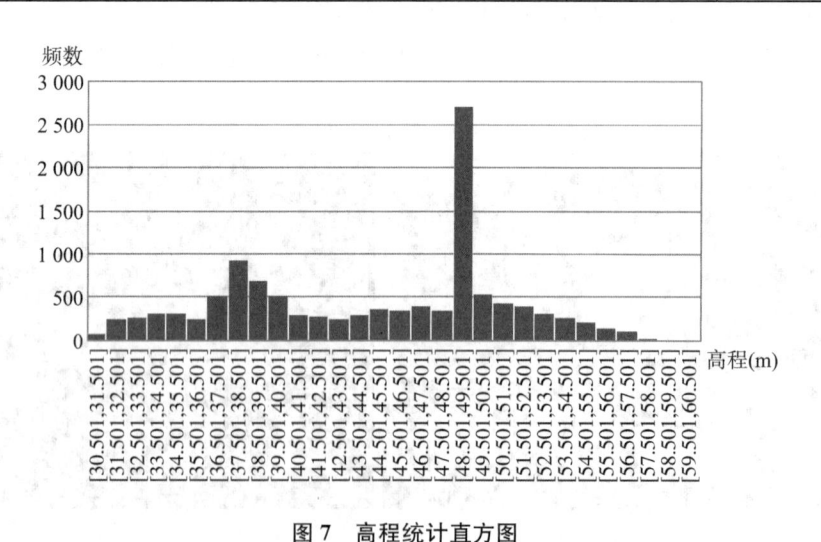

采样点数	最大高程(m)	最小高程(m)	平均高程(m)	标准差(m)	中位数(m)	峰度	偏度
12 010	59.86	30.501	44.563	6.526	46.429	−1.036	−0.217

图7 高程统计直方图

经过滤波处理后的点云数据在建筑物区域会出现空值,针对这种不连续的表面,插值时需要在网格范围的自定义过程中使网格小于最大建筑物尺寸。为了提高效率,将点云以0.25 m间距重采样,DEM插值像元的大小与点云一致,也设为0.25 m。采用反距离权重法得到的数字高程模型结果如图8。

图 8 岱山水库数字高程模型

3.3.3 点云插值精度评价

利用 ArcGIS 地统计模块下的 Create Subsets 工具，自动抽取 80% 的点云作为内插样本数据集，20% 的点云作为实测数据来验证插值精度。误差大小用实际测量高程点和插值预测高程点在同一位置的高程差异来反映。选择平均误差（mean error，ME）、均方根误差（root mean square error，RMSE）和预测吻合度（R^2）来评价 DEM 插值精度，如式(2)~式(4)。

$$ME = \frac{1}{n}\sum_{i=1}^{n}|Z_i - z_i|^2 \tag{2}$$

$$RMSE = \sqrt{\sum_{i=1}^{n}(Z_i - z_i)^2/n} \tag{3}$$

$$R^2 = 1 - \frac{\sum_{i=1}^{n}(Z_i - z_i)^2}{\sum_{i=1}^{n}(Z_i - \bar{z})^2} \tag{4}$$

式中：z_i 是采样点 i 的预测高程值；Z_i 是采样点 i 的实测高程值；n 为检验数据集的样本数；$\bar{z}$ 为所有参与计算采样点实测值的平均值。可以看出 $RMSE$ 值越小且 ME 值越接近 $RMSE$ 值时，预测高程值越接近实测高程值，说明模拟效果越好。R^2 的值越接近 1，插值精度就越高。

由表 4 可知各项精度检查指标，反距离权重法插值误差小、精度高，预测高程最大值、最小值的误差都达到了厘米级，点云高程预测值与实测间的回归直线相关系数通过 95% 的置信度检验，IDW 的预测吻合度 $R^2=0.991\ 03$，由此表明反距离权重法插值结果十分接近现实地表状态。

表 4 精度检查指标

预测高程最大值(m)	预测高程最小值(m)	平均误差(m)	均方根预测误差(m)	预测吻合度 R^2	回归函数
60.105	30.482	−0.001 80	0.130 5	0.991 03	$y=0.990\ 63x+0.969\ 28$

4 结束语

本文一改传统测绘生产方式，以淮河流域岱山水库项目为例，阐述了无人机和机载激光雷达技术生产测绘产品的优势,采用不规则三角网的渐进加密算法,利用 TerraSolid 软件进行点云处理,相较于市面上其他软件,在自动分类、去噪等方面具有明显优势,极大程度提高了数据分类准确性。采用反距离权重法构建高精度数字高程模型,在保证生产数据精度的同时极大节省了传统测量方法需投入的人力和时间,可以在测绘工作中广泛应用。

[参考文献]

[1] 王然.水利测绘中 GPS 高程拟合应用要点分析[J].大众标准化,2022(6):187-189.
[2] 张东旭.飞马无人机在 1∶500 比例尺地形图测绘中的应用[J].城市勘测,2020(3):150-152.
[3] 张皓,贾新梅,张永生,等.基于虚拟网格与改进坡度滤波算法的机载 LIDAR 数据滤波[J].测绘科学与技术学报,2009,26(3):224-227+231.
[4] 张均,孙洪斌,邵秋铭.TerraSolid 软件处理激光点云数据的研究与改进[J].测绘工程,2013,22(4):55-57+61.
[5] 邵为真,赵富燕,梁周雁.基于不规则三角网的渐进加密滤波算法研究[J].北京测绘,2016(6):17-21.
[6] 杨秋丽,魏建新,郑江华,等.离散点云构建数字高程模型的插值方法研究[J].测绘科学,2019,44(7):16-23.

[作者简介]

桂宇娟,女,生于 1998 年 6 月 5 日,职员,主要研究方向为激光雷达点云数据处理与三维建模,15256981650,3479935913@qq.com。

淮河流域某泵站安全监测设计与数据分析

孙洁莹[1]　陈　辉[2]　王一品[1]

(1. 中水淮河规划设计研究有限公司　安徽 合肥　230092
2. 安徽省水利水电勘测设计院研究总院有限公司　安徽 合肥　230088)

摘　要：安全监测是保障泵站工程安全运行的重要手段。以淮河流域某泵站为例,提出安全监测设计原则,明确水位、变形、绕渗、基础扬压力和地基反力、闸墙水土压力、泵站流量等项目的监测设施布置方式,并结合施工期沉降安全监测数据,分析施工期泵站安全,为类似工程安全监测设计与应用提供参考。

关键词：安全监测；泵站工程；监测设施；数据分析

1　工程概况

淮河流域某泵站设计调水流量为 80 m³/s,为大(1)型工程,主要建筑物级别为 1 级,设计洪水标准为 100 年一遇,校核洪水标准为 300 年一遇。枢纽建筑物由进水渠、清污机构、前池、进水池、主泵房、出水池、出口防洪闸、出水渠、副厂房、安装间和主变器室等组成。泵站平面布置图见图 1。

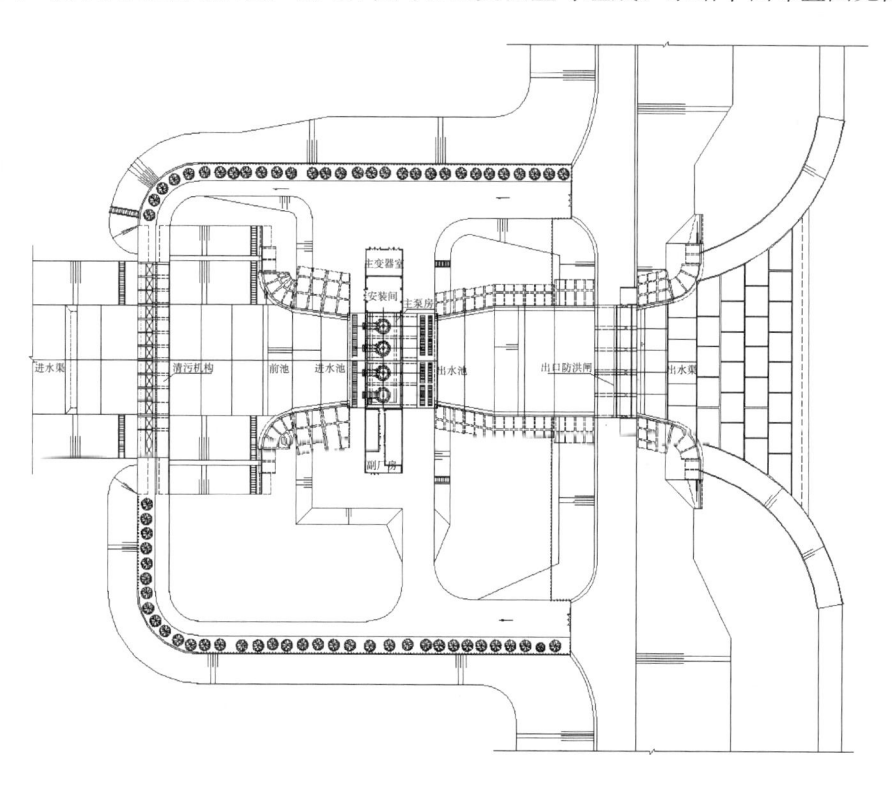

图 1　泵站平面布置图

2 安全监测设计原则

为监测泵站在施工期和运行期的安全,并满足反馈设计、优化施工等需要,进行安全监测设计[1]。根据本泵站工程布置、地质条件、结构特点和施工安排[2],确定安全监测的设计原则如下:

(1) 统一规划,逐步实施。在工程规划设计阶段,对安全监测系统进行统一规划和统一设计。在工程实施阶段,再根据工程施工程序和进度,对监测设施进行分步分期埋设安装,最终形成统一完整的安全监测系统。

(2) 突出重点,兼顾全面[3]。将建筑物及基础作为整体来考虑,重点监测变形和渗流渗压。按照重要性选择监测部位(断面),以形成监测设施少而精的监测网络。

(3) 一项为主,互相校验。针对重要监测项目必须以一种监测手段为主,同时要有其他手段互相校验,以便在资料分析和解释时互相印证。

(4) 性能可靠,操作简便[4]。监测方法和仪器设备不仅要满足量测精度要求,所测数据充分可靠,而且要求仪器埋设和操作简便,具有快速准确获得可靠监测资料的性能。

(5) 同步实施,及时分析。监测仪器埋设应与土建工程同步施工,监测数据采集要在仪器埋设后即刻开始。仪器观测和人工巡查并行开展。对采集到的监测数据和巡查发现的异常现象,要做到及时整理分析。

3 安全监测设计内容

3.1 监测断面的选择

监测断面应布置在重要性较高、结构受力复杂、地质条件不利或具有较强代表性的部位。该泵站主泵房共4孔,分2联;防洪闸共5孔,分为2孔1联和3孔1联;清污机闸14孔,分4联。根据建筑物地质条件、结构分块和受力特点,在站身段1#~2#孔联合块体中部布置1个顺流向监测断面,如图2所示;在防洪闸1#~2#孔联合块体中部、3#~5#孔联合块体中部布置2个顺流向监测断面,如图3所示;在清污机闸8#~11#孔联合块体中部布置1个顺流向监测断面,如图4所示;进水渠、进水池及出水池各布置1个垂直流向监测断面。

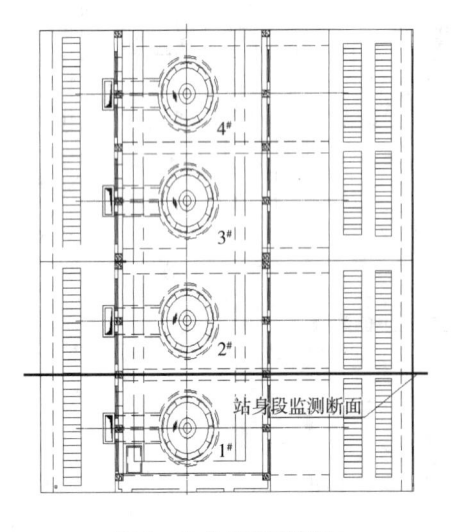

图 2 站身段监测断面　　图 3 防洪闸监测断面

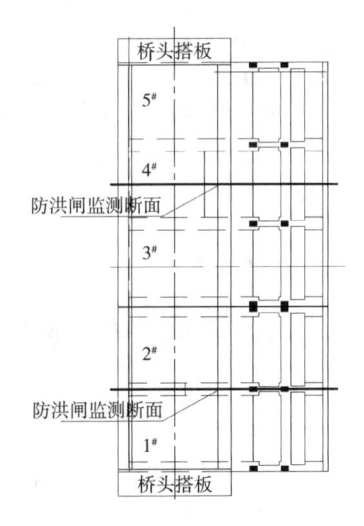

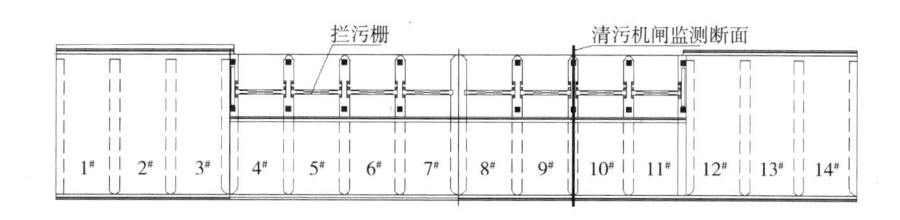

图 4　清污机闸监测断面

3.2　监测设施的布置

3.2.1　水位监测

在泵站进水池和出水池、防洪闸下游翼墙段水流相对较平稳的位置各布设1组水尺,防洪闸上游水位利用该泵站出水池水尺水位计观测。为实现水位自动化监测,在水尺附近位置各布设1支水位计。共需布设3组水尺和3支水位计。

3.2.2　变形监测

变形监测包括建筑物的垂直位移、水平位移、相邻块体错动监测。

(1) 垂直位移监测:采用水准法观测建筑物结构块体的表面垂直位移及相邻块体间的不均匀沉降。在站身段、防洪闸、清污机闸各结构块体的顶部四角各布设1个水准点;在泵站引水池、前池、进水池、出水池及出水渠的两侧翼墙分缝两侧均布设1个水准点;在上下游渠道段堤顶每隔30～50 m布设1个水准点。在泵站附近稳定安全位置布设双金属标1套,作为水准点观测的工作基点。共需布设水准点92个,双金属标1套。

在站身段1#～2#孔联合块体、防洪闸各联合块体的四角钻孔埋设1支沉降计,钻孔深度约10 m,以监测在上部荷载作用下,各块体的基础沉降变形情况。共需布设沉降计12支,钻孔约120 m。

(2) 水平位移监测:在站身段站下墩头垂直流向布置1条视准线,站身段视准线布置4个测点,两岸延长线上选择稳定安全处各布设1个视准线工作基点和校核基点。共需布设视准线测点4个、视准线工作基点2个、校核基点2个。

在站身段、防洪闸闸室的监测断面上埋设测斜管,测斜管内安装固定式测斜仪,以实现水平位移(倾斜)自动化观测。共需布设固定式测斜仪3组。测斜管在块体基础部位采用钻孔埋设,在块体内部随混凝土浇筑同步埋设。基础部位共需钻孔深度约24 m。

进水渠、进水池及出水池的监测断面上,分别于两侧翼墙内各埋设1根测斜管,以监测两侧翼墙的倾斜变形情况。该测斜管采用活动式测斜仪进行观测,共需布设测斜管6根。测斜管在翼墙基础部位采用钻孔埋设,在翼墙内部随混凝土浇筑同步埋设。基础部位钻孔深度约5 m,共需钻孔约30 m。

(3) 相邻块体错动监测:在站身段和清污机闸的2个监测断面上,每个断面上下游侧结构分缝处各埋设1支位错计,以监测相邻块体间的错动(不均匀沉降)变形情况。共需布设位错计4支。

3.2.3　站身、防洪闸绕渗监测

在站身段、防洪闸左右两岸结合部位分别埋设3根测压管,以分别监测绕站身、绕闸渗流情况。共需布设测压管12根。

3.2.4　基础扬压力和地基反力监测

在站身段、防洪闸、清污机闸的监测断面上,每个断面的基础结合部位顺流向分别埋设3支渗压计和3支土压力计,以监测上部结构所受地基反力和扬压力情况。共需布设渗压计12支、土压力计12支。

3.2.5　闸墙水土压力监测

在进水渠、进水池及出水池的垂直流向监测断面上,分别于翼墙墙体与填土结合面的中下部各埋

设 3 支土压力计和 3 支渗压计,以监测墙体所受外部荷载作用情况。共需布设土压力计 18 支和渗压计 18 支。

3.2.6 泵站流量监测

在泵站下游侧明渠段选择 1 个水流平顺位置布设 1 套多普勒流量计,以监测泵站的抽水流量。

4 施工期沉降监测数据初步分析

站身及上下游翼墙监测设施布置如图 5 所示。自泵站站身底板混凝土浇筑完成起,开始采集沉降监测数据,数据采集约 18 个月,大部分测点持续测量,部分测点存在测量中止的情况。站身及上下游翼墙各测点累计最大沉降量见表 1。

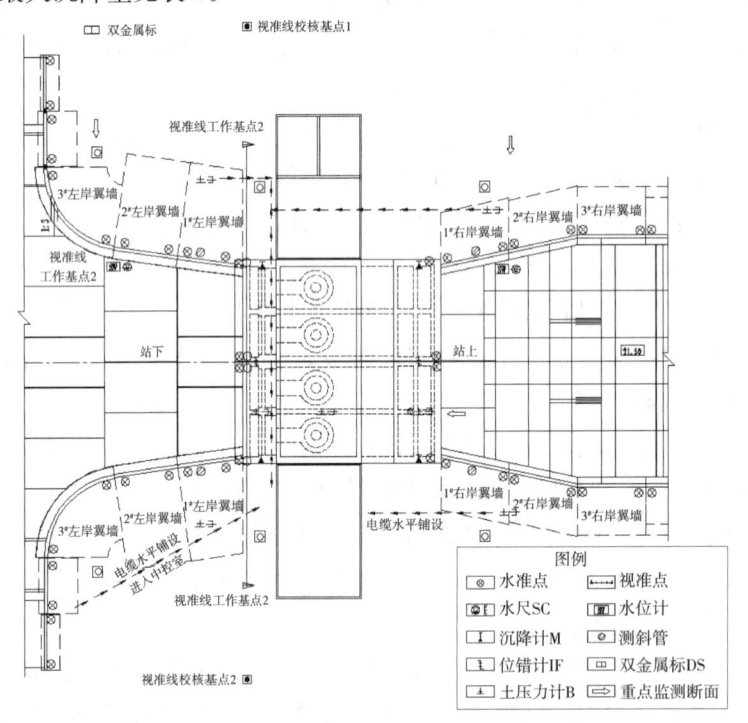

图 5 部分监测设施布置平面图

表 1 站身及其上下游翼墙累计沉降量

位置		测点号	累计沉降量(mm)	位置		测点号	累计沉降量(mm)
站身	1#~2#孔联合块体	1#	40	站身	3#~4#孔联合块体	1#	24
		2#	20			2#	39
		3#	17			3#	32
		4#	21			4#	0
站下左岸翼墙	1#	1#	18	站下右岸翼墙	1#	1#	14
		2#	56			2#	11
	2#	1#	64		2#	1#	18
		2#	52			2#	32
	3#	1#	33		3#	1#	49
		2#	160			2#	172

续表

位置	测点号		累计沉降量（mm）	位置	测点号		累计沉降量（mm）
站上左岸翼墙	1#	1#	12	站上右岸翼墙	1#	1#	23
		2#	25			2#	−11
	2#	1#	15		2#	1#	19
		2#	−20			2#	6
	3#	1#	31		3#	1#	68
		2#	27			2#	86

由表1可知，大部分监测位置的累计沉降量、相邻建筑物间的不均匀沉降均较小，建筑物沉降整体趋稳，但是站下左岸3#翼墙2#点累计沉降量160 mm，右岸3#翼墙2#点累计沉降量172 mm，沉降量偏大。站上左岸2#、3#翼墙之间的沉降差达51 mm，右岸2#、3#翼墙之间的沉降差达62 mm，沉降差偏大。根据地质勘探试验成果，站下1#、2#翼墙底板和站上1#、2#翼墙底板位于④₃层重粉质壤土上。④₃层贯入击数9击，黏聚力25 kPa，内摩擦角14°，地基允许承载力190 kPa，这四节翼墙均位于天然地基上。站下、站上3#翼墙底板位于①₁淤泥质粉质黏土层或回填土上，①₁层贯入击数1击，黏聚力11 kPa、内摩擦角12°，地基承载力较低，设计采用 φ60 cm@100 cm 水泥土深层搅拌桩复合地基。站下3#翼墙沉降量偏大，站上3#翼墙与2#翼墙沉降差偏大是由于站下、站上3#翼墙下土层承载力较小，建筑物建成后地基压缩量增大。

下一步，需要密切注意翼墙的沉降问题。后期还需持续进行监测，出现问题及时处理。

5 结语

安全监测是检验泵站设计、指导安全运行与科学调度的重要工具。本文针对淮河流域某泵站的结构特点和地质条件，将水位、变形、绕渗、基础扬压力和地基反力、闸墙水土压力、泵站流量作为重点项目进行监测设计。目前该泵站已基本完成施工，施工期的安全监测资料为工程的顺利实施提供了技术保障。后续运行期的安全监测数据将为该泵站的安全运行、工程管理提供重要技术支撑。

[参考文献]

［1］吴中如.水工建筑物安全监控理论及其应用[M].北京：高等教育出版社，2003.
［2］赵志仁.大坝安全监测设计[M].郑州：黄河水利出版社，2003.
［3］孙正明，于淼，苏杨.大兴水利枢纽工程安全监测设计[J].水利水电工程设计，2021，40(4)：29-32.
［4］胡国安.引江济淮工程蜀山泵站安全监测设计[J].工程与建设，2020，34(5)：826-829.

[作者简介]

孙洁莹，女，生于1993年12月，工程师，主要研究方向为水工结构设计，15156574381，791584266@qq.com。

团结港闸站单向竖井贯流泵装置设计研究

秦钟建　鲍士剑

（中水淮河规划设计研究有限公司　安徽 合肥　233061）

摘　要：团结港闸站设计排涝流量40 m³/s，设计净扬程为1.64 m，属于低扬程泵站，选用TJ04-ZL-07水力模型及前置竖井贯流泵装置。为检验贯流装置的水力性能，进行了水泵装置模型试验，试验结果表明：水泵装置水力性能良好，具有较高的装置效率，采用-4°水泵叶片角度为现场运行角度；竖井贯流泵装置现场运行平稳，无明显不良噪声和振动，在特低扬程泵站中可以优先采用。

关键词：团结港闸站；竖井贯流泵；流道设计；装置试验

1　工程概况

团结港闸站工程位于浙江省海盐县主城区团结港与酱园河交叉口的河浜处，为海盐县区域（武原片区）防洪排涝工程中心区（主城区＋武原新区）一期工程的重要组成部分。团结港闸站装机排涝流量40 m³/s，兼顾引水流量10 m³/s，共安装4台机组（其中2台单向运行用于排涝，2台双向运行用于排涝兼顾反向引水）。泵站排涝设计净扬程为1.64 m，最高净扬程2.36 m，单泵排涝设计流量为10 m³/s。

2　泵型选择

团结港闸站为低扬程泵站，宜采用卧式机组装置型式。通过竖井贯流泵、齿联灯泡贯流泵、平面"S"形轴伸贯流泵及潜水贯流泵等多方案比选，泵站选用前置竖井贯流泵装置型式。该装置将电动机和齿轮箱布置在流线型竖井中，与安装在流道内水泵相连接，具有水力性能优异、结构简单、电动机通风散热条件较好、安装检修方便和投资少等优点，近些年来已在低扬程泵站得到十分广泛的应用[1-3]。

水力模型选用南水北调工程水泵模型同台测试中的TJ04-ZL-07号水力模型，根据水泵相似定律计算确定原型泵叶轮直径2.1 m和额定转速143 r/min。

3　进出水流道设计

3.1　进水流道

团结港泵站单向泵的叶轮直径2.1 m，流道宽5.5 m，流道进口高2.5 m，设计流量进口流速为0.73 m/s；竖井最大宽3.3 m，竖井段长度约9.3 mm，竖井末端处（喇叭口）流道宽度（高度）2.5 mm，竖井末端处（喇叭口）至叶轮中心距离2.0 m；竖井段流道上、下盖板倾斜角主要由流道进口高度和竖井末端处(喇叭口)流道宽度(高度)连接需要确定,分别为5.5°和5.9°。

竖井进水流道主要是将前池中的水光滑平顺引至水泵入口,为水泵吸水提供良好条件。竖井进水流道引流的优劣评价标准为:①水泵进口的流速分布均匀性;②水泵进口速度矢量与水泵进口断面的垂直性。为了定量地表达上述标准,引入两个水力目标函数:流速分布均匀度V_u和水流入泵平均角度$\bar{\theta}$,其定义为:

$$V_u = \max\left[1 - \frac{1}{\overline{u_a}}\sqrt{\frac{\sum(u_{ai} - \overline{u_a})^2}{m}}\right] \times 100\% \quad (1)$$

$$\bar{\theta} = \max\left\{\frac{\sum u_{ai}[90° - \arctan(u_{ti}/u_{ai})]}{\sum u_{ai}}\right\} \quad (2)$$

式中:m为出口断面的单元总数;u_{ai}为出口断面第i个单元的轴向流速;u_{ti}为出口断面上第i个单元的切向流速;$\overline{u_a}$为出口断面的平均轴向流速。显然,当$V_u = 100\%$;$\bar{\theta} = 90°$时,目标函数值为最优理想值。进水流道出口断面速度,通过CFD数值仿真计算,由公式(1)和公式(2)计算得到各目标函数值,见表1。

表1 进水流道水力性能计算表

流量(m³/s)	3	6	10	14	17	20
流速分布均匀度(%)	94.36	94.98	95.38	95.62	95.74	95.85
水流入泵平均角度(°)	89.14	89.19	89.23	89.25	89.26	89.26
水头损失(m)	0.009	0.034	0.086	0.16	0.23	0.31

从计算结果可知:不同流量工况下,平均进水流道出口速度均匀度在94.36~95.85%之间,速度分布的均匀性较好;速度加权平均入流角为89.14°~89.26°,速度矢量接近垂直于水泵进口断面;竖井进水流道在设计工况的水力损失约为0.09 m,水力损失较小,满足水泵吸水要求。

3.2 出水流道

团结港泵站单向泵出水流道宽5.5 m,圆形变方形扩散段进口圆直径2.35 m,扩散管长度9.0 m;流道上、下盖板的上翘角分别为5.2°和5.0°;平面扩散角约19.8°。

竖井出水流道回收水流动能的效果体现在两个方面:①流道出口动能损失尽可能小;②流道内的水头损失尽可能小。为了定量地表达上述标准,引入一个水力目标函数Δh_α,其定义为:

$$\Delta h_\alpha = \min\left\{(1+\xi)\frac{\overline{v_{\alpha o}}^2}{2g}\right\} \quad (3)$$

根据式(3),通过CFD数值仿真计算,得到出水流道的水力损失如表2。

表2 出水流道水力损失数据表

流量(m³/s)	3	6	10	14	17	20
水头损失(m)	0.021	0.075	0.194	0.362	0.52	0.704

出水流道计算结果表明,水流在直管出水流道中流速分布中心对称,水流沿前进方向流速缓慢并逐步减小,梯度变化较均匀,从流线看流道内水流平稳顺畅,无明显漩涡和其他不良流态,水力损失较小,流道设计合理[4]。

3.3 进出水流道单线图

通过 CFD 数值仿真计算优化水力设计后,泵站竖井贯流泵进出水流道单线图如图 1。

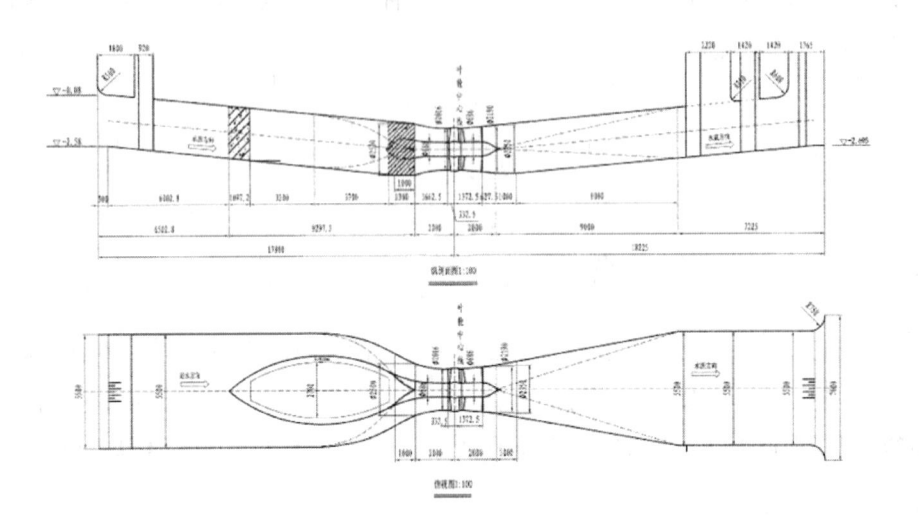

图 1 单向竖井贯流泵进出水流道单线图

4 模型泵装置试验

4.1 模型装置设计与测试

团结港泵站模型试验在扬州大学流体动力工程试验室高精度泵站试验台上进行,试验按文献[5]相关要求进行。团结港泵站单向泵的原型转轮直径为 2.1 m,模型泵转轮直径为 0.3 m,模型几何比尺为 7.0;原型水泵转速为 143 r/min,按照模型泵与原型泵等扬程试验的要求,计算得模型水泵装置试验的额定转速为 1 001 r/min。模型试验进行了能量性能、空化性能、飞逸性能及压力脉动等项目的试验[6]。

4.2 试验主要结果

根据水泵模型装置试验结果,如图 2 所示,单向水泵装置设计叶片角度为 −4°。设计装置扬程 1.64 m,流量 10.35 m³/s,略大于设计流量 10 m³/s,效率 75.21%,空化余量值 4.0 m,功率 221.48 kW;最大装置扬程 2.36 m,流量 8.69 m³/s,效率 72.39%,空化余量值 3.73 m,功率 277.83 kW。

5 结语

团结港泵站单向竖井贯流泵装置,采用 TJ04-ZL-07 号水力模型,设计排涝工况水泵叶片角度为 −4°,设计工况点处于性能曲线最优效率区间,有水力性能良好、结构简单和运行维护方便的优点。该工程自 2020 年投入运行以来,竖井贯流泵装置水力性能优异,装置效率高,机组运行平稳,振动噪声小,充分发挥了防洪排涝的作用,取得了显著的经济和社会效益,建议在特低扬程泵站中优先采用。

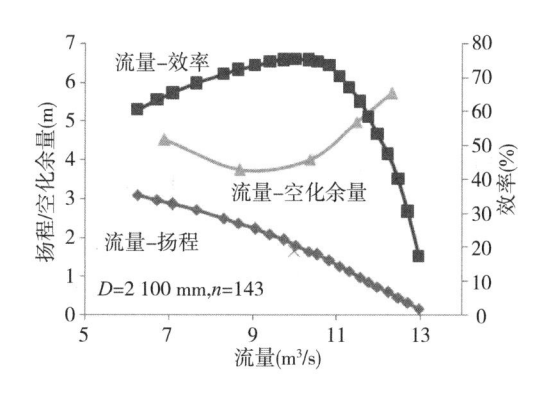

图 2 单向竖井贯流泵设计叶片角度综合特性曲线

[参考文献]

[1] 秦钟建,伍杰.大型齿联灯泡贯流泵的结构设计与研究[J].南水北调与水利科技,2009,7(6):392-395.
[2] 刘军,施伟,陆林广,等.前置竖井式贯流泵装置水力设计标准化可行性研究[J].江苏水利,2019(11):1-8+12.
[3] 周伟,丁军.遥观南枢纽泵站工程水泵机组选型[J].南水北调与水利科技,2014,12(4):107-110.
[4] 扬州大学.海盐县区域(武原片区)防洪排涝一期工程团结港泵站进出水流道CFD计算研究报告[R].扬州:扬州大学,2017.
[5] 中华人民共和国水利部.水泵模型及装置模型验收试验规程:SL 140—2006[S].北京:中国水利水电出版社,2007.
[6] 扬州大学.海盐县区域(武原片区)防洪排涝工程团结港泵站水泵装置模型试验报告[R].扬州:扬州大学,2017.

[作者简介]

秦钟建,男,生于1979年2月,高级工程师,主要从事泵站及电站水力机械设计与研究,15155970209,hwqzj@126.com。

跨区域河道堤防防洪风险综合评价方法与应用

孙大勇

（上海勘测设计研究院有限公司　上海　200434）

摘　要：跨区域河道堤防涉及不同行政区域，单一堤段的安全评价会割裂区域防洪安全系统性，防洪风险综合评价方法及体系有待研究。本文基于AHP与云模型提出了跨区域河道堤防防洪风险综合评价方法，构建了涵盖堤防防洪能力、防护对象和管理水平3个方面的14个单项指标的防洪风险综合评价体系，并以太浦河为例进行跨区域骨干河道防洪风险综合评价，评价结果与实际情况基本相符，初步解决了跨区域河道堤防防洪风险评价时割裂区域防洪安全系统性的问题，为跨区域河道堤防或其他同类研究提供了新的研究手段。

关键词：堤防；风险评价；云模型；太浦河

江河湖海堤防具有防御洪潮水等作用，是我国洪涝灾害防御体系的重要组成部分，对保障经济可持续发展与社会和谐稳定等具有至关重要的作用。我国堤防工程具有线路长、保护面积大等特点，一旦出险、失事，将引起大范围的洪涝灾害，并造成较大的社会影响和经济损失。因此，堤防工程安全和风险状况受到了我国水利部门、咨询设计以及科研单位的广泛关注。为科学指导堤防安全评价工作，我国制定了《堤防工程安全评价导则》（以下简称《安全评价导则》）。《安全评价导则》按照工程管理单位管辖范围划分了堤防安全评价范围，规定了运行管理、工程质量、防洪标准、渗流安全性、结构安全性、综合评价等方面的评价内容，以及各方面安全性的三个等级及其评价方法。

根据《安全评价导则》，并结合研究对象实际特点等，国内对堤防安全评价体系和评价方法进行了众多相关研究，并应用在堤防安全评价中，但是对跨区域堤防防洪风险评价仍有欠缺，主要存在以下问题：①跨区域河道堤防由多所不同的管理单位分别管辖，由于不同堤段现状及防洪能力等存在差异，按照管理单位划分堤段进行防洪风险评价，会割裂区域防洪安全系统性。②跨区域河道堤防不同堤段的防护对象及其防洪保安需求不同，已有研究成果大多从堤防自身安全性进行评价，难以全面反映防洪风险与保护对象的密切联系。③堤防防洪风险与其安全性、防护对象的经济社会发展水平等诸多因素有关，存在多种定性与定量影响因子，现有研究多采用层次分析法（以下简称AHP）进行风险综合评价，但评价结论因评价人的认识不同而异，容易影响防洪风险的准确描述。

为减少定性因子评价主观性的影响，本文将云模型理论引入跨区域骨干河道堤防防洪风险综合评价；针对跨区域河道堤防不同堤段的工程特性、防洪能力、保护对象及其防洪保安需求存在差异等特性，结合河湖空间管控和保护要求、水利工程信息化建设要求，在堤防防洪能力的基础上，突出防护对象及管理水平等，建立防洪风险评价体系；采用AHP与云模型评价方法，以平原跨区域骨干河道太浦河堤防为例，进行防洪风险综合评价。

1　跨区域河道堤防防洪风险综合评价方法

AHP是堤防防洪安全评价的常用方法之一。AHP通过深入分析多目标决策问题、影响因素及其相互联系,将有关决策的因素分解成目标、准则或指标等,建立层次结构模型;进行定性和定量分析,通过两两比较各项指标构造判断矩阵,并检验判断矩阵的一致性,计算确定各指标对目标的总排序权重后进行决策。AHP广泛应用于难以定量解决的问题,但定性成分多,评价成果易受评价人对问题的理解和认识程度等影响。

对定性概念,云模型采用期望、熵、超熵表示定量特性,通过云发生器实现两者转换,是能融合数据的随机性、模糊性与实现定性与定量转换的模型,能够弥补AHP的缺点。云模型已在水利、生态环境等评价研究中得到应用,但在堤防防洪风险评价中的应用很少。本文采用AHP结合云模型评价方法,运用AHP建立风险评价体系,将云模型引入跨区域骨干河道堤防防洪风险综合评价,完善防洪风险综合评价方法,具体步骤如下。

(1) 分析跨区域河道堤防防洪风险的影响因子,在堤防防洪能力的基础上,针对防护对象及管理水平特性等,建立分层风险评价体系。

(2) 构造判断矩阵,确定各指标权重,并进行判断矩阵的一致性检验。

(3) 根据防洪风险评价要求,确定评价分级标准及评价阈值 $[j,k]$。

(4) 根据跨区域河道堤防工程管理单位管辖范围,划分分堤段评价单元;根据分段堤防、保护对象、管理运行水平等状况,确定各评价指标值 x。

(5) 计算云数字特征值,即期望 E_x、熵 E_n、超熵 H_e,其中 $E_x=(j+k)/2$,$E_n=(k-j)/2$;H_e 为常数;以熵 E_n 为期望、超熵 H_e 为标准差,计算正态随机数 E_n';计算分堤段各指标值隶属度 w,$w=\exp[-1/2\times(x-E_x)^2/(E_n')^2]$;重复若干次,取平均值,得到最终隶属度[1]。

(6) 根据评价分级标准,采用综合评价阈值均值表示级别特征值;根据级别特征值与分堤段各指标隶属度,以两者乘积计算指标评价值;根据指标评价值与权重,计算分堤段各层综合评价值,对照分级标准,确定分堤段综合评价等级[2]。

(7) 根据分堤段各层综合评价值及分堤段长度,加权平均计算跨区域河道全段堤防各层综合评价值,对照分级标准,确定全段堤防综合评价等级。

2 跨区域河道堤防防洪风险综合评价体系

2.1 综合评价体系

堤防防洪风险主要包括工程本身安全风险以及洪水危害风险等,其中自身安全性包括运行管理、工程质量、防洪标准、渗流安全、结构安全等;洪水危害风险主要为堤防出险、失事等产生的风险,与堤防保护区的经济社会发展水平有关。经过多年治理,随着水利基础设施及其管理体制机制的不断完善、经济社会的快速稳定发展,骨干河道堤防防洪风险面临着新形势,以太湖流域平原骨干河道堤防为例,主要包括以下方面。

(1) 防洪能力降低。流域跨区域骨干河道堤防建成于21世纪初期,经过2016年、2020年等流域性大洪水的考验,总体仍然基本安全。但随着流域水情、雨情、工情和下垫面的变化,骨干河道洪水位总体有升高趋势,加上堤防沉降等,导致局部堤防防洪能力降低。

(2) 洪水危害风险增大。流域是我国经济最发达、人口最密集的地区之一,骨干河道堤防是保障防洪安全的重要基础设施。随着流域内城镇快速发展、人口和财富的聚集性不断增强、防洪保安的要求不断提高,洪水危害风险逐渐增大。

(3) 过度的开发利用增加堤防防洪风险。流域跨区域骨干河道大多穿越多个城市,城市建设在岸线开发利用中忽视保护的现象仍然较为突出,过度、无序的岸线开发行为尚未得到有效遏制,一定程度上会危害堤防安全,增加防洪风险。

针对上述防洪风险特点,本文以跨区域骨干河道太浦河堤防为例进行研究,构建了防洪风险综合评价体系。评价体系一级指标层包括堤防防洪能力、防护对象、管理水平3个指标。堤防防洪能力指标层包括6项二级指标,以未达标段长度占比、未达标段平均欠高、未达标段防洪标准代表堤防未达标情况,以防洪屏障占比代表防洪保护线的闭合性,以防洪标准评价级别、综合评价级别代表堤防的安全性。防护对象指标层包括防护区人口、GDP、土地面积、基础设施、堤岸植被覆盖率5项二级指标,以体现保护区的经济社会发展水平。管理指标层,在常用的管理机构及制度评价指标的基础上,结合河湖空间管控和保护要求、水利工程信息化建设要求等,采用岸线开发利用率、信息自动化监测、管理机构及制度3项二级指标,以体现堤防工程的运行管理、空间管控及信息化等管理水平。本文通过专家咨询法、经一致性检验综合确定各项指标权重。评价体系具体见表1。

表1 跨区域河道堤防防洪风险综合评价体系及指标权重

目标层 A	一级指标层 B	权重	二级指标层 C	权重
防洪风险综合评价 A	堤防防洪能力 B1	49.35%	未达标段长度占比 C1	11.37%
			未达标段平均欠高 C2	11.60%
			未达标段防洪标准 C3	14.62%
			防洪标准评价级别 C4	23.27%
			防洪屏障占比 C5	16.00%
			综合评价级别 C6	23.14%
	防护对象 B2	19.18%	防护区人口 C7	42.68%
			防护区 GDP C8	27.86%
			防护区土地面积 C9	8.56%
			防护区基础设施 C10	13.90%
			防护区堤岸植被覆盖率 C11	7.00%
	管理水平 B3	31.47%	岸线开发利用率 C12	38.44%
			管理机构及制度 C13	30.37%
			信息自动化监测 C14	31.19%

2.2 分级标准

根据流域、区域防洪规划对堤防防洪标准的要求、堤防现状防洪能力复核成果、各评价指标实际情况等,参考《安全评价导则》提出的分级方法以及相关研究成果[3-5],将堤防防洪风险划分为Ⅰ、Ⅱ、Ⅲ、Ⅳ共4个等级,分别代表优、良、中、差,并确定各风险分级评价阈值,具体见表2。

表2 跨区域河道堤防防洪风险综合评价指标分级标准

评价等级	准则层阈值	指标层阈值						
		C1	C2	C3	C4	C5	C6	C7
Ⅰ级(优)	[90,100]	[0,10)	>0.50	>50	[75,100]	[90,100]	[75,100]	<50
Ⅱ级(良)	[80,90)	[10,30)	[0.3,0.5)	10~50	[50,75)	[80,90)	[50,75)	[50,100)
Ⅲ级(中)	[60,80)	[30,60)	[0.1,0.3)	5~10	[25,50)	[60,80)	[25,50)	[100,200)
Ⅳ级(差)	[0,60)	[60,100]	[0,0.1)	0~5	[0,25)	[0,60)	[0,25)	>200

续表

评价等级	准则层阈值	指标层阈值						
		C8	C9	C10	C11	C12	C13	C14
Ⅰ级(优)	[90,100]	[0,500)	[0,300)	15~20	[80,100]	[0,5)	[90,100]	[90,100]
Ⅱ级(良)	[80,90)	[500,1 000)	[300,600)	10~15	[50,80)	[5,10)	[80,90)	[80,90)
Ⅲ级(中)	[60,80)	[1 000,1 500)	[600,1 500)	5~10	[30,50)	[10,50)	[60,80)	[60,80)
Ⅳ级(差)	[0,60)	>1 500	>1 500	0~5	[0,30)	[50,100]	[0,60)	[0,60)

3 案例应用

3.1 研究对象概况

本文以太浦河全线堤防为例进行跨区域骨干河道堤防防洪风险综合评价研究。太浦河位于太湖流域平原水网地区,是国务院批复的《太湖流域防洪规划》明确的流域性骨干行洪河道,沿线涉及江苏省、浙江省和上海市。太浦河两岸堤防既是保障河道安全行洪的重要工程,也是保障太湖流域阳澄淀泖区和杭嘉湖区防洪安全的重要屏障,根据太湖流域、阳澄淀泖区和杭嘉湖区相关水利规划,太浦河两岸区域防洪标准为50年一遇。

太浦河现状堤防按照50年一遇防洪标准设计,由沿线区、县主管机关负责具体管理,江苏段、浙江段、上海段堤防长度占比分别为65.01%、11.06%、23.93%。根据堤防现状特性分析,江苏、浙江、上海未达标段堤防长度分别占比66.05%、21.25%、12.70%,未达标段堤防仅满足5~20年一遇防洪标准。对照《安全评价导则》分析,江苏段、浙江段堤防防洪标准为C级,为三类(不安全)堤防;上海段堤防防洪标准为B级,为二类(基本安全)堤防。

太浦河横贯长江三角洲生态绿色一体化发展示范区,沿岸地区经济发达,涉及江苏省苏州市吴江全区以及浙江省嘉善县陶庄和西塘、上海市青浦区金泽和练塘等城镇,岸线开发利用程度较高,平均开发利用率约14.7%,其中江苏段达到21.2%,浙江段和上海段分别为5.0%、0.8%;沿线堤防植被覆盖率江苏段为47%,浙江段、上海段达到85%左右。

3.2 堤防防洪风险综合评价

在调查分析太浦河两岸堤防现状特性、管理运行情况以及两岸地区经济社会发展状况等基础上,结合有关研究成果,采用本文提出的堤防防洪风险综合评价方法,综合评价太浦河两岸堤防防洪风险,具体成果见表3。

表3 太浦河堤防防洪风险综合评价结果

准则层	江苏省段		浙江省段		上海市段		全段	
	评价值	评价等级	评价值	评价等级	评价值	评价等级	评价值	评价等级
堤防防洪能力 B1	73.03	Ⅲ级(中)	79.90	Ⅲ级(中)	81.08	Ⅱ级(良)	75.72	Ⅲ级(中)
防护对象 B2	75.08	Ⅲ级(中)	87.88	Ⅱ级(良)	85.13	Ⅱ级(良)	78.90	Ⅲ级(中)
管理水平 B3	74.55	Ⅲ级(中)	80.89	Ⅱ级(良)	84.23	Ⅱ级(良)	77.57	Ⅲ级(中)
综合	73.90	Ⅲ级(中)	81.74	Ⅱ级(良)	82.85	Ⅱ级(良)	76.91	Ⅲ级(中)

由表3可知,太浦河整体堤防防洪风险综合评价值为76.91,对照分级标准(表2),防洪风险整体

状况等级为Ⅲ级(中),准则层各指标评价等级也均为Ⅲ级(中),各指标评价值由大到小排序为:防护对象78.90、管理水平77.57、堤防防洪能力75.72。分段堤防中,浙江段、上海段防洪风险综合评价值分别为81.74、82.85,评价等级为Ⅱ级(良),优于江苏段;江苏段防洪风险综合评价值为73.90,评价等级均为Ⅲ级(中),准则层各指标评价等级均为Ⅲ级(中),评价值也小于浙江段、上海段。堤防防洪能力评价,上海段评价等级为Ⅱ级(良),江苏段、浙江段为Ⅲ级(中),与各分段现状堤防的防洪标准及综合类别相符,江苏段堤防总长度、未达标段长度、未达标段占比均高于浙江段、上海段,堤防防洪能力评价值最小;防护对象评价,江苏段保护区人口、面积等大于浙江段、上海段,评价等级为Ⅲ级(中),浙江段、上海段为Ⅱ级(良);管理水平评价,江苏段开发利用率高于浙江段、上海段,评价等级为Ⅲ级(中),浙江段、上海段为Ⅱ级(良)。

评价结果基本符合太浦河堤防实际情况。防洪能力是导致太浦河堤防防洪风险的主导因素,江苏段防洪风险评价等级劣于其他两段,符合其堤防及未达标长度段最长、防洪标准偏低、岸线开发利用率高等实际情况。

4 结语

跨区域河道堤防通常涉及不同省、市、县(区)行政区域,不同堤段防洪能力、保护对象及其防洪保安需求等存在差异,单一堤段的安全评价会割裂区域防洪安全系统性,不满足堤防防洪风险评价的需求。针对跨区域河道堤防防洪风险的特点,本文基于AHP与云模型提出了堤防防洪风险综合评价方法,在堤防防洪能力的基础上,突出防护对象及管理水平等,构建了防洪风险评价体系。太湖流域跨区域骨干河道太浦河全线堤防防洪风险综合评价的实例分析表明,本次提出的评价方法和评价体系,能够识别导致太浦河堤防防洪风险的主导因素,评价结果基本符合太浦河堤防实际情况,初步解决了跨区域河道堤防防洪风险评价时割裂区域防洪安全系统性的问题,为跨区域河道堤防或其他同类研究提供了新的研究手段。

[参考文献]

[1] 崔铁军,马云东.基于AHP-云模型的巷道冒顶风险评价[J].计算机应用与研究,2016,33(10):2973-2976.
[2] 季晓翠,王建群,傅杰民.基于云模型的滨海小流域水生态文明评价[J].水资源保护,2019,35(2):74-79.
[3] 黄茁.水生态文明建设的指标体系探讨[J].中国水利,2013(6):17-19+9.
[4] 陈璞.水生态文明城市建设的评价指标体系研究[D].济南:济南大学,2014.
[5] 乔丹颖,刘凌,闫峰.基于云模型的中运河水安全评价[J].水资源保护,2015,31(2):26-29.
[6] 顾延芊.基于层次分析法和熵权法的堤防安全评价[J].黑龙江水利科技,2019,47(10):197-201.
[7] 陈红.堤防工程安全评价方法研究[D].南京:河海大学,2004.
[8] 兰博,关许为,肖庆华.基于FAHP与熵权融合法的堤防工程安全综合评价[J].中国农村水利水电,2019(6):131-133+137.
[9] 黄锦林,杨光华,王盛.堤防工程安全综合评价方法[J].南水北调与水利科技,2015,13(5):1011-1015.
[10] 罗日洪,黄锦林,张建伟,等.基于组合赋权和云模型的堤防安全评价[J].南水北调与水利科技(中英文),2021,19(6):1217-1226.

[作者简介]

孙大勇,男,生于1979年5月,工程师,从事水利水电及水环境治理等研究,13917574002,6786452@qq.com。

浅析淮河中游开辟入江分洪道可行性

徐 峰 欧 勇

(中水淮河规划设计研究有限公司 安徽 合肥 230601)

摘 要:淮河流域因特殊的历史原因,加之复杂的自然地理和气候条件,导致洪涝频发。新中国成立后多次大规模治淮取得了巨大的成就,目前淮河中游地区仍是淮河防洪的薄弱环节。受限于地形地貌条件,淮河中游地区洪水均下泄入洪泽湖后通过入江入海通道排出,造成了洪泽湖周边地区防洪任务艰巨。引江济淮工程是一项大型跨流域调水工程,工程打通了江淮分水岭,实现了淮河流域和长江流域的水系连通,使得淮河中游开辟入江分洪道成为可能。本文从流域洪水遭遇、洪水调度水力条件、工程调度管理等方面简单分析了利用引江济淮工程分泄淮河中游洪水,实现淮河中游洪水入江的可行性,以期今后进行该方面专项研究,改善淮河中游洪水出路,提高流域防洪保安能力。

关键词:淮河中游;入江分洪道;可行性

1 淮河防洪体系

1.1 淮河流域洪涝频发原因

1.1.1 历史因素

淮河原为独流入海河道,后因黄河夺淮将入海通道淤废,导致其无法独流入海,只能借洪泽湖改道入江。而洪泽湖大堤不断加高加固,形成巨大内湖,常年的淤积抬高了洪泽湖及淮河中游下段河道的河床,使得淮河入洪泽湖段河床形成倒比降,造成洪水下泄不畅。

1.1.2 地形因素

淮河流域西部为伏牛山区,西南部为大别山区,南部为江淮丘陵,东北部为沂蒙山区,其余地区为平原。山丘区、丘陵区面积约占流域面积的1/3,流域地形总体由西北向东南倾斜,淮河上中游洪水均需通过淮河干流下泄洪水,而中部地区为广袤的平原,地势低平,洪涝水下泄速度缓慢,常造成"关门淹"。

1.1.3 气候因素

淮河流域地处我国南北气候过渡带,地域上属大陆性季风气候,天气复杂多变,降雨时空分布不均,极易遭遇暴雨侵袭。暴雨走向常与天气系统的移动大体一致,经常出现雨带沿淮河上下游移动,导致全流域大洪水。

1.1.4 水系特点

淮河流域支流众多,总体呈不对称羽状分布。北岸支流多而长,流经黄淮平原,南岸支流少而短,流经山地丘陵。由于山丘区、平原区洪水传播历时不同,易叠加导致长历时洪水。中下游地势平缓,多湖泊洼地,洪水下泄易受淮河干流洪水顶托影响,下泄速度较慢。下游受入海入江通道规模限制,洪泽湖高水位导致淮河干流洪水难以快速下泄,增大了淮河中游地区防洪压力。

1.2 淮河流域防洪布局

1.2.1 防洪布局

淮河流域防洪体系以"蓄泄兼筹"为方针,上游通过新建水库或水库扩容提质增效,增大山丘区洪水削峰能力;中游完善行蓄洪区,提高防洪保安能力;下游通过巩固和扩大泄洪能力,加快洪水下泄。从上中游来看,上游通过新建出山店水库拦蓄上游洪水,中游地区通过临淮岗洪水控制工程调控,茨淮新河、怀洪新河接力分洪,配合运用行蓄洪区,可以提高上中游地区防洪能力,减轻中游淮南、蚌埠等城市的防洪压力。

1.2.2 洪水出路

淮河流域洪水出路主要包括入海水道、苏北灌溉总渠、废黄河及入江水道,亦可通过淮沭新河分泄洪水入新沂河东流入海。其中入海水道远期泄洪流量 7 000 m³/s,苏北灌溉总渠和废黄河分泄洪水流量 1 000 m³/s,入江水道分泄洪水 12 000 m³/s。在淮沂洪水不遭遇时,可通过分淮入沂水道分泄洪水 3 000 m³/s,由新沂河排出。

1.3 研究淮河中游开辟入江分洪道意义

淮河上中游的水库调蓄、行蓄洪区运用、人工河道分洪只能在时间上予以错峰,淮河干流洪水最终均需汇入洪泽湖,通过入江入海通道排出。这导致洪泽湖长时间处于高水位,加大了淮河中游和洪泽湖周边地区的防洪压力。因此,研究淮河中游地区开辟入江分洪道,淮河中游部分洪水直接入江,对于减少淮河干流洪水下泄洪泽湖水量,降低区域防洪压力具有重要意义。

2 引江济淮工程概况

2.1 引江济淮工程总体布局

引江济淮工程是一项跨流域调水工程,工程从长江下游干流取水,由凤凰颈枢纽和枞阳枢纽抽水,通过西兆河、菜子湖双线输水,经巢湖西侧新开渠道输水至派河,通过蜀山枢纽提水过江淮分水岭,入东淝河汇入瓦埠湖。出瓦埠湖,江水经淮河干流蚌埠闸上调蓄后由沙颍河、西淝河、涡河及淮水北调线路分别向淮河以北地区及河南供水。引江济淮工程根据所处区域不同,共分为引江济巢、江淮沟通、江水北送三大段。从取水口至派河口枢纽段为引江济巢段,派河口枢纽至淮河段为江淮沟通段,淮河以北线路为江水北送段。

2.2 江淮沟通段工程设计

2.2.1 河渠设计

江淮沟通段从派河口枢纽起,过蜀山枢纽,穿越江淮分水岭,经瓦埠湖由东淝闸进入淮河,线路总长 155.1 km。派河口至蜀山枢纽,渠道长 31.07 km,河道底宽 60 m,底高程 1.8 m;蜀山枢纽至唐大庄,渠道长 31.53 km,河道底宽 60 m,底高程 13.4 m;唐大庄至瓦埠湖段,渠道长 34.905 km,河道底宽 60 m、底高程 13.4 m;瓦埠湖航道疏浚长度 41.6 km,疏浚河底高程 13.7 m,底宽 90.0 m。入淮段自瓦埠湖出口至入淮口,长 13.5 km,底宽 60 m,东淝河船闸以上河底高程 13.4 m,东淝河船闸以下河底高程 12.34 m。

2.2.2 建筑物设计

(1) 东淝河枢纽

东淝河枢纽主要由节制闸和船闸组成,节制闸包括新闸和老闸,老闸进洪设计流量 900 m³/s,新闸进洪流量 600 m³/s,节制闸进洪总流量 1 500 m³/s。

(2) 蜀山枢纽

蜀山枢纽位于宁西铁路桥北侧约 1.5 km,主要由泵站、船闸及泄水闸等组成。泵站设计流量 290 m³/s,设计扬程 12.7 m。泄水闸共 2 孔,单孔净宽 4.5 m,设计流量 360 m³/s(20 年一遇)。

(3) 派河口枢纽

派河口枢纽位于派河入巢湖湖口附近,主要由船闸、节制闸及泵站组成。泵站设计流量 295 m³/s,设计净扬程 4.8 m。节制闸为 5 孔,4 孔边孔净宽 9.5 m,中孔净宽 14 m,闸底板高程 2.3 m,设计排洪流量 1 000 m³/s(50 年一遇)。

2.2.3 重要节点水位

(1) 瓦埠湖水位

瓦埠湖枯水位 17.40 m(最低通航水位),正常蓄水位 17.90 m,50 年一遇洪水位 24.50 m,100 年一遇洪水位 25.53 m。

(2) 巢湖水位

巢湖 20 年一遇洪水位 10.85 m,50 年一遇洪水位 10.85 m,100 年一遇洪水位 11.46 m。

2.3 引江济淮工程作为淮河中游分洪道的意义

淮河上中游地区地势周边高,中间低,开辟淮河中游入江分洪道需要打通江淮分水岭,沟通江淮两大水系,工程投资巨大。流域地形特点决定了很难在淮河中游开辟入江分洪道,长期以来中游地区开辟入江分洪道并未在流域相关规划中提及。目前在建的引江济淮工程完成了江淮分水岭开挖,实现了长江、淮河两大流域的沟通,使得开辟入江分洪道分泄淮河洪水具备了外部条件。

3 引江济淮工程作为入江分洪道可行性

3.1 流域丰枯遭遇分析

3.1.1 淮河流域洪水特点

淮河流域洪水大致分为三类,即局部地区一、二次大暴雨形成的洪水(代表年份 1968 年和 1975 年)、长历时大面积暴雨形成的全流域洪水(代表年份 1931 年、1954 年、2003 年和 2007 年)、长期降雨形成的洪水(代表年份 1921 年和 1991 年)。淮河干流的洪水特性是洪水持续时间长、水量大,正阳关一般情况下一次洪水历时一个月左右。

3.1.2 巢湖流域洪水特点

巢湖流域位于长江下游左岸,处于安徽省中部,属长江流域。该流域水系主要支流发源于大别山区,自西向东流入巢湖,由裕溪河及牛屯河进入长江。新中国成立以来,巢湖流域遭受较大洪涝灾害年份 19 次,尤以 1954 年、1969 年、1983 年、1991 年、1998 年、2003 年、2016 年和 2020 年最为严重。

巢湖流域洪水主要分为三大类,包括流域内长历时暴雨遇长江高水位(代表年份 1954 年和 1983 年)、流域内遭遇长历时暴雨但入江排水条件较好(代表年份 1969 年和 1991 年)、流域内局部暴雨(代表年份 1953 年、1956 年和 1984 年)。由此可见,巢湖流域洪水主要由暴雨形成,年际年内变化大,且受长江水位影响[2]。长江下游干流洪水以1954年和1998年较为严重。

3.1.3 洪水遭遇分析

通过发生大洪水年份可以看出，淮河流域与巢湖流域之间存在洪水不同年份情况，且由于发生洪水位置不同、具体时间不同，两大流域间存在洪水调度的可能性。因此，从洪水调度方面考虑，利用引江济淮工程分泄淮河洪水入巢湖最终汇入长江具备洪水调度时空条件。

3.2 水力连通条件分析

3.2.1 水系连通条件

瓦埠湖作为淮河流域蓄洪区之一，1954年曾开闸蓄洪，最高水位达25.9 m，蓄洪总量38亿 m³。引江济淮工程通过开挖渠道沟通淮河和长江两大水系，实现了江淮互通。洪水可由东淝河闸进入瓦埠湖，沿江淮运河至蜀山枢纽，水闸开敞后自流入巢湖，经裕溪河、牛屯河下泄入长江。从水力条件上看，利用引江济淮工程分泄淮河洪水直接入江具备外部水系连通条件。

3.2.2 输水能力分析

东淝河节制闸进洪流量1 500 m³/s，江淮运河渠道开挖底宽60 m，瓦埠湖疏浚高程13.7 m，蜀山枢纽以北渠底高程为13.4 m，以南渠底高程1.8 m。派河两岸堤防堤顶高程12.6~13.9 m，靠近瓦埠湖一侧地势较低，引江济淮工程修筑了路堤，顶高程24.07 m。考虑到蜀山、派河口枢纽建筑物泄洪能力，初步估计利用江淮运河分泄淮河中游洪水规模可达1 000 m³/s以上。

3.3 调度管理分析

引江济淮工程调度运用原则为供水调度服从流域、河道防洪运用，确保防洪安全；供水调度充分考虑航运用水，兼顾巢湖生态引水、淮河生态基流要求；实行引江济淮与原有工程整体运用，实现引江济淮与原有工程体系双重目标，发挥防洪、供水、航运等综合效益。

从调度运用管理方面来看，在汛期淮河流域发生大洪水时，在江淮洪水不同步、不遭遇情况下，利用引江济淮工程实现跨流域洪水调度是可行的，洪水调度不会影响引江济淮工程的效益。

4 工程影响分析

4.1 有利条件分析

引江济淮工程通过江淮运河连接巢湖，江淮运河打通了江淮分水岭，采用明渠大开挖施工，渠道为平底，且分水岭以北段开挖底高程与瓦埠湖湖底高程基本一致，南侧派河段亦采用平底，河底高程低于江淮分水岭以北段，这使得利用引江济淮工程江淮运河分泄淮河洪水具备自流泄洪条件。

4.2 实施难度分析

虽然利用引江济淮工程作为淮河中游入江分洪道具备时空、水力连通和调度管理等方面的可行性，但同样存在很大的实施难度。

4.2.1 瓦埠湖分洪影响大

瓦埠湖地区地势低洼，淮河洪水进入瓦埠湖，可通过江淮运河自流向巢湖泄洪。淮河洪水进入瓦埠湖会使得瓦埠湖水位上升，周边淹没范围增大，影响瓦埠湖周边群众正常生活生产。

4.2.2 水文预报精度要求高

实现江淮洪水调度的前提是两大流域洪水不遭遇,这就要求具备较为科学准确的水文预报,避免在分泄淮河洪水时,巢湖流域同时发生大洪水,这样会大大增加巢湖的防汛压力。另外,在进行洪水调度时若东淝河流域发生暴雨,则会增大瓦埠湖防汛压力,影响分洪效果。

4.2.3 防洪调度影响因素多

淮河流域、巢湖流域通过江淮运河沟通,输水明渠具有较大的行洪能力。河渠上的枢纽建筑物按照一定的防洪标准设计,使得在分泄淮河洪水时应综合考虑建筑物防洪要求,科学制定调度办法,以确保建筑物安全。

4.3 实施效果分析

4.3.1 减小淮干下游城市防洪压力

引江济淮工程正在实施,计划2023年建成通水。工程建成后,当淮河发生洪水,巢湖流域预报无大水的前提下,可相机分泄淮河洪水入江淮运河,通过巢湖排入长江,减轻淮河下游淮南、蚌埠地区防洪压力,对于保障交通、能源和城市安全具有重要作用。

4.3.2 改善巢湖水质

巢湖水质污染主要集中在西北部,在汛期如巢湖流域无大水,而淮河流域出现大洪水时,可通过分泄淮河洪水入巢湖,经裕溪河、牛屯河入长江,这样可以增加水体交换,改善巢湖水质。

5 结语

引江济淮工程打通了江淮分水岭,实现了淮河、长江两大流域水系连通,为流域间水资源互济打下了基础。同时,两大流域水系的连通也为洪水调度创造了条件。从流域丰枯遭遇、洪水调度水力条件及工程调度管理等方面综合分析,利用引江济淮工程分泄淮河洪水是可行的。利用引江济淮工程分泄淮河洪水也面临一系列的问题,比如打乱了原有水系的防洪体系、对现有水利工程具有一定的影响和洪水调度管理等问题。但从遵循"全国水利一盘棋"的思想,构建"调控有序"的国家水网方面考虑,开展利用引江济淮工程作为淮河中游入江分洪道的相关研究是十分必要的。研究对于提高淮河流域防洪抗旱减灾能力,改善巢湖水质,促进地区经济可持续发展具有重要意义。

[参考文献]

[1] 水利部淮河水利委员会.淮河流域综合规划(2012—2030年)[R].2013.
[2] 王永昌.巢湖流域防洪规划简介[J].人民长江,2000,31(1):34-36.
[3] 王祖烈.淮河流域治理综述[M].蚌埠:水利电力部治淮委员会,《淮河志》编纂办公室,1987.

[作者简介]

徐峰,男,生于1981年5月,高级工程师,主要从事水利规划及水土保持方面的研究,18119615858,17803293@qq.com。

基于动态变权和模糊层次分析法的水闸安全评价研究

王东栋 孙 勇 查松山 尚俊伟

(中水淮河规划设计研究有限公司 安徽 合肥 230601)

摘 要：针对水闸安全评价工作中未形成完整的量化评价过程,三类和四类水闸划分标准不够明确、界限模糊的问题,提出了一种基于动态变权和模糊层次分析法的水闸安全综合评价方法。首先,以水闸整体安全状况为研究目标,建立水闸安全评价体系;其次,在模糊层次分析法的基础上,动态调整评价指标的权重,建立水闸安全评价模型;第三,逐层计算各评价指标相对于安全评价等级的隶属度,实现水闸安全状态的评价;最后,充分考虑病险水闸的可加固性、加固后寿命、加固费用及维修养护费用等要素,具体划分三类、四类水闸。工程应用表明,该方法可以降低水闸安全评价工作对专家经验的依赖,评价结果符合水闸实际安全状况,具有较好的推广应用价值。

关键词：动态变权;模糊层次分析法;水闸;安全评价

1 引言

水闸作为调节水位、控制流量的水工建筑物,是平原地区众多水利枢纽的控制工程,在防洪除涝、灌溉供水、水资源调控、改善水生态等方面应用十分广泛。20世纪50至70年代,全国各地兴建了大量的水闸,近些年,我国水闸数量仍呈上升趋势。水闸已成为重要的基础设施,是我国水利工程体系的重要组成部分。

水闸在运行过程中逐渐产生老化病害,导致建筑物的安全性、适用性和耐久性下降,功能得不到正常发挥,逐步产生安全隐患,既影响防洪安全和兴利效益的发挥,又给所在地区日益发展的国民经济造成不可忽视的制约和威胁。

目前,水闸安全评价工作存在未形成完整的量化评价过程,三类和四类水闸划分标准不够明确、界限模糊的问题。为了克服上述不足,本文提出了一种基于动态变权和模糊层次分析法的水闸安全综合评价方法,并在充分考虑病险水闸的可加固性、加固后寿命、加固费用及维修养护费用等要素基础上,具体划分三类、四类水闸。

2 基于动态变权和模糊层次分析法的水闸安全综合评价

2.1 建立水闸安全评价指标体系

图1给出了水闸安全评价的典型层次指标体系,其中水闸安全状况作为第一层指标;防洪能力、结构安全、渗流安全、工程质量、金属结构及电气设备和运行管理作为第二层的6个一级评价指标,体现评价目标的评价准则;其他层为便于量化和描述的直接评价指标,是工程资料中数据信息的具体反映。对于具体的待评价水闸工程,可根据工程特点对指标体系进行调整。

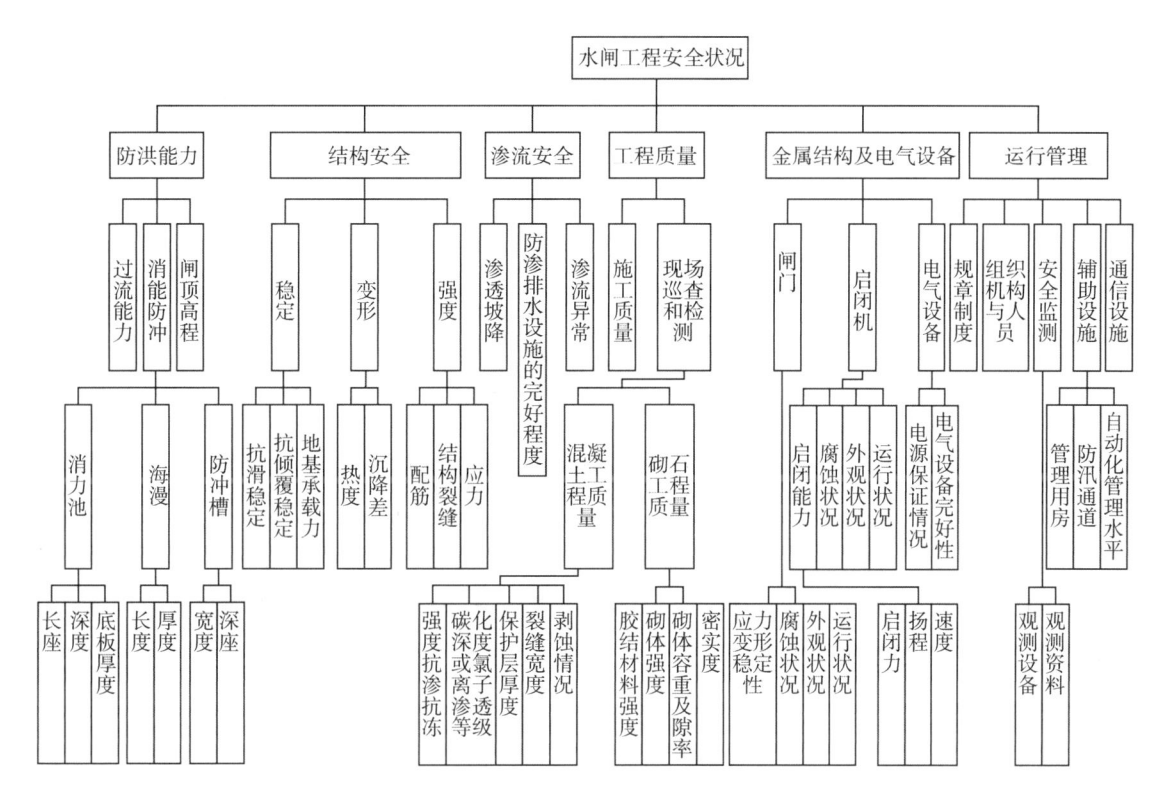

图 1　水闸安全评价指标体系

2.2　设计水闸安全等级评语集

在指标层次结构中,每两个相邻上下层之间都具有关联隶属关系,每一层都是其上一层的评价信息源,也是其上一层的一个评价分目标,而对每一层的安全评价又都是其下一层安全评价的综合。

本文将水闸安全状况评价等级划分为正常、基本正常、病险三级;对规范中强制性条文有明确数值要求的评价指标,如抗滑稳定安全系数等,分为正常、病险两级,其余指标分为正常、基本正常、病险三级。

2.3　指标的量化

评价指标以不同的形式存在,根据其性质可分为两类:一类是定量指标,可根据统计资料查出或者计算出指标值;另外一类是定性指标,这类指标较难量化,在评价中如何克服人为主观因素是一大难题。定量指标可以通过一定的数学处理方法,比如线性方法、指数方法对现有数据进行无量纲化处理,得到一个处于一定范围内可以比较的数据。定性指标的定量化,通常的做法是结合具体技术参数等情况,由不同专家对同一指标分别进行量化,然后进行数据处理,得到一个标准化的定量数据,使各评价指标之间具有可比性。

2.4　确定指标的权重

指标层次结构中的下层评价指标对上层评价指标的影响程度不尽相同,因此,应根据评价指标的相对重要性,合理确定评价指标权重系数。本文采用改进模糊层次分析法,计算各评价指标的权重。主要步骤如下:

(1)聘请专家构造两两比较判断矩阵

以 u_i 表示评价指标, $u_i \in U(i=1,2,\cdots,m)$;标度值 r_{ij} 表示 u_i 对 $u_j(j=1,2,\cdots,m)$ 的相对重

要性数值，r_{ij} 的取值按"改进 0.1～0.9 标度法"准则进行，其中，r_{ij} 值越大，表明指标 u_i 的重要性越强。

（2）将模糊判断矩阵变为模糊一致矩阵

$$R_i = \sum_{k=1}^{m} r_{ik}/m \quad (i=1,2,\cdots,m) \tag{1}$$

$$a_{ij} = \frac{R_i - R_j}{2} + 0.5 \quad (i,j=1,2,\cdots,m) \tag{2}$$

$$\mathbf{A} = (a_{ij})_{m \times m} \quad (i,j=1,2,\cdots,m) \tag{3}$$

（3）计算各评价指标的重要性排序

对求得的模糊一致矩阵求出其对应最大特征值的特征向量，即为权重向量。

考虑到水闸是由一系列既相互联系又相互独立工作的设施部件组成的综合体，其安全状况的恶化经常是从某局部开始而最终导致整个工程的失事，这种恶化现象经常可以被部分指标所反映，在此情况下，假如按常规的权重确定方法，极有可能掩盖水闸的真实安全状况。为了保证评价结果的合理性，就需要动态地增大或减小某指标的权重。

2.5 进行综合评价

水闸安全评价是一个由多因素决定的复杂过程，每个因素又包含多个层次，需要从底层指标单因素评价开始，对各层次的指标进行安全评价，直到得出水闸安全状况的评价结果。

2.5.1 单级模糊综合评价

影响水闸安全状态的指标集中第 i 个指标 u_i 对评价等级 v_j 的隶属度为 r_{ij}，则按第 i 个指标 u_i 评价的结果可表示为

$$\mathbf{R}_i = (r_{i1}, r_{i2}, r_{i3}, \cdots, r_{im}) \tag{4}$$

由此可得相应于每个元素的单因素评价向量，将各单因素评价向量的隶属度排列成行，构成评价矩阵 $\underset{\sim}{\mathbf{R}}$ 为

$$\underset{\sim}{\mathbf{R}} = \begin{pmatrix} r_{11} & r_{12} & \cdots & r_{1m} \\ r_{21} & r_{22} & \cdots & r_{2m} \\ \vdots & \vdots & & \vdots \\ r_{n1} & r_{n2} & \cdots & r_{nm} \end{pmatrix} \tag{5}$$

单因素模糊评价，仅仅反映了一个因素对水闸安全状态的影响，为了求得水闸安全状态，需要综合考虑指标集中所有因素的影响，即单级模糊综合评价，表示为

$$\underset{\sim}{\mathbf{B}} = \underset{\sim}{\mathbf{A}} \circ \underset{\sim}{\mathbf{R}} = (\omega_1, \omega_2, \omega_3, \cdots, \omega_n) \circ \begin{pmatrix} r_{11} & r_{12} & \cdots & r_{1m} \\ r_{21} & r_{22} & \cdots & r_{2m} \\ \vdots & \vdots & & \vdots \\ r_{n1} & r_{n2} & \cdots & r_{nm} \end{pmatrix} = (b_1, b_2, \cdots, b_m) \tag{6}$$

在 $\underset{\sim}{\mathbf{B}} = \underset{\sim}{\mathbf{A}} \circ \underset{\sim}{\mathbf{R}}$ 中，"$\circ$"代表合成算子，用来合成权重集合与模糊评价矩阵，求取评价向量 $\underset{\sim}{\mathbf{B}}$，本文取合成算子为乘与和算子 $M(\cdot,+)$，则 $b_j = \sum_{i=1}^{n} w_i \cdot r_{ij}$。

对评价向量 $\underset{\sim}{B}$，采取两种处理原则：当 $b_j = \max(b_1, b_2, \cdots, b_m) > 0.5$ 时，采用最大隶属度原则，认为水闸安全状况总体上属于第 j 等级；当 b_j 都不超过 0.5 时，采用加权平均原则，对 $\underset{\sim}{B}$ 中各等级分量的值加权求和，得到安全状况的评价结果。

2.5.2 多层次安全模糊综合评价

以三层指标结构为例说明多层次安全模糊综合评价的主要步骤。

设第一层指标为水闸安全状况；第二层指标集为 $U = \{u_1, u_2, \cdots, u_n\}$，相应权重向量为 $\underset{\sim}{A} = (\omega_1, \omega_2, \omega_3, \cdots, \omega_n)$；划分其中的 $u_i(i=1,2,\cdots,n)$，得第三层指标集为 $U_i = \{u_{i1}, u_{i2}, \cdots, u_{im}\}$，相应权重向量 $\underset{\sim}{A_i} = (\omega_{i1}, \omega_{i2}, \omega_{i3}, \cdots, \omega_{im})$。水闸安全评价评语集为 $V = \{v_1, v_2, \cdots, v_p\}$。

首先，把第二层指标 u_i 看作一个综合因素，u_i 指标下属第 j 个指标为 u_{ij}，其隶属于评语集中第 k 个元素的隶属度为 r_{ijk}。对 u_i 进行单因素综合评价。

$$\underset{\sim}{B_i} = \underset{\sim}{A_i} \circ \underset{\sim}{R_i} = (w_{i1}, w_{i2}, \cdots, w_{im}) \circ \begin{bmatrix} r_{i11} & r_{i12} & \cdots & r_{i1p} \\ r_{i21} & r_{i22} & \cdots & r_{i2p} \\ \vdots & \vdots & & \vdots \\ r_{im1} & r_{im2} & \cdots & r_{imp} \end{bmatrix} = (b_{i1}, b_{i2}, \cdots, b_{ip}) \quad (7)$$

其次，利用第二层指标的安全评价结果进一步向上评价。u_i 属于评价集中第 k 个元素的隶属度为 r_{ik}，则 $(r_{i1}, r_{i2}, \cdots, r_{ip}) = (b_{i1}, b_{i2}, \cdots, b_{ip})$，对第一层指标"水闸安全状况" U 进行安全评价。

$$\underset{\sim}{B} = \underset{\sim}{A} \circ \underset{\sim}{R} = (\omega_1, \omega_2, \omega_3, \cdots, \omega_n) \circ \begin{bmatrix} r_{11} & r_{12} & \cdots & r_{1p} \\ r_{21} & r_{22} & \cdots & r_{2p} \\ \vdots & \vdots & & \vdots \\ r_{n1} & r_{n2} & \cdots & r_{np} \end{bmatrix} = (b_1, b_2, \cdots, b_p) \quad (8)$$

对评价向量 $(b_1, b_2, \cdots, b_p)$ 应用最大隶属度原则或加权平均原则可得到水闸安全状况的安全评价结果。

四层以上指标结构依上述步骤递推即可。

3 工程应用

3.1 工程概况

某水闸建成于 1975 年，是一座集灌溉、排涝、发电等功能的综合水利枢纽工程，为 Ⅱ 等大（2）型工程，主要建筑物级别为 2 级。闸室采用钢筋混凝土开敞式结构，反拱式底板，共 8 孔，每孔净宽 10.0 m，闸室总宽 92.8 m，闸室顺水流方向长 21.1 m。闸顶高程 38.70 m，闸底板高程 27.76 m；工作闸门为平面钢闸门，闸门尺寸为 10 m×8 m（宽×高），配 2×400 kN 的卷扬式启闭机。工程运行以来，多次对该闸进行维修加固。

3.2 安全评价

3.2.1 安全评价指标体系

结合工程实际情况，建立水闸安全评价指标体系（见图 2）。

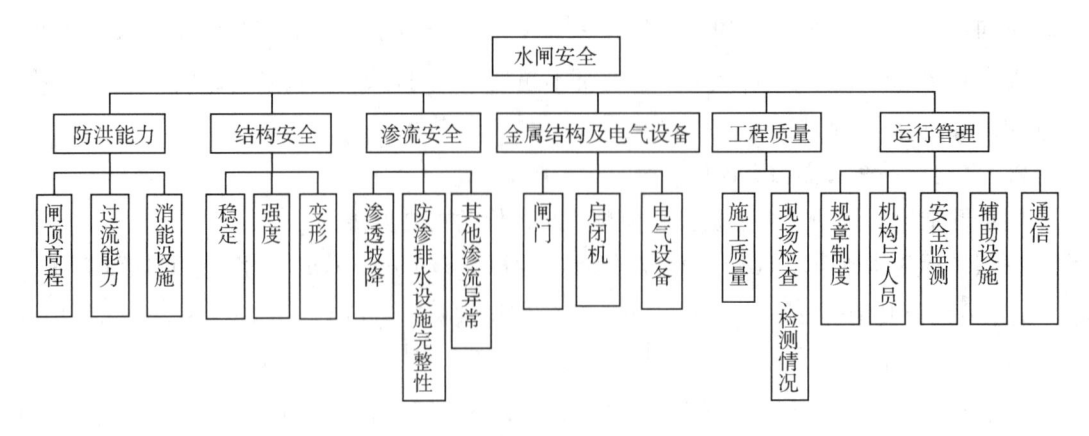

图 2　某水闸安全评价指标体系

3.2.2　安全评语集与隶属度函数

水闸的指标安全值与评价等级对应关系见表1,安全值对评价等级的隶属函数关系见图3。

表 1　安全值与评价等级

安全评价等级	正常/A	基本正常/B	病险/C
安全值	(0.75,1.00]	(0.50,0.75]	[0.00,0.50]

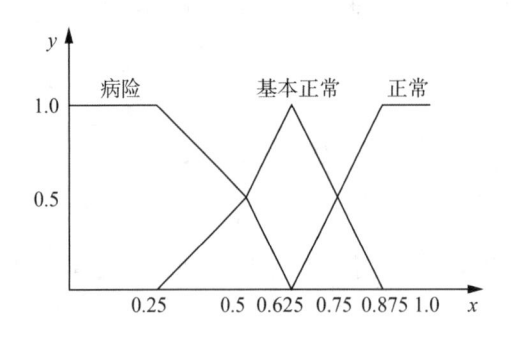

图 3　隶属函数关系

3.2.3　底层指标安全值及权重

水闸底层指标安全值及考虑关键性指标变权后的权重分配见表2。

表 2　某水闸底层指标安全值及权重分配

序号	评价指标		评价值	权重系数
1	防洪能力	过流能力	0.27	0.8
2	防洪能力	消能防冲	0.65	—
3	防洪能力	闸顶高程	0.49	0.2
4	结构安全	稳定	0.43	0.75
5	结构安全	变形	0.62	—
6	结构安全	强度	0.18	0.25
7	渗流安全	渗透坡降	0.79	0.43
8	渗流安全	渗流异常	1.00	0.43
9	渗流安全	防渗排水设施完好程度	0.70	0.14

续表

序号	评价指标		评价值	权重系数
10	工程质量	施工质量	0.75	—
11		现场检查和检测情况	0.30	1.00
12	金属结构及电气设备	闸门	0.20	0.40
13		启闭机	0.20	0.40
14		电气设备	0.20	0.20
15	运行管理	规章制度	0.75	0.14
16		组织机构与人员	0.75	0.14
17		安全监测	0.30	0.43
18		辅助设施	1.00	0.14
19		通信	1.00	0.14

编者注：本书计算数据因四舍五入原则，存在微小数值偏差。

3.2.4 模糊层次评价

依据模糊层次综合评价模型 $\underset{\sim}{B}=\underset{\sim}{A}\circ\underset{\sim}{R}$ 分别进行矩阵计算，并动态调整权重，就可得到下层指标对上层指标的模糊综合评价矩阵及评价向量，经计算，

$$B = A \circ R = A \circ \begin{pmatrix} B_1 \\ B_2 \\ B_3 \\ B_4 \\ B_5 \\ B_6 \end{pmatrix} = (0.4, 0.4, 0, 0.1, 0.1, 0) \circ \begin{pmatrix} 0 & 0.128 & 0.782 \\ 0 & 0.27 & 0.73 \\ 0.756 & 0.244 & 0 \\ 0 & 0.1 & 0.9 \\ 0 & 0 & 1 \\ 0.42 & 0.183 & 0.387 \end{pmatrix} = (0, 0.17, 0.83)$$

(9)

3.2.5 水闸安全类别划分

由于 $\max(0,0.17,0.83)=0.83$，根据最大隶属度原则可评价该水闸安全等级为"病险"。

为准确划分水闸安全类别，从技术、经济两方面进行分析：①闸室底板为连续反拱结构，8 孔不分缝，底板混凝土较薄。加固难度大，各种不可控因素多，加固质量不易控制，加固后使用寿命相对较短。②原址拆除方案，新建 9 孔闸室，可比投资 7 340 万元。除险加固方案，保留原 8 孔闸室的底板、闸墩、岸墙，距离老闸北侧边墩 34 m 远的分流岛侧新建一孔节制闸，闸孔净宽 10 m。新建闸通过上、下游引渠与河道相连，两侧通过混凝土挡土墙与渠道边坡连接，可比投资 6 894 万元。可见，拆除重建方案具有征地拆迁工程量较小、河道过流平顺、技术难度相对简单，可彻底解决老闸存在的病险问题等优点。而除险加固方案中上部荷载以及边荷载的变化极易引起反拱底板的内力变化和变形，且施工难度大，存在一定安全风险。

经综合考虑，推荐拆除重建方案，评定该水闸为四类闸。此结果与实际基于规范的实用鉴定法评价结果一致。

4 结论

基于动态变权和模糊层次分析法的水闸安全综合评价方法量化确定了各影响因素对水闸的影响

程度,结合病险水闸的可加固性、加固后寿命、加固费用及维修养护费用等要素具体划分三类、四类水闸,在一定程度上减轻了现有水闸安全评价工作对专家经验的依赖,缩短了评价工作周期,所得结论符合水闸实际安全状况,与水闸安全鉴定所得到的评价结论一致。说明该方法具有通用性和可操作性,可在实际安全评价工作中推广应用。

[参考文献]

[1] 孔楠楠. 多层次模糊识别理论在水闸安全评估中的应用[J]. 水利与建筑工程学报,2012,10(3):71-75.

[2] 戚国强,李凯. 基于改进层次模糊综合评价的水闸工程安全评价[J]. 东北农业大学学报,2013,44(5):111-114.

[3] 余定金,彭幼林. 基于多层次多目标模糊综合评价法的水闸安全评价研究[J]. 水利建设与管理,2017,37(8):26-29.

[4] 孙勇,胡兆球,等. 水闸安全评估技术[M]. 北京:中国水利水电出版社,2018.

[作者简介]

王东栋,男,生于1981年11月,正高级工程师,主要从事水利工程的设计与研究工作,17718192390,wdd1101@163.com。

佛子岭大坝安全监测系统综合评价方法研究

李家田[1]　马福正[1]　柏　桢[2]

（1. 淮河水利委员会水利水电工程技术研究中心　安徽 蚌埠　233001；
2. 水利部淮河水利委员会　安徽 蚌埠　233001）

摘　要：水利工程安全监测系统是取得监测资料的载体和基础，是工程安全分析、评价和监控的技术保障。对工程安全监测系统进行综合评价，以确定监测系统工作状态，不仅有利于获取可靠监测资料和保障工程安全，也为监测系统改造更新提供科学支撑。本文以淮河流域重点工程佛子岭大坝为研究对象，构建了大坝安全监测系统综合评价指标，并研究制定符合工程实际的评价原则和标准，在此基础上，对佛子岭大坝安全监测设施工作性态开展综合评价。本文所提出的大坝安全监测系统综合评价方法可为类似水利工程开展安全监测系统评估工作提供有益借鉴。

关键词：佛子岭大坝；安全监测系统；评价指标；综合评价方法

1　概述

佛子岭水库为20世纪50年代我国自行设计建造的大型水利水电枢纽工程，也是我国根治淮河水患的首批大型骨干防洪水库。工程位于淠河东源，安徽省六安霍山县境内，坝址以上控制流域面积1 840 km²。佛子岭水电站枢纽工程包括大坝、溢洪道、输水钢管和发电厂四部分，大坝为钢筋混凝土连拱坝，由21个拱圈、20个坝垛及两端重力坝段组成。坝垛是由两片三角形直立的垛墙及隔墙相连而成，外部等宽为6.5 m，垛上游面板坡度为1∶0.9，下游面板坡度为1∶0.36。

为及时掌握佛子岭大坝运行性态，在大坝主要断面布设各类监测设施，构成较为完备的安全监测系统。佛子岭大坝安全监测系统主要由变形监测系统、渗流监测系统和内观监测系统三部分构成。其中，变形监测系统包括水平位移监测和垂直位移监测，水平位移采用正倒垂线进行监测，布设有正垂线20条，分布在2#~5#垛，7#~12#垛，14#~21#垛；垂直位移监测主要布设在83 m高程、86 m高程和坝顶129 m高程，共29个测点。渗流监测系统共布置两岸地下水位测孔11个、坝基地下水位监测孔22个和孔隙水压力测孔6个。内观监测系统包括39支测缝计、57支温度计和16支钢筋计。大坝平面布置如图1所示。

2　大坝安全监测系统综合评价指标

随着佛子岭大坝服役年限的延长，由于材料蠕变、结构及设备老化等因素导致工程运行性态发生改变，特别是2002年开展除险加固工程以后，原有监测系统的监测精度和监测范围可能无法满足大坝安全监控需求，因此，有必要通过构建大坝安全监测系统评价指标对佛子岭大坝现状监测系统开展综合评价。

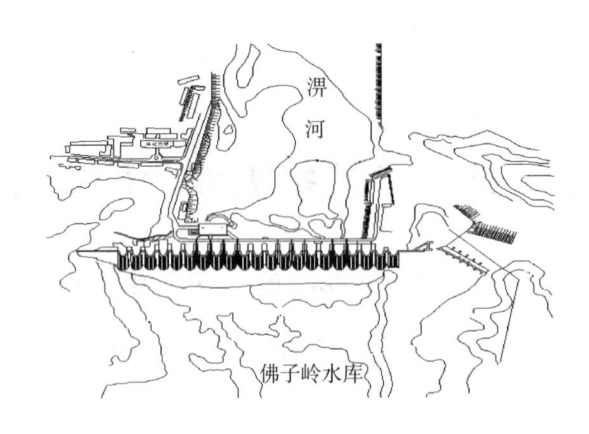

图 1　佛子岭大坝平面布置图

本文依据有关规范及研究成果[1-2]，结合佛子岭大坝的实际情况，构建大坝安全监测系统综合评价指标，主要由监测设施评价、运行维护评价和自动化系统评价三部分构成。监测设施是指布置于大坝的监测仪器及辅助设施，如观测房、观测廊道、防护装置等；自动化系统是指监测数据自动采集、储存、处理的装置和软件的统称。

监测设施评价包括可靠性评价和完备性评价两个方面。可靠性评价一般以测点为单元，是大坝安全监测系统评价的基础。对于视准线、引张线等多测点装置，需结合工程特点与测点布置情况，对多测点装置开展单独评价。监测设施可靠性评价结果分为可靠、基本可靠与不可靠 3 个等级。完备性评价是建立在可靠性评价成果的基础上，根据评价结果为可靠或基本可靠测点的布设情况和监测项目类别，考察其是否能够满足监控大坝现状和未来安全的需要。监测设施完备性评价结果分为合格、基本合格与不合格 3 个等级。由于可靠性评价是开展完备性评价的基本前提，因此完备性评价结果已经囊括了可靠性评价内容，故监测设施评价结果与完备性评价结果一致，分为合格、基本合格与不合格 3 个等级。

运行维护评价重点考察运管单位对于保障大坝安全监测系统持续可靠运行所采取的主要工程及非工程措施，评价结果分为合格、基本合格与不合格 3 个等级。

自动化系统评价主要针对像佛子岭大坝这样已经配备自动化监测系统的大中型水库，如工程尚未建成自动化系统，则该项不纳入评价体系。自动化系统评价结果分为合格、基本合格与不合格 3 个等级。

在开展上述监测设施评价、运行维护评价和自动化系统评价的基础上，对大坝安全监测系统进行综合评价，综合评价结果分为正常、基本正常和不正常 3 个等级。为确定综合评价等级判别标准，根据工程实际需要，拟定以下 3 条基本原则：

（1）监测设施完好可靠是大坝安全监测系统运行的基础和关键，因此，安全监测系统综合评价应重点强调监测设施完备性评价，对监测设施不完备的情况实行一票否决原则。

（2）对于监测设施达到完备性要求的情况，即使自动化系统不能正常工作，也可以通过人工监测获取数据，达到安全监测的目的，因此，自动化系统评价不应设置一票否决原则。

（3）监测设施的妥善运行维护是确保安全监测系统长期有效工作的重要保障，因此，运行维护评价合格是安全监测系统综合评价到达正常等级的必要条件。

综合上述原则，本文拟定安全监测系统综合评价等级判别标准如下：

（1）若监测设施完备性评价为合格，运行维护评价为合格，自动化系统评价为合格或基本合格，则监测系统综合评价结果为正常。

（2）若监测设施完备性评价为基本合格，运行维护评价为合格或基本合格，则监测系统综合评价结果为基本正常。

（3）若监测设施完备性评价为不合格，则监测系统综合评价结果为不正常。

3 大坝安全监测系统综合评价方法

在第2节构建大坝安全监测系统综合评价指标的基础上，针对不同指标的特点，采取定量分析与定性分析相结合的方法，对佛子岭大坝安全监测系统开展综合评价。由于佛子岭大坝在2002年进行补强加固，造成之后几年监测数据缺失，故本文重点选取2005年至2018年监测资料开展分析。

3.1 监测设施可靠性评价

监测设施可靠性评价主要包括考证资料评价和历史测值评价。

经考证，佛子岭大坝变形和渗流等主要监测项目各测点均正常运行，但部分内观监测设施已经损坏或停测，包括10个坝体温度计、8个测缝计、1个钢筋计。总体而言，佛子岭大坝主要监测点仪器设备运行正常，满足完整性要求。

历史测值评价主要考察历史监测资料的准确性和规律性，本文采用监测中误差 δ 作为定量衡量指标[3]。监测中误差 δ 的计算公式如下：

$$\delta = \pm\sqrt{\frac{\sum_{i=1}^{n}\delta_i^2}{n}} \tag{1}$$

式中：δ_i 为监测实测值的真误差；n 为监测次数。

对于等精度监测序列，可以用全序列监测值的标准偏差来衡量其监测精度。由于监测值的真误差一般是未知的，通常用监测值的残差代替真误差。对于一系列测值 $\{x_i\}$，被测量的最或然值（最接近于真值的量）就是这列监测值的平均值 $\bar{x}$，则真误差 δ_i 的计算公式如下：

$$\delta_i = x_i - \bar{x} \tag{2}$$

将式（2）代入式（1），对于一系列测值 $\{x_i\}$，其监测中误差 δ 计算公式为：

$$\delta = \pm\sqrt{\frac{\sum_{i=1}^{n}(x_i-\bar{x})^2}{n}} \tag{3}$$

根据以上原理，编制误差分析程序，对坝体水平位移、垂直位移、裂缝开度等变形监测资料进行误差分析，计算成果见表1。

表1　佛子岭大坝变形监测中误差计算成果　　　　　　　　　　　　　　　　　　　　单位:mm

监测项目				中误差	
				计算中误差	中误差允许值
坝体水平位移	人工	正垂	上下游方向	±0.29	±2.0
			左右岸向	±0.22	±1.0
		倒垂	上下游方向	±0.18	±0.3
			左右岸向	±0.19	±0.3
	自动化	正垂	上下游方向	±0.31	±2.0
			左右岸向	±0.23	±1.0
		倒垂	上下游方向	±0.15	±0.3
			左右岸向	±0.19	±0.3
坝体垂直位移	人工		坝顶	±0.77	±1.0
			坝基	±0.29	±0.3
裂缝开度	自动化			±0.1	±0.2

根据计算成果可知,佛子岭大坝各变形监测量的精度满足要求。此外,筛选并绘制各坝段测点监测序列的历史特征值分布图后,经分析,各测点历史特征值均具备良好的物理力学变化规律。部分变形及渗流测点特征值分布情况见图2和图3。

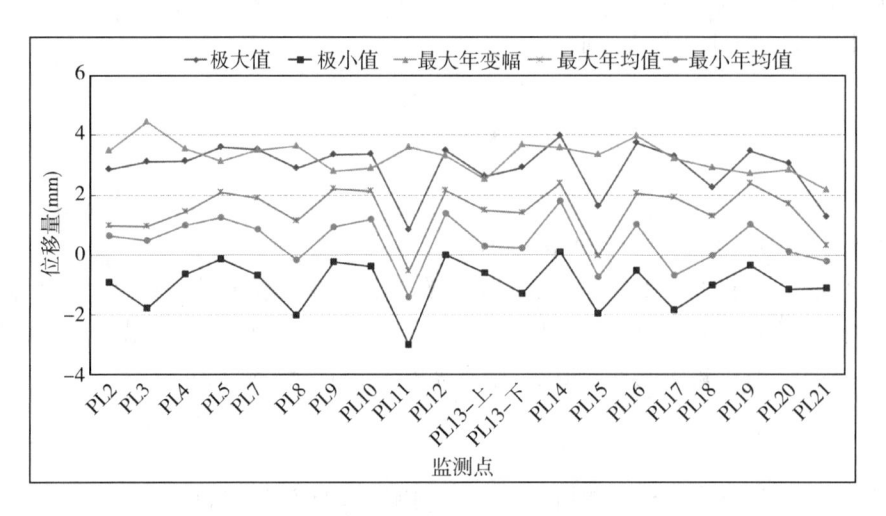

图2　正垂线上下游方向位移特征值分布图

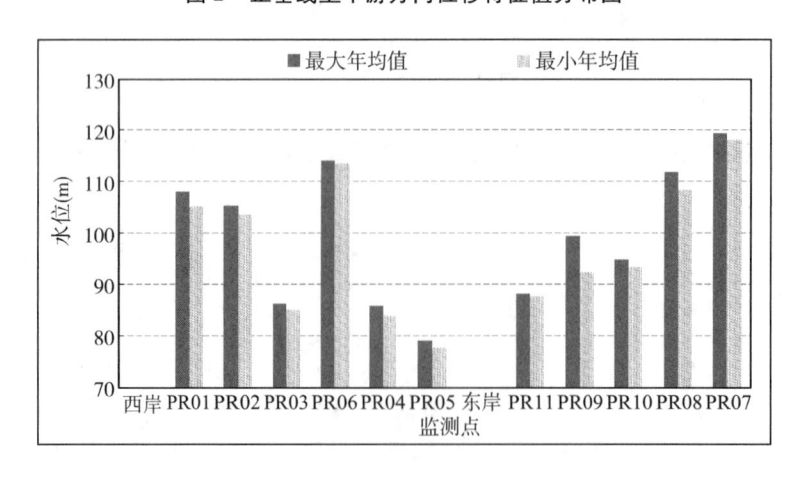

图3　绕坝渗流孔水位监测年均值分布图

综合上述,除部分损坏或停测的内观监测设施外,佛子岭大坝其他主要监测设施的可靠性评价结果均为可靠。

3.2 监测设施完备性评价

在3.1节可靠性评价的基础上,完备性评价重点考察大坝重要监测项目和监测断面布置是否满足监控大坝现状和未来安全的需要。佛子岭大坝作为2级建筑物,其涉及的重要监测项目和一般监测项目具体情况见表2。

表2 佛子岭大坝监测项目完整性评价表

监测类别	监测项目	项目划分	有无监测设施
变形	坝体表面、内部位移	重要项目	有
	倾斜	一般项目	无
	裂缝	重要项目	有
	坝基、边坡变形	重要项目	有
渗流	渗流量	重要项目	有
	扬压力	重要项目	有
	绕坝渗流	重要项目	有
其他	应力	一般项目	有
	应变	一般项目	无
	混凝土、坝基温度	重要项目	有

根据规范要求[4],重要监测项目为必设项目,一般监测项目为可选项目。经分析,佛子岭大坝所有重要监测项目均布设监测设施,仅部分一般监测项目未设置监测点,监测项目类别满足要求。此外,通过分析安全监测设施布置图可知,各监测断面和监测点位布置合理,所有坝段、复杂地基及两岸边坡均布置相关监测设施,监测范围和监测密度基本满足要求,故佛子岭大坝监测设施完备性评价结果为合格。

3.3 运行维护及自动化系统评价

监测设施运行维护评价包括运行管理、观测、维护以及资料整编分析等方面。通过对照检查,佛子岭大坝监测制度包含巡视检查、监测内容、资料整编、监测设施维护管理规定等,满足制度完整性及合理性要求。专职监测人员已配备,岗位责任分工明确,相关工作流程满足规范要求。变形、渗流等主要监测项目的监测频次、精度满足要求,且监测数据可溯源。综合上述,佛子岭大坝监测设施运行维护评价结果为合格。

自动化系统评价包括数据采集装置、计算机通信装置和信息处理软件等内容。佛子岭大坝安全监测数据由人工观测和自动化采集两部分组成,尚未实现完全自动化采集。经检查,除部分坝体温度计、测缝计等数据采集装置故障外,大坝变形、渗流等主要监测项目的数据采集基本正常,定时测量、数据存储、抗干扰等主要功能基本满足要求,平均无故障时间≥6 300 h,数据采集缺失率≤2%。综合上述,自动化系统评价结果为基本合格。

综合上述,依据本文第2节制定的大坝安全监测系统综合评价等级判别标准,佛子岭大坝监测设施完备性评价为合格,运行维护评价为合格,自动化系统评价为基本合格,故佛子岭大坝安全监测系统综合评价为正常。

4 结语

本文以佛子岭大坝为研究对象,通过构建大坝安全监测系统综合评价指标,并研究制定符合工程实际的评价原则和标准,在此基础上,提出定量与定性分析相结合的大坝安全监测系统综合评价方法。

(1)综合评价结果表明,佛子岭大坝各类监测仪器观测成果总体可靠,相关计算成果具有对比验证性,测值基本反映了建筑物在运行过程中各效应量的变化规律和趋势。大坝监测项目布置合理,监测设施运行维护有效,大坝安全监测系统综合评价等级为正常。

(2)建议进一步开展自动化系统改造,提升佛子岭大坝自动化监测水平,并尽快对停测测点进行恢复。

[参考文献]

[1] 王士军,谷艳昌,葛从兵.大坝安全监测系统评价体系[J].水利水运工程学报,2019(4):63-67.
[2] 水利部大坝安全管理中心.大坝安全监测系统鉴定技术规范:SL 766—2018[S].北京:中国水利水电出版社,2018.
[3] 方卫华,范连志,杜智浩.水利工程安全监测系统评价若干问题探讨[J].中国水利,2017(12):40-43.
[4] 水利部大坝安全管理中心.混凝土坝安全监测技术规范:SL 601—2013[S].北京:中国水利水电出版社,2013.

[作者简介]

李家田,男,生于1993年8月,淮委水利水电工程技术研究中心工程师,研究方向为水工结构工程安全监控与评价,18705160603,861446685@qq.com。

小型水库洪水预警方法研究与应用

钟小燕[1]　张锦堂[1]　王玉丽[1]　胡余忠[1]　王 锋[2]

(1. 安徽省水文局　安徽 合肥　230022;2. 安徽沃特水务科技有限公司　安徽 合肥　230001)

摘　要:安徽省小型水库点多面广,是防汛的薄弱环节。2020年安徽省率先实现了小型水库雨水情自动测报的全覆盖,给小型水库预报预警提供了信息支撑。为提升小型水库雨水情预报能力,在安徽省小型水库信息系统的建设背景下,通过实时水位与特征水位关联,实时下泄流量与下游安全流量或者成灾流量关联,实现水库水位和下泄流量的实时预警。通过构建$Z-V-P_{纳雨能力}-P_{气象预报}$坐标系统,以水库水位关联纳雨能力,与预报降雨耦合,实现快速预报预警。构建水库断面概化图和雨洪效应对照图,实现水库信息的有效性识别。结果表明该方法预警信息相对准确,信息有效性识别方便及时准确,可提升小型水库水文监测预报能力,为保障小型水库安全提供技术支撑。

关键词:小型水库;预报预警;有效性识别;安全

1　引言

对于大江大河及大型水库防洪,国家采用工程措施建设并配套洪水测报预报系统、联合优化调度系统、制定各项防洪预案等措施,防汛指挥决策能力大大增强。但是近年来,随着全球气候的剧烈变化,小流域暴雨洪水危害性日益凸显。安徽省小型水库点多面广,数量众多,在册小型水库5 468座,约占水库总数的95%。且大多处于偏远地区,技术管理人员严重不足。长期以来工程管理粗放,存在着不同程度的安全隐患,历年汛期常有水库出险事件发生,小型水库安全成为防汛工作的关键要害[1-2]。如何有效提高小型水库雨水情监测预报能力一直是行业的研究热点。在补短板、强监管新时期水利工作思路引领下,安徽省加强小型水库工程薄弱环节建设,率先实现了小型水库雨水情自动测报的全覆盖,给小型水库预报预警提供了信息支撑[3-5]。本文在小型水库自动测报系统建设的背景下,探索小型水库实时预报预警方法,实现小型水库雨水情信息的有效性识别及快速预报预警,为小型水库防汛决策提供参考。

2　小型水库预警方法

2.1　预警实现流程

小型水库预警实现技术路线如图1所示。主要包括资料收集整理,实时预报预警和信息的有效性识别。通过构建小型水库信息系统,将小型水库各类信息进行集成,可实现各类实时信息和基础信息的综合查询对比,从而耦合相关计算模型,进行小型水库的实时预报预警和信息的有效性识别。

2.2　实时预警

构建小型水库信息系统,以水库实时水位为预警指标,将水库实时水位与汛限水位、正常蓄水位、设

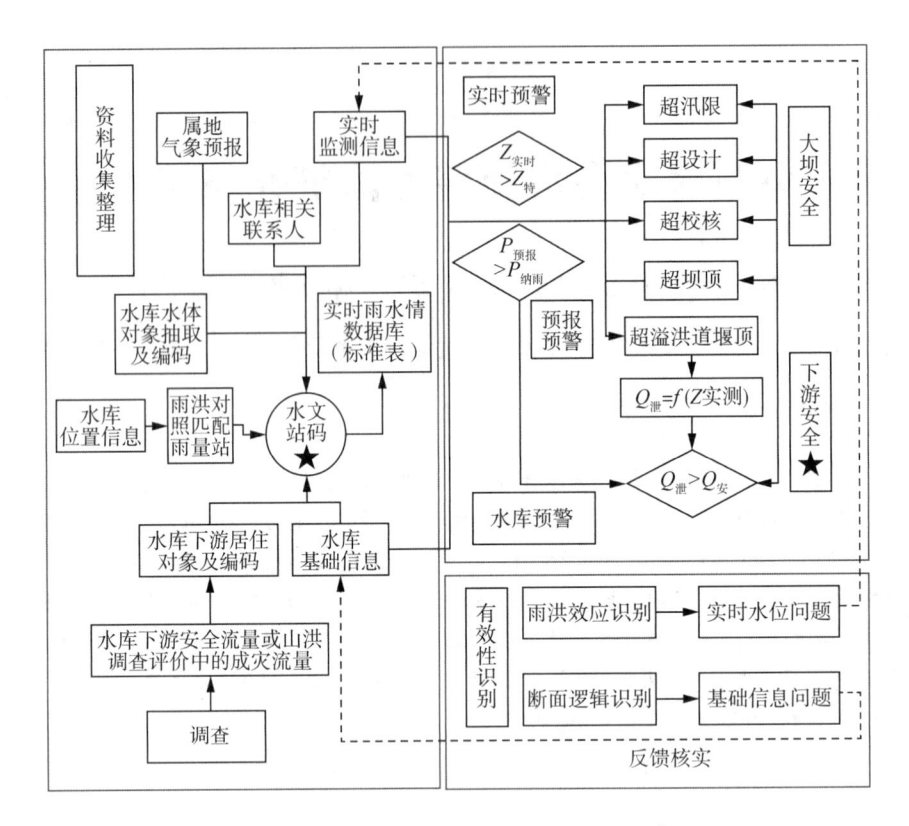

图 1　小型水库预警实现技术路线

计水位、校核水位、坝顶高程等水库特征水位进行关联，当水位到达相应级别时，水库预警对象单元分色闪烁，实现可视化预警。当水库超汛限水位时，水库水体呈蓝色闪烁；当水库水体超设计水位时，水库水体呈黄色闪烁；当水库超校核水位时，水库水位呈橙色闪烁；当水库水体超坝顶时，水库水体呈红色闪烁。

以水库下泄流量为预警指标。将水库站点实时水位与水库泄流曲线关联，实现水位流量转换。将水库实时下泄流量与下游影响对象安全流量或者成灾流量对比。当下泄流量接近或大于安全流量或者成灾流量时，进行下游影响对象的预警，如图2所示，当水库实时下泄流量超出下游安全流量时，下游防护对象开始闪烁预警。

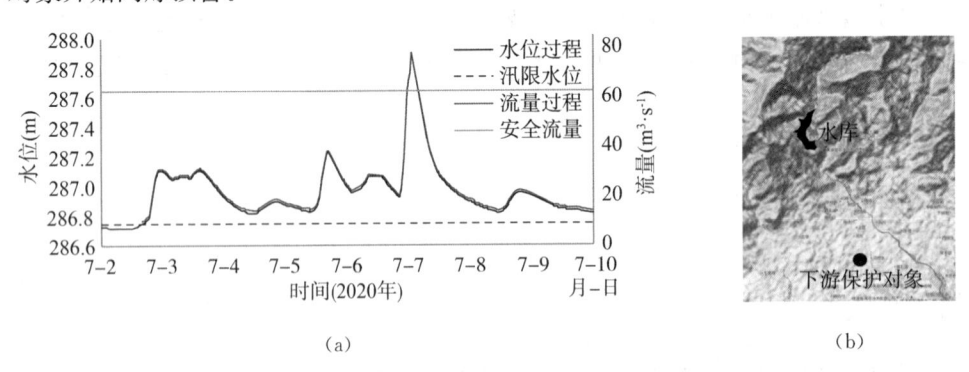

(a)

(b)

图 2　下泄流量预警示意图

2.3　预报预警

2.3.1　水位预警

通过当前水位与特征水位之间的库容差，计算水库的纳雨能力，当预报降雨大于纳雨能力时触发预警[6]。纳雨能力计算公式如下：

$$P_{纳雨能力,i} = \frac{V_{特} - V_i}{1\,000 \times \alpha \times F} \tag{1}$$

式中：$P_{纳雨能力,i}$为当前水位对应的纳雨能力(mm)；$V_{特}$为特征水位对应的库容(m³)；V_i为当前水位对应的库容(m³)；α为径流系数；F为流域面积(km²)。

构建Z-V-$P_{纳雨能力}$-$P_{气象预报}$四轴三相坐标体系，如图3所示。第一象限依据水库库容曲线(Z-V)确定；第二象限依据水位与特征水位之间的库容推算的纳雨能力确定。在第三象限预报降雨P-纳雨能力P相位绘制45°线，分为预警区和非预警区。根据图3(a)显示信息，黑点为气象预报降雨和纳雨能力的交点。当交点位于非预警区，代表预报降雨小于纳雨能力即不会产生预警信息，当交点位于预警区，代表气象预报降雨大于纳雨能力，即产生预警信息。

2.3.2 下泄流量预警

当预报降雨大于计算出的水库纳雨能力时，有闸门控制的小型水库需要控制闸门预泄洪水。如图3(b)所示，预报降雨P-纳雨能力P相位分为预泄区和非预泄区。根据图3(b)箭头可算得预泄目标水位，水库实时水位与预泄目标水位之间的水量就是要预泄的水量。根据预泄时机的选择可以估算预泄的流量过程，将预泄流量与水库下游保护对象的安全流量或者成灾流量比较，当预泄流量大于下游安全流量或者成灾流量时，触发预警信息。

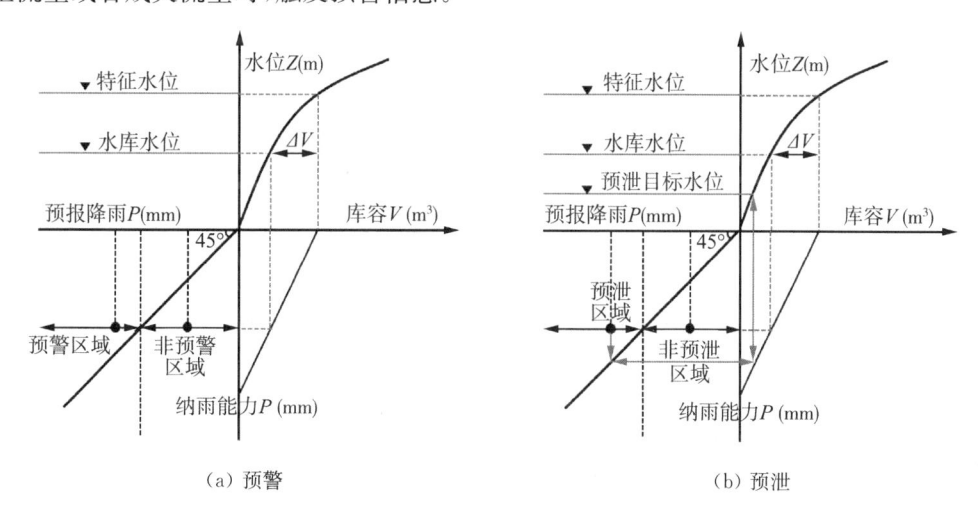

(a) 预警　　(b) 预泄

图3　Z-V-$P_{纳雨能力}$-$P_{气象预报}$四轴三相坐标体系示意图

2.4 信息有效性识别

通过构建小型水库雨水情信息系统，将小型水库基本信息进行集成，构建了水库断面概化图和雨洪效应对照图两种工具，对预警依据的基本资料和实时水位进行合理性识别，对各防洪特征水位、工程参数和雨洪效应等水库基本信息进行合理性校验。

2.4.1 水库断面概化图

小型水库断面概化图如图4所示，将水库各防洪特征水位、工程参数交互显示，形成对比，直观便捷。结合各水位之间逻辑关系对各防洪特征水位、工程参数进行合理性校验，一般汛限水位＜设计水位＜校核水位＜坝顶高程，如基础信息中不符合此逻辑则需进一步核实。

2.4.2 雨洪对照图

按照距小型水库距离最短原则，确定水库配套雨量站点。将水库站实时水位和配套雨量站点的

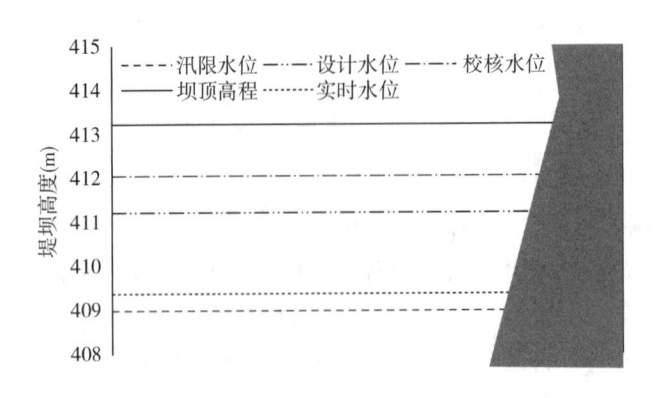

图 4　水库断面概化图

雨量过程在同时间坐标轴上分类展示,实现雨洪效应对比,如图 5 所示。并可交互勾选水库各特征水位(高程),使水位过程线与各特征水位(高程)形成直观对比,如图 6 所示。构建雨洪对照图可根据雨洪效应对水位变化趋势进行直观判断,通过同时段降雨与水位走势以及变幅对比初步判断水位是否正确。

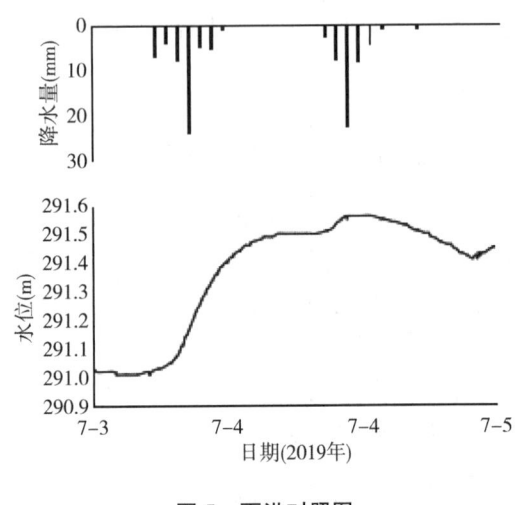

图 5　雨洪对照图

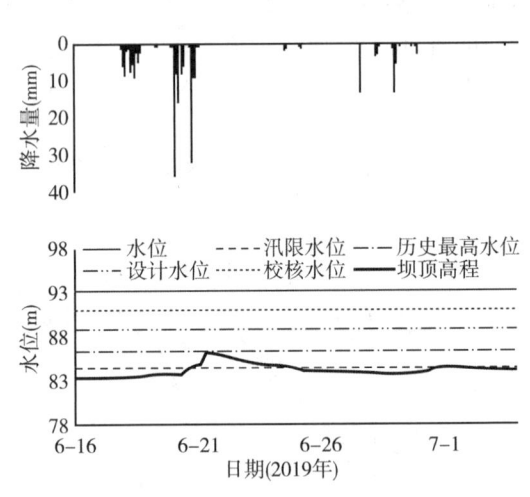

图 6　水位过程线与各特征水位(高程)对比图

3 实例验证与分析

3.1 水库预报预警

3.1.1 水库简介

以翚溪水库为案例进行小型水库预报预警应用分析。翚溪水库位于安徽省宣城市绩溪县,属小(1)型水库,总库容 2.97×10^6 m³。流域面积 12 km²,死水位 257.75 m,汛限水位 286.75 m,设计水位 288.65 m。如图 2(b)所示,下游防洪保护对象为高村村民组,经过安徽省山洪灾害调查评价分析评定,其成灾流量为 62.5 m³/s。

3.1.2 $Z\text{-}V\text{-}P_{纳雨能力}\text{-}P_{气象预报}$ 应用示意图制作

通过翚溪水库库容曲线,分别以设计水位和汛限水位为控制水位,计算水库纳雨能力,绘制 $Z\text{-}V\text{-}P_{纳雨能力}\text{-}P_{气象预报}$ 应用示意图,如图 7 所示。

3.1.3 水位预警

水库实时水位为 285 m,水库库容为 2.2×10^6 m³。计算可得,以汛限水位为控制,水库纳雨能力为 31.25 mm。预报未来 3 天总雨量 50 mm,大于 31.25 mm,水库水位将超过汛限水位,触发预警。

3.1.4 下泄流量预警

预报未来 3 天降雨量 50 mm,超过汛限水位对应的水库纳雨能力。为保证水库水不超过汛限水位,需要提前预泄。反推计算,水库水位降低至 283 m 时,可控制水位不超汛限水位。提前 1 小时下泄水量 0.3×10^6 m³,流量 83.3 m³。超过下游高村村民组成灾流量 62.5 m³,触发预警,下游保护对象开始闪烁。

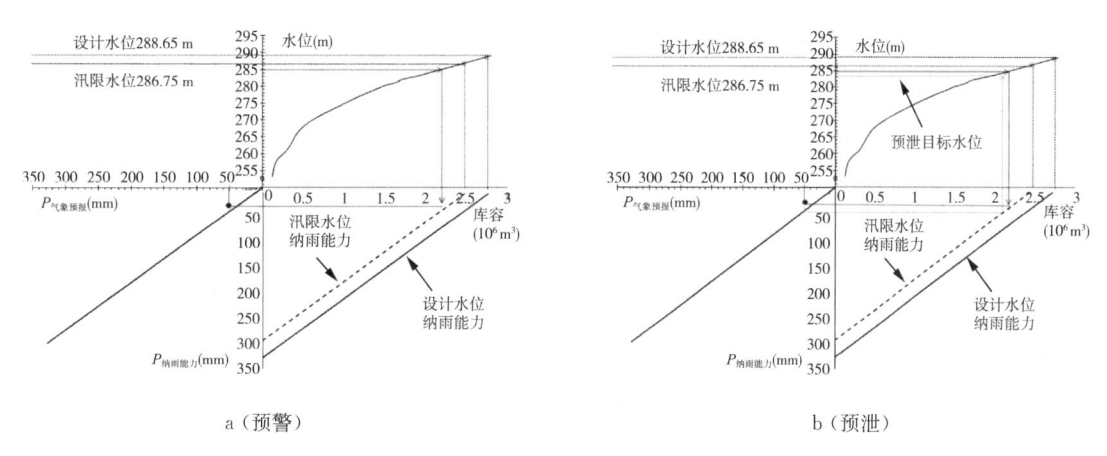

a（预警） b（预泄）

图 7 翚溪水库 Z-V-$P_{纳雨能力}$－$P_{气象预报}$图应用示意

3.2 有效性识别

如图 8 所示,水位长期无变化,通过雨洪对照发现时段内多次明显降雨过程中水位仍不变化,初步判定实时水位监测有故障,反馈相关人员现场检修。

如图 9 所示,降雨过程中水位变化明显,与降雨一一对应,但分析发现每次降雨过程中水位不涨反降,降雨结束后水位缓慢上涨,初步判定仪器安装或参数设置出现错误,反馈相关人员检修。

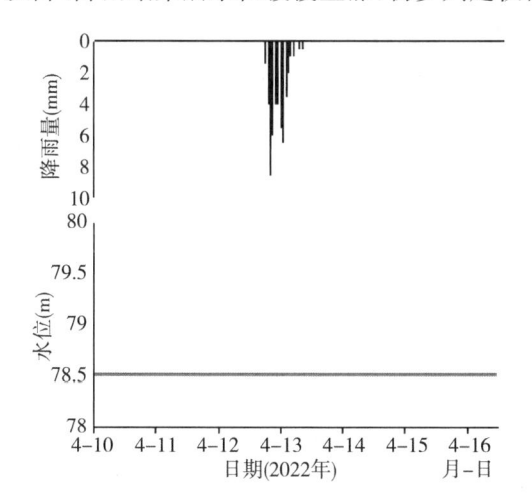

图 8 实时水位错误识别:水位过程线长期无变化

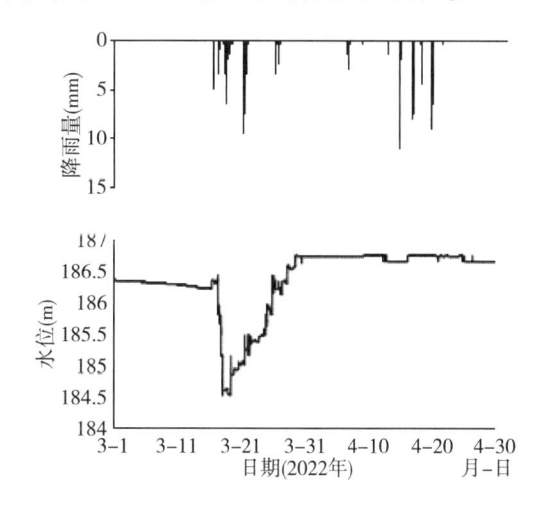

图 9 自动测报配置错误识别:仪器安装或参数设置错误

4 结论与思考

本文主要针对小型水库洪水预警方法进行初探，在不建立小型水库预报方案的基础上实现快速预警。小型水库实时预警包括实时水位预警和实时下泄流量预警。实时水位预警以水库特征水位为预警根据，通过实时水位与特征水位关联，实现水库水位实时预警。实时下泄流量预警以水库下游防洪保护对象的成灾流量为预警依据，通过水库下泄流量与成灾流量对比，实现水库下泄流量的实时预警。

小型水库预报预警包括水位预警和下泄流量预警，水位预警是以水库当前水位与水库特征水位之间的纳雨能力与降雨预报耦合，实现以当前水位为控制关联预报降雨的预报预警；下泄流量预警通过计划提前调度水库下泄流量与下游防洪保护对象流量比较，实现下泄流量提前预警。

小型水库实时预报预警适用于水库基础资料完整可靠、历史资料相对齐全、水雨情观测设施齐备、信息传递及时的情况。预警信息相对准确，并且可以实时修正，可为防汛决策提供依据。做好小型水库预报预警，要充分做好以下几点工作：

（1）确保小型水库基础资料完整可靠。无论是实时预警还是预报预警，对于小型水库基础资料的依赖性较大，在预报预警之前，必须对基础资料进行复核，包括流域水系图、库区地形图、流域面积、水准基准面高程；水库特性曲线资料（水位-库容关系、水位-泄量关系）；水库工程特性指标资料（工程布置、结构尺寸、防洪标准、特征水位与相应库容、泄洪设备与泄洪能力以及水库设计的水文水利基础资料）；工程质量等，只有确保基础资料完整可靠，才能使得预警结果贴近实际。

（2）确保小型水库雨水情实时数据真实可靠，信息传递迅速。若要保证预警信息相对准确，必须提升小型水库雨水情监测能力和数据传输水平。安徽省已实现全省小型水库雨水情自动测报的全覆盖，所采集的雨水情数据通过无线公网信道直接传输至省级统一接收平台，然后通过互联网将数据共享至其他数据平台。无线公网主要采用 GPRS/GSM 通信或者 4G 通信，对于可能有特殊要求的站点可以增加卫星信道作为备用信道。庞大的数据量对于数据的管理、异常数据的甄别、故障的处理提出更高的需求，需要创新管理的方式和手段，确保信息的有效性和针对性[7-8]。本文构建的水库断面概化图和水库对照图，可在一定程度上对小型水库雨水情信息的有效性进行甄别。

（3）提升基层防汛人员的业务水平和管理能力，建设群防组织体系尤为重要。小型水库防汛以政府为主导，应层层落实责任制。小型水库目前的管理主要以地方和基层为主，没有专门的管理机构和组织，运行管理单位往往只重视水库在农业灌溉方面的效益，较少关注水库日常的水文观测，管理人员的管理水平和能力还有较大短板。

[参考文献]

[1] 胡余忠.一种水库预警监测方法及系统:中国,201910903964.X[P].2022-02-08.

[2] 李禄,李忱庚.辽宁省小型水库安全度汛信息管理系统研究与实现[J].水利信息化,2022(1):88-92.

[3] 赵博华,杨心慧,余超,等.基于水利督查实践的广东省小型水库现状分析及对策思考[J].广东水利水电,2022(2):106-110.

[4] 肖珍宝,梁学文,班华珍,等.广西小型水库雨水情测报和大坝安全监测系统建设[J].广西水利水电,2022(1):105-107.

[5] 徐志宏.长丰县小型水库雨水情防洪自动测报系统建设[J].治淮,2022(2):15-18.

[6] 于雷. 小型水库防汛抗雨能力计算方法研究[J]. 黑龙江水利科技, 2022, 50(1):60-63+129.
[7] 廖承伟, 陈徐迪. 小型水库现代化管理框架[J]. 中国科技信息, 2022(2):112-114.
[8] 王奎. 浅谈小型水库水文观测中雨水情自动测报系统的建设[J]. 治淮, 2022(1):60-62.

[作者简介]

钟小燕, 女, 生于1993年6月, 三级主任科员, 从事水文情报预报工作, 13856582342, 153783949@qq.com。

推进水利高质量发展背景下的淮干中游生产圩治理对策与建议

李 晶[1] 王晓亮[2]

(1. 水利部淮河水利委员会 安徽 蚌埠 233000;
2. 淮河水利委员会水利水电工程技术研究中心 安徽 蚌埠 233001)

摘 要：20世纪50—60年代,淮河干流中游陆续形成了50多个生产圩,经过多年治理,现仍有生产圩24处。这些生产圩挤占了淮干行洪断面,影响了洪水下泄,亟待系统治理。同时,生产圩也是现阶段数万群众生产生活的重要场所,耕地数量庞大,从多方面因素考虑,单纯的"一刀切"治理难度大、投资大,而且效益不一定最佳。本文从新阶段水利高质量发展要求出发,结合当前的政策和形势,综合分析淮干中游生产圩现状、存在的问题、面临的制约因素,统筹发展和安全,研究提出下一步治理思路。

关键词：生产圩；防洪；土地；分类施策

淮河发源于河南省桐柏山,东流经鄂、豫、皖、苏四省,主流在三江营注入长江,全长约1 000 km,总落差约200 m,其中中游长490 km,落差仅16 m,水流平缓,滩地相对较宽。淮河位于我国南北气候过渡带,洪水主要集中在汛期,非汛期一般仅在主河槽过水。由于两岸人口密集,人水争地问题突出,而淮河滩地土地肥沃,方便灌溉,历史上周边群众就不断在滩地上垦殖,20世纪50—60年代,陆续形成了众多生产圩,后又为"保麦争秋"不断加高加固圩堤,严重挤占了河道行洪断面,影响洪水下泄,增加了干流排水压力。当前我国已进入新发展阶段,在推进水利高质量发展的背景下,研究淮河干流滩区生产圩治理措施,对进一步扩大淮河干流河道泄洪能力、降低中小洪水水位、完善流域防洪工程体系、促进区域经济社会发展和乡村振兴具有十分重要的意义。

1 淮河干流中游生产圩主要情况

淮河干流原有生产圩50多个,这些生产圩有的是20世纪50—60年代淮干堤防退建时形成,如临北圩、程小湾圩等；大部分是周边群众陆续围滩造地而成,堤身高度一般为2~3 m,堤顶宽2~3 m,少数为4 m。60—70年代,淮河干流生产圩堤加高增多、行洪区行洪口门违规加高、河滩地及分洪道内大量种植阻水植物和修建阻水建筑物等问题日趋突出,严重影响淮河的排洪能力。据80年代测算,与50年代相比,正阳关以上减少泄量约2 000 m³/s,正阳关至蚌埠河段减少泄量约1 500 m³/s。为此,国务院曾多次下发文件,要求沿淮各省组织对包括生产圩在内的阻水障碍物进行清理。1981年安徽省政府以皖政〔1981〕19号《转发省农委〈关于淮河清障工作意见的报告〉》,对淮河干流安徽境内生产圩提出了明确的处理意见。安徽省于80年代共铲除或铲低38处淮干滩区生产圩,在生产圩清理过程中,由于未充分考虑生产圩历史形成缘由,对生产圩处理的复杂性和难度估计不足,加上未能妥善解决群众的生产生活问题,生产圩处理工作受到很大阻力,当地群众在铲堤后又逐年进行了圩堤恢复并加高培厚。如凤台县老婆家圩,1984年曾铲堤至23.0 m高程,随后群众自发加高培厚,1986年加高至23.5 m,1996年加高至24 m,2001年加高至24.5 m。至1986年,安徽省淮河干流共有生产圩堤41处。

1991年以来,随着淮干中游河道整治、淮干行蓄洪区调整和建设、淮干滩区居民迁建等工程的建设,以及河道管理工作的不断加强,部分阻水严重的圩区和构筑物得到了有效整治,但目前安徽省淮干中游滩区仍有程小湾圩、天河圩、小香圩等21处生产圩,总面积74.1 km²,区内人口2.6万人,耕地6 500 hm²;江苏省有蛤滩、腰滩、城根滩等3处生产圩(不包括洪泽湖内圈圩),总面积47.1 km²,人口2.1万,耕地2 500 hm²。

2 生产圩存在的主要问题

2.1 阻水严重,影响洪水下泄

生产圩圈占的淮河滩地,是淮河洪水通道的重要组成部分,生产圩堤盲目围垦和无序加高加固,部分堤顶高程接近甚至超过相应河段设计洪水位,部分有生产圩的河段,堤距甚至不到500 m,阻水严重,减小了河道过洪断面,影响干流河道的行洪能力,尤其是影响中小洪水条件下的行洪能力。如东淝闸右圩、靠山圩,位于淮干正阳关至峡山口河段,寿西湖行洪区下游,董峰湖行洪区对岸,董峰湖行洪堤与生产圩堤堤距不到500 m,虽在大水时生产圩破堤进洪,但圩堤高程在25.0 m左右,仅比峡山口设计水位低0.54 m,阻水严重。2020年淮河发生了流域性较大洪水(总体约10年一遇),淮河干流水位偏高(局部超保证水位)且持续时间长,为合理调洪错峰、有序蓄泄洪水,淮河中游共启用了濛洼、荆山湖等8处行蓄洪区,而淮干中游生产圩仅天河圩、曹洲湾圩、黄瞳窑圩、新城口圩等10处破口(多为被动)进洪。据测算,2020年淮河洪水中破口进洪的生产圩,涉及耕地4 300 hm²,影响居住人口0.47万人,生产圩溃破后降低淮河干流洪峰水位蚌埠0.03 m,淮南0.1 m,峡山口0.08 m,正阳关0.08 m。另据淮干河工模型试验结果,当正阳关—淮南河道行洪流量在5 000～7 000 m³/s(中等洪水规模)的情况下,铲除东淝闸右圩、靠山圩、灯草窝圩后,可降低河道上游东淝河口水位0.08～0.13 m。

2.2 破圩频繁,圩区经济社会发展缓慢

淮干中游生产圩大多位于淮河主河道内,破圩进洪频繁,比如东淝闸右圩、靠山圩、程小湾圩进洪概率约3年一遇,老婆家圩进洪概率约4年一遇。其次,生产圩堤标准低,堤顶高程大多低于相应河段设计水位,圩堤堤身单薄,加之受崩岸影响,历来是地方政府防汛的重点和难点。再次,从政策上来看,淮干滩区内的生产圩是淮河河道的一部分,产业发展受限,加之进洪频繁,一直是安徽省的经济发展洼地。最后,不同于国家名录里的行蓄洪区,生产圩破圩行洪后的损失没有补偿,灾后恢复成本高。

3 当前生产圩处理存在的主要制约因素

实施生产圩治理,"一刀切"铲除所有的生产圩堤,将圩内所有人口进行异地安置,将圩内土地归还给河道(归纳为铲除圩堤、征收土地、迁移人口"3项措施"),是解决生产圩阻水问题"一劳永逸"的简单之道,但看似简单,却不一定是最佳之选,初步分析,这其中有历史、土地(耕地)、经济投入、行洪影响等方面的因素。

3.1 从生产圩的形成历史看,有其存在的"时代合理性"

目前,淮河中游干流共有 24 个生产圩(安徽 21 个,江苏 3 个),一方面,这些生产圩均是在五六十年代甚至更早的时候便形成的,也就是《中华人民共和国水法》《中华人民共和国河道管理条例》(均于 1988 年颁布)颁布实施之前就存在的,在五六十年代"以粮为纲"的时代背景下,加之河道管理相关法律法规不健全,这些生产圩的存在有其"时代合理性"。另一方面,生产圩内的 9 000 hm² 耕地为沿淮和圩区群众的生产生活提供了基本保障,为国家粮食安全做出了贡献,即使是现在,除非遇到大水年份,这些生产圩内的耕地每年依然提供十余万吨的粮食。

3.2 从耕地保护角度看,实施推进难度大

由于历史原因,圩内滩地大多被划为耕地且数量巨大,安徽境内 21 处淮干生产圩共有耕地 6 500 hm²,大多为集体土地,承包给群众耕种,其中部分耕地被划为基本农田。圩堤铲除后,一是圩内耕地失去保护,洪水淹没概率将进一步增加,对群众农业生产带来影响;部分有群众居住生活的生产圩内,群众生命财产安全将更容易受到洪水威胁。二是部分耕地被划为永久基本农田,按照最严格的耕地保护制度要求,需开展永久基本农田调整和补划,办理难度较大。三是生产圩铲除涉及大量的耕地征收,除征收土地补偿费、安置补助费、土地开垦费等费用外,还需进行耕地占补平衡,由于沿淮各地人多地少,后备土地资源不足,需通过土地市场购买土地指标用于占补平衡,地方政府资金压力大。

另外,淮河干流汛期洪水上滩的概率约为 1.3~1.9 年一遇,10 月—次年 5 月基本不上滩,即使生产圩堤全部铲除、耕地全部按规定征收后,未来大概率会继续耕种(至少 1 季),或许还会被重新划为耕地或林地。从这个角度看,国家和地方投入巨资去征收这样的土地、购买土地指标,仅仅是将圩区内的土地转换了类别,土地的实质用途并未发生大的改变(河道管理范围内不允许大规模的开发建设)。

3.3 从经济投入看,"3 项措施"成本巨大

若淮干中游 24 个生产圩均按照"3 项措施"予以清理,投入成本将会巨大。仅以淮河右岸蚌埠市的天河圩、曹洲湾圩为例,2 个生产圩面积分别为 4.4 km²、0.7 km²,圩内无居住人口,耕地共计 445 hm²,现状圩堤标准较低,圩内部分为水面。以现行的政策标准测算,如将 2 个生产圩退田还河,总投资约 11.5 亿元,其中工程部分投资仅 0.2 亿元,征地移民部分投资 11.3 亿元;在此之外,还需花费约 8.3 亿元购买耕地指标,用于耕地占补平衡。

3.4 从实际情况看,部分生产圩对淮干行洪的影响较小

淮干中游生产圩中,部分生产圩位于淮干滩区内,对淮河行洪影响较大的,应该全部铲除废弃或经过科学分析论证后进行适当退让。有部分生产圩距离淮河干流较远,且处于洇水弯道处,对淮干的行洪影响甚微,仅能起到一定的滞洪作用,如东湖闸左圩、汲河圩。另有部分生产圩虽位于淮干滩区内,但对于淮干行洪的影响较小,如天河圩、曹洲湾圩,经安徽省院初步分析,在现状工况下维持现状,河道设计流量 10 000 m³/s、涡河口设计洪水位 23.39 m 条件下,对荆山湖出口洪水位的影响壅高 0.02 m。综合 3.3 节中的数据,投入将近 20 亿元,仅为了消除荆山湖出口洪水位壅高影响 0.02 m,实施效果、工程效益等经济评价指标并不算好。

4 下一步治理思路

构建完善的流域防洪工程体系是新阶段水利高质量发展"六条实施路径"之一,水利部印发的《关于完善流域防洪工程体系的指导意见》(水规计〔2021〕413号)中指出,要根据流域防洪、江河生态保护和洲滩民垸(生产圩)治理保护要求,因滩施策,分类治理。对于大江大河内影响河道天然行洪和滞蓄洪水的洲滩民垸,分别采取"双退"和"单退"的方式,保持天然洪水的宣泄通道。淮干生产圩治理,一定要从淮河流域的防洪大局出发,以保证淮干洪水按规划设计标准宣泄畅通为根本目的,同时还要结合当前的政策、各生产圩的特点、对河势的影响等统筹考虑、分类施策。

4.1 以满足淮干洪水正常宣泄为近期目标,对生产圩进行分类处理

淮河干流滩区生产圩数量多,涉及面广,问题较为复杂,生产圩的治理,应以满足淮河行洪能力为目标,综合考虑各生产圩所处位置及河势、行洪效果、面积、人口等多种因素,远近结合,分类施策。近期通过实施淮河干流行蓄洪区调整工程,对河道过流能力不足,需进行河道疏浚的河段,按照淮干王家坝—正阳关滩槽泄量7 000 m^3/s,正阳关—涡河口滩槽泄量8 000 m^3/s,涡河口—洪山头滩槽泄量10 500 m^3/s 的目标,对工程影响范围内的生产圩进行整治。建议在对群众承包耕地进行合理补偿的基础上,对阻水明显的生产圩,统筹考虑移民征地等影响,实施退圩还河或退挖结合;对阻水不严重的生产圩,在完成居民迁建的前提下,铲堤至3年或5年一遇洪水位高程;对处于洄水湾地,行洪效果不明显,且圩内人口较多、迁建安置难度大的生产圩,在经过充分论证后,可设为一般保护区。

4.2 以满足淮干洪水分级设防为远期目标,进一步实施生产圩整治

实现淮干洪水分级设防是新阶段淮河治理需要谋划的重要内容。以往的淮干设计洪水地区组成分析中,均采用对淮干防洪较为不利的1954年大洪水作为典型过程线,并根据不同的设计洪水地区组成,推求设计洪水过程线。中小洪水的设防水位同100年一遇水位一样,造成防汛压力大,社会影响大。现行淮河防御洪水方案未针对中等洪水提出区别于大洪水的设防水位,淮干行蓄洪区调度根据各控制站的水位及流量决定启用时机。淮河中游分级设防目标及水位控制条件研究的预期目标是在淮河干流行蓄洪区调整工程完成后,继续优化行蓄洪区调度运用方案,提高河道滩槽泄量,建成标准较高的行蓄洪区。实现淮河中游10年一遇洪水在河道滩槽内运行,行蓄洪区基本不启用;20年一遇洪水位较设计水位有较为明显降低,行蓄洪区启用标准进一步提高。淮干生产圩的主要问题是影响中小洪水的宣泄,下阶段应结合淮河流域防洪规划修编工作,围绕淮干洪水分级设防目标,统筹防洪安全和生态保护要求,对生产圩问题进行系统研究规划,提出进一步治理措施。

4.3 有序退出河湖管理范围内的耕地,降低生产圩处理成本

目前,国土空间规划编制工作正在开展,"三区三线"划定是国土空间规划和用途管制的一项重要内容。水利部统筹国家粮食安全和防洪安全,坚持实事求是,提出了河湖管理范围内耕地的处置规则,并制定印发了《关于加强河湖水域岸线空间管控的指导意见》(水河湖〔2022〕216号)、《水利部办公厅关于支持做好"三区三线"划定工作的函》(办规计函〔2022〕91号)。沿淮各地水利部门应做好河湖划界与"三区三线"划定等工作的对接,在不妨碍行洪、蓄洪和输水等功能的前提下,商自然资源部门依法依规分类处理,有序退出淮干主河槽内、3年一遇洪水位以下、洪水上滩频繁的耕地和基本农田,降低生产圩处理所需的土地占补平衡资金成本以及补划基本农田的压力。

4.4 加快实施淮干滩区居民迁建,保障圩区居民防洪安全

2010年以来,国家安排对居住在淮河行蓄洪区和淮河干流滩区设计洪水位以下以及行蓄洪区庄台上超过安置容量的人口进行居民迁建。目前,安徽省已累计批复安置人口合计30.06万人,其中淮干滩区0.84万人;江苏省累计批复安置人口合计2.99万人,尚有0.88万不安全人口需通过城根滩保庄圩建设予以解决,蛤滩、腰滩已无群众居住。建议有关省市牢牢树立"两个坚持,三个转变"防灾减灾理念,坚持"人民至上、生命至上",加快实施淮干滩区居民迁建,解决生产圩内群众的防洪安全问题,同时为生产圩治理和圩区发展创造条件。

4.5 深入研究退出的土地使用,保障生产圩群众发展

生产圩堤废弃后,圩内耕地转变为河滩耕地,根据沿淮河干流各水文站汛期及非汛期洪水位进行分析,淮河干流汛期洪水上滩频率为1.3～1.9年一遇;非汛期洪水上滩频率为5.4～15.8年一遇,80%以上的概率可以满足夏粮收获,河滩耕地及原圩堤(废弃生产圩堤)被铲平后的土地仍有部分利用价值,建议一是加强产业政策扶持,积极引导发展滩地适应性农业、湿地产业和旅游观光产业,增加生产圩退出地区群众经济收益,比如蚌埠市正在结合涂山风景区-禹会村遗址谋划天河圩、曹洲湾圩的湿地型开发利用;二是建立"生态补偿"机制,建立中央转移支付补偿和防洪受益地区对口补偿相结合的综合补偿长效机制。

[参考文献]

[1] 陈平.安徽省淮河干流生产圩处理措施分析[J].江淮水利科技,2013(6):8-10.
[2] 程志远.淮河干流生产圩整治的若干问题思考[J].安徽农学通报,2015,21(18):141-142.
[3] 淮河阻水日趋严重 清障工作刻不容缓——杨振怀副部长率工作组赴淮河检查清障工作[J].治淮,1986(3):2-3.
[4] 淮河水利委员会治淮工程建设管理局,中国国际工程咨询公司,中水淮河规划设计研究有限公司.淮河干流行蓄洪区调整后退为滩地的土地征收及利用方案研究报告[R].2013.
[5] 安徽省水利水电规划设计研究总院.淮河干流峡山口—涡河口段行洪区调整和建设工程可行性研究报告[R].2022.

[作者简介]

李晶,男,生于1979年10月,高级工程师,主要研究方向为水利前期工作、建设管理等,13855225108,28890487@qq.com。

基于高分三号的洪涝灾害遥感监测
——以 2020 年淮河洪水期间蒙洼蓄洪区为例

郝 建[1] 邱梦凌[1,2] 司雷雷[3] 李凤生[1]

(1. 淮河水利委员会水文局(信息中心) 安徽 蚌埠 233001;2. 河海大学 江苏 南京 211100；
3. 安徽淮河水资源科技有限公司 安徽 蚌埠 233001)

摘 要：如何科学有效地利用遥感监测以达到防灾减灾的目标，是目前国内外研究的热点和难点问题。本研究采用阈值分割法，利用高分三号雷达卫星遥感影像提取蒙洼蓄洪区内水体范围，分析了 2020 年淮河大洪水期间蓄洪区洪水演进过程。研究结果表明，利用高分三号雷达遥感影像可以及时准确提取洪涝灾害范围，为应急调度、灾害监测以及灾情评估等提供技术支撑。

关键词：洪涝灾害；高分三号；合成孔径雷达；水体提取；阈值分割

1 引言

随着高空间、时间和光谱分辨率遥感数据资源的不断丰富，遥感技术已成为获取地表信息的重要手段[1-2]。利用遥感影像耦合地面测站信息，构建空天地一体化感知网，是数字孪生流域建设的重要内容，也是推进智慧水利建设的重要举措[3-4]。及时、高效、精确水体信息提取，对于开展水旱灾害防御、水资源管理、河湖监管、水土保持监测等水利业务工作具有重要意义[5-7]。遥感水体信息提取从数据来源上主要有光学遥感数据、雷达遥感数据以及两者结合数据[8]，光学遥感通常利用水体的光谱特征来提取水体信息，在洪涝灾害发生期间，易受到云雨雾影响，而合成孔径雷达(SAR)能够穿透云雨雾[9]，实现洪涝灾害过程全天候、全天时监测。目前基于雷达数据的水体信息提取方法主要有阈值法[10-13]、面向对象法[14-16]和深度学习法[17-18]等，基于 SAR 水体信息提取技术被广泛应用于洪涝灾害监测与评估等领域[17-22]。

高分三号是我国首颗分辨率达到 1 m 的 C 频段多极化 SAR 卫星，具备 12 种成像模式，涵盖传统的条带成像模式和扫描成像模式，以及波成像模式和全球观测成像模式，在洪涝灾害监测和防灾减灾等领域具有较大的应用潜力。2020 年 7 月，淮河发生了流域性较大洪水，蒙洼蓄洪区时隔 13 年再次启用，本研究基于高分三号双极化精细条带(FSII)雷达遥感影像数据，采用阈值分割方法提取了蒙洼蓄洪区启用前后洪水淹没范围，分析蓄洪区启用后洪水演进过程，为洪涝灾害监测与灾情评估提供了信息支撑。

2 研究区域

2.1 研究区概况

蒙洼蓄洪区是淮河流域于 1953 年设立的第一座行蓄洪区，位于安徽省阜南县(如图1)，为淮河干流中游第一座蓄滞洪区,总面积180.4 km²,设计蓄洪水位27.8 m,设计蓄洪量7.5亿 m³。研究区地形西高东低,内辖王家坝、曹集、老观、郜台4个乡镇,75个行政村,131座庄台,居住人口19.5万人。

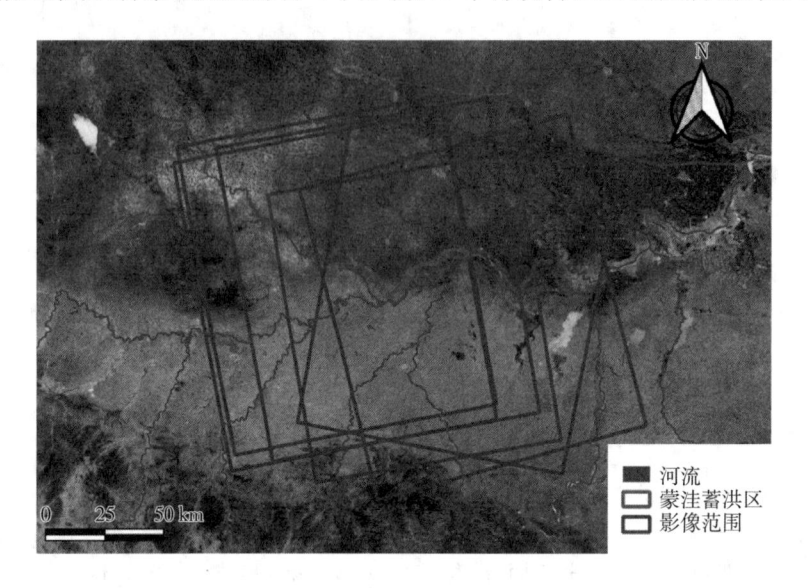

图1 研究区范围与影像数据图

2.2 洪水过程

2020年6月,淮河干流主要控制站出现3次明显涨水过程,均未超过警戒水位,7月下旬淮河干流发生了流域性较大洪水,淮河干流王家坝至鲁台子河段超保证水位,润河集至汪集河段、小柳巷河段水位创历史新高。

其中,王家坝站6月中旬和下旬出现2次小涨水过程,6月底出现1次明显涨水过程,7月出现1次超过保证水位的洪水过程。7月11日8时12分水位从21.47 m(相应流量298 m³/s)起涨,14日4时水位涨至第一次洪峰水位26.77 m,相应流量2 400 m³/s。15日14时54分水位小幅回落至26.28 m后再次起涨,17日22时48分达到警戒水位27.50 m,为2020年首次达到警戒水位,编号为"淮河2020年第1号洪水",至20日0时6分水位达到29.31 m,超过保证水位0.01 m,20日8时24分出现洪峰水位29.76 m,超警戒水位2.26 m,超保证水位0.46 m,8时34分蒙洼蓄洪区王家坝闸开闸蓄洪(开闸时王家坝站水位29.75 m,超保证水位0.45 m),20日16时48分出现洪峰流量7 260 m³/s,21日18时6分水位退至保证水位以下0.03 m,23日13时18分王家坝闸关闸结束蓄洪,29日19时24分水位退至警戒水位以下0.01 m。8月1日9时30分,蒙洼蓄洪区曹台子退水闸正式开闸退洪。

2.3 研究数据

研究收集了研究区域6期高分三号雷达影像,其中,2017年10月26日影像作为研究区域参照数据,研究所用影像主要参数如表1所示。

表1 雷达遥感影像主要参数表

成像时间	成像模式	极化方式	入射角度(°)	采样间隔(m)	
				距离向	方位向
2017/10/26 10:18:00	FSII	HH/HV	34.74	2.25	4.77
2020/07/20 10:23:47	FSII	HH/HV	40.36	2.24	5.87

续表

成像时间	成像模式	极化方式	入射角度(°)	采样间隔(m) 距离向	采样间隔(m) 方位向
2020/07/21 09:42:56	FSII	HH/HV	27.97	1.12	5.87
2020/07/30 22:21:37	FSII	HH/HV	34.87	2.25	4.77
2020/08/01 10:27:11	FSII	HH/HV	45.12	4.49	4.82
2020/08/06 10:20:23	FSII	HH/HV	34.66	2.25	4.77

3 研究方法

SAR影像后向散射强度的大小与地物表面的粗糙度息息相关，表面光滑的水体多产生镜面散射，对雷达信号的后向散射能力较弱，通常在雷达影像上呈现暗黑色。对雷达影像进行预处理后，利用HH极化和HV极化影像计算水体指数，结合目视解译，对极化影像中水体和非水体类别的后向散射强度进行统计，确定水体分割最佳阈值。分别对6期雷达影像提取水体，首先获取参照影像（2017年10月26日）水体覆盖区域，依次获取2020年洪水发生期间监测影像，提取洪水淹没区域，分析洪水空间演进过程。

3.1 图像预处理

雷达影像预处理主要包括多视、滤波、地理编码、辐射定标、几何校正等。SAR是相干系统，斑点噪声是固有特性，在均匀的区域，表现出明显的亮度随机变化，通过多视和滤波处理，可以有效抑制斑点噪声，在研究中经过多次实验，采用5×5窗口的Frost滤波效果最佳。地理编码是把SAR图像从斜距几何或地距几何转换成地理坐标投影。辐射定标是将雷达图像的数字转换为后向散射系数，以便于对比同一区域不同传感器影像。研究中用到了6期高分三号影像，由于卫星拍摄时间、拍摄角度不同，经过地理编码转换后存在错位等现象，需要使用几何校正纠偏。

3.2 水体提取

研究使用的高分三号精细条带（FSII）数据，为HH和HV双极化影像，经过预处理后，水体的后向散射强度明显小于非水体[如下图2(a)、2(b)所示]，在单极化图像上表现为深黑色，与非水体差异相对明显；在HH/HV波段统计直方图[如图2(d)、2(e)所示]中，地面散射强度在统计频率曲线呈对数下降趋势，而水体提取精度取决于分割阈值，阈值取值范围是曲线下降明显减缓的某个区间内，单极化统计直方图曲线特征决定了分割阈值区间较窄，水体提取精度受阈值区间影响较大。参照贾诗超等[23]提出的基于Sentinel-1双极化数据SDWI水体信息提取方法，构建高分三号双极化数据水体指数计算公式：

$$I_{SDWI} = \ln(10 \times HH \times HV) \tag{1}$$

式中：I_{SDWI}为水体指数；HH、HV为高分三号FSII影像双极化数据。通过对高分三号双极化数据进行波段运算后生成水体指数影像[图2(c)]和统计直方图[图2(f)]，从图2(c)中可以看出，水体和非水体对比度显著增强，直方图中呈现两个波峰，分割阈值即在两个波峰之间，阈值区间范围更广，有利于精确选取合适的分割阈值。

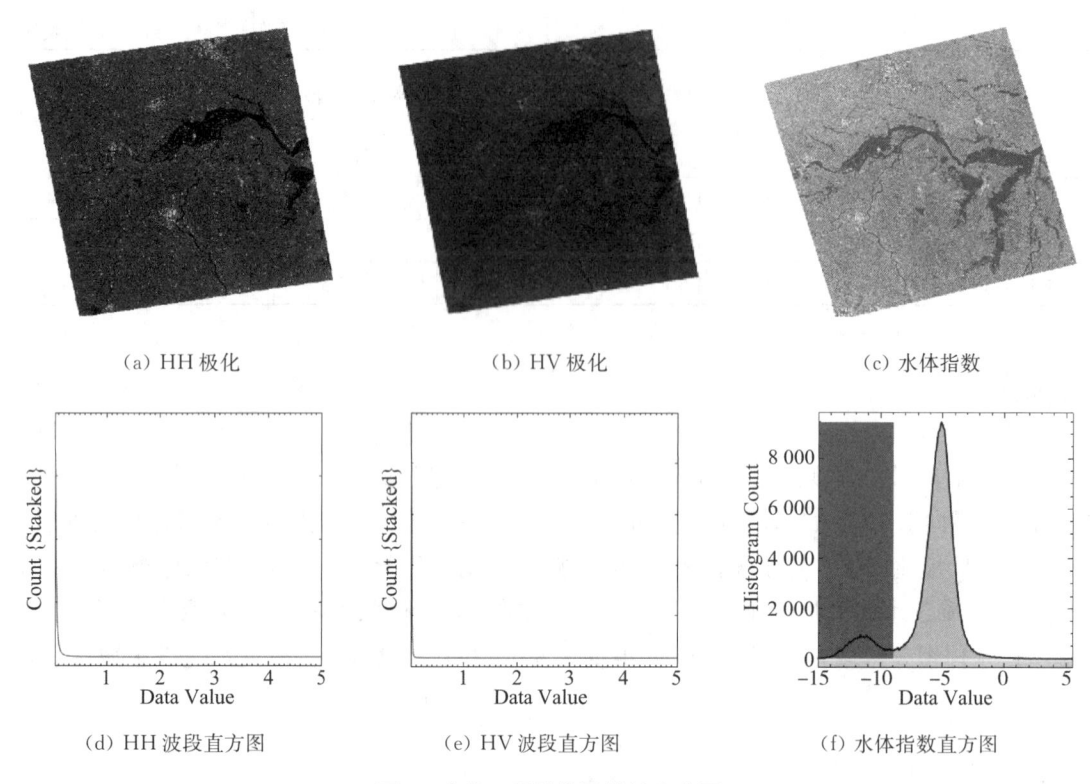

(a) HH 极化　　　　　　　　(b) HV 极化　　　　　　　　(c) 水体指数

(d) HH 波段直方图　　　　　(e) HV 波段直方图　　　　　(f) 水体指数直方图

图 2　高分三号影像及统计直方图

蒙洼蓄洪区 6 期雷达影像提取的水体范围如图 3 所示。其中,2017 年 10 月 26 日,蓄洪区内除自然水体外,绝大部分区域均为非水体,可作为参照影像,通过 2020 年 7 月 20 日—8 月 6 日 5 期雷达影像可以获取蒙洼蓄洪区内水体覆盖范围。

■ 雷达影像　　■ 提取水体范围　　□ 蒙洼蓄洪区范围

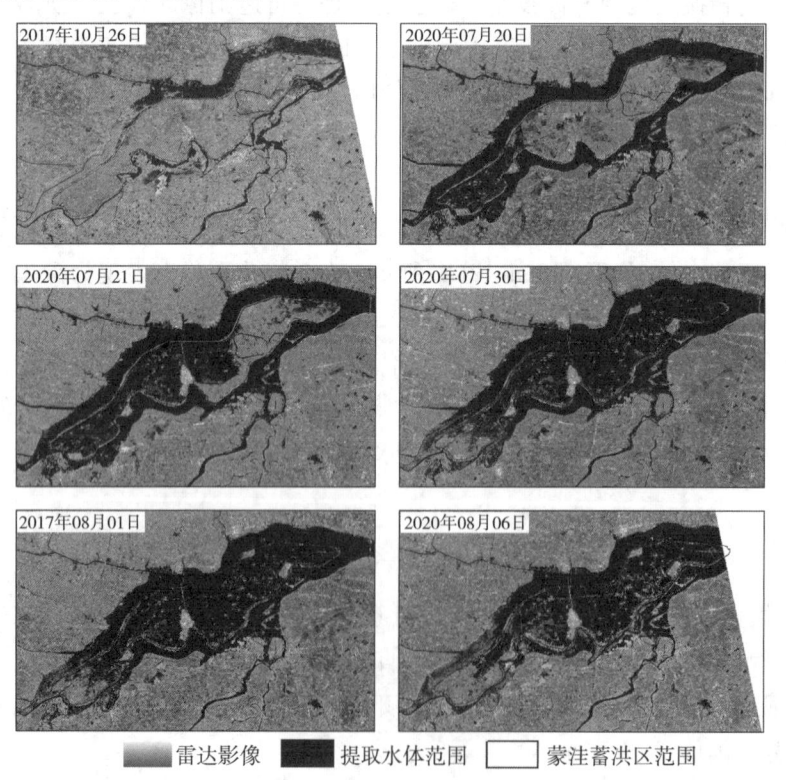

图 3　水体覆盖范围提取

3.3 精度评价

结合天地图等影像资源,分别对6期雷达影像随机选取采样点,进行目视解译,用于定量评价提取水体精度,如表2所示,总体精度(TDA)在80%~85%之间。受雷达影像的入射角度、相干斑噪声等影响,选取的分割阈值,均可能导致提取的结果存在一定的误差。

表2 雷达影像提取采样点精度计算表

成像时间	采样点数量	正确检测样点数量	TDA(%)
2017/10/26 10:18	100	84	84.00
2020/7/20 10:23	110	89	80.91
2020/7/21 9:42	80	68	85.00
2020/7/30 22:21	100	82	82.00
2020/8/1 10:27	90	76	84.44
2020/8/6 10:20	100	86	86.00

4 结果分析

以2017年10月26日影像为参照,去除了蒙洼蓄洪区内河流、湖泊、坑塘等自然水体,得到了2020年5期雷达影像提取的实际洪水淹没范围,如图4所示;据此计算洪水淹没面积如表3。2020年7月20日,王家坝闸开闸蓄洪2 h后,洪水淹没了蓄洪区东南角[图4(a)],中东部大部分区域因为持续降雨存在少量水体,洪水淹没面积33.56 km²,占蓄滞洪区总面积的18.6%;7月21日,开闸25 h后,洪水淹没了西南、中部区域,淹没区零星庄台尚未被洪水淹没[图4(b)],东北部区域洪水淹没区比

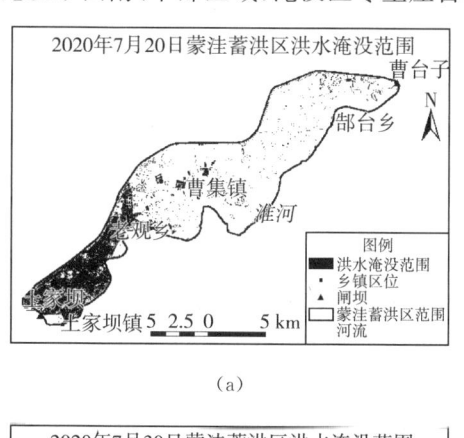

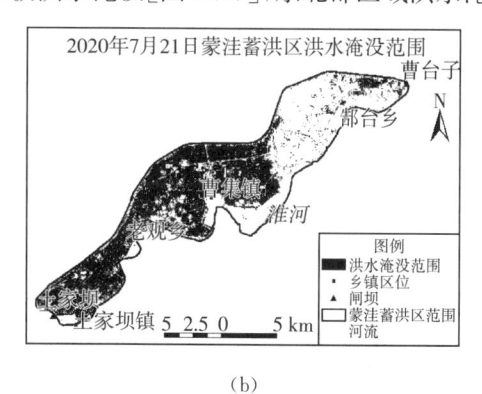

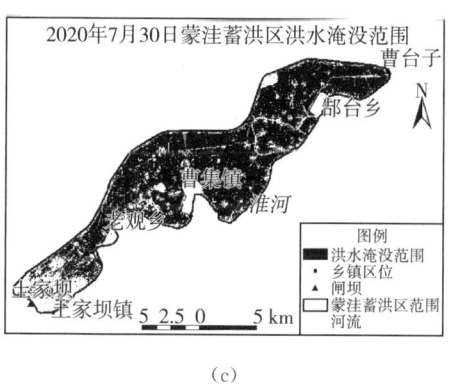

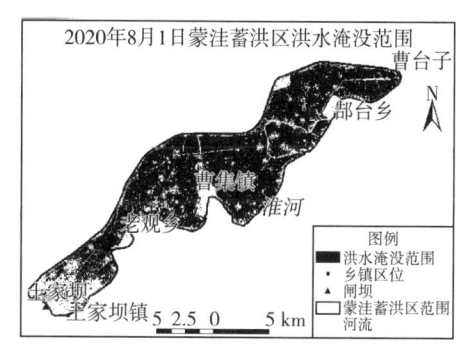

(a)

(b)

(c)

(d)

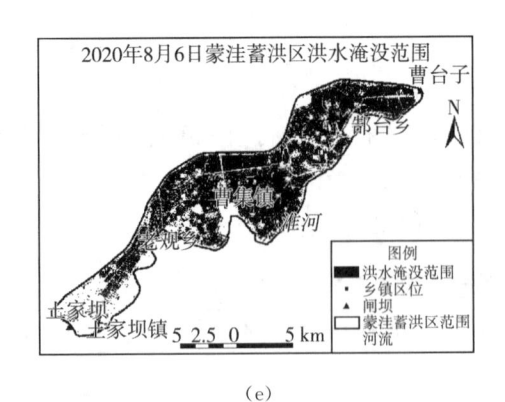

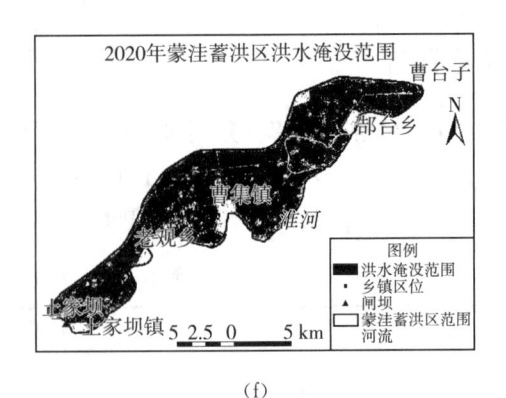

图 4　洪水淹没范围

前一日明显增多,洪水淹没面积 84.23 km²,占蓄滞洪区总面积的 46.69%;7月23日王家坝闸关闸,8月1日曹台子闸开闸泄洪,从7月30日和8月1日洪水淹没范围图[图4(c)、图4(d)]中可以看出,西南部区域由于蒸散发和下渗,洪水渐退,淹没区域大概占总面积的70%左右;8月6日,区域内水体范围持续减少,庄台、村庄建筑区域已无水体覆盖[图4(e)]。经5期影像叠加分析[图4(f)],可得出,在整个洪水发生过程中,除王家坝镇、曹集镇、老观乡、郜台乡等地势较高的庄台外,其他区域均被洪水淹没。

表 3　洪水淹没面积统计表

成像时间	洪水淹没面积(km²)	洪水淹没区域占比(%)
2020/7/21 9:42	33.56	18.60
2020/7/30 22:21	84.23	46.69
2020/8/1 10:27	122.35	67.82
2020/8/6 10:20	128.4	71.18
2020/8/6 10:20	105.01	58.21
汇总统计	148.17	82.13

5　结论

本研究基于6期高分三号雷达遥感影像,采用阈值分割法提取了蒙洼蓄洪区水体覆盖范围,通过地理叠加分析,获取了蒙洼蓄洪区启用后洪水空间分布和淹没面积,实现了洪涝灾害定量遥感监测。研究发现,由于雷达遥感影像不受云雨雾影响,采用阈值分割法能够较为快速准确地提取洪涝区域水体分布,准确率在80%以上;在2020年淮河大洪水期间,蒙洼蓄洪区内除乡镇庄台外,洪水淹没了82%以上的区域,通过对比分析获取了洪水演进过程,可为灾情评估、应急救援等提供技术支撑。高分三号雷达卫星重访周期较长,在洪涝灾害发生期间,能够获取的影像数量有限,限制了洪涝灾害实时监测等应用场景。同时,雷达影像受入射角度、相干斑噪声和空间分辨率等因素局限,采用阈值分割法虽然在提取效率上具有显著优势,但提取精度尚需进一步提升。

[参考文献]

[1] 王航,秦奋.遥感影像水体提取研究综述[J].测绘科学,2018,43(5):23-32.
[2] 程益联,曾焱.智慧水利应用体系及其应用梳理评价研究[J].水利信息化,2021(6):5-9.

［3］蔡阳,成建国,曾焱,等.加快构建具有"四预"功能的智慧水利体系［J］.中国水利,2021(20):2-5.

［4］曾焱,程益联,江志琴,等."十四五"智慧水利建设规划关键问题思考［J］.水利信息化,2022(1):1-5.

［5］蔡阳,谢文君,程益联,等.全国水利一张图关键技术研究综述［J］.水利学报,2020,51(6):685-694.

［6］周鹏,谢元礼,蒋广鑫,等.遥感影像水体信息提取研究进展［J］.遥感信息,2020,35(5):9-18.

［7］孟令奎,郭善昕,李爽.遥感影像水体提取与洪水监测应用综述［J］.水利信息化,2012(3):18-25.

［8］李丹,吴保生,陈博伟,等.基于卫星遥感的水体信息提取研究进展与展望［J］.清华大学学报(自然科学版),2020,60(2):147-161.

［9］王景旭,邱士可,王正,等.基于GF-3号遥感影像水体信息提取的郑州市洪涝灾害监测［J］.河南科学,2021,39(10):1701-1706.

［10］周彬,金琦.基于高分三号卫星影像的水体信息提取技术研究［J］.测绘与空间地理信息,2021,44(11):137-141.

［11］谷鑫志,曾庆伟,谌华,等.高分三号影像水体信息提取［J］.遥感学报,2019,23(3):555-565.

［12］李景刚,黄诗峰,李纪人.ENVISAT卫星先进合成孔径雷达数据水体提取研究——改进的最大类间方差阈值法［J］.自然灾害学报,2010,19(3):139-145.

［13］辜晓青,黄淑娥,戴芳筠,等.基于Sentinel-1的一次暴雨过程洪泛范围监测［J］.江西科学,2019,37(1):85-89.

［14］杨朝辉,白俊武,陈志辉,等.利用Sentinel-2A影像的面向对象特征湿地决策树分类方法［J］.测绘科学技术学报,2019,36(3):262-268.

［15］李成绕,薛东剑,张露,等.基于Sentinel-1A卫星SAR数据的水体提取方法研究［J］.地理空间信息,2018,16(1):38-40+7.

［16］汤玲英,刘雯,杨东,等.基于面向对象方法的Sentinel-1A SAR在洪水监测中的应用［J］.地球信息科学学报,2018,20(3):377-384.

［17］王敬明,王世新,王福涛,等.基于Sentinel-1 SAR数据洪水淹没提取方法研究［J］.灾害学,2021,36(4):214-220.

［18］陈前,郑利娟,李小娟,等.基于深度学习的高分遥感影像水体提取模型研究［J］.地理与地理信息科学,2019,35(4):43-49.

［19］李胜阳,许志辉,陈子琪,等.高分3号卫星影像在黄河洪水监测中的应用［J］.水利信息化,2017(5):22-26+72.

［20］何颖清,齐志新,冯佑斌,等.基于高分三号雷达遥感影像的洪涝灾害监测——以郑州"7·20"特大暴雨灾害为例［C］//中国水利学会.中国水利学会2021学术年会论文集第二分册.郑州:黄河水利出版社,2021:333-340.

［21］郭山川,杜培军,蒙亚平,等.时序Sentinel-1A数据支持的长江中下游汛情动态监测［J］.遥感学报,2021,25(10):2127-2141.

［22］栾玉洁,郭金运,高永刚,等.基于Sentinel-1B SAR数据的2018年寿光洪水遥感监测及灾害分析［J］.自然灾害学报,2021,30(2):168-175.

［23］贾诗超,薛东剑,李成绕,等.基于Sentinel-1数据的水体信息提取方法研究［J］.人民长江,2019,50(2):213-217.

［作者简介］

郑建,男,生于1990年7月,工程师,水利信息化应用与网络安全管理,18255273883,jiajian@hrc.gov.cn。

基于沂沭河"8·14"洪水的刘家道口枢纽分洪方案研究

黄渝桂 于继禄

(中水淮河规划设计研究有限公司 安徽 合肥 230601)

摘 要：刘家道口枢纽工程是沂沭泗河洪水东调南下骨干工程之一，是实现沂河洪水东调的关键性控制工程，是调控刘家道口闸泄洪和彭家道口闸分洪实现分沂入沭目标的重要节点工程。本文针对沂河100年设计一遇洪水的量级，研究刘家道口枢纽泄洪及分洪调度方案，分析研判现状枢纽工程存在的问题和刘家道口枢纽对沂河洪水安排的影响，初步提出枢纽的治理方案。研究表明，刘家道口枢纽在现状工情下，刘家道口闸满足现状及规划泄洪要求，彭家道口闸不能满足现状及规划泄洪要求；为满足洪水安排及工程布局，刘家道口闸需按控泄条件运行使彭家道口闸闸上水位达到设计水位，彭家道口闸敞泄条件运行，并通过凿除闸底板上梯形堰及挑坎等措施满足彭家道口闸泄洪要求；为满足枢纽泄洪及分洪目标，需在枢纽上游适当位置建设具备规划分流比条件的分流岛，确保泄洪安全分洪可靠。研究成果可为沂沭泗河洪水东调南下提标工程提供一定参考。

关键词：沂河；洪水调度；刘家道口枢纽；控泄

1 概述

刘家道口节制闸位于沂河干流上，相应河道桩号K126+320，是拦蓄、调控沂河上游来水的重要工程。现状设计洪水标准50年一遇，设计流量12 000 m³/s，相应闸上水位61.07 m，闸下水位60.89 m；校核洪水标准100年一遇，校核流量14 000 m³/s。

彭家道口分洪闸位于分沂入沭水道进口处，是分泄沂河洪水经分沂入沭水道入沭河的控制工程。该闸现状设计洪水标准50年一遇，设计流量4 000 m³/s，相应闸上水位60.76 m，闸下水位60.41 m；校核洪水标准100年一遇，校核流量5 000 m³/s，相应闸上水位61.73 m，闸下水位61.25 m[1-2]。

通过分析2020年"8·14"洪水及历年分洪调度运用情况，对现状刘家道口枢纽泄洪及分洪能力进行复核，研究沂河100年发生一遇洪水时，刘家道口枢纽泄洪及分洪安排，分析现状刘家道口闸及彭家道口闸存在的问题及矛盾，提出适宜的除险加固治理措施，从而为沂河东调南下提标工程的洪水安排和枢纽工程治理方案提供参考。

2 洪水及现状枢纽调度

2.1 洪水情况

2020年，沂沭河发生洪水，主要是沂河、沭河上游，受副高边缘暖湿气流和蒙古气旋南部的冷空气共同影响，降雨中心最大点雨量沭河上游张家抱虎站24小时降雨量为497 mm，其次为沂河和庄站降雨量为490 mm。沂河临沂站8月14日19时出现洪峰流量10 900 m³/s，刘家道口闸出现最大泄量7 900 m³/s，彭家道口闸出现最大泄量3 360 m³/s；沭河重沟14日19时出现洪峰流量6 320 m³/s，大官庄人民胜利堰 14 日 23 时出现最大泄量 2 800 m³/s(超设计流量 2 500 m³/s),新沭河泄洪闸 14 日 23 时最大泄量 6 500 m³/s(超设计流量 6 000 m³/s),均超历史。

2.2 刘家道口枢纽分洪调度情况

8 月 14 日 12 时彭家道口闸 19 孔闸门全部打开提出水面,下泄 1 690 m³/s,17 时最大分洪流量下泄 3 360 m³/s,刘家道口闸分洪 7 780 m³/s。刘家道口闸为控泄状态,彭家道口闸闸上水位 61.69 m(设计水位 60.76 m),闸下水位 61.13 m(设计水位 60.41 m),最大流量时闸上、闸下对应分别超设计水位 0.93 m 和 0.72 m,落差大于水闸设计落差 35 cm(实际落差 56 cm),最大泄量仍达不到设计规模 4 000 m³/s。

2.3 枢纽分洪效果不足原因

(1) 枢纽分洪能力不足

2020 年分洪调度,临沂站洪峰流量 10 900 m³/s,彭家道口调度下泄 4 000 m³/s,8 月 14 日 17 时彭家道口闸 19 孔闸门全部打开提出水面,最大分洪流量下泄 3 360 m³/s,刘家道口闸分洪 7 780 m³/s。刘家道口闸为控泄状态。彭家道口闸闸上水位、闸下水位在超设计情况下,仍达不到设计泄洪能力。

鉴于近年来刘家道口枢纽洪水调度情况,彭家道口闸分洪能力达不到设计能力。2010 年刘家道口闸建设后,改变之前壅水作用的拦河闸坝,使沂河洪水更加顺畅的南下,同时盛口切滩改变沂河水势主流方向,更利于南下洪水下泄。刘家道口闸闸底板高程低于彭家道口闸闸底板高程 1.0 m,不利于彭家道口东调洪水。

(2) 河道淤积

分沂入沭水道彭家道口闸下河道淤积严重;彭家道口闸至黄庄段长 12 km,河道内密集生长大量的芦苇、蒲草等水生植被,阻碍行洪,行洪不畅,使闸下水位超过设计水位,减弱河道行洪能力。

(3) 水位顶托

分沂入沭水道受大官庄水位顶托,降低水面线比降,影响河道泄洪能力。分沂入沭水道现状行洪能力不足,达不到设计行洪要求。

3 枢纽泄洪能力计算方法

水闸一般分为高淹没状态、低淹没或自由出流状态来计算过流能力。

(1) 高淹没状态,水闸过流能力计算方法

由于刘家道口枢纽敞泄工况均为高淹没状态,水闸过流能力采用《水闸设计规范》附录 A.0.2 相关公式进行计算[3]。

$$B_0 = \frac{Q}{\mu_0 h_s \sqrt{2g(H_0 - h_s)}} \quad (1)$$

$$\mu_0 = 0.877 + \left(\frac{h_s}{H_0} - 0.65\right)^2 \quad (2)$$

式中:B_0 为闸孔总净宽(m);Q 为过闸流量(m³/s);H_0 为计入行近流速水头的堰上水深(m);g 为重力加速度,可采用 9.81(m/s²);h_s 为由堰顶算起的下游水深(m);μ_0 为淹没堰流的综合流量系数。

(2) 低淹没或自由出流状态,水闸过流能力计算方法

在维持高过闸落差控泄情况下的水闸过流能力采用《水闸设计规范》附录 A.0.3 公式计算过流能力。以 A.0.3 相关公式反演闸孔开度,设置闸孔开启安全运行控制条件[3]。

$$B_0 = \frac{Q}{\sigma'\mu h_e \sqrt{2gH_0}} \tag{3}$$

$$\mu = \varphi\varepsilon' \sqrt{1 - \frac{\varepsilon' h_e}{H}} \tag{4}$$

$$\varepsilon' = \frac{1}{1+\sqrt{\lambda\left[1-\left(\frac{h_e}{H}\right)^2\right]}} \tag{5}$$

$$\lambda = \frac{0.4}{2.718^{16\frac{r}{h_e}}} \tag{6}$$

式中:h_e 为孔口高度,m;μ 为孔流流量系数;φ 为孔流流速系数,可采用 0.95~1.0;ε' 为孔流垂直收缩系数;λ 为计算系数,公式(6)适用于 $0 \leq \frac{r}{h_e} < 0.25$ 范围;r 为胸墙底圆弧半径(m);σ' 为孔流淹没系数,由表 A.0.3 查得。

4 枢纽泄洪能力计算分析及方案处理

4.1 沂河洪水安排

(1) 现状洪水安排

沂河现状防洪标准为 50 年一遇,根据 2012 年印发的《沂沭泗河洪水调度方案》(国汛〔2012〕8 号)成果,预报沂河临沂站洪峰流量为 16 000 m³/s,彭家道口闸分洪流量不超过 4 000 m³/s,控制刘家道口闸下泄流量不超过 12 000 m³/s[4]。

(2) 规划洪水安排

沂河规划防洪标准为 100 年一遇,根据沂沭泗河洪水东调南下提标工程规划成果,临沂站洪峰流量为 17 600 m³/s,彭家道口闸分洪流量不超过 4 000 m³/s,控制刘家道口闸下泄流量不超过 13 600 m³/s[5]。

4.2 刘家道口闸泄洪能力复核

(1) 现状设计工况敞泄提标泄洪规模的过流能力复核[5-6]

因刘家道口闸下游河道下切,枢纽下游河道洪水位降低至 60.16 m,刘家道口闸敞泄工况为高淹没状态,水闸过流能力采用《水闸设计规范》进行计算。由于闸下相应的设计洪水位较原设计降低约 0.73 m,闸孔泄流状态由高淹没度转化为低淹没度,过流能力会增强,泄放相同流量情况下,闸上下游水位均会相应降低且过闸落差相应增加。按原设计工况运行时,复核过流能力为 12 540 m³/s,略大于原设计工况下水闸设计泄洪(设计 12 000 m³/s)要求。

(2) 按 100 年一遇泄洪规模分析高过闸落差敞泄条件下的过流能力[6]

现状节制闸按控泄运行,在 100 年一遇设计工况下,闸上水位 61.07 m,闸下水位 60.16 m,闸底板上设突槛堰高 0.5 m。

在维持高过闸落差敞泄情况下的水闸过流能力采用《水闸设计规范》计算复核过流能力。在维持高过闸落差敞泄情况下,保持闸上水位 61.07 m 闸下水位 60.16 m 时,水闸可敞泄流量超过提标后的设计泄洪规模(设计 13 600 m³/s),但消能防冲设施无法满足以上泄流要求,以上计算是在不考虑上下游河道约束条件及消能防冲能力的情况下进行的,仅为理论计算结果。

4.3 彭家道口闸泄洪能力复核

(1) 基本维持现状设计工况泄洪规模的过流能力复核

彭家道口闸为平底板,平底板上梯形堰为实用堰结构,鉴于该坎对过流断面影响较大,考虑到平底板上梯形堰坎较宽且有尾部挑坎结构,过流计算仍按相对不利的平底宽顶堰对待,堰顶高程按 53.79 m 考虑,维持原运行工况,考虑闸上引渠设计行洪分流时的水面降为 0.31 m,校核行洪相对刘家道口闸上壅高 0.04 m。闸孔行洪工况均为高淹没水流,设计工况过闸落差 0.35 m,校核工况过闸落差 0.48 m,按《水闸设计规范》高淹没堰流公式进行计算。

根据理论计算,考虑现状彭家道口分洪闸有梯形底坎的情况,在设计和校核工况下彭家道口闸泄洪能力分别为 3 754 m³/s、4 730 m³/s,计算过流能力仅占原规划分洪能力(设计 4 000 m³/s、校核 5 000 m³/s)的 94%和 95%,闸孔规模及过流能力略显不足,尚难以完全满足原设计运用工况的分洪要求。

(2) 凿除闸底板上梯形堰及挑坎后现状工况过流能力复核

彭家道口闸凿除闸室底板顶面的梯形堰及尾部挑坎并改进下游消能防冲措施后,闸孔分洪能力会增强。彭家道口闸敞泄时为平底板堰流,闸底板高程 53.29 m,复核闸孔泄流能力。设计行洪工况时为高淹没水流,在设计及校核泄洪工况下,按《水闸设计规范》高淹没堰流公式进行计算复核。

根据理论计算,凿除现状彭家道口分洪闸梯形堰及挑坎后,在设计和校核工况下彭家道口闸泄洪能力分别为 4 048 m³/s、5 060 m³/s,计算过流能力高于原规划分洪规模(设计 4 000 m³/s、校核 5 000 m³/s),相当于原规划分洪规模的 101%和 101%,闸孔规模满足原设计运用条件下的分洪要求。

4.4 刘家道口枢纽规划治理措施方案比选

在充分利用沂沭河现状泄洪能力基础上,合理调配沂沭河上游洪水东调及南下,需确定适宜的刘家道口闸枢纽工程提标治理措施方案,以解决沂河洪水的东调南下问题,拟定三个方案进行比选。

(1) 刘家道口闸控泄,闸下无壅水设施,维持高落差(方案一)

在设计泄洪条件下,改变原刘家道口闸敞泄工况为控泄工况。提标后刘家道口闸闸上维持原设计洪水位,设计流量 13 600 m³/s 控泄,按低淹没流态计算,无须扩建新闸。彭家道口闸维持原设计运用条件,按平底闸堰顶高程 53.29 m,推算现状设计分洪工况下分洪闸过流能力约 4 048 m³/s,基本满足设计分洪要求(图1)。

该方案要求刘家道口闸按控泄运行,需要进一步复核闸室稳定及消能防冲能力,更新加固下游消力池、海漫及防冲槽设施,更新提升控泄调度运用配套设施,通过模型试验在闸上一定区域增设分流岛等设施。

(2) 刘家道口闸敞泄,闸下游设滚水坝壅水(方案二)

在设计泄洪条件下,维持原刘家道口闸敞泄工况,保持原闸按原设计闸上及闸下水位运行,在闸下游约 2 km 处新建滚水坝,使闸下水位达到闸下原设计水位,维持适度增加的过闸落差约 0.28 m,确保按新的设计泄洪流量 13 600 m³/s 敞泄,按高淹没流态计算,无须扩建新闸(图2)。

在设计泄洪工况下,刘家道口闸下水位为原设计水位。彭家道口闸闸上水位 60.76 m,闸下水位为 60.41 m,按平底闸堰顶高程 53.29 m,推算分洪闸过流能力约 4 048 m³/s,基本满足设计分洪要求。

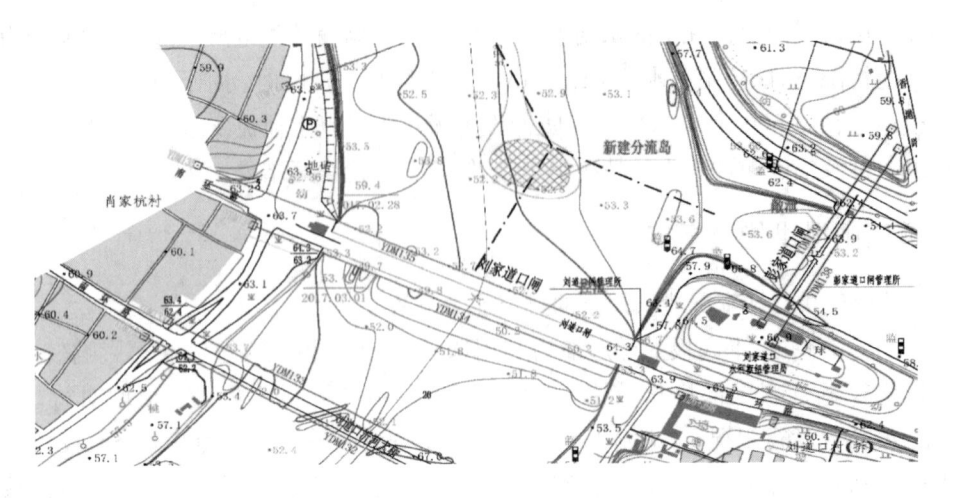

图 1　方案一工程枢纽布置示意图

该方案需刘家道口闸基本维持原设计工况运行，下游消能防冲状况相对原设计变化不大，影响较小。但为了维持闸下原设计水位，需在下游新建壅高闸下水位的滚水坝，适当加固闸下消能防冲设施，并增设上游分流岛等设施。

图 2　方案二工程枢纽布置示意图

(3) 刘家道口闸按设计流量敞泄，维持河道下切低洪水位延续（方案三）

在设计泄洪条件下，保持刘家道口闸敞泄运用，刘家道口闸下水位取现状河道条件下的洪水位 60.16 m，按敞泄设计流量 13 600 m³/s 反算闸上水位为 60.51 m，过闸落差约 0.35 m。彭家道口闸上水位为 60.2 m，按原设计过闸落差 0.35 m 敞泄，闸下水位约 59.85 m，推算出彭家道口闸过流能力约 3 660 m³/s，不能满足分洪 4 000 m³/s 的设计要求（图 3）。

该方案因刘家道口闸下的较低的洪水位运行，相应地降低彭家道口闸分洪能力，为确保彭家道口闸及分沂入沭按设计规模分洪，需拆除重建彭家道口闸，并疏挖现有分沂入沭河道，需复核刘家道口闸泄洪及消能防冲能力，为保障彭家道口闸按设计规模分洪，需通过模型试验确定在刘家道口闸上游设置满足分流比的治导性分流岛。

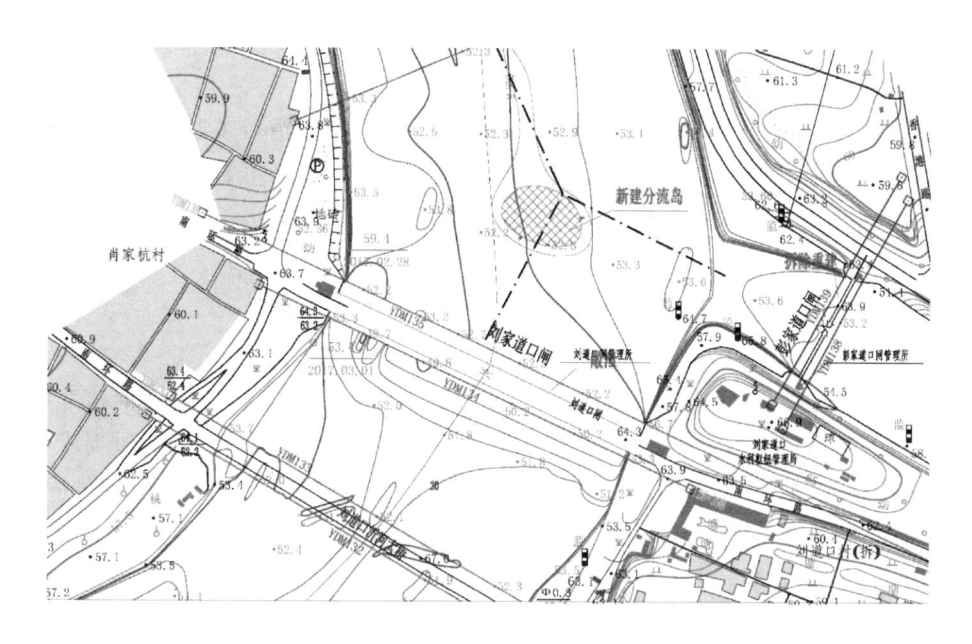

图 3　方案三工程枢纽布置示意图

（4）方案比选

方案一维持刘家道口闸控泄，保持彭家道口闸按原设计工况运行，仅涉及刘家道口闸消能防冲设施加固、更新改造控泄调度运用设施、新建闸上分流岛等，投资较省，但前提条件是彭家道口闸能够按设计规模分洪。

方案二为维持刘家道口闸满足设计洪水运用工况，需在下游新建滚水坝，工程量大投资大，但能基本维持刘家道口闸原设计运行工况，因闸下河道下切冲刷严重，现状运行工况已导致下游消能防冲设施损毁严重。

方案三因低洪水位运行，导致彭家道口闸分洪能力不足，需拆除重建并疏挖河道，投资巨大。

刘家道口闸、彭家道口闸方案比选见表1。

表1　刘家道口闸、彭家道口闸方案比选表

方案		设计流量 (m³/s)	闸上水位 (m)	闸下水位 (m)	过闸落差 (m)	流量 (m³/s)	加固治理措施方案	匡算投资 (万元)
方案一	刘家道口闸	13 600	61.07	60.16	0.91	13 600	加固消能防冲、更新提升控泄调度运用配套设施、新建闸上分流岛等	47 600
	彭家道口闸	4 000	60.76	60.41	0.35	4 048	凿除梯形堰及尾部挑坎、增加消力池糙条、更换或改造启闭机房等	3 700
方案二	刘家道口闸	13 600	61.07	60.79	0.28	13 727	加固消能防冲、新建下游滚水坝、河道防护、新建闸上分流岛等	76 727
	彭家道口闸	4 000	60.76	60.41	0.35	4 048	凿除梯形堰及尾部挑坎、增加消力池糙条、更换或改造启闭机房等	3 700
方案三	刘家道口闸	13 600	60.51	60.16	0.35	16 314	新建闸上分流岛等	32 628
	彭家道口闸	4 000	60.2	59.85	0.35	3 660	拆除重建分洪闸、分沂入沭河道疏挖	60 000（不含分沂入沭）

综合以上各方案的优缺点，本次研究推荐方案一，即维持刘家道口闸控泄，保持彭家道口闸按原

设计工况运行,需要加固刘家道口闸下消能防冲设施、更新改造控泄调度运用设施、新建闸上分流岛等。

由于刘家道口节制闸—彭家道口分洪闸河段流态复杂,且刘家道口节制闸控泄受闸下消能防冲设施、闸门控制调度运行方案、机电设施等多因素影响,需对该河段开展数学模型分析计算或物理模型分析验证工作,根据相关分析论证结论合理确定该枢纽的综合治理方案。

5 结论

(1)刘家道口枢纽刘家道口闸泄洪能力满足50年一遇设计要求,由于沂河河道冲刷、采砂等原因,河道整体下切,导致闸下水位下降,如维持闸上水位不变时,满足沂河规划泄洪要求(刘家道口闸下泄规模为13 600 m^3/s),但刘家道口闸下消能防冲工况恶化,需要采取必要的除险加固措施。

(2)彭家道口闸现状能力达不到设计要求,可通过凿除闸底板上梯形堰及挑坎等措施理论上满足泄洪要求(4 000 m^3/s),由于闸底板与板上梯形堰及挑坎是一体的,拆除存在一定难度,拆除后原闸底板的结构安全性及整体抗滑稳定性可能弱化,存在一定的不确定性,需进一步研究彭家道口闸的除险加固方案。

(3)维持刘家道口闸控泄及彭家道口闸敞泄是沂河东调南下提标工程刘家道口枢纽治理的可行方案,即在充分利用沂河、沭河现有泄洪能力基础上,合理调配沂河上游洪水东调及南下,维持刘家道口闸控泄方式运行,闸下无须设壅水设施,保持高落差泄洪;该方案涉及刘家道口闸消能防冲设施及闸室稳定等加固措施,更新改造控泄调度运用设施,新建闸上分流岛,拆除彭家道口闸闸室内梯形坎及尾部挑坎等措施,可使沂河洪水尽早尽快按规划规模分洪至沭河大官庄枢纽,东调入海,保障沂沭泗河洪水安全,使沂沭泗河洪水东调南下工程发挥最大效益,本次研究成果可为沂沭泗河洪水东调南下提标工程提供一定参考。

[参考文献]

[1] 张友祥,等.沂沭泗洪水东调南下二期工程可行性研究报告[R].2000.
[2] 水利部淮河水利委员会.淮河流域综合规划(2012—2030)报批稿[A].2013.
[3] 江苏省水利勘测设计研究院有限公司.水闸设计规范:SL 265—2016[S].北京:中国水利水电出版社,2016.
[4] 国家防汛抗旱总指挥部办公室.沂沭泗河洪水调度方案(国汛〔2012〕8号)[R].2012.
[5] 中水淮河规划设计研究有限公司.沂沭泗河洪水东调南下提标工程规划[R].2021.
[6] 孟建川,黄渝桂,杨乐.基于现状工情下沂河超标准洪水安排研究[J].治淮,2021(8):19-22.

[作者简介]

黄渝桂,男,生于1984年12月,高级工程师,主要从事流域规划、区域规划和河道整治专业领域相关工作,15155978020,hyg8430@163.com。

关于治淮多水库流域洪水风险模拟研究

姜钧耀　张立国　张　涛　邓海燕　李维硕

（山东省水利勘测设计院有限公司　山东 济南　250013）

摘　要：加强流域自然灾害防治关系国计民生，洪水风险分析是防洪非工程措施的重要组成部分，而洪水危险性评价是风险分析的基础，为科学掌握地形复杂且水利工程众多流域自然灾害风险隐患，以潍河为例，综合考虑流域内地形、降雨、蒸发下渗损失，分析现有流域所有大中型水库防洪库容，模拟各水库闸坝的实际调度运用规则，建立了潍河流域分布式水文模型，实现多水库流域考虑水库调蓄作用后的河道洪水演进模拟以及流域洪水风险分析，为淮河流域洪水危险性评价与预测研究提供一种新的思路，对流域洪水风险研究体系的完善具有重要的现实指导意义。

关键词：分布式水文模型；潍河流域；水库调蓄；洪水风险

1　引言

洪水灾害是我国频繁发生和严重威胁国民安全及制约经济社会发展的自然灾害之一，为了防御洪水和减轻洪水灾害，需要采取一系列防洪措施[1]。防洪减灾措施包括工程措施和非工程措施，洪水风险分析与预测作为一项非工程措施，被广泛应用在防洪减灾中[2-3]，现有的洪水危险性评价方法可分为水力学模型方法和指标综合模型法[4-5]。其中水力学方法考虑了淹没范围和淹没水深等因素[6-7]，优点是计算精度高，缺点是需要高精度、高分辨率的地形、观测降水以及水位数据。本文基于高精度地形数据及实测暴雨洪水资料，建立了符合流域特性的分布式水文模型，模拟了流域内不同计算方案的暴雨洪水过程，在布置防洪工程、指导防汛抢险等工作中可以发挥重要的作用，同时在规范土地利用、提高国民的防洪减灾意识等方面也具有积极意义[8-9]。

2　研究区域概况

潍河位于山东半岛地区中部，按山东省水系及水资源分区属淮河流域山东半岛沿海诸河区，该河发源于临沂市沂水县富官庄镇泉头村，流经临沂市沂水县，日照市的莒县、五莲县以及潍坊市的诸城市、高密市、峡山区、坊子区、寒亭区、昌邑市等县（市、区），于下营镇北注入渤海莱州湾，干流全长222 km，控制流域面积 6 502 km²[10]。

2.1　河流水系

潍河支流众多，主要集中于中上游，这些支流均为山洪河道，源短流急。中上游及其主要支流河道共修建峡山、墙夼、牟山、高崖等大型水库4座，三里庄、青墩子、石门等中型水库16座，小型水库483座，水库总控制流域面积 5 472 km²，占河流总流域面积的85.9%，总库容25.67亿 m³，大大减轻了中下游河道的洪水压力。

潍河流域水系图如图 1 所示。

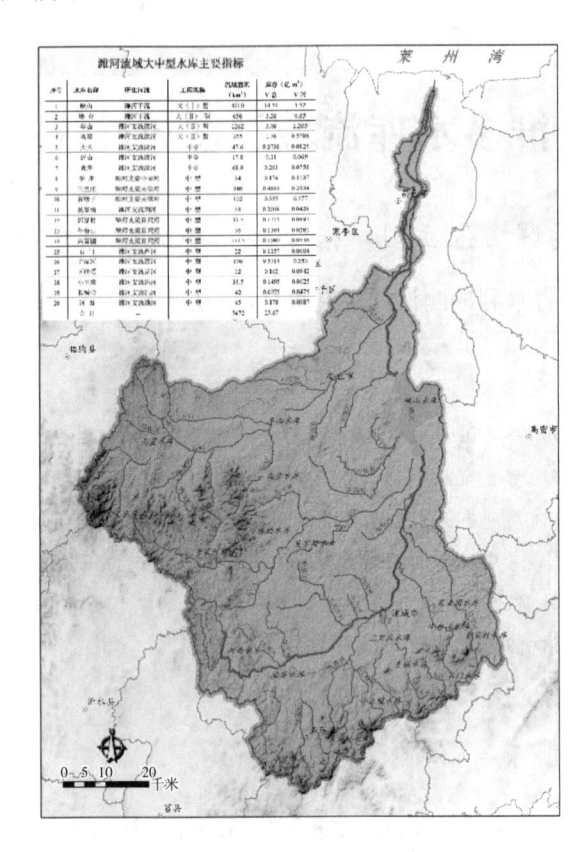

图 1 潍河流域水系图

2.2 暴雨洪水特性

潍河流域的降水量在年际、年内之间变化都比较大,年内降水量多集中在汛期,年际之间变化悬殊,连丰、连枯现象十分明显。盛夏季节,我国主要雨带北移,冷暖空气活动频繁,极易造成大暴雨。造成本地区暴雨的天气系统主要有台风型、气旋型或连续气旋、中低纬度天气系统互相结合型,主要指西风带冷空气南下时与低纬度天气系统如台风外围、南方气旋相遇等共同影响的天气系统。

峡山水库以上潍河为山溪雨源型河流,河道流量随季节而变化。每到汛期,暴雨集中,洪水涨落迅猛,峰高量大,洪水历时短,次洪水历时一般 3~7 天;而枯水季节,河道流量比较小,有时干枯断流。峡山水库以下基本为平原,且多建有堤防,上游洪水经峡山、牟山两大水库调蓄后较为平缓,历时相对较长。

3 模型构建

3.1 计算模型选择

潍河流域地形复杂,河流及水库众多,河道内水库的调蓄作用以及河道与坡面水量实时的交互是模型模拟的关键。经综合比较,选定 MIKE SHE 与 MIKE 11 耦合模型,河道内洪水采用 MIKE 11 模型模拟计算,在模型中加入带侧向水库的控制性建筑物模拟各水库的洪水调蓄作用;坡面洪水通过 MIKE SHE 中坡面流模块、气候模块、非饱和带模块等模拟,此外,通过河湖模块实现 MIKE 11 与

MIKE SHE 模型的耦合,体现潍河流域河道外洪水和河道洪水的相互影响。模型输出结果包括河道内任意断面的洪水过程(流量及水位)、坡面淹没水深及淹没范围随模拟时间的变化,对潍河流域洪灾损失及避险转移有重要的参考价值。

3.2 模型构建

3.2.1 MIKE 11 模型

1. 河网导入

模型在导入流域内 50 km² 以上河流 71 条的基础上进一步细化河网,共导入河流 141 条,河流总长度 2 084 km;河网文件中水库位置处设置控制性水工建筑物水闸 40 座,水库的防洪库容通过输入水库汛限水位以上不同水位对应的水库库容体现,闸门调度运用按照各水库汛期调度计划输入至模型中,实现流域内 20 座大中型水库水闸的实际调度运用模拟。

2. 断面输入

潍河及其主要支流汶河、渠河干流部分断面采用实测断面或治理后断面,其他河道采用 1∶10000 高程数据提取修正后使用。

3. 边界条件

潍河流域是一个相对独立完整的流域,所有河道的上游边界条件均设为 0 m³/s,下游边界条件为入海口处下营潮位站多年平均实测年最高潮水位。

3.2.2 MIKE SHE 模型

1. 模型范围和网格

模型模拟范围为潍河全流域。

2. 地形

采用的地形资料为 1∶10000 精度 DEM 数据(图 2),采用双线性插值的方法将高程数值插值至模型网格中。

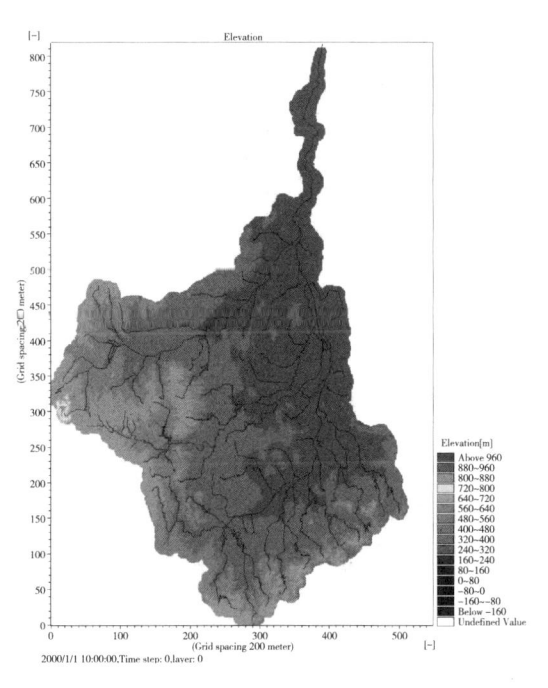

图 2 潍河流域模型地形文件

3. 气候

(1) 降水量

①实测暴雨过程

模型参数率定时,需对流域内场次暴雨洪水过程进行模拟分析,输入的降雨过程为流域内各水文、雨量站点实测暴雨过程,根据各雨量站点位置做潍河流域泰森多边形后,将各雨量系列输入至对应的泰森多边形中。

②设计暴雨过程

根据潍河干、支流分布状况及现有水库的基本情况,参考《山东半岛防洪规划报告》及最新批复的《潍坊市潍河治理工程初步设计报告》,将干流分为4个控制河段:墙夼水库以上、扶淇河口以下、峡山水库以上、辉村以上,设计暴雨及暴雨过程与传统工程水文学方法相同。

(2) 蒸散发量

考虑到场次洪水持续时间较短,蒸散发量比较稳定,因此假定降雨期3 mm/d,非降雨期5 mm/d。

4. 坡面流

坡面流部分直接影响到汇流过程,坡面曼宁系数采用分布式,对流域内居民地、耕地、空地等主要地物设置不同的曼宁系数,以反映不同下垫面情况对坡面汇流的影响。图3为潍河流域MIKE SHE模型坡面糙率文件。

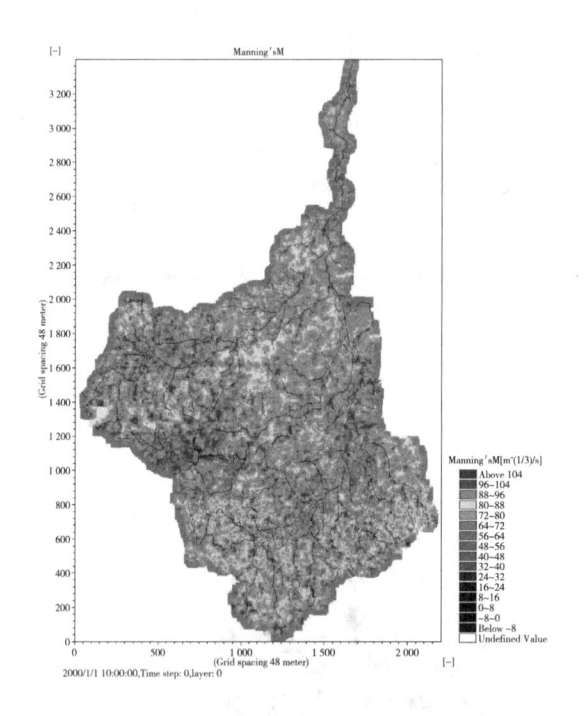

图3 潍河流域MIKE SHE模型坡面糙率文件

5. 非饱和带

由于本项目区缺乏土壤类型的详细数据,潍河流域上游为山丘区、中游为低山丘陵区、下游为平原区,根据潍河流域不同地形参考相关文献分别确定各区参数数值。

3.2.3 模型参数率定与验证

1. 参数率定

综合分析潍河流域历年实测大暴雨及大洪水资料,并侧重考虑近期发生过较大暴雨洪水的年份,本次选取2018年8月流域内实测暴雨洪水资料进行模型率定。

2018年受第18号台风"温比亚"影响,8月18日至20日降雨量最大,此外8月13日至14日潍河流域也有一场降雨,根据流域暴雨特性,模型模拟时间为2018年8月4日至2018年8月31日,采用"试错法"对参数进行调整,经多次试错,最终得到潍河流域模拟流量过程与实测流量过程如图4、图5所示。

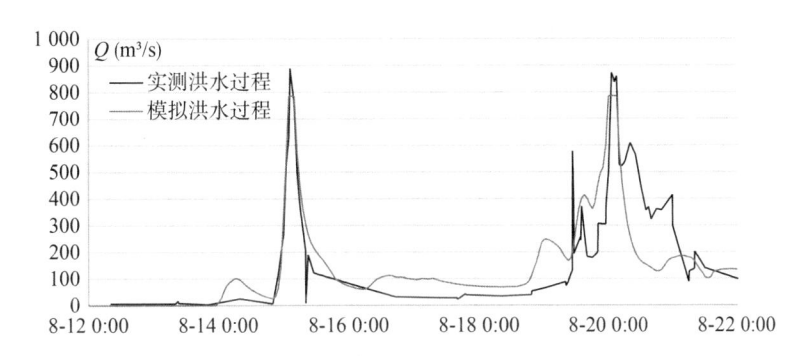

图 4　潍河流域模型率定结果图(墙夼水库入流)

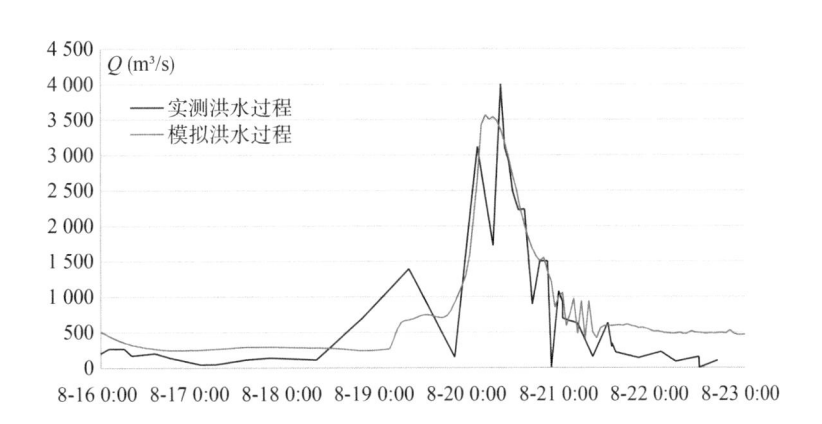

图 5　潍河流域模型率定结果图(峡山水库入流)

2. 参数验证

选取2019年8月实测暴雨洪水资料进行参数验证。以率定好的参数为基础,输入2019年8月实测降雨过程进行模型验证。验证所得的模拟值与实测值对比见表1,比较图见图6、图7。

表 1　模型验证成果对比表

位置	对比项	洪峰流量	最大7 d洪量	峰现时间
墙夼水库(上)	实测值	512 m³/s	6 133 m³/s	2019/8/11 5:06
	设计值	560 m³/s	6 139 m³/s	2019/8/11 3:00
	误差	9.3%	0.1%	1:54
峡山水库(上)	实测值	3 625 m³/s	32 193 m³/s	2019/8/11 4:12
	模拟值	3 266 m³/s	33 011 m³/s	2019/8/11 3:00
	误差	−9.9%	2.5%	1:12

对比模型模拟结果与实测洪水成果,两者拟合度较高,洪峰与洪量基本均在允许误差范围内,但峰现时间均略大于要求的1 h,考虑到潍河流域内水库众多,模型中仅考虑了大中型水库的调蓄,未考虑流域内四百多座小型水库,综合分析,本套模型参数基本可以反映流域下垫面情况,可应用至不同设计工况流域暴雨洪水模拟分析。

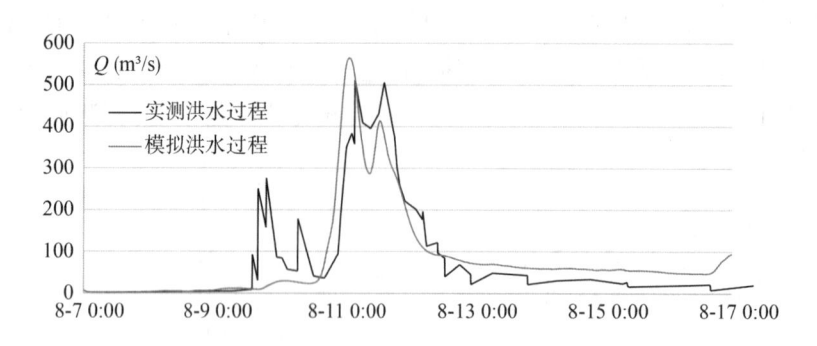

图 6 潍河流域模型验证结果图(墙夼水库入流)

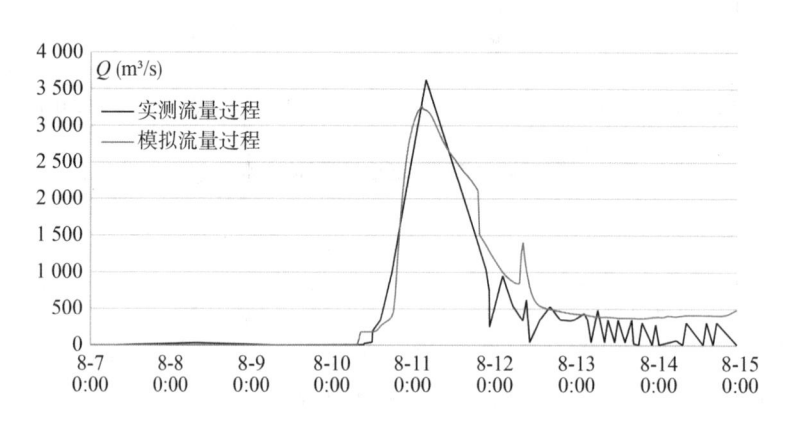

图 7 潍河流域模型验证结果图(峡山水库入流)

4 模型应用

4.1 计算方案

潍河干流上游防洪标准为 20 年一遇,墙夼水库以下段为 50 年一遇,暴雨内涝计算方案按暴雨量级分为 5 个,分别为 100 年一遇、50 年一遇、20 年一遇、10 年一遇、5 年一遇。

4.2 模拟成果

利用率定并验证的参数系列模拟潍河流域遭遇 100 年一遇、50 年一遇、20 年一遇、10 年一遇、5 年一遇暴雨时坡面积水量及入河道水量情况,模型中按不同控制段输入相应频率的设计面雨,进行流域暴雨内涝模拟,以 100 年一遇超标准洪水为例,对洪水模拟开始时刻、第 3 天、坡面水深最大时刻、第 5 天、第 9 天、第 15 天的坡面水深过程进行展示(图 8)。

发生 100 年一遇超标准洪水时,分析潍河流域暴雨洪水过程,上游山丘区的坑洼地带有零散积水点;由于河道过流能力有限,支流河道两侧及入干流口处积水较多,模拟到第 3 天时,降雨量达到峰值,同时坡面积水量达到最大值,涝水主要集中在安丘市西南部、诸城市中北部、高密市、坊子区南部等流域中下游地区。总体来说,潍河流域中上游为山丘丘陵区,比降较大、洪水流速大,退水速度较快,下游昌邑市潍河流域面积较小,坡面基本不会形成长时间、大面积积水。

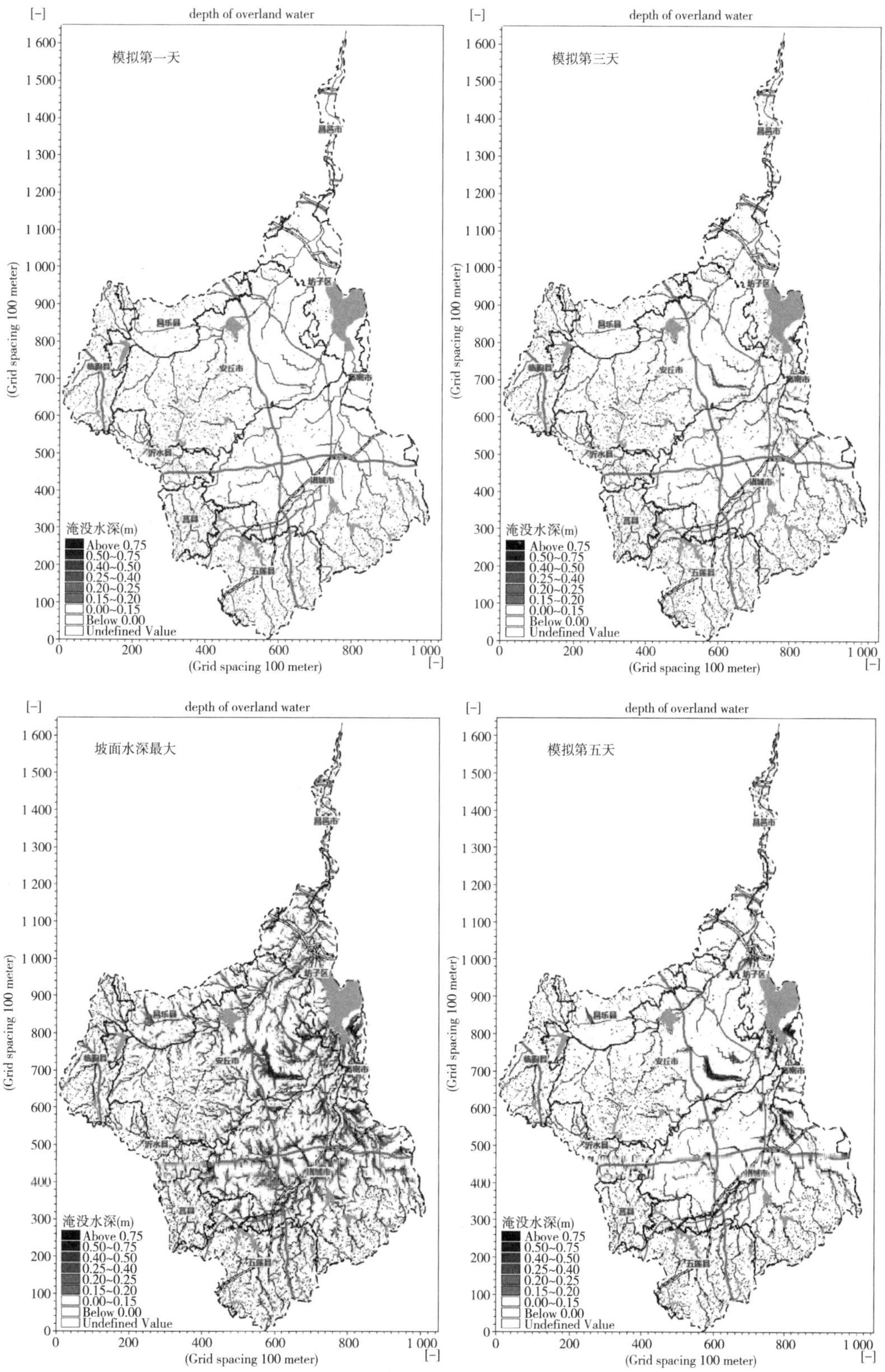
depth of overland water
模拟第一天
depth of overland water
模拟第三天
depth of overland water
坡面水深最大
depth of overland water
模拟第五天
淹没水深(m)
Above 0.75
0.50~0.75
0.40~0.50
0.25~0.40
0.20~0.25
0.15~0.20
0.00~0.15
Below 0.00
Undefined Value
(Grid spacing 100 meter)
[–]

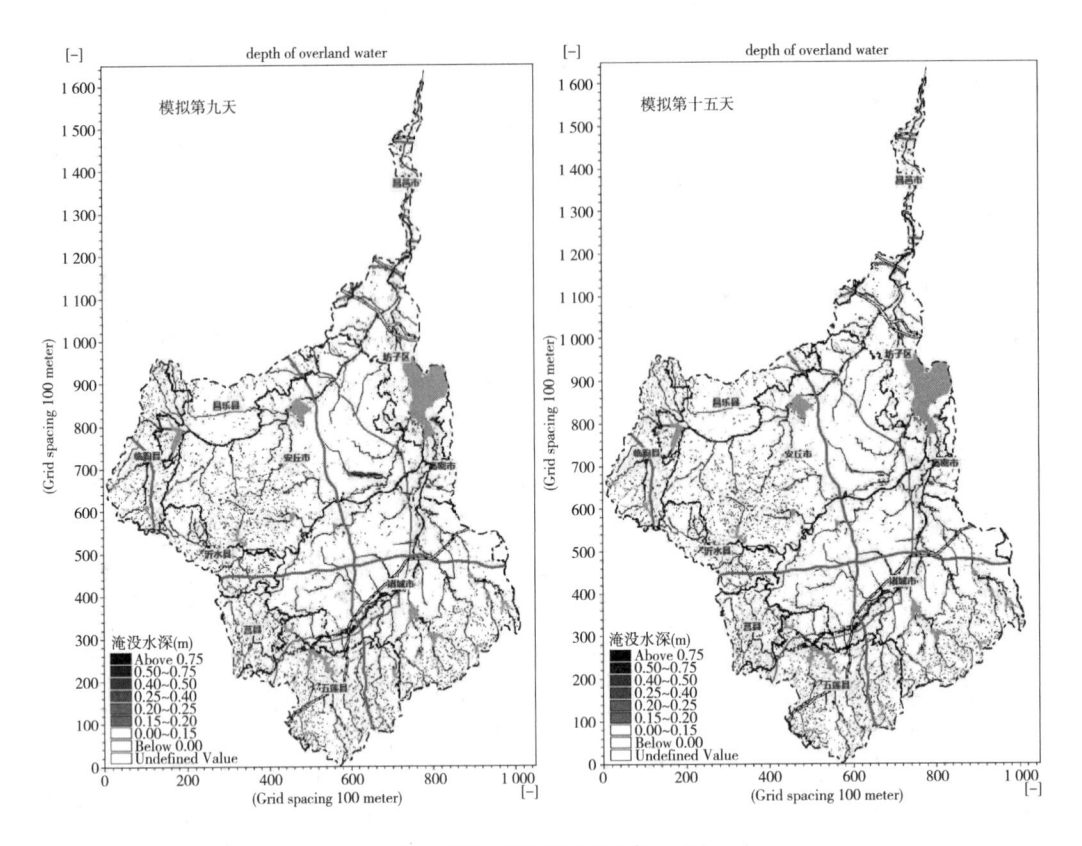

图 8　模型模拟过程（100 年一遇）

4.3　暴雨内涝风险要素分析

4.3.1　最大淹没水深

统计潍河流域遭遇 100 年一遇、50 年一遇、20 年一遇、10 年一遇、5 年一遇暴雨时，坡面各计算网格最大淹没水深平均值，如表 3 所示。

表 3　各计算方案最大淹没水深平均值统计表

频率	最大水深平均值（mm）
100 年一遇	198
50 年一遇	191
20 年一遇	166
10 年一遇	156
5 年一遇	136

由表 3 可知，发生 100 年一遇、50 年一遇、20 年一遇、10 年一遇、5 年一遇降雨时坡面最大淹没水深平均值分别为 198 mm、191 mm、166 mm、156 mm、136 mm，随降雨量级变化坡面存蓄水深也相应变化，变化趋势及淹没水深基本符合潍河流域特性。

统计各频率 0.05 m 以上淹没水深不同水深等级占比情况如表 4 所示。

表4 各频率0.05 m以上不同水深等级占比情况表

频率	水深等级(m)					
	[0.05,0.1)	[0.1,0.15)	[0.15,0.2)	[0.2,0.5)	[0.5,1]	>1
100年一遇	32%	16%	10%	25%	10%	7%
50年一遇	32%	16%	10%	25%	10%	6%
20年一遇	35%	16%	10%	24%	9%	5%
10年一遇	38%	17%	10%	22%	8%	5%
5年一遇	39%	17%	10%	22%	8%	5%

由表4,不同水深等级占比趋势基本一致,0.05~0.1 m最大淹没水深占比最大,占30%~40%,0.1~0.15 m最大淹没水深占比16%左右,0.15~0.2 m最大淹没水深占比10%,0.2~0.5 m最大淹没水深占比20%~25%,0.5~1 m淹没水深占比约9%,1 m以上淹没水深占比约6%。总体而言,潍河流域中上游为山丘丘陵区,即使发生大暴雨,形成内涝的可能性较小,仅在河道及水库范围内淹没水深较大,因此本次暴雨内涝计算成果基本符合潍河流域暴雨内涝特性。

4.3.2 淹没历时

经分析,潍河流域内涝淹没历时主要与暴雨量级、地形、保护区干支流及线状地物分布等因素有关。统计各频率0.15 m以上水深淹没历时平均值如表5所示。

表5 0.15 m以上水深淹没历时平均值统计表(模拟30天)

频率	淹没历时(h)
100年一遇	117
50年一遇	113
20年一遇	105
10年一遇	102
5年一遇	97

受影响区域周边的地形也是影响淹没历时的重要因素。潍河上游坡降大,不会出现大面积持续长时间的淹没,但上游小型水库众多,会在山谷、水库等地势低洼地带淹没历时较长,基本呈点状分布;中下游地势相对平坦,洪水流动缓慢,不利于排水,部分地带呈现面状涝水分布,淹没历时较长。由表5可知,暴雨量级越大,流域内涝积水越严重,相同排水能力情况下,淹没历时越长。

5 结论

以山东省潍河流域为研究对象,构建基于MIKE SHE与MIKE 11耦合的分布式水文模型,采用流域内近期发生的大洪水资料进行参数率定,运用建立的模型模拟了不同计算方案的暴雨洪水过程,根据模拟结果,可对模拟区域进行河道内及区域洪水风险分析,为潍河流域地形复杂、水库等水利工程众多的流域洪水风险分析提供了参考和依据,在布置防洪工程、管理洪泛区、指导防汛抢险等工作中可以发挥重要的作用,同时在规范土地利用、提高国民的防洪减灾意识等方面也具有积极意义。

[参考文献]

[1] HIRABAYASHI Y,MAHENDRAN R,KOIRALA S,et al. Global flood risk under climate change[J]. Nature Climate Change,2013,3:816-821.

[2] 许有鹏,李立国,蔡国民,等.GIS支持下中小流域洪水风险图系统研究[J].地理科学,2004,24(4):452-457.

[3] 李娜,王艳艳,王静,等.洪水风险管理理论与技术[J].中国防汛抗旱,2022,32(1):54-62.

[4] 侯静雯,叶爱中,甘衍军,等.洪水灾害危险性评价方法的研究与改进[J].南水北调与水利科技,2018,16(1):57-62+107.

[5] 王静,李娜,王杉.洪水危险性评价指标与等级划分研究综述[J].中国防汛抗旱,2019,29(12):21-26.

[6] 向立云.洪水风险图编制若干技术问题探讨[J].中国防汛抗旱,2015,25(4):1-7.

[7] 黄琨,陆平,邓岩,等.洪水风险图成果集成关键技术研究[J].水利水电技术,2017,48(10):52-55.

[8] 万海斌.基于风险管控理念的洪水灾害防御策略[J].中国水利,2019(9):1-4.

[9] 姜钧耀,饶亚兰,周冉.MIKE SHE模型在河道治理工程中的应用[J].水利技术监督,2021(9):42-45.

[10] 冷维亮,郭照河,毕钦祥,等.健康潍河生态指标体系与评价方法初探[J].治淮,2013(12):33-34.

里下河地区沿海典型港闸闸下潮位特征与排涝潮型分析研究

吴峥[1]　毛媛媛[1]　兰林[1]　曾贤敏[2]

（1. 江苏省水利工程规划办公室　江苏　南京　210029；2. 河海大学　江苏　南京　210098）

摘　要：沿海港闸排水过程受到海洋潮汐等因素影响，变化规律复杂，科学分析沿海典型港闸闸下潮位特征与排涝潮型，可为区域防洪除涝规划设计、水资源配置、防洪决策调度和管理提供理论基础。本文以江苏里下河地区沿海典型港闸为研究对象，基于大水年2003年和2006年汛期7—9月实测闸下潮位资料，重点分析了闸下潮位特征和设计排涝潮位与潮型。根据沿海潮位遥测站的监测数据，采用潮位单位线法对闸下潮位过程进行插值补全，准确反映了沿海港闸闸下潮位特征。通过多年实测潮位频率计算和潮型分析，提出里下河地区沿海典型港闸排涝设计潮位（$P=50\%$）和排涝潮型，对照实际排涝过程和以往相关成果，表明排涝设计潮型分析成果良好，体现了沿海港闸闸下潮汐特性。

关键词：沿海典型港闸；潮位单位线插值；排涝设计潮型；里下河地区

沿海港闸排水过程不仅受到河道本身几何特征、上游来水、闸门开启情况等内部因素影响，还受到海洋潮汐等外部驱动作用，呈现非常复杂的变化规律[1-4]。科学分析沿海典型港闸闸下潮位变化特性，对于保证沿海区域水情预报的准确性、提高水利工程设计、防洪除涝评价、水利规划等工作的科学性具有重要意义。

里下河地区位于江苏省中部、淮河流域下游，是长江三角洲区域一体化发展、江淮生态经济区和江苏沿海大开发战略交汇区，也是全国著名商品粮生产基地。以里下河地区沿海四大港闸（射阳河闸、黄沙港闸、新洋港闸和斗龙港闸）为例，深入探讨闸下潮位特征与排涝潮型，不仅为区域防洪除涝规划设计、水资源配置、防洪决策调度和管理提供理论基础，也为江苏沿海发展等重大战略提供水安全保障。

1　研究区域概况

里下河地区属于淮河流域，位于里运河以东，苏北灌溉总渠以南，扬州至南通328国道及如泰运河以北，东至黄海，总面积23 022 km²（如图1所示）。根据地形和水系特点，以通榆河为界，里下河地区被划分为腹部和沿海垦区两部分，其中沿海垦区以斗龙港为界，分为斗南垦区和斗北垦区两片。

里下河地区气候处于亚热带向温暖带过渡地带，具有明显的季风气候特征，日照充足，四季分明。年平均气温14~15℃，无霜期210~220天。区内年平均降雨量为1 000 mm，汛期降雨量集中，6—9月降雨量约占年降雨量的65%左右，同时，降雨量年际变化也较大。年平均蒸发量为960 mm左右。里下河地区东临黄海，7、8月间海潮高潮位顶托常对其洪涝自排入海泄量造成一定的负面影响。

里下河地区的射阳河、黄沙港、新洋港和斗龙港等沿海四大港，是腹部地区自排入海的主要通道，排水量占区域自排水量的70%以上。本研究主要聚焦里下河地区沿海四大港（见图1），分析其闸下潮位特征。

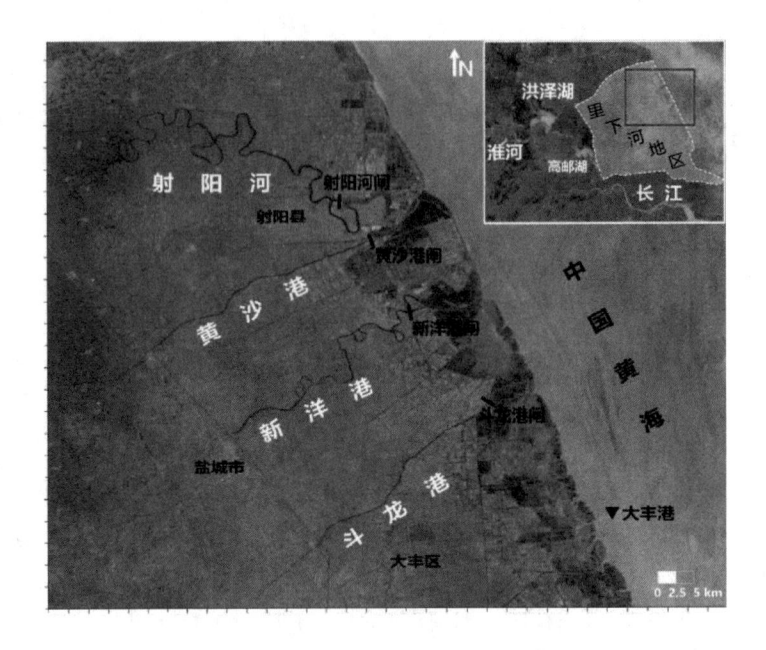

图 1　里下河地区沿海四大港位置示意图

2　闸下潮位特征分析

本次研究主要基于收集到的沿海射阳河、黄沙港、新洋港、斗龙港四港大水年2003年和2006年汛期7—9月实测闸下潮位资料,分析港闸闸下潮位特征。

2.1　潮位单位曲线分析

考虑到水文年鉴中四港闸下潮位资料仅记录了特征潮位信息,即每日的两高两低潮位以及相应时间,没有每天潮位变化的全过程。因此,需要根据特征潮位插补潮位过程。常用的潮位插值方法包括样条函数插值、余弦函数插值和潮位单位线插值[5-7]。利用样条函数或余弦曲线可以插值得到任意时刻的潮位,但是针对涨潮、落潮期,采用的是同一插值函数,不同潮位站之间也没有差别[8-10]。实际上,根据详细潮位资料分析,不仅涨潮、落潮插值函数不一样,不同潮位站的插值函数也不一样。本次选用潮位单位线插值法进行潮位插值,反映涨潮、落潮不同变化。

若采用水位及时间的绝对值来描述一个站的潮位过程,那么小潮和大潮之间,其过程线形状差别很大。由于潮汐在传播过程中的变形,涨潮与落潮过程线的形状也不同,无法加以归纳综合。如果不论大潮或小潮,将涨、落潮的潮差定义为1.0,涨、落潮历时亦定义为1.0,称为潮位单位过程线[8]。各种潮的单位潮位过程线虽然不完全相同,但形状基本一致,用一条平均的潮位单位线来近似,见图2。

基于潮位单位过程线,将特征潮位值及相应时间代入,可得潮位变化过程,由此插值得到任意时刻的潮位值。由沿海大丰港、东大港、新条渔港、洋口港遥测站5分钟间隔潮位过程得到各站涨、落潮潮位单位线(见图3),考虑到本次主要研究里下河地区沿海射阳河、黄沙港、新洋港、斗龙港四港闸下潮位,采用距离四港较为接近的江苏沿海大丰港遥测站(遥测站位置见图1)潮位单位线,作为四港潮位过程插值单位线。

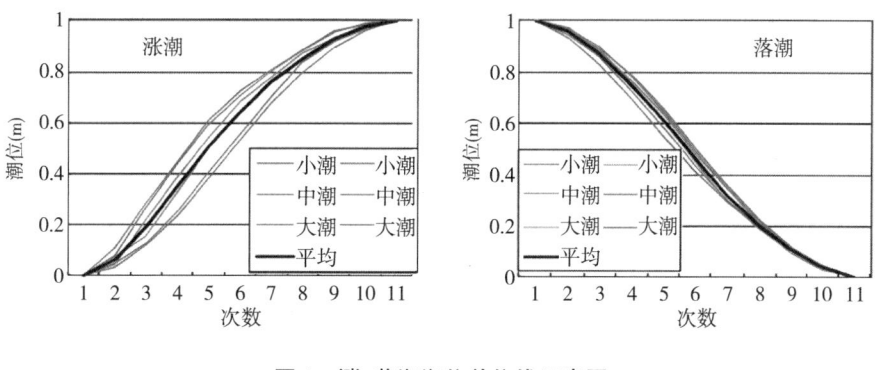

图 2　涨、落潮潮位单位线示意图

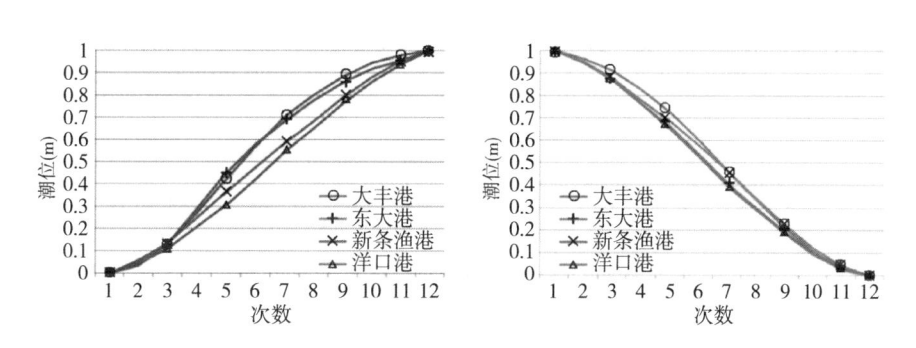

图 3　江苏沿海遥测站涨、落潮潮位单位线

2.2　四港闸下潮位插值结果

利用分析得到的潮位遥测站大丰港闸潮型单位线,对四港闸下 2003 年和 2006 年两高两低潮位资料进行插值,得到四港闸下潮位过程,见图 4 和图 5。

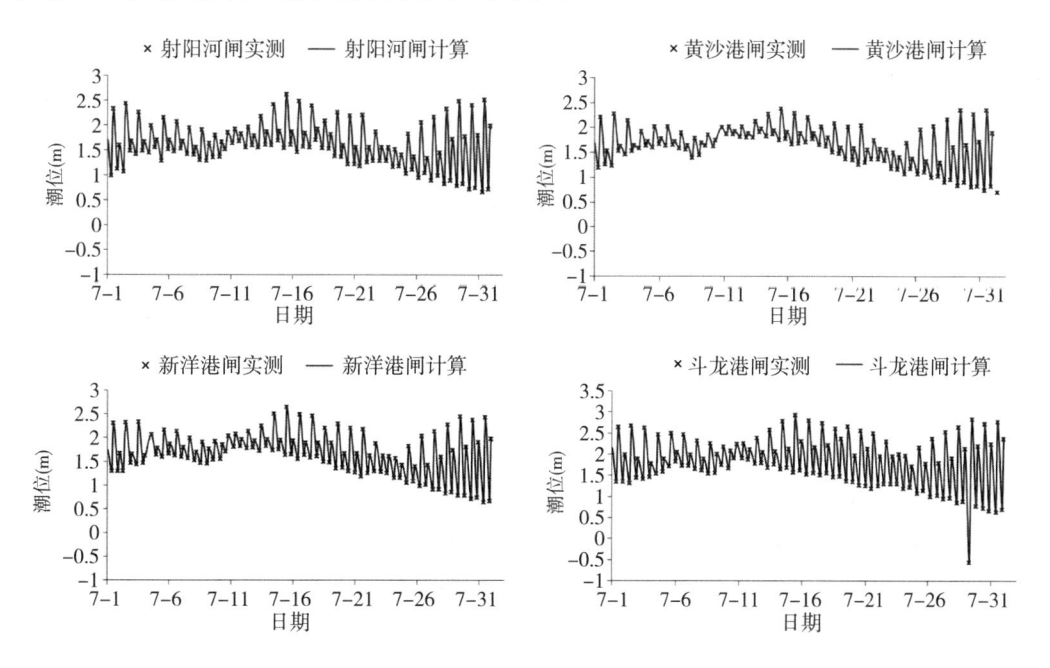

图 4　里下河地区四大港潮位单位线插值 2003 年潮位过程

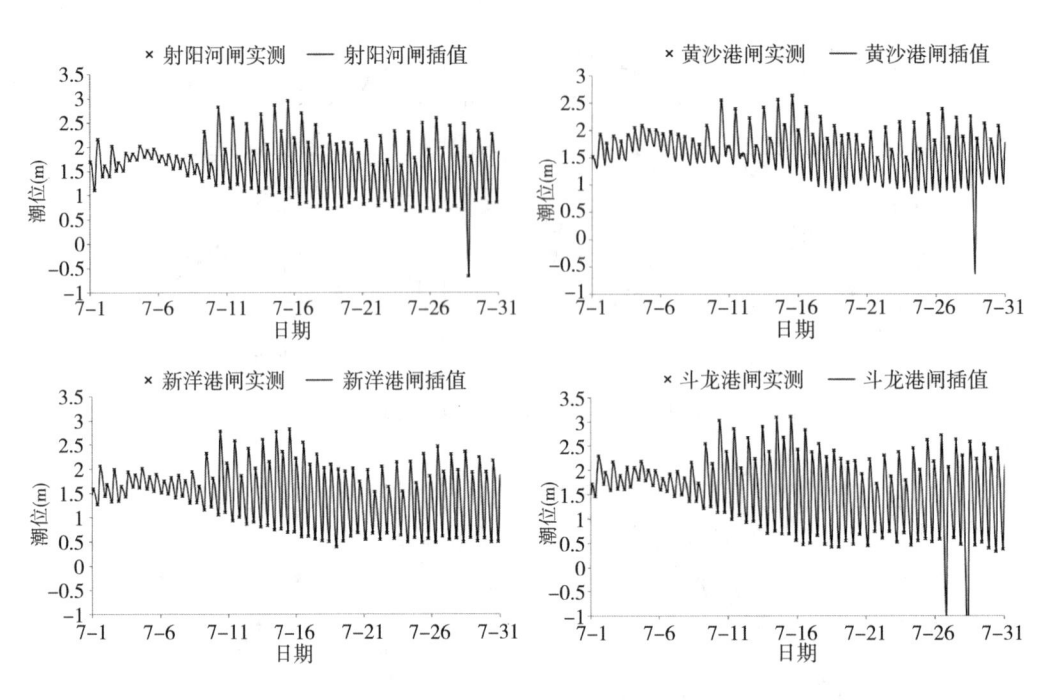

图 5　里下河地区四大港潮位单位线插值 2006 年潮位过程

3　排涝设计潮位与潮型分析

3.1　排涝设计($P=50\%$)潮位

里下河沿海地区地势一般在 2～3 m，南部在 4～5 m。根据该地区降雨特性、下垫面条件和排涝需求，应选择对排涝较为不利，但又有可能发生的潮位作为排涝潮位[11-12]。根据江苏省水文总站在 1976 年对沿海河道排涝潮型的统计分析（详见《江苏省水文统计》），排涝控制在最高潮位（即高高潮），排涝天数根据一日降雨二天排出和三日降雨雨后一天排出这两种情况，确定为四天。采用汛期连续四天平均高高潮位进行频率计算，潮型选用高高潮位 $P=50\%$ 的平均潮型，本次分析方法与其一致，根据一日降雨二天排出和三日降雨雨后一天排完两种工况，确定排涝时段为四天。

从四港历年 5—9 月份的实测潮位资料中，选择不受开、关闸影响时段潮位，分别摘取连续四天的四个高高潮潮位，应用下式计算平均高潮位：

$$Z = \frac{1}{4}(Z_{g(i+1)} + Z_{g(i+2)} + Z_{g(i+3)} + Z_{g(i+4)}) \tag{1}$$

式中：Z 为连续四天平均高潮潮位；Z_g 为高潮位；$i \in (0,1,2,\cdots,n)$。

经滑动统计，分别求出各代表站连续四天的高高潮潮位的平均值，并从中挑选出每年的最大值，将这些最大值分别组成各代表站的样本系列数据进行分析统计。

设计潮水位采用频率分析法。首先依据上述统计分析的各样本系列数据，计算出经验频率，然后根据 P-Ⅲ（皮尔逊Ⅲ型）概率密度算法，用水文统计学中常用的矩法分别计算出各样本系列数据在 P-Ⅲ型分布曲线中的三个分布特征参数：均值 $\overline{Z}$、变差系数 C_v、偏差系数 C_s 值作为初选值，参数计算公式应用"无偏估计值"公式[13]，使样本系列计算出来的统计参数与总体更接近。各特征参数计算公式分别为：

$$\overline{Z} = \frac{1}{n}\sum_{i=1}^{n} Z_i \tag{2}$$

$$C_v = \sqrt{\frac{\sum_{i=1}^{n}((Z_i/\overline{Z})-1)^2}{n-1}} \tag{3}$$

$$C_s = \frac{\sum_{i=1}^{n}((Z_i/\overline{Z})-1)^3}{(n-3)C_v^3} \tag{4}$$

式中：Z_i 为连续四天平均高潮潮位的年最大值；n 为样本容量。采用上述方法，计算得到各代表站矩法参数值，并应用频率曲线优选软件对其进行参数优选（以射阳河闸为例，适线绘制及参数优选如图 6 所示，其余三站与此类似），结果见表 1。

表 1　四港闸下最高四天平均高潮位频率矩法计算参数值（适线优选后）

闸站名称	$\overline{Z}$	C_v	C_s	C_s/C_v
射阳河闸	2.43	0.08	0.45	5.63
黄沙港闸	2.36	0.09	0.85	9.44
新洋港闸	2.49	0.08	0.65	8.13
斗龙港闸	2.85	0.08	0.41	5.13

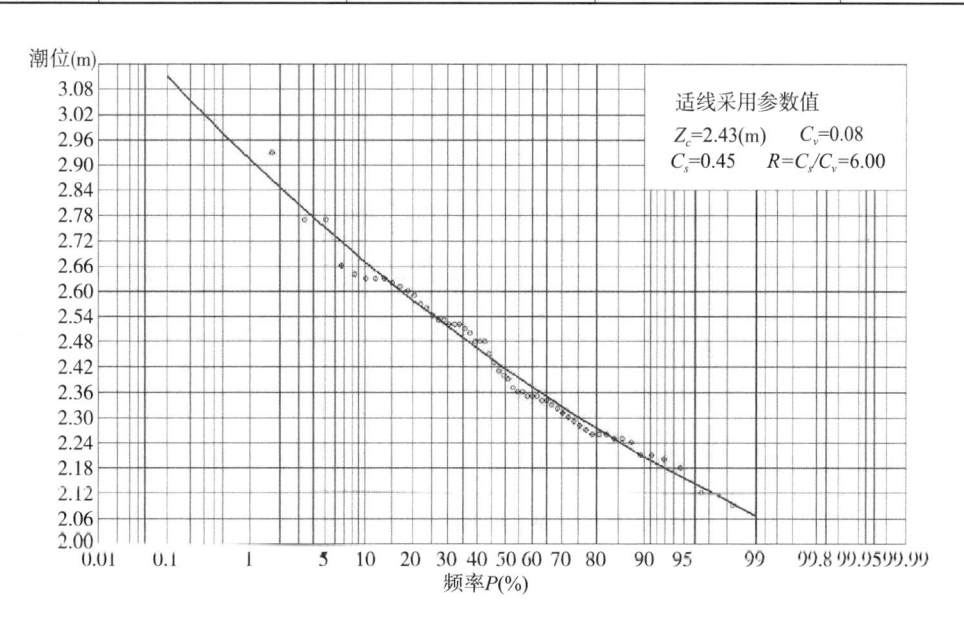

图 6　射阳河闸站年最高四天平均高潮位频率曲线图

基于分析所得参数值分别计算各代表站在不同频率下的设计潮水位，如表 2 所示。在得到的潮水位频率设计成果中，选取正常的高高潮位（设计频率 $P=50\%$ 时的高高潮位），作为里下河地区沿海四港闸的排涝设计潮位。

表 2 四港闸下四天排涝设计潮位

设计频率 P (%)	重现期 T (年)	排涝设计潮位（m）			
		射阳河闸	黄沙港闸	新洋港闸	斗龙港闸
1	100	2.91	2.95	3.03	3.41
2	50	2.85	2.86	2.95	3.33
5	20	2.68	2.73	2.84	3.22
10	10	2.67	2.63	2.74	3.13
20	5	2.58	2.52	2.63	3.02
50	2	2.42	2.33	2.45	2.83

3.2 排涝设计（$P=50\%$）潮型

里下河沿海地区潮位变化过程主要受天体运动规律的支配，属于正规半日潮。因此，在分析排涝设计潮型时，以一个太阳日（24 小时 50 分钟）为历时来推算潮位过程更切合实际。

从各代表站历年实测潮位资料中，选取高高潮位与 $P=50\%$ 时的设计潮位相同或接近，且不受开关闸及台风等因素影响的完整自然潮位过程中摘取若干个太阳日全潮作为参照潮型。将选取的各参照潮型的历时长度统一调整到 24 小时 50 分钟的时间坐标上，即将各潮历时对应潮位过程，按一个太阳日的时间坐标进行压缩或拉伸。再取各参照潮型的涨潮、落潮的平均历时，分别作为概化潮型的涨潮、落潮的历时，然后求出各时间点的平均潮位值，从而得到所求的排涝潮型过程。四港闸下（设计频率 $P=50\%$）排涝潮型过程如图 7 所示，与其对应的设计高高潮位、相应高低潮位、相应低高潮位及其出现时间见表 3。

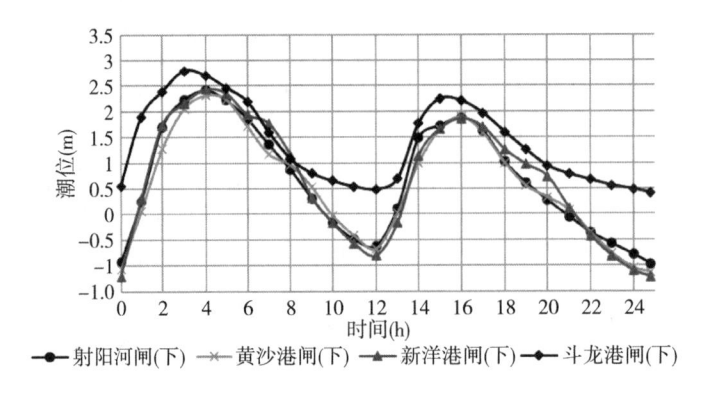

图 7 里下河地区沿海四港排涝设计潮型

表 3 四港排涝潮型过程高、低潮位及出现时间

港闸名称	设计高高潮（m）	出现时间	相应高低潮（m）	出现时间	相应低高潮（m）	出现时间
射阳河闸	2.42	4:09	−0.62	12:06	1.54	15:55
黄沙港闸	2.33	4:15	−0.70	12:09	1.89	15:58
新洋港闸	2.45	4:20	−0.84	12:10	1.89	16:10
斗龙港闸	2.83	3:10	−0.46	12:50	2.31	15:20

3.3 十五天最高潮位（$P=50\%$）分析

根据里下河地区排涝特性，典型大涝年排涝过程一般在十到三十天，如：1991 年高水期在 6 月 28

日—7月28日,2003年高水期在6月28日—8月10日,2006年高水期在6月30日—7月16日,2007年高水期在7月1日—7月25日。按照十五天排涝时段,分析四港排涝潮位及潮型,分析方法与四天的高高潮位频率分析方法一致。里下河地区沿海四港闸下最高十五天平均潮位频率计算参数如表4所示,排涝设计潮位见表5。

表4 四港闸下最高十五天平均高潮位频率矩法计算参数值(适线优选后)

闸站名称	$\bar{Z}$	C_v	C_s	C_s/C_v
射阳河闸	2.13	0.05	0.15	3.00
黄沙港闸	2.06	0.04	0.04	1.00
新洋港闸	2.17	0.04	0.04	1.00
斗龙港闸	2.46	0.05	0.16	3.20

表5 四港闸下十五天排涝设计潮位

设计频率 P (%)	重现期 T (年)	排涝设计潮位(m)			
		射阳河闸	黄沙港闸	新洋港闸	斗龙港闸
1	100	2.39	2.26	2.40	2.78
2	50	2.36	2.24	2.37	2.74
5	20	2.31	2.20	2.32	2.68
10	10	2.27	2.17	2.29	2.63
20	5	2.22	2.13	2.25	2.57
50	2	2.13	2.06	2.17	2.46

将设计频率 $P=50\%$ 最大15天平均高潮位与排洪期间最大15天平均最高潮位进行比较,约有87.5%的设计频率 $P=50\%$ 最大15天平均高潮位高于排洪期间最大15天平均最高潮位,偏高幅度在1.2%～15.5%;有12.5%低于排洪期间最大15天平均最高潮位,偏低幅度在1.4%～4.1%,上述对比结果表明,里下河地区四港排涝设计潮型分析成果基本体现了各河口的潮汐特点和实际情况。

4 结论

本研究基于收集到的里下河地区沿海四港大水年2003年和2006年汛期7—9月实测闸下潮位资料,针对其闸下潮位特征与排涝潮型开展了分析研究。主要结论如下:

(1)采用潮位单位线法对港闸闸下潮位进行插值,根据江苏沿海潮位遥测站的监测数据,分析确定里下河地区四港闸下潮位单位线过程。潮位单位线插值反映了涨潮、落潮不同变化,更准确反映了沿海港闸闸下潮位特征。

(2)通过对里下河地区沿海四港闸多年实测闸下潮位资料进行潮位频率和潮型分析,探明其排涝设计潮位和潮型($P=50\%$),对照实际排涝过程和以往分析结果,表明里下河地区四港排涝设计潮型分析成果较好地体现了各河口的潮汐特性。

[参考文献]

[1] 季永兴,刘水芹.平原感潮地区雨型潮型组合对除涝规模的影响[J].水利水电科技进展,2017,37(5):22-27+40.

[2] 贾卫红,李琼芳. 上海市排水标准与除涝标准衔接研究[J]. 中国给水排水,2015,31(15):122-126.
[3] 虞美秀,杭庆生,贾卫红,等. 上海市设计潮位及典型过程推求[J]. 人民长江,2015,46(S1):77-79.
[4] 顾正华,李荣. 感潮水闸流量神经网络计算模型研究[J]. 海洋工程,2007(3):109-114.
[5] 乔光全,麦宇雄,徐润刚. 利用高低潮推算乘潮水位的方法[J]. 水运工程,2022(1):35-40.
[6] 乔光全,徐润刚,卢永昌,等. 高低潮位扩展至逐时潮位的插值方法比较[J]. 水运工程,2019(9):6-12.
[7] 刘田甲. 潮汐数据插值方法研究[D]. 南京:南京师范大学,2017.
[8] 刘平,刘美华,吴海军. 南通沿海潮位资料插值方法研究[J]. 水资源开发与管理,2016(1):68-72.
[9] 刘学,诸裕良,孙林云,等. 基于Copula函数的设计潮位过程要素组合风险分析[J]. 水文,2014,34(2):32-37.
[10] 方正杰. 感潮河口城市防洪计算方法研究[D]. 南京:河海大学,2005.
[11] 王丽,周毅,纪小敏,等. 江苏省沿江排涝设计潮位和潮型研究[J]. 江苏水利,2017(8):16-19+24.
[12] 李国栋. 苏北主要入海河流排涝设计潮位与潮型分析[J]. 人民长江,2010,41(1):21-24.

[作者简介]

吴峥,男,1989年7月出生,工程师,主要从事水利规划方面研究工作,15751873822,whowuzheng@163.com。

对水库防洪调度方案评价指标筛选的探讨

张 阳[1] 徐丁昊[2]

(1. 南京市江宁区汤山街道水务管理服务站 江苏 南京 211100；
2. 南通市九圩港水利工程管理所 江苏 南通 226000)

摘 要：水库防洪调度是个复杂的系统工程，方案评价涉及多个变量，本文引入模糊物元理论对水库防洪调度方案进行评价，求解最优调度方案。同时，对方案中的多指标做了筛选试验。本文以淮河流域某水库作为实例，对防洪调度方案评价指标筛选进行探讨。

关键词：防洪调度；方案评价；指标筛选

引言

模糊物元理论主要是对事物特征相应的量值所具有的模糊性和影响事物众多因素间的不相容性加以分析，它将物元与量值的模糊性有机结合起来，以有序三元组"事物、特征、模糊量值"作为描述事物的基本元，这种物元就叫作模糊物元[1]。目前，模糊物元在地下水环境[2]、土坝变形监测[3]、干旱等级[4]等评价中都有应用，但在水库调度方案评价中的应用还很少，本文将模糊物元引入水库防洪调度方案评价。

此外，评价指标体系是由若干个单项评价指标组成的有机整体，它反映所要解决问题的目标和要求，而且要求全面、合理、科学和实用[5]。可如果某几个指标就可以反映方案的特点，评价指标体系是否全面其实无关紧要，因此，本文对评价指标体系进行了指标筛选试验，以验证方案评价指标体系并不一定要求把所有相关性指标一一罗列，有时，部分指标构成的指标体系就可以解决问题。

1 防洪调度模型

本文采用下游防洪断面最大流量最小准则水库防洪优化调度模型，考虑水量平衡、最高水位、泄流能力、出库流量变幅等约束，求解方法为分段试算法[6]。方案集由改变约束条件之一最高水位产生。

1.1 目标函数

防洪断面的流量过程由出库流量过程和区间入流两部分组成，目标函数表达式如下所示：

$$\min \cdot \max\{q(t) + Q_{区}(t-\tau), t \in [1, m]\} \tag{1}$$

式中：$q(t)$ 为第 t 时段出库流量；$Q_{区}(t-\tau)$ 为第 $t-\tau$ 时段在防洪点的流量；τ 为区间来水汇集到防洪点与水库放水传播到防洪点的传播时段之差；m 为调度时段数。

1.2 约束条件

(1) 水量平衡约束

$$V(t) = V(t-1) + \left[\left(\frac{Q(t)+Q(t-1)}{2}\right) - \left(\frac{q(t)+q(t-1)}{2}\right)\right]\Delta t \qquad (2)$$

式中：$V(t-1)$，$V(t)$ 分别为第 $t-1$ 和第 t 时段水库的蓄水量；$Q(t-1)$，$Q(t)$ 分别为第 $t-1$ 和第 t 时段入库流量；$q(t-1)$，$q(t)$ 分别为第 $t-1$ 和第 t 时段出库流量；Δt 为时段长。

(2) 最高水位约束

$$Z(t) \leqslant Z_{\max} \qquad (3)$$

式中：$Z(t)$ 为第 t 时段水库水位；$Z_{\max}$ 为水库容许的最高水位。

(3) 泄流能力约束

$$q(t) \leqslant q(Z(t)) \qquad (4)$$

式中：$q(t)$ 为第 t 时段水库的下泄量；$q(Z(t))$ 为第 t 时段水库相应于水位 $Z(t)$ 的下泄能力。

(4) 出库变幅约束

$$|q(t) - q(t-1)| \leqslant \nabla q_m \qquad (5)$$

式中：$|q(t)-q(t-1)|$ 为相邻时段出库流量的变幅；∇q_m 为相邻时段出库流量变幅的容许值。

1.3 模型求解

分段试算法主要步骤如下：

(1) 仅考虑最高水位约束的初始理想最优解：

$$q(t) = \frac{1}{m}\left(\sum_{t=1}^{m}[Q(t)+Q_{区}(t-\tau)]\Delta t - V_{库}\right) - Q_{区}(t-\tau) \qquad (6)$$

式中：$V_{库}$ 为起调水位到水库容许最高水位之间的库容。

(2) 逐时段检验泄流能力约束和出库容许变幅约束，若满意转步骤(3)，否则：

① 若 $q(t) > q(Z(t))$，则令 $q(Z(t)) \Rightarrow q(t)$；

② 若 $|q(t)-q(t-1)| > \nabla q_m$，则令 $q(t-1) + \nabla q_m \dfrac{q(t)-q(t-1)}{|q(t)-q(t-1)|} \Rightarrow q(t)$；

③ 重新调节计算。

(3) 检验最高水位约束：

$$\Delta V = V(\max\{Z(t)\}) - V(Z_{\max}) \qquad (7)$$

按下式调整出库流量：

$$q(t) + \Delta V/n \Rightarrow q(t) \qquad (8)$$

式中：ΔV 为计算水位过程的最高水位和最高容许水位间的水量差；n 为未因泄流能力约束和出库容许变幅约束而调整的时段数。

(4) 如果调节计算次数小于 num 或 $|\max\{Z(t)\} - Z_{\max}|$，转(2)重新调节计算，否则调节计算结束。

2 基于熵权的模糊物元模型

熵权法是一种客观的赋权方法,它是利用各指标的熵值所提供的信息量的大小来决定指标权重的方法。将模糊物元[7-8]与熵权法[9]相结合,构建了水库防洪调度方案评价模型。

(1) 形成决策矩阵

设参与评价的对象集为 $M=(M_1,M_2,\cdots,M_m)$,指标集为 $D=(D_1,D_2,\cdots,D_m)$,评价对象 M_i 对指标 D_j 的值记为 $x_{ij}(i=1,2,\cdots,m;j=1,2,\cdots,n)$,则形成的决策矩阵 $\boldsymbol{X}$ 为:

$$\boldsymbol{X} = \begin{bmatrix} & D_1 & D_2 & \cdots & D_n \\ M_1 & x_{11} & x_{12} & \cdots & x_{1n} \\ M_2 & x_{21} & x_{22} & \cdots & x_{2n} \\ \vdots & \vdots & \vdots & & \vdots \\ M_m & x_{m1} & x_{m2} & \cdots & x_{mn} \end{bmatrix} \tag{9}$$

(2) 建立评价对象模糊物元

在决策的过程中,对越大越优型指标和越小越优型指标分别进行规范化:

$$\mu_{ij} = x_{ij}/\max(x_{ij}) \tag{10}$$

$$\mu_{ij} = \min(x_{ij})/x_{ij} \tag{11}$$

式中:$\max(x_{ij})$ 为方案集中指标 j 的最大特征值;$\min(x_{ij})$ 为方案集中指标 j 的最小特征值,当 $x_{ij}=0$,$\min(x_{ij})/x_{ij}$ 取 1。将原始指标属性矩阵转化为新的模糊物元 $\boldsymbol{R}_{mn}=(\mu_{ij})_{m\times n}(i=1,2,\cdots,m;j=1,2,\cdots,n)$。

(3) 建立标准模糊物元和差平方模糊物元

由 $\boldsymbol{R}_{mn}$ 中各指标的最大值或最小值(由各特征量值加以确定)构成标准方案的 n 维模糊物元 $\boldsymbol{R}_{0n}$,其元素组成 $\mu_{0j}(j=1,2,\cdots,n)$。由 $\boldsymbol{R}_{mn}$ 与 $\boldsymbol{R}_{0n}$ 中各项差的平方,构成差平方模糊物元:$\boldsymbol{R}_\Delta=(\Delta_{ij})_{m\times n}(i=1,2,\cdots,m;j=1,2,\cdots,n)$,其中,$\Delta_{ij}=(\mu_{0j}-\mu_{ij})^2$。

(4) 贴近度计算

ρH_i 贴近度是各待评样本与标准样本之间关联性大小的量度。值越大则两者越接近,反之相离较远。因此可按贴近度大小,将被评样本进行排序评比,得出最优方案,并可对相关影响因素进行优劣分析。

$$\rho H_i = 1-\sqrt{\sum_{j=1}^{n}\omega_j \Delta_{ij}} \quad (j=1,2,\cdots,n) \tag{12}$$

$$\boldsymbol{R}_{\rho H} = \begin{vmatrix} & M_1 & M_2 & \cdots & M_m \\ \rho H_i & \rho H_1 & \rho H_2 & \cdots & \rho H_m \end{vmatrix} \tag{13}$$

式中:ω_j 为第 j 项评价指标的权重。

3 实例分析

3.1 求解各个方案指标值

某水库具有季调节能力,控制流域面积 68 512 km²,多年平均流量 1 200 m³/s,汛限水位 841 m,防洪高水位 850 m,坝顶高程 856 m,防洪库容 7.275 亿 m³,下游安全泄量 5 810 m³/s。

本文以该水库百年一遇设计洪水为入库洪水,洪水历时为 15 天,计算时段为 1 小时,容许的最高水位分别为 846 m、847 m、848 m、848.48 m、849 m、850 m,容许的出库流量变幅为 100 m³/s。调节计算次数 num 为 100,ε 为 0.01 m。指标体系由 6 个指标构成,分别是反映水库自身状态的最高水位 Z_{max},期末水位 Z_{end},期末剩余防洪库容 V_s,反映下游防洪断面状态的防洪点最大流量 Q_{fmax},防洪点超过安全泄量的历时 T_q,超额洪量 W_f。各方案的指标值见表1。

表1 各方案指标值

	Z_{max} (m)	Z_{end} (m)	V_s (亿 m³)	Q_{fmax} (m³/s)	T_q (h)	W_f (亿 m³)
	D_1	D_2	D_3	D_4	D_5	D_6
M_1	846	841.15	7.154 1	7 035	144	3.86
M_2	847	842.14	6.380 0	6 284	179	2.67
M_3	848	844.38	4.592 7	5 939	190	0.87
M_4	848.48	845.45	3.732 3	5 810	0	0
M_5	849	846.50	2.879 5	5 685	0	0
M_6	850	848.30	1.411 4	5 479	0	0

3.2 方案评价

利用公式(10)和(11)对越大越优型指标和越小越优型指标进行规范化,得到差平方模糊物元 $\boldsymbol{R}_\Delta = (\Delta_{ij})_{m \times n}$:

$$\boldsymbol{R}_\Delta = \begin{bmatrix} 0 & 0 & 0 & 0.048\,920\,51 & 0.999\,861\,12 & 0.994\,825\,51 \\ 0.000\,001\,39 & 0.000\,001\,37 & 0.011\,709\,22 & 0.016\,410\,41 & 0.999\,888\,27 & 0.992\,534\,07 \\ 0.000\,005\,56 & 0.000\,014\,61 & 0.128\,187\,65 & 0.005\,999\,14 & 0.999\,894\,74 & 0.999\,894\,74 \\ 0.000\,008\,54 & 0.000\,025\,83 & 0.228\,766\,39 & 0.003\,245\,67 & 0 & 0 \\ 0.000\,012\,49 & 0.000\,039\,94 & 0.357\,009\,56 & 0.001\,313\,03 & 0 & 0 \\ 0.000\,022\,15 & 0.000\,070\,95 & 0.644\,356\,89 & 0 & 0 & 0 \end{bmatrix}$$

根据式(12)计算的各方案贴近度如下:

$$\boldsymbol{R}_{\rho H} = \begin{vmatrix} & M_1 & M_2 & M_3 & M_4 & M_5 & M_6 \\ \rho H_i & 0.370\,9 & 0.372\,7 & 0.360\,4 & 0.806\,0 & 0.758\,6 & 0.676\,1 \end{vmatrix}$$

根据欧氏贴近度的大小对各方案进行评价,并得出各方案的排序为 $\{M_4\ M_5\ M_6\ M_2\ M_1\ M_3\}$。

在水库水位未达到防洪高前,下游防洪点的最大流量就超过安全泄量,这显然不符合防洪的调度规则,因此 $M_1\ M_2\ M_3$ 排在后面符合预期,而防洪点的最大流量恰好等于安全泄量,同时水库水位还尽可能低,剩余防洪库容尽可能大,M_4 为最优方案合情合理。

3.3 指标筛选

本文做了指标筛选的试验，以探究是否保留部分指标就可以反映方案特征。指标筛选情况见表 2。

表 2 指标筛选情况表

指标	方案排序	指标	方案排序
{ D_1 D_2 D_3 D_4 D_5 D_6 }	{ M_4 M_5 M_6 M_2 M_1 M_3 }	{ D_2 D_3 D_4 D_5 }	{ M_4 M_5 M_6 M_2 M_1 M_3 }
{ D_2 D_3 D_4 D_5 D_6 }	{ M_4 M_5 M_6 M_2 M_1 M_3 }	{ D_1 D_3 D_4 D_6 }	{ M_4 M_5 M_6 M_2 M_1 M_3 }
{ D_1 D_3 D_4 D_5 D_6 }	{ M_4 M_5 M_6 M_2 M_1 M_3 }	{ D_1 D_2 D_3 D_5 }	{ M_4 M_5 M_6 M_2 M_1 M_3 }
{ D_1 D_2 D_4 D_5 D_6 }	{ M_6 M_5 M_4 M_3 M_2 M_1 }	{ D_1 D_2 D_3 D_4 }	{ M_4 M_5 M_6 M_2 M_1 M_3 }
{ D_1 D_2 D_3 D_5 D_6 }	{ M_4 M_5 M_6 M_1 M_2 M_3 }	{ D_3 D_4 }	{ M_4 M_5 M_6 M_2 M_1 M_3 }
{ D_1 D_2 D_3 D_4 D_6 }	{ M_4 M_5 M_6 M_2 M_1 M_3 }	{ D_1 D_3 D_4 }	{ M_2 M_1 M_3 M_4 M_5 M_6 }
{ D_1 D_2 D_3 D_4 D_5 }	{ M_4 M_5 M_6 M_2 M_1 M_3 }	{ D_2 D_3 D_4 }	{ M_4 M_5 M_6 M_2 M_1 M_3 }
{ D_3 D_4 D_5 D_6 }	{ M_4 M_5 M_6 M_2 M_1 M_3 }	{ D_3 D_4 D_5 }	{ M_4 M_5 M_6 M_1 M_2 M_3 }
{ D_2 D_3 D_4 D_6 }	{ M_4 M_5 M_6 M_2 M_1 M_3 }	{ D_3 D_4 D_6 }	{ M_4 M_6 M_5 M_2 M_1 M_3 }

由表 2 可以看出，筛去最高水位 Z_{max}、期末水位 Z_{end}、防洪点超过安全泄量的历时 T_q、超额洪量 W_f 对方案排序都没有影响，筛去防洪点最大流量 Q_{fmax} 会使 M_1 和 M_2 顺序颠倒，而筛去期末剩余防洪库容 V_s 对评价结果影响较大。与此同时，对 Z_{max}、Z_{end}、T_q、W_f 这四个指标两两组合进行筛选，发现对方案排序仍然没有影响。而只保留 V_s、Q_{fmax} 则会影响 M_1 和 M_2 先后次序，对 Z_{max}、Z_{end}、T_q、W_f 这四个指标选取三个进行筛选都改变了方案排序。

因此可以得出结论，最高水位 Z_{max}，期末水位 Z_{end}，期末剩余防洪库容 V_s，防洪点最大流量 Q_{fmax}，防洪点超过安全泄量的历时 T_q，超额洪量 W_f 这六个指标必须保留 V_s 和 Q_{fmax}，而其他指标任意保留两个都可以反映方案特征。究其原因，V_s 和 Z_{max}、Z_{end} 存在相关性，即剩余防洪库容越大，最高水位越小，期末水位越小；Q_{fmax} 和 T_q、W_f 存在相关性，即防洪点最大流量越大，超额洪量越大，而历时存在一个非单调趋势。

此外，如果指标体系只保留 V_s 和 Q_{fmax}，随着剩余防洪库容的减小，防洪点最大流量也在减小，该信息不足以诠释完全方案特征，因此还需要其他指标进行补充。

4 结论

本文利用防洪调度模型，改变最高水位这一约束条件，做出不同方案。运用基于熵权的模糊物元法对方案进行评价，得到了合理可信的结论。

对方案的指标体系进行了指标筛选，发掘指标间的相互关系，验证了部分指标构成的评价指标体系就可以达到方案评价的目的，不一定要把所有相关指标都纳入体系，这一观点为评价指标的选取提供了新思路。

[参考文献]

[1] 邵必林,杨敏敏,刘博强. 基于模糊物元的绿色施工评价方法研究[J]. 建筑经济,2014(3)：97-100.
[2] 邵艳莹,郑德凤,李莹. 基于熵权-模糊物元的地下水环境健康评价模型研究[J]. 水电能源科学,2011,29(12)：

32-34+28.
- [3] 杨为城,张治军,陈龙.碾压混凝土坝变形监测熵权模糊物元模型研究[J].水电能源科学,2009,27(1):106-108.
- [4] 江善虎,任立良,雍斌,等.基于模糊物元模型的干旱等级评价[J].水电能源科学,2009,27(2):146-148.
- [5] 张延欣,吴涛,等.系统工程学[M].北京:气象出版社,1997.
- [6] 钟平安.流域实时防洪调度关键技术研究与应用[D].南京:河海大学,2006.
- [7] 吕晓磊,马放,王立,等.模糊物元模型在湿地水体污染评价中的应用[J].环境科学与技术,2012,35(7):181-185.
- [8] 张俊华,杨耀红,陈南祥.模糊物元模型在水库水质评价中的应用[J].水电能源科学,2011,29(1):17-19.
- [9] 郭亚军.综合评价理论、方法及应用[M].北京:科学出版社,2007.

[作者简介]

张阳,女,生于1989年10月,水利专业工程师,主要研究方向为水资源规划与管理,17351019886,531506109@qq.com。

滁州花山流域大气降水氢氧同位素特征分析

崔冬梅

（泰州市水资源管理处　江苏　泰州　225300）

摘　要：为分析滁州花山流域大气降水中氢氧同位素（δD、$\delta^{18}O$）组成的变化特征，讨论氢氧同位素组成与气温、降水量的关系，运用氢氧稳定同位素技术测定大气降水样品的氢氧同位素组成，结合相关气象资料，利用 HYSPLIT 模型追踪大气降水的水汽来源，建立局地大气降水线方程。结果表明：花山流域大气降水中 δD、$\delta^{18}O$ 与气温和降水量均呈现负相关关系，存在显著的降水量效应；不同降水中 δD、$\delta^{18}O$ 与水汽来源有关。花山流域大气降水线方程为 $\delta D=7.82\delta^{18}O+7.45$，与中国大气降水线较为接近。

关键词：大气降水；氢氧同位素；大气降水线；滁州

1　引言

水中的氢氧元素不仅是水分子的组成成分，且具有很好的稳定性，利用水中的稳定同位素可以有效示踪水循环过程。降水是水文循环中最活跃的因子，正如降水处于水文学中的重要地位，大气降水同位素关系也是同位素水文学的中心概念，对大气降水同位素的研究是研究水循环中其他环节的前提。[1] 由于同位素的分馏作用，大气降水中的氢氧稳定同位素可以敏锐地记录环境条件的波动。通过对大气降水中稳定同位素的监测和分析，可以追踪天气变化和大气环流过程。[2]

滁州花山流域水资源短缺，人口、水土资源分布不协调，并且地处南北气候过渡带，降水年内集中、年际变化大、分布地区不均，水旱矛盾突出、水资源开发利用难度大。本文以花山流域为研究对象，通过多次对大气降水采样、测试、分析，结合温度、降水量、水汽来源及 HYSPLIT 气团轨迹模型等进一步分析和确定其水汽来源和影响因素，以期为定量研究花山流域水循环过程，以及应对气候变化和减缓洪涝灾害提供科学依据。

2　研究区概况

滁州花山流域位于安徽省东部，地处滁州市以西，总面积约为 80.13 km²，流域地理位置见图 1。流域基本呈扇形，水系比较发达，是典型的江淮丘陵区地貌类型，流域内浅山区和丘陵区面积近似各占一半，海拔为 −40～477 m。流域属北亚热带向暖温带过渡区域，是温带半湿润季风气候区，气候温和，四季分明，冬季干旱少雨，夏季高温多雨，雨热同季，雨量适中，干冷同期，无霜期较长，日照充足。流域位于南北分界线，在江淮分水岭南，属南北气候过渡地带，北方的冷气流和南方的暖气流交汇频繁，经常出现冷暖气旋的峰面雨和台风雨。降水量年际变化较大，年内分配也不均匀。多年平均降水量为 1 043 mm，最大年降水量为 1 416.2 mm，最小年降水量为 410.3 mm，降水主要集中在汛期 6—9 月份，多年平均汛期降水量为 534.8 mm，汛期降水量约占全年降水量的 62%。

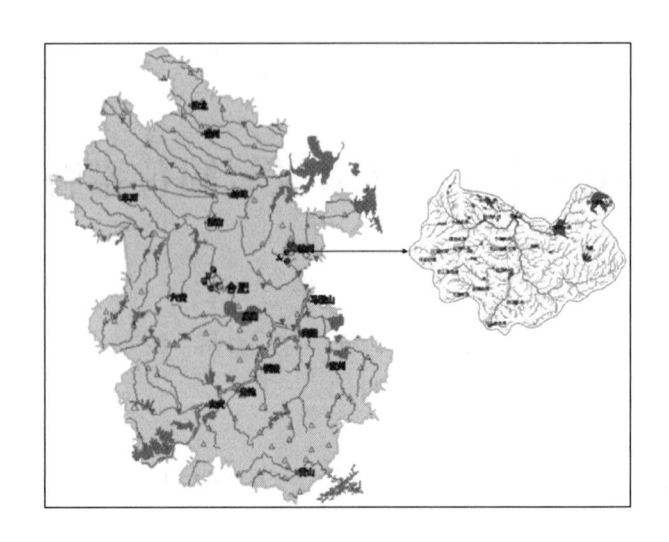

图 1　花山流域地理位置

3　研究方法

3.1　样品采集

在花山流域内布置大气降水氢氧同位素取样点 4 个,采样点分布见图 2。大气降水按采样方式分为人工采样器和自动采样器,前者为上口直径 40 cm 的聚乙烯桶,后者带有湿度传感器,降水时自动打开,降水停后自动关闭。取样时用 20 mL 聚乙烯塑料瓶盛装,取样前均用监测点原水冲洗取样瓶三遍,后将其装满并密封,贴好标签,记录取样位置、取样时间等。样品注入样品瓶后,按照国家标准《水质 样品的保存和管理技术规定》执行。采样标签上记录样品的来源和采集时的状况以及编号等信息,然后将其粘贴到样品容器上。采样记录、交接记录与样品一同交给实验室遮光冷藏处理。2012 年至 2013 年在花山流域共采集了 98 个大气降水水样,其中 2012 年 35 个、2013 年 63 个。

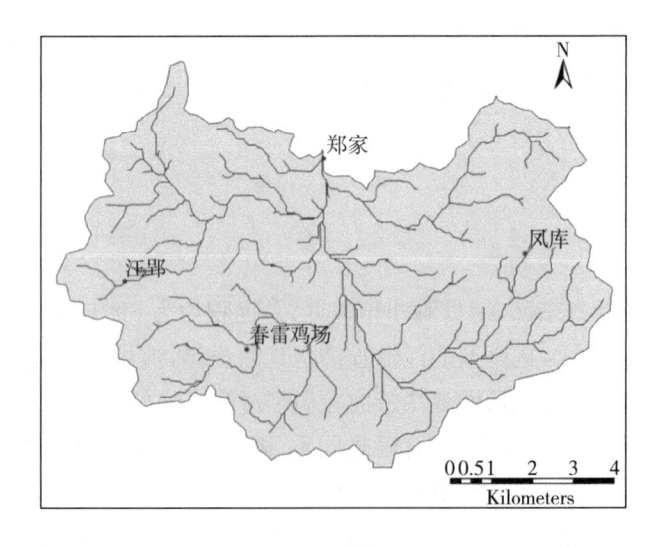

图 2　流域采样点分布图

3.2 同位素样品测试

花山流域采集的大气降水的氢氧同位素水样测试在河海大学水文水资源与水利工程科学国家重点实验室分析平台完成。$\delta^{18}O$、δD 同位素测试采用 Picarro L2120-I 液态水和水汽同位素分析仪,性能指标为液态水自动进样(高精度模式,选配 A0211 高精度汽化模块),$\delta^{18}O$ 的测定确保精度 < 0.1‰;24 小时峰-峰最大漂移 < ±0.6‰;第一针记忆效应:典型 98%。δD 的测定确保精度 < 0.5‰,24 小时峰-峰最大漂移 < ±1.8‰;第一针记忆效应:典型 93.5%。

稳定同位素的比率 R 用相对于标准平均海洋水(SMOW,Standard Mean Ocean Water)的千分差表示:$\delta(‰)=(R_{样品}/R_{标准样}-1)\times 1\,000$;式中 R 表示同位素比值,即重同位素丰度与轻同位丰度之比。其中下标表示样品或者标准样。δ 值是表示样品中同位素相对富集度的一个指标,若 δ 值偏正,表示样品比特定的标准样富含重同位素,若 δ 值偏负,表示样品比特定的标准样富含轻同位素。

3.3 水汽来源模拟

水汽来源模拟采用美国国家海洋和大气管理局空气资源实验室开发的拉格朗日混合单粒子轨道模型(HYSPLIT),对大气降水的大气气团传输途径和过程进行模拟,模型所使用的气象资料来自美国国家环境预报中心的全球再分析资料,可以从美国国家海洋和大气管理局的网站上直接下载获得。[3] 利用该模型对 4 次不同水汽来源的大气降水氢氧同位素组成进行分析。

4 结果与分析

4.1 大气降水氢氧同位素的动态变化

根据在花山流域采集的 98 个大气降水样品的氢氧同位素实测值可知,花山流域大气降水氢氧同位素的变化范围:$\delta^{18}O$ 为 −14.22‰ 至 −1.44‰,平均值为 −6.00‰;δD 为 −92.53‰ 至 −4.50‰,平均值为 −38.19‰。国际原子能机构/世界气象组织(IAEA/WMO)给出的全球大气降水平均稳定同位素组成:$\delta^{18}O$ 为 −50‰ 至 +10‰,δD 为 −350‰ 至 +50‰;中国大气降水的平均稳定同位素组成:$\delta^{18}O$ 为 −24‰ 至 +2‰,δD 为 −210‰ 至 +20‰。[4] 分析可知花山流域大气降水氢氧同位素的变化范围处在全球和我国的大气降水氢氧同位素变化范围之中。从图 3 可知,花山流域大气降水中 $\delta^{18}O$ 和 δD 的时间变化趋势基本一致。

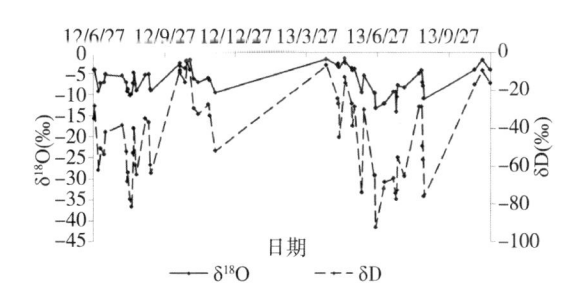

图 3 大气降水氢氧同位素的时间变化图

4.2 大气降水氢氧同位素与温度和降水量的关系

同位素组成的分布特征反映了对环境的响应,称为氢氧稳定同位素的环境效应。Dansgaard 等提出了温度效应、降水量效应、纬度效应、高程效应、大陆效应等。通常大气降水氢氧同位素组成与温度、降水量之间的关系备受关注。[2]温度效应指降水中同位素分馏时,重同位素优先分馏,形成降水的云团冷凝温度与其降落雨水的 δ 值呈正相关关系,冷凝温度越低,所形成的降水中氢氧重同位素越贫化,即降水的氢氧同位素的 δ 值与温度呈现一种正相关关系。降水量效应指随着降水量的不断增大,所形成的降水中氢氧重同位素也会逐渐贫化,即降水的氢氧同位素的 δ 值与降水量呈现一种负相关关系。[5]

(1) 大气降水氢氧同位素与温度的关系

从图 4 可知,大气降水氢氧同位素组成与日平均温度呈负相关关系,将氢氧同位素 δ 值与日平均温度(T)进行线性回归分析,得到 δ-T 线性方程为:$\delta^{18}O=-0.18T-2.73$,$\delta D=-1.78T-5.82$。说明花山流域大气降水氢氧同位素组成未表现出存在温度效应。

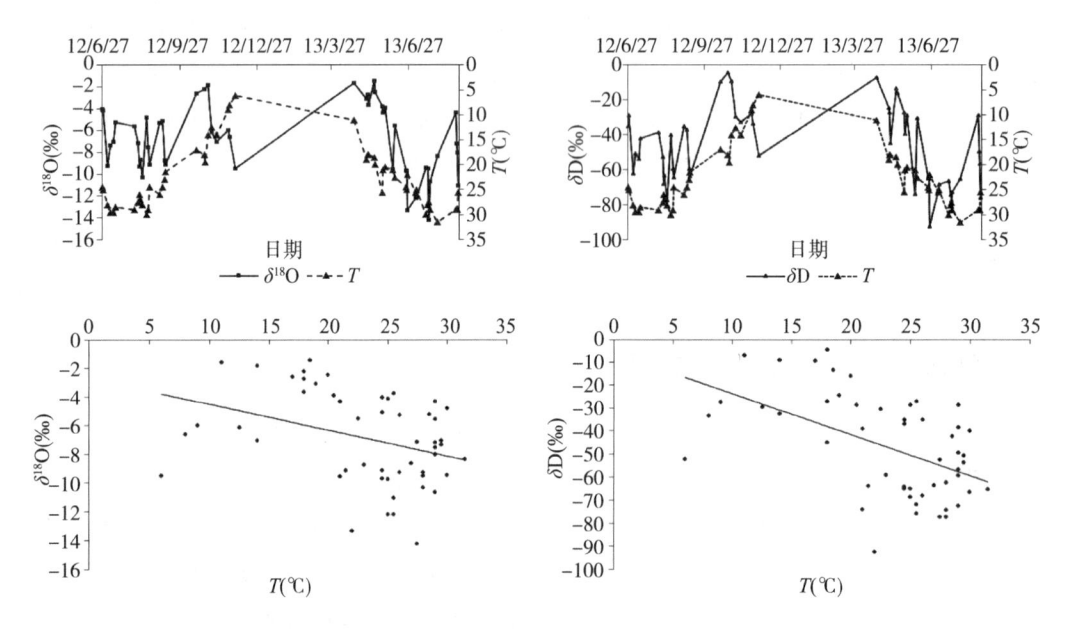

图 4 大气降水中氢氧同位素(δ)与日平均温度(T)的关系图

花山流域大气降水氢氧同位素组成与温度没有呈现正相关关系,可能是因为温度效应主要存在于中高纬度地区,而对于低纬度和部分中纬度地区,由于受到季风气候影响,大气降水氢氧同位素的温度效应可能被抑制和掩盖。[6]花山流域地处属于中低纬度的温带半湿润季风气候区,雨热同期,季风气候一定程度上掩盖了温度效应。即温度并不是影响花山流域大气降水稳定同位素变化的主要因素。这与我国其他季风区的降水同位素的研究结果较为一致。

(2) 大气降水氢氧同位素与降水量的关系

从图 5 可知,大气降水氢氧同位素组成与降水量呈负相关关系,将氢氧同位素 δ 值与降水量(P)进行线性回归分析,得到 δ-P 线性方程为:$\delta^{18}O=-0.52P-5.82$,$\delta D=-0.38P-39.01$。说明花山流域大气降水氢氧同位素组成表现出存在降水量效应。

(3) 降水量效应分析

为进一步验证花山流域大气降水氢氧同位素组成表现出存在降水量效应,选择 2013 年 8 月 22 日至 26 日和 2012 年 10 月 25 日至 31 日的降水事件进行分析。

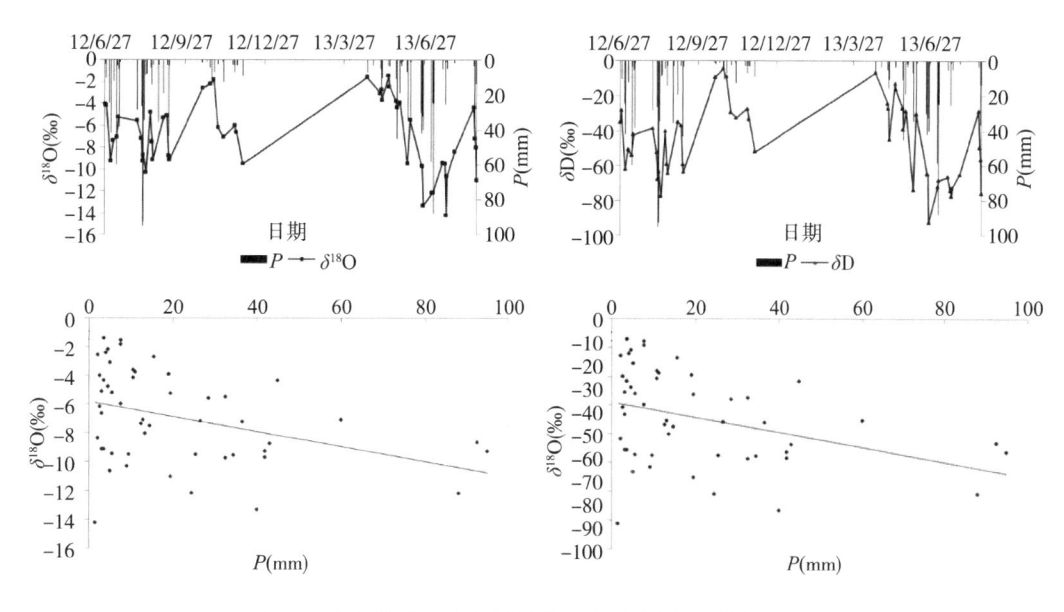

图 5　大气降水中氢氧同位素 δ 与降水量 (P) 的关系图

连续降水中,后期的同位素组成在一定程度上会受前期降水过程的影响。降水初期,空气中相对湿度较小,蒸发作用较强,雨水中重同位素富集;随着降水的持续,空气中相对湿度增大,蒸发作用减弱,降水中同位素不断贫化。[7]

从图 6 可知,2013 年 8 月 22 日至 26 日的连续降水过程,随着降水的进行,大气降水氢氧重同位素逐渐贫化。2012 年 10 月 25 日至 31 日的连续降水过程,随着降水的进行,大气降水氢氧重同位素先贫化接着富集再贫化。

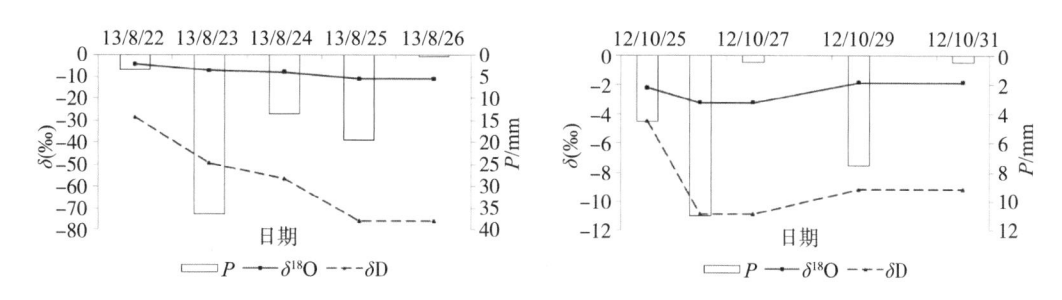

图 6　大气降水氢氧同位素 δ 值及降水量的时间变化过程图

2013 年 8 月 22 日至 26 日的这场降水量比较大,降水量效应比较明显;而 2012 年 10 月 25 日至 31 日的降水量比较小,且有几日还无降水记录,降水过程中会出现一定程度的蒸发,受二次蒸发影响,29 日和 30 日的大气降水氢氧同位素值较 25 日至 27 日较为富集。降水量较小时,蒸发会干扰雨量效应。

对两场降水的大气降水氢氧同位素分析进一步验证了花山流域大气降水氢氧同位素组成存在降水量效应的可靠性。

4.3　水汽来源轨迹模拟分析

降水同位素变化与水汽源地和水汽输送途径有关,长距离水分运输中,由于不断产生垂直降水,降水中同位素值会偏负。局地水汽形成的降水富集重同位素,海洋性水汽形成的降水贫化重同位素。[5]

为进一步研究大气降水输送过程对花山流域降水中氢氧同位素变化的影响,采用 HYSPLIT 模式中的向后轨迹法,使用 NCEP GDAS 全球 1°×1°的气象数据,后推分析花山流域的水汽来源和传输路径,对每次降水事件向后推 120 h(5 d),并对 500 hPa、750 hPa、800 hPa 三个高度的水汽运动轨迹进行分析,水汽追踪图见图 7。

从图 7、图 8 和表 1 可知,这 4 次降水的水汽来源不同,气流轨迹表明水汽分别来自局地水汽气团、西太平洋水汽气团、北方水汽气团和南海水汽气团。水汽来源不同,大气降水氢氧同位素的 δ 值也有所差异。2013 年 5 月 25 日至 6 月 1 日的降水水汽来自局地水汽气团,$δ^{18}O$ 均值为 −4.02‰,δD 均值为 −31.92‰,氢氧同位素的 δ 值偏大,重同位素偏富集;2013 年 6 月 6 日至 6 月 11 日的降水水汽来自西太平洋水汽气团,$δ^{18}O$ 均值为 −6.51‰,δD 均值为 −47.84‰,氢氧同位素的 δ 值偏大,重同位素偏富集;2013 年 6 月 22 日至 6 月 26 日的降水水汽来自北方水汽气团,$δ^{18}O$ 均值为 −11.15‰,δD 均值为 −76.01‰,氢氧同位素的 δ 值偏小,重同位素偏贫乏;7 月 4 日至 7 月 7 日的降水水汽来自南海水汽气团,$δ^{18}O$ 均值为 −11.06‰,δD 均值为 −66.41‰,氢氧同位素的 δ 值偏小,重同位素偏贫乏。

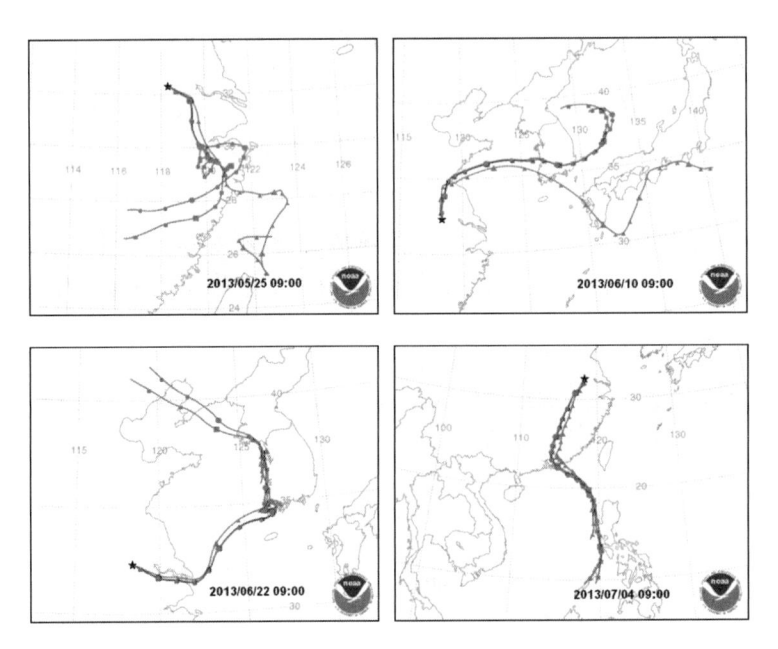

图 7 大气降水 HYSPLIT 水汽追踪图(后推 120 H,三角形:500 hPa,圆形:750 hPa、正方形:800 hPa)

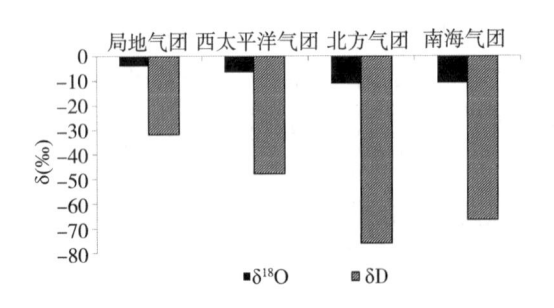

图 8 四次不同水汽来源的大气降水的氢氧同位素 δ 均值图

表 1　四次大气降水的水汽来源和氢氧同位素 δ 值

水汽来源	局地气团	西太平洋气团	北方气团	南海气团
降水开始日期	2013-5-25	2013-6-6	2013-6-22	2013-7-4
降水结束日期	2013-6-1	2013-6-11	2013-6-26	2013-7-7
$\delta^{18}O$ 均值(‰)	−4.02	−6.51	−11.15	−11.06
δD 均值(‰)	−31.92	−47.84	−76.01	−66.41

在局地水汽气团、西太平洋水汽气团、北方水汽气团和南海水汽气团中,局地水汽气团属近源水汽气团,因为近源水汽蒸发所形成的降水中重同位素常呈现高值,所以局地气团产生的降水比其他三个气团产生的降水中的重同位素富集。北方气团,因运移距离长,在陆面运移时降水损失了重同位素,在到达花山流域前还经过西太平洋洋面,补充了轻同位素,因而产生的降水中的重同位素较为贫乏。西太平洋气团和南海气团,来自海洋性气流,湿度比较大,气团中的重同位素在沿途降水过程中不断贫化,而南海气团比西太平洋气团运移距离长,同时南海气团在陆地上运移的距离比西太平洋气团运移的距离长,水汽补充也少,因而南海气团产生的降水的重同位素比西太平洋气团产生的降水中的重同位素贫乏。

通过 HYSPLIT 模型研究大气降水输送过程,表明花山流域降水氢氧同位素组成受水汽来源的影响。

4.4　地方大气降水线

1961 年国际原子能机构(IAEA)和世界气象组织(WMO)组织,对全球各个地区的降水中同位素进行跟踪,研究发现大气降水中的氢氧同位素组成有明显的近似线性的关系,大气降水同位素中 δD 与 $\delta^{18}O$ 的线性关系称为大气降水线,Craig 分析得到全球平均大气降水线(GMWL)为 $\delta D=8\delta^{18}O+10$。1983 年,郑淑惠提出中国大气降水线 $\delta D=7.9\delta^{18}O+8.2$。[2] 基于花山流域大气降水氢氧同位素的实测值,通过最小二乘法求得花山流域的地方大气降水线方程为 $\delta D=7.82\delta^{18}O+7.45$。花山流域的地方大气降水线与全球大气降水线相比,截距和斜率都偏小;与中国大气降水线相比,斜率较为相近,截距较为偏小;即当地的地方大气降水线与中国的大气降水线较为接近。

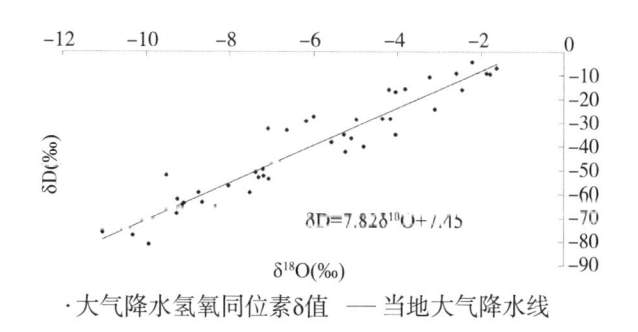

图 9　当地大气降水氢氧同位素关系

5　结论

实验期内,滁州花山流域大气降水氢氧同位素组成与温度为负相关关系,温度效应被掩盖;与降水量为负相关关系,存在降水量效应,降水量对大气降水氢氧同位素组成的影响作用更强。通过对 HYSPLIT 模拟水汽来源轨迹分析,花山流域大气降水氢氧同位素组成受不同的水汽来源影响。花山流域的地方大气降水线方程为 $\delta D=7.82\delta^{18}O+7.45$。

[参考文献]

[1] 唐雁英.水汽源区变化及其对流过程对我国典型东亚季风区降水稳定同位素的影响[D].南京:南京大学,2015.

[2] 张峦,朱志鹏,杨言,等.上海地区大气降水中氢氧同位素特征及其环境意义[J].地球与环境,2020,48(1):120-128.

[3] 陈衍婷,杜文娇,陈进生,等.厦门地区大气降水氢氧同位素组成特征及水汽来源探讨[J].环境科学学报,2016,36(2):667-674.

[4] 郑淑蕙,侯发高,倪葆龄.我国大气降水的氢氧稳定同位素研究[J].科学通报,1983(13):801-806.

[5] 汪少勇,王巧丽,吴锦奎,等.长江源区降水氢氧稳定同位素特征及水汽来源[J].环境科学,2019,40(6):2615-2623.

[6] 卫克勤,林瑞芬.论季风气候对我国雨水同位素组成的影响[J].地球化学,1994(1):33-41.

[7] 庞洪喜,何元庆,张忠林,等.季风降水中 $\delta^{18}O$ 与季风水汽来源[J].科学通报,2005,50(20):2263-2266.

[作者简介]

崔冬梅,女,生于1990年1月,女,硕士研究生,工程师,主要研究方向为水文水资源,15195941858,cuidongmay@163.com。

淮河流域极端气候要素空间变化规律分析

徐丁昊[1]　张　阳[2]

(1. 南通市九圩港水利工程管理所　江苏　南通　226000；
2. 南京市江宁区汤山街道水务管理服务站　江苏　南京　211100)

摘　要：研究气候变化背景下流域极端气候要素的空间变化规律，对流域洪旱灾害防御工作具有重要的指导意义。本文选择淮河流域极端气温与极端降水两项要素，采用广义帕累托模型参数的地理空间分布特征，开展了极端气候要素的空间变化规律研究。研究结果表明淮河流域日极端气温的空间分布变化规律并不明显，而日极端降水在空间分布上发生了明显的变化：不同量级逐日极端降水均主要发生在沂沭泗地区，并沿西南方向递减；而逐日极端降水发生的概率大小在空间分布较为复杂，不同量级的降水空间变化不同，但主要发生在淮河中部地区。

关键词：淮河流域；极端气温；极端降水；空间分布；GPD

引言

在全球气候变化的背景下，流域气候要素发生了不同程度的变化。研究流域极端气候要素变化对流域旱涝灾害防御工作具有重要指导意义。已有研究成果表明淮河流域在整体升温的趋势中有若干的降温区域，与洪涝灾害现象有一定的对应性关系，并且极端气温表现出很强的区域性。特别是近几年出现极端气温的情况越来越频繁，气温的变化可导致大气中的水汽异常增减，势必会对降水产生直接的影响；而对于研究流域性旱涝灾害来讲，降水是反映气候变化剧烈程度最敏感的气候要素，并且降水因子受人类活动的影响最小，同时降水量能够显著地反映某一特定地区或特定时段内的气候变化状况。因此，本文选择淮河流域极端气温与极端降水两项要素，采用广义帕累托模型参数的地理空间分布特征，研究极端气候要素的空间变化规律，以期为淮河流域洪旱灾害防御工作提供参考。

1　研究资料

本文选取了淮河流域内数据条件较好的 28 个气象站点 1953—2018 年的逐日气象资料，站点信息如表 1 所示、站点分布如图 1 所示。

表 1　淮河流域气象观测站点信息

序号	站号	站名	序号	站号	站名	序号	站号	站名
1	57181	宝丰	6	57091	开封	11	58203	阜阳
2	57083	郑州	7	57193	西华	12	58314	霍山
3	57089	许昌	8	58005	商丘	13	58015	砀山
4	57290	驻马店	9	58208	固始	14	58311	六安
5	57297	信阳	10	58102	亳州	15	58215	寿县

续表

序号	站号	站名	序号	站号	站名	序号	站号	站名
16	54916	兖州	21	58138	盱眙	26	58251	东台
17	58122	宿县	22	58040	赣榆	27	58265	吕泗
18	58027	徐州	23	58241	高邮	28	58326	巢湖
19	58221	蚌埠	24	54945	日照			
20	54938	临沂	25	58150	射阳			

图 1　所选气象站空间分布图

2　研究方法

广义帕累托（GPD）分布模型是一种简单的概率分布模型，这种分布模型主要是用来描述超过 POT 峰值的概率分布特征，其分布函数为：

$$F(x\mid k,\beta,\alpha)=\begin{cases}1-\left(1-k\dfrac{x-\beta}{\alpha}\right)^{1/k},k\neq 0\\ 1-\exp\left(-\dfrac{x-\beta}{\alpha}\right),k=0\end{cases} \quad (1)$$

其相应的概率密度函数为：

$$f(x\mid k,\beta,\alpha)=\begin{cases}\dfrac{1}{\alpha}\left(1-k\dfrac{x-\beta}{\alpha}\right)^{\frac{1}{k}-1},k\neq 0\\ \dfrac{1}{\alpha}\exp\left(-\dfrac{x-\beta}{\alpha}\right),k=0\end{cases} \quad (2)$$

式中：x 是随机变量；参数 β 是门限值（又称位置参数，本次研究中为极端事件的阈值）；$\alpha>0$ 是分布函数的尺度参数；k 是分布函数的形状参数。其中，当 $k\leqslant 0$ 时，有 $\beta\leqslant x<\infty$；而当 $k>0$ 时，有 $\beta\leqslant x\leqslant \beta+\alpha/k$。当 k 的绝对值大于 1 时，广义帕累托分布的厚尾特性会随着形状参数的增大而变厚，由此可依据形状参数的值来判别所研究气候变化分布的特征情况。

尺度参数 α 和形状参数 k 的空间分布特性，能够客观地反映出所研究区域极端气候要素的空间变化规律，因此参数 α 和 k 有明确的气候指示意义。尺度参数 α 为标准差线性函数，它代表了极端气候

要素的稳定性程度，因此能够很好地刻画极端气候极值的变化过程，尺度参数 α 越大，极端气候之间的差异也就越明显；而形状参数 k 主要反映广义帕累托分布厚尾的特性，GPD 的尾部厚度会随着 k 绝对值大小的变化而变化，当 k 的绝对值小于 1 时，GPD 分布尾部厚度将随着 $|k|$ 的增大而变厚，这说明相比较于正态分布，极端气候事件发生的概率会更大。本文采用线性矩法（L-矩法）对分布模型进行参数估算。

3 结果与讨论

3.1 日极端气温空间变化规律

GPD 参数对极端气候要素空间分布规律有很好的表征和指示作用，当形状参数的绝对值小于 1 时，分布尾部的厚度随着参数绝对值的增大而变厚，即说明发生极端降水事件的概率越大；而尺度参数为标准差线性函数，它代表了极端气候要素的稳定性程度，因此能够客观地刻画极端气候极值的变化过程，参数值 α 越大，极端气候之间的差异也就越明显。

图 2 分别为以 35.7℃ 和 −6℃ 为阈值的淮河流域日极端高温和极端低温的 GPD 参数空间分布图。其中子图（a）和（b）分别为日极端高温的尺度参数和形状参数的空间分布图，子图（c）和（d）分别为日极端低温的尺度参数和形状参数的空间分布变化图。

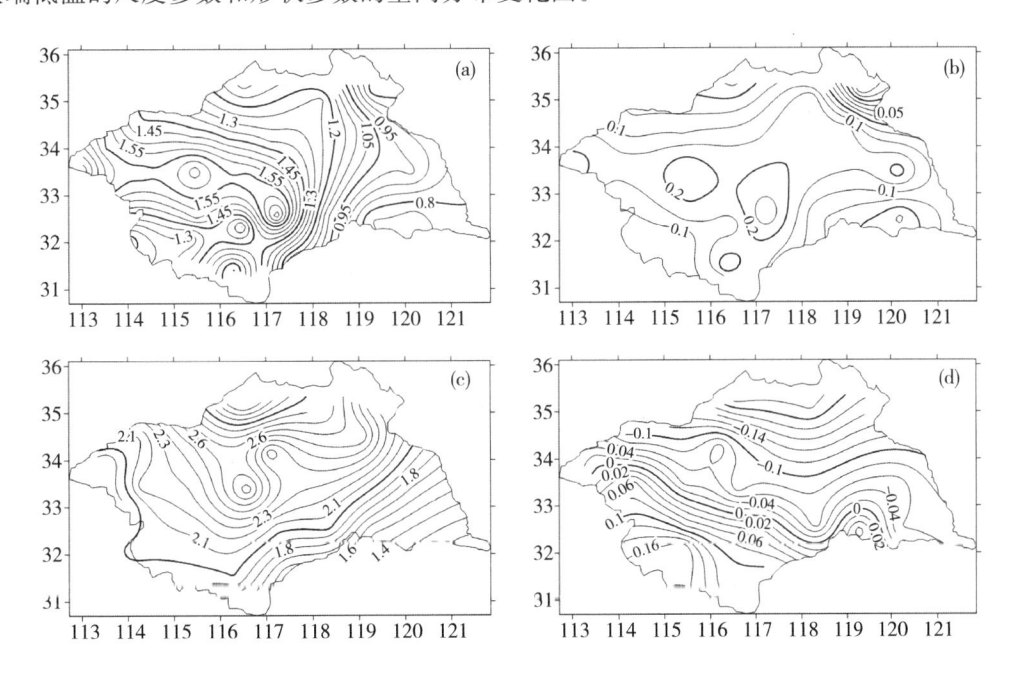

图 2 淮河流域极端气温空间分布变化图：(a) 极端最高气温 GPD 尺度参数；(b) 极端最高气温 GPD 形状参数；(c) 极端最低气温 GPD 尺度参数；(d) 极端最低气温 GPD 形状参数

由子图（a）和（b）可见，淮河流域日极端高温尺度参数的高值区主要集中在淮河流域中上游和偏西北部方向，越往东部地区，数值越小，说明淮河流域中上游出现极端高温不稳定程度要大于下游地区，中西部地区及偏北地区更容易出现极端高温温差；而对于日极端高温形状参数来讲，空间变化特征不明显，数值变幅也均较小，在 0.15 左右，说明淮河流域发生日极端高温的概率较小。

由子图（c）和（d）可见，淮河流域日极端低温尺度参数有较明显的从西北向东南逐渐递减的变化趋势，说明淮河流域出现不稳定极端低温的情况越到西北部越明显；对于日极端低温形状参数绝值,从东北到西南方向有一个先减小再增大的过程,说明在淮河流域发生日极端低温的概率东北和西南部地区概率更大,但整体来看,日极端低温形状参数普遍偏小,发生日极端低温的概率较低。

3.2 日极端降水空间变化规律

为了更细致地描述极端降水空间变化规律,本文将日极端降水分为小、中、大三个不同的量级,分别开展空间变化规律研究。三种量级对应的降水量阈值分别取 90%、95%、99%下的降水量,即 5.9 mm、14.4 mm 和 45.5 mm,绘制淮河流域日极端降水的 GPD 参数空间分布变化图,如图 3 所示。

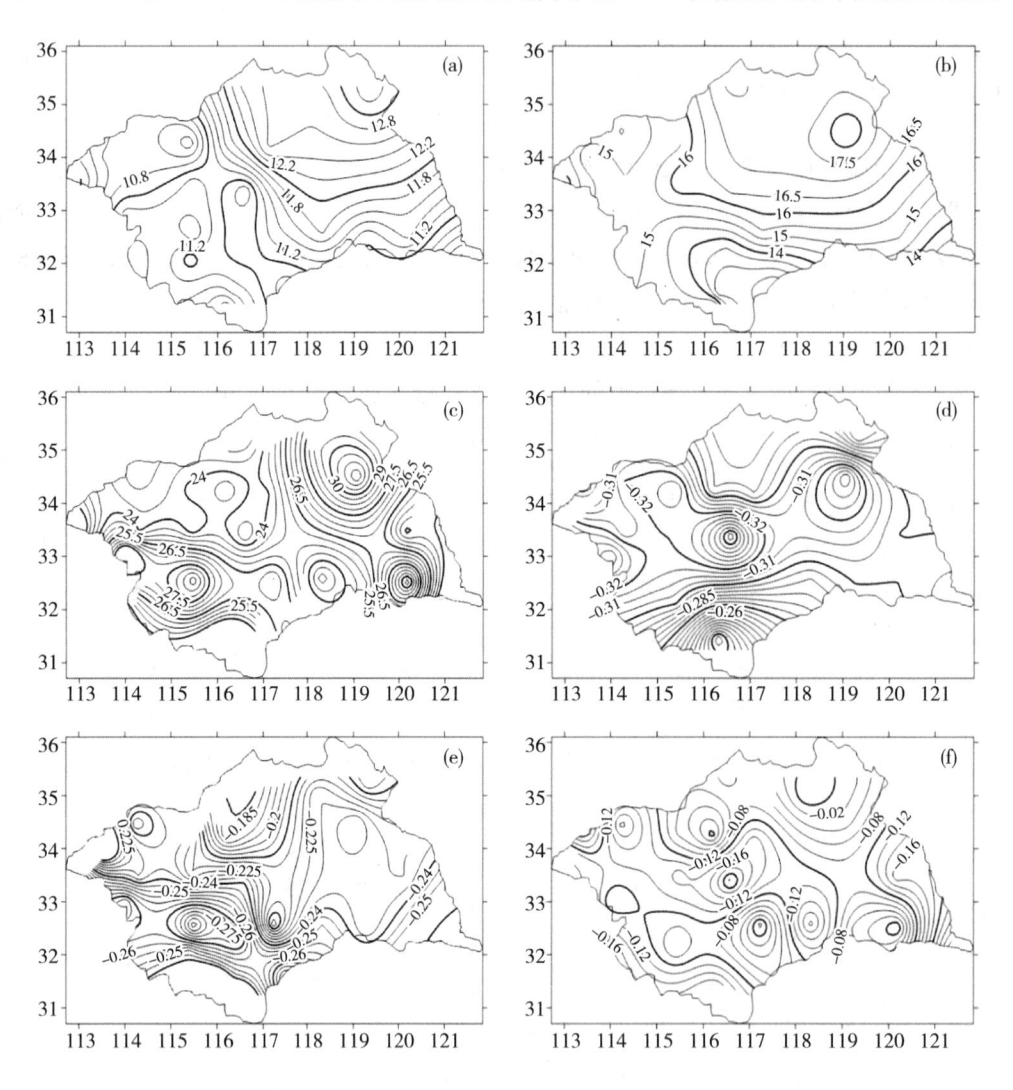

图 3 不同量级日极端降水 GPD 参数空间分布变化图:(a) 降水 90%阈值下 GPD 尺度参数;(b) 降水 95%阈值下 GPD 尺度参数;(c) 降水 99%阈值下 GPD 尺度参数;(d) 降水 90%阈值下 GPD 形状参数;(e) 降水 95%阈值下 GPD 形状参数;(f) 降水 99%阈值下 GPD 形状参数

由子图(a)~(c)可知,随着阈值的增大,尺度参数值也在逐渐变大,可见不同阈值的选取会对尺度参数值有较明显的影响;三种量级日极端降水尺度参数高值均主要集中在沂沭泗水系,淮河流域东部有从东北向西南逐渐减小的趋势,而西部地区出现与之相反的情况;对于中小量级日极端降水而言,西部地区变化规律不明显,大量级日极端降水尺度参数有较明显的由北向南逐渐增大的趋势,说明淮河流域不同地区日极端降水量差异较大,而且越靠近东北和西南部地区更容易出现不稳定极端降水的情形。

由子图(d)~(f)可知,随着阈值的增大,形状参数的绝对值存在逐渐变小的趋势特征,可见不同阈值的选取对形状参数值也有明显的影响;小量级极端降水高值区主要集中在淮河流域中部及其偏西北部地区,并有从北向南的递减趋势,而中量级主要集中在西南部地区,空间变化与小量级降水相反,越往北越小,大量级极端降水与小量级的空间分布较为相似,中部地区为高值区,向南方和北方逐渐减小,但东西部有增大趋势,可见对于淮河流域大量级极端降水的研究较为复杂;整体上看,淮河流域中部、西部和东部都有较大发生极端降水概率的情况。

4 结论

本文选择淮河流域极端气温与极端降水两项要素,采用广义帕累托模型参数的地理空间分布特征,开展了极端气候要素的空间变化规律研究。研究结果表明淮河流域日极端气温的空间分布变化规律并不明显,而日极端降水在空间分布上发生了明显的变化。不同量级逐日极端降水出现不稳定情况均主要发生在淮河流域的东北部地区(以沂沭泗地区为主),并沿西南方向递减;而逐日极端降水发生的概率大小在空间分布较为复杂,不同量级的降水空间变化不同,但主要发生在淮河中部地区。

[作者简介]

徐丁昊,男,生于1992年7月,水利专业工程师,主要研究方向为水利工程管理,18862932321,530490254@qq.com。

新阶段江苏淮河治理的几点思考

赵一晗[1]　张　晖[2]　卢知是[1]

(1. 江苏省水利厅规计处　江苏 南京　210029；
2. 江苏省江都水利枢纽工程管理处　江苏 扬州　225127)

摘　要：淮河流域气候多变、人口稠密、水旱灾害频繁，淮河治理一直是江苏水利的重中之重。本文回顾了江苏淮河治理成效，客观分析了防洪减灾、淡水资源供给、河湖生态复苏等方面的问题，研究提出了治理思路、目标、主要任务以及重大课题研究建议，拟为即将启动的淮河流域防洪规划修编提供参考，对新时期淮河治理有一定的指导意义。

关键词：江苏；水利；淮河；治理

1　治理成效

淮河流域气候多变、人口稠密、水旱灾害频繁，从黄河夺淮到新中国成立前的数百年间，大雨大灾、小雨小灾、无雨旱灾。新中国成立以来，历经七十年，江苏已形成了较高标准的防洪、挡潮、除涝、调水工程体系，农业综合生产能力显著提高，工业化和城市化加快推进，江苏淮河流域的面貌已经发生了巨大变化。

1.1　流域概况

淮河流域总面积27万 km^2，跨鄂、豫、皖、苏四省，以废黄河为界，南部为淮河水系，总面积19万 km^2；北部为沂沭泗水系，总面积8万 km^2。淮河流域气候多变、人口稠密、水旱灾害频繁，在我国经济社会发展大局中地位突出，治淮一直是国家治水的重中之重。江苏淮河流域处于淮沂沭泗诸河下游，总面积约6.42万 km^2，占全流域面积的24%，占全省面积的64%，其中淮河水系3.86万 km^2、沂沭泗水系2.56万 km^2。上有流域约20万 km^2 洪水穿境入海，其中沂沭泗洪水多路压境、源短流急、暴涨暴落；淮河洪水总量大、持续时间长、影响范围广。下有江海潮顶托，本地暴雨与台风、天文大潮遭遇概率较大，因洪致涝矛盾突出。区域内部突发性、极端性暴雨多，洪涝问题交织。省委省政府一直高度重视治淮工作，持续加强水利基础设施建设，为淮河流域经济社会发展奠定了水利基础。

1.2　治理成效

经过70年持续高强度的治淮建设，江苏已形成了较为完善的防洪、挡潮、除涝、降渍、灌溉、调水工程体系。在防洪方面，淮河水系，蓄泄兼筹、以泄为主，形成了洪泽湖调蓄，入江、入海、相机入沂出海三路外排的防洪格局，洪泽湖及下游防洪标准达到100年一遇。沂沭泗水系，扩大外排、就近入海，形成了东调南下的防洪格局，中下游地区防洪标准达到50年一遇。区域治理，开展了大规模的河网建设和圩区治理，防洪标准达到10～20年一遇，除涝标准大部分地区达到5～10年一遇、部分因洪致涝洼地3～5年一遇。在供水方面，基本建成江水北调供水系统，形成了以江都水利枢纽为龙头，京杭运河、淮沭新河、徐洪河为主要输水河道,9级提水泵站串联洪泽湖、骆马湖、微山湖的工程体系,改善了淮北地区供水条件。在此基础上,建成了南水北调东线一期江苏段工程。基本建成江水东引供水系统,按"两河引水、三线输水"的格局,开挖了新通扬运河、泰州引江河、通榆河、三阳河,完善了里下河腹部河网,实施了通榆河北延送水,促进了沿海地区发展。依托较完善的工程体系,通过高效能的指挥调度,成功抗御了2017年淮河秋汛,2018年淮河春汛、"温比亚"台风暴雨,2019年苏北地区严重干旱、"利奇马"台风暴雨,2020年淮河流域较大洪水、沂沭河大洪水,2021年强台风"烟花",实现了"无重大险情、无重大灾害、无人员伤亡、无重大损失"的目标,连续夺取防汛抗洪胜利,有力推动了"强富美高"新江苏建设,有效保障了江苏高水平全面建成小康社会圆满收官。

2 存在问题

随着长江经济带、长三角区域一体化、大运河文化带、淮河生态经济带建设、沿海高质量发展纵深推进,淮河流域迎来了在更高起点上推动更高质量发展的良好契机。对照流域防洪要求和经济社会发展状况,江苏流域防洪除涝供水安全度还不高,应对极端性、突发性洪旱灾害能力还不足。

2.1 流域防洪安全度不高

淮河下游防洪标准尚未达到300年一遇标准要求,洪泽湖周边滞洪区安全建设滞后,淮河下游洪水外排出路不足。沂沭泗水系需进一步提高到100年一遇防洪标准,近年连续发生流域性大洪水,暴露出新沂河、新沭河外排不畅,沂河、沭河堤防存在薄弱环节,沿线洼地因洪致涝等问题突出。

2.2 区域治理短板亟须加快补齐

区域性的洪涝防御能力不足仍是全省防洪减灾体系中的突出短板,淮北地区因洪致涝问题尚未根本缓解,里下河地区中滞与下排能力依然不足,部分地区引排能力与城镇化进程不相适应。

2.3 水资源保障能力有待进一步提高

江苏淮河流域水资源总体偏枯,淮北地区、沿海垦区、丘陵山区经常干旱,经过多年较为系统的治理,水资源配置格局已基本形成。但对照国家南水北调加大调水、加快打造江苏沿海地区高质量发展新增长极等部署要求,仍需进一步提升水资源保障能力。

3 淮河治理总体考虑

2020年8月,习近平总书记视察淮河防汛期间,作出"要把治理淮河的经验总结好,认真谋划'十四五'时期淮河治理方案"的重要指示。同年11月13日,习近平总书记亲临江都水利枢纽视察,充分肯定江苏治水成效,对南水北调东线工程及江苏水利建设提出了殷切期望。围绕"争当表率、争做示范、走在前列"重大使命和"强富美高"新江苏建设大局,新时期将聚焦防洪安全、供水安全、粮食安全、生态安全,谋划一批基础性、战略性治淮重大项目,为开启基本实现现代化建设的新征程奠定更加坚实的水利基础。其中,"十四五"期间计划实施23项(类)重点工程,安排投资约589亿元。

3.1 流域治理方面

推动实施淮河入海水道二期,完成洪泽湖周边滞洪区近期建设,实施苏北灌溉总渠堤防加固等工程,使淮河防洪标准向 300 年一遇过渡。加快推进沂沭泗东调南下提标规划报批实施,先期启动实施新沂河、新沭河扩大工程,使沂沭泗地区防洪标准向 100 年一遇过渡。加快海堤工程建设,下移新洋港、黄沙港等挡潮闸,巩固完善沿海防洪防潮减灾体系。

3.2 区域治理方面

加快实施斗龙港、房亭河等 56 条区域骨干河道治理,持续推进重要支流、独流入海河道及省际边界河段治理。完成 75 座存量重要控制枢纽除险加固,推进新鉴定大中型病险水利工程及时消险,尽快补齐区域治理短板。

3.3 水资源配置方面

按照国家部署,推进南水北调东线后续工程规划建设,增加入洪泽湖调水蓄水能力,改善北调水源;实施江水东引扩大和临海引江供水工程,完善江水东引体系;疏浚里下河腹部河网,加快通榆河以东沿海垦区输配水通道建设等,适时推进沿海平原水库建设。

3.4 河湖生态复苏方面

持续开展河湖生态修复与功能提升,推进洪泽湖系统治理与保护,加快实施骆马湖、里下河湖泊湖荡退圩还湖,营造可享的水生态环境,满足百姓高品质生活需求。

4 建议研究推进的重大事项

淮河流域南北逢源、通江达海,淮河治理是江苏水利工作的重中之重。从巩固已有治淮成果、进一步加快治淮兴苏进程等方面考虑,提出几点建议。

4.1 加大重大工程支持

(1)流域防洪工程。江苏地处淮沂沭泗诸河下游,流域防洪工程主要是为排泄上中游河南、安徽、山东洪涝水服务的。建设流域防洪工程,不仅要承担巨额地方配套资金,还需挖压大量耕地甚至基本农田。建议协调国家加大政策支持力度,给予优惠的投资和用地政策。

(2)退圩还湖工程。洪泽湖、骆马湖、高邮湖、白宝湖、里下河湖泊湖荡属浅水型湖泊湖荡,由于历史原因,违占、种植养殖严重,目前正在加快推进退圩还湖,适当挖深扩容,增强防洪、供水能力。建议各级政府加大退圩还湖政策与资金支持,促进退圩还湖进程。

(3)生态修复工程。水利部在"十四五"规划中将河湖水生态修复列为重要投资方向,淮委也将洪泽湖水生态修复列为重点推进项目,建议协调国家加大资金政策支持,为加快推进河湖生态复苏、保障美丽江苏建设提供支撑。

4.2 抓好重大项目储备

(1)洼地远期治理。重点平原洼地近期治理正在加快建设,近期将建成投运。根据水利部批复的《淮河流域重点平原洼地除涝规划》,江苏尚有淮沭河以西、邳苍郯新、中运河以西等 10 片洼地,现状排涝标准多不足 5 年一遇,治理需求迫切。建议开展重点平原洼地远期治理前期工作,争取"十四五"中后期启动实施,并依据治涝规划,同步开展其他区域洼地治理,争取提高流域整体排涝标准。

(2)海堤工程建设。2017 年《全国海堤建设方案》印发以来,江苏逐年实施海堤建设工程,巩固海堤 50 年一遇高潮位加 10 级风浪的防潮标准。由于海潮冲刷和多次台风袭击，局部海堤暴露出新的安全隐患。同时随着沿海港城港区开发，原有海堤格局逐步发生变化。落实江苏沿海高质量发展战略，我们将沿海水利作为"十四五"主攻方向，建议加大海堤建设支持力度，提高防潮防台能力。有条件堤段优化海堤布局、推广生态海堤，构筑沿海生态屏障。

（3）临海引江第三通道。国务院批复的《淮河流域综合规划（2012—2030）》提出研究开辟江苏沿海引江水道。"十三五"期间，按照"先通后畅"原则，先期推进了丁堡河江海河接通工程前期工作。对照沿海地区高质量发展要求，新时期迫切需要完善水资源配置工程，扩大淡水资源供给能力。建议加快临海引江第三供水通道研究推进，提高通南、斗南和川东港以南垦区淡水资源供给保证率。

4.3 开展重大问题研究

（1）汛限水位调整。洪泽湖、骆马湖是苏北地区的重要供水水源，也是南水北调东线重要调蓄湖泊。过去通过行汛限水位动态调控，基本满足了 5—6 月灌溉高峰期水稻栽插大用水需求，也保证了调水出省水量，南水北调东线工程规划也按此进行调节计算。有关研究结果表明，当前出湖能力和预测预报水平为汛限水位适当提高提供了保证。建议尽快研究推进汛限水位调整。

（2）滞洪区定位调整。洪泽湖周边、黄墩湖滞洪区是流域防洪体系的重要组成部分，但多年来一直没有运用。一方面，随着经济社会发展，滞洪区运用损失巨大、滞洪效果差；另一方面，由于滞洪区功能定位限制，区内经济社会现代化发展受到严重制约，地方干部群众反映强烈。建议根据流域洪水外排能力提高进程，研究在流域防洪规划和防御洪水方案修编中将洪泽湖周边、黄墩湖滞洪区逐步调整为一般防洪保护区。

（3）三河闸及越闸改建。三河闸建成于 1953 年，已运行近 70 年。2012 年被鉴定为三类闸，但在淮河入江水道工程中仅实施了上部启闭机房拆建、工作桥排架加固等。建议全面梳理水闸存在问题，研究整体加固方案。三河越闸，建议待淮河入海水道二期工程实施后，启动三河越闸工程规模和建设方案研究。

[参考文献]

[1] 赵一晗,陈长奇,宋轩.洪泽湖周边滞洪区分区运用研究[J].人民长江,2017(21):15-17+28.
[2] 赵一晗,张晓松,张海,等.新沂河远期工程规模与骆马湖蓄滞洪区关系的研究[J].江苏水利,2019(2):37-41.
[3] 陈长奇,赵一晗,赵立梅.沿海地区"十三五"水利规划思路研究[J].人民长江,2016(22):1-5.

[作者简介]

赵一晗,男,1982 年 10 月出生,高工,硕士,主要从事江苏淮河治理规划设计工作,cat00044105@163.com。

关于完善沙颍河流域防洪工程体系的研究

奚歆然[1]　刘富丽[2]

(1. 周口市水利规划院　河南 周口　466000；2. 周口市水利规划院　河南 周口　466000)

摘　要：针对沙颍河流域现状防洪工程体系建设情况及防洪能力进行了全面分析和综合阐述，并梳理了沙颍河流域现状防洪工程体系存在的主要问题。分别从全面贯彻党中央、国务院和水利部决策部署，积极践行"十六字"治水思路、服务国家经济社会发展实现第二个百年奋斗目标和气候变化带来的新挑战3个方面分析了新发展阶段沙颍河防洪面临的新形势及新挑战。从科学提升洪水防御标准、加快沙颍河重要支流治理、提升城市防洪排涝能力、修编沙颍河流域防洪规划和提升防洪智能化水平等角度，提出沙颍河流域防洪工程体系对策，为推动新阶段淮河流域综合治理提供技术支持。

关键词：沙颍河流域；防洪工程；工程体系；防洪形势；淮河流域

1　引言

沙颍河是淮河的最大支流，发源于河南省伏牛山区，跨河南、安徽两省，流经平顶山、漯河、周口等四十个市县，于安徽省颍上县沫河口汇入淮河。沙颍河河道全长620 km，其中河南省境内410 km，安徽省境内210 km；流域面积36 651 km²，其中河南省境内32 539 km²，安徽省境内4 112 km²；周口以上流域面积25 800 km²，漯河以上流域面积12 580 km²，其中山丘区面积约占漯河以上总面积的四分之三。漯河以西山区是主要暴雨中心，历史上多次发生特大暴雨，山洪峰高量大，极易使下游河道泛滥成灾；加之受气候变化(气候变暖、热带气旋增强)及中原地带人口活动频繁导致的城市热岛效应、雨岛效应的影响，城市洪涝事件发生的概率总体上逐年增加。据不完全统计，1950年至2000年间，仅周口、漯河两市受灾面积就达5 900多万亩(1亩＝1/15 hm²)，多年平均受灾面积110多万亩。沙颍河洪水不仅威胁着京广铁路、京珠高速公路、107国道等重要基础设施的安全，也威胁着沿岸数百万城乡人民生命财产安全和近千万亩耕地的农业生产安全，在河南省其防洪重要性是仅次于黄河的第二条河道。目前，沙颍河流域防洪标准仅10～20年一遇，与其承担的防洪任务极不相适应，迫切需要综合治理。

2　沙颍河流域防洪形势

2.1　沙颍河流域防洪工程体系建设情况

沙颍河流域总面积36 651 km²，河南省境内32 539 km²，其中山区面积9 070 km²，占27.9%，丘陵面积5 370 km²，占16.5%，平原面积18 099 km²，占55.6%；沙颍河水系山区支流众多，界首以上流域面积大于1 000 km²的支流有6条，即北汝河、澧河、颍河、贾鲁河、新运河、新蔡河。

新中国成立以来，根据"蓄泄兼筹"的治水方针，通过几十年的不断努力，兴建了白沙、昭平台、白龟山、孤石滩4座大型水库、23座中型水库和大量小型水库，建成了泥河洼滞洪区，加固培修沙颍河干流及主要支流堤防超4 500 km，疏浚平原河道79条，初步形成了"蓄、滞、泄、排"的防洪工程体系。

2.2 沙颍河流域防洪工程体系存在的主要问题

经过70多年的持续建设，沙颍河防洪工程体系建设取得巨大成就，但淮河流域天气系统复杂多变、降水时空分布不均匀、洪涝灾害易发多发的根本特性尚未改变，洪水风险依然是流域的最大威胁。

当前，我国已开启全面建设社会主义现代化国家的新征程，向第二个百年奋斗目标进军。淮河流域经济社会的高质量发展、人民日益增长的美好生活需要对流域防洪工程体系提出了更高要求。对照这些新的要求，当前沙颍河流域防洪现代化水平仍然不高，防洪工程布局与需求不够匹配，薄弱环节和风险隐患仍然存在[2]，存在的主要问题为：

2.2.1 上游拦蓄能力仍然不足，缺乏控制性工程，防洪标准偏低

部分支流洪水缺少有效拦蓄，增加了干流的防洪压力。沙河下汤水库尚未修建，支流洪水缺乏有效拦蓄。"豆腐腰"段（漯河—周口）河道缺乏调蓄工程，防洪标准较低，远远不能满足国家的防洪标准要求。[3]

2.2.2 干流河道防洪标准较低

2021年7月河南省遭遇历史罕见特大暴雨，沙颍河流域贾鲁河、双洎河、颍河等3条主要河流均出现超保证水位大洪水，过程洪量均超过历史实测最大值。其中贾鲁河中牟水文站7月21日洪峰水位79.40 m，超历史最高洪峰水位（1960年11月4日）1.71 m；洪峰流量608 m³/s，为历史最大洪峰流量（2019年8月2日）的2.5倍。郑州市124条大小河流共发生险情418处，143座水库中有常庄、郭家咀等84座出现不同程度险情，威胁下游以及京广铁路干线、南水北调工程等重大基础设施安全。沙颍河防护区人口达800万人，耕地1 000万亩，按照《防洪标准》（GB 50201—2014）有关规定，至少应属于乡村防护区一级，其防洪标准为50～100年一遇，目前仅为10～20年一遇的防洪标准，与其承担的防洪任务极不相适应。

2.2.3 重要支流治理不系统，且防洪标准低，仍存在防洪风险隐患

沙颍河流域面积大于1 000 km²的河道有颍河、贾鲁河、新运河、新蔡河、汾泉河等，除贾鲁河"7·20"后提高标准进行灾后重建外，其他四条河流治理标准仅为除涝3年、防洪20年一遇标准。颍河上游许昌市按5年一遇除涝进行治理，下游周口市区仅为3年一遇；新蔡河上游淮阳、郸城按5年除涝进行了治理，下游段郸城、沈丘仍未治理；汾河上游漯河段按5年除涝标准治理，下游段周口段仍未治理，从防洪要求来说，均未能达到规划要求的30～50年一遇防洪标准。

2.2.4 城市防洪排涝能力较低

目前，沙颍河流域多数城市防洪排涝能力较低。以周口市为例，老城区的道路均铺设了排水管道，但是由于建设时间早，仍采用合流制管道，雨污水混合，设计排水重现期仅为0.33年，占整个城区内管道的36%；市区雨水排水系统原有的设计重现期取值较小，一般为一年。因此，当城市雨水排水系统遇到重现期大的暴雨时，就会大大超过其设计负荷，导致道路积水等问题。按照《室外排水设计标准》（GB 50014—2021），中心城区和非中心城区重现期应为2～3年，中心城区重要地区应为3～5年，现状城市排涝设计标准与规范要求相差甚远。

2.2.5 防洪非工程措施有待加强

当前，极端天气事件下的水文监测能力、预报精度和预警时效，水工程联合调度信息化、智能化水平、广度和深度，距离实现流域智慧防洪"四预"（预报、预警、预演、预案）的目标还有较大差距；防洪减灾管理制度建设有待加强；洪水防御方案预案操作性和针对性仍需进一步增强。[1]

3 新发展阶段沙颍河防洪面临的新形势及新挑战

"十四五"时期是我国全面建设社会主义现代化国家新征程、向第二个百年奋斗目标进军的第一个五年,也是沙颍河流域省市高质量建设现代化、高水平实现现代化目标的关键时期。沙颍河流域治水兴水和水生态环境保护工作必须深入贯彻落实习近平生态文明思想,全面贯彻落实党中央决策部署,立足省情水情,以前瞻30年的眼光看问题、谋对策,准确把握水安全和水生态环境保护时代命题,构建与社会主义现代化进程相适应的水安全保障和水生态环境保护体系,全面提升水安全保障能力,持续改善水生态环境质量,开创协同治水新局面。[3]

3.1 全面贯彻党中央、国务院和水利部决策部署,积极践行"十六字"治水思路

党的十八大以来,习近平总书记就水安全工作作出一系列指示批示,2014年3月14日就保障国家水安全明确提出"节水优先、空间均衡、系统治理、两手发力"的治水思路,为做好水安全保障工作提供了根本遵循。必须准确把握和深入贯彻"十六字"治水思路,切实提高洪涝灾害防御能力,不断满足人民群众对持久水安全、优质水资源、健康水生态、宜居水文化的现实需求。[3]

3.2 服务国家经济社会发展实现第二个百年奋斗目标,要求提升洪涝灾害防御能力

当前我国进入新发展阶段,水利发展所处的历史方位也进入新发展阶段。新阶段,水利工作的主题为推动高质量发展。2021年6月28日,李国英部长在水利部"三对标、一规划"专项行动总结大会上的讲话,把提升水旱灾害防御能力摆在新阶段推动水利高质量发展四种能力的首位,把"完善流域防洪工程体系"放在推动新阶段水利高质量发展六条实施路径的第一位。已建防洪工程对提高河道防洪标准、减轻流域内洪涝灾情发挥了重要作用。但由于山区洪水控制不够、下游河道防洪标准低,洪涝灾害仍十分频繁。沙颍河流域是中部地区生态保护和高质量发展的重要区域,是南水北调渠首所在地和核心水源区,必须依托国家水网建设,准确把握南水北调后续工程面临的新形势新任务,高质量推动南水北调后续工程建设,推进河流水系治理保护和骨干工程建设,完善大中小型协调配套的工程体系,加快构建兴利除害的现代水网体系,为国家战略深入实施提供坚实可靠的水安全支撑和保障。[3]

3.3 气候变化极端天气事件对防洪带来新挑战

全球气候变化和人类活动加剧导致极端、突发水事件风险加大,进一步加剧了流域洪水威胁的严重性,迫切需要增强水利基础设施体系在复杂条件下的防洪减灾能力,防范极端气候条件下局部区域甚至全流域可能发生的超标准洪水,最大限度降低洪水风险对流域经济社会的影响。需要进一步巩固、完善、优化防洪体系,有力有序有效应对极端天气事件风险。[2]

4 完善沙颍河流域防洪工程体系举措

根据沙颍河流域防洪形势新变化和经济社会发展新要求,充分考虑与国土空间总体布局的衔接,遵循新发展阶段流域防洪减灾策略,研究提出完善流域防洪工程体系的以下举措。

4.1 科学提升洪水防御标准,尽快将沙颍河防洪标准提升至50～100年一遇

对标"三新一高"要求,从整体提升防洪安全保障程度、科学提高防洪标准、强化洪涝风险防范、减

轻洪涝灾害风险的角度出发,高质量开展新一轮防洪规划修编工作。加快建设沙颍河上游控制性工程下汤水库的建设,增强洪水调蓄能力。按照《防洪标准》(GB 50201—2014)加快沙颍河干流的治理,提高防洪能力到50～100年一遇。协调流域防洪与区域排涝关系,进一步优化流域防洪区划和工程布局,系统规划河道及堤防、水闸、水库建设,完善防洪规划体系。

4.2 加快沙颍河重要支流治理,系统完善沙颍河防洪体系

克服河道"上大下小"的弊端,避免洪水灾害"搬家"。分别完善防洪工程体系对沙颍河重要支流(新运河、新蔡河、汾泉河)的重点河段进行治理,保障重点河段防洪安全。加强重要河道和主要支流防洪达标提升,以防汛抗旱水利提升工程治理任务为重点,对存在隐患的河道(沟)进行治理。

4.3 提升城市防洪排涝能力

按照《室外排水设计标准》(GB 50014—2021)改造沙颍河流域城市老城区排水管道,提高城市排水标准,真正提升城市居民的幸福指数。开展重点城市防洪排涝工程达标建设,提升中心城区防洪能力;加快城市排涝泵站设计,加大城市排涝管网改建,提高城市防洪排涝能力。依托防洪工程体系,结合海绵城市建设,考虑河湖水系连通调蓄,城市建设要落实低影响开发设施用地,开展雨水渗透、雨水调蓄、雨水收集利用,提高城市防洪排涝能力。优化暴雨洪水监测预报,提高水文预报监测能力。[1]

4.4 修编沙颍河流域防洪规划

对沙颍河流域防洪规划进行修编,提高河道泄洪能力;对中小河道进行综合治理,增加河道行洪能力;加强病险水利工程除险加固、山洪灾害防治;规划城市应急强排泵站工程建设。继续实施病险水闸与护坡护岸除险加固,加快中小河流治理及山洪灾害防治等防洪薄弱环节建设。

4.5 提升防洪智能化水平

加快推进智慧防洪体系建设,提高防汛调度决策能力。加快推进数字沙颍河建设,进一步完善雨情、水情、工情监测站网覆盖和信息感知体系,以自然地理、干支流水系、水利工程、经济社会信息为主要内容,对物理流域进行数字化映射,构建数字孪生流域,实现动态实时信息交互和深度融合。构建模拟仿真平台,全力支撑防洪"四预"模拟仿真,提升洪水预报调度的信息化、数字化、智能化水平,努力实现及时准确预报、全面精准预警、同步仿真预演和精细数字预案,构建流域智慧防洪体系,为流域水利工程安全运行和优化调度提供超前、快速、精准的决策支持。[2]

4.6 进一步提升水旱灾害防御能力

有序推进数字沙颍河工程、沙颍河流域水工程防灾联合调度系统、水利大数据中心沙颍河流域节点等建设项目,加快建设数字孪生沙颍河,实现流域管理场景化"四预",为保障流域安全、推动河南水利高质量发展提供坚强有力支撑。

5 结语

防洪工程体系建设是流域防洪减灾的核心,通过分析流域防洪工程体系现状及存在问题,梳理流域防洪工程体系仍存在的短板,从而提出完善流域防洪工程体系的措施。当前,不仅沙颍河流域洪水形势、水情条件发生了新变化,党中央的新发展理念对流域治理也提出了新要求。新时代应结合新形

势,开展沙颍河流域防洪规划修编工作,全面复核沙颍河流域重点地区现状防洪能力和防洪标准,进一步优化防洪工程布局,加强堤防及河道治理工程建设,推进蓄滞洪区建设,从而建成标准适度,形成协同高效的防洪工程体系。[3]

[参考文献]

［1］钮新强,胡维中,刘佳明,等.构建适应新阶段高质量发展的长江防洪体系[J].中国水利,2022(5):20-23.
［2］王晓亮,王雅燕.加强系统治理 全面提升淮河流域洪涝灾害防御能力[J].中国水利,2022(6):24-26.
［3］海南省人民政府.河南省"十四五"水安全保障和水生态环境保护规划[R].2021.

[作者简介]

第一作者:奚歆然,女,生于1990年3月,工程师,主要研究方向为水利工程规划、设计、工程造价,18103878655,1210240702@qq.com。

第二作者:刘富丽,女,生于1975年10月,高级工程师,主要研究方向为水利工程规划、设计,13603949790,940479422@qq.com。

关于岸坡防护工程措施若干问题的思考

王永起[1] 刘朋文[2] 刘呈玲[3]

(1. 淮河水利委员会水利水电工程技术研究中心 安徽 蚌埠 233001；
2. 常州新美水务集团有限公司 江苏 常州 213000；
3. 淮河水利委员会水资源节约与保护处 安徽 蚌埠 233001)

摘 要：岸坡防护工程措施是控导水流,防止河道堤岸发生冲刷、崩岸,稳定岸线安全的有效措施,本文对长江中下游崩岸治理工程设计过程中存在的若干问题进行思考研究,提出确保岸坡防护工程实施效果需在设计过程控制的关键因素。针对水下抛石护脚结合水上混凝土预制锁块护坡这一最广泛采用的岸坡防护工程措施,推导给出水下抛石防护块石粒径和防护层厚度、水上混凝土预制锁块厚度适用计算公式。论述其他常见岸坡防护工程措施防护机理,探讨展望生态护坡等新要求、新理念岸坡防护工程措施。

关键词：岸坡防护；控制因素；实施效果；生态护坡

1 工程措施研究必要性

水流冲刷、风浪侵蚀等因素常会引起河道岸坡的变形、失稳和破坏。河道岸坡堤脚附近河床处于固、液两相交界处,水流扰动作用强,面上动水压力较大,必须采取岸坡防护工程措施以削弱近岸水流冲刷力,提高岸坡抗冲刷能力。近年来随着来沙量锐减及挟沙能力不饱和,淮河干流渐处于"缺沙"状态,致使河段冲淤演变有着一系列调整,如原本冲淤平衡或微冲的淮河流段——鲁台子至蚌埠段演变为持续冲刷,造成近岸深泓下切、边坡变陡,河岸崩塌蚀退时有发生,严重影响防洪、航运安全及岸线规划利用等。岸坡防护工程措施是完善流域防洪工程体系的重要内容,本文从研究长江中下游崩岸治理工程取得的防护效果,对其工程设计过程中存在的若干问题进行思考总结的角度出发,以求为淮河崩岸治理工程提供借鉴。

2 设计过程关键因素分析

对长江中下游崩岸治理工程秋江圩段岸坡防护工程实施前后的水下地形测图进行对比,分析工程区岸坡稳定情况与河床冲淤防护效果,崩岸治理段河床断面变化见图1,崩岸治理段下游段河床断面变化见图2。

岸坡防护工程实施后,崩岸治理段近岸河槽抗冲刷能力增强,河床呈稍淤积状态,岸坡处于稳定状态。崩岸治理段下游则受河势调整,水流顶冲点下移,河床前沿深槽冲刷下切,岸坡变陡,有发生崩岸危险。由此可知,长江中下游崩岸治理工程虽然有较好防护效果,但在工程设计过程中也存在着若干问题值得思考研究。首先,崩岸治理工程设计缺乏预测性,往往在崩岸发生后才进行工程治理,其时不可逆转的河势格局已形成。其次,崩岸治理工程措施在一定程度上会改变原有河道河势,使水流

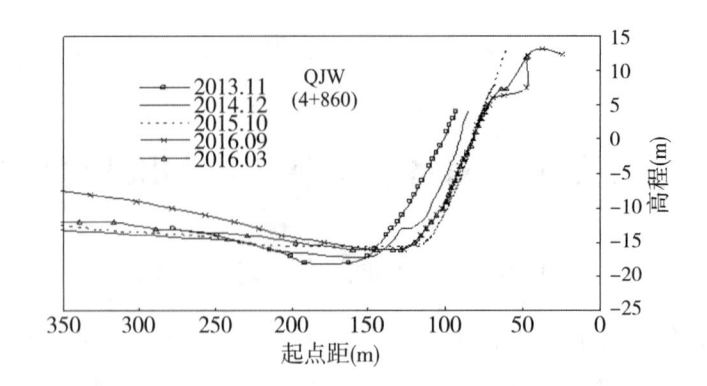

图 1　崩岸治理段河床断面变化图

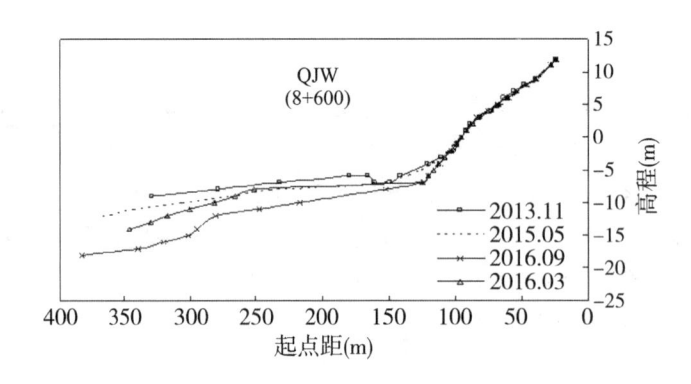

图 2　崩岸治理下游段河床断面变化图

顶冲点发生上提或下移,产生新的冲淤变化,必须全面分析工程布局对上下游、左右岸的相互影响,防止产生周边次生崩岸,治理防护范围必须涵盖治理措施实施后可能发生的新的崩岸范围。

2.1　工程平面布局、河道演变趋势评估

工程平面布局是崩岸治理设计关键环节,要研究评估河段来水来沙变化条件下的水沙运动及河床演变趋势,依据判别准则分析崩岸产生原因、机理和类型,提升崩岸治理工程设计预测性。不能仅将崩岸治理作为独立的护岸工程进行设计,要研究水-沙-岸坡受力为一体的耦合作用,分析水沙变化条件下河势演变的方式、方向和速率,确定崩岸治理工程平面布局。

研究表明,多数崩岸均发生在弯道凹岸处,弯道环流对河床冲淤作用显著,当曲率半径 r 与河宽 w 的比值小于 6 时,河岸冲刷率会随着 r/w 的降低而增加,当 $r/w=2\sim3$ 时达到最大值,发展中的河湾具有向下游蠕动的规律,河湾弯顶和弯顶偏下游部位是弯道环流强度最大、崩岸最易发生的部位。因此,在弯道崩岸治理的平面布局中,首先应考虑从全局上设置合理弯道河宽和曲率半径,减小横向环流强度,使河道河势适应来水来沙的变化,河道断面边界条件能够适应流量和水位年内、年际的频繁变化,在源头上最大程度减小崩岸范围和强度。

2.2　崩岸产生原因、机理和类型

对崩岸产生原因、机理进行分析是崩岸治理设计重要内容,在岸坡发生崩岸前对崩岸类型进行预判,是提出针对性治理措施的前提。坍塌型崩岸和流滑型崩岸是规模较大、出现概率最高的两种渐进式崩岸,根据岸坡岩性结构按以下判别准则预测崩岸产生的类型:①对于单一黏性土层较厚的岸坡,黏性土抗冲性较强,崩岸发生前其坡度往往较陡,崩塌滑动面较深,容易发生深层滑动,易产生流滑型

崩岸。②对于下部为砂性土，上部覆盖层为黏性土的典型二元结构岸坡，如果下部砂性土比上部黏性土厚，岸坡下部砂性土易受水流冲刷而使上层土体失去支撑发生坍落，易产生坍塌型崩岸；如果上部黏性土比下部砂性土厚，则易产生流滑型崩岸。坍塌型崩岸是由渗流引起的土体崩塌破坏，呈条状，崩塌土体垂直位移远大于水平位移，崩塌面粗糙且为平面，崩塌过程较简单而短暂，破坏进深远小于破坏长度，可采用崩体力学平衡分析法进行崩岸分析。流滑型崩岸则是水流冲刷过程中引起的土体滑落破坏，呈圈椅状，崩塌土体水平位移大于垂直位移，滑动面光滑且为曲面，崩塌过程较长，破坏进深远大于破坏长度，可采用土力学中的条分法进行崩岸分析。

根据崩岸产生原因、特征和类型进行岸坡防护分区治理，提升治理措施针对性。坍塌型崩岸岸坡底部砂性土易被水流淘刷，致使基础不稳，治理措施重点在于稳固坡脚。流滑型崩岸岸坡黏性土厚度大、渗透系数小，高水位时土体处于浸水饱和状态，水体对岸坡施加的外水压力较大；水位迅速下降时，土体内部水不能及时排出，土体自重增加，且水体对岸坡施加的外水压力减小，致使岸坡发生不排水剪切破坏，治理措施重点在于岸坡排水。

2.3 关键控制指标计算

岸坡防护工程措施多以设计枯水位为界，分为设计枯水位以上水上护坡和设计枯水位以下水下护脚，且以水下护脚为主，水上护坡为辅。水下抛石护脚结合水上混凝土预制锁块护坡是最广泛采用的岸坡防护工程措施，抛石防护用于覆盖松散的河床质，防止水流对岸坡部位接触冲刷，具有取材方便、适应地形变化等优点，用于覆盖的块石层应均匀、连续和致密，块石粒径和抛石防护层厚度、混凝土预制锁块厚度是抛石防护工程设计的关键控制指标。

根据西尔德斯准则和谢才定律，对于天然河流，水面宽度 B 远大于水深 h 时，平底河床上块石设计粒径 d 可由以下公式求得：

$$\Delta d = \frac{U_d^2}{\Psi_c C^2} = \frac{U_d^2}{\Psi_c \left(18\log\frac{12h}{2d}\right)^2} \tag{1}$$

式中：d 为颗粒直径（m）；Δ 为相对密度，对于河流上的抛石护岸工程，$\Delta=1.65$；U_d 为垂线平均流速（m/s）；Ψ_c 为临界运动参数，$\Psi_c=0.03\sim0.035$；h 为水深（m）。

实际工程设计中，块石粒径计算还应考虑水流紊动强度，河床横向坡度对块石稳定影响，对流速分别施加改正系数 K_t、K_d。

$$K_t = \frac{1+3\gamma_t}{1.3} \tag{2}$$

式中：γ_t 为相对紊流强度，取 $\gamma_t=0.1\sim0.3$。

$$K_d = \frac{1}{\sqrt{1-\left(\frac{\sin\alpha}{\sin\varphi}\right)^2}} \tag{3}$$

式中：α 为块石所处的河床横向坡度（°）；φ 为块石内摩擦角（°），通常取 $\varphi=40°$。

施加改正系数后，由公式（1）、（2）、（3）得块石设计粒径计算公式：

$$\Delta d = \frac{K_d(K_t U_d)^2}{\Psi_c C^2} = \frac{K_d(K_t U_d)^2}{\Psi_c \left(18\log\frac{12h}{2d}\right)^2} \tag{4}$$

综合考虑防护工程重要性、抛护部位流速和水深等确定抛石防护层设计厚度t,一般采用$(2\sim4)D_{50d}$,D_{50d}为块石设计中值粒径。

$$D_{50d} = K_s d \tag{5}$$

式中：K_s为设计安全系数,通常取$K_s=1.5\sim2$;d为块石设计粒径。

水下抛石施工受水流影响较大,根据岸坡防护工程平面布局、水位变化情况等进行岸坡防护分区（平面上、不同高程）,在不同防护部位采用不同块石设计粒径,在靠近主河床部位,流速、水流紊动强度和河床横向坡度较大,块石设计粒径较大,反之靠近岸坡部位块石设计粒径则较小。

对于水上护坡,混凝土预制锁块厚度计算公式：

$$t = \eta H \sqrt{\frac{\gamma}{\gamma_b - \gamma} \cdot \frac{L}{B\tan\alpha}} \tag{6}$$

式中：t为混凝土预制锁块厚度(m);η为系数,通常取$\eta=0.075\sim0.10$;H为计算波浪高度(m);L为计算波浪长度(m);γ为水的重度(N/m³);γ_b为混凝土的重度(N/m³);B为沿岸坡方向防护长度(m);α为岸坡坡度(°)。

波浪对混凝土预制锁块护坡稳定性有着重要影响,波浪回落时的渗流力会使岸坡防护结构的抗滑、抗倾、抗浮稳定安全系数均有所减小,造成岸坡失稳破坏。在一定波高情况下,岸坡坡度较陡时抗滑稳定性起决定性作用,岸坡坡度较缓时抗倾稳定性起决定性作用。在一定的岸坡坡度和波高下,随着岸坡防护结构块体尺寸的减小,块体的各稳定性都有明显的降低。

3 新型岸坡防护措施展望

传统岸坡防护工程措施按防护机理分为实体抗冲防护和减速不冲防护两类,前者通过提高岸坡抗冲刷能力稳固岸坡,后者通过削弱水流冲刷力稳固岸坡。以软体沉排防护和四面体透水框架群防护为例,分别论述实体抗冲岸坡防护工程措施和减速不冲岸坡防护工程措施的防护机理、防护效果。

软体沉排防护是用复合土工织物缝接成排布,并在排布上绑扎混凝土预制块以形成大片排体的半刚性岸坡防护形式,由水下复合土工织物软体排和水上锚固系统组成,能有效防护水流对河床基土冲刷侵蚀以保护岸坡,具有反滤和渗透作用强、保土促淤效果好等特点。排体充灌与铺排施工机械化程度较高,但当水深较大、水流较急时,水下施工难度大,施工后适应河床变形的能力较差,下部边缘处易受淘刷。

四面体透水框架呈正三棱锥体,由预制的6根长度相等的钢筋混凝土杆件相互连接组成,既能够利用实体材料的强度特性提高床面的抗冲刷能力,也能够利用框架自身三个杆件结构的绕流作用产生尾涡脱离耗散水流能量,逐渐消减水流的动能,减缓流速促使水中泥沙落淤,达到防冲固脚目的。四面体透水框架群既能在河床面上进行布置移动、重复使用,又可以实现工厂标准化量产,经济实用,施工方便,对基脚的防护效果较好。

传统岸坡防护工程措施经过多年工程实际应用和防护机理研究,技术成熟且防护效果较好,但由于堤岸固体边界与附近水流相互作用的复杂性和传统岸坡防护工程措施固有的局限性,按照岸坡防护安全性、生态性、景观性的新要求开展研究生态护坡等新型岸坡防护工程措施,并将其与传统岸坡防护工程措施相结合有着重要现实意义。

4 结语

(1) 岸坡防护工程措施是完善流域防洪工程体系的重要内容,须提升岸坡防护工程设计预测性,研究河段来水来沙变化条件下的水沙运动及河床演变趋势,依据判别准则分析崩岸产生原因、机理和类型,全面分析工程布局对上下游、左右岸的相互影响,防止产生周边次生崩岸。

(2) 推导给出工程适用的水下抛石粒径、抛石防护层厚度以及混凝土预制锁块厚度计算公式,进行岸坡防护分区,不同防护部位采用不同块石设计粒径,考虑波浪回落时渗流力对岸坡防护结构的抗滑、抗倾、抗浮稳定性影响。

(3) 建立崩岸监测预警机制,实现工程监测常态化,对各崩岸治理段水下地形、河势及岸坡稳定变化情况等进行监测,研究生态护坡等新型岸坡防护工程措施,并将其与传统岸坡防护工程措施相结合。

[参考文献]

[1] 房世龙.江河航道岸坡防护工程的措施研究[J].南通航运职业技术学院学报,2009,8(3):84-87+91.
[2] 倪晋,余彦群."十四五"时期淮河洪涝治理若干问题探讨[J].水利规划与设计,2021(9):19-22.
[3] 杨丽.新水沙条件下长江太子矶河段秋江圩崩岸治理及效果分析[J].水利建设与管理,2021,41(9):11-16.
[4] 彭良泉,周波,芦伟宏.对长江中下游崩岸治理设计的几点思考[J].水利水电快报,2017,38(11):56-59.
[5] 张明光.抛石护岸工程设计中块石粒径的确定[J].人民长江,2003(2):24-25.
[6] 唐洪武,李福田,肖洋,等.四面体框架群护岸型式防冲促淤效果试验研究[J].水运工程,2002(9):25-28.
[7] 刘志伟.波浪对岸坡防护工程稳定性影响机理分析[J].甘肃水利水电技术,2013,49(5):36-38.
[8] 杨青森,刘凡,宋强,等.生态框格在岸坡防护工程中的实用性探讨[J].治淮,2021(5):32-34.

[作者简介]

王永起,男,生于1990年2月,工程师,主要研究方向为水工建筑物消能及安全监测,15955270378,1071739588@qq.com。

无人机搭载双光相机探测堤防渗漏试验分析

曹文星　张炜杰　游天宇　聂　帅　陈　哲　张友明

（江苏省防汛防旱抢险中心　江苏 南京　211500）

摘　要：为探索无人机搭载双光相机巡航探测堤防渗漏险情的实用方法，在标准管护条件下的堤防现场，开展晴朗和阴天条件下、连续24小时、堤防不同介质测温试验，目视辨识查找堤防渗漏险情，与人工巡查进行效率对比试验。研究表明：在晴朗天气白天时，对标准管护的堤段，将红外热成像与可见光图像结合，夜间单独使用红外热成像，可通过目视辨识方法有效探测渗漏类堤防险情；无人机巡堤方式的巡查效率约为人工方式的3.5倍，且在夜间巡查、安全监测等任务中优势明显。

关键词：无人机；双光相机；堤防渗漏；目视辨识；红外热成像

截至2020年年底，全国已建成5级及以上江河堤防32.8万公里[1]。江河堤防在面临高水位行洪时，容易发生渗水、管涌、漏洞等渗漏险情。2020年南京市汛期重点险情处置，堤防渗漏类险情占比62.5%[2]。为保障堤防安全运行，须定期开展堤防巡检，超过警戒水位时需组织人员开展驻地巡查以及险工险段重点监测。当前，针对堤防渗漏险情的巡查方法仍以人工为主，不仅费时、费力，还可能因为专业知识、经验、责任心等方面的不足而出现漏检漏查情况[3]。以无人机为平台搭载可见光和红外光（以下简称双光）相机巡航探测堤防渗漏险情，是解决上述问题的一个重要方向。目前，在运用红外热成像进行混凝土坝渗漏探测的模拟实验方面，国内外已经开展了相关研究，为堤防渗漏险情的实地试验研究提供了理论基础和参考方法[4]。

双光相机的可见光部分是接收环境反射的可见光进行光学成像；红外光部分是接收堤防环境各类物体自身红外辐射后转换生成对应的图像[5]，可以有效探测目标区域表面温度场分布情况。堤防表面环境中的不同类型物体，由于比热容、热传导率、热辐射吸收率、植物体热时间常数等方面的差异[6-8]，其自身温度随时间的变化速度不同，从而形成了有规律的温度场分布。项目组开展全天24小时、多天气条件下的模拟渗漏险情识别、无人机与人工巡查效率对比、堤防表面多介质温度关系及演变情况等试验研究，为使用无人机搭载双光相机进行堤防渗漏险情探测实战提供参考经验。

1　试验概述

1.1　工程概况

本次试验地点为江苏省防汛抢险训练场堤防、滁河堤防南京段、长江堤防南京段。江苏省防汛抢险训练场位于南京市六合区瓜埠镇，演练区堤防底高程8.5 m（吴淞高程系，下同），顶高程11.5 m，迎水面坡比1∶2，背水面坡比1∶2.5。长江堤防，以轧花厂站附近堤段，堤顶宽度6 m，背水面坡比1∶2～1∶3，草皮护坡；滁河堤防，六合段堤顶高程11.18～13 m不等，堤顶宽8 m，局部受限段为6 m。试验堤段,堤防保持竣工验收时尺度,堤顶为沥青路面,管理单位按照堤防工程养护标准,定期组织清理堤防表面杂草,植被深度小于10 cm、无高秆作物,无禁飞区。试验过程中,避开了存在树木、高压线、高塔、房屋等影响航行安全的障碍物的堤段。

1.2 试验目标

探索堤防渗漏险情在无人机双光相机下的成像规律,为精准识别堤防渗漏险情积累实践经验,并通过反复试验和训练提升使用无人机开展巡堤查险的准确性和工作效率。

1.3 试验方法

在不同天气、温度、湿度等条件下,对已发现的渗漏点和模拟渗漏点,使用无人机搭载双光相机在指定堤段进行巡航探查,对回传的双光图像进行目视观察,发现疑似渗漏点时利用GPS定位坐标引导人工到达现场进行核查确认,返航后再使用红外分析工具对拍摄的双光图像进行处理,分析总结出险区域的温度场、异常区域形状等特征信息。

1.4 试验设备

考虑试验堤段巡查目标温度较低(一般在40℃以下)、探测距离较远(一般在15 m左右)、背景辐射较为复杂,选用大疆H20T双光相机及配套的M300RTK无人机,抗风等级为7级,防水等级为IP45[9]。此外,还使用了小型水泵、风速仪、点温计、大疆红外分析工具等设备、软件及工器具。

2 堤防常见介质的温度变化规律分析

2.1 堤防常见介质间温度关系

通过在堤防渗漏处设置渗点(渗漏出水点)、草皮、水流(渗漏形成的地表水流)、积水、砖石等目标,使用无人机搭载双光相机在白天、晚上等不同时间拍摄红外热像图,采集记录各目标介质的区域平均温度。

经对比分析,晴朗天气下,白天堤防环境中的各类材质目标温度由低到高依次为渗点、草皮、水流、积水、砖石,如图1(a);晚上各类材质目标温度由低到高依次为草、砖石、水流、积水、渗点,如图1(b),渗点温度较其他介质呈现明显差异性。阴雨天气和低温天气时,因阳光、空气等供热来源减弱,导致堤防环境中各类材质目标的温度差异降低,红外热像图中的温差特征相对减弱,如图1(c),渗点与其他介质温度差异不明显。

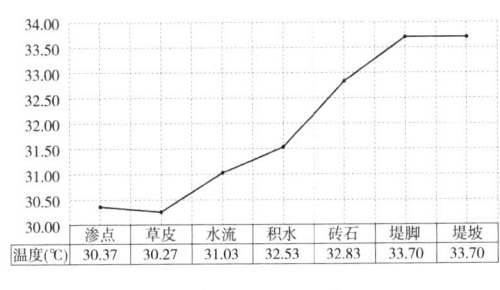

温度(℃)	渗点	草皮	水流	积水	砖石	堤脚	堤坡
	30.37	30.27	31.03	32.53	32.83	33.70	33.70

(a) 白天 10 a.m.(晴)

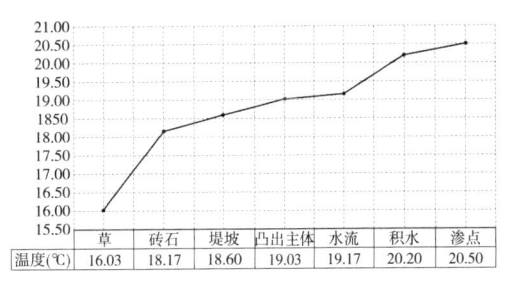

温度(℃)	草	砖石	堤坡	凸出主体	水流	积水	渗点
	16.03	18.17	18.60	19.03	19.17	20.20	20.50

(b) 夜间 8 p.m.(晴)

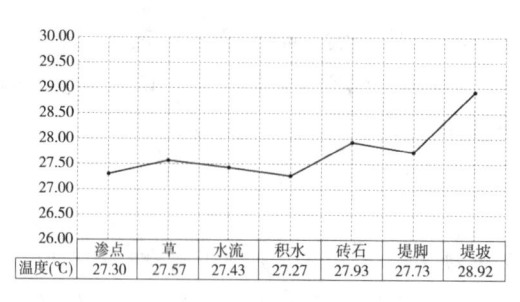

	渗点	草	水流	积水	砖石	堤脚	堤坡
温度(℃)	27.30	27.57	27.43	27.27	27.93	27.73	28.92

(c) 白天 10 a.m.(阴)

图 1　堤防环境常见介质温度关系折线图

2.2　渗水相对堤防表面温度随时间演变规律

在渗漏出水区域,使用无人机搭载双光相机每隔 1 小时拍摄采集 1 次红外热像图,测量记录图中相同的渗水区域和非渗水区域的平均温度。经分析可知,在一天中随着昼夜、光照等条件变化,水的比热容较大,温度变化需要吸收或散失更多热量,温度变化速度较慢,渗水与堤防表面的温度高低关系存在两次反转,一般在昼夜交替的前后产生,一般在 6:30—7:30 和 17:00—18:00 两个时段,如图 2 所示。

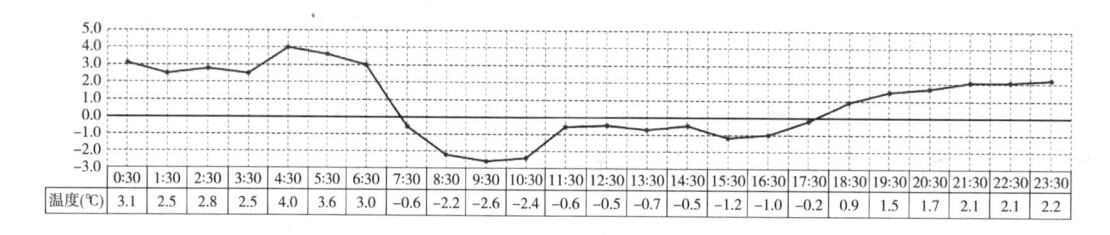

	0:30	1:30	2:30	3:30	4:30	5:30	6:30	7:30	8:30	9:30	10:30	11:30	12:30	13:30	14:30	15:30	16:30	17:30	18:30	19:30	20:30	21:30	22:30	23:30
温度(℃)	3.1	2.5	2.8	2.5	4.0	3.6	3.0	-0.6	-2.2	-2.6	-2.4	-0.6	-0.5	-0.7	-0.5	-1.2	-1.0	-0.2	0.9	1.5	1.7	2.1	2.1	2.2

图 2　渗水相对地表温度 24 小时变化折线图(5 月试验)

以上分析表明,在渗点温度相对堤防表面差异不明显的气候、天气及时段下,应避免采用无人机搭载双光相机巡航探测。

3　堤防渗漏险情探测分析

3.1　渗漏险情成像的共性特征

在试验中,渗水、管涌、漏洞等 3 种渗漏类险情均在红外热像图中呈现出明显特征,水流对应区域的灰度过度连续平滑;积水对应区域的灰度分布均匀;水流、积水区域的边缘灰度(温度)过渡平顺,如图 3 所示;从形态走势来看,因渗漏类险情的点发性,形态走势多呈由上向下的扩散状或由内而外的外涌出扩散状,如图 4 所示。

3.2　渗漏险情成像的个性特征

(1)渗水险情的渗出水量较小、流速较慢,常形成细条状流动痕迹,随着流动距离增长而扩散加宽,最终各条细流按照地表地形特点汇合形成单片或多片积水,如图 4(a)。

(2)管涌险情常发于堤基为砂土的堤防,河道高水位时水在渗透压力作用下,经过堤基强透水层

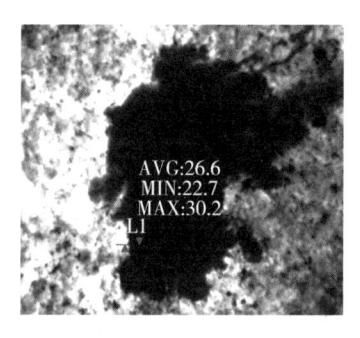

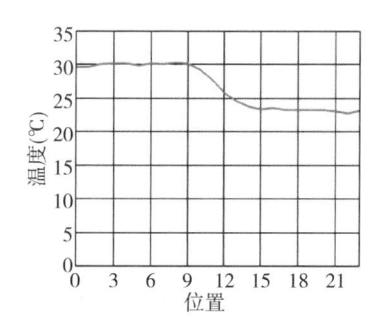

(a) 红外热像图　　　　　　(b) 沿 L1 测温线的温度分布曲线

图 3　渗漏边缘过渡特征测量结果

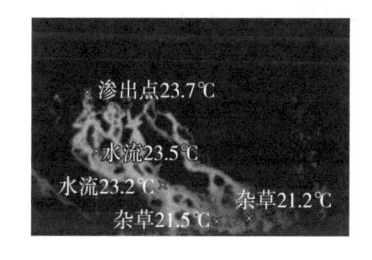

(a) 渗水(白天黑热模式)　　(b) 管涌(白天黑热模式)　　(c) 漏洞(夜间白热模式)

图 4　常见渗漏险情模拟的红外热像图

到达堤防背水侧地面,水由下往上冲破表层土壤后流出,不断将堤基沙粒带出,在出水点周围沉积形成沙环,在红外热像图中自内而外呈现出中心涌水点、沙环区、外围积(流)水区三个层次,在红外热像图中可见明、暗、明间隔分布的图像形态,如图 4(b)。

(3) 漏洞险情与渗水险情类似,但因出水速度更快、出水量更大,会快速形成大片积水区,在红外热像图中可见扩散状大面积明亮区域,如图 4(c)。

复杂的环境条件下,遮挡和同温介质,影响红外识别的准确性。其中,以绿植为代表的同温介质和遮挡介质是巡堤实践中影响险情判断准确率的最大干扰因素。绿植的长势充满随机性、高低疏密排列多样,其对应的红外热像图区域与渗水区域高度相似。在典型的堤防绿植区红外图像中,绿植区与渗漏区灰度分布,目视方法难以区分,如图 5 所示;在红外软件中进行温度测量,两片黑色区域的温度范围分别为 7.7~9.3℃(渗漏区)和 7.0~10.1℃(绿植区),温度范围高度重叠,同样难以区分。而当渗漏险情恰好发生在绿植区内部时,由于渗水处于绿植下方,其红外辐射基本被绿植遮挡,即使有温度差异也难以发现。

图 5　典型的未清表堤防绿植区与渗漏区红外成像

3.3 渗漏险情探测的干扰因素及应对办法

针对堤防现场环境不利巡查的影响因素,可采取以下办法进行处理:

(1)堤防巡查作业前,应对堤防进行清表,减少绿植、枯草等覆盖物,如图6。

(2)对堤防环境中存在的少量绿植干扰,在白天可结合可见光对比排除,在夜间渗漏水温一般高于绿植,可拟合零星绿植的分布特点,综合判断。

(a)可见光图像　　　　　(b)红外热像图(白热)

图6　典型的已清表堤防绿植区与渗漏区双光成像

4　人工和无人机查险对比分析

4.1　巡查能力

以滁河堤防(迎水、背水面各约16 m覆盖范围)、每2小时完成一次全面巡查作为巡查任务[3],按照正常休息、设备维护等要求[10]以4人和2架无人机进行巡查速度对比。经过实践验证,无人机巡查堤长约为人工的3.5倍,如表1所示。在实际作业时,人工徒步巡查体力消耗大,随着时间推移巡查能力有所下降。

表1　人工与无人机的巡查能力对比

对比项目	4人	2架无人机
可巡查时间	约60 min	约60 min
巡查堤长	约1 000 m	约3 500 m

4.2　辨识能力

白天巡查时,光照条件好,人工和无人机可见光图像查找险情效果接近。夜间巡查时,人工巡堤时主要依靠手提探照灯照明查找险情,灯光覆盖范围小,搜索查找效率不高、容易遗漏;无人机依靠红外热成像进行辨识查找,覆盖范围较全面,渗漏类险情的渗漏水流和积水在多数时段具有明显的红外特征,较容易辨识。

4.3　安全监测

针对堤防险工险段定时监测、已处置险情跟踪监测等特殊应用场景,无人机通过预定航线自动定点拍照监测,实现精准复飞、定时监测,不同航次拍摄照片可保持较一致的拍摄距离、角度、焦距等参数,便于对比监测险情变化。而人工执行上述任务时,一般需要安排人员驻点连续观察。

综上，无人机搭载双光镜头巡航探测渗漏险情，较人工巡查，在巡查能力、夜间辨识、持续监测等方面有明显优势。

5 结论

（1）在试验条件下，渗漏险情的渗出水流的红外成像具有较明显的温度差异、分布形状与实际基本对应、区域内部温度分布较均匀等特征。无人机搭载双光相机，在晴朗天气白天时，对标准管护的堤段，将红外热成像与可见光图像结合、夜间单独使用红外热成像，通过目视辨识方法可探测渗漏类堤防险情。

（2）在现有装备和软件条件下，无人机巡堤方式的巡查效率约为人工方式的3.5倍，且在夜间巡查、安全监测等任务中能够发挥独特优势，信息化程度高，有效节约人力成本。

（3）无人机搭载双光镜头巡航探查堤防渗漏隐患，受天气、时段、干扰物种类及覆盖率等因素影响较大，须进一步实战应用，提高准确性和工作效率。

[参考文献]

［1］中华人民共和国水利部.2020年全国水利发展统计公报[M].北京：中国水利水电出版社，2021.
［2］南京市防汛防旱指挥部办公室.南京市2020年汛期重点险情处置汇编[R].南京：南京市防汛防旱指挥部办公室，2022.
［3］孙长城，廖鸿志.2020年长江中下游堤防巡堤查险暗访督查实践与思考[J].水利水电快报，2021，42（1）：77-80+85.
［4］高原.基于无人机快速巡检的堤坝病害检测方法与软件平台[D].济南：山东大学，2020.
［5］刘强.红外热成像伪彩色测温系统设计[D].南京：南京理工大学，2006.
［6］于明含，高广磊，丁国栋，等.植物体温研究综述[J].生态学杂志，2015，34（12）：3533-3541.
［7］李静，杜震宇，田辉芳.日光温室土壤空气换热器土壤温度场的试验研究[J].太阳能学报，2021，42（12）：375-380.
［8］任杰，刘豪杰.大坝下游河床潜流带温度场的影响因素研究[J].水利与建筑工程学报，2019，17（1）：244-247.
［9］安文强，王春艳，孙昊，等.红外探测系统中探测波段的选择对比分析[J].长春理工大学学报（自然科学版），2018，41（2）：76-79+82.
［10］姜孟津，任一支，段晨健，等.无人机在次生灾害巡查中的优化运用[J].数学的实践与认识，2018，48（15）：46-54.

[作者简介]

曹文星，男，生于1985年5月14日，工程师，主要研究方向为无人机搭载可见光和红外成像设备巡查探测堤防险情，18012903083，lasthosi@live.cn。

关于池河防洪治理的研究

高益辉

(滁州市水利局　安徽 滁州　239001)

摘　要:池河洪涝灾害频繁,水利发展不平衡不充分问题依然突出,存在平槽泄量不足、跨河建筑物阻水严重、行洪不畅、圩区防洪标准低和沿河洼地排水条件差、现有的防洪排涝基础设施网络尚不完善等问题。在池河现有防洪减灾体系的基础上,以防洪保安为目的,通过河道疏浚、堤防加固、险工处理、新建和重建排涝涵、泵站和防汛交通桥等工程措施,使石角桥至磨山段河道达到20年一遇防洪标准,抽排5年一遇、自排10年一遇除涝标准。池河防洪治理工程的实施可提高池河流域防洪除涝能力,保持河道行洪畅通,完善流域防洪工程体系,保障流域内人民群众的生命财产安全,支撑流域经济社会可持续发展,为今后治淮工作高质量开展提供借鉴参考。

关键词:池河;防洪治理;工程措施

1　池河防洪治理概况

池河洪涝灾害频繁,随着流域经济社会的不断发展,城市化水平的提高,社会财富的增加,洪灾的损失将越来越大,也将给地区的社会稳定和经济发展产生严重影响,对水利提出了新的更高要求。因此,围绕加快构建新发展格局、推动高质量发展的战略要求,坚持人民至上、生命至上,全面落实"节水优先、空间均衡、系统治理、两手发力"治水思路,为提高池河防洪除涝能力,保护流域内人民群众的生命财产安全,推动和保障区域经济发展,实施池河防洪治理工程是十分必要和迫切的。

1.1　流域概况

池河为淮河干流右岸一级支流,位于淮河中游南岸,发源于肥东县青龙场,与凤阳山陈集河在江巷汇合后始称池河,流经肥东、定远、凤阳和明光四县(市),在磨山入女山湖,出旧县闸后经七里湖,于苏皖交界的洪山头入淮河,河道全长182 km,流域面积5 021 km^2。池河在定远三和集以上两岸基本无堤防,圩区主要分布于三和集以下的中、下游两岸,明光市区位于池河右岸明光圩内。

池河江巷水库至明光磨山河段全长约152 km,其中三和集以上两岸基本无堤防,河道弯曲,泄洪能力小,遇较大洪水就会出槽漫溢行洪,致使沿岸洼地经常受淹;三和集以下至磨山建有圩区,磨山以下为女山湖。池河干流现有女山湖、山许、池河三级引淮枢纽,以及石角桥闸,形成了逐级拦蓄的格局。池河流域现有中型水库19座,水库总控制来水面积807.9 km^2,总库容4.64亿 m^3,近年来,随着水库除险加固工程项目的实施,流域内中型水库基本运行良好。

1.2　历次治理情况

池河干流于1958年兴建了石角桥拦河闸,1978年大旱后,女山湖引淮抗旱灌溉工程在池河干流上兴建了女山湖、山许和池河三级引淮枢纽。1989—2015年,主要通过裁弯取直、河道疏深拓宽、加固堤防、开挖撇洪沟、兴建橡胶坝、改扩建涵洞和排涝站等工程措施对重点防御部位进行防护,在洪水期间发挥了显著效果。

2016年,《安徽省池河治理工程初步设计》获批,按20年一遇防洪标准新建2段堤防、加固5段堤防、新建2段护岸,按10年一遇排涝标准新建1座排涝站,按5年一遇排涝标准新建1座排涝站、拆除重建2座电灌站、加固2座排涝站、处理沿线涵洞14座、整治池河闸上下游河道、拆除重建部分闸站桥等。

1.3 存在的问题

池河流域洪水由降雨形成,洪水的季节特点、时空变化与本地区暴雨一致,其特点是水势猛,峰高量大,而上中游河道窄浅弯曲,平槽泄量小,遇较大洪水就会出槽漫溢行洪,洪涝问题突出[1]。明光以上河道比降较陡,水势涨落快,明光以下比降平缓,又受洪泽湖蓄水的影响,圩区长期不能自排,两岸低洼地区经常被淹。经过多年来的治理,池河沿线重点河段的防洪除涝减灾体系初步形成,防洪减灾能力得到提高。当前,随着我国社会主要矛盾的转化,人民对美好生活的向往更加强烈,对防洪安全的需求进一步增加。池河流域水利发展不平衡不充分问题依然突出,隐患、弱项、短板依然存在,目前主要存在以下问题:①防洪标准偏低,防洪工程体系尚不完善;②河道窄浅弯曲阻水严重,洪水下泄不畅;③沿线险工较多,危及堤防安全;④管理基础设施薄弱,保障能力不足。

2 设计洪水

池河流域每年6—7月为洪水发生的主要季节,降雨强度大,历时长,产生的洪水往往也是峰高量大,8—9月份也有洪水发生,但峰量有所减弱,其他月份出现洪水的概率较小。洪水过程既有单峰,也有双峰或多峰。池河流域共有石角桥、明光站两座水文站,系列长度为1951—2020年,根据流量资料计算设计洪水切实可行[2]。

2.1 洪水频率分析

根据流域内中型水库建设时间,洪水系列可以划分为两种:石角桥、明光站长系列(1951—2020年)和两控制站上游中型水库基本建成后的短系列(1977—2020年)。

石角桥站无历史大洪水调查资料,1991年石角桥洪峰流量为1 760 m³/s,2003年石角桥洪峰流量为1 620 m³/s,为石角桥站1952年以来最大的两次洪水。明光站长系列(1951—2020年)中,明光站1933、1931年洪水为1931年以来最大的两次洪水,洪水重现期分别为90年和45年。

石角桥站洪峰流量、明光站短系列洪峰流量按实测连续系列进行频率计算,计算公式为:

$$p = \frac{m}{n+1} \tag{1}$$

明光站长系列中,1933、1931年洪峰流量按1931年以来排位处理,经验频率计算公式为:

$$p_M = \frac{M}{N+1}, M = 1, 2, \cdots, a \tag{2}$$

其他年份洪峰流量经验频率计算公式为:

$$p_m = \frac{a}{N+1} + \left(1 - \frac{a}{N+1}\right)\frac{m-l}{n-l+1}, m = l+1, \cdots, n \tag{3}$$

式中:a为在N年中连续顺位的特大洪水项数;m为实测洪水的序位;N为调查考证期;n为实测洪水

系列项数;l 为实测洪水系列中抽出作特大值处理的洪水项数;p_m 为实测系列第 m 项的经验频率。

频率曲线适线见图 1～4,适线成果见表 1。

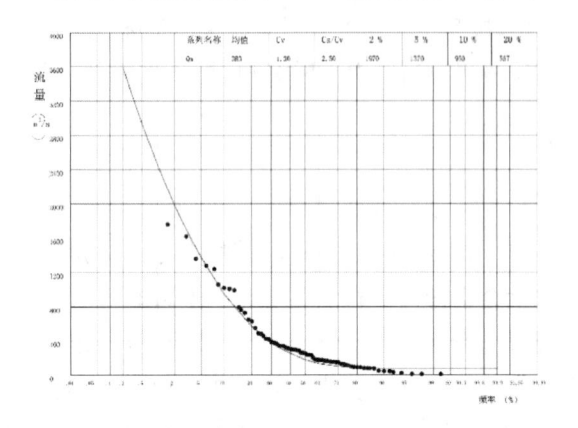

图 1　石角桥年最大洪峰流量(1952—2020 年)

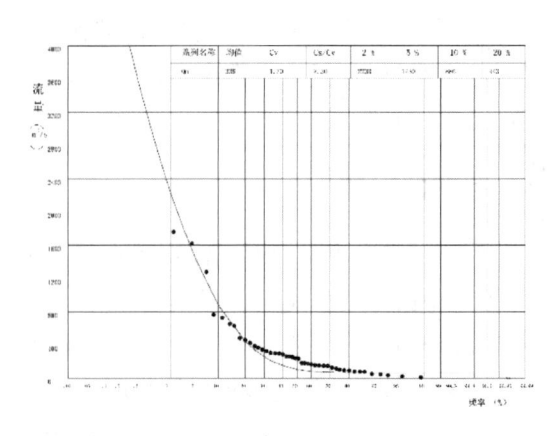

图 2　石角桥年最大洪峰流量(1977—2020 年)

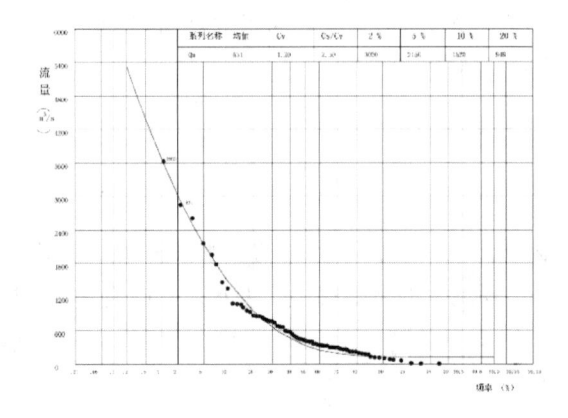

图 3　明光年最大洪峰流量(1951—2020 年)

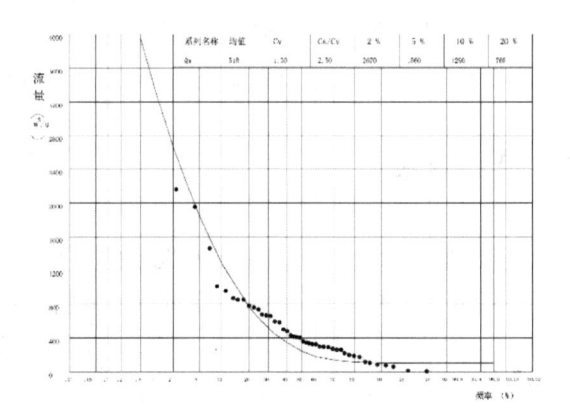

图 4　明光年最大洪峰流量(1977—2020 年)

表 1　石角桥、明光站设计洪水成果

站名	系列	统计参数			不同频率的设计流量(m^3/s)			
		均值	C_v	C_s/C_v	2%	5%	10%	20%
石角桥	1952—2020 年	383	1.30	2.5	1 970	1 370	950	567
	1977—2020 年	339	1.70	2.5	2 230	1 430	886	443
明光	1951—2020 年	631	1.20	2.5	3 020	2 150	1 520	949
	1977—2020 年	518	1.30	2.5	2 670	1 860	1 290	768

2.2　合理性检查

池河流域具有 70 年实测洪水、暴雨系列,流量资料来源于石角桥、明光水文站。其中石角桥、明光站短系列考虑了中型水库基本建成后的洪水情况,包含有 1991、2003 年大洪水和 1978、2004 年等枯水年份,洪水系列已覆盖一个比较完整的丰、平、枯周期,资料系列具有一定的代表性;资料系列长度超过 40 年,符合有关规程规范要求[3]。

安徽省发改委批复的《安徽省池河治理工程可行性研究报告》中石角桥站和明光站 10 年一遇的设计流量分别为 1 000 m^3/s 和 1 360 m^3/s,20 年一遇的设计流量分别为 1 420 m^3/s 和 1 970 m^3/s,与本次计算结果相差不大,因此本次计算结果可靠性较高。

3　工程布置

治理范围主要为石角桥—磨山河段,总长约 90 km,同时对江巷水库—石角桥段河道断面狭窄、严重阻碍行洪的部分河段进行适当治理。针对池河防洪中存在的薄弱环节,按照轻重缓急、突出重点的原则,选择现状防洪标准低、人口密集、洪涝灾害较为严重的重点河段。

在江巷水库—石角桥段,对现状孔径偏小、阻水严重且已水毁的周何桥、官塘刘桥进行拆除重建,优先选择现状紧邻池河、防洪能力较低,受洪水威胁较重的湾杨桥河段和大桥镇河段进行重点治理。

在石角桥—三和集段,对位于池河闸上游,现状防洪标准低、人口密集的池河镇局部区域进行处理。池河闸上游两岸地势较低,位于池河 20 年一遇洪水淹没范围内,平均水深约 1 m,为保障池河闸上游两岸居住群众的防洪安全,考虑工程占地、易于实施及与池河镇发展规划布局衔接等因素,结合现有道路修建堤路结合段与现有填方渠道相接封闭。

在三和集—磨山段,对两岸现状未达标且未列入其他治理工程的老堤进行分类处理,确定按 10 年一遇和 20 年一遇防洪标准进行加高加固,对定远县的山岗圩、三和北圩、凤阳县的乌罗圩和明光市的东西高圩按 10 年一遇防洪标准加固,对下游的沈湾圩、人民圩按 20 年一遇防洪标准加固,对定远县保护面积小且无保护人口的三和南圩维持现状,仅按堤防设计要求加宽断面。

4　结论

本工程在池河现有防洪减灾体系的基础上,以防洪保安为目的,通过工程与非工程措施,使池河石角桥—磨山河段防洪保护区的防洪标准总体达到 20 年一遇,提高池河流域防洪除涝能力,保持河道行洪畅通,建成较为完善的防洪除涝减灾体系,强化水利对区域协调发展的重要支撑作用,支撑流域经济社会可持续发展。建议今后继续加大投资力度,加快治理池河三和集以上段河道,强化防洪短板和薄弱环节建设,优化防洪除涝布局,建立适合池河流域实际且与社会经济发展相适应的防洪减灾体系。

[参考文献]

[1] 范维涛,尹宗虎.浅谈滁州市沿淮洼地涝灾及治理对策[J].治淮,2018(8):50-51.
[2] 赵可滨,秦永泰.1960—2015 年池河流域径流变化趋势分析[J].价值工程,2017,36(11):220-222.
[3] 水利部长江水利委员会水文局.水利水电工程设计洪水计算规范:SL 44—2006 [S].北京:中国水利水电出版社,2006.

[作者简介]

高益辉,男,生于 1992 年 8 月,硕士研究生,主要研究方向为水资源规划与管理,19165500116,1076611524@qq.com。

新时期淮河流域信阳段防洪减灾体系能力提升对策

王园欣[1]　程凌云[1]　段　练[2]　向广银[1]　张　振[2]

（1. 信阳市水利勘测设计院　河南 信阳　464000；2. 信阳市水利局　河南 信阳　464000）

摘　要：淮河流域信阳段地处淮河上游，现状防洪工程体系基本建成，洪涝灾害防御能力不断提高，防洪减灾效益明显。面向新时期的经济社会发展安全保障、水文极端事件防御等需求，淮河流域信阳段仍存在关键控制性工程不足、防洪标准偏低、防灾能力薄弱等问题。结合新时期治水方针和淮河治理方略，需尽快完善区域防洪工程体系建设，进一步提升洪涝灾害防御能力，为区域经济社会发展提供坚强有力的防洪安全保障。

关键词：淮河上游；防洪减灾；圩区；洪水控制工程；信息化

1　前言

信阳市地处淮河上游，淮河在境内干流全长 363.5 km，流域面积 18 560 km²，占信阳市总面积的 98.2%。经过多年来持续开展河道堤防建设、水库除险加固、水土流失治理、防汛调度信息化建设等工作，淮河流域信阳段的洪涝灾害防御体系基本建成，有效减轻了洪涝威胁。因区域内大部分河道防治标准不高，部分规划的重点工程尚未实施，洪涝灾害风险问题依然存在。

当前，淮河流域的防洪减灾工作正步入新的阶段，新时期防洪任务面临新的要求和新的变化：一是经济社会发展对防洪安全的要求不断提高；二是自然条件尤其是极端降水事件的频发带来的超标准洪水问题日益突出；三是蓄水设施的防汛、兴利等综合利用要求不断变化。《河南省四水同治规划（2021—2035 年）》提出通过"补短板、提标准、消隐患、强监管"，进一步提升水旱灾害的防治能力，完善防灾减灾体系，以淮河治理为契机，以水灾害防治为主导，强化洪水控制，统筹水资源利用、水环境治理、水生态修复。结合新时期的治水方针和淮河治理方略，不断提升淮河流域信阳段防洪减灾体系能力，对于保障区域经济社会可持续发展具有重要意义。

2　淮河上游防洪减灾体系现状

2.1　防洪减灾体系建设现状

淮河干流信阳段河长 363.5 km，流域面积 18 560 km²，占信阳市总面积的 98.2%。信阳市境内淮河支流密集，南岸多为山区性河流，北岸支流多为平原区河道。根据"蓄泄兼筹"的治淮方针，经过 70 多年的持续治理，信阳市淮河上游已建成出山店、南湾、鲇鱼山、石山口、泼河、五岳等 6 座大型水库，老鸦河、香山等 14 座中型水库以及 1 000 余座小型水库。

近年来，信阳市淮河上游先后实施了史灌河、洪河、白露河、潢河、浉河等重要支流和一批中小河流治理工程。目前，治理后的河道乡村段基本能达到 10 年一遇防洪标准，镇区段基本能达到 20 年一遇防洪标准,未治理河段防洪标准尚不足 10 年一遇。已治理过的中小河道,区域内防洪安全保障问题得到初步解决,河道生态功能得到恢复和改善。

信阳市的固始、淮滨、潢川、息县四县沿淮区域地势低洼,河道沿岸筑有堤防,形成淮河干流、史灌河中下游、泉河下游、洪河下游、白露河中下游、潢河中下游和闾河中下游 7 片洼地 46 个圩区组成的防洪排涝体系。现有堤防总长 958.22 km,排涝闸 257 座,排涝站 90 座,保护圩区土地面积 1 837 km² (其中耕地面积 191.12 万亩),保护人口 38.06 万户 141.26 万人。

信阳市淮河上游水系如图 1 所示。

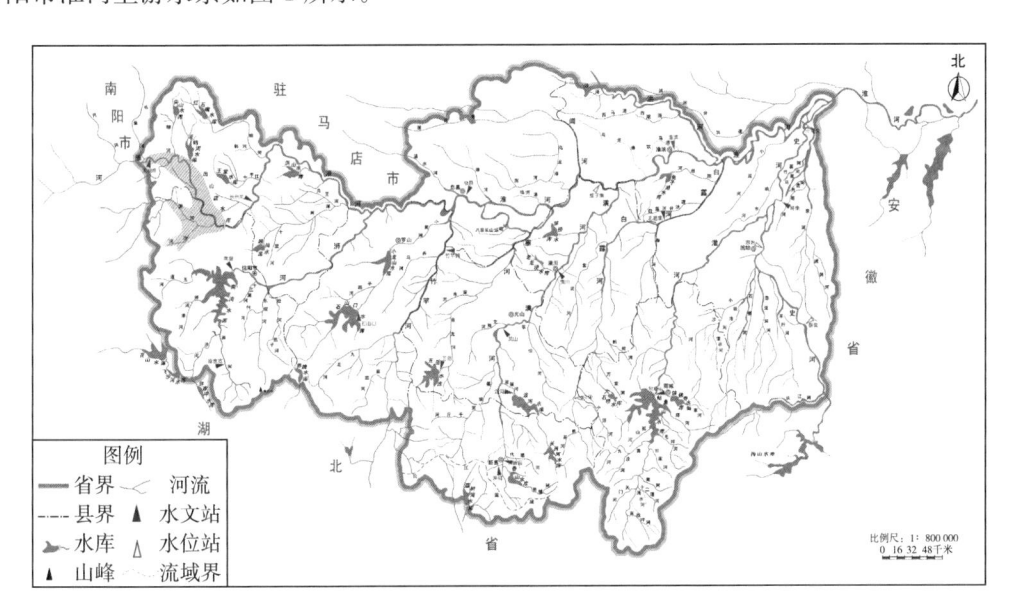

图 1　信阳市淮河上游水系图

2.2　防洪能力现状

信阳市张湾水库(竹竿河)、袁湾水库(潢河)、晏河水库(潢河)、白雀园水库(白露河)等防洪控制工程尚未实施,部分堤防、排涝闸站、河道险工险段等的病险问题尚未解决,淮河干流上游现有防洪标准只有 10~15 年一遇,主要支流防洪标准为 10~20 年一遇洪水,部分河段尚不足 10 年一遇,同期长江、黄河等大江大河的防洪标准均达到 100 年一遇以上,信阳市淮河上游段防洪标准较低。

3　防洪工程体系存在的不足

3.1　防洪控制性工程建设滞后

《淮河流域综合规划(2012—2030 年)》明确要在淮干修建出山店水库、竹竿河修建张湾水库、潢河修建袁湾水库、晏家河修建晏河水库,结合淮河上游已建的南湾水库、泼河水库等大中型水库,使淮河干流淮滨站 20 年一遇设计洪水流量控制在 7 000 m³/s 以内,王家坝以上圩区的防洪标准由现状的 10 年一遇提高到 20 年一遇。

目前,新建的出山店水库已投入使用,淮河干流上游防洪标准接近 15 年一遇,淮河南岸竹竿河、潢河、白露河 3 个一级支流缺乏控制性工程,规划袁湾水库正在开工建设,张湾、晏河、白雀园水库尚未实施建设,控制性工程整体建设滞后,拦蓄洪水能力不足,增加了淮河干流的防洪压力。

3.2　圩区防洪除涝标准低，闸站病险问题突出

信阳市淮河上游现状形成的 7 片洼地 46 个圩区大部分防洪除涝标准不满足社会经济发展要求，其中，潢川郝楼、南城、谈店 3 个圩区防洪标准不足 5 年一遇，其余圩区的防洪标准不足 20 年一遇，圩区除涝标准自排为 5～10 年一遇、提排为 3～5 年一遇，与区域经济社会发展不协调，不能满足居民生产生活需要。

信阳市淮河上游圩区现有堤防 958.22 km，包括息县、淮滨县城在内的堤防标准均不足 20 年一遇，且部分堤防存在堤身单薄、填筑质量较差、白蚁危害、渗漏等诸多问题，严重危及圩内居民的生命财产安全。堤防沿岸现有排涝闸 257 座、排涝站 90 座，多数排涝闸站建于 20 世纪七八十年代，已超过合理使用年限，大部分处于病险状态，存在结构损毁、机电金属结构老化等诸多问题，无法正常使用，难以发挥应有的防洪保安效益。

3.3　险工险段治理尚不完善

信阳市淮河上游段蜿蜒曲折，弯道和顶冲处险工险段较多，全市淮河干流及主要支流现有险工险段 170 处，总长 211.64 km。其中，淮河干流有 44 处，共 60.35 km；史灌河有 73 处，共 83.29 km；泉河有 13 处，共 30.68 km；洪河有 6 处，共 2.58 km；白露河有 21 处，共 15.9 km；潢河有 13 处，共 18.84 km。目前，尚有 36 处 109.57 km 险段未经治理，崩塌严重，已治理险工中仍有 80 处因河道主流顶冲河岸新形成的崩塌、损毁，长度约 60.31 km，危及堤身安全。

现状险工险段存在的主要问题有：一是险工多在弯道和顶冲处，因河道主流顶冲河岸，致使岸坡形成新的崩塌；二是部分险段堤防未进行过治理，出现堤基渗水、堤身孔洞、内外坡大陷坑严重、迎水坡大陷坑严重等险情；三是已治理过的险工，部分由于水流冲刷淘蚀，形成塌岸陡坎，滩地崩塌较快，严重的崩塌已危及堤身安全。

3.4　堤防居民迁建任务较重

因世居河堤、圩内搬迁、堤防改线等诸多历史原因，信阳市淮河上游现有堤防居民约 1.57 万户 7.18 万人，房屋面积 244.41 万 m²，占堤长度 250.46 km。堤上居民生产生活、建设活动及家禽家畜对堤防的扰动破坏大，严重影响防洪抢险及堤防日常管护工作的开展。近年来，淮河上游遭遇洪水出现的险情多发生在住人堤防段，如：淮河 1982 大洪水淮滨蔡台子住人堤防段决口，2020 年史灌河 "7·19"大洪水固始新台子住人堤防段出现管涌重大险情。随着经济社会发展，堤上居民生产生活和发展停滞不前，堤防居民居住区域与堤防管理、防汛抢险矛盾日益突出，群众对改善居住条件的要求越来越迫切。

4　淮河上游防洪减灾能力提升对策

按照新时期"节水优先、空间均衡、系统治理、两手发力"治水方针，信阳市通过紧抓河道治理、小型病险水库除险加固、水土流失防治等水利基础设施建设，全市防灾减灾能力明显提升，水生态环境明显改善。然而，受自然地形、气候条件等影响，区域洪涝风险依然较高，需要结合经济社会的不断发展，持续开展防洪减灾体系建设，提升区域灾害防御能力。

4.1　推进流域骨干工程建设

结合信阳经济发展和沿淮群众生产生活需求，新阶段信阳市淮河上游规划治理标准应达到：淮河

干流及主要支流防洪标准 30 年一遇,其中息县、淮滨县城区淮河干流防洪标准 50 年一遇;圩区排涝标准为自排 10 年一遇、提排 5 年一遇。

为完成上游 30 年一遇的防洪标准提升,采取"上蓄下治"的方式推进信阳市淮河上游治理,即在淮河南岸主要支流加快推进流域综合规划确定的袁湾、张湾等大型水库建设,通过水库群联合调度,增强上游洪水调蓄能力;在息县、潢川、淮滨、固始等沿淮 4 县圩区新建加固堤防、新建改造排涝闸站,整治河道险工险段,统筹推进堤防居民迁建、河湖生态体系建设、智慧水利建设,补齐水利基础设施防洪薄弱环节。同时,开展区域水库除险加固、水系连通等工程建设,积极推进鲇鱼山、出山店等大型水库清淤扩容,提升上游水库调蓄能力。

4.2 圩区工程设施升级改造

开展圩区堤防加高培厚、灌浆截渗、填塘固基、白蚁治理等工程措施,提升堤防防洪标准至 20 年一遇;改造息县、淮滨县城沿淮堤防,完善穿堤建筑物、堤顶管理道路等防洪工程建设,使息县、淮滨县城段淮河干流的堤防高度和宽度均达到 50 年一遇设计标准。

提升圩区内的排涝闸站建设标准,对损毁报废的闸站进行重建,选用节能环保的机电设备,完善相应管理设施,构建闸站信息化控制平台。

4.3 加强险工险段整治工作

结合信阳市地区多年来险工险段治理的经验,针对不同险情应采取不同治理方式,其中,对河道相对顺直、河道下切深度不大、边坡相对较缓的险工险段,以平顺防护为主;对河流弯道、水流顶冲且边坡较陡的险工险段,采用挡墙、丁坝等防护措施。险工险段的防护,尽量采用格宾石笼、雷诺护垫、混凝土连锁块、预制块等新型材料,消除隐患的同时,降低对河流生态环境的影响。日常工作中应加强巡查,对存在堤基渗水、堤身孔洞、内外坡大陷坑严重等问题的险工险段,积极采取填塘压渗、搅拌桩防渗处理等措施,控制险工险段的发育。

4.4 开展圩区堤防居民迁建

往期实施的淮干滩区居民安置工程,保障了淮河沿线居民生命财产安全,也有效地提升了淮河两岸的防洪标准,但由于前期迁建居民的补助标准低,一定程度上降低了群众搬迁的积极性,也影响了迁建工程的顺利实施。新阶段应结合以往的治淮经验,综合考虑不同区域状况,科学实施圩区堤防居民外迁安置,有选择地采取集中安置和分散安置的方式,彻底解决堤防居民的长远发展问题,改善居住环境、保障堤防安全,使堤防居民共享经济社会发展成果。

4.5 提升"四预"能力和智慧化水平

建设信阳市防洪工程信息化管理平台,将所有水利信息数据统一存储,利用传感器技术、信息采集技术、通信技术、数据库技术、视频技术、GIS 技术、数据处理与分析技术和可视化技术,综合数据库管理系统、数据维护系统、数据资源目录服务系统、数据交换系统和数据访问等几大模块,构建数据上报审核、数据查询浏览、数据统计分析、电子地图查询等方面的信息化、数字化管理的综合水利信息指挥调度决策系统。构建水利专业模型、智能算法、水利知识、水利智能引擎等智慧使能平台;建设具有"预报、预警、预演、预案"功能的水旱灾害防御、水资源管理与调配、河湖管理、水工程建设与运行管理、水土保持管理等智能业务应用系统;搭建"标准规范、信息安全、运维保障、评价指标"四大技术保障体系。

同时,加强日常防灾减灾工作的宣传科普,促进公众参与度,通过"政府-部门-公众"三个层面共同努力,构建起"三位一体"的防灾减灾科普体系。

5 结束语

随着淮河沿岸居住人口数量与城镇化水平逐年提高,淮河流域信阳段防洪减灾体系的建设和能力提升,直接影响着信阳社会经济的发展。新时期淮河流域信阳段应重点实施防洪控制性工程建设、圩区工程升级改造、险工险段治理、圩区堤防居民迁建、智慧水利建设等方面建设,按照"整体推进、重点突破,统筹兼顾、分步实施"的原则,逐步建成与信阳市经济社会发展相适应的现代水治理体系,使信阳市淮河上游段防洪标准不断提升,保障区域经济社会可持续发展。

[参考文献]

[1] 张大伟,向立云,李娜,等.防洪减灾理论及技术研究进展[J].中国防汛抗旱,2022,32(1):7-15+33.
[2] 何晓燕,丁留谦,张忠波,等.对流域防洪联合调度的几点思考[J].中国防汛抗旱,2018,28(4):1-7.
[3] 左其亭,纪义虎.从特大暴雨灾害教训谈如何做好城市防灾减灾科普工作[J].中国水利,2021(15):24-25.

[作者简介]

王园欣,男,生于1989年4月,工程师,主要研究方向为水利工程规划设计,18569803238,wangyuanxin1989@yeah.net。

安徽重要行蓄洪区堤防工程设计讨论

杨以亮　崔　飞　沙　涵　许正松

(中水淮河规划设计研究有限公司　安徽 合肥　230601)

摘　要：保庄圩和庄台是行蓄洪区工程特有的堤防建筑物，"十四五"期间安徽省重要行蓄洪区工程主要涉及新建保庄圩和庄台、保庄圩达标加固以及相关水工建筑物配套工程。本文选取濛洼蓄洪区和城西湖蓄洪区工程中的安岗西、王截流、陈郢等三个新建保庄圩作为研究对象，分析和总结行蓄洪区中堤防工程的布置和设计，以期为其他同类工程提供参考。

关键词：重要行蓄洪区；堤防工程；保庄圩；布置和设计

1　工程概况

行蓄洪区的作用主要是蓄滞河道洪水以削减洪峰，减轻河道两岸堤防和下游的防洪压力。行洪区的运用，扩大了淮河干流下泄流量，为流域防洪减灾做出了巨大贡献。安徽省淮河流域现有重要行蓄洪区 9 处，其中 6 处建有保庄圩 22 座(图 1)，对保证行蓄洪区内人民群众的生命安全，减少财产损失，改善生产生活条件等发挥了重要作用。现状行蓄洪区安全建设标准低，保庄圩内防洪标准不足，不能满足区域安全与发展的需要，因此推动行蓄洪区工程建设是迫切和必要的。

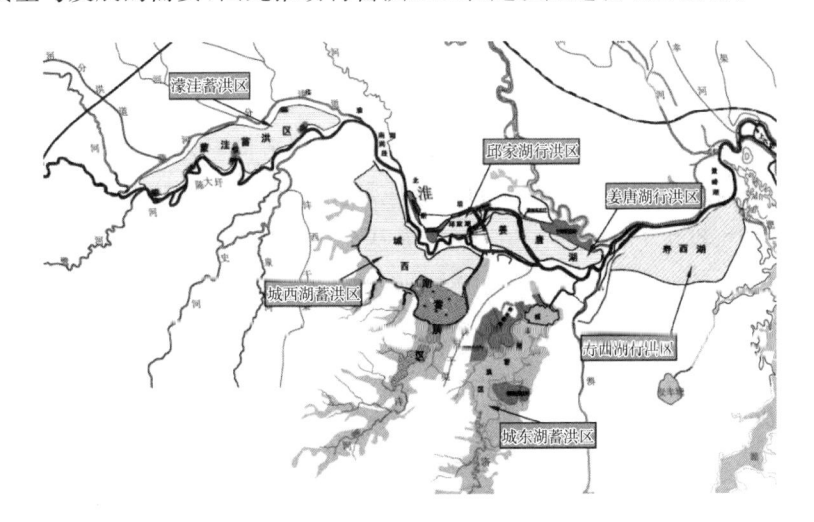

图 1　安徽省淮河流域部分重要行蓄洪区位置示意图

濛洼蓄洪区位于安徽省阜南县境内，淮河干流洪河口以下至南照集之间，南临淮河，北临濛河分洪道。濛洼蓄洪区以淮河左堤和濛河分洪道右堤，以及王家坝进洪闸和曹台子退水闸构成蓄洪圈堤。本次濛洼蓄洪区堤防工程主要为新建保庄圩工程，新建濛洼安岗西保庄圩，圩堤长为 2.65 km。

城西湖蓄洪区位于淮河中游南岸的霍邱县境内，北临淮河，西北以岗地至王截流的上格堤与临王段洼地相邻，东部有岗地与城东湖相隔，西部与南部为丘陵岗地，沣河由南向北汇入城西湖。本次城西湖蓄洪区堤防工程主要为新建王截流、陈郢保庄圩,面积分别为 4.0 km²、20.0 km²,圩堤长分别为 6.69 km、20.05 km。

2 堤线布置原则

根据《堤防工程设计规范》以及结合蓄洪区内地形、地质条件及已有居民安置情况,在保证防洪安全的条件下,经比选分析后确定新建保庄圩堤线。堤线布置原则:(1) 堤线大致与洪水水流平行,保持水流顺畅;(2) 在不对行蓄洪水能力有较大影响的基础上,尽量多保村庄,减少行洪通道内移民迁建的人口;(3) 堤线尽量避开居民区,减少拆迁量;(4) 尽量利用现有的有利地形,减少筑堤工程量及工程占地,堤线应避开软弱地基、强透水地基等。淮河流域已建保庄圩基本为土堤型,本次工程新建保庄圩一并采用土堤型。

3 堤线工程地质特征分析

安岗西保庄圩位于濛洼蓄洪区曹集镇安岗保庄圩以西,根据现场勘探及原位测试成果,将钻孔揭露的地层划分为 7 层,依次为人工填土、粉质黏土或重粉质壤土、中粉质壤土、轻粉质壤土夹细砂或砂壤土、中细砂或砂壤土、重~中粉质壤土、轻粉质壤土夹粉土,安岗西保庄圩大部分地基以Ⅱ2类地质结构(上黏性土,下砂类)为主,在上覆黏性土层未破坏时,地基抗渗性能好;部分堤基表层①层重粉质壤土、②层中粉质壤土,厚度为 5 m,其下卧③层轻~中粉质壤土夹淤泥、细砂层,厚 4.0~7.5 m,堤基可能存在滑移、渗透变形、沉降不均匀等问题,该段长度约 500 m。

王截流保庄圩堤线沿周集乡的班台村向西至城西湖进洪闸的西侧筑保庄圩堤,与上格堤、蓄洪堤组成封闭的区域。其中 0+000~4+650 段堤基为(1)层黏性土,厚度大于 4.0 m,硬塑状态,下伏砂壤、细砂土,4+650~6+113 段堤基表层由①-1 轻粉质壤土夹粉土组成,下伏(1)层重粉质壤土、透水性中等的砂性土,6+113~6+692 段堤基主要由(1-1)层轻粉质壤土夹砂壤土组成,结构松散,下伏(3-1)层淤泥质软土。

陈郢保庄圩堤线规划从王截流乡闸下村顺城西湖蓄洪堤方向至西湖乡陈嘴村筑保庄圩,堤线布置顺蓄洪堤走向,与城西湖蓄洪堤组成带状封闭保庄圩。该段共跨越两类工程地段,其中 7+985~11+230、11+800~12+800、14+320~20+009 堤基为(1)、(2)层黏性土,下伏砂壤土和细砂,0+000~3+100、11+230~11+800、12+800~14+320 堤基为(1)、(2)层黏性土,下伏(3-1)、(3-2)层砂壤土,厚度 2~11m。

4 堤身结构设计分析

根据《堤防工程设计规范》的要求,堤型选择按照因地制宜、就地取材、节省投资、便于管理的原则确定;堤顶宽度应满足防汛安全、防汛物资运输及工程管理等要求;边坡系数主要根据堤防抗滑、抗渗稳定要求,并结合堤防级别、堤身高度、堤身和堤基土质及施工运用条件综合确定,根据《防洪标准》《水利水电工程等级划分及洪水标准》《堤防工程设计规范》等有关规范的规定,本次新建的安岗西、王截流以及陈郢保庄圩堤防均为 2 级堤防,设计安全加高取 0.8 m。新建保庄圩堤身设计参数确定如下:

(1) 安岗西保庄圩

安岗西保庄圩堤防全长 2.65 km,平均堤高约 7.5 m。结合边坡稳定及渗透稳定计算,确定安岗西保庄圩堤防断面结构型式为：堤顶宽度6.0 m，背水侧在堤顶以下4.0 m处设置2.0 m宽戗台，戗台以上边坡为1∶3，戗台以下边坡为1∶4，迎水侧边坡1∶3。

(2) 王截流保庄圩

王截流保庄圩堤防全长6.69 km，平均堤高约10 m。根据《堤防工程设计规范》相关规定，确定王截流保庄圩0+000～6+113段堤防断面结构型式为：堤顶宽度6.0 m，堤顶以下5.0 m处背水侧设置2.0 m宽戗台，戗台以上边坡为1∶3，戗台以下边坡为1∶4，迎水侧边坡1∶3。6+113～6+692段堤基下伏(3-1)层淤泥质软土，土层力学指标较差，根据堤防稳定计算分析成果，本次设计中在堤身迎、背水侧设置压载平台，该段断面结构型式为：堤顶宽度6.0 m，堤顶以下5.0 m处迎、背水侧分别设置15.0 m宽压载平台，平台以上边坡为1∶3，平台以下边坡为1∶5。

(3) 陈郢保庄圩

陈郢保庄圩堤防全长20.05 km，平均堤高约10 m。结合边坡稳定及渗透稳定计算，拟定陈郢保庄圩堤防断面结构型式为：堤顶宽度6.0 m，背水侧在堤顶以下5.0 m处设置2.0 m宽戗台，戗台以上边坡为1∶3，戗台以下边坡为1∶5，迎水侧边坡1∶3。

5 渗流稳定分析

渗流稳定分析依据《堤防工程设计规范》中渗流及渗透稳定计算的规定，主要针对在不采取处理措施的情况下能否满足渗流稳定要求，如不满足，需采取处理措施，同时就"垂直截渗""水平截渗"方案进行比选。

安岗西保庄圩部分需要处理的堤段初拟采用截渗墙或压渗平台方案进行处理，经分析，截渗墙方案投资为350万元/km；压渗平台方案每1 km新增占地22.48亩，新增筑堤土方9.0万 m³，投资高达526万元/km。在两种方案比选中，受占地移民、土方等影响，压渗平台方案经济指标已经劣于截渗墙方案，因此新建安岗西保庄圩采用堤基截渗墙方案进行截渗处理。

王截流保庄圩堤防下伏土层中由于存在③-2层砂壤土，结构松散，透水性中等，对堤基渗透变形不利，该砂层以上依次为淤泥质黏土和重粉质壤土，分别为弱透水和微透水。经渗流稳定计算，桩号0+000～4+650段在不采取处理措施的情况下无法满足稳定要求，需采取截渗措施满足渗流稳定。经过方案比选，压渗平台方案投资远超截渗墙方案投资，因此设计推荐堤基截渗墙方案，截渗长度0.45 km。

陈郢保庄圩桩号0+000～7+985、11+230～11+800段堤防由于下伏土层有(3-1)层淤泥质中粉质壤土和(3-2)层砂壤土，分布广泛，中等透水，结构松散，抗渗能力差，对堤基渗透变形不利，经渗流稳定计算，仅桩号8+350～9+400段堤防能在不采取措施的情况下满足稳定要求，仅占堤防总长的5.2%，其余堤防段需采取截渗措施，经过方案比选，压渗平台方案投资远超截渗墙方案投资，因此设计全线堤基均采用截渗墙方案，截渗长度20.05 km。

6 堤身边坡稳定分析

根据《堤防工程设计规范》，本次新建保庄圩堤防级别均为2级，不需进行地震工况计算。堤身稳定计算方法采用瑞典圆弧滑动法。

安岗西保庄圩堤基表层均为重粉质壤土，其中地质钻孔(对应堤身断面2+167桩号)两侧堤基表层①层重粉质壤土、②层中粉质壤土，厚度为5 m，其下卧③层轻～中粉质壤土夹淤泥、细砂层，厚4.0

~7.5 m,该段堤基长度约 500 m,在考虑采取渗流稳定措施后,设计采用截渗墙方案,抗渗稳定能满足规范要求,经对堤防多个断面进行边坡稳定分析,其计算抗滑稳定计算成果均满足规范允许值要求。

王截流保庄圩大部分断面能够满足抗滑稳定安全要求,但桩号 6+690 断面新建堤防堤基下伏(3-1)层淤泥质软土,抗剪强度低,在不进行抗滑稳定处理时,无法满足抗滑稳定安全要求。根据稳定验算成果,初拟采用堤防两侧加 15 m 宽压载平台或采用平均深度为 15 m 的水泥搅桩混合土进行地基处理均可满足抗滑稳定安全要求。经两方案在征地、施工难度、安全影响、投资等多个方面的对比,综合考虑采用压载平台方案。结合堤防抗滑稳定计算结果,对王截流保庄圩堤防 6+113～6+692 段设计断面型式为:堤顶宽度 6.0 m,堤顶以下 5.0 m 处分别设置 15.0 m 宽压载平台,平台以上边坡为 1∶3,平台以下边坡为 1∶5。

陈郢保庄圩堤基主要为(1-1)层轻～中粉质壤土,层厚约 1.5～5.5 m,承载力为 140～150 kPa,下伏土层为(1)层粉质黏土或重粉质壤土,层厚约 2.4～7.0 m,承载力为 170～180 kPa。其中桩号 0+000～7+985、11+230～11+800 段存有(3-1)层淤泥质中粉质壤土,厚度 2～11.7 m 不等,承载力低,局部夹淤泥质黏土透镜体,土层强度较差;(3-2)层砂壤土分布广泛,结构松散,承载力为 110 kPa 左右,抗渗能力差,上述各层土叠加厚度较大。在考虑采取渗流稳定措施后,设计全线堤基均采用截渗墙方案,抗渗稳定能满足规范要求,经复核堤身稳定计算,选取的典型断面均能够满足抗滑稳定安全要求。

7 堤防填筑标准与堤防沉降量

按照《堤防工程设计规范》规定,黏性土土堤的填筑标准按压实度确定。2 级堤防压实度不应小于 0.93,本次设计新建保庄圩堤防压实度均采用 0.93,新建保庄圩截渗墙位于堤身中心线靠近迎水侧,堤身中心线处作心墙碾压,心墙碾压宽度沿堤防轴线方向按 3.0 m 控制,心墙碾压后压实度不小于 0.96。

根据《堤防工程设计规范》第 7.3.4 条规定,土堤竣工后还会发生固结沉降,为保持设计高程,在设计时预留沉降量。软土段因地基压缩性大,在堤身荷载作用下会产生较大沉降量,主要对部分软土段地基进行沉降计算。经过对安岗西保庄圩和陈郢保庄圩部分地基地质条件较差的堤段进行沉降验算,这些堤段沉降量较大,沉降量在 0.7 m 左右,且这些堤段下卧层承载力较差,本次对这些堤段进行地基处理,经过地基处理后,安岗西保庄圩堤防本次预留沉降量 0.30 m;王截流、陈郢保庄圩堤防预留沉降量 0.50 m。

8 软弱地基处理

根据地勘成果,濛洼安岗西保庄圩、城西湖陈郢保庄圩部分堤段地基存在较厚的(3-1)淤泥质土,土力学指标强度低,压缩性高,存在严重的沉降变形问题,需对上述堤段进行堤基处理。

根据《堤防工程设计规范》规定,本次新建保庄圩堤基处理深度范围 10.3～16.27 m,经综合考虑本次选用水泥土搅拌桩法(粉喷桩)对软弱地基进行处理。

9 结语

蓄滞洪区堤防工程既有自身的保护对象,同时又要保障蓄滞洪区在必要的时候按照流域防洪总体要求按计划分蓄超额洪量,保证流域重要防洪对象的安全,因此确保保庄圩堤身的安全稳定显得特别重要。本文通过对濛洼和城西湖的保庄圩布置和设计进行了简要论述,经过多次设计方案比较论证,使堤防自身的渗流稳定、结构稳定、地基稳定等方面满足规范要求,符合工程安全与经济的合理性,对后期治淮堤防工程设计有一定的指导性意义。

[参考文献]

[1] 水利部水利水电规划设计总院.堤防工程设计规范:GB 50286—2013[S].北京:中国计划出版社,2013.

[2] 毛昶熙.堤防工程手册[M].北京:中国水利水电出版社,2009.

受下游湖水顶托影响河道设计洪水计算研究

李化雪　仇念运　冯　凡

（山东省海河淮河小清河流域水利管理服务中心　山东 济南　250199）

摘　要：本文以山东省管河道东鱼河为例，考虑受顶托影响不能汇入干流的流域面积，将其扣除，推算出更符合实际的设计洪水流量，并与先前成果进行对比分析，验证本次计算成果的合理性，为设计洪水计算提供一种新的思路。通过东鱼河沿线洪水位与区域地面高程的对比，可以分析出地势低洼易涝区域，为后期河道治理及水利工程的实施提出指导意见。

关键词：顶托影响；流域面积；设计洪水

1　东鱼河概况

东鱼河是20世纪60年代后期，为了解决南四湖湖西地区洪涝灾害而开挖的一条大型防洪排涝河道。干流起源于菏泽市东明县刘楼村，向东流经牡丹区、曹县、定陶区、成武县、单县、济宁市金乡县、鱼台县等8个县（区），于济宁市鱼台县西姚村北入昭阳湖，全长172.1 km，流域面积5 923 km²，其中承泄河南省来水面积810 km²。[1]

2　东鱼河设计洪水计算成果及存在问题

2.1　东鱼河历次设计洪水计算方法及成果

《淮河流域防洪规划报告》（水利部淮河水利委员会，2004年12月）与《山东省淮河流域防洪规划报告》（山东省水利厅，1999年12月）[3]中东鱼河干流各设计断面设计洪水计算成果一致，均沿用了1970年水电部淮河规划组分析湖西地区排涝水文计算方法及成果（以下简称"1970年成果"）。东鱼河入湖口处流域面积为5 923 km²，相应50年一遇及5年一遇设计洪峰流量分别为3 190 m³/s、1 220 m³/s[2-3]。

《东鱼河治理工程（济宁段）初步设计（代可研）报告》中采用排涝模数经验公式法进行了各节点的设计洪水计算，其计算结果与《山东省淮河流域防洪规划报告》成果相比整体偏小，最终采用排涝模数经验公式法计算成果。东鱼河流域属南四湖湖西平原区、湖西滨湖区，为了结合该地区实际情况、合理确定规模，根据《山东省淮河流域重点平原洼地南四湖片治理工程初步设计及概算》的评审意见，并参照本地区相关河道治理工程，对东鱼河流域内河道20年一遇及以上设计频率的设计洪水成果采用计算值的8.5折成果。

2.2　设计洪水计算存在的问题

《淮河流域防洪规划报告》和《山东省淮河流域防洪规划报告》均沿用的是1970年原水电部淮河

规划组分析湖西地区排涝水文的计算方法及成果,该成果距今已有50多年,当地下垫面条件和降雨序列已经发生了较大变化,其成果已不适于指导现在的水利工程建设。

《东鱼河治理工程(济宁段)初步设计(代可研)报告》中采用暴雨系列为1966—2019年最大3 d面雨量,并加入了1957年一场大暴雨。较"1970年成果"延长了40余年雨量资料系列,既包括20世纪50年代、60年代丰水期系列,也包括20世纪80年代、90年代枯水期系列,且包括了2018年因台风所致大暴雨,资料代表性有所提升。为了结合该地区实际情况、合理确定规模,根据《山东省淮河流域重点平原洼地南四湖片治理工程初步设计及概算》的评审意见,并参照本地区相关河道治理工程,对东鱼河流域内河道20年一遇及以上设计频率的设计洪水成果直接采用计算值的8.5折成果。而这一"8.5折"成果带有经验性,不能分析出流域实际产汇流情况。

3 东鱼河设计洪水复核

3.1 实测流量法设计洪水分析

流域内东鱼河干流上的路菜园闸水文站、张庄闸水文站、鱼城(鱼台)水文站均为国家基本水文站,本次研究对测站测验手段、观测基面、水位流量关系,进行了统一审查和合理性对比,保证了资料的可靠性。实测流量系列均大于30年,满足《水利水电工程设计洪水计算规范》(SL 44—2006)的要求。

由于自建站以来流域内未遭遇过大洪水,路菜园闸实测最大流量为212 m³/s(2010年),张庄闸实测最大流量为588 m³/s(2005年),鱼城(鱼台)实测最大流量为910 m³/s(1973年),未能包括20世纪50年代、60年代的丰水期洪水,以致实测系列严重偏枯,系列代表性较差。

东鱼河流域地处南四湖湖西平原区,洪水期洼地积水不能入河,实测流量难以还原;且流域内水闸较多,实际调度运行过程中节制闸拦蓄水作用明显,以致实测流量严重偏小,系列一致性较差,进而影响到实测流量多年平均值的大小。因此在河道治理推断中均不采用上述计算方法。

3.2 实测暴雨法设计洪水计算

3.2.1 汇流面积复核

本次研究采用50年一遇防洪工况进行计算,并考虑下游湖水位顶托的情形,东鱼河50年一遇洪水遭遇南四湖20年一遇湖水位,防洪起调水位采用南四湖20年一遇湖水位36.29 m。采用水面线推算方法,推求东鱼河全线50年一遇设计洪水位线。

河道沿程水位推求后,将沿程水位与地面高程(1978年10月根据1962年军用图编绘)进行对比,认为支流汇入处地面高程低于洪水位的区域,由于受主河槽洪水位顶托,不能立即形成径流归槽,因此本次流域面积复核时将该部分区域的面积进行扣除后计算设计洪水。东鱼河实际汇流面积成果见表1。

表1 东鱼河实际汇流面积成果表

序号	控制断面	控制面积(km²)	实际汇流面积(km²)
1	谢寨干渠入口以上	380	325
2	东鱼河南支入口以上	623	520
3	东鱼河北支入口以上	2 381	1 842

续表

序号	控制断面	控制面积(km²)	实际汇流面积(km²)
4	胜利河入口以上	4 005	3 025
5	东鱼河入南四湖河口以上	5 923	4 236

3.2.2 设计暴雨计算

1. 暴雨资料

东鱼河流域处于南四湖湖西万福河以南地区，为便于与历史水文成果比较，同时考虑上下游各位置的全面性，本次计算选取5个控制断面，对各控制断面以上流域面雨量进行计算，即谢寨干渠入口以上、东鱼河南支入口以上、东鱼河北支入口以上、胜利河入口以上、东鱼河入南四湖河口以上。

考虑到资料的完整性与可靠性，选用1966—2019年共54年的实测资料统计各控制断面以上流域的面雨量。由于流域内定陶、曹县、成武、黄寺等雨量站建站较早，1957年曾观测到一场大暴雨（单站3 d最大暴雨定陶站238.9 mm，曹县站321.2 mm），将该年的暴雨作为历史调查成果，根据上下游不同断面位置合理选用站点资料，并按面积大小进行折减，将实测暴雨序列与历史大暴雨一起组成一个不连序的系列。各控制断面雨量资料选用情况见表2。

表2 东鱼河各控制断面以上流域雨量资料选用情况

序号	控制断面	控制面积(km²)	实测连续面雨量序列 雨量站	年份	历史暴雨 雨量站	年份
1	谢寨干渠入口以上	380	东明集、三春集、庄寨	1966—2019	定陶	1957
2	东鱼河南支入口以上	623	东明集、庄寨、定陶		定陶	
3	东鱼河北支入口以上	2 381	东明集、娄庄、定陶、曹县、成武		曹县	
4	胜利河入口以上	4 005	东明集、娄庄、定陶、曹县、吕陵、鸡黍		曹县	
5	东鱼河入南四湖河口以上	5 923	东明集、娄庄、定陶、曹县、牛小楼、鸡黍、梁堤头、武当庙		曹县	

分别取上述各控制断面所选雨量站的历年算术平均值，并采用固定时段年最大值滑动挑选，组成各控制断面以上流域的年最大24 h、最大3 d面暴雨系列。

2. 设计暴雨分析计算

（1）单站暴雨分析

对东鱼河流域选择东明集、定陶、曹县、成武、终兴集共5个典型雨量站进行统计分析，采用PⅢ型频率曲线，以中上部点据拟合较好为原则进行适线。东鱼河流域各代表雨量站多年平均最大24 h暴雨量为92.3~104.9 mm，变差系数为0.43~0.47；多年平均最大3 d暴雨量为106.8~122.3 mm，变差系数为0.38~0.47，流域中心定陶站、曹县站最大暴雨比上下游略大。各站最大24 h暴雨量占最大3 d暴雨量的83%~89%，暴雨时程分配非常集中。典型雨量站暴雨参数见表3。

表3 东鱼河流域典型雨量站暴雨参数统计表

序号	名称	时段	均值(mm)	C_v	C_s/C_v
1	东明集	24 h	92.3	0.47	3.5
		3 d	106.8	0.40	3.5
2	定陶	24 h	104.9	0.43	3.5
		3 d	117.7	0.38	3.5

续表

序号	名称	时段	均值(mm)	C_v	C_s/C_v
3	曹县	24 h	102.5	0.47	3.5
		3 d	122.3	0.47	3.5
4	成武	24 h	99.7	0.44	3.5
		3 d	114.2	0.44	3.5
5	终兴集	24 h	100.6	0.46	3.5
		3 d	116.3	0.46	3.5

（2）面暴雨分析

对各控制断面以上流域暴雨系列资料进行统计分析,实测资料中各控制断面以上流域最大3 d面雨量均小于1957年历史暴雨,根据重现期确定原则,将1957年暴雨排在1703年以来第三位[4],其余实测面雨量序列按统一处理法进行排频。采用PⅢ型频率曲线进行适线,矩法初步估算统计参数$\overline{X}$、C_v初始值,取$C_s=3.5C_v$,以中上部点据拟合较好为原则,确定暴雨统计参数和特征值。

经频率分析,各控制断面以上流域设计面雨量计算成果见表4。

表4 东鱼河各控制断面以上流域设计面雨量成果表

序号	控制断面	汇水面积(km^2)	时段	雨量均值(mm)	C_v	各频率设计面雨(mm) 1/50	1/20
1	谢寨干渠入口以上	380	24 h	91.92	0.42	197.4	167.1
			3 d	107.1	0.39	219.4	187.8
2	东鱼河南支入口以上	623	24 h	90.87	0.39	186.3	159.4
			3 d	105.2	0.36	205.5	177.8
3	东鱼河北支入口以上	2 381	24 h	85.23	0.36	166.6	144.1
			3 d	103.1	0.42	221.4	187.4
4	胜利河入口以上	4 005	24 h	80.18	0.37	159.4	137.3
			3 d	99.4	0.41	210.2	178.6
5	东鱼河入南四湖河口以上	5 923	24 h	81.14	0.36	158.6	137.2
			3 d	100.2	0.42	215.2	182.2

3.2.3 设计洪水计算

为与先前计算成果进行对比,本次研究也采用湖西地区排涝模数经验公式法进行设计洪水计算。

1. 产流计算

东鱼河位于南四湖湖西平原地区,采用降雨径流相关图法计算时段净雨量。根据水文分区,东鱼河流域设计净雨计算仍采用"1970年成果"中的万南地区降雨径流关系,前期影响雨量取50 mm。设计净雨计算结果见表5。

表5 东鱼河各控制断面以上流域设计净雨成果表

控制断面	控制面积(km^2)	不同频率设计3 d净雨量(mm) 1/100	1/50	1/5
谢寨干渠入口以上	380	172.8	144.8	65.6
东鱼河南支入口以上	623	152.2	129.3	62.5

续表

控制断面	控制面积(km²)	不同频率设计3d净雨量(mm)		
		1/100	1/50	1/5
东鱼河北支入口以上	2 381	177.6	147.1	63.0
胜利河入口以上	4 005	161.5	134.5	59.1
东鱼河入南四湖河口以上	5 923	169.0	140.0	60.2

2. 汇流计算

本次东鱼河设计洪水计算仍采用1970年淮河规划组水文组成果中的推荐公式。最大日平均流量采用下式计算：

$$Q = M \times F$$

式中：F 为流域面积(km²)；M 为排水模数[m³/(s·km²)]。

为便于与历史水文成果比较，本次计算选取谢寨干渠入口以上、东鱼河南支入口以上、东鱼河北支入口以上、胜利河入口以上和东鱼河入湖口共5个代表断面，考虑实际可产流面积。经计算，东鱼河干流各代表断面设计最大日平均流量见表6。

表6 东鱼河干流代表断面设计流量成果表（排涝模数经验公式法）

断面名称	控制面积(km²)	实际可产流面积(km²)	50年一遇设计流量 Q(m³/s)
谢寨干渠入口以上	380	325	344
东鱼河南支入口以上	623	520	436
东鱼河北支入口以上	2 381	1 842	1 282
胜利河入口以上	4 005	3 025	1 701
东鱼河入湖口	5 923	4 236	2 279

本次考虑东鱼河上下游现有排灌站情况，将泵站排水流量叠加计入各断面计算的设计洪水成果中，得到东鱼河干流断面设计流量成果见表7。

表7 考虑东鱼河泵站排涝流量后干流代表断面设计流量成果表

断面名称	控制面积(km²)	泵站排水流量合计(m³/s)	50年一遇设计流量 Q(m³/s) 原成果	原成果×0.85（初设）	本次计算	与原成果偏差	与初设成果偏差
谢寨干渠入口以上	380	0	386	328	344	−10.88%	4.88%
东鱼河南支入口以上	623	5.35	500	425	441	−11.80%	3.76%
东鱼河北支入口以上	2 381	5.35	1554	1321	1287	−17.18%	−2.57%
胜利河入口以上	4 005	18.57	2 099	1 784	1 720	−18.06%	−3.59%
东鱼河入湖口	5 923	110.69	2 931	2 491	2 390	−18.46%	−4.05%

3.3 成果合理性分析

本文为与先前成果进行比较，并复核区域产汇流实际情况，采用与《东鱼河治理工程（济宁段）初步设计（代可研）报告》中相同计算方法进行东鱼河各典型断面设计洪水计算，其中设计暴雨采用实测暴雨资料推求，设计洪水采用湖西平原区1970年淮河规划组水文组成果推荐公式进行计算，最终计算成果与初设报告中成果偏差在5%以内，越往河道下游，本次设计洪水计算成果比初设报告中计算设计洪水成果越小。从工程安全角度来说，初设报告中下游河段的设计洪水成果偏保守一些。

4 结论与建议

4.1 结论

本次通过水位推算,扣除不能顺利归槽的汇流面积后,进行了设计洪水计算。东鱼河上游由于受干流顶托影响较小,其实际可产流面积与河道流域面积差别不大,越往下游,河道支流受末端湖水顶托和干流洪水顶托的影响越大,即大面积的流域面积汇流不能顺利归槽。体现在计算成果上就是随着流域面积的增大,越往下游流量增长幅度反而下降,这与采用实测流量法计算设计洪水时,流量增长幅度是一致的,计算结果贴合实际。现实中具体体现是汇往主河槽的支流汇入口区域范围内存在较长时间的洪水顶托及内涝影响。

4.2 建议

(1) 本次研究以受下游湖水顶托的东鱼河为例,在水位推求的基础上,将流域内低洼区域不能汇流的面积扣除后再计算设计洪水,为受下游水位顶托的平原地区河道提供一种计算设计洪水的新思路。但由于面积扣除具有人为主观性,建议对于此类河道设计洪水计算应引入模型模拟计算。

(2) 随着时代的发展,很多地区水文下垫面条件已发生较大变化,但山东省水文计算方法仍在沿用 70 年代的计算公式,且参数的选择变化不大,建议对先前计算方法、参数进行论证和修正。

(3) 对于此类河道,应加强支流回水段的治理,加高培厚回水段堤防,疏挖干支流衔接段,使河底平顺连通;同时汛期加强巡查,防止因出现倒灌而引发险情。

[参考文献]

[1] 水发规划设计有限公司. 东鱼河治理工程(济宁段)初步设计(代可研)报告[R]. 2019.
[2] 水利部淮河水利委员会. 淮河流域防洪规划报告[R]. 2004.
[3] 山东省水利厅. 山东省淮河流域防洪规划报告[R]. 1999.
[4] 水利部治淮委员会. 沂沭泗流域骆马湖以上设计洪水报告[R]. 1980.

[作者简介]

李化雪,男,生于 1989 年 9 月,工程师,主要研究方向为水利工程运行管理,18668916057,15725188066@163.com。

基于城市环境敏感性的暴雨灾害综合风险评价
——以许昌市为例

张寒露　游巍亭

(河南省许昌水文水资源勘测局　河南 许昌　461000)

摘　要：本文以河南省许昌市为例，在ENVI遥感解析技术和GIS空间分析模块支持下，确定与暴雨灾害密切相关的高程、坡度、距水体距离、NDVI、土地利用类型等环境敏感因子，对各类敏感因子分级评定，最后利用AHP层次分析法得出基于城市环境敏感性的暴雨灾害综合风险评价。

关键词：环境敏感性；暴雨；AHP；许昌

1　引言

环境敏感性评价实质上是基于区域自然资源禀赋条件，识别生态系统中极重要或极敏感空间分布。暴雨作为城市暴雨灾害的主要致灾因子，是引起城市内涝的根本致灾源。而基于城市环境敏感性的暴雨灾害综合风险评价能够一定程度上表征城市这个承载体对暴雨灾害的敏感性、暴露性，是生态学视角下对城市灾害风险评价的积极尝试，有助于明晰城市暴雨灾害防范途径，提升城市防灾减灾能力。

2　数据来源

本文使用的高程、坡度提取自12.5 m分辨率DEM数据(https://search.asf.alaska.edu)。土地利用类型、NDVI指数、WNDWI指数解译自美国陆地卫星Landsat-8的OLI传感器，成像时间为2021年9月23日和9月30日，云量在5%以下。用ENVI软件对遥感影像进行辐射定标、镶嵌、FLAASH大气校正、剪裁等预处理操作。暴雨强度来源于河南省许昌水文水资源勘测局，为保证质量精度，将降水数据缺测率＞1%的站点剔除，最终共选取94个遥测雨量站用于分析。评价指标见表1。

表1　环境敏感因子评价指标

评价因子	高度敏感	中度敏感	低度敏感	不敏感
高程(m)	＞350	250～350	150～250	＜150
坡度(°)	＞15	10～15	5～10	＜5
距水体距离(m)	＞2 000	1 000～2 000	500～1 000	＜500
NDVI指数	＜0.1	0.1～0.5	0.5～0.8	＞0.8
土地利用类型	建筑用地、裸地	耕地	水体	林地
等级赋分	4	3	2	1

关于数据精度的说明,根据自然资源部 2019 年 7 月发布的《资源环境承载能力和国土空间开发适宜性评价技术指南(试行)》,本文中市县层面数据采用 30 m×30 m 栅格精度。此外,为使不同评价指标能够进行空间叠加运算,已将各数据统一为相同的投影坐标。

3 单因子城市环境敏感性评价

3.1 高程敏感性评价

研究区高程范围 18~1 116 m。将从 NASA EARTHDATA 下载的 DEM 数据经过镶嵌、掩膜提取后,利用 ArcGIS 中重分类工具,以 350 m、250 m、150 m 为分级值进行高程敏感性分类。

由图 1,许昌市高程敏感性整体较低。不敏感区占全市总面积的 83.4%,低度敏感区占 8.2%,中度敏感区占 4.1%,高度敏感区占 4.3%。敏感性分布存在明显空间差异,中高度敏感区主要分布在禹州市西部和北部地区以及襄城县西南部山区,这些地区强烈的地形抬升易形成"管道效应",短时强降雨形成洪峰,易诱发暴雨灾害。

3.2 坡度敏感性评价

国土空间规划双评价中,一般将坡度大于 25°定义为重要敏感区,研究区所在为华北地区,可将这一指标适当降低,根据实际情况,选 15°作为坡度高度敏感区分界线。

研究区坡度敏感性以不敏感和低度敏感为主,二者共占总面积的 93.9%。禹州市西北部以及襄城县西南部山峰多,地势起伏较大,该区域坡度敏感性以中高度为主。需注意的是,魏都区中心城区及建安区西部高敏感区也有零星分布,这些建成区内人口集中,不透水率高,短时强降雨往往容易形成积水点(图 2)。

3.3 水域敏感性评价

采用改进的归一化水体指数(Modified Normalized Difference Water Index,MNDWI)提取水体,研究[1]表明比 NDWI 指数更加可靠,尤其适合细微水体特征判别,公式为:

$$\mathrm{MNDWI}=\frac{(\mathrm{GREEN}-\mathrm{MID})}{(\mathrm{GREEN}+\mathrm{MID})} \tag{1}$$

式中:GREEN 和 MID 分别代表 Landsat-8 OLI 影像中的绿光波段和中红外波段。提取后的 MNDWI 以 0~1 波段阈值构建 ROIs 输出为栅格格式。利用 ArcGIS 中的欧氏距离计算水域缓冲区距离,并按照评价指标进行重分类。

由于水体能够承担部分降水。因此本文将距水体距离最小的区域判定为环境敏感性最低。由图 3,高度敏感区主要是远离水域的建设用地、耕地、林地等,占 65.2%,不敏感区是一些重要河流、水库及其周围 100 m 缓冲区域,面积占 2.5%。其余中度和低度敏感区分别占 19.6%和 12.8%。分县区来看,建安区和鄢陵县水域面积占比最小,敏感性最高,襄城县、魏都区次之,禹州市和长葛市水域面积占比最大,敏感程度较低。

3.4 植被覆盖度敏感性评价

由公式(2)得到归一化植被指数(Normalized Difference Vegetation Index,NDVI)。其中 NIR 为近红外波段,R 为红光波段。利用直方图确定累计百分比为 95%和 5%的值用于计算 FVC。FVC

$=$(b1 lt DN$_{5\%}$)*0+(b1 gt DN$_{95\%}$)*1+(b1 ge DN$_{5\%}$ and b1 le DN$_{95\%}$)*((b1−DN$_{5\%}$)/(DN$_{95\%}$−DN$_{5\%}$)),其中 b1 为 NDVI,计算后的 FVC 值域在 0~1 之间,重分类后得到许昌市植被覆盖度敏感性空间分布情景。

$$NDVI=\frac{(NIR-R)}{(NIR+R)} \quad (2)$$

植被覆盖度高的地方,能够一定程度削弱降雨能量,发生暴雨内涝灾害的风险相对较低[2],因此其环境敏感性更低。由图 4 知高度敏感区占 12.2%,包括裸地、建设用地、水域等。中度敏感区面积占 41.6%,主要是城市郊区的耕地及草地。不敏感和低度敏感区占研究区总面积的 46.2%,主要分布在襄城县西南部、禹州北部和西部的山区,鄢陵县中西部的林区。

3.5 土地利用类型敏感性评价

土地利用类型指的是由各种不透水建筑材料所组成的表面,如建筑物、广场、道路等,它通过改变下垫面土地覆被变化进而影响水文过程,是城市暴雨灾害加剧的诱因[3]。用支持向量机(Support Vector Machine,SVM)进行土地利用类型分类提取,该方法比传统的最大似然法分类器、人工神经网络分类器精度更高[4-5]。本文用 2021 年遥感影像解译,时效性较强。

由图 5,许昌市土地利用类型敏感性总体呈较高水平,高度敏感区和中度敏感区占总面积的 31.6%,主要分布在魏都区和长葛市大部分地区、襄城县中心城区、禹州市中心城区以及鄢陵县南部和东部。不敏感区和低度敏感区面积合计占 59%,主要分布在禹州市部分山区、襄城县和鄢陵县植被覆盖度较高的果木林区以及贯穿魏都区和建安区的"五湖四海两环一水"水系。

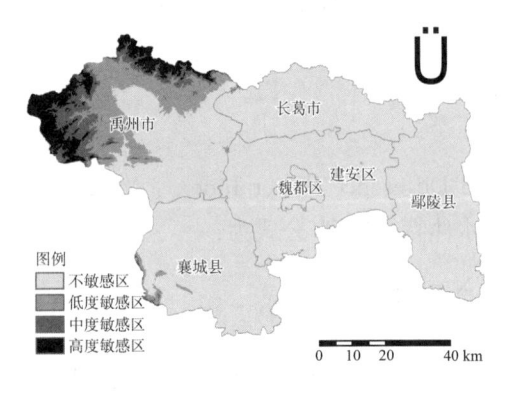

图 1 高程敏感性空间等级

图 2 坡度敏感性等级

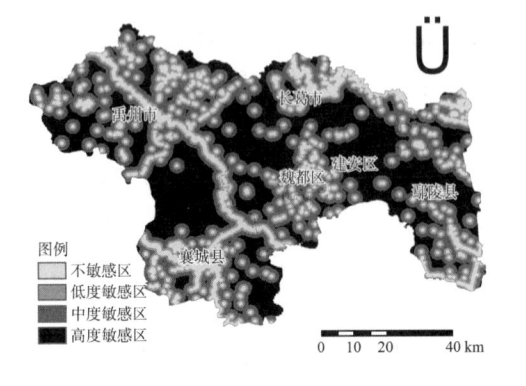

图 3 水体距离敏感性等级

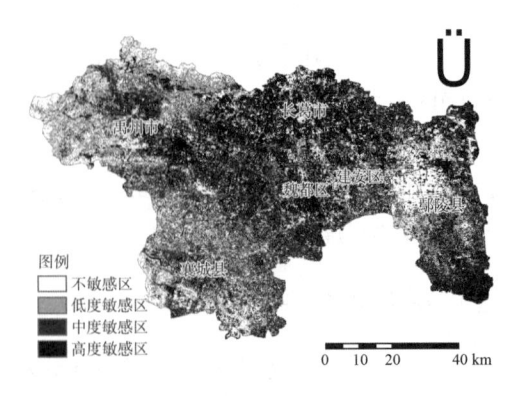

图 4 NDVI 指数敏感性等级

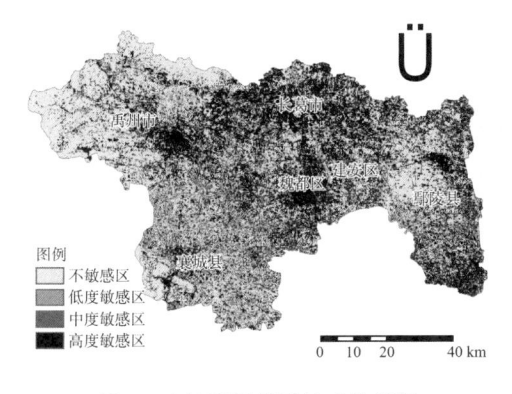

图 5　土地利用类型敏感性等级 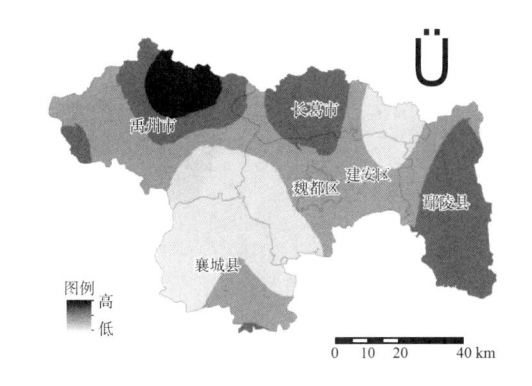　　　　　　图 6　"7·20"暴雨期间实测暴雨强度空间分布

4　基于暴雨灾害的城市环境敏感性综合评价

4.1　暴雨强度空间分布特征

暴雨强度能够反映出暴雨的强弱程度及对地表的冲刷程度,是城市暴雨灾害的重要致灾因子。根据 GB/T 28592—2012 降水量等级标准,将 12 h 降水量≥30 mm 或者 24 h 降水量≥50 mm 定义为暴雨。将暴雨强度定义为统计时段内暴雨过程雨量与暴雨日数之比[6]。

本文以许昌市 2021 年遭受的"7·20"特大暴雨灾害为实例,在 ArcGIS 系统中用普通克里金插值法,通过许昌市 94 个遥测雨量站资料统计出"7·20"特大暴雨期间暴雨强度数据并进行空间插值。研究区暴雨强度均值为 93.98 mm·d^{-1},变异系数为 0.14。暴雨强度高值区主要分布在禹州市北部,除此外长葛市西部区域、鄢陵县也比较大(图 6)。

4.2　基于城市环境敏感性的暴雨灾害综合风险评价

本文采用的暴雨灾害综合风险评价公式为:

$$F = \sum_{i=1}^{6} W_i S_i \tag{3}$$

式中:F 为暴雨灾害综合风险指数;W_i 为第 i 个环境敏感因子权重值;S_i 为第 i 个环境敏感因子的等级值。根据 AHP 层次分析法赋予的权重系数(表 2),通过 ArcGIS 中栅格计算器进行加权求和,实现许昌市基于城市环境敏感性的暴雨灾害综合风险评价,最终将评价结果划分为低风险性、中风险性、高风险性、超高风险性 4 个等级区域。

表 2　AHP 层次分析及一致性检验结果

风险因子	特征向量	权重值	最大特征根	CI 值	RI 值	CR 值	一致性检验
高程	2.053 6	0.221					
坡度	0.293 2	0.032					
距水体距离	0.945 5	0.102	6.512 2	0.102 4	1.25	0.082	通过
NDVI 指数	0.552 9	0.060					
土地利用类型	0.664	0.071					
暴雨强度	4.785 1	0.514					

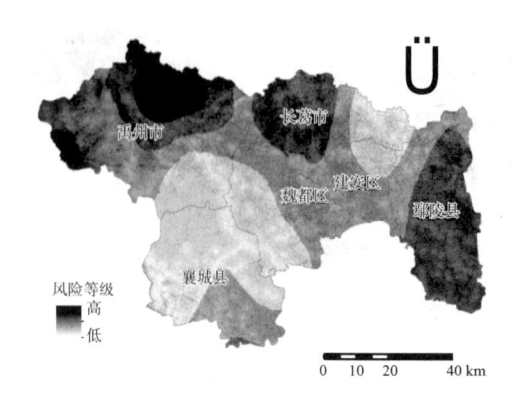

图 7 许昌市"7·20"暴雨灾害综合风险强度

图 7 结果表明,许昌市暴雨灾害综合风险呈现出以禹州北部和禹州西部为中心向外辐射、风险等级逐渐降低的特点。从高风险性区域来看,主要分布在禹州市浅井镇、苌庄乡、鸠山镇、磨街乡等乡镇以及顺店镇北部;从中风险性区域来看,主要分布在禹州市花石镇、方山镇、无梁镇、朱阁镇部分区域和长葛市官亭乡、大周镇、长葛中心城区以及鄢陵县除彭店乡、陈化店镇外的其余地区。许昌市魏都区、建安区、襄城县暴雨灾害综合风险等级普遍处于较低水平。

[参考文献]

[1] 徐涵秋.利用改进的归一化差异水体指数(MNDWI)提取水体信息的研究[J].遥感学报,2005,9(5):589-595.

[2] 雷享勇,陈燕,潘骁骏,等.杭州市主城区暴雨内涝灾害风险区划[J].杭州师范大学学报(自然科学版),2019,18(1):105-112.

[3] 彭建,魏海,武文欢,等.基于土地利用变化情景的城市暴雨洪涝灾害风险评估——以深圳市茅洲河流域为例[J].生态学报,2018,38(11):3741-3755.

[4] Huang C,Davis L S,Townshend J R G. An assessment of support vector machines for land cover classification[J]. Int J Remote Sens,2002,23(4):725-749.

[5] Sun Z C,Guo H D,Li X W,et al. Estimating urban impervious surfaces from Landsat-5 TM imagery using multilayer perceptron neural network and support vector machine[J]. J Appll Remote Sens,2011,5(1):053501-1~053501-17.

[6] 李晓虹,苏占胜,纳丽,等.贺兰山东麓暴雨气候特征及灾害防御对策[J].干旱区地理,2021,44(5):1231-1239.

[作者简介]

张寒露,女,生于 1991 年 10 月,工程师,自然地理学硕士,15038950920,1154474353@qq.com。

驷马山滁河四级站干渠工程盾构管片拼装施工技术研究

管宪伟[1]　杨云国[1]　雷朝生[2]

(1. 中水淮河规划设计研究有限公司　安徽 合肥　230601；
2. 中水淮河安徽恒信工程咨询有限公司　安徽 合肥　230601)

摘　要：盾构衬砌管片作为盾构隧洞的永久性结构物，起到防止隧洞坍塌、变形及渗水的作用，不仅需要承担直接作用于隧洞上的径向土压力、水压力和注浆压力，还要承受盾构推进时的轴向推力以及盾构设备重量等荷载，对盾构施工作业安全以及隧洞成型后的质量有着至关重要的影响。文章结合工程实例，对盾构管片拼装施工过程的技术要点进行了分析总结，对类似工程施工具有借鉴意义。

关键词：盾构；管片；拼装

1　工程概况

驷马山滁河四级站干渠（江巷水库近期引水）工程跨越安徽省合肥市肥东和滁州市定远两市县，工程任务主要是为江巷水库提供长江补充水源，满足江巷水库城乡和生态供水及水库周边农业灌溉需求。工程等别为 Ⅱ 等大(2)型，主要建筑物级别为 1 级，引江入库流量 24.0 m³/s，采用地下有压暗涵输水方式，输水线路总长度 20.34 km，其中盾构暗挖施工段长度 13.2 km，施工选用刀盘外径为 6.28 m 的复合式土压平衡盾构机，采用预制钢筋混凝土管片作为隧洞初衬结构。

2　管片设计

盾构管片为平板型单层管片结构，采用高精度的钢模预制生产，厚 0.3 m，宽 1.5 m，内径 5.4 m，外径 6 m，分为 A 型管片（标准块）、B 型管片（邻接块）、K 型管片（封顶块）。衬砌环为双面通用楔形环，楔形量为 45 mm，单环管片由 6 块（1 块封顶块＋2 块邻接块＋3 块标准块）拼成，采用错缝拼装，弯螺栓连接。拼装时应先就位底部管片，然后自下而上、左右交叉安装，拼装过程中应控制环面平整度和封口尺寸，最后插入封顶块成环，封顶块不得拼装在拱底 45°范围内。

3　拼装过程

管片是在盾构机盾壳保护下，在其内部空间拼装形成衬砌环。衬砌环不仅需要承担径向土压力、水压力、注浆压力和盾构推进时的轴向推力以及盾构设备重量等荷载，同时需要保证管片拼缝间密封良好，因此管片拼装质量对隧洞施工质量和安全起到至关重要的作用。管片拼装控制要点主要包括以下几个方面：

3.1 拼装准备

管片拼装前首先进行拼装准备,管片在地面上按拼装顺序排列堆放,并粘贴好管片接缝密封止水、传力衬垫等材料,管片不得有内外贯穿裂缝、宽度大于 0.2 mm 的裂缝及混凝土剥落现象,防水密封质量应符合设计要求,确认无误后将管片运送至盾构机位置。

然后检查盾构姿态,确保盾构千斤顶顶块与前一环管片环面的净距大于管片宽度,检查前一环管片与盾壳四周间隙情况,测量盾构纵坡及举重臂中心在平面和高程的偏离值,结合前一环衬砌管片中心线测量成果决定本环拼装的纠偏量及纠偏措施,最终根据衬砌环楔形量、隧洞轴向位置和上一环管片定位偏差值综合确定相邻衬砌环连接点位。

拼装前全面检查管片拼装机的动力及液压设备是否正常,举重机构是否运转灵活、安全可靠。并清除前一环管片环面和盾尾间隙内杂物,检查前一环环面防水材料是否完好,发现有环面质量问题应及时采取修补措施。

3.2 拼装作业

管片拼装一般按照先下后上、先纵后环、左右交错、纵向插入、封顶成环的工艺进行,拼装过程中根据衬砌环点位和管片间相对位置确定拼装顺序。

拼装时先缩回拼装管片相应位置的千斤顶,形成管片拼装空间使管片到位,利用管片拼装机进行管片吊装、安放和精确定位,然后伸出千斤顶支撑在管片环面固定管片,固定后安装连接螺栓,完成后按照相同的工序依次安装相邻的其他管片。最后进行封顶块的安装,封顶块安装前需检查已拼装管片的开口尺寸是否略大于封口块管片尺寸,然后利用拼装机将封顶块吊装至相应位置,封顶块与衬砌环先搭接 1 000 mm 径向推上,然后伸出对应的千斤顶纵向推入成环。

管片拼装成环时,其连接螺栓应先初步拧紧,当后续盾构掘进至下一环管片拼装之前,应对相邻已成环的 3 环范围内管片螺栓进行全面检查并复紧,提高拼装精度。

管片拼装顺序见表 1。

表 1 管片拼装顺序

序号	图示	施工程序及技术措施
1		1. 盾构拼装机机械臂起吊拱底管片块; 2. 盾构机底部对应位置液压千斤顶回缩; 3. 拱底管片块拼装就位,底部液压千斤顶重新顶紧; 4. 安装并初步拧紧环间连接螺栓。
2		1. 同样方法安装衬砌环相邻侧向标准块; 2. 液压千斤顶重新顶紧管片块; 3. 安装并初步拧紧环间及块间的连接螺栓。
3		1. 同样方法安装衬砌环邻接块; 2. 液压千斤顶重新顶紧管片块; 3. 安装并初步拧紧环间及块间的连接螺栓。

序号	图示	施工程序及技术措施
4		1. 封顶块先径向压入,调准位置后液压千斤顶再沿纵向缓慢推入管片; 2. 安装并初步拧紧环间及块间的连接螺栓; 3. 全面检查并拧紧所有连接螺栓。

3.3 曲线段拼装

曲线段隧洞是依靠合理设置相邻衬砌环管片对接点位,通过楔形量调整控制相邻衬砌环轴线产生一定角度的偏移,最终衬砌环轴线形成符合设计曲率半径的曲线,曲线段每环管片的拼装方式与直线段相同。要保证隧洞曲轴线的精度,主要是控制好衬砌管片的拼装精度,并要求第一块管片定位准确,使楔形衬砌环管片宽度的最大差值位于隧洞中心线的水平位置上。

4 验收标准

管片制作和拼装质量对管片受力性能、隧洞位置精度、密封防水性能等有很大影响,因此需严格控制管片制作和拼装精度满足设计及规范要求。根据设计文件及有关规范要求,管片制作和拼装精度验收标准见表2。

表2 管片制作和拼装质量验收标准

项目		允许偏差值	检验方法
单块检验	管片宽度	±1 mm	尺量
	管片厚度	(−1～+3)mm	尺量
	密封槽尺寸	±0.2 mm	尺量
	密封槽中心弧半径	±1 mm	尺量
	钢筋保护层厚度	±5 mm	混凝土钢筋检测仪测量
整环拼装试验	环缝间隙	≤2 mm	尺量
	纵缝间隙	≤2 mm	尺量
	成环后内径	±2 mm	尺量
	成环后外径	(−2～+3)mm	尺量
钢模	钢模宽度	±0.25 mm	尺量
	钢模弧长、弦长	±0.35 mm	尺量
隧洞轴线和高程	隧洞轴线平面位置	±100 mm	全站仪测量
	隧洞轴线高程	±100 mm	全站仪测量
管片拼装	衬砌椭圆度	±8‰	断面仪、全站仪测量
	衬砌环内错台	5 mm	尺量
	衬砌环间错台	5 mm	尺量

5 技术要点总结

伸缩液压千斤顶时须保持盾构机不后退、不变坡、不变向,逐块拼装管片时要注意确保相邻两块管片接头的环面平正，内弧面平正，必要时可采用垫片调整等措施。管片纵缝、横缝的密封止水应先进行润滑处理，连接螺栓孔橡胶密封圈不得遗漏，连接螺栓质量及紧固度应符合设计要求，保证端面紧密贴合。当后续盾构掘进至每环管片拼装之前，应对相邻的3环范围内管片螺栓进行全面检查并复紧，保证管片间贴合严密。

拼装全过程必须保持已成环管片环面及拼装管片接触面的清洁，必须对管片拼装位置工作面进行清理检查，杜绝有颗粒性的杂物遗留在工作面，特别要注意不能有管片连接螺丝、安装工具等遗留在工作面，遗留在工作面的螺丝等杂物在盾构推进过程中容易进入盾尾位置，将对盾尾密封造成致命伤害。

管片搬运、拼装过程中应采取保护措施，严防管片磕碰导致缺边掉角及开裂，如遇管片损坏，应及时按照设计及规范要求进行修补或更换。拼装时应严格控制推进油缸的压力和伸缩量，顶推力应大于稳定管片所需力度，使盾构位置保持不变，同时需防止推进压力过大导致管片开裂受损，拧紧连接螺栓后方可移开管片拼装机。拼装完成后需对已拼装成环的衬砌环进行环缝、纵缝及椭圆度检查，确保拼装精度。

[参考文献]

[1] 陈馈.盾构施工技术[M].2版.北京：人民交通出版社，2016.
[2] 洪开荣.盾构与掘进关键技术[M].北京：人民交通出版社，2018.

[作者简介]

管宪伟，男，高级工程师，主要研究方向为水利水电工程施工、建设管理等，hwgxw@163.com。

浅议济宁市防洪安全保障策略

赵园园[1]　程　霞[2]　孙庆磊[3]

(1. 济宁市水利事业发展中心　山东 济宁　272000；
2. 山东省海河淮河小清河流域水利管理服务中心　山东 济南　250100；
3. 山东农业大学勘察设计研究院　山东 泰安　271018)

摘　要：为提高济宁市整体防洪水平，针对济宁市东部山区蓄水工程防洪能力低、全市中小型河道防洪标准普遍偏低、北部黄河东平湖段区域防洪存在安全隐患、南四湖整体防洪标准不达标、西部湖西滨湖洼地排涝能力低、城市防洪能力不足、全市整体防洪管理体系不健全等问题，提出完善东部山区水库塘坝防洪管理制度、实施除险加固工程建设、建立河道安全隐患排查整改管理机制、实施河道治理、病险水闸除险加固工程，实施黄河、东平湖、南四湖防洪工程，建立城市防洪排涝工程体系和管理调度非工程体系，山洪灾害防治采用工程措施和非工程措施相结合，落实河长制水域岸线管理工作，实施水旱灾害防御社会化管理体系建设一系列防洪安全保障策略，统筹解决济宁市防洪安全隐患和薄弱环节，构建起更为坚实的防洪安全屏障，全面提升济宁市防洪安全保障水平。

关键词：济宁市；防洪体系；薄弱环节；保障策略

1　防洪安全现状

济宁地处黄淮海平原与鲁中南山地交接地带，属鲁西南腹地，面积1.1万km^2，南北长167 km，东西宽158 km。地势东高、中洼、西低，以平原洼地为主，地貌复杂。市域跨黄淮两大流域，河流纵横交错，水系发达，北部黄河、大汶河、东平湖属黄河流域，其余属淮河流域南四湖水系。济宁市降水集中在汛期，特别是7、8月份，河道来水具有明显的季节性变化，降水年际年内变化大，特别是受近年极端天气事件影响，济宁市洪涝灾害威胁依然严重；为防御洪涝灾害，济宁市在黄河、大汶河、东平湖修建了完善的堤防体系；在淮河流域掀起了大规模的治淮工程，大大提高了南四湖的调蓄能力。[1]当前济宁市骨干河道梁济运河、东鱼河、洙赵新河、泗河等得到整治，重要河段防洪标准大部分达到20年一遇；全市先后建成大中型水库6座，小型水库242座，塘坝526座，水闸757座，[3]大中小型水库除险加固全部完成，累计除险加固375座次，全市防洪工程体系初具规模，保障了区域防洪安全，但仍存在薄弱环节。

2　防洪安全薄弱环节

2.1　东部山区蓄水工程防洪能力不足

东部山区遍布246座大中小型水库和500多座塘坝，其中头顶库134座，串联库73座，既是头顶库又是串联的37座，一旦出险，就是灭顶之灾。小型水库大都建设时间早，防洪标准低，虽对全部水库进行了除险加固，但受资金限制，加固不彻底，仍存在着安全隐患。同时，各类水库下游有408个村、33.4万人受超标洪水威胁,转移任务重。

2.2 全市中小型河道防洪标准明显偏低

梁济运河属大型骨干河道,部分河段未达到50年一遇防洪标准,大汶河(济宁段)、新万福河、白马河等河道防洪标准为20年一遇,流域面积大于50 km²的中小河流有117条,仅对流域面积200 km²以上的河道重点段进行了治理,部分中小河流防洪标准达不到20年一遇,未治理河道堤防矮小,防洪标准低。城市建设侵占城市河道、水体,阻断城市洪水出路,全市鲜有整条河达到设计防洪标准,小型水闸普遍老化失修。

2.3 黄河东平湖存在防洪隐患

黄河在我市北部梁山境内有3处险工段、3处控导、153道坝,涉及22个行政村、约2.1万人,人口转移安置难度大,其主流紧偎护滩堰,护滩堰坡面缺排水通道,护滩堰道路和防汛道路未硬化,护滩堰与黄河控导工程连接部位标准低。东平湖涉及我市北部梁山县、汶上县,围堤险工隐患多,存在护滩堰前耕地坍塌、出现部分险工段,一旦东平湖作为滞洪区分滞黄河、大汶河洪水,将有103个村、约11.17万人需要在48小时内全部搬迁,转移安置难度大。

2.4 南四湖防护体系不完整

南四湖作为集水中心承接苏、鲁、豫、皖4省8市34县市区31 700 km²来水[1],湖区涉及11个乡镇、116个行政村、常住人口9.29万人,遇超标准洪水威胁时,湖区约4.73万群众需避险转移,转移安置难度大。南四湖堤防分为湖东堤段、湖西堤段、湖东堤韩庄至郗山段,湖东堤为50年一遇防洪标准,湖西堤为防御57年型洪水标准,由于湖东堤韩庄至郗山段15.3 km未实施封闭工程,使得南四湖整体防洪能力达不到50年一遇标准,防洪安全存在较大隐患。

2.5 湖西滨湖洼地排涝能力不高

南四湖周边任城区、鱼台县、微山县、金乡县、嘉祥县高程处于南四湖洪水位37 m以下耕地面积224万亩、涉及人口250万人,平原洼地排涝能力低下,大多不足3年一遇排涝标准,排涝能力差且受湖水顶托,极易产生内涝。淮河流域重点平原洼地实施后,南四湖周边排涝能力得到较大提升,由于受资金限制,一些排灌站未得到治理,排涝沟上生产桥未得到改建,阻水严重。

2.6 城市防洪问题突出

随着城市化进程加快,大面积土地硬化加大降雨径流,城市下垫面发生变化,老城区雨污分流、排水管网不完善,内涝压力问题突出[2]。

2.7 防洪管理体系不健全

近年突发性暴雨造成的洪水和内涝频发,由于缺乏对极端天气提前预警和及时调度,造成较大损失,特别是我市尚未建立科学全面的防汛预警、综合调度管理体系,不足以有效应对超标准暴雨洪水。

3 防洪安全策略

3.1 提升东部山区水库塘坝防洪安全能力

一是严格落实水库"三个责任人"和"三个重点环节",水库全部安装照明、监测、视频、测压系统,通过培训提升相关责任人履职能力。对于大中型水库,严格按照调度运用计划进行管理,严格控制汛限水位。严格按照巡查、值守制度进行管理,一旦出现险情要确保第一时间发现、上报、处置,保证群众第一时间安全转移。二是实施千塘百库加固工程,全面提升水库塘坝防洪标准。对新出险和未系统除险加固的水库、塘坝实施除险加固,消除工程隐患,实施一些水库增容工程,提升蓄滞洪水能力。

3.2 提升骨干河道防洪安全能力

一是建立河道安全隐患排查整改管理机制,进一步完善技术专家包工程责任制,形成汛前全面检查整改、汛期即查即改、汛后梳理排查的工作体制,确保发现一个问题、解决一类问题、消除一方隐患。二是加快实施河道治理工程,坚持因地制宜,采取加高加固和新建堤防、河道疏浚、河势控制、护岸护坡、堤顶防汛道路建设等各种措施。大型骨干河道实施东鱼河、梁济运河上段治理,中小河流实施新万福河、洙水河、蔡河、赵王河、琉璃河、湖东排水河、微山薛城大沙河、微山县城郭河、小沂河治等20多条河道治理工程[3]。三是加快病险水闸除险加固。实施星泗闸、丑村闸、高峪闸、柘沟闸、泗张闸、贺庄闸、湖口闸等20多座病险水闸除险加固工程。通过以上措施提高全市河道整体防洪标准[3]。

3.3 提升重点防洪区域防洪能力

实施黄河滩区生产堤加固培厚工程,实施黄河滩区、东平湖滞洪区居民迁建工程,实施湖东滞洪区建设、南四湖封闭工程,使南四湖地区整体防洪标准达到50年一遇,洼地除涝标准达到5年一遇。持续开展受洪水威胁区域群众的安全转移演练,加大群众避险自救意识宣传教育力度,确保一旦出现险情,群众能够迅速、精准、安全转移。

3.4 提升城市防洪能力

一是与济宁市城市总体规划、国土空间规划相协调,依托梁济运河、泗河、洸府河、南四湖防洪工程,建立健全济宁市防洪排涝总体工程体系,达到与济宁市城市发展相适应的防洪排涝标准,确保规划标准下的防洪排涝安全,遇超标准洪涝有相应对策。二是建立科学、规范的现代化防洪排涝非工程体系,实现防洪排涝管理及调度现代化。防洪排涝工程与水环境治理、生态保护和城市景观建设等统筹考虑,实现人与自然和谐相处和经济社会可持续发展[2]。

3.5 提升山洪灾害防治能力

采取工程措施和非工程措施相结合的方法防治山洪灾害。一是在受山洪灾害威胁的东部山区包括泗水县、曲阜市、邹城市实施山洪沟治理工程,实施泗水县济河、音义河、柘沟河等5条,曲阜市衡庙河、烟袋河、廖河等5条,邹城市十八趟河、西戈河、大沙河等5条重点山洪沟治理工程[3]。二是完善山洪灾害非工程措施,在山洪灾害易发地区建成以监测、通信、预报、预警等非工程治理措施,建成非工程措施与工程措施相结合的防灾减灾体系,提高山洪灾害防御能力和预警水平。

3.6 强化水域岸线管理保护

一是进一步深化巩固"清河行动"成果,扎实开展"清河行动"回头看,坚持举一反三,对乱占乱建、乱围乱堵、乱采乱挖、乱倒乱排等"八乱"问题进行整治,坚决防止反弹。深入开展严查垃圾乱堆乱倒、严查涉河湖违法建设,清河岸、清河面、清河底"三查三清"专项行动,保证河湖管护责任落实到位。二是加快推进重要河湖的管理和保护范围划定工作。在全市重要河流、湖泊分级分段分区设立"河湖警长",落实河湖管护人员和管护经费,将县乡村三级河长和河管员纳入平台管理考核,实现管水护水常态化。

3.7 构建水旱灾害防御社会化管理体系

一是高质量编制重点河湖防御洪水方案和超标洪水防御预案,重点水库防御洪水方案和汛期调度运用计划,黄河滩区、南四湖湖区、南四湖湖东蓄滞洪区、东平湖蓄滞洪区等群众转移方案,为科学调度洪水提供科学技术支撑。二是全面落实行政首长负责制、河湖库及在建工程安全度汛责任制、防汛抗旱督查制度、防汛抗旱考核及责任追究制度。三是建立技术支撑制度。成立全市水旱灾害防御专家委员会,建立水旱灾害防御专家库,对全市重点防洪工程严格落实技术专家责任包保制,做到每一个重点部位、关键环节都有技术支撑。四是加强防汛预警预报体系建设。加大监测预警设施建设,充分利用水务大数据平台,做好雨情水情实时监测和洪水预报预警。五是健全防汛抗旱物资储备,加强防汛抢险和抗旱服务设施建设与设备配置,提升防汛抗旱管理能力。

4 结语

针对济宁市东部山区蓄水工程、河道、区域防洪、滨湖洼地、城市防洪、防洪管理等薄弱环节存在的主要问题,提出一系列防洪安全保障策略,旨在构建起更为坚实的防洪安全屏障,统筹解决济宁市防洪安全隐患和薄弱环节,提高城市总体防洪能力。通过采取以上防洪安全保障策略,全面提升济宁市防洪减灾救灾能力和风险管控能力。使重要河道重点河段达到国家规定防洪标准,消除水库和大中型水闸防洪隐患,南四湖湖东蓄滞洪区实现安全运用,重点县城、重要乡镇防洪能力提升,南四湖滨湖洼地重点易涝洼地带达到国家规定除涝标准。将济宁市洪涝灾害年均直接经济损失占同期GDP比重控制在0.25%以内。

[参考文献]

[1] 济宁市水利局.济宁市水安全保障总体规划[R].2018.
[2] 济宁市城市管理局,济宁市规划设计研究院.济宁市城市防洪排涝专项规划(修编)(2021—2030)[R].2021.
[3] 济宁市城乡水务局.济宁市"十四五"城乡水务发展规划[R].2022.

[作者简介]

赵园园,女,生于1983年12月,工程师,主要研究方向为防洪减灾工程建设和能力建设,15106793261,15106793261@163.com。

浅议洪泽湖周边滞洪区工程建设的必要性

李志勇

（盱眙县水务局　江苏　淮安　211700）

摘　要：洪泽湖周边滞洪区是淮河流域防洪体系的重要组成部分，在淮河历次防洪规划中，蓄滞洪区的作用已被计入防洪设计标准内的行蓄洪能力之中，利用滞洪区蓄滞洪水，牺牲局部，保护全局，从而提高流域整体防洪能力，确保流域内重要保护区的防洪安全，是非常重要的防洪措施。解决好蓄滞洪区问题，对保障流域防洪安全和经济社会可持续发展具有重要现实意义。

关键词：滞洪区；主要问题；建设必要性

洪泽湖周边滞洪区位于洪泽湖大堤以西，废黄河以南，泗洪县西南高地以东，以及盱眙县的沿湖、沿淮地区，共涉及宿迁市宿城区、泗洪县、泗阳县以及淮安市淮阴区、洪泽区、盱眙县等两市六县（区）。大致范围为沿湖周边高程 12.5 m 左右蓄洪垦殖工程所筑迎湖堤圈至洪泽湖设计洪水位 16.0 m 高程之间圩区和坡地。洪泽湖周边滞洪区面积 1 515 km²，容积 30.07 亿 m³，设计滞洪水位 16.0 m。

洪泽湖成湖以前，是淮河右岸的湖荡洼地，黄河夺淮期间，大量泥沙沉淀淤积，使淮河向下排泄洪水受阻，淮水不断壅高，诸湖荡合而为一，水面连成一片，至明万历七年（1579 年）洪泽湖基本形成。洪泽湖周边地区历史上就是淮河洪水淹没和调蓄的场所，随着经济和人口的发展以及 20 世纪 50 年代兴办周边挡洪堤等蓄洪垦殖工程，逐步开发利用，周边地区由"水落随人种，水涨任水淹"的自然状态逐步演变为滨湖圩区，实行一年两熟或两年三熟的耕作制度，六七十年代又陆续兴建了排灌工程，该地区的农业生产得到了很大的发展。根据"蓄泄兼筹"的治淮方针，自 50 年代开始相继建设了洪泽湖大堤、三河闸、高良涧闸、高良涧船闸、蒋坝船闸、二河闸、沿堤涵闸及沿湖蓄洪垦殖工程，形成了以上述工程组成的洪泽湖控制工程体系，洪泽湖成为具有调蓄洪水、蓄水灌溉、航运、水产养殖并串联中、下游进出湖河道等多用途的平原湖泊，洪泽湖周边地区也成了蓄滞洪区。

1　洪涝灾害情况

历史上洪泽湖及其下游地区洪涝灾害频繁。1931 年全流域大水，淮干浮山站洪峰流量 16 100 m³/s，入洪泽湖最大流量 19 800 m³/s，洪泽湖持续高水位 31 天，最高达 16.25 m。

1954 年洪水发生在治淮工程初建期间，入洪泽湖洪水相当于 50 年一遇左右，入湖最大流量 15 800 m³/s，三河闸最大泄量 10 700 m³/s，洪泽湖蒋坝最高水位为 15.23 m，高邮湖最高水位 9.36 m。洪泽湖周边地区，入江水道沿线的白马湖、宝应湖地区全部被淹。

1991 年 6—7 月份淮河发生了两次大洪水，入洪泽湖洪水相当于 18 年一遇，最大入湖流量 11 000 m³/s，蒋坝最高洪水位 14.06 m。

2003 年淮河发生了自 1954 年以来最大的一次洪水，入洪泽湖洪水接近 30 年一遇，洪泽湖入湖最大流量 14 500 m³/s,洪泽湖水位达到 14.38 m,为新中国成立以来的第二高水位,距洪泽湖周边滞洪区启用水位仅差 0.12 m,三河闸最大流量 9 270 m³/s(日平均 8 890 m³/s),整个汛期分泄洪水 55 亿 m³。

2007 年 6—8 月,淮河流域发生了自 1954 年以来第二位流域性大洪水,入洪泽湖洪水接近 20 年一遇,洪泽湖最大入湖流量 11 200 m³/s,蒋坝水位最高达到 13.89 m,三河闸最大泄量 8 500 m³/s,入江水道高邮湖最高洪水位 8.92 m,归江河道日平均最大泄量 8 160 m³/s。

2 洪泽湖周边滞洪区的地位和作用

洪泽湖周边滞洪区是在现状下游出路不足的情况下流域防洪规划及流域洪水调度方案规定明确的设计标准内的滞洪区。

《淮河流域防洪规划》在现状防洪能力评价时认为"淮河水系现有湖泊和蓄滞洪区共 12 处,总容量 259.93 亿 m³,蓄滞洪库容 191.84 亿 m³。其中,淮河干流有蒙洼、城西湖、城东湖、瓦埠湖 4 处蓄洪区及洪泽湖周边滞洪圩区,蓄滞量 93.17 亿 m³。洪泽湖及淮河下游若淮沂遭遇、江淮并涨,在充分利用洪泽湖周边滞洪圩区滞洪的情况下,只能防御 100 年一遇洪水。如遇 300 年一遇洪水,非常分洪量将达 63 亿 m³,除淹没渠北、白宝湖地区外,大量洪水将倾入里下河地区,人民的生命财产将遭受巨大损失。洪泽湖作为调蓄湖泊,不仅正常泄洪出路不足,而且缺乏必要的临时非常分洪设施";在防洪工程体系规划行蓄(滞)洪区建设规划中,明确工程建设范围包括洪泽湖周边滞洪圩区(含鲍集圩)建设内容包括工程建设、安全建设、移民安置。

洪泽湖周边滞洪区是淮河流域防洪体系的重要组成部分并占有十分重要的地位,根据《关于淮河洪水调度方案的批复》(国汛〔2016〕14 号),淮河水系现有蓄滞洪区 7 处,设计蓄滞洪量 95.51 亿 m³,而洪泽湖周边滞洪区(不含鲍集圩)设计滞洪量为 30.07 亿 m³,约占淮河水系蓄滞洪区设计蓄滞洪量的三分之一,滞洪效果显著。在淮河下游出路不足的情况下,作为防洪设计标准之内的滞洪区,可保护洪泽湖大堤及下游近 1 800 多万人口、2 000 多万亩耕地以及扬州、淮安、泰州、盐城等重要城市。

3 洪泽湖周边滞洪区存在的主要问题

3.1 未进行系统的滞洪区规划与建设

2010 年 1 月水利部以水汛〔2010〕14 号批复的《国家蓄滞洪区修订名录》,明确了洪泽湖周边滞洪区(含鲍集圩)列入名录。淮河洪水调度方案和流域规划中虽界定了洪泽湖周边圩区为滞洪区并做了一般性安排,但区内发展并未按照滞洪区要求得到有效管理和控制。工程建设和安全建设至今也只是在 2003 年、2007 年灾后重建工程中安排了少量迎湖挡洪堤加固、保庄圩工程以及灾民安置,未进行滞洪区全面的系统建设。

3.2 安全工程、移民建设滞后

洪泽湖周边滞洪区安全建设较少,工程建设、移民不系统,滞洪安全无保障,主要存在问题有:①滞洪区内现有两处省属农场即洪泽农场和三河农场,农场人口密集,经济、文化比较重要需要建设安全区;②沿湖远离高地地势低洼地带圩区居住有几万人,滞洪时安全和撤离都有问题;③无进退洪控制建筑物,一旦滞洪,只能依靠自然溃堤或人工开口方式进洪,难以控制,加上区内情况复杂,很难满足及时、适量分洪削峰的要求,同时也加大了灾后恢复的难度;④通信警报设施落后,滞洪区内滞洪报警系统未建立。

3.3 防洪标准低,御洪能力差

洪泽湖周边圩区在滞洪前应以能挡蒋坝水位 14.5 m 考虑筑堤。目前 380 km 长滨湖岸线已筑挡洪堤约 306.0 km,迎水坡已有护砌的 102.2 km。已建挡洪堤大多为 1955 年实施洪泽湖蓄洪垦殖工程修筑,由于原设计标准低,堤身单薄矮小,前无防浪林台,后无戗台,自建成以来国家没有安排过系统的加固工程,风浪淘蚀严重,随着上游河道工程的陆续兴建,加大了洪水压力,滨湖挡洪堤挡洪能力更显薄弱。普遍存在堤顶高度不足、顶宽达不到标准、缺少有效防护措施,部分堤段存在防洪隐患。特别是湖面开阔、吹程远、顶风迎浪的堤段,堤坡损毁严重,每到汛期,都要花费大量的人力、物力、财力进行防汛抢险,地方政府和群众负担沉重。

3.4 周边洼地圩区排涝标准低

洪泽湖周边共有圩区 381 个,面积约 1 200 km²。因洪致涝问题突出,周边圩区汛期洪水顶托,很少有自排机会,加上圩堤渗漏严重,加重排涝压力,导致涝渍灾害频繁。1991 年大水以后虽实施了部分周边洼地治理工程,但因工程投资力度所限,大部分圩区仍存在严重的排涝问题。南水北调东线一期工程洪泽湖抬高蓄水位影响处理工程中也已立项实施了部分排涝泵站的新建、拆建、改造。现状排涝问题:一是标准不高,抽排能力低。二是工程老化失修,抽排能力降低。周边洼地圩区的泵站经过多年运行,土建工程老化失修,出水池、引水涵洞、闸门等关键部位问题较多,存在安全隐患,运行维护难度大。

3.5 洪泽湖保护规划的执行和退圩还湖规划的推进,使滞洪区建设更加紧迫

洪泽湖保护规划确定了洪泽湖的保护范围线和蓄水保护范围面积,对蓄水保护范围内的养殖区、种植区将逐步清退还湖。洪泽湖退圩还湖规划实施后,迎湖挡洪堤迎水侧前非法圈围的堤、埂全部清退还湖,迎湖挡洪堤防将直接面向湖区;部分圩堤堤身单薄矮小,迎湖侧且无防护,部分堤段高程甚至不足 15.0 m,顶宽不足 4 m,存在严重的安全隐患。洪泽湖周边迎湖挡洪堤为流域、区域防洪的薄弱环节,因此从流域、区域防洪安全方面,洪泽湖周边滞洪区建设任务十分紧迫。

4 工程建设的必要性

4.1 是淮河流域防洪减灾的重要措施,提高流域整体防洪能力的需要

洪泽湖周边滞洪区建设工程是进一步治理淮河 38 项工程之一,已列入国务院确定的 172 项节水供水重大水利工程和 2020—2022 年重点推进的 150 项重大水利工程。

在淮河历次防洪规划中,蓄滞洪区的作用已被计入防洪设计标准内的行蓄洪能力之中,利用滞洪区蓄滞洪水,牺牲局部,保护全局,从而提高流域整体防洪能力,确保流域内重要保护区的防洪安全,是非常重要的防洪措施。洪泽湖周边滞洪区是淮河流域防洪体系的重要组成部分,淮河流域现状防洪能力评价及规划防洪目标的实现均是建立在洪泽湖周边圩区滞洪的基础上的。洪泽湖周边滞洪区设计滞洪面积 1515 km²,设计滞洪量为 30.07 亿 m³,约占淮河水系蓄滞洪区蓄滞洪量的三分之一,滞洪效果显著。在淮河下游出路严重不足的情况下,作为防洪设计标准之内的滞洪区,可保护洪泽湖大

堤及下游近 1 800 多万人口,2 000 多万亩耕地以及扬州、淮安、泰州、盐城等重要城市。因此洪泽湖周边滞洪区能否有效滞洪对淮河流域防洪减灾的成败具有重要作用。

4.2 是全面实施完备的工程安全措施,保障滞洪区及时安全有效启用的需要

洪泽湖周边地区历史上就是洪水的自然调蓄场所,但长期以来,由于种种原因,洪泽湖周边滞洪区建设滞后,区内居民的生命及财产安全得不到有效保障,经济社会的可持续发展没有得到妥善解决,是淮河流域防洪减灾体系中的薄弱环节。

根据工程现状分析及滞洪区特点,洪泽湖周边滞洪区只在灾后进行了部分建设,没有进行过系统的规划、建设。为保证发生流域性大洪水时滞洪区及时有效地运用,使得蓄滞洪区工程安全设施完备,调控灵活,实现洪水"分得进、蓄得住、退得出",撤退转移时能够有序、快捷,实现"动荡少、撤得出、保安全",全面实施滞洪区建设工程,是十分必要的。

4.3 是保障社会稳定,构建和谐社会和强富美高新江苏的需要

由于滞洪区的影响,蓄滞洪区内基础设施建设、产业发展受到一定的影响,严重地制约了区内经济和生产的发展。区内主要以农业生产为主,经济尚不发达,生活水平低于周围其他地区。

蓄滞洪区不仅是蓄滞洪水的场所、防洪工程体系的重要组成部分,同时是区内居民赖以生存发展的基地,因此,保障洪泽湖周边滞洪区群众生命财产安全、实现人与自然和谐相处是新形势下防洪减灾建设的重要任务,从流域防洪安全大局出发,妥善解决分蓄洪水与经济社会发展的矛盾,既合理有效地使用蓄滞洪区分蓄洪水,保证大洪水时的防洪安全,又妥善地安排居民生活生产出路,为提高区内居民生活水平创造条件,保障滞洪区社会稳定及经济可持续发展,推进乡村振兴,建设强富美高新江苏,对洪泽湖周边滞洪区进行全面建设是十分必要和非常迫切的。

4.4 是建设近岸缓坡带,修复洪泽湖生态环境的需要

由于洪泽湖退圩还湖工程正在逐步推进,清退土方土质较好且清退土方量大,从岸滩生态修复角度出发,利用多余的弃土,在迎湖堤近岸设置缓坡带,既有利于洪泽湖近岸带的生态修复和景观美化,又可减缓洪水对迎湖挡洪堤的直接冲刷。

因此结合洪泽湖退圩还湖工程,同步实施洪泽湖周边滞洪区建设工程,合理利用退圩还湖工程弃土资源,有利于减少工程投资、降低工程实施难度,提高工程经济、生态效益。

[参考文献]

[1] 淮河水利委员会. 淮河流域防洪规划[R]. 2009.
[2] 水利部. 全国蓄滞洪区建设与管理规划[R]. 2009.

[作者简介]

李志勇,男,生于 1975 年 11 月,工程师,从事水利水电工程和农业水价综合改革工作,15952386780,1564374226@qq.com。

基于有限元法的悬挂式高压摆喷墙防渗性能分析研究

孙超君[1]　高　山[2]　彭宣茂[3]

(1. 江苏省水利科教中心　江苏 南京　210000;2. 江苏省水利工程建设局
江苏 南京　210094;3. 河海大学　江苏 南京　210029)

摘　要:悬挂式高压摆喷防渗墙是隐蔽工程,具有施工快、节省投资等特点,这种处理方式比较少见。本文以洪泽湖大堤堤防加固为例,基于有限元法对悬挂式高压摆喷墙防渗性能进行了分析。研究结果表明,采用悬挂式防渗墙加固后,水流的渗流量明显减小,防渗墙起到了明显的防渗效果,工程设计方案提出的防渗墙的几何尺寸和渗透系数的控制值是合理且有效的。通过有限元模型计算,不仅可以验证设计方案的合理性,而且可以为设计时确定渗透系数等关键参数提供可靠的理论依据,为以后类似工程的设计和分析提供参考和借鉴。

关键词:悬挂式;高压摆喷;洪泽湖大堤;渗透系数;渗流量

1　引言

高压喷射灌浆技术是日本20世纪60年代末期创造出来的一种全新的施工方法,自70年代末开始在国内得到迅速发展,具有施工范围广、地层适应面广、施工便捷等特点,在我国长江、黄河、淮河等流域堤防均有成功应用的实例[1],国内外很多学者对此进行了总结和研究[2-5]。许季军等[6]对半封闭式防渗墙的防渗机理及设计参数做了较为详细的研究;杨秀竹等[7]对悬挂式帷幕防渗作用进行了研究。悬挂式高压摆喷是高压喷射注浆方法的一种,所谓悬挂式高压摆喷法,就是堤防土层不均匀时,为解决中间土层渗透性较大、不满足运行要求等问题,采用上不到顶下不到底的"悬挂式结构"防渗墙进行精准防渗处理,依靠延长渗径、改变渗流出口的流态达到防渗效果,具有施工快、节省投资等特点。这种特殊的处理方式比较少见,设计时如何合理选取防渗墙的渗透系数等关键参数是一个难题。本文以洪泽湖大堤为例,基于有限元法对高压摆喷墙防渗性能进行分析研究,为类似工程提供参考和借鉴。

2　研究方法

2.1　研究思路

采用不同类型的精密单元进行离散,建立有限元数值模型,代入设计防渗墙的几何尺寸、物理指标和力学参数,通过有限元计算,得到堤防渗流最大流速、渗流量和水力坡降等数值,通过对比不同工况下不同渗透系数情况下防渗墙土层渗流的最大流速、渗流量和水力坡降数值,分析防渗墙的防渗效果,判断堤防的渗透性能,为优化设计方案、评价悬挂式防渗墙功效提供理论依据。

2.2 达西定律

水在土中通过横截面的渗透量 Q(单位时间的水体积)与横截面的面积 A 和水头差 (H_1-H_2) 成正比,和渗透路径 L 成反比,同时与砂土的渗透系数 k 有关[8],其形式为：

$$Q = kA\frac{H_1-H_2}{L}$$

$$\text{或者 } v = \frac{Q}{A} = -k\frac{\mathrm{d}H}{\mathrm{d}L} = k \cdot J \tag{1}$$

式中：Q 为渗流流量；k 为渗透系数；A 为圆筒横截面积；L 为渗径长度；J 为水力坡降；H_1、H_2 为试样两端的水头。

由达西定律可知：

$$Re = \rho_w v d / \eta \tag{2}$$

式中：ρ_w 为水的密度；η 为水的黏滞系数；d 为土粒子的平均粒径。

2.3 渗流基本微分方程

对于稳定渗流,符合达西定律的非均匀各向异性渗流场,水头势函数满足下列微分方程：

$$\frac{\partial}{\partial x}\left(k_x\frac{\partial h}{\partial x}\right) + \frac{\partial}{\partial y}\left(k_y\frac{\partial h}{\partial y}\right) + \frac{\partial}{\partial z}\left(k_z\frac{h}{\partial z}\right) + Q = 0 \tag{3}$$

式中：$h=h(x,y,z)$ 为待求水头势函数；x、y、z 为直角坐标；k_x、k_y、k_z 为 x、y、z 轴方向的渗透系数。

考虑到土的各向同性,即 $k_x=k_y=k_z$,由连续方程变换为拉普拉斯方程：

$$\frac{\partial^2 h}{\partial x^2} + \frac{\partial^2 h}{\partial y^2} + \frac{\partial^2 h}{\partial z^2} = 0 \tag{4}$$

则二维平面上的渗流方程表达为：

$$\frac{\partial^2 h}{\partial x^2} + \frac{\partial^2 h}{\partial y^2} = 0 \tag{5}$$

2.4 有限元单元法

根据渗流的基本微分方程和定解条件,将渗流场进行离散,假定单元渗流场的水头函数式为多项式,应用节点虚流量法,将渗流区域离散成一系列单元体,有限个单元体之间的连接点为结点；通过单元结点把单元相互连接起来,根据渗流的基本微分方程和定解条件,采用加权法等建立单元结点水头的单元支配方程,二维渗流基本方程式可简化为：

$$\frac{\partial}{\partial x}\left(k_x\frac{\partial h}{\partial x}\right) + \frac{\partial}{\partial y}\left(k_y\frac{\partial h}{\partial y}\right) = 0 \tag{6}$$

渗流区域单元内任一点整体坐标与局部坐标关系为：

$$x = \sum_{i=1}^{n} N_i x_i$$

$$y = \sum_{i=1}^{n} N_i y_i \tag{7}$$

以渗流区域所有结点水头为未知数建立有限元方程组,求解得出结点水头值,采用迭代法求解得到单元的渗流量计算公式如下:

$$\Delta q = \frac{1}{4\Delta} [b_i c_i] \begin{bmatrix} k_x & 0 \\ 0 & k_y \end{bmatrix} \begin{bmatrix} b_i b_j b_m \\ c_i c_j c_m \end{bmatrix} \begin{Bmatrix} h_i \\ h_j \\ h_m \end{Bmatrix} \tag{8}$$

3 工程概况

3.1 工程简述及地质条件

洪泽湖是一座调蓄淮河上、中游来水的巨型水库,汇水面积15.8万 km^2,兴利库容约26亿 m^3,总库容123亿 m^3,具有防洪、灌溉、航运、水产养殖等多种功能。洪泽湖设计防洪标准300年一遇、校核防洪标准2 000年一遇,近期防洪标准100年一遇,相应洪泽湖设计水位16.0 m,校核水位17.0 m。洪泽湖大堤位于洪泽湖东岸,总长70.63 km,一级堤防,沿线建有三河闸等大中型水工建筑物,其主要任务是拦蓄淮河上中游洪水,承担防洪、灌溉、航运、水产养殖、生态调节功能,是淮河下游地区2 600多万人口、3 000多万亩耕地以及多座城市、众多重要基础设施的防洪屏障,任何情况下都必须确保大堤的安全[9]。大堤土层共有Ⓐ、①₁、②₁、②₂、③₁、③₂、④₁、④₂、⑤、⑥、⑥′、⑦₁及⑧等诸层,其中Ⓐ层为堤身堆筑土(Q_4^{ml}),①₁层为新近沉积土(Q_4^{ml}),②₁、②₂层为全新世(Q_4^{al})沉积土,③₁、③₂、④₁、④₂、⑤、⑥、⑥′、⑦₁及⑧等诸层皆为晚更新世(Q_3^{al})及其以前沉积的土层,部分土层参数见表1。

表1 大堤部分土层参数表

层号	土层描述	干密度(g/cm³)	孔隙比	饱和度	含水率	渗透系数(cm/s)
Ⓐ	灰黄、棕黄杂灰色粉质黏土	1.53	0.794	93.2%	27.0%	3.10×10⁻⁴
②₂	灰、青灰、灰绿色粉质黏土	1.50	0.821	98.8%	29.6%	5.80×10⁻⁷
③₁	灰黄、棕黄夹灰色粉质黏土	1.59	0.723	97.8%	25.8%	1.55×10⁻⁷
③₂	灰黄色重粉质黏土、轻粉质壤土	1.55	0.736	97.9%	26.7%	3.15×10⁻⁴
④₁	灰黄色粉质黏土、重粉质壤土	1.48	0.854	98.2%	30.6%	2.50×10⁻⁶
⑧	灰黄、棕黄色粉质黏土	1.45	0.891	99.9%	32.5%	2.20×10⁻⁷

3.2 设计方案

洪泽湖大堤堤顶高程在17.5 m左右,③₂土层高程在2.8~6.3 m之间,土层渗透系数为3.15×10⁻⁴ cm/s,不满足工程安全运行要求。其上部分布③₁层为可塑~硬塑状态粉质黏土,土层渗透系数为1.55×10⁻⁷ cm/s;下部④₁层为可塑~软塑状态粉质黏土,土层渗透系数为2.50×10⁻⁶ cm/s,渗透系数均满足运行要求。因此,经研究比较,决定采用悬挂式高压摆喷垂直截渗技术在桩号40+350~57+300范围内15.45 km的洪泽湖大堤堤顶上游侧高程17.5 m的平台上钻孔,对堤防渗透性较大的③₂土层进行加固处理(图1)。

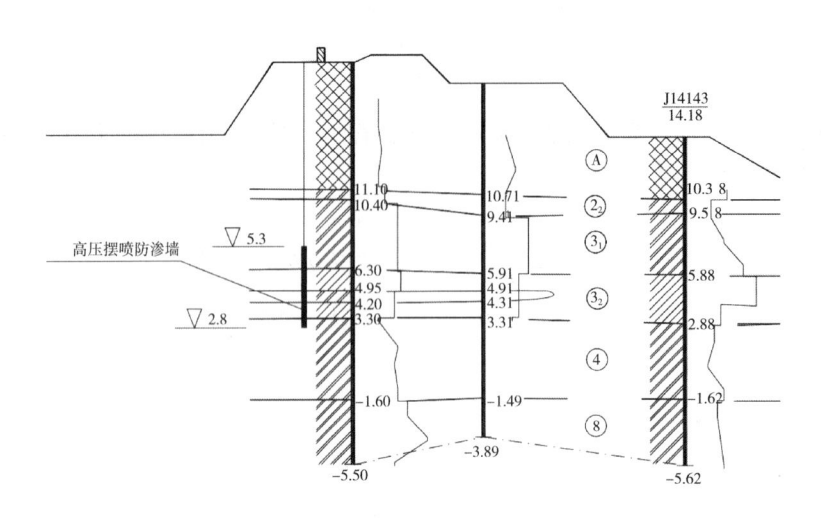

图 1　悬挂式高压摆喷典型断面设计示意图

具体要求如下：

(1) 采用直线对接法施工，对接角度为 30°(±15°摆喷)，高压喷射孔间距为 1.4 m；高压摆喷成墙，墙体平均厚度不小于 10 cm[10]。

(2) 墙体嵌入③$_2$层土的上层土 100 cm，下层土 50 cm，在施工过程中，基于地质资料，实时调整；墙体渗透系数小于 $A\times 10^{-6}$ cm/s($1\leqslant A\leqslant 9$)，28 天抗压强度不小于 1.0 MPa[5]。

(3) 高压摆喷前需布置先导孔，以进一步探明堤基③$_2$层分布情况；先导孔采取芯样，核对地层，必要时做动力触探试验，先导孔的深度超过设计墙底深度 0.3 m，间距为 30 m 左右。

4　有限元计算模型

4.1　有限元模型

选取洪泽湖大堤 56+500 断面为典型工程地质剖面，根据渗流计算的规范要求，兼顾充分反映出洪泽湖大堤地形、地貌特征，考虑防渗体对渗流场的影响，取堤基底高程为 −20 m，堤顶高程 20 m，上游地基边界距堤坡脚 100 m，下游地基边界距坡脚 150 m，布置简化图如图 2 所示。

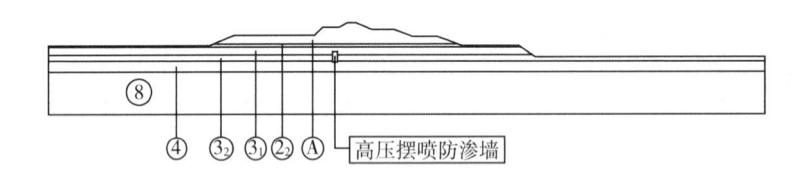

图 2　防渗处理典型剖面示意图

模型共划分了 7 710 个节点，7 482 个单元，坐标系的原点(0,0)位于堤基的左下角的高程零点上。网格划分过程中，防渗墙的几何尺寸按设计取值，墙体嵌入③$_2$层土的上层土 100 cm，下层土 50 cm，墙体厚度取设计最小值 10 cm，墙高 2.0 m。

4.2　计算工况

结合运行情况，对洪泽湖大堤两种水位工况(正常蓄水位、校核洪水位)下的渗流场分别进行渗流计算分析，具体工况见表 3。

表 2　渗流计算分析工况

计算工况	上游水位(m)	下游水位(m)
正常蓄水位	13.0	6.5
校核洪水位	17.0	10.0

5　有限元计算结果与分析

5.1　堤防未加固时计算结果与分析

堤防未进行防渗加固时,③$_2$土层与其他土层的渗透系数相比大很多,大堤抗渗能力较差,水很容易从该层堤基渗漏出来,堤防浸润面位置及等势线见图3。

(a) 正常蓄水位

(b) 校核洪水位

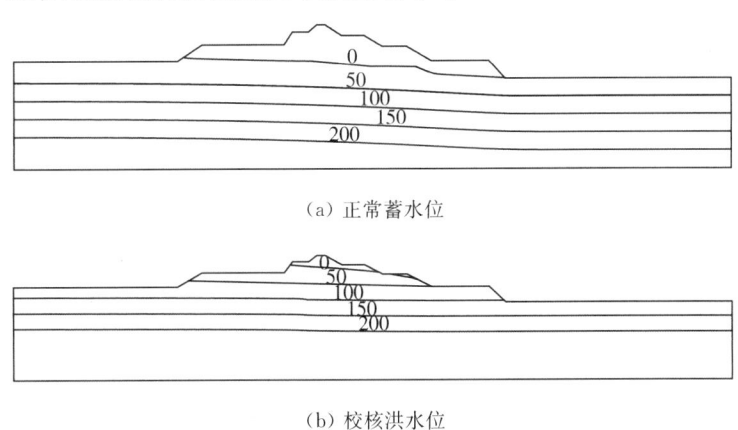

图 3　堤防未加固时堤防浸润面位置及等势线图

5.2　采用不同渗透系数的防渗墙加固后计算结果与分析

1. 防渗墙的渗透系数为 $9×10^{-6}$ cm/s 时

采用悬挂式防渗墙进行加固,防渗墙的渗透系数为 $9×10^{-6}$ cm/s 时,浸润面在增设防渗墙后有明显的下降(图4),防渗墙起到了明显的阻止渗流通过的作用。

(a) 正常蓄水位

(b) 校核洪水位

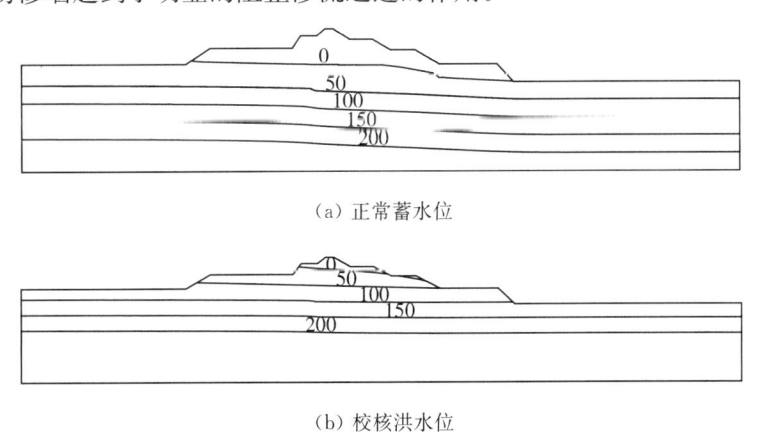

图 4　防渗墙渗透系数为 $9×10^{-6}$ cm/s 时堤防浸润面位置及等势线图

2. 防渗墙的渗透系数为 1×10^{-6} cm/s 时

采用悬挂式防渗墙进行加固，防渗墙的渗透系数为 1×10^{-6} cm/s 时，浸润面在增设防渗墙后有明显的下降（图 5），与防渗墙渗透系数为 9×10^{-6} cm/s 时相比，浸润面降低的程度更明显。

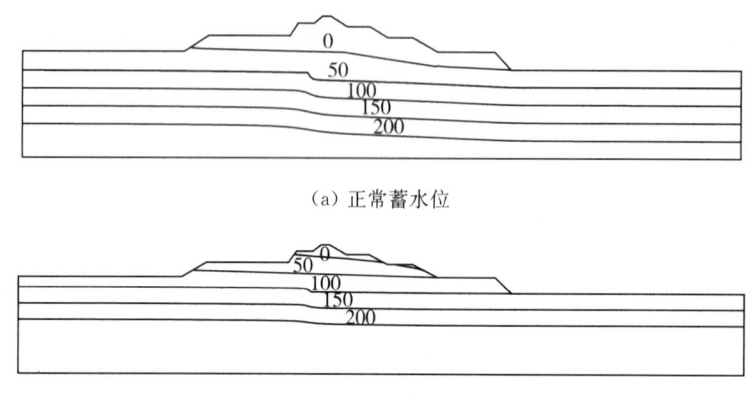

（a）正常蓄水位

（b）校核洪水位

图 5 防渗墙渗透系数为 1×10^{-6} cm/s 时堤防浸润面位置及等势线图

5.3 渗流量计算结果分析

通过有限元模拟，计算得到不同工况下大堤的渗流量情况（表 3），由表可以看出，洪泽湖大堤在同一状态下，随着水位的上升，大堤水流的最大流速、渗流量和水力坡降都增大，采用悬挂式防渗墙加固后，水流的渗流量明显减小。

表 3 不同状态和工况下土层③$_2$的渗流计算结果

状态	工况	水流最大流速(m/s)	渗流量(m³/s)	水力坡降
未加固状态	正常蓄水位	4.06×10^{-7}	3.15×10^{-4}	0.030 4
防渗墙渗透系数 9×10^{-6} cm/s	正常蓄水位	3.95×10^{-7}	3.15×10^{-7}	0.030 3
	校核洪水位	8.27×10^{-7}	9.74×10^{-7}	0.068 7
防渗墙渗透系数 1×10^{-6} cm/s	正常蓄水位	3.63×10^{-7}	2.61×10^{-7}	0.030 2
	校核洪水位	8.25×10^{-7}	9.59×10^{-7}	0.068 2

6 结论

渗流稳定性对堤防加固设计尤为重要，本文基于有限元数值模拟技术，对洪泽湖大堤加固前后进行了渗流量分析研究，根据计算结果，得到如下结论：

（1）防渗墙的渗透系数为 9×10^{-6} cm/s 时，浸润面在通过防渗墙位置出现明显的下降，水流从下游较低的位置逸出，说明防渗墙能够起到较好的防渗作用；当防渗墙的渗透系数降低到 1×10^{-6} cm/s 时，防渗墙的防渗效果就更为明显。计算结果表明，设计方案提出的防渗墙的几何尺寸是合理的，防渗墙的渗透系数控制在 $1\times 10^{-6}\sim 9\times 10^{-6}$ cm/s 之间是合适的。

（2）采用不同类型的精密单元进行离散，建立有限元数值模型，代入设计防渗墙的几何尺寸、物理指标和力学参数，通过有限元计算得到堤防渗流最大流速、渗流量和水力坡降等数值，可用于判断堤防的渗透稳定性。

（3）洪泽湖大堤高压摆喷防渗工程于 2016 年底实施完成，对比施工前后测压管观水位测数据发现,施工后测压管水位有一定的下降,降幅平均约20 cm,水力坡度都有所减小,防渗墙起到了明显的防渗效果。

(4)通过有限元模型计算,不仅验证了设计方案的合理性,而且可以为设计时确定渗透系数等关键参数提供可靠的理论依据,给类似工程建设提供了参考。

[参考文献]

[1] 韩洪亮,王峰,邱恩利.高压摆喷施工在架空地层和松散土石围堰的应用[J].水利技术监督,2016,24(2):108-110.

[2] 赵鑫,周阳.基于有限元法的土石坝除险加固渗流问题分析[J].地震工程学报,2018,40(4):867-872.

[3] 叶永,许晓波,牟玉池.基于COMSOL Multiphysics的重力坝渗流场与应力场耦合分析[J].水利水电技术,2017,48(3):7-11.

[4] 冯宵,卢敏,王淑文,等.土石坝除险加固渗流稳定复核研究[J].水力发电,2015,41(11):64-66+74.

[5] 颜鲁林.外雄水电站一期横向土石围堰渗流稳定分析[J].水利科技与经济,2013,19(11):92-93.

[6] 许季军,张家发,程展林.堤防半封闭式防渗墙防渗机理及设计参数研究[J].人民长江,2001(5):42-43+48.

[7] 杨秀竹,陈福全,雷金山,等.悬挂式帷幕防渗作用的有限元模拟[J].岩土力学,2005(1):105-107.

[8] 宋国涛.基于理正软件的病险水库除险加固设计研究[J].东北水利水电,2013,31(3):12-13+26.

[9] 孙超君,高山,周星宇.洪泽湖大堤加固工程水土保持项目实施的启示[J].水资源开发与管理,2018(4):31-33.

[10] 江苏省水利勘测设计研究院有限公司.洪泽湖大堤除险加固工程初步设计报告[R].2012.

[作者简介]

孙超君,女,生于1988年1月,高级工程师,硕士研究生,主要从事水利工程管理,15950539736,490963339@qq.com。

关于完善沂沭泗防洪工程体系的思考

李飞宇　王　瑶　李子穆

（淮河水利委员会沂沭泗水利管理局　江苏　徐州　221018）

摘　要：习近平总书记强调："新时代新阶段的发展必须贯彻新发展理念，必须是高质量发展。"作为推动水利高质量发展的实施路径之一，完善流域防洪工程体系是对标对表习近平总书记重要讲话精神的重要部署，是贯彻落实"两个坚持、三个转变"防灾救灾减灾理念的重要举措，也是满足人民群众对水旱灾害防御的安全性及良好水资源水生态水环境需求日益增长的重要保障，对流域经济社会高质量发展和社会主义现代化国家建设具有重大现实意义。本文介绍了沂沭泗防洪工程概况，分析当前还存在的问题，提出完善沂沭泗流域防洪工程体系的建议措施，助力沂沭泗水利事业高质量发展。

关键词：沂沭泗；防洪工程；体系；高质量

1　沂沭泗流域防洪工程体系概况及效益

1.1　防洪工程体系概况

1947年起，按照"苏鲁两省兼顾，治泗必先治沂，治沂必先治沭"和"沂沭分治"的原则，分别制定并实施了"导沂整沭"和"导沭整沂"规划，着重整治河道，开辟入海通道，扩大排洪能力，以减轻水患。从"导沂整沭"和"导沭整沂"开始，70多年来，通过大力开展河道整治，兴修加固枢纽工程，特别是19项治淮骨干工程中沂沭泗河洪水东调南下工程的规划与实施，沂沭泗流域已基本建成了由水库、河湖堤防、控制性涵闸、分洪河道及蓄滞洪工程等工程措施和洪水预报、调度、预警等为主的非工程措施相结合的主要河湖相通互联、控制性工程合理调蓄、拦分滞排功能兼备的防洪工程体系。

沂沭泗直管防洪工程主要涉及苏鲁2省7个地级市30个县（市、区）。1983年4月及1985年5月沂沭泗水利管理局分别接管了山东、江苏境内的沂沭泗主要水利工程。直管河道长度961 km；堤防长度1 729 km，其中一级堤防长度394 km，二级堤防长度895 km；水闸26座，其中大中型水闸18座；中型泵站1座。主要包括：沂河水系中的跋山水库以下的沂河及姜庄湖拦河坝（老）以下的祊河、骆马湖、新沂河等河湖及刘家道口节制闸、嶂山闸；沭河水系中的青峰岭水库以下的沭河、老沭河、石梁河水库以上的新沭河、分沂入沭水道、汤河回水段（6 km）等河道，彭家道口分洪闸、黄庄倒虹吸、大官庄枢纽等控制性闸涵；泗运河水系中的南四湖、韩庄运河、伊家河、宿迁闸以上的中运河及邳苍分洪道等河湖，复新河闸、二级坝枢纽、韩庄枢纽、蔺家坝闸、宿迁闸、刘桥提水站、中运河临时水资源控制工程及江风口闸等控制性闸涵。

当前，沂沭泗骨干河道中下游防洪工程体系防洪标准已达到50年一遇，主要支流防洪标准基本达到20年一遇，水旱灾害防御能力显著增强，为流域经济繁荣发展、社会安定和谐、人民生活安康提供了坚强的水安全保障。

1.2 工程效益充分发挥

作为沂沭泗流域管理单位，沂沭泗局坚持人民至上、生命至上，积极践行习近平总书记关于新时期防灾减灾"两个坚持、三个转变"的新理念，充分发挥防洪工程体系作用和流域主要防洪工程统一管理、统一调度的优势，精细调度、统筹兼顾，统管以来，先后成功防御了流域1990、1991、1993、1995、1997、1998、2003—2005、2007—2010、2012、2018、2019、2020、2021年等历次洪水。尤其是近年来，台风暴雨、极端天气频发，流域连续4年发生较大洪水。2018年连续遭遇"温比亚"等3个强台风，沭河发生1974年以来最大洪水。2019年遭遇超强台风"利奇马"侵袭，沂河、中运河、新沂河发生1974年以来最大洪水，沭阳站出现有实测资料记录以来最高水位。2020年流域发生1960年以来最大洪水，6条骨干河流发生超警洪水，沂河、沭河洪峰流量再次打破60年来记录。2021年遭遇台风"烟花"侵袭，并出现严重秋汛，全流域排洪入海入淮水量达180亿 m^3，多项数据为近几十年以来最大。通过发挥防洪工程体系的基础作用，众志成城，成功防御了历次暴雨洪水，直管工程成功实现"四不"目标，减灾效益显著，有力保障了人民群众生命财产安全和经济社会持续健康发展。同时，依托防洪工程，有效应对了直管河湖1992、2002、2009、2010—2011年发生的严重旱情，为地方经济社会发展和人民安居乐业提供了坚实的水利支撑保障。最大限度拦蓄洪水资源，发挥水利工程的综合效益，为本地区粮食生产连续丰收、城乡用水安全、河湖生态健康作出了积极的贡献。

2 沂沭泗流域防洪工程体系存在短板和弱项

随着经济社会的快速发展，人民群众对水旱灾害防御的安全性及良好水资源水生态水环境需求日益增长，对标对表新阶段水利高质量发展要求，沂沭泗流域防洪减灾体系存在的一些短板和薄弱环节。

2.1 流域整体防洪标准仍然偏低

流域发生大洪水的概率和风险在不断增大，沂沭泗河中下游地区防洪标准50年一遇；上中游防洪标准20年一遇；支流回水段的部分堤防宽度、高度不足，防洪标准不足20年一遇；新沂河、新沭河部分河段淤积、行洪规模不足，达不到设计要求，这些与地区经济社会快速发展不相适应。

2.2 防洪工程体系隐患依然存在

堤防工程方面，列入水利部险工险段名录内的28处堤防工程险工险段依然是防汛薄弱环节，在大流量、高水位、长历时行洪期间易出现渗水、塌岸等问题，部分堤防工程存在堤身缺土、凹陷、砌体松动脱落、雨淋沟等缺陷，部分堤顶硬化、道路损坏、路面裂缝严重。水闸工程方面，韩庄闸、伊家河闸等7座直管水闸被鉴定为三类闸，二级坝二闸被鉴定为四类闸，均尚未完成除险加固，嶂山闸、刘家道口闸等交通桥不同程度存在问题。穿堤建筑物方面，沂河、沭河、邳苍分洪道堤、路缺口、穿堤建筑物多，部分穿堤建筑物存在局部损坏、淤积或无闸门、闸门关闭不严等问题。蓄滞洪区方面，黄墩湖、南四湖湖东滞洪区仍居住大量人口等，区内情况复杂，群众撤离难度大。

2.3 河湖内行洪障碍依然存在

一是沂河、沭河内拦河闸坝众多，管理单位涉及多个部门，联合调度难度大，不利于河道行洪安全。二是分沂入沭水道、邳苍分洪道、新沂河等河道内存在芦苇、阻水植被、横向圩埂等行洪障碍，影响洪水下泄,特别是邳苍分洪道长期未分洪,河道内情况复杂,影响运用。三是直管河道内跨汛期施工的在建水工程和涉河建设项目多,存在施工围堰、预制场、机械设备等临时阻水障碍,如拆除不及时或拆除不彻底都将影响河道行洪安全。四是南四湖湖内历史形成的圈圩规模体量大,影响湖泊调蓄能力和湖内行洪。

2.4 水旱灾害防御智能化水平不高

目前虽然已经实现了与三个直属局的防汛异地会商,部分堤防重点部位、重要水利枢纽、河道采砂重点区域等实现了实时在线视频监控,初步建成了实时雨水情数据库、防洪工程数据库等基础数据库,逐步建设了以防汛决策支持系统和水情信息服务系统为主要应用系统的水利信息系统。但是,经过多年运行,当前沂沭泗局网络基础设施老旧,大部分设备已严重老化,运行可靠性下降;各级单位视频会商系统设备老化损坏,新技术运用、推广不够,洪水预报调度的信息化、数字化、智能化水平低,难以满足新阶段洪水风险管理的要求。

3 完善流域防洪工程体系的措施和思路

3.1 摸清防洪工程底数

水旱灾害防御是一项重要业务工作,防洪工程是基础,应组织开展专门排查,摸清流域防洪工程体系内的防洪工程底数,做到如数家珍、权威精准。这些数据,不仅限于沂沭泗直管的湖泊、河道堤防、水闸、控导、泵站等工程,还应立足流域整体,统筹了解掌握流域内与防洪相关的水库、堤防、拦河闸坝、穿堤建筑物等防洪工程有关情况,尤其是蓄滞洪区、穿堤建筑物等薄弱环节情况,宜将所涉及防洪工程全部纳入沂沭泗流域防洪工程体系,建立完善流域防洪工程基础信息数据库。

3.2 推进防洪工程建设

一是推进沂沭泗河东调南下提标工程建设,提升防洪工程标准,提高河道泄洪能力、增强洪水调蓄能力。二是推进直管病险水闸除险加固,争取早日开工建设,尽快完成全面除险加固,确保工程安全运行,同时保证加固前和加固中的安全运行与管理工作。三是推进堤防工程险工险段加固处理,有针对性地开展堤防工程安全评价,能够销号的按规定及时销号,不能销号的应积极申请经费,列入计划,分批次组织加固处理,消除安全隐患。

3.3 提高河道泄洪能力

进一步巩固河湖管理范围划定成果,明确河湖管控空间,充分运用河长制平台,持续推进河湖"清四乱"常态化规范化,在全流域开展妨碍河道行洪问题全面排查,建立问题台账,坚持问题导向,推进问题清理整治,保障河道行洪畅通,提高沂沭泗河泄洪能力。

3.4 增强洪水调蓄能力

一是因地制宜,科学推进退田还河还湖,增强湖泊调蓄能力,充分发挥湖泊调蓄功能。二是科学谋划,探索建设沂沭泗直管的水库、电站等流域性重大水工程。三是强化流域防洪统一调度,完善流域防洪调度体系,加强流域上游水库群和沂沭河拦河闸坝群工程联合调度,充分发挥流域防洪工程体系整体优势。四是根据流域防洪形势变化,及时修订沂沭泗河洪水调度方案。

3.5 加强洪水风险管理

一是加强对沂沭泗河道、湖泊、堤防、水闸、穿堤建筑物等风险隐患排查,建立常态化工作机制。二是全面掌握黄墩湖、南四湖湖东滞洪区有关情况,确保行蓄洪区能够安全、及时、有效运用。三是科学制定二级坝二闸、韩庄闸等病险水闸工程安全度汛预案,确保工程安全运行。四是系统掌握邳苍分洪道内情况,熟悉江风口分洪闸启用条件和措施,确保能够及时、安全启用。五是全面梳理掌握重要支流河道安全泄量、堤防达标情况等,对其洪水下泄进行跟踪预演,掌握演进规律。六是加强智慧水利建设,推进数字孪生流域、数字孪生工程建设,实现"预报、预警、预演、预案"等功能,提升洪水预报调度的信息化、数字化、智能化水平,进一步提高洪水风险防控和应对能力。七是加强水旱灾害防御新闻宣传和科普教育,增强流域群众防范风险意识,营造良好舆论氛围。

3.6 强化防汛队伍建设

多措并举、创新方式,优化人才发展工作体制机制,进一步加强对防汛人才的培养,弘扬传承精神,大力开展传帮带,针对性开展培训,提升防汛人才业务能力和水平,确保科学、合理、高效的运用防洪工程,充分发挥其防御洪涝灾害的作用,保障国家安全发展和人民群众生命财产安全。

[作者简介]

李飞宇,男,生于 1986 年 12 月,科长(工程师),主要从事工程管理、水旱灾害防御、河湖管理等,17374780508,305900064@qq.com。

河南省淮河模型建设展望

李松平[1]　雷存伟[1]　赵雪萍[2]　苏晓玉[2]

(1. 河南省水利科学研究院　河南 郑州　450003；
2. 河南省科达水利勘测设计有限公司　河南 郑州　450003)

摘　要：淮河是我国重要的大河，历史上灾害频发。淮河流域是河南省重要的农业、工业、能源基地和生态屏障，全省一半以上的河流和水库集中在淮河流域，南水北调中线总干渠和一些重要的基础设施分布在其中，是河南省防汛工作的重点。"模型黄河"、长江防洪模型、鄱阳湖库区模型以及河南省重大重点项目模型建设的成功经验告诉我们，河湖治理离不开生产和实践，模型研究能对自然规律进行预演，能系统地反映影响河湖变化的各种因素和它们相互之间的关系，有着不可替代的作用。新时期的系统治水和重大工程建设中的许多问题，也必须结合实体模型进行综合分析研究。同时模型的建设可以与数字孪生流域相映射，有着广阔的应用前景。

关键词：河南；淮河；模型；展望

淮河位于中国东部，介于长江与黄河之间，是中国七大河之一，古称淮水，与长江、黄河和济水并称"四渎"。淮河发源于湖北省随州市随县和河南省南阳市桐柏县交界的桐柏山太白顶北麓[1]，自西向东流经鄂、豫、皖、苏四省，主流在三江营入长江，全长约1 000 km，流域面积约27万km^2。主要支流有淮南支流、洪汝河、沙颍河、豫东平原涡河和惠济河等。淮河流域地理条件特殊，地处我国南北气候过渡带，气候复杂，冷暖气流常常在此交汇，极易产生暴雨洪水，暴雨范围广、强度大，干流洪水持续时间长，水量大，流域内平原广阔，地势低平，蓄排水困难，洪涝相互影响；跨省河道多，水事复杂，治理难度大；历史上黄河长期夺淮，打乱水系，堵塞河道，加重了淮河流域洪涝灾害。淮河流域人口稠密，是我国重要的粮食主产区和能源基地，战略地位十分重要。

1　淮河安澜事关河南经济社会发展大局

1.1　淮河流域是河南省重要的生产基地

河南省地处中原，跨海河、黄河、淮河、长江四大流域，总面积16.7万km^2。其中海河流域1.53万km^2，占全省总面积的9.1%；黄河流域3.62万km^2，占全省总面积的21.7%；淮河流域8.83万km^2，占全省总面积的52.9%；长江流域2.72万km^2，占全省总面积的16.3%。流域内人口和耕地面积分别占全省的59%和60%，有郑州、信阳、驻马店、周口、商丘、漯河、许昌、平顶山、开封等重要城市，是河南省重要的农业、工业、能源基地。

1.2　淮河流域是河南省重要的生态屏障

淮河流域上游两岸山丘起伏，水系发育，支流众多；根据水利普查，河南省流域面积50 km^{2}及以上的河道共1 030条，其中淮河流域527条，淮河流域占全省的51.2%。河南位于淮河中上游，水系分布形状总体为不对称扇形,干流稍向南偏。北岸主要支流有四条,分别为洪汝河、沙颍河、涡河、包浍河,其中沙颍河从河南伏牛山发源,是淮河最大的支流,以京广铁路为界,界限以西是山丘区,以周口为界,界限以下为平原,洪汝河是北岸较大的支流之一,也源于伏牛山区。相对而言,淮河南岸支流较多,而且多发源于大别山区及丘陵区,南岸支流多呈现源短流急等特点[2],其中较大的支流有游河、洋河、狮河、竹竿河、寨河、潢河、白露河、史灌河。伏牛山、桐柏山、大别山环绕其中,构成河南省重要的生态屏障。

1.3 淮河流域是我省防汛工作的重点

河南省淮河流域已建成各类水库 1651 座,占全省的 65.9%,总库容 133.58 亿 m^3,其中大型水库 16 座,占全省的 57%;骨干防洪河道 5 级以上堤防 11 675.72 km;主要蓄滞洪区 4 处,总蓄滞洪能力 6.68 亿 m^3;除涝面积 1 445.32×10^3 hm^2。

河南省淮河流域受南北过渡性气候、东西过渡性地形、历史上黄河多次夺淮入海的影响,具有极端天气情况多、山区平原过渡地带短、下游河道出口浅小等特点,历来是水旱灾害频发、水资源开发过度和水环境污染较重的地区。历史上洪水频发,1954 年、1963 年、1975 年、1982 年、1991 年、2003 年、2007 年、2018 年等大洪水带来了重大的人员伤亡,加上我国承东启西、连南贯北的重要交通,通信枢纽和 308 km 的南水北调中线工程总干渠等一大批重要基础设施在淮河流域,因此淮河流域是我省防汛工作的重点,当前和今后一段时期仍有许多问题需要通过物理模型进行系统研究和解决。

2 模型研究为流域系统治理提供了重要的技术支撑

当前,实体物理模型仍是研究复杂水流、水域最有效的手段,国内外大型水域研究大多采用实体模型进行。我国待建的大中型重要工程都必须进行水工模型试验,对枢纽布置、泄洪建筑物体型、消能防冲、水流衔接等在模型试验中进行优化比较。模型试验已成为解决复杂水工水力学问题的有力工具和有效手段,其经济效益十分显著,已为广大工程设计和建设人员所公认。

2.1 国内重要河湖的模型研究现状

近年来随着水利科技的发展,我国在治理大江、大河及湖泊时不断涌现出新的治理思路,通过建立实体模型和数值模型的相互印证,来为河流湖泊的治理及防洪决策提供可靠的技术支撑。

黄河水利委员会黄河水利科学研究院从 1992 年开始,先后投资建成多座试验技术先进的大型试验厅,其中包括小浪底至陶城铺的黄河下游河道模型厅、小浪底水库模型厅、三门峡水库模型厅、水土流失试验厅等。2001 年 11 月 7 日,黄委党组从黄河治理及国民经济发展的重大需求出发,提出了 21 世纪要加大治黄科技含量,着力建设"原型黄河""数字黄河""模型黄河"的"三条黄河"治理新理念[3]。模型黄河主要通过对"原型黄河"所反映的自然现象进行反演、模拟和试验,从而揭示"原型黄河"内在规律,为"原型黄河"提供治理开发方案,为"数字黄河"工程建设提供物理参数,在近年来调水调沙试验、小北干流放淤等重大治河活动中发挥了不可替代的校验与反演作用,成为现代治黄和科技治黄的必然选择[4-10]。为研究黄河入海口内在规律,黄河河口模型正在加快建设。

长江水利委员会长江科学院于 2006 年完成了长江防洪模型试验大厅的建设任务,项目分为长江干流模型大厅和洞庭湖大厅,该项目旨在通过实体模型试验,结合数学模型计算及原型观测资料分析,研究三峡工程建成后长江中下游河床冲淤、河势变化及江湖关系调整变化趋势、洪水演进规律等重大技术问题,为长江流域的治理和防洪决策提供了科学依据。

江西省水利科学研究院于2010—2011年先后分两期建立的鄱阳湖模型试验研究基地,用实体模型进行仿真试验研究,对鄱阳湖的自然现象进行反演、模拟、试验和验证,能更好地揭示鄱阳湖的内在自然规律,为流域防洪安全、水资源保障、生态环境保护、管理运行调度等提供理论和技术支撑。鄱阳湖模型试验研究基地建成后,将成为长江防洪实体模型的重要组成部分,是全球关于浅水湖泊研究的典型范本[11-12]。

2.2 河南省模型试验研究进展

河南省水利科学研究院几乎承担了省内所有大中型水库的水工和河工模型试验,取得了大量的研究成果和较好的经济和社会效益。近年来,先后承担了一大批水工模型试验研究,通过模型试验,对建筑物的过流能力、流速流态、压力、水面线、冲刷等水力特性进行了研究,提出了优化修改方案,有效规避了泄流能力不足、流速流态不好、压力水面线超出防护、冲刷不利、体型不合理等问题,为建筑物的合理布置提供了理论依据和技术支撑。

研究成果分别在南水北调中线工程、河南省燕山水库、河口村水库、鸭河口水库、前坪水库等十余项国家级和省级重点工程中应用,推动了行业进步,累计节省投资约17 768万元,经济社会效益显著。以上项目的研究,为淮河模型的开展打下了良好的基础,在此基础上开展淮河模型研究是可行的。

3 河南省淮河模型建设是新时代发展的需要

3.1 河南省淮河模型建设是新时代水利高质量发展的需要

2021年8月,李国英部长在《推动新阶段水利高质量发展 为全面建设社会主义现代化国家提供水安全保障》主题讲话中指出,推进智慧水利建设是推动新阶段水利高质量发展的实施路径之一,要加快构建数字孪生流域、开展智慧化模拟、支撑精细化决策三方面内容[13]。河南省境内淮河干流流向大致由西向东,境内淮河干流长达427 km,落差达180 m,控制流域面积22 970 km²,流经南阳市、信阳市、驻马店市,在固始县三河尖镇的陈村进入安徽省。淮河流域的经济社会发展对全省至关重要,淮河流域地理条件特殊,天气复杂多变,暴雨洪涝灾害频发,开展淮河流域模型建设,可与数字孪生流域建设相映射,对于构建数字孪生流域必不可少。

3.2 河南省淮河模型建设是全省科技创新驱动的需要

2022年4月29日,省委书记楼阳生在全省教育科技创新大会暨人才工作会议上强调:"坚定不移实施创新驱动科教兴省人才强省战略、举全省之力打造国家创新高地和重要人才中心"。要抓高端平台,重构重塑省实验室体系[14]。5月12日,楼阳生主持召开省科技创新委员会第五次会议,研究实验室建设工作,强调黄河实验室要扛牢扛稳保障黄河安澜的重大政治责任,加大与省内相关企业合作力度,在加强预测预报预警方面下功夫,为确保黄河安全度汛提供决策服务,为我省推进"五水综改"提供科研支撑[15]。提出要谋划建设淮河实验室,作为黄河实验室的分支,河南省淮河模型的建设又是淮河实验室的基础所在,因此在河南省建立一个从淮河源头至省界的淮河模型以及沙颍河、北汝河等重要的支流的模型,对于研究淮河的内在规律,将原型淮河自然再现,同时推演论证"数字淮河"计算结果的准确性,用淮河模型开展上中游洪水模拟演进,为治淮决策提供科技支撑是必不可少的。

4 应用前景展望

当前,极端天气频发,2021年郑州"7·20"暴雨后我省进一步加大了水利投资力度,加快推动构建兴利除害的现代水网,以项目为导向,坚持"项目为王",深化"四水同治",在当前系统治水和重大项目的开展中,需要模型试验作为支撑。

4.1 在当前系统治水中的应用

《河南省人民政府办公厅关于印发河南省四水同治规划(2021—2035年)的通知》(豫政办〔2021〕84号)指出,要立足省情水情,以自然水系为基础、重大引调水工程为通道、综合性水利枢纽和调蓄工程为节点,构建"三横一纵四域"兴利除害现代水网,全面提升水安全保障能力。三横中的两横(沙颍河、淮河干流)就在淮河流域,沙颍河、淮河干流横越我省东西,连通山区和平原,不仅是国家水网的重要组成部分,也是省内水流网络的主骨架、大动脉,为全省水资源时空调配和水安全保障的主要水流通道。结合防洪、供水、生态保护和水文化传承需要,要完善蓄、引、调、排综合性工程体系,为兴利除害的现代水网奠定基础。

4.2 在解决重大问题中的应用

为促进经济社会可持续发展,全面保障人民群众生命财产安全和社会长治久安,今后一段时期,要新建一批水库工程、对河道进行治理、完善蓄滞洪区建设与滩区整治。其中要建设汉山大型水库、昭平台水库扩容(替代下汤水库)工程、袁湾水库、桃花峪水库等大型水库以及白果冲、台子庄、邢河、金顶湖、庙湾、佛湾、鸡湾、合河、西坪等中型水库,对防洪不达标、河势不稳定、行洪不顺畅的重点河段和重点山洪沟治理,进一步完善滞洪区,对大中型病险水库(水闸)进行除险加固,及时消除安全隐患,这些项目的开展都可以依托模型进行研究。

5 结语

根据国外实体模型发展趋势,以及我国"模型黄河"、长江防洪模型、鄱阳湖湖区模型等国内先进经验,建设河南淮河模型是十分必要和可行的。模型建设可通过吸收和学习国内外新的模拟理论和技术,开展仿真试验研究,对洪水进行预演、模拟、试验和验证,以更好地揭示其内在自然规律,同时与数字孪生流域建设相映射,为流域防洪安全、水资源保障、生态环境保护、管理运行调度等提供理论和技术支撑。因此河南淮河模型的应用前景是广阔的。

[参考文献]

[1] 张鹏,许慧泽,霍俊波.淮河入海水道工程规划与建设历程[J].治淮,2020(12):12-14.
[2] 于璐.淮河流域水系形态结构及连通性研究[D].郑州:郑州大学,2017.
[3] 朱庆平."模型黄河"工程规划项目综述[J].人民黄河,2004,26(3):1-3+46.
[4] 李希宁,刘月兰."模型黄河"工程建设的必要性[J].人民黄河,2004,26(3):10-11.
[5] 王国栋,马怀宝."模型黄河"工程建设的可行性[J].人民黄河,2004,26(3):12-13.
[6] 杨希刚."模型黄河"工程建设的目标、指导思想及原则[J].人民黄河,2004(3):6-7.

[7] 高航."模型黄河"工程建设作用与效益[J].人民黄河,2004,26(3):38-39.

[8] 洪尚池,张同德,李莉华."模型黄河"工程需求分析[J].人民黄河,2004(3):14-15.

[9] 李士国,李希宁,杨晓阳."模型黄河"工程应用前景展望[J].人民黄河,2004(3):42-43.

[10] 时明立,高航.关于"模型黄河"工程建设的思考[J].人民黄河,2004(3):4-5+46.

[11] 陈结文.中国最大的大湖物理模型——鄱阳湖湖区模型建成启用[J].江西水利科技,2012,36(4):280.

[12] 胡松涛,邵仁建,孙军红."模型鄱阳湖"工程研究浅议[J].江西水利科技,2006(2):73-75.

[13] 李国英.推动新阶段水利高质量发展 为全面建设社会主义现代化国家提供水安全保障——在水利部"三对标、一规划"专项行动总结大会上的讲话[J].水利发展研究,2021,21(9):1-6.

[14] 楼阳生.坚定不移实施创新驱动科教兴省人才强省战略、举全省之力打造国家创新高地和重要人才中心[N].河南日报,2022-4-30.

[15] 楼阳生.研究郑洛新自创区发展、"双一流"大学创建、医学科技创新等工作[N].河南日报,2022-5-13.

滁州市池河防洪治理工程总体规划布局

黄宗平

(滁州市水旱灾害防御中心　安徽　滁州　239000)

摘　要：本文在结合滁州市池河现状防洪工程布局的基础上，从河道全河段全面治理角度出发，全面分析当前河道防洪安全存在的问题，研究应对策略，提出了滁州市池河防洪治理工程总体规划布局。

关键词：防洪治理；工程现状；规划；总体布局

池河为淮河干流右岸一级支流，位于淮河中游南岸，发源于肥东县青龙场，与凤阳山陈集河在江巷汇合后始称池河，流经肥东、定远、凤阳和明光四县(市)，在磨山入女山湖，出旧县闸后经七里湖，于苏皖交界的洪山头入淮河，河道全长182 km，流域面积5 021 km²。现有耕地223.5万亩，人口152.2万，是我国重要的粮、棉、油生产基地，国民经济地位十分重要。池河防洪保护对象主要是沿河城镇及两岸低洼地区，其中，明光圩保护面积约11.7 km²，保护人口约10.2万人；池河右岸除明光市城区外，沿河两岸还建有10个乡镇和2个街道，受池河洪水威胁的低洼地总面积230 km²，耕地约24万亩。

近年来，防洪治理工程的建设，基本形成了蓄、挡、排、泄、预报等五位一体的防洪除涝减灾体系，在防洪减灾方面发挥了重要的作用。但在历次洪水中，特别是2020年洪水中仍存在诸多薄弱环节，如河道平槽泄量小、跨河建筑物阻水严重、行洪不畅、圩区防洪标准低和沿河洼地排水条件差等问题。为提高池河防洪除涝能力，保护流域内人民群众的生命财产安全，推动和保障区域经济发展，实施池河防洪治理工程是十分必要和迫切的。

1　现有防洪除涝工程现状与历次治理情况

1.1　大中型水库和枢纽工程现状

江巷水库工程位于池河上游的定远县连江镇境内，是解决江淮分水岭皖东区域干旱缺水问题的重要骨干水源工程，坝址以上河道分北、中、南三支，分别为陈集河、储城河、商冲河，水库控制流域面积735 km²。江巷水库属大(2)型水库，具有供水和灌溉为主、兼顾防洪等综合利用效益，水库拦河坝为碾压式均质土坝，坝顶高程48.0 m，水库总库容1.3亿m³，其中防洪库容0.3亿m³，水库工程主要包括拦河大坝、溢洪道、灌溉涵洞和过坝鱼道等建筑物，设计洪水标准采用100年一遇，校核洪水标准采用2 000年一遇。

池河江巷水库至明光磨山河段全长约152 km，其中三和集以上两岸基本无堤防，河道弯曲，泄洪能力小，遇较大洪水就会出槽漫溢行洪，致使沿岸洼地经常受淹；三和集以下至磨山建有堤防，磨山以下为女山湖池河干流现有女山湖、山许、池河三级引淮枢纽，以及石角桥闸，形成了逐级拦蓄的格局。

池河流域现有中型水库19座，水库总控制来水面积807.9 km²，总库容4.64亿m³，近年来，随着水库除险加固工程项目的实施，流域内中型水库基本运行良好。

女山湖枢纽位于明光市女山湖镇，女山湖入七里湖河口处，由节制闸、船闸、排灌站、引水涵洞等组成，具有蓄水、灌溉、行洪、航运等综合效益，是女山湖引淮灌溉工程第一级枢纽。沿池河干流再经山许二级枢纽、池河三级枢纽，逐级向上游为女山湖灌区拦蓄池河径流、提引淮河水。

山许枢纽为女山湖灌区的第二级枢纽，位于明光市马岗乡，控制流域面积 2 985 km²。枢纽始建于 1978 年，并于 1982 年竣工，由节制闸、翻水站两部分组成，工程等别为Ⅲ等，主要建筑物级别为 3 级，设计防洪标准为 20 年一遇，设计过流能力 1 770 m³/s，闸上最高蓄水位 16.4 m。闸门原设计为浮体门型式，2001 年改造为直升平板闸门，节制闸共 24 孔，单孔净宽 5.54 m，闸孔总净宽 132.96 m。

池河枢纽为女山湖灌区的第三级枢纽，位于定远县池河镇滁定公路上，控制流域面积 2 490 km²。池河闸于 1979 年开始施工，1980 年 12 月竣工。工程等别为Ⅲ等，主要建筑物级别为 3 级，设计防洪标准为 20 年一遇，设计过流能力 1 500 m³/s。2004 年实施池河闸改建工程，将原浮体门改建为平板钢闸门，12 孔平板直升钢闸门每孔净宽 8.8 m，总长 120 m；2006 年池河闸发生水毁后，对池河闸消力池进行了加固。

石角桥闸位于定远县藕塘镇，为拦蓄池河的节制闸，具有泄洪、灌溉等功能，控制流域面积 1 830 km²，石角桥闸设计洪水标准为 20 年一遇，相应流量为 1 420 m³/s，泄洪水位闸上 31.60 m，闸下 31.40 m。闸上正常蓄水位 28 m，蓄水量 540 万 m³。

1.2 堤防工程现状

池河下游从三和集以下开始有圩堤，磨山以上池河左右岸有 20 个圩，圩堤总长 82.77 km，保护总面积 56.83 km²，耕地 6.33 万亩，总人口 11.76 万人。现状除池河右岸明光市的洪庙圩、五一圩、戴湾圩、柳湾圩、明光圩、张湾圩和池河左岸凤阳县的梅市圩，经过近期治理后，已基本形成完整的防洪封闭圈堤，防洪标准达 20 年一遇；其余圩堤设计标准均较低，防洪标准约 10 年一遇，堤防填筑质量较差，堤身矮小单薄，堤高 1~3 m，堤顶宽多为 2~4 m，部分堤段受河水淘刷，堤脚出现崩塌，堤后坑塘较多，对堤防稳定较为不利，严重威胁着沿岸人民群众生命财产安全，需进行必要的加高加固措施。

2 存在问题

池河流域洪水由降雨形成，洪水的季节特点、时空变化与本地区暴雨一致，其特点是水势猛，峰高量大，而上中游河道窄浅弯曲，平槽泄量小，遇较大洪水就会出槽漫溢行洪，洪涝问题突出。明光以上河道比降较陡，水势涨落快，明光以下比降平缓，又受洪泽湖蓄水的影响，圩区长期不能自排，两岸低洼地区经常被淹。经过多年来的治理，池河沿线重点河段的防洪除涝减灾体系初步形成，防洪减灾能力得到提高。当前，随着我国社会主要矛盾的转化，人民对美好生活的向往更加强烈，对防洪安全的需求进一步增加。池河流域水利发展不平衡不充分问题依然突出，隐患、弱项、短板依然存在，目前主要存在以下问题。

2.1 防洪标准偏低，防洪工程体系尚不完善

随着流域经济的发展和社会财富的增加，池河未治理河段现状防洪标准偏低，防洪标准约 10 年一遇，达不到《防洪标准》(GB 50201—2014)的要求，防洪工程体系尚不完善，与防洪保护区发展程度和重要性不相适应。现有老堤设计标准偏低，堤身矮小单薄，填筑质量差，配套建筑物老化失修，难以有效抵御洪水威胁，险情时有发生，成为历年防汛的重点。

2.2 河道阻水严重，洪水下泄不畅

由于池河上中游两岸上宽下窄，江巷水库以上河道较开阔，但石角桥上下游段河道弯曲狭小，平槽泄量小，洪水期水位即高出地面以上，加之三和集以上两岸基本无堤防，一遇暴雨，经常发生洪水漫溢，淹没农田、冲毁房屋，酿成洪涝灾害。而且池河干流定远段现有跨河公路桥大都孔径偏小，尤其是桥头许桥、红旗坝桥、马桥、大桥镇桥等，行洪时阻水严重，洪水下泄不畅。

2.3 沿线险工较多，危及堤防安全

池河流域为强降雨多发区，洪水汇流快，河道比降陡，当上游发生洪水时，洪水迅速下泄，量大流急，加之弯道多，主流左突右冲，直撞岸坡，造成河岸冲刷严重，同时在水流的侵蚀浸泡下，岸坡土质松软，黏性降低，随着洪水的快速退却，岸坡土体逐渐坍塌，形成险工，危及堤防安全。

2.4 管理基础设施薄弱，保障能力不足

长期以来，由于缺少必要的投入，管理基础设施薄弱，致使基层单位生产、生活设施基础差，标准低，严重制约着管理工作的发展与提高，造成职工队伍不稳定，管理能力和服务水平不高，保障能力不足，影响工程效益的正常发挥。同时，堤顶防汛道路多为土路，且缺少必要的防汛交通桥，难以正常通行，不利于防汛抢险和日常的管理维护。

3 规划总体布局

3.1 池河江巷水库—石角桥段

池河江巷水库—石角桥段长 62 km，流经定远县连江镇、二龙回族乡和大桥镇，保护对象为 3 个乡镇的镇区街道和 10.2 万亩耕地，保护面积 98 km²，总人口 8 万人。现状江巷水库至石角桥段河道两侧无堤防，岸坡为自然边坡，河道边坡多为 1∶1.5～1∶2，局部边坡较陡。该段河道蜿蜒曲折，断面呈不规则状，沿程宽窄相间，急弯卡口较多。经复核计算，现状过流能力不足 3 年一遇，如对江巷水库—石角桥段沿线卡口河段均进行河道整治，土方开挖量大，工程及占地投资多，且永久占地涉及基本农田较多，工程实施困难。根据轻重缓急的原则，考虑大桥镇紧靠池河、人口密集、防汛压力较大等因素，建议对大桥镇上下游卡口严重的 4.23 km 河段进行河道扩挖，以增加河道过水断面面积，提高行洪能力，改善排水条件，减少洪涝灾害损失。

3.2 池河石角桥—三和集段

池河干流石角桥—三和集段长 57 km，流经定远县藕塘镇、桑涧镇、池河镇、拂晓乡和三和集镇，河道边坡多为 1∶15～1∶2.5，河道弯曲，局部边坡较陡。经复核计算，除石角桥—桑涧河口段过流能力偏小，其余河段过流能力基本达到 10 年一遇，如石角桥—三和集段河道达到防洪 20 年一遇，综合考虑工程投资、洪水特性、粮食安全和社会影响等因素，建议在池河石角桥—三和集段建设信息化系统，提升监测预警与防汛指挥调度能力。今后仍需加大投入，进一步整治石角桥—三和集段河道，提高河道防洪能力。

3.3 池河三和集—磨山段

池河下游从三和集以下开始有圩堤，磨山以上池河左右岸有 20 个圩，圩堤总长 82.77 km，保护总

面积 56.83 km²，耕地 6.33 万亩，总人口 11.76 万人。根据 2016 年批复的《安徽省池河治理工程初步设计》，沿线县（市）陆续按 20 年一遇防洪标准新建和加固了明光市城区段、焦城圩、五一圩、洪庙圩、凤阳梅市圩等堤防。现状池河右岸重点圩口，已基本形成完整的防洪封闭圈堤，防洪标准达 20 年一遇；其余一般圩堤现状防洪标准约 10 年一遇，堤防填筑质量较差，堤身单薄，堤高 1～3 m，堤顶宽多为 2～4 m，部分堤段受河水淘刷，堤脚出现崩塌，堤后坑塘较多，对堤防稳定较为不利，严重威胁着沿岸人民群众生命财产安全，建议对池河两岸现状未达标的老堤按 20 年一遇防洪标准进行加高加固。

4 结论与建议

4.1 主要结论

（1）当前，随着我国社会主要矛盾的转化，人民对美好生活的向往更加强烈，池河洪涝灾害频繁，水利发展不平衡不充分问题依然突出，存在河道泄量小、跨河建筑物阻水严重、行洪不畅、圩区防洪标准低和沿河洼地排水条件差等问题，为提高池河防洪除涝能力，保护流域内人民群众的生命财产安全，推动和保障区域经济发展，实施池河防洪治理工程是十分必要和迫切的。

（2）本规划在池河现有防洪减灾体系的基础上，以防洪保安为目的，通过工程与非工程措施，使池河石角桥—磨山河段防洪保护区的防洪标准总体达到 20 年一遇，提高池河流域防洪除涝能力，保持河道行洪畅通，建成较为完善的防洪除涝减灾体系，强化水利对区域协调发展的重要支撑作用，支撑流域经济社会可持续发展。

（3）结合现有工程情况、洪水特性、粮食安全和社会影响等因素，在系统梳理池河现状防洪能力的前提下，立足于池河流域现有防洪体系，综合考虑历年汛期暴露出来的防洪薄弱环节，统筹上下游、左右岸的关系并适当兼顾面上的治理，在完成规划的河道疏浚、配套建筑物等治理工程，对三和集—磨山段现状圩堤加固后，其可达 20 年一遇防洪标准。

（4）本规划符合国家产业政策，工程一旦实施后将进一步提高池河防洪标准，完善池河流域防洪体系。从总体上分析，有利影响是主要的，且具长效显著性。主要不利影响是工程永久占地造成的耕地资源损失、施工对环境的影响和对生态的影响等，工程施工产生的废水、废气、固废、噪声、临时占压对环境的影响，这些影响是短期可逆的，且在施工期采取相应的保护措施后可以减免。工程不存在制约工程实施的环境问题，工程对环境的有利影响远大于不利影响，从环境角度分析，本工程是可行的。

4.2 相关建议

（1）池河防洪治理工程是安徽省水利"十四五"规划中的主要支流治理项目，工程建设将进一步完善池河流域防洪除涝减灾体系，对保障区内居民生产生活和生命财产安全，维护社会稳定，促进流域经济社会的稳步快速发展将起到积极的保障和推动作用；从促进经济社会增长、保障社会安定的角度来考虑，工程是可行的，且是十分必要的，建议尽快付诸实施。

（2）工程线路长，涉及面广，工程永久占地 1 657 亩，临时占地 6 828 亩，涉及定远县、凤阳县和明光市，建议沿线地方政府争取政策支持，落实用地指标，提前开展工程征地、搬迁补偿和移民安置等各项准备工作，适时组织召开协调会，凝聚共识，为工程立项和建设营造良好的氛围，确保池河治理工程顺利实施。

（3）江巷水库具有供水、灌溉和防洪等综合利用效益，是减轻上游洪涝灾害、完善池河流域防洪体系的洪水控制工程。根据《安徽省定远县江巷水库工程初步设计报告》，江巷水库控制流域面积为 735

km², 水库主要防洪保护范围是池河上游河段, 即水库坝址—石角桥 62 km 河段, 水库坝址至下游石角桥防洪控制断面集水面积为 1 095 km²。建议编制水库防洪调度方案, 分析错峰泄洪的可行性, 建立洪水预报和警报系统, 进一步提高水库防洪调度的可操作性与灵活性, 为水库综合效益的发挥奠定基础。

[参考文献]

[1] 中水淮河规划设计研究院有限公司. 池河防洪治理工程可行性研究报告[R]. 2021.
[2] 中水淮河规划设计研究院有限公司. 池河治理工程初步设计报告[R]. 2016.
[3] 中水淮河规划设计研究院有限公司. 滁州市池河防洪综合治理 2011 年度工程互补设计报告[R]. 2012.

[作者介绍]

黄宗平, 男, 生于 1983 年 4 月, 滁州市水旱灾害防御中心副主任, 高级工程师, 从事水旱灾害防御与工程规划工作, 13855008560, 100198343@qq.com。

泗河流域蓄滞洪区分洪口门技术研究

郑灿强 张 莉

(济宁市水利事业发展中心 山东 济宁 272000)

摘 要:蓄滞洪区是大中型山洪河道防洪工程的重要内容,事关河道及蓄滞洪区防护范围内人民群众生命财产安全及当地工矿企业的生产生活。蓄滞洪区分洪口门技术方案选择是蓄滞洪区建设运用的关键环节,涉及口门位置的选择、规模论证和建筑结构形式分析等。本文利用洪水演进计算成果,从洪水的流量、水量、水位的计算进行分析,为蓄滞洪区位置选择和规模论证提供计算原理和方法。利用建筑物过流能力计算,结合工程造价和建设运行管理要求,提出闸桥结合、溢流坝和闸坝结合三个方案,并进行分析论证,为蓄滞洪区分洪口门技术方案选择提供技术支撑。

关键词:蓄滞洪区;分洪口门;技术研究

1 概述

1.1 泗河流域概况

泗河是山东省南四湖流域湖东地区最大入湖山区河流,发源于山东省泰安新泰市太平顶,流经泰安、临沂、济宁三市,于济宁市任城区辛闸村入南阳湖,全长159 km,流域面积2 357 km²,其中济宁市境内贺庄水库以下长138 km,流域面积1 991 km²,主要流经泗水、曲阜、兖州、任城、邹城、微山、济宁高新区等七个县市区。地势由东北向西南倾斜,地面高程35~100 m,地面坡度1/1 000~1/3 000。泗河共有大小支流30余条,其中流域面积大于100.0 km²的5条,大型水库1座,中型水库3座,小(1)型水库23座,小(2)型水库178座,塘坝758座。泗河流域属暖温带半湿润气候区,多年平均降水量715 mm,降水分布年际变化和季节变化大,最大年降水量为1 192 mm(1964年),最小降水量为375 mm(2002年)。年内雨季多集中在7、8月份,约占平均降水量的51.7%。济宁市的经济中心是国家重点开发的八大能源基地之一,目前,区内正在生产经营的有兴隆、鲍店、济三等12座煤矿和里彦、济三等12座电厂。2012年泗河保护区内国内生产总值为1 051亿元,2020年达到2 187亿元。

1.2 蓄滞洪区现状

泗河蓄滞洪区(又叫泗沂三角地滞洪区),位于泗河左岸40+595~47+200(中泓桩号,下同),北至曲阜市坊西村南,南至小沂河右堤,占地面积9.7 km²,耕地6 885亩,有大柳村、田家村等11个村庄,0.85万人。滞洪区内有古城煤矿和单家村煤矿开采。该段泗河为无堤段,形成泗河天然滞洪区。2020年8月中旬,泗河书院站实测流量1 230 m³/s,为20年一遇洪水流量的40%,略大于5年一遇防洪标准,在兖州左岸洪水进入滞洪区,在小沂河右岸破堤泄入小沂河,后汇入泗河下游。致使滞洪区内6个村庄进水,农田受灾,给人民群众的生产生活带来极大不便。从为保护泗河沿线人民生命财产和工矿企业安全生产,须进一步加快泗河流域蓄滞洪区建设。

1.3 蓄滞洪区建设主要技术指标

一是滞洪区位置确定。一般位于河道中下游，凹岸地势低洼处，口门轴线与河道洪水主流方向交角不宜超过 30°。根据历史洪水险情调查，结合河道地理位置、地势和当地经济发展及人文环境等综合确定。二是规模论证。由分洪总水量、地形、地质，结合设计允许最大蓄滞洪水水深进行分析论证。三是分泄洪口门结构型式选择。根据蓄滞洪区类别、启用概率、分洪流量大小、工程造价、交通要求等因素综合分析确定。可采用分洪闸、修建裹头临时爆破和简易溢流堰等形式。

2 蓄滞洪区蓄滞洪水能力分析

蓄滞洪区分水效果决定因素有 3 个：一是弯道分洪起止位置，二是过水断面的面积，三是水工建筑物结构型式。在河道堤防现有防洪标准下，蓄滞洪区启用标准按泗河设计洪水标准 20 年一遇标准计，超标准洪水堰顶允许溢流。

2.1 分泄洪口门位置选择

根据历次泗河防洪规划及泗河两岸现有地形地势，确定泗沂三角地区（47+200～40+595）为泗河下游蓄滞洪区。分洪口门位于 44+400～44+800 处，泄洪口门位于小沂河右岸入泗河河口处。

2.2 计算工况

计算工况包括以下 2 种：一是现状工况，泗河上游 4 个中型水库汇流以泗水闸（93K）为界，除泗沂三角地滞洪区外，已达到 20 年一遇防洪标准。二是设计工况，泗河综合开发实施后，工程防洪标准将达到 50 年一遇。本文分别按 20 年一遇设计标准遇 50 年一遇洪水，50 年一遇设计标准遇 100 年一遇洪水，分析蓄滞洪区蓄滞水量和分洪效果。泗河各种防洪标准洪水流量及洪水水位见表 1。

表 1 泗河洪水流量及水位计算成果表

流量水位	防洪标准		
	1/20	1/50	1/100
$Q(m^3/s)$	2 758	3 713	4 495
$H(m)$	56.24	58.2	59.74

2.3 分洪水量计算

分洪流量及总水量计算按现状和设计两种工况分别计算，现状工况为 20 年一遇设计标准遇 50 年一遇超标准洪水，设计工况为 50 年一遇设计洪水标准遇 100 年一遇超标准洪水。计算原理见式 (1)～(4)，计算结果见表 2。

滞洪区建设规模、各种频率洪峰流量，按湖东水文计算方法计算，水库调洪按半图解法——单辅助曲线进行计算，计算原理见式 (1)～(3)。决口流量过程线计算示意图，详见图 1。决口水量计算按式 (4) 计算。根据绘制的蓄滞洪区蓄水高程与蓄水总量关系曲线，查得，现状和设计两种工况下，满足蓄滞水量要求的蓄滞洪水位分别为 55.0 m 和 56.0 m。

(1) 洪峰流量计算公式：

$$Q_m = 3S_{主支}^{0.5} RF^{0.75} \tag{1}$$

式中：$S_{主支}$ 为主支流平均坡度；F 为流域面积；R 为各时段分配的净雨深，由湖东水文计算和查表而得。

(2) 洪峰历时计算公式：

$$T = \frac{0.34 F^{0.25}}{S_{主支}^{0.5}} \tag{2}$$

式中各符号的含义同式(1)。

(3) 滞洪区调洪计算公式

$$\left(\frac{Q_1 + Q_2}{2}\right)\Delta t - \left(\frac{q_1 + q_2}{2}\right)\Delta t = \Delta V \tag{3}$$

式中：Q_1、Q_2 为时段 Δt 初、末的来水量(m^3/s)；q_1、q_2 为时段 Δt 初、末的泄水量(m^3/s)；ΔV 为时段 Δt 初、末的蓄水变量 m^3。

(4) 决口水量计算公式：

$$W = \int_{t_1}^{t_2} (Q_{(t)} - q_{(t)}) dt \tag{4}$$

式中：$Q_{(t)}$ 为大河流量过程曲线；$q_{(t)}$ 为决口流量过程曲线；dt 为计算时段(h)。

表2 分洪口门洪水流量计算成果表

设计工况	设计洪水标准(重现期)	分洪历时 T (h)	分洪最大流量 Q (m^3/s)	分洪总水量 W (万 m^3)
现状	20年一遇设计标准遇50年一遇超标准洪水	9.7	907	1 803
设计	50年一遇设计标准遇100年一遇超标准洪水	10.2	1 126	2 411

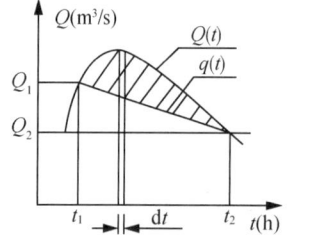

图中：
t_1，t_2——蓄滞洪区启用和关闭时间(h)；
Q_1，Q_2——蓄滞洪区启用和关闭对应泗河流量(m^3/s)；
$Q(t)$——泗河流量曲线；
$q(t)$——蓄滞洪区流量曲线。

图1 决口流量过程线计算示意图

3 分洪口门结构型式选择

蓄滞洪区分洪口门结构型式，根据《蓄滞洪区设计规范》，分洪口门结构型式主要包括水闸控制、无闸控制和闸坝结合3种方案。因本工程有交通需要，须考虑结合桥梁设计。所以，设计方案为闸桥结合、闸坝结合和溢流坝(无闸)方案。分洪口门过流能力计算原理和方案比选如下。

3.1 过流能力计算原理

$$Q = \varepsilon m B \sqrt{2g} H_0^{2/3} \tag{5}$$

式中：Q 为水闸过流能力（m³/s）；σ 为淹没系数；ε 为侧收缩系数；m 为流量系数；B 为闸孔总宽度（m）；H_0 为计入行进流速的闸上游水头。

各种工况下计算结果见表3。

3.2 方案比选

根据拟定的蓄滞洪区位置实际情况，在满足分洪、交通要求的前提下，综合过流能力、造价和运行管理进行分析。共提出3种技术方案：一是闸桥结合方案，能有效解决分洪和交通问题，但控制和管理需进行人工控制。二是闸坝结合方案，降低了闸底板顶高程，提高了闸过流能力，降低了闸工程造价，但仍需人工控制与管理。三是溢流坝方案，为保证溢流坝段堤防安全，堤防用浆砌块石全断面砌护包裹，设计成平时可通车，非常时期可溢流的宽顶堰型式，既有效扩大了泄洪断面和泄洪能力，节省了工程投资，又解决了管理和运行的人工控制问题。

3.3 推荐方案

从表3中可以看出，在同样的水力条件下（上、下游水位、堰顶高程）溢流坝泄流所需溢流堰的宽度均比有闸泄流大，原因主要是有中墩的影响，使有闸方案下游泄流条件要好于无闸方案。但是，在工程造价、控制运用和养护管理上，溢流坝方案比有闸方案更具优势。另外，蓄滞洪区启用标准为50年一遇或100年一遇，所以启用概率较小，不宜采用有闸控制的方案，推荐采用溢流坝控制方案。

表3 设计方案成果对比表

设计标准	分洪口门型式	分洪口门尺寸(m) 堰宽	分洪口门尺寸(m) 堰（底板）顶高程	流量系数	侧收缩系数	过流能力 (m³/s)	设计过流能力 (m³/s)	工程造价 （万元）	控制管理
20年一遇的设计标准遇50年一遇的超标准洪水	闸桥结合	10 m×10 孔	53.8	0.373 5	0.957 3	912.5	907	4 088	费用高，需人工管理
	闸坝结合	15 m×15 孔	56.24	0.361 6	0.987 8	976.8		5 625	费用高，人工管理
	溢流坝（无闸）	210	56.24	0.367 3	0.998 7	921.8		3 982	费用低，管理方便
50年一遇的设计标准遇100年一遇的超标准洪水	闸桥结合	10 m×11 孔	54.8	0.370 9	0.954 3	1 118.4	1 126	4 427	费用高，人工管理
	闸坝结合	20 m×19 孔	58.2	0.357 8	0.994	1 167.4		7 600	费用高，人工管理
	溢流坝（无闸）	480	58.9	0.356 7	0.999 6	1 127		5 911	费用低，管理方便

4 分洪效果分析

根据山洪河道弯道处"低水傍岸，高水居中"的水流特点，结合泗河44+300～45+500弯道凹岸地形地势，在弯道44+400～44+800处，开口形成超标准洪水的分洪口门。分洪口门轴线方向与河道水流方向大致一致，对挡洪建筑物、分洪建筑物、水流条件较好。通过滞洪区分洪，减少了泗河下游（分洪口门以下）洪峰流量，降低泗河下游泄洪压力。分洪效果详见泗河下游洪水流量过程线（图2）。

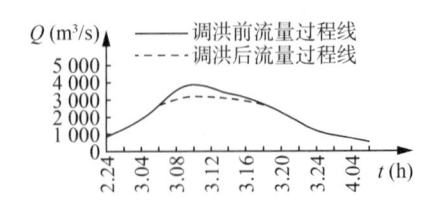

图 2　泗河下游洪水流量过程线(1/50)

[参考文献]

[1] 水利部水利水电规划设计总院,黄河勘测规划设计有限公司.防洪标准:GB 50201—2014[S].北京:中国计划出版社,2015.

[2] 水利部水利水电规划设计总院,长江勘测规划设计研究院有限责任公司.水利水电工程等级划分及洪水标准:SL 252—2017[S].北京:中国水利水电出版社,2017.

[3] 水利部水利水电规划设计总院.堤防工程设计规范:GB 50286—2013[S].北京:中国计划出版社,2013.

[4] 水利部水利水电规划设计总院,湖南省水利水电勘测设计研究总院.蓄滞洪区设计规范:GB 50773—2012[S].北京:中国计划出版社,2012.

[5] 水利电力部水利水电规划设计院,长江流域规划办公室.水利动能设计手册:防洪分册[M].北京:水利电力出版社,1988.

[6] 李家星,赵振兴.水力学[M].南京:河海大学出版社,2001.

[7] 江苏省水利勘测设计研究院有限公司.水闸设计规范:SL 265—2016[S].北京:中国水利水电出版社,2017.

[作者简介]

郑灿强,男,生于1976年9月,高级工程师,主要研究方向为水利工程防汛技术,15898637619,jnzcq@163.com。

关于治淮完善流域防洪工程体系的研究

李亚东

(河南省陆浑水库管理局　河南　洛阳　471000)

摘　要:当前我国进入新发展阶段,新阶段要求水利工作追求高质量发展,对防洪工程体系化运行提出更高的要求。本文介绍了淮河流域的基本情况,梳理了淮河流域的防洪工程体系,分析了其当前面临的形势与问题,有针对性地提出了新阶段完善流域防洪工程体系所要做的主要工作及建议。

关键词:新阶段;淮河流域;防洪工程体系

淮河发源自桐柏山,东入黄海,分为淮河和沂沭泗河两大水系。其流经河南、湖北、安徽、江苏,上游有沙颍河、北汝河、贾鲁河、西淝河、洪河等重要支流,下游有入江入海水道、苏北灌溉总渠、入沂水道和废黄河等出路。淮河上游河道比降大,中下游比降小,干流两侧多为湖泊、洼地,支流众多。天气复杂多变,平均降水量约 878 mm,年降水量分布不均匀,6—9 月降水量约占全年 50%～75%。

淮河本是直流入海,12 世纪时,黄河夺淮,致使淮河失去入海尾闾,引起中下游河道淤塞,水患灾害频发。新中国成立以来,淮河流域于 1950 年、1954 年、1957 年、1975 年、1991 年、2003 年、2007 年、2020 年等年份发生较大洪涝灾害。

淮河流域面积 27 万 km²,人口约 1.65 亿人,约是我国平均人口密度的 4.8 倍,居各流域之首。其土地肥沃,气候宜人,水资源丰富,交通便利,是长江经济带、中原经济区等的重要组成部分。防洪安全是人民安全、水安全的重要组成部分,确保淮河安澜、长治久安具有重大战略意义。新阶段水利高质量发展要求为中华民族伟大复兴提供可靠的水安全保障。因此,分析淮河防洪工程体系存在的短板,对优化完善淮河流域防洪工程体系、为淮河流域经济社会高质量发展提供支撑具有重要现实意义。

1　淮河流域防洪工程体系现状

70 年来,面对水旱灾害频发的落后局面,我国治淮始终秉持"蓄泄兼筹"方针,即上游修建控制性工程蓄调洪水;中游加固河道湖泊堤防保障行洪通畅,同时建设湖泊、洼地蓄滞洪水;下游加固堤防扩大入海出路规模。初步形成由水库、堤防、行蓄洪区、分洪入海入江、防汛调度等组成的防洪工程体系,淮河"上拦、中畅、下泄"防洪体系逐步完善,成功防御新中国成立以来历次洪水灾害。

1.1　水库、行蓄洪区建设

流域内有水库 6 300 余座,总库容 329 亿 m³。其中大、中、小型水库分别为 44 座、178 座、6 100 座,总库容分别为 239 亿、49 亿、41 亿 m³;流域内由北至南有南四湖、骆马湖、洪泽湖、高邮湖 4 处大型湖泊,南四湖控制面积 1 226 km²,洪泽湖控制面积 2 069 km²,高邮湖控制面积 760.67 km²,骆马湖控制面积 296 km²,总库容 209.6 亿 m³;建有濛洼、寿西湖、城西湖、姜唐湖、荆山湖等行蓄洪区,总面积 3 903 km²,蓄滞洪 122 亿 m³。

1.2 淮河干支流河道

干流对河道进行加高加固堤防、退建束水堤段、清除行洪障碍、切滩疏浚河道来增强泄洪能力;建成茨淮新河全长 134.2 km,流域面积 6 960 km²,怀洪新河全长 121 km,流域面积 12 000 km²,分泄淮河洪水,其中茨淮新河为 2 300~2 700 m³/s,怀洪新河为 2 000~4 710 m³/s;兴建临淮岗洪水控制工程;加固淮北大堤等干流堤防以及淮南市工矿圈堤、蚌埠市圈堤、洪泽湖大堤等,兴建三河闸,建成分淮入沂水道、灌溉总渠、淮河入海水道,淮河下游排洪能力由之前不足 8 000 m³/s 扩大到 15 270~18 270 m³/s。

1.3 沂沭泗河水系

现有新沭河、新沂河两条排洪入海河道,大大提升了淮河下游泄洪入海能力,使沂沭泗河免于洪水遍地漫流;建成南四湖二级坝,全长 7 360 m;韩庄节制闸,长 435.6 m,最大泄洪量为 4 600 m³/s,最大蓄水库容量为 7.78 亿 m³;南四湖湖西地区也建成四条排水河道分担防洪压力;沂沭泗河洪水东调南下工程竣工,实现沂沭泗河洪水东泄入海,南四湖南下行洪畅通;沂河、沭河、泗河上游河道综合治理已启动实施。

1.4 堤防、水闸及泵站建设

修建堤防约 6.3 万 km,其中淮北大堤、洪泽湖大堤、南四湖湖西大堤、苏北灌渠右堤等一级堤防 2 283 km,已建成海堤约 1 100 km;建成水闸约 2.2 万座;建成泵站约 6.5 万座,其中大型泵站 52 座。

2 淮河流域防洪新形势及存在的问题

随着国家经济社会的发展,淮河流域防洪工程体系仍存在薄弱环节,如今已不能够满足社会发展的要求。当前水利工作进入新阶段,新起点再出发。为使淮河流域防洪标准与其保护对象意义相匹配,要对防洪工程体系即淮河流域"上拦、中畅、下泄"防洪工程体系进行再部署、再完善。

2.1 上拦能力不足,防洪标准偏低

部分支流洪水缺少相应防洪设施,如规划的沙河下汤、白露河白雀园、袁湾等水库均未建设,造成干流防洪压力较大;沙颍河缺少相应控制性工程,总体防洪标准仅为 20 年一遇,没有达到国家防洪标准。2020 年,白露河北苗集超保证水位运行 41 h;潢河仅有泼河水库作为防洪拦蓄工程且库容量较小,2020 年其拦蓄水量仅为过洪量的 18%。2021 年郑州"7·20"特大暴雨灾害再次暴露淮河流域防洪工程体系不足的问题,即淮河干流、淮南、淮北支流等主要防洪河道控制性工程欠缺,流域防洪能力不足。

2.2 淮河中游长时间高水位运行,不利于行洪,行蓄洪区问题突出

淮河流域行蓄洪区数量多、启用标准低、行洪效果差,进洪比较频繁,行蓄洪区人口多,群众安全问题尚未完全解决。2020 年洪水期间,正阳关、小柳巷站、浮山站高水位运行,已超其保证水位。汛期出现多次强降雨,相比常年同期多 89%。2021 年郑州"7·20"特大暴雨灾害使贾鲁河、沙颍河等河道水位相继超警戒水位,造成河道 360 处重点险工险段。

2.3 淮河下游入江入海出路少，下泄能力不足

目前淮河入海 5 个通道，分别是长江、苏北灌渠、与灌渠平行的入海通道、新沂河、废黄河。2020 年，入江水道三河闸、苏北灌渠、分淮入沂同时泄洪，此时洪泽湖最大出湖流量 9 260 m³/s，其中入江水道最大泄量 7 600 m³/s。

2.4 防洪设施标准低

沂沭泗地区防洪设施标准与其保护对象不匹配，防洪标准低。洪泽湖防洪标准低于国家防洪标准，易引起中游洪水下泄不畅，其大堤也存在险工隐患；2020 年洪水灾害，新沂河、新沭河及沂河入骆马湖段流量未达设计标准，但水位已超过设计水位[2]，南四湖行洪不畅。众多水库、闸坝维修经费不足，存在较多安全隐患，与现代化防洪工程体系标准仍有较大差距。防洪保护区中，淮北大堤、南四湖西大堤等防洪标准仅为 20～50 年一遇，理应达到 100 年一遇。近年来极端天气频发，加之经济社会发展及淮南、蚌埠等沿淮重要节点城市的城市化进程推进，需要建立现代化防洪体系保障城市居民安全和发展。需从郑州"7·20"特大暴雨灾害中吸取教训，进一步完善现代化防洪体系。

2.5 管理机制、设施不健全，现代化技术与防洪体系融合不充分

部分工程管理机制不健全，管理手段落后。流域防洪调度信息化、数字化、智能化、现代化水平不高，仍需完善发展；预警机制、决策支持机制有待加强完善，"四预"目标还未完全达成。流域内防洪联动机制不健全，各部门不能充分进行灾害信息共享、资源统筹等，抱有重救灾、轻减灾等思想观念。

3 完善淮河流域防洪工程体系的建议

为了提供国家水安全保障，需以流域为单元，统筹上下游、左右岸、干支流，优化和完善流域防洪工程布局和工程体系，推进水库、行蓄洪区、河道、堤防及泵站建设，排查病险水库并加固，增强水库拦蓄调度能力，加固河道堤防，提高其泄洪能力，加固行蓄洪区堤防确保功能正常，扩大洪水出路完善防洪工程体系。

3.1 完善淮河流域"上拦"工程，提升水库防洪调蓄能力

对水库、水闸进行全面排查，完成病险水库、水闸除险加固，实现水利工程安全鉴定和除险加固常态化，保障水库防洪库容，保证其一定的防洪调蓄能力，以提升水库群联合防洪的能力。研究论证淮河上游防洪工程布局，加快建设淮河上游规划的防洪工程，如张湾水库、白露河白雀园水库、袁湾水库、昭平台水库等一批防洪工程，切实增强防洪调蓄能力。昭平台水库工程实施后，可将沙河漯河断面 50 年一遇洪水控制在 3 000 m³/s 以内。

3.2 扩大淮河中游行洪通道，增强河道行洪能力

全面整治河道，消除所有阻碍河道行洪的安全隐患，兴建加固河道堤防，提高堤防标准，扩大淮河中游行洪通道，切实增强河道行洪能力。上游淮凤集—洪河口防洪标准设计为 20 年一遇。洪河口至正阳关防洪标准为 10 年一遇。正阳关以下淮北大堤、沿淮重要城市防洪标准提高到 100 年一遇。重点排查 2020 年、2021 年淮河流域超警戒水位运行的河道，加固堤防，提高标准；有序推进蓄洪区建设，完成行洪区调整，完善行蓄洪区安全保障体系，如漯河至周口修建大逍遥滞洪区；对淮河入江水

道、入沂水道实施堤防标准化建设,防洪标准按50年一遇;沂沭泗河水系需扩大南下工程行洪规模;对沂河、沭河上游河道堤防加固,完善其控制性工程布局,提升防洪拦蓄能力。

3.3 扩大淮河下游出路规模,提升下泄入海能力

兴建入海水道工程;设计入江水道、入海水道、灌溉总渠、分淮入沂总泄洪能力达20 000～23 000 m³/s。入江水道整治,疏浚上、中段河道,恢复原设计水位;对三河北堤、三河南堤等进行堤防加固;对宝应退水闸、金湾闸、万福闸等加固。分淮入沂方面,对二河东堤、二河西堤、淮沭河洞、西堤等加固;灌溉总渠南堤、洪泽湖大堤加固,洪泽湖防洪标准达到300年一遇。

3.4 重要支流及平原洼地、湖泊整治

当前淮河流域水利基础设施仍较为薄弱,淮河支流、洼地水利设施不够完善,造成干流防洪压力较大。洪汝河防洪标准达20年一遇,泄洪流量4 000 m³/s;汾泉河、涡河、北汝河、新蔡河、新运河、梁济运河、万福河、东鱼河、白马河、界河等防洪标准20年一遇;沙颍河陈湾以下防洪标准提高到50年一遇;上游增扩建排涝站,中游海拔低洼地排涝标准达10年一遇,加强排水工程建设,增建泵站。做好防洪工程布局,加快支流水利设施建设,提升重要支流有效拦蓄能力,减轻干流防洪压力,提升河道行洪标准,除险加固大堤;南四湖二级坝、老运河节制闸、伊家河节制闸除险加固;洪泽湖大提除险加固。

4 结语

防洪工程措施是流域防洪减灾的核心举措,通过了解流域基本情况,梳理流域防洪工程体系现状及存在问题,发现防洪工程体系仍存在短板。当前淮河流域洪水情势、工情条件发生了新变化,新发展理念对流域治理提出了新要求,因此完善流域防洪工程体系面临着新形势、新挑战和新任务。新时代要结合新要求、新目标完善淮河流域防洪工程体系,全面复核淮河流域防洪能力、防洪标准,研究优化防洪工程布局,推动骨干水库工程建设,进一步发挥水库调蓄能力,加强堤防及河道治理工程建设,推进行蓄洪区建设和平原洼地整治工作,全面建成标准化防洪工程体系。在新时期,防洪工程体系完善还要高度融合生态文明理念,结合防洪保安、生态建设等研究系统治理方案,要尽可能保留行洪通道,保护河流生态环境功能,保护和合理有序利用河道岸线资源。同时,要重视与非工程体系相结合,共建洪水防御体系,将现代化信息技术与洪水监测预报、调度、决策、工程管理等工作充分结合并最大化发挥作用。另外,要进一步开展相关研究,优化水库群调度,深化"蓄泄兼筹"运用,正确处理防洪与水资源利用的关系;协调滩区、滞洪区、行洪区防与发展问题,建立洪水风险管理制度,结合社会经济发展空间布局和防洪风险分布,有效协调人与自然的关系。同时加大公众科普力度,引导媒体舆论导向,增强全社会的防洪意识。

[参考文献]

[1] 刘冬顺.加快完善淮河流域防洪工程体系 提升水旱灾害防御能力[J].中国水利,2021(15):4-5.
[2] 王晓亮,王雅燕.加强系统治理 全面提升淮河流域洪涝灾害防御能力[J].中国水利,2022(6):24-26.

[作者简介]

李亚东,男,生于1997年2月13日,助理工程师,主要从事水力发电相关工作,13598161917@163.com。

议题二
实施国家水网重大工程

南水北调工程二级坝泵站座底式流量自动监测系统应用研究

张 白 丁韶辉 冯 峰 彭 豪

(淮河水利委员会水文局(信息中心) 安徽 蚌埠 233001)

摘 要：介绍座底式流量自动系统基本原理及系统概况，以南水北调东线一期工程二级坝泵站为应用实例，开展误差分析评定。结果表明该站座底式自动流量系统各项误差指标均符合规范要求，真正实现了"无人值守""自动测报"的目标，为南水北调调水管理提供了及时可靠的技术支撑，为解决河道水流条件复杂或受水工程控制影响下的流量测验提供了有效可行的解决方案。

关键词：二级坝泵站；流量测验；自动系统；误差分析

流量是反映水资源和江河湖库水量变化的基本资料，也是河流最重要的特征值。传统流量测验是在过水断面上用流速仪测量多条垂线流速，再结合断面资料计算出流量。这种方法被广泛应用于天然河道的流量计算中，其作业过程称之为测流。近年来，伴随国内外声呐测流技术发展，电波流速仪、多普勒声学流速剖面仪（ADCP）、雷达式测速仪等在我国也开展了应用，与传统流速仪比较具有技术先进、快速高效、操作便捷等优点，但使用时也要进行比测/校测分析工作。

1 基本原理

以曼宁公式为基础，借助水力学实验方法，从矩形、三角形断面入手，寻求垂线流速与断面平均流速的关系，建立与曼宁公式具有相同结构形式的垂线流速公式。改天然河道中综合糙率为分解糙率，采用断面中2条垂线的实测流速作为已知条件，经垂线流速模型计算各条垂线流速，采用流速面积法计算流量。

天然河道断面一般是不规则的，而不规则断面内垂线流速分布图与倒置的过水断面具有相似特点。根据每条垂线的水深、水面宽和起点距，在若干个水面宽相同、水深不等的矩形水槽中，用矩形断面内垂线流速公式计算出各垂线的"流速"。在糙率 n、比降 S 及流态相同条件下，在水深为 h、水面宽为 B 的矩形断面中，垂线流速沿断面分布图如图1所示；三角形断面垂线流速沿断面分布图如图2所示[1]，不规则断面如图3所示，上包线为矩形断面垂线流速沿断面宽的分布规律，下包线为三角形断面的，中间为不规则断面的。分析不同形状断面垂线流速沿断面宽变化的原因，主要是过水面积的变化。因此，可根据矩形断面与三角形断面内的流速差和两种断面所夹不过水断面面积内插[1-2]。计算公式如下：

$$V_{垂} = \frac{V_{垂(l)} + V_{垂(r)}}{2} \tag{1}$$

$$V_{垂(l)} = V_{矩(l)} - (V_{矩(l)} - V_{三角形(l)})\frac{f_l}{F_l} \tag{2}$$

$$V_{垂(r)} = V_{矩(r)} - (V_{矩(r)} - V_{三角形(r)}) \frac{f_r}{F_r} \tag{3}$$

$$V_{矩(l)} = \frac{\alpha}{n} R_{矩(l)}^{\frac{2}{3}} S^{\frac{1}{2}} \tag{4}$$

$$V_{矩(r)} = \frac{\alpha}{n} R_{矩(r)}^{\frac{2}{3}} S^{\frac{1}{2}} \tag{5}$$

$$V_{三角形(l)} = \frac{\beta}{n} R_{三角形(l)}^{\frac{2}{3}} S^{\frac{1}{2}} \tag{6}$$

$$V_{三角形(r)} = \frac{\beta}{n} R_{三角形(r)}^{\frac{2}{3}} S^{\frac{1}{2}} \tag{7}$$

式中：f_l、f_r 为垂 I 左、右夹在矩形与三角形断面之间的不过水面积；F_l、F_r 为垂 I 左、右的矩形与三角形的面积差；$V_{矩}$ 为矩形断面内垂线左（右）断面平均流速；$V_{三角形}$ 为三角形断面内垂线左（右）断面平均流速；S 为比降；N 为糙率；R 为水利半径；α、β 为矩形、三角形断面的垂线流速改正系数。

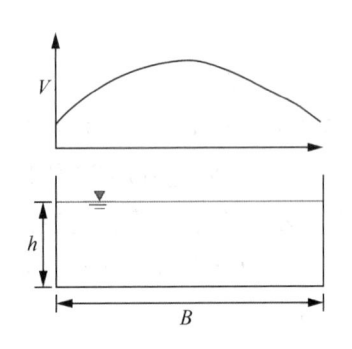

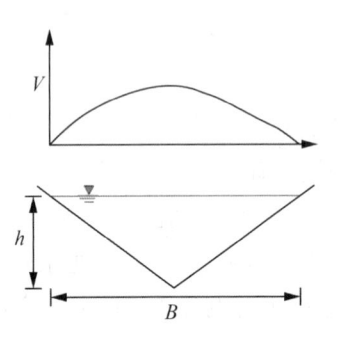

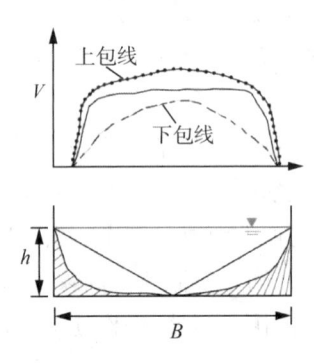

图 1 矩形断面垂线流速分布图   图 2 三角形断面垂线流速分布图   图 3 不规则断面垂线流速分布图

2 测站基本情况

南水北调工程作为国家战略性工程，通过跨流域的水资源合理配置，促进了南北方经济、社会与人口、资源与环境的协调发展。二级坝泵站位于山东省济宁市微山县南四湖二级坝枢纽工程东部，是南水北调东线工程的第十级泵站，泵站设计输水流量 125 m³/s，单机设计流量 31.25 m³/s，设计扬程 3.21 m，装机 5 台后置式灯泡贯流泵。工程主要任务是将水从南四湖下级湖提水至上级湖，实现南水北调东线工程的梯级调水目标。

二级坝泵站水量监测站 2015 年 1 月设立，该站为南水北调水量监测专用站，领导机关为淮河水利委员会水文局（信息中心）。测站位于山东省济宁市微山县欢城镇二级湖闸，测验河段为梯形断面，岸坡与河底平整，河段顺直，水流平缓，断面稳定，无冲淤现象，左右两岸为混凝土护坡。该站上游 150 m 为泵站清污机桥，300 m 为泵站主体工程，下游约 1 km 为南四湖湖区。座底式自动流量系统传感器分别布设在起点距 40.0 m、70.0 m 位置。

3 座底式自动流量系统

3.1 总体架构

座底式自动流量系统采用四层架构设计,分别是信息采集层、数据集成层、数据存储层、应用层。其中信息采集层在监测点,数据集成层、数据存储层、应用层放在相关信息中心。监测点拥有信息采集功能,安装的设备主要有传感器支撑平台、传感器、数据处理仪表、相关的通信设备等。监测点将现场水位、流速、设备状态等数据通过 GPRS(或 ADSL)上传至信息中心服务器。信息中心配备有数据库服务器与网页服务器,运行数据集成、数据存储和应用层。信息中心接收上传的水位、流速及设备状态等数据,通过流量计算模型,计算出流量。最终,水位、流速、流量、系统状态等数据在信息中心进行集成。开发基于网页的信息查询、数据维护处理系统,便于用户查询信息和进行数据维护。

3.2 系统特点

(1) 流量监测为实时在线式:每 5 分钟自动采集并上传一次瞬时流量,真正实现无人在线自动测流。

(2) 无须开展大量率定工作,设备安装调试经比测合格后,即可投入运行。

(3) 系统精度稳定可靠,对于小流量等人工较难测的流量,本系统也能实时监测。

(4) 功能全面:系统涵盖流速数据采集、流量计算模型、数据上传、数据入库、在线流量信息查询等多项功能。

(5) 维护方便:系统配套的软件部分功能全面稳定,可即时升级;系统水下部分有升降装置,维护时可将传感器升至水面以上进行维护。

(6) 系统基本无土建工程,价格便宜;传感器采用座底式安装,不受漂浮物影响。

4 监测成果分析

4.1 误差分析

通过与实测流量进行对比分析,确保自动流量系统监测精度。测站流量测验采用电动循环缆道拖挂走航式 ADCP 的方式,监测频次为调水期间每日 2 次。二级坝泵站座底式自动流量系统于 2018 年 11 月安装调试完成,2019 年 1 月投入运行。

选取 2019 年 218 次实测流量进行比测率定分析,实测流量(Q)与自动流量系统(Q_z)相对误差 Δ 统计分析表详见表 1,相对误差的绝对值在 1% 以内的占比 31%,在 3% 以内的占比 71%,在 5% 以内的占比达到 92%;相对误差的绝对值在 5%~10% 之间的测次有 18 次,占比为 8%。

表 1 实测流量与自动流量系统值相对误差分析统计表

Δ	$\|\Delta\|\leqslant 1\%$	$1\%<\|\Delta\|\leqslant 3\%$	$3\%<\|\Delta\|\leqslant 5\%$	$5\%<\|\Delta\|\leqslant 10\%$	$\|\Delta\|>10\%$	合计
测次	67	87	46	18	0	218
占比	31%	40%	21%	8%	0%	100%

4.2 定线精度分析

点绘 Q 与 Q_i 关系点分布图和一条斜率为 45°的线,如图 4 所示。关系点与 45°线越靠近,表示 Q 与 Q_i 越接近,二者误差越小,当关系点恰好在 45°线时,则代表 Q 与 Q_i 值相等。由图 4 可知,Q 与 Q_i 关系点整体呈 3 簇分布在 45°线附近,这是受二级坝泵站工况变化影响所致,泵站单机设计流量 31.25 m^3/s,图中 3 簇点云由小到大分别代表泵站 1 台机组、2 台机组、3 台机组运行下流量情况。图 4 中关系点较好的分布于 45°线两侧,表示自动流量系统值与实测值误差较小。同时可知泵站机组运行状态良好,抽水流量基本都维持在设计值左右;2019 年二级坝泵站调水期间主要以 3 台、2 台机组运行为主。经计算,置信水平为 95%的随机不确定度为 5.2%,达到一类精度站要求。泵站不同机组运行工况下的随机不确定度详见表 2。

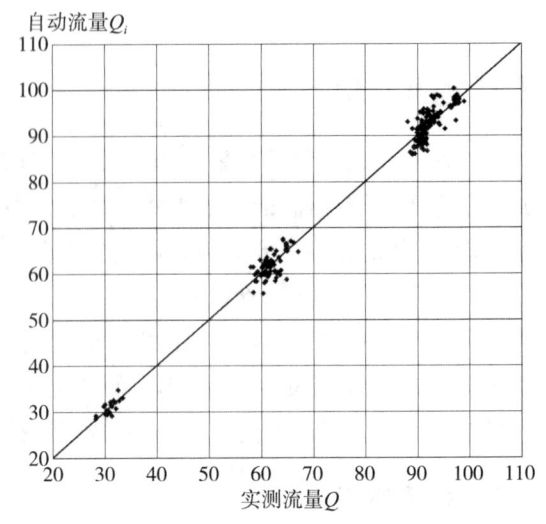

图 4 实测流量与自动流量值关系点分布图(m^3/s)

表 2 泵站不同工况运行下随机不确定度统计表

工 况	测 次	标准差 S_e(%)	随机不确定 X_Q(%)
1 台机组	19	3.6	7.3
2 台机组	74	3.4	6.7
3 台机组	125	2.5	5.0

注:根据《水文资料整编规范》要求,随机不确定度 X_Q 定线精度指标为:一类精度的水文站 8%。

4.3 关系线检验

按照规范要求,关系曲线应开展"三性检验",即符号检验、适线检验和偏离数值检验,计算结果见表 3[3-4]。

表 3 关系曲线三性检验统计表

分 类	k 与 p	n 与 S_p	统计量 μ 与 t	临界值	是否接受
符号检验	106	218	0.271	1.15	合理,接受假设
适线检验	114	218	−0.815	1.28	合理,接受假设
偏离数值检验	−0.001	0.20	−0.005	1.28	合理,接受假设

注:p 表示平均相关偏离值,S_p 表示 p 的标准差。

5 结语

通过分析,二级坝泵站座底式自动流量监测系统的随机不确定度、关系线检验均满足规范要求。流量自动监测系统运行稳定,监测时效性强,精度可靠,可以为调水监测及管理提供良好的技术支撑。同时本次研究分析还存在以下不足:(1)流量自动监测系统比测时段仅为 2019 年 1 年,当年 1 台机组实测次数不足30次,无4台机组运行工况,比测还不够完整全面,建议结合后期调水情况,继续开展自动系统比测工作。(2)本次比测实测流量测验采用的走航式ADCP,按规范要求新仪器应与流速仪进行比测,建议适时采用流速仪进行比测分析。

[参考文献]

[1] 熊珊珊,潘卉,王光磊.二线能坡法流量测验方法探讨[J].水文,2015,35(6):87-89.
[2] 王德维,胡必要,周云,等.基于二线能坡法的自动测流系统设计与应用研究[J].江苏水利,2016(5):33-38.
[3] 水利部水文局(水利部水利信息中心).河流流量测验规范:GB 50179—2015[S].北京:中国计划出版社,2016.
[4] 水利部长江水利委员会水文局.水文资料整编规范:SL/T 247—2020[S].北京:中国水利水电出版社,2021.

[作者简介]

张白,男,生于1991年12月,工程师,主要从事水文水资源监测及分析评价与水利自动化方面的研究,15056354650,zhangbai@hrc.gov.cn。

弯曲河道挖入式码头工程建设对河道冲淤分布的影响分析
——以周口港为例

徐雷诺[1]　李江林[2]　刘开磊[1]

(1. 淮河水利委员会水文局(信息中心)　安徽 蚌埠　233001；
2. 浙江省水利水电勘测设计院有限责任公司　浙江 杭州　310000)

摘　要：本研究以周口港为例，利用Delft软件建立三维水沙数值模型，研究了挖入式码头工程建设对河道冲淤分布的影响。结果表明工程建设对弯道前半段的影响明显大于后半段，工程虽然建在河道右岸，但对左岸的影响同样很大，加剧了河道左岸的淤积，且淤积增量随上游来流来沙量的增大而增大；同时，随着来流来沙量的增大，工程建设对河道左右岸的影响范围反而均有所减小。对主河槽的影响主要体现在对港区入口段，来流来沙量较大时，会加剧冲刷，来流来沙量较少时，会由冲转淤。研究成果对于衡量码头建设对河道冲淤影响具有一定指导意义，同时亦可为工程建成后的运行管理提供依据。

关键词：挖入式港池；码头工程；数值模拟；泥沙特性

1　引言

挖入式港池作为一种常见的港口平面布置形式，在我国内河港口中得到了广泛的应用[1]，其优点是可延长码头岸线，多建泊位，掩护条件较好，缺点是开挖土方量较大，在含沙量大的地方易受泥沙回淤的影响。港口码头的建设会对附近河道的流态、流速以及水位产生显著影响，复杂的水流状态、港池的淤积也会影响码头的正常使用[2-3]，所以分析研究码头工程对河道水动力特性、泥沙冲淤特性等方面的影响具有十分重要的实际意义[4-5]。周口港位于河南省东南部周口市境内的沙颍河南岸，该段河道弯曲，水流条件较为复杂。因地方规划等条件限制，周口港码头工程选址在弯道段的凸岸一侧，港口布置形式采用挖入式港池，对河道断面形状的改变较大。

目前，对于挖入式港池虽然已开展了较为系统的研究[6]，袁涛峰等[7]、王剑楠等[8]采用平面二维水流数学模型，分析了港池对工程河段水流条件、通航条件的影响，并提出优化措施建议；沈小雄等[9]通过模型试验观察描述了挖入式港池回流的形成过程；葛建忠等[10-11]基于FVCOM模型对长江口横沙浅滩挖入式港池规划方案的不同平面布置进行了模拟分析对比；戴勇等[12]基于$k-\varepsilon$双方程紊流模型建立了三维数学模型，研究不同港池轴线与主流流向的夹角对港池内水流运动特性的影响；王家会等[13]研究了微分方程迭代求解时的"不同步修正"方法对港池水流流态、自由水面位置、垂线平均流速的影响。上述研究中，码头工程多位于顺直河段，部分研究采用概化模型在实验室尺度下进行，侧重于机理研究。依托实际工程，有关弯曲河道上具有挖入式港池的码头工程水动力特性的研究成果尚不多见。

本研究采用数值模拟方法，针对周口港码头工程这一选址条件较为特殊的工程案例开展弯曲河道挖入式码头工程建设对河道冲淤分布影响方面的研究，成果对于衡量码头建设，尤其是弯曲河道码头建设对河道冲淤的影响具有一定指导意义,同时亦可为工程建成后的运行管理提供依据。

2 模型建立

2.1 模型简介

Delf3D 模型是荷兰 Delft 研究所开发的多维(二维和三维)水动力模拟软件,适用于海岸、河流及河口地区的数值模拟,包含水流、泥沙、波浪、水质、形态演变和生态 6 个模块。本研究以 Delft3D-Flow 模型为基础,使用水动力模块和泥沙模块来构建三维水沙模型。模型可直接对流体动力学偏微分方程进行求解,计算稳定性较强。

2.2 控制方程

采用 Deflt3D 软件建立 σ 坐标系下的三维水沙数值模型,为更好地贴合天然河道的不规则边界,平面采用正交曲线网格[14],垂向采用 σ 坐标系,该坐标系定义为:

$$\sigma = \frac{z-\zeta}{d+\zeta} = \frac{z-\zeta}{H} \tag{1}$$

式中:z 为沿垂直方向的实际坐标;ζ 为相对于参考平面的水头;d 为相对于参考平面($z=0$)的水深;H 为总水深。

ξ-η-σ 坐标系下,不可压缩流体的连续性方程如下:

$$\frac{\partial \zeta}{\partial t} + \frac{1}{\sqrt{G_\xi}\sqrt{G_\eta}} \left(\frac{\partial [(d+\zeta)U\sqrt{G_\eta}]}{\partial \xi} + \frac{\partial [(d+\zeta)V\sqrt{G_\xi}]}{\partial \eta} \right) = (d+\zeta)Q \tag{2}$$

式中:$\sqrt{G_\xi}$、$\sqrt{G_\eta}$ 为将直角坐标系(x,y)转换到正交曲线坐标系(ξ,η)的转换系数;U、V 为 ξ、η 方向上沿水深的平均流速;Q 为单位面积上的流量变化。

动量方程如下:

$$\frac{\partial u}{\partial t} + \frac{u}{\sqrt{G_\xi}}\frac{\partial u}{\partial \xi} + \frac{v}{\sqrt{G_\eta}}\frac{\partial u}{\partial \eta} + \frac{\omega}{d+\zeta}\frac{\partial u}{\partial \sigma} - \frac{v^2}{\sqrt{G_\xi}\sqrt{G_\eta}}\frac{\partial \sqrt{G_\eta}}{\partial \xi} + \frac{uv}{\sqrt{G_\xi}\sqrt{G_\eta}}\frac{\partial \sqrt{G_\xi}}{\partial \eta} - fv = \\ -\frac{1}{\rho_0\sqrt{G_\xi}}P_\xi + F_\xi + \frac{1}{(d+\zeta)^2}\frac{\partial}{\partial \sigma}\left(v_v\frac{\partial u}{\partial \sigma}\right) + M_\xi \tag{3}$$

$$\frac{\partial v}{\partial t} + \frac{u}{\sqrt{G_\xi}}\frac{\partial v}{\partial \xi} + \frac{v}{\sqrt{G_\eta}}\frac{\partial v}{\partial \eta} + \frac{\omega}{d+\zeta}\frac{\partial v}{\partial \sigma} + \frac{uv}{\sqrt{G_\xi}\sqrt{G_\eta}}\frac{\partial \sqrt{G_\xi}}{\partial \eta} + fu = -\frac{1}{\rho_0\sqrt{G_\eta}}P_\eta \\ + F_\eta + \frac{1}{(d+\zeta)^2}\frac{\partial}{\partial \sigma}\left(v_v\frac{\partial v}{\partial \sigma}\right) + M_\eta \tag{4}$$

式中:u、v、ω 为 ξ、η、σ 方向上的流速分量;P_ξ、F_ξ、M_ξ 为 ξ 方向上的静水压力梯度、紊动动量通量、源项;P_η、F_η、M_η 为 η 方向上的静水压力梯度、紊动动量通量、源项;ρ_0 为水体密度;f 为柯氏力系数;v_v 为垂向涡动系数。

根据静压假设,用静水压力方程近似表示垂直方向的动量方程。不考虑床面地形突变和浮力效应产生的垂向加速度,可得水压力分布方程:

$$\frac{\partial P}{\partial \sigma} = -\rho g H \tag{5}$$

水平方向为正交曲线坐标,垂直方向为笛卡尔坐标的泥沙输运方程如下:

$$\frac{\partial(d+\zeta)C}{\partial t}+\frac{1}{\sqrt{G_{\xi\xi}}\sqrt{G_{\eta\eta}}}\left\{\frac{\partial\left[\sqrt{G_{\eta\eta}}(d+\zeta)uC\right]}{\partial\xi}+\frac{\partial\left[\sqrt{G_{\xi\xi}}(d+\zeta)vC\right]}{\partial\eta}\right\}+\frac{\partial(d+\zeta)wC}{(d+\zeta)\partial\sigma}=\\ \frac{d+\zeta}{\sqrt{G_{\xi\xi}}\sqrt{G_{\eta\eta}}}\left\{\frac{\partial}{\partial\xi}\left(D_H\frac{\sqrt{G_{\eta\eta}}}{\sqrt{G_{\xi\xi}}}\frac{\partial C}{\partial\xi}\right)+\frac{\partial}{\partial\eta}\left(D_H\frac{\sqrt{G_{\xi\xi}}}{\sqrt{G_{\eta\eta}}}\frac{\partial C}{\partial\eta}\right)\right\}+\frac{1}{d+\zeta}\frac{\partial}{\partial\sigma}\left(D_V\frac{\partial C}{\partial\sigma}\right) \quad (6)$$

式中:C 为悬移质浓度(kg/m³);D_H 为水平涡动扩散系数;D_V 为垂向涡动扩散系数。

通常情况下,水平涡动扩散系数 D_H 大于垂向涡动扩散系数 D_V。水平涡动扩散系数主要与紊流涡动黏性系数和雷诺平均方程或其他未解决的水平混合有关。因此,定义水平涡动扩散系数如下:

$$D_H = D_V + D_H^{\text{back}} \quad (7)$$

式中:D_H^{back} 为背景水平涡动扩散系数。

垂向涡动扩散系数定义为:

$$D_V = \frac{\nu_{\text{mol}}}{\sigma_{\text{mol}}} + \max(D_{3D}, D_V^{\text{back}}) \quad (8)$$

式中:ν_{mol} 为水分子的运动黏性系数;σ_{mol} 为分子普朗特数,$\sigma_{\text{mol}} = 6.7$;$D_{3D}$ 为紊流模型的垂向扩散系数;D_V^{back} 为背景垂向涡动扩散系数。

2.3 求解方法

本研究将一个时间步长分作两个时间层,每一层上分别交替改变方向隐式求解控制方程[15-16]。在计算区域上布置交错C网格,防止出现棋盘式的物理量分布。模型中将水位等标量性变量布置在网格单元的中心,流速等矢量性变量布置在单元面上,计算采用迎风格式和中心差分格式来离散对流项和扩散项,用循环隐式进程的有限差分ADI算法求解控制方程,每一时间步交替地沿 ξ、η 方向扫描。区域平面网格数为800×100,垂向为15层,图1为计算区域平面网格示意图。

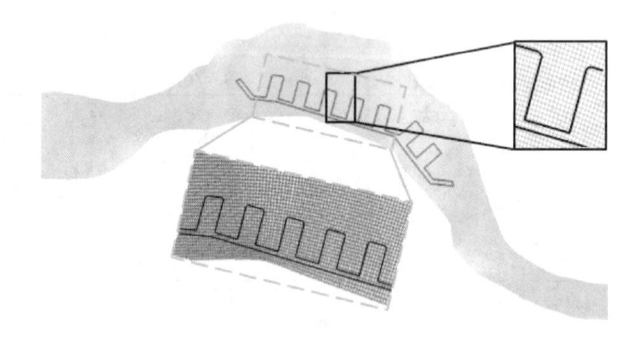

图 1　计算区域平面网格划分

3　计算工况及结果分析

为研究码头工程建设对所在河道冲淤的影响,收集了沙颍河周口水文站的水文资料,并对各水文年的水文资料进行统计分析。依据历年径流量和年输沙率资料,分析了1984—2013年的多年平均径流量为27.04亿m³,多年平均输沙率为66.01 kg/s。在此系列中2000年为丰水丰沙年份,1989年为平水平沙年,1993年为枯水少沙年份,各典型年的水沙特性见表1。

表1 典型年水沙参数

年份	径流量(亿 m³)	洪峰流量(m³/s)	最大含沙量(kg/m³)	输沙率(kg/s)
2000	64.78	2 890	6.86	416
1989	31.32	1 220	9.16	109
1993	6.61	246	13.1	40.4

受自然和地理因素的影响,沙颍河周口段各水文年中非汛期的含沙量均较小,冲淤作用主要发生在汛期。故本研究选取水量和含沙量均相对较大的丰水丰沙年和平水平沙年这两种特征水文年的汛期来水来沙条件作为计算工况来研究工程建设对河道冲淤所产生的影响。考虑到模型的计算速度并结合汛期的水文数据,选取6月25日到8月25日两个月的水位、流量及含沙量的时间序列作为模型上下游的边界条件。本研究只考虑悬沙对港区冲淤的影响,悬沙中值粒径取 27 μm,计算工况如表2所示。

表2 典型水文年工况设置

工况	水位流量及含沙量	中值粒径	备注
工况1	丰水丰沙年	27 μm	工程后
工况2	丰水丰沙年	27 μm	工程前
工况3	平水平沙年	27 μm	工程后
工况4	平水平沙年	27 μm	工程前

为便于观察分析计算结果,从港区入口到出口的河段内等距设置了6个观测断面,并在每个观测断面主河槽和左右岸附近分别设置观测点,如图2所示。

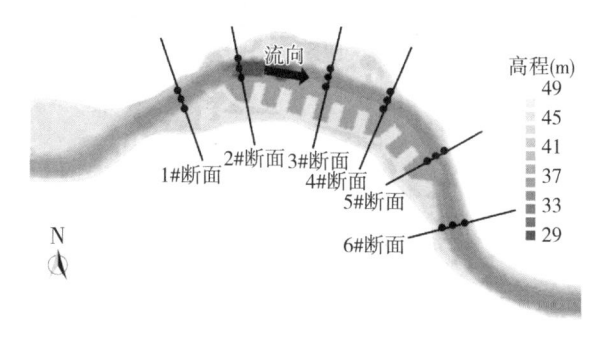

图2 观测断面及观测点分布

3.1 丰水丰沙年港区冲淤特性

图3为丰水丰沙年条件下港区冲淤分布。由图3可知,工程建设前,受主流向左岸偏移影响,工程河段右岸的淤积长度和淤积量均明显高于左岸,弯道前半段尤为明显。由于该河段左岸地势相对较低,汛期时主流偏移较容易产生漫滩,使得左岸滩地也产生较多淤积。

工程建成后,工程河段的冲淤分布未发生明显改变,由于过水断面扩大,减缓了主流的偏移,使得左岸的淤积量和淤积河段长度相对工程前有所增大。同时,港池的开挖使得港区入口处、右岸靠近主河槽区域的淤积量有所减小。各港池内的淤积量基本相同。

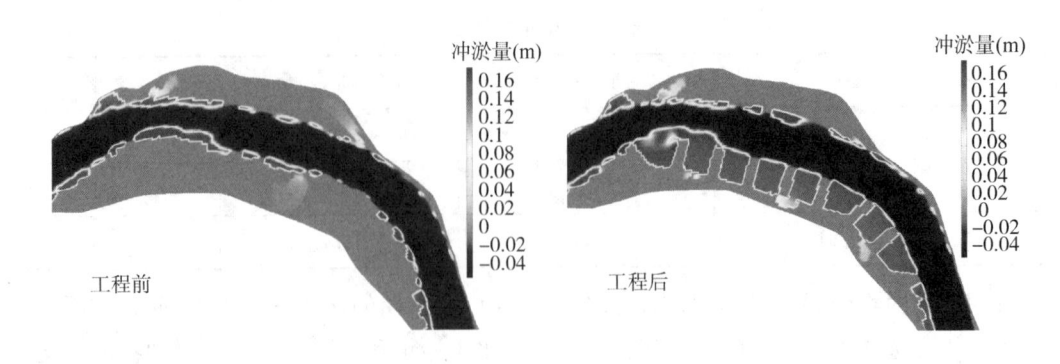

图 3 丰水丰沙年港区冲淤特性

为充分衡量工程建设对河道冲淤的影响,在每个监测断面上左岸、主河槽和右岸各取一点(见图2),计算工程建成前后,河道沿程淤积量的差值(差值=工程后冲淤量-工程前冲淤量)计算结果如图4所示。

由图 4 可知,丰水丰沙年条件下,工程建设对左右岸及主河槽的影响差异较大。工程建成后,由于河道断面有所改变,加剧了港区前半段主河槽的冲刷,但其他河段的变化较小;港区左岸大部分河段的淤积量有所增加,最大增量达到 0.03 m 左右,出现在港区入口附近,主要是因为港池开挖增大了过流断面,削弱了主流偏移的影响;港区右岸则出现前半段淤积量减小,后半段小部分河段淤积量增加的情况,最大减小值同样接近 0.03 m,最大增量为 0.01 m 左右,因为港区前半段受到凹岸顶托作用的影响,主流偏移到凸岸附近,港池的开挖增加了港池口门附近的流速,减缓了淤积。

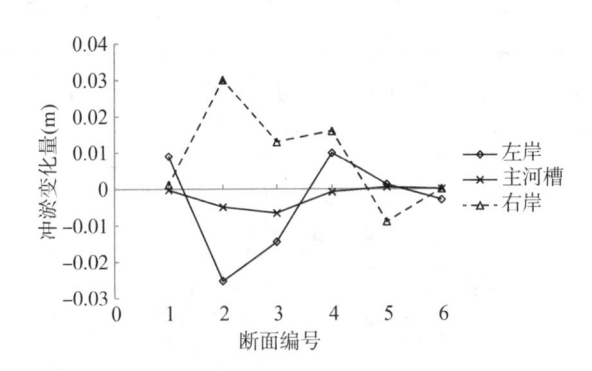

图 4 丰水丰沙年工程前后港区冲淤量沿程差值

3.2 平水平沙年港区冲淤特性

图 5 为平水平沙年条件下港区冲淤分布。由图 5 可知,相比于丰水丰沙年,平水平沙年工况下,港区内淤积范围有所增大,主要是受河道内流速下降、港区入口处的深坑由冲转淤影响;河道左右岸的淤积量有所减少,但左岸的淤积范围有所增加,且弯道弯顶处的淤积量出现较明显的增大。工程建成后,河道左右岸的淤积现象明显加剧,左岸的淤积河段有明显延长。

图 6 为平水平沙年条件下工程建成前后港区冲淤量沿程差值分布图。由图 6 可知,工程建设对河道冲淤的影响基本受工况变化的影响较小,两种工况下冲淤量差值的浮动范围小于 0.01 m;平水平沙年条件下,工程建设对主河槽和左岸的影响范围有所减小,但最大冲淤量均有小幅增加,河道右岸原本发生冲刷的河段,由冲改淤。

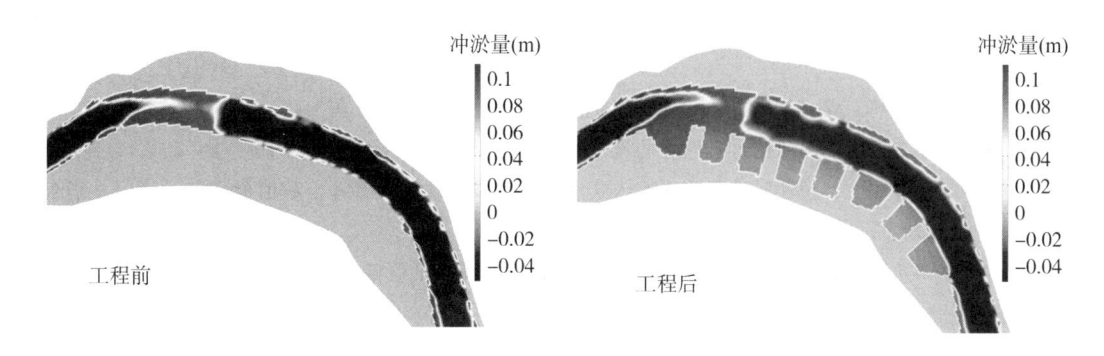

图 5　平水平沙年港区冲淤特性

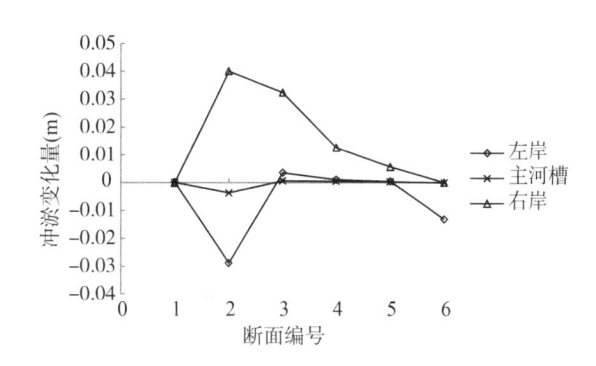

图 6　平水平沙年工程前后港区冲淤量沿程差值

4　结论

本研究采用已建立的周口港码头工程三维水沙模型,选取两种水文特征年进行了模拟计算,分析了工程河段的冲淤特性。计算结果表明:

(1) 工程建设对弯道前半段的影响大于后半段,工程虽然建在河道右岸,但对左岸的影响同样很大,加剧了河道左岸的淤积,且淤积增量随上游来流来沙量的增大而增大;同时,随着来流来沙量的增大,工程建设对河道左右岸的影响范围反而均有所减小。

(2) 工程建设对主河槽的影响主要体现在对港区入口段,来流来沙量较大时,会加剧冲刷,来流来沙量较少时,会由冲转淤。

[参考文献]

[1] 韩时琳,赵利平,贺晖. 我国内河挖入式港池现状分析[J]. 水运工程,2003(4):44-45.

[2] 杨春瑞. 码头工程防洪评价中壅水计算公式浅析[J]. 工程与建设,2012,26(1):54-56.

[3] 胡清玲,蔺秋生,高海静,等. 河道范围内修建码头工程的防洪影响评价[J]. 人民长江,2008(10):23-25.

[4] 王玲玲,徐雷诺. 周口港弯道码头工程水动力特性研究[J]. 河海大学学报(自然科学版),2018,46(2):134-139.

[5] 刘俊勇. 涉水码头工程防洪补救措施典型案例分析[J]. 人民珠江,2013,34(5):16-19.

[6] 韩时琳,赵利平,贺晖. 我国内河挖入式港池现状分析[J]. 水运工程,2003(4):43-45.

[7] 袁涛峰,周卫东. 唐坊码头工程挖入式港池对航道的影响及对策研究[J]. 中国水运(下半月),2015,15(7):257-259+263.

[8] 王剑楠,李彬,郑国栋,等. 内河挖入式港池洪水演进数值模拟[J]. 人民黄河,2015,37(8):43-47.

[9] 沈小雄,韩时琳,刘虎英. 内河挖入式港池回流范围的试验研究[J]. 长沙交通学院学报,2003(2):49-54.

[10] 葛建忠,郭文云,丁平兴. 长江口横沙浅滩挖入式港池对流场的影响分析Ⅰ:数值模型和验证[J]. 华东师范大学学报(自然科学版),2013(4):79-90.

[11] 葛建忠,郭文云,丁平兴,等. 长江口横沙浅滩挖入式港池对流场的影响分析Ⅱ:对周边流场影响[J]. 华东师范大学学报(自然科学版),2013(4):91-105.

[12] 戴勇,王定略. 内河挖入式港池回流流速分布规律的数值模拟[J]. 水道港口,2012,33(4):299-302.

[13] 王家会,李岩,袁月平,等. 挖入式港池水流特性数值模拟[J]. 人民黄河,2009,31(6):36-37+41.

[14] Ye J, McCorquodale J A. Simulation of curved open channel flows by 3D hydrodynamic model[J]. Journal of Hydraulic Engineering,1998,124(7):687-698.

[15] 金忠青. N-S方程的数值解和紊流模型[M]. 南京:河海大学出版社,1989:92-97,179-248,57-63.

[16] 汪德爤. 计算水力学理论与应用[M]. 南京:河海大学出版社,1989.

[作者简介]

徐雷诺,男,生于1991年11月,工程师,主要从事水资源管理方面的工作和计算水力学方面的研究,0552-3093337,xln@hrc.gov.cn。

[基金资助]

国家重点研发计划项目(2016YFC0400909)。

南水北调东线二期工程大型灯泡贯流泵机组轴系稳定研究

胡大明　舒刘海

(中水淮河规划设计研究有限公司　安徽 合肥　230601)

摘　要：南水北调东线二期工程二级坝泵站采用的后置灯泡贯流泵机组是目前国内单机流量最大的灯泡贯流机组。通过对典型工况进行CFD模拟分析，获取各工况的下的转速、荷载、压力脉动时的频域特性等边界条件，进行静应力分析和水泵模态分析，为后续贯流泵机组设计提供理论依据和技术支撑，为类似灯泡贯流泵装置水力设计和稳定性分析提供一定的参考。

关键词：大型灯泡贯流泵机组；轴系稳定；南水北调东线二期

1　工程概述

南水北调东线二期工程二级坝泵站是南水北调东线工程的第十级抽水梯级泵站，工程主要任务是将调入南四湖下级湖的水源提至上级湖，实现南水北调东线工程的梯级调水目标，泵站设计输水流量320 m³/s，拟采用6台套(5用1备)单机流量64 m³/s的灯泡贯流泵机组。本工程的灯泡贯流泵机组单机流量大，国内外使用案例较少，且单机流量超过了目前国内外已经使用的同类型机组；保持泵机组的轴系稳定是确保机组运行稳定的关键之一，因此对泵机组轴系稳定进行相关研究非常必要。

2　当前研究进展

在水利工程领域，CFD主要应用在以下几个方面：叶轮研究、水轮机管道、泵站流道等。吕建新、许跃华[1]结合蔺家坝泵站的设计数据，通过CFD实验分析证明灯泡贯流泵的支撑形状及尾部形状的优化可以降低设备的水力损失。徐朝晖等[2]利用RNG湍流模型，建立相应的滑移网格交互界面，对水泵内部因湍流干扰而引起的特殊水力特性进行计算，发现压力脉动的频率规律。王福军等[3]基于数值模拟技术发现转轮与导叶间的动静干扰是主要脉动源之一。龙慧等[4]、施卫东等[5]对部件模态特性进行分析，发现湿模态分析更符合真实的运行条件。

上述研究在计算时，均未对轴系稳定进行相关研究。本文通过建立灯泡贯流泵装置的模型并研究其水力特性，获取各工况下转速、荷载、压力脉动时的频域特性等边界条件，进行静应力分析和水泵模态分析，从而对轴系稳定进行系统分析，研究大型灯泡贯流泵机组的轴系稳定。

3 数值模拟基本理论及计算模型

3.1 数学模型与控制方程

湍流模型是指以雷诺平均运动方程与脉动运动方程为基础,依靠理论与经验的结合,引进一系列模型假设而建立起的一组描写湍流平均量的封闭方程组。流体动力学的基本方程——N-S方程,它包含连续性方程、动量方程和能量方程[6]。

假定流体是不可压、定常流动,即密度 ρ 为常数,且 $d\rho/dt = 0$。不考虑能量方程,N-S方程组可以表述成以下形式。

连续方程:

$$\frac{\partial(\rho v_i)}{\partial x_i} = 0 \tag{1}$$

动量方程张量:

$$\frac{\partial(\rho v_j v_i)}{\partial x_j} = -\frac{\partial p^*}{\partial x_i} + \frac{\partial\left[\mu_{eff}\left(\frac{\partial v_i}{\partial x_j} + \frac{\partial v_j}{\partial u_i}\right)\right]}{\partial x_j} \tag{2}$$

式中:ρ 为流体密度;x_i ($i=1,2,3$)代表坐标系坐标轴;v_i 为雷诺时均速度;p^* 是包括流动扰动能 k 的静压力,即 $p^* = p + 2/3\rho k$;μ_{eff} 为有效黏性系数,等于分子黏性系数 μ 与 Boussinesq 涡团黏性系数 μ_t 之和,即 $\mu_{eff} = \mu + \mu_t$。

3.2 模态分析原理

当外界的激励频率与物体的固有频率大小类似时,则有可能发生共振而对水力机械产生破坏。为了避免在实际运行中发生共振的情况,利用模态分析,可得出相关结构的固有频率。模态分析是一种对结构振动特征分析的有效方法和手段,在设计时,避免其固有频率与外界的激励频率相同,从而避免共振发生。

当固体发生自由振动而外界不产生激励时,即为无载荷运动。以汉密尔顿原理为理论依据,可得出无阻尼自由振动方程:

$$[M]\{\ddot{u}\} + [K]\{u\} = \{0\} \tag{3}$$

式中:$\{u\}$ 为位移向量;$[M]$ 为质量矩阵;$\{\ddot{u}\}$ 为加速度向量;$[K]$ 为刚度矩阵。

如果是线性结构,其自由振动的规律为:

$$\{u\} = \{X\}_i \cos \omega_i t \tag{4}$$

式中:ω_i 为第 i 阶频率;$\{X\}_i$ 为第 i 阶频率所对应的振型。

将(3)代入(4)可得:

$$([K] - \omega^2[M])\{X\}_i = 0 \tag{5}$$

3.3 物理计算模型的建立及网格划分

根据灯泡贯流泵装置方案 CAD 图纸,对水泵模型进行了 1∶1 的三维几何建模。模型如图 1

所示。

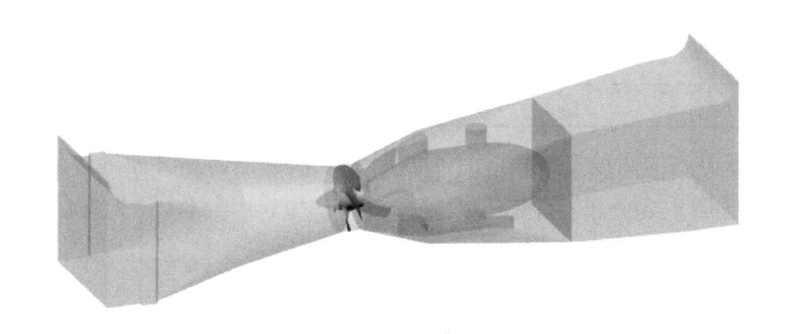

图 1 灯泡贯流式水泵三维模型

将水泵模型分成进水流道、转轮段、导叶段和出水流道四部分，由于转轮部分结构较为复杂，并且考虑到要计算精度，因此对转轮部分进行网格加密。图 2 所示为网格划分结果示意图。

图 2 网格划分结果示意图

3.4 边界条件

针对灯泡贯流泵模型，其边界条件设定如下：

(1) 进口边界条件：进口设置在进水流道的进口断面，采用压力进口条件。

(2) 出口边界条件：将计算流场的出口设置在出口流道的出口断面，出口断面采用压力出口边界条件。

(3) 壁面条件：紊流模型不适用于壁面边界层内的流动，所以对壁面需进行处理才能保证模拟的精度。泵装置的进、出水流道、叶轮的轮毂、外壳及导叶体均设置为静止壁面，应用无滑移条件，近壁区采用壁面函数。

(4) 动静交接：在对竖井贯流泵开展定常数值模拟计算时，转轮体区域采用旋转坐标参考系，其他过流区域采用静止坐标系统；在对水泵展开非定常数值模拟计算时，转轮体区域采用滑动网格技术。

水泵的扬程即出水流道出口断面和进水流道进口断面总压之差。

4 叶片净应力计算分析

通过单向流固耦合计算得到灯泡贯流泵在各个叶片安装角下最大扬程下的最大等效应力和最大总变形分布情况。当水泵运行时，由于水的反作用压力，叶片产生了变形。叶片变形主要发生在叶片的进水边侧，出水边的变形很小，而且进水边侧水泵总变形沿着轮毂到轮缘方向逐渐变大。由图 3～图 6 可知叶片在各个工况下的静应力分布和变形分布情况大致相同，只是在数值大小上有所差异。各个工况下叶片的最大静应力值和最大变形量值如表 1 所示。

表 1 叶片静应力及变形计算结果

安放角(°)	扬程(°)	最大等效应力(MPa)	最大位移值(mm)
+4	3.8	28.923	2.072 9
0	3.8	18.107	1.187 8

图 3~图 6 为计算得到的两种安放角叶片不同工况下轴系正面和背面的等效应力分布情况,可以看出叶片应力最大的区域主要分布在轮毂与泵轴连接的部位,变形最大位置在叶片边缘。

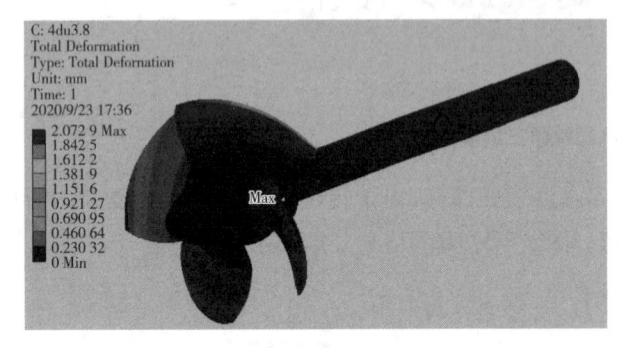

图 3 最大扬程工况下+4°轴系变形分布图　　　　图 4 最大扬程工况下0°轴系变形分布

图 5 最大扬程工况下+4°轴系应力分布

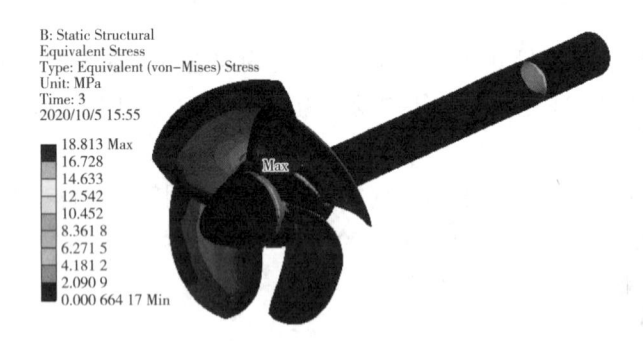

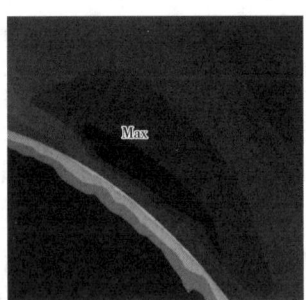

图 6 最大扬程工况下0°轴系应力分布

5 水泵模态分析

通过模态分析计算方法可计算出不同角度下的叶轮转子在水中前八阶的固有频率,如表2所示。图 7 为转子系统在水中前八阶振型,从中可以看出,叶片越往负角度偏转,其固有频率呈下降的趋势,但差别较小。其中叶轮转子在 2、3 阶，4、5 阶和 6、7 阶的固有频率基本相同，为计算的重根。

表 2 叶轮转子在空气中的固有频率

	1	2	3	4	5	6	7	8
湿模态	53.679	53.68	53.73	53.995	61.817	61.831	86.462	105.5

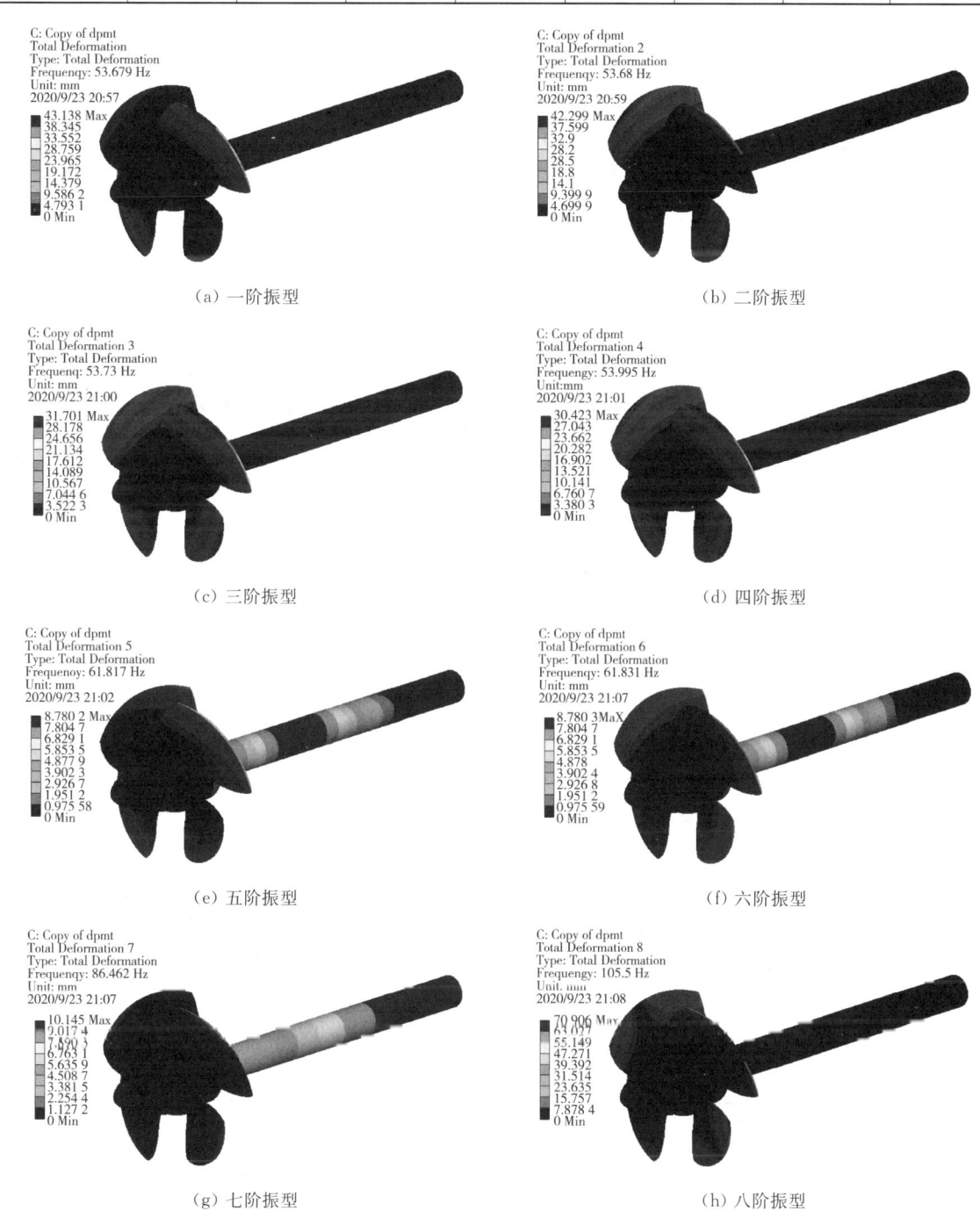

(a) 一阶振型

(b) 二阶振型

(c) 三阶振型

(d) 四阶振型

(e) 五阶振型

(f) 六阶振型

(g) 七阶振型

(h) 八阶振型

图 7 转子系统在水中前八阶振型

6 水泵压力脉动特性

当机组突然断电时，水倒流经过泵，叶轮反转，这时产生的最大反转转速为飞逸转速。通过 CFD

模拟分析,水流流向反向,以额定转速为基础,进行转速放大求解,监测泵的输入功率为零时所对应的转速为事故工况(断电飞逸工况)下轴系的最大飞逸转速,为之后进行飞逸工况流场计算以及轴系在事故工况下的有限元分析提供转速边界条件。经计算,机组在+4°和0°时的最大飞逸转速分别为143.62 r/min 和 159.1 r/min。

为了获得该灯泡贯流泵运转时内部各处的压力脉动信息,在泵转轮进口、导叶进口、出口端进口设置了若干监测点,如图8所示,在转轮的进口处,从轮缘到轮毂,设置的3个点分别是a1~a3;在转轮内部,从轮毂到轮缘,均匀布置了3个点,分别是b1~b3;在转轮出口处,均匀布置了3个点,分别是c1~c3,考虑到轮毂与壁面的影响,本文对a2、b2、c2监测点进行数据分析。为了使计算的结果较为准确稳定,在计算过程中,选取了4个周期为采样时间,而在进行压力脉动特性分析的时候,只选取了最后2个周期的数据。

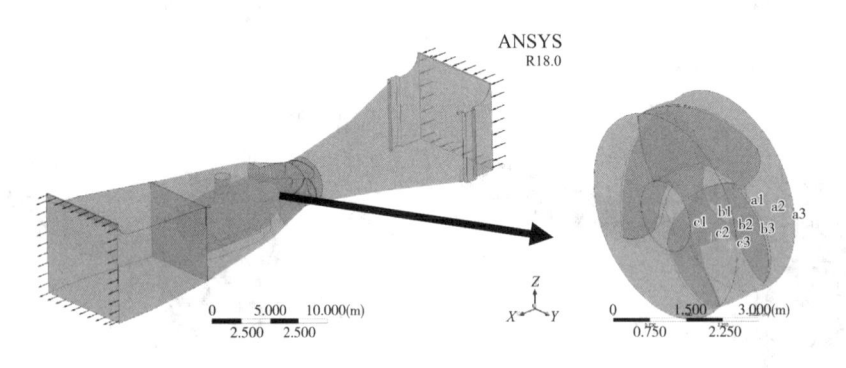

图 8 压力脉动测点示意图

(1)压力脉动时域特性

转轮进出口压力脉动时域特性如图9和图10所示,其中转轮进口a2点压力脉动时域特性如图9所示,可以发现额定工况下转轮进口压力脉动周期性较明显,而飞逸工况下压力脉动波动较大且较紊乱,这说明水泵的运行应该尽量避免飞逸工况的出现;图10所示为转轮出口b2点的压力脉动时域特性,可见+4°安放角下的压力脉动时域特性较为稳定而0°安放角下的压力脉动较为紊乱,且飞逸工况下的压力脉动较额定工况更为紊乱。

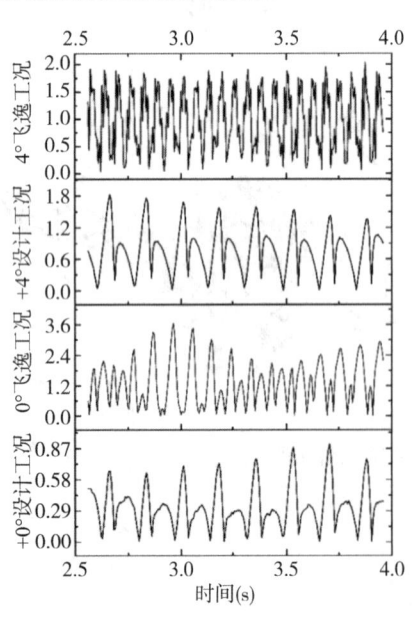

图 9 压力脉动 a2 点时域特性图 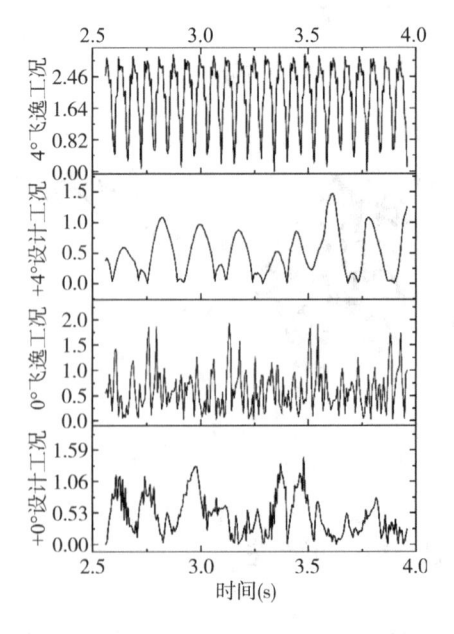　　**图 10 压力脉动 b2 点时域特性图**

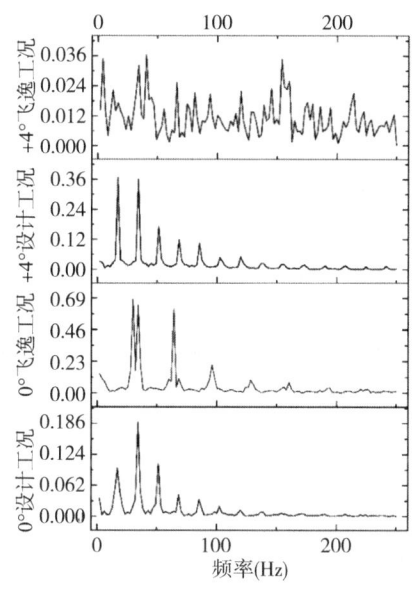

图 11　压力脉动 a2 点频域特性图 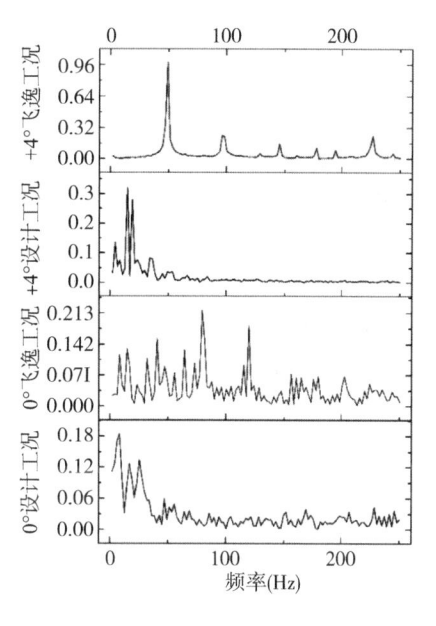　　图 12　压力脉动 b2 点频域特性图

（2）压力脉动频域特性

转轮进出口压力脉动频域特性如图 11 和图 12 所示，其中转轮进口 a2 点压力脉动频域特性如图 10 所示，可以发现额定工况下转轮进口压力脉动频域特征较明显，其主频分别为＋4°安放角下 17 Hz,0°安放角下 34 Hz,都是导叶通过频率的倍频,而飞逸工况下的压力脉动频域特性较差,可能是因为飞逸工况下转轮进口流动较为不稳定；图 11 所示为转轮出口 b2 点的压力脉动频域特性,可见转轮出口频域特征较为不明显,说明转轮出口出流态较差,可能存在回流等情况,且发现在飞逸工况下会出现高频脉动,其主频为 48 Hz。

结合模态分析结果可知,在额定转速工况下,转轮压力脉动的主频与转轮固有频率差距较大,而在飞逸工况下,会出现高频压力脉动,且主频接近转轮固有频率,这可能导致共振现象的发生,因而要避免水泵飞逸的情况发生。

7　结论

本文建立了灯泡贯流泵的三维模型,并通过 CFD 与结构计算,分析了灯泡贯流泵的各项特性,结果汇总如下：

（1）通过建立轴系三维模型,并进行结构计算,其结果表明,轴系上最大静应力出现在转轮叶片根部近轮毂处,最大变形出现在叶片边缘。

（2）通过建立灯泡贯流泵全流道三维模型,在转轮部分设置若干压力脉动监测点,并通过瞬态计算获得转轮压力时频域脉动特性,通过模态计算获得轴系一至八阶固有频率,与压力脉动频率比较后得出结论,额定工况下压力脉动频率距轴系固有频率较远,而飞逸工况下压力脉动出现高频脉动,其频率接近固有频率,可能会导致共振,因而需要避免飞逸工况的出现。

后续应进一步加强研究,针对已经发现的问题进行优化并提出相关的改良措施,为灯泡贯流泵机组的水力设计和稳定分析提供更好的理论支撑。

[参考文献]

[1] 吕建新,许跃华.大型灯泡式贯流泵CFD计算[J].排灌机械,2007,9:17-19.

[2] 徐朝辉,吴玉林,陈乃祥,等.基于滑移网格与RNG湍流模型计算泵内的动静干扰[J].工程热物理学报,2005,1:66-68.

[3] 王福军,张玲,张志民.轴流泵不稳定流场的压力脉动特性研究[J].水利学报,2007,38(8):1003-1009.

[4] 龙慧,黄长征,胡松喜,等.灯泡贯流式水轮机座环有限元力学仿真[J].机电工程技术,2016,45(7):133-138.

[5] 施卫东,郭艳磊,张德胜,等.大型潜水轴流泵转子部件湿模态数值模拟[J].农业工程学报,2013,29(24):72-78+366.

[作者简介]

胡大明,男,生于1982年7月,山东日照人,高级工程师,主要从事水力机械设计,0551-65707028,hudaming2000@163.com。

南水北调东线二期工程二级坝泵站后置灯泡贯流泵装置CFD优化设计

胡大明　舒刘海

（中水淮河规划设计研究有限公司　安徽 合肥　230601）

摘　要：南水北调东线二期工程二级坝泵站采用的后置灯泡贯流泵机组是目前国内单机流量最大的灯泡贯流机组。通过结合南水北调一期工程相关泵站设计及参考部分国外泵站设计，对进、出水流道外形尺寸、长度及灯泡体外形轮廓线等方面，利用数值模拟软件进行比选优化，通过两轮优化分析，提高了泵装置的整体效率。

关键词：后置灯泡贯流泵；CFD；南水北调东线二期；优化设计

1　概述

南水北调东线二期工程二级坝泵站（以下简称"二期二级坝泵站"）是南水北调东线工程的第十级抽水梯级泵站，工程主要任务是将调入南四湖下级湖的水源提至上级湖，实现南水北调东线工程的梯级调水目标，泵站设计输水流量320 m³/s，拟采用6台套（5用1备）后置灯泡直联贯流机组，单机流量64 m³/s，单机配套功率3 550 kW，总装机容量为21 300 kW。进、出水流道均采用直管式，进口由方变圆，出口由圆变方[1]。后置灯泡直联贯流机组国内应用较少，因此采用CFD对装置进行优化是非常必要的。

2　数值模拟基本理论及计算模型

2.1　数学模型与控制方程

湍流模型是指以雷诺平均运动方程与脉动运动方程为基础，依靠理论与经验的结合，引进一系列模型假设而建立起的一组描写湍流平均量的封闭方程组。流体动力学的基本方程——N-S方程，它包含连续性方程、动量方程和能量方程[2]。

假定流体是不可压、定常流动，即密度ρ为常数，且$d\rho/dt = 0$。不考虑能量方程，N-S方程组可以表述成以下形式。

连续方程：

$$\frac{\partial(\rho v_i)}{\partial x_i} = 0 \tag{1}$$

动量方程张量:

$$\frac{\partial(\rho v_j v_i)}{\partial x_j} = -\frac{\partial p^*}{\partial x_i} + \frac{\partial\left[\mu_{eff}\left(\frac{\partial v_i}{\partial x_j}+\frac{\partial v_j}{\partial u_i}\right)\right]}{\partial x_j} \quad (2)$$

式中:ρ 为流体密度;x_i ($i=1,2,3$)代表坐标系坐标轴;v_i 为雷诺时均速度;p^* 是包括流动扰动能 k 的静压力,即 $p^* = p + 2/3\rho k$;μ_{eff} 为有效黏性系数,等于分子黏性系数 μ 与 Boussinesq 涡团黏性系数 μ_t 之和,即 $\mu_{eff} = \mu + \mu_t$。

2.2 边界条件

本文利用 CFX 全隐式耦合多网格线性求解器,对流道流场求解,同时求解连续方程、动量方程和能量方程的方程组。对于流动问题的求解,必须指定合理的边界条件才可以对流场进行求解。采用 CFX 软件对流道内部流场进行计算,边界条件设置如下所示:

(1) 控制方程:RANS;
(2) 湍流模型:Standard k-ε;
(3) 算法:全隐式耦合算法;
(4) 进口:Opening;出口:Mass flow rate;
(5) 壁面:Smooth wall;
(6) 近壁区:Standard Wall Function;
(7) 收敛精度:1×10^{-6}。

2.3 流道模型建模及网格划分

利用三维实体造型软件 UG 对模型泵及流道进行水体造型,整个流体区域包含五个部分,分别是进水流道段、叶轮段、导叶段、灯泡体段及出水流道段,本计算忽略叶轮叶顶间隙对流动的影响。利用网格划分软件 ICEM CFD 对流体计算区域进行网格划分。对五个区域分别进行四面体非结构网格划分,对叶轮和导叶的叶轮前缘网格加密,且对所有流体域的近壁面进行边界层网格划分,以更好地模拟近壁面的流动及更好地预测流道损失情况。边界层网格共 10 层,第一层网格距离壁面的距离为 0.2 mm,其他层按 1.2 倍的距离关系逐渐过渡。整个流体域的网格数量为 1 100 万左右,经检查网格质量良好,足以进行数值模拟计算。

3 贯流模型泵流道优化分析

结合南水北调一期工程相关泵站设计及参考部分国外泵站设计,在模型泵叶轮直径为 300 mm,转速为 1 450 r/min 的条件下,分两轮进行优化。第一轮优化共设计了三组后置贯流泵流道方案,从灯泡体尺寸、灯泡体外缘尺寸、进出水流道长度等方面对流道进行了修改设计。基于第一轮三组流道方案的对比,以最优的方案流道为基础进行第二轮综合流道优化设计,继续进行流道、叶轮及导叶的水力优化设计,通过改变灯泡体外轮廓线设计了一组优化方案。

3.1 第一轮优化分析

三组后置贯流泵流道方案如图 1~图 3 所示。

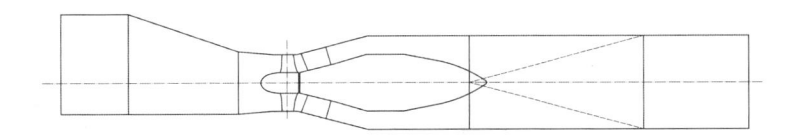

图 1　方案一（灯泡体后置）

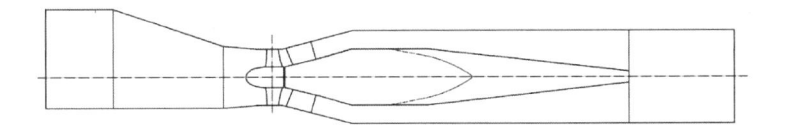

图 2　方案二（圆锥形过渡段）

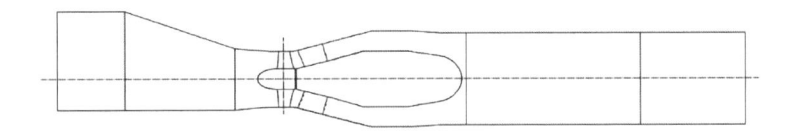

图 3　方案三（圆形灯泡体）

(1) 不同方案外特性对比

对第一轮流道优化设计的 3 个后置贯流泵流道方案进行了三维数值模拟计算。各方案计算参数相同，初步计算在最优工况条件下的流动及损失情况。读取流体域进出流道处的总压算得后置贯流泵的扬程，随后读取叶轮的扭矩，根据效率计算公式得到贯流泵装置的水力效率。其外特性统计如表 1 所示。通过对比发现，方案一水力性能最优。

表 1　不同流道方案后置贯流泵装置外特性（非定场数值模拟）

方案	流量工况	扬程	水力效率
方案一	额定流量(410.9 L/s)	4.88 m	85.8%
方案二	额定流量(410.9 L/s)	4.90 m	85.6%
方案三	额定流量(410.9 L/s)	4.91 m	85.6%

(2) 不同方案水平中剖面速度分布（见图 4～图 6）

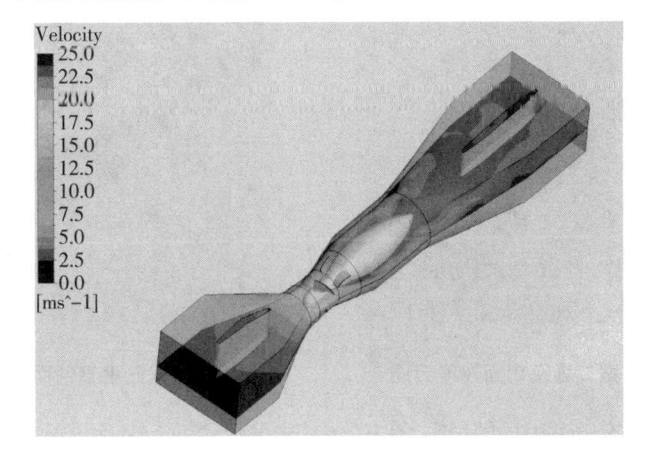

图 4　方案一水平中截面速度分布

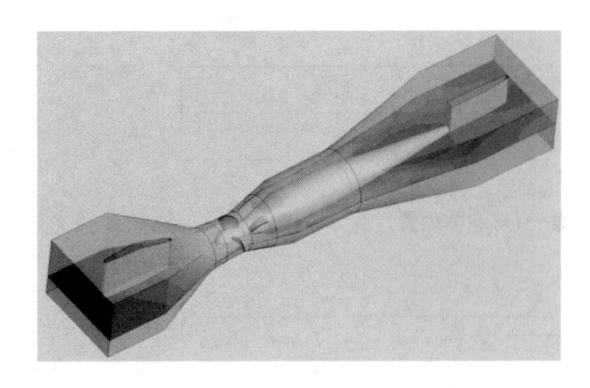

图 5　方案二水平中截面速度分布 　　　　图 6　方案三水平中截面速度分布

（3）不同方案水平中截面的流速分布

为方便分析和直观反映流场情况,在计算区域中选取一些特征断面,垂直水流前进方向作 5 个剖面,距离模型流道中心位置距离分别为 −900 mm、−200 mm、400 mm、1 200 mm、1 800 mm,绘制出流速分布云图,见图 7～图 9。

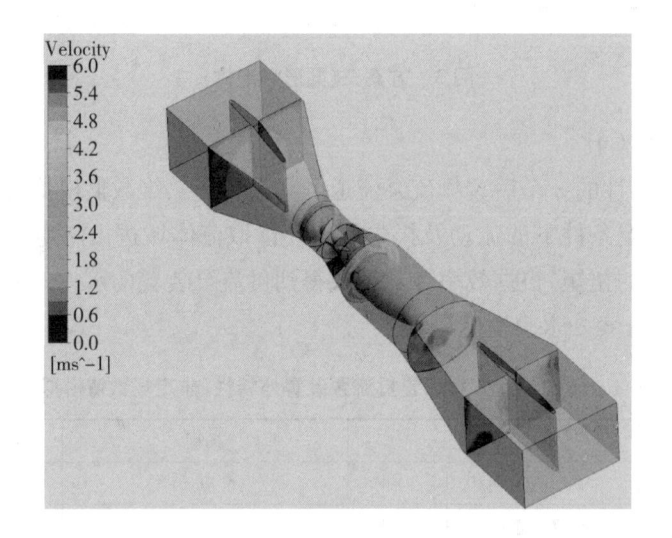

图 7　方案一垂直剖面速度云图

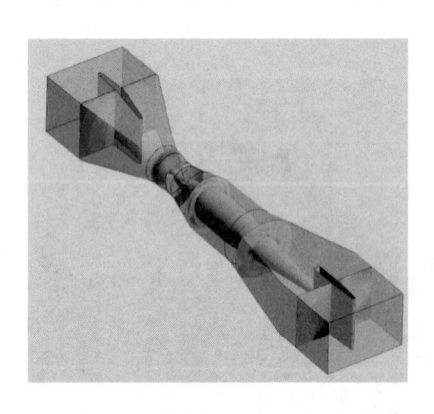

图 8　方案二垂直剖面速度云图 　　　　图 9　方案三垂直剖面速度云图

从水平方向剖面流速分布图中可发现,各方案在进水流道、叶轮及导叶处的流态基本稳定,由于导叶未能完全消除圆周方向的环量,导叶出口的流体仍存在圆周分速度,这是几个方案共同存在的问题,可以通过增加导叶叶片数控制流态来解决。此外,在灯泡体两侧及尾部的流动各有差异,这是产

生损失的主要部位。方案三的灯泡体两侧流动较为紊乱,方案一的灯泡体两侧流动较平稳,说明如方案一式的灯泡形状导流和扩散效果较好。

从流道不同垂直剖面流速分布图中可发现,在叶轮前各方案流动平稳,速度变化不明显,在叶轮后,灯泡体周围及尾部速度变化明显,其中方案一的变化相对较小。

结合各方案的外特性计算、不同位置的流速分布等可得,方案一从外特性及损失统计的直观表现上来看,属于第一轮三个方案中水力性能最优的方案。基于此,第二轮优化将以第一轮中的方案一为基础,继续进行流道、叶轮及导叶的水力优化设计。

3.2 第二轮优化分析

第二轮时,方案一经过基于定常计算的非定常计算后,对非定常计算最后 500 步的数据进行平均计算得出该后置贯流泵装置的扬程为 4.79 m,水力效率为 88%,扬程与第一轮方案相比略有降低,水力效率较第一轮方案相比增幅明显。该方案的水力损失与第一轮方案相比有所减少,叶轮段的损失基本保持不变,灯泡体及导叶段的损失有所减小,说明通过改变灯泡体段的内外轮廓线后,优化了这两部分的流态,减小了损失。

优化后的不同截面流速分布见图 10、图 11。

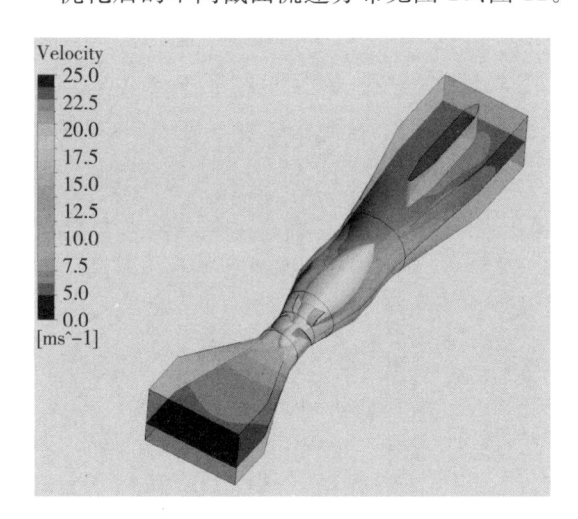

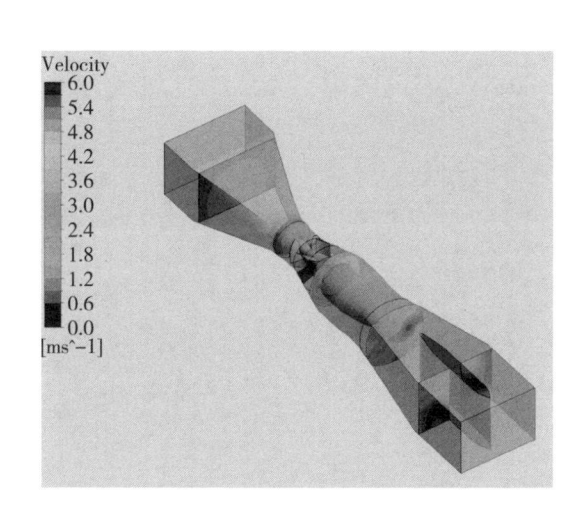

图 10 水平中剖面速度分布   图 11 不同垂直剖面速度分布

对第二轮方案一进行非定常数值模拟后,其效率较第一轮方案有所增加。结合不同截面的速度及湍动能分布可以看出,灯泡体周围及尾部仍然是流动不稳定的部位之一,此部分还具有优化的空间。

4 结论

运用 CFD 数值模拟技术,对南水北调二期工程二级坝泵站的流道进行了数值模拟计算分析;通过分析不同方案的水力性能外特性、不同流段的损失情况、流道不同位置的流速分布等流场特性,并根据第一轮优化后的成果,再次通过优化灯泡体的内外轮廓线,进一步提高了整个泵装置的效率,达到了较好的优化效果。

数值模拟的成果表明虽然流道整体的流动情况较好,但在导叶根部及灯泡体尾部的流动稍有紊乱;在加强导叶和叶轮的流场匹配优化和灯泡尾部的流动控制以提高灯泡后侧的流态稳定性等方面,后续仍可进一步优化。

[参考文献]

[1] 赵永刚,王东栋,等.南水北调东线二期工程二级坝泵站工程初步设计报告[R].中水淮河规划设计研究有限公司,2020.

[2] 金忠青.N-S方程的数值解和湍流模型[M].南京:河海大学出版社,1989.

[作者简介]

胡大明,男,生于1982年7月,山东日照人,高级工程师,主要从事水力机械设计,0551-65707028,hudaming2000@163.com。

引江济淮蒙城站泵装置水力性能数值模拟研究

秦钟建[1]　胡大明[1]　徐　磊[2]

(1. 中水淮河规划设计研究有限公司　安徽 合肥　233061；
2. 扬州大学水利科学与工程学院　江苏 扬州　225009)

摘　要：为了提高引江济淮蒙城站混流泵装置水力性能，采用计算流体动力学方法，对其进出水流道进行了优化水力设计研究，分析了流道内部流态，计算了流道水头损失值，提出了进出水流道的优化设计方案，并在此基础上进行了水泵装置整体数值计算和能量性能预测。研究结果表明，通过优化设计改善了流道内的流态，消除了出水流道上升段下方的旋涡区，降低了进出水流道的水力损失值，提高了泵装置能量性能，初步验证了水泵主要参数选择和进出水流道设计的合理性。

关键词：引江济淮；导叶式混流泵；泵装置；水力性能；数值计算

1　工程概况

引江济淮工程地跨皖豫两省，涉及江淮两大水系，是国务院要求加快推进建设的172项节水供水重大水利工程之一[1]。蒙城站是引江济淮二期工程涡河线第一级泵站，位于安徽省亳州市蒙城县，设计调水流量50 m^3/s，设计净扬程9.22 m，安装4台立式混流泵(其中1台备用)，单泵设计流量16.7 m^3/s，初步确定水泵叶轮直径2.55 m及额定转速150 r/min。

蒙城站水泵采用肘形进水流道，主要控制尺寸：流道进口断面宽5.4 m，高4.0 m，流道进口断面至水泵叶轮中心的水平距离14.7 m，流道底板最低点至水泵叶轮中心的垂直距离4.59 m；水泵采用直管式出水流道，主要控制尺寸：流道出口断面宽5.4 m，高3.0 m，流道出口断面至水泵叶轮中心的水平距离21.1 m。设计流量工况下，肘形进水流道进口断面的平均流速0.772 m/s，直管式出水流道出口断面的平均流速1.029 m/s，均满足《泵站设计标准》(GB 50265—2022)要求。

2　数值模拟数学模型

三维湍流流动数值模拟方法是研究大型低扬程泵装置的重要手段[2]，为了保证蒙城站安全、稳定和高效运行，本文基于三维湍流流动数值模拟方法对导叶式混流泵装置进行了流道优化和泵装置性能预测计算。数值模拟计算采用Fluent软件，该软件已被广泛应用于类似工程的数值模拟计算，实践证明该软件计算结果是可信的[3]。导叶式混流泵装置内的水流流动为不可压缩流动，本文基于雷诺时均Navier-Stokes和RNG $k-\varepsilon$ 湍流模型对泵装置内的水流流动进行求解。

蒙城站导叶式混流泵装置性能计算的区域由前池、进水流道、叶轮及叶轮室、导叶体、出水流道和出水池等6个部分组成，计算区域及网格划分情况如图1所示。在计算区域中，前池进口采用速度进口边界条件，出水池出口采用自由出流边界条件，水池底壁、流道边壁、座环边壁和导叶体及叶轮室等固壁应用对数式固壁函数处理;前池和出水池表面为自由水面,视为对称平面处理;水泵叶轮表面设置为转动壁面,转动速度为 150 r/min。

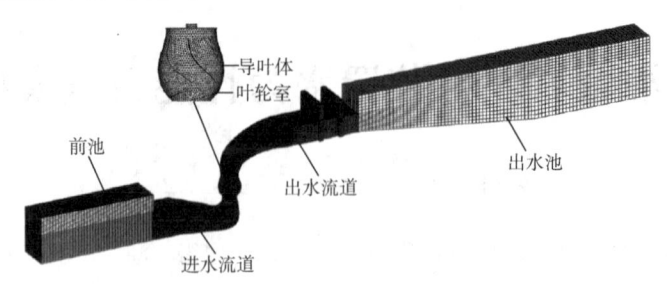

图 1　蒙城站混流泵装置流场计算区域及网格剖分图

3　进出水流道数值模拟结果分析

本文基于流道优化水力设计的要求和目标[4],对蒙城站导叶式混流泵装置进出水流道分别进行了优化水力设计研究,分析流道内部流态,计算流道水头损失,并通过综合比较提出进出水流道的优化方案。

3.1　进水流道水力特性

进水流道出口断面的流速分布均匀度和水流入泵平均角度是进水流道水力设计的重要考核指标。肘形进水流道初步方案的透视图和设计流量时的流场图见图 2,计算结果表明:该方案流道出口断面的流速分布均匀度和水流入泵平均角度分别为 97.47% 和 85.86°,设计流量时的水头损失为 0.08 m。为了提高进水流道水力性能,优化方案在初步方案基础上将进水流道出口座环的收缩角由 16.6° 调整为 12.0°,并相应调整了进水流道立面形线、平面形线和过渡圆圆心轨迹线等,其透视图和设计流量时的流场图见图 3,结果表明:优化方案出口处流速分布均匀度变化很小,水流入泵平均角度提高至 88.27°,水头损失减少为 0.074 m。

3.2　出水流道水力特性

出水流道水头损失是衡量出水流道性能的定量指标。直管式出水流道初步方案的透视图和设计流量时的流场图见图 4,计算结果表明:该方案设计流量时的水头损失为 0.193 m。为了尽可能减少出水流道水头损失,在出水流道初步方案基础上,优化方案适当增加了流道转弯段半径,并将流道上升段型线由直线型改为曲线型,其透视图和设计流量时的流场图见图 5,计算结果表明:出水流道优化方案内的水流转向平缓,设计流量时水头损失减少为 0.164 m。

(a) 透视图　　　　　　　(b) 流场图

图 2　进水流道初步方案透视图和流场图

（a）透视图　　　　　　　　　　　（b）流场图

图 3　进水流道优化方案透视图和流场图

（a）透视图　　　　　　　　　　　（b）流场图

图 4　出水流道初步方案透视图和流场图

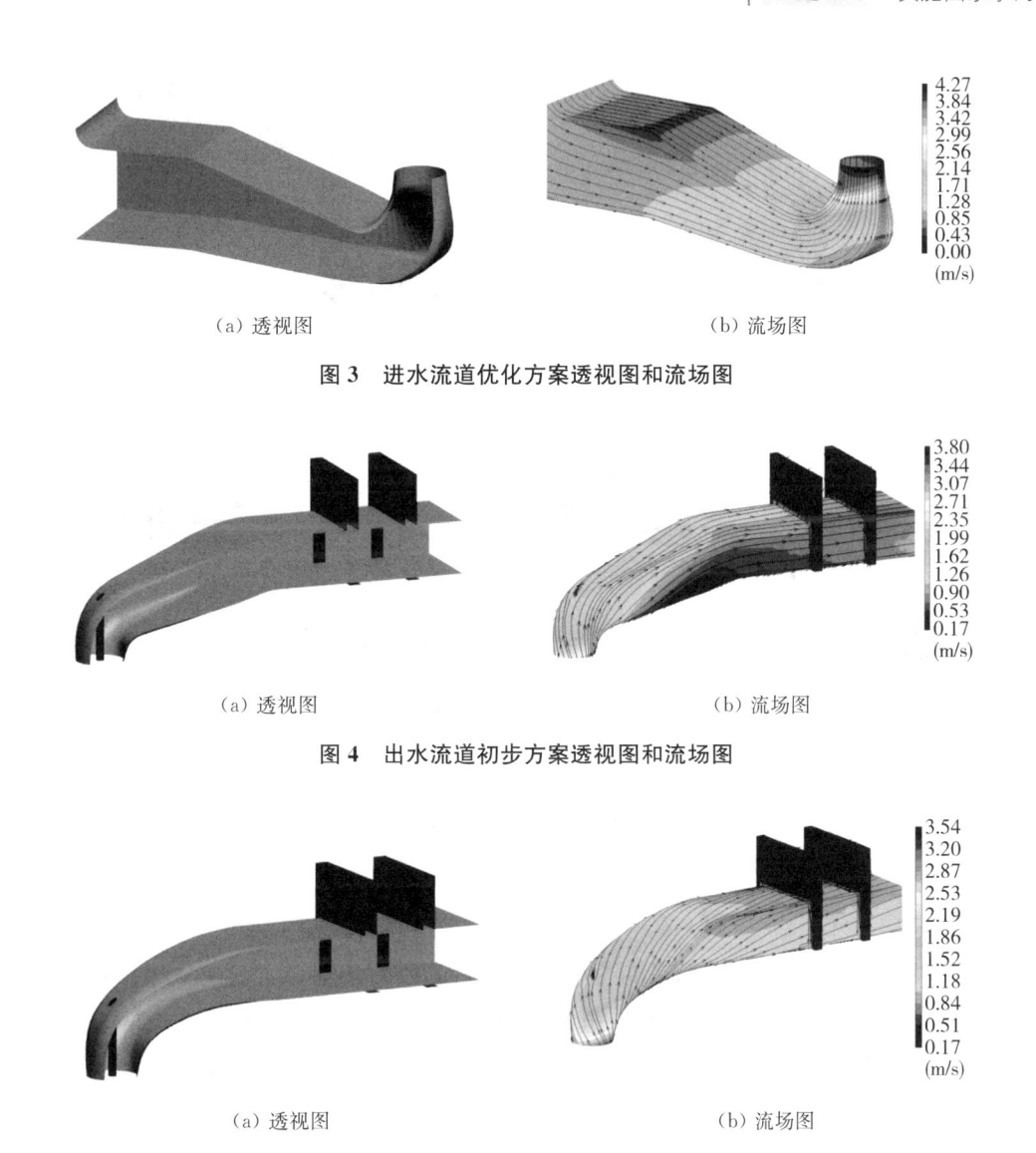

（a）透视图　　　　　　　　　　　（b）流场图

图 5　出水流道优化方案透视图和流场图

4　泵装置水力特性

4.1　泵装置流场特性

为了获得泵装置的整体水力性能，对由进水流道、水泵和出水流道组成的导叶式混流泵装置进行了三维湍流流动数值模拟[5]。泵装置初步方案由进水流道初步方案、混流泵和出水流道初步方案组成，泵装置优化方案由进水流道优化方案、混流泵和出水流道优化方案组成，两个方案的泵装置透视图见图 6，由数值计算得到的设计工况时的泵装置表面流场见图 7。结果表明：（1）初步方案和优化方案的进水流道均能保证水流在流道直线段均匀收缩，水流作 90°转向的过程中未产生不良流态，水流较为顺直均匀地进入水泵叶轮室；（2）泵装置初步方案中，导叶体流出的水流呈螺旋状流入直管式出水流道，受水流转向惯性和环量的双重影响，流道上升段内水流流动分布不均，右上部为主流区、右下部存在一定范围旋涡区，而泵装置优化方案中自导叶体流出的水流转向平缓，流道内水流扩散平缓，流速变化均匀，流道内无旋涡区。

(a) 初始方案　　　　　　　　　　　(b) 优化方案

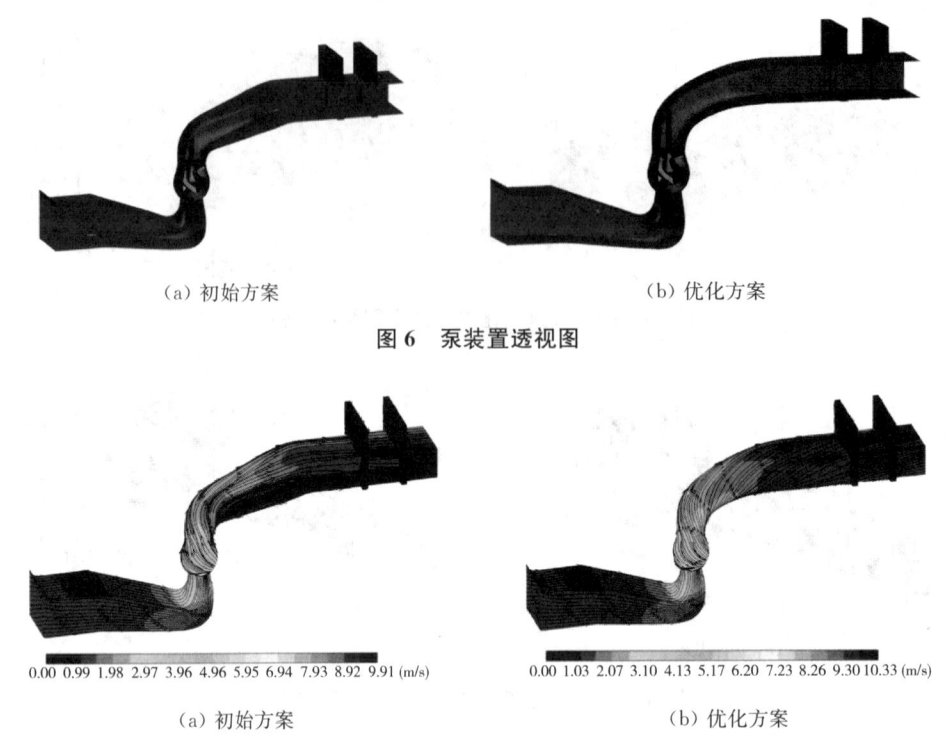

图6　泵装置透视图

(a) 初始方案　　　　　　　　　　　(b) 优化方案

图7　泵装置流场图

4.2　泵装置能量性能预测计算

在蒙城站运行工况范围内,进行了泵装置优化方案叶片安放角度0°时的能量性能数值计算,实现水泵装置能量性能预测,泵装置能量性能关系曲线如图8所示。可以看到:随着流量的增大,泵装置扬程逐渐减小、泵装置效率呈先增大再减小的变化趋势,设计工况点效率达到84.0%,经过优化的泵装置获得优秀的能量性能。

5　结论

(1)对导叶式混流泵装置进出水流道进行了水力性能优化设计,提高了进水流道水流入泵的平均角度,消除了出水流道上升段下方的旋涡区,改善了进出水流道内的流态,降低了进出水流道的水头损失,为保证泵装置具有良好的水力条件和性能提供了必要条件。

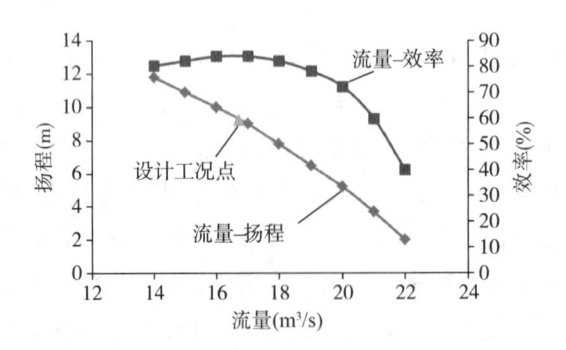

图8　水泵装置能量性能曲线预测计算结果

（2）导叶式混流泵装置整体数值模拟计算结果表明，经过流道优化的泵装置内流态改善、能量性能提高，初步验证了水泵主要参数选择和进出水流道设计的合理性。

[参考文献]

[1] 秦钟建,徐磊. 引江济淮工程朱集站泵装置水力性能模型试验研究[J]. 中国农村水利水电,2022(1):111-117.
[2] 王福军. 计算流体动力学分析——CFD软件原理与应用[M]. 北京:清华大学出版社,2004.
[3] 周伟,魏军. 混流泵装置数值计算及水力性能预测误差分析[J]. 江苏水利,2014(12):23-24+28.
[4] 陆林广. 高性能大型低扬程泵装置优化水力设计[M]. 北京:中国水利水电出版社,2013.
[5] 杨平辉,李彦军,彭玉成. 大型混流泵站流道优化与模型试验[J]. 流体机械,2022,50(4):99-104.

[作者简介]

秦钟建,男,生于1979年2月,高级工程师,主要从事泵站及电站水力机械设计与研究,15155970209,hwqzj@126.com。

基于 MIKE HYDRO 的通顺河河网水量水质模型研究

武柯宏　张　平

（湖北省水利水电规划勘测设计院　湖北 武汉　430072）

摘　要：通顺河流域蓄水工程少，水资源难以开发利用，水资源短缺问题需依靠汉江客水解决。采用 MIKE HYDRO 模型，建立河道一维水动力与水质数学模型，模拟现状和截污控污两种工况下河网的水量水质变化，计算结果表明，通顺河河网水质较差；规划水平年采取截污控污措施后大部分断面 COD 达到Ⅲ类水质标准，但 TP、NH_3-N 仍然超过三类水质标准，截污控污措施后增加水环境补水，各断面水质类别由截污控污工况的Ⅳ类～劣Ⅴ类改善至Ⅲ类。

关键词：通顺河河网；MIKE HYDRO 模型；水量水质

随着经济的发展，城镇化进程的加快，人类对河流的影响日渐凸显，一是人类活动改变了河道的自然形态，导致众多河流淤积、河道被挤占，造成河网水系萎缩，连通性下降，调蓄能力减弱等问题；二是大量的生活污水和工业废水排入河道，再加上河道不畅通，水体阻隔，水体交换能力差，加剧了河流水质恶化和生态环境退化[1-4]。

江汉平原河湖众多、水系发达，历史上大多数河湖相互连通，20 世纪五六十年代大兴水利，江汉平原上涵闸、泵站的兴建提高了防洪、抗旱能力，但同时截断了自然河流之间的水力联系，导致活水变死水，引发水环境和水生态问题[5]。由于河网的复杂性，大多数情况下只能采用数值方法进行模拟。目前常用的研究河网水环境问题的手段有 MIKE 软件和 QUAL 软件等，如潘剑光等[6]以 MIKE 11 水动力水质模型为技术支撑，模拟不同情景下水系的水动力水质条件，从水动力、水质和经济可行性 3 方面对模拟结果进行评价，得到最优水动力情景；蔡金榜等[7]利用 MIKE 11 模型系统中的对流扩散模块和水质反应模块，构建常州平原水网区一维河网水质模型；基于此，本研究应用 MIKE 软件，建立通顺河河网水动力-水质模型，对通顺河流域不同工况下的水量水质变化进行研究。

1　研究区概况

通顺河流域位于江汉平原中部，为汉江的分流河道，西起潜江市境内的泽口闸，流经潜江市、仙桃市和武汉市蔡甸区、汉南区，经黄陵矶闸入长江。通顺河主河道泽口闸—深江闸在潜江市境内，深江闸—袁家口闸—纯良岭闸在仙桃市境内，至纯良岭闸进入武汉市蔡甸区、汉南区境内后，通过黄陵矶闸入长江，全长 195 km，是该流域灌溉及排水骨干通道。流域总面积 3 266 km²，其中潜江市面积 74.48 km²，仙桃市面积 2 306.15 km²，武汉市汉南、蔡甸两区面积 885.37 km²。

通顺河属于季节性河流，夏季水量大，入冬后基本枯竭，水位变化大。泽口闸作为通顺河主要来水渠道，由于汉江泽口闸以上河床下切超预期，引水条件恶化，导致通顺河正常基流得不到保障，现状河流水动力不足，水环境恶化，河道断面水质常年达不到水功能区水质目标要求，现状河道断面水质基本处于Ⅴ～劣Ⅴ类。

2 研究方法

本文采用丹麦水利研究所开发的 MIKE 软件中的对流扩散模块和 ECO Lab 模块作为研究工具，充分考虑沿线闸站调度，建立一维水动力水质耦合模型，对通顺河河网地区水质进行模拟分析[8]。

2.1 对流扩散模块

水动力模型采用描述河道水流运动的圣维南方程组，包括连续方程和动量守恒方程。
连续方程：

$$\frac{\partial Q}{\partial x}+\frac{\partial Q}{\partial t}=q \tag{1}$$

动量守恒方程：

$$\frac{\partial Q}{\partial t}+\frac{\partial\left(\alpha\frac{Q^2}{A}\right)}{\partial x}+gA\frac{\partial h}{\partial x}+\frac{gQ|Q|}{C^2AR}=0 \tag{2}$$

式中：t 为时间；x 为距水道某一固定断面沿流程的距离；h、Q 分别为 x 处、t 时刻过水断面的水深和流量；A 为过水断面面积；R 为水力半径。

2.2 ECO Lab 模块

水质模拟采用描述物质在水体中输运的一维非恒定流对流扩散基本方程。

$$\frac{\partial AC}{\partial t}+\frac{\partial QC}{\partial x}-\frac{\partial}{\partial x}\left(AD\frac{\partial C}{\partial x}\right)=-AKC+C_2q \tag{3}$$

式中：C 为浓度；D 为扩散系数；A 为过水断面面积；K 为衰减系数；C_2 为源汇项浓度；q 为源汇项流量；q 为空间距离；t 为时间。

3 通顺河河网水动力水质模型构建

3.1 模型建立

以通顺河为主干，通州河、西流河和洪道河为两翼，对通顺河河网进行河流概化。现状断面采用 2018 年实测通顺河总干渠段、通顺河北干渠段、通州河、通顺河袁家口—黄陵矶段、仙下河、西流河、洪道河等河道共约 500 km 的地形数据。考虑模拟演算精度、计算时间、重要节点演变规律等多种要求，本次通顺河河网模型断面间距采用 1 km，弯曲河段、入河排污口、重要水利设施等位置适当加密。河网及断面分布图见图 1。

3.2 边界条件

MIKE HYDRO 搭建一维水动力水质模型，其中水动力模块边界条件包括：①上游流量；②下游水位；③排污口、区间汇流等源汇项水量；④河网初始水深。

水质模块边界条件包括：①上游入流水质；②排污口、区间径流等源汇项污染负荷浓度；③河网初

图 1　通顺河河网一维模型

始水质。

通顺河河网水动力水质模型上下游边界条件和源汇项边界条件分别见表1和表2。

表 1　河网上下游边界水动力水质边界条件

边界类型		上边界	下边界						
断面位置		泽口闸	欧湾闸	北坝闸	大垸子闸	黄陵矶闸	排湖泵站	沙湖泵站	大军山泵站
水动力边界		泽口闸引水流量	汉江仙桃站实测水位	汉江仙桃站实测水位	汛期采用实测水位,枯期采用武汉关实测水位推求	汛期采用实测水位,枯期采用武汉关实测水位推求	排水能力与需求	排水能力与需求	排水能力与需求
水质边界	现状	汉江泽口闸断面实测水质	—	—	—	—	—	—	—
	截污控污后	汉江泽口闸断面实测水质	—	—	—	—	—	—	—

表 2　河网源汇项水动力水质边界条件

边界类型		区间源汇项		
断面位置		外江引入水量	排污口	区间径流
水动力边界		从徐鸳口泵站、排湖泵站引入的外江水量	直排入河流量	综合考虑区域天然径流、取水、退水过程推求
水质边界	现状		现状入河污染物浓度	
	截污控污后		规划水平年截污控污措施后污染物浓度	

3.3　闸站调度规则

通顺河流域河道上涵闸众多,模型重点考虑对河道水动力影响较大的涵闸,主要有新深江闸、深江闸(旧)、毛咀闸、夏市闸、袁家口闸、解家口闸、秦家湾闸、黄林闸、洪道南闸、五只窑闸、王市口闸、纯良岭闸等12座重要拦河建筑物及欧湾闸、北坝闸、大垸子闸、排湖泵站、沙湖泵站、大军山泵站、黄陵矶闸等7座出口建筑物。出口泵站总设计流量为412.5 m³/s。

本次根据各闸站实际调度规则,综合考虑区域防洪安全、排水安全、供水安全及生态安全,模型中各涵闸建筑物按表3规则调度。

表 3　主要涵闸现状调度规则

序号	闸站名称	类别	主要作用	调度规则
1	新深江闸	节制闸	节制徐鸳口泵站开机提引水源	常开,徐鸳口泵站开机提水时,控制开度
2	毛咀闸	节制闸	调节通顺河北干渠段引水流量	常开,排涝期间适度控制
3	夏市闸	节制闸	控制通顺河北干渠段上下游水位,保证沿线灌溉用水需求	常开,灌溉期控制开度
4	袁家口闸	节制闸	排泄涝水	基本常关,通北地区涝情严重时,开闸排泄涝水
5	深江闸旧	节制闸	控制通洲河引水流量	基本常开,排涝期间按照分区排水要求关闭
6	解家口闸	排(退)水闸	排泄渍水	基本常开,灌溉期间控制开度
7	秦家湾闸	节制闸	排泄渍水	常开
8	黄林闸	节制闸	排泄渍水	常开
9	洪道南闸	排水闸	排泄涝水	常开
10	五只窑闸	排(退)水闸	承担西流河防洪和排涝任务	常开,内河水位过低时,调整开度,抬高内河水位,满足灌溉用水;杜家台分洪闸运用时,关闸挡洪
11	王市口闸	节制闸	分区排水	大型泵站开机提排涝水时开,分区排水时关
12	纯良岭闸	排(退)水闸	承担仙桃市防洪和排涝任务	常开,通顺河水位过低时,调整开度,抬高内河水位,满足灌溉用水;杜家台分洪闸运用时,关闸挡洪
13	黄陵矶闸	分(泄)洪闸	泄洪排涝	常开
14	欧湾闸	排灌	排泄渍水	通北地区渍水抢排时开启
15	北坝闸	排灌	排泄渍水	通北地区渍水抢排时开启
16	大垸子闸	排	排泄涝水	沙湖排区渍水抢排时开启

3.4　模型参数

由于通顺河流域内部缺乏水文监测站点,缺乏系列年份径流实测数据,故本次综合考虑通顺河河道现状河床形态、边坡状况、岸线、过流能力等特征,参考《泽口灌区续建配套与节水改造工程可行性研究报告》,确定通顺河总干渠段、通顺河北干渠段和通洲河综合糙率取 0.02,通顺河袁家口—黄陵矶段、仙下河、西流河、洪道河等河道综合糙率取 0.025。结合《全国地表水水环境容量核定技术指南》等现有成果,综合确定 COD 综合衰减系数为 0.1 d^{-1},NH_3-N 衰减系数为 0.07 d^{-1}、TP 综合衰减系数为 0.04 d^{-1}。

4　通顺河河网水量水质模拟

4.1　工况设置

工况一:现状工况

模拟通顺河河网在现状污染负荷水平下,遭遇 90% 保证率设计代表年(1994 年)水文情势,河道各断面 COD、NH_3-N、TP 等关键水质指标的变化过程。

工况二:规划截污控污工况

模拟通顺河河网在区域规划水平年实施截污控污措施后的污染负荷水平下,设计水文条件下河道各断面各项指标变化过程。

工况三：水环境补水工况

模拟通顺河河网在区域规划水平年实施截污控污措施后的污染负荷水平下，设计水文条件下增加水环境补水后，河道各断面各项指标变化过程，根据引水线路推荐方案，在通顺河新深江闸下设置引水口，引水流量35 m³/s。

4.2 水量水质结果

根据通顺河流长度、流向、污染源分布，依据《河湖生态环境需水计算规范》(SL/Z 712—2021)，结合通顺河流域水质监测断面、水功能区控制断面等，选取通顺河河网上有代表性的河流控制断面9处，控制断面布置见图2。

图2 通顺河流域控制断面分布图

通过模型计算，模拟得到通顺河河网各控制断面90%保证率设计代表年的逐日水质变化过程。选取典型时段12月1日，分析工况一、工况二和工况三条件下，通顺河河网各断面的水质空间变化情况。具体见表4。各断面TP、NH₃-N、COD的变化图见图3～图5。

表4 各控制断面12月1日水质情况表

河流	断面	TP(mg/L) 工况一	TP(mg/L) 工况二	TP(mg/L) 工况三	NH₃-N(mg/L) 工况一	NH₃-N(mg/L) 工况二	NH₃-N(mg/L) 工况三	COD(mg/L) 工况一	COD(mg/L) 工况二	COD(mg/L) 工况三
通顺河北干渠段	三伏潭镇	0.36	0.36	0.11	2.63	2.54	0.5	24.78	24.08	14.74
通顺河北干渠段	袁家口闸	0.38	0.33	0.11	2.54	2.26	0.51	27.95	20.95	14.16
通洲河	通海口镇	0.78	0.23	0.09	4.9	1.44	0.34	23.28	13.93	13.16
通洲河	解家口	0.55	0.38	0.13	3.09	1.92	0.6	37.47	19.63	13.67
通顺河	通顺河大桥	0.5	0.35	0.15	3.33	2.33	0.85	46.24	26.43	16.18
通顺河	纯良岭	0.45	0.29	0.17	2.99	1.81	0.92	34.9	19.97	14.99
通顺河	黄陵大桥	0.44	0.29	0.17	2.46	1.52	0.78	26.92	16.81	11.86
仙下河	黄林村	0.43	0.34	0.12	2.51	2.1	0.53	29.34	19.24	13.39
西流河	洪南村	0.51	0.29	0.12	3.39	1.73	0.56	30.38	16.77	12.86

对比分析工况一、工况二和工况三可知，通顺河河网10个控制断面水质，现状工况下，三伏潭镇、通海口镇、通顺河大桥和黄林村断面水质浓度均相对较高；实施截污控污措施后，各控制断面污染物浓度有所降低，水质有一定程度改善，但所有控制断面水质基本在Ⅲ类到Ⅴ类之间；水环境引水后，各

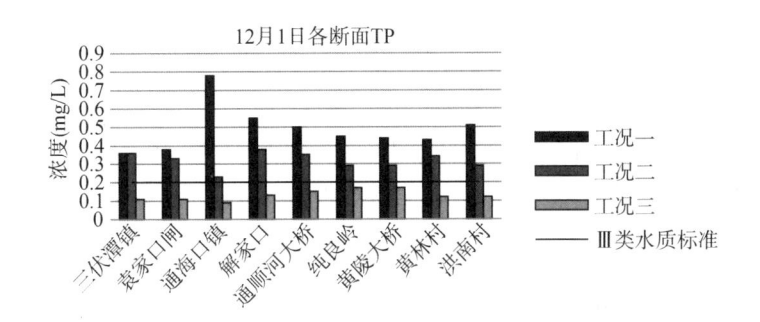

图 3 两种工况各断面 12 月 1 日 TP 浓度

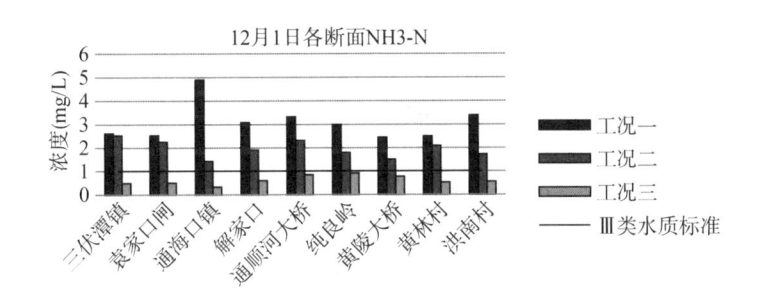

图 4 两种工况各断面 12 月 1 日 NH$_3$-N 浓度

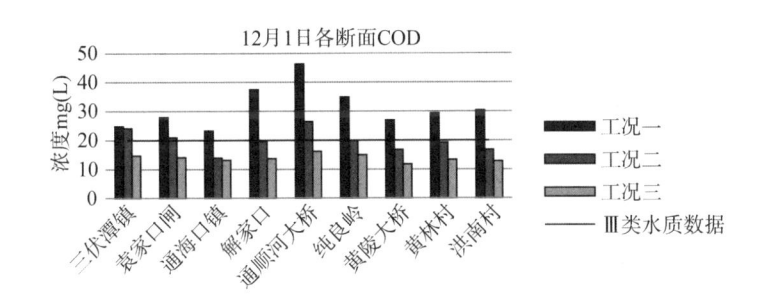

图 5 两种工况各断面 12 月 1 日 COD 浓度

断面水质类别有了显著改善,由截污控污工况的Ⅳ～劣Ⅴ类改善至Ⅲ类,其中通顺河总干渠段、通洲河及通顺河袁家口—黄陵矶段水质改善程度较大。补水后,纯良岭断面枯水期 TP 平均浓度由截污控污工况的 0.29 mg/L 减小至 0.17 mg/L,NH$_3$-N 平均浓度由截污控污工况的 1.81 mg/L 减小至 0.92 mg/L;黄陵大桥断面枯水期 TP 平均浓度由截污控污工况的 0.29 mg/L 减小至 0.17 mg/L,NH$_3$-N 平均浓度由截污控污工况的 1.52 mg/L 减小至 0.78 mg/L。

5 结语

(1) 将 MIKE HYDRO 模型应用于通顺河河网水量水质研究,模拟结果显示,在现状污染负荷下,通顺河河网河流水质整体较差,主要在Ⅳ～劣Ⅴ类之间;规划水平年采取截污控污措施后大部分断面 COD 达到Ⅲ类水质标准,但 TP、NH$_3$-N 仍然超过三类水质标准;截污控污措施后增加水环境补水,各断面水质类别有了显著改善,由截污控污工况的Ⅳ～劣Ⅴ类改善至Ⅲ类。

(2) 通顺河河网河流沿线闸站密布,水系割裂。模型构建受数据资料的局限和闸站调度的影响,采取了一些概化方法,缺少了相应的参数率定与验证,模拟与实测值有一定偏差。

[参考文献]

[1] 王跃峰,许有鹏,张倩玉,等.太湖平原区河网结构变化对调蓄能力的影响[J].地理学报,2016,71(3):449-458.
[2] 杨明楠,许有鹏,邓晓军,等.平原河网地区城市中心区河流水系变化特征[J].水土保持通报,2014,34(5):263-266.
[3] 崔广柏,陈星,向龙,等.平原河网区水系连通改善水环境效果评估[J].水利学报,2017,48(12):1429-1437.
[4] 宋庆辉,杨志峰.对我国城市河流综合管理的思考[J].水科学进展,2002,13(3):377-382.
[5] 李瑞清,许明祥,等.江汉平原水安全战略研究[M].武汉:长江出版社,2019.
[6] 潘剑光,胡鹏,杨泽凡,等.北方平原区城市水动力与水环境综合调控研究[J].人民黄河,2020,42(2):58-62.
[7] 蔡金榜,苏良湖,孙旭,等.基于MIKE11 Ecolab的常州平原河网水质模型构建研究[C].中国环境科学学会科学与技术年会论文集.2017:2287-2292.
[8] DHI. MIKE Flood User Guide[M]. Danish hydraulic institute(DHI),2013.

[作者简介]

武柯宏,男,生于1993年6月,中级工程师,主要研究水生态环境综合治理,18872225106,1632645814@qq.com。

泵站出水流道图元驱动参数化建模方法研究

王亚东　何晶晶

(中水淮河规划设计研究有限公司　安徽 合肥　230601)

摘　要：随着水利信息化的不断发展，各类水利工程三维设计需求也逐年增加。其中抽水提升泵站作为重要的水工建筑物，其流道形态大多为连续曲面结构，型式各异，常规建模方法效率及精度有待提升，建模工作较为复杂。为此，本文单纯在建模方法方面进行研究，采用图元驱动参数化方法和连续放样融合方法，基于iLogic创建泵站出水流道参数化三维模型，并以直管出水流道为例对其进行介绍。本方法可快速精准创建泵站出水流道三维模型实体，有效降低软件学习成本，具有一定应用价值和借鉴意义。

关键词：水利信息化；三维设计；参数化；泵站出水流道

1　前言

自1998年以来，我国水利信息化取得了长足发展。水利工程从传统水利向现代水利、智慧水利不断转变，同时对工程信息可视化也提出了更高的要求。如何快速精准创建工程三维模型供信息化平台展示使用，成为一种现实问题。

在工程展示方面，国内外从业者及高校学者均做了大量工作。随着技术的不断进步，市面上建模展示软件数量逐年增加，建模逻辑及软件功能也不尽相同。在水利行业，为提升软件适用性，提升工程建模速度及精度，众多从业人员做了大量工作。如2001年，王业明、谭建荣[1]基于ARX技术实现了图元驱动参数化设计，并在泵站流道参数化设计中得以应用。2020年，汤方平、周颖等人发明的一种斜式轴伸泵进水流道参数化三维建模方法，极大提高了设计效率和设计质量[2]。2020年，潘飞[3]就泵站肘型进水流道进行三维参数化建模研究，并应用于正向三维设计，为工程设计提供了极大的便利。除此之外，一些从业者对市场软件也进行了不同程度的二次开发，以增加软件在水利行业中的可用性。如2019年，伍丹琪等[4]基于Revit二次开发的泵站厂房参数化BIM解决方案，解决了泵站厂房BIM设计建模复杂的问题，极大地方便了BIM技术在水工建筑领域的应用。2022年，牛立军等[5]基于Revit二次开发的水利工程BIM正向设计研究，利用Revit API和MVC编程模式，开发了一套完整的水利工程BIM正向设计实现方法。为降低建模难度，方便建模工作，拓宽参数化技术在水利行业的应用范围，本文对泵站出水流道进行了参数化建模研究，并分享建模思路，以供借鉴参考。

对于水利工程常规建筑物，常规建模方法基本满足建模需求。但泵站作为水利和市政工程较为重要的组成部分，其进出水流道均为曲面异形结构，常规方法难以实现快速精准建模，且建模流程较为烦琐。为解决前述问题，本文借鉴图元驱动参数化建模方法，创建了可重复使用、快速、精准的全参数化泵站出水流道模型，具有一定应用价值。

2　常规建模方法对比分析

现今三维建模软件较为丰富，工程常用建模软件主要有CAD、Bentley、Catia、Rhino、Solidworks

等。其建模方法和建模思路也各有不同。因泵站结构类型多样,如混流泵站一般为立式泵站,流道型式一般为进水-虹吸出水、肘形进水-直管出水等[6]。以上两种流道在大型泵站中均得到了较为广泛的应用,设计方法也已成熟[7]。本节以直管出水流道为例,分别采用Bentley和放样融合方法对泵站出水流道建模方法进行对比分析。

2.1 Bentley 建模

Bentley软件大致可以分为BIM三维建模、三维实景建模和计算分析三大类。其中BIM三维建模软件对于不同行业又细分为不同专业软件,而对于水利行业暂无专业软件。现主要采用基本模块,即Mirostation模块创建。

该模块是集二维、三维和工程可视化于一体的建模绘图软件,可实现空间任意点、线、面和实体创建,具有较强的建模能力。对于直管出水流道,主要建模流程如下。

(1)确定流道轴线

根据工程设计资料导入直管出水流道单线立面图(如图1所示),以水泵叶轮中心线为Y轴,水泵出口边线为X轴,确定出水流道轴线位置。

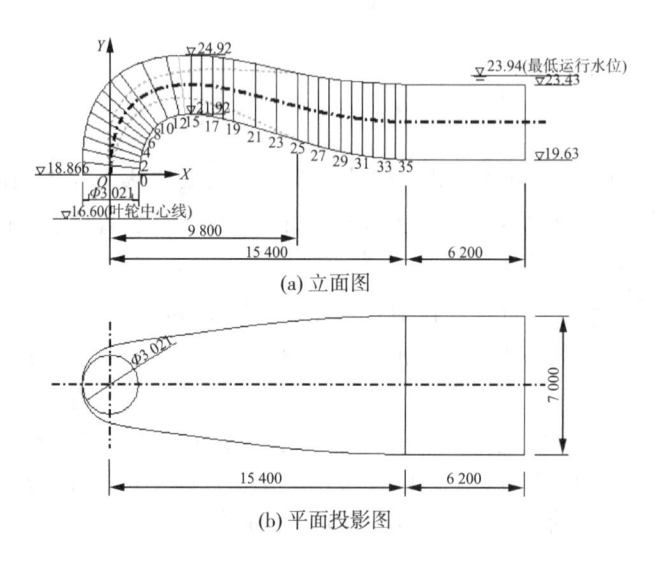

图 1 流道示意图

(2)绘制流道横断面

沿流道轴线逐一确定断面0-0、2-2、4-4等特征断面并放至相应位置,如图2所示。

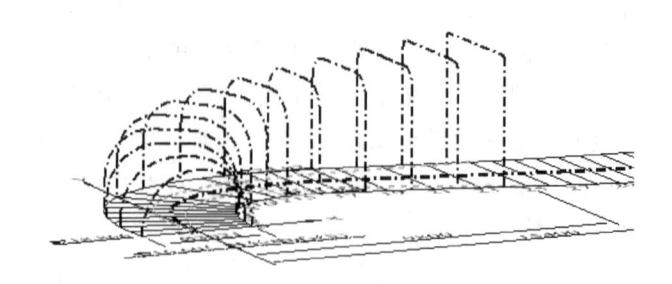

图 2 流道横断面示意图

(3) 创建流道曲面

根据横断面连接相应断面特征点(即放样路径),采用两条放样断面线沿两侧放样曲线放样,或一条断面线沿两条放样曲线放样,得到相应曲面,如图 3 所示。

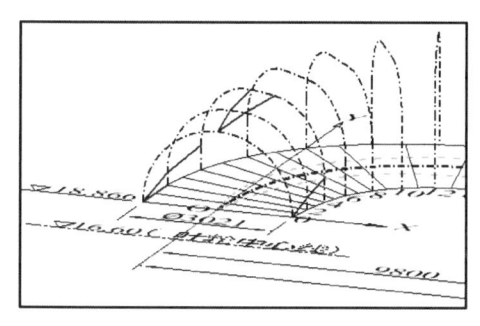

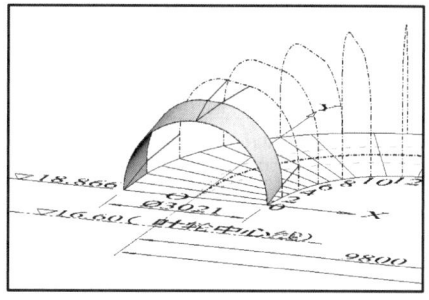

图 3　曲面创建示意图

(4) 创建流道实体

由步骤(3)逐一创建流道曲面后,通过缝合命令逐一添加所需曲面最终形成实体,最后通过镜像创建最终流道实体模型。所建成果如图 4 所示。

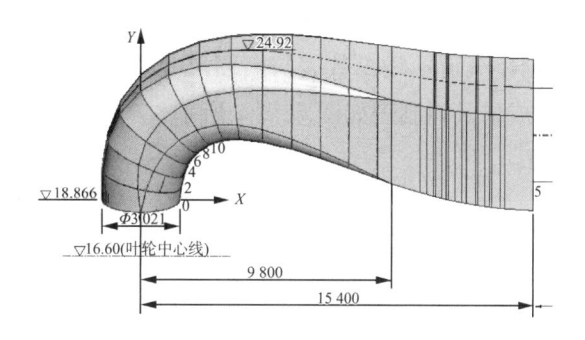

图 4　流道三维模型

2.2　放样融合建模

除上述 Bentley 建模方法之外,常规建模方法可采用放样融合命令,选取放样两侧断面和放样路径线逐一实现放样融合,最终形成出水流道实体。因该方法操作简便且较为常见,可参考其他论文,在此不再赘述。

3　参数化建模方法

参数化建模是以用户输入的参数为起点,经过程序内部逻辑的分析处理,最终生成模型对象的过程;具有以数据为基础,以逻辑为驱动的特征。泵站出水流道单从建模角度分析,因其轴线和各横断面之间逻辑清晰,且断面位置参数和断面边线参数明确,具有较强的参数化建模条件。常规建模手段大多为一次成型,修改和重复使用难度较大,对于工程设计调整等工作适用性偏低。如流道某一断面尺寸调整时,需调整前后断面放样曲线,甚至有些需要重新建模,重复工作较多。

就以上问题,本文通过分析不同建模方法的特点,并借鉴相关文献方法,最终采用图元驱动参数化建模结合放样融合方法,创建泵站出水流道图元驱动参数化模型。建模流程如图 5 所示。

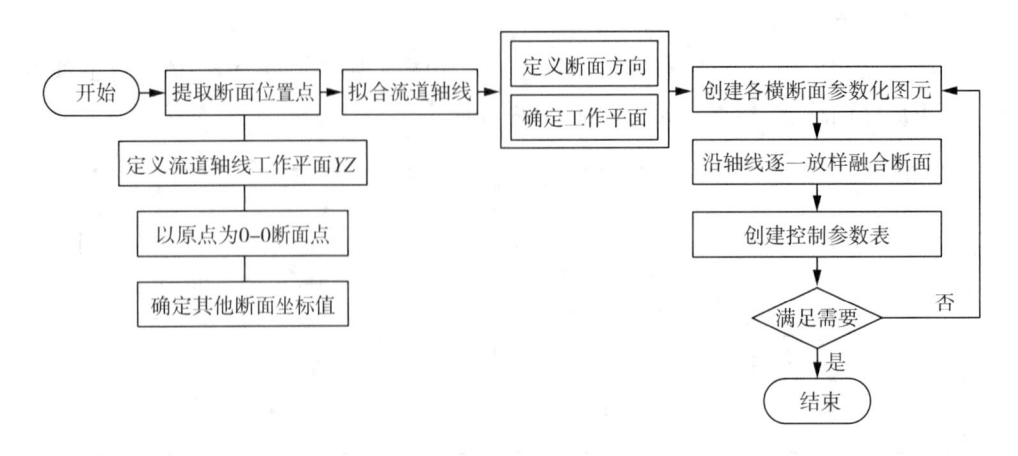

图 5　建模流程图

首先根据工程资料提取断面特征点，具体以流道立面所在面，即YZ平面为工作面，以流道0-0断面中点为坐标原点，依次确定其他断面中心点坐标；然后使用插值样条曲线依次连接断面中心点，得到泵站出水流道轴线；之后根据工程设计情况，将各横断面方向向量分为两类，一类是流道顶点之前（断面方向与曲线垂直），另一类为流道顶点之后（断面方向水平），以此创建过横断面中心点的工作平面；之后在各自工作平面上创建参数化图元；再后沿流道轴线逐一放样融合相邻断面得到中间流道实体；最后根据参数特点分别创建流道轴线参数表与断面尺寸参数表，并测试其可用性，直至得到满足应用要求的结果。最终建模成果及控制表如图6、图7所示。

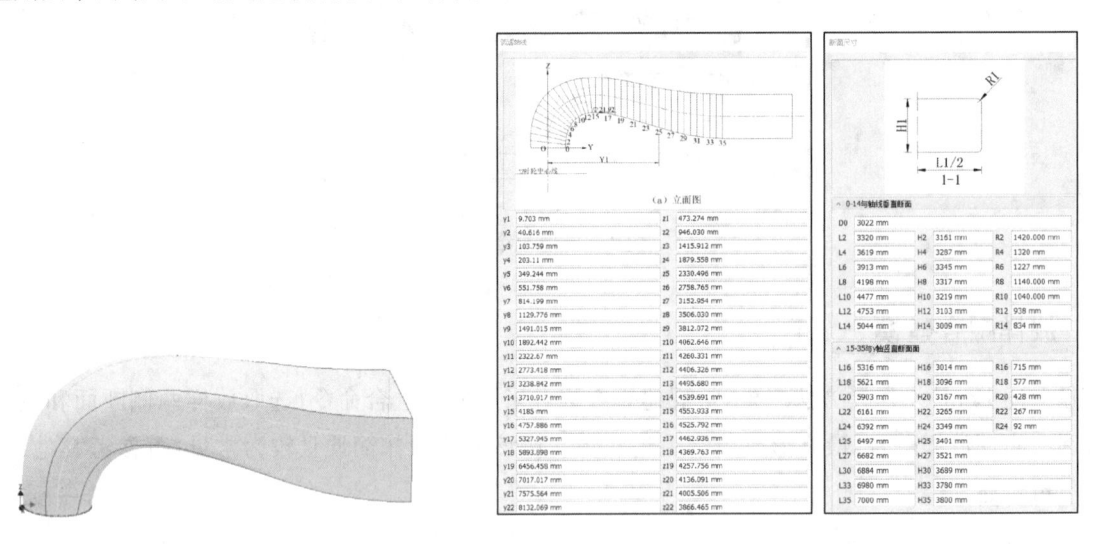

图 6　参数化流道三维模型　　　　图 7　参数控制表

4　参数化建模的意义

通过以上研究及最终成果对比，可以得出参数化建模相较于其他方式优势较为明显，主要意义包括：

建模速度及模型适应性得到有效提升。如第2节所述，常规建模方法需逐一绘制流道轴线和各个断面图元，之后创建曲面缝合或放样融合等方式，属于一次性建模工作。当设计方案调整或断面尺寸发生变化后，模型调整工作较为烦琐，难度较大。参数化建模可一次建模多次使用，且当断面尺寸发生调整时,可通过改变相应参数快速成型,可有效提升建模速度。

模型精度得到一定改善。对比图4与图6,可明显发现连续放样融合所得模型表面更为平顺,与设计及实际情况更加接近,所得模型精度更高。且在实际水力学计算中,流道平顺度对工程质量及安全影响较为重要。由此参数化流道模型有效继承了放样融合方法的优点,模型精度相较于其他方式更高。

除此之外,参数化流道三维模型对工程量统计和工程设计质量等方面都能得到不同程度的提升。同时该方法能够有效降低泵站出水流道异形结构建模难度,具有一定应用价值。

5 结语

本文通过对泵站出水流道特征进行研究,简单对比分析了不同建模方法的特点。本研究采用图元驱动参数化联合放样融合方法,所创建的泵站出水流道三维模型具有较强的适应性,优势明显;所得成果有效提升了流道异形实体的建模速度和精度,降低了该类型结构实体的建模难度和广大从业者建模学习成本。该方法转变了传统建模流程,实现了仅通过修改特征参数值即可快速便捷地创建泵站出水流道三维模型。研究内容具有一定的实用价值和现实意义,研究成果可供相关从业人员借鉴使用。

[参考文献]

[1] 王业明,谭建荣.图元驱动参数化设计方法在流道设计中的应用[J].农业机械学报,2001,32(6):38-40+44.
[2] 扬州大学. 一种斜式轴伸泵进水流道参数化三维建模方法:CN202010624520.5[P]. 2020-10-02.
[3] 潘飞. 泵站肘型进水流道正向三维造型设计研究[J]. 建筑·建材·装饰,2020(11):195+172.
[4] 伍丹琪,陈俊涛,肖明. 基于Revit二次开发的泵站厂房参数化BIM解决方案[J]. 水电与新能源,2019,33(4):15-18+68.
[5] 牛立军,梁燕迪,王程. 基于Revit二次开发的水利工程BIM正向设计研究[J]. 人民黄河,2022,44(3):155-159.
[6] 陆林广. 高性能大型低扬程泵装置优化水力设计[M]. 北京:中国水利水电出版社,2013.
[7] 杨平辉,李彦军,彭玉成. 大型混流泵站流道优化与模型试验[J]. 流体机械,2022,50(4):99-104.

[作者简介]

王亚东,男,生于1992年8月,工程师,主要研究方向为水工结构,16620785035,2360226314@qq.com。

淮河流域在国家水网建设中的重要性

陶龙骧[1]　唐新玥[2]

(1. 中水淮河安徽恒信工程咨询有限公司　安徽 合肥　230000；
2. 水利部淮河水利委员会　安徽 蚌埠　233000)

摘　要：本文通过对我国现阶段水情及现状水网格局的分析得出构建以引调排水工程为通道，调蓄工程为节点，智慧调控为手段，集水资源优化配置、流域防洪减灾、水生态系统保护等功能于一体的国家水网综合工程体系的重要性。在此基础上，分析了淮河流域自1991年以来治淮工程建设进展及其在国家水网建设中的作用，并进一步提出淮河流域在国家水网建设中要明确流域管理机构的管理职能，架设水网建设的沟通桥梁，通过推进"十四五"新时期淮河流域调蓄水工程及相关配套设施等建设，进一步完善流域内水网体系，实现淮河流域水网体系的高质量发展。

关键词：国家水网建设；流域协调管理；淮河流域；调蓄水工程

1　我国现阶段水情

自古以来，我国基本水情一直是夏汛冬枯、北缺南丰，水资源时空分布极不均衡，与经济社会发展布局不相匹配，严重制约经济社会高质量发展。我国南北跨度大，地势西高东低，大多地处季风气候区，加之人口众多，与其他国家相比，我国的水情具有特殊性，主要表现在以下四个方面：

一是水资源时空分布不均，人均占有量少。根据2021年水资源调查评价成果，我国水资源总量2.96万亿 m^3，居世界第6位。但人均水资源占有量仅为世界平均水平的三分之一左右；耕地亩均水资源占有量约为世界平均水平的一半。从水资源时间分布来看，降水年内和年际变化大，60%～80%主要集中在汛期，地表径流年际间丰枯变化一般相差2～6倍，最大达10倍以上；从水资源空间分布来看，北方地区国土面积、耕地、人口分别占全国的64%、60%和46%，而水资源量仅占全国的19%，其中黄河、淮河、海河流域GDP约占全国的1/3，而水资源量仅占全国的7%，是我国水资源供需矛盾最为尖锐的地区。从总体看，我国水资源禀赋条件并不优越，尤其是水资源时空分布不均，导致我国水资源开发利用难度大、任务重。

二是河流水系复杂，南北差异大。我国地势从西到东呈三级阶梯分布，山丘、高原占国土面积的69%，地形复杂。我国江河众多、水系复杂，流域面积在100 km^2 以上的河流有5万多条，按照河流水系划分，分为长江、黄河、淮河、海河、松花江、辽河、珠江等七大江河干流及其支流，以及主要分布在西北地区的内陆河流、东南沿海地区的独流入海河流和分布在边境地区的跨国界河流，构成了我国河流水系的基本框架。河流水系南北方差异大，南方地区河网密度较大，水量相对丰沛，一般常年有水；北方地区河流水量较少，许多为季节性河流，含沙量高，加之人口众多、人水关系复杂，决定了我国江河治理难度大。

三是地处季风气候区，暴雨洪水频发。受季风气候影响，我国大部分地区夏季湿热多雨、雨热同期，不仅短历时、高强度的局地暴雨频繁发生，而且长历时、大范围的全流域降雨也时有发生，几乎每年都会发生不同程度的洪涝灾害。我国的重要城市、重要基础设施和粮食主产区主要分布在江河沿岸，仅七大江河防洪保护区内就居住着全国 1/3 的人口，拥有 22% 的耕地，贡献约一半的经济总量。随着人口的增长和财富的积聚，对防洪保安的要求越来越高，防洪任务更加繁重。

四是水土流失严重，水生态环境脆弱。由于特殊的气候和地形地貌条件，特别是山地多，降雨集中，加之人口众多和不合理的生产建设活动影响，我国水土流失严重，水土流失面积达 356 万 km^2，占国土面积的 1/3 以上，土壤侵蚀量约占全球的 20%。从分布来看，主要集中在西部地区，水土流失面积 297 万 km^2，占全国的 83%。

综上所述，人多水少、水资源时空分布不均是我国的基本国情水情，洪涝灾害频繁、水资源严重短缺、水土流失严重以及水生态环境脆弱等特点，决定了我国是世界上治水任务最为繁重、治水难度最大的国家之一。构建以自然河湖为基础，引调排水工程为通道，调蓄工程为节点，智慧调控为手段，集水资源优化配置、流域防洪减灾、水生态系统保护等功能于一体的国家水网综合工程体系迫在眉睫。

2　加快构建国家水网，是走向高质量发展的必然选择

面对我国可能出现的水资源全局性问题，党中央审时度势，决策建设了南水北调东、中线一期工程等一系列工程，初步构建了我国"南北调配、东西互济"的水网格局，南水北调工程成为优化水资源配置、保障饮水安全、复苏河湖生态、支持沿线经济社会高质量发展的典范，沿线人民群众获得感、幸福感、安全感持续增强。把握新发展阶段、贯彻新发展理念、构建新发展格局，形成全国统一大市场和畅通的国内大循环，促进南北方协调发展，水资源是其中重要的承载和制约因素，需要进一步加强水资源跨流域、跨区域科学配置，全面增强我国水资源统筹调控能力、供水保障能力、战略储备能力。加快构建国家水网，推进南水北调后续工程高质量发展，加快构建国家水网主骨架和大动脉，是为全面建设社会主义现代化国家和实现中华民族伟大复兴提供水安全保障的必然选择。

3　淮河流域在国家水网中举足轻重

淮河，古称淮水，与长江、黄河、济水并称"四渎"，当代已被列为我国七大江河之一。淮河发源于河南省桐柏县桐柏山太白顶西北侧河谷，流域地跨湖北、河南、安徽、江苏、山东五省。以废黄河为界，分成淮河和沂沭泗河两大水系。淮河干流全长约为 1 000 km，流域面积约为 27 万 km^2，其中沂沭泗流域面积约为 8 万 km^2。

淮河支流众多，流域面积大于 1 万 km^2 的一级支流有 4 条，大于 2 000 km^2 的一级支流有 16 条，大于 1 000 km^2 的一级支流有 21 条。右岸较大支流有史灌河、淠河、东淝河、池河等；左岸较大支流有洪汝河、沙颍河、西淝河、涡河、浍河、濉潼河、新汴河、奎濉河等。在淮河流域水系中还有许多湖泊，其水面总面积约 7 000 km^2，总蓄水能力 280 亿 m^3，其中兴利蓄水量 60 亿 m^3，较大的湖泊有城西湖、城东湖、瓦埠湖、洪泽湖、高邮湖、宝应湖等。

淮河流域多年平均径流量为 621 亿 m^3，其中淮河水系 453 亿 m^3，沂沭泗水系 168 亿 m^3。淮河干流各控制站汛期实测来水量占全年的 60% 左右，沂沭泗水系各支流汛期水量所占比重更大，约为全年的 70%～80%。

淮河流域人口密集，土地肥沃，资源丰富，交通便利，是我国重要的粮食生产基地、能源矿产基地和制造业基地，也是国家实施鼓励东部率先、促进中部崛起发展战略的重要区域，在我国经济社会发展全局中占有十分重要的地位。淮河流域跨河南、安徽、江苏、山东、湖北五省 47 个地(市)、292 个县

（市），人口1.65亿（2003年数据），在我国经济和社会发展中占有极其重要的地位。流域耕地面积约1.9亿亩，约占全国耕地面积12%，粮食产量约占全国总产量的1/6，在国家粮食安全体系中具有举足轻重的作用。流域内矿产资源丰富，种类有50余种，是华东地区主要的煤电供应基地。流域交通枢纽地位突出，京沪、京九、京广三条铁路干线纵贯南北，陇海及新（乡）石（臼）、宁西铁路横跨东西，高速公路四通八达，高铁正在规划建设中，主要航道有京杭大运河和淮河，大型海港有连云港、日照港。

淮河流域现有62座大型水库、310座中型水库，水库分布流域各省，在拦洪蓄水、调节流水方面起到了重要作用。1991年以来，淮河流域建设完成了淮河入江水道整治工程、临淮岗洪水控制工程、沂沭泗河洪水东调南下工程等19项治淮骨干工程。2011年以来，明确进一步治理淮河38项工程，其中34项工程已开工建设。2016年，以城乡供水和发展江淮航运为主，结合灌溉补水和改善巢湖及淮河水生态环境为主要任务的大型跨流域调水工程——引江济淮工程正式开工。下一步，淮河入海水道二期等一系列淮河流域重大水利工程即将推动实施。

4 立足流域协调统一管理，因地制宜构建水网工程

淮河流域不仅流域面积广阔，而且在我国经济社会发展全局中占据重要地位，在供水、经济、人口、粮食安全、交通等方面发挥重要作用，与此同时，降水时空分部不均、人多水少耕地多等矛盾日趋尖锐，加快淮河流域水网工程建设刻不容缓。

建设淮河流域水网工程，要立足流域协调统一管理。流域管理机构作为国家水网建设中的主力军，能够充分发挥流域机构的管理职能和协调作用。淮河流域地域广阔，且水系众多、交互错杂，建设水网工程要统筹考虑流域区域水利工程现状和发展需求，构建流域统筹、区域协同、部门联动的管理格局；通过流域管理机构的管理职能，积极调动流域内各级水行政主管部门的积极性，加快工作效率，为构建水网工程架设沟通的桥梁。

淮河流域各省地理条件和经济条件不尽相同，不同地区建设国家水网的难度存在差异，应当因地制宜构建水网工程。如江苏省本身水系发达，水系联通能力强，建设重点为调度运行管理，而山东省、河南省水系联通性就相对较差，硬件基础上需多下功夫。这种情况导致了流域内各省起步上就存在了差异，在构建水网时需要根据地方现状及特点统筹考虑、整体推进。

在"十四五"的新时期，进一步完善流域内水网体系，加快引江济淮等淮河流域调蓄水工程及相关配套等建设意义重大，不但是推动水利事业的高质量发展的重要体现，而且为淮河流域防洪减灾、饮供水安全等问题提供了必要保障，同时为加快构建国家水网作出了卓越的贡献。

[参考文献]

[1] 钮新强. 为什么要构建国家水网[N]. 学习时报, 2021-08-09(7).
[2] 周学文. 我国水利建设现状、问题及对策[N/OL]. 中国人大网, 2011-03-23. http://www.npc.gov.cn/npc/0541/201103/1c222acb77284f9888f3d5c9bdfvcafc.shtml.

[作者简介]

陶龙骧，男，生于1994年1月7日，助理工程师，主要研究方向为建设管理，15655208619，806926363@qq.com。

大型泵站电气设备在线监测系统研究

晋成龙　王长江　方国材

（中水淮河规划设计研究有限公司　安徽 合肥　230601）

摘　要：本文先介绍了大型泵站电气设备的在线监测对象和监测内容，再论述了大型泵站电气设备的在线监测系统组成，提出了在线监测系统架构，并阐述了过程层设备、站控层设备、主控层平台各部分组成和功能，展望了大型泵站电气设备在线监测系统的发展趋势，对大型泵站电气设备在线监测系统建设具有指导性意义。

关键词：在线监测装置；综合监测单元；站端监测单元；状态检修决策支持系统

1　引言

随着我国经济发展和社会需求增加，泵站的规模越来越大，电气设备也越来越多，为了维护电力设备的高效和正常运转，确保大型泵站工程的安全运行，大型泵站电气设备的在线监测和故障诊断显得尤为重要。因此，为了确保大型泵站电气设备的正常运行，根据状态监测所得到的各测量值及其运算处理结果所提供的信息，结合知识和经验，进行推理判断，从而提出对设备的维修处理建议是必须的。

2　大型泵站电气设备在线监测对象及内容

2.1　在线监测对象

大型泵站电气设备在线监测对象主要包括变压器、电抗器、电容型设备（电容型电流互感器、电容式电压互感器、耦合电容器、电容型套管等）、GIS设备、断路器、金属氧化物避雷器、开关柜及电力电缆等。

2.2　在线监测内容

1. 变压器/电抗器

变压器/电抗器主要监测内容为局部放电、油中溶解气体、铁芯接地电流、顶层油温、绕组温度、变压器振动波谱。

2. 电容型设备

电容型设备主要监测内容为绝缘监测。

3. 断路器/GIS设备

断路器/GIS设备主要监测内容为局部放电、分合闸线圈电流波形、负荷电流波形、SF6气体压力、SF6气体水分、储能电机工作状态。

4. 金属氧化物避雷器

金属氧化物避雷器主要监测内容为绝缘监测。

5. 开关柜

开关柜主要监测内容为局部放电、测温。

6. 电缆

电缆主要监测内容为局部放电、接地环流。

3 大型泵站电气设备在线监测系统组成

3.1 系统架构

大型泵站电气设备在线监测系统宜采用总线式的分层分布式结构,分为过程层、站控层和主控层。过程层中设置线监测装置和综合监测单元,实现一次设备状态监测数据汇聚,并将所接入在线监测装置通信标准统一转换为 DL/T 860 与站控层站端监测单元通信。主控层的电气设备状态检修决策支持系统提供分析与诊断功能。其系统结构见图1。

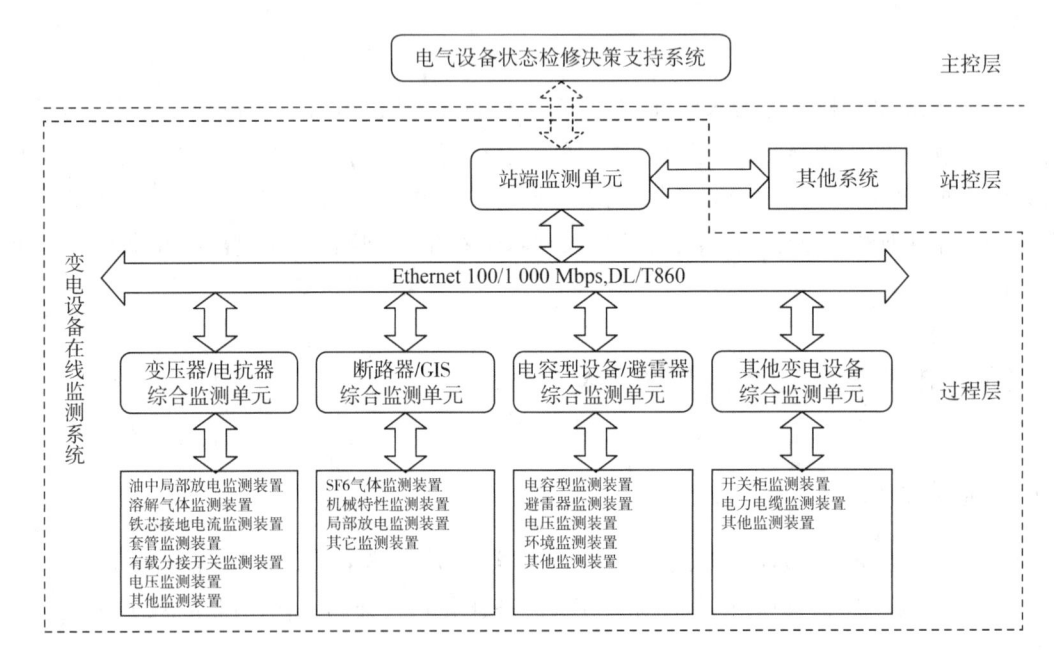

图 1 电气设备在线监测系统架构图

3.2 过程层设备

在线监测系统过程层设备主要包括:

(1) 变压器、电抗器、断路器、GIS、电容型设备、金属氧化物避雷器等设备的在线监测装置,能实现变电设备状态信息自动采集、测量、就地数字化等功能。

(2) 变压器/电抗器、断路器/GIS、电容型设备/金属氧化物避雷器等综合监测单元,能实现被监测设备相关监测装置的监测数据汇集、标准化数据通信代理等功能。

3.2.1 在线监测装置功能

在线监测装置应具备的功能如下:

（1）能够自动、连续成周期性采集设备状态信息，监测结果可根据需要定期发送至综合监测单元，也可现地读取；

（2）能够接受上层单元传的参数配置、数据召唤、对时、强制重启等控制命令；

（3）具备校验接口，便于运行中现场定期收的；

（4）具有自诊断和自恢复功能，能向上层单元发送自诊断结果、故障报警等信息；

（5）具有采集数据存储功能；

（6）具有运行指示功能。

3.2.2 综合监测单元功能

综合监测单元应具备的功能如下：

（1）接入不同厂商、不同通信接口、不同通信协议的在线监测装置，能统一转换为 DL/T 860 通信协议与站端监测单元通信；

（2）具备读取、设置在线监测装置配置信息和与在线监测装置对时等管理功能；

（3）具备与站端监测单元的对时功能；

（4）具备自检和远程维护功能。

3.3 站控层设备

在线监测系统站控层设备主要指站端监测单元，能实现整个在线监测系统的运行控制，以及站内所有变电设备在线监测数据的汇集、综合分析、监测预警、故障诊断、数据展示、存储和格式化数据转发等功能，具体功能如下：

（1）对站内在线监测装置、综合监测单元以及所采集的状态监测数据进行全局监视管理；

（2）向上层传送格式化数据、分析诊断结果、预警信息以及根据上层需求定制的数据，并接受上层单元下传的下层分析模型、参数配置、数据召唤、对时、强制重启等控制命令；

（3）站端监测单元软件系统具有可扩展性和二次开发功能，可灵活定制接入的监测装置类型、监视画面、分析报表等功能；同时软件系统的功能亦可扩充，应用软件采用 SOA 架构，支持状态监测数据分析算法的添加、删除、修改操作，能适应在线监测与运行管理的不断发展；

（4）具有跨区安全防护措施，通过 Web 方式实现各类信息的展示、查询和统计分析等功能；

（5）具备与泵站授时系统的校时功能；

（6）具备自检和远程维护功能。

3.4 主控层平台

主控层平台由各种应用系统组成，其中电气设备状态监测应用系统为电气设备状态检修决策支持系统。

基于设备可靠性检修技术、设备全寿命周期资产管理思想，构筑电气设备状态主题数据中心，打造设备状态健康履历；搭建状态分析平台，构建灵活开放的状态量模型、专家规则库和算法模型库，充分运用大数据技术、机器学习、深度学习、人工智能算法、专家系统等实现设备的状态诊断、状态评估、故障诊断及状态预测；采用状态检修辅助决策模式，构筑闭环的状态监视、评估分析、预警和检修建议机制和体系。

状态检修决策支持系统包括在线监测分析诊断模块、状态检修辅助决策支持系统模块、状态检修辅助决策支持系统模块和专家系统组成。旨在通过对监测数据的综合分析，判定设备的运行状态，对设备的运行状况进行诊断，提出相应的维护检修建议。利用电力设备故障诊断算法对设备故障进行诊断，对设备状态进行评估分析，并结合运行方式和检修计划，合理进行故障设备的检修管理。

3.4.1 在线监测分析诊断模块

在线监测分析诊断模块利用平台的数据汇总及存储接口，通过一系列的图表、曲线等展现手段，实现对系统获取的状态监测信息进行多种形式的数据展示及状态分析。系统实现的主要功能包括：变压器局部放电、变压器油色谱、避雷器动作次数等变电设备运行特征参数的状态监测分析，以及设备状态报警与预警、设备瞬时过程状态分析、设备优化运行状态分析、性能评估与试验分析、历史趋势分析、状态报告及检修效果分析等。在此基础上利用统一平台实现主设备运行状态数据信息的实时监测及越限告警，并对这些数据通过统一平台的数据汇总及存储接口，实现状态检修辅助决策应用功能。

3.4.2 状态检修辅助决策支持系统模块

状态检修辅助决策支持系统模块实现对设备健康状态的分析、评估、推理及诊断，其实现的功能应包括：数据获取、数据处理、监测预警、状态分析、状态诊断、状态评价、状态预测、风险评估及决策建议等。实现并完成与监控系统、在线监测装置、生产管理系统等其他外部系统的有效信息互通互联，具备数据分类管理、预测评估、数据挖掘等功能，力求实现设备全寿命周期综合优化管理。

3.4.3 专家系统

专家系统可根据对症状的观察与分析，推断故障所在，并给出排除故障方案的系统。可利用大数据技术、机器学习、深度学习、人工智能算法等技术实现故障诊断。专家系统一般由自学习模块、诊断知识库、推理机等部分组成。专家系统功能示意图如图2所示。

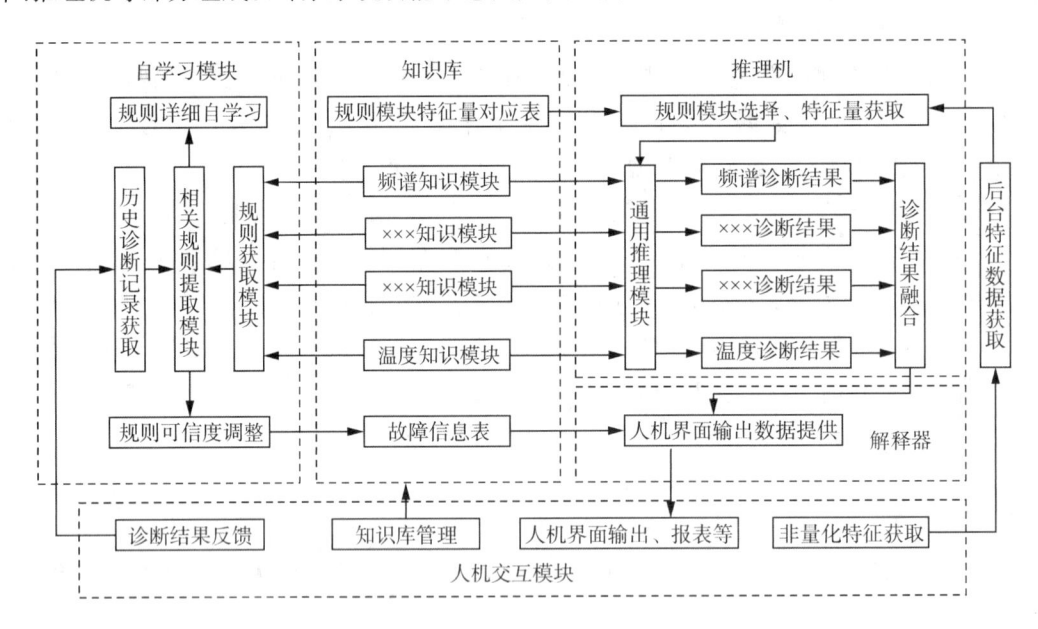

图 2　故障诊断专家系统功能示意图

4　大型泵站电气设备在线监测系统发展趋势

大型泵站电气设备在线监测技术发展前景非常可观，主要包括以下几个方面：

（1）对电气设备进行多功能的综合监测和诊断，能同时反映设备绝缘状况的多个特征参数；

（2）对大型泵站所有电气设备进行集中监测和诊断，采用现场总线技术，形成真正开放的在线监测系统和完整的故障诊断专家系统；

（3）在不断积累监测数据和诊断经验的基础上，发展人工智能技术，建立专家系统，真正实现在线诊断的自动化；

（4）不断提高监测系统的灵敏度和可靠性，如提高在线监测装置的快速响应和高灵敏度，可靠的识别功能，高稳定度的温度控制功能等；

（5）系统的数据处理功能的网络化、智能化、集成化。

5 结语

总而言之，只有保障大型泵站电气设备的安全运行，才能够提高机组运行的可靠性，从而使得大型泵站工程得以正常的运作。从本文描述的监测技术的基本现状，以及电气系统在线监测技术的发展要求方面来看，依然有很多需要努力的地方，只有不断地分析和研究，才可以为大型泵站电气设备在线监测技术的发展带来新动力。

[参考文献]

[1] 冯文斌,刘庆鑫,那明晖.电力系统中电气设备在线监测技术分析[J].电力系统装备,2021,3:17-18.

[2] 龚伟.电气设备在线状态监测与故障诊断系统技术的研究[J].科技资讯,2007,14:64-65.

[3] 刘维功,吴冠霖,刘志良,等.炼化企业电气设备在线监测系统初探[J].当代化工,2020,49(10):2269-2271.

[作者简介]

晋成龙,男,生于1982年12月,高级工程师,主要从事水利水电工程电气设计工作,0551-65707033,jinchenglong1982@126.com。

王长江,男,生于1983年4月,高级工程师,主要从事水利水电工程金属结构设计工作,0551-65707045,zongneng@163.com。

方国材,男,生于1962年3月,正高级工程师,主要从事电气及信息化设计工作,0551-65707707,ahbbfgc@163.com。

水利工程建设对国家湿地公园生态影响的研究

储龙胜[1]　姜健俊[2]

（1. 中水淮河安徽恒信工程咨询有限公司　安徽 合肥　230000；
2. 淮河水利委员会水利水电工程技术研究中心　安徽 蚌埠　233001）

摘　要：湿地公园内的河道既有基础的生态功能，有的还是重要的行洪通道，提高骨干河道的行洪能力对于保障全流域的防洪安全有着十分重要的作用。如何在建设好大型水利工程的同时，尽量减少对生态环境的影响并做好后续生态修复，是落实绿色发展理念亟须研究的课题。本文介绍了淮河干流大型河道开挖施工过程中生态保护治理研究的案例，有关技术研究成果也可为类似工程提供有益的参考。

关键词：湿地；河道；施工；生态保护；研究

1　项目概况

淮河干流王家坝至临淮岗段行洪区调整及河道整治工程是进一步治理淮河 38 项工程之一，也是国务院确定的 172 项节水供水重大水利工程之一，其中濛河分洪道拓浚工程建设内容主要包括拓浚濛河分洪道 51.16 km，新建濛洼防汛抢险通道 41.58 km，新建生产桥 8 座以及新建张刘防汛交通大桥等。濛河分洪道拓浚工程位于安徽省阜南县王家坝国家级湿地公园内。王家坝湿地公园以河流湿地为主体，以保护和恢复湿地生态系统、珍稀鸟类栖息地为主导，恢复受损湿地环境、开展科普宣教和生态旅游，使人们在观光的同时，认知湿地生态系统，了解湿地生态功能，体验湿地生态文化。

该湿地公园规划面积 7 054.47 hm²，地理坐标为 E115°34′56″～115°55′30″，N32°25′34″～32°37′49″，湿地占地面积 6 761.71 hm²，湿地率达 95.85%，公园东西长 40.05 km，南北宽 1.5～2.0 km。王家坝国家级湿地公园的主体部分就是濛河分洪道，为了使分洪道达到流域防洪规划确定的行洪流量，必须对河道进行拓浚，而在国家级湿地公园内开展大规模的河道拓浚工程存在破坏生态的风险，为此项目法人组织开展了工程对安徽阜南王家坝国家湿地公园生态影响专题研究，分析了生态敏感点与保护目标并提出了生态保护治理的对策。

2　生态敏感点与保护目标

根据《安徽阜南王家坝国家湿地公园总体规划（2016—2020）》，王家坝湿地公园的建设宗旨和目标是保护和恢复所在地的自然湿地生态系统的结构和功能。据此，工程对王家坝湿地公园生态影响的敏感点应包括湿地公园内的湿地生态系统及其包含的生物多样性资源。结合王家坝湿地生态系统及生物多样性分布的特点，评价目标包括：湿地生态系统、维管植物、鸟类、兽类、两栖类、爬行类、鱼类、浮游动物、浮游植物、底栖生物。

根据《全国湿地资源调查技术规程（试行）》的分类系统，参照安徽省第二次湿地资源调查结果，湿地公园内湿地分为河流湿地和人工湿地两大湿地类型(见表1)。安徽阜南王家坝国家湿地公园土地总面积为 7 054.47 hm²,湿地面积占 6 761.71 hm²,湿地率达 95.85%。其中:永久性河流湿地,面积为443.67 hm²,占土地总面积的 6.29%;洪泛平原湿地,面积为 5 774.44 hm²,占土地总面积的 81.86%;人工湿地,面积为 543.59 hm²,占土地总面积的 7.70%。

表1 安徽阜南王家坝国家湿地公园湿地类型一览表

代码	湿地类	代码	湿地型	面积(hm²)	占湿地总面积比例(%)	占土地总面积比例(%)
2	河流湿地	201	永久性河流	443.67	6.56%	6.29%
		203	洪泛平原湿地	5774.44	85.40%	81.86%
5	人工湿地	501	库塘	543.59	8.04%	7.70%
	合　计			6761.71	100.00%	95.85%

备注:湿地分类系统采用《全国湿地资源调查技术规程(试行)》。

濛河分洪道拓浚工程主要生态敏感目标包括湿地生态系统和生物多样性资源,生物多样性资源中,又以湿地植物资源、鸟类资源及水生生物资源为主要敏感目标,需要就工程对湿地生态系统、植物资源、湿地鸟类、兽类、两栖爬行动物、水生生物、主要保护物种等的影响进行分析并提出保护治理对策。

3 工程施工影响分析

3.1 对湿地生态系统的影响

濛河分洪道拓浚永久工程类型包括河道开挖、修建上堤道路、桥梁、快速通道及涵闸等,涉及生态系统占用的总面积458.84 hm²,其中分洪道占地411.68 hm²,快速通道40.04 hm²。永久工程共涉及4种生态系统类型,其中上堤路、桥梁、快速通道、涵闸仅涉及草丛,分洪道涉及沼泽植被、河流、农田及草地四种生态系统类型。由于河道开挖和修建快速通道,造成湿地生态系统各类型发生较大变化,草丛共减少 201.30 hm²,农田减少 185.00 hm²,沼泽植被减少 49.30 hm²。

3.2 对植物的影响

根据濛河分洪道拓浚工程占地情况及工程性质计算工程施工后湿地公园内的植被类型面积及生物量变化,结果见表2。工程施工后,河流面积将增加388.34 hm²,作物植被和湿生草丛分别下降185.44 hm² 和188.54 hm²,挺水植被和水生植被分布区面积分别下降52.54 hm² 和8.98 hm²。湿地公园内的总植物生物量下降11.71 t,其中下降最大的是作物植被,为 7.09 hm²,占总生物量损失的60.55%。

表2 工程施工后植被变化情况一览表

序号	植被类型	单位生物量(kg/m²)	施工前 面积(hm²)	施工前 生物量(t)	施工后 面积(hm²)	施工后 生物量(t)	变化情况 面积变化(hm²)	变化情况 生物量变化(t)
1	作物植被	3.82	3 852.49	147.17	3 667.05	140.08	−185.44	−7.09
2	意杨林	16.41	230.20	37.78	230.2	37.78	0.00	0.00
3	河流	0.15	267.01	0.40	655.35	0.98	388.34	0.58

续表

序号	植被类型	单位生物量 (kg/m²)	施工前 面积(hm²)	施工前 生物量(t)	施工后 面积(hm²)	施工后 生物量(t)	变化情况 面积变化(hm²)	变化情况 生物量变化(t)
4	水生植被	0.33	518.01	1.71	509.03	1.68	−8.98	−0.03
5	湿生草丛	1.63	1 784.53	29.09	1 595.99	26.01	−188.54	−3.08
6	挺水植被	4.12	374.13	15.41	321.59	13.25	−52.54	−2.16
7	交通用地	0	26.20	0.00	71.63	0.00	45.43	0.00
8	建设用地	4.01	1.90	0.08	3.63	0.15	1.73	0.07
合计			7 054.47	231.64	7 054.47	219.93	0	−11.71

3.3 对鱼类的影响

濛河分洪道拓浚采取筑围堰、抽水后旱地施工,基坑排水泵站抽排噪声扰动,鱼类会被驱赶出施工水域,河道疏浚施工过程中暂时破坏水生态平衡会对渔业资源产生不利的影响。另外,施工河段在施工期间水流被阻断或变缓,施工区域内鱼类的种类和数量必将有所减少,水体的水文条件发生变化对不同鱼类的影响不尽相同,尤其表现在一些喜急流水质或上层生活的鱼类,如翘嘴鲌、四大家鱼等。经实际调查以及历史资料显示,施工区域无大型集中四大家鱼产卵场,仅在少数的水草分布区域有零星分散的产卵点,淮河四大家鱼的产卵活动没有特别固定的时间点,一般随汛期到来,流速、水位变化达到产卵条件则产卵,且往往发生在洪峰过程中。濛河分洪道拓浚采取非汛期施工,施工范围内不存在四大家鱼产卵场,项目施工对其无不利影响。

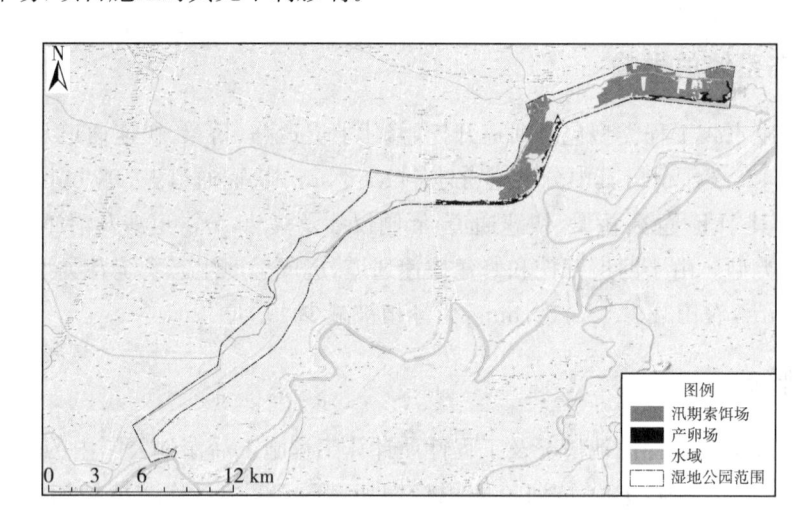

图 1 王家坝湿地公园"鱼类三场"分布图

3.4 对陆生脊椎动物的影响

濛河分洪道拓浚工程主要安排在冬季枯水期施工。根据现场调查结果,冬季是湿地公园内越冬水鸟的集中分布期,二者不可避免存在冲突。施工期各种施工机械与运输车辆难免产生噪音,无疑将对施工区栖息的鸟类活动造成较大的干扰。考虑到湿地公园内施工区附近生长有茂密的湿生草丛,可为鸟类提供较好的隐蔽场所。因此,本工程施工期噪音对鸟类的影响范围较有限。工程施工结束后,噪声干扰即消失。冬季施工期间湿地公园内的两栖爬行动物处于冬眠期,对其影响非常有限。但堤顶道路施工全年均有施工,可能会对堤坝附近分布的两栖爬行动物造成一定的干扰。根据野外调查结果,王家坝湿地公园内的两栖爬行动物物种及数量均非常有限,鉴于王家坝湿地公园内分布有大量湿生草丛,可为两栖爬行动物提供较好的隐蔽场所。

4 生态保护治理措施

4.1 优化施工方案

濛河分洪道拓浚工程土方开挖工程量1 901万 m^3,土方开挖工程量大,施工强度较高。通过优化施工组织设计,对河道土方施工采用河道半幅施工方案,利用原河道导流较少水生生物施工期的影响,有利于水生生物的迁徙转移扩散,减少对湿地公园的扰动。

4.2 避让和减缓措施

湿地公园施工范围内不设置除施工便道以外的施工组织,如弃土场、排泥场、施工营地、施工生产区等。湿地公园内水鸟以迁徙鸟类为主,合理安排施工期,坝下填塘工程安排在1—2月份。

工程区淮河滩地有野大豆的零星分布,施工过程中如发现野大豆,在附近非施工区域选择合适地点进行移植保护。防汛道路填塘施工场界设置不低于3 m挡板,以遮挡坝下填塘造成的水体扰动,减少工程对坑塘内其他区域栖息的鸟类的干扰。施工便道表土剥离工程根据复垦用土工程量进行剥离,复垦时运回表土,将表土进行覆土。

图 2 濛河分洪道滩地的野大豆

4.3 补偿措施

本工程对王家坝湿地公园的湿地生态系统、水生植被以及鸟类鱼类栖息地造成一定的负面影响,需要开展以下生态补偿措施:

4.3.1 湿地恢复

湿地公园内沿濛河分洪道两侧分布有大量滩地,为白尾鹞、游隼在内的保护动物及大量湿地鸟类提供了栖息和觅食场所。濛河分洪道拓浚后,湿地公园内的湿地面积将增加126.89 hm^2,但湿生草丛、沼泽、坑塘面积将有所下降,分别为172.71 hm^2、52.38 hm^2、8.98 hm^2。因此,有必要开展湿地恢复工作,保证湿地公园内的栖息地质量不下降。

在湿地公园北部阜南县黄岗镇东南陶夜河与濛河分洪道交汇处以东的新老河道之间低洼处构建沼泽植被分布区,形成适合挺水植被分布的洼地,保证在冬季有50 cm左右的积水,从而为越冬鸟类

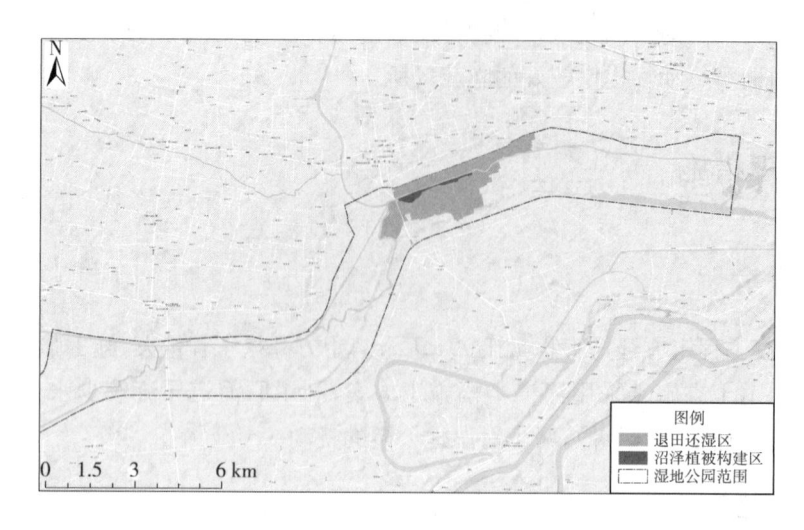

图3　湿地恢复区空间分布图

提供栖息地。在濛河分洪道东部地区安排退田还湿工程，将这片农田改造成水生生境，一方面可以弥补因坝脚填塘造成的湿地损失，另一方面可增加湿地公园主要保护对象，即湿地生态系统和水鸟的分布区面积，还可以将湿地生态系统连成片，增加生态系统的完整性。该区域总面积约 578 hm²，远大于填塘需占用的 8.98 hm²。

4.3.2　水生植被恢复措施

水生植被恢复措施以生境构建为主，根据生境的不同，选择不同的物种进行人工恢复，水深小于 0.2 m 的水域，人工栽培芦苇；水深为 0.2～0.5 m 的水域，人工栽培水烛；水深 0.5～1 m 的水域，人工栽培菰；水深 1～1.5 m 的水域，栽培荇菜或菱；水深 1.5～2 m 的静水水域，栽培黑藻和金鱼藻，流水水域栽培苦草；其他水域栽培蓖草。播种方式上，苦草和菱为人工播种，蓖草为撒播石芽，荇菜和黑藻为撒播休眠芽，其余物种均栽培定植苗。

4.3.3　开展增殖放流

增殖放流是恢复天然渔业资源的重要手段，通过有计划地开展放流经济鱼类种苗，可以增加经济鱼类资源中低、幼龄鱼类数量，扩大群体规模，储备足够量的繁殖后备群体。根据调查，增殖放流对象暂定为黄颡鱼和四大家鱼中的青鱼、草鱼、白鲢和鳙鱼共 5 种进行放流。另外，同期进行螺、蚌资源放流以加速恢复河流底质生境，此后根据监测情况进行适当调整。放流的幼鱼必须是由野生亲本人工繁殖的子一代。放流苗种必须是无伤残和病害、体格健壮的苗种，符合渔业行政主管部门制定放流苗种种质技术规范。放流前，种苗供应单位应提供放流种苗种质鉴定和疫病检验检疫报告，以保证用于增殖放流种苗的质量，避免对增殖放流水域生态造成不良影响。

5　结语

王家坝湿地公园的主要功能包括调洪蓄水、水源涵养、水质净化、生物多样性保护、生态旅游、环境教育等多种生态系统服务充能。濛河分洪道拓浚工程对于调洪蓄水、水源涵养、水质净化等存在正面影响，对生态旅游和环境教育无显著影响，但是对生物多样性保护存在一定的负面影响，主要表现为湿地鸟类等生物的栖息地质量下降。本研究提出了人工沼泽构建、退田还湿、水生植物恢复和增殖放流等措施，可有效缓解这种负面影响，总体而言王家坝湿地公园主要功能中的生物多样性保护存在的负面影响是可控的。本次研究可为类似河道开挖或疏浚工程施工过程中做好生态保护和治理提供有益的参考。

[参考文献]

［1］安徽省林业厅.安徽省陆生野生动植物资源[M].合肥:合肥工业大学出版社,2006.
［2］安徽植被协作组.安徽植被[M].合肥:安徽科技出版社,1981.
［3］安徽植物志协作组.安徽植物志[M].合肥:安徽科学技术出版社,1986.
［4］陈壁辉.安徽两栖爬行动物志[M].合肥:安徽科学技术出版社,1991.
［5］陈毅峰,严云志.生物入侵的进化生物学[J].水生生物学报,2005.29(2):220-224.

[作者简介]

储龙胜,男,生于1990年12月,工程师,主要从事水利水电工程建设管理工作,136117361@qq.com。

关于物探法在治淮工程嶂山闸闸基承压水分布规律研究中的应用

冯治刚[1]　严　俊[2]　陈国强[1]

(1. 中水淮河规划设计研究有限公司　安徽 合肥　230601；
2. 中国水利水电科学研究院　北京　100038)

摘　要：本文以承压水基本理论为基础,结合地质资料、地形资料、水系构成及监测数据,运用物探方法,探测嶂山闸闸基地下水层构成及分布情况,对照地下水位的反演结论,为嶂山闸闸基承压水的补给、排泄和径流规律进行分析研究提供一种有效验证手段,总结承压水的分布规律,为嶂山闸闸基渗流异常分析研究提供试验验证。

关键词：闸基承压水；物探法；渗流分布规律

1　前言

嶂山闸位于江苏省宿迁市湖滨新城,是沂沭泗洪水经骆马湖入海的主要泄洪口门。嶂山闸按 50 年一遇洪水设计,设计泄洪流量 8 000 m³/s,相应水位：闸上 25.00 m,闸下 23.80 m；200 年一遇洪水校核,校核泄洪流量 10 000 m³/s,相应水位：闸上 26.00 m,闸下 24.80 m。嶂山闸闸室为钢筋混凝土胸墙式结构,闸身总宽 428.97 m,每孔净宽 10 m,两孔一联,共 36 孔,闸孔净高 7.5 m,闸底板顶面高程 15.50 m(废黄高程系,下同),闸顶高程 28.00 m,闸室底板长 25.00 m。

闸基底板以下地层分布如下：第(2-1)层：粉质黏土、黏土,呈灰黄到灰白色,可塑至硬塑状态；含有砂礓和铁锰结核,礓石粒径 2～7 cm；一般层厚为 3.5～6.5 m,层底分布高程 14.5～17.5 m。第(2-2)层：黏土、粉质黏土；呈灰黄到灰白色,可塑至硬塑状态,含有数层砂礓和铁锰结核薄层,礓石粒径 2～7 cm；该层分布广泛,一般层厚为 15.0～17.0 m,厚度变化较小,层底分布高程 -1.5～3.2 m。第(3)层：粉质黏土,棕黄到黄色,呈可塑至硬塑状态,含有砂礓和铁锰结核,局部含少量中砂；该层一般层厚为 0.6～2.1 m,层底分布高程 -0.7～-2.1 m。第(4)层：中粗砂,夹壤土,黄到灰黄色,分选性差,含有中砂、细砾,一般呈中密状态；本层分布连续,层厚在 5 m 左右,层底分布高程 -6.3～-8.1 m。第(5)层：黏土或粉质黏土,棕黄到灰黄色,呈可塑至硬塑状态,含有小砂礓和铁锰结核；该层分布较连续,一般层厚大于 2 m,层底分布高程一般在 -10 m 以下。

嶂山闸地基在 0.00 m 高程以上为坚实黏土沙砾层,以下为坚实细砂,夹有承压水,其水头约 22.0 m。设计时考虑上游骆马湖水有可能通过黏土砂砾中的裂隙与含水层连通,加大了承压水头,影响闸的安全,故在下游消力池及左右连接段设有减压井以消除部分承压水头,承压水处理工作自 1959 年 11 月份开始到 1960 年 5 月份结束,通过观察减压试验井的水位发现减压井使得承压水头由 22.00 m 降至 18.00 m 左右,增加了施工期间闸基础的安全。本文重点分析物探法在承压水分布规律研究的验证情况,为分析嶂山闸的渗流安全提供有效的验证手段。

2 承压地下水非稳定渗流的数学模型

建立如图 1 所示的直角坐标系,取坐标轴 x、y、z 分别平行于主渗透系数方向,在含水层介质中取一微小立方体,立方体三组平面分别垂直于 x、y、z 轴,其棱长为 Δx、Δy、Δz,各侧面面积为 $\Delta x \Delta y$、$\Delta z \Delta y$ 和 $\Delta z \Delta x$。

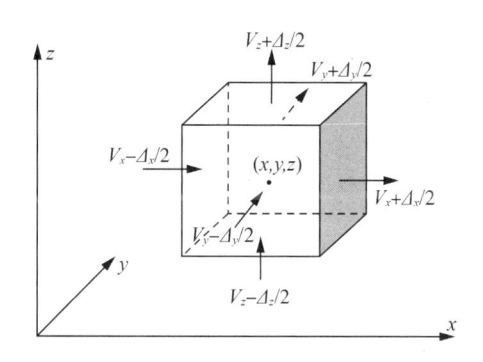

图 1 承压含水层三维运动表征单位体

设点(x、y、z)处地下水流速分量分别为 v_x、v_y、v_z,单位时间内通过垂直于坐标轴方向的单位面积的水流质量分别为:ρv_x、ρv_y、ρv_z。由达西定律得到:$v_x = -K_x \frac{\partial h}{\partial x}$,$v_y = -K_y \frac{\partial h}{\partial y}$,$v_z = -K_z \frac{\partial h}{\partial z}$,因此,$\Delta t$ 时间内沿 x 方向流入单元体的水流质量为:

$$\rho K_x \left(x - \frac{\Delta x}{2}, y, z\right) \frac{\partial h\left(x - \frac{\Delta x}{2}, y, z\right)}{\partial x} \Delta y \Delta z \Delta t \tag{1}$$

沿 x 方向流出单元体的水流质量为:

$$\rho K_x \left(x - \frac{\Delta x}{2}, y, z\right) \frac{\partial h\left(x - \frac{\Delta x}{2}, y, z\right)}{\partial x} \Delta y \Delta z \Delta t - \frac{\partial}{\partial x}\left(\rho K_x \frac{\partial h}{\partial x}\right)\bigg|_{(x,y,z)} \Delta x \Delta y \Delta z \Delta t \tag{2}$$

所以,dt 时间内,沿 x 轴方向流入和流出单元体的水流质量差为:

$$\frac{\partial}{\partial x}\left(\rho K_x \frac{\partial h}{\partial x}\right) \Delta x \Delta y \Delta z \Delta t \tag{3}$$

同理,Δt 时间内,沿 y 轴方向和 z 轴方向流入和流出单元体的水流质量差分别为:

$$\frac{\partial}{\partial y}\left(\rho K_y \frac{\partial h}{\partial y}\right) \Delta x \Delta y \Delta z \Delta t \tag{4}$$

$$\frac{\partial}{\partial z}\left(\rho K_z \frac{\partial h}{\partial z}\right) \Delta x \Delta y \Delta z \Delta t \tag{5}$$

将越流量近似平均分配到整个含水层的厚度上,即在 Δt 时段内进入立方体的越流量为:

$$\rho \varepsilon \mathrm{d}x \mathrm{d}y \frac{\Delta z}{b} \Delta t$$

这里 ε 为越流补给强度。

显然，dt 时间内流入和流出单元体的水流质量差等于上述四项之和，即

$$\left[\frac{\partial}{\partial x}\left(\rho K_x \frac{\partial h}{\partial x}\right)+\frac{\partial}{\partial y}\left(\rho K_y \frac{\partial h}{\partial y}\right)+\frac{\partial}{\partial z}\left(\rho K_z \frac{\partial h}{\partial z}\right)+\rho\varepsilon\frac{1}{b}\right]\Delta x\Delta y\Delta z\Delta t \tag{6}$$

另一方面，对于饱和土而言，单元体中水所占的体积为 $n\Delta x\Delta y\Delta z$（$n$ 为孔隙率），Δt 时间内单元体内水流质量变化量为：

$$\frac{\partial}{\partial t}(n\rho\Delta z)\Delta x\Delta y\Delta t \tag{7}$$

因此，根据质量守恒原理，得到：

$$\left[\frac{\partial}{\partial x}\left(\rho K_x \frac{\partial h}{\partial x}\right)+\frac{\partial}{\partial y}\left(\rho K_y \frac{\partial h}{\partial y}\right)+\frac{\partial}{\partial z}\left(\rho K_z \frac{\partial h}{\partial z}\right)+\rho\varepsilon\frac{1}{b}\right]\Delta x\Delta y\Delta z\Delta t\frac{\partial}{\partial t}(n\rho\Delta z)\Delta x\Delta y\Delta t \tag{8}$$

上式为承压地下水渗流的连续方程。

因为只考虑承压含水层的竖向压缩性，式中的水密度 ρ、孔隙率 n 和单元体高度 Δz 均为变质量，且随水压力 p 的变化而变化，因此，式(8)右边项可展开为：

$$\frac{\partial}{\partial t}(n\rho\Delta z)\Delta x\Delta y\Delta t = \frac{\partial n}{\partial t}\rho\Delta x\Delta y\Delta z\Delta t + \frac{\partial(\Delta z)}{\partial t}n\rho\Delta x\Delta y\Delta t + \frac{\partial\rho}{\partial t}n\Delta x\Delta y\Delta z\Delta t \tag{9}$$

上式右端三项分别代表单元体骨架颗粒、孔隙体积以及流体密度的改变速率，其中前两项表示承压含水层骨架弹性压缩变形的释水量（由效应力变化引起），第三项代表承压含水层中水压缩（或膨胀）释放的水量（由应孔隙水压力变化引起）。

由水的体积与压力关系 $\mathrm{d}p=\frac{1}{\beta_w}\frac{\mathrm{d}\gamma_w}{\gamma_w}=\frac{1}{\beta_w}\frac{\mathrm{d}\rho}{\rho}$ 得到 $\mathrm{d}\rho=\rho\beta_w\mathrm{d}p$，由水压与含水层孔隙变化关系 $\mathrm{d}p=\frac{1}{\beta_s}\frac{\mathrm{d}V_a}{V}=\frac{1}{\beta_s}\frac{\mathrm{d}V_a/V_s}{V/V_s}=\frac{1}{\beta_s}\frac{\mathrm{d}e}{1+e}=\frac{1}{\beta_s}\frac{\mathrm{d}n}{1-n}$ 得到 $\mathrm{d}n=(1-n)\beta_s\mathrm{d}p$，由水压与竖向变形关系 $\mathrm{d}p=\frac{1}{\beta_s}\frac{\mathrm{d}(\Delta z)}{\Delta z}=\frac{1}{\beta_s}\frac{\Delta b}{b}$ 得到 $\mathrm{d}(\Delta z)=\beta_s\Delta z\mathrm{d}p$，于是式(9)化为：

$$\frac{\partial}{\partial t}(n\rho\Delta z)=\rho(\beta_s+n\beta_w)\frac{\partial p}{\partial t}\Delta z \tag{10}$$

由式(10)以及 $\frac{\partial p}{\partial t}=\gamma_w\frac{\partial h}{\partial t}$，承压地下水渗流的连续方程(8)变为：

$$-\left[\frac{\partial}{\partial x}\left(\rho K_x \frac{\partial h}{\partial x}\right)+\frac{\partial}{\partial y}\left(\rho K_y \frac{\partial h}{\partial y}\right)+\frac{\partial}{\partial z}\left(\rho K_z \frac{\partial h}{\partial z}\right)+\rho\varepsilon\frac{1}{b}\right]\Delta x\Delta y\Delta z\Delta t=\rho(n\beta+\beta_s)\gamma_w\frac{\partial h}{\partial t}\Delta x\Delta y\Delta z\Delta t \tag{11}$$

亦即：

$$\frac{\partial}{\partial x}\left(K_x\frac{\partial h}{\partial x}\right)+\frac{\partial}{\partial y}\left(K_y\frac{\partial h}{\partial y}\right)+\frac{\partial}{\partial z}\left(K_z\frac{\partial h}{\partial z}\right)+\frac{\varepsilon}{b}=\mu_s\frac{\partial h}{\partial t} \tag{12}$$

式中：ε 为补给强度；$\mu_s=(\alpha+n\beta)\gamma_w$ 为承压含水层的比弹性给水系数，其与承压含水层的弹性给水系数 μ_e 的关系为 $\mu_s=\mu_e/b$。

若为均质各向同性介质，则 $K_x=K_y=K_z=K$，方程(12)化为：

$$\frac{\partial^2 h}{\partial x^2}+\frac{\partial^2 h}{\partial x^2}+\frac{\partial^2 h}{\partial y^2}+\frac{\varepsilon}{Kb}=\frac{\mu_s}{K}\frac{\partial h}{\partial t} \tag{13}$$

对于完整井而言，由于大多数含水层的厚度相对于水平方向上的尺度来说要小得多，可以假定含水层中的水流是水平向的(含水层型水流)或可以近似地认为不存在竖向水流分量。于是得到非均质各向异性含水层平面二维的渗流微分方程为：

$$\frac{\partial}{\partial x}\left(T\frac{\partial h}{\partial x}\right)+\frac{\partial}{\partial y}\left(T\frac{\partial h}{\partial y}\right)+\varepsilon=\mu_e\frac{\partial h}{\partial t} \tag{14}$$

对于均质各向同性含水层，其平面二维地下水运动微分方程为：

$$T\left(\frac{\partial^2 h}{\partial x^2}+\frac{\partial^2 h}{\partial y^2}\right)+\frac{\varepsilon}{\mu_e}=\frac{\partial h}{\partial t} \tag{15}$$

或

$$a\left(\frac{\partial^2 h}{\partial x^2}+\frac{\partial^2 h}{\partial y^2}\right)+\frac{\varepsilon}{\mu_e}=\frac{\partial h}{\partial t} \tag{16}$$

式中：$T(x,y)=K(x,y)$；b 为含水层任一剖面上的导水系数；$a=\dfrac{T}{\mu_e}$ 为承压层压力传导系数。

3 闸区地下水分布物探测试

根据嶂山闸已有的地勘资料情况，闸区地基中分布有承压水，为验证承压水的成因及分布情况，在闸址两岸及近上游水面进行了物探，水面采用地震反射波方法，两岸采用地震多道瞬态面波方法，共布设物探线路 7 条。

3.1 物探布设及成果

本次物探工作使用北京市水电物探研究所生产的 SWS-6 型工程勘探与检测仪，辅助设备有船只、笔记本电脑、24 道 4 Hz 频率检波器、2 条地面地震接收电缆、1 条水下拖缆、测绳、大锤、手持 GPS 等。

在嶂山闸右岸堤防上布置 2 条测线(堤防测线 1,2)，左岸堤防布置一条测线(堤防测线 3)。在嶂山闸上游水中布置了 1 条测线(水域测线 3)，用以查明场区地层分布情况。平面示意图如图 2 所示。

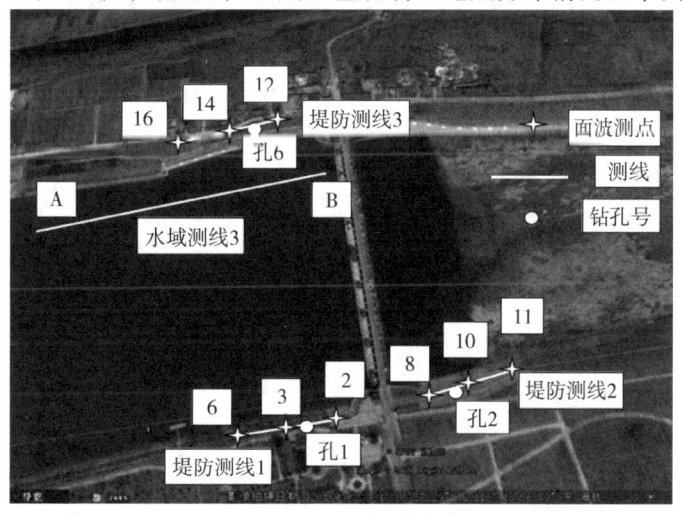

图 2 嶂山闸物探检测平面示意图

有效面波测点共计 9 个(点 2,3,6,8,10,11,12,14,16),水域测线 3 的起始点(A,B)如图 2 所示,GPS 坐标见表 1。

表 1　物探点位 GPS 坐标

点#	2	3	6	8	10	11
X	3777133	3777132	3777131	3777143	3777143	3777143
Y	621104	621089	621071	621241	621259	621275
点#	12	14	16	A	B	
X	3777646	3777644	3777643	3777521	3777577	
Y	621101	621089	621058	620873	621109	

(1) 多道瞬态面波测试

多道瞬态面波法的原理是瑞利面波在地下地层传播过程中,其振幅随深度衰减,能量基本限制在一个波长范围内,某一面波波长的一半即为地层深度。即同一波长的面波的传播特性反映地质条件在水平方向的变化情况,不同波长的面波的传播特性反映不同深度的地质情况。在地面通过锤击、落重或炸药震源,产生一定频率范围的瑞利面波,再通过振幅谱分析和相位谱分析,把记录中不同频率的瑞利波分离开来,从而得到 VR-f 曲线或 VR-λ 曲线,通过解释处理,可获得地层深度与面波速度的分布。本次工作为保证勘察深度,激发震源采用 24 磅的大锤敲击 1 cm 厚的铁板。

测线 1(6-3-2)物探成果:并依据现场 ZK1#钻孔的编录资料,结合测线 1 的面波物探成果,绘制工程地质剖面如图 3～图 5 所示。

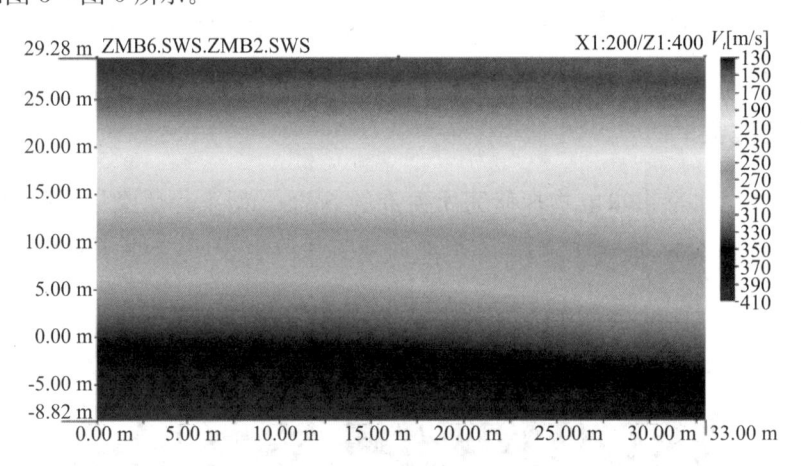

图 3　测线 1 地层剪切波波速剖面图

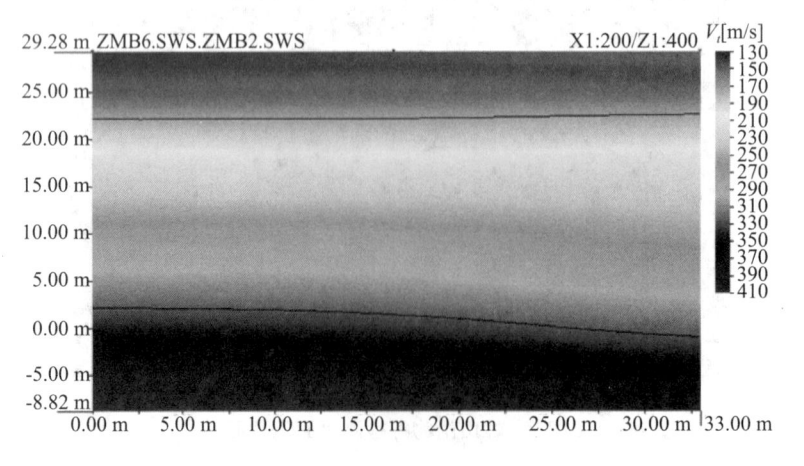

图 4　测线 1 地层剪切波波速分层图

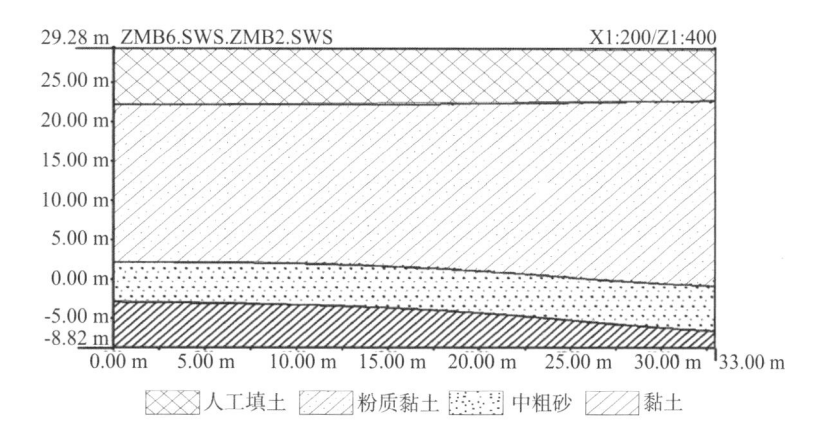

图 5 测线 1 地层地质剖面图

测线 2(8-10-11)物探成果:依据现场 ZK2♯钻孔的编录资料,结合测线 2 的面波物探成果,绘制工程地质剖面图如图 6～图 8 所示。

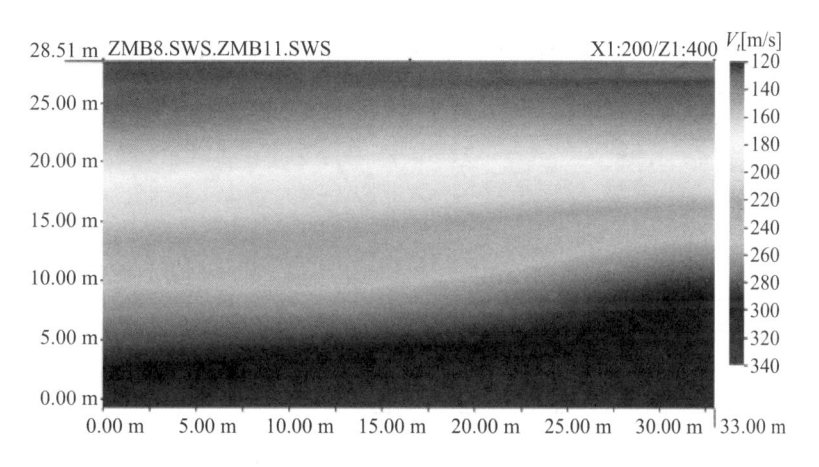

图 6 测线 2 地层剪切波波速剖面图

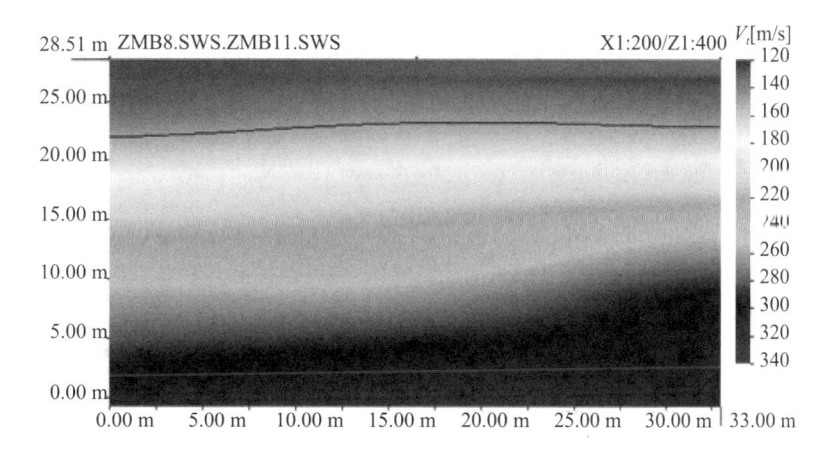

图 7 测线 2 地层剪切波波速分层图

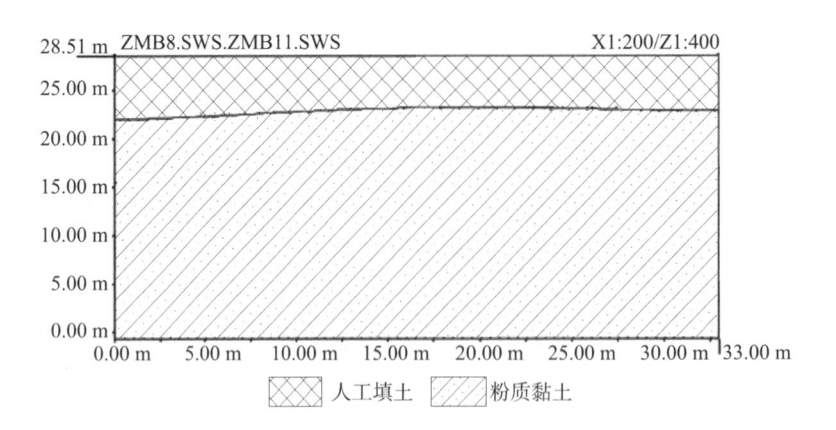

图 8 测线 2 地层地质剖面图

测线 3(16-14-12)物探成果：依据现场 ZK6♯钻孔的编录资料，结合测线 3 的面波物探成果，绘制工程地质剖面图如图 9～图 11 所示。

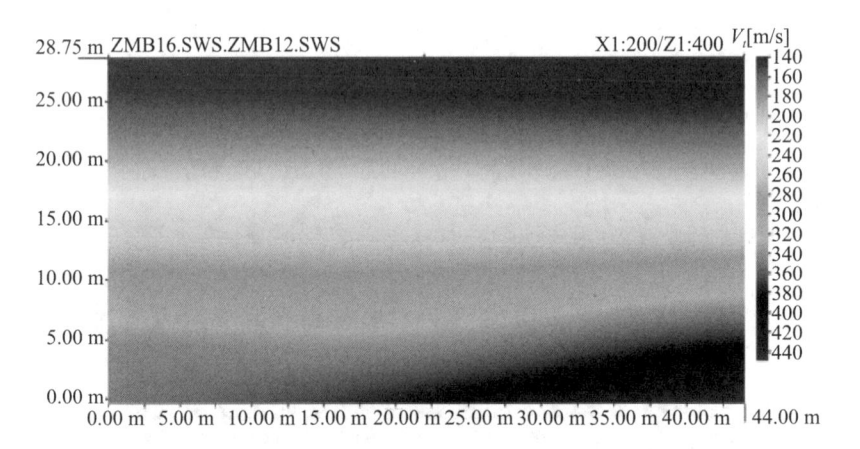

图 9 测线 3 地层剪切波波速剖面图

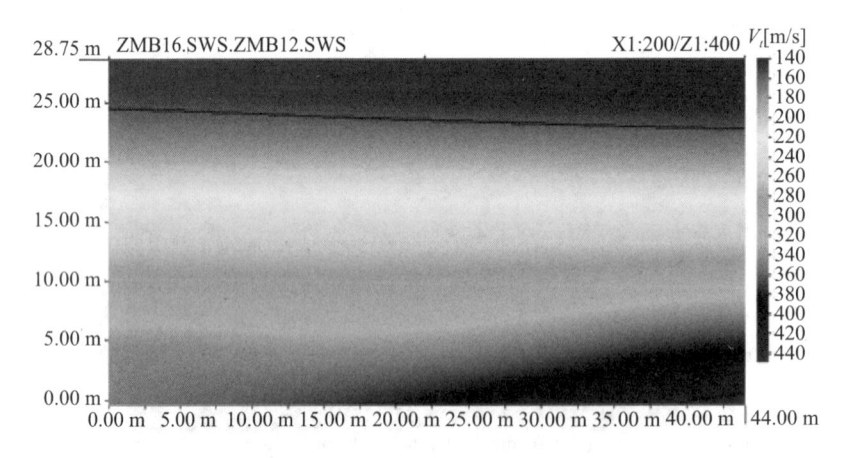

图 10 测线 3 地层剪切波波速分层图

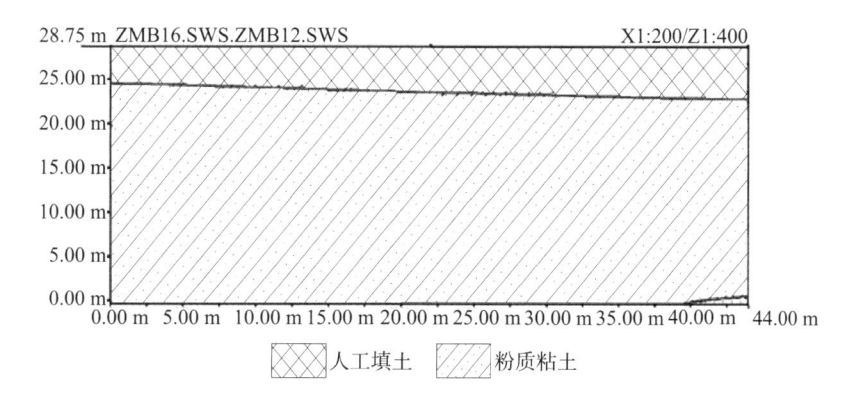

图 11 测线 3 地层地质剖面图

（2）水域走航式高密度地震反射波测试

SWS 系统的水域走航式高密度地震反射波技术具有 1 s 完成一个勘探点探查的功能，同样每小时 3 n mile 的走航速度，实现的勘探点间距为 1.5 m 左右，达到对地层的精细勘察。

在技术施工阶段，在嶂山闸上游河道中测区布置 4 条平行坝轴线的剖面（其中有效的测线为水域测线 3），用以检测水中地形和工程地质情况。

此次野外测试在水上进行，检波器装拖挂在大船后侧，激发震源采用人工敲击铁皮船船底产生，铁皮船绑扎在大船右侧，船底铺 0.5 m 厚沙袋，沙袋上方垫 0.5 cm 厚铁板。震源船到检波器的偏心距为 2.5 m。在前进的过程中，平均每秒激发 1 次，用动态 GPS 系统进行定位。此次野外采集所用的偏移距为 8 m，检波器间距 2 m。水域测线 3（A—B）物探成果如图 12～图 13 所示。

3.2 理论反演成果

为与物探承压水分布规律相验证，特对嶂山闸承压水进行反演，选择嶂山闸 5#、7#、9#、14# 闸段进行反演分析，反演中 5# 闸段主要考虑承压水影响、地基中黏土和粉质黏土的迟滞作用，7#、9#、14# 三个闸段主要考虑了承压水的影响、地基中黏土和粉质黏土层的迟滞作用以及水闸上游铺盖与闸底板间的止水损坏，地下水位反演结果见图 14～图 17。

图 12 水域测线 3 地震反射波剖面

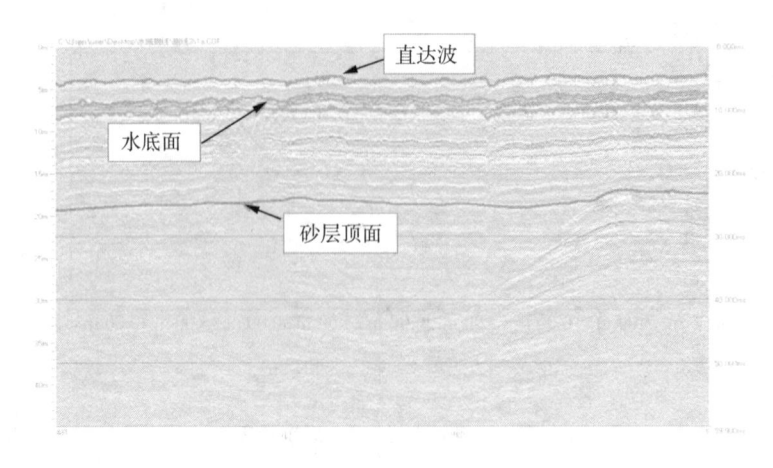

图 13　水域测线 3 地震反射波剖面分层

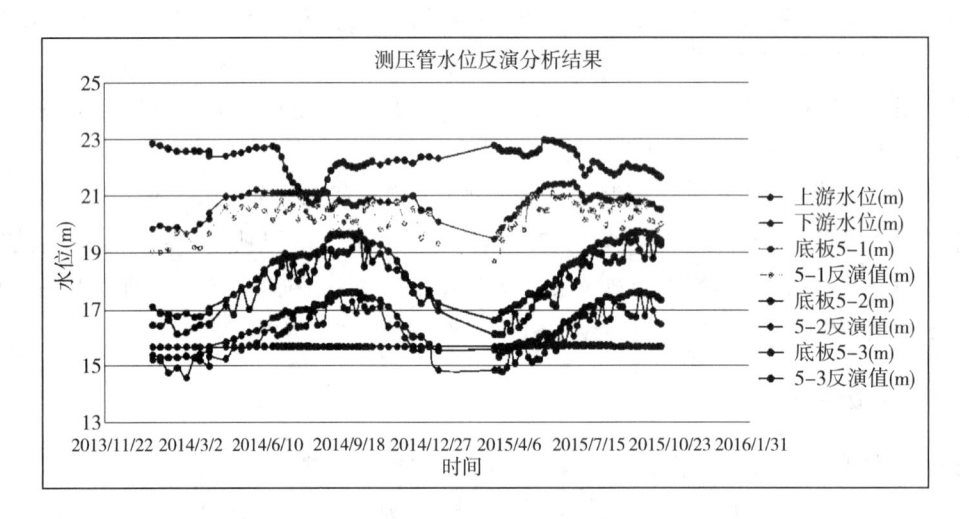

图 14　5♯闸段 2014—2015 测压管水位反演分析结果

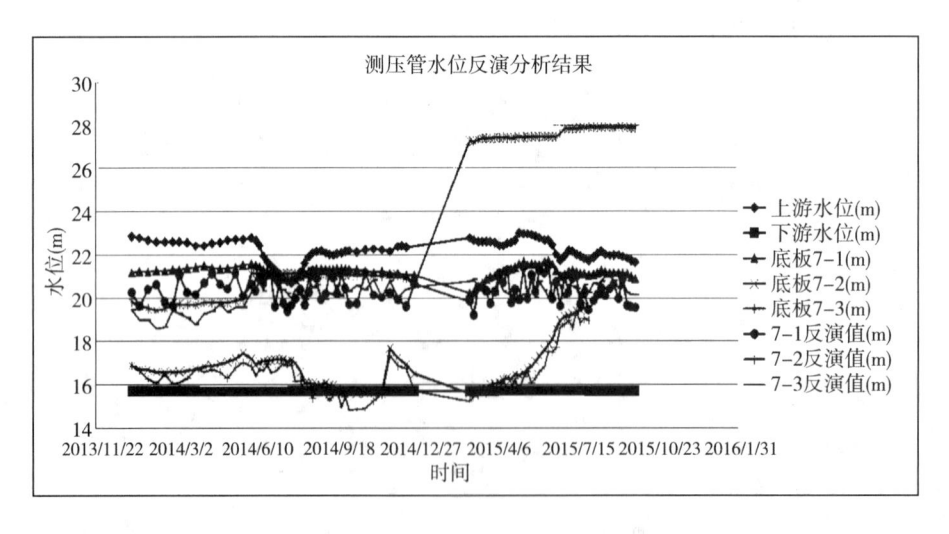

图 15　7♯闸段 2014—2015 测压管水位反演分析结果

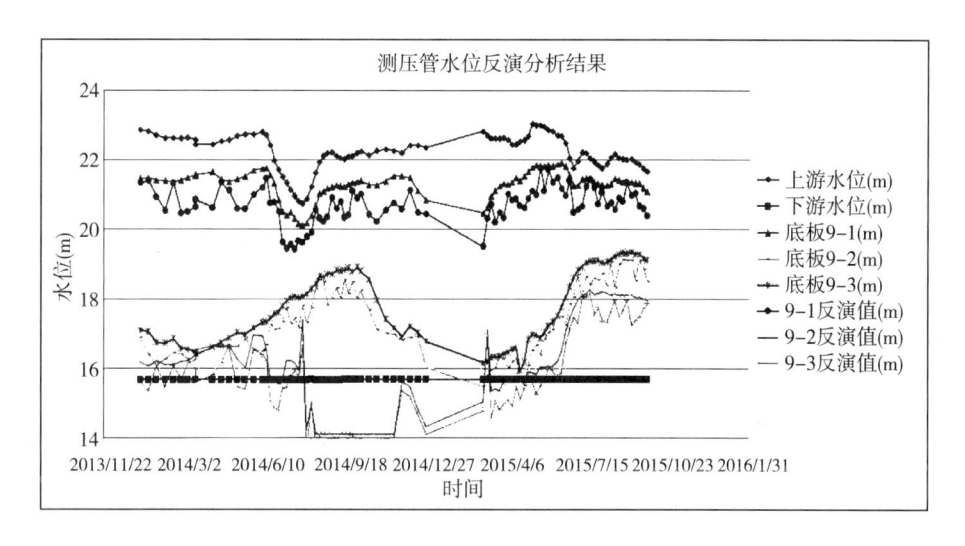

图16 9♯闸段2014—2015测压管水位反演分析结果

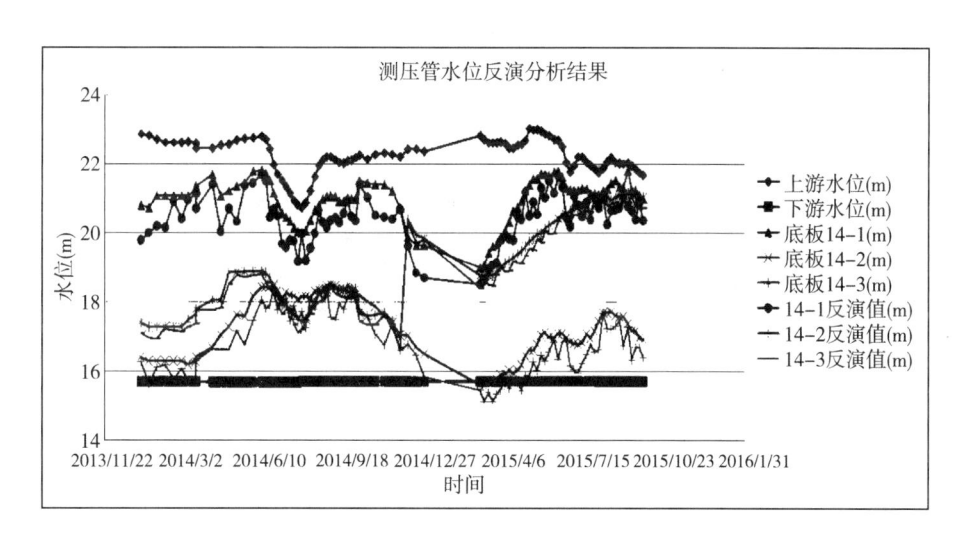

图17 14♯闸段2014—2015测压管水位反演分析结果

3.3 物探及计算成果对比分析

根据物探成果,承压水主要赋存于地表以下15.00~18.00 m的中粗砂层中,弱透水性的上层黏土及下层粉质黏土层构成了承压水的顶板和底板;通过现场踏勘和补充地勘,发现嶂山闸工程区地表存在非常丰富的地表水系,较高的地表水和潜水都对骆马湖有补给作用;通过系统的反演分析,闸基下存在埋深较浅(11.00~15.00 m)的承压含水层,同时测压管的水位并不能代表闸底板处的扬压力,因此使得测压管反映的扬压力值与设计值相比,总是存在偏大趋势;局部闸段在铺盖与闸底板之间的止水结构发生了破坏,导致闸基上下游之间渗径缩短,局部测压管水位出现较大的变化(1♯、3♯、9♯、14♯、17♯闸段);局部闸段的测压管存在淤塞等现象,在雨水进入后导致观测值增加(7♯闸段)等。物理探测方法发现的承压水情况与理论反演结论较为契合,本次采用多道瞬态面波探测法正确验证了嶂山闸闸基承压水的分布情况。

4 结语

嶂山闸工程的周边地表分布有较为发达的水系,区内骆马湖水系十分发育,工程区内潜水主要接受大气降水、河道及沟渠等侧渗补给,排泄以自然蒸发及向河道沟渠侧向排泄为主,上部孔隙潜水与地表水和河(湖)水联系密切。根据物探验证结论,结合历史资料、现场踏勘、补充地勘和反演分析的结果,工程区承压水的补给及分布规律如下:①嶂山闸工程区存在一定承压水现象,主要赋存在水闸地基中的中粗砂夹壤土层,厚度在 5 m 左右。②由第(2—2)层中下部和第(3)层黏土或粉质黏土,具微透水性,为相对隔水层,构成承压含水层的顶板;第(5)层黏土或粉质黏土,也为相对隔水层,构成承压含水层的底板。③承压水的补给:承压水的补给源头主要有两个,一个是地表较为丰富的水系,通过出露的中粗砂层补给库区的潜水和承压水;另外一个是湖区无序采砂导致水闸上游地表的黏土及中粗砂层缺失,上游库水通过中粗砂层补给闸下游地基中的承压水。因此水闸闸室及下游地基中承压水主要受地表水系及库水的补给。嶂山闸闸基承压水分布规律与物探法验证结论基本一致,本次研究采用物探法验证为以后类似工程技术研究提供了参考。

[作者简介]

冯治刚,男,1979 年生,贵州湄潭人,硕士,高级工程师,主要从事水利水电工程设计,15955286655@163.com。

通过静力触探对某河道工程液化计算的研究

路 辉 李剑修 赵 超 胡笑凯 马 旭

(中水淮河规划设计研究有限公司 安徽 合肥 230601)

摘 要：本文针对皖北淮河流域冲积成因漫滩洼地的粉土、砂壤土、轻粉质壤土，以某河道综合治理工程为依托，对同一场地分别进行了以标准贯入(SPT)和双桥静力触探(CPT)试验为依据的液化判定研究并分析了两种方法的区别，同时建立双桥静探测试值(q_c，f_s)与标贯击数、土颗粒成分等之间的经验关系，重新推导利用双桥静力触探进行场地液化判别的公式，使得采用该法的计算成果与《建筑抗震设计规范》的计算成果一致。

关键词：双桥静力触探；标准贯入；地震液化

粉土、砂土、轻壤土液化是地震作用引起的显著震害形式，其伴随着地震作用产生大规模的地面沉陷、变形、滑移和喷砂冒水，造成场地破坏。若将建构筑物建立在可液化土层上，在地震作用下就可能产生严重的破坏，因此，事先判别场地地基土在设计地震作用下是否液化以及液化的破坏程度，就显得尤为重要。判定建设场地是否液化、液化等级等直接关系到后期设计方案的优化选择，以及建筑物抗震性能是否满足抵抗突发相应震级的要求。

1 工程概况

工程区位于淮北平原东部，地势平坦，由西北向东南缓倾，水系发育，各主要河流基本呈平行展布，勘探深度内沿线地层为第四系全新统及上更新统冲洪积、淤积地层，岩性主要为轻粉质砂壤土、重粉质壤土、中粉质壤土、轻粉质壤土、粉质黏土，岩性复杂多变，多见透镜体、薄层分布。

2 地层岩性特征

河道工程跨越距离较长，地层分布差异较大，本次勘探深度范围内的主要地层见下文。

2.1 第四系全新统(Q_4^{al})

①素填土：分布在堤防处，主要由轻粉质砂壤土、粉土、轻粉质壤土及少量黏性土构成；
②轻粉质壤土：黄色，干～稍湿，松散，含云母，夹中粉质砂壤土；
③轻粉质砂壤土：灰黄、深灰、浅灰色，呈可塑状态，湿，夹中粉质壤土、粉土、粉质黏土薄层；
④粉土：棕黄色、灰黄色，饱和，为中密状态，夹轻粉质壤土；
⑤粉细砂：青灰色，饱和，中密，底部密实，颗粒均匀，水平层理结构。

2.2 第四系上更新统(Q_3^{al})

⑥粉质黏土：灰色、灰黄色，可塑～硬塑状态，含砂礓，局部可塑偏软，夹中、轻粉质壤土薄层；

⑦轻粉质壤土：黄、灰黄色,饱和,可塑～可塑偏硬状态,岩性不均,夹粉细砂和壤土透镜体；

⑧重粉质壤土：灰色、灰黄色,可塑～硬塑状态,含砂礓,局部软塑,夹中、轻粉质壤土薄层；

⑨粉质黏土：棕黄色、灰黄色,呈硬塑状态,夹轻粉质壤土,含砂礓及黑色粒状铁锰结核,有裂隙。

3 原位试验成果分析

根据本工程150个双桥静力触探试验（简称"静探"）数据和350个钻孔标准贯入试验（简称"标贯"）及840个土样试验数据,在考虑地基土层的成因类型、工程特性及对其采用的取样和测试方法的前提下,依据有关规程规范的规定,进行岩土参数的分析和选定。对于统计数据满足数理统计要求的岩土技术参数,首先对错误或异常数据进行舍弃,再进行平均值、标准差及变异系统计算。某典型勘探孔的原位测试及土工试验统计成果如表1和表2所示。

表1 某典型勘探点的静力触探数据

d_s(m)	静探试验值 q_c(Mpa)	静探试验值 f_s(kPa)	d_s(m)	静探试验值 q_c(Mpa)	静探试验值 f_s(kPa)	d_s(m)	静探试验值 q_c(Mpa)	静探试验值 f_s(kPa)	d_s(m)	静探试验值 q_c(Mpa)	静探试验值 f_s(kPa)
2.2	0.71	50.2	3.1	3.29	22.4	4.0	1.6	7.9	4.9	3.3	32.6
2.3	0.84	46.2	3.2	1.19	26.5	4.1	1.61	9.3	5.0	3.07	31.3
2.4	0.61	62.6	3.3	0.55	18.3	4.2	1.91	12.9	5.1	2.96	28.3
2.5	0.73	59.7	3.4	0.47	14.1	4.3	2.34	16.4	5.2	2.18	23.9
2.6	0.76	60.7	3.5	0.61	13.6	4.4	2.1	20.7	5.3	2.5	28
2.7	0.51	52.2	3.6	0.34	14.4	4.5	2.3	23.3	5.4	3.79	29.9
2.8	0.71	37.2	3.7	0.33	16.7	4.6	3.53	24.5	5.5	3.52	34.4
2.9	0.6	35.5	3.8	1.3	11.3	4.7	3.51	27	5.6	3.18	27.8
3.0	3.24	27.4	3.9	1.54	9.3	4.8	4.16	29.6	5.7	2.62	27

表2 某典型勘探点的土工试验数据

土样编号	取样深度H(m)	土层编号	颗粒组成(%) 0.25～0.075	颗粒组成(%) 0.075～0.005	颗粒组成(%) <0.005	土样分类与定名
C2-2	2.15—2.45	②		85.1	14.9	轻粉质壤土
C2-3	3.15—3.45	②		88.3	11.7	轻粉质壤土
C2-4	4.15—4.45		14.1	81.9	13.0	轻粉质壤土
C2-5	5.15—5.45		13.9	82.4	3.7	轻粉质砂壤土
C2-6	7.15—7.45		7.4	86.7	5.9	轻粉质砂壤土
C2-7	8.15—8.45	③	9.1	85.3	5.6	轻粉质砂壤土
C1-8	9.15—9.45			96.5	3.5	轻粉质砂壤土
C1-9	10.15—10.45			96.8	3.2	轻粉质砂壤土
C2-10	11.15—11.45		22.5	72.4	5.1	粉土
C2-11	12.15—12.45	④		97.1	2.9	粉土
C2-12	13.15—13.45		11.2	85.8	3.0	粉土
C2-13	14.15—14.45		46.1	50.6	3.3	粉土

4 地震液化计算

4.1 采用标贯法判断

根据《水利水电工程地质勘察规范》《建筑抗震设计规范》及土工试验成果,受篇幅限制,仅对C2孔进行液化判断,计算公式如下:

$$N_{cr} = N_0 \beta [\ln(0.6d_s + 1.5) - 0.1d_w] \sqrt{3/\rho_c} \tag{1}$$

$$I_{lE} = \sum_{i=1}^{n} \left[1 - \frac{N_i}{N_{cri}}\right] d_i W_i \tag{2}$$

式中:$N_0 = 7, \beta = 0.8$。

统计结果见表3所列,根据计算结果,该孔的液化等级为"严重"。

表3 土层液化计算表

土层位置	d_s(m)	P_c(%)	N_{cr}(击)	N_i(击)	液化与否	d_i(m)	W_i(m^{-1})	I_{le}	I'_{le}
②	2.3	14.9	2.66	3	不液化	1.0	10.0		
	3.3	11.7	3.54	5	不液化	1.0	10.0		
	4.3	4	6.82	4.5	液化	1.0	10.0	3.40	
③	5.3	3.7	7.78	3.5	液化	1.0	9.8	5.39	
	6.3	3	9.32	3.5	液化	1.0	9.1	5.70	
	7.3	5.9	7.07	5	液化	1.0	8.5	2.48	
	8.3	5.6	7.66	3	液化	1.0	7.8	4.74	29.76	严重
	9.3	3.5	10.15	3	液化	1.0	7.1	5.02	
	10.3	3.2	11.05	6	液化	1.0	6.5	2.96	
④	11.3	5.1	9.08	9	液化	1.0	5.8	0.05	
	12.3	3	12.23	16	不液化	1.0	5.1		
	13.3	5.9	8.98	13	不液化	1.0	4.5		
	14.3	3.7	11.65	19	不液化	1.0	3.8		

由上表可知,地层液化主要集中在③层,液化等级达到强;②层和④层有少量液化点,液化指数<1.0,液化等级为轻微;⑤层粉砂不液化。

4.2 采用双桥静力触探进行液化判断

根据《软土地区岩土工程勘察规程》,采用以下公式对单孔进行全孔深液化判定,测点间距为0.1 m,每个测点位置土体的黏粒含量值就近取附近标贯测点的黏粒含量值。计算公式如下:

$$q_{cr} = q_{c0} \left[1 - 0.06d_s + \frac{d_s - d_w}{a + b(d_s - d_w)}\right] \sqrt{3/\rho_c} \tag{3}$$

$$I_{lE} = \sum_{i=1}^{n} \left[1 - \frac{q_{ci}}{q_{cri}}\right] d_i W_i \tag{4}$$

式中:$q_{c0} = 2.35, d_w = 0$。

表 4　双桥静力触探的液化统计表

孔号	深度	d_s	ρ_c（黏粒百分比）	q_{ccri}（临界值）	q_{ci}（实测值）	是否液化	d_i	W_i	I_{ilE}（液化指数）	单孔液化指数 I_{lE}
C2	2.3	2.3	14.9	1.8	0.29	液化	0.7	10.0	5.87	16.90 中等液化
	3.3	3.3	11.7	2.1	0.57	液化	1	10.0	7.27	
	4.3	4.3	4	3.6	2.75	液化	1	10.0	2.32	
	5.3	5.3	3.7	3.7	3.59	液化	1	9.8		
	6.3	6.3	3	4.0	3.41	液化	1	9.1	1.44	
	7.3	7.3	5.9	2.8	4.65	不液化	1	8.5		
	8.3	8.3	5.6	2.8	2.9	不液化	1	7.8		
	9.3	9.3	3.5	3.5	4.52	不液化	1	7.1		
	10.3	10.3	3.2	3.6	6.02	不液化	1	6.5		
	11.3	11.3	5.1	2.7	4.22	不液化	1	5.8		
	12.3	12.3	3	3.4	4.03	不液化	1	5.1		
	13.3	13.3	5.9	2.4	7.97	不液化	1	4.5		
	14.3	14.3	3.7	2.9	6.5	不液化	1	3.8		
	15.5	15.0	5.9	2.2	4.9	不液化	1	3.0		
	16.3	15.0	3.7	2.8	9.71	不液化	1	2.5		

由表 4 可知，地层液化主要集中在②～③层，液化等级为轻微～中等；④层粉土和⑤层粉砂不液化。

由此可见两种判定结果之间有较大差异，按《建筑抗震设计规范》计算出的场地液化指数达到《软土地区岩土工程勘察规程》计算结果的 1.76～5.98 倍，存在较大偏差。

5　数据统计和函数关系拟合

经过数据分析得出，现场标准贯入试验与双桥静力触探试验端阻存在着相关性和一定的可比性，黏粒含量与摩阻比也存在一定的关系。对此，本研究采取最小二乘法首先拟合锥尖阻力 q_c 与标贯值 N 之间的函数关系，然后拟合黏粒含量 ρ_c 与摩阻比 f_s 之间的函数关系。其过程如下。

（1）对每一个标贯所代表厚度范围内的锥尖阻力值统计平均值，作为该层土的锥尖阻力 q_c 代表值，其计算成果见表 5。

表 5　锥尖阻力代表值和标贯实测值的统计

勘探点号	勘探深度(m)	q_c代表值(MPa)	标贯实测值 N(击)	勘探点号	勘探深度(m)	q_c代表值(MPa)	标贯实测值 N(击)	勘探点号	勘探深度(m)	q_c代表值(MPa)	标贯实测值 N(击)
C2	2.3	2.2	3	C12	3.3	1.29	2.5	C25	2.3	1.44	3
	3.3	2.21	5		4.3	2.64	7		3.3	3.55	6
	4.3	2.7	4.5		5.3	3.19	3.5		4.3	5.01	8
	5.3	3.32	3.5		6.3	3.8	4.5		5.3	3.91	9
	6.3	3.71	3.5		7.3	3.12	1.5		6.3	3.37	4
	7.3	4.02	5		8.3	3.05	6		7.3	3.18	1
	8.3	3.73	3		9.3	4.5	5.5		8.3	4.03	5
	9.3	4.39	3		10.3	4.4	7		9.3	4.89	9

续表

勘探点号	勘探深度(m)	q_c代表值(MPa)	标贯实测值N(击)	勘探点号	勘探深度(m)	q_c代表值(MPa)	标贯实测值N(击)	勘探点号	勘探深度(m)	q_c代表值(MPa)	标贯实测值N(击)
C2	10.3	4.62	6	C12	11.3	4.85	11	C25	10.3	5.73	10
	11.3	5.37	9		12.3	5.04	12		11.3	5.82	10
	12.3	5.4	16		13.3	6.5	19		12.3	6.67	15
	13.3	7.24	13		14.3	7.68	15		13.3	6.8	10

对表5的数据做 N 与 q_c 的散点图，由图1中可见二者在一定范围内基本呈正相关关系，该范围内的中值数据基本呈直线关系。剔除偏离率较大的数据后，对中值散点用最小二乘法整理，建立回归方程得出：$N=2.536 q_c - 3.410$。

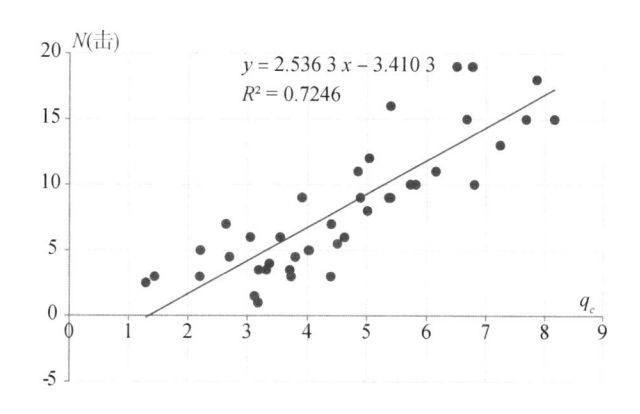

图1 N 与 q_c 关系散点图

（2）对每一处进行颗粒分析土样所代表厚度范围内的摩阻比值取平均值，作为该层土的摩阻比 f_s 代表值，其计算成果见表6。

表6 摩阻比代表值和黏粒含量的统计

勘探点号	深度	摩阻比 f_s 代表值(%)	黏粒含量 ρ_c(%)	勘探点号	深度	摩阻比 f_s 代表值(%)	黏粒含量 ρ_c(%)	勘探点号	深度	摩阻比 f_s 代表值(%)	黏粒含量 ρ_c(%)
C2	2.3	1.38	4	C12	3.3	1.04	4	C25	2.3	1.32	4.5
	3.3	1.58	3.7		4.3	1.15	4.3		3.3	1.57	3.5
	4.3	1.51	5.9		5.3	1.05	3.5		4.3	1.49	4
	5.3	1.65	5.6		6.3	1.04	6.1		5.3	1.15	3.5
	7.3	1.56	3.5		7.3	1.06	2.9		6.3	1.53	3.5
	8.3	1.61	3.2		8.3	1.25	5.9		8.3	1.30	3.2
	9.3	1.51	5.1		9.3	1.18	5.3		9.3	1.33	2.9
	10.3	1.81	2.9		10.3	1.03	1.9		10.3	1.41	4.8
	11.3	1.41	5.9		11.3	0.96	4		11.3	1.30	4.3
	12.3	1.55	4.3		12.3	0.97	4				
	13.3	1.14	5.9		13.3	1.13	2.4				
	14.3	0.76	5.1		14.3	1.38	2.7				
	15.3	0.97	4		15.3	1.18	1.6				

对表6的数据做 f_s 与 ρ_c 的散点图，由图2中可见黏粒含量 ρ_c 与摩阻比 f_s 的关系在一定范围内具

有离散性,这不利于建立两者之间的数学关系,本阶段从统计的角度出发,简化出本地段粉土层中值黏粒含量 $\rho_c = 4.081$。

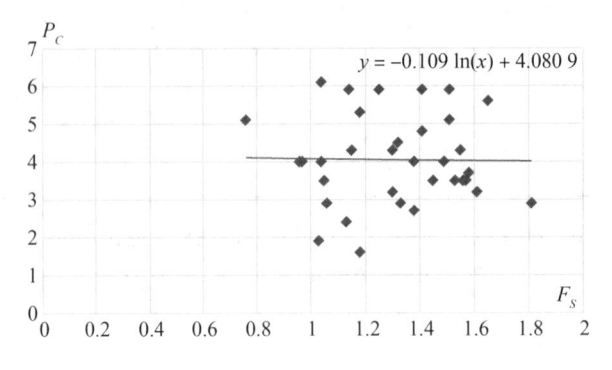

图 2 ρ_c 与 f_s 关系散点图

5.1 判别公式的得出

通过上述换算关系的转化,可将双桥静力触探试验的数值转化为《建筑抗震设计规范》4.3.4 节中的液化判定公式,即如下系列公式:

$$N_{cr} = N_0 \beta [\ln(0.6d_s + 1.5) - 0.1d_w] \times \left(\frac{3}{\rho_c}\right)^{0.5} \tag{5}$$

$$N_i = 2.535 q_c - 3.406 \tag{6}$$

$$I_{lE} = \sum \left[1 - \frac{N_i}{N_{cri}}\right] d_i W_i \tag{7}$$

式中:N_{cr} 为液化判别临界值;N_i 为静探换算而成的计算值;q_c 为代表土层厚度范围内的锥尖阻力平均值。

该工程地区,$N_0 = 7$,$\beta = 0.8$,$\rho_c = 4.08$,简化得出:

$$N_{cr} = 4.8 \times [\ln(0.6d_s = 1.5) - 0.1d_w] \tag{8}$$

当 $N_i < N_{cr}$ 时,则认为该点液化,场地液化指数按照公式(3)计算,d_i、W_i 的含义与《建筑抗震设计规范》一致。

5.2 判别公式的验证

采用上述公式(6)、(7)、(8)利用双桥静力触探试验成果对本场地重新进行液化判定,得到如下成果,见表 7。

表 7 按照新的公式进行液化计算成果

编号	深度	q_c 值	计算值 N_i	液化判别临界值 N_{cr}	是否液化	d_i(代表层厚度)	W_i(权函数)	液化指数 I_{ilE}	单孔液化指数 I_{lE}
C2	2.3	2.20	2.2	5.08	液化	1.0	10.00	5.72	29.01
	3.3	2.21	2.2	5.99	液化	1.0	10.00	6.33	
	4.3	2.70	3.4	6.75	液化	1.0	10.00	4.91	
	5.3	3.32	5.0	7.41	液化	1.0	9.80	3.16	
	6.3	3.71	6.0	7.99	液化	1.0	9.13	2.27	

续表

编号	深度	q_c值	计算值 N_i	液化判别临界值 N_{cr}	是否液化	d_i(代表层厚度)	W_i(权函数)	液化指数 I_{ilE}	单孔液化指数 I_{lE}
C2	7.3	4.02	6.8	8.50	液化	1.0	8.47	1.71	29.01
	8.3	3.73	6.0	8.97	液化	1.0	7.80	2.54	
	9.3	4.39	7.7	9.39	液化	1.0	7.13	1.27	
	10.3	4.62	8.3	9.79	液化	1.0	6.47	0.98	
	11.3	5.37	10.2	10.15	不液化	1.0	5.80		
	12.3	5.40	10.3	10.48	液化	1.0	5.13	0.10	
	13.3	7.24	14.9	10.80	不液化	1.0	4.47		
	14.3	6.76	13.7	11.09	不液化	1.0	3.80		
	15.3	6.77	13.8	11.37	不液化	1.3	3.13		
	16.8	8.16	17.3	11.76	不液化	1.5	2.13		
C12	3.3	2.29	2.4	5.99	液化	1.3	10.0	7.49	29.96
	4.3	2.64	3.3	6.75	液化	1.0	10.0	5.15	
	5.3	3.19	4.7	7.41	液化	1.0	9.8	3.62	
	6.3	3.80	6.2	7.99	液化	1.0	9.1	2.01	
	7.3	3.12	4.5	8.50	液化	1.0	8.5	3.99	
	8.3	3.05	4.3	8.97	液化	1.0	7.8	4.03	
	9.3	4.50	8.0	9.39	液化	1.0	7.1	1.07	
	10.3	4.40	7.8	9.79	液化	1.0	6.5	1.34	
	11.3	4.85	8.9	10.15	液化	1.0	5.8	0.72	
	12.3	5.04	9.4	10.48	液化	1.0	5.1	0.54	
	13.3	6.50	13.1	10.80	不液化	1.0	4.5		
	14.3	7.68	16.1	11.09	不液化	1.0	3.8		
	15.3	7.86	16.5	11.37	不液化	1.3	3.1		
C15	2.3	1.44	0.2	5.08	液化	1.1	10.0	10.00	21.39
	3.3	3.55	5.6	5.99	液化	1.0	10.0	0.64	
	4.3	5.01	9.3	6.75	不液化	1.0	10.0		
	5.3	3.91	6.5	7.41	液化	1.0	9.8	1.21	
	6.3	3.37	5.1	7.99	液化	1.0	9.1	3.26	
	7.3	3.18	4.7	8.50	液化	1.0	8.5	3.82	
	8.3	4.03	6.8	8.97	液化	1.0	7.8	1.88	
	9.3	4.89	9.0	9.39	液化	1.0	7.1	0.31	
	10.3	5.73	11.1	9.79	不液化	1.0	6.5		
	11.3	5.82	11.3	10.15	不液化	1.0	5.8		
	12.3	6.67	13.5	10.48	不液化	1.0	5.1		
	13.3	6.80	13.8	10.80	不液化	1.0	4.5		
	14.3	5.40	10.3	11.09	液化	1.0	3.8	0.28	
	15.3	6.15	12.2	11.37	不液化	1.3	3.1		

由表7得出,按照新的液化判定公式所计算的场地液化等级均为严重,与标贯判定的液化成果一致。这说明所拟合出的新液化判别公式(6)、(7)、(8)适宜本区域淮河漫滩冲积成因粉土、砂壤土及轻

粉质壤土层的液化判别使用。

6 结论

本文以皖北某河道工程为依托,采用了现场标准贯入试验和双桥静力触探试验进行场地地震液化判断,表现为标贯值所代表土的状态普遍比静探值所代表的差。在保证测试数据的准确性后,对数据进行重新分析,挖掘异常数据后面所蕴含的规律。对采用双桥静力触探进行本区域饱和粉土、砂壤土及轻粉质壤土液化判别提出了新的经验公式,可推广适用于该地区河道治理、中小型水利工程等各类水利工程建设,有效指导水利勘察工作。

[参考文献]

[1] 中国建筑科学研究院.建筑抗震设计规范:GB 50011—2010[S].北京:中国建筑工业出版社,2016.
[2] 建设部综合勘察设计研究院.岩土工程勘察规范:GB 50021—2001[S].北京:中国建筑工业出版社,2001.
[3] 中国建筑科学研究院.软土地区岩土工程勘察规程:JGJ 83—2011[S].北京:中国建筑工业出版社,2011.
[4] 王小花.黄河三角洲饱和地基土地震液化判别综合方法研究[D].青岛:中国海洋大学,2005.
[5] 孔祥兴.静力触探判别饱和砂性土液化公式的探讨[J].江苏地质,1993(21):205-208.
[6] 宫继昌,王宁,葛明明,等.砂土液化判别的研究现状及存在问题[J].吉林建筑工程学院学报,2010,27(3):13-16.
[7] 姜琦.天津地铁双桥静力触探评价土层液化分析研究[J].现代城市轨道交通,2018(9):29-32.

[作者简介]

路辉,男,生于1985年1月,高级工程师,主要从事水利、电力等相关勘察,18225835827,371562428@qq.com。

静力触探在某河道治理工程中的应用研究

路 辉 李剑修 杨 锋 赵 超 吴思诚

（中水淮河规划设计研究有限公司 安徽 合肥 230601）

摘 要：岩土工程勘察工作中，双桥静力触探是一种效果极好的原位测试试验，由于其能够将岩土的状态以数据曲线的形式连续、直观地显示出来，地质人员根据曲线可以划分土层，确定土的性质和力学状态，因此双桥静力触探在岩土勘察中得到了很广泛的应用。而目前主要的理论以及经验成果主要针对工民建、电力等相关行业的勘察，对于水利行业，双桥静力触探划分地层等相关经验还未有累积。本文以皖北某河道治理工程为依托，通过试验数据分析、对比，在原有理论经验的基础上拟合出土性划分曲线，为双桥静力触探在水利行业划分地层提供支撑，大大优化工作量，提高工作效率。

关键词：双桥静力触探；土层划分；水利勘察

静力触探是用静力将探头以一定的速率压入土中，利用探头内的力传感器，通过电子测量器将探头受到的阻力记录下来。由于贯入阻力的大小与土层的性质相关，因此通过贯入阻力的变化情况，可以达到了解土层的性质的目的。双桥静力触探除了锥头传感器外，还有侧壁摩擦传感器及摩擦套筒，可以同时测得锥尖贯入阻力（q_c）和侧壁摩擦力（f_s）以及探头的摩阻比（R_f），工程实践中根据大量的静力触探数据进行归类划分，确定土的类别，从而确定建筑物的地基土承载力特征值和变形模量以及其他物理力学指标，选择合适的桩基持力层，预估单桩承载力等。

目前的工程勘察实践以及经验基本上都是基于《工程地质手册》（第五版）中关于地基土层分类的图形曲线进行分类（见图1），将地层划分为黏土、粉质黏土、粉土、砂土等类别。

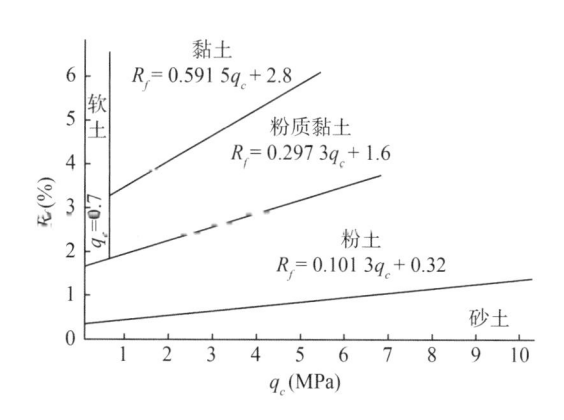

图1 用双桥探头触探参数判别土类

而水利工程勘察相关规范对于细粒土划分及定名则普遍采用土的三角坐标分类法（见图2），将细粒土划分为重黏土、黏土、粉质黏土、粉质壤土（重粉质壤土、中粉质壤土、轻粉质壤土）、砂壤土（重粉质砂壤土、中粉质砂壤土、轻粉质砂壤土）、壤土（重壤土、中壤土、轻壤土）、砂土。

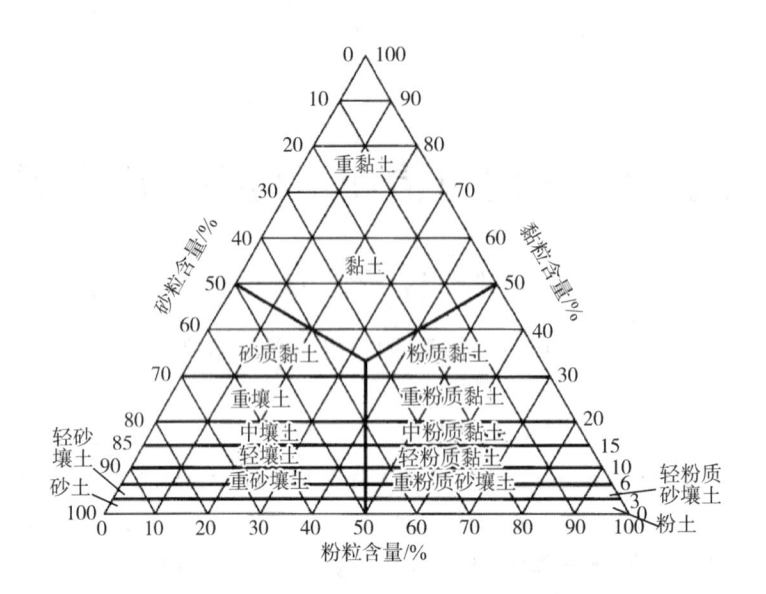

图 2 水利行业土类三角坐标图

静力触探由于其勘探效率高,数据实时传输,使整个外业勘探的时间大大缩短,进而节约成本。为了使双桥静力触探能够在水利工程相关勘察中得到更广泛的应用,笔者将皖北某河道综合治理工程各个阶段的勘察过程中双桥静力触探孔数据与钻探孔揭示的地层进行对比、分析、总结,在《工程地质手册》(第五版)中现有地质分层经验及标准的基础上,细化粉质壤土、砂壤土及粉土等土性的分类线性曲线。以下简要论述其在河道综合治理工程勘察中的应用。

1 工程概况

工程区位于淮北平原东部,地势平坦,由西北向东南缓倾,水系发育,各主要河流基本呈平行展布,勘探深度内沿线地层为第四系全新统及上更新统冲洪积、淤积地层,岩性主要为轻粉质砂壤土、重粉质壤土、中粉质壤土、轻粉质壤土、粉质黏土,岩性复杂多变,多见透镜体、薄层分布,准确划分地层难度较大。

2 地层岩性特征

该河道综合治理工程跨越距离较长,沿线地层分布差异较大,地质复杂,多见透镜体,夹薄层,本次勘探深度范围内的主要地层如下:

(1) 第四系全新统(Q_4^{al})

①素填土:该层主要分布在两岸堤防处,主要由轻粉质砂壤土、粉土、轻粉质壤土及少量黏性土构成,结构松散、稍湿,局部还有姜石。

②轻粉质砂壤土:黄色,干~稍湿,松散,含云母,夹中粉质壤土、轻粉质壤土,土性不均,摇震反应迅速。

③轻粉质壤土夹砂壤土:灰黄、深灰、浅灰色,呈可塑状态,湿,夹中粉质壤土、粉土、粉质黏土薄层,土性不均,摇振反应中等。

④粉质黏土:棕黄色、灰黄色,呈可塑~可塑偏硬状态,夹轻粉质壤土,含砂礓及黑色粒状铁锰结核,有裂隙,稍有光泽,切面光滑,干强度高,韧性高。

⑤中粉质壤土：黄、灰黄色，湿，软塑状态。该层岩性不均，夹粉细砂和壤土透镜体，稍有光泽，干强度高，韧性中等。

（2）第四系上更新统（Q_3^{al}）

⑥粉质黏土：灰色、灰黄色，可塑～硬塑状态，稍湿，含砂礓，局部可塑偏软，夹中、轻粉质壤土薄层，稍有光泽，干强度高，韧性高。

⑦轻粉质壤土：黄、灰黄色，饱和，可塑～可塑偏硬状态，岩性不均，夹粉细砂和壤土透镜体，稍有光泽，干强度低，韧性低。

⑧重粉质壤土：灰色、灰黄色，可塑～硬塑状态，稍湿，含砂礓，局部软塑，夹中、轻粉质壤土薄层，有光泽，干强度高，韧性高。

⑨粉质黏土：棕黄色、灰黄色，呈硬塑状态，夹轻粉质壤土，含砂礓及黑色粒状铁锰结核，有裂隙，有光泽，干强度高，韧性高，该层未揭穿。

3　勘探手段的选取

工程区场地开阔，交通便利，非常适合双桥静力触探和钻机外业作业。本工程本次勘察阶段为可行性研究阶段，很多建设内容暂未确定，为了实现既能够节约成本，又能满足设计深度的要求，采用了三分之一双桥静力触探孔加三分之二机械钻孔的方案布置勘探点，双桥静力触探孔与钻孔交替布置，局部布置勘探点对比孔，便于后续数据对比。

4　静力触探地层的划分

双桥静力触探连续输出的侧壁阻力、端阻力以及摩阻比曲线具有一定的规律性，因其采集数据的连续性，所以能够准确确定地层界线的变化以及夹层、透镜体的分布位置。由于现阶段只能根据《工程地质手册》（第五版）中相关地层划分经验曲线进行划分，而该经验无法与水利勘察相关规范的定名相对应，为此，本工程中根据布孔比例同时布置了双桥静力触探孔和钻探孔，其中钻探孔在做了大量原位测试的同时也采取了一定数量的土样进行室内土工试验，将原位试验数据、土工试验数据以及双桥静力触探数据三者结合起来以进行地层对比。

工程中根据钻孔并结合室内土工试验及标准贯入试验对双桥静力触探孔做地层划分，典型的双桥静力触探柱状图如图3所示。

5　原位测试及室内土工试验统计

根据本工程150个双桥静力触探试验、350个钻孔标准贯入试验及840个土样室内试验数据，在充分考虑地基土层的成因类型、工程特性及其采用的取样和原位测试方法的前提下，依据有关规程规范的规定，进行岩土参数的分析和选定。对于统计数据满足数理统计要求的岩土技术参数，首先对错误或存在异常的数据进行舍弃剔除，然后再进行平均值、标准差及变异系数计算。原位测试及室内土工试验统计成果如表1所示。

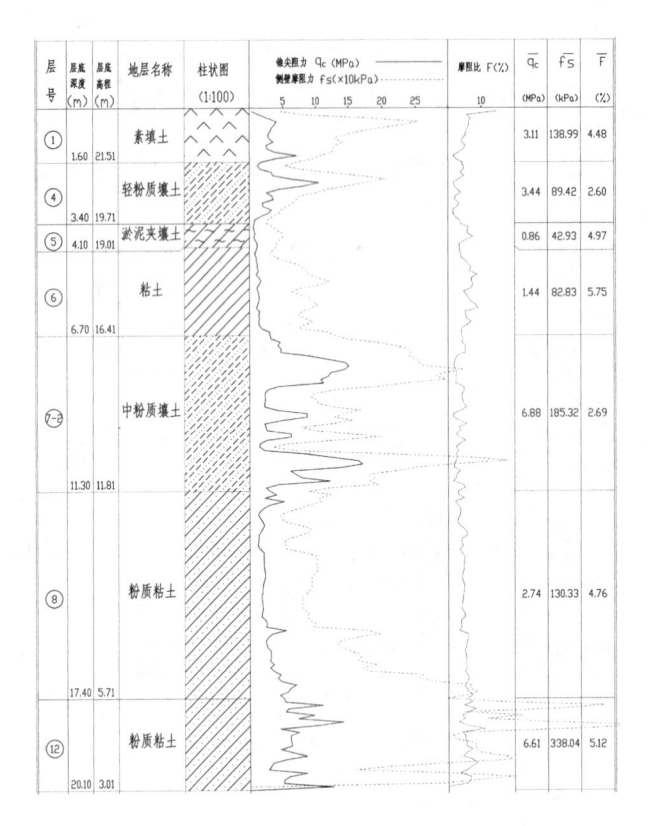

图 3 双桥静力触探柱状图

表 1 原位测试及土工试验统计成果表

地层编号	锥尖阻力 q_c (MPa) 范围值	平均值	侧阻力 f_s (kPa) 范围值	平均值	摩阻比 R_f 范围值	平均值	标准贯入试验 N (击) 范围值	平均值	塑性指数 I_p 平均值	土工试验 定名
3	3.60～9.32	5.65	31.0～86.1	47.78	0.37～0.92	1.30	8～10	8.8	6.4	轻粉质砂壤土
4	3.21～7.96	5.27	39.8～111.4	68.77	1.24～1.40	0.85	5～11	6.9	8.9	轻粉质壤土
6	4.35～13.20	2.44	66.5～127.6	87.75	0.9～3.58	3.47	8～14	8.7	16.7	粉质黏土
7-2	4.03～18.5	8.57	52.7～350.1	145.20	1.79～4.28	1.69	8～25	16.5	11.4	中粉质壤土
8	2.75～8.38	3.81	77.5～180.9	113.78	2.10～2.99	2.98	9～15	12.4	16.4	粉质黏土

6 静力触探数据分析

根据《工程地质手册》(第五版)中双桥静力触探土层划分的思路和方法,相邻的某两种渐变土层摩阻比和锥尖阻力存在着一定的分界界限,本研究对各孔中某相邻两种土层中大量的摩阻比 R_f 和锥尖阻力 q_c 的平均值做散点图并对分界界限进行线性拟合,找出二者之间的函数关系,下面以该河道工程中普遍存在的④层土和7-2层土进行分析。

表 2 各钻孔 4 层和 7-2 层土摩阻比和锥尖阻力代表值

q_c 代表值 (MPa)	R_f 代表值 (%)	q_c 代表值 (MPa)	R_f 代表值 (%)	q_c 代表值 (MPa)	R_f 代表值 (%)	q_c 代表值 (MPa)	R_f 代表值 (%)	q_c 代表值 (MPa)	R_f 代表值 (%)	q_c 代表值 (MPa)	R_f 代表值 (%)
2.52	0.85	5.66	1.22	6.52	1.52	6.15	1.43	2.91	3.80	2.24	2.80
4.40	1.25	3.31	0.75	6.78	1.51	6.44	1.46	3.05	3.70	1.98	3.00
4.93	1.35	3.09	0.58	7.25	1.65	7.05	1.65	4.50	3.20	1.99	3.00
8.49	1.61	1.95	0.81	7.45	1.57	6.82	1.51	3.45	3.00	2.06	3.00
6.76	1.52	2.20	0.84	7.49	1.58	7.11	1.55	2.61	2.70	2.22	3.20
7.66	1.75	1.66	0.71	7.51	1.57	6.86	1.52	3.51	2.60	2.93	3.30
7.79	1.51	2.12	0.85	7.89	1.67	7.50	1.61	2.50	2.43	2.79	3.50
6.88	1.55	4.04	1.21	6.89	1.52	8.04	1.67	2.87	2.54	2.33	3.21
5.79	1.43	3.72	1.12	6.16	1.42	7.79	1.65	2.99	2.55	5.37	5.00
5.59	1.31	3.70	1.31	5.45	1.32	7.29	1.58	1.35	2.30	5.80	4.60
3.51	1.05	4.09	1.23	5.63	1.40	8.24	1.71	1.55	2.20	4.78	4.10
2.70	0.78	4.47	1.21	6.39	1.43	8.25	1.72	2.25	2.40	6.10	4.80
4.49	1.31	4.18	1.33	6.31	1.43	6.15	1.43	5.08	5.00	5.75	4.50
5.73	1.11	5.95	1.42	6.50	1.45	6.44	1.46	2.21	2.50	5.45	4.30
5.10	4.20	4.58	4.40	5.65	4.50	1.91	2.70	3.94	4.00	6.00	5.00
5.25	4.00	4.45	4.20	5.68	4.50	1.53	2.60	2.48	3.00	4.77	4.30
4.60	4.00	3.58	3.50	5.28	4.50	1.41	2.50	2.95	3.20	3.09	3.40
5.04	4.40	3.31	3.40	3.77	3.80	1.70	2.70	4.53	4.30	2.76	3.60
2.36	3.00	3.23	3.40	2.96	3.30	2.18	2.90	2.15	2.50	5.64	5.00
2.83	3.10	2.87	3.30	4.15	3.90	2.64	3.00	2.17	2.60	2.12	2.90

根据表 2 中的数据做 R_f 和 q_c 的散点图(如图 4)。由图可见,相邻土层的摩阻比 R_f 和锥尖阻力 q_c 的散点之间有一条明显的分布界限,剔除偏离较大的异常数据后,对分布界限的中值散点进行最小二乘法拟合整理,建立回归方程的函数:$R_f(\%)=0.029\,73\,q_c+1.6$。

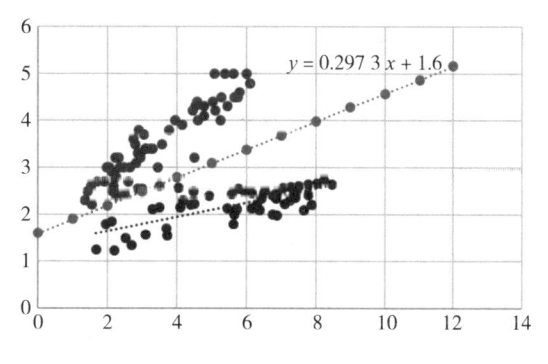

图 4 R_f 和 q_c 的散点分布图

同理,根据其他土性相邻的土层相关的摩阻比 R_f 与锥尖阻力 q_c 可以拟合出不同土性相邻的土层分布界限曲线,将拟合的曲线与《工程地质手册》(第五版)中关于双桥静力触探的土层划分经验结合在一起,并适当进行调整优化,可得出以下关于水利勘察土层划分的方法。如图 5 所示。

水利行业勘察一般分为规划阶段、项目建设书阶段、可行性研究阶段、初步设计阶段、施工图阶段,工作量大、时间要求紧、审查要求严格,按照规范底线要求,前期需要投入巨大的钻探工作资源,而

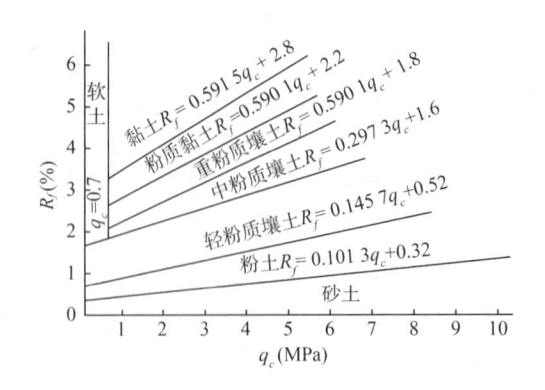

图 5　水利勘察双桥探头触探参数判别土类

前期钻探工作往往由于规划、设计等方案的变更或初步设计阶段未能中标而作废,从而拉高工程成本。为了降低方案变更引起钻孔作废的成本,同时满足相关规范的基本要求,静力触探在越来越多的工程中被采用。皖北冲积平原上部地层差异性较大,且地层多呈薄层、透镜体状分布,由于静力触探的数据可以随时采集随时分析,因此,静力触探在提高工作效率的同时也可以为钻孔取样位置等提供前期信息,为后期明确地层分布深度及界线提供明确的指标。

7　结语

水利工程勘察目前的勘察手段主要以钻探为主,大量的前期工作往往由于规划、设计等方案的变更或者设计阶段未中标而作废,费用成本较高。静力触探由于其操作方便、占地较少、数据采集快而广泛用于工民建、电力等行业,将双桥静力触探引用到水利勘察中并结合流域地层岩性特点,把相关手册的划分地层等经验进一步推广,既能节约大量的钻探成本,又能满足规范要求,同时还能指导钻探钻进工作,具有很大的意义。

[参考文献]

[1] 潘鑫,张杰,陈美娟,等.钻孔取样及静力触探试验法在洪泽湖大堤堤身隐患探测中的应用[J].大科技,2018(29):162-163.
[2] 周瑜,晏鄂川,李辉,等.基于静力触探曲线的土体量化分层方法[J].工程勘察,2011(3):24-26.
[3] 马铁虎,张永央.静力触探在长距离输水线路勘察中的应用[J].河南科技,2020(11):43-45.
[4] 殷金龙.于静力触探技术的工程地质勘察研究[J].四川水泥,2016(2):50.
[5] 赵卫民,赵敏.国内外岩土工程勘察的几点体会[J].电力勘测设计,2015(1):179-183.
[6] 何维.静力触探实验在矿山工程勘察中的应用研究[J].世界有色金属,2017(24):72-73.
[7] 郭凌峰,李正东,赖建坤.双桥静力触探土层划分方法探讨[J].建筑监督检测与造价,2016(5):8-12.
[8] 刘松玉,吴燕开.论我国静力触探技术(CPT)现状与发展[J].岩土工程学报,2004,26(4):553-556.
[9] 陈强华,俞调梅.静力触探在我国的发展[J].岩土工程学报,1991,13(1):84-85.

[作者简介]

路辉,男,生于1985年1月,高级工程师,主要从事水利、电力等相关勘察设计,18225835827,371562428@qq.com。

废黄河立交工程防冲减淤模型试验研究

邬旭东[1]　赵传普[2]

(1. 淮河水利委员会水利水电工程技术研究中心　安徽 蚌埠　233001；
2. 淮河水利委员会淮河流域水土保持监测中心站　安徽 蚌埠　233001)

摘　要：针对废黄河立交工程上游引河段的冲刷淤积情况，通过建立物理模型，模拟废黄河上游引河段的水流流动情况，分析出主要冲刷区和淤积区的位置和面积。利用加丁坝挑流的方式，改善上游水流的流态，从而达到防冲减淤的目的。研究结果可为同类工程提供参考。

关键词：废黄河；物理模型试验；丁坝挑流；防冲减淤

1　研究背景

盐城市废黄河立交工程位于滨海县东坎镇长发村境内，该工程包含废黄河地涵、排水闸、灌排闸等水工建筑物(图1)。该工程自1998年7月投入使用以来，累计排水量达到数百亿立方米，充分发挥了水利工程抗灾减灾效益，同时为当地的区域经济发展作出了重要贡献。由于废黄河地区河床较为宽阔，单宽流量较小，流速较慢，土壤多为细沙和粗粉沙构成，结构松散，对水流无约束力，导致河道易冲易淤。所以2012年对上游引河进行了治理，2013年对上游引河右岸至灌排闸段及右岸80 m圆弧段进行了防护，同时对上游河床冲塘进行了抛填处理。但是通过对废黄河地涵多年控制，同时结合工程观测和水下检测分析发现上游引河左岸出现淤积，右岸出现冲刷。鉴于此，本文主要采用模型试验的方法对废黄河立交工程的防冲减淤措施进行研究。

图1　工程卫星图

2 物理模型设计

对盐城市废黄河立交工程地涵段进行物理模拟,该模拟起点取地涵上游侧弧形翼墙末端往上游方向 1 010 m 处,终点取下游侧弧形翼墙末端往下游方向 150 m 处,全长 1 330 m。最大宽度取废黄河北岸至南侧灌排闸的距离,一般宽度取废黄河最高水位对应水面宽度。

为了模拟泥沙淤积河床冲刷过程,模型应满足重力相似和阻力相似条件[1],模型几何比尺为 1:50,正态模型,各物理量比尺如下:

流速比尺:
$$\lambda_v = \lambda_L^{1/2} = 50^{0.5} = 7.071\ 1 \tag{1}$$

流量比尺:
$$\lambda_Q = \lambda_L^{2.5} = 50^{2.5} = 17\ 677.7 \tag{2}$$

时间比尺:
$$\lambda_t = \lambda_L^{1/2} = 50^{0.5} = 7.071\ 1 \tag{3}$$

糙率比尺:
$$\lambda_n = \lambda_L^{1/6} = 50^{1/6} = 1.919\ 4 \tag{4}$$

需要说明的是,原型中地涵工程和翼墙采用混凝土,上下游岸坡做了抛石护坡处理,模型设计中,据算出的糙率,地涵和翼墙部分采用有机玻璃和 PVC 材料制作,河道底部采用砂浆模拟土质河底,抛石护坡部分采用抹光水泥模拟。

根据试验研究的目的,通过地涵过流流量与地涵上下游水位关系的确定,选取地涵工程设计工况下上游来流 100 m³/s 流量对应的模型流量 20.4 m³/h 及相应的上游水位 4.5 m 计算模型雷诺数,计算断面选取在上游断面面积较大的断面(命名为 SCS462),其模型湿周为 2.034 0 m。则模型流量:

$$Q_m = 20.4/3\ 600 = 0.005\ 667\ m^3/s \tag{5}$$

计算断面选取 SCS462 断面,水位 4.5 m。则对应模型过流断面面积:

$$A_m = 1\ 322.98\ cm^2 = 0.132\ 298\ m^2 \tag{6}$$

模型过流断面流速:
$$v_m = Q_m/A_m = 0.005\ 667/0.132\ 298 = 0.042\ 84\ m/s \tag{7}$$

模型过流断面水力半径:
$$R_m = A_m/\chi_m = 0.132\ 298/2.034\ 0 = 0.065\ 043 \tag{8}$$

模型水流运动黏度系数 v,可由资料[2]查得,当水温为 20℃ 时,$v = 1.007 \times 10^{-6}\ m^2/s$。

则:
$$(Re)_m = \frac{V_m R_m}{v} = \frac{0.042\ 84 \times 0.065\ 043}{1.007 \times 10^{-6}} = 2\ 767.07 > 1\ 000 \tag{9}$$

根据《水工(常规)模型试验规程》,模型水流达到紊流,即水流紊动程度已满足要求。

模型实验的观测仪器方面,流速测量采用南京水利科学研究院的 LGY-Ⅱ 型智能流速仪,测量误差达到 ±1.5%;流量测量采用 LDY 一体型电磁流量计,测量误差达到 ±1.0%;水位测量采用 SW-40

自动跟踪仪,误差达到±0.2 mm[3]。

3 试验过程及结果

试验对正常运行期上游来水 100 m³/s 的流量进行模拟,主要通过闸阀来控制模型循环系统中的流量,然后根据水位组合表调节模型闸门来控制上、下游水位,为避免地涵工程前出现水流折弯,对闸门采取对称开启的方式。

(1) 流量与水位都达到要求时,撒塑料粒子,观察并记录面层流态(图2)。

(2) 以混有高锰酸钾粒子的沙子为底层示踪剂,撒入水中观测并记录底层流态(图3)。

(3) 进行速度场的测量(图4);最后,将采取一定的工程措施进行调整,并记录下调整工况的面层流态、底层流态及速度场。

图 2　原始状况时面层流态照片　　　　图 3　原始状况时底层流态照片

图 4　原始状况时断面流速测量照片

为了方便观察并记录流态,我们在模型上画了网格线(图2~图4)。

正常运行期下的流态图,流速场如图5~图9所示。

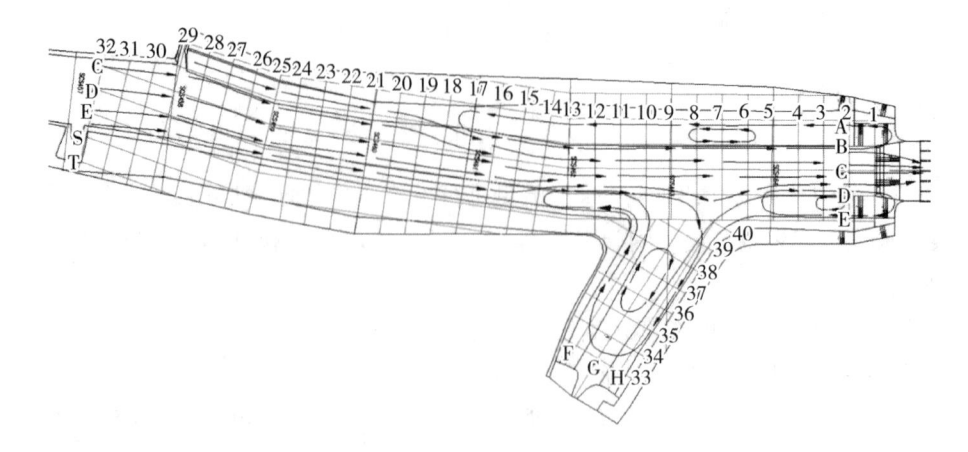

图 5　无措施面层流态图

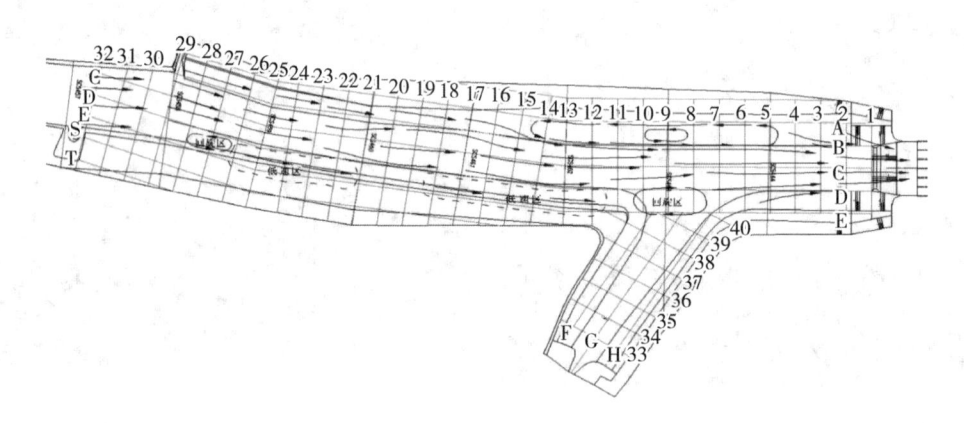

图 6　无措施底层流态图

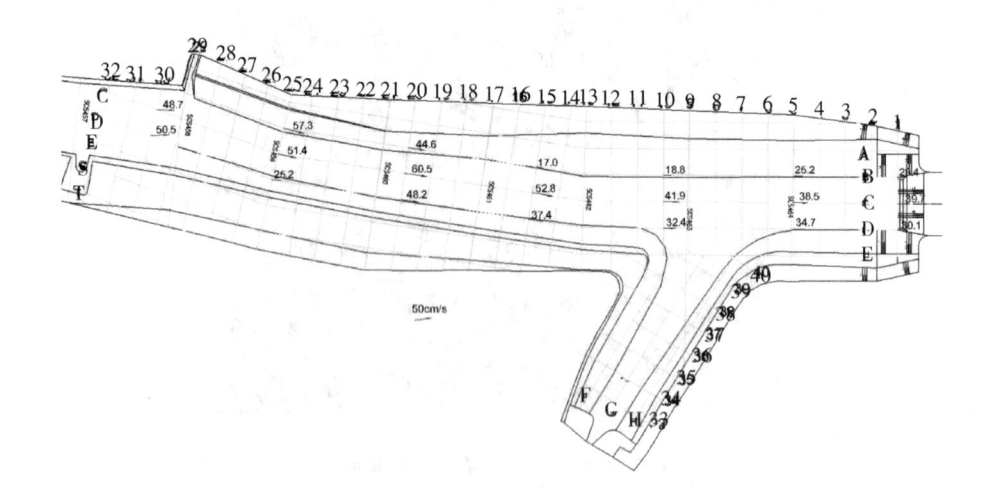

图 7　无措施离底 0.5 m 处流速分布(单位:cm/s)

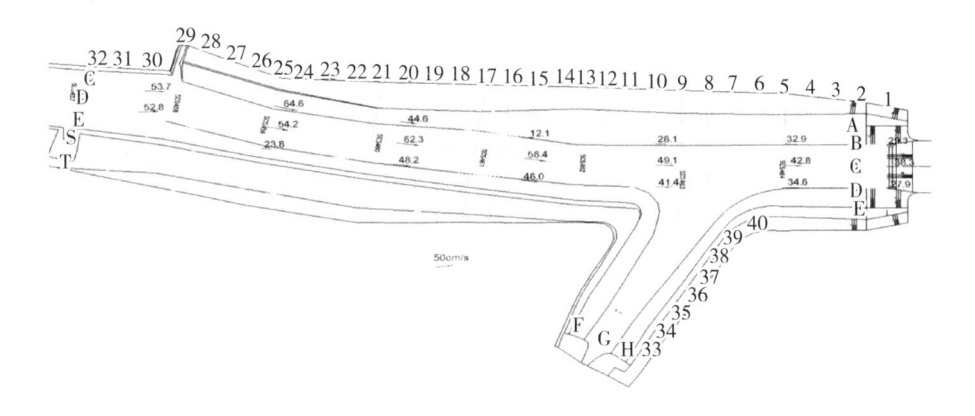

图 8　无措施 0.5 倍水深处流速分布(单位:cm/s)

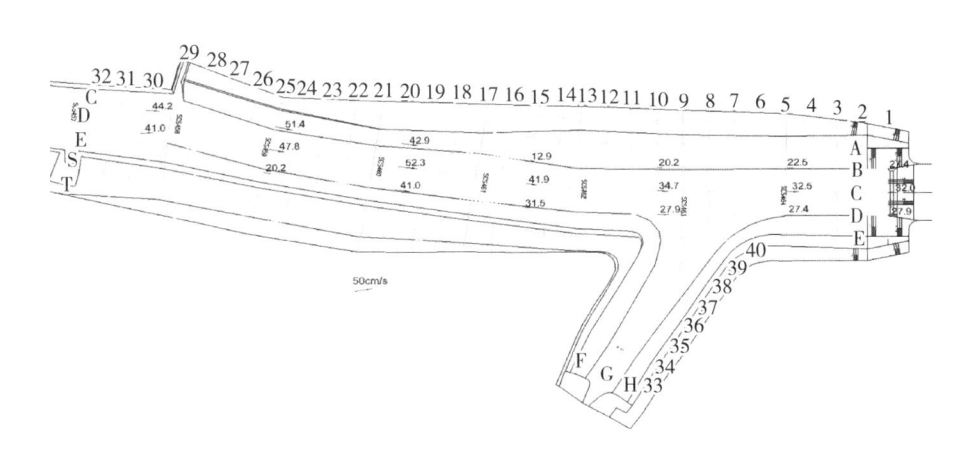

图 9　无措施水面下 1 m 处流速分布(单位:cm/s)

河道整治工程中常用的建筑物型式有丁坝、矶头等。结合该工程的工程特点以及丁坝对河道整治的效果也得到了实际工程的验证[4],所以决定采用丁坝挑流的方式来调节废黄河上游水流流态,分别对河道中添加一道丁坝、添加两道丁坝及两道丁坝的不同摆放位置和不同角度进行流态模拟试验并记录下各工程措施后正常运行期的流态图。限于篇幅,本文仅给出对最优调整工况措施(图 10)下的流态图及流速场进行分析(图 11～图 15)。

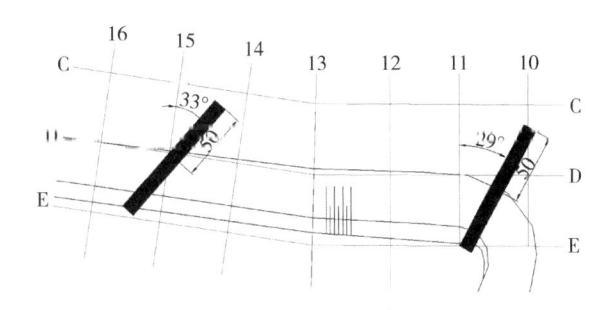

图 10　最优调整工况措施下的丁坝位置角度示意图

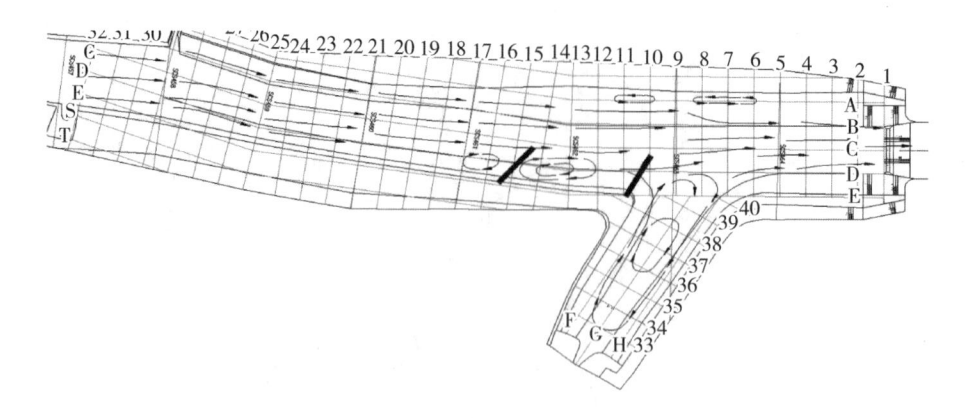

图 11 加工况措施后面层流态

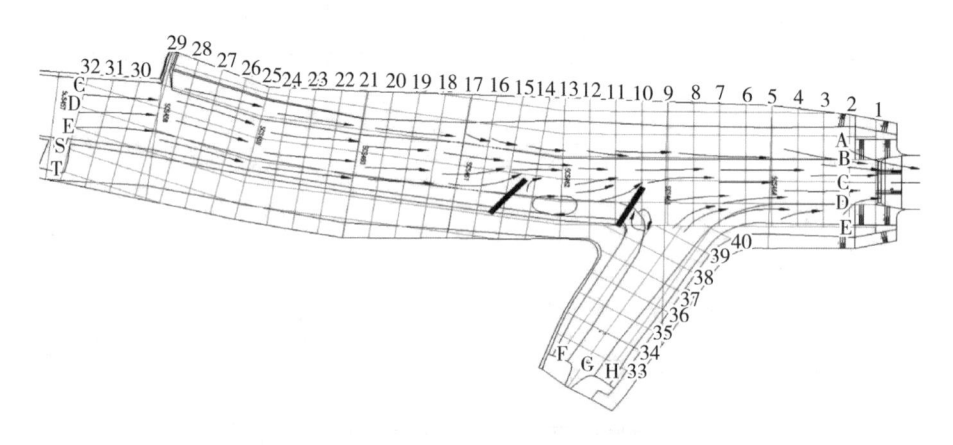

图 12 加工况措施后底层流态

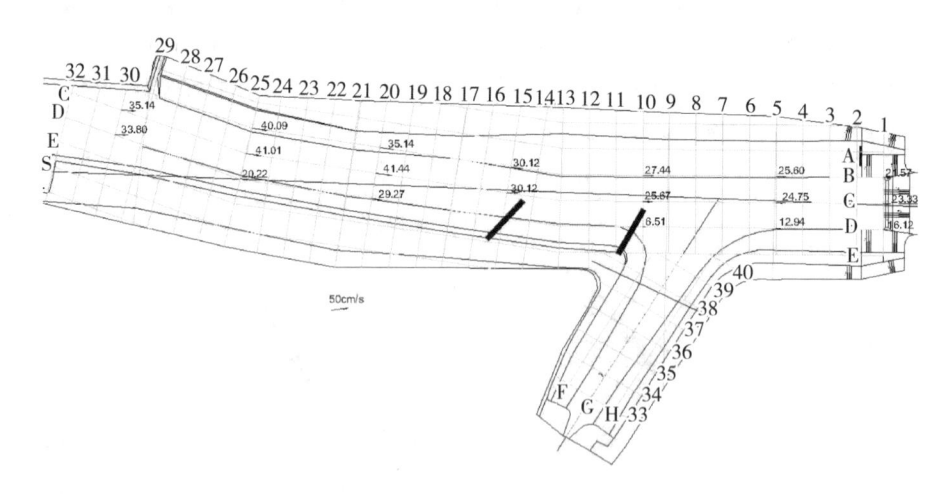

图 13 加工况措施后离底 0.5 m 处流速分布（单位：cm/s）

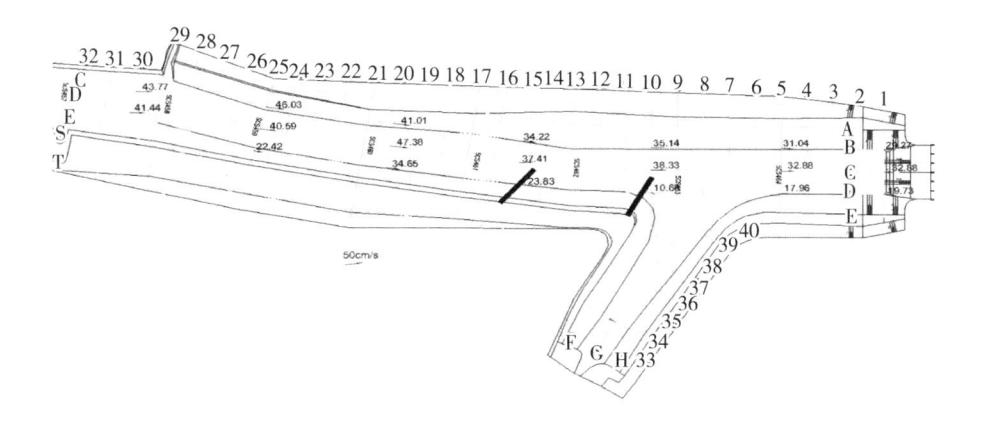

图 14　加工况措施后 0.5 倍水深处流速分布(单位:cm/s)

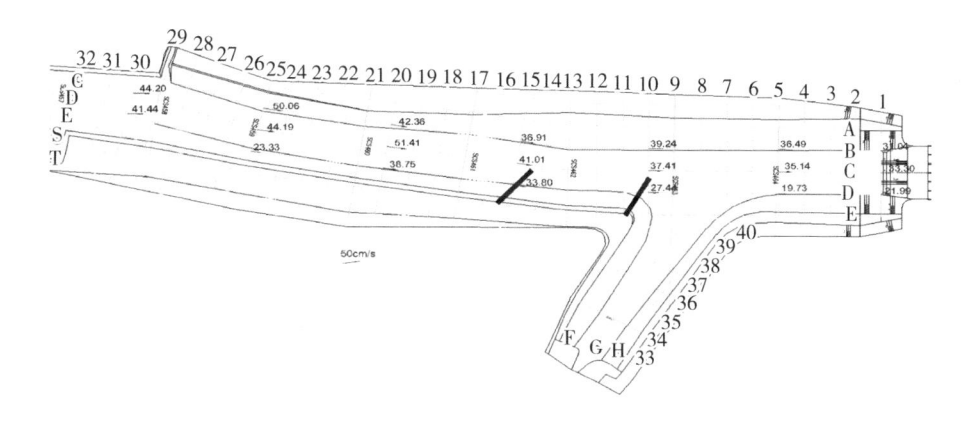

图 15　加工况措施后水面下 1 m 处流速分布(单位:cm/s)

4　结果分析

原状模型试验结果表明:模型试验的淤积冲刷情况与工程原型的淤积冲刷情况基本一致,模拟结果可信。在地涵工程上游左岸有回旋区及低速区,极易造成淤积,而在河道中央及靠右岸的区域,水流流速较快,容易产生冲刷现象。加丁坝措施后,从流态图上可以看出面层流态和底层流态的回旋区明显减小,而在丁坝附近区域存在着小范围的回流区,所以实际工程一般都对丁坝的上游进行护底,从而有效保护丁坝以及河床。从流速分布图可以看出在断面15和断面10原有的低速区位置的流速明显增大,而高速区位置的流速明显减缓。丁坝的布置改变了原有河床过水断面的形态,引起周围水流结构的变化,并导致河床的重新调整,从而达到有效的防冲减淤的作用。

5　结语

通过废黄河地涵枢纽水工模型试验,可以有效确定大致淤积区范围,并提出改进工程措施,为废黄河河道整治工程提供科学的解决方案,也为今后类似的多泥沙河流防冲减淤问题的解决提供一定的借鉴。

[参考文献]

[1] 徐洲.河工模型试验理论及应用分析[J].经营管理者,2013(13):336.
[2] 吴持恭.水力学[M].北京:高等教育出版社,2008.
[3] 武贝贝,李冉,徐霖玉,等.引水明渠进水口淤积形成原因的探讨[J].水利科技与经济,2014(11):45-46.
[4] 潘庆燊,余文畴.国外丁坝研究综述[J].人民长江,1979(3):51-61

[作者简介]

邬旭东,男,生于1992年3月,工程师,主要研究方向:水利工程,15855748868,1586529816@qq.com。

赵传普,男,生于1990年1月,工程师,主要研究方向:水利工程、水土保持监测,15255236108,1074809583@qq.com。

南水北调金湖泵站贯流泵模型试验性能分析

郭 军[1] 王 丽[2]

(1. 江苏省洪泽湖水利工程管理处 江苏 淮安 223100;
2. 淮安市水利勘测设计研究院有限公司 江苏 淮安 223005)

摘 要:阐述南水北调金湖泵站灯泡贯流泵模型验收试验的全过程,介绍试验台的特点及性能参数;对贯流泵不同工况的效率和性能、空化性能、压力脉动、飞逸转速及 Winter-Kennedy 指数等试验进行了论述;对试验结果进行了分析评价,认为贯流泵的效率比较高,空化性能比较好,压力脉动幅值也比较小,满足南水北调泵站稳定运行的要求。

关键词:灯泡贯流泵;模型验收试验;性能分析;南水北调金湖泵站

1 概述

南水北调金湖泵站工程是南水北调东线一期工程的第二梯级泵站,位于江苏省金湖县银集镇境内,三河拦河坝下的金宝航道输水线上。主要任务是通过与下级洪泽泵站联合运行,由金宝航道、入江水道三河段向洪泽湖调水 150 m³/s,与里运河的淮安泵站、淮阴泵站共同满足南水北调东线一期工程入洪泽湖流量 450 m³/s 的目标,并结合宝应湖地区排涝功能。泵站安装 5 台套 3350ZGQ37.5-2.45 型灯泡贯流泵,单机设计流量 37.5 m³/s,水泵叶轮直径 3.35 m,配套单机电机功率 2 200 kW,总装机容量为 11 000 kW,泵站调水设计扬程 2.45 m,排涝设计扬程 4.70 m。该泵站是目前国内调水泵站中单机流量和总装机流量均最大的灯泡贯流泵站。

模型验收试验于 2011 年 1 月 21 日—30 日在日本日立工业设备技术土浦研究所试验台进行。按《水泵模型及装置模型验收试验规程》(SL 140—2006)及合同约定,试验台的综合误差应小于 0.4%,卖方应设计制造模型水泵,提供模型试验装置及所有设备、仪器、仪表,并进行试验。获得必要的试验资料,在初步试验的基础上进行验收试验。

2 灯泡贯流泵的主要参数

2.1 特征水头(扬程)

在调水工况下,贯流泵设计水头为 2.45 m,最高水头为 3.0 m,最低水头为 1.0 m。
在排涝工况下,贯流泵设计水头为 4.70 m,最高水头为 5.45 m。

2.2 装机容量与输入功率

总装机容量:5×2 200 kW=11 000 kW,原型泵输入功率:2 081.2 kW。

2.3 机组主要参数

额定转速:$n=115.4$ r/min,原型泵叶轮直径:$D=3\ 350$ mm,转轮叶片数:$Z=3$,导叶数:$Z0=8$。

3 验收试验台简介

南水北调金湖泵站灯泡贯流泵模型验收试验在日立工业设备技术土浦研究所实验室的贯流泵专用试验台进行,试验台位于日本土浦市。

3.1 试验台的布置及特点

该试验台是一封闭循环系统,试验台水流由低压侧向高压侧流动,可进行贯流式水泵的能量、空化、飞逸、压力脉动及 Winter-Kennedy 试验等性能试验。

3.2 试验台性能参数

试验台中的流道装置和模型泵系按照 IEC 60193 和中国标准 SL 140—2006 的规定制作,模型泵叶轮直径为 315 mm,转速 $1\ 223$ r·min^{-1},原模型比尺为 10∶1。试验设备上装有调整吸入压力的吸入罐和调整流量的阀门。在泵壳上设有观察口,用闪频观测器观察叶轮表面周围的汽蚀性能。试验中采用的主要测试设备,包括电磁式旋转检测器、差压变换器、压力变换器、电磁流量计、力矩检测器和测温电阻等,仪器精度均满足 IEC 60193 的规定,试验台的综合误差为 ±0.35%。模型装置示意图见图 1。

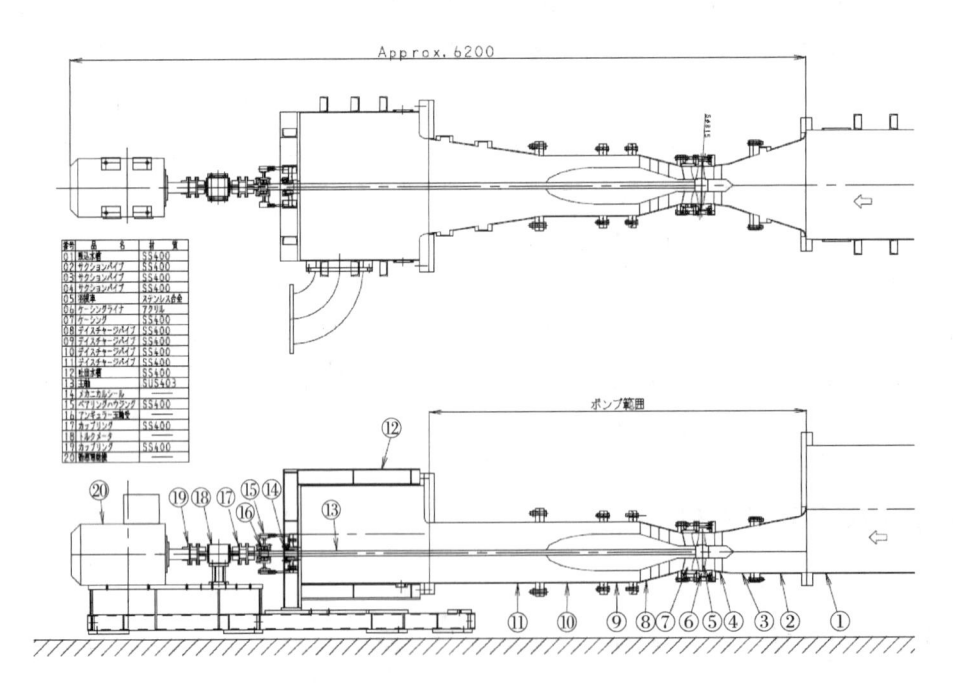

注:①进口水槽;②进口闸门段流道;③进口收缩段流道;④进口侧导叶;⑤叶轮;⑥叶轮外壳;⑦出口侧导叶;⑧支撑段流道;⑨平直段流道;⑩异形段流道;⑪出口扩大段流道;⑫出口水槽;⑬传动轴;⑭轴密封;⑮轴承支撑架;⑯径向轴承;⑰联轴器;⑱推力轴承;⑲联轴器;⑳电动机。

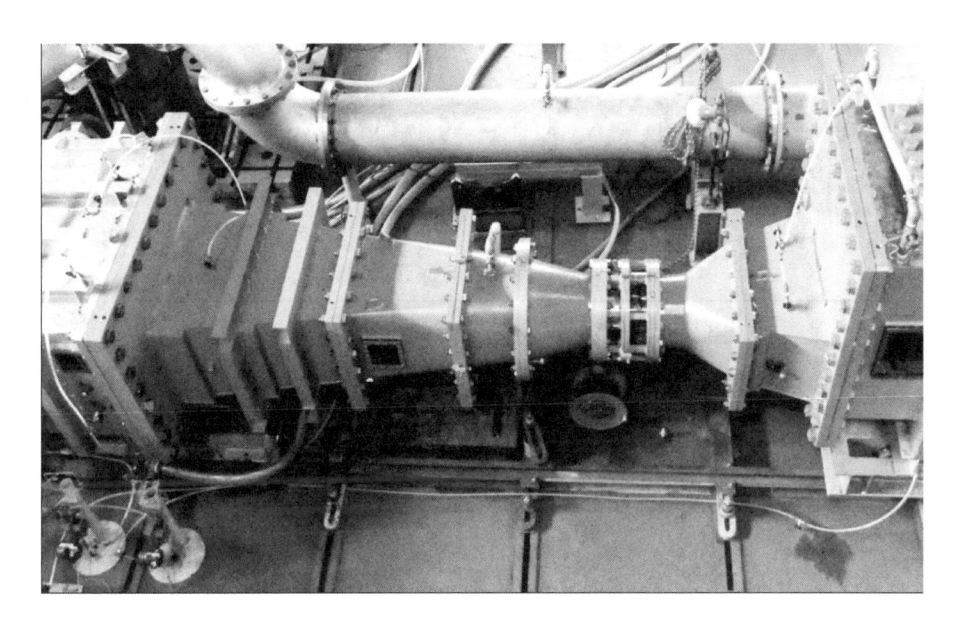

图 1　模型装置示意图

4　灯泡贯流泵模型验收试验结果

模型验收试验的主要内容包括：①测试仪器精度校正证书检查；②能量试验；③气蚀试验；④压力脉动试验；⑤飞逸转速试验；⑥Winter-Kennedy 指数试验；⑦模型部件几何尺寸检查等。

4.1　测试仪器精度校正证书检查

在这次模型验收试验期间，各种参数的主要测量仪器、仪表都要求在各项试验前作原位标定，各项标定结果满足 IEC 规程，可查询 NIMIJ AIST（日本国家度量协会）。

4.1.1　转速测量仪

模型泵的转速采用了电磁式转速测量仪测定，它是通过贴在扭矩检测仪的轴表面的齿轮的峰和底部在同一振幅的矩形波进行检测。该电磁转速测试仪精度小于 0.1%。

4.1.2　压力测试仪

通过压力变换器对吸入和吐出压力进行测定，算出水泵的扬程，吸入压力和吐出压力的测试在与环状连通管连接的四个压力出口进行。压力变换器的测定精度小于 0.1%。

4.1.3　电磁流量计

流量用电磁流量计测定，仪器误差在 ±0.15% 以下。

4.1.4　扭矩测定器

水泵轴力矩用扭矩测定器来测量，仪器误差在 ±0.1% 以下。

4.1.5　测温检测器

试验水温度用电阻式测温检测器测量，一期精度小于 ±0.1℃。

4.2　能量试验

4.2.1　试验方法

根据批准的试验大纲，测量流量、进口压力、出口压力、扭矩、转速、气温、水温和大气压力等参数。

按照叶片角度-6°、-4°、-2°、0°、+2°、+4°、+6°进行设计扬程、最大扬程、平均扬程以及最小扬程下的能量特性测试。

4.2.2 试验结果

不同特征工况下试验结果与合同保证值对比见表1，满足合同要求。模型泵装置性能曲线见图2，原型泵装置性能曲线见图3。

表1　验收试验性能与保证值对比表

特征工况	设计扬程效率(%)	平均扬程效率(%)	加权平均效率(%)
保证值	77.0	78.0	77.0
实测值	80.7	78.1	78.8

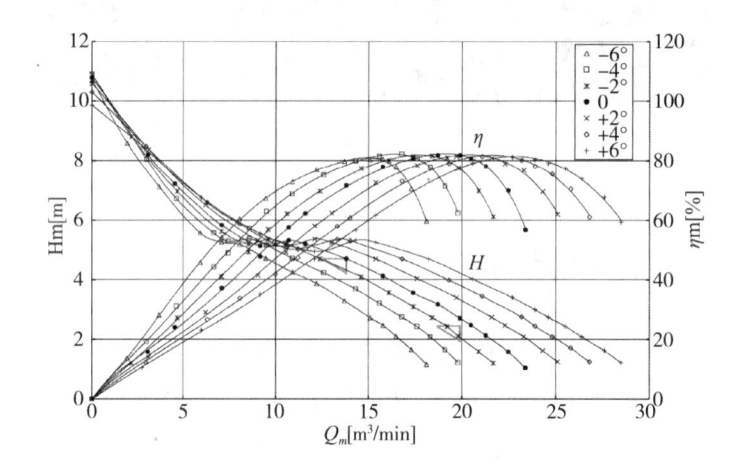

权重系数按合同要求，调水最大扬程效率：81.8%，排涝设计扬程效率：71.6%。

图2　模型泵装置性能曲线

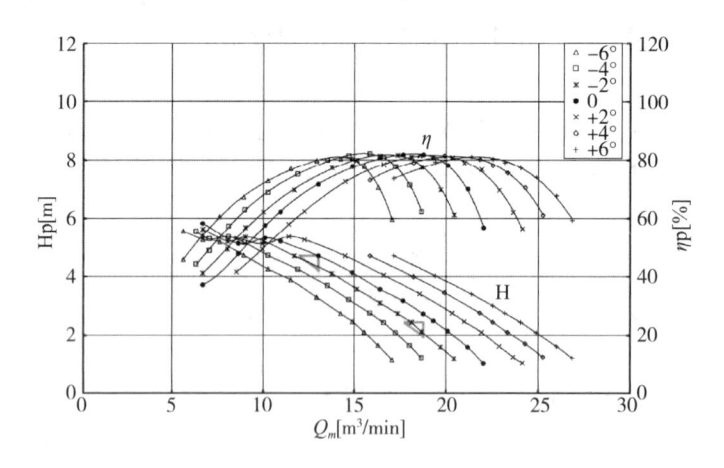

图3　原型泵装置性能曲线

4.3　气蚀试验

试验中改变NPSH有效值，按照效率下降1%确定NPSH的临界值，通过泵壳上的观察口用闪频观测器观察叶轮表面周围的汽蚀性能。

试验中一边降低NPSH，一边测量水泵的吐出流量、扬程、转速、力矩、进口压力、水温，绘制出

NPSH-η 曲线，求出效率下降 1%的点。

在设计叶片安装角度的设计扬程时，C＝1 300，满足保证值 C＝1 000 以上。叶片安放角 0°设计扬程的真机空化性能见图 4。

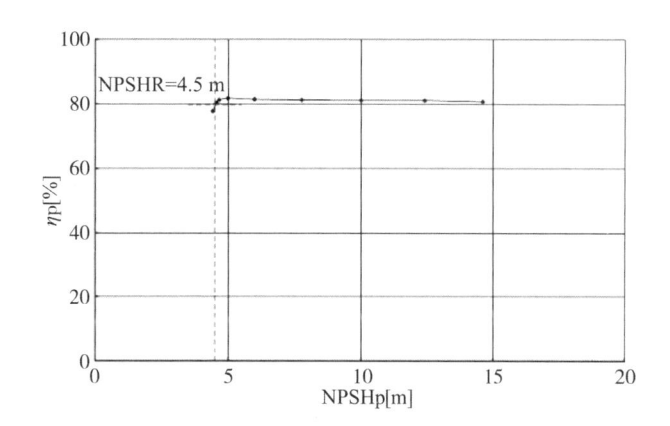

图 4　设计扬程真机空化性能（叶片安放角 0°）

$$C = \frac{5.62 \cdot N_P \cdot Q_P^{0.5}}{NPSHR_P^{0.75}} = \frac{5.62 \times 115 \times (38.6)^{0.5}}{4.5^{0.75}} = 1\ 300 \tag{1}$$

式中：N_P 为转速（r·min^{-1}）；Q_P 为吐出量（m^3/s）；$NPSHR$ 为 1%效率降低点的 NPSH。

4.4　飞逸转速试验

叶片安放角度为 0°时，利用水轮机运行的试验装置，通过循环泵产生逆流以进行飞逸特性试验。在模型泵的飞逸转速为约 600 r·min^{-1}、800 r·min^{-1}、1 000 r·min^{-1} 的条件下，测定流量及进水和出水流道之间的有效落差。

利用试验结果，计算出在设计扬程 2.45 m 时原型泵的飞逸转速为 153.6 r·min^{-1}，在排涝最大扬程 5.5 m 时原型泵的飞逸转速为 230.1 r·min^{-1}。在设计联络会时要求电机生产厂家按照水泵最大飞逸转速复核电机的强度。

4.5　压力脉动试验

压力脉动试验测点布置在进口部和动静翼之间部位，分别对叶片安放角度－6°、－4°、－2°、0°、＋2°、＋4°、＋6°时最大扬程、设计扬程、平均扬程进行压力脉动的测量。脉动是计算 NZ 的调和成分的积分值评价双振幅，用压力脉动系数 $\overline{P}_E$ 表示。

$$\overline{P}_E = \frac{\overline{P}}{\rho \times gH} \tag{2}$$

式中：$\overline{P}_E$ 为压力脉动全振幅[（NZ）频率成分]（Pa）；$\overline{P}$ 为压力脉动系数；H 为工作扬程（m）；ρ 为水密度（kg/m^3）；g 为重力加速度（m/s^2）。

该泵进口部、出口部动静叶片之间的压力脉动测量结果分别见表 2、表 3。

表 2 进口部的压力脉动测量结果($\overline{P}_E$)

序号	运行点 叶片安装角度	进口部						
		$-6°$	$-4°$	$-2°$	$±0°$	$+2°$	$+4°$	$+6°$
1	最高扬程	0.002 60	0.007 17	0.003 07	0.006 03	0.002 97	0.003 74	0.002 78
2	设计扬程	0.002 86	0.009 76	0.004 05	0.006 09	0.002 81	0.005 23	0.003 23
3	平均扬程	0.003 97	0.011 1	0.005 04	0.006 20	0.004 87	0.006 12	0.005 02

表 3 动静翼之间的压力脉动测量结果($\overline{P}_E$)

序号	运行点 叶片安装角度	动静翼之间						
		$-6°$	$-4°$	$-2°$	$±0°$	$+2°$	$+4°$	$+6°$
1	最高扬程	0.002 60	0.007 17	0.003 07	0.006 03	0.002 97	0.003 74	0.002 78
2	设计扬程	0.002 86	0.009 76	0.004 05	0.006 09	0.002 81	0.005 23	0.003 23
3	平均扬程	0.003 97	0.011 1	0.005 04	0.006 20	0.004 87	0.006 12	0.005 02

4.6 Winter-Kennedy 指数试验

在叶片安放角度为 0°时,通过设置在模型泵进口流道如图 5 所示位置的压力测量孔,测量设计扬程吐出量 $0.8Q$、$0.9Q$、$1.0Q$、$1.1Q$、$1.2Q$ 时的压力测量孔之间的压力差,并通过模型试验测量推算出真机泵预计特性线图。

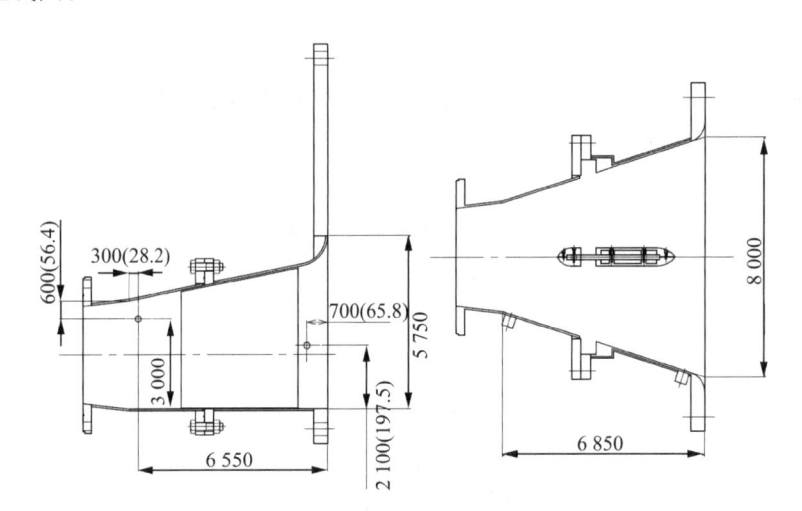

图 5 压力测孔位置图

经验收试验模型测量结果见表 4,模型泵特性线见图 6,预计真机泵特性线见图 7。

表 4 Winter-Kennedy 试验测量结果

$Q_m(\text{m}^3/\text{min})$	15.94	15.94	17.97	17.89	17.92	19.93	19.89
$h_m(\text{m})$	0.317	0.314	0.397	0.4	0.4	0.494	0.496
$h_m^{1/2}(\text{m}^{1/2})$	0.563	0.56	0.63	0.632	0.633	0.703	0.705
$Q_m(\text{m}^3/\text{min})$	19.92	21.89	21.88	21.91	23.8	23.8	23.7
$h_m(\text{m})$	0.49	0.591	0.602	0.612	0.704	0.714	0.705
$h_m^{1/2}(\text{m}^{1/2})$	0.7	0.769	0.776	0.782	0.839	0.845	0.839

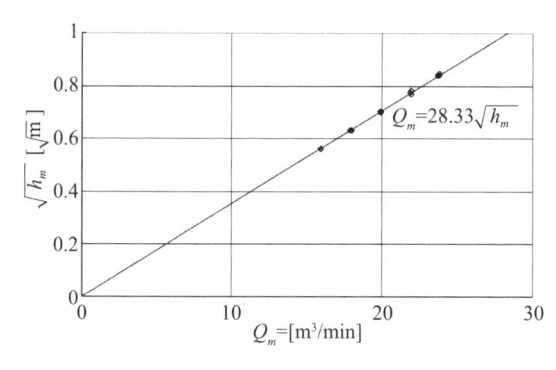

图 6　Winter-Kennedy 试验模型泵特性线

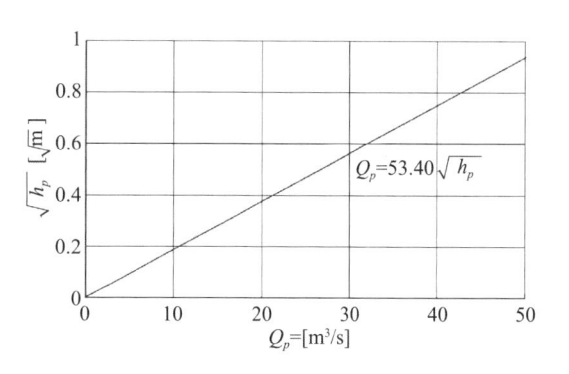

图 7　Winter-Kennedy 试验预计真机泵特性线

4.7　模型部件几何尺寸检查

在验收试验的最后阶段对模型泵装置进出口流道断面、转轮、导叶、叶片及叶片安放角度等部件进行了精确测量，差值满足 IEC 标准要求。

5　结论

对南水北调金湖泵站灯泡贯流泵模型验收试验，有主要结论如下：

（1）试验台效率测试综合误差小于 0.4%，重复性误差小于 0.1%，满足验收试验要求；

（2）性能试验结果表明在设计扬程下水泵装置效率达到 80.7%，超过合同保证值 2.3 个百分点，平均扬程下达到 78.1%，满足合同保证值；

（3）转轮气蚀性能较好，压力脉动幅值、飞逸转速等均小于合同保证值；

（4）验收内容较为丰富、全面，通过多方面的试验深入地了解了灯泡贯流泵的性能，为今后同类型的贯流泵站提供了参考依据。

[参考文献]

[1] 水轮机技术委员会. 水轮机、蓄能泵和水泵水轮机模型验收试验：IEC 60193[S]. 1999.
[2] 中水北方勘测设计研究有限责任公司. 水泵模型及装置模型验收试验规程：SL 140—2006[S]. 北京：中国水利水电出版社，2006.

[作者简介]

郭军，男，生于 1982 年 1 月，所长（高级工程师），主要从事大型闸站工程建设与管理工作，13770417109，shzgj@qq.com。

引江济淮工程(河南段)河道采砂淤积地层特征及对工程影响的研究

陈新朝[1,2]　高书杰[1,2]　韩志浩[1,2]

(1. 河南省水利勘测有限公司　河南 郑州　450008；
2. 河南省特殊岩土环境控制工程技术研究中心　河南 郑州　450008)

摘　要：引江济淮工程(河南段)穿越河道处由于无序采砂形成规模不等的采砂坑，采砂坑重新淤积后形成的淤积地层工程特性差，对工程的建设及运行造成诸多不利影响。为查明该层的工程地质特征及分布范围，采用了调查访问、现场勘探、原位测试、剪切波测试、室内试验等多种手段，对该地层进行勘察、分析、研究，详细查明了该地层的工程地质特性及存在的主要工程地质问题，对判别淤积地层边界的方法进行探讨归纳，为工程设计提供了相应的地质参数及处理建议。通过工程实践检验，河道采砂淤积地层的工程处理方案合理有效，对类似工程有一定借鉴意义。

关键词：引江济淮；淤积地层；分布特征；标准贯入

前言

引江济淮工程是国务院确立的172项节水供水重大水利工程之一，引江济淮工程(河南段)主要利用现有的清水河、鹿辛运河河道及有压输水管道向周口市、商丘市的7县2区供水，年均分配水量预计2030年达5.00亿 m^3，2040年达6.34亿 m^3。工程沿线穿越涡河、惠济河、大沙河等多条天然河道。自20世纪90年代至21世纪初期，豫东地区河道内无序采砂现象非常普遍，形成规模不等的采砂坑，近年来随着政府的禁采，多数采砂坑已重新淤积，形成新的淤积地层，该层工程特性差，给后期实施的河道穿越工程造成种种不利的影响。本文通过现场勘探、原位测试、剪切波测试、室内试验等多种手段，阐明河道采砂淤积地层的分布特征及工程特性，论述该层存在的主要工程地质问题，并分析其对引江济淮工程(河南段)河道穿越工程的影响，提出合理的地质建议，为工程设计提供了可靠的计算参数及地质依据。

1　河道采砂淤积地层的分布特征及物质组成[1]

1.1　分布特征

引江济淮工程(河南段)场区范围内地貌单元属黄淮冲积平原，地势平坦，地质结构多为黏砂双层结构或黏砂多层结构，上部黏性土层厚度一般在5～7 m之间，多夹轻粉质壤土、砂壤土薄层；下部砂层厚度往往可达10 m以上，地层分布较稳定。

工程场区范围内天然河道多具切割河谷微地貌特征，大部分常年有水，河谷下切深度一般为6～8 m，导致河床处砂层直接裸露，给采砂形成天然的便利条件。当地采砂方式多为抽砂船抽采，部分采用机械挖采。抽砂船抽采深度往往可达 10 m 左右。

因当地采砂具较长的时段，采砂手段不一，开采深度及范围较为随意，且不连续，造成了采砂坑底层面不稳定，采砂底线在顺河向剖面上多呈不均匀波浪线型，即使通过加密钻孔提高钻探精度，仍会存在一定的局限性，难以完全查明采砂底线的分布情况。经笔者在引江济淮工程（河南段）工程范围内涡河、惠济河等多条河流采砂情况的调查研究发现，河道采砂淤积地层横向断面根据开采规模不等可划分为两种形态，详见图 1、图 2。

形态 1：采砂坑具备一定规模，但开采范围仍在河床之内，尚未对岸坡形成破坏。坑内淤积地层具二元结构，自上而下分为淤泥、细砂两层，细砂层底的底砾由抽砂残余形成，底砾成分主要为钙质结核，可作为判断采砂坑底板的参考。

形态 2：采砂坑规模较大，开采范围已超出河床，岸坡受采砂影响发生坍塌，在坑内形成二次沉积，坑内淤积地层成分较杂，往往由扰动砂层、岸坡塌滑体、新近冲积淤泥组成，地层岩性界限波动较大，往往给工程地质勘察工作造成较大困难，其层底也存在抽砂残余形成的底砾，亦可作为判断采砂坑底板的标志。

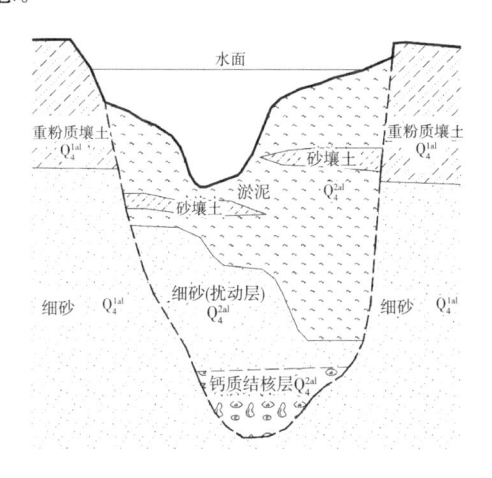

图 1　垂直河流方向地质剖面（形态 1） 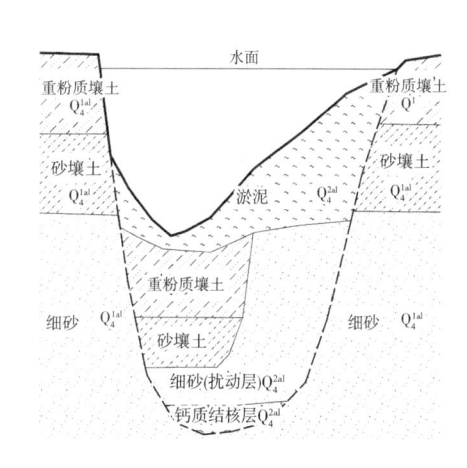　　图 2　垂直河流方向地质剖面（形态 2）

1.2　物质组成

工程场区上部地层具黏砂二元结构，上部黏性土层厚度一般在 5～7 m 之间，岩性以重粉质壤土为主，呈灰黄～褐黄色，局部棕黄色，可塑状，土质不均，见有大量灰绿色泥质条带及锈黄色浸染，含有大量钙质结核，粒径多 1～3 cm；土质不均，层间多夹轻粉质壤土及砂壤土薄层，该层出露于地表，为河道两侧岸坡及滩地的主要组成部分；下部砂层以细砂为主，上部呈灰黄色、下部呈灰褐色，多为中密状，饱和，分选性较差，含少量钙质结核，粒径一般 1～3 cm，该层多直接裸露于河床，厚度往往可达 10 m 以上，地层分布较稳定。

经多种勘探手段及方法分析研究，采砂坑内淤积地层具有明显的河流冲积沉积韵律，垂直方向由下往上黏粒逐渐增加，多具二元结构，自上而下往往可分为淤泥、细砂两层。

淤泥多呈灰褐色、浅灰、灰黑色，呈流塑～软塑状，可见黑色腐殖质，有腥臭味，成分多以轻粉质壤土为主，局部相变为砂壤土；经分析，该层为采砂后经河流搬运，重新沉积而成，故多具水平层理，局部形成粉土与黏性土互层。

细砂呈褐黄色，呈稍密状～中密状，饱和，砂质不纯，夹少量褐灰色黏土团块，局部夹杂褐黄色重粉质壤土透镜体；经分析，该层多为原状砂层经采砂扰动后二次沉积形成，故成分较杂，层理不明显；

层间重粉质壤土透镜体颜色及成分与岸坡上部重粉质壤土接近,推断应为岸坡土体受采砂影响坍塌进入采砂坑后二次沉积形成。

层底多存在厚度不等的底砾,成分多为钙质结核,粒径一般1～3 cm。

2 河道采砂淤积地层的工程地质特征及判别[2]

2.1 试验资料对比

在引江济淮工程(河南段)工程地质勘察过程中,在调查访问的基础上,通过现场钻探、原位测试、物探测试和室内试验,以确定采砂坑淤积地层的工程地质特性及分布范围。淤积地层与原状地层试验成果对比分别见表1～表3。

由标准贯入试验成果可知:①淤泥呈流塑～软塑状。②岸坡坍塌二次沉积的重粉质壤土呈软塑状。采砂扰动二次沉积的细砂呈松散～稍密状。经比较分析,原状地层标贯击数平均值明显高于淤积地层一倍左右。

由剪切波速试验成果对比可知,淤泥层剪切波速明显偏低,原状土层高于二次沉积的重粉质壤土,但相差不大。

由砂层颗粒分析试验成果对比可知,采砂扰动二次沉积的细砂黏粒与粉粒含量均高于原状细砂层,砂粒含量则明显偏低。推断应为淤积细砂中的细粒部分被采走后,在二次沉积过程中混入部分黏土团块或粉粒所致。

综上所述,受河道采砂影响形成的淤积地层工程地质性状差,其密实程度、承载力及自稳性较原状地层有明显降低。

表1 标准贯入试验成果及承载力标准值对比表

岩土类型	地层分类	组数	范围值	平均值	承载力标准值(kPa)
淤泥	淤积地层	7	0～3	1	50
重粉质壤土	淤积地层	5	2～4	3	60
重粉质壤土	原状地层	23	5～12	7	130
细砂	淤积地层	17	7～13	10	80
细砂	原状地层	56	15～29	21	140

表2 剪切波速试验成果对比表

岩土类型	地层分类	深度(m)	厚度(m)	剪切波速(m/s)
淤泥	淤积地层	1.0	1.0	101
重粉质壤土	淤积地层	2.2	1.2	160
重粉质壤土	原状地层	5.3	5.3	186
细砂	淤积地层	11.5	9.3	210
细砂	原状地层	13.1	7.8	214

表 3 砂层颗粒分析成果对比表

土体单元试验成果				淤积地层						原状地层		
				轻粉质壤土、砂壤土			细砂			细砂		
				组数	范围值	平均值	组数	范围值	平均值	组数	范围值	平均值
颗粒组成	砂粒	>2.0(mm)	%									
		2.0~0.5(mm)	%				7	0~0.9	0.4	13	0~0.5	0.2
		0.5~0.25(mm)	%	10	0~2.1	0.3	7	13.7	13.7	13	0~38.0	10.3
		0.25~0.075(mm)	%	10	12.3~37.3	23.4	7	41.8~49.4	45.6	13	54.0~91.6	73.6
	粉粒	0.075~0.005(mm)	%	10	54.4~75.6	67.4	7	34.5~38.1	36.3	13	5.3~41.2	15.0
	黏粒	<0.005(mm)	%	10	3.6~12.1	8.9	7	2.4~5.5	4.0	13	0~4.3	0.9

2.2 工程地质勘察判别方法探讨

通过试验成果分析，河道采砂形成的淤积地层标准贯入击数普遍低于原状地层，可作为判断二者边界的主要依据；淤积地层剪切波速略低于原状地层，但差异不大；砂层颗粒分析试验虽有所差异，但原状砂层由于砂质成分的不均，往往导致颗粒分析试验具有较大的离散性，因此剪切波速试验及颗粒分析试验不足以独立作为边界判定的因子，但可用作辅助判定的手段。

根据现场勘探揭露地层情况，采砂坑底层面不稳定，顺河向剖面起伏较大，且规律性差；河道横剖面方向则受岸坡地层性状影响，整体塌滑岸坡或蠕变型岸坡往往会给扰动地层的工程地质判别造成较大干扰。因此，工程地质勘探过程中，应结合现场情况加密钻孔，及时补充原位测试，以判定河道采砂坑的边界及其扰动范围。

淤积细砂层的底砾多集中在采砂坑的坑底处，呈透镜体状，大部分由钙质结核富集而成，钙质结核的颜色、粒径均与原状土层及细砂层内所含钙质结核性状极为接近。结合当地采砂的工艺手段，推断该层应为抽砂船抽采扰动形成：在抽采过程中，由于抽砂泵管道末端设有滤网，导致砂层内粒径较大的钙质结核无法被抽走，作为筛余料逐渐沉积于采砂坑底，最后富集成层；其厚度及水平方向上的展布往往受采砂时间及规模所限，在不同的位置差异较大。据此，淤积细砂层的底砾可作为判断当地采砂最大采深的依据；但该层分布不连续，无法用于界定采砂在水平方向上的分布范围。另外，工程地质勘察过程中应进行实地走访调查，了解工程所在地河道采砂所用机械设备，根据采砂设备的最大采深辅助推定采砂扰动深度。

3 河道采砂淤积地层对工程的影响[1]

3.1 水闸建筑物

淤泥呈流塑~软塑状，岸坡坍塌二次沉积的重粉质壤土呈软塑状，采砂扰动二次沉积的细砂呈松散~稍密状，工程地质性状差，淤泥层及重粉质壤土层不建议作为闸基，若闸基置于二次沉积细砂层上，其承载力标准值一般在 80 kPa 左右，存在承载力不足问题；该层一般呈松散~稍密状，且层厚不均，存在闸基不均匀沉降问题；该层一般具中等偏强透水性；允许水力比降一般小于 0.30，存在闸基渗漏、渗透稳定问题。设计时应尽量避开该层，若无法避开，则应采取相应的地基加固处理措施。

基坑工程中淤积地层边坡自稳性极差，抗冲刷能力亦差，因此基坑施工开挖临时边坡存在突出的边坡稳定问题及降雨冲刷稳定问题，需采取相应的边坡防护措施。

3.2 穿越建筑物

引江济淮工程(河南段)穿越河道建筑物主要为有压输水管道,分为明挖埋管倒虹吸穿越及顶管穿越两种施工形式。

若采用明挖穿越施工时,若管身段位于河道采砂形成的淤积地层上,则存在倒虹吸基础不均匀沉降问题;应采取相应的挖除换填或地基加固处理措施。淤积地层边坡稳定性及抗冲刷能力差,倒虹吸基坑开挖临时边坡存在突出的边坡稳定问题及降雨冲刷稳定问题,需采取相应的边坡防护措施。

若采用顶管穿越,河道采砂形成的淤积地层属松软的欠固结土层,与原地层工程地质性状差异较大,顶管施工过程中可能造成顶进中轴线偏离,机头下沉现象,亦有可能导致管身变形,造成管壁接缝漏水,引起涌水破坏,进而影响施工安全。因此设计时应尽量避开该层,保持足够的安全埋深,并充分考虑地层的不均匀性对顶管施工的影响。

3.3 桥梁建筑物

引江济淮工程(河南段)跨河桥梁均采用桩基,工程场区范围内河道常年有水,河道两岸地下水位埋深一般在4~6 m之间,具动态变化特征,变幅一般为1~3 m,地下水多与河水相互补排。淤积地层属欠固结土层,考虑淤积地层常年处于饱水状态,建议淤泥层钻孔桩桩侧土摩阻力为0,二次沉积的细砂钻孔桩桩侧土摩阻力标准值在10~15之间;但亦应考虑,在场区水位大幅骤降的工况下,淤积地层会排水固结对桩基产生负摩阻力。设计时需注意该层对桩身稳定性和侧摩阻力的影响,钻孔灌注桩在成孔过程中孔壁上部土层稳定性差,施工时应视情况采取相应的护壁措施。

4 河道无序采砂对河道环境的相关危害[3]

河道内无序采砂会对河道行洪安全及生态环境造成诸多不利的影响。首先,在河道内无序采砂,使原本平坦的河床起伏不平,河道行洪时大量深坑使水流形成旋涡,影响行洪速度,同时极易对河道岸坡形成淘蚀破坏;其次,过量采砂极易造成岸坡坍塌,若采砂点位于河堤附近则直接影响堤防安全,洪水来临时可能发生决堤;第三,豫东地区河道的河水与周边地下水多为互相补排关系,过度开采河道及附近的砂石使河道下切,河道水位下降,河水深浅不一,在局部地段可能形成浅滩,直接影响河道附近农田及村庄的生态环境,河道若有航运职能,则会影响航运的安全。

结论

豫东地区天然河道的无序采砂不仅对河道行洪及周边的生态环境产生诸多不利影响,采砂后形成的采砂坑及后期沉积的地层对水利工程也形成了不良地质体,成为影响工程安全的潜在因素。

本文通过查阅相关的地质文献,结合相关的工程地质勘察及试验资料,对采砂后形成淤积地层进行研究后认为:①与原状地层相比,河道采砂形成的淤积地层工程地质性状较差,在工程地质勘察过程中标准贯入试验可作为划分二者边界的主要依据,亦可结合剪切波速试验、颗粒分析试验、当地采砂工艺调查等多种方法进行辅助判定;②在河道穿越工程、桥梁工程及水闸建筑物设计施工中,淤积地层直接影响到建筑物地基、桩基及基坑边坡的稳定,应根据建筑物形式采取相应的工程处理措施。

[参考文献]

[1] 周子东,张利滨,韩志浩.豫东平原调蓄水库地质问题导析[J].水利规划与设计,2022(4):62-65.
[2] 王少强,余飞,陈善雄,等.淮北平原新近沉积层静探值域特征与承载力相关关系研究[J].路基工程,2015(4):49-54.
[3] 庄良松.河道采砂危害及其控制对策的探讨[J].水利科技,2009(2):24-26.

[作者简介]

陈新朝,男,生于1979年12月,高级工程师,主要从事工程地质勘察工作,13838228610,53156930@qq.com。

南四湖湖西地区结构性黏土渗透特性研究

李剑修　黄　江　胡笑凯

(中水淮河规划设计研究有限公司　安徽 合肥　230601)

摘　要：在对南四湖湖西大堤进行地质勘察的过程中，发现了一层黄、褐黄色的黏土，具有裂隙、孔洞等结构，其渗透特性有别于常规黏土，为将其与常规黏土区分，将其命名为结构性黏土。为了查明湖西地区结构性黏土的渗透特性以及形成机理，针对该结构性黏土进行了钻孔抽水试验、微水试验、探坑开挖试验、冲刷试验等一系列的现场及室内试验工作，通过试验及数据分析、理论研究等，基本确定了该地区结构性黏土的渗透特性以及形成机理。

关键词：南四湖；结构性黏土；渗透特性

1　工程地质概况及研究目的

1.1　工程地质概况

南四湖位于江苏、山东两省交界处，由南阳湖、独山湖、昭阳湖和微山湖四个相连的湖泊组成。南四湖湖区地势低洼，汇集四面来水。湖西地区为黄泛冲积平原，地形平缓微东倾，坡度 1/5 000～1/3 000。

湖西地区属华北地层区，地层按时代及成因类型不同，主要有：

第四系全新统冲积层(Q_4^{al})，主要岩性为褐、黄、褐黄色软塑～可塑状黏土和松散的轻粉质壤土、砂壤土。

第四系全新统湖沼积堆积层(Q_4^{fl})，主要岩性为灰黑、灰色软塑～流塑状黏土。

第四系全新统冲洪积层(Q_4^{alp})，主要岩性为蓝灰、浅灰、褐黄色可塑状含姜石壤土，夹稍密状砂壤土、粉细砂、中细砂层透镜体。

第四系上更新统冲洪积层(Q_3^{alp})，主要岩性为棕褐、褐黄色可塑～硬塑状含姜石黏土、壤土、砂壤土，局部分布有粉细砂。

湖西地区地下水类型主要为第四系松散岩类孔隙潜水和裂隙潜水。

1.2　研究目的与方法

在湖西大堤加固工程中，地勘发现堤基表面普遍存在一层黏土，渗透系数达 10^{-2} cm/s，漏水严重。在多次审查中，专家对该层黏土的透水性和采用截渗墙处理方法持怀疑态度。

为了服务设计、为专家释疑，有必要对湖西堤堤基表层黏土进行渗透特性研究。而且湖西地区黏性土含水层具有区域特性，对南四湖蓄水、汛防有直接的影响，该地区在表层黏土渗透特性及内部裂隙发育特性方面研究资料尚不完善。所以对湖西地区表层黏性土渗透特性的研究具有重要工程意义。

研究的方法及手段主要为现场试验和室内试验对比分析。现场试验包括探坑开挖试验、钻孔微水试验、钻孔抽水试验等。室内试验包括冲刷试验、结构性黏土渗透测试等。

2 结构性黏土成因分析

对南四湖湖西地区结构性黏土成分进行分析知：该结构土蒙脱石类占到30%；且裂隙发育，常有光滑面和擦痕，有的裂隙中充斥着灰白色黏土，地形平缓，无明显自然陡坎；试验得到的自由膨胀率在40%左右；根据《膨胀土地区建筑技术规范》，此结构性土体可以认定具有膨胀性。当南四湖水位下降或上升时，潜水层水位也相应变化，该结构性黏土彰显出膨胀土的特性：由于原有土体饱和时，土体膨胀，水位下降时，土体收缩干裂，形成具有一定隙宽的裂隙，随着时间的累积，该土层多次经受此循环，使裂隙不断发育，进而形成具有不同裂隙发育程度的结构性黏土。通过现场探坑可以发现：部分孔洞里存在未完全腐烂的植物根系，这些孔洞的孔壁上可以看到植物根系的表皮。在探坑周边进行灌注示踪剂发现，示踪剂总是沿着植物根表皮流入探坑，少数通过发育良好的孔洞流出。

综上所述，随着湖水水位的升高与降低，具有膨胀性的南四湖结构土体内部形成裂隙并不断发育，同时由于植物根系的延伸、生长及腐烂，内部残留的腐殖质被逐步带出土体或者分解，使该裂隙土体内部形成了孔洞，经受长时间的渗流作用，裂隙和孔洞贯通良好，最终裂隙与孔洞交叉发育，形成了具有较大渗透系数的结构性黏土。

3 现场试验

3.1 探坑开挖试验

3.1.1 探坑开挖及水位恢复

探坑处于南四湖湖西中游的堤基附近，开挖揭露上部为褐色黏土，可塑状，表层有植物根，挖深至1.1 m时出现渗水现象，开挖至1.6 m出现大量涌水。开挖完成后水位恢复很快，水位抽至坑底后降低出水量，保持坑底水位稳定，在抽水过程中在1.4 m以下至坑底范围内，探坑四壁有大量孔洞涌水，直径约为3 mm。孔洞由管状孔隙连通形成通道，数量稍多，具有管径大、连通性好的特点，部分在抽水过程中能观察到孔洞持续涌水，个别点初时呈激射状，呈越深涌水点越多、涌水量越大的趋势。

抽水约0.5 h时，坑壁开始有坍塌现象。坑底水位稳定后，坑壁可见清晰地脉络状纹路，在坑壁上出现光滑面，部分裂隙面有锈染，且在探坑的北侧出现一条明显的横向裂隙，沿裂隙面有水向外渗出，坑底并没有明显的渗水现象。

3.1.2 探坑水位恢复估算

采用下列公式：

$$k = \frac{Q}{2\pi(H^2 - h^2)} \ln\left(1 + \frac{t_k}{t_T}\right) \tag{1}$$

式中：H 为自然情况下潜水含水层的厚度（m）；h 为水位恢复时的潜水含水层厚度（m）；Q 为出水量（m³/s）；t_k 为抽水开始到停止的时间（min）；t_T 为抽水停止时算起的恢复时间（min）。

经估算探坑附近渗透系数数学平均值为 2.52×10^{-2} cm/s，则探坑上层土体具有强透水性。此裂隙黏土由于具有独特的矿物及土颗粒组成，使其在经历特定时间后，土体内部出现裂隙和孔洞，裂隙从小、少、短慢慢发展,使其土体内部裂隙隙径增大;该土体本身的形成伴随有少量孔洞,上层土体内部充斥着植物根茎,根茎腐烂后遗留下根茎状的孔洞,加之湖水的渗透作用,使孔壁细小、不稳定的土粒在水的作用下被带走。随着孔洞和裂隙的发育,它们之间逐渐贯通,形成清晰地"纹络状"结构,导致该土层渗透系数远超过一般的黏土。

3.2 钻孔试验

3.2.1 钻孔微水冲击试验

微水冲击试验的特点是瞬时使测井内水位发生微小变化(降低或升高),并观测微小变化水位的恢复过程,因此利用冲击试验获取含水层渗透系数时测量仪器不仅需要很高的测量精度还需要较高的采集频率。

采集得到的数据,先绘制 $\ln(H(t)/H_0)-t$ 曲线,在曲线的开始会有一段明显的直线段,斜率为 k,通过下式即可计算得出渗透系数:

$$K = -\frac{kr_c^2 \ln(R_e/r_w)}{2B} \quad (2)$$

式中:$H(t)$ 为 t 时刻测井内相对于探头的水位;H_0 为测井内相对于探头的最大水位;K 为含水层径向渗透系数;r_c 为钻孔套管半径;R_e 为冲击试验的影响半径(经验法取滤管长度);r_w 为过滤管半径;B 为含水层的厚度;t 为测试时间。

计算出的结果汇总见表1。

表1 各钻孔渗透系数一览表

孔号	组数	K(m/d)	K(cm/s)
1	1	1.40	1.62E-3
2	1	0.77	8.90E-4
3	1	2.72	3.15E-3
3	2	1.39	1.62E-3
3	3	1.74	2.02E-3
4	1	1.25	1.44E-3
4	2	0.55	6.38E-4
5	1	0.33	3.84E-4

3.2.2 钻孔抽水试验

共对3个孔进行抽水,孔号分别为1号、2号和4号,2号、4号取两个降深,1号取一个降深。对于潜水层,1号孔距离河流较远,采取裘布依提出的渗透系数公式:

$$K = 0.732 \frac{Q\lg\dfrac{R}{r_w}}{(2h_0 - s_w)s_w} \quad (3)$$

式中:Q 为抽水流量(又称占孔涌水量);h_0 为含水层外边界处的水位(从隔水底板算起)或渗流厚度,取5 m;h_w 为测井中水位(从隔水底板算起)或水层厚度;R 为圆柱形含水层的半径(假定影响半径);r_w 为测井的半径;K 为含水层渗透系数;s_w 为抽水孔水位下降深度。

根据经验公式,$R = 2s_w\sqrt{h_w K}$,用迭代法可求出 R 和 K。

2号孔和4号孔距离河流较近,采用巴布什金提出的公式:

$$K = \frac{0.16Q}{ls}\left(2.3\lg\frac{0.66l}{r} - \text{arsh}\frac{0.45l}{b}\right) \tag{4}$$

计算结果汇总见表2。

表2 各钻孔渗透系数计算结果汇总

孔号	采用公式	第一个降深 K(m/d)	第一个降深 k(cm/s)	第二个降深 K(m/d)	第二个降深 k(cm/s)
1	(3)	3.78	4.0E-3		
2	(4)	20.58	2.38E-2	15.3	1.77E-2
	(4)	31.11	3.60E-2	7.54	8.70E-3
4	(4)	9.36	1.08E-2	12.1	1.40E-2
	(4)	4.54	5.26E-3	5.54	6.40E-3

4 室内冲刷试验

4.1 试验布局

据勘察资料得知,南四湖湖西地区主要为结构性黏土,现场土体植物根系发育。从土体裂隙分析资料可以看出,场地土体在湖内水位涨落的影响下,内部植物根茎大部分已经腐烂,因此有很多裂隙显现出淤泥质裂纹。为了了解地区裂隙黏性土体的抗冲刷能力,在湖西地区开挖探坑,并进行原状土样的选取,取样PVC管直径 $d = 15$ cm,土样高度按实际选取情况各不相同。

本次试验土样共取原状大样6组,试样均取自探坑。根据现场土体性质可知,各土样内部孔隙发育情况有很大差异。

为了充分的研究土体的抗冲刷特性,得出土体稳定性破坏的临界水力梯度,对所采取的原状土样分别进行冲刷试验。试验主要通过自行设计的仪器,将整个原状土样装到仪器内部,同时在土样底部和顶部分别垫上两个橡胶圆圈,橡胶圈与筒壁接触部位用704胶体密封,以便最大限度的控制边界效应,减少水流从土样与筒壁接触面处流出,进而研究土样的整体抗冲刷能力。

4.2 试验内容

4.2.1 试验土样

六组土样基本情况描述如下:

001试样表面土质松散,中间部位有4~5个直径为2 mm的孔洞,土样与试验仪器接触部位存在较大的孔洞裂隙。试样高度为9.5 cm,即有效渗径为9.5 cm。

002土样表面裂隙较为发育,某些部位存在明显的裂隙分块状况,初步统计,裂隙表面共有裂隙8~10组,有些只在表面发育,试样的有效渗径为13 cm。

003试样较密实,表面裂隙发育不明显,有效渗径为14.5 cm。

004试样主要为黄色黏土,表面裂隙发育明显,某些区域固结成块状分布。土样的有效渗径为16 cm。

005试样表面只有可见的3条裂隙发育,有效渗径为15 cm。

006试样表面密实,无裂隙发育,有效渗径为17 cm。

4.2.2 试验结果

将试样安装在仪器中并密封后,首先充水饱和,待试样饱和后开始冲刷试验,初始水力梯度自0.2开始,然后一般按0.4、0.6、0.8、1.0、1.5、2.0、3.0、4.0、5.0、6.0、7.0、8.0、9.0……进行试验,每个等级水力梯度至少持续1h,测记测验管水水位,并用量筒测度渗水量,如果连续3次测得数据基本稳定,即可提升至下一级水力梯度,直至土样被顶出仪器,则试验结束。

各试样结果见表3。

表3 各试样室内试验结果汇总

试样编号	渗透破坏类型	临界启动水力梯度	破坏水力梯度	渗透系数
001	冲刷	0.8	1.9～2.0	3.3E−03
002	流土	0.85	1.25	4.6E−04
003	流土	0.9～1.0	2.0～2.5	1.36E−05
004	流土	0.7	1.5	1.5E−03
005	流土	0.86	2.0～2.25	1.1E−02
006	流土	0.9	2.2～2.7	6.93E−05

根据001试样Q-i关系曲线,当水力梯度i在0.3～0.76之间变化时,变化曲线较为稳定,水流量呈线性变化,此时土样内部基本上没有细小土颗粒流出,整体处于稳定状态。当水力梯度达到0.8时,曲线有轻微的上升,但是幅度不大。可见此时土体内部只有少量的可动土颗粒达到了临界水力梯度而被带出土样,但带出的量非常少,宏观上并没有发生大的结构变化。

当水力梯度达到1.8左右时,水流量曲线有明显的阶梯状上升,土样内部有大量的土颗粒流出,土体发生初步稳定性改变。此时土样内部有土颗粒流出,试样沿着裂隙面形成了一定的渗流通道,但是骨架颗粒以及大颗粒的存在,使土样仅仅是内部微观上发生了结构变化,并不影响试样的整体稳定性。在能继续承担更高水力梯度的承载能力下,继续升高水头,当水力梯度达到1.9～2.0,土样被整体顶起,水流量明显增大,并且水质变混,土样发生冲刷破坏。

综上所述,001号试样的临界启动水力梯度为0.8左右,渗透破坏水力梯度i=1.9～2.0。同理,分析了另外五组所需土样的破坏形式及界限水力梯度,具体结果见表3。

试验分析研究了六组黏土试样的抗渗能力,通过监测试验过程中不同时刻土样内部土颗粒的流出状况以及渗水流量,并记录各参数对应的上游供水水头高度,得出相应的水力梯度。绘制渗水流量随水力梯度的变化曲线。分析试验曲线可以得出以下规律:

(1)当裂隙发育程度较好时,黏土试样发生冲刷破坏。由于占土体体积比例较大的土颗粒结构存在相互贯通的孔隙,而其他部分孔隙率较小,因而造成了应力释放,使土样内部存在水流集中的现象。最终孔隙存在区域变成了薄弱区域,土样沿着薄弱区域发生冲刷破坏。

(2)大部分土样内部裂隙只是间断性存在,并没有贯穿土样的全部,土样即发生流土破坏。黏土试样在发生渗透破坏的过程中会有两个典型阶段,刚开始随着上游水头的增加,土样水流量随时间呈线性变化,当土样内部微小颗粒达到临界启动水力梯度时,会随水流流出,该部分土颗粒占土样总体积比例较小。此时土样的渗透系数曲线会有微小的变化,但是土样的整体稳定性不受影响。土样的临界启动水力梯度为0.8～0.9之间。

(3)随着水力梯度的进一步增加,土样内部占体积比例较大的土颗粒达到了临界启动水力梯度,此时由于土样大部分土颗粒均处于临界启动状态,影响土体整体稳定性,土样被顶出试验仪器,发生流土破坏。

（4）土样破坏过程中，土样内的大颗粒承担骨架作用，始终没有达到临界启动水力梯度。然而由于其均匀分布于土体颗粒之间，当占体积较大的中颗粒整体向上启动并发生流土破坏时，骨架颗粒也随着主体颗粒的启动而启动。

5 研究结论

通过对南四湖湖西地区结构性黏土进行现场与室内的相关试验，得到了此区域结构性黏土的基本特性，总结如下：

（1）区域结构性黏土层的透水性较强，渗透系数在 $10^{-2}\sim10^{-4}$ cm/s 范围内，属中等～强透水性。

（2）结构性黏土层表观呈现为裂隙与孔洞复合型结构，裂隙与孔洞的存在导致该黏土渗透性远超常规黏性土。

（3）裂隙发育的黏土，达到临界水力梯度时，主要沿着已有裂隙面发生冲刷破坏；裂隙不发育黏土，渗透破坏形式为流土。土样在发生破坏的过程中，根据土颗粒运移状况，主要存在两个比较典型的水力梯度，分别为启动水力梯度与破坏水力梯度。

6 结语

本文通过对南四湖湖西地区结构性黏土形成机理和渗透特性的分析研究，发现该地区结构性黏土具有渗透性大、在一定水力梯度作用下容易产生沿裂隙面冲刷等渗透变形问题，临界启动水力梯度 $0.7\sim1.0$。

[参考文献]

[1] 徐连锋，马东亮，杨正春，等.微水试验在湖西堤裂隙黏土渗透试验中的应用[J].治淮，2012(8)：21-23.
[2] 徐连锋，胡竹华，杨正春，等.南四湖湖西大堤全新统黏土强透水性原因分析[J].治淮，2008(12)：15-17.

[作者简介]

李剑修，男，生于1980年9月，高级工程师，主要从事工程地质勘察，18110996662，22497626@qq.com。

北斗监测技术在响洪甸水库大坝岸坡变形中的探索与应用

程习华

(安徽省响洪甸水库管理处 安徽 六安 237300)

摘 要：针对传统大坝变形监测方法存在的自动化程度低及可靠性差等问题，设计了北斗Ⅲ高精度变形监测系统，并于2021年12月应用于响洪甸水库大坝岸坡变形监测。结果表明，该系统能很好地保证监测数据的完整性，得到的监测值与传统水准监测值基本一致，适合用于高精度、自动化变形监测工程。

关键词：北斗Ⅲ变形监测系统；变形；自动化监测；静态定位精度测试

1 项目背景

响洪甸水库位于西淠河上游段，水库大坝以上控制流域面积1 431 km²，占西淠河流域面积的21.36%。水库大坝是我国自行设计和施工的第一座等半径同圆心混凝土重力拱坝，坝顶高程为143.4 m，防浪墙顶高程为144.5 m，最大坝高87.5 m，坝顶弧长367.5 m，弦长307 m，坝顶宽5 m，另加挑出部分共为6 m；大坝上游面垂直，下游面自顶向下逐渐加宽，最大底宽39 m；坝体从右向左分为24个坝段，坝体内建一条宽2.25 m，高2.75 m的廊道，底部高程73.5 m，供灌浆、排水和监测检查等用。响洪甸水库大坝为1级水工建筑物，按地震烈度Ⅷ度设计。

传统大坝变形监测方法效率低，连续性、实时性差，尤其雨雪冰冻恶劣天气和夜间无法监测，难以及时发现工程隐患和分析演化趋势，因此，自动化、全天候的大坝变形监测技术升级需要迫切。

2 BDS-Ⅲ变形监测系统

2.1 北斗卫星导航系统简介

卫星定位技术具有全天候、数据采集频率高、可靠性高、自动化程度高、布测区域广的特点，满足安全监督要求，是克服上述工程监测难题的理想选择。北斗卫星导航系统（BeiDou NavigationSatellite System，简称BDS）是中国正在实施的自主研发、独立运行的全球卫星导航系统，与美国GPS、俄罗斯GLONASS、欧盟GALILEO系统并称全球四大卫星导航系统。我国的北斗系统自2000年发射第一颗卫星以来，现已发展到北斗Ⅲ代，到2020年7月，北斗三号全球卫星导航系统（BDS-Ⅲ）正式开通，目前已实现全球覆盖。

2.2 BDS-Ⅲ变形监测系统简介

利用北斗卫星高精度定位技术对工程场地进行安全监测是一种非常合适的方法，国家正在向各行业大范围地推广和应用，市场前景非常广阔。

该系统采用自研的静态相对定位算法、差分定位技术进行高精度定位,首先在稳固的位置安装北斗基准站,北斗基准站通过自研的北斗接收装置接收北斗卫星原始信号,然后将数据通过电台广播给北斗监测站,北斗监测站将差分定位结果及其原始数据发送到云监控平台,云监控平台运行静态差分定位算法得到毫米级的定位精度,应用现代化测试技术、计算机技术、网络通信技术对监测数据进行基线解算,通过与原始基线的对比,得到坝体水平位移及垂直位移监测的准确数据。目前,北斗高精度定位能实现的精度是:广域双频接收机,可达分米级;实时动态差分,可达厘米级;在采用特殊的监测措施、精密星历和适当的数据处理方法后,精度优于毫米级,因此技术上是可行的。

合肥工业大学北斗测量团队根据北斗定位系统的特点,基于北斗Ⅲ代卫星导航系统,研发出了"BDS-Ⅲ变形监测系统",将其运用于变形监测工程中。该系统相对于传统的人工测量,具有精度高、全天候、自动化、智能化的特点。

2.3　高精度 BDS-Ⅲ变形监测系统组成

高精度 BDS-Ⅲ变形监测系统由监测硬件设备和服务器软件两大部分组成。北斗岸坡变形监测布置示意图如图 1 所示。

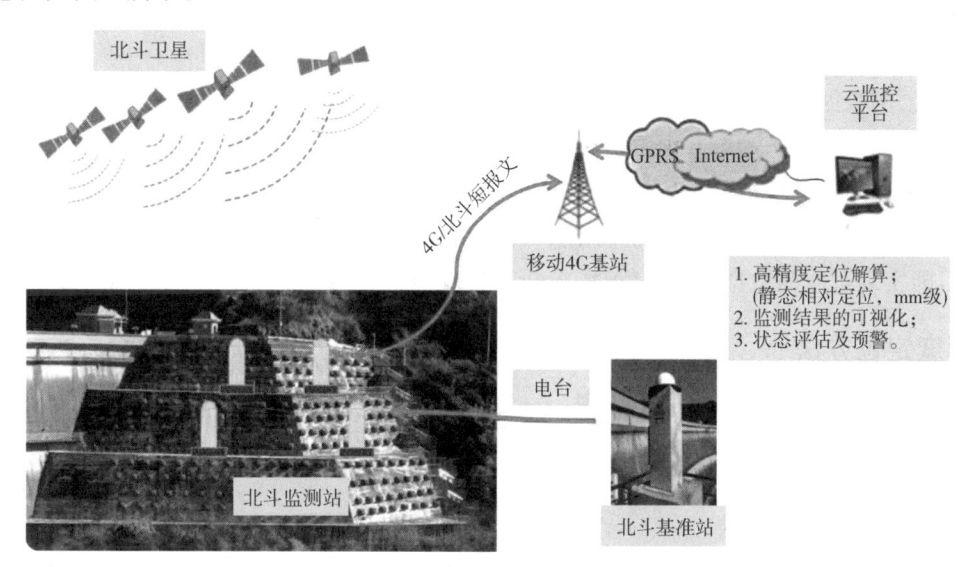

图 1　北斗岸坡变形监测布置示意图

2.3.1　监测硬件设备

BDS-Ⅲ监测硬件设备(图 2)包括基准站、监测站,二者都由 BDS 信号接收机、GNSS 定位天线、4G 天线、电台天线等组成。基准站设立在变形区域以外宽阔的稳定区域,监测站设立在变形区域关键部位,同时保证基准站与监测站为通视条件即可。该系统受监测距离的影响较小,因此可以有效减小传统方法长距离引测导致的误差。

其中,信号接收机为 BDS-Ⅲ全频高精度一体化接收机;GNSS 定位天线采用 BDS-Ⅲ全频测量型北斗天线,4G 天线采用华为 SMA 接口天线,蓄电池采用电压为 12 V,容量 55 AH 光合硅能蓄电池,太阳能板采用 100 W 的单晶光伏太阳能板。

GNSS 定位天线需安装于顶部开阔的待监测体表面,需要保证安装高度比 4G 天线和电台天线高,以保证北斗信号无干扰。监测站接收到的北斗卫星信号,一方面与基准站的数据进行差分定位得到 RTK 数据;另一方面将 RTK 定位结果和自身采集的卫星信号载波相位一并通过 DTU 发送至远程监测中心。

图2 BDS-Ⅲ硬件设备

(a) 基准站　　(b) 监测站

2.3.2 服务器软件

BDS-Ⅲ变形监测中心软件(服务器软件)是一个可视化的远程监测平台,服务器软件一方面通过接收到的RTK定位结果进行动态显示,另一方面通过大量的原始数据进行静态相对定位解算。主要功能包括CSocket网络通信、动态数据解析、静态数据解算、Mysql数据库存储、监测站变形监测信息等模块。

其中CSocket网络通信模块主要是监测站设备发送的数据经GPRS/CDMA网络空中接口进行解码并转换成公网数据传送格式,通过中国移动的GPRS或中国联通的CDMA无线网络进行传输,最终传送到指定的IP地址;动态数据解析主要是对RTK和原始监测数据进行解析;静态数据解算主要是通过对大量原始数据进行静态定位算法得到高精度的定位结果;Mysql数据库存储模块主要是实现将变形监测数据实时存储在Mysql数据库中,包括记录、查询、修改、删除、生成报表、导出报表、备份等功能,即实现对监测数据的高效管理、分析和处理,提高数据处理的快速性、高效性。

2.4 高精度定位方法

2.4.1 高精度定位解算方法

静态相对定位是指观测站和基准站保持静止不动,通过长时间持续监测多个卫星,获取定位信息。

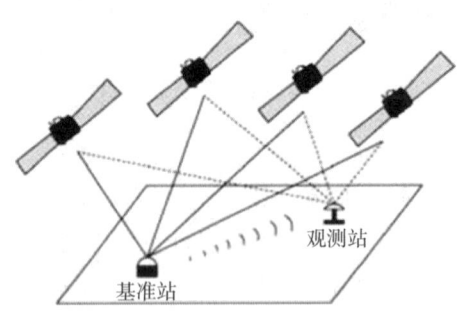

图3 相对定位示意图

算法解算模块是保障系统监测精度的关键,静态定位算法主要分为以下步骤:

①建立载波相位双差方程;
②求解基准站与监测站之间基线的双差整周模糊度浮点解;
③利用LAMBDA算法固定双差整周模糊度;
④求解出精确的基线矢量,并结合基准站的已知坐标得到监测站的高精度坐标,完成静态相对定位解算过程。

2.4.2 数据降噪处理算法

BDS 变形监测系统的静态定位数据为载波相位差分值。接收机接收到卫星载波信号时,将卫星与接收机载波做差即得到 1 个载波相位监测值,完成此过程即为 1 个历元。本文中 BDS 变形监测系统的监测时间间隔为 1 s,在 3 h 内的历元数应该为 10 800,但是在实际监测中发现,由于天气、星历等因素的影响,接收机接收到的历元数往往低于 10 800,此时,该时间段得到的原始定位数据噪音较大,准确性较低,在工程中不能直接使用。为了避免此类误差给最终的定位结果带来影响,使地面沉降变形的监测得到更好的结果,需在监测数据方面做一些优化处理。因此,BDS-Ⅲ 变形监测系统采用了分层置信的数据滤波算法对原始定位结果进行处理,从而保证每一天最终定位结果的高精度和可靠性。

针对以上情况,根据该段时间内得到的历元数,给予定位结果不同的置信度,进一步基于置信度以滤波的方式确定每一天的最终静态定位结果,以保证精确定位的准确性和稳定性。

3 响洪甸水库 BDS-Ⅲ 变形监测系统

本项目监测左岸边坡切向、径向以及垂直向等三向位移,由 1 个基准站和 4 个测站组成。

3.1 北斗基准站

基准站建在大坝右端坝体以外、地势稳定区域的稳固基岩的位置,可以直视左岸 4 个测点的稳定基岩。基准站坐标已知,并长期保持稳定。基准站接收北斗卫星数据,并通过电台模块将差分数据发送至北斗监测点装置,供差分定位解算,以得到导线的高精度坐标。基准站采用市电供电的方式。

3.2 北斗监测站

北斗监测站根据前期对监测区域的现场勘察,确定具体的监测区域,选取坝体上典型位置安装北斗监测站,监测站可实时监测对应区域的地质沉降、坍塌、滑移状况,并将监测数据通过 4G 回传至应用服务器端,后端根据回传数据进行可视化的呈现。监测站采用市电供电或者太阳能供电的方式。采用太阳能供电时,配备 80 Ah 磷酸铁锂蓄电池和 100 W 太阳能板。根据 24 个小时的静态解算时间,监测点的水平监测精度最高可达 0.7 mm,竖直监测精度最高可达 1.5 mm。

3.3 数据分析

3.3.1 监测 1 号点

累计沉降数据从初始日期开始,截止到现在的数据情况:

初始日期:2022 年 1 月 29 日,初始高程值:126.721 5 m。

截止日期:2022 年 4 月 19 日,截止高程值:126.720 2 m。

累计沉降变化量为:−0.001 3 m(−1.3 mm)。

1 号点累计沉降量变化曲线如图 4 所示。

3.3.2 监测 2 号点

累计沉降数据从初始日期截止到现在的数据情况:

初始日期:2022 年 1 月 29 日,初始高程值:126.742 3 m。

截止日期:2021 年 4 月 19 日,截止高程值:126.743 5 m。

累计沉降变化量为:0.001 2 m(1.2 mm)。

2 号点累计沉降量变化曲线如图 5 所示。

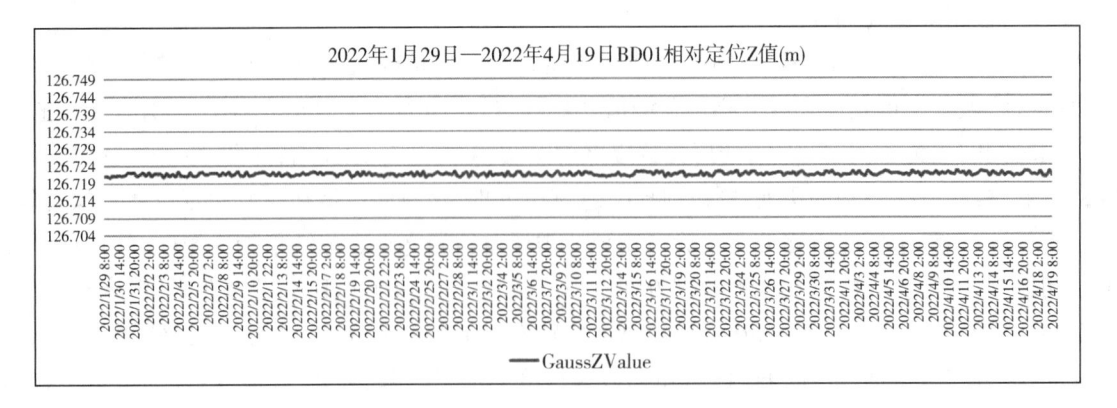

图 4　2022/1/29—2022/4/19 中 1 号点累计沉降量变化曲线

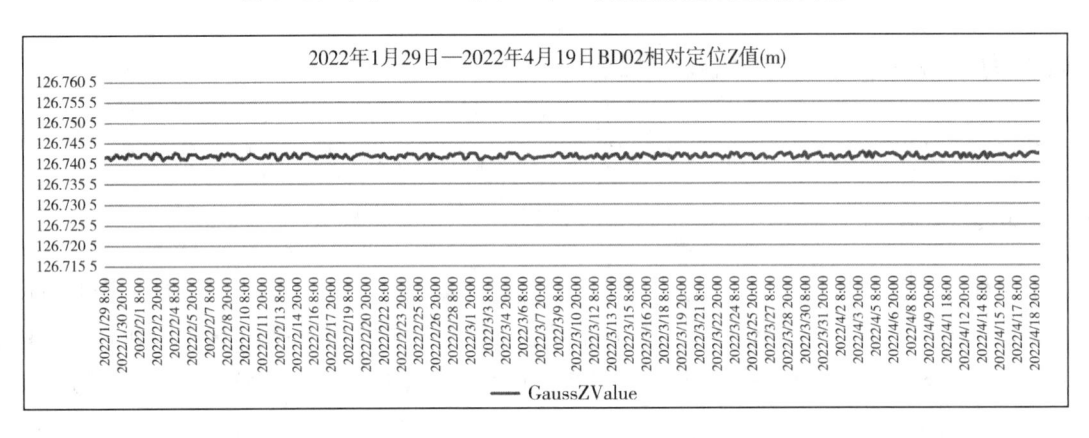

图 5　2022/1/29—2021/4/19 中 2 号点累计沉降量变化曲线

3.3.3　监测 3 号点

累计沉降数据从初始日期开始,截止到现在的数据情况:

初始日期:2022 年 1 月 29 日,初始高程值:116.747 9 m。

截止日期:2022 年 4 月 19 日,截止高程值:116.746 3 m。

累计沉降变化量为:－0.001 6 m(－1.6 mm)。

3 号点累计沉降量变化曲线如图 6 所示。

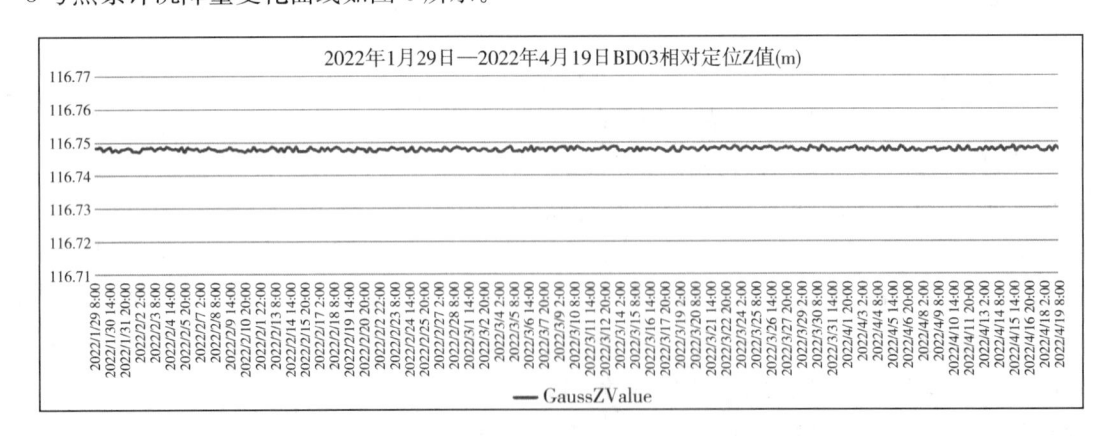

图 6　2022/1/29—2022/4/19 中 3 号点累计沉降量变化曲线

3.3.4　监测 4 号点

累计沉降数据从初始日期开始,截止到现在的数据情况:

初始日期:2022年1月29日,初始高程值:116.649 9 m。
截止日期:2022年4月19日,截止高程值:116.648 2 m。
沉降变化量为:-0.001 7 m(1.7 mm)。
4号点累计沉降量变化曲线如图7所示。

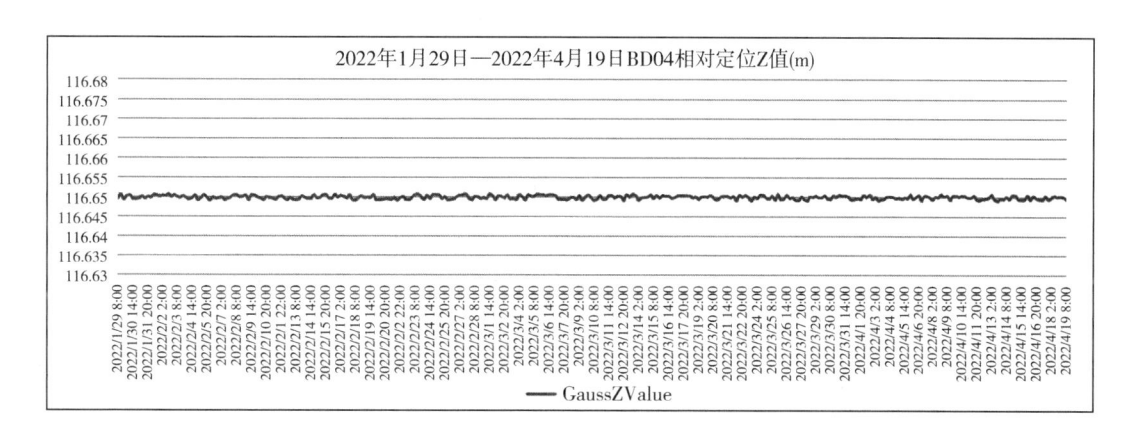

图7　2022/1/29—2022/4/19 中 4 号点累计沉降量变化曲线

从上面的数据分析可以看出,响洪甸水库坝肩的4个监测点都处于安全状态,沉降监测数据波动很小,最大的位移量为4号点,沉降了1.7 mm,另一方面可以看出北斗高精度变形监测系统具有精度高、全天候、自动化的特点。

3.4　技术指标

通过北斗的"静态相对定位技术"可以将检测精度提升至毫米级,如表1所示,预报周期在36～48 h内。

表1　静态相对定位精度

监测时间		1 s	30 min	1 h	2 h	3 h	6 h
测量精度	水平方向	10 mm+1 ppm	3.5 mm+0.5 ppm	2.3 mm+0.5 ppm	2 mm+0.5 ppm	1 mm+0.5 ppm	0.7 mm+0.5 ppm
	竖直方向	20 mm+1.5 ppm	7 mm+1 ppm	4 mm+1 ppm	3.5 mm+1 ppm	2 mm+0.5 ppm	1.5 mm+0.5 ppm

注:ppm为基准站与监测点距离的万分之一。

3.5　平台功能

该系统的数据库运行在远程阿里云服务器上,使用B/S架构。采用网页的方式进行展示,首先基于监测数据以及互联网信息的动态分析,可对设备的监测数据进行告警、设备状态等进行实时的动态展示和分析;其次能够将数据进行可视化的体现;最后可以用于静态数据查询、数据报表查询和导出、报警阈值查看、报警日志查看、短信报警等功能。

3.6　数据安全

(1) 数据终端加密,服务端解密。北斗Ⅲ全频高精度一体化接收机内置数据加密芯片,采用非对称的密钥加密算法,服务器端进行解密计算存储,保障了数据在传输过程中的安全性。

（2）云服务器采用阿里云服务器，采用了多种方式加强安全防护。

（3）定期开展服务器安全性自检工作。通过对服务器的接口进行扫描，依照漏洞评级标准对服务器安全进行评估，依据漏洞评估结果将服务器进行风险级别的评估，对发现的问题进行及时的解决。

（4）每天安排工作人员对于运行的服务和程序进行定时查看和维护；对每个监测点的数据进行人工排查，遇到有预警的数据要及时进行上报并关注；检查网站运行情况，对运行异常的网站做到及时发现问题、及时恢复。

4 结论

系统监测精度高。系统每 6 小时输出一次静态监测结果，该结果的水平监测精度可达到 ±0.7 mm+0.5 ppm，垂直位移监测精度可达到±1.5 mm+0.5 ppm，该测量精度已经达到了国家二级测量水准。

系统测量动态与静态相结合。该系统具备 5 min 的快速解和 24 h 的静态解两种变形监测成果输出模式，快速解的精度较低，适用于特殊情况下，被监测物发生较大位移（30 mm 以上）时，快速解的报警才会被触发。静态解基于被监测物的动态缓慢变形监测，是基于长时间数据分析的结果。

系统具有自动化和全天候的优势。对坝体的水平位移、垂直位移可实现自动化采集、处理、分析和预警，用户可以通过网页端查看数据，获得预警信息，另外也可以通过手机端接收报警短信，该系统全天 24 小时都处于工作状态，以实时保障现场安全。

[参考文献]

[1] 姜卫平.卫星导航定位基准站网的发展现状、机遇与挑战[J].测绘学报，2017,46(10)：1379-1388.

[2] 朱永辉.基于北斗卫星的地质灾害实时监测系统研究与应用[D].北京:清华大学,2010.

[3] 姚一飞,王浩,赵东发.北斗卫星导航定位系统综述[J].科技致富向导,2011(5):10+35.

[4] 张雪林,孟永东,梁诗顺,等.基于物联网技术的滑坡监测数据自动采集系统研究[J].防灾减灾工程学报,2021,41(5):1137-1144..

[5] 黄晓虎,雷德鑫,郭飞,等.基于变形监测的运动型滑坡临灾预警系统研究[J].防灾减灾工程学报,2019,39(5):802-808.

[6] 杜伟飞,张继文,夏娜,等.北斗Ⅱ载波相位差分定位法在高填方变形监测中的应用[J].测绘科学技术学报,2017,34(4):336-341.

[7] 姚仰平,王俊博.北斗卫星定位在机场高填方远程变形监测中的应用[J].岩土力学,2018,39(S1):419-424.

[8] 王利,张勤,范丽红,等.北斗/GPS 融合静态相对定位用于高精度地面沉降监测的试验与结果分析[J].工程地质学报,2015,23(1):119-125.

[9] 王阅兵,甘卫军,陈为涛,等.北斗导航系统精密单点定位在地壳运动监测中的应用分析[J].测绘学报,2018,47(1):48-56.

[10] 张小红,胡家欢,任晓东.PPP/PPP-RTK 新进展与北斗/GNSSPPP 定位性能比较[J].测绘学报,2020,49(9):1084-1100.

[11] 杨开伟,李娟娟.BDS/GPS 高精度相对定位数据处理算法研究与软件实现[J].全球定位系统,2015,40(4):32-36.

[12] 王桃.北斗Ⅱ高精度沉降观测系统服务器软件设计[D].合肥:合肥工业大学,2015.

[作者简介]

程习华,男,出生于 1966 年 6 月,安徽太湖人,高级工程师,长期从事水利水电工程运行管理。

浅谈水下砼预制块护坡施工方法

姚立夫　王　波

(中水淮河安徽恒信工程咨询有限公司　安徽 合肥　230000)

摘　要：随着河道治理技术日渐进步，水下预制块对于水下护坡的防护以及河道水质的保护起到了良好的作用，以铺排船为代表的铺排施工技术日渐成熟，但在施工过程中，质量控制须进一步加强，通过研究水下预制块护坡质量控制，解决施工过程中质量控制的难点，为类似工程提供借鉴。

关键词：水下护坡；软体排；拖排；钢拖头

引言

水下软体排护坡施工技术日益成熟，采用铺排船对河道疏浚后的水下边坡进行防护施工，但是施工过程中，施工工程量大，施工范围广，水下预制块施工质量不易控制，对于需要靠近岸边施工的沉排带来了较大的施工困难，易造成船只搁浅，带来不小的安全隐患。针对复杂的水下滩地情况，通过研究水下砼预制块护坡施工技术，为类似工程提供借鉴。

1　工程概况

某河道疏浚工程全长 9.408 km，全线渠道利用现有老河道采用挖泥船进行水下扩挖疏浚而成，河道设计标准断面：河道底宽 60.0 m，底高程 13.40 m，滩地以下边坡 1∶4。沿线河岸滩地及弯道较多，加上通航要求，在船行波及引水流速的长期共同作用下，渠道边坡易形成浪坎，并最终威胁渠道边坡的稳定和安全，为防止渠道冲刷破坏、提高渠道水利用系数，减少糙率，加大流速，确保渠坡安全、护坡设计满足保土、防浪、抗冲刷、防淘等功能，对临水平台以下采用 C25 绑扎式软体排防护。

1.1　水下软体排结构设计

预制块空洞率 5%，厚 12 cm，成品砌块强度不小于 C25，单块质量不低于 50 kg，块体采用钢绞线连接成整体，底部固定 500 g/m² 聚丙烯长丝土工布，采用吊装铺排的方式施工。

1.2　中间产品现场实际参数

施工现场采用预制块及铺排布，具体参数为：混凝土预制块规格尺寸为 50 cm×52 cm×12 cm，空洞率 4.89%，单块质量 51.23 kg；块体采用铺排布连接，选用 230 g/m² 机织布+150 g/m² 无纺布，加筋带与绑扎带采用聚丙烯编织土工布，其中加筋带宽 5 cm，绑扎带宽 3 cm。按照 0.53 m 间距缝制加筋带，加筋带宽度 5 cm，每条加筋带在上下相邻块体缝隙间预留长度为 10 cm 的穿环，穿环主要在放置预制块后由下而上穿入绑扎带，绑扎带宽 3 cm。

2 主要施工方法

水下预制块护坡主要是沿水下1∶4边坡铺设,其中渠底部分搭接铺设3 m宽,滩地平台搭接铺设5 m宽(左岸4 m)。左岸滩地高程19.4 m,施工宽度较大,水平宽度32 m,铺排布长度32.74 m,右岸各段滩地高程为18.9~19.4 m,高程不同,宽度也不同。水下排护坡示意图如图1所示。

某河流冬季枯水期水面高程为17.9~18.6 m,汛期水位高程可达22~24 m,因此,为便于施工,水下预制块护坡尽量选在水位较低时进行,提前做好气象和水文情况分析,在情况最佳的条件下组织实施。

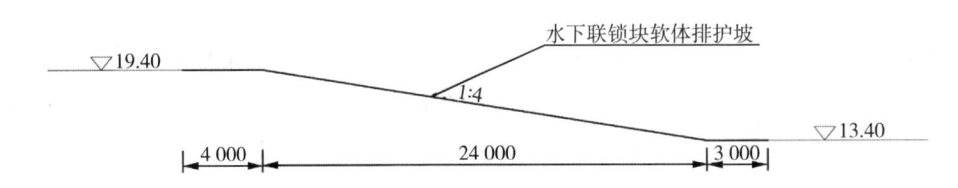

图1 水下排护坡示意图(某河道左岸)(高程单位:m;长度单位:mm)

2.1 施工测量

根据设计要求对坡面进行控制测量,布设施工控制网,以20~50 m长度为宜,每一施工段在开工前,应进行测量放样,并经过监理机构核查批准后,方可开始施工,施工中严格采用测量仪器设备进行控制。

2.2 坡面修整

为形成河道设计边坡和滩地平台,水面线以上边坡由机械进行修整,水下疏浚后采用水上挖机或长臂挖机进行精修坡。

坡面开挖修整采用基于北斗高精度定位的反铲挖掘机施工引导系统进行水下开挖面的控制。引导控制系统采用北斗实时动态定位技术,经过读取安装在挖掘机上的各种角度传感器数据,解算校准过的主要枢轴尺寸,获得铲斗实时、精确的三维位置信息,即使在视力不及的盲区,铲斗也能精确地完成工作。

2.3 水下砼预制块铺设

采用沉排方式进行水下铺设,主要作业船只为铺排船、预制块运输船、起锚艇等机械设备。沉排作业示意图如图2所示。

图2 沉排作业示意图(单位:m)

2.3.1 压载体设置

(1)为保证河道水面以上护坡顺直、美观,1∶4斜坡水面以上及滩地平直段均采取人工旱地绑扎铺设的方法,其中滩地平直段先进行铺设施工,作为压载体,1∶4斜坡水面以上部位在水下铺设完成后进行施工。

(2)加筋带间距 0.53 m 缝制在排布上,其在排首的位置预留了 1.0 m,用于与岸边设置的地锚进行固定,地锚采用单柱式地锚,当地基软弱时,采用双柱式或三柱式地锚。地锚采用外径 48 mm,壁厚 3.5 mm 钢管,击入地面以下 2~3 m,垂直方向上垫上木桩。加筋带直接绑扎在地锚的立柱上,可一根或两根共用一个地锚。

2.3.2 铺排船定位及移动

利用铺排船的 6 个电动绞车控制 6 根钢缆,控制铺排船的定位和移动。上、下游侧横缆控制铺排船的上下移动,船头的主缆和船尾的尾缆控制船只的左右移动。

铺排船由双 GPS 系统实时跟踪控制、指挥其定位,沉排时每块排体按从下游向上游的顺序沉放,沉放时由 GPS 动态控制沉排轨迹和搭接宽度,实时绘出沉排轨迹,并校核轨迹和排布的实际长度、设计范围是否相符合,同时与理论轨迹对照,出现误差超过允许范围时,立即校正船位,防止排体偏离计划铺排边线。沉排施工平面布置见图 3。

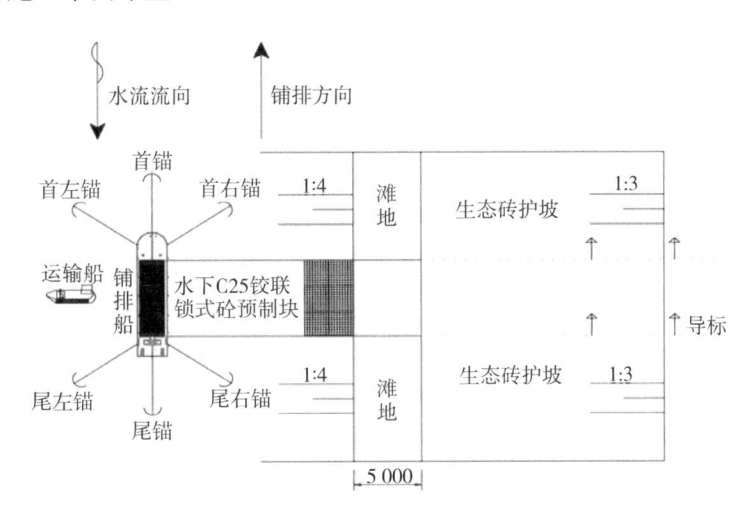

图 3 沉排施工平面布置图(单位:mm)

2.3.3 铺排布铺设

铺排土工布、加筋带、绑扎带由厂家统一在工厂加工好,铺排布的宽度与铺排船单次作业宽度相适宜,为 21.6 m,铺排布进场检验合格后方可使用。铺排布应提前卷入卷筒中,在卷入的过程中,注意观察铺排布有无破损、加筋带和绑扎带有无缝制不牢固的情况,如有,应采取加固措施。

完成铺排布准备后,铺排船向岸边移动,注意吃水深度,由岸边作业人员将铺排布引出船舷,并按照设计宽度和裕量固定在岸坡上,保证铺排布平整、不褶皱。

2.3.4 预制块拼装

首先进行滩地上的压重预制块铺装,该处直接采取旱地作业,方便快捷,材料设备在陆上运输吊装,交通运输不便的位置采用运输船运输吊装。

剩余预制块拼装在铺排船的平台上作业,铺排船应具有足够的施工平台用于预制块拼装和绑扎,同时铺排船的作业侧应在船边加焊弧形钢板,便于已拼装好的预制块整体平稳入水铺展,弧形钢板长度要满足铺排船不触碰水下边坡、保证船只吃水深度的要求。铺排船上的运输、拼装、沉放使用的卷扬机、吊装设备应有足够的卷扬和起吊能力。

水上作业时,铺排船首先停靠在岸边并固定,铺排布展开后,人工配合机械安装预制块,将预制块与绑扎带绑扎在一起,绑扎牢固。岸边作业示意图如图4所示。

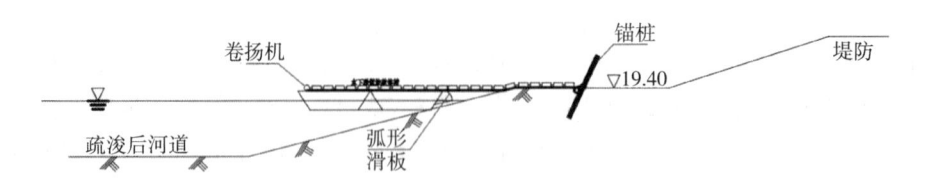

图4 岸边作业示意图(单位:m)

2.3.5 沉排

沉排施工开始时,铺排船收回固定锚缆,由自身的动力系统驱动或驳船带动,缓慢作离岸平移后退,同时卷扬机缓慢运转,保证预制块通过弧形钢板缓慢滑入水中。铺排船缓退5~10 m后,进行定位固定,通过卷扬机继续沉放,保证预制块与疏浚边坡结合紧密。

后退铺排需先去除固定措施,通过驱动或锚缆控制继续缓退5~10 m后重新定位固定船体,继续沉放,直至达到设计铺沉要求。

沉排顺序应遵照下列原则:① 垂直水流方向由岸边逐渐向河心铺沉;② 顺水流向由下游依次向上游铺沉。

2.3.6 质量检测

在工程施工过程中,为了确保每幅软体排的铺设质量,特别是及时了解和掌握相邻排体间的实际搭接量和每幅排体的实际平面位置,便于更好地指导下一施工任务,将对每幅已铺设排体进行相邻排体间搭按宽度和实际平面位置的检测。

(1)软体排实际平面位置的检测

对于平面位置的检测,采用实施中的浮标法进行检测,即在软体排铺设过程中,每幅软体排沿长度方向两侧各均匀布置5个浮标检测点位。浮标与排体的连接采用$\phi14$ mm的缝尼龙绳连接,缝尼龙绳长度超过当前水深的2倍。

检测方法为:待整幅软体排铺设结束后,利用滑板作为检测平台,通过绞动锚缆移船至浮标处,打捞起浮标并将$\phi14$ mm的缝尼龙绳拉紧确保其处于垂直状态(确保检测点位的真实性),利用移动背包式GPS检测该点的实际平面位置,测点数共10个。同时沿护底推进方向侧的5个测点的实际平面值可作为下一幅排体实际平面位置确定的修正依据,而上游侧5个检测点的实际平面值可作为与上游相邻排体间搭接量检测的依据。

(2)相邻排体间搭接宽度的检测

检测方法一:用浮标法检测。检验数量:测点数5个。

具体操作:利用当前已铺完的排体上游侧5个平面位置检测,点数值与上一幅排体下游侧5个平面位置检测点数值做比较,得出实际相邻排体的搭接量。

检测方法二:潜水探摸。

检验数量:每幅排体与相邻排体的搭接情况。

具体操作:潜水探摸相邻排体排边的搭接情况,并记录搭接量。

3 工程难点

本工程重难点主要为铺排布制作及水下铺排这两个关键工序,同时水上施工安全也是施工控制的重中之重。

3.1 铺排布

排布采用 380 g/m² 编织复合软体排布,由 230 g/m² 扁丝编织布＋150 g/m² 无纺土工布针刺复合而成,辅以高强度聚丙烯编织土工布制作的加筋带和绑扎带,排体压载采用砼联锁块,通过绑扎环和排体加筋带与排布连成一体,排布的加工制作均在工厂完成。

3.2 排体沉放作业

（1）排体预制块之间要求土工布系带连接牢靠,不得有疏漏,排首与排头梁(压载体)连接时要平行作业,方可保证连接牢固,以确保排体有所依托。

（2）排体沉放顺序应由下游向上游逐排铺放,排体搭接采取"盖瓦"的方式,即上游排体压在下游排体之上,排体搭接最小宽度不小于 0.5 m。

（3）沉排过程中,铺排船应严格定位,缓慢后移,不得将排体拉直。

3.3 水上安全作业

（1）与当地航道管理部门及地方政府密切沟通、充分协调,遵守相关法律法规和规章制度,尊重当地风俗习惯。

（2）水上作业前组织进场安全教育和岗前培训,水上作业船只应悬挂施工停泊标志。

（3）水上作业人员穿着好救生衣,船上配备消防器材,安排好作业船只锚地,统一指挥船只进出作业区。

4 质量控制要点

解决项目施工过程中的难题,保证水下软体排铺设质量和确保总工期的要求,过程质量控制是重中之重。首先对铺排布进行质量控制,铺排布加工时严格控制针脚间距和强度,并随时抽检,保证接缝强度满足要求。加工后的铺排布堆放入库或用油布包裹,以防暴晒而老化,并在运输施工过程中避免阳光暴晒,保持完好。

铺设前,应检查铺设位置与排体所沉放位置是否一致。铺排布摊铺后,进一步检查软体排的布料质量,发现老化、经纬线明显疏密不均或有孔洞的地方,用同质布料进行现场覆盖、缝制,有严重质量缺陷的,禁止使用。

相邻两块软体排搭接宽度应符合设计和规范要求,严格控制砼联锁块的质量及安装密度。铺排过程中移船速度及与轴线偏差控制在有效范围,不造成撕排等质量事故。

铺排施工前,首先对铺排区域进行施工前扫测。根据扫测结果,在清除水底硬物的同时,对泥面标高进行符合性检验。确认铺设范围内河床表面无大石块、木桩及凸出泥面的杂物等影响铺排质量的障碍物后,方可开始进行铺设施工。

软体排运至现场后,应首先检查排体是否完整,有无损伤、漏洞;检查排体尺寸、联锁块的数量、混凝土的强度是否符合设计要求;如发现排体或联锁块质量不符合要求的,及时进行返退。

检查排布展卷过程,力求拉直展平;确保满绑满扎,统一绑扎手法,规定绳头预留大于 20 cm,发现绑扎不牢、绳头预留不足和漏绑漏系现象立即指正;严格控制片间距,如间距过大或砼片叠压,要求吊起重新摆放;安排专人对起吊进行指挥,重点加强铺排施工的安全管控。

5　结论/结束语

水下软体排护坡作为近年兴起的新型护坡形式,主要以配套使用的铺排船进行沉排施工,主要针对滩地较多河道沉排施工。在具体施工前,需要做好各种规划,同时要考虑后续施工过程中各种需要,不然单纯的理论模型施工在实际运用过程中往往会遇到各种各样的问题。后续可针对类似工程开发和总结一套成熟的工作,使拖排施工的速度、适用性、实用性和易用性得到大幅度提高,作为一项更加成熟的施工技术应用在河道水下边坡防护上。

[参考文献]

[1] 水利部淮河水利委员会.堤防工程施工规范:SL 260—2014[S].北京:中国水利水电出版社,2014.

[2] 中交天津港湾工程研究院有限公司.水运工程土工合成材料应用技术规范:JTS/T 148—2020[S].北京:人民交通出版社,2020.

[3] 中交二航局第三工程有限公司.软体排水下铺排装置及铺排方法:中国,CN201610271394.3[P].2016-10-27.

[作者简介]

姚立夫(1988—),男,工程师,主要从事水利水电工程设施工管理工作,673273607@qq.com。

王　波(1988—),男,工程师,主要从事水利水电工程设施工管理工作,349940450@qq.com。

浅谈水轮机的选型设计

尹吉明

（骆马湖水利管理局邳州河道管理局　江苏 邳州　221300）

摘　要：水轮机组选型是设计时一个很重要的步骤，包括特征水头的计算、水轮机台数及机组选型等一系列的选择，需要在可能的几个方案中进行详细的比较。计算各水头时，要考虑机组出力情况，同时考虑校核洪水位下、设计洪水位下、设计蓄水位下、设计低水位下的情况，通过对四台机组和六台机组分别进行水轮机的转轮直径、转速、效率及单位参数修正、工作范围检验、吸出高度的计算，进行水轮机选型方案参数对照选取，综合确定最优的方案。

关键词：水轮机；特征水头；机组选型设计；方案比较

1　概念部分

1.1　水轮机

水轮机是一种将水流能量转换为旋转机械能的动力机械，是利用水流做功的水力机械。

1.2　水头

水轮机的水头，是指单位重量水体通过水轮机时的能量减小值，常用 H 表示，单位 m。

1.3　转速

水轮机的转速是水轮机转轮在单位时间内的旋转周数，常用 n 表示，单位 r/min。

其标准同步转速见表1。

表1　磁极对数与同步转速关系表

磁极对数 P	3	4	5	6	7	8	9
同步转速 n(r/min)	1 000	750	600	500	428.6	375	333.3
磁极对数 P	10	12	14	16	18	20	22
同步转速 n(r/min)	300	250	214.3	187.5	166.7	150	136.4
磁极对数 P	24	26	28	30	32	34	36
同步转速 n(r/min)	125	115.4	107.1	100	93.8	88.2	83.3
磁极对数 P	38	40	42	44	46	48	50
同步转速 n(r/min)	79	75	71.4	68.2	65.2	62.5	60

1.4　效率

水轮机的效率表示水轮机的出力与水流输入功率的比值。

水轮机在最优工况下运行时,不但效率最高,而且稳定性和气蚀性能也好。

1.5 水轮机选型设计的主要内容

(1)选择水轮发电机组的台数及单机容量。

(2)选择水轮机的型号及装置方式。

(3)确定水轮机的轴功率、转轮直径、同步转速、吸出高度、安装高程等主要参数。

(4)绘制水轮机的运转综合特性曲线。

1.6 水轮机选型设计的基本要求

(1)水轮机的能量特性好。额定水头保证发出额定出力,额定水头以下的机组受阻容量小,水电站全厂机组平均效率高。

(2)水轮机性能要与水电站整体运行方式和谐一致,运行稳定、灵活、可靠。

(3)水轮发电机组的结构设计科学、合理,便于安装、操作、检修与维护。

1.7 机组台数及单机容量的选择

水电站总装机容量等于机组台数和单机容量的乘积。在总装机容量确定的情况下,可以拟定出不同的机组台数方案。当机组台数不同时,则单机容量不同,水轮机的转轮直径、转速也就不同,有时甚至水轮机的型号也会改变,从而影响到水电站的工程投资、运行效率、运行条件以及产品供应。

1.8 机组台数与水电站运行维护工作的关系

当机组台数较多时,水电站的运行方式机动灵活,易于调度,每台机组的事故影响较小,检修工作也较易安排,但运行、检修、维护的总工作量及年运行费用和事故率将随机组台数的增多而增大。因此,机组台数不宜太多。

全厂机组台数一般不少于两台,并且在一个水电站内应尽可能地选用相同型号的机组。大中型水电站机组大多数情况下机组台数用偶数。我国已建成的中型水电站一般选用4~6台机组,大型水电站一般选用6~8台机组。具体选型设计参考表2~表7。

表2 大中型轴流式转轮参数(暂行系列型谱)

适用水头范围 H(m)	转轮型号 适用型号	转轮型号 旧型号	转轮叶片数 Z_1	轮毂比 d/D_1	导叶相对高度 b_a/D_1	最优单位转速 n'_{10} (r/min)	推荐使用的最大单位流量 Q'_1(L/s)	模型气蚀系数 σ_M
3~8	ZZ600	ZZ55,4K	4	0.33	0.488	142	2 000	0.70
10~22	ZZ560	ZZA30,ZZ005	4	0.40	0.400	130	2 000	0.59~0.77
15~26	ZZ460	ZZ105,5K	5	0.5	0.382	116	1 750	0.60
20~36(40)	ZZ440	ZZ587	6	0.5	0.375	115	1 650	0.38~0.65
30~35	ZZ360	ZZA79	8	0.55	0.35	0.7	1 300	0.23~0.40

注:适用转轮直径 $D_1 \geqslant 1.4$ m 的轴流式水轮机。

表3 大中型混流式转轮参数（暂行系列型谱）

适用水头范围 H(m)	转轮型号 适用型号	转轮型号 旧型号	导叶相对高度 b_a/D_1	最优单位转速 n'_{10} (r/min)	推荐使用单位最大流量 Q'_{10}(L/s)	模型气蚀系数 σ_M
<30	HL310	HL365,Q	0.391	88.3	1 400	0.360*
25～45	HL240	HL123	0.365	72.0	1 240	0.200
35～65	HL230	HL263,H₂	0.315	71.0	1 110	0.170*
50～85	HL220	HL702	0.250	70.0	1 150	0.133
90～125	HL200	HL741	0.200	68.0	960	0.100
90～125	HL180	HL662(改型)	0.200	67.0	860	0.085
110～150	HL160	HL638	0.224	67.0	670	0.065
140～200	HL110	HL129,E₂	0.118	61.5	380	0.055
180～250	HL120	HLA41	0.120	62.5	380	0.060
230～320	HL100	HLA45	0.100	61.5	280	0.045

注：1. 表中有"*"者为装置气蚀系数 σ_2；2. 适用转轮直径 $D_1 \geqslant 1.0$ m 的混流式水轮机。

表4 大中型轴流式转轮参数（暂行系列型谱）

适用水头范围 H(m)	转轮型号 适用型号	转轮型号 旧型号	转轮叶片数 Z_1	轮毂比 d/D_1	导叶相对高度 b_a/D_1	最优单位转速 n'_{10} (r/min)	推荐使用的最大单位流量 Q'_1(L/s)	模型气蚀系数 σ_M
3～8	ZZ600	ZZ55,4K	4	0.33	0.488	142	2 000	0.70
10～22	ZZ560	ZZA30,ZZ005	4	0.40	0.400	130	2 000	0.59～0.77
15～26	ZZ460	ZZ105,5K	5	0.5	0.382	116	1 750	0.60
20～36(40)	ZZ440	ZZ587	6	0.5	0.375	115	1 650	0.38～0.65
30～35	ZZ360	ZZA79	8	0.55	0.35	0.7	1 300	0.23～0.40

注：适用转轮直径 $D_1 \geqslant 1.4$ m 的轴流式水轮机。

表5 大中型混流式转轮参数（暂行系列型谱）

适用水头范围 H(m)	转轮型号 适用型号	转轮型号 旧型号	导叶相对高度 b_a/D_1	最优单位转速 n'_{10} (r/min)	推荐使用单位最大流量 Q'_{10}(L/s)	模型气蚀系数 σ_M
<30	HL310	HL365,Q	0.391	88.3	1 400	0.360*
25～45	HL240	HL123	0.365	72.0	1 240	0.200
35～65	HL230	HL263,H₂	0.315	71.0	1 110	0.170*
50～85	HL220	HL702	0.250	70.0	1 150	0.133
90～125	HL200	HL741	0.200	68.0	960	0.100
90～125	HL180	HL662(改型)	0.200	67.0	860	0.085
110～150	HL160	HL638	0.224	67.0	670	0.065
140～200	HL110	HL129,E₂	0.118	61.5	380	0.055
180～250	HL120	HLA41	0.120	62.5	380	0.060
230～320	HL100	HLA45	0.100	61.5	280	0.045

注：1. 表中有"*"者为装置气蚀系数 σ_2；2. 适用转轮直径 $D_1 \geqslant 1.0$ m 的混流式水轮机。

表6 混流式水轮机模型转轮主要参数表

转轮型号	推荐使用水头范围(m)	模型转轮 试验水头 H	模型转轮 直径 D_1 (mm)	模型转轮 叶片数 Z_1	导叶相对高度 b_1/D_1	最优工况 单位转速 n'_{10} (r/min)	最优工况 单位流量 Q'_{10} (L/s)	最优工况 效率 η (%)	最优工况 气蚀系数 σ	比转速 n_s	限制工况 单位流量 Q'_{10} (L/s)	限制工况 效率 η (%)	限制工况 气蚀系数 σ
HL310	<30	0.305	390	15	0.391	88.3	1 120	89.6		355	1 400	82.6	0.360*
HL260	10~25		385	15	0.378	72.5	1 180	89.4		286	1 370	82.8	0.280
HL240	25~45	4.00	460	14	0.365	72.0	1 100	92.0	0.200	275	1 240	90.4	0.200
HL230	35~65	0.305	404	15	0.315	71.0	913	90.7		247	1 110	85.2	0.170*
HL220	50~85	4.00	460	14	0.250	70.0	1 000	91.0	0.115	255	1 150	89.0	0.133
HL200	90~125	3.00	460	14	0.200	68.0	800	90.7	0.088	210	950	89.4	0.088
HL180	90~125	4.00	460	14	0.200	67.0	720	92.0	0.075	207	760	89.5	0.083
HL160	110~150	4.00	460	17	0.224	67.0	580	91.0	0.057	187	570	89.0	0.065
HL120	180~250	4.00	380	17	0.120	62.5	320	90.5	0.050	122	380	88.4	0.065
HL110	140~200	0.305	540	17	0.118	61.5	313	90.4		125	380	86.8	0.055*
HL100	230~320	4.00	400	17	0.100	61.5	225	90.5	0.017	101	305	86.5	0.070

注：带"*"者为装置气蚀系数 σ_c。

表7 轴流式水轮机模型转轮主要参数表

转轮型号	推荐使用水头范围(m)	模型转轮 试验水头 H	模型转轮 直径 D_1 (mm)	模型转轮 轮毂比 d_N/D_1	模型转轮 叶片数 Z_1	导叶相对高度 b_0/D_1	最优工况 单位转速 n'_{10} (r/min)	最优工况 单位流量 Q'_{10} (L/s)	最优工况 效率 η (%)	最优工况 气蚀系数 σ	比转速 n_s	限制工况 单位流量 Q'_{10} (L/s)	限制工况 效率 η (%)	限制工况 气蚀系数 σ
ZZ600	3~8	1.5	195	0.333	4	0.488	12	1 030	85.5	0.32	518	2 000	77.0	0.70
ZZ560	10~22	3.0	460	0.400	4	0.40	130	940	89.0	0.30	438	2 000	81.0	0.75
ZZ460	15~26	15.0	195	0.500	5	0.382	116	1 050	85.0	0.24	418	1 750	79.0	0.60
ZZ440	20~36(40)	3.5	460	0.500	6	0.375	115	800	89.0	0.30	275	1 650	81.0	0.72
ZZ360	30~35		350	0.550	8	0.350	107	750	88.0	0.16		1 300	81.0	0.41
ZD760	2~6				4	0.45	165	1 670						0.99

注：ZD760 的气蚀系数为 0.99 的条件是 $\varphi=5°$。

2　例子部分

基本资料：电站厂房为引水式地面厂房。

水库校核洪水位：439.6 m，校核洪水最大下泄流量 1 820 m³/s。

水库设计洪水位：416.9 m，设计洪水最大下泄流量 1 610 m³/s。

上游正常水位：434.5 m。

上游最低水位：403.8 m。

总装机容量：14 万 kW。

2.1 特征水头计算、水轮机台数及单机容量选择

特征水头是表示水电站水轮机运行特性的水头,由上下游水位决定。特征水头可根据式 $N=9.81QH\eta$ 来确定。

该水电站为中型水电站,机组台数应为 4～6 组,以下为各类情况的详细计算。

2.1.1 初拟 4 台水轮机

(1) 最大水头确定

计算最大水头 H_{max} 时,需要考虑机组出力情况,同时考虑校核洪水位下、设计洪水位下、设计蓄水位下的情况,分情况讨论。

(2) 校核洪水位 $H_{校}$,机组满发

由 $H_{校}=439.6$ m,对应的最大下泄流量 $Q=1\,820$ m³/s,根据厂区水位流量关系表 8,下游尾水位 $H_{下}=328.51$ m,考虑水头损失为 2%,则:

表 8 厂区水位流量关系

水位(m)	323.7	324.3	324.7	325.1	325.6	326.4	327.2	328
流量(m³/s)	0	20	50	100	200	500	1 000	1 500
水位(m)	328.8	329.6	330.2	330.9	331.6	333.2	333.7	
流量(m³/s)	2 000	2 600	3 000	3 600	4 200	6 000	7 800	

$$H_{max} = 439.6 - 328.51 = 111.09 \text{ m}$$
$$H_{max净} = 98\% H_{max} = 108.87 \text{ m}$$

(3) 设计洪水位 $H_{洪}$,机组满发

由 $H_{洪}=416.9$ m,对应的最大下泄流量 $Q=1\,610$ m³/s,根据表 8,下游尾水位 $H_{下}=328.18$ m,则:

$$H_{max} = 416.9 - 328.18 = 88.72 \text{ m}$$
$$H_{max净} = 98\% H_{max} = 86.95 \text{ m}$$

(4) 设计蓄水位 $H_{蓄}$,一台机组满发

该水电站水头变化范围是 78.17～109.96 m,拟采用混流式水轮机。

η_{gr} 为发电机的额定功率。根据《水电站动力设备》,对于大中型发电机,$\eta_{gr}=96\%～98\%$,此处取 97%;并依据水轮机系列型谱表,假定水轮机效率 $\eta_{总}=91\%$,则:

$$N_f = \frac{N}{n \times \eta_{gr}} = \frac{14}{4 \times 0.97} = 3.61 \text{ 万 kW}$$

假定 $Q_1=40$ m³/s,依据表 8,求得对应下游尾水位 $H_{下}=324.57$ m,考虑 2% 的水头损失。则:

$$N = 9.81QH\eta_{总} \times 98\% = 9.81Q(H_{蓄} - H_{下})\eta_{总} \times 98\% = $$
$$9.81 \times 40 \times (434.5 - 324.57) \times 0.91 \times 0.98 = 3.847 \text{ 万 kW}$$

假定 $Q_2=20$ m³/s,

$$N = 9.81QH\eta_{总} \times 98\% = 9.81 \times 20 \times (434.5 - 324.3) \times 0.91 \times 0.98 = 1.928 \text{ 万 kW}$$

假定 $Q_3=50$ m³/s,

$$N = 9.81QH\eta_{总} \times 98\% = 9.81 \times 50 \times (434.5 - 324.7) \times 0.91 \times 0.98 = 4.803 \text{ 万 kW}$$

结果如图 1 所示。

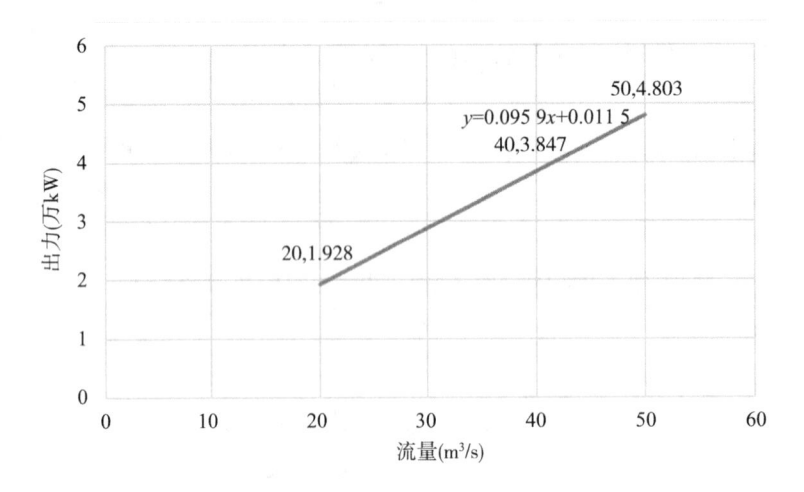

图 1　设计蓄水位下单台机组出力与流量关系图

根据 $N_f = 3.61$ 万 kW，对应图 1 得 $Q = 37.53$ m³/s，再根据表 8，确定对应下游尾水位 $H_下 = 324.54$ m，

$$H_{max净} = 434.5 - 324.54 = 109.96 \text{ m}$$

（5）设计蓄水位 $H_蓄$，四台机组满发

$$N_f = \frac{N}{n \times \eta_{gr}} = \frac{14}{0.97} = 14.43 \text{ 万 kW}$$

假定 $Q_1 = 100$ m³/s，

$$N = 9.81 QH \eta_总 \times 98\% = 9.57 \text{ 万 kW}$$

假定 $Q_2 = 150$ m³/s，

$$N = 9.81 QH \eta_总 \times 98\% = 14.32 \text{ 万 kW}$$

假定 $Q_3 = 200$ m³/s，

$$N = 9.81 QH \eta_总 \times 98\% = 19.05 \text{ 万 kW}$$

结果如图 2 所示。

$$H_{max净} = 434.5 - 325.36 = 109.14 \text{ m}$$

综上，得 $H_{max} = 109.96$ m

（6）最小水头确定

计算最小水头 H_{min} 时，需要考虑机组出力以及校核洪水位下、设计洪水位下、设计蓄水位下的情况。

（7）设计低水位 $H_低$，一台机组满发

$$N_f = \frac{N}{n \times \eta_{gr}} = \frac{14}{4 \times 0.97} = 3.61 \text{ 万 kW}$$

假定 $Q_1 = 20$ m³/s，

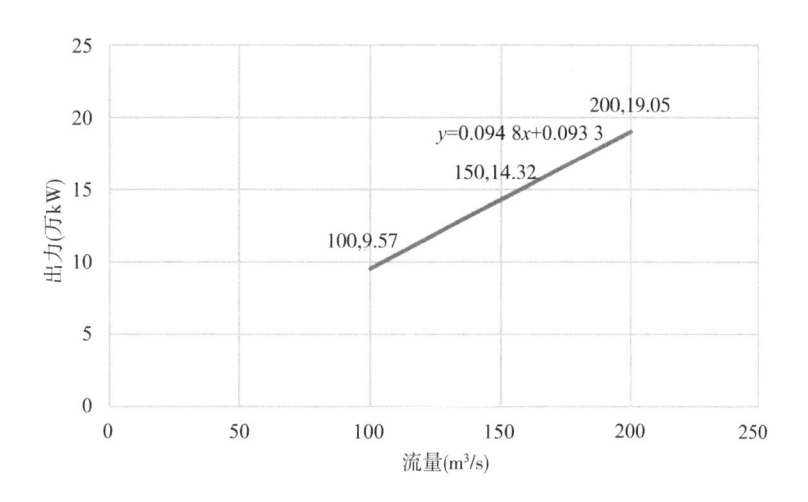

图 2 设计蓄水位下四台机组出力与流量关系图

$$N = 9.81QH\eta_{总} \times 98\% = 1.39 \text{ 万 kW}$$

假定 $Q_2 = 40 \text{ m}^3/\text{s}$，

$$N = 9.81QH\eta_{总} \times 98\% = 2.77 \text{ 万 kW}$$

假定 $Q_3 = 80 \text{ m}^3/\text{s}$，

$$N = 9.81QH\eta_{总} \times 98\% = 5.52 \text{ 万 kW}$$

结果如图 3 所示。

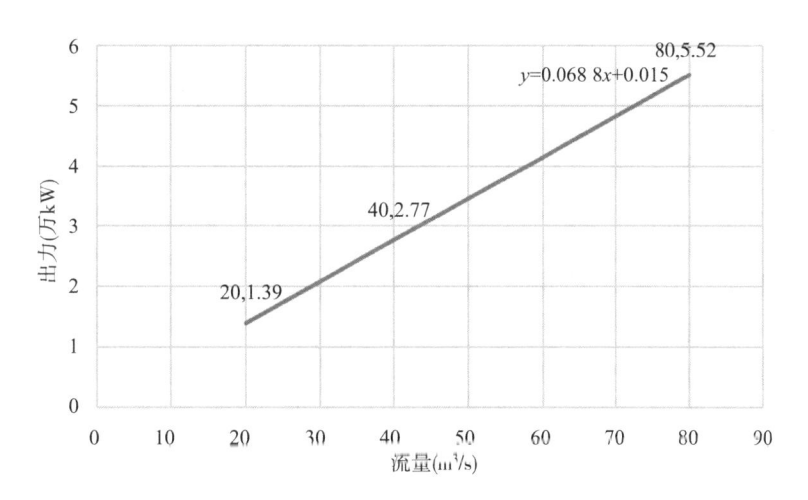

图 3 设计低水位下单台机组出力与流量关系图

$$H_{\min 净} = 403.8 - 324.72 = 79.08 \text{ m}$$

（8）设计低水位 $H_{低}$，四台机组满发

$$N_f = \frac{N}{n \times \eta_{gr}} = \frac{2\,214}{0.97} = 14.43 \text{ 万 kW}$$

假定 $Q_1 = 100 \text{ m}^3/\text{s}$，

$$N = 9.81QH\eta_{总} \times 98\% = 6.89 \text{ 万 kW}$$

假定$Q_2 = 200 \text{ m}^3/\text{s}$，

$$N = 9.81QH\eta_{总} \times 98\% = 13.68 \text{ 万 kW}$$

假定$Q_3 = 300 \text{ m}^3/\text{s}$，

$$N = 9.81QH\eta_{总} \times 98\% = 20.45 \text{ 万 kW}$$

结果如图4所示。

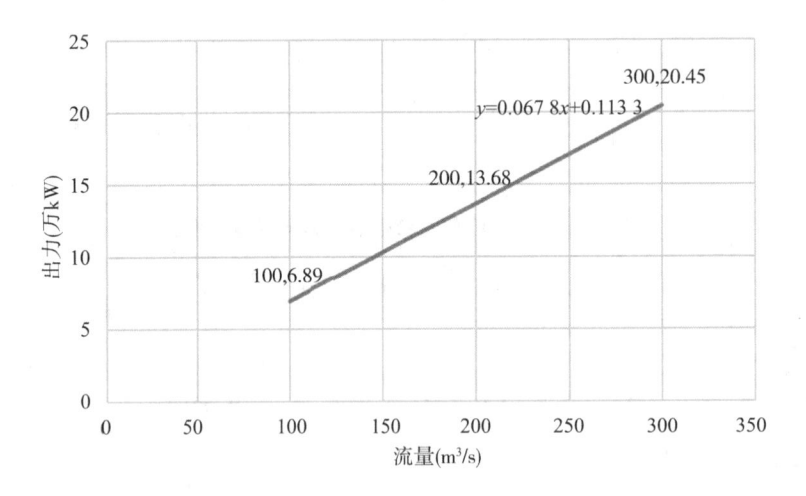

图4 设计低水位下四台机组出力与流量关系图

$$H_{\min 净} = 403.8 - 325.63 = 78.17 \text{ m}$$

综上，$H_{\min} = 78.17 \text{ m}$。

（9）加权平均水头确定

$$H_{av} = 50\% H_{\max} + 50\% H_{\min} = 50\% \times 109.96 + 50\% \times 78.17 = 94.065 \text{ m}$$

（10）设计水头的确定

对于引水式水电站，取$H_r = H_{av}$，取设计水头为：$H_{av} = 94.065 \text{ m}$。

该水电站最大水头$H_{\max} = 109.96 \text{ m}$，最小水头$H_{\min} = 78.17 \text{ m}$，设计水头$H_r = 94.065 \text{ m}$。

2.1.2 初拟6台水轮机

6台水轮机的最大水头、最小水头以及设计水头计算方式与4台水轮机计算方式相似，这里就不再全部计算了，其结果如下：

该水电站最大水头$H_{\max} = 110.13 \text{ m}$，最小水头$H_{\min} = 78.17 \text{ m}$，设计水头$H_r = 94.15 \text{ m}$。

2.2 水轮机选型设计

2.2.1 四台机组方案的选型设计

1. HL180型水轮机方案的主要参数计算选择

（1）转轮直径D_1计算

依照水利电力出版社出版的《水电站机电设计手册》中的大中型混流式转轮参数表，在限制工况下运行的HL200型水轮机模型转轮单位流量为$Q'_{1M} = 860 \text{ L/s} = 0.86 \text{ m}^3/\text{s}$，效率为$\eta_M = 89.5\%$。

假定在限制工况下，原型水轮机运行的单位流量为$Q'_1 = Q'_{1M} = 0.86 \text{ m}^3/\text{s}$，效率为$\eta = 92\%$。

水轮机转轮直径按下式计算：

$$D_1 = \sqrt{\frac{N_r}{9.81 Q'_1 H_r \sqrt{H_r \eta}}} = \sqrt{\frac{3.61 \times 10^4}{9.81 \times 0.86 \times 94.065 \times \sqrt{94.065 \times 92\%}}} = 2.26 \text{ m}$$

式中：N_r 为水轮机的额定出力，$N_r = \dfrac{N}{n \times \eta_{gr}} = \dfrac{14}{4 \times 0.97} = 3.61$ 万 kW；H_r 为水轮机的设计水头（m），该水电站是引水式水电站，有 $H_r = H_{av} = 94.065$ m。

查转轮标称直径系列表，直径与之接近的有 2.25 m 与 2.5 m，但出于安全性考虑，选用水轮机转轮标称直径 $D_1 = 2.5$ m。

(2) 转速 n 计算

在最优工况下，查大中型混流式转轮参数表可知 HL180 型水轮机单位转速为 $n'_{10M} = 67$ r/min，初次选取 $n'_{10} = n'_{10M} = 67$ r/min，按下列公式计算：

$$n = \frac{n'_{10} \sqrt{H_{av}}}{D_1} = \frac{67 \times \sqrt{94.065}}{2.5} = 248.29 \text{ r/min}$$

查磁极对数与同步转速关系表，与之相近的有 214.3 r/min 与 250 r/min，在考虑安全性的条件下，选取同步转速 $n = 250$ r/min。

(3) 效率及单位参数修正

在最优工况下 HL180 型水轮机模型最高效率为 $\eta_{Mmax} = 92\%$，模型转轮直径为 $D_{1M} = 0.46$ m，按下列公式计算：

$$\eta_{max} = 1 - (1 - \eta_{Mmax})\left(\frac{D_{1M}}{D_1}\right)^{\frac{1}{5}} = 1 - (1 - 92\%)\left(\frac{0.46}{2.5}\right)^{\frac{1}{5}} = 94.3\%$$

由于制造差异，需要在效率修正值 $\Delta\eta = 94.3\% - 92\% = 2.3\%$ 后减去一个修正值 ξ。

取 $\xi = 1.0\%$，效率修正值为 $\Delta\eta = 1.3\%$，原型水轮机在最优工况和限制工况下效率按下式计算：

$$\eta_{max} = \eta_{Mmax} + \Delta\eta = 92\% + 1.3\% = 93.3\%$$
$$\eta = \eta_M + \Delta\eta = 89.5\% + 1.3\% = 90.8\%$$

水轮机单位转速修正值按下式计算：

$$\Delta n'_1 = n'_{1M}\left(\sqrt{\frac{\eta_{max}}{\eta_{Mmax}}} - 1\right)$$

$$\frac{\Delta n'_1}{n'_{1M}} = \sqrt{\frac{\eta_{max}}{\eta_{Mmax}}} - 1 = \sqrt{\frac{93.3\%}{92\%}} - 1 - 0.7\%$$

因为 $\dfrac{\Delta n'_1}{n'_{1M}} < 3.0\%$，所以不需要修正单位转速 n 和单位流量 Q'_1。

综上所述，上述假定的效率 $\eta = 92\%$、转轮直径 $D_1 = 2.5$ m、$n = 250$ r/min 是符合实际的，假定成立。

(4) 工作范围的检验

水轮机的特征水头可以根据转轮直径 $D_1 = 2.5$ m、单位转速 $n = 250$ r/min 并且依照下式计算：

$$Q'_{1max} = \frac{N_r}{9.81 D_1^2 H_r \sqrt{H_r \eta}} = \frac{3.61 \times 10^4}{9.81 \times 2.5^2 \times 94.065 \times \sqrt{94.065 \times 92\%}} = 0.702 \text{ m}^3/\text{s} < 0.86 \text{ m}^3/\text{s}$$

式中：H_r 为设计水头(m)；$Q'_{1\max}$ 为水轮机的最大单位流量(m^3/s)。

水轮机的最大引用流量按下式计算：

$$Q_{\max} = Q'_{1\max} D_1^2 \sqrt{H_r} = 0.702 \times 2.5^2 \times \sqrt{94.065} = 42.52 \text{ m}^3/\text{s}$$

最大水头 $H_{\max}$、最小水头 $H_{\min}$ 和设计水头 H_r 的单位转速分情况按下列公式计算：

$$n'_{1\min} = \frac{nD_1}{\sqrt{H_{\max}}} = \frac{250 \times 2.5}{\sqrt{109.96}} = 59.60 \text{ r/min}$$

$$n'_{1\max} = \frac{nD_1}{\sqrt{H_{\min}}} = \frac{250 \times 2.5}{\sqrt{78.17}} = 70.69 \text{ r/min}$$

$$n'_{1r} = \frac{nD_1}{\sqrt{H_r}} = \frac{250 \times 2.5}{\sqrt{94.065}} = 64.44 \text{ r/min}$$

在 HL180 型的水轮机模型综合特性曲线上绘出 $Q'_{1\max} = 0.702 \text{ m}^3/\text{s}$，$n'_{1\min} = 59.60 \text{ r/min}$ 和 $n'_{1\max} = 70.69 \text{ r/min}$，如图 5 所示。

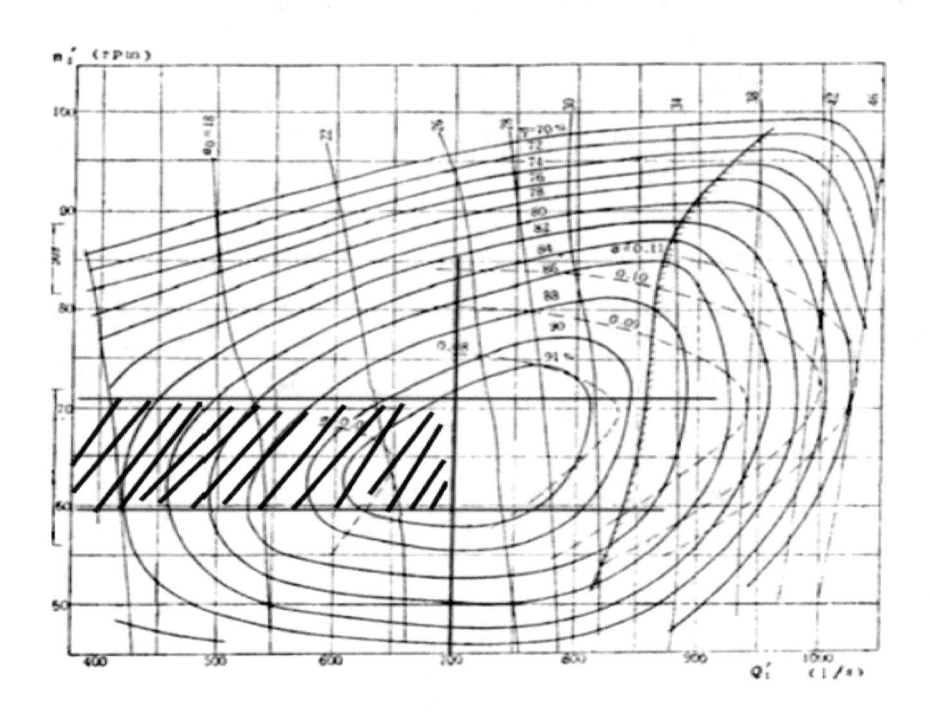

图 5　HL180 转轮工作范围校核图

(5) 吸出高度 H_s 的计算

根据 $n'_{1r} = 64.44 \text{ r/min}$，$Q'_{1\max} = 0.702 \text{ m}^3/\text{s}$，由图 5 可知汽蚀系数 $\sigma = 0.075$，并查得水轮机汽蚀系数修正值 $\Delta\sigma = 0.019$，水轮机吸出高度按下式计算：

$$H_s = 10 - \frac{\nabla}{900} - (\sigma + \Delta\sigma)H = 10 - \frac{324.61}{900} - (0.075 + 0.019) \times 94.065 = 0.797 \text{ m}$$

式中：∇ 为水轮机的安装高程，在初始计算时可取为下游平均水位的海拔高程。根据 $Q_{\max} = 42.52 \text{ m}^3/\text{s}$，查表 8 厂区水位流量关系，求得对应下游尾水位 $H_F = 324.61 \text{ m}$，故取 $\nabla = 324.61 \text{ m}$。

2. HL200 型水轮机方案的主要参数计算选择

HL200 机组水轮机选型设计主要参数计算与 HL180 水轮机计算方式相似，这里就直接展示结果：

（1）转轮直径 D_1

$$D_1 = \sqrt{\frac{3.61 \times 10^4}{9.81 \times 0.95 \times 94.065 \times \sqrt{94.065} \times 90.7\%}} = 2.16 \text{ m}$$

$D_1 = 2.25$ m。

（2）转速 n

$$n = \frac{68 \times \sqrt{94.065}}{2.25} = 293.12 \text{ r/min}$$

同步转速 $n = 300$ r/min。

（3）效率及单位参数修正

$$\eta_{\max} = 1 - (1 - 90.7\%)\left(\frac{0.46}{2.25}\right)^{\frac{1}{5}} = 93.2\%$$

$\Delta \eta = 1.5\%$，

$$\eta_{\max} = 90.7\% + 1.5\% = 92.2\%$$
$$\eta = 89.4\% + 1.5\% = 90.9\%$$
$$\frac{\Delta n'_1}{n'_{1M}} = \sqrt{\frac{\eta_{\max}}{\eta_{M\max}}} - 1 = \sqrt{\frac{92.2\%}{90.7\%}} - 1 = 0.82\%$$
$$\frac{\Delta n'_1}{n'_{1M}} < 3.0\%$$

（4）工作范围的检验

$$Q'_{1\max} = \frac{3.61 \times 10^4}{9.81 \times 2.25^2 \times 94.065 \times \sqrt{94.065} \times 90.7\%} = 0.88 \text{ m}^3/\text{s} < 0.95 \text{ m}^3/\text{s}$$

$$Q_{\max} = Q'_{1\max} D_1^2 \sqrt{H_r} = 0.88 \times 2.25^2 \times \sqrt{94.065} = 43.21 \text{ m}^3/\text{s}$$

$$n'_{1\min} = \frac{300 \times 2.25}{\sqrt{109.96}} = 64.37 \text{ r/min}$$

$$n'_{1\max} = \frac{300 \times 2.25}{\sqrt{78.17}} = 76.35 \text{ r/min}$$

$$n'_{1r} = \frac{300 \times 2.25}{\sqrt{94.065}} = 69.60 \text{ r/min}$$

结果如图 6 所示。

（5）吸出高度 H_s

$$H_s = 10 - \frac{324.33}{900} - (0.097 + 0.019) \times 94.065 = -1.16 \text{ m}$$

2.2.2 六台机组方案的选型设计

6 台机组水轮机选型设计主要参数计算与 4 台水轮机计算方式相似，这里就直接展示结果：

1. HL200 型水轮机方案的主要参数计算选择

（1）转轮直径 D_1

$$D_1 = 2.0 \text{ m}$$

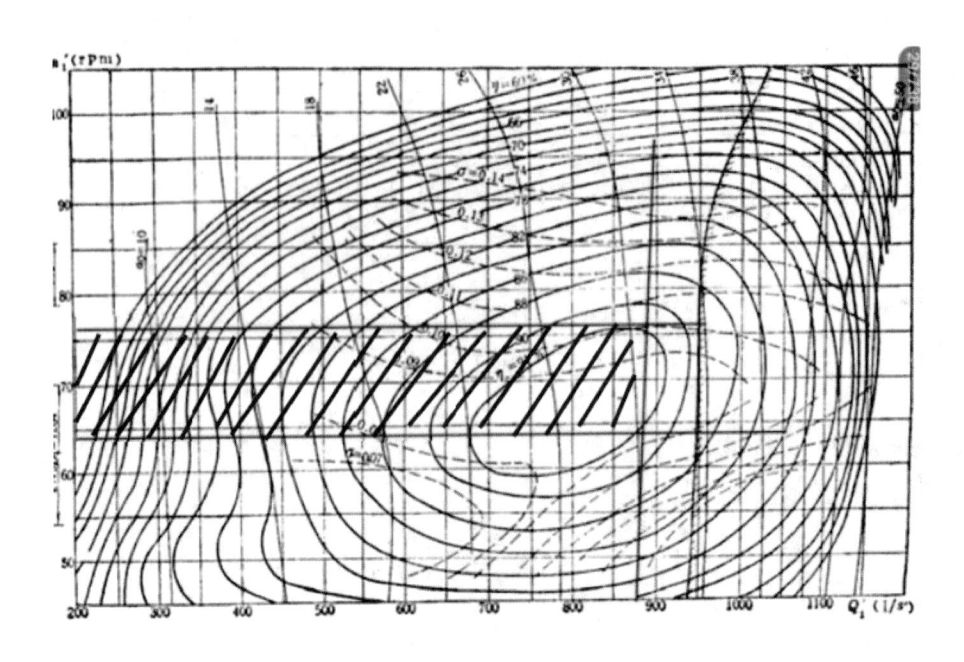

图6 HL200转轮工作范围校核图

（2）转速 n

$$n = 333.3 \text{ r/min}$$

（3）效率及单位参数修正

$$\eta_{\max} = 1 - (1 - 92\%)\left(\frac{0.46}{2.0}\right)^{\frac{1}{5}} = 94.0\%$$

$\Delta\eta = 1.0\%$,

$$\eta_{\max} = 92\% + 1\% = 93\%$$
$$\eta = 89.5\% + 1\% = 90.5\%$$
$$\frac{\Delta n'_1}{n'_{1M}} = \sqrt{\frac{\eta_{\max}}{\eta_{M\max}}} - 1 = \sqrt{\frac{93\%}{92\%}} - 1 = 0.54\%$$
$$\frac{\Delta n'_1}{n'_{1M}} < 3.0\%$$

（4）工作范围的检验

$$Q'_{1\max} = \frac{2.41 \times 10^4}{9.81 \times 2.0^2 \times 94.15 \times \sqrt{94.15} \times 92\%} = 0.73 \text{ m}^3/\text{s} < 0.86 \text{ m}^3/\text{s}$$

$$Q_{\max} = Q'_{1\max} D_1^2 \sqrt{H_r} = 0.73 \times 2.0^2 \times \sqrt{94.15} = 28.33 \text{ m}^3/\text{s}$$

$$n'_{1\min} = \frac{333.3 \times 2.0}{\sqrt{110.13}} = 63.52 \text{ r/min}$$

$$n'_{1\max} = \frac{333.3 \times 2.0}{\sqrt{78.17}} = 75.40 \text{ r/min}$$

$$n'_{1r} = \frac{333.3 \times 2.0}{\sqrt{94.15}} = 68.70 \text{ r/min}$$

结果如图 7 所示。

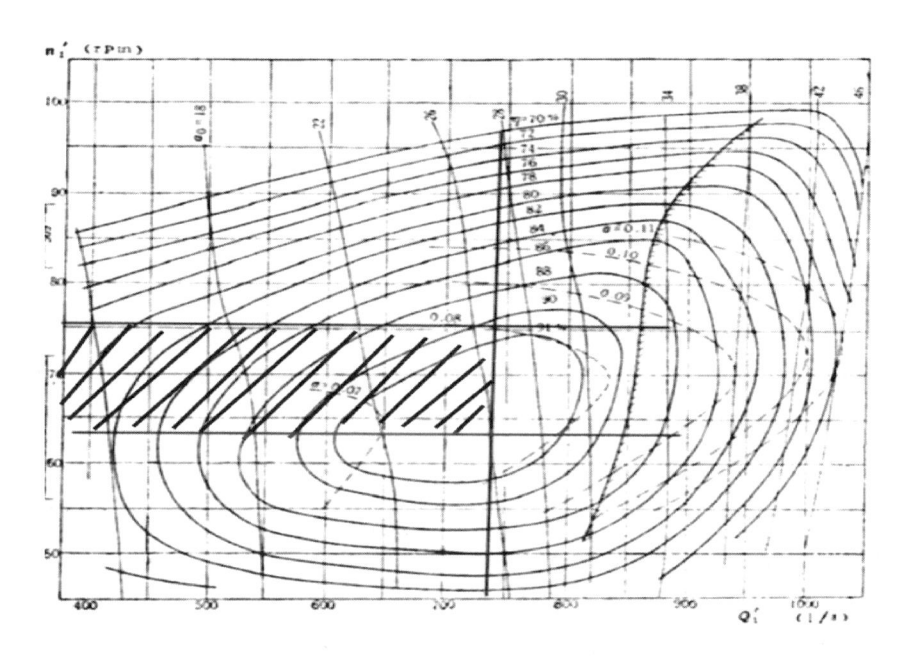

图 7　HL180 转轮工作范围校核图

（5）吸出高度 H_s

$$H_s = 10 - \frac{324.41}{900} - (0.019 + 0.08) \times 94.15 = 0.32 \text{ m}$$

2. HL200 型水轮机方案的主要参数计算选择

（1）转轮直径 D_1

$$D_1 = 1.8 \text{ m}$$

（2）转速 n 计算

$$n = 375 \text{ r/min}$$

（3）效率及单位参数修正

$$\eta_{max} = 1 - (1 - 90.7\%)\left(\frac{0.46}{1.8}\right)^{\frac{1}{5}} = 92.9\%$$

$$\Delta\eta = 1.2\%$$

$$\eta_{man} = 90.7\% + 1.2\% = 91.9\%$$

$$\eta = 89.4\% + 1.2\% = 90.6\%$$

$$\frac{\Delta n'_1}{n'_{1M}} = \sqrt{\frac{\eta_{max}}{\eta_{Mmax}}} - 1 = \sqrt{\frac{91.9\%}{90.7\%}} - 1 = 0.66\%$$

$$\frac{\Delta n'_1}{n'_{1M}} < 3.0\%$$

（4）工作范围的检验

$$Q'_{1max} = \frac{2.41 \times 10^4}{9.81 \times 1.8^2 \times 94.15 \times \sqrt{94.15} \times 90.7\%} = 0.915 \text{ m}^3/\text{s} < 0.95 \text{ m}^3/\text{s}$$

$$Q_{max} = Q'_{1max} D_1^2 \sqrt{H_r} = 0.915 \times 1.8^2 \times \sqrt{94.15} = 28.76 \text{ m}^3/\text{s}$$

$$n'_{1\min} = \frac{375 \times 1.8}{\sqrt{110.13}} = 64.32 \text{ r/min}$$

$$n'_{1\max} = \frac{375 \times 1.8}{\sqrt{78.17}} = 76.35 \text{ r/min}$$

$$n'_{1r} = \frac{375 \times 1.8}{\sqrt{94.15}} = 69.57 \text{ r/min}$$

结果如图 8 所示。

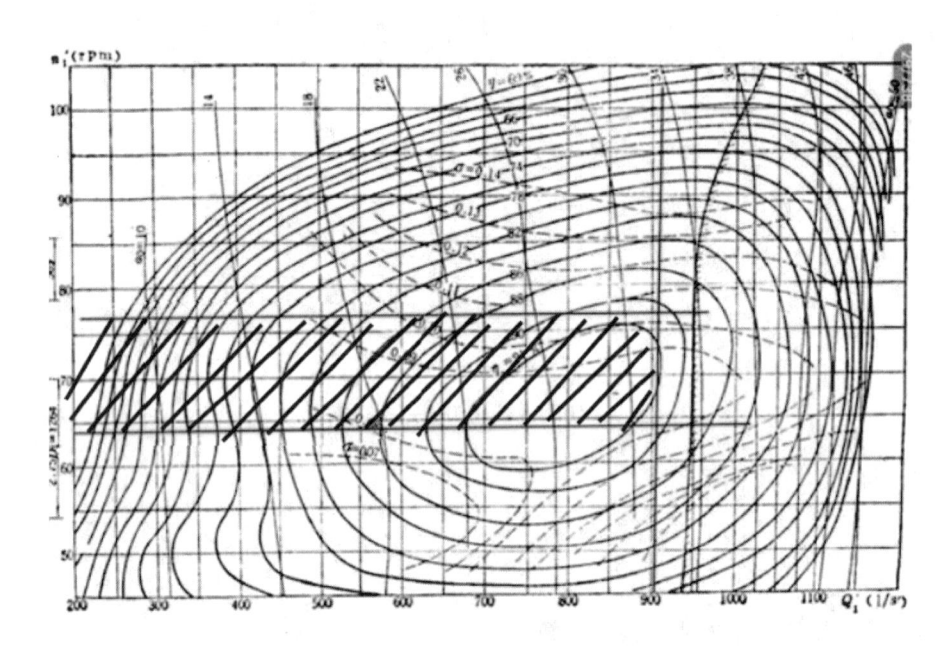

图 8 HL200 转轮工作范围校核图

(5) 吸出高度 H_s

$$H_s = 10 - \frac{324.31}{900} - (0.088 + 0.019) \times 94.15 = -0.43 \text{ m}$$

2.3 水轮机选型方案比较

水轮机选型方案参数对照如表 9 所示。

表 9 水轮机选型方案参数对照表

序号	项目		四台机组		六台机组	
			HL180	HL200	HL180	HL200
1	模型转轮参数	推荐使用水头 H(m)范围	90~125	90~125	90~125	90~125
2		最优单位转速 n'_{10} (r/min)	67.0	68.0	67.0	68.0
3		最优单位流量 Q'_{10} (L/s)	720	800	720	800
4		最高效率 $\eta_{M\max}$ (%)	92	90.7	92	90.7
5		气蚀系数 σ	0.075	0.097	0.08	0.088

续表

序号	项目		四台机组		六台机组	
			HL180	HL200	HL180	HL200
6	原型水轮机参数	工作水头范围 H(m)	78.17~109.96	78.17~109.96	78.17~110.13	78.17~110.13
7		转轮直径 D_1 (m)	2.5	2.25	2	1.8
8		转速 n(r/min)	250	300	333.3	375
9		最高效率 η_{max} (%)	93.3	92.2	93	92.9
10		额定出力 Nr (kW)	36100	36100	24100	24100
11		最大引用流量 Q_{max} (m³/s)	42.52	43.21	28.33	28.76
12		吸出高度 H_s (m)	0.797	-1.16	0.32	-0.43

由上表数据和各综合特性曲线图可知,四台机组与六台机组的各种选型方案各有优劣。首先在机组台数问题上,若选择机组台数较多,会使单机容量降低、尺寸减小,加大了制作工作量,相应也增加了辅助设备及配套设备的套数,导致厂房的总平面尺寸增大,工程量也相应增加,造成造价较高;而降低机组台数时,可降低总体造价,更加经济。所以根据总装机容量14万kW的设计要求及我国已有的中型水电站大多采用4~6台机组的经验,为了更加节省造价,机组台数一般选用偶数,可选择水轮机台数为4台。

其次在效率问题上,HL180型水轮机转轮直径较大,增加了建造时的工程量和造价,并且包含的高效率区域较少,气蚀系数较小;HL200型水轮机转轮直径适中、最高效率较高,气蚀系数相对较小,减少开挖工程量,曲线图中包含的高效率区域较多,运行效率较高。

综上所述并结合水电站实际情况,最终选择HL200型水轮机作为本次水电站初步设计选用的水轮机。

[参考文献]

[1] 水电站机电设计手册编写组. 水电站机电设计手册:水力机械[M]. 北京:水利电力出版社,1983.
[2] 水电站机电设计手册编写组. 水电站机电设计手册:电气一次[M]. 北京:水利电力出版社,1982.
[3] 胡明,沈长松. 水利水电工程专业毕业设计指南[M]. 北京:中国水利水电出版社,2010.
[4] 王仁坤,张春生. 水工设计手册(第八卷):水电站建筑物[M]. 北京:中国水利水电出版社,2010

[作者简介]

艹古明,男,生于1999年10月,15312681819,153807128@qq.com。

浅析依托水利工程建设国家水利风景区

庄万里[1]　康力潮[1]　刘　伟[2]　严岳同[1]

(1. 骆马湖水利管理局宿迁水利枢纽管理局　江苏 宿迁　223800；
2. 骆马湖水利管理局　江苏 宿迁　223800)

摘　要：国家水利风景区，是指以水域（水体）或水利工程为依托，按照水利风景资源即水域（水体）及相关联的岸地、岛屿、林草、建筑等能对人产生吸引力的自然景观和人文景观的观赏、文化、科学价值和水资源生态环境保护质量及景区利用、管理条件分级，经水利部水利风景区评审委员会评定，由水利部公布的可以开展观光、娱乐、休闲、度假或科学、文化、教育活动的区域。中运河以及宿迁水利枢纽工程是淮河流域沂沭泗流域的东调南下的重要控制工程，本篇主要以中运河以及宿迁水利枢纽工程等工程为载体发挥周边文化资源内涵，体现水文化与工程以及景观的融合，来创建国家级水利风景区。

关键词：国家级水利风景区；规划；资源分析；文化

1　前言

中国特色社会主义进入新时代，我国社会主要矛盾已经转化为人民日益增长的美好生活需要和不平衡不充分的发展之间的矛盾。为了满足人民群众日益迫切的需要，各种不同类型的旅游景区相继产生并不断发展，大大推动了我国第三产业的快速发展，有效拉动了内需。水利风景区也应运而生。自2001年水利部首次提出水利风景区的概念，并于同年7月成立水利部水利风景区评审委员会以来，各省市根据水利部的指示精神和要求，大力推进落实水利风景区的建设工作，取得了良好的效果。

国家水利风景区，是指以水域（水体）或水利工程为依托，按照水利风景资源即水域（水体）及相关联的岸地、岛屿、林草、建筑等能对人产生吸引力的自然景观和人文景观的观赏、文化、科学价值和水资源生态环境保护质量及景区利用、管理条件分级，经水利部水利风景区评审委员会评定，由水利部公布的可以开展观光、娱乐、休闲、度假或科学、文化、教育活动的区域。国家级水利风景区有水库型、湿地型、自然河湖型、城市河湖型、灌区型、水土保持型等类型。

从2004年《水利风景区管理办法》实施以来，共19批次达902家国家水利风景区创建成功，其中2016年59个国家级水利风景区获批，创建达到一个较高的热度。近年来党中央在加强生态文明建设的同时不仅建立河湖长制，而且提出幸福河湖的建设。

全面建设幸福河湖是一种新兴的发展理念，它强调"高质量，全面发展"，依托水利工程以及流域水体建设水利风景区不仅能提升水利工程面貌，同时对建设幸福河湖有着积极的意义。下面以宿迁枢纽工程为载体浅析创建国家水利风景区。

2　景区建设背景

近年来，习近平总书记对保护传承弘扬利用大运河文化作出一系列重要指示批示，明确提出统筹考虑水环境、水生态、水资源、水安全、水文化和岸线等多方面的有机联系,为水文化建设提供了根本遵循和行动指南。水利部办公厅印发《"十四五"水文化建设规划》,提出以大运河文化为重点,积极推进水文化建设,为推动新阶段水利高质量发展凝聚精神力量。在推进大运河文化带建设的背景下,江苏省提出了把大运河江苏段建设成为"高颜值的生态走廊、高品位的文化走廊、高效益的经济走廊"的目标,将运河江苏段打造成大运河文化带上的"样板区"和"示范段"。

宿迁不断深挖运河水利文化,紧密结合当地旅游特色,打造中运河风光带,先后建设雪枫公园、运河湾公园、运河湾半岛等一系列大运河文化带的亮点工程,由此为中运河宿迁枢纽水利风景区的创建打下了基础。

为更好地推动水文化传承,依托现有资源禀赋将风景区打造成集水利科普、水情教育、休闲运动、旅游餐饮等功能于一体的城市河湖型水利风景区,由此成为宿迁融入江苏省乃至全国的大运河文化脉络的重要支点,同时成为展示"楚汉文化、运河文化"的重要窗口。

3 景区建设概况

宿迁枢纽水利风景区(图1)依托中运河工程、宿迁枢纽工程,位于宿迁市中运河及两岸,西起发展大道,东北两向至中运河左岸,南至宿支路,西南至骆马湖二线城北路-运河湾路,风景区规划范围内中运河段长约 4 km,占地面积 2.7 km², 中运河水域面积 1.22 km²。

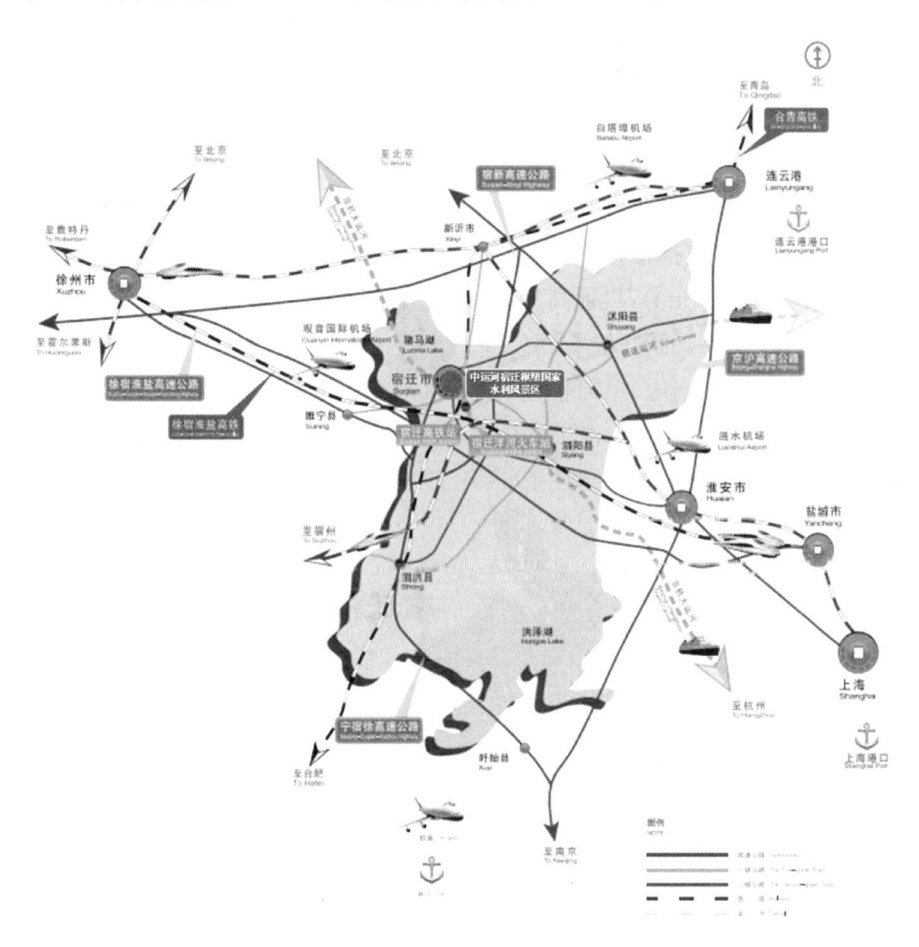

图 1 中运河宿迁枢纽水利风景区位置示意图

风景区紧靠宿迁城区,毗邻江苏省第四大淡水湖骆马湖,沿线堤防防洪标准通过沂沭泗河东调南下续建工程已全部达50年一遇。与宿迁市中运河国家水利风景区、六塘河国家水利风景区、丘比特主题乐园、宿迁动物园、马陵河湿地公园等景区相连,235国道、324省道,京沪、宁宿徐、宿淮盐高速公路从景区边缘通过,宿迁高铁站位于风景区南侧12 km,西距徐州观音机场60 km,北到连云港白塔埠机场110 km,景区地理位置优越,交通便利。

3.1 中运河

中运河,京杭大运河江苏北段、淮河流域沂沭泗水系人工河流,是在明、清两代开挖的泇运河和中河基础上拓浚改建而成。上起山东台儿庄区和江苏邳州市交界处,与鲁运河最南段韩庄运河相接。同时,微山湖西航道——不牢河航道自西向东南至大王庙汇入中运河,也属于中运河范畴,两航道汇合后,东南流经邳州市,在新沂市二湾至皂河闸与骆马湖相通,皂河闸以下基本上与废黄河平行,流经宿迁、泗阳,至淮阴杨庄,下与里运河相接,全长179 km(计算湖西航道则近300 km),区间流域面积6 800 km²。中运河已成为具备行洪、排涝、航运、输水等功能的综合性河道,促进了沿河地区的经济发展。

中运河宿迁段纵贯城区,承泄沂、泗洪水,也是南水北调东线工程主要输水线路之一,现状为二级航道,同时担负两岸农田灌溉、排涝的任务。宿迁市境内长112 km,其中城区段22 km,中运河是宿迁城市防洪外围的防洪屏障,同时也是老城区的主要排水河道。根据南水北调办公室批复的《骆南中运河影响处理工程初步设计》,中运河设计行洪流量为500 m³/s,校核行洪流量为1 000 m³/s。根据《宿迁城市防洪规划》,城区段中运河设计洪水位20.5 m(废黄河高程系,下同)。

3.2 宿迁枢纽

宿迁枢纽(图2、图3)是宿迁大控制的重要组成部分。宿迁大控制由中运河皂河闸以下右堤(民便河口至宿迁闸)、宿迁枢纽(包括宿迁闸、宿迁船闸、六塘河闸)和井头大堤组成,宿迁大控制堤防长36.9 km(其中井头大堤长2.3 km),堤顶高程28.0 m左右,堤顶宽6.0~8.0 m。宿迁大控制是骆马湖退守的第二道防线,又称"骆马湖二线"。

骆马湖一线堤防由骆马湖南堤、皂河枢纽、洋河滩闸等组成,又称"皂河控制"。骆马湖二线堤防级别为1级,一线堤防级别为3级。一般洪水由骆马湖一线承担,当骆马湖洪水位超过24.50 m并预报继续上涨时,退守宿迁大控制。大控制在1963年、1974年大水和1971年冬骆马湖南堤决口时,曾使用过3次。

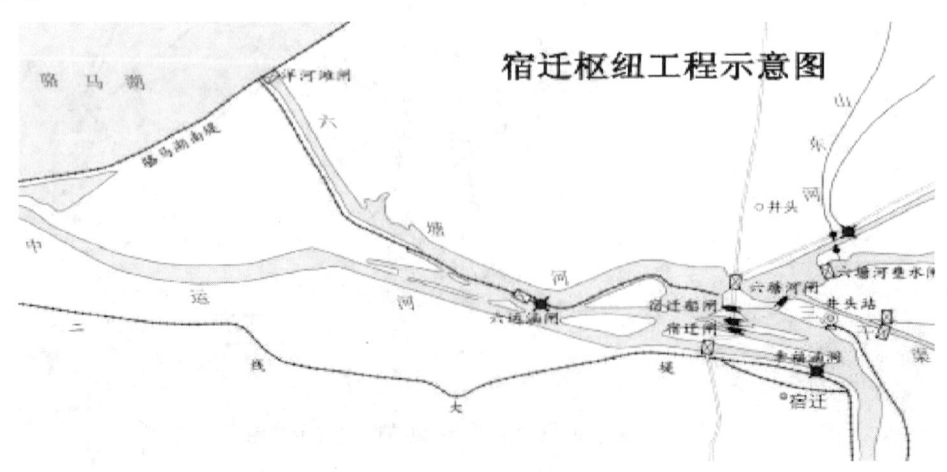

图2 宿迁枢纽工程示意图

图 3　宿迁枢纽

3.3　宿迁闸

宿迁闸(图 4)位于江苏省宿迁市中运河上,为 1 级水工建筑物,是骆马湖退守宿迁大控制的重要防洪体系的组成部分,承担皂河闸下泄洪水分洪任务,具有防洪、排除黄墩湖内涝、调节航运水位、南水北调等综合利用功能。宿迁闸于 1958 年 6 月建成,2005—2008 年进行除险加固;全长 191 m,总宽 69.2 m,共 6 孔,单孔净宽 10 m;设计流量 600 m³/s,相应闸上水位 25.0 m,闸下水位 18.88 m;1974 年 8 月 16 日,闸上游水位 24.88 m,最大泄量 1 040 m³/s,为历史最大值。

图 4　宿迁闸风光

4　景区资源分析

4.1　自然资源

4.1.1　地质地貌

宿迁市地处鲁南丘陵与苏北平原过渡带,主要为黄、淮、沂、沭、泗冲积平原,风景区内沿河、沿堤微地形高低起伏,错落有致,地面高程20.0～25.5 m。景区内有水闸、河道、湖泊、桥梁、水岸坡道与花草树木相互依托,相互映衬,构成了丰富的立体空间,区域内地形地貌观赏性强。

4.1.2 水文气象

宿迁市地处亚热带向暖温带过渡地区,具有明显的季风性、过渡性和不稳定性的气候特征。冬干冷,夏湿热,春秋温暖,四季分明。根据宿迁市气象站1960—2019年观测资料统计,宿迁市年平均气温14.4℃,无霜期211 d,年平均降水量916 mm,日最大降水量253.9 mm;降水量年内分配不均匀,主要集中在汛期,汛期平均降水量688.6 mm,占全年降水量的75.17%。

4.1.3 河流水系

宿迁地处淮河水系中游尾部、沂沭泗水系下游,古黄河以北为沂沭泗水系,以南为淮河水系,新沂河横贯东西,是沂沭泗地区主要排洪河道之一;淮沭河贯穿南北,连接淮河和沂沭泗两大水系;中运河自西北向东南穿越腹部,既是苏北的黄金水道,又是南水北调东线主要输水河道。宿迁枢纽水利风景区内中运河贯穿其中,北与骆马湖、六塘河相连,南侧分布有古黄河及各城区河道,水资源条件丰富,适合开展旅游休闲活动。宿迁枢纽水利风景区周边水系图如图5所示。

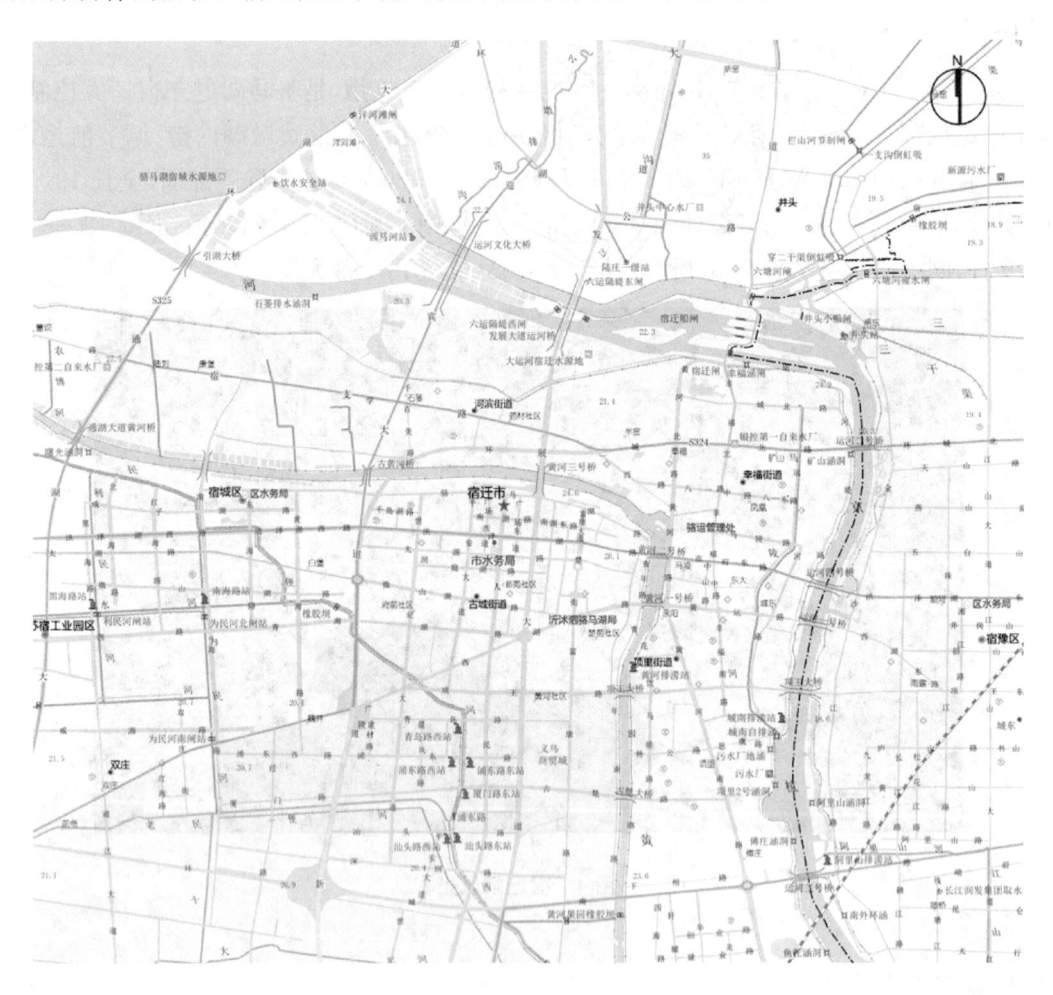

图5 风景区周边水系图

4.1.4 土壤植被

景区内土壤分类主要有五类:潮土类、砂礓土类、棕壤土类、黄棕壤土类和紫色岩土。植被丰富,全市森林覆盖面积327万亩,森林覆盖率达23.14%,林木覆盖率达29.84%。

4.1.5 土地利用

中运河宿迁枢纽水利风景区总面积2.7 km²,规划范围内现状土地利用类型大致可分为湿地、耕地、种植园用地、林地、草地、住宅用地、公共管理与公共服务用地、特殊用地、交通运输用地、水域及水利设施用地等10类用地,其中水域及水利设施用地面积占比最大,达63.3%。

4.2 人文资源

4.2.1 历史沿革及变迁

秦统一中国后设郡县,置下相等县。西汉时,废凌县,设下相。历经东汉、两晋。东晋安帝义熙元年(405年),改下相县为宿豫郡。唐代宗宝应元年为避唐代宗李豫之讳又由于宿国人迁于此,故改为宿迁,沿用至今。1987年12月,经国务院批准,宿迁撤县设县级市,称宿迁市。1996年7月经国务院批准,设立地级宿迁市。

城市发展变迁与中运河关系:元朝至清以前,古黄河为京杭运河主线,宿迁城市沿黄河发展,雏形始于黄河东侧,并以土墙围挡,抵御黄河水患。清初,开凿中运河代替黄河为运河航道,城市逐渐向运河方向延展,其中心位于东大街、东关口一带。随着交通的不断改善和城市功能拓展,近年来运东地区得到了长足的发展。湖滨新城的建设进一步拓展了城市空间,中运河由城市边缘逐渐成为三区交汇的核心。明末及清末宿迁地图如图6所示。

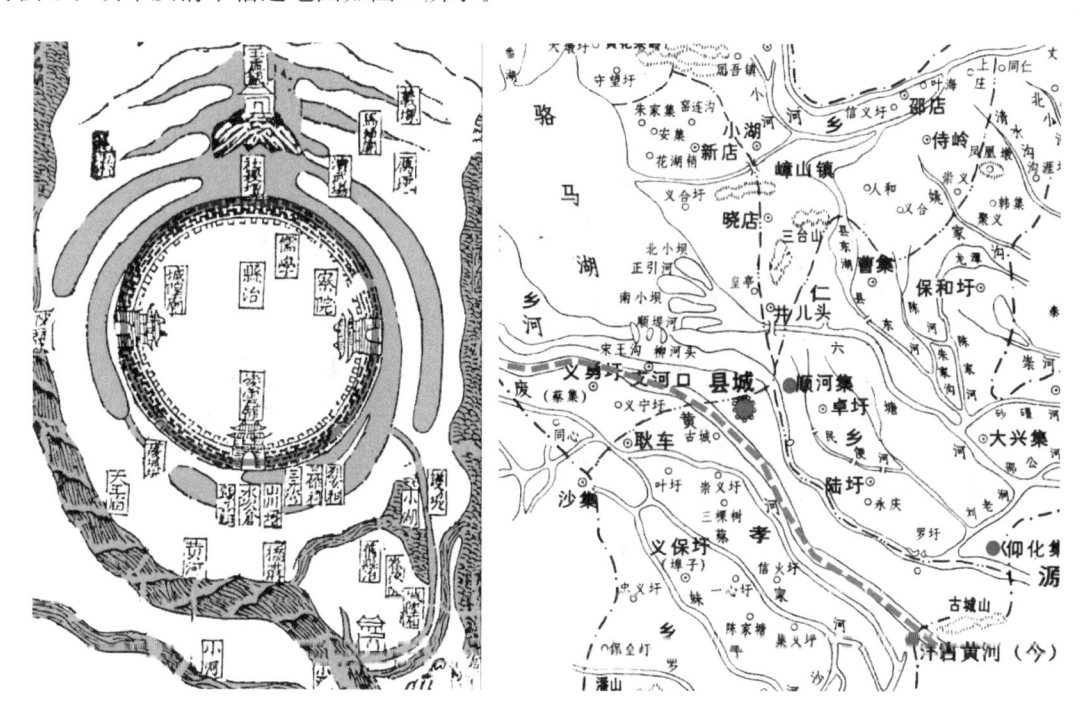

图6 明代宿迁地图(左)/清末宿迁地图(右)

4.2.2 文物古迹

在大运河宿迁段的各类文化遗产中,水文化遗产是运河遗产中最不可替代的珍贵文化资源。大运河宿迁段现存156项水文化遗产,其中工程建筑类水文化遗产120项,非遗类水文化遗产35项,文献资料类水文化遗产1项。除去古代水工遗存、民国刘老涧船闸遗存,1958年竣工的宿迁船闸、1978年修建的皂河抽水站等水工遗迹在当时都具有世界领先的技术创新水平,是珍贵的水文化遗存。

运河沿线,宿迁市皂河龙王庙行宫和皂河至市区大王庙的中运河段入选世界文化遗产名录。历史上沿河而建的乾隆御码头、御马路、大王庙、项王故里、宿预故城、桃园故城等20多个古建筑及古建筑群演绎了古运河畔的繁华，记录了几世的盛衰枯荣，展示着丰富多彩的民俗魅力。图7所示为项王故里遗址及宿预故城遗址。

图7 宿预故城遗址(图左)/项王故里遗址纪念室(图右)

4.2.3 名人典故

宿迁大地哺育过无数英雄豪杰，西楚霸王项羽、南宋抗金名将刘世勋、晚清抗日民族英雄杨泗洪、人民炮兵奠基人朱瑞等都诞生于这一方热土。北宋著名科学家沈括、清代大诗人袁枚等曾在这里为官。刘少奇、陈毅、邓子恢、张爱萍、张震、李一氓、刘瑞龙等老一辈革命家曾在这里运筹帷幄，浴血奋战；彭雪枫、吴苓生、江上青等上万名革命先烈长眠于宿迁大地，为世人所敬仰。图8所示为项羽雕像和彭雪枫雕像。

图8 西楚霸王项羽像(图左)/彭雪枫像(图右)

5 景区建设评价以及现实意义

5.1 经济效益评价

宿迁枢纽水利风景区的建设，给广大游客提供了良好的旅游观光景点和娱乐休假的场所，丰富了城市居民及游客的文化生活，促进了精神文明建设；同时可以提供一定的就业机会，有效改善当地居民的收入水平，带动当地经济的迅速发展。

同时旅游业还有一业带百业的作用，所产生的社会整体效益巨大。不仅增加了社会总财富和个人收入，还有利于维护社会稳定和安定团结，带动宿迁市的经济发展；可提高城市生态环境的景观价值，改善环境质量，提升整个宿迁市的旅游形象。

5.2　社会效益评价

景区建设开发与运营以公益性为主；景区将成为人民群众休闲运动、亲水度假的旅游胜地，大大改善城市人居环境；进一步提升工程形象，增加知名度，有助于提高工程管理水平；可以提升公众对水文化、水工程、水利科技的认知程度和普及水平；可以吸纳当地劳动力就业、增加居民收入、提高地域知名度、促进社会进步和经济社会发展；社会效益显著。

5.3　生态效益评价

风景区的建成，改善了景区的生态环境，并为景区的可持续发展提供了基础。景区绿化使景区植被覆盖率得到提高，有效保护该景区内的动植物资源，对于净化空气、涵养水源、水土保持意义重大，也构成了良好的园林生态环境，使中运河宿迁枢纽水利风景区成为空气清新、景色宜人、交通方便的郊区绿野，建立以自然生态为特色，"返璞归真，回归自然"的花园式休闲旅游胜地，不仅为城市居民提供了一处生态和谐的生态绿洲，而且旅游发展带来的经济收入再次投入景区建设中，能更好地实现风景区水质安全及生态和谐的循环经营理念。

5.4　建设现实意义

宿迁枢纽水利风景区的建设有着丰富的文化底蕴以及优质风景资源作为基础，在发掘历史文化的同时结合水利工程的管理可以实现景区与水利工程以及文化的有机统一，为幸福河湖建设打下坚实的基础，造福区域百姓。

宿迁枢纽水利风景区的建设和发展具有较好的综合效益，目前已初步实现了较好的环境和社会效益，具有一定的经济效益，未来的几年环境效益和社会效益也会更加明显。同时通过风景区项目的运营，在满足大众需求的同时，也实现了流域自身的发展。水利风景区的建设提升了景区内的水利工程设施的质量水平，提高了范围内水文化氛围，给流域工程建设管理带来了示范效果。

基于以上研究分析，风景区项目的开发理念无论是从市场角度还是从综合收益的角度，都是一个比较理想的发展项目。

6　结语

水利风景区的创建要在依托水利工程的同时深入发掘水利工程以及水体周边的风景资源，将沿线的风土人情以及悠久历史文化融入其中，打造符合当地特色的水利风景区，乃至国家水利风景区。风景区的创建不仅能提升水利工程的质量，改善水利工程的面貌而且会带来马太效应，景区将朝着高质量发展稳步前进，为幸福河湖建设增添色彩。

淮河为我国七大江河之一，流经湖北、河南、安徽、江苏四省，流域地跨湖北、河南、安徽、江苏、山东五省。以废黄河为界，分成淮河和沂沭泗河两大水系。淮河干流全长约为 1 000 km，流域面积约为 27 万 km²，其中沂沭泗流域面积约为 8 万 km²。淮河流域有着悠久的历史和丰富多彩的文化，同时也有着丰富且优质的自然资源，如果淮河流域的管理单位都以生态文明建设为契机，把创建风景区作为着力点，不仅能提高流域水利工程的质量水平，也将提高流域景观化、水文化水平。以点促面努力建设幸福河湖，淮河流域将造福流域百姓。

[参考文献]

[1] 江苏省地方志编纂委员会.江苏省志·水利志[M].南京:江苏古籍出版社,2001.
[2] 水利部淮河水利委员会沂沭泗太湖管理局.沂沭泗河道志[M].北京:中国水利水电出版社,1996:170.

[作者简介]

庄万里,男,生于1990年4月,骆马湖水利管理局宿迁局宿迁闸管理所所长(工程师),主要从事水利工程管理,15996720847,444081095@qq.com。

驷马山分洪道切岭段渠道高边坡失稳分析

余小明　唐新平

(中水淮河规划设计研究有限公司　安徽 合肥　230601)

摘　要：驷马山分洪道切岭段渠道位于江淮分水岭段，具有特殊的地形地貌条件，因组成边坡的土质具膨胀性，历年来屡次发生滑坡现象，滑坡监测与防治始终是贯穿于分洪道运行期间的一项重要工作。本文拟通过对已实施阻滑辐射井段边坡和未实施阻滑辐射井段边坡进行勘测评估，探索一种边坡勘察的方法，分析膨胀性土边坡滑动带或潜在滑动带的发育深度和力学特性，在此基础上根据边坡特点分段进行稳定性计算，继而评价阻滑辐射井对边坡稳定防护的效果，并对未实施滑坡治理的边坡稳定性进行预测。

关键词：切岭段；高边坡；膨胀土；滑坡；勘察

1　工程概况

驷马山分洪道是为驷马山引江灌溉工程开挖的人工渠道，位于滁河南岸，全长 27.40 km。工程于 1969 年 12 月动工开挖，1971 年 12 月竣工投入运行，至今在灌溉、分洪和航运等方面发挥了巨大的效益。

分洪道贯穿滁河的河漫滩、阶地至江淮的分水岭，再穿过长江左岸段阶地、河漫滩至长江河道，区内广泛分布着剥蚀山地、河流谷地和冲积平原，地层变化较大，土体的工程地质性质差异亦较大。

驷马山分洪道切岭段(桩号 14+900～21+000)河道属江淮丘陵区，地形起伏大。河道岸坡以具有弱～中膨胀性的重粉质壤土或粉质黏土层为主，因其特定的地形和地质条件，切岭段先后多次发生较大范围的滑坡。

2　边坡特点

切岭段渠道可分为高切岭段(桩号 16+500～21+000)和低切岭段(桩号 14+900～16+500)。高切岭段地形起伏较大，最大高差 40 m 左右，坡顶最高处高程达 45 m 左右，最低处位于分洪道河底，高程 3.0～4.0 m，且由于分洪道开挖时受限于当时条件，弃土堆放于两侧坡顶，增加了高边坡的高度，影响了边坡的稳定性，边坡排水沟纵横交错，减压井、测压井呈点状分布，边坡坡比 1∶2.8～1∶5.0 不等。低切岭段地形相对平缓，起伏较小，坡顶高程一般在 12.0～20.5 m，最大高差 18.00 m 左右，最高处高程约 22.0 m，最低处位于分洪道河底，高程 3.0～2.5 m，边坡坡比 1∶2.0～1∶3.0 不等。

切岭段边坡以第四系上更新统(Q_3)冲积形成的棕黄、黄褐色的重粉质壤土层为主，该层为膨胀性土，具中～弱膨胀性，下伏中更新统(Q_2)冲洪积形成的砾质重粉质壤土和白垩系上白垩统(K_2)的泥质粉砂岩，在桩号 18+350 至低切岭段表层还揭露有第四系全新统(Q_4)冲积形成的重粉质壤土层和中轻粉质壤土层。驷马山分洪道切岭段(桩号 14+900～21+000)地层结构见图 1。

膨胀性土具有吸水膨胀软化、失水收缩开裂特性,驷马山地区属亚热带季风气候区,降雨年季变化大,日照充足,给边坡创造了干湿交替的条件,反复胀缩导致土体结构破坏,强度急剧衰减,促使边坡滑动。且分洪道运行期间,水位变化较大,往往在坡脚处首先发生崩塌,在分洪时,水位高且流速快,对坡脚冲刷严重,形成陡坎,局部河段基岩已在河底或边坡处出露,土体易发生沿基岩面的滑动,形成滑坡。

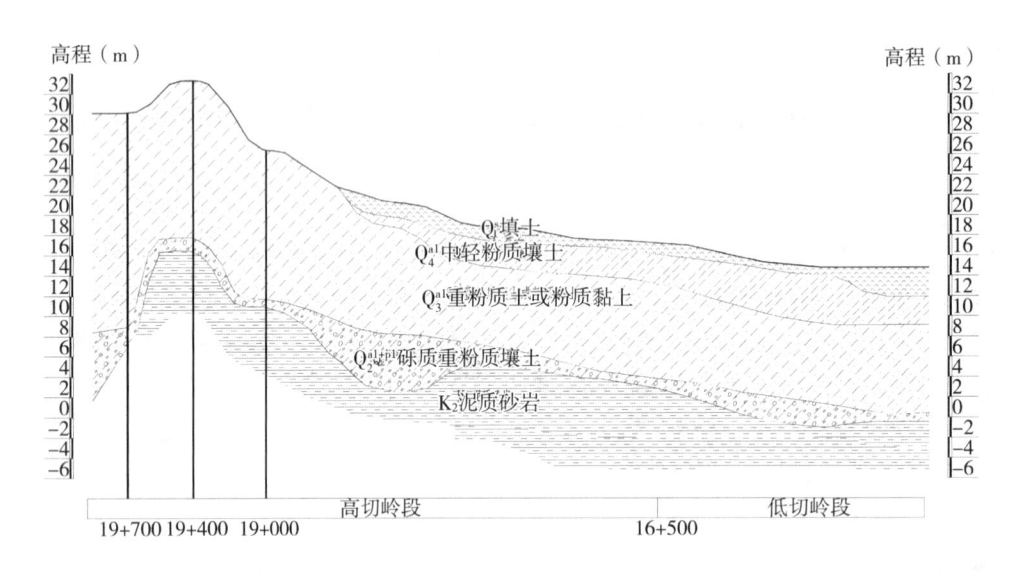

图 1　驷马山分洪道切岭段(桩号 14＋900～21＋000)地层结构示意图

3　膨胀土特性

切岭段普遍分布棕黄色、黄褐色、浅棕红色的重粉质壤土或粉质黏土,一般呈可塑～硬塑状,含铁锰结核,夹条白色带状土,在高切岭段揭露厚度 15～20 m,低切岭段揭露厚度 8～9 m。其矿物成分包括碎屑矿物和黏土矿物,碎屑矿物大部分为石英,占 25%～30%,其次是长石;黏土矿物主要是蒙脱石,约占 30%,其次是伊利石,占 15%～20%,并含有一定量的高岭土,矿物中氧化硅、三氧化铝的含量占 85%～90%。桩号 17＋200～21＋000 为弱膨胀土段,自由膨胀率 9.5～80%,平均值为 45% 左右,少量深部黏性土自由膨胀率大于 65%。其中桩号 19＋400～21＋000 段膨胀率较高,自由膨胀率 40%～80%,为中等膨胀土段;桩号 17＋200～19＋400 自由膨胀率 9.5%～65%,为弱膨胀土段。

膨胀土具有亲水性、吸附性、胀缩性、风化性、裂隙性和强度衰减性等特点,遇水膨胀软化和失水收缩干裂的特性,因此在干湿交替循环作用下,土体的裂隙发育,结构遭到破坏,降低土体强度,为地表水的渗入和土块中水分的散失提供了通道,裂隙面充填有灰白色次生黏土,呈条带或团块分布,非常光滑,易形成软弱结构面而导致坡体失稳。

4　滑坡现状和特点

切岭段分洪道自运行以来,已发生 11 处滑坡,其中左岸 6 处,右岸 5 处,每次滑坡后均进行了针对性治理,现滑坡处基本稳定。该段主要的滑坡治理措施有阻滑辐射井、坡面排水沟、挡浪墙和护坡。

滑坡除 1 处位于低切岭段,其余 10 处均分布于高切岭段,多发生在雨季和春融季节;滑坡深度一般在 6.0 m 以内,与大气影响层或风化层深度有关,滑动面平缓,呈明显的浅层性和平缓性;滑坡一般先从坡脚发生,土体滑出后,坡体失去侧向支撑,引起滑动,是膨胀土滑坡的显著特征;边坡滑动多发生在运行后十几年,这是膨胀土强度衰减的表现。

滑坡滑动面具有明显的结构和构造特征,主要沿着不同土层面或较弱结构层带发生,滑动面的形状与一般均质土的圆弧滑动面有所区别,其后缘滑壁近似直立,滑坡的发生和发展主要受上层地层中的竖向裂缝控制,立滑面(或蠕变带)为一缓倾的弱面(带),倾角一般为3°~10°,主滑面与后缘面之间,有一条很短的弧线连接段。

5 滑坡成因分析

膨胀土胀缩变形:膨胀性土在天然状态下,具较高的强度,边坡较为稳定,但在干湿交替较为频繁的情况下,表层土体逐渐饱和或形成地下水出逸点,较易降低其稳定性,且会进一步引起塌落或浅层滑坡等破坏。

坡面渗流:受膨胀土体的胀缩等因素影响,干裂(隙或缝)较为发育,裂隙性潜水充填其间,由天然降水补给,地下水位随季节变化升降。地下水沿土层的脉状裂隙渗流,在坡面中下部适宜处渗出形成渗水点,降低土体强度,引发多处浅层牵引式滑坡。如果下渗水流在顺河向陡裂隙中聚集(可能暂时没有出逸点),则有可能形成高水位的斜坡下滑推力,形成滑动裂隙,地下水消散再聚集,反复发展将形成大的滑坡。同时河水位的陡升陡降亦加大了挡浪墙处土体的动水压力和上浮力,致使坡面土层软化,强度变低,极易蠕变和增大下滑力,易引起浅层坡面的滑动。

6 稳定性分析

本文旨在对分洪道切岭段(14+900~21+000)右岸边坡进行分析,该段也为历年来滑坡最为严重地段。根据该段内滑坡治理措施和地形特点,继续将该段分为三段边坡,并结合各段内已发生的滑坡选择典型断面进行稳定性分析。

6.1 典型断面选择

桩号14+900~16+500段:地形较平缓且边坡高度较低,未实施滑辐射井。

桩号16+500~19+660段:地形起伏大,边坡高,未实施滑辐射井,在桩号19+000和19+400处选取代表性断面对该段边坡进行稳定性复核,其中桩号19+000断面位于滑坡Ⅷ-98附近,桩号19+400断面位于滑坡Ⅹ-99附近。

桩号19+660~21+000段:地形起伏大,边坡高,已实施阻滑辐射井,在桩号19+700处选取代表性断面对该段边坡进行稳定性复核,该断面位于滑坡Ⅰ-74附近。

典型断面情况见表1。

表1 典型断面情况表

序号	滑坡代号(桩号)	断面桩号	情况简介
1	Ⅰ-74(19+900~20+100)	19+700	1974年冬发生,1976年又发生,经治理后至今稳定
2	Ⅷ-98(18+900~19+010)	19+000	1998年4月发生,经治理后至今稳定
3	Ⅹ-99(19+350)	19+400	1999年6月发生,经治理后至今稳定

6.2 潜在滑动面及力学指标确定

滑动面或潜在滑动面是滑坡滑动的一个重要因素，它的位置和形状确定的正确与否，直接影响到滑坡稳定计算是否符合实际情况和滑坡治理的成败。

潜在滑动面或者软弱结构面的位置主要依据以下原则进行判断：

①潜在滑动面的形态与已滑边坡滑动面相似。

②不同土层分界处、同一土层中静探曲线上 q_c 值较小处或连续取样钻孔原状土样天然含水率突增处，是潜在滑动面（或软弱带）的位置。

③边坡下卧基岩与上部土体之间的结合面由于长期受水浸泡，强度低，为软弱结构面，若基岩倾向河床，即可能形成潜在的滑动面。

桩号19+660~21+000段：坡体地层由重粉质壤土（Q_3^{al}）和砾质重粉质壤土（Q_2^{al+pl}）组成。在桩号19+700断面处，土工试验成果显示，重粉质壤土层从地表至5.0 m深度内土样含水率较5.0 m深度以下高，且在4.0~5.0 m深度急剧上升至最大值，同时 q_c 值大幅衰减，表明由于膨胀土的上部裂隙发育，水通过裂隙渗入土体，在4.0~5.0 m处形成滑动带。在深度21.0~22.0 m处，含水率激增，强度相对较小，剖面图显示为上下地层的分界处，可判断为该边坡的潜在滑动面。

同理，通过该方法确定其他断面的潜在滑动面：

桩号17+200~19+660段：坡体地层由重粉质壤土（Q_3^{al}）和砾质重粉质壤土（Q_2^{al+pl}）组成。桩号19+000断面，滑动带在坡顶位于坡面以下深度4.0 m，在坡体位于坡面以下深度5.0~5.9 m至坡脚位于土层分界处，滑动带锥尖阻力较小（$q_c=0.2~0.4$ MPa），摩阻比 $R_f>6.0$；桩号19+400断面，滑动带在坡顶位于坡面以下深度2.0~2.5 m，在坡体位于坡面以下深度2.9~4.7 m至坡脚位于土层分界处，滑动带锥尖阻力较小（$q_c=0.7~1.05$ MPa），摩阻比 $R_f>6.0$。

桩号14+900~17+200段：坡体地层由中轻粉质壤土（Q_4^{al}）和重粉质壤土（Q_3^{al}）层组成，在土层分界带土体强度较低，含水率发生突变，可定义为该段坡体的潜在滑动面，位于坡顶以下深度3.4~5.7 m，高程9.08~14.10 m处。

确定滑动带或潜在滑动带的位置后，定义其厚度为1.0 m，将其作为单独土层进行指标统计，各土层及（潜在）滑动带的计算指标选取见表2（表中均为直接快剪指标）。

表2 各土层及（潜在）滑动带力学指标建议值表

桩号范围		14+900~17+200		17+200~19+660				21+000~19+660	
断面				19+000		19+400		19+700	
地层（厚度）		黏聚力 kPa	内摩擦角 φ	黏聚力 kPa	内摩擦角 φ	黏聚力 kPa	内摩擦角 φ	黏聚力 kPa	内摩擦角 φ
人工填土层	原状土	24.6	10.3	—	—	—	—	—	—
	大气影响层（2 m）	18.5	9.8	—	—	—	—	—	—
中轻粉质壤土	原状土	12	10.2	—	—	—	—	—	—
	大气影响层（2 m）	9	9.7	—	—	—	—	—	—
	潜在滑动面层（1 m）	8	4	—	—	—	—	—	—
重粉质壤土	原状土	30.1	6.8	30	10	60	12	45	12
	大气影响层（2 m）	—	—	28.5	9.5	45	11.4	33.8	11.4
	潜在滑动面层（1 m）	13.5	7.2	13.5	7.2	15	4	16	7
砾质重粉质壤土		30	17	30	17	30	17	30	17

根据表2，边坡潜在滑动面的力学特性较原状土均有大幅的降低，已实施阻滑辐射井的边坡，其潜在滑动面的力学特性较未实施阻滑辐射井的略高。

6.3 计算工况、方法及过程

根据本工程的实际运行条件，边坡为自然边坡，处于稳定渗流期，选择正常运用条件下的工况进行验算，分为稳定渗流期和水位骤降两种工况。

对采取阻滑辐射井，考虑降低浸润线高程。由于边坡地层含有膨胀土，且局部地段已发生滑坡，故计算过程中还应考虑滑动带或潜在滑动带的影响。

利用瑞典圆弧法和简化毕肖普法，采用有效应力法分别对稳定渗流期和水位骤降工况进行抗滑稳定计算，根据《水利水电工程边坡设计规范》(SL 386—2007)，Ⅰ级边坡的允许最小安全系数：正常运用条件为1.3～1.25，取值1.30。计算结果如下：

表3 稳定性计算结果表

断面桩号	高切岭段					低切岭段
	19+700	19+400		19+000		15+950
现状	V-90 滑坡 已实施抗滑井	X-99 滑坡 未实施抗滑井		VIII-98 滑坡 未实施抗滑井		未滑动 未实施抗滑井
坡顶高程	32.2	41		34.9		19.4
是否实施阻滑辐射井	实施后	实施前	实施后	实施前	实施后	实施前
瑞典圆弧 K	1.33	1.16	1.31	1.08	1.36	1.42
毕肖普 K	1.37	1.3	1.44	1.2	1.47	1.47
水位骤降(毕肖普)	1.37	1.12	1.31	1.18	1.39	1.42
结论	稳定	不稳定	稳定	不稳定	稳定	稳定

计算结果表明，低切岭段虽未实施阻滑辐射井，但由于边坡高度较低，边坡整体处于稳定状态；高切岭段，阻滑辐射井实施后，边坡基本处于稳定状态，未实施段边坡则处于不稳定状态；高切岭段处于不稳定状态的边坡若采取阻滑辐射井防治措施，则可明显提高边坡稳定安全系数。

6.4 辐射井阻滑机理分析

辐射井主要通过竖井和辐射管将边坡中的水及时排出坡体，能够显著降低坡体内的地下水位，尤其是雨季水位下降明显，使得坡体内浸润线比较平缓，减小渗透坡降，降低了坡体动水压力，同时避免边坡膨胀土因频繁干湿循环导致干缩裂缝的产生和强度的衰减，使上部土体长期处于低含水量状态，土体抗剪强度较长期处于高含水量的土体强度有所提高。且排水井由砖砌而成，底部为混凝土衬砌，具有一定的阻滑作用，也减轻了边坡的土体自重，从而减小土体自重对边坡产生的下滑推力。对膨胀性土高边坡具有较好的治理效果。

7 结论

（1）江淮分水岭广泛分布膨胀性土，且地形起伏大，渠道边坡较高，高切岭段易发生滑坡；

（2）膨胀土边坡一般存在软弱结构面，其含水率高、强度低，即为边坡的潜在滑动面，可结合连续取样钻探和静力触探成果分析判别；

（3）膨胀性岩土边坡发生滑坡具有显著的浅层性、季节性特征，滑动面具有明显的结构和构造特征；

（4）采用阻滑辐射井对膨胀土高边坡进行防治，效果明显。

[参考文献]

[1] 潘国林,吴泊人,李郑.安徽省膨胀土分布及工程地质特征研究[J].地质灾害与环境保护,2012,23(2):54-59.
[2] 张友明,陆银军,王海伟,等.淮河三河闸膨胀土边坡失稳分析与治理[J].中国防汛抗旱,2016,26(3):87-89.
[3] 程展林,李青云,郭熙灵,等.膨胀土边坡稳定性研究[J].长江科学院院报,2011,28(10):102-111.
[4] 庞牧华,叶少有.驷马山滁河分洪道膨胀土边坡辐射井排渗效果分析研究[J].工程与建设,2012,26(2):203-204+260.
[5] 袁艳,吴彩虹.驷马山分洪道膨胀土抗剪强度试验研究[J].江淮水利科技,2009(3):22-23.

[作者简介]

余小明,男,生于1988年6月,工程师,注册土木工程师(岩土),主要从事水利工程地质勘察工作,13696783060,yuxm1989@163.com。

淮河干流息县枢纽工程地基处理分析与研究

欧 勇[1]　查松山[1]　单浩浩[2]　任文浩[3]

(1. 中水淮河规划设计研究有限公司　安徽 合肥　230601；
2. 信阳市浉河水库管理局　河南 信阳　464000；
3. 河南省水利第一工程局　河南 郑州　450000)

摘　要：针对淮河干流息县枢纽节制闸基础面积达 5 万 m² 的软弱扰动砂基特性，为大幅提高地基承载力，消除地基地震液化，控制工程不均匀沉降，保证工期，充分利用工程基坑丰富的开挖砂料，采取大范围换填并振冲挤密的地基处理方案，通过现场地基试验，明确了振冲挤密砂桩设计技术参数，优化了桩体和桩间土加固效果检测方法，揭示了施工质量控制要点和关键环节，设计方案实现了安全可靠、经济合理、环境友好的目标，为类似工程积累了可靠的设计经验。

关键词：淮河；息县枢纽；扰动砂基；挤密砂桩；地震液化

1　概况

息县枢纽工程布置于河南省信阳息县水文站下游约 6.7 km 处的淮河干流上，主要建筑物包括拦河节制闸、鱼道、生态基流设施等。工程等别为Ⅱ等，大(2)型，主要建筑物级别为 1 级，枢纽节制闸设计流量 9 300 m³/s，校核流量 15 600 m³/s，闸室采用两孔一联，单孔净宽 15.0 m，共计 26 孔，单块闸底板平面尺寸 31.0 m×36.1 m，闸墩最大高度 18.3 m，闸室最大平均应力 180 kPa。

闸址处主河槽出露地层为河道内采砂后新近沉积的砂土或已扰动的砂土，该土层主要为砂混杂淤泥质土、泥团、泥块，含泥量较高，呈松散或软塑状态，岩性不均匀、强度差别较大，层厚 1.10～7.20 m，液化等级为中等～严重，标贯最低不足 1 击；闸址处河道两岸建基面为中粗砂层，呈中密状态，标贯 19～37 击，平均 25 击，允许承载力 200 kPa，地质条件较好。闸址区地震动峰值加速度为 0.10g，相应地震基本烈度为Ⅶ度。

2　设计方案分析与研究

2.1　工程特性分析

从息县枢纽闸址处地质条件可以看出，主河槽天然地基存在地基承载力低和地震液化问题，不能满足工程需要，必须进行处理，要提出安全可靠、经济合理、环境友好的地基处理方案，必须充分了解息县枢纽工程特点，经分析，息县枢纽工程有以下几方面特点：

(1) 息县枢纽闸底板厚 3.0 m，闸墩最大高度 18.3 m，中墩厚 2.5 m，边墩厚 1.8 m，闸底板和闸墩尺寸均较大，闸室最大平均应力达 180 kPa，对地基允许承载力要求高。

(2) 息县枢纽工程位于淮河干流上,工程等别高,规模大,建筑物级别高,工程区地震基本烈度为Ⅶ度,工程地震设防类别高,对地基抗液化性能要求高。

(3) 息县枢纽闸室采用两孔一联,单孔净宽15.0 m,闸室平面尺寸达31.0 m×36.1 m,共计26孔、13联,由于闸室平面尺寸大、闸孔孔数多,对于单个闸室和相邻闸室不均匀沉降的控制要求均比较高。

(4) 息县枢纽位于淮河干流上,主体工程施工为一个非汛期,施工时段为10月至次年5月,其间要进行导流明渠开挖及防护(约140万 m³)、围堰填筑(约90万 m³)、地基处理(约5万 m²)、主体混凝土浇筑(约20万 m³)等工程施工,施工工期非常紧张,各阶段施工强度均非常大。

(5) 息县枢纽工程采用的是全深孔布置方案,需对主河槽扩挖,根据工程地质条件,枢纽开挖将产生约250万 m³砂料,砂石料充足。

针对以上工程特点,地基处理设计方案需解决以下几方面问题:

(1) 能够大幅提高地基允许承载力,满足息县枢纽地基应力要求;

(2) 能够消除地基地震液化问题,满足工程抗震设计要求;

(3) 能够控制地基沉降,尤其是不均匀沉降,满足工程安全运行要求;

(4) 能够大面积多台设备快速施工,施工结束后能够快速检测,缩短工期,为工程主体施工创造有利条件;

(5) 能够因地制宜,充分利用息县枢纽工程环境特点,实现降低工程投资、绿色环保、环境友好目标。

2.2 设计方案研究与选用

根据以上分析,对于该类型地基进行处理可采用振冲挤密砂桩和强夯,两种方法都能大幅提高地基承载力,消除地震液化,控制不均匀沉降,且具有设备简单、施工方便、工期短等优点,但对于本工程而言,砂土地基含泥量和饱和度均较高,且处理深度较深,强夯效果不佳,可能会存在处理不均匀的现象,从而导致不均匀沉降失控,另外,因强夯法存在局部震动,对防渗墙和防冲墙的混凝土凝固时间和强度存在影响,施工时也要采取措施避免交叉干扰,对工期也有一定的影响。因此,为保证工程安全,设计方案采用振冲挤密砂桩处理方案。

在进行振冲挤密砂桩设计前,设计人员对息县枢纽地质条件进行了进一步分析,主河槽揭露地层上部2.0 m范围内沉积的砂土与其下部砂土层物理力学指标存在明显差异,上部砂土层含泥量明显较高,标贯击数极低,黏粒含量偏高,直接采用振冲挤密处理效果不佳,结合工程开挖大量中粗砂料可利用的特点,设计将该部分浮淤砂土全部清除,换填基坑开挖的中粗砂,并回填至设计桩顶高程以上2.0 m,再进行振冲挤密处理,处理范围为闸室、铺盖、消力池、上游护底、下游海漫、上下游抛石防冲槽及其以外5.0 m,面积约5万 m²,振冲挤密砂桩填料采用粗砂或中粗砂,桩径均为1.0 m,梅花形布置,闸室基础范围内桩间距1.7 m,上游护底、铺盖、下游消力池、海漫及抛石防冲槽基础范围内桩间距2.5 m。设计技术参数见表1。

表1 振冲挤密砂桩技术要求

序号	部位	桩距(m)	桩径(m)	平均有效桩长(m)	复合地基承载力(kPa)	桩间土相对密实度	桩体重型动力触探击数
1	闸室	1.7	1.0	7.0	≥180	≥0.7	≥8
2	铺盖	2.5	1.0	9.5	≥125	≥0.7	≥8

续表

序号	部位	桩距(m)	桩径(m)	平均有效桩长(m)	复合地基承载力(KPa)	桩间土相对密实度	桩体重型动力触探击数
3	消力池	2.5	1.0	7.5	≥125	≥0.7	≥8
4	上游护底	2.5	1.0	8.5	≥125	≥0.7	≥8
5	下游海漫	2.5	1.0	9.0	≥125	≥0.7	≥8

3 现场试验分析

由于息县枢纽工程建筑物级别为1级，必须通过现场复核地基载荷试验确定挤密砂桩桩径、桩距等技术参数，通过试验确定施工工艺，因此，根据初拟的设计方案，结合工程地质条件，选取枢纽上游右岸护底部位进行回填土振冲挤密砂桩现场试验。

3.1 试验参数

首先清除试验区表面淤泥夹砂层，采用基坑开挖中粗砂料进行回填至试验高程，开挖砂料含泥量小于10%，回填高度平均4 m，桩径按设计取1.0 m，桩间距1.7 m（A区）和2.5 m（B区），梅花形布置，试验技术参数见表2。

表2 振冲挤密砂桩试验技术参数表

序号	参数	控制标准	备注
1	制桩电压	380 V	±20 V
2	加密电流	55～65 A	75 kW
3	留振时间	20 S/20 S/15 S	
4	加密段长	50 cm	
5	成孔水压	0.3～0.8 MPa	
6	加密水压	0.1～0.5 MPa	
7	填料量	≥0.7 m³/m	
8	桩径	1.0 m	

3.2 试验成果

本次试验，在挤密砂桩成桩3天和7天后分别对桩体和桩间土进行了密实度检测，桩体密实度检测采用重型动力触探法，桩间土密实度采用标准贯入试验法，复合地基承载力采用静载荷试验法检测。试验成果见表3。

表3 振冲挤密砂桩试验成果表

部位	时间	桩体重型动力触探击数 最大值	最小值	平均值	桩间土标贯击数 最大值	最小值	平均值	复合地基承载力
A区	成桩3天	25	5	11.3	27	19	22.5	
	成桩7天	38	8	18.7	43	20	29.8	满足
B区	成桩3天	26	6	11.8	31	17	22.2	
	成桩7天	19	8	12.5	31	18	22.7	满足

为验证本工程桩间土标贯击数与相对密实度的关系，在试验区上部1.15～1.45 m（标贯击数15

击),采用灌砂法进行相对密度检测,检测结果显示该部位相对密实度为0.72。

4 设计方案优化

从现场试验成果可以看出,复合地基承载力均能满足地基应力要求,桩体重型动力触探击数平均值均大于10击,较设计要求的8击提高了25%,参照《水电水利工程振冲法地基处理技术规范》,桩体处于密实状态,但成桩3天时的桩体重型动力触探击数最小值为5击,小于设计值,通过进一步求证,桩体重型动力触探击数最小值位置为中粉质壤土夹层或局部泥块,这一现象进一步验证了工程地基土层的不均匀性,这些部位在成桩7天后,最小值也能够满足设计要求,因此,通过试验,设计将方案中对桩体重型动力触探击数不小于8击的要求调整为平均值不小于10击且最小值不小于8击,进一步保证了桩体质量和地基处理效果。

桩间土处理效果宜采用标准贯入试验、静力触探等原位测试方法和室内土工试验等方法检测,由于工程地基处理范围大,检测数量多,工期短,为保证工程进度,试验采用标准贯入法检测桩间土,合理准确地确定桩间土标贯击数是保证地基处理可靠性的关键。针对桩间土相对密实度不小于0.7的要求,试验在进行标贯检测的同时,也采用了灌砂法进行相对密度检测,建立了标贯与相对密实度的关系,根据试验,标贯15击对应的相对密实度为0.72,从A区和B区桩间土标贯检测成果可以看出,桩间土标贯平均值均大于20击,最小值也在15击以上,A区7天的标贯平均值在25击以上,该值也与枢纽两岸天然砂土地基的标贯击数平均值一致,因此,通过试验,确定桩间距1.7 m范围内桩间土标贯平均值不小于25击、最小值不小于20击,桩间距2.5 m范围内桩间土标贯平均值不小于20击、最小值不小于15击。

通过试验发现施工平台挖除前和挖除后的桩体和桩间土检测成果有较大差异,主要体现在桩顶1.5 m深度范围内,同时,由于地层分布的不均匀性,局部桩间土检测指标存在异常,为解决该类问题和保证工程质量,设计方案进行了进一步优化:在施工平台挖除后,使用22 t振动碾进行静碾2～3遍,对局部桩间土检测指标存在异常区域进行相对密实度检测并检测不小于10组的桩间土标贯值和相对密度关系。

综上所述,息县枢纽振冲挤密砂桩处理方案如下:振冲桩施工前清除表层含淤泥质土、泥团的中、细砂层,后采用基坑开挖中粗砂料回填至设计高程,再填筑振冲平台,厚度不小于2.0 m,振冲挤密砂桩填料采用粗砂或中粗砂,桩径均为1.0 m,梅花形布置,闸室基础范围内桩间距1.7 m,桩体重型动力触探击数平均值不小于10击且最小值不小于8击,桩间土标贯平均值不小于25击、最小值不小于20击,上游护底、铺盖、下游消力池、海漫及抛石防冲槽基础范围内桩间距2.5 m,桩体重型动力触探击数平均值不小于10击且最小值不小于8击,桩间土标贯平均值不小于20击、最小值不小于15击,各部位桩间土相对密实度均不小于0.7,在施工平台挖除后,使用22 t振动碾进行静碾2～3遍,对局部桩间土检测指标存在异常区域进行相对密实度检测并检测不小于10组的桩间土标贯值和相对密度关系。

5 地基处理效果评价

息县枢纽振冲挤密砂桩地基处理面积达5万 m²,共计施工16 992根砂桩,施工单位自检桩体340根、桩间土112个孔,第三方检测抽检桩体23根、桩间土25个孔,桩体重型动力触探击数、桩间土标贯击数及复合地基承载力全部满足设计要求,复合地基承载力最大可达300 kPa,远大于闸室地基应力180 kPa,截至目前工程主体已完成,闸室最大沉降仅6 mm,地基处理效果显著。

6　结语

采用振冲挤密砂桩处理息县枢纽工程扰动的软弱砂基基础,充分利用了工程基坑丰富的开挖砂料,设计方案因地制宜,绿色环保,显著降低了地基处理工程投资。振冲挤密砂桩处理具有可大面积多台设备快速施工的特点,有效缩短了工期,保证了工程进度。通过对现场试验成果的分析研究,确定了合理的、有针对性的桩体重型动力触探和桩间土标贯等重要技术参数指标,保证了工程质量。结果表明,设计方案安全可靠、经济合理、环境友好,大幅提高了地基承载力,消除了地震液化,控制了地基沉降,为类似工程积累了可靠的设计经验。

[参考文献]

[1] 龚晓南.地基处理手册[M].3版.北京:中国建筑工业出版社,2008.
[2] 方劲.东江水利枢纽拦河水闸砂基振冲处理[J].甘肃水利水电技术,2007,43(1):45-46.
[3] 刘兰勤,宁保辉,于军.挤密砂桩在出山店水库软基处理中的应用研究[J].人民黄河,2020,42(8):142-145.
[4] 宋汉耀.振冲加密技术在曹娥江大闸基础处理中的应用[J].浙江水利科技,2006,145(3):64+70.
[5] 李全福.大功率振冲器在水电站坝基深厚覆盖层中的振冲试验与施工[J].四川水力发电,2010,29(3):106-108+123.

[作者简介]

欧勇,男,生于1981年11月,高级工程师,主要从事水工结构的设计与研究,13855238095,29193505@qq.com。

渠系建筑物外观质量控制

——引江济淮渠系建筑物外观质量提升经验交流

周志富

(中水淮河规划设计研究有限公司　安徽 合肥　230000)

摘　要：为顺利实现渠系建筑物上部结构建设工程的全过程质量监督管控措施，有效提升上部结构工程建设质量，结合引江济淮淮南段沿线渠系建筑物外观质量提升行动实例，分析了渠系建筑物外观质量监督管控过程中存在的问题，同时提出几点渠系建筑物外观质量监督管控措施和建议。

关键词：渠系建筑物；外观质量控制；经验交流

1　工程概况

引江济淮淮南段沿线渠系建筑物分为小型泵站、涵闸、跌水等。新(重)建渠系交叉建筑物 116 座，独立单体建筑物 181 座，总建筑面积只有 2 159 m^2，平均每座建筑物只有 23 m^2。这些建筑物的共同特点是远离城市，地势低洼，建筑规模较小，高宽比失调，建筑物布置比较分散，运营管理难度大。

2　渠系建筑物外观质量提升方案确定的背景

2020 年 3 月 4 日安徽省引江济淮集团有限公司在安徽省水利勘察设计院召开了关于《引江济淮工程全线建筑物设计方案汇报会》，会议确定渠系建筑物按照新中式风格设计。

2021 年 10 月 9 日和 2021 年 11 月 11 日两次组织召开渠系建筑物外观质量提升推进会。会议明确了渠系建筑物外观质量提升的必要性。为实现"安徽第一、全国一流"的建设目标，各设计联合体统一编制引江济淮工程(安徽段)渠系建筑物外观质量提升方案，建立统一的建筑风格和建筑装饰材料标准，作为质量控制标准，用以指导工程建设。

3　渠系建筑物外观质量提升与质量控制措施

(1) 设计单位对全线渠系建筑物进行优化设计。引江济淮淮南段沿线渠系建筑物采用三段式新中式建筑风格。屋面采用灰瓦坡屋面，墙体中部采用真石漆涂料，墙体顶部采用砖红色面砖，再通过对屋面檐口、门窗、墙体线条等细部处理及外装饰不同色彩的运用，使得小型建筑物既符合新中式古朴典雅风格，又不失轻盈活泼的一面。

(2) 设计单位现场查勘、技术交底、动态优化。随着工程不断推进，施工现场出现建筑材料、部分构件尺寸不统一。建设单位非常重视江淮沟通段渠系建筑物建成效果，于 2021 年 8 月和 9 月两次组织各参建单位对 J010-2 标施工现场进行了查勘。通过现场查勘,各参建单位提出了不少合理化建议,特别是淮南建管处的领导和现场管理人员考虑得非常全面,从建筑的细部处理到建成后的运行管理提出了很多专业性的建议,根据此次意见形成了以下几点提升思路:

① 建筑室内细部

统一开关面板位置及高度、照明安装位置、屋面螺杆预留孔去留等。

② 建筑外观细部

统一屋面材料及色彩,统一建筑外墙材料,统一人行便桥的宽度、栏杆的样式、楼梯饰面材料及色彩,统一制作工程铭牌。

③ 增设建筑群人行便桥

对传统的渠系水利工程交通组织进行提升。传统小型水利建筑交通组织是沿堤顶向下到达建筑物地面,再从各建筑物楼梯上到各建筑内,管理人员劳动强度较大,不够人性化。通过人行便桥把各个建筑物有机地联系起来,既方便了管理,又减轻了管理人员的劳动强度,也有利于小型设备的运输,即使在汛期有积水的情况下也不影响运行管理。出于安全及管理考虑,建议便桥入口设置栅栏门。通过人行便桥的设置,使建筑在空间上更加丰富,同时也弱化了每个单体建筑物单薄的感觉。通过这次方案提升,江淮沟通段小型建筑物建成后更加丰富多彩,更加契合"安徽第一、全国一流"的定位。

(3) 制定渠系建筑物外观质量提升项目清单。沿线渠系建筑物分为小型泵站、涵闸,根据这些建筑物的不同特点,制定建筑物外观质量提升项目清单。

(4) 制定验收标准,明确质量控制指标。各参建单位牢固树立质量第一意识,强化建设过程质量监督管控,积极开展质量提升行动,促进全面提升工程质量管理水平。制定专项验收标准,明确控制指标。建设单位专门制定了《渠系建筑物上部结构基面完工检查内容及验收标准》及《施工总包设备材料采购质量标准》(以下简称《标准》)。

一是对渠系建筑物上部结构验收标准和检查项目进行细化,逐项明确控制指标。二是对渠系建筑物装饰装修材料及机电设备型号参数、质量标准进行明确,筛选相关优质材料品牌信息为施工单位选材用材提供参考。三是联合监理单位对施工单位采购的各类设备材料进行进场验收,检查采购的设备材料是否满足建设单位印发的《标准》要求、品牌是否在《标准》划定的优质品牌范围内。四是分阶段组织设计、监理和施工单位严格按照优化的图纸和《标准》逐项检查,逐个验收,各方达成一致意见方可通过现场验收。

(5) 坚持"首件制"引领质量管控源头。建设单位督促施工单位及监理部建立健全全项目管控体系,厉行质量管理源头控制。坚持"源头严管、过程严管、后果严惩",以"首件制"促进各项管理规范化,以"规范"引领标准化,以"标准"提升精细化。2021 年 8 月 10 日,建设单位在 J010-2 标组织召开船涨排涝涵上部结构及装饰装修首件工程总结会,要求各单位以船涨排涝涵为基本模板,进一步提升质量,努力打造精品样板工程。

(6) 加强全过程全环节质量管控。一是组织施工单位和监理单位专业技术人员提前梳理全线渠系建筑物施工图纸,对图纸中的缺漏、疑问进行整理,随后组织设计单位赴现场进行详细地设计交底。二是针对施工过程中发现的问题,严格督促施工单位和监理单位落实整改纠偏并跟踪复查。三是严格实施原材料进场报验制度,加强施工工序检测,落实三级质量检查,强化过程质量监督管控。加大对重点工序、隐蔽工程的监督力度,执行全过程旁站监督、全工序检查验收。

(7) 召开现场会,点评质量优缺点。不定期选择质量排名靠前和靠后的单位,组织各参建单位召开现场会,交流经验,发表意见,在学优中形成良性竞争,跟踪时效,不断提高施工质量。

4 渠系建筑物上部结构外观质量提升造价分析

（1）建筑物特点。建筑物的共同特点是远离城市，地势低洼，建筑物体量较小，规模小，比较分散。

（2）施工条件。由于这类建筑物远离城市，地势低洼，建筑物体量较小，规模小，比较分散，交通不便。因此，材料采购及运输路程偏远、施工条件较差、工人工作和生活环境都不理想，导致成本增大。

（3）门窗加工。这些建筑物体量、规模虽然小，但功能不同。为了满足不同功能性房间的要求和建筑美学原则，门窗设计就无法完全统一，因此门窗在加工制作时原材料耗材较大，导致成本增大。

（4）材料品牌限定。招标阶段这类建筑物装饰装修材料没有设定标准，施工阶段施工单位严格按照淮南建管处《关于渠系建筑物外观质量控制及设备材料采购质量管理的通知》要求的标准采购和施工，造成成本增加。

（5）成本测算。以 J010-2 标船涨排涝涵为例，其建筑面积 15.6 m²，投标报价 2 200 元/m²。虽然建筑物规模小，但"麻雀虽小，五脏俱全"，且材料品质要求较高、市场材料价格不确定性大，施工成本远高于投标价。实测分析土建费用共计 72 827.76 元，装饰费用 51 542.58 元，累计总费用 124 370.34 元，平均单价 7 972.46 元/m²，远高于投标价。

5 渠系建筑物上部结构建设启示

（1）引江济淮渠系建筑物招标阶段存在的问题。一是招标阶段没有确定渠系建筑物上部结构造型，即建筑外形效果；二是招标时上部结构无施工图纸，而是以平方米综合单价的招标形式进行招标；三是没有规定装饰装修材料标准；四是在施工阶段建设单位想法多、要求高、变更大。渠系建筑物上部结构造型、装饰装修标准及变更对造价影响很大，因此，对以后结算产生很大影响，不利于工程质量提高和工程进度，造成工程结算难度大。

因此，在工程建设初期，建议确定好建筑方案及装饰装修材料标准，归纳工程规模，合并同类项，并进行标准化设计。建议在招标阶段以施工图形式进行招标，有利于工程质量控制及工程顺利推进，在后续结算阶段也比较顺利。

（2）施工过程质量监督控制。一是进行技术交底，工序施工前，应组织参建单位进行技术交底。设计人员应提前做好交底准备，交底时应交代施工注意事项、重点部位施工技术要点、难点及安全遵循；施工单位项目技术负责人应根据施工组织设计或专项方案的要求，向质量管理人员、班组长进行技术交底，并办理签字手续。技术交底宜图文并茂，落到实处，有条件的，可在样板集中展示部位设置班前讲评台，现场依据样板进行技术交底。二是样板引路，工序施工前，应在施工现场做实物样板。样板间（件）应留有影像资料，经验收合格后方可进行大面积施工。三是三检制度，自检、互检、交接检各司其职，各施工工序应按施工技术标准进行质量控制；同样相关专业工序之间也应进行交接检，使各工序之间和各相关专业工程之间形成有机整体。四是重要工序检查认可，对于监理单位提出检查要求的重要工序，应经监理工程师检查认可，才能进行下道工序施工。五是结构实体验收，结构实体工程验收应严格按照国家有关验收规范要求进行验收。检查混凝土强度、结构位置与尺寸偏差、钢筋保护层厚度等项目。六是外观质量验收，应严格按照国家有关验收规范要求进行验收。检查建筑物墙地面的平整度、偏差量、设备安装标准、装饰材料质量等项目。七是质量问题处理，项目部应建立并实施质量问题处理制度，明确对发现质量问题进行有效控制的职责、权限和活动流程，应保存质量问题的处理和验收记录，建立质量事故责任追究制度。

6 结束语

综上所述,贯穿水利建设工程全过程的质量监督控制是整个水利工程管理的核心。对于当前水利建设工程中质量监督管控存在的诸多问题,相关单位应贯彻科学高效原则,面向水利建设工程整个时期,根据前期准备阶段、建设阶段与竣工阶段的特殊需求,进行质量监督管控策略的优化设计,提高水利建设工程施工质量问题的发现效率和处理精准度,为水利建设工程质量标准的顺利达成提供支持。

[作者简介]

周志富,男,生于1966年7月,副处长(高级工程师),从事建筑设计,13605665807,1637532550@qq.com。

南四湖二级坝枢纽溢流坝交通桥设计探讨

吴晓荣　陈朋飞　尚俊伟

(中水淮河规划设计研究有限公司　安徽 合肥　230601)

摘　要：南四湖二级坝工程自1958年10月兴建以来,已成为调节洪水、蓄水灌溉、发展水产、航运交通等多功能综合利用的大型水利工程,为地方社会稳定和经济发展提供了坚强支撑。该工程的建设历程是一部水利的建设史,也是一部治淮的历史。本文结合二级坝除险加固工程新建溢流坝交通桥工程实例,从设计思路、方案比选、结构计算及设计优化创新等各方面逐一阐述,对桥梁设计过程做了若干探讨,供工程设计人员借鉴与参考。

关键词：空心板;桥梁比选;桥面铺装;静载试验;动载试验

南四湖二级坝水利枢纽工程位于江苏、山东两省交界处,是一座具有防洪、除涝、灌溉、供水及连接两岸交通等功能的大型水利枢纽工程,主要建筑物包括拦湖土坝、溢流坝、一闸、二闸、三闸、四闸、微山一线船闸、微山二线船闸和南水北调二级坝泵站。其坝顶道路及交通桥作为二级坝枢纽的重要组成部分,是连接南四湖湖东、湖西的唯一通道,主要承担防汛抢险功能,兼顾为当地群众生产生活提供便利条件。

1 工程标准

二级坝除险加固工程属大(1)型工程,其主要建筑物溢流坝交通桥为1级建筑物,连接坝顶公路等级为二级公路,桥梁汽车荷载等级采用公路-Ⅰ级。

2 工程现状及加固必要性

桥址处原为混凝土溢流坝,堰顶兼做交通道路,由于来往车辆众多,堰顶混凝土开裂、下沉等损坏现象较为严重,影响工程泄洪安全。本次加固设计在堰顶上方架设交通桥做专门交通使用,将泄洪与交通分开,以保证工程行洪安全及居民生产生活出行需要。

3 工程方案设计

桥梁设计以"功能适用、安全可靠、造价经济、结构耐久"为原则,根据溢流坝泄洪要求,结合原溢流坝堰顶上口宽度及现状设计断面,拟定溢流坝交通桥总长400 m,共20跨,单跨跨径为20 m,桥面净宽9 m,全宽12 m。桥梁上部结构采用装配式后张法预应力混凝土简支空心板梁,桥面铺装为12～18 cm厚混凝土现浇层+7 cm厚沥青混凝土,下部结构为桩柱式桥墩及肋板式桥台,钻孔灌注桩基础。

桥梁横断面结构图见图1。

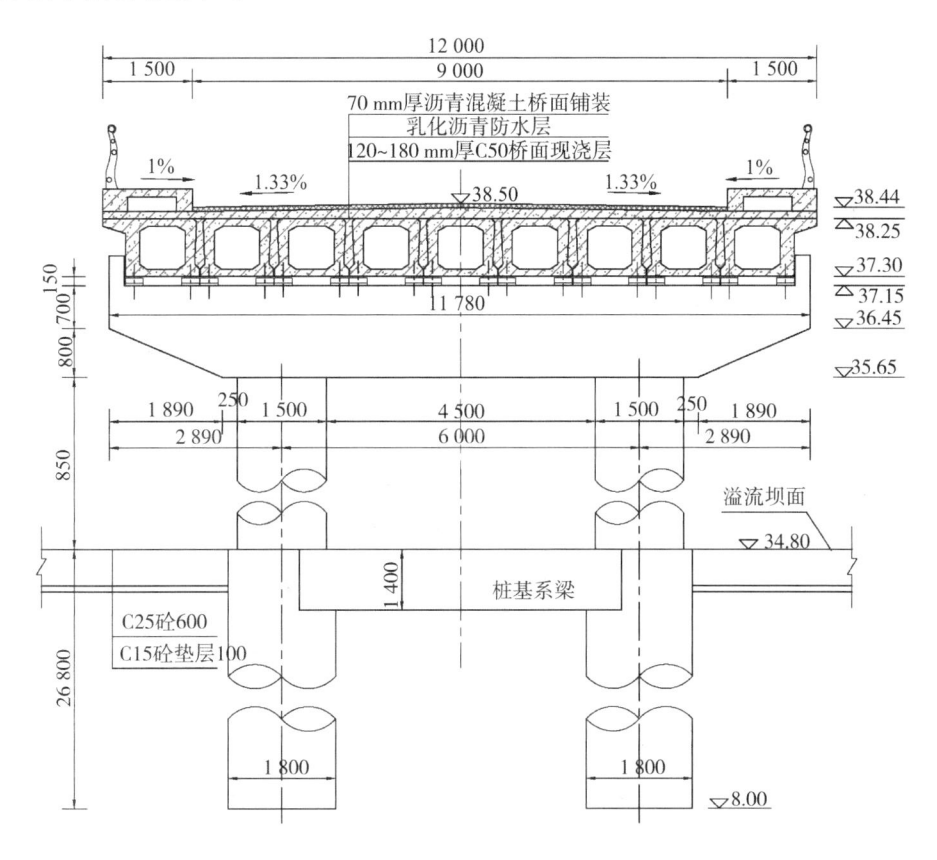

图1　交通桥横断面结构图(高程单位:m;长度单位:mm)

3.1　桥梁跨径比选

交通桥下无通航要求。本次设计根据开挖堰顶上、下口宽度,在满足防洪水位的要求下,采用预制结构,桥梁跨径尽量统一,降低施工成本。桥梁跨径比选表1。

表1　桥梁跨径比选表

跨径	20 m跨径	30 m跨径	40 m跨径
施工速度	快	一般	一般
施工组织	简单	复杂	复杂
行洪影响	☆☆☆☆	☆☆☆	☆☆
工程造价	一般	一般	高

3.2　桥板型式比选

根据交通桥单跨跨径及国内已建桥梁工程经验,桥板结构型式主要对空心板和箱梁两种方案进行比选。从桥梁功能性、结构特性、行车舒适性等方面比较,两者都是满足工程要求的。箱梁施工工艺较空心板复杂,且造价较高;空心板施工技术成熟难度小,吊装安装方便,工程投资适中。故最终选用空心板板梁结构型式。

4 桥梁结构计算

4.1 上部结构计算

本次设计采用商用软件 Midas Civil 对桥梁上部结构进行计算分析,并以《公路桥涵设计通用规范》(JTG D60—2015)及《公路钢筋混凝土及预应力混凝土桥涵设计规范》(JTG 3362—2018)为标准,按 A 类预应力混凝土结构进行验算。

计算模型图见图 2。

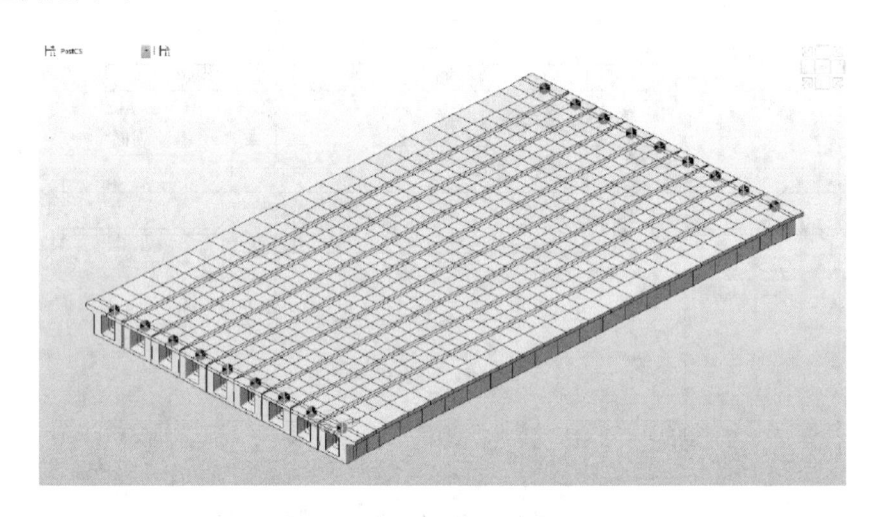

图 2　Midas Civil 计算模型

考虑桥梁上部结构自重、梁截面温度荷载、桥板徐变收缩、人群荷载及汽车荷载等若干荷载组合工况,对上部结构构件进行挠度、正截面抗弯承载力、斜抗剪承载力、正斜截面抗裂、正截面混凝土法向压应力等进行计算分析。结果表明,上述计算成果均能满足规范要求。

主要结构计算成果见图 3～图 7。

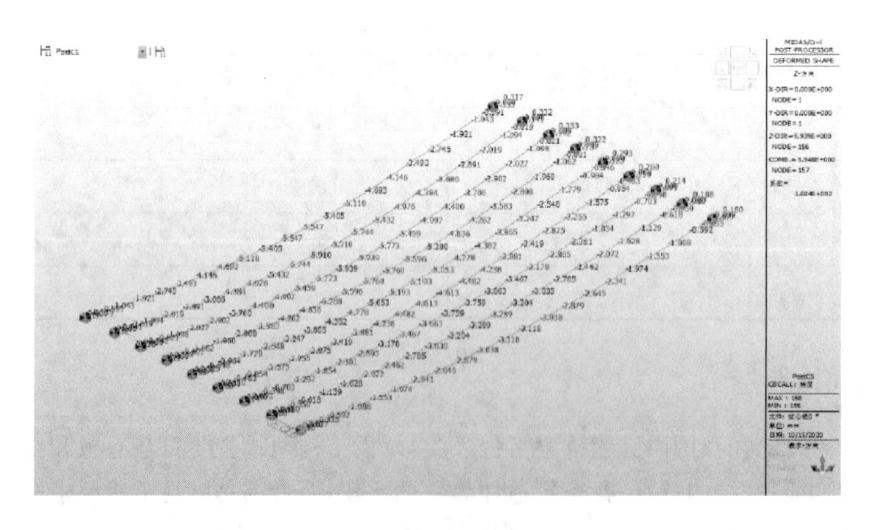

图 3　挠度计算结果图

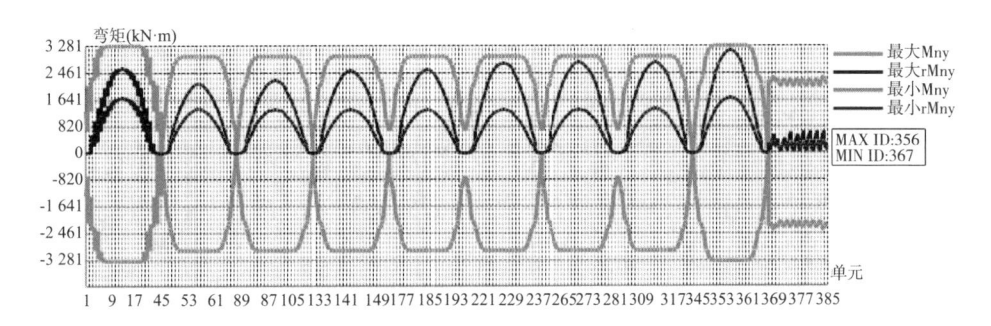

图 4　正截面抗弯承载力计算结果图

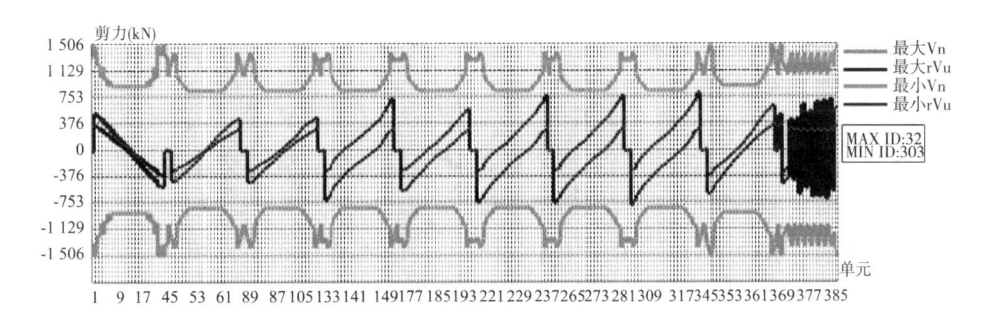

图 5　斜截面抗剪承载力计算结果图

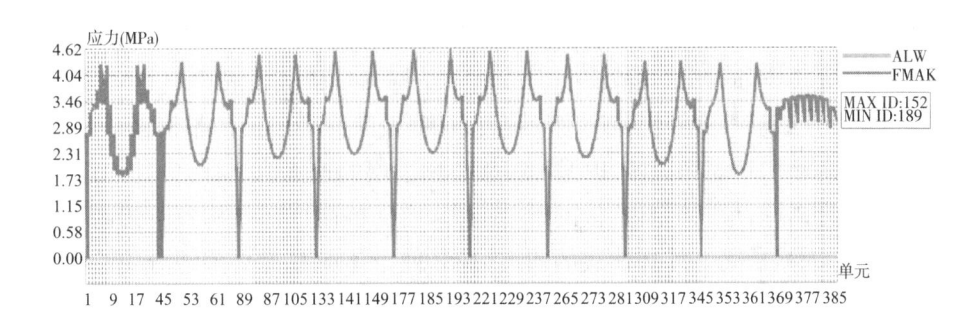

图 6　正截面抗裂计算长期效应组合结果图

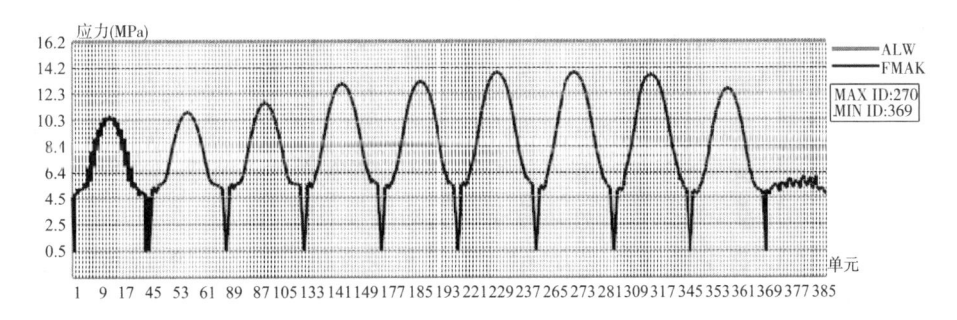

图 7　正截面混凝土法向压应力计算结果图

4.2　下部结构计算

桥梁下部结构按照《公路桥涵地基与基础设计规范》(JTG 3363—2019)中 6.3 节内容进行灌注桩设计。计算公式如下：

$$R_a = \frac{1}{2}u\sum_{i=1}^{n}q_{ik}l_i + A_p q_r \qquad (1)$$

$$q_r = m_0\lambda[f_{a0} + k_2\gamma_2(h-3)] \qquad (2)$$

根据桥梁上部荷载初拟桩基参数，计算得到单桩轴向受压承载力特征值，确定交通桥桥墩灌注桩桩基直径为 1.8 m，桩长 26.8 m；桥台桩基直径为 1.2 m，桩长 18 m。灌注桩桩底位于持力层(8)层重粉质壤土层，允许承载力为 280 kPa。

5 设计方案应用实践

5.1 桥面铺装层的优化设计

溢流坝交通桥位于 518 国道交通主干道上，车流量较大，重型车辆较多，超载车辆过往频繁，易对桥面铺装层造成破坏，造成巨大的经济损失和不良的社会影响。溢流坝交通桥面铺装设计由沥青混凝土层＋防水层＋水泥混凝土层(通常称为调平层)构成，它既能调整与控制桥面高程与横向坡度，增强桥梁整体性，又能起到防水作用。由于施工缺陷的存在，调平层与桥面板之间或多或少会存在界面黏结缺陷的问题，在外部超载作用及内在施工缺陷情况下，调平层与上层沥青铺装层、调平层与下层桥面板之间的接触面是结构受力的薄弱环节。因此对桥面铺装进行结构优化，使其具有良好的路用性能具有重要的意义。

经过分析研究，溢流坝交通桥混凝土调平层设计厚度为 120～180 mm，设置两层钢筋网，且在两层钢筋网之间增设架立短钢筋，以增强桥面受力横向联结；同时，桥板铰缝内填充 C50 微膨胀细石混凝土，在铰缝内增加架立钢筋与调平层钢筋网焊接，以加强铰缝与铺装层的整体性；最后，将空心板顶部预留的抗剪钢筋与调平层钢筋网焊接，以增加桥板与铺装层的连接。

通过以上优化设计措施，可以提高桥板的承载能力，增强桥面上部结构各主梁间横向联结，从而增加桥梁的横向刚度，加强桥梁上外部荷载的横向分布，使车道荷载能更多地分配给其他主梁承担，从而提高桥梁的使用耐久性。

5.2 桥梁静、动载试验检测

桥梁静载试验是通过检验桥梁主体结构在试验静力荷载作用下各控制截面的应力及变形，并与理论计算结果对比，从而判断结构的受力状况和承载能力是否符合设计要求。

成桥动载试验是检验桥梁在成桥状态下的实际工作性能和工程质量是否符合设计标准和运营要求，为以后的维修和养护提供原始参考资料。试验通过测定桥梁作为一个整体结构在动力载荷作用下的受迫振动特性，特别是桥梁在接近各种运营条件下的汽车以不同的速度通过桥梁时桥梁所反映的振动频率、振幅、阻尼比、振型等各种动力特性，以评价桥梁的最大动力响应是否满足有关规范要求。

静载荷试验结果表明：桥板正弯矩静载荷试验加载效率均在 0.85～1.05 之间，满足规程要求；桥板跨中正弯矩挠度与应变校验系数均小于 1.0，桥梁的刚度及强度满足设计要求；卸载后各测点相对残余挠度和应变均小于规范规定的小于 20% 的允许值；在试验全过程中，空心板均未出现裂缝。通过以上试验结果分析得到结论，桥梁承载力满足设计要求。

动载荷试验结果表明：实测的桥梁一阶竖向振动频率小于理论计算值；在无障碍行车及有障碍行车的情况下，桥梁响应的各测点振动波形无异常现象。由此得到结论，桥梁的动力性能良好，符合设计与规范要求。

5.3 桥梁动态监测

二级坝道路是江苏、山东两省煤炭等货物运输重要通道,车流量大,重载、超载严重。工程完工后亦面临这种困境,重载、超载车辆对新建的桥梁破坏日积月累,将会大大降低工程设计寿命,并带来安全隐患。设计新建动载监测房,安装放置桥板应力、挠度动态监测设备,主要有位移计、应变计、数据采集设备、数据中转设备等。结合交通桥东端连接道路称重系统,通过对各类监测数据进行整合,分析桥梁结构安全状况。

6 结语

本文基于2018版《公路钢筋混凝土及预应力混凝土桥涵设计规范》,结合二级坝除险加固工程新建溢流坝交通桥工程实例,从设计思路、方案比选、结构计算及设计优化创新等各方面逐一阐述,对桥梁设计过程做了详细的整体叙述,为设计人员对类似工程的设计研究提供一定的参考。

[作者简介]

吴晓荣(1981.10—),女,硕士研究生,高级工程师,主要从事水工结构设计工作,17718192395,11294977@qq.com。

关于治淮市级平原区现代水网建设的研究

范 磊

(河南省水利勘测设计研究有限公司 河南 郑州 450016)

摘 要：以水闸之乡——周口市现代水网建设为例，提出北方平原区现代水网构建的思路，并就水网所具有的供水功能、防洪减灾功能、水生态环境提升功能、航运交通等功能进行研究和探讨，构建"供水水网、安澜水网、生态水网、环境水网、文化水网、智慧水网"六网融合、兴利除害的现代化水网体系，为同类地区水网的建设提供科学指导。

关键词：周口市；现代水网；六网融合

习近平总书记在推进南水北调后续工程高质量发展座谈会上提出，要加快构建国家水网，"十四五"时期以全面提升水安全保障能力为目标，以优化水资源配置体系、完善流域防洪减灾体系为重点，统筹存量和增量，加强互联互通，加快构建国家水网主骨架和大动脉，为全面建设社会主义现代化国家提供有力的水安全保障。为深入贯彻落实习近平总书记关于治水重要讲话指示批示，加快构建国家水网，近日，水利部印发了《关于加快推进省级水网建设的指导意见》，河南省提出了建设"一纵三横四域"的现代化水网体系。但对于具体的区域，现代化水网如何构建、布局，如何与国家水网、省级水网衔接，尚存一些疑惑，本文以周口市现代化水网建设为例，试图对上述问题进行分析、探讨和研究。

1 周口市水网基本情况

周口地处豫皖两省交界，独特的地理位置使之成为豫东南战略要地；境内公路、铁路、水路运输交织成网，形成了公路、铁路、水路三位一体的大交通格局，交通条件便利；且境内沙颍河自古以来就是通航河道，通航里程约 430 km，建成有周口、刘湾两大货运码头，入淮河、汇长江。沙颍河内河通航可通江达海，是河南省重要的黄金水道，为中原经济区与东南沿海地区的水运动脉。

周口市河流均属淮河流域，分属沙颍河、涡惠河、茨淮新河、洪汝河四大水系，河渠发达，水网密集，1 000 km² 以上河道有 14 条，且处于流域中下游，来水量较为丰富，多年平均入境水量达 33.9 亿 m³。

2 水网存在的情况

2.1 水资源调配能力不足，供水保障能力亟需提升

周口市人均水资源量 228 m³，是河南省平均水平的 60%、全国平均水平的 12%；是农业主产区，占全省 6%的水资源量支撑全省近 11%的人口和耕地面积用水；地处平原，无大型拦蓄工程，调蓄能力弱，加之沙颍河、贾鲁河、涡河等骨干河流缺乏有效连通，不能实现丰枯调剂，尤其是枯水年，缺水问题更加突出；入境水量 33.9 亿 m³，出境水量 44.9 亿 m³，过境水利用不足，年缺水量 5.89 亿 m³，缺水

率达 31.1%;全市地下水供水占总供水量的 77.4%,地下水超采区面积占全市总面积的 49%。

2.2 洪涝问题交织,存在突出短板和薄弱环节

周口位于淮河流域下游,黄淮平原腹地,地势平坦,且地处沙河、颍河、贾鲁河三川交汇处,在承接上游洪水的同时,自身涝水问题突出。受自然地理条件影响,基本无大中型调洪滞洪工程。现状防洪排涝体系"以排为主";重要支流存在堤防工程标准偏低、不系统、不连续等薄弱环节,仍有 12 条中小河流未治理,23 座大中型水闸存在病险隐患。

2021 年 7 月洪水造成周口市 30 条河流、192 个防洪闸(5 个大型,26 个中型,161 个小型)等水利基础设施受损。其中沙颍河、贾鲁河、涡河、汾河等河道水毁严重,沿岸堤防坍塌、河岸冲刷、险工护岸坍塌、堤顶路面损毁。

2.3 境内河流水质分化严重,水环境质量持续改善存在压力

境内部分河流不能稳定达标,"大河清,小河污"现象普遍存在。贾鲁河部分月份水质类别为Ⅴ～劣Ⅴ类,颍河、沙河、涡河、黑茨河部分月份水质类别为Ⅳ类,主要超标因子为化学需氧量及总磷。此外,重建沟、双狼沟、谷河、枯河、清水河、运粮河、新蔡河等支流水质污染严重,对干流水质稳定达标造成直接影响;农业农村污染防治滞后。

2.4 水生态系统恶化,水生态环境质量下降

境内河流沿岸围垦种植行为没有得到有效管控和约束,城市、乡镇建设活动挤占水生态空间;沙颍河、贾鲁河、涡河等过境河流水量丰富,但境内黑茨河、新蔡河、新运河等支流为季节性河道,来水量少,无水源补给,呈"有河无水、有水无流"态势,生态流量无法得到保障。

2.5 水文化遗产待挖掘,特色水文化彰显不足

当地的水文化遗产有待发掘、保护和利用;漕运文化未塑造出特色,主要的漕运河道碎片化治理,不能形成完整的文化体系,主要的节点风貌同质化,表现形式较单一。

2.6 水管理体系不完善,水治理能力亟待提升

河长制已全面推行,但节水制度、政策、工程、技术、监督体系不完善;最严格水资源管理制度落实不足;山水林田湖草缺乏系统治理;水作为重要的公共产品,市场机制和政府作用发挥不充分,协同性差等。

3 建设思路

以习近平新时代中国特色社会主义思想和习近平生态文明思想为指导,全面贯彻落实党中央部署加快构建国家水网,加快构建国家水网主骨架和大动脉,为全面建设社会主义现代化国家提供有力的水安全保障的要求,遵循治水兴水新发展理念,紧紧围绕周口作为连接长三角地区的"桥头堡",连接东南沿海地区的水运大动脉,"通江达海、黄金水道、中原港都"的战略定位,依托其"地势平坦、河网密集、过境水资源量丰富"的生态本底优势,深入推进"供水水网、安澜水网、环境水网、生态水网、文化水网、智慧水网"六网融合、兴利除害的现代化水网体系建设。补齐防洪、供水、水生态、水文化、信息化等短板,推进重点领域监管,科学认知现代化水网在绿水青山与金山银山转化过程中的桥梁纽带作

用,作为周口乃至河南经济社会发展的新引擎,为建设绿色周口、创新周口、幸福周口的美好愿景提供强有力的水安全保障。

(1) 统筹发展和安全,充分认识现代化水网工程建设的重要性和紧迫性

随着国家南水北调、引江济淮等一批重大跨流域调水工程相继建设,周口市"三纵两横"跨流域、跨区域水资源调配格局已初步显现,为水网建设奠定了重要基础。但与构建现代化、高质量基础设施体系的要求相比,水利工程体系还存在体系不完善、系统性不强、标准不够、智能化水平不高等问题,特别是2021年7月特大洪水对周口造成了巨大冲击,迫切需要建设更加系统、更加安全、更加可靠、更高质量的水网体系,在更大范围促进水资源与生产力布局相均衡,统筹解决水资源、水生态、水环境、水灾害问题,进一步增强水资源配置和洪水调控能力,保障区域水安全。

(2) 坚持系统治理,科学把握现代水网的功能定位

周口市现代水网体系是以177条自然河湖水系为基础、引调排水工程为通道、调蓄工程为节点、智慧化调控为手段,集水资源调配、流域防洪减灾、水生态保护、水环境治理、水文化打造等功能为一体的综合体系,具有系统化、协同化、生态化、智慧化的特征。并充分对接南水北调、引江济淮等一批国家骨干水网,以及省级淮水北送、引沙入商、引黄调蓄等跨区域调水工程,形成"外连内通、城乡一体、以大带小、以多补少、互联互通"的水网体系,提高水资源调控水平和供水保障能力。

(3) 立足流域整体和水资源空间均衡配置,谋划水网总体格局

全市水网总体格局,即通过建设南水北调、引江济淮两大骨干水源,引沙入商、引沙入黑等五大水系连通工程,连通沙颍、涡惠、茨淮、洪汝四大水系,外连内通、城乡一体,实现区域内水资源"南水北调",为国家粮食主产区、中原港都提供水源保障;"以水为脉、以绿为韵、以文为魂",不断将周口作为"华夏先驱、九州圣迹"的历史文化元素充分融入水网建设中,打造具有地方文化特色的滨水景观;在此基础上,加强与国家骨干网、省级区域水网以及各县毛细水网之间协同融合,坚持水网"大动脉"与"毛细血管"建设并举,共同承担保障区域水安全的作用。

(4) 统筹谋划,加快推进"十四五"水网骨干工程建设

以项目为抓手,遵循确有需要、生态安全、可以持续的重大水利工程论证原则,综合考虑各类项目前期基础、水资源开发利用条件、建设制约因素等情况,谋划重点项目纳入省级以及市级"十四五"项目库,逐步推进形成系统完备、安全可靠,集约高效、绿色智能,循环通畅、调控有序的现代化水网。

4 总体布局

围绕周口市城市总体规划战略定位、经济社会发展和国土空间规划布局,立足周口"通江达海、黄金水道、中原港都"的区位优势和资源优势,依托周口平原水网地形地貌和水系特点,按照"外连内通、区间互济""以干强支,以多补少"的空间布局原则,以"三横两纵多水脉"的水系网络为基础,在全市范围内构建形成"两源三脉保供给,五连百蓄调丰枯"的立体综合水网布局。

"两源"指引黄水、引江水两大外部水源工程。

"三脉"指贾鲁河、沙河、颍河三大过境水脉,年过境水资源量达30.5亿 m^3。按照"以干强支,以多补少"的原则,通过"五连"及各县区水系连通工程,实现市域范围内的南水北调。

"五连"指引沙入商水系连通工程、贾鲁河—涡河水系连通工程、引沙入黑水系连通工程、沙河—颍河水系连通工程、引沙入汾水系连通工程,五大水系连通工程,连通沙颍、涡惠、茨淮、洪汝四大水系,实现四大水系之间"外连内通、区间互济"。

"百蓄"指两大引黄调蓄工程,以及贾鲁河摆渡口闸、高集闸、北关闸、惠济河东孙营闸、涡河魏湾

闸等近百座大中型水闸蓄水工程。

5 水网建设主要任务

5.1 外连内通,完善供水水网

全面落实国家、河南省节水行动方案,践行节水优先方针,加强重点领域节水;强化水资源最大刚性约束,按照外连内通、以干强支、以多补少、区间互济的思路,完善跨流域调水工程,谋划区域内连通工程,加强与国家、省骨干水网的协同融合,统筹水网"大动脉"和"毛细血管"建设并举,打造互联互通、联合调配的水资源配置格局,实施城乡一体化供水工程,逐步建成丰枯调剂、多源联调的城乡供水安全保障体系,全面提升供水安全保障能力。

5.2 流域统筹,提升安澜水网

完善周口市现代防洪减灾保障体系,提升防洪保安能力,补短板、固底板,加强水利基础设施建设,提升洪涝灾害防御能力,推进一批强基础、增功能、利长远的防洪减灾项目工程建设,同时强化"四预"措施,提高灾害防御和工程调度能力,形成"上调下防、蓄泄结合、调度有序、保障有力"的防洪排涝总体布局。全面提高防洪安全保障能力,提升洪涝灾害防御工程标准,继续开展沙颍河、贾鲁河、涡河等重要支流重点河段、中小河流以及沙颍河重点平原洼地治理;提高城市防洪除涝标准,满足城市发展要求;加快推进大逍遥蓄滞洪区建设;加快补齐病险水闸除险加固、堤防建设等薄弱环节,做好"21.7"洪水水利基础设施灾后恢复重建。

5.3 多措并举,改善环境水网

以改善水环境质量为核心,三源统筹、分区施策、突出重点,以周口市问题突出的生活污染和农业面源污染防治为重点,秉承"污染治理与生态扩容"相结合的原则,坚持水陆统筹、系统治理,污染治理与生态扩容"两手发力",统筹流域干支流、水下岸上、大河小河、城镇乡村,深入实施水污染防治行动计划,系统开展水环境综合治理。

5.4 保护修复,提升生态水网

按照"重保护、促修复"的思路,首先明确水生态空间范围和功能定位,留足自然修复的空间;其次,统筹考虑河、湖、林、田、城、湿各生态要素,以骨干河流为核心,支流河道为重点进行生态廊道建设、生态需水保障和湿地保护,恢复河湖生态功能;最后,分区治理、综合施策,协同开展地下水超采治理和水土流失综合防治,打造周口市河湖生态水网。

5.5 传承文脉,彰显文化水网

通过梳理周口水文化、分析城市发展与水的关系,总结周口水文化的特点,结合水文化建设的现状,确定水文化建设思路。通过三大文化体系建设和一个文化软实力提升,依托水、城、林、田格局,以河湖水系为载体,统筹考虑自然景观、文化习俗、历史遗存等优质资源,统筹规划、分步实施,构建周口文化水网。

5.6 改革创新,推进智慧水网

加快推进全市水利工程数字化、水利应用智慧化、水利信息安全化,实现水、人、物的互联互通,打造系统治水新理念,有效发挥水联网的创新引擎作用,构建全市智慧水网体系。

6 前景展望及建议

在国家大力推进水网建设的大背景下,国家水网、省级水网以及市县水网建设统筹推进,协调建设是一个必然的趋势,在建设过程中应特别注意水网"大动脉"与"毛细血管"的协同建设;同时,水网建设也是一个庞杂、漫长的过程,需要水利、生态环境、自然资源等各行业、各部门的共同努力和协同;最后,水网建设不可千篇一律,应注重自身水系格局及上级水网条件,因地制宜,一地一策。

[参考文献]

[1] 董哲仁.河流生态恢复的目标[J].中国水利,2004(10):6-9+5.
[2] 董哲仁.河流形态多样性与生物群落多样性[J].水利学报,2003(11):1-6.
[3] 蒋晓红,黄勇.平原河网地区水系规划方法探讨[J].现代农业科技,2014(18):198+203.
[4] 陈庆江,丁瑞,赵海.平原河网区活水畅流对水动力和水质的改善效果[J].水利水电科技进展,2020,40(3):8-13.

[作者简介]

范磊,男,生于1983年6月,高级工程师,主要从事城市水务规划设计工作,13592556583,80571624@qq.com。

对霍山小水电绿色改造和现代化提升的总结分析

崔　飞　杨以亮　唐雅君

（中水淮河规划设计研究有限公司　安徽 合肥　230601）

摘　要：为深入贯彻落实绿色发展理念，更好地发挥小水电在节能减排、改善民生、生态修复等方面的作用，水利部制订了一系列制度和措施，鼓励和引导农村水电站朝着安全生产标准化和绿色小水电方向进行转型升级，借此契机，霍山县开展小水电绿色改造和现代化提升工程，实现集约化、标准化、智能化、物业化管理，推动小水电全面转型升级和绿色发展。本文借霍山县小水电的发展思路进行总结分析，对我省小水电绿色转型发展有一定的参考意义。

关键词：小水电；绿色改造；现代化提升；安全生产标准化；转型升级

1　现行政策背景

根据水利部关于《"十四五"小水电绿色改造和现代化提升工作思路》的最新政策，到2025年以县级行政区域或流域为单元开展绿色改造和现代化提升，对老旧电站机组和自动化设备、临时性生态流量泄放设施和监管平台进行改造，建成一批生态良好、社会和谐、管理规范、经济合理的绿色小水电示范电站，人水和谐的绿色小水电典型河流，引导有实力的企业建设集中控制中心，完善安全生产和生态监测机制，开展电站梯级联合调度，提高绿色小水电管理水平，实现集约化、标准化、智能化管理，推动小水电全面转型升级和绿色发展，构建成系统完备、高效实用、安全可靠的现代小水电。

2　霍山小水电工程概况

霍山县域河流属淮河流域淠河水系，以东淠河流域为主，境内西淠河流域仅有西北角诸佛庵镇境内的石家河流域，霍山水电站分布于11条河流上，其中只有1座电站在西淠河上，其余电站均在东淠河上。霍山县现有73座水电站，总装机约21.6万 kW，权属上分为国有、集体和私营，其中国有电站有20座，装机容量16.627万 kW；集体电站有14座，装机容量0.506万 kW；私营电站有39座，装机容量4.459 3万 kW。

近十年来，霍山县积极引导水电站进行升级改造，先后对48座电站进行技术改造或增效扩容改造；同时对部分产能落后、生态不友好的小水电进行清退整改，完成全县所有小水电的生态流量下放，极大地提高了水电站产能，改善了当地生态环境，使霍山县水电事业上升了一个新台阶。

3　总体思路

示范电站建设主要依据《"十四五"小水电绿色改造和现代化提升工作思路》以及建设的技术和条件要求来进行整体规划：（1）开展小水电站绿色示范站创建工作。（2）开展小水电站安全生产标准化建设。(3)小水电站生态流量泄放落实。(4)生态堰修建,保持河流基本形态。(5)小水电站上下游水体清洁,无明显漂浮物。(6)亲水娱乐设施修建,两岸河清水畅,体现地域特色。(7)因地制宜创新管护机制,河长制管护责任落实。

为落实以上要求,水电绿色发展示范区规划的总体思路如下:(1)坚守生态红线与安全底线,以绿色发展为导向,维护和改善河流生态环境。利用创新手段实现河流生态管理和水量联合调度,优化水能资源配置。(2)以自动化、信息化、智能化转型为引领,着力提升水电站公共安全设施,提升设备自动化水平,实现全域安全生产标准化、推动全域小水电绿色发展。(3)以水电站集约化技术为基础,推动电站物业化管理,全面提升水电管理标准化、智慧化、现代化水平,进一步提升小水电的安全水平、管理水平和整体效益。

为实现示范区的总体规划目标,规划建设的目标任务主要涵盖以下几个方面内容:

(1)绿色改造:改造生态流量泄放设施,修复河流生态环境。科学合理确定小水电站生态流量,完善生态流量泄放设施,安装监测监控设施,推动生态调度运行,强化生态流量监督管理,确保小水电站持续落实生态流量,开展河流生态治理修复,恢复河流连通性。

(2)现代化提升:设备设施提升改造,全面提升水电站硬件现代化水平。采用新技术、新材料、新工艺、新设备对机电设备、水工建筑物、金属结构、送出工程等设备设施进行更新(扩容)改造,对励磁、调速器、阀门、监控系统等进行数字化改造,全面提升电站硬件现代化水平,消除安全隐患,提高水能资源的利用效率,实现"无人值班、少人值守"。建立区域集控平台,实现电站群标准化集约化运行。以区域(流域)为单位建立电站集群集控中心,实现远程中央监控,实现集约化联合调度和梯级电站优化调度;打造智能化、物业化运维团队,整合分散的小水电站,实现区域(流域)内所有电站规范化服务,提升规模化应用水平。

(3)安全生产标准化:以科学发展观为指导,深入贯彻"安全第一,预防为主,综合治理"的目标,坚固建立"事故能够预防,安全源于责任"的理念,确实落实"一岗双责、分级负责"的原则,增强规范运转和隐患排查治理,推动全员管理安全,成立自我拘束、自我完善、持续改良的安全生产工作体制,全面推动安全生产标准化建设。

(4)建立长效机制,实现小水电绿色可持续发展。建立统一的小水电站智能化改造技术标准,建立集约化管理平台。完善市场化电价机制,引导调动电源侧、电网侧、负荷侧和独立储能等多方积极性,实现科学健康发展。

4 绿色改造措施

霍山县大部分电站为引水式电站,发电厂房与拦河坝间存在减(脱)水河段,使得电站环境可持续发展空间不足,坝下脱水河段生态环境日益恶化,针对此类问题,须采取相关措施修复受损水体系统的生物群体及结构,重建健康的水生生态系统,修复和强化水体生态系统的主要功能,并能使生态系统实现整体协调、自我维持、自我演替的良性循环。主要通过河道整治、生态护岸、水生植物修复、人工湿地等工程措施,修复水文过程的完整性,改善水质、修复水空间及生物连通性,实现河流生态修复。

绿色改造的相关具体措施有:(1)保证生态流量正常下放,有条件的可设置生态机组;(2)修建生态堰坝,形成景观水面;(3)修建亲水性堤岸、植物护坡;(4)修建景观湿地;(5)定期对水电站拦河坝及河道内进行清理疏浚;(6)增殖放流,维护生物多样性;(7)设立垃圾站;(8)对相关水工建筑物进行维修加固等。

生态修复以增设生态泄流设施和监测设施、河流连通性恢复及生态修复为重点,针对减脱水河段这一重点部位,应增加下游河道减脱水防治范围内的水域面积和流动性,保障河道最小水深,恢复河流连通性。修复措施从增设生态流量泄放设施、生态流量监测设施、修建生态堰坝为主的减脱水河段修复可拓展到各类"生态"措施(河床微地形改造、蜿蜒性修复、连通性修复、生态调度等),同时考虑配合一定的景观建设,如建设亲水性堤岸、植物护坡、人工湿地等,保障脱水段群众生活用水,改善河道水景观,使电站与周围环境融为一体,补充增殖放流措施,保障河流生境。在创造清洁能源的同时,于生态友好,增加居民的满足感,创建"幸福河"。

5 现代化提升

现代化提升主要包含电站本身的自动化程度提升和集控中心建设管理两大方面,建设内容涉及电站设备设施改造和智能管理平台建设。电站现代化提升改造应以满足精细化、集约化运行管理要求为前提,以"无人值班、少人值守、远程控制"为目标,通过电站设备设施改造、智能化改造、厂区改造,推动电站信息数字化、通信网络化、运管一体化、业务互动化、决策智能化,实现小水电集约化、标准化、智能化管理,推动小水电转型升级、绿色发展。

在设备设施改造方面应积极采用新技术、新工艺、新设备、新材料,应满足电站自动化控制要求,严禁使用国家明令淘汰的产品。智能化改造包括增设机组智能化控制屏、主阀控制、调速器、励磁系统、刹车装置、水位在线监测系统、大坝闸门控制,加装自动清污机、事故可靠停机、智慧安防系统等。主要设备应满足机组智能化控制要求,满足发电机及电力系统不同运行工况和事故情况下的要求,且安全可靠。宜采用微机型调速器、微机型励磁系统,以提高自动控制可靠性。通过增设水位在线监测系统,根据实时水位高低变化自动调节机组负荷,保持高水位运行,智能匹配机组,优化发电。

集控中心建设以安全、绿色、智能、高效为总体原则,按照集约化、专业化、物业化管理的思路,推行"以大带小""以点带片""分片统管"等工程管理模式。总集控中心选址于霍山县小水电公司调度会商室,是整个霍山县水电站管理的"大脑";集控分中心按片区、按河流进行划分,实现对周围电站的远程监控,接受总集控中心的调度、派单任务,同时配置一定数量的运行管理人员,发挥距离电站近、日常巡检和维护反应快捷等优势,快速处理突发事件,以确保电站的安全。根据实际情况,霍山县建设总集控中心1处、集控分中心4处。

6 安全生产标准化

2022年4月,安徽省水利厅印发了《2022年农村水利水电工作要点》,明确了2022年全省农村水利水电工作的总体思路、重点任务,对全年重点工作进行安排部署,其中要求积极推动小水电绿色发展,组织开展小水电运行安全风险隐患排查整治,新增一批绿色小水电示范电站和安全生产标准化电站。

农村水电站安全生产标准化评审项目包括:安全生产目标、组织机构和职责、安全生产投入、法律法规与安全管理制度、教育培训、生产设备设施、作业安全、隐患排查和治理、重大危险源监控、职业健康、应急救援、事故报告及调查处理、绩效评定和持续改进等13类。霍山县水电站安全生产标准化建设按照六部走的程序:(一)标准化建设阶段;(二)实行运转及整顿阶段;(三)自评及连续整顿阶段;(四)评审申报阶段;(五)迎审提高阶段;(六)鉴定发证阶段。

7 结语

霍山小水电在转型升级的过程中主要通过绿色改造生态修复、现代化集约控制管理以及全面推行安全生产标准化这三大模块,紧密围绕着"创新、协调、绿色、开放、共享"的宗旨,正确把握生态环境保护、经济社会发展、社会稳定之间的关系,更好地发挥小水电在保护生态环境、促进节能减排、改善民生福祉、推动乡村振兴等方面的作用,促进安徽省小水电走出一条生态优先、绿色发展的新路子。

[参考文献]

[1] 国际小水电中心.绿色小水电评价标准:SL/T 752—2020[S].北京:中国水利水电出版社,2020.
[2] 中华人民共和国水利部.农村水电站安全生产标准化达标评级实施办法(暂行)[A].2013.

引江济淮朱集站工程金属结构设计

舒刘海　胡大明

(中水淮河规划设计研究有限公司　安徽 合肥　230061)

摘　要：本文对引江济淮一期工程朱集站工程金属结构布置方案进行了分析研究,提出了适合本工程自身特点的最优方案,并详细介绍了金属结构设计内容,以便为今后大、中型泵站金属结构设计提供参考和帮助。

关键词：引江济淮；金属结构布置；介绍；分析

1　概述

引江济淮一期工程江水北送段西淝河线梯级泵站包括：西淝河站(已实施)、阚疃南站、西淝河北站、朱集站和龙德站5座泵站。朱集站为第四级泵站,主要任务是将调入茨淮新河的水继续向北输送,以满足皖北地区和河南省部分地区的用水需求。泵站设计流量为55 m³/s,装机4台(其中1台备用),采用立式轴流泵机组,水泵叶轮直径2 350 mm,转速166.7 r/min,单泵设计流量为18.3 m³/s。

2　泵站工程金属结构布置方案分析

根据以往泵站工程设计的经验和教训,笔者认为泵站工程金属结构布置方案是否合理直接影响机组的运行和工程安全。在泵站工程金属结构布置中,清污设备设计选型、出水口快速断流方式设计及启闭设备选型是泵站工程金属结构设计能否成功的关键,现着重对该部分金属结构布置进行详细研究和分析。

2.1　清污设备设计选型

为了减少站前污物对机组运行的不利影响,提高机组的运行效率,在泵站的进水池前设清污机桥,桥上设有拦污清污设备。该处的拦污清污设备的设计选型中比选回转式格栅清污机方案、移动液压抓斗型自动清污机方案和钢丝绳牵引式格栅清污机。

回转式格栅清污机固定安装在清污机桥前侧,拦截水流中的水草、纤维、橡塑及浮冰等固体漂浮物,通过格栅拦截污物并通过回转的链条带动齿耙将污物捞取,运转到桥顶将污物倒至皮带输送机,通过皮带将污物输送到一端卸渣处集中清运,是一种拦污、清污结合为一体化的自动清污装置,自动化程度较高。但回转式格栅清污机主传动链部分处于水下运转,检修时需临时调用汽车起重机将其吊起,起吊重量较大,检修工作量较大。该种型式清污机一般适用于污物量较大、连续来污工况。

移动液压抓斗型自动清污机由抓斗装置、滑车、行车导轨及PLC全自动控制系统组成,在清污工作时,滑车沿轨道移至抓污位置,抓斗沿格栅向下运行至水面污物处,通过液压抓斗抓取污物并上升至桥面,再由滑车沿轨道将污物倒至一端集中卸渣点,是一种拦污、清污结合为一体化的自动清污装置,自动化程度较高,仅有格栅位于水下拦截污物,检修条件较好。但移动液压抓斗型自动清污机只能间隔清污,即每孔轮流抓取,且运输轨道较长,完成一轮清污历时较久。该种型式清污机一般适用于污物量不大、零散来污工况。

钢丝绳牵引式格栅清污机主要由格栅、耙斗、提升部件、推杆、控制部件及支架等组成,格栅和其他部件相互独立。该清污机自动化程度也较高,耙斗容积及牵引力均较大,可以拦截并捞取水流中粗大的漂浮杂物和较重的沉积物。钢丝绳牵引式格栅清污机主要运转部件及电气设备均位于清污机桥面以上,仅有格栅位于水下拦截污物,检修条件较好,但钢丝绳牵引式格栅清污机耙斗较为笨重,运行不灵活,污物较多时容易缠绕钢丝绳造成卡阻和超载。该种型式清污机一般适用于污物量不大、团状来污工况。

结合本站实际情况,调水经过茨淮新河河道,可能污物量较大,因此,经综合比选,朱集站的拦污清污设备采用回转式格栅清污机方案。

为提高污物的清理和运送效率,减少人工劳动,配一台皮带输送机将清污机捞取的污物自动运送至清污机桥的一侧进行集中清运。

2.2 出水口快速断流方式设计及启闭设备选型

大中型泵站的截流闭锁装置一般采用整体自由式拍门或快速闸门。朱集站的单泵流量较大,若选用整体式拍门装置,则有可能因拍门的门体开启角度(张角)不足而造成较大的水头损失,同时由于拍门的自由式起落,在停泵闭门时拍门的冲击力较大,对水工结构及拍门本身的门座、门铰链结构不利。快速闸门是大中型泵站的截流闭锁装置的主要型式之一,在机组发生故障需要紧急闭门时,通过一定的控制措施使快速闸门快速下落而实现截流,并在快速闸门上设有小拍门装置,可消除在启门过程中因水流壅高造成过高扬程而使电机超载。因此,朱集站采用快速闸门断流方式。同时为了保护机组,防止快速闸门出现不能及时关闭等非正常状况,在出水流道末端设置一道事故闸门,该闸门兼起站身防洪作用。

快速闸门及防洪事故闸门均有快速启闭的要求,启闭机比选固定卷扬式快速启闭机和快速闸门液压启闭机方案。固定卷扬式快速启闭机机械传动效率较低,在闸门接近底板时若因刹车失灵则可能造成较大冲击力,将严重损害闸门构件,对水工结构也将产生不利影响,另外卷扬式启闭机需设置排架及启闭机房,不利于美观及抗震需求。快速闸门液压启闭机使用安全可靠,结构布置紧凑,闸门下落至底槛时的缓冲要求较易实现,且快速闸门液压启闭机能在一定范围内实现无级调速。因此,经综合比选,朱集站快速闸门及事故检修闸门的启闭设备采用快速闸门液压启闭机。

3 金属结构设计

3.1 进水池清污机

进水池清污机共计5孔,孔口净宽4.8 m,设计水位为:前池侧25.47 m(泵站进水侧最高运行水位),按2.0 m水头差设计,底槛高程20.10 m,桥顶高程31.70 m。清污机选用回转式清污机,栅体倾斜80°布置,共计5套(包括5扇配套拦污栅及清污设备等),并配置1台皮带输送机用于输送污物,带宽1.2 m。

3.2 进水口防护格栅

进水口防护格栅孔口尺寸为5.5 m×3.72 m(宽×高),共计4孔,设计水位为:前池侧25.47 m

(泵站进水侧最高运行水位),按 1.0 m 水头差设计,闸底槛高程 15.91 m。拦污栅采用平面滑动钢栅,栅体垂直放置,与进水口检修闸门共槽,共用进水口检修闸门单向门机配液压式自动挂脱梁启闭,临时措施清污。

3.3 进水口检修闸门及启闭机

进水口检修闸门孔口尺寸 5.5 m×3.72 m(宽×高),共计 4 孔。设计水位为:前池侧 25.47 m(泵站进水侧最高运行水位),泵房侧无水,底槛高程 15.91 m;闸门采用旁通阀充水平压,静水启闭。

进水口检修闸门采用潜孔式平面滑动钢闸门,共计 1 扇。门叶为实腹式多主梁焊接构件,主材 Q235B,焊条采用 E4303。共设 3 道主梁(不包含顶梁),变截面布置,跨中高 750,端部高 500 并与纵梁、边梁等高齐平连接。顶、侧止水为"P"形橡皮,底止水采用"I"形止水橡皮,均布置在面板侧,止水橡皮材料采用 SF6674。闸门支承采用 4 只自润滑滑块,滑块材料采用钢基铜塑复合材料 FZB06S,侧向限位采用 4 只铸钢侧滚轮,侧轮轮体材料为 ZG 270-500。闸门平时锁定存放于闸墩顶部。

门槽采用矩形门槽。门槽埋件设置有主轨、反轨、门楣及底槛,所有埋件均采用焊接组合构件,主受力构件材料为 Q355B,其余材料为 Q235B,埋件采用二期混凝土预埋,以确保其安装精度,混凝土标号为 C30。

闸门通过旁通阀充水平压,静水启闭,启闭机采用 QM-2×160 kN 单向门机配自动抓梁(液压式)启闭,门机总扬程 24 m,轨上扬程为 4.5 m,供电方式采用电缆卷筒式,共计 1 套。

3.4 出水口快速工作闸门及启闭机

出水口快速工作闸门孔口尺寸 5.5 m×3.0 m(宽×高),共计 4 孔,每扇闸门上布置 2 扇自由侧翻式拍门,孔口尺寸 1.06 m×0.9 m(宽×高)。设计水位为:出口侧 28.05 m(泵站出水侧最高运行水位),泵房侧无水。闸门动水启闭,启闭水位为:出口侧 28.05 m(泵站出水侧最高运行水位),泵房侧无水。闸底槛高程 23.90 m。

出水口快速工作闸门采用潜孔式平面滚动钢闸门,共计 4 扇。门叶为实腹式双主梁焊接构件,主材 Q235B,焊条采用 E4303。共设 2 道主梁(不包含顶梁),变截面布置,端部与纵梁、边梁等高齐平连接。每扇门叶上自带 2 扇拍门,孔口尺寸为:1.06 m×0.9 m(宽×高)。顶、侧止水为"P"形橡皮,底止水采用"I"形止水橡皮,均布置在面板侧,止水橡皮材料采用 SF6674。闸门支承采用 4 只铸钢主滚轮,侧向限位采用 4 只铸钢侧滚轮,滚轮轮体材料为 ZG 310-570。

门槽采用矩形门槽。门槽埋件设置有主轨、反轨、门楣及底槛,所有埋件均采用焊接组合构件,主受力构件材料为 Q355B,其余材料为 Q235B,埋件采用二期混凝土预埋,以确保其安装精度,混凝土标号为 C30。

闸门动水启门、快速闭门,启闭机拟选用快速工作闸门液压式启闭机 QPKY-D-2×160 kN-3.5 m 倒挂式快速工作闸门液压式启闭机,共计 4 台,并与出水口事故闸门共设 2 个液压泵站,每个液压泵站设两套互为备用的电机及油泵。

3.5 出水口防洪事故闸门及启闭机

出水口防洪事故闸门孔口尺寸 5.5 m×3.0 m(宽×高),共计 4 孔。该闸门兼起防洪作用,设计水位为:出口侧 31.66 m(泵站出水侧校核洪水位),泵房侧无水。因该闸门需起事故闸门作用,故动水启闭,启闭水位为:出口侧 28.05 m(泵站出水侧最高运行水位),泵房侧无水。闸底槛高程 23.90 m。

出水口防洪事故闸门采用潜孔式平面滚动钢闸门，共计 4 扇。门叶为实腹式双主梁焊接构件，主材 Q235B，焊条采用 E4303。共设 2 道主梁（不包含顶梁），变截面布置，跨中高 750 mm，端部高 500 mm 并与纵梁、边梁等高齐平连接。顶、侧止水为"P"形橡皮，底止水采用"I"形止水橡皮，均布置在面板侧，止水橡皮材料采用 SF6674。闸门支承采用 4 只铸钢主滚轮，侧向限位采用 4 只铸钢侧滚轮，滚轮轮体材料为 ZG 310-570。

门槽采用矩形门槽。门槽埋件设置有主轨、反轨、门楣及底槛，所有埋件均采用焊接组合构件，主受力构件材料为 Q355B，其余材料为 Q235B，埋件采用二期混凝土预埋，以确保其安装精度，混凝土标号为 C30。

闸门动水启门、快速闭门，启闭机选型与出水口快速工作闸门相同，拟选用快速工作闸门液压式启闭机 QPKY-D-2×160 kN-3.5 m 倒挂式快速工作闸门液压式启闭机，共计 4 台，并与出水口事故闸门共设 2 个液压泵站，每个液压泵站设两套互为备用的电机及油泵。

4 结语

本工程所有金属结构已通过水下工程验收合格，并在机组试运行过程中表现良好。闸门封水良好，启门、闭门平稳，无大的噪音和震动，为泵站机组的平稳安全运行提供了良好的保障。

[参考文献]

[1] 中华人民共和国水利部.泵站设计标准：GB 50265—2022[S].北京：中国计划出版社，2011.
[2] 中水东北勘测设计研究有限责任公司.水利水电工程钢闸门设计规范：SL 74—2019[S].北京：中国水利水电出版社，2019.
[3] 黄河勘测规划设计有限公司.水利水电工程启闭机设计规范：SL 41—2018[S].北京：中国水利水电出版社，2018.

[作者简介]

舒刘海，男，生于 1981 年 7 月，高级工程师，主要从事金属结构设计工作，17755166685，30345906@qq.com。

关于治淮有机硅对混凝土性能影响研究

龙殿满　苏雪晴　胡恩兴

(骆马湖水利管理局邳州河道管理局　江苏　徐州　221300)

摘　要：混凝土的出现和发展在建筑史上虽然较晚，但是到现在为止建筑上关于混凝土的发展与运用却极为迅速，现在的建筑物绝大多数都有混凝土的参与。我们可以明显地发现长期以来人们将目光大部分放在将有机硅当作一种外涂剂应用到混凝土中。在这次设计中我们主要是将有机硅溶液按照不同的配比内掺到混凝土中，制作成有机硅混凝土，并对不同含量的有机硅混凝土做对比，以此来探究有机硅含量的不同对混凝土强度的影响。

关键词：有机硅；混凝土；水泥砂浆；性能研究

1　绪论

1.1　研究背景与意义

1.1.1　研究背景

随着混凝土应用到建筑上并且快速发展，混凝土已成为目前水利工程中最主要的建筑材料，其用量2000年发展到16.6亿t，2004年达到20亿t，2011年则发展到34亿t[1-4]。提高混凝土抵抗环境有害介质侵蚀能力的有效方法之一就是对混凝土进行防水处理。复合材料的研究与应用取得了长足的发展，纤维增强成为混凝土改性研究的一个重要手段[5-6]。

1.1.2　研究意义

在水利工程中，我们所接触到的建筑物绝大部分都属于长期暴露在自然环境中的类型，这些建筑物在自然环境中除了要经受雨、雪、风、冰雹的侵袭，还有空气的腐蚀。这些腐蚀造成混凝土建筑物或构筑物结构不稳定[7]，更严重的会影响混凝土的耐久性和构筑物的运行安全[8-9]，到目前为止有机硅在混凝土应用方面，主要是作为外涂剂，目前通常采用表面涂层、硅烷浸渍等表面防护材料处理结构物以提高混凝土耐久性[10]。有机硅防护涂料品种繁多，这次实验我们采取的是将有机硅聚合物内掺于水泥混凝土中对其进行改性，制备了有机硅聚合物混凝土，并分析与研究了其性能，为将有机硅聚合物混凝土应用于实际工程提供了实验数据及分析[11]。

1.2　国内外研究现状

现代混凝土从诞生到发展至今已经有约200年的历史，在这约200年的时间中，混凝土在快速发展。在国外，1990年，Huhn Dr Karl对非水相有机聚硅氧烷水乳液进行了介绍[12]，与传统的有机硅涂料易发生脱落、破损和开裂不同，这种涂层具有良好的附着力和柔韧性并且其耐冲击性能和耐海水腐蚀性能也更加优秀。

1.3 研究内容与技术路线

1.3.1 研究内容

本次实验我们重点是为了研究将有机硅内掺到混凝土中后，有机硅对于混凝土的性能的影响。

为了探究以上内容，本次实验将会分为两大组同时进行验证，这两大组中一组为水泥砂浆试块，另一组为混凝土试块。按照控制变量法，这次实验的变量我们只选取有机硅含量这一个变量。我们在这次实验中将会在每组中设立多个对照，使本次实验更具有科学性。

在本次实验中，水泥砂浆组、混凝土组都会设置多个含量梯度以保证实验的科学性和准确性。在此实验中水泥砂浆组除普通水泥砂浆外还有10%、20%含量有机硅水泥砂浆。混凝土组除普通混凝土外还有5%、10%、20%含量有机硅混凝土，另外设立同组多梯度实验来保证实验结果更具说服力。

1.3.2 技术路线

本次实验可以为以后这一方面的研究在实际建筑工程领域的应用提供相应的试验理论基础。本次实验的技术路线如下所示：

（1）有机硅水泥砂浆性能分析——疏水性与抗折性研究（设立普通水泥砂浆、10%含量有机硅水泥砂浆、20%含量有机硅水泥砂浆对照组）——实验总结。

（2）有机硅混凝土性能分析——疏水性与抗压性研究（设立普通混凝土、5%含量有机硅混凝土、10%含量有机硅混凝土、20%含量有机硅混凝土对照组）。

2 实验原材料和仪器

2.1 实验原材料与配合比

实验所用原材料见表1。

表1　实验所用材料表

材料类别	材料属性
水泥	P·O32.5
沙子	中砂、Ⅱ级
水	实验室自来水
有机硅	甲基硅酸钠，含量50%
石子	粗石子

如上文所说，这次实验分为两大组，一组是水泥砂浆实验试块，另一组是混凝土实验试块，它们的标准配合比如表2和表3所示。

表2　水泥砂浆试块实验配比

类别	水泥(g)	沙子(g)	水(mL)	有机硅(mL)
普通水泥砂浆	900	950	370	0
10%有机硅水泥砂浆	900	950	333	37

在实验中我们为了让实验所得出的数据能够更加清晰直观，在这里我们将有机硅含量公式定义为：

表3　混凝土试块实验配比

类别	水泥(kg)	沙子(kg)	石子(kg)	水(mL)	有机硅(mL)
普通混凝土	2	2.1	5.4	760	0
5%含量有机硅混凝土	2	2.1	5.4	722	38
10%含量有机硅混凝土	2	2.1	5.4	684	76
20%含量有机硅混凝土	2	2.1	5.4	608	152

$$\rho = \frac{L_1}{L_2} \tag{1}$$

式中：ρ 为含量百分比；L_1 为有机硅体积；L_2 为水和有机硅总体积。

3　有机硅水泥砂浆的制备与研究

3.1　有机硅水泥砂浆制备过程

进行水泥砂浆的制备实验时所需要的条件是：实验在内业环境下空气相对湿度应维持在52%～58%之间，实验的环境温度应保持在16～20℃之间。

（1）准备材料。在实验正式开始之前，首先应该把此次实验所需要的材料按照所设计的配比配好。

（2）放置机器。实验所用到的材料配好后，把全自动行星式水泥砂浆搅拌机放置好。

（3）倒入材料。向全自动行星式水泥砂浆搅拌机内倒入之前调配好的水泥和水。

（4）启动机器。将水泥和水倒入后，启动水泥砂浆搅拌机，先慢速搅拌60 s后，再缓缓将沙子倒入容器中；随后将水泥砂浆搅拌机调至高速并搅拌30 s左右后停止90 s[13]。

（5）再次启动机器。接着将准备好的有机硅溶液倒入容器内，将砂浆搅拌机调至高速，继续搅拌60 s后停止搅拌。

（6）振实成型。混合物拌合结束后，将水泥砂浆倒入模具内，并使用水泥砂浆振实台对水泥砂浆试件进行振实成型。

（7）养护。水泥砂浆振实成型后，将水泥砂浆试块放入水泥砂浆试件养护箱进行养护。

以上便是水泥砂浆的制备过程，制备结束后，我们应该对于在养护中的水泥砂浆给予关注。养护是制备好水泥砂浆的最后一步，养护的好坏直接关系到以后水泥砂浆质量的好坏。

3.2　有机硅水泥砂浆的研究

3.2.1　有机硅水泥砂浆疏水性能研究

养护28天后，我们将水泥砂浆试块取出。在水泥砂浆制备过程中我们所掺入的有机硅必然会因为其优良的渗透性和疏水性而对水泥砂浆的疏水性能产生影响。因此我们要对水泥砂浆疏水性能方面进行研究。基于实验室的条件限制，我们这次实验主要采用的是测量水泥砂浆与水的接触角的方法，通过观测水泥砂浆表面与水的接触角的大小验证有机硅水泥砂浆的疏水性，即随着接触角的增大，混凝土的吸水率降低[14]。

首先明确接触角的概念：接触角是指在气、液、固三相交点处所作的气-液界面的切线与固-液交界线之间的夹角 θ，是润湿程度的量度。

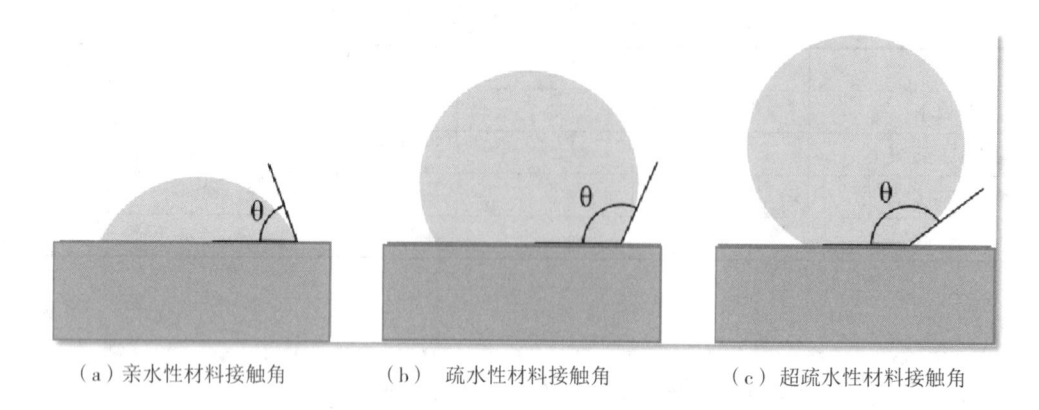

（a）亲水性材料接触角　　　　（b）疏水性材料接触角　　　　（c）超疏水性材料接触角

图 1　不同材料接触角示意图

如图 1 所示，图 1(a)，θ 角小于 90°时材料表现为亲水性；图 1(b)，θ 角大于 90°小于 150°时材料表现为疏水性；图 1(c)，θ 角大于 150°时材料表现为超疏水性。

本次实验所制备的水泥砂浆试块与水滴的接触角如图 2、图 3、图 4 所示，图 2 所示为普通水泥砂浆表面与水的接触角形态及其接触角示意图；图 3、图 4 分别为 10% 和 20% 含量有机硅水泥砂浆的示意图。在本次实验中我们设图 2、图 3、图 4 的接触角分别为 θ_1、θ_2、θ_3。通过对比 θ_1、θ_2、θ_3 这三个接触角的大小，我们可以清晰看出当水滴在不同有机硅含量的水泥砂浆以及普通水泥砂浆表面时，水泥砂浆表面与水珠所呈现出的接触角大小的不同。

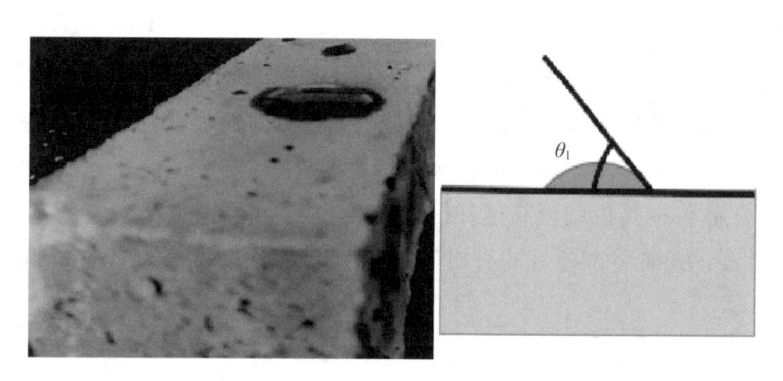

图 2　普通水泥砂浆与水滴接触角形态及示意图

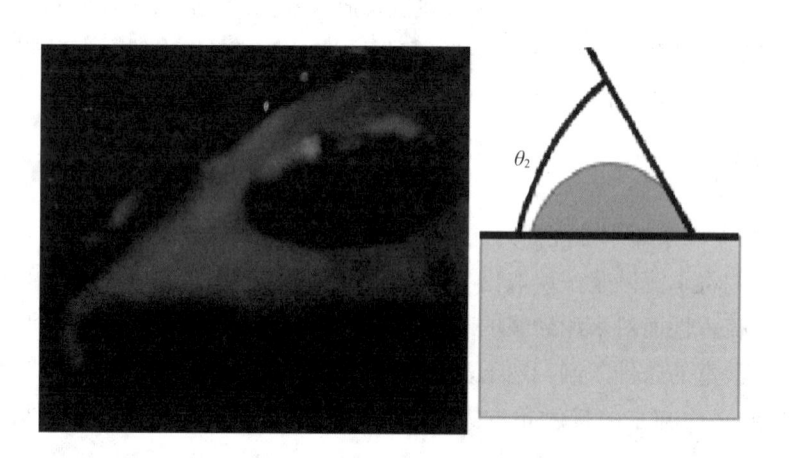

图 3　10% 含量有机硅水泥砂浆与水滴接触角形态及示意图

图4 20%含量有机硅水泥砂浆与水滴接触角形态及示意图

通过对上面的图2、图3、图4加以分析,我们可以明显看出$\theta_1<\theta_2<\theta_3$这个关系,即随着水泥砂浆中有机硅掺入含量的增加,水珠与水泥砂浆表面的接触角也在不断变大。对于掺有有机硅的水泥砂浆试样来说,当有机硅掺入到水泥砂浆中以后,有机硅中的高分子硅烷将会与水泥砂浆试样发生复杂的高分子结构变化[15],这种变化使得水泥砂浆内部排水性能大幅度提升。

根据以上的结论我们可以明确得出:当水泥砂浆内有机硅含量增加,水泥砂浆的疏水性不断增强。

4 有机硅混凝土的制备与研究

4.1 有机硅混凝土的制备过程

(1)在实验开始前,应该提前把此次实验所需要的材料按照本次实验所设计的配比准备好。
(2)当发现混凝土搅拌机内的水、水泥、砂石等混合物充分拌合完成后,停止混凝土搅拌机。
(3)等待一会后,将混凝土搅拌机内的混合物倒入混凝土试件模具中,使用混凝土振实台对混凝土试件模具中的混凝土进行振实成型。
(4)将已经振实成型的混凝土放入混凝土试块养护箱内进行为期28天的混凝土养护。

以上便是制备有机硅混凝土的基本步骤。

4.2 有机硅混凝土的疏水性与抗压性研究

首先通过对混凝土进行实验研究我们可以分析得出:内掺有机硅的混凝土的疏水性要比未掺有机硅的混凝土的疏水性好。在这次实验中我们制备的是100 mm×100 mm×100 mm规格的混凝土,如图5～图8所示,接下来我们进行压力实验。

我们在整理数据时应当注意:对于任何一组混凝土试块,若实验所得的数据A_1、A_2、A_3这三个抗压强度值有$A_1>A_2>A_3$,当A_1或A_3与A_2绝对值相差15%时,取A_2为此组混凝土试块的抗压强度值,忽略A_1与A_3;当一组混凝土试块数据中的A_1和A_3同时与A_2绝对值超过15%时,舍弃该组混凝土试块,重新做一次该组混凝土试块并在养护完后再次进行实验和数据整理。

图 5　普通混凝土

图 6　5%含量有机硅混凝土

图 7　10%含量有机硅混凝土

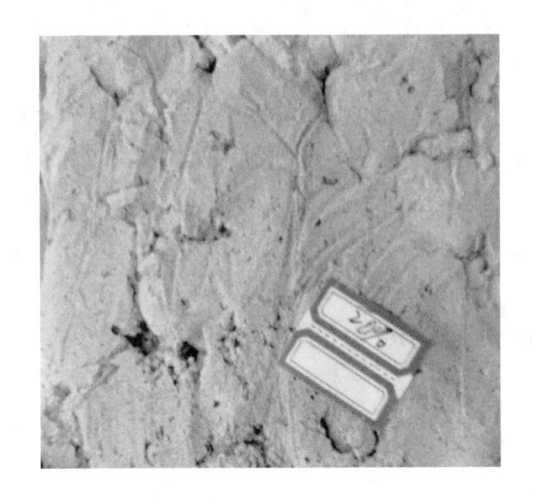

图 8　20%含量有机硅混凝土

混凝土压力试验机操作步骤如下：

（1）使用前检查机器，确保正常。

（2）接通电源，进行系统设置。

（3）清零数据，将试块放在机器中心，并将上压板调至距混凝土试块 5 mm 左右处。

（4）启动机器。机器启动后，关闭回油阀，打开送油阀（打开送油阀的速度根据自己的实验情况决定，实验过程中速度最好保持不变）。

（5）混凝土试块破碎，这时关闭送油阀，打开回油阀，卸载荷载。

（6）清理已破碎的混凝土试块，并打印实验数据。

（7）停止机器，结束实验。

以下是通过做实验得到的混凝土抗压强度数据和对其进行整理得出的混凝土抗压强度图表（表 4 和图 9～图 10）。

表 4　混凝土抗压强度表

类别	抗压强度（MPa）
普通混凝土	40.9
5%含量有机硅混凝土	38.1
10%含量有机硅混凝土	34.2
20%含量有机硅混凝土	32.8

图 9 混凝土压力实验状况图

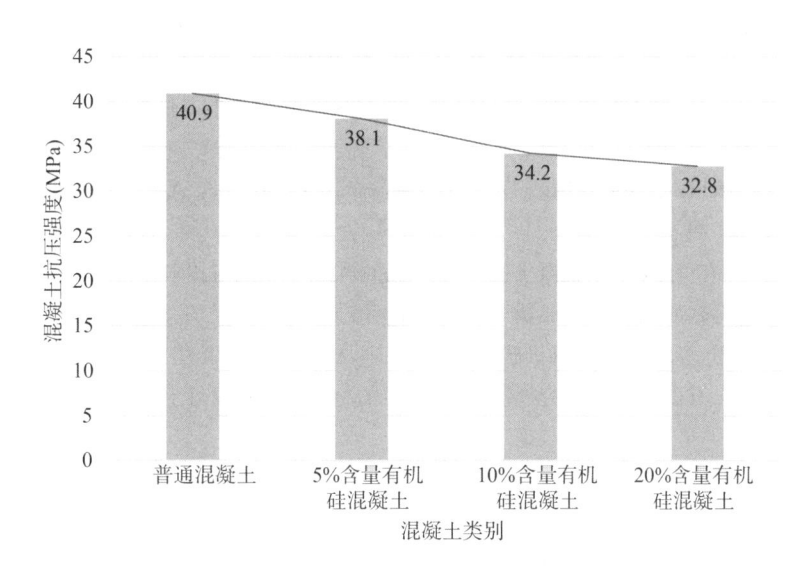

图 10 混凝土抗压强度图

通过图表我们可以得知本次实验所制备的普通混凝土的抗压强度为 40.9 MPa；5%含量的有机硅混凝土抗压强度为 38.1 MPa；10%含量的有机硅混凝土抗压强度为 34.2 MPa；20%含量的有机硅混凝土抗压强度为 32.8 MPa。

综上所述，我们通过这次实验可以得出相关结论：混凝土中有机硅的含量越高，对混凝土的抗压强度变化幅度的影响越大；反之，混凝土中有机硅的含量越低对混凝土的抗压强度影响越小。

5 总结

这次实验，我们的重点是将不同含量的有机硅内掺到水泥砂浆和混凝土中，并对其进行标准养护。通过实验数据我们可以得出以下结论：

(1)通过图片以及网上的资料我们可以清晰地知道,在混凝土或水泥砂浆中掺入有机硅能提高混凝土或水泥砂浆的疏水性,并且随着有机硅含量的增加,混凝土(水泥砂浆)的疏水性能也在不断加强。

(2)对于混凝土来说,其性能的变化趋势与水泥砂浆相似,随着混凝土中有机硅含量的增加,混凝土的疏水性也在增加,但是混凝土的强度却随着有机硅含量的提高在不断降低。

综上所述,我们可以知道向混凝土中内掺有机硅对疏水性来说是一件好事,但是向混凝土中内掺有机硅的负面影响也不容忽视,内掺有机硅在提高混凝土疏水性的同时也在降低混凝土的强度。

[参考文献]

[1] Neville, A. M. Properties of Concrete[M]. Essex: Longman Group Limited, 1995.
[2] Marsh E. Civil Infrastructure Systems Materials Research Support at the National Science Foundation[J]. Cement and Concrete Composite, 2003, 25(6): 575-583.
[3] Mehta, P. K. Reducing the Environmental Impact of Concrete[J]. Concrete International, 2001:61-66.
[4] 许溶烈,冯乃谦.生态环境与混凝土技术——21世纪的重要课题[C].生态环境与混凝土技术国际学术研讨会论文集.[出版者不详],2005.
[5] 沈荣熹,王璋水,崔玉忠.纤维增强水泥与纤维增强混凝土[M].北京:化学工业出版社,2006:3-4.
[6] 吴中伟.纤维增强——水泥基材料的未来[J].混凝土与水泥制品,1999(1):3-4.
[7] 胡曙光,何永佳,吕林女.Ca(OH)$_2$解耦法对混合水泥中C-S-H凝胶的半定量研究[J].材料科学与工程学报,2006(5):666-669.
[8] Aitcin P. C. The Durability Characteristics of High Performance Concrete: A Review[J]. Cement and concrete Composites,2003,25:409-420.
[9] 张明,李春宝,肖光辉.有机硅含量对混凝土抗渗性能的影响[J].低温建筑技术,2013,35(9):1-2.
[10] 中华人民共和国交通运输部.水运工程结构耐久性设计标准:JTS 153—2015[S].北京:人民交通出版社,2015.
[11] 张馨元,李绍纯,卜小霞,等.混凝土用有机硅防护材料机理及其类型[J].混凝土,2013(11):72-74.
[12] 李柯,陆文雄,党俐,等.有机硅改性丙烯酸乳液防护涂层的合成及其对混凝土性能的影响研究[J].新型建筑材料,2007(4):12-14.
[13] 施彦斌.环氧改性有机硅涂料的制备及性能研究[D].北京:北京化工大学,2006.
[14] 何婷.聚醚改性有机硅乳化剂的合成及性能研究[D].南京:南京林业大学,2014.
[15] 赵芮康.环氧改性有机硅涂层的制备及其性能研究[D].大连:大连海事大学,2020.

[作者简介]

龙殿满,男,生于1997年10月,主要研究方向为相关材料对混凝土强度的影响,19852169025,2057782331@qq.com。

浅谈试验检测在水利工程中的作用

张 杰　周 宇

（中水淮河规划设计研究有限公司　安徽 合肥　230000）

摘　要：通过梳理试验检测在水利工程中的现状，总结试验检测在水利工程建设和运行全周期管理过程中的重要性，分析试验检测对助力水利高质量发展的作用，提出水利工程推行第三方检测代替企业自检的优越性。

关键词：水利工程；试验检测；第三方检测

1　前言

水是一种优质、清洁的能源，在社会发展进程中，兴建水利工程，加强对水资源的利用是我们基础设施建设的重要内容之一。当前，我国经济发展已转向高质量发展阶段，也推动了新阶段水利高质量发展，对水利工程建设工作提出了更高要求。水利部在 2022 年工作中强调要织密国家水网，加快推进重大水利工程建设，增加水利高质量产品和服务供给，更好地发挥水利促进经济循环的支撑作用。水利工程质量依靠科学的试验和检测方法，对水利工程质量优劣做出评价，依靠先进的检测方法对工程进行全过程控制，最终确保生产高质量产品。

2　水利工程试验检测现状

按照相关要求，通常一项水利工程开工后，对现场原材料、中间产品和结构实体实施检测的形式有：施工单位自检、监理平行检测、法人第三方检测、监督飞检等四种。其中企业自检是最基础、最全面的检测，也是最重要、最烦琐的过程。企业自检是质量控制的基础，同时，也是出现问题最多的环节。

2.1　体系不健全

水利工程的质量管理离不开完善的、有效的管理制度。当前，水利工程建设的实际情况，项目开工建设后，往往质量管理体系建立不完善或者滞后。有些施工企业虽然建立了完善的体系制度，但是并未有效地贯彻落实，往往将之束之高阁、形同虚设，作为应付检查的工具。还有些企业对试验检测不重视，检测人员配备不足。

2.2　检测不及时

全过程质量管理需要在施工过程中提供及时、有效的试验检测数据，以满足工序连续施工需要。当前，绝大部分水利工程在现场设置的试验室仅具备简单、少量的试验检测能力，如土工试验和试块留样，有些中小型水利工程现场不设试验室。在工程实施过程中，原材料、中间产品的试验检测往往需要送至检测机构的总部,需要等待较长时间才能出具试验报告,根本无法满足施工过程质量控制的需求。

2.3 数据代表性不强

试验检测是水利工程质量的重要保障,试验数据必须具备代表性,方可为现场提供有力的数据支撑。施工过程中,现场管理人员对试验检测未给予足够的重视,取样频次和取样部位设置未按规范执行,往往导致试验数据不能真实地反映现场实体质量,从而影响了对现场施工质量的判断。这将导致两种情况,一是,试验数据合格,实体质量不合格,并放任不合格的工序进入结构实体,将导致工程实体质量不合格;二是,试验数据不合格,后经验证,实体质量合格,带来后期验证的人力、物力的浪费。

2.4 检测数据存伪

有些施工企业现场管理人员质量意识不足,为了追求利益,不按设计施工。出现问题,不顾工程质量和安全风险,想方设法蒙混过关,甚至伪造试验数据,现实中试验数据造假的案例也时有发生,给工程质量带来严重的隐患,最终影响了企业的信誉和效益,甚至影响企业的生存。

3 水利工程试验检测重要性和作用

3.1 实现项目增值

我们知道试验检测是质量管理和过程控制的有效手段,检测的目的是为工程提供有力的数据支撑,检验水利工程施工过程质量,评价水利工程实体可靠性,为项目管理服务。因此,从本质上讲,试验检测是为项目增值服务的。

3.2 合理降本增效

借助试验检测的手段,在工程前期,通过试验比选,合理选择钢筋、混凝土等原材料;通过工艺试验选择合理的施工机具、施工工艺;通过试验验证,推广新材料、新技术、新工艺的应用。试验检测可以为工程实践提供科学指导,优选材料、工艺和技术方案,使项目管理免受不必要的损失和浪费,做到经济合理、确保质量,提高效率,同时有效降低成本。

3.3 利于质量分析

试验检测本身,是利用科学技术手段对工程质量进行有效地分析评价。项目质量管理人员可利用试验检测数据定期开展统计,分析评价一定时期内的质量趋势,发现质量风险,为现场质量管理提供改进的方向,有效避免质量问题发生。

3.4 确保运行安全

在水利工程建设实施阶段,要贯彻全过程质量管理,落实全过程检测工作,对项目实行全过程质量控制。对水利工程所有原材料、中间产品和结构实体进行动态、全量的过程监督和检测,倒逼施工现场形成良性的运转机制,使工程在建设周期内,按时完成施工任务,确保工程材料、中间产品和工程实体质量,从而保障水利工程运行安全,实现项目增值。

4 加强水利工程试验检测管理

4.1 加强行业监管,规范检测单位

目前,随着改革发展变化,各种规模和不同形式的检测单位不断涌现,检测队伍水平也参差不齐。应加强水利工程检测资质的认证评审和准入,加大检测人员的培训,强化监督,通过飞检、盲检等手段,不断提高检测单位能力和检测人员水平。

4.2 完善项目质量体系,强化制度管理

相关部门法规明确了包括水利行业在内的工程建设过程必须严格贯彻落实质量检验制度。水利工程建设项目应建立健全质量管理体系,并使之有效运行,建立见证取样检测管理制度并严格落实执行。项目开工之初应编制试验检测计划,并按照计划开展试验检测工作。项目管理者要具备较强的质量意识,在施工过程中要求现场满足试验条件,积极配合试验检测人员开展检测工作。检测人员要及时、严谨地完成试验检测,并将检测信息和结果及时汇总,出具检测报告。

4.3 采用先进检测手段,提高检测效率

随着社会的发展,检测技术不断创新,检测设备不断更新。先进的检测设备和创新的检测技术意味着效率的提高和劳动力的降低。应鼓励检测单位引进先进设备,采用先进技术手段,更加高效、快捷地提供检测结果,解决现场检测手段单一、检测效率低下和检测不及时等突出问题。

4.4 推行第三方检测,弱化企业自检

近几年,诸如电力建设行业在极力推行第三方检测逐步代替企业自检,实行百分之百监理见证取样。一般,由法人单位或工程总承包单位负责引进检测机构,签订合同并负责管理,该检测单位负责工程全场的试验检测工作。通常,要求在施工现场建立一定规模的试验室作为母体的派出机构,现场派驻试验人员,可完成绝大部分试验检测任务。由于合同关系的改变带来责任主体改变,如此方能确保检测独立性,解决以往工程现场出现的各种问题。因此,推行第三方检测,逐步弱化企业自检行为,以期保证现场工程质量。

5 结论

试验检测单位是工程建设质量监督管理的直接参与者,水利工程施工现场项目管理要高度重视试验检测工作。加强监管,提高检测队伍水平,优化合同结构,积极推行第三方检测,弱化企业自检,发挥水利工程建设试验检测的积极作用,促进水利工程建设质量的提升。

[参考文献]

[1] 杨魏,刘玉筑.探讨试验检测在水利工程中的作用[J].工程技术(文摘版),2016(10):131.
[2] 王丽萍.试验检测在水利工程中的作用[J].甘肃农业,2015(20):63-64.

[作者简介]

张杰,男,生于1981年,高级工程师,从事工程检测、工程技术工作,qh810929@163.com。

生态预制块护坡在引江济淮小合分线 Y003 标的应用

胡竹华　王丽君

(中水淮河安徽恒信工程咨询有限公司　安徽 合肥　230601)

摘　要：生态预制块护坡是一种具有多孔性、透水性且抗冲刷能力强的预制块护坡方式，运用生态预制块护坡，既有助于促进水生植物的生长，又有利于处理水土流失问题。本文主要以小合分线 Y003 标为例，简要介绍了工程概况，主要介绍生态预制块护坡的施工工艺和质量控制措施，最后说明了预制块护坡的作用。

关键词：生态预制块护坡；方法；质量保证措施

1　工程概况

引江济淮小合分线 Y003 标工程，位于杭埠河倒虹吸至派河口泵站间，桩号 6+156～20+848，长 14.692 km，包括渠道开挖、堤防填筑、膨胀土治理、护坡、13 座跨河桥及 2 座管护道路桥、两岸管护道路、管桩墙、3 座渡槽、1 座穿堤涵、1 座跌水及安全监测等。渠道设计等级为 1 级，涵闸、渡槽、跌水主要建筑物设计等级为 1 级，次要建筑物设计等级 3 级；输水渠道设计输水流量为 300 m³/s，设计输水水位 5.36～4.1 m，除涝水位 5.8 m，设计河底高程－0.14～－1.4 m，渠道底宽 42 m，渠道设计纵坡坡降为 1/11 690，其中 16+295～19+885 段输水断面采用管桩加挂板支护矩形断面，设计渠道底宽 48 m。

小合分线 Y003 标主要是新建河渠，河渠穿越地区地势高低起伏，为满足河道疏挖和防洪要求，对堤防段进行削坡整理和生态预制块护坡，迎水侧坡面均采用 C25 混凝土铰接式生态预制块护坡，渠道坡比 1∶3，每 6 m 高差一个坡段，本工程最大坡长约 38 m。总工程量约 855 558 m²，预制块厚度 0.12 m，平面尺寸 0.6 m×0.66 m，预制块有两种规格尺寸（详见图 1、图 2），根据部位不同采用型式不同，渠底至一级平台采用孔隙率 5%～10% 预制块，一级平台以上采用孔隙率 25% 以上预制块，下部铺设 500 g/m² 土工布及 100 mm 瓜子片，预制块空格内填土，土体表面植草。

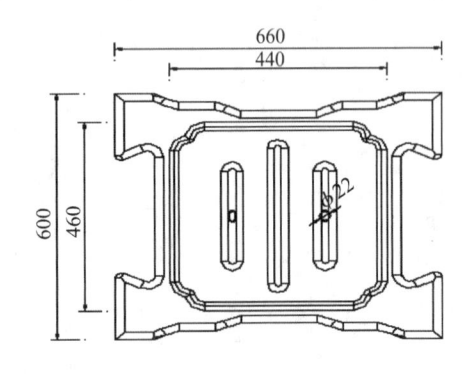

图 1　孔隙率 5%～10% 生态预制块 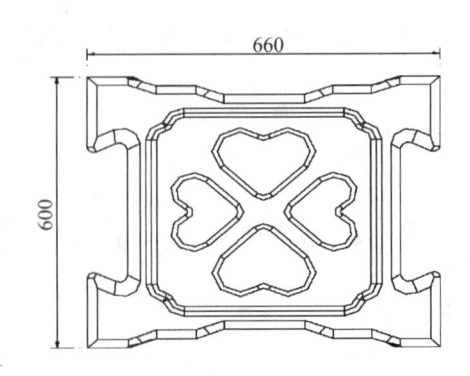　　图 2　孔隙率 25% 以上生态预制块

2 生态预制护坡的特点

混凝土铰接式预制块指的是以水泥、矿物掺合料、砂、石、水等为原材料,经搅拌、振动成型、养护等工艺制成的可与周围砌块拼接形成联锁结构的预制块砌块,预制块与基础垫层、填土、植草等共同构成生态预制块护坡。

生态预制块护坡整体性、稳定性与耐久性较好,它主要是采用挤压成型施工工艺,施工效率高,能够实现大批量施工与大规模施工,它不仅节能减排,而且施工质量有保障,施工成本和施工材料都能够有效降低,施工工艺简单,运输方便,最主要的是它具有更加牢靠的整体联锁坡面,绿化种植也更易实现,植物根系也能够产生较好的固土作用。

3 施工方法

由于本工程渠道护坡工程量大、面广,结合渠道开挖进度按每 400 m 分成一个施工段同时施工,施工段内进行流水作业。生态预制块护坡施工工艺流程见图3。

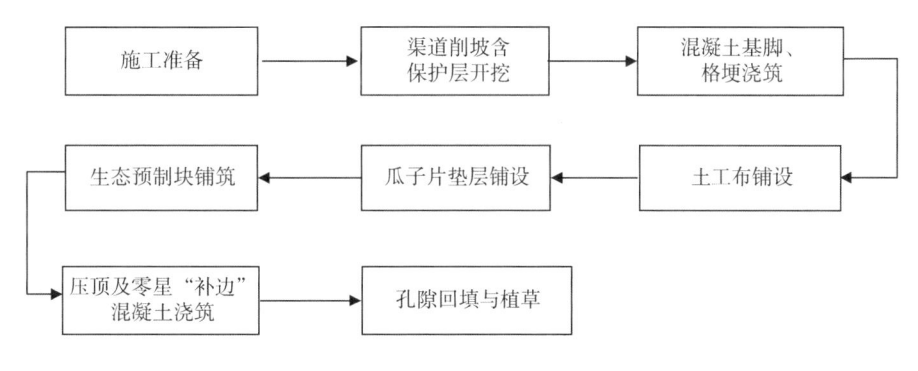

图 3 施工工艺流程图

3.1 施工准备

首先,技术人员需要对作业人员进行技术交底、安全交底,使其能够了解图纸要求、技术要求、规范要求、工艺流程、施工注意事项等,然后要做好垫层、土工布、闭孔泡沫板等材料的采购、检验工作,确保材料质量达到设计要求,满足施工期间的正常供应。最后做好测量放样工作,施工前,按设计图纸尺寸将边坡的剖面特征点放样至现场,间距不大于 50 m,经复核无误后方可施工。

3.2 渠道削坡

削坡前用 1 m³ 反铲挖掘机将边坡保护层土方挖除,土方弃至弃渣场。保护层开挖后的坡面相对于设计基面留有 5~10 cm 厚待削坡土。削坡平整度控制在 10 mm/2 m 范围内,采用 2 m 靠尺检查。

削坡施工采用削坡机和挖掘机两种设备配合施工,削坡机的性能特点使其适用于土质硬的坡面,所以削坡机主要用于 6.6 km 膨胀土治理换填水泥改性土段边坡削坡施工,挖掘机主要对其他渠段削坡施工。削坡机施工时根据削坡机的作业宽度,铺设简易轨道,待设备组装就位,安装完成后,根据放样控制点调整设备高度,分层将待削坡土方削运出坡面,达到设计要求基面高程。挖掘机削坡时,挖掘机铲斗上安装一块钢板,可有效提高削坡面的质量。根据控制点高程,人工拉线检查基面是否满足规范要求,对局部不合格处辅助人工铲平的方式削至设计基面。

3.3 基脚、格埂等混凝土施工

预制块护坡每隔20 m设一道格埂,渠道坡面每隔400 m布置一道踏步。基脚(0.4 m×0.6 m)、格埂(0.4 m×0.6 m)、压顶(0.4 m×0.4 m)混凝土的上部20 cm高采用竹胶板或型钢做模板,20 cm以下部分利用土体做模板。沟槽土方采用小型挖掘机挖土、人工清理整平的方法施工,对改性土换填段采用专用开沟机进行切割破碎,人工清运施工。沟槽验收合格后,进行混凝土浇筑。混凝土浇筑施工要充分考虑天气对浇筑、养护的影响,提前做好预防应对措施。一级平台以下采用泵送方式入仓,一级平台以上采用溜槽入仓浇筑。浇筑完成后,及时进行收面、压光、养护等施工,模板拆除不得破坏棱角,确保混凝土外观质量。养护根据季节不同采取不同的养护方法,可洒水,覆盖薄膜、草帘、麻袋片、专用养护被等等。

3.4 土工布铺设

土工布应自下而上进行铺设,与坡面密贴,不留空隙,松紧适度,不张拉受力、折叠、打褶等情况。铺设长度有一定富余量,保证土工布铺设后不影响护坡的断面尺寸,最后将铺设后的土工布用U形钉固定。发现土工布有损时,立即修补或更换。相邻土工布拼接采用搭接或缝接,采用搭接时搭接宽度不小于50 cm,缝接时采用平接法缝合,所有的缝合必须要连续进行(例如点缝是不允许的)。最小缝针距离织边(材料暴露的边缘)至少是25 mm。用于缝合的线应为最小张力超过60 N的树脂材料,并有与土工布相当或超出的抗化学腐蚀和抗紫外线能力。任何在缝好的土工布上的"漏针"必须在受到影响的地方重新缝接。

3.5 垫层施工

护坡垫层用的是瓜子片垫层,施工时根据浇筑好的脚槽、格埂、压顶的混凝土面拉控制线,严格控制垫层铺垫厚度,自下而上铺设,一次性铺设一个施工区域(两道横格埂之间)。铺设完成压实后,人工整平,满足规范要求后方可进行下道工序施工。施工采用挖掘机或吊车运至工作面,减少人工挑抬施工强度,可大大提高施工效率。

3.6 生态预制块铺筑

预制块卸车采用吊车卸至坡顶平台上,再用专用小型步履式吊机将预制块转运至作业面,以提高工效,减少人工搬运距离,解决预制块水平运输难的特点。

铺筑时带线施工,在水平方向和顺坡方向带多道通线,保证坡面尺寸统一,坡度统一,平整、美观。搬运、砌筑混凝土预制块时注意加强成品保护,防止碰损掉角;有明显色差且存在贯穿裂缝的砌块不得使用,以保证外观整体质量。严格控制缝宽为6~10 mm,宽度均匀一致,无通缝现象。预制块铺设时采用橡胶锤敲打整平,严禁用铁锤敲打调整。

3.7 孔隙回填与植草

常水位以下孔隙率较小的预制块空隙回填瓜子片,常水位以上孔隙率较大的预制块空隙回填耕植土并植草,植草后应做好后期养护。

3.8 质量检查和验收

混凝土预制块外观及尺寸应符合设计要求,允许偏差为±5 mm,表面平整,无掉角、断裂,应每

50～100 块检测 1 块。预制块护坡坡面平整度应采用 2 m 靠尺检测,凹凸不超过 10 mm,应每 50～100 m² 检测 1 处。预制块铺筑应平整、稳固、缝线规则。

4 质量保证措施

从原材料的进场开始严格控制混凝土预制块、土工布、瓜子片垫层的物理、力学性能指标要满足规范和设计要求,杜绝不合格的材料进场。其中预制块进场应提供产品合格证和品质试验报告,使用单位按有关规定进行检验,检验合格并经监理工程师确认后,方可用于现场铺筑。进场后还要注意成品的保护,检查预制块的完整性,是否有掉角、破损的现象,如果有要及时更换。在施工过程中,需要不定期检查施工组织设计及施工方案落实情况,以确保施工生产正常进行。

施工过程中,要严格落实"三检制",确保每道工序施工完验收合格后方可进行下一步施工。另外,作业人员是工程质量的直接责任者,工程质量的好坏,作业人员是关键,在整个施工过程中,要贯穿工前有交底,工中有检查,工后有验收,做到施工操作程序化、标准化、规范化、确保施工质量。

5 结语

生态预制块护坡施工中所使用的设备相对简单,维护也相对容易,需要的辅助设施设备较少,施工进度更快。Y003 标护坡工程量大、工期紧张,且大部分护坡位于水位以上,护坡外观质量要求高,生态预制块护坡的应用确保了河渠的护坡质量,也解决了工期问题,为工程顺利完工打下了坚实的基础。另外,现代社会对水体生态环境的要求在不断提高,人们对生态系统的稳定与和谐要求也更高,因此,河岸生态护坡技术在水利工程中也越来越重要。

[参考文献]

[1] 水利部建设与管理司.堤防工程施工规范:SL 260—2014[S].北京:中国水利水电出版社,2014.
[2] 华北水利水电学院北京研究生部.水利水电工程土工合成材料应用技术规范:SL/T 225—98[S].北京:中国水利水电出版社,1998.

[作者简介]

胡竹华,男,生于 1985 年 5 月,工程师,从事工程监理、计划经营工作,18208007717。

引淮供水灌溉工程息县枢纽施工导流设计

周 琳 崔 飞 姜小红

(中水淮河规划设计研究公司 安徽 合肥 230601)

摘 要：息县枢纽工程是河南省大别山革命老区引淮供水灌溉工程的核心组成部分，位于淮河干流上，工程安排在两个非汛期施工，施工导流采用一次拦断河床、明渠导流的方式。第一个非汛期在闸址上下游填筑围堰，完成土建工程，汛期来临时，拆除上下游围堰，第二个非汛期再在闸体上下游填筑围堰，完成设备安装工程，两个非汛期施工，均利用明渠导流。导流明渠开挖深度范围内分布的地层主要为第③层细砂，第④、⑥层中粗砂、砾砂，属中等～强透水性，在渗流作用下，易产生管涌破坏，存在抗冲刷能力差、渗透变形和边坡稳定问题。根据土层特性和水力条件，对明渠边坡、底面采用铅丝石笼防护，导流明渠进口段布置双排三轴搅拌桩防冲墙，出口段布置三排三轴搅拌桩防冲墙。工程自2020年10月下旬截流后，导流明渠经过一个汛期和两个非汛期的过流考验，明渠边坡未发现滑坡，铅丝石笼护坡基本无损坏，明渠进口处未发生冲坑破坏，明渠出口处防冲墙下游侧局部出现冲坑，及时采取了少量抛石处理，冲坑范围未向防冲墙上游发展，下游防冲墙以上部分未发生破坏，说明本工程导流明渠的总体布置、边坡防护及进出口防冲设计是合理的。

关键词：息县枢纽工程；导流明渠；铅丝石笼防护；三轴搅拌桩防冲墙。

1 工程概况

息县枢纽工程是河南省大别山革命老区引淮供水灌溉工程的核心组成部分，工程建于淮河息县水文站下游约 6.7 km 处，设计洪水标准 50 年一遇，校核洪水标准 200 年一遇，设计和校核流量分别为 9 300 m³/s、15 600 m³/s，闸上正常蓄水位 39.20 m，蓄水库容 11 995 万 m³，兴利库容 9 224 万 m³，多年平均向受水区供水量 16 628 万 m³，其中向城市供水 10 324 万 m³，向灌区供水 6 304 万 m³。枢纽工程采用全深孔闸方案，闸底板顶高程 29.0 m，共布置 26 孔、每孔净宽 15 m，总净宽 390 m。节制闸两侧采用土堤分别连接至规划的息县南环路和淮河南岸高岗地。鱼道布置在节制闸右侧，穿右侧连接堤。

2 施工导流标准及分期

息县枢纽工程主要建筑物级别为Ⅰ级，根据《水利水电工程等级划分及洪水标准》（SL 252—2017）规定，其导流建筑物级别为 4 级，临时挡水建筑物采用土石围堰结构，相应洪水重现期为 20～10 年。考虑到淮河水文实测资料系列较长，水文资料可靠，且临时挡水建筑物采用的是传统型均质土围堰，设计及施工均十分成熟，围堰失事后对工程本身及下游不会造成大的经济损失，因此本枢纽工程施工导流标准采用规范要求的下限，即 10 年重现期洪水[1]。

由于工程位于淮河干流上，若工程跨汛期施工，对工程上游沿线防洪度汛造成巨大压力，且该段淮河汛期行洪流量 10 年一遇洪峰流量为 7 064 m³/s，施工期挡水围堰及导流明渠规模大，风险高。

因此本枢纽主体工程主要安排在非汛期施工,枢纽处非汛期各时段的水位和流量参数见表1、表2。

表1 枢纽工程施工期水位及流量成果表

时段	P=20%		P=10%		P=5%	
	Q(m³/s)	H_下(m)	Q(m³/s)	H_下(m)	Q(m³/s)	H_下(m)
全年	—	—	7 064	43.00	9 459	43.75
10月—次年5月	1 756	38.40	2 608	40.00	3 481	41.20
11月—次年4月	1 045	36.90	1 796	38.40	2 629	40.00
12月—次年3月	423	34.80	694	36.00	991	36.80
11月—次年1月	288	34.2				
2月—次年5月	1 420	37.7				

表2 枢纽工程10—12月旬水位及流量成果表

分期		10年一遇		5年一遇	
		Q(m³/s)	H_下(m)	Q(m³/s)	H_下(m)
10月	上旬	269	34.00	147	33.20
	中旬	225	33.80	108	32.50
	下旬	193	33.50	96.6	32.30
11月	上旬	177	33.40	92.5	32.20
	中旬	155	33.30	79.3	32.00
	下旬	145	33.20	75.9	31.90
12月	上旬	84.7	32.10	59.4	31.70
	中旬	80	32.00	53.9	31.60
	下旬	57.0	31.60	43.1	31.40

从水文资料可以看出,不同时段10年一遇洪峰量相差较大,对导流工程的规模及工程量影响较大,选择导流时段较短,导流工程投资可明显减少,但考虑到本工程主体工程量大,地基处理型式多,关键线路工期较长,本枢纽主体工程施工导流时段选择在非汛期10月—次年5月,相应10年一遇洪峰流量为2 608 m³/s。枢纽安装工程和鱼道工程施工导流建筑物挡水标准采用5年重现期洪水,其导流时段分别为非汛期11月—次年1月洪峰流量为288 m³/s、非汛期2—5月洪峰流量为1 420 m³/s。

3 导流方式比选

为了减少导流工程量、降低施工难度、节省工程投资,根据施工进度安排,枢纽工程安排在两个非汛期实施。结合枢纽工程地形地质情况、水文特性、水工建筑物的布置和型式等,分析比较两种导流方案。

方案一:枢纽工程采用分期导流方式。第一个非汛期在河道左侧填筑围堰,利用右侧河道导流,完成左侧14孔闸的施工,第二年汛前拆除一期围堰;第二个非汛期在基坑右侧填筑二期围堰,完成左侧12孔闸和右岸鱼道的施工,利用已建成的14孔闸过流,第三年汛前拆除二期围堰。

方案二:枢纽工程采用一次拦断导流方式。在右岸滩地挖明渠导流,第一个非汛期内完成地基处理、闸室混凝土以及上下游护底、消能防冲段混凝土浇筑,汛前拆除围堰,汛期利用已完成的节制闸过流;第二个非汛期在闸的上下游填筑二期围堰,仍利用导流明渠导流,完成剩余的土建工程以及闸门和电气设备安装工程等,利用明渠导流,汛前拆除二期围堰,填筑三期围堰封闭导流明渠,施工鱼道及连接堤工程,利用一期内已建成的节制闸导流。

方案一采用左、右岸分期导流,主要的缺点有:① 一、二期均需填筑纵向围堰,围堰填筑工程量大;② 工程区土层以砂土为主,渗透系数大,且基坑开挖深度大,遭遇高水位时易发生渗透破坏,需对一、二期纵向围堰进行截渗处理,截渗墙工程量大,且占用主体工程施工工期;③ 二期纵向围堰与已建成的闸室连接难度大;④ 一个非汛期内需要两次围堰填筑和两次拆除,又由于本工程地基处理及混凝土浇筑工程量大,较难在一个非汛期内完成全部水下工程,度汛压力大;⑤ 由于左右岸交通不便,一期、二期均需分别布置生产、生活区以及其他临时设施。主要的优点有:工程临时占地相对较少。

方案二采用一次拦断河床,明渠导流,主要的优点有:① 不需纵向围堰,围堰填筑工程量相对较小;② 采用一次拦断河床并填筑围堰,有利于基坑围封墙连续施工,截渗墙工程量小,且容易确保施工质量;③ 闸体主体土建工程和设备安装工程分别安排在两个非汛期内施工,可充分利用工程宽阔的场区条件,采用流水作业,提高施工强度,缩短关键工期;④ 土建工程在第一个非汛期内基本完成,施工期度汛安全度高。主要的缺点有:① 导流明渠开挖工程量大;② 导流明渠占地多。

综合考虑导流工程投资、施工总工期、施工度汛以及施工质量等因素,经综合分析比较,本工程施工导流采用一次拦断河床、明渠导流的方式。

4 导流明渠设计

(1) 导流明渠布置

根据现场地形条件和主体工程布置,导流明渠进口布置在闸轴线上游约780 m处淮河右岸,出口布置在闸轴线下游约750 m处淮河右岸,导流明渠在平面上可分为进口段、明渠段及出口段三部分,中心线总长1 738 m,其中,进口段长278 m(0+000~0+278),明渠段长1 200 m(0+278~0+1 478),出口段长260m(0+1 478~0+1 738)。

导流明渠进口段采用平底坡,底高程30.0 m,首端宽108 m,末端宽60.0 m;明渠段底坡为1/2 000,底高程由30.0 m渐变至29.4 m,底宽60.0 m;出口段采用平底坡,底高程29.4 m,首端底宽60.0 m,末端宽约140.0 m。导流明渠全线采用梯形断面,在34 m高程处设置2 m宽平台,两侧边坡坡比均为1:3。

(2) 边坡防护设计

根据地质资料,本工程导流明渠开挖深度范围内分布的地层有第①层轻粉质壤土,第③层细砂,第④-1层中、重粉质壤土,第④、⑥层中粗砂、砾砂,第⑦层粉质黏土,开挖深度范围内分布的主要地层为第③层细砂,第④、⑥层中粗砂、砾砂,属中等~强透水性,在渗流作用下,易产生管涌破坏,存在抗冲刷能力差、渗透变形和边坡稳定问题。本工程导流明渠导流流量较大,最大流速达3.20 m/s,远大于边坡土层的允许抗冲流速0.80 m/s,且导流明渠使用时间长,需跨一个汛期和两个非汛期,为确保导流明渠及主体工程安全,需对明渠边坡进行防护。

为缩短导流明渠施工工期,本工程明渠渠坡采用施工简单快速的铅丝石笼防护,具体结构自下而上分别为:土工布一层、碎石垫层10 cm(粒径5~20 mm)、铅丝石笼400 cm。铅丝石笼规格:铅丝石笼规格为2 000×2 000×400 mm(长×宽×高),材料采用8#铅丝,抗拉强度不小于420 MPa,网孔孔径为80×100 mm($D \times H$)。铅丝石笼内填充石料,石料粒径大小应在200~400 mm之间,允许公差为±5%。

由于导流明渠两侧滩地高程低于最高过流水位,需填筑子堰,子堰顶高程41.5~41.0 m,堰顶宽

5.0 m，两侧边坡均为 1∶2，子堰迎水侧和明渠铅丝笼防护之间采用 0.3~0.4 m 厚编织袋装土防护。

（3）防冲设计

由于明渠底主要位于粉细砂层上，为避免水流淘刷带来的不利影响，在导流明渠进口段的末端桩号 0+278 处及出口段的桩号 1+670 处布设三轴搅拌桩防冲墙防护。

导流明渠进口段布置双排三轴搅拌桩防冲墙，出口段布置三排三轴搅拌桩防冲墙。防冲墙采用跳槽式双孔全套打复搅式顺序进行，桩径 850 mm，三轴间距 1.2 m，桩深 10 m，最小成墙厚度不小于 0.6 m，水泥采用 P·O42.5 级，水泥掺入比根据试验确定，但不小于 20%，桩身 28 天无侧限抗压强度不低于 2.5 MPa，保证主机机身施工时处于水平状态，保证导向架的垂直度，桩体垂直偏差不得超过 1.0%，桩位偏差不得大于 30 mm[2]。

5　结束语

息县枢纽工程导流明渠工程 2020 年 4 月 2 日开始施工，2020 年 9 月 16 日完工，施工工期约 5 个半月，导流明渠整个施工过程中，各项指标较好，未发生工程质量和安全事故。

本工程导流明渠全线边坡以粉细砂等砂性土为主，抗冲和抗渗能力差，运行过程水力条件复杂，自 2020 年 10 月下旬截流后，导流明渠经过一个汛期和两个非汛期的过流考验，明渠边坡未发现滑坡，铅丝笼护坡基本无损坏，明渠进口处未发生冲坑破坏，明渠出口处防冲墙下游侧局部出现冲坑，及时采取了少量抛石处理，冲坑范围未向防冲墙上游发展，下游防冲墙以上部分未发生破坏，说明本工程导流明渠的总体布置、边坡防护及进出口防冲设计是合理的。

综上所述，息县枢纽工程施工导流设计，在分析工程区域的地形地质条件、水文特性，结合建筑物的布置、组成、工程量及工期要求等工程特点后，采用了一次拦断河床、明渠导流的方式，并根据土层特性和水力条件，对明渠边坡、进出口采取了必要的防护、防冲措施，减少了导流工程费用，确保了度汛安全，为主体工程的顺利施工创造了有利条件。

[参考文献]

[1] 水利电力部水利水电建设总局.水利水电工程施工组织设计手册(第一卷)：施工规划[M].北京：中国水利水电出版社，2001.

[2] 全国水利水电施工技术信息网组.水利水电工程施工手册(第一卷)：地基与基础工程[M].北京：中国电力出版社，2004.

[作者简介]

周琳，女，生于 1978 年 9 月 15 日，高级工程师，从事施工组织设计，13955118801，63064832@qq.com。

某河道堤防裂缝成因分析

黄 江　管宪伟　张金伟

(中水淮河规划设计研究有限公司　安徽 合肥　230601)

摘　要：堤防裂缝是堤防工程常见的一种险情，是堤防出现结构性危险的最明显的信号。本文通过专项勘察、示踪开挖、室内试验等方法对河道堤防裂缝进行综合分析，确定了软弱地基、堤身土膨胀性、地表水、不均匀沉降是产生裂缝的主要原因，对类似工程具有一定的参考价值。

关键词：河道堤防；裂缝；膨胀土；不均匀沉降

1　引言

河道堤防是水利工程中最常见的挡水建筑物，其主要作用是约束洪水，将洪水限制在行洪通道内排泄，增加了过流能力，另外，堤防还承担着保护堤后人民生命财产安全的重要作用。我国堤防工程建设历史悠久，随着其服役使用时间的推移，出现各类险情的概率增加，堤防工程的安全受到严重威胁。裂缝作为堤防险情中常见的一种，经常是多种堤防险情出现的前兆。堤防裂缝成因复杂，常发展成滑坡、塌陷、崩岸等地质灾害，在汛期引起破堤等重大危害，因此对裂缝成因的分析具有重要的意义。

2　裂缝形成过程

某堤防原状堤顶高程 21.2~22.5 m，顶宽 3~10 m，边坡 1∶2~1∶3。初步设计对河道 0+000~2+484 段长约 2.48 km 的堤防进行加固，采用迎水侧加培的方式，设计堤防顶宽度 6 m，堤顶高程 22.73 m，迎水侧边坡 1∶3。

堤防加固工程 2015 年开始施工，2016 年 4 月基本完工；4 月 1 日，堤防 0+613~0+710 段、1+256~1+296 段迎水侧土体在施工期出现滑坡，滑坡治理采取了削坡减载、增加压载平台、混凝土搅拌桩地基加固的综合措施，2016 年 9 月基本完工；2018 年 6 月—11 月，完成堤防堤顶防汛道路施工；2019 年 9 月—11 月，在巡查过程中发现，堤顶防汛道路出现较多裂缝，且个别裂缝宽度较大，并在此后一段时间内防汛道路裂缝有数量增多、宽度增大的发展趋势。据统计，堤防形成大小 23 条裂缝，裂缝走向均沿堤防轴线方向(见图 1)。裂缝多分布在 0+000~1+760 段堤防段，其中 0+450~1+356 堤防段发育较密集，裂缝一般长 10~25 m，局部平行发育 2~3 条，张开以 1~3 cm 为主，局部微张 0.2~0.5 cm。裂缝背水侧一端防汛道路产生下错，错距较小，一般以 0.2~1.5 cm 为主；1+760~2+484 段堤防裂缝零星分布，多延伸不长，裂缝一般微张，未发现较大的张开裂隙和错动。

图 1　防汛道路裂缝特征图

3　裂缝专项研究

为分析堤防裂缝成因、规模及发展规律,对该段堤防采取专项勘察试验、示踪开挖及观测研究,研究重点为裂缝在堤防内的发育深度及特征、堤身填筑土特性、堤基土类别。

3.1　堤身土特性研究

综合原位试验及室内外试验研究查明,堤防填土层厚 1.80~6.70 m,平均厚度约 3.94 m,层底分布高程 11.12~18.90 m。堤防填土主要由重粉质壤土、粉质黏土组成,夹少量黏土,灰黄、黄色,干~湿,软塑~可塑状态,该层土质结构、强度不均,多含有枯枝、腐叶、贝壳等。本次在老堤及裂缝开挖探坑内取 7 组填土样进行自由膨胀率试验,其中 6 组试样自由膨胀率大于 40%,普遍具弱膨胀性。

3.2　堤基地质结构研究

根据专项勘察研究成果,堤基工程地质条件分类及评价表见表 1。

表 1　堤基工程地质条件分类及评价表

工程地质条件分类	地质结构分类	分布位置（钻孔）	长度(km)	裂缝发育情况(条)	工程地质特征及评价
B 类	I₁	0+000—0+470 0+856—0+927 1+356—1+456 2+290—2+484	0.47 0.07 0.10 0.19	5 3 1 0	堤基主要为⑤层、⑧层粉质黏土组成单一结构,堤基承载力一般,中等偏低压缩性,弱透水性,工程地质条件整体较好。
C 类	II₂	1+796—2+290	0.49	2	堤基主要为上⑤粉质黏土,下⑥层淤泥质粉质黏土组成的双层结构,⑥层土基承载力较低,为高压缩性土,渗透等级为弱透水性,存在沉降和不均匀沉降变形及抗滑稳定等工程地质问题。

续表

工程地质 条件分类	地质结构 分类	分布位置 （钻孔）	长度（km）	裂缝发育 情况（条）	工程地质特征及评价
D类	I₂ II₁	0+470—0+856 0+927—1+356 1+456—1+796	0.42 0.36 0.34	2 10 0	堤基为②层淤泥质土组成的单一结构及上②层、③层淤泥质土、下⑧层粉质黏土组成的双层结构。②层土具高压缩性、高灵敏度等特征，存在沉降变形、抗滑稳定等工程地质问题。

3.3 示踪开挖研究

示踪开挖前持续对拟开挖的裂缝灌入白色流体涂料至充分饱和，采取人工开挖减轻扰动方式对裂缝进行示踪开挖，经现场开挖判别裂缝发育深度一般在2.0 m以内，裂缝结构面较光滑，土体结构性明显。示踪开挖实景及示意图如图2和图3所示。

图2 示踪开挖实景图

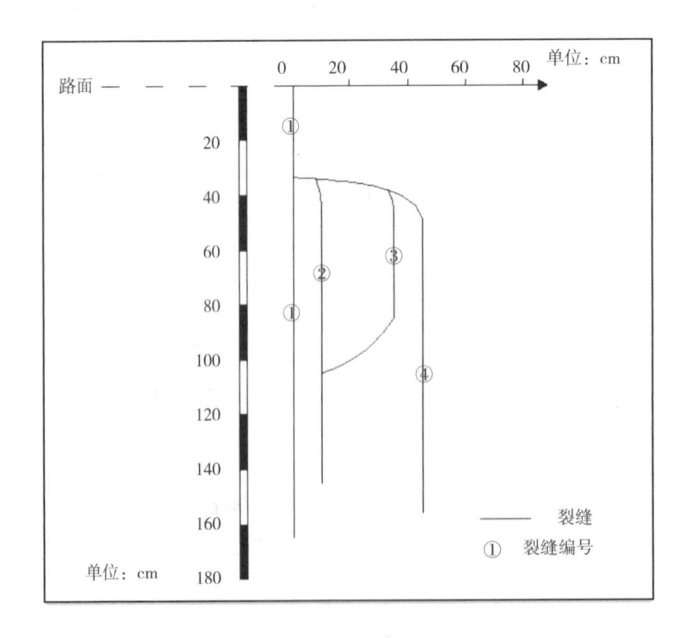

图3 示踪开挖展示图

4 裂缝产生原因分析

1. 堤基地质条件的影响

该段堤防总长 2.48 km,其中 B 类堤基段堤防长约 0.83 km,占总堤防长的 18.5%,工程地质条件较好。B 类堤基段堤防发育裂缝 9 条,占发育裂缝总条数的 39%。分析认为,堤基地质条件不是堤防裂缝发育的主导因素,但其影响着裂缝发育的频率。

2. 堤身土质量的影响

根据现场勘察堤顶道路填筑土土质不均,老堤填筑土多取材于河道清淤土,其中多含有腐殖质、枯木等有机质,黏粒含量为 40%~41.3%,均不满足均质土坝土料质量指标的要求,堤身土存在沉降量较大的地质问题;该类土天然干密度低,含水量高,黏粒含量高,具不易压实性,堤防填土压实度不满足要求。

3. 堤身土的弱膨胀性的影响

工程勘察期间在老堤及裂缝开挖探坑内取 7 组样进行自由膨胀率试验,其中 6 组试样自由膨胀率大于 40%,从而证明了老堤堤身填土普遍存在弱膨胀性。膨胀土是在自然地质过程中形成的一种多裂缝并具有显著胀缩特性的高塑性黏土,土中黏粒成分主要由强亲水性矿物组成,具有显著的吸水膨胀、失水收缩、反复变形和强度衰减性。这种土在干燥状态下结构致密、压缩性小、力学强度高,一旦外界湿度发生变化,则会产生明显的胀缩变形;并且遇水后力学强度急剧降低,失水后又干裂松散,常给堤防带来较大的危害。该堤防背水侧老堤局部堤顶及堤肩裸露,路肩部位因机械无法有效碾压,填土达不到要求的密实度,后期沉降量相对较大,加之路肩临空,干湿交替频繁,肩部土体的收缩也远大于堤身,故在路肩上常发生顺路线方向的开裂,这也符合了该堤防防汛道路裂缝发育的特征,该堤防裂缝大多发育在路肩外缘 0.5~1.5 m 处。

4. 堤防加高培厚及施工影响

由于该段堤防经过复堤,加之老堤筑堤时堤身土质较差,施工质量差,存在碾压不实等情况,给该段堤防留下了产生裂缝的隐患。堤防加固填土时,土料选择控制不严,把含淤质土、硬土块运上堤顶填筑,当松散的土质受到水压力作用时,土粒相互靠拢,孔隙体积减小,土体收缩,出现堤顶沉降裂缝。新堤加高时多沿迎水侧培厚,局部新老堤结合部易产生不均匀沉降,从而导致局部迎水侧堤顶局部产生裂缝。

5. 地表水的影响

防汛道路宽度小于堤顶宽度,背水侧堤顶及堤身土裸露,沥青防汛道路修建后,堤顶汇水总体向背水侧一带聚集,顺着堤顶、堤身土下渗,而堤身土具有弱膨胀性,遇水后进一步加剧了堤身土的不均匀沉降,诱发了老堤进一步产生不均匀沉降,从而导致防汛道路产生裂缝。

5 总结

堤身土对软弱地基土的超载作用、堤身土质量差、碾压不实及其弱膨胀性特征在地表水作用下产生的不均匀沉降加剧是堤顶纵向裂缝产生的主要原因。地表水入渗、地下水渗流等因素则进一步导致裂缝的加深、加长,而裂缝的加深加长又会加大入渗和渗流量,从而产生恶性循环,加剧了堤防裂缝的发展。

[参考文献]

[1] 樊雷,郝深志,张利滨.潮河堤防回填土岸坡裂缝处理方法[J].河南水利与南水北调,2016(8):54-55.

[2] 李益,宋平平,王晓娟,等.堤防工程膨胀土边坡滑坡机理分析及处置方案研究[J].黑龙江水利,2017,3(9):4-9.

[3] 张树鹏.堤防裂缝成因及加固设计方案研究[J].陕西水利,2020(3):204-206.

[4] 张天琦,侯丽,邢精连,等.马汉河膨胀土特性室内试验研究及数值计算分析[J].人民珠江,2020,41(3):16-22.

[作者简介]

黄江,男,生于1984年7月,高级工程师,主要从事工程地质及三维地质建模,18656008621,80771909@qq.com。

引江济淮工程小型建筑物的设计体会

周志富　钟恒昌　张钧堂　王　骁

(中水淮河规划设计研究有限公司　安徽 合肥　230601)

摘　要：针对引江济淮长距离输水工程两岸引水灌溉、排水泄洪水系错综复杂，影响处理的渠系交叉建筑物数量众多、种类杂、单体工程规模较小，设计从满足输水航运防洪安全、景观效果、运行维护等多方面考虑，分析了影响渠系交叉建筑物功能、规模、选址、选型、建筑景观效果的设计因素，结合现场实施经历经验，总结心得体会。

关键词：引江济淮；渠系交叉；输水工程；影响处理

1　引言

引江济淮工程沟通长江、淮河两大水系，是跨流域、跨省的重大战略性水资源配置和综合利用工程，工程任务以城乡供水和发展江淮航运为主，结合灌溉补水和改善巢湖及淮河水生态环境，是国务院要求加快推进建设的172项节水供水重大水利工程之一，也是润泽安徽、惠及河南的重大基础设施和重要民生工程，既是当今标志性的重大调水工程，也是当代最具综合性的战略水资源配置工程，将对输水沿线地区的经济发展和生态保护发挥重要的支撑与保障作用。

引江济淮工程集供水、航运、生态等效益于一体，是安徽省基础设施一号工程，实施过程坚持高标准、严要求，确保将工程建设成为安徽第一、全国领先的一流水利工程。引江济淮工程沿线建筑物数量众多、种类多样，仅江淮沟通段J010-1标和J010-2标新(重)建交叉建筑物共计104座，其中涵闸36座、跌水16座、泵站48座、跨支沟桥梁4座。引江济淮工程长距离输水工程，两岸灌溉、排水水系错综复杂，除满足防洪除涝等功能性要求外，为了打造引江济淮运河两岸景观效果，工程力求取得经济、社会、环境综合效益最大化，并同步提高渠系交叉建筑物的工程质量，提升建筑物外观质量。

2　工程概况

引江济淮工程供水范围涉及皖豫两省15市55县(市、区)，总面积7.06万 km²。2030年引江水量34.27亿 m³，淮河以北水量20.06亿 m³；2040年引江水量43.0亿 m³，淮河以北水量26.37亿 m³。工程引江流量300 m³/s，入淮流量280 m³/s，输水干线长723 km，自南向北可划分为引江济巢、江淮沟通、江水北送三大工程段落，为Ⅰ等大(1)型工程。

江淮沟通段输水河道自巢湖西北部派河口起，沿派河经肥西县城关上派镇、在肥西县大柏店附近穿越江淮分水岭，沿天河、东淝河上游河道入瓦埠湖，由东淝河下游河道，经东淝河闸后注入淮河，全长155.1 km。输水干线渠道以及各枢纽主要建筑物为1级建筑物[1]，主要建筑物的设计洪水标准为100年一遇，校核洪水标准为300年一遇[1-2]，江淮沟通段输水干线渠道兼顾Ⅱ级航道标准。主要建设内容包括：输水渠道及航道开挖工程、堤防填筑工程、渠道及堤防边坡护坡工程、提水泵站枢纽工程

(包括船闸)、跨河建筑物工程(包括淠河总干渠渡槽和交通桥梁)、渠系交叉建筑物工程、瓦埠湖周边影响处理工程、大型枢纽鱼道工程、锚地及服务区工程、航运配套工程以及工程监测等。

江淮沟通段 J48+000～J97+505 全线采用明渠、平底开挖的布置方案,渠底高程为 13.40 m,渠底宽 60 m,设计输水水位 19.71～17.90 m,每增高 6.0 m 设 1 级平台,渠道边坡坡比 1∶3,左右岸相同。全挖方渠道段长 21.23 km,半挖半填段长 28.275 km,渠道最大挖深 30 m,最大填高 7.0 m。引江济淮输水渠道挖河、筑堤引起沿程水位变化,影响周边的堤防、渠道、灌排设施等工程正常运行。

3 渠系交叉建筑物选型、立项设计原则

引江济淮输水渠道大部分渠段为利用现有河道进行挖深扩宽而成,沿程水位变化,对周边的灌排水系及设施工程正常运行带来影响,需对周边工程进行改造,建设两岸渠系交叉建筑物工程,引江济淮两岸渠系交叉建筑物工程建设原则是根据沿线河道挖填情况、水位变化及两岸水系影响情况确定,以恢复原有功能为目标,合理改善提高沿线防洪、除涝、灌溉条件。

灌排泵站赔建或新建设计原则[3]:(1)原有自流灌溉的渠道取水口门由于水位降低而无法自流引水的赔建提水灌溉泵站;(2)对现有泵站被挖河拆除或沿线水位降低导致引排水运行条件受影响的,采取拆除重建的措施;(3)对沿线弃土区复耕后附近无可靠水源必须从主河道取水的新建灌溉泵站。

排涝引水的涵闸、桥、跌水等水系连通工程设计原则:(1)现状涵闸被挖河拆除或工程后引排条件受影响的,采取拆除重建措施;(2)现状为自流引水灌溉、自排沟渠与新建路堤有交叉的,采取新建涵闸桥措施;(3)现状入河口沟渠底高程与输水河道河底高程高差较大时(以地面高程 24 m 为界),采用新建跌水工程措施,以避免冲刷渠坡及消除横向水流对通航的影响。

引江济淮两岸渠系交叉建筑物工程初步拟定其功能、规模、选址、选型后,应该充分重视地方百姓、政府意见及现场实际情况,具体设计人员应对沿线建筑物逐乡逐村摸排复查,并统筹考虑弃土区复耕灌溉用水要求等因素,对渠系交叉建筑物设计成果进一步梳理,确定本工程建设项目的功能、灌排范围、规模、工程选址等,并征求地方水利主管部门意见。

4 建筑物总体布置

渠系交叉建筑物在总体布置时应首先考虑满足其功能要求,确保其适应防洪、除涝或灌溉等各种可能出现工况,结合考虑地形、地质和施工等因素,做到结构安全可靠、布置紧凑合理、施工方便、运用灵活、少占耕地,建筑物均匀、对称、经济、美观,两侧连接应能保证岸坡稳定、进出水流平稳顺直,尽可能采用正向进水布置。渠系交叉建筑物总体布置应重点关注下列问题:

(1)排涝涵闸的闸址应选择在地势低洼、出水通畅处,可以充分排泄区域涝水,同时,由于小型涵闸排涝标准一般较低,应考虑超标准涝水过闸安全,宜选用开敞式闸室结构型式[1]。认真分析受涝区地面高程,适当降低闸槛高程,争取更大的自排面积。排涝涵闸除满足排涝过流和防洪要求外,应重视支渠蓄水灌溉需求,考虑防洪闸门可双向挡水功能。

(2)灌溉泵站从引江济淮河道取水,水源充沛、水质有保障、水位变化幅度不大,取水口较为简单,应注意河道通航安全要求,进水建筑物前缘不应凸出岸边;出水池与输水渠应平顺连接,出水池高程应该充分现场查看现有灌溉渠系后确定,不能直接从地形图上地面高程数值去判定,由于地形图精度有限,对于小型灌溉渠基本不能准确反映,有的灌溉渠直接自流灌溉,而有的灌溉渠需要二次提水灌溉,渠底高程出入在 2.0 m 左右;泵站泵房、变电站、工程管理用房以及其他维护管理设施的布置应考

虑后期运行管理要求[2]，引江济淮工程主体工程采取封闭式管理，而灌溉泵站建成后交付地方百姓使用和管理，泵房、变电站、工程管理用房应布置在引江济淮工程隔离网外侧。

（3）排水泵站站址应选择在排水区地势低洼、能汇集排水区涝水的地点，在具有部分自排条件的地点建排水泵站，泵站尽量与排水闸合建，减少建筑物数量，方便管理；排水泵站一般采用堤后式布置，引江济淮工程两岸多为低标准生产圩堤，泵站防洪高程不光考虑内河涝水位，同时还应考虑外河洪水位。

5 房屋建筑

引江济淮两岸渠系交叉建筑物工程主要为涵闸的启闭机房和控制室、泵站的泵房和管理用房，遵循安全可靠、经济合理、实用耐久、管理方便、环境协调原则。引江济淮工程沿线建筑物众多，围绕"安徽第一、全国一流"的工程建设目标，坚持高标准、严要求，通过"对标优良工程""对标榜样工程"，以实现创优目标为导向，并以获得国家级、省部级优质工程奖项为创建工作的最终检验标准。

5.1 建筑物建筑功能

启闭机房是为管理人员能安全操作和保护启闭机具不受恶劣自然环境的侵蚀而设置的。启闭机房直接设置在工作桥上，一般采用钢筋混凝土结构。机房应满足防风、防雨、防尘、防雷、防晒、防潮和保温等要求，其建筑面积应根据安装机具和操作维修的需要确定。

控制室为集中控制操作闸门而设置，多设在闸室段靠近电源的一岸，室内一般安装有配电盘、开关柜和其他机具、仪表。操作室与工作桥应保证交通方便，操纵台与闸门应能够较方便地通视，以便就近观察机械及闸门运转情况。控制室一般采用钢筋混凝土结构，其建筑面积、空间布置以及采光、照明、通风、保温等设计应满足机电设备和操作管理的要求。

泵房结构型式一般采用块基型，泵房布置根据水泵型号、机电设备参数和进出水流道型式经技术经济比较确定。泵房站身布置满足机电设备布置、安装、运行、检修的要求和泵房内通风、散热和采光要求，并符合防火、防潮、防噪声等技术要求，副厂房的平面尺寸根据电气、自动化设备布置要求确定。泵房和管理用房一般采用单层或多层框架结构形式。

5.2 建筑物外观质量

引江济淮工程是继京杭大运河后又一条高标准人工运河，除满足防洪除涝影响功能性要求外，打造引江济淮运河两岸景观效果，可取得极大的社会、环境综合效益。引江济淮工程沿线两岸渠系交叉小型建筑物众多，各建筑物将成为运河两岸独立景观节点，提高渠系交叉建筑物的工程质量、提升建筑物外观质量至关重要。

引江济淮工程占线长，分属几家设计单位设计，同一设计单位又分为若干个项目组，导致沿线建筑物施工图初稿的建筑风格和标准五花八门，经业主多次协调、促进，明确工程全线建筑方案总体思路按照"水上丝路、盛世江淮、世纪工程、千秋伟业"进行设计，整体风格采用新中式，造型简约稳重，屋顶采用铁蓝灰、深灰等深色为主，墙身以米白、淡黄等浅色调为主，整体色调宜简洁协调统一，局部搭配其他色彩，造型体现现代水利和水运工程特点，体现建筑方案总体思路，突出主题风格，与工程建筑物、环境景观、地域文化相协调。形成基本统一标准化实施方案，不同标段从南到北呈现风格略变化，从建筑做法上统一标准，提升建筑用材质量。

渠系交叉小型建筑物上部结构标准化实施方案分为小涵闸与泵站主副厂房两类，包括建筑内外装饰部分。小涵闸上部结构采用屋顶到檐口、檐口至窗台、窗台至启闭机排架出地面三段式,泵站副厂房上部结构采用屋顶到檐口、檐口到地面两段式,同一标段内建筑物造型颜色一致。标准化实施方案将施工图可能会涉及到的细节做法统一选用国家标准图集指导施工,用材规格尺寸均做统一规定,要求同一标段内建筑材料选色一致,建筑外立面选色由设计人员选取建筑标准色卡,施工前做喷涂样本,尽可能减少色差。通过对小涵闸和泵站主副厂房的一般性要求以及建筑装饰做法用材的统一,一方面可以减少因施工单位不同造成建筑外观杂乱的可能性,另一方面有助于形成统一的验收标准。

6 结语

长距离输水工程由于两岸灌溉、排水水系错综复杂,渠系交叉影响处理建筑物数量众多、种类不同,鉴于单体工程规模较小,参建单位一般不会重视,但渠系交叉建筑物沿运河两岸布设,其建筑物级别较高,直接关系到运河的输水航运防洪功能、安全、景观效果和两岸百姓生产生活。通过引江济淮工程渠系交叉建筑物案例的设计、实施经历,总结与体会如下:

(1) 渠系交叉建筑物的功能、规模、选址、选型应充分征求沿线老百姓和水利主管部门意见;

(2) 注重现场实际情况,摸排复查确定现有灌排渠系的功能、高程等关键问题及参数指标;

(3) 应先施工一个典型建筑物,视建筑外观效果,做好首件制总结,及时调整设计,实施过程中从设计方案、乙供产品、分包队伍、装饰工艺等方面控制小型建筑物外观质量;

(4) 按照水利工程习惯,招标设计阶段建筑物房屋建筑部分先按每平方米综合单价暂列,施工图阶段经过多方案比选确定建筑和装修方案,再按照地方建筑工程最新的信息价结算,房屋建筑部分造价往往超出概算,需要履行设计变更手续。

[参考文献]

[1] 江苏省水利勘测设计研究有限公司. 水闸设计规范:SL 265—2016[S]. 北京:中国水利水电出版社,2016.
[2] 中华人民共和国水利部. 泵站设计标准:GB 50265—2022[S]. 北京:中国水利水电出版社,2022.
[3] 左东启,王世夏,林益才. 水工建筑物[M]. 南京:河海大学出版社,1995.

[作者简介]

周志富,男,生于1966年7月,高级工程师,主要从事建筑设计工作,13605665807,1637532550@qq.com。

基于 BIM 的闸墩模板在设计及施工阶段的应用

翟 枫

(许昌水利建筑工程有限公司　河南 许昌　461000)

摘　要：随着我国建筑工程信息集成化的不断完善和高速发展，BIM 技术得到了广泛的运用。BIM 不仅带来现有技术的进步和工艺优化，也影响生产组织模式和管理方式的变革，并推动人们思维模式的转变。本文基于 BIM 的可视化、协调模拟和信息集成共享等特点，构建了闸墩组合钢模板深化设计、加工生产、安装施工工艺优化、现场管理的信息一体化集成，为 BIM 在水利工程中的应用提供理论和实践基础，也对推进水利工程集成化建设具备一定的参考和实际应用价值。

关键词：闸墩组合钢模板；BIM 技术；水利工程；建设信息一体化

随着水利行业的蓬勃发展，在不断追求更高的质量目标的前提下，水利项目建筑构件的外观形式也多姿多样，更能体现当地的水利文化。单体水工构件体量较大，各种异型构件的设计，给现场施工带来了很大挑战。在科技突飞猛进的大数据时代背景下，智能建造逐步成熟，将信息数据与建筑模型应用到水利工程中已是势在必行。目前，BIM 技术多用于建筑工业化的设计、施工和管理方面，缺乏在水利工程行业大体量异型构件设计、施工方面的应用。本文基于 BIM 技术信息集成化理念，对闸墩组合钢模板深化设计、加工生产、安装施工工艺优化、现场管理进行探讨，为今后在水利工程行业推进 BIM 信息集成化技术提供参考和借鉴。

1　工程概况

许昌市北汝河大陈拦河闸位于许昌市襄城县境内，是北汝河上一座大型节制闸，控制流域面积 5 690 km^2，属 Ⅱ 等大(2)型水闸工程。过闸流量：20 年一遇设计行洪流量 3 700 m^3/s，50 年一遇校核行洪流量 4 960 m^3/s。

闸室共 12 孔，单孔净宽 10 m，采用钢筋混凝土开敞式结构，闸室顺水流方向长 23 m，闸孔总宽 143.5 m；整体式底板，厚 2 m，闸底板高程 71.50 m；中墩厚 1.5 m，边墩及缝墩厚均为 1.2 m，闸墩顶高程 83.00 m。工作闸门为弧形钢闸门，弧形卷扬式启闭机。

2　技术原理

闸墩组合钢模板信息一体化集成施工是通过将数字信息应用于建筑模型而形成集成化管理的施工方法，是对单靠"经验论"模板施工方法的改进。

首先搭建闸墩三维结构模型和构建钢模板参数族，采用正向思维深化闸墩模板设计，在三维空间可直观审图和精准提取下料数据。模板拼合后，利用碰撞功能，检查模板支撑体系之间是否存在冲突,导出碰撞报告;通过调整模型参数修正,参数化修改使组合钢模板设计图纸调整更加高效。然后,钢模板制作集中管理,统一下料、编码、标准化加工。在施工前,模拟模板安装工艺流程,优化施工方案,特别是针对重点和关键部位,预演不同的安装方法进行对比,编制可视化三维技术交底指导施工,使管理人员和工人实现直观交互,提高沟通和协作效率。

3 基于BIM技术的闸墩组合钢模板设计及制作

3.1 搭建闸墩三维模型

采用参数化建模的方式搭建闸墩模型。对闸墩进行参数化设计,分层进行多图元建造,闸墩按50 cm高度拆分,通过调整每层参数进行驱动以实现几何形状的改变。

3.2 建立模板构件族

模板构件族主要分为面板族和支撑体系族两大类。其中面板族是基于闸墩模型,在其外侧贴合6 mm厚的面板,按照三维模拟排布的尺寸,运行"间隙分割"命令,构建出截面形式不同的面板族,然后根据特征进行统一命名、编号;支撑体系构建的族包括:边框族、横肋族、竖肋族和背楞族,通常在公制常规模型中构建。闸墩模板分割如图1所示,异型面板族如图2所示。

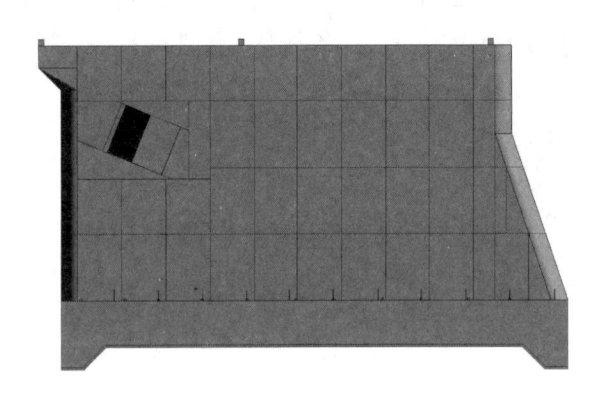

图 1 闸墩模板分割 　　　　图 2 异型面板族

3.3 模板构件族组合及参数设置

模板构件族导入到族样板中,根据其空间位置进行组合,运用对其锁定、尺寸标注、阵列、角度标注等命令对组合族设置参数,通过对属性参数的修改,可以生成不同尺寸的模板构件。

3.4 漫游、碰撞检查

将模板族载入闸墩结构模型中拼合成型。通过建立漫游路径,查看模板族的拼合情况;运行"碰撞检查"命令,对拼合模型进行深化检验,并导出碰撞报告。主要检查拼合模板模型与闸墩结构模型的交叉碰撞、模板支撑体系之间碰撞。

3.5 深化模型设计

根据碰撞检查报告,对建立的模板拼合模型进行深化设计,通过调整模板族参数,将优化后的模板族文件再次载入到项目,选择"参数覆盖现有版本及参数值",可实现模板拼合三维模型、各施工详图及节点同步调整更新。再次对深化设计模型进行漫游、碰撞检查,直至将存在的问题全部解决。建立明细表将模板构件类型、编码、尺寸等归类统计,导出深化设计图纸,指导厂家加工生产。

3.6 钢模板加工制作

模板加工制作采用自动化数控机床,制作厂家利用提取的模板三维模型数据,直接导入自动化数控机床,统一进行下料,标准化定型定量生产。

4 闸墩组合钢模板施工方法

4.1 BIM 可视化工艺流程演示

在 Navisworks 中创建闸墩模板施工工艺演示任务,录入计划起止时间,并选择"构造"任务类型;然后批量添加模板图元,按照块、层等构建闸墩模板模型,设定模板图元的时间,自动附加到相应的对象,并依次编号命名;通过建立 Animator 动画,设置动画行为,模拟设置要进行参数设置:开始/结束时间、时间间隔、动画链接、视图等;最后将模拟过程导为动画。

利用 BIM 的施工工艺流程演示,提供了一个虚拟场景,操作前对闸墩模板安装施工方案进行预测、模拟、分析和优化,提前发现问题、解决问题,直至获得最佳方案,从而指导真实的施工。先构建模型、动画设计,导出动态图画,再按工艺顺序排布成演示视频。模拟了现场的施工条件,拼装工序,并优化了方案。

4.2 技术交底

文字结合三维动画的技术交底,提供了一种新颖的交底方式,接底人能够直观了解整个模板安装过程,从动画中快速掌握关键部位的安装技术要点。采用三维动画交底可以避免工人因理解水平参差不齐造成的安装方法不统一,提高沟通效率,让技术交底真正落实到了每个接底人,切切实实地掌握每项安装要点。

4.3 测量放线

利用全站仪在闸底板上放出控制点,弹出中心轴线、闸墩轮廓线、门槽位置线和标高控制线。

4.4 搭设操作平台

闸墩轮廓线外 50 cm 搭设环状双排脚手架,立杆横向间距为 1 000 mm,纵向水平杆步距 900 mm,作业层高度 1 800 mm,扫地杆距离地面 200 mm,底部设置 200 mm 宽垫板,外架设置剪刀撑;工作面满铺脚手板,提供操作平台。

4.5 钢模板吊装

首先安装检修门槽和弧形门槽模板,门槽模板采用竹胶板,应先于钢模板安装,其安装进程应随钢模板安装同步上升。

将闸墩上游弧形模板吊装到位,并用 $\varphi 10$ 钢丝将模板与闸墩立筋绑扎固定,使其稳定坐落于闸底板上。紧接着对称安装平面模板,调整模板的间距和垂直度,用对拉螺杆穿过背楞进行加固。按顺序依次完成一层模板的安装,模板间距和垂直度自检合格后,背楞用螺栓固定,一层模板形成整体,可紧固全部对拉螺杆。紧固完毕,再次检查模板拼缝、间距、垂直度等,满足规范要求后,再按照上述步骤安装其他层模板。

安装牛腿部位模板时,先拼装牛腿底模,利用脚手撑架可调托校正底模高程和平整度。牛腿底模校正完毕后,安装支座预埋锚杆模板,在三维模型中已模拟支座锚杆预埋安装位置,能够做到精准开孔,支座预埋锚杆安装间距无偏差,支座安装更加便捷,解决闸门支铰不同轴问题。然后固定支座预埋锚杆和安装牛腿钢筋,最后拼装牛腿立面模板。

4.6 钢模板加固

模板边框连接采用 M20×60 螺栓,间距 200 mm;模板安装采用穿墙对拉,采用 φ20 对拉螺杆,螺杆端配垫板和双螺母,间距 1 000 mm,模板开孔 33 mm,采用 32 毫米 PVC 管作为套管;背楞采用双拼 16#b 型槽钢,M20×60 螺栓固定,沿模板环形布置,背楞间距 1 000 mm。

缝墩采用定型无面板端头模板将外侧模板和已浇筑成型的缝墩衔接成一体,两侧模板通过加长对拉螺杆连接,模板与混凝土外面之间嵌入木楔子,并配合倒链进行加固。

4.7 钢模板校准

每层模板安装后均需校正垂直度、模板间距等,立模到顶后,利用闸底板上预埋 φ20 mm 钢筋拉环,两侧模板设置三道水平钢丝绳,倒链配合校正墩身模板整体垂直度,防止倾覆及模板上浮。

4.8 质量验收

全面检查垫板、螺栓、对拉螺杆、拉绳是否拧紧、牢靠、稳定,模板间拼缝是否严密,无错台。

检查标准:模板结构断面尺寸允许偏差±10 mm、轴线位置允许偏差±10 mm、垂直度允许偏差 5 mm;承重模板底面高程允许偏差 0~5 mm。

检验合格后进入混凝土浇筑施工工序。

5 控制效果

在闸墩钢模板安装工艺中应用 BIM 技术,构建三维模型,增强对模板设计方案的理解,利用碰撞功能,深化设计,避免因设计变更带来的工期推迟和资源损耗。

三维工艺演示,能够提前完成建筑模型的可视化,查看工艺流程动画,在同一空间实现交互,提高了沟通和协作效率,项目管理更加规范。

BIM 技术在闸墩模板安装工艺上的应用,使项目积累了信息化技术应用的经验,技术人员的综合水平得到提升,受到了项目法人、设计、监理等参建单位的肯定。

在三维模型中,模拟施工现场布置及模板安装过程,能够更加直观、有效地识别危险源,针对不同危险源制定行之有效的防范措施,加强安全教育,实现施工过程安全动态控制。

6 结语

本文结合许昌市北汝河大陈拦河闸除险加固工程,对闸墩组合钢模板设计、加工、安装、控制等过程进行研究,利用 BIM 技术构建了信息集成化的管理模式,对影响工程质量、安全、进度的风险因素进行分析,做到事前预控,使过程管理更加高效、有序,实现了信息化建造在水利项目中的应用。

[参考文献]

[1] 王宁,陈嵘,杨新军,等. 基于BIM技术的水利工程三维设计研究与实现[J]. 人民长江,2017,48(6):156-159.

[2] 何勇,郑瓛,吴忠,等. BIM技术在新孟河界牌水利枢纽中的应用[J]. 人民长江,2019,50(6):350-353.

[3] 王欣,冯利军. BIM技术在输水箱涵施工阶段的应用研究[J]. 人民黄河,2019,41(4):135-138+158.

[4] 赵蕾,秦拥军,马小兰. 工程质量安全管理BIM技术的应用研究[J]. 价值工程,2017,36(6):102-105.

[5] 李东海,倪娟. 基于BIM技术在工程管理中的实践研究[J]. 价值工程,2017,36(18):38-40.

[作者简介]

翟枫,男,生于1990年1月20日,工程部部长(工程师),主要从事水利工程项目管理研究工作,13273876374,937007026@qq.com。

治淮工程新材料应用

姜靖超

(河南省石漫滩水库管理局　河南　平顶山　462500)

摘　要：河南省石漫滩水库于2016年开始除险加固,其中一项主要任务是解决混凝土渗漏问题,为了解新型防水材料聚脲的防渗效果,在河南省石漫滩水库坝顶选出一条裂缝进行了聚脲喷涂试验。

关键词：聚脲；新材料；除险加固；防渗材料；裂缝处理

1　工程概况

1.1　工程位置

河南省石漫滩位于河南省舞钢市境内淮河上游洪河支流滚河上,坝址东距漯河市 70 km,西距平顶山市 75 km,距舞钢市钢铁公司所在地寺坡 4 km。石漫滩水库下游为平原地区,人口密集,河道狭窄,排泄能力很低。下游有京广铁路、107 国道、京珠高速公路、主干光缆和多座县城,其地理位置极其重要。

1.2　工程规模

河南省石漫滩水库于 1993 年 9 月开工建设,1998 年元月通过竣工验收并投入运用,属大(2)型工程,工程等级为Ⅱ等,枢纽主要建筑物为 2 级,水库控制流域面积 230 km^2,主河道长约 29.6 km。大坝是一座以防洪为主、兼顾工业供水、旅游等综合利用的大Ⅱ型水利工程,设计洪水标准为：设计洪水百年一遇,校核洪水千年一遇。水库兴利调洪标准为：五年及五年以下一遇洪水,水库控泄 100 m^3/s；五年以上至二十年一遇洪水,水库控泄 500 m^3/s；超过二十年一遇洪水,水库敞泄,百年一遇洪水下泄流量 2 753 m^3/s,千年一遇洪水下泄流量 3 927 m^3/s。水库在经历多年运行后存在一些问题及安全隐患,为了保证水库大坝安全运行,持续发挥社会效益,决定对水库进行除险加固,本次除险加固工程主要解决大坝渗漏、溶蚀等问题,投资 1.4 亿。

1.3　试验背景

河南省石漫滩水库大坝经多年运行,大坝坝体及廊道渗漏及溶蚀现象严重,经相关部门批准决定除险加固,除险加固工程于 2016 年开始,其中一项主要任务是解决廊道内混凝土渗漏问题。加固前石漫滩水库管理局通过多方渠道找出多种解决方法,其中一种方法是在廊道表面喷涂聚脲涂层,由于对该材料各项性能、表现存疑,为了更好地了解新型防水材料聚脲防渗、抗裂效果,在河南省石漫滩水库坝顶选出一条裂缝进行了聚脲喷涂试验。

2 试验情况

为了保证试验效果,确保得到相对准确的试验数据,经多次论证、比较,河南省石漫滩水库管理局在大坝入口段22号坝段,选出一条裂缝宽度、深度较为接近平均值的上下游贯穿性裂缝作为试验点。该试验由聚脲厂家派出技术人员到现场进行具体试验,河南省石漫滩水库管理局派出两名人员配合厂家进行现场试验,并对试验情况进行观察、记录。喷涂完成后,再经历长期观察来确定材料的各项数据及表现情况,本次试验历经6个多月的时间,其间试验人员需每天对试验情况进行观察记录,每周对记录数据进行汇总,每月对数据进行一次简单分析,每季度对数据进行一次全面梳理分析,最终形成试验数据及情况分析。

2.1 清理基面

将试验的裂缝两侧各一米范围作为试验基面,试验基面首先用人工对表面进行清理,表面清理后用钢丝刷刷糙,用砂纸打磨,除去混凝土表面浮物、浮尘,用凿子、铲子铲除凹凸不平的混凝土及浇筑时跑浆残留物,使混凝土表面平整,清除松动层,对混凝土表面上的麻坑、蜂窝、裂缝等缺陷用环氧砂浆修补,暴露的钢筋要除锈,对面积较大、较深的混凝土脱落部分用高标号环氧混凝土修补,为了进一步地模拟大坝廊道内施工环境,在找平后采用高压水枪对基面进行冲洗,清理后保证相对较平整,表面无灰尘等杂物。

2.2 基面烘干

由于廊道混凝土内部湿度较大,混凝土表面潮湿并有水珠存在,这会影响到涂层的黏接效果,所以烘干必不可少,考虑到烘干效果及烘干不能给后续工作带来隐患,由于采用燃油喷灯会造成混凝土表面油污、电热风效率差,所以采用液化石油气烘干比较适宜,同时考虑到混凝土在瞬间极热情况下会崩塌,所以要快速移动反复烘烤,最后用湿度计测量,当混凝土表面含水率湿度达到7%以内,方可进行下一步的施工。

2.3 喷涂聚脲

基面处理并烘干后开始进行聚脲喷涂,利用专业的喷涂器械喷涂2 mm厚QuickSpray聚脲防水防腐层。

2.3.1 聚脲产品的特点

(1)喷雾施工无缝连接并快速反应快速固化。
(2)环保无毒不含VOC、黏接强度高。
(3)优异的耐候性和抗腐蚀性。
(4)良好的热稳定性(−20~100℃)。

2.3.2 聚脲特性

快速喷雾工业(芳族)是一个喷涂非常快的集合、优质、2-组分100%固体涂料,是异氰酸酯预聚合物的反应衍生的弹性体和胺末端树脂的共混物。快速喷涂工业错综复杂的孔密度将提供优异的防腐保护。聚脲会在秒内作出反应,一旦治愈,将留下灵活、耐用、牢固的表面。作为保护涂层施加在混凝土、钢、任何其他表面或作为土工织物的基材使用时,它是非常有效的。材料必须使用高压加热的双组分喷涂比例混合装置。

2.3.3 聚脲特点

纯聚脲利用甚至在极端的气候条件下从 5 s 开始快速地反应和固化黏接,反应时间快速达到材料性能,长期使用不用维护,具有较强的抗腐蚀性、防水性和对混凝土、钢、铝、塑料、纤维、木材、泡沫等有良好的附着力。抗水解强度高,对湿度不敏感,最耐腐蚀性化学品、溶剂、酸和焦散线;有高抗冲击和耐磨性、保持灵活性;无缝和接缝较少的涂层、衬里、固体、高精度应用的厚度可能允许精确的表面细节再现;断裂伸长率高,有很好的拉伸强度和结构强度;100%固体,无 VOC,无溶剂;抗紫外线、氯,耐海水、耐磨,有热稳定性。

2.3.4 聚脲涂料施工方法

(1) 用专业仪器检测施工面混凝土含水率,当混凝土含水率低于 8%时方可进行聚脲喷涂。

(2) 采用高温高压进口专用设备,喷涂温度控制在 70℃,喷涂时应做好呼吸系统及眼部安全防护。

(3) 涂膜要多道进行喷涂,喷涂时要快速均匀移动喷枪,保证涂层厚度均匀。

2.3.5 注意事项

(1) 处理后的混凝土表面要平整密实,无浮物,并且表面粗糙适宜,以利于环氧胶泥与混凝土表面黏接牢固。

(2) 配料应严格按比例配制,粉料:液料=1:(0.25~0.32)(液料配比为 1:1),设专人负责,一次配料量最好在 30 min 用完。批抹工人应技巧熟练,有一定施工经验,以保证批抹质量。

相关技术指标见表 1。

表 1 相关技术指标

检验项目	单位	技术指标
抗压强度	MPa	60.0
抗拉强度	MPa	7.0
与混凝土粘接强度	MPa	>4
抗压弹性模量	GPa	1 600
抗冲击力性	kJ/m²	15
碳化深度	mm	0.02

3 试验结果

喷涂试验完成后,为检验试验结果,要对试验产品进行 3 至 6 个月的观察,检验聚脲材料长期运行及在经历大体积混凝土膨胀及收缩后的具体表现。经过试验人员将近 6 个月的观察、记录,该试验相对比较成功,表现出了很多新型材料的优点,当然也有一些缺点,主要情况如下文所述。

3.1 聚脲优点

(1) 附着力较强,通过将近 6 个月的观察,试验段的聚脲涂层在经历了热胀冷缩的前提下,未发现明显空鼓起皮现象,说明在保证基面清洁及施工工艺正确的前提下聚脲涂层的附着力还是比较理想的。

(2) 耐腐蚀风化能力较好,通过试验期的长期观察,在经受长期的风吹、日晒、雨淋的条件下,直到试验结束,聚脲涂层的色泽、亮度及表面基本没有变化,说明聚脲的抗腐蚀及抗风化能力还是能够到达理想要求的。

（3）延展性较好，通过将近6个月的观察，经历大坝混凝土膨胀及收缩过程后，该材料的延展性表现得非常好，直到试验结束，在裂缝部位的涂层并无明显的褶皱或延伸痕迹，说明该材料在延展性方面表现非常不错。

（4）固化较快，通过查看试验现场人员记录的现场数据，聚脲在固化快方面表现尤为突出，聚脲涂层喷涂完成后，会在20 min左右表面固化，在1 h内完成固化，可以应用在有特殊要求的工程中，促进工程施工进度。

3.2 聚脲缺点

（1）抗剪力能力不强，通过试验，试验段部分凹凸不平位置的涂层有受剪力破坏现象，由此得出该涂料需要相对比较平整的基面，且在观察过程中发现，该材料在均匀受力时表现的张力较好，但在受到外部不均匀受力时容易受到剪力破坏，由此得出材料如有不均匀的较大外部剪力作用，会对涂层造成破坏。

（2）不易作为过人或过车断面涂层，根据近6个月的观察，试验段的涂层部分位置在车辆反复摩擦过程中出现了破损现象，由此看来该涂层在长期经过车辆碾压及摩擦后容易对表面层造成破坏，并且通过试验人员记录观察，该材料在雨雪天气中表面非常光滑，容易造成人员滑倒、车辆打滑，如果是作为过人或者过车断面容易造成一定不安全事故发生，所以该材料在防水、防渗、抗裂等工程中是可以应用的，但是一般情况下不能作为过人通道或过车断面的表面材料。

4 应用建议

因本次试验局限，该试验未对该材料的环保问题进行检测，但通过现场感受，材料在打开过程中并没有什么特殊气味。本次未能得出该材料在大面积施工的情况下是否有污染或者个别有害气体超标的情况，也未对该材料在水源长期浸泡过程中是否会出现污染的情况进行检测。如果是有环保要求的工程，建设单位应对这两项指标进行试验检测，才可大面积应用。而且从本次试验情况来看，聚脲作为一种新型材料，优点较为突出，但也存在着一些缺点，同时因为各工程施工条件、施工环境、环境影响都存在具体差异，建议各建设单位根据各自工程的实际情况审慎选择，在使用前应详细咨询考证相关情况、施工数据及应用数据，在具备试验条件的情况下，结合自身工程特点进行相关试验。

[作者简介]

姜靖超，男，生于1985年12月，工程师，主要从事工程建设及工程运行管理，13503418336，jiangjingchao527@sohu.com。

南水北调东线调水前后输水湖泊水位变化研究

李丽华[1]　喻光晔[2]　景　圆[2]

（1. 河南交通职业技术学院　河南　郑州　450000；
2. 淮河流域水资源保护局淮河水资源保护科学研究所　安徽　蚌埠　233000）

摘　要：南水北调东线工程通过沿线重要湖泊进行输水和调蓄，调水引起的湖泊水位变化关系到沿湖地区的水资源利用、水生态保护及流域高质量发展。利用东线一期调水以来多年实测水位监测数据，分析沿线湖泊水位的时空变化规律，可以看出洪泽湖、东平湖水位略有抬升，骆马湖、南四湖下级湖水位基本保持不变，湖泊水位变化与控制蓄水位调整基本一致；东线一期调水后湖泊输水水量稳定，补充了当地的生态用水，避免了因枯水季节而导致部分湖底裸露，部分水生动植物大量死亡的现象，同时湖泊水位略有提高，湖泊面积扩大，换水频繁，有效改善湖泊水生态环境。研究成果可为南水北调东线工程优化调度提供技术支撑，也为其他调水工程对调蓄湖泊的水文情势影响提供参考。

关键词：南水北调东线；输水湖泊；水位时空变化；跨流域调水

1　工程及沿线湖泊概况

南水北调东线工程从长江下游调水，向黄淮海平原东部和山东半岛补充水源，主要供水目标是沿线城市及工业用水，兼顾一部分农业和生态环境用水。东线一期工程规模为抽江 500 m³/s，入东平湖 100 m³/s，过黄河 50 m³/s，送山东半岛 50 m³/s。工程多年平均抽江水量 87.66 亿 m³，调入下级湖水量 29.70 亿 m³，过黄河水量 4.42 亿 m³，到胶东水量 8.83 亿 m³。一期工程多年平均净增供水量 36.01 亿 m³，其中江苏 19.25 亿 m³，安徽省 3.23 亿 m³，山东 13.53 亿 m³。在东线一期工程设计中，南四湖以北输水工程全年输水，南四湖以北输水工程考虑当地防洪排涝和水质保护要求，汛期 6—9 月不输水，输水时间安排在 10 月—翌年 5 月。东线一期工程已于 2002 年 12 月开工建设，2013 年建成运行，截至 2018 年已进行了五个年度的调水运行，除每年度根据水利部下达的水量调度计划向受水区常规供水外，还对受水区进行了应急供水[1]。

调水线路连通洪泽湖、骆马湖、南四湖、东平湖等湖泊，利用洪泽湖、骆马湖、南四湖下级湖进行输水和调蓄，南四湖上级湖、东平湖仅输水不调蓄。调水对沿线湖泊水文情势尤其是水位造成的影响备受关注，关系沿湖地区的水资源利用、水生态保护及流域高质量发展[2-3]。本研究基于南水北调东线工程沿线湖泊多年水位监测数据，分析东线一期工程调水前后沿线湖泊水位时空变化，为南水北调东线工程优化调度提供技术支撑，也为其他调水工程对调蓄湖泊的水文情势影响提供参考。

洪泽湖位于淮河中、下游接合部，西承淮河，东通黄海，南注长江，北连沂沭泗，属过水性湖泊。洪泽湖是苏北地区重要水源地，具有调蓄洪水、提供水资源、保护生物多样性、维持生态平衡、调节湖区气候、降解污染物等公益性功能，同时兼具养殖、航运、旅游等功能。东线一期工程利用洪泽湖调蓄江水，规划蓄水位 13.5 m，相应水面积 1 793 km²，库容 37.3 亿 m³。

骆马湖是江苏省第四大淡水湖泊，沂沭泗水系下游重要防洪调蓄湖泊，南水北调东线工程重要调蓄湖泊，承担着防洪、水资源供给、保护生物多样性、维持生态平衡等公益性功能，兼具渔业养殖、航运、旅游休闲等开发性功能。东线一期工程利用骆马湖调蓄江水,规划蓄水位23.0 m,相应库容9.18亿 m³。

南四湖流域位于淮河流域北部,流域面积31 700 km²,湖面面积1 266 km²,是南阳、独山、昭阳、微山四个串联湖泊的总称。上级湖死水位32.80 m,相应库容2.67亿 m³;汛限水位34.00 m,相应库容8.15亿 m³;汛末蓄水位34.30 m,相应库容9.87亿 m³。下级湖死水位31.5 m,汛限水位32.5 m,汛末蓄水位32.5 m,设计五十年一遇洪水位36.5 m,相应容积34.1亿 m³。东线一期工程南四湖湖内输水线路全长115.42 km,上级湖输水线路自梁济运河入湖口至二级坝泵站,全长约67 km;下级湖输水线路自二级坝泵站站下引水渠末端至老运河入口,全长48.4 km。

东平湖位于山东省东平县境内,是黄河下游分蓄洪水水库,对确保山东艾山以下河段的防洪安全具有重要意义。东平湖湿地是北方罕见的大型湖湾湿地,为国家湿地公园,市级自然保护区。该湿地东通大清河,西连黄河,北起清河口门,南至金线岭围堤。

2 湖泊控制蓄水位变化

为了提高湖泊调蓄能力,在不影响汛期防洪除涝要求的前提下,东线一期工程抬高洪泽湖、南四湖下级湖非汛期蓄水位,沿线湖泊汛期限制水位及防洪调度运用办法保持不变[4],详见表1。

洪泽湖非汛期蓄水位由13.0 m抬高至13.5 m,南四湖下级湖非汛期蓄水位由32.3 m抬高至32.8 m,非汛期蓄水位提高对周边低洼地排涝起到积极作用。

同时为了避免蓄水湖泊在枯水年过度北调水量,保护各调蓄湖泊水资源,确保枯水年当地用水户利益和生态用水要求,制定了沿线各调蓄湖泊北调控制水位,详见表2。

表1 调蓄湖泊汛期调度原则

阶段	湖名	死水位(m)	蓄水位(m) 汛期	蓄水位(m) 非汛期	死库容(亿 m³)	调蓄库容(亿 m³) 汛期	调蓄库容(亿 m³) 非汛期
东线一期工程前	洪泽湖	11.30	12.50	13.00	7.00	15.30	23.10
	骆马湖	21.00	22.50	23.00	3.20	4.30	5.90
	下级湖	31.30	32.30	32.30	3.45	4.94	4.94
东线一期工程后	洪泽湖	11.30	12.50	13.50	7.00	15.30	31.35
	骆马湖	21.00	22.50	23.00	3.20	4.30	5.90
	下级湖	31.30	32.30	32.80	3.45	4.94	8.00
	东平湖	38.80	39.30	39.30	1.20	0.57	0.57

注:下级湖、东平湖为1985国家高程基准;洪泽湖、骆马湖为废黄河高程,下同。

表2 东线一期工程湖泊北调控制水位　　　　　　　　　　　　　　　单位:m

湖泊	7月上旬—8月底	9月上旬—11月上旬	11月中旬—次年3月底	4月上旬—6月底
洪泽湖	12.0	12.0~11.9	12.0~12.5	12.5~12.0
骆马湖	22.2~22.1	22.1~22.2	22.1~23.0	23.0~22.5
下级湖	31.8	31.5~31.9	31.9~32.8	32.3~31.8
东平湖	39.3	39.3	39.3	39.3

3 湖泊水位变化分析

3.1 南四湖以南湖泊水位变化

南四湖以南湖泊主要包括洪泽湖、骆马湖、南四湖下级湖。

（1）年均水位变化

根据1956—2018年洪泽湖、骆马湖、南四湖下级湖多年年均水位系列绘制年均水位过程线（图2～图4），分析东线一期调水前后湖泊年均水位变化。洪泽湖、南四湖下级湖代表站年均水位较调水前有所提高，骆马湖代表站年均水位过程线变化不大。湖泊年均水位变化与湖泊的控制蓄水位变化基本一致。为了满足输水要求，南水北调东线工程提高湖泊调蓄能力，洪泽湖、南四湖下级湖非汛期控制蓄水位提高0.5 m，调水后湖泊实测年均水位较调水前略有提高。

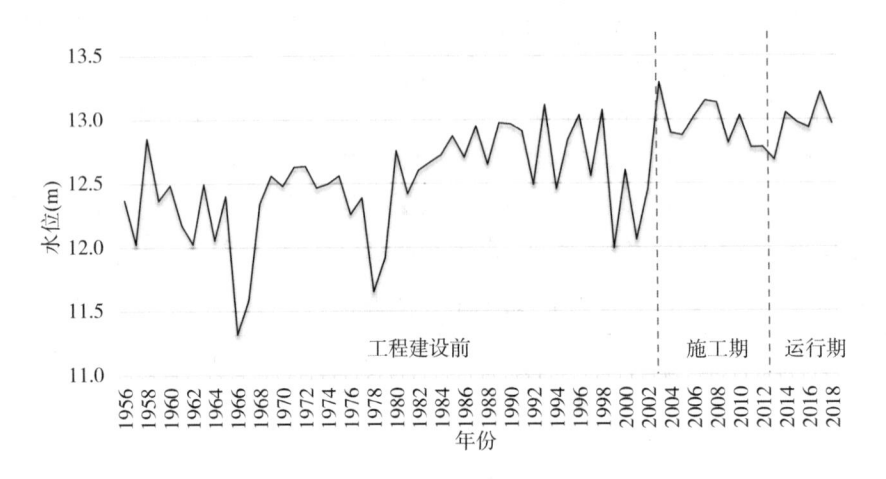

图 2 洪泽湖（蒋坝）年均水位过程线

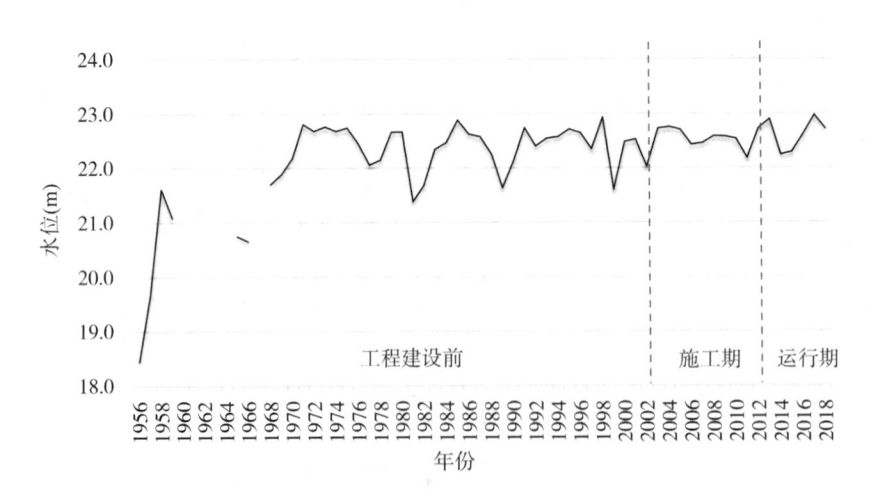

图 3 骆马湖（洋河滩）年均水位过程线

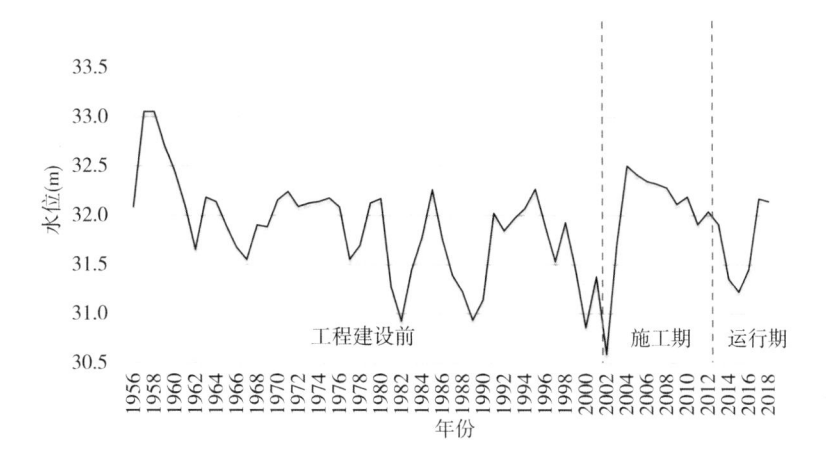

图 4　南四湖下级湖(微山)年均水位过程线

（2）分时段逐月平均水位变化

分时段湖泊月平均水位过程明显反映出洪泽湖、骆马湖水位 20 世纪 50 年代、60 年代较低（20 世纪 50 年代因 1954 年洪水影响，8 月份水位较高）。60 年代后，随着堤防加固等工程实施，湖泊蓄水位提高，湖泊实测水位随之抬高。见图 5～图 7。

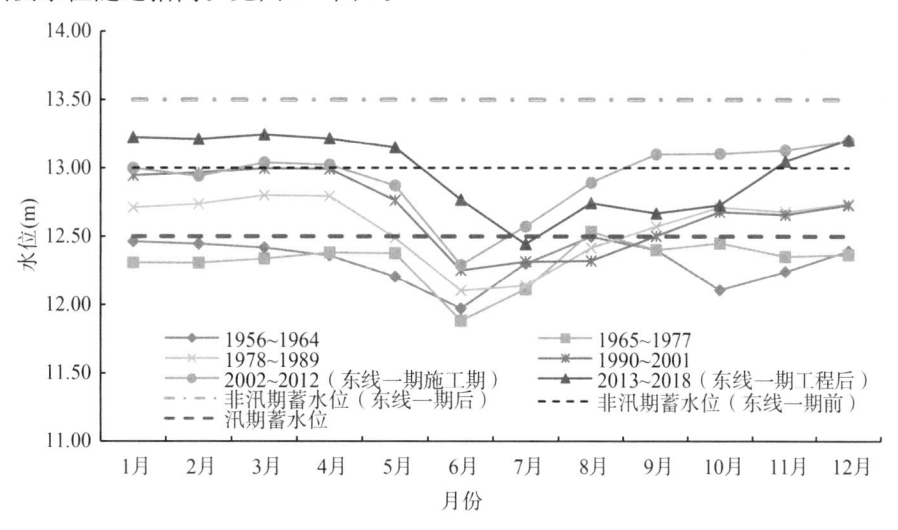

图 5　洪泽湖(蒋坝)分时段月平均水位图

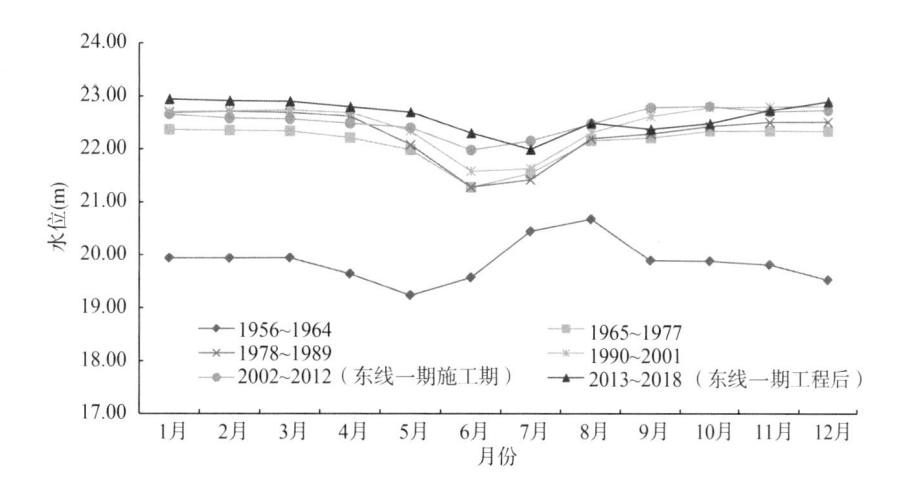

图 6　骆马湖(洋河滩)分时段月平均水位图

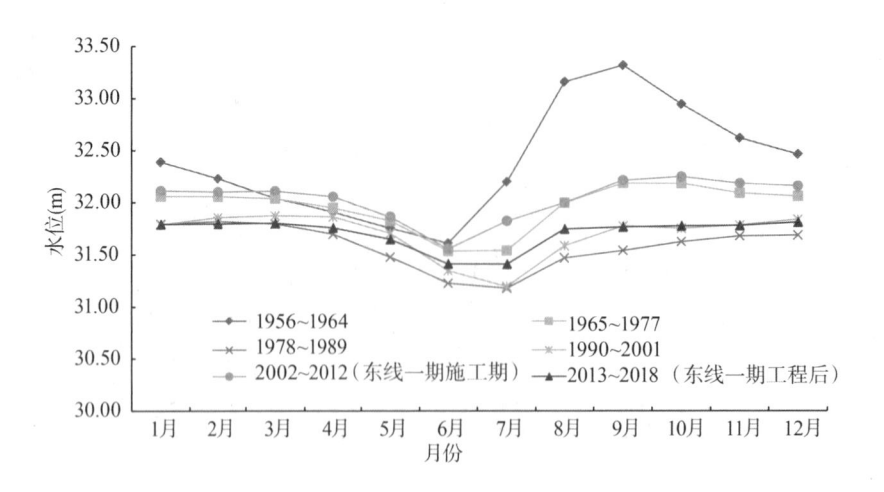

图 7　南四湖下级湖(微山)分时段月平均水位图

东线一期调水后,洪泽湖月平均水位较 20 世纪 90 年代最大增高 0.5 m(12 月),最大降低 0.08 m(9 月),非汛期湖泊的水位变化与湖泊的控制蓄水位抬高有关。骆马湖非汛期月平均水位变化不大,汛期月平均水位较 90 年代有增有减,最大增高 0.84 m(6 月),最大降低 0.61 m(9 月),可能与 2013—2016 年汛期来水情况有关。南四湖下级湖月平均水位较 90 年代最大增高 0.13 m(7 月),最大降低 0.35 m(4 月),变化较小。

3.2　南四湖以北湖泊水位变化

南四湖以北湖泊主要指东平湖。据 1968—2003 年东平湖实测水位资料,东平湖老湖区多年平均水位 39.14 m,非汛期(10 月—次年 6 月)39.10 m,汛期(7—9 月)39.52 m,日平均最高水位达到 42.51 m。

东线一期调水后,东平湖不作调蓄水库,各时段规划入湖水量与出湖水量相等,东平湖汛期调度运用办法不变,仅在输水期(10 月—翌年 5 月)湖内水面蓄水时间有所延长,输水期蓄水位以不影响黄河防洪运用为前提。根据"黄河水情信息网水情日报",东线一期工程运行后 2013 年 10 月至 2018 年 5 月,东平湖输水期(10 月—翌年 5 月)逐年各月平均水位有所抬高,水位平均抬高幅度 1.7～2.2 m(图 8)。

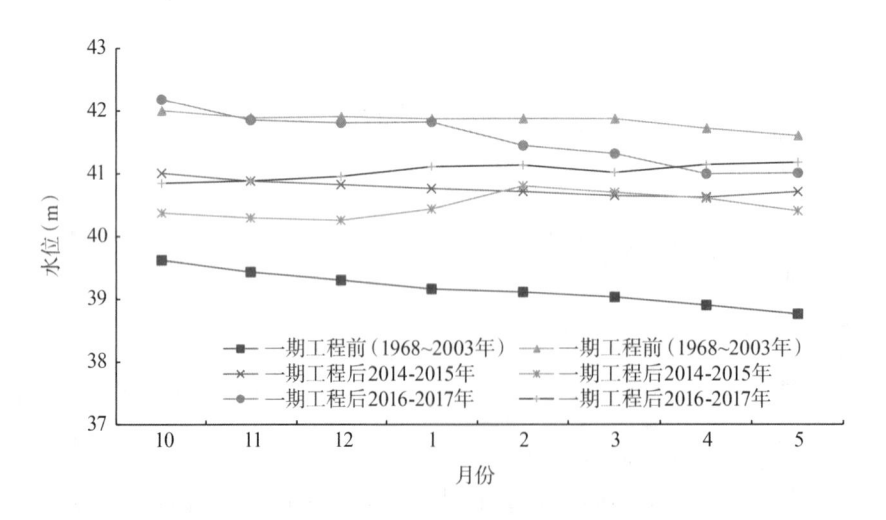

图 8　东平湖输水期水位变化图

水位抬升与东线一期工程输水要求有关。南水北调东线工程胶东输水干线渠首设计输水水位和穿黄河工程进口设计水位都是 39.30 m。东线一期调水前，东平湖非汛期平均水位 39.10 m，低于上述设计水位。因此东平湖自然蓄水状况下不能满足上述北调和东引的设计输水水位要求，一期工程调水后利用东平湖老湖区调蓄江水，抬高蓄水位，以保证胶东输水干线和穿黄河工程的设计输水水位要求。

4 结论

通过多年实测水位监测数据分析南水北调东线沿线湖泊水位的时空变化规律。总体而言，东线一期调水后，沿线输水湖泊中洪泽湖、东平湖年均、月均实测水位略有抬升，骆马湖、南四湖下级湖水位基本保持不变。综上所述可以看出：

（1）调水工程在不影响汛期防洪除涝要求的前提下，经论证抬高沿线湖泊输水期设计蓄水位，可满足调水工程输水量要求以及输水线路对输水水位的要求。

（2）东线一期工程调水后，沿线输水湖泊实测水位变化与湖泊的控制蓄水位调整基本一致，说明一期工程设计阶段控制蓄水位的调整与制定合理可行。

（3）东线一期调水后，湖泊输水水量稳定，补充当地的生态用水，避免了因枯水季节而导致部分湖底裸露，部分水生动植物大量死亡的现象，同时部分沿线湖泊实测水位较调水前略有提高，湖泊面积扩大，换水频繁，亦可有效改善湖泊水生态环境。

[参考文献]

[1] 刘辉.南水北调东线工程回顾与展望[J].治淮,2020(12):23-26.
[2] 李松柏,孙涛.新时代治水思路下江苏南水北调工程高质量发展战略研究[J].水利经济,2021,39(4):19-23+77-78.
[3] 郭传波,屈霄,刘晗,等.南水北调东线调蓄湖泊鱼类资源动态及其与环境间的关系[C]// 中国水产学会.2017 年中国水产学会学术年会论文摘要集.2017:1.
[4] 朱顺初,胡魏耿.南水北调东线第一期工程对水文情势的影响分析[J].治淮,2007(3):11-13.

[作者简介]

李丽华,女,生于 1990 年 2 月,工程师,从事水资源保护,18736017628,982386590@qq.cm。

浅述推动沂沭泗局直属重点工程建设高质量发展的思考

裴 磊　周守朋

(沂沭泗水利管理局防汛机动抢险队　江苏 徐州　221000)

摘　要：沂沭泗局直管重点工程已基本形成了完善的防洪工程体系，具备"拦、泄、分、蓄、滞"等五大功能。当前沂沭泗局直管重点工程正处于战略发展机遇期，将迎来新一轮的建设高潮期，本文围绕推动沂沭泗局直属重点工程建设，提出了高质量发展思路。

关键词：重点工程；存在短板；高质量发展

沂沭泗水系是淮河流域内部一个相对独立的水系，位于其东北部，由沂河、沭河、泗（运）河三条水系构成，北起沂蒙山区，南到废黄河及淮河水系，东临黄海，西至黄河右堤，流域面积7.96万 km²。

1949年至1953年，山东、江苏实施完成"导沂整沭""导沭整沂"工程，开辟了新沂河、新沭河及分沂入沭水道；20世纪50年代末，兴建了多座重点水利工程，包括南四湖二级坝水利枢纽、韩庄节制闸、伊家河节制闸等等。20世纪70年代，陆续实施新沂河扩大工程，韩庄运河、中运河扩大工程，修建了南四湖湖西大堤、骆马湖大堤等沂沭泗河洪水东调南下工程；至1980年，国家统一下达的投资计划中，除南四湖治理、新沂河扩大工程外，其他沂沭泗河洪水东调南下工程都列为停缓建项目。1991年后，国务院确定续建沂沭泗河洪水东调南下工程，根据《沂沭泗河洪水东调南下续建工程实施规划（修订）》，分两期建设实施，至2010年基本完成。

1　直管重点工程建设成效显著

由于沂沭泗流域包含苏、鲁、豫、皖四省15个市，79个县(市、区)，历史上省际水事纠纷多发，对社会稳定和经济发展造成严重影响。为了协调解决水事矛盾，1981年，经国务院批示，成立沂沭泗水利工程管理局(现为沂沭泗水利管理局，简称沂沭泗局)，负责流域内主要河道、湖泊、控制性工程及水资源的统一管理和调度运用。自沂沭泗水系统管以来，沂沭泗局直管重点工程已基本形成了完善的防洪工程体系，具备"拦、泄、分、蓄、滞"等五大功能。

1.1　洪涝灾害防控能力显著增强

沂沭泗河洪水东调南下工程(一期)已基本建成，沂沭泗局直管骨干河道中下游已达到50年一遇防洪标准，主要支流也已基本达到20年一遇防洪标准。随着2007年刘家道口水利枢纽建成、2022年南四湖二级坝除险加固工程竣工等，能够有效调控沂沭泗流域洪水东调、南下，洪涝灾害防控能力显著增强，先后战胜了1991年、1993年、1997年、2005年、2012年、2018年、2020年流域性大洪水，保障了人民群众生命财产安全。

1.2 水闸安全运行能力显著提升

沂沭泗局直管病险水闸除险加固持续推进,2008年嶂山闸除险加固工程竣工,2016年人民胜利堰节制闸除险加固工程竣工,2022年南四湖伊家河节制闸除险加固工程及南四湖老运河节制闸除险加固工程开工建设等,不断消除了沂沭泗局直管工程重大安全隐患,满足防洪安全运行要求。

1.3 工程形象面貌显著改善

随着刘家道口水利枢纽工程、嶂山闸除险加固工程、人民胜利堰节制闸除险加固工程的实施,刘家道口水利枢纽管理局、嶂山闸管理局、大官庄水利枢纽管理局的形象面貌显著改善;同时,工程建设过程中,升级改造了水闸现地自动化控制系统、计算机网络系统与监视监控系统及远程监控系统等,不仅提升了运行管理单位的自动化、信息化水平,还增强了水利管理手段。目前以上3个运行管理单位均已成功创建国家级水管单位。南四湖二级坝除险加固工程的建成极大改善了二级坝水利枢纽以往脏乱差的形象面貌,生态护坡、行道树林郁郁葱葱,景观小品随处可见,提高了坝区生态环境质量,是践行"绿水青山就是金山银山"的生动实践,为下一步创建水利风景区创造了良好条件。

2 直管工程存在的短板

2.1 工程防洪标准与区域经济发展不匹配

沂沭泗局直管工程兼有防洪、除涝、调水、航运等多方面功能,基本位于苏、鲁两省交界处,位于淮海经济区东北部,承担着鲁南和苏北地区防洪调度、水资源调配等任务,社会效益显著。同时,随着淮海经济区的快速发展,对提高防洪标准的诉求也在不断增强。目前,沂沭泗局直管骨干河道中下游防洪标准为50年一遇,主要支流防洪标准为20年一遇,也无法满足地区经济发展需要;同时,仍有部分工程、河道防洪标准偏低,与地区经济的快速发展不匹配。

2.2 部分重要水闸工程带"病"运行

2019年11月,沂沭泗局组织对韩庄节制闸进行了安全鉴定,鉴定认为该闸存在诸多安全问题,评定该工程为三类闸;2020年4月,淮河水利委员会审定同意三类闸鉴定结论;2021年4月,水利部水闸安全管理中心对该闸安全鉴定成果进行了核查,同意"三类闸"鉴定结论意见。2021年10月,南四湖水利管理局二级坝水利枢纽管理局组织对二级坝第二节制闸进行了安全鉴定,鉴定认为该闸存在以上诸多问题,造成工程存在较严重的安全隐患,评定该闸为四类闸;同年12月,沂沭泗局组织专家对该闸安全鉴定成果进行了核查,同意"四类闸"鉴定结论意见。另外,二级坝第一节制闸、蔺家坝节制闸、复新河闸等水闸安全鉴定均为三类闸。

以上沂沭泗局直管重要工程均在不同程度的安全隐患,长期带"病"运行,亟须进行除险加固,保障安全运行以及防洪安全,正常发挥工程效益。

2.3 部分河道堤防存在险工隐患

当发生大洪水,长时间高水位运行时,部分河道堤防存在险工隐患(如沉陷、坍塌等),则会导致防洪压力过大。

南四湖湖西大堤一级堤防全长131.45 km,由于部分煤矿公司进湖采煤,造成湖西大堤部分堤段堤身塌陷下沉,存在姚桥矿采煤沉陷险工、徐庄矿采煤沉陷险工、孔庄矿采煤沉陷险工等隐患。骆马湖二线堤防(又称"宿迁大控制")全长36.9 km,存在三湾险工隐患,该段堤防堤身不密实,部分堤段在骆马湖高水位时有渗水现象。新沂河河道全长146 km,堤防总长282.2 km,存在多个险工隐患,包括:侍岭险工隐患,主要因该段河道弯曲多变,流势不稳,险工位于凹岸,临水滩地狭窄,局部无滩,深泓紧逼堤防,存在深厚沙层,抗冲击能力低,大流量行洪时,易造成岸坡坍塌;沙湾坍塌险工隐患,主要是河道弯曲多变,主流逼向北堤,流势湍急,迎水面顶冲严重;以及七雄堤基渗水险工、韩山堤基渗水险工、大小陆湖堤基渗水险工等隐患。

2.4 部分河湖行洪不畅

分沂入沭水道、沂河入湖口段、新沂河、新沭河下段及南四湖湖内等行洪不畅,中流量高水位。

2.5 智慧防洪能力不足

沂沭泗局监测网络覆盖不全面,监测要素不齐全,缺少卫星遥感、无人机等先进监测技术设备,无法及时、准确、全面采集流域信息,同时,遥感影像、水下地形等数据滞后,不能及时更新。部分通信计算机网络设备老化,数据转发、交换能力不足,数据资源分散存储于各业务系统数据库,由于数据库标准不统一,各数据库之间缺乏信息共享机制与手段,未能有效进行数据整合。此外,网络安全防护手段单一,可靠性差。这些导致沂沭泗局智慧防洪能力与流域水旱灾害的易发、突发、多发以及峰高量大、来骤去缓的洪水特点不相适应,达不到信息化现代化防汛和风险管理的要求。

3 直管重点工程建设发展新形势

当前,全国水利工程将迎来新一轮建设高潮期,沂沭泗局直管重点工程也将面临重要发展机遇。

2020年,习近平总书记在安徽考察,视察淮河时强调"要把治理淮河的经验总结好,认真谋划'十四五'时期淮河治理方案"。

《中共中央关于制定国民经济和社会发展第十四个五年规划和二〇三五年远景目标的建议》提出统筹推进基础设施建设,把"加强水利基础设施建设,提升水资源优化配置和水旱灾害防御能力"作为重要内容;提出拓展投资空间,推进"交通水利等重大工程建设",实施"国家水网、雅鲁藏布江下游水电开发"等重大工程,推进"重大引调水、防洪减灾"等一批强基础、增功能、利长远的重大项目建设,发挥政府投资撬动作用,激发民间投资活力,形成市场主导的投资内生增长机制。

《中华人民共和国国民经济和社会发展第十四个五年规划和2035年远景目标纲要》明确提出"加强水利基础设施建设"。加强跨行政区河流水系治理保护和骨干工程建设,强化大中小微水利设施协调配套,提升水资源优化配置和水旱灾害防御能力;建设水资源配置骨干项目,加强重点水源和城市应急备用水源工程建设;加快防洪控制性枢纽工程建设和中小河流治理、病险水库除险加固,全面推进堤防和蓄滞洪区建设;加强水源涵养区保护修复。

2022年,水利部在推动水利高质量发展系列部署专项行动中,对"完善流域防洪工程体系""实施国家水网重大工程""复苏河湖生态环境""推进智慧水利建设"等印发指导意见。

4 直管重点工程高质量发展思路

4.1 科学规划,顶层设计

淮河水利委员会及沂沭泗水利管理局,系统谋划"十四五"时期淮河治理方案,推动《沂沭泗河洪水东调南下提标工程规划》及《新阶段淮河治理方案》等规划编制和报批工作开展,明确沂沭泗局直管工程建设目标、任务和重点项目;贯彻落实习近平新时代中国特色社会主义思想,坚持"节水优先、空间均衡、系统治理、两手发力"的治水思路,做好直管重点工程建设科学规划和顶层设计。

4.2 推进直管重点工程建设

按照水利部推动新阶段水利高质量发展要求,落实"完善流域防洪工程体系""实施国家水网重大工程""复苏河湖生态环境""推进智慧水利建设"等实施路径的部署,把握沂沭泗局直管重点工程建设战略机遇,持续推进直管重点工程建设高质量发展。

4.2.1 推进重大工程建设

强力推进沂沭泗河东调南下提标工程建设实施,通过扩大沂沭河洪水东调、扩大南四湖洪水南下、扩大入海通道排洪能力等"三扩大"和治理沂沭邳、治理南四湖、治理骆马湖等"三治理",逐步将沂沭泗河中下游骨干河湖防洪标准提高到100年一遇。沂沭泗河东调南下提标工程,按规划分为6个单项工程,即:韩庄运河中运河提标、新沂河及骆马湖提标、分沂入沭水道扩大、新沭河扩大、南四湖治理、沂河沭河邳苍分洪道治理等,根据"东调南下统筹、防洪效益优先"的原则,"十四五"期间力争"韩庄运河中运河提标、新沂河及骆马湖提标、分沂入沭水道扩大及新沭河扩大"等单项工程开工建设。

4.2.2 推进病险水闸除险加固

沂沭泗局直管的伊家河节制闸、老运河节制闸、蔺家坝节制闸、韩庄节制闸、二级坝第一节制闸、复新河闸等均为三类病险闸,二级坝第二节制闸为四类病险闸(其交通桥为五类危桥)。2022年伊家河节制闸和老运河节制闸除险加固已开工建设;蔺家坝节制闸、韩庄节制闸、二级坝第二节制闸除险加固可行性研究报告已通过水利部水利水电规划设计总院审查;二级坝第一节制闸、复新河闸除险加固已编制可行性研究报告。沂沭泗局正积极推进以上病险水闸除险加固,确保全面完成加固任务,消除工程运行安全隐患。

4.2.3 消除河道堤防险工隐患

沂河、沭河上游堤防加固工程是国务院确定的水利薄弱环节补短板项目,是172项节水供水重大水利工程之一,也是进一步治理淮河38项骨干工程之一。2020年开工建设,工程实施后,将完善沂河、沭河上游堤防工程体系,防洪标准由原有的不足十年一遇提高到二十年一遇。另外,组织技术力量并结合社会科研单位对直管河道险工隐患进行全面排查梳理,科学制定险工隐患治理方案并进行论证,争取项目资金,尽早消除隐患。

4.3 推进智慧水利建设

推进沂沭泗局直管工程智慧水利建设,编制数字孪生沂沭泗河总体规划,加强数字孪生项目推进,统筹单独立项、基础设施建设和基建项目等多种渠道,争取更多的智慧水利项目立项实施,提升沂沭泗智慧水利水平。

数字孪生南四湖二级坝工程,是水利部明确开展的数字孪生先行先试的11个试点工程之一,做好建设管理,不断积累数字孪生建设工程经验;同时,在重点工程项目可行性研究报告中,纳入数字孪生工程建设内容,实现新建工程数字化设计、数字化建管、数字化交付和数字化运管;探索 BIM 和 GIS 技术作为初步设计招标的必要条件,为数字孪生工程创造条件。

5　结语

沂沭泗局直管重点工程建设高质量发展,对完善沂沭泗流域防洪工程体系构建,促进区域经济社会可持续发展,以及保障防洪安全、供水安全、粮食安全、航运安全、生态安全、能源安全,都具有重大社会效益。

[作者简介]

裴磊,男,1989 年 10 月生,工程师,硕士研究生,主要研究方向为水利工程建设管理和干旱区节水灌溉理论与技术研究,18151833273,peil30@163.com。

2020年淮河姜唐湖行蓄洪区运用效果分析

陈富川

(安徽省临淮岗洪水控制工程管理局　安徽 合肥　230088)

摘　要：行蓄洪区是淮河流域防洪体系的重要组成部分，分析各行蓄洪区运用时对淮河干流水位降低的效果及影响，对于科学调度行蓄洪区，掌握最佳运用时机，取得最佳调度效果，充分发挥防洪减灾效果，具有极大的现实意义。2020年淮河发生流域性较大洪水，安徽省启用了8处蓄滞洪区，为淮河干流削峰滞洪，确保主要干堤防洪安全发挥了重要作用。以2020年姜唐湖行蓄洪区的运用为例，依据水文观测数据和计算资料，分析了工程运用后对区域内控制站水位、流量等要素的影响，客观总结了工程的运用效果，提出了进一步改进姜唐湖行蓄洪区调度的建议，为提高淮河行蓄洪区调度运用的及时性、有效性，提供了有益参考。

关键词：行蓄洪区；蓄洪；运用效果；分析；淮河；姜唐湖

1　引言

安徽省淮河干流行蓄洪区众多，现有15处，总面积2 459 km²。行蓄洪区作为淮河流域防洪减灾体系的重要组成部分，在河道泄洪能力不足时用于扩大泄洪断面，增加泄洪能力。行蓄洪区的运用对削减洪峰、降低河道水位，确保沿淮重要城镇和重要防洪保护区的安全具有不可替代的作用。在取得防汛抗洪胜利的同时，由于行蓄洪区的运用也造成了较为严重的损失，给调度决策增加了难度。准确判断和科学决策是否启用行蓄洪区，在实际防汛调度中，依然是个难题。因此，分析行蓄洪区运用对淮河干流水位降低的效果及影响，进行更为有效的调度运用，具有极大的现实意义。目前，柯骏等[1]针对2007年淮河洪水，进行了正阳关以上行蓄洪区运用水文效应分析。王露露等[2]对淮河南正段行蓄洪区运用效果进行了分析。梁富仓等[3]对安徽省2020年淮河干流蓄滞洪区调度运用进行了分析研究。淮河干流的姜家湖、唐垛湖在连圩前启用标准低，进洪频繁，共计进洪13次。连圩后的姜唐湖行蓄洪区是临淮岗洪水控制工程防洪调度的重要组成部分，于2007年、2020年两次进洪，关于连圩后的姜唐湖行蓄洪区运用效果分析研究较少。2020年汛期，淮河发生了流域性较大洪水，姜唐湖行蓄洪区启用，有效遏制了正阳关水位的迅猛上涨，大大减轻了淮河中下游的防洪压力，发挥了巨大的防洪减灾效益[3]。本文以2020年姜唐湖行蓄洪区的运用为例，依据水文数据观测和计算资料，通过对上下游河道水位、流量过程的影响，来分析评价运用效果，并提出改进工程调度运用的建议，对于科学调度淮河流域行蓄洪区，合理确定开启时机和开启方式，取得最佳调度效果，提供了有益的参考。

2　工程概况

姜唐湖行蓄洪区位于淮河干流中游安徽省霍邱县与颍上县交界处，地处淮河干流和颍河、淠河交汇处，是淮河河道堤防工程的重要组成部分，区内总面积121.2 km²，湖内设计蓄洪水位26.4 m(废黄高程，下同)，相应蓄洪库容7.6亿 m³。主要有进洪闸、退水闸、圈堤及沿线的穿堤建筑物等工程，姜唐湖进洪闸是进洪闸门,位于临淮岗工程老淮河主槽与49孔浅孔闸之间的主坝上,共14孔,每孔净宽12.0 m,底板高程19.70 m,设计进洪流量2 400 m³/s。姜唐湖退水闸是退洪闸门,位于正阳关对面,共16孔,单孔净宽10 m,底板高程19.00 m,设计行洪流量2 400 m³/s,反向进洪流量1 000 m³/s。2004年将姜家湖、唐垛湖两个低标准行洪区连圩改建成一个高标准行蓄洪区,改变了原来炸堤行洪的方式,见图1。姜唐湖行蓄洪区的建成运用,能调节淮河干、支流洪水,对降低正阳关水位、保证淮北大堤安全、改善湖区生产生活条件起到重要作用。工程建成后第一次运用是应对2007年淮河流域性洪水,进洪闸及时开闸进洪,退水闸两次倒进洪,总计蓄洪2.70亿 m³,防洪减灾效益显著。

图1 姜唐湖与周边水利工程位置示意图

3 2020年运用情况

3.1 水情概况

2020年入汛以来,淮河流域发生大面积、长时间的暴雨,干流水位涨势迅猛,淮河王家坝站、润河集站、正阳关站从警戒水位涨至保证水位分别仅用时49 h、33 h、30 h,且3个站水位在11 h内相继超保证水位,在9 h内相继达到洪峰水位。临淮岗闸上水位从警戒水位涨至历史最高水位仅用时19 h,7月18日18时,省防指将安徽省水旱灾害防御应急响应由Ⅱ级提升至Ⅰ级。王家坝站和正阳关站最高水位分别为29.76 m和26.75 m,均列有实测资料以来第2位;润河集站、汪集站、临淮岗站最高水位分别为27.92 m、27.60 m、27.35 m,均列有实测资料以来第1位,主要控制站超警超保历时表见表1[4]。

表1 淮河主要控制站超警超保历时表

站点	洪峰水位(m)	峰现时间	超警历时(d)	超保历时(h)	历史排位	警戒水位(m)	保证水位(m)
王家坝站	29.76	7月20日8时24分	12	42	2	27.50	29.30
润河集站	27.92	7月20日13时30分	16	24	1	25.30	27.70
临淮岗站	27.35	7月20日13时06分	11	—	1	26.00	28.51
正阳关站	26.75	7月20日16时54分	18	14	2	24.00	26.50

3.2 运用情况

7月20日7:00,水文预报正阳关站流量将达10 000 m³/s、水位达27.00 m(超保证水位

0.50 m)[3]。根据淮河防御洪水方案及调度运用办法,为尽快降低正阳关站水位,省防指下达命令,要求于7月20日13:00启用姜唐湖蓄滞洪区。7月20日13时,姜唐湖进洪闸、退水闸同时开启。运用时临淮岗27.35 m,达到历史最高水位。正阳关水位达到26.66 m,超保证水位0.16 m。7月23日20时,湖内水位达到26.00 m,蓄满行洪。7月24日11时16分,湖内的最高水位达26.23 m,开启姜唐湖退水闸16孔闸门行洪。其间因姜唐湖内的戴家湖涵闸发生严重险情需紧急抢险,7月26日12时10分,姜唐湖进洪闸、退水闸全部关闭[3],7月27日10时05分,姜唐湖退水闸闸门全开退洪。

4 运用效果分析

4.1 蓄洪水量

7月20日13:00,姜唐湖进洪闸、姜唐湖退水闸同时开启闸门进洪。14:26,姜唐湖进洪闸14孔闸门开启1.9 m,流量2 400 m³/s;14:40,姜唐湖退水闸16孔闸门开启0.9 m,流量1 000 m³/s;18:00,姜唐湖进洪闸14孔闸门开启2.0 m,最大流量2 588 m³/s;姜唐湖退水闸16孔闸门开启1.0 m,最大流量1 070 m³/s。7月23日20时,姜唐湖进洪闸上游水位26.42 m,湖内水位达到26.00 m,蓄水量7.67亿 m³,蓄满行洪。7月26日因姜唐湖内戴家湖涵闸发生严重险情需紧急抢险,上级主管部门要求关闭姜唐湖进洪闸和姜唐湖退水闸,暂停行洪。此次姜唐湖蓄洪自7月20日13时起,至7月23日20时止,历时79 h,蓄洪量约7.67亿 m³。

4.2 削减洪峰

7月20日13时临淮岗闸上下游同时出现洪峰,洪峰水位分别为27.35 m、27.27 m。姜唐湖启用前,临淮岗闸上下游水位从7月17日10时的23.28 m上涨到7月19日18时06分的26.00 m的警戒水位,以平均2 cm/h上涨。从7月19日18时06分的26.00 m上涨到7月20日13时的27.35 m的历史最高水位,以平均4~5 cm/h上涨。

姜唐湖启用后,至7月20日18时的5个小时内,闸上水位降低了10 cm到27.25 m,闸下由最高水位27.27降低到27.21 m。之后到7月20日22时的4个小时内,闸上水位一直维持在27.25 m,随着进洪的持续,到7月21日10时闸上水位以3~4 cm/h下降。10时之后的时间内水位平均以1 cm/h下降。流量也由启用前的7 550 m³/s(7月20日10时38分实测)减少为5 840 m³/s(7月20日16时20分实测),削减流量1 710 m³/s。与预报值相比,洪峰水位降低0.20 m,洪峰流量削减1 140 m³/s,姜唐湖的启用,对临淮岗站的水位、流量起到了明显的控制作用,水位过程线见图2。

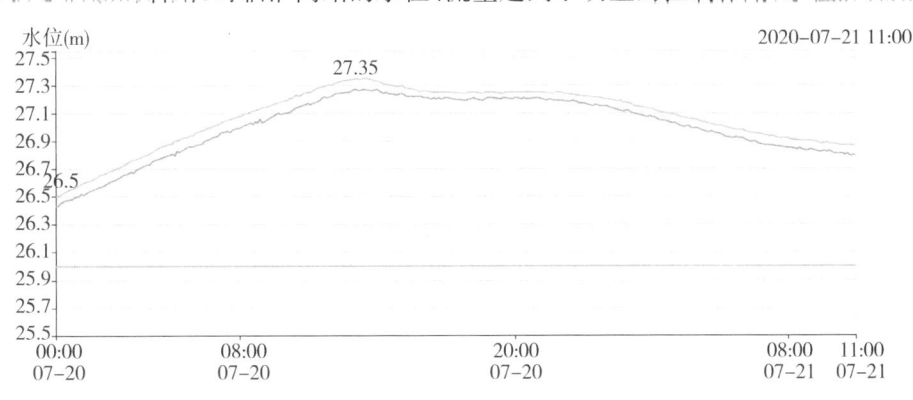

图2 临淮岗闸上下游水位过程线(下方直线为警戒水位线)

姜唐湖启用前,正阳关水位平均以 3 cm/h 上涨,由于姜唐湖退水闸与正阳关站隔河相望,它的启用对正阳关站水位的影响最为明显。在淮河支流颍河、淠河来水量继续增大的情况下,进洪后 7 月 20 日 13—18 时正阳关水位由 26.66 m 上涨到 26.75 m,26.75 m 持平 2 h。至 21 日 8 时,然后以 3～4 cm/h 的速率下降。洪峰流量 9 120 m³/s(鲁台子),与预报值相比,洪峰水位降低 0.32 m,洪峰流量削减 2 160 m³/s,水位过程线见图 3。

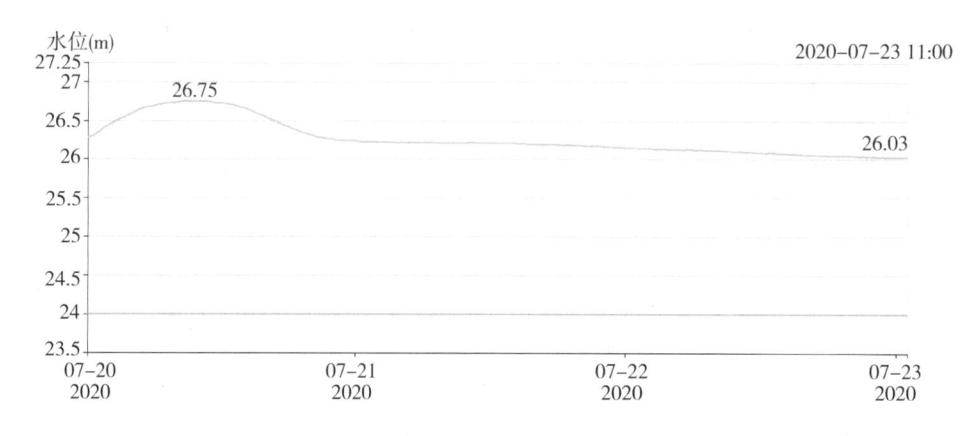

图 3　正阳关站水位过程线(下方直线为警戒水位线)

4.3　行洪流量

行洪自 7 月 23 日 20 时起至 7 月 26 日 12 时 10 分,历时约 64 h,行洪量约 1.67 亿 m³(此行洪量只计算姜唐湖退水闸)。选取姜唐湖行洪期间的 7 月 25 日 20 时的数据作为分析对象,临淮岗闸上水位 26.47 m,闸下水位 26.46 m,深孔闸、浅孔闸全开敞泄,流量 4 250 m³/s。姜唐湖进洪闸淮河侧水位 26.47 m,湖内侧水位 26.25 m,闸门开度 14 孔 2.0 m,流量约 530 m³/s;姜唐湖退水闸湖内侧 26.20 m,淮河侧水位 26.14 m,闸门 16 孔全部提出水面行洪,流量约 684 m³/s,行洪量约占河道流量的 12.5%～16.0%。

4.4　分析总结

在 2020 年防御淮河较大洪水中,姜唐湖行蓄洪区及时运用,不仅短时间内削减了临淮岗洪水控制工程的洪峰流量,降低了附近河段的水位,使控制站流量水位关系发生变化,同时增加了河道的槽蓄能力,加大了河道的调蓄作用,改变了河道洪水的传播过程,有效降低了淮河水位,减轻了淮河下游的防洪压力,为淮河防汛抗洪发挥了巨大的社会效益。

姜唐湖行蓄洪区最多时蓄滞洪 7.67 亿 m³,分别降低润河集站、临淮岗站、正阳关站洪峰水位 0.17 m、0.20 m、0.32 m[3],对减轻淮河干流堤防防守压力发挥了重要作用。由于姜唐湖退水闸与正阳关站隔河相望,姜唐湖退水闸的反向进洪功能增加了防汛调度的灵活性,在淮河支流颍河、淠河来水量较大的情况下,工程的启用能快速降低正阳关的水位,见表 2[3]。

表 2　姜唐湖行蓄洪区运用影响分析表

站名	行蓄洪区名	工程不运用 预报洪峰水位(m)	工程不运用 预报洪峰流量(m³/s)	实测数据 洪峰水位(m)	实测数据 洪峰流量(m³/s)	降低水位(m)	消减洪峰流量(m³/s)
临淮岗站	姜唐湖	27.55	8 690	27.35	7 550	0.20	1 140
正阳关站	姜唐湖	27.07	11 280	26.75	9 120	0.32	2 160

5 改进调度建议

姜唐湖行蓄洪区的运用不仅能够扩大河道的过水断面,还能够在短时间内滞蓄上游部分来水量,在淮河防御洪水调度运用中发挥着重要作用,建议从以下几个方面加强工程的调度。

5.1 控制水位与洪水预报

姜唐湖行蓄洪区的控制运用以润河集水位27.70 m、临淮岗坝上水位27.00 m、正阳关水位26.00~26.50 m为调度原则。从实际运用情况看,启用时都超过了这些水位控制条件。近年来,随着治淮建设步伐加快,淮河防洪工程布局发生了较大变化。要针对行蓄洪区运用环境的变化,加强调查研究,合理地确定控制水位[3]。进一步加强不同量级的洪水精准预报分析,科学确定启用时机,保证最佳行蓄洪效果。

5.2 统筹兼顾全流域调度运用

依据淮河防御洪水方案,要根据洪水实际情况和来水预报,谨慎决策、科学调度。如果未达到运用指标而提前启用,可能使得行蓄洪区库容过早饱和,削峰效果会大大减弱;反之,若超过运用指标启用,则可能会错过最佳的削峰时机。要站在流域防洪高度,统筹上下游、左右岸,行蓄洪区和堤防的关系,及时掌握淮河干支流水情,减少全流域行蓄洪区运用数量和频次,把损失降低到最低程度。

5.3 选择最佳调度运用方案

淮河干流、淠河、颍河以及区间其他支流来水汇集正阳关,控制正阳关水位是淮河洪水调度的重要环节。通过分析淮干润河集、正阳关、颍河颍上、淠河迎河集四个站的流量之间的关系,科学制定削峰拦洪的时机。在2020年防御淮河洪水过程中,姜唐湖进洪闸、退水闸同时开启,快速地降低正阳关和下游河道水位。正阳关超保证水位从7月20日10时30分至7月21日0时40分,历时14 h 10 min,比不运用姜唐湖超保证水位历时减少4~5 h。

6 结语

淮河干流行蓄洪区多,作用相互影响,调度十分复杂,要统筹兼顾、谨慎决策、科学调度[4]。要进一步加强各行蓄洪区运用效果的实践总结和分析研究,强化各行蓄洪区之间的联合防洪调度,提高淮河流域行蓄洪区决策科学化的水平,掌握最佳运用时机,取得最佳调度效果,以减少行蓄洪区启用数量,最大限度地削减干流洪峰,充分发挥防洪减灾效益。

[参考文献]

[1] 柯骏,王立全.2007年淮河正阳关以上行蓄洪区运用水文效应分析[J].江淮水利科技,2008(3):35-36+39.

[2] 王露露,张震.淮河南正段行蓄洪区运用效果分析[J].人民珠江,2019(8):72-77.

[3] 梁富仓,汤帅,朱晓二.安徽省2020年淮河干流蓄滞洪区调度运用分析[J].中国防汛抗旱,2021(7):51-53.

[4] 陈富川.淮河临淮岗工程2020年洪水防御调度实践与思考[J].江淮水利科技,2021(6):24+39.

[5] 王家先,朱兆成.2007年安徽省防御淮河洪水过程中应急预案的启动与行蓄洪区调度[J].中国防汛抗旱,2008(5):25-28.

[作者简介]

陈富川,男,生于1972年11月,本科,正高级工程师,主要从事水利工程建设管理及水资源调度工作,13865703758,cfc3923@sohu.com。

南四湖二级坝工程坝顶公路结构设计

鲍晓波　伦冠海　张　鹏

(中水淮河规划设计研究有限公司　安徽 合肥　230601)

摘　要：南四湖位于江苏、山东两省交界处，由南阳湖、独山湖、昭阳湖和微山湖四个相连的湖泊组成，湖面面积 1 280 km²，总库容 53.72 亿 m³。二级坝枢纽将南四湖分为上、下级湖，并与湖东、湖西大坝连接，多年来二级坝工程在蓄水灌溉、防洪、水陆交通等多方面发挥了重要作用。本文综合分析二级坝枢纽工程拦湖土坝坝顶公路现状问题，并借鉴以往工程经验，考虑维修方便和整体环境美观，提出了本工程坝顶公路结构设计方案，二级坝拦湖土坝坝顶公路采用沥青混凝土路面结构。通过结构验算，路面结构设计方案合理，为其他类似工程实践提供了借鉴。

关键词：二级坝；坝顶公路；沥青混凝土；结构验算

1　工程概况

南四湖位于江苏、山东两省交界处，由南阳湖、独山湖、昭阳湖和微山湖四个相连的湖泊组成，是我国第六大淡水湖，属沂沭泗防洪体系中的泗运河水系，流域面积约 31 200 km²，湖面面积 1 280 km²，总库容 53.72 亿 m³。1958 年兴建的二级坝枢纽将南四湖分为上、下级湖，并与陆续建成的湖东、湖西大坝连接，分别形成上、下级湖防洪圈圩，二级坝兼顾两岸交通，工程多年来在蓄水灌溉、防洪、排涝、工业供水、水陆交通、水产养殖等多方面发挥了重要作用。

二级坝枢纽工程为大(1)型工程，设计洪水标准为 50 年一遇，主要建筑物包括拦湖土坝、溢流坝、一闸、二闸、三闸、四闸、微山一线船闸、微山二线船闸和南水北调二级坝泵站。

2　坝顶公路现状及加固必要性

二级坝全长 7 360 m，坝顶分布 8 座穿坝建筑物，拦湖土坝全长 4 071 m，各建筑物之间坝体距离最长为 990 m(一闸、二闸之间)，最短为 176 m(四闸、一线船闸之间)。现状坝顶总宽度为 12.0 m，行车道宽度为 9.0 m，道路两侧设置排水沟和绿化带。拦湖土坝坝顶公路设计标准为二级公路标准，现状路面结构有沥青混凝土路面、混凝土路面以及碎石结构路面。经过多年运行及多次维修，但均未对路基进行过处理，仅在原有路面上直接修建新路面，建设标准较低；二级坝目前是江苏、山东两省货物运输重要通道，大量超重车辆通行对坝顶公路造成较大破坏，严重影响防汛交通安全。二级坝顶公路存在着安全隐患，并且现状部分路段坝顶高程欠高，影响了大坝的防洪安全，也影响了江苏、山东两省间的交通顺畅，因此二级坝除险加固工程坝顶公路加固十分必要。

3　坝顶公路设计方案

本次南四湖二级坝加固坝段为四闸交通桥东端至老运河西坝，总长度为 3 694 m。二级坝现状坝顶公路行车道宽度为9.0 m,满足二级公路路面宽度要求,本次坝顶公路设计仍采用二级公路标准,荷载标准为公路-Ⅱ级。本次设计仍采用9.0 m宽行车道、两侧各1.0 m宽排水沟和两侧各0.5 m宽绿化带。

3.1 路面结构型式设计

3.1.1 设计原则及方案比选

路面结构设计基本原则:①具有一定的高温稳定性;②具有一定的低温抗裂性;③具有一定的水稳定性;④具有一定的抗疲劳性能;⑤具有一定的抗老化性能;⑥具有一定的适应路基变形能力。

根据路面结构设计原则,南四湖二级坝拦湖土坝坝顶防汛公路的路面结构型式采用水泥混凝土路面和沥青混凝土路面两方案进行比选。方案比选见表1。

表1 坝顶路面结构方案比选表

方案	优点	缺点
方案一: 水泥混凝土路面	1. 具有较高的强度、刚度、稳定性、耐磨、平整度、抗滑等性能; 2. 对材料(集料)的要求不是很高; 3. 一般来说经济性也较好,目前国内公路上使用较广泛。	1. 有接缝影响行车舒适; 2. 容易导致路面板边和板角处破坏; 3. 对重载超载车作用比较敏感; 4. 噪声较大; 5. 混凝土路面损坏后,开挖和修补困难。
方案二: 沥青混凝土路面	1. 具有表面平整、无接缝、行车舒适、耐磨、震动小、噪声低; 2. 施工工期短、养护维修简便、适宜于分期修建; 3. 目前国内公路上使用越来越广泛。	1. 路面强度、刚度较低,低温抗变形能力较低; 2. 对材料(集料)的要求高; 3. 对路基的强度和稳定性要求较高。

经综合分析,结合以往工程经验和二级坝坝顶交通的实际状况,考虑维修方便和整体环境美观,南四湖二级坝拦湖土坝坝顶公路采用沥青混凝土路面结构。

3.1.2 路面结构设计方案

借鉴国内外性价比较高、性能优良的路面结构型式,结合本项目具体特点,从"功能完善、安全舒适、造价经济、施工容易、养护方便"的角度出发,拟定路面结构设计方案如表2所示。

表2 路面结构设计方案表

结构层编号	层位	材料类型	材料名称	厚度(mm)	模量(MPa)	泊松比
1	上面层	沥青混合料	细粒式沥青砼 AC-13(C)	40.0	13 000	0.25
2	下面层	沥青混合料	中粒式沥青砼 AC-20(C)	60.0	12 000	0.25
3	基层	无机结合料稳定材料	水泥稳定碎石	200.0	11 000	0.25
4	底基层	无机结合料稳定材料	低剂量水泥稳定碎石	250.0	8 500	0.25
5		土基			54	0.40

3.1.3 路面结构验算

(1)交通荷载参数

坝顶公路属于二级公路,设计使用年限为12年,根据交通量OD调查分析断面大型客车和货车交通量为2 421辆/d,交通量年增长率为7.0%,方向系数取55.0%,车道系数取100.0%。根据交通历史数据,确定该设计公路为TTC4类,分析得到车辆类型分布系数如表3所示。

表 3　车辆类型分布系数

车辆类型	2类	3类	4类	5类	6类	7类	8类	9类	10类	11类
车型分布系数（%）	28.9	43.9	5.5	0.0	9.4	2.0	4.6	3.4	2.3	0.1

根据路网相邻公路的车辆满载情况及历史数据的调查分析，得到各类车型非满载与满载比例，如表 4 所示。

表 4　非满载车与满载车所占比例（%）

车辆类型	2类	3类	4类	5类	6类	7类	8类	9类	10类	11类
非满载车比例	85.0	90.0	65.0	75.0	55.0	70.0	45.0	60.0	55.0	65.0
满载车比例	15.0	10.0	35.0	25.0	45.0	30.0	55.0	40.0	45.0	35.0

根据《公路沥青路面设计规范》中表 6.2.1，该设计路面对应的设计指标为沥青混合料层永久变形与无机结合料层疲劳开裂。根据《公路沥青路面设计规范》中附表 A.3.1-3，可得到在不同设计指标下，各车型对应的非满载车和满载车当量设计轴载换算系数。

根据《公路沥青路面设计规范》中公式（A.4.2）

$$N_e = \frac{[(1+\gamma)^t - 1] \times 365}{\gamma} N_1 \tag{1}$$

式中：N_e——设计使用年限内设计车道上的当量设计轴载累计作用次数（次）；t——设计使用年限（年）；γ——设计使用年限内交通量的年平均增长率；N_1——初始年设计车道日平均当量轴次（次/d）。

计算得到对应于沥青混合料层永久变形的当量设计轴载累计作用次数为 14 124 240 次，对应于无机结合料层疲劳开裂的当量设计轴载累计作用次数为 979 414 800 次。

（2）沥青混合料层永久变形验算

经计算，各层永久变形累加得到沥青混合料层总永久变形量 Ra＝6.36 mm，具体见表 5。根据《公路沥青路面设计规范》，二级公路沥青层容许永久变形为 20 mm，设计的路面结构满足要求。

表 5　沥青混合料层永久变形计算表

层位	第1分层沥青混合料	第2分层沥青混合料	第3分层沥青混合料	第4分层沥青混合料	第5分层沥青混合料
变形量(mm)	0.45	1.2	2.14	1.59	0.98
合计(mm)	6.36				

（3）无机结合料层疲劳开裂验算

根据《公路沥青路面设计规范》中公式（B.2.1-1），计算得到无机结合料层底疲劳开裂寿命为 3 051 830 000 轴次。

（4）验算结果分析

经分析，所选路面结构和材料能满足各项验算内容的要求，路面结构设计方案合理。分析结果见表 6。

表 6　分析结果

验算内容	计算值	允许值	是否满足要求
沥青层车辙试验永久变形量(mm)	6.36	20.0	是
半刚性层疲劳开裂对应的累积当量轴次	3 051 830 000	979 414 800	是

3.2 路床结构型式设计

根据复核验算,拦湖土坝设计坝顶高程为38.45 m,现状坝顶路面高程约为38.00 m,加高高度为0.45 m。

本次通过加高的方法进行设计,并拟定以下两种方案:

方案一是挖除现状坝顶路面,回填石灰土做路床,在路床基础上做路基路面结构层。

方案二是采用三边形双轮冲击压实机对现有路面进行打裂压稳处理,然后直接在压稳路面上做路基路面结构层。

考虑到二级坝拦湖土坝现状坝顶路面路基厚度为0.6 m左右,坝顶公路下土层:第0层人工填土,为黏土、粉质黏土,可塑状态为主,局部软塑或硬塑状态,中等压缩性土,含水率为31.2%;第①层黏土,软塑至可塑状态,为中、高压缩性土,含水率40.5%。路基下土层含水率高,采用冲击碾压技术对原有道路进行处理时易导致土层成为"橡皮土",新修建道路后期运行时容易损毁。本次采用方案一,即采用回填石灰土做道路路床。

4 结语

本文综合分析二级坝枢纽工程拦湖土坝坝顶公路现状问题,并借鉴以往工程经验,提出了本工程坝顶公路结构设计方案,即路床结构采用石灰土回填、路面结构采用沥青混凝土结构。通过结构验算,证明该路面结构设计方案合理,能够满足二级坝坝顶公路的交通要求。该设计为其他类似工程实践提供了借鉴。

[作者简介]

鲍晓波,男,生于1973年12月1日,高级工程师,学士,主要从事水利工程设计,13855222066,110111561@qq.com。

基于混凝土护栏涂料的自动喷涂装置的研究

陆鹏飞

(淮委邳州河道管理局　江苏 宿迁　223800)

摘　要：近年来混凝土护栏在公路与桥梁中大量使用,但因为防止碳化和美观要求,每年混凝土护栏维护管理单位须花费大量人力和财力进行清洗、喷涂涂料工作。笔者根据多年来年调查研究,创新发明一种混凝土护栏涂料的自动喷涂装置,通过自动行走机构、自动清洁机构和自动喷涂机构共同作用,在自动控制系统作用下,可安全、高效、环保地处理、清洗、喷涂等,工作效率大幅提高,安全环保,并且已经在部分单位推广使用,社会效益较高,效果显著。

关键词：混凝土护栏;自动行走机构;自动清洁机构;自动喷涂机构;自动装置

1　研究背景[1]

随着中国经济的高速发展,中国的公路得到高速发展,公路总里程达到 528 万 km,高速公路里程突破 16 万 km,居世界首位。截止到 2016 年,全国公路桥梁总数接近 80 万座,铁路桥梁已超过 20 万座。为提高过往行人车辆通行安全系数和节约资金,大部分桥梁都预制了混凝土护栏,尤其是连续的混凝土护栏保有量极大。为减少恶劣的野外环境和混凝土碳化老化对护栏的影响,维护单位、管理单位采用刷涂料来保护护栏,既可以保证护栏美观、完整,又可以延长护栏的使用寿命,有效提高护栏的安全性能[2]。

目前,国内外混凝土护栏的维护管理主要是通过大量人工简易清除表面剥落的涂料,然后再人工刷外墙涂料。由于人工很难将基底清除干净,导致涂料与混凝土护栏结合力不足而容易脱落;大部分护栏一侧临水临空,另一侧为通行车辆或者过往行人,人工施工带来高空作业危险和车辆伤害危险等安全隐患,工作效率低,喷涂不均匀,还有各种极大的安全除患;在铲除原保护层、清基和刷涂过程中会产生大量的垃圾、扬尘和油漆漆雾,带来较大的环境污染;同时由于近年来人工费大幅上涨,也使刷涂人工成本大幅上升,影响工期和造成工程投资加大等。

2　研究方向和方案

2.1　研究的主要方向

针对背景情况提出的问题和现有产品技术存在的不足,笔者研究发明一种新型装置,该装置应包括自动行走机构、自动清洁机构和自动喷涂机构。清洁机构能够自动有效清除混凝土护栏碳化、不平整的表面层,并能有效吸除工作中产生的灰尘;喷涂机构能够均匀高效喷涂相关防腐涂料;行走机构能够智能控制行走速度,并按喷涂质量要求来回行走完成喷涂工作任务。该装置发明使用后,工作效率要高,要经济环保,还要有利于公路桥梁等护栏施工的安全管理。

2.2 研究方案[1]

混凝土护栏涂料的自动喷涂装置整体是密封的,密封机壳的顶部设有除尘机构、PLC 自动控制系统、油漆储料箱和颗粒储物箱;密封机壳的前部设有紧急避险器,密封机壳内部两侧设置有若干根竖直放置的空心钢管,空心钢管对称设有自动行走机构、自动清洁机构和自动喷涂机构。(见图 1)

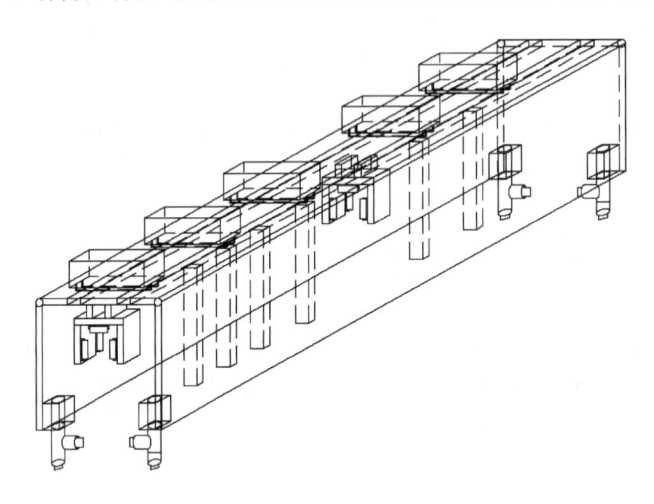

图 1　混凝土护栏涂料的自动喷涂装置结构示意图

自动行走机构设在密封机壳的顶部下侧,包括行走支架、前进驱动电动机、前进驱动轮和紧固电动机。行走支架包括可调节左右宽度的张紧板和顶板,驱动轮设在张紧板内侧和顶板下侧,紧固电动机控制张紧板向两侧滑动或收紧,前进驱动电动机控制驱动轮前进。

自动清洁机构包括设在钢管上的钢刷清基机、基底打磨机和除尘机,钢刷清基机包括若干钢刷和带动钢刷旋转的电机。电机均匀竖直设置在钢管上;基底打磨机包括若干竖直排列的打磨机,打磨机均匀设置在钢管上;除尘机包括高压除尘机和尘雾吸尘器,高压除尘机包括竖直排列的高压气泵和若干个喷嘴,通过软管连接,喷嘴通过高压气泵提供的压力可以吹掉被打磨过护栏表面的颗粒和尘雾,尘雾吸尘器前端有多层过滤网,用于过滤大粒径固体颗粒,小粒径粉尘通过过滤网后的尘雾吸尘器吸入储尘箱。

自动喷涂机构包括喷涂机和油雾吸尘器,喷涂机包括气泵、若干个喷枪和储料箱。喷枪均匀分布在钢管上,保证喷漆均匀;气泵和储料箱通过软管与喷枪连接,储料箱设在密封机壳上部,储料箱给喷涂装置提供涂料;油雾吸尘器包括吸尘器和油雾存物箱,吸尘器通过软管设置在喷枪的一侧,用于吸收废弃、飘浮在空中的油雾,PLC 自动控制系统与紧急避险器、自动清洁机构和自动喷涂机构相连接,负责自动检测与控制。

密封机壳下部内侧还设有副行走机构,副行走机构包括驱动电机、旋转控制电动机、行走轮、行走支架和伸缩臂,顶部的旋转控制电动机可以使支架旋转 90°,调节伸缩臂长度以卡住护栏,稳住机器;前进驱动电动机驱动行走轮与主行走机构同速前进,保证机器匀速、稳定前进。

3　自动装置的实现过程[3]

起重设备将混凝土护栏涂料的自动喷涂装置吊至混凝土护栏正上方,接通电源,通过控制台设置主行走机构的张紧板宽度与护栏宽度相适应,副行走机构的旋转控制电动机旋转,使行走支架旋转,调节伸缩臂与混凝土护栏垂直,调节伸缩臂长度正好卡紧混凝土护栏,前进驱动电动机驱动前进轮前进。机器运行前,通过控制台检测机器各机构运行状况,包括控制台中移动控制器运行情况,密封机壳的密闭情况。

检测完毕后,加注涂料,通过控制台粗略设置需要喷涂混凝土护栏的长度、机器行走速率与需要装填的涂料数量,并依次启动钢刷清基机、基底打磨机、高压除尘机、尘雾吸尘器、激光自调节喷涂器和油雾吸尘器;钢刷清基机控制各自独立的钢刷旋转,清除混凝土护栏大部分表面杂物及突出硬物;基底打磨机采用特制打磨盘,将混凝土护栏表面打磨平整光滑;高压除尘机用高压气嘴将清基和打磨过程的大粒径颗粒过滤掉,将小粒径颗粒和粉尘吹向机器后侧的尘雾吸尘器;尘雾吸尘器通过多层过滤板将小粒径颗粒和灰尘吸至储尘箱中。

混凝土护栏表面清理完毕后,喷涂机构中的激光自调节喷涂器利用上部和下部激光测距仪测量涂料扇形喷嘴与护栏的距离,调整到最佳距离喷涂涂料,包括高压气泵、储料箱和多头喷嘴的喷涂机构自动喷涂涂料;多余的、飘浮在空中的油雾通过油雾吸尘器吸至储物箱中存储,有效地防止环境污染;后部视频监控器通过无线控制器显示的视频随时检查喷涂质量;机器前端安装的光电开关漫反射式防撞器检测到预先安装在护栏尽头的检测物,机器停止运行,确保设备安全。

4 研究成果的效益发挥和展望

4.1 成果的效益发挥

混凝土护栏涂料的自动喷涂装置基于自动化控制系统,可以全自动工作,控制人员可以随时操控系统,有效减少施工人员数量,有效实现施工自动化、现代化;机械施工效率高、速度快,施工效率提升明显,施工成本明显降低;该装置有自动固定机构,可以在悬空桥梁护栏上施工,也可以在高速公路车辆高速通行情况下进行护栏喷涂,有效地避免特殊情况下施工带来的安全隐患;全密封设计、施工废物回收系统有效地解决了喷涂过程中的环境污染问题。

4.2 成果的未来展望

创新是引领世界发展的重要力量,也是迈向科技强国的重要途径之一。国家大力推行标准化管理、现代化管理,有力地推动原有的密集型产业、低效率产业向机械化和自动化产业转变,保护自然、尊重人类、提高效率、提升产能。该自动装置可以实现自动化、网络化和智能化,满足管理单位和施工单位的安全性、高效化、智能化和环保节能要求,造价低,发展前景较好。

[参考文献]

[1] 张乾燕,陆鹏飞,马永恒,等.一种用于混凝土护栏涂料的自动喷涂机:CN201820782670.7[P].2019-03-26.
[2] 李伟华,侯保荣,田边弘往,等.涂料涂装抑制混凝土建筑物的劣化[J].涂料工业,2007:292-294.
[3] 娄伟,夏晓东,徐晨晓,等.高速公路混凝土护栏自动喷淋养护系统及其控制方法:CN201811553999.7[P].2019-06-07.

[作者简介]

陆鹏飞,男,生于1979年7月,高级工程师,长期在淮河流域河道堤防工程和水闸工程管理单位从事防汛及建设管理等工作,18168508818,5918113@qq.com。

关于治淮钻孔灌注桩质量控制的关键要点研究

汪 昂

(中水淮河安徽恒信工程咨询有限公司 安徽 合肥 230601)

摘 要：钻孔灌注桩基础是最为常见的桩基础，广泛地应用于水利、桥梁等基础当中。为了进一步提高钻孔灌注桩施工质量，本文以淮河干流王家坝至临淮岗段行洪区调整及河道整治工程第Ⅲ标段桥梁工程钻孔灌注桩施工为实例，根据在桥梁工程钻孔灌注桩施工过程中积累的少许经验和通过学习获得的相关知识，分析其施工过程及质量控制措施。

关键词：水利工程；钻孔灌注桩；施工质量；控制措施

前言

钻孔灌注桩施工，是利用桩体穿过淤泥层、黏土层，到达深部的持力层，形成的桩群可以满足荷载要求，从而确保桥梁基础稳定。由于桥梁工程的钻孔灌注桩施工是在水下进行的，因此对施工技术和现场管理提出了严格要求。以往的施工经验表明，如果方案设计不合理、施工管控不到位，很容易出现断桩、桩体倾斜、桩身夹泥等质量问题，如果未能及时处理，后期随着桥梁上部结构施工，桩基出现不均匀沉降，严重影响桥梁质量。因此，现场施工人员必须要在施工质量控制和成桩质量检验两个方面加强管理，才能保证钻孔灌注桩施工任务的质量。

1 钻孔灌注桩施工技术的应用优势

1.1 保证地基的稳定性

在地基的处理中，钻孔灌注桩技术具有压密、渗透多重作用，经过钻孔灌注桩施工后，地基由原本松散、软弱状态转变为密实、稳定状态，由此建设稳定可靠的建筑基础。

1.2 保证地基的完整可靠

钻孔灌注桩施工中，通过桩体与土层的联合应用，有效提高地基的质量。灌注的泥浆具有渗漏作用，其有利于保证土层与灌注桩的稳定结合，构成完整、可靠的复合地基。

1.3 降本增效

现场地质条件对钻孔灌注桩施工的限制作用较小，可根据现场条件合理优化钻孔灌注桩施工技术，有效降低施工难度，减少在材料、机械设备等方面的投入量。此外，由于对钻孔灌注桩施工技术不断探究,相关人员的理论基础愈发扎实,实践经验日益丰富,更有利于建设工作的高效开展,更加凸显出该项技术的经济效益优势。

2 施工工艺流程及质量控制

2.1 施工工艺流程

王临段第Ⅲ标段桥梁项目基础施工中,采用钻孔灌注桩结构,使用田野牌反循环钻机进行钻孔灌注桩施工,并完成钻孔作业;混凝土由搅拌站拌制,出厂后及时运至现场,用于灌注施工。本文就钻孔灌注桩施工质量的控制措施进行介绍。主要工艺包括:(1)需要进行施工准备和桩位放线,主要是进行场地平整,由于本工程施工辅助设备较多,因此,必须对施工通道和作业平面进行充分考虑。同时为了保证桩基定位的准确快捷,采用全站仪中的"十"字定位法来测定桩孔位置。(2)进行钻孔施工,钻孔施工顺序:设置护筒→安装钻机钻进→钻孔结束,进行第一次清孔→孔壁检测→插入钢筋笼→插入导管→进行第二次清孔→灌注水下混凝土,拔出导管→将护筒拔出。(3)完成钻孔灌注桩施工后,为确保基桩的质量,待水下混凝土达到龄期后,还需要利用超声波检测仪等对桩基质量进行检测。

2.2 原材料

钻孔灌注桩的原材料主要为混凝土和钢筋,必须严格把控混凝土质量和钢筋质量,使用合格的原材料,必须严格落实"以质量求生存,以质量谋发展"的质量方针。

2.2.1 混凝土

为确保成桩质量,要严格履行检查手续,验收进场混凝土的标号和质量,包括必要的资料(水泥出厂合格证、化验报告、配合比报告等),现场负责人对进场商品混凝土都要进行均匀性和坍落度检查,保证坍落度数值在160～220 mm内方可进行灌注。并应按规范要求现场制作试验块,标准养护,以备达到龄期后进行检测。严禁使用过期的水泥或不合格的水泥制作混凝土。

2.2.2 钢筋

在桩基工程中,钢筋对桩的抗压和承载力起重要作用,应选择正规生产厂家品牌和型号的钢筋,钢筋的品种、级别、规格必须符合设计要求。并应按规范对钢筋进行材料送检,合格后方可使用。钢筋笼制作、安装的质量按《公路桥涵施工技术规范》(JTG/T 3650—2020)第4条规定严格执行。

2.3 钻孔的质量控制

(1)钻孔前,先检查钻机移动轨道的配套情况,判断其是否具有稳定性,并要求轨道顶平面四角共处相同标高,后续定期检查,发现偏差后及时予以调整。钻机钻头、转盘、孔位需在一相同垂直线上,在此前提下方可正式钻进。在钻孔环节加强对孔位、孔径、孔深、垂直度等关键参数的检测与控制。

(2)加强清泥换浆作业,采取此方法有效减少孔底沉渣量,给后续施工创设良好的条件。组织试验,检验泥浆的性能,从源头上保证钻孔灌注桩的施工质量。钻孔期间,及时检测泥浆的性能,判断其与钻进所在部位地层特性的适应情况,灵活做出调整。

(3)以钻进深度范围内的土质、钻机性能为主要的参考,选择合适规格的钻头。钻进期间注重对钻头的检查,若该装置存在缺陷,则及时予以更换,以免因钻头残缺而影响钻孔质量。

(4)孔深是钻孔施工中的关键控制指标,可用根据钻杆根数综合考虑钻进记录,集多项信息于一体,做系统性的分析,准确判断钻孔深度是否满足要求。在实际钻孔深度未达到设计要求时,禁止提前终孔。

(5) 参照设计深度、钻速,判断实际钻孔情况是否满足要求,并从浮渣中取样检查分析,经过对多项信息的系统性检查分析后,决定是否终孔。

2.4 成孔及清孔

在成孔过程中,不得小于设计要求的标高,当钻离至设计标高约 1 m 时,要放慢钻进速度,成孔之后要对成孔质量(孔位、孔径、倾斜度、沉淀厚度和泥浆的含砂率)进行检查,同时还应该用测绳对孔深进行检查。第一次清孔利用钻机直接进行,第一次清孔后泥浆指标要求:泥浆相对密度 1.1~1.15 g/cm³,含砂率≤4%,泥浆黏度 18~22 Pa·s;第二次清孔后泥浆指标要求:泥浆相对密度 1.03~1.10 g/cm³,含砂率≤2%,泥浆黏度 17~20 Pa·s。在确认各项指标满足设计和规范要求后,方可进行下一步工序施工。

2.5 制作和吊放钢筋笼

本次工程中使用到的钢筋笼采用加强箍成型钢筋场制作。在主筋内侧设置加强箍,主筋用双面焊形式进行焊接加固,要求焊接长度不少于 10 d。焊接完毕后,安排技术人员对制作完成的钢筋笼进行复核,确定焊接牢固,以及间距、长度、直径等各项参数符合设计要求。用汽车吊运送至现场进行钢筋笼的安装。吊钩固定在钢筋笼的吊环上,采用"双点法"缓慢吊起并移动至桩孔的正上方,对准孔位缓慢放下钢筋笼。首节钢筋笼放入钻孔底部后,应使用地锁将其固定。根据护筒口标高、桩顶标高计算好钢筋笼顶深度和吊筋长度,设置好吊筋,防止出现钢筋笼歪斜和浮笼。

2.6 混凝土灌注质量

在泥浆护壁钻孔灌注桩的施工中,水下混凝土采用钢导管灌注,质量控制应该从以下几个方面入手:

(1) 水下混凝土应具备良好的和易性,配合比应通过试验确定;其坍落度应该控制在 160~220 mm,其初凝时间应该不得小于 8 h。

(2) 粗骨料和细骨料要符合规范要求。

(3) 灌注水下混凝土必须连续灌注,严禁中断浇筑。开始灌注混凝土时,导管底部至孔底的距离宜为 300~400 mm。

(4) 混凝土储蓄量充足,开始浇筑前,计算出混凝土初灌量,导管一次埋入混凝土灌注面以下不应少于 1 m。混凝土灌注过程中,测量混凝土面的上升高度,导管的埋深一般控制在混凝土面以下 2~6 m,一般以 4 m 为宜,上拔导管过程中注意分节拆卸导管,严禁将导管提出混凝土灌注面。

(5) 当混凝土面上升至桩顶设计标高时,应控制超灌高度宜为 0.8~1.0 m,超灌的多余部分在上部结构施工前或接桩前凿除,凿除后的桩头混凝土密实,无松散层,其强度达到设计等级。

2.7 起拔护筒

混凝土灌注完成后,即可向上起拔护筒,用泥土回填上部未灌注混凝土的部位,再用适量混凝土封堵孔口,而后将无须使用的清洗好的设备存放至指定位置,妥善保管。

2.8 检测方法

钻孔灌注桩桩基检测方法包括静载试验、声波透射、高应变法以及低应变法等方法。为满足桩基施工全过程的检测要求,本桥所有桩基设置超声波声测管,桩径 1.5 m 的桩基均设置 3 根(钢管)$\varphi 57 \times 3$ 的声测管,声测管沿桩长通长布置,顶部高出桩顶 20 cm。

声测管在钢筋笼加工过程中安装,按设计要求绑扎于加劲钢筋之上,其底端用钢板焊牢封底,以免混凝土漏入。钢筋笼分段吊装过程中,声测管必须对正,用 $\varphi 70 \times 6$ 和 $\varphi 70 \times 10$(钢)管节连接,安装声测管时每个接头必须用液压钳挤压封严密合,声测管顶用橡胶帽或橡胶塞代替钢片进行封闭,防止灌注混凝土时进入声测管内,桩基无法检测。

3 钻孔灌注桩常见问题的处理方法

3.1 卡管的处理方法

一般情况下,卡管的主要原因包括:(1)混凝土的性能较差;(2)缺乏足够的和易性和流动性,难以在施工中离析;(3)导管进水,而在外部水体的作用下,导致混凝土离析;(4)施工期间机械设备异常,难以连续浇筑混凝土,部分混凝土在管中停留时间较长。对此,处理方法主要有 3 种:

(1)若卡管位置接近地面,利用钢筋直接冲捣即可。

(2)在导管外以焊接的方式增设铁板,随着导管的下落,设置在该处的铁板将与其他卡座发生撞击,此时也可以起到疏通的作用。

(3)适度锤击导管法兰。

3.2 钢筋笼上浮的处理方法

钢筋笼上浮发生于灌注混凝土的导管位于钢筋笼底部或更下方而混凝土埋管深度已经较大时,此时钢筋笼靠自身重力及孔壁的摩擦力来抵抗混凝土上顶力、摩擦力,一旦失去平衡,钢筋笼就会上浮。为防止钢筋笼上浮,应加强观察,以便及时发现问题,并在钢筋笼顶施加竖向的约束,如将钢筋笼顶部钢筋接长,焊于护筒顶部,一方面阻止钢筋笼上浮,另一方面可悬挂住钢筋笼,以保证钢筋笼的垂直度。

发现钢筋笼上浮之后,应立即停止灌注混凝土,查明原因及程度。如钢筋笼上浮不严重,则检查钢筋笼底及导管底的准确位置,拆除一定数量的导管,使导管底部升至钢筋笼底上方后可恢复灌注;如上浮严重,应立即通过吸渣等方式清理已灌注的混凝土,混凝土浇筑过程中漏浆、塌孔另行处理。

3.3 坍孔、缩孔的处理方法

钻孔过程中发生坍孔后,要查明原因进行分析处理,可采用原土回填捣实和深埋护筒等措施后继续钻进。坍孔严重时,应回填重新钻孔。对于比较松散的抛填土层及石块含量大的桩基位置可采用在桩基周围 100 cm 处对称钻直径 10 cm 孔后压灌 M30 水泥砂浆,孔深钻至原土层为基准。

钻孔发生弯孔缩孔时,一般可将钻头提到偏孔处上方以慢速钻进,直到钻孔正直,如发生严重弯孔和探到石头时,采用小片石或卵石与黏土混合物,回填到偏孔处,待填料沉实后再钻孔纠偏。

3.4 桩顶冒水的处理方法

在水下浇筑混凝土的过程中,如果混凝土浇筑导管速度过快,就会很容易把空气堵在导管中,并在混凝土内形成液体。而液体所形成的气泡在其自身浮力的作用下,会在混凝土内缓慢上升:一部分液体上升时只形成通道,能够最终消失;另一部分液体会在上升到一定高度时,由于液体浮力与阻力接近,因此气泡便滞留在桩身内,最终形成桩身孔洞及通道。在截桩后,桩身内残余的高压气体会因阻力释放而沿桩身的通道释放出来,此时便会出现桩顶冒水的现象。

针对这一现象,可采取的处理方法有3种:

(1) 对所有存在冒泡桩的桩顶部钻一个直径约 10 mm 的孔,孔的深度约为 100 mm,内埋一根直径约为 5 mm 的引流管,引流管长度为 70 mm 左右。

(2) 引流管外壁与混凝土之间用专用的胶水填充,且需不透水,从而让冒出的液体从引流管流出。

(3) 在浇筑底板混凝土前,用专用的塞子堵塞引流管出口后,浇筑底板混凝土。以防混凝土底板渗水。当出现可能性情况时(如渗水部分小于 1 m),也可将桩顶渗水部分混凝土凿去,再用混凝土重新浇筑,但混凝土抗压强度等级应比原桩混凝土强度等级高一级(通常应大于 C40)。

结束语

综上所述,钻孔灌注桩施工技术在工程基础建设中取得广泛应用,但其属于隐蔽工程,后续检查难度较大,因此必须在施工阶段便保证成桩质量。作为监理企业,需要结合现场实际环境,对施工单位制定的施工方案进行审查批复,从各方面保证钻孔灌注桩的质量。

[参考文献]

[1] 刘帆,李向东,周雨枫.钻孔灌注桩施工中常见质量问题及防治措施[J].中国住宅设施,2021(11):99-100.

[2] 孙滨.钢筋混凝土钻孔灌注桩施工与质量检测[J].城市住宅,2021,28(11):234-235.

[3] 常坤.公路桥梁钻孔灌注桩施工要点及质量检测[J].交通世界,2021(32):134-135.

[4] 谢燕财.软土区旋挖钻孔灌注桩的施工技术及质量控制分析[J].砖瓦,2021(11):173-174.

[5] 张重喜,王军舰.水中钻孔灌注桩施工质量通病及其防治措施[J].城市道桥与防洪,2021(10):162-164+20

[作者简介]

汪昂,男,生于 1998 年 3 月 7 日,助理工程师,主要研究钻孔灌注桩施工质量控制的关键要点,525757800@qq.com。

施工场地高度受限情况下的地下连续墙的施工

吴文东　管宪伟　王国锋

（中水淮河安徽恒信工程咨询有限公司　安徽 合肥　230601）

摘　要：地下连续墙作为地下建筑物的支护结构已得到广泛应用，施工方法是采用大型液压抓斗机械成槽和大型起吊设备吊装下放钢筋笼施工，其机械设备高大，在一些受到空间限制的条件下则无法使用。

关键词：地下连续墙；施工方法

1　前言

安徽省港口湾水库灌区工程施工一标段在穿越"商丘—合肥—杭州"高铁段施工时，受商合杭高铁高架桥影响（高架桥下净空 6.8～7.0 m），成槽设备无法施工（传统成槽机施工净空约需 20 m）。安徽水安建设集团股份有限公司作为施工单位，利用反循环回旋钻机和冲击钻的机动灵活特性（施工净空约需 3.5 m），采用反循环回旋钻机钻切配合冲击钻劈打成槽施工工艺，在自上而下分别为黏土层、砂砾石层、强风化岩层和弱风化岩层中组织成槽施工，成槽施工中配合使用一种特制内空的清孔钻头打捞沉渣，采用一种特制的辅助吊具下放连接钢筋笼，达到完成施工场地高度受限情况下的地下连续墙的成槽和钢筋笼安装施工。

2　工艺原理

回旋钻进，冲击劈打，沉渣清理。利用回旋钻机在黏土层、砂卵石层和强风化岩层中的造孔能力和冲击钻在弱风化岩层中的造孔能力，通过合理划分造孔孔距，先使用回旋钻机钻切成孔，再使用冲击钻带方形钻锤劈打回旋钻孔之间的隔墙，形成完整的槽孔。成槽施工中配合一种特制内空的清孔钻头打捞沉渣，在砂卵石地层中提高了成孔效率。

根据受限空间参数和钢筋笼尺寸制作一种辅助吊具，用于移动运输和下放安装钢筋笼，可确保低净空地下连续墙的钢筋笼安装工程顺利施工。

3　工艺流程及操作要点

3.1　工艺流程

本工艺流程如图 1 所示。

```
                    ┌──────────────┐
                    │  施工准备     │
                    └──────┬───────┘
  ┌────────┐        ┌──────▼───────────────────┐
  │钻头制作 │───────▶│回旋钻机钻切、冲击钻劈打成槽│
  └────────┘        └──────┬───────────────────┘
  ┌────────┐        ┌──────▼───────┐
  │桁架制作 │───────▶│ 钢筋笼安装    │
  └────────┘        └──────┬───────┘
                    ┌──────▼───────┐
                    │ 混凝土浇筑    │
                    └──────┬───────┘
                    ┌──────▼───────┐
                    │ 下一槽段施工  │
                    └──────────────┘
```

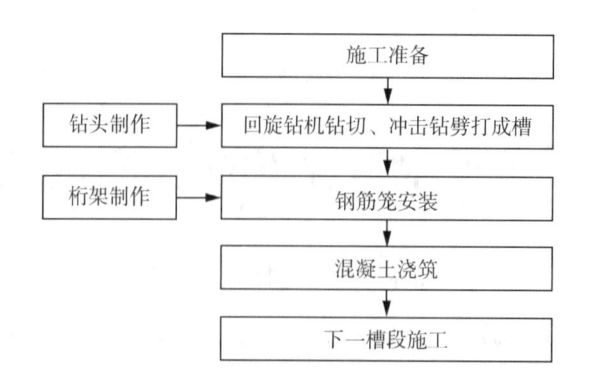

图 1　场地高度受限情况下地下连续墙施工工艺流程图

3.2　操作要点

3.2.1　施工准备

（1）施工前应对地下连续墙施工现场进行现场勘察，实地了解高架桥梁、公路、厂房、民房等建筑物对施工的影响，特别是施工净空对地下连续墙施工的限制因素。

（2）实地测量、校核地下连续墙施工的有效净空（预留对周围建筑的保护距离）。

（3）导墙采用钢筋混凝土结构，施工期间应能承受施工荷载。导墙的具体结构形式应根据地质条件和施工荷载等情况确定，常用的形式为倒"L"形和"["形。导墙应有足够的强度和稳定性。导墙顶面应高于地面，并高于地下水位 0.5 m，底部进入原状土或加固土体的深度不应小于 200 mm。

（4）施工现场应设置泥浆池，泥浆池尺寸大小应满足施工需要。泥浆的储备量应大于每日计划的最大成槽方量的 2 倍。泥浆配合比在施工中应根据材料的性能、土质实际情况予以调整。

3.2.2　反循环回旋钻机钻切施工

（1）在导墙混凝土强度达到 70% 以上，即可进行开挖槽孔作业。依据设计要求的连续墙墙厚，选择相匹配的回旋钻钻头的直径，按照规范要求确定的槽段长度，合理划分钻孔数量，并将钻孔编号及间距依次放样标记在混凝土导墙上。一个槽段孔数采取等分原则，钻孔数量划分原则为：槽段长度 L，槽宽 B，则钻孔数量 X 为 L/B 个，若 L/B 不是整数，钻孔数量 X 则为舍去小数 Y 后的个数，间距为 $B+(Y/X)$。例：防渗墙厚度 0.6 m，单个槽段长度 7 m，选定回旋钻机钻头直径为 0.6 m，则钻孔数量为 $7/0.6≈11.67$ 个，由此确定该槽段钻孔数量为 11 个，11 个孔总长度为 6.6 m，该槽段剩余 0.4 m，则回旋钻机钻孔间距应控制在 0.64 m。

（2）回旋钻机在施工平台上就位，应根据导墙上已做好的标记，调整机身位置及钻杆垂直度，垂直度调整等符合要求后，钻孔自槽孔一端向另一端采用跳孔法施工，即先按顺序钻 1、3、5、7……然后钻 2、4、6……技术人员根据上一步测量的岩基高程数据，对比防渗墙设计底高程，计算钻机钻孔入岩深度，结合导墙高程，使用钢卷尺测量钻杆需钻入深度，并在钻杆上做好标记。钻孔过程中严格控制钻杆垂直度及钻孔深度，确保符合设计要求。

（3）根据回旋钻机钻孔时导墙上做好的孔位标记，进行冲击钻机定位，每两个孔位标记中间位置则为需要冲击凿除的隔墙位置，技术人员引导冲击钻就位，开始冲击劈打施工。每个槽段在回旋钻机钻孔结束后，钻孔之间的基岩隔墙，使用冲击钻机进行冲击劈打，劈打顺序自槽段一端向另一端推进。为保证冲击劈打成槽的安全和质量，护壁泥浆生产循环系统的质量控制关系到槽壁稳定，优先采用优质膨润土为泥浆制备材料，造孔用的泥浆材料必须经过现场检测合格后，方可使用。

（4）完成回旋钻机钻孔和冲击钻机冲击劈打施工后，使用回旋钻机配合一种特制内空的清孔钻头打捞沉渣和卵石,将沉渣吸入泵管内,从管口排出,在砂卵石地层中提高了成孔效率。在清槽过程中,应不断向槽内泵送优质泥浆,以保持液面高度,防止坍孔。

3.2.3 低净空钢筋笼制作、吊装与安装

(1)制作:根据低净空地下连续墙的施工净空高度,制作桁架。在导墙上铺设轨道以保证桁架可沿轨道做纵向移动。钢筋笼制作时考虑两节钢筋笼主筋搭接长度、同一搭接面不大于50%等要求制作钢筋笼。

(2)钢筋笼安装:桁架先在受限空间外侧挂装钢筋笼,再移动至槽孔口将钢筋笼对准槽孔口,下放钢筋笼到预定位置。在槽孔口用钢管固定钢筋笼在导墙上,完成第一节就位。重复上述步骤,完成钢筋笼搭接安装。

3.2.4 连续墙混凝土浇筑

采用泥浆下直升导管法浇筑水下混凝土,混凝土浇筑前,先在导管内注入适量的水泥砂浆,并准备好足够数量的混凝土,以使导管中的球塞被挤出后,能将导管底部埋入混凝土内,混凝土连续浇筑,槽孔内混凝土面上升速度不小于2m/h,并连续上升至设计高程顶面。

施工中严格控制导管提拔速度和混凝土浇筑速度,应派专人测量浇筑进度,并将浇筑信息及时反馈,以便施工控制。

4 质量控制

4.1 地下连续墙施工应执行下列规范及标准

《水利水电工程混凝土防渗墙施工技术规范》(SL 174—2014)。
《水利水电工程单元工程施工质量验收评定标准——地基处理与基础工程》(SL 633—2012)。
《水工混凝土施工规范》(SL 677—2014)。

4.2 质量控制措施

4.2.1 导墙

修筑导墙前先对平台用块石及石渣料进行硬化处理,导墙壁轴线放样必须准确,误差不大于10 mm,导墙壁施工平直,内墙墙面平整度偏差不大于3 mm,垂直度不大于0.5%,导墙顶面平整度为5 mm。导墙顶面宜略高于施工地面100~150 mm。导墙基底与土面密贴,为防止导墙变形,导墙两内侧拆模后,在Ⅰ、Ⅱ期槽段接合处砖砌24 cm厚隔墙,混凝土未达到70%强度,严禁重型机械在导墙附近行走。

4.2.2 泥浆制备

采用优质膨润土为泥浆制备材料,选用高速搅拌机拌制,制备泥浆用水应不含杂质,pH值为7~9。质量控制主要指标为:比重1.03~1.08,黏度35~55 s,必要时加适量的添加剂,拌制泥浆的方法及时间通过试验确定,计量误差值不大于5%。当使用泥浆处理剂时掺量误差不大于1%,储浆池内的泥浆要进场搅动,保持泥浆性能指标均一性。

4.2.3 成槽

在导槽混凝土强度达到70%以上,开始槽孔建造作业,固壁泥浆面保持在导墙顶面以下300~500 mm,先用抓斗"三抓法"抓取土体成槽,到达基岩后改用冲击钻辅助旋挖钻机钻、劈岩层成槽,成槽孔斜率不大于4‰。

4.2.4 清孔

清孔结束后 1 小时进行检验,孔底淤积厚度不应大于 100 mm,泥浆性能必须符合规范及设计要求,泥浆比重小于 1.15,含砂率小于 6% 要求。清孔 4 小时后必须进行混凝土浇筑。

4.2.5 钢筋笼加工

钢筋笼加工采用钢轨焊成格栅状。钢筋笼平台定位用经纬仪控制,在平台上用短钢筋焊接或用油漆做好纵横向钢筋布置的基准;用水准仪校正平台的标高,各个点的高差控制在 5 mm 以内。为确保钢筋笼加工质量做好准备。

4.2.6 防渗墙浇筑

浇筑混凝土采用泥浆下直升导管法,浇筑前对导管进行密闭承压试验,满足要求后方可施工。开始浇筑混凝土时在导管内注入适量的水泥砂浆,并准备好足够数量的混凝土,以使导管中的球塞被挤出后,能将导管底部埋入混凝土内。混凝土连续浇筑,槽孔内混凝土面上升速度不小于 2 m/h,导管埋入混凝土内的深度不小于 2.0 m,不大于 6.0 m,槽孔内混凝土面均匀上升,其高差控制在 0.5 m 以内;每 30 min 测量一次混凝土面,每 2 h 测定一次导管内混凝土面。

5 效益分析

5.1 经济效益

采用回旋钻机不仅可以解决施工场地高度受限情况下的地下连续墙成槽施工难题,而且作为常见的基础施工设备,采购租赁价格低廉,节约施工成本。以安徽省港口湾水库灌区工程施工一标段(佟李干渠 1#隧洞)工程为例,实现节约成本情况如表 1 所示。

表 1 经济效益对比分析表

工艺	项目	费用	合计	备注
铣槽机施工方法	铣槽机费用	租赁费用:1 个月×180 万元=180 万元 调机费:1 次 20 万元	200 万元	宝峨铣槽机
回旋钻机配合冲击钻机施工技术	回旋钻机	4 台×1.5 个月×3 万元=18 万元	36 万元	
	冲击钻机	4 台×1.5 个月×3 万元=18 万元		

对比两种施工方法,可节约成本:200－36＝164 万元。

5.2 社会效益

施工场地高度受限情况下采用回旋钻机钻切成槽施工,不影响上部建筑物的正常使用。该工法既能达到地下连续墙施工的目的,又可确保建筑物不受地下连续墙施工的影响。

5.3 节能环保效益

使用此施工法可以有效减少对地下连续墙施工造成影响的建筑物的征迁。选用常用设备,不增加新建材,不增加资源消耗,节能效果明显。

[作者简介]

吴文东,男,生于 1985 年 11 月,工程师,主要研究水利工程施工管理,857011415@qq.com。

圆柱形钢制取水头部的设计与应用

舒刘海　胡大明

（中水淮河规划设计研究有限公司　安徽 合肥　230061）

摘　要：本文对目前常用的河床式取水构筑物的取水头部进行了介绍，分析了各类型取水头部的优、缺点和应用条件，提出了一种适用范围较广的新型取水头部——圆柱形钢制取水头部，为今后简化和规范取水头部设计提供参考。

关键词：圆柱形；取水头部；钢制圆筒；全圆进水格栅；锥形帽盖；底部锚固系统

1　引子

河床式取水构筑物主要由泵房、集水间、进水管、取水头部等部分组成，原水由取水头部的进水孔流入，沿进水管流至集水间，然后由泵抽走。取水头部主要功能是导引过栅水流，对引用的原水进行初步拦污。

2　目前常用取水头部型式和构造

取水头部的型式很多，常用的型式有喇叭管、蘑菇形、鱼形罩、箱式等。

2.1　喇叭管取水头部

喇叭管取水头部是设有格栅的金属喇叭管，用桩架或者支墩固定在河床上。这种头部优点是构造简单，造价较低，施工方便；缺点是喇叭管直径不宜过大，过流面积不足，易被漂浮物堵塞。该取水头部适宜在中小取水量时采用。

2.2　蘑菇形取水头部

蘑菇形取水头部是一个向上的喇叭管，其上再加一个金属帽盖。河水由帽盖底部流入，带入的泥沙及漂浮物较少。头部分几节装配，便于吊装和检修，但头部高度较大，所以要求设置在枯水期时仍有一定水深，适用于中小型取水构筑物。

2.3　鱼形罩取水头部

鱼形罩取水头部是一个两端带有圆锥头部的圆筒，在圆筒表面和背水圆锥面上开设圆形进水孔。由于其外形趋于流线型，水流阻力较小，而且进水面积大，进水孔流速小，漂浮物难以吸附在罩上，故能减轻水草堵塞，适宜于水泵直接从河中取水时采用。

2.4　箱式取水头部

箱式取水头部由周边开设进水孔的钢筋混凝土箱内的喇叭管组成。由于进水孔总面积较大，能减少冰凌和泥沙进入量,适宜在冬季冰凌较多或含沙量不大、水深较小的河流上采用,中小型取水工程中用得较多。

3 目前常用取水头部存在的问题

目前常用取水头部型式很难适应不同河流、不同规划时期取用水规模的要求。河道水位在汛期和枯水期变化较大,取水头部设置高程很难适应,如进水高程设置偏低,容易引入悬浮质及推移质泥沙及污物,且有可能被淤积掩埋;如进水高程设置偏高,又容易引入冰凌和漂浮物而阻塞进水孔。

箱式取水头部的钢筋混凝土箱体积较大,容易影响航道内的航运安全,即使布置在航道外,也要考虑船舶失控可能偏离航道并撞击取水头部的可能;过大的箱体结构减小了河道行洪断面,危及行洪安全,同时箱体外形规整,易被水流冲刷侵蚀;箱体整体固定布置,无法移动,后期清淤、检修困难。

鉴于以上不利因素的影响,开发研制体形适当、安全可靠、引用流量可调、运用安装便利的通用型取水头部是非常必要的。为此,本文提出一种适用范围较广的通用型取水头部——圆柱形钢制取水头部,为今后规范和简化取水头部设计提供参考。

4 圆柱形钢制取水头部设计

圆柱形钢制取水头部由钢制圆筒、全圆进水格栅、锥形帽盖、底部锚固系统等组成。结构型式见图1。

4.1 钢制圆筒

圆柱形钢制取水头部主体为钢制圆筒,可直接采用卷制钢管,在上部侧向合适位置设置全圆进水孔,下部开孔与进水管连接管焊接连接。取水头部采用圆形结构,水流阻力较小,能较好地适应水流方向的变化,减小水流对构件的冲刷,且构件结构简单,制作安装方便。钢制圆筒可根据进水孔面积要求选定钢管直径,适用于各种规模取水泵站需求,同时其内部可设置桁架结构加强刚度,满足吊装、运输刚度需求。

4.2 全圆进水格栅

钢制圆筒进水孔外设置全圆进水格栅,即沿圆筒外径周长布置圆形进水格栅,可根据河道水量情况和近期或远期引水规模要求调整进水格栅的高度,或者根据河道水量、含沙量及漂浮物情况,设置上、下双层进水格栅分层取水;还可以适当调整栅条角度,利用进水产生的动力进行离心式初滤,使水中泥沙沉淀,杂物甩出栅外,净化水体;也可以结合格栅可调角度,以适应不同河道流速条件下的取水要求。

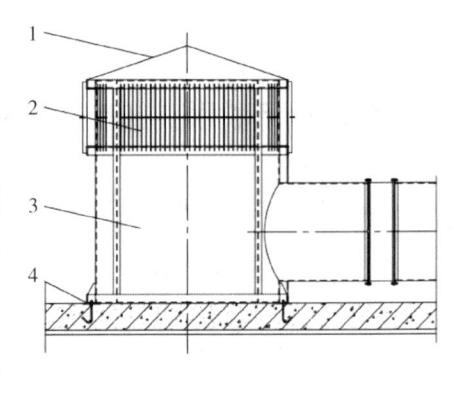

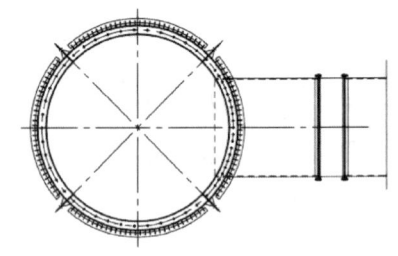

1—锥形帽盖;2—全圆进水格栅;
3—钢制圆筒;4—底部锚固系统

图 1 圆柱形钢制取水头部

4.3 锥形帽盖

为防止淤积物堆积在取水头顶部,可以将取水头顶部制作成锥形帽盖,减少污物的积存。同时可在顶部设置航标,防止船只撞击。

4.4 底部锚固系统

圆柱形钢制取水头部不设底板，采用圆形断面钢筒加法兰做底支承，沿法兰布置锚栓，将取水头部锚固在混凝土基座上。

取水头部固定在混凝土基座上，底部预留不封底沉淀孔，可将吸入的泥沙沉淀在孔内，既不影响取水水质，又能防止淤积堵塞而减小过流面积。取水头部通过锚栓固定在混凝土基座上，当需要清淤、检修时，可将锚栓拆卸，采用临时措施将取水头部吊出水面，操作方便简单，安全可靠。

5 圆柱形钢制取水头部布置

5.1 进水孔位置

为保证原水水质和避免推移质泥沙淤积，取水头部的进水孔布置在构件侧向，底部进水孔下缘高出河底 1.0 m 以上，枯水期顶部进水孔上缘淹没深度不小于 0.3 m。在进水断面不足的情况下，可以考虑增加部分顶部边缘进水模式。

5.2 进水孔流速和面积

进水孔的流速要选择恰当，流速过大，易带入泥沙、杂草和冰凌；流速过小，又会增大进水孔和取水头部的尺寸，增加工程造价和水流阻力。进水孔流速应根据河中泥沙及漂浮物的数量、有无冰凌、取水点的水流速度、取水量的大小等确定。河床式取水构筑物进水孔的过栅流速一般有冰凌时取 0.1~0.3 m/s，无冰凌时取 0.2~0.6 m/s。圆柱形钢制取水头部设计时可根据实际条件计算出合适的钢制圆筒直径和进水孔面积，从而获得恰当的过栅流速。

6 结语

圆柱形钢制取水头部由于具备结构简单，制作、安装方便，进水孔布置灵活可靠，后期清淤、检修方便等优点，是一种全新的通用型取水头部，适用于各种规模、各种型式的取水泵站，可以为今后取水头部简单化设计、标准化设计提供借鉴和参考。

[参考文献]

[1] 季则舟,杨永,张立本,等. 田湾核电站取水头部总体布置中考虑的几个问题[J]. 中国港湾建设,2005(2):17-20.
[2] 唐明启,叶国和. 温州市藤桥水厂取水头部简介[J]. 山西建筑,2008(18):185-186.
[3] 黎广. 凤凰山水库取水头部技术改造[J]. 中国给水排水,2005(7):46.

[作者简介]

舒刘海,男,生于 1981 年 7 月,高级工程师,从事金属结构设计,17755166685,30345906@qq.com。

基于 DInSAR 技术的观音寺调蓄水库库区形变监测

徐 娇　田慧慧　张 煦　张瑞红　荣利会

（河南省水利勘测有限公司　河南 郑州　450000）

摘　要：本文采用 DInSAR 二轨法的技术于 2019 年 10 月至 2020 年 4 月对观音寺调蓄水库库区进行形变监测。使用 SARScape 软件，对 7 景 Sentinel-1A 数据组成的 6 个干涉像对进行处理，获取了观测时间段内的 9 张沉降形变图，为观音寺调蓄水库库区的形变安全监测提供了较好的参考作用。

关键词：差分干涉测量；形变监测

1 引言

合成孔径雷达差分干涉测量（Differential Interferometric Synthetic Aperture Radar，DInSAR）是一种对地观测的有效手段，其形变监测精度可达毫米级[1-2]。相比于传统的局部、点阵实地野外观测，DInSAR 以安全、大区域、面阵的对地观测方式提高了观测效能，减少了作业强度，节约了观测成本[3]。目前该技术已广泛应用于地震、火山、滑坡和地表沉降等地质灾害的监测[4]。DInSAR 技术的概念诞生于 20 世纪 80 年代末期。美国国家航空航天局的 Garbriel 等[5]于 1989 年结合 California 某地区地面垂直位移观测的结果首次提出卫星雷达差分干涉测量的观点。自此，国内外的 DInSAR 技术不断发展革新[6-15]，形成了地质形变灾害监测中一个强有力的技术方法。

本文利用覆盖观音寺调蓄水库库区的 7 景 Sentinel-1A 数据，结合 ESA 提供的精密轨道数据和 30 m 格网间距 SRTM 1 数据，使用 SARScape 软件进行干涉处理，获取了该区域的沉降图，分析了矿区的形变趋势。

2 二轨法 DInSAR 基本原理

DInSAR 技术是采用相同地区形变前后两幅不同时相的雷达图像，通过差分干涉处理（除去地球曲率、地形起伏的影响）来获取地表形变信息[16]。按照地形相位消除方法的不同，DInSAR 技术分为二轨法、三轨法和四轨法。

二轨法[6]将相同地区的形变前和形变后两幅雷达图像组成干涉像对，使用同一地区的已知外部 DEM 去除地形产生的干涉相位，获得形变信息。图 1 为二轨法 DInSAR 几何示意图。SAR 卫星对地面点 P_1 进行观测，P_1 运动发生形变后到达 P_2 位置。S_1 和 S_2 分别表示观测前后两幅天线中心的位置，S_1 到 S_2 的距离用基线 B 表示，$B_\perp$ 和 $B_\parallel$ 分别表示垂直基线分量和平行基线分量，Δr 表示在点 P_1 雷达视线方向的形变量。

对形变前后的两幅 SAR 图像进行干涉处理，得到 P_2 点的干涉相位：

$$\varphi = -\frac{4\pi}{\lambda}(R_2 + \Delta r - R_1) = -\frac{4\pi}{\lambda}(B_\parallel + \Delta r) \tag{1}$$

式中：φ 为相位差；λ 为波长；R_1、R_2 分别为两天线距地面点的距离。

结合该地区的外部 DEM 数据得到地形相位，然后从干涉图中将其去除，得到斜距向形变量 Δr。

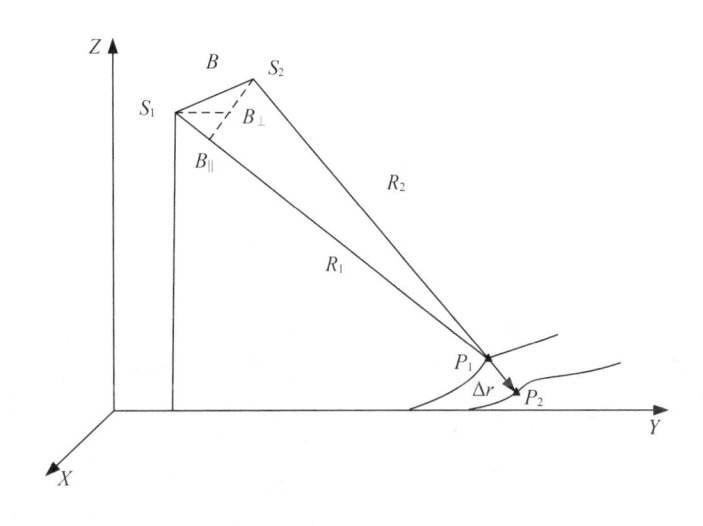

图 1　二轨法 DInSAR 示意图

二轨法 DInSAR 测量处理流程如图 2 所示。对主、辅图像配准生成干涉图，去除平地效应，结合外部 DEM 模拟地形相位，并将其从干涉图中去除。对去平后的差分干涉图做滤波处理，去除相位噪声，进行相位解缠，得到相干系数图，最后将经过绝对校准和解缠的实际相位转换成形变量并进行地理编码，得到形变图。

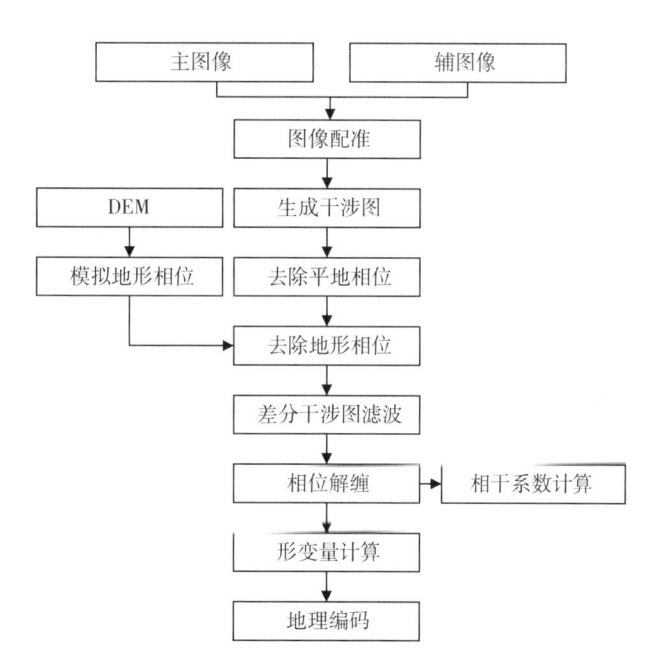

图 2　二轨法 DInSAR 处理流程

3 观音寺变场反演实验

3.1 实验区域和实验数据

南水北调中线观音寺调蓄水库由杨庄调蓄水库、青岗庙调蓄水库组成,位于河南省新郑市,该地区地况复杂,现场已出现多处地裂缝,形变趋势严重。根据在该区域实地调研,发现该地区出现多处地裂缝,且较多房屋建筑物出现严重沉降形变情况,具体见图3。

(a) 地裂缝特征　　　　　　(b) 沉降区地物特征

图 3　库区实地查勘图

为了进一步探讨研究该选址区域的形变演变情况,选用分别于2019年10月和2020年6月获取的多景 Sentinel-1A SAR 图像(C波段,5.6 cm波长),组成干涉像对进行雷达差分干涉测量实验。DEM数据采用 SRTM 1 数据,格网间距为30 m。干涉像对组成见表1。

表 1　DInSAR 二轨法干涉像对

序号	干涉像对	时间间隔	序号	干涉像对	时间间隔
1	20191030—20191205	36	4	20200215—20200322	36
2	20191205—20200110	36	5	20200322—20200427	36
3	20200110—20200215	36	6	20200427—20200602	36

3.2 实验数据处理

采用 SARScape 软件进行差分干涉处理。处理前先根据水库选址范围,裁剪 SAR 图像。差分干涉测量处理的过程如下:

(1) 判断两景 SAR 图像是否适合进行干涉。通过基线估计比较基线垂直分量与临界基线,以判断两景图像能否进行干涉处理。当基线垂直分量超过临界值时,干涉像对的相干性较差,不应进行干涉处理。临界基线的计算公式如下:

$$B_{n,cr} = \frac{\lambda R(\theta)}{2R_r} \qquad (2)$$

式中:$B_{n,cr}$ 为临界基线;λ 为波长;R 为斜距;θ 为入射角;R_r 为距离向采样间隔。

(2) 主、辅 SAR 图像配准和干涉图生成。利用精密轨道数据和 SRTM 1 的 DEM 对主、辅 SAR 图像配准,配准后的主辅图像复共轭相乘可生成初始干涉图。初始干涉图首先需要进行距离向视数和方位向视数分别为5和1的多视处理,以降低干涉图的噪声;对干涉图进行去平地效应处理,再采用 SRTM 1 的 DEM 数据辅助去除干涉图中的地形相位,得到去平干涉图。

(3) 自适应滤波及相干性计算。选取 Goldstein 滤波方法对去平后的干涉图进行滤波,去除由平地干涉引起的相位噪声,同时生成相干系数图和滤波后的干涉图。这一过程提高了干涉条纹的清晰度,减少了由空间基线或时间基线引起的失相干噪声。

(4) 相位解缠。采用最小费用流(Minimum Cost Flow)算法对去平和滤波后的干涉图进行相位解缠,使之与线性变化的地形信息对应,解决 2π 整周模糊的问题。

(5) 轨道精炼和重去平。首先在解缠图上选择控制点生成控制点文件,控制点要选相干性高、相位变化稳定的点,避免选择地形残差条纹区域;选择三次多项式对卫星轨道和相位偏移进行纠正,进行轨道精炼和相位偏移的计算,消除可能的斜坡相位。

(6) 最终将仅含有形变信息的差分干涉相位图转换为形变图,并对形变图地理编码到 WGS84 坐标系,获得库区选址范围内的形变图,图4是获取的六组干涉像对的形变图。

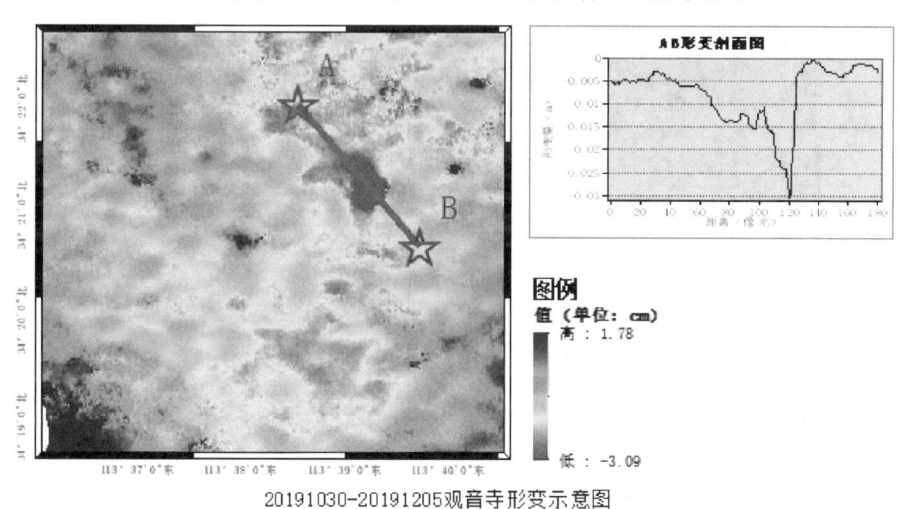

(a) 20191030—20191205 观音寺形变示意图

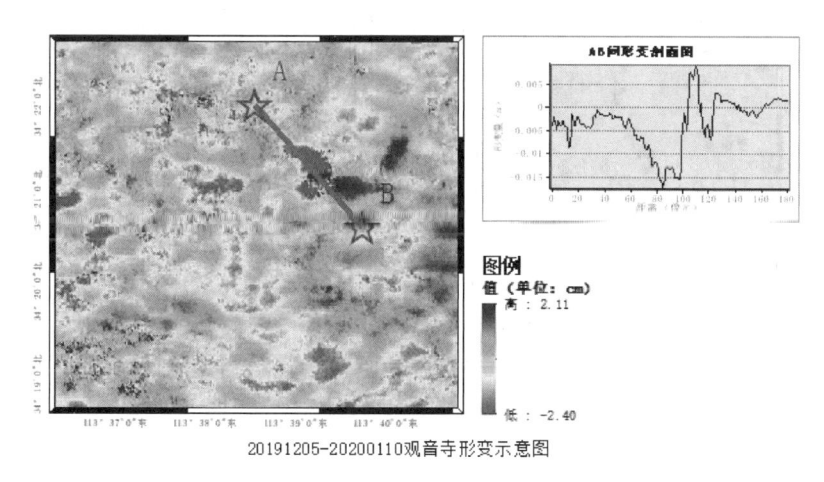

(b) 20191205—20200110 观音寺形变示意图

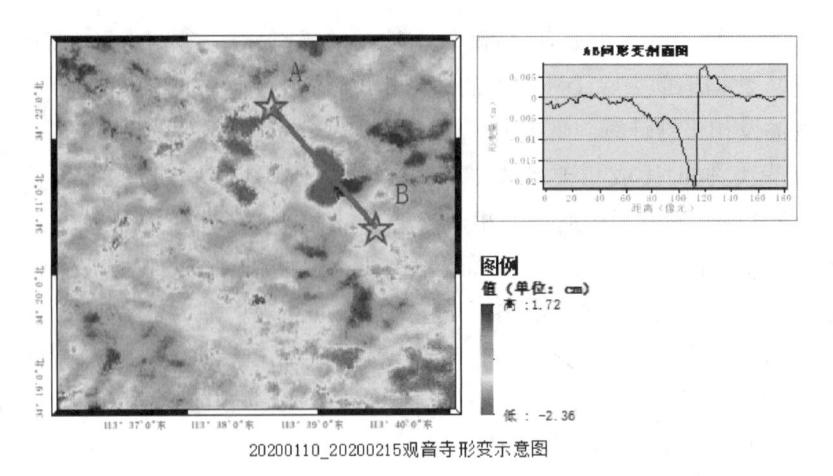

(c) 20200110—20200215 观音寺形变示意图

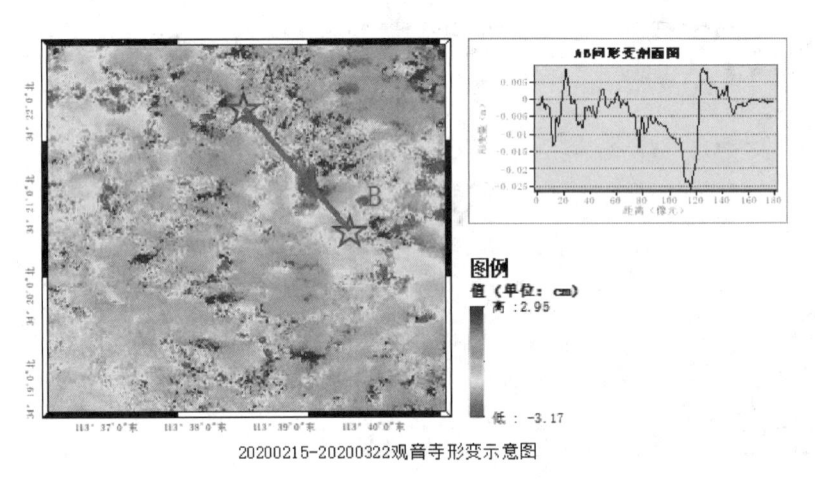

(d) 20200215—20200322 观音寺形变示意图

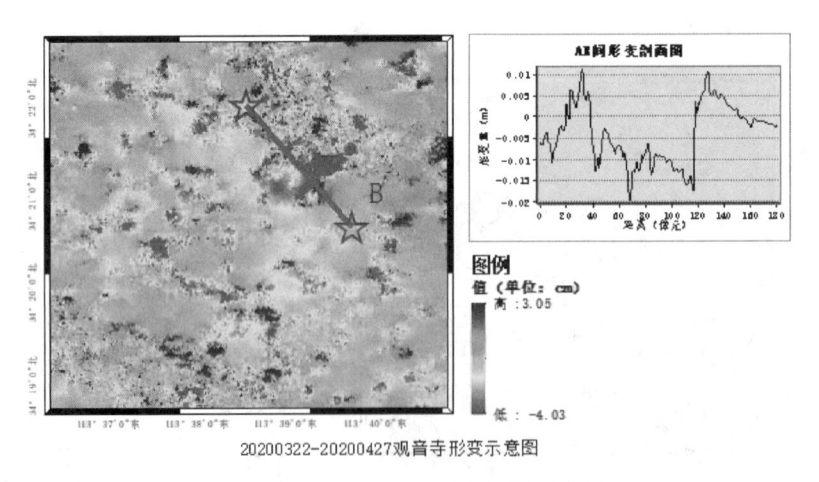

(e) 20200322—20200427 观音寺形变示意图

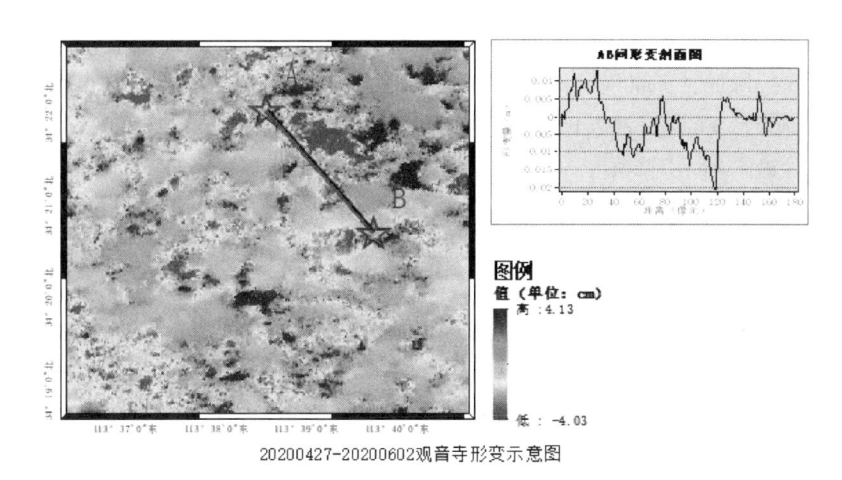

(f) 20200427—20200602 观音寺形变示意图

图 4 2019 年 10 月至 2020 年 6 月该地区的形变

从上图中可以看出,观音寺水库地区存在持续形变,选取形变 A、B 两点获取剖面可以观察到形变位置最严重的部分从 2019 年 10 月至 2020 年 1 月的形变量,且在 2019 年 10 月至 2020 年 1 月形变情况最大,区域出现大面积下沉。

3.3 实验结果分析

反演获取的形变量与实地勘测结果相差较大,该结果可能是因为该地区整体形变严重,导致影像时空失相干严重,最后获取的形变结果与实际相差较大;也可能是因为该地区整体下沉较为严重,在选取控制点时选择位置不合适,反演得到的形变结果相对不准确。

4 结论

本文引入了 DInSAR 二轨法对观音寺调蓄水库库区进行了形变监测,通过 2019 年 10 月和 2020 年 4 月一年期内的 7 景 Sentinel-1A 数据反演获取了该期间内的沉降形变图,对后续观音寺调蓄水库库区的形变安全监测起到了较好的参考作用。后续将持续收集观音寺库区的 Sentinel-1A 数据,采用时间序列 InSAR 技术消除时间和空间失相干等因素进一步提升形变监测的精度,并与库区的水准测量数据对比验证,为库区的形变安全监测提供更较具参考价值的沉降信息。

[参考文献]

[1] 靳国旺,徐青,张红敏. 合成孔径雷达干涉测量[M]. 北京:国防工业出版社,2014.
[2] 靳国旺,张红敏,徐青. 雷达摄影测量[M]. 北京:测绘出版社,2015.
[3] 龙四春. DInSAR 改进技术及其在沉降监测中的应用[M]. 北京:测绘出版社,2012.
[4] 李德仁,周月琴,马洪超. 卫星雷达干涉测量原理与应用[J]. 测绘科学,2000(1):9-12+1.
[5] GABRIEL A K, GOLDSTEIN R M, ZEBERK H A. Mapping small elevation changes over large areas:Differential radar interferometry [J]. Journal of Geophysical Research Solid Earth,1989,94(B7):9183-9191.
[6] MASSONNENT D, ROSSI M, CARMONA C, et al. The displacement field of the Landers earthquake mapped by radar interferometry[J]. Nature,1993,364(6433):138-142.
[7] 王超,刘智,张红,等. 张北-尚义地震同震形变场雷达差分干涉测量[J]. 科学通报,2000(23):2550-2554+2579.

[8] FIALKO Y, SANDWELL D, SIMONS M, et al. Three-dimensional deformation caused by the Bam, Iran, earthquake and the origin of shallow slip deficit[J]. Nature, 2005, 435(7040):295-299.

[9] 夏耶. 巴姆地震地表形变的差分雷达干涉测量[J]. 地震学报, 2005, 27(4):423-430+466.

[10] 孙建宝, 梁芳, 徐锡伟, 等. 升降轨道 ASAR 雷达干涉揭示的巴姆地震(Mw6.5)3D 同震形变场[J]. 遥感学报, 2006, 10(4):489-496.

[11] 洪顺英, 申旭辉, 单新建, 等. 基于升降轨 ASAR 的于田 M_s7.3 级地震同震形变场信息提取与分析[J]. 国土资源遥感, 2010(4):98-102.

[12] 周辉, 冯光财, 李志伟, 等. 利用 InSAR 资料反演缅甸 M_w6.8 地震断层滑动分布[J]. 地球物理学报, 2013, 56(9):3011-3021.

[13] 温扬茂, 许才军, 刘洋, 等. 升降轨 InSAR 数据约束下的 2007 年阿里地震反演分析[J]. 测绘学报, 2015, 44(6):649-654.

[14] 赵强, 王双绪, 蒋锋云, 等. 利用 InSAR 技术研究 2016 年青海门源 M_w5.9 地震同震形变场及断层滑动分布[J]. 地震, 2017, 37(2):95-105.

[15] 白泽朝, 徐青, 靳国旺, 等. 利用 Sentinel-1A 数据反演 2016 年青海门源 M_w5.9 地震的同震形变场及断层参数[J]. 地震, 2017, 37(3):12-21.

[16] 白泽朝. Sentinel-1A 数据 DInSAR 地表形变监测研究与实践[D]. 郑州:中国人民解放军战略支援部队信息工程大学, 2017.

[作者简介]

徐娇, 女, 生于 1992 年 10 月, 助理工程师, 主要研究方向为 DInSAR 地表形变监测, 13598070928, xjiao_work@163.com。

淮河姜唐湖进洪闸过闸流量计算分析

陈富川

(安徽省临淮岗洪水控制工程管理局　安徽　合肥　230088)

摘　要：为解决淮河姜唐湖进洪闸过闸流量计算问题，依据工程设计特征及水工模型试验资料，探讨分析了蓄洪期间闸孔过流特征，通过水工模型试验研究推荐的关系曲线，拟合出了各流态下的流量系数与相对开度之间的关系函数，经对比分析具有一定的合理性。在目前实测资料不足的情况下，初步解决了姜唐湖进洪闸的流量计算问题，具有较强的参考价值。

关键词：淮河；姜唐湖进洪闸；过闸流量；流量系数；拟合

1　前言

行蓄洪区作为淮河流域防洪减灾体系的重要组成部分，是淮河干流泄洪通道的一部分，在河道泄洪能力不足时用于扩大泄洪断面，增加泄洪能力。为了保证高效灵活地启用行蓄洪区，进退洪工程的建设是行蓄洪区安全、可靠、高效运用的前提和保障[1]。新建成后的姜唐湖进洪闸主要承担姜唐湖行蓄洪区的进洪任务，能调节淮河干、支流洪水，改变了原来爆破炸堤或扒口行洪的方式，增加了防汛调度的灵活性和时效性，对降低正阳关水位、保证淮北大堤安全起到重要作用。为了精准调控蓄洪流量，对姜唐湖进洪闸流量进行计算分析很有必要。

2　工程概况

姜唐湖行蓄洪区位于淮河干流中游安徽省霍邱县与颍上县交界处，地处淮河干流和颍河、淠河交汇处，是淮河河道堤防工程的重要组成部分，见图1。区内总面积121.2 km²，湖内设计蓄洪水位26.4 m(废黄高程，下同)，相应蓄洪库容7.6亿 m³。姜唐湖进洪闸是进洪闸门，位于临淮岗洪水控制工程老淮河上槽与49孔浅孔闸之间的主坝上，共14孔，每孔净宽12.0 m，底板高程19.70 m，设计进洪流量2 400 m³/s。工程于2003年4月24日开工，2005年8月8日通过竣工验收，已在防御2007年、2020年淮河流域发生的两次较大洪水中启用，防洪减灾效益显著。

3　调度分析

3.1　控制运用

根据《淮河洪水调度方案》，当淮河干流水位达到润河集水位27.70 m、临淮岗坝前水位27.00 m、正阳关水位26.00~26.50 m条件之一时，在邱家湖已运用条件下，视雨情、水情、工情等，根据调度命

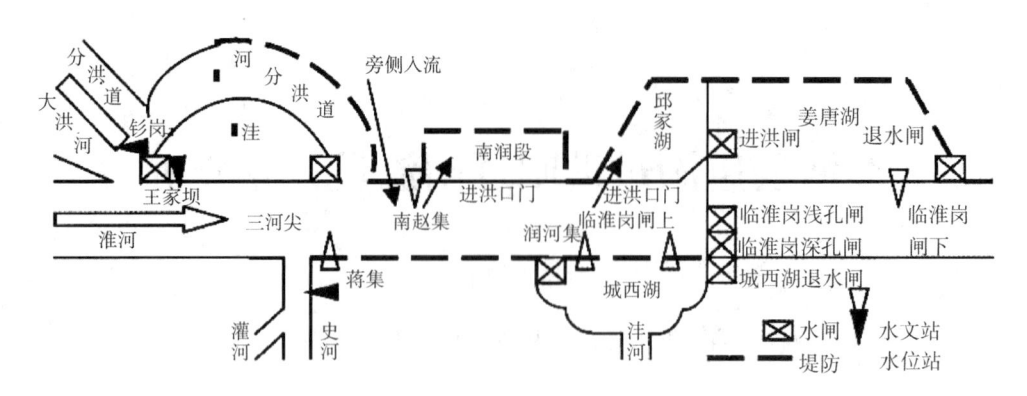

图1 姜唐湖进洪闸与周边工程位置示意图

令,姜唐湖进洪闸开启进洪,设计行洪流量 2 400 m³/s。当淮河干流水位回落,视情关闭姜唐湖进洪闸。

3.2 调度需求

依据姜唐湖进洪闸行蓄洪期运行操作规程规定,过闸流量不应超过设计流量,泄流水跃必须保证发生在消力池内。因此,只有及时分析、判断闸孔出流流态,准确测算进洪流量,才能确保工程安全。另外,为了取得最佳调度效果,在进洪过程中要及时掌握蓄洪量,既要最大限度地削减干流洪峰,又要为后续可能的洪水预留调蓄库容,对姜唐湖进洪闸过闸流量进行计算分析很有必要。

4 流量计算分析

4.1 流态分析

闸孔的泄流能力与过闸水流的流态有关,应先判别水流过闸流态,然后进行计算。过闸水流分为堰流和闸孔出流(简称孔流)。当闸门开度 e 较大时,闸门下缘离开水面,对水流控制不起作用时,为堰流;当闸门未启出水面,水流受闸门开度影响时,为孔流。一般由下面经验公式判别闸孔流出方式:

当 $e/H<0.65$,为孔流;当 $e/H\geq0.65$,为堰流。式中:e 为闸门开启高度(m);H 为闸前总水头(m);e/H 称为水闸的相对开度[2]。

姜唐湖进洪闸启用时,闸下游无水或水位较低,随着蓄洪区内水深的逐渐抬高,闸孔流态也随之改变,存在自由孔流、淹没孔流、淹没堰流 3 种情况。姜唐湖进洪闸底板高程为 19.70 m,闸门开启高度一般在 0.5～2.0 m,上游水头在 7.3 m 以上,相对开度 e/H 最大值＝0.27,远小于 0.65。在初始进洪过程中,下游水位不影响闸孔过流,属于典型的自由孔流形态。依据水力学理论,随着闸下水位的升高,当下游收缩断面水头与上游水头之比大于 0.8 时,下游水位对过闸流量具有较大的影响,为淹没孔流[3],推算此时蓄洪区内水位达到 25.54 m。当姜唐湖进洪闸闸门全开行洪时,为淹没堰流。分洪期闸孔出流流态以自由孔流为主,淹没孔流为辅[3]。

4.2 流量计算

姜唐湖进洪闸的开启方式是将闸门分级提升,每次开启后,等到下游水位抬高后再逐步将闸门打开。流量变化过程是一致的,即初始一段时间内闸孔过流为自由出流,随着蓄洪区内水深的逐渐抬高,闸孔过流情况由自由出流变为淹没出流,且进洪流量随着淹没程度的增大而逐渐减小,当蓄洪区内水位跟区外河道水位基本持平时,进洪流量变为零[3]。根据临淮岗枢纽整体水工模型试验研究的流量关系曲线,用二阶多项式拟合的函数关系效果最好,本文针对自由孔流、淹没孔流两种流态,采用多项式函数表征姜唐湖进洪闸流量系数与相对开度的关系。

4.2.1 自由孔流

$$Q = unbe\sqrt{2gH} \tag{1}$$

式中:Q 为过闸流量(m^3/s);u 代表自由孔流流量系数;n 表示闸孔开启数;b 表示闸孔净宽度(m);e 代表闸门开启高度(m);g 表示重力加速度(m/s^2);H 表示堰顶以上的闸上水深(m)。根据淮委规划设计研究院的临淮岗枢纽整体水工模型试验研究及安徽省类似平底闸试验资料,推荐姜唐湖进洪闸自由孔流流量系数与相对开度关系曲线见图 2。

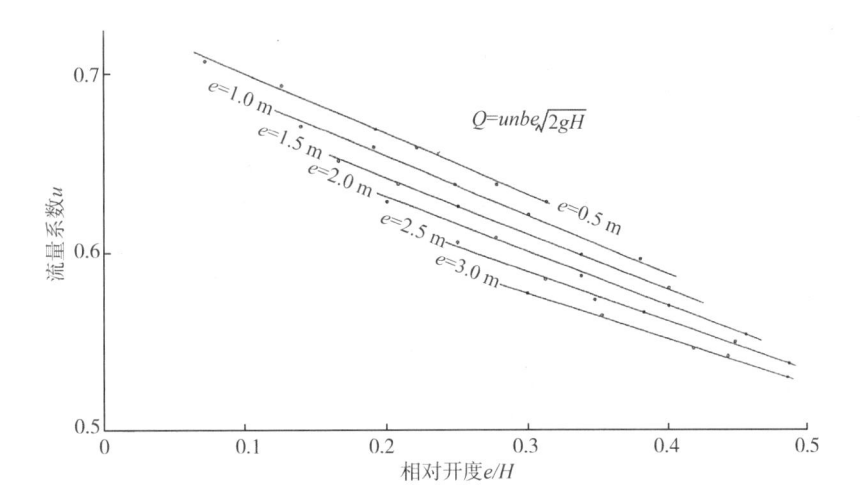

图 2 自由孔流流量系数与相对开度关系曲线

流量系数与相对开度(e/H)的拟合函数关系:
(1) $e = 0.5, y = 0.3183x^2 - 0.4687x + 0.7424, R^2 = 0.9956$;
(2) $e = 1.0, y = -0.1037x^2 - 0.276x + 0.7096, R^2 = 0.9995$;
(3) $e = 1.5, y = -0.1263x^2 - 0.2697x + 0.7013, R^2 = 0.9968$;
(4) $e = 2.0, y = 0.1412x^2 - 0.4004x + 0.7048, R^2 = 0.9982$;
(5) $e = 2.5, y = 0.5352x^2 - 0.674x + 0.7385, R^2 = 0.9918$;
(6) $e = 3.0, y = 0.1896x^2 - 0.3775x + 0.671, R^2 = 0.9993$。

4.2.2 淹没孔流

$$Q = u_s nbt\sqrt{2g(H-t)} \tag{2}$$

式中:Q 为过闸流量(m^3/s);u_s 代表淹没孔流流量系数;n 表示闸孔开启数;b 表示闸孔净宽度(m);t 代表下游堰顶以上的闸上水深(m);g 表示重力加速度(m/s^2);H 表示上游堰顶以上的闸上水深(m)。淹没孔流流量系数与相对淹没度关系曲线见图 3。

流量系数与相对淹没度(e/t)的拟合函数关系:

$$y = 0.8042x^2 + 0.179x + 0.1092, R^2 = 0.9991$$

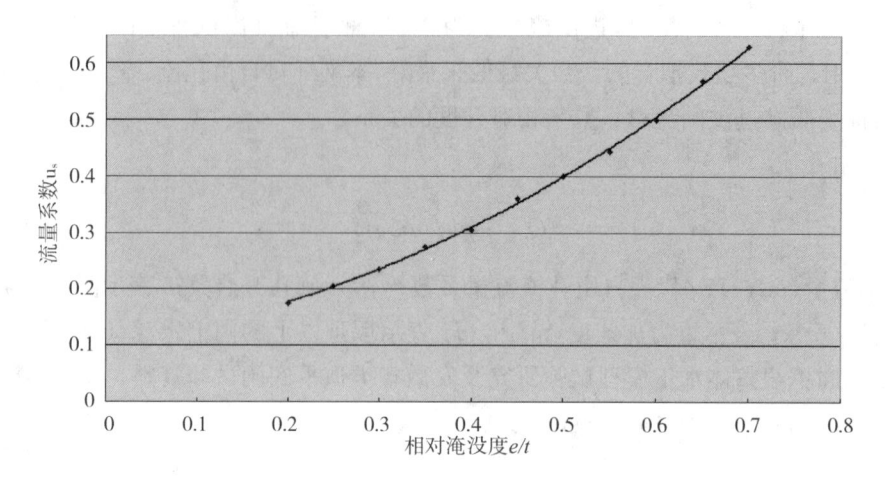

图 3　淹没孔流流量系数与相对淹没度关系曲线

4.2.3　合理性分析

依据上述流态判别方法,正确选用相应流态的流量公式是推流成果合理性的关键。根据姜唐湖进洪闸运行操作规程,验证在蓄洪期不同水力条件下的孔流推流过程,见表1。

表 1　姜唐湖进洪闸进洪期不同水力条件下的孔流推流过程计算表

闸上水位 (m)	闸门开启高度(m)	设计允许下泄流量(m^3/s)	闸下允许最低水位(m)	闸门相对开度(e/H)	出闸水流	流量系数	进洪流量 (m^3/s)
27.00	0.5	693		0.07	自由孔流	0.711	714
27.00	1.0	1 340	20.00	0.14	自由孔流	0.669	1 344
27.00	1.5	1 928	20.55	0.21	自由孔流	0.639	1 926
27.00	2.0	2 438	21.30	0.27	自由孔流	0.607	2 440
27.00	2.0	2 400	25.54	0.27, $H_下/H_上 \geq 0.8$	淹没孔流	0.265	1 390

由表1可知:在不同闸上水位、闸下水位及不同闸门开启高度情况下,进洪流量均基本控制在同等水力条件下的设计允许进洪流量之内。在目前实测流量资料相对不足的情况下,该成果作为应急报汛手段之一,具有重要的参考价值。

5　成果应用

该成果已应用于姜唐湖进洪闸在防御2007年、2020年淮河洪水的进洪流量计算中。2007年淮河洪水,姜唐湖进洪闸前最高水位达到27.11 m,进洪量1.55亿 m^3,最大过闸流量1 400 m^3/s。2020年淮河洪水,姜唐湖进洪闸前最高水位达到27.35 m,最大过闸流量2 400 m^3/s。与姜唐湖退水闸共同进洪,历时79 h,蓄洪量约7.67亿 m^3。

利用拟合的流量系数计算过闸流量并与实测流量进行比较,计算结果表明,上述数学模型具有一定的准确性,在目前观测资料相对短缺的情况下,可以作为流量计算的依据。同时,随着工程的持续运行和水情观测数据的不断丰富,通过对观测样本数据的深入优化筛选,姜唐湖进洪闸过闸流量系数的率定精度将会得到进一步的提升。

6 几点建议

6.1 加强流量测验工作

姜唐湖进洪闸自 2005 年建成以来,仅在防御 2007 年、2020 年的淮河洪水中启用,只有两次实测水文资料,且与姜唐湖退水闸同时启用,观测数据序列较短,相关关系并不理想,尚不具有统计特征分析。建议以后在进洪期加强流量测验工作,及时进行流量系数率定,验证并修订流量系数关系曲线以满足防洪报汛精度要求。

6.2 修测库容曲线

姜唐湖行蓄洪区自 2004 年由姜家湖、唐垛湖连圩改建以来,其间经历了两次蓄洪,有效库容发生变化。因此,有必要进行库容曲线修测和特征值复核修正,为科学合理实施蓄洪调度提供基础支撑。

6.3 进洪期应注意加强观察

进洪期间要注意察看上下游流态有无折冲水流、回流、漩涡等现象;下游河床和岸坡有无冲淤现象。发现问题,应及时调整闸门开度,以改善其流态。

7 结论

过闸流量计算是水闸管理工作中的一项重要内容,本文根据姜唐湖进洪闸水工模型试验研究的流量关系曲线,拟合了各流态下流量系数与相对开度间的函数关系,初步解决了姜唐湖进洪闸流量计算问题。由于受观测数据序列较短,观测手段较少等制约,流量系数问题尚未圆满解决。拟合的函数关系是否稳定,有待于更多实测水文资料的积累、补充和验证。

[参考文献]

[1] 李有德,周立霞,殷卫国.淮河干流行蓄洪区进退洪工程布置及运用方式评价[J].中国水利,2013(12):8-9.

[2] 王玉琼,林立峰.胡家岸引黄水闸过闸流量计算分析[J].山东水利,2019(2):8-10.

[3] 吕俊士.荆山湖进洪闸行洪期推流问题解析[J].江西建材,2014(16):119-120.

[4] 中水淮河工程有限责任公司.临淮岗洪水控制工程洪水调度运用方案[R].蚌埠:中水淮河工程有限责任公司,2005.

[作者简介]

陈富川,男,生于 1972 年 11 月,大学本科,水利水电正高级工程师,从事水利工程建设管理及水资源调度,13865703758,cfc3923@sohu.com。

混凝土防渗墙在杭埠河倒虹吸中的应用

胡竹华[1]　管宪伟[2]

（1. 中水淮河安徽恒信工程咨询有限公司　安徽 合肥　230601；
2. 中水淮河规划设计研究有限公司　安徽 合肥　230601；）

摘　要：本文以杭埠河倒虹吸工程为例，先简要介绍了工程概况，然后详细说明了防渗墙主要施工技术及要求，分析了施工中可能出现的异常情况和采取的预防处理措施，最后说明了防渗墙质量检验和防渗效果等。

关键词：防渗墙；倒虹吸；应用

1　工程概况

引江济淮工程杭埠河倒虹吸工程位于距杭埠河入巢湖口 1.6 km 处的杭埠河左侧，小合分线桩号 5+532～6+156 段。杭埠河倒虹吸主要包括倒虹吸涵洞、进口检修闸、出口检修闸等。倒虹吸设计引水流量为 300 m³/s，进口设计水位 5.75 m，出口设计水位 5.35 m，倒虹吸为钢筋混凝土箱涵结构，共 10 孔，总长 415 m，共 28 节，进、出口高程分别为 0.25 m、−0.15 m。

杭埠河倒虹吸基坑处原始地面高程为 5.0 m 左右，基坑处上部土层主要为⑤层重粉质壤土层，该土层底高程在 −2.2 m 左右。基坑处下卧砂层⑤₂层中细砂夹粗砂、小砾石，顶高程在 −4.0 m 左右，最深层底高程 −28.9 m，在倒虹吸涵洞段该层大部分出露，为截断该层地下水，实现干地施工目标，沿基坑四周布置墙厚 0.3 m 的混凝土防渗墙，防渗墙距倒虹吸箱涵两侧边线不小于 30 m，进出口端布置在检修闸护坦处，墙顶高程 −1.45～3.5 m，防渗墙墙底进入⑥层含砾黏土内 2 m。

2　防渗墙特点及施工难点

混凝土防渗墙是一种修建在松散透水层中起防渗作用的地下连续墙，其结构可靠、防渗效果好，适应各类地层条件。

本工程防渗墙是永临结合，设计强度等级 C25，抗渗等级 W8；防渗墙厚度较小，为 300 mm 薄墙，由于抓斗宽度受墙体厚度限制，重量轻，钻孔效率大大降低；槽孔深度进入⑥层含砾黏土内 2 m，钻孔地层中部为中细砂夹粗砂、小砾石，透水性强，稳定性差，易发生漏浆、槽孔坍塌等事故，施工难度大。

3　主要施工方法选择与施工工艺

防渗墙的成槽采用"抓取法"成槽，使用金泰 SG35 液压连续墙抓斗抓取，膨润土泥浆护壁，抓取法出渣；使用商品混凝土，由混凝土搅拌车输送混凝土，泥浆下直升导管法浇筑混凝土；采用"接头管法"进行Ⅰ、Ⅱ期槽段连接。

4 主要施工技术及要求

防渗墙施工前防渗墙轴线处布置先导孔或勘探孔,对地质资料进行复核,用于指导施工。当墙体轴线处的砂层底层高程变化较大时,先导孔或勘探孔间距不大于 20 m,其余部位为 50 m。

4.1 施工平台

防渗墙施工场地应平整坚实,施工前和施工过程中做好地下水位观测,其施工平台顶高程应高于地下水位 2.0 m 以上。

4.2 导墙施工

建造槽孔前应修筑现浇导墙,导墙施工是防渗墙施工的重要环节,其主要作用为成槽导向、控制标高、槽段定位、防止槽口坍塌及承重,导墙应具有必要的强度、刚度和精度,要满足挖槽机械和接头管起拔设备的施工荷载要求。本工程采用 C25 混凝土浇筑,导墙轴线应与防渗墙轴线重合,允许偏差为 ±15 mm;导墙内侧面竖直,墙顶高程允许偏差 ±20 mm。

4.3 槽段划分

本工程轴线总长 1 112.88 m,综合考虑工程地质、成槽方法及成槽历时、浇筑导管布置及墙体平面形状等因素,每个槽段长度控制在 7 m 左右,划分为 160 副槽。结合现场施工条件及以往施工经验,安排六部成槽机,原则上采用分序施工的方法,即先施工 I 期槽,然后施工 II 期槽。当采用"顺抓法"施工时,相邻槽段施工间隔时间应 24 h 以上(即要保证相邻槽段混凝土终凝具有相应强度后)。

4.4 泥浆制作

本工程采用膨润土为主泥浆制备材料,泥浆性能指标应满足规范要求,比重为≤1.15 g/cm³,黏度 32~50 s(马式漏斗),含砂率≤6%,必要时加适量的添加剂。制备泥浆时还要注意进度要求,储存量要满足多个槽段同时施工的要求。

4.5 成槽施工

依照预先安排好的成槽顺序有序地进行。首先施工 I 期槽,再施工 II 期槽,分段作业,依次成墙。防渗墙槽孔采用抓斗直接挖槽,"三抓法"成槽,即在同一槽段内,先抓挖槽段两端的主孔,后抓中间的副孔,最终形成单元槽段。抓斗挖槽作业时,采用膨润土泥浆护壁,挖槽时的渣土置入弃渣沟。槽孔孔位允许偏差不大于 30 mm,孔斜率不应大于 4‰。

槽孔深度应满足设计要求,依据抓斗钻进的进尺情况,凭抓斗显示屏上斗体进尺系统判断是否到达⑥层含砾黏土内。并会同地质工程师勤观察渣土的性质,如成分、色泽、颗粒大小及其含量等,借以判断槽底土体的情况,槽底达到⑥层 2.0 m 和终孔时,应填写现场记录表,并报请现场相关技术人员,办理签证手续。

4.6 清槽施工

槽孔成槽后要把沉积槽底的沉渣清出,以提高混凝土防渗墙底的承载力和抗渗能力,提高成墙质量。槽孔成孔后通过静置,渣土沉入孔底后,利用成槽机斗体,缓慢将斗体下沉入孔底,斗体紧贴孔底,闭合后捞取底部沉渣,通过往复多次的孔内静置、抓斗捞取孔底沉渣,以达到孔底沉渣形成的淤积厚度满足规范要求的不大于 10 cm 的要求。清槽还可使用泵吸法反循环排渣,将沉渣吸入泵管内,从管口排出,在清槽过程中,应不断向槽内泵送优质泥浆,以保持液面高度,防止塌孔,清槽工作直至达标为止。

4.7 接头施工

防渗墙墙段连接方法采用接头管连接方式。在Ⅰ期槽孔成槽后,选用两套直径 300 mm 接头管,在浇筑混凝土前将接头管置于槽孔两端,顺抓成槽时选用一套接头管置于待接槽段处,外露端部设起拔点,然后浇筑混凝土,待初凝后,用吊机将接头管拔出,从而在Ⅰ期槽段的两端形成光滑的半圆柱面。本工程因欠浇深度达 6 m 左右,为保证槽段连接符合规范要求,拔完后的接头孔位应做好标记,标记要醒目,Ⅱ期槽孔清孔时用钢丝刷钻头进行反复刷洗,以清除泥皮,改善Ⅰ、Ⅱ期槽段连接效果,保证槽与槽接合密实完整。另外,检查Ⅱ期槽孔底高程必须低于或等于其相邻侧Ⅰ期已成墙底高程,也是避免防渗墙接缝在接头管下部产生拔管洞漏浇混凝土的有效工法。

4.8 混凝土浇筑

混凝土的浇筑质量是防渗墙施工成败的关键环节,应严格按照相关规范的规定执行。混凝土物理力学指标需满足设计要求,配合比经试验确定。混凝土防渗墙体浇筑导管内径以 200～250 mm 为宜,导管连接必须密封可靠。导管的装拆和料斗的提升,由吊车配合泵送混凝土进行浇筑。根据槽段的尺寸布设合适的导管,间距不大于 5 m,Ⅰ期距槽段端头不大于 1.5 m,Ⅱ期距槽段端头不大于 1.0 m。当槽底高差大于 25 cm 时,导管应布置在其控制范围的最低处。导管底口距槽底应控制在 15～25 cm 范围内,每个导管均应放入可浮起的隔离塞球,浇筑过程必须连续进行,并保证混凝土面上升速度不小于 2 m/h,导管埋深应在 2～6 m。混凝土面应均匀上升,各处高差控制在 0.5 m 以内。浇筑混凝土时,做好测量、观察记录,混凝土终浇顶面高于设计高程 50 cm。

5 施工中可能出现异常情况的预防处理措施

5.1 成槽过程中

用抓斗挖槽时,要使槽孔垂直,最关键的一条是要使抓斗在吃土阻力均衡的状态下挖槽,要么抓斗两边的斗齿都抓在实土中,要么抓在空洞中,根据这个原则,单元槽段的挖掘顺序为:先挖单孔,后挖隔墙。即先挖槽段两端的单孔,使两个单孔之间留下未被挖掘过的隔墙,这就能使抓斗在挖单孔时吃力均衡,可以有效地纠偏,保证成槽垂直度。同时孔间隔墙的长度小于抓斗开斗长度,抓斗能套住隔墙挖掘,同样能使抓斗吃力均衡。另外,在抓斗挖土时,悬吊机具的钢索不能松弛,一定要使钢索呈垂直张紧状态,这是保证挖槽垂直精度必须做好的关键动作。待单孔和孔间隔墙都挖到设计深度后,再沿槽长方向套挖几斗,把抓斗挖单孔和隔墙时,因抓斗成槽的垂直度各不相同而形成的凹凸面修理平整,保证槽段横向有良好的直线性。

本工程为 30 cm 厚薄墙,深度超过 30 m,为保证墙体的套接满足规范要求的套接厚度不小于 10 cm,成槽过程中,必须设专人对孔斜率进行监控,成槽施工时不应大于 4‰,遇含孤石地层及基岩陡坡段等特殊情况,孔斜率应控制在 6‰ 以内。造孔深每增加 3 m 左右,进行校对纠偏孔斜率一次,当发现槽孔发生偏斜时,则及时采取纠偏措施,具体操作方法是调整抓斗重心位置,上下反复切削直至孔斜率符合规范要求后,再恢复正常的造槽状态。

为保证抓冲成槽的安全和施工质量,护壁泥浆生产循环系统的质量控制是关系到槽壁稳定的必备条件。施工过程中应注意泥浆性能的变化,定期进行检测。新拌制的膨润土泥浆溶胀时间不宜小于 12 h,储浆池的泥浆应经常搅动,以防止离析沉淀,确保性能指标均一。净化回收使用的泥浆,检测符合要求才能使用。槽孔内泥浆浆液面应控制在导墙顶面以下 30～50 cm 范围。在清槽过程中,应不断向槽内泵送泥浆,以保持液面高度,防止塌槽。

成槽过程中,抓斗出入导墙口时要轻放慢提,防止泥浆掀起波浪,影响导墙下面、后面的土层稳定。若因不可预见原因造成突然失浆或塌方等意外事故,应立即停止开挖,及时测试、记录浆液漏失量和塌孔等详细情况,可立即进行土方回填,避免事故扩大。而后会同各参建单位分析原因,探明情况并提出处理方案,方可继续施工。

5.2 混凝土浇筑过程中

有效地控制混凝土的搅拌质量及按规定掌握导管的埋深,是避免发生堵管的关键措施。一旦发生堵管,可利用吊车上下反复提升导管进行抖动,疏通导管,如果无效,可在导管埋深允许的高度下提升导管,利用混凝土的压力差,降低混凝土的流出阻力,达到疏通导管的目的。

5.3 墙体质量存在缺陷时

防渗墙施工完成后,在墙内外布置测压管观测地下水位。在基坑内疏干深井降水时,测压管水位下降幅度小,或停止降水时上升幅度大,需对该测压管附近的墙体质量加强检测,并根据检测结果采取有效处理措施。如发现槽段接缝或墙体存在缺陷无法满足设计要求时,可在接缝迎水面采用高压喷射灌浆或水泥灌浆处理,保证墙体的防渗效果。

6 防渗墙的质量检验和防渗效果

防渗墙工程系隐蔽工程,应严格按照施工技术规范、设计文件和施工方案进行施工,施工质量应有翔实准确的文字记录,数据清晰准确,资料齐全,切实保证工程质量等级全部合格。

在本工程施工前和施工过程中,多次组织有关人员学习相关的设计文件、施工规范、验评标准和相关质量文件,切实了解和掌握工程施工技术标准和施工工艺,做好各部位、各工序的技术交底工作,对特殊和重点部位做到心中有数,确保施工以及质检人员操作的准确性和规范性。

为确保各种试验的有效性和准确性,相关人员按要求制定了试验取样的项目、频率和流程。对于各类测量仪器及试验设备,均按规定做好计量检定工作。把好质量关,认真落实造孔、清孔、浇筑等各工序检测项目、标准和检测要求,用数据和分析图表配合和指导现场施工质量。

工程完工后,采用瑞典生产的 ProEX 雷达,对防渗墙的连续性进行了检测,扫描结论为本工程防渗墙整体均匀性较好,不存在空洞、裂缝等影响防渗安全的缺陷。在墙体达到设计强度后,通过基坑内疏干深井将⑤$_2$层地下水位降低至高程 -9.0 m 以下,停止降水 24 h 后墙内测压管水位上升幅度不大于 0.5 m,墙体的防渗效果很好。本工程共 160 个单元,合格单元 160 个,其中优良单元 159 个,优良率为 99.4%。原材料及中间产品质量检测合格,资料齐全,经施工单位自评、监理单位复核、项目法人认定,本工程质量等级为优良。

7 结语

本工程混凝土防渗墙施工后,墙体的防渗效果很好,实现了干地施工目标,为杭埠河倒虹吸施工提供了良好的施工条件,也为整个工程顺利完工打下了坚实的基础。

[参考文献]

[1] 中华人民共和国水利部.水利水电工程混凝土防渗墙施工技术规范:SL 174—2014[S].北京:中国水利水电出版社,2014.

[作者简介]

胡竹华,男,生于1985年5月,工程师,从事工程监理、计划经营,18298007717。

南水北调东线一期工程实施效果及展望

阮国余

(中水淮河规划设计研究有限公司 安徽 合肥 230601)

摘 要：南水北调东线一期工程建成通水，截至目前，东线一期工程连续安全运行9年来，直接受水城市17个，受益人口超过6 900万；东线一期工程在优化水资源配置、保障群众饮水安全、复苏河湖生态环境、畅通南北经济循环等方面取得了巨大的社会、经济和生态等综合效益，为保障经济社会可持续发展发挥了重大作用。

关键词：南水北调；东线一期；效果

1 南水北调东线一期工程情况

南水北调东线一期工程布局是利用江苏省江水北调工程，扩大和疏浚河道，利用现有湖泊蓄水，新建13级泵站抽江水进东平湖，再从东平湖向黄河以北和山东胶东地区自流供水。一期工程规模抽江500 m³/s，过黄河向北50 m³/s，往胶东地区50 m³/s。

东线一期工程于2002年12月27日开工建设，2013年3月主体工程完工，11月15日全线通水运行。东线一期工程主体工程包括江苏省三阳河、潼河、宝应站、江都站改造等61个单项、截污导流工程25个单项。截止到2012年底，东线一期工程已批主体工程总投资365.49亿元，其中静态总投资345.86亿元(含价差25.66亿元，截污导流工程按22.28亿元计列)，建设期利息19.63亿元。

2 东线一期工程实施效果

2.1 优化水资源配置，保障群众饮水安全

东线一期工程改善了受水区水资源配置格局，为受水区开辟了新的水源，提高了沿线城市的供水保证率，在保障居民生活和城市工业用水方面，取得了实实在在的社会、经济和生态等综合效益，为保障经济社会可持续发展发挥了重大作用。

(1) 完善了江水北调工程体系，提升了江苏省内供水的保障水平。东线一期工程除新建部分梯级泵站、扩挖部分输水河道外，还对江水北调工程中的部分梯级泵站、控制建筑物进行了改造和扩建，疏浚、整治部分输水河道，改善了调度系统和计量监测设施，完善了江水北调工程体系。东线一期工程规划分配江苏的新增供水水量，是多年平均可供水量，根据不同的水文、气象等年型条件，丰水年少用甚至不用，枯水年用足甚至超用。东线一期工程大大提升江苏省受水区的供水保障水平。

(2) 提高了淮河水利用率，苏皖两省用水保障程度得到提升。东线一期工程将洪泽湖非汛期蓄水位由13.0 m抬高至13.5 m，增加调蓄库容8.25亿m³，用于拦蓄淮水，为江苏、安徽两省增加利用淮河水提供了条件。通水9年来，洪泽湖非汛期蓄水位均达到13.5 m，为苏皖两省提供了8.25亿m³可

利用的淮河水资源,提高了淮河水资源利用率,提升苏皖两省用水保障程度,同时也有效减少了抽江水量,降低能源消耗。安徽省位于洪泽湖上游,有条件用足东线一期工程分配的新增供水水量指标。

(3) 改善了受水区水资源配置格局,为受水区持续健康发展提供支撑。历史上,山东受水区以淮河水(沂沭泗水系)、黄河水和地下水为主要供水水源。随着经济社会发展、人口增长,以及生态环境保护的需要,原有水源已不能满足。东线一期工程改善了受水区供水格局,提高了大中型城市供水保证率,直接受水城市17个,受益人口超过6 900万。截至2021年6月,东线一期工程已累计调水入山东省52.9亿 m^3,特别是2017年山东半岛大旱,工程向青岛、烟台等地供水6.35亿 m^3,成为当地的救命水。

2.2 复苏河湖生态环境,生态功能作用凸显

(1) 工程沿线治污成效显著,成为治污样板。按照"三先三后"原则,强力推进沿线治污,打造"清水廊道",全面完成《南水北调东线工程治污规划》确定的污水处理、工业治理、截污导流、综合治理、垃圾处理、船舶污染防治等六类426个项目,调水促进治污效果明显,环保治污倒逼经济转型,加强了技术创新、淘汰了落后产能。2013年通水前,COD和氨氮入河总量比2000年规划时减少85%以上,水质断面达标率由规划时的3%提高到100%。尤其是被称为"酱油湖"的南四湖,变身"清水湖",成功跻身全国水质优良湖泊行列,彻底打消了沿线各地对东线工程水质的顾虑。

(2) 东线一期工程通过调水和生态补水,为输水沿线河湖补充了大量优质水源,增加了沿线河湖水网的水体流动,为淮河、海河流域河湖水系健康、水生态系统的良性循环、地下水超采综合治理提供了保障。东线一期工程建成通水后,输水河道以及沿线的洪泽湖、骆马湖、南四湖等湖泊水质显著改善,环境容量明显增加。东线一期工程通水后,输水干线水质优良,稳定达到Ⅲ类标准。受水区地下水开采量总体呈下降趋势,地下水位持续下降的趋势得到了控制和缓解,地下水漏斗面积减少。根据《山东省地下水超采区评价》(2014)成果,全省地下水超采量为6.38亿 m^3/a;"十三五"期间,山东省累计压采地下水5.46亿 m^3,封井9 478眼,地下水超采趋势得到初步遏制,地下水漏斗面积减少;2019年山东省平原区地下水位较上年度同期上升0.27 m,主要漏斗区总面积较上年度同期减少1 020 km^2。江苏南水北调受水区地下水压采目标总计1 300万 m^3,至2015年已压采地下水达3 550万 m^3,提前并超额完成国家确定的总体目标任务。

(3) 改善了工程沿线城乡水环境,提高了区域水环境承载力。首先,有效改善了沿线城乡水环境,输水渠道被打造为"水清、岸绿、景美"的清水廊道和景观河道。例如,原来以脏乱差闻名的"煤都"徐州,依托碧湖、绿地、清水打造成为宜居的绿色之城。其次,通过生态补水有效提高了区域水环境容量和承载能力,东线一期工程累计向南四湖、东平湖生态补水3.74亿 m^3,避免了湖泊干涸的生态灾难;为济南市小清河补源2.45亿 m^3、保泉补源1.65亿 m^3,保障了济南泉水持续喷涌。再次,助力华北地区地下水超采综合治理。2019年4—6月,东线一期工程向天津、河北应急试供水6 800万 m^3。一期北延应急供水工程于2019年11月开工建设,2021年3月通过了通水阶段验收,2021年5月10日至31日顺利完成了北延应急供水工程第一次正式输水任务,向河北、天津供水3 270万 m^3,全线水质达到地表水Ⅲ类标准。此次应急调水为沿线生态、农业用水提供部分水源,检验了工程应急调水的能力和可靠性。在东线后续工程实施以前,该工程可按照《华北地区地下水超采综合治理行动方案》相关要求,置换部分河北和天津深层地下水超采区农业用水,改善沿线生态环境。

2.3 畅通南北经济循环,综合效益充分发挥

东线一期工程打通了长江干流向北方调水的通道,构建了长江水、黄河水、当地水优化配置和联

合调度的骨干水网,通过水路将长江经济带与苏鲁两大经济强省互联互通,对促进国内经济大循环发挥了积极作用。

(1) 打通了东平湖—南四湖段航道,京杭大运河淮河流域段全线恢复畅通。梁济运河和柳长河都是京杭大运河的其中一段,历史上就是南北交通的重要河段,由于黄河夺淮,这段航道逐渐淤废。东线一期工程按照调水结合航运需要,开挖了梁济运河和柳长河,打通了京杭大运河东平湖—南四湖段航道(Ⅲ级航道),使京杭大运河淮河流域段全线恢复畅通,也有助于京杭大运河海河流域段恢复全线有水、适宜河段恢复通航。

(2) 极大改善了京杭大运河的航运条件。东线一期工程疏浚了南四湖,整治了高水河,并对骆马湖以南中运河输水影响进行处理,改善了京杭大运河济宁—长江段的通航条件(Ⅱ级航道),大大提高了区域水运能力,促进了航运发展,京杭大运河成为国内仅次于长江的第二条"黄金水道"。2019年京杭大运河由于水位低,堵航60多天,后期通过南水北调补水,拥堵的船舶得以及时疏散。据统计,京杭大运河台儿庄断面货运量由2010年的3 590万t增加至2020年的5 146万t,增加了1 556万t,10年间增长了43.3%。

(3) 助力大运河焕发生机。通过增加水量、改善水质、提升区域水环境、提高通航能力等方式,使千年京杭大运河焕发新的生机,助力中国大运河成功列入世界遗产名录。同时,打造了一批水利风景区,促进旅游发展,为古老的运河文化注入了新的内涵。

2.4 灌溉排涝抗旱效益显著

(1) 灌溉方面。工程完善了江苏省原有供水体系,增强了受水区的供水保障能力,提高了扬州、淮安、徐州等市50个区(县)4 500多万亩农田的灌溉保证率。2013年通水以来,长江—洪泽湖段的农业用水基本可以得到满足,其他地区供水保证率也可以达到75%~80%,比规划基准年提高20%~30%。

(2) 防洪排涝方面。东线一期工程通过新建泵站、控制建筑物、河道等工程积极参与各地排涝,为区域经济社会发展和水事安全发挥了重要作用。自2005年宝应站投运以来,江苏境内新建工程参与省内排涝总计运行超7万台·时,排泄洪水总量超110亿 m³,成功抗御了2018年"温比亚"台风、2019年"利奇马"台风以及2020年沂沭河1960年以来最大洪水。

(3) 抗旱方面。东线一期工程在苏鲁两省抗旱中发挥了"雪中送炭"作用,参与区间接力抗旱,完成2011—2017年共8次江苏省内抗旱任务,为受干旱影响地区的生产恢复、经济可持续发展及民生福祉保障、生态环境修复与改善提供了可靠基础;2019年江苏省苏北地区遭遇60年一遇干旱,东线一期工程积极参与抗旱运行,抽江水量即达124亿 m³;2016—2018年,胶东四市连续遭遇干旱,出现了严重的资源性水危机,东线一期工程连续不间断向胶东地区供水893天,累计向胶东四市净供水14.42亿 m³,其中长江水10.79亿 m³。

(4) 绿色发展方面。按照"三先三后"原则,东线一期工程强力推进沿线治污,有效推动了工程沿线产业结构调整和经济发展方式转变,促进产业升级。关停1.07万家重污染企业,而产业规模却是原来的3.5倍,利税是原来的4倍,到2010年山东省造纸行业COD排放量比2002年减少了62%,实现了经济与环保的双赢。

3 后续工程展望

随着经济社会的进一步发展、城镇化进程的不断加快、人民生活质量的进一步提高,广大群众生态保护意识的增强,经济社会发展对水资源需求增加越发强烈,仅依靠节水、挖掘当地水资源潜力难以解决缺水问题。尤其是黄淮海流域缺水形势进一步加剧,水资源短缺已成为制约社会经济发展的突出短板,黄淮海流域作为京津冀协同发展、雄安新区规划、大运河文化保护规划等重大战略规划的集中承载地,为提升水安全供水保障能力,缓解京津冀地区的水资源短缺压力,迫切需要实施南水北调东线后续工程。

[作者简介]

阮国余,男,出生于1982年5月,高级工程师,从事南水北调东线工程研究,17730023779,邮箱 hwrgy@126.com。

盾构机选型技术在驷马山工程中应用浅析

刘大军[1]　雷朝生[2]

（1. 中水淮河规划设计研究有限公司　安徽 合肥　230601；
2. 中水淮河安徽恒信工程咨询有限公司　安徽 合肥　230601）

摘　要：根据"地质是基础、盾构机是关键、人是核心"的盾构施工理念，深入研究驷马山滁河四级站干渠（江巷水库近期引水）工程盾构区间的地质情况、地面环境，得出需要何种类型和具备何种功能的盾构机才能满足施工需求；同时，开展对盾构机选型的深入研究，使具体操作者深知盾构设备所具备的性能和薄弱点，面对复杂的地质情况和地面环境，能充分发挥设备的功能和技术要求以实现安全、顺利的施工目的，再针对盾构机自身所特有的局限性或薄弱处，在施工前进行加强和施工中重点关注，在施工前、施工中最大可能地规避将会面临的施工风险。

关键词：盾构机；选型；地质

1　工程概况

1.1　工程概况

驷马山滁河四级站干渠（江巷水库近期引水）工程（以下简称"本工程"）跨越安徽省合肥市肥东县和滁州市定远县。工程建设任务主要是为江巷水库提供长江补充水源，满足江巷水库城乡和生态供水及水库周边农业灌溉需求。输水线路采用C30钢筋混凝土圆形输水断面，管片外径6 m，内径5.4 m，洞壁厚度0.3 m（管片）+0.5 m（衬砌混凝土），输水圆涵净空4.4 m。具体划分情况如下：桩号T1+836～18+600位于肥东县境内（长16.764 km），近期规模建设采用一孔钢筋混凝土暗涵，暗涵纵坡比为1∶2 000，涵洞洞底高程38.0～27.8 m。其中盾构段为K3+250～K4+100段、K4+750～K5+850段、K6+350～K10+100段、K10+100～K17+600段，投入4台盾构机组，施工区段如下：

1. 1#盾构区间 K3+250～K4+100、K4+750～K5+850

该区段位于上潘村，暗挖总长度1 950 m，最大纵坡1/2 000，线路平面最小曲线半径400 m，下穿018乡道，土层覆盖厚度4.5～16 m。主要穿越②层淤泥质重粉质软土，⑥$_3$层弱风化粉砂岩层、泥质砂岩，⑥$_2$层强风化泥质砂岩，③层重粉质软土层。

2. 2#盾构区间 K6+350～K10+100

该区段位于军王村、勤俭村，暗挖总长度3 750 m，最大纵坡1/2 000，线路平面最小曲线半径400 m，土层覆盖厚度10.5～21 m。主要穿越⑥$_4$层微风化～新鲜粉砂岩泥质砂岩，⑥$_3$层弱风化粉砂岩层、泥质砂岩，⑥$_2$层强风化泥质砂岩，③层重粉质软土层。

3. 3#盾构区间 K10+100～K13+850

该区段位于唐井村、池塘村，暗挖总长度3 750 m，最大纵坡1/2 000，线路平面最小曲线半径

400 m,土层覆盖厚度14～31 m。主要穿越⑥₄层微风化～新鲜粉砂岩泥质砂岩,⑥₃层弱风化粉砂岩层、泥质砂岩,⑥₂层强风化泥质砂岩。

4. 4#盾构区间K13+850～K17+600

该区段位于唐井村、池塘村,暗挖总长度3 750 m,最大纵坡1/2 000,线路平面最小曲线半径400 m,土层覆盖厚度14～31 m。主要穿越⑥₄层微风化～新鲜粉砂岩泥质砂岩,⑥₃层弱风化粉砂岩层、泥质砂岩,⑥₂层强风化泥质砂岩。

1.2 工程地质

人工填土(Q_4^{ml}):灰黄色,软塑～可塑,稍湿～湿。土质不均。中等偏高压缩性。层厚0.70～2.10 m,平均厚度1.370 m,层底高程37.50～43.91 m。

①层重粉质壤土(Q_4^{al}):灰黄色,软塑～可塑,湿。中等压缩性。层厚0.30～4.50 m,平均厚度1.93 m,层底高程35.90～62.24 m。

②层淤泥质重粉质壤土(Q_4^{al}):灰色,软塑,饱和,局部夹重粉质壤土。高压缩性。层厚0.90～3.40 m,平均厚度2.15 m,层底高程35.40～36.70 m。该土层仅在岗间冲洼或沟河处零星分布。

③层重粉质壤土(Q_3^{al}):黄、灰黄、棕黄夹灰白等色,可塑～硬塑,湿。含铁锰结核。中等偏低压缩性。层厚1.70～21.50 m,平均厚度8.46 m,层底高程22.88～60.93 m。

③₁层轻粉质壤土(Q_3^{al}):黄、灰黄色,可塑～硬可塑、稍密～中密,饱和,局部夹砂壤土透镜体。中等压缩性。层厚0.80～9.20 m,平均厚度4.25 m,层底高程21.80～52.26 m。该层土仅局部揭露。

⑥₁层全风化粉砂岩、泥质砂岩(K):全风化,灰黄色、红色,已风化成土状,硬塑～坚硬状。层厚0.20～3.40 m,平均厚度1.65 m,层底高程18.70～60.03 m。

⑥₂层强风化粉砂岩、泥质砂岩(K):暗红、红色,岩芯呈碎块状、短柱状,岩芯长度3～6 cm,夹风化黏土矿物,具塑性。层厚0.20～3.70 m,平均厚度1.74 m,层底高程18.90～58.50 m。

⑥₃层弱风化粉砂岩、泥质砂岩(K):暗红、红色,岩芯呈柱状,柱长10～30 cm,泥质胶结,裂隙面有铁质锈斑。层厚1.30～16.40 m,平均厚度6.87 m,层底高程10.50～50.94 m。

⑥₄层微风化～新鲜粉砂岩、泥质砂岩(K):暗红、红色,岩芯呈长柱状,柱长大于30 cm,泥质胶结,裂隙面有铁质锈斑。该层未揭穿,已揭露最大厚度27.50 m,最深层底高程10.45 m。

⑥层粉砂岩、泥质砂岩在桩号T8+400～15+200之间局部夹有粗砂岩、砾岩,层厚一般2.0～3.0 m。工程区⑥层为厚层或巨厚层状,层面不发育,倾角平缓,7°～11°,层理一般不发育,局部稍发育。

隧道围岩物理力学性质主要参数建议表见表1。渠线各土层指标建议值见表2。

表1 隧道围岩物理力学性质主要参数建议表

渠线	层序	地层名称	天然密度 g/cm³	饱和单轴抗压强度 MPa	弹性模量 GPa	变形模量 GPa	泊松比 μ	坚固系数 fk
拟建渠线	⑥₁	全风化粉砂岩、泥质砂岩	2.35	2.0	0.4	0.2	0.42	0.2
	⑥₂	强风化粉砂岩、泥质砂岩						
	⑥₃	弱风化粉砂岩、泥质砂岩	2.36	3.8	1.2	0.85	0.34	0.38
	⑥₄	微风化粉砂岩、泥质砂岩	2.36	4.1	1.3	0.84	0.3	0.41

表 2 渠线各土层指标建议值表

层序	地层名称	允许承载力 kPa	压缩模量 MPa	饱快 黏聚力 kPa	饱快 内摩擦角 °	固快 凝聚力 kPa	固快 内摩擦角 °	允许比降 水平段	允许比降 出口段	摩擦系数	渗透系数 cm/s
	人工填土	100	4.0	20.0	12.0	18.0	15.0	0.25	0.50		1.0E−05
①	重粉质壤土	110	4.0	24.0	10.0	20.0	14.0	0.35	0.60	0.30	5.0E−06
②	淤泥质重粉质壤土	70	2.5	14.0	8.0	12.0	10.0	0.30	0.55	0.20	2.0E−06
③	重粉质壤土	190	7.0	38.0	12.0	35.0	14.0	0.45	0.70	0.40	1.0E−06
③₁	轻粉质壤土	160	10.0	15.0	21.0			0.20	0.35	0.40	3.0E−04
③₂	细砂	180	10.0	3.0	29.0			0.15	0.30	0.40	1.0E−03
④	砾质黏土	200	10.0	40.0	12.0						5.0E−06
⑥₁	全风化粉砂岩、泥质砂岩	250	12.0								5.0E−05
⑥₂	强风化粉砂岩、泥质砂岩	350									5.0E−06
⑥₃	弱风化粉砂岩、泥质砂岩	800									

1.3 水文条件

工程区地下水主要为孔隙水及基岩风化带裂隙水。其中孔隙水以上层滞水形式主要分布于③层重粉质壤土等黏性土层中。风化带裂隙水主要分布于⑥层基岩全～强风化层及断裂破碎带中，具一定承压性。地下水位上随地形起伏而变化，切岭脊部高，南北两侧低，地下水由脊部向两侧流动。

2 周边环境

2.1 周边建筑物

根据现场调查勘测，位于T3+600处有居民用房一处，距离线路中心平面位置20 m，顶板上层覆盖土层厚度13 m。T14+760居民用房一处、距离线路中心平面位置10 m，顶板上层覆盖土层厚度22.26 m。T16+105居民用房一处，距离线路中心平面位置13 m，顶板上层覆盖土层厚度11 m。

2.2 周边河道、管线

通过设计文件风险源说明及现场踏勘，盾构区间沿隧道掘进方向交错及平行分布有雨水、天然气、污水、给水、电力、通信等管线，具体情况如表3所示。

表 3 周边河道、管线一览表

序号	名称	类型/用途	基本状况
1	西气东输	天然气	14+800位置，埋深5 m，线路埋深14 m

3 盾构机适应性分析

3.1 盾构总体筹划

根据工程地质、设计情况以及工期需要,本标段采用4台土压平衡式盾构机掘进。

3.2 环境适应性

暗挖区域段地表无高大建筑物及大型河道,输水管涵地下埋深较大,围岩等级Ⅳ~Ⅴ,采用盾构法对地面扰动小,减小开挖量,利于环保。

3.3 地质适应性

3.3.1 1#盾构区间K3+250~K4+100、K4+750~K5+850

根据1#盾构机走向,该盾构机主要穿越黏土、含砂姜黏土、全风化泥质砂岩、强-中风化泥质砂岩和中风化泥质砂岩。1#盾构机掘进区间共分为二段,盾构区间上方主要为农田和鱼塘,地面标高在48~58 m,盾构机埋深在11~20 m,盾构区间内地质主要以可塑性黏土、中风化砂岩为主。但部分位置地层中存在黏土夹砂、粒岩(卵石层)情况,其中地层黏土夹砂主要在K5+316~K5+504位置,该区间长度为188 m,该处中风化粉砂岩强度最大值为1.7 MPa(盾构区间在10~17 m);中风化粉砂岩中含卵石层主要在K3+302~K3+551区间,改区间长度249 m,卵石地层分布位置在盾构区间内。盾构区间地质异常带1处,在K3+429位置附近,该位置存在卵石层。

3.3.2 2#盾构区间K6+350~K10+100

根据2#盾构机走向,该盾构区间主要地层为素填土、黏土、含砂姜黏土、全风化泥质砂岩、强-中风化泥质砂岩和中风化泥质砂岩。2#盾构机盾构区间上方主要为农田、鱼塘和桃林,地面标高在48~63 m,盾构机埋深在8~24 m,此区域地形起伏较大,部分线路紧邻当地水库,2#盾构区间内地质主要以强-中风化泥质砂岩和中风化砂岩为主。根据地质补勘情况,2#盾构区间K6+666位置处10~12 m地层之间含有卵石,该里程前后K6+500(该位置盾构区间黏土中夹砂)、K6+893位置处未发现卵石层,其余盾构区间地层无特殊性,区间内岩层最大强度为2.9 MPa。2#盾构区间K8+591位置处无特殊岩层。

3.3.3 3#盾构区间K10+100~K13+850

3#盾构机掘进从线路大里程方向往小里程,该盾构区间主要地层为素填土、黏土、含砂姜黏土、全风化泥质砂岩,强-中风化泥质砂岩和中风化泥质砂岩。3#盾构机从K14+020始发井位置出发掘进,掘进地面主要为农田、桃林和鱼塘,且在始发井出发50 m左右需下穿国道G329。3#盾构区间地面标高在52~67 m(始发井处地势最低为52 m),盾构机底面标高在31~33 m,盾构机埋深在14~30 m,地形起伏大;盾构机掘进区间主要以强-中风化泥质砂岩和中风化泥质砂岩为主,依据原勘察报告,3#盾构区间有5个地质异常点,分别在K10+223、K11+527、K12+483、K12+708、K13+004位置附近,通过补勘发现,这5处地质异常带岩样正常,盾构区间为中风化泥质砂岩,岩样最大强度为4.6 MPa。3#盾构区间未发现有卵石层。

3.3.4 4#盾构区间K13+850~K17+600

4#盾构机掘进从线路大里程方向往小里程,该盾构区间主要地层为素填土、黏土、含砂姜黏土、全风化泥质砂岩、强-中风化泥质砂岩和中风化泥质砂岩。4#盾构机从K17+600始发井位置出发掘进,掘进地面主要为农田、桃林,4#盾构机掘进区间在 K14+800 位置与西气东输天然气管道线路存在交叉,管道埋深在 5 m 左右,线路在此处埋深在 14 m 左右。4#盾构区间地面标高在 41~62 m(始发井处地势最低为 41 m),盾构机底面标高在 29~31 m,盾构机埋深在 11~32 m,地形起伏大;盾构机掘进区间主要以中风化泥质砂岩为主,依据原勘察报告中 4#盾构区间有 6 个地质异常点,里程分别在 K14+366、K14+854、K15+591、K16+620、K17+054、K17+260 位置附近,通过补勘发现,这 6 处地质异常带岩样正常,无特殊岩层;盾构区间为中风化泥质砂岩,岩样最大强度为 8.9 MPa。4#盾构区间未发现有卵石层。

详勘报告中盾构段范围分布均为软土或软岩。基岩裂隙水主要赋存于岩石强、中风化带中,基岩的含水性、透水性受岩体的结构、构造、裂隙发育程度等的控制,由于岩体的各向异性,加之局部岩体破碎、节理裂隙发育,导致岩体富水程度与渗透性也不尽相同。岩体的节理、裂隙发育地带,地下水相对富集,透水性也相对较好,泥岩富水性为贫乏至极贫乏。盾构区内均为泥质砂岩、砂岩石,富水性及透水性弱,基岩裂隙水总体贫乏,地下水总体不发育。

根据以往盾构施工经验结合以上地质、水文因素,因此选用土压平衡式盾构机。

4 盾构机选型浅析

4.1 选型原则

盾构机的选型就是针对工程地质和环境的特点,选择经济合理的盾构型式,使之既能适应于工程的地质条件、环境要求和技术,又能在复杂困难地段中具有应变能力。

通过学习,阅读工程概况、工程地质报告、土层颗粒曲线以及设计文件,在盾构机选型中,着重考虑了以下几个方面:

(1)隧道穿越上方存在构筑物,对地层沉降反应敏感,因此盾构机控制沉降能力是选型的重要依据。

(2)区间隧道穿过地层主要有黏土层,盾构机必须具有很强的控制姿态能力,便于防治结泥饼及刀具更换等。

(3)盾构机刀盘具有较强的耐磨性。

(4)盾构机的设计应能满足施工中多次拆卸、多次组装和满足多项隧道工程的实际特点,从技术性、性能可靠性与经济性方面综合考虑。

(5)坚持特殊性与普遍性相结合的原则,适用于不同地质、不同曲线。

(6)盾构机设备技术水平先进可靠,并适当超前,符合我国国情。

4.2 选型依据

地质情况、工程要求、环境保护要求、经济比较、地面施工场地大小等因素是盾构机选型的基本依据。根据国内外盾构机施工经验与工程实例可以看出,盾构机的选型必须满足以下几个要求:

(1)确保开挖空间的安全和稳定支护。

(2)保证隧道土体开挖顺利。

(3)保证永久隧道衬砌的安装质量。

(4)保证隧道开挖渣土的清除。

(5)确保盾构机械的作业可靠性和作业效率。

（6）确保盾构机械施工质量和施工安全。

（7）适应施工场地要求及满足环保要求。

4.3 盾构机选型

根据地质勘察资料、周边环境、线路走向及曲线半径等选择合适的盾构机。

根据地质条件结合工期要求，用于本工程施工的盾构掘进机，具有稳定开挖面、平衡水土压力、最大限度减少地表沉陷的功能，中盾与尾盾采用铰接式连接，具有较强的纠偏抗扭的能力，并且具有较好的经济性和较长的使用寿命，确保各项作业的安全性和可靠性。从目前国内外各种类型盾构机资料可以看出，土压平衡式盾构机是目前在软土与黏土等地层中进行隧道掘进施工的一种较好机型。它技术成熟、作业安全、工作可靠、对地表土体扰动小、整机模块化设计拆装方便，对地面施工场地要求不高，是针对黏土、黄土、砂土、粉砂质土等地层设计的盾构机。

本工程盾构区间隧道施工范围内地层大部分为泥质砂岩。区间地层渗透系数最大值为0.017 4 cm/s，适于采用土压平衡式盾构机。

综上所述，针对本工程的地质和水文条件、地上建筑物、地下建筑物及周边环境等情况，决定在本工程的盾构施工中使用4台中国铁建重工集团生产的6250型土压平衡式盾构机，由主机及6个后配套台车组成。工程特点与盾构机性能对比见表4。

表4 工程特点与盾构机性能对比表

参数	工程特点	6250型土压平衡式盾构机
最小转弯半径	最小平面曲线400 m	最小曲线半径250 m
最大坡度	最大纵坡1/2 000	最大纵坡35‰
适应地层	本线路区间隧道洞身主要位于6-2弱风化粉砂岩、6-3强风化泥质砂岩、6-4中风化泥质砂岩	卵石、卵石土、泥岩、泥质砂岩
管片参数	管片外径6 m，内径5.4 m	管片外径6 m，内径5.4 m

5 结束语

采用的4台土压平衡式盾构机整体方案和参数配置满足本工程需求，性能参数基本符合本工程的地质条件，盾构机掘进注意刀盘、刀具及螺旋输送机耐磨检查，加强现场盾构设备维保，最终降低了盾构施工的安全风险，确保了盾构施工质量和工程进度。

[作者简介]

刘大军，男，工程师，主要研究方向为水利水电工程施工，ldj12091@163.com。

驷马山滁河四级站干渠工程盾构始发施工技术研究

管宪伟[1]　雷朝生[2]　杨云国[1]

(1. 中水淮河规划设计研究有限公司　安徽 合肥　230601；
2. 中水淮河安徽恒信工程咨询有限公司　安徽 合肥　230601)

摘　要：盾构始发是盾构施工的关键工序，也是施工中事故多发环节，需根据工程地质、水文地质和周围环境情况对端头软弱土体进行加固，掘进过程中要加强过程控制，特别是要严格控制主要掘进参数和盾构姿态，避免对土体造成大的扰动，防止出现洞门失稳、盾构"叩头"、密封失效等问题。文章结合工程实例，对盾构始发施工技术进行了分析研究，对同类工程具有很大的借鉴作用。

关键词：盾构；始发；施工

1　工程概况

驷马山滁河四级站干渠（江巷水库近期引水）工程（以下简称"本工程"）跨越安徽省合肥市肥东县和滁州市定远县，工程任务主要是为江巷水库提供长江补充水源，满足江巷水库城乡和生态供水及水库周边农业灌溉需求，工程等别为Ⅱ等大（2）型，主要建筑物级别为1级，引江入库流量24.0 m³/s，采用地下有压暗涵输水方式，输水线路总长度20.34 km，其中盾构暗挖施工段长度13.2 km，选用刀盘外径6.28 m的复合式土压平衡盾构机。

2　地质情况

根据地质勘察报告，本工程输水涵洞暗挖段地层岩性为粉质壤土、全～弱风化粉砂岩、泥质砂岩，围岩极不稳定，变形破坏严重，易坍落，围岩分类为Ⅴ类。地下水类型主要为孔隙水及基岩风化带裂隙水，属贫水地层，围岩整体透水性微弱，局部透水性中等，地下水水位位于结构顶板之上，出现涌水的可能性不大。

3　始发布置

根据工期及投资情况，本工程采用4台盾构机，共划分为8个盾构施工区段，需进行8次盾构始发。根据洞线的明挖和暗挖情况，1#、2#、4#盾构机利用明挖段进行始发，3#盾构机需新建始发井，其中1#、2#、4#盾构机始发井及所有出渣井位置采用常规始发，3#盾构机始发井采用分体始发。

4　始发准备

盾构始发流程主要有测量放样、安装始发导台、盾构组装调试、安装反力架、始发段地基改良、安

装洞门密封、拼装负环管片、盾构机试运转、始发掘进、洞门处理等,主要控制要点包括以下几个方面:

4.1 端头加固

端头加固是通过改良端头土体,提高端头土体强度和自稳能力,防止坍塌、流沙、涌水现象发生,保障洞门安全,是盾构始发的一个重要技术环节。端头加固的成败直接影响到盾构能否安全始发,常用的端头加固方法包括注浆加固、搅拌桩加固、旋喷桩加固、冻结法加固、钻孔桩、降水法或组合处理等。

本工程工作井端头采用 $\varphi 50$ mm@100 袖阀管注浆加固方式,纵向加固长度 10 m,横向加固范围为盾构隧洞结构外延 4 m,孔位采用梅花形布置,间距 1 m,浆液采用 P·O 42.5 级普通硅酸盐水泥拌制,水灰比 1.0,注浆压力为 0.5~2.0 MPa。端头加固后采用钻孔取芯法检测加固后土体无侧限抗压强度 $\geqslant$1 MPa,渗透系数 $\leqslant 1\times 10^{-7}$ cm/s。

4.2 始发导台设计

本工程采用导台法进行始发,始发导台采用 C40 钢筋混凝土结构形式,主要承受盾构机的重力及刀盘转动的反扭力,导台平面及坡顶预埋钢板(宽度 200 mm;厚度 16 mm)。导台施工前需精确定位轴线和标高,为防止出现盾构始发"叩头"现象,应抬高靠近洞门侧轨道标高,使始发中线比设计轴线高 20 mm,保持盾构始发时"抬头"趋势。

4.3 反力架支撑

反力架提供盾构向前掘进的支撑力,通过焊接在反力架上的钢支撑,将力传递到支撑结构,反力架安装质量的好坏直接影响到初始掘进质量以及盾构轴线与隧洞设计轴线的偏差。应根据盾构推进时所需的最大推力设计反力架的结构,并进行安全验算。安装反力架时先进行下井拼装,然后对反力架进行定位,保持反力架的中心线与隧洞设计轴线一致,反力架正面与设计轴线垂直。最后对反力架底部与预埋钢板进行焊接固定,在反力架背面与支撑结构采用螺旋钢管支撑。始发掘进过程中需对反力架进行位移、变形监测,当位移或变形较大时,应停止推进并对反力架及支撑结构进行加固处理,同时调整掘进参数。

4.4 盾构机调试

盾构机拼装完毕后即可进行空载调试,主要是检查盾构各系统和设备是否能正常运转,调试内容包括:液压系统、润滑系统、冷却系统、配电系统、控制系统、注浆系统以及各种仪表的校正。通过空载调试证明盾构具备工作能力后,即可进行盾构的重载调试,主要目的是检查各种管线及密封设备的负载能力,对空载调试不能完成的调试工作进一步完善,以使盾构的各个工作系统及辅助系统达到满足正常施工要求的工作状态,通常通过负环段掘进对盾构设备进行重载调试。

5 盾构始发

盾构始发是指利用反力架和负环管片,将盾构机由始发井推入地层,开始沿设计线路掘进,直至具备拆除负环条件为止的过程。主要工作内容包括:负环管片安装、盾构机空推进入洞门、始发时各掘进参数的确定、洞门注浆封堵等,控制要点包括以下几个方面:

5.1 负环管片安装

根据始发井及盾构机尺寸,本工程设置了 8 环负环管片,采用通缝拼装,管片结构与衬砌管片相同。在盾构机全部组装调试完毕后进行负环管片安装,盾构机盾尾内径与管片之间有 30 mm 高差,需要在盾尾下半圈盾壳内焊接 8 根 1.5 m 长的边长 30 mm 的方钢,以便将负环管片顺利推出盾尾。管片拼装过程中应保证管片定位准确,管片点位选择以抵消楔形量为原则,连接螺栓应多次复紧。负环管片在推出盾尾后及时在始发导台上插打木楔,将负环管片托起。在每一环管片脱出盾尾后,立即使用直径 16 mm 钢丝绳将管片外圈包裹,利用手拉葫芦固定在始发导台上拉紧,防止管片失圆。

5.2 土仓压力设定

盾构掘进时土压力的设定主要取决于刀盘前的水土压力,一般取刀盘中心处的水土压力为准,实际操作时,可根据地质情况、隧洞埋深及地面监测情况及时调整。深、浅埋隧洞的判定一般以隧洞顶部覆盖层能否形成"自然拱"为原则,深、浅埋隧洞分界深度通常为 2~2.5 倍的施工坍方平均高度(等效荷载高度),采用如下计算公式计算:

$$hq = 0.45 \times 2^{6-S} \omega \tag{1}$$

式中:hq 为施工坍方平均高度(m);S 为根据围岩类别确定,查规范,Ⅴ类围岩 $S=1$;ω 为宽度影响系数,$\omega=1+i\times(B-5)$,B 为隧洞净宽度(6.28 m),i 是以 $B=5$ m 为基准,B 每增减 1 m 时的围岩压力增减率,当 $B<5$ m 时,取 $i=0.2$,$B>5$ m,取 $i=0.1$,计算得 $\omega=1.128$。

代入数值计算得出施工坍方平均高度 $hq=0.45\times2^{6-1}\times1.128=16.2432$ m,深、浅埋隧洞分界深度(2~2.5 倍的 hq)即 32.486~40.608 m,根据设计文件隧洞埋深为 10.65~30 m,确定本区间为浅埋隧洞。

在浅埋隧洞中,刀盘切口压力采用如下计算公式计算(以 3# 始发井为例):

$$P = P1 + P2 + P3 \tag{2}$$

式中:$P1$ 为切口水压力;$P2$ 为切口土压力;$P3$ 为预备土压力。

(1) 切口水压力 $P1$ 的确定:

$$P1 = q \times \gamma h \tag{3}$$

式中:q 为根据土的渗透系数确定的一个经验数值,根据地质勘察资料,始发端地层为不透水层,考虑施工过程不确定因素影响,取 1.0;γ 为水的容重,取 $\gamma=10$ kN/m³;h 为地下水位距离刀盘顶部的高度,根据前期桩基施工判断施工范围内无地下水,为安全起见,取地下水埋深 5 m,端头隧洞中心埋深 14.65 m,即 $h=14.65-5=9.65$ m。

代入数值计算得出 $P1=96$ kPa,考虑到盾构始发时,端头加固区水位已降至隧洞底板以下,此时 $P1=0$。

(2) 切口土压力 $P2$ 的确定需分别计算静止土压力、主动土压力、被动土压力。

①静止土压力(即土的自重应力)的确定:

$$\sigma z = \gamma_1 \cdot h_1 + \gamma_2 \cdot h_2 + \gamma_3 \cdot h_3 + \cdots + \gamma_n \cdot h_n = \Sigma \gamma_i \cdot h_i \tag{4}$$

式中:γ_i 为第 i 层土的天然容重(地下水位以下一般采用浮容重,kN/m³);h_i 为第 i 层土的厚度(m);n 为从地面到深度 z 处的土层数。

盾构始发时隧洞中心上部土层分别为:厚度 2 m、容重 19.7 kN/m³ 的素填土;厚度 2 m、容重 19.6 kN/m³ 的重粉质壤土;厚度 2.65 m、容重 19.9 kN/m³ 的弱风化粉砂岩、泥质砂岩以及厚度 8 m、容重 20.4 kN/m³ 的微风化~新鲜粉砂岩、泥质砂岩。

代入数值计算得出 $\sigma z=19.7\times2+19.6\times2+19.9\times2.65+20.4\times8=294.535$ kPa。

②主动土压力的确定：

$$\sigma u = \sigma z \cdot \tan^2(45°-\varphi/2) - 2c \cdot \tan(45°-\varphi/2) \tag{5}$$

式中：σz 为深度为 z 处的地层静止土压力（kPa）；c 为土的黏聚力，全风化泥质砂岩的黏聚力为 26.38 kPa；φ 为地层内部摩擦角，全风化泥质砂岩内部摩擦角为 16.24°。

代入数值计算得出 $\sigma a=294.535\times tg^2 36.88°-2\times26.38\times\tan 36.88°=126.213$ kPa。

③被动土压力的确定：

$$\sigma p = \sigma z \cdot \tan^2(45°+\varphi/2) + 2c \cdot \tan(45°+\varphi/2) \tag{6}$$

式中：σz 为深度为 z 处的地层静止土压力（kPa）；c 为土的黏聚力，全风化泥质砂岩的黏聚力为 26.38 kPa；φ 为地层内部摩擦角，全风化泥质砂岩内部摩擦角为 16.24°。

代入数值计算得出 $\sigma p=294.535\times\tan^2 53.12°+2\times26.38\times\tan 53.12°=593.55$ kPa。

（3）预备土压力 P3 的确定：按照施工经验，在对沉降要求比较严格的地段计算土压力时，通常在理论计算的基础之上再考虑 10~20 kPa 的压力作为预备压力。

盾构始发掘进阶段由于受到后盾支撑力及洞门密封等因素的限制，切口压力实际设定值不宜过高，综合考虑洞门密封特性和地质条件，始发掘进时拟取土压值 0.6~0.8 bar。掘进过程中根据地面监测情况，及时调整土压设定值，并尽快掌握调整规律以指导掘进施工。

5.3 掘进参数控制

盾构始发掘进时为控制推进轴线、保护刀盘，使盾构缓慢稳步前进，推进速度宜控制在 20 mm/min 以下。盾构启动时，盾构操控手必须检查液压千斤顶是否支撑到位，开始推进和结束推进之前速度不宜过快。每环掘进开始时，应逐步提高掘进速度，掘进过程中，速度值应尽量保持恒定，减少波动，推进速度的快慢须满足每环掘进注浆量的要求，保证同步注浆系统始终处于良好工作状态。

始发时考虑到始发导台及反力架承载力设计值的限制，推力尽量控制在 500 T 以内，最大不超过 600 T。盾构操控手应密切关注盾构掘进各参数的变化，合理进行调整，推力和扭矩应与刀盘转数和掘进速度相结合进行控制，一般扭矩控制在 1 200~1 500 kN·m，不超过 2 000 kN·m。

5.4 洞门封堵

盾构始发推进至盾尾距离洞门 2 m 位置时，开始进行同步注浆，控制好注浆压力及注浆量。采用水泥、粉煤灰、砂子、水等按一定比例配成的可硬性浆液作为同步注浆材料，该浆液具有结石率高、结石体强度高、耐久性好和良好的防止地下水浸析的特点。通过同步注浆系统及盾尾的内置 10 根注浆管（4 用 6 备用），在盾构向前推进盾尾空隙形成的同时，采用双泵四管路（四注入点）对称同时注浆。注浆压力由地质条件、盾构形式和浆液材料特性综合确定，设定能够充分填充所需要的压力，同步注浆压力一般取土仓压力 0.05~0.15 MPa。

当洞门有漏水、漏浆情况时，可采用双液浆（水玻璃：水泥浆＝1:1）对洞门进行封堵，注浆前先选择合适的注浆孔位，装上注浆单向逆止阀后，用电锤钻穿该孔位，接上三通及水泥浆管和水玻璃管，先注纯水泥浆液 1 min，后打开水玻璃阀进行混合注入，终孔时应加大水玻璃的浓度。在一个孔注浆完结后应等待 5~10 min 后将该注浆头打开疏通查看注入效果，如果水量很大，应再次注入，最后拆除注浆头并用双快水泥砂浆对注浆孔进行封堵，再进行下一个孔位注浆。紧急情况下可使用聚氨酯对漏水、漏浆处进行封堵。注浆过程中应布置排气孔，排气孔原则上设在预注浆孔上，并安装注浆单向逆止阀,注浆过程中打开逆止阀,出现冒浆时关闭,10 min后检查注浆效果,如有水溢出,应对该孔再次进行注浆。

5.5 始发段监测

盾构机掘进时对周围地质的受力结构及地表构筑物的影响是非常明显的,因此对盾构机始发段的监测十分重要,监测数据的准确反馈,可以对以后地面沉降控制提供很好的参数和经验。一般沿隧洞轴线每2~4 m布设一个沉降观测点,每10 m布设一条监测横断面。掘进前一个月先测定初始值,当盾构切口距地表监测点$H+D$(H为隧洞埋深深度,D为隧洞直径)时开始观测,每天2次,当盾构机管片拼装完毕并顺利通过后,如数值稳定,监测频率可适当减少。

管片衬砌变形监测包括隆沉、水平位移及断面收敛变形监测,监测频率为衬砌环脱出盾尾后1次/天,距盾尾50 m后1次/2天,距盾尾100 m后1次/周,基本稳定后1次/月。周边地下管线沉降监测布点按顺行管线每10~15 m一个测点,对管线接头处、位移变化敏感部位补充测点,监测频率为掘进面距离量测断面的距离$L \leqslant 20$ m,1~2次/天;$L \leqslant 50$ m,1次/天;$L > 50$ m,1次/周;基本稳定后1次/月。

5.6 负环管片拆除

负环管片的拆除时间应根据洞口地段的围岩条件、壁后注浆的浆液性能和盾构始发的掘进推力确定,根据管片与围岩之间的摩擦力、注浆材料与管片的胶着力、注浆材料与管片之间的咬合力来决定,胶着力因砂浆早期强度低,咬合力因管片背面比较光滑,二者可以忽略不计,当盾构掘进推力小于管片与围岩之间的摩擦力后,即可开始进行反力架、负环管片拆除。试算当盾构始发掘进达到100 m(67环)、同步注浆浆液强度达到2.0 MPa时,管片与围岩之间的摩擦力计算公式如下:

$$F = \mu \cdot \pi \cdot D \cdot L \cdot P \tag{7}$$

式中:μ为管片与土体的摩擦系数,取0.3;D为管片外径,取6 m;L为已安装的管片长度,取100 m(67环);P为作用于管片背面的平均土压力,取100 kPa。

代入数值计算得出$F=0.3 \times 3.14 \times 6 \times 100 \times 100 = 56\ 520$ kN$>45\ 000$ kN(盾构机额定最大推力),验算结果表明在掘进到100 m位置时可以开始拆除反力架和负环管片。

6 始发技术要点

6.1 易出现的问题

(1)端头土体加固效果不好

端头土体加固效果不好是盾构始发或到达过程中经常遇到的问题。必须选择合理的加固方法,同时加强过程控制,对于加固区与工作井间形成的间隙要采取其他方式进行补充加固处理。

(2)始发时洞门土体失稳

洞门土体失稳主要表现为土体坍塌和水土流失,主要原因也是端头加固效果不好。在小范围失稳的情况下可采用边破除洞门混凝土、边喷素混凝土的方法对土体临空面进行封闭,如果土体坍塌失稳情况严重,则必须立即封闭洞门重新加固。

(3) 始发后盾构"叩头"

盾构始发推进抵达掌子面及脱离加固区时,由于盾构下半部分土体受到扰动,承载能力降低,容易出现盾构"叩头"现象,通常采用抬高盾构始发姿态、合理安装始发导台以及快速通过的方法尽量避免"叩头"或减少"叩头"的影响。

(4) 洞门密封效果不好

洞门密封的目的是在盾构始发到达阶段减少土体流失,洞门密封效果不好时可及时调整壁后注浆的配合比,使注浆尽早凝结封闭,也可采取在洞门密封外侧向洞门密封内部注入快凝双液浆或聚氨酯的办法解决。

6.2 技术要点分析

(1) 盾构始发前,为防止其进入预留洞口时刀盘损坏帘布橡胶板,可在外围刀盘和帘布橡胶板外侧涂抹黄油,随着盾构向前推进,需根据情况对洞门密封压板进行调整,以保证密封效果。

(2) 当盾构刀盘顶至洞门位置开始向土仓内加压,然后在两道密封间利用预留注脂孔向内注油脂,使油脂充满两道帘布橡胶密封间的空隙。当盾尾通过第一道密封且折页板下翻后,进一步加注油脂,使洞门临时密封,起到很好的防水效果。当盾尾通过第二道密封且折页板下翻后,要及时利用注脂孔向内继续注油脂,使油脂压力始终高于泥土压力 0.01 MPa 左右,从而使盾构顺利始发并减少始发时的地层损失。

(3) 始发阶段由于盾构设备处于磨合阶段,要注意推力、扭矩的控制,总推力应控制在反力架承受能力以下,同时确保在此推力下刀具切入地层所产生的扭矩小于始发导台提供的反扭矩,同时也要注意各部位油脂的有效使用。

(4) 在盾构始发推进、建立土压过程中,应注意对洞门密封、始发导台、反力架及反力架支撑变形、渣土状态、地表沉降等情况进行认真观察与监控,及时调整盾构参数。一旦发现异常,应适当调整土压力、减小推力、控制推进速度,防止出现地表沉降或隆起。

(5) 在盾尾拼装好整环负环管片后,利用盾构推进液压缸将管片缓慢推出盾尾,直至与反力架接触,并在反力架上焊接钢板与负环管片连接固定。负环管片的最终位置要以推进油缸的行程进行控制,第一环负环管片与反力架之间的空隙用早强砂浆或钢板填满,确保推进油缸的推力能较好地传递至反力架上,第二环负环管片以及以后管片按照正常的安装方式进行安装。

(6) 当始发掘进至第 70~100 环时,可拆除反力架及负环管片。盾构施工中,始发掘进长度应尽可能缩短,但应能容纳后配套设备,且保证管片外表面与土体之间的摩擦力大于盾构的总推力。

[参考文献]

[1] 陈馈,洪开荣,焦胜军.盾构施工技术[M].2 版.北京:人民交通出版社,2016.
[2] 洪开荣,等.盾构与掘进关键技术[M].北京:人民交通出版社,2018.

[作者简介]

管宪伟,男,高级工程师,主要研究方向为水利水电工程施工、建设管理等,hwgxw@163.com。

城区现代水网建设规划研究

李有德

(中水淮河规划设计研究有限公司　安徽 合肥　230601)

摘　要：水是生命之源，城市之魂，建设"河畅、水清、岸绿、景美"的水系是现代城市迫切的需求，也是人民对美好生活向往的愿景。如何规划建设好城区水网，是摆在我们面前的课题，本文通过对某县级城市水网建设规划方案，深入研究城区现代水网建设规划的对策，以供类似城市水网建设规划借鉴。

关键词：城区；水网；规划

1　城区水系现状问题分析

1.1　城区水系整体规划还需不断升级

县级以下城市总体规划中对水系治理重视程度不够，近几年虽有所改观，逐渐认识到城区水系对城市发展和建设的重要性，但是规划还不够全面，缺乏统筹水资源、水环境、水生态、水景观等方面的系统方案。

1.2　城市建设影响河湖空间

城镇化加速和城市规模的不断扩张，城市建设用地带来了高收益、高回报，很多城市在发展过程中，不断侵占河湖空间，压缩行洪断面，甚至部分河道被填埋或将河流变成了地下河。

1.3　城区河湖水资源短缺

随着城市人口不断增加和GDP飞速增长，水资源的需求量不断攀升，水资源短缺问题凸显，很多城市地下水超采，河湖出现干涸。

1.4　城区水系缺乏连通

城市建设造成河湖空间侵占，部分河流和湖泊消失，河流失去了水源，也就失去了生命。城市缺乏从丰富水源区向缺水区域补水的通道，无法恢复河湖生态。

2　城区水网建设规划案例分析

以河南省平顶山市郏县城区水系规划为例，通过分析城区水系规划思路、方案，提出构建现代城市水网的要点。

2.1 工程概况

郏县位于河南省中部偏西,平顶山市北部,华北地台南部边缘区,伏牛山北部余脉向豫东平原过渡地带。

郏县城区水系规划范围为城区及城区附近河流,包括叶犟河、青龙河、护城河、双庙河及为沟通青龙湖与叶犟河拟新开挖的河道凤翔河和为沟通叶犟河与双庙河拟新开挖的河道友谊河。

2.2 水系规划思路

结合郏县总体规划要求,郏县城区水系规划将完善防洪除涝体系、水资源保障体系、水生态保护体系三大体系,打造"河畅水清、岸绿景美、功能健全、人水和谐的现代化水网体系"。

2.2.1 防洪除涝体系

依托北汝河治理,工程措施与非工程措施相结合,整治城区防洪骨干河道(叶犟河、青龙河等)和排涝骨干河道(护城河、双庙河),完善区域排水系统,提高洪水科学调度能力,建设与经济社会相适应,区域、城镇防洪相协调的现代化防洪除涝减灾体系,保障经济社会发展安全。

2.2.2 水资源保障体系

加强饮用水水源地青龙湖建设与保护,将青龙湖改造成为具有自净化功能的生态水库,保障城区供水安全。保障城区生活、生态、景观、浇灌、市政等用水,使城区形成连续的水面景观,改善城区小环境气候。

2.2.3 水生态保护体系

着力加强水环境综合治理和河道保护,在城区总体规划排污管线建设的基础上,使污水流入统一的管道系统,并将污水处理以后,再利用或者排入河道,使城区水系保证良好水质。青龙河、叶犟河河道宽阔地带建设浅水湿地,净化污水处理厂尾水,进一步改善河道水质。同时恢复与保护河流水域面积,推进河道水系连通性和流动性,提高水环境承载能力,恢复河道生态。通过在叶犟河上修建梯级橡胶坝的建设,以拦蓄环境水,改善水生态环境。

2.3 水系规划方案

2.3.1 水网建设规划方案

在满足防洪排涝前提下,结合引调水需求,规划在现有青龙湖及叶犟河、青龙河、护城河和双庙河4条现有河道基础上,新开挖凤翔河,沟通青龙湖与叶犟河,将青龙湖水引入叶犟河;新开挖友谊河,沟通叶犟河与双庙河;新开挖无洺湖;最终通过"两湖六河"形成郏县"两环一带"的水系河网。

城区河道防洪标准为20年一遇,排涝标准为10年一遇。根据河道特点和现状实际情况,河道断面采用梯形断面和矩形断面。

2.3.2 水资源利用方案

将位于上游的青龙湖改造成为具有自净化功能的生态调蓄水库(总蓄水量93万 m^3),新建无洺湖(总蓄水量50万 m^3),保障城区供水安全。同时为了利用汛期的雨洪资源,规划建设37座拦河蓄水工程(如液压坝、橡胶坝和水闸),蓄水库容150万 m^3。

2.3.3 水生态保护规划方案

(1)截污规划

沿穿过城区的护城河和双庙河布置截污管道,污水统一纳入城市排污管网,减少污水直排河道。沿河道两岸建设初期雨水截流设施,让初期雨水通过净化后流入河道。

(2) 浅水湿地建设规划

在河流上游建设浅水湿地,通过湿地净化后,流入城区水系。在污水处理厂出水口建设浅水湿地,通过湿地净化后中水用于城市浇灌和市政用水。

(3) 河湖生态景观规划

郏县城区水系景观规划定位为"两环一带",叶犨河、护城河、双庙河、青龙河共4条河流城区段河道水利结合景观治理,新开挖河道凤翔河、友谊河全线水利结合景观治理。

外环(郊野游憩绿环):以自然生态为设计基准,凸显大河、大地之美,使得人们走近自然、亲近自然、体验自然,提供减压、充氧、游憩、兴趣的景观空间。

内环(城市魅力绿环):结合老城区的功能类型及文化属性,塑造丰富的景观形象,提升城市魅力,改善市民生活,为市民提供休闲、活动、游憩、交流的场所。

一带(阳光水岸绿带):结合城市空间结构规划,以水为脉,打造一条沟通城市与郊野的重要景观廊道,通过湿地公园、水文化主题乐园等的打造,为人们提供丰富的滨水、亲水活动空间。

3 构建城区现代水网的对策

构建符合现代城市发展需求,满足人民对美好生活的向往愿景的现代水网,需要规划统领,多维度施策,系统治理。

(1) 明确目标

建设城区水网工程,首先要明确目标。北方缺水城市,需以提高水资源可利用量为主要目标;南方丰水城市,需要以改善水质、提升水环境质量为主要目标,确定水网建设规模和范围。例如,郏县位于河南省中部偏西,县城河流几乎全部干涸,因此,水网建设以提升水资源可利用量为主要目标,建设青龙湖和无洺湖及河道拦蓄水工程,拦蓄雨洪资源,恢复河流生态。

(2) 规划统领

建设城区水网工程,需要以规划统领。以往中小城市建设,缺乏总体规划,城市建设不断侵占河湖空间,部分河流失去了生命,变成了地下河、干枯河。为了保障河湖空间,维持河湖健康,需要编制总体规划,以规划统领,开展城区水系治理。例如,郏县政府组织编制《郏县城区水系规划》,对城区所有河流纳入规划,从截污、湿地、水生态水景观建设等维度,统筹规划,指导城市水网工程分期建设。

(3) 系统治理

建设城区水网工程,需系统治理。习近平总书记提出的"十六字"治水方针,其中重要一项就是"系统治理"。城区水网工程建设,要统筹市政、水利、交通、环保等多行业,从山水林田湖草等方面综合治理。

(4) 政策保障

建设城区水网工程,需政策保障。政府组织完成城区水网工程建设规划后,政府层面建立区域河流管理制度,从水域、水系、湿地等原有形态和面积、管理范围、滨水建设项目的审批等方面进行严格管理,有效保护河流的空间。

4 结论

本文以郏县城区水网工程规划为例,对如何建设城区水网进行了分析,认为必须从明确目标、规划统领、系统治理和政策保障等方面综合施策,地方政府要统筹资源,有计划、有措施、有考核、有改进、全方位、系统化推进城区水网建设。

[参考文献]

[1] 蒋任飞,施晔,代晓炫,等.城市现代水网评价指标体系研究[J].人民珠江.2017,38(9):52-55.
[2] 王平,郦建强,何君,等.现代水网规划编制的战略思考[J].水利规划与设计,2021(9):3-6+43.

[作者简介]

李有德,男,出生于1979年9月7日,高级工程师,主要研究方向为水利工程规划、工程总承包、建设管理,13866736255,495444758@qq.com。

临淮岗洪水控制工程蓄水兴利必要性分析

詹同涛　孙　勇

(中水淮河规划设计研究有限公司　安徽 合肥　230601)

摘　要：临淮岗洪水控制工程设计功能主要是防控淮河百年一遇大洪水，一般情况下无须启用该工程，使这一淮河干流上的重大工程多数时间处于"闲置"状态。临淮岗工程主坝及南北副坝拦截淮河干流，在平槽水位的基础上，仅需抬高水位 2 m 左右，便可蓄积起数亿 m³ 的水资源，为临淮岗水资源综合利用提供便利条件。本文从推动区域经济社会发展、保障区域粮食安全、落实流域规划、保障城乡饮水安全、推进国家重大水利工程等方面论述了临淮岗工程蓄水兴利的必要性，指出了由临淮岗工程蓄水兴利解决沿淮淮北地区水安全问题的迫切性，提出了工程蓄水兴利对缓解区域干旱缺水压力、保障区域粮食安全、改善淮河干流生态环境、支撑区域经济社会高质量发展具有重要意义。

关键词：临淮岗；蓄水；水安全；必要性

1　引言

1956 年《淮河流域规划报告》提出在淮河中游修建控制性工程。1957 年治淮委员会在《淮河干流中游控制工程方案选择报告》中提出在临淮岗修建具有灌溉和防洪效益的大型蓄水工程。1958 年国务院召集豫皖两省和水利电力部、农业部研究临淮岗工程建设问题，同意修建临淮岗水库，同年临淮岗水库工程动工修建，1962 年因国家经济困难等原因停建。1971 年国务院治淮规划小组提出要建成临淮岗特大洪水控制工程。1981 年国务院治淮会议肯定了临淮岗工程建设的必要性，明确"淮河中游临淮岗工程，由淮委进行论证比较"。1984 年，淮委规划设计研究院提出《淮河中游临淮岗洪水控制工程可行性研究报告》，对比了加高淮北大堤和建临淮岗工程，经过比较和论证，拟定该工程防洪标准为百年一遇。1985 年国务院治淮会议再次肯定临淮岗工程建设的必要性。1991 年淮河大水后，国务院作出了《关于进一步治理淮河和太湖的决定》，确定"'九五'期间研究建设临淮岗洪水控制工程"。1998 年国务院批准工程项目建议书，2000 年批复可行性研究报告，2001 年水利部批复初步设计报告。2000 年 9 月淮委成立临淮岗洪水控制工程建设管理局，负责工程建设。工程于 2001 年 12 月开工，2006 年 11 月建成，2007 年 6 月通过竣工验收。为保障区域经济社会可持续发展，发挥临淮岗工程综合效益，《淮河流域综合规划 (2012—2030 年)》《国务院关于淮河防御洪水方案的批复》等重要规划及文件中，对临淮岗工程均提出了在确保防洪安全和不影响排涝的前提下，可兼顾洪水资源利用，发挥其综合效益的要求。

2　临淮岗洪水控制工程概况

临淮岗工程是淮河干流防洪体系重要组成部分，工程与上游的山区水库、中游的行蓄洪区、淮北大堤以及茨淮新河、怀洪新河共同构成淮河中游多层次综合防洪体系，使淮河中游主要防洪保护区的防洪标准提高到 100 年一遇。该工程为Ⅰ等大(1)型工程，正常运用洪水标准为 100 年一遇，非常运用洪水标准为1 000年一遇。100年一遇坝上设计洪水位为28.41 m,相应滞蓄库容为85.6亿 m³, 1 000年一遇坝上校核洪水位为29.49 m,相应滞蓄库容为121.3亿 m³。

临淮岗工程由主坝、南北副坝、深孔闸、浅孔闸、姜唐湖进洪闸、船闸及上下游引河等组成。主坝为碾压式均质土坝,坝长8.545 km,被深孔闸、浅孔闸、姜唐湖进洪闸、老淮河等分隔成5个坝段,坝顶高程31.6 m,坝顶宽度10.0 m,上设1.2 m浆砌石挡浪墙及沥青表面处治三级公路,坝高一般在12.0~13.0 m,最大坝高18.5 m(淮河主槽段)。副坝采用碾压式均质土坝坝型,南、北副坝共长69.062 km,其中南副坝8.408 km,北副坝60.654 km;坝顶高程南副坝为32.15 m,北副坝为32.11~32.85 m;坝顶宽度南副坝船闸-城西湖退水闸8.0 m,其余为6.0 m,坝顶设4.5 m泥结石防汛路面。南、北副坝最大坝高分别为11.00 m和12.00 m。

3 临淮岗洪水控制工程蓄水兴利的必要性

3.1 是推进国家重大水利工程的要求

《国务院关于淮河防御洪水方案的批复》(国函〔2007〕48号)提出"在不影响防洪和排涝的前提下,经科学论证和严格审批后,可根据沿淮地区抗旱和防污的需求,适当发挥临淮岗、蚌埠闸等拦河工程的蓄水和减污作用"。《淮河洪水调度方案》(国汛〔2008〕8号)提出"在确保防洪安全和不影响排涝的前提下,兼顾洪水资源利用"。

2010年9月,根据《国家发展改革委办公厅关于河南省出山店水库工程有关意见的复函》(发改办农经〔2010〕720号)要求,2010年7月,淮委组织召开出山店水库前期工作协调会,会议纪要提出"在加快科学论证的基础上,科学合理地进行临淮岗工程蓄水利用是必要的,由淮委协调河南、安徽两省合理确定蓄水方案,按程序报批"。

临淮岗水资源综合利用工程是水利部确定的2020—2022年拟开工建设的150项重大水利工程项目之一。实施该工程可充分发挥临淮岗工程的蓄水作用和水资源综合利用效益,有效缓解沿淮淮北地区水资源供需矛盾,遏制该地区中深层地下水超采,改善区域水环境状况,提高区域水资源安全保障能力,对实施乡村振兴战略、促进区域经济社会的可持续发展具有重要意义。

3.2 是驱动区域经济社会发展的需要

根据《淮河流域及山东半岛水资源综合规划》,临淮岗工程直接供水区及间接供水区,水资源需求量将由现状的70亿~85亿 m³,增长到2030年的80亿~105亿 m³,缺水量将由现状的6亿~23亿 m³,增加到8亿~35亿 m³,即使通过强化节水、水资源的优化配置,并考虑引江济淮工程、沿淮湖泊洼地蓄水工程建设和地下水的合理开采,规划年本区域仍缺水2亿~8亿 m³,干旱年份缺水形势仍十分严峻。

安徽省沿淮淮北地区是我国人口密度最高、耕地率最高的区域之一,是国家粮食主要产区和重要能源基地,同时也是安徽省水资源最为紧缺的地区。该地区人均水资源占有量仅为500 m³左右,不足全国的1/4,加之来水丰枯变化悬殊和缺乏有效的拦蓄条件,水资源开发利用较为困难,新中国成立以来已先后发生了1958—1959、1966—1967、1978—1979、1994—1995、1999—2001、2019—2020等大面积严重干旱。随着城镇化、工业化、农业现代化进程加快和生态保护要求的提高,缺水形势更加严峻,水资源短缺已成为沿淮淮北地区经济社会高质量发展的重大制约。

淮河蚌埠闸每年下泄水量约240亿 m³以上,其中临淮岗工程坝址处多年平均实测来水量119

亿 m³,由于目前缺乏有效和安全的调蓄手段,淮干每年存在大量水资源入江入海。通过临淮岗工程适度蓄水利用,对保障沿淮淮北地区用水安全、缓解区域水资源供需矛盾、抑制中深层地下水超采等均有积极作用。

3.3 是保障区域粮食安全的需要

淮河流域是我国重要的粮食生产基地,是黄淮海粮食主产区的重要组成部分,流域粮食生产在全国粮食生产中的地位举足轻重,特别是流域内豫皖两省是我国农业大省和粮食输出大省。近年来我国粮食净调出省份进一步减少,在全国现有 13 个粮食主产省区中,目前只有黑龙江、吉林、内蒙古、河南、安徽、江西等为净调出省区,肩负着平衡全国粮食缺口的主要任务。根据 2008 年《国家粮食安全中长期规划纲要》(国发〔2008〕24 号)、2009 年《全国新增 1000 亿斤粮食生产能力规划(2009—2020年)》,临淮岗工程供水范围涉及的 6 个县均为国家粮食生产核心区产粮大县,粮食增产任务为 12.10 亿斤。为实现这一粮食生产发展目标,供水范围稳定可靠的灌溉水源必不可少。近期,国际粮价大幅波动,进一步凸显了保障国家粮食安全的重要性。

本次规划范围地处安徽省沿淮与淮北缺水地区,当地地表水资源不足,在很大程度上要依靠淮河水源补给,但是随着国民经济的迅速发展,各地对水资源的需求不断增加,水资源日趋紧缺,随着区域经济社会的快速发展、人口的增加和城镇化进程的加快推进,生活、工业与农业"争水"的问题将更加突出,区域农业用水形势将更加严峻。临淮岗工程蓄水兴利可促使有限的水资源得到更加合理的利用,促进区域灌溉设施配套完善,可提高农作物产量与水资源的生产效率,可改善农村基础设施条件、改善农村生态环境、促进共同富裕,对服务"三农"、助力乡村振兴、保障区域粮食安全具有重要作用。

3.4 是优化区域水资源配置的需要

淮河蚌埠闸以上地表水资源量约 305 m³,可利用量约为 128 亿 m³,王家坝以上地表水资源量约 102 亿 m³,可利用量约为 34 亿 m³。淮河王家坝及蚌埠闸以上区域当地地表水资源中的大部分以洪水的形式入海入江,未得到合理利用。

临淮岗工程坝址处多年平均规划来水量 113 亿 m³,其中汛期 82 亿 m³,非汛期尚有 31 亿 m³ 资源可利用。利用临淮岗工程适度蓄水,提高水资源的可利用率,可有效缓解区域水资源供需矛盾。同时增加该区域地表水的开发利用量,置换出部分地下水的开采利用量,可进一步优化区域水资源配置,促进区域水资源的协调利用。且有利于区域地下水的保护,特别是现状地下水超采区的水生态环境保护。

3.5 是落实流域规划的需要

《淮河流域及山东半岛水资源综合规划》提出:"根据国务院国函〔2007〕48 号关于淮河防御洪水方案批复精神,在不影响防洪和排涝的前提下,经科学论证和严格审批后,可根据沿淮地区抗旱和防污的要求,适当发挥临淮岗等拦蓄工程的蓄水和减污作用。"《淮河流域综合规划(2012—2030 年)》等也提出了利用临淮岗工程蓄水,提高淮河地表水利用率,扩大淮河中游供水能力,缓解淮河中游水资源紧张的局面。

《淮河生态经济带发展规划》提出要优化水资源配置,研究实施水系连通工程,开展生态用水调度,提高河道内生态用水保障。临淮岗工程蓄水兴利后,临淮岗坝址以上将形成约 70 km² 的宽阔水域,蓄水在 1.7 亿~3.4 亿 m³,同时,工程坝址处将持续、稳定地下泄生态水量,坝址处最小生态流量月保证程度将由蓄水兴利前的 93.7%提升至 99.4%,可改善下游水环境,维持淮河不断流,保护淮河生态系统安全。《淮河生态经济带发展规划》提出要促进港口合理布局,推进固始、淮滨等内河港口二类口岸建设,支持信阳淮滨等临港经济区建设。临淮岗工程在正常蓄水位 23.0 m 情形下,回水末端将达淮滨附近,将有效提升临淮岗以上河段航道通航条件,同时也为临淮岗以上河段建成Ⅲ级内河航道提供了便利,将进一步推动临淮岗坝址以上水运交通业的发展。

3.6 是落实安徽省委关于实施皖北"喝好水"工程的需要

2021 年 5 月 12 日,安徽省委书记李锦斌在调研皖北水资源优化配置重点工程建设运行情况时指出,要坚持科学调水、高效用水、全民节水,强化水资源综合利用,切实保障"十四五"时期皖北群众喝上干净水、基本不喝地下水。5 月 17 日,安徽省委常委会扩大会议要求积极实施皖北"喝好水"工程,确保"十四五"时期皖北人民喝上干净水、基本不喝地下水。6 月 15 日,安徽省委党史学习教育领导小组将实施"皖北地区群众喝上引调水"工程列为省委"为民办实事"第一项工程。根据安排,到 2026 年底前,实现皖北 6 市 28 个县(市、区)城乡供水地下水水源置换。本次规划在对皖北地区供水现状调查的基础上,结合临泉、颍上、阜南县水利部门提出临淮岗工程向皖北乡镇供水的请求,经论证,临淮岗工程可向临泉、颍上、阜南三县乡镇新增供水 1.24 亿 m³。

因此,利用临淮岗工程向阜阳市及颍上县城区供水、解决沙颍河以西皖北群众饮水不安全问题,符合区域有关规划安排,符合安徽省委有关工作部署。

3.7 是实现区域规划及地下水压采的需要

《阜阳市水资源综合规划》提出,规划 2030 年阜阳城区拟从淮干南照集处取水 80 万 m³/d,用于阜阳城区居民综合生活及部分工业用水;中深层地下水供水量由 2020 年的 6.5 万 m³/d 削减为 0,不再开采中深层地下水;阜阳闸可供水量为 15.2 万 m³/d,全部用于工业用水;再生水回用量为 20 万 m³/d,全部用于阜阳城区工业用水;浅层地下暂不供水。规划 2030 年,颍上县城区配置总水量 9 285 万 m³,其中引淮水 5 475 万 m³,中水 2 815 万 m³,浅层地下水 630 万 m³,颍上闸地表水 431 万 m³,中深层地下水配置量为 0,即规划 2030 年,城区中深层地下水压采完毕。

根据 2020 年阜阳市组织编制的《阜阳市地下水压采置换方案》,阜阳市城区可替代中深层地下水的水源主要包括阜阳市二水厂(茨淮新河水源)、三水厂(淮河水源)、四水厂(引江济淮水源)和 4 座中水厂。颍上县城可替代中深层地下水的水源主要包括城市地表水厂(淮河水源)、河东地表水厂(沙颍河水源)和城北配水厂(淮河水源)。

临淮岗工程蓄水兴利,可进一步提升阜阳市辖区及颍上县自淮河干流取水的保证程度,可更好地推进区域水资源规划及地下水压采方案的落地落实,可更好地为区域水资源可持续利用与经济社会高质量发展提供助力。

4 结语

沿淮淮北地区水资源供需矛盾突出、农田灌溉保证率不高、经济社会快速发展的形势等均迫切要求临淮岗工程尽快发挥蓄水兴利功能。针对区域水资源紧缺状况、淮河干流生态基流缺乏有效调控工程的实际情况,依托工程已建成具备蓄水的有利基础条件,开展临淮岗工程水资源综合利用,对缓解区域干旱缺水压力、保障区域粮食安全、改善淮河干流生态环境、支撑区域经济社会高质量发展具有重要意义。

[参考文献]

[1] 中水淮河规划设计研究有限公司. 临淮岗水资源综合利用工程总体方案[R]. 合肥:中水淮河规划设计研究有限公司,2021.
[2] 淮河水利委员会. 淮河流域及山东半岛水资源综合规划[R]. 蚌埠:淮河水利委员会,2009.
[3] 阜阳市水利局. 阜阳市水资源综合规划[R]. 阜阳:阜阳市水利局,2014.
[4] 阜阳市水利局. 阜阳市地下水压采方案[R]. 阜阳:阜阳市水利局,2020.

[作者简介]

詹同涛,男,生于1978年5月,正高级工程师,主要研究方向为水资源规划及利用,18956067560,peter@hrc.gov.cn。

议题三
复苏河湖生态环境

沂沭泗水系沂河近 70 年径流变化特征及归因分析

赵梦杰　马亚楠　刘小虎　陈邦慧　鲁志杰

（淮河水利委员会水文局(信息中心)　安徽 蚌埠　233001）

摘　要：基于 1954—2019 年沂河干流临沂站的降水径流资料,采用 P-Ⅲ型曲线、降水-径流双累积曲线及累积量斜率变化率比较法等方法,明晰了沂沭泗水系沂河的水文情势变化规律。结果表明：①径流量年内、年际分配极为不均,汛期(6—9 月)占全年径流总量的 81%,最大年径流量是最小年径流量的 100 倍。②不同时段(年、汛期、非汛期)径流量均呈现减少的趋势,减少速率分别为 0.32 亿 m^3/a、0.29 亿 m^3/a、0.027 亿 m^3/a；不同年代径流量未出现明显的丰枯交替变化规律,特丰水年主要集中在 1975 年以前,特枯水年主要集中在 1975 年以后。③径流量在 1975 年前后出现明显变化,以 1954—1975 年为基准期,1975 年以后气候变化和人类活动对临沂站径流变化的贡献率分别为 19.4%、80.6%,人类活动影响是径流量减少的主导因素。

关键词：径流量；人类活动；变化趋势；贡献率；沂河流域

1　引言

　　地表水资源是维系区域生态平衡和促进经济社会发展的制约性要素,河川径流是地表水资源的主要形式,二者的丰枯变化均直接影响流域水资源管理[1]。随着全球气候变化和人类活动的影响,世界上一些河流径流量发生了明显减少的变化趋势,这在干旱及半干旱地区河流中尤其明显。在我国,北方干旱及半干旱地区河流径流量呈现出明显的减少趋势[2],这种变化趋势给流域经济社会的可持续发展带来了严峻挑战。中国一些专家学者对长江、黄河等大江大河径流的变化特征、演变规律及其驱动因素开展了大量的研究工作。代稳等[3]研究表明长江中游径流量多年来呈线性减少的趋势；李二辉等[4]对黄河上中游区径流量变化分析表明,自 1985 年以来年径流量呈显著减少趋势；陈士桐等[5]研究表明淮河流域径流量年际丰枯变化剧烈。近 70 年来,淮河流域沂沭泗水系沂河水文情势发生了较大变化,特别是近些年沂河干支流建成了梯级橡胶坝群,上下串通、水面连接,这些橡胶坝群的建造,已经显著改变了天然河道的径流规律,相继带来了一些水资源问题。因此,本研究通过开展沂河干流径流变化规律及趋势分析,明晰径流变化成因,以期为沂沭泗水系的综合治理开发、水资源合理利用和水生态环境保护等提供技术支撑。

2　研究区概况

　　沂河是淮河流域沂沭泗水系中最大的山洪河道,为国家一级河流,其发源于沂蒙山区的鲁山南麓,南流经沂源、沂水、沂南、兰山、河东、罗庄、兰陵、郯城、邳州、新沂等县(市、区),在江苏省新沂苗圩入骆马湖。沂河全长 574 km,流域面积 17 325 km^2。沂河上游为山洪河道,水流湍急,洪水暴涨暴落,下游水流平缓,泥沙淤积河床。临沂站系沂河干流控制站(见图 1),于 1950 年 3 月 10 日设立,位于临沂市河东区芝麻墩街道,沂河源头至临沂站河道长 287.5 km,集水面积为 10 315 km^2,临沂站汇集了上游及主要支流的地表径流,故临沂站的干流径流变化特征基本可以反映沂河的水文情势变化规律。图1为研究区地理位置、水系及水文站点分布情况。

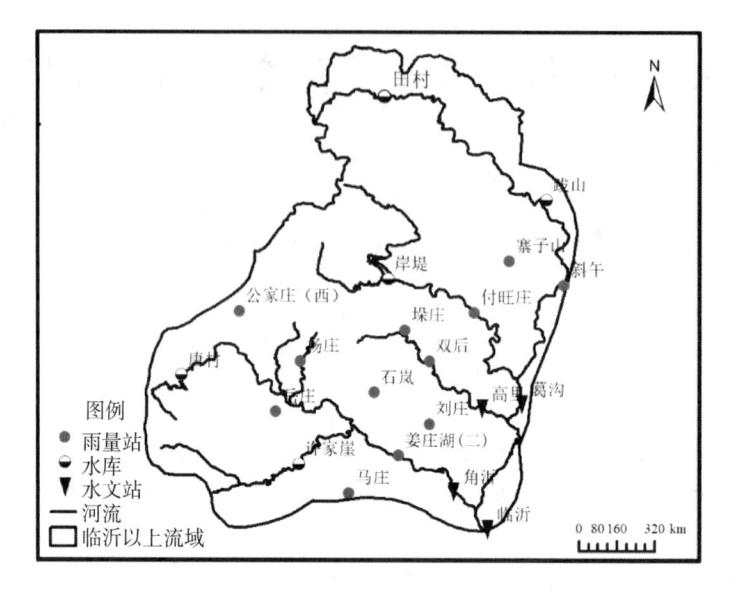

图1 研究区地理位置、水系及水文站点分布

3 数据说明与研究方法

本研究根据沂河干流临沂站1954—2019年共66年的年降水量、月平均流量数据,采用P-Ⅲ型曲线[6]对临沂站径流量的年内、年际变化规律进行分析,用降水-径流双累积曲线[7]判断径流量突变年份,用累积量斜率变化率比较法[8]来确定自然和人类活动对径流变化的贡献率,从而明晰沂河径流的变化规律及演变原因。其中,P-Ⅲ型曲线、降水-径流双累积曲线方法运用较为常见,本研究不再赘述,以下简要介绍一下累积量斜率变化率比较法。

累积量斜率变化率比较法是通过在基准期和变异期分别建立累积降水量-年份线性方程和累积径流量-年份线性方程,二者斜率变化率的比值就等于气候变化对径流变化的贡献率。假设在基准期和变异期的累积降水量-年份线性方程的斜率分别为S_{p1}和S_{p2},累积径流量-年份线性方程的斜率分别为S_{R1}和S_{R2},则累积降水量斜率变化率和累积径流量斜率变化率分别为:

$$R_{SP} = (S_{p2} - S_{p1})/S_{p1} \tag{1}$$

$$R_{SR} = (S_{R2} - S_{R1})/S_{R1} \tag{2}$$

式中:R_{SP}、R_{SR}为正时表示斜率增大,为负时则斜率减小。气候变化和人类活动对变异前后径流变化的贡献率β_q、β_h分别为:

$$\beta_q = R_{SP}/R_{SR} \times 100\% \tag{3}$$

$$\beta_h = 1 - \beta_q \tag{4}$$

4 径流变化特征

4.1 径流量年内分配

对沂河干流临沂站66年径流资料进行统计分析,各月多年平均径流量年内分配见图2,从年内分配来看,7月、8月平均径流量占全年径流总量的比例最大,均为31%左右,其次是9月占比13.4%,其他月份占比相对较少,1—5月占比基本相当,占比约为2%,6月、10月占比均为5%左右,11月、12月占比分别为3.1%、2.6%。汛期6—9月的总径流量占全年径流总量的81%,而非汛期的8个月只占全年径流总量的19%。由此可见,沂河径流量年内分配极为不均,这与沂河降水主要集中在7月、8月关系密切。

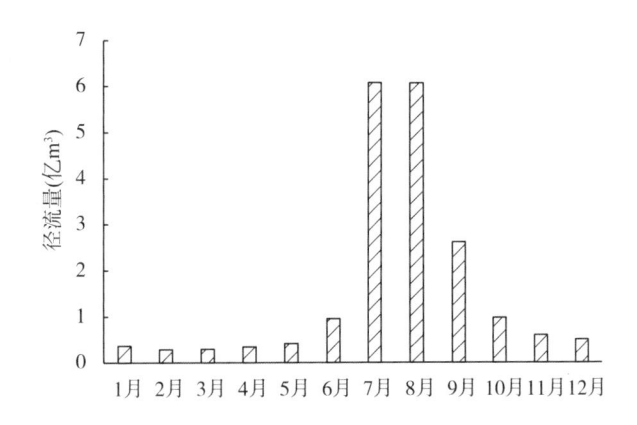

图2 各月多年平均径流量年内分配

4.2 径流量年际变化

从年际变化看,多年平均径流量为19.49亿m^3,最大年径流量为1963年的62.10亿m^3,最小年径流量为2015年的0.62亿m^3,最大年径流量是最小年径流量的100倍,丰枯年份变化幅度特别大;汛期(6—9月)多年平均径流量为15.7亿m^3,最大汛期径流量为1957年的57.46亿m^3,最小汛期径流量为2015年的0.36亿m^3,最大汛期径流量是最小汛期径流量的160倍,丰枯年份变化幅度特别大;非汛期多年平均径流量为3.79亿m^3,最大非汛期径流量为2005年的13.54亿m^3,最小非汛期径流量为2015年的0.25亿m^3,最大非汛期径流量是最小非汛期径流量的54倍。由此可见,年径流量、汛期径流量丰枯年份变化幅度特别大,非汛期径流量丰枯年份变化幅度相对较小。

在《水文基本术语和符号标准》(GB/T 50095—2014)中,将河川径流丰、平、枯划分为特丰水年、偏丰水年、平水年、偏枯水年和特枯水年五大类别。径流系列一般服从P-Ⅲ型概率分布,采用频率分析法确定统计参数和各频率设计值作为划分径流量丰、平、枯水年标准。对于临沂站年径流量,绘制P-Ⅲ型曲线,以频率$P \leqslant 12.5\%$为特丰水年,其对应的年径流量为38.1亿m^3;$12.5\%<P \leqslant 37.5\%$为偏丰水年,其对应的年径流量为19.98亿~38.1亿m^3;$37.5\%<P \leqslant 62.5\%$为平水年,其对应的年径流量为10.86亿~19.98亿m^3;$62.5\%<P \leqslant 87.5\%$为偏枯水年,其对应的年径流量为3.99亿~10.86亿m^3;$P>87.5\%$为特枯水年,其对应的年径流量为3.99亿m^3。经过P-Ⅲ型曲线排频分析的临沂站年径流量、汛期和非汛期径流量特征值计算成果见表1。

表1 径流量排频统计分析计算成果表 单位：亿 m³

项目		年径流量	汛期径流量	非汛期径流量
统计参数	均值	19.49	15.7	3.79
	C_V	0.86	0.89	0.86
	C_s/C_V	2	2	2
	12.5	38.1	31.13	7.41
	37.5	19.98	15.97	3.89
	62.5	10.86	8.46	2.11
	87.5	3.99	2.95	0.78

(1) 全年径流量。临沂站1954—2019年共66年的年径流量年际变化过程见图3，由图可知，年径流量整体上呈现减少趋势，减少速率为0.32亿 m³/a。从不同年代来看，20世纪50年代、60年代、70年代、80年代、90年代、21世纪00年代、10年代年径流量均值分别为34.5亿、29.8亿、18.8亿、8.9亿、15.5亿、20.2亿、12.1亿 m³，较多年平均径流量分别偏多15.01亿、10.31亿、-0.69亿、-10.59亿、-3.99亿、0.71亿、-7.39亿 m³，由此可知，自20世纪70年代以来，除了21世纪00年代以外，临沂站各年代径流量均值较多年平均径流量均偏少，呈现减少的变化趋势。按照前面丰、平、枯水年划分标准及P-Ⅲ型曲线排频分析成果，年径流量特丰水年有7年，分别是1957年、1960年、1962年、1963年、1964年、1971年、2005年，特枯水年有7年，分别是1983年、1988年、1989年、1992年、2002年、2014年、2015年。

(2) 汛期径流量。分析临沂站66年的汛期径流量序列图（图略），从线性趋势来看，汛期径流量整体上呈现减少趋势，减少速率为0.29亿 m³/a。从不同年代来看，20世纪50年代、60年代、70年代、80年代、90年代、21世纪00年代、10年代汛期径流量均值分别为29.9亿、24.2亿、15.5亿、6.7亿、12.5亿、15.2亿、9.1亿 m³，较汛期多年平均径流量分别偏多14.2亿、8.5亿、-0.2亿、-9亿、-3.2亿、-0.5亿、-6.6亿 m³，由此可知，自20世纪70年代以来，汛期径流量呈现减少的变化趋势。按照前面丰、平、枯水年划分标准及P-Ⅲ型曲线排频分析成果，汛期径流量特丰水年有8年，分别是1956年、1957年、1960年、1962年、1963年、1964年、1971年、1974年，特枯水年有8年，分别是1981年、1983年、1989年、1992年、1999年、2002年、2014年、2015年。

(3) 非汛期径流量。分析临沂站66年的非汛期径流量序列图（图略），从线性趋势来看，非汛期径流量整体上呈现减少趋势，但减少速率较小，减少速率为0.027亿 m³/a。从不同年代来看，20世纪50年代、60年代、70年代、80年代、90年代、21世纪00年代、10年代非汛期径流量均值分别为4.6亿、5.6亿、3.3亿、2.2亿、3.0亿、5.0亿、3.0亿 m³，较非汛期多年平均径流量分别偏多0.81亿、1.81亿、-0.49亿、-1.59亿、-0.79亿、1.21亿、-0.79亿，由此可知，自20世纪70年代以来，非汛期径流量整体上呈现减少的变化趋势。按照前面丰、平、枯水年划分标准及P-Ⅲ型曲线排频分析成果，非汛期径流量特丰水年有5年，分别是1961年、1962年、1964年、1975年、2005年，特枯水年有3年，分别是1988年、1989年、2015年。

综合以上分析可知，临沂站年、汛期、非汛期径流量均呈现减少的变化趋势，特别是自20世纪70年代以来，径流量减少趋势明显。从不同年代来看，径流量未出现明显的丰枯交替变化规律，径流量特丰水年主要集中在1975年以前，特枯水年主要集中在1975年以后。从临沂站年径流量距平系列来看，临沂站年径流量在1975年前后出现明显变化，1975年以前年径流量普遍大于多年平均径流量，1975年以后年径流量普遍小于多年平均径流量，故1975年可作为临沂站径流量变化的拐点。

不同年代径流量统计成果分析见表2。

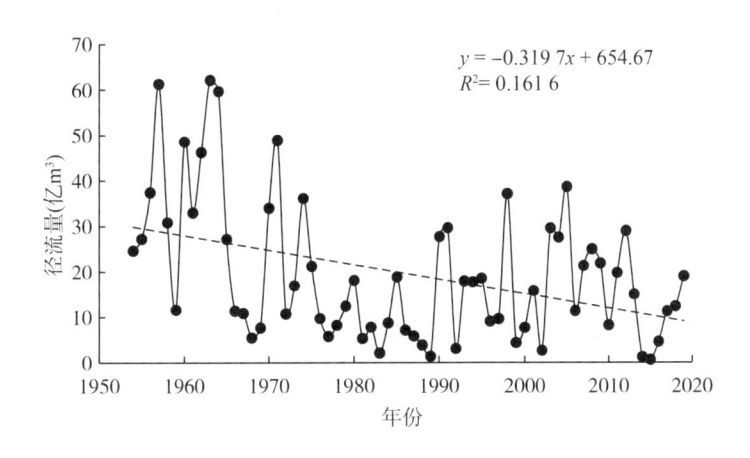

图 3 年径流量年际变化过程

表 2 不同年代径流量统计分析成果表　　　　单位:亿 m³

	年代	1954—1960	1961—1970	1971—1980	1981—1990	1991—2000	2001—2010	2011—2019
年径流量	年代均值	34.5	29.8	18.8	8.9	15.5	20.2	12.1
	与多年平均相比差值	15.01	10.31	−0.69	−10.59	−3.99	0.71	−7.39
汛期径流量	年代均值	29.9	24.2	15.5	6.7	12.5	15.2	9.1
	与多年平均相比差值	14.2	8.5	−0.2	−9	−3.2	−0.5	−6.6
非汛期径流量	年代均值	4.6	5.6	3.3	2.2	3.0	5.0	3.0
	与多年平均相比差值	0.81	1.81	−0.49	−1.59	−0.79	1.21	−0.79

4.3 径流量变化归因分析

降水是产生径流的直接原因,降水受下垫面、气象等间接因素的影响,形成了地表径流、地下径流等,共同构成了径流过程。为估算人类活动对临沂站年径流量的影响,绘制临沂站降水-径流双累积曲线(见图4)。通常情况下,降水-径流双累积曲线是一条直线,如果流域下垫面发生改变,则降水-径流双累积曲线会发生偏移。因此,可根据双累积曲线发生偏移的年份确定下垫面受人类活动发生显著改变的时间点。从图中可以看出,临沂站自1976年后,降水-径流双累积曲线发生显著偏离,这与前面分析的1975年是临沂站径流量变化拐点的结论是一致的。因此,确定临沂站不受人类影响的基准期为1954—1975年。

根据基准期和变异期2个阶段的降水量与径流量数据,分别建立临沂站累积降水量-年份变化曲线及线性方程和累积径流量-年份变化曲线及线性方程(见图5)。从图5可以看出,基准期和变异期2个阶段拟合方程的相关系数都大于0.97,拟合程度较高。根据基准期和变异期累积降水量-年份线性方程的斜率S_P和累积径流量-年份线性方程的斜率S_R,可以分别求得气候变化和人类活动对变异前后径流变化的贡献率β_d、β_h(见表3)。由表3可知,气候变化和人类活动对1975年临沂站变异前后径流变化的贡献率分别为19.4%、80.6%,由此可知临沂站径流量变化主要由人类活动导致。

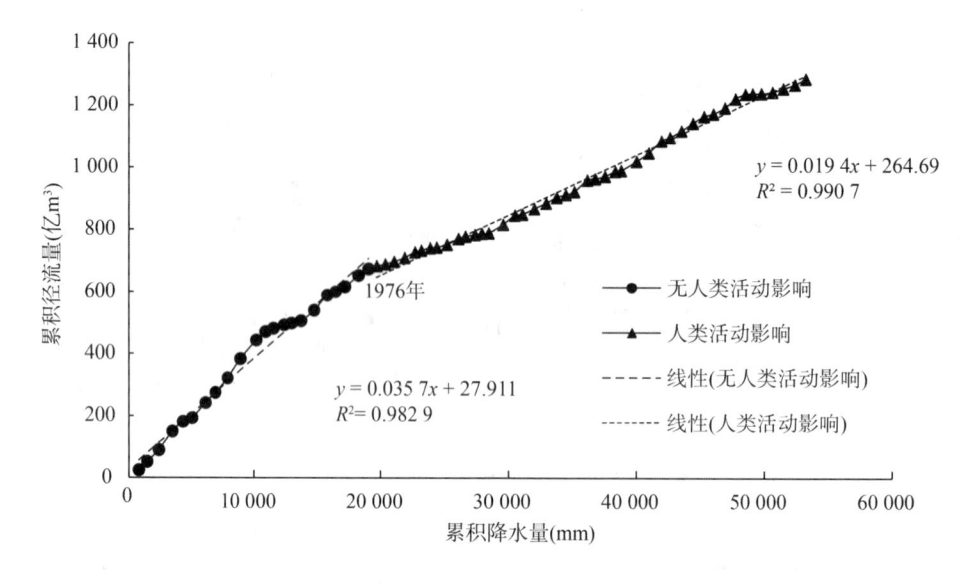

图 4　临沂站降水-径流双累积曲线

(a) 累积降水量-年份变化曲线

(b) 累积径流量-年份变化曲线

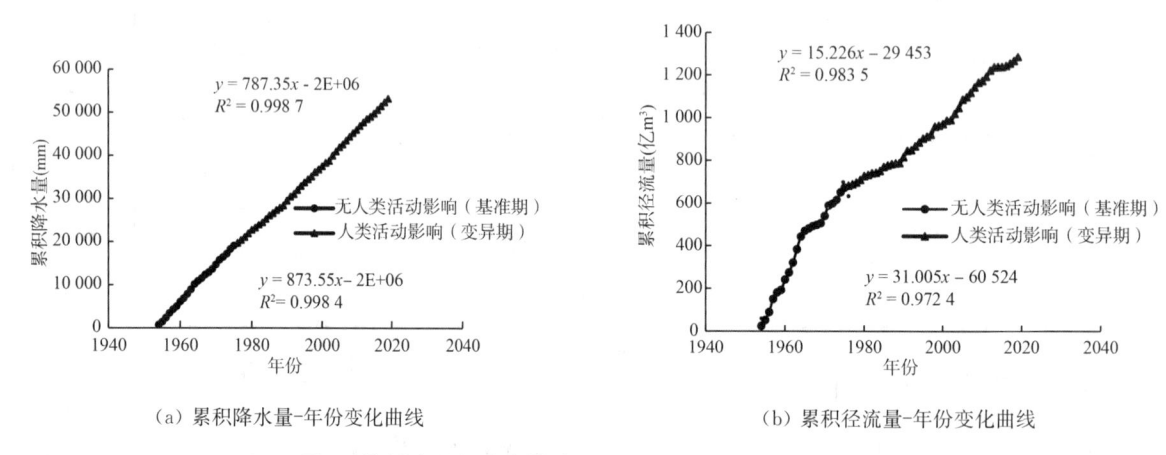

图 5　临沂站累积降水量-年份和累积径流量-年份变化曲线

表 3　累积量斜率变化率分析成果

阶段	S_P	S_R	β_q（%）	β_h（%）
基准期	873.55	31.00	—	—
变异期	787.35	15.23	19.4	80.6

5　结论

根据沂河干流临沂站近 70 年的长系列水文气象数据,采用 P-Ⅲ型曲线、降水-径流双累积曲线、累积量斜率变化率比较法等方法,系统研究和定量评估了沂沭泗水系沂河近 70 年径流变化特征及成因,取得以下初步认识：

（1）从年内分配看,沂河径流量年内分配极为不均,汛期（6—9 月）总径流量占全年径流总量的 81%。从年际变化看,多年平均径流量为 19.49 亿 m³,最大年径流量是最小年径流量的 100 倍,丰枯年份变化幅度特别大。

（2）从不同时段长系列径流量变化看,临沂站年、汛期、非汛期径流量均呈现减少的变化趋势,减少速率分别为 0.32 亿 m^3/a、0.29 亿 m^3/a、0.027 亿 m^3/a。从不同年代看,径流量未出现明显的丰枯年份交替出现的变化规律,径流量特丰水年主要集中在 1975 年以前,特枯水年主要集中在 1975 年以后。从临沂站年径流量距平系列来看,临沂站年径流量在 1975 年前后出现明显变化,1975 年以前年径流量普遍大于多年平均径流量,1975 年以后年径流量普遍小于多年平均径流量。

(3)临沂站基本不受人类活动影响的时期为 1975 年以前,气候变化和人类活动对 1975 年临沂站变异前后径流变化的贡献率分别为 19.4%、80.6%,临沂站径流量减少主要由人类活动导致。

[参考文献]

[1] 张建云,王国庆,金君良,等.1956—2018 年中国江河径流演变及其变化特征[J].水科学进展,2020,31(2):153-161.

[2] 王随继,闫云霞,颜明,等.皇甫川流域降水和人类活动对径流量变化的贡献率分析——累积量斜率变化率比较方法的提出及应用[J].地理学报,2012,67(3):388-397.

[3] 代稳,吕殿青,李景保,等.气候变化和人类活动对长江中游径流量变化影响分析[J].冰川冻土,2016,38(2):488-497.

[4] 李二辉,穆兴民,赵广举.1919—2010 年黄河上中游区径流量变化分析[J].水科学进展,2014,25(2):155-163.

[5] 陈士桐,陈和春,王继保,等.淮河上中游年径流变化特性分析[J].三峡大学学报(自然科学版),2019,41(3):16-20.

[6] 王振龙,陈玺,郝振纯,等.淮河干流径流量长期变化趋势及周期分析[J].水文,2011,31(6):79-85.

[7] 胡彩虹,王艺璇,管新建,等.基于双累积曲线法的径流变化成因分析[J].水资源研究,2012,1(4):204-210.

[8] 刘睿,夏军.气候变化和人类活动对淮河上游径流影响分析[J].人民黄河,2013,35(9):30-33.

[作者简介]

赵梦杰,男,1990 年 5 月生,工程师/科长,主要从事水情预报、水文水资源等方面的研究工作,zhaomj@hrc.gov.cn。

[基金项目]

国家重点研发计划项目(2018YFC1508006、2017YFC0405601)。

超声波测距在坡面径流监测中的试验研究

汪邦稳[1]　曹秀清[1]　陈陶泽泠[2]　张靖雨[1]　夏小林[1]

(1. 安徽省(水利部淮河水利委员会)水利科学研究院,安徽省水利水资源重点实验室　安徽　合肥　230088;
2. 合肥市第四十八中学　安徽　合肥　230088)

摘　要:坡面径流是水土流失的主要动力之一,自动、准确监测其过程可更好地为政府决策提供快速、可靠、精准的数据依据,对推进水土保持信息化建设具有重要意义。利用超声波测距原理,在安徽省滁州市定远县张山小流域综合观测站的8个不同处理的径流小区中安装调试了超声波测距系统,实现在不同降雨类型下对各径流小区的径流量和过程进行自动监测。通过与人工观测的数据进行对比分析,得出研究结果:① 超声波测距系统在不同雨型下测量不同下垫面坡面径流时均具有较好的稳定性;② 超声波测距系统在大暴雨和特大暴雨中的绝对误差较大,但最大不超过10 mm,占相应径流的10.5%,属于可接受范围;③ 超声波测距系统测量径流的相对误差较大,但相对误差与径流深显著相关,统计回归可得到有效线性模型,利用该模型可对超声波测距系统进行修正。研究结果证明,超声波测距系统在坡面径流监测中具有较好的适用性,可进一步加强应用与推广。

关键词:超声波;监测;设备;坡面径流;水土流失

径流是地表水蚀的主要动力[1],坡面径流量和径流过程是水土流失观测的重要内容[2-3]。随着水土保持发展和水土流失研究不断深入的需要,坡面径流观测水平有待提高[4]。目前,坡面径流场、径流小区以及配套布设的蓄水池、多级分水桶(池)是坡面径流观测的主要设施[5],以人工观测为主,自动化程度较低[4];但随着信息化社会建设的加快,传统的坡面径流观测方式难以满足水土保持发展的要求。因此,坡面径流自动观测设施的研究与开发逐渐受到重视[4-7];如浮子自记水位计[8]、翻斗自记流量计[6]等。由于我国降雨时空分布不均,地貌类型、土壤结构与植被覆盖差异大,已有设备在跨区域推广应用中受到一定的限制[9]。因此,探索其他坡面径流自动观测设施,可以为现有坡面径流测量技术体系作有益补充[4,10],可更好地为政府决策提供快速、可靠、精准的数据依据,对推进水土保持信息化建设具有重要意义。

超声波因指向性强,能量消耗缓慢,在介质中传播距离较远;同时由于超声波易于实时控制、操作方便、反应快速、计算简单、精度较高等特点,已被广泛用于距离的测量,如机器人距离识别等[11]。鉴于超声波测距精度高、性能稳定的特点[12],本研究通过采购高精度超声波探头、温度传感器,基于程序开发,借助嵌入式控制系统和无线传输技术,实现对定远张山小流域综合观测站的8个径流小区的径流进行自动观测,并对观测的不同降雨类型的径流数据进行了分析评价,以期助力推进水土保持监测技术体系的完善和发展。

1　研究区概况

试验研究在江淮丘陵区定远张山小流域综合观测站开展。该地区主要为丘陵岗地,海拔<350 m,相对高差100 m以内;气候为亚热带湿润季风气候,多年平均降雨量约1 000 mm,年均气温15.4℃,

在季风环流异常时,常发生暴雨洪涝、干旱、冰雹等气象灾害;土壤类型主要为石灰岩土与黄褐土,厚度60~100 cm;植被类型主要为阔叶混交林,常见树种有榆树(Ulmus pumila L.)、栎树(Quercus Linn)、乌桕[Sapium sebiferum (L.) Roxb.]、栾树(Koelreuteria paniculata Laxm.)等。该地区坡耕地分布广泛,水土流失较为严重,以中度、轻度侵蚀为主。

2 材料与方法

2.1 试验原理

超声波测距仪是利用超声波发射与被测物体的反射回波接收后的时差来测量被测距离,是一种非接触式测量仪器[11]。超声波在大气中的传播速度与温度有关,所以测距时需要考虑温度对超声波速度的影响。本研究的超声波测距原理是利用超声波探头发射超声波,超声波在空气中传播,遇到水面后反射,产生回波,超声波探头接收回波,并记录发射超声波与接收回波的时间差,同时,温度探头记录空气温度,最后计算获取被测物体的距离。测距公式见式(1)。

$$d = \frac{vt}{2} \quad (1)$$

式中:$v = 331.4 \times \sqrt{1+T/273}$,为超声波波速(m/s);$T$为空气环境温度(℃);$t$为超声波探头发射超声波与接收回波的时间差(s)。

2.2 试验材料

试验开始前,先对市场上现有的超声波传感器和温度传感器进行筛选。通过分析对比,试验采用超声波张力控制测距传感器,型号NU200F18TR-1SD,测量范围60~1 000 mm,精度0.3%,分辨率0.1 mm,测量频率16 kHz,工作电压10~30 VDC,功耗480 MW,工作温度−20~70℃。该超声波测距仪内部带有温度监测,但由于工作时测距仪内部温度会高于环境温度,所以,该试验为每个超声波测距仪配备了外部温度传感器,型号为T10S-B,适用条件−40~80℃,分辨率0.1℃,精度±0.5℃,供电DC5-DC24 V,功耗≤0.1 W。另外购买了用于实现自动观测和无线传输的相关设备材料,包括RS485采集器模块、电线、防水接线盒、RS485继电器、电源转换器、室外无线WI-FI路由器等。

2.3 试验方法

定远张山小流域综合观测站内建有8个坡面径流小区,4种处理,分别是坡度8°的林地、裸地、坡耕地和3°的坡耕地,每种处理设置2种重复。每个径流小区设有3级5孔分流的蓄水池,每个蓄水池用不锈钢内衬,确保蓄积的径流不渗漏,少损耗。具体见图1。试验站同时建有自动观测气象站,能够观测风速、风向、温度、湿度、太阳辐射、日照时间、蒸发量、降雨量和降雨过程等。

1号小区(林地) Plot1 Woodland　　2号小区(林地) Plot2 Woodland　　3号小区(裸地) Plot3 Bare land　　4号小区(裸地) Plot4 Bare land

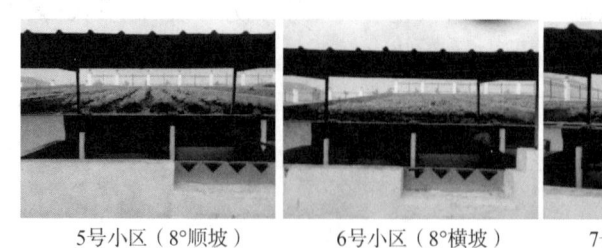

5号小区（8°顺坡）	6号小区（8°横坡）	7号小区（3°顺坡）	8号小区（3°横坡）
Plot5 8° Downward slope	Plot6 8° Cross slope	Plot7 3° Downward slope	Plot8 3° Cross slope

图 1　定远张山小流域综合观测站径流小区处理及观测设施情况

2020 年 5 月，采用飞凌 FCU1101 嵌入式控制单元、NXP i. MX6UltraLite 处理器，内部集成 RS485、以太网口、4G、Wi-Fi 等功能接口和模块。利用市电为主用电源、太阳能蓄电池为备用电源的双供电模式，并用双电源自动切换器接入系统，使系统供电电压为 12 V，实现对定远张山小流域综合观测站的 8 个径流小区的蓄水池进行超声波测距系统的安装和调试。系统安装调试完成后，即开展径流小区的径流观测试验。每场降雨前后查看设备工作是否正常，下载并保存数据。同时，用钢卷尺和蓄水池中安装的水位尺进行人工观测，用人工观测的径流数据分析评价超声波测距系统监测的径流数据。本研究选择了 4 种典型产流降雨类型进行分析，分别是 2020 年 7 月 11 日的特大暴雨、7 月 26 日的中雨、8 月 8 日的大暴雨和 8 月 20 日的大雨。

2.4　分析方法

为分析超声波测距系统观测坡面径流的可靠性和精准度，本研究采用了绝对误差和相对误差分析法。绝对误差和相对误差见式(2)、(3)。

$$E_a = |H_p - H_m| \tag{2}$$

式中：E_a 为绝对误差(mm)；H_p 为人工测量径流深(mm)；H_m 为超声波测距系统测量径流深(mm)。

$$E_r = \frac{|H_p - H_m|}{H_p} \times 100\% \tag{3}$$

式中：E_r 为相对误差(%)；其他变量代表的参数与式(2)相同。

本研究采用的分析软件有 Excel 2013、IBM SPSS statistics 22.0 等。

3　结果与分析

3.1　降雨特征

试验区 4 种典型产流降雨类型的降雨量分别是中雨 19.0 mm，大雨 29.2 mm，大暴雨 125.0 mm，特大暴雨 258.1 mm，对应的最大 1 h 雨强分别是 6.4 mm/s、22.6 mm/s、6.2 mm/s、18.0 mm/s，详见图 2。从图 2 可看出，试验区的降雨类型多样，降雨量、降雨强度变化大，为分析超声波测距的适用性提供了较好的条件。

3.2　不同雨型下超声波测距系统测量径流的误差

基于超声波测距系统的自动监测和人工观测获取定远张山小流域综合观测站 8 个径流小区在不

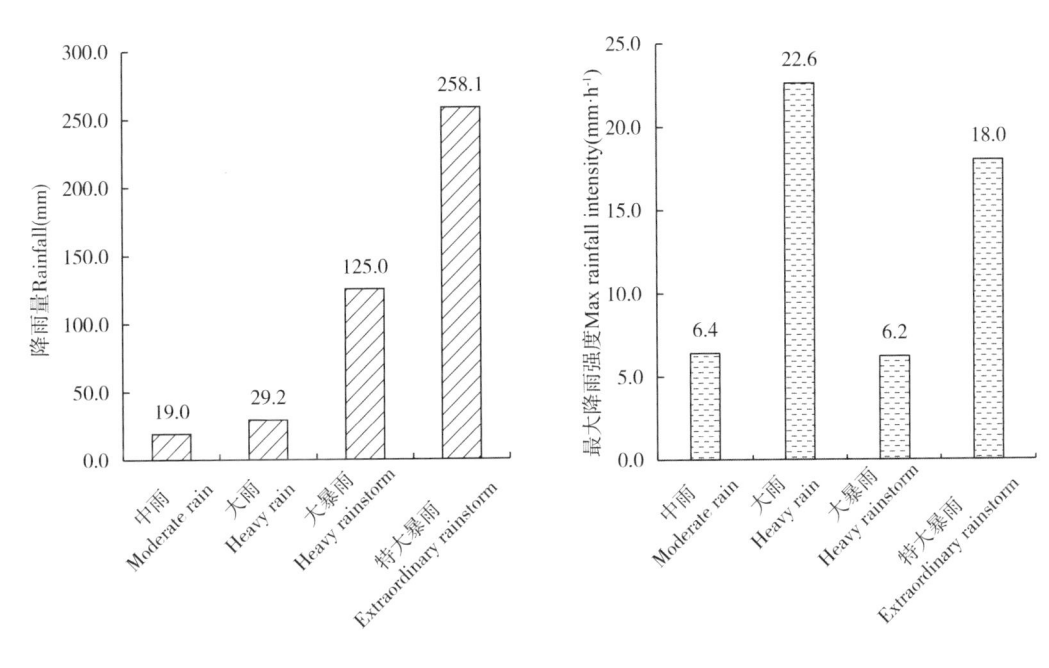

图 2 不同降雨类型的雨量与雨强特征

同雨型下的径流数据,分析整理结果见表1。从表1可看出,每个小区的超声波测距系统测量的径流深与人工测量的径流深随降雨类型的变化趋势一致。两种方法观测的第2～7径流小区径流深随降雨量的增大而增大,两种方法观测的第1径流小区径流深在大暴雨下最大,特大暴雨下次之,这可能是不同的下垫面条件对降雨特征的响应不同造成的[13]。

表 1 不同雨型下各径流小区的超声波和人工测量的径流深

小区编号 Plot number	中雨 Moderate rain(mm) 超声波 Ultrasonic	中雨 Moderate rain(mm) 人工 Manual	大雨 Heavy rain(mm) 超声波 Ultrasonic	大雨 Heavy rain(mm) 人工 Manual	大暴雨 Heavy rainstorm(mm) 超声波 Ultrasonic	大暴雨 Heavy rainstorm(mm) 人工 Manual	特大暴雨 Extraordinary rainstorm(mm) 超声波 Ultrasonic	特大暴雨 Extraordinary rainstorm(mm) 人工 Manual
1	—	—	0.19	0.24	60.50	59.40	43.60	49.20
2	—	—	0.15	0.24	71.50	75.10	220.90	225.10
3	0.13	0.30	3.60	3.36	78.30	77.40	99.00	98.40
4	0.24	0.34	1.75	1.56	106.90	105.10	226.40	225.60
5	0.27	0.22	0.76	0.72	56.30	50.40	80.30	80.40
6	0.20	0.19	0.25	0.36	25.10	31.20	38.10	37.20
7	0.15	0.24	0.36	0.36	46.80	44.30	82.60	92.30
8	0.21	0.23	0.31	0.24	1.40	1.20	2.30	1.80

以人工观测的径流为准,利用绝对误差与相对误差法分析超声波测距系统在不同雨型下测量各径流小区径流深的可靠性与精准度,得出图3。从图3可看出,不同雨型下超声波测距系统测量径流深的绝对误差差异较大,中雨、大雨、大暴雨、特大暴雨下的绝对误差分别是0.07 mm、0.10 mm、2.70 mm、2.80 mm;差异性分析 sig<0.05,为0.019,水平显著;大暴雨、特大暴雨下的超声波测距系统测量径流深的绝对误差明显高于中雨、大雨。从图3还可以看出,不同雨型下超声波测距系统测量径流深的相对误差差异亦明显,中雨、大雨、大暴雨、特大暴雨下的相对误差分别是26.7%、17.9%、7.9%、6.9%;差异性分析 sig<0.05,为0.023,水平显著;大暴雨、特大暴雨下的超声波测距系统测量

径流的相对误差明显低于中雨、大雨。

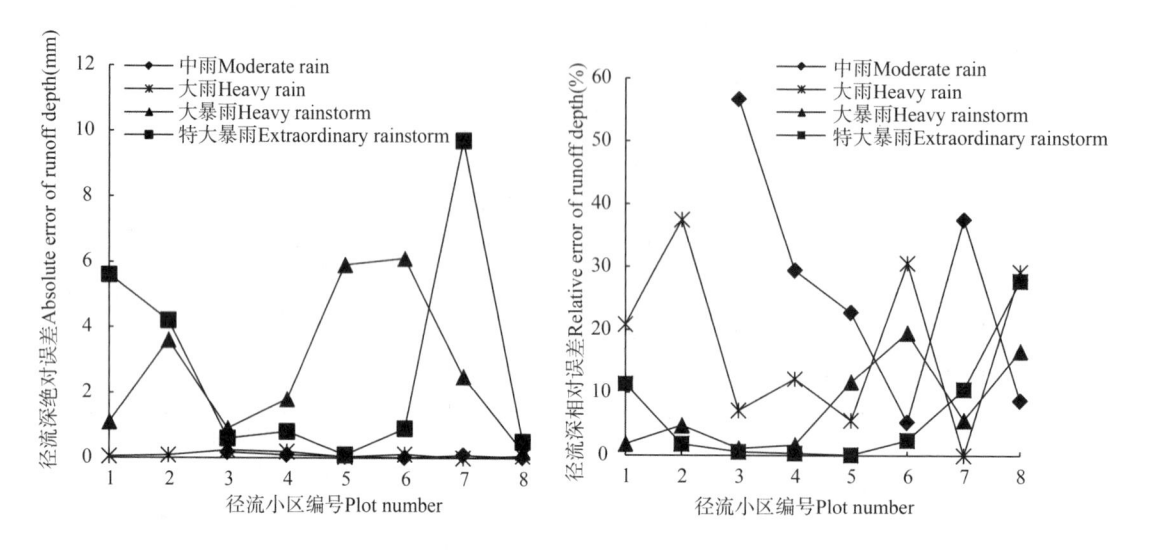

图 3　超声波测距系统测量各径流小区的径流深绝对误差和相对误差

3.3　超声波测距系统测量误差修正

为修正超声波测距系统测量误差,利用相关分析法分析绝对误差、相对误差与径流的关系,发现径流深与超声波测距系统测量绝对误差不相关,与相对误差极度相关,sig 为 0.003,达到显著水平。利用逐步回归法分析超声波测距系统测量相对误差与径流深的关系,得出图 4。从图 4 可看出,超声波测距系统测量相对误差与径流深呈现显著负相关,回归方程的显著性 sig 为 0.03＜0.05,说明回归方程有效,可以用此方程来对超声波测距系统测量的误差进行修正。

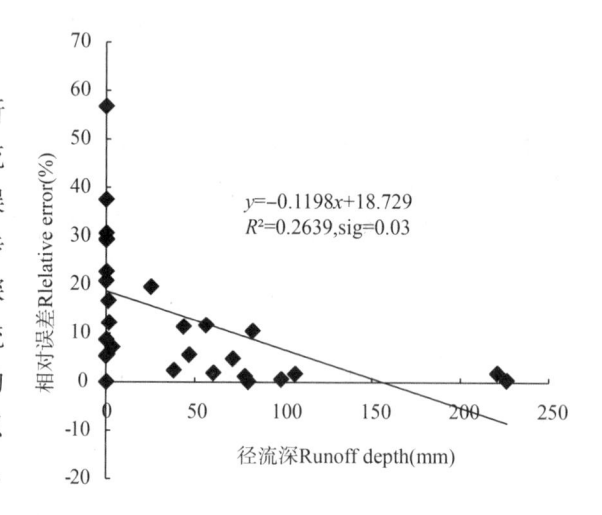

$y=-0.1198x+18.729$
$R^2=0.2639, sig=0.03$

图 4　超声波测距系统测量误差与径流深的关系

4　讨论

4.1　降雨的代表性

现有研究表明,在气候环境变化的背景下,极端天气越发频繁[14],这对水土流失产生了深刻的影响[15]。因此,急需研发稳定可靠的观测设备加强监测不同降雨条件下各下垫面水土流失特征,从而获取数据,为科研、规划提供基础数据,为政府决策提供科学依据[4]。研究区 2020 年 7、8 两个月下了 13 场雨,其中特大暴雨 1 场,大暴雨 1 场,大雨 3 场,中雨 5 场,小雨 3 场,总降雨量为 585.7 mm。研究选择的 4 场降雨量占 7、8 两月总降雨的 73.6%,所以,进行超声波测距系统测量径流研究所选择的 4 场降雨在雨型、雨量和时间分布上,均具有一定代表性。

4.2　超声波测距系统测量径流的适用性

超声波测距系统测量的小区径流深随降雨类型的变化特征与人工测量的径流一致,说明超声波测距系统测量径流具有稳定性[11]，能够在不同降雨条件下对不同下垫面的坡面径流进行监测。超声波测距系统测量径流的绝对误差随雨型的增大而增大，尤其大暴雨和特大暴雨下，测量径流的绝对误差明显高于中雨和大雨。说明超声波测距系统测量径流的绝对误差受降雨类型影响明显，降雨类型越大，绝对误差越大。这可能是因为大雨型下径流小区的三级蓄水池都会蓄水，所以测量时少许的误差就会被累积放大。

超声波测距系统测量径流的相对误差随雨型的增大而减小，尤其中雨和大雨下，相对误差明显高于大暴雨和特大暴雨。说明超声波测距系统测量径流的相对误差随雨型的增大而减小。这是因为小雨型径流小区产生的径流少，少许的绝对误差就会引起较大的相对误差；大雨型径流小区产生的径流多，绝对误差增大不引起径流根本变化时，相对误差仍然较小。这种情况在可大雨型下径流小的小区其径流相对误差仍然较大得到验证，如特大暴雨下，第 8 小区超声波测距系统测量的径流为 2.3 mm，其相对误差达到 27.8%。

超声波测距系统测量径流的绝对误差与相对误差虽然受雨型影响较大，但在 4 种雨型下的最大绝对误差不超过 10 mm，占相应降雨量的 3.8%，占相应径流量的 10.5%，且在特大暴雨条件下发生的，属于极端天气。所以，该误差可在接受范围内[4]。超声波测距系统测量径流的相对误差较大，但相对误差与径流深有显著的相关关系，利用统计回归可得到有效的线性方程。说明可利用该线性模型对系统进行修正，从而提高超声波测距系统测量径流的精准度。因此，超声波测距系统在坡面径流观测中具有较好的适用性，可进一步加强应用与推广。

5 结论

综合以上分析，得出结论如下：

（1）超声波测距系统在不同雨型下测量不同下垫面坡面径流时具有较好的稳定性。

（2）超声波测距系统在大暴雨和特大暴雨中的绝对误差较大，但最大不超过 10 mm，占相应径流的 10.5%，属于可接受范围。

（3）超声波测距系统测量径流的相对误差较大，但相对误差与径流深显著相关，统计回归可得到有效线性模型，利用该模型可对超声波测距系统进行修正。

[参考文献]

[1] 张光辉. 对坡面径流挟沙力研究的几点认识[J]. 水科学进展，2018，29（2）：151-158.

[2] 王涛，王进，吴彦昭. 60 年来西汉水流域降水径流演变特征及影响分析[J]. 人民长江，2020，51（6）：89-94.

[3] 贾路，任宗萍，李占斌，等. 基于耦合协调度的大理河流域径流和输沙关系分析[J]. 农业工程学报，2020，36（11）：86-94+328.

[4] 李智广，曹文华，牛勇. 坡面径流实时监测装置的测试与率定[J]. 中国水土保持科学，2017，15（3）：58-64.

[5] 符素华，付金生，王晓岚，等. 径流小区集流桶含沙量测量方法研究[J]. 水土保持通报，2003，23（6）：39-41.

[6] 李发东，宋献方，刘昌明，等. 坡面径流过程流量自动观测方法[J]. 地理研究，2006，25（4）：666-672.

[7] 刘鹏，李小昱，王为，等. 基于相关法的坡面径流流速测量系统[J]. 农业工程学报，2008，24（3）：48-52.

[8] 谢崇宝，高虹，白静，等. 低成本磁感应浮子水位计研发[J]. 节水灌溉，2016（6）：100-101.

[9] 符素华，椹卓岚，张志兰，等. 水土流失综合治理优先小流域识别的空间尺度效应[J]. 水土保持通报，2020，40（2）：148-153.

[10] 赵军，屈丽琴，赵晓芬，等. 称重式坡面径流小区水流流量自动测量系统[J]. 农业工程学报，2007，23（3）：36-40.

[11] 李戈,孟祥杰,王晓华,等.国内超声波测距研究应用现状[J].测绘科学,2011,36(4):60-62.
[12] 杨保海,宋俊慷,黎运宇,等.基于SOPC高精度超声波测距系统研究与实现[J].电子器件,2019,42(6):1574-1577.
[13] 郑海金,杨洁,汤崇军,等.不同水土保持耕作措施对径流泥沙与土壤碳库的影响[J].水土保持通报,2011,31(6):1-4+10.
[14] 刘明丽,王谦谦.江淮梅雨期极端降水的气候特征[J].南京气象学院学报,2006,29(5):676-681.
[15] 邢栋,张展羽,杨洁,等.旱涝急转条件下红壤坡地径流养分流失特征研究[J].灌溉排水学报,2015,34(2):11-15.

[作者简介]

汪邦稳(1981—),男,博士,教高,主要研究方向为水土保持与水生态,bangwenwin@126.com。

淮河流域 1982—2015 年植被覆盖度时空动态变化特征分析

滕怀颐　刘家旭　冯理祥

(南四湖局蔺家坝水利枢纽管理局　江苏　徐州　221116)

摘　要：利用美国国家航空航天局(NASA)全球监测与模拟研究组(Global Inventory Modelling and Mapping Studies,GIMMS)的归一化植被指数(NDVI)，运用一元线性回归趋势分析法以及Sen+Mann-Kendall趋势检验分析了近34年淮河流域地区NDVI变化趋势，采用变异系数分析了研究区域植被覆盖的波动规律。结果表明：淮河流域地区NDVI值在逐年上升的过程中存在以10年为周期的波动下降变化阶段；淮河流域地区植被覆盖度均处于中高等级，其中高植被覆盖地区主要分布在大别山东南一带和中部平原一带；1982—2015年淮河流域地区植被覆盖改善的区域远大于植被退化的区域。

关键词：淮河流域；NDVI；时空变化；趋势分析

IPCC第五次评估报告中指出，全球大部分地区正在经历持续变暖的过程(1951—2012年全球平均地表温度升高了 0.72℃)[1]，在此大环境的影响下，北半球植被活动持续增强[2]，同时1959年—2009年中国平均气温上升了 1.38℃，变化速率达到 0.23℃/10 a[3]。植被是连接大气、水体和土壤的纽带，具有显著的季节变化以及年际变化特征[4]，对气候变化的响应十分敏感，而气候的变化必然会导致植被生长环境的变化，进而影响植被的生长状态[5]。根据现有研究，归一化植被指数(NDVI)能够在大范围覆盖区域内精确反映植被光合作用强度、代谢强度及其季节性和年际间变化[6]，是当前世界学术研究广泛应用的、能够较好表征植被覆盖度的参数之一[7]，能够较好地反映出植被生长状态及其覆盖度。同时已有研究表明，NDVI是监测区域植被以及生态环境的有效指标，是能够反演植被覆盖状况的最佳指示因子之一[8]。同时，气温、降水等气候因素的演变在一定程度上影响植被的生长发育[9]，针对气候变化背景下植被的动态变化及其与气候之间的联系已成为目前全球研究的热点[10]。了解淮河流域地区植被覆盖空间格局的变化，能够为改善该地区居住环境、促进区域经济可持续发展提供一定的参考[11]。

长时间序列的NDVI数据集已经被证明可以应用于植被的动态监测[12]，美国国家航空航天局(NASA)的全球监测与模拟研究组(GIMMS)根据搭载在NOAA系列卫星上的先进县高分辨率雷达(AVHRR)影像，制作了时间尺度为15 d、空间分辨率为 8 km×8 km的最大值合成GIMMSNDVI产品，该数据集涵盖了 1981—2015 年的全球NDVI数据，在分析长时间序列或大面积区域的植被变化状态时，该数据集被认为是最佳数据集[13]。目前国内外诸多学者利用GIMMS NDVI数据集对全球、中亚地区、中国不同地区的植被变化及影响因素进行分析，如Wu等[14]基于GIMMS NDVI全球覆盖集、USGS全球覆盖特征和HWSD土壤类型数据集评估了GIMMS FVC的准确性，并指出1982—2011年全球植被覆盖变化具有明显的季节性，且全球植被呈现变绿的趋势；邓兴耀等[15]选用1982—2013年GIMMS NDVI数据研究了中亚干旱区植被覆盖的空间格局、空间变异性、时间变化特征和未来趋势预测，指出1982—2013年中亚干旱区植被覆盖有较强的空间异质性，呈山区高平原低、西部高东部低、北部高南部低的特点；代子俊等[16]以GIMMS NDVI 3g.v1 为数据源，采用Sen+Mann-Kendall 方法研究了青海省 1982—2015 年植被覆盖区域 NDVI 时空变化,发现近 34 年青海省植被 NDVI 整体呈从西北到东南的增加趋势,NDVI 变化具有明显的阶段性,且存在 1994 年和 2000 年两个突变点。

以上研究或基于全球尺度,或分析单独省份,对于淮河流域地区的长时间序列植被覆盖度变化研究还较少。为更好分析淮河流域地区植被生长状态变化,本文基于 1982—2015 年 GIMMS NDVI 3g 数据,运用变异系数、线性趋势法分析淮河流域地区植被覆盖度的时空变化格局及波动变化特征。

1 研究区域及数据来源

1.1 研究区概况

本文研究区域选定为中国淮河流域地区,淮河流域行政区划包括有河南、湖北、山东、安徽以及江苏 5 省,地处我国南北交界处,北部地区为暖温带,南部地区为北亚热带[17]。淮河流域地形平缓广阔,中游为山脉区,上游地区多为丘陵,地区植被多为落叶阔叶林[18]。自 20 世纪中叶全球变暖趋势加强以来,本区域内极端气候时有发生,而地表覆盖植被对气候变化的响应十分敏感,基于此,对该区域内的植被变化进行长期监测,对于了解该范围内植被生长状态、维护该区域生态系统的稳定有重要的指导意义。研究区位置图如图 1 所示。

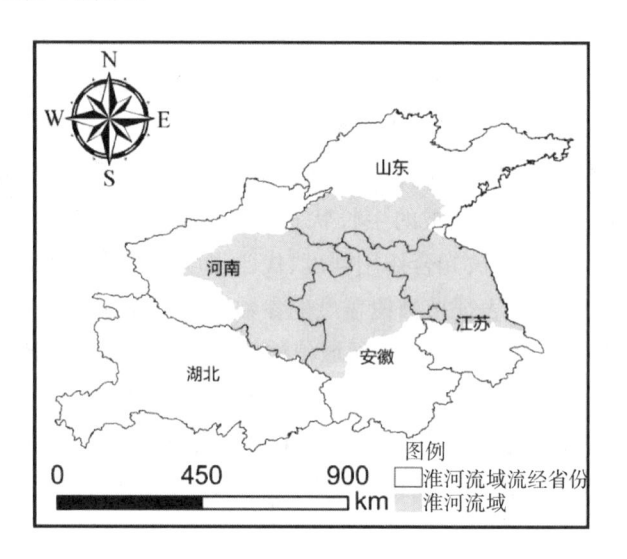

图 1 研究区位置图

1.2 研究数据来源

1.2.1 GIMMS NDVI 3g 数据

本文所用 NDVI 数据产品采用美国全球监测与模拟研究组(Global Inventory Modelling and Mapping Studies,GIMMS)发布的由搭载于 NOAA 卫星上的 AVHRR 传感器中获取的植被数据产品,该数据集在制作过程中经过辐射校正、大气校正、坐标转换等预处理后,再对每日、每轨图像进行几何精校正、除坏线、除云等处理后,最后进行 NDVI 计算并合成。NDVI 是由 AVHRR 的第一通道(可见光)以及第二通道(近红外)反照率的比值参数得到,其计算方法为:

$$NDVI = \frac{(NIR - VIS)}{(NIR + VIS)} \tag{1}$$

式中：NIR 和 VIS 分别是可见光（0.58~0.68 μm）和近红外（0.725~1.10 μm）的反照率。

GIMMS NDVI 数据产品的获取地址为 https://www.nasa.gov/nex。该数据为 netCDF4 文件格式，每半年存储为一个 netCDF4 文件，即每个 netCDF4 文件中包含了 6 个月的 NDVI 数据，一年共 12 景图像，时间分辨率为 15 d，空间分辨率为 0.083 3°×0.083 3°。

本文选用 1982—2015 年 GIMMS NDVI 3g.v 半月最大值合成数据作为数据源，通过淮河流域区域掩膜提取出 1982—2015 年逐月 NDVI 栅格数据，然后使用最大值合成法（MVC）得到淮河流域地区 1982—2015 年逐年 NDVI 栅格数据。使用最大值合成法过程中，可在一定程度上排除云层和大气水汽的干扰。

1.3 研究方法

1.3.1 一元线性回归趋势分析

本研究采用一元线性回归方程的斜率来分析每个栅格点 NDVI 的变化速率，用以分析研究区 NDVI 的变化趋势。其计算公式为：

$$Slope = \frac{n \times \sum_{i=1}^{n} NDVI_i - \sum_{i=1}^{n} i \sum_{i=1}^{n} NDVI_i}{n \times \sum_{i=1}^{n} i^2 - \left(n \times \sum_{i=1}^{n} i\right)^2} \tag{2}$$

式中：$Slope$ 为 1982—2015 年研究区 NDVI 栅格点的变化速率，$Slope > 0$ 说明 n 年间的变化趋势是增加的，反之，则是变化趋势减少；n 为研究的时间序列长度，本文选取为 34；变量 i 为 1~34 的年序号；$NDVI_i$ 为第 i 年的 NDVI 值。

1.3.2 Sen+Mann-Kendall 趋势检验分析

Theil-Sen 斜率也被称为"Kendall 斜率"或"非线性参数回归斜率"，与常规的线性回归相比，其规避误差能力较强。本文利用 Sen+Mann-Kendall 趋势检验分析，用以评估研究区每个栅格点 NDVI 的变化速率以及趋势，其计算公式为：

$$\beta = Median\left(\frac{NDVI_j - NDVI_i}{j - i}\right), 1982 \leqslant i < j \leqslant 2015 \tag{3}$$

式中：$NDVI_j$ 和 $NDVI_i$ 为各像元第 j 年和第 i 年 NDVI 最大合成值，当 $\beta > 0$ 时，反映 NDVI 呈现上升趋势，反之，则呈现下降趋势。

Theil-Sen 趋势变化的显著性不能通过自身判断，而 Mann-Kendall 是一种非参数秩次检验方法，其优点是无须对数据进行特定的分布检验，同时也不受少数极端值的影响，其计算公式为：

$$设 \{NDVI_i\}, i = 1982, 1983, \cdots, 2015,$$

定义 Z 统计量为：

$$Z = \begin{cases} \dfrac{S-1}{\sqrt{V(S)}} \\ \dfrac{S-1}{\sqrt{V(S)}} \end{cases} \tag{4}$$

式中：

$$S = \sum_{i=1}^{n-1} \sum_{j=i+1}^{n} f(NDVI_j - NDVI_i) \tag{5}$$

$$f(NDVI_j - NDVI_i) = \begin{cases} 1, NDVI_j - NDVI_i > 0 \\ 0, NDVI_j - NDVI_i = 0 \\ -1, NDVI_j - NDVI_i < 0 \end{cases} \tag{6}$$

式中：$NDVI_i$ 和 $NDVI_j$ 分别为研究区域像元第 i 年和第 j 年的年 NDVI 值；f 为符号函数；n 表示研究植被变化的时间长度。Z 采用双边检验，取值范围为 $(-\infty, +\infty)$，通过查找正态分布表，本研究取 0.05 置信水平，即在 1.96 上判断植被 NDVI 变化趋势的显著性。

Theil-Sen 斜率和 Mann-Kendall 趋势检验结合已经被广泛运用到植被趋势分析中，是研究长时间序列植被指数的一种重要方法。

1.3.3 变异系数法

本研究采用变异系数法，用以分析研究时段内研究区植被覆盖变化的波动规律，其计算公式为：

$$CV_{NDVI} = \frac{\sigma_{NDVI}}{\overline{NDVI}} \tag{7}$$

式中：CV_{NDVI} 是指研究时段内 NDVI 的变异系数；σ_{NDVI} 表示研究时段内 NDVI 的标准差；$\overline{NDVI}$ 为研究时段内 NDVI 的平均值。利用变异系数能够分析研究时段内 NDVI 在时间序列上的稳定性，CV_{NDVI} 值越大，表示数据分布越离散，波动越大，时序越不稳定；反之，CV_{NDVI} 值越小，表示数据分布越集中，波动越小，时序越稳定。

2 结果与分析

2.1 淮河流域地区 NDVI 时空变化特征

2.1.1 淮河流域地区 NDVI 时间变化趋势

利用最大值合成法对淮河流域地区 1982—2015 年 NDVI 进行最大值合成，获取的最大值 NDVI 能够消除部分云、气溶胶、太阳高度角和地物双向性反射的干扰，可较好地反映淮河流域地区植被生长最好的状况。淮河流域地区 NDVI 变化如图 2 所示。

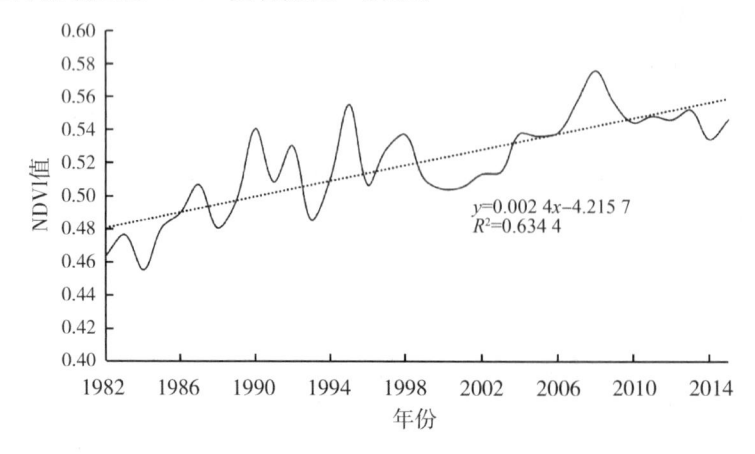

图 2 1982—2015 年淮河流域地区 NDVI 值年际变化

由图 2 可知,1982—2015 年,淮河流域地区的年 NDVI 值在 0.455~0.576,整体呈现出显著的上升趋势。其中,NDVI 最小值出现在 1984 年,最大值出现在 2008 年,其中 1999—2008 年显著上升,局部有略微下降。在 1984 年、1994 年、2002 年以及 2014 年附近 NDVI 值均有较大的下降趋势,存在以 10 年为周期的波动下降趋势,这与安徽省人民政府统计出的淮河流域发生旱灾年份及周期基本一致。

2.1.2 淮河流域地区 NDVI 空间分布特征

本研究将 1982—2015 年 NDVI 累加后的平均值作为研究区 34 年的 NDVI 值,将淮河流域地区 1982—2015 年的历年 NDVI 年均数据进行逐像元逐年求平均后,将淮河流域地区 34 年间 NDVI 均值可视化,如图 3 所示,用以分析淮河流域地区植被覆盖的空间格局特征。

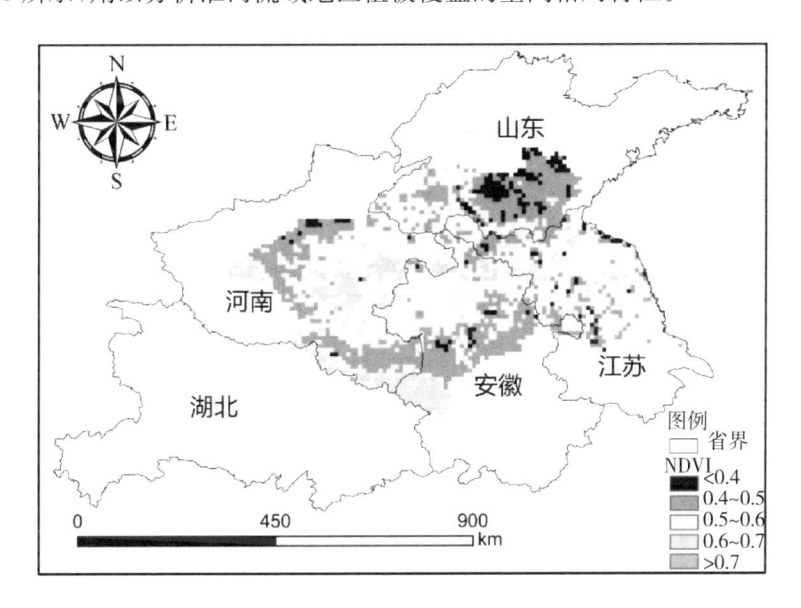

图 3 1982—2015 淮河流域地区 NDVI 年均值空间分布

总体来看,淮河流域地区植被指数整体处于较好水平,植被覆盖良好,全区植被覆盖度均处于中高等级,但存在一定的空间异质性。宏观来看,NDVI 值小于 0.5 的区域占到 31.1%,主要分布在山东境内以及安徽中部及该地区西北部;NDVI 值大于 0.7 的区域占到 7.46%,主要分布在淮河流域地区西南部和中部地区,即大别山东南一带和中部平原一带。

2.2 淮河流域地区 NDVI 动态变化特征

2.2.1 淮河流域地区 NDVI 的变化趋势分析

通过对淮河流域地区 1982—2015 年 NDVI 数据进行变化趋势分析,得到基于像元的 $Slope$ 空间分析结果,依据徐建华的研究[19]并根据显著性检验结果将变化趋势分为 5 个等级(表 1)。仅从淮河流域地区过去 34 年 NDVI 值的回归方程斜率正负可知,$slope>0$ 的区域占总面积的 97.15%,淮河流域地区 NDVI 整体处于增加的状态,说明在过去 34 年期间,淮河流域地区植被生长状态较好。总体来看,由图 4 和表 1 可知,淮河流域地区显著改善和轻微改善区域分别占总面积的 2.56% 以及 34.79%,其中,显著改善区域以及轻微改善区域主要集中在淮河流域西南地区、中部平原地区以及北方地区,表明这些区域植被生长趋势良好,生态环境得到一定程度的改善。显著退化和轻微退化区域占淮河流域地区的 8.48%,主要集中在淮河流域西北地区,表明这些区域植被生长状态较差,植被生态受到一定程度的威胁。

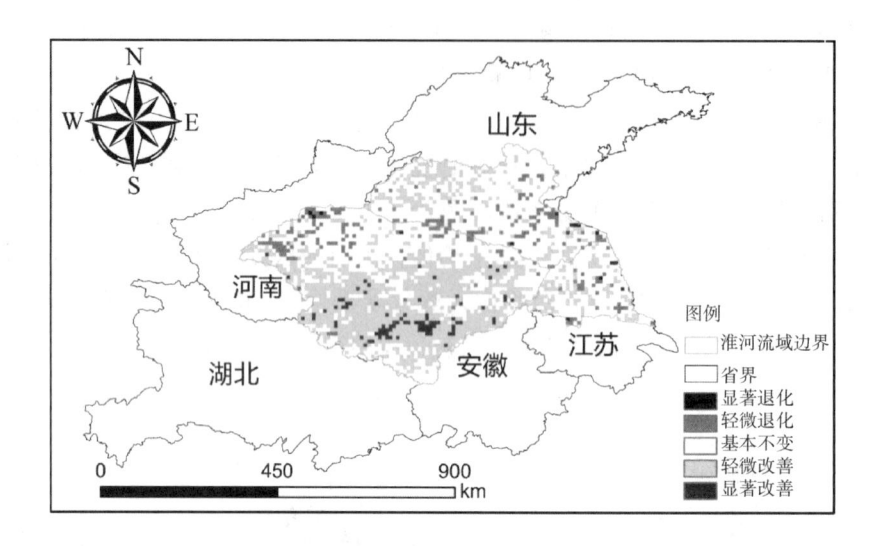

图 4　淮河流域地区 NDVI 变化趋势图

表 1　淮河流域地区 NDVI 变化趋势统计结果

变化程度	分级标准	像元个数	百分比（%）
显著改善	$Slope > 0.0045$	95	2.56
轻微改善	$0.0015 < Slope < 0.0045$	1 293	34.79
基本不变	$-0.0015 < Slope < 0.0015$	2 013	54.17
轻微退化	$-0.0045 < Slope < -0.0015$	305	8.21
显著退化	$Slope < -0.0045$	10	0.27

2.2.2　淮河流域地区 NDVI 变异性分析

变异系数能够反映植被变化的稳定性，本文基于前人研究[20]将变异系数分为 5 个层级，同时统计出 1982—2015 年淮河流域地区植被 NDVI 的变异系数（表 2）。整体来看（图 5），淮河流域地区植被覆盖总体呈现出低态势的变化趋势，其中低波动变化区、相对较低波动变化区分别占植被覆盖区域的 25.25%、59.23%，主要分布在淮河流域南部地区、中部平原一带、北部近黄河一带以及苏北苏中地区，这些地区以丘陵平原为主，植被生长变化较为稳定，说明这些区域水热状况较为稳定，干旱或洪涝灾害发生频率低、强度小。中等波动变化区、相对较高波动变化区以及高波动变化区分别占植被覆盖区域的 12.37%、1.97% 以及 1.18%，主要分布在淮河流域西北部以及沿海地区，说明这些地区植被覆盖度受降雨、气温等气候条件影响较大，区域内干旱或者洪涝灾害发生频率较高、强度较大。

表 2　淮河流域地区 NDVI 变异性统计结果

CV_{NDVI}	变异程度	像元个数	百分比（%）
$CV_{NDVI} \geq 0.20$	高波动变化	43	1.18
$0.15 \leq CV_{NDVI} < 0.20$	相对较高波动变化	72	1.97
$0.10 \leq CV_{NDVI} < 0.15$	中等波动变化	452	12.37
$0.05 \leq CV_{NDVI} < 0.10$	相对较低波动变化	2 165	59.23
$CV_{NDVI} < 0.05$	低波动变化	919	25.25

3　结论

本文利用时间跨度最长的 1982—2015 年 GIMMS NDVI 3g.v1 数据集，从空间和时间尺度上，研

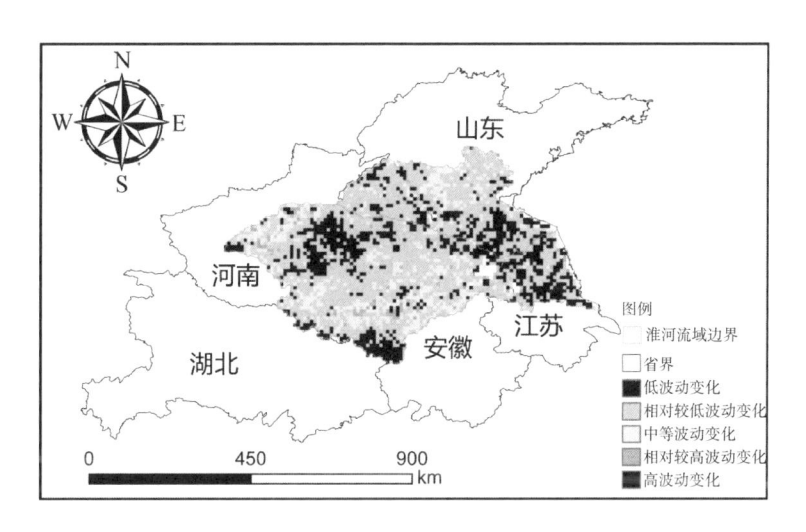

图5 淮河流域地区NDVI变异程度

究了淮河流域地区近1982—2015年植被覆盖的时间、空间格局及变化趋势,得出如下结论:

(1)从时间变化来看,淮河流域地区近34年植被NDVI值呈现出显著上升的趋势,但存在以10年为周期的明显下降趋势。

(2)从植被分布状况来看,整个淮河流域地区植被指数整体处于较好水平,植被覆盖良好,全区植被覆盖度均处于中高等级,其中高植被地区主要分布在大别山东南一带和中部平原一带。

(3)从NDVI变化趋势来看,1982—2015年淮河流域地区植被覆盖改善的区域大于植被退化的区域,显著改善区域以及轻微改善区域主要集中在淮河流域西南地区、中部平原地区以及北方地区,显著退化和轻微退化区域主要集中在淮河流域西北地区。

(4)淮河流域地区植被覆盖总体呈现出低态势的变化趋势,其中低波动变化区、相对较低波动变化区主要分布在淮河流域南部地区、中部平原一带、北部近黄河一带以及苏北苏中地区,中等波动变化区、相对较高波动变化区以及高波动变化区主要分布在淮河流域西北部以及沿海地区。

[参考文献]

[1] IPCC. Climate change 2013: The physical science basis: The Summary for Policymakers of the Working Group I Contribution to the Fifth Assessment Report. Cambridge, UK: Cambridge University Press, 2013.

[2] NEMANI R R, KEELING C D, HASHIMOTO H, et al. Climate-driven increases in global terrestrial net primary production from 1982 to 1999[J]. Science, 2003, 300(5625):1560-1563.

[3] 秦大河,董文杰,罗勇,等. 中国气候与环境演变:2012[M]. 北京:气象出版社,2012.

[4] MEYER W B, TURNER II B L. Human Population Growth and Global Land-Use/Cover Change[J]. Annual Review of Ecology & Systematics, 1992, 23(1):39-61.

[5] PARMESAN C, YOHE G. A globally coherent fingerprint of climate change impacts across natural systems[J]. Nature, 2003, 421(6918):37-42.

[6] YU F F, PRICE K P, ELLIS J, et al. Response of seasonal vegetation development to climatic variations in eastern central Asia [J]. Remote Sensing of Environment, 2003, 87(1):42-54.

[7] GUTMAN G, IGNATOV A. The derivation of the green vegetation fraction from NOAA/AVHRR data for use in numerical weather prediction models[J]. International Journal of Remote Sensing, 1998, 19(8):1533-1543.

[8] 国志兴,王宗明,宋开山,等. 1982—2003年东北林区森林植被NDVI与水热条件的相关分析[J]. 生态学杂志,

2007(12):1930-1936.

[9] 孙红雨,王长耀,牛铮,等. 中国地表植被覆盖变化及其与气候因子关系——基于NOAA时间序列数据分析[J]. 遥感学报,1998(03):204-210.

[10] 李跃鹏,刘海艳,周维博. 陕西省1982—2015 NDVI时空分布特征及其与气候因子相关性[J]. 生态科学,2017,36(6):153-160.

[11] 刘洋,李诚志,刘志辉,等. 1982—2013年基于GIMMS-NDVI的新疆植被覆盖时空变化[J]. 生态学报,2016,36(19):6198-6208.

[12] 汪士为. 近20年内蒙古干旱时空动态及其对气候、蒸散发变化的响应[J]. 水土保持研究,2022,29(4):231-239.

[13] HVETE A, DIDAN K, MIURA T, et al. Overview of the radiometric and biophysical performance of the MODIS vegetation indices[J]. Remote Sensing of Environment,2002,83(1-2):195-213.

[14] WU Z, HUANG N E. Ensemble Empirical Mode Decomposition: a Noise-Assisted Data Analysis Method[J]. Advances in Adaptive Date Anaylsis,2009:1-41.

[15] 邓兴耀,姚俊强,刘志辉. 基于GIMMS NDVI的中亚干旱区植被覆盖时空变化[J]. 干旱区研究,2017,34(01):10-19.

[16] 代子俊,赵霞,李冠稳,等. 基于GIMMS NDVI 3g.v1的近34年青海省植被生长季NDVI时空变化特征[J]. 草业科学,2018,35(4):713-725.

[17] 严登明,翁白莎,于志磊,等. 淮河流域土地利用时空格局动态及其植被覆盖变化分析[J]. 中国农村水利水电,2016(11):52-57.

[18] 汪来娣. 基于MODIS-NDVI和MODIS-EVI的淮河流域植被覆盖度变化分析[C]// 2020中国环境科学学会科学技术年会论文集(第三卷).2020:438-446.

[19] 徐建华. 现代地理学中的数学方法[M]. 北京:高等教育出版社,2002.

[20] MILICH L, WEISS E. GAC NDVI interannual coefficient of variation (CoV) images: Ground truth sampling of the Sahel along north-south transects[J]. International Journal of Remote Sensing,2000,21(2):535-260.

[作者简介]

滕怀颐,男,生于1994年10月,一级科员,主要研究方向为气候变化与水利工程管理,15393594370,305680967@qq.com。

湖库型生态状况评价方法研究

王德维[1] 　王 震[1] 　王崇任[1] 　叶 彬[2]

（1. 江苏省水文水资源勘测局连云港分局　江苏 连云港　222004；
2. 江苏省水文水资源勘测局扬州分局　江苏 扬州　225000）

摘　要：基于湖库特点，构建了湖库型生态状况评价指标体系，该体系由水安全、水生物、水生境、水空间、公众满意度 5 个准则层组成，包含防洪工程达标率、集中式饮用水水源地水质达标率等 15 个评价指标，并给出了湖库型生态状况评价方法。以宿城水库为具体案例分析，结果表明：2021 年宿城水库生态状况评价综合得分为 91.23，生态状况级别为"优"，生态状况总体很好。通过案例分析，表明湖库型生态状况评价指标体系具有一定的实践性，并能有针对性地发现湖库生态状况存在的问题，为湖库型生态状况评价提供新方法，有助于湖库生态保护，促进幸福河湖建设。

关键词：湖库型；生态状况评价；指标体系；幸福河湖建设

1　研究背景

水利部党组书记、部长李国英在 2022 年全国水利工作会议上强调要促进河湖生态环境复苏，开展河湖健康评价。《"十四五"水安全保障规划》强调要提高水生态环境保护治理能力，恢复水清岸绿的水生态体系，扩大优质生态产品供给。河湖水库是水资源的重要载体，而河湖的生态状况指标是生态环境的重要控制性要素，及时开展河湖生态状况评价，把脉河湖、问诊河湖，发现河湖"病灶"，提出生态保护对策及建议，对加强河湖水库管理与保护、改善水生态环境、提升生态文明建设水平、促进经济社会发展具有重要意义。

目前，国内外河湖水库生态状况评价的理论研究及实际应用已有一定进展。在国内，褚克坚等[1]构建了包含河流自然形态结构、水体质量状况、水文水动力状况、水生物状况 4 个一级指标和 25 个二级指标在内的平原河网地区河流水生态评价指标体系；惠秀娟等[2]构建了综合反映水体理化特征、水生物特征、水体卫生学特征、栖息地环境特征的辽河水生态系统健康评价指标体系；蒋晓辉等[3]采用浮游植物种类数、密度、生物量和底栖动物种类数、生物指数等指标评价黄河上流各河段的水生态系统健康状况；李云等[4]从生态系统结构完整性、生态系统抗扰动弹性、社会服务功能可持续性三个方面建立了河湖健康评价指标体系与评价方法；张雷等[5]选取大宁河 9 个主要指标构建了大宁河水生态系统健康评价指标体系，运用基于熵值法的综合健康指数法对其水体生态系统健康状况进行综合评价；陈炯等[6]通过对茅洲河流域 31 个样点的水文、水质、地貌形态、水生物和社会功能等指标所做的调研，运用层次分析法，建立河流健康评价体系，并对其健康状况进行评价。在国外，Branco 等[7]认为可以利用浮游动物群落结构变化和多样性来监测、评价水体生态环境；Briker 等[8]将 PSR 模型运用到生态系统健康评价、生物多样性监测、流域生态安全评价、水体富营养化评价等多个领域。新西兰 Cawthron 研究所[9]在 2018 年提出了全新的淡水生态环境健康评价体系，包括水生物、水质、水量、自然栖息地和生态过程五个核心部分。

总的来说,国内外学者侧重于河流型生态状况评价研究,而且倾向于近自然状态的恢复和保护,缺少社会服务功能的指标评价,对于湖库型生态状况评价研究还不够深入系统。为此,本文在生态湖库特点的基础上构建湖库型生态状况评价体系。

2 湖库型生态状况评价指标体系

2.1 基本概念

生态湖库是具有稳定的、有弹性的自然生态系统结构,能够满足较高标准的防洪、供水等社会服务功能需求的湖泊水库[10-13]。

生态湖库应当对长期或突发的扰动有一定的自我恢复能力,能够稳定维持水源涵养、河湖生物多样性和生态平衡,提供可持续、多样性的社会服务功能,水质优良,公众满意度高[14-15]。

2.2 生态状况评价指标体系

根据生态湖库的概念,从水安全、水生物、水生境、水空间和公众满意度等方面作为准则层来构建湖库型生态状况评价指标体系。其中水安全涉及3个评价指标,分别为防洪工程达标率、集中式饮用水水源地水质达标率以及水功能区水质达标率;水生物涉及2个指标,分别为蓝藻密度、大型底栖动物多样性指数;水生境涉及6个指标,分别为口门畅通率、湖水交换能力、主要入湖河流水质达标率、生态水位满足程度、水质优劣程度、营养状态指数;水空间涉及3个指标,分别为水面利用管理指数、管理(保护)范围划定率以及综合治理程度;公众满意度涉及公众满意度1个指标。目标层中有1个指标,准则层中有5个指标,指标层中有15个指标,形成了金字塔式的指标体系,见表1。

表1 生态湖库状况评价指标体系表

目标层	准则层	指标层	权重	权重(不含集中式饮用水水源地)
湖库生态状况评价(W)	水安全(A)	防洪工程达标率(A1)	0.07	0.12
		集中式饮用水水源地水质达标率(A2)*	0.07	0
		水功能区水质达标率(A3)	0.10	0.12
	水生物(B)	蓝藻密度(B1)	0.09	0.09
		大型底栖动物多样性指数(B2)	0.05	0.05
	水生境(C)	口门畅通率(C1)	0.05	0.05
		湖水交换能力(C2)	0.05	0.05
		主要入湖河流水质达标率(C3)	0.05	0.05
		生态水位满足程度(C4)	0.07	0.07
		水质优劣程度(C5)*	0.08	0.08
		营养状态指数(C6)	0.06	0.06
	水空间(D)	水面利用管理指数(D1)	0.05	0.05
		管理(保护)范围划定率(D2)	0.05	0.05
		综合治理程度(D3)	0.06	0.06
	公众满意度(E)	公众满意度(E1)*	0.10	0.10

注:*为否决项指标。对于有指标缺失项的湖库,将缺失指标的权重平均分给该指标所在指标类型的其他指标。下同。

3 评价方法

3.1 评价标准

生态河湖状况评价考核采用百分制。对每项指标分别进行量化并设定权重,总分按加权平均求得。生态河湖状况评价结果划分为"优""良""中""差"共4级,见表2。

表2 生态河湖综合评价标准

项目	阈值及分级标准			
总分	[90,100)	[75,90)	[60,75)	[0,60)
湖库生态状况	优	良	中	差

3.2 否决项

生态河湖评价设3个否决项,分别为"集中式饮用水水源地水质达标率"、"水质优劣程度"和"公众满意度"。

"集中式饮用水水源地水质达标率"指标:集中式饮用水水源地出现突发水污染问题、供水危机等水质异常事件,则取消当次评选资格。

"水质优劣程度"指标:河流、湖泊(水库)水质评价结果为Ⅴ类及以下,则取消当次评选资格。

"公众满意度"指标:公众满意度在75分以下,则取消当次评选资格。

4 案例分析

4.1 研究区域概况

宿城水库位于江苏省连云港市连云区。该水库始建于1958年底,建成于1968年,2006年进行了除险加固。水库集水面5.23 km², 设计洪水标准30年一遇,校核洪水标准为1 000年一遇。设计水位21.69 m(废黄河口基面,下同),校核水位22.76 m,兴利水位19.65 m,死水位6.10 m,总库容318.09万 m³,兴利库容225.41万 m³,死库容4.75万 m³。是一座以防洪、灌溉为主,兼顾生活用水、生态、景观、旅游等功能的小(Ⅰ)型水库。

4.2 评价结果与分析

对照生态河湖评价指标体系,2021年宿城水库生态状况评价综合得分为91.23,见表3。依据表2综合评价标准,2021年宿城水库综合评价结果为"优"。

表3 2021年宿城水库生态状况评价结果

指标类型	指标	权重(不含集中式饮用水水源地)	指标得分	加权得分	综合评价
水安全	防洪工程达标率	0.12	100	12.00	
	集中式饮用水水源地水质达标率*	0	0	0	
	水功能区水质达标率	0.12	100	12.00	

续表

指标类型	指标	权重(不含集中式饮用水水源地)	指标得分	加权得分	综合评价
水生物	蓝藻密度	0.09	93.69	8.43	优
水生物	大型底栖动物多样性指数	0.05	31.17	1.56	
水生境	口门畅通率	0.05	65.2	3.26	
水生境	湖水交换能力	0.05	79.96	4.00	
水生境	主要入湖河流水质达标率	0.05	100	5.00	
水生境	生态水位满足程度	0.07	100	7.00	
水生境	水质优劣程度*	0.08	100	8.00	
水生境	营养状态指数	0.06	80.4	4.82	
水空间	水面利用管理指数	0.05	99.995	5.00	
水空间	管理(保护)范围划定率	0.05	100	5.00	
水空间	综合治理程度	0.06	100	6.00	
公众满意度	公众满意度*	0.10	91.62	9.16	
	总和	1.00		91.23	

注：因宿城水库非集中式饮用水水源地，所以将"集中式饮用水水源地水质达标率"的权重分配给"防洪工程达标率"和"水功能区水质达标率"。

2021年宿城水库生态状况评价各项指标得分及评价见表3，评分在90分以下的指标共4项，分别为大型底栖动物多样性指数、口门畅通率、湖水交换能力和营养状态指数。宿城水库流域为封闭小流域，大型底栖生物种类单一，多样性指数偏低。宿城水库主要出库河道为南河，主要功能为行洪排涝，一般在6—9月溢流泄洪，阻隔月数长达8个月，导致宿城水库口门畅通率偏低。宿城水库流域为封闭小流域，集水面只有5.23 km²，只能靠降水径流补给，来水量少，没有其他水源补给，湖水交换能力不高。库区时常出现轻度污染，主要超标因子为总磷、总氮，营养状态多处于轻富营养化状态。

建议实施宿城水库小流域生态治理、污染治理、库区生态净化、优化管理组织体系、强化联席会议制度建设，建立网格化管理体系和监督评价制度，进一步促进宿城水库生态状况不断提升。

5 结论

（1）基于湖库特点，构建了湖库型生态状况评价指标体系，该体系由水安全、水生物、水生境、水空间、公众满意度5个准则层组成，包含防洪工程达标率、集中式饮用水水源地水质达标率、水功能区水质达标率、蓝藻密度、大型底栖动物多样性指数、口门畅通率、湖水交换能力、主要入湖河流水质达标率、生态水位满足程度、水质优劣程度、营养状态指数、水面利用管理指数、管理(保护)范围划定率、综合治理程度以及公众满意度15个评价指标，并给出了湖库型生态状况评价方法。

（2）本文的评价方法，为湖库型生态状况评价提供新方法，是识别湖库生态状况问题的一种工具，有助于湖库生态保护，促进幸福河湖建设。

（3）以宿城水库为例，结果表明：2021年宿城水库生态状况评价综合得分为91.23，生态状况级别为"优"，生态状况总体很好。

（4）通过案例分析，表明湖库型生态状况评价指标体系具有一定的实践性，能有针对性地发现湖库生态状况存在的问题，能为湖库生态保护提供一种新的思路。

[参考文献]

[1] 褚克坚,阚丽景,华祖林,等.平原河网地区河流水生态评价指标体系构建及应用[J].水力发电学报,2014,33(5):138-144.

[2] 惠秀娟,杨涛,李法云,等.辽宁省辽河水生态系统健康评价[J].应用生态学报,2011,22(1):181-188.

[3] 蒋晓辉,王洪铸.黄河干流水生态系统结构特征沿程变化及其健康评价[J].水利学报,2012,43(8):991-997.

[4] 李云,李春明,王晓刚,等.河湖健康评价指标体系的构建与思考[J].中国水利,2020(20):4-7.

[5] 张雷,时瑶,张佳磊,等.大宁河水生态系统健康评价[J].环境科学研究,2017,30(7):1041-1049.

[6] 陈炯,吴基昌,宋林旭,等.深圳市茅洲河河流生态系统健康评价[J].三峡大学学报(自然科学版),2021,43(3):1-5+64.

[7] BRANCO C W C, ROCHA M I A, PINTO G F S, et al. Limnological features of Funil Reservoir(Brazil R J) and indicator properties of rotifers and cladocerans of the zooplankton community[J]. Lakes & Reservoirs Research & Management, 2010, 7(2): 87-92.

[8] BRIKER S B, FERREIRAL J G, SIMAS T. An integrated methodology for assessment of estuarine trophic status [J]. Eco-logical Modelling, 2003, 169: 39-60.

[9] 张萍,高丽娜,孙翀,等.中国主要河湖水生态综合评价[J].水利学报,2016,47(1):94-100.

[10] 杨艳慧,唐德善.江苏省生态河湖建设效果评价[J].水电能源科学,2021,39(8):61-65.

[11] 吴小伟,谈立,赵林林.大运河扬州段生态河湖构建探索[J].中国水利,2019(4):33-34.

[12] 吴计生,梁团豪,吕军.松花江流域主要河湖水生态现状评价[J].中国水土保持,2019(2):37-40.

[13] 赵玉红,丛纯纯,赵敏.我国城市河湖水生态环境评价体系构建与实证分析[J].南水北调与水利科技,2013,11(6):58-61.

[14] 徐宗学,顾晓昀,左德鹏.从水生态系统健康到河湖健康评价研究[J].中国防汛抗旱,2018,28(8):17-24,29.

[15] 顾晓昀,徐宗学,刘麟菲,等.北京北运河河流生态系统健康评价[J].环境科学,2018,39(6):2576-2587.

[作者简介]

王德维,男,生于1987年11月,工程师,主要从事水文水资源调查与评价工作,13605139381,805969882@qq.com。

淮河流域重要河流水资源可利用量与承载能力分析

孟 伟 焦 军

(中水淮河规划设计研究有限公司 安徽 合肥 230601)

摘 要：水资源可利用量是水资源开发利用、节约、保护、配置的重要依据，是水资源承载能力的计算基础。本文简要介绍了流域水资源可利用量计算及承载能力评价的方法，并运用直接法估算了沂河、沭河、沙颍河、涡河、洪汝河、史灌河流域地表水资源可利用量，并用生态需水挤占度模型计算了流域的水资源承载状态。结果显示沂河、沭河、沙颍河、洪汝河、涡河和史灌河流域多年平均地表水资源可利用量分别为 14.01 亿 m^3、6.93 亿 m^3、30.51 亿 m^3、14.11 亿 m^3、7.40 亿 m^3 和 26.82 亿 m^3。现状水资源承载状态为不超载，地表水仍有开发利用空间。

关键词：地表水；可利用量；生态需水量；承载能力

1 前言

流域水资源可利用量的确定对于合理利用和避免过度开发地表水资源、河道内生态保护具有重要意义。《全国水资源调查评价》中指出水资源可利用量是指在近期下垫面条件下和可预见的时期内，统筹考虑生活、生产和生态环境用水，通过技术可行的措施，水资源总量中可供经济社会取用的最大水量。水资源可利用量作为今后开展规划和其他水资源管理工作的重要参考依据，在某种程度上比区域的水资源总量更具有实际价值。

党的十八届三中全会提出"建立资源环境承载能力监测预警机制，对水土资源、环境容量和海洋资源超载区域实行限制性措施"。对于"水资源承载能力"的定义，由于研究方向、尺度不同，目前概念尚未清晰。当前国内几种主流观点分别是"最大支撑能力理论""最大支撑规模理论""最大开发容量理论"等。研究方法使用也出现多样化的特点，主要有系统动力学法、主成分分析法、多目标模型分析法以及综合评价法等。河流水系的水资源承载能力呈现出明显的时空特征，它与流域的水资源条件、供水结构、工程供水情况、经济社会发展水平等诸多因素有关。可以理解为：在供给河道外经济社会（包括河道外生态环境用水）消耗后，保留在河道内的水量能够满足河道内生态环境用水需求程度。

2 研究方法

2.1 地表水可利用量计算方法

直接法也叫扣损法，以地表水资源总量为基础，扣除不可利用的地表水资源量，如河道内生态和生产需水量、跨流域调水量和汛期不可利用的洪水量等。直接法能够充分合理反映经济社会发展的负荷变化，将地表水、地下水和外调水等多种水源统筹考虑，计算结果可以得到地表水和水资源总量的可利用量以及生态系统的配置水量，也可直接得出不同频率的计算结果。

2.1.1 计算方法

$$W_{地表水可利用量} = W_{地表水资源量} - W_{生态需水量} - W_{洪水弃水量}$$

式中：$W_{地表水可利用量}$ 为多年平均地表水资源量；$W_{地表水资源量}$ 为多年平均地表水资源量；$W_{生态需水量}$ 为河道生态环境需水量；$W_{洪水弃水量}$ 为汛期下泄洪水量。

2.1.2 河道内生态环境需水量

河道内生态环境需水量包括河道内基本生态环境需水量和河道内目标生态环境需水量。河道内基本生态环境需水量是指维持河流及湖泊基本形态、生态基本栖息地和基本自净能力，需要保留在河道内的水量及过程；河道内目标生态环境需水量是指维持河流、湖泊、生态栖息地给定目标要求的生态环境功能，需要保留在河道内的水量及过程；其中给定目标是指维持河流输沙、水生生物、航运等所对应的功能。河道内生态环境需水量按照《河湖生态环境需水计算规范》(SL/T 712—2021)计算或采用水资源综合规划的成果。

在估算多年平均地表水资源可利用量时，河道内生态环境需水量应根据流域水系的特点和水资源条件进行确定。对水资源较丰沛、开发利用程度较低的地区，生态需水量宜按照较高的生态环境保护目标确定。对水资源紧缺、开发利用程度较高的地区，应根据水资源条件合理确定生态环境需水量。

水资源可利用量一般应在长系列来水基础上，扣除相应的河道内生态环境需水量，结合可预见时期内用水需求和水利工程的调蓄能力进行调节计算。因资料条件所限难以开展长系列水资源调节计算的，可参考相应河流水系的流域综合规划或中长期供求规划，依据规划中提出的生态保护目标和供水（含调水）工程布局，核算调蓄能力，综合分析确定。

控制节点生态环境需水量计算方法包括河道内生态环境需水量计算方法和河道外生态环境需水量计算方法。考虑到实际情况，只对河道内生态环境需水量进行分析，河道外生态环境需水量不考虑。河道内生态环境需水量计算方法采用水文综合法。

根据节点类型和水文资料情况，水文综合法可以分为排频法、近10年最枯月平均流量（水位）法、蒙大拿法、历时曲线法和水量平衡法。排频法和近10年最枯月平均流量（水位）法主要用来计算基本生态环境需水量中的最小值，蒙大拿法和历时曲线法可用来计算基本生态环境需水量和目标生态环境需水量的年内不同时段值。

蒙大拿法亦称 Tennant 法，是依据观测资料建立的流量和河流生态环境状况之间的经验关系，用历史流量资料就可以确定年内不同时段的生态环境需水量，使用简单、方便。不同河道内生态环境状况对应的流量百分比见表1。本次计算河道内生态环境需水量一般取 10%。

表1 不同河道内生态环境状况对应的流量百分比

不同流量百分比对应河道内生态环境状况	占年均天然流量百分比（10月—次年3月）	占年均天然流量百分比（4—9月）
最大	200	200
最佳	60～100	60～100
极好	40	60
非常好	30	50
好	20	40
中	10	30
差	10	10
极差	0～10	0～10

2.1.3 不可调蓄洪水弃水量

根据选定的控制节点(水文站),在其 1956—2016 年系列天然径流基础上,扣除相应的河道内生态环境需水量,结合节点以上流域可预见时期内用水需求和水利工程的调蓄能力进行调节计算,最后不可被利用的水量即为不可调蓄洪水弃水量。

2.2 水资源承载能力计算方法

流域水资源承载能力计算方法参考刘博静等的水资源挤占度模型计算。

2.2.1 河道外地表水用水消耗量

用水消耗量直接分析计算难度大,可在综合分析和区域平衡与协调基础上,合理选定地表水耗损率进行计算。如有调出本流域的水量,耗损率记为 1。

2.2.2 经济社会挤占生态需水量

经济社会挤占生态需水量(简称挤占量)可定义为:由于经济社会过度消耗地表水资源量,实际河道外耗水量超过地表水可利用量,导致河流水系的生态需水量减少,可通过河流水系地表水耗损量与地表水可利用量差值计算,其计算公式为:

$$W_{挤占量} = W_{地表水耗损量} - W_{地表水可利用量}$$

2.2.3 水资源挤占度

为便于量化评估河流水系水资源承载状态,模型定义水资源挤占度 S_ω 进行综合评价。其计算公式为:

$$S_\omega = W_{挤占量} / W_{生态需水量}$$

根据水资源挤占度将水资源承载状态分为 4 个等级,分别为严重超载、超载、临界状态和不超载。河流水系水资源承载能力评价标准,见表 2。

表 2 河流水系水资源承载能力评价标准

指标	河流水系水资源承载状况评价			
水资源挤占度	$S_\omega > 1$	$0 < S_\omega \leq 1$	$S_\omega = 0$	$S_\omega < 0$
	严重超载	超载	临界状态	不超载

3 淮河流域重要河流水资源可利用量及承载能力评价

3.1 研究区概况

本次选择淮河流域六条重要河流——沂河、沭河、沙颍河、涡河、洪汝河、史灌河为研究对象,六条河流流域面积超过 90 000 km²,占淮河流域面积的 27%,多年平均径流量合计为 183.3 亿 m³,占淮河流域地表水资源量的 30%。流域基本情况见表 3。

表 3　流域水资源及开发利用情况表

河流	所在水资源三级区	涉及省级行政区	流域面积（km²）	多年平均降雨量(mm)	地表水资源量(亿 m³) 多年平均	50%	75%	95%
沂河	沂沭河区、中运河区	山东、江苏	11 820	799	29.9	26.5	17.0	8.0
沭河	沂沭河区、中运河区	山东、江苏	6 400	818	16.8	15.2	10.2	5.2
沙颍河	王蚌区间北岸	河南、安徽	36 651	761	55.5	46.3	28.5	14.7
洪汝河	王家坝以上北岸	河南、安徽	12 380	903	28.4	22.9	12.2	4.0
涡河	王蚌区间北岸	河南、安徽	15 905	719	13.2	10.9	6.4	2.9
史灌河	王蚌区间南岸	河南、安徽	6 935	1 218	39.5	36.9	26.5	15.4

3.2　水资源可利用量计算

3.2.1　河道内生态环境需水量

选择临沂、大官庄、阜阳闸、班台、蒙城和蒋家集分别为六条河流的控制断面，利用控制断面水文站长系列天然来水资料分别计算六条河流的生态环境需水量，结果见表4。临沂、大官庄、阜阳闸、班台、蒙城和蒋家集断面河道内生态需水量分别为2.62亿 m³、1.17亿 m³、5.01亿 m³、2.64亿 m³、1.41亿 m³ 和 3.36亿 m³。

3.2.2　不可调蓄洪水弃水量

根据各控制断面汛期最大60天的实测下泄水量，估算六条河流断面以上多年平均不可调蓄洪水弃水量。临沂、大官庄、阜阳闸、班台、蒙城和蒋家集断面以上不可调蓄的洪水弃水量分别为11.34亿 m³、5.70亿 m³、15.79亿 m³、10.90亿 m³、5.51亿 m³ 和 7.29亿 m³。

表 4　流域地表水可利用量成果表

河流	控制站	控制面积（万 km²）	多年平均天然径流量（亿 m³）	河道内生态需水量（亿 m³）	汛期弃水量（亿 m³）	断面以上地表水可利用量（亿 m³）
沂河	临沂	1.03	26.18	2.62	11.34	12.23
沭河	大官庄	0.45	11.75	1.17	5.70	4.88
沙颍河	阜阳闸	3.52	50.06	5.01	15.79	29.27
洪汝河	班台	1.13	26.40	2.64	10.90	12.86
涡河	蒙城	1.59	14.14	1.41	5.51	7.21
史灌河	蒋家集	0.59	33.59	3.36	7.29	22.94

3.2.3　分析计算水资源可利用量

根据天然径流量与河道内生态环境需水量计算结果，结合分析各控制站在流域的位置，利用面积比法，可得沂河、沭河、沙颍河、洪汝河、涡河和史灌河流域多年平均地表水资源可利用量分别为14.01亿 m³、6.93亿 m³、30.51亿 m³、14.11亿 m³、7.40亿 m³ 和 26.82亿 m³。

3.3　流域水资源承载能力计算

3.3.1　流域地表水耗损量

分析沂河、沭河、沙颍河、洪汝河、涡河和史灌河流域涉及地市供用水情况，统计历年流域供用水情况，沂河、沭河、沙颍河、洪汝河、涡河和史灌河流域2010—2018年年均地表水供水量分别为9.61亿 m³、6.51亿 m³、17.2亿 m³、8.13亿 m³、3.55亿 m³、6.52亿 m³。流域内地表水耗损量分别为 7.06 亿 m^3、4.74 亿 m^3、12.96 亿 m^3、5.96 亿 m^3、2.70 亿 m^3、4.85 亿 m^3。

3.3.2 流域水资源承载状况评价

本次利用河流水系水资源承载能力评价模型,采用2010—2018年供用水资料,计算得到沂河、沭河、沙颍河、洪汝河、涡河和史灌河流域水资源挤占量分别为-6.9亿 m^3、-2.2亿 m^3、-17.6亿 m^3、-8.2亿 m^3、-4.7亿 m^3、-22.0亿 m^3,挤占度 S_ω 均小于0,承载状态为不超载,见表5。

表5 流域水资源承载能力

河流	地表水供水量（亿 m^3）	地表水耗损量（亿 m^3）	可利用量（亿 m^3）	挤占量（亿 m^3）	生态环境需水量（亿 m^3）	挤占度（%）	承载状态
沂河	9.61	7.06	14.0	-6.9	2.6	-2.65	不超载
沭河	6.51	4.74	6.9	-2.2	1.2	-1.87	不超载
沙颍河	17.2	12.96	30.5	-17.6	5.0	-3.51	不超载
洪汝河	8.13	5.96	14.1	-8.2	2.6	-3.09	不超载
涡河	3.55	2.70	7.4	-4.7	1.4	-3.32	不超载
史灌河	6.52	4.85	26.8	-22.0	3.4	-6.54	不超载

4 结论和建议

由于淮河流域不同地区水资源条件和生态环境状况有很大差异,河道生态环境保护的要求与标准不同,水资源的开发利用条件差别也很大,因而水资源可利用量具有明显的差异。本文利用直接法计算了淮河流域六条河流的地表水可利用量和现状地表水承载能力。其中王蚌区间南岸的史灌河地表水可利用率最高,为80%;王蚌区间北岸的涡河地表水可利用率最低,为52%;沂河、沭河、沙颍河、洪汝河地表水可利用率分别为54%、59%、61%和54%。六条河流中,沂沭河区的沂河、沭河的地表水开发利用程度相对较高,分别为50%和68%;史灌河开发利用程度最低,为18%;沙颍河、涡河、洪汝河的地表水开发利用率分别为43%、42%和37%。

本次评价的六条河流地表水承载状态均为不超载,当地地表水资源可利用量可以支撑河道外用水消耗量,地表水仍有开发利用空间。本次评价针对全流域,六条河流均流经淮河流域人口密集、社会经济发展迅速的区域,局部地区有时会出现河道断流、生态基流无法保证的情况,因此未来需要对水资源开发利用程度高的地区做分区水资源承载能力评价,以指导区域水资源开发利用规划。

[参考文献]

[1] 王浩,秦大庸,王建华,等. 西北内陆干旱区水资源承载能力研究[J]. 自然资源学报,2004(2):151-159.

[2] 粟晓玲,康绍忠. 生态需水的概念及其计算方法[J]. 水科学进展,2003(6):740-744.

[3] 钟华平,刘恒,耿雷华,等. 河道内生态需水估算方法及其评述[J]. 水科学进展,2006(3):430-434.

[4] 白林龙. 淮河上游地表水资源可利用量计算分析[J]. 人民长江,2013,44(17):45-48.

[5] 邢菊,周亮广,金菊良,等. 江淮分水岭地区水资源承载力系统结构模型评价[J]. 人民长江,2019,50(7):110-116+122.

[6] 党丽娟,徐勇. 水资源承载力研究进展及启示[J]. 水土保持研究,2015,22(3):341-348.

[7] 金新芽,张晓文,马俊.地表水资源可利用量计算实用方法研究——以浙江省金华江流域为例[J].水文,2016,36(2):78-81.
[8] 刘博静,宋秋波,徐凯.河流水系水资源承载能力分析——以滦河水系为例[J].海河水利,2019(6):1-14.

[作者简介]

孟伟,女,生于1985年6月,工程师,主要从事水文学及水资源方向研究,13395512923,mwpippo@qq.com。

北淝河下游水环境承载能力测算研究

喻光晔[1] 王丽丽[2] 黄堃[2]

(1. 淮河流域水资源保护局淮河水资源保护科学研究所 安徽 蚌埠 233000;
2. 安徽淮海环保科技有限公司 安徽 蚌埠 233000)

摘 要:北淝河下游作为淮河中游北岸的重要支流,是蚌埠市三县一区的主要纳污水体。本文以北淝河下游为研究区域,利用一维模型对河流径流特征进行模拟,结合污染源进行调查与核算,并对研究区域的水环境承载能力进行测算,旨在为流域生态补偿方案制定、生态环境空间管控落地提供基础支撑。研究结果表明,北淝河下游水环境在不能保障生态流量的前提下处于超载状态,通过保障生态流量可有效提高其承载能力,有效复苏河流生态环境。

关键词:北淝河下段;水环境承载能力;水环境质量

1 北淝河下段概况

1.1 流域概况

北淝河下游流域位于涡河口以下至沫河口的沿淮淮北地区,西起怀洪新河符怀新河段右堤,东至淮上区沫河口镇仇冲坝,南起淮北大堤,北达怀洪新河瀨河洼、香涧湖段分水岭,流域面积505 km²,涉及怀远、固镇、淮上区,共10个乡镇。流域内地势低洼,整个地形南北高,中间洼,东西向坡降缓,中部圩区一般高程为15.50~17.50 m,最低的圩外地面高程为14.00~15.50 m,最高的南部沿淮和北部分水岭地面高程也仅为19.00~19.50 m。北淝河下游干流河道西起尹口闸,东至北淝闸,全长约40 km。

1.2 河道地形

北淝河下段在金山湖湿地以上河道长度27.8 km,底宽约10 m,水深3~3.5 m,边坡比为1:4,过流断面约60 m²,河道槽蓄量约166.8万 m³。

金山湖湿地以下至下游国控断面处的河道长约11.4 km,河道底宽约20 m,水深3~3.5 m,边坡比为1:4,过流断面面积约150 m²,河道槽蓄量约171.0万 m³。

2 北淝河下段纳污能力核算

2.1 北淝河下段天然条件下纳污能力

如果不实施北淝河下段相关提升工程,在北淝河下游90%保证率最枯月来水条件下,北淝河下游河道流量接近于0,由于流域内地势低洼,整个地形南北高,中间洼,东西向坡降缓,河道水体流动性差,相当于静止湖泊。

因此,其天然 90%保证率最枯月来水条件下的河纳污能力核算可参照《水域纳污能力计算规程》(GB/T 25173—2010)中关于湖(库)纳污能力的计算模型,计算其国控断面以上河道的纳污能力。

当流入和流域湖(库)的水量平衡时,小型湖(库)水域纳污能力计算公式如(1)所示。

$$M = (C_s - C_o)V \tag{1}$$

式中:C_s 为水质目标浓度值(mg/L),按照国控断面目标Ⅳ类水标准限值,$C_{s\text{-COD}} = 30$ mg/L、$C_{s\text{-COD}} = 1.5$ mg/L;C_0——初始断面的污染物浓度(mg/L),以尹口闸起始断面Ⅲ类水标准限值 $C_{s\text{-COD}} = 20$ mg/L,$C_{s\text{-氨氮}} = 1.0$ mg/L;V 为设计水文条件下的湖(库)容积(m^3),北淝河下游 V 为河道设计来水条件下的尹口闸至国控断面以上的河道合计槽蓄量,$V = 337.8$ 万 m^3。

由式(1)计算得出,在 90%保证率最枯月来水条件下,北淝河下游河道纳污能力 COD 为 33.8 t/a,氨氮为 1.7 t/a。

2.2 北淝河下段现状纳污能力

目前,在不考虑固镇经开区尾水收纳的前提下,北淝河下游黄家渡闸上游较大规模的污水处理厂有怀远涡北污水处理厂和怀远经开区污水处理厂,向河道内排放处理后的尾水,两厂处理能力分别为 5 万 t/d($0.58 m^3$/s)和 1.5 万 t/d($0.17 m^3$/s),合计入河尾水量 6.5 万 t/d($0.75 m^3$/s)。在无淮河水位顶托情况下,黄家渡闸日常过闸流量可达 0.75 m^3/s 以上(图1)。

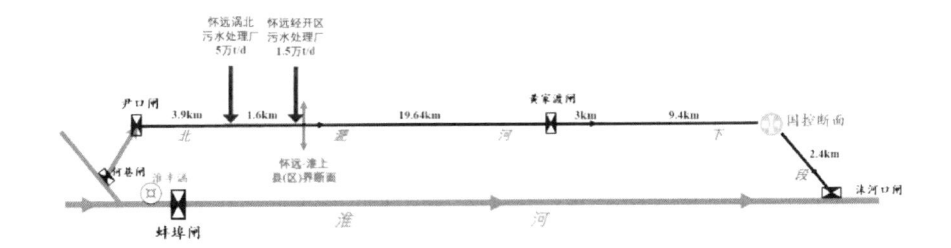

图 1 研究区域概化图

怀远涡北污水处理厂和怀远经开区污水处理厂排放标准为《城镇污水处理厂污染物排放标准》(GB 18918—2002)中的一级 A 标准,即 COD 浓度小于等于 50 mg/L,氨氮浓度小于等于 5 mg/L。

其中,怀远经济开发区污水处理厂尾水排放口距离北淝河下段怀远县与淮上区交界断面距离不足 300 m,在不采取北淝河下段相关提升工程,现状北淝河下段怀远县-淮上区交界断面水质基本不可能达Ⅳ类水标准(COD 浓度为 30 mg/L,氨氮浓度为 1.5 mg/L)。

在纳入怀远涡北污水处理厂和怀远经开区污水处理厂的尾水流量的情况下,计算怀远县-淮上区界断面至国控断面区间北淝河河道现状纳污能力如下:

计算北淝河下段国控断面以上 COD、氨氮纳污能力,参照水域纳污能力计算规程采用河流一维模型[1],计算公式如(2)(3)所示。

$$C_x = C_0 \exp^{-K\frac{x}{u}} \tag{2}$$

$$M = (C_s - C_x)(Q + Q_p) \tag{3}$$

式中:C_x 为流经 x 距离后的处污染物浓度(mg/L);C_0 为初始断面处污染物浓度,以不利条件下怀远县-淮上区界断面 COD 浓度 50 mg/L、氨氮浓度 5.0 mg/L 为初始浓度;k 为污染物综合衰减系数,本区域 COD 综合衰减系数取值为 0.05 /s、氨氮综合衰减系数取值为 0.06 /s；u 为设计流量下河道断面平均流速，参考北淝河下段的实际调研情况，河道平均流速约 0.02 m/s；x 为沿河段的纵向距离，县(区)界至下游国控断面距离为 32 km；C_s 为国控断面标准限值；Q 为河流本底流量，90%保证率最枯月来水条件取 0；Q_p 为废污水排放量，合计取 0.75 m³/s。

经计算，仅考虑怀远县入河排污量，且不考虑固镇经开区尾水入河和区间面源负荷的情况下，自县(区)界断面至国控断面处 COD 浓度可自然衰减至 18.2 mg/L，氨氮浓度可自然衰减至 1.48 mg/L。至国控断面处河道剩余纳污能力约为 COD 280 t/a，氨氮 0.4 t/a，不能满足固镇经开区入河量现状 COD 328 t/a，氨氮 16.5 t/a 的纳污需要，特别是氨氮指标纳污能力严重不足，水环境容量处于超载状态，是北淝河下游水环境承载能力的主要制约指标。

现状北淝河下段的国控断面水质超标，与上述计算分析结果吻合。

因此，在不采取相关提升工程的情况下，现状北淝河下段已无纳污能力，水环境质量不容乐观[2]。固镇经济开发区污水处理厂几乎不能排放尾水，且国控断面以上河段均不能达标。在叠加区间面源负荷下后，即便没有固镇经开区污水处理厂尾水进入北淝河下段，其国控断面也仍会经常超标。

2.3 提升工程实施后环境容量核算

根据《北淝河下游综合调度方案(试行)》、《北淝河下游水量分配与调度方案》(蚌水领〔2019〕1号)，近期北淝河下游生态流量(水位)实施相机调度，当蚌埠闸上具备引水条件时，通过尹口闸按不低于 0.35 m³/s 引蚌埠闸上水入北淝河下游河道，以满足其生态流量需求，维持北淝河下段黄家渡闸、沫河口闸最小生态流量 0.35 m³/s(图2)。

近年来，怀洪新河引水水质均优于Ⅲ类水，则可确保怀远县-淮上区交界断面水质能达到乃至优于Ⅳ类水质标准。当尹口闸按综合调度方案，落实从蚌埠闸上经怀洪新河引水保障最小生态流量 0.35 m³/s(3.0 万 m³/d)，可基本实现北淝河下游河湖复苏。

北淝河下游怀远县-淮上区交界断面最优和最差置信区间可为Ⅲ和Ⅳ类水。

在计入已批准的 3 万 t/d 固镇经开区污水厂的入河量，计算至国控断面的剩余水环境容量可采用河流一维模型核算水环境承载力，具体如下：

在设计流量 Q、入流水质 C_0、水质目标 C_s、污染源 $\sum q$ 加入的条件下，计算单元河段下断面最大允许通过的污染物通量为 $(Q+\sum q)C_s$，进入计算单元河段的污染物通量为 QC_0，污染物在河道中的降解和通量平衡过程如图 3 所示。

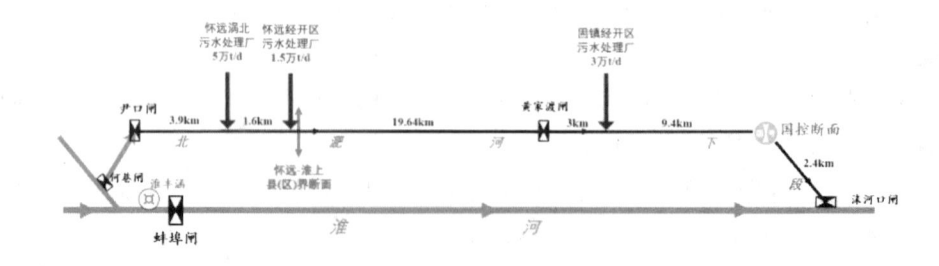

图 2 预测路线和条件概化图

河道中 COD 和氨氮的经过距离 x 的河道降解后，河流中相应污染物浓度由 C_0 降解至 C，计算公式如(4)所示[3]：

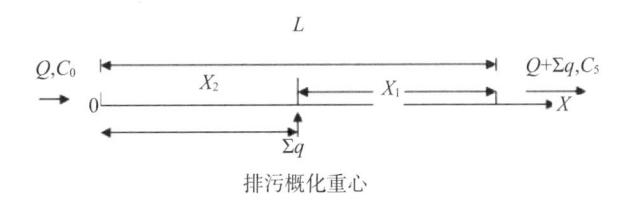

图 3 河流一维水环境容量模型示意图

$$C = C_0 \exp\left(-\frac{KX}{u}\right) \qquad (4)$$

可以推断出下断面污染物通量经还原至排污口污染源进入处为 $(Q+\sum q)C_s\exp(kx_1/u)$，计算单元(河段)上断面污染物通量经降解，至排污口污染源进入处为 $QC_0\exp(-kx_2/u)$。

由污染物平衡可知，计算河段上断面降解至污染源处剩余的污染物量与污染物排入河道的污染物量之和，应与计算单元(河段)下断面污染物还原至污染源处的污染物通量相等，因此有：

$$W + C_0 Q \exp\left(-K\frac{X_2}{86.4u}\right) = C_s(Q+\sum q_i)\exp\left(K\frac{X_1}{86.4u}\right) \qquad (5)$$

即

$$W = 31.536\left[C_s(Q+\sum q_i)\exp\left(K\frac{X_1}{86.4u}\right) - C_0 Q \exp\left(-K\frac{X_2}{86.4u}\right)\right] \qquad (6)$$

式中：W 为计算单元(河段)的剩余水环境容量(t/a)；Q 为单元(河段)的设计入流量，即尹口闸引入最小生态流量 0.35 m³/s；C_s 为单元(河段)的水质目标值，COD 为 30 mg/L，氨氮为 1.5 mg/L；C_0——单元(河段)上一断面的污染物浓度监测值，即怀远县-淮上区交接断面水质浓度，COD 浓度置信范围为 20~30 mg/L、氨氮浓度置信范围为 1.0~1.5 mg/L；q_i 为 i 排污口的污废水排放量，怀远县涡北污水处理厂、怀远经开区污水处理厂、固镇经开区污水处理厂三厂总的污水排放流量取 1.1 m³/s；k 为污染物综合降解系数，取值同上；X_1 为排污概化口至下游控制断面的距离，固镇经开区污染处理厂入河排污口距离国控断面 9.4 km；X_2 为排污概化口至上游控制断面的距离，固镇经开区入河排污口距离县(区)界断面 22.64 km；u 为平均流速 m/s，取 0.02 m/s；31.536 为 g/s 转化成 t/a 的转化系数。

经式(6)计算，怀远县-淮上区断面来水 COD 浓度在 20~30 mg/L 的范围内，氨氮浓度在 1.0~1.5 mg/L 的范围内，固镇经开区污水处理厂入河排污口处断面 COD 纳污能力区间为 1 260~1 440 t/a，氨氮纳污能力区间为 71.4~79.3 t/a。

固镇经济开发区污水处理厂按《城镇污水处理厂污染物排放标准》(GB 18918—2002)中的一级 A 标准排放，氨氮指标(5 mg/L)成为制约其污水排放规模的主要指标，尚可最多容纳 3.9 万~4.3 万 t/d 污水入河量。

为确保国控断面达标，固镇经济开发区污水处理厂尾水中氨氮指标按准Ⅳ类水(浓度 1.5 mg/L)标准排放，最多可容纳 13.0 万~14.5 万 t/d 的尾水入河。

2.4 远期环境容量分析

远期怀远县境内的涡北污水处理厂规划扩建二期工程，尾水合计排放量将达到 8 万 t/d，且怀远县经开区污水处理厂处理能力达 6.5 万 t/d，排放标准执行一级 A 标准，在尹口闸引怀洪新河 0.35 m³/s(3 万 m³/d)的最小生态流量的水环境容量，远不能保证北淝河下游怀远县-淮上区交界断面水质达标,可考虑进一步加大北淝河下游的生态流量。

目前,蚌埠市正在实施淮丰涵从淮河干流蚌埠闸上的淮河引水工程,最大引水流量可达 3.2 m³/s 规模,可最大限度地提升北淝河下游的水环境容量,北淝河下段水质可以得到根本性改善。

但河道外引水需办理取水许可,且在沫河口断面处淮河干流水位高于沫河口闸上的北淝河下游水位时,北淝河入淮河处需建设排水泵站,确保北淝河下游河道水量在进出平衡的同时提高其水体流动性,避免出现北淝河下游河道外的耕地淹没以及地下水位抬升造成的耕地盐渍化问题。

3　结论

(1) 由于受北淝河下游流域范围、地形等因素综合影响,在其天然 90% 保证率最枯月来水的条件下,北淝河下游的纳污能力很小,基本无法承载区域现有的规模以上的点源污染负荷。

(2) 近期在落实从尹口闸引蚌埠闸上 0.35 m³/s 的最小生态流量条件下,北淝河下游河道环境容量将得到较大提升。但按照目前固镇经开区污水处理尾水一级 A 排放标准,北淝河下游氨氮入河量仍然超过河道纳污能力,国控断面水质仍不能达标,需要确保尾水提标至准Ⅳ类。

(3) 远期怀远涡北污水厂处理厂、怀远经开区污水处理厂尾水排放规模如进一步扩大,则需要考虑进一步加大北淝河下游生态流量保障规模,以确保国控断面水质达标。

[参考文献]

[1] 郑小康,彭少明. 鄂尔多斯市水环境承载能力分析及污染物限排研究[C]//2014 中国环境科学学会学术年会论文集(第五章).2014:149-153.

[2] 卢蕾吉,王兴楠. 杞麓湖流域水环境承载能力分析及综合对策[J]. 环境科学导刊,2021,40(4):28-30.

[3] 王万宾,管堂珍,梁启斌,等. 赤水河流域(云南省境内)水环境承载能力测算研究[J]. 人民长江,2021,52(3):28-35.

[作者简介]

喻光晔,男,生于 1990 年 8 月,工程师,从事水资源保护工作,18255257025,793447259@qq.cm。

2020—2021年淮河干流中下游四个典型断面水质分析研究

陈 希　张金棚　张 白　彭 豪

（淮河水利委员会水文局（信息中心）　安徽 蚌埠　233001）

摘　要：本文基于2020—2021年淮河干流中下游四个典型断面的监测数据，采用了单因子评价法、综合污染指数法和有机污染指数法对四个典型断面进行了分析，并研究了其年际与年内变化趋势，分析了总磷与高锰酸盐指数年内变化特征。结果表明：2020—2021年水质单因子评价结果均在Ⅲ类水标准之内，年均综合污染指数在0.4~0.7之间，年均有机污染指数均小于0，水质整体呈现良好。总磷在汛期时期的浓度要高于非汛期时期，高锰酸盐指数逐月无明显变化趋势。研究结果可为淮河干流在今后治理中提供一定的依据。

关键词：淮河干流；污染因子；水质评价；变化趋势

淮河流域位于我国中东部地区，发源于河南省桐柏山，是我国第三大河流。淮河干流自西向东，流经河南省南部、安徽省中部、在江苏省中部注入洪泽湖中，全长约1 000 km[1-2]。淮河作为中国地理南北分界线，地处亚热带与温带的过渡区，是我国的重要粮食生产基地。淮河支流众多，沿岸人口居住密集，自20世纪80年代随着工业化的发展和城市污水的排放，使淮河的生态环境逐渐恶化，水质污染问题突出。经过国家长时间的系统治理，淮河综合污染指数明显好转[3-4]。淮河干流作为沿淮城镇主要饮用水源，水质健康备受社会关注。因此，对淮河干流水质状况进行分析研究至关重要。

1　研究区域与方法

1.1　评价断面

选取了淮河干流中下游4个典型断面，如表1所示。

表1　断面信息

编号	断面名称	断面位置
1	淮滨谷堆	河南省淮滨县谷堆乡徐营渡口
2	王家坝	安徽省阜南县王家坝镇王家坝村
3	小柳巷	江苏省泗洪县四河镇大柳巷
4	盱眙洪山头	江苏省盱眙县河桥镇洪山村

1.2　评价分析方法

1.2.1　单因子评价法

依据《地表水环境质量标准》（GB 3838—2002），根据单项因子检测结果数据与标准类别限值做对比，选取其中单项因子评价最差结果的水质类别作为最终的水质类别[5]。

1.2.2 综合污染指数法

综合污染指数法是评价水污染程度的一种重要方法[6]。综合污染指数数值越高代表水质污染程度越严重。其计算公示如下：

$$P_i = \frac{C_i}{S_i} \tag{1}$$

$$P = \frac{1}{n}\sum_{i=1}^{n} P_i \tag{2}$$

式中：P_i 为第 i 种污染物单项污染指数；C_i 为第 i 种污染物实测浓度；S_i 为第 i 种污染物环境质量标准；n 为污染因子种类数目，单位均为 mg/L。P 值评价分级标准：$P<0.2$，为清洁；$P=0.2\sim0.4$，为尚清洁；$P=0.4\sim0.7$，为轻度污染；$P=0.7\sim1$，为中度污染；$P=1\sim2$，为重度污染。

1.2.3 有机污染指数法

有机污染指数法主要是针对水中有机水体污染的一种综合评价方法[7]，它是根据五日生化需氧量、化学需氧量、氨氮、溶解氧个指标作为评估因子来判断水质。具体计算方法如下：

$$A = \frac{BOD_i}{BOD_o} + \frac{COD_i}{COD_o} + \frac{(NH_3\text{-}N)_i}{(NH_3\text{-}N)_o} - \frac{DO_i}{DO_o} \tag{3}$$

式中：A 为有机污染指数；五日生化需氧量（BOD）、化学需氧量（COD）、氨氮（NH_3-N）、溶解氧（DO）的平均实测质量浓度；BOD_o、COD_o、$(NH_3\text{-}N)_o$、DO_o 分别为污染物的标准值，单位均为 mg/L。A 的有机污染分级标准：$A<0$，水质为良好；$A=0\sim1$，水质为较好；$A=1\sim2$，水质为一般；$A=2\sim3$，水质为轻度污染；$A=3\sim4$，水质为中度污染；$A>4$，水质为重度污染。

本文对 2020—2021 年淮河干流中下游 4 个典型监测断面进行了水质评价并研究了其时空变化特征。选取了高锰酸盐指数（COD_{Mn}）、氨氮（NH_3-N）、总磷（TP）、化学需氧量（COD）、生化需氧量（BOD_5）、溶解氧（DO）、氟化物（F^-）7 项作为主要水质评价因子进行评价。评价标准执行《地表水环境质量标准》（GB 3838—2002）Ⅲ类水标准，主要污染因子实验检测方法见表2。

表2 水质参数分析方法

项目	分析方法	方法代码
氟化物	茜素磺酸锆目视比色法	HJ 487—2009
溶解氧	电化学探头法	HJ 506—2009
氨氮	纳氏试剂分光光度法	HJ 535—2009
高锰酸盐指数	高锰酸盐指数的测定	GB 11892—1989
总磷	钼酸铵分光光度法	GB 11893—1989
化学需氧量	连续流动—快速消解分光光度法	淮水监/QJ 005—2015
生化需氧量	微生物传感器快速测定法	HJ/T 86—2002

2 结果与讨论

2.1 年际变化

2.1.1 单因子评价结果

根据 2020—2021 年淮河干流中下游四个典型断面的监测数据，本文对各断面进行单项因子评价，得出结果见表3。从表3中可以看出，2020—2021 年各断面评价结果都在规定的Ⅲ类水标准之内。其中溶解氧、化学需氧量、五日生化需氧量和氟化物污染因子水质评价类别均为Ⅰ类,高锰酸盐指数和氨氮污染因子水质评价类别均在Ⅱ类水以内,总磷的水质评价类别均在Ⅲ类水以内。表明各断面水质整体良好,水质类别变化不大。

2.1.2 综合污染指数评价结果

同时也采用了综合污染指数法计算了四个典型断面的年均综合污染指数,结果如图1所示,根据图中结果可以看出2020—2021年四个断面年均综合污染指数均在0.4~0.7之间,属于轻度污染。但各断面污染因子年均质量浓度均在规定的Ⅲ类水标准内,个别污染因子年均值接近标准值。淮滨谷堆、小柳巷和盱眙洪山头断面2021年年均综合污染指数值小于2020年,表明该断面河段的水质逐步呈现向好的趋势;王家坝断面2021年的综合污染指数大于2020年,表明该断面河段的水质有呈现向差的趋势。同时结合表3中四个断面各项污染因子的评价结果。综合得出各断面的水质指标基本能达到相应的功能指标。表明淮河干流中下游各断面的水体功能可以得到充分的发挥,没有明显制约因素。

2.1.3 有机污染指数评价结果

由有机污染指数计算公式绘制了2020—2021年四个典型断面的年均有机污染指数,如图2所示,经计算,2020年淮滨谷堆、王家坝、小柳巷、盱眙洪山头断面年均有机污染指数分别为:-0.67、-0.64、-0.52和-0.52,2021年分别为:-0.61、-0.4、-0.54和-0.55。四个断面的年均有机污染指数值均小于0,表明淮河干流中下游各断面的水质为良好,没有发生过有机物的污染。

表3 2020—2021年各断面水质单项评价结果

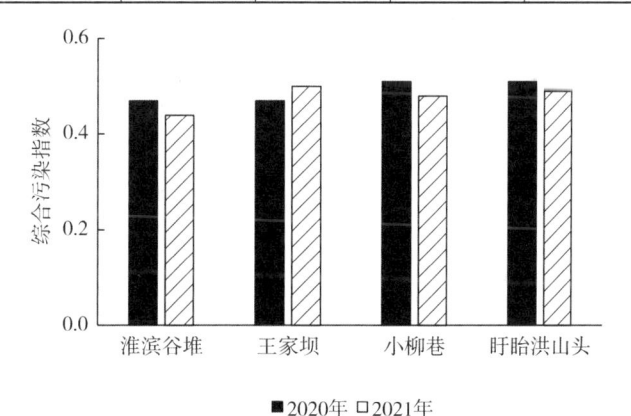

年份	断面名称	溶解氧	高锰酸盐指数	化学需氧量	五日生化需氧量	氨氮	总磷	氟化物
2020	淮滨谷堆	Ⅰ	Ⅱ	Ⅰ	Ⅰ	Ⅱ	Ⅱ	Ⅰ
	王家坝	Ⅰ	Ⅱ	Ⅰ	Ⅰ	Ⅱ	Ⅲ	Ⅰ
	小柳巷	Ⅰ	Ⅱ	Ⅰ	Ⅰ	Ⅰ	Ⅲ	Ⅰ
	盱眙洪山头	Ⅰ	Ⅱ	Ⅰ	Ⅰ	Ⅰ	Ⅲ	Ⅰ
2021	淮滨谷堆	Ⅰ	Ⅱ	Ⅰ	Ⅰ	Ⅱ	Ⅲ	Ⅰ
	王家坝	Ⅰ	Ⅱ	Ⅰ	Ⅰ	Ⅱ	Ⅲ	Ⅰ
	小柳巷	Ⅰ	Ⅱ	Ⅰ	Ⅰ	Ⅰ	Ⅲ	Ⅰ
	盱眙洪山头	Ⅰ	Ⅱ	Ⅰ	Ⅰ	Ⅱ	Ⅲ	Ⅰ

图1 2020—2021年各断面水质综合污染指数

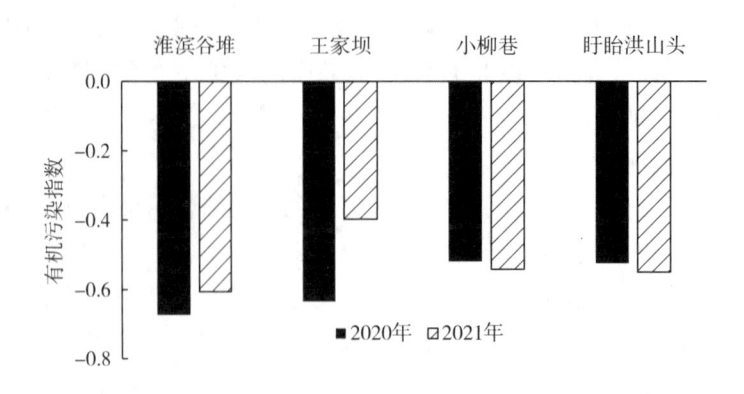

图 2 2020—2021 年各断面水质有机污染指数

2.2 年内变化特征

从表 3 结果可知,总磷和高锰酸盐指数虽然没有超标,但和其他污染因子相比质量浓度偏高,因此本文选取了主要典型污染因子总磷和高锰酸盐指数进行了讨论,根据 2020—2021 年监测数据绘制了各断面总磷和高锰酸盐指数月内变化趋势图,结果如图 3 所示,从图中可以看出,2020—2021 年内总磷变化趋势幅度较大,并且年内表现出了相似的规律性,汛期时期总磷的浓度要高于非汛期时期。造成此原因可能由于在汛期雨水量较多、地表径流较大、淮河干流支流众多,将河流沿岸的城市生活污水和周边的农业化肥等污染物冲入河流中[8],造成总磷的浓度在汛期的时候处于上升趋势。而非汛期的时候雨水量相对较少,相应的地表径流偏少,造成总磷的浓度会整体偏低且变化趋势不大。

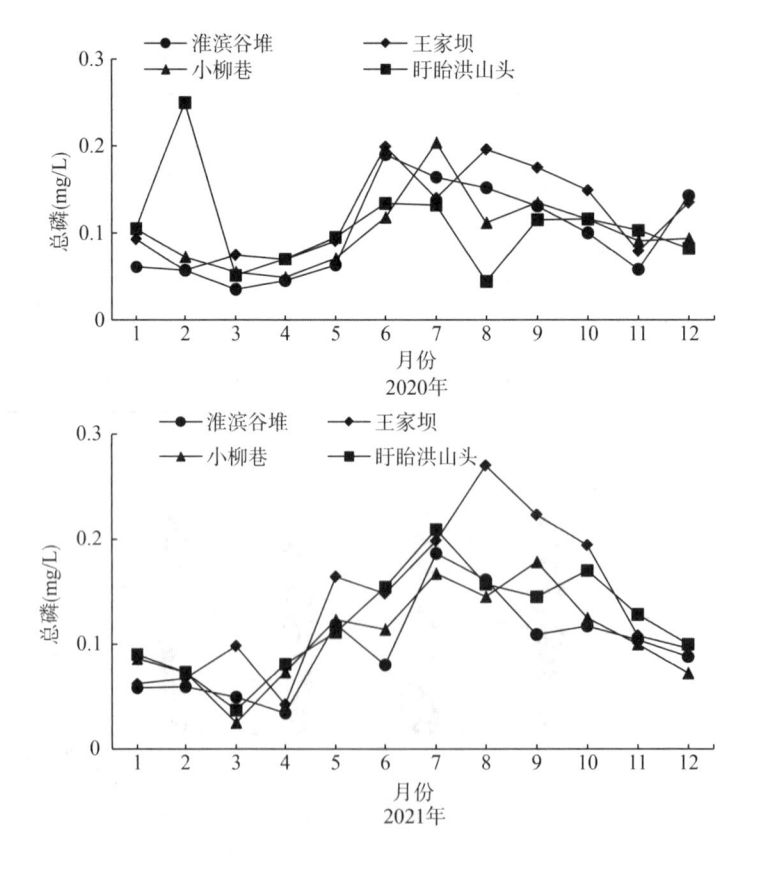

图 3 2020—2021 年各断面总磷浓度年内变化

淮河干流四个典型断面高锰酸盐指数浓度年内变化如图 4 所示。从图中可以看出，2020—2021 年高锰酸盐指数浓度无明显变化趋势，总体差别不大。经计算，2021 年四个断面高锰酸盐指数的平均质量浓度均低于 2020 年各断面高锰酸盐指数平均质量浓度。表明淮河干流中下游的污染因子高锰酸盐指数呈稳中有下降趋势。除 2020 年 8 月份盱眙洪山头高锰酸盐指数超标外，其余年份所有断面均低于 6 mg/L，在国家标准规定的Ⅲ类水质范围之内。

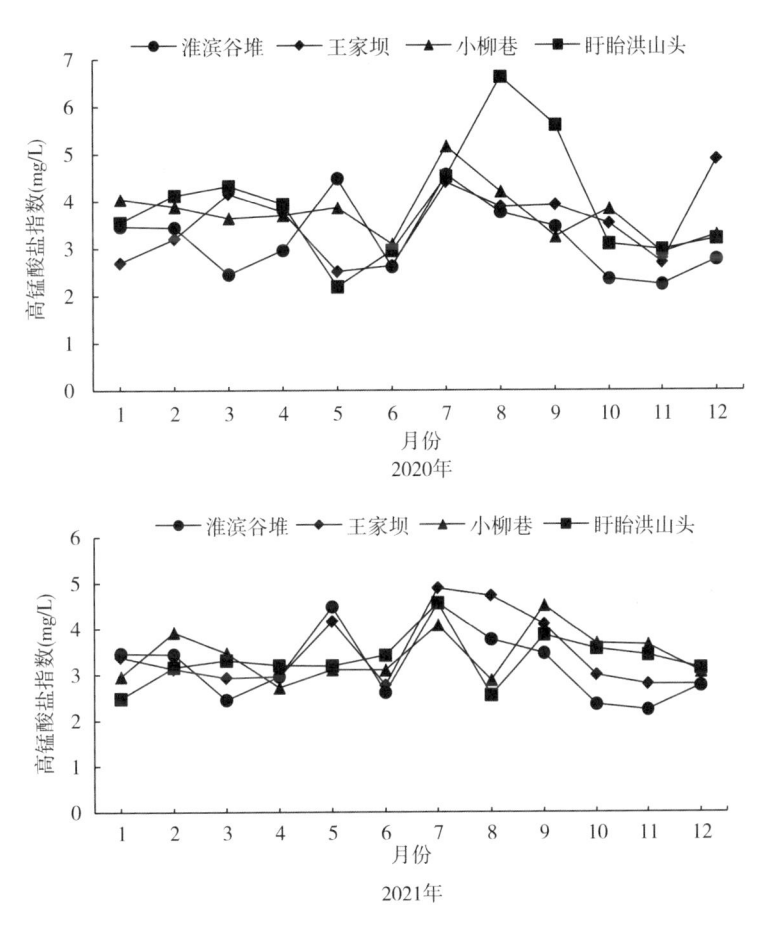

图 4　2020—2021 年各断面高锰酸盐指数浓度年内变化

此外，本文也研究了各断面有机污染指数的逐月变化，经计算，绘制出了逐月变化曲线，如图 5 所示，淮滨谷堆、王家坝、小柳巷、盱眙洪山头这四个断面 2020—2021 年逐月有机污染指数分在 −1.645～0.574、−1.328～0.738、−1.519～0.819、−1.38～0.668 之间变化。表明水质在良好和较好之间变化，说明水质没有发生有机污染。从图中可以看出，2020—2021 年逐月有机污染指数有着相似的变化规律。汛期时期的有机污染指数浓度普遍大于非汛期。造成汛期有机污染指数值偏大的原因可能由于汛期雨水量较大，使得周边生活、农业、企业污水随流失的水土流入河道，使水中氮和磷含量增加；使得河中藻类与浮游动植物大量繁殖，造成溶解氧含量降低；使得部分断面在个别月份水质属于合格。

3　结论

本文基于 2020—2021 年淮河干流中下游四个典型断面的监测数据，选取了高锰酸盐指数、氨氮、总磷、化学需氧量、生化需氧量、溶解氧、氟化物 7 项污染因子，运用了单因子评价法和综合污染指数

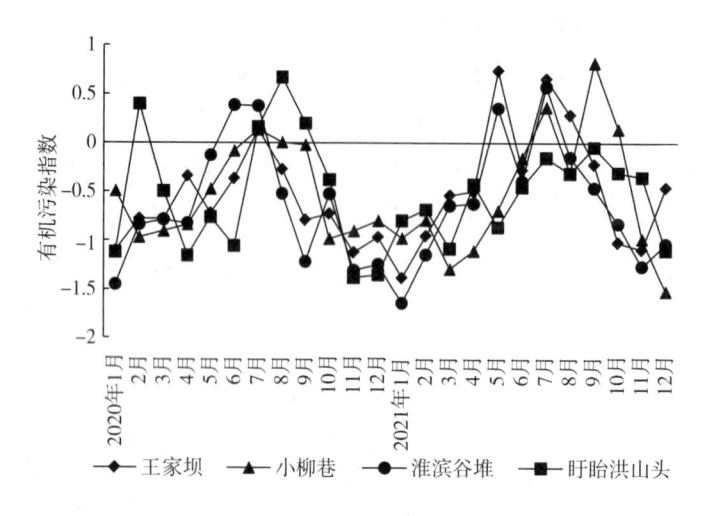

图5 2020—2021年各断面有机污染指数逐月变化过程

法和有机污染指数法进行了水质综合评价,研究了水质年际年内变化。结论如下:

(1)根据单因子评价分析,各断面评价结果均在Ⅲ类水质标准之内,达到水质要求目标。导致结果为Ⅲ类水质的主要污染因子为总磷,并且总磷浓度在汛期的时候大于非汛期,需要引起高度关注。

(2)由综合污染指数可知,淮滨谷堆、王家坝、小柳巷、盱眙洪山头这四个断面年均综合污染指数均小于0.7,水质属于轻度污染。但各断面年均质量浓度均在规定的Ⅲ类水标准值范围内。

(3)从有机污染指数得知,四个断面的年均有机污染指数均小于0,水质属于良好,没有受到有机污染,从逐月有机污染指数可知四个断面只有少数几月有机污染指数大于0,水质属于较好。

[参考文献]

[1] 吴利,李源玲,陈延松.淮河干流浮游动物群落结构特征[J].湖泊科学,2015,27(5):932-940.
[2] 李志伟,丁凌峰,唐洪武,等.淮河干流污染物分布及变化规律[J].河海大学学报(自然科学版),2020,48(1):29-38.
[3] 殷守敬,吴传庆,王晨,等.淮河干流岸边带生态健康遥感评估[J].中国环境科学,2016,36(1):299-306.
[4] 曾凤连,杨刚,王萍,等.淮河干流水环境质量时空变化特征及污染趋势分析[J].水生态学杂志,2021,42(5):86-94.
[5] 张婷婷,杨刚,张建国,等.南水北调东线一期工程输水干线水质变化趋势分析[J].水生态学杂志,2022,43(1):8-15.
[6] 张翔.综合污染指数评价法在北洛河上的研究应用[J].水利技术监督,2021(3):8-10,18.
[7] 王国重,李中原,张继宇,等.小浪底水库水环境质量评估[J].安全与环境学报,2018,18(5):2013-2020.
[8] 陈善荣,何立环,张凤英,等.2016—2019年长江流域水质时空分布特征[J].环境科学研究,2020,33(5):1100-1108.

[作者简介]

陈希,男,生于1993年11月,助理工程师,水环境分析,17754835543,chenx@hrc.gov.cn。

中型水库工程对吻虾虎鱼影响及对策措施

葛 耀　付小峰　庞兴红

(淮河水资源保护科学研究所　安徽 蚌埠　233001)

摘　要：以鲁觊山水库工程为例,预测了中型水库工程对所涉及水域的安徽省二级保护野生动物吻虾虎鱼的影响。根据工程实际开发情况,从生态学角度分析水库调蓄导致的径流量、水温等环境变化对吻虾虎鱼产生的影响。为减缓水库工程对吻虾虎鱼的影响,制定切实可行的保护对策与措施,将工程实施产生的影响降到最低,确保吻虾虎鱼得到有效保护。

关键词：鲁觊山水库工程；吻虾虎鱼；影响；对策措施

鲁觊山水库在长江流域菜子湖水系孔城河支流——鲁王河上游。水库总库容1 068万 m^3,其中兴利调节库容828万 m^3,死库容48万 m^3；正常蓄水位125 m时水库水面面积为58.2万 m^2,回水长度2.5 km；库容系数67%,属多年调节水库。水库对径流的调蓄作用,改变了天然河流的水文情势,进而影响鱼类原有的生长繁殖条件和对环境的正常行为响应[1]。水利工程在开发和利用自然资源的同时,应当尊重和保护自然,注意生态环境尤其是鱼类的保护。本文根据工程特性,预测评价工程的实施径流量变化和水温变化对所涉及水域的吻虾虎鱼的影响,提出切实可行的保护对策与措施,为后续环保工程的实施提供支撑。

1　水域吻虾虎鱼属现状

(1) 吻虾虎鱼属简介

吻虾虎鱼属隶属于鲈形目虾虎鱼亚目虾虎鱼科。分布于亚洲东部地区,主要生活于河流、湖泊、水库及溪流等淡水水域,在长江中下游地区分布极为广泛,较为常见。其生活史可分为陆封型和洄游型两种类型,陆封型类群终身生活于淡水水域；洄游型类群则于淡水水域产卵,孵化后的仔鱼随即顺小流进入海洋,经短期生长后返回淡水水域。由于该属鱼类对水质较为敏感,在安徽省优良水体内分布非常广泛,可作为优秀的水质指示物种。

本工程共涉及吻虾虎鱼属的两个种,分别为子陵吻虾虎鱼和波氏吻虾虎鱼。吻虾虎鱼调查样线共计5条,在坝址下游1 km至库尾上游1 km之间的水域尽量均匀分布,样线长度不低于50 m。调查评价区内吻虾虎鱼分布地点、数量、生物量及群落结构。结合吻虾虎鱼生态习性分析其产卵场、索饵场及越冬场分布情况。

(2) 子陵吻虾虎鱼分布情况

资源现状：野外调查时,在尹河断面和孔城河断面均发现有子陵吻虾虎鱼分布,共计24条,平均每条重0.87 g。工程所在区域水库淹水区断面未发现该种分布。

"三场一通道"：从食性看,其索饵场零散分布于河道内所有的水流较缓的区域,也是底栖生物数量最多的区域；从繁殖情况来看,符合繁殖条件要求的区域应包括淹水区池塘、夏季水文情势稳定且水深大于 1 m 的河道内;淹水区池塘及冬季水深大于 1 m 的河道均可为满足该种越冬的条件;该种属于定居型鱼类,无洄游习性,涉及范围内无该种洄游种群,但该种可在河道内溯河迁移。

(3)波氏吻虾虎鱼分布情况

资源现状:根据现场调查结果,在 5 个样线断面共调查到波氏吻虾虎鱼 96 条,共计 56.70 g,其中 2 号断面(坝址)处调查到的波氏吻虾虎鱼最多,数量和生物量分别为 31 条和 20.10 g,1 号断面次之(坝址下游 1 km 处),有 24 条,共计 12.90 g,见表 1。

表 1　库区波氏吻虾虎鱼分布情况

样线编号	数量(条)	生物量(g)	平均体重(g/条)	样线长度(m)	河流宽度(m)	密度(条/m)
1	24	12.90	0.54	74.46	7.48	0.32
2	31	20.10	0.65	124.56	14.47	0.25
3	8	4.30	0.54	65.56	6.19	0.12
4	21	12.20	0.58	51.15	8.34	0.41
5	12	7.20	0.60	52.35	3.40	0.23
合计	96	56.70	0.58	368.08	7.98	0.27

注:表内数据因四舍五入取约数。

分布特征:将 5 个样线断面波氏吻虾虎鱼数量、生物量、平均体重及密度与河道的水深、河流宽度进行相关性分析,见表 2。相关性分析结果表明,河流宽度与吻虾虎鱼数量呈临界相关,与生物量呈显著相关,与平均体重和密度无显著相关性。水深与波氏吻虾虎鱼分布情况各指标均无显著相关性。由此判断,评价区内的波氏吻虾虎鱼分布情况与水域面积存在一定的相关性,预期的下游和上游吻虾虎鱼分布情况的差异并不显著。

表 2　波氏吻虾虎鱼分布情况与河道环境因子相关性分析

环境因子	数量 F 值	数量 P 值	生物量 F 值	生物量 P 值	平均体重 F 值	平均体重 P 值	密度 F 值	密度 P 值
水深	0.464	0.431	0.529	0.359	0.341	0.574	−0.290	0.636
河流宽度	0.846*	0.071*	0.889**	0.043**	0.591	0.294	0.193	0.756

注:"*"表示 $0.05<P<0.1$,临界相关;"**"表示 $P<0.05$,显著相关。F 值是 F 检验的统计量值;P 值即概率,反映某一事件发生的可能性大小。

"三场一通道":从食性看,波氏吻虾虎鱼以底栖小型鱼类、鱼卵、小型无脊椎动物等为食,其索饵场零散分布于调查区河道内,不呈集中分布的态势分布。从繁殖情况来看,波氏吻虾虎鱼可以在现有分布区完成繁殖,即调查区无波氏吻虾虎鱼的集中产卵场,其产卵场均匀分布于河道内的卵石石缝中。水库淹水区为溪流生境,且存在低头坝,低头坝的坝上坝下及溪流水体冲刷形成的小深潭均可为其提供越冬场所。该种属于定居型鱼类,无洄游习性,分布区范围内接近源头的溪流冬季河道干枯,波氏吻虾虎鱼迁入下游深水潭内越冬,从而形成小范围的越冬洄游,河道本身既是栖息场所,也是其洄游通道。

2　主要环境影响

2.1　径流量变化对吻虾虎鱼的影响

建库前后下泄流量变化较大,建库后下泄流量平坦化,充分体现水库利用自身库容保证下游河道用水的调节作用。鲁㲼山水库建设对于坝址下游的影响有利有弊,从不利方面来看,水库建设使河流由自然状态转变为受人工控制的河道,改变河道天然状态,从总量看,减少了坝下水量补给,势必会影响到坝下河段不同保护目标用水需求,见图1。从有利方面来看,工程削减了汛期洪峰,提高了下游河段防洪标准;在枯水年($p=75\%$和$p=90\%$)非汛期部分月份增加了下泄流量,对于保护坝下河段水生态系统稳定起到积极作用。如图2、图3所示。

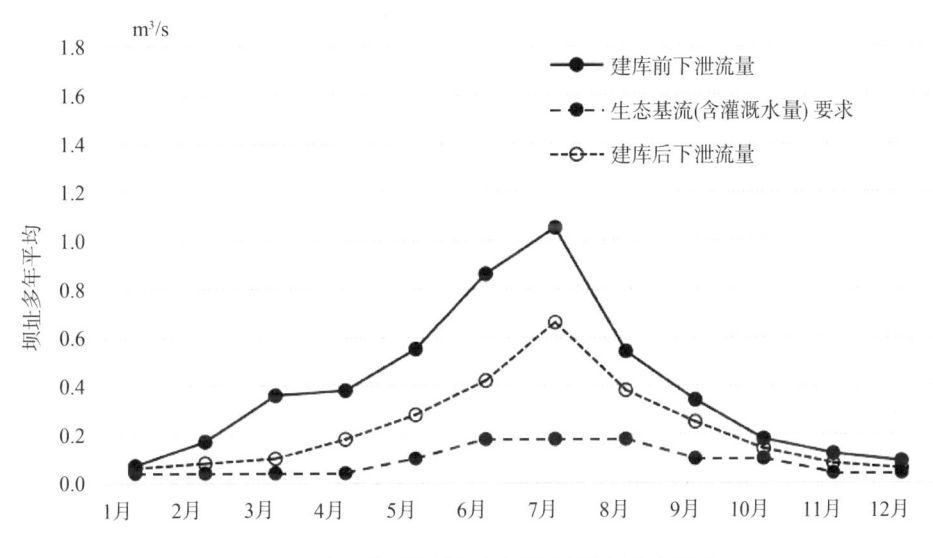

图 1　建库前后坝址多年平均下泄流量对比图

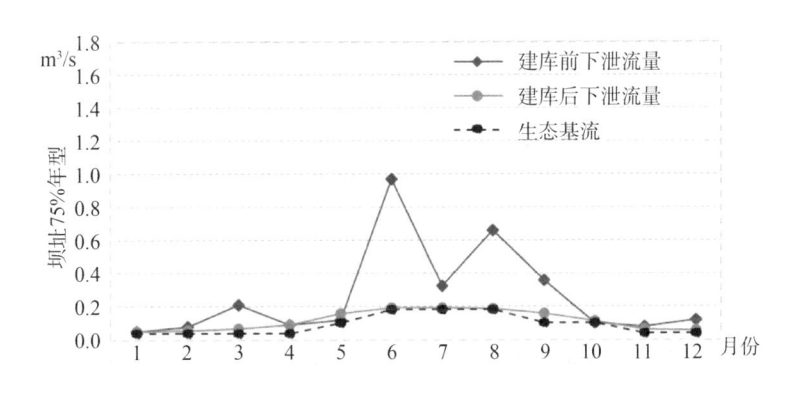

图 2　建库前后坝址75%年型下泄流量对比图

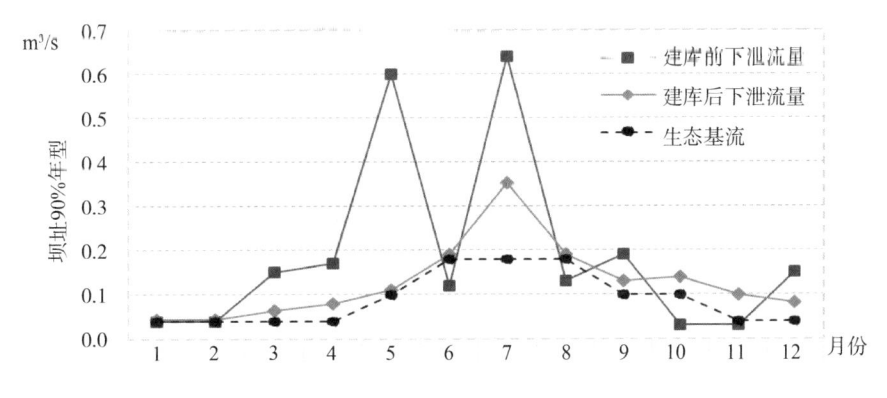

图 3　建库前后坝址90%年型下泄流量对比图

水库建成后,水资源利用增加,每年耗水 603.8 万 m³,占鲁王河径流量的 7.9%。根据建坝后下泄流量变化情况分析结果,下泄流量表现出如下特点:首先,下泄流量总量有所下降;其次,下泄流量的年内变化趋于平稳,枯水期断流将不再出现,丰水期洪水洪峰减弱;最后,总体表现出丰、平水期(3—10 月)下泄流量减小,枯水期(11 月—次年 2 月)下泄流量增加的特点。

根据吻虾虎鱼分布特性来看,其对分布区水深条件的要求并不严格,但对水文情势的稳定要求较高[2-3]。工程设置生态下泄流量,且下游分布有多个雍水坝,使得坝址下游在保证有水流的同时,即便是枯水期也不会干枯,因此径流量下降对下游吻虾虎鱼分布和栖息影响有限。

2.2 水温变化对吻虾虎鱼分布的影响

(1) 水库水体水温垂向分布

影响水库水温分布的因素有太阳辐射、水库形态、上游来水量及水温、水库调度方式等,对于中型水库,其在纵向、横向、垂向上均存在水温的不均匀性。对于鲁䃼山水库,由于水库呈狭长形,宽度较小,其横向的差别较小;正常蓄水位时,在纵向上必然存在水温的差别,一般来讲为沿程逐步升温;垂向上(尤其是坝前)则表现为稳定的水温分层。坝前水温分层的结果将直接影响水库下泄水温,而纵向的水温差别对环境的影响并不明显,因此主要对坝前垂向水温进行预测计算,见表 3。

表 3 坝前垂向水温分布预测表　　　　　　　　　　　　　　　单位:℃

水位 m	水深 m	1月	2月	3月	4月	5月	6月	7月	8月	9月	10月	11月	12月
125	0	7.0	9.0	10.5	17.0	22.0	25.5	29.5	29.0	24.5	19.0	12.5	9.5
120	−5	7.0	9.0	10.4	16.3	20.8	25.0	29.2	28.9	24.5	19.0	12.5	9.5
115	−10	7.0	9.0	10.0	15.3	19.2	24.2	28.5	28.7	24.5	19.0	12.5	9.5
110	−15	7.0	8.9	9.6	14.4	17.7	23.3	27.6	28.2	24.4	19.0	12.5	9.5
105	−20	7.0	8.9	9.3	13.7	16.4	22.2	26.5	27.6	24.2	19.0	12.5	9.5
100	−25	7.0	8.8	9.0	13.1	15.4	21.6	25.4	26.9	24.0	18.9	12.5	9.5
98	−27	7.0	8.8	9.0	12.7	15.0	21.3	25.0	26.6	23.9	18.9	12.5	9.5
93	−32	7.1	8.7	8.8	12.6	14.2	20.6	23.9	25.2	23.7	18.9	12.5	9.5
90	−35	7.2	8.7	8.8	12.4	13.8	20.2	23.3	25.2	23.5	18.8	12.5	9.5
96.5	−28.5	7.0	8.8	8.9	12.8	14.7	21.1	24.7	26.4	23.9	18.9	12.5	9.5
106.5	−18.5	7.0	8.9	9.4	13.9	16.8	22.6	26.9	27.8	24.5	19.0	12.5	9.5
库表底温差		−0.2	0.3	1.7	4.6	8.2	5.3	6.2	3.8	1.0	0.2	0.0	0.0
库表与 96.5 m 温差		0.0	0.2	1.6	4.2	7.3	4.4	4.8	2.6	0.6	0.1	0.0	0.0
库表与 106.5 m 温差		0.0	0.1	1.1	3.1	5.2	2.9	2.6	1.2	0.0	0.0	0.0	0.0
106.5 m 取水升温		−0.2	0.2	0.6	1.5	3.0	2.4	3.6	2.6	0.0	0.0	0.0	0.0

从上表可以看出,4—8 月鲁䃼山水库水温分为三层,具体如下:从库表面到水深 5 m 为温变层,该层水温受气温的影响较大;水深 5～30 m 为温跃层,水温随水深剧烈变化;30 m 以下为滞温层,垂向温度梯度较小。1—3 月、9—12 月鲁䃼山水库水温分层不明显。

根据各月份的水温垂向分布,5 月的温度变幅最大,从库表的 22℃ 逐渐递减到库底的 13.79℃,变幅为 8.21℃;1、11 和 12 月份水库为冬季,水温基本为完全混合型,库底水温略高于库表水温。

(2) 水温减缓措施效果分析

水库供水、灌溉和生态放水管为满足不同水位分层取水的需要,拟在坝前 96.50 m、106.50 m 高程各布置 1 扇平板工作闸门(上层工作门底槛及顶部设钢筋混凝土胸墙),其孔口尺寸(宽×高)均为

2.0 m×2.0 m,利用坝顶门机启闭。

在125 m正常蓄水位时,此两层取水位置处的水温见表3。可见,分层取水可以明显升高水库放水的温度。106.5 m取水可以升高下泄水温最大3.6℃(7月)。

(3)水温变化对吻虾虎鱼分布的影响

采用分层取水方式后,多年平均下泄流量情况下,水温恢复至河道天然水温的最大距离为159 m;20%年型下泄水温恢复至河道天然水温的最大距离为497 m,见表4。

根据表1库区波氏吻虾虎鱼分布情况,该水域的吻虾虎鱼密度为0.25尾/m,推算出低温水影响河道大约有124尾吻虾虎鱼种群数量。吻虾虎鱼分布对温度并不敏感,水库、深水湖泊、河流、浅水沟渠均可分布,预测温度变化不会造成吻虾虎鱼的直接死亡,其影响更多体现在对饵料资源和繁殖影响上的间接影响[4-5]。总体而言,水库下泄低温水对吻虾虎鱼影响的最大距离为497 m,影响的河道范围很小,对区域吻虾虎鱼种群和分布影响不大。

表4 分层取水下泄流量对坝下河道水温影响距离　　　　　　　　　　　　　　　　单位:m

月份	$\Delta\theta$	多年平均				丰水年(20%)			
		D	u	Q	$X_{多年平均}$	D	u	Q	$X_{20\%}$
1月	0.000	0.018	0.16	0.06	0	0.023	0.18	0.08	0
2月	0.102	0.021	0.18	0.08	1	0.035	0.23	0.16	2
3月	1.125	0.025	0.19	0.10	10	0.058	0.33	0.38	39
4月	3.120	0.035	0.25	0.18	50	0.051	0.3	0.30	86
5月	5.193	0.047	0.29	0.28	130	0.105	0.5	1.05	497
6月	2.860	0.062	0.34	0.42	109	0.114	0.53	1.21	315
7月	2.637	0.081	0.41	0.66	159	0.039	0.25	0.19	46
8月	1.166	0.057	0.33	0.38	40	0.036	0.25	0.18	19
9月	0.220	0.045	0.28	0.25	5	0.026	0.19	0.10	2
10月	0.029	0.031	0.22	0.14	0	0.026	0.19	0.10	0
11月	−0.001	0.022	0.18	0.08	0	0.020	0.17	0.07	0
12月	0.000	0.019	0.16	0.06	0	0.018	0.16	0.06	0

3 主要对策措施

3.1 径流量变化的主要对策措施

(1)保障生态流量

为保障下游生态用水,本工程设置生态流量及自动在线流量监测系统,原则上以不小于年平均流量的10%(0.04 m³/s)估算生态基流,主汛期(6—8月)以年平均流量的30%(0.12 m³/s)流量为控制提供保护河流水生态环境的生态流量。设置生态流量后下泄流量的变化情况见上文分析结果。

(2)繁殖期优化调度

模拟洪峰[6]:河流生态系统的完整性有赖于它们天然状况下的动态特征。吻虾虎鱼繁殖期产卵需要一定的水流刺激,为此要加强吻虾虎鱼繁殖期的水量调度,建议每年7—9月份模拟1~2次工程建设前的洪峰流量和出现时刻,以维护吻虾虎鱼产卵的需求,流量在0.12 m³/s(坝址多年平均流量的30%)至当月历年平均流量之间,历时4~7天。

保持鱼类繁殖期水量稳定：在7—9月吻虾虎鱼的产卵期[1]，应当力求避免下泄水量的频繁变动，维持下游河段水位的稳定，避免对产粘沉性卵的吻虾虎鱼繁殖生境产生破坏。

3.2 水温变化的主要对策措施

工程建设后，下泄水体温度将低于自然河道的表层水温，不可避免会影响下游河道的生态环境。

为此，设置了分层取水措施，具体工程内容[7]为：在④号坝段布置了供水、灌溉及生态放水管，为坝内埋管，管径 1.5 m，壁厚 14 mm，管中心高程 97.25 m。进水口采用双层布置，下层底板高程 96.50 m，上层底板高程 106.50 m，进口设 2 道闸门和 1 扇拦污栅。采用分层取水设施后，水温的最大影响距离不超过 500 m，见表4。

4 结论

在水库建成后，库区河流生境变为水库生境，客观上有利于吻虾虎鱼分布。但鲁碪山中型水库工程的实施控制了河道下泄水量，并改变了径流分配过程，水库水体垂向上（尤其是坝前）同时也表现出稳定的水温分层。

吻虾虎鱼对水文情势的稳定要求较高。河道下泄流量的改变，对下游河道的水文情势会造成显著的影响。工程建议措施：通过设置生态下泄流量，使得下泄流量的年内变化趋于平稳，可以有效减缓对吻虾虎鱼的不利影响；每年7—9月产卵期模拟1~2次工程建设前的洪峰流量和出现时刻，以维护吻虾虎鱼产卵的水流刺激需求；产卵期应力求维持下游河段水位的稳定，保护产粘沉性卵的吻虾虎鱼繁殖生境。

吻虾虎鱼分布对温度并不敏感，温度变化的影响更多体现在对饵料资源和繁殖影响上的间接影响。下泄水体温度将低于自然河道的表层水温，水温分层采用分层取水设施后，水温的最大影响距离不超过 500 m，影响的河道范围很小，对区域吻虾虎鱼种群和分布影响不大。

工程在采取分层取水、保障生态流量、繁殖期优化调度等生境保护措施后，可有效减轻水库运营期下游河道径流和温度的变化，显著降低对吻虾虎鱼的负面影响，以期实现人与自然和谐相处。

[参考文献]

[1] 李朝达，林俊强，夏继红，等. 三峡水库运行以来四大家鱼产卵的生态水文响应变化[J]. 水利水电技术(中英文)，2021，52(5)：158-166.

[2] 胡莲，姚金忠，杨志，等. 三峡库区支流小江回水区鱼类早期资源状况[J]. 水生态学杂志，2022，43(4)：78-84.

[3] 刘艳佳，高雷，郑永华，等. 洞庭湖通江水道鱼类资源的周年动态及其洄游特征研究[J]. 长江流域资源与环境，2020，29(2)：376-385.

[4] 严云志，陈毅峰. 抚仙湖子陵吻虾虎鱼繁殖策略的可塑性研究[J]. 水生生物学报，2007(3)：414-418.

[5] Wieland K, Jarre-Teichmann A, Horbowa K. Changes in the timing of spawning of Baltic cod: possible causes and implications for recruitment[J]. ICES J. Mar. Sci. , 2000, 57: 452-464.

[6] 刘焕章，黎明政，常涛. 水生所与三峡和葛洲坝水利工程中的鱼类保护[J]. 水生生物学报，2020，44(5)：1040-1044.

[7] 付小峰，杜鹏程，韦翠珍，等. 新建桐城市鲁碪山水库工程对吻虾虎鱼影响专题论证报告[R]. 蚌埠：淮河水资源保护科学研究所，2019.

[作者简介]

葛耀，男，生于1987年3月，工程师，从事水利工程环境影响评价和验收调查工作，18655268058，258209305@qq.com。

基于主成分分析和神经网络地下水水质空间异质性研究

陶淑芸　王桂林

(江苏省水文水资源勘测局连云港分局　江苏 连云港　222004)

摘　要：采用单因子评价法、综合标识指数法、主成分分析法和RBF神经网络法对江苏省地下水水质进行分析评价与比较，并通过空间插值法识别其空间分布特征及差异。结果表明：单因子评价法结果最为严苛，主成分分析法评价结果最为乐观，综合标识指数法和RBF神经网络法介于中间更客观；地下水空间分布特征差异明显，沿海地区水质较内陆差；研究区内地下水水质主要影响因素为离子盐类成分，反映了当地水文地质条件和海水入侵的影响，其次为有机耗氧类污染因子和部分无机毒理学指标因子，反映了人类工农业活动污染排放对地下水的影响。

关键词：主成分分析；RBF神经网络；分布特征；地下水水质

地下水是生态环境重要要素之一[1-2]，随着人类社会经济活动的发展，地下水资源受到不同程度的污染[3]，合理有效评价地下水水质状况，识别地下水污染源，可以为地下水环境保护提供科学依据[4]。

《地下水质量标准》(GB/T 14848—2017)[5]中有常规指标39项和非常规指标54项，包含了感官指标、一般化学指标、微生物指标、毒理学指标和放射性指标，对其进行监测、评价与分析，是区域地下水污染治理的基础[6]。传统的水质评价方法单因子评价法[7]以最差单项水质指标作为整体评价结果，过于严苛；在此基础上发展出基于各指标权重的综合统计法[8]，包括污染指数法[9]、综合标识指数法[10]、模糊数学法[11]等，但选择指标权重的主观性较强，难以适应各地区不同地下水化学性质；之后开展了基于大数据挖掘和各种算法的多元评价法，在综合考虑各项指标因子的基础上，对其进行降维归类，揭示了各项指标之间的关联，评价结果较为接近实际情况，主要有主成分分析法[12]、因子分析法[13]、人工神经网络法[14]等，但存在计算分析方法复杂，难以规模化应用的缺点。

本研究以江苏省为例，采用88个典型地下水代表站监测数据进行分析，以单因子评价法为基础，选用综合标识指数法、主成分分析法和人工神经网络法这三种各具代表性的方法，比较评价结果，识别指标因子的主成分，结合克里金空间插值法分析水质空间分布特征，以期为区域地下水资源保护与管理提供参考。

1　研究方法及原理

1.1　综合标识指数法

综合标识指数法以单因子水质标识指数为基础，对全指标平均值和最差指标赋予一定的权重系数β，以反映水质整体状况[15]。单因子水质标识指数由一位整数和小数点后两位有效数字组成，其中整数部分表示该项因子的水质类别，通过与《地下水质量标准》(GB/T 14848—2017)中的分级限值比较来确定,小数部分表示该项因子在此水质类别区间中的位置,从而细化了因子在同一水质类别之间的差异程度[16]。其计算公式为:

$$P_i = K_i + \frac{C_i - C_{ik下}}{C_{ik上} - C_{ik下}} \tag{1}$$

$$P_i = 5 + \frac{C_i - C_{i4上}}{C_{i4上}} \tag{2}$$

$$P = \beta \overline{P} + (1-\beta) P_{\max} \tag{3}$$

$$\overline{P} = \frac{1}{n} \sum_{i=1}^{n} P_i \tag{4}$$

式中:K_i 为第 i 项水质因子的水质类别,取值为 1,2,3,4,5;C_i 为第 i 项水质因子的浓度值;$C_{ik上}$ 和 $C_{ik下}$ 分别为第 i 项水质因子在其所在水质类别区间浓度的上限值和下限值;P_i 为第 i 项水质因子的标识指数;$\overline{P}$ 为 n 项单因子水质标识指数的平均值;$P_{\max}$ 为 n 项单因子水质标识指数的最大值;β 为权重系数,此处取值为 0.5;P 为综合水质标识指数。当 K_i 取值为 1,2,3,4 时,用公式(1)计算,当 K_i 取值为 5 时,用公式(2)计算。

综合标识指数 P 的评价标准为:$1.00 \leqslant P \leqslant 2.00$ 时为 Ⅰ 类,$2.00 < P \leqslant 2.00$ 时为 Ⅱ 类,$3.00 < P \leqslant 4.00$ 时为 Ⅲ 类,$4.00 < P \leqslant 5.00$ 时为 Ⅳ 类,$P > 5.00$ 时为 Ⅴ 类。

1.2 主成分分析法

主成分分析法利用正交变换对含有多个水质因子的监测数据进行降维处理,提取出影响大作为主成分,以达到信息的综合判别[12]。其具体步骤为对原始数据进行检验后并标准化处理,计算相关系数矩阵的特征值、特征向量和贡献率,选取特征值大于1、累积方差贡献率大于70%的成分作为主成分,计算各主成分得分值,得分越低说明水质越好,将水质评价类别限值代入,计算各级类别上下限值的综合得分,与各监测站综合得分进行比较,判断水质类别[17]。

1.3 RBF神经网络法

径向基函数-神经网络(RBF)是一种前馈神经网络,其采用局部逼近模式实现快速学习,将低维非线性问题经矢量变换后映射到高维特征空间,简化成线性可分性问题[18]。RBF神经网络结构由输入层、隐含层、输出层3个层次组成,每一层具有多个独立的神经元,与下一层神经元连接传递直至输出结果,相比于传统神经网络法,RBF神经网络具有结构简单、拟合程度高等的特点。

2 应用与讨论

2.1 研究区概况

江苏省位于我国大陆东部沿海平原水网地区,水资源相对丰沛,境内地貌有平原、岗地、丘陵、低山四大类型。地下水类型有松散岩类孔隙水、碳酸盐岩类岩溶水和基岩裂隙水。其中松散岩类孔隙水分布最广,主要分布于平原地区,具有含水层次多、厚度变化大、水质复杂、富水性较好等特点;其次为基岩裂隙水,主要分布于低山丘陵区,富水性变化大,总体上较为贫乏;碳酸盐岩类岩溶水分布最少。

2.2 数据来源及分析

以江苏省 88 个国家地下水监测站为研究对象,从开展监测的指标中剔除未检出的部分项目,选择具有代表性的色度、浊度、pH 值、总硬度、溶解性总固体、硫酸盐、氯化物、铁、锰、铝、铜、锌、砷、耗氧量、氨氮、钠、硝酸盐、氟化物共计 18 项水质指标监测数据进行统计分析,有 55.5% 的数据为 I 类,有 11.4% 的数据为 II 类,12.5% 的数据为 III 类,11.5% 的数据为 IV 类,9.2% 的数据为 V 类。采用单因子评价法对所有站点监测数据进行综合评价,达到 III 类的站点仅有 4 个,34.1% 的站点为 IV 类,61.4% 的站点为 V 类。

2.3 评价结果及比较

2.3.1 综合标识指数法

采用单因子水质标识指数法对 18 项指标进行评价,有 10 项指标出现在 P_{max} 指标中,其中出现频率较高的有浊度、溶解性总固体、氯化物和氨氮 4 项指标,氟化物、钠、锰、砷、pH 值和色度 6 项指标出现频率较低,$\overline{P}$ 指标中有 4 项大于 4,依次为氯化物、浊度、溶解性总固体和氨氮,这些指标对综合标识指数影响较大。由各因子的标识指数箱线图(图 1)可以看出,大部分指标中位数均达到 III 类,主要超标项目为浊度和溶解性总固体,部分指标存在极端值和异常值,且变异系数偏大,其中氯化物的变异系数最大,达到 1.24;其次为钠,变异系数达到 0.84,说明氯化物和钠等指标分布在局部富集程度较高,具有明显的空间异向特征。

采用综合标识指数法对所有监测站点进行评价,有 9.1% 的站点达到 II 类,有 39.8% 的站点为 III 类,19.3% 的站点为 IV 类,31.8% 的站点为 V 类。

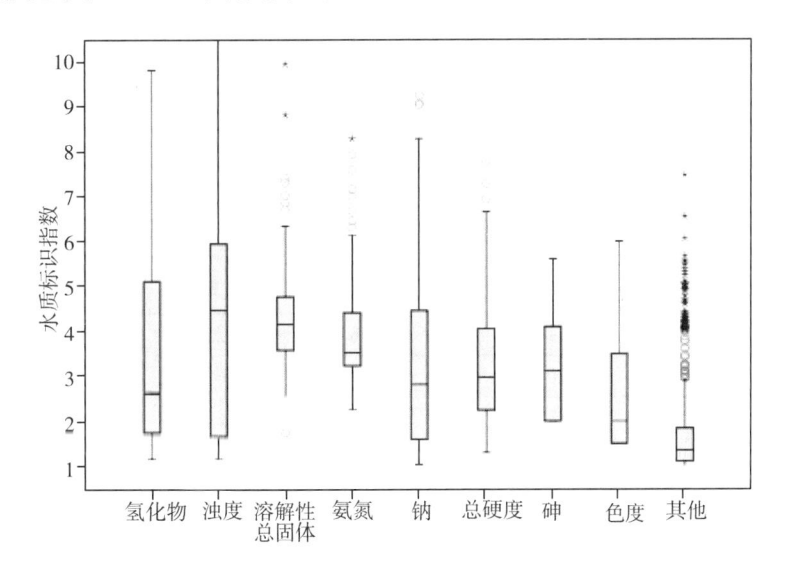

图 1 主要水质指标标识指数箱线图

2.3.2 主成分分析法

采用 SPSS 软件对 18 项水质指标进行主成分分析,对原始数据进行 KMO 和 Bartlett 球形检验,KMO 取值为 0.717>0.6,Bartlett 球形检验显著性水平 $P<0.05$,满足主成分分析要求。计算特征值和方差贡献率,提取特征值大于 1 的 6 个成分作为主成分,其累积方差贡献率达到 77.5%,能够代表主要要素信息。

主成分矩阵系数见表 1,第一主成分贡献率达 30.7%,主要贡献指标从大到小依次为溶解性总固体、氯化物、钠、总硬度、硫酸盐、锰，这些指标主要为离子盐类成分，反映了当地水文地质情况；第二主成分贡献率达14.4%，主要贡献指标从大到小依次为耗氧量、氨氮、砷和氟化物，反映了地下水中有机质污染物和无机毒理污染因子；第三主成分贡献率达11.7%，主要贡献指标从大到小依次为铝、锌、铜和硝酸盐，反映了地下水中金属类含量和硝酸盐类氮素污染情况；第四主成分贡献率达7.785%，主要贡献指标为色度和pH值，反映了地下水的酸碱性；第五主成分贡献率达6.876%，主要贡献指标为色度和浊度，为地下水的感官指标；第六主成分贡献率达6.049%，主要贡献指标为铁。

根据主成分矩阵及各成分的特征值，计算主成分得分值F并进行排序，将《地下水质量标准》中的各级指标限值代入上述模型计算，得出各级指标得分，$F \leq -0.73$时为Ⅰ类，$-0.73 < F \leq -0.40$时为Ⅱ类，$-0.40 < F \leq 0.23$时为Ⅲ类，$0.23 < F \leq 2.22$时为Ⅳ类，$F > 2.22$时为Ⅴ类，据此确定所有监测站点水质类别，有33.0%的站点达到Ⅱ类，有43.2%的站点为Ⅲ类，20.5%的站点为Ⅳ类，3.4%的站点为Ⅴ类。

表1 主成分矩阵

指标	F1	F2	F3	F4	F5	F6
溶解性总固体	0.947	-0.049	0.024	-0.013	-0.135	-0.087
氯化物	0.936	-0.118	0.061	-0.001	-0.151	-0.094
钠	0.909	-0.164	0.086	0.001	-0.132	-0.117
总硬度	0.868	0.137	-0.008	-0.025	-0.006	-0.073
硫酸盐	0.819	0.290	-0.145	-0.063	-0.040	-0.089
锰	0.790	0.222	-0.157	-0.063	-0.153	0.131
浊度	0.511	0.416	-0.083	0.336	0.466	0.058
耗氧量	0.255	-0.712	0.361	0.062	0.183	0.040
氨氮	0.393	-0.688	0.350	0.040	0.066	0.013
砷	0.321	-0.594	0.400	-0.011	0.206	0.282
氟化物	0.435	0.450	-0.102	0.127	0.120	0.145
铝	-0.109	0.391	0.622	0.363	-0.360	0.080
锌	0.090	0.473	0.593	-0.426	0.329	0.113
铜	0.006	0.460	0.585	-0.418	0.288	0.045
硝酸盐	0.244	0.107	-0.396	-0.280	-0.130	0.241
色度	0.112	0.027	-0.253	0.621	0.565	0.147
pH值	-0.066	0.292	0.532	0.542	-0.392	0.129
铁	0.048	-0.094	-0.185	-0.105	-0.177	0.897

2.3.3 RBF神经网络

为实现RBF神经网络模型的准确预测，需要输入足够多的数据对其进行训练，以期达到模拟精度。为获得大量样本数据，依据《地下水质量标准》中的标准限值，在各等级之间进行随机取值内插，每个指标两级之间生成100个数据，Ⅴ类标准之后再插入800个数据，18个指标共计生成21600个样本数据，选择其中70%的样本数据用于训练，30%的样本数据用于验证，并进行模型训练。模型输入层有18个神经元，代表18项水质指标，经训练后，最优选择生成隐含层10个神经元，最终输出层为5个神经元，分别代表Ⅰ、Ⅱ、Ⅲ、Ⅳ、Ⅴ类5个水质类别。将江苏省88个地下水监测站的18项指标监测数据输入该模型，最终得出水质评价类别，有3.4%的站点为Ⅰ类，有1.1%的站点为Ⅱ类，有45.5%的站点为Ⅲ类，26.1%的站点为Ⅳ类，23.9%的站点为Ⅴ类。

2.3.4 结果比较

将上述三种评价方法结果与单因子评价法进行比较,如图 2 所示。可以发现,单因子评价法结果最差,达到Ⅲ类的仅 4.5%,约有六成站点为Ⅴ类;主成分分析法结果最优,约四分之三的站点达到Ⅲ类及以上;综合标识指数法和 RBF 神经网络法介于中间,约有一半站点达到Ⅲ类及以上。

对同一站点选取不同方法所生成结果的变化进行比较,综合标识指数法对比单因子评价法,有 31.8% 的站点维持评价类别不变,且全部为Ⅴ类;53.4% 的站点提升了 1 个等级,大多为Ⅳ类提升至Ⅲ类,Ⅴ类提升至Ⅳ类;有 14.8% 的站点提升了 2 个等级,表现为Ⅳ类提升至Ⅱ类,Ⅴ类提升至Ⅲ类。这主要是因为单因子评价法采用一票否决策略,过于严苛,而综合标识指数法综合考虑了所有指标平均情况,并对最差指标赋予一半权重,减少了最差指标的影响。

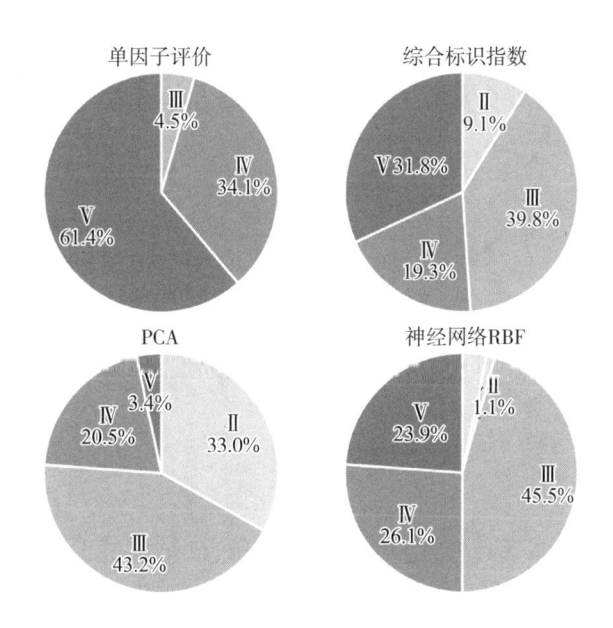

主成分分析法在综合标识指数法的基础上又有所提升,有 34.1% 的站点维持不变,且各等级都有;47.7% 的站点提升了 1 个等级,表现为Ⅲ、Ⅳ、Ⅴ类分别提升至Ⅱ、Ⅲ、Ⅳ类;13.6% 的指标提升了 2 个等级,表现为Ⅳ、Ⅴ类分别提升至Ⅱ、Ⅲ类;有 2 个站点提升了 3 个等级,从Ⅴ类提升至Ⅱ类;另有 2 个站点下降了一个等级,分别从Ⅱ、Ⅲ类下降至Ⅲ、Ⅳ类。可以发现主成分分析法提升程度较高,评价结果偏于乐观,例如从Ⅴ类提升的站点,属于第一主成分的指标如溶解性总固体、氯化物和浊度等为Ⅳ、Ⅴ类,经主成分降维运算后,降低了这些同一成分相关性较强指标的权重,使综合得分系数降低,从而指标评价等级有所提升。

RBF 神经网络法相对于综合标识指数法总体等级升降不显著,有 75.0% 的站点维持不变,14.8% 的站点提升了 1 个等级,表现为从Ⅱ、Ⅲ、Ⅳ、Ⅴ类分别提升至Ⅰ、Ⅱ、Ⅲ、Ⅳ类;10.2% 的站点下降了 1 个等级,表现为Ⅱ、Ⅲ类下降至Ⅲ、Ⅳ类。RBF 神经网络法相对于主成分分析法又大量回调,使过于乐观的结果回归中庸,其中有 26.1% 的站点维持不变,5.7% 的站点提升了 1 个等级,1.1% 的站点提升了 2 个等级,55.7% 的站点下降了 1 个等级,10.2% 的站点下降了 2 个等级,1.1% 的站点下降了 3 个等级。

图 2　各种方法评价类别占比

2.4 空间分布特征

由于研究区内地下水水质的空间变异性较大,将四种不同评价方法结果进行克里金(Kriging)空间插值分析,如图3所示。单因子评价法整体较差,大部分区域为Ⅳ类,其中盐城大部分地区为Ⅴ类,在淮安—宿迁交界地带、泰州—无锡—苏州交界地带以及南通沿海地区也存在部分Ⅴ类地下水。综合标识指数法的空间分布趋势与单因子评价法大体一致,整体提升了一级,Ⅴ类区域缩小至盐城局部地区。主成分分析法与前两种方法在局部地区分布略有变化,整体上在综合标识指数法基础继续提升一个等级,但提升范围不一致,约有一半区域达到Ⅱ类水,三分之一区域达到Ⅲ类水。神经网络法与综合标识指数法整体分布较为接近,局部地区略优。综合上述不同方法比较结果,江苏省地下水评价类别总体空间分布特征为东部沿海地区水质较内陆差,苏中较苏南苏北地区差。

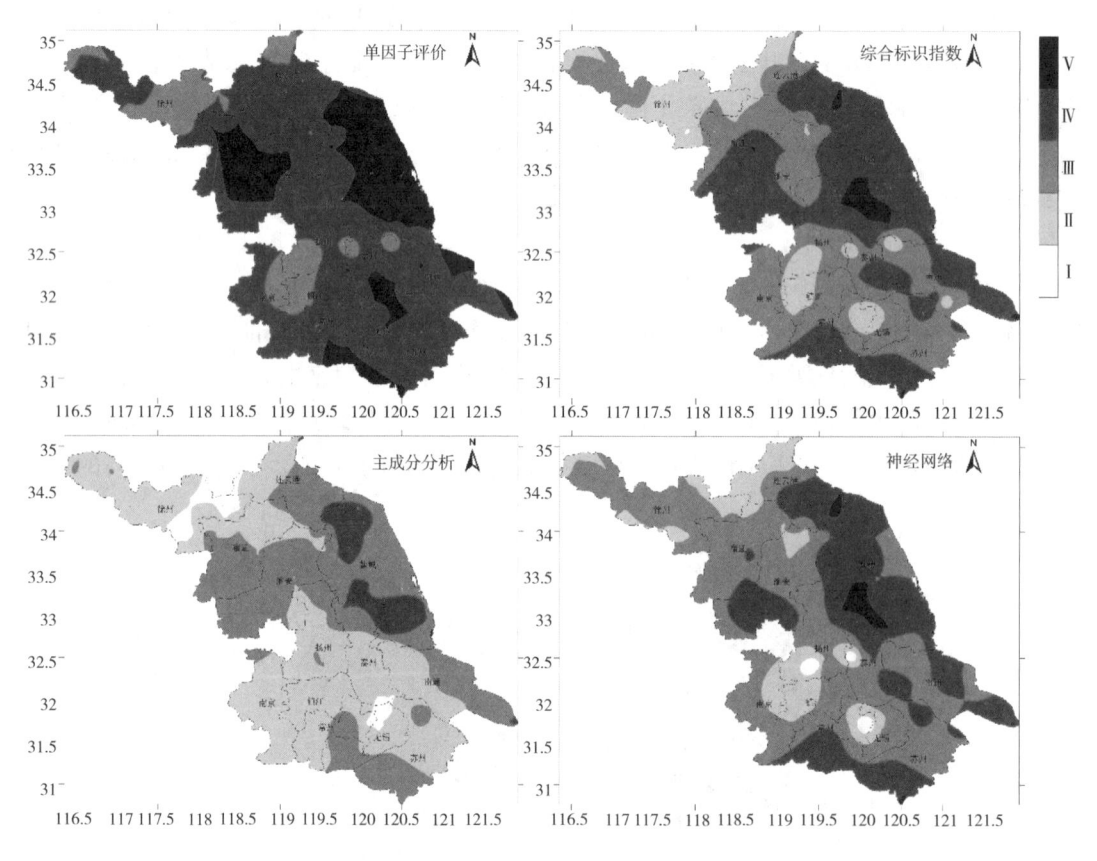

图3 不同方法评价类别空间分布图

3 结论

(1)不同水质评价方法结果差异较大,其中单因子评价法结果过于严苛,主成分分析法结果过于乐观,综合标识指数法和RBF神经网络法介于中间,结果更客观,更适用于当地地下水水质类别评价,而主成分分析法更适用于识别水质影响因子,进行污染源解析,结果表明研究区内地下水水质有50%达到Ⅲ类及以上。

(2)主成分分析结果表明,研究区内地下水水质主要影响因子为离子盐类成分,反映了当地水文地质条件和沿海地区海水入侵的影响;其次为有机耗氧类污染因子和部分无机毒理学指标因子,反映了人类农业活动面源污染和工业点源污染排放对地下水的影响。

（3）研究区内地下水水质类别的空间异质性较为明显,总体空间分布特征为东部沿海地区水质较内陆差。建议根据影响因子的空间分布有针对性地开展工农业污染排放治理,改善海水入侵影响,保护地下水环境。

[参考文献]

[1] 陈飞,徐翔宇,羊艳,等.中国地下水资源演变趋势及影响因素分析[J].水科学进展,2020,31(6):811-819.
[2] HE B N, HE J T, WANG L, et al. Effect of hydrogeological conditions and surface loads on shallow groundwater nitrate pollution in the Shaying River Basin: Based on least squares surface fitting model[J]. Water Research, 2019, 163:114880.
[3] 李怀恩,贾斌凯,成波,等.海绵城市雨水径流集中入渗对土壤和地下水影响研究进展[J].水科学进展,2019,30(4):589-600.
[4] 何宝南,何江涛,孙继朝,等.区域地下水污染综合评价研究现状与建议[J].地学前缘 2022,29(3):51-63.
[5] 中国地质调查局,等.地下水质量标准:GB/T 14848—2017[S].北京:中国标准出版社,2017.
[6] 殷秀兰,李圣品.基于监测数据的全国地下水质动态变化特征[J].地质学报,2021,95(5):1356-1365.
[7] 李博川.不同水质评价方法在河流水质评价中的应用比较[J].区域治理,2019(28):69-71.
[8] 江弦,黄耀裔,常开琪,等.不同地下水综合评价方法对比分析[J].商丘师范学院学报,2018,34(03):59-64.
[9] 于福荣,卢文喜,卞玉梅,等.改进的尼梅罗污染指数法在黄龙工业园水质评价中的应用[J].世界地质,2008(1):59-62.
[10] 张旋,王启山,于森,等.基于聚类分析和水质标识指数的水质评价方法[J].环境工程学报,2010,4(2):476-480.
[11] 苏建云,黄耀裔.修正的模糊数学综合评判法在地下水环境质量评价中的应用——以福建省晋江市为例[J].西南师范大学学报(自然科学版),2014,39(7):78-85.
[12] 薛伟锋,褚莹倩,吕莹,等.基于主成分分析和模糊综合评价的地下水水质评价——以大连市为例[J].环境保护科学,2020,46(5):87-92.
[13] 李文生.基于因子分析的水质综合指标评价法及其应用[J].中北大学学报(自然科学版),2011,32(2):207-211.
[14] 孔刚,王全九,黄强.基于BP神经网络的北京昌平山前平原地下水水质评价[J].农业工程学报,2017,33(S1):150-156+389.
[15] 徐祖信.我国河流综合水质标识指数评价方法研究[J].同济大学学报(自然科学版),2005(4):482-488.
[16] 徐祖信.我国河流单因子水质标识指数评价方法研究[J].同济大学学报(自然科学版),2005(3):321-325.
[17] 周星宇,黄晓荣,赵洪彬.基于主成分分析法的河流水文改变指标优选[J].人民长江,2020,51(6):101-106.
[18] 曹阳阳.基于RBF神经网络的燕山南麓水库群水质评价[J].水资源开发与管理,2019(2):38-41.

[作者简介]

陶淑芸,女,生于1984年,高级工程师,研究方向为水文水资源,E-mail:taosy@126.com。

淮北市城市生态水系建设实践

尹殿胜　王慧玲

(中水淮河规划设计研究有限公司　安徽 合肥　230601)

摘　要：近年来，按照"五位一体"总体布局和建设"美丽中国""美好安徽"的部署，淮北市围绕"加快城市转型、打造精致淮北"的目标，实施城市水系连通、科学配置水资源、强化水生态保护和修复、打造城市水景观，加快构建"河畅、水清、岸绿、景美"的城市生态水系，对改善城市生态环境、提升城市形象、优化城市空间布局等具有重要意义，对煤炭枯竭型城市转型发展有着很大借鉴和示范作用。

关键词：淮北市；生态水系；实践

1　实施城市水系连通

根据淮北市城市水系特点，结合不同河段、湖泊的生态系统特点及功能定位，同时兼顾雨洪资源利用、防洪除涝、水环境水景观、水生态修复，通过有效的水系连通，形成流通活动的健康城市水网格局。淮北市城市水系主要建成三大连通网络：

第一核心圈连通网络：连通跃进河、东相阳沟、西流河、老濉河、西相阳沟等河道及中湖、东湖等湖泊，构建城市中心区河湖连通体系。

第二核心圈连通网络：连通龙河、岱河等河道及朔里湖、东湖等湖泊，构建城区东北部河湖连通体系。

城市河湖全面连通网络：连通王引河和西湖等形成西部连通网络，同时结合淮水北调及调蓄湖泊，连通萧濉新河和南湖、连通南湖和中湖、连通中湖和东湖以及第一和第二核心圈连通网络，形成城市河湖全面的连通体系。

各连通体系通过沉陷区湖泊及相关连通河段进行串联，和淮水北调水淮北市调蓄湖泊连通，通过控制做到水量水质联合调控[1]。

淮北市城市河湖连通体系如图1所示。

2　科学配置城市水资源

2.1　有效增加调蓄水能力

根据河湖水系特征和水源条件，形成"拦蓄地表水、挖潜再生水、利用矿排水、实施外调水、保护地下水"水资源总体布局，通过采煤沉陷区整治、疏扩库容、河湖连通、修闸建坝等工程措施，扩大蓄水能力，引入雨洪资源，为淮水北调工程提供反调节库容。

图 1 淮北市城市河湖连通体系

2.2 积极实施淮水北调工程

淮水北调属安徽省内跨区域骨干调水工程,是支撑和保障皖北地区加快发展的重大基础设施,具有工业供水、灌溉补水和减少地下水开采、生态保护等显著综合效益。2015年9月,淮北市境内全面开工建设淮水北调及市级配水工程,建设内容主要包括输水与连通工程、供水和截污工程等。2017年6月,工程全面完成,实现向园区和重要用水企业供水。

2.3 积极推进非常规水资源利用

引进国内外先进技术,拓展矿排水净化、洪水资源化、中水回用、雨水集蓄利用等非常规水源开发途径,缓解水源供需紧张的矛盾。加大矿井疏干排水综合利用力度,以朔里矿、杨庄矿等煤矿为带动,积极推进全市煤矿开展矿井疏干排水综合利用;鼓励园林绿化、环境卫生、建筑施工、洗车等行业使用雨洪水、矿排水、中水。

2.4 优化配置生态用水

以淮水北调水和污水处理厂再生尾水为城市环境生态用水的常态稳定补给水源,以雨洪资源和疏干排水为相机补充水源。其中,近期生态水源以淮水北调来水为主,污水处理厂尾水具有利用条件时适量利用,并相机补充雨洪资源和疏干排水;远期生态水源以污水处理厂再生水为主,适量利用淮水北调水,并相机补充雨洪资源。

淮北市城市主要骨干河道雨洪资源利用去向见表1。

表 1 淮北市城市主要骨干河道雨洪资源利用去向   单位:万 m³

过境河道	控制断面	生态用水量	50%保证率年径流量	雨洪调蓄湖泊	补给区
萧濉新河	黄桥闸	1 204	4 815	中湖、东湖	城市第一、第二核心区
南沱河	徐楼闸	1 135	4 540	西湖	西部连通系统
王引河	仲大庄闸	286	1 145	西湖、南湖	西部连通系统

续表

过境河道	控制断面	生态用水量	50%保证率年径流量	雨洪调蓄湖泊	补给区
龙岱河	陈路口闸	367	1 468	朔里湖、东湖、中湖、南湖	城市第一、第二核心区
闸河	北山闸	338	1 351	华家湖	华家湖

3 强化水生态保护和修复

3.1 强化饮用水水源地保护管理

按照《饮用水水源保护区划分技术规范》等相关规定,淮北市制定了《淮北市饮用水水源保护区划分方案》,划定水源井一级保护区总面积约900亩。禁止在饮用水水源保护区内设置排污口。积极开展水源保护区专项执法检查,加强危险废弃物管理,依法查处向饮用水水源地倾倒危险废弃物和生活垃圾的违法行为,市区56眼饮用水源井均设置了护栏并挂牌保护,确保饮用水水质安全。健全水质监测网络,加强饮用水水源地水质监测。通过监测分析,及时掌握水质状况,并定期将检测结果在《淮北日报》上公布。开展饮用水水源地安全保障达标建设,强化饮用水水源地应急能力建设,建立饮用水水源突发事件应急预案,积极开展备用水源地工程建设。

3.2 城市水污染防治工程

(1) 污水收集处理及雨污分流工程

完善现有污水处理厂配套管网系统,逐步实现雨污分流,提高污水收集率。铁路以北老城区现状排水体制为雨污合流制,为了更好地利用各种水资源,本次建议进一步推进城市排水系统改造,以实现雨、污分流制为目标,新建、扩建地区和旧城改造地区采用分流制,旧城区逐步改造为分流制,加快污水收集率,提高污水处理效率。

(2) 污水截流工程

现状城市污水通过合流管道就近排入附近沟涵,最后排入下游河道,对沟渠及下游水体污染严重。规划采用截留式合流制,通过在老濉河、跃进河和西流河沿河敷设截污管道,设置截流槽,截留旱季污水及初期雨水,就近排入市政污水管网。近期新建老濉河、跃进河、西流河等沿线约5.28 km截污管道和配套截流槽。

(3) 河沟清淤整治工程

在实施污水收集处理及雨污分流工程、污水截流工程等工程的同时,结合淮水北调、城市水系沟通和生态补水工程的实施,加强城市河道水污染防治和清淤整治工作力度,提高河道过流能力,并从重从严控制侵占河湖水域面积和污染破坏水环境的行为。

3.3 塌陷区修复和保护工程

随着淮北煤田的不断开采,淮北市境内形成了大面积的塌陷区,很多塌陷区地下水出露形成水面。淮北市通过对塌陷区的统一规划,进行岸线整治绿化、湿地构造、湿地植物营造、水产养殖建设等,合理修复、保护和利用塌陷区。

3.4 加强水土保持建设

严格开发建设项目水土保持方案审批,坚持开发建设项目的水土保持设施和主体工程同时设计、同时施工、同时投入使用的"三同时"制度。严格水土保持执法,加强对开发建设项目水土流失防治的监督检查。按照"谁破坏、谁治理"的原则,落实好水土流失防治责任。对开发建设活动损坏水土保持设施的,要依法征收水土保持设施补偿费;对造成水土流失不能自行防治的,要依法征收水土流失防治费。开发建设项目验收时,必须有水土保持主管部门参加验收并签署意见,水土保持设施验收不合格的,不得交付使用。

4 打造城市水景观

淮北市的核心自然山水景观资源有"三山七湖九河",三山为相山、泉山、龙脊山,七湖为南湖、华家湖、东湖、北湖、中湖、乾隆湖、西湖,九河为萧濉新河、岱河、龙河、闸河、西流河、跃进河、老濉河、东相阳沟、西相阳沟。

结合城市组团开发建设,改善周边环境和生态景观,丰富水体空间,充分发挥水系的生态功能、休闲功能和使用功能,从而形成优质滨水风貌,提升区域土地价值。创造能够体现人文特色,体现时代特征,符合广大人民群众需要,内涵丰富的休闲型、生态型多功能城市水景观。

规划在淮北市形成"三轴夹两带"的水景观空间结构(图2),即规划三条生态绿轴:一条生态绿心轴从北部的朔里湖到北湖、东湖、中湖、南湖一线,向南延伸至沱河南段;东西各一条郊野绿轴,分别穿越刘桥片区及龙脊山片区;规划两条城市水景观带:一条传统城市水景观带,指相山老城区、濉溪县城一带,作为传统的城镇发展区域,着重城市水景观的更新提升;另一条是新兴城市水景观带,指东部新城、经济开发区、烈山、矿山集组团一带,为城市发展的新兴区域,构建生态、现代、绿色的城市水景观。

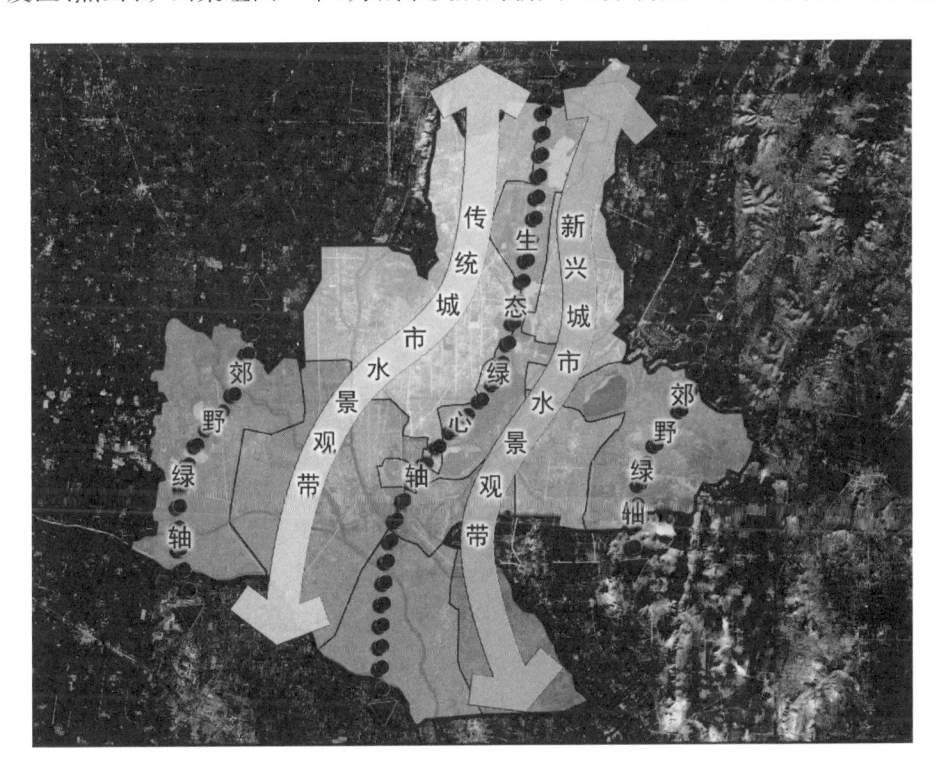

图 2　淮北市水景观空间结构图

同时,在重点区域构建东西双廊的水景观廊道:西廊穿越核心区,以南北向的老濉河为主要水景观廊道,与东西向的跃进河、西流河,南北向的东西向阳沟构成网络;东廊穿越次核心区,串联主要沉陷区湖面,经过区域为郊区,水环境较好。利用水质情况良好的龙河、岱河、龙岱河一线,形成朔里湖—北湖—东湖—中湖—南湖—相湖—乾隆湖的串形水景观廊道。水景观东西双廊围合成"U"字形,串联起周边水系,最终实现核心区及次核心区的河湖水系连通。

5 生态景观重点示范工程

5.1 老濉河综合整治工程

老濉河全长10.76 km,流经淮北市城区,且北邻濉溪石板老街、西南侧接乾隆湖,是一条重要的排水通道和景观河道。河道沿线是淮北市的主要经济发展地带,工厂密集、居民集中,以前工业废水、生活污水的排放导致河道污水横流,附近居民将垃圾、杂物等扔进河道,造成"垃圾满河、淤积严重,杂草疯长、芦苇丛生",河道严重污染。

淮北市政府于2013年12月决定实施老濉河水生态环境综合整治工程[2]。该工程对老濉河功能定位为主城区重要的排涝河道,在满足防洪排涝基本功能的基础上,重点打造为生态景观河道;工程建设内容主要包括河道生态岸线改造(对10.76 km河道采用多形式的堤线堤型布置)、防洪除涝工程(新建下游河口排涝泵站、挡洪闸工程,拆除东关闸和重建渠沟引水涵工程)、水质维持及水体调活工程(主要包括水质维持工程、水体调活工程和生态蓄水坝工程,解决河道缺水难题,增强水体流动性和自净能力)、水生态系统构建(通过浅滩、生态岛、深潭的塑造、水生物种植、边坡景观植物种植等,分别构建景观型水生态系统和自然湿地型生态系统)、滨河景观工程(以南三桥为界,将老濉河景观带分为南北两段,即适宜城市休闲游憩的生态休闲段和适宜郊野休闲观光的自然生态段)。工程实施后,重塑一条河畅、水清、岸绿、景美的老濉河,为淮北市全面实施城市水系生态环境综合整治工程积累了丰富经验。

5.2 华家湖综合治理工程

华家湖是淮北市唯一的一座中型水库,位于淮北市规划东部新城北端、闸河左岸,西、北、东三面被华家山连绵环绕。工程建于1958年,来水面积31.82 km²,总库容1 150万 m³,兴利库容930万 m³[3],在防治山洪、蓄水灌溉、水产养殖和改善生态环境等方面发挥了重要作用。但由于工程年久失修、来水面积小,加上周边山体岩石裸露、水源涵养林匮乏,造成水库蓄水严重不足、逐渐干涸见底,周边环境较差。

华家湖综合治理工程为淮北市2014年重点实施的"九个一"工程之一,先后建设了从闸河向华家湖引提水工程、水库除险加固工程、库区整治工程,并填筑库区绿岛面积1.26万 m²;大力实施库区及周边山场绿化和水源涵养工程,先后建设完成面积约8.17万亩,栽植各类苗木786万多株;同时对华家湖及周边地区山体进行景观建设,显著提升了华家湖周边绿化、美化、彩化景观效果,将山、水、田、林、湖、城融为一体,与南湖、东湖、中湖、朔西湖、乾隆湖一起犹如六颗璀璨的明珠镶嵌于淮北市城区。

5.3 南湖景区建设工程

南湖因采煤塌陷形成,是淮北市南部水域面积最大的湖区,水面近万亩。南湖景区建设工程为淮北市2014年重点实施的"九个一"工程之一,景区总规划面积20.52 km²,其中核心区面积4.92 km²,通过建设休闲度假胜地、文化体育创意园区、国家城市湿地公园、多功能宜居社区等,将南湖建设成为以"憩"为主题的特色化精美城市客厅。南湖景区建设是全力"打造精致淮北"的重要载体,对改善城市生态环境、提升城市形象、优化城市空间布局等具有重要意义,对煤炭枯竭型城市转型发展有着很大借鉴作用。

南湖湿地公园是全国首个在采煤塌陷区上建成的湿地公园和十大国家级城市湿地公园之一,是融自然生态、水上娱乐、旅游观光、休闲度假为一体的旅游景区,如同巨大的翡翠镶嵌于淮北市城区。

[参考文献]

[1] 俞晶娜. 淮北市水生态文明城市建设实践与探索[J]. 江淮水利科技,2019(3):45-46.
[2] 李磊. 老濉河水环境综合整治工程设计[J]. 治淮,2022(5):64-66.
[3] 丁瑞勇. 华家湖水库干涸原因分析及对策[J]. 治淮,2015(5):8-9.

[作者简介]

尹殿胜,男,生于 1973 年 9 月,高级工程师,主要从事水利工程规划研究工作,17355156221,1061999786@qq.com。

基于水土流失动态监测大别山区水源涵养功能评价

张洪达 赵传普 张乃夫 杜晨曦 桂博文 孙 宇

(水利部淮河水利委员会淮河流域水土保持监测中心站 安徽 蚌埠 233001)

摘 要：水源涵养功能是植被层、枯枝落叶层和土壤层对降雨进行再分配的复杂过程，水源涵养功能对于保障流域可持续发展具有重要作用。本文基于水土流失动态监测数据，运用层次分析法借助GIS平台确定水源涵养影响因子及评价指标体系，对金寨县水源涵养功能进行评价，对大别山区水源涵养区的建设和保护具有一定借鉴意义。结果表明：金寨县的水源涵养中度重要区及以上等级面积为3 491.2 km²，占全县总面积的91.53%。水源涵养功能等级存在明显空间分异，金寨县水源涵养功能等级呈南高北低的趋势，水源涵养功能主要来自山区森林。

关键词：水土保持；水源涵养功能；层次分析法；空间格局

1 前言

近年来，生态系统服务功能与价值的研究在国内外备受学术界关注，森林涵养水源是生态系统的重要服务功能之一。森林通过林冠层、枯落物层和土壤层发挥截留降水、促进降雨再分配、缓和地表径流、增加土壤径流等作用[1-2]，因此，其涵养水源功能实质是植被层、枯枝落叶层和土壤层对降雨进行再分配的复杂过程[3]，特别是在增加可利用水资源、调节径流泥沙、净化水质等方面效果显著。自20世纪中期以来，众多学者对水源涵养功能相关的水文过程和形成机制进行了研究，并从不同区域、不同尺度或不同类型森林生态系统的水源涵养功能进行分析评价[4]。

不同学者对于水源涵养功能的内涵理解不同，采用的核算方法也多种多样，主要有林冠截留剩余量法、土壤蓄水能力法、降水量贮存法、径流系数法、水量平衡法[5]等。这些方法都各有优势与不足，如林冠截留剩余量法简单、易操作，但忽略林地蒸散发、地表径流的影响；土壤蓄水能力法简单、易操作，但考虑因素少，结果大于实际蓄水量；降水贮存量法原理简单，但需要大量实测数据；水量平衡法较准确，但区域蒸散发量难以准确测定；径流系数法虽参数少，但仅适用于典型小流域，误差大[6]。而采用层次分析法考虑林冠层、枯枝落叶层和土壤层拦蓄降水的综合作用，将半定性、半定量因子转化为定量，并将各种相关因素按照一定的规则层次化。借助于定量计算，分析所对应目标的结果比较全面，且有助于县域尺度水源涵养功能的空间表达。

目前，GIS技术已广泛应用于区域规划管理中，已成为体现流域水资源区域性、空间性特点的技术保证之一。大别山区是我国典型的集山区、多省交界区、水土流失严重区于一体的特殊区域，是我国中部地区的重要生态功能区和淮河中上游地区的重要生态屏障[7-8]。笔者结合大别山区的自然特征，确定水源涵养的主要影响因子及重要性等级，在GIS平台的支持下结合层次分析法提出评价指标体系，进行水源涵养功能的评价研究。水源涵养功能及其时空分布格局，可反映区域水源涵养功能的差异及对该地区生态环境的影响，为大别山区水土保持及森林合理经营与管理提供科学参考。

2 材料与方法

2.1 研究区概况

研究区位于鄂豫皖三省交界的大别山主脉北麓安徽省金寨县(115°22′—116°11′E,31°06′—31°48′N),总面积3 814 km²。地势南高北低,以斜坡(8°~15°)、陡坡(15°~25°)为主。属北亚热带湿润季风气候区,多年平均降雨量1389.6 mm,多年平均气温15~16.3℃。岩石主要为花岗岩和花岗片麻岩,土壤主要是粗骨土、黄棕壤、山地棕壤、紫色土等。研究区森林覆盖率达74.1%。主要树种马尾松(Pinus massoniana)、麻栎(Quercus acutissima)、杉木(Cunninghamia lanceolata)、毛竹(Phyllostachys edulis)、板栗(Castanea mollissima)、山核桃(Carya cathayensis)等。

2.2 数据获取

本文相关数据包括水土流失动态监测成果数据以及相关科学网站下载数据。其中植被类型图、植被覆盖度等级图、数字高程(DEM)、坡度等级图、坡向等级图、高程等级图、降雨侵蚀力图、土壤可蚀性图来源于2018年水土流失动态监测成果;年均降雨、年均气温、土壤质地、土壤厚度、叶面积指数(LAI)来源于中国科学院资源环境科学数据中心(https://www.resdc.cn)。

2.3 研究方法

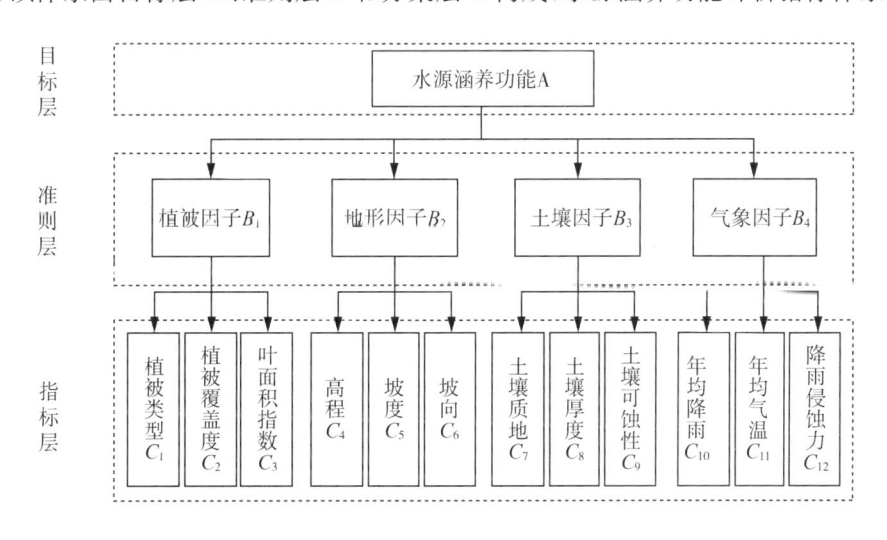

2.3.1 水源涵养功能指标体系构建

水源涵养功能评价是诸多因素相互作用的过程,其评价指标应从众多的指标中依其重要程度,挑选能体现主要问题且易于量化的指标,避免指标间的重叠和简单罗列[9-10]。为将指标的相互联系有序化,使层次之间、层次内部各指标之间的相对重要性给予定量表示,构建三个层次的水源涵养功能评价指标体系,该体系由目标层A、准则层B和方案层C构成,水源涵养功能评价指标体系如图1所示。

图1 水源涵养功能指标体系

2.3.2 层次分析法

层次分析法(Analytic Hierarchy Process,简称AHP)是著名运筹学家Sauty在20世纪70年代提出的。AHP法将复杂问题的各个因素划分为相互联系的有序层次条理化,然后客观地判断每一层次各因素的相对重要性并确定出相对重要性的权重值。因此,在水源涵养功能评价中运用 AHP 具体步骤是:首先建立层次结构,假设对于目的 O,达到 O 有一系列的准则 C_i,对于每个准则又有一系列的方案 P_{ij}。目的、准则和方案的层次关系,称为层次分析的层次结构;然后建立比较矩阵,求出多个因素的权重值。采用和积法计算出各矩阵的最大特征值 λ_{max} 及对应特征向量 W,并用一致性指数 CR 进行一致性收敛判断。当 CR<0.1,认为比较矩阵的不一致程度在容许范围之内,否则,必须重新调整矩阵[11-13]。

2.3.3 单层次权重计算和一致性检验

利用方根法求解 A 的特征向量,并通过一致性检验 验证判断矩阵的满意程度,满足一致性检验时,所求特征向量就是各指标的权重。首先计算方根向量

$$\overline{W_i} = \sqrt[n]{M_i} \quad (i=1,2,3,\cdots,n) \tag{1}$$

式中:$M_i = \prod_{j=1}^{n} a_{ij}(i,j=1,2,3,\cdots,n)$;$\overline{W_i}$ 为 M_i 的 n 次方根,对方根向量标准化处理即得权重向量

$$W_i = \frac{\overline{W_i}}{\sum_{i=1}^{n} \overline{W_i}} \quad (i=1,2,3,\cdots,n) \tag{2}$$

然后计算两两判断矩阵的最大特征根 λ_{max}

$$\lambda_{max} = \sum_{i=1}^{n} \frac{\sum_{i=1}^{n} a_{ij} W_i}{n W_i} \quad (i,j=1,2,3,\cdots,n) \tag{3}$$

其随机一致性比率为 $CR=CI/RI$,若 $CR<0.1$,则认为判断矩阵满足一致性要求,否则,需要重新调整判断矩阵,直到满足要求为止。

式中:CI 为两两判断矩阵的一致性指标,$CI = \frac{|\lambda_{max} - n|}{n-1}$;RI 为判断矩阵的平均随机一致性指标,可根据 n 查取。

2.3.4 水源涵养功能评价

确定水源涵养功能评价指标体系、各指标的权重及分值后,计算水源涵养功能评价的模型为:

$$P = \sum_{i=1}^{n} C_i W_i \quad (i=1,2,3,\cdots,n) \tag{4}$$

式中:P 为水源涵养功能评价值;C_i 为第 i 个指标的分值;W_i 为指标权重值;n 为评价指标的个数。

3 结果与分析

3.1 指标因子权重

用指标层的各个因子分别对相应的准则层进行两两比对,参考专家评估打分结果,以标度值表示相对重要性的程度,建立两两判断矩阵[14]。计算专家打分的平均值,以离散程度 0.005 为拒绝域进行剔除,由公式(1)~(3)分别计算各判断矩阵的特征向量,然后对其进行标准化处理,得出单层次权重向量分别为:$W=[0.104\ 1,0.253\ 3,0.589\ 7,0.052\ 9]$,$W_1=[0.104\ 7,0.258\ 3,0.637]$,$W_2=[0.2,0.6,0.2]$,$W_3=[0.242\ 6,0.669\ 4,0.087\ 9]$,$W_4=[0.648\ 3,0.122,0.229\ 7]$,判断矩阵的最大特征根

λmax 分别为：4.139 7,3.038 5,3,3.007,3.003 7；判断矩阵一致性指标 CI 分别为：0.046 6,0.019 3, 0,0.003 5,0.001 8；随机一致性比率分别为：0.052 8,0.036 7,0,0.006 7,0.003 5,均小于 0.1 通过一致性检验。判断矩阵一致性检验见表 1。

表 1 判断矩阵一致性检验

判断矩阵	特征向量	最大特征根 λmax	CI 值	RI 值	CR 值
A—B	[0.104 1,0.253 3,0.589 7,0.052 9]	4.139 7	0.046 6	0.882	0.052 8
B_1—C	[0.104 7,0.258 3,0.637]	3.038 5	0.019 3	0.525	0.036 7
B_2—C	[0.2,0.6,0.2]	3	0	0.525	0
B_3—C	[0.242 6,0.669 4,0.087 9]	3.007	0.003 5	0.525	0.006 7
B_4—C	[0.648 3,0.122,0.229 7]	3.003 7	0.001 8	0.525	0.003 5

由表 2 可知，在水源涵养功能评价准则层四个因子中，土壤因子权重(0.589 7)＞地形因子(0.253 3)＞植被因子(0.104 1)＞气象因子(0.052 9)。水源涵养功能评价各指标综合权重大小排序依次为：土壤厚度(0.394 7)＞坡度(0.152)＞土壤质地(0.143 1)＞叶面积指数(0.066 3)＞土壤可蚀性(0.051 8)＞高程/坡向(0.050 7)＞年均降雨(0.034 3)＞植被覆盖度(0.026 9)＞降雨侵蚀力(0.012 2)＞植被类型(0.010 9)＞年均气温(0.006 5)。

表 2 水源涵养功能评价指标权重

层次 B / 层次 C	B_1 / 0.104 1	B_2 / 0.253 3	B_3 / 0.589 7	B_4 / 0.052 9	综合权重 Wi
植被类型 C_1	0.104 7				0.010 9
植被覆盖度 C_2	0.258 3				0.026 9
叶面积指数 C_3	0.637				0.066 3
高程 C_4		0.2			0.050 7
坡度 C_5		0.6			0.152
坡向 C_6		0.2			0.050 7
土壤质地 C_7			0.242 6		0.143 1
土壤厚度 C_8			0.669 4		0.394 7
土壤可蚀性 C_9			0.087 9		0.051 8
年均降雨 C_{10}				0.648 3	0.034 3
年均气温 C_{11}				0.122	0.006 5
降雨侵蚀力 C_{12}				0.229 7	0.012 2

3.2 水源涵养功能分级

由上文权重计算得到各项指标权重，水源涵养功能指数计算公式为：

$P = 0.010\ 9C_1 + 0.026\ 9C_2 + 0.066\ 3C_3 + 0.050\ 7C_4 + 0.152C_5 + 0.050\ 7C_6 + 0.143\ 1C_7 + 0.394\ 7C_8 + 0.051\ 8C_9 + 0.034\ 3C_{10} + 0.006\ 5C_{11} + 0.012\ 2C_{12}$

式中：P 为水源涵养功能评价指数；C_1 为植被类型，C_2 为植被覆盖度，C_3 为叶面积指数，C_4 为高程，C_5 为坡度，C_6 为坡向，C_7 为土壤质地，C_8 为土壤厚度，C_9 为土壤可蚀性，C_{10} 为年均降雨，C_{11} 为年均气温，C_{12} 为降雨侵蚀力。

水源涵养功能评价等级划分。水源涵养功能评价重要性分级采用自然分界法和定性分析相结合，将水源涵养功能指数划分为一般重要区、轻度重要区、中度重要区、高度重要区、极重要区 5 级。

水源涵养功能等级划分见表3。

表3 水源涵养功能等级划分

水源涵养功能评价指数	水源涵养功能评价等级
0～30	一般重要区
30～45	轻度重要区
45～65	中度重要区
65～80	高度重要区
80～100	极重要区

研究区水源涵养功能为：一般重要区面积是12.81 km²，占总面积的0.34%，主要分布在研究区东北部的梅山水库、响洪甸水库区域；轻度重要区面积为309.99 km²，占总面积的8.13%，主要分布在北部的梅山镇、白塔畈镇以及中部地区的桃岭乡、槐树湾乡等区域；中度重要区面积为2 645.9 km²，占总面积的69.37%，主要集中分布在南部山区的天堂寨镇、吴家店镇、花石乡等区域；高度重要区面积为836.02 km²，占总面积的21.92%，空间分布特征呈条带状集中分布于中部地区的古碑镇、燕子河镇和西部地区的关庙镇、斑竹园镇等区域；极重要区面积为9.28 km²，占总面积的0.24%，零星分布于汤家汇镇、油坊店乡等区域。水源涵养功能等级统计见表4，水源涵养功能等级空间分布如图2所示。

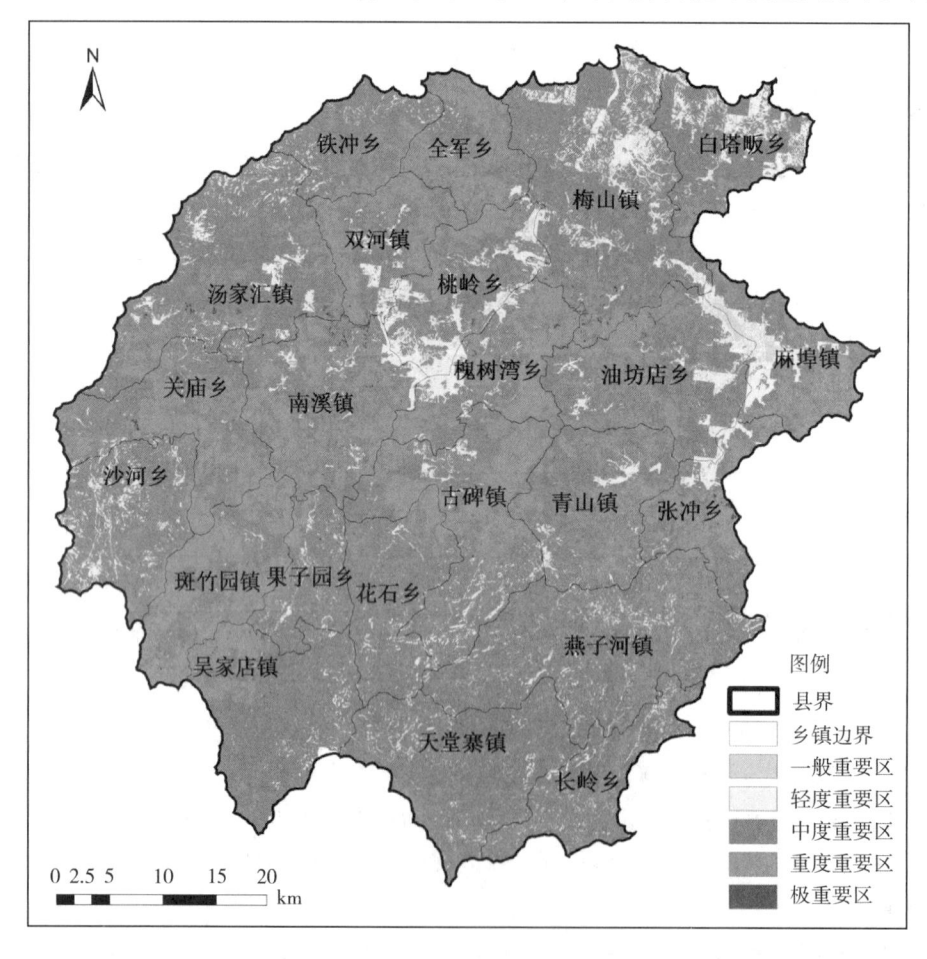

图2 水源涵养功能等级空间分布

表 4　水源涵养功能等级统计

水源涵养功能评价	面积(km²)	占比(%)
一般重要区	12.81	0.34
轻度重要	309.99	8.13
中度重要区	2 645.9	69.37
高度重要区	836.02	21.92
极重要区	9.28	0.24

3.3　区域水源涵养功能综合评价

基于水源涵养功能等级评价结果,利用 ARCGIS 平台将栅格数据的水源涵养功能等级与植被因子、地形因子、土壤因子等叠加统计分析不同水源涵养功能等级下的相应特征,对水源涵养功能做出精准、合理的分析与评价。

水源涵养功能与植被因子对比,水源涵养功能高的区域通常分布于山区植被覆盖度较高的防护林、用材林区域;与地形因子对比,水源涵养功能等级呈南高北低的趋势,水源涵养功能主要来自山区森林,中度重要区及以上等级占比,在高程小于 200 m 等级中为 75.97%,在 200～800 m 等级中占比在 95% 以上、800 m 以上区域占比在 88.25%～92.65% 之间。水源涵养功能随高程的增加呈先增加后下降趋势,主要原因是低山丘陵区土层较中山区土层更厚。与土壤因子对比,水源涵养功能高的区域处于土壤厚度单因子指标中的中间值区域,该区多为防护林;与气象因子对比,降雨量最大的区域水源涵养功能相对较高,降雨量小的区域水源涵养功能较低。

4　结论

本文以水土流失动态监测数据为基础,利用层次分析法构建水源涵养功能评价指标体系,评价了大别山区金寨县水源涵养功能并分析了其空间分布特征。

(1) 构建了金寨县水源涵养功能评价指标体系。通过综合分析并结合专家经验选取了植被因子(0.104 1)、地形因子(0.253 3)、土壤因子(0.589 7)、气象因子(0.052 9)作为评价指标的准则层,以层次分析法获取了各指标因子的权重,指标因子权重排序土壤厚度(0.394 7)＞坡度(0.152)＞土壤质地(0.143 1)＞叶面积指数(0.066 3)＞土壤可蚀性(0.051 8)＞高程/坡向(0.050 7)＞年均降雨(0.034 3)＞植被覆盖度(0.026 9)＞降雨侵蚀力(0.012 2)＞植被类型(0.010 9)＞年均气温(0.006 5)。

(2) 探索了县域尺度水源涵养功能评价。基于各指标因子权重提取县域尺度指标因子信息,计算获取金寨县水源涵养功能指数,划分等级得到水源涵养功能等级空间分布。金寨县水源涵养功能以中度为主,面积为 2 645.9 km²,占总面积的 69.37%;其次为高度面积为 836.02 km²,占 21.92%。空间分布特征差异显著,水源涵养功能等级呈南高北低的趋势,水源涵养功能主要来自山区森林。

[参考文献]

[1] 陈东立,余新晓,廖邦洪.中国森林生态系统水源涵养功能分析[J].世界林业研究,2005(1):49-54.
[2] JULIAN J P, GARDNER R H. Land cover effects on runoff patternsin eastern Piedmont (USA) watersheds[J]. Hydrological Processes,2014,28(3):1525-1538.
[3] 刘璐璐,曹巍,邵全琴.南北盘江森林生态系统水源涵养功能评价[J].地理科学,2016,36(4):603-611.

[4] 葛东媛.重庆四面山森林植物群落水土保持功能研究[D].北京:北京林业大学,2011.
[5] 邱问心.基于InVEST模型的水库集水区水源涵养功能现状及优化研究[D].杭州:浙江农林大学,2018.
[6] 鲁绍伟,毛富玲,靳芳,等.中国森林生态系统水源涵养功能[J].水土保持研究,2005(4):223-226.
[7] 王勤,张宗应,徐小牛.安徽大别山库区不同林分类型的土壤特性及其水源涵养功能[J].水土保持学报,2003(3):59-62.
[8] 王春菊,汤小华.GIS支持下的水源涵养功能评价研究[J].水土保持研究,2008(2):215-216+219.
[9] 申豪杰.基于GIS的区域水源涵养功能评价——以滦平为例[D].北京:北京林业大学,2017.
[10] 张红,张毅,张洋,等.基于修正层次分析法模型的海岛城市土地综合承载力水平评价:以舟山市为例[J].中国软科学,2017(1):150-160.
[11] 翟文侠,黄贤金,张强,等.基于层次分析的城市开发区土地集约利用研究——以江苏省为例[J].南京大学学报(自然科学版),2006(1):96-102.
[12] 辛永振.基于层次分析法的林业火险评估与预报研究[J].长江大学学报(自然科学版),2013,10(11):30-35+71+111.
[13] 张博,王照利,雷方隽.基于层次分析法和物元分析法的森林资源质量评价——以延川县为例[J].西北林学院学报,2022,37(2):208-215.
[14] 张泽芳.基于GIS的北京市水源涵养功能评价[D].北京:北京林业大学,2018.

[作者简介]

张洪达,男,生于1988年12月,工程师,主要从事水土保持监测评价工作,18705159731,linyizhda@163.com。

淮河流域国家级水土流失重点防治区人为水土流失状况分析

赵传普　张乃夫　张洪达　杜晨曦

(淮河水利委员会淮河流域水土保持监测中心站　安徽 蚌埠　233001)

摘　要：根据2021年淮河流域国家级水土流失重点防治区水土流失动态监测成果，分析了全区新增人为水土流失状况、人为水土流失及其动态变化情况，结果表明：生产建设活动等人为扰动面积不断增加，但随着水土保持监管持续强化，人为水土流失强度、水土流失发生率均呈现下降趋势，新增人为水土流失得到有效控制；2021年全区人为水土流失面积增加5.92 km²，增幅1.56%，人为水土流失防治还处在控增量去存量的关键阶段，水土保持监管高压态势应长期坚持。监测成果可为本区域人为水土流失监管及成效评价等提供基础数据支撑。

关键词：淮河流域；复苏河湖生态环境；人为水土流失；防治成效

进入新发展阶段，水利部党组将复苏河湖生态环境作为推动新阶段水利高质量发展的六条实施路径之一，并对水土保持工作提出了明确要求[1]。开展水土流失系统治理，是解决河湖生态环境问题的关键和基础，搞好水土保持是实现河湖功能永续利用的重要前提[2]。随着经济社会快速发展，各类生产建设项目对水土资源进行了超强度、大规模开发利用，人为水土流失防治压力持续增强[3]。人为水土流失具有强度大、危害重和突发性等特点，已成为水土流失防治的重点。《"十四五"时期复苏河湖生态环境实施方案》将科学推进水土流失综合治理作为复苏河湖生态环境的重要举措，并明确提出全面强化人为水土流失监管。淮河流域国家级水土流失重点防治区是维护淮河流域生态安全的关键区域，水土保持工作对流域饮水安全、防洪安全、水资源安全等都具有重大影响。本文结合2021年度水土流失动态监测成果，分析了淮河流域国家级水土流失重点防治区人为水土流失及其动态变化情况，以期为流域全面强化人为水土流失监管、推动新阶段淮河保护治理高质量发展提供基础数据和理论参考。

1　研究区概况

根据《全国水土流失动态监测规划(2018—2022年)》，淮河流域水土保持监测中心站主要承担淮河流域沂蒙山泰山治理区、伏牛山中条山治理区、桐柏山大别山预防区、黄泛平原风沙预防区等4个国家级重点防治区的水土流失动态监测任务，监测范围涉及4省49个县级行政区，面积共计7.86万km²(图1)。本区域多年平均(1956—2016年)年降水量为878 mm，降雨集中于6—9月，多年平均气温14.5℃，多年平均水面蒸发量在650～1 250 mm。

2　数据源

2020年土地利用和水土保持措施等专题信息提取采用GF1、GF6、ZY3卫星遥感影像，分辨率为

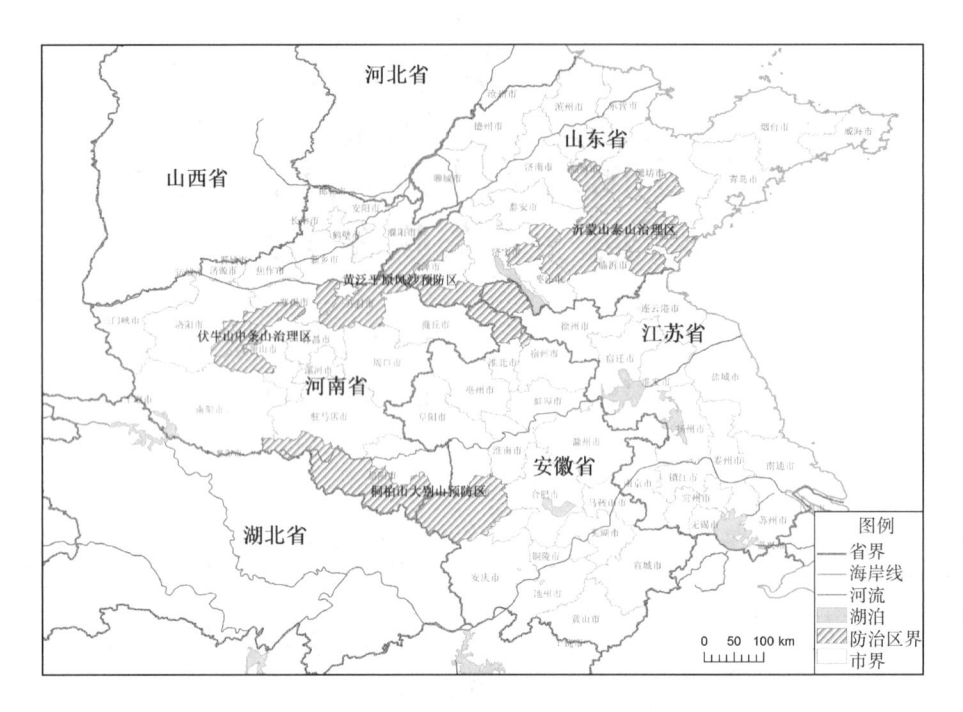

图 1　淮河流域国家级水土流失重点防治区地理位置图

2 m,时像为 2020 年 1—6 月;2021 年采用 GF1、GF6、ZY1、ZY3 卫星遥感影像,分辨率为 2 m,时像为 2021 年 1—4 月;坡度等地形信息提取采用区域 1∶5 万 DEM 数据。遥感影像等基础数据均采用 CGCS2000 国家大地坐标系,1985 国家高程基准,Albers 投影。

3　研究方法

人为扰动地块是指基于遥感影像解译或野外调查判定的人为扰动图斑,人为水土流失面积是指人为扰动地块中轻度及以上侵蚀强度的地块面积,人为扰动地块侵蚀强度评价方法如下:

(1) 基于影像提取的人为扰动地块侵蚀强度评价

根据人为扰动地块原地面平均坡度和解译的措施或覆盖情况,判定其土壤侵蚀强度,其中:①地块原地面平均坡度<5°且林草(或苫盖、硬化)措施面积占比≥50%的,其侵蚀强度判定为微度;林草(或苫盖、硬化)措施面积占比<50%的,为轻度。②地块原地面平均坡度 5°~15°为中度,15°~30°为强烈,30°以上为极强烈。

(2) 基于实地调查的人为扰动地块侵蚀强度评价

人为扰动地块实地调查验证的地块数量应不小于人为扰动地块总数的 2%,对选定的典型人为扰动地块,根据所处地貌类型、区域以及水土流失治理度等指标,采用现场专家评定方法,评价人为扰动地块水土流失强度,并基于水土流失治理情况,分析人为扰动地块的地表覆盖、林草植物措施、工程措施实施面积及其水土流失面积减少或强度降低等治理恢复情况。判定指标见表 1。

表 1 人为扰动地块土壤侵蚀强度判定指标

所处地貌类型区	所在区域	对应的项目部位	水土流失治理度(%) <30	30~50	50~70	≥70
平原区	—	—	中度	轻度	微度	微度
山丘区	城镇区域及周边	非采矿类项目取土(石、料)场、弃土(石、渣)场之外的地块	中度	轻度	微度	微度
		采矿类项目的所有部位,非采矿类项目的取土(石、料)场、弃土(石、渣)场	强烈	中度	轻度	微度
	城镇以外区域	非采矿类项目取土(石、料)场、弃土(石、渣)场之外的地块	极强烈	强烈	轻度	微度
		采矿类项目的所有部位,非采矿类项目的取土(石、料)场、弃土(石、渣)场	剧烈	强烈	中度	微度

注:①"%"的取值为下含上不含,如"30~50"值表示含30%,不含50%;②若水土保持措施毁坏、质量不达标或不符合设计要求,按照"无措施"处理。

4 结果与分析

4.1 人为水土流失状况

2021年淮河流域国家级水土流失重点防治区人为扰动地块总数约为2.95万个,面积为960.19 km²,占监测范围的1.22%。人为水土流失面积为385.87 km²,占人为扰动地块面积的40.18%。按侵蚀强度分,轻度、中度、强烈、极强烈、剧烈侵蚀面积分别为254.49 km²、104.84 km²、26.04 km²、0.39 km²、0.11 km²,占人为扰动地块面积的26.50%、10.92%、2.71%、0.04%、0.01%。详见表2。

伏牛山中条山治理区人为扰动地块数为3 000个,面积103.18 km²,占监测范围的1.37%。人为水土流失面积为80.36 km²,占人为扰动地块面积的77.88%,人为水土流失发生率(人为水土流失面积占人为扰动地块面积的百分比)在4个防治区中最高,以轻度侵蚀为主。按侵蚀强度分,轻度、中度、强烈侵蚀面积分别为54.15 km²、24.31 km²、1.90 km²,占人为扰动地块面积的52.48%、23.56%、1.84%,无极强烈、剧烈侵蚀。

桐柏山大别山预防区人为扰动地块数为8 094个,面积为174.71 km²,占监测范围的0.77%。人为水土流失面积为84.38 km²,占人为扰动地块面积的48.30%。按侵蚀强度分,轻度、中度、强烈、极强烈侵蚀面积分别为54.06 km²、21.60 km²、8.36 km²、0.36 km²,占人为扰动地块面积的30.94%、12.36%、4.79%、0.21%,无剧烈侵蚀。

沂蒙山泰山治理区人为扰动地块数为14 237个,面积为482.88 km²,占监测范围的1.84%。人为水土流失面积为199.85 km²,占人为扰动地块面积的41.39%。按侵蚀强度分,轻度、中度、强烈、极强烈、剧烈侵蚀面积分别为125.00 km²、58.93 km²、15.78 km²、0.03 km²、0.11 km²,占人为扰动地块面积的25.89%、12.20%、3.27%、0.01%、0.02%。

黄泛平原风沙预防区人为扰动地块数为4 166个,面积为199.42 km²,占监测范围的0.90%。人为水土流失面积为21.28 km²,占人为扰动地块面积的10.67%,均为轻度侵蚀。人为水土流失发生率在4个防治区中最低,主要原因是本区处于平原区,地块原地貌坡度较小。

表 2　淮河流域国家级水土流失重点防治区人为扰动地块水土流失情况统计表

防治区	地块数（个）	面积（km²）	水土流失面积（km²）						占人为扰动地块面积比例（%）					
			小计	轻度	中度	强烈	极强烈	剧烈	小计	轻度	中度	强烈	极强烈	剧烈
沂蒙山泰山治理区	14 237	482.88	199.85	125.00	58.93	15.78	0.03	0.11	41.39	25.89	12.20	3.27	0.01	0.02
伏牛山中条山治理区	3 000	103.18	80.36	54.15	24.31	1.90	0	0	77.88	52.48	23.56	1.84	0	0
桐柏山大别山预防区	8 094	174.71	84.38	54.06	21.60	8.36	0.36	0	48.30	30.94	12.36	4.79	0.21	0
黄泛平原风沙预防区	4 166	199.42	21.28	21.28	0	0	0	0	10.67	10.67	0	0	0	0
合计	29 497	960.19	385.87	254.49	104.84	26.04	0.39	0.11	40.18	26.50	10.92	2.71	0.04	0.01

4.2　新增人为水土流失状况

2021 年淮河流域国家级重点防治区新增人为水土流失面积 61.51 km²，占新增人为扰动地块面积的 28.18%，低于 2021 年人为水土流失发生率 40.18%，说明随着水土保持监管力度持续加强，新增人为水土流失得到有效控制。

从 4 个防治区来看，新增人为水土流失发生率均低于其 2021 年人为水土流失发生率。沂蒙山泰山治理区新增人为水土流失面积 20.40 km²，占新增人为扰动地块面积的 25.67%，低于其 2021 年人为水土流失发生率 41.39%；伏牛山中条山治理区新增人为水土流失面积 7.77 km²，占新增人为扰动地块面积的 68.40%，低于其 2021 年人为水土流失发生率 77.88%；桐柏山大别山预防区新增人为水土流失面积 26.99 km²，占新增人为扰动地块面积的 45.01%，低于其 2021 年人为水土流失发生率 48.30%；黄泛平原风沙预防区新增人为水土流失面积 6.35 km²，占新增人为扰动地块面积的 9.41%，低于其 2021 年人为水土流失发生率 10.67%。详见表 3。

表 3　淮河流域国家级水土流失重点防治区新增人为扰动地块水土流失情况统计表

防治区	地块数（个）	面积（km²）	水土流失面积（km²）						占新增人为扰动用地面积比例（%）					
			小计	轻度	中度	强烈	极强烈	剧烈	小计	轻度	中度	强烈	极强烈	剧烈
沂蒙山泰山治理区	5 035	79.46	20.40	11.26	8.02	1.12	0	0	25.67	14.17	10.09	1.41	0	0
伏牛山中条山治理区	768	11.36	7.77	6.25	1.50	0.02	0	0	68.40	55.02	13.20	0.18	0	0
桐柏山大别山预防区	4 088	59.97	26.99	21.80	3.29	1.86	0.04	0	45.01	36.35	5.49	3.10	0.07	0
黄泛平原风沙预防区	1 874	67.51	6.35	6.35	0	0	0	0	9.41	9.41	0	0	0	0
合计	11 765	218.30	61.51	45.66	12.81	3.00	0.04	0	28.18	20.92	5.87	1.37	0.02	0

4.3　人为水土流失动态变化

2021 年淮河流域国家级重点防治区人为扰动地块数量约增加 1.23 万个，面积增加 170.95 km²，增幅分别为 71.54%、21.66%，人为扰动地块数量和面积呈增加趋势、扰动图斑更加破碎化分布。2021 年人为水土流失发生率为 40.18%，相比于 2020 年的 48.14%，下降 7.96 个百分点，中度、强烈、剧烈侵蚀等级水土流失面积均呈减少趋势。结果反映出，一方面生产建设活动等人为扰动不断增加；

另一方面相应的监管持续强化,有力管控了新增人为水土流失,保障了经济社会高质量发展。

从侵蚀面积来看,2021年淮河流域国家级重点防治区人为水土流失面积增加5.92 km²,增幅1.56%。其中,黄泛平原风沙预防区人为水土流失面积减少3.04 km²,减幅12.50%,处于山丘区的3个防治区人为水土流失面积均呈增加趋势,沂蒙山泰山治理区、桐柏山大别山预防区和伏牛山中条山治理区人为水土流失面积增幅分别为3.48%、2.11%、0.63%。从侵蚀强度来看,沂蒙山泰山治理区和伏牛山中条山治理区轻度以上水土流失面积均减少,黄泛平原风沙预防区各侵蚀强度等级水土流失面积均减少,桐柏山大别山预防区除极强烈水土流失面积增加0.24 km²外,轻度以上水土流失面积均减少。结果反映出,随着水土保持监管的持续加强,人为水土流失侵蚀强度呈现明显下降趋势,黄泛平原风沙预防区已实现年度间人为水土流失面积减少趋势,处于山丘区的3个防治区人为水土流失面积控增量去存量还处于关键阶段,水土保持监管高压态势应长期坚持。详见表4。

表4 淮河流域国家级水土流失重点防治区人为水土流失动态变化统计表

防治区	年度	地块数量(个)	面积(km²)	微度侵蚀面积(km²)	水土流失面积(km²)					
					小计	轻度	中度	强烈	极强烈	剧烈
合计	2021	29 497	960.19	574.32	385.87	254.49	104.84	26.04	0.39	0.11
	2020	17 195	789.24	409.29	379.95	215.30	127.83	36.31	0.31	0.20
	动态变化	12 302	170.95	165.03	5.92	39.19	−22.99	−10.27	0.08	−0.09
	变幅(%)	71.54	21.66	40.32	1.56	18.20	−17.98	−28.28	25.81	−45.00
沂蒙山泰山治理区	2021	14 237	482.88	283.03	199.85	125.00	58.93	15.78	0.03	0.11
	2020	8 456	430.76	237.63	193.13	101.38	71.55	19.90	0.19	0.11
	动态变化	5 781	52.12	45.40	6.72	23.62	−12.62	−4.12	−0.16	0
	变幅(%)	68.37	12.10	19.11	3.48	23.30	−17.64	−20.70	−84.21	
伏牛山中条山治理区	2021	3 000	103.18	22.82	80.36	54.15	24.31	1.90	0	0
	2020	2 561	93.28	13.42	79.86	44.41	31.45	4.00	0	0
	动态变化	439	9.90	9.40	0.50	9.74	−7.14	−2.10		
	变幅(%)	17.14	10.61	70.04	0.63	21.93	−22.70	−52.50		
桐柏山大别山预防区	2021	8 094	174.71	90.33	84.38	54.06	21.60	8.36	0.36	0
	2020	4 006	124.23	41.59	82.64	46.80	23.23	12.41	0.12	0.09
	动态变化	4 088	50.48	48.74	1.74	7.26	−1.62	−4.05	0.24	−0.09
	变幅(%)	102.05	40.63	117.19	2.11	15.51	−6.98	−32.63	200	−100
黄泛平原风沙预防区	2021	4 166	199.42	178.14	21.28	21.28	0	0	0	0
	2020	2 172	140.97	116.65	24.32	22.71	1.61	0	0	0
	动态变化	1 994	58.45	61.49	−3.04	−1.43	−1.61	0	0	0
	变幅(%)	91.80	41.46	52.71	−12.50	−6.30	−100	—	—	—

5 结语

近年来,生态优先、绿色发展理念已深入人心,地方各级人民政府及其有关部门持续加强水土保持监管力度,有效管控了新增人为水土流失,人为水土流失强度、水土流失发生率均呈现下降趋势,监管成效明显。目前,我国开发建设规模和强度仍维持在较高水平,监测显示生产建设活动等人为扰动面积仍不断增加,人为水土流失监管压力依然很大,2021年全区人为水土流失发生率为40.18%,人为扰动地块中水土流失面积占比依然较高,与 2020 年相比,全区人为水土流失面积增加 5.92 km²,增幅 1.56%,人为水土流失依然严重,水土保持监管仍需持续强化。建议持续加强生产建设项目监管,严格执行水土保持方案编报审批制度、水土保持"三同时"制度,加强遥感监管、跟踪检查和验收核查力度,实施信用惩戒,持续强化生产建设项目水土保持事中、事后监管;积极探索土地复垦、农林开发、陡坡开垦等活动的跨部门有效联合监管方式及规则,防止大规模农林开发活动产生水土流失,加强对取土、挖砂、采石等可能造成水土流失活动的管理,推动人为水土流失监管由重点监管向全面管控转变,扩大监管范围、提升监管水平,以满足经济社会高质量发展和生态保护的需要。

[参考文献]

[1] 李国英.推动新阶段水利高质量发展　全面提升国家水安全保障能力——写在 2022 年"世界水日"和"中国水周"之际[J].中国水利,2022(3):4-5.
[2] 胡春宏,张晓明,赵阳.水土流失系统治理对河湖生态环境提升的作用与举措[J].中国水利,2022(7):16-20.
[3] 沈雪建,李智广,王海燕.我国人为水土流失防治进程加快推进[J].中国水土保持,2021(4):9-11.

[作者简介]

赵传普,男,生于 1990 年,山东临沂人,工程师,硕士,主要从事区域水土流失监测工作,15255236108,1074809583@qq.com。

河南省淮河流域水土保持率远期目标值研究

李泮营[1] 刘 婷[2]

(1. 河南省水土保持监测总站 河南 郑州 450008；
2. 黄河流域水土保持生态环境监测中心 陕西 西安 710021)

摘 要：水土保持率目标值的确定对明确新时代新阶段水土保持目标任务、准确评价水土保持工作成效、科学推进水土流失综合防治有着积极作用。为科学确定河南省境内淮河流域的水土保持率远期目标值,参照《水土保持率目标确定方法指南》,利用河南省土地利用、地形地貌、坡度、植被、水土流失动态监测等数据资料,借助地理信息系统手段,开展了河南省境内淮河流域水土保持率远期目标值的研究工作,结果表明：到远期目标年 2050 年时,河南省境内淮河流域的不需治理和不可完全治理的水土流失面积分别为 117.18 km²、3 795.46 km²,水土保持率远期目标值为 95.47%。

关键词：水土保持率；远期目标值；分阶段目标值；淮河流域

水土保持是生态文明建设的重要内容,水土保持状况是水土流失预防治理成效和自然禀赋水土保持功能在空间尺度的综合体现。2019 年 10 月,水利部党组首次提出"水土保持率"的概念,明确要深入开展研究,并做好全国及不同区域水土保持率确定工作[1]。为明确新时期水土保持任务和目标,水利部水土保持司发文《关于开展水土保持率远期目标值复核工作的通知》(水保规划便字〔2021〕1号),要求各省(区、市)开展 2050 年远期水土保持率目标值测算与 2025 年、2030 年、2035 年分阶段水土保持率目标值测算工作。对河南省境内多条流域而言,淮河流域所占面积最大,且其包含的县(市、区)水土流失类型复杂多样,故本文选取淮河流域内河南省的县级行政区为研究区,开展水土保持率远期目标值测算工作,以期明确和掌握未来 30 年淮河流域水土保持综合目标,为流域水土保持生态建设提供科学布局和宏观依据。

1 材料与方法

1.1 研究区概况

淮河流域地处我国华中河南省与华东苏皖两省,位于东经 111°55′～121°20′,北纬 30°55′～36°20′之间,西起桐柏山、伏牛山,东临黄海,南以大别山、江淮丘陵、通扬运河和如泰运河南堤与长江流域分界,北以黄河南堤和沂蒙山脉与黄河流域毗邻,流域面积 27 万 km²。淮河发源于河南省桐柏山区,由西向东,共包含河南省 11 个地市、89 个县级行政区,总面积约 8.63 万 km²。根据 2019 年动态监测成果,淮河流域内河南省的县级行政区水土流失总面积为 0.79 万 km²,约占土地面积的 9.15%,其中水力侵蚀面积为 0.67 万 km²,风力侵蚀面积为 0.12 万 km²。

1.2 基础数据

本文所采用的数据：(1)水土保持区划资料。主要包括全国水土保持一级和三级区划矢量数据,用于确定不同水土保持区划内可治理或不可治理面积的研判标准。(2)下垫面状况。主要包括土地利用、水土保持措施的类型与数量。数据来源于2019年全国水土流失动态监测成果。(3)影响水土流失的自然因素。主要包括地形地貌、植被覆盖等。数据来源于河南省1∶5万DEM高程数据、坡度数据和2019年河南省植被覆盖度空间数据,以及2000—2021年MODIS数据,时间分辨率为每16天1期,共506期,空间分辨率为250 m。(4)土壤侵蚀状况。数据来源于2019年河南省土壤侵蚀栅格数据。(5)专题数据。基于动态监测结果,开展了包括不同土地利用类型土壤侵蚀特征监测、不同坡度等级耕地土壤侵蚀特征监测、不同植被覆盖度土壤侵蚀特征监测。(6)河南省相关规划等资料文件。包括《河南省黄河流域生态保护和高质量发展水土保持专项规划(2020—2035年)》《河南省"十四五"水土保持规划》等。

1.3 概念定义

根据水利部水保司《关于开展水土保持率远期目标值复核工作的通知》(水保规划便字〔2021〕1号)中的"水土保持率远期目标确定方法指南",水土保持率是指区域内水土保持状况良好的面积(非水土流失面积)占国土面积的比例,是反映水土保持总体状况的宏观管理指标,是水土流失预防治理成效和自然禀赋水土保持功能在空间尺度的综合体现。水土保持率远期目标是指通过水土流失预防和治理,区域内水土保持状况良好的面积(非水土流失面积)占国土面积比例的上限,是反映的是符合自然规律并满足经济社会发展要求下,水土流失预防和治理应当达到的程度。

1.4 技术路线

本文以2019年动态监测成果为基础,开展2050年水土保持率远期目标值确定工作。对2019年度动态监测成果中的水土流失、土地利用、海拔地形、植被覆盖等基础地理空间数据进行叠加分析,根据不同地区特点和资料获取条件,充分参考各地不同下垫面条件的径流小区资料、人口数量分布、土壤类型分布、地质地貌类型、国土空间规划、水土保持措施、社会发展需求等其他地理或统计数据,逐片确定现存水土流失中哪些应当治理,哪些不需要治理,哪些可以完全治理(治理后土壤侵蚀强度可降低到轻度以下),哪些不可完全治理(治理后土壤侵蚀强度仍在轻度及以上),以及治理后的水土保持效果与水土流失情势,汇总确定远期水土流失面积与分布,并按不同空间范围汇总计算出水土保持率远期目标值。在此基础上,测算出2025年、2030年、2035年分阶段水土流失可完全治理、不可完全治理面积与分布,从而得出河南省境内淮河流域的水土保持率分阶段目标值。

2 研究过程

2.1 远期水土保持率目标值确定方法

2.1.1 不需治理的水土流失

区域内高海拔人口稀疏地区现存的水土流失,对生产、生活、生态无不利影响或影响较小,无须进行专门治理且难以自然恢复消除,主要通过减少扰动促进自然恢复,可全部计入不需治理的水土流失,即远期存在的水土流失面积[2]。通过将河南省DEM按每50 m分为一个等级,共划分出48个海拔带。利用ArcGIS空间分析工具,叠加土地利用与高程空间数据,统计每个海拔带上耕地、园地、建设用地和交通运输用地(以下统称为"人为活动")四个地类的面积,得到河南省海拔带和人为活动的关系曲线图(图1)。

随着海拔的升高，河南省人为活动地类的面积呈减少趋势，海拔带和人为活动的关系曲线在 1 250 m 处出现由快速下降到趋于平稳的拐点，对应的人为活动地类的面积占其所在海拔带的总面积的比例低于 3%。当海拔在 1 250 m 以上时人为活动较少，该区域的水土流失以自然恢复为主，故将 1 250 m 以上现存的水土流失面积作为不需治理的水土流失面积。

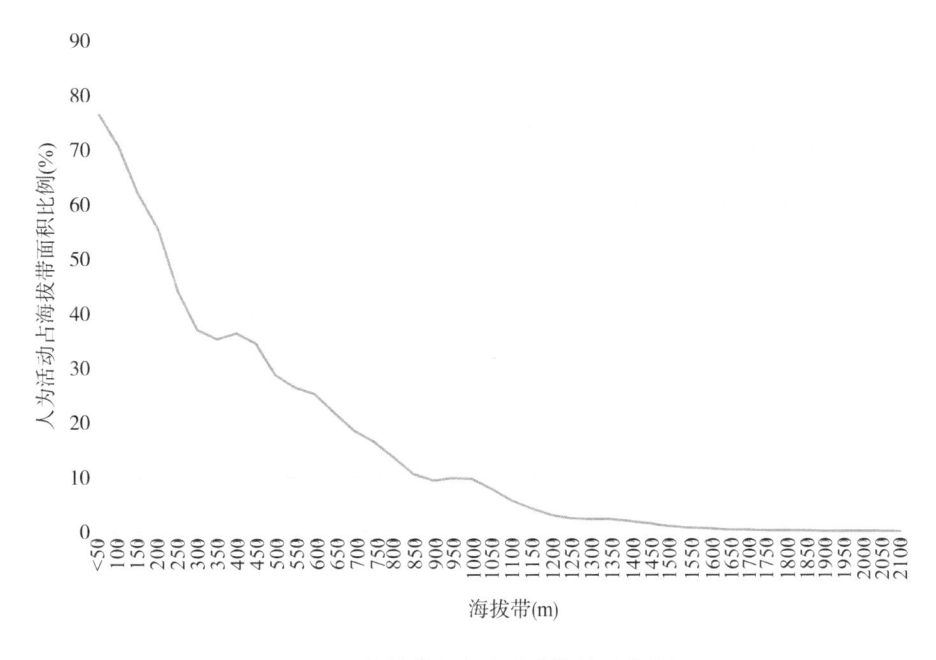

图 1　海拔带和人为活动的关系曲线图

2.1.2　不可完全治理的水土流失

2.1.2.1　水力侵蚀研判标准

不可完全治理的水土流失是指应当治理的水土流失中，受自然、经济、技术水平等限制，治理后不能将土壤侵蚀强度完全控制在轻度以下的面积。将土壤侵蚀类型按水力侵蚀、风力侵蚀与重力侵蚀，分别制定研判标准，确定现存水土流失面积中不可完全治理面积。通过对不同土地利用类型分析，得到水蚀区不可完全治理水土流失的研判标准，见表 1。

表 1　水蚀区远期不可治理至微度侵蚀研判标准

土地利用类型		水蚀区研判条件
耕地	水田	全部为微度
	水浇地	地块面积<0.67 hm²&S>10°、地块面积>0.67 hm²&S>15°
	旱地	地块面积<0.67 hm²&S>10°、地块面积>0.67 hm²&S>15°
园地	果园	$S>15°$
	茶园	
	其他园地	
林地	有林地	$S>25°$、$C\_2019>75\%$，$S>5°$&$C\_2050<75\%$
	灌木林地	
	其他林地	
草地	天然牧草地	
	人工牧草地	
	其他草地	

续表

土地利用类型		水蚀区研判条件
建设用地	城镇建设用地	治理后全部为微度
	农村建设用地	保留2019年数值的50%
	人为水土流失地块	
	其他建设用地	
交通运输用地	农村道路	保留2019数值的85%
	其他交通	治理后全部为微度
水域及水利设施用地		全部为微度
其他土地	盐碱地	全部为微度
	沙地	全部为微度
	裸土地	$S>25°$
	裸岩石砾地	全部为微度

备注:"S"为坡度,"C"为覆盖度。

2.1.2.2 风力侵蚀研判标准

除水浇地、旱地和林草地外,其他地类同水蚀区判定标准。具体研判标准见表2。

表2 风蚀区远期不可治理至微度侵蚀研判标准

土地利用类型		风蚀区研判条件
耕地	水田	全部为微度
	水浇地	不可完全治理
	旱地	不可完全治理
林地	有林地	$S>25°$、$C\_2019>70\%$、$C\_2050<70\%$
	灌木林地	
	其他林地	
草地	天然牧草地	
	人工牧草地	
	其他草地	

备注:"S"为坡度,"C"为覆盖度。

2.1.2.3 水力重力混合侵蚀研判标准

黄土高原区沟壑陡坡的水力、重力混合侵蚀形成的水土流失面积,其主要分布在沟沿线以下的沟坡,因重力侵蚀、水蚀混合作用,治理后不能将土壤侵蚀强度完全控制在轻度以下。

河南省豫西黄土丘陵保土蓄水区大部分地区以及黄泛平原防沙农田保护区西部局部地区处在黄河流域黄土高原范围内,根据技术指南中研判标准,该区域内坡度在25°以上水土流失或坡度在15°~25°且植被盖度大于60%的中度以上水土流失,视为不能治理到轻度以下。

2.2 分阶段水土保持率目标值确定方法

基于2050年远期水土流失面积与分布,确定远期可治理面积与分布,在远期可治理范围内,进一步根据各阶段测算依据,得到各地类分阶段治理面积与分布。分阶段水土保持率目标值测算标准详见表3。

表3 分阶段水土保持率目标值测算标准

土地利用类型	测算标准 2025	测算标准 2030	测算标准 2035
水浇地旱地	水土流失分布非常集中的区域,且易施行治理措施	分布较为集中的区域,且较易施行治理措施	分布集中的区域,且较易施行治理措施
果园 茶园 其他园地	—	S≤8°	S=8°~15°
有林地 灌木林地 其他林地	2025年植被覆盖度预测值大于75%的林草地水土流失	2030年植被覆盖度预测值大于75%的林草地水土流失	2035年植被覆盖度预测值大于75%的林草地水土流失
天然牧草地 人工牧草地 其他草地			
城镇建设用地 农村建设用地 其他建设用地	10%治理后转为微度	15%治理后转为微度	25%治理后转为微度
农村道路	—	—	15%治理后转为微度
其他交通用地	—	—	全部治理后转为微度
沙地	全部治理后转为微度	—	—
裸土地	全部治理后转为微度	—	—

备注:"S"为坡度,"C"为覆盖度。

3 结果与分析

3.1 水土保持率远期目标值

河南省根据水利部水土保持司的要求,测算出河南省远期水土流失面积11 059.08 km²,其中不需治理水土流失面积为1 052.37 km²,不可完全治理水土流失面积为10 006.71 km²。复核后提出的水土保持率远期目标值为93.33%。根据河南省确定的水土保持率远期目标值,通过裁剪得出河南省淮河流域的水土保持率远期目标值,其中不需治理水土流失面积为117.18 km²,不可完全治理水土流失面积为3 795.46 km²,水土保持率远期目标值为95.47%。

河南省淮河流域的不需治理水土流失主要集中在有林地上,面积为115.99 km²,集中在嵩县的南部,该区域属于高海拔地区,海拔高于3 000 m;不可完全治理水土流失主要集中在有林地和水浇地上,其中有林地主要分布在坡度大于25°以上的区域,包括嵩县的南部、汝阳县的南部、鲁山县的西部、浉河区的西部及南部、罗山县的南部、新县的南部以及商城县的南部;水浇地主要发生存在风蚀的县(市、区),包括中牟县、开封市祥符区以及兰考县。

3.2 水土保持率分阶段目标值

根据河南省淮河流域水土保持率远期阈值,到2050年,水土流失面积在现状基础上需减少3 964.49 km²。基于对现状水土流失及其所属地形、地类等因素的分区分类研判,按照前述水土保持率阶段目标值确定原则,最终确定2025年、2030年、2035年水土保持率阶段目标值分别为91.65%、93.06%和93.88%,2019—2025年、2025—2035年、2030—2035年3个时段水土保持率年均增幅分别为 0.14%、0.31%、0.18%，3 个时段分别需要减少水土流失面积为 668.71 km²、1 220.28 km²、700.51 km²。

4 结论与讨论

（1）河南省淮河流域远期（2050 年）水土流失面积为 3 912.64 km²，对应的水土保持率阈值为 95.47%，这个水土保持率阈值是综合全省自然、经济、技术等因素限制及社会发展需要，为满足生态文明要求，因地制宜的水土保持目标。目前现状值较远期阈值的差距，是今后 30 年水土保持工作的基本任务，即通过水土流失预防和治理，全省水土流失面积从现存（2019 年）的 7 877.13 km²，消减 3 964.49 km²，使非水土流失面积占国土面积比例提高 4.59 个百分点。

（2）根据研究成果，河南省淮河流域远期存在的水土流失面积包括两类：一类是对淮河流域生产、生活、生态无不利影响或影响较小，无须进行专门治理且难以自然恢复消除的水土流失面积，为 117.18 km²，主要包括现存水土流失面积中林地的高海拔地区涉及的水土流失面积；另一类是对区域生产、生活、生态存在不利影响，需要实施针对性预防、治理措施，但受自然、经济、技术水平等限制，治理后不能将土壤侵蚀强度完全控制在轻度以下的水土流失面积，为 3 795.46 km²，主要包括现存水土流失面积中，坡度大于 25°的林地、水浇地中的风力侵蚀涉及的水土流失面积。

（3）与水土流失面积阈值相比，河南省境内淮河流域需要消减的水土流失面积绝对存量（可完全治理面积）为 3 964.49 km²，这个数字反映未来河南省境内淮河流域的水土流失治理仍有较大的治理空间，今后水土保持工作重点应以提质增效为主。

（4）可进一步开展淮河流域内河南省各县市水土流失现场调查，了解各县（市、区）水土流失现状、治理现状、治理潜力等，进一步修正、细化研判条件。如调查风蚀区水浇地有实施农田防护林、格网、冬季灌水压碱、冬季雪覆盖等措施或种植多年生农作物等条件时，应进一步细化研判条件，将此部分面积从不需治理面积变为可以完全治理面积。

[参考文献]

[1] 蒲朝勇.科学做好水土保持率目标确定和应用[J].中国水土保持，2021(3):1-3.
[2] 曹文洪，宁堆虎，秦伟.水土保持率远期目标确定的技术方法[J].中国水土保持，2021(4):5-8+21+9.

[作者简介]

李泮营，男，生于 1980 年 7 月，工程师，主要从事水土保持监测工作，13633865296，zzlpy@126.com。

新时期生态河湖评价制度的应用研究
——以镇江市澄湘湖为例

张美玲　张　振　刘礼庆　曹艳兰

（江苏省水文水资源勘测局镇江分局　江苏 镇江　212000）

摘　要：本文以澄湘湖2021年1—12月生态状况监测数据为基础，根据2019年江苏省水利厅发布的《生态河湖状况评价规范》，从水安全、水生物、水生境、水空间及公众满意度五大类13个指标构建了澄湘湖生态状况评价指标体系。结果显示，澄湘湖生态河湖状况综合评价分为86.8分，生态河湖状况评价结果为"良"，与实际情况基本一致，因此进一步说明了生态状况评价指标体系的有效性，其对于科学量化评价指标，强化生态河湖水资源管理，健全河湖管理保护体系，维护河湖健康具有重要意义和应用价值。

关键词：生态河湖评价；应用研究；水质；澄湘湖

1　引言

镇江是长三角洲典型的滨江城市，水资源非常丰富。澄湘湖，列入《江苏省湖泊保护名录》，属于太湖湖西水系，位于镇江市丹徒区荣炳盐资源区南部高庄村境内，为丹徒、金坛两区界湖。该湖泊位于荣西公路与凡石桥东湘村之间，其地理坐标为东经119°24′~119°25′，北纬31°50′~31°51′。

澄湘湖现状湖泊面积0.63 km²，其中金坛境内约0.18 km²，荣炳境内0.45 km²。湖泊周长8.26 km，湖底平均高程0.5 m，湖堤高程4 m，正常蓄水位3 m，相应库容81.3万 m³，历史最高洪水位5.23 m，湖泊遭受淹没，湖泊水位4 m时，总库容120.1万 m³。该湖泊规模相当于一座小(1)型水库。

澄湘湖流域面积11.5 km²，其中湖泊上游山丘区集水面积8.5 km²，湖泊周边圩区集水面积3 km²，湖泊上游入湖河道为山丘区一条排水河沟，入湖水源主要来自上游及周边降水产生的地表径流。出湖河道为湖泊下游凡石桥桥内多条支河，地表径流最终汇入通济河。

在城市化进程中，广大河网区域逐渐暴露出水系退化、水质恶化、水生物种单一等湖泊健康问题，严重制约了国家经济的可持续发展和生态文明建设[1-2]。近年来，基于各种维度的河湖生态状况评价方法日益受到关注[3-5]。目前对河湖生态状况评价的研究尚处于探索阶段，新时期河湖生态问题自身机制和人类影响因素都具有相当的复杂性[6-8]。因此，阐明影响湖泊生态状况的主要因素，为使河湖生态系统逐步达到结构合理、功能正常、系统健康的水平提供科学依据，开展新时期河湖生态状况评价十分必要。本文以2021年全年澄湘湖不同监测点进行水质采样和监测分析，为澄湘湖富营养化防治对策提供理论依据，进一步建立澄湘湖生态状况评价指标体系，为生态河湖评价制度的发展和完善提供方法借鉴。

2 湖泊生态状况评价指标体系与方法

2.1 湖泊生态状况评价指标体系

根据江苏省水利厅发布的《生态河湖状况评价规范》(DB32/T 3674—2019),围绕生态河湖的基本内涵,根据澄湘湖水系特征,本文拟从水安全、水生物、水生境、水空间及公众满意度五大类 13 个指标构建关于澄湘湖的生态状况评价指标体系,详见表 1。

表 1 澄湘湖生态状况评价指标体系表

指标类型	指标	权重	权重(不含集中式饮用水水源地)
水安全	防洪工程达标率	0.07	0.12
	集中式饮用水水源地水质达标率*	0.07	0
	水功能区水质达标率	0.10	0.12
水生物	蓝藻密度	0.10	0.10
	大型底栖动物多样性指数	0.05	0.05
水生境	口门畅通率	0.05	0.05
	湖水交换能力	0.05	0.05
	主要入湖河流水质达标率	0.05	0.05
	生态水位满足程度	0.10	0.10
	水质优劣程度*	0.08	0.08
	营养状态指数	0.08	0.08
水空间	水面利用管理指数	0.06	0.06
	管理(保护)范围划定率	0.06	0.06
	综合治理程度	0.08	0.08
总和		1	1
公众满意度	公众满意度*		

注:有 * 上标的为否决项指标,其中集中式饮用水水源地水质达标率和水质优劣程度参与评分,公众满意度不参与评分。对于有指标缺失项的湖泊(水库),将缺失指标的权重平均分给该指标所在指标类型的其他指标。

2.2 湖泊生态状况评价方法

生态河湖状况评价采用百分制考核。对每项指标分别进行量化并设定权重,总分按加权平均求得。生态河湖状况评价结果划分为"优""良""中""差"共 4 级,详见表 2。

表 2 生态河湖综合评价标准

指标	分级标准及阈值			
	优	良	中	差
生态河湖总分	[90,100]	[75,90)	[60,75)	[0,60)
符号含义:"["表示"≥";"]"表示"≤";")"表示"<"				

3 澄湘湖生态状况指标分析

3.1 水安全

3.1.1 防洪工程达标率

澄湘湖位于丹徒区荣炳盐资源区南部高庄村境内,人工干扰较少,未修筑防洪堤防,处于自然状态,因此,该指标为澄湘湖缺失项。

3.1.2 集中式饮用水水源地水质达标率

根据江苏省人民政府发布的江苏省集中式饮用水水源地名录,澄湘湖不是集中式饮用水水源地,因此,该指标为澄湘湖缺失项。

3.1.3 水功能区水质达标率

澄湘湖,共划分1个水功能区,为丹徒农业、渔业用水区,监测断面为澄湘湖,详见图1。根据2021年1—12月的监测资料,该水功能区2021年1—12月达标情况见表3。水功能区水质达标率参评指标选取高锰酸盐指数和氨氮两项,监测次数遵循SL 395相关规定。

图1 澄湘湖监测点位示意图

表3 2021年澄湘湖丹徒农业、渔业用水区用每月达标情况

月份	现状水质	水质目标(2030年)	达标情况	超标项目
2021.01	Ⅱ	Ⅳ	达标	
2021.02	Ⅲ	Ⅳ	达标	
2021.03	Ⅲ	Ⅳ	达标	
2021.04	Ⅳ	Ⅳ	达标	
2021.05	Ⅲ	Ⅳ	达标	
2021.06	Ⅲ	Ⅳ	达标	
2021.07	Ⅲ	Ⅳ	达标	
2021.08	Ⅳ	Ⅳ	达标	
2021.09	Ⅲ	Ⅳ	达标	
2021.10	Ⅲ	Ⅳ	达标	

续表

月份	现状水质	水质目标（2030年）	达标情况	超标项目
2021.11	Ⅲ	Ⅳ	达标	
2021.12	Ⅲ	Ⅳ	达标	

根据《生态河湖状况评价规范》（DB32/T 3674—2019）规定，达标的水功能区为年内水功能区达标次数占评价次数的百分比大于或等于80%的水功能区，因此，澄湘湖丹徒农业、渔业区用水区为达标水功能区，故澄湘湖水功能区达标率为100%，赋分100。

3.2 水生物

3.2.1 蓝藻密度采样及分析

澄湘湖蓝藻密度监测断面采用澄湘湖水质监测断面，采样时间为2021年6月、7月和8月，蓝藻易暴发期间每月监测一次。

采样按常规浮游植物调查方法进行，按国际和国内标准测定如下内容：高锰酸钾指数（COD_{Mn}）、叶绿素a、总氮测定（TN）、总磷测定（TP）和透明度。

经检测，澄湘湖2021年6月、7月和8月蓝藻密度分别为750万个/L、1 093万个/L和960万个/L，平均值为935万个/L。根据蓝藻密度指标评分标准，见表4，采用区间内线性插值法，赋分为83.2。

表4 蓝藻密度指标评分对照表

蓝藻密度（万个/L）	[0,300]	(300,1 700]	(1 700,3 500]	(3 500,8 000]
对照评分	[90,100]	[75,90)	[60,75)	[0,60)

3.2.2 大型底栖动物多样性采样及分析

澄湘湖大型底栖动物监测断面采用澄湘湖水质监测断面，采样时间为2021年7月和2021年11月。

螺、蚌等较大型底栖动物，用带网夹泥器；水生昆虫、水栖寡毛类和小型软体动物，用改良彼得森采泥器。采样时，各采样点底部放置两个采样器，放置时间宜为14 d。用带网夹泥器采得泥样后，清除网中泥沙，捡出其中全部螺、蚌等底栖动物；用改良彼得森采泥器采得泥样后，将泥样全部倒入塑料桶或盆内，经40目分样筛筛洗后，捡出筛上肉眼能看得见的全部动物。

经检测，澄湘湖共检出底栖动物2门3属7种。根据Shannon-Wiener生物多样性指数计算公式，澄湘湖2021年7月和2021年11月Shannon-Wiener生物多样性指数分别为1.98和2.20，平均值为2.09。根据大型底栖动物多样性指标评分标准，见表5，采用区间内线性插值法，赋分为81.7。

表5 大型底栖动物多样性指标评分对照表

大型底栖动物多样性指数	[2,3]	[1,2)	[0,1)
对照评分	[80,100]	[60,80)	[0,60)

3.3 水生境

3.3.1 口门畅通率

澄湘湖为天然湖泊，主要来水为山区汇水，无入库河流，也未有年出入湖泊实测径流量相关数据，因此该指标为澄湘湖缺失项。

3.3.2 湖（库）水交换能力

由于澄湘湖入湖水源主要来自上游及周边降水产生的地表径流，入库水量无法准确计算，因此采用年降雨量乘汇水面积进行估算。根据江苏省水文水资源勘测局镇江分局提供的资料,澄湘湖所在区域2021年降雨量为1 165.0 mm,澄湘湖汇水面积为0.63 km²,因此澄湘湖年入库水量约为73.4万 m³。澄湘湖库容为120.1万 m³,因此澄湘湖湖(湖)水交换率为61%,对照表6,采用区间内线性插值法,赋分为64.4。

表6 湖水交换能力指标评分对照表

湖水交换能力	[100%,150%]	[50%,100%)	[0,50%)
对照评分	[80,100]	[60,80)	[0,60)

3.3.3 主要入库河流水质达标率
澄湘湖主要来水为山区汇水,无入库河流,因此该指标为澄湘湖缺失项。

3.3.4 生态水位满足程度
澄湘湖主要功能为防洪、排涝、灌溉。结合澄湘湖实际情况,采用澄湘湖水质监测断面澄湘湖最大水深满足鱼类生存需求的0.9 m对应的水位作为澄湘湖的生态水位。根据现场测量结果,澄湘湖断面处河底高程最低处为-0.68 m(吴淞高程,下同),确定其生态水位为0.22 m。根据2021年澄湘湖断面水位监测结果澄湘湖断面全年最低水位为11月29日的2.28 m,超过澄湘湖的生态水位,因此澄湘湖逐日水位均满足生态水位,赋分为100。

3.3.5 水质优劣程度
水质(2021年1—12月)每月监测一次,采用水质单因子评价法,参考《地表水环境质量标准》(GB 3838—2002),根据澄湘湖监测点水质监测数据分析,澄湘湖水质状况为Ⅳ类,详见表3。根据表7,水质优劣程度赋分值为70。

3.3.6 营养状态指数
根据2021年江苏省水环境监测中心镇江分中心的监测资料,2021年澄湘湖营养状态评分为54.5,对应营养状态为轻度富营养,详见表8,对照表7进行赋分,赋分结果为83.3。

表7 水质优劣程度评分对照表

水质类别	Ⅰ、Ⅱ	Ⅲ	Ⅳ	Ⅴ	劣Ⅴ
对照评分	[90,100]	[75,90)	[60,75)	[40,60)	[0,40)

表8 2021年澄湘湖营养状态指数评价表

	时间	营养状态评分	营养状态评价
澄湘湖	1月	52.9	轻度富营养
	2月	51.7	轻度富营养
	3月	55.6	轻度富营养
	4月	56.9	轻度富营养
	5月	51.6	轻度富营养
	6月	52.5	轻度富营养
	7月	55.6	轻度富营养
	8月	55.4	轻度富营养
	9月	56.2	轻度富营养
	10月	53.4	轻度富营养
	11月	53.3	轻度富营养
	12月	50.0	中营养
	2021年全年	54.5	轻度富营养

3.4 水空间

3.4.1 水面利用管理指数

通过2021年7月和11月对澄湘湖进行两次现场勘查,并结合现场勘查结果提供资料表明,澄湘湖水面几乎没有进行过开发利用,对照表9,赋分为98。

表9 水面利用管理指数评分对照表

水面利用管理指数	[98%,100%]	[95%,98%)	[80%,95%)	[0,80%)
对照评分	[90,100]	[75,90)	[60,75)	[0,60)

3.4.2 管理(保护)范围划定率

根据丹徒区水利局提供资料显示,澄湘湖正常蓄水位面积已全部划定管理范围,因此澄湘湖管理(保护)范围划定率为100%,根据管理范围划定公式,赋分为100。

3.4.3 综合治理程度

通过对上述澄湘湖全湖段无人机影像资料的统计和分析,结合现场勘查结果,澄湘湖岸线管理范围内违法违章违规行为和设施主要是沿湖部分地段杂树丛生、围垦种植、围网养殖现象,其占用岸线的长度约0.40 km,湖泊周长为8.26 km,澄湘湖综合治理程度约为0.048,结合表10,澄湘湖综合治理程度赋分为76。

表10 综合治理程度评分对照表

综合治理程度	[0,0.02)	[0.02,0.05)	[0.05,0.1)	[0.1,0.2)	≥0.2
对照评分	(90,100]	(75,90]	(60,75]	(0,60]	0

3.5 公众满意度

公众满意度反应公众对湖泊环境、水质水量、涉水景观、美学价值等的满意程度,该指标采用公众参与调查统计的方法进行。调查小组针对澄湘湖周边居民随机发放了50份调查问卷,调查结果如下:有21份问卷结果为"很满意",有15份问卷结果为"满意",有6份问卷结果为"基本满意",有8份调查问卷结果为"不满意"。因此,澄湘湖公众满意度总平均得分约为84分。

3.6 综合评价

根据上文3.1~3.4澄湘湖各项指标赋分值,得到澄湘湖生态状况评价评分为86.8分,详见表11和图2。对照表2生态河湖综合评价标准,澄湘湖生态河湖状况评价结果为"良"。

表11 澄湘湖生态状况评价评分表

指标类型	指标	权重	赋分
水安全	防洪工程达标率	0	—
	集中式饮用水水源地水质达标率	0	—
	水功能区水质达标率	0.24	100
水生物	蓝藻密度	0.10	83.2
	大型底栖动物多样性指数	0.05	81.7

续表

指标类型	指标	权重	赋分
水生境	口门畅通率	0	—
	湖水交换能力	0.075	64.4
	主要入湖河流水质达标率	0	—
	生态水位满足程度	0.125	100
	水质优劣程度	0.105	70
	营养状态指数	0.105	83.3
水空间	水面利用管理指数	0.06	98
	管理(保护)范围划定率	0.06	100
	综合治理程度	0.08	76
公众满意度	公众满意度	0	84
综合评价	综合评价	1	86.8

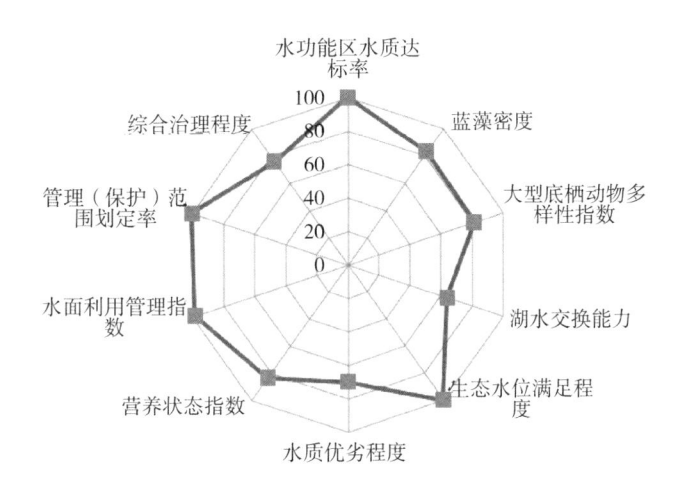

图 2 澄湘湖生态状况评价赋分及各指标赋分

4 结论

澄湘湖生态状况评价评分为 86.8 分,澄湘湖生态河湖状况评价结果为"良"。目前澄湘湖存在的较突出问题为水质达标不稳定,超标项目分别为总磷和总氮。从水库实际状况来看,澄湘湖生态状况评价结果与水库实际情况基本相符,基本反映了湖泊的生态状况,建立的评价指标体系对澄湘湖具有适用性和有效性,本文也为研究其他湖泊生态状况评价体系提供研究思路和方法借鉴。

[参考文献]

[1] 纪平.关注湖泊健康 促进可持续发展[J].中国水利,2011(23):5.
[2] 熊昱,廖炜,李璐,等.湖北省湖泊污染现状及原因分析[J].中国水利,2016(18):54-57.
[3] 吴计生,吕军.基于生态完整性的松花湖健康评价[C]//中国水利学会2018学术年会论文集第二分册.2018:355-359.
[4] 樊贤璐,徐国宾.基于生态-社会服务功能协调发展度的湖泊健康评价方法[J].湖泊科学,2018,30(05):1225-1234.

[5] 吴俊燕,赵永晶,王洪铸,等.基于底栖动物生物完整性的武汉市湖泊生态系统健康评价[J].水生态学杂志,2021,42(5):52-61.
[6] 徐敏.基于复杂性理论的河湖环境系统模型研究[D].长沙:湖南大学,2007.
[7] 杨继田.浅议在复杂外源污染背景下对中大型湖泊富营养化的治理[C]//2011(第五届)水业高级技术论坛论文集.2011:48-58.
[8] 盛昭瀚,金帅.湖泊流域系统复杂性分析的计算实验方法[J].系统管理学报,2012,21(6):771-780.

[作者简介]

张美玲,女,生于1991年4月,助理工程师,主要从事水土保持、水文水资源监测工作,zhangmeiling837@163.com。

淮河典型河流沂河生态流量管控方案研究

尹 星 周亚群 陈立强

(淮河流水资源保护局淮河水资源保护科学研究所 安徽 蚌埠 233000)

摘 要：水利发展新时期新阶段，水利工程建设与水生态文明建设已逐渐结合，如何协调水利工程兴利作用和下游河道水生态的关系，在保障防洪除涝的同时维护下游河流生态环境稳定，成了需要持续研究探索的问题。目前我国对生态流量管控尚有不足，尤其在实践应用中存在较多问题。文章将对淮河流域沂河生态流量管控进行细致研究，旨在利用沂河现状水利工程调度运行的基础上，确定生态流量，制定生态流量管控方案，使得沂河生态流量得以持续有效实施，下游生态环境稳定改善，让水利工程技术可以更好地服务于水生态文明建设。

关键词：淮河流域沂河；生态流量管控；方案制定

在实际的管理中，我国的生态流量管控研究不足，尽管已经开展了一定的研究工作[1]，但相关研究水平还有待提高，尤其在生态流量的管理实践中，由于生态流量核算和调度缺乏统一的标准，在实践管理中应用不多。在进行研究的过程中，需要深入了解沂河水资源状况，并细致把握沂河控制性工程运行情况。在此基础之上，根据现有淮河生态流量计算成果，明确沂河生态流量，最终确定调度方案。让生态流量调度与防洪调度原则、总量控制原则、生活用水优先原则、维护敏感保护目标等原则统筹兼顾，采取联合调度的方式，进而使沂河流域生态流量得以保障，达到河流水生态改善的最终目标。

1 沂河概况

沂河发源于山东沂蒙山的鲁山南麓，南流经沂源、沂水、沂南、兰山、河东、罗庄、苍山、郯城、邳州、新沂等县（市、区），在江苏省新沂苗圩入骆马湖。河道全长333 km，控制流域面积11 820 km²。作为淮河流域的典型河流，沂河具有拦河闸坝、橡胶坝密集等特征，拦河闸坝等工程的建设改变了沂河天然的水量时空调配，对其流速、水位等水文特征产生了一定影响，使得沂河有向宽广、平缓型河流转变的趋势。为了充分调动水利工程在水生态保护工作中的作用，以沂河为典型河流，研究淮河流域河流生态流量管控方案及措施是十分必要的。

2 生态流量的确定

2.1 生态流量值的确定

《河湖生态环境需水计算规范》（SL/Z 712—2014）中对河流控制断面年内不同时段值的计算推荐了以下几种方法：Tennant法、频率曲线法、河床形态分析法、湿周法、生物空间法、生物需求法等。目前,淮委的各项规划成果中沂河主要采用 Tennant 法、湿周法以及在 Tennant 法基础上衍生的"淮河法",确定了部分重要河流断面的生态流量,各成果反映了河道生态环境需水在不同方面的基本需求。由于沂河的生态保护目标为基本生态功能,结合已有成果,采用各方法流量过程的外包值确定沂河生态流量。

2.2 生态流量日满足程度指标确定

根据临沂、港上 2 个考核断面 1980—2016 年日均流量数据,按生态基流进行日满足程度评价(表1),分析结果表明 2 个考核断面生态基流日满足程度均不足 80%。这是由沂河流域人多水少和时空分布不均的水资源禀赋条件以及水资源开发利用程度高所造成的。

表 1 沂河考核断面日均流量的生态基流目标可达性分析

序号	考核断面名称	水文系列	生态基流日满足程度(%)	分水期生态基流日满足程度(%)		
				10月—次年3月	4—5月	6—9月
1	临沂	1980—2016	72.8	76.2%	55.9%	79.2%
2	苏鲁省界(港上)	1980—2016	50.4	66.9%	43.1%	72.3%

为了提高生态流量管控措施的可实施性,根据沂河流域水资源开发利用及用水矛盾的实际情况,淮河水利委员会制定《淮河流域生态流量(水位)试点工作实施方案》,按照不同来水保证率提出了河流生态流量日满足程度控制要求,其中沂河平水年生态流量日满足程度达到 80%,枯水年日满足程度达到 50%,特枯年不做下泄生态流量要求,最终生态流量确实结果见表 2。

表 2 沂河各断面生态流量成果表

控制断面	生态流量(m³/s)			日满足程度指标		
	10月—次年3月	4—5月	6—9月	平水年	枯水年	特枯年
临沂	2.48	3.13	19.81	80%	50%	—
苏鲁省界(港上)	1.74	3.11	12.79			

注:特枯年不做考核要求。

3 管控方案

3.1 工程调度方案

沂河生态流量调度方案以沂河流域为主要调度范围,包括山东和江苏两省,在已有的规划成果上,综合考虑防洪调度、水量分配和水量调度,在保障生活用水的前提下,尽量满足沂河临沂、鲁苏省界断面生态流量,保障河流生态系统健康安全。

3.1.1 调度原则

沂河生态流量调度方案是在现有工程调度方案的基础上研究制定的,因此在调度过程中必须遵守以下调度原则:

(1)生态流量调度服从防洪调度原则,确保防洪安全;(2)总量控制原则,按照《沂河水量分配方案》确定有关断面下泄水量、流量要求及省际分配的水量份额进行调度;(3)生活用水优先原则,从水源工程调水必须以满足当地生活用水需求为前提;(4)统筹兼顾原则,在不影响有关重要控制工程原有调度运用方案的情况下,兼顾生态用水调度;(5)以非汛期为主,维护敏感保护目标原则,调度时段以非汛期为主,有鱼类等敏感保护目标的河段,重点考虑鱼类的产卵期;(6) 联合调度原则,采取水库、闸坝、拦河建筑物等水利工程联合调度。在这个基础上才可能让不同部门协同工作,保证水利工程施工的质量合格[2]。

3.1.2 调度工程的确定

本方案研究的沂河生态流量调度,主要采取重要控制工程的调度来满足不同时段沂河重要控制断面生态流量。综合考虑沂河水资源开发利用的特点、省界控制点、重要控制性工程及有监测设施的河道断面等因素,确定生态调度的重要控制工程。主要分为水源工程和梯级工程两类。

1. 水源工程

临沂断面以上临沂主要有田庄、跋山、岸堤、唐村、许家崖 5 座大型水库,承担了大部分的城市供水和农业灌溉。水库的调度,直接影响着下游河道的下泄水量及流量,对下游临沂断面生态流量具有重要的调节作用,因此将 5 座大型水库作为生态调度的重要水源控制工程。

临沂到省界区间主要控制工程有刘家道口枢纽、李庄闸和马头闸 3 处,这些工程基本控制临沂到苏鲁省界的区间用水情况,用水量直接关系到下游省界断面生态流量,即可作为下游生态调度的重要水源控制工程。主要控制工程概化图如图 1 所示。

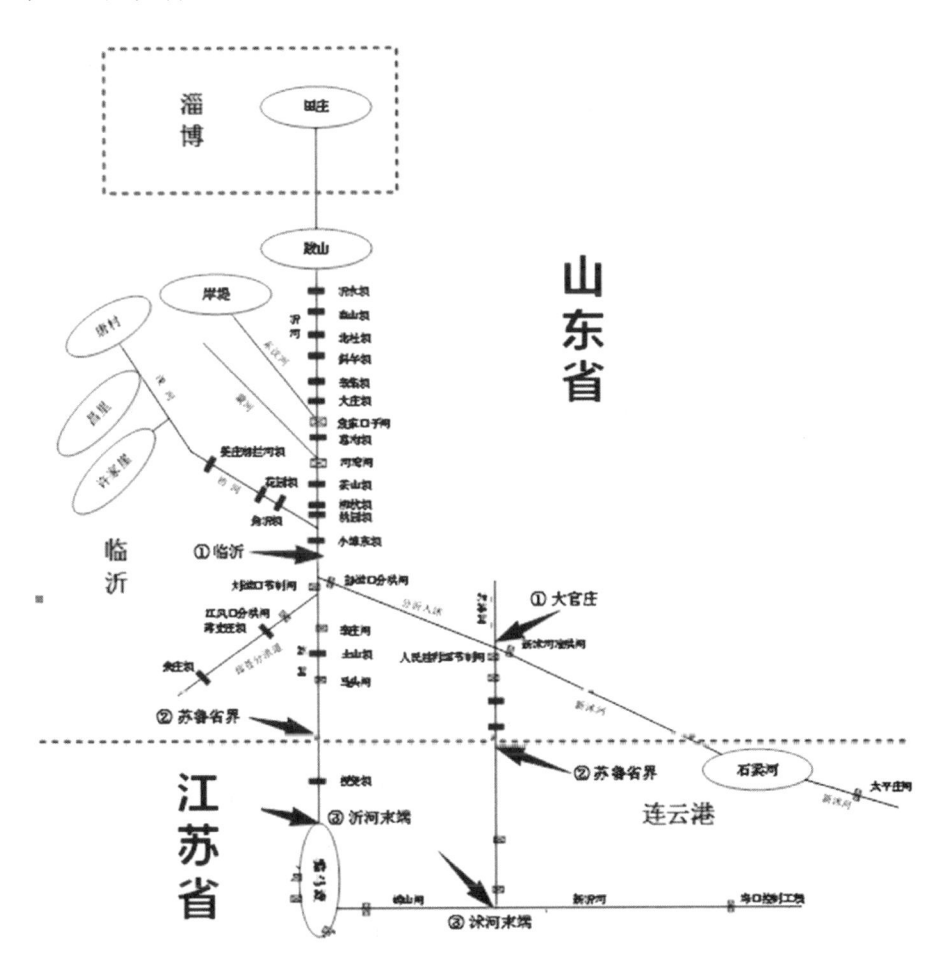

图 1　主要控制工程概化图

2. 梯级工程

水源工程与重要控制断面之间还有众多拦河闸坝,通过对这些梯级工程进行研究调查发现,临沂断面流量上游受小埠东橡胶坝调度的影响,下游受刘家道口枢纽调度及蓄水回水顶托的影响,流域内对该断面生态流量有影响的梯级工程共计19座,设计蓄水总量为2.72亿 m^3。其中干流拦河闸坝13座,支流拦河闸坝6座。沂河临沂到港上断面区间可对该断面生态流量产生影响的拦河闸坝共计6座,设计蓄水总量为1.22亿 m^3。

3.1.3 调度技术方案

沂河干流主要控制断面为临沂及沂河苏鲁省界(港上)。为有效防止控制断面流量低于生态流量,及时参与流量调度,在主要控制断面处设定预警流量,取生态流量的110%,作为安全系数控制。将每日断面监测的流量数据以及未来可能的发展趋势与预警流量值和生态流量值进行对比,按照安全、警戒和危险三种状态对当日流量状态进行评估,当控制断面监测流量等于或小于预警流量时启动生态流量预警调度。当控制断面监测流量小于生态流量时启动生态流量调度,具体见表3。调度技术方案的制定必须与实际的环境情况紧密结合,由环境入手开展工作[3]。

表3 生态流量状态评估表

流量阈值	预报趋势	状态	是否开展生态调度
实测流量>预警流量		安全	否
生态流量<实测流量<预警流量	增加	警戒	否
	减少	危险	是
实测流量<生态流量		危险	是

当控制断面监测流量大于预警流量时或当河道拦蓄工程已塌坝运行(或闸坝无蓄水)且上游大型水库水位已降至死水位时,终止生态流量调度。

生态流量断面调度主要分为预警流量调度和生态流量调度两种情况。当临沂断面和沂河苏鲁省界断面监测流量等于或小于预警流量时,淮河水利委员会进行预警流量调度会商,并向山东省水行政主管部门发出预警流量调度意见,除沿河居民生活用水外,应停止农业取水,限制工业取水,尽量保障临沂断面和沂河苏鲁省界断面流量不小于阶段生态流量。生态流量调度根据控制断面以上调度工程的不同,需逐一酌情制定。

1. 临沂断面生态流量调度

当控制断面监测流量小于生态流量时,除以上预警流量时的调度方案外,依次调度临沂断面以上水源工程和梯级工程,以保障生态流量。沂河临沂断面生态流量调度上游蓄水工程运用先后顺序及优先级别见表4。

根据不同月份对生态流量需求的不同,10月—次年3月,当临沂断面流量小于2.48 m^3/s时,可按表4依次开启第一级蓄水工程,当河道蓄水工程蓄水量均不足设计蓄水量的75%时,按表4逐级调度第二级中的大型水库,同理,当调度水库蓄水量不足兴利库容75%时,依次顺序调度其他大型水库,保障临沂断面流量不小于2.48 m^3/s。这都可以看出不同月份有不同的生态流量,施工人员必须注意这一点[4]。

依照上述调度程序,沂河断面4—5月生态流量为3.13 m^3/s,6—9月生态流量为19.81 m^3/s。当实测流量小于生态流量时,依次开启上游蓄水工程和水源工程,其开启条件为4—5月已开启蓄水工程(水源工程)蓄水量不足设计蓄水量(兴利库容)的50%,6—9月已开启蓄水工程(水源工程)蓄水量不足设计蓄水量(兴利库容)的25%,开启顺序见表4。

表 4　沂河临沂断面生态流量调度上游蓄水工程运用先后顺序及优先级别表

级别	工程名称
第一级	沂河小埠东橡胶坝、桃园橡胶坝、祊河角沂橡胶坝、沂河柳杭橡胶坝、桃园橡胶坝、祊河葛庄橡胶坝、茶山橡胶坝、河湾拦河闸、葛沟橡胶坝、祊河三南尹橡胶坝、姜庄湖橡胶坝、沂河袁家口子拦河闸、大庄橡胶坝、辛集橡胶坝、北社橡胶坝、岜山橡胶坝、沂水橡胶坝等
第二级	许家崖水库、岸堤水库、跋山水库、唐村水库、田庄水库

2. 沂河苏鲁省界（港上）生态流量调度

10月—次年3月，沂河苏鲁省界断面流量小于1.74 m³/s时，开启离沂河苏鲁省界断面最近的上游码头拦河闸泄水设施，使得沂河苏鲁省界断面流量不小于1.74 m³/s。当码头拦河闸蓄水量不足设计蓄水量的75%时，依次开启码头拦河闸上游的土山、李庄拦河闸等其他河道蓄水工程，逐级类推。当河道蓄水工程蓄水量均不足设计蓄水量的75%时，河道蓄水工程蓄水量按设计蓄水量的50%进行调度，保障苏鲁省界断面流量不小于1.74 m³/s。必须注重对生态流量调度的掌握与分析[5]。

4—5月，沂河苏鲁省界断面流量小于3.11 m³/s时，按表5开启上游蓄水工程，当蓄水工程蓄水量不足设计蓄水量的50%时，依次开启上游其他河道蓄水工程，逐级类推。当河道蓄水工程蓄水量均不足设计蓄水量的50%时，河道蓄水工程蓄水量按设计蓄水量的25%进行调度，保障省界断面流量不小于3.11 m³/s。

6—9月，当沂河苏鲁省界断面流量小于12.79 m³/s时，按表5顺序逐级开启上游蓄水工程，当蓄水工程蓄水量不足设计蓄水量的25%时，依次开启其他河道蓄水工程，逐级类推。当河道蓄水工程蓄水量均不足设计蓄水量的25%时，河道蓄水工程按不蓄水进行调度，最大限度保障苏鲁省界断面流量不小于12.79 m³/s。

表 5　沂河苏鲁省界（港上）生态流量调度上游蓄水工程运用先后顺序表

级别	工程名称
第一级	沂河马头拦河闸、土山拦河闸、李庄拦河闸、刘家道口节制闸等

3.2　生态流量监测体系建设

生态流量监测体系应包括水文监测和生态监测两部分。

为保证生态流量工作的顺利运转，及时采取应急措施，水文监测应保证各重要控制断面如临沂断面和港上断面做到逐日监测。生态流量实施在线监测与自动监测并举，确保监测数据的准确性和提前性，为后续开展合理有效的水工程调度提供技术支撑和时间保障。

此外，为验证生态流量管控的实际效果，可在生态流量管控工作开始后每2~3年，开展一次生态监测，主要监测浮游动植物、底栖动物和鱼类等水生生物的种类组成、种群密度、生物量等生态指标。以便评价沂河生态调度成效，及时反馈并提出生态调度调整意见。

3.3　生态流量管理制度建设

按照流域主导，地方实施的原则，本次研究建议由淮委统一管理生态流量的调度工作，负责组织重要断面的生态流量监测、评估、预警、信息的上报和发布，山东省、江苏省水行政主管部门为实施单位，开展沂河生态流量调度。建立由多部门各方代表组成的调度管理机构，对生态调度进行统一安排。生态流量调度管理职能部门可根据沂河临沂、鲁苏省界断面最小生态流量的要求，结合实际断面流量和水文预报研究调水需求。同时，与有关水源工程管理单位沟通了解近期供水计划，并分析各水利工程近期的可调水量和流量，及时调整更新调度方案。只有贴合实际的施工情况，才可能让水利工程的施工达到最佳状态[6]。

4 结论和建议

沂河生态流量调度是维护沂河水生态环境的一项重要措施,对于建设沂河水生态文明具有重要意义。为更有效的保障最小生态流量,在不影响有关水库、闸坝现有供水任务的情况下,可考虑在现有水库兴利库容中划出一定的库容作为生态库容,以保证生态用水调水量。

[参考文献]

[1] 孟钰,张一鸣,管新建,等.基于生态逐级保证的河口村水库水量分配研究[J].人民黄河,2019,41(5):38-42.
[2] 权燕.四川江河生态流量管控的思考[J].中国水利,2019(17):55-56.
[3] 吴浩云,唐力,秦忠,等.重点河湖生态流量管控下的美丽幸福太湖流域片建设[J].中国水利,2019(20):4-6+10.
[4] 李扬,孙翀,刘涵希.福建省域河流生态流量监管与控制目标核定[J].水资源保护,2020,36(2):92-96+104.
[5] 祁发菊.河湖生态流量(水量)管控的意义[J].农业科技与信息,2020(10):50-51.
[6] 苏训.珠江生态流量保障实践与思考[J].中国水利,2020(15):53-55+43.

[作者简介]

尹星,女,生于1988年12月,工程师,主要从事水利工程及相关环保咨询工作,18955200012,380109889@qq.com。

沂水县土地利用景观格局时空变化特征

张乃夫　赵传普　苏新宇　张春平

(淮河水利委员会淮河流域水土保持监测中心站　安徽 蚌埠　233001)

摘　要：本文选取沂蒙山区典型代表县沂水县为研究区，以沂水县2011年和2020年两个典型时期的遥感影像为数据源，通过ArcGIS等地理信息系统对遥感影像进行土地利用类型解译判定，利用Fragstats软件对相关景观指数进行提取，对研究区10年间景观格局变化情况进行对比分析，为沂蒙山区生物多样性保护和生态修复提供参考依据。结果表明：(1) 10年间，研究区土地利用类型发生了明显的变化，其中，林地、交通运输用地、水域及水利设施用地、城镇村及工矿用地面积增加，耕地、园地、草地、其他土地面积减少。(2) 通过对研究区不同时期景观格局指数对比分析，当地景观呈现干扰程度增强、破碎度增强、集合度和连通性降低的发展趋势，表明当地景观环境脆弱性增强，建议政府管理部门加强景观环境监测，采取必要的保护措施，进一步提高区域景观环境的承载力，增强生物多样性。

关键词：沂水县；土地利用；景观格局

沂蒙山区位于淮河流域的沂河、沭河、泗河上游，总面积3.08万km²，区内主要地貌类型以山地、丘陵、平原洼地为主，主要山脉有鲁山、沂山、蒙山、尼山，是淮河流域重要的水源区和生态屏障，在区域生态安全和经济发展中具有重要的战略地位。

本文以沂蒙山区典型代表县沂水县为研究区，以沂水县2011年和2020年两个典型时期的遥感影像为数据源，通过ArcGIS等地理信息系统对遥感影像进行土地利用类型解译判定，利用Fragstats软件对相关景观指数进行提取，通过分析研究区10年间景观格局变化情况，了解该区域景观要素动态演替的过程和方向，为区域生态环境保护和治理提供参考依据。

1　研究区概况

沂水县位于鲁中南沂蒙山腹地，坐标118°11′~119°2′E，35°35′~36°13′N，东邻莒县，西与沂源、蒙阴交界，南与沂南毗连，北与安丘、临朐接壤。位于北方土石山区，土壤类型主要为棕壤土、褐土、潮土等。属暖温带季风气候区，四季分明，多年平均气温12.6~13.4℃，多年平均降水量715~766 mm，多年平均风速2.02~2.4 m/s，无霜期200~300 d，最大冻土深度0.42 m，多年平均蒸发量1 055 mm。植被类型属暖温带落叶阔叶林，主要乔木有毛白杨(Populus tomentosa Carr.)、刺槐(Robinia pseudoacacia Linn.)、泡桐(Paulowinia fortune Hemsl.)、油松(Pinus tabulaeformis Carr.)等，自然灌木与草本植物主要有紫穗槐(Amorpha fruticosa Linn.)、黄荆(Vitex negundo Linn.)等。

2　数据来源与研究方法

2.1　数据源

遥感数据源采用2011年1—3月份2.5 m分辨率的SPOT5遥感影像和2020年4月份2 m分辨

率的高分 1 号遥感影像,沂水县 1∶5 万地形图作为影像匹配基准。

2.2 土地利用类型和景观指数选取

本文依据《土地利用现状分类》(GB/T 21010—2017),并结合研究区土地利用和景观特征,将研究区景观类型划分为耕地、园地、林地、草地、城镇村及工矿用地、交通运输用地、水域及水利设施用地和其他土地等 8 类。

景观指标主要体现在斑块、类型、景观不同层面上,本研究通过借鉴学者的研究成果和结合研究区实际情况选取 9 个指标,其中,类型层面上的指标为斑块密度(PD)、斑块数量(NP)、景观形状指数(LSI)、分维数(PAFRAC)、结合度(COHESION);景观层面上的指标为斑块密度(PD)、斑块数量(NP)、最大斑块指数(LPI)、景观形状指数(LSI)、分维数(PAFRAC)、结合度(COHESION)、蔓延度(CONTAG)、香浓多样性指数(SHDI)、香浓均匀度指数(SHEI)[1]。景观指数及其生态意义见表 1。

表 1　景观指数及其生态意义

景观指数	计算公式	生态意义
斑块数量	$NP=n$ 式中:n 为景观类型的斑块数量。	其值的大小与景观的破碎度也有很好的正相关性。
斑块密度	$PD=\dfrac{NP}{A}$ 式中:NP 为斑块数量;A 为景观面积。	用来描述单位景观面积上的异质性,可以反映景观的破碎程度。
最大斑块指数	$LPI=\dfrac{\max(a_{ij})}{A}(100)$ 式中:a_{ij} 为景观中最大斑块的面积;A 为景观总面积。	其值的大小决定着景观中的优势种、内部种的丰度等生态特征。
景观形状指数	$LSI=\dfrac{0.25E}{\sqrt{A}}$ 式中:E 为斑块周长;A 为斑块面积。	反映斑块形状的复杂程度。
分维数	$PAFRAC=2\log(P/4)/\log(A)$ 式中:P 为景观类型斑块的周长;A 为景观类型斑块的面积。	在一定程度上反映出人类活动对景观格局的影响,分维数高,景观的几何形状复杂。
聚集度	$AI=\dfrac{g_{ii}}{\max(g_{ii})}\times 100\%$ 式中:i 表示某一类斑块类型;g_{ii} 表示景观类型的相似邻接斑块数量。	反映景观类型中不同斑块的非随机性或者说聚集程度以及景观要素在景观中的相互分散性。
结合度	$COHESION=\left[1-\dfrac{\sum\limits_{j=1}^{m}p_{ij}}{\sum\limits_{j=1}^{m}p_{ij}g\sqrt{a_{ij}}}\right]\left[1-\dfrac{1}{\sqrt{A}}\right]^{-1}$ 式中:P_{ij} 为景观类型 i 中斑块 j 的周长上的像元数;g 为各类型斑块像元毗邻的数量;a_{ij} 为景观类型 i 中斑块 j 的像元数;A 为景观中像元的总数量。	可衡量相应景观类型自然连接性程度,其取值处范围为 0~100。
蔓延度	$CONTAG=\left[1+\dfrac{\sum\limits_{i=1}^{m}\sum\limits_{j=1}^{n}\left[(p_i)\left(\dfrac{g_{iK}}{\sum\limits_{K=1}^{m}g_{iK}}\right)\right]\cdot\left[\ln(p_i)\left(\dfrac{g_{iK}}{\sum\limits_{K=1}^{m}g_{iK}}\right)\right]}{2\ln(m)}\right](100)$ 式中:p_i 为各斑块类型所占景观面积;g_{ik} 为各斑块类型之间相邻的格网单元数目;m 为斑块类型总数。	描述的是景观里不同拼块类型的团聚程度或延展趋势。
香浓多样性指数	$SHDI=-\sum\limits_{i=1}^{m}(P_i)\ln(P_i)$ 式中:P_i 为景观类型 i 所占面积的比例;m 为景观类型的数目。	反映景观异质性,特别对景观中各斑块类型非均衡分布状况较为敏感。
香浓均匀度指数	$SHEI=-\sum\limits_{i=1}^{m}\left[\dfrac{P_i(\ln P_i)}{\ln m}\right]$ 式中:P_i 为景观类型 i 所占面积的比例;m—景观类型的数目。	说明景观中没有明显的优势类型且各斑块类型在景观均匀分布。

2.3 数据处理

(1) 遥感影像处理。为消除不同遥感影像之间产生的误差,提高解译精度,通过ERDAS IMAGINE软件对不同时期遥感影像进行配准、镶嵌、匀色等处理。以1:5万地形图为参考,选取30个地面控制点进行影像精校正,误差控制在0.5个像元内。校正中,采用1954北京坐标系,高斯-克吕格投影。

(2) 建立解译标志和遥感影像解译

根据遥感影像建立初始解译标志,结合野外调查,对预判解译结果采用Kappa指数进行精度评价与验证,进一步完善解译标志,根据解译标志对遥感影像进行人工解译,获取研究区土地利用类型数据,对解译数据进行数字化拓扑,生成基础数据库。

(3) 景观指数提取

利用ARCGIS生成不同时期景观要素栅格数据,选取合适的景观格局指数,通过Fragstats软件进行计算,通过对比分析不同时期景观格局指数数据,获取研究区景观格局变化特征。

3 结果与分析

3.1 土地利用动态变化

研究区2011年土地利用类型以耕地、园地和林地为主,占总面积的80.46%,土地利用类型面积由大到小依次为耕地、林地、园地、城镇村及工矿用地、水域及水利设施用地、草地、交通运输用地、其他土地。2020年土地利用类型以耕地、林地和城镇村及工矿用地为主,占总面积的83.47%,土地利用类型面积由大到小依次为耕地、林地、城镇村及工矿用地、园地、水域及水利设施用地、交通运输用地、草地、其他土地。10年间研究区不同土地利用类型变化情况见表2。

对比2011—2020年10年间土地利用变化情况,林地、交通运输用地、水域及水利设施用地、城镇村及工矿用地面积增加,耕地、园地、草地、其他土地面积减少。其中,耕地、园地、草地面积减少,林地面积增加,主要原因一是近年来实施的小流域综合整治工程,将部分大坡度、低标准的耕地、园地退耕还林;二是区域经济结构调整,随着大量农村劳动力外出打工,务农人数减少,且加工业木材需求量增加,部分耕地、园地调整为易管理、收益高的用材林,导致林地大面积增加。交通运输用地、水域及水利设施用地、城镇村及工矿用地面积增加,主要原因是随着当地人口增长和经济发展,城镇村住宅面积增加,工矿企业规模增加,道路、水利工程等基础建设也有所增加。

表2 2011—2020年10年间研究区不同土地利用类型面积变化情况

土地类型	2011年 面积(km²)	百分比(%)	2020年 面积(km²)	百分比(%)	2011—2020年 面积变化(km²)	增减率(%)
耕地	1 246.51	51.64	1 064.52	44.10	−181.99	−14.60
园地	298.42	12.36	221.34	9.17	−77.08	−25.83
林地	397.34	16.46	631.98	26.18	+234.64	+59.05
草地	71.36	2.96	27.83	1.15	−43.53	−61.00
交通运输用地	35.62	1.48	62.94	2.61	+27.32	+76.70
水域及水利设施用地	84.12	3.48	85.58	3.55	+1.46	+1.74

续表

土地类型	2011年 面积(km²)	百分比(%)	2020年 面积(km²)	百分比(%)	2011—2020年 面积变化(km²)	增减率(%)
城镇村及工矿用地	270.98	11.23	318.39	13.19	+47.41	+17.50
其他土地	9.65	0.40	1.42	0.06	−8.23	−85.28
合计	2 414	100	2 414	100	0	0

3.2 景观格局动态分析

3.2.1 类型层面景观格局动态分析

本研究选择的5个类型层面景观格局指数主要反映景观的破碎度、连通性和受人类扰动程度。其中，斑块密度(PD)、斑块数量(NP)、景观形状指数(LSI)可以反映景观破碎度，分维数(PAFRAC)反映人类活动对景观格局的影响，结合度(COHESION)反映景观类型自然连接性程度。类型层面不同景观格局指数见表3。

(1)景观破碎度分析。对比2011年和2020年不同土地利用类型的斑块密度、斑块数量、景观形状指数三个景观指标，其中，耕地、园地、林地、居民点及工矿用地、交通运输用地、水域及水利设施用地的斑块数量增加，斑块密度、景观形状指数变大，说明随着研究区人口增长、城镇化发展和各种基建项目增加，2020年主要景观类型比2011年破碎化程度加剧，而草地、其他土地因受人为扰动影响，占地面积大幅减少，景观格局破碎度反而减少。综上，受人为扰动影响，沂水县景观破碎化程度整体呈现加剧发展的趋势。

(2)景观连通性分析。由表3可知，研究区不同土地利用地类的结合度指数整体比较大，其中耕地、园地、交通运输用地的结合度指数较高，说明其连通性较好，反映其物质和能量迁移比较通畅，草地、居民点及工矿用地、其他土地的结合度指数较低，说明其物质和能量迁移受阻，连通性较差。对比2011年和2020年不同土地利用地类的结合度指数，2020年整体比2011年偏低，说明受人为活动和城镇化发展等因素影响，研究区景观连通性呈现减弱的趋势。

(3)景观分维数分析。由表3可知，研究区不同土地利用类型中耕地、居民点及工矿用地分维数值较小，说明其斑块形状更有规律，受干扰程度较大，交通运输用地、水域及水利设施用地分维数数值较大，说明其斑块形状更加复杂，受干扰程度较小。对比2011年和2020年不同土地利用类型的分维数指数，2020年整体比2011年偏低，说明研究区景观斑块整体变得更有规律，反映其受干扰程度增加，景观整体受到的人为扰动增强。

表3 类型层面不同景观格局指数对照表

土地类型	年份	NP	PD	LSI	PAFRAC	COHESION
耕地	2011	2 017	0.83	103.63	1.38	99.76
	2020	12 223	5.07	207.45	1.31	99.39
园地	2011	1 341	0.55	71.20	1.41	99.45
	2020	2 972	1.23	102.89	1.30	99.04
林地	2011	2 698	1.12	109.53	1.42	99.30
	2020	11 437	4.74	206.80	1.38	99.26
草地	2011	736	0.30	54.79	1.43	98.78
	2020	605	0.25	46.16	1.34	98.68

续表

土地类型	年份	NP	PD	LSI	PAFRAC	COHESION
居民点及工矿用地	2011	2 870	1.19	82.44	1.27	98.68
	2020	5 502	2.28	110.39	1.27	98.76
交通运输用地	2011	684	0.28	253.81	1.68	99.89
	2020	5 707	2.37	488.20	1.69	99.81
水域及水利设施用地	2011	1 084	0.45	74.17	1.67	99.35
	2020	2 573	1.07	81.94	1.44	98.94
其他土地	2011	281	0.12	29.38	1.41	98.41
	2020	93	0.04	15.89	1.25	96.77

3.2.2 景观层面景观格局动态分析

由表4可以看出,研究区2011年和2020年景观斑块数量分别为11 711个、41 112个,斑块密度分别为4.84、17.05,最大斑块指数分别为1.76、1.70,研究区景观斑块、斑块密度增加,最大斑块指数减少,说明10年间研究区景观破碎度明显加剧;对比10年间景观形状指数增加,说明研究区景观中不同斑块类型的集合程度降低,不利于景观中物质的扩散、能量的流动和物质的转移;研究区景观分维数指数减少,说明景观中斑块形状变得更有规律,表明研究区景观整体受干扰程度增强;研究区景观结合度和蔓延度均减少,说明景观要素的密集格局增强,破碎化程度增强,连接性减弱,其物质和能量迁移受到的阻碍增强;香农多样性指数和香农均匀度指数均增加,说明研究区景观类型的丰富程度和均匀程度在上升,优势景观下降,景观破碎度增加。

综上所述,研究区内景观整体受干扰程度增强,景观破碎度增强,优势景观下降,景观连通性降低,导致研究区物质扩散、能量流动、物质转移能力下降,自然环境的自我调节和恢复能力下降,适于生物生存的环境减少,直接影响到物种的繁殖、扩散、迁移和保护。

表4 景观层面不同景观格局指数对照表

年份	NP	PD	LPI	LSI	PAFRAC	CONTAG	COHESION	SHDI	SHEI
2011	11 711	4.84	1.76	114.67	1.32	61.65	99.69	1.46	0.70
2020	41 112	17.05	1.70	208.39	1.30	59.43	99.52	1.47	0.71

4 结论

(1) 2011—2020年10年间,研究区土地利用类型发生了显著的变化,林地、交通运输用地、水域及水利设施用地、城镇村及工矿用地面积增加,耕地、园地、草地、其他土地面积减少,说明该区域土地利用类型变化受到人口增长、城镇化扩张及经济产业结构调整等因素综合影响。

(2)通过对研究区景观格局指数对比分析,在类型层面上,不同土地利用类型的斑块密度、斑块数量、景观形状指数数值整体增加,分维数、结合度指数数值整体减少,说明该区域不同土地利用类型景观整体受干扰程度增强,破碎度增强,连通性降低;从景观层面上,斑块密度、斑块数量、最大斑块指数、景观形状指数、香浓多样性指数、香浓均匀度指数数值增加,分维数、结合度、蔓延度指数数值降低,说明研究区景观整体受干扰程度增强,景观破碎度增强,优势景观下降,景观斑块集合程度降低,景观连通性降低,区域景观环境更加脆弱,景观环境有所恶化,对生物生存和物种的繁殖、扩散、迁移和保护造成不利影响。

(3)从研究区整体景观格局变化可知,其区域景观环境脆弱性加剧,景观环境有所恶化。针对上述变化特征,当地政府管理部门在发展经济的同时,可采取优化产业结构,制定更加科学合理的土地利用规划,集中、规模化发展农业,减少经济用材林,增加生态公益林规模,实施山丘区的退耕还林还草工程,提高土地利用率,合理规划城镇和工矿用地等措施保护景观环境,提高区域生态环境的承载力,增强生物多样性。

[参考文献]

[1] 刘雨先,王守梅,龚熊波,等.基于3DLP指数的景观格局演变及预测分析[J].生态科学,2020,39(3):122-131.

[作者简介]

张乃夫,男,生于1986年2月,工程师,主要从事水土保持工作,18096526656,457677946@qq.com。

淮河流域生态流量保障工作难点与对策探讨

刘呈玲[1]　王永起[2]　高子瑾[1]

（1.淮河水利委员会　安徽　蚌埠　233001；
2.淮河水利委员会水利水电工程技术研究中心　安徽　蚌埠　233001）

摘　要：保障河湖生态流量对加快复苏河湖生态环境，推动幸福淮河建设具有重要意义。本文基于淮河流域河湖生态状况，梳理近年来淮河流域河湖生态流量保障工作成效，分析淮河流域河湖生态流量监管工作难点，就新阶段推进淮河流域河湖生态流量保障工作进行深入探讨，为提升淮河流域河湖生态流量保障能力水平提供思路和对策。

关键词：生态流量；监测预警；生态调度

河湖生态流量是指为维系江河湖泊生态系统结构和功能，河湖内需要保留的符合水质要求的流量（水量、水位）及其过程。推进河湖生态流量保障管理工作是深入贯彻落实习近平生态文明思想，落实水资源刚性约束制度的重要体现。流域性是江河湖泊最根本、最鲜明的特性，保障河湖生态流量，要坚持"十六字"治水思路，秉持系统治理的理念，以流域为单元，统筹协调"三生"用水，推进水资源统一调度，进一步提升监测能力和监管水平，采取生态流量适应性管理策略。

1　淮河流域河湖生态流量保障基本情况

1.1　淮河流域河湖生态状况

淮河流域位于我国中东部，流域面积 27 万 km^2，涉及湖北、河南、安徽、江苏、山东 5 省。淮河流域地处南北气候的过渡带，多年平均水资源总量为 835 亿 m^3，多年平均降水量为 875 mm。流域降雨时空分布不均，年际变化剧烈，流域内地区水资源、生态与环境条件差别较大。

淮河流域人多水少，流域平均人口密度是全国的 4 倍多，人均水资源占有量只有全国平均水平的 1/4，流域水资源整体开发利用率较高，流域地表水 50%、75% 和 95% 保证率的利用率分别达到 49.6%、70.7% 和 90% 以上，超过国际公认的 40% 的水资源开发生态警戒线。随着流域经济社会发展，水资源先天禀赋不足，人、水、地之间以及区域之间的用水矛盾日益凸显，"三生"用水统筹协调难度增大，河道、湖泊生态用水遭到挤占，水生态健康受到威胁。此外，由于区域用水需求的不断增加，流域水资源开发强度增大，水利工程建设的数量和规模也不断加大，淮河流域现有大小闸坝 5 000 多个，各种水库 5 654 座，多数水利工程在工程建设时仅考虑保障防洪和供水安全，忽略了水生态健康安全，河湖水系的自然水文过程被人为改变，进而对已适应自然水文节律的江河湖泊生态系统造成了影响。

1.2　现阶段淮河流域河湖生态流量保障工作成效

淮河流域河湖生态流量保障工作启动较早。2016 年，按照国务院印发的《水污染防治行动计划》

及水利部总体部署安排,淮河流域启动试点河湖生态流量(水位)目标研究和确定,并以沙颍河上游为试点,开展河湖生态流量调度,取得显著成效。

2019年,水利部全面部署开展全国重点河湖生态流量目标确定和保障工作,经过三年的努力,淮河流域研究确定了流域17条重点河湖生态流量保障目标,并由水利部分三批印发,详见表1。

表1 淮河流域重点河湖生态流量保障目标(试行)

河湖水系名称	主要控制断面	生态基流(m^3/s) 最小生态水位(m)	基本生态水量(万 m^3)	高程基面
淮河干流	王家坝	基流:16.14		
	蚌埠(吴家渡)	基流:48.35		
	小柳巷	基流:48.35		
沙颍河	周口	基流:4.3		
	界首	基流:5.5		
史灌河	蒋家集	基流:4.3		
洪汝河	班台	基流:3.8		
涡河	付桥闸(玄武)		全年生态水量:2 176(2050)	
	安溜		全年生态水量:3 059	
	蒙城		全年生态水量:7 884	
沂河	临沂		月生态水量:643	
	苏鲁省界(港上)		汛期(7—9月):月生态水量451;非汛期(10月—次年6月):生态水量4 104	
沭河	大官庄		月生态水量:295	
	苏鲁省界(红花埠)		汛期(7—9月):月生态水量168;非汛期(10月—次年6月):生态水量1 533	
骆马湖	杨河滩闸上	水位:20.3		废黄河基面
南四湖	南阳	水位:32.34		1985国家高程基面
	微山	水位:30.84		1985国家高程基面
包浍河	黄口集闸		月生态水量:34	
	耿庄闸		月生态水量:19	
	固镇闸		月生态水量:128	
新汴河	永城闸		全年生态水量:599	
	团结闸		全年生态水量:1 732	
奎濉河	伊桥		月生态水量:28.5	
	枯河闸		月生态水量:210	
浉河	飞沙河水库		月生态水量:18	
	南界漫水坝		月生态水量:20	
	平桥		月生态水量:215	
竹竿河	魏家冲		月生态水量:100	
	竹竿铺(三)		月生态水量:358	
	罗山		月生态水量:151	

续表

河湖水系名称	主要控制断面	生态基流(m³/s) 最小生态水位(m)	基本生态水量(万 m³)	高程基面
池河	明光(二)		月生态水量:80.5	
	旧县闸(闸上游)	水位:12.3		黄海基面
高邮湖	高邮(高)	水位:5.1		废黄河基面
洪泽湖	蒋坝	水位:11.3		废黄河基面

淮河干流、沙颍河、南四湖等17条河湖生态流量保障实施方案相继配套印发,见图1。随着河湖生态流量保障目标的制定和实施方案的编制印发,淮河流域河湖生态流量保障工作迈入全面监管,河湖生态流量保障和监管工作重点、难点亟待重视和解决。

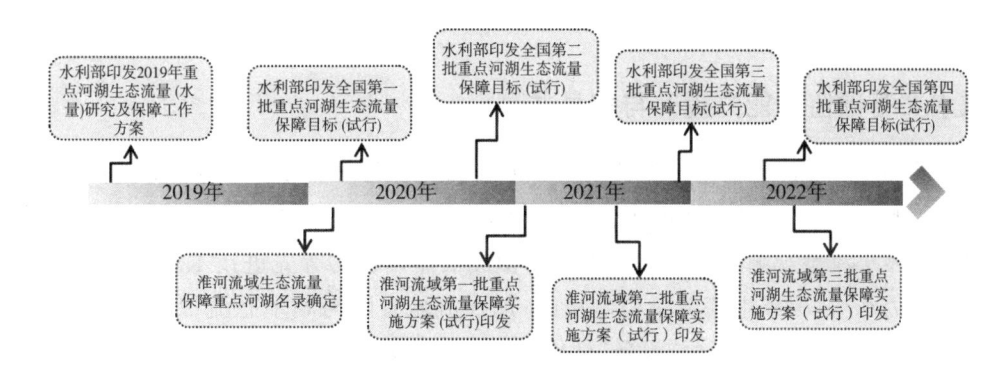

图 1 淮河流域重点河湖生态流量保障工作进展

2 淮河流域河湖生态流量保障工作难点

2.1 控制断面生态流量监测仍不完善

河湖生态流量监控主要依靠水文站点,淮河流域已确定生态流量保障目标的17条重点河湖34个断面中,仍有部分断面暂不具备流量监测条件,只能依靠断面上下游流量数据作为参考进行判断和评估;部分断面缺少自动测流设备,通过不定期的人工测流数据,整编计算后推得水量,数据真实性和准确性难以保证;断面流量监测精度无法满足监管需求,部分断面水面较宽,遇到流量过小的情况,无法启动常规测流设备;遇到枯水时期,大多生态流量控制断面只能靠水位流量关系曲线推算流量,相对误差较大。

2.2 流域生态统一调度难以统筹

水利工程是天然水循环和社会水循环过程衔接转换的核心,当前流域水量分配与工程调度仍存在分割,一定程度上影响了流域生态的统一调度;水库闸坝管理分散,调度权限分散在地方水利、应急管理、交通、航运等多部门,各方需求难以平衡;流域内多数水利工程暂未制定生态流量目标,现有生态流量泄放多以机组发电或提闸等方式实现,欠缺专有生态流量泄放工程措施;智慧化调度水平不高,目前淮河流域下垫面条件、闸坝水库调度运行情况等数据底板还未能完全搭建,流域内水资源在线监测覆盖率和共享度低,多目标统一调度信息平台尚未建立,难以实现科学、精准调度河湖生态流量。

2.3 流域生态流量预警机制尚不成熟

水利部印发的淮河流域重点河湖生态流量保障目标分为生态基流、基本生态水量、最低生态水位等不同类型,基本生态水量又区分为年度、季度、月度水量目标,其预警等级,预警阈值的确定及预警发布的条件也不尽相同,加之河湖生态流量监测能力仍存在不足,"全面覆盖、规范监测、及时预警、跟踪评估"的生态流量监测预警工作体系和全面动态监控流域内重要控制断面生态流量保障情况的河湖生态流量预警机制尚未建立。此外,各方对于河湖生态流量的认识还不够统一,流域尚未建立部门间的河湖生态流量保障协同机制,河湖生态流量保障工作难度大。

3 淮河流域河湖生态流量保障工作思路与对策

3.1 流域水文基础监测能力提升与信息共享

河湖控制断面水文监测和信息传输共享是实施流域河湖生态流量监管的重要基础。对尚不具备监测条件的控制断面,应研究其断面新建和改建规划计划,优化监测方案,实现控制断面监测全覆盖;要加强针对河湖微小流量观测的水文测验方法和相关仪器设备的等先进技术的研究应用,提升微小流量水文监测能力水平,提高生态流量监测精度;加强流域省际河湖生态流量控制断面监测信息共享,完善上报、信息服务等方面的设施设备、软件平台和相关配套基础设施建设,为河湖生态流量监管提供基础支撑。

3.2 流域河湖生态统一调度落地落实

广义的生态调度不仅是水利工程的运行调度,还应包括河道外取用水过程。流域整体层面,要协调经济发展和生态保护之间的关系,通过节水、跨流域调水等,减少河道取用水量,实现水量的总体调控;工程调度方面,应将河湖生态流量控制指标纳入水利工程运行调度规程,明确落实水利工程保障河湖生态流量和最小下泄流量控制指标的具体措施,完善河湖生态流量泄放和监测设施,推动建立流域统筹、分级负责、协调各方的多目标统筹协调调度机制,建立健全河湖生态流量调度保障责任体系。

3.3 流域河湖生态流量监管平台建设应用

建设数字孪生流域是提升国家水安全保障能力的重要支撑。维护河湖生态健康,保障河湖生态流量,应结合数字孪生流域建设,研究构建淮河流域河湖生态流量监管平台,基于流域气象、水文、下垫面等信息,集成耦合径流预报模型演算出的控制断面来水量和水资源实际监测信息,科学核算、实时分析控制断面下泄流量,依托监管平台,及时发布控制断面生态流量预警信息,实现流域河湖生态流量监测预警分析研判,提升流域河湖生态流量保障和监管的数字化、网络化、智能化水平。

4 结论

随着生态文明建设的不断推进,水生态安全受到关注,保障河湖生态流量成为维持河湖生态系统健康的首要目标。经济社会发展用水和水生态保护存在着相互制约关系,保障河湖生态流量涉及流域河湖取用水调控和工程调度等多个方面,这些都加大了河湖生态流量保障监管工作难度。本文基于现阶段淮河流域生态用水保障状况和生态流量保障工作开展情况,分析了流域河湖生态流量监管的难点,并结合实际提出了推进流域河湖生态流量保障工作三方面对策:一是强化流域水文基础监测和信息共享,实现监测的高精度、高质量、全覆盖;二是从流域层面分析生态用水需求,要有效衔接流域水量分配和工程调度,完善生态流量泄放和监测设施,推动生态统一调度;三是结合数字孪生流域建设构建具有"四预"功能的河湖生态流量监管平台,提升流域数字化、网络化、智能化管理能力和水平。

[参考文献]

[1] 刘悦忆,朱金峰,赵建世.河流生态流量研究发展历程与前沿[J].水力发电学报,2016,35(12):23-34.
[2] 游进军,薛志春,林鹏飞,等.二层结构的流域生态调度研究Ⅰ:方法与模型[J].水利学报,2021,52(12):1449-1457.
[3] 王建平,李发鹏,孙嘉.关于河湖生态流量保障的认识与思考[J].水利经济,2019,37(4):9-12+78.
[4] 李原园,廖文根,赵钟楠,等.新时期河湖生态流量确定与保障工作的若干思考[J].中国水利,2019(17):13-16+8.
[5] 檀月.沙颍河周口断面生态流量核算及其闸坝调度措施研究[D].北京:华北电力大学,2021.
[6] 陈昂,温静雅,王鹏远,等.构建河流生态流量监测系统的思考[J].中国水利,2018(1):7-10+17.
[8] 罗昊,黄亮,张强,等.关于生态流量保障管控与调度目标的思考[J].水利规划与设计,2020(6):29-31+62.

[作者简介]

刘呈玲,女,生于1994年2月,主要从事水资源保护相关工作,862239647@qq.com。

大别山水土保持生态功能区水土流失状况分析

张春强　赵传普　杜晨曦

（淮河水利委员会淮河流域水土保持监测中心站　安徽 蚌埠　233001）

摘　要：为摸清大别山水土保持生态功能区水土流失状况及动态变化情况，采用资料收集、遥感监测、野外调查、模型计算和统计分析等相结合的方法，对区域土地利用、植被覆盖、土壤侵蚀、人为扰动等进行全面监测，结果显示：大别山水土保持生态功能区水土流失面积减少、强度降低，生态环境整体向好；林地流失面积大，占水土流失总面积的近七成，但水土流失强度较低；人为水土流失点多面广，整体面积小但流失严重。在下一步工作中，应因地制宜科学推进水土流失综合治理，强化人为水土流失监管，实现减量降级、提质增效。

关键词：大别山；水土保持生态功能区；水土流失

2010年，国务院印发《全国主体功能区规划》（国发〔2010〕46号），确定25个国家重点生态功能区，其中淮河流域主要涉及大别山水土保持生态功能区[1]。该区域是淮河中游、长江下游的重要水源补给区，是华中重要的生态屏障，是安徽、湖北、河南省水土流失防治主体示范区，其水土保持、水源涵养功能对该区域及影响区复苏河湖生态环境至关重要。

根据《全国水土流失动态监测规划（2018—2022年）》，自2018年开始，淮河流域水土保持监测中心站联合长江流域水土保持监测中心站对大别山水土保持生态功能区开展了全覆盖的水土流失动态监测。主要采用资料收集、遥感监测、野外调查、模型计算和统计分析等相结合的方法，以多源遥感影像为信息源，通过基础资料收集、解译标志建立、遥感解译及专题信息提取、野外复核验证、土壤侵蚀因子计算、土壤侵蚀模数计算及强度评价、水土流失动态变化分析等，获取了以县级行政区为单元的水土流失动态监测成果，在此基础上进行区域状况的统计分析。

1　研究区概况

大别山水土保持生态功能区涉及安徽省、河南省和湖北省的15个县（市），主要包括安徽省的太湖县、岳西县、金寨县、霍山县、潜山县、石台县6个县，河南省的商城县、新县2个县以及湖北省的大悟县、麻城市、红安县、罗田县、英山县、孝昌县、浠水县7个县（市），总面积3.13万 km^2。

大别山绵亘于鄂、豫、皖三省，是昆仑—秦岭纬向构造带向东延伸部分，是长江和淮河的分水岭，海拔多在500～800 m之间，山地主要部分海拔1 500 m左右。本区具有由暖温带半湿润地区向亚热带湿润区过渡的特点，全区平均气温为14～16℃，年降雨量因地而异，在800～1 000 mm之间，自西向东逐渐增多。本区河流纵横、水库多且面积大，大别山南北两侧水系丰富，分别注入长江和淮河，注入淮河的主要河流有竹竿河、潢河、史河、淠河等，山地南北侧修建了许多水库，主要有梅山、响洪甸、磨子潭、佛子岭和花凉亭水库等。土壤主要为黄棕壤和黄褐土，黄棕壤分布在海拔600～1 000 m的山地，黄褐土多分布于浅山丘陵区，各土壤带多为粗骨土和石质土。地带性植被以北亚热带落叶阔叶与常绿阔叶混交林为主,是暖温带向北亚热带的过渡性植被类型,由于大别山山体较大,境内森林植被的垂直分布明显,见表1。

表1 大别山水土保持生态功能区涉及范围统计表

省	县(市、区)名称	县数(个)	面积(km²)
安徽省	太湖县、岳西县、金寨县、霍山县、潜山县、石台县	6	13 470
河南省	商城县、新县	2	3 671
湖北省	大悟县、麻城市、红安县、罗田县、英山县、孝昌县、浠水县	7	14 118
合计		15	31 259

2 结果与分析

2.1 土地利用情况

据监测,2021年大别山水土保持生态功能区土地利用以林地和耕地为主,分别占土地总面积的58.27%和22.47%。按土地利用类型二级类分,耕地中水田面积4 454.05 km²,水浇地面积14.09 km²,旱地面积2 553.59 km²,分别占土地总面积的14.25%、0.05%、8.17%;园地中果园面积1 152.13 km²,茶园面积560.72 km²,其他园地面积61.69 km²,分别占土地总面积的3.69%、1.79%、0.20%;林地中有林地面积16 799.42 km²,灌木林地面积1214.59 km²,其他林地面积201.49 km²,分别占土地总面积的53.74%、3.89%、0.64%;草地中其他草地面积923.40 km²,占土地总面积的2.95%;建设用地中城镇建设用地面积219.35 km²,农村建设用地面积863.68 km²,人为扰动用地面积171.42 km²,其他建设用地面积164.98 km²,分别占土地总面积的0.70%、2.76%、0.55%、0.53%;交通运输用地中农村道路面积6.35 km²,其他交通用地面积382.62km²,分别占土地总面积的0.02%、1.22%;水域及水利设施用地中河湖库塘面积1 486.64 km²,占土地总面积的4.76%;其他土地中沙地面积8.31 km²,裸土地面积0.95 km²,裸岩石砾地面积19.53 km²,分别占土地总面积的0.03%、0.00%、0.06%。如图1所示。

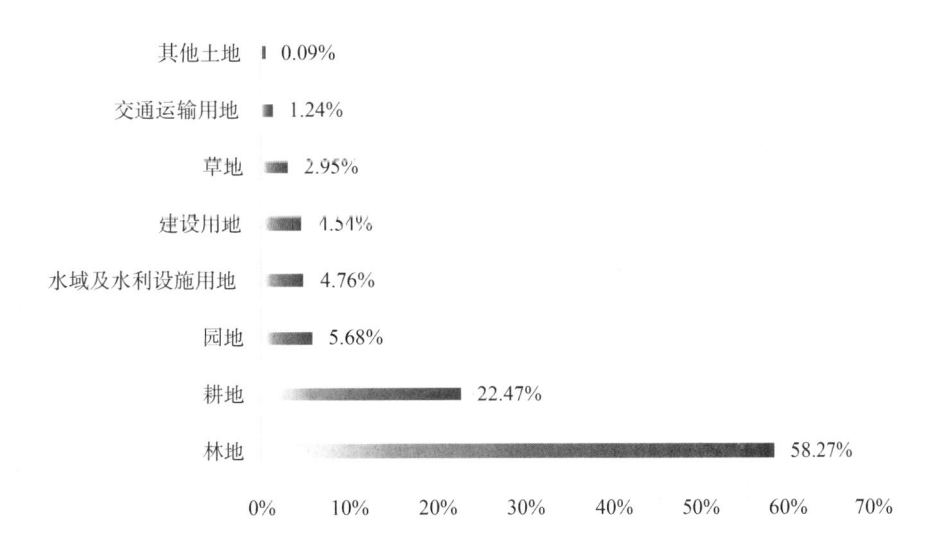

图1 大别山水土保持生态功能区土地利用一级类各土地利用面积比例图

2021年大别山水土保持生态功能区耕地总面积7 021.73 km²。其中,梯田面积1 050.80 km²,其他耕地面积5 970.93 km²,分别占耕地总面积的14.96%、85.04%。按不同坡度等级分(除梯田外),≤2°、2～6°、6～15°、15～25°、>25°的耕地面积分别为4 950.95 km²、319.73 km²、441.43 km²、220.78 km²、38.04 km²,分别占不同坡度等级耕地总面积82.92%、5.35%、7.39%、3.70%、0.64%。

2.2 水土流失状况

据监测,2021年大别山水土保持生态功能区水土流失面积7 234.48 km²,占土地总面积的23.14%,均为水力侵蚀。按侵蚀强度分,轻度、中度、强烈、极强烈、剧烈侵蚀面积分别为5 834.88 km²、806.21 km²、355.76 km²、173.27 km²、64.36 km²,分别占水土流失面积的80.65%、11.14%、4.92%、2.40%、0.89%。2021年大别山水土保持生态功能区水土保持率为76.86%。如图2所示。

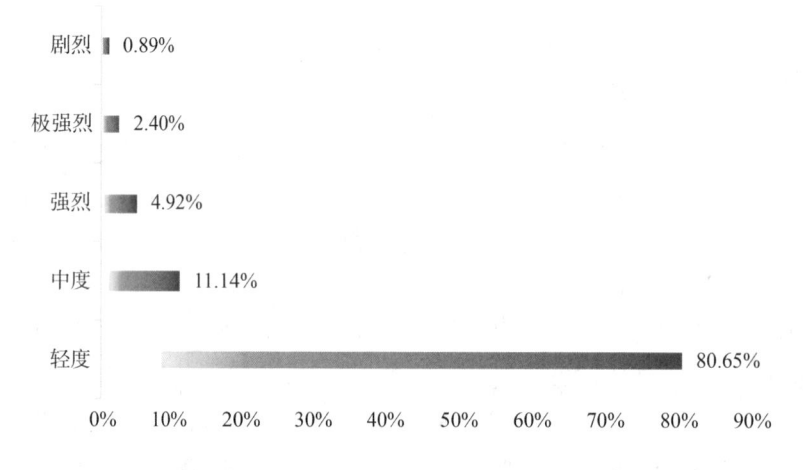

图2 大别山水土保持生态功能区各土壤侵蚀强度等级面积比例图

按土地利用类型分,耕地水土流失面积873.43 km²,占耕地面积的12.44%,主要分布在旱地,面积870.28 km²;园地水土流失面积591.30 km²,占园地面积的33.32%,主要分布在茶园,面积302.19 km²;林地水土流失面积4 893.24 km²,占林地面积的26.86%,主要分布在有林地,面积3 829.53 km²;草地水土流失面积679.02 km²,占草地面积的73.53%,全部分布在其他草地;建设用地水土流失面积172.15 km²,占建设用地面积的12.13%,主要分布在人为扰动用地,面积118.14 km²;交通运输用地水土流失面积24.46 km²,占交通运输用地面积的6.29%,全部分布在其他交通用地;其他土地水土流失面积0.88 km²,占其他土地面积的3.06%,全部分布在裸岩石砾地。

耕地水土流失面积873.43 km²。其中,梯田(主要为低标准和年久失修梯田)水土流失面积26.09 km²,不同坡度等级耕地水土流失面积847.34 km²。耕地水土流失主要发生在6°～15°、15°～25°的坡度等级,水土流失面积分别为408.19 km²、214.87 km²,分别占其土地面积的92.47%、97.32%。6°以上耕地水土流失面积660.68 km²,占不同坡度等级耕地水土流失面积的77.97%。

园地水土流失面积591.30 km²。按植被覆盖度分,主要分布在中高覆盖与高覆盖,水土流失面积分别为256.94 km²、178.47 km²,分别占园地水土流失面积的43.45%和30.18%。按不同坡度不同盖度分,高覆盖园地水土流失面积主要分布在15°～25°、8°～15°上,占比分别为43.39%、31.80%;中高覆盖园地水土流失面积主要分布在8°～15°、15°～25°上,占比分别为38.87%、35.27%;中覆盖园地水土流失面积主要分布在8°～15°、15°～25°上,占比分别为36.57%、26.16%;中低覆盖园地水土流失面积主要分布在8°～15°、≤5°上,占比分别为34.15%、22.89%;低覆盖园地水土流失面积主要分布在≤5°、8°～15°上,占比分别为32.65%、29.40%。

林地水土流失面积4 893.24 km²。按植被覆盖度分,主要分布在高覆盖与中高覆盖,水土流失面积分别为2 483.75 km²、1 780.37 km²,分别占林地水土流失面积的50.76%和36.38%。按不同坡度不同盖度分,高覆盖林地水土流失面积主要分布在15~25°、25~35°上,占比分别为43.48%、29.19%;中高覆盖林地水土流失面积主要分布在15~25°、8~15°上,占比分别为44.53%、25.03%;中覆盖林地水土流失面积主要分布在15~25°、8~15°上,占比分别为39.76%、29.39%;中低覆盖林地水土流失面积主要分布在15~25°、8~15°上,占比分别为32.15%、30.66%;低覆盖林地水土流失面积主要分布在15~25°、8~15°上,占比分别为32.11%、31.73%。

草地水土流失面积679.02 km²。按植被覆盖度分,主要分布在中高覆盖与高覆盖,水土流失面积分别为287.13 km²、243.48 km²,分别占草地水土流失面积的42.29%和35.86%。按不同坡度不同盖度分,高覆盖草地水土流失面积主要分布在15~25°、8~15°上,占比分别为37.58%、26.70%;中高覆盖草地水土流失面积主要分布在8~15°、15~25°上,占比分别为29.78%、25.95%;中覆盖草地水土流失面积主要分布在≤5°、8~15°上,占比分别为34.89%、25.30%;中低覆盖草地水土流失面积主要分布在≤5°、5~8°上,占比分别为45.98%、20.75%;低覆盖草地水土流失面积主要分布在≤5°、5~8°上,占比分别为52.75%、19.54%。

2.3 人为水土流失情况

据监测,2021年大别山水土保持生态功能区人为扰动地块数量15 959个,面积171.42 km²,占土地总面积的0.55%。人为扰动地块中有水土流失面积118.14 km²,占其面积的68.92%。按侵蚀强度分,轻度、中度、强烈、极强烈侵蚀面积分别为46.10 km²、30.45 km²、31.22 km²、10.37 km²。

2.4 水土流失动态变化

自《全国主体功能规划》实施以来,2021年大别山水土保持生态功能区水土流失面积与第一次全国水利普查(2011年)相比减少1 476.14 km²,减幅16.95%。其中,轻度、剧烈侵蚀面积分别增加1 101.96 km²、15.52 km²,增幅分别为23.28%、31.78%;中度、强烈、极强烈侵蚀面积分别减少1 620.02 km²、715.09 km²、258.51 km²,减幅66.77%、66.78%、59.87%。水土保持率由2011年的72.13%增加为2021年的76.86%,增加了4.73%。如图3和表2所示。

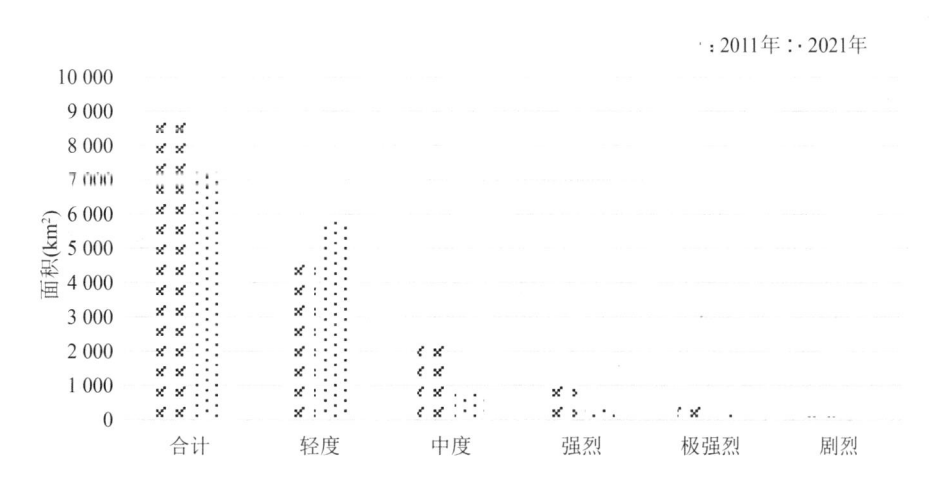

图3 大别山水土保持生态功能区2011—2021年水土流失面积变化图

表 2　大别山水土保持生态功能区 2011—2021 年水土流失动态变化表

年度	水土流失面积（km²）					
	轻度侵蚀	中度侵蚀	强烈侵蚀	极强烈侵蚀	剧烈侵蚀	水土流失
2021 年	5 834.88	806.21	355.76	173.27	64.36	7 234.48
2011 年	4 732.92	2 426.23	1 070.85	431.78	48.84	8 710.62
动态变化	1 101.96	−1 620.02	−715.09	−258.51	15.52	−1 476.14
变幅（%）	23.28	−66.77	−66.78	−59.87	31.78	−16.95

3　存在的不足

（1）人地矛盾突出，水土流失严重

本区山高坡陡，地形破碎，人多地少，土地生产条件差，人地矛盾突出，使得区内陡坡垦殖率、土地复种率均较高，使得水土流失问题依然严重，与本区的生态功能定位仍存在较大差距。

（2）耕地和园地水土流失占比高、强度大，加剧农业面源污染

根据监测结果，一半以上的旱地和果园存在水土流失，15°以上的坡耕地和坡地果园是水土流失高发区，坡度越大，土壤侵蚀强度越大。严重的水土流失导致土层变薄、土地生产力下降，大量泥沙进入水库江河，淤积水库塘堰，加剧洪涝灾害。此外，耕地和果园长期施用农业化肥，加剧三峡库区农业面源污染，氮、磷、钾等营养元素伴随水土流失进入三峡水库，污染水质。

（3）林地水土流失不容忽视

全区林地水土流失面积高达 4 893.24 m²，占水土流失总面积的 67.64%，虽然侵蚀强度以轻度为主，但是水土流失分布范围广、面积大。部分中高覆盖度林地下垫面植被稀疏，蓄水保土功能有限，存在轻度或中度侵蚀；部分林分结构不合理的陡坡、低覆盖度林地蓄水保土功能低，存在强烈以上等级侵蚀。

（4）人为水土流失依然应引起重视

人为水土流失图斑发生水土流失的比例明显高于其他地类，虽占地面积小但侵蚀强度大。生产建设活动一旦破坏原地表植被和水土保持设施，产生的水土流失量大、强度高，且潜在危害大，是水土保持监管的重点。

4　对下一步工作的启示

（1）多措并举，促进森林生态系统自然修复

结合国家水土保持重点工程、天然林保护工程等，采用封山育林、人工造林、抚育管理等方式，持续推进林地立体结构改善、低质低效林改造、疏幼林抚育管理，恢复和增加林草覆盖，促进森林生态系统自然修复，减少林地水土流失。

（2）加大投入，持续推进坡耕地和坡地果园综合治理

因地制宜、分类施策，持续推进坡耕地水土流失综合治理工程。对于 25 度以下集中连片分布的坡耕地和坡地果园，以坡改梯为主，配套建设坡面水系工程，建设高标准基本农田；对于 25 度以上的陡坡耕地，实施退耕还林（草）、植树种草、栽植经果林，乔灌草结合，形成多层次、高密度的水土保持林、水源涵养林；对于坡度较缓、零星分布、不宜修建梯田的坡耕地和坡地果园，以保土耕作措施为主，通过横坡种植、轮作、间作、套种、免耕、少耕等耕作方式，增加地表覆盖度和覆盖时间，配套栽植植物

篱,拦截地表坡面径流,蓄水保墒,减轻坡耕地水土流失,控制农业面源污染。

（3）加强监管,严控人为水土流失

区内人为水土流失具有点多面广、流失占比高、流失强度大的特点,区内地形复杂,监管难度极大,建议充分利用信息化技术和手段,强化生产建设项目遥感监管,实现人为水土流失监管的"全覆盖",严控人为水土流失。

[参考文献]

[1] 中华人民共和国国务院. 国务院关于印发全国主体功能区规划的通知[Z].2010.

[作者简介]

张春强,男,生于1987年6月,高级工程师,主要从事区域水土流失监测工作,18255203958,598871804@qq.com。

连云港市石梁河水库生态水位确定与保障研究

王德维　殷怀进　原瑞轩

（江苏省水文水资源勘测局连云港分局　江苏 连云港　222004）

摘　要：开展石梁河水库生态水位确定研究，对石梁河水库生态保护与修复具有重要意义。采用了排频法、近10年最枯月平均水位法、湖泊形态分析法、最小生物空间法、水库死水位法等方法分别计算石梁河水库的生态水位，综合考虑水资源保护、开发、利用及管理等因素，石梁河水库生态水位推荐值为18.80 m，保证率为98.0%。为有效保障石梁河水库生态水位，提出了一系列工程措施和非工程措施，可有效保障石梁河水库生态水位目标。

关键词：生态水位；排频法；湖泊形态分析法；最小生物空间法；石梁河水库

1　前言

水是生命之源、生产之要、生态之基，是生态环境的控制性要素，水生态文明是生态文明建设的重要组成和基础保障。2019年12月29日，江苏省水利厅印发的《省水利厅关于做好河湖生态流量（水位）确定和保障工作的指导意见》（苏水资〔2019〕23号）提出，江苏地处平原水网地区，河湖众多，水网密布，开展生态流量（水位）确定和保障工作是彰显水乡特色、建设环境美新江苏的重要任务。

由上所述，开展连云港市石梁河水库生态水位方案制定工作是连云港市水资源保护、水生态文明建设等工作的现实需要，方案将为石梁河水库水资源保护、开发利用与水生态修复工作提供强有力的技术支撑。

2　石梁河水库概况

石梁河水库为江苏省第一大水库，位于新沭河干流中游，东海县、赣榆区交界处，控制流域面积5 464 km²；分沂入沭增加流域面积10 100 km²，实际流域面积达15 564 km²（见图1）。水库建于1958年，总库容5.31亿m³，属大（2）型水库。主坝为均质土坝，坝长5 280 m，坝顶高程31.5 m（废黄河高程基准，下同），最大坝高22.0 m；除险加固后，石梁河水库防洪标准达到100年一遇设计、2000年一遇校核，设计洪水位26.81 m，校核洪水位27.95 m，兴利水位24.50 m，汛限水位23.50 m，死水位18.50 m。老溢洪闸经加固改造，设计百年一遇泄洪流量3 000 m³/s，校核流量5 000 m³/s；新建泄洪闸10孔，50年一遇泄洪流量3 500 m³/s，百年一遇泄洪流量4 000 m³/s，校核流量5 131 m³/s。

3　生态水位计算方法

3.1　基本含义

《河湖生态保护与修复规划导则》（SL 709—2015）明确了生态水位是对湖泊湿地等缓慢或不流动

图 1 石梁河水库水系图

水域生态需水的特点表达。

最低生态水位是指维持湖泊湿地基本形态与基本生态功能的湖区最低水位,是保障湖泊湿地生态系统结构和功能的最低限值。湖泊湿地最低生态水位计算方法可以采用频率分析法、天然水位资料法、湖泊形态分析法、生物空间最小需求法等;最低生态水位不能小于90%保证率最枯月平均水位。

3.2 计算方法

《河湖生态需水评估导则(试行)》(SL/Z 479—2010)和《河湖生态环境需水计算规范》(SL/Z 712—2014)给出了河湖生态水位的计算方法,主要有排频法、近10年最枯月平均水位法、湖泊形态分析法、最小生物空间法、水库死水位法等。

3.2.1 排频法

排频法又称不同频率最枯月平均值法,以节点长系列($n \geqslant 30$ 年)天然月平均流量、月平均水位或径流量为基础,用每年的最枯月排频,选择不同保证率下的最枯月平均流量、月平均水位或径流量作为节点基本生态环境需水量的最小值。

频率 P 根据河湖水资源开发利用程度、规模、来水情况等实际情况确定，宜取 90% 或 95%。实测水文资料应进行还原和修正，水文计算按 SL/T 278—2020 的规定执行。不同工作对系列资料的时间步长要求不同，各流域水文特性不同，因此，最枯月也可以是最枯旬、最枯日或瞬时最小流量。

3.2.2 近10年最枯月平均水位法

缺乏长系列水文资料时，可采用近10年最枯月（或旬）平均流量、水位或径流量，即10年中的最小值，作为基本生态环境需水量的最小值。

3.2.3 湖泊形态分析法

a. 方法原理。该方法用于计算湖泊最低生态水位。这里湖泊最低生态水位定义为：维持湖水和地形子系统功能不出现严重退化所需要的最低水位。

湖泊生态系统服务功能和湖泊水面面积密切联系。因此，用湖泊面积作为湖泊功能指标。

采用实测湖泊水位（Z）和湖泊面积（F）资料，建立湖泊水位和湖泊水面面积变化率 dF/dZ 关系线。随着湖泊水位的降低，湖泊面积随之减少。由于湖泊水位和面积之间为非线性的关系。当水位不同时，湖泊水位每减少一个单位，湖面面积的减少量是不同的。在 dF/dZ 和湖泊水位的关系上有一个最大值。最大值相应湖泊水位向下，湖泊水位每降低一个单位，湖泊水面面积的减少量将显著增加，也即在此最大值向下，水位每降低一个单位，湖泊功能的减少量将显著增加。如果水位进一步减少，则每减少一个单位的水位，湖泊功能的损失量将显著增加，将是得不偿失的。湖泊水位和 dF/dZ 可能存在多个最大值。由于湖泊最低生态水位是湖泊枯水期的低水位。因此，在湖泊枯水期低水位附近的最大值相应水位为湖泊最低生态水位[12]。如果湖泊水位和 dF/dZ 关系线没有最大值，则不能使用本方法。

b. 方法公式。湖泊最低生态水位用下列公式表达：

$$F = f(Z) \tag{1}$$

$$\frac{\partial^2 F}{\partial Z^2} = 0 \tag{2}$$

$$(Z_{\min} - a_1) \leqslant Z \leqslant (Z_{\min} + b_1) \tag{3}$$

式中：F 为湖泊水面面积（m²）；Z 为湖泊水位（m）；$Z_{\min}$ 为湖泊天然状况下多年最低水位（m）；a_1、b_1 为和湖泊水位变幅相比较小的一个正数（m）。

联合求解上式即可得到湖泊最低生态水位。

3.2.4 最小生物空间法

a. 方法原理。最小生物空间法就是用湖泊各类生物对生存空间的需求来确定最低生态水位。湖泊水位是和湖泊生物生存空间一一对应的，因此，用湖泊水位作为湖泊生物生存空间的指标。湖泊植物、鱼类等为维持各自群落不严重衰退均需要一个最低生态水位，取这些最低生态水位的最大值，即为湖泊最低生态水位。

鱼类和其他生物类群相比在水生态系统中的位置独特。一般情况下，鱼类是水生态系统中的顶级群落，是大多数情况下的渔获对象。作为顶级群落，鱼类对其他类群的存在和丰度有着重要作用。鱼类对河流生态系统具有特殊作用，加之鱼类对生存空间最为敏感，故将鱼类作为关键物种和指示生物，认为鱼类的生存空间得到满足，其他生物的最小生存空间也得到满足。

b. 方法公式。湖泊最低生态水位计算见下式：

$$Z_{e\min 鱼} = Z_0 + h_鱼 \tag{4}$$

式中：$Z_{emin鱼}$为湖泊最低生态水位(m)；Z_0为湖底高程(m)；$h_鱼$为鱼类生存所需的最小水深(m)，可以根据实验资料或经验确定，一般要满足最大鱼长度的3倍。

c. 方法适用范围、归类、特点和应用历史。该方法属于栖息地定额法的一种，为半经验方法，对生态系统机理的研究很粗略，可用于那些对生态系统缺乏了解，并对生态需水计算结果精度要求不高，且具备所计算湖泊鱼类生存所需最小水深、湖底高程资料的湖泊。

最小生物空间法的优点是只需要湖泊鱼类生存所需最小水深、湖底高程，计算简单，便于操作。其缺点是体现不出季节变化因素，生物学依据不够可靠。

3.2.5 水库死水位法

水库死水位，亦称"垫底水位"，为水库正常运行的最低水位，死水位以下在正常情况下不能作为兴利之用。因为水库死水位考虑了泥沙调节、自流灌溉、发电、航运、渔业以及旅游等因素，是通过综合技术经济比较和分析确定，因此可以将水库死水位作为生态水位。该方法简单，精度不高，适合水文资料系列较短或者缺少水文资料的情况。

3.3 计算与分析

3.3.1 排频法

石梁河水库具有1989—2020年32年的完整水位资料，根据1989—2020年日均最低水位排频，作年最低日均水位历时曲线图，如图2所示。

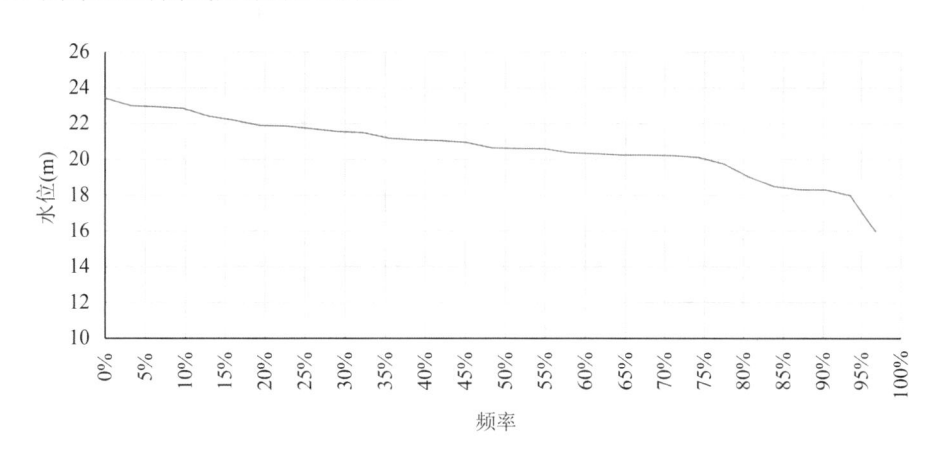

图2 石梁河水库年最低日平均水位历时曲线图

由图2分析可知，以石梁河水库1989—2020年水位资料年最低日平均水位排频，频率取90%，石梁河水库最低生态水位为18.30 m。

3.3.2 近10年最枯月平均水位法

当缺乏长系列水文资料时，可采用近10年最枯月（旬）水位作为基本生态环境需水量的最小值。根据2011—2020年石梁河水库水位资料分析，石梁河水库最枯旬水位发生在2015年10月上旬，为20.41 m，则石梁河水库最低生态水位为20.41 m。

3.3.3 湖泊形态分析法

石梁河水库水位与面积关系图如图3所示。

通过图3曲线拟合石梁河水库水位与面积的关系，取湖泊枯水期低水附近的dF/dZ最大值作为石梁河水库生态水位，石梁河水库死水位为18.5 m，死水位附近的湖泊水位和湖泊水面面积变化率最大值取值为19.5 m。

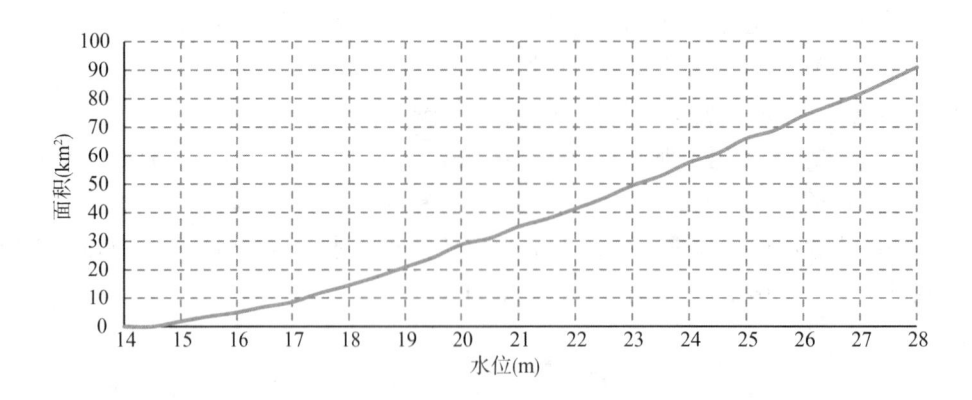

图 3 石梁河水库水位面积关系曲线

3.3.4 最小生物空间法

石梁河水库的鱼类以草鱼、鲤鱼、鲢鱼、鲫鱼为主,根据周围居民了解,曾捕获过最大鱼长度为 0.93 m,野生鱼类生存水深取身长的 3 倍,即最小水深为 2.79 m。石梁河水库的植被类型以芦苇为主,湿地鸟类主要是迁徙水禽鸭类。石梁河水库湖底高程 14.0 m,以此计算石梁河水库最低生态水位为 16.79 m。

3.3.5 死水位法

石梁河水库死水位 18.5 m,也能满足生物最小生存空间需求,因此以水库死水位 18.5 m 作为石梁河水库最低生态水位计算结果。

3.3.6 综合分析

根据石梁河水库 1989—2020 年逐日平均水位资料,绘制综合历时曲线,如图 4 所示。

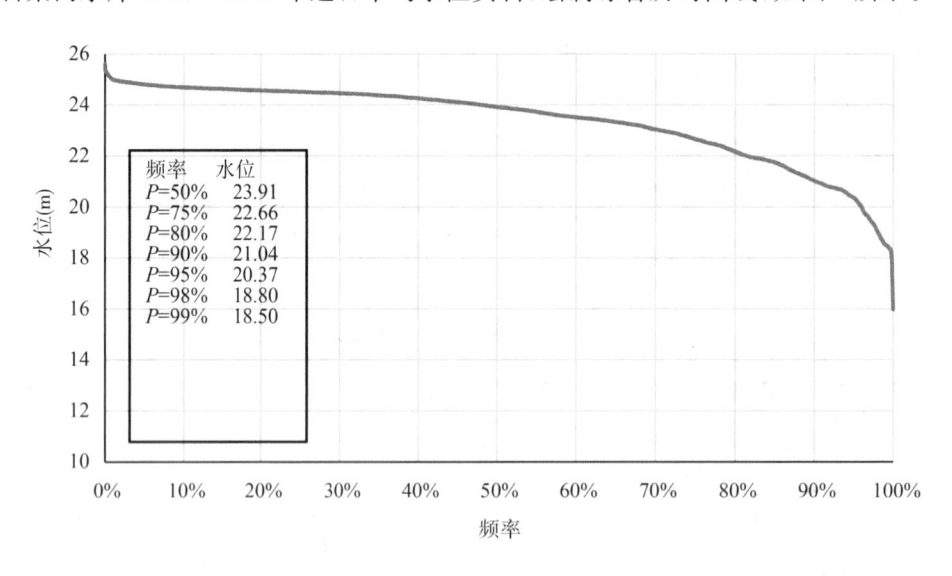

图 4 石梁河水库综合历时曲线

通过 5 种计算方法,得到石梁河水库 5 个生态水位:排频法的成果为 18.30 m,保证率为 99.9%;近 10 年最枯月平均水位法的成果 20.41 m,保证率为 94.7%;湖泊形态分析法 19.5 m,保证率为 97.1%;最小生物空间法 17.30 m、保证率为 99.9%;死水位法为 18.50 m,保证率为 99.0%;均能满足生物生存空间需求,五种方法的平均值为 18.80 m 保证率为 98.0%。石梁河水库生态水位的计算成果见表 1。

表 1 连云港市石梁河水库生态水位成果表

水库名称	底高程(m)	水库死水位	计算方法	结果(m)	保证率(%)	推荐值(m)
石梁河水库	14.00	18.50	排频法	18.30	99.7	18.8
			近10年最枯月平均水位法	20.41	94.7	
			湖泊形态分析法	19.50	97.1	
			最小生物空间法	17.30	99.9	
			湖泊死水位法	18.50	99.0	
		平均值		18.80	98.0	

排频法和最小生物空间法成果小于水库的死水位,难以最大限度保障石梁河水库生态需水。近10年最枯月平均水位法和湖泊形态分析法分别大于水库死水位1.00 m、1.91 m,不便于水库水资源利用。五种方法的平均值大于水库死水位0.30 m,保证率为98.0,水位适宜,既能保障生态需水,又便于水资源开发利用,因此,石梁河水库生态水位推荐值为18.80 m。

4 保障措施

(1)水利工程优化调度。配合江苏省的水利工程调度,保证连云港市重点石梁河水库水位。江苏省江水北调和淮水北调工程,组成了江淮水互济系统,实现了长江、淮河、沂沭泗三大水系跨流域调水,可以保障连云港市石梁河水库生态水位。

(2)加强水生态监测。结合现有水文测站,在石梁河水库布设生态监控断面,提高水生态监测能力,满足生态基流与水位、生态敏感区水量监控需求,掌握重要石梁河水库水域的水量、水质和水生态状况。

(3)优化水资源配置。充分考虑流域和区域水资源承载能力,统筹防洪、供水、生态、航运、发电等功能,合理配置生活、生产、生态用水。实施水资源消耗总量和强度双控,合理确定水土资源开发规模,优化调整产业结构,强化高效节水灌溉,开展污水处理回用和再生水利用等,防止水资源过度开发利用,逐步退还被挤占的生态环境用水。强化水资源使用权用途管制制度,严控无序调水和人造水景工程,保障石梁河水库生态用水需求。

(4)建立生态需水保障责任考核体系。建立生态需水目标责任制,发布石梁河水库生态水位,明确主要控制断面生态需水保障要求,落实责任主体和监管部门,生态水位保障相关工作情况纳入最严格水资源管理制度和水污染防治行动计划绩效考核和责任追究。

5 结论与建议

(1)综合考虑水资源保护、开发、利用及管理等因素,石梁河水库生态水位推荐值为18.80 m,保证率为98.0%。可为研究制定保障石梁河水库生态水位的水量调度方案提供参考依据。

(2)为有效保障石梁河水库生态水位,需实施水利工程优化调度、水生态修复、生态水位监测等一系列工程措施,加强生态需水保障非工程措施,树立水生态保护与水环境治理新理念,将石梁河水库生态保护目标所需的生态水位纳入流域、区域水资源配置总体考虑,合理调配水资源,保障石梁河水库生态用水基本需求。

(3)进一步开展生态水位的相关研究,定期对生态水位管理和保障情况进行评估。根据工作实践,进一步优化石梁河水库的生态水位。

[参考文献]

[1] 陈明忠.明确目标突出重点 加快推进水生态文明建设[J].中国水利,2013(6):7-9.

[2] 郑在洲.江苏省建立河湖生态流量保障体系的实践[J].中国水利,2020(15):66-67.

[3] 中国水利水电科学研究院.河湖生态需水评估导则(试行):SL/Z 479—2010[S].北京:中国电力出版社,2010.

[4] 水利部水利水电规划设计总院,长江流域水资源保护局.水资源保护规划编制规程:SL 613—2013[S].北京:中国水利水电出版社,2013.

[5] 水利部水利水电规划设计总院.河湖生态保护与修复规划导则:SL 709—2015[S].北京:中国水利水电出版社,2015.

[6] 水利部水利水电规划设计总院.河湖生态环境需水计算规范:SL/T 712—2021[S].北京:中国水利水电出版社,2021.

[7] 周蕾.艾丁湖最低生态水位分析研究[J].四川水利,2021,42(1):95-98.

[8] 王鸿翔,朱永卫,查胡飞,等.洞庭湖生态水位及其保障研究[J].湖泊科学,2020,32(5):1529-1538.

[9] 水利部水利水电规划设计总院,长江勘测规划设计研究院.水利工程水利计算规范:SL 104—2015[S].北京:中国水利水电出版社,2015.

[10] 黄河水利委员会水文局.水文调查规范:SL 196—2015[S].北京:中国水利水电出版社,2015.

[作者简介]

王德维,男,生于1987年11月,工程师,主要从事水文水资源调查与评价工作,13605139381,805969882@qq.com。

基于生态流量保障的淠河上游水库供水调度研究

曹先树　孟　伟　水　艳　吴晨晨

（中水淮河规划设计研究有限公司　安徽 合肥　230601）

摘　要：淠河生态流量控制断面布设在上游山区的佛子岭水库坝下和响洪甸水库（下库）坝下，现状响洪甸水库下库（坝下）断面生态流量保障程度较低。以响洪甸水库作为研究区域，分析水库现状及规划来水与供水情况，基于生态流量保障要求，提出水库供水与生态调度措施，为下一步推进淠河生态流量保障工作提供参考。

关键词：生态流量；淠河；响洪甸水库；供水；调度

1　引言

淠河是淮河右岸的重要支流之一，发源于岳西和金寨县境内的大别山北麓[1]，于正阳关入淮河，全长253 km，流域面积6 000 km²，其中72%的流域面积为山区。按地形及汇水条件，佛子岭、响洪甸水库以上为上游，均为山区地形。

生态流量是维系河湖生态功能，控制水资源开发强度的重要指标和统筹"三生用水"的重要基础，事关水安全保障和生态文明建设大局[2]。根据《关于印发安徽省重点河湖生态流量（水位）控制目标的通知》（皖水资管〔2020〕95号），淠河生态流量主要控制断面设置在上游山区，共确定佛子岭水库（坝下）、响洪甸水库（下库）坝下2个断面，其中，佛子岭水库（坝下）断面布设在水库水文站基本水尺断面下游84 m，生态流量控制目标为2.11 m³/s；响洪甸水库（下库）坝下断面布设在响洪甸抽水蓄能电站下水库坝下600 m，生态流量控制目标为1.46 m³/s。

选择佛子岭水库、响洪甸水库水文站2000—2018年系列逐日流量，分析控制断面现状生态流量满足程度。经分析，佛子岭水库（坝下）断面生态流量月、旬、日满足程度分别为99.6%、97.2%、93.5%，响洪甸水库下库（坝下）断面生态流量月、旬、日满足程度分别为91.2%、83.9%、67.8%，2020年响洪甸水库下库（坝下）断面生态流量旬、日满足程度分别为75.0%、62.0%。综上，现状淠河上游的佛子岭水库（坝下）断面生态流量满足要求，但响洪甸水库下库（坝下）断面生态流量保障程度较低，需加强供水与生态调度。

本文以响洪甸水库作为研究区域，分析水库现状及规划来水与供水情况，基于生态流量保障要求，提出水库供水与生态调度措施，见表1。

表1　淠河生态流量控制断面现状达标评价表

评价尺度	评价期个数（个）	佛子岭水库（坝下）		响洪甸水库下库（坝下）	
		达标个数（个）	达标率（%）	达标个数（个）	达标率（%）
月	228	227	99.6	208	91.2
旬	684	665	97.2	574	83.9
日	6 940	6 490	93.5	4 703	67.8

2 研究区概况

响洪甸水库是20世纪50年代治淮初期贯彻"蓄泄兼筹"治淮方针,为拦蓄淠河上游山区洪水,减轻淮河洪水灾害,兴建的以防洪、发电为主的山区水库工程。水库控制流域面积1 400 km²,设计洪水位140.98 m(为废黄高程系,下同),校核洪水位143.37 m,正常蓄水位128 m,死水位100 m,总库容26.10亿 m³,兴利库容11.78亿 m³。

响洪甸水库枢纽工程由拦河重力拱坝、溢洪道、新老泄洪隧洞、发电引水隧洞等组成,其拦河重力拱坝是我国第一座等半径、同心圆钢筋混凝土结构重力拱坝。响洪甸水库大坝下游右岸150 m处建有响洪甸水库电站,电站安装4台12.5 MW水轮发电机组。

响洪甸水库大坝下游左岸2.4 km处建有安徽省响洪甸抽水蓄能电站,建设2台40 MW发电机组,是安徽省首次开发建设的一座中型抽水蓄能电站。电站以响洪甸水库为上水库,在距上水库大坝下游8.8 km处河道上筑坝,利用上、下两坝间河道蓄水建成下水库。下水库正常蓄水位70.00 m,死水位67.00 m,总库容950万 m³,兴利库容455万 m³。下水库拦河坝上建有一座河床式电站,安装2台0.4MW的贯流式水轮发电机组。

响洪甸水库、下水库和响洪甸水库水电站、抽水蓄能电站、下水库水电站(简称"两库三站")工程位置示意如图1所示。

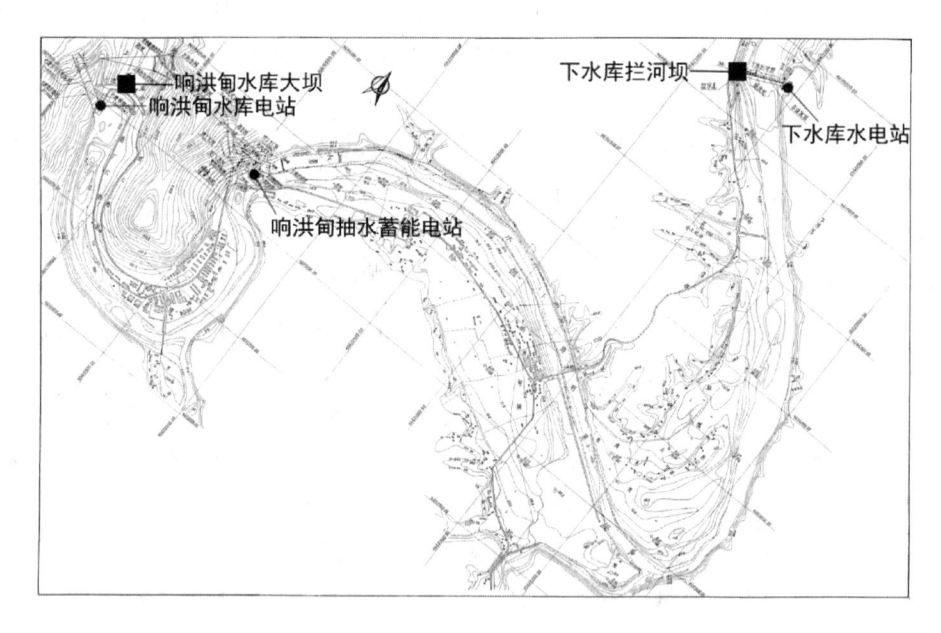

图1 研究区"两库三站"工程位置示意图

3 水库供水与生态调度

由于响洪甸抽水蓄能电站的运行,响洪甸水库与下水库内的水体交换频繁,电站发电时由上水库进入下水库,抽水时由下水库进入上水库,将响洪甸水库和下水库之间的区域作为一个整体,分析研究区规划来水、供水与生态调度情况。

3.1 规划来水分析

研究区来水量主要包含响洪甸水库入库水量和下水库(上下水库坝址区间)来水量,以2030年作为研究规划水平年。

(1) 响洪甸水库入库水量

根据第三次全国水资源调查评价成果,响洪甸水库1956—2016年多年平均天然年径流量11.22亿 m^3,实测年径流量10.73亿 m^3。根据水文站实测径流资料,将系列延长至2018年,响洪甸水库1956—2018年多年平均实测年径流量10.81亿 m^3。

考虑到随着经济社会的发展,规划水平年水库上游用水量会有所增加,水资源开发利用程度加大使得来水量有减少的趋势。但结合现状调查,响洪甸水库坝址以上现状无城镇用水、工矿企业用水、农业用水等,水库仅作为金寨县麻埠镇镇区居民的集中生活用水水源,参考《淮河流域及山东半岛水资源综合规划》对淠河上游山区用水增量的规划成果,对研究区规划来水按现状来水扣减1%计算。响洪甸水库规划入库来水10.70亿 m^3,50%、80%、95%频率规划入库来水量分别为10.28亿 m^3、7.59亿 m^3、5.49亿 m^3。

(2) 下水库(上下水库坝址区间)来水

上、下水库坝址区间流域面积44.7 km^2,来水主要有响洪甸水库电站发电尾水、灌溉放水、水库弃水及区间来水。由于无实测降水、径流资料,利用响洪甸水库天然入库来水及天然径流与实测径流关系,采用水文比拟法推求区间规划来水。经计算,上、下水库坝址区间多年平均规划来水量0.35亿 m^3,考虑到下水库集水面积小,以上水库排频所选典型年作为区间来水的典型年,50%、80%、95%频率规划来水量分别为0.32亿 m^3、0.30亿 m^3、0.20亿 m^3。

(3) 典型年来水过程

2004年、1998年、1967年分别对应50%、80%、95%频率典型年,研究区多年平均规划来水量11.05亿 m^3,50%、80%、95%频率规划来水量分别为10.60亿 m^3、7.89亿 m^3、5.69亿 m^3。

3.2 规划供水分析

响洪甸水库是淠河灌区的主要水源工程,联合佛子岭水库、磨子潭水库、白莲崖水库等向设计灌溉面积660万亩的淠河灌区供水,同时,为合肥市和沿岸城镇提供优质生活供水水源。

(1) 响洪甸水库坝址以上供水

响洪甸水库坝址以上仅有金寨县麻埠镇镇区和响洪甸水库管理所的生活供水,供水人口约7 000人,规划供水量630 m^3/d。

(2) 水库向下游供水

①向淠河灌区供水

响洪甸水库多年平均向淠河灌区供水量7.95亿 m^3,约占灌区供水总量的39%。参考淠史杭灌区相关规划成果,确定淠河灌区规划灌溉需水量,并按现状水库向淠河灌区供水量占灌区供水总量的比重,计算规划年水库向淠河灌区的供水量,多年平均为7.99亿 m^3,50%、80%、95%保证率分别为7.93亿 m^3、10.19亿 m^3、15.19亿 m^3。

②向合肥市和沿岸城镇供水

近5年(2016—2020年,下同)响洪甸水库向合肥市和沿岸城镇平均供水量1.54亿 m^3。根据合肥市、六安市生活用水增长趋势,参考《淮河流域及山东半岛水资源综合规划》对横排头下游区域用水增量的规划成果,确定水库向下游城镇供水量按年均1.5%递增,规划年供水量为1.78亿 m^3。

(3) 下游生态用水

为满足下游河道内生态用水需求,响洪甸水库需按生态流量控制指标 1.46 m³/s 下泄生态用水。

(4) 电站供水

响洪甸水库电站、下水库电站仅利用灌溉供水、城镇供水、泄洪放水进行发电,本身并无用水消耗。响洪甸抽水蓄能电站运行期间需要一定的水量作为能量载体以便进行能量转换,其发电、抽水水量在上、下水库内循环,发电并不耗水。

(5) 上、下水库蒸发渗漏损失

上、下水库蒸发损失采用水库实测蒸发资料和库面面积计算;上库的渗漏量最终汇入下水库,因此只计下水库渗漏损失,采用达西定律有关公式计算坝体及坝基渗漏量。上、下水库多年平均蒸发渗漏损失量为 0.51 亿 m³,50%、80%、95%保证率分别为 0.49 亿 m³、0.47 亿 m³、0.44 亿 m³。

(6) 上、下水库坝址区间无生活、工业、农业供水。

3.3 基于生态流量保障的供水调度

3.3.1 "两库三站"工程调度管理权限

响洪甸水库主管单位为安徽省响洪甸水库管理处;响洪甸水库水电站运行单位为安徽省水电有限责任公司,其主管单位为淠史航灌区管理总局;下水库和抽水蓄能电站运行单位为安徽省响洪甸蓄能发电有限责任公司,其主管单位为国网新源控股有限公司;下水库水电站运行单位为六安响洪甸下坝水电有限公司,其主管单位为六安长源电站。

响洪甸水库水电站、抽水蓄能电站、下水库水电站的发电调度均服从防汛调度。汛期有泄洪任务时,安徽省水利厅下达调令至安徽省响洪甸水库管理处,由水库管理处将调令传达至安徽省水电有限责任公司、安徽省响洪甸蓄能发电有限责任公司、六安长源电站,三座电站按统一调令进行泄洪;非汛期无泄洪任务时,安徽省水电有限责任公司、六安长源电站按淠史航灌区管理总局的调度指令进行发电泄流,安徽省响洪甸蓄能发电有限责任公司按安徽省电力调度控制中心的调度指令进行抽水和发电。

3.3.2 生态流量泄放设施

响洪甸水库主要泄水建筑物有新、老泄洪隧洞、新开溢洪道和发电引水隧洞,下水库主要泄水建筑物为溢流坝,设有弧形钢闸门控制运行,最大泄量 1 200 m³/s,下水库大坝设置的河床式电站同时兼做生态流量放水孔。汛期,下水库上游来水通过闸门自然下泄,非汛期闸上蓄水时段通过调整闸门启闭数量按设计生态流量进行泄放,不需单独设置生态流量泄放设施。

3.3.3 调度运用方式

(1) 响洪甸水库

响洪甸水库主要实施分级控制泄量的调度运用方式,并主要以库水位作为分级的判别条件:

①当库水位高于汛限水位 125.00 m,低于设计蓄洪水位 132.63 m 时,可仅考虑发电或水库最大泄洪设施按老洞泄洪规模泄洪;

②当库水位高于 132.63 m,低于 200 年一遇设计洪水位 140.33 m 时,按老泄洪洞规模泄洪,控制水库泄洪流量不大于 630 m³/s;

③当库水位高于 140.33 m 时,按新洞泄洪设施规模泄洪,控制水库泄洪流量不大于 1100 m³/s;

④当库水位高于 140.94 m 时,水库全面敞开所有泄洪设施泄洪,校核洪水最大泄洪流量 5 121 m³/s;

⑤后汛期,及时蓄水。

(2) 下水库

①当水位低于 70.00 m 时,闸门处于全关状态;

②当水位低于 70.30 m 时,控制闸门开度,控制泄流量不大于 430 m³/s;

③当水位低于 70.40 m 时,控制闸门开度,控制泄流量不大于 550 m³/s;

④当水位高于 70.40 m 时,全开溢流坝闸门,逐步加大泄洪流量,直至全开泄洪。

(3) 响洪甸抽水蓄能电站

响洪甸抽水蓄能电站担任电网调峰、填谷、调频、调相和提供事故备用功能,有以下六种调度运用方式:

①两发两抽:没有灌溉任务且完成发电任务困难时;

②两发一抽:有少量灌溉任务(灌溉下泄流量小于 50 m³/s)时;

③一发一抽:有中等量灌溉任务(灌溉下泄流量小于 130 m³/s)时;

④一发或两发:有大量灌溉任务(灌溉下泄流量大于 130 m³/s)时;

⑤一抽:没有灌溉任务,上库水位较低且下库区下大雨(平均日降雨量达到 80 mm 以上)时;

⑥多发多抽:发电任务不重且电网需要时。

从实际运行情况来看,电站多采用一发一抽运行方式,即白天放水发电,夜间抽水蓄能。

(4) 响洪甸水库电站和下水库水电站

电站发电调度均服从防汛调度,汛期安徽省水电有限公司及六安长源电站按安徽省水利厅统一调令进行泄洪,非汛期按淠史航管理总局调度指令进行发电泄流。

3.3.4 调度效果

按照以上调度运用规则,对研究区典型年规划来水与用水过程进行逐月调节计算。调节计算结果表明:在 50%、80% 来水频率下,研究区来水完全可以满足生活、工业、农业和下游河道生态用水需求,在遭遇 95% 特枯来水年份时,已超过农业灌溉设计供水保证率,研究区来水可以保证生活、工业和下游河道生态需水。

按照以上调度运用规则,对研究区 1956—2018 年规划来水与用水过程进行长系列调节计算,计算年数 63 年,共 756 月。调节计算结果表明:生态供水共破坏 16 个月,供水保证率为 97.9%;城镇供水共破坏 25 个月,供水保证率为 96.7%;农业供水在 11 个年份存在缺水,供水保证率为 82.5%。研究区来水条件均能满足各用水户设计供水保证率要求,下游河道生态需水能够得到有效保障。

4 结语

现状淠河上游山区响洪甸水库下库(坝下)断面生态流量尚不能满足生态流量控制目标,需加强对"两库三站"的调度运行管理,严格按照淠河流域年度水量调度计划进行调度运用,非汛期应在保障生态流量泄放的前提下,执行有关调度指令,枯水年及枯水期应控制下水库溢流坝工作闸门按设计生态流量进行泄放,确保下游生态用水安全。

[参考文献]

[1] 孙倩,王晓玉,韩雪,等. 安徽淠河湿地植物物种多样性[J]. 湿地科学,2018,16(5):664-670.

[2] 李原园,廖文根,赵钟楠,等. 新时期河湖生态流量确定与保障工作的若干思考[J]. 中国水利,2019(17):13-16+8.

［3］银星黎.基于改进多目标鲸鱼算法的水库群供水-发电-生态优化调度研究[D].武汉:华中科技大学,2019.
［4］王成,娄云,林婕.多目标约束条件下新建调水调蓄水库生态流量研究[J].治淮,2017(12):8-9.
［5］金鑫,郝彩莲,王刚,等.供水水库多目标生态调度研究[J].南水北调与水利科技,2015,13(3):463-467,492.
［6］夏周胜.提高淠史杭灌区供水保障能力探讨[J].治淮,2021(7):61-63.
［7］朱红.淠史杭灌区水资源配置与调度实践[J].中国水利,2019(3):16-18.

[作者简介]

曹先树,女,生于1992年11月,工程师,主要从事水资源规划、水资源论证、地下水超采综合治理工作,18355114887,785877594@qq.com。

浅析生态型护岸在青岛市河道治理中的应用

王一鸣

(青岛市水利勘测设计研究院有限公司　山东　青岛　266071)

摘　要：随着我国经济社会水平的迅速提高,人民生活水平的逐步改善,在习近平总书记"绿水青山就是金山银山"发展理念的号召下,人们对生态环境维护的观念逐步加强,维护生态系统原真性、稳定性、完整性对水环境的需求越来越高,在河道治理过程中,在保证边坡结构安全稳定的情况下,越来越多地选取具有较好的透水性、有利于水体交换、适宜动植物生长的生态亲和性较佳的护岸材料,以下简称为生态型护岸。本文旨在分析青岛市大沽河治理工程中已使用的各种生态型护岸的材料、优缺点、适用条件,为今后青岛市河道治理中护岸类型选择提供一个参考。

关键词：生态型护岸；河道治理；大沽河

1　青岛市河道治理现状

青岛市地处胶东半岛西南部,东南濒临黄海,西南、西北分别与日照市、潍坊市接壤,东北与烟台市为邻,是我国重要的沿海开放城市和国家计划单列城市之一。

青岛市 10 km² 以上的河道共有 207 条,均属季风区雨源型河流,分为大沽河、北胶莱河、沿海诸河三大水系。在河道整治过程中,为了防范洪水对河道两岸的冲刷,确保岸坡、堤脚的稳定性,通常都会对河道岸坡进行护岸工程建设。在 2010 年以前,青岛市河道大多采用硬质护岸类型,主要有浆砌石护岸、干砌石护岸、混凝土护岸等,这些硬质护岸形式虽然有助于河道行洪、保证岸坡安全,但是护岸坡面缺少生机。硬质护岸隔断了水土联系,影响了河道两岸的生态环境；硬质护岸使得两岸坡面光滑,鱼类及两栖类动物难以生存繁衍,水生植物也失去了生存条件,水体自净能力减弱；硬质护岸几乎不长植被,水体与岸坡之间失去了天然屏障,大量面源性的污染物进入河道水体中,加重了水体污染。

随着我国经济社会水平的迅速提高,人民生活水平的逐步改善,人们对生态环境维护的观念逐步加强,对水环境的需求越来越高,在河道治理过程中保护河道生态环境越来越被重视,如何打造一条水清岸绿的生态河道成为每个设计者思考的主要问题。2010 年以后,青岛市河道治理更趋向于生态河道治理,在治河的同时兼顾生态环境的修复,实践人水和谐共处的治河理念。生态护岸技术是一种利用植物或者植物与工程措施相结合的新型护岸形式,既能有效减小水流和波浪对岸坡的冲蚀和淘刷,又能维护生态环境、美化造景。实践发现,生态型护岸具有较好的透水性,有利于水体交换,适宜动植物生长,生态亲和性和景观性均较好,比传统硬质护岸更符合当前生态和谐理念的要求。

2　生态型护岸在大沽河治理中的应用

大沽河是胶东半岛最大的河流,是青岛市的母亲河,青岛市境内控制流域面积为 4 850.7 km²,占流域总面积的 79.1%,自产芝水库以下河道长 115 km。2011 年大沽河堤防工程以实现大沽河"洪畅、堤固、水清、岸绿、景美"为治理目标,计划将大沽河沿岸建设成为贯穿青岛南北的防洪安全屏障、生态景观长廊、滨河交通轴线、现代农业聚集带、小城镇与新农村建设示范区。

在护岸设计中放弃了传统的硬质护岸,遵循自然、生态的设计理念,在保证边坡结构安全稳定的情况下,优先选取自然、生态护岸,使河水、河岸、河滩植被连为一体。根据河流冲刷情况、防护对象和危险程度等因素,大沽河护岸选取了自然护岸、人工自然护岸、抗冲生态型护岸三种护砌种类,并对现有的硬质护岸进行生态改造。

自然护岸。主要采用喜水特性的植被,由它们的发达根系来稳固堤岸,以保持自然堤岸特性,并采用天然石材、木材固岸护脚。设计自然护岸正常蓄水位以上采用草皮护坡,水位波动区设置防腐木桩,以下种植水生植物,采用抛填乱石护脚。

适用范围:①主槽宽阔、水流平顺、流速较小段;②滩地宽广,基本无冲刷,无重要建筑物;③常年保持一定水深,水生物较多的地区;④河道下游临近入海口的淤泥质河床。

人工自然护岸。在自然型植被护堤的基础上,增加夹杂营养成分的生态混凝土、新型土工织物等人工措施,在增强抗冲刷能力的同时,提高坡面的绿化率。设计中采用生态混凝土砌块、生态袋、生物毯、混凝土空心植草块等形式。

适用范围:①主槽顺直,具有一定流速;②岸线存在一定的冲刷;③有生态景观要求的河段或闸坝上游可以休闲亲水的地方。

抗冲生态型护岸。抗冲护岸在水流冲刷严重的部位,采用抗冲加筋生态袋、格宾石笼、金刚网笼等天然、生态材料护砌。

适用范围:①位于凹岸,河流流速较大,冲刷较严重的河段;②桥梁"卡脖"处,路基段护砌;③滩地较窄或没有滩地,其上有重要建筑物。

原有浆砌石护岸生态改造。大沽河原护岸多为浆砌石挡墙和浆砌块石斜坡式护岸两种形式,采用如下生态改造方法:拆除现有挡墙压顶后在其上垒砌生态袋,种植草皮、蔓藤绿化;在浆砌石斜坡式护岸上部垒筑生态袋,种植草皮、蔓藤绿化;并在坡脚设置一层格宾石笼铺底绿化。

大沽河堤防工程中护岸总长度232.03 km,其中硬质护岸改造长度19.55 km,剩余212.48 km全部采用生态型护岸。治理后大沽河真正实现了水清岸绿的治理目标,实现了"膏腴大沽河,殷实桃花乡"的美丽愿景,成为青岛市以水为脉、以绿为体、以人为本的生态河道治理的典范,并成功申报了青岛市大沽河水利风景区(自然河湖型水利风景区)。

3 生态型护岸类型和分析

3.1 生态型护岸类型和优缺点

生态型护岸根据材料可分为天然材质护岸和人工材质护岸,结合青岛市大沽河以及其他河道治理,常用的生态型护岸类型有植生土坡护岸、格宾石笼护岸、生态袋护岸、生物毯护岸(网垫植被护岸)、生态混凝土护岸、开孔式混凝土砌块护岸、叠石护岸,下面分别对几种生态型护岸进行简要介绍。

3.1.1 植生土坡护岸

植生土坡护岸通常为草皮护坡,可分为草皮铺设护坡和播种草籽护坡两类,选择耐旱、耐涝、容易生长、蔓面大、根部发达、茎低矮强壮、多年生长的草种。护坡表面可种植或扦插一些耐水性较强的树木,如柳树等,通过植物根系吸收河道水体内的营养元素,增加护岸的景观效果。

另外为防止水土流失和水流冲刷,水位波动区常采用柳树木桩成排打入地下,下部放置不同的乱石,插入柳枝的方法,恢复自然的河岸生态系统,增强河流的自净能力。

植生土坡护岸具有以下优点:(1) 施工简便。(2) 对河流生态环境影响小,有利于维护河流健康,生态环保效果好。(3) 在固土护岸的同时,兼具景观造景的功能。施工后可快速达到绿化效果,绿化效果好。(4) 节省投资,造价低。(5) 低碳节能,环境负荷小。(6) 植物护岸具有自我适应、自我修复的能力,管理维护成本低。

缺点:抗冲刷保护能力较弱,适宜用于河道较缓、流速较小的岸坡。

3.1.2 格宾石笼护岸

格宾石笼由格宾网编织而成,格宾网是将抗腐耐磨、高强度的低碳镀锌钢丝或镀层钢丝,由机械将双线绞合编织成多绞状、六边形网目的网片。格宾网可根据工程设计要求组装成箱笼,并装入块石等填充料后连接成一体,用作护岸等工程。

格宾石笼护岸具有以下优点:(1) 施工简便,可水下施工,便于施工、修复、加固。(2) 多孔隙,透水透气,环境友好。(3) 结构柔韧性好,适应河床、坡面变形能力强。(4) 结构整体性强、稳定能力强、适应性强,具有较好的抗冲护坡能力。(5) 格宾石笼网丝经双重防腐处理,抗氧化作用强,抗腐蚀耐磨,抗老化,有很强的抵御自然破坏和抗恶劣气候影响的能力,使用年限较长。(6) 格宾石笼表面覆一层种植土,种植植被,生态效果好。

缺点:水生植物恢复较慢。

3.1.3 生态袋护岸

生态袋是由聚丙烯(PP)或者聚酯纤维(PET)为原材料制成的双面熨烫针刺无纺布加工而成的袋子。生态袋袋布具备保土性、透水性、防堵性以及一定的耐久性等功能,袋与袋之间采用连接板或连接带相互连接为一个柔性整体,在生态袋内外立面采用混播、喷播、压播、插播等方式进行绿化,生态袋表皮植物可充分考虑植物多样性,搭配草皮、花卉、藤本等不同类型植物。施工后的边坡具有可覆盖植被的表面,达到坡面绿化的效果,形成自然生态边坡。

生态袋护岸具有以下优点:(1) 施工简便,工期短,可大范围同时施工。(2) 自锁结构、整体受力,有很好的稳定性,对冲击力有很好的缓冲作用,抗震性能好。抗冲流速可达 4 m/s。(3) 生态袋透水透气、不透土颗粒,有很好的水环境和潮湿环境的适用性,基本不对结构产生反渗水压力。(4) 良性的生态边坡,乔、灌、藤、花结合,植被不会退化,不需后期维护费。(5) 施工后可快速达到绿化效果,绿化效果好,生态自然,有助于生态系统恢复。

缺点:材质耐久性、稳定性相对较差,常水位以下绿化效果较差。

3.1.4 生物毯护岸(网垫植被护岸)

生物毯是由土工织物、草种、肥料组合成的一体化成型结构,铺设后,草种发芽,把强韧的草根植物与特殊材质的土工织物紧密结合成整体,达到抗冲刷、耐流速的目的,适用于边坡较缓(缓于 1∶1.5)河道、堤防的护坡或护岸。

生物毯护岸具有以下优点:(1) 施工简便,工期短,可大范围同时施工。(2) 整体结构稳定。(3) 草种的复合多样性延长绿色植被覆盖时间。(4) 造价较低,易于维护。(5) 施工后可快速达到绿化效果,绿化效果好,生态自然,有助于生态系统恢复。

缺点:(1) 材质耐久性一般,植物网降解慢。(2) 抗暴雨冲刷能力优于植物护岸,但仍然较弱,适宜用于河道较缓、流速较小的岸坡,且不宜用于常水位以下。

3.1.5 生态混凝土护岸

生态混凝土又名绿化混凝土,是一种通过水泥浆体黏结粗骨料,依靠天然成孔或人工预留孔洞得到无砂大孔混凝土,并在孔洞中填充种植土、种子、缓释肥料等,创造适合植物生长的环境,形成植被的河道护岸技术,分为坡面植草的生态混凝土砖和砌筑挡墙的箱式砌块两种。生态混凝土砖和箱式砌块都具备高透水性,为保证植物根系贯穿其中,生态混凝土砖孔隙率要求大于20%,厚度一般为8～15 cm;挡墙砌块孔隙率要求大于12%。

生态混凝土护岸具有以下优点:(1)施工简便,可大范围同时施工。(2)生态混凝土护岸结合了混凝土护岸和植物护岸的特性和优点,既具有混凝土护岸安全可靠和抗冲耐磨等优点,又具有植物护岸的生物适应性好、削污净水、生态友好等特性。

缺点:北方地区天气干旱少雨,混凝土植被生长受限,青岛市河道内使用的生态混凝土护岸植被发芽率低,成功率不高,绿化效果较差。

3.1.6 开孔式混凝土砌块护岸

开孔式混凝土砌块为带孔洞的预制混凝土块体,砌块之间通过联锁式、铰接式等方式连接,常水位以下的砌块孔洞内可以充填碎石或者种植水生植物,防止水土流失;常水位以上的砌块孔洞充填种植土,种植花草灌木。通常开孔率为20%～40%,混凝土强度不低于C25,厚度不小于8 cm。

开孔式混凝土砌块具有以下优点:(1)施工简便,工期短,可大范围同时施工。(2)整体性、抗冲刷性、透水性较好,结合了混凝土护岸和植物护岸的优点。(3)造价较低,易于维护。

缺点:由于仅孔洞处能进行绿化,绿化效果较生态袋和生物毯差,生物恢复较慢。

3.1.7 叠石护岸

叠石护岸是一种依靠块石自身重量及交错咬合形成的综合摩擦力来保证自身稳定、抵抗水土压力的新型生态护岸技术。通常用于对景观环境要求较高的河道,选用质地坚硬、完整、耐风化、具有良好抗水性的自然石(块),叠石挡墙顶部高低起伏、错落有致。叠石之间留有缝隙,便于鱼类及其他水生物栖息。

叠石护岸具有以下优点:(1)柔性护岸,变形适应能力强;(2)外观自然,与周围环境浑然一体,生态适应性强,景观效果好。

缺点:(1)对施工队伍砌筑水平要求较高;(2)通常叠石护岸中采用自然石或者景观石,石材价格高。

3.2 生态型护岸适用分析

综上,每种类型的生态型护岸各有优缺点,需要综合考虑进行使用,也可以几种护岸进行组合使用。

植生土坡护岸由于抗冲刷保护能力较弱,适用于河道较缓、流速较小的河段。

生物毯护岸(网垫植被护岸)抗暴雨冲刷能力优于植物护岸,但仍然较弱,适宜用于河道较缓、流速较小的岸坡,且不宜用于常水位以下。

生态袋护岸整体稳定性好,抗冲能力优于生物毯,河道流速一般不大于4 m/s。不宜用于常水位以下。

叠石护岸适用于石材资源丰富的河流护岸及造景,通常用于对景观环境要求较高的河道,通常对流速没有特别要求。

绿化混凝土护岸抗冲刷能力较强,适用于水流速度较快、岸坡较陡、防冲要求较高的河道岸坡;北方干旱地区进行试验段成功后再大面积使用。

开孔式混凝土砌块护岸适用于水流速度较大、抗冲要求较高、生态和景观要求较高的河道。

格宾石笼护岸适用于水流速度较高、冲蚀较严重的河道护岸,格宾石笼护岸以块石或卵石作为主要填充材料,在块石和卵石料源丰富的地区更适用。

4 结束语

河道是水的载体,亦是水生态环境重要的载体,采用生态型护岸对河道进行修复,重建河道生态环境,恢复河流健康,实现人与自然的和谐,达到"水清、流畅、岸绿、景美"。

目前,生态型护岸在河道治理中使用已经十分普及,在规划河道过程中,生态型护岸工程设计应遵循岸坡稳定、行洪通畅、材质自然、透气透水、生态景观、投资节省等原则,在满足护岸结构安全稳定的前提下,合理选择生态型护岸类型,使工程措施对河流的生态系统冲击最小化,创造适于动物栖息及植物生长、微生物生存的多样性生境。

[作者简介]

王一鸣,女,1978年7月出生,副总工(高工),主要从事水利工程规划设计工作,13687664187,13687664187@163.com。

骆马湖水生态环境现状及其藻类水华风险浅析

高鸣远[1] 蔡永久[2] 王文海[3]

(1. 江苏省水文水资源勘测局 江苏 南京 210029；
2. 中国科学院南京地理与湖泊研究所 江苏 南京 210008；
3. 江苏省水文水资源勘测局徐州分局 江苏 徐州 221006)

摘 要：骆马湖作为南水北调东线蓄水湖泊和重要输水通道，其水生态环境状况直接影响东线供水的保证率。本文对骆马湖湖区水质、富营养化和藻类水华发生的风险进行了分析评估。结果表明：在特定的气象水文条件下，且水华指示蓝藻种类成为夏秋季节优势种时，其湖区存在水华发生的可能。

关键词：骆马湖；生态；水质；富营养化；藻类；防控

引言

骆马湖位于江苏省北部，跨宿迁和徐州二市，被江苏省定为苏北水上湿地保护区，同时，骆马湖作为南水北调东线蓄水湖泊和重要输水通道，其水资源状况直接影响东线供水的保证率。

富营养化湖泊在气压、水温、流速、光照等适合的外界条件下，会引发蓝藻水华，可能影响供水安全。近年来，水体环境富营养化引起的蓝藻水华问题日趋严重，虽然政府投入大量资金进行预防和治理，但蓝藻水华仍时有发生。以江苏省为例，不仅大中型淡水湖泊，如太湖几乎每年夏季都会暴发蓝藻水华，许多小型湖泊、供水性水库、观赏娱乐性湖泊（如玄武湖）也相继发生了不同程度的蓝藻水华。为保障南水北调东线工程的顺利运行及其水源地的安全供水，对骆马湖藻类水华发生的可能性进行分析具有十分重要的意义。

1 生态环境现状

1.1 湖体水质及富营养化现状

1.1.1 水质监测站点布设

为便于湖泊管理和保护工作的开展，按骆马湖的生态功能将其划分为三大功能区域，分别为核心区、缓冲区、开发控制利用区。各生态功能分区共布设水质监测站点 11 个，其中核心区站点 4 个，缓冲区站点 3 个，开发控制利用区 4 个，每月监测 1 次，共计监测 132 个站次（见图 1）。

1.1.2 水质类别评价

根据相关标准及评价方法，湖泊水质评价目标值选用地表水环境质量标准中Ⅲ类水质的浓度限值，选用 2021 年江苏省水环境监测中心湖泊专项监测数据进行评价，骆马湖各监测站点综合水质类别各时段均未达到Ⅲ类水的目标要求，污染物超标现象时有发生，其主要污染因子为总磷、总氮，需要

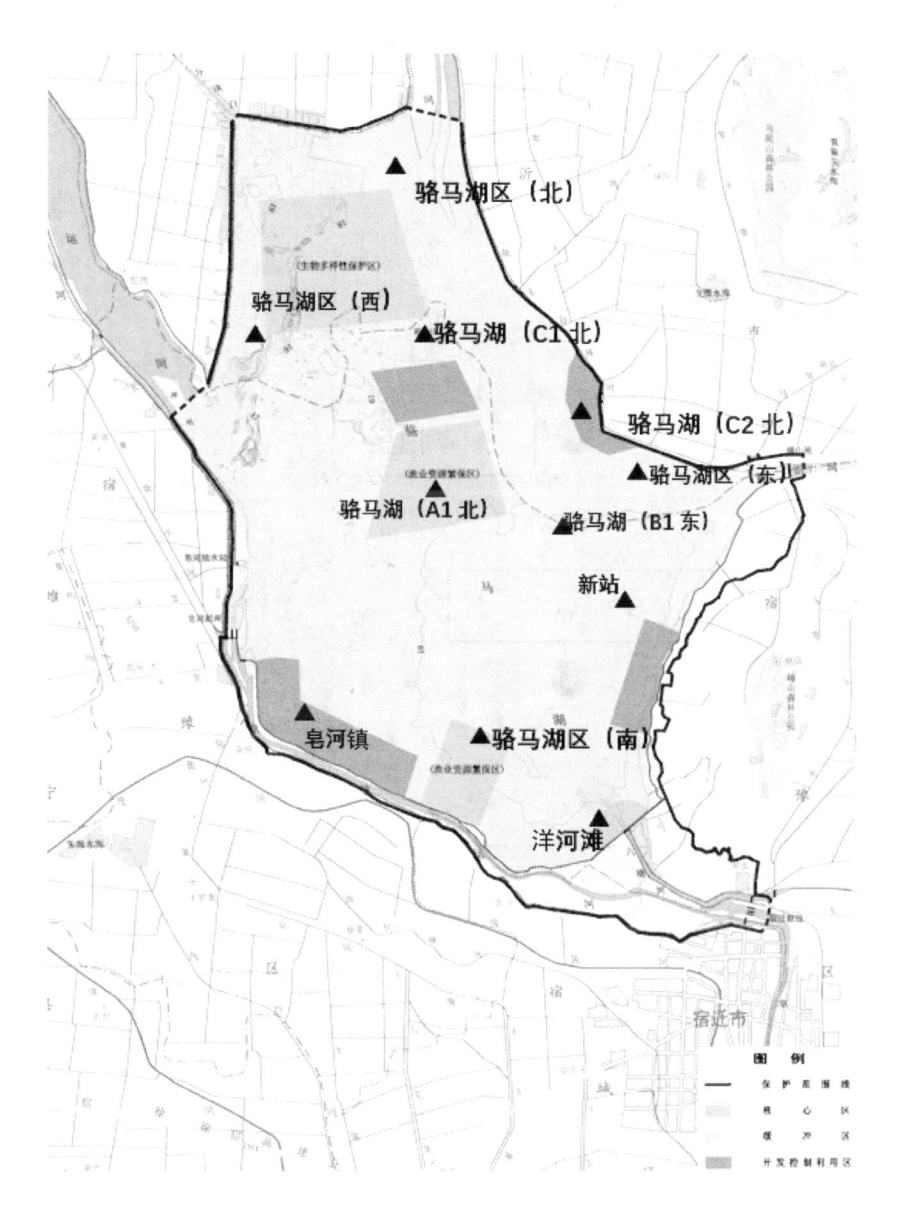

图 1　骆马湖采样监测站点位置示意图

重点进行削减和控制。

其中核心区、缓冲区第 1、2 季度总磷浓度达Ⅲ类,开发控制利用区第 1、2、4 季度总磷浓度达Ⅲ类,其余时段各湖区总磷、总氮以Ⅳ～劣Ⅴ类为主。

1.1.3　富营养化评价

骆马湖各生态分区富营养化指数有所波动,介于 53.8～58.8 之间,富营养化状态为轻度富营养化。湖体夏、秋季富营养化指数明显高于其他时段,且其赋分值已接近中度富营养限值,其水体富营养化形势不容乐观。

1.2　水生生物资源

1.2.1　水生态站点布设

采样点的选择充分考虑骆马湖的水文条件和湖盆形状、湖水滞留时间,同时兼顾河流、航道、水产养殖和受外源(点源、面源)影响水域等诸多因素,结合历史水质、水生态监测站点,共设置 3 个监测断面。3—10月期间,每季度监测1次。水生态水环境监测试点站点布设示意图见图2。

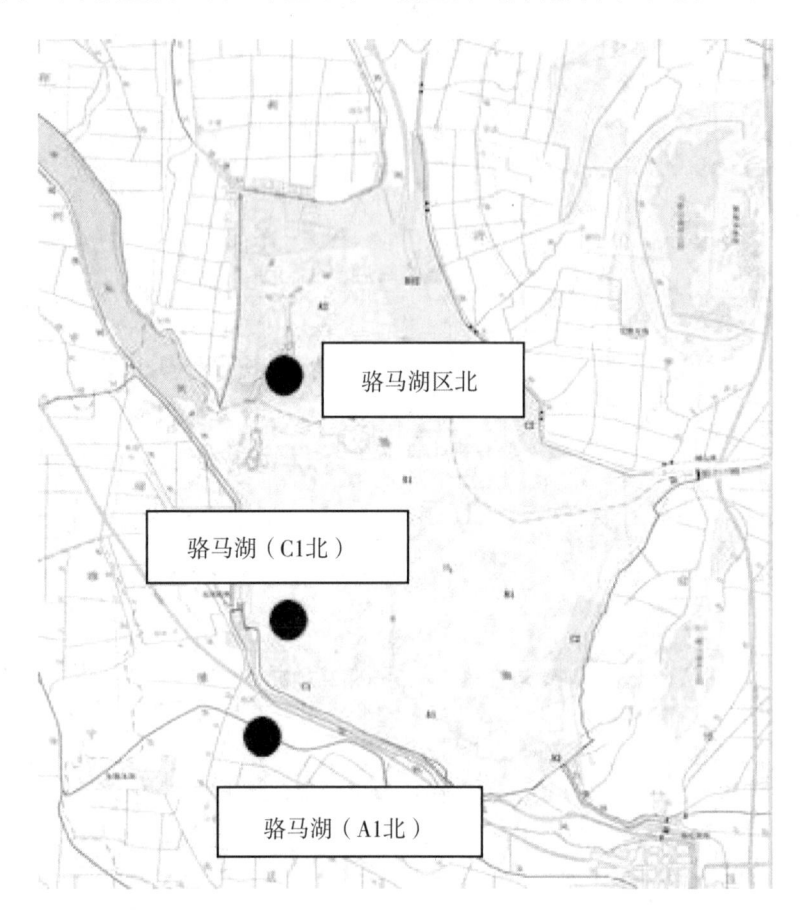

图2 骆马湖水生态水环境监测试点站点布设示意图

1.2.2 浮游植物监测

2021年,骆马湖共检出浮游藻类7门42属57种(包括变种)。各门藻类种属数依次为绿藻门(Chlorophyta)19属28种,蓝藻门(Cyanophyta)9属11种,硅藻门(Bacillariophyta)6属9种,裸藻门(Euglenophyta)3属3种,隐藻门(Cryptophyta)2属3种,甲藻门(Pyrrophyta)2属2种,金藻门(Chrysophyta)1属1种。

其中绿藻(50.0%)、蓝藻(19.6%)、硅藻(16.1%)和裸藻(5.4%)四门藻类种数相加占藻类总种数的90.0%以上,是构成骆马湖水体浮游藻类的主要类群,绿藻从种类上占优势,其他种类较少。

骆马湖2021年总藻细胞密度值在 $9\,900×10^4$ ~ $11\,000×10^4$ 个/L之间,最大点为骆马湖区北,最小点为A1北,均值为 $9\,960×10^4$ 个/L。其中蓝藻细胞密度和所占比重均较高(41.5%),为骆马湖水体中优势藻类,其次为绿藻(31.2%)和硅藻(19.6%)。从浮游藻细胞密度来看,骆马湖属于蓝藻-绿藻-硅藻型。

骆马湖蓝藻细胞密度表现出夏秋季节显著高于冬春季节的特点,夏秋季节湖体的优势种属为微囊藻属,其种类包括:惠氏微囊藻、不定微囊藻、水华微囊藻和铜绿微囊藻。其中惠氏微囊藻所占比例和细胞密度是产毒蓝藻中最大的。近年来骆马湖藻类生物量有增长趋势,且受湖体水质影响较大,水体富营养化程度越高,浮游植物生长越旺盛。

2 藻类水华发生可能性分析

2.1 藻类水华成因分析

在 2021 年 3—10 月监测期内,骆马湖各监测点总氮浓度在 0.96~6.61 mg/L 之间,均值为 3.33 mg/L,超过了地表水环境质量 V 类标准;总磷浓度在 0.019~0.224 mg/L 之间。因此在温度光照适宜的条件下,磷元素是骆马湖限制藻类生长的营养盐。浮游藻类生长与环境因子的相关性分析结果表明,骆马湖蓝藻生长的驱动因子主要为温度、总磷和 pH。

5—9 月,骆马湖平均水温为 23.4~27.7 ℃,适宜藻类的生长。其他季节水温较低,因而在冬春季节,藻类的生长受到温度的限制。夏季温度不构成骆马湖藻类生长的限制性因子,但在其他季节,温度对藻类生长的影响非常显著。2011 年和 2012 年 5—9 月,骆马湖 pH 值变化范围为 8.05~8.38,月均值为 8.22,为弱碱性水质,适宜藻类的生长。

蓝藻水华是蓝藻在高温、强光照条件下旺盛生长,形成优势种群,而后迁移到水面形成水华。蓝藻比增长率可达 0.6~0.8 d^{-1}。在营养盐充足的条件下,蓝藻旺盛生长的温度范围为 25~35 ℃,pH 为 7.5~9.0。骆马湖氮磷元素浓度充足;夏秋季节水温和 pH 条件均适宜藻类的生长。因此骆马湖蓝藻表现出种群密度夏秋季节明显高于冬春季节的特点。

2.2 水华发生风险分析

骆马湖大型水生植物分布广泛,与浮游藻类存在营养、光照方面的竞争关系,在一定程度上抑制了藻类的过度繁殖。但是,由于骆马湖水位落差大、高水位持续时间长、透明度低导致大量水草死亡、腐烂,2012 年 6 月份骆马湖曾大面积出现水草腐烂现象,进入 7 月,水温升高,缺少竞争者的浮游藻类在更适宜生长的环境下可以大量繁殖。在夏秋季节,骆马湖水体中蓝藻优势种为湖泊伪鱼腥藻,在整个湖区中占绝对优势。2012 年 5 月,在骆马湖湖区监测点监测到湖泊伪鱼腥藻占总藻密度比例曾高达 90.4%,但湖泊伪鱼腥藻作为骆马湖蓝藻的优势种,并没有发生水华。常见的水华指示蓝藻种类如蓝藻门中的微囊藻属和鱼腥藻属等,在监测期内的藻细胞密度和出现频率都较低。

2021 年夏秋,骆马湖所监测的 3 个站点 8 月水华等级均为轻度水华,5 月无明显水华,从骆马湖汛期行洪和枯期调水的运行特点来看,骆马湖大规模蓝藻暴发的可能性较小。

表 1 水华分析评价标准

水华程度级别	浮游植物密度(个/L)	水华特征	表征现象参照
I	$0 \leq D < 2.0 \times 10^6$	无水华	水面无藻类聚集,水中基本识别不出藻类颗粒
II	$2.0 \times 10^6 \leq D < 1.0 \times 10^7$	无明显水华	水面有藻类另行聚集;或能够辨别出水中有少量藻类颗粒
III	$1.0 \times 10^7 \leq D < 5.0 \times 10^7$	轻度水华	水面有藻类聚集成丝带状、条带状、斑片状等;或水中可见悬浮的藻类颗粒
IV	$5.0 \times 10^7 \leq D < 1.0 \times 10^8$	中度水华	水面有藻类聚集,连片漂浮,覆盖部分监测水体;或水中明显可见悬浮的藻类
V	$D \geq 1.0 \times 10^8$	重度水华	水面有藻类聚集,连片漂浮,覆盖大部分监测水体;或水中明显可见悬浮的藻类

骆马湖地处暖温带大陆性季风气候区,夏季雨热同期,较少出现持续高温天气,且骆马湖属于过水性湖泊,湖泊换水频率较高,其多年平均换水次数约 10 次,在高温季节两湖水量最为充沛,换水频率更高,不容易出现蓝藻等藻类大量繁殖的情况。

综合以上分析，夏秋季节骆马湖在一些不利的水文和气象条件下，并且水华指示蓝藻种类成为夏秋季节优势种时，其近岸带存在发生水华的可能。根据江苏省水环境监测中心数据，近年来对骆马湖上游房亭河、中运河、沂河等入骆马湖条河流开展水质监测的结果发现，总氮和总磷的高值分别超过6.0 mg/L、0.67 mg/L，每年汛期来水，骆马湖氮磷均有一次峰值过程，对入湖口水域产生较大威胁，是近岸带发生蓝藻水华的原因之一。

3 风险防控措施

骆马湖夏秋季节蓝藻优势种属为伪鱼腥藻属，不属于水华指示蓝藻种类，目前在水质不断改善的条件下，发生水华的可能性小。控制蓝藻水华发生的根本是实现对湖泊富营养化的控制，对水体富营养化的控制和治理，采取的主要措施为控源截污和生态修复。目前骆马湖通过外源营养盐控制、生态清淤、湿地修复、生态养殖等措施，因地制宜地对湖泊水体富营养化进行控制，并取得了一定的成效，其水质有所改善，后续可加强对水体富营养化的控制，建设人工湿地等水质净化工程，逐步降低湖泊的富营养化状态。

在做好湖泊富营养化控制的基础上，还需加强对蓝藻水华的监测预警。利用气象和水文监测信息、遥感和地理信息数据来明确蓝藻水华的空间分布现状，结合数值模拟技术实现对未来蓝藻水华发生的空间分布的预测。另外，在水华易于发生的区域，可以在水华蓝藻的复苏和大量繁殖之前，即对蓝藻水华的生长繁殖进行提前控制。首先是对湖泊底泥蓝藻通过机械去除、微生物菌剂杀藻等方法进行去除，然后要在湖泊提前种植生态浮床和大型沉水植物，以此净化湖泊水质，并抑制蓝藻的生长。在水华易于发生的敏感湖区通过对蓝藻生长的提前控制，可以有效地降低蓝藻水华发生的可能性。当水华蓝藻大量繁殖造成上浮漂移时，应及时采取水华控制应急措施，通过物理法（机械打捞、黏土絮凝等）、化学法（化学除藻、絮凝剂）和生物法（微生物杀藻）或者多种方法组合，对湖泊水体中大量的蓝藻进行清除。

[参考文献]

[1] 邹伟,李太民,刘利,等.苏北骆马湖大型底栖动物群落结构及水质评价[J].湖泊科学,2017,29(5):1177-1187.
[2] 杨士建,赵秀兰,周希勤,等.骆马湖水体的营养特征及其变化趋势[J].环境导报,2001(4):17-19.
[3] 宋新桓,王晓,董潇,等.大型水生植物对骆马湖总磷的生态效应[J].人民黄河,2009,31(11):66-67.
[4] 申霞,洪大林,谈永锋,等. 骆马湖生态环境现状及其保护措施[J].水资源保护,2013,29(3):39-43+50.
[5] 秦伯强.太湖生态与环境若干问题的研究进展及其展望[J].湖泊科学,2009,21(4):445-455.
[6] 叶上扬,喻国良,庞红犁. 太湖蓝藻成因分析与清淤方法探讨[J]. 水资源保护,2012,28(2):30-33+41.
[7] 中国环境监测总站,生态环境部卫星环境应用中心.水华遥感与地面监测评价技术规范(试行):HJ 1098—2020[S].北京:中国环境科学出版社,2020.

[作者简介]

高鸣远,男,生于1981年,高级工程师,主要从事水资源管理与保护、水环境水生态监测与评价及信息化工作，13813919207,gaomy1207@126.com。

临淮岗工程以上规划来水量分析研究

赵 瑾　陈竹青

(淮河水利委员会水文局(信息中心)　安徽 蚌埠　233001)

摘　要：利用临淮岗洪水控制工程，进行水资源综合利用研究，以实现水资源科学调度，提高洪水资源化转化效率，提升淮河中上游区域水资源利用水平。本文是以临淮岗工程以上区域为研究对象，重点分析了淮河干流和主要支流上8处水文断面，针对水资源状况以及水资源开发利用实际，通过实测径流量法(即耗水增量法)对现状水平年(2020年)和规划水平年(2030年)不同保证率典型年的规划来水进行了计算与分析，并利用 MIKE BASIN 模型对成果进行检验。从研究成果可看出，现状水平年临淮岗坝址以上基本能够满足水资源平衡的需要，规划水平年95%保证率典型年份下，水资源平衡被破坏，而且随着发展，缺水现象更加凸显。

关键词：临淮岗工程；水资源；分析计算；合理性

1　研究背景

淮河流域是我国水资源较紧缺的地区之一，淮河流域多年平均人均占有水资源量484 m³，仅占全国人均占有水资源量的1/5。随着淮河流域经济发展战略和发展规划的逐步实施，淮河沿岸地区的经济社会进入快速发展时期，对水资源提出了更高的要求，河段取用水量不断增加，水资源供需矛盾突出，尤其是遇到干旱年、连续干旱年等特殊枯水期，用水户争水矛盾以及河道生态环境问题更加突出。鉴于临淮岗洪水控制工程在淮河流域的重要性，有必要研究利用临淮岗洪水控制工程开展水资源综合利用分析，协调好用水户间的用水关系，保障区域用水安全，实现水资源优化配置与科学调度，以水资源的可持续利用支持该地区经济社会的可持续发展。

2　研究方法

本次研究是以临淮岗洪水控制工程以上区域为研究对象，针对区域内水资源状况以及水资源开发利用实际，充分利用已有的水资源规划、研究等成果，根据主要控制断面天然径流量系列资料以及现状水平年和规划水平年的耗水量资料，并考虑水利工程的用水需求，通过水利工程的蓄泄运用，对选用的系列资料进行调节计算，得到不同水平年规划来水系列成果，并进行多方案分析比较。

2.1　研究范围

选取临淮岗洪水控制工程坝址上游30 km处的润河集断面作为坝址处的主要参照控制断面，润河集断面集水面积约40 360 km²，占研究区域集水面积的95.7%。本研究选取临淮岗洪水控制工程坝址以上河段及两岸影响区域作为研究范围，重点分析淮河干流息县、淮滨、王家坝、润河集断面，北部支流洪河班台断面，南部支流潢河潢川、史灌河蒋家集断面。

2.2 研究方法

根据水量平衡原理,采用规划来水量与耗水量之间的关系进行分析。其中规划来水量计算采用实测资料分析法,并利用 MIKE BASIN 模型建立规划来水分析模型,对计算结果进行检验与校准;而耗水量则采用趋势延展法进行分析。

2.3 水平年及典型年

2.3.1 水平年

根据已有的资料情况,结合沿淮地区国民经济社会发展规划以及研究区域内水资源规划等综合考虑,确定 2020 年为现状水平年,2030 年为规划水平年。

2.3.2 典型年

临淮岗以上主要控制断面各年的来水量存在随机性,年内、年际丰枯变化很大,因此采用 1956—2020 年长系列资料,选取 95%、75%、50%保证率典型年份对临淮岗以上规划来水量进行分析研究。根据临淮岗工程以上历年平均面雨量和实测径流量系列资料,按照灌溉年进行经验频率计算和枯水年成果分析,充分考虑径流量的年内分配过程是影响规划来水的主要因素,选取保证率为 95%、75%、50%对应典型年份为 1998—1999 年、1994—1995 年、1989—1990 年。典型年径流量月分配过程见图 1。

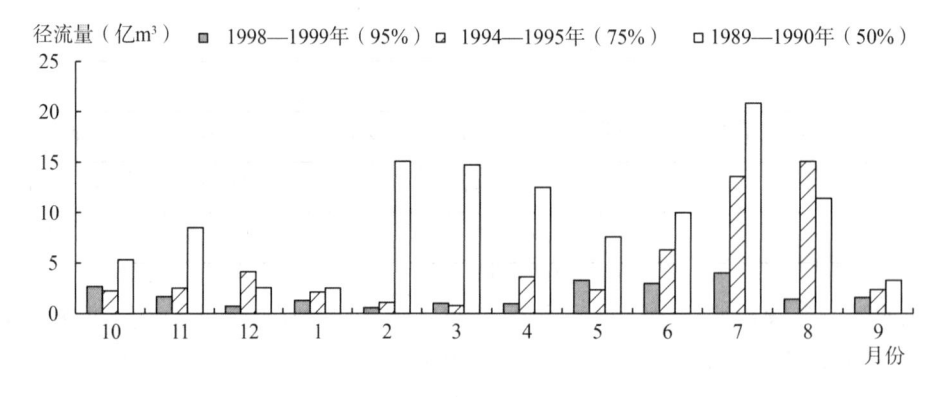

图 1 95%、75%、50%对应典型年份流量月分配过程

3 规划来水量计算

规划来水量是指河道断面在规划水平年,各用水部门实际用水耗水的基础上,按照不同保证率典型年(95%、75%、50%)的来水条件,分析河道断面可能的来水量。本次研究采用实测径流法(或称耗水增量法),即河道断面的规划来水量为河道的实测径流量减去实测年与规划年耗水量的增加量,具有计算简单、可操作性强的优点,但是受国民经济发展对水资源的需求变化的影响较大。

3.1 耗水增量

根据实测径流计算方法,河道断面规划水平年不同保证率的耗水增量应为不同保证率的 2030 年耗水量与不同保证率典型年实测耗水量之差。由 2030 年 95%、75%、50%不同保证率下的预测耗水量以及保证率所对应的各个典型年 1998—1999 年、1994—1995 年、1989—1990 年的实测耗水量,可计算得到临淮岗以上各个控制断面 2030 年不同保证率的耗水增量。据计算,2030 年临淮岗断面 95%、75%、50%保证率下的耗水增量分别为 48 069 万 m³、60 097 万 m³、48 821 万 m³。

各个控制断面的生活与工业耗水增量均为正值,农业耗水增量仍存在部分负值。由于规划水平年农业耗水量保持现状水平不变,因此耗水增量没有变化,但是随着第二、三产业的快速发展,居民生活水平的提高,生活与工业的耗水量快速增长,耗水增量在总耗水增量中的比重不断提高,农业耗水增量的主导作用逐渐减弱。

3.2 规划来水量

根据实测径流计算方法,按照规划水平年不同保证率下耗水情况分别对各典型年进行修正,从而求得不同保证率下的规划来水量,即规划水平年规划来水量为不同保证率典型年的实测径流量减去相应频率的耗水增量。典型年中出现月实测径流量小于该月耗水增量的情况,则考虑将该月的规划来水量以 0 计。经计算,2030 年临淮岗坝址断面 95%、75%、50%保证率的规划来水量分别为 17.51 亿 m³、50.25 亿 m³、109.51 亿 m³,各个控制断面规划来水量成果见表 1。

表 1 2030 年临淮岗以上控制断面规划来水量成果表   单位:亿 m³

保证率	息县	潢川	淮滨	班台	王家坝	蒋家集	润河集	临淮岗
95%	9.61	4.40	11.93	3.23	15.14	6.55	17.68	17.51
75%	21.31	6.33	32.30	0.99	37.80	8.41	50.51	50.25
50%	32.19	11.26	46.94	17.73	69.77	20.65	109.72	109.51

2030 年临淮岗以上控制断面的规划来水量的地区分布与现状水平年的情况基本类似,仍为南部大于北部,山区大于平原。王家坝断面的规划来水量占润河集断面来水量的 60%~80%。规划来水量的年内分配过程与现状水平年的年内分配情况基本一致,来水量主要集中于汛期 6—9 月,最大出现在 7、8 月份。规划水平在枯水年份月际来水量变化剧烈,北部支流甚至出现了个别月份来水量为 0 的情况。

4 利用 MIKE BASIN 模型对规划来水成果进行对比

在 MIKE BASIN 开发环境中,水资源配置模型通过一个水循环网络来描述,通过线段模拟河流、渠道等输水工程,通过节点模拟河流(渠道)交汇点、分水点、水库(湖泊、闸坝)和用水户(农业灌区、城镇取水工程)。模型遵循的最基本的原理是水量平衡原理。在各个物理元素位置,其水量的进、出和蓄量变化之间是平衡的。

利用临淮岗以上流域图为背景图,在概化后的河流系统取用水、分流、汇流等各类节点,建立临淮岗以上水资源系统网络图。针对研究范围,临淮岗以上淮河以北主要考虑洪河的来水,故选取班台站作为控制站,淮河以南主要考虑史灌河及潢河的来水,故相应地选取蒋家集和潢川站作为控制断面,其他支流的来水均作为区间来水考虑。为此分别在 8 个断面均设立了取用水节点,将两节点间的区间取水假定设在区间的下游节点上取水,其流向下一个节点的流量即可视为其上游节点扣除用水后的来水。对研究区域内重点城镇的工业、生活取水设置节点;农业用水节点对从河道取水的灌区单独建立节点,其他支流上按计算单元各自建立节点。

通过水资源系统各计算单元的关系,由上而下逐级根据水量平衡调节计算,可得临淮岗以上各主要控制断面的各水平年的来水量过程,这些来水量是上游断面来水过程经过蓄、耗水后,再进入各断面的来水量。

将耗水增量法和模型调节计算法两种方法计算的不同典型年的 2020 及 2030 年规划来水量进行对比分析,两种方法计算的临淮岗工程以上规划来水量相对误差均在 10% 以内,可以看出两者相差不大。临淮岗以上规划来水量对比分析情况见表 2。

表 2　两种方法计算临淮岗工程以上断面规划来水量对比分析　　　　单位:亿 m³

典型年	2020 年规划来水量			2030 年规划来水量		
	耗水增量法	模型调算法	相对误差(%)	耗水增量法	模型调算法	相对误差(%)
1998—1999 年(95%)	18.71	17.80	−4.86	17.51	16.23	−7.32
1994—1995 年(75%)	51.45	53.65	4.28	50.25	53.83	7.13
1989—1990 年(50%)	110.71	116.38	5.12	109.51	116.49	6.37

5　小结

本文以临淮岗洪水控制工程以上区域作为研究范围开展规划来水量的计算分析。采用实测资料分析方法,对临淮岗以上干支流进行不同典型年、不同保证率来水方案的计算,并利用 MIKE BASIN 模型对研究区域水资源系统进行了模拟。主要在以下方面取得了研究成果:

(1) 对研究区域利用实测资料分析法,得到了临淮岗以上不同典型年的规划来水成果。即 2030 年临淮岗坝址断面 95%、75%、50% 保证率的规划来水量分别为 17.51 亿 m³、50.25 亿 m³、109.51 亿 m³。

(2) 临淮岗工程以上控制断面的规划来水量的地区分布呈现南部大于北部、山区大于平原的格局。临淮岗坝址断面的规划来水量主要为润河集断面的下泄水量,占 70%～80%。研究区域的径流年际变幅较大,年内分配十分不均匀,年内来水量主要集中于汛期 6—9 月,10—12 月份规划来水量呈递减趋势。

(3) 在 75% 和 95% 保证率典型年条件下,规划来水量明显减小,尤其是非汛期各月的规划来水量很小。北部支流(班台断面)来水量变化较大,月际变化明显,甚至在 75% 和 95% 保证率典型年条件下,部分月出现来水量为零的情况。

(4) 在规划水平年,临淮岗坝址以上 75%、50% 保证率典型年的可利用水量虽有减少,但能够满足维持水资源平衡的需要;而 95% 保证率典型年份,水资源平衡被破坏,而且随着不断发展,缺水现象也逐步凸显。

综上分析,为了保证临淮岗坝址断面以上区域水资源的可持续利用和社会经济的发展,应对淮河干流上游及其主要支流断面的规划来水量进行合理调度和优化配置,提升水资源调度与管理能力,缓解区域内用水紧张程度,避免发生生态环境的恶化现象,为区域社会、经济发展和保护淮河的健康提供可持续的水资源支撑。

[参考文献]

[1] 高志强. 我国水资源短缺状况[J]. 四川统一战线,2006(2):12.
[2] 刘昌明,陈志恺. 中国水资源现状评价和供需发展趋势分析[M]. 北京:中国水利水电出版社,2001.
[3] 王维平,杨金忠,何庆海,等. 区域水资源优化配置模型研究[J]. 长江科学院院报,2004,21(5):41-43.

［4］陈南祥,苗得强.水资源合理配置研究现状及展望[J].华北水利水电学院学报,2008,29(3):1-5.
［5］赵焱,王明昊,李皓冰,等.水资源复杂系统协同发展研究[M].郑州:黄河水利出版社,2017.
［6］王晓妮,王晓昕,侯琳.MIKE BASIN模型在松花江流域的应用研究[J].东北水利水电,2011(4):4-5+71.
［7］侯景伟,孙九林.水资源空间优化配置[M].银川:宁夏人民出版社,2016.
［8］桑学锋,王浩,王建华,等.水资源综合模拟与调配模型WAS(I):模型原理与构建[J].水利学报,2018,49(12):1451-1459.

[作者简介]

赵瑾,女,生于1979年2月,高级工程师,主要研究方向为水文研究、水资源分析,13855239753,zhaojin@hrc.gov.cn。

淮河六坊堤段河道河势演变规律及趋势浅析

王韵哲　张春林

(安徽省淮河河道管理局　安徽 蚌埠　233000)

摘　要：近年来，受水文气象变化、河道整治、人工采砂的共同作用，淮河的水沙条件及河床边界发生了明显变化，改变了淮河干流河道冲淤演变趋势及河岸土体受力条件，甚至导致部分河岸失稳形成崩岸，给淮河的防洪、航运及社会经济发展造成了一定的不利影响，因此开展安徽省淮河干流河道河势演变分析是十分重要和必要的。本文选取堤距较窄的六坊堤段分汊河道为研究对象，在现有成果基础上，结合历年河道测量地形图、断面等资料，对比该河段深泓、断面变化情况，分析淮河干流六坊堤段河道演变规律及演变趋势，为安徽省淮河河道管理与治理提供技术资料参考。

关键词：河道河势；深泓；河道断面；套绘分析

1　基本情况

安徽省淮河干流上起洪河口，下至洪山头，属冲积型平原河道，河道弯曲，沿途大小弯道多达几十处。安徽省淮河干流全长418 km。其中洪河口至正阳关段河道长143 km，正阳关至涡河口河道长126 km，涡河口至洪山头河道长149 km。淮干王家坝以上控制流域面积3.1万 km^2，正阳关、蚌埠、洪山头控制的流域面积分别为8.9万 km^2、12.1万 km^2 和12.9万 km^2。

六坊堤段河道是安徽省淮河干流一处分汊型河段，该段河道为灯草窝圩至淮南平圩子段，位于凤台县城至淮南市区之间，在灯草窝圩上口处分南北两汊，南北汊分别长24.08 km和24.06 km，两汊在淮南平圩子处汇合。北汊堤距300~700 m，主槽平滩宽度一般为170~250 m，滩槽分界高程为21.5~19.5 m，河道底高程一般为10~13 m，平均河底高程为11.65 m，主槽河床平均水深5.1 m，宽深比系数为2.9；南汊比北汊要宽，堤距550~750 m，主槽平滩宽度一般为220~350 m，滩槽分界高程为21.0~19.5 m，河道底高程一般为4~10 m，平均河底高程为6.35 m，主槽河床平均水深8.5 m，宽深比系数为1.97。六坊堤段河道河底比降约三万分之一，洪水比降约四万分之一，现状上六坊堤南汊为主流水道，下六坊堤两汊分流比接近。

2　数据分析

根据2020年六坊堤段河道深泓及横断面采集的数据，与历年该段河道测绘资料进行套绘，进行对比分析，主要分析成果如下。

2.1　深泓分析

2.1.1　六坊堤段南汊河道

1971—1979年，深泓高程无明显变化。由于1982年、1983年、1991年等淮河大水冲刷河道，1992

年河道较 1979 年河道局部有明显冲刷,灯草窝上口的下游约 1 km 处河道冲刷明显,深泓降低 12.5 m。1992—2012 年,整段河道深泓降低明显,整体河道深泓下移了 6 m 多,主要由两个方面原因造成,一是 2003 年、2007 年大水造成河道冲刷,二是由于河道的人工采砂。

2019 年与 2020 年河道深泓变化不大,除局部断面处由于 2020 年大水冲刷,深泓有所下降,总体深泓无明显变化。总体上,1971—2020 年,在桩号 XG022～XG028(灯草窝上口—六坊堤上口)、XG035～XG041(二道河口上游 4 000～1 000 m)、XGY12～XGY22(下六坊堤老牛坟码头—四大队码头)河段的深泓高程较 1971 年降低明显,下降了 13～18 m。

从沿程分布来看,1971—1992 年,沿程深泓高程基本稳定,深泓差沿程变化基本在 6 m 之内;2005—2020 年,由于河段人工采砂影响,深泓高程沿程变化剧烈,最大高差在 14 m 左右。

2.1.2 六坊堤段北汊河道

1971—2005 年,深泓高程无明显变化。由于河道的人工采砂,2005—2012 年,北汊河道上六坊堤段深泓明显下降,上六坊堤段深泓下降 5 m 多。2019 年与 2020 年河道深泓变化不大,除局部断面处由于 2020 年大水冲刷,深泓有所下降,总体深泓无明显变化。总体上,1971—2020 年,上六坊堤段河道深泓下降较多,下降了 6～10 m。

从沿程分布来看,除 2012 年,沿程深泓高程基本稳定,深泓差沿程变化基本在 5 m 之内;2012 年,由于河段人工采砂影响,深泓高程沿程变化剧烈,最大高差在 10 m 左右。2019—2020 年深泓沿程基本稳定,上六坊堤段深泓中值在 7 m 左右,下六坊堤段深泓在 12 m 左右,上下段深泓差约 5 m。

2.2 典型断面套绘分析

本次六坊堤段南汊河道选取桩号 XG024 断面、桩号 XG033 断面、桩号 XG042 断面、桩号 XGY04 断面、桩号 XGY10 断面,六坊堤段北汊河道选取桩号 XGZ15 断面、桩号 XGZ25 断面、桩号 XFZ40 断面、桩号 XG056 断面、桩号 XG065 断面,进行河道断面套绘分析。

总体上,六坊堤段南汊河道 1979—1992 年,河道断面变化为主槽略有冲淤,深泓高程无明显变化,1992 年后由于人工采砂,造成河道断面扩大明显,河道深泓显著下降,2019—2020 年河道断面套绘基本一致。六坊堤北汊上段河道 2005 年后由于人工采砂,河道断面有所扩大,深泓降低明显,2012 年后基本无明显变化;六坊堤北汊中下段河道多年来断面形态较为稳定,变化缓慢,河道深泓略有降低。

2.2.1 六坊堤段南汊河道

1. 桩号 XG024 断面(灯草窝灯塔渡口)

断面呈"U"形,河道断面逐年扩大。1971—1979 年,河道断面基本稳定,总体略有下切,但下切速率缓慢,深泓高程下降约 1 m。1979—1992 年,主槽断面急剧扩大,左滩冲刷严重,左滩边坡逐渐变陡,右滩存在一定的淤积,深泓高程下降近 10 m。1992—2005 年,左滩总体稳定,右滩冲刷较多,右岸滩槽分界点向右移动了约 34 m,河道深泓有所右移。2005—2012 年,断面总体变化不大,仅左滩有些许冲刷。2012—2019 年,左右滩及主槽均有少量冲刷,两岸滩槽分界点向岸边移动了约 10 m,深泓左移。2019 年和 2020 年断面无明显变化。

2. 桩号 XG033 断面(畅航石化西)

主槽断面呈"U"形,断面位于相对顺直河段,河道断面逐年扩大。1971—1979 年,河道断面基本稳定,总体略有下切,但下切速率缓慢,深泓高程下降约 0.5 m。1979—1992 年,左滩冲刷严重,滩槽分界点向左岸移动了近 70 m。1992—2005 年,左滩有所回淤,右滩略微淤积,主槽扩大明显,深泓高程下降近 7 m。2005—2020 年,左右滩有一定冲刷,深泓高程变化不大。

3. 桩号 XG042 断面（寿县石油公司北）

主槽断面呈偏"U"形，断面位于上六坊堤二道河口上游位置，河道断面逐年扩大。1971—2020年，主槽断面总体表现为下切趋势，但在2012年前下切速率缓慢，左滩大于右滩，深泓高程下降约2 m；2012年之后，河道断面扩大明显，2020年相较于2012年深泓高程下降了约6.5 m。该断面深泓逐渐左移，1971年深泓距离右岸约210 m，2012年变为285 m，2020年变为300 m。

4. 桩号 XGY04 断面（东风景小区东）

断面位于下六坊堤二道河口下游位置，河道断面逐年扩大。1971—1979年，河道断面变化不明显，总体形态稳定。1979—1992年，左滩总体无明显变化，深泓高程也无明显变化；右岸出现明显冲刷，1992年滩槽分界点较1979年右移约42 m。1992—2005年，深泓高程降低近7 m，断面深泓向左岸偏移约160 m，两岸滩地形成"右淤左塌"的情况。2005—2012年，左右滩均有所后退，左岸（滩槽分界点左移约70 m）幅度大于右岸（滩槽分界点基本未移动，右岸下降约2 m）；深泓高程下降约1.8 m。2012—2020年，断面总体保持稳定。

5. 桩号 XGY10 断面（李嘴孜大塘小区东）

断面呈偏"U"形，位于顺直微弯河段，多年来断面形态较为稳定，变化较小。断面主要表现为右滩略微崩塌后退，其中变化最大的时段是1971—2005年，右岸滩槽分界点右移约45 m。2005年河道深泓右移40 m，随后又左移至历年位置附近。

2.2.2 六坊堤段北汊河道

1. 桩号 XGZ15 断面（黄家岗西）

断面位于灯草窝弯曲河段，断面演变主要是横向变形并伴随着深泓下切，断面演变趋于窄深。1971—1992年，河道断面基本稳定。1992—2020年，左岸滩槽冲刷严重，右滩总体相对稳定；断面深泓逐渐左移，2019年相比1992年左移了约30 m，深泓高程逐年降低，至2019年趋于稳定。

2. 桩号 XGZ25 断面（架河站涵东）

主槽断面呈"U"形，位于上六坊堤弯曲河段，河道历年呈现冲淤交替现象。1971—1979年出现"左淤右塌"的情况，深泓高程降低约2 m，深泓向右岸偏移约7 m。1979—1992年则出现"右淤左塌"的现象，深泓高程升高约2 m，深泓向左岸偏移约4 m。1992—2012年，河势总体稳定，左岸略有淤积。2012—2020年，河道断面基本趋于稳定，无明显变化。

3. 桩号 XFZ40 断面（许岗渡口）

主槽断面呈"U"形，位于上六坊堤顺直微弯河段，多年来断面形态较为稳定，变化缓慢。断面变化主要表现为右滩崩塌后退，左岸略有淤积，深泓总体向右岸偏移，深泓2020年相比1971年右移了约40 m。

4. 桩号 XG056 断面（祁家滩东）

断面位于下六坊堤顺直微弯河段，多年来呈现"右淤左塌"，右岸略有淤积，左滩出现较明显的崩塌，左滩滩槽分界点向左移动了约60 m。断面深泓高程多年逐渐降低，且向左岸移动，深泓2020年相比1971年降低了2.5 m，深泓左移了50 m。

5. 桩号 XG065 断面（许沟电力排灌站）

河道断面呈"U"形，位于下六坊堤顺直河段，多年来断面形态较为稳定，变化缓慢。左滩略有冲刷，右滩无明显变化。

3 结论与建议

3.1 结论

(1) 基于六坊堤段河道深泓分析成果,六坊堤段南汊河道 1971—1979 年深泓高程无明显变化;1992 年后,受大水年河道冲刷及人工采砂影响,河道深泓变化剧烈,河段的深泓高程较 1971 年降低明显,下降了 13~18 m;2019 年与 2020 年河道深泓变化不大,除局部断面处由于 2020 年大水冲刷,深泓有所下降,总体深泓无明显变化。六坊堤段北汊河道 1971—2005 年深泓高程无明显变化;由于河道的人工采砂,2005—2012 年北汊河道上六坊堤段深泓明显下降,2020 年较 1971 年河道深泓下降了 6~10 m;2019 年与 2020 年河道深泓变化不大,除局部断面处由于 2020 年大水冲刷,深泓有所下降,总体深泓无明显变化。

(2) 基于六坊堤段河道典型断面套绘分析成果,六坊堤段南汊河道 1979—1992 年,河道断面变化为主槽略有冲淤,深泓高程无明显变化,1992 年后由于人工采砂,造成河道断面扩大明显,河道深泓显著下降,2019—2020 年河道断面套绘基本一致。六坊堤北汊上段河道 2005 年后由于人工采砂,河道断面有所扩大,深泓降低明显,2012 年后基本无明显变化;六坊堤北汊中下段河道多年来断面形态较为稳定,变化缓慢,河道深泓略有降低。

3.2 建议

六坊堤段河道平面河势稳定,但 1992 年后由于人工采砂等原因,造成六坊堤段南汊、上六坊堤段北汊河道断面扩大明显,河道深泓显著下降,而六坊堤北汊中下段河道多年来断面形态较为稳定,河势变化缓慢,目前六坊堤段南汊逐步成为行洪主河道,不利于分汊河道稳定。建议加强南汊采砂管理,与采砂规划衔接,将南汊划分为禁采区;同时在淮河干流峡山口至涡河口段行洪区调整和建设工程中,上六坊堤段南汊的疏浚应加强河道河势防护,下六坊堤段应疏浚北汊,尽可能降低对岸坡及河势的影响。

[参考文献]

[1] 赵俊.长江东流河段河势演变分析[J].江淮水利科技,2022(1):9-12.
[2] 王燕,杨国飞,王兆亮.长江河道横断面形态分析[J].地理空间信息,2011,9(2):120-121+124+10.

[作者简介]

王韵哲,男,生于 1990 年 6 月,工程师,主要从事安徽淮河河道管理工作,15955256366,391589345@qq.com。

江苏省淮河流域水系连通及水美乡村建设经验与思考

朱星宇[1]　刘晓璇[2]　孙　浩[2]　卢知是[1]

（1. 江苏省水利工程规划办公室　江苏　南京　210029；
2. 江苏省农村水利科技发展中心　江苏　南京　210029）

摘　要：为贯彻落实乡村振兴战略，以江苏省淮河流域农村水系为研究对象，分析了农村水系普遍存在的一些问题。根据上位要求与地方治理需求，制定建设原则与目标，提出了水系连通及水美乡村建设关键措施，统筹水利与非水利、工程与非工程措施，优化水系布局，恢复农村河湖本底功能，修复河道空间形态，提高河湖水环境质量，并在乡村振兴战略的主导下实现生态环境保护与社会经济的协调发展。以江苏省泗阳县水系连通及水美乡村建设为例，总结了水美乡村建设经验，为进一步开展水美乡村建设提供参考和借鉴。

关键词：农村水系连通；水美乡村建设；乡村振兴；江苏省；淮河流域

0　引言

实施乡村振兴战略是党的十九大作出的重大决策部署，是全面建成小康社会、促进农村社会文明和谐的重大历史任务。国务院出台《乡村振兴战略规划（2018—2022 年）》，将开展农村水生态修复、实施水系连通和河塘清淤整治、细化农村水系综合整治列为乡村振兴战略的重点任务。为贯彻落实乡村振兴战略、改善农村人居环境，水利部与财政部 2019 年联合开展水系连通及水美乡村建设试点工作[1]，针对农村河道现状提出要着力解决农村河湖功能衰减、水域岸线侵占、水环境恶化等问题，统筹河流上下游、左右岸，岸上岸下协同推进，构建人与自然和谐共生的水美乡村。2021 年 12 月水利部印发《关于复苏河湖生态环境的指导意见》，再次强调要推进水美乡村建设，突出综合治理、系统治理、生态治理，在条件适宜地区建设一批水美乡村，助力乡村振兴。

本文在对江苏省淮河流域农村水系存在问题进行分析的基础上，以泗阳县为例，探讨了水系连通及水美乡村建设中应重视的问题，为进一步开展水系连通及水美乡村建设提供参考和借鉴。

1　江苏省淮河流域水系现状

1.1　流域概况

江苏省淮河流域总面积 6.4 万 km²，占淮河流域总面积的 23.3%，占江苏省总面积的 62%，涉及连云港、徐州、淮安、宿迁、扬州、泰州、盐城、南通、南京等 9 个地市，区位条件优越，是长三角、江苏沿海开发的直接腹地和中原地区通向东南沿海的重要通道。流域内水系发达，湖泊湿地众多，水网密布，丰富的河湖资源是淮河流域优越的自然禀赋。其中农村水系通常指由农村河道、沼泽、湖塘、渠溪等水体构成的水网结构，数量多，分布广，承担着防洪、排涝、灌溉、供水、养殖、文化等功能，对农村生产、生活和生态环境改善具有重要影响。

1.2 存在的问题

近年来,江苏省淮河流域高度重视农村生态河道治理,在流域、区域规划布局中安排骨干河湖治理的基础上,持续开展农村生态河道建设和中小河流治理,有力保障了农村河道防洪安全、供水安全、生态安全。但流域内水系发达、河道众多,治理任务繁重,对应乡村振兴战略的总要求还有一定差距。

(1)河塘淤塞萎缩较为普遍。一方面,由于历史上城镇建设、农业生产需要,部分农村河道被分割封堵,河流间的水力联系被割断,造成水系连通不畅,水体自净能力下降,降低了河道的引排能力和洪水调蓄能力。另一方面,部分河道、沟塘河床淤积较为严重,造成区域水系调蓄能力降低,加剧引排通道连通不畅。

(2)侵占水域岸线问题突出。流域农村河湖护岸以土堤为主,河堤上随意垦种、取土等现象较为常见,河堤、河坡内违规堆建现象也时有发生,导致水域空间、岸线被挤占,影响河道岸坡自然空间形态和景观格局。

(3)河塘生态环境退化明显。部分河道堤坡植被基本为杂草荆棘,周边几无绿化景观,严重影响镇村环境,导致河湖生态服务功能不足,河底淤积的内源污染加剧了水生态环境退化,水环境改善压力较大。此外,农村水生态污染有农业面源、工业偷排、养殖污水、生活污水、农产品加工等多种来源,总量多且分散,造成局部水体"黑臭"明显。

(4)农村水利基础设施建设任务仍然艰巨。流域现状农村水利基础设施建设任务繁重。高效节水灌溉规模小、标准低,部分地区仍然存在漫灌现象,节水奖励和精准补贴机制还需完善;农业圩区水利工程建设缓慢,除涝标准低;流域内大部分农村水利工程为传统的水利建设,智能化水利建设滞后,水利现代化程度不高;农村水利设施管护组织履职尽责还需强化。

(5)水文化挖掘不足。一些农村河道保持着原始的自然风貌,治水工程措施设计目标较为单一,对淮河流域特色文化的挖掘和保护不够注重,工程体现民俗风情、治水精神的情况较少。同时河塘周围缺少景观空间和当地特色水文化要素,亲水功能有待提高。

2 建设原则与目标

2.1 建设原则

(1)综合施策,系统治理。突出解决农村防洪排涝、灌溉用水、生态涵养等问题,强化农村水生态治理保护,改善农村环境,做好与农村产业发展、脱贫攻坚、人居环境整治等任务的有机衔接,充分发挥水利对乡村振兴的基础保障作用。

(2)因地制宜,示范引领。根据淮河流域不同农村水利分区及自然特点和农村基层实际需求,提出目标任务、治理标准和模式,示范带动,逐步铺开,推进农村水利基础设施提档升级。

(3)创新机制,强化管护。坚持先建机制,后建工程,创新管护机制,以河、湖长制为抓手,充分发挥镇、村级河长积极性和农村基层组织、村民主体作用,落实管护主体和责任。

(4)落实责任,形成合力。加强组织协调,统筹农村生态河道建设、中小河流治理、幸福河湖建设等工作,整体部署,综合研究,按职能分别实施,强化部门协作,形成整治合力,协同推进。

2.2 建设目标

统筹区域社会发展需求,与区域农村人居环境改善、土地利用、乡镇建设发展等规划相衔接,提出水安全、水资源、水环境、水生态、水景观、水文化、水管护等7方面治理目标[2]，打造"宜居、宜业、宜游"的水美乡村。

（1）水安全：河道行洪通畅、堤岸稳定、水工建筑物安全；（2）水资源：饮用、灌溉水源有保障，生态基流充足；（3）水环境：消除黑臭水体，水质满足水功能区划目标，沿河两岸无违规排污，水面清洁，水体感官良好；（4）水生态：河流纵横向连通性良好，河道岸线自然，河床地貌多样，生态岸线率高，河流生物性多样；（5）水景观：保护自然景观，合理建设人文景观、亲水设施；（6）水文化：凸显当地乡情风貌，发掘传承地方水文化，彰显河流人文历史；（7）水管护：探讨管护新模式，形成长久有效的智慧管护体制机制[3]。

3 建设关键措施

江苏省淮河流域农村河道与城市河道相比，具有服务功能多样、河道结构自然多样、污染源复杂多样等特点，各地区根据不同类型河道治理标准和模式、目标与任务，选择不同的治理措施组合，治理措施包含但不限于水系连通、河道清障、清淤疏浚、岸坡整治、水源涵养、防污控污、人文景观等[4]。

3.1 水利工程措施

（1）水系连通。通过工程措施沟通水系，使得水系畅通，改善水质和提高防洪排涝能力。根据水系的自然状况和水资源条件，河道功能定位和水系布局，因地制宜实施河道贯通，可增强河道之间的水力联系，改善水动力条件[5]。淮河流域一些农村河道、湖塘存在水系割裂、水体流动性差等问题，可通过河道开挖、涵管沟通、合理设置配水工程等措施，逐步恢复河道、水塘、湿地等各类水体的自然连通。对于有条件采用明渠方式连通的水体，可以通过拆除塘埂、开挖明渠等方式进行贯通；无条件开挖成明渠的，可采用涵管、涵洞沟通，应重点考虑其行洪的通畅性。在此基础上，还可以根据河网的特点和需求，合理建设配水工程，如闸站、溢流堰、小型泵站等，作为片区水系控制导向设施，通过合理的控制与调度，维持河道生态水位，实现河道有序配水，促进水体持续流动。

（2）河道清障。应当以保证堤防、岸坡稳定，加强河道行洪能力为原则。针对乱占、乱采、乱堆、乱建等实际问题，对河道岸坡进行统一清障整治，对河道水面和岸坡上的建筑垃圾、恶性植物、病死树木、沉船等进行清杂清障，对圈养、违章搭建、垦坡种植等行为进行整治，并将岸坡平整。同时清障工作应落实水生态文明理念，不得随意破坏滩地及河岸的树木及其他植物群落，注重保持河道原有的亲水性、景观性、生态性；对河岸边界控制较强的以及有利于保护河道险段的天然河障不得随意清除，避免对河势稳定和局部河床演变产生重大影响。

（3）清淤疏浚。主要是采用排干清淤、水下清淤等方式清除河道淤泥，恢复和扩大河道过水断面，提高河道引排能力。存在明显淤积的河道，应根据河道防洪排涝标准，结合灌溉、水质改善、生态保护等要求确定清淤范围和规模；应尽量保护天然河道自然形成的边滩和河心滩，对影响行洪的滩地按河道过流能力要求适当清除；清淤前应分析河道清淤疏浚对涉河建筑物的影响，保证其稳定安全；在清淤措施上，应统筹考虑河宽、水深、淤泥厚度等因素，选择经济适用的清淤措施；对于污染底泥，应采取合适的疏浚措施避免二次污染，对清理后堆放的淤泥应当进行规范处置。

（4）岸坡整治。岸坡整治应以不缩减行洪断面为基本原则，同时结合河流自然形态特点及生境，合理确定河道岸线走向，维护河流的自然形态，避免裁弯取直、改变河势；根据整治河道水流特点及所处地域人群密集程度，选择适宜的护岸形式，尽量采用生态型护岸，在人口聚居区域还应重点考虑护岸工程的亲水和便民，体现"以人为本"的治水理念，造就人与自然和谐的环境。

(5) 水源涵养与水土保持。对于河流源头及生态环境良好、功能完好的区域,沟道治理应以预防保护为主,加强封育保护,促进植被自然恢复;对于人类活动影响较大的区域,应坚持因害设防,治沟与治坡紧密结合。沟道应实施近自然治理,可采取建淤地坝、拦沙坝、谷坊等措施。坡面治理宜以封育保护和林草植被种植为主,可采取坡改梯、林草工程等措施,注重生物多样性,采用以乡土树草种为主的多林种、多草种配置。

3.2 其他工程措施

(1) 防污控污。根据污染源分布情况,开展截污工作,对于有条件接入市政管网集中处理的,首先考虑统一接入市政管网。对于没有条件纳入市政管网的,通过设置污水导流装置措施,同时建设人工湿地、生物塘、生态草沟进行污水处理,再排入河道。对于以上两个条件都不适合的,可考虑小型污水处理站、一体化污水处理设施等物化处理工艺技术。

(2) 人文景观。建设过程应注重保护自然景观并适度配以人文景观建设,提升景观品位,并考虑与当地特色文化旅游等项目相结合,建立集旅游休闲、文化创意、科普教育于一体的水景观体系,满足人民群众对优美生态环境的需求。同时应结合现有水利工程建筑的时代背景、人文历史以及地方民风民俗,增加文化配套设施建设投入,丰富现有水利工程的文化环境和艺术美感。可因地制宜建立水生态文明宣传教育基地与科普基地,加强宣传和引导,使之成为传播水文化的重要平台。

3.3 非工程措施

主要是河湖管护体制机制建设及创新[6]。(1) 完善体制机制。落实管护主体和责任,依托各级河长制开展区域内农村河道、湖塘等管理维护工作,管护人员、资金鼓励与河长制管理统筹考虑。创新管护模式,全面引入竞争机制,鼓励各类企业、协会、组织等通过招标投标方式承接管护业务。加强部门联动,逐步建立和完善部门监管、企业自律、社会监督相结合的治水长效机制,形成政府、企业、公众共治的治水体系。(2) 强化日常管护。淮河流域农村水系的管护应与当地河长制紧密结合。明确工程管护范围,积极推进水利工程划界确权。落实河湖清障、绿化和保洁等日常管护工作,做到工程安全、河湖畅通、堤岸整洁、水面清洁;做好日常巡查和检查,巡查责任到位、人员到位、信息记录到位。(3) 创新智慧管护。完善水务信息基础设施建设,建设水安全、水资源、水环境、水生态监测网络体系,以信息化手段感知水务基础信息及水情、水质、工情、灾情、水生态信息。与各区域河长制 APP 紧密结合建设河湖信息管理平台,构建河湖分级智能控制体系,实现对防洪、排水、取水、供水等关键水务工程和水务设施进行智能化管控,推动农村智慧水务建设和管理工作的规范化、标准化与制度化。

4 案例:泗阳县水系连通及水美乡村建设

江苏省泗阳县以河流水系为脉络,以集镇、村庄为节点,以改善洪泽湖和六塘河重点水功能区水环境质量、维护农村河流水系生态功能、修复河道水系空间形态、提升滨水空间自然生态景观、强化河湖管控、联动特色产业发展为重点,集中连片统筹规划,水域与岸线并治,治河与治污并举,构建以水为脉、蓝绿交织、林田共生、水城融合的自然水生态格局,打造自然休闲的生态河、生态宜居的绿色河、产业兴旺的文化河、群众满意的幸福河,增强广大农民群众的安全感、幸福感、获得感,具有较好的示范性。

(1) 系统治理,突出恢复水系结构和功能。泗阳县以河网骨干水系为脉络,一河一策、多措并举,同步推进河道生态治理、水系连通、控源截污、人文景观等工程建设,实现了水域与岸线共治、治水与治污并举。一是提升河湖引排能力,加快洪涝水汇集外排,增强农村应对水灾害的风险管控能力和韧性;二是增加河湖水流交换,提高水资源配置能力,提升农村供水安全保障水平;三是强化水源涵养与水土保持,筑牢生态安全屏障,提升水利风险防控能力;四是加强农村生活污水治理、排污口整治、面源污染治理、农村生活垃圾治理等,通过污水处理厂建设等措施,保障"一江清水北流"。

(2)拓宽思路,引导撬动社会资本投入。为解决水利建设资金不足、投资缺口大的问题,泗阳县委县政府启动了泗阳县城乡水环境巩固提升工程PPP项目,授权泗阳县水务投资有限公司作为政府方出资代表,与社会资本共同出资组建PPP项目公司,实施项目的投融资、建设、运营和移交等工作,并且将泗阳县水系连通及水美乡村建设项目全部纳入PPP项目实施,引入社会资本"活水",解决了公益性水利项目融资难的问题。

(3)打破常规,破解项目建后管护难题。泗阳县积极发挥政府引导作用,推动河湖管护管养分离创新模式实践,打破以往多头治理、多头管理、管而不精的格局,实现统一领导、专业管理、系统推进,政府与社会资本共同组建PPP项目公司,专门负责水系连通项目的建设管理和运营维护工作,发现问题及时维修,消除隐患,保持工程完好状态和安全运行,同时将河道水质、污水处理效率、岸坡植被覆盖率等指标纳入考核,保障管护机制的持续有效。

(4)示范引领,探索淮河流域农村治水新途径。结合陈集村、费渡村农房改造项目打造完成陈集村、费渡村水美乡村示范点,建成新袁镇黄码河、城厢街道护城河等滨水岸线、人文景观节点,美了乡村,富了百姓;黄塘河、护城河、要武引河等河道的治理,有效解决了困扰高湾村等十余个村庄的灌溉引水问题,有力促进了民生保障;位于吴江泗阳产业园区内的西条堆河改线治理,为产业园区规划及园区核心区建设奠定了坚实基础,提升了当地招商引资潜力,经济效益逐步显现。

5 结语

江苏省淮河流域农村水系连通不仅是该地区农业生产的基础,也是乡愁记忆、淮河水文化传承的重要载体,更是乡村振兴战略的有力抓手。本文在深入领会上位要求的基础上,分析了江苏省淮河流域农村水系存在的问题,探索了该流域进行水系连通及水美乡村建设的思路要点,总结了泗阳县水系连通及水美乡村建设的经验与亮点,为水美乡村建设普及推广提供有益借鉴。

[参考文献]

[1] 中华人民共和国水利部,中华人民共和国财政部.关于开展水系连通及农村水系综合整治试点工作的通知[Z].2019.
[2] 李原园,杨晓茹,黄火键,等.乡村振兴视角下农村水系综合整治思路与对策研究[J].中国水利,2019(9):29-32.
[3] 柏丽.农村水系综合整治国家试点工程关键技术探讨与创新[J].水利规划与设计,2021(4):7-10+47.
[4] 李原园,徐震,黄火键,等.农村水系生态环境主要问题与对策浅析[J].中国水利,2021(3):13-16.
[5] 连鹏飞.农村水系连通工程及其技术要求的分析与研究[J].农业科技与信息,2020(23):48-49+52.
[6] 高雪山,孔庆雨,姜宇,等.广东农村水系综合整治建设思路及要点[J].中国水利,2021(12):30-33.

[作者简介]

朱星宇,男,生于1995年8月,工程师,主要从事水利规划研究工作,18351922680,761252764@qq.com。

巴歇尔槽量水管理系统在灌区智慧化管理中的应用

田 野 郑 强 金 丽

(山东省水利科学研究院 山东 济南 250013)

摘 要：介绍巴歇尔槽量水管理系统的基本结构、工作原理及建设安装技术要点。重点介绍了一种巴歇尔槽与超声波水位计相配合，集智能化无线网络通信技术、风光互补发电技术等先进技术于一体的，基于水利数字化、智能化平台的一杆一站式灌区智慧化明渠量水系统。

关键词：巴歇尔槽；智慧化；明渠量水；一杆一站

1 引言

随着全国大中型灌区续建配套与现代化改造等各项建设工作的开展，全国稳步推进数字灌区建设，强化灌区信息化建设，加快构建灌区"一张图"，全面提升灌区管理水平。灌区正探索形成可复制、可推广的建设模式，为下一步形成智慧化数字孪生灌区进行数字化与信息化基础建设，我国农田水利工程正大步迈进数字化、信息化与智慧化的建设发展时期。如何准确、高效、低成本地对灌溉用水进行计量，成为灌区建设中必不可少的一项内容。然而，灌区明渠测流装置一般安装在田间地头比较偏远、缺少管护的地方，工作环境比较独立，如何选择与设计自动化量水方式，成为灌区建设与管理的关键性问题，是提高农田灌溉效率，做好灌区"六化"建设的一项基础性工作。

2 巴歇尔槽基本结构与优点

2.1 巴歇尔槽的基本结构与分类

巴歇尔槽(Parshall flume)简称P槽或巴氏槽，是一种明渠量水堰槽，它是文丘里槽的特殊形式。巴歇尔量水槽由上游收缩段、中游喉道段和下游扩散段三部分组成。收缩段的槽底向下游倾斜，主要作用是保障水流平稳流入槽内；扩散段槽底的倾斜方向与喉道槽底相反，是顺接原渠道的连接部分，可保证水流的流态稳定；喉道是巴歇尔槽计量流量的核心部分，它的主要作用是改变槽内的水流形态，确保喉道内的水体为临界流、后端水流为自由出流。其结构如图1所示。

根据喉道宽度尺寸(b)分为三种类型：小型槽、标准型槽和大型槽。小型槽：$b=0.076$ m，0.152 m，0.220 m；标准型槽：$b=0.25\sim2.4$ m；大型槽：$b=3.05\sim15.24$ m[1]。根据材质类型可分为不锈钢、普通碳钢、玻璃钢、PVC等。根据结构形式可分为一体化槽、无喉道槽、带静水井式槽等。通常，大型巴歇尔槽是现场施工，在灌区土建基础施工时与现场构筑物、渠道共同施工，小型巴歇尔槽可以通过定制后现场安装。

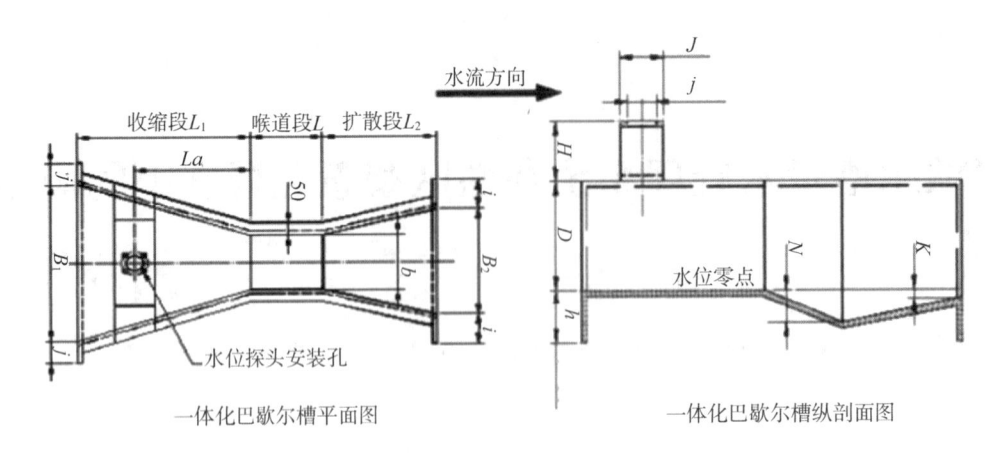

图 1 巴歇尔槽结构图(以一体化槽为例)

2.2 巴歇尔槽计量原理

巴歇尔槽通过对渠道过水断面进行收缩,迫使收缩水位升高,使堰槽上下游形成水位差,在收缩段水面形成平稳的壅水面,将堰槽上游非均匀流转化为均匀流,用非接触式水位计可准确确定渠道的水位,即使在淹没度较大的情况下,下游水位、流速等信息也无法影响上游液位。根据实验测得,巴歇尔槽流量与液位之间存在固定的函数关系,所以,只需要测量上游液位,便可确定水流流量,从而准确计量经巴歇尔槽的明渠引水总量。

2.3 巴歇尔槽的优缺点及技术要求

巴歇尔槽测水量水的优点是:在一个相当宽的范围内水头损失较小,仅需一个水位值就可以确定流量。其水头损失仅是同样长度其他类型堰的1/4。另外,巴歇尔槽还具有如下优点:对行近流速不敏感;在非淹没、中等淹没和高度淹没的条件下,测量效果较好;流速大,在建筑物周围不易形成泥沙淤积等。

巴歇尔槽的缺点是:对安装要求较高,技术要求相对复杂;巴歇尔槽的安装改变了原有渠道的水流状态,相对减少了原过水流量,降低了渠道引水能力;含有泥沙的渠道水会对喉道等关键部位产生磨损,造成一定的精度误差;维护成本比普通量水设施高;巴歇尔槽不能应用于分水口、控制闸或测量设备等组成的封闭式组合建筑物内,使用有一定的局限性。[2]

为了保证所测水位不受流动性的影响,可在行近渠槽的一侧建静水井,由连通管与行近渠槽水流相通,用水位标尺观测静水井中的水位,即巴歇尔槽中的水位。观测位置在堰顶上游收缩段2/3处。可使用超声波水位计、雷达式水位计作为传感器测量水位。同时设置水位标尺,用于自动化测流量水准确性率定。[3]

3 一杆一站式灌区智慧化量水系统方案

该一杆一站式灌区智慧化量水系统以灌区引水渠道(干渠、支渠和斗渠)现场监控信息自动采集为基础,以无线通信网络、光纤、通信线缆等多信道通信智慧化转换技术为依托,现场监控终端通过现场数据控制单元(DCU)将各类传感器监控数据集成打包后,智能适应各类数据信道,通过网络上传至各级灌区数据服务中心,由数据服务中心统一集中管理、存储与维护。管理系统采用B/S结构,用户可根据授权级别使用用户名和密码通过电脑、移动终端(手机、平板电脑、笔记本)随时登录数据服务中心 WEB 客户端网站或 APP 客户端,实时对灌区内各渠道流量、水位等监控数据进行查询和数据统计,形成了一套完整的智能化、多功能灌区智慧化量水系统,大大提高了灌区自动化、智慧化管理水平。

该系统采用模块化积木式结构。水位、流量等数据智慧化监测多位一体,多电源供电系统、多信道通信系统、智能数据采集终端全部集于一现场终端数据杆,这种一杆一站式智慧化量水监控模式具有便于建设、易于管理与推广等优点,成功解决了灌区自动化监控与量测水技术方面的各类难题,具有较强的实用性、较高的推广价值。

3.1 现场监控终端的结构

多电源供电模块、多信道数据通信模块、多参数传感器(流量、水位等)、数据智能采集终端以及防雷装置等都安装在巴歇尔槽旁的数据现场监控终端杆上,形成了一槽一杆、一杆一站式结构,传感器、电源、通信装置等都搭建在现场监控终端内的数据终端(DCU)之下,形成积木式、向下拓展式模块化结构,有利于现场设备的灵活组合与搭建。现场监控终端结构如图2所示。

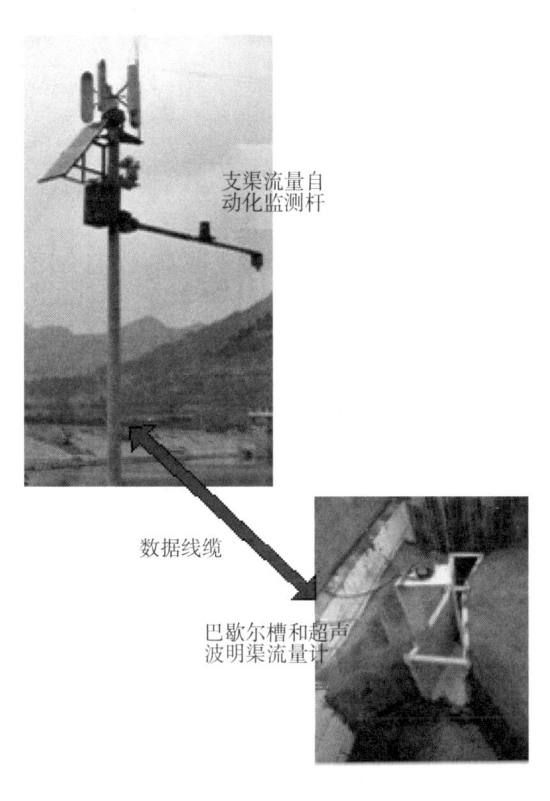

图 2 现场监控终端结构图

3.2 数据传输方式

该智慧化量水监控系统有多种数据传输方式可供选择,传输信道可实现自由切换,系统会识别并优先选择信号强的信道;也可以人为设定数据传输信道的优先级。

(1) 采用无线广域网(如中国移动、中国联通、中国电信等公共通信信道5G网络与4G网络并向下兼容)形成数据通信信道。

(2) 采用无线局域网与广域网相结合的通信信道,如 Zigbee、Wi-Fi 等先组成无线局域网,监控数据通过无线局域网传输至灌区监控中心数据中台或现场监控终端数据中台,经数据中台集中打包处理后,通过广域网(无线广域或有线广域),集中上传至上级数据管理服务中心,完成数据的通讯连接。

3.3 系统组网模式及网络结构

为向灌区管理人员提供优质满意的服务,系统数据组网采用 WEB 方式。系统使用者可利用计算机、笔记本、手机等数据访问端,登录灌区系统数据服务中心网站,通过经授权的用户名与密码访问、浏览与下载灌区监控数据。这种现场采集数据集中上传、使用统一的数据服务中心的数据管理模式,具有社会投资小、服务可靠、系统扩展灵活、系统维护升级便捷、分工管理职责明晰等明显优势,有利于资源优化配置,可有效地提高管理水平,降低管理成本。组网模式及网络结构如图 3 所示。

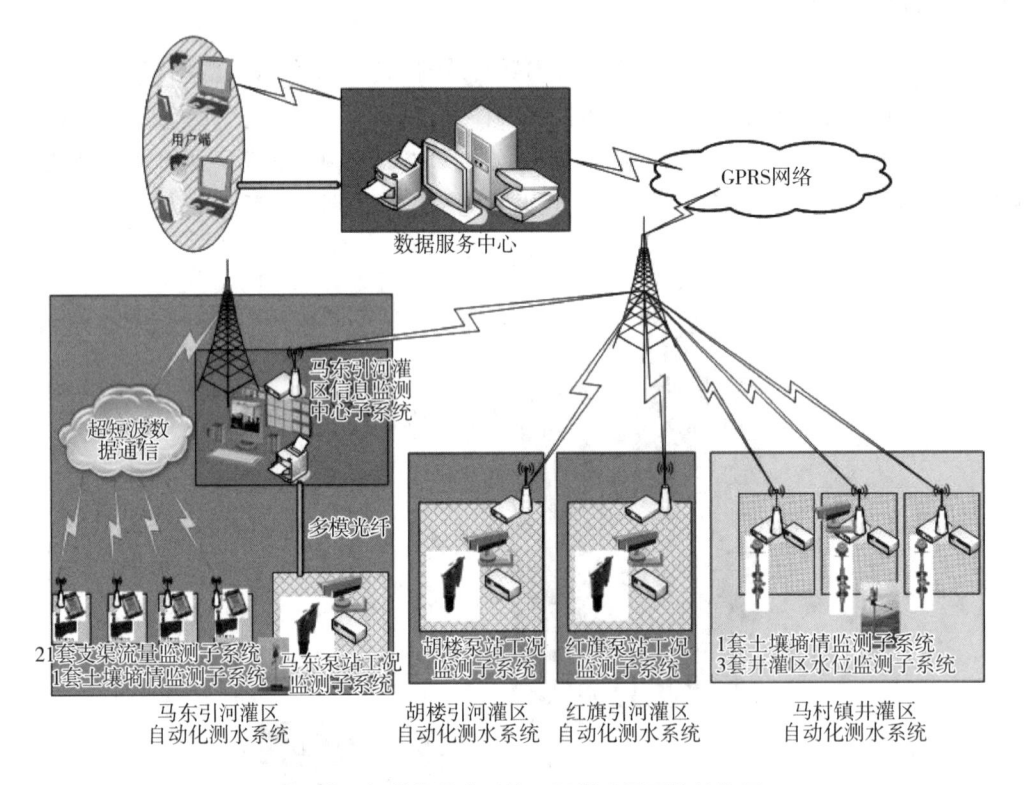

图 3 灌区智慧化量水系统组网模式及网络结构图

4 现场监控终端主要设备描述

灌区量水现场终端设备主要包括智能信号采集终端(包含数据控制单元 DCU)、多电源供电模块、多信道数据通信模块、超声波(雷达式)水位计、防雷装置、水位标尺,以及设备终端杆和其他他附件。

4.1 智能信号采集终端

每个测量模块都具有独立的 12 位 AD 转换器,提供每秒 200 或 40 次的测量速率,并具有 1 uV 灵敏度及 0.6 ℃ 精度,支持以 2304 K 波特率在 1.2 km 范围内控制 2 个模块通道。同时 DTU 具有串口数据读取功能,可以使用 TCP/IP 等数据传输协议进行数据传输。

4.2 多电源供电模块

多电源供电模块是将太阳能板、锂电池（或铅酸电池）和风力发电机有机地组成一个系统，有效地利用太阳能与风能在时间上的互补性，最大限度地利用太阳能和风能为终端系统提供电能，节约能源。同时，电源模块内设置 1~2 套开关电源，以交流电作为后备供电的方式，为该现场监控终端提供高可靠性、全天候、24 小时不间断供电服务。

4.3 多信道数据通信模块

多信道数据通信模块具有广域网信道自适应、传感器局域网自组网、数据集中上传功能。数据通信模块可放置中国移动、中国联通等无线互联网公共网络运营商的数据卡，适应 5G，并向下兼容 4G 网络，可根据数据量大小、瞬时数据流量不同等要求，自适应完成数据汇总、打包与传输。同时，可实现灌区小范围现场数据信号通信局域网组网，可将数据量小、数据点位多的灌区数据收集集中后，由数据中台统一经广域网数据通信信道完成数据上报、处理，既达到数据传输的及时性要求，也最大限度地降低数据传输产生的流量计费，可产生较好的经济效益。

4.4 超声波水位计

超声波水位计属于非接触式水位传感器，适用于一杆式系统与巴歇尔槽等分散数据收集传感器。该类型传感器具有自动功率调整、增益控制、温度补偿等功能，对干扰回波有一定的抑制功能。可广泛用于各种液体的液位和固体的物位的测量，也可用于距离的测量。

该超声波水位计安装于巴歇尔槽上游收缩段 2/3 处的水位计支架上，支架距巴歇尔槽顶一般为 40 cm。安装时必须要保证水位计探头和槽内液面成垂直状态。该灌区超声波水位计采用分体式安装，传感器探头安装在支架上的保护盒内；传感器读取终端安装于终端杆监控箱内。

5 系统数据服务平台

该灌区数据服务平台主要分为三部分：WEB 服务模块、应用程序服务模块和数据库服务模块，主要实现 WEB 监控用户端管理和各类数据的存储管理等功能。系统数据服务平台界面如图 4 所示。

本系统采用 C/S 与 B/S 结合的方式，集 C/S 和 B/S 之所长，既有 C/S 高度的交互性和安全性，又有 B/S 的客户端与平台的无关性，既能实现信息共享与交互，又能实现对数据严密、有效管理，使系统更新与维护简单，部署灵活，易于操作，充分发挥了 C/S 与 B/S 体系结构的优势，弥补了两者不足。

（1）WEB 服务模块：WEB 应用程序采用.NET 开发，它提供统一的 WEB 接口，用户端可用 IE 浏览器登录数据服务中心网站地址，根据用户名/密码确定权限，浏览、查询、监控、维护各种设备信息及状态等。

（2）应用程序服务模块：可为所有其他软件模块提供网络连接、通信及数据库操作等功能，并与监控终端保持连接，24 小时不间断运行，提供监测数据的信息采集控制，并可将采集的信息直接保存到数据库。

（3）数据库服务模块：采用微软的 SQL Server 作为存储数据库，与.NET 兼容性好。SQL Server 是一个全面的、集成的、端到端的数据解决方案，它为组织中的用户提供了一个更安全可靠和更高效的平台，用于企业数据和 BI 应用，具有较高的性价比。

图 4　灌区量水智慧化管理系统数据服务平台界面

6　用户端软件系统

灌区量水智慧化管理系统用户端主要分为 WEB 客户端与 APP 客户端。

WEB 客户端采用最新的前后端分离技术,前端框架采用 VUE,后端采用阿里分布式框架嵌入权限管理机制。通过大屏展示和 GIS 技术,展现地图信息的标注,通过地图标注的交互功能实现视频和控制信息的展示。前端监测中使用 WEBsocket 技术使数据的监测和控制可以实时有效地展示给用户。WEB 客户端界面如图 5 所示。

图 5　灌区量水智慧化管理系统 WEB 客户端界面

APP 客户端前端采用 HTML5 技术,结合后端 Java spring 框架技术,帮助手机 APP 端查看管理系统状态和监测数据,实现灌区量水智慧化管理系统的移动化办公功能。APP 端与 WEB 端采用数据同步共享的技术,通过移动端的数据采集、监控等功能整合数据,同步通过 ECharts 图表展示监测数据,清晰明了地实现监测数据的统计分析功能。

7 结语

巴歇尔槽、超声波(雷达式)水位计组成的明渠流量智慧化量水装置与一杆一站式现场监测终端杆共同组成了灌区量水智慧化管理系统的现场监控部分,基于物联网现代通信技术、移动客户端构建技术等多学科共同完成了灌区数据服务平台的构建。该系统充分考虑了灌区量水的工程特点,结合巴歇尔槽使用,在灌区自动化监控技术方面进行了有益探索及创新,形成了较为先进的灌区量水智慧化管理技术。巴歇尔槽灌区量水智慧化管理系统已在山东省济宁市灌区试点建设。该项技术有利于提高灌区的科学管理水平,对灌区智慧化与信息化建设有重要意义。

[参考文献]

[1] 国家计量局计量法规处. 中华人民共和国国家计量检定规程汇编——流量[M]. 北京:中国计量出版社,2002:381-383.
[2] 田志刚,李延开,李浩. 巴歇尔量水槽选型安装存在问题及建议[J]. 山东水利,2018(7):1-2+8.
[3] 美国内务部垦务局. 现代灌区自动化管理技术实用手册[M]. 高占义,谢崇宝,程先军,译. 北京:中国水利水电出版社,2004:237-239.
[4] 祝春江. 巴歇尔槽在明渠中的应用[J]. 山西水利,2021(4):47-48.
[5] 中华人民共和国水利部. 灌溉与排水工程设计标准:GB 50288—2018[S]. 北京:中国计划出版社,2018.
[6] 中华人民共和国水利部. 灌溉渠道系统量水规范:GB/T 21303—2017[S]. 北京:中国标准出版社,2017.
[7] 中华人民共和国水利部. 水文基本术语和符号标准:GB/T 50095—2014[S]. 北京:中国计划出版社,2015.
[8] 水利部水文局. 水工建筑物与堰槽测流规范:SL 537—2011[S]. 北京:中国水利水电出版社,2013.

[作者简介]

田野,男,生于 1980 年 3 月,工程师,主要研究方向为水利信息化、农村供排水,15069150136,skytianye@shandong.cn。

多波束技术在淮河流域水下测量中的应用探析

秦超杰　姚　瑞

（淮河水利委员会通信总站　安徽　蚌埠　233001）

摘　要：当前，为贯彻习近平生态文明思想，在推动淮河流域新阶段水利高质量发展、加快复苏河湖生态环境的背景下，顺应持续推动断流河道与萎缩干涸湖泊修复、河湖生态保护治理、地下水超采综合治理、水土流失综合治理等的新要求，水下地形测量在河湖管理、采砂监管、岸线利用以及河道治理等方面起着十分重要的作用，有利于河道生态的持续稳定发展。基于此，本文通过对水下多波束、侧扫声呐等测量技术工作原理的研究和分析，提出了无人船水下多波束三维测量的应用模式，并结合实例分析了该技术在河道水下地形测量中的具体应用情况，获得精确的水下地形数据和水底地貌影像，提高水下地形测量工作的效率与质量，旨在为相关河道治理和采砂监管工作提供有价值的参考。

关键词：多波束探测；侧扫声呐扫测；无人船；水下测量

1　引言

2022 年，水利部印发《关于强化流域治理管理的指导意见》和《2022 年河湖管理工作要点》，明确要求从河流整体性和流域系统性出发，严格河湖水域岸线空间管控和河道采砂管理，纵深推进河湖"清四乱"常态化规范化，建设健康美丽幸福河湖[1]。淮委结合流域实情和工作实际，在淮河流域《"十四五"时期复苏河湖生态环境实施方案》中也明确提出统筹淮河流域水资源与水域岸线空间，重点抓好河湖生态保护治理等七个方面 27 项任务的 2025 年目标，努力打造让流域人民满意的幸福河湖。

新形势下，在淮河流域大力推进数字孪生流域建设，强化数字赋能，提升监管水平的背景下，实现对淮河干流及重点河段、敏感水域的实时监控，提升河湖监管信息化水平。在采砂监管、航道疏浚、河道施工、应急救援等方面，水上可通过遥感影像、无人机、智能视频等信息技术实现监管，但水下地形测量一直是薄弱环节，对水下实景还原和河床准确数据缺少必要的技术支撑。

在水下地形测量中，传统作业主要以人工使用 RTK、测量船、皮划艇等方式完成。浅滩区域常常采用人工带着 RTK 的作业方式，但是水下作业较为危险，而且效率低，皮划艇难以固定，测量精度难以满足要求。在测量船上，由于船体较大，吃水较深，一些浅水区域无法进入，从而无法获取高精度的水下地形地貌数据。针对这一现状，采用无人船搭载测深仪的作业模式可有效解决传统测量作业效率低、受地形因素限制较大的问题。本文介绍的搭载多波束、侧扫声呐的无人船就能够测量河道断面线上的各地形点的高低起伏情况，并绘出河道横断面图和水下三维地形图，为河湖管理和生态保护提供科学及正确可靠的原始数据。

2　多波束技术

2.1　多波束测深原理

多波束测深系统是高性能计算机数据处理技术、水声学声呐探测技术、组合惯导技术和高精度数字化辅助传感器技术的高度集成。多波束测深仪打破了单波束测深仪"以点成线"的工作方式,采用智能化、高效率点云数据处理的工作模式,实现了"以线成面"的全覆盖、立体化成图。其工作原理是多波束甲板单元控制发射换能器基阵产生一定覆盖角度的扇形声波,利用接收换能器阵列对触碰到河底的回波进行窄波束接收,通过发射、接收扇区的"十字交叉"形成河床地形的"波束脚印",再对这些脚印进行恰当处理,一次探测就能给出与航向垂直的垂面上上百个甚至更多的被测点的水深值,从而能够精确、快速地测出沿航线一定宽度内水下目标的大小、形状和高低变化,比较可靠地描绘出水下地形的三维特征[2]。多波束测深原理示意图如图 1 所示。

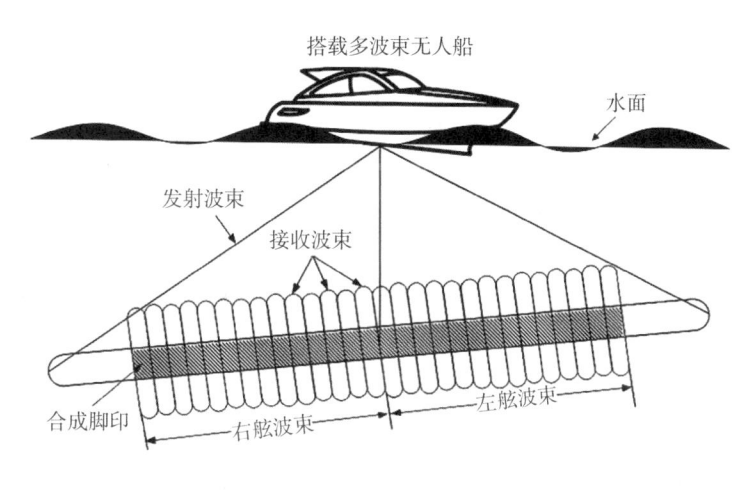

图 1　多波束测深原理示意图

2.2　无人船多波束测量技术

无人船多波束测量技术是一种以无人船为载体,集定位、多波束和惯导于一体的水下三维地理信息数据采集技术。它具备组装简易、姿态校正快捷、携带方便、完整全面、测量精度高等优点。该系统可通过岸上架设基准站提供动态实时差分(RTK)信号,为无人船多波束测深平台提供准确实时定位(也可以通过船载定位系统提供多波束平台位置,岸基同时进行静态测量获取后差分数据处理所需的数据,类似于机载激光测量),多波束测取换能器与地物的距离,并实时通过船上惯导进行姿态纠正,从而直接获得准确的水下三维地理坐标,再通过参数转换获取目标成果。

多波束技术具备独特的曲面阵列声呐,波束旋转解决了传统多波束无法扫测航道边缘及浅滩的问题,实现 210°水下全覆盖,中心波束可旋转扫测浅滩。可旋转波束工作示意图如图 2 所示。

图 2　可旋转波束工作示意图

2.3　多波束测深系统组成

多波束探测系统在水下测深中得到广泛应用。从设备结构单元来看,其包含测深设备、定位设备、罗经运动传感器、声速剖面仪和辅助设备 5 个单元。其中探测设备多波束换能器决定了整个系统的数据分辨率。差分接收机是全系统的定位装置,其在障碍物定位测量中发挥着控制测量的作用。在多波束测深作业中,罗经运动传感器能实现测量船实时姿态及航向数据的有效采集。声速剖面仪用来测量河道区域的声速剖面数据,用于校正声速曲线。此外,辅助设备包含了导航和数据处理软件。通常水深探测的数据采集、显示和处理均是通过软件操作完成的。

3 侧扫声呐技术

3.1 侧扫声呐基本原理

侧扫声呐的工作原理是通过左右两侧的换能器阵,向两侧发射声脉冲,声波以球面波方式向外传播,碰到水底或水中物体会形成反射波或者反向散射波(回波),回波会按原传播路线返回,近距离的回波先到达换能器,远距离的回波后到达换能器,通过接收水下物体的回波来发现目标。不同硬度、粗细和高度的河床底质,回波强度是不同的,河床粗糙、坚硬、凸起的区域,回波较强;河床平滑、软底、凹陷的区域,回波较弱;在声波被遮挡的区域不产生回波,形成"阴影区";距离声呐越远的区域回波越弱。利用声呐处理单元和软件对这一系列脉冲进行数字化处理,并显示在显示器上,每一点显示的位置与回波接收的时刻对应,每一点的亮度和回波的强度有关[3]。将每一发射周期的接收数据一线接一线地纵向排列,在显示器上显示就构成了二维河床地貌声图,声图平面和河床平面成逐点映射关系,声图的亮度包涵了河床的特征。侧扫声呐系统工作示意图如图3所示。

3.2 侧扫声呐系统组成

一套完整的侧扫声呐系统主要由五个部分组成。

(1)拖鱼:声学收发系统;侧扫声呐"鱼"是一个流线型稳定拖曳体,拖鱼由左右换能器线列阵、电子舱、尾翼、拖曳钩及壳体组成;

(2)拖缆、数据线缆及绞盘:用来拖曳拖鱼以及声呐信号传输;

(3)甲板单元:用来控制拖鱼发射接收声波信号;

(4)定位设备:用于输出定位信息;

(5)工作站:运行相关软件来控制整套系统,可显示、记录、存储和处理侧扫数据。

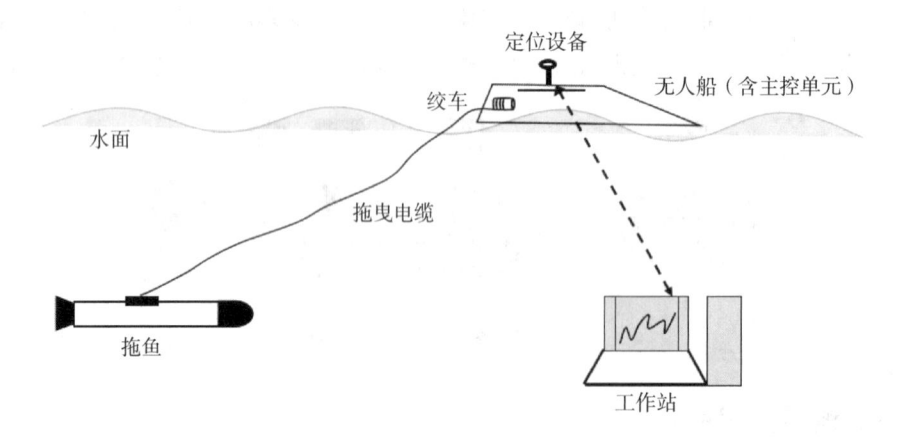

图 3 侧扫声呐系统工作示意图

4 无人船搭载多波束的作业模式

4.1 水上水下三维一体化扫描

水上三维模型主要通过无人机(固定翼,多旋翼)配合荷载(测绘正射镜头,五拼镜头)的前端采集和后期的软件(大疆智图,cc,smart3D)合成来生成。利用无人机制作的正射影像,还可以查勘无人船方便下水作业及施工测量的位置,定位出无人船系统施工区域坐标。水下三维地形由无人船搭载多波束测深系统进行水下扫描,再通过软件合成所获得。无人机结合无人船获得水上水下三维影像,能够直观地反映出河道区域地形地貌。

4.2 无人机机载激光和无人船多波束协同作业

无人机机载激光和无人船多波束的工作原理相似,二者可协同作业。在岸上架设同一基站,基站同时开启静态记录和动态差分模式,静态数据采集可供无人机机载激光和无人船多波束 GNSS 定位同时使用,动态 RTK 也同步供无人船 GNSS 定位使用。无人机和无人船进行半自动化或全自动化作业,两套系统共用同一基站,同时独立获取三维地理数据。

4.3 水上水下一体化模型与 GIS 地理信息系统融合

无人船搭载多波束获得的水下三维点云模型,与无人机倾斜摄影模型,根据统一的平面坐标,可以准确加载到 GIS 地理信息平台,实现水上水下一体化模型与卫星地图的无缝对接,形成多维数据的融合展示。

5 淮河流域应用案例

5.1 淮河干流河南境内某河段航道养护项目水下三维扫描

作业要求:航道扫测,为探明航道内泥沙淤积情况进行水下测量,并与设计的疏浚长度、清淤底高程、清淤深度等进行对比。

作业方式:使用集成多波束进行作业,无须进行校准,提高效率。

区域划分:约 1 km 疏浚河道,共分为 5 个测区。

作业目标:测量出河底地形数据,与设计底高程对比,得出是否超采。

作业结论:经现场测量,得出了该河道测量区域内淮河河底实测高程,实测数据低于航道设计底高程,疑似存在超采,计算出超采量。

河床区域三维横断面图如图 4 所示。

5.2 亳州市涡河某河段疑似偷采、盗采情况

根据河道管理部门暗访调查,淮河流域亳州市涡河某河段岸边存在堆砂痕迹、沙堆,疑似存在盗采河砂的违法行为。根据工作需要,利用搭载多波束设备的无人船进行水下作业,对问题河段进行水下三维扫描测绘。通过水下地形测量和比对,发现测区河段内存在明显异常区,坑洞区水深明显超过整体河床,并计算出具体方量,数字化清晰重现水下三维地貌,得出准确数据,为河湖管理部门监管决

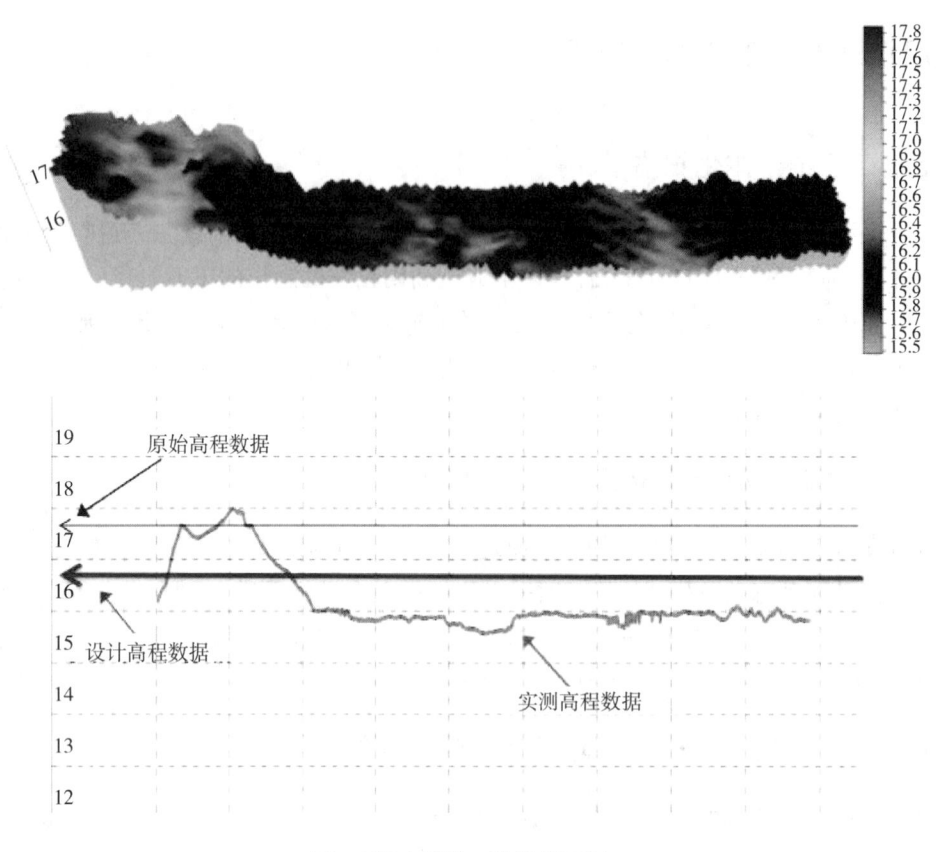

图 4　河床区域三维横断面图

策提供有力技术支持。

水下三维地形图如图 5 所示。

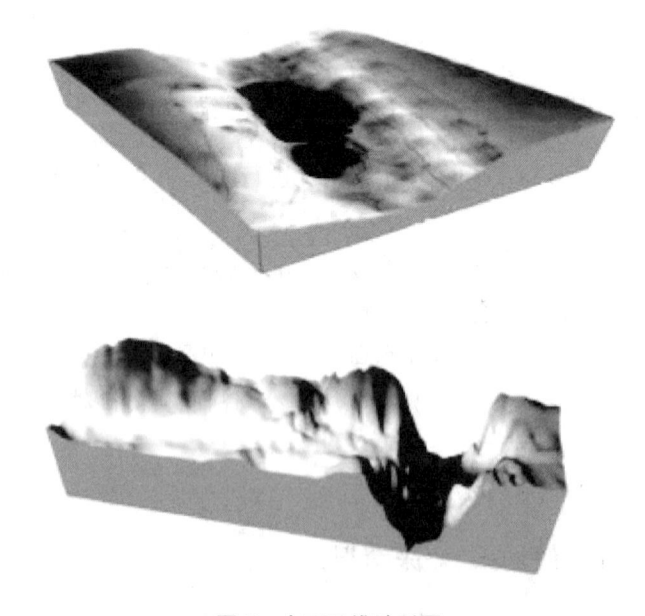

图 5　水下三维地形图

6 无人船系统应用分析

在以往的水下地形测量中,主要是将探测仪和 GNSS 接收机固定在载人船上,然后到指定的位置进行水深等参数的测量工作,以获取更多的位置坐标信息。但是这种测量方式在实际的操作过程中,易受到外界环境的影响而出现测量误差,如风浪和人为操作导致的误差等。同时,传统水下地形测量的方法不仅精度不高,而且作业时间长、投入成本大、危险性比较大,制约了河道治理工作的长期发展。此外,应用传统的水下地形测量方法在浅滩和浅水区进行测量时,对外界环境的要求比较高。而无人测量船系统中有效融合了信息化、智能化的技术,如 GPS 定位技术、无人测量船智能导航技术、自动避障技术、实时通信技术和声呐测深技术等,可以更好地避免外界因素的影响,在各种环境中都能稳定地开展水下地形测量工作。通常只需要在导航设备和测深仪中将所需的工作指令编辑好,就可以实现对各种类型水域的水下地形的稳定有效的测量,智能无人测量船技术在河道疏浚、水下测绘、工程监管等方面发挥了十分重要的作用,也避免了人为测量的风险性,为工作人员提供了安全的工作条件[4]。在实际应用中,对于无人船搭载多波束进行水下三维地形测量,有几点体会如下:

(1)在应用多波束无人船进行水下地形测量作业时,要充分考虑现场风浪的影响,确保风力等级在 6 级以下,并且无人船在测量时应避免前后左右摆动过大,可视情况选择暂停或停止作业。

(2)搭载多波束的无人船在行驶时需要尽量保持匀速、直线航行,转向或变速时需要及时进行定位,且缓慢转弯,避免出现问题。

(3)在实际的测量过程中,由于鱼群、水草以及其他物质的存在,应用声呐测深仪测量得到的数据难免会存在噪点、跳点或者伪数据,因此,工作人员在进行水深数据处理时首先要利用中值滤波法或其他有效方法进行去噪,对于特征点和没有处理的噪点需要加以人工识别,确保数据的准确性[5]。

(4)一般情况下,采用无人船搭载多波束在 1 min 能完成上万个测点,并且能达到全覆盖测量,大大增加了单位时间内完成的测量面积。

(5)多波束无人船提高了浅水区域测量精度,测量船本身安装有姿态传感器,有效避免因船体姿态引起的误差,输出的水深点密度也足够大,提高了浅水区域的水深精度[4]。

7 结论与展望

无人船测量技术是近年兴起的水下测绘领域船基作业模式,搭载多波束设备可以对水下进行全覆盖测量,获得高精度的水下地形点云数据,是河道检测、采砂监管、工程验收、疏浚工程量计算等的主要依据。同时,该技术有效解决了浅水区域地形数据的获取问题,提高了作业效率,显著降低了作业成本。本文结合淮河流域内的河段区域水下测量应用情况,从多波束测深原理、系统组成、应用模式等方面研究了多波束声呐探测技术用于河道治理与监管的技术体系。研究表明该技术不仅能够解决高精度的水下地形地貌数据的问题,也拓宽了多波束技术在水利行业日常监管中的应用,该技术应用具有很大的推广价值,后续值得更进一步的研究。

[参考文献]

[1] 中华人民共和国水利部.2022 年河湖管理工作要点[Z].2022.
[2] 何亮,项超超,李端有.多波束探测技术在坝下游冲坑检测中的应用[J].水利水电快报,2018,39(9):54-56+60.

[3] 徐媛媛,高上.侧扫声呐和多波束测深系统在内河航道养护中的应用分析[J].科学与信息化,2020(23):9-10.
[4] 李杰方.无人船搭载多波束在水下地形测量中的应用[J].工程技术研究,2020,5(13):109-110.
[5] 胡翔志.智能无人测量船在河道水下地形测量中的应用[J].工程技术研究,2020,5(13):107-108.

[作者简介]

秦超杰,男,生于1981年10月,高级工程师,主要研究方向为水利信息化,13909652207,0552-3093867,qcj@hrc.gov.cn。

骆马湖水生态现状和修复措施研究

庞兴红[1] 袁希功[2]

(1. 淮河水资源保护科学研究所 安徽 蚌埠 233001；
2. 淮河水利委员会淮河流域水土保持监测中心站 安徽 蚌埠 233001)

摘　要：由于骆马湖资源的过度开发，湖泊健康遭受威胁，水生态、水环境等问题突出，复苏骆马湖生态环境已成为骆马湖沿湖地区社会经济绿色可持续发展的当务之急。本研究以水生态系统理论为基础，将骆马湖水生态系统分为水环境和水生生物两个要素，综合分析了骆马湖水生态现状，探究骆马湖存在的典型生态问题并分析原因，提出了生态保护与修复的对策措施，为复苏骆马湖生态环境提供科学依据。

关键词：骆马湖；现状；保护对策；复苏；生态环境

骆马湖是沂沭泗流域下游重要防洪调蓄湖泊，沿湖圩区的排涝承泄区，是南水北调东线工程的重要调蓄湖泊，徐州市重要供水水源地，宿迁市、新沂市饮用水水源地保护区，宿迁市补充供水水源地。骆马湖是江苏省重点湿地自然保护区，承担着保护生物多样性、维持生态平衡、调节气候、生物净化等生态功能。骆马湖拥有丰富的湖泊资源，多年来，沿湖地区对湖泊资源的开发利用，提高了该地区人民的生活水平，促进了当地的社会经济发展，但对湖泊资源的无序、过度开发，削弱了骆马湖综合功能的发挥，湖泊健康遭受严重威胁，防洪、水生态、水环境等问题突出，给沿湖地区社会经济绿色可持续发展带来不良影响，复苏骆马湖生态环境已经成为骆马湖绿色可持续发展的当务之急。摸清骆马湖水生态面临的现状，对骆马湖生态环境可持续发展具有重要作用。

本文在系统分析2011—2019年骆马湖水环境状况和水生生物现状的基础上，指出了目前骆马湖水生态存在的问题，并有针对性地提出了水生态保护和修复的建议措施，以期为改善和复苏骆马湖水生态环境提供重要依据。

1　骆马湖水环境现状及问题

1.1　水环境现状

1.1.1　水质资料

本文收集了2011—2019年骆马湖湖区（湖心）、骆马湖湖区（南）、骆马湖湖区（西）、骆马湖湖区（东）、骆马湖湖区（北）5个区6个水质断面相应的逐月实测水质资料，均为原始整编资料（见图1）。

1.1.2　水质结果

根据收集的骆马湖湖区各控制断面9年内（2011—2019年，每月1次）监测数据，对主要水质因子高锰酸盐指数、COD、氨氮、总磷、总氮季均值进行趋势分析（见图2~图6）；根据《全国重要江河湖泊水功能区划（2011—2030年）》，骆马湖水质目标为Ⅲ类，结果如下：

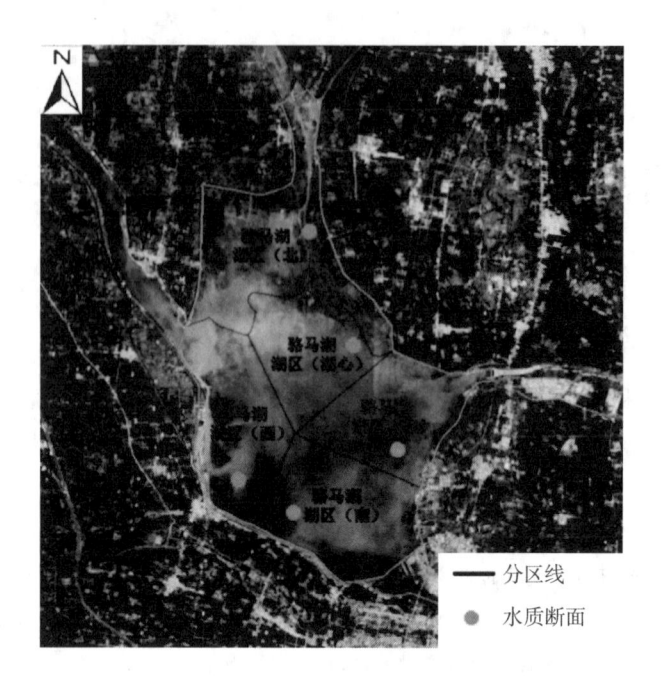

图 1　骆马湖水质监测断面及分区图

骆马湖湖区(北)2011—2019年总磷达标率44%,9年内浓度呈上升趋势;总氮长期超标,9年内浓度呈下降趋势。

骆马湖湖区(西)2011—2019年高锰酸盐指数达标率89%,9年内浓度呈下降趋势;COD达标率89%,9年内浓度呈下降趋势;总磷达标率56%,9年内浓度呈上升趋势;总氮达标率22%,9年内浓度呈下降趋势。

骆马湖湖区(湖心)2011—2019年总磷达标率56%,9年内浓度呈上升趋势;总氮长期超标,9年内浓度呈下降趋势。

骆马湖湖区(东)2011—2019年总磷达标率67%,9年内浓度呈上升趋势;总氮达标率33%,9年内浓度呈下降趋势。

骆马湖湖区(南)2011—2019年总磷达标率67%,9年内浓度呈上升趋势;总氮达标率22%,9年内浓度呈下降趋势。

根据骆马湖湖区各断面水质综合评价,可以看出骆马湖湖区(北)、骆马湖湖区(西)、骆马湖湖区(湖心)3个水产养殖面积较大的片区水质相对较差。

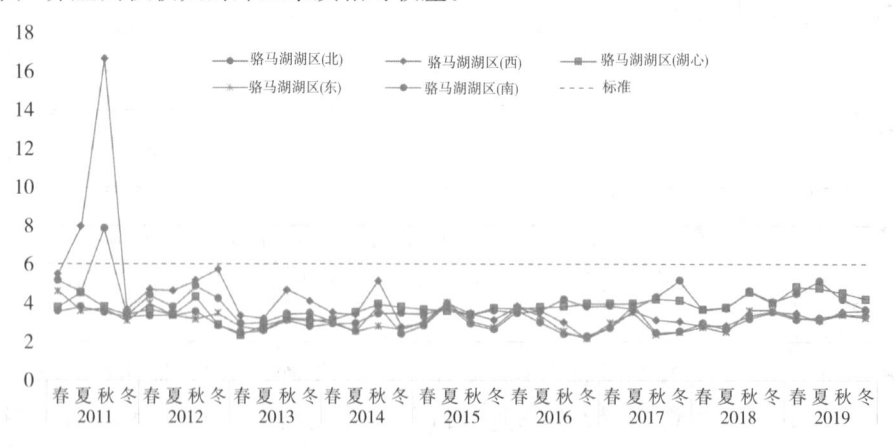

图 2　骆马湖湖区控制断面水质趋势分析(高锰酸盐指数,单位:mg/L)

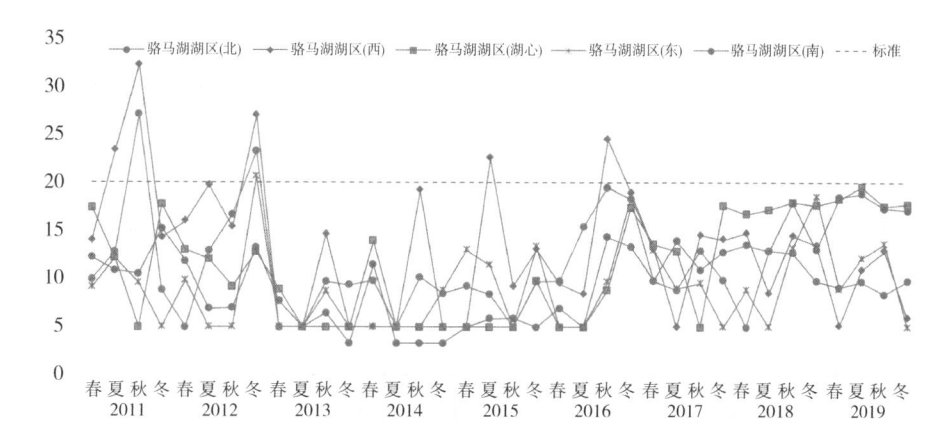

图 3　骆马湖湖区控制断面水质趋势分析(COD,单位:mg/L)

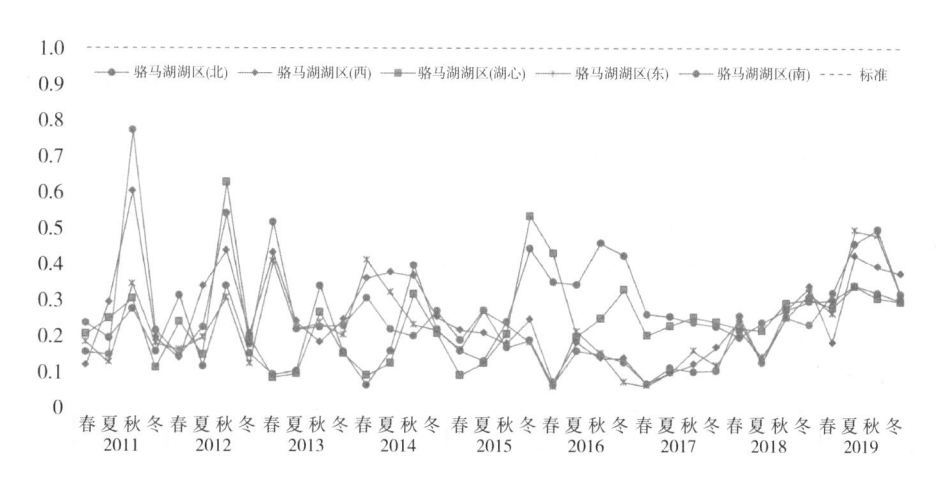

图 4　骆马湖湖区控制断面水质趋势分析(氨氮,单位:mg/L)

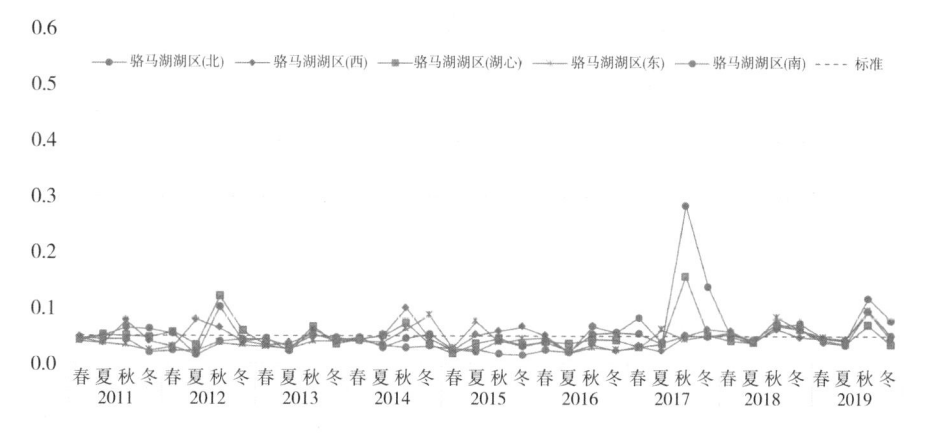

图 5　骆马湖湖区控制断面水质趋势分析(总磷,单位:mg/L)

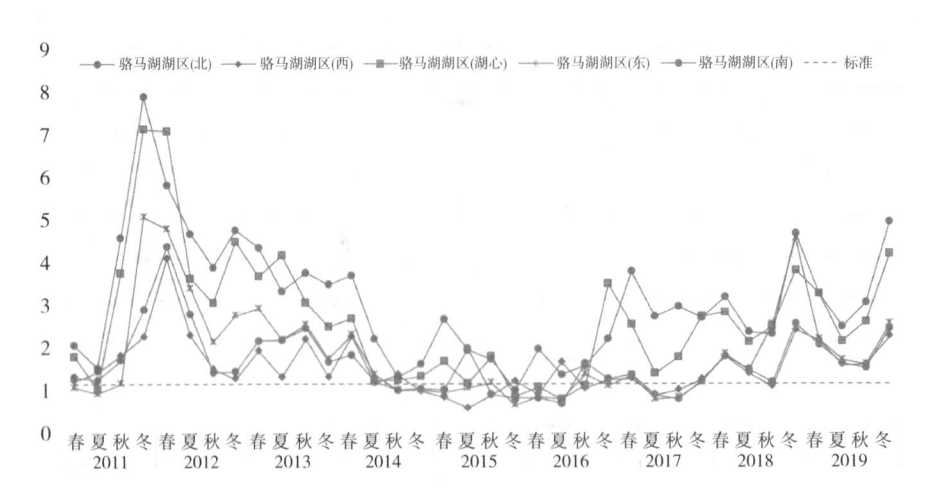

图 6　骆马湖湖区控制断面水质趋势分析(总氮,单位:mg/L)

1.2　水环境问题及成因

骆马湖湖区水质尚未得到根本好转,湖区水质类别总体在Ⅲ类～Ⅳ类之间;富营养化存在一定的风险,湖体营养状态总体处于中营养-轻度富营养之间。

根据骆马湖各湖区 2019 年的水质可知,各片区水质由好到差排序为:骆马湖湖区(湖心)、骆马湖湖区(南)、骆马湖湖区(西)、骆马湖湖区(东)、骆马湖湖区(北)。分析总磷情况,发现骆马湖除湖心区达标外,其他 4 个湖区水质均为Ⅳ类(超标倍数为 0.09～0.41)。结合各片区周边现状,分析各片区水质差的原因如下:

(1) 骆马湖湖区(北)总磷月均值超标,超标倍数为 0.41。由于该湖区水产养殖业迅猛发展,沿岸多为圈圩鱼塘和围网养殖,大量的圈圩养殖是该片区的主要污染源;农业面源污染(皂河镇、棋盘镇等)及周边村镇、渔民生活污水的排放等是该片区水质差的又一原因;沂河携带的污染物亦是该片区的一个污染源。

(2) 骆马湖湖区(东)总磷月均值超标,超标倍数为 0.18。水质超标倍数不大,该片区水质受北部养殖来水影响较大,其次是周边村镇(新店镇、晓店街道等)农业面源和生活污水的影响。

(3) 骆马湖湖区(西)总磷月均值超标,超标倍数为 0.12。该片区水质超标原因主要包括沿岸圈圩养殖、中运河来水、湖西航道航运、周边农业面源和生活污水。

(4) 骆马湖湖区(南)总磷月均值超标,总磷月均超标倍数为 0.09,总氮月均超标倍数为 0.77。该片区水质略有超标,相对较好。该片区水质超标主要是航道航运和周边农业面源的影响。

(5) 骆马湖湖区(湖心)处于湖心区域,总磷月均值达标。该片区水质受新沂、宿迁圈圩养殖及新沂围网养殖的影响较大,其次是受周边几个片区营养物质的推移影响。

2　骆马湖水生生物现状及问题

本次水生生物现状主要采用淮河水资源保护科学研究所编制的《淮河流域河湖(骆马湖)健康评估》(2019 年)中的调查成果。

2.1　底栖动物

近年来骆马湖软体动物资源衰退较为剧烈,已演变为寡毛类占据优势地位的种群格局,导致其生物量相较密度下降更为剧烈。Shannon-Wiener 指数和 Margalef 指数均值都不超过 2，物种丰富度较低。底栖动物现存量远低于历史记录结果，这可能与 20 世纪 90 年代骆马湖软体动物密度和生物量处于较高水平有关。

骆马湖大型底栖动物群落结构变化显著可能有以下两方面的原因：一方面，随着周边地区工农业生产的发展和人口压力的加剧，工业废水、生活污水和农业面源污染大量增加，尤其是大面积围网养殖，导致富营养化程度不断提高，水体底层可能会出现低氧甚至缺氧环境，而河蚬喜好砂质淤泥底质，对低氧环境的耐受性较差，低氧条件会对河蚬的生存造成负面影响。另一方面，近 10 年大规模采砂可能是另一个重要影响因素。根据调查结果，高强度的采砂活动改变了原来的湖盆形态，且在湖底形成了许多深浅不等的沙坑，沉积物结构受到严重破坏，部分采砂区无任何底栖动物和水生植物，"水下荒漠"日益严重。

2.2 水生植物

采砂之前，骆马湖水生植物集中分布在西部的浅水湖区和北部的消落区，以沉水植物为主，优势种依次为金鱼藻、菹草、苦草等，这几种水生植物的生物量之和占全湖总生物量的 90% 以上。受黄砂开采影响，湖区原有的地形、地貌受到破坏，开采后有的区域水深达到几十米，使得原有优势种生物量减少，生态系统遭受破坏，但营养盐并未因黄砂开采而降低，水体富营养化程度加大，直接导致水生植物群落发生变化。原先在东部敞水区的菹草种子复活，加上适宜的温度、湿度和丰富的营养盐，又没有制约条件的出现，使得菹草逐步成为湖中水草优势种群。此外，空心莲子草，俗称"水花生"，任其发展可能会影响本地土著植物的生存空间。

2.3 鱼类

骆马湖鱼类小型化现象明显，一方面，优势种中小型鱼类的比例较大，刀鲚、餐鲦、似鳊、麦穗鱼等小型野杂鱼类的优势度较大；另一方面，一些经济鱼类的体型偏小，如鲫的尾均质量仅为 48.9 g。在本次调查采集的渔获物中，刀鲚、间下鱵、大鳍鱊、鲫、红鳍原鲌等 5 种鱼类数量占比较高，总计达 69.41%。其中刀鲚数量占比最高，其次为间下鱵，说明骆马湖鱼类资源趋向于小型化和单一化；而渔获物中重量占比较高的物种以鲢、鳙、鲫等为主，但数量占比较低。湖中大型肉食性鱼类数量占比和重量占比均较低，这与湖中极为丰富的饵料资源（小型鱼类）现状形成反差，虽然肉食性鱼类的饵料可得性更高，但其种群规模却相对较小，从侧面反映出骆马湖捕捞强度较高。

骆马湖鱼类物种多样性下降，结合骆马湖历次鱼类资源调查结果，骆马湖共有鱼类 89 种。其中，周化民等 1993 年采集到骆马湖鱼类 56 种，冯照军等 1998 年和 2003 年在新沂骆马湖湿地共采集鱼类 76 种，唐晟凯等 2013 年在骆马湖共采集到 57 种，朱滨清等 2017 年在骆马湖采集到 54 种，中科院水生所 2019 年在骆马湖只采集到 37 种鱼类，本次调查共发现鱼类 58 种，可以看出骆马湖鱼类物种多样性下降趋势明显。

造成骆马湖鱼类资源小型化的原因是多方面的：持续的高强度捕捞导致个体较大、生命周期较长的高营养级捕食者逐步减少，并导致渔获物的组成向个体较小、营养层次较低、经济价值不高的种类转变，过度捕捞加速了鱼类资源小型化进程；小型鱼类的种群补偿机制变化可能是鱼类资源小型化的内在因素，近年来骆马湖营养水平提高和肉食性鱼类减少可能引发刀鲚、银鱼、黄颡鱼和红鳍原鲌等小型鱼类卵、幼鱼存活率提高。

3 骆马湖水生态保护及修复措施

3.1 水质净化修复措施

加强中运河、沂河水环境综合整治,建议于河道两侧建设缓冲带,减少河道两侧的高强度人为干扰,同时借助缓冲带的氮磷拦截功能,进一步净化沿河农田径流,保持与改善入湖河流水质,基本形成基于空间布局的面源污染控制体系。

对跨省入湖河流(中运河、沂河)实施水环境补偿,依据"保护者受益、享用者补偿、污染者付费、破坏者修复、损害者赔偿"的原则,分析省界断面水环境质量,评估水质影响范围内的损益程度,制定水质保护多目标方案,在科学比选的情况下,建立骆马湖跨省河流水环境补偿框架。

入湖河流河口实施生态净化工程,对捕捞底栖动物的行为进行专项整治行动,组织入湖河流浅水河口处底栖动物的增殖放流,定期监测动物种群结构并加以应对;在浅滩河口处种植水生植物(沉水植物、挺水植物等),进一步净化入湖水质,水生植物应采用本地品种。

3.2 生物多样性保护与修复措施

水生植被恢复:建立水生植物禁割区,设立禁割期,尤其要保护好现有以水生植物为产卵基质的天然产卵场所。采用法律手段对收割水生植物的船只进行管理,以期实现适度化收割可食用水生植物,对于不能食用的水生植物(如空心莲子草),应采取收割的方法限制其发展。

鱼类资源保护:目前骆马湖已构建了较完善的鱼类增殖放流管理体系,本文建议加大增殖放流规模;开展鱼类洄游通道与产卵场研究,推进河湖连通等水利工程措施与产卵场生态修复工程;通过限制发放捕捞证数量和延长禁捕时间降低渔业捕捞强度,减缓鱼类资源小型化进程,建议将骆马湖禁渔期推长至 8 月 31 日,延长亲鱼繁殖保护期;建议渔业管理部门加强与有关单位的协同合作,完善基于生态系统的渔业管理模式,实现骆马湖渔业的有序管理和可持续发展。

湖底生态修复:对湖底地貌进行勘察,对采砂形成的人工浅滩与谷壑进行吹填或疏浚;专项整治捕捞底栖动物的行为,有计划地对底栖水生动物进行经济捕捞,组织底栖动物放流,定期监测动物种群结构并加以应对,做到底栖动物资源的开发性保护和可持续利用。

3.3 湿地保护与修复措施

严守生态保护红线:以骆马湖(宿豫区)重要湿地、新沂骆马湖湿地自然保护区、宿迁骆马湖湿地市级自然保护区及新沂骆马湖省级湿地公园为重点,在对维护区域生态安全具有重要生态系统服务功能的区域实施最严格的生态保护,统筹骆马湖岸线资源,严格水域岸线用途管制。

积极修复、保护生态空间:因地制宜采取湖岸带水生态保护与修复、植被恢复等措施,实施湿地综合治理,减少人类活动干扰,恢复湿地生态功能;提升生态系统整体功能,以现有的湿地等生态系统为依托,因地制宜扩大湖区浅滩湿地面积,保护水生生物资源和水生态环境,维护与修复重要区域的水生态功能;加强湿地保护与管理能力建设,建立湿地保护制度。

4 结语

优质的生态环境是最普惠的民生福祉,提升骆马湖水生态环境质量和稳定性是实现骆马湖功能永续利用的重要举措之一。本文针对骆马湖存在的水生态问题提出的保护及修复措施,对实现骆马湖生态环境复苏及绿色可持续发展有重要意义。

[参考文献]

[1] 储凯锋.生态文明视角下的淮河流域水生态保护研究[J].山东农业工程学院学报,2019,36(11):71-74.

[2] 叶玲.骆马湖面临的环境问题和保护对策[J].污染防治技术,2015,28(6):87-88+96.

[3] 郎励贤,刘卓,孟博.复苏河湖生态环境 实现河湖功能永续利用[J].水利发展研究,2021,21(9):15-17.

[4] 张金良.黄河流域河湖生态环境复苏研究[J].水资源保护,2022,38(1):141-146.

[5] 滕玥.南水北调东线工程复苏河湖生态环境[J].环境经济,2021(20):60-61.

[作者简介]

庞兴红,女,1986年4月生,工程师,主要研究方向为水生态保护,18119709258,645878432@qq.com。

闸坝建设对河流型湿地生态环境影响与保护对策

李汉卿[1]　周亚群[1]　庞兴红[1]　胡闽[2]

（1. 淮河水资源保护科学研究所　安徽 蚌埠　233001；
2. 武汉市伊美净科技发展有限公司　湖北 武汉　430000）

摘　要：河流型湿地是自然湿地主要类型之一，湿地呈现典型的"河流型"特征。闸坝建设对湿地生态环境造成的影响越来越受到人们的关注。本文以典型的河流型湿地——安徽淠河国家湿地公园为例，分析了闸坝建设对湿地生态环境的影响，提出建立季节性水位调控机制、确保生态流量、开展植被修复、营造鸟类栖息地等保护措施，以期为河流型湿地生态环境保护与修复提供参考。

关键词：河流型湿地；生态影响；保护对策

1　引言

湿地作为地球上最具生产力的生态系统之一[1]，具有涵养水源、净化水质、调蓄洪水、调节气候和维护生物多样性等重要生态服务功能，被誉为"地球之肾""物种基因库"。目前，我国已建立湿地自然保护区602处，指定国际重要湿地64块，国家湿地公园达到901个，湿地保护率达到55%，初步形成了以自然保护区和湿地公园为主体的湿地保护管理体系。同时，我国湿地保护法律体系也日臻完善，自2022年6月1日起施行的《中华人民共和国湿地保护法》是我国首部专门针对湿地保护的法律。这部法律的正式出台，标志着我国湿地保护由此开启历史新纪元，进入法治化发展新阶段。

河流型湿地是以自然河流为载体形成的湿地类型，是自然湿地主要类型之一[2]。河流型湿地因地理、气候等自然禀赋的影响，呈现典型的"河流型"特征，具体表现为：①物种资源较为丰富；②季节性洪水导致湿地边缘处于不稳定状态[3]；③受人类活动影响大。至2019年，我国已建立河流型国家湿地公园532处[4]，占全国国家湿地公园总数的59.2%。因此，河流型湿地是湿地生态系统的重要组成部分，在我国湿地生态保护中处于十分重要的地位。

闸坝工程是重要的水利工程建筑物，在防洪、治涝、灌溉、供水、航运、发电等方面发挥着巨大的效益和作用[5]，与此同时，闸坝建设所带来的生态环境影响也越来越受到人们的关注[6]。本文以典型的河流型湿地——安徽淠河国家湿地公园为例，采用图形叠置法、生态机理分析法等开展闸坝建设对河流型湿地生态环境影响分析，在此基础上提出保护对策，以期为河流型湿地生态环境保护与修复提供参考。

2　项目背景

（1）安徽淠河国家湿地公园概况

安徽淠河国家湿地公园位于安徽省六安市区西北部淠河中游。湿地公园共分湿地保育区、合理利用区、湿地恢复区 3 个功能区，总面积 4 560.91 hm²，其中湿地面积 3 858.99 hm²，湿地率 84.61%，是典型的河流型湿地。湿地所在区域属北亚热带季风气候，四季分明，季风显著，气候温和。受季风影响，降水量时空分布不均，6—8 月降水量约占全年的 40% 以上，年际变化较大，丰枯水年份降水量可相差数倍。受淠河季节性洪水的影响，湿地植物群落具有以下特点[7]：①沿河交接处植物具有两栖性；②消落带呈现季节性变化；③河岸旱生植物种类复杂多样；④水域植物多样性不足。

根据资料收集和现场调查，安徽淠河国家湿地公园保护区内分布有维管束植物 298 种，隶属于 96 科、228 属；陆生脊椎动物有 4 纲 24 目 55 科 104 种；鱼类 5 目 11 科 31 种，以鲤科鱼类占绝对优势；两栖类 5 科 15 种；爬行类 2 目 8 科 26 种；鸟类 129 种，隶属 14 目 34 科。保护区内有国家一级重点保护野生动物 2 种，国家二级重点保护野生动物 7 种，国家二级保护植物 2 种，安徽省重点保护野生动物 26 种。湿地公园重点保护野生动植物情况见表 1。

表 1　湿地公园重点保护野生动植物情况

保护级别	野生植物	野生动物
国家一级保护	—	鸟类：中华秋沙鸭、黑鹳
国家二级保护	野大豆、野菱	鸟类：白琵鹭、小天鹅、鸳鸯、黑鸢、红隼、褐翅鸦鹃和斑头鸺鹠
安徽省重点保护	—	两栖类：中华蟾蜍、花背蟾蜍、黑斑蛙、金线蛙和棘胸蛙 爬行类：乌龟、中华鳖、王锦蛇、黑眉锦蛇和乌梢蛇 鸟类：四声杜鹃、大杜鹃、灰头绿啄木鸟、家燕、金腰燕、黑枕黄鹂、灰喜鹊、普通鸬鹚、绿头鸭、斑嘴鸭、绿翅鸭、赤麻鸭、环颈雉、棕背伯劳、红尾伯劳、画眉

(2) 闸坝与湿地保护区的位置关系

淠河六安市城南水利枢纽位于六安市裕安区淠河中游商景高速公路桥下游约 1 200 m 处，工程具有拦蓄上游来水、营造生态湿地、改善两岸水生态环境等综合功能，是创建人水和谐、宜商宜居六安水城的重要基础设施之一。枢纽为Ⅲ等中型工程，包括 36 孔节制闸、岸翼墙、上下游引河及左右岸导流堤等。

闸址位于六安淠河国家湿地公园合理利用区内，其回水段长约 10.5 km，其中合理利用区内的河段长约 5 km，湿地保育区内的河段长约 5.5 km。工程正常蓄水位 39.0 m，回水淹没面积约 6.0 km²，其中滩地 2.881 km²，其他均为水域。

3　闸坝对湿地公园生态环境的影响分析

(1) 对湿地生境的影响

闸坝运行期，水位抬升，淹没面积增加，造成部分水陆交替的生境转变为永久水域。同时，河流水动力条件由强变弱，使急流型河流生态系统转变为缓流型河流生态系统。

采用图形叠置法，对枢纽建设前后的水域和滩地面积进行对比分析。在多年平均径流条件下，枢纽运行期，闸址处水位抬高 3 m 左右，淹没洲滩面积为 2.881 km²，其中合理利用区的洲滩面积为 1.942 km²，湿地保育区的洲滩面积为 0.939 km²。湿地自然生境变化情况见表 2。

表 2　蓄水后淠河湿地公园各类型湿地生境变化（多年平均条件下）

类别	合理利用区		保育区	
	水域	滩地	水域	滩地
现状（km²）	2.732	2.609	0.712	1.805

续表

类别	合理利用区		保育区	
	水域	滩地	水域	滩地
蓄水后(km²)	4.674	0.667	4.759	0.866
变化(km²)	1.942	−1.942	4.047	−0.939

（2）对重点保护野生动植物的影响

闸坝建设可能会影响湿地保护区内的重点保护野生动植物，采用生态机理分析法重点分析对其生境质量的影响。根据调查，野大豆主要位于路旁，在施工过程中若发现可采取移栽或就地保护措施。野菱多生长在水深不超过3m的水域，根扎于底泥中，枢纽蓄水期水位抬高3m，使得5处野菱被淹没，适宜生境发生改变，需采取异地保育措施。

栖息于湿地的水禽主要是游禽和涉禽类。蓄水淹没滩涂，对喜栖息于滩涂环境的涉禽类如白琵鹭等正常觅食造成不利影响，造成涉禽类向上游及下游的浅水区迁移。对于中华秋沙鸭等游禽类，主要在深水区域觅食，并在岸滩区域停歇。对于黑鹳等迁徙鸟类，主要停歇于浅水生境和滩涂。闸坝运行期会形成新的浅水生境，鸟类会向上游有浅滩的区域转移，从而增加湿地鸟类竞争压力。总体上讲，工程会在一定程度上改变湿地鸟类的分布，但不会改变湿地鸟类种类组成或造成个体死亡、消失。

（3）对湿地公园结构和功能的影响

①对湿地公园结构的影响

工程对湿地生态系统的影响主要表现为蓄水后湿地公园水域面积增加、滩涂减少。根据36.0 m常水位线，洲滩减少面积占湿地公园内原有洲滩面积的65.27%，占湿地公园总面积的6.32%。对整个湿地公园来说，湿地公园结构将发生较大变化。相关研究表明，闸坝建设将使上游水文情势发生改变，生物多样性指数下降[8]，对下游浮游植物影响最大，浮游动物次之，造成下游生物多样性减少，水生态质量降低[9]。

②对湿地公园功能的影响

对湿地公园功能的影响主要表现为：一是影响河流湿地的水文过程，由季节性丰、枯两季变为一年四季较为平稳的水位；二是各断面水位抬升、水深增加，会造成野菱等浮叶植物的淹没死亡；三是湿地公园的水域面积增加，相应地，滩地面积减小，对水生生物及鸟类的重要生境都将产生影响，从而影响湿地公园生态功能的发挥。

4 湿地生态环境保护对策

（1）建立季节性水位调控机制

水位的变化直接影响湿地公园的自然生境，鄱阳湖[10-12]、白鹤湖[13]等均开展过湿地水位调控研究。在防洪排涝标准不降低的前提下，建立季节性水位调控机制，对于河流湿地栖息地的保护与恢复具有重要作用。

根据水生植物的生长规律和水鸟栖息特点，初步确定调控机制为：4月1日前开闸放水保证闸址处水位降至36 m并维持4月份水位稳定，5月1日至9月30日服从防洪调度运行方案，以此来保证鸟类繁殖期（4—7月）的水文情势和现状相似。运行过程中应根据实际情况及影响进行分析论证，适时调整，形成稳定的调控运行方案，建立季节性水位调控机制。

（2）确保生态流量

生态流量是维护河流型湿地生态系统结构和生态功能稳定的重要条件。目前，溮河中游已建设新安橡胶坝、城北橡胶坝。梯级蓄水造成下游水量较少,对下游河流生态平衡产生负面影响。因此,生态流量下泄对于下游湿地维护具有重要意义。

汛期,溧河水量较大,需适时开闸泄洪;非汛期,闸上水位达 39 m 后会调整闸门开启数量,以保证上游来水自然下泄。因此,仅考虑非汛期闸上蓄水期间(水位低于 39 m)生态流量下泄即可。工程枢纽处多年平均径流量为 41.86 m³/s,考虑到枯水年($P=90\%$)闸址处流量仅 7.37 m³/s,根据 Tennant 法,推荐该典型年非汛期基流取多年平均径流量的 10%,即 4.19 m³/s。为确保生态流量的有效下泄,应在闸下布设生态流量在线自动监控设施。

(3)植被修复措施

野大豆喜水耐湿,多生于河流沿岸、湿草地或灌丛中。可选择闸址下游溧河中路北侧的滨河景观廊道进行移栽保护。野菱适宜生长在水域相对静止的河湾、沟渠等地,可选择 375 乡道杨氏宗祠靠近溧河的池塘水域进行移栽保护,或委托第三方科研、园林单位对现有野菱进行采样培育。

开展滨岸带植被修复,构建完整的河道生态系统。尽可能保留现有植被,同时在新筑的滩地通过乔木、灌木、草本植物的合理配置,营造滨水植被缓冲带,恢复滩岸植被群落系统,打造多样化的植物群落结构,也为动物提供多层次的栖息环境。

(4)鸟类栖息地营造

选取回水末端的孙家台孜河段进行中华秋沙鸭等鸟类栖息生境的营造。营造方案主要考虑滩地营造、湿地植被恢复以及食物投放(小型鱼类增殖放流),既为中华秋沙鸭等珍稀濒危鸟类营造足够的隐蔽空间,同时鱼类投放可为其提供食物来源。

该区域现滩涂总面积 8.13 hm²,根据鸟类不同觅食水深和不同植物对水深的要求,利用当地物种,在深水区(>1 m)、浅水区(0.3~1 m)、浅滩区(0~0.3 m)、水岸高地(<0 m)分别进行栖息地植被恢复,为湿地鸟类提供藏匿和觅食的栖息环境。鸟类栖息地营造示意图见图 1。

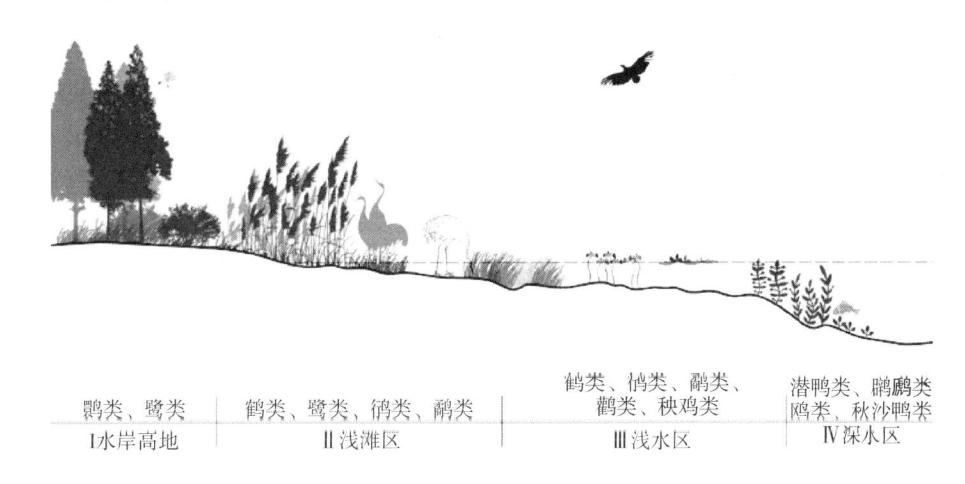

图 1 湿地鸟类栖息地营造示意图

5 结语

近年来,随着传统水利向生态水利的转变,闸坝建设对河流生态的影响越来越受到重视。因此,必须要科学合理地处理好闸坝工程建设与生态环境可持续发展二者之间的平衡关系,制定切实可行的生态保护与修复方案,将对环境造成的不利影响降到最低。

绿水青山就是金山银山。河流型湿地是自然湿地的重要组成部分,具有丰富的野生动植物资源,但受季节性洪水和人类活动的影响,湿地生态系统较为脆弱。树立尊重自然、顺应自然、保护自然的生态理念,闸坝建设过程中应同步对河流型湿地开展因地制宜的保护与修复,营造集自然生态、科普教育、休闲娱乐为一体的湿地景观,建设人与自然和谐共生的美丽家园。

[参考文献]

[1] BRANDER L, BROUWER R, WAGTENDONK A. Economic valuation of regulating services provided by wetlands in agricultural landscapes: A meta-analysis [J]. Ecological Engineering, 2013, 56: 89-96.
[2] 国家林业局调查规划设计院. 湿地分类: GB/T 24708—2009[S]. 北京: 中国标准出版社, 2009.
[3] 文茜. 城市河流型湿地景观设计研究[D]. 南宁: 广西大学, 2020.
[4] 郭子良, 张曼胤, 崔丽娟, 等. 中国国家湿地公园的建设布局及其动态[J]. 生态学杂志, 2019, 38(2): 532-540.
[5] 彭琦, 高大水. 闸坝枢纽改善水生态与水景观的设计理念与实践[C]//践行绿色发展理念 建设美丽中国——2018年第五届中国(国际)水生态安全战略论坛论文集. 北京: 中国水利水电出版社, 2018: 211-216.
[6] POFF N L, ALLAN J D, BAIN M B, et al. The natural flow regime: a paradigm for river conservation and restoration[J]. Bioscience, 1997, 47(11): 769-784.
[7] 安徽省林业调查规划院. 安徽六安淠河国家湿地公园范围及功能区优化调整论证报告[R]. 2018.
[8] 唐玉兰, 孙健, 项莹雪, 等. 闸坝对浑河上游水文情势和生态的影响[J]. 安全与环境学报, 2018, 18(5): 2020-2027.
[9] 夏军, 赵长森, 刘敏, 等. 淮河闸坝对河流生态影响评价研究: 以蚌埠闸为例[J]. 自然资源学报, 2008, 23(1): 48-60.
[10] 罗蔚. 变化环境下鄱阳湖典型湿地生态水文过程及其调控对策研究[D]. 武汉: 武汉大学, 2014.
[11] 李琴, 郭恢财. 鄱阳湖"斩秋湖"水位调控方式对湖泊湿地的影响及启示[J]. 湿地科学与管理, 2017, 13(3): 27-31.
[12] 贾亦飞. 水位波动对鄱阳湖越冬白鹤及其他水鸟的影响研究[D]. 北京: 北京林业大学, 2013.
[13] 崔桢, 章光新, 张蕾, 等. 基于白鹤生境需求的湿地生态水文调控研究——以莫莫格国家级自然保护区白鹤湖为例[J]. 湿地科学, 2018, 16(4): 509-516.

[作者简介]

李汉卿,男,1990年7月生,工程师,主要从事水资源保护、污染治理、建设项目环境影响评价等工作,13205521878,lihanqing@hrc.gov.cn。

关于六安市沣河河流生态修复的思考

胡 月[1] 姚树涛[2] 沈大为[3]

(1. 六安市水利局 安徽 六安 237000;2. 六安市水利局 安徽 六安 237000;
3. 六安市水利局 安徽 六安 237000)

摘 要:地方经济及城镇化的快速发展,为河流生态增加了新的压力并提出了更高的要求,六安市沣河面临着生态需水不足、水生态系统破坏等问题,为了解决沣河河流生态环境面临的各种问题,本文结合沣河的河流健康评价,从岸带形式、湿地布置、径流净化、水资源调控等4个方面,提出了河流生态修复的思考和建议,为探索如何复苏河湖生态环境提供参考。

关键词:河流生态环境复苏;淮河水系;河流健康评价;六安市沣河

随着六安市经济社会的快速发展,河流和湖泊受到排污和滨岸建设的双重压力,致使水质下降、水陆交错带遭到破坏,浅层地下水也受到不同程度的影响。同时,城镇化发展对城市防洪安全、供水安全以及城市水环境治理与生态修复都提出了更高的要求,因此,复苏城市河流生态环境被各级政府列入重要议事日程,成为地方基础建设的当务之急。本文以淮河一级支流沣河作为案例,提出河流生态修复的思考和建议,为如何复苏淮河水系重要支流生态环境提供参考。

1 沣河河流概况

沣河,古名穷水,为淮河干流右岸一级支流。流域南自霍(邱)叶(集)公路,北至水圩到牛集、白莲、井庄、张集、宋店一带分水岭,东以沣东干渠为界,西至沣西干渠。沣河起于叶集区三元镇双塘村,止于城西湖退水闸淮河口,干流全长 75 km,流域面积 1 750 km²。

沣河流域经济以农业为主,农业生产以种植业为主,由于区域灌溉条件好,粮食产量较稳定。沣河中下游为城西湖,位于霍邱县城西,因处于沣河尾闾,亦称沣湖,为黄河夺淮后,沣河下游河口段淤积而成,是淮河中游最大的蓄洪区。

2 沣河健康评价的主要结论

2021年,六安市完成了沣河河流健康评价工作,根据评价报告,在"盆"、"水"、生物、河段社会服务功能四个方面有以下结论。

2.1 "盆"

评价范围内沣河来水主要有降雨、支流汇入两种方式,河流流量主要随降雨变化而变化。其中以墩子庙渠下涵至南环路河段表现最为明显。墩子庙渠下涵至南环路河段"盆"准则层赋分为79.84分,补水主要来自沣河上游,一般只在灌溉期供水,流量状况受外来干扰较低,河道水量不足,因此河段水流较浅,存在河床暴露等问题。

通过对沣河2个监测点位处河段河岸带状况调查可知:岸坡稳定性总体较好;河岸冲刷和水土流失基本没有;植被均属重度覆盖,人工干扰程度不大。

墩子庙渠下涵至南环路河段沿岸多处建有混凝土生态护岸,除排水口外河岸带10 m范围内几乎无其他人工干扰,河岸带状况良好。该河段建有四座滚水坝,具有调节径流和保证枯水期下泄水量的作用,河流纵向连通性状况良好。

2.2 "水"

沣河评价河流水质情况整体较好,河道全段整体较为整洁,部分河段有少量漂浮物。

其中,南环路至临淮岗沣河入淮河口段,水面仅有极少量漂浮废弃物,"水"准则层赋分为60.20分。

墩子庙渠下涵至南环路段的"水"准则层赋分为68.57分,整体环境较好,但该河段天然流量不足,水动力情况不佳,导致河流环境容量较小,污染物代谢较为缓慢,不利于河段水质的保持与净化。

2.3 生物

在生物层面上,鱼类多样性主要受沣河水质状况影响,底栖动物分布及数量主要受底质状况影响,同时受堤岸状况的间接影响。评价河段受自然因素和人类不合理活动的干扰,存在生态系统退化现象。河流鱼类生物种类较历史上明显减少,大型无脊椎动物种类单一,其中耐污种占据绝对优势地位。

南环路至临淮岗沣河入淮河口段生物物种较多,但生物数量较少;墩子庙渠下涵至南环路段,生态现状较好,生物多样性较高,存在较多软体动物和各类鱼类,其中环棱螺占据优势地位,这两段生物准则层赋分分别为62分、79.2分。

2.4 河段社会服务功能

沣河目前实施有河道综合治理工程,河口防洪蓄水节制闸及排涝泵站枢纽工程等治理工程,建设内容包括河道疏浚整治、河道护坡护岸、河道拦水堰及滚水坝设计、河口闸站枢纽等,全段河岸几乎均建有护岸或堤防,治理工程建设实施符合河道管理相关技术和管理要求,防洪建设情况良好,全河段防洪指标赋分均为100分。

沣河逐日水位达到供水保证水位的天数较低,全河段供水水量保证度赋分均为64.7分。总体而言,公众对全河段水质状况、生物状况、景观状况及文化状况等方面的满意程度较高,仅有少数居民对现状水质表示担忧,公众满意度指标赋分为70分。

3 沣河河流生态修复的思考

针对沣河河流健康评价出现的问题,结合江淮之间特有的环境条件,建议从以下几个方面着手进行河流生态修复,复苏河流生态环境。

3.1 维持自然形态,减弱水流冲力,模糊水陆界面

沣河为典型的雨源型河流,雨季时上游水质浑浊,河岸两侧冲刷严重,堤防路段占沣河总长度的

比例很小,局部河岸两侧的农田容易被洪水覆盖,对流域内的居民生活造成不利影响;汛期来临时水位高涨,上游来水急速冲刷河道,形成局部水土流失,水流量大,受沣河入淮河口的泄洪条件影响,上游大量的来水难以及时下泄,进一步加剧了洪水对流域内的居民人身财产安全的不利影响。

建议河道岸坡整治时,依据"接近原生态"的原则,充分考虑现状,与防洪相结合,首先堤线布置遵循河道天然走势,并结合两岸防洪要求、生态蓄水要求进行河槽清淤、扩挖、开卡、复堤;结合两岸城镇建设规划,对部分河段堤线进行调整,对两岸破损及河道被侵占较为严重的河段重新规划堤线并进行复堤;局部不满足防洪要求的堤防进行加高。同时考虑增加水陆接触面积,营造生物栖息地空间[1],见图1。

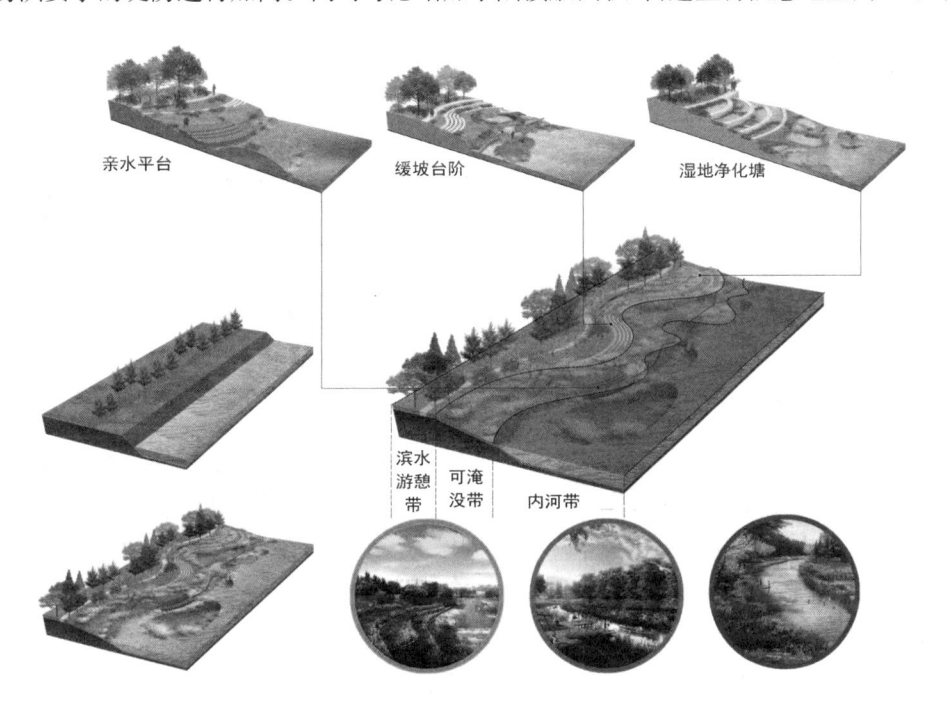

图 1　沣河岸坡生态修复意象

3.2　增加内河、湿地等浅水区

受河流水质等因素制约,沣河上游河道生态系统不稳定且脆弱,建议河流生态修复中增加缓坡入水+浮岛湿地形式辅助水质净化。保留主河道,在两侧拓宽浅水区,利用现状可实施区域生态植物、生态湿地、林间湿地,增加弹性蓄水单元,且在城市与郊区河道节点设计生态漫灌——坑塘沉淀——植物径流——净化坑塘,对雨水及城区河道出水进行净化[2],见图2。

图 2　沣河岸带径流滞留方案示意图

3.3 岸带设置多层次径流净化措施

沣河上游墩子庙渠下涵至南环路河段鱼类物种多样性较低，上游两岸农田弃水直排入河，给河道生态环境带来沉重负担，且沣河河口镇河口大桥段，右岸存在居民生活垃圾污染，左岸有畜禽养殖污染。为加强沣河水质保障，建议对沣河进行小范围、多区域管控的同时，结合雨量计算，在河道与人居衔接外延，增加低影响开发措施，地表冲刷污染物经净化流入河道[3]，见图3。

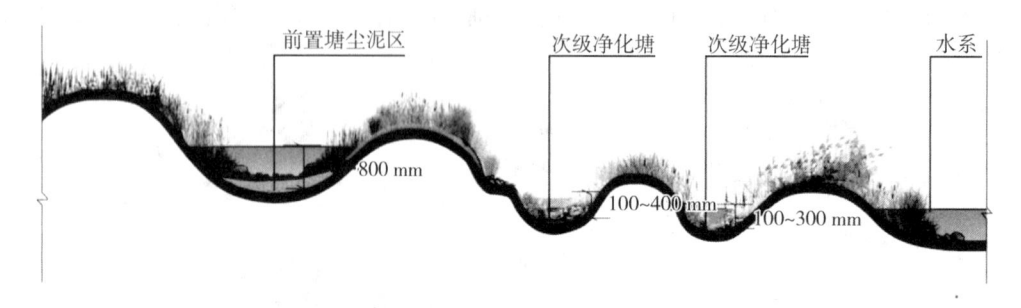

图3 沣河城镇段污染净化方案示意图

3.4 通过优化水资源调度保障河流生态需水量

沣河(城西湖)流域多年平均降雨量为1 009～1 545 mm，降水量年际与月际变化较大，年最大降雨量与年最小降雨量相差4倍以上，降雨主要集中在6—9月，干旱年份和枯水期径流量较小，缺乏骨干调蓄工程。干流及支流控制断面缺少生态流量调度方案，干支流尚未建立生态流量监测平台。沿河沿湖乡镇农业提水灌溉，用水量大，挤占河道内生态用水，生态流量(生态水位)难以满足生态需求。

在"十四五"期间，建议在六安市总体水资源配置与水网规划的基础上，加快沣河干支流生态流量确定工作，制定河流生态流量的调度方案；强化河湖水系连通运行管理，确保生态用水比例只增不减；建立生态流量监控平台，加强生态流量监测、预警和考核，落实生态流量保障目标，切实保障河湖生态流量。

此外，随着社会经济的发展，公众对河流生态环境的关注度和期待值很高，对于人居较为集中的村镇段，应优先实施生态修复措施，提高公众满意度。

4 小结

"兴利除弊岸青水畅惠百姓，润皋济淮鱼跃蛙鸣泽千秋"，本文围绕如何复苏河流生态环境的问题，以六安市沣河为例，根据河流健康评价结论，从"盆"、"水"、生物、河段社会服务功能等各个方面，提出有针对性的措施建议，探讨复苏淮河水系河湖生态环境的方式、方法。通过各项措施的实施，使得河道清洁，滨岸水陆交错带得到修复，是"十四五"期间水利、环保等部门的重要工作之一。

[参考文献]

[1] 刘苑,王润,陆文钦,等. 城市河流社会-经济-自然复合生态系统构建——长沙市圭塘河流域治理与生态修复规划设计[J]. 景观设计学,2019,7(4):114-127.

[2] 颜文涛,邹锦. 趋向水环境保护的城市小流域土地利用生态化——生态实践路径、空间规划策略与开发断面模式[J]. 国际城市规划,2019,34(3):45-55.

[3] 王文君,黄道明. 国内外河流生态修复研究进展[J]. 水生态学杂志,2012,33(4):142-146.

[作者简介]

胡月,女,1997年10月13日生,助理工程师,主要研究方向为水利水电工程、生态水利,15555567713,1269114368@qq.com。

兴化市水源地水质现状及提升措施

崔冬梅

（泰州市水资源管理处　江苏 泰州　225300）

摘　要：根据2017—2021年3个水源地的水质数据，对兴化市水源地水质现状及变化趋势进行分析和评估，探讨水质不达标的原因及存在的问题，有针对性地提出水源地水质改善措施，以期为淮河流域里下河区域河道型水源地保护和水环境管理工作提供一定的借鉴。

关键词：水源地；水质；里下河；兴化市

随着经济社会的快速发展和工业化、城镇化水平的大幅提高，水资源开发利用程度的不断加大，入河污染物逐渐增多，水源地环境安全受到了不同程度的威胁，水质问题日益突出。饮水安全关系广大人民群众的根本利益和民生福祉，水源地水质状况与社会和地区的安定和谐密切相关，改善水源地环境质量对提高群众生活幸福感和获得感具有重要现实意义。[1]淮河流域里下河区域河网密布，有相当多的河道型水源地，河网水文条件及生态水文过程受人为干扰影响剧烈。[2]本文通过分析2017—2021年兴化市境内3个水源地水质变化特征，探讨水质不达标的原因并提出提升水源地水质的对策，已期为保障居民饮水安全和开展水环境管理工作提供技术支撑，为淮河流域里下河区域河道型水源地保护与治理工作提供借鉴。

1　基本情况

1.1　区域概况

兴化市为江苏省泰州市下辖市，属淮河流域里下河水系。雨量充沛，冬季干冷，夏季湿热，境内河网纵横、湖荡棋布，共有大小河道12 171条。历史上西有运堤归海五百、东有入海五港的排水格局，水系以东西走向为主，江都水利枢纽和高港水利枢纽建成后跨流域调长江水入里下河，境内水系逐步调整为南北走向，原有东西向河道成为引排调度河道。[3]兴化市多年平均用水为11.46亿t。兴化市水资源以外来水资源为主，江都和高港两大水利枢纽多年平均自流引江水量超40亿t，多年平均水资源总量为6.27亿t，本地降水形成的径流仅占水资源总量的约13%，汛期因集中降水和降水强度较大形成涝水，本地水资源可利用量很小。根据《江苏省防洪条例》，淮河流域汛期为每年6月1日至9月30日。兴化市全境属淮河流域，5—9月为汛期，7—8月为主汛期。

1.2　水源地概况

兴化市境内现有水源地为通榆河合陈水源地、卤汀河周庄水源地、下官河缸顾水源地。通榆河合陈水源地位于合陈镇，为泰州市与盐城市交界位置，通榆河为流域型河道，绝大部分河段位于南通市和盐城市境内,是江水东引北调重要清水通道。卤汀河周庄水源地位于周庄镇,为泰州市与扬州市交界位置,卤汀河为区域性骨干河道,为扬州市与泰州市界河,是江苏省东引灌区三条主要输水线之一。下官河缸顾水源地位于千垛镇,下官河为区域性骨干河道,全段位于兴化市境内。通榆河、卤汀河、下官河主要功能均为供水、治涝和航运,位于里下河地区接受江都和高港两大水利枢纽的水源补给,河道槽蓄量巨大,水量和水位均能够满足水源地取水要求。

1.3 水源地达标建设及管护情况

2014年兴化市采用分批方式对境内在用水源地实施达标建设。在保护区设置界标、交通警示牌、宣传牌等标志牌,取水口设置防撞桩和警示标志,一级保护区设置隔离栏栅,保护区内河道两侧建设水源涵养林和生态隔离区。取水口、一级保护区范围和交通穿越区安装24小时自动视频监控设施。生态环境部门在水源地一级保护区建设水质自动监测站,水利、住建等相关部门可共享水质信息;水利部门每月对水源地水质和水量监测并发布水文情报;水厂定期监测源水水质,增设深度处理设备,出厂水质已消除超标污染因子影响。经整治,三个水源地均达到"一个保障、两个达标、三个没有、四个到位"的达标建设标准,2016年通榆河合陈水源地通过验收,2018年卤汀河周庄水源地和下官河缸顾水源地通过验收。2020年,印发了《兴化市地表饮用水源地管理与保护工作实施方案》,成立水源地管理与保护工作领导小组,成员有水利、生态环境、住建、公安、交通运输、卫健、农业农村、自然资源和规划、发改、工信、财政、海事、应急管理、行政审批等部门和水源地所在乡镇;制定日常巡查制度,通榆河合陈水源地、卤汀河周庄水源地、下官河缸顾水源地分别由水利、住建、生态环部门牵头负责;每月三次采用无人机高空巡查水源地;公安、住建、生态环境、水利、交通运输等部门和周庄镇组成联合巡察组每日夜巡卤汀河周庄水源地。水源地管护已纳入最严格水资源管理、高质量发展考核、河长制等考核以及周庄镇、合陈镇和千垛镇等乡镇的目标责任考核。

1.4 水源地污染源风险

近年来,兴化市围绕水源地达标建设作了大量工作,水源地保护区及周边已无明显污染源。保护区范围内,通榆河合陈水源地有王港调节闸、7座圩口闸,卤汀河周庄水源地有2座圩口闸,下官河缸顾水源地有6座排涝站,这些闸站均已做好协调监管工作。保护区外存在大面积的精养鱼塘或蟹塘,部分鱼塘和蟹塘建有取水设施,在水位偏低时取水补充,清塘捕捞时排水进入圩内河道,不直接排入水源河道。卤汀河周庄水源地一、二级保护区内及周边的祁沟村、孙庄村均设置微动力生活污水设施并投入运行;下游准保护区内有装卸砂石、水泥的码头。下官河缸顾水源地下游二级保护区内有缸顾下官河大桥,危化品运输车辆在桥梁上可能会有危化品泄露。3个水源地是等级不一的航道,来往船只污废水对水质可能产生影响,船只事故对水体水质有重大风险。

2 水源水质情况

2.1 数据来源及评价标准

水质数据来源于2017—2021年的《泰州市集中式饮用水水源地水文情报》。水质评价按照《地表水环境质量标准》(GB 3838—2002)的要求进行单因子评价。水质达到或优于Ⅲ类水标准的,且在集中式生活饮用水地表水源地补充项目标准限值以下的为达标。兴化市水源地水质主要超标项目为化学需氧量、溶解氧、高锰酸盐指数、氨氮和五日生化需氧量,选取这5项指标分析水源地不同时期的水质变化特征。

2.2 水质达标情况

2017—2021年兴化市三个水源地的水质情况如表1~表2和图1~图3所示。

由表1和图1可知,水源地水质情况由好到差依次为卤汀河周庄水源地、通榆河合陈水源地、下官河缸顾水源地;水源地水质呈逐年提升趋势。

表1 2017—2021年兴化市水源地水质及主要项目达标率   单位:%

水源地	Ⅲ类水	化学需氧量	溶解氧	高锰酸盐指数	氨氮	五日生化需氧量
卤汀河周庄水源地	75	85	82	90	97	88
通榆河合陈水源地	37	50	67	85	93	70
下官河缸顾水源地	27	35	67	72	95	85

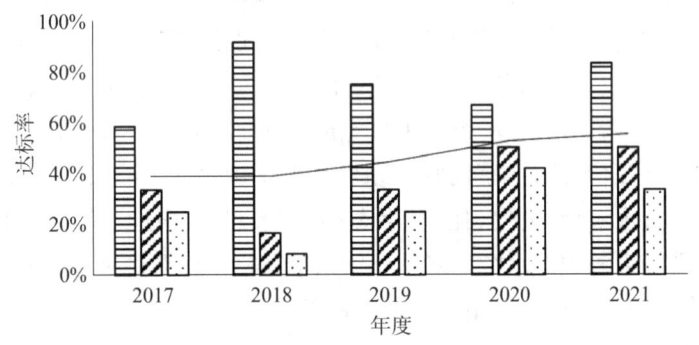

图1 2017—2021年兴化市水源地年度水质达标率

由表2和图2可知,三个水源地的水质月度变化趋势相似,汛期水质达标率远低于非汛期,主汛期水质最差。卤汀河周庄水源地7—9月水质较差,8月最差;通榆河合陈水源地7—10月水质很差;下官河缸顾水源地除4—5月及12月至来年1月外,其余月份水质情况均比较糟糕。

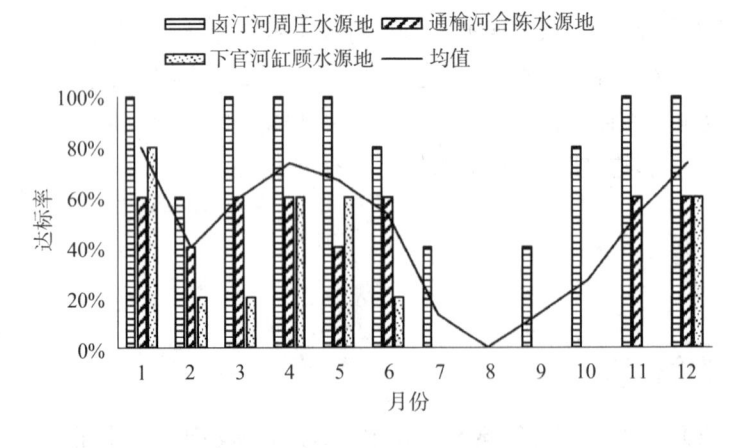

图2 2017—2021年兴化市水源地月度水质达标率

表 2 2017—2021 年兴化市水源地水质达标率　　　　　　　　　　　　　　单位:%

水源地	非汛期	汛期	主汛期
卤汀河周庄水源地	93	52	20
通榆河合陈水源地	57	20	0
下官河缸顾水源地	40	16	0

由表1和图3可知,主要超标项目中,化学需氧量为水源地水质不达标的关键项目,常年不达标,7—8月份达标率最低,1月和5月达标率最高;溶解氧不达标主要发生在5—10月份,8月达标率最低;高锰酸盐指数不达标主要发生在6—11月份,8月达标率最低;氨氮5—6月偶有不达标,7月达标率最低;五日生化需氧量7—8月达标率最低,11月至来年1月水质均能达标。

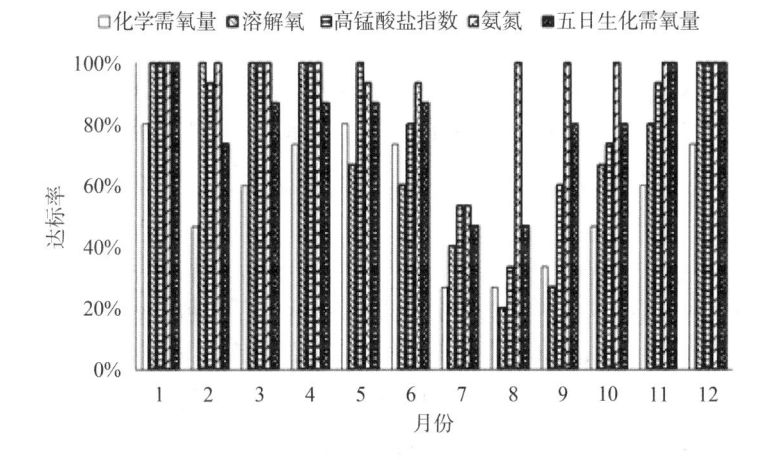

图 3 2017—2021 年兴化市水源地主要项目月度达标率

3　水质不达标原因

3.1　上游来水影响

兴化市位于淮河下游里下河区域,以外来水资源为主,水源地水质受上游来水及高港和江都两大水利枢纽引水影响。上游及沿线的城市生活、工业、农业等污染可能会进入水体,造成水质污染;汛期时,防治洪涝灾害和保证汛期水质的要求相互矛盾,高港和江都两大水利枢纽为防洪而减少引水量,水体流动性差加剧水质污染。夏季高温水草旺盛,受里下河"锅底洼"地理位置影响,河道水草聚集,极易引起水质异常波动。

3.2　支流水质影响

水源河道连通较多支流,随着主干河道管控力度加大,一些支流承接了工业、农业、生活及航运等产生的污染物。部分支流存在河水流速慢、流量小等现象,水体自净能力差,同时大都建有闸坝且日常关闭,导致支流基本处于滞留状态,并不断蓄积污染物,汛期开闸后,拦蓄污水就进入水源河道。

3.3　农业面源污染

水源河道的干支流沿岸分布着大量农田,汛期强降水时,蓄积在河塘沟塘中的农田灌溉尾水以及农田退水被冲刷进入河道。沿线分布的水产养殖集中区中未处理的养殖尾水也会排入支流后汇入水源河道。

3.4 污水收集处理能力不足

虽然水源地保护区范围内污水收集管网建设已到位,但水源河道及支流周边仍存在污水收集管网建设不到位的现象,有雨污合流、混流、错接、混接和渗透等问题。部分村镇污水处理厂运行缺乏有效监管,污水处理率和运行负荷率较低。

4 对策及建议

4.1 治理支流

加强水源河道的支流河道综合治理,开展岸线清理整治,全面清理乱堆乱放,常态化打捞水面漂浮物,高温季节加大水草打捞处理力度。对于淤积严重的支流,利用枯水期清淤疏浚,削减河道内源存量污染。

4.2 治理闸上污水

排查排涝泵站和闸口,摸清泵站闸口污水蓄积情况,及时监测排涝泵站和闸口水质。调整优化闸坝管控、生态补水和水系沟通计划,建立信息共享机制;加强水利科学调度,合理调整闸坝开合,在面源污染较少时开闸保证活水,在面源污染较多的汛期,关闭闸站阻断涝水进入水源河道。针对排涝泵站、闸口等大量蓄积污水,因地制宜建设分布式、移动式污水处理设施,对拦蓄污水实施应急处置,或采取措施导流至就近污水处理厂或应急存储池进行处置,或导流至生态塘、人工砂湿地、生物滤池等改善蓄积污水水质。

4.3 控制农业面源污染

结合实地采样、卫星遥感、无人机航测等手段,排查影响水源地水质的周边农田和养殖池塘,调整水源河道及支流沿岸农田种植结构,生态化改造灌排系统和养殖池塘,整理沟渠、水系;汛前合理降低农田、引排沟渠、灌溉水塘、养殖池塘等水位,减缓暴雨冲击,严禁尾水直排水源河道及主要支流,促进尾水循环利用。加大秸秆综合利用力度,严禁秸秆抛河,严禁秸秆及打捞漂浮物沿河堆放,控制秸秆腐蚀期田间水体直排入河道。建立缓冲林或绿化隔离带等生物屏障,推广测土配方施肥技术、生态种养模式等,减施化肥农药,利用气象信息指导种植户强降雨前避免施用化学肥料、控制畜禽粪污还田。

4.4 收集处理城镇污水

做好卤汀河沿线祁沟村、江孙庄村以及下官河沿线瞿冯村、夏广村等村镇的生活污水收集处理工作,并对居民区做好宣传教育和管理工作,防止生活垃圾堆放因降水而淋溶出污染物进入河流,维护社区环境质量。全面排查水源河道及主要支流周边城镇建成区管网覆盖、错接、混接及漏损情况,加快城镇污水收集处理和雨污分流改造进度,生活污水截污控制污水溢流入河。提高水源地周边植被覆盖率,通过植物吸附和土壤净化作用,减少面源污染。

4.5 加强联动管控

合理规划水源地保护区范围内及周边城镇工业布局,特别是通榆河合陈水源地、卤汀河周庄水源地,兴化市要分别与盐城市、扬州市等邻市沟通协调;与邻市开展联合监督管理,严厉打击水源保护区内一切威胁水质安全的违法行为;加强水源地保护区及周边工业企业、工业园区、污水处理厂等重点污染源达标排放的执法监管;加强来往船只管理,要求船只安装生活污水处理设施,严厉打击直排、偷排、水上流动排污等违法行为;定期或不定期联合组织开展水源地综合演练,切实提高防范和处置突发事件的技能,增强实战能力。充分利用电视、报刊以及公益广告等形式,在"中国水周""世界环境日"等关键节点加大水源地保护宣传力度,鼓励媒体和公众参与监督,开通电话、微信、微博、邮箱等各种举报途径,并对反映问题进行落实和反馈,提高公众保护水源地的参与度和积极性。

5 结语

近年来,兴化市开展水源地达标建设,着力补齐安全弱项,水源地管理与保护工作取得了一定成效,但水源地水质还有待进一步提升。今后,要坚持问题导向,紧盯关键环节,通过开展支流专项治理、治理闸上污水、严控面源污染、加快城镇污水收集处理、强化环境监管执法等治水工作提升水源地水质,保障水源地安全和居民饮水安全,为里下河区域河道型水源地管理和保护工作提供借鉴。

[参考文献]

[1] 崔冬梅.泰州市长江饮用水水源地管理与保护现状[J].江苏水利,2021(S2):34-37.
[2] 杭庆丰,夏霆,武钦凯,等.里下河腹部区河道水源地水质生态净化效果评估[J].重庆交通大学学报(自然科学版),2018,37(12):69-76+91.
[3] 张彦,王瑶.基于地方自然和人文禀赋的老城有机更新与活化方法探索——以兴化老城为例[J].中国住宅设施,2017(06):29-32.

[作者简介]

崔冬梅,女,1990年1月生,女,硕士研究生,工程师,主要研究方向为水文水资源,15195941858,cuidongmay@163.com。

水面光伏发电的水生态环境问题及对策措施

葛 耀 余登科 周亚群

(淮河水资源保护科学研究所 安徽 蚌埠 233001)

摘 要：作为光伏发电的新形式，水面光伏发电颇受关注。由于光伏组件对水面面积的占用、遮光等，水面光伏发电项目将对水域生态环境产生一定的影响和风险。根据水面光伏发电的特点，以五河县天井湖1.5 GW光伏发电项目为例，分析了水面光伏发电造成的主要环境问题，并提出了对策和建议，为水生态环境保护工作提供依据和参考。

关键词：水面光伏发电；水生态；天井湖；环境问题；对策措施

我国是能源消费大国，国家制定的新能源产业振兴规划正全力推进我国新能源和可再生能源的发展。太阳能为绿色能源，且储量巨大。光伏发电项目属于新能源建设项目，符合我国的能源发展战略，且水上光伏不占用耕地、林地等资源，优势明显。然而水面光伏发电站的运行会对水环境造成一定的影响，本文以五河县天井湖1.5 GW光伏发电项目为例，对天井湖进行了水生态调查和影响分析，并提出一些对策措施。

1 工程基本情况

五河县位于安徽省东北部、淮河中游下段，太阳能Ⅲ类资源区，属于"丰富带"。五河县光伏电站选址综合考虑区域的地形、地貌、太阳能资源、建设条件等因素，拟规划在天井湖水域进行光伏电站建设，总面积约25 750亩，规划总装机容量1 500 MW[1]。项目分五期建设，装机容量分别为200 MW、250 MW、350 MW、350 MW和350 MW，采用435 W的P型单晶双面切半光伏组件，太阳能电池组件的放置形式采用固定式，阵列倾角28°。

项目采用"分区发电、集中并网"的技术方案[1]：将光伏区划分为多个3.125 MW的发电单元，每个光伏发电单元配置18台规格为175 kW逆变器并连接一台规格为3 150 kVA的箱式升压变压器，组成子发电单元-箱式变电单元接线。每个子发电单元将逆变输出的800 V电压升至35 kV。每6台或7台箱式变压器经35 kV集电线路并联后，通过高压开关柜接入35 kV母线，共设计35 kV集电线路17回，单回集电线路容约为20 MW。

2 区域主要环境现状

（1）水环境质量现状

根据《蚌埠市水功能区划》(2012年)，石梁河入湖口向湖区延伸7 km² 范围划为过渡区，除过渡区以外的其他区域划为渔业用水区，天井湖五河过渡区执行《地表水环境质量标准》(GB 3838—2002)中的Ⅱ～Ⅲ类标准，五河渔业农业用水区执行Ⅱ类标准。项目位于五河渔业农业用水区和五河过渡区。

根据安徽众诚环境检测有限公司2020年11月对天井湖8个断面连续三天的监测数据,氨氮、总磷、总氮、化学需氧量、五日生化需氧量、高锰酸盐指数等指标均呈现不同程度的超标情况,不能满足《地表水环境质量标准》(GB 3838—2002)Ⅱ类或Ⅲ类标准限值要求。天井湖水质超标主要是由于天井湖上游污染、农业面源污染、乡镇生活污水处理能力薄弱等原因导致。

水体富营养化状态评价方法及标准采用《地表水资源质量评价技术规程》(SL 395—2007)提出的指数法,分析监测断面水质营养状态。根据指数计算结果,断面三期光伏发电水域1和光伏发电未覆盖水域2水质呈中营养化,营养状态指数分别为49.50和49.38,断面一期水域、二期水域、三期水域、四期水域、五期水域、光伏发电未覆盖水域1水质呈轻度富营养化,营养状态指数分别为50.94、53.8、51.09、51.81、53.11、51.55。

(2)生态环境现状

本次工程区域的生态环境现状分析以收集资料及文献为主,现场调查为辅进行。

天井湖2017年2月启动围网整治工作,现状已基本完成部分湖区的围网拆除,但围网养殖区域仍占较大比例。天井湖沿岸仅有一处堤防,无明显护坡、护岸工程。根据现场调查,沿线大多为农田,但湖泊管理范围内存在房屋及养殖棚。

天井湖共有水生植物18种,其中挺水植物有芦苇、菰、狭叶香蒲、荆三棱、莲、苔草属植物、水蓼、李氏禾、狗牙根、双穗雀稗等,浮叶植物有荇菜、菱、欧菱,沉水植物有菹草、金鱼藻,飘浮植物有喜旱莲子草、水鳖、浮萍。

天井湖有浮游植物7门75种,其中绿藻门37种,硅藻门14种,蓝藻门11种,裸藻门和甲藻门各4种,隐藻门3种,金藻门2种。细胞密度上呈现硅藻门和蓝藻门占比较高,硅藻门占比53%,蓝藻门占比38%,生物量上硅藻门最高,占比为82%。如图1所示。

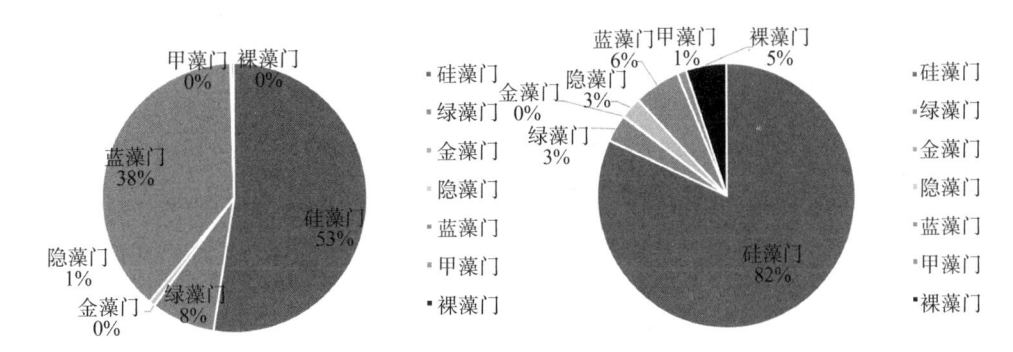

图1 天井湖浮游植物组成图(密度、生物量)

天井湖共检出浮游动物38种,其中轮虫类23种,占总物种数的60%;桡足类9种,占总物种数的24%;枝角类6种,占总物种数的16%。全湖湖区浮游动物种类分布较均匀。如图2所示。

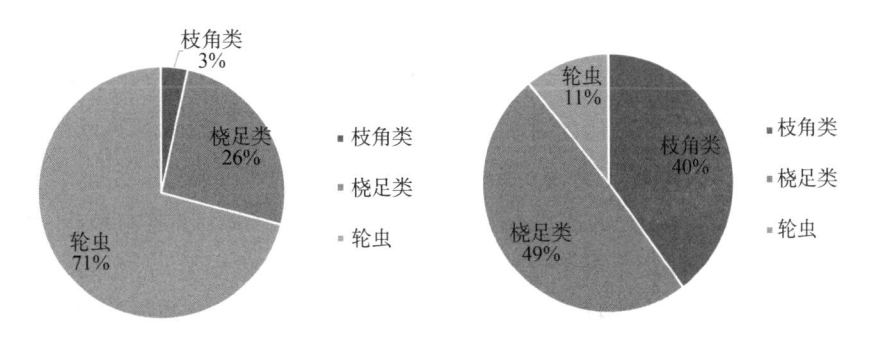

图2 天井湖浮游动物物种组成图(密度、生物量)

天井湖发现底栖动物 20 种,其中节肢动物 8 种,以昆虫纲种类占优,多数为摇蚊幼虫;环节动物物种数次之,共发现 6 种,属寡毛类和蛭纲,而未发现多毛类物种的分布;软体动物较少,共发现 5 种,其中腹足纲和双壳纲各自发现 3 种。湖区物种组成上,北部湖区物种数略高于南湖区,两湖区物种数分别为 12 和 9 种。两湖区物种组成上虽然均以昆虫纲占据优势,但寡毛类发现的两个耐污种均只分布在北部湖区,且软体动物的物种数南湖区也低于北湖区。总体而言,天井湖湖底栖动物种类丰富度不高,均为淮河中下游浅水湖泊习见种类,现阶段的优势类群主要为昆虫类、寡毛类和腹足类。

天井湖鱼类主要以青、草、鲢、鳙、餐条、鲤鱼、鲫鱼、鳜鱼、白鱼、黄颡鱼、乌鳢为主。五河境内全湖被围网分割成若干个围网养殖区,主要养殖鱼类有鲢鳙鱼,套养中华绒螯蟹、鳜鱼等;罗非鱼,青草鱼珍珠蚌养殖等。根据栖息水层,天井湖鱼类可分为两个类群:①中上层鱼类,包括长颌鲚、太湖新银鱼、鲢、鳙等 20 种;②底层鱼类,包括鲤、鲫、乌鳢、鳜等其他 50 种鱼类。一期、三期、四期光伏发电工程区域均有产卵场分布,五期工程区域均涉及索饵场,二期、五期工程等深水区为鱼类越冬场。

3 工程主要环境问题及对策措施

3.1 水面光伏发电站对水域生态环境的影响分析

(1)水面覆盖率

支架方阵采用模块化设计,无须切割、焊接等二次加工,支架方阵可拆卸、可移动,方便调整。五期项目规划总占水面 25 750 余亩,约 17.17 km²,光伏组件安装面积约 7.74 km²,项目光伏组件安装倾角为 28°,得出光伏组件实际占水面面积约 6.84 km²,占天井湖面(五河境内)29.8%,实际项目占水面面积小于 30%。

(2)遮光率

光伏发电项目安装在水面上,基础使用支架固定,保证不会因水面波动和大风导致大幅移动。435 Wp 多晶硅光伏组件安装面积约为 7.7 km²,项目光伏组件安装倾角为 28 度,光伏组件投影遮光选取冬季太阳入射角最低约 45°,此时水面上遮光投影面积最大,如图 3 所示。总投影面积约为 10.4 km²,项目总占地 17.17 km²,占比天井湖面(五河境内)约 45.4%。

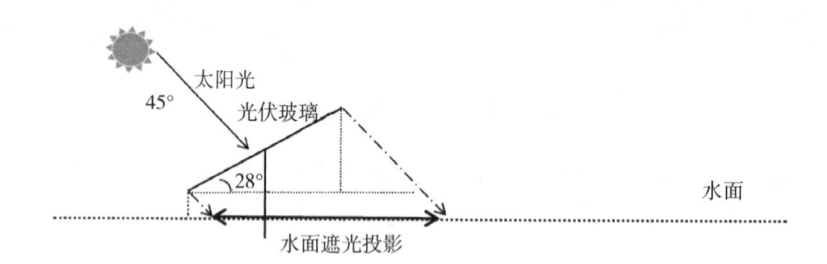

图 3 光伏电池板水面遮光投影示意图

水面光伏电站运行过程中,长期遮光对水生生态系统的影响较大,具体体现在光伏电板遮光导致湖区水面光照减少和水温变化带来的影响。虽然白天随阳光照射方向转动,水面大部分能受到光照,但水面光伏组件的布置,及其导致的水温变化可能会导致水环境中水生维管束植物、浮游植物等生物量损失,并使其种群结构发生改变。对于鱼虾等水生动物,光伏组件安装后,光照较强条件下其可以自主选择至光伏组件下遮阴,而光照较弱的条件下,又可以自主选择至未被光伏组件遮光的部位。综上分析,光伏对水生生态系统将会产生一定的影响。

(3) 水体自净能力

光伏组件的遮光效应会削弱水生生物的光合作用,进而影响水体的溶解氧浓度,导致水体自净能力减弱[2]。本工程按渔光互补项目进行设计,光伏组件倾角28°,组件采用横四排、单桩抱箍的方式安装,光伏方阵的前后排中心间距设置为8 m,光伏组件的设计和安装并没有吸收绝大部分太阳能,合理的倾角和方阵间距在保证吸收发电太阳能的同时预留部分的太阳能维持湖内水生生物和水体自净需求。此外,太阳光还能通过折射、反射和散射等途径补给到湖面,进一步减轻工程运行对天井湖水体自净能力的影响。此外,还应结合拟实施的五河县天井湖保护规划,开展湖区富营养化治理,增殖滤食性鱼类,清退湖区内非法圈围,扩大湖区湿地和自由水面面积,进一步改善湖区水体自净能力。

(4) 浮游生物

水面光伏电站运行过程中,光伏电站遮光对浮游生物的影响较大。太阳辐射是浮游植物进行光合作用的根本能量来源,光照的强弱决定着单细胞藻类光合效率,水面光伏组件遮光阻碍了部分浮游植物的光合作用,导致浮游植物等初级生产者的生产力降低,浮游植物等初级生产者生物总量下降,进而可能导致以浮游植物为食的浮游动物相应水体的生物量出现减少。此外,遮光导致水温结构和变幅发生改变,亦会引起生物群落的改变,优势种群发生变化。

另一方面,浮游植物的丰度减少一定程度上减缓了水体富营养化的趋势,避免了水体浮游植物大量增殖再死亡后被分解导致水体溶解氧的大量消耗,一定程度上降低了水质恶化的风险。且由于光伏组件错落安置、大部分的湖水水面均能接受到光照、太阳方向转动等,可减轻对浮游生物的影响。

(5) 水生维管束植物

水生维管束植物是水生态系统的重要组成部分和主要的初级生产者之一,对于维持水生生态系统物质和能量的循环、传递发挥着极其重要的作用。在各种环境因子中,光照强度被认为是影响水生维管束植物生长和分布的重要因子之一。水面光伏组件的布置,可能会导致水环境中沉水植物生物量损失,并使其种群结构发生改变。

光伏电站建立后湖区植被生物多样性有所增加,生物多样性能达到项目建立前的2倍及以上,优势物种多样化[3]。但同时植被生物量、覆盖率、平均高度等可能由于人类活动加剧而降低,因此在运行期应尽量减少人为干扰,以减轻对水生维管束植物的影响。

(6) 鱼类

运行期水面光伏电站对鱼类的影响主要包括两个层面:一是遮光导致浮游生物生物量减少,进而导致鱼类饵料生物减少,影响鱼类的正常生长、发育;二是光照减弱和水温变幅的改变直接影响鱼类生长发育过程。许多研究表明,鱼类在其性腺发育过程中,光照和温度都起了重要作用,如金鱼在长光照下及在冬春季节以高温能诱导性腺成熟,光照周期的长期改变能影响鲤鱼的呼吸率等。因此,光伏组件在水面的布置可能导致鱼类生活史过程并导致其种群发生改变。

其次运行期由于水面光伏电站的遮光效应和热岛效应的相互叠加和影响,可能会使得鱼类提前进入产卵期并延迟夏季鱼类产卵期结束时间,大大增加了鱼类生活史中生产繁殖活动的时间范围。湖岸浅水区植被因施工遭受损失,因而在运行期初期时,为避免浅水区植被生境遭到破坏而影响鱼类失去适宜的产卵场,需施工完毕后的第一年产卵期采取放置人工鱼巢的措施,降低鱼类资源损失。

本项目运行期可结合光伏发电产业,发展生态养殖。生态养殖主要采用天然放养模式,不投加人工饲料、不投加肥料、不投加鱼药等,同时降低养殖密度,通过此种养殖模式可有效控制水产养殖对水体的影响,甚至可以达到"以鱼净水、以鱼护水"的效果。

3.2 水面光伏发电站主要环境风险分析

类比国内其他同类水面光伏发电项目,水面光伏发电环境影响评价一般将环境风险防控集中在陆地升压站变压器漏油、火灾以及消防废水等方面,水面环境风险防控少有提及。

五河光伏发电项目提出,水面光伏电站中油浸式变压器零星分布在天井湖水体表面,环境特性特殊,一旦发生渗、漏油事件,必然会对天井湖水体造成直接的水质污染事故[4]。因此,在水上油浸式箱式变压器设置围堰集油平台对油浸式箱式变压器的渗、漏油进行集中收集,设计储油量应高于变压器油量,做好基础防渗,防止变压器油进入天井湖水体。

4 结论

五河天井湖水面光伏发电实施确实对环境产生一定的不利影响,工程运行产生的不利环境影响主要表现在水面光伏电站遮光引起的光合作用减少和水温发生变化等生态影响,主要环境风险为水面变电站可能漏油导致污染天井湖水体。工程应采取优化方阵间距、控制水面覆盖率、开展湖区富营养化治理、促进生态养殖、设置围堰集油平台等生态环境保护措施,控制或减缓其不利的环境影响和环境风险。同时项目应正视水面光伏发电对水生态环境方面的影响,建议在项目完成后对天井湖水生生态跟踪调查,评估实际影响,对可能出现的问题及时采取措施消减影响,同时也可以为绿色能源产业发展提供生态保护相关方面的经验,使得水上光伏电站更加科学环保。

[参考文献]

[1] 方毅. 安徽五河县可再生能源基地 1 500 MW 光伏发电示范项目可行性研究报告可行性研究报告[R]. 成都:四川林洋新能源技术有限公司,2020.

[2] 郑志伟,史方,彭建华,等. 水面光伏电站对水域生态环境影响分析与对策[J]. 三峡生态环境监测,2018,3(4):47-50+66.

[3] 李海涛,林炬,陈荣,等. "渔光互补"型光伏电站对生态环境影响的探究[J]. 城市地理,2016(20):98-99.

[4] 葛耀,周亚群,庞兴红. 五河耀洋新能源科技有限公司一期 200 MW/二期 250 MW/三期 350 MW/四期 350 MW/五期 350 MW 渔光互补光伏发电项目环境影响报告表[R]. 蚌埠:淮河水资源保护科学研究所,2021.

[作者简介]

葛耀,男,1987 年 3 月生,工程师,主要从事水利工程环境影响评价和验收调查工作,18655268058,258209305@qq.com。

淮河流域国家地下水监测二期工程站网布设初探

冯 峰　王天友　张 白　彭 豪

(淮河水利委员会水文局(信息中心)　安徽 蚌埠　233001)

摘　要：为贯彻落实习近平生态文明思想和"十六字"治水思路,履职《地下水管理条例》,提高地下水管理能力,水利部筹划开展国家地下水监测二期工程建设工作,完善地下水监测站网。根据工程建设前期工作的站网布设成果,本文对淮河流域国家地下水监测二期工程的站网布设进行分析评价,站网布设总体合理,工程建成后可全面提升支撑水资源管理、水资源调配、水生态修复的决策服务能力。

关键词：淮河流域;地下水监测;站网

1　概述

地下水监测是水文工作的重要内容,为水资源管理、地质灾害防治和生态环境保护等提供了重要支撑。按照水利高质量发展要求,解决水资源短缺、水生态损害、水环境污染、水灾害问题,离不开地下水监测信息的基础支撑,赋予了地下水监测工作新任务。与新的要求相比,地下水监测工作还存在站网覆盖不全、重点区域站网布设密度不足、技术装备水平不高、信息服务能力有待加强等问题,远不能满足新时期经济社会可持续发展的需要。

为进一步完善地下水监测体系,全面提升地下水管理能力,2021年2月,水利部决定组织开展国家地下水监测二期工程可行性研究工作。目前,国家地下水监测二期工程已列入《全国水文基础设施建设"十四五"规划》,根据水利部工作部署,淮河水利委员会对口联系联系河南、安徽、江苏、山东四省,工程建设范围涵盖四省全部区域。

本工程规划建设6 421处国家级监测站,监测项目分别有水位、水质和水温等。本文对工程区域内地下水监测站网进行了初步分析,旨在为流域地下水相关业务开展提供参考。

2　工程区域概况

工程区域地处我国中东部,介于东经110°21′~122°42′,北纬29°23′~38°24′之间,南北长约982 km,东西宽约1 131 km,总面积56万 km²,地跨海河、黄河、淮河、长江、东南诸河5个一级水资源分区。工作区平原主要有黄淮海平原、江汉平原和长江三角洲平原等,占比56%,山地丘陵主要有太行山和豫西山脉、大别山区、皖南山区、泰沂山区、山东半岛低山丘陵区,占比44%。

工程区域内,人口密集,土地肥沃,资源丰富,交通便利,是我国重要的粮食生产基地、能源矿产基地和制造业基地。工作区域内水资源短缺严重,多年平均水资源总量1 811亿 m³,其中地下水资源总量686亿 m³。人均占有水资源量为538 m³,仅为我国人均占有水资源量的1/4,世界人均水平的6%,地表水资源开发利用程度偏低,地下水资源的开采率较高。

近年来,伴随经济社会发展,人类对地下水的开发利用程度不断加大,造成了区域地下超采、地面沉降塌陷、地下水污染、海咸水入侵等问题,已成为制约经济社会可持续发展的瓶颈。

3 站网布设

3.1 布设原则与依据

本工程地下水监测站网布设主要原则[1-2]如下:

1) 满足需求,适度超前。要充分考虑地下水资源管理、地质灾害防治、地质环境保护和生态环境修复等对地下水监测的需求,同时要考虑监测站网规划实施的经济、技术等条件的可行性。在规划水平年内,做到基本满足应用需求和适度超前。

2) 统筹规划,避免重复。应统筹协调不同级别的站网规划,避免监测功能重复。省级、地市级监测站是对国家级监测站网的补充与完善,国家级监测站与省级、地市级监测站不应重复建设。各类站网监测项目应相互协调,监测信息共享。

3) 县级行政区全面布设。全国县级行政区均应布设,站网密度应与当地管理需求相适应。

4) 统筹兼顾,突出重点。统筹新建和改建站,统筹兼顾浅层与深层、平原区与山丘区、基本类型区与特殊类型区,一般区域和重点区域,在特殊类型区和重点区域按站网密度上限标准布设。

本工程站网布设主要依据有《地下水监测工程技术规范》(GB/T 51040—2014)、《国家地下水监测二期工程可行性研究报告编制技术大纲》、《水文现代化建设规划》。

3.2 现有国家级地下水监测站情况

通过国家地下水监测一期工程,工程区域内现有 4 258 个国家级地下水监测站,在各省分布统计情况见表1。

表1 工程区域现有国家级地下水监测站统计表

省级行政区	地下水监测站数量(个)		
	水利部	自然资源部	合计
河南	712	485	1 197
安徽	390	370	760
江苏	523	336	859
山东	802	640	1 442
总计	2 427	1 831	4 258

3.3 监测类型区划分及站网分布

按照站网布设要求,淮河流域地下水监测二期工程监测站建设规模,见表2。

表2 工程区域建设站点统计表

省级行政区	合计	建设类型	
		新建	改建
河南	1 827	1 793	34
安徽	782	782	0

续表

省级行政区	合计	建设类型 新建	建设类型 改建
江苏	560	440	120
山东	3 252	2 727	525
总计	6 421	5 742	679

根据《地下水监测工程技术规范》，地下水监测类型区可划分为基本类型区和特殊类型区，其中，基本类型区可根据区域地形地貌特征，分为山丘区和平原区，特殊类型区主要包括地下水超采区、地下水水源地、生态补水区、海咸水入侵区、重大调水工程受水区、生态保护与修复区等，特殊类型区监测站网应在相关站网布设密度基础上，有针对性地加密布设。全国县级行政区应全面布设，站网密度与当地管理需求相适应。另外，根据《国家地下水监测二期工程可行性研究报告编制技术大纲》，将重点区域（黄淮地区）作为特殊类型区进行站网布设。

表3 各类型区国家地下水监测站分布统计表

面积单位：km^2，密度单位：站/10^3 km^2

类型区			面积	两部现状站数	建设站数	布站密度
基本类型区	平原区		314 500	3 698	4 749	27
基本类型区	山丘区		169 500	621	1 672	14
特殊类型区	地下水超采区	严重超采区	55 296	427	822	23
特殊类型区	地下水超采区	一般超采区	61 533	650	734	22
特殊类型区	地下水水源地		19 873	280	382	33
特殊类型区	生态补水区		288	0	6	21
特殊类型区	海咸水入侵区		40 000	365	579	24
特殊类型区	重点区域		158 882	2 163	3 239	34
特殊类型区	重大调水工程受水区	南水北调中线受水区	56 400	704	803	27
特殊类型区	重大调水工程受水区	南水北调东线受水区	113 000	1031	1681	24
特殊类型区	重大调水工程受水区	引江济淮受水区	73 700	819	829	22

4 站网布设合理性分析

根据《地下水监测工程技术规范》对基本监测站布设密度的要求，对工程区域地下水监测站布设合理性进行初步分析。

4.1 县级行政区站网分析

工程区域四省共有492个县级行政区，306个以平原区为主的县区，布设密度达到布设密度标准4～8站/10^3 km^2（开发中等）和12～18站/10^3 km^2（开发强）要求；186个以山丘区为主的县区，每县区至少1站。实现了县级行政区地下水监测全覆盖，基本满足水资源管理和监测需求。

4.2 基本类型区站网分析

(1) 平原区

工程区域平原区面积共 31.45 万 km², 布设后, 平原区平均布设密度为 27 站/10³ km², 总体基本合理, 符合规范要求。河南、安徽、江苏、山东平原区布站密度分别为 28 站/10³ km²、25 站/10³ km²、15 站/10³ km²、40 站/10³ km², 各省基本达到规范度要求。

(2) 山丘区

工程区域山丘区面积共 24.66 万 km², 其中监控面积 16.95 万 km², 布设后, 山丘区按监控面积平均布设密度为 14 站/10³ km², 符合规范要求。河南、安徽、江苏、山东山丘区按监控面积布站密度分别为 9 站/10³ km²、8 站/10³ km²、8 站/10³ km²、20 站/10³ km²。

4.3 特殊类型区站网分析

(1) 地下水超采区

严重超采区。工程区域内共有严重超采区 23 个, 总面积 55 296 km², 布设后, 站网平均密度为 23 站/10³ km², 未达到 30~60 站/10³ km² 的要求, 站点布设数量略显不足。

一般超采区, 工程区域内共有一般超采区 70 个, 总面积 61 533 km², 布设后, 站网平均密度为 22 站/10³ km², 合规范要求, 基本满足地下水超采区水位变化和地下水管控等工作需求。

(2) 地下水水源地

工程区域内共 44 个地下水水源地, 其中河南省 21 个、安徽省 4 个、山东省 19 个。每个水源地布设至少 1 站, 平均密度达到布设要求。

(3) 生态补水区

工程区域内河南省淇河进行了生态补水区站点布设工作, 平均密度达到 21 站/10³ km², 符合规范要求。

(4) 海咸水入侵区

工程区域内海咸水入侵涉及江苏和山东两省, 监控面积 4 万 km²。其中, 江苏省 2.25 万 km²; 山东省 1.75 万 km²。布站后, 平均密度达到 21 站/10³ km², 符合规范要求。

(5) 重点区域

工程区域内重点区域为黄淮地区, 包括河南、安徽、山东 3 省共 23 个地市, 布站后, 平均密度为 34 站/10³ km², 符合规范要求。

(6) 重大调水工程受水区

工程区域内重大调水工程受水区主要有南水北调中线受水区、南水北调东线受水区、引江济淮受水区, 布站后, 三个受水区站网密度分别为 27、24、22 站/10³ km², 符合规范要求。

5 结语

本工程是国家级社会公益性项目, 工程站网规划以水利和自然资源系统现有监测站点为基础, 充分考虑水文地质单元、流域分布、地下水超采区、城市建城区、地下水水源地、海水入侵区以及南水北调等重大工程影响区的现状, 调整、优化、完善国家地下水动态监测站点布局, 形成更为完善的地下水动态监测网络, 提高地下水监测的水平和能力。工程实施后将全面提升支撑水资源管理、水资源调配、水生态修复的决策服务能力, 为国家水网工程建设、国家节水行动、建立水资源刚性约束制度和水资源管理与调配系统等提供坚实支撑。

[参考文献]

［1］中华人民共和国水利部.地下水监测工程技术规范:GB/T 51040—2014[S].北京:中国计划出版社,2015.
［2］水利部水文司.水利部水文司关于印发国家地下水监测二期工程可行性研究报告编制技术大纲的通知[Z].2021.

[作者简介]

冯峰,男,1989年9月生,工程师,主要研究方向为水文监测,fengfeng@hrc.gov.cn。

关于江苏省中小河流幸福河道建设路径的探索

张 维[1] 王 帆[2] 王 程[1]

(1. 江苏省水利工程建设局 江苏 南京 210029；
2. 陕西省水利电力勘测设计研究院 陕西 西安 710001)

摘 要：当前,全国正在开展第四轮规划的中小河流治理,治理理念、内容及方向与前三轮规划都发生了较大变化。为了更好地开展这项治理工作,结合近年来的新要求、新规定,江苏省采取细化任务与责任,明确标准与方向,深化改革与服务等多种措施,在中小河流治理中,探索出一条适合江苏省情的幸福河道建设之路。

关键词：中小河流；幸福河道；建设；探索

1 江苏中小河流治理情况

1.1 治理效益显著

江苏自 2010 年以来,陆续完成了《全国重点地区中小河流近期治理建设规划》《全国重点中小河流治理建设实施方案(2013～2015 年)》《加快灾后水利薄弱环节建设实施方案》三轮规划 300 余项中小河流治理项目建设,正在实施"新一轮"规划 98 项中小河流治理,取得了较大的经济、社会效益。累计完成治理河长约 4 300 km、加固堤防约 1 900 km、新建堤防 75 km、疏浚河道长约 3 700 km,保护人口约 3 000 万人,保护耕地约 168 万 hm^2。

1.2 建设任务持续

江苏中小河流建设任务整体呈现上升趋势,平均每年保持近 12 亿元的任务量。2022 年创历史新高,约 22 亿元。

1.3 "十四五"规划进展顺利

江苏省"十四五"中小河流治理项目规划治理河长 2 206 km。截至目前,已经完成批复 43 项并陆续开工建设。图 1 为 2010 年以来江苏省中小河流建设任务情况。

2 推进建设中小河流幸福河道

江苏省委省政府部署在全省组织开展幸福河湖建设,要求到 2035 年全面建成。为实现这个目标,全省水利工程建设系统以中小河流为抓手,以改革创新为动力,以服务基层为宗旨,以廉政建设为目标,全力推进中小河流幸福河道建设。图 1 为 2010 年以来江苏省中小河流建设任务情况。

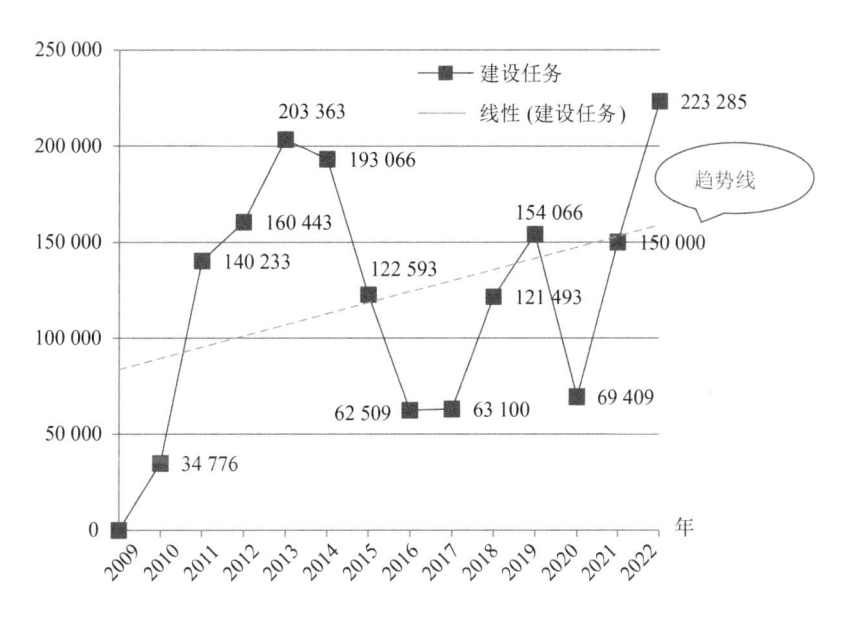

图 1　2010 年以来江苏省中小河流建设任务情况表(万元)

2.1　落实任务与责任

一是将完成国家下达的中小河流治理任务纳入省政府 2022 年度十大主要任务百项重点工作,作为省政府高质量考核省水利厅重点工作之一;二是编制《全省水利重点工程建设推进实施意见》,明确提出每个设区市至少建设 2 项幸福河道示范工程的目标,确定全省 22 亿元中小河流治理项目建设任务;三是印发《进一步加强中小河流治理建设的指导意见》,提出建设幸福河湖、全面系统治理、发挥综合效益、强化沟通协调、打造专职项目法人的"5 个 1"的总体要求,开展生态化、系统化、综合治理。

2.2　明确标准与方向

创新出台《江苏省中小河流幸福河道工程建设技术标准(试行)》,重点从工程设计、建设过程兼顾工程管护和工程效益等方面,提出建设幸福河道应当具备的条件,并配套制定相应的评价体系。提出功能达标、岸坡生态、技术合理、质量优良、生产安全、验收规范、管护长效、效益显著 8 个标准,为全省幸福河道建设提供方向指引。

(1) 引导河道建设由单一治理向综合治理转变。一是工程设计中,根据流域和区域的不同特点,采取河道疏浚、边坡整治、加固堤防、梯级控制等有效措施,增强河道防汛抗旱、水源保证、生态修复的调控能力。如宿迁市古山河,通过河道治理,重新构建梯级控制,调整干河节制闸布置,使得河道防洪、排涝、灌溉效益综合发挥。二是工程建设中,把防汛道路、跨河桥梁、闸站建设等,与地方实施沿线绿化、景观,打造河边公园,乡村振兴等密切结合,多规合一,取得"共赢",促进地方经济社会的发展。如徐州黄河故道治理,坚持水利先行[1],统筹考虑完善沿线防洪排涝体系、解决水源、优化水资源调配、修复水生态环境,实现可持续发展。三是工程建成后,明确河道要有专门的管护机构、有可靠的经费来源、有齐全的管护设施等。

河道除满足防洪、排涝、灌溉、航运等设计标准,还应达到改善水体透明度、生物多样性,水景观水文化提升,增强群众获得感,长期发挥效益等目标。实现系统治理,发挥综合效益。

(2) 实现河道治理从防洪保安向改善水环境转变。对城区、风景区河段,注重水文化挖掘、利用程度,水景观、亲民便民设施建设;对农村一般河段,以"水清、面洁、流畅、岸绿"为目标。一是河道治理中尽量保留及恢复河道的自然弯曲形态,避免裁弯取直,尽量采用土坡、缓坡。二是河道断面结合水生动植物生境构建要求,有条件的采取复式断面。如泰州老通扬河,控制挡墙顶高程高度,满足两栖动物水陆交换需求;又如泰兴天星港,降低板桩顶高程,桩顶布置生态框种植植物,防洪减灾与提升水环境有机结合。三是河底地形构造,利用现状构建深浅交替的浅滩和深潭。如如皋通扬运河,充分利用现有的坍塌岸坡,打造生态浅水区。四是河道治理中要注重"留白",如丰县大沙河二坝湿地,保留原有鱼塘横、纵向格梗,满足排涝、蓄水需求的同时打造生态湿地。五是人工设置落差,形成阶梯状,增强河道复氧能力,保持生物多样性,丰富听觉、视觉景观。

(3)推动河道施工从粗放式向精细化转变。一是积极推广使用装配式板桩、生态石笼等新材料、新技术,减少钢筋混凝土的使用;二是积极使用先进、合适的设备和工艺,比如静压桩施工,减少噪声污染;三是采用经济性好、环境和生态扰动小的施工方式,比如环保绞吸式挖泥船疏浚,避免对水质产生不良影响;四是施工道路采用封闭的专用渣土通道,并经常洒水防止扬尘,对裸露的土方进行苫盖,减少水土流失等。

3 深化改革与服务

3.1 改革审批方式

一是简政放权。江苏对中小河流治理项目采用分类分级审批,流域、区域骨干河道由省审查审批,跨县重要、县城重要河道由省审查,设区市审批。加大地方自主权,提高其积极性。二是采取不见面审批、"云审查"模式,既保证审查进度和质量,又保障干部廉洁,上半年完成全年有建设任务项目的审查审批工作。

3.2 推动队伍建设

江苏重点推进水利重点工程组建常设专职机构履行项目法人职责,集中承担辖区内政府出资的水利工程建设,为建设幸福河道提供人才队伍保障。主要在初步设计审查会上,对有关市县提出建议和意见,在初步设计审查意见、行政许可文件中,明确常设机构作为项目法人。

3.3 开展智慧水利建设

江苏逐步开展中小河流智慧水利建设。一是实施新孟河等河湖"数字孪生"工作。构建新孟河区域三维地形的数字河流,实现基于GIS的实时感知信息二三维动态展示,构建新孟河-洮湖-滆湖耦合模型,实现河湖流场的实时模拟与渲染等。二是建设新沟河工程数字档案系统,对项目档案资源数字化管理,实现项目资源档案移交、管理和在线检索,为建设新沟河工程数字底板和数字孪生奠定基础。三是启动"十四五"中小河流治理数字化建设,从数字化设计开始,建立分阶段数据交付机制,向施工安装、运行管理输送数据,提高中小河流建设管理智慧化水平。

4 结语

推动中小河流幸福河道建设,是贯彻新发展理念,构建国家水网的必要手段之一。要把中小河流建成幸福河道,需要更新理念。设计阶段要融合生态的要求,融合其他规划的发展,多规合一,形成合力;建设阶段要严格执行基本建设程序,保障质量安全,争创优良工程;建成管护阶段要多位一体,水利、生态环境、城市管理等方面综合发力,对河道加强监管和管护,保障工程长期发挥效益。因此,高质量治理中小河流,打造幸福河道,对于补齐江苏水利发展短板,具有非常积极与长远的意义。

[参考文献]

[1] 蔡勇,朱小飞,张维.徐州美丽幸福黄河故道整治工程建设实践与思考[J].中国水利,2020(14):44-45.
[2] 谷树忠.关于建设幸福河湖的若干思考[J].中国水利,2020(6):13-14+16.

[作者简介]

张维,男,1981年4月生,高工,主要研究方向为项目管理,18936006260,22479833@qq.com。

泰州市河湖生态水位分析与保障措施研究

——以生产河为例

徐秀丽[1]　傅国圣[1]　李海飞[2]　张玉田[1]

(1. 江苏省水文水资源勘测局泰州分局　江苏 泰州　225300；
2. 泰州医药高新区(高港区)农业农村局　江苏 泰州　225300)

摘　要：河湖生态水位是维持河湖生态平衡，满足河湖基本功能必须保障的基本需求，对区域水资源合理配置、优化调度和可持续开发利用具有十分重要的意义。本文以生产河为例，根据长系列水文资料，采用Qp法同时对比分析近10年最枯月平均水位、近40年最低日平均水位、多年平均水位等，确定对其控制断面泰州(周)站的最低生态水位为1.33 m。同时结合河道实际运行管理状况从监测预警、工程调度等方面提出保障方案。研究成果显示，近年来泰州市为保障河湖水生态环境加强工程调度、保水活水，生产河最低生态水位保障程度较高可达99％以上。该方法可为泰州地区河湖生态水位确定和保障提供参考。

关键词：河湖生态水位；生产河；Qp法；保障程度

河湖生态系统作为自然界最重要的生态系统之一，是水文循环的重要路径，对区域物质、能量的传递与输送具有十分重要的作用。《河湖生态保护与修复规划导则》(SL 709—2015)中明确了生态水位是对湖泊湿地等缓慢或不流动水域生态需水的特点表达[1]。最低生态水位是指维持湖泊湿地基本形态与基本生态功能的湖区最低水位，是保障湖泊湿地生态系统结构和功能的最低限值。对于平原河网地区，也可以用生态水位来表达生态需水。本文确定的生态水位即为最低生态水位。泰州市地处平原河网地区，河网密布、水系纵横，由于人类活动影响，生活、生产用水量增加，导致河道径流量减少、生物多样性降低等系列生态问题，在一定程度上影响了河湖生态系统的健康[2]。因此，研究确定河湖生态水位对水资源优化配置和维持河湖水生态系统稳定、健康，具有十分重要的现实意义。

1　研究区域概况

生产河是南官河的主要支流之一，东西走向，全长约44 km，沿途流经10多个村庄，河道流域面积210 km²，是泰州市医药高新区(高港区)、姜堰地区引水、排水的主要骨干河道。水质目标为Ⅳ类，根据江苏省水环境监测中心泰州分中心2020年口泰路桥断面监测成果，现状水质达标。

生产河属于长江流域通南沿江水系，引水和调水南依沿江地区口岸节制闸、马甸港节制闸、过船港节制和高港抽水站、马甸抽水站等水利工程，自引或抽引长江水保证生产、灌溉、航运、生态环境用水。生产河地理位置及水文测站分布示意图如图1所示。

图 1　生产河地理位置及水文测站分布示意图

2　河道生态水位确定

2.1　研究方法确定

平原河网地区由于高差小，流程长，河道比降很小，流速缓慢，平时水流在河道内荡漾，水位变幅较小，近年来，大量水利工程兴建，河道渠化，为满足农业灌溉、发电、航运的需要，水流量受到人工调节，分级控制。研究区域河川径流量丰沛，受土地资源限制，灌溉用水量有限，水资源开发利用对河道径流、水生生物生存与繁衍影响有限，生态需水保障程度普遍达到 90% 以上，且年内过程稳定，能满足水生生态系统在不同时期内生态保护目标对生态需水量要求。即便在枯水期河流径流减少时，从生物学角度看，对水生生物生存与繁衍影响不大，只对供水水质、航运等影响明显。

《河湖生态环境需水计算规范》(SL/Z 712—2021)给出了河湖生态流量(水位)的计算方法，主要有 Qp 法、近 10 年最枯月平均水位法、湖泊形态分析法、最小生物空间法、最低生态水位法等[3]。本文所采用的 Qp 法中频率 P 根据河湖水资源开发利用程度、规模、来水情况等实际情况确定，宜取 90% 或 95%。不同工作对系列资料的时间步长要求不同，各流域水文特性不同，因此，最枯月也可以是最枯旬、最枯日或瞬时最小流量。

2.2　控制断面选择

考虑到水文代表性、监测长期性及运行经济性等因素，优先选择有水文监测资料的断面作为相应河湖生态水位控制断面。生产河上未设水位站，选取泰州(周)站作为生产河生态水位控制断面。泰州(周)水位站位于周山河与南官河交叉口东侧，生产河北侧约 3.5 km，设站于 2012 年，代替位于泰州市主城区封闭圈内设站于 1951 年的泰州(通)水位站，主要用于观测泰州通南地区西北部水位。

2.3　最低生态水位分析计算

本文采用近 30 年长系列水文资料，水位频率分析采用 P-Ⅲ型适线法，数据采用每年的最低月、旬、日均水位,原则上选择90%或95%保证率下水位作为生态水位,同时对比分析近10年以来的最枯月水位等,综合确定各河湖生态水位。计算结果见表1。

表1 泰州(周)站不同计算方法生态水位汇总表   单位:m

控制断面(站)			泰州(周)
多年平均水位			2.26
近10年最枯月平均水位			1.92
近40年最低日平均水位			1.23
Qp法 (最枯日平均水位)		90%	1.38
		95%	1.33
		99%	1.24
Qp法 (最枯旬平均水位)		90%	1.51
		95%	1.46
		99%	1.38
Qp法 (最枯月平均水位)		90%	1.60
		95%	1.56
		99%	1.49
生态水位计算推荐值			1.33

2.4 生态水位保障程度分析

根据计算的最低生态水位,进行保障程度分析。生态水位保障程度即计算时段内,河流水位能够保障最低生态水位的天数与总天数的比值,该值越大,表明保障程度越高,河湖生态系统越健康。

1981—2020年,控制断面多年平均水位为2.26 m,最高日均水位为4.54 m(1991年7月12日),最低日均水位为1.23 m(1988年12月5日)。经对比分析,生态水位目标保障程度达到99%以上。

根据《泰州市水资源公报(2019年)》,2019年属于特枯年份,选取2019年为典型年,分析控制断面生态水位保障程度,评价资料选取泰州(周)水位站2019年1月1日至2019年12月31日的日平均水位。计算结果显示,2019年泰州(周)站生态水位目标保障程度达100%(见图2)。

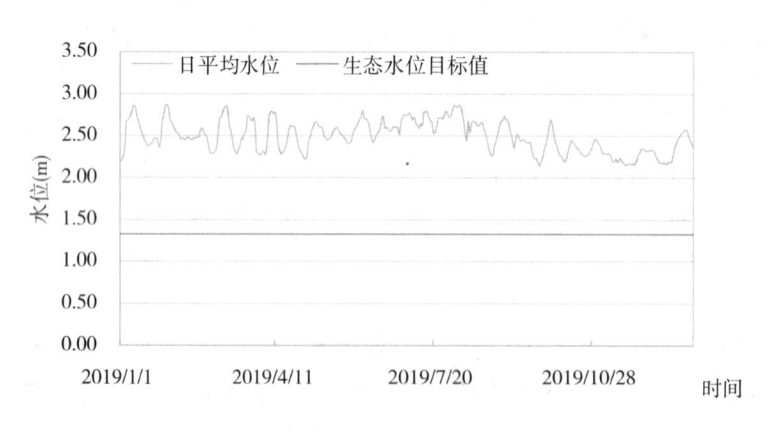

图2 泰州(周)站生态水位保障程度

2.5 成果合理性分析

湖泊植物、鱼类等为维持各自群落不严重衰退均需要一个最低生态水位,不同的水生和陆生植物有不同的适宜水位,而沉水植物和挺水植物更易受到水位高低的影响。沉水植物的适宜水深为0.6~2 m,挺水植物的适宜水深为植物露出水面0.3~0.5 m。

鱼类为湖泊生态系统中的顶级群落,对生存空间最为敏感,故将鱼类作为关键物种和指示生物。为满足鱼类通道要求,河道断面最大水深也必须达到一定值。国内外对鱼道的研究表明,鱼道所需的最小深度约为鱼类身高的3倍[4]。中型河鱼类所需的最大水深的下限为0.6 m,较小河流鱼类所需的最大水深的下限为0.45 m,因此鱼类生存和繁殖所需水深接近1 m,本报告确定的河湖生态水位为1.33 m,对应的河底高程为-0.5 m,水深在1 m以上。

区域典型湖泊水生植物的分布情况如下:挺水植物分布于湖泊沿岸水深0.8 m以内范围;浮叶植物分布于挺水植物外围水深1.2 m以内范围;漂浮植物主要分布于挺水植物丛中,水深基本在1.2 m以上,符合区域典型湖泊水生植物生长要求。

3　生态水位目标保障措施分析

(1) 制定监测预警方案

泰州市水行政主管部门负责按照工程管理权限,做好区域水利工程的调度及水文监测工作。严格执行水情工作制度,确保报送信息的时效性和准确性,并通过水情信息交换系统,实现水文监测数据在线监控、实时报送和信息共享。当水位达到或接近预警阈值,并且水位有持续下降的趋势时,启动预警。蓝色预警阈值参考90%保证率下最枯月、旬平均水位为1.51 m,橙色预警阈值为生态水位为1.33 m,红色预警阈值为近40年最低日平均水位1.23 m。

(2) 制定应急调度方案

泰州(周)站生态水位调度主要通过夏仕港闸、马甸港闸、过船港闸、口岸闸四个主要沿江口门自流引水和马甸泵站、高港送水闸动力补水,保障通南片区河湖生态水位。相关工程调度按照调度权限,参照江苏省流域性、区域性水利工程调度方案及具体工程调度方案执行。

发布蓝色预警时,根据水情预报分析的发展趋势,水位有继续降低的趋势时,充分利用工程调度,适当削减农业用水,保障生活、工业用水。发布橙色预警时,在加强工程调度的基础上,进一步削减河道外农业用水,必要时削减一般工业用水,保证生活等重点供水需求。发布红色预警时,在用足现状调度工程能力的基础上,严格控制河道外农业、工业用水,重点保证生活用水需求。根据雨水情预报分析,若水位继续降低且通过调度用水管控措施已无法满足用水时,启动相关应急措施,必要时采用临时工程措施补水。遇到旱情紧急等突发情况时,按照国家和省、市有关规定执行。

(3) 加强河湖生态水位落实情况监督考核

根据生态水位保障工作目标和任务,明确保障工作的主体责任,结合最严格水资源管理制度和河长制考核,对生产河生态水位保障目标情况进行考核。建立健全生态水位保障责任制,完善联合督查工作机制,组织开展生态水位监督检查,考核结果作为最严格水资源管理制度和河长制考核的重要依据,对生态水位保障不力的按相关规定追究责任[5]。

4　结语

本文结合研究区域地理条件和实际河道管理运行情况,采用水文学方法Q_p法对生产河最低生态水位进行了分析计算,同时对比多年平均水位、近10年最枯月平均水位、近40年最低日平均水位等综合确定河道最低生态水位,并对计算结果进行了合理性分析,对生态水位目标保障程度进行了评价。从制定监测预警方案、应急调度方案、加强河湖生态水位落实情况监督考核等方面分析了河流生态水位目标保障的具体措施。本文采用的水文学方法，对于具有长系列水文资料的平原河网地区河湖生态水位计算及保障措施实施具有参考意义，但在水生生物种类及多样性分析、河道断面物理特征、水文过程不确定性等多种平原河网地区生态水位分析计算方面还有待进一步研究。

[参考文献]

[1] 水利部水利水电规划设计总院.河湖生态保护与修复规划导则:SL 709—2015[S].北京:中国水利水电出版社,2015.

[2] 刘洪财,丁晓雯,蒋咏,等.平原河网地区河流生态水量表征方式及核算研究——以通榆河为例[J].人民珠江,2022,43(8):19-26.

[3] 水利部水利水电规划设计总院.河湖生态环境需水计算规范:SL/Z 712—2021[S].北京:中国水利水电出版社,2021.

[4] 黄广勇,查红,王书亮.盐城市河流生态水位分析[J].治淮,2016(1):22-23.

[5] 王振祺,方红远,许广东,等.苏北平原河流生态水位确定与保障措施研究[J].人民珠江,2022,143(5):36-42.

[作者简介]

徐秀丽,女,1992年1月生于,工程师,主要从事水文情报预报与水资源管理等工作,19952950306,1455374027@qq.com。

浅谈河湖遥感影像解译工作

姜骁骅　于彦博

（淮河水利委员会水利水电工程技术研究中心　安徽　蚌埠　233001）

摘　要：河湖遥感影像解译工作是推动新阶段水利高质量发展，贯彻水利部"六条实施路径"的重要抓手，对于加快建设数字孪生淮河，构建智能业务应用体系，提高河湖"四乱"问题、水利工程运行安全风险、应急突发水事件等自动识别准确率具有重大意义。本文重点论述了遥感影像解译的基本定义、过程、优势以及遥感影像解译在河湖管理工作中的应用。

关键词：遥感影像；解译过程；优势；河湖管理

1　背景与目标

水利部河湖遥感影像解译及应用工作部长专题会议中指出，强化河湖遥感技术应用是提升河湖监管效能的迫切需要，是强化流域"四个统一"的有效举措，是智慧水利和数字孪生流域建设的重要内容，各有关单位要切实提高思想认识，充分认识强化河湖遥感技术应用的重要意义，要明确目标任务，加强组织领导，密切协作配合，确保各项工作有序推进，力争在2022年底前全部完成解译工作，实现第一次全国水利普查名录内河湖（无人区除外）全覆盖。

淮河流域片解译任务为925条河流，总长为2.6万km。按照《2022年淮河流域片河湖遥感影像解译工作方案》的要求，淮委成立淮委河湖遥感解译工作领导小组，牵头开展有关工作；同时，抽调机关有关业务处室、沂沭泗局、河湖中心、通信总站、档案馆、水土保持监测站、技研中心、科研所、中水淮河公司等单位共计236人组建6个工作专班对淮河流域片开展河湖遥感影像解译工作。各工作专班要做到解译工作与自身业务工作相结合，强化河湖遥感影像技术的应用，确保2022年10月底前完成淮河流域片河流的遥感影像解译工作。

2　遥感影像解译的基本概念

2.1　遥感影像解译的定义

遥感图像的解译是通过遥感图像所提供的各种识别目标的特征信息进行分析、推理与判断，最终达到识别目标或现象的目的[1]。而具体应用于河湖遥感解译工作中，可以简单理解为通过查看和对比不同时间点、不同卫星所拍摄的遥感影像图，以划定的河湖管理范围为边界，对管理范围内的疑似河湖四乱问题的性质、类型、等级等方面进行信息提取和分析判断，并根据河湖管理范围内地物对象划分标准（占、采、堆、建四大类），利用目视解译和人机交互的方式进行图斑勾画。因此，遥感影像的解译需要用到一定的背景知识，主要包括专业知识和区域背景知识。所谓专业知识，指所要解译的学科的知识;区域背景知识,指区域特点、景观特征等。针对河湖遥感影像中疑似"四乱"问题进行解译,则需要了解河流长度,河湖管理范围,地物对象类型,背景对象、水利附属设施的分辨,问题等级,卫星影像图的选取,河湖遥感平台的使用方法,河湖管理范围内地物遥感解译技术规范等多方面的专业知识,同时对河流所处位置的地理要素(地貌、水文、植被、社会生态等)、流域规划、历史遗留问题等区域背景知识进行简单的梳理和分析。

2.2 遥感影像解译的过程

遥感图像解译可以分为三个过程:图像识别、图像量测和图像分析。图像识别实质上是个分类的过程。而具体到复杂的遥感图像,图像识别就是指根据人的经验和知识,通过图像具体的解译标志来识别目标或现象。解译标志也称判读标志,是能直接或间接反应地物类型的影像标志,也是判别目标物所依据的影像特征,其中包括目标物的形状、大小、阴影、色调、纹理、图案、位置、布局等。在河湖遥感影像解译前,应根据遥感影像分辨率、时效、河湖地域分布、河流上下游、水域滩地分布情况,分析地物对象的影像表现特征,建立具有代表性、实用性和稳定性的解译标志。图像量测指在已知图像比例尺的基础上,应用图像的几何关系,借助简单的工具设备或软件,测量和计算目标物的大小、长度、相对高度等,以获得精确的距离、高度、面积、体积、形状、高度等信息,各项结果主要用于后续的进一步定量分析和应用。图像分析是指在图像识别、图像量测的基础上,通过综合、分析、归纳,从目标物的相互联系中解译图像或提取专题信息特征,即定性、定量地提取和分析各种信息[2]。综上所述,遥感图像解译的过程是较为复杂的。首先,遥感图像反应的是某一区域特定地理环境的综合体,包括各种地理要素和遥感信息本身的综合。其次,遥感数据对应的地理环境是复杂、具有动态结构和明显地域差异的开放系统,在时间和空间上都是不断变化的。

2.3 河湖遥感影像解译的技术流程

在河湖遥感解译工作中,技术流程主要包括资料收集、遥感影像处理、信息提取、成果野外验证、解译成果整理、质量控制六个阶段。

(1)资料收集是解译工作的基础,具体内容为收集遥感影像、基础数据和其他资料。遥感影像处理是解译工作的必要条件,主要包括正射校正、影像融合等。在河湖遥感平台中,卫星遥感影像均已经过预处理,且平台已完成对行政区划、河流、湖泊、堤防、岸线规划、河湖管理范围等数据的收集并将其可视化,以特殊形式体现于遥感影像图中,对于提高数据资源的利用率,提升解译工作效率至关重要。

(2)信息提取则在整个技术流程中起到承上启下的作用,具体方法包括目视解译方法、自动提取方法以及两种方法相结合。在河湖遥感影像解译工作中,大多以目视解译方法为主,解译人员根据建立的地物对象解译标志,通过人机交互的方式进行图斑勾绘。图斑勾绘完成后解译人员需完善图斑内容,即划分图斑的地物对象类型和图斑等级,并核实河湖名称、影像日期、经纬度等信息是否无误。图斑的地物对象类型按照"四乱"类型中22小项进行分类,图斑等级按照一般、重点、背景对象和水利及附属设施进行划分,完成上述内容后即可提交图斑信息,完成信息提取流程。解译人员在图斑勾绘时,需注意图斑的合理化和精细化,准确勾绘图斑边界,确保图斑的准确性。

(3)成果野外验证是指对信息提取的成果和解译中的疑、难点验证进行验证。解译人员可通过现场询问、实地查看、舆情信息、查阅资料等方式开展成果野外验证,在地面交通工具难以到达的区域,可采用无人机等设备获取资料。野外验证完成后,解译人员应对野外验证成果进行及时整理并填写验证记录表,同时对解译成果进行修改,修订错误图斑,补充遗漏图斑。

（4）在上述工作完成后，进入最后流程质量控制阶段，即按照河湖遥感解译技术流程，通过工作人员自检、互检、专检的方式，检查各工序成果的正确性、规范性、完整性和一致性。

3 遥感影像解译的优势

遥感影像与普通图像相比，具备以下几点优势：一是遥感影像通常为顶视，覆盖范围大，受地面影响小，而我们平时接触到的手机、摄影机拍摄的照片是普通透视；二是普通图像大多只能以真彩色和黑白两种影像来显示和处理，而遥感影像除此以外，还有多种彩色合成形式，也就是说它的成像波段并不局限于可见光波段；三是遥感影像通常以一种我们不甚熟悉的比例体现地物，且许多遥感传感器的辐射分辨率高于普通图像。因此其在较高的光谱分辨率和辐射分辨率方面遥感影像比普通图像更有优势，可以更好地辨识地物。开展河湖遥感影像解译工作，可以最大程度的利用遥感影像的优势和特点。

3.1 统一性、针对性、全面性

遥感探测可以在较短的时间内，从空中乃至宇宙空间对大范围地区进行对地观测，并从中获取有价值的遥感数据和影像，极大地拓宽了人们的视觉空间，对资源探测和环境分析等方面极为重要。在河湖遥感影像解译工作中，解译人员可以利用河湖遥感平台缩放图层，查看整条河流的走向、长度、堤防位置、河湖管理范围、行政区划、水利工程建筑物、周边的地理位置信息等资料，先从宏观的角度对整条河流存在的"四乱"问题进行综合研判，找出疑似问题集中区，然后放大图层，对该区域疑似问题进行逐一排查，而在地面调查阶段，也可在遥感影像图中找出疑似问题多发区，找出典型问题后开展现场检查，通过由浅入深、远近结合的方式，可以有效提升解译工作效率，确保疑似问题的针对性、统一性和全面性。

3.2 准确性、时效性、周期性

遥感技术获取信息的速度快，周期短，由于遥感卫星围绕地球运转，从而能及时获取所经地区的最新资料，同时根据新旧资料的变化进行动态监测，这是人工实地监测和高空摄影无法比拟的。在河湖遥感影像解译工作中，解译人员可以利用河湖遥感平台中控制面板功能，选择不同的遥感卫星（高分一号、资源三号、水利遥感卫星、公共影像等），根据各个卫星不同时间节点所拍摄的影像图，对河湖管理范围内存在的疑似问题进行全过程动态监测，确定疑似问题产生的时间、原因和整改措施（是否已完成），为下一步开展地面调查提供科学依据，大幅度提高了查找疑似问题的准确性、时效性和周期性。

3.3 系统性、灵活性、适用性

遥感技术获取信息受条件限制少，对于很多自然条件极其恶劣，地理位置较为偏僻的地方，采用不受地面条件限制的遥感技术，特别是航天遥感可方便及时地获取各种宝贵资料。在河湖遥感影像解译工作中，河流常流经一些较为偏僻的山区、树林等，地面调查难以开展。而利用遥感影像结合无人机技术，可以充分发挥二者定位精准和机动性强的特点，有效避免地面调查中的视角局限、效率低下等不足，降低取证成本，保证河湖信息采集的完整性，较好地完成疑似问题排查的任务。

4 遥感影像解译的难点及思考

4.1 遥感影像解译的难点

（1）遥感影像清晰度不够，分辨率较低。在解译过程中，由于遥感影像视角为顶视，且各个卫星提供的遥感影像的分辨率多为 2 m，成像较为模糊，故难以分辨河湖管理范围内地物对象类型。例如固体、垃圾堆放和乱建的砖房从顶视角度来看几近相同，较难发现河道中的围网养殖问题，拦河闸和桥梁有时也难以区分等，很大程度上会影响解译正确率。建议河湖遥感平台提供更高分辨率的遥感影像，提高影像清晰度，从而保证遥感影像解译的正确率。

（2）河湖遥感影像解译工作效率有待提高。按照河湖遥感影像解译工作要求，若发现横跨河道的桥梁、土路等，需勾画图斑并归类为背景对象。但在实际解译工作中，多数河道均存在大量的桥梁、土路，若全部勾画为图斑会占据大量时间，工作任务较为繁重。建议河湖遥感平台先采用自动提取的方法对此类背景对象进行信息提取，而解译人员采用目视解译的方法进行复核，进而提升河湖遥感影像解译工作效率。

（3）遥感影像的时效性不足，很多区域的遥感影像底图为空缺或拍摄时间较为久远。按照工作要求，现阶段是以天地图矢量结合天地图影像水利版的方式进行解译。建议河湖遥感平台着力提升遥感影像的时效性，更新或补充最近时段的遥感影像底图。

（4）河湖遥感平台系统亟待完善。在解译过程中，解译人员常会遇到河湖管理范围偏离或缺少，河道中心线偏移，遥感影像图缺失，系统故障等问题。建议河湖遥感平台持续对系统以及数据进行优化升级，不断完善平台各项功能，为高效精确、保质保量完成河湖遥感影像解译工作提供技术保障。

4.2 遥感影像解译的思考

河湖遥感影像解译工作是推动新阶段水利高质量发展，贯彻水利部"六条实施路径"的重要抓手。一方面是通过开展遥感影像解译工作，可以加强河湖生态保护修复与治理，提升河湖生态保护治理能力。通过对疑似问题图斑的筛选和辨别，全面提升排查、清理整治河湖"四乱"问题的效率，达到坚决清存量、遏增量的目的。在遥感影像解译的过程中，解译工作人员也会对河湖管理范围划界工作进行复核，如遇划错、漏划等问题，解译工作人员将及时上报有关部门进行统计并核实，充分落实了全面完成流域河湖划界，强化水域岸线空间分区分类管控的要求。另一方面是通过开展遥感影像解译工作，加快建设数字孪生淮河，提升科学精准决策支持能力。水利业务遥感是构建智能业务应用体系的重要内容，而遥感影像解译工作是水利业务遥感具体应用的体现。构建水利业务遥感可以有效提升河湖"四乱"问题识别准确率，也为有关部门日后排查水利工程运行安全风险、应对突发水事件提供现代化科技保障手段。

5 结语

相比于传统"四乱"监测手段，遥感影像解译具有大范围同步观测、从宏观上研判"四乱"问题分布特征、获取信息具有统一性、准确性、时效性等优势。河湖管理部门通过收集遥感影像解译的成果，筛选并加以分析，可以有效提升查找河湖四乱问题的效率，提高疑似问题的完整性和针对性，为水行政主管部门清除妨碍河道行洪突出问题及河湖"四乱"问题排查整治工作提供有力技术支撑，也为汛期河道行洪通畅、守住防洪安全底线提供了坚强保障。

[参考文献]

[1] 李海峰.遥感图像解译技术概述[J].科技广场,2009(9):227-228.
[2] 赵英时.遥感应用分析原理与方法[M].北京:科学出版社,2003.

[作者简介]

姜骁骅,男,生于1990年5月,工程师,从事项目管理工作,18655295300,124491279@qq.com。

尖岗水库面源污染物入河量调查与核算

李永丽

(河南省水文水资源中心 河南 郑州 450003)

摘 要:对尖岗水库的面源污染进行了调查,确定了面源污染物核算方法和相关系数,对尖岗水库的农村生活面源污染物、农田面源污染物和水土流失面源污染物入河量进行了核算。农村生活面源是尖岗水库面源污染的主要贡献来源,农田面源和水土流失对总氮、总磷有少量贡献。

关键词:尖岗水库;面源污染物;入河量核算

面源污染物入河量调查和核算是开展面源污染防控和管理的最基础工作。面源污染不是仅包括农业面源,现有相关研究大多将面源污染等同于农业面源污染,研究者所关注的多是农田种植、农村生活、畜禽养殖三种类型。对于城镇地表径流、水土流失类型的面源污染鲜有涉及。对于区域面源污染类型考虑的缺失导致面源的调查与核算不科学,整体的影响评判不合理。

尖岗水库流域所在区域属于中南部剥蚀丘陵保土水源涵养区,其中新密市在伏牛山中条山国家级水土流失重点治理区内;二七区和新郑市在伏牛山中条山省级水土流失重点治理区内。流域内主要种植类型为大田作物,露地蔬菜和园地播种面积较少。目前,点源污染已基本得到较好的控制和管理,但水环境质量进一步提升遇到诸多困难。尖岗水库流域面源污染情况需要进一步调查和核算,为下一步综合防治工作提供依据。

1 面源污染物入河量调查

尖岗水库流域面源污染的调查区域包括新密市白寨镇、二七区侯寨乡、马寨镇、樱桃沟等地。对尖岗水库一级保护区、水库上游贾鲁河干流进行实地调查,共调查2个县(市、区)、4个乡镇(街道)、5个村庄、6个农户、7个河流(水库)节点。

尖岗水库流域面源污染特点是:流域内城镇化经济化水平较高,农村生产生活行为习惯与城市相似;流域内地表水资源量少,降水量季节性差异大;流域内地势起伏、沟壑纵横,属于水土流域易发区;流域内农村生活污水和人体粪尿未集中收集,生活垃圾基本得到有效收集;流域内种植规模小,分散式畜禽养殖和地表径流面源污染极其微小。

因此,尖岗水库面源污染核算的重点为农村生活面源、农田面源以及水土流失面源污染,分散式畜禽养殖和城镇地表径流面源污染不再进行核算。

2 面源污染物入河量核算方法与系数确定

2.1 农村生活面源

2.1.1 核算方法

农村生活面源污染物核算主要是采用产排污系数法,通过核算污染物的产生量、排放量(流失量)和入河量,来确定流域/区域农村生活面源污染情况。

农村生活污染来源于生活污水、生活垃圾和人体粪尿三部分,采用产排污系数法测算区域农村生活污水、生活垃圾和人体粪尿的产生、排放量。

(1) 农村生活污染物产生量核算

农村生活污染产生量采用产污系数进行核算,核算公式如下:

$$W_{产生} = W_{污水产生} + W_{垃圾产生} + W_{粪尿产生} \tag{1}$$

$$W_{污水产生} = R_p \times P_w \times S_{污水} \times C_{污水} \times 0.01$$

$$W_{垃圾产生} = R_p \times S_{垃圾} \times C_{垃圾} \times 0.01 \times 365$$

$$W_{粪尿产生} = R_p \times S_{粪尿} \times 10$$

式中:$W_{产生}$ 为农村生活污染产生量(t/a);$W_{污水产生}$ 为农村生活污水污染物产生量(t/a);$W_{垃圾产生}$ 为农村生活垃圾污染物产生量(t/a);$W_{粪尿产生}$ 为人体粪尿污染物产生量(t/a);R_p 为农村常住人口,万人;P_w 为农村人均用水量[m³/(a·人)];$S_{污水}$ 为污水产生系数;$C_{污水}$ 为污水污染物浓度,mg/L;$S_{垃圾}$ 为人均垃圾产生系数[kg/(人·d)];$C_{垃圾}$ 为生活垃圾析出污染物负荷(g/kg);$S_{粪尿}$ 为人体粪尿产污系数[kg/(a·人)]。

(2) 农村生活污染物排放量核算

生活污染物排放量是在生活污染物产生量的基础上,结合污染物排放系数核算得到,公式如下:

$$W_{排放} = W_{污水排放} + W_{垃圾排放} + W_{粪尿排放} \tag{2}$$

$$W_{污水排放} = W_{污水产生} \times E_{污水}$$

$$W_{垃圾排放} = W_{垃圾产生} \times E_{垃圾}$$

$$W_{粪尿排放} = W_{粪尿产生} \times E_{粪尿}$$

式中:$W_{污水排放}$ 为农村生活污水污染物排放量(t/a);$W_{垃圾排放}$ 为农村生活垃圾污染物排放量(t/a);$W_{粪尿排放}$ 为人体粪尿污染物排放量(t/a);$E_{污水}$ 为农村生活污水污染物排放系数;$E_{垃圾}$ 为农村生活垃圾污染物排放系数;$E_{粪尿}$ 为人体粪尿污染物排放系数。

(3) 农村生活污染物入河量核算

采用入河系数法核算农村生活污染入河量,公式如下:

$$W_{入河} = W_{污水排放} \times R_{污水入河} + W_{垃圾排放} \times R_{垃圾入河} + W_{粪尿排放} \times R_{粪尿入河} \tag{3}$$

式中:$W_{入河}$ 为农村生活污染物入河量(t/a);$R_{污水入河}$ 为农村生活污水污染物入河系数;$R_{垃圾入河}$ 为农村生活垃圾污染物入河系数;$R_{粪尿入河}$ 为人体粪尿污染物入河系数。

2.1.2 系数确定

污水产生系数是污水产生量占用水量的比例，农村生活污水产生系数与农户卫生设施水平、用水习惯、排水系统完善程度等因素有关。尖岗水库流域内多数农村地区排水管网尚未完全普及，部分区域只收集部分混合生活污水进入污水管网，根据上述分析确定尖岗水库汇水区农村生活污水产生系数为0.35。

2.2 农田面源

2.2.1 核算方法

农田面源污染物入河量的核算思路是首先基于农田面源污染现状调查，根据获得的各类化肥和农药的施用量核算氮、磷的施用纯量，即为农田面源污染物的产生量；然后根据不同耕地类型农田面源污染物的流失系数核算地表径流和地下淋溶两种方式的流失量，合计即为总的流失量；最后根据不同污染物的入河系数核算出各类农田面源污染物的入河量。

采用分阶段输出系数模型核算农田面源污染物入河量，具体方法如下：

（1）农田面源污染物产生量核算

调查统计施入农田的肥料及农药施用量，核算出氮素和磷素折纯量，即为农田面源污染物产生量，公式如下：

$$W_{产生} = W_{肥产生} + W_{药产生} \tag{4}$$

式中：$W_{产生}$为农田面源污染物产生量(t/a)；$W_{肥产生}$为施肥产生的农田面源污染物量，即肥料施用纯量(t/a)；$W_{药产生}$为施用农药产生的农田面源污染物量，即农药施用纯量(t/a)。

（2）农田面源污染物流失（排放）量核算

采用农田面源污染物流失量核算模型计算农田面源肥料、农药污染物流失量，包括地表径流流失量和地下淋溶流失量，公式如下：

① 地表径流流失量

$$W_{径流流失} = W_{肥产生} \times E_{肥流失} + W_{药产生} \times E_{药流失} \tag{5}$$

式中：$W_{径流流失}$为农田面源污染物地表径流流失量(t/a)；$E_{肥流失}$为施肥产生的污染物的地表径流流失系数；$E_{药流失}$为施用农药产生的污染物的地表径流流失系数。

② 地下淋溶流失量

$$W_{淋溶流失} = W_{肥产生} \times E'_{肥流失} + W_{药产生} \times E'_{药流失} \tag{6}$$

式中：$W_{淋溶流失}$为农田面源污染物地下淋溶流失量(t/a)；$E'_{肥流失}$为施肥产生的污染物的地下淋溶流失系数；$E'_{药流失}$为施用农药产生的污染物的地下淋溶流失系数。

（3）农田面源污染物入河量核算

采用入河系数法核算农田面源肥料、农药污染物入河量，公式如下：

$$W_{入河} = (W_{径流流失} + W_{淋溶流失}) \times R \tag{7}$$

式中：$W_{入河}$为农田面源污染物入河量(t/a)；R为农田面源污染物入河系数。

2.2.2 系数确定

选取第一次全国污染源普查——农业污染源肥料流失系数手册中设置的黄淮海半湿润平原区相关肥料、农药流失系数[1]，如表1所示。

表 1　农田肥料流失系数

典型区域	耕地类型	地表径流流失系数(%)			地下淋溶流失系数(%)		
		总氮	总磷	铵氮	总氮	总磷	铵氮
尖岗水库	黄淮海半湿润平原区-平地-旱地-大田小麦玉米两熟	—	—	—	1.393	—	0.038
	黄淮海半湿润平原区-平地-旱地-露地蔬菜	0.668	0.443	0.004	1.535	0.010	0.030
	黄淮海半湿润平原区-平地-旱地-园地	0.598	0.360	0.052	0.976	—	0.038
	黄淮海半湿润平原区-平地-旱地-大田两熟及以上	0.950	0.375	0.123	—	—	—

尖岗水库流域内主要为林地,其次为耕地和经济果林,另有少量菜地,主要施用化肥和有机肥,几乎不打农药,因此不考虑农药流失。

目前,相关研究对农田面源污染入河系数的取值基本都在 0~0.1 之间。区域地形、水系、降水量对入河系数均有影响。参考朱梅[2]的研究,首先将各乡镇基础入河系数定为 0.1,再结合区域地形、降水、水系情况进行修正。

2.3　水土流失面源

2.3.1　核算方法

采用水土流失面源污染物流失量研究领域应用较多的负荷核算模型对水土流失面源污染物流失量进行核算,其计算原理在于吸附态污染物的发生是以土壤侵蚀为运移载体,同时其流失负荷也受到氮磷元素在土壤颗粒中的富集比例的影响,因此该模型的计算主要是通过泥沙负荷量、土壤中氮磷的背景含量和吸附态氮磷的土壤富集比三者之间的叠加得到。最后,采用入河系数法对水土流失类面源污染物入河量进行核算。

(1) 水土流失类面源污染物流失量

水土流失类面源污染物流失量采用下式核算:

$$W_{流失} = W_{泥沙} \times C_{泥沙} \times e \times 10^{-6} \tag{8}$$

式中:$W_{流失}$ 是流域随泥沙运移流失的污染物量(t/a);$W_{泥沙}$ 是流域内泥沙流失量(t/a);e 是污染物富集系数;$C_{泥沙}$ 是土壤中污染物平均含量(mg/kg)。

(2) 水土流失类面源污染物入河量核算

采用入河系数法核算水土流失类面源污染物入河量,公式如下:

$$W_{入河} = W_{流失} \times R \tag{9}$$

式中:$W_{入河}$ 为水土流失类面源污染物入河量(t/a);R 为水土流失面源污染物的入河系数。

2.3.2　系数确定

水土流失面源污染物入河量核算需确定的系数包括土壤表层颗粒氮、磷的富集系数以及泥沙颗粒携带的污染物的入河系数。

(1) 富集系数

参考第三次全国水资源调查评价技术细则并结合相关研究推荐的富集系数,将土壤表层颗粒上氮的富集系数取为 3.0,磷的富集系数取为 2.0。

(2) 入河系数

参考李强坤等[3]的研究，河流床沙中氨氮浓度是流域内土壤中平均浓度的 2.193 倍、硝酸盐氮浓度是流域内表层土壤中平均浓度的 0.527 倍、总磷浓度是流域内土壤中平均浓度的 0.747 倍，结合土壤表层泥沙颗粒氮、磷的富集系数可以核算出水土流失面源污染物中，总氮的入河系数为 0.5、总磷的入河系数为 0.6。

3 面源污染物入河量核算

3.1 农村生活面源污染物入河量核算

(1) 产生量

采用农村生活污染物产生量核算模型，计算出尖岗水库流域内各个乡镇农村生活污染物产生量。尖岗水库流域农村生活面源污染物 COD、氨氮、总氮、总磷的产生量分别为 1 583.06 t/a、52.04 t/a、265.44 t/a、37.28 t/a。

从污染物来源可以看出，尖岗水库流域的人体粪尿 COD、总氮、总磷的排放量占比较大，占农村面源污染产生总量的比例分别为 53.3%、49.1%、59.9%，农村生活污染的氨氮产生量占比最大，为 57.9%。

(2) 排放量

采用农村生活污染物排放量核算模型，计算出尖岗水库流域内各个乡镇生活污染物排放量。尖岗水库流域农村生活面源污染物 COD、氨氮、总氮、总磷的排放量分别为 267.51 t/a、30.04 t/a、50.52 t/a、5.05 t/a。

从污染物来源可以看出，尖岗水库流域农村生活污水的污染物排放量最大，COD、氨氮、总氮、总磷的排放量占农村生活面源总排放量的比例分别为 67.6%、96.4%、72.3%、57.3%。

(3) 入河量

采用农村生活污染物排放量核算模型，计算出尖岗水库流域内各个乡镇生活污染物入河量。尖岗水库流域农村生活面源污染物 COD、氨氮、总氮、总磷的入河量分别为 65.54 t/a、9.15 t/a、12.53 t/a、1.13 t/a。

从污染物来源可以看出，农村生活污水的污染物入河量最大，COD、氨氮、总氮、总磷的入河量占农村生活面源总入河量的比例分别为 86.7%、99.4%、91.6%、80.5%。

3.2 农田面源污染物入河量核算

(1) 产生量

尖岗水库流域农田面源总氮、总磷、氨氮的产生量分别为 389.79 t/a、100.83 t/a、201.56 t/a，其中新密市农田面源污染物产生量远大于二七区和新郑市，分别占尖岗水库流域农田面源总氮、总磷、氨氮产生量比例为 85.1%、87.4%、89.8%。

(2) 流失量

尖岗水库流域农田面源总氮、总磷、氨氮流失量分别为 1.39 t/a、9.52 t/a、0.49 t/a，其中新密市农田面源污染物流失量远大于二七区和新郑市，分别占尖岗水库流域农田面源总氮、总磷、氨氮流失量比例为 87.3%、88.0%、96.8%。

（3）入河量

尖岗水库流域农田面源总氮、总磷、氨氮的入河量分别为 0.58 t/a、0.03 t/a、0.083 t/a，其中新密市农田面源污染物入河量远大于二七区和新郑市，分别占尖岗水库流域农田面源总氮、总磷、氨氮入河量比例为 85.5%、86.1%、96.8%，是尖岗水库流域农田面源污染的主要来源。

3.3 水土流失面源污染物入河量核算

依据上述数据进行核算，尖岗水库流域因水土流失由泥沙携带的总氮量为 0.018 t/a，总磷量为 0.011 t/a。实际的总氮入河量为 0.008 t/a，总磷入河量为 0.005 t/a，见表 2。

表 2 尖岗水库流域水土流失面源污染物入河量核算结果

流域面积(km^2)	输沙模数[$t/(a \cdot km^2)$]	总氮产生量(t/a)	总磷产生量(t/a)	总氮入河量(t/a)	总磷入河量(t/a)
112.43	0.058	0.018	0.011	0.008	0.005

4 结果分析

经核算，尖岗水库流域内 COD、氨氮、总氮、总磷的产生量分别为 1 583.06 t/a、253.60 t/a、655.23 t/a、138.12 t/a，入河量分别为 65.54 t/a、9.23 t/a、13.13 t/a、1.16 t/a，COD、氨氮、总氮、总磷的入河量分别占产生量的 4.14%、3.64%、2.0%、0.84%。

从 COD 的入河量看来看，COD 全部来源农村生活面源。从氨氮的入河量来看，农村生活面源占比高达 99.10%，农田面源占比较少。从总氮的入河量来看，农村生活面源占比高达 95.47%，农田面源和水土流失占比较小。从总磷的入河量来看，农村生活面源占比依旧最大，达到 97.00%，农田面源和水土流失占比相对较小。

综上所述，农村生活面源是尖岗水库面源污染的主要贡献来源，农田面源和水土流失对总氮、总磷有少量贡献。

[参考文献]

[1] 国务院第一次全国污染源普查领导小组办公室.第一次全国污染源普查——农业污染源肥料流失系数手册[Z].2009.

[2] 朱梅.海河流域农业非点源污染负荷估算与评价研究[D].北京:中国农业科学院,2011.

[3] 李强坤,李怀恩,孙娟,等.基于有限资料的水土流失区非点源污染负荷估算[J].水土保持学报,2008(05):181-185.

[作者简介]

李永丽,女,生于1979年8月,正高级工程师,主要从事水环境水生态研究,13523065798,lyl723@126.com。

乡村振兴背景下农村黑臭水体治理问题及对策研究

戚春燕[1] 李 宁[2] 王建强[2]

(1. 济宁市水务综合执法支队 山东 济宁 272019；
2. 济宁市水利事业发展中心 山东 济宁 272019)

摘 要：改善农村人居环境，是实施乡村振兴战略的重点任务。农村黑臭水体治理是农村人居环境整治的重要内容，是推动乡村振兴、深入打好污染防治攻坚战的重点难点问题。本文简要介绍了农村黑臭水体当前的现状及存在的问题，主要是污染成因多样复杂、底数不清底子薄、缺少系统规划、资金匮乏、动态变化大管护有难度等问题。本文提出了农村黑臭水体治理思路，从统筹谋划、保障资金投入、强化组织建设健全长效管护机制、完善监督管理制度等方面给出了治理对策及建议。文中强调农村黑臭水体治理要紧密结合乡村振兴的发展需求，充分发挥广大农民群众知情权和参与权、监督权，满足农民群众从过去的"有没有"到现在的"好不好"的需求转变，实现对农村生态环境治理提出更高的要求。

关键词：乡村振兴；农村黑臭水体；问题；对策研究

1 研究背景

随着生态环境质量的不断改善，农村环境污染防治短板问题日益凸显。改善农村人居环境，是实施乡村振兴战略的重点任务。生态环境部明确指出，农村污染治理是生态环境保护和"三农"工作的薄弱领域，形势依然严峻，而农村黑臭水体治理是农村人居环境整治和农村污染治理的重要内容，是推动乡村振兴的重点难点问题。2018年12月，中央农办会同农业农村部、水利部等18部门印发《农村人居环境整治村庄清洁行动方案》，方案对农村黑臭水体治理提出明确要求。2021年12月，中办、国办印发《农村人居环境整治提升五年行动方案(2021—2025年)》，将农村黑臭水体治理作为重点任务。2022年2月，生态环境部联合农业农村部、水利部、国家乡村振兴局等部门印发《农业农村污染治理攻坚战行动方案(2021—2025年)》，强调"十四五"农村黑臭水体治理重点任务。

2 农村黑臭水体现状及存在问题

根据2019年11月生态环境部《农村黑臭水体治理工作指南(试行)》，农村黑臭水体主要指行政村内村民主要集聚区适当向外延伸一定范围内颜色明显异常或有异味的水体。主要通过感官特征、水体周边群众调研满意度、监测水质三项指标来进行识别。当前农村黑臭水体已严重影响周边群众的生活，亟待解决。

2.1 农村黑臭水体污染成因多样，差异性大，问题多

造成农村水体(坑塘或沟渠)出现黑臭的污染成因多样，目前主要有农村生活污水、农村生活生产垃圾、养殖业废水废料(包括畜禽养殖和水产养殖)、种植业面源、工业及加工业污染、底泥污染和其他

污染等。不同的水体污染成因各有差异,一些水体还存在多种污染源头。随着社会信息化和科技化的时代发展,农村人民群众物质生活水平不断提高,生产生活方式随之发生改变,农村所产生的生活垃圾等明显增加。养殖业废水废料和种植业面源污染虽然采取相应措施进行管控,但持续的生产依然会出现不达标的尾水汇流或间接进入农村坑塘沟渠的问题等[1-3]。此外,村庄内的农村小作坊、小规模食品加工业如豆制品加工等,产生的废水往往直排入坑塘沟渠。农村坑塘沟渠大多未相互连通,水体流动性差,水质受到较大影响。

2.2 农村黑臭水体底数不清,底子薄,治理起步较晚

农村黑臭水体分布特点为点多、面广、分散不集中,且规模差距较大。因污染成因多样,各地区农村不同程度地都存在黑臭水体,覆盖村庄范围广,且面积规模有较大差别。受区域气候条件和地形地貌的影响,水稻种植地区村庄存在村内及周边有数个甚至数十个水体黑臭的现象。受地区区域发展不平衡和地方政府重视程度不同的影响,各地经济发展支撑产业不同,如养殖产业镇、水稻种植业农业乡镇等,呈现出区域性集中等特点。此外,农村生态环境治理自"十三五"期间组织架构、整治监管体系等才逐渐完善,相对于城市黑臭水体治理有较为成熟的治理模式,农村黑臭水体治理底子薄,尚未形成可复制、可大规模推广的成熟治理模式[4]。

2.3 缺少系统规划,缺少综合治理和管控

涉及农村黑臭水体治理的各项规划目前更多地偏重于强调治理重要性及治理目标任务,或单独针对某一类型污染进行专项治理,缺乏系统性和连续性。各污染成因治理的责任部门涉及农业农村、生态环保、住房和城乡建设、畜牧养殖等多个部门,需要各部门协同治理。各部门责任划分不清晰、协调不到位,就会出现"九龙治水"、各自为政的情况,使治理管理效能打折扣。此外,当前农村黑臭水体治理和管护更多强调治理和管护的主体的责任,忽略了在城市污染治理中强调的"谁污染谁治理"的原则,过多强调政府兜底,没有追究造成污染或造成治理效果反弹的个体或组织的责任,相关法规制度尚不健全、执法机制尚未形成。

2.4 治理资金来源单一,资金缺口大

鉴于农村黑臭水体的分布和污染成因的特点,农村黑臭水体治理全面实施的资金需求大。但农村投资现状的特点以及对治理后投入产出比不明朗的担忧,让农村黑臭水体资金面临财政资金投不起,社会资本和群众不愿投的尴尬现象。目前虽然有设立的乡村振兴专项资金,但近几年受疫情对经济冲击的影响大背景下,各级各地区财政保障能力下降,资金更多用于保民生的刚性需求上,用于农村黑臭水体治理紧急优先序较低。

2.5 动态变化较大,长效管护有难度

由于农村黑臭水体多为各自独立的坑塘或沟渠没有连通,水动力条件不足,流动性下降,而流动性差使水体内水循环受阻,水体自净能力下降,水体内藻类迅速繁殖,需氧生物死亡,从而使水质恶化[5-6]。农村内坑塘或沟渠在汛期降水多的时候可以蓄滞洪水,在干旱时期涵养、储备水源,季节性变化大。治理后的黑臭水体,在雨季尤其强降雨时,村内雨水汇流到水体内,往往会裹挟大量生活生产垃圾等,导致治理后的水体一场雨后返黑返臭,治标不治本,水体治理后管护难度大。另外,农村群众在环境保护和绿色发展的理念上仍存在不足。长久以来的生产生活习惯比如向坑塘沟渠内倾倒垃圾等仍然存在[7-8],不仅是当前黑臭水体的重要污染来源,也是导致治理后水体返黑返臭的重大隐患。

3 治理对策

3.1 统筹谋划，系统推进，科学治理

科学统筹谋划，与乡村振兴总思路、农村人居环境整治总规划深度融合，做好顶层设计。农村黑臭水体治理要与农村人居环境整治工程、农村生活污水治理项目、农村环卫一体化等有机结合，统筹推进。摸清底数，建立台账，纳入治理计划，结合水体所在村庄的自然风貌和风土民情，因地制宜，按照不同规模和难易程度，分批治理。治理时需要针对不同的污染成因分类施策，有针对性地采取控源截污、清淤疏浚、生态修复等方式开展治理，形成可复制可推广的治理模式。

3.2 强化组织建设，形成完善治理体系

农村黑臭水体污染成因多样，治理时不能单打独斗。要明确责任主体，充分发挥各级政府、责任部门、属地行政村及运行管理单位各方责任，形成完善的治理管护体系。各责任部门要定期会商，加强沟通，数据共享，协同配合，形成合力。制定目标评价体系或绩效考核目标时，要通盘考虑，列入考核范围，并将考核结果纳入资金或政策帮扶支持的参考依据。市级或县级可抽调各责任部门业务骨干人员成立领导小组或专班，统一部署安排工作，增强部门协同，建立统一的协调机制。

3.3 健全长效管护机制

健全长效管护机制，建立有标准、有人员、有经费、有监督的长效管护制度。明确各方责任，做好水体治理后的日常管护。加强日常巡查、检测，发现问题及时登记、报告、组织整改。充分发挥广大农民群众的知情权和参与权、监督权，宣传引导周边村民自觉维护治理成果，构建政府、村集体、市场主体、村民等多方共建共管的格局。强化对农村环境问题时空和内在演变规律的认知，掌握问题性质和规律，逐渐形成成熟的长效管护机制。

3.4 加强财政投入保障，拓宽投资渠道

建立多方资金筹措机制，持续保持或逐步增加中央或地方财政投入，治理资金采用"以奖代补、先干后补"等形式，保障资金投入。对于投资收益较大、投入产出比较高的项目，调动社会力量积极参与，更多地将社会资本引入到农村黑臭水体治理中来，完善相应政策支撑保障。

3.5 强化宣传引导，完善监督管理制度

宣传发动群众，利用村规民约等组织群众，带领依靠广大群众广泛开展农村环保志愿活动，引导群众建立绿色生产生活方式，不断增强保护环境、绿色发展的理念[9]。按照"谁污染谁治理""污染者担责"的原则，依托农村黑臭水体治理，逐渐完善农村生态环境保护相关法规的建设，建立、提升黑臭水体治理监管执法，对造成污染或导致治理后返黑返臭的个体或组织，加强执法力度，并逐步实现规范化、标准化。

4 结语

总之，农村黑臭水体治理是实现乡村生态振兴的有力举措，突出坚持以人民为中心的发展思想，

践行"绿水青山就是金山银山"的理念。"十四五"期间力抓农村黑臭水体治理工作,会极大上改善乡村生态环境,乡村将成为安居乐业的美丽家园,我国在乡村振兴的发展道路上将实现突破性进展。

[参考文献]

[1] 任甜.典型农村黑臭水体污染成因及治理对策[J].资源节约与环保,2021(10):100-102.

[2] 王莉,姜惠源,李亭亭,等.河南农村黑臭水体及影响因素调查分析[J].中国农村水利水电,2021(3):1-5+12.

[3] 陈永忠,续衍雪,李娜.乡村振兴战略背景下农村坑塘治理分析研究——以河南睢县实地调查为例[J].中国农村水利水电,2021(3):13-16+22.

[4] 谭伟,张建国,李德魁,等."十四五"期间农村生态环境治理的思考与建议[J].环境生态学,2021,3(10):44-46.

[5] 胡鹏,杨庆,杨泽凡,等.水中溶解氧含量与其物理影响因素的实验研究[J].水利学报,2019,50(6):679-686.

[6] 方金鑫,黄钰铃,王泽平,等.水泸沽湖水体溶解氧达标评价研究[J].人民长江,2021,52(11):42-46.

[7] 张斐男.日常生活视角下的农村环境治理——以农村人居环境改造为例[J].江海学刊,2021(4):125-131.

[8] 洪大用,范叶超,等.迈向绿色社会——当代中国环境治理实践与影响[M].北京:中国人民大学出版社,2020:92-105.

[9] 高敬,于文静,安蓓.收官在即,如何巩固脱贫攻坚成果——三部门"解码"稳定脱贫发力点[EB/OL].(2020-10-14).http://www.xinhuanet.com/politics/2020-10/14/c_1126612110.htm.

[作者简介]

戚春燕,女,1988年3月生,工程师,主要从事水生态环境保护有关工作,18353788596,cyq3788@163.com。

蚌埠市主城区淮河河道生态修复措施研究

周亚群[1] 李汉卿[1] 尹 星[1] 张 娟[2]

(1. 淮河水资源保护科学研究所 安徽 蚌埠 233001；
2. 中水淮河规划设计研究有限公司 安徽 合肥 230601)

摘 要：本文以蚌埠市主城区淮河河道为研究对象，在分析区域河道及堤岸现状、淮河水质和生态环境现状的基础上，针对存在的河道局部束窄、水体污染、生态景观不佳等问题，提出洪水控制、水质改善、生态驳岸、水生态系统修复和景观提升等生态修复措施，为打造"靓淮河"提供思路和借鉴。

关键词：淮河；主城区段；生态修复

1 研究背景

蚌埠市位于淮河中游，辖区内淮河长141.96 km；其中，蚌埠闸至长淮卫桥段全长约17 km，因流经禹会、淮上、龙子湖、经开四个行政区，被称为淮河蚌埠主城区段[1]。随着蚌埠城市空间的快速拓展，淮河作为市区第一大城市河道其生态景观已不能满足新时期高质量发展的要求。2021年8月，蚌埠市正式提出淮河主城区防洪交通生态景观带综合概念性规划，一场旨在重塑"城"与"河"关系的"靓淮河"行动正有序推进、渐次展开，实施河道生态修复是恢复主城区段淮河的生态功能、营造优美滨水景观的必然需求。

2 研究区概况

本次研究范围为西起蚌埠闸下东至长淮卫大桥的淮河河道及自两岸堤顶路至淮河水面之间的滩地，涉及淮河干流长度约17 km，涉及滩地面积约10 km²。从生态角度分析，研究区地处淮河中下游、洪泽湖上游，流域内河湖众多，是区域级生态廊道，河道生态区位敏感度高[1]。

2.1 河道及堤岸现状

淮河蚌埠段北岸是淮北大堤，南岸为蚌埠市城市圈堤，两岸堤距700～2 000 m，堤防距离整体呈现从上游到下游减小的趋势；淮河蚌埠主城区段河道水面宽280～480 m，河道主槽宽度300～1 000 m，河底高程变化较大，局部深泓点高程－15.96 m；滩地平均高程约16～17 m，宽度200～1 000 m[1]。现状河道存在一定的束窄情况，岸线斑驳，滩地面积较大，影响了洪水的顺畅下泄，对城市防洪安全存在一定的威胁和隐患；滩地内现有水塘、沟渠、湿地等水系，连通性不佳。

淮河主城区段现状堤防迎水侧护坡坡度大部分为1∶3，堤身下半部分至堤脚为混凝土护坡型式，堤身上半部分为草皮护坡型式；现状混凝土护坡接缝处杂草滋生，影响了混凝土护坡的强度和使用寿命；现状草皮护坡杂草丛生，局部黄土裸露[1]。

2.2 水质

根据《蚌埠市水功能区划》,淮河蚌埠主城区段所属一级水功能区划为淮河干流蚌埠开发利用区,二级水功能区为淮河蚌埠景观娱乐、排污控制区和淮河蚌埠农业用水区,水质管理目标为《地表水环境质量标准》(GB 3838—2002)中的Ⅲ类水质标准。

本研究收集了 2020 年淮河干流蚌埠闸上断面、沫河口断面、新铁桥下断面和吴家渡断面的全年逐月水质监测结果,采用单项标准指数法对上述监控断面的水质指标进行评价。评价结果显示蚌埠闸上断面水质均达标,沫河口、新铁桥下断面 7 月份溶解氧超标,吴家渡断面中 5—9 月份的五日生化需氧量、化学需氧量和溶解氧略超标,最大超标倍数分别为 0.23、0.26 和 0.18。沫河口、新铁桥下断面和吴家渡断面部分指标出现超标的原因与汛期区域雨量较大有关,城区涝水通过各排涝泵站排入淮河,由于雨水的冲刷作用,涝水中携带部分面源污染物,导致水体中部分指标略有超标。

2.3 生态环境现状

2.3.1 生态系统组成

研究区主要包括河流生态系统、林地生态系统、农田生态系统和灌木草地生态系统,河流生态系统指淮干以及淮河两岸滩地水系,如坑塘、沟渠、湿地等;林地生态系统是以杨树、柳树为主的防浪林,分布在滩地范围内靠淮河大堤迎水侧;农田生态系统主要分布在防浪林以下与河道水面以上的平坦滩地上,农作物类型主要有蔬菜、小麦、大豆等;灌木草地生态系统主要分布在滩地水系周边或农田附近等区域,植被类型主要为原生滩涂植被。

2.3.2 生态完整性

经计算,研究区生态系统平均净生产力为 546.54 g/(m²·a),低于全球陆地平均生产力水平 720.0 g/(m²·a)。区域主要景观为水域,水域周边受到人类活动的反复干扰;原生植被主要为生产能力较弱的灌木草地;林地景观主要为防浪防护林和一些人工林,林地类型较为单一;部分滩地较集中地分布了农田、建筑用地等受人类活动影响明显的景观类型。生物组分异质化程度仍有一定水平,生态系统阻抗稳定性不强,因此区域净生产力水平较为一般。

2.3.3 生物多样性

现状植物种类多样性总体偏低,多为农田植被和防护林,乔木、湿地植物等多样性偏少,滩地大部分处于十年一遇水位以下,植被受洪水影响较大,不能代表典型的淮河滩涂植被类型。区域动物资源丰富,尤其是鸟类资源和鱼类资源,并且有重点保护物种的分布,但是由于生境条件限制,动物多样性仍有待提升。

2.4 存在的主要环境问题

2.4.1 水体污染

淮河主城区段沿岸有大型污水厂(第一、第二、第三污水处理厂),三座污水处理厂出水水质为《城镇污水处理厂污染物排放标准》(GB 18918—2002)中一级 A 类标准,污水处理厂尾水直排淮河,对淮河水质产生一定冲击;蚌埠闸—长淮卫桥段淮河两岸分布有排涝涵闸 8 座、泵站 14 座,汛期城区涝水直接或间接排入淮河,对淮河水质造成不良影响。此外,区域内入淮河支流旱季截污标准较低,存在旱季污水入河、初期雨水溢流入河、水体自净能力弱等现象。

2.4.2 生态功能退化

淮河特有的水文特征造成淮河干流蚌埠闸—长淮卫桥段滩地面积较大,原生植被由于季节性洪水及人为干扰影响,植物种类较为单一,生物多样性较低,现状生态景观不佳,区域生态功能出现退化,缺乏系统有效的生态保护与规划利用[2]。淮河蚌埠主城区段作为区域生态廊道,其河道滩涂生态系统亟待修复。

3 生态修复措施

3.1 洪水控制

河道生态修复首先要控制洪水,洪水是河道水循环的自然过程,主要出现于汛期[3]。为改善河道过流条件,增加淮河蚌埠城区段水面宽度,拓展城市蓝色空间,建议对淮河干流蚌埠闸至长淮卫大桥段存在束窄型断面的河道进行切滩,扩大城区段淮河行洪断面,保障城市防洪安全。为避免堤防迎水侧边坡受到洪水的侵蚀与淘刷,增强河道堤防稳定性、提升其观赏性,还应对堤防迎水侧边坡坡度进行减缓处理,适度削坡后再采用草皮护坡或嵌草连锁式生态护坡。

3.2 水质改善

水质是衡量河道生态健康的重要指标,切断外源性污染物质的输入减少水体污染是河道生态修复的重要前提[4]。近年来利用人工湿地进行生态污染处理的技术发展较快,它是一种由人工将石、砂、土壤、煤渣等基质按一定比例构成的且底部封闭,并有选择性植入水生植被的废水处理生态系统[5],较适合预处理后的废水。

蚌埠城区段淮河沿岸分布有蚌埠市第一、第二、第三污水处理厂,污水处理总量达32.3万 t/d,污水经处理达标后由设置的排污口进入淮河,因尾水量较大,对河道水质仍产生一定冲击。建议在上述三座污水处理厂的尾水排放口所处滩地建设尾水湿地,利用水生植被对尾水水质进行改善,从而使淮干水质得以提升。

3.3 生态驳岸

河流的堤岸部分是水陆交界的过渡地带,生态边缘效应明显,对河道生态系统非常重要[3]。河堤具有廊道、缓冲带和植被护岸等功能,在提供防洪保障的同时,还是一道人水相亲的风景线[6]。堤岸带植物能在一定程度上减缓地表径流流速,拦截入河污染物,减少水体的外源性污染;堤岸带交替出现的水位变化可以为水岸创造丰富的小环境,还为大量动植物提供了生存和繁衍的空间[3]。

针对滩地内部临水界面的岸线,可适当进行减缓放坡,采用自然驳岸型式进行护岸。此类软质驳岸作为水陆过渡带,有利于地表水与地下水的自然交换,保证驳岸生态系统的自然结构和生物多样性。考虑到景观需求和场地亲水性,可在适当位置散铺卵石或造型砌石,使得场地景观整体性更强,生态环境更加稳定。

3.4 水生态系统修复

3.4.1 栖息地修复

在城市河道的生态修复过程中,要特别注意保护和营造滨水生物栖息地,贯通河流廊道,为动植物提供生长、生活和繁衍的空间,提高生物群落的多样性,维持生态系统的稳定性[3]。可在淮河近岸水域,根据不同的分段区域需求,建设功能性挺水植物群落;在堤岸区,保留原有乔灌木植物,对遭受破坏的"断裂带",补充种植相同物种的树木;沿堤坝道路两侧种植乔木防护林,物种的选择应兼顾群落类型、物种组成的多样性，以及群落环境效益及潜在经济价值；在堤岸乔木林到河漫滩之间的斜坡区域，对原有的乔灌木林进行生态修复，使其森林景观带连接成片；林下植被应补植多年生林下草本与常绿灌木，选择能固堤、可防风、耐阴湿的物种。河岸带生态林带与湿地生态系统共同构成河流生态廊道，这一廊道具有过滤、滞污、固岸等功能，可以提供生物栖息地，对于河流生态系统健康和保护有重要作用[1]。

实施栖息地修复后，丰富的滩涂湿地资源和多样的陆域生境将为涉禽等鸟类提供优良而充足的水、食物和遮蔽物，为各种不同习性的鸟类营建大小不一、交错互补的密林果类植物群落、水田湿地、河滩湿地、浅滩、芦苇荡、挺水植物带等生境空间。

3.4.2 水生态系统构建

构建适合水体特征的水生植物群落，利用水生植物吸收水体中的N、P等营养物质，水生植物根系为微生物提供适合的生存环境并能吸附大量的悬浮物质，从而提高河道水体水质[7]。在滩涂内结合现状地形扩挖梳理坑、塘等水系形成分散的水面，构建水生植物及水生动物群落，形成景观效果优美的自净化生态修复系统。水生植物包括沉水植物、挺水植物、浮叶植物，根据水深选择种植耐污性强、水质净化效果好且生长能力较强的当地品种；水生动物群落构建可通过适当投放青虾、环棱螺和河蚌等底栖动物，为沉水植物营造稳定的生长条件，提高水体的净化能力[1]。

3.5 景观提升

城市河道生态修复的重要表现形式是河道景观的改善，在进行河道生态功能修复的同时，也应适当构建与周边环境相协调的滨水景观[3]。淮河蚌埠主城区段周边人口密集，南岸人流密集处现有多个运动场地，设施较为简易；北岸局部零散分布有小游园；现有蚌埠闸水利风景区、宝兴面粉厂工业遗址、津浦铁路文化公园、淮上区滨水体育公园等景观，可在原有的景观基础上，综合考虑生态、防洪、城区居民休闲、娱乐和亲水需求，重新组合、调整、建造新的河道景观格局。因蚌埠主城区段淮河水位年际、年内变化较大，在景观构造的同时可考虑打造与淮河水文特性相适应的弹性滨水景观[2]。

4 结语

蚌埠主城区段淮河现状生态环境问题复杂，单纯的河道整治工程无法实现生态河道之愿景，综合而全面的环境修复和生态系统重塑理念将为淮河治理提供更完善的解决方案，同时也是新时期高质量发展的要求下，生态文明建设的重大举措。

为使蚌埠市主城区淮河河道独具特色，应结合景观和地域特色，兼顾防洪和亲水要求，可采用河道切滩、护坡护岸、尾水湿地建设、水生态系统修复及地域景观构建等措施恢复河道生态功能，创造优美宜人的滨水环境，助力打造蚌埠市主城区"靓淮河"。

[参考文献]

[1] 中水淮河规划设计有限公司.蚌埠市主城区淮河河道生态修复工程可行性研究报告[R].2021.
[2] 张文君.基于洪水影响下的滨水弹性景观设计——以蚌埠主城区淮河河道生态修复工程为例[J].现代园艺，2022(8)：102-103.
[3] 陈婉.城市河道生态修复初探[D].北京：北京林业大学，2008.
[4] 李艳霞，王颖，张进伟，等.城市河道水体生态修复技术的探讨[J].水利科技与经济，2006，12(11)：762-766.

[5] 成水平.人工湿地废水处理系统的生物学基础研究进展[J].湖泊科学,1996,8(3):268-273.
[6] 伍亮,成水平.城市景观河道生态修复研究进展[J].安徽农业科学,2012,40(34):16790-16792+16814.
[7] 方云英,杨肖娥,常会庆,等.利用水生植物原位修复污染水体[J].应用生态学报,2008,19(2):407-412.

[作者简介]

周亚群,女,1988年12月生,工程师,主要从事环境影响评价方面的研究,13085527128,zhouyaqun@hrc.gov.cn。

生态防洪视角下的泗河生态水系统构建研究

张大伟

(济宁市水利事业发展中心　山东 济宁　272019)

摘　要：泗河是山东省济宁市境内一条重要河流，流域内优质煤炭储存丰富，大中型煤矿众多，长期采煤导致形成大面积采煤塌陷区，是主要的地质灾害区域。为践行习近平生态文明思想的绿色发展观，济宁市结合泗河防洪工程建设，规划构建泗河流域的生态水系统实现生态防洪，形成充分利用雨洪资源和改善生态环境的空间格局。本文以泗河为例，系统总结了通过整合采煤塌陷区，增强洪水调蓄；实施水系连通，提升行洪能力等措施，对位于煤炭区域的重点河流生态防洪提出了参考对策。

关键词：采煤塌陷区；构建生态水系统；河流生态防洪

1　基本情况

泗河发源于山东省泰沂山区，全长159 km，流域面积2 357 km^2，是南四湖湖东最大的入湖河流，属于淮河流域。泗河流域多年平均降雨量715 mm，全年降雨主要集中在7—9月，形成汛期径流量大、洪峰高但持续时间短的特征。枯水期河道干涸，纳污能力较小，水生态脆弱，是典型的季节型山洪河道，水资源利用难度大。

泗河是济宁境内的重要河流，流经泗水县、曲阜市、兖州区、济宁高新区、邹城市、微山县和济宁太白湖新区等7个县市区，凝聚了各类战略发展资源，是实现产业经济转型提升的重点地区。从生态格局上，泗河连接泰沂山区、采煤塌陷区、南四湖，链接了济宁各类生态资源，是实现雨洪资源管理的核心廊道，对泗河流域可持续发展具有重要意义。对此，济宁市提出建设"安澜泗河、生态泗河、和谐泗河、体验泗河、美丽泗河和文化泗河"的流域发展目标。

济宁市政府结合泗河干流按照50年一遇防洪标准、主要支流按照20年一遇防洪标准的工程建设，以提升流域的防洪能力为基础，以推行流域的生态化建设为目的，以实现综合利用流域的雨洪资源为要求，构建泗河流域的生态水系，形成充分利用雨洪资源和改善生态环境的空间格局，实现生态防洪，推动流域绿色发展。

2　流域内采煤塌陷区情况

泗河流域是济宁市重要的煤炭资源基地，沿线存在济宁二号井煤矿、济宁三号井煤矿、兴隆庄煤矿、东滩煤矿、鲍店煤矿等大中型煤矿，煤矿实际年生产能力约4 800万t，煤炭保有储量将近50万t（见表1）。由于煤炭的大规模开采，导致了泗河中下游采煤塌陷区的形成，大面积的良田变成了水面，农作物减产甚至绝产。泗河流域的采煤塌陷区面积占比较大，是主要的地质灾害区。考虑到未来济宁市作为山东省重要能源基地的战略地位保持不变，泗河流域内的煤炭开采仍将持续，采煤塌陷区的范围也将不断扩大。2020年泗河沿线塌陷区面积为177 km²,常年积水区面积为71 km²;预测2030年泗河沿线塌陷区面积约为247 km²,常年积水区面积约为99 km²。

表1 济宁市泗河流域各矿井开采情况一览表　　　　　　　　　单位:万t

区域	矿井名称	实际生产能力	保有资源储量
济宁太白湖新区	济宁二号井	500	79 914
济宁高新区	济宁三号井	700	75 614
	田庄煤矿	90	8 260
	杨村煤矿	115	6 509
兖州区	兴隆庄煤矿	680	55 791
	古城煤矿	220	20 793
	新驿煤矿	105	27 619
	大统煤矿	39	6 827
曲阜市	单家村煤矿	80	4 559
	星村煤矿	90	36 135
邹城市	南屯煤矿	400	24 702
	北宿煤矿	100	8 171
	鲍店煤矿	640	40 185
	东滩煤矿	750	66 352
	横河煤矿	78	8 295
	太平煤矿	60	8 242
	里彦煤矿	70	9 946
微山县	泗河煤矿	48	5 831
合计		4 765	493 745

3　整合采煤塌陷区,增强洪水调蓄

济宁市北部区域原有的北五湖(指山东境内的安山湖、马踏湖、南旺湖、蜀山湖和马场湖),是重要的水柜群,正常库容为6.85亿 m³,汛期时的极限蓄洪量为30.16亿 m³,能够对洪水资源进行有效的调控,曾保障了京杭大运河漕运畅通。由于历史原因,北五湖现已消失。如果对泗河流域出现的采煤塌陷区进行合理的整合,就能够一定程度上发挥历史上北五湖的调蓄能力,实现泗河生态防洪的目的。

据上可知,2020年泗河沿线塌陷区面积为177 km²,常年积水区面积为71 km²;预测2030年塌陷区面积约为247 km²,常年积水区面积约为99 km²。泗河沿线采煤塌陷区内的常年积水区塌陷深度超过4 m,考虑到积水区内的积水情况,实际的调蓄空间约为1 m左右。可计算出,泗河流域2020和2030的洪水调蓄能力分别约为0.71和0.99亿 m³。泗河多年平均径流量约4.4亿 m³,利用塌陷区能储存20%左右的径流量,在流域洪峰来临时可有效地存蓄洪水,起到生态防洪作用。

泗河沿线主要煤矿分布区的曲阜市、兖州区、邹城市和济宁高新区,水资源人均占有量偏低,饮用水水源长期以地下水为主,经过多年开采,地下水水位下降幅度较高,已形成了较为严重的地下水漏斗。利用采煤塌陷区作为水柜存蓄的雨洪资源,能够为以上区域提供地表水资源,并将对区域的地下水补充起到重要的作用,发挥涵养水源的作用,改善地区的生态环境。当泗河的水量下降时,还能够回补水量到泗河,保障泗河的生态用水需求,维护泗河生态环境,营造良好的泗河水景观。

4 实施水系连通,提升行洪能力

4.1 泗河、白马河连通工程

白马河发源于邹城市中心店镇老营村北的白马泉,位于泗河东,同属淮河流域南四湖湖东水系,是一条以防洪除涝为主兼具有灌溉、航运功能的中型河道。白马河流域面积1 099 km²,干流总长60 km。将泗河和白马河连通起来,通过白马河分掉部分泗河洪水,能够减轻泗河重要支流小沂河以下泗河中下游地区河道的防洪压力。经过白马河分洪之后,泗河中下游的洪峰流量在一定程度上得到削减,从而间接降低了泗河两侧防洪堤的高度,同时提升了泗河的沿线景观效果。泗河中下游区域的采煤塌陷区也将为泗河与白马河连通形成良好的助力,在塌陷区水系沟通的基础上,能够有效地将泗河与白马河沟通连接。泗河与白马河连通后,白马河沿线的堤防防洪等级需要相应提高,按照50年一遇标准设防,可有效保障周边地区的防洪安全。

4.2 塌陷区水系连通工程

要充分利用塌陷区的调蓄能力,前提就需要将各个塌陷区沟通连接形成一个整体,从而将单一系统的调蓄能力整合成多个系统联动的调蓄能力,以充分利用雨洪资源。塌陷区的水系连通能够提升水系的生态降解能力,改善塌陷区的生态环境。为保障积水区内的水量交换,在各个塌陷区内的积水区之间,设置宽度为6~12 m的连接河道,具体实施中,根据塌陷区的大小进行相应调整。根据塌陷区水系情况,水系连通工程主要包括连通泗河与塌陷区、连通塌陷区内部水系、连通白马河与塌陷区,并根据泗河、塌陷区、白马河之间不同水位与水量进行相互调节,实现生态防洪。水系连通工程可改善塌陷区的水动力,促进塌陷区内的生态自我修复,从而改善地区的生态环境品质。

5 结语

塌陷区内的水体水面开阔,水动力不足,这是泗河流域采煤塌陷区湿地生态修复水流的主要特征。因此,构建生态水系主要是通过水系的沟通连接,改善塌陷区的水动力,促进生态自我修复。构建生态水系统以提高水资源配置能力、改善河流与湿地生态环境、增强水旱灾害防御能力为重点任务,通过泵站、渠道等必要的水利工程,建立河流与湿地水体之间的水力联系,形成引排顺畅、蓄泄得当、丰枯调剂、多源互补、可调可控的水网格体系。

[参考文献]

[1] 山东省水利厅. 山东省淮河流域防洪规划报告[R]. 济南:山东省水利厅,2006.
[2] 山东省水利勘测设计院. 济宁市泗河生态河道治理工程可行性研究报告[R]. 济南:山东省水利勘测设计院,2012.
[3] 济宁市黄淮水利勘察设计院. 济宁市泗河综合开发防洪规划[R]. 济宁:济宁市黄淮水利勘察设计院,2014.
[4] 中国城市规划设计研究院. 泗河流域保护与空间利用总体规划[R]. 上海:中国城市规划设计研究院上海分院,2015.

［5］张海涛.泗河河道防洪专项规划编制工作中的问题及对策[J].水利规划与设计,2020(9):1-4.
［6］张俪潆.廊坊市水系连通建设构想[J].河北水利,2017(01):26.

[作者简介]

张大伟,女,1983年生,工程师,主要研究方向为水利工程建设与管理,13562402803,daweizhang1983@126.com。

洪泽湖滞洪区项目建设环境影响评价分析

李志勇

(盱眙县水务局　江苏　淮安　211700)

摘　要：洪泽湖周边滞洪区近期建设工程是淮河流域防洪减灾的重要措施,工程实施后,可以提高流域整体防洪能力,完善工程安全措施,保障滞洪区及时安全有效启用,对保障社会稳定,构建和谐社会和社会主义新农村均有重要意义。工程建设的短期不利环境影响主要集中在施工期,施工过程中的"三废"排放和施工活动对周边生态环境产生一定不利影响,通过采取环评提出的各项环保措施,加强施工管理,可以有效减免不利影响。

关键词：洪泽湖;滞洪区;生态环境;影响评价

1　对水环境的影响

1.1　工程对水文情势影响

施工期穿堤建筑物需在围堰的防护下完成施工,拟采用其他河流泄流或开挖明渠泄流的方式进行导流,使河流不断流,施工时间为非汛期。工程施工不改变原河道形态,不会影响水流整体流向,仅围堰施工区域由水面变为路面;施工过程中会对局部河段水文情势产生一定影响,由于壅水作用导致靠近施工围堰的河段水位抬升,流速会有所变化;但随着施工结束,对水文情势的影响将结束。

运行期堤防复堤加固工程,原有堤线保持不变,工程建成后,对流域原有水文情势基本无影响。旱期灌溉时,将湖泊的水抽引至农田进行灌溉,抽引时间短且湖泊蓄水能力较大,此影响为暂时的,因此不会因为旱期抽引导致水文情势发生较大变化。

结合洪泽湖退圩还湖项目,洪水期洪泽湖湖体蓄洪体积增加,工程加固迎湖挡洪堤不会减少洪泽湖防洪库容,且能提升洪泽湖防洪能力。

1.2　施工期水环境影响

施工期主要是围堰施工扰动及基坑排水产生的悬浮物会向洪泽湖扩散,在扩散源四周 900 m 范围内,SS 浓度会大于 10 mg/L,扩散距离有限,其他范围对洪泽湖水质不会产生明显影响;砂石料加工、混凝土养护和拌和废水排放分散且日排放量较小,采取沉淀中和措施后排放对水环境影响较小;施工区的燃油机械、运输车辆的滴漏以及施工机械的运行和维修中燃油的滴漏,在各工区设置了机修场和冲洗废水收集系统;以及施工人员产生的生活污水利用租用民房现有的污水排放设施进行处理,不外排。工程施工避开饮用水水源地保护区,所以工程施工不会对饮用水源保护区及洪泽湖水体水质造成较大不利影响。

1.3　运行期水环境影响

工程运行期即洪泽湖周边滞洪区启用时,进洪口门及闸站与饮用水水源地保护区的距离大于滞洪区退水对洪泽湖水质的影响范围,因此滞洪区退水不会对饮用水水源保护区造成明显的影响;汛期排涝泵站工程开机运行时,抽排水可能会对湖体小范围内水环境有一定的影响。

1.4 地下水影响

施工期堤防工程灌浆施工应在枯水期内完成,堤防防渗灌浆最低高程高于地下水位,且灌浆只针对堤身和堤基进行填缝加固,因此堤防工程不会阻隔地下水,亦不会影响地下水的循环;建筑物工程泵站和涵闸所需防渗长度均满足防渗要求,进洪口门施工主要是对堤防进行水泥土搅拌加固处理,堤防渗流稳定安全系数均能满足规范要求,进洪口门工程对地下水无影响,可见建筑物工程施工对地下水基本无影响。运行期即工程实施后不会改变区域地下水的流场,对区域地下水的影响甚微。

2 对大气环境的影响

施工期的大气污染来源主要为:料场取土、车辆运输等过程产生的扬尘,主要污染物为 PM10,项目区大部分位于环境空气本底质量较好的农村区域,且各工区分散,粉尘污染具有局部性和间歇性的特点,且施工区地势开阔、大气扩散条件较好,因此施工扬尘对整个施工区的环境空气质量不会产生较大影响;挖掘机、汽车、燃油机械等在运行时排放的废气,主要污染物为 PM10、SO_2 和 NO_x,堤防加固工程围绕湖泊呈线性分布、施工期较长,分段工程点多,大气污染物排放量较小,通过大气稀释与扩散后,对周围大气环境的影响不大。

3 对声环境的影响

施工期与工程距离较近的敏感目标会受到工程施工机械的影响,存在噪声超标现象,主要由于施工距离较近,采取相应的减噪措施合理安排施工及运输时间,以有效控制夜间噪声对敏感点的影响;临时道路交通运输噪声通过采取避开居民点修建临时道路、控制车流量、车速等措施后,对周边居民点的影响将减小,昼间和夜间的敏感目标声环境均能达标,随着施工活动的结束,影响即消失;另外应注意为现场施工人员配备防噪用具。

运行期噪声主要是泵站的泵运行产生的噪声,所有泵满负荷工作产生的噪声源叠加后对附近敏感目标的贡献值满足 2 类声环境功能区要求,因此运行期的噪声影响对周围居民生活影响不大。

4 对生态环境的影响

4.1 生态系统影响

施工期间,堤防工程对水生生态系统造成的影响是临时性的,且涉水建筑物施工期均为枯水期,施工不可避免地会破坏评价区生态环境,使生态系统的稳定性有所下降,但通过采取一定的环保措施后可将影响降低到最低限度,这种影响也会随着工程运营后逐渐减弱。

工程建成后,不会产生新的占地和植被破坏,湖泊河流水质也不会发生明显变化,对浮游植物和浮游动物不会造成明显影响;运营期机动车辆会增加,这些车辆会产生一定的噪声和尾气污染,噪声可能对鸟类、兽类等动物类群的活动造成影响,尾气中的有害物质,可能影响植物正常生长,但运营期"三废"排放量很小,不对生态环境造成明显干扰。

4.2 植被及植物多样性影响

项目评价区植被类型主要为人工落叶阔叶林、撂荒草甸及农田,项目建设过程中的施工人员活动、废水、废气、粉尘和工程用油等,会对施工区域及周边的植被及植物多样性造成影响,由于受工程影响的陆生植被均为一般常见种,这些植被在周边地区均有广泛分布,项目建设除导致植被覆盖度的减小,不会导致保护区的植被类型和植物物种消失。在工程运营期间,当启用滞洪区滞洪时,会使植物失去原有栖息地,对植被产生重大的影响,这种直接影响在洪涝期间难以避免,但是工程建成后,由于其防洪能力的提高,通过有计划的分洪,相对于原来的围堤工程,在大洪水到来时,洪水淹没面积将有所减少,对本地区产生的不利生态环境影响也相对有所减轻;且项目建成后将对各主要建筑物周边进行绿化,建设绿化林、带等,绿化后破坏的植被将得到一定程度的补偿,可使工程影响区内的植被在较短的时间内得到较好的恢复。

4.3 陆生动物多样性影响

4.3.1 哺乳类影响

项目建设会在一定程度上缩减哺乳动物栖息地及觅食范围,评价区分布有江苏省重点保护陆生野生动物黄鼬,但评价区占地面积有限,其适宜性栖息地如灌丛、耕地、民宅等的可获得性很强,可就近找到替代生境继续活动生息。评价区属临湖范围内,洪水上涨时有发生,由于滞洪产生的影响对于栖息于此的哺乳类属于常态干扰,其有一定的适应能力,不会对哺乳类的种群数量造成明显影响。因此,项目施工活动不会对其生长、繁殖产生不利影响。

4.3.2 鸟类影响

受工程建设的影响,鸟类栖息、觅食和活动的面积会减少,但就整个评价区域而言,受影响的面积比例很小,并且工程区周边区域都有与施工区域相似的生态环境,受施工影响后,鸟类会迁移至工程两侧适宜其生存的环境。滞洪期间虽然对鸟类的食物影响较大,但长期淹没只发生在洪水流量较大的年份,且随着洪水退去,大部分被淹生境便可恢复,加之鸟类的迁徙活动能力强,觅食范围广,所以滞洪发生时短期会对本区域的鸟类产生影响,但总体上对鸟类的物种种类和种群数量影响不大。

4.3.3 两栖类和爬行类影响

项目施工属于非封闭施工,由于评价区内两栖爬行动物的生境是连续分布的,且有一定的环境容量,评价区内虽然有些动物的迁徙能力相对较弱,但是它们的适宜生境比较广泛,所以其可以顺利迁徙找到替代生境。施工结束之后,通过水域生境恢复、自然植被恢复和人工栽培等措施,这些区域可再次成为两栖爬行动物的适宜生境。

4.4 水生生物多样性影响

4.4.1 浮游植物影响

项目涉水施工范围有限,对浮游植物的影响是局部和暂时的,同时受项目施工影响的浮游生物均为所在湖区内常见物种,且适应环境能力强,随着施工的结束会逐渐得到恢复。工程建成后,堤防工程、建筑物工程等不产污,噪声影响轻微,对浮游植物无明显影响;运营期不设管理站,不产生生活污水,其他建筑物工程本身不产生废水;沿堤岸活动人员的生活垃圾集中收集,由环卫部门统一送至垃圾处理场进行处置;防洪护岸的硬化可减少水土流失,降低水中悬浮物,对水体透明度增加,将可能使浮游藻类的密度有所上升。

4.4.2 浮游动物影响

工程施工期间的生产生活废水经过严格处理后,用于场地和道路洒水除尘,不外排。固体废弃物等也会集中收集和处置,对评价区水质影响很小,这些区域浮游动物的生物量和种类不会发生明显变化。项目运营期产生的污水不对湖区水体直接排放,对水质影响甚微,运营期不设管理站,不产生生活污水,沿岸活动人员的生活垃圾等严格回收处理之后不会对湖区水质造成明显影响,因而对浮游动物无明显影响。

4.4.3 鱼类资源影响

工程涉水施工将破坏鱼类生境,噪声会对鱼类产生暂时的驱离,工程施工局限于近岸带,范围不宜大,对鱼类生活史不产生阻断效应,对鱼类种类组成不构成直接影响,项目施工所占水域面积较小,施工结束后,随着环境的稳定,影响会逐渐消失。

4.5 保护区影响

项目工程建设占地会使沿岸鱼类栖息和活动场所有所变小,对保护区生态环境、水文情势等改变不明显,对保护区的整体构成、主要功能和相应水域生态环境没有造成破坏,主要是施工期产生生态影响,但项目为解决防洪的水利民生工程,不属于生产设施。通过工程的实施,可提高洪泽湖防洪能力,保障滞洪区及时安全有效启用,防止堤岸水土流失,保护沿岸人民生命财产安全,改善生活环境,总体上工程建设通过一系列防治措施能降低影响程度,对保护区功能、主要保护对象等没有明显影响。工程建设过程中的基础开挖、部分堤身填筑及混凝土护坡等涉水施工安排在枯水期,且废水处理达标后回用,不外排,对评价区水质影响较小。

5 落实生态环境保护措施

5.1 落实生态环境保护措施

项目建设应遵守生态优先原则,采取无害化措施,切实降低对生态环境的不利影响。落实生态红线和生态空间管控区域要求,禁止在沿线生态红线和生态空间管控区域范围内设置施工营地等大临工程。进一步优化工程设计,合理配置建设内容,项目不设置集中取土场、弃土场。加强施工管理,严禁随意破坏植被和捕杀野生动物,减轻施工活动对冬候鸟类的干扰影响。控制施工范围,合理布局施工场地,减少对地表扰动和植被破坏。对占用耕地的应得到相关部门的批准,施工表土剥离单独堆存,用于施工结束后的复垦和植被恢复。

5.2 落实水环境保护措施

控制施工期各项水污染防治措施,在饮用水水源保护区及国省考断面附近施工时,应控制施工作业范围,优化施工工艺,采用紧实围堰及迎水侧彩条布防护措施;合理安排施工时段,尽量避开雨季施工;加强与地方相关部门联动,按规定提前报备,设置警示标志。施工泥浆废水、机械保养和冲洗废水经处理后回用,施工期间生活污水依托租用民房现有污水处理系统,各类废水禁止直接排入地表水体。蓄洪期增加对受影响水厂取水口和国省考断面水质监测频率,做好水质超标预报工作,确保供水安全。

5.3 落实大气污染防治措施

合理布置施工现场,采取优化施工工艺、密闭围挡、洒水抑尘、道路硬化等措施,减少扬尘等无组织排放。施工场地不设置混凝土拌和站。优化车辆运输路线,运输车辆须加盖封闭。选用符合国家标准的施工机械和运输工具,加强对施工机械、运输车辆的维修保养。

5.4 落实噪声防治措施

选用低噪声施工方式和机械,高噪声机械设备布置在远离敏感点区域;合理安排施工作业时间,禁止夜间从事高噪声施工作业和物料运输,防止噪声扰民。加强设备维护和管理,避免设备非正常运行。

5.5 落实固体废物污染防治措施

施工期生活垃圾、建筑垃圾等固体废物应纳入当地固废收集系统并妥善处理处置。

5.6 落实应急措施和环境风险防控体系

制定施工期突发水污染事件应急预案并配备相应的应急设备和物资,与地方相关部门加强联动,确保水质安全。加强运营期管理,定期排查环境安全隐患并落实防范措施,防汛道路桥梁禁止危化品车辆通行。做好滞洪区内潜在风险源的提前预防工作,制定超标准洪水防御措施,强化洪水监测预报预警,做好风险防控措施。

[参考文献]

[1] 魏开湄,侯杰.水生态保护与修复[J].中国水利,2011;23:79-86.
[2] 郭军,朱海锋,陈娟,等.洪泽湖周边滞洪区的建设与管理研究[J].江苏水利,2018(11):31-34.
[3] 吴漩,王敬磊.淮安市白马湖水源地水环境问题及保护对策浅析[J].治淮,2018(4):31-33.
[5] 董哲仁.河流形态多样性与生物群落多样性[J].水利学报,2003(11):1-6.

[作者简介]

李志勇,男,1975年11月生,工程师,从事水利水电工程等工作,15952386780,1564374226@qq.com。

南水北调东线一期工程调水洪泽湖水位变化规律研究

陈立强　李汉卿　刘华春

（淮河水资源保护科学研究所　安徽 蚌埠　233000）

摘　要：通过分析洪泽湖1956—2016年长系列水文数据，研究南水北调东线一期工程实施前后洪泽湖水位变化规律，探讨洪泽湖抬高蓄水位变化趋势，分析东线工程对洪泽湖水资源调度管理在国家大水网中发挥的作用，并结合洪泽湖生态水位保障要求，浅析东线工程对洪泽湖生态流量保障的意义。

关键词：南水北调东线一期工程；洪泽湖抬高蓄水位；国家大水网；生态水位

1　研究背景

南水北调工程是构建我国"四横三纵、南北调配、东西互济"水资源配置总体格局的国家水网重大战略性工程。2002年9月，国务院批复《南水北调工程总体规划》，2002年12月27日，南水北调工程正式开工，这标志着南水北调工程进入实施阶段。它对缓解北方地区水资源严重短缺局面，实现长江、淮河、黄河、海河四大流域水资源的合理配置，促进经济、社会和生态的协调发展，具有重大意义。

南水北调东线第一期工程分多个单项工程于2013年3月主体工程完工、11月15日全线通水。洪泽湖作为南水北调东线最大的调蓄湖泊，位于淮河中游，中渡以上流域面积15.8万 km²，东线工程一期工程将洪泽湖非汛期（10月—次年5月）蓄水位由13.0 m抬高至13.5 m[1]，相应增加调节库容8.24亿 m³，具有很好的工程效益[2]；为减少水位抬升影响，2011年5月—2016年9月实施了洪泽湖抬高蓄水位影响处理工程，为南水北调东线后续工程和国家水网建设奠定了坚实的基础，也因此洪泽湖蓄水水位在南水北调东线工程实施运行后发生了相应的规律性变化。

2　水位变化和生态水位保障

2.1　水位变化

南水北调东线一期工程运行后，在不影响湖泊汛期防洪除涝的前提下，洪泽湖非汛期蓄水位由13.0 m抬高至13.5 m，本次水位变化研究以洪泽湖蒋坝水位站为研究代表站，分析东线工程实施前后洪泽湖水位变化情况。

（1）年平均水位

根据1956—2016年洪泽湖长系列年均水位数据，1956—2016年洪泽湖年均水位为11.32~13.29 m，年际平均水位变化幅度为1.97 m；2013—2016年洪泽湖年均水位为12.68~13.29 m，自2013年末南水北调工程完工通水以来，洪泽湖调蓄后的年平均水位过程发生了显著变化，年际平均水位变化幅度由1.97 m变小为0.61 m，说明南水北调东线一线工程作为国家水网建设重大工程，通水后对洪泽湖年均水位有很好稳定和抬升作用,使洪泽湖年际水位变化相对稳定、变化幅度较大幅度减小,为保障洪泽湖水位及水资源调蓄发挥了重要作用。洪泽湖 1956—2016 年年平均水位过程线见图 1。

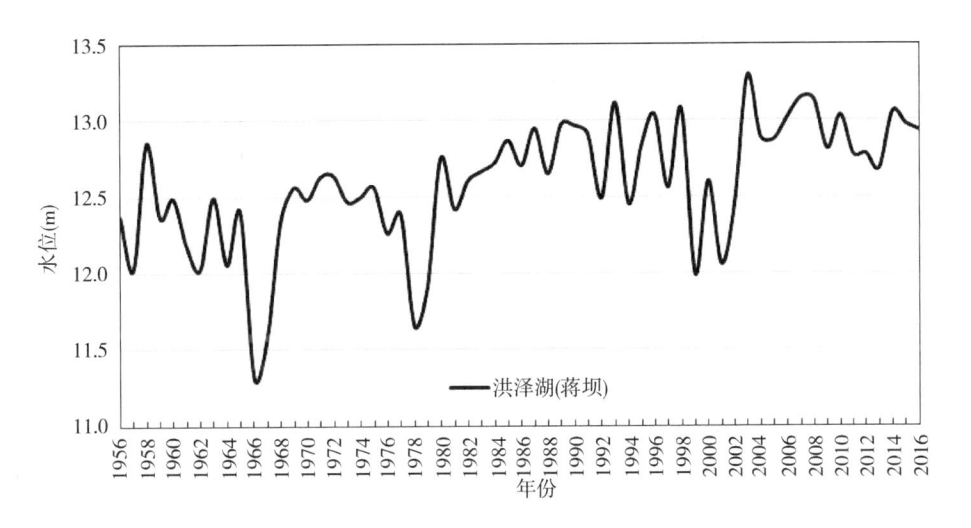

图 1　1956—2016 年洪泽湖年平均水位过程线

（2）月平均水位变化

为研究南水北调东线工程运行及抬高蓄水位的水文情势影响,将洪泽湖蒋坝水位站 1956—2016 年水位数据划分为 2013 年工程建设前和 2013 年工程建设后两个时段进行对比分析。分析数据可以得出,南水北调东线一期工程运行后,洪泽湖月平均水位基本高于工程运行前和多年平均水位;在年内汛期 7—9 月,东线工程建设前后、多年月平均水位因防汛调度趋于 12.50 m 汛限水位;10 月出汛蓄水,过渡月水位呈抬升趋势明显;11 月—次年 6 月,工程通水后洪泽湖月均水位均未达到 13.5 m,可能与东线工程调水规模未完全达效有关,但是比建设前高出约 0.5 m。综合以上洪泽湖实际运行水位变化对比分析结果,表明南水北调东线抬高洪泽湖蓄水位 0.5 m 的水资源管理和调配目标已实现,作为国家大水网建设重大工程的南水北调东线正在发挥着合理配置长江、淮河、海河三大流域水资源的重要调配作用。南水北调东线工程运行前后洪泽湖月平均水位对比见图 2。

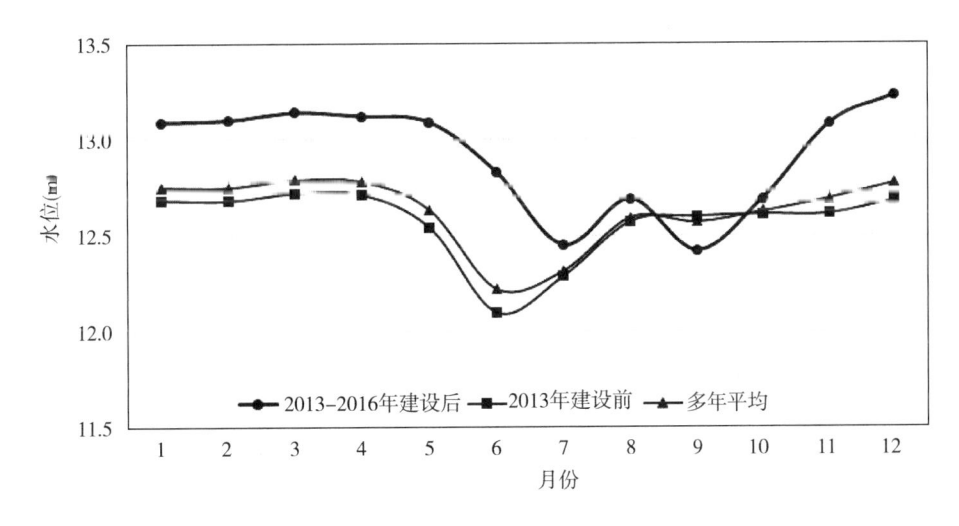

图 2　南水北调东线工程运行前后洪泽湖月平均水位对比

2.2 生态水位保障分析

根据《水利部关于印发第三批重点河湖生态流量保障目标的函》（水资管函〔2021〕184号），洪泽湖生态流量（水位）保障目标为洪泽湖蒋坝站水位不低于11.3 m。从图2分析可知，东线工程运行后，洪泽湖蒋坝站月均实际运行水位稳定高于11.3 m，比东线工程建设前有了明显提升，在洪泽湖生态水位保障和水生态环境及其生物多样性保护方面，东线工程在非汛期的洪泽湖水资源调度和管理为其水生态环境保护及湿地复苏提供必要的条件，说明以东线工程为基础构建的国家东部大水网已经发挥了重要的生态补水效益。

3 结语

截至2022年1月7日，南水北调东中线一期工程累计调水量达500亿 m^3，东线调入山东省水量52.88亿 m^3，为构建跨流域国家大水网，优化江苏、山东缺水地区水资源配置，保障群众饮水安全，复苏河湖生态环境，畅通京杭大运河南北经济循环，助力国家重大战略实施，推进经济社会高质量发展提供了可靠的水资源支撑。洪泽湖作为东线工程最大的水资源调蓄湖泊，同时也作为东线工程调水水源，其实际运行水位和水资源调配置管理经验为南水北调东线后续工程规划实施提供了成功经验。

[参考文献]

[1] 水利部淮河水利委员会,水利部海河水利委员会.南水北调东线工程规划[Z].2001.
[2] 何孝光,贾健,刘锦霞.南水北调东线洪泽湖抬高蓄水位工程效益分析[J].建筑经济,2007(4):92-93.

[作者简介]

陈立强,男,1981年6月生,高级工程师,主要从事淮河流域水资源、水环境和水生态保护方向研究,0552-3092326,lqchen@hrc.gov.cn。

贾鲁河流域径流演变特征及其与降雨关系研究

肖 航

(河南省水文水资源测报中心 河南 郑州 450003)

摘 要:贾鲁河为淮河流域的重要支流,其水文特征对淮河流域水文水资源研究具有重要的影响。因此,本文采用非参数 Spearman 秩相关检验法、Mann-Kendall 检验法以及线性趋势分析法全面分析扶沟水文站和中牟水文站 1965—2016 年径流的演变过程和规律,得到以下主要结论:(1)中牟、扶沟水文站年径流总体呈下降趋势,且下降趋势较显著,且 1958 年、1964 年、1985 年和 2005 年有可能是径流量的突变年份,其突变与降雨关系密切;(2)贾鲁河流域年径流变化的第一主周期为 15 年;(3)扶沟站和中牟站月降雨量与径流量相关系数分别达到了 0.60、0.54,水文站径流量与降水量之间的相关性较强,在夏季受降水的影响较大。

关键词:贾鲁河流域;径流演变;降雨量;趋势分析;突变检验

1 引言

贾鲁河是淮河的二级支流,流域面积占淮河流域的 1/49,而污染负荷却占 1/9,是淮河流域面积最大、污染最重的河流之一,素有"欲治淮河,必先治贾鲁河"之说[1]。随着我国城市化的不断发展,城市及周边耕地、草地、林地等透水地面被建设用地、硬化路面等不透水地面取代,造成区域产汇流关系发生变化,引起洪水频次增加、洪峰增大、洪水总量加大等水文过程的变化[2-7]。贾鲁河属于典型的基流匮乏性河流,分析其径流的变化特征,为贾鲁河流域河湖生态复苏提供基础依据。因此,本文采用非参数 Spearman 秩相关检验法、Mann-Kendall 检验法以及复 Morlet 连续小波变换全面分析中牟、扶沟水文站 1956—2016 年径流的演变过程和规律,对深入了解贾鲁河流域水资源特性进而合理开发利用水资源有重要意义。

2 数据与方法

2.1 流域概况

贾鲁河是沙颍河的主要支流,也是河南省中部地区一条骨干排水河道。贾鲁河发源于新密市袁庄乡山顶村,流经郑州、中牟、尉氏、鄢陵、扶沟、西华、于周口市川汇区入沙颍河,全长 264 km,流域面积 6 137.1 km²。贾鲁河流域上游为浅山丘陵区,地面高程一般在 200~800 m;京广铁路附近南阳至皋村为山丘区向平原区过渡带;皋村以下属平原区,地面坡降由西北向东南倾斜,地面坡度 1/5 000~1/8 000,地面高程 64~50 m。见图 1。

2.2 数据来源

(1)径流数据为贾鲁河流域中牟、扶沟水文站 1956—2020 年之间的月径流量数据。

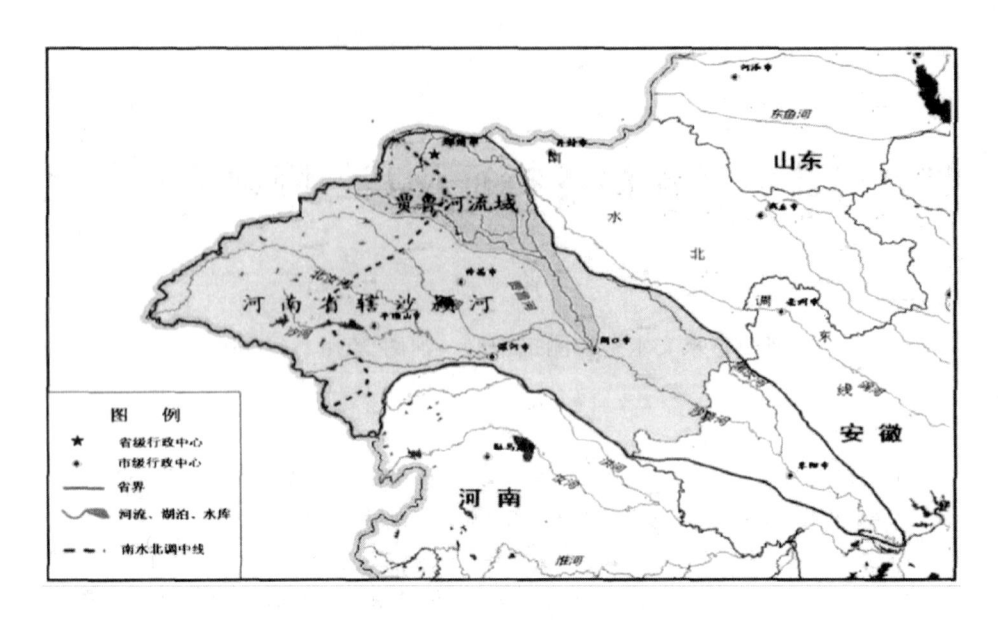

图1 贾鲁河流域位置示意图[7]

(2) 降雨数据为贾鲁河流域中牟、扶沟水文站1956—2020年之间的月降雨量数据。

(3) 降雨数据和水文数据来源于河南省水文水资源局。

2.3 研究方法

本文采用非参数Spearman秩相关检验法、Mann-Kendall检验法以及复Morlet连续小波变换全面分析中牟、扶沟水文站1956—2016年径流的演变过程和规律,对深入了解贾鲁河流域水资源特性进而合理开发利用水资源有重要意义。

2.3.1 Spearman秩相关检验法

对于径流时间序列 $X_i(i=1,2,\cdots,n)$,将原序列按从小到大的顺序重新排序,得到新的秩次 $R(x_i)$,则年径流秩次相关系数为:

$$r = 1 - \frac{6\sum_{i=1}^{n} D_i^2}{n(n^2-1)} \tag{1}$$

式中:n为序列长度;$D_i = R_i - i$。若$r>0$,则时间序列呈上升趋势,反之则相反。通常用t检验法来检验序列是否显著,统计量T:

$$T = r\sqrt{(n-4)/(1-r^2)} \tag{2}$$

统计量T服从自由度为$n-2$的t分布,假设原序列无明显趋势,根据得到的T统计量选取显著水平$\alpha=0.05$,$t_{\alpha/2}=1.64$,若$|T|>t_{\alpha/2}$,则拒绝原假设,表明序列随时间有相依关系,序列趋势性显著,$|T|$越大,代表基流序列趋势性越显著;否则,接受原假设,代表序列趋势性不显著[4]。如果$T>0$,说明基流序列有减小趋势;反之则相反。

2.3.3 Mann-Kendall秩次相关检验

对于径流时间序列 $X_i(i=1,2,\cdots,n)$,先确定序列中$x_i>x_j(i>j)$的出现个数p,构造Mann-Kendall秩次相关检验的统计量:

$$U = \frac{\tau}{[V_{ar(\tau)}]^{1/2}} \tag{3}$$

$$\tau = \frac{4p}{n(n-1)} - 1 \tag{4}$$

$$V_{ar(\tau)} = \frac{2(2n+5)}{9n(n-1)} \tag{5}$$

式中：n 为序列样本，通常取显著水平 $\alpha=0.05$，$U_{\alpha/2}=1.96$。若 $|U| \leqslant U_{\alpha/2}$ 则接受原假设，说明序该列上升或下降趋势不显著；反之趋势显著。若 $U>0$，为下降趋势；相反，如果 $U<0$，说明序列有增大趋势。

2.3.3 Mann-Kendall 秩次相关检验

小波是一种特殊的波形，通常用小波母函数 $\psi(t)$ 来表示，对 $\psi(t)$ 进行一定的时间上的平移和尺度上的伸缩，就可以得到小波函数基[7-9]：

$$\psi_{a,b}(t) = a^{-\frac{1}{2}} \psi\left(\frac{t-b}{a}\right) \tag{6}$$

式中：b 为平移因子；a 为尺度因子。小波变换的含义是尺度参数 a 和平移参数 b 的函数，是一个时间-尺度分析。连续小波变换公式：

$$Wf(a,b) = \int_{-\infty}^{+\infty} f(t) \tag{7}$$

式中：$Wf(a,b)$ 表示连续小波系数；$f(t)$ 表示原始数据；$\overline{\psi_{a,b}(t)}$ 表示 $\psi_{a,b}(t)$ 的共轭函数。

3 结果与讨论

3.1 年径流量变化规律分析

3.1.1 总体变化趋势

本文采用非参数 Spearman 秩相关检验法，Mann-Kendall 检验法以及线性趋势分析法全面分析扶沟水文站和中牟水文站 1965—2016 年径流的演变过程和规律。

由表 1 和表 2 非参数检验及图 2 线性趋势拟合可以看出，扶沟水文站年径流总体呈下降趋势，且下降趋势显著；中牟水文站年径流总体呈下降趋势，且下降趋势不显著。

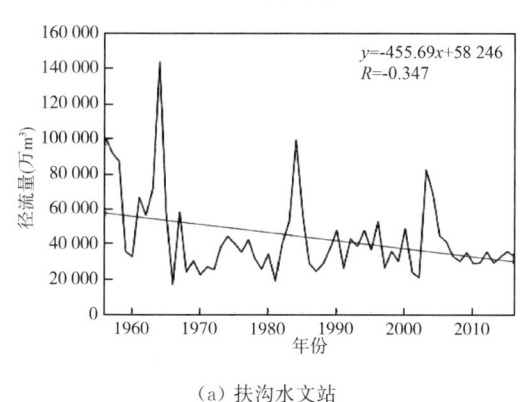

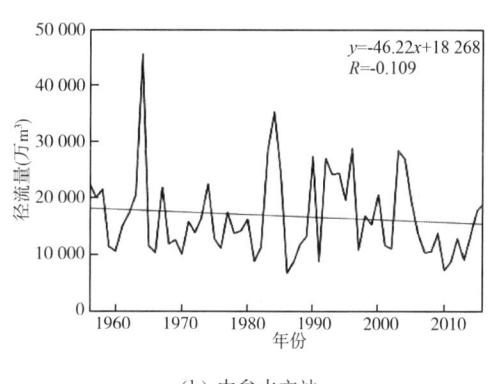

(a) 扶沟水文站 (b) 中牟水文站

图 2 径流线性变化趋势

表 1　扶沟水文站年径流非参数趋势检验结果

Spearman 秩相关检验法	统计量 T 值	临界值 $t(\alpha/2)$	判断结果	趋势	显著性
	1.84	1.64	$|T|>t(\alpha/2)$	下降	显著
Mann-Kendall 检验法	统计量 U 值	临界值 $U(\alpha/2)$	判断结果	趋势	显著性
	1.98	1.96	$|U|>U(\alpha/2)$	下降	显著

表 2　中牟水文站年径流非参数趋势检验结果

Spearman 秩相关检验法	统计量 T 值	临界值 $t(\alpha/2)$	判断结果	趋势	显著性
	0.85	1.64	$|T|>t(\alpha/2)$	下降	不显著
Mann-Kendall 检验法	统计量 U 值	临界值 $U(\alpha/2)$	判断结果	趋势	显著性
	0.888	1.96	$|U|\leqslant U(\alpha/2)$	下降	不显著

3.1.2　突变规律

由 M-K 突变检验法和有序聚类分析法对扶沟水文站和中牟 1965—2016 年的径流量进行突变分析，具体结果如图 3 和图 4 所示。

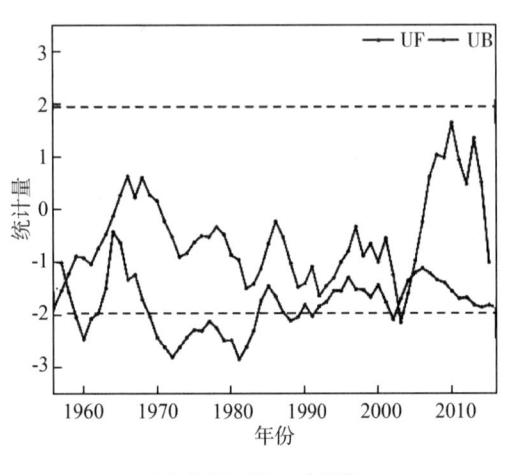

(a) 径流 M-K 突变检测　　　　　　　(b) 径流离差平方和变化曲线

图 3　扶沟水文站突变性分析

由图 3 的 M-K 突变检验法可以看出，扶沟水文站 UF 和 UB 曲线均相交于 1958 年和 2005 年附近，且交点均位于两临界线之间，表明径流时间序列可能在 1958 年和 2005 年附近发生突变；由径流离差平方和变化曲线可以看出，有 4 年的基流量离差平方和较小，且较为显著，分别是 1958 年、1964 年、1985 年和 2005 年，因而根据有序聚类分析法推断 1958 年、1964 年、1985 年和 2005 年有可能是径流量的突变年份。

由图 4 的 M-K 突变检验法可以看出，中牟水文站 UF 和 UB 曲线均相交于 1958 年、1964 年、1981 年和 2005 年附近，且交点均位于两临界线之间，表明径流时间序列可能在这些年附近发生突变；由径流离差平方和变化曲线可以看出，有 4 年的基流量离差平方和较小，且较为显著，分别是 1958 年、1964 年、1985 年和 2005 年，因而根据有序聚类分析法推断 1958 年、1964 年、1985 年和 2005 年有可能是径流量的突变年份。

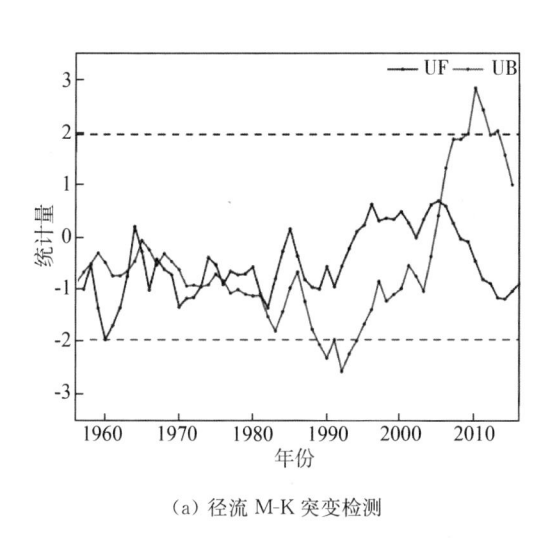

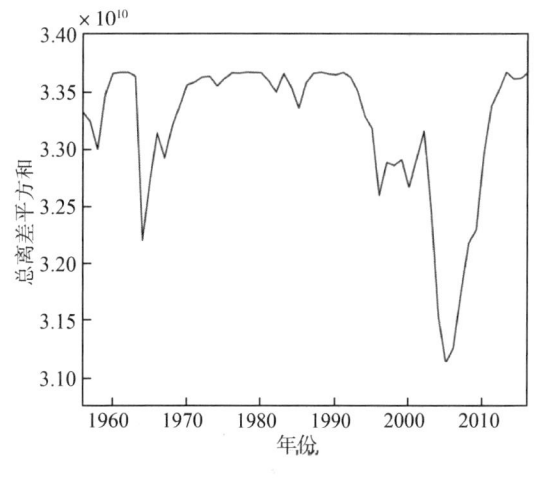

(a) 径流 M-K 突变检测　　　　　　　　(b) 径流离差平方和变化曲线

图 4　径流离差平方和变化曲线

3.1.3　周期变化规律

本文采用复 Morlet 连续小波变换对扶沟水文站和中牟水文站的径流序列进行小波分析。小波系数实部等值线图能反映年径流序列在不同时间尺度的周期变化及其在时间域中的分布。小波系数实部图中靠近红色部分代表小波系数实部值为正值,用"H"表示,代表径流丰水期;靠近紫色部分,代表小波系数实部值为负值,用"L"表示,代表径流枯水期。Morlet 小波系数的模值愈大,表明其所对应时段或尺度的周期性就愈强。小波系数模方差图能反映控制径流时间序列的波动变化主周期。

由图 5(a)小波系数实部图可以看出,扶沟水文站径流量 1956—2016 年演化过程中存在着 6~18 a,20~32 a 的主振荡周期,其中 6~18 a 发生了 6 次枯-丰交替的振荡,在整个时段非常稳定,具有全域性,20~32 a 发生了 2 次枯-丰交替的振荡,具有局部性,仅发生在 2000 年前。由图 5(b)小波系数模图可以看出,扶沟水文站径流量在 8~16 a 时间尺度中 1975 年以前模值最大,说明该时间尺度周期变化最明显。由图 5(c)小波系数模方差图可以看出,扶沟水文站的径流时间序列存在 3 个较为明显的峰值,它们依次对应着 5 年、10 年和 15 年的时间尺度。其中,15 年尺度对应着最大峰值,说明 15 年左右的基流周期震荡最强,为流域年径流变化的第一主周期。

由图 6(a)小波系数实部图可以看出,中牟水文站径流量 1956—2016 年演化过程中存在着 4~8 a,8~18 a,22~32 a 的主振荡周期,其中 4~8 a 发生了 10 次枯-丰交替的振荡,具有全域性,但不太稳定;8~18 a 发生了 6 次枯-丰交替的振荡,在整个时段非常稳定,具有全局性;22~32 a 发生了 3 次枯-丰交替的振荡,具有全局性。由图 6(b)小波系数模图可以看出,中牟水文站径流量在 8~18 a 时间尺度中模值最大,且具有全域性,说明该时间尺度周期变化最明显。由图 6(c)小波系数模方差图可以看出,中牟水文站的径流时间序列存在 4 个较为明显的峰值,它们依次对应着 5 年、10 年、15 年和 28 年的时间尺度。其中,15 年尺度对应着最大峰值,说明 15 年左右的基流周期震荡最强,为流域年径流变化的第一主周期。

3.2　径流量与降水量相关关系

为探究扶沟水文站和中牟水文站径流量与降水量之间的相关性,本文绘制了月均降水量与月径流深(采用径流深消除流域面积的影响)之间的相关关系。

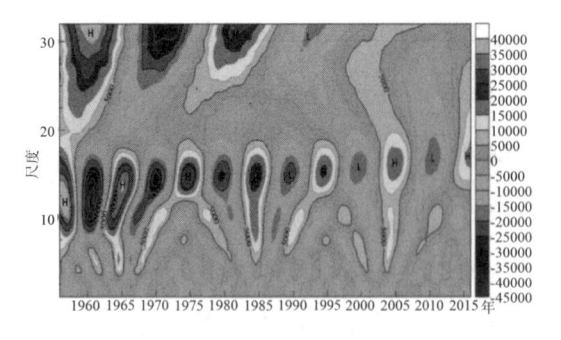

(a) 小波系数实   (a) 小波系数实

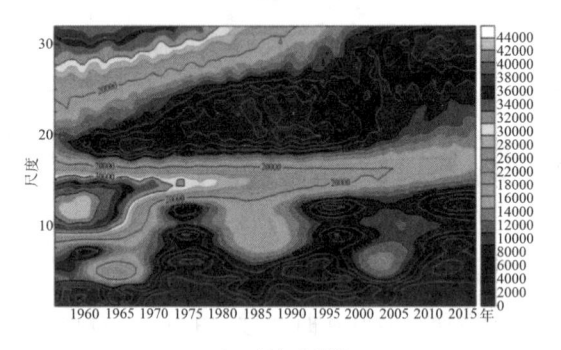

(b) 小波系数模   (b) 小波系数模

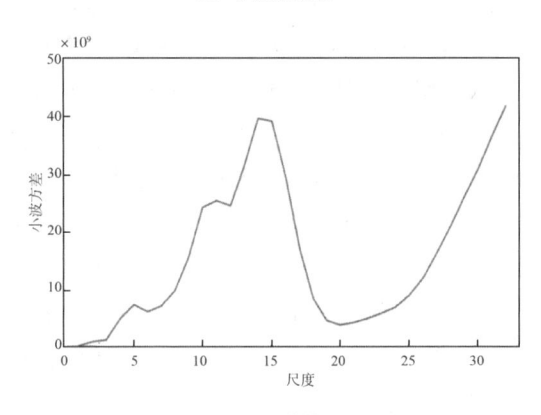

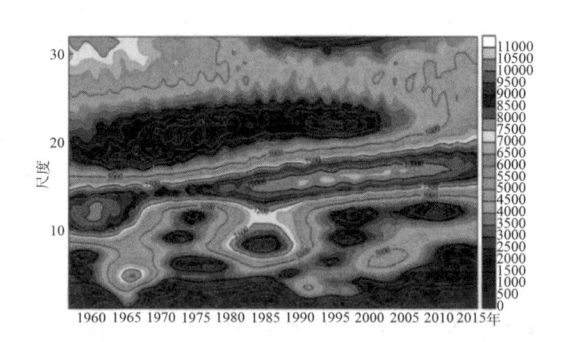

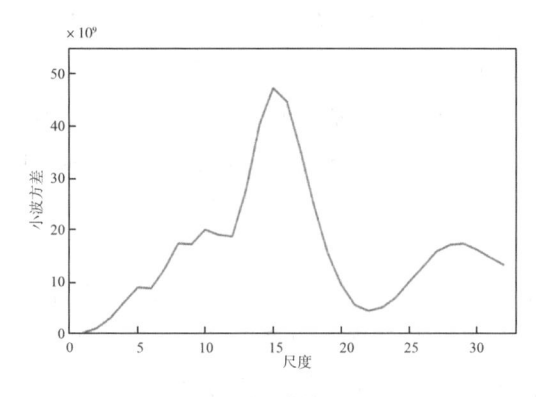

(c) 小波系数模方差   (c) 小波系数模方差

图5 扶沟水文站径流小波分析结果图   **图6 中牟水文站径流小波分析结果**

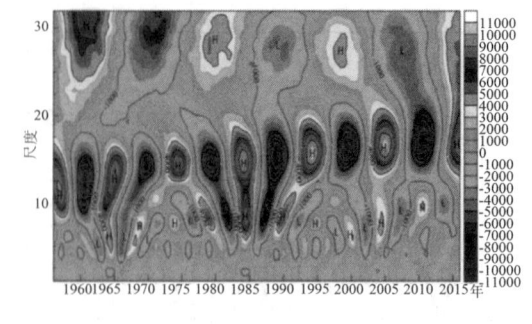

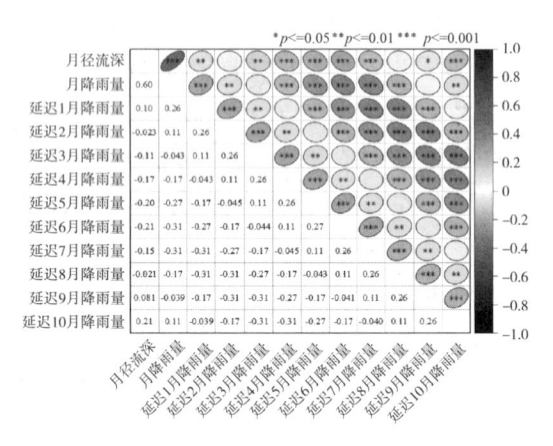

(a) 扶沟水文站 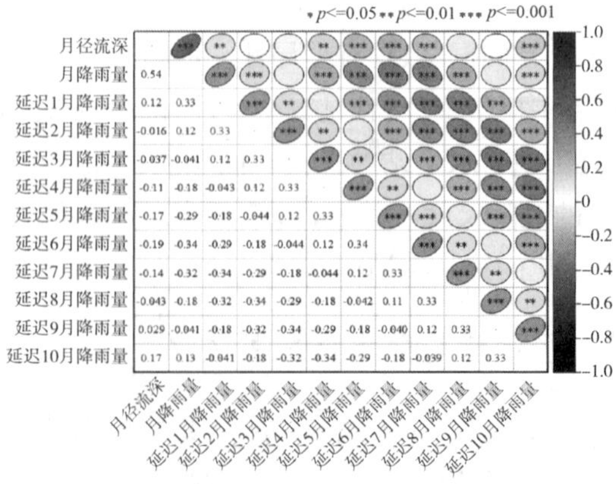   (b) 中牟水文站

图7 贾鲁河流域月平均降水量与月经流深之间的相关关系

由图 7(a)相关性图可知,扶沟水文站径流量与其降水量之间不存在滞后性,当月降雨量与径流量相关系数达到了 0.60;由图 7(b)相关性图可知,中牟水文站径流量与其降水量之间不存在滞后性,当月降雨量与径流量相关系数达到了 0.54,说明扶沟水文站和中牟水文站径流量与降水量之间的相关性较强,在夏季受降水的影响较大。

4 结论

本文采用非参数 Spearman 秩相关检验法,Mann-Kendall 检验法以及线性趋势分析法全面分析扶沟水文站和中牟水文站 1965—2016 年径流的演变过程和规律,得到以下主要结论:(1)中牟、扶沟水文站年径流总体呈下降趋势,且下降趋势较显著,且 1958 年、1964 年、1985 年和 2005 年有可能是径流量的突变年份,其突变与降雨关系密切;(2)贾鲁河流域年径流变化的第一主周期为 15 年;(3)扶沟站和中牟站月降雨量与径流量相关系数分别达到了 0.60、0.54,水文站径流量与降水量之间的相关性较强,在夏季受降水的影响较大。

[参考文献]

[1] 李爱民,梁英,倪天华,等.基流匮乏型城市黑臭河流的治理模式及其主要技术方法——以贾鲁河为例[J].环境保护,2015,43(13):20-23.

[2] 刘荣增.中国城市化:问题、反思与转型[J].郑州大学学报(哲学社会科学版),2013(3):68-72.

[3] 宋轩,魏冲,寇长林,等.SWAT 模型在淅川县丹江口库区的应用研究[J].郑州大学学报(工学版),2010,31(6):35-38.

[4] 徐光来,许有鹏,徐宏亮.城市化水文效应研究进展[J].自然资源学报,2010,25(12):2171-2178.

[5] 刘慧娟,卫伟,王金满,等.城市典型下垫面产流过程模拟实验[J].资源科学,2015,37(11):2219-2227.

[5] SALAVATI B,OUDIN L,FURUSHO-PERCOT C, et al. Modelling approaches to detect land-use changes: urbanization analyzed on a set of 43 US catchments[J]. Journal of Hydrology,2016,538:138-151.

[6] 胡彩虹,王艳菊,吴泽宁.基于聚类的支持向量机在洪水预报中的应用[J].郑州大学学报(工学版),2009,30(4):123-127.

[7] 孙捷.贾鲁河流域再生水大尺度生态补给的风险评价与控制技术研究[D].南京:南京大学,2017.

[8] 焦玮.锡林河流域河川基流对气候变化与人类活动的响应特征研究[D].呼和浩特:内蒙古农业大学,2016.

[9] 董云飞,顾卫东.基于小波变换尺度间去噪的监测数据处理[J].黑龙江科技信息,2010(30):20+238.

[作者简介]

肖航,男,1977 年 10 月生,水资源调查评价科副科长(高级工程师),主要研究方向为水文水资源、地下水监测、水资源论证评价等,13503459957,36448978@qq.com。

风电项目水土保持违法违规行为分析研究
——以休宁县马金岭风电场项目为例

孙 宇　张春平　李 欢

（淮河水利委员会淮河流域水土保持监测中心站　安徽 蚌埠　233001）

摘　要：风电项目在施工过程中易引起水土流失，部分项目甚至造成水土保持违法违规。本研究以休宁县马金岭风电场项目为案例，勘测调查项目扰动范围、弃渣场、乱倒乱弃、顺坡溜渣及水土保持措施实施情况后，依据相应法律法规，对该项目在施工过程中涉及的水土保持违法违规行为进行分析研究，以期为同类型风电项目规范建设提供一定的经验借鉴。

关键词：风电项目；水土保持；违法违规行为

风能作为可再生能源，对于优化我国能源结构，实现能源安全具有不可替代的作用。近年来我国风电呈现出大容量、大规模的发展态势，各省市大力兴建风电项目。理论上，风电在生产过程中不污染环境，但在实际施工过程中对项目区周边生物多样性、水土保持和生态环境等方面都有显著影响[1]。特别是山地风电场，由于其所在的山区土壤抗蚀性低，且植被破坏后恢复难度大，在施工过程中引起的水土流失问题尤为突出[2]，甚至造成违法违规后果。目前，风电项目对水土保持的不利影响逐渐步入学者的研究视野及司法审查范围[3]，但多数研究视角聚焦于风电项目的水土流失特点和水土保持防治措施等技术问题，缺乏在水土保持违法违规行为上的分析研究。水土流失长期以来是我国生态环境的重要问题，也是影响社会可持续发展的重大因素。因此，从违法违规行为分析的角度审视风电项目造成水土流失问题的严重性，显得尤为必要。

1　项目及项目区概况

休宁县马金岭风电场属新建项目，建设内容包括安装 20 台单机容量为 2 500 kW 的风力发电机组，新建 110 kV 变电站一座，场内道路 19.22 km，改建进站道路 2.81 km。项目由升压站区、风电机组及箱变区、场内道路区、集电线路区、弃渣场区、施工生产生活区组成。项目总投资约 4.27 亿元，于 2017 年 12 月开工，截止违法违规行为认定调查时已竣工投产。2021 年 5 月 24 日，安徽省水利厅下发了《关于休宁县马金岭风电场项目水土保持"四不两直"监督检查的意见》，意见中要求相应水行政主管部门尽快组织对该项目水土保持违法违规行为进行责任追究及查处。2021 年 10 月，第三方单位完成《休宁县马金岭风电场项目实施过程水土保持违法违规行为认定成果报告》，同月，休宁县农业农村水利局发布《关于休宁尚能徽洲风能有限公司马金岭风电场项目水土保持违法违规行为处理情况的报告》。

该风电场地位于安徽省黄山市休宁县龙田乡的周边山区，属皖南山区，中低山地貌，山体相对较陡，地形坡度一般为 10°～35°，山顶（脊）高程为 1 036～1 266 m，与山底下高差在 398～773 m 之间。

属北亚热带湿润季风气候，四季分明，雨量充沛，降水集中在夏季。

2 认定依据

该项目水土保持违法违规行为认定工作依据安徽省水利厅《关于休宁县马金岭风电场项目水土保持"四不两直"监督检查的意见》以及下列法律法规开展：

(1)《中华人民共和国水土保持法》
(2)《安徽省实施〈中华人民共和国水土保持法〉办法》
(3)《水利部办公厅关于印发〈水利部生产建设项目水土保持方案变更管理规定（试行）〉的通知》（办水保〔2016〕65号）
(4)《水利部办公厅关于进一步加强生产建设项目水土保持监测工作的通知》（办水保〔2020〕161号）
(5)《水利部关于进一步深化"放管服"改革全面加强水土保持监管的意见》（水保〔2019〕160号）
(6)《水利部办公厅关于印发生产建设项目水土保持监督管理办法的通知》（办水保〔2019〕172号）
(7)《水利部办公厅关于印发生产建设项目水土保持问题分类和责任追究标准的通知》（办水保函〔2020〕564号）
(8)《水利部办公厅关于实施生产建设项目水土保持信用监管"两单"制度的通知》（办水保〔2020〕157号）

3 调查方法

具体调查方法如下：

(1) 资料收集

收集水土保持方案及批复、水土保持监测季报、水土保持监督检查意见等相关材料，并将方案设计防治责任范围落到遥感影像上，形成矢量化数据。

(2) 现场勘查并查阅资料

利用无人机、三维激光扫描仪、RTK等手段（视频、照片、正射影像、地形、像控点），现场勘测项目建设扰动范围、乱倒乱弃、顺坡溜渣、水土保持措施落实情况，表土剥离、保存和利用情况，弃渣场防护措施以及存在的水土流失问题，填写现场记录表；查阅水土保持管理制度、水土保持方案审批及变更材料、水土保持后续设计资料、水土保持施工资料、水土保持监测及监理资料等有关资料。

(3) 室内资料整理与数据提取

①根据RTK像控点坐标数据采集、校准、拼接多架次无人机拍摄的正射影像，获取项目区正射影像，参考卫星遥感影像和已收集资料图件矢量化数据，解译判读工程建设实际扰动范围，形成扰动范围矢量数据，并与水保方案设计防治责任范围进行对比分析，获取超出防治责任范围的数据。

②利用无人机拍摄的DSM数据与正射影像进行叠加分析，生成项目区三维影像数据，通过人机交互解译勾绘乱倒乱弃、顺坡溜渣，提取溜渣位置、面积、坡长、溜渣量等信息。

③通过三维激光扫描仪对典型溜渣面进行扫描，并在坡面自上而下均匀选取样点，进行溜渣厚度的测量，从而模拟典型溜渣体，提取顺坡溜渣量，校正项目区乱倒乱弃、顺坡溜渣量。

4 调查数据分析

4.1 扰动范围

根据资料查询获得项目水土保持方案批复防治责任范围,根据无人机正射影像勾绘项目实际扰动范围,数据详见表1。按照现行防治责任范围界定原则(不含直接影响区),实际扰动范围较方案设计增加 37.21 hm²,增加比例为 166.49%;含直接影响区,实际扰动范围较方案设计增加 25.59 hm²,增加比例为 75.33%。图1为无人机正摄影像和方案设计与实际扰动范围对比图。

表1 项目实际扰动范围及超出防治责任范围情况表单位　　　　　　　　　　单位:hm²

防治分区	方案批复防治范围			实际已扰动范围	超界范围
	项目建设区	直接影响区	合计		
升压站区	1.01	0.09	1.10	0.62	
风电机组及箱变区	3.79	1.84	5.63	5.06	1.32
场内道路区	15.93	8.95	24.88	52.55	27.74
集电线路区	0.60	0.55	1.15		
弃渣场区	0.82	0.15	0.97	1.15	
施工生产生活区	0.20	0.04	0.24	0.18	
合计	22.35	11.62	33.97	59.56	29.06

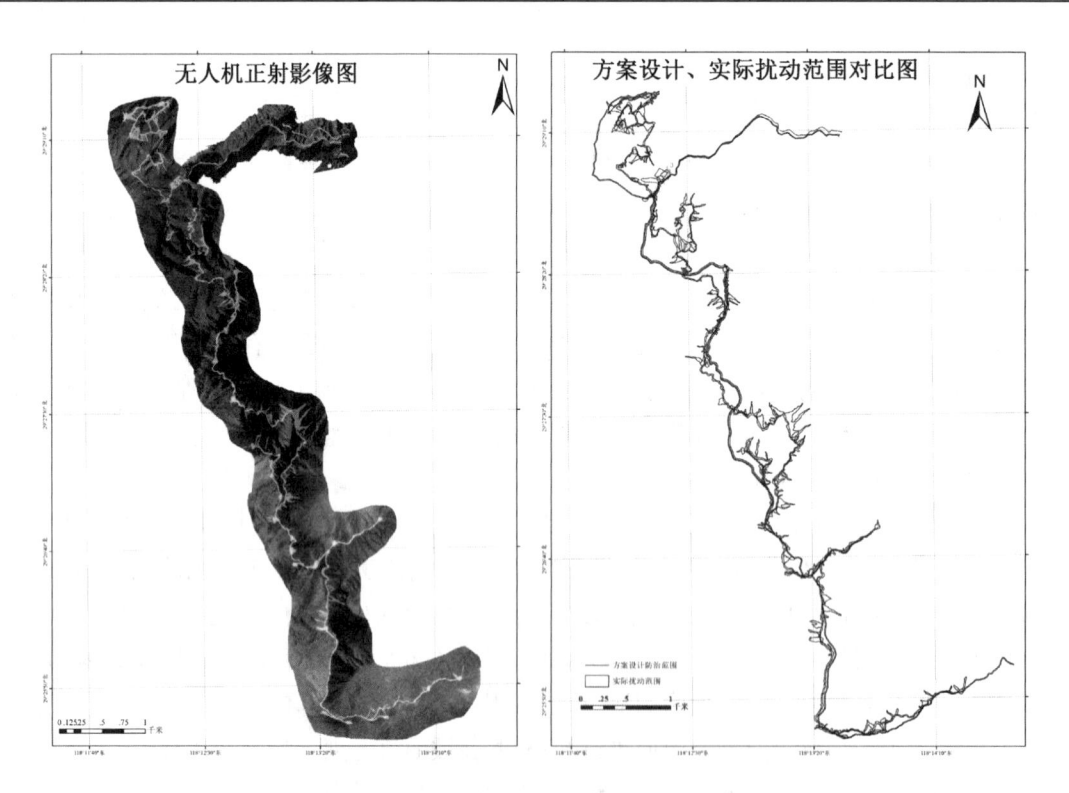

图1 无人机正摄影像和方案设计与实际扰动范围对比图

4.2 弃渣场

项目水土保持方案设计弃方总量为2.66万 m³,主要来自场内道路开挖多余土石方,共设弃渣场1个,见表2。

表2 方案设计弃渣场基本情况表

序号	位置	占地面积(hm²)	容量(万 m³)	弃方量(万 m³)	现状地形	占地类型	表土剥离量(万 m³)
弃渣场	升压站西南侧100 m	0.82	2.78	2.66	山谷	林地、园地	0.16

截至违法违规行为认定调查时,项目实际弃方量为9.45万 m³,主要来自道路工程区及风机平台开挖多余土石方,现场共设弃渣场1处(为方案设计弃渣场)、集中弃渣点(疑似乱弃)2处,均已完成使用,尚未整治,见表3。

表3 项目实际弃渣场基本情况表

序号	主设面积(hm²)	实际扰动面积(hm²)	弃方量(万 m³)	现状地形	占地类型	表土剥离量(万 m³)	使用情况
1#弃渣场	0.82	0.41	3.69	坡地	林地	无	使用完成未整治
2#集中弃渣点(疑似乱弃)		0.38	3.95	坡地(场内道路拓宽)	林地	无	使用完成未整治
3#集中弃渣点(疑似乱弃)		0.36	1.81	坡地(场内道路拓宽)	林地	无	使用完成未整治
合计	0.82	1.15	9.45				

4.3 乱倒乱弃、顺坡溜渣

经勘测与分析计算,截至违法违规行为认定调查时,项目区机位平台边坡、场内道路边坡存在乱倒乱弃、顺坡溜渣共计141处,溜渣面坡长最小10 m,最大270 m,溜渣体坡面面积共计36.54 hm²,投影面积共计29.06 hm²,溜渣量共计6.14万 m³(见图2、图3)。

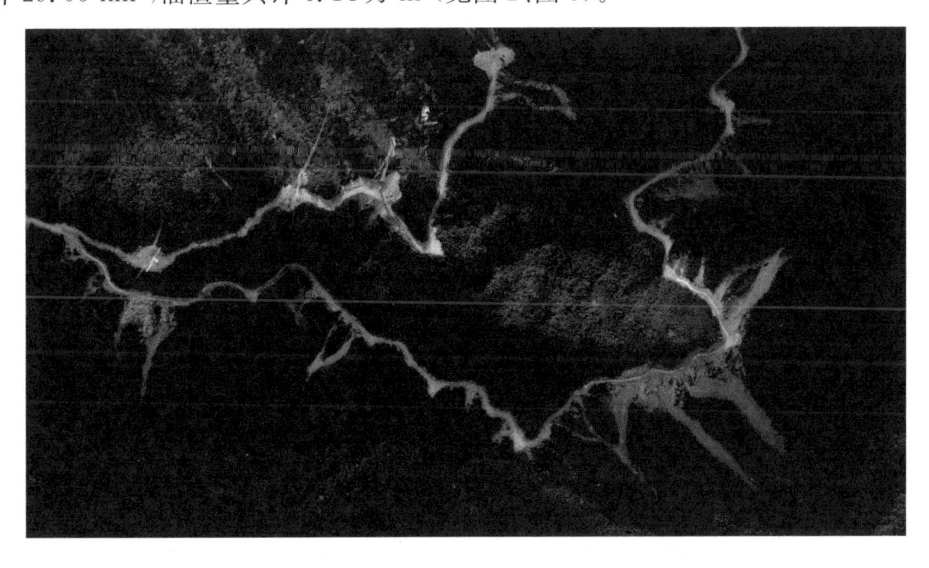

图2 无人机获取三维影像数据及勾绘乱倒乱弃、顺坡溜渣

图 3　三维激光扫描仪扫描典型溜渣面

4.4　水土保持措施实施

根据现场调查,项目实施了挡墙护坡 2 700 m²、截排水沟 14 010 m、密目网苫盖 150 000 m²、栽植乔灌木 95 000 株、喷播 11 hm² 等水土保持措施,与方案设计工程量对比工程措施、植物措施、临时措施落实到位不足 50%,存在一定的水土流失问题,具体如下:

项目所有分区实际未实施表土剥离;风电机组及箱变区、场内道路区灌木及草籽成活率低,覆盖度小于 0.4;风电机组及箱变区未实施截排水沟、拦渣栅栏;场内道路区未实施拦渣栅栏;弃渣场区未实施截排水沟、浆砌石挡墙 82% 未实施、临时苫盖 80% 未实施、未实施植物措施;施工生产生活区未实施工程措施、植物措施;存在裸露边坡未采取临时苫盖,侵蚀沟明显等现象。

5　成果总结

根据调查数据分析,对照《水利部办公厅关于印发生产建设项目水土保持问题分类和责任追究标准的通知》(办水保函〔2020〕564号),认定该项目施工过程中主要存在以下问题:

(1) 项目实际扰动范围 59.56 hm²,比方案设计项目建设区面积增加 37.21 hm²,扩大施工扰动区域面积达到 1 000 m² 及以上;该项目水土流失防治责任范围增加 30% 以上,尚未履行水土保持方案变更手续。

(2) 方案设计的 1 处弃渣场已使用,实际另外新增 2 处集中弃渣点(疑似乱弃),在水土保持方案确定的专门存放地外新设弃渣场且未征得县级水行政主管部门同意。

(3) 项目施工中机位平台边坡、场内道路边坡存在 141 处乱弃乱倒、顺坡溜渣的情况,溜渣量共计 6.14 万 m³,施工中乱倒乱弃或顺坡溜渣达 4 处及以上。

(4) 项目实际水土保持工程措施或者植物措施、临时措施落实到位不足 50%;未实施表土剥离,未按要求实施表土剥离与保护面积达到 1 000 m² 及以上;水土保持临时防护措施落实不及时、不到位;水土保持工程措施落实不及时、不到位;灌木及草籽成活率低,已实施植物措施不达标面积超过 1 000 m²;截排水沟中断,不能顺接和未全面设置效能防冲设施。

6　结语

风电项目在施工过程中不可避免地扰动地表、破坏植被,加剧水土流失,特别是山区风电场项目由于立地条件不佳,后期植被恢复难度大,因此需重点关注水土保持情况。参建单位开发利用风能时需要具有整体生态观的思维,发展风电本是利于环境保护的举措,如果在施工过程中无视水土流失问题,对周围生态环境造成大幅度损坏,则违背了大力发展风电的初衷。本文以休宁县马金岭风电场项目为例,分析研究该项目在施工过程中涉及的水土保持违法违规行为,呼吁更多风电项目关注水土保持法律法规,了解水土流失问题的严重性。建议同类型风电项目,在施工过程中遵守水土保持各项法律法规,严格落实水土保持"三同时"制度,尽量控制施工扰动范围,按照各分区主体工程施工组织设计,及时安排实施水土保持措施,有效减少施工产生的水土流失,用规范建设的行动保障风电能源与生态环境协调发展。

[参考文献]

[1] 贝耀平,汪锡彪,鲁健,等.安徽省低山丘陵区风电场生态环境问题及植被恢复技术探讨[J].中国水土保持,2021(11):23-25.
[2] 张荣,陈正洪,孙朋杰.山地风电场开发过程中水土流失相关问题研究进展[J].气象科技进展,2020,10(1):47-53.
[3] 谢虹.风电场水土流失防治法律制度的失灵与矫正[J].中国环境管理,2020,12(6):130-136.

[作者简介]

孙宇,女,1995年12月出生,工程师,主要研究生产建设项目水土保持监测,E-mail:1255668172@qq.com。

淮河流域水土流失动态监测现状与思考

袁 利

(淮河水利委员会淮河流域水土保持监测中心站　安徽 蚌埠　233001)

摘　要：开展水土流失动态监测工作是水行政主管部门应当履行的一项法定职责，及时掌握淮河流域水土流失状况是进行水土流失科学治理和生态保护修复的基础。新时期淮河流域水土流失监测工作取得了很大成绩，实现了年度监测全覆盖，为水土保持目标考核、生态文明建设提供了基础支撑。本文介绍了流域水土流失动态监测工作开展情况、取得的成果、存在的问题，阐述了流域水土动态监测工作的思考和体会，为今后流域生态保护和经济社会高质量发展提供了启示。

关键词：淮河流域；水土流失；动态监测；思考

水土保持监测是水土保持的重要基础性工作，在政府决策、经济社会发展和社会公众服务中发挥着重要作用，为了推动全国水土保持监测工作，依据《中华人民共和国水土保持法》等有关法律法规，2018年水利部印发了《全国水土流失动态监测规划(2018—2022年)》，对淮河流域各级行政主管部门水土流失动态监测的对象、范围和任务进行了全面部署，定量掌握了各级行政区及重点区域的水土流失面积、强度和动态变化情况，并向社会公开发布，为建设生态文明和美丽中国、促进淮河生态保护和经济社会高质量发展提供了有力的基础支撑。

1　近年来淮河流域水土流失动态监测工作回顾

根据《全国水土流失动态监测与公告项目规划(2013—2017年)》，淮河流域水土保持监测中心站(以下简称"中心站")组织开展了淮河流域全国水土流失动态监测与公告项目工作。按照相关项目管理办法，在地方各级水土保持机构的大力支持配合下，完成了沂蒙山重点治理区2个县和桐柏山大别山重点预防3个县1.20万 km² 的水土流失动态监测，完成了3条典型小流域、6个典型监测点开展水土流失定位观测，圆满完成了第一个规划期的工作任务。

根据《全国水土流失动态监测项目规划(2018—2022年)》，中心站先后开展淮河流域沂蒙山泰山治理区、伏牛山中条山治理区、桐柏山大别山预防区、黄泛平原风沙区的49个县7.86万 km² 水土流失监测及动态变化分析评价工作，开展4条典型小流域和4个典型监测点水土流失定位观测，对年度成果数据进行整(汇)编，对流域河南、湖北、安徽和山东四省的遥感解译和信息提取进行抽查以及对年度水土流失成果进行复核，完成相关监测数据及成果录入与管理，以及相应的水土保持数据库完善等工作；流域涉及河南、安徽、湖北、江苏和山东5省省级水行政主管部门负责辖区内除国家级水土流失重点预防区、重点治理区之外的县级行政区水土流失动态监测和分析评价，实现了流域国土面积全覆盖。目前已完成了2018—2021年4个年度水土流失动态监测工作任务，均顺利通过了水利部组织的成果复核，2022年度水土流失动态监测工作正有序推进。

为做好全国水土流失动态监测项目实施,为地方政府水土保持目标责任考核提供数据支撑,中心站积极参与部监测中心组织的《全国水土流失动态监测与公告项目管理办法》《径流小区和小流域水土保持监测手册》《水土流失重点治理区和重点预防区监测成果整编工作手册》《区域水土流失动态监测技术规定》和《区域水土流失动态监测年度技术指南》等制度和技术规范编写工作。2022年,中心站作为主要成员单位参与编制的《全国水土流失动态监测项目规划(2023—2027年)》已顺利通过水利部预算中心组织的财务审查,目前已提交水利部待审查后印发实施。

2 水土流失动态监测主要成果

2.1 流域水土流失现状

2021年淮河流域现有水土流失面积19 958.05 km²,占土地总面积的7.39%。其中,水力侵蚀、风力侵蚀面积分别为18 555.85 km²、1 402.20 km²,分别占水土流失面积的92.97%、7.03%。按侵蚀强度分,轻度、中度、强烈、极强烈、剧烈侵蚀面积分别为18 828.01 km²、846.71 km²、198.28 km²、72.35 km²、12.70 km²,分别占水土流失面积的94.35%、4.24%、0.99%、0.36%、0.06%,以轻度侵蚀为主。

从空间分布来看,水土流失主要分布在鲁中南山地丘陵区、豫西山地丘陵区、桐柏大别山北麓山地丘陵区、淮海丘岗区等区域,侵蚀类型为水力侵蚀,土地面积为6.29万 km²,占流域土地面积的23.30%;水土流失面积15 621.78 km²,占流域水土流失面积的比例为78.27%。从土地利用分布看,水土流失主要集中在耕地、林地和建设用地上,耕地的水土流失面积9 520.55 km²,占水土流失面积的47.70%,林地和建设用地上水土流失面积占比分别达34.37%和8.92%;建设用地水土流失主要集中在人为扰动用地(64.81%)上。

2.2 水土流失动态变化

与1999年度水土流失普查成果相比,流域水土流失面积减少11 208.18 km²,减幅35.96%。其中,轻度增加1 844.13 km²,增幅10.86%;中度、强烈、极强烈、剧烈侵蚀面积分别减少8 427.71 km²、3 545.70 km²、979.92 km²、98.98 km²,减幅分别为90.87%、94.70%、93.12%、88.63%。从水土流失类型看,水力侵蚀面积减少11 389.40 km²,减幅38.03%。其中,轻度水力侵蚀面积增加1 008.33 km²,增幅6.14%;中度、强烈、极强烈、剧烈水力侵蚀面积分别减少7 870.58 km²、3 448.25 km²、979.92 km²、98.98 km²,减幅分别为90.29%、94.56%、93.12%、88.63%;风力侵蚀面积增加181.22 km²,增幅14.84%,其中,轻度风力侵蚀面积增加835.80 km²,增幅147.56%;中度、强烈风力侵蚀面积分别减少557.13 km²、97.45 km²,减幅分别为100%、100%。

与2020年度水土流失动态监测成果相比,流域水土流失面积减少555.35 km²,减幅2.71%。其中,轻度、中度、强烈、极强烈、剧烈侵蚀面积分别减少353.28 km²、106.41 km²、61.96 km²、25.68 km²、8.02 km²,减幅分别为1.84%、11.16%、23.81%、26.20%、38.71%。从水土流失类型看,水力侵蚀面积减少499.18 km²,减幅2.62%。其中,轻度、中度、强烈、极强烈、剧烈水力侵蚀面积分别减少297.11 km²、106.41 km²、61.96 km²、25.68 km²、8.02 km²,减幅分别为1.68%、11.16%、23.81%、26.20%、38.71%;风力侵蚀面积减少56.17 km²,减幅3.85%,均为轻度侵蚀。从土地利用类型看,流域建设用地、其他土地水土流失面积增加,增加面积为15.47 km²、0.01 km²,耕地、园地、林地、草地、交通运输用地水土流失面积减少,减少面积为400.27 km²、25.24 km²、101.22 km²、17.34 km²、26.76 km²。

3 水土流失动态监测工作目前存在的主要问题

(1) 动态监测成果分析的深度和广度不足

进入新发展阶段,对标新要求,现有水土流失动态监测成果分析的深度和广度还不能完全满足流域生态保护和经济社会高质量发展的需要,仍需紧密围绕流域水土保持管理和水土流失治理的需求,流域战略区域和重点支流深化评价,积极推动水土流失动态监测评价向全面精准转变,进一步强化动态监测在指导政府决策方面的支撑作用。

(2) 水土流失动态监测工作量大,信息化水平低

监测工作每年要定量掌握全流域各级行政区、重点防治区、主要支流的水土流失面积、强度和变化,遥感解译、模型计算、外业核查、分析评价工作量巨大,且监测结果易受卫星遥感影像时相精度、专题信息提取方式、模型计算因子取值等影响。目前动态监测大数据关联分析与充分应用存在明显短板,遥感监测、地面观测、信息化监管尚未有机融合,信息化管理水平较低。

(3) 水土保持监测点代表性和运行保障不足

部分水土保持监测站点下垫面布置代表性不足,小流域土地利用和水土保持措施代表性不足,或水库、堰坝等水利工程建设多,拦蓄了地表径流泥沙,观测结果区域代表性差或难以反映当地实际水土流失情况的问题;水土流失监测运行经费大部分还未列入财政预算经常性科目,部分监测站点监测设备老化,自动化程度低,监测人员尤其是基层站点监测人员技术力量较为薄弱。

4 关于水土流失动态监测工作的思考和体会

(1) 持续做好水土流失动态监测工作,强化水土流失动态监测责任

持续开展全国水土流失动态监测中央级监测任务,负责国家级水土流失重点防治区、重点关注区域、大江大河流域及上中下游、重要支流流域、水土流失集中来源区监测、水土流失落地图斑跟踪评价、监测成果汇总入库等工作;实现对重要生态功能区水土流失及其治理成效评估的定量精准化和定位图斑化,定量掌握国家级重点防治区、淮河流域上中下游、重要支流、国家级重要生态功能区以及淮河保护治理其他生态敏感区的水土流失状况、水土保持率和变化情况;及时开展各省省级水土流失动态监测遥感信息提取以及监测成果复核;根据水土保持管理需求,切实加强动态监测成果深度分析评价,为流域水生态保护修复宏观决策提供支撑。强化流域水土保持监测机构核心业务能力,扛起流域水土保持监测机构主责主业,认真履行政府性监测核心职能,定期发布流域水土保持监测公报。

(2) 加强动态监测成果应用,强化水土保持监测成果基础支撑作用

全面提升流域水土保持生态建设、监管和监测评价能力,推动流域水土保持生态建设、监测、评价、决策、管理水平更上新台阶;积极开展水土流失图斑落地工作,指导流域水土流失综合治理,聚焦大别山桐柏山区生态修复和水源涵养能力,协调推进集自然恢复、植物过滤带、优质水资源、特色产业等于一体的生态清洁小流域建设,聚焦土壤保持能力,协调推进沂蒙山、伏牛山低标准梯田和脆弱植被生态综合治理;强化河湖岸线保护和人为活动水土保持监管,有效减轻人为水土流失对河湖生态的影响等深化水土流失动态监测成果应用,分析重要功能区、重点防治区、主要干支流和重要湖泊岸线相关区域水土保持生态保护和恢复情况,强化水土保持监测成果基础支撑作用。

(3) 持续加强水土保持监测研究,强化水土保持监测信息化水平提升

加强与有关科研院所等的交流与合作,积极推进区域水土流失动态监测技术进步,推动新产品、

新技术在监测领域的推广应用,大力推进高分卫星和无人机监测、移动采集系统、自动测试与数据传输设备的应用,积极开展径流泥沙自动观测、野外调查信息自动采集、水土流失预测预报模型研究,以服务为理念,创新为手段,加强水土流失动态监测监测核心技术、关键问题研究,不断提升水土流失动态监测信息化水平。

（4）加强流域水土保持监测业务指导,强化水土保持监测站点管理

承担流域内水土保持监测国家站点的组织管理,加强对流域内省级水土保持监测站点的业务指导,针对监测站点点多、面广,管理分散的问题,加快制定统一的观测工作技术规程与数据成果整编规范,指导观测工作实施、数据成果整编以及各级机构对上报数据成果的审核管理;加快数据上报系统与信息管理系统的研发与推广,完善信息管理数据库,为监测信息化、规范化建设提供技术支持。建立水土保持监测设备计量管理制度,按照有关法律法规、计量技术规范或技术标准,开展监测设备计量检定、校准或测试。

[参考文献]

[1] 李智广.《全国水土流失动态监测规划(2018—2022年)》的编制原则与目标任务[J].中国水土保持,2018(5):20-23+68.
[2] 李子轩.海河流域水土流失动态监测现状与思考[J].海河水利,2020(4):9-12.
[3] 林祚顶,李智广.2018年度全国水土流失动态监测成果及其启示[J].中国水土保持,2019(12):1-4.
[4] 王爱娟,曹文华.水土流失动态监测技术问题解析[J].中国水土保持,2019(12):5-6+45.
[5] 赵辉,李琦.区域水土流失动态监测评价的大数据分析基础与对策[J].中国水土保持科学,2016,14(4):68-74.

[作者简介]

袁利,男,1980年7月出生,高级工程师,主要研究方向为区域水土水土流失动态监测和水土保持定位观测等,13665621435,yuanli@hrc.gov.cn。

基于水生态和人居环境维护的小流域工程建设

——以金安区横塘岗小流域为例

李 欢 张春平 张乃夫

(淮河水利委员会淮河流域水土保持监测中心站 安徽 蚌埠 233001)

摘 要：对于岗冲相间的江淮丘陵地貌，人口相对密集的丘岗区，生态清洁型小流域建设还处于起步阶段，实践中存在诸多问题亟待解决。本文以金安区横塘岗为例，在全面分析小流域水土流失和水土保持主导基础功能的上，以水生态文明为理念，将小流域工程建设与生态环境、景观建设和人居环境维护等紧密结合，提出了横塘岗生态清洁型小流域防治理念、治理模式和措施体系，为岗冲相间的江淮丘陵区生态清洁型小流域建设、水土资源的可持续利用、人居环境维护奠定了基础。

关键词：丘岗区；水生态；人居环境维护；小流域治理

生态清洁小流域建设是在传统小流域综合治理的基础上，将水资源保护、水土流失防治、面源污染控制、农村垃圾及污水处理等结合到一起的新型小流域综合治理模式[1]。水利部于2006年提出了"生态清洁小流域"建设新思路，并在全国启动了试点工程。截至2014年，已有30个省、335个县开展了生态清洁小流域建设，实施小流域约800条，生态清洁小流域建设进程与力度不断加大，各级政府和广大人民群众对生态清洁小流域建设的认识不断提高，生态清洁小流域建设的影响力日益显著。在《全国水土保持规划(2015—2030年)》和各级水土保持规划中，生态清洁小流域建设成为水土流失防治工作中重要的建设内容和目标任务之一。多个省市制定了《生态清洁小流域建设规划》，生态清洁小流域的建设理念和建设方法不断发展，管理模式不断创新，建设成效日益显现。

多年来，在建设实践中形成了清洁型小流域治理的理念，即：构筑"生态修复、生态治理、生态保护"三道防线，实施分区治理[2]。近年来，构建"三道防线"在各地清洁小流域建设中得到了广泛的实施，但是，与新时期全国水土保持工作的要求相比，以往的清洁型小流域设计研究仍存在不少问题，主要表现在以下几个方面：

(1) 金安区集国家级重点预防区、岗冲相间的江淮丘陵区、人口密集区为一体，水土保持主导基础功能为水源涵养、土壤保持、生态维护、水质维护、人居环境维护等，多重目标下开展生态清洁小流域建设，需要开展措施体系、建设标准等的研究。

(2) 在山区向平原过渡的丘陵地貌，人口相对密集，山丘、平原相间分布，河流陡、缓并存，生态和经济需求迫切，面临多重需求和经济胁迫，如何充分利用岗丘资源，在小流域建设思路、理念、目标、措施等各方面有所不同，现有的《水土保持综合治理技术规范》等标准难以满足当前生态清洁小流域建设的需要，需进一步研究。

(3) 根据城镇发展，需要提升小流域板块功能，提高生态效益，建设高水平、精品生态清洁小流域。

金安区属于《国家水土保持重点建设工程规划(2013—2017年)》中规划项目县。金安区南部为大别山余脉，地势由南向北倾斜，属典型的山区向平原过渡的丘陵地貌，人口相对密集，山丘、平原相间分布，河流陡、缓并存，区内开展生态清洁小流域具有典型示范作用，其中横塘岗小流域内的官塘、黄墩、龙王岩分别纳入2015年和2016年国家水土保持重点建设工程。

横塘岗小流域坐落金安区横塘岗乡境内，属于桐柏山大别山国家级水土流失重点预防区，位于大别山南麓丰乐河源头，属于长江流域，包括三大片区、三条主要支流，为典型的坡面型小流域，地貌类型属典型的江淮丘陵，岗冲相间，区域内林地资源丰富，水土流失总体较轻微，但疏林地等水源涵养功能低下，以水土流失为载体的面源污染对下游水源地的水质造成危害，为控制水土流失，维护水质，改善生态环境，加强区域经济社会发展，按照生态清洁型发展方向，开展该小流域水土流失综合治理很有必要[2]。

1　小流域基本情况

横塘岗小流域地貌类型属典型的江淮丘陵，岗冲相间，流域地势西南高东北低，东西长12.8 km，南北长9 km。地面高程介于10~293 m之间，相对高差283 m。流域整体坡度分布在10°~25°之间，最陡处达56°。

流域属于亚热带湿润季风气候区，多年平均降雨量1 095 mm，10年一遇6 h最大降雨量121 mm，10年一遇24 h最大降雨量238.95 mm。流域内土壤种类以黄棕壤和水稻土为主。地带性植被为亚热带阔叶林，山区主要为人工次生林，丘陵地带多以经果林、竹林、杂灌为主。

在全国水土保持区划中，属于三级区桐柏大别山山地丘陵水源涵养保土区，土壤侵蚀类型主要是水力侵蚀，土壤侵蚀的形式主要是面蚀、沟蚀和人为侵蚀等。治理前水土流失面积84 km²，占81%。水土流失主要策源地为林地、水蚀坡林地。

2　建设任务及目标

建设任务主要为治理水土流失，改善生态环境，减少入河入库（湖）泥沙；涵养水源，控制面源污染；改善农村生产条件和生活环境，促进农村经济社会发展，为生态旅游奠定良好基础[3]。

建设目标为围绕桐柏山大别山国家级水土保持重点预防区水源涵养和土壤保持基础功能以及城镇建设人居环境维护功能的维护和提高，水土流失综合治理程度达到90%以上，保土效率达到80%以上，林草覆盖率提高5%以上；河道及沟渠水环境优美，农村集中居民点生活污水达标排放，农业生产条件和人居环境显著改善。

3　防治理念和措施体系

3.1　防治理念

横塘岗小流域建设防治理念为"三道防线"[2]。

在低山、坡上部及人烟稀少地区，实行全面封育管护，禁止人为开垦、盲目割灌和放牧等生产活动，减少人为活动和干扰；充分依靠大自然的力量，发挥生态系统的自我修复功能，形成坡面第一道防线。

在村庄人口相对密集的浅山、山麓、坡脚等区域，调整农业种植结构，控制化肥农药施用，发展特色生态农业，综合整治水蚀坡林地，建设山塘等小型水利水保设施，建立坡面第二道防线。

清理河道垃圾、障碍物,在河道两侧,保育植被、构建沿河植物保护带和小型湿地,恢复和改善水生态,打造优美水景观,构建第三道防线。

3.2 防治体系及措施布局

通过山体和上游水源涵养林保护、生态观光林和经果林、沟道治理与生态保护岸美化净化等工程,形成"三道防线",构建"三片、三河、四园、多点"等集清水廊道、特色农业和美丽乡村建设为一体的生态清洁型小流域防护措施体系[4]。

三片:即小流域内的官塘、黄墩、龙王岩三个项目区。

三河:即官塘、黄墩、龙王岩三个项目区内的岩湾河、黄墩河和龙王岩河主要骨干河道生态廊道。

四园:即小流域内的优质油茶示范片金色"茶园"、结合"江淮果岭"打造的脆桃红色"果园"、建设中草源中药材种植基地打造的特色"药园"和结合林下养殖,打造的丘陵"牧园"。

多点:即流域内多个绿化美化村庄。

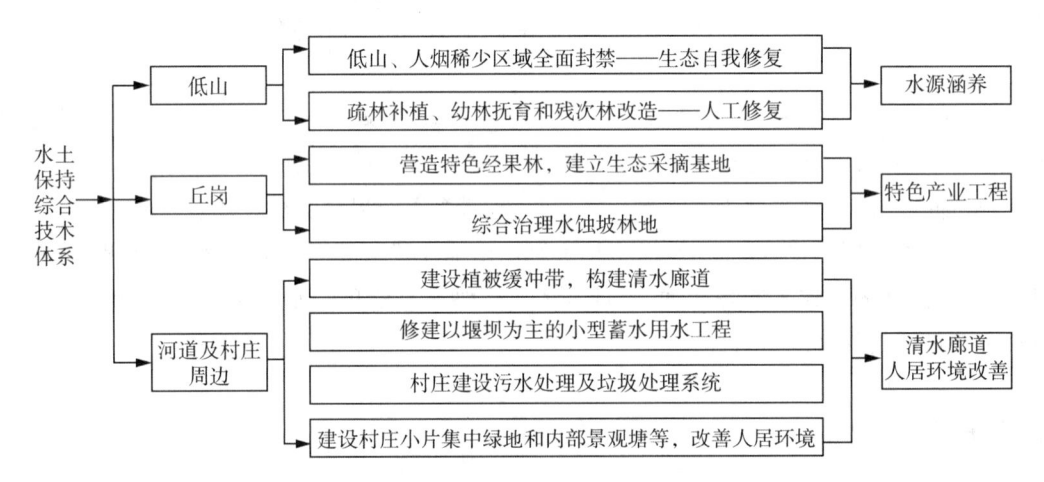

图1 小流域水土保持综合防治体系

3.3 治理模式

横塘岗小流域构建了"六个一"的治理模式,即"一河一景观,一丘一品,一村一特色"。

①以河道生态治理和水质维护为条带,打造景观主线。

治理过程中,围绕岩湾河、龙王岩河和凤张河等主要河流及其支流,采用河道生态护岸、堰坝拦蓄、小型湿地、栽植乔灌草植物保护带等综合防护模式,构建每条河流清洁水资源、优美水环境的景观幸福河。

②以油茶、脆桃等水蚀坡林地治理为板块,发展丘岗特色产业。

根据水土流失及土地利用现状,对水土流失较严重的油茶、脆桃等水蚀坡林地进行排水体系完善和等高埂布设,有效控制水土流失,提高土地生产力,在小流域内的典型丘陵地带,结合当地特色经果林发展,形成脆桃、油茶等品牌产业,引领当地特色经济发展。

③以乡村振兴为切入,着力打造宜居环境,建设美丽乡村。

对小流域内的岩湾村、龙王岩村和黄墩村等村庄,结合水美乡村建设以及乡村振兴战略,以乡村污水处理、垃圾集中清运处理和生态绿地构建等为主导,全面提升村庄生态环境,突出特色乡村发展[5]。

3.4 防治技术

构建了四大技术体系,分别为水平阶、坡面截排水与沉沙一体化综合治理水蚀坡林地技术体系;以山塘、堰坝联合运用的水资源拦蓄径流工程结构体系,以沿河植物保护带、小型湿地、生态护岸综合配置的水生态改善技术体系;嵌入式路沟一体、节约占地的经济林坡面排水体系。

4 结语

对于岗冲相间的江淮丘陵地貌,人口相对密集的丘岗区,生态清洁型小流域建设还处于起步阶段,如何通过构建系统全面的生态清洁小流域水土流失综合防护体系,解决水源涵养、改善水生态和人居环境需要与丘岗区经济发展需求矛盾的问题,实践中存在诸多问题亟待解决,现有的《水土保持综合治理技术规范》等标准难以满足当前生态清洁小流域建设的需要,目前还没有系统全面的技术体系可以借鉴。本文通过对横塘岗清洁型小流域建设措施体系和防治技术进行研究,对生态清洁型小流域建设如何统筹防洪安全、河道基流维系、群众用水需求、水生态景观、丘岗经济发展等提供了重要的参考依据。

[参考文献]

[1] 刘震.适应经济社会发展要求积极推进生态清洁型小流域建设[J].中国水土保持,2007(11):7-10.
[2] 北京市水土保持工作总站.构筑水土保持三道防线建设生态清洁型小流域[J].北京水利,2004(4):49-51.
[3] 毕小刚,杨进怀,李永贵,等.北京市建设生态清洁型小流域的思路和实践[J].中国水土保持,2005(1):18-20.
[4] 陈国成,黄辉,王亮.福建省建设生态清洁型小流域治理的探索与实践——以泉州市洛江区马甲仰恩为例[J].太原师范学院学报(自然科学版),2008,7(3):124-127.
[5] 叶永琪.浙江省生态清洁型小流域建设的探索与实践[J].中国水土保持,2007(7):6-8.

[作者简介]

李欢,女,1987年2月生,高级工程师,主要研究方向为水土保持,13635527362,lihuan@hrc.gov.cn。

沭河左堤邵店段护堤护岸林更新面临的问题与解决方法

葛东鑫　纪晓磊　吴　旭

（骆马湖水利管理局新沂河道管理局　江苏　徐州　221400）

摘　要：护堤护岸林是河湖安全的一道重要屏障，同时也是生态经济的一种体现。护堤护岸林更新工作是水利工程维修养护工作重要内容之一。本文以新沂河道管理局2021年沭河左堤邵店段护堤护岸林更新工作为例，探讨护堤护岸林更新过程中的经验、创新，并从科技创新、宣传教育和加强与地方合作等方面解决护堤护岸林更新过程中遇到的岸线长、矛盾多以及人为破坏等问题。

关键词：护堤护岸林更新；树木栽植；沭河

2015年10月，习近平总书记在党的十八届五中全会提出创新、协调、绿色、开放、共享的新发展理念。护堤护岸林不仅是河湖安全一道重要屏障，同时也促进沿岸经济发展，为沿线百姓丰富经济来源。本文以沭河左堤邵店段护堤护岸林更新为例，总结了护堤护岸林更新过程中采取科学规划、科学栽植以及利用无人机新型技术等做法，阐明了岸线长管理难、矛盾多和人为破坏等护堤护岸林更新过程中面临的问题，并从科技创新、宣传教育和加强与地方合作等方面探索问题解决方法，本文的研究内容可以为国内相关护堤护岸林更新提供经验参考。

1　沭河左堤邵店段护堤护岸林基本情况

沭河，发源于沂山南麓，流经沂水、莒县、莒南、临沂、临沭、东海、郯城、新沂8个县（市）境，于口头汇入新沂河。全长300km。[1]

邵店镇，位于江苏省新沂市东南部边缘，东、南均与宿迁毗邻。沭河邵店段境内河流长度约10km，河道堤防长度约为21.58km，其中右堤长10.67km，左堤长10.91km。新沂河道管理局（以下简称新沂局）充分发挥现有水土资源优势，推动沭河邵店段护堤护岸林建设，贯彻科学规划、科学栽植的理念，大大改善沿岸居民的生活环境，为沿线居民提供了新的收入来源。

2021年10月，新沂局对沭河左堤邵店段10.91km的护堤护岸林共计7970棵树木进行更新砍伐。

2　沭河左堤邵店段护堤护岸林更新过程中的做法及创新

护堤护岸林更新工作是水利工程维修养护工作重要内容之一，关系到水土资源是否能够实现可持续利用，也关系到沿岸居民是否能够依靠树木获取更多经济效益。[2]新沂局通过往年树木更新所积累出的经验以及在实践中不断摸索创新，因地制宜，制定了适合沭河左堤邵店段护堤护岸林的更新方案。

2.1 提高认知,明确责任分工

在开展沭河左堤护堤护岸林更新工作前,新沂局针对此次树木更新工作召开专题会议。会议上阐明了此次树木更新对新沂局以及沭河左堤沿线居民的重要意义,提高相关工作人员的思想认知。根据不同阶段的任务划分明确相应的负责人,从前期的树木编号到树木分成确认,再到树木砍伐、树根挖取,以及最后的树木重新栽植,每个环节都有相应的负责人,确保此次工作有序、顺利开展。

2.2 现场确认,确保争议最小化

本次护堤护岸林更新长达 10.91 km,涉及承包户两百余户,这也意味着树木更新工作将面临各种各样的问题。新沂局采取现场确认、现场解决等各种方式,通过将承包户聚集到堤防,结合过往签订的承包合同,现场确认地界、树木数量及编号这一方式,尽量减少不必要的矛盾争议;针对现场处理不了的争议矛盾,新沂局持续跟进,全方位收集信息及各方意见,确保争议以公平、公正、公开的方式解决。

2.3 选用新品种,科学种植

本次护堤护岸林更新所用树木经过层层筛选,最终选定为 3 804 无絮杨树。相较以往栽植的杨树种类,3 804 无絮杨最大优点便是不会产生杨絮。在没有采用无絮杨以前,每年 4—5 月是杨絮的"泛滥期",大量杨絮在空中飘荡,对视线产生干扰;同时杨絮也是常见的过敏原之一;杨絮极其易燃,大量杨絮聚集在一起如遇到明火将会引起火灾,造成安全隐患。

在采用新品种的同时,新沂局开展树木栽植的相关技术培训,科学种植。从树苗选定到树坑开挖再到后期养护,每个环节都有相应的技术标准。在树苗选定环节,新沂局在专业技术人员的指导下选定符合设计要求规格、品质良好的幼苗,认真做好树苗移植前的相关工作;[3] 树坑开挖阶段,为保证降低苗木的水分消耗和增加根系对水分的吸收,保持苗木的水分平衡,除了选定事宜的植树造林季节外,对苗木的布局以及树坑的挖深都有着严格的要求。[4] 一般情况下,杨树的适宜栽植季节一般在入冬前和早春,栽植深度 60 cm 最为适宜。[5] 邳店地处亚热带季风气候区,雨热同期,夏、冬季节多大风,为避免苗木在大风天气出现倒伏,提高树木成活率,新沂局最终确定树坑尺寸为 80 cm×80 cm×80 cm,株、行距为 5 m×6 m。

2.4 严格把关,确保树木成活率

此次护堤护岸林更新得到了上级领导的高度重视,为保证树木成活率达到要求,新沂局在各个环节严格把关,确保树木成活。在选苗阶段,新沂局采用盖章加刷漆的方法,由新沂局工作人员在专业指导意见指导下挑选优质树苗,并对树苗盖章、刷漆,待树苗运输到栽植现场后根据树苗是否带标记判断树苗是否满足要求,从源头上确保树木成活率。在树坑开挖以及树木栽植过程中,新沂局增派两名专业工作人员,按照施工要求对现场施工进行监管,对不符合要求的树坑及时返工。

2.5 拓展思路,制定新型承包策略

面对管理岸线较长这一难题,新沂局发散思维,在不断实践中探索,制定了新型承包策略。在树木栽植前期准备阶段,新沂局根据现场了解以及后期调查情况选定"预"承包户,共同参与到对树木的栽植以及后期监管。在树木栽植前期准备过程中,"预"承包户可以对树坑开挖、栽植过程进行监管,如果发现存在不符合要求的行为时,可及时向现场负责人提出,再由现场负责人向施工单位提出整改

要求。树木栽植过程也是"预"承包户的"实习期",待树木栽植工作结束后,根据树木栽植情况确定是否签订承包合同。这个方法可以筛选出认真、负责的承包户,确认树木成活率,这个方法也是此次护堤护岸林更新过程中的一大亮点。

此外,在沭河左堤东鲍村段,新沂局构想采用"分树到户"的承包方式。通过将东鲍村段的护堤护岸林分产到户,将东鲍村居民与护堤护岸林紧密联系在一起,这个方法是本次护堤护岸林更新过程中的另一大亮点。这个方法优点是将树木分产到户,每个村民都是受益者,同时也是看管员,在减少利益纠纷的同时能够有效提高监管力度,确保树木成活率。但这个方法也存在弊端,最明显的一点便是由于承包户的增多导致后期签订树木承包合同以及树木砍伐时制作树木分成时工作量增加。

2.6 利用无人机及监控等新型技术

伴随着科学技术的不断进步,如今越来越多的先进技术被应用到树木栽植过程中来。挖机的应用提高了工作效率,近些年来,随着无人机技术不断完善、进步,合理利用无人机技术在树木栽植过程中也变得越来越普遍。在树木栽植前,利用无人机可以大致绘制施工区域的地形图,合理规划种植区域,避开不宜种植区域;在树木栽植过程中,可以利用无人机对栽植过程进行监管;在树木后期看管成长阶段,可以利用无人机记录树木成长状态,在树木感染病虫害时利用无人机喷洒农药;[6]在干燥时期及时发现、扑灭火源,避免树木因火灾受到损伤。在树木易发生盗采盗伐地区可安装监控进行24小时不间断监管,避免盗采盗伐发生。

2.7 借助树木栽植刷坡进行违章清理

本次护堤护岸林更新为改善堤防面貌提供了契机。借助树木栽植中刷坡这一工序,新沂局对堤坡上存在的违章种植问题进行整治。通过本次刷坡,新沂局整治违章种植约 9 000 m²,目前仍剩余部分顽固堤段正在沟通中。

3 护堤护岸林带来的效益

3.1 经济效益

本次护堤护岸林更新栽植的树木品种为 3804 无絮杨,树木成材周期短,质量高。根据现在木材市场价格行情,这批杨树待到成材砍伐后可以增加沿岸百姓的经济收入,为我局提供经济创收。

3.2 生态效益

护堤护岸林充当着堤防"绿色守卫者"的角色。通过栽植护堤护岸林,可以有效改善沭河沿岸的生态环境,提升工程面貌。此外,护堤护岸林有防风固土的作用,配合堤坡草皮种植,可以有效预防水土流失。

3.3 社会效益

通过本次护堤护岸林更新工作,加强了我局与地方政府部门的沟通合作。同时,本次护堤护岸林更新也为沿岸百姓致富提供助力,缩小了与沿线百姓间的距离,为接下来其他工作的开展提供良好的群众基础。

4 沭河左堤邵店段护堤护岸林更新面临的问题

虽然新沂局在护堤护岸林更新过程中严格把关，综合运用新兴技术对护堤护岸林进行管理，但仍存在一些问题。

4.1 战线长，工作量大

本次护堤护岸林更新涉及河道堤防 10.91 公里，承包户预计超两百，无论是对树木的栽植还是与承包户就承包事宜签订承包合同都是不小的工作量，如何能够快速、高效、准确的开展工作是接下来要思考的方向。

4.2 部分堤段仍有矛盾

虽然大部分堤段已经通过前期商讨解决了争议，但仍有少数堤段由于各种原因存在矛盾。大致可以分为以下几类：

（1）新、旧承包的矛盾：部分承包户合同意识淡薄，在旧承包合同失去其法律效力后不能配合承包户的更换工作，给更新后的树木承包工作带来一定阻力；

（2）树木分成带来的矛盾：极个别承包户由于不满分成比例，拒绝伐树，导致部分堤段树木更新无法正常开展；

（3）人与树的矛盾：部分堤段为门前堤（即堤防靠近居住区），由于历史原因，疏于管理，久而久之部分居民在堤防上进行违章种植，不利于树木栽植规划以及开挖，同时树木靠近居民区也加大了人为破坏的风险。

4.3 人为破坏

部分沿岸居民法律意识淡薄，或因树木栽植涉及自身利益而故意损坏树木、盗采盗伐。部分堤段干燥季节易发生火灾，若不及时扑灭，可能会导致树木大量死亡，降低树木成活率。虽然有监控、无人机等先进技术的辅助，但此类问题仍经常发生。如何处理人与树之间的关系，人、树和谐共处也是接下来要思考的重中之重。

5 沭河左堤邵店段护堤护岸林更新问题的解决方法

5.1 多方合作，共同建设绿色沭河

联合地方政府部门如镇政府、农业农村局、林业局等，多方共同合作，发挥各自优势，共同将沭河打造成绿色、生态沭河。

5.2 加强宣传，打击破坏行为

加强法制宣传教育，可以通过传单、扩音器喊话、制作标志标牌等方式宣传护堤护岸林建设政策规定，增强沿线居民法律意识；与林业部门加强合作，加大对盗采盗伐、破坏护堤护岸林行为的打击力度。

5.3 科技创新,引进先进优良品种

将无人机等新型科学技术运用到护堤护岸林的管理中,积极引进新品种,引导护堤护岸林向无絮、速成、高质量的方向发展。

5.4 加强巡查,落实承包责任

加大巡查频次,完善承包合同。护堤护岸林的建设离不开我们的巡查监管,也离不开承包户的日常监管。提高承包户的责任意识有利于我们对护堤护岸林更好的监管。

6 总结

本次沭河左堤邵店段护堤护岸林更新与沭河新沂段其他堤段护堤护岸林更新相比,树木成活率有明显提高。我们将加强护堤护岸林日常监管,利用创新科技,多方合作,减少护堤护岸林人为破坏等问题的发生。未来我们将继续探索护堤护岸林更新新模式,制定更高效、更科学的护堤护岸林更新方案。

[参考文献]

[1] 郑大鹏.沂沭泗防汛手册[M].徐州:中国矿业大学出版社,2018:139-140.
[2] 高钟勇,陈虎,王君.新沂河护堤护岸林建设工作探讨[J].治淮,2015(10):50-52.
[3] 林浩.园林绿化中苗木种植施工与养护技术探析[J].农村实用技术,2020(9):159-160.
[4] 国艳,吕玉梅.园林绿化工程项目管理要点[J].黑龙江科技信息,2010(11):188.
[5] 杨红伟,许洪,袁仁成.浅谈绿化种植工程施工与管理[J].科技咨讯,2009(8):136+138.
[6] 宋强,王昆仑,黄祚继,等.浅议低空无人机在河道管理中应用研究[J].治淮,2019(5):32-33.

[作者简介]

葛东鑫,男,1998年8月生,助理工程师,主要从事水利工程管理工作,18252732382,1129251106@qq.com。

平原地区陆面过程模式下的水文模拟研究

赵 瑾 戴丽纳

(淮河水利委员会水文局(信息中心) 安徽 蚌埠 233001)

摘 要:在淮河流域选取典型的平原地区——涡河流域作为研究对象,利用生物—大气传输模式(BATS模型)模拟该地区在2018年汛期(6—8月)的洪水过程,从大气与陆地之间水量交换的角度,分析平原地区的径流量与土壤含水量、土壤质地、植被覆盖之间的关系。研究结果显示,平原地区的径流量总体变化趋势与土壤质地、土壤含水量的变化一致,呈正比关系;而与土壤颜色、植被覆盖率的变化相反,呈反比关系;径流量的变化受这些参数影响的敏感性也不相同。

关键词:涡河流域;BATS模型;水文模拟;研究

1 前言

水文循环过程与大气之间是相互作用,存在反馈机制的。陆面水文过程研究,是通过对大气-陆地之间水量交换过程开展研究,发现大气、土壤和植被间的水量、热量交换的物理途径,解释径流量与土壤含水量、土壤质地与植被分布内在关系,发现水资源的变化。多项国内外研究表明地形、土壤特性对径流会产生重要影响,但在水文气象耦合模式中,仍存在偏重于气象因素的情况,较少考虑到不同地形的影响,因此将大气、陆面、地表水作为完整的体系进行考虑与模拟,可以实现对水文循环过程的真实描述。

本文采用BATS陆面过程模型,选取淮河涡河流域作为典型平原地区,对2018年汛期暴雨洪水过程进行模拟研究,从大气与陆地之间水量交换的角度,分析径流量、土壤含水量、土壤质地、植被分布间的内在联系,揭示大气与陆地水文间的关系与作用。

2 陆面过程模式 BATS

能量平衡和水分平衡是陆面过程模式的物理基础。BATS模型在陆面过程模式的发展中具有代表性,是国际上得到普遍认同的陆面过程模式。它虽然采用了整体模型,简化了陆面过程模式,但模型中使用了大量参数,从裸土到植被,从积雪到冠层,从地表到地下等对陆地进行了详细的描述,以参数实现对模型对陆面的细化。比如,对植被的描述是运用到了植被覆盖指数,其中有一整套的参数化方案,细致地描述了降雨拦截作用、气孔阻滞和辐射的传输等过程。

2.1 模型原理

陆面水文过程是一个复杂的过程,从天而降的降水,在形成径流的过程中会发生蒸发、叶面截留、入渗等多种形式的水分转换,然后才是净雨部分。径流又分为地表径流和地下径流。一般情况下,地表径流比地下径流要大得多。净雨在分配地表径流和地下径流时,也有一部分补充地下水。

BATS陆面过程模式描述了陆面—大气之间动量、能量和水汽的传输,包括10~20 cm深的植被根部的水量平衡计算。BATS模型的地面水文表达式,包括地面土壤层和根层的水分预报方程,描述了根部降水、雪融、蒸发、地表径流、渗透(或排水)以及土壤层之间的水分交换。

2.2 计算公式

2.2.1 径流量

径流是大气与土壤及植被相互作用,导致土壤水变化的结果。BATS模型中的径流,分为地表径流R_s和壤中流R_g两个部分,土壤水用上层水分、根系层水分和深层水分来模拟计算,其计算公式分别表示为:

$$R_S = \left(\frac{s_1 + s_2}{Z}\right)^n \times G_W \tag{1}$$

$$R_g = k_0 \times s_0^{(2B+3)} \tag{2}$$

式中:$s_i(i=0,1,2)$为深层、根系层、上层土壤的相对含水量,采用土壤含水量与同层土壤的最大含水量的比值,即$s_i = S_i/S_{maxi}$。n为地表径流系数,考虑到土壤冻结以及土壤含水量对径流产生有重要影响,因此在模型中定义:当土壤表层温度大于0℃时,地表径流指数$n=4$;当土壤冻结时,$n=1$。Z为土壤厚度。G_W为有效降水,由裸地上的降水($P(1-\sigma_f)$)与植被截留后落至地面的水($\sigma_f P_{exc}$)组成,即$G_W = P(1-\sigma_f) + \sigma_f P_{exc}$。$k_0$为饱和土壤水力学传导率。$B$为与土壤质地指数有关的参数。当$s_i(i=0,1,2)$三层土壤水均达到饱和状态,即$R_S = G_W$时,则$R_S = G_W$,$R_g = h_0$;否则$R_S < G_W$,$R_g < h_0$。

2.2.2 土壤水

深层、根系层、上层土壤的三层土壤水遵循水量平衡原理,在BATS模型中,三层土壤水随时间发生变化,计算公式分别表示为:

$$S_0/t = G_W - F_g - E_{tr} - R_s - R_g \tag{3}$$

$$S_1/t = G_W - F_g - E_{tr} - R_s - r_1(S_1, S_0) \tag{4}$$

$$S_2/t = G_W - F_g - R_t E_{tr} - R_s - r_2(S_2, S_1) \tag{5}$$

式中:F_g为土壤蒸发量;E_{tr}为植被散发量;R_t为表层土壤的根系指数;$r_1(S_1,S_0)$及$r_2(S_2,S_1)$为分别为土壤层之间水分在垂向的交换通量。

2.3 基本参数

BATS模型虽然是个整体性的概化模型,但是通过大量基本参数的设定,以达到对陆面过程的细化模拟。模型基本参数大致可以分为大气和土壤两大部分。其中:

(1)大气部分的基本参数,主要为大气强迫输入参数以及大气状态参数,其中大气强迫输入参数包含每小时的降水率P、近地面层空气温度T_a、空气湿度q_a、气压P_a、风速V_a和云量等;大气状态参数包含空气定压比热容c_p、空气密度ρ及拖曳系数C_a。C_a由大气层结状况确定,冠层内风速V_{af}由C_a及大气边界层风速确定。

(2)土壤部分的基本参数,包含了深层、根系层、上层三层土壤水初值s_2、s_1、s_0,以及土壤植被特征参数。BATS模型中根据全球陆面特征定义了18种陆面覆盖、12种土壤质地和8种土壤颜色。当给定土壤与植被覆盖情况后,与它们相关的参数即自动确定。其中对不同植被类型标定了叶面指数L_d、最大覆盖率、最大截留量W_{max}、最小叶面阻抗、各层土壤厚度Z_u/Z_r、表面粗糙度等;对不同的土壤纹理标定了土壤含水量S_{max}、最大蒸发率E_{ymax}、饱和水力学传导率k_0、热传导系数λ、土壤孔隙度以及土壤力学参数B(包括B_f);对不同土壤颜色标定了反照率。

3 模型模拟试验

3.1 典型试验区

本次模拟试验是以淮河流域具有代表性的平原地区作为研究对象,选取了位于淮北平原的涡河流域。

涡河是淮河第二大支流,位于淮河左岸,河流全长382 km,系纯平原性河流。涡河地跨河南、安徽两省,呈西北-东南流向,发源于河南省开封市,在安徽省怀远县老元塘注入淮河,流域面积约为15 890 km²。涡河流域地势平坦,植被主要为旱作物,土壤为黄潮土,质地疏松。河流地形比降小,遇降雨,产汇流时间慢,是典型的平原水文特征地区。

3.2 基本资料

模型模拟资料选取2018年汛期(6—8月)典型试验区加密观测水文气象资料。

将涡河流域内实测的近地面气象观测资料作为大气边界层的强迫因子,确定模拟时间步长1 h,因此将观测的气温值内插到每小时;其他气象资料保持每6 h更新。辐射计算采用Zillman经验公式。降雨资料为加密的1 h观测资料,流域面平均雨量计算采用19处雨量观测站的平均值。模型的径流模拟采用集总方式,即将涡河流域视为BATS的一个平原区网格,位于区域内中心位置的气象站亳州的资料代表流域的平均状况,流域出口蒙城水文站的径流观测值及流量过程线作为验证模拟的真值。亳州的土壤温度观测值作为验证地温模拟的参考值。

3.3 参数确定

根据地表径流R_s的计算公式(1),n为地表径流系数,在BATS模型中定义为:当土壤冻结时n为1,否则为4。涡河流域典型平原试验区在模拟计算时段内不存在冻结情况,地形地貌对径流的影响在无冻结的降水-径流中是集中反映在径流系数n中的,而且根由流域产汇流模拟试验,当土壤植被参数确定后,地形比降愈大,指数n愈小,地形比降愈平缓,指数n愈大。因此通过改变地表径流指数n,可以改善对径流的模拟,经分析,n取4时,涡河流域平原地区模拟的径流总量更接近实况。不同径流指数下的径流总量模拟情况详见表1。

表1 不同径流指数典型平原区的模拟径流总量　　　　　　　　　　　　　　　　单位:mm

模拟径流总量			实测径流总量
$n=1.5$	$n=2.0$	$n=4.0$	
32.8	26.6	15.3	14.5

另外,土壤水的初值对流域产流的影响也较明显,涡河流域6月的平均降水量为155 mm,而出口断面实测径流不足3 mm。究其原因,是因为该地区前期降水强度小,时空分布不均,再加上地形比降小,汇流时间长,从而致使蒸发损失量大。同时,由于前期雨量少,土壤入渗量大也是该地区初期地表径流量较小的一个重要因素。汛期涡河流域观测的降水径流及模拟的逐日径流对比如图1所示。

4 试验结果分析

涡河流域是典型的平原地区,具有地势平缓,比降小,植被覆盖比例不高的特点。该地形条件下

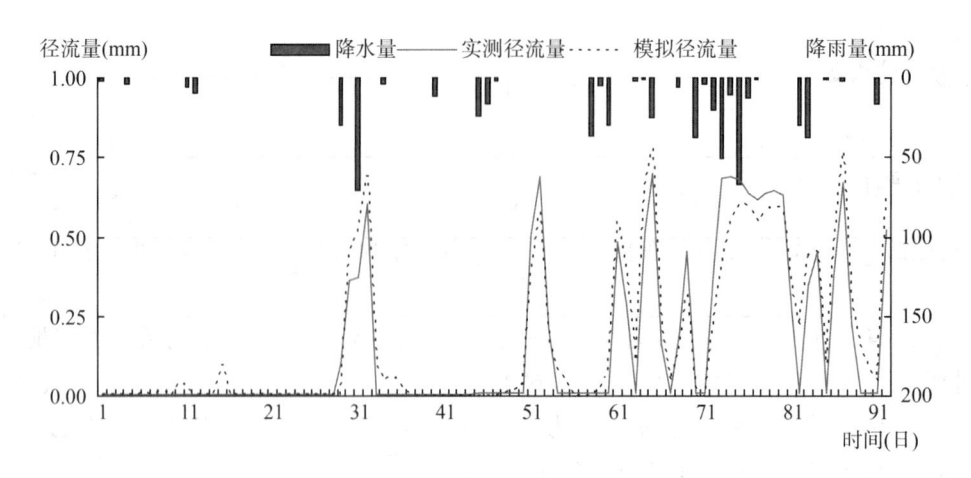

图1 涡河流域汛期逐日实测径流和模拟径流的对比

对径流产生的影响也较为复杂。

(1) 土壤质地与径流的关系。土壤质地越小,其黏性越小,如沙土,对径流影响越大;反之,质地越大,黏性越大,对径流影响则越小。试验显示:当土壤质地为1~3时,涡河平原区径流量随之变大;当土壤质地为4~8时,径流量变化趋于平坦;当土壤质地为9~11时,径流量再次随着土壤质地的变化而不断增加。因此涡河平原区的径流总量与土壤质地呈正比关系。

(2) 土壤颜色与径流的关系。研究表明,涡河流域的土壤颜色与径流量为反比,但影响很小。土壤颜色逐步加深,变化从1加深至8,该区域的径流量为277.5~276.8 mm,变化值仅为−0.7 mm,变化十分微弱。

(3) 土壤根系层含水量与径流的关系。土壤根系层含水量对径流的影响是十分明显的,因根系既产生植被蒸发,又因根系毛细管至上层土壤中产生土壤蒸发;另外,相对于深层土壤,根系层更接近上层土壤,对地表径流也有一定影响。试验表明:根系土壤含水量为20~70 mm时,径流量随根系土壤含水量的增加而增加;根系土壤含水量为80~120 mm时,径流量基本无变化;当根系土壤含水量为130~190 mm时,径流量再次随着根系土壤含水量的增加而加大,详见图2。

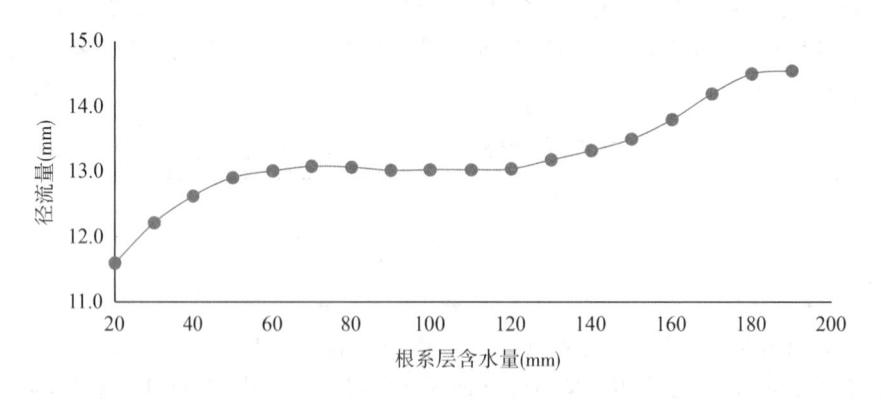

图2 涡河流域根系层土壤含水量与径流的关系

(4) 土壤深层含水量与径流的关系。不同于土壤根系层含水量对径流的影响灵敏度,当深层土壤含水量为400~1 400 mm时,径流量几乎无变化;当深层土壤含水量为1500~2 000 mm时,径流量明显增加,如图3所示。这是因为受到涡河流域平原地貌的影响,一般情况下,平原地区降雨量较小,沙土土质的土壤含水量较小,降雨时首先补充地下水和地表水,当达到一定的量级时才产生径流。同时,平原地区的地形比降小,汇流时间长,径流产生具有一定的滞后性。

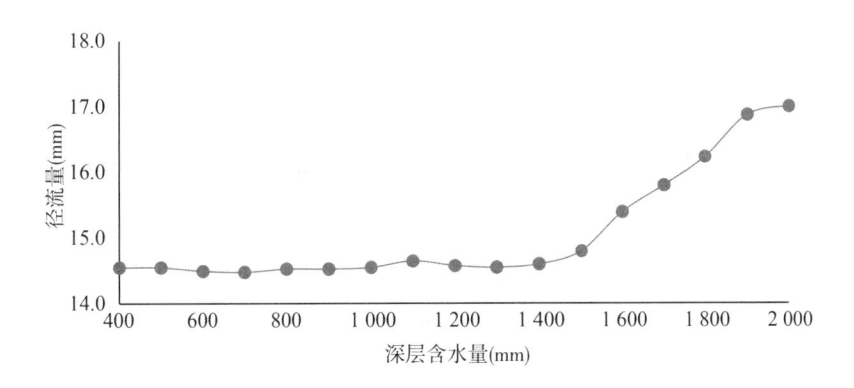

图 3　涡河流域深层土壤含水量与径流的关系

（5）植被覆盖率与径流的关系。涡河流域径流量随着植被覆盖率的增长呈现减少的趋势，是因为平原地区的植被覆盖率变大后，植被对降雨的截留作用也越发明显，而且植被的蒸腾、蒸散量也增大，减少了有效净雨和土壤含水，从而导致径流量变小。涡河流域上由于植被类型的不同也会对径流产生影响变化，一般而言，随着植被高度的减小，径流量是增大的，其中落叶阔叶林植被的径流量最小，矮草植被其次，裸土最大。

5　小结

径流是大气-陆面之间水量、热量交换的产物，而陆面土壤、植被以及地形条件的差异，对径流的形成都具有相当的影响。因此在陆面水文过程中，准确模拟土壤与植被的蒸散发过程，合理描述地形条件，将影响到流域径流量的计算精度。

根据 BATS 模型模拟的结果分析，以涡河流域为代表的典型平原区，径流量总体变化趋势与土壤质地、根系层含水量以及深层含水量的变化基本一致，呈正比关系，与土壤颜色、植被覆盖率的变化则呈现反比关系。其中根系层含水量、植被覆盖率对径流量的影响较为明显，也较为直接，深层含水量的影响则有明显的滞后性。

[参考文献]

[1] 陈海山,孙照渤.陆气相互作用及陆面模式的研究进展[J].南京气象学院学报,2002,25(2):277-288.
[2] 王守荣,黄荣辉,丁一汇,等.分布式水文-土壤-植被模式的改进及气候水文 Off-line 模拟试验[J].气象学报,2002,60(3):290-300.
[3] 丁彪,曾新民.一种区域气候模式地表产流方案的改进及数值试验[J].气象科学,2006,26(1):31-38.
[4] 齐丹,赵平,屠其璞,等.区域气候模式中径流计算方案的数值试验[J].南京气象学院学报,2006,29(6):782-789.
[5] 宁远,钱敏,王玉太.淮河流域水利手册[M].北京:科学出版社,2003:1-7.
[6] 刘春蓁,程斌,程兴无,等.用 BATS 模型模拟径流的个例研究[J].水文,1998(1):8-13.
[7] 赵人俊.流域水文模拟——新安江模型与陕北模型[M].北京:水利电力出版社,1984:255-269.

[作者简介]

赵瑾,女,1979 年 2 月生,高级工程师,主要研究方向为水文研究、水资源分析,13855239753,zhaojin@hrc.gov.cn。

天公河连通工程对水环境的改善作用研究

徐家欣　张　慧

（蚌埠学院土木与水利工程学院　安徽 蚌埠　233000）

摘　要：随着我国社会经济发展的不断加快和城市化步伐的加快，蚌埠市水资源压力越来越大，河流湖泊存在不同程度污染。为更好地利用水资源和改善区域环境，蚌埠市投资建设水系连通工程。为研究该工程建成后对水环境的影响，本项目以该工程所在天公河流域为例，分析了该流域水生态环境现状，研究了天公河连通工程对张公河流域水环境的改善功能，并针对未来蚌埠市水生态环境的建设提出了建议。结果表明：水系连通工程对蚌埠市水质、生物多样性、水自然灾害、蓄水储水、景观价值等方面的不良现状有显著改善作用。

关键词：水系连通工程；天公河流域；水生态环境；改善作用

1　引言

随着我国社会经济发展的不断加快和城市化步伐的加快，水资源面临着越来越大的压力。水对生态环境的影响起着至关重要的作用。在国家《"十三五"生态环境保护规划》明确了环境治理与生态保护修复需协同联动，要求以"山水林田湖是一个生命共同体"理念为指导，系统推进森林、草原、河流、湖泊、湿地等重要生态系统的保护与修复[1]。安徽省蚌埠市近年来重视生态文明建设，在《蚌埠市环境保护"十三五"规划》目标完成情况中，也通过了国家生态水文明城市建设试点项目技术鉴定验收。但也存在一些问题，如水资源短缺，水质不高，江河湖泊污染物排放增加，环境污染农业面源治理进度不快，河流湖泊也已受到一定程度污染等[2-3]。

水系连通工程是连接湖水，将"活水"水源引入待整治河流，提高水体自净能力，改善河流及流域水环境，增强抵御自然灾害的能力的水利工程。为有效改善张公湖水质，连接天河与张公湖，及时补充张公湖水源，提高席家沟上游的抗涝能力，综合治理天公河流域水环境，改善城市水环境，蚌埠市政府决定投资建设天公河及席家沟部分岸线环境综合治理工程（简称"天公河连通工程"）。

水环境是指水在自然界中的形成、分布和转化。某些水体会因为人类生活发展产生直接或间接的影响，这种水体也被称作水环境。在全国 1 940 个地表水国控断面中，水质优良（Ⅰ～Ⅲ类）水体增加，丧失使用功能（劣于Ⅴ类）水体减少。截至 2020 年 9 月底，全国农村已完成水源保护区划定。全国水环境形势总体有部分改善，但工作不平衡依然是待解决的问题。

2 天公河流域水环境现状及改善措施

2.1 水环境现状

1. 易发生城市内涝

天公河流域内，在城市和农村，都会出现连续急降雨超出了排放能力的情况，导致短时间内大量雨水滞留于地表。对市区而言，地面的硬化以及土壤吸收雨水的能力变弱，在连续降雨的影响下，很容易发生积水形成内涝。而对农村而言，如果雨水下泄使得沟渠不通畅，雨水也会难以排出形成内涝。

2. 水污染物排放总量较高

天公河流域内水污染物排放总量难以控制。如该流域在 2020 年第四季度的抽查中查出数个一般污染源；此外，张公湖上游有多家养殖场，附近的汤家湖村和施徐村养殖场产生的动物粪便和生活污水都会直排张公湖，这些污水直接影响了天公河流域的水环境和居民的生活环境。该区域的重点企业的化学需氧量排放总量虽然能够得到控制，但是由于新建企业由于管理制度排不到位等原因排放超标废水，使得水中的化学需氧量总量不断扩大。

3. 水质较差

由于工业废水和生活污水乱排滥排较多，造成水质恶化，甚至水资源使用功能呈现退化状态，如河道的干涸、断流、污染[4]。以张公河流域的张公湖为例，每到夏季张公湖的水质会因为蓝藻暴发导致水质变得极其污浊。管理部门曾尝试向张公湖投放生石灰以改善水质，但以这种方法处理湖水，虽可以立刻改变湖水的酸度和水质，可是仍然不能彻底解决水质较差问题。且张公湖位于蚌埠的 AAAA 级景区，其水质较差也会导致景致不美观，从而直接影响张公山旅游业的发展。

2.2 水环境改善措施

在天公河流域内现主要采用的水环境改善措施是修建天公河连通工程，该工程用蓄水坝代替以往的橡皮坝，自天公河的秦集灌溉站起始，终点为席家沟燕山路桥，利用秦集灌溉站抽取天河湖湖水，利用工程中的控制闸，沿着沟渠通往西朱家东南处，利用京台高速公路下秦集支渠分水闸引水，分别向城市中环线南侧和中环线南侧开挖明渠，将水疏通至席家沟，最后将天河湖的水通过天公河引入张公湖。此工程共设立 4 个控制闸、1 个跌水、2 个蓄水坝，见图 1。

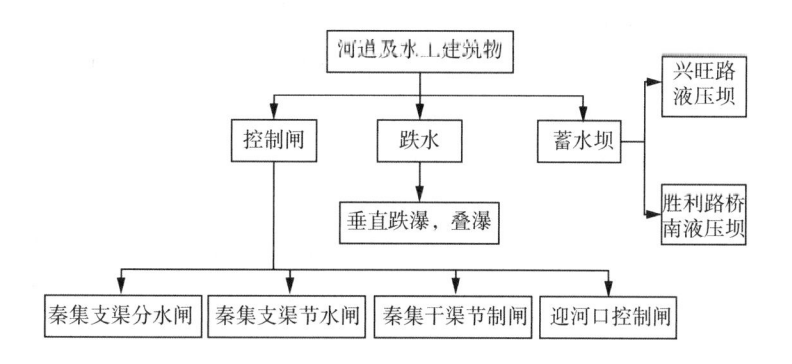

图 1 天公河连通工程中设立的河道及水工建筑物

天公河连通工程从水环境管理，水环境监理，水环境监测三个方面来治理改善该区域水环境，见

图 2。在项目实施期间,此工程针对管理、监理以及监测工作,分别设立专门的管理机构,配备专业工作人员来开展水环境改善工作。项目建成后,通过相关行政部门的协调,严格控制天公河流域生产废水和生活污水的排放,长期改善各河段水质。

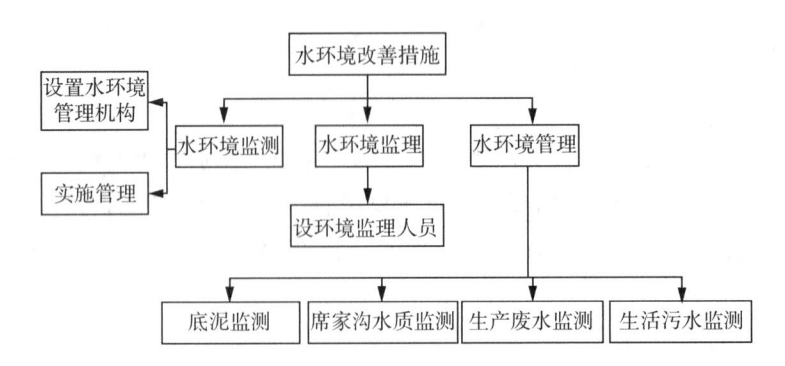

图 2 天公河连通工程中水环境改善措施

3 水环境的改善作用分析

3.1 对水质的改善

由于河流污染的主要来源是居民生活污水和工业废水,张公湖的主要污染物是总磷和总氮。此外,总磷和总氮也是张公湖富营养化的主要原因。2011 年,张公湖总氮量为 0.58 mg/L;总磷量为 4.76 mg/L。截至 2015 年,两项指标严重超标,见表1[5]。

表 1 2011—2015 年张公湖总磷量、总氮量　　　　单位:mg/L

年份	总磷	总氮
2011	0.58	4.76
2012	0.25	3.93
2013	0.33	2.52
2014	0.33	4.72
2015	0.30	3.65

自天公河连通工程水环境保护措施建立后,张公湖中总磷量、总氮量呈现明显下降趋势。湖中化学元素浓度降低,湖面漂浮物减少;在引入天河湖源头活水后,水体流动速率加快,提高水体的自我修复能力,席家沟的黑水沟便不复存在;改善了小沙河河流水质,水质从原来的劣Ⅴ类提高到Ⅳ类[6]。天公河与张公湖水质改善为一般工业用水与娱乐用水。

3.2 对自然灾害的改善

蚌埠市的河湖涝灾害十分突出,尤其是排涝大沟,席家沟淤积严重,排涝能力不足。席家沟地势低洼,暴雨时易发生溢流。此外,居民向河段倾倒垃圾和弃土,不仅污染了水质,而且导致洪水排放不畅,严重影响两岸城市环境。

自天公河连通工程建成以来,张公河为汛期蓄洪、排涝做了充分准备。蚌埠市的连续降雨后,城市街区却很少有积水。蚌埠市汛期到来时,相互连通的张公河既可以蓄纳洪水,也有助于水流顺畅下泄。以往涂山路跃进桥处的橡皮坝经常失去功能,工作人员只能用沙袋修补,但自从用液压坝替代橡皮坝后,能更加合理有效的调蓄天公河水位,汛期的排涝工作也可以在一定程度上落实。现在胜利路西大坝以西路段、张公湖周边地区在连续降雨后路面也全无积水,车辆畅通无阻,水系连通的排涝效果立时显现。

通过实施洪水控制工程,防洪标准由不足十年一遇达到二十年一遇,排涝标准由不足三年一遇提高到五年一遇[6],为此区域的人民群众稳定就业、正常生活奠定了一定基础,原先易发生内涝的地区没有明显的雨水积攒,水系连通彻底解决了困扰多年的城市排涝难题。

3.3 对生物多样性的改善

此前席家沟、张公湖的水体与天河湖不流通,水中化学元素浓度增加,因水体富营养话造成蓝藻大量繁殖覆盖水面,而蓝藻的大量繁殖也使得水中氧气供给不足,蓝藻的死亡使水面出现泡状物,并产生难闻气味,同时抑制其他生物的生长。天公河连通工程的建立不仅补充湖内生物种类和数量,对维持生态环境也起到了重要的作用。此项工程连通了两个独立水系,运用调补水的思想加速连接河流,增加溶解氧含量,使污染物随河流扩散并增加与空气的接触面积,使水中的微生物活性增强,加快水中污染物的降解,改善水质和环境[7]。通过调整叶绿素的含量,降低氨氮和总磷的浓度也将改善天河湖水质,可以减少藻类的爆发,防止水体富营养化。

该工程不仅解决了蓝藻水华的过分生长问题,同时也为动植物提供了栖息繁衍的必要场所。水体开始出现鱼类活动,水中植物也得以正常发育,达到景观用水要求。天公河流域的生物种类和数量得以显著增加。

3.4 对景观价值的改善

天河湖、迎河、张公湖、席家沟连通后,由于河面变宽河道变深,每年蓄水量大大增加。张公湖注入了天河湖的清水,一改往日发臭的水体。现今的天公河、张公湖不仅成为风光秀美的城市风光带,越来越多的商户参观考察张公湖景区后,决定投资商铺。水生植物依据不同的水深、水域面积合理搭配,不同的水景空间布置不同的主景植物,形成色彩丰富的景观。

政府投资对沿岸的综合整治,在天公河流域种植多种植被的同时,积极发展张公山旅游业,极大提升了天公河流域的土地价值。

4 水环境改善建议及功能展望

4.1 水环境的改善建议

1. 建议统筹协调改善水环境

天公河流域在蚌埠市具有一定的代表性,以张公湖为例,涂山路跃进桥下橡皮坝曾意外倒塌,导致张公湖内污水大量排出,湖水大量流入淮河,严重地影响到了张公河流域的生态环境和居民的正常生活。建议蚌埠市有关部门统筹协调的开展水环境改善工作,取得更好的效果。

就张公河流域而言,建议水利行政主管部门加大管制和定期对水利工程设备进行检测维修,避免再次出现枯水期河湖水位大幅降低。

2. 建议管制污水处理厂

蚌埠市城区可规划建设污水中途提升泵站,帮助有关部门有效处置生产和生活废水,设置垃圾存放场所,在暂时搭建的场所内进行垃圾分类和回收工作。改造污水处理厂,针对席家沟污水厂等污水处理厂进行规模化改造。改进污水处理工艺,及时更换新设备提高污水厂的治污效率,避免污水处理不达标而引起的重复工作。此外,需对管网进行统筹安排,明确专门的责任部门,形成完整的维护系统。

3. 建议创建"海绵城市"

蚌埠市可进行"海绵城市"的筹划准备,增进排水体制,将原有部分截流式合流制管道以及新建城区的排水体制进行分流,未来可把雨水污水也分流。建立"海绵城市"可有效减少蚌埠市地表径流,增加降雨下渗,补充和涵养地下水,降低城市排水成本。同时,景观建设将增加城市绿地,也将成为城市靓丽的风景线。增加的水面和湿地有助于改善城市质量。"海绵城市"需要长时间的筹划和建设,至今没有成功的案例并不能说明这一构想是失败的。这些失败的案例给了我们示范与警示,生态水利和城市海绵化建设才是根本出路。

4.2 展望

天公河连通工程能有效增加生态供给,增加水量,促进水循环,改善江河湖泊水位,改善水质。同时,由于长期的输送和水的机械运动,加快了河流水体水交换的速度。提高污染物吸收分解能力和用水能力,有效遏制了湖泊供水量的下降趋势。由于天公河为张公湖不定期更换水体,使得天公河、张公湖的水质明显改善,清澈健康水流的注入加强了天公河的水体自净能力,能够有效地解决城市居民生活用水以及企业用水存在的问题,极大地改善了城市人居环境。

5 结论

本研究基于蚌埠市天公河连通工程的改善功能,对蚌埠市天河湖和天公河环境研究的现状进行了分析和总结。探讨了流域水污染现状,改善水环境的措施。天公河河流中的污染物数量远远超过河流的自洁能力,以监测污染和引入活水水源为主要措施,将解决严重的水污染问题。天河湖清水可以冲洗和释放污染的水,能在短时间内改善天公河水质,对天公河流域的自然灾害、生物多样性以及景观价值都有着很大的改善。因此,蚌埠市需明确对水环境的改善方向,以创建"海绵城市"为目标,多方面统筹安排水环境改善工作,借鉴国外此类工程的经验改善水环境。

[参考文献]

[1] 中华人民共和国国务院."十三五"生态环境保护规划[Z].2016.
[2] 蚌埠市生态环境局.蚌埠市环境保护"十三五"规划[Z].2016.
[3] 刘伯娟,邓秋良,邹朝望.河湖水系连通工程必要性研究[J].人民长江,2016,45(16):5-6+11.
[4] 蔡萌.水生态环境保护与修复工作分析[J].资源节约与环保,2020,3:32.
[5] 姚海军.蚌埠城区张公湖景观水体水质变化特征及保护对策[J].安徽农业科学,2017,45(26):63-65.
[6] 冉辛宁.河湖连通在城市水环境综合治理中的应用研究[D].合肥:安徽建筑大学,2018.
[7] 陈瀚,杨海燕,王红旗,等.调补水措施对水生态环境的改善作用研究——以粤东地区为例[J].珠江水运,2020(21):7-9.

[作者简介]

徐家欣(通讯作者),男,2001年4月生,汉族,蚌埠学院土木与水利工程学院2019级水利水电工程在校生,

18726267934,1059805342@qq.com。

张慧,女,1989年8月生,助教,硕士,主要从事水利水电工程教学工作,主要科学研究方向是水利规划与水利工程建设管理,15155289808,anyutang@163.com。

关于淮河流域生态流量监测研究

郑紫薇[1]　樊孔明[2]

(1. 安徽淮河水资源科技有限公司　安徽 蚌埠　233000；
2. 水利部淮河水利委员会水文局(信息中心)　安徽 蚌埠　233000)

摘　要：生态流量是指为维系河流、湖泊基本生态功能正常发挥及生态保护对象基本健康，需要保留在河湖内符合水质要求的流量(水量、水位)及其过程，包括生态基流、敏感期生态流量、生态水量和生态水位。河湖生态流量目标确定及保障工作是复苏河湖生态环境、强化水资源刚性约束，推动水利高质量发展的重要内容。经过三年努力，淮委组织流域五省完成了17条(个)重点河湖34个控制断面生态流量保障目标，17条(个)重点河湖生态流量保障实施方案亦全部印发，淮委生态流量保障工作迈入实施全面监管阶段。生态流量监测信息是实施监管的基础，及时提供准确的生态流量监测信息是水文部门的重要任务，本文一是梳理17条(个)重点河湖34个控制断面生态流量监测要求，分析监测能力现状及不足；二是针对不足，提出改进措施。

关键词：生态流量；监测；淮河流域重点河湖

1　前言

2020年，为深入贯彻中央生态文明建设的决策部署，水利部组织七大流域机构编制《全国生态流量保障重点河湖名录》，提出用三年时间完成生态流量目标确定工作。淮区共33条(个)重点河湖入选名录，其中由淮委组织确定目标的河湖共计17条(个)。根据17条(个)河湖不同生态保护对象和省际责任划分，淮委设置了35个生态流量考核断面(具体名录见表1)，采用Tennant法、Qp法，并综合考虑河湖不同生态保护要求、水资源条件和开发利用情况、水利工程布局和取用水情况等，最终确定了以生态基流、基本生态水量和生态水位三种不同形态的生态流量目标(沭河末端暂未确定目标)。

2　基本情况

淮河流域及山东半岛地处我国东部，介于长江和黄河之间，位于东经111°55′~122°45′，北纬30°55′~38°20′，面积约33万km²，跨湖北、河南、安徽、江苏、山东五省47个地级市。

淮河流域西起桐柏山、伏牛山，东临黄海，南以大别山、江淮丘陵、通扬运河及如泰运河南堤与长江流域分界，北以黄河南堤和沂蒙山与黄河流域、山东半岛毗邻，面积约26.9万km²。跨湖北、河南、安徽、江苏、山东五省40个地级市。

山东半岛以沂蒙山脉作为与淮河流域的分水岭，北至黄河南堤，东部延伸于黄海和渤海之间，面积约6.1万km²，跨山东省10个地级市。

淮河流域由淮河及沂沭泗两大水系组成，废黄河以南为淮河水系，以北为沂沭泗水系。

淮河水系集水面积19万km²，约占流域总面积的70%。淮河干流发源于河南省桐柏山，流经河南、安徽至江苏的三江营入长江,全长约1 000 km(其中河南省364 km、安徽境内436 km、江苏省境内200 km),平均比降为0.2‰。两岸支流众多,一级支流流域面积大于2 000 km²的共有15条,大于1 000 km²的共有21条。

沂沭泗水系发源于山东沂蒙山,由沂河、沭河和泗河组成,总集水面积近8万km²。沂沭泗水系集水面积大于1 000 km²的一级支流有12条,另有15条直接入海的河流。

山东沿海诸河各水系均直流入海,主要河流有20余条,其中较大的河流有小清河、潍河、大沽河等。

流域湖泊众多。水面面积约10 000 km²,占流域总面积的3.7%,总蓄水能力280亿m³。较大的湖泊,淮河水系有城西湖、城东湖、瓦埠湖、洪泽湖、高邮湖等,沂沭泗水系有南四湖、骆马湖。

2.1 河湖及重要断面

根据《水利部关于印发第一批重点河湖生态流量保障目标的函》《水利部关于印发第二批重点河湖生态流量保障目标的函》《水利部关于印发第三批重点河湖生态流量保障目标的函》,共涉及淮河流域跨省的17条(个)河湖、34个控制断面。

(1) 第一批重点河流

淮河干流:王家坝,蚌埠(吴家渡),小柳巷

沙颍河:周口,界首

史灌河:蒋家集

(2) 第二批重点河湖

洪汝河:班台

涡河:付桥闸(玄武),安溜,蒙城

沂河:临沂,苏鲁省界(港上)

沭河:大官庄,苏鲁省界(红花埠)

南四湖:南阳,微山

骆马湖:杨河滩闸上

(3) 第三批重点河湖

包浍河:黄口集闸、耿庄闸、固镇闸

池河:明光(二)、旧县闸(闸上游)

高邮湖(含白塔河):高邮(高)

洪泽湖:蒋坝

奎濉河:伊桥、枯河闸

浉河:飞沙河水库、南界漫水坝、平桥

新汴河:永城闸、团结闸

竹竿河:魏家冲、竹竿铺(三)、罗山

2.2 生态流量保障目标

表1 34处控制断面基本信息一览表

重点河湖	省界断面	保障目标
淮河	王家坝	16.14 m³/s
	蚌埠(吴家渡)	48.35 m³/s
	小柳巷	48.35 m³/s
沙颍河	周口	4.3 m³/s
	界首	5.5 m³/s
史灌河	蒋家集	4.3 m³/s
洪汝河	班台	3.8 m³/s
沂河	临沂	643万 m³/月
	苏鲁省界(港上)	7—9月 451万 m³/月 10—6月 4 104万 m³
沭河	大官庄	295万 m³/月
	苏鲁省界(红花埠)	7—9月 168万 m³/月 10—6月 1 533万 m³
涡河	付桥闸	2 176万 m³/a
	安溜	3 059万 m³/a
	蒙城闸	7 884万 m³/a
南四湖	南阳	32.34 m³/s
	微山	30.84 m³/s
骆马湖	杨河滩闸上	20.5 m³/s
包浍河	黄口集闸	34万 m³/月
	耿庄闸	19万 m³/月
	固镇闸	128万 m³/月
池河	明光(二)	80.5万 m³/月
	旧县闸(闸上游)	12.3 m³/s
高邮湖(含白塔河)	高邮(高)	5.1 m³/s
洪泽湖	蒋坝	11.3 m³/s
奎濉河	伊桥	28.5万 m³/月
	枯河闸	210万 m³/月
泗河	飞沙河水库	18万 m³/月
	南界漫水坝	20万 m³/月
	平桥	215万 m³/月
新汴河	永城闸	599万 m³/a
	团结闸	1732万 m³/a
竹竿河	魏家冲	100万 m³/月
	竹竿铺(三)	358万 m³/月
	罗山	151万 m³/月

2.3 对监测信息报送的要求

为支撑生态流量监管,保障河湖生态流量,根据淮河流域重点河湖生态流量保障实施方案内容,分断面梳理生态流量保障实施方案对生态流量报送的具体要求,见表2。

表2 淮河流域重点河湖生态流量保障实施方案生态流量报送要求汇总表

河湖名称	控制断面名称	考核内容	信息报送要求	监测要求 监测频次	监测要求 监测要素
淮河	王家坝	日均生态流量	每月8号前,两省水利厅将上月经省厅审核后并符合水文整编要求的流量及降雨量资料报淮委同时上报水利部	每日8时监测	流量、水位逐日监测
淮河	蚌埠(吴家渡)	日均生态流量		每日8时监测	流量、水位逐日监测
淮河	小柳巷	日均生态流量		每日8时监测	流量、水位逐日监测
沂河	临沂	月生态水量	每日报送基础资料,每月10日前,将上月经省厅审核后并符合水文整编要求的流量、水位和降雨量资料上报	流量日监测一次 水位自动监测	水位、流量、面降雨量
沂河	港上	月生态水量		流量日监测一次 水位自动监测	水位、流量、面降雨量
沭河	大官庄	月生态水量	每日报送基础资料,每月10日前,将上月经省厅审核后并符合水文整编要求的流量、水位和降雨量资料上报	流量日监测一次 水位自动监测	水位、流量、面降雨量
沭河	红花埠	月生态水量		流量日监测一次 水位自动监测	水位、流量、面降雨量
沙颍河	周口	日均生态流量	每月8号前,两省水利厅将上月经省厅审核后并符合水文整编要求的流量及降雨量资料报淮委同时上报水利部	每日8时监测	流量、水位逐日监测
沙颍河	界首	日均生态流量		每日8时监测	流量、水位逐日监测
涡河	付桥(黄庄)	分阶段分水期生态水量	每日报送基础资料,每月10日前,将上月经省厅审核后并符合水文整编要求的流量、水位和降雨量资料上报	流量日监测一次 水位自动监测	水位、流量等
涡河	安溜	分阶段分水期生态水量		流量日监测一次 水位自动监测	水位、流量、泥沙、降水、水质等
涡河	蒙城	分阶段分水期生态水量		流量日监测一次 水位自动监测	水位、流量、泥沙、降水、蒸发、地下水、水质、墒情和水文调查
洪汝河	班台	日均生态流量	每日报送基础资料,每月8号前,上报上月经省厅审核后的监测资料	流量日监测一次 水位自动监测	流量、水位逐日监测
史灌河	蒋家集	日均生态流量	每月8号前,河南省水利厅将上月经省厅审核后并符合水文整编要求的流量及降雨量资料报淮委同时上报水利部	每日8时监测	流量、水位逐日监测
奎濉河	伊桥	月生态水量	按照要求报送每日8时报汛流量及年度日均流量整编资料	每日8时监测	流量、水位逐日监测
奎濉河	枯河闸	月生态水量		每日8时监测	流量、水位逐日监测
新汴河	永城闸	年累计水量	按照要求报送水文断面每日8时报汛流量及年度日均流量整编资料	流量每日8时监测 水位自动监测	流量、水位逐日监测
新汴河	团结闸	年累计水量		流量每日8时监测 水位自动监测	流量、水位逐日监测
包浍河	黄口集闸	月生态水量	报送水文断面每日8时报汛流量及年度日均流量整编资料	流量每日8时监测 水位自动监测	流量、水位
包浍河	耿庄闸	月生态水量		流量每日8时监测 水位自动监测	流量逐日监测
包浍河	固镇闸	月生态水量		流量每日8时监测 水位自动监测	流量逐日监测

续表

河湖名称	控制断面名称	考核内容	信息报送要求	监测要求 监测频次	监测要求 监测要素
浉河	飞沙河水库	月生态水量	报送水文断面每日8时报汛流量及年度日均流量整编资料	每日8时监测	水位、流量
浉河	南界漫水坝	月生态水量		每日8时监测	水位、流量
浉河	平桥	月生态水量		每日8时监测	水位、流量
竹竿河	魏家冲	月生态水量	报送水文断面每日8时报汛流量及年度日均流量整编资料	每日8时监测	水位
竹竿河	竹竿铺	月生态水量		每日8时监测	流量、水位逐日监测
竹竿河	罗山	月生态水量		每日8时监测	水位
池河	明光(二)	月生态水量	要求报送每日8时及日均流量(水位)	每日8时监测	流量、水位
池河	旧县闸(闸上游)	旬均水位		每日8时监测	流量、水位
高邮湖(含白塔河)	高邮(高)	旬均水位	要求报送每日8时报汛水位及年度日均水位整编资料	每日8时监测	水位、降水
南四湖	南阳	最低生态水位旬保证率	水位监测信息自动报送，并通过水情信息交换系统，实现淮河水利委员会与山东省、江苏省信息共享	每日8时监测	水位逐日监测
南四湖	微山	最低生态水位旬保证率		每日8时监测	水位逐日监测
骆马湖	杨河滩闸上	最低生态水位旬保证率	水位监测信息自动报送，并通过水情信息交换系统，实现淮河水利委员会与江苏省信息共享	每日8时监测	水位逐日监测
洪泽湖	蒋坝	旬均水位	报送每日8时报汛水位及年度日均水位整编资料	每日8时监测	水位逐日监测

3 监测能力存在的不足分析

对照数据报送要求，结合断面实际，梳理各断面现状监测能力及信息采集能力不足之处，具体如下：

（1）监测精度不足

如沭河红花埠断面及奎濉河伊桥断面，当前的自动监测数据误差较大，无法满足精度要求。

（2）流域监测站建设不完善

如竹竿河魏家冲及罗山断面，控制断面已建控制站点暂不具备流量监测能力，需改建并尽快完善监测设备。

（3）监测数据上报不满足管理要求

目前报送水位流量的34处站点中，每日可上报流量的站点仅有23处，目前枯河闸、平桥、罗山、魏家冲四个站点不测流，固镇闸、明光、竹竿铺、黄口集闸、港上等站点未按生态流量保障实施方案要求上报流量数据。

表3 淮河流域跨省河湖主要控制断面监测能力存在问题汇总表

河湖	断面	能否每日上报8时流量	存在问题
包浍河	固镇闸	√	每月未按要求上报1—20日整编水量数据
包浍河	耿庄闸	×	无自动流量监测，人工流量测次大概3~5次/月，未按照要求报送每日8时报汛流量
包浍河	黄口集闸	×	非汛期一般每旬一测，未按照要求报送每日8时报汛流量及每月1—20日整编水量数据

续表

河湖	断面	能否每日上报8时流量	存在问题
池河	明光(二)	√	每月未按要求上报1—20日整编水量数据
奎濉河	枯河闸	×	不测流,站点未接入系统,未上报数据,未进行预警上报
奎濉河	伊桥	×	无自动流量监测,人工流量测次大概3~5次/月,未按照要求报送每日8时报汛流量
涡河	付桥(黄庄)	×	
新汴河	永城闸	×	未按照要求报送每日8时报汛流量
浉河	平桥	×	不测流,每月未上报相应数据,未进行预警上报
浉河	飞沙河水库	×	无自动流量监测,人工流量测次大概2~5次/月,未按照要求报送每日8时报汛流量
浉河	南界漫水坝	×	无自动流量监测,人工流量测次大概2~5次/月,未按照要求报送每日8时报汛流量
竹竿河	竹竿铺	√	每月未按要求上报1—20日整编水量数据
竹竿河	罗山	×	不测流,站点未接入系统,未上报数据,未进行预警上报
竹竿河	魏家冲	×	不测流,站点未接入系统,未上报数据,未进行预警上报
沭河	大官庄	×	仅大官庄溢(堰)(老沭河方向)有实时监测,溢(洞)无实时监测。
沭河	红花埠	×	自动监测数据误差较大,人工流量测次大概在3~5次/月
沂河	港上	√	每月未按要求上报1—20日整编水量数据

4 措施

(1) 加强实时监控

结合淮河流域水信息系统、淮河流域水资源管理信息平台和国家水资源监控体系建设部署,完善生态水量控制断面的监控能力建设,逐步实现重要水利工程和重点用水单位的在线监控,以及监控图像和数据的实时报送。

(2) 加强水文监测预报

加强水文监测预报,提高测验和预报精度,依托全国"水情信息交换系统",实现水情监测数据实时报送,为淮河流域重点河湖生态水量保障提供技术支撑。

(3) 强化评价,严格考核

淮委按照水利部有关生态水量考核要求,建立生态水量考核评价机制,组织开展重点河湖控制断面生态水量保障考核评价工作,将考核评价结论作为最严格水资源管理制度和河长制考核的重要依据,督促落实各级政府职责,确保生态水量保障工作落到实处。

5 结语

满足河湖生态需水量是流域水资源生态配置和调度的前提,加强流域生态流量监控体系建设,强化生态流量监督检查与考核评估,加强生态流量基础研究,也为水资源优化配置、科学调度、高效利用,以及水生态、水环境有效保护和修复提供必要的依据。

[参考文献]

[1] 付小峰,庞兴红,韦翠珍.淮河流域重要河湖生态流量保障现状与对策研究[J].中国水利,2022(7):67-70.
[2] 涂敏,易燃.长江流域生态流量管理实践及建议[J].中国水利,2019(17):64-66+61.
[3] 刘庆涛,蔡思宇,王旖,等.重点河湖控制断面生态流量监测预警系统设计及应用[J].水利信息化,2022(2):1-5+40.

[作者简介]

郑紫薇,女,1994年6月出生,工程师,主要研究方向为水文水资源、水环境保护、水土保持,0552-3092614,18755206199,419479906@qq.com。

生态护坡在灌区渠道应用成效评价指标体系与评价方法

肖合伟　裴文杰　谢高鹏

（江西省潦河工程管理局　江西 宜春　330700）

摘　要：在灌区开展生态护坡建设对于协调边坡安全、防渗、景观和生境条件具有重要意义。灌区工程中的堤岸、渠道是基础设施，对其进行防护是一项量大面广的工作，实现灌区基本功能和修复生态环境的比较节约的工程护坡形式是灌区渠道设计和建设的新的方向。当前国内外采用的生态护坡种类繁多，不同类型的生态护坡各具特色，在灌区渠道实际应用时取得成效也不尽相同。本文面向生态护坡在结构、功能、经济三方面的目标，构建了一套评价指标体系；将主客观权重有机结合，构建了熵值法-AHP 赋权组合的指标体系赋权方法；形成了生态护坡成效评价方法，用以评价生态护坡在灌区渠道应用的多方面成效，以期支撑今后灌区渠道生态护坡成效评价工作。

关键词：生态护坡；灌区渠道；指标体系；评价方法

生态护坡的应用成效不仅体现在岸坡的稳定性和安全性，还包括营造景观、恢复生态等附加功能，以及运维成本等方面[1]。首先，生态护坡除了要保障渠道的灌溉、供水、排涝等基本功能外，还要减少坡面水土的流失以保证稳定性[2]；其次，作为渠道生态系统的一个重要组成部分，它必须具备能够有助于水文循环、削弱暴雨洪水冰雹的危害、减少坡面土壤侵蚀、阻挡消解污染物等作用，从而让渠道系统能够发挥其重要的生态调节功能，只有保护好渠道生态的健康，才能进一步促进生态灌区的建设与发展[3]；最后，生态护坡处于开放状态，不断与周围环境交换物质能量，不断改善渠道和陆地之间的物质循环，它应该具备足够的耐久性，以保证岸坡生态的持续修复，使生态灌区能够可持续发展。本文基于生态护坡在结构、功能、经济三方面的目标构建生态护坡在灌区渠道应用成效评价指标体系，指标评价体系采用被广泛应用的层次分析框架，将需要评价的问题置于一个大系统中，分解问题并层次化，形成一个多层次的评价分析模型；综合运用数学方法与定性分析方法，计算出每个评价指标对上级指标产生的影响权重；最终通过逐层计算，得到问题总目标的权重，以此评价生态护坡在灌区渠道应用成效优劣。本文构建的生态护坡成效评价指标体系与评价方法可为今后生态护坡应用成效评价工作提供参考，也可为灌区渠道生态护坡设计、建设工作提供决策支持。

1　生态护坡成效评价指标体系

指标设置的合理与否直接影响着评价结果的可信与否，指标筛选是从大量现有的成果出发，依据指标筛选原则确定评价指标，本文指标选择遵从以下原则：

（1）科学认知原则

基于现有的科学认知，选取基本可以确定具有确切物理机制的驱动要素作为指标。

（2）系统性原则

生态护坡成效评价是一个多属性的复杂系统，除涉及岸坡的稳定性和安全性外，还包括营造景观、恢复生态等附加功能多个方面，而这些方面又有着极其复杂的联系，为此，所选取指标要能对现代环境下的生态护坡成效进行全面描述。

(3) 可度量性原则

本次评价一个重要前提是指标能够进行定量计算,即要求具有可度量性。对于一些定性指标或含义比较模糊的指标,原则上不选取,应确保所选取指标具有很好的可操作性和实用性。

(4) 代表性原则

影响综合评价的因素众多,与之对应的描述指标也众多。从实用、可操作的角度看,评价指标不宜过多、过滥,应选择有代表性的主要指标,构建综合评价指标体系。代表性指标选取还应具有方向性和独立性,即能够使评价具有指导意义,并且指标间应具有独立性或弱关联性。

(5) 灵敏性原则

所筛选的指标应该敏感于评价的目标,即当评估目标的时空发生变化时,所选的指标能在数值上响应发生变化。

(6) 尺度性原则

指标的选取应当考虑所对应的空间尺度。尺度过小不能很好地体现研究意义,尺度过大又极可能忽略需要重视的问题。

(7) 层次性原则

生态护坡成效评价指标涉及众多方面,每一个方面都存在着诸多影响因素。对于这些方面及其影响因素均可以分别提出相应的指标进行表征。显然,这些指标存在着层次归属问题,指标间有一定的层次和隶属关系。

基于上述原则,本文采用荟萃分析(Meta-analysis)对生态护坡成效评价指标进行挖掘与初筛,采用主成分分析(Principal Component Analysis,PCA)方法排除相关密切的指标,选用相互独立的、可以承载足够多信息的指标,构建生态护坡成效评价指标体系如表1所示。

表1 生态护坡成效评价指标体系

目标层	准则层	子系统	指标层	指标说明
生态护坡成效	结构	基质	容重	单位容积基质的质量,反映基质的坚实程度
			毛管孔隙率	毛管水占据的基质孔隙,反映其保水供水能力
			有机质含量	土壤中含有的各种动植物残体与微生物及其分解合成的有机物质的数量,反映基质的可持续利用能力
			稳定渗透率	指水压梯度等于1时,单位时间内渗透过单位面积的水量,反映基质渗水强弱
			养分元素含量	包括基质全氮、速效磷、速效钾含量,反映其肥力
			有效水最大含量	凋萎系数与田间持水量之间的基质含水量,反映其水分有效性的高低
		植被	植被盖度	植物群落总体或各个体的地上部分的垂直投影面积与样方面积之比的百分数,反映其覆盖程度
			植被耐瘠薄性表现	植物在坡面无养分外源供给时的正常生长能力,根据其外观表现划分
			植被抗旱性表现	植物干旱季节在坡面的外观表现,反映其抗旱能力
	功能	防护	泥沙侵蚀量	坡面在降雨侵蚀过程的泥沙侵蚀量,反映系统的抗侵蚀防护能力
			植被平均抗拔力	植被的抗拔阻力,反映了植被对边坡锚固能力的大小
		景观	景观美感度	面景观优美的程度,根据直观表现人为划分

续表

目标层	准则层	子系统	指标层	指标说明
生态护坡成效	经济	造价	每平方米造价	每平方米生态护坡的造价,包括一年的植被投资
			每年造价	生态护坡的总造价与使用年限的商值
		维护	维修难易程度	护坡维修时材料的购买是否方便,施工是否简易等

2 生态护坡成效评价指标赋权方法

（1）熵权法

指标体系权重的确定首先采用熵权法进行客观赋权。

熵是度量体系混乱度或无序度的一个物理概念,源于热力学,熵值越大表示系统混乱程度越高,其包含的信息就越多,熵值越小表示系统的有序度越高,其所包含的信息越少。熵在信息论中,度量事物的不确定性,熵值越小表示信息量越大,不确定性越小；熵值越大体现出信息量越小,不确定性越大。借助于热力学中熵的概念,信息熵用于描述事物所包含平均信息量的大小,因而信息熵在数学上的含义为事件所携带信息量的期望。

由于熵所具有的特性,可以通过计算某项指标的熵值来判断系统的无序性和随机性程度。同时,熵值可以用于判断指标的离散程度,离散程度越大的指标对于系统综合评价的影响就越大,极端情况下若某项指标的值全部相等,指标的离散程度最小,则该指标在综合评价中不起作用。因此,在多指标综合评价中,可以利用信息熵作为工具,根据各项指标的离散程度对各个指标赋予一定的权重,熵权法也就成为常用的权重计算方法。由于熵权法确定权重的过程中,仅根据各项指标的实际数据中包含的信息量大小来计算,因而熵权法是一种客观的赋权方法。

熵权法计算权重的步骤如下：

①归一化处理

min-max 标准化方法（Min-Max Normalization）是一种简化计算的方式,将有量纲的值经过变换,化为无量纲的值,成为标量。

假设给定 m 个指标 $X_1, X_2, \cdots, X_m$,假设第 i 个用户的第 j 个指标是 x_{ij},归一化后为 x'_{ij},若指标为正向指标：

$$x'_{ij} = \frac{x_{ij} - \min(x_j)}{\max(x_j) - \min(x_j)} \tag{1}$$

若指标为负向指标：

$$x'_{ij} = \frac{\max(x_j) - x_{ij}}{\max(x_j) - \min(x_j)} \tag{2}$$

式中：$\min(x_j)$ 是第 j 个指标的最小值；$\max(x_j)$ 是第 j 个指标的最大值。

②计算指标的比重

第 i 个用户的第 j 个指标的比重：

$$y_{ij} = \frac{x'_{ij}}{\sum_{i=1}^{m} x'_{ij}} \tag{3}$$

③计算指标的信息熵

计算第 j 个指标的信息熵

$$e_j = -K \sum_{i=1}^{m} y_{ij} \ln y_{ij} \tag{4}$$

式中：K 为常数，$K = \dfrac{1}{\ln m}$。

④计算指标的权重

$$w_j = \dfrac{1 - e_j}{\sum\limits_{j} 1 - e_j} \tag{5}$$

按照指标体系，将收集的原始资料进行处理、计算。

（2）层次分析法（Analytic Hierarchy Process，AHP）

生态护坡成效评价涉及多个指标，评价系统较为复杂，对于该复杂巨系统的科学评价需将主客观相结合。运筹学中的 AHP 主客观结合较好，因此将其应用生态护坡成效评价的各指标权重确定中。

层次分析法于 20 世纪 70 年代中期由美国运筹学家托马斯·塞蒂（T. L. Saaty）正式提出。AHP 是一种定性和定量相结合的分析方法，具有系统化与层次化的特点，在复杂决策问题的处理上具有显著的实用性和有效性，因而在农业、能源、环境等多领域的政策研究中得到广泛的应用。AHP 在解决复杂决策问题的基本思路上，大致相仿于人的思维和判断过程，许多决策问题中存在不确定性和主观的信息，AHP 可以通过合理地运用经验、洞察力和直觉来进行判断。AHP 计算步骤如下：

①建立层次结构模型。深入剖析实际问题，将问题或体系中的各个因素按照相同属性规则，自上而下分解成多个层次，每一层存在多个从属于上一层或对上一层中的因素产生影响的多个因素，同时又包含下层的多个因素或受到下层因素的影响。层次结构的最上层，通常只有 1 个因素，称为目标层，最下层通常为方案、指标或者对象层，中间可以存在一个或多个层次，通常称之为准则层。当准则层过多时（如多于 9 个），准则层应进一步分解为子准则或者子系统层。最高层目标层是决策的目的或是要解决的问题，最低层是指决策时的备选方案或是系统的底层指标，中间层是决策的准则或是包含底层指标的子系统。对于相邻的两层，高层称为目标层，相应地低层称为因素层。

②构造成对比较阵。从层次结构模型的第 2 层开始，如对某一准则或子系统，对其下的各因素或指标进行两两对比，并按其重要性程度评定等级，对于从属于或影响上层因素的同一层的因素或指标，采用成对比较法和 1~9 比较尺度构造成对比较阵，逐级比较直到最底层。成对比较矩阵的特性为 $a_{ij} = \dfrac{1}{a_{ji}}$。判断矩阵元素 a_{ij} 的标度方法如表 2 所示。

表 2 比例标度表

因素 i 比因素 j	量化值
同等重要	1
稍微重要	3
较强重要	5
强烈重要	7
极端重要	9
两相邻判断的中间值	2,4,6,8

③层次单排序并做一致性检验。对于每一个成对比较阵计算最大特征根 $\lambda_{\max}$ 及对应特征向量，

经归一化后记为 W，W 的元素为同一层次因素对于上一层次因素某因素相对重要性的排序权值，这一过程称为层次单排序。层次单排序的确认，则需要进行一致性检验，对一致性矩阵确定不一致的允许范围。其中，n 阶一致阵的唯一非零特征根为 n；最大特征根 $\lambda \geqslant n$，当且仅当 $\lambda = n$ 时，比较矩阵为一致矩阵。

由于 λ 连续的依赖于 a_{ij}，则 λ 比 n 大的越多，矩阵的不一致性越严重。通过式（6）计算得到一致性指标 CI，CI 越小则一致性越大。用最大特征值对应的特征向量作为被比较因素对上层相应因素影响程度的权向量，其不一致程度越大，引起的判断误差越大。因而可以用 $\lambda - n$ 数值的大小来衡量矩阵的不一致程度。定义一致性指标为：

$$CI = \frac{\lambda - n}{n - 1} \tag{6}$$

$CI = 0$，有完全的一致性；CI 接近于 0，有满意的一致性；CI 越大，不一致性越严重。

为衡量 CI 的大小，引入随机一致性指标 RI：

$$RI = \frac{CI_1 + CI_2 + \cdots + CI_n}{n} \tag{7}$$

其中，随机一致性指标 RI 和判断矩阵的阶数有关，一般情况下，矩阵阶数越大，则出现一致性随机偏离的可能性也越大，其对应关系如表 3 所示。

表 3　平均随机一致性指标 RI 标准值

矩阵阶数	1	2	3	4	5	6	7	8	9	10
RI	0	0	0.58	0.90	1.12	1.24	1.32	1.41	1.45	1.49

考虑到一致性的偏离可能是由于随机原因造成的，因此在检验判断矩阵是否具有满意的一致性时，还需将 CI 和随机一致性指标 RI 进行比较，得出检验系数 CR，公式如下：

$$CR = \frac{CI}{RI} \tag{8}$$

一般，如果 $CR < 0.1$，则认为该判断矩阵通过一致性检验，否则就不具有满意一致性。

④层次总排序并做组合一致性检验。计算某一层次所有因素对于最高层（总目标）相对重要性的权值，称为层次总排序，计算最下层对目标的组合权向量并根据公式做组合一致性检验，若检验通过，则可按照组合权向量表示的结果进行评价，否则需要重新考虑模型或重新构造那些一致性比率较大的成对比较矩阵。

（3）组合权重

熵权法属于客观赋权法，运用熵权法确定指标权重具有较强的数学依据，评价结果较为客观，但有可能由于过于依赖样本数据和定量统计方法，忽视了评价指标的主观性分析。AHP 属于主观赋权法，可以较好地针对评价目标，具有较强的实效性，但由于缺乏客观依据，主观判断可能会产生一定的偏差。两种方法均有一定的优势和缺陷，因此为了弥补缺点使结果更具有可信度，将主客观权重有机结合，将熵值法—AHP 赋权组合作为指标体系的权重。

取组合权重值为：

$$W_i = (w_i^a)^{1-\alpha} (w_i^b)^{1-\beta} / \sum_{i=1}^{m} (w_i^a)^{1-\alpha} (w_i^b)^{1-\beta}, i = 1, 2, \cdots, m \tag{9}$$

式中：w_i^a 为熵值法指标权重，w_i^b 为 AHP 指标权重；α、β 分别表示客观权重与主观权重的相对重要程度，$0 \leqslant \alpha, \beta \leqslant 1, \alpha+\beta=1$。

[参考文献]

[1] 肖合伟,裴文杰,谢高鹏.不同类型生态护坡在灌区渠道应用的多属性决策模型[J].治淮,2022(4):19-21.
[2] 汪洋.城镇河流生态护坡系统的建立及评价研究[D].扬州:扬州大学,2005.
[3] 杜良平.生态河道构建体系及其应用研究[D].杭州:浙江大学,2007.

[作者简介]

肖合伟,男,1984年11月生,科长,主要从事生态护坡对生物多样性的影响研究,15970273607。

淮河流域水利工程管理与水生态文明建设探讨

张银伟[1]　沈利霞[2]　张红星[3]

(1. 汝州市安沟水库管理所　河南 汝州　467599；
2. 汝州市旱情监测中心　河南 汝州　467599；
3. 汝州市风穴路街道办事处民政所　河南 汝州　467599)

摘　要：本文从淮河流域的特点、淮河流域水利工程管理工作的重要意义等方面对该流域水利工程管理及水生态文明建设等工作进行深入分析，并针对其中存在的众多问题，给出了构建淮河流域水利工程管理具体方式的探索，比如建立完整的环境质量监测体系，强化综合分析能力，建立良好的淮河流域水利工程管理预警系统，强化水利工程的管理，水文生态环境建设的物资管理等；同时受到水环境特征和生态建设环境等多方面的影响，相关的生态建设工作需要进行进一步的完善，只有这样才能够提出有效的解决措施，保障淮河流域水利工程管理及水生态文明建设等工作更加顺利的推进。

关键词：淮河流域；质量管理体系；模式构建

近年来，国家高度重视水生态文明建设，投入了大量的人力、物力、财力，已取得了较好的水环境生态治理成效。推进水生态文明建设实践与现代社会文明进步的有机结合，既是社会文明发展对水环境保护的要求，更是水生态文明发展的必然趋势。不断服务于人的进步和满足人对社会的需求，只有不断加强对环境的建设和保护力度，持续促进人与自然和谐才是发展的王道。随着我国科学技术、社会经济的持续发展，淮河流域水利工程管理与水生态建设充分衔接显得尤为重要，但我国在淮河流域水利工程管理质量体系的建设方面仍有待提高。一是要加强污染源头管控，通过建设水生态自净化修复体系，不断消化历史沉积；二是选择合理方案，建立完整的水媒生物链条，构建完善的水环境监测体系，通过工程措施、生物措施加大对水生态文明治理工作的建设、管控与保护，加大生态修复能力和力度的提升，阻断环境恶化和人为污染的蔓延，推动淮河流域水生态环境的治理成果不断发酵，并推进淮河流域水生态文明建设在我国水利生态科学建设领域产生积极影响是本次论证的根本。

1　淮河流域的特点

由于历史上我国洪涝干旱灾害较多，自新中国成立以来，国家对淮河流域的治理高度重视，并大量兴建水利工程，淮河流域内已建成水库5 700多座，水闸6 700余座，各类堤坝建设达6万km，这些水利工程的建设，极大地降低了洪涝干旱灾害的发生率，使相关灾害得到有效控制。随着淮河流域水资源供需矛盾的不断加重，水生态问题已经对淮河流域经济和社会发展产生了一定的制约，水生态保护以及水生态文明建设，受到了相关工作人员的高度重视，如何正确处理水利工程对水生态产生的影响，是现代研究人员需要关注的一项重要内容。针对水利工程科学管理以及水资源的合理配置等工作进行优化，是缓解目前淮河流域面临的生态问题的重要举措。

2 淮河流域水利工程管理工作对于水生态文明建设的作用

2.1 对环境污染有良好的管控作用

有关部门在进行监测时,需要借助先进的监测技术和仪器来对环境进行长期且稳定的监管,当生态建设变化数值超出正常标准后,工作人员就需要对其进行及时有效的控制,来避免更多污染状况的发生,因此淮河流域水利工程管理在环境污染防治工作中具有十分重要的管控作用。相关部门需要根据监测到的异常数据,采用合理的方式进行管控,而随着近年来淮河流域水利工程管理指标的不断增多,淮河流域水利工程管理对于环境污染产生的管控作用也变得愈加突出。我国甚至还建立了对应的环境监管数据库,并且在数据库中形成了完善的数据监控体系和管理方案,旨在为我国的污染预防提供现代化的技术和数据支持。

2.2 为水生态文明建设标准提供策略

根据最终的对比结果来对环境数据的污染状况进行评估,这一方式能够帮助相关工作人员掌握污染程度,而水生态文明标准在应用过程中具有严苛的要求,在制定过程中需要与区域环境相符合,只有保障水生态文明标准具有较高的科学性和适用性,才能够使相关工作的开展更为顺利。相关工作人员在进行标准的建设时应当考虑水生态文明标准的依据,而相关工作人员需要对其中的数据进行有效的监控,针对不同时间段的对应指标,根据保护要求作出调整,只有这样才能够使水生态文明标准的制定,具有更高的现实意义。

3 淮河流域水利工程管理工作中存在的问题

3.1 人类活动对水环境工作产生的影响

在现代城市化进程持续发展的背景下,人口规模不断地扩大,对于淮河流域水利工程管理工作也提出了更高的要求,在一定程度上导致生态建设的难度增大,如在河道管理工作中,由于河流环境等多方面因素的影响,淮河流域水利工程管理工作的难度会出现明显的增加。在这样的背景下,为了进一步使淮河流域水利工程管理的工作水平得到提升,相关工作人员需要建立完整的配套设施以及政策,来确保淮河流域水利工程管理工作能够顺利开展。

3.2 淮河流域生态建设基础设施水平较为落后

在目前河流环境的生态建设过程中,存在基础设施生态建设水平较为落后的状况,其会导致淮河流域水利工程管理工作的精准度受到影响,所以在这样的背景下,不仅需要改善相关工作的开展,也需要结合实际状况来加强淮河流域基础设施,使淮河流域的水工程管理质量水平得到提升,只有这样才能够使现代化淮河流域水利工程管理工作的精准度得到保证。除此之外,生态建设人员在进行实际工作时,需要明确自身的职责,将自身的专业化知识和理论应用于其中,对其中的数据进行梳理和校准,只有这样才能够使淮河流域水利工程管理的综合水平得到保证。

3.3 对生态环境产生的影响

水利工程的建设对于水生生物产生的影响是直接且明显的,因为相关工程的建设会对河流水生态系统造成不同程度的破坏,水生物的生存环境也会相应变化,导致水生物洄游的渠道受阻,进而会对水生物的繁衍产生不利的影响。一方面会打破已有的食物链,另一方面不利于生态平衡,严重时还有可能影响河流环境中的生物多样性特征。

4 淮河流域水利工程管理的具体构建方式

4.1 建立完整的环境质量监测体系

在进行淮河流域水利工程管理时,要依据淮河流域水利工程管理的标准与要求,针对其环境质量进行有效的监督与管控,逐步建立完善现代化的淮河流域水利工程管理评估体系,使淮河流域水利工程管理工作在开展过程中能够根据实际的监测内容,对其进行规范化、系统化管理。监测站内的相关工作人员需要做好对应的文件审核,同时由专业管理部门来进行核对、确认,严格确保数据的真实性,减少误差,只有这样才能够保障淮河流域水利工程管理工作的数据来源有力有据。

4.2 强化队伍建设,提升综合分析能力

淮河流域水利工程管理是水生态文明工作开展过程中的一个主导因素,而在进行系统管控时需要依据淮河流域水利工程管理的技术论证结果来开展水生态文明工作。其中不仅仅涉及对环保数据进行收集,更重要的是要加以有效地分析和整理,进而制定合理的环保策略。这就要求我们的环保工作要建立起一支完备高效的管理队伍,并加强人员队伍的素质建设。首先是选拔综合素质较高且具有较强专业技能的人才,做好管理队伍的储备;其次是要对相关人员进行培训,从根本上提升监测人员的分析判断能力,使其在淮河流域水利工程管理工作中发挥积极有效的监督管理职能。

4.3 建立良好的水利工程管理预警系统

在信息化时代到来后,淮河流域水利工程管理工作的开展也必须要依赖于信息化的建设,而如何进行有效的信息化管理,则直接影响着预防区域环境污染的预警水平。不同部门在开展管理工作时,需要进行有效的衔接与配合,及时对遭遇的环境危害问题进行处理,涉及的相关单位要加强淮河流域水利工程管理工作的规范化和制度化建设,建立良好的国家级淮河流域水利工程管护网络,并通过这一网络建立良好的环境管理体系,这样才能够使环境管理工作更为顺畅。随着大数据时代的到来,国家级淮河流域水利工程管理网络也需要积极形成现代化的管理方案,只有这样才能够保障淮河流域水利工程管理与保护工作两者之间形成有机的统一。值得注意的是,在开展网络环保体系建设时,还要对其进行优化协同,了解每一个区域和每一个应用场景所存在的差异,并针对性地开展综合化的实战演练,这样才能使环保方案以及策略得以全面地发挥其应有效能。

4.4 水生态环境建设的物资管理

首先,在进行防汛物资管理时,需要科学合理地对防汛物资的实际堆放位置进行科学布局。一方面,防汛物资保存场地要尽可能缩小与使用地点的距离,成品料物堆放要存取便捷,只有这样才能够保障在调取应用时能短时间内迅速开展、快速投入,避免二次操作导致后续的施工受到影响。其次,在进行防汛物资堆放时,应当尽量远离项目所在地农作物生长区域和居民区,避免因防汛物资堆放而导致周围居民的生产生活环境受到影响。再者,应当安排专业的管理人员对物资进行分批分类、实施综合化管理,防汛物资管理人员还要掌握全面的防汛物资管理技能,确保相关工作人员能够按照有关

规范要求针对存在的物资管理问题进行优化与调整。除此之外,施工单位还需要时刻针对料场的漏洞进行分析,针对其中存在的问题做出科学调整与优化,尤其需要建立一整套完整的管理体系,对现场的管理环境和管理模式进行充分匹配,进而使施工管理的整体质量和效力达到最优。

5 结论

淮河流域水利工程管理仍旧任重而道远,需持续优化提升。淮河流域水利工程管理工作对于我国中部旱涝频发地区的现代水生态文明建设来说有着积极的示范意义,不仅能够让公众对当前的环境现状有进一步的了解和体验,同时还能够激发广大人民群众对水生态环境的强烈保护意识;而在水环境保护层面,淮河流域水利工程管理水平依然存在缺陷。例如:重建轻管、管理手段滞后、没有实现数字化监管、流域污染防治和执法不到位、工程维修维护不及时等等。

所以该流域水行政主管部门及相关单位、人员要从多方面努力,研究和构建体系化管理模式,形成水工程、水资源、水环境、水生态四位一体化的"四水同治"格局。同时,对淮河流域水利工程管理技术水平、人员素质、业务能力等方面进行全面优化,才能使我国现代化的水环保工作更加科学合理和可持续发展,才能使我国现代化环境建设的整体质量切实得以提升。

[参考文献]

[1] 侯祥东,刘祥军,翟小兵,等. 基于SWOT-AHP模型的南四湖流域水生态文明优先建设模式[J]. 水利规划与设计,2021(11):8-11+145.

[2] 董静,易思思,杨瑶. 南京江宁区水生态文明城市建设试点的探索与思考[J]. 水资源开发与管理,2020(3):80-84.

[3] 冯承东,高文芳. 江淮生态大走廊视野下淮安市"一河一湖"水生态文明研究[J]. 创新科技,2016(11):70-71.

[4] 史雅洁. 水生态文明建设与经济协调发展探究——以信阳市为例[J]. 现代商贸工业,2016,37(9):21-22.

[5] 储德义,周结斌. 关于淮河流域水生态文明城市建设的几点思考[J]. 水利发展研究,2015,16(10):6-8+24.

[6] 董自刚,张智吾,陈锋,等. 扬名天下水当先——江苏扬州水生态文明试点实践观察[J]. 中国水利,2015(15):6-15.

[7] 周结斌,郁丹英. 淮河流域第一批水生态文明试点城市典型性分析[J]. 治淮,2015(1):21-22.

[8] 顾洪. 基于最严格水资源管理制度的淮河流域水生态文明建设的几点思考[J]. 治淮,2014(12):4-6.

[作者简介]

张银伟,男,1975年9月生,高级工程师,主要研究方向为水利工程建设与管理、水生态,13592155927,2868681668@qq.com。

沈利霞,女,1980年8月生,工程师、经济师、建造师,主要研究方向为水利及市政工程建设与管理,18937534440。

张红星,男,1981年10月生,办公室主任,主要研究方向为水生态文明建设和水环境保护,15937541116。

河南省淮河流域白蚁危害现状及防治思路探讨

何芳婵[1,2] 吕正勋[1,2] 李世伟[1,2] 高贝贝[1,2]

(1. 河南省水利科学研究院 河南 郑州 450003；
2. 河南省科达水利勘测设计有限公司 河南 郑州 450003)

摘 要：通过对河南省淮河流域水库大坝白蚁危害调查结果进行分析，揭示白蚁在该区域水库大坝上的总体分布规律，并分析不同地区、不同类型水库大坝白蚁分布情况和危害程度。总体看，蚁害发生率在流域内呈自南至北逐渐降低的分布规律。最后从提高防治意识、采用多种方法综合防治等方面对水库大坝白蚁预防与治理工作提出建议。

关键词：淮河流域；水库大坝；白蚁危害；防治思路

白蚁对水利工程的危害由来已久，土质堤坝提供了适宜白蚁生存的食物和温湿度，它们在水利工程内部掘土建巢，修筑四通八达的蚁道，破坏了工程主体的结构完整性，导致工程挡水功能降低或失效，引发散浸、渗漏、跌窝等险情，严重时导致溃堤垮坝，是水利工程安全的重大隐患。历史上，我国堤坝白蚁危害主要集中在长江以南地区，近年来，受全球气候变化和白蚁繁殖周期规律的影响，河南省淮河流域白蚁危害日趋严重，该区域水利工程众多，失事后果严重，应当引起管理单位的高度重视，继续加强水利工程白蚁防治工作。

1 河南省淮河流域基本概况

河南省西部以太行山、伏牛山和桐柏山等高山丘陵为主，东部以平原为主，这三个大山系再加上地上悬河——黄河，把整个河南省分割成了四个流域，由南至北分别是长江流域、淮河流域、黄河流域、海河流域，其中以淮河流域面积最大，包括信阳、周口、漯河、许昌、平顶山、商丘、郑州、开封、驻马店辖区的大部分地区及洛阳、南阳的部分地区，约占河南省总面积的52.87%。

淮河古名淮水，发源于河南省南阳市桐柏县西南桐柏山太白顶，干流在河南省固始县三河尖以东的陈村流入安徽省。淮河流域位于中国亚热带向暖温带过渡区，流域内河流众多，在河南境内主要支流有淮南支流、洪汝河、沙颍河、豫东平原涡河和惠济河等，建有南湾、石山口、五岳、泼河、鲇鱼山、薄山、宿鸭湖、板桥、石漫滩、昭平台、白龟山、燕山、白沙、孤石滩等大型水库和多座中小型水库。流域内年平均气温15℃左右，无霜期长，空气较湿润，且寒冷期短，较为适宜白蚁的生息繁衍，因此，此区域是河南水库大坝最早发生白蚁危害，且危害程度较重的区域。

2 白蚁危害现状

2.1 大型水库危害现状

2017年河南省水利厅组织了对全省水库大坝的蚁情普查，由表1知，淮河流域参与蚁情调查的

15座大型水库中,有14座遭受白蚁危害,蚁害率达到93.3%。未发生白蚁危害的石漫滩水库主坝为混凝土坝,不具备白蚁生存筑巢条件而未遭受白蚁危害,但管理区仍受到了白蚁危害。从危害程度看,有8座水库的危害程度达到重度,占比超过50%,存在严重风险,需尽快进行治理。

表1 大型水库白蚁危害情况表

序号	水库名称	所在河流	所在地区	坝型	是否有白蚁	危害严重程度
1	南湾水库	浉河	信阳	土坝	有	轻度
2	泼河水库	泼陂河	信阳	土坝	有	重度
3	鲇鱼山水库	灌河	信阳	土坝	有	重度
4	五岳水库	青龙河	信阳	土坝	有	轻度
5	石山口水库	小潢河	信阳	土坝	有	重度
6	薄山水库	臻头河	驻马店	土坝	有	轻度
7	板桥水库	汝河	驻马店	土坝	有	重度
8	宿鸭湖水库	汝河	驻马店	土坝	有	重度
9	宋家场水库	泌阳河	驻马店	土坝	有	重度
10	白龟山水库	沙河	平顶山	土坝	有	重度
11	孤石滩水库	澧河	平顶山	土坝	有	中度
12	昭平台水库	沙河	平顶山	土坝	有	重度
13	石漫滩水库	滚河	平顶山	混凝土坝	无	
14	燕山水库	干江河	平顶山	土坝	有	中度
15	白沙水库	颍河	许昌	土坝	有	轻度

2.2 中、小型水库危害现状

淮河流域中、小型水库白蚁危害调查仅针对坝体类型为土石坝的水库。由表2知,57座中型水库中,有28座发生不同程度的白蚁危害,蚁害率达到49.1%,从危害程度看,发生重度危害的19座,占所有发生白蚁危害水库数量的67.9%,超三分之二。由表3知,1580座小型水库中,有1034座发生白蚁危害,蚁害率达到65.4%,发生重度危害的665座,占所有发生白蚁危害水库数量的64.3%,接近三分之二。

表2 中型水库白蚁危害情况表

序号	所在地区	水库数量(座)	蚁害水库数量(座)	蚁害水库占比(%)	危害严重程度 重度	危害严重程度 中度	危害严重程度 轻度
1	信阳	15	12	80.0	11	1	0
2	驻马店	9	7	77.8	4	1	2
3	平顶山	10	5	50.0	3	2	0
4	许昌	2	1	50.0	0	1	0
5	商丘	7	0	0	0	0	0
6	郑州	12	2	16.7	0	2	0
7	洛阳	1	0	0	0	0	0
8	南阳	1	1	100.0	1	0	0
	合计	57	28	49.1	19	7	2

表 3　小型水库白蚁危害情况表

序号	所在地区	水库数量（座）	蚁害水库数量(座)	蚁害水库占比(%)	危害严重程度 重度	危害严重程度 中度	危害严重程度 轻度
1	信阳	989	759	76.7	572	45	142
2	驻马店	164	126	76.8	38	22	66
3	平顶山	158	107	67.7	44	44	19
4	南阳	76	41	53.9	11	17	13
5	许昌	45	1	2.2	0	1	0
6	商丘	20	0	0	0	0	0
7	开封	1	0	0	0	0	0
8	郑州	115	0	0	0	0	0
9	洛阳	12	0	0	0	0	0
	合计	1580	1034	65.4	665	129	240

2.3　白蚁危害分布特点

河南省淮河流域 1 652 座大中小型水库中，有 1 076 座发生白蚁危害，蚁害率达到 65.1%；从地域分布上看，该区域水库大坝发生白蚁危害较为严重的地区为驻马店、信阳、平顶山、南阳四地，越靠近南部，蚁害率越高，总体来看，呈由南向北逐渐降低的趋势。该区域开封、商丘两地，地处豫东平原，水库大坝暂未发现白蚁危害，周口、漯河两地由于没有水库，本次未进行调查工作，但不代表当地没有白蚁危害，笔者就曾在漯河地区的沙颍河大堤上发现过白蚁危害情况。

从该区域各地蚁巢中白蚁和其他地表特征来看，发生蚁害的蚁种主要是黑翅土白蚁。这种白蚁在土中筑窝群居，主巢一般修筑在背水坡距坝面 2 m 以下，常水位浸润线以上，白蚁除在背水坡取食植被外，还可以通过地下蚁道，穿越堤坝到迎水坡取食枯枝落叶和浪渣，而当汛期水位上升时，水流便有可能进入隐藏在坝内的蚁道和巢腔内，造成散浸、管涌、跌窝和滑坡等险情。白蚁修建巢穴对温度、湿度有严格要求，调查过程中发现，白蚁喜欢在坝体浸润线附近筑巢繁衍，大坝浸润线地表附近白蚁活动猖狂；同时水库大坝白蚁的总体分布多数呈疏密相间状分布，其疏密程度与水库大坝环境条件、周边白蚁分飞蚁源、风向风力、库区灯光情况等有关，在坝体适宜白蚁生存和离分飞蚁源较近的地方，相对密集；库区中灯光出现集中、频繁的区域，相对密集。

3　防治思路初探

根据白蚁活动和繁殖规律，以及河南省淮河流域气候地理特征，结合白蚁防治工作特点，笔者提出以下几点防治思路：

（1）认识蚁害严重形势，提升白蚁防治水平

历史上河南并非白蚁危害重灾区，缺乏相应的白蚁防治机构，白蚁防治专业技术人员和防治经验贫乏，在白蚁危害调查工作中，有相当一部分水库管理人员不识白蚁，因此应加强对水库大坝白蚁危害的宣传力度，深刻认识到白蚁危害工作形势严峻，刻不容缓。针对白蚁防治技术人员数量少、力量薄弱的特点，建议各有关水库管理单位尽早建立健全白蚁防治队伍，并由省级水行政部门牵头，加强白蚁防治信息和技术交流，定期开展白蚁防治技术培训，及时推广白蚁防治新技术、新设备、新方法。

（2）强调防治的安全性、环保性、季节性

水库工程作为水利工程的一部分，承担着防洪、供水、输水等任务，很多水库是饮用水水源地，一

旦有污染物进入水体,会对人民群众的身体健康带来不可预估的后果,因此白蚁防治工作采用的药剂要求高效、低毒、持久性好,对环境污染小、对植被影响小,经过国家权威部门认可的产品。每年的4—6月份是土栖白蚁分群、繁殖季节,在此期间,白蚁活动比较频繁,要利用这个条件采用喷洒药物,放置诱杀包等方法做好白蚁灭杀工作。每年的6—9月是河南省淮河流域的汛期,在此期间一切工作都要以防汛为主,白蚁防治工作在汛期开展的时候要注意不能影响防汛要求。

(3)采取分类防治和综合防治措施

任何一种治理措施或方法都有它的专一性或局限性,要尽可能综合应用各种安全、有效、经济的治理措施,根据水库大坝蚁害实际,协调运用各种适宜技术和方法,最大限度地控制蚁害。对于新建水库大坝工程,应因地制宜地实施药土屏障、植被趋避等白蚁预防措施;对于已建水库大坝工程发现蚁情的,可根据白蚁分布密度和活动状况合理界定蚁害等级,采用喷洒药物、灌浆、诱杀、物探、动态监控等综合防治方法,进行有针对性的重点灭杀处理;对于无蚁害的水库大坝应定期进行查勘,也可根据实际情况埋置白蚁蚁情远程监控系统,对坝体蚁害进行动态监测,及时了解蚁情,并采取针对性的预防和处理措施。对于水库大坝发生严重白蚁危害的,应综合考虑大坝的位置、建设情况、防汛的重要性、资金情况等,采取三年为一个防治周期的治理策略。第一年可采取以灌浆、诱杀、喷洒药物等综合治理方法;在第二年防治期内,依据治理的效果,重复循环以上方法,并根据观察到的白蚁活动迹象,酌情减少喷洒药物用量和诱杀包数量,并在白蚁消杀过的区域埋置白蚁监测系统,监测白蚁活动情况,检验灭杀效果;在第三年防治期内,根据前两年防治效果,继续埋置白蚁监测站,并进行有针对性的局部灭治。

在综合防治处理期内,还需对出现蚁情的坝体两侧和坝下周围50 m范围内进行白蚁隔离处理,可选择喷洒药物、设置隔离屏障等措施,阻断白蚁的入侵路径。

4 结论与建议

白蚁治理工作应认真贯彻"预防为主、防治结合、综合治理"的方针。白蚁危害涉及水库大坝安全,一旦出现险情,发生管涌、垮坝等危害,会对下游保护区内的人民生命财产、经济社会发展和公共安全造成重大影响。河南省淮河流域的水库大坝95%以上都是土石坝,充足的水源、适宜筑巢的土质、丰富的植被都为白蚁的生存提供了良好的环境。从蚁害现状来看,必须加强白蚁防治工作,对于已经存在白蚁危害的水库要继续加强治理,并且形成防治工作常态化,采用化学、物理、生物、环境、监测及其他有效手段组成的综合防治系统,将白蚁的种群控制在不足为害的可控状态。

[参考文献]

[1] 祁志峰.小浪底水利枢纽土石坝白蚁危害防控[J].人民黄河,2011,33(10):86-87+90.
[2] 张东升,谢宝丰.小浪底工程白蚁防控措施及初步成效[J].人民黄河,2012,34(12):109-111.
[3] 叶合欣,刘毅,潘运方.广东省堤坝白蚁防治情况普查成果及防治对策探讨[J].广东水利水电,2011(12):17-20+26.
[4] 范连志.对加强水利工程白蚁危害防治工作的几点建议[J].中国水利,2016(14):38-39.
[5] 吴高伟,李洪任,易建州,等.江西省堤坝白蚁防治现状与存在问题探究[J].中国农业信息,2016(3):21-22.
[6] 河南省水利厅.堤坝白蚁防治技术规程:DB 41/T 1761—2019[S].2019..

[作者简介]

何芳婵,女,1981年7月生,所长,主要从事水利工程安全运行管理及技术研究工作,13526791459,skyyts@126.com。

浅谈环保绞吸式挖泥船在河湖治理中的应用

许正松　崔　飞　王可可　李梦雅

(中水淮河规划设计研究有限公司　安徽 合肥　230601)

摘　要：随着社会的发展，河湖生态建设越来越成为人们关注的重点，疏浚工程作为治理河湖生态环境的重要手段，如何有效地进行河湖疏浚来改善生态环境至关重要。环保绞吸式挖泥船作为现代河湖疏浚工程中最常见的治理工具之一，具有较高的生产效率，其在平原淡水河湖中也具有普适性。本文重点介绍了环保绞吸式挖泥船的主要施工工艺，以及其在实际工程中的具体应用，以供相关的水利工程施工及设计从业者参考。

关键词：疏浚；环保；绞吸式挖泥船；生态

1　引言

平原河道往往由于其地势较为平坦，河道坡降较小，水流较缓，导致河道普遍淤积严重，这种河道淤积现象在淮河流域较为常见。

淮河流域地处华北平原南部，流域内水系发达，支流众多，大小湖泊星罗棋布，水网交错。由于长期的黄泛影响，打乱了原有排水体系，破坏了中下游河道，并使淮河失去入海尾闾；中游河道比降平缓，淮南以下河底高程低于洪泽湖湖底高程，局部河段呈倒比降，致使淮河中游洪水无法顺畅下泄，部分河段河道淤积严重。河道淤积会导致河床抬高，水流不畅，水质变差，不仅影响当地的防洪安全，对沿岸人民的生活环境也造成了重大的影响[1-2]。

为了营造健康的河湖生态环境，针对这种河道淤积严重的现象，实施清淤疏浚工程势在必行。环保绞吸式挖泥船集挖、运、排于一体，能够在施工中连续作业，通过对其进行精确的操作控制，施工过程中对水体的影响也较小，不仅可以高效地完成清淤疏浚，还将施工过程中对环境的影响降到了很小，是一种行之有效的施工手段。本文主要介绍了环保绞吸式挖泥船的具体施工工艺，并对具体的工程应用情况进行了分析。

2　施工技术

2.1　船舶能力选型

绞吸式挖泥船是目前疏浚工程的主力船型，绞吸式挖泥船主要适宜挖掘土类级别为1~3级的疏浚土类，过于坚硬的土或者沙砾含量较高时，则不适用绞吸式挖泥船。常规绞吸式挖泥船在施工过程中会对水体和周围环境产生二次污染，因此在生态环境要求较为严格时可选环保绞吸式挖泥船。环保绞吸式挖泥船是在常规绞吸式挖泥船的基础上改造而成的，目前工程上广泛应用的环保绞吸式挖泥船是通过安装液压可调节罩式刀片切割铰刀，采用定位桩台车，安装自动挖泥控制系统和显示系统,并辅助使用定位系统精确控制施工精度减少施工污染。

环保绞吸式挖泥船按疏浚能力划分,小到40 m³/h,大到2 500 m³/h,按船体结构可划分为整体式和分体式两种。面对型号众多的挖泥船,选型时主要应考虑以下两点:

(1)疏浚工程量和工作时间

疏浚工程量和工作时间对挖泥船选型至关重要,当疏浚工程量较大时而选择了生产效率较低的船型时,不仅需要配备更多的设备和人员,对工程工期也会造成一定的影响。

(2)疏浚最大挖深

不同生产效率的绞吸式挖泥船满载平均吃水深度相差不大,一般不超过1.5 m,一般能正常通航的河道及湖泊生产效率不大于2 000 m³/h的挖泥船均能正常工作。但是,不同生产效率的挖泥船的最大挖深一般相差较大,当疏浚工程的最大挖深比较大时应当选择生产效率较高的挖泥船以满足施工的需求。

除上述两点外,选型时还应综合考虑如水流流速、桥梁净空、风浪、气象等因素的影响。

2.2 施工方法

环保绞吸式挖泥船在内河施工采用钢桩定位时,宜采用顺流施工;采用锚缆横挖法施工时宜采用逆流施工;当水面流速较大时,可以采用顺流施工并下尾锚的方式以确保施工安全[3]。

(1)分段施工

分段施工分为两种情况,一是挖槽长度大于浮筒管线的有效伸展长度,二是挖槽转向段要分成若干直线段。绞吸式挖泥船采用对称钢桩横挖法抛锚,每次可向前移动的距离为100～150 m,最大200 m,浮筒有效伸展长度可取150 m,分段长度150 m。为防止漏挖,分段衔接处应留5～10 m左右重叠开挖区域。

(2)分条施工

挖槽宽度大于挖泥船一次最大挖宽时,需分条施工。对称钢桩横挖一般是定位船长(水平投影的)的1.1～1.2倍,或左右摆动全幅30°。

(3)分层施工

绞吸式挖泥船的生产率,受绞切工作面的高度以及所需挖深与挖泥船最大挖深相互关系的限制。最佳工作面的高度,随着土壤的种类和绞刀的尺寸而变化,对颗粒状的土壤,其开挖面必须有足够的高度,才能使泥土进入绞刀头。因此只有当开挖面的高度小于最小开挖面高度时,生产率才会发生减产。当挖掘硬黏土时开挖面决不能太高,否则会发生塌方和绞刀头堵塞,反而使产量下降。最小开挖面高度一般为吸泥管管径的2.1倍。

(4)边坡部分的施工。

疏浚工程一般按照"下超上欠,超欠平衡"的原则(超欠比1∶1.1～1∶1.3),分层阶梯形开挖,布设分层开挖的边坡样标,根据设计边坡及泥层厚度合理分层,使边坡施工质量最大限度地满足设计要求。边坡部分施工是施工控制的一项重要内容,在疏浚区域淤泥质土层较厚处施工时,应适当超挖,边坡适当坍塌时航道边缘水深能满足设计要求。

(5)排泥管线的布设

a. 水上浮筒要密封无漏点,以免被风浪打沉,胶橡软管与水上排泥管的接头牢固,卡箍螺丝要拧紧,防止漏水和脱接。每200～300 m长的水上管线下一个锚缆固定。

b. 有通航要求的河段,管线通过航道时需敷设水下潜管。水下潜管采用柔性连接,以适应水下地形,方便沉放起浮,水下潜管的起止端设置端点站,配备充气、放气、充水、放水及锚缆等设备。水上管线夜晚应装灯显示,管子锚应设置锚漂显示,以防过往船舶发生碰撞事故。

c. 陆上管线布设:应根据抛泥区的形状大小,按照"远土近抛,近土远抛"同时兼顾"硬土近抛,软土远抛"的原则,减小挖泥船的排距,提高工效,加快施工进度。因疏浚土质较硬,吹填的土极易堆积,因此要勤接管,经常移动出水管口,按照各抛泥区设计堆土高程控制排泥场的平整度,保持相对平整。环保绞吸式挖泥船施工工艺见图1。

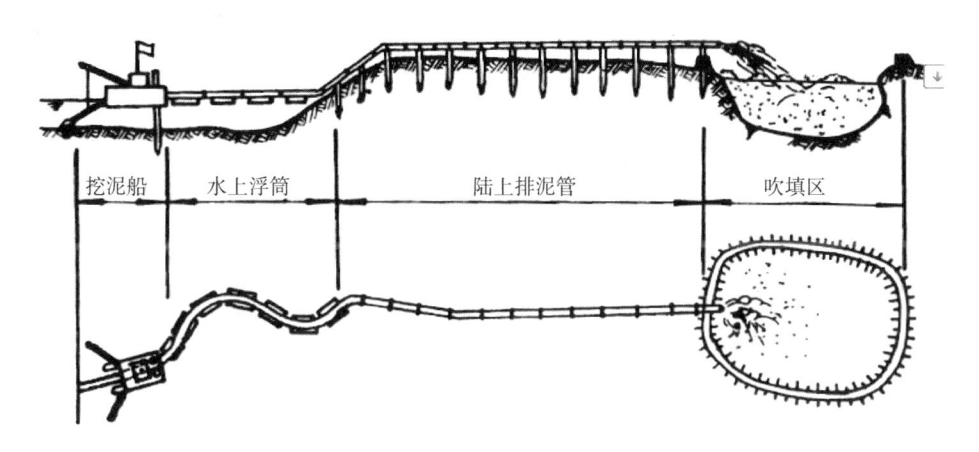

图 1　环保绞吸式挖泥船施工示意图

2.3　排泥场设计

(1) 排泥场布设

排泥场选址原则:①就近选择低洼地、滩地,少占农田;②堤后填塘固基,提高堤防抗洪能力,减轻防汛压力;③防止泥水污染,符合环保、城建规划要求的前提下,营造建设用地;④满足施工条件,符合相关规范要求。

(2) 排泥场围堰及泄水口布置

排泥区围堰为非永久性工程,根据《疏浚与吹填工程技术规范》(SL 17—2014),围堰高度 H 由排泥场设计排泥高度、沉淀富裕水深、风浪超高、围堰沉降四部分组成。围堰具体设计可参照《疏浚与吹填工程技术规范》(SL 17—2014)来确定。围堰一般为旱地填筑,采用施工机械从排泥区内取土,每个排泥区围堰按一次性填筑考虑。沿河湖各排泥区泄水口根据排泥区地形、几何形状、排泥管的布置、容泥量及有利于加长泥浆流程、泥沙沉淀和排水条件选择在远离排泥管线出口的位置或排泥区的死角处。退水口门通常采用闸箱式(见图2),退水由竖井(闸箱)穿过围堰的排水涵管入排水沟,在排水沟口应考虑必要的消能措施。为减少吹填区的水土流失,泄水口水流含泥量应控制在3%以内。

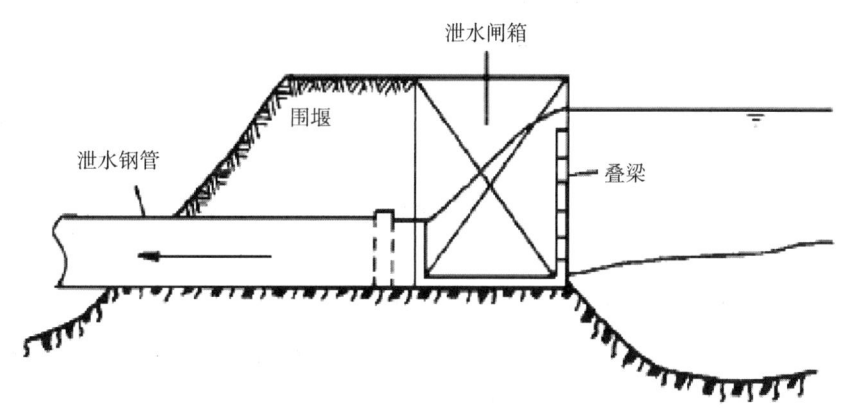

图 2　闸箱式排水口示意图

排泥区的水泄出围堰后,一般利用原有的水利沟渠回流入河道,如无现成通道流向河道中,则需开挖排水沟排水。

2.4 施工其他事项

(1) 施工期通航安全保障措施

a. 航道疏浚施工期间要在施工水域外侧设置航标,明确标示施工水域范围,现场可设置 2~3 座黄色专设标志,灯光采用黄色闪光以确保航道内通航船舶和疏浚施工的安全。当施工作业面处难以保证船舶双向通航需要时,采取单向通航的限制措施,上、下行船舶交替放行,在施工作业点上、下游适当位置设置临时停泊区供上下行船舶临时停泊,施工单位在施工区上下游设置警戒船,安排专人值班负责疏道交通和指挥、协调上下行船舶安全通过施工区域。

b. 施工船舶作业时,应悬挂灯号和信号,灯光和信号应符合国家规定。挖泥船的浮筒管线在通航水域应设置指示灯。

c. 施工船舶应配备合格的无线电通信设备和救生设备,并保持设备技术状态的良好。在水上排泥管线上作业时应穿戴救生衣。

d. 施工期间施工船舶应做好防风安全工作,每天应收听气象预报掌握气象动态,必要时应提前到港内或避风锚地避风。

(2) 疏浚土处理

工程区附近设排泥区的,疏浚土方直接排至排泥区,自然固结后采取复垦措施。工程区附近有城镇或土地已有规划无法就近设排泥区的,需设置临时排泥区并采取加速固结措施,后转运至弃土区。

临时排泥场吹填结束后,排泥场疏浚泥采用微劈裂真空预压加固技术进行,并辅助以水上施工工艺。

3 应用案例

3.1 工程概况

淮河干流王家坝至临淮岗段行洪区调整及河道整治工程位于淮河中游,工程内容包含疏浚淮河干流河道南照集至汪集段,现状南照集至汪集段河口宽度较窄,为 300~400 m,最窄处为 G105 下游处,河口宽 240 m;河底高程 16m 处的平均河底宽度约 160 m,局部河段平均河底宽度小于 100 m,严重制约河道滩槽过流能力,拟进行河道疏浚以扩大河道过水断面。工程全长 26.25 km,疏浚河底高程 16.5~15.8 m,疏浚边坡 1:4,疏浚设计底宽 230~240 m。疏浚工程量为 884.71 万 m^3,航道影响处理开挖 41.17 万 m^3,总工程量 925.87 万 m^3。

3.2 工程疏浚方案

本段河道疏浚设计底高程为 15.8~16.5 m,滩地高程 20.5~22.5 m,施工期内该段河道多年平均水位为 19.4 m,工程挖深为 5.5~6.7 m。根据淮河流域类似工程的施工经验,综合河道土质、工作效率及设备调遣等因素,本次设计选用 500 m^3/h 环保绞吸式挖泥船施工。

根据排泥场布设的基本原则,结合工程实际情况以及河线走势和地形条件,综合疏浚工程特性、挖泥船排距能力等影响因素,本工程共布置了 10 处排泥场,淮河左岸布置 6 处,淮河右岸布置 4 处。排泥场围堰顶高程为 24.0~26.0 m,排泥管出口中心线取堰顶高程上 0.4 m。挖泥船泥泵中心线取水面下 1 m，为 18.4 m，挖泥船排高（排泥管中心线高程-挖泥船泥泵中心线高程）取 6～8 m。

挖泥船排距根据排泥管线而定，指挖泥区中心至排泥区中心的浮管、潜管、岸管等管线长度之和，为 1.6～4.2 km。排距超过 1.6 km 的河段，施工中应采取加接力泵等措施。本工程部分河道开挖，需跨河排泥，设置潜管施工，拟每隔 1.2 km 设置一道潜管。

排泥管陆上部分采用岸管架设，管线应平坦顺直，弯度力求平缓，避免死弯，出泥管口伸出围堰坡脚以外的长度不宜小于 5 m，并应高出排泥面 0.5 m 以上。排泥口布设优先沿围堰坡脚充填，然后在排泥场上口充填时由下退水口排水或下口充填时由上退水口排水，确保排水的泥沙含量不大于 3%。排水主要利用现有排水沟，施工时对其进行疏挖即可。

河道疏浚先进行施工放样并设置明显的易认标志，分段组织实施，每段视开挖宽度分条进行，从水边逐步拓宽到设计范围，河槽边坡按小台阶疏浚，自然坍塌后达设计要求。施工时对开挖区内的渔网、木桩等杂物应清除干净，以免其缠绕挖泥船绞刀或堵塞排泥管，局部的抛石护岸、码头基础等应采用抓斗挖泥船清除，自卸汽车运至就近的排泥场弃置。

4 结语

环保绞吸式挖泥船在河湖治理过程中以其较高的生产效率和较强的适用性有着广泛的应用。但是，河湖治理是一项较为复杂的综合性系统工作，工程实施过程中涉及的影响因素较多，需要把控的具体环节较烦琐，应用环保绞吸式挖泥船进行河湖治理时，需更多的结合工程具体情况，充分考虑工程可能遇到的难点，提前谋划布局，使之可以发挥更大的作用。

[参考文献]

[1] 张兵. 环保绞吸式挖泥船在城市河道疏浚清淤的应用[J]. 工程技术，2016(4)：167-168.

[2] 路文典. 茅洲河流域水环境整治底泥污染治理方案及实践[J]. 水资源开发与管理，2021(12)：63-67+52.

[3] 梁悦诚. 复杂工况下绞吸式挖泥船施工工艺优化措施研究[J]. 信息周刊，2020(2)：0422-0423.

[作者简介]

许正松，男，1981 年 12 月生，高级工程师，主要从事水利工程设计工作，15395089692，625732872@qq.com。

骆马湖东堤生态修复工程实践

吴 旭 郝家宇 葛东鑫

(骆马湖水利管理局新沂河道管理局 江苏 徐州 221400)

摘 要:为改善沂沭泗水利管理局直管工程生态环境,新沂局主动作为,在骆马湖东堤实施生态修复工程,利用人工测量土地面积与智能无人机技术航拍相结合的方式,比对数据,合理规划,开展了杂树清理、土地平整和绿化栽植等工作。工程实施后,达到了生态和经济双丰收,此举可望成为部分工程治理的参考范例。

关键词:骆马湖;生态修复;生态效益;经济效益

1 工程简介

骆马湖位于沂河末端,中运河东侧,是以防洪、蓄水为主,结合航运、发电、水产养殖等综合利用的多功能湖泊,亦是南水北调东线的调蓄湖泊。行政辖属江苏省宿迁、徐州两市。骆马湖承接沂河干流、南四湖、邳苍地区5.1万km^2面积的来水,调蓄后主要由新沂河排入黄海。入湖主要河道有沂河、中运河,出湖主要河道有新沂河、中运河和六塘河。

骆马湖南北长20 km,东西宽16 km,周长70 km。一般湖底高程为19.83 m,最低为18.83 m左右。正常蓄水位为22.83 m时,湖面面积为257 km^2,容积为8.33亿m^3;退守宿迁大控制后,当达到设计洪水位为24.83 m时,包括骆马湖与中运河之间三角地带(面积为18 km^2),湖面面积为318 km^2,容积为14.8亿m^3;校核洪水位为25.83 m时,总库容为18.0亿m^3,防洪库容为10.73亿m^3。

骆马湖原是沂河和中运河滞洪洼地,中华人民共和国成立后逐步建成了湖泊控制工程,主要防洪工程包括:骆马湖堤防、嶂山闸、皂河枢纽、洋河滩闸等,同时还建成了宿迁大控制(由中运河右堤、宿迁枢纽及井头大堤组成)[1]。

2 实施生态修复工程的必要性

骆马湖东堤水源地段堤防,背水侧宽度约50~80 m,为东调南下弃土区,多年来未开发利用,出现了土地撂荒,荒草丛生,杂树茂密的现象,与人民群众的美好期盼相斥。为践行"绿水青山就是金山银山"的发展理念,改善生态环境,同时达到生态和经济效益双赢的目标,亟须在该堤段实施生态修复工程。

3 工程举措

新沂局上下群策群力,对该区域实施以下举措。

3.1 树木清理

该修复工程前期由于杂草丛生,树木采伐证发放之后,立即安排人力对区域内的树木进行采伐清理。为保证水源地不受外来人员进出污染,在专人值守的前提下,采用边伐边装边运的方式,以最快的速度将该区域所有杂草清离出场,而后派专人对杨树进行刮皮标号并通知承包人到现场指认各自树木,在树木砍伐完毕后,按签订的合同比例进行分成。

3.2 土地平整、测量放线

为保证树木栽植有序,新沂局与施工单位签订施工合同,施工方对该堤段的土地进行顺坡开挖,将运输剩余的树枝、杂草进行清除,并将原有的水塘进行清理,使堤防面貌焕然一新。

3.3 树坑开挖、栽植与养护

树木栽植的美观性依赖于树坑开挖时是否能做到行、列、斜都在同一条直线上。施工方严格按照新沂局制定的技术标准进行放线与开挖,即株行距为 5 m×6 m,树坑规格 80 cm×80 cm×80 cm,放线后按照地面上留下的白灰印记进行开挖,做到行、列、斜都在同一直线上,保证树木栽植的美观。

为保证树木成活率,维护水源地水质,杜绝因杨絮漫天飘荡造成的环境污染与安全隐患。新沂局派专人至骆马湖北堤苗圃地挑选符合技术标准的树苗,即选用两根一杆,胸径不低于 2.5 cm,树高不低于 4 m 的 3 804 型无絮杨运至栽植地浸水,对树枝进行修剪,以保证根茎充分吸收水分。

树木栽植入坑后,需立即培土浇水,因历史原因,该堤段土质为砂疆地,土间间隙较大,极难储存水分。新沂局为保证树苗可以充分吸收水分,每棵树苗栽植培土后,浇水 15 min,在浇水的同时还有专人对土进行踩实,确保每一棵树不会因为缺水而干枯。

当所有树木栽植完毕后,配制有效的防病虫害药物,预防黑斑病、杨尺蠖的出现。之后每过一段时间浇水培土,保证树木焕发勃勃生机[2]。

4 效益分析

"绿水青山就是金山银山",生态修复工程的实施本质上改善了生态环境,也带来了生态效益和经济效益。

4.1 生态效益

近年来,随着工业化和城镇化快速发展,中国资源环境形势日益严峻。尽管中国生态环境保护与建设力度逐年加大,但总体而言,资源约束压力持续增大,环境污染仍在加重,生态系统退化依然严重,生态问题更加复杂,资源环境与生态恶化趋势尚未得到逆转。而树木栽植可以治理沙化耕地,控制水土流失,防风固沙,增加土壤蓄水能力[3]。

植树造林还可以减少空气污染,据统计,一亩树林可以吸收灰尘 2 万～6 万 kg,每天能吸收 67 kg 二氧化碳,释放出 48 kg 氧气;一个月可以吸收有毒气体二氧化硫 4 kg,可消灭肺结核、伤寒、白喉、痢疾等细菌。

树林在保护地球的生态环境方面功不可没,树林可以调节温度,是大自然的"绿色空调"。树林的光合作用、呼吸作用和蒸腾作用能够调节氧气和二氧化碳在大气中的平衡,促进水在自然界的循环,构成一个稳定的气候系统。

4.2 经济效益

此次栽植的南林 3804 无絮杨具有速生、优质、高产、抗逆性强、干型圆满通直、适应性广以及遗传稳定性好的优点,是我国黄淮、江淮以及长江中下游地区杨树用材造林和道路绿化的优良品种[4]。

该品种一般生长 8~10 年即可砍伐,平均粗度超过老品种 15 年林分,增量 10 cm 以上,大大缩短了生产周期。该品种是从北京农科院引进的新品种,枝干挺直,不开花,没有杨絮,可迅速成林,育苗和造林效益极高[5],经预估,8~10 年后每棵杨树售价可达 800~1 000 元。

5 创新举措

由于该堤段杂草丛生,堤段以北为湖东自排河,因此运用人力进行测量较为困难,且地形在地图上显示的较为模糊。新沂局运用无人机技术对该堤段进行航拍,利用无人机拍摄范围广,拍摄像素清晰等特点将该地段整体面貌航拍下来,既可以体现出地形特点,又可以记录生态修复工程实施前的堤防面貌,同时利用测量亩数 APP 辅助,生成智能图表,为修复工程实施前后对比打下了良好的基础。

前期对堤防进行航拍,通过飞行距离、飞行高度,利用比例尺,能轻而易举地计算出地形面积及基本面貌。中期则通过航拍查看树坑开挖情况及栽植进度。后期则能记录树木的生长情况,以便于形成生态修复工程的生长记录。

6 结论

针对地形复杂的堤段,前期有较为缜密的规划,后期利用智能技术相结合,能更加有效地将原先困难的问题简单化。当这些方式能全面、有序的展开后,再结合护堤护岸林标准化栽植手册提出的栽植要点,树木栽植工作就可以条不紊地进行下去,而后每年按照应有的养护步骤,树木有效的生长周期结束后,将会看到生态效益与经济效益。

[参考文献]

[1] 郑大鹏.沂沭泗防汛手册[M].徐州:中国矿业大学出版社,2018:140-141.
[2] 林浩.园林绿化中苗木种植施工与养护技术探析[J].农村实用技术,2020(9):159-160.
[3] 国艳,吕玉梅.园林绿化工程项目管理要点[J].黑龙江科技信息,2010(11):188.
[4] 杨红伟,许洪,袁仁成.浅谈绿化种植工程施工与管理[J].科技咨讯,2009(8):136+138.
[5] 黄艳,左金健,苏明洲,等.鲁林 16 号杨、NL-3804 杨等无絮杨新品种扦插育苗技术[J].英文版:农业科学,2018(2):127-129.

[作者简介]

吴旭,男,1997 年 4 月生,助理工程师,主要从事水利工程管理工作,18861087550,895934381@qq.com。

水利工程建设对生态环境的影响

白星奎

(周口市沙颍河工程服务中心　河南　周口　466000)

摘　要：水是我们人类的生命之源、生产之要、生态之基。党的十八大以来,我国关于生态文明建设的思想不断丰富和完善,提出的"五位一体"总体布局中生态文明建设就是其中一位,而三大攻坚战之一便是污染防治。由此可见,我们要愈发重视人与自然和谐共生的新发展理念,科学配置水资源,严格保护水资源。随着人们的生活需求日益提高,如何更好地开发和利用水资源成了大家关注的焦点。本着经济发展和保护环境的根本理念,水利工程作为能给人带来便利的工程,在未来的发展建设中,要严格管理用水,把生态理念应用到其中,相关从业者应树立正确的保护生态环境意识,科学合理地规划水利工程。本文针对水利工程建设中的生态问题进行剖析并给出一些建议,希望可以降低水利工程对环境的破坏,加强生态环境的保护。

关键词：水利工程；保护生态；水资源；生态环境

0　引言

传统的水利工程主要为了消除洪涝灾害,大多以建设水工建筑物为手段,以改造和控制河流为目标,用来满足人们生产生活的需求。虽然也能够合理有效的利用并开发水资源,但是往往忽略了河流生态功能,比如在工程中大量聚集的水资源导致地壳压力增大,易形成地震等自然灾害,从而破坏了自然水流,打破了原本的水文生态平衡[1]。为了使自然生态处于平衡状态,相关研究人员提出了生态水利工程这一概念,得到了业界人士的广泛支持。在此后的水利工程建设中,常会根据具体情况,加强生态环境保护,使得水利工程建设与生态平衡相协调。当然在具体实施过程中,难免会存在一些问题,需要采取有效的措施及时解决,才能最大程度地维系好生态平衡。

1　水利工程建设的必要性

我国人口众多,水资源贫瘠,人均水资源占有量更为稀缺,其分布也十分不均衡。所以缺少不了水利工程建设,只要有建设就会有不同程度的生态破坏。不仅如此,人们的水资源保护意识薄弱,造成了水资源的浪费以及水资源的污染,破坏了生态平衡。为了更好地利用和建设水利工程以及实现人与自然和谐共生,就要尽早地将生态思想应用到今后的水利工程建设当中去。

生态水利工程作为一门正在发展探索的新学科,主要以水文学、水力学、结构力学、岩土力学等工程学科为基础,进一步吸纳生态学理论及方法,以保护环境为原则,为促进水利工程与生态学的深度融合,全面加强水利工程的功能与价值,给社会提供优质服务[2]。传统的水利工程较为单一,许多小水库使用梯级滚动开发,使其流域径流量往往超过以往流域的径流量平均值,造成无法挽回的生态破坏。而生态水利工程吸取先前的教训,在建设过程中,更加重视具备生命特征的河流生态系统,应用范围也从河道两岸的物理边界,延伸至河流走廊生态系统的生态边界。因此,相比传统的水利工程,生态水利工程具有更加全面、系统的特点。一方面，它是自然界系统循环的重要环节，促进了自然环境的水循环正常运行。另一方面，生态水利工程也给人们带来许多福音，影响我们的方方面面。

2 水利工程建设对生态环境的积极影响

2.1 防汛排涝

水利工程的建设对于防汛减灾、排涝起着很大的作用。我国南北水资源分布不均衡，跨度较大，尤其是雨季的来临，洪水来势迅猛，如果没有水利工程的合理蓄放水，下游地区就会受到洪水的胁迫[3]。建立了水利工程后，不仅仅能减少洪水光顾的次数，还能保证生活在下游区域的人民的生命和财产安全。同时，水利工程能够有效增加水库蓄水量，有效地完成防汛排涝工作，从而保证了人们的生活生产需要。

2.2 水力发电

我国在为全国人民供电方面采取了很多方式，相比较于火力、风力、光能发电，水力发电有其独到的优势。水力发电的基本原理是利用水位落差，配合水轮发电机产生电力，也就是利用水的位能转为水轮的机械能，再以机械能推动发电机，从而得到电力。通过有效地利用流力工程及机械物理等，精心搭配以达到最高的发电量，供人们使用廉价又无污染的电力。而水利工程的生态影响问题，其实质是人与自然的关系，在水利工作上的具体体现，任何一项水利工程其实都是生态工程，包括防洪抗旱、生态保护、河道整治、农田水利、水力发电、跨流域调水、城乡供水、围海工程以及滩涂利用等。水力发电的电能生产过程不会产生一些具有污染性质的废弃物，因此可以说是最为清洁的能源之一。

2.3 促进农业发展

农村经济不仅在我国经济体系中占有重要位置，而且还影响着人们生活的方方面面。农村水利工程的建设，在农业生产过程中有重要意义，比如农田灌溉、防洪蓄水等，都对农村经济的发展具有促进作用。我国是一个农业生产大国，农业的发展需要依靠足够的水源，但是实际上因为我国南北差异较大，水资源分布南多北少，因此只依靠自然降水远不能够解决我国北方农业生产的问题。通过南水北调水利工程的建设，最大程度上为北方缺水地区提供了水资源，及时解决了农业用水问题和水资源空间分布不均问题，更好地促进了我国的经济发展。

3 水利工程建设对生态环境的消极影响

水利工程建设对生态引起的影响类型和大小通常取决于建筑物的作用及规模，通过对生物栖息地特征改变的观察发现其主要影响有下：水库的运行改变河流原本的水文情势，引起了水库淤积、下游冲刷等部分河流地貌学特征的变化；同时所在流域内的湿度、气温、降雨等也发生了不同程度下的改变；不仅如此河流的泥沙及营养物质运移规律、水质和生物群落也有了变化[4]。以下就从多个方面分析其影响。

3.1 水利工程建设对水文条件的影响

水利工程建设对于工程范围内的水文条件造成了一定的影响。水利工程建设的目的不同，对区域内的水文条件造成的影响就大相径庭。比如水库工程的建设是为了控制流域内的水质和水量,还能起到防洪灌溉的作用。水库工程设计出现偏差就会引起上游水体水位的增长,上游水体水位一旦发生增长就可能会导致下游水体出现断流情况,逐步使得下游地区的河流湖泊水位下降,对附近的水文条件造成一定程度的影响和危害。除此之外水利工程施工过程也会改变下游河道的流量,从而影响周边环境。例如在历史上,长江中下游曾经是干流、支流和浅水湖相互连通的网络系统,长江两岸中型以上湖泊有100多个,但由于防洪抗旱等原因,长江中下游兴建了许多水利工程,在很大程度上遏制了长江流域和其他支流湖泊之间的自由交汇,很难实现良好的水文循环[5]。

除了上述影响,水利工程的建设还会使水体温度发生变化,在相关施工完成后水体温度会出现分层现象,与原来水位相比有一定的改变,直接导致了水质条件的变化。而且个别施工人员生态环境保护意识淡薄,产生的工业垃圾没有得到有效处理,随意的将其排放到河流中,也会直接影响整个水流的水质环境。许多污染物没有及时处理排出,不仅对河流自我净化能力造成很大影响,还会使其水域的水质逐步降低,影响水文条件。水质的下降直接影响的就是下游城市供水质量,所以需要相关部门集中处理解决由于施工造成的废弃物等排放问题,让水利工程的建设更好地为人类提供优质的水质,使其生活质量得到有效保障。

3.2 水利工程建设对所处地区气候的影响

通常情况下,区域性气候状况会受到大气环流控制,但是修建水利工程之后,原本的陆地区域变成了水体或湿地,这将会使得该区域的地表空气变得比早前湿润,给当地局部区域的气候造成一定的影响。比如,大、中型水利工程施工过程中或结束后,会对该地区的降雨量的多少、气温的高低、风和雾出现的次数等产生影响。我国的三峡水库的兴建,对其库区及邻近水域就产生了一系列的影响,在春季、夏季和秋季这三个季节中的相对湿度有明显上升,而在冬季里的相对湿度会下降。除了相对湿度的变化以外,水域内的年平均降水量和风速也均有不同程度的增加。

因为水的比热容较大,加之巨大的库区水体面积,水利工程一旦建设以后就会对其周围环境造成一定的影响[6]。如果是建设在平原上的水利工程,因为周遭环境和温度的变化,就会消除地面原有的障碍物,从而减少了风力的摩擦,在很大程度上增加了风速。但是在峡谷地区上建设的水利工程,周围的水位就会不断上升,湿度就会相对增加。不论哪种地区下的水利工程,水库周围以及水域上方的水蒸气含量都明显高于其他地区,对局部的气候造成一些影响。

3.3 水利工程建设对地质土壤的影响

水利工程尤其是大型的水利工程在施工过程中,可能会诱发局部地区的地震、塌陷和滑坡等地质灾害。大型的水利工程在建成以后由于水库的大量蓄水很可能引发地震,其根本原因是水体压力的不断增大引起了地壳运动的位移改变,更多的水通过缝隙渗透到岩石断层中,使其断层间的润滑度增加,水压的增强从而引发垮塌现象。除了对地质的影响外,对其周围的土壤也造成了一些危害,比如水利工程的建设使得下游平原的淤积肥源减少,造成土壤肥力的下降,同时因为水分的渗透和地下水位的抬高,也会造成大面积土壤的盐碱化和沼泽化。此外,在施工建设作业时,用到大型机械设备会对所在地的土壤进行碾压,也会对当地的土壤内部结构造成破坏,影响土壤性能。

在水利工程建设中将会占用耕地和林地,这就使得耕地和林地植被遭受破坏,从而造成陆地生态环境的紊乱,对周边动植物的生活环境、繁衍环境造成极大危害,也改变了原有的陆地生态系统样貌,迫使这些动植物改变原来的生活习惯,被迫迁移到其他地区[7]。这些工程的建设,打破了当地地区的生态平衡,给我们的自然环境带来了较大的影响,不利于其长期的发展。

3.4 水利工程建设对生物物种的影响

在整个自然环境中,生物资源占有重要的地位,和人类也有着密切的联系,水体生物的存在能够很好地分解水中的浮游生物和微生物,促进了水生态环境的自然循环,让我们的大自然充满生机。然而跨流域的水利工程建设打破了流域、水系的自然格局,对水域和陆地上的生态物种造成了威胁。一方面水利工程的建设影响了水体生物的繁衍,由于它们很难适应新的生存环境,最终就会面临死亡,而这些死去的水体生物,如果没有及时打捞进行集中处理,又会污染水源,形成恶性循环,以长江流域为例,近年来大规模的开发改变了原来水体生物的生活环境,水温水流情况的变化阻断了鱼类的洄游路径,从而影响了鱼类的产卵繁殖,大大减少了鱼类的多样性,许多物种濒临灭绝;另一方面,水利工程建设时,会排放废水、废弃物以及产生噪音等危害,破坏了陆地生物的栖息地,不利于它们的生存和发展,也会造成一些"富营养化"的现象。

4 水利工程建设中保护生态环境的具体措施

4.1 建立自然保护区,加强生态环保意识

为了保护我国水域中珍稀濒危水生野生动物和特有鱼类资源,相关部门要加大自然保护区建设和投入力度。在水利工程建设时要遵循以生态为本的宗旨,把生态作为重点建设对象,加大力度重视生态环保意识。在施工时,施工人员要对建设产生的建筑垃圾进行综合处理,并且建立污水和废水站点,集中收治产生的废弃水,把可持续发展的生态理念落实到建设团队中,让建设者更加注重周围的生态环境,只有这样才能有效降低对生态环境平衡的破坏。

4.2 认真做好河道治理工作

水利工程在一定程度上会对河道的水流量、流向以及宽度等方面造成影响。因此,水利施工建设相关单位应及时做好河道治理工作。如为了有效降低水中微元素含量,可以在河道中培养和种植黑藻及金鱼藻等水生植物,或者投放适量水生动物,进而对水中生态链予以平衡,并达到净化水资源的效果。同时,相关单位还可以在河流附近建设相关的自然沉淀池等附属工程,对已造成污染的水进行沉淀、过滤,对污水进行净化。

4.3 建立健全的生态环境补偿机制,规范水利施工过程

根据水利工程项目核算评估的结果,全面分析水利工程经济效益和对生态环境造成的损失,建立一套完善的生态环境补偿方案。同时要积极改变原有经济效益最大化的水利工程建设理念,以保护生态环境为目标,规范水利施工过程,协调水利工程质量和修复生态系统,引进生态保护责任机制,达到最佳的生态平衡效果。

4.3 加强生态环境评估,加强审核制度

针对已建成的水利工程,要对其进行生态水平评估,了解其项目生态水平与生态恢复标准的差距,因地制宜,分步实施对已建成水利工程的生态改造[8]。同时根据生态修复标准进行生态系统改造,正确划分需要改造的部分,设计针对性修复方案,对生态受损区域系统化修复,最大程度上减轻已建水利工程对生态环境的影响。在建设重大水利工程时应当贯彻"节水优先,空间均衡,系统治理,两

头发力"的新时期水利方针,通过逐步完善水利工程审核制度,让那些对生态环境平衡造成破坏的工程无法施工,严格按照新标准进行作业,大力维护生态环境。

5 结语

近年来,随着我国国民经济水平的不断上升,水利工程的建设也在逐步增多,但是在建设过程中,存在许多生态水文问题,如南北水资源在空间上的巨大差异,人类对水资源的过度开发严重威胁到自然生态安全,加剧了水资源的短缺,造成了供水安全、粮食安全和生态安全等一系列的问题。因此我们要正确认识水利工程对生态环境的影响,坚持人与自然和谐共生,坚持节约资源和保护环境,推进生态文明的建设,坚持生态环境保护原则,树立生态保护意识,加强生态环境保护监控,不断创新和完善水利工程建设施工过程规范,尽量降低因为水利工程建设对生态环境造成的负面影响,为实现我国生态环境的可持续发展做出努力。

[参考文献]

［1］刘建萍. 剖析水利工程的生态环境影响及保护措施[J]. 居舍,2020(10):34.
［2］王广昌. 水利工程施工中的生态环境问题及对策研究[J]. 工程建设与设计,2020(11):155-157.
［3］刘本宝,李克峰,杨吉龙. 水利工程建设对生态环境的作用研究[J]. 环境与发展,2020,32(5):209-210.
［4］李辰. 水利工程建设对水生态环境的影响分析[C]// 辽宁省水利学会. 辽宁省水利学会2020年度"水与水技术"专题文集. 2020:3.
［5］宋梦依. 水利工程建设对水生态环境系统影响分析[J]. 居舍,2020(11):55.
［6］龚政,吴静娴. 生态理念在水利工程设计中的应用探讨[J]. 中国水运(下半月),2020,20(4):121-122.
［7］吴军. 农业水利工程施工过程中对生态环境的影响[J]. 住宅与房地产,2020(15):285.
［8］阳璐. 生态水利工程设计中亟待解决的问题和应对措施[J]. 建材与装饰,2020(18):293+296.

[作者简介]

白星奎,男,1995年6月生,主要研究方向为生态环境,15660098226,641994347@qq.com。

淮河蚌埠市主城区段河道治理与生态景观设计的融合

张 鹏 舒刘海 杨逸航

（中水淮河规划设计研究有限公司 安徽 合肥 230601）

摘 要：本文以蚌埠市主城区淮河河道生态修复工程为切入点，从蚌埠实际情况出发，综合分析当地优越的自然山水条件和地域文化特色，将淮河蚌埠市主城区段河道治理与生态景观相互融合的设计理念应用到具体的工程实践中，提升和改造城市形象，使蚌埠成为人居环境优良、生态系统良性循环的山水生态型城市。

关键词：淮河；蚌埠市；河道治理；生态景观

淮河发源于河南省桐柏山，自西向东流经鄂、豫、皖、苏四省，主流在三江营入长江，全长1 000 km，总落差200 m。蚌埠市位于淮河中游，地处安徽省东北部，是全国重要防洪城市，辖区内淮河总长142 km，其中怀远县县界至蚌埠闸段长40 km，蚌埠闸至五河县与明光市交界处长102 km。蚌埠市区地跨淮河两岸，市区总面积601.5 km^2，其中淮河以南面积370 km^2，淮河以北面积231.5 km^2。淮河以北受淮北大堤保护，淮河以南受蚌埠圈堤保护。

根据《蚌埠市城市总体规划（2012—2030年）》，规划到2030年，蚌埠市中心城区面积和人口将分别达到220 km^{2}和220万人，城市定位为：华东地区的综合交通枢纽和先进制造业基地，皖北中心城市和现代化山水园林城市。在中心城区层面，利用淮河、龙子湖、天河、荆山、涂山等山水资源，建设"山水蚌埠"。蚌埠城市规划区将形成"一带两横三纵"的生态景观格局，其中的一带即指东西向的沿淮生态景观带。

蚌埠处于长三角一体化发展、长江经济带、淮河生态经济带和促进中部地区加快崛起等一系列重大国家战略政策高度叠加区，在流域经济转向高质量发展的时代背景下，淮河能否成为蚌埠地区经济发展的引擎，能否通过综合治理，将淮河打造成环境美好、风光旖旎的风景观光带，是蚌埠城市发展所面临的重要问题。本文以蚌埠市主城区淮河河道生态修复工程为切入点，从蚌埠实际情况出发，综合分析当地优越的自然山水条件和地域文化特色，将淮河蚌埠市主城区段河道治理与生态景观相互融合的设计理念应用到具体的工程实践中，提升和改造城市形象，使蚌埠成为人居环境优良、生态系统良性循环的山水生态型城市。

1 工程概况

蚌埠市主城区淮河河道生态修复工程治理范围为淮河蚌埠闸至长淮卫大桥段16 km河道，涉及滩地面积约600 hm^2，工程范围详见图1。工程通过对蚌埠闸—长淮卫大桥段淮河大堤迎水侧滩地实施切滩工程，进一步巩固河道行洪能力，拓展城区蓝色空间，为生态环境工程微地形塑造提供可能性；实施生态修复和环境提升工程，包括对滩地进行地形塑造，贯通滩地交通系统，梳理滩地内现状水系，修复滩地生态系统，强化滩地内水体自净能力，通过植物措施构建沿淮生态廊道，构建标识性景观节点,建设滩地亮化工程等。

工程的实施将进一步巩固淮河河道行洪能力,拓展城区段淮河蓝色空间,优化滩地生态环境,整合滨水空间系统,建立河道与城市之间的有机联系,打造淮畔生态廊道和滨水城市客厅,提升城市居民幸福指数,带动周边市区经济发展,让主城区淮河河道成为蚌埠市经济发展的新载体。

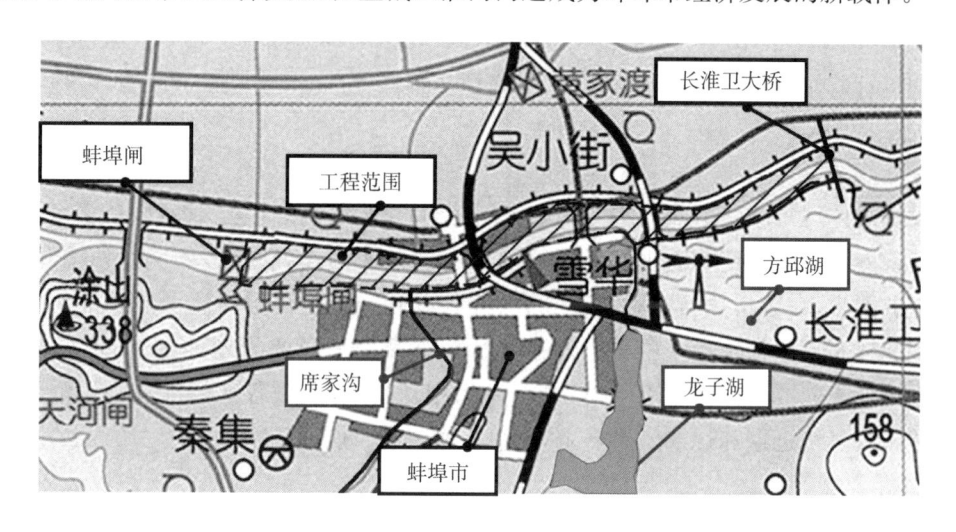

图1 蚌埠市主城区淮河河道生态修复工程范围示意图

2 面临的形势

淮河蚌埠主城区蚌埠闸至长淮卫大桥段河道长约16 km,北岸是淮北大堤,南岸为蚌埠市城市圈堤及方邱湖堤防。其中,淮北大堤及蚌埠市圈堤均为1级堤防,方邱湖堤防为3级堤防,是保护蚌埠市免遭淮河洪水侵害的重要屏障。河道两岸堤距700~2 000 m,主槽宽度300~1 000 m,滩地宽度200~1 000 m。河道沿线建有蚌埠闸、朝阳路公路桥、津浦铁路桥、解放路公路桥、京沪高速铁路桥和长淮卫公路桥等多处跨河建筑物。蚌埠市地处南北气候过渡带,极易发生洪涝灾害,是全国重要防洪城市之一。多年以来,在淮河蚌埠主城区段河道治理方面,重点考虑防洪工程的挡水和保安功能,河道的社会功能、生态功能、环境功能未能充分发挥,导致河道平面形态的直线化、断面的渠化和堤岸的过度硬化,河流生态系统亦受到破坏,使得已建防洪工程功能和目标相对单一,在抵御洪水的同时也阻断了人与水的交流,市民难以靠近河岸进行亲水活动,即不美观,也无生机,景观环境效果较差。

当前,我国已开启全面建设社会主义现代化国家的新征程,向第二个百年奋斗目标进军,进入了新发展阶段,应准确把握淮河保护治理所面临的新形势和新要求,认真贯彻落实习近平总书记视察淮河的重要指示精神,坚持以"十六字"治水思路为指导,找准今后发展的目标和方向,努力推进淮河保护治理高质量发展,建设"幸福淮河"。蚌埠市正迎来长三角一体化、长江经济带、淮河生态经济带等国家重大战略和部署利好叠加的重大历史机遇;同时,随着城市经济社会的快速发展和人民生活水平的改善提升,人民群众对优美生态环境、先进水文化等优质水利产品的需求日益强烈,推动新阶段水利高质量发展,根本目的就是满足人民日益增长的美好生活需要,应当强化河道治理与生态景观设计的融合,打造宜居、宜业、宜旅的生态水岸,因地制宜、分层次、差异化构建淮河生态廊道。

3 多点融合

河流两岸自古以来就是人类繁衍生息的场所,随着国民经济的发展和社会的进步,人们对河道功能、生态环境的要求逐步提高,在尊重河流特征和演变规律的基础上,恢复和改善河流生态系统,是发展的必然趋势,这就要求河道治理与生态景观建设相互融合,需要重点把握以下几点关键之处。

3.1 总体规划

要充分发挥总体规划战略引领和刚性约束作用,坚持生态优先、绿色发展,坚持多规融合,要根据流域综合规划或专业规划确定的治理目标,梳理防洪排涝、文化景观、生态环境等各项开发利用和保护对河道治理的要求,在分析总结经验教训和存在问题的基础上,明确河流河段功能定位,确定工程的主要任务和总体布局。在项目立项和实施的过程中,统筹做好总体规划,增强设计方案的全局性和系统性。规划中一方面要正确处理上下游、左右岸的相互关系,兼顾各部门综合利用淮河的要求;另一方面要根据国民经济近期和远期发展需求,分清主次,权衡利弊。

3.2 平面形态

河道整治要取得人们预期的有利效果,就必须认真研究河道特性,按照河床演变规律因势利导制定切合实际的整治方案,达到整治的目的。自然河流的平面形态,是经过长年水流冲刷作用的结果,河道整治设计应以河床演变分析为基础,河道的平面形态应根据河势变化情况和中水洪水枯水治导线合理布置。河床演变包括河床平面变形、纵剖面变形和横断面变形几个方面。不同的平面形态(河型)具有不同的平面变形特点,同时也影响到河流纵向变形和横断面变形。

为掌握工程河段的河势变化,分析其演变趋势,河床演变分析范围为蚌埠闸至临淮关总长 39 km 的河段。通过综合分析,淮河蚌埠段除局部河段受人工采砂的影响外,其余河段河床总体稳定,其中主槽表现为微冲,滩地基本稳定。为巩固河道行洪能力,扩展蚌埠市城区段蓝色空间,增强场地亲水性,为生态环境工程微地形塑造提供可能性,设计对工程范围内河道局部束窄断面处实施切滩工程。切滩工程设计遵循河道演变规律,做到了因势利导,并与河槽整治、生态景观等相结合。

3.3 断面形式

生活在河流两岸的人们为了获得良好的生活与生产环境,总是希望河流稳定不变,河道平顺,流量均匀,断面标准,以便减少洪水的威胁,获取最大的社会效益和经济效益。但是,勉强改变河流的断面形式,并未使河流生态环境趋于稳定,却导致了河道渠化,上下游断面基本一致,水流多样性消失,忽视了河流与岸上生态系统的有机联系,反而降低了河道的综合功能。

本工程在河道治理设计中采用复式断面或者不规则断面,切滩线布置与河道主流方向一致,同时能满足生态景观工程布置的需要。为适应季节性洪水变化,打造可淹没的弹性河漫滩滨河空间,生态景观设计中,依据洪水位分析结果对滩地地形进行梳理,设计采用多层级的堤内高程,由堤脚至水边呈三级台阶状分布,将每级台阶按由高到低的顺序分别定义为一级观赏区、二级观赏区、三级观赏区,设计横断面示意详见图2。其中,一级观赏区位于堤脚附近,滩地高程在 10 年一遇洪水位以上,此区域受洪水影响较小,可设置休闲活动场地及非阻洪观览设施,搭配种植多层次植物,打造多样化活动空间,构建生态绿廊;二级观赏区位于一级观赏区迎水侧,滩地高程在 10 年一遇洪水位至 3 年一遇洪水位之间,此区域受洪水影响较为明显,设计以打造湿地空间为主;三级观赏区靠近主槽,滩地高程在

3年一遇洪水位以下,此区域受洪水影响较大,设计以打造湿生草甸生境为主,搭配少量可淹没的亲水空间。为满足市民的亲水需要,设计在城区段南岸近水区域设置一条贯穿场地的亲水走廊,实现滨河空间的统一,满足居民的运动休闲、亲水亲自然的需求。

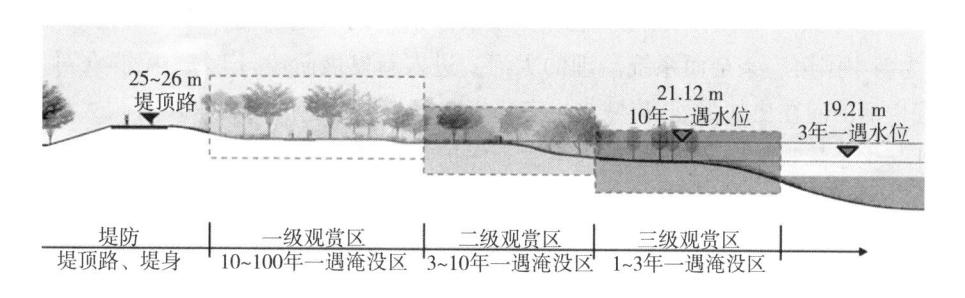

图2 设计横断面图示意图

3.4 护岸结构

根据《堤防工程设计规范》(GB 50286—2013)的有关规定,护岸工程的结构、材料应坚固耐久,有较强的抗冲刷、抗磨损性能,适应河床变形能力强,应便于施工、修复、加固,就地取材,经济合理。为满足防洪安全和岸坡稳定,工程对朝阳路桥和解放路桥受切滩影响的上下游各50 m范围内岸坡进行防护,护岸形式根据地质情况、近岸水流、风浪、工程造价等因素,考虑采用对河床边界形态和近岸水流影响较小的坡式坡岸,坡式护岸分为水上护坡和水下护脚两部分,其中水上护坡采用孔隙率30%左右的生态混凝土预制块,水下护脚采用格宾网兜抛石,格宾网兜抛石整体性好,能较好适应河床变形,对石料要求较低,有利于生态环境和水土保持。

绿色是永续发展的必要条件,是人民对美好生活追求的重要体现。随着生态、环保理念的深入,传统的护岸方法必然要向生态护岸技术转变。这就要求护岸设计在满足防洪保安的前提下,还应兼顾河道生态系统安全,尽量保持天然河岸的特性,考虑护岸工程在河段景观设计中的定位,增加护岸本身的可观赏性和亲水性,促进人与自然和谐共生。

3.5 文化特色

蚌埠璀璨的古代文明可追溯到7 300年前的双墩文化、4 000年前的夏禹文化、2 200年前的楚汉文化,这都是蚌埠古代文明的杰出代表。水文化是人类在生存发展过程中与水长期相处而产生的精神文化产物,蚌埠位于淮河中游,境内淮河长约142 km,因其特殊的地理位置和历史人文背景,形成内涵丰富、独具特色的淮河水文化。党的十九大报告指出,文化是一个国家、一个民族的灵魂。同样,如果水利建设中缺少对水文化元素的挖掘和利用,就失去了原本灵魂和内在品质,过去工程建设多以防洪保安为关切点,没有较好的将水利功能、生态环境和景观美化相互融合关联起来。进入新时代,水利事业发展中的不平衡不充分环节和领域,日益显现,成为满足人民美好生活的短板。

本工程在项目前期工作过程中,对蚌埠历史文化、民俗风情和近现代治淮史进行调研,并进行提炼和归纳,最终确定景观总体架构、景观分区等,构建了滨水广场、铁路文创园、体育公园、淮畔剧场等标识性景观节点;在河道治理方面,充分挖掘当地文化特色,坚持把河道设计与岸线美化、生态修复和景观建设融合发展,围绕生态景观具体目标,对河道平面形态、断面形式和沿线构筑物风格开展细化设计,利用河流水位变化打造不同的景观视角,从外形和内涵上展示和体现当地水文化。

4 结语

1950年10月,中央人民政府政务院做出《关于治理淮河的决定》,当年11月,治淮委员会在蚌埠成立,淮河成为新中国第一条全面系统治理的大河。进入新发展阶段,广大人民群众对健康休闲、享受自然等美好生活的向往更加强烈,流域水生态环境状况与健康宜居的要求还有很大差距,今后仍需加强河道治理与生态景观的融合发展,加强水生态保护与修复,坚持生态优先、绿色发展,深入挖掘流域水文化内涵,为美好生活提供更多优质水生态、水环境、水文化产品,实现"河清、水畅、岸绿、景美、人和"的幸福淮河。

[参考文献]

[1] 中华人民共和国水利部.堤防工程设计规范:GB 50286—2013[S].北京:中国计划出版社,2013.
[2] 中华人民共和国水利部.河道整治设计规范:GB 50707—2011[S].北京:中国计划出版社,2011.
[3] 中水淮河规划设计研究有限公司.蚌埠市主城区淮河河道生态修复工程可行性研究报告[R].2020.
[4] 林晨,刘向阳.河道设计中的水文化及其表现形式[J].水利发展研究,2018(12):78-82.
[5] 钱美玲,李琰君.蚌埠市区淮河滨水景观的地域性规划探索[J].艺术科技,2018,31(6):197-198.

[作者简介]

张鹏,男,1982年4月出生,高级工程师,主要从事水利工程规划,13956346665,email0371@163.com。

淮河流域水系连通及水美乡村建设有关思考

姜 歆[1] 王晓亮[2]

(1. 水利部淮河水利委员会 安徽 蚌埠 233001;
2. 淮河水利委员会水利水电工程技术研究中心 安徽 蚌埠 233001)

摘 要:农村水系是农业生产的基础、农村人居环境的重要载体,与老百姓生活息息相关。实施水美乡村建设是国家乡村振兴战略的一项重要内容,也是贯彻落实党中央生态文明建设总体部署的重要一环。在分析淮河流域水美乡村试点建设特色和成效的基础上,立足流域实际,提出加强流域内水美乡村建设的对策建议。

关键词:淮河流域;水美乡村;水系连通;系统治理

农村水系通常由农村河道、湖塘及沟渠等水体构成,承担着乡村排涝、灌溉、养殖等功能,是农业生产的基础、农村人居环境的重要载体,与老百姓生活息息相关。实施水美乡村建设,打造生态宜居的美丽乡村,是国家乡村振兴战略的一项重要内容,也是贯彻落实党中央生态文明建设总体部署的重要一环。2019年10月,水利部、财政部联合印发通知,在全国范围内启动水系连通及农村水系综合整治试点工作,通过县级申报、竞争立项的方式,鼓励支持条件成熟县区开展先行先试,中央财政采取先建后补、奖补结合方式给予适当补助。2021年4月,"水系连通及农村水系综合整治试点"更名为"水系连通及水美乡村建设试点",进一步契合国家实施乡村振兴战略有关要求。

1 开展水系连通及水美乡村建设的必要性和重要性

1.1 是"十六字"治水思路的有效实践

多年来,针对农村地区存在的河道防洪排涝标准偏低、农田灌溉保证率不足等问题,水利部门开展了中小河流治理、大中型灌区续建配套与现代化改造、小流域治理等工程建设,一般以水利工程建设为主,虽然取得一定成效,但对工程周边环境治理的统筹不够,治理效果单一,形不成区域治理效应,群众的获得感不够强。水系连通及水美乡村建设强调系统治理,统筹自然生态各要素,全领域协同治理,统筹水系连通、河道清障、水源涵养与水土保持等多项水利措施,着力解决农村河湖防洪排涝、灌溉供水、生态涵养等问题;充分整合生态环境、住建、农业农村、旅游等部门预算资金,注重多目标统筹协调,坚持水域岸线同治,水利措施与景观人文等非水利措施并举,最大程度形成治理合力,是治理理念的重大转变,是对"十六字"治水思路的有效实践。

1.2 是贯彻落实习近平生态文明思想的关键举措

水系连通及水美乡村建设总体要求是综合治理、生态优先,强调牢固树立"绿水青山就是金山银山"的理念,坚持人与自然和谐共生,水系连通注重适连宜连,逐步恢复河湖、湿地等各类水体的自然连通;河道清障解决"四乱"问题,退还河湖水域生态空间;清淤疏浚恢复河道功能,岸坡整治强调因地制宜,保持岸坡原生态,维护河流自然形态,保护河流多样性和河道水生生物多样性,加强生态修复和涵养水源;以水为载体,结合当地文化特点,打造体现地域特色、历史文脉的自然人文景观,使水系连通及水美乡村建设成为实现水资源可持续作用、人水和谐的重要手段,保障乡村生态文明建设迈上新台阶。

1.3 为水利助力乡村振兴战略实施提供重要基础

党的十九大报告中提出,按照产业兴旺、生态宜居、乡风文明、治理有效、生活富裕的总要求,实施乡村振兴战略。农村河湖水系作为农村发展的关键要素,连通着农业生产和农民生活,也是农村水环境的重要载体。水系连通及水美乡村建设范围为农村地区,要求以村庄为节点,优先安排沿河村庄人口较多、人民群众治理意愿强烈区域,充分体现了向农业、农村、农民的倾斜支持。水美乡村建设在解决河道防洪排涝问题的同时,通过河道清障、岸坡整治等措施,修复农村河湖功能,改善水域生态空间,提升人居环境,建设河畅、水清、岸绿、景美的水美乡村,满足人民日益增长的对美好生活需求,提高广大群众安全感、幸福感、获得感,助力国家乡村振兴战略实施。

2 淮河流域内水美乡村建设情况

自水利部、财政部启动实施水系连通及水美乡村试点建设以来,已确定了三批次共127个试点县(市、区),其中淮河流域(含山东半岛)11个。

2.1 试点县实施情况

水利部、财政部已组织对2020—2021年试点县(市、区)实施情况进行了终期评估,淮河流域的江苏泗阳县、山东兰山区评估结果为"优秀",河南兰考县、山东寿光市为"良好",河南新郑市为"合格"。

河南郏县、江苏清江浦区、山东广饶县3个2021年试点县(市、区)正在加快实施。河南光山县、安徽霍山县、山东荣成市3个2022年试点县(市、区)正在推进前期工作。

2.2 试点县特点及实施成效

新郑市位于河南省中部,处于豫西山地向豫东平原的过渡地带,是中华人文始祖轩辕黄帝故里,历史文化资源得天独厚。针对农村水系存在的水域空间萎缩、局部断流、河湖水系不连通等突出问题,新郑市水美乡村建设以潮河、黄水河及溱水河等主干水系为脉络,串联沿线水库、坑塘、塘坝及小支沟,通过水系连通、河道清障等措施,解决农村水系治理的"最后一公里",增强水体连通性,同时以河流水系为载体,强化地域文化特色,深挖黄帝故里、皇帝饮马泉等历史文化资源,致力于打造"一河一文化、一河一特色"并具有乡村风貌的农村河道。通过工程的实施,结合唐户村、溱水寨村等旅游产业发展,建成望得见山、看得见水、记得住乡愁的农村水系新风貌,治理后的河道行洪能力大幅提升,经受住了郑州"7·20"特大暴雨考验,保证了沿岸群众生命财产安全。

兰考县地处黄河南岸之滨,是历史黄泛区,县域内河流多为雨源型季节性河流,大部分河道长年无水。渠道多为引黄灌溉渠道,有三义寨、北滩、谷营等引黄农业灌溉区。针对农村水系存在的连通性差、河道淤积、水源涵养和水土保持功能差等诸多问题,兰考县以四明河水系、黄蔡河水系等流域为主脉,对水系干支流进行治理,通过水系连通、河道清障、清淤疏浚等措施,实现自然河道与引黄渠系连通,利用黄河水为水系补水,传承焦裕禄同志"治沙、治水、治碱"的实践经验,重视水资源源头引进,加强污水末端治理,在利用好水资源的基础上,注重保护水资源,解决水环境、水生态问题,有效提高河道排涝能力,改善水生态环境,带动产业发展,形成水系贯通、清水绿岸、生态宜居的美好乡村画卷,探索出一条适合黄淮平原区农村水系建设与乡村振兴结合的新思路。

泗阳县地处苏北腹地,濒临洪泽湖,京杭大运河和黄河故道东西横贯全境,县域内流域性、区域性河流及大量县乡河流纵横交错,河网水系发达。针对存在的部分农村河道淤积严重、水域被侵占、生态系统不完善等问题,泗阳县坚持水域与岸线并治、治河与治污并举,同步推进河道生态治理、水系连通、控源截污等工程建设,进一步加强河道排涝能力,显著减少泗阳县境内入洪泽湖污染物量,有效改善洪泽湖水生态环境质量,有力保障京杭大运河清水廊道输水安全,确保一江清水北流,有力推进泗阳县运南洪泽湖水系片区和运北六塘河水系片区乡村生态环境提升。泗阳县为了破解项目资金难题,由政府资本方和社会资本方共同出资组建PPP项目公司,负责实施项目的投融资、建设、运营和移交等工作,建设资金由项目公司出资,引入社会资本"活水",有效解决了项目资金问题。

临沂市兰山区地处平原,水系发达,但区内农村水系属于典型北方季节性河流,非汛期来水量极少,存在着河湖淤塞、水体萎缩、生态退化等诸多问题。兰山区通过河道清淤疏浚、岸坡整治等措施,以涑河、柳青河、方城河综合治理工程为核心,先治"大动脉",再通"小血管",确保"先整治、再连通、免污染",集中整治断头河、水流条件不佳支流以及水质不佳的汪塘等,将沂河优质水资源引入农村水系,实现农村水系"长流水、流清水",把汪塘变成乡村的"生态明珠"。积极发挥企业资金优势和技术优势,引导金锣集团认领"企业河长",采取政府购买服务模式,大力治污,打通了水污染防治神经末梢,点、线、面互补,探索形成了"点源治理、支流净化、面源控制、全时监控"的治水模式,基本解决了河流流域源头污染及上游农村生活污水直排问题,提供了可复制的防污控污"兰山模式"。

寿光市位于山东半岛中部,属于北部滨海平原区,是著名的"蔬菜之乡"。部分乡镇防洪、排涝体系不完善,2018年、2019年遭遇台风"温比亚""利奇马"袭击,遭受较大的洪涝灾害;还存在田间渠系不畅,河湖水生态环境差等问题。寿光市根据河流、沟渠特点,以洪涝灾害防治为首要任务,通过实施主要河道、骨干排水沟渠、农田水网和重点易涝区域的综合治理,以及农村水系连通、水网互通、水文化建设,提升防洪排涝能力,改善了水生态环境,完善了田连渠、渠连沟、沟连河、河入海的防洪除涝体系,2020年汛期,易涝区内蔬菜大棚无一处因涝水成灾,彻底改变了过去涝水无处可排的状况。

3 加强流域内水系连通及水美乡村建设的几点建议

3.1 注重多专业融合,强化水美乡村顶层设计

水美乡村设计应充分考虑与县域综合发展规划、国土空间规划以及相关行业规划的结合,注重水利与生态环境、景观等专业融合,合理确定建设目标、任务及标准,突出治理的系统性。结合水利部协调推进四级水网有关要求,各县在谋划水美乡村建设时,应统筹水系连通等措施,充分考虑与下一步县级水网的衔接,为水网实施奠定良好基础。

3.2 精准定位,结合实际突出区域特色

淮河流域地处南北气候过渡带,各地自然条件、水资源现状各有特点,社会经济发展和水利建设状况各不相同,进行水系连通及水美乡村建设的基础有很大差异,如淮北平原地区降雨量小,农村河道缺水断流现象较为普遍,存在大量断头河、独立塘,河道功能逐步退化;南部大别山区水系发达,降雨量大,存在农村、农业面源污染等问题。水美乡村建设实施方案编制要依据当地实际情况,系统分

析农村水系存在的主要问题及其根结,结合当地河流水系特点、区域文化特色,坚持问题导向、目标导向,因地制宜,精准施策,科学确定目标任务和建设模式,打造各具特色的水美乡村样板。

3.3 多措并举,强化项目资金保障

水美乡村建设项目集中度高,需投入资金数额较大,中央补助金额有限。县级政府作为实施主体,应在争取各级财政投入的同时,大胆探索、多措并举,一方面加强统筹协调,整合生态环境、交通、农业农村等相关领域项目资金,集中力量办大事;另一方面创新融资模式,用好现阶段"两手发力"对水利基础设施建设的各项支持政策,吸引社会资本投入、争取金融大力支持,拓宽资金筹措渠道,为水美乡村建设提供稳定的资金保障。

3.4 创新管护机制,确保工程效益长效发挥

为充分发挥水美乡村建设的社会、经济、生态等效益,应在加强项目建设管理的同时,建立管护长效机制,积极探索市场化、全民化的管护新模式,确保工程建成后常态化有人管、有人护。以河湖长制为抓手,压紧压实乡村管护责任,将管护经费纳入各级财政预算,持续推进河湖"四乱"问题清理整治;引入市场管护机制,通过政府购买服务的方式,建立新型运行管理新模式,引入专业力量参与相关建后管理,提升管护水平;以共建共享为目标,鼓励群众参与长效管护,充分调动基层组织和群众的积极性、主动性,实现政府治理同社会治理、居民自治的良性互动。

3.5 加强治理经验交流,发挥试点县示范引领作用

水美乡村试点县建设各有特点,通过先行先试得到了很多先进经验,对于下一步实施水美乡村建设有很好的借鉴作用。流域内各县区基本都有水美乡村建设需求,流域管理机构应充分发挥指导作用,适当组织开展经验交流,促进试点县之间、拟申报试点的市县之间相互学习借鉴,指导流域各省开展方案编制、竞争立项等工作。河南省在全国试点县的基础上,增加了6个省级试点县,建议全国和各省区适当扩大试点县范围,让更多的地方参与,让更多的群众受益,为乡村振兴战略做出更大的水利贡献。

[参考文献]

[1] 李原园,杨晓茹,黄火键,等.乡村振兴视角下农村水系综合整治思路与对策研究[J].中国水利,2019(9):29-32.
[2] 何理,王静遥,李恒臣,等.面向高质量发展的河湖水系连通模式研究[J].中国水利,2020(10):11-15.
[3] 田玉龙.水系连通及水美乡村建设需要处理好的问题及建议[J].中国水利,2021(12):17-19.
[4] 汪义杰,黄伟杰.南方水系连通及水美乡村建设技术要点[J].中国水利,2021(12):23-25.

[作者简介]

姜歆,女,1989年3月生,主要从事规划计划管理工作等,13500560630,jiangxin@hrc.gov.cn。

淮河水环境治理问题与改进措施

黄 举

(中水淮河规划设计研究有限公司　安徽 合肥　230041)

摘　要：随着经济的快速发展，淮河水环境问题日趋严峻，已影响到淮河流域经济的持续发展和两岸居民生活环境的改善，近年来，通过沿线各地的持续治理，淮河水环境治理取得了一定的成效，但仍未实现持续、协调、健康发展，与水利高质量发展也存在较大差异，因此，提升淮河水环境刻不容缓。本文分析了淮河水环境的历史和现状，在总结以往治理经验的基础上，提出淮河水环境的治理原则，并从技术手段和管理策略两方面入手进行了分析研究，探讨了生态措施、工程措施、管理措施在水环境治理中所发挥的作用。通过各项措施的综合运用可有效改善淮河水环境，营造舒适的生活生产环境，为流域生态文明建设夯实基础，实现淮河保护治理高质量发展的目的。

关键词：淮河；水环境；治理技术；管理策略

1　淮河水环境治理的重要性

水是生命之源，水是生产之要，水是生态之基。淮河地处暖温带和亚热带交汇处，气象条件复杂，地形地貌多变，地势东西高、中间低，上游两岸山丘起伏，水系发育，支流众多，中游地势平缓，多湖泊洼地，下游地势低洼，大小湖泊星罗棋布，水网交错，渠道纵横，洪涝灾害频发，直接导致了水环境的恶化。水环境的恶化不仅影响人们用水需求，还影响人们的生活环境，给社会生产生活带来严重的影响，制约了社会经济的发展。此外，随着长三角的扩容和淮河生态经济带发展规划的出台，淮河沿线社会经济进入快速发展期，有效治理淮河水环境具有极其重要的社会价值和经济价值，其不仅能够改善自然生态环境，实现人与自然和谐发展的目标，还能够提高人们生活质量，推动淮河地区经济不断进步与发展，对淮河两岸居民的生活与发展有着极其重要的现实意义。

2　淮河水环境治理的现状

2.1　淮河水环境现状

淮河号称中国最难治理的河流，也是新中国成立后第一条全面治理的大河。在全球气候变化和人类活动双重影响的大背景下，淮河的外部水环境也发生了重大变化。随着淮河流域城市化、工业化的快速推进，工业和生活废水排放量持续增多，农业化学品面源污染不断扩大，虽然水环境治理保护方面也在加大投入，但水环境形势仍然严峻。受限于经济压力和产业结构，淮河流域各地市水污染防治能力普遍不高，且呈现显著空间差异，水污染防治能力整体呈现干流高于支流，下游高于中游，中游高于上游的梯级趋势；经济发达地区防治能力明显高于欠发达地区，省会城市防治能力远高于普通地级市。并且治理程度还远远不够，与流域的经济发展存在着较大的差距。再加上，监督管理技术相对落后，人员环保意识淡薄，让水环境治理捉襟见肘。同时，在实施治理阶段，由于缺少系统性，生物措施和工程措施在很多层面无法有效契合,无法实现治理效应最大化和持续性。

2.2 治理思路手段单一

目前阶段的治理思路和手段,主要以截污纳污、水土保持措施为主,统筹水环境、水生态综合治理和上下流、左右岸、干支流的协同力度不够。尤其是城乡治理的进度差异较大,在部分点源污染得到有效控制的情况下,水土流失和农业面源污染已成为主要污染来源,但由于量大面广、资金投入不够等原因,治理预算与投入的资金存在较大的缺口,造成治理效果不佳。在治理手段上,市场化程度较低,新技术、新产品的运用不够。在治理方式上,为了达到验收标准,会存在不切实际行为。部门间、地区间的共享机制不健全,科技支撑、能力建设等需进一步加强,利用先进的大数据技术、数字孪生技术的水平较低,绿水青山转化为金山银山的路径尚未完成打通。

2.3 人为因素影响严重

在治理的实践环节,人为因素影响较大。结合以往经验可知,水环境综合治理要围绕生态平衡、资源保护开展,消除现有污染问题。但人为因素会弱化治理的效果。主要表现在:为了节省费用,原材料、中间产品的生产、运输、使用未严格按照规范标准进行,给后期带来治理隐患;承包人为尽快完成工程,不按程序施工,私自降低各项标准,从而影响治理效果;植树造林过程中,不法商贩贩卖标准不符的产品,弱化了造林效果,降低了成活率,同时加剧了水土流失;受以往的观念影响,人们往往重视建设不重视管理和保护,对相关设施肆意破坏,未能发挥出相应作用。

3 水环境治理原则

3.1 因地制宜原则

水环境治理要遵循因地制宜原则。淮河全长 1 000 km,流经豫、皖、苏三省,流域面积 19 万 km^2,不同的地区有不同的地理环境特征,水环境治理,就要摸清当地的实际情况,转变发展观念,转变发展模式。在治理过程中,要依据淮河的总体水环境容量,统筹考虑经济发展和水环境保护。采取工程与植物措施相结合、污染治理与生态修复相结合、干流治理与支流治理相结合、水环境治理与产业结构调理相结合等综合措施,从实际出发,因地制宜,针对污染源的结构和区域分布,采取不同的治理对策,有计划、有重点地推进水环境治理工作。

3.2 生态性原则

水环境治理应遵循生态性原则。挡墙、护坡的建造应充分发挥生态功能,水生植物的栽种和水生动物的投放则应多样化,逐步建立起淮河生态圈,提高水体的自净功能。针对分支流域治理,需采用生物、工程措施结合思路,大力发展水保工程,通过水土保持林、水源涵养林、农田防护林、经济林、种草、封禁管护、排灌沟渠整治等多种方式建立以水土保持为核心的综合防护体系,在此基础上形成绿化坡面、控制沟道等有效治理模式,加强水环境的建设。

4 水环境治理技术

4.1 规划治理

在淮河河道整治及水环境治理规划中,要综合考虑水生态、水环境、水景观、水文化等,用生态治理方式进行规划治理。要与当地的地方特色和景观建设有机融合,与江淮生态经济带发展相协调,以展现淮河的文化属性。在具体操作中,以山水林田湖草沙为保护对象,重点实施再生自然资源利用。在宏观上,实现农、林、渔、副业的相互协调,制定合理的生产用地比例,根据经济发展不断优化产业结构,制定符合实际的规划方案,确保河流功能得以发挥,突出规划治理效果。在微观上,要统筹各项治理措施,充分利用新材料、新技术,重点关注生态治理和环境保护,在此基础上实现水环境的持续改善。

4.2 水土保持

结合现实经验可知,水土保持措施推广意义重大,可以使河流的治理效果更加显著,让治理与开发融为一体,得到较好的成绩。在淮河水环境治理中,为达成应有的效果,需建设乔、灌、草多位一体的生态经济型防护林,在干支流建立与之相匹配的生态经济型防护林。借助这样的方式,一方面深层挖掘林木的天然屏障功能,改善水环境和生态环境,另一方面提供更多的林产品,为区域经济助力。具体的措施主要有以下三种:

*生态修复。*生态修复水环境主要可分为两大类,一类是人工修复,另一类是自然修复。在实际工作中,可以将合适的草种播撒在荒坡内,以有效提高植被的覆盖面积。与人工修复不同,自然修复主要是通过加强相关的保护工作,有效实施对草木植被的管理,利用大自然自身的修复能力,使其慢慢恢复到最佳的状态,保证山体、河流、沟塘的植被覆盖率,从而起到控制水土流失的作用。生态修复的有效措施,主要围绕人工培植和封山育林。人工造林要参照水土流失的情况,在相对严重的地区栽种林木,一般以乔灌型和乔木型为主,因为这两类林木适应性比较强,存活率高,根系发达,可以有效改善水土流失问题。与此同时,定期对植物进行考察,观察其生长状况,加强植被保护工作,有效预防病虫害,给大自然的修复提供便利条件。在实际育林措施的制定中,植被选择应该参照植物的生长习性和生物学特征,结合当地的气候条件科学选择,保证植被的存活率。

*坡面治理。*坡面治理是一项系统性的工程,涉及的内容比较多,需要综合考虑多种因素。当坡度大于15°时,首先应该考虑的是将坡面改造成林地,可以利用这部分土地大力开发果林和木林等林业产业,通过这样的方法不仅可以增加经济来源,还可以提高植被蓄水能力,有效防止水环境恶化。在坡面拦蓄措施方面,可以通过设置截水沟的方式来解决,截水沟主要设置在水土流失情况较为严重的上源地带,截水沟在改善水环境的同时,还可以在一定程度上起到保护坡耕地的作用。

*发展林草业。*从源头开始,全线改善水环境,大力发展林草业。在淮河沿线,营造有效的水土保持林,在宜林区扩大用材林比例,适当增加经济林,发展针阔混交林,借助这样的思路,改变林业结构。比如:在山区河流针叶灌木丛地带,通过加强中幼林抚育、套种观赏性乔木和阔叶林来提升景观效果,构造山区景观林和彩色复层林;在平原阔叶林地带,通过间伐、套种、提质改良等措施提升为珍贵阔叶混交林和彩色林景观带;在河岸竹林地带,通过对现有竹林进行人工抚育,补植籁竹,逐渐扩大竹林范围,构建河岸竹林景观带;在低洼的灌草丛地区,则要减少人工干预,促进次生演替,促进天然灌草丛植被良性发展。

4.3 工程建设

通过水利工作实践证明，通过洪涝治理、河道疏浚、堤防涵闸、区域调水等工程建设来改善水环境这种工作思路和做法是可行的。淮河上游山区坡陡流急，中下游平原地势平坦，水泄不畅，流域内一旦出现持续性强降雨，给两岸的防洪排涝工作带来较大压力，基于此，在水环境治理期间，要根据河流特点，科学合理地调整水系河网布局，在整治干流水系的同时，重点整治行蓄洪区内的水系河网，在满足防洪排涝调蓄引水的同时，还要满足区域水环境容量的需要。对一些废圩废塘，要通过疏河土方填平复耕造地，对水系不顺和水面较小的区域，要规划新开河道湖泊。对河道两岸的水利设施设备，提高设备运行效率，发挥水利工程在防洪排涝和调蓄引水方面的功能。同时优化各水利建筑物工程布局，通过涵闸、渠道、水系连通等工程增强河流、塘湖间的沟通，提高相互间水体交换能力，从而有效改善水环境。

4.4 污水治理

在污水治理时，要实现资源的优化配置，发挥资源的最大优势。如畜禽养殖污水作为生产加工污水的主要内容，占据了污水处理的大部分精力，在畜禽养殖污水中，氮磷营养物和一些有机物质的含量比较大，这些物质经过提取后可以作为肥料的主要原料，不仅减少了对环境的污染，还实现了资源的再利用。

5 水环境管理策略

5.1 加强宣传教育

为了确保相关治理工作的有序开展，还要注重宣传的重要性，让全民都参与到淮河的水环境管理中来。在网络信息化和数字化时代，水环境管理要借助网络平台和新传媒，对取得的成果进行宣传，让广大群众真实感受到水环境治理工作的重要性以及对改善生活质量所起到的作用，营造一个良好的社会氛围。与此同时，地方政府和相关部门要坚定信念，制定长期有效的规划措施，不断创新，为淮河安澜作出贡献。

5.2 开展产业升级

水环境质量差，和产业发展密不可分。在水环境治理的同时，实施产业优化调整布局，避免严重水污染问题。通过污染产能退出机制，提高水环境治理强度，鼓励企业引入新技术，将水污染治理工作推向新的高度。扶持环境友好型企业，大力发展低碳经济，减少水资源浪费，采用生物手段进行污染防治，确保农业、工业等生态化发展。

5.3 做好水环境监测

构建水环境监测体系。借助数字孪生、大数据、人工智能等先进的技术和设备设施，构建环境监测健康网络，对重点河段，做好巡查监测，以便及时找出问题所在，并针对影响水环境的因素实施有效的处理措施。

6 结论

针对淮河的水环境、生态环境现状,统筹考虑山水林田湖草沙,以生态修复和工程建设为主,以坡地整治和污水治理为辅,全面贯彻"十六字"治水思路,加快产业转型升级步伐,加强水利高质量发展宣传教育力度,充分利用数字孪生、大数据、人工智能、区块链技术,并在上下流联动、左右岸协同治理上高位谋划、强力推进,就能够逐步提升淮河水环境质量,促进淮河水生态健康发展,助推淮河流域经济高质量发展,实现水清、河畅、岸绿、景美的效果,达到人与自然和谐共生的目的。

[参考文献]

[1] 李姗.坚定不移强化流域治理管理 推动新阶段水利高质量发展[EB/OL].(2021-12-08). http://www.mwr.gov.cn/xw/slyw/202112/t20211208_1554267.html.

[2] 马建华.复苏河湖生态环境 强化流域治理管理 维护长江生态系统健康[EB/OL].(2022-03-23). http://www.cjw.gov.cn/xzzx/zjyw/60894.html.

[3] 王宝恩.强化流域治理管理 推动新阶段珠江水利高质量发展[J].人民珠江,2022(3):1-9.

[作者简介]

黄举,男,1981年10月出生,高级工程师,主要研究方向为水利工程建设、施工管理、总承包管理等。13804153721,41071189@qq.com。

一种用于河湖生态环境修复的护坡形式

魏绪武　郑玉坤　朱　贺　李政安　刘　强　黄桂新　高　栋

（山东沂沭河水利工程有限公司　山东 临沂　276004）

摘　要：作为自然生态系统中的关键要素，河湖生态环境的建设，关系人民福祉，关乎民族未来。传统的河道治理过程对河湖生态环境造成了一定的影响，因此复苏河湖生态环境势在必行。党的十九大对河湖生态环境修复提出了"坚持人与自然和谐共生"的新要求，河道堤岸作为河湖生态系统的重要组成部分，其生态形式的堤防工程应用也越来越广泛。

关键词：河湖生态修复；修复要求；生态堤岸；工程应用

作为自然生态系统中的关键要素，河湖生态环境的建设，关系人民福祉，关乎民族未来。

1　河湖生态修复的必要性

河湖生态环境是由河流、湖泊等水域及其滨河、滨湖地带组成的生态子系统，其水域空间和水、陆生物群落交错带是水生和两栖等生物群落的重要生态环境。

河湖是人类生存和发展必不可少的要素，是水环境的重要载体，是自然环境重要组成部分，是重要的湿地生态系统之一。千百年来，人类一直朝着"除水害、兴水利"的目标努力。但从现实情况来看，在传统河道治理过程中，比较片面强调防洪、排涝功能，采取裁弯取直，河道平面形态直线化，横断面几何规则化，护岸材料硬质不透水化等工程措施，拦河筑坝或采取人造水景等，使得河流纵向趋于不连续，横向趋于不通透，改变了河流生态环境的多样性，降低甚至是破坏了河流生态系统功能，具体表现出来的便是河道生态功能退化，水体失去自净能力，河水越来越臭、越来越脏。

人类对河湖的改造是全球性的现象。尤其在工业革命后，现代科技的飞速发展使人类拥有了前所未有的改造自然的能力。而对河湖进行肆意改造的不良后果，往往要过许多年甚至几代人的时间才能显现出来。所以有必要重新定位人与河湖的关系，反思人与自然的关系，审视河湖的生命活力，尊重和遵循河湖自身发展的客观规律，减少人为的干预与破坏，为河湖让出空间，让河流保持与生俱来的生命和活力。

2　河湖生态修复的要求

党的十八大以来，生态文明建设纳入国家发展总体布局，"进入了快车道"。党的十九大把"坚持人与自然和谐共生"作为新时代坚持和发展中国特色社会主义的基本方略，为河湖生态修复提供了理论指导。

面对河湖生态环境问题长期积累凸显的现实，我们必须把生态领域发展质量问题摆在更为突出的位置,着力提升水生态、水环境治理和管理能力建设,从生态系统整体性和流域系统性出发,追根溯源,系统治疗,加快复苏河湖生态环境,推动水利向形态更高级、基础更牢固、保障更有力、功能更优化的阶段演进,助力水利高质量发展,更好支撑我国社会主义现代化建设。

河湖生态保护与修复应在充分发挥生态系统自修复功能的基础上,采取保护、修复、治理及管理等措施,促使河流生态系统恢复到较为自然的状态,以提高其生态完整性和可持续性。

应充分考虑河湖生态环境承载力,遵循保护优先、自然恢复为主、人工修复为辅的原则。应根据河源区珍稀、濒危特有物种的保护需求,明确需保护的栖息地和关键生境,必要时应提出需特殊保护和保留的河段范围和保护方案。

应遵循多目标综合治理原则,统筹防洪、排涝、供水、航运、治污及生态服务等功能,并兼顾水景观与水文化等功能需求。应保持城市河湖的自然岸坡结构,人工整治护坡时应优先选用生态护坡;河道断面宜选择复式断面,保留一定宽度的生态河岸带。

应结合河湖水生态特点和实际情况,制定包括生态水量及生态水位、河湖重要栖息地及标志性水生生物、河湖连通性及形态、湿地面积及重要生物等内容的河湖水生态监测方案。

复苏河湖生态并非一蹴而就,需要坚持"重在保护、要在治理"的工作方略,要在科学的顶层设计下,因地制宜、逐步实施。相关地区应推动非常规水源纳入水资源统一配置,统筹当地水、外调水、再生水多水源,统筹防洪、兴利、生态多目标,建立水资源统一调度体系。加强河湖水域岸线空间分区分类管控,实施河湖空间带修复,打造沿江沿河沿湖绿色生态廊道。

3　河湖生态修复在工程上的应用

河道堤岸作为河湖生态系统的重要组成部分,是河流与陆地生态系统之间的过渡区,在调节气候、保持水土、防洪方面具有重要的作用。对于河道堤岸的建设不仅要考虑堤防结构的稳定性,还应该考虑生态系统的平衡,从而达到河道堤岸生态系统的动态稳定以及工程与生态景观的协调。

在实施河道治理工程时,结合当地实际,合理选择工程的结构形式,尽可能维持河道的自然形态;考虑河道生物的多样性,为水生、两栖动物创造栖息繁衍的生存条件,协调好水安全、水环境、水生态、水景观之间的关系,充分发挥河道的社会服务功能和生态功能。

生态堤岸作为一个新概念,以"保护、创造生物良好的生存环境和自然景观"为前提,在具有一定强度、安全性和耐久性的同时,充分考虑生态效果,把堤岸由过去的人工建筑封闭硬质体改造成为水体和土体、水体和植物或生物相互涵养,适合植物生长、动物生存繁衍的仿自然状态的生态工程。

生态堤岸是融合现代水利、生物、环境、生态、美学等为一体的水利工程,它体现了安全性、稳定性、生态性、景观性、自然性和亲水性的完美结合,是河湖生态修复的重点和难点。生态修复工程侧重于河岸的生态保护与生态化改造,保留稳定的自然岸坡,突出自然属性,并应充分保护河湖浅滩所具有的生态环境条件。

3.1　生态堤岸的主要形式

河道岸坡生态防护措施,按发展轨迹主要分为:单纯植物防护、植物与生态混凝土相结合的生态护坡工程防护一体化。

单纯植物防护是一种传统边坡植物防护措施。多用于边坡高度不高、坡度较缓且适宜草类生长的土质路堑和路堤边坡防护工程。具有施工简单、造价低廉等特点。但仅有表面植被,深层固土护坡能力较差,容易造成坡面冲沟,表土流失、坍滑等边坡病害,达不到满意的边坡防护效果。

因此中深层的稳定还需要以结构型的稳定工法加以补强,将植被生态防护与传统工法互相配合的新型生态堤岸应运而生。

生态护坡工程防护一体化在空间上以正常蓄水位为界,水上部分由混凝土层及植被层组成岸坡基本防护,水下部分由钢丝绳网兜抛石或自塌落球体模袋组成基础护底,构成混凝土、生态植被、坡脚护底、水体及鱼虾组成的立体生态体系,见图1。

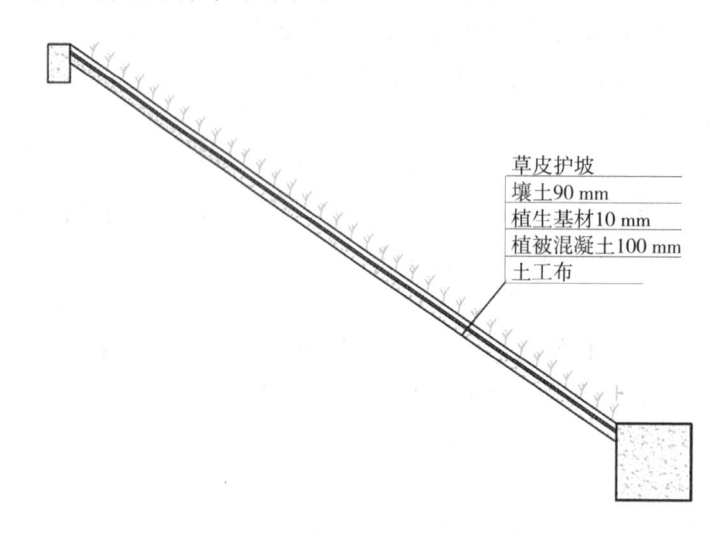

图1 生态护坡工程结构示意图

3.1.1 正常蓄水位以上

正常蓄水位以上应采用既能防水流冲刷,又能满足各种边坡固土护坡要求的新型生态护坡技术。其原理是以一定厚度的大孔隙混凝土为骨架,孔隙内填充植生基材,混凝土板上层覆盖土层,播撒草种或铺设草皮,根系穿过混凝土板,扎入下层土壤,将混凝土板固定在土体表面,使植被、混凝土板及下层土连为整体,从而起到固土护坡的作用。

生态护坡坡面在空间上分为两层,即植被混凝土层和抗冲刷层。

植被混凝土层起到基础护坡的作用,同时经过降碱的大孔隙混凝土内填满植生基材,可以为植被根系提供生长环境。

植被层可缓和水流冲击力,与下层土壤形成抗冲刷层;水顺着根系渗入土壤中,可使植被良好生长,植被根系与土壤结合起到加筋防止水土流失。

3.1.2 正常蓄水位以下

（1）钢丝绳网兜抛石

钢丝绳网兜抛石工艺是用高强度镀锌钢丝编织成不同规格的矩形笼子,笼子内充填石头的结构。这种结构应用到岸坡防护后,在人为和自然因素的双重作用下,石块之间的缝隙不断被泥土充填。植物种子逐渐在石块之间的泥土中生根发芽,茁壮生长,根系牢牢固定石块和泥土。如此即可以对边坡实现防护和绿化的目的,改善生态、保持水土的效果也十分显著。

（2）自塌落球体模袋

自塌落球体模袋作为一体化反滤垫层,用于砼砌块和石护垫层,整体性好,硬度均匀,垫层不流失,稳定耐久。依靠土工布球体模袋柔性好的特点,可较好的适应水下复杂地形,对水下因水流淘刷形成的局部冲坑,可依靠水流动力自动充填,从而保护岸坡。

生态护坡工程防护一体化涉及工程力学、生物学、土壤学、肥料学、园艺学、环境生态学等学科,集工程防护与植被防护功能于一体,适用于多种地质条件(包括土质边坡、砂质边坡等)。它同时满足了下面两个方面的要求：

硬性护坡的安全性。这是护坡的基本功能，生态护坡技术在混凝土层发挥基础护坡作用下，将植被层与混凝土层有机结合起来，通过植被根系的锚固与加筋作用，进一步提升了护坡的抗冲刷能力与防止水土流失能力。柔性护坡的生态性。生态工程防护一体化发挥防洪减灾、水资源保障的同时，还将承担"生态调节"的功能，最大程度释放水利工程的"生态红利"。

生态护坡工程防护一体化在沂沭河流域推广应用多处，建设面积达到 20 000 余 m^2，取得较好的生态效益，沂沭河流域内护坡的生态性、亲水性也实现了从无到有的突破，带来了水清、河畅、岸绿、景美的自然生态景观，落实了河湖生态环境治理的要求。

4　结语

加快复苏河湖生态环境刻不容缓，要增强保护河湖生态环境的意识，树立生态保护从我做起的责任心，共同努力形成复苏河湖生态环境的良好氛围，从自身实际工作做起，以优质的河湖水生态环境支撑经济社会高质量发展。

复苏河湖生态环境，道阻且长，行则将至。既要有只争朝夕的精神，更要有持之以恒的坚守。河湖生态治理必须遵循自然规律，科学规划，因地制宜，统筹兼顾，打造多元共生的生态系统。践行生态文明，建设美丽中国，是实现中华民族伟大复兴的中国梦的重要内容。坚持生态优先、绿色发展，驰而不息，久久为功，形成人与自然和谐发展现代化建设新格局，天更蓝、山更绿、水更清必将不断展现在世人面前。

[参考文献]

[1] 蒋屏,董福平.河道生态治理工程——人与自然和谐相处的实践[M].北京:中国水利水电出版社,2003.
[2] 潘家华.与承载能力相适应 确保生态安全[J].中国社会科学,2013(5):12-17.

[作者简介]

魏绪武,男,1987年5月26日生,山东沂沭河水利工程有限公司项目经理,研究方向为生态水利,15588196998。

郑玉坤,男,1984年10月10日生,山东沂沭河水利工程有限公司工程部经理,研究方向为生态水利,15165506623。

朱贺,男,1997年1月19日生,山东沂沭河水利工程有限公司职员,研究方向为生态水利,15002803000。

李政安,男,1993年6月24日生,山东沂沭河水利工程有限公司职员,研究方向为生态水利,18265170505。

刘强,男,1980年10月19日生,山东沂沭河水利工程有限公司项目副经理,研究方向为生态水利,13869988382。

黄桂新,男,1986年7月20日生,山东沂沭河水利工程有限公司副总经理,研究方向为生态水利,18753919333。

高栋,男,1983年4月23日生,山东沂沭河水利工程有限公司总工程师,研究方向为生态水利,19953826856。

关于明湖幸福河湖建设的研究

杨 帆

(滁州市水利局 安徽 滁州 239000)

摘 要：明湖幸福河建设是贯彻落实习近平生态文明思想的具体实践。研究明湖幸福河湖建设的目的是在持续推深做实河湖长制的基础上，不断打造出更多的让人民满意的幸福河湖，增强人民群众的获得感、幸福感、安全感。明湖幸福河湖建设的研究对于复苏河湖生态环境，开展河湖综合治理，形成可复制、可操作的典型经验具有十分重要的意义。明湖位于安徽滁州皖苏交界地区，曾经是胜天河末端的低洼地，十年九涝，周边有破旧的农舍、污乱的养猪场、不成片的菜地，形成城南高速发展的不和谐地块，特别是2008年和2015年方圆10 km² 的土地漫水近20天，造成土地利用价值不高，群众不满意。2015年9月，滁州市委、市政府痛定思痛，决定依托胜天河综合治理工程，高标准、高质量规划、设计、建设明湖湿地公园。2021年，滁州市着力打造人民满意的幸福河湖，取得明显成效，建设经验被水利部淮河水利委员会在流域五省推广。2021年又被水利部列为国家级幸福河湖建设试点。

关键词：明湖；幸福河湖；生态环境

2019年9月，习近平总书记在黄河流域生态保护和高质量发展座谈会上强调，让黄河成为造福人民的幸福河。为贯彻落实习近平总书记讲话精神，滁州市全面拉开建设幸福河湖的序幕。为突出重点，打造可以复制、好操作的幸福河湖示范试点，滁州市围绕明湖，着力在加强生态保护治理、保障河湖长治久安、促进全流域高质量发展、改善人民群众生活、保护传承弘扬水文化上做功发力。经过保护治理建设，一个厚积薄发、清新靓丽、秀美壮观的崭新明湖已经初露峥嵘，呈现在滁州人民面前，促动滁州水生态保护和高质量发展迈出新的更大步伐。

1 明湖幸福河湖建设背景

1.1 区域位置

滁州市地处合肥都市圈、南京都市圈的中心地带，明湖紧邻京沪高铁滁州站、宁西铁路全椒站，是滁州市加大"双圈"建设的核心区域，经济社会发展迅速。区域经济已从全省中游偏下，跃居全省第3，GDP自2012年以来连续突破1 000亿元、2 000亿元、3 000亿元大关。南谯区明湖区块是滁州铁路、公路向周边辐射的中心区块，无论从拉动经济发展的角度，还是从文化旅游的角度，都是滁州市最具潜力的优质地段。但曾经的明湖可是影响滁州发展的阿喀琉斯之踵。

1.2 存在问题

明湖的前身是胜天河尾闾的洼地，位于滁州市南谯区腰铺镇东陈村周边，属长江流域滁河水系。由于地势低洼，且胜天河河道狭窄，穿京沪铁路涵洞过水能力弱，只要短时降雨密集，就造成排泄不畅、积水严重。2008年、2015年，由于降雨强度大，东陈村一片泽国，洼地全部浸泡在洪水之中近20

天,群众财产损失较大,给生产生活带来严重影响。同时,洼地内生产经营状况单一,仅仅靠农业种植和小规模畜禽养殖支撑当地居民经济发展,由于经常有洪涝灾害,也很难得到外部投资,实体经济不能做大做强,群众意见很大。

1.3 建设构想

面对问题,如果仅仅是做好防洪除涝工程,而不去分析发掘开发该区的地理位置、发展潜力和人文风光优势,就是没有创新精神,没有解放思想,就是头痛医头、脚痛医脚,很难取得实际效果,明湖区块最终还是傍依在滁州城区南部边缘的发展真空地带,地方政府也失去一个经济高速增长的提速点,老百姓也不同意。为此,滁州市委、市政府把建设新明湖作为彻底解决胜天河洼地的关键工程,在做好大规划、整合大资源、采取大动作、搞好大治理、争取大成效、形成大发展上想办法、做文章、出奇招,全力将明湖区块做成防洪除涝的示范、区块发展的引领、宜居生活的幸福河湖,决定实施明湖生态湿地项目。通过对明湖岸线的保护、生态修复、湿地营造等一系列保护与治理措施,构建全民健身娱乐区、都市智慧活力区、旅游文化体验区、时尚创意生活区、生态科普展示区和酒店会议颐养区,将明湖建成滁州"最美"的幸福湖泊。

2 主要做法和成效

2.1 人工制造,建成明湖生态湿地公园

胜天河是中小河流,防洪标准不高,要做好周边洼地治理,必须大投入进行堤防加固、泵站建设、移民迁建等项目,但一遇超标准洪水,形成洪涝灾害的概率还是较大。为此,滁州市委、市政府创新性提出,聚力推进"一山、一河、一城、一湖"四个一工程,依托胜天河周边低洼地块,人工制造新"明湖",彻底解决洼地洪涝问题。明湖建设区域范围总面积23.9 km²,核心区域水面积约5.5 km²,湿地及绿化面积约5 km²。

明湖大坝2015开工,2016年底下闸蓄水,2017年汛期湖区形成,一期包括移民、工程建设,总投入达23亿元。2017年汛后,以明湖湿地生态公园建设为牵引,环湖启动文化创意产业、旅游度假、康体健身和高档居住区为一体的高品位低碳示范海绵新城建设,截至目前综合投入已近100亿元。

2.1 中德智能,创造高端生态示范城市

在全国第13届城市发展与规划大会上,滁州明湖片区被授予中德生态示范城市合作项目,为全省首个中德生态示范城市合作项目。在2年时间里,结合德国生态城市规划设计标准、建设运营的相关技术及经验,与德国复兴银行合作,建设明湖中学、奥体中心等一批项目来使明湖达到生态宜居要求。

近年来,两国合作,以明湖片区为试点,围绕用地发展、交通规划、生态环境、水环境保护、能源利用规划目标、绿色建筑、固废处理方面开展具体工作,促进城市逐步由传统高碳高消耗开发建设模式转变为高品质的低碳生态生活方式,实现能源管理智能化,提升区域环境品质,逐步把明湖打造成滁州新的城市会客厅和生态活力中心。

2.3 综合治理,绘就幸福健康美丽蓝图

对明湖及周边地块治理建设凝聚了建设者的心血和智慧,充分体现出"防洪保安全、优质水资源、

健康水生态、宜居水环境"幸福河湖的建设要求。一是建设生态保育区。胜天河左支入湖口设置 800 m² 的保护区,培育芦苇潮滩沼泽生态系统植物群落,低密度斑块化引入湿地林,建立适宜多种蛙类生存繁衍的自然湿地空间。选取明湖的东南角,通过人工堆土的方式营造 2~3 个具有一定面积并适宜鸟类活动与栖息的湖中小岛,为迁徙季过境的候鸟提供停歇地。二是建设沿岸景观。通过对大坝两侧微地形缓坡填筑坝体的方式打造一条集观赏、体验、休闲多功能为一体的滨水景观带,草地、灌木、乔木依次分布,层次分明,色彩鲜明,赏心悦目。三是建设水文化风情区。明湖建设立足于滁州本地文化,在湖区南侧,通过对滁菊的种植、采摘、研制、等方式发现和挖掘菊花意蕴及象征意义,串起历史文明、现代文明两条线索,展现城市活力、文化活力、自然活力。

明湖建成后,流域面积 69 km²,常水位为 14.5 m,水面面积约 5 km²,相应容积 1 212 万 m³,流域年均降雨量约 1 100 mm,湖岸总长 11.2 km 里。明湖水质始终保持Ⅲ类,水生态、水环境不断改善,湿地及绿化面积约 5 km²,大小分布了 17 个不同形式的人景互动区。2021 年明湖健康评价实地调查统计,水生植物已有 11 属 29 种,鱼类 11 属 18 种,常年栖息鸟类 11 种,过冬鸟类种群 8 个。

明湖对人民群众实行完全开放状态的管理,滁州市成立了正处级的明湖建设管理服务中心,以人为本、精细建管、服务为主,使人民群众真正能够通过幸福河湖的建设享受获得感。

3 经验启示

幸福河湖建设的根本目的是让人民群众从河湖治理中得到幸福感、获得感和安全感,因此对河湖治理的要求就更高,必须要从河湖自然禀赋中寻找人与自然和谐相处的与发展共赢的切入点和共同点。如果单纯地从水利方面着手开展幸福河湖建设,单纯的建防洪设施、建供水工程、建灌溉工程,就把幸福河湖建设等同于解决河湖提供给人民群众最基本的使用需要问题,而不能满足人民群众日益增长的物质文化需要。幸福河湖建设是河湖治理新的课题,需要深入研究、实践摸索、不断提升。明湖幸福河湖的建设就是在最大限度满足人民群众不同生活需求的基础上,发掘湖泊水系能够发挥的最大功效,建设一批不同形式的设施,让人民群众充分体会到湖泊带来的身心、文化、娱乐等各个方面的享受。

3.1 建设幸福河湖要多层次

这个多层次指的是不同人群对生活感受不同层次的需求。明湖地处滁城南部边缘地带,当前人口还不是很密集,滁城大部分人口还不能通过步行半小时来明湖休闲,必须有给人民群众带带实际愉悦感受的措施才能吸引人民群众自驾、骑行来此。为此,明湖幸福河湖建设考虑到了多层次概念,明确吸引主要休闲群体类别,主要包括儿童、户外运动人群、老人这三大群体。吸引到这三大群体,就能吸引到儿童的父母、户外活动的市内外团体和老人。在建设明湖幸福河湖中就建设了特地为这三类群众而特别构建的舒适区。

3.2 建设幸福河湖要深内涵

幸福河湖建设不能局限于同其他河湖相似的建设方式,一湖一样、一河一样才能体现现幸福河湖建设的多样性,才能满足人民群众更高的享受河湖的要求。明湖幸福河湖建设依托洼地治理,走不一样的河湖治理方式,人工造湖、人工造景、人工造乐,大规划、大布局、大手笔,以建设一个全新的明湖,建设一个发展的明湖,建设一个创新的明湖,建设一个人文的明湖,统一到湖面、湖滨、湖岸的建设过程中,使幸福河湖建设品质不断提升。明湖建设中设置的明文化主题公园、设置的河湖长制主题公园、滁阳阁等设施都与滁州市特有城市文化有着非常紧密的联系，人们来到公园更能从游乐中体会到浓厚的滁州历史文化积淀，更能感受到滁州历史的变迁对城市的改变。

3.3 建设幸福河湖要高科技

明湖幸福河湖建设在传统河湖治理建设的基础上，还融入了许多高科技元素，打造数字明湖、声光电明湖。在水质净化、景观展现、体育场馆等方面将许多最先进的技术引到了明湖幸福河湖的建设中，取得了非常好的效果。节假日的无人机飞行展示将二维平面明湖打造成三维立体明湖。高科技让明湖展现出现代气息、时代气息，为明湖的不断发展夯实了基础。明湖幸福河湖建设打造的数字孪生大明湖将明湖建设数字化，从旅游观光、防洪排涝等多方面、多维度的展现出不同情况下明湖风景、不同角度下的明湖状态。

3.4 建设幸福河湖要接地气

幸福河湖的规划建设应当与当地地形地貌、周边的经济发展环境、城市建设规划、河湖群分布情况相匹配、相契合、相融合。如果单纯地对水面、滨湖区进行建设，就有可能形成环湖区乱建带，与湖区美好生态环境反差极大，造成与幸福河湖不协调的问题。明湖建设不但在水面、滨湖区进行了大规模的建设，还结合滁州市总体规划，划分了近 30 km² 的大明湖规划区，所有规划区内的建设都必须经过有关部门审批，确保了明湖幸福河湖建设有力有序，和滁州市城市建设融为一体、互为支点、共同发展。

明湖建设凝结了滁州市人民群众的智慧和心血，为幸福河湖建设打造出了"滁州样板"。2022 年，明湖作为全国 7 个国家级幸福建设试点，从新起点、新内容、新目标的角度又重新启动了更高标准的幸福河湖建设，滁州市将充分利用这一机会，将明湖创造出最具可操作性、可复制的幸福河湖建设典型经验。

[参考文献]

[1] 水利部办公厅.关于开展幸福河湖建设的通知[Z].2022.

[作者简介]

杨帆,男,1976 年 5 月生,滁州市水利局河长制工作科科长(高级工程师),从事河湖管理等工作,13905509126,zj371@163.com。

第四届青年治淮论坛论文集

下册

中国水利学会
水利部淮河水利委员会
河海大学 编

河海大学出版社
HOHAI UNIVERSITY PRESS
·南京·

图书在版编目(CIP)数据

第四届青年治淮论坛论文集／中国水利学会，水利部淮河水利委员会，河海大学编. -- 南京：河海大学出版社，2023.3
 ISBN 978-7-5630-7899-8

Ⅰ.①第… Ⅱ.①中… ②水… ③河… Ⅲ.①淮河－流域治理－文集 Ⅳ.①TV882.3-53

中国国家版本馆CIP数据核字(2023)第024917号

书　　名	第四届青年治淮论坛论文集
	DI-SI JIE QINGNIAN ZHIHUAI LUNTAN LUNWENJI
书　　号	ISBN 978-7-5630-7899-8
责任编辑	成　微　张心怡
文字编辑	张嘉彦　夏无双　徐小双
特约校对	徐梅芝　董春香　余　波
封面设计	徐娟娟
出版发行	河海大学出版社
地　　址	南京市西康路1号(邮编：210098)
电　　话	(025)83737852(总编室)　(025)83722833(营销部)
经　　销	江苏省新华发行集团有限公司
排　　版	南京布克文化发展有限公司
印　　刷	南京新世纪联盟印务有限公司
开　　本	889毫米×1194毫米　1/16
印　　张	103.75
字　　数	2680千字
版　　次	2023年3月第1版
印　　次	2023年3月第1次印刷
定　　价	698.00元

《第四届青年治淮论坛论文集》编委会

主　　任：刘冬顺　汤鑫华　唐洪武

副 主 任：杨　锋　顾　洪　吴　剑　郑金海　祝云宪　焦泰文
　　　　　周建春　方桂林　王祖利　张旭东

委　　员：张　旸　徐时进　伍宛生　王世龙　王　强　蔡　磊
　　　　　吴贵勤　李秀雯　张立争　王　飞　肖建峰　董开友
　　　　　华伟中　付　强　胡续礼　王　韧　何　琦　张　健
　　　　　王从明　马永恒　闪　黎　陈红雨　姚建国　何雪松
　　　　　姚孝友　姜健俊　张卫军　叶　阳　赵永刚　孙玉明
　　　　　杨姗姗　王锦国　王玲玲　王彦哲　宋　平　赵会香
　　　　　陈　静　何光明　王春雷

主　　编：杨　锋　顾　洪

副 主 编：肖建峰　张　健　杨姗姗　王玲玲

执行主编：张　健　戴　飞

编辑人员：柏　桢　周慧妍　马福正　万燕军　汤春辉　郑朝纲
　　　　　俞　晖　张汇明　周思佳

目 录
Contents

上册

议题一 完善流域防洪工程体系 ……… 0001
  无人机载激光雷达在水利测绘中的应用——以淮河流域岱山水库项目为例 ……… 0003
  淮河流域某泵站安全监测设计与数据分析 ……… 0011
  团结港闸站单向竖井贯流泵装置设计研究 ……… 0016
  跨区域河道堤防防洪风险综合评价方法与应用 ……… 0020
  浅析淮河中游开辟入江分洪道可行性 ……… 0025
  基于动态变权和模糊层次分析法的水闸安全评价研究 ……… 0030
  佛子岭大坝安全监测系统综合评价方法研究 ……… 0037
  小型水库洪水预警方法研究与应用 ……… 0043
  推进水利高质量发展背景下的淮干中游生产圩治理对策与建议 ……… 0050
  基于高分三号的洪涝灾害遥感监测——以2020年淮河洪水期间蒙洼蓄洪区为例 ……… 0055
  基于沂沭河"8·14"洪水的刘家道口枢纽分洪方案研究 ……… 0062
  关于治淮多水库流域洪水风险模拟研究 ……… 0069
  里下河地区沿海典型港闸闸下潮位特征与排涝潮型分析研究 ……… 0079
  对水库防洪调度方案评价指标筛选的探讨 ……… 0087
  滁州花山流域大气降水氢氧同位素特征分析 ……… 0093
  淮河流域极端气候要素空间变化规律分析 ……… 0101
  新阶段江苏淮河治理的几点思考 ……… 0106
  关于完善沙颍河流域防洪工程体系的研究 ……… 0110
  关于岸坡防护工程措施若干问题的思考 ……… 0115
  无人机搭载双光相机探测堤防渗漏试验分析 ……… 0120
  关于池河防洪治理的研究 ……… 0126
  新时期淮河流域信阳段防洪减灾体系能力提升对策 ……… 0130
  安徽重要行蓄洪区堤防工程设计讨论 ……… 0135
  受下游湖水顶托影响河道设计洪水计算研究 ……… 0140
  基于城市环境敏感性的暴雨灾害综合风险评价——以许昌市为例 ……… 0146
  驷马山滁河四级站干渠工程盾构管片拼装施工技术研究 ……… 0151
  浅议济宁市防洪安全保障策略 ……… 0155

浅议洪泽湖周边滞洪区工程建设的必要性	0159
基于有限元法的悬挂式高压摆喷墙防渗性能分析研究	0163
关于完善沂沭泗防洪工程体系的思考	0170
河南省淮河模型建设展望	0174
滁州市池河防洪治理工程总体规划布局	0179
泗河流域蓄滞洪区分洪口门技术研究	0184
关于治淮完善流域防洪工程体系的研究	0189

议题二　实施国家水网重大工程 ... 0193

南水北调工程二级坝泵站座底式流量自动监测系统应用研究	0195
弯曲河道挖入式码头工程建设对河道冲淤分布的影响分析——以周口港为例	0200
南水北调东线二期工程大型灯泡贯流泵机组轴系稳定研究	0207
南水北调东线二期工程二级坝泵站后置灯泡贯流泵装置CFD优化设计	0215
引江济淮蒙城站泵装置水力性能数值模拟研究	0221
基于MIKE HYDRO的通顺河河网水量水质模型研究	0226
泵站出水流道图元驱动参数化建模方法研究	0233
淮河流域在国家水网建设中的重要性	0238
大型泵站电气设备在线监测系统研究	0241
水利工程建设对国家湿地公园生态影响的研究	0246
关于物探法在治淮工程嶂山闸基承压水分布规律研究中的应用	0252
通过静力触探对某河道工程液化计算的研究	0263
静力触探在某河道治理工程中的应用研究	0271
废黄河立交工程防冲减淤模型试验研究	0277
南水北调金湖泵站贯流泵模型试验性能分析	0285
引江济淮工程（河南段）河道采砂淤积地层特征及对工程影响的研究	0292
南四湖湖西地区结构性黏土渗透特性研究	0298
北斗监测技术在响洪甸水库大坝岸坡变形中的探索与应用	0304
浅谈水下砼预制块护坡施工方法	0311
浅谈水轮机的选型设计	0317
浅析依托水利工程建设国家水利风景区	0332
驷马山分洪道切岭段渠道高边坡失稳分析	0341
淮河干流息县枢纽工程地基处理分析与研究	0347
渠系建筑物外观质量控制——引江济淮渠系建筑物外观质量提升经验交流	0352
南四湖二级坝枢纽溢流坝交通桥设计探讨	0356
关于治淮市级平原区现代水网建设的研究	0362
对霍山小水电绿色改造和现代化提升的总结分析	0367
引江济淮朱集站工程金属结构设计	0371
关于治淮有机硅对混凝土性能影响研究	0375
浅谈试验检测在水利工程中的作用	0383
生态预制块护坡在引江济淮小合分线Y003标的应用	0386

引淮供水灌溉工程息县枢纽施工导流设计	0390
某河道堤防裂缝成因分析	0394
引江济淮工程小型建筑物的设计体会	0399
基于BIM的闸墩模板在设计及施工阶段的应用	0403
治淮工程新材料应用	0408
南水北调东线调水前后输水湖泊水位变化研究	0412
浅述推动沂沭泗局直属重点工程建设高质量发展的思考	0418
2020年淮河姜唐湖行蓄洪区运用效果分析	0423
南四湖二级坝工程坝顶公路结构设计	0429
基于混凝土护栏涂料的自动喷涂装置的研究	0433
关于治淮钻孔灌注桩质量控制的关键要点研究	0436
施工场地高度受限情况下的地下连续墙的施工	0441
圆柱形钢制取水头部的设计与应用	0445
基于DInSAR技术的观音寺调蓄水库库区形变监测	0448
淮河姜唐湖进洪闸过闸流量计算分析	0455
混凝土防渗墙在杭埠河倒虹吸中的应用	0460
南水北调东线一期工程实施效果及展望	0465
盾构机选型技术在驷马山工程中应用浅析	0469
驷马山滁河四级站干渠工程盾构始发施工技术研究	0475
城区现代水网建设规划研究	0481
临淮岗洪水控制工程蓄水兴利必要性分析	0485

议题三　复苏河湖生态环境　0491

沂沭泗水系沂河近70年径流变化特征及归因分析	0493
超声波测距在坡面径流监测中的试验研究	0500
淮河流域1982—2015年植被覆盖度时空动态变化特征分析	0507
湖库型生态状况评价方法研究	0515
淮河流域重要河流水资源可利用量与承载能力分析	0520
北淝河下游水环境承载能力测算研究	0526
2020—2021年淮河干流中下游四个典型断面水质分析研究	0531
中型水库工程对吻虾虎鱼影响及对策措施	0537
基于主成分分析和神经网络地下水水质空间异质性研究	0543
淮北市城市生态水系建设实践	0550
基于水土流失动态监测大别山区水源涵养功能评价	0556
淮河流域国家级水土流失重点防治区人为水土流失状况分析	0563
河南省淮河流域水土保持率远期目标值研究	0569
新时期生态河湖评价制度的应用研究——以镇江市澄湘湖为例	0575
淮河典型河流沂河生态流量管控方案研究	0583
沂水县土地利用景观格局时空变化特征	0589
淮河流域生态流量保障工作难点与对策探讨	0595

大别山水土保持生态功能区水土流失状况分析	0600
连云港市石梁河水库生态水位确定与保障研究	0606
基于生态流量保障的溮河上游水库供水调度研究	0613
浅析生态型护岸在青岛市河道治理中的应用	0619
骆马湖水生态环境现状及其藻类水华风险浅析	0624
临淮岗工程以上规划来水量分析研究	0629
淮河六坊堤段河道河势演变规律及趋势浅析	0634
江苏省淮河流域水系连通及水美乡村建设经验与思考	0638
巴歇尔槽量水管理系统在灌区智慧化管理中的应用	0643
多波束技术在淮河流域水下测量中的应用探析	0650
骆马湖水生态现状和修复措施研究	0657
闸坝建设对河流型湿地生态环境影响与保护对策	0664
关于六安市沣河河流生态修复的思考	0669
兴化市水源地水质现状及提升措施	0674
水面光伏发电的水生态环境问题及对策措施	0680
淮河流域国家地下水监测二期工程站网布设初探	0685
关于江苏省中小河流幸福河道建设路径的探索	0690
泰州市河湖生态水位分析与保障措施研究——以生产河为例	0694
浅谈河湖遥感影像解译工作	0699
尖岗水库面源污染物入河量调查与核算	0704
乡村振兴背景下农村黑臭水体治理问题及对策研究	0710
蚌埠市主城区淮河河道生态修复措施研究	0714
生态防洪视角下的泗河生态水系统构建研究	0719
洪泽湖滞洪区项目建设环境影响评价分析	0723
南水北调东线一期工程调水洪泽湖水位变化规律研究	0728
贾鲁河流域径流演变特征及其与降雨关系研究	0731
风电项目水土保持违法违规行为分析研究——以休宁县马金岭风电场项目为例	0738
淮河流域水土流失动态监测现状与思考	0744
基于水生态和人居环境维护的小流域工程建设——以金安区横塘岗小流域为例	0748
沭河左堤邵店段护堤护岸林更新面临的问题与解决方法	0752
平原地区陆面过程模式下的水文模拟研究	0757
天公河连通工程对水环境的改善作用研究	0762
关于淮河流域生态流量监测研究	0768
生态护坡在灌区渠道应用成效评价指标体系与评价方法	0775
淮河流域水利工程管理与水生态文明建设探讨	0781
河南省淮河流域白蚁危害现状及防治思路探讨	0785
浅谈环保绞吸式挖泥船在河湖治理中的应用	0789
骆马湖东堤生态修复工程实践	0794
水利工程建设对生态环境的影响	0797
淮河蚌埠市主城区段河道治理与生态景观设计的融合	0802

淮河流域水系连通及水美乡村建设有关思考	0807
淮河水环境治理问题与改进措施	0811
一种用于河湖生态环境修复的护坡形式	0816
关于明湖幸福河湖建设的研究	0820

下册

议题四 推进数字孪生淮河建设 ···································· 0825

数字孪生袁湾水库关键技术研究及应用	0827
淮河中游水文水动力学耦合模型研究及应用	0832
基于机载LiDAR点云的建筑物信息提取研究	0839
航拍建模技术在农饮业务中的应用研究	0846
洪水退水预报方法研究	0854
数字孪生淮河底板数据DEM的生产方法研究	0860
淮河洪水预报调度一体化建设技术研究及实践	0864
基于三维可视化和数值模拟的地下水资源研究	0870
感潮河段工程建设数值模拟	0876
智慧水利建设背景下的淮河流域生态流量管理工作探讨	0884
蚌埠市主城区淮河河道生态修复工程对水文站水文监测影响评价	0889
数字孪生淮河建设及技术浅析	0894
浅析数字孪生淮河水资源管理和调配智能应用系统建设需求	0900
无人机遥感技术在智慧水利中的应用研究	0904
浅谈数字孪生淮河蚌埠—浮山段工程总体设计方案	0910
加强信息化系统建设，助力水土保持高质量发展	0916
基于GeoStation的水利工程三维地质建模探究	0921
浅谈建设工程对水文站水文监测影响论证	0927
实景三维技术在"智慧淮河"中的应用探讨	0932
机载LiDAR测量技术在淮河流域水文大数据采集中的应用	0937
关于治淮数字化风险及其应对的研究	0943
连云港市智慧水利建设存在问题及提升措施	0948
江风口分洪闸危险源辨识与安全风险分级管控探讨	0953
建设数字孪生流域、提升济宁"四预"能力	0958
淮河流域水土流失动态监测数据类型及其特点	0962
关于淮河流域蓄滞洪区预警信息系统建设的研究	0968
基于数字高程模型（DEM）的洪泽湖库容分析研究	0973
水利高质量发展背景下泗河流域信息化分析探讨	0976
"数字沙颍河"信息管理平台建设的初步设想	0980
出山店水库数字孪生平台建设的研究	0985
高质量发展背景下流域数字孪生建设的思考	0989

议题五　建立健全节水制度政策 ... 0993

基于史密斯模型的县域节水型社会达标建设政策执行研究 ... 0995
关于治淮灌区农业节水管理研究 ... 1001
洪凝街道创新零碳灌溉措施的探索与实践 ... 1005
基于南四湖水量刚性约束的调节计算方法探讨 ... 1010
水权交易在盱眙县清水坝灌区实践 ... 1014
安徽省农业用水定额评估 ... 1019
安徽省县域节水型社会达标建设经验总结与成效分析 ... 1026
淮河流域县域节水型社会达标实践与建议 ... 1031
基于灌水满足情况的再生稻种植适宜性评价——以淠史杭灌区为例 ... 1036
地下水浅埋条件下夏玉米蒸腾耗水规律试验研究 ... 1042
关于火力发电老机组提高节水水平的途径探讨——以淮南市田家庵电厂为例 ... 1049
河南省淮河流域节水布局探究 ... 1052
省级节水型工业园区建设探索 ... 1056
裕安区农村集中供水实施路径探索 ... 1061
多目标协同的骆马湖水量调度方案研究 ... 1066
基于熵权法和改进层次分析模型在水库初始水权分配中的应用 ... 1071
新时期治水思路下的节水型机关建设探讨——以淮委节水型机关建设为例 ... 1077
论河流生态环境需水 ... 1082
浅谈沂河、沭河流域水资源调度试行成效 ... 1086
关于六安市水资源开发利用现状与思考 ... 1092
浅谈六安市创建节水型社会建设的有效途径 ... 1096
探讨优化节水法规制度提升水资源节约水平的有效策略 ... 1103

议题六　强化水利体制机制法治管理 ... 1107

淮河流域农业农村水利助力乡村振兴路径初探 ... 1109
在水利工程中推行总承包模式的认识与思考 ... 1113
关于山区型小城镇山洪治理的思考——以随州柳林镇为例 ... 1118
淮河流域河道治理情况和防洪标准复核 ... 1123
淮南西淝河片采煤沉陷区综合利用思路探讨 ... 1129
河道砂石实行国有化统一开采经营模式的思考 ... 1134
航海雷达在日照水库数字管理中的应用探讨 ... 1138
济宁市农村人居水域环境整治问题与对策研究 ... 1142
关于淮河流域洪泽湖水政公安联合执法新模式之探索 ... 1147
从泰州市"以水定产"落实情况浅谈水资源刚性约束制度 ... 1152
关于水利工程工程总承包项目管理的探讨 ... 1156
浅谈政府购买服务在五莲县河湖管护中的探索与应用 ... 1163
对长江防汛抢险技术支撑工作的几点思考 ... 1167
"水行政执法＋检察公益诉讼"中的行政公益诉讼与民事公益诉讼分析与适用 ... 1170

安徽省淮河流域蓄滞洪区居民安置建设历程及方式比较	1174
浅析水行政处罚自由裁量权	1179
淮河干支流滩区生产圩综合治理思路探讨	1183
浅谈水利工程竣工财务决算编制	1189
防洪除涝工程涉及生态保护红线措施初探——以安徽省一般行蓄洪区建设工程为例	1194
浅析水利工程标准化管理的经验和对策	1199
山东省治淮工程财务管理突出问题及对策	1204
关于系统化推动农村供水基础设施建设的几点思考	1209
浅谈引江济淮工程档案管理工作	1212
水利工程总承包智慧管控平台研究	1216
提升基层党建活力 推动淮管事业发展	1222
水管单位安全生产标准化创建实践与思考	1225
浅谈淮河流域采砂管理可采区现场监管措施	1228
从制度建设角度浅谈水行政执法工作	1232
山东省水闸运行管理存在问题及对策研究	1236
浅谈一体化净水设备在安徽省农饮工程中的应用	1240
浅析防汛物资储备管理的现存问题及优化措施	1244
持续加强洼地治理 保障国家粮食安全	1248
新阶段水利高质量发展背景下水利施工企业人才发展探究	1252
新阶段水利高质量发展背景下治淮科技发展思考	1257
关于流域河道管理单位安全生产工作的几点体会和思考	1260
浅谈水利体制机制法治管理的"软规则"建设	1263

议题七 强化流域治理管理 1267

沙颍河阜阳闸来水条件对引江济淮工程西淝河取水口水质的影响研究	1269
基于MIKE11的淮干中游突发水污染事故模拟研究	1276
王家坝罕见持续高水位原因分析	1282
基于层次分析法的淮河流域计划用水管理评估体系构建	1287
极端天气影响下流域防洪治理对策与思考——以郑州"7·20"特大暴雨为例	1293
最低水位保障法在南四湖下级湖干旱预警水位(流量)确定工作中的应用实践	1298
新格局视野下淮河流域水利与经济社会协同发展初步思考	1302
2020年新沂河嶂山—沭阳河段行洪能力分析	1307
关于淮河流域水资源变化特征研究	1313
淮河流域省界断面水质现状及氮磷营养盐变化特征分析	1320
淮河流域行蓄洪区建设与管理对策研究	1325
关于济宁市水资源开发利用与可持续发展研究	1329
怀洪新河灌区农业灌溉退水水质影响分析	1335
浅谈无人机协同无人船在河道监测中的应用	1341
淮河流域省界和重要控制断面水资源监测现状分析与思考	1346
浅谈明光市旱情及农业灌溉供水保障规划	1350

茨淮新河灌区信息化综合管理平台系统框架思路浅析	1356
河南省水资源监控能力建设实施成效评估	1361
实施四水同治助推淮河生态经济带高质量发展	1365
淮河疏浚工程对洪泽湖行洪过程的影响研究	1370
推进"两手发力" 助力南四湖统一治理管理	1377
论基层"水行政＋司法"河湖保护体制构建	1382
南四湖地区洙赵新河流域雨洪水资源利用研究	1386
新形势下水利基本建设项目概算与会计核算衔接关系研究	1395
倾斜摄影与贴近摄影相结合的一种三维建模方法	1401
淮河干流上游段多年径流变化分析	1405
加快建立健全节水制度政策 全面提升流域水资源集约节约利用能力	1411
淮委省界水文站水文资料整编问题分析	1415
以系统思维擘画周口现代水网蓝图——周口市现代水网规划	1418
小清河流域运行管理体制与机制研究	1423
"靓淮河"工程对治理淮河蚌埠段的研究	1428
关于洪泽湖蒋坝水位变化规律及影响因素研究	1432
联合优化调度，提升总体效益	1440
从生态水利角度探讨袁湾水库工程建设	1445
关于南四湖流域统一治理管理的思考与探索	1448
浅析淮河流域防洪规划修编的必要性	1453
基于SWOT的基层视角下智慧水利发展战略分析	1457
沂沭河直管堤防工程双重预防机制下的隐患排查管控体系	1463
PRC管桩在引江济淮小合分线Y003标工程上的应用	1469
淮河流域湖泊保护存在问题研究——以焦岗湖为例	1473
流域防洪减灾工程措施方案优选研究	1477
扎实推进山东省淮河流域治理管理重大水问题研究	1482
河湖长制下跨省河湖管理问题探讨	1486
河道内取水项目水源界定浅析	1489
基于GNSS的水汽反演技术及应用研究	1493
关于淮河流域水土保持监测站点布局的思考与建议	1500
水利施工企业安全评估研究	1504
山东省淮河流域水利工程稽察典型问题分析	1509
南四湖湖长制的济宁实践与探索	1514
关于流域治理项目建设管理体制研究	1518
河道堤防护堤换林的实践与思考	1522
VMD-LSTM组合模型在王家坝月径流预测中的应用	1525
浅谈淮河流域治理与管理	1532

议题八　淮河水文化传承与发展 ··········· 1537

- 从古代诗词情景描述中解析淮河下游河道与海岸线演变及社会经济变迁 ··········· 1539
- 国媒视角：从《人民日报》看洪泽湖发展转向 ··········· 1543
- 江苏治淮历程与文化建设实践初探 ··········· 1547
- 淮河治水重器——"分淮入沂·淮水北调"工程兴建追溯 ··········· 1552
- 从宋公堤的建设看中国共产党领导人民群众治水兴水的伟大光荣传统 ··········· 1556
- 神话传说视角下的淮河文化精神分析 ··········· 1562
- 水文化传承视域下水利工程建筑设计探讨 ··········· 1567
- 三河闸技术管理70年 ··········· 1572
- 江风口局水文化建设的实践与探索 ··········· 1577
- 跟随新中国脚步　感悟治淮思想升华——河南治淮历程感悟 ··········· 1582
- 浅析新沂河水文化及传承 ··········· 1586
- 融媒体视阈下淮河文化的传播策略探究 ··········· 1591
- 挖掘治淮文化　弘扬治淮精神 ··········· 1595
- 水文文化建设实践与思考 ··········· 1599
- 浅析淮河水文化建设的内涵及功能价值 ··········· 1603
- 试论洪泽湖形成于万历初年的必然性 ··········· 1607
- 关于治淮水工程文化品位提升研究 ··········· 1612
- 关于淮河水文化发展与传承的研究 ··········· 1617
- 水工程在水文化传承和发展中的时代价值——以南四湖韩庄水利枢纽为例 ··········· 1621
- 多维度视域下的潘季驯治水实践及思想考察 ··········· 1625

议题四
推进数字孪生淮河建设

数字孪生袁湾水库关键技术研究及应用

尚银磊　刘建龙　马瑞志

(河南省水利勘测设计研究有限公司　河南 郑州　450016)

摘　要：本文在已有袁湾水库工程信息化系统成果的基础上，遵循"需求牵引、继承发展"的原则，以水利部提出的数字孪生水利工程建设顶层设计为技术路线，介绍数字孪生袁湾水库建设框架，提出数字孪生袁湾水库工程建设关键技术及相对应的实施方案，以期为全面建设数字孪生袁湾水库奠定基础，为推动新阶段水利高质量发展提供技术支撑。

关键词：数字孪生；袁湾水库；关键技术；智慧水利

1　引言

根据水利部印发的《关于大力推进智慧水利建设的指导意见》《智慧水利建设顶层设计》《"十四五"智慧水利建设规划》的有关安排和要求，以数字化、网络化、智能化为主线，以数字化场景、智慧化模拟、精准化决策为路径，以构建数字孪生流域为核心，全面推进算据、算法、算力建设，加快构建具有预报、预警、预演、预案(以下简称"四预")功能的智慧水利体系，为新阶段水利高质量发展提供有力支撑和强力驱动。水利部印发的《"十四五"期间推进智慧水利建设实施方案》(水信息〔2021〕365号)中也明确提出建设重大水利工程的数字孪生工程，包括搭建数字孪生平台、夯实信息基础设施、提升业务智能水平。在水利全要素数字化映射、全息精准化模拟、超前仿真推演和评估优化的基础上，实现水利工程的实时监控和优化调度、水利治理管理活动的精细化管理、水利决策的精准高效，以水利信息化驱动水利现代化[1]。

2　数字孪生袁湾水库建设目标

袁湾水库是一座以防洪为主，结合供水、灌溉，兼顾发电、改善生态等综合功能的大(2)型水利枢纽工程，坝址位于潢河上游光山县泼陂河镇和晏河乡交界处，水库以上流域属于新县和光山县。袁湾水库作为一项重大水利工程，是淮河流域上游防洪体系中的重要一环，在防洪、灌溉、保护水环境和水生态等方面发挥着巨大的作用，同时也关系到下游广大人民群众的生命财产安全和经济可持续发展。随着水利信息化的迅速发展，水库工程管理也面临着更高的要求，采用现代高新技术革新水利监控、监测体系和管理手段，按照"需求牵引、应用至上、数字赋能、提升能力"的要求，建设袁湾水库数字孪生工程势在必行。

通过BIM、GIS、无人机实景建模、数值仿真模拟、高保真可视化渲染等各种现代信息技术的综合应用，在建设袁湾水库数据底板基础上，搭建袁湾水库工程高保真三维数字孪生场景，汇聚工程全要素实时监测感知数据，建立物理实体和虚拟实体的信息传递和交互机制，实现袁湾水库工程全要素的数字化映射，使工程物理实体与虚拟实体实时交互、深度融合。通过构建洪水预报、水库调度、流态模拟、冲刷分析、渗透分析等各类水利专业模型,为袁湾水库数字孪生工程提供"算法"支撑,实现水利业务从数字化向智慧化转变,从而支撑水库工程的防洪调度、风险分析、工程安全评估、突发事件应急处置等具体的业务应用。

3 数字孪生袁湾水库建设关键技术

3.1 数字孪生工地物理空间虚实映射

3.1.1 数字孪生工地智能感知网络搭建方法

构建建设过程动态数据底板的多维立体感知网络,通过整周期中等相位和等时间间隔两种采样方式实时感知工程建设过程中关键要素,如模型生长、料源位置、物料运输路径、碾压遍数、浇筑温度等,以及水库运行过程中的水雨情监测信息、水位变化、位移形变监测、视频安全监控、无人机影像采集等感知数据,搭建天地空一体化感知网络,建立实时采集、传输、存储的数据处理机制,形成数据服务支撑数据底板的搭建及应用,为数据挖掘分析提供基础支撑。

3.1.2 数字孪生工地动态数据底板构建方法与标准

将全面感知、业务管理、空间分布等动态变化的异构数据融合管理和交互传输机制,去除冗余及重复数据并简化数据结构进行数据格式转换,对数据开展深度挖掘获取结构化、半结构化及非结构化数据中的核心要素,基于数据引擎对数据进行管理、开发以支撑数据应用,建立数字孪生数据分类标准、编码标准、存储标准及应用标准,根据存储数据的分类及编码结果,基于数据信息关联融合机制在可视化场景模型上实现数据的实时更新,如可视化模型的生长与融合、数据模型的更新与融合、智能模型的更新与优化、知识网络的扩张与融合等[2]。

3.2 基于数字孪生的袁湾水库智能建造关键技术

3.2.1 数字孪生水库工程多维建管机理模型及智能分析技术

聚焦建设期业务所涉及的机理模型及智能分析方法,机理模型包括工程安全分析预警模型、流固耦合模型、多维多尺度耦合模型等,支撑各大小尺度以及不同空间维度的仿真模拟分析,如地下渗流场、应力场、位移场、应变场、流体形态等场变量及过程量的模拟分析及评价[3]。依托大数据分析等人工智能算法模型支撑建设期智能分析,根据实际需求并结合建立的机理模型分析结果,融入不同指标模型提出智能分析方法,同时为支撑具体应用对 AI 识别模型进行研究,支撑视频识别及安全预警、语音识别及问答推荐等功能的实现,对大型漂浮物、流道破损、核心区域人员进出、库区违章行为等进行智能识别。

3.2.2 多源感知驱动的工程建设业务管控分析模型构建方法

基于多源感知驱动下的工程建设期业务管控模型的构建方式,构建智能感知网实时获取动态变化中的建设期多源异构数据,融入机理模型应用方法及智能分析技术开展业务管控分析模型的研究。覆盖建设期施工全过程核心管控要素,同时建立预警指标体系,基于现行方案开展仿真模拟(如进度模拟、施工仿真、场变量仿真等)及智能分析,对模拟分析结果进行进一步预测及预警展示,对现行方案进行评价评级,为后续方案优化提供参考标准,形成监测感知、仿真模拟、预测预警、分析评价、方案优化的业务管控分析模式,最终完成建设期整体管控分析模型的构建。

3.2.3 基于时序驱动的"BIM+"的施工过程仿真预演

依托 BIM 时序模型的构建方式及"BIM+"的仿真预演模式,先将时间序列融入 BIM 模型的构建与数据融合过程，包括 BIM+GIS、BIM+IOT、BIM+AI 以及 BIM 与业务管控要素的融合等几方面。BIM+GIS 实现大场景中的模型融合与动态生长，如 BIM 模型与倾斜摄影模型融合生长、BIM 模型与 GIS 模型融合生长等；BIM+IOT 实现模型与监测感知数据的一体化集成并提供仿真分析数据基础[4]；BIM+AI 实现大数据的智能挖掘以获取物理属性信息、预测预警信息、可视化优化模式、轻量化处理方式、模型分类组合形式、地物地类识别情况等；BIM 与业务管控要素的融合作为施工过程预演核心，实现施工过程业务信息在 BIM 模型中的动态生长及变化，与 GIS、AI、IOT 等进行集成实现业务管控过程分析及预演。再按照不同时间阶段划分时间序列进行数据存储与分类，若使用外部软件分析，应融合时序过程研发接口实现结果导入，在模拟仿真平台完成任一时间段内的信息生长更新融合过程的仿真预演可视化展示。

3.2.4 知识引擎驱动的袁湾工程施工质量预警与优化方法

研究知识引擎的构建方式，采用知识图谱技术，对知识库中的基础数据进行知识抽取、知识融合、图谱存储、知识表示，形成知识应用以支撑施工质量的预警与方案优化。

采用迁移学习和监督学习等方法，结合场景配置需求和数据供给条件，构建实体—关系—属性三元组知识，从专家经验库、历史情境库、质量管控方案库、文档库、标准规范等不同知识库中，对不同结构的数据进行知识提取，采用语义融合与结构融合算法对相关知识单元实体消歧、对齐（标识唯一化）和链接，运用基于图数据库或 RDF 数据库等的存储知识，形成一张由知识点相互连接而成的语义网络，并为用户直观展示多实体之间的逻辑关系，完成知识引擎的构建。

3.3 数字孪生袁湾水库调度运行"四预"智慧化模拟关键技术

3.3.1 基于机器学习的工程安全监测智能预警模型

利用智慧化手段，通过工程智能感知网络获取工程运行海量数据，构建工程安全监测智能分析模型。建立工程运行样本库，利用数据挖掘方法，完成水库的来水预报模型、库区洪水演进模型、溃坝分析模型、工程安全分析预警模型及其他与"四预"相关的计算模型研发。基于计算模型的数据基础，针对工程监测效应量作用机理的复杂性及监测奇异值诊断工作的繁复性，借助人工智能技术中神经网络优越的信息处理能力和深度学习能力，完成基于视频及图像 AI 识别、安全监测文本处理、大数据分析等人工智能和深度学习算法的模型构建，建立安全风险等级分析模型，对工程安全进行全方位监测，对大型漂浮物、闸门运行状态、流道破损、核心区域人员进出、库区违章行为等进行智能识别预警[5]。

3.3.2 基于大数据的工程安全风险预报与预警方法

依托数字孪生袁湾水库建设的感知网与数据支持，运用大数据分析挖掘方法，实现各类危险源的智能化识别与关联性分析，形成工程安全风险预报模型库；结合主流风险评价方法与标准，构建适用于袁湾水库安全运行风险的案例库、知识库与推理方法，实现智能化风险等级划分与预警。建立风险因素识别体系，识别工程运行风险关键危险源类别，研究面向监测数据、巡检文本、视频图像的危险源识别方法；建立统一的风险事件描述框架，探索异构危险源信息融合与关联分析方法，构建风险预报模型；构建工程运行安全事故案例库、专家知识库，结合案例匹配与规则推理等方法，建立袁湾水库工程运行安全风险预警系统。如图 1 所示。

3.3.3 基于"BIM+"的防洪调度可视化展示方法

基于"BIM+"技术建立二/三维可视化场景，包括 BIM+GIS、BIM+CAE、BIM+AI、BIM+IOT 等，集成智能运行调度管理系统、水雨情监测与预警系统、视频监测系统等业务系统的防洪调度相关信息、物联感知的监测检测信息、仿真模拟信息，建设防洪调度业务场景，可视化呈现流域基本信息以

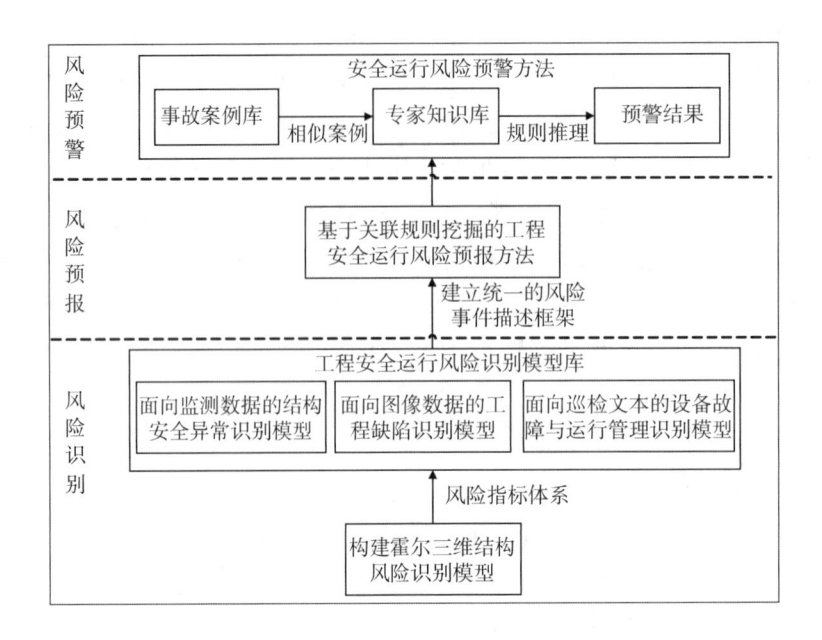

图 1　基于大数据的工程安全风险预报与预警方法

及水库枢纽及库区水位、闸孔开合、气象等情况，基于水库泥沙水动力学模型、蓄水淹没模型、库区洪水演进模型对不同调度预案的水库运行情况进行可视化展示及推演模拟，为防洪、调度等业务提供数据可视化支持及会商支持[6]。满足流域基本信息查询展示、气象信息查询展示、流域调度方案展示、防汛调度预案预演、防汛管理一张图、调度指令信息查询、调度运行状态实时模拟、水沙调度方案推演模拟等可视化展示需求。

3.3.4　基于 MR/AR 的人机交互预演方法

传统工程展示和洪水预演方法是在显示屏上展示，通过设置固定路径或是鼠标转动视角来改变观察者的观看内容。随着科技的发展，MR/AR 技术已经成为数字孪生应用中不可缺少的一环。依托数字孪生袁湾水库工程的数字模型，综合运用手部跟踪、眼球跟踪、Shader 编程、网格编程等多种技术，制作支持 MR/AR 设备的更强的虚实融合场景，为预演提供多终端的人机交互方式。

在 MR/AR 设备的佩戴者眼前呈现全息影像，设备通过手势识别、眼球跟踪、姿势变化等进行人机交互。在工程展示和土石坝洪水预演中，MR/AR 场景连接互联网，通过互联网访问数字孪生平台的后台服务，把后台服务计算好的结果呈现到 MR/AR 场景中。通过传递的坐标信息和流速信息构建流速场等，按时间的顺序实时改变流速场分布，实时显示水力学模型计算结果，从而实现预演方案在虚实融合场景中的跨终端体验。

4　总结

目前，数字孪生技术在水利工程信息化建设中已经取得了部分应用实效，形成了一定的业务实践积累与平台化产品。然而，离真正的"万物感知互联、虚实孪生融合"[7]的数字孪生袁湾水库工程的目标仍有一定的距离，尤其是在信息建模、实时同步、智能分析、交互决策方面仍有待进一步提高。现阶段，按照河南省水利厅"一河四库"数字孪生建设先行先试的要求，依托袁湾水库初步建立较为完善的数字孪生水利工程平台，实现技术探索和积累，也在探索和尝试中对数字孪生关键技术进行优化与完善。

[参考文献]

[1] 蔡阳,成建国,曾焱,等.加快构建具有"四预"功能的智慧水利体系[J].中国水利,2021(20):2-5.

[2] 孙世友,鱼京善,杨红粉,等.基于智慧大脑的水利现代化体系研究[J].中国水利,2020(19):52-55.

[3] 刘昌军.基于人工智能和大数据驱动的新一代水文模型及其在洪水预报预警中的应用[J].中国防汛抗旱,2019,29(5):11+22.

[4] 蒋亚东,石焱文.数字孪生技术在水利工程运行管理中的应用[J].科技通报,2019,35(11):5-9.

[5] 蒋云钟,冶运涛,赵红莉,等.水利大数据研究现状与展望[J].水力发电学报,2020,39(10):1-32.

[6] 刘昌军,吕娟,任明磊,等.数字孪生淮河流域智慧防洪体系研究与实践[J].中国防汛抗旱,2022,32(1):47-53.

[7] 黄艳.数字孪生长江建设关键技术与试点初探[J].中国防汛抗旱,2022,32(2):16-26.

[作者简介]

尚银磊,男,1990年4月生,工程师,主要从事水利信息化工作,15938711210,1066763598@qq.com。

淮河中游水文水动力学耦合模型研究及应用

陈邦慧 王 凯 赵梦杰 胡友兵 冯志刚

（淮河水利委员会水文局（信息中心） 安徽 蚌埠 233001）

摘 要：淮河中游王家坝至吴家渡河段河道坡降平缓、狭窄弯曲，洪水宣泄不畅，汛期面临的防洪压力巨大，同时中游两侧支流及行蓄洪区众多，为洪水预报带来了极大的挑战。为进一步提升淮河中游河道重要控制站点水位预报精度，本文在分析研究区产汇流及河道洪水传播规律基础上，构建了淮河王家坝至吴家渡河段水文水动力学耦合模型，率定了适用于研究区的模型参数，并在实时洪水预报作业中进行了应用。结果表明，模型可以较好地反映复杂下垫面条件下研究区的洪水规律，具有较高的预报精度，能够为流域防洪工程调度决策提供科学依据。

关键词：淮河中游；水文学模型；水动力学模型；实时洪水预报

1 引言

淮河中游王家坝至吴家渡河段河道平缓，复式断面明显，两岸支流众多，使得这一地区的洪水模拟和计算极为复杂，一直以来人们都在不断寻求新的方法，希望能够概化出合理的模型来解决淮河中游河道的洪水模拟计算问题[1-2]。

流域径流过程大体上可分为产流和汇流两个部分。目前淮河实时洪水预报作业中大多使用的是马斯京根法等传统河道汇流演算方法，此类方法根据水量平衡和槽蓄方程进行流量的计算[3]，难以考虑地形条件、来水顶托等多种因素的影响，从而导致模拟效果常常不甚理想。此外，淮河水系工程的启用都以水位作为标准，而传统的水文学模型仅能直接给出流量过程，水位预报需通过水位-流量关系进行转换，这不仅不能直接满足淮河流域的防汛要求，还会因为水位-流量关系的不稳定带来新的误差。因此，在淮河中游河道利用水动力学模型进行计算，给出不同断面的水位和流量过程，无论是从提高淮河洪水模拟计算的精度还是从更加贴合淮河防汛实际应用的角度来看，都是合理且必要的。但是，水动力学模型在应用时必须要输入计算的边界条件，这些都需要通过水文学模型进行流域产汇流计算得来。

综合以上考虑，本研究采用水文水动力学耦合模型对研究区洪水过程进行模拟计算，并将模型在淮河实时洪水预报作业中进行实践应用。

2 水文水动力学耦合模型构建

本研究中构建的水文水动力学耦合模型，首先在王家坝以上流域以及王家坝至吴家渡河段之间的各个区间建立水文学模型进行产、汇流计算，其结果分别作为干流河道水动力学模型的上边界入流和区间入流[4]。研究收集了吴家渡站大、中、小不同量级的历史典型洪水中实测的水位、流量关系点据，分别通过二次多项式拟合得到多条水位流量关系式 $Q = f(Z)$，在实时作业预报中可见当前洪水发展趋势,根据相似性原则选择适当的水位流量关系式作为水动力学模型的下边界条件。鉴于研究区内以湿润、半湿润气候为主,且下垫面空间变化较大,本研究水文学模型选用分布式新安江模型。此外研究区内大型支流重要控制站点以上流域也需要通过新安江模型计算得到流量过程,之后再演算至河口作集中旁侧入流处理。由于在支流河道缺乏足够的实测大断面地形资料,无法满足河道水动力学模拟计算需求,洪水在支流中的演算采用马斯京根法。在淮河干流河道建立一维水动力学模型,对划分后的河段列出描述河道洪水波运动的圣维南方程组,求解过程中选择 Preissmann 四点隐式差分格式对方程组进行离散,并利用追赶法求解得到干流河道各断面水位和流量[5-6]。

2.1 新安江模型

新安江模型是国内第一个完整的流域水文模型,其充分考虑了流域下垫面和降水上的空间分布不均问题,采用分散性结构设计,单元流域上的计算流程如图 1 所示。采用新安江模型计算时,输入为实测的降雨过程和蒸发皿蒸发过程,输出为流域出口断面的流量过程,其中计算过程分为蒸散发、产流、分水源和汇流四个层次。

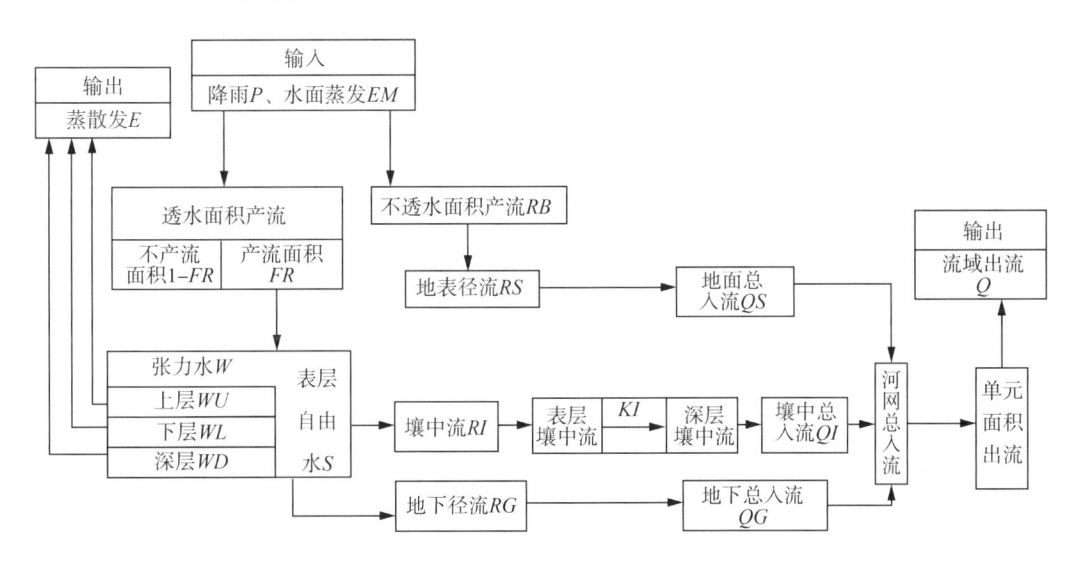

图 1　三水源新安江模型计算流程

(1) 蒸散发计算

考虑到土壤垂向分布的不均匀性,采用三层蒸散发模型计算流域蒸散发。计算公式如下:

$$WM = UM + LM + DM \tag{1}$$

$$W = WU + WL + WD \tag{2}$$

$$E = EU + EL + ED \tag{3}$$

$$EP = KC \cdot EM \tag{4}$$

式中:WM 为平均张力水容量,UM、LM、DM 分别为上层、下层、深层张力水容量,mm;W 为总的张力水蓄量,WU、WL、WD 分别为上层、下层、深层张力水蓄量,mm;E 为总的蒸散发量,EU、EL、ED 分别为上层、下层、深层蒸散发量,mm;EP 为蒸散发能力,mm;KC 为蒸散发折算系数。

(2) 产流计算

新安江模型中的产流计算基于蓄满产流的假定,采用蓄水容量和面积分配曲线来解决流域内土壤缺水量分布不均匀的问题。假定扣除雨期蒸发后的降雨量为 PE,总径流量为 R,有:

若 $PE+A<WMM$，即局部产流时，

$$R = PE-(WM-W_0)+WM\left(1-\frac{PE+A}{WMM}\right)^{1+B} \quad (5)$$

若 $PE+A\geqslant WMM$，即全流域产流时，

$$R = PE-(WM-W_0) \quad (6)$$

式中：WMM 为流域单点最大蓄水量，mm；B 为蓄水容量分布曲线的指数；WM 为流域平均最大蓄水容量，mm。

（3）汇流计算

通过水源划分计算，可将计算得到的总径流划分为地面径流、地下径流和壤中流三个部分，并分别进行汇流计算。其中地表径流采用单位线法，壤中流和地下径流采用线性水库法：

$$QS_t = RS_t \cdot UH \quad (7)$$

$$QI_t = CI \cdot QI_{t-1}+(1-CI) \cdot RI_t \cdot U \quad (8)$$

式中：QS 为地表径流，m³/s；UH 为时段单位线，m³/s；RS 为地表径流量，mm；QI 为壤中总入流，QG 为地下总入流，m³/s；CI 为消退系数；RI 为壤中流，RG 为地下径流，mm。

2.2 一维水动力学模型

1871年，法国科学家圣维南提出了用于描述洪水演进的方程组，该方程组后来被命名为圣维南方程组。描述任意河段的方程组包含一个连续方程和一个动力方程：

$$\frac{\partial A}{\partial t}+\frac{\partial Q}{\partial x} = q_l \quad (9)$$

$$\frac{\partial Q}{\partial t}+\frac{\partial}{\partial x}(\alpha Qu)+gA\frac{\partial Z}{\partial x}+gA\frac{|Q|Q}{K^2} = q_l V_x \quad (10)$$

式中：x 和 t 分别为距离(m)和时间(s)，是自变量；A 为过水面积，m²；Q 为断面流量，m³/s；q_l 为旁侧入流，入流为正，出流为负，m²/s；α 为动量校正系数；u 为流速，m/s；Z 为水位，m；K 为流量模数；g 为重力加速度，m/s²；V_x 为入流沿水流方向的速度，m/s，若旁侧入流垂直于主流，则 $V_x=0$。

圣维南方程组是双曲型偏微分方程组，该方程组至今无法用数学理论求得解析解，一般采用数值法求解。本研究采用Preissmann四点隐式差分格式，将圣维南方程组离散为如下格式，并通过追赶法求解[7]：

$$Q_{j+1}^{n+1}-Q_j^{n+1}+C_j Z_{j+1}^{n+1}+C_j Z_j^{n+1} = D_j \quad (11)$$

$$E_j Q_j^{n+1}+G_j Q_{j+1}^{n+1}+F_j Z_{j+1}^{n+1}-F_j Z_j^{n+1} = \varphi_j \quad (12)$$

其中，C_j、D_j、E_j、F_j、G_j、φ_j 均由初值计算，所以该方程组为常系数线性方程组。

3 模型参数率定及应用

3.1 流域概况

淮河吴家渡站位于淮河中游，控制流域面积 121 300 km²，距淮河河源 620 km，其中王家坝站至

吴家渡站 260 km。吴家渡以上中游河段在安徽境内河段平均河道比降为万分之零点三。流域内支流众多，南岸支流发源于山丘或丘陵区，雨量充沛，源短流急，较大支流有潢河、史灌河、淠河、东淝河等。北岸支流为发源于伏牛山区的洪汝河、沙颍河及涡河等平原河道，其中沙颍河长 624 km，流域面积 39 880 km²，是淮河最大支流。吴家渡站洪水来源主要为淮河干流上游来水，一般均为复式洪峰，洪量大、峰型平缓，水位流量关系呈绳套曲线。历年最高水位为 22.18 m（1954 年 8 月 5 日），历年最大流量为 26 500 m³/s（1931 年 7 月 15 日水文分析值）。

3.2 模型参数率定

本研究共需率定 11 个分区的新安江模型参数和中游沿程河道断面糙率，率定选取的率定资料包括 1954 年以来流域降水和蒸发资料、研究区内各站点水位和流量资料、地形资料、河道断面资料和工程应用资料等。本研究中的干支流主要控制站点历史资料序列完善，为模型参数率定工作提供了丰富的样本数据，经率定各分区新安江模型参数和淮河干流河道断面糙率参数分别如表 1 及表 2 所示。

表 1 吴家渡以上流域各分区新安江模型参数率定成果

模型参数	息县以上	班台以上	王家坝区间	蒋家集以上	横排头以上	阜阳以上	王家坝—鲁台子（南）	王家坝—鲁台子（北）	蒙城闸以上	鲁台子—蚌埠（南）	鲁台子—蚌埠（北）
K	1.1	1.4	1.18	1	1	2.2	1.18	1.18	1.18	1.18	1.18
B	0.42	0.4	0.4	0.4	0.4	0.4	0.4	0.4	0.4	0.4	0.4
C	0.2	0.28	0.12	0.2	0.16	0.28	0.12	0.16	0.16	0.12	0.16
WM	110	170	120	120	120	170	120	180	180	120	180
WUM	20	20	20	20	15	20	20	60	60	20	60
WLM	60	60	40	60	60	60	40	60	60	40	60
IM	0.01	0.01	0.01	0.01	0.02	0.01	0.01	0.01	0.01	0.01	0.01
SM	15	28	20	10	20	28	20	60	60	40	60
EX	1.2	1.2	1.2	1.2	1.2	1.2	1.2	1.2	1.2	1.2	1.2
KG	0.45	0.35	0.15	0.45	0.45	0.35	0.15	0.45	0.45	0.15	0.45
KI	0.25	0.25	0.55	0.25	0.25	0.25	0.55	0.25	0.25	0.55	0.25
CG	0.9	0.95	0.95	0.98	0.95	0.95	0.95	0.98	0.98	0.95	0.98
CI	0.7	0.65	0.8	0.65	0.6	0.65	0.85	0.85	0.85	0.85	0.85
X	0.2	0	0.1	0.2	0.46	0	0.1	0.1	−0.2	−0.2	−0.2
CS	0.1	0.6	0.35	0.02	0.3	0.06	0.35	0.35	0.8	0.8	0.8
L	0	2	2	1	0	2	2	2	0	0	0

表 2 淮河干流王家坝至吴家渡河段河道断面糙率率定成果

区间河段	上游水位(m)	沿程阻力糙率
王家坝—润河集	各水位均适用	0.019 5
润河集—正阳关	22.0 以下 22.0～25.0 25.0～26.0 26.0～28.0	0.022 0.021 0.020 0.019
正阳关—鲁台子	22.0 以下 22.0～24.0 24.0～26.0 26.0～27.0	0.019 0.019 0.020 0.021
鲁台子—淮南	21.0 以下 21.0～24.0 24.0～26.5	0.019 0.019 0.021
淮南—吴家渡	19.0 以下 19.0～22.0 22.0～23.0 23.0～24.5	0.018 0.018 0.020 0.021

3.3 模型应用

2021年7月2日—9日，受梅雨锋影响，淮河流域中南部除息县以上外降水量普遍在100 mm以上，其中沿淮淮滨至鲁台子、涡河下游、洪泽湖北部、里下河部分地区超200 mm，王家坝附近冯岗站降水量最大，为504 mm，淮河水系面雨量116.8 mm。淮河流域7月2日—10日面平均雨量分布情况如图2所示。

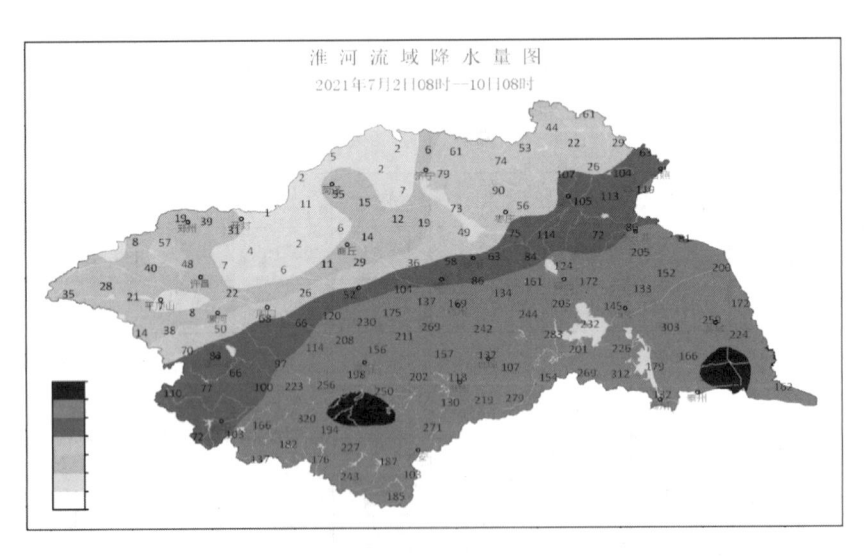

图 2 淮河流域 2021 年 7 月 2 日—10 日面雨量图

受降水影响，淮河干流出现一次明显涨水过程，其中王家坝站出现接近警戒水位洪水过程。在此次实时洪水预报作业过程中，采用构建的水文水动力学耦合模型计算了淮河重要控制站点的水位和流量过程，为直观起见，给出了干流王家坝站、润河集站、正阳关站、吴家渡站的预报和实测洪水过程，如图3所示。根据《水文情报预报规范》(GB/T 22482—2008)中所列举的相关方法[8]，对模型的预报结果从多方面进行了精度评定,如表3所示。

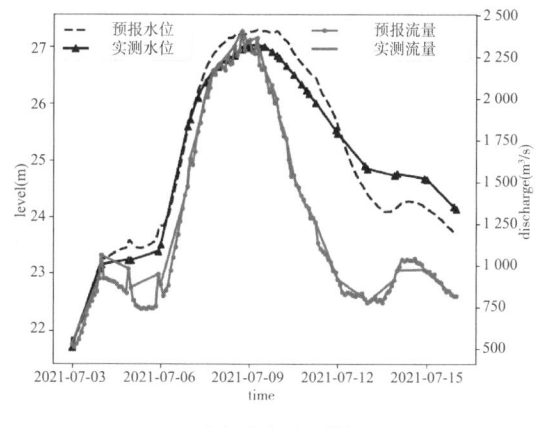

(a) 王家坝站实测及模拟过程

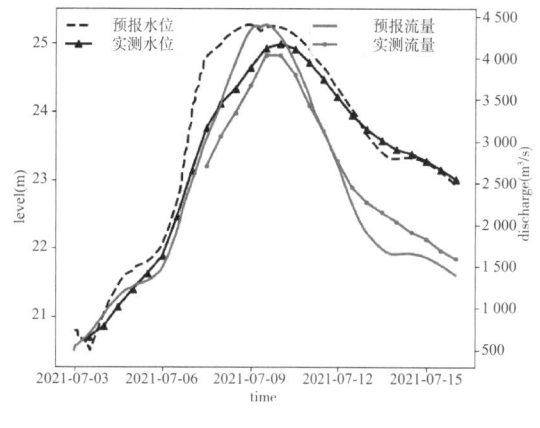

(b) 润河集站实测及模拟过程

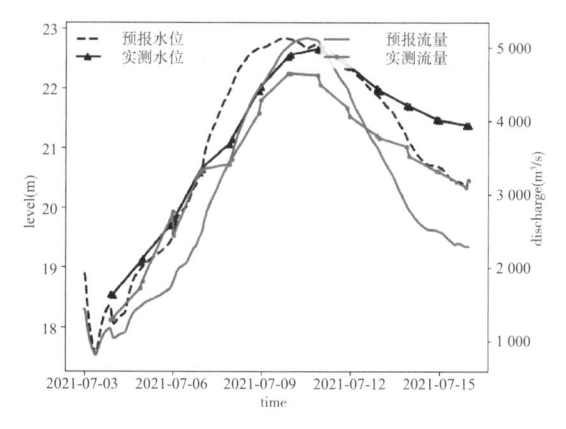

(c) 正阳关站实测及模拟过程

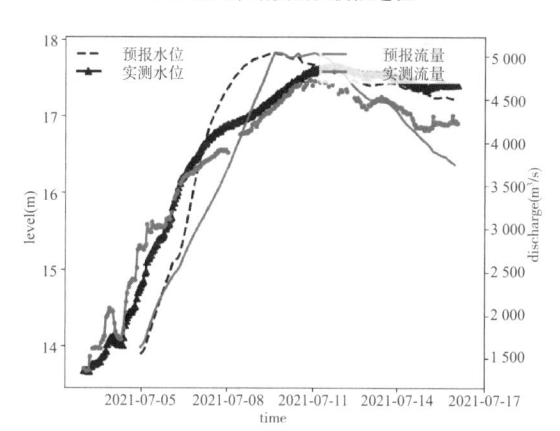

(d) 吴家渡站实测及模拟过程

图 3　淮河干流重要控制站点模拟及实测洪水过程

表 3　重要控制站点预报精度成果评定表　　　　　单位:流量(m^3/s),水位(m)

站点	预报流量	实测流量	流量相对误差(%)	流量绝对误差	流量允许误差	流量预报精度	预报水位	实测水位	水位绝对误差	水位允许误差	水位预报精度
王家坝	2 400	2 410	−0.4	−10	482	优秀	27.25	27.03	0.22	0.70	良好
润河集	4 380	4 030	8.7	350	806	良好	25.26	24.99	0.27	0.62	良好
正阳关	5 100	4 640	9.9	460	928	良好	22.75	22.66	0.09	0.58	优秀
吴家渡	5 080	4 730	6.3	300	946	良好	17.82	17.65	0.17	0.41	良好

结果表明,本研究所构建的水文水动力学耦合模型在该场次的实时洪水预报中各站点流量、水位预报精度均达到良好等级及以上,尤其是准确预报了王家坝站洪水接近但不超过 27.5 m 的警戒水位,为相关洪水防御工作的部署决策提供了科学依据。

4　结论与展望

本文基于研究区产汇流及河道洪水传播规律,构建了王家坝至吴家渡河段水文水动力学耦合模型,率定了适用于研究区的模型参数并在实时洪水预报作业中进行了实践应用,总结如下:

(1) 充分研究了淮河中游干支流的洪水特性、流域区间的产汇流特征,根据研究范围内流域产汇流特性空间变化大、河道洪水传播规律复杂的实际情况,建立了新安江流域水文模型与河道一维水动力学耦合的数学模型,并率定了 11 个分区的新安江模型参数和淮河干流中游河段的断面糙率系数。

（2）水文水动力学耦合模型可以在具备洪水预见期的同时,实现直接同时计算河道断面水位及流量过程的功能,是丰富洪水预报手段、提升洪水预报精度的有效途径。经场次洪水预报实践证明,本研究构建的水文水动力学耦合模型具有良好的预报精度,可以用于实时洪水预报作业。

（3）支流来水对淮河干流洪水具有重要的影响,但由于缺乏足够的支流河道地形资料,未能建立起干、支流一体的河网水动力学模型,只能以马斯京根法模拟洪水在支流的演进过程,这种方法虽然具有一定的合理性,但不能充分模拟干流河口处的水力学特性,从而影响模型计算精度。建议增测相关地形资料,以满足河网水动力学模型构建的需求。

[参考文献]

［1］李大洋,梁忠民,周艳,等.基于水文—水力学耦合的淮河中游河道洪水预报及不确定性分析［J］.水电能源科学,2017,35(12):44-47+13.

［2］徐时进.淮河水系水文水力学模型的构建与应用［D］.南京:河海大学,2005.

［3］芮孝芳.水文学原理［M］.北京:中国水利水电出版社,2004.

［4］Singh V P. Computer models of watershed hydrology[M]. Littleton, Colorado, USA: Water Resources Publications,1995.

［5］Anderson M G, Burt T P. Hydrological Forecasting[M]. New York:John Wiley & Sons,1985.

［6］Samuels P G, Skeels C P. Stability limits for Preissmann's scheme[J]. Journal of hydraulic Engineering,1990,116(8):997-1012.

［7］王船海,李光炽,向小华,等.实用河网水流计算［M］.南京:河海大学出版社,2015.

［8］水文情报预报规范:GB/T 22482—2008［S］.北京:中国标准出版社,2008.

[作者简介]

陈邦慧,男,1994 年 9 月生,工程师,主要研究方向为水文预报和水利信息化,0552-3093334,1741134770@qq.com。

基于机载 LiDAR 点云的建筑物信息提取研究

阮玉玲

(中水淮河规划设计研究有限公司　安徽　合肥　230601)

摘　要：作为对地观测领域的新兴技术，机载激光雷达(Light Detection And Ranging，LiDAR)因其独特的技术优势成为快速获取建筑物信息的重要手段。本研究基于机载 LiDAR 点云数据，通过点云粗差剔除、点云滤波与分类后得到地面点云和建筑物点云，继而采用点云规则格网化技术生成深度影像。针对深度影像，采用图像处理算法(二值化、区域增长连通、图像检测等)获取建筑物轮廓和角点信息。研究结果表明：基于 LiDAR 点云提取建筑物信息的方法适用性较强，在不需要其他外部辅助数据的情况下能够有效实现建筑物信息的快速提取，为建筑物信息快速获取与更新提供新思路。

关键词：LiDAR 点云；规则格网化；灰度图像；建筑物信息提取

1　引言

随着城市化进程的不断推进，建筑物信息对于建设管理、规划等领域具有重要意义[1]。特别是在水利工程建设与生态环境保护中，快速、准确地获取与更新建筑物信息尤为重要。目前，传统的建筑物空间信息获取主要依赖航空摄影等测量技术，涉及正射影像图制作与数字化过程，其数据采集工序烦琐、周期长、效率低，很难满足数据实时获取和快速更新的需求[2]。

机载激光雷达(Light Detection And Ranging，LiDAR)主要由激光测距系统、惯性导航装置、动态差分 GPS 和成像系统组成[3]，由于其外业数据采集成本低、精度可靠，因而成为测量领域的一种重要的信息获取手段。通过处理 LiDAR 获取到的三维空间信息能够获得各种类型的地物信息，包括建筑物信息、道路信息、植被信息等。相较于其他数据源，LiDAR 数据采集具有安全可靠和受天气影响小的优点，能够在较短周期内获取丰富的地物信息，满足数据现势性的需要。因此，LiDAR 成为获取建筑物信息的重要数据源[4]。但是，由于 LiDAR 点云数据量庞大，且具有离散无序、密度不均等特性，如何高效、自动地从 LiDAR 点云中获取建筑物信息，成为当下研究的重难点[5]。

目前，已有大量研究人员深入探讨基于 LiDAR 点云提取建筑物信息的问题，并取得了一定的成果[6-8]。从研究方法上看，基于 LiDAR 点云获取建筑物信息的方法分为直接法和间接法两种。直接法是直接对点云进行处理从而获取建筑物信息[9-11]，而间接法则是将点云栅格化为深度图像，然后利用图像处理算法提取建筑物信息[12-13]。对比两种方法，直接在没有任何拓扑关系的离散 LiDAR 点云上检测建筑物边界特征较为困难，而将 LiDAR 点云转换为影像，借助数字图像处理领域成熟算法能够有效进行建筑物特征检测。基于上述对比分析，本研究拟利用机载 LiDAR 点云生成深度影像，在此基础上利用图像处理算法提取建筑物信息。

2　建筑物信息获取方法与技术流程

利用机载 LiDAR 数据实现建筑物信息提取，首先对原始点云进行预处理以减少噪声对后续研究的干扰,其次通过点云滤波和分类算法提取地面点云和建筑物点云,再通过点云规则格网化技术将地面点云和建筑物点云转化成深度影像,最后通过图像增强、边缘检测技术提取深度影像中建筑物轮廓线和角点信息。本研究的技术流程如图1所示。

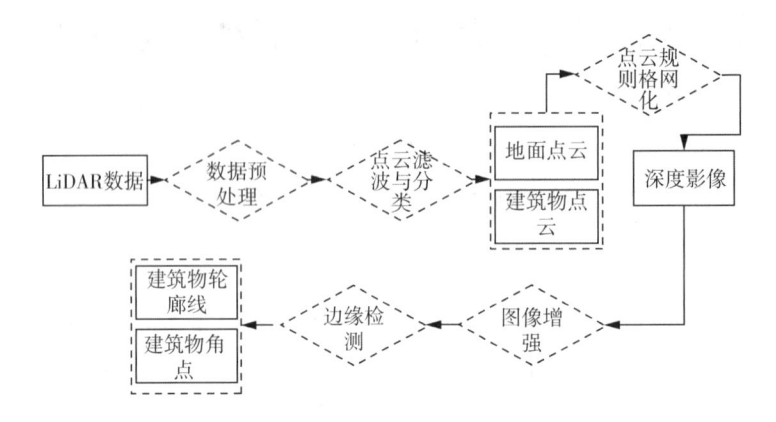

图 1 技术流程图

2.1 点云数据预处理

在经过航测外业飞行作业后,机载雷达可获取原始 LiDAR 点云。但是,外业工作时数据采集环境通常复杂多变、植被等地物存在多路径反射效应等均会导致原始数据存在一定的噪声点(即粗差点)。噪声点的存在会增加 LiDAR 点云分类的难度,降低点云分类的精度,必须进行剔除。通常情况下,噪声点具有离群性,其周围点云相对较少,整体呈现比较稀疏的状态。考虑到噪声点的分布特征,本研究采用 SOR(Statistical Outlier Removal)滤波进行粗差剔除。

SOR 滤波算法可以概括如下:给定一个领域 k,依次计算每一个点到其 k 领域内所有邻近点的距离 d,然后计算该点 k 领域到所有邻近点的平均距离 $\bar{d}$,如式(1)所示。随后将每一点和该点的平均距离 $\bar{d}$ 作为样本数据,假定正常数据满足高斯正态分布,则认为处于指定置信区间外的点是异常值点。高斯正态分布曲线由给定样本数据的均值 μ 和标准差 σ 决定,此时,规定一个由非零常数 ξ 决定的标准范围 S,即阈值,计算公式如式(2)所示。随后依次判断每个点的 $\bar{d}$ 与 S,当该点的 $\bar{d}$ 不满足阈值 S 时,则认定此点是噪声点。

$$\bar{d} = \sum_{i=1}^{k} \frac{d}{k} \tag{1}$$

$$S = [\mu - \xi\sigma, \mu + \xi\sigma] \tag{2}$$

基于 SOR 滤波算法,在一定程度上能够将粗差点从原始点云数据中移除。

2.2 点云滤波与分类

考虑到生成深度图像时植被、道路等其他类别地物对于建筑物边缘的遮挡影响,需要从原始数据中提取建筑物点云,这涉及点云滤波与分类算法。在点云滤波与分类算法中,基于不规则三角网(TIN)渐进加密的方法最为经典、有效,具有普适性。该方法内置于 Terrasolid 软件中,分类后的点云类别如表1所示。

表 1　Terrasolid 软件里默认的点云分类类别

层 id	类别	一般用途
0	Class	默认的层
1	Default	默认的层
2	Ground	地面点
3	Low vegetation	低植被
4	Medium vegetation	中等植被
5	High vegetation	高植被
6	Building	建筑物
7	Low point	噪点层
8	Model key points	模型关键点

本研究基于 Terrasolid 软件完成地面点云和建筑物点云的提取，并将地面点云和建筑物点云合并作为生成深度影像的初始点云。

2.3　点云数据生成深度影像

由点云数据生成深度影像包括两个关键步骤，即点云的规则格网化以及空像素的赋值处理。

2.3.1　点云数据的规则格网化

针对初始三维点云，首先使用主成分分析（Principal Component Analysis，PCA）方法将三维点云投影至二维平面获取二维点 S_{2D}，如式（3）所示：

$$S_{2D} = \{(x_i, y_i), i = 1, 2, \cdots, n\} \quad (3)$$

其中，n 为点云个数。然后依次计算每个三维点云到该投影平面的距离 d_i，该距离代表点云的深度信息。随后依据点云数据最大、最小坐标 x_{max}、y_{max}、x_{min}、y_{min}，根据规则格网的网格大小将单个点云划分到对应网格中，实现点云的规则格网化[14]。深度图像的像素灰度值具有唯一性，但规则格网内点云个数无法确定，从而导致图像像素内灰度值无法直接确定。针对多点像素，本研究计算该像素内所有点距离投影平面的最大距离，用作该像素的深度信息，随后将各像素的深度信息映射为灰度值，从而生成深度图像。

此外，针对空像素需要进行赋值处理，否则空像素会使得图像特征不连续，极大地影响后续处理。

2.3.2　空像素的赋值

个别区域点云太过稀疏或雷达扫描时无回波信息，使得该区域构成深度图像时产生空洞，本研究计算空像素一定邻域内的非空像素的灰度平均值，作为空像素的灰度值。主要过程描述如下：

对于初始深度图像，检查图像是否存在空像素，如果存在则得到所有空像素的集合，依次对空像素进行赋值处理。以空像素为中心，设置该中心邻域像素的个数为 ω，ω 从 1 开始，判断空像素在该邻域内是否全为空，如果全为空，则增加 ω 的值，直到邻域内存在非空像素。当空像素的邻域窗口大小确定后，基于该邻域窗口内非空像素的平均灰度值对空像素进行赋值，迭代上述操作直至消除图像空洞，为后续提取建筑物信息提供基础。

2.4　建筑物信息提取

2.4.1　灰度变换增强

建筑物高程差异不大，生成的深度影像的灰度直方图可能不够均衡，使得建筑物边缘不够清晰，会给建筑物信息提取带来一定的困难。而灰度增强是调节图像对比度的过程，通过灰度增强，图像中各个像素值灰度值能够尽可能地分布均匀或者满足一定的分布特征，使得图像特征更加明显。

2.4.2 区域增长滤除小区域面积

将灰度变换增强后的图像进行二值化处理，能够有效突出建筑物特征。考虑到在提取建筑物和地面点云时难免存在少量其他地物点的干扰，二值化后的建筑物区域可能存在破碎、空洞的现象。为了解决这个问题，本研究根据建筑物具有面域规则、连通面积大等特性，使用区域增长算法将破碎的建筑物区域进行连通，为建筑物边缘提取提供了帮助。

2.4.3 边缘检测与角点检测

图像处理中的边缘检测算子为基于深度影像的建筑物轮廓边缘提取提供了有效手段，常见的边缘检测算子包括 Sobel 算子、拉普拉斯算子、Canny 算子等。其中 Canny 算子能够检测到建筑物边缘在梯度上的变化趋势，使得检测结果更为细致、精确。因此，本研究结合实验数据采用 Canny 算子提取建筑物轮廓。在得到建筑物轮廓特征后，需要从中提取角点信息，而 Harris 算子能够设定一定大小的窗口在图像上进行滑动，当在任意方向移动该窗口，窗口内的像素灰度都会发生较大变化时，认为该窗口包含角点。依据此原理，Harris 算子能够有效获得深度影像中建筑物轮廓线角点。

3 实验结果及分析

本研究依托淮河流域奎濉河综合治理工程项目，选取该项目某区域的机载 LiDAR 点云数据为研究数据，研究区面积为 400 m×400 m，LiDAR 点云密度约为 12.75 点/m²。区域地形整体上较为平坦，地物类别包括道路、电线塔、植被、房屋等。

考虑到机载 LiDAR 点云中的噪声点，使用 SOR 滤波进行粗差点剔除，将明显的一些离群点去除。针对地面点云和建筑物点云获取，考虑到研究区地形较为平坦，本研究利用 Terrasolid 中的渐进三角网加密滤波方法，设定该算法的重要参数：角度阈值、建筑物最大边长、构建三角形过程中的高差阈值分别为 6.0°、60 m、1.4 m。当所加点构成的三角形每条边短于 5 m 时，阻止向三角形内部加点，完成点云滤波与分类过程。

针对获得的三维地面点云，通过 PCA 方法投影至二维平面，划分 0.5 m 规则格网，实现点云栅格化过程，生成深度影像。在此基础上利用灰度增强、图像区域增长技术，有效填补图像二值化后的部分空洞，并使得建筑物区域能够明显区别于地面背景（如图 2 所示）。图 3 是 Canny 算子检测到的建筑物轮廓线，图 4 是基于 Harris 算子检测到的建筑物角点。通过图 3 和图 4 可以看出，整个区域建筑物轮廓和角点信息提取效果较好。但是，LiDAR 点云的离散无序性，使得基于 Canny 算子提取的建筑物轮廓为不规则分布的凹凸小波浪状栅格点集。此外，Harris 算子在进行角点检测时，梯度变化较小的建筑物区域会被遗漏。

4 结论

本研究首先利用 LiDAR 点云规则格网化的方法生成深度影像，其次运用图像特征检测算子获得建筑物轮廓特征和角点信息，进而获取建筑物空间特征信息。在没有其他外部数据的辅助帮助下，该过程能够快速、有效地为建筑物空间信息获取提供新思路，具有一定的实用价值。但本研究存在以下两点不足：(1) 规则格网化在一定程度上会损坏点云数据的空间结构，造成精度损失，可能会影响提取

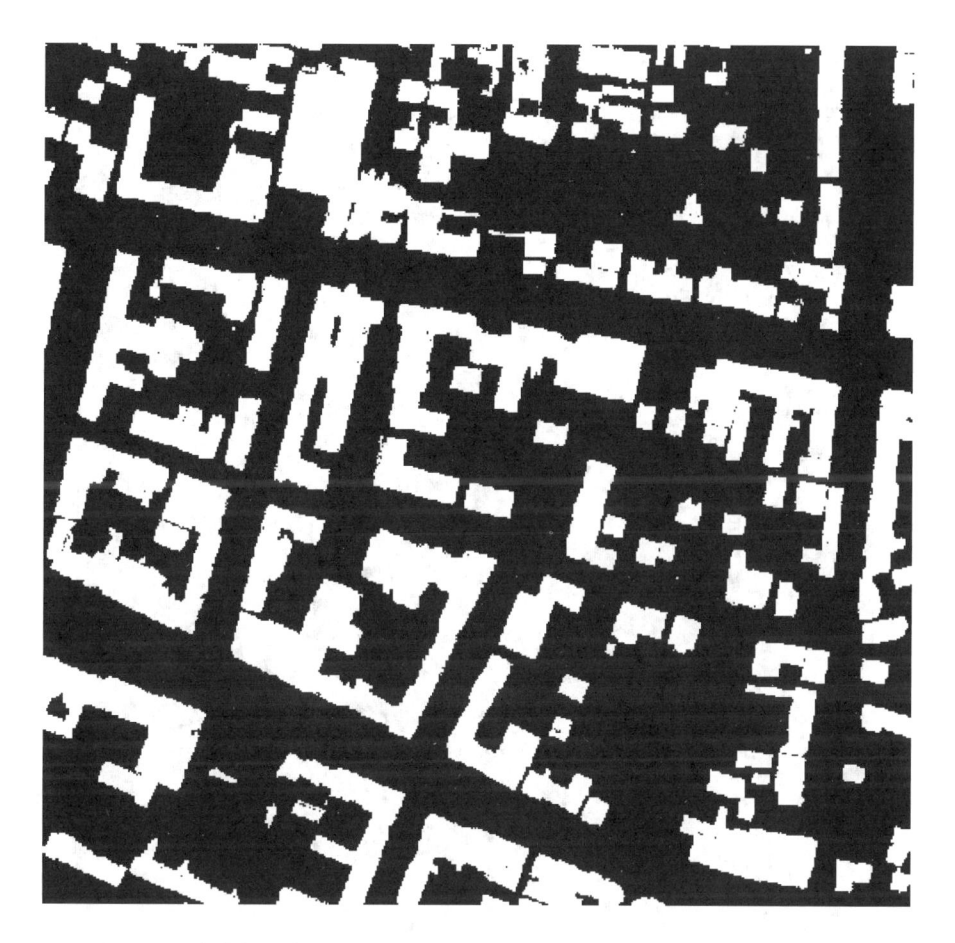

图 2　区域增长后的二值化图像(白色区域为建筑物,黑色区域为背景地物)

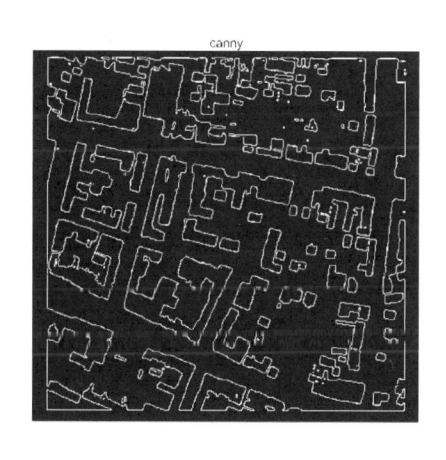

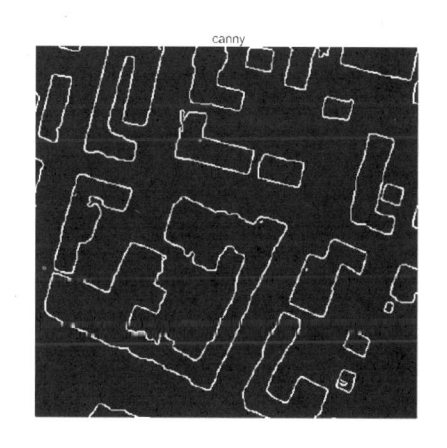

图 3　Canny 算子检测建筑物边缘轮廓结果

结果的精确性。(2)针对获得的建筑物轮廓和角点,后续需要规范化处理才能得到规则轮廓线段。针对以上不足,有待进一步研究和分析。

图 4 基于 Harris 算子的建筑物角点检测结果

[参考文献]

[1] 龚健雅.智慧城市中的空间信息基础设施[J].科学中国人,2016(2):20-27.

[2] 刘莉.基于高分辨率遥感影像建筑物提取研究[D].长沙:中南大学,2013.

[3] 赵振峰.基于机载 LiDAR 点云的道路提取研究[D].昆明:昆明理工大学,2012.

[4] 樊敬敬.基于机载 LiDAR 点云数据的城区植被与建筑物提取研究[D].徐州:中国矿业大学,2016.

[5] 汪禹芹.机载 LiDAR 点云数据的建筑物提取和模型规范化研究[D].南京:南京大学,2013.

[6] 熊俊华,方源敏,付亚梁,等.机载 LIDAR 数据的建筑物三维重建技术[J].科学技术与工程,2011,11(1):189-192.

[7] 霍芃芃,侯妙乐,杨溯,等.机载 LiDAR 点云建筑物屋顶轮廓线自动提取研究综述[J].地理信息世界,2019,26(5):1-13.

[8] 曹鸿,李永强,牛路标,等.基于机载 LiDAR 数据的建筑物点云提取[J].河南城建学院学报,2014,23(1):59-62+76.

[9] Vosselman G. Building Reconstruction Using Planar Faces in Very High Density Height Data[J]. IAPRS, 1999(32):87-92.

[10] Maas H G, Vosselman G. Two algorithms for extracting building models from raw laser altimetry data[J]. ISPRS Journal of Photogrammetry and Remote Sensing,1999,54(2-3):153-163.

[11] 潘莉莉.基于LiDAR点云的建筑物轮廓提取[J].南方国土资源,2020(9):53-55.
[12] 孟峰,李海涛,吴侃.LIDAR点云数据的建筑物特征线提取[J].测绘科学,2008,33(5):97-99+108.
[13] 袁晨鑫,官云兰,陈梦露,等.基于LiDAR点云数据的建筑物轮廓线提取[J].工程勘察,2020,48(6):68-72.
[14] 潘中华,金晶,陈胜林,等.基于机载LiDAR点云数据的建筑物自动提取[J].地理空间信息,2022,20(5):57-59+101.

[作者简介]

阮玉玲,女,1996年11月生,硕士研究生,助理工程师,研究方向为机载雷达点云数据处理与应用,17877780701,1472394558@qq.com。

航拍建模技术在农饮业务中的应用研究

马艳冰 沈 超

(1.淮河水利委员会通信总站 安徽 蚌埠 233001；
2.安徽省(水利部淮河水利委员会)水利科学研究院
(安徽省水利工程质量检测中心站) 安徽 合肥 230038)

摘 要：响应水利部智慧水利建设工作,探索无人机遥感监测技术在水利业务中的创新应用。采用无人机遥感监测技术,结合 GIS 地理信息系统,在实景三维模型和全景 VR 场景下融合水厂多项监测数据,形成基于模型、数据驱动的多场景的渲染与数据可视化展现效果,赋予系统实景叠加展示、信息交互查询、数据实时监测、远程视频监控等功能,满足农村饮水安全工程监管需求。

关键词：倾斜摄影；三维模型；智慧水利；遥感监测

1 应用背景

为响应水利部智慧水利建设工作的号召,水利行业引入了多种先进的信息技术。不断发展的无人机低空遥感监测技术作为遥感数据获取的手段之一,搭载光学、倾斜相机、LiDAR、热红外、多/高光谱等载荷,可实现对重点水利工程、河道、重点蓄滞洪区、水利对象单元的高空间分辨率三维模型、高精度地形、室内外 VR 全景等数据获取,在水利信息化系统建设中发挥着重大作用。

农村饮水安全工程是农村重要的公益性基础设施建设工程,对于改善农村居民生活条件、促进农村经济发展、推进城乡一体化具有重要意义。为加强农村饮水安全工程建设,安徽省建有农村饮水安全工程信息管理系统,对水质、水量、用水方便程度和供水保证率等指标在线监管,实现全省范围内自来水厂的统一集中管理。在该系统中,自来水厂的各项监测数据多以地图及图表形式显示,基于模型化、场景化与数据可视化展现不足。在根据实时监测数据,运用图表、GIS、实时影像等技术与实景三维模型融合等方面还需进一步探索应用。因此,本研究响应水利部智慧水利建设号召,探索无人机遥感监测技术在该系统中的创新应用,采用无人机遥感监测技术,结合 GIS 地理信息系统,在实景三维模型和全景 VR 场景下融合水厂多项监测数据,形成基于模型、数据驱动的多场景的渲染与数据可视化展现效果,赋予系统实景叠加展示、信息交互查询、数据实时监测、远程视频监控等功能,满足农村饮水安全工程监管需求。

2 技术路径

本研究选取桂集水厂作为技术创新应用试点,结合水厂实时监测需求和要点,遵循"空间数据采集—模型及全景制作—系统加载—数据融合"技术路径：无人机倾斜摄影、贴近摄影测量技术完成模型及全景制作的空间要素信息采集；空地融合建模技术和 VR 全景制作技术构建水厂整体厘米级精度的三维模型和水厂泵房、加药间，取水口等局部空间720VR全景；将三维模型和全景视频导入基于卫星地图的安徽省农村饮水安全工程信息管理系统，水厂物理位置与系统中的空间位置相对应，数字化还原水厂现场环境；结合GIS地理信息系统，在三维模型及全景VR场景下融合接入实时视频、水质、水量等监测数据，形成基于模型、数据驱动的多场景的渲染与数据可视化展现效果，赋予系统实景叠加展示、信息交互查询、数据实时监测、远程视频监控等功能。

3 技术实现方式

3.1 倾斜摄影技术

通过在无人机上搭载测绘正射镜头，分别从一个垂直、四个倾斜共五个不同的角度进行影像采集。在影像采集前需根据拍摄区域情况，设置航高、航速、航向重叠率和旁向重叠率，规划五条航线。

根据桂集水厂的地理环境，使用的飞行器为大疆精灵Phantom4 RTK，搭配测绘正射镜头，可实现高达3厘米的平面精度和5厘米的高程精度。结合现场环境，采用"由粗到细"的影像采集策略，航高设定为80米，对整个水厂区域进行五向飞行，采集倾斜影像。具体航线规划和采集参数设定见图1和图2。

图1 根据卫片规划航测区域

图2 80米航高倾斜航线规划及参数设定

将获取的完整准确的纹理数据和定位信息,导入影像数据处理软件,进行多视影像联合平差、多视影像密集匹配以及生成数字表面模型与真正射影纠正。多视影像联合平差可使倾斜摄影与垂直摄影数据有效结合,在与 POS 系统结合的过程中,选用由粗到精的匹配策略,对各级影像上的同名点进行自动匹配做好光束法自由网平差,最终得到效果最佳的同名点匹配效果。多视影像密集匹配在进行影像匹配的过程中迅速获得多视影像上的同名坐标,从而完善地物的三维数据信息。在对多视影像进行密集匹配后即可获取高分辨率、高精度的数字表面模型 DSM。为确保 DSM 的统一性,将以 DSM 为基础,结合水厂周围连续地形和离散地物对象的几何特征,利用面片结合、轮廓提取等方法进行拍摄物语义信息的提取,并且根据密集匹配以及联合平差所得出的结果,对拍摄影像和拍摄物的关系进行分析,从而完成联合纠正,并进行匀光处理,实现多视影像的真正射影纠正。

3.2 贴近摄影测量技术

贴近摄影测量技术是基于精细化测量需求的全新摄影测量技术。采用面向对象的摄影测量方式,以物体的"面"为摄影对象,通过贴近摄影获取超高分辨率影像,进行精细化地理信息提取。根据桂集水厂地理环境,采用手动操控无人机近距离贴近物体表面进行拍摄,获取厘米级高清影像及被摄对象的精细坐标以及精细形状结构,并且保证采集到的近景影像与倾斜影像之间保持一定的重叠度,有效弥补了倾斜摄影测量中,地物遮挡造成的模型模糊、空洞、拉花的不足,实现精细化实景三维建模。

3.3 空地融合建模技术

"空地融合"将无人机航摄获取的垂直影像和倾斜影像数据以及地面采集的近景影像数据导入三维模型处理软件,结合相机文件、无人机 POS(position)系统提供的影像外方位元素,对数据进行前期处理,然后进行点云数据的融合以及三维重建,最后进行无缝合成。在航测过程中,对于一些有遮挡或者建筑物之间距离近、地物复杂的区域,无人机航空拍摄难以顾全细节,导致模型不完整、结构模糊等问题。在信息数据处理过程中,将空中倾斜影像和近景影像的数据源结合,利用近景地面影像弥补,通过对具有一定重叠度的特征点的提取、点云数据的融合、空中三维解算以及三维重建,进行无缝合成。空地融合建模使模型更加完整,纹理更加清晰,极大地提升了模型的精细化程度。空地融合建模技术路线如图 3 所示。

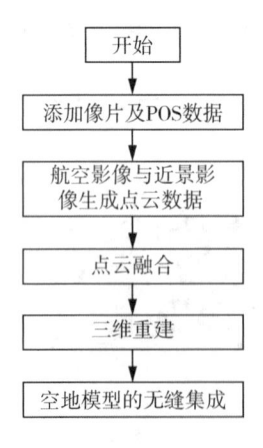

图 3 空地融合建模技术路线

空地融合建模过程中,关键节点数据处理如下:

(1) 无人机倾斜影像与近景影像之间要保持一定的重叠度,以便进行特征点的提取。重叠度的具体设置根据水厂现场环境而定。重叠度设定为:不同高度和半径的采集约为百分之四十。

(2) 空间融合:为了保证航空影像与地面影像能够自动配准,需要采用统一的平面坐标系和高程基准,即空地多源数据要有统一的空间参考基准,本研究空地影像采集均使用大疆精灵 4RTK 无人机,2000 坐标系。

(3) 点云数据的融合:即将无人机倾斜影像匹配的点云与近景影像匹配的点云统一到相同空间参考基准下,实现点云数据的有效融合。如图 4 所示。

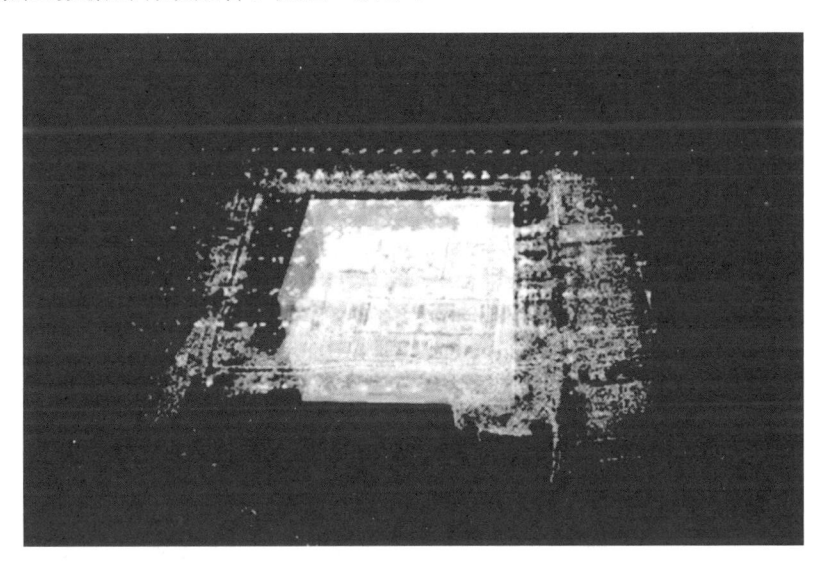

图 4　桂集水厂倾斜点云与近景点云数据融合

(4) 影像融合:虽然密集匹配点云覆盖整个三维模型,点云数量极其庞大,但拍摄物表面的纹理、结构等信息不清晰,需要采用影像融合弥补这一缺陷。无人机倾斜影像与地面近景影像的分辨率不同,需要从多源影像中选择最优分辨率的影像进行纹理贴图,以得到高精度的实景三维模型。如图 5 所示。

图 5　桂集水厂精细化模型

3.4　室内外 720VR 全景技术

720VR 全景是指视角超过人类正常视角的图像,特指水平、上下 360°全方位影像。通过无人机对周围景象以几何关系进行映射采集平面图片,再经过匀光调色、图形拼接、全景补天等步骤处理,生成球形全景图片,最后由 Web 端的全景组件进行矫正处理,生成三维全景,带来三维立体实景的真实感受,实现无人机全景图及全景视频的浏览与管理,同时结合 VR 眼镜或头盔,实现对水厂真实环境地貌的模拟仿真、实时监测与交互式查询,形成以实景为核心的图像、视频展示方式,实现室内外实景漫游。

针对水厂室外环境,飞行器采用大疆"悟"Inspire 2 无人机,搭载 X7S 镜头,在 80 米高度将无人机定点悬停,将云台的角度设为 15°、−5°、−35°、−65°拍摄第一组照片,如图 6 所示(共 4 张),然后将无人机旋转 45°,调整云台角度为−65°、−35°、−5°、15°拍摄第二组照片(共 4 张)。重复以上步骤,共需要拍摄 8 组照片,共 32 张。

接下来调整云台角度为 90°,拍摄一张垂直角度的照片。

8 个方向的拍摄方法具体可以参考图 7。

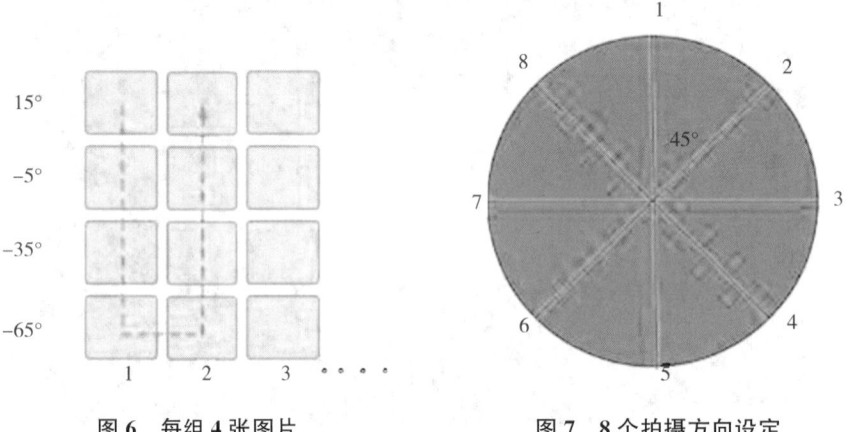

图 6　每组 4 张图片

图 7　8 个拍摄方向设定

水厂的室内环境,如取水泵房、供水泵房、加药间、取水口内部空间狭窄,特别是取水泵房内部有两层楼的高差,拍摄点难以选择,所以选用体积小巧的大疆"御"Mavic 2 Pro 多旋翼无人机进行拍摄,拍摄过程中,需关闭避障系统,精准操控无人机从门或者窗户飞入室内,依靠视觉定位系统,在室内合适的位置悬停,采集 720VR 全景数据。

在获取拍摄的全景图后,将影像图片导入 PTGui,Phototshop 等软件,通过匀光调色、图形拼接、全景补天等步骤,进行全景场景制作。桂集水厂 720VR 全景如图 8 所示。

图 8　桂集水厂 720VR 全景

（1）匀光调色。对采集到的全景素材进行亮度、饱和度、对比度、顺逆光等参数的调整，让影像在视觉上更接近现实。

（2）图形拼接。利用拼接软件，将每个拍摄点下的全景照片自动拼接成全景图像，然后通过人工浏览全景图进行检查，对拼接裂缝处进行手动调整，形成一整张球形全景图片。

（3）全景补天。因无人机摄像机无法对正上方天空进行拍摄，因此需要对全景图的天空进行填补，填补的素材宜与拍摄地的天空相差不大，在拍摄地拍摄天空最佳。

3.5 模型加载与数据融合

本次模型以 Cesium 来进行加载，通过 WebGL 来进行硬件图形加速，同时以跨平台、跨浏览器的方式进行 2D、2.5D、3D 的形式展示。本研究主要包括环境搭建、动态效果渲染、水利数据叠加，以及与安徽省农村饮水安全工程信息管理系统的融合。

1. Cesium 模型加载。主要通过开发环境的搭建、模型的加载以及模型的动态展示。

（1）环境搭建。Cesium 模型加载首先要进行环境搭建，主要包含 node 安装，Cesium 代码的部署。

（2）精细化模型加载。通过 Cesium 二次开发的方式根据模型地理位置信息来加载精细化模型，通过矩阵平移计算的方式调整模型位置，其中 Tx、Ty、Tz 就是我们需要设置的 x、y、z 方向上的平移距离，通过修改 x、y、z 来调整位置，直到符合实际。见式（1）。

$$\text{目标位置}\begin{bmatrix} x' \\ y' \\ z' \\ 1 \end{bmatrix} = \overset{\text{平移矩阵}}{\begin{bmatrix} 1 & 0 & 0 & Tx \\ 0 & 1 & 0 & Ty \\ 0 & 0 & 1 & Tz \\ 0 & 0 & 0 & 1 \end{bmatrix}} \times \begin{bmatrix} x \\ y \\ z \\ 1 \end{bmatrix}\text{原始位置} \quad (1)$$

（3）模型的动态展示。先根据要旋转的角度，构建一个三阶旋转矩阵，获取 3D tiles 的旋转矩阵 modelMatrix，然后与旋转矩阵运算，最后将计算结果赋值来完成。见式（2）。

$$\text{目标位置}\begin{bmatrix} x' \\ y' \\ z' \end{bmatrix} = \overset{\text{旋转矩阵}}{\begin{bmatrix} \cos\beta & -\sin\beta & 0 \\ \sin\beta & \cos\beta & 0 \\ 0 & 0 & 1 \end{bmatrix}} \times \begin{bmatrix} x \\ y \\ z \end{bmatrix}\text{原始位置} \quad (2)$$

（4）模型的发布。通过容器中间件 tomcat 发布模型服务，可以通过浏览器进行访问。见图 9。

图 9　模型发布

2. 动态效果渲染：主要利用 Cesium 的动态纹理通过 x,y,z 轴动态展示水流效果。见图10。

图 10　水流效果

3. 水利业务数据叠加：通过调用安徽省农村饮水安全工程信息管理系统开放的 WebService 接口获取业务数据，利用 layui 开发弹窗页面来加载业务数据。见图11。

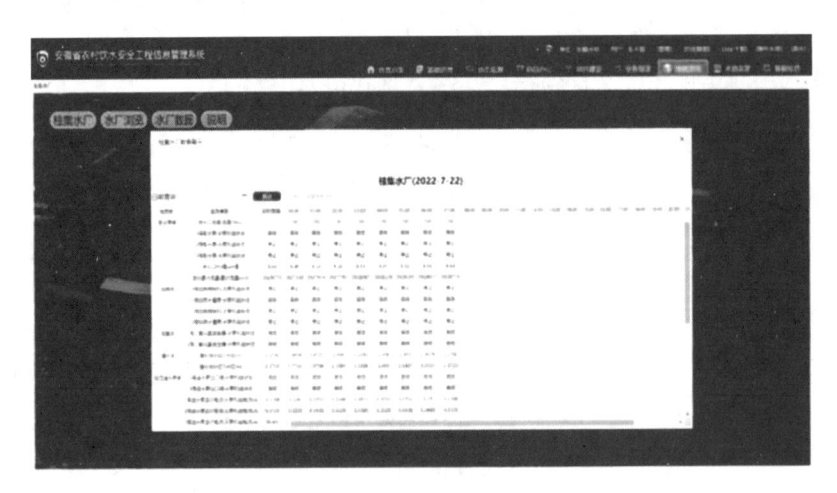

图 11　水利业务数据叠加

4. 与安徽省农村饮水安全工程信息管理系统的融合：利用 iframe 将模型发布的地址嵌入到系统中。见图12。

图 12　系统嵌入

4 结束语

与仅通过数据进行应用展现的传统方式不同,本研究采用各种信息的融合技术,将 GIS、监测数据、实时影像以及实景三维模型等多源数据有效融合,数字化还原现场环境,利用 GIS 的空间属性进行对象的空间位置展现,借助实时监测数据叠加展示,与农村饮水相关业务进行有效关联,实现业务层的展现,通过实时影像视频的调取和展示实现模型与现实场景的动态对比展现,依托全景三维模型实现对象的全景展现。最终形成基于模型、数据驱动的多场景的渲染与数据、空间、动态、全景等多维可视化展现效果,从多角度丰富、全面地展现了农村饮水安全工程对象的综合属性,形成较为完整的孪生工程对象,充分实现了业务对象的数字化映射。同时还借助多引擎驱动和多维服务集成调用方式,实现对象模型的快速加载和综合展现。本研究契合了水利部提出的智慧水利建设理念,打破了原有监测类信息的报表式、冰冷式体验,给人以生动的可视化观感,实现了对水厂各类监测信息的有效监管。

[参考文献]

[1] 周超,唐海华,李琪,等.水利业务数字孪生建模平台技术与应用[J].人民长江,2022,53(2):203-208.
[2] 张钟海,管林杰.基于无人机 VR 全景的水域岸线监管数字孪生系统研究[J].水利水电快报,2022,43(1):102-106.

[作者简介]

马艳冰,女,1982 年 8 月生,高级工程师,从事水利信息化系统的规划、科研、设计、建设与管理等工作,13956340115,myb81@hrc.gov.cn。

洪水退水预报方法研究

马亚楠,刘小虎

(淮河水利委员会水文局(信息中心) 安徽 蚌埠 233001)

摘 要:为解决传统人工绘制流域退水曲线费时、费力,准确性和及时性得不到保障的问题,本文根据退水指数方程法、相邻时段流量相关法推求流域退水曲线,在推求退水指数方程参数时,建立了自动优化模型,同时将两种算法编译成通用性的程序,且在沂河临沂站场次洪水退水预报中进行了应用。结果表明,采用退水指数方程法、相邻时段流量相关法进行洪水退水预报时计算速度快、模拟精度较好,对流域洪水退水预报工作有较好的指导作用。

关键词:流域退水曲线;退水指数方程法;相邻时段流量相关法;SCE-UA算法

1 引言

退水过程是指在降雨很少或无降雨时期河川径流连续消退的过程,是水文过程的重要组成部分,分析场次洪水退水过程,对复式洪水分割、径流计算等水文计算分析、水文预报、水库运行调度及水资源开发利用等具有重要意义[1-3]。流域退水曲线是洪水消退过程线,是地表直接径流与浅层壤中流的综合反映。与单纯的地下径流退水过程不同,洪水退水流量过程由不同水源的径流成分组成,既包含地表径流的衰退,又包含地下径流的衰退。因其运动路径和受流域调蓄作用的不同,在特征上互有差异。根据流域历年实测洪水退水段流量资料,将次洪退水段流量点绘在一张图上,在水平方向上移动各次洪退水段,使其尾部重合,作外包线,即为流域的退水曲线。受河道断面形状、洪水波特性以及坡降等因素影响,不同流域的洪水退水曲线是不同的[5-6]。

传统推求流域退水曲线的做法是手工绘制退水曲线,效率低且人为经验要求高。为此,本文采用退水指数方程法、相邻时段流量相关法推求退水曲线,在退水指数方法法求解参数时,建立优化模型,实现程序自动求解,并在沂河临沂站场次洪水退水预报中进行了模拟验证,为场次洪水退水预报提供了一种新思路。

2 研究方法

退水曲线是划分地面径流和地下径流的工具。退水曲线反映流域的退水规律,不同流域有不同的退水曲线。

2.1 退水指数方程法

根据水量平衡方程:

$$Pdt - Edt - Qdt = dW \tag{1}$$

式中:P 为降水量,E 为蒸发量,t 为时段,W 为蓄水量。

退水段不考虑降水和蒸发,则:

$$-Q\mathrm{d}t = \mathrm{d}W \tag{2}$$

由于退水过程流量与蓄水量之间存在蓄泄关系,则:

$$W_t = KQ_t \tag{3}$$

式中:W_t 为 t 时刻的蓄水量。当泄流流量恒定为 Q_t 时,K 是泄完蓄水量 W_t 所需的时间,由于蓄水量分布在流域上,距离出口断面远近不同,汇集时间大小不等,其平均汇集时间应该等于 K。从这个意义上讲,K 又可以解释为流域水流平均汇集时间。

联立求解(2)、(3)式得:

$$Q_t = Ce^{-t/K} \tag{4}$$

当 $t=0$ 时,C 为 Q_0,为起始退水流量,则退水曲线方程为:

$$Q_t = Q_0 e^{-t/K} \tag{5}$$

式中:Q_0、Q_t 为起始退水流量和 t 时刻的流量;K 为常数,由下式定义。

如果把上式表达为递推形式,

$$Q_{t+1} = e^{-1/K} Q_t \tag{6}$$

$$C_g = e^{-1/K} \tag{7}$$

$$K = -1/\ln C_g \tag{8}$$

式中:C_g 为常系数,反映退水速率的快慢,又称流量消退系数。

由上式可知,消退系数 C_g 可直接由计算时段始末的两个实测退水流量来确定,即:

$$C_g = Q_{t+1}/Q_t \tag{9}$$

由于实测流量资料存在观测误差、资料代表性误差等,若只用一组观测值来确定消退系数,会引起较大的参数估计误差,为尽量消除这些影响,常选择 n 组观测值:

$$(Q_{1,1}, Q_{1,2}), (Q_{2,1}, Q_{2,2}), \cdots, (Q_{n,1}, Q_{n,2}) \tag{10}$$

上例样本中第一个脚标是观测序号,第二个脚标是前后时段序号。该观测样本系列要求有一定的容量,以消除观测误差的影响。选择样本系列时还要考虑各种情况,如影响退水过程的不同降水时空分布特性和退水发生在汛初、汛中、汛末的不同代表性等。样本系列中包含的各种特性越多,代表性就越好,率定求得的消退系数越接近流域实际情况。

2.2 相邻时段流量相关法

流域蓄水量的消退过程线称为退水曲线,不同次降雨形成的流量过程线的分割通常采用退水曲线。将若干次峰后无降雨洪水退水过程的前后时段流量点绘在图上(时段长一致),把各次退水过程的相关点分别连成一条曲线。取下包线为地下水退水曲线,取上部分分散曲线的平均曲线与下部分直线构成流域平均退水曲线,按照直线的坡度求得地下水消退系数,即:

$$\tan\alpha = Q_t/Q_{t+1} = 1/C_g \tag{11}$$

3 研究实例

3.1 流域概况与基本数据

沂河是淮河流域沂沭泗水系中最大的山洪河道，其发源于沂蒙山区的鲁山南麓，向南流经沂源、沂水、沂南、兰山、河东、罗庄、兰陵、郯城、邳州、新沂等县（市、区），在江苏省新沂苗圩入骆马湖。沂河源头至骆马湖，河道全长333 km，流域面积11 820 km^2。

地势西北高、东南低。沂河上游建成5座大型水库（田庄、跋山、岸堤、许家崖、唐村）及22座中型水库，总控制面积5 121 km^2。沂河流域属温带季风区大陆性气候，流域多年平均降雨量813 mm，汛期降雨量600 mm。沂河上游为山洪河道，水流湍急，洪水暴涨暴落，下游水流平缓，泥沙淤积河床。

临沂站是沂河下游控制站，控制流域面积10 315 km^2。收集临沂站2006—2022年共17年的降水摘录和洪水水文要素摘录资料，其中2006—2015年为整编资料，2016—2022年为报汛资料，共选取18场洪水，2020年前的14场洪水用来率定参数，2020年后的4场洪水用来检验。退水过程的最大起始流量取洪峰流量最大为10 700 m^3/s，最小的退水末流量为37.1 m^3/s，时段长为2 h。实测洪水过程洪水起讫时间见表1。

表1 实测洪水过程洪水起讫时间

	序号	起始日期	终止日期	洪峰流量(m^3/s)	峰现时间	末流量(m^3/s)
率定期	1	2006/8/29 6:00	2006/9/3 20:00	1 460	2006/8/29 12:00	144
	2	2008/7/23 6:00	2008/7/27 20:00	2 540	2008/7/24 12:00	314
	3	2008/8/21 8:00	2008/8/24 6:00	1 320	2008/8/22 12:00	192
	4	2009/7/13 10:00	2009/7/15 20:00	1 560	2009/7/14 14:00	118
	5	2009/7/20 8:00	2009/7/26 12:00	4 640	2009/7/21 14:00	53.4
率定期	6	2009/8/18 4:00	2009/8/20 20:00	3 530	2009/8/18 12:00	38
	7	2011/9/14 12:00	2011/9/21 14:00	2 300	2011/9/16 12:00	30
	8	2012/7/7 20:00	2012/7/22 20:00	8 030	2012/7/10 12:00	37.1
	9	2012/7/23 4:00	2012/7/27 6:00	2 510	2012/7/23 16:00	125
	10	2018/8/16 8:00	2018/8/27 8:00	3 220	2018/8/20 10:00	130
	11	2019/8/5 8:00	2019/8/18 20:00	7 300	2019/8/11 16:00	111
	12	2020/7/21 8:00	2020/7/26 8:00	3 460	2020/7/23 6:00	130
	13	2020/8/1 8:00	2020/8/13 18:00	3 530	2020/8/7 14:00	266
	14	2020/8/13 20:00	2020/8/25 8:00	10 700	2020/8/14 20:00	245
验证期	15	2021/7/15 16:00	2021/7/20 8:00	1 030	2021/7/16 0:00	35
	16	2021/7/28 16:00	2021/8/5 8:00	2 070	2021/7/29 14:00	140
	17	2021/9/4 8:00	2021/9/9 18:00	1 660	2021/9/5 20:00	51
	18	2022/7/5 8:00	2022/7/9 8:00	2 180	2022/7/7 8:00	470

3.2 参数计算及关系图制作

3.2.1 退水指数方程参数率定

由于不同次洪退水段的起始流量不尽相同，选取不同量级场次洪水退水过程，采用SCE-UA算法

来率定参数。将纳什效率系数的平均值最小作为目标函数,建立模型如下:

目标函数:

$$\min f = 1 - \sum_{i=1}^{m} NSE/m \tag{12}$$

其中:

$$NSE = 1 - \sum_{i=1}^{n}(q_{y,i} - q_{o,i})^2 / \sum_{i=1}^{n}(q_{o,i} - \overline{q_o})^2 \tag{13}$$

式中:$q_{y,i}$ 为序列 i 洪水流量的预报值,m³/s;$q_{o,i}$ 为序列 i 洪水流量的实测值,m³/s;$\overline{q_o}$ 为洪水实测序列流量过程的平均值,m³/s;n 为资料序列长度;m 为退水场次总数。NSE 描述模型模拟序列与实测序列之间偏差的大小,NSE 值越接近 1,表明模拟序列偏离实测序列的程度越小,模拟精度越高。

经过 SCE-UA 算法优化得出目标函数最小为 0.20,此时参数 t/K 为 0.082,具体的迭代过程见图 1。

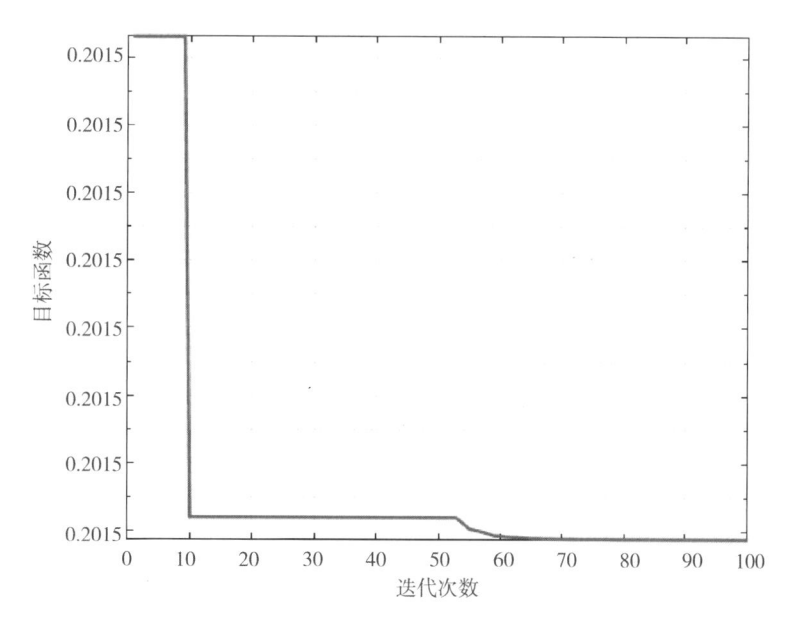

图 1　SCE-UA 算法进化过程图

3.2.2　相邻时段流量关系图

根据 2020 年以前的 14 场洪水的退水过程,绘制 14 场洪水的退水曲线图,观察流域退水规律,发现洪水流量过程线极不对称。洪水退水尾部的底水与起涨点相比有些许抬高,说明洪水期潜水和壤中流补给比较丰富。根据相邻时段的流量关系绘制 Q_t-Q_{t+1} 关系线组,得到图 2 所示曲线簇。

从图 2 可以看出:关系线的上部分是分散的曲线簇,弯曲程度不同,这主要是由退水流量的水源比例不同引起;关系线下部大致重合,且近于直线,表明消退系数稳定,反映了地下径流退水特性。因此,我们采用下包线来概括地下水退水;曲线与直线的切点反映壤中流消退终止点,取上部分的平均曲线与下部分直线构成流域平均退水曲线。绘制流域平均退水曲线 Q_t-t 和地下水退水曲线 Q_{gt}-t,见图 3。对图 2 进行分析,拟定外包线方程为:$Y=1.017X$,下包线斜率的倒数定义为 $Cg=Q_{t+1}/Q_t$,即消退系数。经计算,得出地下径流退水系数为 0.983。

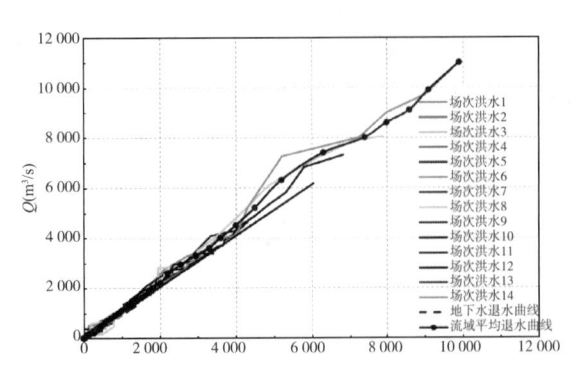

图 2 Q_t-Q_{t+1} 前后时段流量相关图

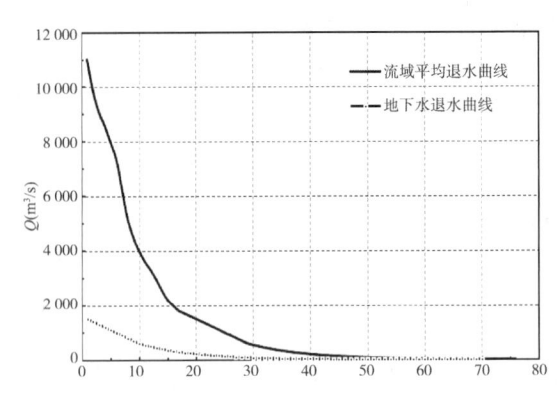

图 3 标准 Q_t-t 曲线

3.3 计算结果与分析

采用退水指数方程法和相邻时段流量相关法模拟沂河临沂站的 14 场退水过程,并借助 2021—2022 年的 4 场洪水进行了检验,表 2 给出了模拟及验证结果。选择纳什效率系数对模拟过程进行评价。

表 2 不同场次洪水的模拟及验证结果

	序号	洪号	起退流量(m^3/s)	末流量(m^3/s)	NSE 退水指数方程法	NSE 相邻时段流量相关法
率定期	1	2006082912	1 460	65	0.53	0.32
	2	2008072412	2 540	41	0.74	0.57
	3	2008082212	1 320	22	0.98	0.93
	4	2009071414	1 560	16	0.84	0.90
率定期	5	2009072114	4 640	60	0.93	0.95
	6	2009081812	3 530	29	0.69	0.85
	7	2011091612	2 300	62	0.67	0.58
	8	2012071012	8 030	149	0.92	0.97
	9	2012072316	2 510	44	0.61	0.72
	10	2018082010	3 220	84	0.89	0.78
	11	2019081116	7 300	87	0.87	0.68
	12	2020072306	3 460	38	0.87	0.96
	13	2020080714	3 530	75	0.75	0.59
	14	2020081420	10 700	127	0.88	0.90
验证期	15	2021071600	1 030	35	0.95	0.93
	16	2021072914	2 070	140	0.76	0.71
	17	2021090520	1 660	71	0.52	0.30
	18	2022070708	2 180	470	0.97	0.94

由表 2 可知:率定期不同场次洪水起退流量差异明显,最大起退流量为 10 700 m^3/s,为最小起退流量 1 320 m^3/s 的 8 倍。从纳什效率系数角度看,退水指数方程法优于相邻时段流量相关法。率定期退水指数方程法平均纳什效率系数为 0.8,相邻时段流量相关法的纳什效率系数为 0.76。退水指数方程法纳什效率系数在 0.7 以上的占比为 71%,相邻时段流量相关法的占比为 64%,采用两种方

法模拟的 2006082912 号、2011091612 号场次洪水退水过程吻合程度较低,纳什效率系数较低,实测的退水过程高于模拟的退水过程,经分析是由于退水过程中流域内有次降雨过程产生,导致实测的退水过程偏高验证期 4 场洪水中,有 2 场纳什效率系数在 0.9 以上,1 场纳什效率系数低于 0.7,表明两种方法推求的流域退水曲线能够较好地反映流域退水特征。

4 结论

基于沂河临沂站场次洪水实测流量资料,采用退水指数方程法、相邻时段流量相关法,推求流域退水曲线,并在沂河临沂站场次洪水退水预报中进行了模拟验证,取得以下初步认识:

(1)退水指数方程法和相邻时段流量相关法推求的流域退水曲线,应用于沂河临沂站场次洪水退水预报中,率定期纳什效率系数平均值分别为 0.80、0.76,验证期 4 场洪水中有 3 场纳什效率系数在 0.7 以上,表明沂河流域洪水的实测退水曲线与模拟退水曲线吻合度较高,模拟效果较好,且退水指数方程法略优于相邻时段流量相关法。

(2)采用退水指数方程法和相邻时段流量相关法推求的流域退水曲线进行流域退水预报时计算方便、速度快,对应时段模拟值和实测值误差较小,对流域洪水退水预报工作有较好的指导作用,也可将该方法编译成通用性的算法模块,推广应用于其他流域退水曲线的推求和退水预报方案的编制和修订。

[参考文献]

[1] 翟然,王国庆,万思成,等.清流河流域场次洪水的退水特征及过程模拟[J].水资源与水工程学报,2015,26(3):1-4.

[2] 张先荣,曾成,狄永宁,等.喀斯特地区流域洪水退水过程分析——以贵州省黄洲河流域为例[J].人民长江,2021,52(1):56-62.

[3] Zecharias, Y B, Brutsaert W. Recession characteristics of groundwater outflow and base flow from mountainous watersheds[J]. Water Resources Research, 1988,24(10):1651-1658.

[4] 长江水利委员会.水文预报方法[M].北京:水利电力出版社,1993.

[5] 包为民.水文预报(第 4 版)[M].北京:中国水利水电出版社,2009.

[6] 韩红霞,袁晶瑄,李建兵.基于遗传算法的流域退水曲线的研究[J].水文,2009,29(2):15-17.

[作者简介]

马亚楠,女,1994 年 1 月生,助理工程师,主要研究方向为水文物理规律模拟及水文预报,17826026968,mayanan-hwr@hrc.gov.cn。

数字孪生淮河底板数据 DEM 的生产方法研究

张金伟 刘 锋

(中水淮河规划设计研究有限公司 安徽 合肥 230000)

摘 要：DEM 是建设数字孪生淮河的重要底板数据，为了优质高效地生产 DEM，为数字孪生淮河建设提供数据支撑，本文结合生产实践，探讨了 DEM 的生产方法。文中对几种主要的 DEM 的生产方法的优缺点进行了对比分析，并着重介绍了生产 DEM 的最新技术，即利用机载激光雷达技术生产 DEM 的技术路线。本文还结合生产实践，对生产的 DEM 的高程精度进行了验证分析。经过高程精度的验证分析，发现利用机载激光雷达技术生产的 DEM 的精度是完全能够满足数字孪生淮河的建设需求的，所生产的 DEM 的质量是可靠的，这种生产 DEW 的方法相比传统方法是更加优质高效的。

关键词：数字孪生淮河；DEM；机载激光雷达

1 几种 DEM 生产方法的对比

根据水利部部署安排，目前水利部淮河水利委员会(以下简称淮委)已编制完成《数字孪生淮河总体规划》。数字高程模型(DEM)作为建设数字孪生淮河的底板数据，是构建数字孪生淮河的"算据"。如何优质高效地生产 DEM 数据，对于推进数字孪生淮河建设至关重要。

传统的 DEM 数据生产方法主要有两种，第一种方法是采用 GPS-RTK 技术按照一定间距在野外采集散点构建 TIN，然后生成 DEM。因为这种方法只能按照一定间距采集点位，点密度较稀疏，通常几十米一个高程点，因此制作的 DEM 精细度较差，不能有效表达地形细部的特征。

第二种方法是采用航空摄影测量，生成立体像对，从而获取地面的三维坐标信息，这种方法获取的点位可以非常密集，点间距最密可达到几个厘米，但是因为相机获取的是地物表面的三维坐标，对于有植被覆盖的区域，无法获取植被下地面的三维坐标信息，而我们制作 DEM 需要的是地面的三维坐标，因此航空摄影方法不适用于有植被覆盖的区域，并且航空摄影测量还需要在地面布设非常密集的像控点，若要点位的三维坐标精度达到 10 cm 左右，通常需要每隔 500 m 左右布设一个像控点，这会大大降低工作效率。

近年来，随着激光雷达技术的发展，将激光雷达搭载在飞机上的机载激光雷达技术逐渐应用于 DEM 的生产当中，在生产效率和成果质量上都取得了不错的效果。机载激光雷达获取的有效点云密度可达 20 cm 左右的间距，点云的高程精度可达 10 cm 以内，点云密度和高程精度都能够满足 DEM 生产的要求。机载激光雷达最大的优点是可以穿透植被，从而获取植被下的地面点的三维坐标信息，并且，其不需要像航空摄影测量那样布设像控点，就能达到 10 cm 以内的点位测量精度。具有数据精度高、点位密度大、生产效率高等特点。

2 机载激光雷达

激光雷达是一种集激光发射和接收系统、惯性导航测量装置(IMU)、全球卫星导航系统(GNSS)

和控制模块于一身的系统。激光雷达以激光为信号源主动发射脉冲激光束，激光束发射出去后被不同的物体反射，反射的激光束被激光雷达接收器接收，根据光的传播速度以及发射和接收回波的时间差，可以计算出激光雷达至地物的距离，从而实现对物体位置的测量。机载激光雷达是将激光雷达搭载在飞机上进行数据采集。搭载平台可以是有人驾驶的大飞机，也可以是无人机。但是一般的生产单位不具备配备大飞机的条件，大部分生产单位还是用无人机作为激光雷达的搭载平台。无人机激光雷达系统具有集成化程度高、小巧灵活、运输方便、申请空域难度低等优点。机载激光雷达可以穿透植被，获取地面点的坐标、高程等信息，这有效解决了传统机载摄影测量无法穿透植被的问题。

2021年，我公司引进了 DV-LiDAR30 机载激光雷达，这款雷达搭载在我公司的飞马V10垂直起降固定翼无人机上进行航空测量。经过一年的生产实践，其在 DEM 制作的生产活动中得到了广泛的应用，取得了不错的效果。DV-LiDAR30 激光雷达模块的参数配置见表1。

表1　DV-LiDAR30 激光雷达模块参数配置

厂商	RIEGL
测量距离	1 350 m
测距精度	1.5 cm
回波数量	无限次回波
回波强度	16 bits
视场角	330°
姿态角精度	0.005°
航向角精度	0.017°

3　用机载激光雷达技术生产 DEM

用机载激光雷达生产 DEM 主要分为外业数据采集和内业数据处理两个工序。外业数据采集包括前期准备、无人机航空测量数据采集、数据预处理与质量检测。内业数据处理包括点云解算、点云去噪、点云分类、DEM 制作等。

3.1　外业数据采集

3.1.1　前期准备

前期准备工作主要包括确定航飞位置和范围、航线规划设计、空域申请、气象资料查询收集、现场踏勘确定飞机起降场地等。规划航线时会在测量任务书规定的测量范围基础上外扩 100 m 至 200 m，一是确保覆盖测量范围，二是机载激光雷达靠近边缘区域点云密度较稀疏，点位精度较差。飞机起降场地应选在空旷地方，周围不应有高大建筑物、高压电塔、风力发电机等较高的物体。

3.1.2　航飞数据采集

按照规划好的航线起降无人机进行航飞数据采集。无人机起飞后，操作人员应时刻关注飞机的飞行姿态、空中风速、电池续航等问题。因激光雷达的工作并不依赖于可见光，因此航飞数据采集在白天和晚上都可以正常进行，若工期紧张，可采用几组航飞作业人员轮流休息的模式，航飞采集可24小时不间断作业，这将大大缩短项目工期。在雾霾较严重的天气不可以进行航飞数据采集，因空气中悬浮的雾霾颗粒会反射激光雷达信号，测出的点云数据会产生大量噪点，影响后期点云分类的可靠性。

3.1.3 数据预处理和质量检查

航飞结束后,下载航飞的原始点云数据、移动站的 GNSS 数据和 IMU 数据,以及基站的 GNSS 数据,及时对航飞的数据范围、航线间重叠度、点云密度等进行检查,若有漏测、数据精度不符合要求等情况,应及时进行补飞。

3.2 内业数据处理

3.2.1 轨迹解算

我们利用 Inertial Explorer 对航飞时获取的基站 GNSS 数据、移动站 GNSS 数据和 IMU 数据进行格式转换和解算,生成轨迹数据文件。轨迹解算的精度直接影响到点云的精度,进而影响到最终生成的 DEM 的精度。机载激光雷达除了具备传统的全球卫星导航系统(GNSS),还集成了惯性导航测量装置(IMU),两套定位装置同时运行,大大增加了轨迹解算的精度和可靠性。

3.2.2 点云解算

将轨迹数据文件和航飞采集的原始点云文件导入飞马无人机管家软件进行点云解算,解算的初始点云的高程系统为大地高,利用求解的测区的七参数将点云的大地高转换为 1985 国家高程基准。

3.2.3 噪点滤除

利用机载激光雷达获取的点云不可避免地会混有不合理的噪点,噪点是指明显高于或低于地面的、孤立的、不成群的、高程明显错误的点。噪点是由仪器的系统误差和被测量对象的物理特性引起的。

明显高于地面的噪点是由飞鸟、电线、雾霾或其他悬浮在空中的固体颗粒反射激光束导致的。低于地面的噪点是因为墙体、水面、物体材质不同以及物体表面粗糙程度不同等原因造成的对激光束反射的多路径效应产生的。这些噪点一般是离散且明显低于地面的。我们首先将明显高于地面和明显低于地面的噪点滤除,然后再采用人机交互的方式滤除离散的噪点。

3.2.4 点云分类

点云分类是激光雷达数据处理中的一个重要环节。因为激光具有非常高的穿透性,在扫描过程中不同目标的回波有着不同的强度。利用记录的回波反射强度,通过一定的算法可对点云数据进行自动分类。裸露地表正常只有一次回波,建筑物的回波在建筑物边沿呈现接近 90°的曲率变化,植被覆盖区域因激光脉冲在植被上、地面上都会产生回波,因此会有多次回波,一般情况下最末次的回波对应的是植被下的地面的回波。我们制作 DEM 需要的是地面的三维坐标信息,因此,我们需要对点云进行分类,去除植被、建筑的回波产生的点云数据,只保留地面的点云数据。

点云自动分类并不能完全将地面点云分出来,还会有相当一部分建筑物点云、植被点云因其回波信号跟地面点云极其相似,无法区分开,这些就需要工作人员人工进行分类。因此,点云分类是一项需要人机交互方式完成的工作,且对处理人员的业务能力和工作经验要求较高。人工分类以点云剖面为主要依据,建立 DEM 根据地形变化趋势判断点云分类是否正确,判断有难度的区域,则需要借助同区域的航摄影像来进行分类。

3.2.5 数字高程模型(DEM)精度分析

利用分类后的激光雷达点云采用不规则三角网(TIN)内插 DEM,要保证三角网构网合理,控制三角形最大边长和最小边长的倍数。

为检验机载激光雷达点云生产的 DEM 的精度和质量,在奎濉河综合治理工程项目中,我们在航飞区域用 GPS-RTK 采集了一些地面高程点数据,与机载激光雷达点云生成的 DEM 的高程进行对比分析。我们分别选取了无植被的空旷地区、建筑物区的地面、有植被覆盖区域的地面进行点位的高程精度对比分析,计算高程中误差,对比结果如表 2 所示。

表 2　高程误差对比

	最大误差(m)	中误差(m)
空旷地区	0.15	0.06
建筑物区	0.17	0.07
植被覆盖区域	0.25	0.09

经过高程精度的对比分析,我们发现激光雷达点云生成的 DEM 的高程中误差都在 10 cm 以内。

4　结束语

本文介绍了利用机载激光雷达技术生产数字孪生淮河的底板数据 DEM 的技术路线,并结合生产实践,对生产的 DEM 数据的高程精度进行了对比分析,我们发现,利用机载激光雷达技术生产的 DEM 数据的精度是很高的,完全能够满足建设数字孪生淮河对 DEM 的精度要求。

[参考文献]

[1] 李慧.浅谈机载激光雷达技术在水利工程中的应用[J].水利技术监督,2021(11):50-52+82.
[2] 李鑫龙,仲懿,潘跃武.机载激光雷达技术在水利水电测绘工程中的应用[J].建筑技术开发,2021,48(19):76-77.
[3] 张永林,翟永聪.机载激光雷达扫描技术生产 DEM 成果的高程精度分析[J].经纬天地,2020(3):42-47.

[作者简介]

张金伟,男,1988 年 3 月生,工程师,从事水利工程测绘工作,17756592868,zjw8768@163.com。

淮河洪水预报调度一体化建设技术研究及实践

胡友兵[1]　徐时进[1]　王　凯[1]　冯志刚[1]　陈邦慧[1]　杜宏杰[2]　陈华亮[2]

(1. 淮河水利委员会水文局(信息中心)　安徽　蚌埠　233001；
2. 安徽淮河水资源科技有限公司　安徽　蚌埠　233000)

摘　要：流域防洪工程预报调度，是行之有效的非工程防洪措施之一。目前，流域水工程综合调度成为国家和行业发展的迫切需求。其中，防洪调度是水工程综合调度的重点和难点。论文依托新一代淮河洪水预报调度系统，探索一套充分发挥分层服务与高并发优势的关键技术，为流域洪水预报、防洪工程调度决策等业务高效运转提供技术参考。

关键词：洪水预报；工程调度；微服务；流水线；生产者-消费者；淮河水系

淮河流域水系复杂，中游河道比降小，行蓄洪区多且运用频繁，中小型水库/闸坝众多，干支流交互顶托明显，历来是我国洪水预报和工程调度高度复杂的典型地区之一[1]。防洪调度是水工程综合调度的重点和难点，依托防洪"四预"体系的洪水预报调度一体化系统是当前防洪作业预报调度实施的有效技术支撑手段[2-3]。刁艳芳等[4]基于图论的水库群集成思想设计并开发了水库群防洪预报调度系统。陈瑜彬等[5]针对长江流域防洪预报调度决策需求，基于面向大数据平台的网络化服务理念，设计开发了流域防洪预报调度一体化系统。任明磊等[6]指出防洪调度是水工程综合调度的重点和难点，并详细分析阐述了流域水工程防洪调度的现状水平及存在问题。王凯等[7]利用跨平台系统开发框架Spring Boot技术，构建了新一代淮河洪水预报调度系统。

水文气象数据种类繁多且逐年增多，业务对象不断扩展且日趋复杂，为满足现代大数据量、高并发及高效模拟分析的防洪预报调度业务需求，以及随着业务需求的增加，系统更新也变得更加复杂的扩展需求，本文以业务需求为引导，依托新一代淮河洪水预报调度系统，探索一套充分发挥分层服务与高并发优势的关键技术，为流域洪水预报、防洪工程调度决策等业务高效运转提供技术支撑。

1　总体架构

1.1　平台总体架构设计

防洪预报调度一体化业务系统是一个面向多角色多用户的专业性服务平台，在对系统进行需求分析时，既要关注总体架构，又要关注其各子功能服务对象和需求特点，以期获得可灵活扩展的框架结构。系统应具备以下几个特点：①兼容行业基础数据标准；②具有开放式的软件功能重组和复用架构；③直观、灵活而又可扩展的客户端环境；④可同时满足平台的独立性和应用结构多样性的需要。

基于以上特点，新一代淮河洪水预报调度系统以水利行业实时雨水情数据库、历史基础水文数据库等标准库为支撑，以水文过程河系预报计算、水利工程群多方案调度为核心，以辅助多目标防汛抗旱综合决策为目标，集中服务于复杂水利工程群条件下的流域防洪预报调度管理工作。系统由数据层、业务支撑层、业务层和应用层4个层次构成,如图1所示。

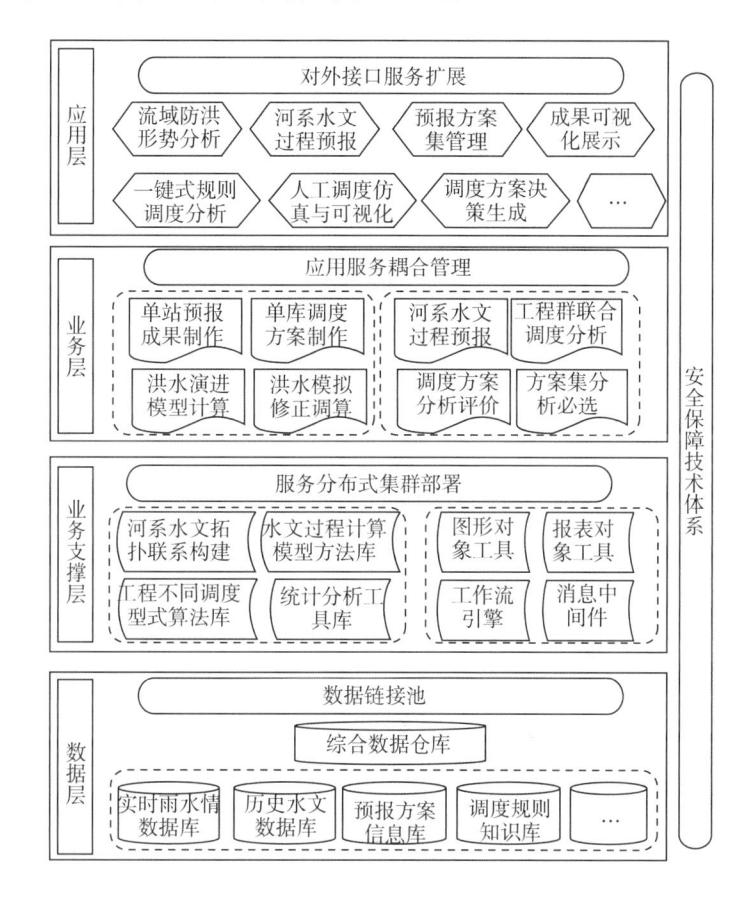

图 1　系统平台总体架构

1.2　主体功能模块

根据防洪预报调度业务需求,本系统设计有防洪形势预警、河系洪水预报、水工程调度预演、成果预案决策和系统管理5个功能模块,如图2所示。

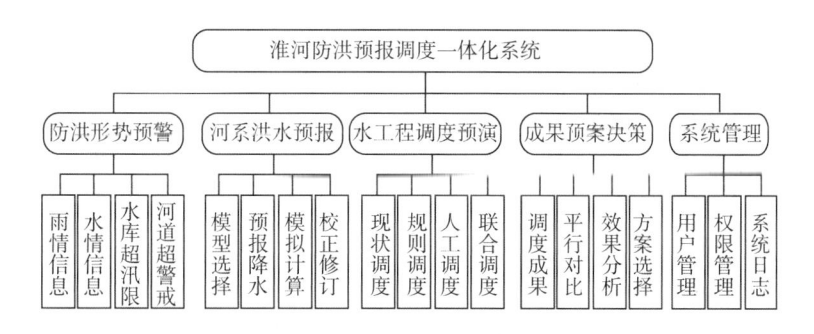

图 2　系统平台主体功能模块

（1）防洪形势预警模块。该模块主要完成流域面实时、预报情景下防洪形势分析预判,主要包括流域面雨情信息、断面水情信息,同时实时显示水库超汛限和河道超警戒等防洪关键信息的监控、告警。

（2）河系洪水预报模块。该模块主要完成流域河系径流预报计算,根据当前生产上水文预报方案实际应用情况,选取应用较为成熟、预报精度较高的经验模型方法和新安江模型方法进行计算。主要功能模块有模型选择、气象预报降水提取、一键式模拟计算和预报成果校正修订等。

（3）水工程调度预演模块。该模块根据防洪情势和未来预报信息，完成水工程调度运用模拟分析。主要功能模块有：根据当前工程现状的一键式调度计算、根据水工程群调度规则的一键式调度计算和用户人工选择的自定义调度计算等。系统内置了单工程调度和工程群联合调度两大功能。在单工程调度模块支持水库、湖泊、闸坝、分洪枢纽、行蓄洪区等不同工程对象的调度分析计算；在工程群联合调度模块支持工程群调控对河系断面影响的联合计算。

（4）成果预案决策模块。该模块根据河系洪水预报和工程群调度成果，完成水工程调度运用方式的分析决策。主要功能模块有：各种调度方案信息展示，包括重点控制断面水情情况、工程启用情况等；不同调度方案间调度成果的平行对比，如重点控制断面水位相差情况，工程运用差别情况，水库、湖泊超汛限数量对比等。

（5）系统管理模块。该模块是防洪预报调度系统运行的基础，包括用户类别设定、权限管理和系统运行日志记录等。

2 系统实现关键技术

2.1 预报调度专用知识规则库

在当前防洪预报调度业务应用实践中，水文预报模型方法仍以经验模型和概念性模型方法为主。在经验模型方法参数中，普遍存在相关线、概化过程线等参数样式。传统计算过程多以 C/S 软件系统形式为主，后台参数多以文本文件样式存在本地。水利工程调度知识多以调度过程线或达到一定条件的描述性文字方式为主。上述格式的数据资料样式繁杂，难以统一管理，无法满足一体化业务平台对基础数据的标准化需求。

为此，本研究首先聚合挖掘水文预报模型方案类、水利工程群调度知识库类参数特征，设计了预报方案信息数据类和调度规则知识数据类标准化系列库表。如设计关系线序列表，统一存储各类关系线、过程线样式的参数数据，包括降雨径流关系线、汇流单位线等，设计水库规则方案表，统一存储水库类别工程调度运用阈值等。

其次，在各类数据建设完成后，需构建一条高效、稳定的系统模块与数据仓库耦合的通信链条。传统 C/S 软件一般直接通过数据驱动注册、代码中直接编写查询语句方式实现。这种方式缺乏链接资源的统一管理机制，在多并发的 B/S 软件系统中极易卡死，此外将 SQL 语句直接内嵌入程序代码中，无端增加了系统维护、迁移的复杂度。

数据存储是绝大多数软件系统都要接触到的技术，数据库操作是要和硬盘打交道的，而程序是在内存中运行的，一个访问量较高的大型系统很容易由于数据库操作过于频繁而拖慢整体速度，从而影响系统的使用。为此，本研究引入当前 JAVA 平台优秀的持久层数据框架 MyBatis，进行数据仓库的统一链接、查询、写入等管理工作。

MyBatis 由 Apache 的一个开源项目 iBatis 演变而来，它支持定制化 SQL、存储过程以及高级映射。其使用不会对应用程序或者数据库的现有设计强加任何影响。将传统 SQL 写在专用配置文件中，解除 SQL 与程序代码的耦合。通过提供 DAO 层，将业务逻辑和数据访问逻辑分离，使系统的设计更清晰，更易维护，更易单元测试。

2.2 流水线分层并发河系预报计算技术

树状河系下游断面或水库的洪水由上游汇流而来，是一个顺序计算的过程，根据河系一体化方案计算量的大小及拓扑对象的分层关系,可采用串行或串并行结合的方式。本研究根据河系径流预报计算过程,将其分解为4个工作流,工作流1(W_1)是模型的初始化工作,该工作流主要完成集水区产汇流单元划分、水雨情站点组成及实时信息读取等任务;工作流2(W_2)是集水区产汇流计算,在经验模型中包括面雨量、净雨、产流、汇流等任务;工作流3(W_3)是河道洪水演算;工作流4(W_4)是校正分析计算。

将上述每个工作流用一个线程工作站(如图3中的P_1、P_2、P_3、P_4)来实现,按照流水线架构连接,将河系径流节点按水力联系构造径流计算单元集队列,依次将队列元素推入线程工作站。当计算单元各工作流依次进入线程工作站后,即可建立一套线程流水线,实现河系径流并发计算,如图3所示。

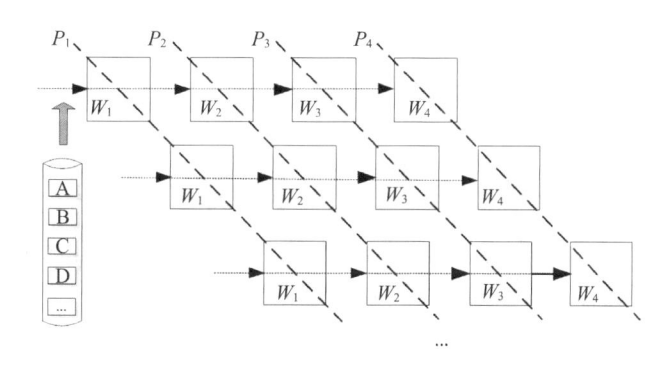

图3　河系径流计算线程流水线工作站

2.3　流水线分层并发河系预报计算技术

水工程群的联合调度计算总体上有两个计算类别,一是工程自身的调度分析计算,二是工程间联合调度影响计算。在传统生产者-消费者并发模式中,生产者和消费者计算处理模块相对独立,而在水工程群联合调度计算中,工程自身调度计算和工程间联合调度影响计算除先后关系外,还具有信息反馈、修正的耦合机制。即消费者计算处理完成后还要将信息反馈给生产者,生产者根据与其具有水力联系的工程节点反馈信息,再次判断调整。为此,对传统生产者-消费者并发模式进行改进,提出了一种信息互联的生产者-消费者并发模式[8],模式结构概化如图4所示。

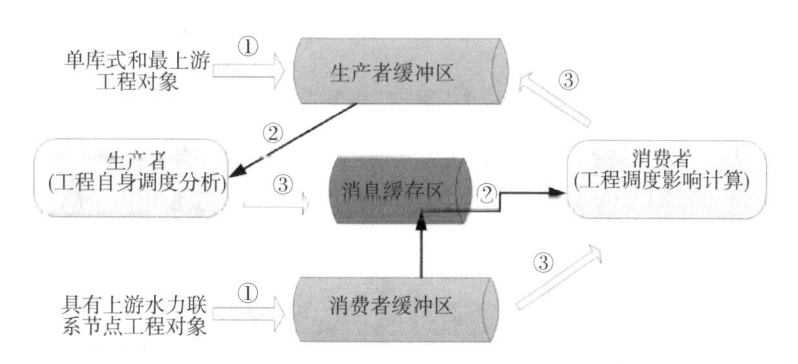

图4　基于信息互联的生产者-消费者并发模式示意

在信息互联的生产者-消费者模式中,将原始的缓冲区划分为生产者缓冲区和消费者缓冲区,即生产者和消费者各自从自身的缓冲队列中获取元素进行相应计算。同时,在两个缓冲区之间建立消息缓存区,用于消息通信,具体到工程调度影响计算时即为等待通知上游工程是否全部计算完成,通知到达时将上游工程的调度影响演算至该工程节点。

2.4 轻量实用的前端视图展现技术

用户对一套服务系统的第一感观来自系统对信息的展示技术。根据防洪预报调度业务特点,设计河流、水利工程群、重点水文断面组成的防洪作战图作为平台底图,采用轻量级的 SVG(Scalable Vector Graphics)图像文件格式进行存储。SVG 意为可缩放的矢量图形,是一种开放标准的矢量图形语言,可以随时插入 HTML 中通过浏览器来查看。采用 SVG 技术可制作圆形、矩形、曲线、路径等不同样式的工程样体,同时可根据计算分析成果采用渐变、高亮等动态显示技术,实现防洪预报调度形象展示。

3 实例应用

系统以大型水库、行蓄洪区、分洪河道、重要水文站、防汛节点等为控制断面,在 1 个系统内实现防洪形势自动分析、多模式洪水预报和调度等多个复杂耦联功能。系统可以在 60 s 内生成淮河全流域洪水预报计算结果,30 s 内生成包括水库、闸坝、行蓄洪区等在内的所有水利工程调度计算结果;对各预报调度方案计算成果的查询展示基本可以做到即时响应。

2022 年 3 月中下旬,淮河上中游地区多次发生降雨过程。淮河干流及部分南部支流出现一次明显涨水过程,息县、淮滨、王家坝、鲁台子站最大流量均为 3 月份历史同期最大,王家坝站最大流量 2 050 m³/s,相应最高水位 25.88 m。图 5 为该场次洪水期间,淮河洪水预报调度一体化系统平台典型作业预报界面。依托平台可实时滚动对雨情、水情进行分析展示,系统内搭建的多模型预报结果与实测洪水基本相当,为 2022 年春季洪水作业预报提供了重要技术支撑。

(a) 雨水情分析　　　　　　　　　　　(b) 河系预报成果分析

图 5　淮河洪水预报调度系统应用分析典型界面(2022 年春季来水)

4 结论

淮河洪水预报调度业务应用系统集洪水预报与工程调度为一体,采用跨平台的 B/S 开发架构,实现防洪形势自动分析、河系洪水预报、多模式洪水调度预演、预案成果分析决策等多种功能,在系统安全性、稳定性、敏捷性、通用性、跨平台和国产化等方面具备显著优势。

本研究基于微服务理念,详细介绍了系统实现的关键技术及典型功能。其中在河系多节点预报方面,对断面水文模拟过程进行拆分,提出了流水线式河系分层并发计算模式;在水工程联合调度方面,提出了基于信息互联的生产者(工程调度)-消费者(影响计算)并发计算模式。该系统已于 2020 年投入淮河防洪实践应用,为预报调度实时联动决策提供了强有力的信息支撑和科学依据,社会和经济效益显著,对大流域河系洪水预报调度系统的建设具有重要的参考价值。

[参考文献]

[1] 钱敏.淮河中游洪涝问题与对策[M].北京:中国水利水电出版社,2019.
[2] 黄启有,胡可,于思洋,等.流域河系洪水预报调度一体化研究与应用[J].水力发电,2022,48(6):36-40+104.
[3] 喻杉,黄艳,王学敏,等.长江流域水工程智能调度平台建设探讨[J].人民长江,2022,53(2):189-197.
[4] 刁艳芳,段震,张荣,等.梯级水库群联合防洪预报调度方式风险分析[J].水力发电,2018,44(8):82-86.
[5] 陈瑜彬,邹冰玉,牛文静,等.流域防洪预报调度一体化系统若干关键技术研究[J].人民长江,2019,50(7):223-227.
[6] 任明磊,何晓燕.对水库防洪调度的认识与探讨[J].人民长江,2011,42(S2):58-60+103.
[7] 王凯,钱名开,徐时进,等.淮河洪水预报调度系统建设及在抗流域大洪水的应用[J].水利信息化,2021(2):1-5+9.
[8] 胡友兵,钱名开,徐时进,等.流域水工程群并发联合调度技术研究[J].水文,2022,42(1):54-58.

[作者简介]

胡友兵,男,1986年8月生,科长,高级工程师,主要研究方向为水文情报预报、水利信息化等,15178330326,ybhu@hrc.gov.cn。

基于三维可视化和数值模拟的地下水资源研究

梁文龙

(周口市水利工程质量服务中心　河南　周口　466000)

摘　要:数字孪生淮河建设是新阶段淮河流域"统一规划、统一治理、统一调度、统一管理"和高质量发展的重要举措,是推进淮河流域治理体系和治理能力现代化的有效抓手,同时能够促进生态环保效益变成造福民众的经济效益。本文在查明淮河流域——柘城县地质和水文地质条件的基础上,通过含水层组三维可视化的手段对岩性数据进行概化并建立三维水文地质结构可视化模型,分析研究区地质各层结构特征和分布规律。建立水文地质概念模型和相应的数值模型,采用数值法进行求解,应用试估-校正法对模型进行识别与验证,采用定量统计法及定性图示法对模型精度进行评价。模拟期间实测水位过程拟合线与模拟水位过程拟合线变化趋势一致,误差小于 0.5 m;实测流场与模拟流场特征基本相同;模拟期内地下水系统总补给量为 8 900 万 m^3,总排泄量为 8 880 万 m^3,均衡差为 20 万 m^3,为正均衡,其水文地质参数及水均衡计算量符合实际情况,数值模型达到精度要求,表明模型可信度较高。

关键词:数字孪生;三维可视化;地下水数值模拟;地下水资源评价;淮河

1　自然地理概况

柘城县位于河南省商丘市西南部,地理坐标为东经 115°06′~115°32′,北纬 34°00′~34°15′。研究区位于柘城县中部,区内有柘城县主要地下水水源地,西部有后李楼、徐园水源地,北部有牛城乡水厂,东有炎帝广场~张大庄水源地,其范围东至大仵乡,西至岗王镇,南至张桥乡镇,北至牛城乡,东西长 19.7 km,南北宽 15.7 km,面积约为 312 km²[1-2]。

2　三维水文地质结构可视化模型

2.1　三维水文地质结构可视化模型构建

依据 22 眼钻孔柱状图资料,运用 HGA 软件[3]对钻井岩性数据、井深、井直径、套管深度、套管直径、填充材料、水位状况等数据进行三维可视化,并根据水文地质概念模型建立要求、数据三维可视化的角度进行两次岩性概化。

结合 GIS 技术将钻孔站点加载展示,将其岩性数据进行三维可视化,各钻孔垂直分布状况更加直观、准确。第一次概化过程:根据钻孔岩性分布规律对各钻孔岩性数据进行概化并进行三维可视化,概化过程中优先保留中细砂、细砂等厚度较大的含水层,且保留地表层和厚度较大的弱透水层;第二次概化过程:将地表层或较薄的弱透水层与附近含水层形成含水层组,概化后的含水层组大致可将研究区在垂向上分为浅层含水层组、中层含水层组、深层含水层组。

2.2　三维水文地质结构可视化模型概况

在研究区地质体三维可视化过程中,为减少数据复杂、地质条件复杂、建模操作繁杂,对岩性数据进行两次概化,通过构建不规则三角网的方法进行相互连接,糅合特殊剖面线形成水文地质剖面,建立三维水文地质结构可视化模型。将研究区地质体在垂向上自上而下依次划分为浅层含水层组、第一弱透水层、中层含水层组、第二弱透水层、深层含水层组、底部隔水层。

3 地下水数值模拟

3.1 边界条件概化

(1) 侧向边界概化

将浅层地下水模拟区西部边界处理为第一类边界(水头边界),其余边界处理为第二类边界(流量边界),根据达西定律计算单位面积流量;深层地下水模拟区边界处理为第二类边界(流量边界),根据达西定律计算单位面积流量。

(2) 垂向边界概化

模拟区的顶部以潜水面为界,大气降水入渗补给、灌溉回渗补给及人为开采等均与浅层含水层进行水量交换。深层含水层组底部分布黏土、粉质黏土、粉土等弱透水层,渗透性较差,概化为隔水边界。

3.2 含水层概化

(1) 含水层概化

依据水文地质条件将研究区地质体在垂向上依次划分为浅层含水层、弱透水层、深层含水层。

(2) 计算目的层

地下水数值模拟层为浅层含水层、弱透水层、深层含水层。其中浅层含水层包括上更新统和全新统含水层,岩性以细砂、粉细砂为主,砂层厚度 8~65.9 m,浅层含水层顶部为研究区潜水面。深层含水层主要为新近系上新统的含水砂层,深层含水层砂层厚度约为 44.6~127 m,含水层岩性以中细砂、细砂为主。

3.3 数学模型及求解

根据上述水文地质概念模型,模拟区地下水流运动的数学模型可以概化为非均质、各向异性、三维非稳定地下水流数学模型,用如下微分方程的定解问题来描述[4-5]:

$$\frac{\partial}{\partial x}\left(K_x \frac{\partial h}{\partial x}\right)+\frac{\partial}{\partial y}\left(K_y \frac{\partial h}{\partial y}\right)+\frac{\partial}{\partial z}\left(K_z \frac{\partial h}{\partial z}\right)+W = \mu_s \frac{\partial h}{\partial t}(x,y,z,t \geqslant 0) \tag{1}$$

$$K_x\left(\frac{\partial h}{\partial x}\right)^2+K_y\left(\frac{\partial h}{\partial y}\right)^2+K_z\left(\frac{\partial h}{\partial z}\right)^2-\frac{\partial h}{\partial z}(K_z+\rho)+\rho = \mu \frac{\partial h}{\partial t} \quad (x,y,z \in \Gamma_0, t \geqslant 0) \tag{2}$$

$$h(x,y,z,t)\mid_{t=0} = h_0(x,y,z), t(x,y,z \in \Omega) \tag{3}$$

$$h(x,y,z,t)\mid_{\Gamma_1} = h_1(x,y,z), t(x,y,z \in \Gamma_1, t \geqslant 0) \tag{4}$$

$$k_n \frac{\partial h}{\partial n}\bigg|_{\Gamma_2} = q(x,y,z,t)(x,y,z \in \Gamma_2, t \geqslant 0) \tag{5}$$

式中:Ω 为渗透区域;h 为含水层或弱透水层的水头函数(m);$K_x、K_y、K_z$ 为 $x、y、z$ 方向上的渗透系数(m/d);W 为源汇项(1/d);μ_s 为含水层的贮水率(1/m);μ 为潜水含水层在潜水面处的给水度;Γ_0 为地下水的自由水面；ρ 为地下水自由水面的排泄或补给(m/d)；Γ_1 为渗透区的第一类边界（水头边界）；k_n 为边界面法向方向的渗透系数(m/d)；h_0 为含水层的初始水位(m)；Γ_2 为渗透区的第二类边界（流量边界）；$q(x,y,z,t)$ 为渗流区第二类边界上单位面积流量函数(m/d)。

3.4 稳定流模拟

为了更加精确地识别稳定流数值模型，区内选取了具有代表性的 15 眼地下水观测井，其中包括 8 眼浅层地下水观测井和 7 眼深层地下水观测井，对实际水位观测值与模拟计算水位值进行拟合，并引用统计学计量方法对模型精度进行量化评价，表征模型拟合效果[5]。

基于 FEFLOW 进行稳定流数值模拟，经过调整后得出拟合结果，8 眼浅层观测井绝对误差为 0.169，均方根误差(RMSE)为 0.205，标准差为 0.22；7 眼深层观测井绝对误差为 0.174，均方根误差(RMSE)为 0.215，标准差为 0.232。

结果表明：三维稳定流数值模型模拟结果整体良好，说明含水层、边界条件的概化及水文地质参数的选取是合理的，其建立的数值模型能真实地刻画 2016 年 1 月稳定状态下模拟区地下水系统的特征，该三维稳定流地下水数值模型可以作为三维非稳定流地下水数值模型构建的基础。

3.5 非稳定流数值模型识别与验证

本研究选择 2016 年 1 月—2016 年 12 月进行模型识别，选取分布相对均匀且水位监测数据完整的 8 眼浅层观测井、7 眼深层观测井作为模型识别期地下水位的拟合观测井。模型识别期实际观测值与模拟计算值拟合情况见图 1、图 2。由观测井识别期水位过程拟合曲线可知，模型中观测井点识别期水位过程线与实测水位过程线变化趋势基本一致，误差值基本小于 0.5 m。

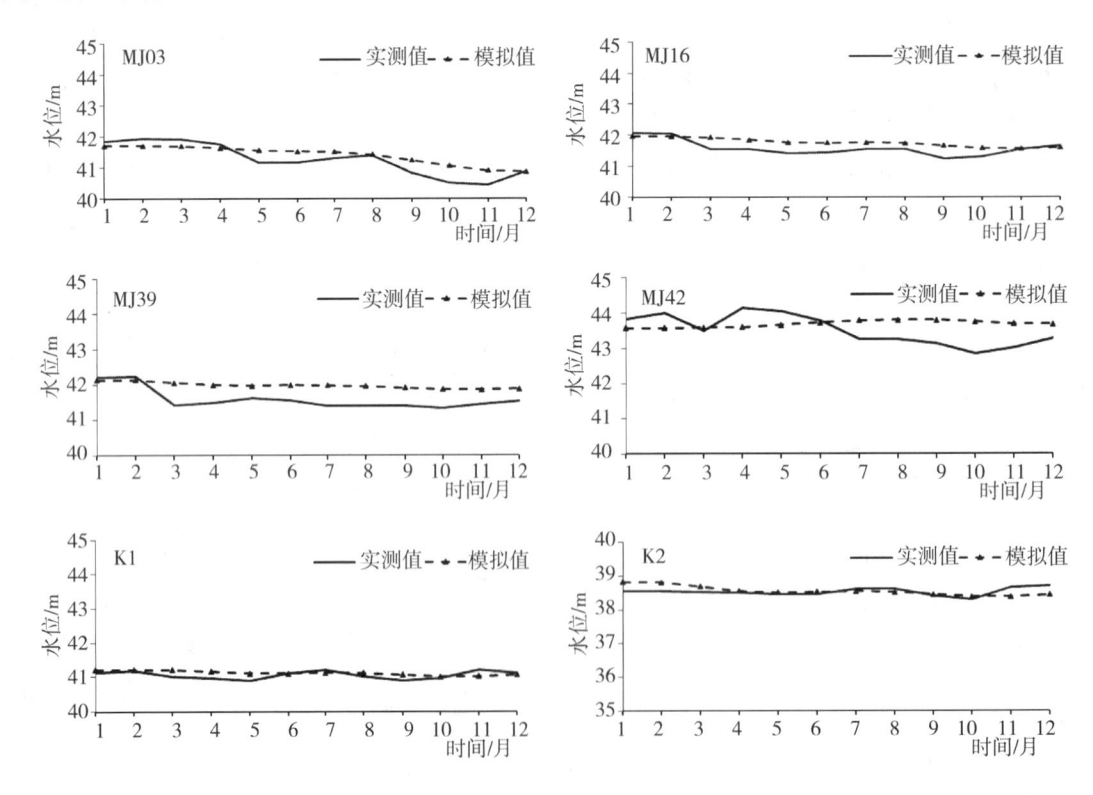

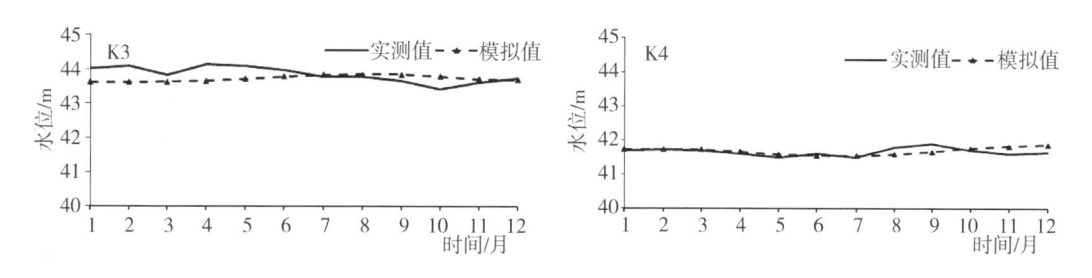

图 1　浅层观测井识别期水位过程拟合曲线

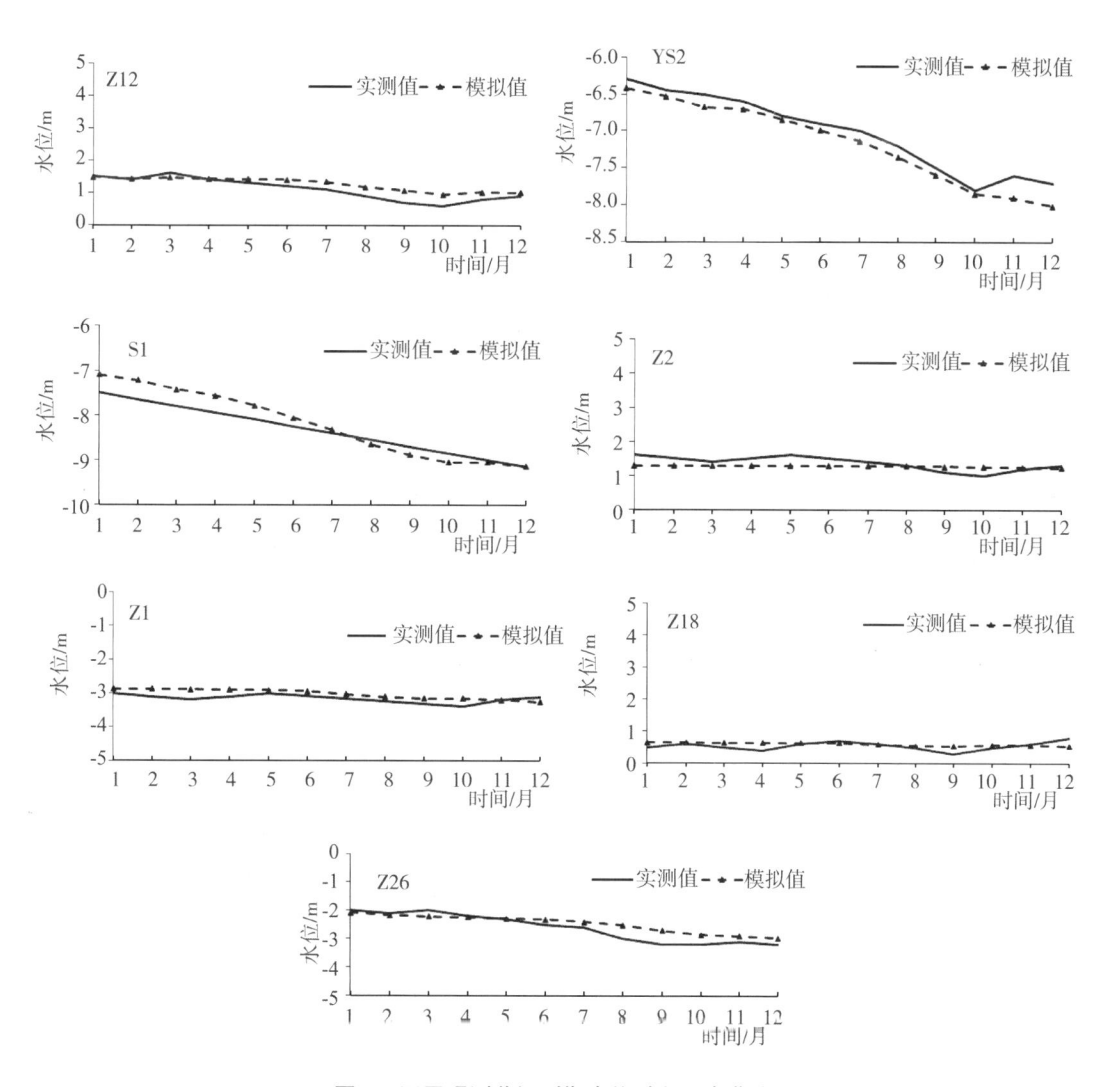

图 2　深层观测井识别期水位过程拟合曲线

模型识别期检验的误差统计结果表明,模拟区模型识别期中观测井的均方根误差值(RMSE)为 0.13～0.51,相对误差值(RE)为 3.96%～24.35%,相关系数($R2$)为 0.07～0.99,其中 K1、K2、K4、Z18 相关系数($R2$)较低,其余观测井均在 0.51～0.99 之间。

为了进一步验证所建立的数学模型和模型识别后确定的水文地质参数的可靠性,利用地下水动态监测数据(2017 年 1 月至 2017 年 12 月)对模型进行检验。

绘制观测井模拟期水位过程拟合曲线和统计模拟过程实测值、模拟计算值,其结果表明浅层观测井 MJ03、MJ16、K1、K2、K3、K4,深层观测井 Z12、YS2、S1、Z2、Z1、Z18、Z26 模拟情况较好,浅层观测井 MJ39、MJ42 个别结点误差较大，模拟情况一般。该模型中观测井点模拟水位过程线与实测水位过程线变化趋势基本一致，误差在合理的范围内。

模型模拟期检验的误差结果表明，模拟区模型模拟期中观测井的均方根误差值为 0.13～0.45，相对误差值为 7.24%～42.18%，相关系数为 0.12～0.99，其中 K4 观测井相关系数为 0.12，K1 观测井相关系数为 0.48，其余观测井均在 0.55～0.99。

据实测值、模拟计算值及其误差值，绘制研究区模拟期浅层地下水、深层地下水模拟流场与实测流场对比，结果表明：模拟区模拟计算流场与实测流场总体流动方向基本相同，水位等值线拟合程度较高，模型整体拟合较好。但局部区域拟合效果一般，如浅层流场上游及河流交汇处出现水位拟合线大幅度偏差，深层流场东部区域拟合效果一般。总体而言，模型符合地下水流的实际变化情况，能够达到精度要求。

3.6 水均衡分析

从地下水水均衡分析（表 1）可知，研究区在 2016 年 1 月—2017 年 12 月内地下水系统总补给量为 8 900 万 m³（不含越流补给），总排泄量为 8 880 万 m³（不含越流排泄），均衡差为 20 万 m³，为正均衡。

表 1　2016、2017 年地下水水均衡分析　　　单位：万 m³

源汇项		浅层地下水				深层地下水			
		2016	2017	合计	百分比	2016	2017	合计	百分比
补给项	大气降水入渗补给量	2 283	3 324	5 607	77.3	0	0	0	0.0
	灌溉回渗补给量	495	566	1 061	14.6	0	0	0	0.0
	河流渗漏补给量	111	111	222	3.1	0	0	0	0.0
	湖(塘)渗漏补给量	88	88	176	2.4	0	0	0	0.0
	侧向径流补给量	93	93	186	2.6	824	824	1 648	70.8
	越流补给	0	0	0	0.0	310	370	680	29.2
	总计	3 070	4 182	7 252	100.0	1 134	1 194	2 328	100.0
排泄项	开采量	3 479	2 854	6 333	87.9	1 150	1 205	2 355	100.0
	越流排泄量	310	370	680	9.4	0	0	0	0.0
	侧向径流排泄量	96	96	192	2.7	0	0	0	0.0
	总计	3 885	3 320	7 205	100.0	1 150	1 205	2 355	100.0
均衡差		−815	862	47		−16	−11	−27	

观测井水位过程拟合曲线图、流场对比图及研究区地下水均衡分析结果表明：研究区地下水数值模型达到了精度要求，符合研究区实际的水文地质条件，能够反映该区域地下水变化过程和流场趋势，符合实际的水量情况，模型可信，故该模型可用于开采条件下的地下水水位预测及地下水资源评价。

4　结论

（1）分析钻孔数据并进行三维可视化，对含水层组进行概化并建立三维水文地质结构可视化模型。将研究区地质体在垂向上自上而下依次划分为浅层含水层组、第一弱透水层、中层含水层组、第二弱透水层、深层含水层组、底部隔水层。柘城县内从西向东、自北向南咸水层厚度有逐渐增大的规律，区内第一弱透水层中广泛分布着咸水体，中层含水层为苦咸水层，该层位矿化度一般>2 g/L 且层位不稳定。苦咸水含水层主要受到侧向径流和浅层地下水的越流补给,在天然状态下或少量开采情况下,苦咸水含水层与深层含水层之间水力联系微弱,局部区域存在微量越流补给;大量开采情况下产生水头差,深层地下水受到中层地下水(苦咸水)的少量越流补给。

(2)根据水文地质条件和三维水文地质结构可视化模型建立水文地质概念模型和相对应的数学模型,合理概化研究区含水层和边界条件,合理设定参数,合理处理源汇项等,建立地下水三维数值模型,采用预估-校正法对模型进行识别与验证,采用定量统计法及定性图示法对模型精度进行评价。

[参考文献]

[1] 陈飞,侯杰,于丽丽,等. 全国地下水超采治理分析[J]. 水利规划与设计,2016(11):3-7.
[2] 张焱. 河南省水资源开发利用存在问题与节水措施[J]. 河南水利与南水北调,2016(7):50-51.
[3] Frind E O, Muhammad D S, Molson J W. Delineation of Three-Dimensional Well Capture Zones for Complex Multi-Aquifer Systems[J]. Groundwater, 2002,40(6):586-598.
[4] 赵信峰. 平原区水资源评价及可持续利用研究——以开封市为例[D]. 西安:长安大学,2010.
[5] 颜辉武,祝国瑞,徐智勇,等. 地下水资源的三维体视化研究[J]. 水利学报,2004(7):114-118.

[作者简介]

梁文龙,男,1992年2月生,助理工程师,从事水利工程质量监督、地下水资源评价分析工作,15136173381,15136173381@163.com。

感潮河段工程建设数值模拟

李文杰　戴丽纳　樊孔明　徐雷诺　夏　冬

（淮河水利委员会水文局(信息中心)　安徽 蚌埠　233001）

摘　要：文章基于断面实测资料建立了工程所在区域的二维水动力模型,河口海岸采用高精度DEM以及地形图构建了工程建设前后河道及海岸洪水演进数学模型。采用定点实测资料进行了验证,模型采用典型设计洪水与潮位进行组合模拟,对比工程建设前后情况。工程建成后,河道水位及流速变化产生的影响较小,随着河道断面自然调整,工程在河道断面的影响将逐渐减小。模型的计算验证了工程建设的合理性,计算方法对感潮河段河道洪水演进分析的适用性。

关键词：感潮河段；洪水演进；新沂河；Mike21

　　河口是河流的终点,主要指的是河流与海洋的交汇处,"河口"的来源就是海洋潮汐的进口。入海径流的河口受到陆地径流与海洋潮流的共同交互作用,是海岸带的重要组成部分。河口海岸根据径流与潮流作用力的强弱关系可以分为三段：滨海段靠近海洋,潮流力影响较大,泥沙搬运强度大；河口段是径流与潮流的交汇区,海洋潮流带来的咸水与河流径流带来的淡水在此区域混合,潮流作用在这一段越往上游越小,以潮流界为限；近口段仅受径流影响,同时受到潮水顶托影响,以潮区界为限。河口海岸是沿海重点保护区域,工程建设标准相对较高。

　　为做好河口海岸区域工程建设部署,经济发展与防灾减灾相结合,我国高度重视河口海岸区域规划建设。洪潮结合模拟是该区域建设部署前期重要的非工程措施,是河口海岸区域规划中洪水风险分析、洪水风险图绘制的重要依据[1]。关于河口海岸区域数值模拟,国内外已建立不少二维洪潮演进模型,为反映淮河入海口工程建设对洪潮演进的影响[2],论文采用二维数值模型建立洪水数值模型,对河口海岸区域恒定流与非恒定流演进过程进行模拟。

1　研究区域概况

　　灌云县位于江苏省东北部,东部濒临黄海；西部与宿迁市沭阳县及连云港市东海县为邻；南部隔新沂河与连云港市灌南县相邻；北部与连云港市海州区接壤。淮河流域新沂河与灌河在连云港市灌云县合二为一,经燕尾港入黄海,该区域承接上游新沂河及灌河径流来水和黄海潮流。该区域除分布有孤岛状低山残丘及西部狭长的冈岭外,其余均为海陆交互沉积的滨海平原,西高东低呈微倾斜状,地势低洼,冈岭地面高程5~25 m,中部平原地带为2~4 m,个别低洼地区高程1.5~1.8 m。山地与丘陵占总面积8%,平原占92%。区域内河流属淮河水系的沂、沭、泗流域尾闾河道,其中新沂河为流域性排洪河道(图1)。

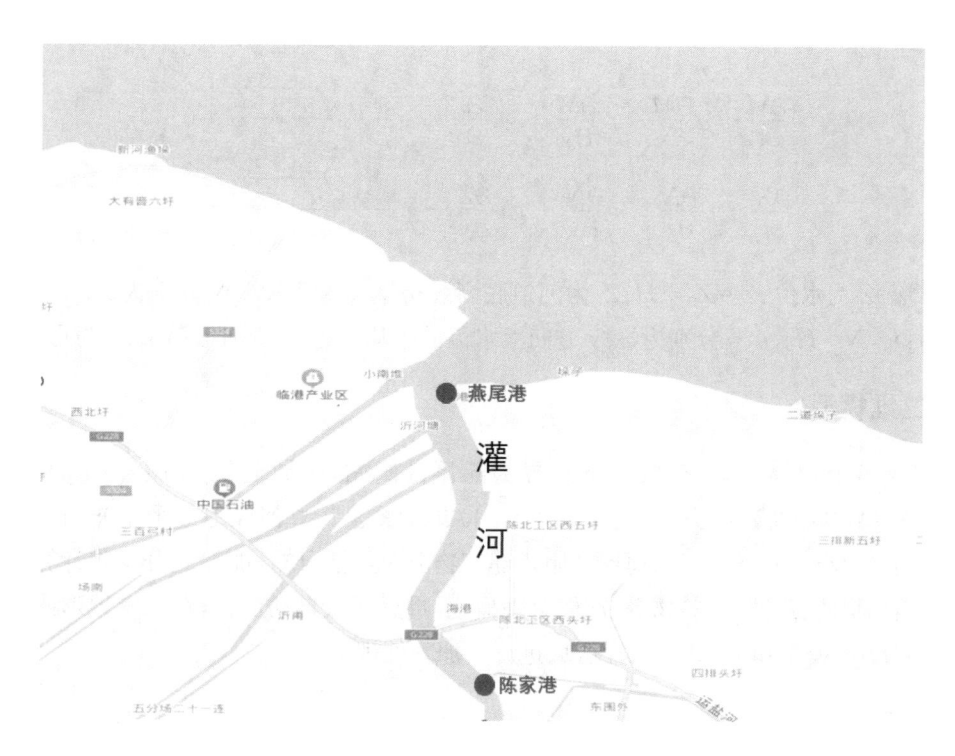

图 1　研究区域河流及站点分布

2　模型构建

2.1　模型控制方程

描述水流运动的 Saint-Venant 一维方程组建立在质量守恒和能量守恒的基础上,以水位和流量为研究对象,其表达式如下。

连续方程:

$$\frac{\partial Q}{\partial x} + B_w \frac{\partial Z}{\partial t} = q_L$$

动量方程:

$$\frac{\partial Q}{\partial t} + 2\mu \frac{\partial Q}{\partial x} + (gA - B\mu^2)\frac{\partial A}{\partial x} + g\frac{n^2|\mu|Q}{R^{\frac{4}{3}}} = q_L V_x$$

其中:t 为时间坐标;x 为空间坐标;Q 为流量;Z 为水位;μ 为断面流速;n 为糙率;A 为过水断面面积;B 为断面平均宽度;B_w 为过水断面水面宽度;R 为水力半径;q_L 为单位河长旁侧入流流量;V_x 为入流量沿水流方向的分速度。

与一维非恒定流方程组类似,二维模型非恒定流基本方程组分为连续方程和动量守恒方程。

连续方程:

$$\frac{\partial H}{\partial t} + \frac{\partial M}{\partial x} + \frac{\partial N}{\partial y} = q$$

动量方程：

$$\frac{\partial M}{\partial t}+\mu\frac{\partial M}{\partial x}+v\frac{\partial M}{\partial y}+gh\frac{\partial Z}{\partial x}+g\frac{n^2\mu\sqrt{\mu^2+v^2}}{h^{\frac{1}{3}}}=0$$

$$\frac{\partial N}{\partial t}+\mu\frac{\partial N}{\partial x}+v\frac{\partial N}{\partial y}+gh\frac{\partial Z}{\partial y}+g\frac{n^2v\sqrt{\mu^2+v^2}}{h^{\frac{1}{3}}}=0$$

其中：H 为水深；Z 为水位；$Z=Z_0+H$；Z_0 为河道底高程；q 为源和汇；M、N 分别为 x、y 方向上的单宽流量，且 $M=H_\mu$，$N=H_v$；μ、v 分别为 x、y 方向上水流的平均流速；n 为河道糙率；g 为重力加速度。

2.2 区域二维模型

模型计算区域上边界为陈家港站，下边界为燕尾港闸站，区域全长为 15 km。河道地形采用 1∶4 000 地形资料，其中待建码头区域采用 1∶1 000 地形图。计算河段地形采用非结构化三角形网格进行剖分，网格大小形状随着区域地形及阻水建筑物分布灵活分布，能够充分反映计算区域的地形特征，如区域内的堤防、道路、建筑物等，均能合理概化，重点区域自动加密，在二维地形图中充分反映其特征。共剖分 4 586 个单元，并对工程区域进行了加密处理。

3 模型参数率定验证

3.1 模型参数

根据区域下垫面条件，确定河道糙率值，导入河道下垫面数据，创建糙率分区，根据研究区域地形地貌、河道实际情况确定所在区域初始糙率值。该糙率能表征河道底部、岸坡以及周边洪泛区地表影响水流阻力的综合情况，是二维水动力模型中的重要参数。河道糙率初始设为 0.008~0.023，模型计算时间步长设定为 10 min。

3.2 模型率定

研究区域二维水力学模型率定验证计算的目的是确定模型的相关参数，主要内容有潮位过程和流速过程。采用 2021 年 6 月两段实测点资料进行率定，模型计算上游采用流量过程进行输入，下游采用海洋潮位作为输入，计算结果与实测点数据进行对比分析，率定参数。其中河道糙率深水区参数为 0.011~0.018，两边滩地糙率为 0.019~0.022。

3.3 模型验证

根据模型率定参数，采用 2021 年 6 月 4 日—5 日实测点资料进行验证，主要验证潮位、流速及流向，通过对比分析来检测模型的准确性与合理性。

根据实测资料和模型计算值的对比分析，模型计算结果与实测点潮位及流速基本一致，潮位特征值误差均小于±0.10 m，满足模型计算精度要求，如图 2、表 1 所示；流速与流向验证过程与实测过程也基本一致，如图 3、表 2 所示，相位基本一致，验证结果满足计算精度要求。综上，模型率定结果验证该模型及参数能够较好重现研究区域洪潮演进过程。

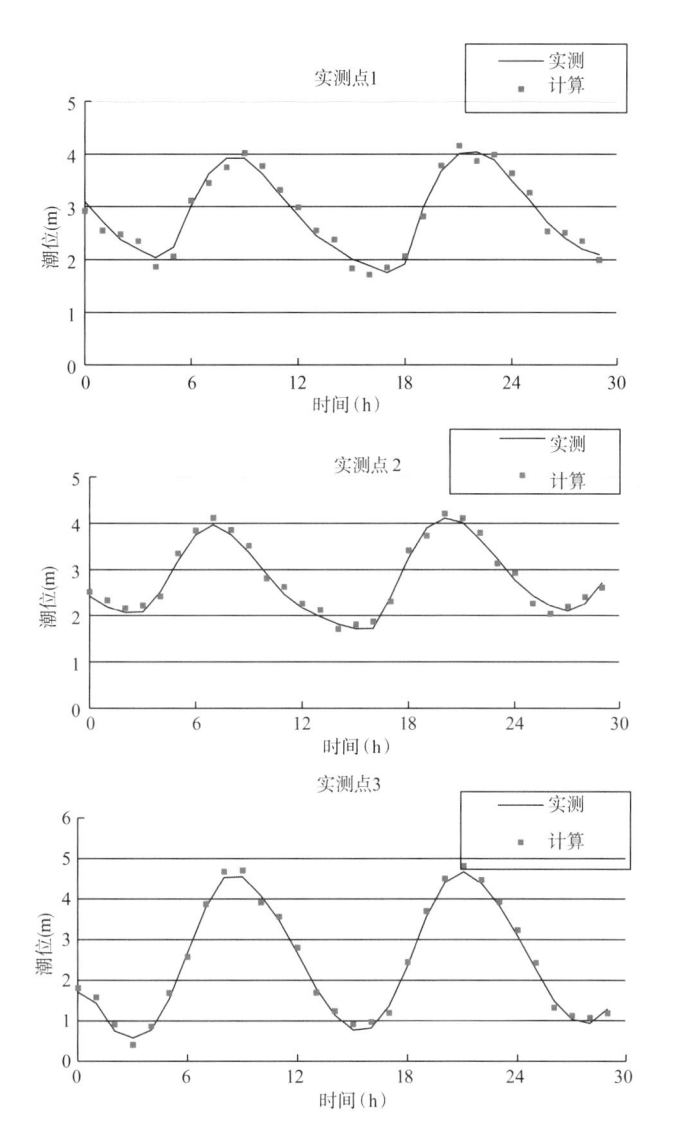

图 2　实测点水位验证

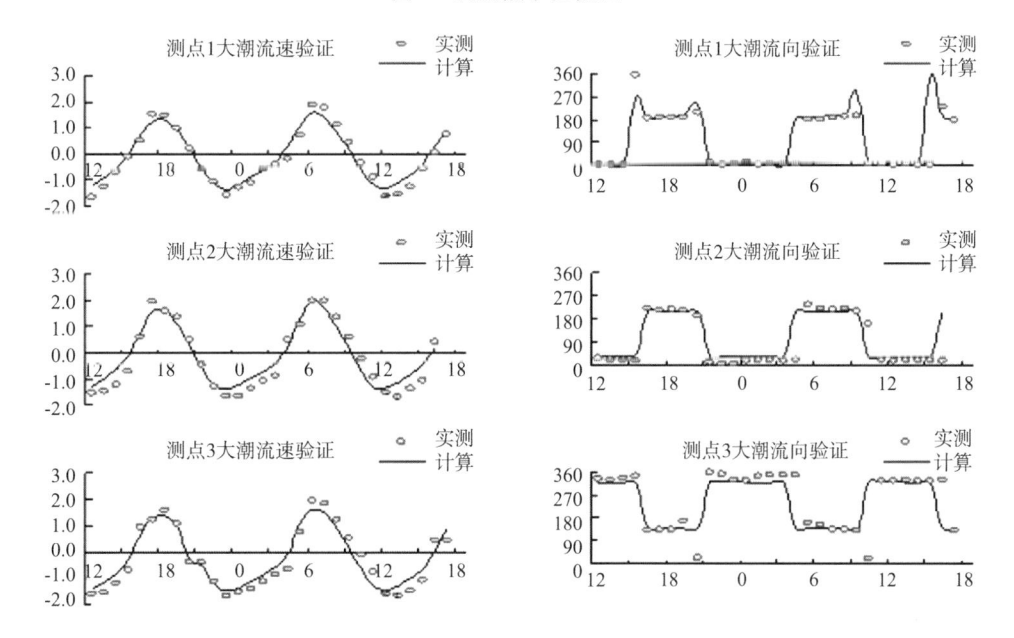

图 3　实测点潮流流速及流向验证

表 1 实测潮位与计算值对比

测点	最高水位		
	实测值(m)	计算值(m)	误差(m)
1	4.07	4.16	−0.09
2	4.11	4.08	0.03
3	4.83	4.75	0.08

表 2 实测流速与计算值对比

测点	最高流速		
	实测值(m/s)	计算值(m/s)	误差(m/s)
1	1.97	1.86	0.11
2	1.99	1.79	0.2
3	2.02	2.01	0.01

4 模型计算

论文对研究区域的计算采用工程建设前后两种工况,以及灌河、新沂河排洪情况。

4.1 工程概化

模型需要对作业区码头、引桥进行工程概化,为了尽可能准确反映拟建工程实际情况,在对工程局部进行加密处理的同时,对工程引桥细节部分进行概化处理,对局部地形及糙率进行修正。同时,也考虑到特大洪水发生时对工程所在区域的淹没情况。

桩的阻水效果主要通过增加其所在网格节点的局部阻力来实现,桩局部阻力系数 ξ 通过下式进行计算:

$$\xi = \beta \left(\frac{s}{b}\right)^{\frac{4}{3}} \sin\theta$$

将平台面板看作使断面突然缩小的建筑物,局部阻力系数 ξ 通过下式进行计算:

$$\xi = 0.5\left(1 - \frac{A_{工程后}}{A_{工程前}}\right)$$

其中:s 表示桩宽度;b 表示桩间距;θ 表示桩与河底夹角;β 表示桩形状系数;A 表示过水断面面积。

在实际计算中,将局部阻力系数转化为糙率的形式:

$$n_{工程} = h^{\frac{1}{6}}\sqrt{\frac{\xi}{8g}}$$

则工程后桩所在网格节点的局部综合糙率为:

$$n_{工程后} = \sqrt{n_{工程前}^2 + \sum n_{建筑物}^2}$$

通过计算可得到工程区桥桩的河道糙率为 0.040~0.060,以往的工程实践表明,以上概化能较好地反映码头桩排整体对河道水位流场的影响。

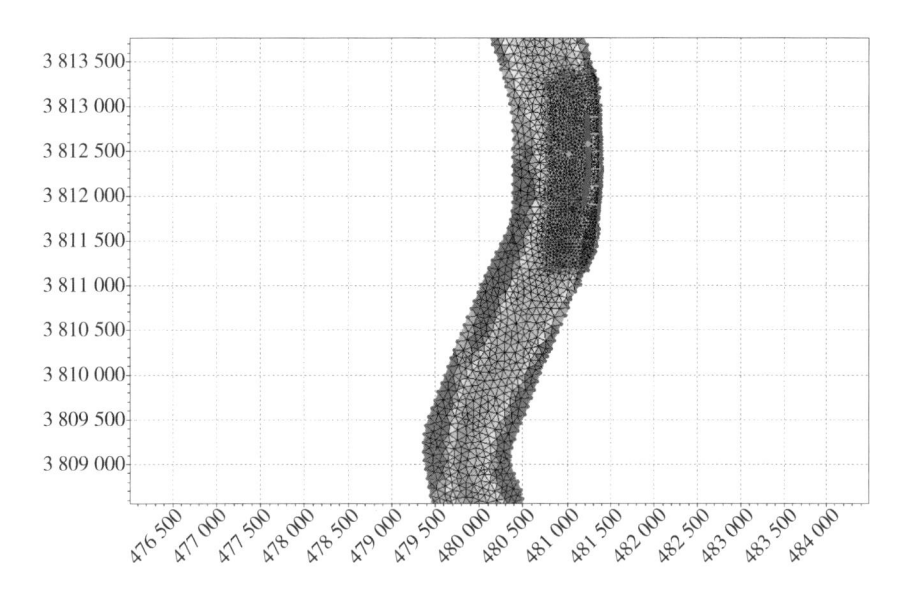

图 4　研究区域河道地形概化图

4.2　计算工况

灌河干流由武障河、六塘河、龙沟河、义泽河等四条支流于东三岔汇合而成。从1970年实施盐东控制工程,四河节制闸于1981年全部建成,四闸设计流量分别为841 m³/s、559 m³/s、874 m³/s、206 m³/s。由此考虑灌河排洪为2 480 m³/s。沂沭泗河洪水东调南下规划实施后,新沂河防洪标准提高到50年一遇,设计洪峰流量为7 800 m³/s。燕尾闸潮位采用50年一遇(频率2%)的高潮位以及20年一遇(频率5%)的低潮位进行控制,潮型采用典型潮型进行同倍比放大。

表 3　模型计算工况

洪潮类型	工程状况	洪潮组合	灌河排洪(m³/s)	新沂河排洪(m³/s)	下边界(m)
以洪为主	工程前	灌河排洪	2 480	0	燕尾港控制潮型
		灌河、新沂河排洪	2 480	7 800	
	工程后	灌河排洪	2 480	0	燕尾港控制潮型
		灌河、新沂河排洪	2 480	7 800	

4.3　计算结果

针对计算结果进行分析,在模型中设置了5处点位进行水位、流速分析,分别为工程前部迎水面与工程后部背水面各1处、工程边缘2处及距离工程不远的河道中泓处1处,如图5所示。

灌河上游排洪,灌河受潮洪共同作用,工程建设后水位变化主要集中于码头上、下游局部区域内。受潮流顶托影响,码头上游壅水,下游水位减小,变化幅度不大。工程后壅高最大值不超过0.016 m,壅水范围距码头上游最大约250 m。码头工程兴建后,对工程区河道水位影响不大,如表4所示。

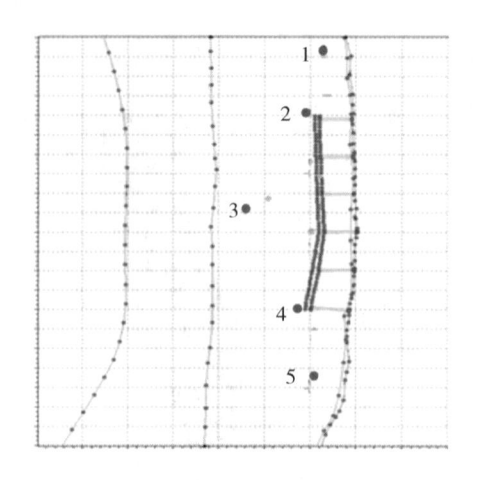

图 5 研究区域计算结果数据提取分析点分布

表 4 工程前后研究区域水位分析

观测点	灌河排洪			灌河、新沂河排洪		
	工程前水位	工程后水位	水位差值(m)	工程前水位	工程后水位	水位差值(m)
1	3.829	3.828	−0.001	3.949	3.948	−0.001
2	3.832	3.83	−0.002	3.951	3.95	−0.001
3	3.836	3.845	0.009	3.952	3.953	0.001
4	3.842	3.84	−0.002	3.954	3.955	0.001
5	3.845	3.855	0.01	3.953	3.969	0.016

工程后流速的变化集中于工程区域。工程区域上下游由于码头的挡水作用流速减小,减小幅度在0.002～0.005 m/s,码头工作平台前沿因平台挤压水流,过水面积略有减小,水流流速略有增大,增大幅度为0.002～0.007 m/s。工程后,流速影响范围为码头上游220 m,码头下游190 m,码头前沿60 m。对工程区域流速产生影响较小,如表5所示。

表 5 工程前后研究区域潮流流速分析

观测点	考虑灌河排洪			考虑灌河、新沂河排洪		
	工程前流速	工程后流速	流速差值(m/s)	工程前流速	工程后流速	流速差值(m/s)
1	0.604	0.608	0.004	0.581	0.585	0.004
2	0.927	0.929	0.002	0.802	0.809	0.007
3	1.122	1.124	0.002	0.835	0.839	0.004
4	0.724	0.719	−0.005	0.551	0.549	−0.002
5	0.426	0.421	−0.005	0.401	0.398	−0.003

5 结论

论文通过模型计算,对淮河下游河口海岸区域感潮河段工程建设前后水位、流速影响进行了分析,灌河上游受洪潮共同作用,工程后水位的变化主要集中于码头上、下游局部区域内。受潮流顶托影响时,码头上游壅水,下游水位减小,变化幅度不大。

新沂河的排洪使灌河口水位有所抬高,对灌河特别是灌河口的水文情势产生一定的影响。考虑新沂河排洪的计算工况下,工程区域分析点潮位壅高 0.016 m 左右,对工程区域潮位产生影响较小。码头作业区工程兴建后,对工程区河道水位影响不大。

兴建码头工程后,随着河床的自动调整,工程对水流的影响会趋于减小。因此,工程兴建后,不会对灌河河道的行洪及河势带来明显不利的影响。

[参考文献]

[1] 施勇,胡四一.感潮河网区水沙运动的数值模拟[J].水科学进展,2001(4):431-438.
[2] 张新周,窦希萍,王向明,等.感潮河段丁坝局部冲刷三维数值模拟[J].水科学进展,2012,23(2):222-228.

[作者简介]

李文杰,女,1990 年 3 月生,工程师,主要研究方向为水文学及水资源,18855228036,july @ hrc.gov.cn。

智慧水利建设背景下的淮河流域生态流量管理工作探讨

曹炎煦[1]　樊孔明[2]　董开友[1]　马天旗[1]

（1. 水利部淮河水利委员会　安徽 蚌埠　233001；
2. 淮河水利委员会水文局（信息中心）　安徽 蚌埠　233001）

摘　要：保障生态流量事关河湖健康及其生态服务功能的发挥。本文通过分析淮河流域重点河湖生态流量保障现状及管理存在问题，对标"复苏河湖生态环境"和"推进智慧水利建设"实施路径，从强化基础能力建设、推进数字孪生淮河建设、加强体制机制建设和细化考评办法等方面提出淮河流域重点河湖生态流量管理工作对策建议。

关键词：生态流量；智慧水利；淮河流域

1　背景

党的十八大以来，以习近平同志为核心的党中央把生态文明建设纳入"五位一体"总体布局，强调生态文明建设是关系中华民族永续发展的根本大计。2012 年国务院《关于实行最严格水资源管理制度的意见》，提出应"充分考虑基本生态用水需求，维护河湖健康生态"。2015 年中共中央、国务院发布《关于加快推进生态文明建设的意见》，要求"研究建立江河湖泊生态水量保障机制"。2019 年 9 月，习近平总书记在黄河流域生态保护和高质量发展座谈会上强调，流域治理"重在保护，要在治理"。多年来，淮委深入贯彻习近平生态文明思想，积极探索生态流量管理工作，为维护河湖生态健康打下了良好基础。

十八大以来，习近平总书记站在国家安全和战略全局的高度，就网络安全和信息化也提出一系列新思想新观点新论断，形成了关于网络强国的重要思想[1]。2021 年 3 月，《中华人民共和国国民经济和社会发展第十四个五年规划和 2035 年远景目标纲要》明确提出要"构建智慧水利体系，以流域为单元提升水情测报和智能调度能力"。为深入贯彻习近平总书记关于生态文明和网络强国的重要思想，2021 年，李国英部长在"三对标、一规划"总结大会上指出，新阶段水利工作的主题为推动高质量发展，并深化总结了"复苏河湖生态环境""推进智慧水利建设"等六条实施路径，这对生态流量管理工作提出了更高要求。

在智慧水利建设的背景下，各级水行政主管部门必须统筹推进水利业务与信息技术深度融合[1]，通过提升生态流量管理数字化、网络化、智能化水平，更好地将生态流量目标落地落实，实现治水为民，兴水惠民。

2　淮河流域重点河湖生态流量保障现状

2020 年，为深入贯彻中央生态文明建设的决策部署，水利部组织七大流域机构编制《全国生态流量保障重点河湖名录》，提出用三年时间完成生态流量目标确定工作。淮河区共 33 条（个）重点河湖入选名录,其中由淮委组织确定目标的河湖共计17条(个)。根据17条(个)河湖不同生态保护对象和省际责任划分,淮委设置了35个生态流量考核断面(具体名录见表1),采用Tennant法、Qp法,并综合考虑河湖不同生态保护要求、水资源条件和开发利用情况、水利工程布局和取用水情况等,最终确定了生态基流、基本生态水量和生态水位三种不同形态的生态流量目标(沭河末端暂未确定目标)。其中,以生态基流作为生态流量目标的断面有7个,分布在淮河干流、洪汝河、沙颍河、史灌河等水资源相对较为丰沛的河流;以基本生态水量为目标的断面有21个,主要分布在包浍河、新汴河、沂河、竹竿河等水资源匮乏、生态保护要求低或目前调配能力有限的河流;以生态水位为目标的断面有6个,分布在南四湖、洪泽湖等湖泊以及池河(考核断面在女山湖上)。

表1 淮河流域重点河湖生态流量考核断面名录

序号	印发批次	河湖名称	断面
1	第一批次	淮干	王家坝、蚌埠(吴家渡)、小柳巷
2		沙颍河	周口、界首
3		史灌河	蒋家集
4	第二批次	洪汝河	班台
5		涡河	付桥闸、安溜、蒙城
6		沂河	临沂、苏鲁省界(港上)
7		沭河	大官庄、苏鲁省界(红花埠)、沭河末端
8		南四湖	南阳、微山
9		骆马湖	洋河滩(闸上)
10	第三批次	浉河	飞沙河水库、南界漫水坝、平桥
11		竹竿河	魏家冲、罗山、竹竿铺(三)
12		池河	明光(二)、旧县闸
13		包浍河	耿庄闸、黄口集闸、固镇闸
14		新汴河	永城闸、团结闸
15		奎濉河	伊桥、枯河闸
16		洪泽湖	蒋坝
17		高邮湖	高邮(高)

为更加直观地了解淮河流域生态流量保障情况,依据1980—2016年的断面逐日实测径流(水位)资料,对31个断面生态流量(水位)日满足状况进行分析。其中,平桥断面以南湾水库水文站资料代替,枯河闸以泗洪(濉)水文站资料代替,魏家冲、罗山和飞沙河水库暂无合适的替代水文站,因此不纳入本次分析。

分析结果显示:7个湖泊考核断面(包括池河的旧县闸)的生态水位满足程度较高,均在90%以上;其余断面中,生态流量满足程度在90%以上的有5个断面,满足程度在80%~90%的有3个断面,满足程度在70%~80%的有2个断面,满足程度在60%~70%的有1个断面,满足程度在60%以下的有14个断面,特别是涡河、新汴河、沂河、沭河等河流断面满足程度仅维持在20%~30%左右,河流生态流量保障情况不容乐观。

3 存在问题

在影响生态流量保障程度的诸多因素中,淮河流域本身的水资源特点起着关键性的制约作用。

淮河流域水资源紧缺,人均占有量只有全国平均水平的 1/4,降水年内、年际分布极不均匀,在缺水时期,生活、生产用水与生态用水矛盾突出[3]。为加强生态流量管理,近年来,淮委和各省持续做好水资源基础工作,加强取水许可管理和用水统计,推进流域取水口监测计量体系建设和在线监测计量设施建设;补充建设水资源监测站点,优化流域区域站网布局;同时,淮委依托淮河水信息系统和流域水资源信息管理平台,与水利部和流域各省共享水文数据,密切关注主要控制断面流量(水位),及时发布预警,排查原因,努力提升生态流量保障程度。但是,对标推进水利高质量发展的总体目标,对标实现水资源"预报、预警、预演、预案"要求,流域生态流量管理工作在以下方面仍存在明显短板和薄弱环节。

3.1 信息采集能力不足

一是流域监测站网布局尚不完善。在 35 个淮河流域重点河湖生态流量考核断面中,目前沭河末端尚未建设水文站;枯河闸、平桥、魏家冲和罗山断面虽有监测站,但缺乏流量监测要素。二是小流量监测精度不够。特别是针对无水利工程控制的断面和较大的畅流河段,由于流速较小,往往会超出测流设备的量程,会出现测不到、测不准的情况。三是取用水监测计量体系建设尚不健全。流域内取水口门底账仍需进一步核查登记,取用水户计量体系建设仍需进一步加强。四是部分水文站特别是新建站点无法及时按照生态流量保障实施方案的要求报送监测数据,上报方式未全部实现在线智能化。五是智能视频、卫星遥感和无人机等新技术应用不足,对数字流域下垫面信息、区域取用水情况的及时获取和更新构成制约。

3.2 智慧化专业模型缺位

一是缺乏集降雨径流预报、生态流量预警、水资源调度、水资源配置等功能在内的水资源统一调配模型平台。目前,成熟的降雨径流模型多用于淮河流域防汛工作,生态流量管控也常常作为单独的业务,剥离于水资源调度配置,已有的水资源调度模型功能单一、标准化水平低、适用性差,无法满足"四预"要求。二是缺乏水污染迁移演变模型。目前已印发的生态流量目标仅仅对水量提出了要求,但事实上,生态环境部门对部分河段国控断面同样有水质考核目标,由于缺乏对水质等水环境要素的预测分析,一旦发生水污染事件,水资源调度决策就会受到影响,生态流量保障程度亦会受到影响。

3.3 管理体制机制不健全

一是数据共享机制尚未建立。流域内各省发证的取水许可审批文件、取用水户取水量和用水计划、省内监测站断面流量(水位)和水利工程实时调度指令没有做到省际共享,各级生态环境、自然资源部门与水利部门也尚未打通资源壁垒。二是多目标统筹协调调度机制尚未形成。淮河流域重点河湖地跨多省市,上下游用水权益冲突,河道内水利工程的调度管理部门不统一,调度指令常有矛盾,令工程管理单位无所适从。此外,淮河流域农业用水量占比大,主要农作物为冬小麦和玉米,一般在冬季和春季集中灌溉,因此导致历年枯水期农灌用水大幅增加,生态流量保障程度受到较大影响,生态安全和粮食安全的博弈凸显。

3.4 考评办法不完善

淮委先期组织印发的重点河湖生态流量(水量、水位)保障实施方案中的考评办法,与水利部最严格水资源管理制度考核细则不统一;现有的考评办法中,对来水频率与生态流量满足程度目标要求之间的关系不明确,尤其在来水较差的情况下,对各省在预警、工程调度和取用水管控等管理环节的执行情况考虑较少,考评原则单一;对于极端干旱天气、突发水污染事件、上游生态流量不达标导致的下游生态流量不达标等特殊情况,也尚无统一的处理意见,导致流域机构和各省在开展生态流量保障工作中遵行的尺度不一。

4 对策与建议

保障河湖生态流量作为推进河湖生态保护修复的基本要求,是维系河湖生态功能、控制水资源开发强度和保障水生态安全的重要指标[2]。同时,为实现新阶段水利高质量发展,有力支撑全面建设社会主义现代化国家,必须深刻认识到智慧水利是水利高质量发展的显著标志[1]。在智慧水利建设的背景下,淮河流域生态流量管理工作还应当从以下方面加强。

4.1 强化基础能力建设

一是加强水资源监督管理。严格水资源论证和取水许可管理,加快推进淮河流域取水口监测计量体系建设,提升流域取水计量监管能力。落实河道内水利水电工程生态流量管控要求,增设必要的生态流量泄水设施。二是推动生态流量监测感知体系建设。结合生态流量管理工作需要和《全国水文基础设施建设"十四五"规划》,优化完善淮河流域水文监测站网布局,加快沭河末端水文站建设,提升魏家冲、枯河闸等重点河湖生态流量考核断面代表水文站的监测能力;进一步加大水文监测设施技术研发投入,提高枯水期低水位小流量监测精度;结合淮河流域实际,加密部分闸坝下泄流量人工监测频次,建立稳定的低水位流量关系曲线;积极推进智能视频、卫星遥感和无人机等新技术在取用水管控和工程调度中的应用。

4.2 推进数字孪生淮河建设

按照"需求牵引、应用至上、数字赋能、提升能力"要求,强化信息技术和水利业务深度融合,以数字赋能流域水资源管理与调配等重点领域,构建具有"四预"功能的智慧水利体系,提升生态流量管理与决策的科学化和智慧化,为淮河保护治理高质量发展提供强力支撑。为满足水资源管理与调配"四预"要求,充分利用已有相关系统资源,利用流域三级数据底板,构建水资源管理与调配数字化场景,融合水文学模型,中长期径流预报、水资源配置、水资源调度、水污染扩散演变、地下水管理等水利专业模型,遥感影像、视频识别等水利智能模型和可视化模型,预报调度方案库、专家经验库等水利知识库,建设具有"四预"功能的水资源管理与调配应用系统,实现生态流量、水质等红线指标预报预警、水资源配置与调度预案编制、调配方案预演等功能,为流域生态流量管理、水资源调配提供科学、智能的决策支持[4]。

4.3 加强体制机制建设

一是建立数据共享机制。打破水利部-流域-省区之间,以及与生态环境、自然资源等部门的数据共享壁垒,围绕数字孪生淮河建设和生态流量管理需求,共享重点河湖断面水文站点、水利工程、地下水监测井、规模以上取用水户等水文水资源基础数据。二是推动建立淮委及各省涉水部门共同参与的跨省跨部门多目标统筹协调调度机制,通盘考虑流域上下游、左右岸、干支流,充分协调各方需求和利益,以实现涉水效益的最大化。进一步细化现有水量调度方案,在多目标统筹协调调度机制建立的基础上,进一步明确包括生态调度在内的调度目标、原则、范围、权限、程序和信息共享等内容,依法依规科学开展流域水资源统一调度。统筹发挥各涉水部门的优势和能力,及时根据生态调度要求执行调度指令和管控措施。

4.4 细化考评办法

流域机构应根据水利部统一部署,结合流域实际,定期修改完善重点河湖生态流量保障实施方案,针对不同流域不同水资源特点的河湖,细化考评办法;除着眼于生态流量满足程度这一数字指标之外,还应统筹考虑各省在预警、工程调度和取用水管控等管理环节的执行情况,激发各省生态流量保障的积极性;研究极端干旱天气、突发水污染事件、上游生态流量不达标导致的下游生态流量不达标等特殊情况的技术处理方法,统一考核尺度,强化考核结果运用,推动各级政府和有关部门切实履行生态流量保障责任。

[参考文献]

［1］蔡阳,成建国,曾焱,等.大力推进智慧水利建设[J].水利发展研究,2021(9):32-36.
［2］杨谦.推进生态流量管理全覆盖 维护长江健康水生态[J].中国水利,2020(15):40-43.
［3］付小峰,庞兴红,韦翠珍.淮河流域重要河湖生态流量保障现状与对策研究[J].中国水利,2022(7):67-70.
［4］水利部淮河水利委员会.数字孪生淮河总体规划[R].2022.

[作者简介]

曹炎煦,女,1987年2月生,科长,工程师,研究方向为水文水资源,15056157220,caoyanxu@hrc.gov.cn。

蚌埠市主城区淮河河道生态修复工程对水文站水文监测影响评价

杨先发[1]　樊孔明[2]　夏　冬[2]　张　瑞[1]　汪智群[1]

(1. 安徽淮河水资源科技有限公司　安徽　蚌埠　233000；
2. 水利部淮河水利委员会水文局(信息中心)　安徽　蚌埠　233001)

摘　要：根据《中华人民共和国水文条例》《水文监测环境和设施保护办法》等法律法规的相关要求，在水文站上下游建设影响水文站水文监测的工程，需编制影响评价报告，征得相关水行政主管部门的同意后方可建设。本文以分析蚌埠市主城区淮河河道生态修复工程对蚌埠(吴家渡)水文站、蚌埠闸水位站水文监测影响评价作为实例，探讨研究开展此类项目的方法，并提出有关思考和建议。

关键词：淮河河道生态修复工程；影响；评价；蚌埠(吴家渡)水文站

1　引言

蚌埠市主城区淮河河道生态修复工程西起蚌埠闸，东至长淮卫大桥，总长度约16 km，工程实施河段范围内建有蚌埠(吴家渡)水文站，工程实施河段上游约500 m处建有蚌埠闸水位站。根据《水文监测环境和设施保护办法》(中华人民共和国水利部令第43号)，在水文测站上下游各二十公里(平原河网区上下游各十公里)河道管理范围内，新建、改建、扩建影响水文监测工程的，应提交建设工程对水文监测影响程度的分析评价报告、补偿投资估算报告等材料，征得对该水文测站有管理权限的流域管理机构或者水行政主管部门同意后方可建设。因此，编制报告分析论证建设工程对水文站水文监测的影响是十分有必要的。建设工程对水文站水文监测影响评价技术论证报告一般包括影响分析、补救方案设计两个主要部分，本文主要对影响分析部分内容的编制展开探讨。

2　影响评价方法

评价建设工程对水文站水文监测影响主要依据的是相关法律法规、有关标准规范、工程设计资料和水文站相关资料。法律法规主要包括《中华人民共和国水文条例》《水文监测环境和设施保护办法》等；标准规范主要包括《水位观测标准》《河流流量测验规范》《降水量观测规范》《水文基础设施建设及技术装备标准》等；设计资料主要包括工程的可行性研究报告、初步设计报告、相关图纸资料等；水文站相关资料主要包括测站任务书、测验环境保护范围划界成果等。

影响评价方法及技术路线主要如下(见图1)：

(1) 确定影响评价对象。根据工程设计资料、水文站网布设情况分析建设工程同水文站的空间位置关系，根据《水文监测环境和设施保护办法》等有关条例的规定确定影响评价对象。

(2) 收集资料和查勘现场。同影响评价对象所在地市的水文水资源部门联系，收集测站任务书、水位流量历史极值资料、测验环境保护范围划界成果等资料,前往水文站现场利用无人机等先进设备收集影响评价对象测验设施、测验河段的影像资料和地形地貌资料。

(3) 数模分析。利用 MIKE21 等软件构建水动力学模型,并对模型精度进行验证,模型精度满足要求后模拟分析工程建成前后水位值、流场和流速分布情况的变化,为评价工程对水文站的影响提供依据。

(4) 开展影响评价工作。根据建设工程与水文站的空间位置关系和数模分析成果,分析建设工程对水文站测验环境、测验设施、水文测验方案的影响和施工期影响。

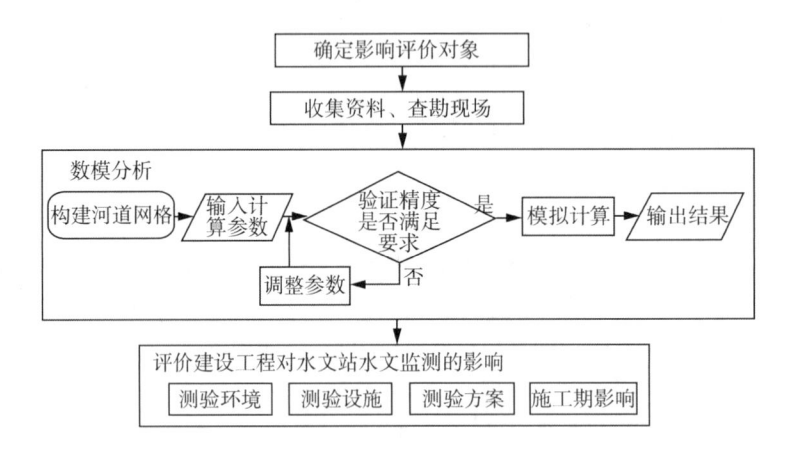

图 1 技术路线图

3 实例分析

本文以蚌埠市主城区淮河河道生态修复工程对水文站水文监测影响评价技术论证为例,分析上述技术路线在项目工作中的实际应用。

3.1 工程概况

蚌埠市主城区淮河河道生态修复工程西起蚌埠闸,东至长淮卫大桥,总长度约 16 km,其工程建设内容主要包括河道工程、生态修复工程两个部分。

河道工程建设内容主要由两部分组成,一是对工程范围内河道存在束窄型断面处实施切滩工程,切滩总长度 2.57 km,切滩工程土方量为 306.70 万 m³;二是对切滩工程的影响范围内涉及的桥梁实施护岸工程,护岸总长 3.30 km。生态修复工程主要包括建设污水处理厂尾水湿地提升水质、实施绿化工程营造绿色空间、建设主题公园打造城市滨河公共空间。

根据工程设计报告,工程实施总工期 36 个月,跨 4 个年度。

3.2 水文站网

工程实施河段范围内建有蚌埠(吴家渡)水文站,工程实施河段范围上游约 500 m 处建有蚌埠闸水位站,除此之外工程实施河段范围内及上下游 20 km 内未涉及其他水文站点。因此,确定影响评价对象为蚌埠闸水位站、蚌埠(吴家渡)水文站。

1. 蚌埠闸水位站

蚌埠闸水位站位于蚌埠闸处,始建于 1960 年,为中央报讯站、闸坝站,测站主要功能有防汛抗旱、情报预报、水资源管理和水环境保护等，测验项目包括水位、水质，建有闸上、下游水位自记井和观测道路等设施。

水位站闸上游基本水尺断面位于蚌埠闸上游 315 m 处，闸下游基本水尺断面位于蚌埠闸下游 620 m 处，水质测验断面位于蚌埠闸上游。测验河段较顺直，两岸有堤防，河槽为复式河槽，右岸在水位达到 17.60 m 时漫滩。河床由沙壤土组成，河床稳定，主槽无水生植物，河岸现为绿化景观带。右岸闸上游 900 m 处为船闸引河入口，闸下游 900 m 处为船闸引河出口，船闸南至马益山边为分洪道，水位达 19.00 m 时，天然分洪。分洪道上建有公路桥，桥长 330 m，蚌埠闸左右岸建有发电站。

2. 蚌埠（吴家渡）水文站

蚌埠（吴家渡）水文站位于安徽省蚌埠市龙子湖区吴家渡，为国家重要站，测验项目包括降水、蒸发、水位、流量、悬移质泥沙、水质、墒情、气象辅助项目等，建有水位自记井、生产业务用房、观测场、观测道路、辐射杆等设施。

蚌埠（吴家渡）水文站基本水尺断面位于蚌埠闸下游 9.0 km 处，测验河段稍弯曲，两岸有堤防，复式河槽，沙壤土河床，稍有冲淤，无水草生长，滩地种有农作物。河段内运船往来频繁，断面附近时有停船。1984 年左岸退建，断面拓宽 180 m，滩地约 220 m，水位 17.00 m 时开始漫滩，滩地种有农作物。2014 年对淮河蚌埠市区段进行整治，建设右岸景观带，滩地约 150 m，水位 16.00 m 时开始漫滩，高水时左、右岸有回流和死水情况。

3.3 数模分析

淮河河道生态修复工程的防洪影响评价专题使用 MIKE21 水动力学模型对工程建设前后河段的水流特征变化情况进行了模拟，同时采用《淮河流域防洪规划》所确定的涡河口以下河段设计泄洪能力 13 000 m³/s，吴家渡断面设计水位 22.48 m 对模型精度进行校核，经验证模型计算结果满足精度要求。水文站水文监测影响评价借用其数模分析成果。

模型计算范围选用蚌埠至浮山段，采用恒定流模拟，设计行洪流量 13 000 m³/s，临淮关水位为 21.23 m。河道主槽糙率 0.021 5、滩地糙率 0.033 5，滩地生态工程实施后工程区域糙率取 0.045。采用 30 s 作为最大时间步长，0.01 s 作为最小时间步长。

根据数模分析成果，蚌埠闸水位站闸下游基本水尺断面、蚌埠（吴家渡）水文站基本水尺断面处的水位变幅分别为 0 m、−0.001 m，蚌埠（吴家渡）水文站测流断面处的流速较工程实施前有所增加，增幅 0.03 m/s。

3.4 影响评价

3.4.1 对蚌埠闸水位站的影响

淮河河道生态修复工程的建设内容位于蚌埠闸水位站的测验环境保护范围之外，工程建设前后水位站闸上、下游基本水尺断面处的水位值均不会发生改变，由此可知工程对蚌埠闸水位站的影响不明显。

3.4.2 对蚌埠（吴家渡）水文站的影响

1. 建设工程同水文站的位置关系

蚌埠（吴家渡）水文站基本水尺断面、测流断面位于工程实施河段范围内，断面上、下游河段实施切滩工程和护岸工程；生态修复工程规划在水文站处建设体育公园，测站的水位自记井、水尺、观测道路、部分辐射杆位于体育公园的规划范围内。

2. 对测验环境的影响分析

建设工程位于水文站的测验环境保护范围内,根据数模分析成果,工程建成后测验河段的水位、流场流速分布情况较工程实施前均发生变化,水文站的整体测验环境受到工程的影响。

3. 对测验设施的影响分析

水文站的生产业务用房、观测场位于工程建设范围之外,不会受到影响;水位自记井、水尺、观测道路位于工程规划范围内,但上述设施的保护范围之内仅种植草皮,正常工况下不会受到影响;部分辐射杆同工程建设用地发生冲突,会在工程建设过程中受到损坏;工程建设期间测验河段含沙量增加,水位自记井的进水口很有可能被泥沙淤积堵塞。

4. 对测验方案的影响分析

(1) 水位观测资料的一致性遭受破坏;

(2) 现已率定的水位-流量关系遭受破坏,导致流量只能通过实测获得,现有测流垂线布设方案不再适用;

(3) 测站现已率定的单沙-断沙关系曲线遭受破坏,现有测沙垂线布置方案、推沙关系线及测沙方案不再满足测验整编要求;

(4) 工程建成后测验河段水流关系紊乱,实时水情信息只有通过实测获取,影响了水文情报的时效性;

(5) 测站现已率定的水位-流量关系、单沙-断沙关系曲线遭受破坏,资料整编方案受到直接影响。

5. 施工期影响

工程建设期间测验河段含沙量增加,泥沙观测资料的一致性可能遭受破坏;水位自记数据很可能因自记井进水口淤积堵塞产生观测误差;工程建设期间可能会对测验河段的水质产生影响。

4 本文创新点

经查阅建设工程对水文站影响评价类的相关文献资料,发现部分学者在分析论证建设工程对水文站水文监测影响的过程中,存在所依据的条例法规和参考的标准规范等较为单一、因未使用模型对工程建成后测验河段的水流特性变化情况进行数值模拟导致影响程度不够明确等不足。本文参考了较为全面的法律法规和标准规范,从工程建设对水文站测验环境、测验设施和测验方案的影响等多个方面开展了分析论证工作,且借助了水动力学模型说明了工程对测验河段水流特性的影响程度,提升了论证结果的可靠性。

5 有关思考和建议

(1) 编制专题报告分析论证建设工程对水文站水文监测的影响,并针对影响提出补救方案设计,对保护水文站具有重要的作用。但目前尚未出台该类报告的编制导则或规程,部分省份给出的编制模板存在工作内容不够明确、论证深度要求过于简单等问题,而水文监测专业性很强。对此,建议各级水行政主管部门加强有关技术标准及报告编制规程研究,并尽快印发,进一步明确此类报告的编制内容、论证深度、技术要求等。

(2) 分析建设工程对水文站的影响是此类项目的工作重点,也是难点。随着研究的不断深入、模型软件的不断更新和迭代,编制此类报告需要应用的技术手段也要与时俱进。这就要求从事此类报告编制的工作者应注重学习,加深对水动力学模拟、水文学仿真、地理信息技术等软件的运用,对如何提升模型模拟精度、如何将不同软件耦合达到更为良好的分析效果等展开探索和研究。

[参考文献]

[1] 熊文华,李诚,徐晓鹏,等.水利工程对云南省戛旧(二)水文站影响分析[J].水利信息化,2019(3):37-39.

[2] 安徽淮河水资源科技有限公司.蚌埠市主城区淮河河道生态修复工程对国家基本水文站水文监测影响评价技术论证报告[R].2022.

[3] 安徽淮河水资源科技有限公司.黄溢闸拆除重建对黄溢闸水文站水文监测影响评价技术论证报告[R].2021.

[4] 中水淮河规划设计研究有限公司.蚌埠市主城区淮河河道生态修复工程初步设计报告[R].2022.

[5] 中水淮河规划设计研究有限公司.蚌埠市主城区淮河河道生态修复工程防洪评价报告[R].2022.

[6] Zuo J, Zhang H X, Deng S, et al. Analysis of influence of mesh partition on Mike21 calculation in flood impact assessment[J]. IOP Conference Series: Earth and Environmental Science, 2020, 612: 012060.

[7] Jensen K H, Illangasekare T H. HOBE: A Hydrological Observatory[J]. Vadose Zone Journal, 2011, 10(1): 1-7.

[作者简介]

杨先发,男,1997年5月生,助理工程师,主要研究方向为水文水资源分析,15511089350,2012145761@qq.com。

数字孪生淮河建设及技术浅析

周 琳　杨子江

(中水淮河规划设计研究有限公司　安徽 合肥　230092)

摘　要：云计算、大数据、人工智能、区块链技术的发展，为推动水利建设朝数字化、网络化、智能化发展提供了技术支撑。本文针对淮河流域的基本情况，引入了数字孪生技术，建设数字孪生淮河，构建智能智慧水利体系，推动新阶段水利高质量发展。阐述了数字孪生淮河建设的主要内容，即数字孪生平台、"2+N"水利智能业务应用体系、水利网络安全防护体系、智慧水利保障体系等，同时对建设数字孪生淮河流域所需的智能监测技术、通信技术、云边端协同技术、大数据技术与虚拟现实等关键技术进行了介绍。

关键词：数字孪生；流域治理；淮河；关键技术

1　引言

随着云计算、物联网、下一代互联网等新一代信息技术的变革，以及智慧经济的快速发展，信息资源日益成为流域发展的重要因素，信息技术在流域发展中的引领和支撑作用进一步凸显[1]。

"十四五"规划中明确指出：构建智慧水利体系，以流域为单位，提升水情测报与智能调度能力[2]。作为推动新阶段水利高质量发展的实施路径和最重要标志之一，数字孪生流域和数字孪生水利工程建设是贯彻落实党中央、国务院重大决策部署的明确要求，是适应现代信息技术发展形势的必然要求，是强化流域治理和管理的迫切要求。日前，水利部淮河水利委员会据此编制印发了《数字孪生淮河总体规划》，为加快构建具有预报、预警、预演、预案功能的数字孪生淮河提供指导。

2　淮河流域概况

淮河流域位于中国东部，介于长江和黄河之间，流域西起桐柏山、伏牛山，东临黄海，南以大别山、江淮丘陵、通扬运河及如泰运河南堤与长江分界，北以黄河南堤和沂蒙山脉与黄河流域毗邻，面积27万 km²，以废黄河为界，以南为淮河水系，以北为沂沭泗水系[3]。整个淮河流域多年平均径流量为621亿 m³，其中淮河水系453亿 m³，沂沭泗水系168亿 m³。

自新中国成立以来，秉承着"蓄泄兼筹"的方针，淮河治理取得了重大成就。现今，淮河流域已建成各类水库6 300余座，兴建、加固各类堤防6.3万 km，修建行蓄洪区27处，建成各类水闸2.2万座，建成江都水利枢纽、三河闸、临淮岗、刘家道口等一大批控制性枢纽工程，防洪防汛和水资源管理水平都得到了极大的提高。

站在新的历史起点，淮河治理进入新阶段。2020年8月，习近平总书记视察淮河时强调"全面建设社会主义现代化国家，我们要提高抗御灾害能力，在抗御自然灾害方面要达到现代化水平"[4]。谋划解决当前淮河流域存在的防洪体系上仍有短板、水资源总体短缺，以及水生态、水环境需要改善等问题,必须推动淮河流域治理管理现代化,实现淮河流域统一规划、统一管理、统一调配,而数字孪生流域建设是重要的技术支持和保障。

3 数字孪生及流域建设

数字孪生,就是针对物理世界的实体,通过数字化手段构建一个数字世界中的"完整分身",能够和物理实体保持实时的交互连接,借助历史数据、实时数据以及算法模型等,通过模拟、验证、预测、控制物理实体全生命周期过程,可以对实物物体进行理解与分析进而达到优化的目的。

数字孪生最早应用于航空航天领域,随着信息化技术的不断发展,"数字孪生"概念和技术如今得到了广泛的推广和应用。在工业制造方面,通过构建工厂的孪生体,可实现对产品设计、制造和智能服务等闭环优化;在智慧城市建设中,借助数字孪生技术,以数字化的形式呈现城市的运营状态,为城市的规划与管理提供指导;在医疗方面,通过孪生体,对医疗设备进行动态的监测、模拟、仿真和动态优化,可提高医疗设备的使用效率和延长其使用寿命。

将数字孪生应用到流域建设,就是要基于信息化基础设施(水利感知网、水利信息网和水利云)获取物理流域的时空数据,以水利模型为核心,综合运用云计算、大数据、虚拟仿真和人工智能等信息化技术,模拟和呈现物理流域的全过程动态变化,形成流域的实时写真和虚实互动,从而实现对水域水利业务的"四预"(预报、预警、预演、预案)功能,为河流的规划、治理、调度和管理提供指导。

4 数字孪生淮河流域建设

4.1 总体目标

"十四五"时期,以淮河干流、沂沭泗骨干河道为重点,推进流域数据底板和模型平台建设,优先安排实施重点区域(河段)防洪、水资源管理与调配智能应用,逐步推进河湖管理、水土保持管理、水利工程建设与运行管理等智能应用,初步建成数字孪生淮河体系。

到2035年,进一步完善信息化基础设施、数字孪生平台及各业务领域智能应用建设,全面建成数字孪生淮河体系。

4.2 系统框架

数字孪生淮河将由数字孪生淮河平台、信息基础设施、水利业务应用、网络安全体系、综合保障体系组成,架构如图1所示。

4.3 布局安排

数字孪生淮河建设将在水利部的统一指挥下展开,以淮河水利委员会印发的《数字孪生淮河总体规划》为指导,遵循水利部智慧水利建设顶层设计要求和数字孪生流域建设相关要求。其中淮委负责淮河流域内的大江、大河、大湖以及主要支流建设,流域内各省水利部门负责建设省内智慧水利工程,各级单位共享数字孪生水利工程建设成果,以此集成为"数字孪生淮河"。

4.4 主要建设内容

4.4.1 数字孪生淮河平台

数字孪生淮河平台建设主要包括三部分,即数据底板、模型平台和知识平台。

构建多级底板,完善数据资源。在融合全国L1级数据底板的基础上,构建淮干及重要行蓄洪区、主要支流、沂沭河等重要河段以及水土流失严重地区的L2级数据底板,同时集成南四湖二级坝等重点水利工程L3级数据底板建设,汇集并及时更新监测感知、基础地理空间、业务管理和行业交换共享等数据,形成数字孪生淮河数据底板。

建立模型平台,实现模拟仿真。重点建设基于云计算的数值仿真平台,构建水文模型、水动力水质生态仿真模型、洪水预报模型等水利专业模型,实现对降水径流过程、生态需水过程以及洪水演进过程等的仿真,辅以可视化模型,实现模拟结果的动态展示,为流域的综合管理提供帮助。

完善知识平台,提供"智力"支撑。搭建满足数据分析、机器学习、深度学习等不同场景的历史场景数据库、专家数据库和水利知识库,为智能决策提供"智力"支撑。

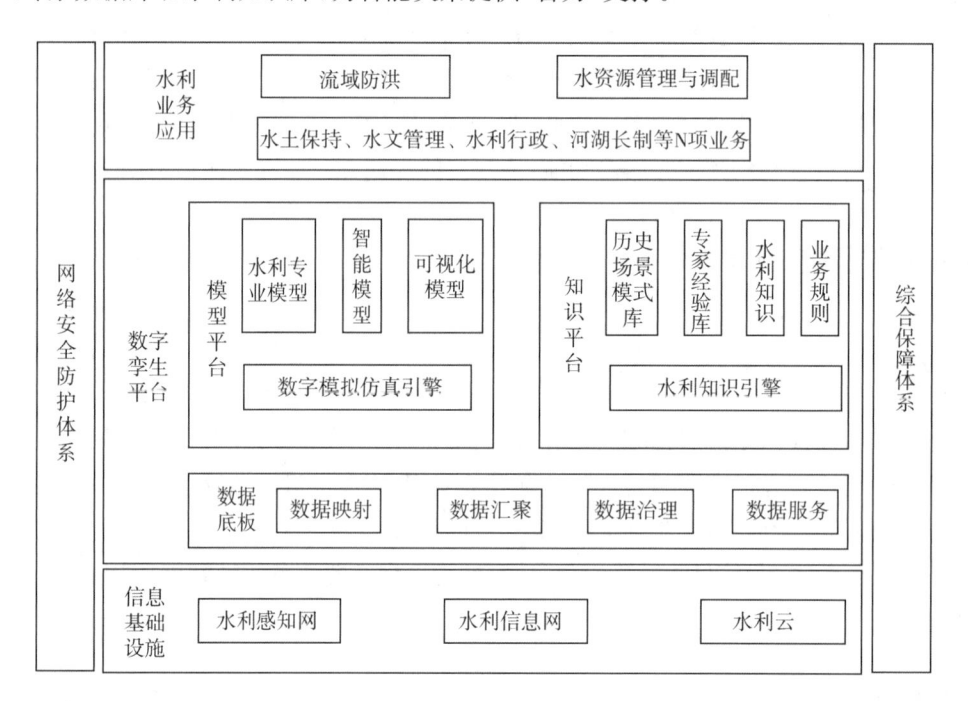

图1　数字孪生淮河架构图

4.4.2 水利信息基础设施建设

需求牵引,不断夯实水利信息基础设施,重点建设水利感知网、水利信息网和水利云平台。

水利感知网。基于天基、空基、地基等监控设施,智能采集淮河水域的水资源、水环境、水生态、水工程、水经济等涉水全时空信息,建立起淮河水系"天空陆水"的立体、协同、主动的一体化全面感知网络。

水利信息网。建立起包含无线传感网、网格计算网络、P2P网络、云计算网络的基础网络支撑层和包含无线局域网、Internet网、5G移动通信网络的基础设施网络层,实现水利信息准确、高效传输。

水利云平台。建立统一的水利大数据中心和水利云计算平台,为智慧水利提供"算力"支撑,建立"两地三中心"的同城和异地灾备,实现水旱灾害防御、水资源管理等业务应用系统统一部署、多级应用。

4.4.3 构建"2+N"水利业务应用体系

在数字孪生平台和水利信息基础设施的基础上,构建含"四预"功能的"2+N"水利智能业务应用体系。重点建设流域防洪和水资源管理与调配两种主要水利业务系统,积极建设水利工程建设和运行管理、节约用水管理与服务、水行政执法、水利监管、水文管理、水利行政、水土保持、河湖长制等N项业务系统,各项水利业务均实现"四预"功能且有性能强大的信息系统支撑。

4.4.4 健全网络安全体系

加强网络安全防护,为安全、有序、稳定开展水利业务提供保障。严格遵循水利网络安全总体策略,在组织管理、安全技术和监督检查三个层面,构建"安全、实用"的网络安全体系。

组织管理体系。重视网络安全制度建设和宣传教育,切实落实网络安全主体责任,建立相关网络安全管理制度和应急处置预案,定期开展网络安全教育培训。

安全技术体系。遵循网络安全总体策略,构建涵盖基础防护、监测分析和响应恢复的网络安全技术体系。

监督检查体系。建立水利关键信息基础设施安全监督检查体系,加强日常监测预警,强化水利信息网络监管,确保掌握网络安全态势情况,及时遏制网络安全事件。

4.4.5 完善多方面保障体系

为稳步推进数字孪生淮河建设,需要建立全方位、系统化的保障体系。

一是落实责任。要在各级水利部门的领导下,建设含牵头抓总、沟通协调、分析应用、管理监督的多部门体系,确保责任落实到人到位。

二是加大投入。用足用好财政政策,不断扩大资金渠道,积极争取资金投入,保障建设资金,为数字孪生淮河建设提供强有力的财力支持。

三是强化队伍建设。加大对人才队伍培养的投入,全方位培养管理型人才、专业型人才、创新型人才和复合型人才,为数字孪生淮河建设不断注入新的活力。

5 数字孪生淮河关键技术

5.1 天空地一体化监测技术

水利信息是构建数字孪生淮河的基础,为获得全面、准确的数据,需要运用天空地一体化立体监测技术。

"天"——卫星遥感图像:采用高分辨率卫星影像对重点水系进行提取复合,可以获取流域的水文、水质、水资源等信息,方便全面、有效地掌握流域状态。

"空"——无人机巡查:利用无人机获取的巡查视频、空中全景等数据,实现对河湖水系、水利工程、管理活动的动态感知。

"地"——IOT(物联网)自动化监控:通过物联网对前端感知设备有效整合、集中管理,实现对淮河水系的自动化监测,主要包括河道流量监控站、雨量监控站、水质监控站等,为水情、雨情、水质、水利工程运行等提供长期动态监控手段。

5.2 多层次高效化流域通信技术

为了保证数据准确、高效传输,需要通过多种方式建立数据传输通道,搭建自主传输层。综合运用通信系统、计算机网络、数据中心、MSTP、4G及5G、无线传输、互联互通等信息技术,搭建起数字孪生淮河流域信息基础平台,实现各种自主感知模块获取的各类信息数据及时准确地自主传输。通过扎实的通信网络建设,形成多层次、系统化、高速的基础网络,实现互联网、广电与通信网络的三网融合。

当前,4G/5G通信技术的发展,将能够满足几乎所有用在相对开阔环境的无线服务需求;对于4G/5G通信应用受限的区域,将协同建设局域无线传输网络,以减少对环境的依赖。最终以有线网络、无线传输、互联互通等方式完成对淮河流域空间的全覆盖。

未来6G网络技术的发展,将会使得流域无线网络信号的全覆盖成为可能,与5G技术相比,6G网络在峰值速率、时延、流量密度和连接密度等方面都将有显著提升,将会成为流域通信与数据传输的新的技术支撑。

5.3 云边端协同一体化技术

传统的云计算技术可以充分整合和利用各类信息资源,推进实体设施与信息设施间的整合与共享,但随着数据量的增加和实时运算的需求,传统的云计算便显得不足。云边缘计算则不同于云计算的集中处理特性,它存在于数据采集端,可对终端节点的数据进行一定的运算与处理,帮助解决云计算存在的数据延迟和网络不稳定问题。在进行水利云平台搭建时可采用云、边、端协同的方式,实现优势的互补,如图2所示。边缘节点对实时获取的终端数据进行运算和处理,并将处理后的精炼数据传送给云端,可以大大减小云端计算的压力,同时解决网络延迟和带宽限制的问题;而云计算的集中处理特性,可以更好地实现资源与数据的共享。

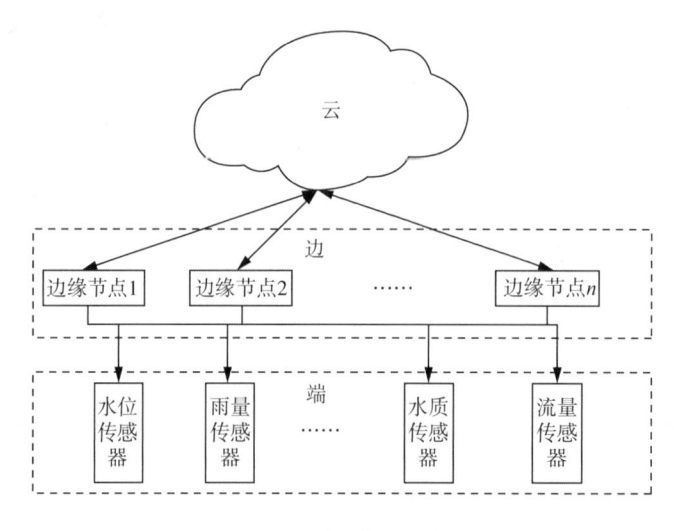

图 2　云边端协同架构

5.4 水利大数据平台及大数据分析技术

水利感知网获取到的水文气象、水位流量、水质水生态、水利工程等监测信息形成了数据量大、种类繁多、更新快、应用价值高的水利大数据,根据水利大数据可以构建集"采集、管理、计算与应用"为一体的水利大数据平台,其架构如图3所示。

基于数据采集层与数据管理层,利用传统分析方法,可以建立水资源配置、水资源调度、气象模拟预报和水资源质量评价等模型。

对水利大数据进行大数据分析,可实现水资源调配、水灾害预防等功能。如在水灾害的智能预警中,利用机器学习技术对历史数据进行学习,根据学习结果,对淮河水域进行实时评估和趋势预测,完

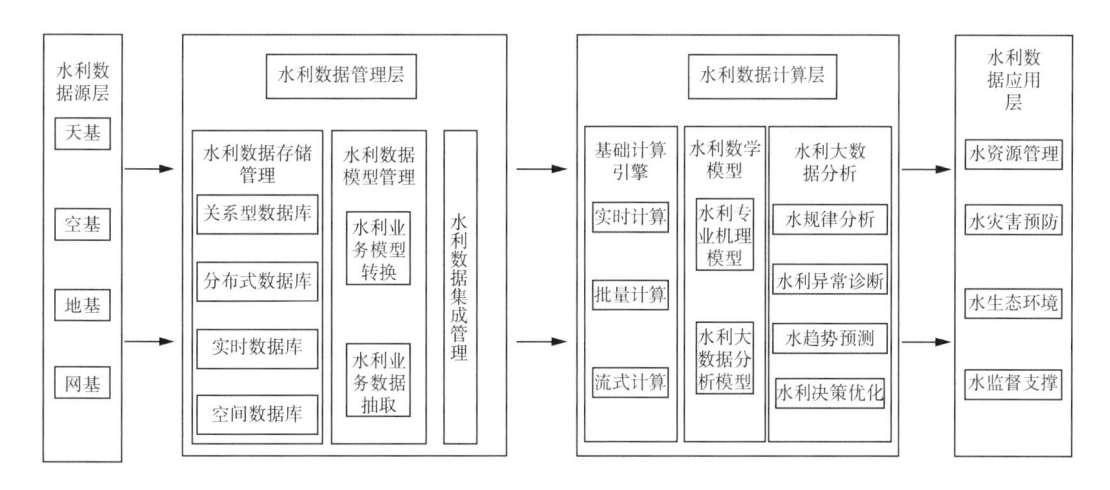

图 3　水利大数据结构图

成对水域安全的实时监测,对紧急情况进行安全预警,防止水利安全事故的发生。

5.5　基于虚拟现实的三维仿真技术

通过现有的虚拟现实等技术实现淮河流域的三维仿真。通过构建流域的三维虚拟仿真场景,将流域空间地理、地形地貌等数据与流域实景照片融合,直观展示流域地形地貌、水利工程、地下水等要素,将真实世界的静态流域搬进电脑,方便管理人员全面立体掌握流域点(水利工程)、线(河流)、面(流域)信息,同时可与三维虚拟仿真场景进行实时交互。通过构建动态流域立体智能仿真场景,利用流域空天地网一体化的多维监视信息,结合自动建模等技术,在三维场景中动态展示流域降水、径流、蓄水、排水等自然和水循环过程,将真实世界的动态流域搬进电脑。

6　结语

数字孪生淮河建设需要以现有的水利资源业务为基础,按照"需求牵引、应用至上、数字赋能、提升能力"的总体要求,深度促进云计算、大数据、人工智能等信息化技术与水利业务的融合,实现流域防洪、水资源管理与调配等"2+N"项水利业务的"预报、预警、预演、预案"功能,为新时期淮河流域生态保护和高质量发展提供重要技术保障。

[参考文献]

[1] 刘庆新. 从"数字林业"步入"智慧林业"[J]. 中国农村科技,2013(10):62-63.
[2] 李建新. 数字孪生海河建设及关键技术[J]. 中国水利,2022(9):17-20.
[3] 贾利,郁丹英,张晓玲. 淮河流域水生态系统现状存在问题及保护对策[J]. 治淮,2015(1):22-24.
[4] 钱名开. 以数字孪生淮河建设引领淮河保护治理事业高质量发展[J]. 中国水利,2022(8):36-38.

[作者简介]

周琳,女,1978年9月生,高级工程师,从事施工组织设计工作,13955118801,63064832@qq.com。

浅析数字孪生淮河水资源管理和调配智能应用系统建设需求

陈立强 尹 星 喻光晔

(淮河水资源保护科学研究所 安徽 蚌埠 233000)

摘 要：本文基于淮河水资源管理和调配现状，根据数字孪生淮河水资源管理和调配智能应用系统规划建设目标，系统性地对数字孪生淮河水资源管理与调配智能应用系统进行需求研究，为淮河水资源管理与调配智能应用系统总体框架设计制定提供基础和参考。

关键词：数字孪生淮河；水资源管理和调配智能应用系统；需求

1 研究背景

为积极践行习近平总书记关于网络强国的重要思想和"十六字"治水思路，水利部立足新发展阶段，贯彻新发展理念，按照"需求牵引、应用至上、数字赋能、提升能力"要求，以构建数字孪生流域为核心，推进具有预报、预警、预演、预案功能的智慧水利体系建设。水利部淮河水利委员会组织实施数字孪生淮河建设，实现具有"四预"功能的数字化场景、智慧化模拟、精准化决策数字孪生淮河体系，赋能流域防洪[1]、水资源管理与调配"2+N"水利智能业务应用体系。为实现具有"四预"功能的数字孪生淮河水资源管理与调配智慧水利业务应用体系，研究基于淮河流域水资源管理与调配现状的建设需求是十分必要的。

2 水资源管理与调配现状

2.1 数字孪生淮河现状[2]

近年来，淮委依托水文水资源监测站网、水政监察基础设施、直管重点监控工程、水资源监控能力建设以及防汛抗旱指挥系统工程、淮委综合管理信息资源整合共享等一批重点项目的建设，初步建成了数据采集传输、计算机网络通信、数据容灾备份以及安全保障等基础设施；积累了水利基础空间数据、防汛抗旱综合数据、水资源综合管理数据等基础数据资源，初步建成了流域中心共享数据库；整合构建了综合应用门户和流域水利一张图等基础性、综合性的应用系统，有力支撑了流域日常水行政管理工作，为数字孪生淮河建设奠定了基础。

2.2 淮河水资源管理与调配现状

目前，淮河流域已形成了流域水资源保护管理机构与湖北、河南、安徽、江苏和山东五省水资源管理机构的管理体系，建立了水功能区分级分类管理体系，现行水资源管理与调配体制机制可归纳为：

(1) 水资源刚性约束,包括用水总量控制体制和取水许可管理体制;(2) 水量配置,包括河湖水量分配管理体制、引调水管理体制、生态流量(水位)保障管理体制和控制性工程管理体制;(3) 监督监控,包括地下水用水管控和超采管理体制、水文(水质)监测体系建设管理体制和水资源承载能力监测预警实施体制。

数字孪生淮河水资源管理数字模型平台现状建设有中长期径流预报模型、水资源承载状况评价及配置模型、水资源调度模型、地下水数值模拟模型和部分跨省重点河湖的水量水质模型。

3 需求浅析

3.1 水资源管理和调配"四预"需求

基于数字孪生淮河建设现状和与建设规划目标的差距分析,数字孪生淮河水资源管理与调配"四预"需求浅析如下。

(1) 智能应用系统需求

为支撑流域水资源管理与调配"四预"应用,服务于水资源统一调度、统一管理重点工作开展,亟需开展如下工作。

①依托数字孪生淮河总体建设,构建流域水资源管理与调配的数据底板,开发水资源专业模型,建立水资源管理与调配应用系统;

②利用降雨预报数据,结合相关下垫面、水利工程等信息,对流域不同时间尺度和空间尺度来水量作出较现状更精确的预报,并可根据提交的数据和实际水文实测结果实时修正预报结果,用于水资源区域性考核;

③根据用水限额、控制断面下泄水量、生态流量等管控指标,按照不同满足程度对各水资源控制单位发送预警信息;

④借助数字模拟仿真引擎和智慧流域水资源知识库,实现不同尺度、不同条件下的水资源调度预演;

⑤基于流域水量调度模型,对流域供水计划、工程调度计划和用水户满足程度等进行预演,确定不同时间尺度河湖地表水取水量、断面下泄水量、工程下泄水量等成果,形成科学的水量调度预演方案;

⑥根据预演反馈结果,采用行政协调、技术会商、领导决策等方式,科学确定水量调度计划,形成水量调度和管理预案。

(2) 数据底板构建需求

数据底板构建方面,在流域L1级数据底板基础上,建立覆盖流域主要跨省河湖重点区域的L2级数据底板和水资源调度重点工程或控制单元(节点)的L3级数据底板。

(3) 水资源专业模型建设需求

依托数据底板,水资源专业模型构建主要包括流域主要跨省河湖水资源调度管理的中长期径流预报模型、水资源调度模型,流域内县域水资源承载能力动态评价的水资源承载能力评价模型,淮河流域和山东半岛水资源优化配置的水资源配置模型等。

(4) 水资源管理与调配应用系统建设需求

水资源管理与调配应用系统,需要依托数据底板、水资源专业模型,以及各类监测数据、业务数据、行业共享数据等,构建涵盖水资源信息管理、水资源调配决策支持、水资源监管、水资源动态评价等模块的应用系统,实现"四预"功能。

3.2 数字孪生淮河水资源管理建设需求

(1) 数字化场景需求

根据流域水资源管理与调配业务精细化管理需要,在流域三级数据底板基础上,完善流域水资源基础数据、监测数据和社会经济发展数据等,构建覆盖淮河流域及山东半岛的水资源管理与调配数字孪生场景,为建立水资源刚性约束制度、严格取用水管理、水生态保护治理等重点业务提供数字化基础支撑。

(2) 智慧化模拟和精准化决策需求

在定制数字化场景的基础上,集成耦合中长期径流预报模型、水资源承载状况评价及配置模型、水资源调度模型、地下水管理模型、水质模型等,结合遥感影像、视频识别等水利智能模型和可视化模型,预报调度方案库、专家经验库等水利知识库,通过仿真引擎和知识引擎驱动,支撑水资源管理与调配的预报、预警、预演、预案,实现水资源管理与调配的智慧化模拟。

3.3 水资源管理与调配智能应用功能框

基于数字孪生淮河水资源管理和调配需求浅析,至2025年,在数字孪生淮河的基础上,定制扩展径流预报模型、需水预测模型、水资源优化配置模型、流域水量调度模型、地表水-地下水耦合模拟模型、地下水数值模拟模型、水资源动态分析评价模型等数字孪生淮河流域水资源专业模型,构建水资源综合管理平台;建设水资源管理与调配智能应用,对用水限额、生态流量等红线指标进行预报预警,对调配方案等进行预演,提前规避风险、制定预案,为推进水资源优化配置、集约安全利用提供精准决策支持,实现水资源精准化调度和管理,在跨流域重大引调水工程、跨省重点河湖基本实现水资源管理与调配"四预",建成淮河智慧水利体系水资源管理和智能应用1.0版。系统功能及组成框架见图1[3]。

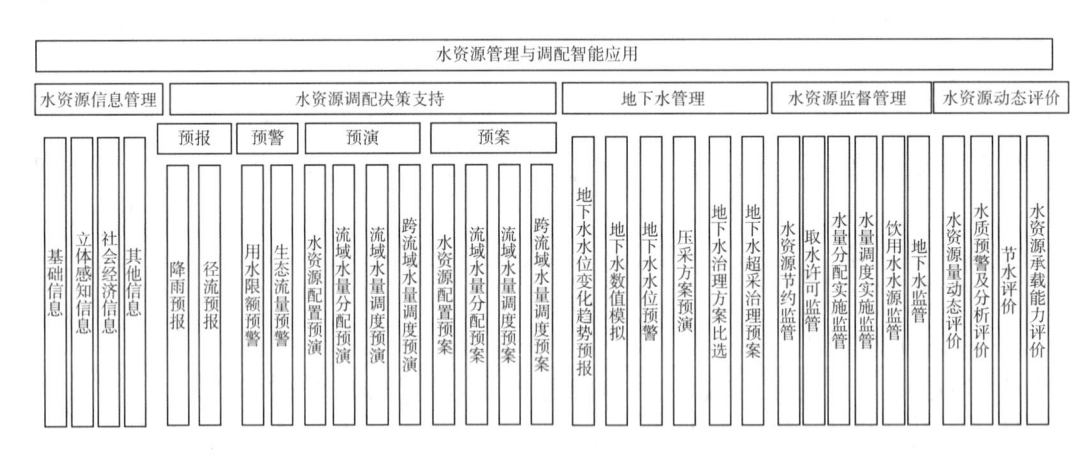

图1 水资源管理与调配智能应用功能及组成框图

4 结语

数字孪生淮河水资源管理与调配智能应用系统是数字孪生淮河"2+N"水利智能业务应用体系核心业务之一,通过其建设需求分析和研究,确定数字孪生淮河水资源管理与调配智能应用系统具体建设目标,为研发淮河智慧水利体系建设提供参考。

[参考文献]

[1] 刘昌军,吕娟,任明磊,等.数字孪生淮河流域智慧防洪体系研究与实践[J].中国防汛抗旱,2022,32(1):47-53.
[2] 水利部淮河水利委员会.数字孪生淮河总体规划[R].2022.
[3] 桂宗能,晋成龙,孙涛,等.面向"四预"的水资源管理与调配智慧应用系统设计与实现[C]//河海大学,阿拉善右旗人民政府.中国水资源高效利用与节水技术论坛论文集.2021:1-7.

[作者简介]

陈立强,男,1981年6月生,高级工程师,主要从事淮河流域水资源、水环境和水生态保护方向研究,0552-3092326,lqchen@hrc.gov.cn。

无人机遥感技术在智慧水利中的应用研究

姚 瑞 李维纯

(淮河水利委员会通信总站 安徽 蚌埠 233001)

摘 要：数字孪生流域的建设,构建空天地一体化水监控采集体系是基础。无人机遥感技术由于具有机动、快速、经济等优势,已经成为各行各业争相研究的热点课题,现已逐步从研究开发发展到实际应用阶段。在水利行业,无人机遥感技术可作为卫星遥感的重要补充,已被应用在水旱灾害防御管理、水资源监管、水土保持管理、河湖监管及水政执法管理等业务中。本文将对无人机遥感技术进行简要的介绍,总结分析其在水利行业的应用,并结合技术发展和新时期水利业务的新特点探讨淮河流域无人机遥感平台的建设思路,对数字孪生流域背景下的无人机遥感业务进行应用展望。

关键词：无人机遥感;智慧水利;应用研究

1 概述

目前,水利行业正在大力推进数字孪生流域的建设,明确指出利用监测站网、视频、无人机、遥感等技术,构建空天地一体化水监控采集体系,有效提升流域水监测、水监控能力和水平。无人机具有体积小、便携、随时监测、实时传输等优势,不受云层遮挡,相对于卫星遥感具有更高的精度,可达厘米级分辨率,在小范围应用中是卫星遥感的重要补充,已在河道巡检、水旱灾害防御管理、水资源监管、水土保持管理、河湖监管及水政执法管理等方面开始应用,取得显著成效。

2 系统框架

2.1 无人机遥感系统组成

无人机遥感系统主要由无人机、飞控系统、地面监控系统、荷载设备、数据传输系统、发射与回收系统、野外保障装备以及其他附属设备构成。在实际应用中,应根据任务需求,选择合适的无人机及任务设备。主要系统功能及设计包括以下几个方面。

(1)无人机。其主要功能是搭载飞控系统和载荷并执行飞行任务。一般采用固定翼和多旋翼两种类型无人机。固定翼无人机航速快、续航时间长,适合大范围的航拍工作,作业范围甚至可达几十平方千米;多旋翼无人机具有机动灵活、可悬停、起降要求低等优点,但相对航速慢、续航时间短,适合小范围、高精度的调查工作。

(2)飞控系统、数据传输系统和地面监控系统。飞控系统与数据传输系统是配套的硬件,与地面便携式计算机中安装的监控系统软件匹配使用。飞控系统集成或与之连接的无线电传输模块/遥控器传输模块(空中)跟无线电数据接收机/无线电遥控器(地面)分别匹配,实现对无人机和载荷设备的监测与控制,同步记录航拍时对应影像的 POS 数据、飞行姿态等参数。

（3）荷载。无人机低空遥感一般采用非量测相机作为任务设备。相机的性能越好，航拍影像的精度、质量等参数越好，但需综合考虑成本、重量等因素。相机由飞控系统自动控制，可实现定点、定时、定距离拍摄。为了提升图像和后期计算的精度，航拍前需要对相机进行标定。

（4）发射与回收系统。该系统用于保证无人机安全起飞和着陆。对于固定翼无人机，在地理环境复杂、场地不具备滑跑条件的区域工作时，一般采用抛射、弹射方式发射和伞降回收。

（5）野外保障装备以及其他附属设备。根据野外工作的实际需求，还应配备运输设备、维护工具箱和备附零件等野外保障装备以及其他附属设备，保障无人机航拍作业顺利完成。

2.2 淮河流域无人机遥感平台建设展望

淮河流域无人机遥感系统体系结构主要由数据采集层、数据处理层、数据应用层三部分组成。淮河流域无人机遥感平台体系框架如图1所示。

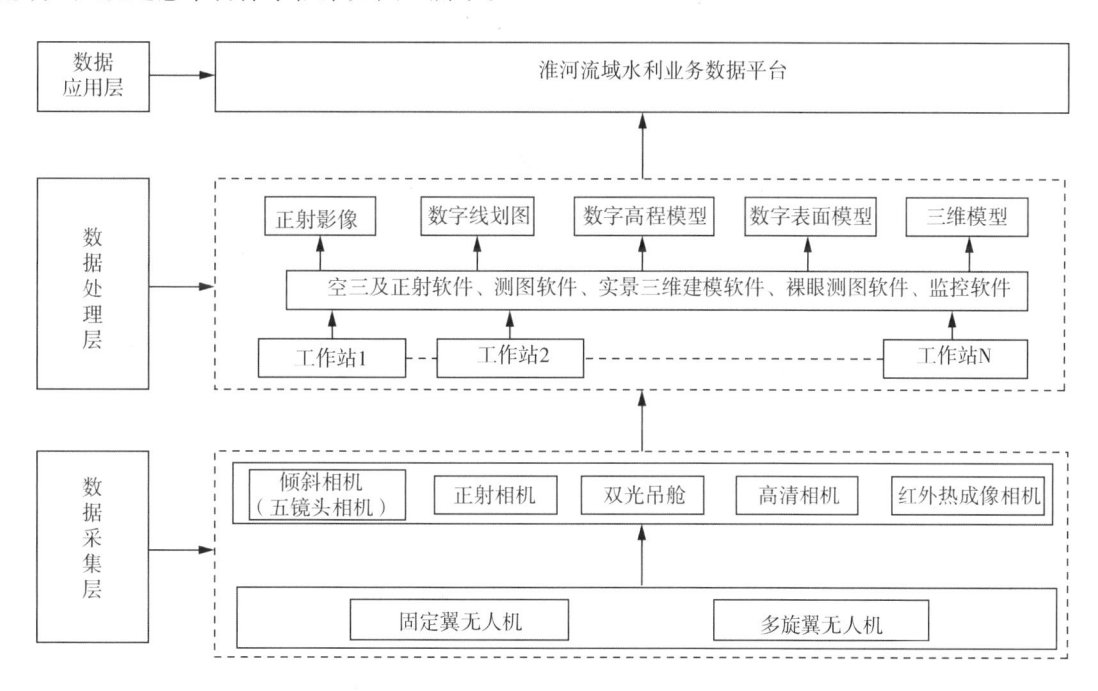

图1 淮河流域无人机遥感平台体系框架图

数据采集层主要采用多旋翼无人机和固定翼无人机，搭配各种专用荷载，构建各有侧重点的无人机遥感数据采集系统，可分为巡查、航测、测流等系统。专用荷载主要有用于航测的倾斜相机和正射相机，用于巡查的双光吊舱，用于航拍大场景实时回传的高清相机，用于检测的红外热成像相机。无人机具备数据链等通信设备，与地面站或者手持式地面站进行远距离通信，回传无人机状况和数据。携带高清相机、红外热成像相机的无人机配置高清图传设备，可实时将视频和影像回传至地面站或者手持式地面站。同时，采集获取的视频及影像数据存入无人机上的存储卡，便于用户快速集中导出。采集获取的视频、影像数据存储至工作站，待进行数据后处理。

数据处理层主要是对采集的遥感数据信息进行后处理，进一步生成不同类型的成果。无人机遥感影像数据处理原理是通过数字摄像测量的方法进行计算，对不同位置获取的具有一定重叠度的两张影像，通过建立摄像瞬间投影中心、影像和地物之间的共线方程，根据地面控制点的实际坐标，算出与影像连接点对应的地物三维坐标。在进行数据处理时，一般根据所需的数据输出成果选择不同的软件，完成内定向、空三加密、生成点云模型、DEM提取、影像纠正与拼接和DOM制作等工作。

3　入河排污口核查应用实例

3.1　项目概况

本项目对淮河干流蚌埠闸至沫河口 30 km 长度区域内入河排污口进行摸底排查。排查范围：蚌埠闸到沫河口段河道两边 1 km 内，支流河流在干流上延伸 1 km 范围内，外扩以支流中心线为基准左右岸各 500 m 范围，总面积为 80 km²。航拍正射范围示意图见图 2。

图 2　航拍正射范围示意图

3.2　项目实施

第一阶段：一级核查工作，无人机航测进行影像数据采集，拍摄照片影像，布设像控点，生成热成像照片及同步的热成像视频。

第二阶段：正射影像制作，基于一级排查所采集的原始影像、定位定姿系统（POS）以及相机校验等数据，完成影像数据处理及图像拼接工作，形成正射影像一张图，基于正射影像和热成像进行排污口疑似点位排查。

3.3　航摄设计用图

根据测区范围、测区高程数据，使用航线设计软件，结合测区最低点及最高点高程进行航线设计。具体要求如下：基于摄区地形进行航摄设计，摄区最低点分辨率优于 0.1 m，以获得更优质的原始影像；航线按南北方向直线飞行；采用大重叠设计方案，航向重叠率为 70%～80%，旁向重叠率为 70%～80%；在设计时，充分考虑了最高点重叠要求，最高点考虑到了地形高点以及高大建筑物，以保证测区正射精细程度，如图 3 所示。

3.4　数据处理

数据处理主要包括影像预处理、影像匹配、空中三角测量、成果生成等步骤。

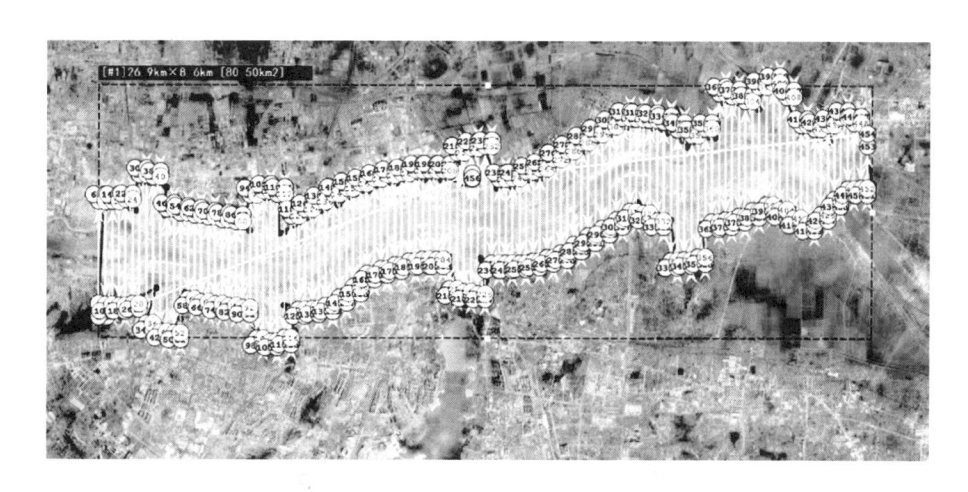

图 3 航摄设计示意图

3.4.1 航测数据预处理

主要是 POS 数据与航带整理、像片畸变改正、像片匀光匀色的处理。由于无人机搭载的成像设备为非量测的数码相机，因此在对影像进行处理前应对数码相机进行检测，具体包括检查相机的内方位元素和畸变差，其中畸变差对成像的效果有着较大的影响。

3.4.2 影像匹配

影像匹配是遥感影像数据处理的关键步骤之一。无人机遥感影像匹配采取的是基于特征的影像匹配法，利用数字相关方法寻找两幅影像之间的同名像点。操作时，首先在每幅影像上提取特征点，提取之前，需根据影像的具体情况选择合适的算子，然后再通过计算机运行相应的算法即可准确地完成特征点的提取。

3.4.3 生成数字正射影像（DOM）

像片数字微分纠正是指在已知像片内定向参数、外方位元素及数字高程模型的前提下，使用数字摄影测量系统按照相应的数学关系式进行计算，从原始数字影像转换为数字正射影像的过程。数字正射影像（DOM）示意图见图 4。

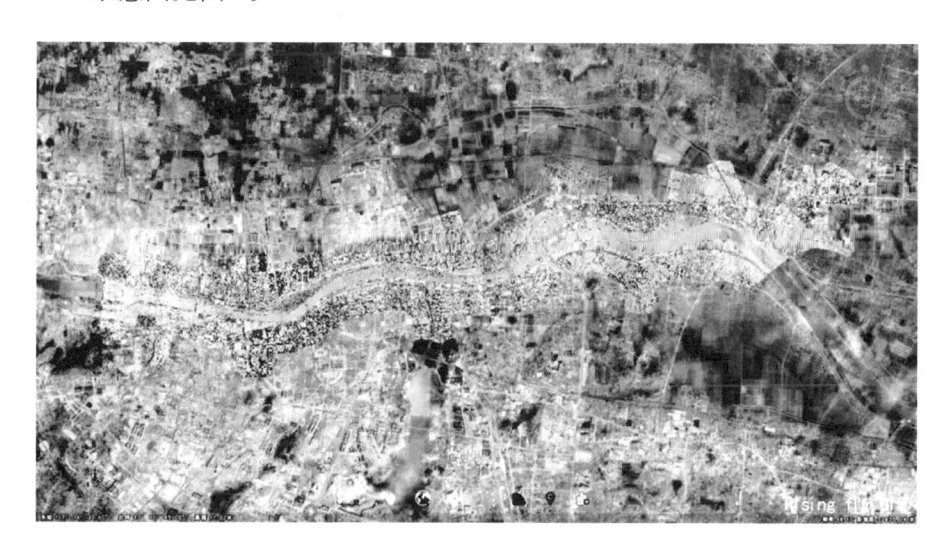

图 4 数字正射影像（DOM）示意图

3.5 解译阶段

第一步:采用人机交互式解译的方式,结合入河排污口纹理、形状、颜色、空间分布等特征,提取排污口疑似点位。

第二步:填报排污口经度、纬度、行政区划及代码等基本信息,形成入河排污口初步排查清单。基于 DOM 影像图进行解译成果图见图 5。

图 5 基于 DOM 影像图进行解译成果图

4 无人机遥感监测技术在水利行业中的应用展望

目前无人机遥感在水利工作的实际应用中,一般使用垂直起降复合翼无人机与多旋翼无人机协同进行作业,搭载普通相机或者高精度测绘镜头,获取高分辨率的数字影像,经过影像匹配、匀色、裁剪、拼接等一系列内业处理,生成厘米级精度的正射影像和三维实景模型,已在水旱灾害防御管理、水域动态监测、河湖管理、水利工程建设与管理及水土保持管理等方面开始应用,取得显著成效。

(1)水旱灾害防御方面,可定期监测水利基础设施,代替人工进行日常巡检,特别对于一些过旧、危险的堤防、大坝、蓄滞洪区及水库等。在洪水来临时期,利用无人机对现场大场面的受灾情况进行实时采集传输;搭载热红外镜头可以对受灾区内的人进行搜寻;生成正射影像、数字高程模型,可以对洪水淹没范围、受灾面积进行精准测量,模拟灾害过程,建立预警信息数据库,对灾后损失进行评估;对在洪水中受损的水库大坝等进行精细化三维建模,可对坝体受损程度进行定损。2020 年淮河 1 号洪水,2021 年贾鲁河洪水来临之际,均使用无人机对受灾现场进行信息采集,使淮河防总及时了解汛情。

(2)水域动态监测方面,可快速进行水资源调查,节省人力物力。动态监测入河排污口状态,可基于无人机低空遥感掌握入河排污口情况,建立入河排污口监测数据库,为排污口的核查和非法排污处理提供精确的数据。2019 年已完成蚌埠闸至沫河口淮河段 80 km² 范围内入河排污口核查和监管。

(3)河湖管理方面,可建立无人机基站,动态监测河道堤防变化,河道、水域周围乱建、乱占、乱堆、乱采等"四乱"行为,为流域监管"清四乱"提供精确、直观的影像数据。正射影像成果与河湖划界矢量及卫星地图有机融合,可为河湖"四乱"问题提供判断依据;利用无人机倾斜摄影技术、贴近摄影测量技术、无人船多波束测深技术,可形成水上水下一体化模型成果,使水上水下地形数字化重现。2019年开始,每年进行淮干航拍巡查,涉河项目、直管河湖以及采砂监管等进行航拍取证;2020年,承接了京杭大运河江苏及山东段河湖管理航拍调查工作,航拍 630 km 的河道,并在相关重要问题点进行数字正射影像和三维建模,在此基础上进行测量,为问题界定提供依据。

(4) 水利工程建设与管理方面,对重要水利工程进行实景三维建模、BIM 建模,并与传感器、物联网融合,对水利工程进行实景还原,可对各种信息进行可视化展示及应用。已组织完成了安徽省境内 600 余座小二型水库的航拍调研,对重要水库大坝、溢洪道制作高精度三维模型,对安徽省重点水厂进行室内室外一体化建模,并结合数据采集,形成多维数据的成果展示。

(5) 水土保持监测方面,航拍影像可真实反映水土流失详情;对山体崩塌、滑坡、泥石流、山洪灾害等进行低空航测,为水土流失发展趋势的判断、发生的特点及现状提供基础数据。2021年已完成青洛河三维建模等。

此外,遥感正射影像和三维模型成果还可应用于绘制等高线、断面图、工程土方量计算以及洪水淹没区分析等,其在水利行业的应用还有很大的拓展空间和广阔前景。

5　结束语

随着水利信息化事业的不断推进和新时期水利业务的新需求,我们要充分发挥无人机遥感技术特点及优势,作为卫星遥感的重要补充技术手段,积极推进流域无人机遥感平台的系统建设,在现有应用的基础上,进一步探索其在数字孪生流域建设中的应用,更加有力地推动治淮事业的发展。

[参考文献]

[1] 王虎,吕伟才,高翔.无人机倾斜摄影实景三维建模及精度评价[J].测绘与空间地理信息,2020,43(8):74-78.
[2] 郑飞.无人机遥感技术在数字水利中的应用[J].北京农业,2012(33):163.

[作者简介]

姚瑞,男,1983年1月生,高级工程师,从事水利信息化系统的规划、科研、设计、建设与管理等工作,13505522783,596157992@qq.com。

浅谈数字孪生淮河蚌埠—浮山段工程总体设计方案

晋成龙 胡大明 方国材

(中水淮河规划设计研究有限公司 安徽 合肥 230601)

摘　要：本文先分析了淮委信息化系统存在问题，随后提出了数字孪生淮河蚌埠—浮山段工程建设目标与任务，并据此提出总体框架设计，将数字孪生淮河蚌埠—浮山段工程划分为信息基础设施、数据底板、基础支撑平台、模型平台、知识平台、业务应用、网络安全体系和保障体系八部分，并阐述了各部分的组成及功能，以期为数字孪生淮河建设提供技术借鉴。

关键词：数字孪生；数据底板；基础支撑平台；模型平台；知识平台

1　引言

淮河干流蚌埠—浮山段行洪区调整和建设工程已基本实施完成。该工程原初设批复中信息化建设内容主要是花园湖进、退洪闸及有关排涝泵站的计算机监控和视频监视系统等。根据水利部关于智慧水利建设有关部署，为推进数字孪生淮河建设，构建淮河干流涡河入淮口至洪泽湖出口区间数字孪生流域，建设防洪及水资源应用系统，实现防洪、水资源"预报、预警、预演、预案"(以下简称"四预")等功能，充分发挥工程综合效益，提升智能化调度和管理水平，实施数字孪生淮河蚌埠—浮山段工程建设是必要的。

2　存在问题

目前，淮委信息化系统已能实现实时流量、水位监测，视频监控，水情预报等功能。但相较于数字孪生流域建设还存在以下问题。

（1）信息化感知主要以点尺度上的实时监测为主，态势感知的数量和种类不足，覆盖不全面，监测手段落后。

（2）各类数据资源分散，各业务系统由于建设时间不同、承建单位不同、建设标准不统一，存在"数据孤岛"现象，数据资源共享困难。

（3）数据深度挖掘和分析应用严重不足，无法为当前亟需提升的防洪和水资源"四预"等功能提供高效的数据支撑。

（4）淮委已有的防洪调度模型无法支撑本工程各个对象、节点的调度任务，不能针对具体的工程及时、准确给出计算结果，需要进一步完善、提升和补充。

3 建设目标与任务

3.1 建设目标

充分利用物联网、大数据、云计算、数字孪生等新一代信息技术,建设数字孪生淮河蚌埠～浮山段工程,实现工程范围内的数字化场景、智慧化模拟、精准化决策,建成具有"四预"功能的防洪、水资源应用系统,为新阶段淮河保护治理高质量发展和强化流域治理管理提供有力支撑和强力驱动。

3.2 建设任务

根据《数字孪生流域建设技术大纲(试行)》文件规定,结合《数字孪生淮河总体规划》,以流域防洪、水资源调配等工作需求为牵引,建设淮河涡河口—洪泽湖出口段数字孪生工程信息基础设施、数据底板、基础支撑平台、模型平台、知识平台、业务应用、网络安全体系、保障体系等,实现淮河涡河口—洪泽湖出口段数字孪生,防洪和水资源的"四预"功能,逐步提升流域防洪、水资源调配的现代化水平。

4 总体框架设计

以物理流域为对象,以感知体系、通信网络、云平台等为基础,以数据资源、三维数字场景为底座,以模型平台、知识平台为中枢,以防洪和水资源业务应用为核心,以"网络安全、标准规范、运维保障"三大体系为保障,构成面向大平台、大系统、大数据的总体框架体系。系统总体框架设计如图1所示。

4.1 信息基础设施

1. 感知体系

淮河涡河口—洪泽湖出口段现有1 174个监测站点信息,在重点区域补充新建水位、流量、视频等监测站点并汇聚其监测信息,形成本工程的感知体系。

2. 通信网络

在淮委水利业务网基础上,利用淮委已建微波通信网络和租用网络专线、移动网络,建立覆盖蚌埠闸、二河闸、三河闸、高良涧闸、花园湖进洪闸、花园湖退洪闸、何巷闸、吴家渡、临淮关、五河、小柳巷、浮山、牛王沟排涝涵、新湖沟排涝涵等水文(位)站点的通信网络。

3. 云平台

在淮委已建"一朵云"基础上,本工程采用先进成熟、开源开放、自主可控的软硬件设备扩建计算、存储、网络资源池及新建云管理平台、视频云,提供云主机、云存储、云负载均衡、云网络、镜像、安全组等多种云能力,支撑防洪、水资源专业模型的集群并行计算,实现计算、存储、网络资源云上集中管理,实现对流域视频监控资源的统一存储、调用和管理。

4. 实体环境

淮委政务外网机房现有3列机柜,分为A、B、C三列排布,A列主要为网络接入、安全防护和公众服务区,B和C列为二级区和三级区,安装了多台机架式和云服务器,用于部署各类业务应用系统和数据库。在现有实体环境基础上,对进线配电柜、UPS电源、蓄电池、C列机柜进行升级改造,满足本工程的实体环境需求。

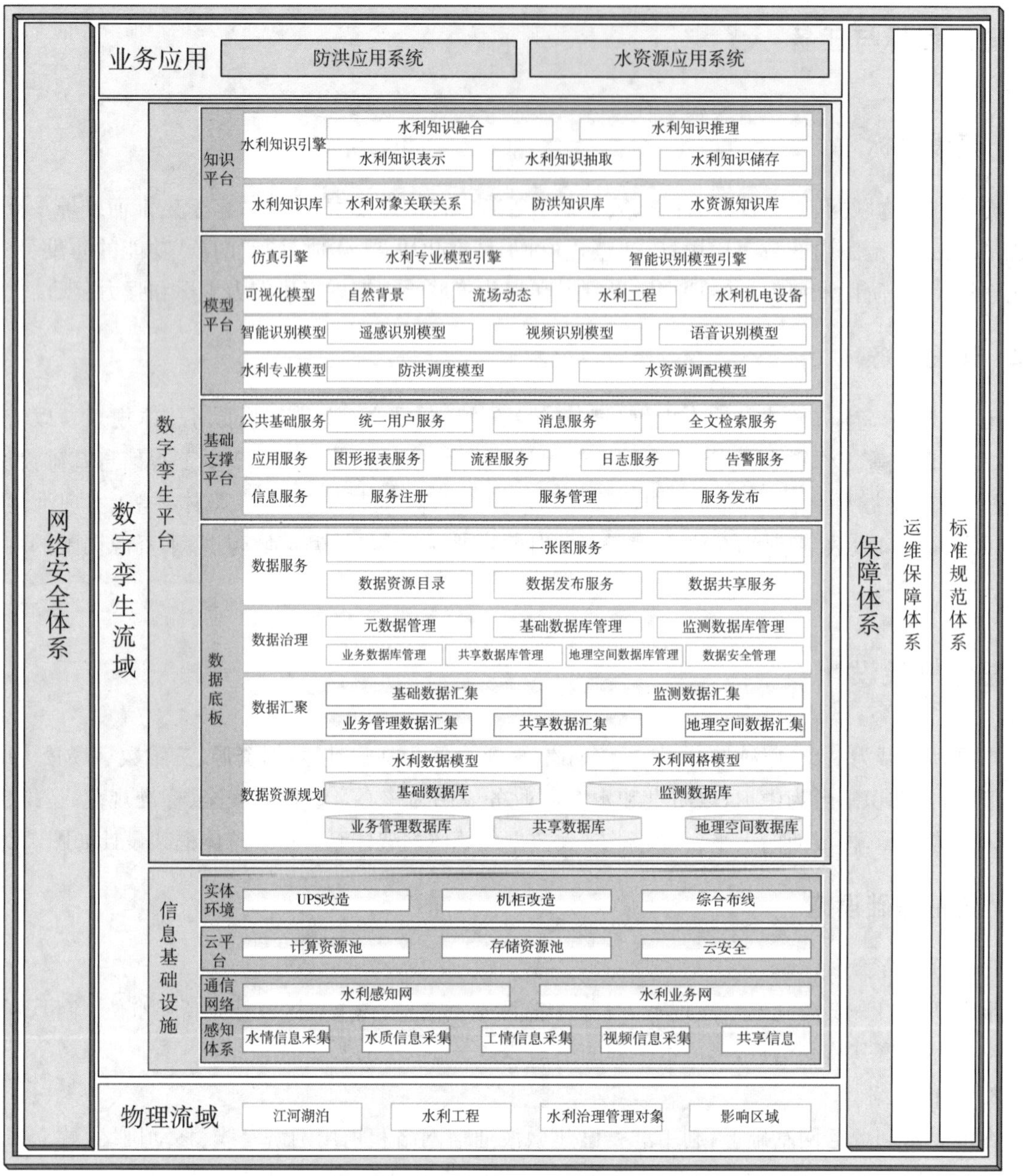

图 1 总体框架图

4.2 数据底板

数据底板是构建数字孪生流域的"算据",也是保障数字孪生工程正常运行的基础,也是"四预"智能应用的关键。数据底板在淮河水利一张图基础上升级扩展,完善数据类型、数据范围、数据质量,优化数据融合、分析计算等功能。数据底板建设在对数据资源现状进行调研分析的基础上,对数据资源进行规划,完善数据标准体系和资源目录体系,对分散在不同系统的多源异构数据进行治理,通过汇聚、清洗、融合等治理操作后,面向防洪调度、水资源调配等业务需求,设计数据库模型,完成归集库、主题库、专题库以及 L1、L2、L3 级地理空间数据库的建设,同步建立数据的更新、发布、共享等机制与功能,丰富数据内容,提升数据质量,实现数据资源的集中管理和数据查询、多维度分析、可视化应用。

4.3 基础支撑平台

基础支撑平台是业务应用建设的基础,其作用是汇聚与管理资源,支撑应用包括公共基础服务、应用服务和信息服务。公共基础服务包括统一用户管理、消息服务、负载均衡、分类检索服务等内容;应用服务包括 GIS 服务、图形报表服务、日志服务、告警服务等内容;信息服务主要包括服务注册、服务管理、服务发布等内容,为服务的接入和调用提供支撑。通过基础支撑平台的建设为各类业务应用系统提供统一的人机开发与运行界面,提供各类通用开发基础组件,加速应用系统的开发,提高开发质量。

4.4 模型平台

模型平台是构建数字孪生流域的"算法",包括模拟仿真引擎、可视化模型、水利专业模型和智能识别模型等内容。模拟仿真引擎主要包括水利专业模型引擎和智能识别模型引擎。水利专业模型包含防洪和水资源两部分,防洪方面,新建标准统一、接口规范、敏捷复用的分布式水文模型、一维水动力标准化模型、二维水动力标准化模型等,升级改造已有的 API、新安江等水文模型,并针对调蓄对象,建设水闸、水库、蓄滞洪区及湖泊滞洪区调度模型;水资源方面,为满足区域水资源分配调度的要求,建设长中期径流预报模型、集合预报模型、长-中-短多时间尺度水量调度模型、多时间尺度调度方案评价模型等。

4.5 知识平台

知识平台为本工程业务应用提供知识经验,本工程主要建设水利知识库和水利知识引擎。水利知识库包括防洪调度知识库和水资源调配知识库。防洪调度知识库主要为预报调度方案库、业务规则库、历史场景库和专家经验库等内容,水资源调配知识库主要建设预报调度方案库和业务规则库;水利知识引擎包括知识搜索、知识增加、知识删减、知识修改等核心功能。通过知识平台的建设支撑事件正向推理和反向溯因等分析,为防洪和水资源调度决策提供智慧支撑。

4.6 业务应用

1. 防洪应用系统

定制区域防洪数字化场景,建设防洪应用"四预"功能:在涉水预报要素水力关系拓扑构建基础上,针对水位、流量、径流量、淹没影响等水安全要素,进行降雨预报、基于落地雨的洪水预报、基于预估降水的洪水预报、模拟预报、逆向预报、自动滚动预报,在建立多种预报的同时,不断提高预报精度、延长预见期,为预警工作赢得先机;预警工作主要是建立在实时监测数据和预报预测数据基础上,通过对实时监测数据进行超标告警,预报预测数据及时预警,给出风险等级,及时把洪水危害预警信息直达水利工作一线和受影响区域的社会公众,不断提高预警时效性、精准度,为启动预演工作提供指引;合理确定防洪调度目标、调度节点和边界条件等,在数字化场景中对各种情形下的水利工程调度进行精准复演,确保所构建的模型系统准确,并对设计、规划或未来预报场景下的水利工程运用进行模拟仿真,不断迭代优选方案,为科学编制预案提供支撑;考虑水利工程运行状况、经济社会发展现状等,合理地确定防洪水利工程运用次序,制定防洪调度的工程、非工程及组织等措施,确保预案可执行、可操作。具体如图 2 所示。

2. 水资源应用系统

定制区域水资源数字化场景,建设水资源应用"四预"功能:主要在以流域或区域为单元,以大型

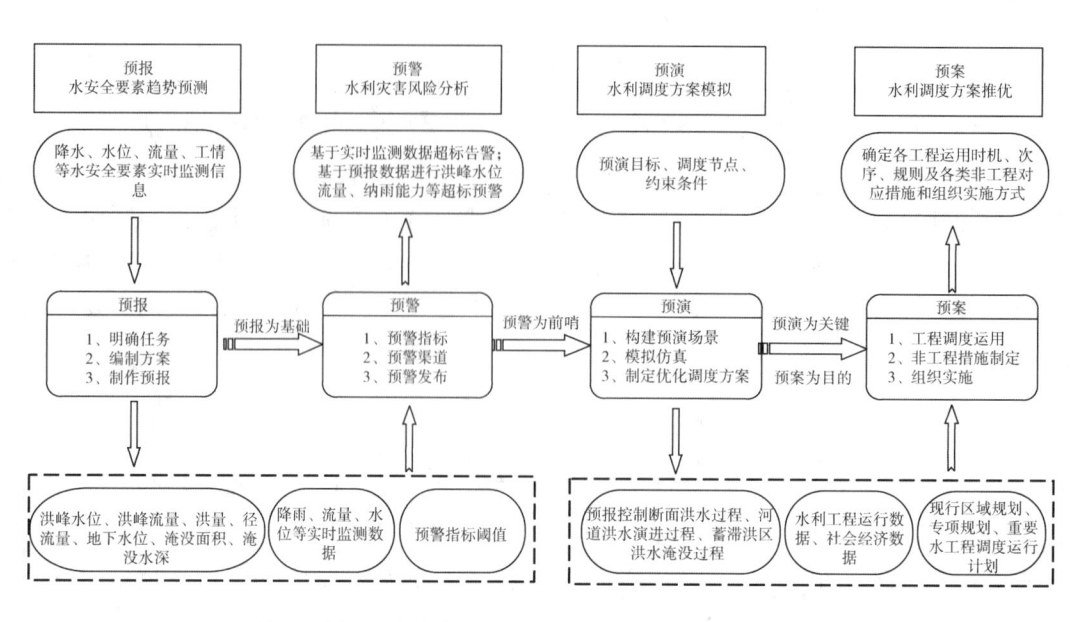

图2 淮河干流蚌埠—浮山段防洪应用"四预"技术架构图

调蓄工程、节点控制工程、控制断面等构建的拓扑关系基础上，针对历史长序列气象水文信息、水源信息、水资源工程信息及社会经济信息等，进行长期、中期来水预报及短期来水预报，并不断提高预报精度，形成年、月、旬的预报机制，通过延长预见期，为预警工作赢得先机；及时把供水危机、生态流量危机等预警信息直达水利工作一线和受影响区域的社会公众，不断提高预警精准度和扩大预警范围的广度，为启动预演工作提供指引；合理确定水资源业务应用的调度目标、调度节点等，在数字化场景中对典型历史事件场景下的调度进行精准复演，确保所构建的模型系统准确，对设计、规划或未来预报场景下的工程调度运用进行模拟仿真，不断进行方案优选迭代，为科学编制预案提供支撑；考虑蚌埠闸、二河闸、三河闸、高良涧闸等工程运行状况、各配置单元经济社会发展现状等，制定水资源调度的工程措施及组织、规则等非工程措施，确保预案的科学性和可操作性。具体如图3所示。

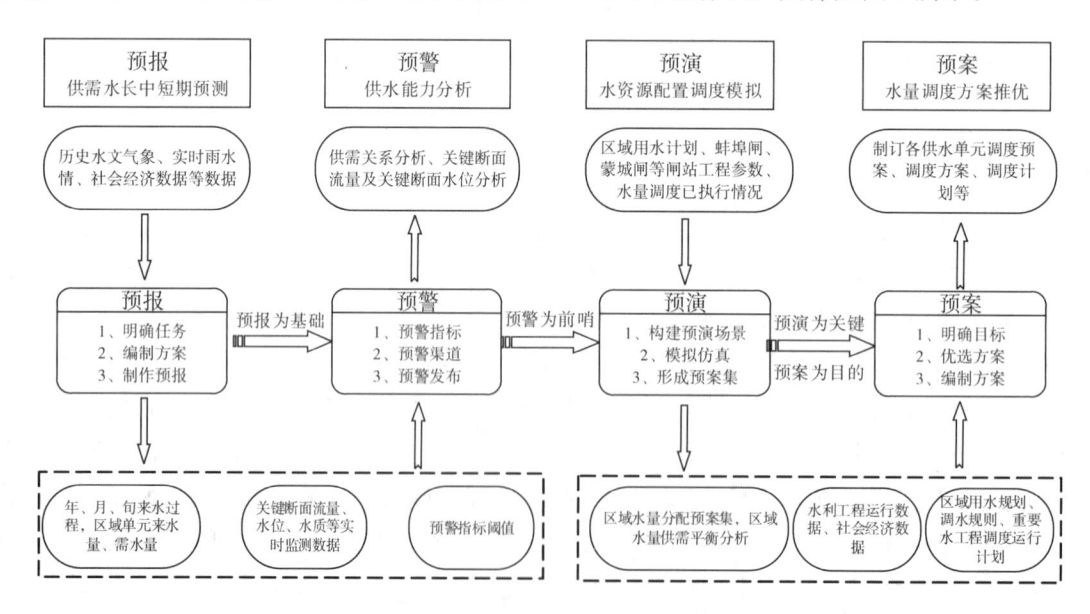

图3 淮河干流蚌埠—浮山段水资源应用"四预"技术架构图

4.7 网络安全体系

依据《信息安全技术 网络安全等级保护基本要求》等网络信息安全相关标准规范要求,按照"同步规划、同步建设、同步使用"的原则,做好规划设计、建设开发、部署上线等环节的信息安全工作,建立覆盖建设各方、各环节的安全责任制。统一安全方针和策略,通过本项目完善建设网络安全技术体系、安全管理体系、安全运维体系,初步形成集防护、检测、响应、恢复于一体,可信、可控、可管的安全体系,切实保障工程安全稳定运行。

4.8 保障体系

保障体系主要为数字孪生淮河蚌埠—浮山段工程的建设提供标准、运维等方面的支撑,使建设的系统符合国家建设要求,并具有较强的扩展性、安全性、可维护性,具体包括标准规范体系建设和运维保障体系建设。

5 结语

数字孪生工程建设将成为智慧水利建设的关键核心,数字孪生淮河蚌埠—浮山段工程旨在利用物联网、大数据、云计算、数字孪生等新一代信息技术,实现工程范围内的数字化场景、智慧化模拟、精准化决策。数字孪生淮河蚌埠—浮山段工程建设作为数字孪生淮河建设的先行工程和基础工程,后期淮河干流其他段的数字孪生工程将在本工程的基础上进行扩展、迭代、完善,最终实现数字孪生淮河流域建设的伟大目标。

[参考文献]

[1] 水利部. 数字孪生流域建设技术大纲(试行)[R]. 2022.
[2] 水利部. 水利业务"四预"基本技术要求(试行)[R]. 2022.

[作者简介]

晋成龙,男,1982年12月生,高级工程师,从事电气及信息化设计工作,0551-65707033,jinchenglong1982@126.com。

胡大明,男,1982年7月生,高级工程师,从事水力机械设计工作,0551-65707028,hudaming2000@163.com。

方国材,男,1962年3月生,正高级工程师,从事电气及信息化设计工作,0551-65707707,ahbbfgc@163.com。

加强信息化系统建设,助力水土保持高质量发展

吴 鹏

(河南省水土保持监测总站 河南 郑州 450008)

摘 要:为提高我省水土保持信息化工作水平,满足水土保持行业发展需求,实现水土保持决策科学化、办公规范化、监督透明化、服务便捷化,河南省水利厅启动了河南省水土保持信息化系统建设,为全省水土保持业务提供全面信息化技术支持,为智慧水利建设提供有力支撑。

关键词:水土保持;信息化;系统建设

河南省地跨长江、黄河、淮河、海河四大流域,复杂的地貌类型加上人口密集,使水土流失成为制约生态文明建设的不利因素。河南省委省政府历来高度重视水土保持工作,水土保持生态治理、监督管理、监测等方面取得了巨大成就,然而信息化建设方面却无法满足水土保持监督与治理能力现代化的需求:治理工程管理模式精细化程度不足、监管效率低无法满足海量生产建设项目需要、监测站点数据交换能力低达不到监测目的、汛期淤地坝安全度汛检查难度大……信息化方面的短板成为制约河南省水土保持工作发展的重要因素。

中共中央、国务院把大力推进信息化作为我国经济建设和改革的一项主要任务,水利部提出水利网信发展"安全、实用"的总要求。河南省政府在推进"四水同治"工作中明确提出加快河南省水利信息化建设。为提高我省水土保持信息化工作水平,满足水土保持行业发展需求,实现水土保持决策科学化、办公规范化、监督透明化、服务便捷化,河南省水利厅启动了河南省水土保持信息化系统建设。

1 河南省水土保持信息化系统建设体系

系统建设体系是信息化管理系统建设的基础框架,河南省水土保持信息化系统在现有数据库的基础上,结合水土保持工作新需求,以奠定省级行业工作基础为目标,确定了"一图、一库、六应用"整体业务框架和"三级、四类用户"的账号管理体系,如图1所示。

1.1 构筑"一图、一库、六应用"建设体系

建设省级水土保持一张图,实现全省涉及水土保持业务的一张图管理、展示、查询和分析。以全省水土保持行业为服务对象,综合包括水土保持重点工程、生产建设项目水土保持监管数据、水土保持监测站网数据和动态监测数据、淤地坝基础数据、生态文明工程数据等相关数据,建设一套水土保持数据库,打破数据壁垒,在统一数据管理模式下实现数据共享。围绕水土保持主体业务,建设预防监督管理系统、综合治理与实施效果评价系统、监测评价系统、水土流失预防系统、规划实施情况评估系统、业务服务系统等六个应用系统,通过全面整合省级水土保持业务,采集存储业务数据,结合应用平台数据处理和模型分析,最终为水土保持决策与科学管理提供信息服务和决策支持,为水土保持行

业改革与发展提供信息化支持。

1.2 构筑"三级、四类用户"账号管理体系

构筑省、市、县三级用户账号和水行政主管部门、生产建设项目水土保持工程参建单位、监测站点、社会公众等四类用户账号的系统账号管理体系，以系统用户的分级、分类精细化管理，实现不同用户任务精准获取、工作流程科学有序以及数据管理安全高效。

1.2.1 省市县三级分级管理

（1）省级用户具备全省生产建设项目全过程管理，重点工程规划、计划制定，项目实施过程审核、检查验收，水土保持示范创建专项工程审核、检查考核以及水土保持新闻、公告等专项信息发布功能。

（2）市级水土保持行政主管部门用户，具备市本级生产建设项目数据管理和本辖区内监督检查，遥感监管数据核查统计，重点工程方案审核及进度复核等项目实施过程管理，淤地坝、水土保持示范创建专项工程数据审核等功能。

（3）县级水土保持行政主管部门用户，具备本辖区内生产建设项目数据管理和监督检查，重点工程方案制定及进度上报，动态监测结果在线复核，淤地坝、水土保持示范创建工程申报等功能。

1.2.2 四类用户分类管理

（1）水行政主管部门用户

负责本辖区内水土保持相关业务管理，包括生产建设项目水土保持数据管理和补偿费数据推送、生产建设项目遥感监管和监督检查、国家水土保持重点工程信息化管理、水土保持示范创建工程信息化管理、监测站网及动态监测信息化管理、规划评估信息化管理等。

（2）生产建设项目水土保持工程参建单位用户

包括生产建设单位以及水土保持方案编制、监测、监理、设计、验收报告编制等单位用户。通过生产建设单位账户，参与生产建设项目水土保持工程全过程管理。

图 1 水土保持信息化系统建设体系图

（3）监测站点

河南省水土保持监测站网用户，具备监测站点实时监测数据及整编成果填报功能。

（4）社会公众用户

社会公众用户可以通过水土保持业务服务系统，查询水保新闻、业务公告、政策法规、科普知识、办事指南、机构职能等信息。

2 河南省水土保持信息化系统建设特点

2.1 全省水土保持数据统筹管理

基于水土保持数据管理平台，对多源异构的水土保持数据进行综合管理，实现水土保持数据的高效存储、高效检索、高效浏览。

以三大业务应用需求为导向，全面梳理河南省生产建设项目、水土流失、监测点、重点治理工程、水土保持示范创建、淤地坝等水土保持数据资源，结合工程管理、淤地坝汛期巡查、生产建设项目监管、水土流失动态监测、示范创建、规划评估等具体工作，按照统一标准、空间参考和分类体系，建立了内容完整、标准权威、动态更新的水土保持数据资源体系，按照规划数据、监测数据、治理数据、监督数据进行组织，通过水土保持数据管理平台进行统一管理，统一支撑水土保持日常工作和专项工作。形成数据共建、共享、共用的索引，满足省、市、县三级数据更新和协同联动需求。

2.2 探索水土流失预警预报技术

区域性的水土流失预报一直都是难点，河南省水土保持信息化系统探索性地构建了未来24小时降雨量的水土流失预报模型，实现土壤侵蚀预测和场次土壤侵蚀量计算。

预报模型基于水土流失动态监测成果，结合中国土壤侵蚀模型，引入气象短临预报数据，实现未来24小时土壤侵蚀预警预报。同时，充分利用气象站点率定后区域降雨量数据，通过构建的场次降雨侵蚀力模型，实现场次土壤侵蚀量计算，填补区域尺度下土壤侵蚀量准实时评价的空白。

2.3 对接税务系统，助力水土保持补偿费征收

按照财政部《关于水土保持补偿费等四项非税收入划转税务部门征收的通知》，2021年1月1日起，水土保持补偿费划归税务部门征收，水行政主管部门需要向税务部门提供补偿费应缴信息及相关信息。针对新的工作形式变化，河南省水土保持信息化系统增加了补偿费信息推送模块。

推送模块基于国家相关政务信息资源交换的标准规范，推进省水利厅及省税务局等其他政务部门数据资源的全面整合、共享，并根据水土保持补偿费划转税务部门征收的要求，制定一般性生产建设项目、开采类项目、生产建设活动类等三类数据推送流程，建设水土保持补偿费数据交换平台，实现省级水保与税务两个系统的信息互联互通，双方信息交换真实、及时和完整，助力水土保持补偿费征收规范、有序。

2.4 淤地坝自动监测预警系统

河南省淤地坝工程多建于二十世纪六七十年代，建设标准低，泄洪设施不完善，安全度汛风险较大。为加强淤地坝安全度汛监控，保障生态和流域内人民生命财产安全，河南省水土保持信息化系统构建了淤地坝安全自动监测预警系统。系统依靠淤地坝现场外挂设备监测水位、雨量、影像、坝体位

移等动态数据,并结合气象预报、防汛预案等数据,综合研判,开展淤地坝安全自动预警,从而实现辅助防汛会商,助力安全度汛的目的。系统界面如图2所示。

淤地坝安全自动监测预警系统实现了24小时全天候不间断监控淤地坝的水位、雨量等水文信息,并将信息通过无线通信发至后台监控预警平台,实现汛情预警显示及通知、水文数据处理、实时数据显示及分析等功能,并及时发送堤坝告警信息给相关责任人和市县二级预警中心,为防洪抗灾提供准确及时的信息数据,有效保障广大人民群众的生命财产安全。

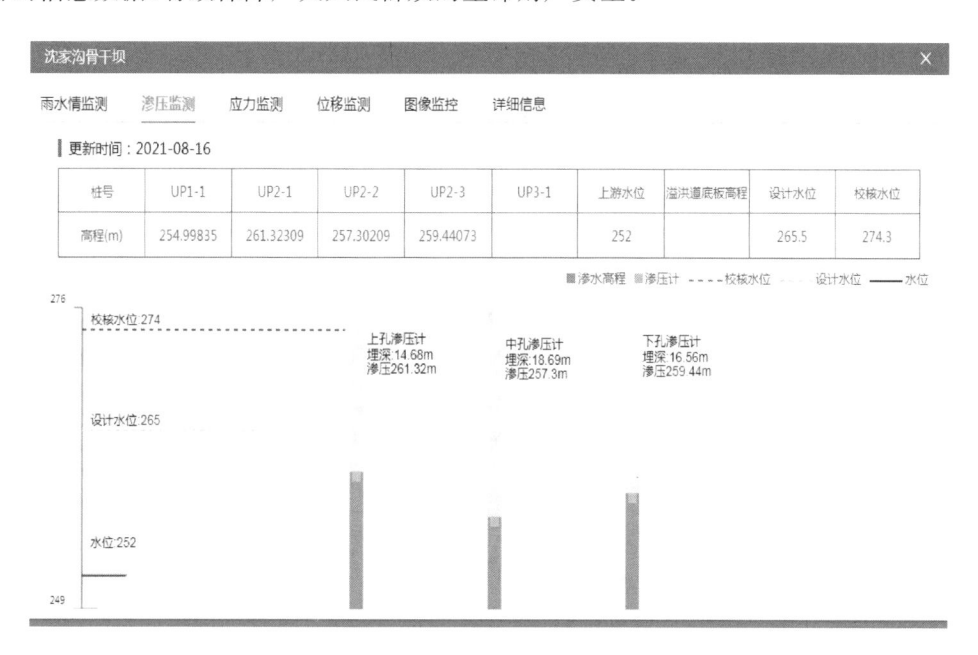

图2 淤地坝监测预警系统界面

3 河南省水土保持信息化系统建设成效

3.1 增强全省水土保持信息化程度,有效提高工作效率

(1)提高水土保持监管效率,进一步减少人为水土流失破坏。水土保持监督管理工作是一项政策性很强的工作,该工作涉及面宽,影响广泛,代表了政府的形象,必须提高行政效率。通过河南省水土保持信息化基础平台,实现了水土保持监督管理主要业务的网上运行和网络化电子数据交换,加快部门内部、部门之间和上下级机构之间的信息传递速度,支撑贯穿水土保持各级部门、职责清晰、过程可控、协调联动的电子化、网络化管理体系,提高了水土保持行政效率;帮助实时、动态、全面掌握生产建设项目水土保持工作状况;通过信息化手段对各级水土保持监督管理机构进行工作考核评价;通过信息化手段促进生产建设项目水土保持工作的高质、有序的落实。

(2)提高水土保持生态治理效率,实现科学、快速的治理空间数据获取,辅助分析水土保持调查数据,形成数字化基础,提供直观的信息资源支撑和决策环境,辅助完成规划与设计;通过信息化手段按照项目阶段与工作职能实现"图斑-小流域-县-地市-省-流域-国家"水土保持综合治理项目建设的系统化、精细化管理与尺度效益分析。

(3)实现水土流失监测点监测数据的自动化采集、传输,通过信息科技手段,加强水土流失分布、动态变化、发展趋势的宏观监测信息获取与分析能力,为水土流失防治提供信息支撑;借助信息化手段动态评价小流域生态环境状况；监测分析生产建设项目土壤侵蚀模数与径流系数，为水土保持方案审批、城市雨洪调蓄能力提高提供信息支持。

（4）以信息化手段，紧密结合水土保持科技发展趋势，对科研资源进行整体规划设计，对科研类型、项目基本信息、科研进展、科学数据、科技文献和科技成果进行整合与优化，建立共建共享机制，构建功能齐全、开放高效、体系完备的信息共享平台，使水土保持行政、事业、高校、科研单位与人员能对科研资源分类总结、共享、交流，不断提高水土保持科技贡献率和水土流失防治水平。

3.2 为智慧水利建设提供支持

借助河南省水土保持信息化基础平台信息技术支持，为各级水行政主管部门及时掌握水土流失等状况，综合分析自然条件、水土流失特点及规律、水土流失防治成效及制约因素提供了重要支撑，为水土流失防治思路、治理方略和科学决策提供了有力数据和技术支持，为智慧水利建设提供了有力支撑。

[作者简介]

吴鹏，1984年生，男，工程师，主要从事水土保持规划与信息化工作，13598090658。

基于 GeoStation 的水利工程三维地质建模探究

骆桂英[1,2]　韩桃明[1,2]　王波波[1,2]

（1. 河南省水利勘测有限公司　河南 郑州　450000；
2. 河南省特殊岩土环境控制工程技术研究中心　河南 郑州　450000）

摘　要：三维地质建模技术已被广泛应用于油田、金属矿山等各个领域，且取得了显著的成就，但在水利工程上的应用还处于初级阶段。本文结合水利水电三维地质建模软件 GeoStation，并以某河道工程的拦河闸为例，介绍 GeoStation 在水利工程项目中三维地质建模的建模流程及模型应用情况。为其他水利工程项目的三维地质建模提供经验，并为推动水利工程数字孪生建设发展提供范例。

关键词：三维地质建模；GeoStation；水利工程

三维地质建模是运用计算机，将空间地理信息、地质数据、地学统计等信息结合起来，在虚拟的三维环境下，进行模型构建的过程[1]。自 20 世纪 80 年代起，就已经开始了三维地质建模的相关研究，"三维地质建模"这一概念也早在 20 世纪 90 年代初，就被加拿大学者提出[2]，在三维模型的应用需求及信息化的发展趋势下，三维地质建模技术取得了飞速的发展，也逐渐被应用在各个领域。其最先被应用在油气勘探领域，随后拓展到有色金属矿山、煤炭、城市地质等其他领域，但在水利工程上的应用起步较晚，目前还在发展完善中。

经过多年的发展，各个领域均衍生出了很多三维地质建模软件。早期我国油气勘探行业一般采用国外的 Petrel、RMS、GOCAD 软件进行三维描述，有色金属矿山行业则一般采用国外的 Surpac 及 Micromine 软件[3]，国外软件在各个行业的三维建模方面占据了主导地位。近些年，国内的三维地质建模软件也在不断成熟，北京网格天地软件公司开发的"深探（DeepInsight）"软件得到了国内油田的成功应用[4]，长沙迪迈公司开发的 Dimine 软件也在有色金属矿山领域得到了应用[5,6]，这些软件的开发，结束了国外软件在三维地质建模方面的垄断局面，国内软件也实现了从无到有的转变。

在水利工程中，近几年也出现了一些三维建模软件，目前国内主要采用的是深圳秉睦科技有限公司的 BM-GeoModeler、南京库仑公司的 EVS 软件以及中国电建华东勘测设计研究院的 GeoStation 软件，并取得了良好的效果[7,8]。本文以中国电建华东勘测设计研究院的 GeoStation 三维建模软件为依托，探究其在水利工程中的使用流程及应用前景。

1　软件介绍

GeoStation 是中国电建华东勘测设计研究院在美国 Bentley 软件平台基础上研制开发的地质三维勘察设计系统，其主要是利用软件建立地质三维实体模型，通过立体三维的形式展示工程地质条件，并可在三维实体模型的基础上进行各种分析计算。其系统主要分为五个子系统：数据管理子系统、三维建模与分析子系统、辅助绘图子系统、查询统计子系统与计算分析子系统，如图 1 所示。

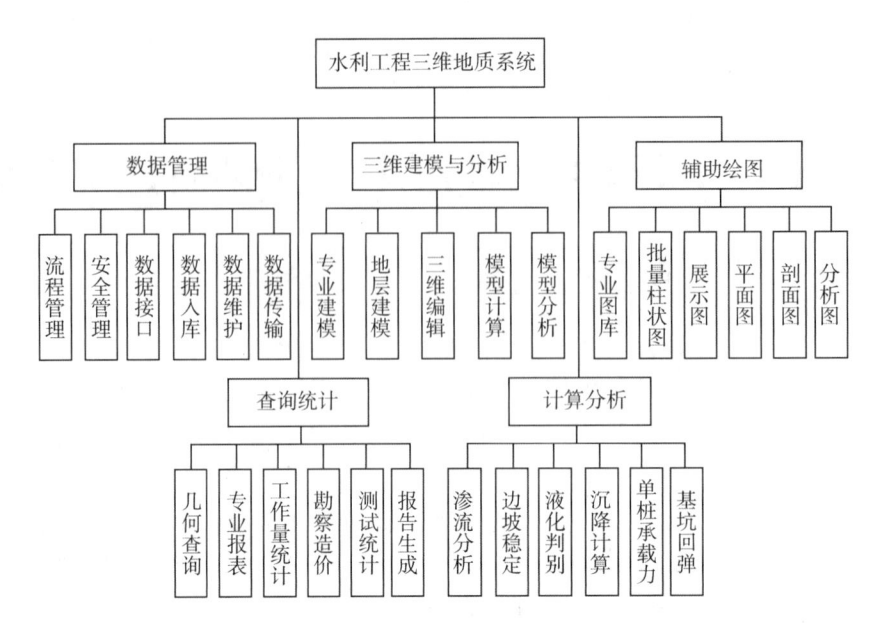

图 1　系统总体结构

系统由多个功能子系统组成,遵循科学性、实用性、实时性、开放性和安全性相结合的原则,采用"多S"结合与集成的方式,可将水利工程地质专业数据采集、管理、处理及图件辅助设计、计算等工作融为一体进行完整的工程地质管理分析,可实现基于三维模型和数据库的网络式计算、查询,可对三维模型进行空间位置、各种单元或元素的属性、各地层等的空间信息和属性信息的查询,以及对某个单元的长度、面积和体积查询及统计。

2　系统使用流程

GeoStation 在使用过程中,主要以点、线、面、体为基础,实现从地形面到地质面,再到地质体的构建过程。其使用流程如图 2 所示。

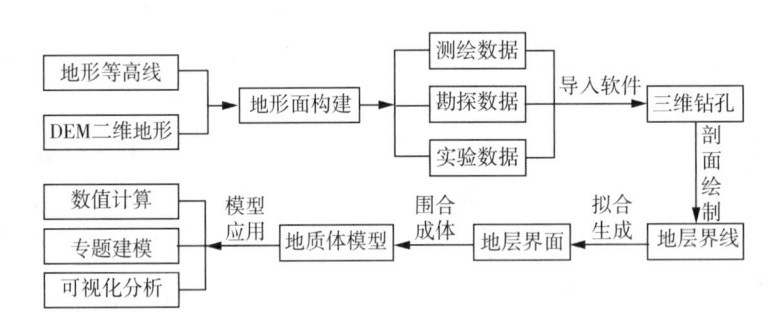

图 2　建模流程

3　工程示例

3.1　工程概况

研究区以某河道上一拦河闸为例,工程位于黄淮冲积平原区,地形平坦开阔。闸址附近微地貌属平原河谷地貌。闸址附近两岸无堤防,河道两岸地形平坦,左岸地面高程60.12～62.42 m,右岸地面高程61.39～62.85 m。闸址附近主河槽宽约36 m,河底高程约58.68 m,深约3.0 m。左岸为冲蚀岸,右岸为堆积岸。

工程区在勘探深度范围内,揭露地层由老至新为:①第四系全新统下段冲积物(Q_3^{alp}),冲洪积成因,岩性主要为重粉质壤土、轻粉质壤土和粉细砂;②第四系全新统下段冲积物(Q_4^{1al}),冲积成因,岩性主要为重粉质壤土、中粉质壤土、轻粉质壤土、细砂及中砂;③全新统上段冲积物(Q_4^{2al}),冲积成因,岩性主要为砂壤土及粉砂;④人工堆积物(Q^s),主要为褐黄色杂填土。

3.2 三维地质模型构建

3.2.1 地形面构建

地形面的构建主要是基于测量获得的地形等高线数据或数字高程模型(DEM)三维地形面数据,根据数据进行克里金法的高精度拟合生成,进行多次迭代拟合形成地形面。如图3所示,是由拦河闸DEM三维网格地形数据,通过克里金法高精度拟合生成地形mesh面,高精度的DEM数据较好地展现了实际地形面的起伏。

图3 地形mesh面

3.2.2 点数据入库

将基本数据进行入库,其中包括测绘数据、勘探数据及实验数据三方面。测绘数据包括地质点、实测剖面等;勘探数据包括钻孔平面位置信息、钻孔孔径、深度、岩性分类、地层深度等基本数据;实验数据包括比重试验、密度试验、含水率试验、抗压抗剪试验等土工试验数据。本工程区拦河闸共10个钻孔,其录入的数据信息包括钻孔平面位置、钻孔孔径、深度、地层岩性及深度,如图4所示,为钻孔信息导入GeoStation后所形成的三维钻孔。

3.2.3 勘探线布置

将CAD里带有平面位置信息的勘探线数据导入GeoStation建模软件中,将其对钻孔及地形面数据进行剖切,得到带有地层信息的二维剖面图,根据剖面图上的钻孔信息进行地层界线的绘制,此时应尽可能地将勘探线范围涵盖模型的各个方向,得到整个模型的地层界线,必要时可增加辅助勘探剖面,如图5所示。

3.2.4 地层界面生成

根据所绘制的地层界线,通过克里金插值方法进行拟合面的生成,生成的面即为地层界线所对应的地层界面。拟合生成时,可根据模型范围的大小对网格间距及过滤半径进行设置,过滤半径可将初

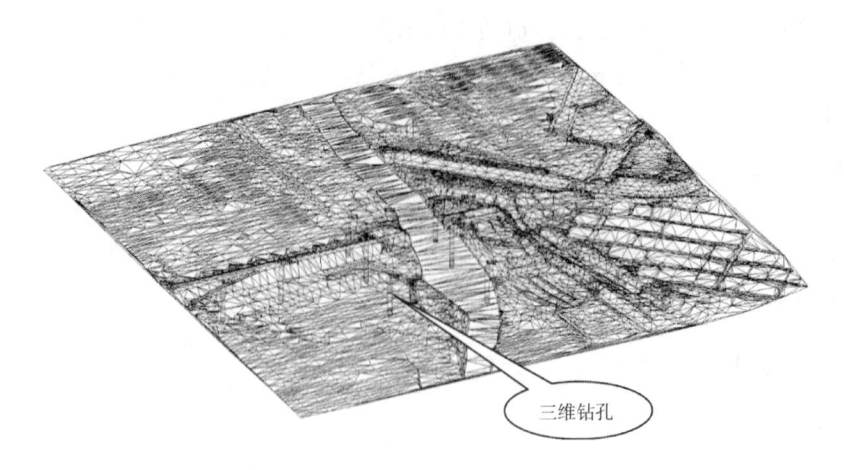

图 4　三维钻孔

图 5　勘探线

始离散点和插值格网点的水平距离小于过滤半径的格网点过滤掉,以达到最佳拟合效果。如图 6 所示,为本拦河闸工程中的部分地层界面。

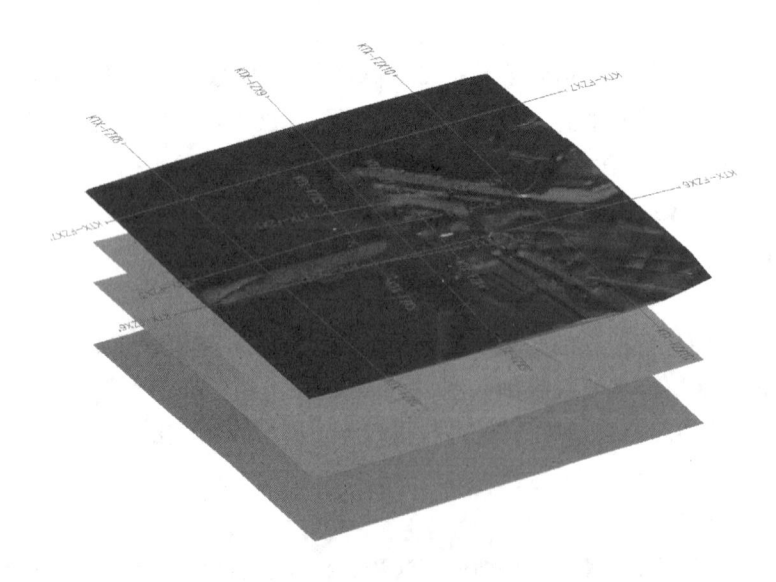

图 6　地层界面

3.2.5 地质体构建

将地层界面从上到下,依次作为地质体的上下表面进行围合成体。围合时需注意的是要将上一层的地质界面作为下一层地质界面的上表面。图 7 为本拦河闸工程所形成的三维地质体。通过属性查询工具可对每个地质体进行体积查询与统计。

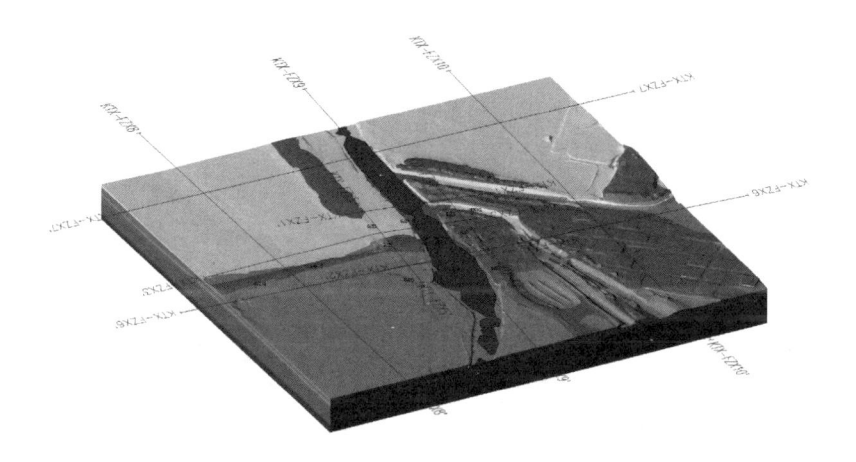

图 7 三维实体模型

3.3 模型应用

3.3.1 辅助绘图

三维地质模型完成之后,可以通过模型进行二维出图,包括柱状图、平面图、剖面图等二维展示图,可实现快速批量出图,大大提高了出图效率。图 8 所示为本拦河闸工程模型剖切所形成的地质剖面图。

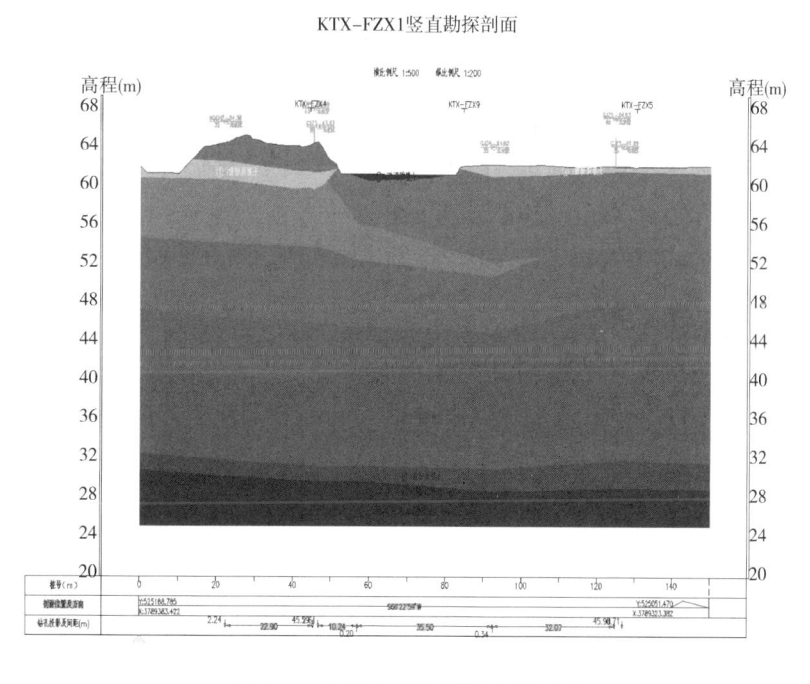

图 8 三维地质模型剖切地质剖面

3.3.2 统计计算

三维地质模型建成以后,可进行几何查询、工作量统计、测试统计等统计分析,也可对开挖方量、边坡稳定、渗流分析等进行定量计算。使用过程中可以通过模型参数的改变进行快速统计计算,能大大节省时间成本和人力成本。

3.3.3 可视化展示

水利工程一般地质条件复杂,勘察周期长、次数多,二维图件难以具体化地展示地质条件的空间性、完整性。三维地质模型能够对水利工程项目的地质条件进行完整形象的展示,有利于地质人员对二维平面图进行检验矫正,提高对工程区的整体认识与判断。

4 结论

本文通过某河道的拦河闸工程,介绍了 GeoStation 在水利工程三维地质建模中的使用流程及应用方向。GeoStation 能够将水利工程中传统的二维图件以三维形式更形象具体地表现出来,并能达到查询统计、定量计算的功能,能极大地节约人力成本与时间成本,提高工程效率,是工程发展的必经之路。但现阶段,三维地质建模在水利工程中的应用还处于初步阶段,对三维地质模型的应用主要还处于可视化展示方面,在定量计算上应用还存在局限,还需要水利行业工作者共同的努力。

[参考文献]

[1] 李青元,张洛宜,曹代勇,等. 三维地质建模的用途、现状、问题、趋势与建议[J]. 地质与勘探,2016,52(4):759-767.

[2] Houlding S W. 3D GeoScience Modeling:Computer Techniques for Geological Characterization[M]. Berlin:Springer-Verlag,1994:1-2.

[3] 张平松,李洁,李圣林,等. 三维地质建模在煤矿地质可视化中的应用分析[J]. 科学技术与工程,2022,22(5):1725-1740.

[4] 杨钦. 限定 DELAUNAY 三角网格剖分技术[M]. 北京:电子工业出版社,2005.

[5] 余璨,李峰,曾庆田,等. 基于 DIMINE 软件的易门铜厂矿床 Cu 品位分布规律研究[J]. 地质与勘探,2016,52(2):376-384.

[6] 余牛奔,齐文涛,王立欢,等. 基于 3DMine 软件的三维地质建模及储量估算——以新疆巴里坤矿区某井田为例[J]. 金属矿山,2015(3):138-142.

[7] 钱骅,乔世范,许文龙,等. 水利水电三维地质模型覆盖层建模技术研究[J]. 岩土力学,2014,35(7):2103-2108.

[8] 王国光,李成翔,陈健. GeoStation 地质三维系统图件自动编绘方法研究[J]. 工程建设与设计,2015(7):22-24.

[作者简介]

骆桂英,女,1993 年 4 月生,助理工程师,主要研究方向为生态水利及水文地质,15167151431,978263844@qq.com。

浅谈建设工程对水文站水文监测影响论证

樊孔明[1]　杨先发[2]　夏　冬[1]

（1. 水利部淮河水利委员会水文局（信息中心）　安徽　蚌埠　233001；
2. 安徽淮河水资源科技有限公司　安徽　蚌埠　233000）

摘　要：在水文站上下游建工程会对水文监测产生影响。本文从论证的主要依据、工作内容、重点难点及对策分析等几个方面就建设工程对水文站水文监测影响评价技术论证展开研究探讨，最后针对当前建设工程对水文站水文监测影响论证工作中存在的问题提出建议。

关键词：水文站；影响评价

1　引言

水文站是水文部门开展水文信息监测采集、数据传输处理的基础，水文信息在经济社会发展中发挥着重要的作用。水利高质量发展的六条实施路径，离不开水文信息的支撑和保障。当前，随着经济社会的发展，水利建设、航道建设、水环境综合治理、码头等涉水基础设施建设项目众多，以淮河流域为例，南水北调东线一期工程已取得显著的效益，引江济淮一期大部分工程已完成建设，引江济淮二期工程也已开工，沱浍河航道升级改造工程正在开展，蚌埠主城区段"靓淮河"工程也已开工建设。工程的建设有可能会对水文站监测造成影响，影响水文站功能的正常发挥。建设工程对水文站水文监测影响涉及哪些方面、影响程度如何以及后续的补救措施及技术方案如何提出，均需要开展专题研究论证。

2　论证的主要依据

根据《水文监测环境和设施保护办法》（中华人民共和国水利部令第43号），在水文测站上下游各二十公里（平原河网区上下游各十公里）河道管理范围内，新建、改建、扩建影响水文监测工程的，应提交建设工程对水文监测影响程度的分析评价报告、补偿投资估算报告等材料，征得对该水文测站有管理权限的流域管理机构或者水行政主管部门同意后方可建设。

水文站监测影响的补救措施及技术方案主要依据水利部颁布的《水文基础设施建设及技术装备标准》《水文现代化建设典型设计》《中小河流水文监测系统新建水文站、巡测基地典型设计》等有关标准和文件进行设计。

3 论证的主要工作内容

3.1 确定影响评价对象

确定论证对象是开展此类项目的工作基础,根据《水文监测环境和设施保护办法》的相关规定,通过叠加工程布局图层、卫星影像图、无人机正射影像图、水文站保护范围划界图层等技术手段,摸清建设工程同影响评价对象间的空间位置关系,从而确定需要评价的水文站。

3.2 分析工程对水文站的影响

根据《中华人民共和国水文条例》《水文监测环境和设施保护办法》等条例法规的有关规定,结合测站的实际情况,从测验环境影响分析、测验设施影响评价、测验方案影响分析、施工期影响分析等方面分析建设工程对水文站水文监测的影响。

(1) 测验环境影响分析

明确建设工程同水文站测验环境保护范围的关系后,从以下两个方面开展影响评价分析。

一是根据建设工程对水文站水文站测验环境、水文设施保护范围的占用情况,评价建设工程对测站水文测验环境造成的直接影响;二是分析建设工程对水文站测验河段水位值、流场流速分布情况的改变,进而评价建设工程对水文测验环境的影响。

(2) 测验设施影响评价

根据建设工程同水文站测验设施的空间位置关系,从以下两方面评价建设工程对水文站测验设施的影响。

一是分析工程建设内容是否位于水文站现有测验设施保护范围内、是否占据了水文站现状测验设施的布设位置,评价建设工程是否会对水文站的测验设施造成直接影响;二是评价工程建成后水文站现状测验设施的布设是否满足《水位观测标准》《河流流量测验规范》《水工建筑物与堰槽测流规范》等相关标准规范的要求。

(3) 测验方案影响分析

根据工程建成前后水文站测验河段水位特征值、流场和流速分布情况等的变化,结合水文站的水文测验项目、测验方案,参照相关水文测验标准规范,评价建设工程对水文站测验方案的影响。水文站常见的测验项目主要包括水位、流量、水质等,水文测验方案除包括上述测验项目对应的观测方案外,主要还包括水文预报方案、资料整编方案等。

对于水位观测方案,主要分析工程建成后现状基本水尺断面的布设是否满足相关标准规范的要求,分析建设工程是否会导致测验河段的水位值抬升或下降,是否会破坏水位观测资料的一致性;对于流量测验方案,主要分析工程建成后现状测流断面的布设是否满足相关标准规范的要求,分析资料的一致性、现已率定的水位-流量关系等是否会遭受破坏;对于水质测验方案,主要分析建设工程是否会对测验河段的水质产生影响;对于水文预报方案,主要分析建设工程是否会破坏测站现有的推流关系线进而影响水文预报方案。

(4) 施工期影响分析

根据建设工程的实施方案,评价施工期是否会对水文站的测验设施、测验方案产生影响。

3.3 提出补救方案

针对建设工程对水文站的影响,根据《水文现代化建设典型设计》《水文基础设施建设及技术装备标准》等标准规范，从以下几个方面提出补救方案设计。

(1) 提出测验断面布设方案

对于被建设工程占据的测验断面、工程实施后布设位置不再满足相关标准规范要求的断面需迁移重建，断面迁建位置应满足相关规范的要求，同时应便于水文测验工作的开展。

(2) 提出测验设施补救方案

对于遭受工程损坏的测验设施、工程建成后布设位置不再满足要求的测验设施需迁移重建，同时重建、新建基本水尺断面和测流断面后需配套建设测验河段基础测验设施。测验设施的设计应参照相关标准规范的要求，从水文测验工作的实际需求出发，从确定建设内容、确定建设位置、典型结构设计等方面提出补救方案设计。

(3) 提出测验设备补救方案

水文站受建设工程影响重建水文测验设施、调整水文测验方案后，需配套购置安装测验设备。选购水文测验仪器设备时，需以水利部发布的《水文测报新技术装备推广目录》《2021年度水利先进实用技术重点推广指导目录》作为参考，结合水文站测验河段的水流特性、地形地貌等实际情况，对仪器设备仔细甄别比选。

(4) 提出测验方案补救设计

针对建设工程对水文站水文测验方案的影响，需从调整测验方案、开展新老断面对比观测、比对校核测验设施和设备的测验精度、增加测验频次、重新率定水位-流量等关系线、重新制定水文预报方案和资料整编方案等方面提出补救方案设计。

(5) 提出施工期补救方案

针对工程施工期间对水文站测验设施、测验方案的影响分析，需提出施工期补救方案，保证水文测验资料的连续性、一致性和准确性。

4 论证的重点、难点及对策分析

4.1 项目重点

(1) 摸清建设工程与水文站的关系，确定影响评价对象

摸清建设工程同水文站的测验设施、测验断面、测验环境保护范围边界等的空间位置关系是确定评价对象，准确、客观、合理评价建设工程对水文站产生影响的必要性前提。确定评价对象对后续资料收集、现场查勘、影响评价等工作环节的开展具有指向性作用，能够避免浪费资源和时间，准确、全面地确定评价对象是此类项目的重点。

(2) 分析建设工程对水文站的影响

客观、准确分析建设工程对水文站的影响是设计补救方案的主要依据，是影响评价报告的核心组成部分，也是此类项目的工作重点。需从建设工程对各水文站测验环境、测验设施、测验方案等多个方面开展影响评价，评价工程建设过程中、工程建设完成后对水文站的影响内容和影响程度。

(3) 提出补救措施和技术方案

根据工程对水文站水文监测的影响，有针对性地提出补救措施及技术方案，包括测验河段水文基础设施的设计、测验设备选型的设计等，以此作为建设单位对水文站采取补救措施的指导依据，尽可能地恢复测站原有功能，是此类项目的工作重点之一。

4.2 项目难点

(1) 如何科学、合理、全面地分析建设工程对水文站水文监测的影响是此类项目的难点。

工程对水文站的影响评价需从测验环境、测验设施、测验方案等多个方面展开分析,工程对水文站的影响内容和程度因不同水文站测验河段的水流特性、测验项目、与建设工程的空间位置关系存在差异而各不相同。

(2) 如何提出有针对性的补救措施及技术方案是此类项目的难点。

一是水文站目前已基本形成了较为成熟的测验方案,率定出稳定的水位-流量关系等,且水文测验工作专业性较强,一旦遭受破坏,如何重新制定合理有效的测验方案及率定水位-流量关系是难点;二是测验河段的水文设施将受到影响,如何针对该河段的水文特征及地形地貌地质等特点合理布设水尺、踏步等设施也是此类项目的难点;三是补偿设备的选型方案较为不易,如何针对水流特点、河段断面特性选用合适的水位、流量测验设备是此类项目的难点,如流量在线观测设备就有雷达波测流系统、二线能坡法测流系统、时差法测流系统等,且各自适用的环境、场景各有不同,设备比选工作较为专业。同时同一类型的水文监测设备市场上可供选择的厂家较多,需做大量的甄别、比选工作。

(3) 如何提出实用、美观、标准较高的水文迁改设计是此类项目的难点。

一是水文现代化建设对水文基础设施、设备提出了较高的要求,新改建的水文站需按照水文现代化建设标准进行设计;二是水文站的测验设施大多临水而建,迁改内容需要满足承重负载、抗震、防洪等多种要求,同时还需满足开展水文测验工作的基本需求,设计工作较为复杂。

4.3 对策

(1) 加强同有关地市水文部门的沟通交流,深入现场查勘,充分掌握测站基本情况,论证过程中同工程设计单位、水文站管理人员保持密切的联系,针对工程对水文站的测验环境、测验方案、测验设施等影响进行深入讨论,针对提出的补救措施及技术方案向水文站管理人员开展咨询。

(2) 充分利用先进的技术手段,深入掌握水文站测验河段的基本特征,获取建设工程同水文站的空间位置关系,为对水文站的影响论证提供评价依据。深入现场查勘,使用无人机等设备对水文站开展全面的影像资料收集,使用工程设计图叠加卫星影像、无人机正射影像等技术精确定位建设工程同水文站的空间位置关系。利用 MIKE21、DELFT3D-FLOW、HEC-RAS 等模型模拟工程建设前后测验河段水位值、流场和流速分布的变化情况,为对水文站的影响论证提供评价依据。

(3) 深入开展现场查勘,按照水文现代化建设的有关要求,提出高标准的、较为实用的专项设计方案。根据《水文设施工程初步设计报告编制规程》,有条不紊地开展现场查勘、地形地貌测量,收集测站长系列水文资料,明确水文站各测验项目的测验需求。参考《水文现代化建设典型设计》《水文基础设施建设及技术装备标准》等相关标准规范,对水尺、踏步、断面桩、断面标等河段测验基础设施进行设计,深入市场调研,认真对测站测验设备开展比选设计工作。参考混凝土结构设计规范、抗震设计规范、防洪设计规范、防雷设计规范等相关标准规范的要求,同时充分考虑水文站开展日常测验工作的实际需要,保证迁建设施的稳定性、安全性、耐用性和便捷性。

5 有关思考和建议

(1) 按照《中华人民共和国水文条例》等法律法规,建设单位在开工建设前应征得对该水测站有管理权限的水行政主管部门同意后方可建设。目前往往是工程已经建设了甚至已经竣工了,水文部门发现后要求建设单位开展水文站影响论证,建设单位才履行相应程序。这样带来的问题有几个方面,一是施工期间水文监测已经受到严重影响,因建设单位未提前向水文部门提出建设请求,导致施工期的水文应急临时监测方案无法及时制定;二是建设单位在履行完相应程序后,往往没有足够的建设资金对水文站进行补偿,补偿方案的落实受到影响。对此,水文部门第一要加大宣传力度,对社会公众、水利、交通等重点部门开展宣贯,一旦发现未按程序要求开工建设的,应当严格按照有关法律法规履行权力;第二,水行政主管部门应加强工程前期的审查,在工程可行性研究等阶段,提出要考虑对水文站监测影响的要求,并在可研报告中明确受到影响的水文站点并列出补偿的投资要求;第三,建设单位应提高重视程度,在项目谋划、可研报告编制阶段主动对接水文部门,统筹考虑对水文站的影响并考虑后续的补救措施和方案。

(2)目前建设工程对水文站水位、流量的定量影响模拟仍然是一大难题,往往采用MIKE21等水动力学模拟软件来进行仿真模拟,从而判断对水文要素监测的影响。但目前受限于水文资料、地形资料、河道断面资料以及水力学糙率等有关参数的影响,模拟精度受到影响。因此,在建模分析时,首先要获取尽量多的资料构建河网,并以水文实测资料对模型进行验证,从而率定出合理的参数,以此提高模型精度。

(3)水利部印发了《水文现代化建设规划》,对水文站建设提出了更高的要求,因此凡是涉及迁改的水文站,都要按照《水文现代化建设典型设计》要求进行建设,从水尺、踏步、缆道、水位井等河道断面测验设施,到测验设备的配置均要按照现代化建设标准进行建设。因此,建议建设单位在进行方案设计时,要与水文部门充分沟通,征求水文部门意见,保障水文站能够达到建设标准。

[参考文献]

[1] 邓映之,樊孔明,李文杰.淮河水文现代化建设研究[J].治淮,2022(2):52-54.
[2] 戴丽纳,赵瑾,汪跃军,等.流域水文基础设施项目建设实施经验探讨[J].治淮,2021(9):65-66.
[3] 熊文华,李诚,徐晓鹏,等.水利工程对云南省戛旧(二)水文站影响分析[J].水利信息化,2019(3):37-39.

[作者简介]

樊孔明,男,1987年8月生,高级工程师,主要研究方向为水文水资源分析、水文基础设施规划设计,17305521908,fankm@hrc.gov.cn。

实景三维技术在"智慧淮河"中的应用探讨

何 亚

(安徽省淮河河道管理局测绘院　安徽 蚌埠　233000)

摘　要："智慧淮河"是全流域、全空间、全要素天空地一体化智能感知的呈现,通过实景三维技术融合GIS、大数据、物联网、云计算、智能传感器等新兴技术搭建虚拟现实场景,从而有效提高水资源的利用效率,提升淮河道现代化的管理水平与水旱灾害的治理与防御能力,提高淮河流域水利工程的使用与管理水平,促进淮河河道治理体系不断向智慧化、精细化、规范化、常态化转变。本文就实景三维在助力智慧淮河建设中的应用展开探讨。

关键词：实景三维；智慧淮河；应用；探讨

引言

实景三维,简单来说就是真实的立体视觉系统,是对人类生活、生产和生态空间的真实、立体的描述,是数字化虚拟空间的序列化体现与表现,是一种新的基础地图标准产物,也是我国新一代基础设施的一个关键环节。它为我国的经济、社会发展以及各个领域的信息化提供了一个统一的空间基点。这种虚拟现实技术是通过以语义化、结构化、支持人机交互、即时物理感知为基础的立体空间来实现的。在构建智慧淮河中,传统的二维模型只能对数据进行笼统、粗略、宏观的分析,在场景的表达上具有单一性和抽象性,难以满足淮河管理精细化、现代化的需求。实景三维模型能够高精度还原全河道场景,在岸滩稳定、河床变化以及涉河管理等方面提供实景三维空间对比分析,为智慧淮河提供可视化、直观化的环境信息和空间信息。

1　实景三维原理

实景三维空间包括三个方面：空间数据体,物联感知数据以及支持环境(见图1)。

1.1　空间数据体

包括地理场景和地理实体。地理场景包括数字高程模型（DEM）、数字正射影像（DOM）、数字表面模型（DSM）、真正射影像（TDOM）、激光点云、倾斜摄影三维模型等。地理实体主要有基础地理实体、三维模型构件和其他实体。基本的地理学对象可以用二维或三维的形式来表示,既有实物的,也有地理单位的。三维模型的构件主要有：河道、堤防、涵闸、岸线、护堤地、滩地以及沿淮行蓄洪区等。其他实体包含由水利工程领域所产生的专门类别的实体。

1.2　物联感知数据

其中包含了实时的大淮河感知数据、物联网感知数据、在线抓取数据等。实时的大淮河感知数据主要有实时视频、图形图像、实时监控等;物联网的感知数据主要有水工程监测、移动基站、车载导航、手机信令等实时的影像;网上的抓取资料包含文字表格、地理位置等。

1.3 支持环境

主要内容有:数据采集处理、建库管理、应用服务、软硬件设施等。数据采集处理系统是一个采集、处理和融合各种数据的系统。建库管理是对各个数据库进行整合和管理的体系。应用服务是一个以应用为导向的业务体系。软件和硬件设施是指网络的自主掌控、安全和存储设备、计算机、显示器、辅助软件等。

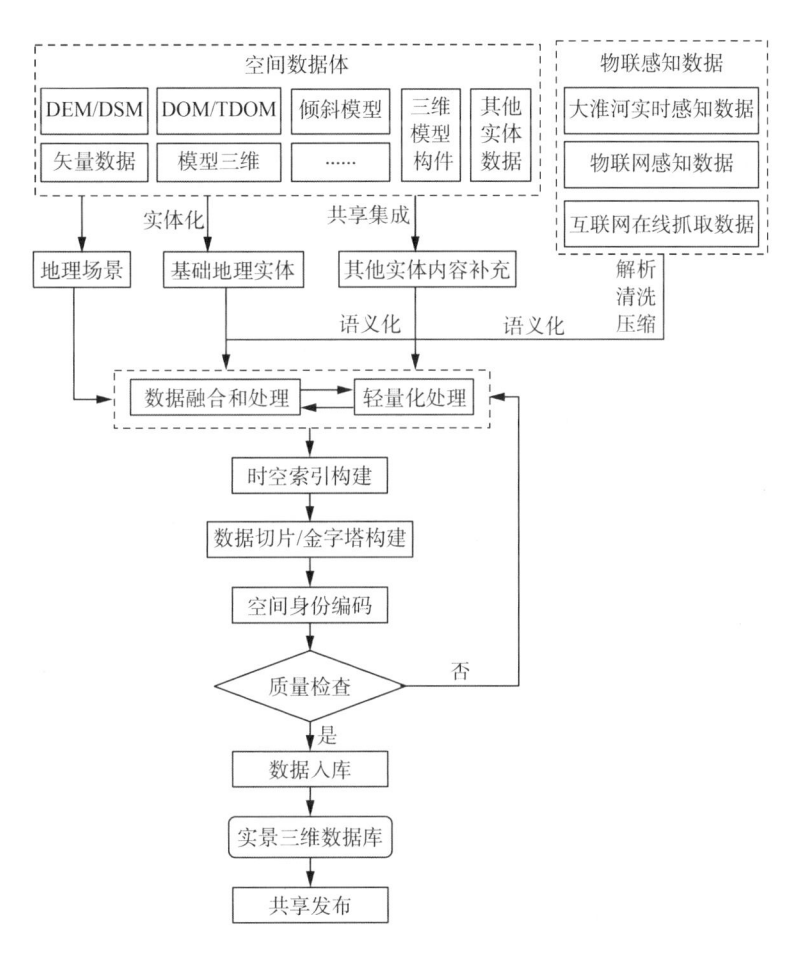

图 1 实景三维建设流程图

2 实景三维的技术优势

实景三维能够高精度还原淮河工程各实体构件以及全河道场景,为智慧淮河提供可视化、直观化的环境信息和空间信息,因此以实景三维为基础的智慧淮河平台具有局部构件和整体全景还原更真实、智慧化数字分析更准确、辅助 AI 风险预警更智能等优势。

2.1 全河道场景还原更真实

与市区智慧服务场景建模不同的是,智慧淮河建设需要对大尺度全河道进行可视化表达,而淮河流域区域分布广、地形环境复杂、地势落差较大,传统测量技术在实现流域可视化方面存在很大的困难。因此基于倾斜实景三维技术能够高效率、低成本地还原不同流域的现实全景，为智慧淮河平台的建设提供真实三维数据底板。

2.2 智慧化数字分析更准确

智慧淮河建设的一项重要内容就是构建数字孪生平台。首先对不同时段的数据进行采集，实现三维实景数据存储，其次通过对不同时段三维实景数据对比，真实直观地反映河势变化、险工险段变化以及管理范围障碍物增减情况，最后通过比较分析有效推动淮河安全建设和管理，同时通过智慧淮河平台建设支撑淮河工况预报、预警、预演、预案的模拟仿真体系。

2.3 辅助 AI 风险预警更智能

智慧淮河平台基于实景三维数据底板，通过监测集成数据、智能传感器传回的实时数据，结合三维模型中的地形、高程、周边环境等全息三维信息，辅助 AI 算法，智能判断出流域全区或重点监测区正在发生或潜在的风险。

3 实景三维技术在"智慧淮河"中的应用构想

3.1 建立险工险段实景三维可视化监测平台

如何建立系统的淮河干流及其主要支流的险工险段监测数据对比分析平台，以便随时分析和把握险工险段演变状况，对防洪安全十分重要。而建立险工险段实景三维孪生数据平台是更直观、更精准、更有效的防控监测方法。淮河干流及主要支流水下崩岸就是淮河中游险工险段的重要表现形式之一，如淮河干堤乔口子、新建队、哑巴渡等崩岸段，局部水下岸坡仅 1.21∶0.5，部分 1∶0.5，河岸线距干堤堤脚仅 10~20 m。目前采取的监测方法大都是单波束测深仪获取水下数据，然后按照不同年份或时段的资料成图并套绘比较和分析。如何将二维变成三维、平面转为立体，需要更直观、更精准、更有效的方法提升。方法上利用多波束测深和水下侧扫声呐的共同作业，获取逐年或逐时段的实景三维成果并入库平台，通过不同年份的数据底板，平台中的可视化模型实景进行对比、演算和智能分析，为险情演变、抢险排险、除险加固设计等发挥更大的支撑作用。

3.2 建立堤防管理三维实景数据模型平台

堤防管理是河道日常管理的重要组成部分。目前的堤防巡查、实地摄像或视频监控都具有即时性和短存性。而利用车载或者机载三维激光扫描获取数据，建立三维可视化堤防及其附属设施可视化监管平台，在三维场景中可实现快速自动还原建筑、道路、堤防、护堤地、水塘以及地表植被等细节，对于堤防及涉河项目的管理具有十分重要的意义。另外通过数据入库和查询对比，为河道部门依法管理提供了重要的依据。比如淮河某地管理单位曾处理过堤道路拆除赔偿问题，历史实况实景资料的提供就是诉讼胜利的重要证据之一。同时，通过三维实景的获取和比对，就能对违章设施等涉河建设项目进行有效管控，为河道绿化状况和规划提供基础数据支撑。

3.3 建立全河道实景三维可视化模型

陆上数据采集以机载数码倾斜摄影和三维激光扫描为主要方式，水下部分以多波束测深仪及侧扫声呐为主要方式，以淮河干流为轴线，构建淮河全河道的三维模拟环境，可以对淮河流域水工程项目进行可视化浏览、查询、分析和模拟。本系统以河流与堤坝两侧地形模型库、淮河流域水工程模型库、专题数据库为基础,采用虚拟现实技术建立了虚拟现实模型,与此同时,通过数据库、GIS 等现代技术,搭建淮河流域三维虚拟现实,实现淮河流域三维动态交互式浏览及水利工程项目成果的三维可视化。通过河道水利设施的管理、综合管理施工、运营等方面的信息,在立体环境中灵活查询、显示堤防、水闸、危险工段等;通过空间分析、计算、查询等功能,构建了一个以真实场景为基础的可视化辅助决策的支撑系统;可进行二维、三维的场景漫游、坐标的定位、工程的查询、断面的分析、距离的测量、专题图的管理、缓冲区的分析、面积的测量、图层的控制等。

3.4 建立洪水预测及演进平台

实景三维技术是一种实现空间动态、空间信息处理与分析的新技术,在一体化入库系统数据支撑的基础上为洪水预报与演化模拟提供了一种全面的多源表面空间信息。这使得人们可以观察、操作和分析三维虚拟世界中的洪水演变规律,并根据不同地形、不同河道,确定洪水的上游和下坡率,并实时计算洪水的淹没范围和高度,从而更好地掌握洪水发生的全过程。

3.5 建立气象监测预警平台

利用实景三维技术,结合淮河流域气象资料、区域地形、河网等资料,建立气象预警系统。根据天气因子的动态变化,对对淮河区域内的水域、水利设施的影响和影响程度进行科学的预报。对于一些极端天气,比如台风等,系统会将台风的运行路线、时间信息等,输入系统的实时三维模型中,以实时的方式显示出台风的登陆时间和位置,并及时发布警报。

3.6 打造智慧淮河"一张图"

智慧淮河"一张图"以实景三维数据为基底,智能感知+数据融合+智能应用三大体系为支撑,实现淮河工况监测、数据支撑、综合监督的一体化全过程管理。以日常状态与应急状态为架构维度,在日常状态下,可对淮河整体流域实现多源数据常态化监测与记录;在应急状态下,系统形成一套集预报、预警、预演、预案于一体的全过程淮河流域应急管理解决方案,完美契合智慧淮河灾害管理与防治所需。在灾害发生之前,可基于实景三维模型,以灾害数据或案例为蓝本,对灾害进行模拟、推演与判断,力求在灾害发生之前完善应对措施。在灾害发生之后,可通过实景三维模型融合监测风险数据、数字预案、协同救援、资源分配等内容,提供精准、高效的应急救援路线和应急解决方案,最大限度减少受灾面与受灾人群。

4 实景三维在具体应用中存在的问题及处理措施

4.1 存在问题

(1) 在具体施测和精度评估中,由于缺乏清晰的标准,造成了在目标精确度范围之内的原始资料的冗余,从而造成了系统的运行费用,也会影响到后期的工作效率。由于三维建模过程中存在着建模扭曲、空洞、不完整等问题,因此在实际应用之前,往往要进行大量的人工检验和修正,这与三维立体技术的高效率、低成本的优势相悖。

(2) 该项技术目前仍处于演示阶段,并未实现真正的信息化,即以真实的三维模型为基础进行智慧淮河的建设,其功能尚不健全。为此,打造"智慧淮河"的技术支撑硬件、软件都在不断的探索、发展和更新中。

（3）实景三维模型包含的信息主要是地理空间信息，而淮河流域的水系、水利设施、水利工程、水资源、水环境、气象（预报、雷达、云图）、水雨情信息、工情信息等数据尚需进一步融合在地理空间大信息平台。

4.2 解决办法及探索方向

结合问题和实际，今后的探索方向应该是：一是提高对数字孪生淮河建设的认识，为"智慧淮河"高质量发展提供有计划、有针对性、系统性强的入库数据采集、录入、编辑等；二是根据淮河流域地形的复杂性，在保证实际场景的三维建模精度的基础上，采取不同的方法，通过改变飞行高度以及更换相机镜头，研究与实现自动化的三维建模数据修复功能等方式减少原始数据体量，缩减处理数据的时间，辅助提高人力精修的效率，减少工作量；三是探索实景三维模型的可编辑性、可拓展性，让其中的成果可以尽快地参与到智慧淮河的相关建设中；四是研发新型数据融合技术，使得虚拟现实的三维建模能够有效地支持各种应用程序的运行，与此同时，支持数据分析、挖掘、使用，真正实现智慧淮河"一张图"；五是在"智慧淮河"建设的框架基础上，增强统筹性、实物性、联动性、智能性和保障性，全面开展统筹谋划，以丰富平台支撑，实现数据共享。

5 结语

智慧淮河的时代已经来临，实景三维技术为构建智慧淮河提供了新的手段和新的模式，大幅度加快了智慧淮河"一张图"的建设进程，所以做好实景三维技术与科技前沿相结合的研究工作以及以三维立体技术为依托，构建淮河流域水利信息化基础设施，建立完善的保障支持环境，推进了水利信息化工作的精细化，提高了科学决策和管理水平。最后，通过更全面的感知、更科学的决定、更全面的互联、更智能的方式，来推进"智慧淮河"的建设。

[参考文献]

[1] 王永生,卢小平,朱慧,等. 无人机实景三维建模在水利 BIM 中的应用[J]. 测绘通报,2018(3)：126-129.

[2] 曲林,冯洋,支玲美,等.基于无人机倾斜摄影数据的实景三维建模研究[J].测绘与空间地理信息,2015(3)：38-39+43.

[3] 张国卿,朱庆利,唐芳.实景建模技术在水利工程中的应用探索及精度分析[J].水利规划与设计,2018(2)：165-168.

[4] 李舒.信息化时代智慧水利行业的应用与发展研究[J].科技咨讯,2021,19(32)：17-19.

[作者简介]

何亚,女,1987年4月生,工程师、注册测绘师,主要研究无人机、摄影测量、实景三维技术、GIS 等在淮河管理、城市建设等领域的应用,18715220718,476218763@qq.com。

机载 LiDAR 测量技术在淮河流域水文大数据采集中的应用

李晓晨　李雅萍　张　琳

(山东省水利勘测设计院有限公司　山东 济南　250014)

摘　要：机载激光雷达(LiDAR)测量技术是近年来快速发展的一项新兴测量技术,一项测绘技术变革,在地球空间信息领域被国内外广泛地研究与应用。它能够快速获取目标物三维空间信息,其原始点云数据具有很高的高程精度,并结合航摄影像平面精度高、能准确获取地物光谱特征等特点,进一步提高测量的精度和更准确地提取地物原始的数据。该技术具有全天候、费用低、分辨率高、隐蔽性好、抗有源干扰能力强、低空探测性能好、体积小、质量轻等优点。本研究介绍了机载激光雷达测量系统的构成及工作原理、技术特点以及在淮河流域水文大数据采集中的应用。

关键词：机载 LiDAR；航空摄影；三维场景；淮河流域水文大数据

1　绪论

在二十世纪八十年代末,机载 LiDAR 测量技术,作为一种新兴的空对地测量技术在实时获取多等级的三维空间信息领域中有了重大的突破,在林业、测绘等相关领域引起了不少的重视。激光雷达技术是近几十年以来在摄影测量与遥感领域中具有革命性的成就之一,近年来快速发展的一项新兴测量技术,是继 GPS 发明以来在摄影测量与遥感领域的里程碑。机载激光雷达(LiDAR)航测技术是集激光扫描、全球定位系统和惯性导航系统三种技术于一体的空间测量技术。

机载激光雷达测量技术改变了传统测量方法和技术,从单点数据采集变为对面域的、连续性、高密度的三维空间数据采集。它不仅具有测量精度高、采集速度快、测量区域大的特点,而且还能结合彩色信息进一步丰富三维数据。

2　机载激光雷达测量系统的构成

机载 LiDAR 测量系统的观测平台一般是利用飞机,并利用激光扫描测距系统为传感器,在实时获取地球表面及其地物的平面与高程空间信息的同时还能提供对象红外光谱的信息。其结构如图 1 所示,构成机载 LiDAR 测量系统的部分包括：(1) 用于获得系统设备的空间位置的动态差分 GPS 接收机；(2) 惯性导航系统 INS,用来测量飞机等载体的三个瞬时姿态角(侧滚角、俯仰角、航偏角)；(3) 激光测距仪,测定系统设备与被观测对象的距离；(4) 成像装置,用于记录地面实景,为后续的数据信息处理提供参考,一般为 CCD 相机。

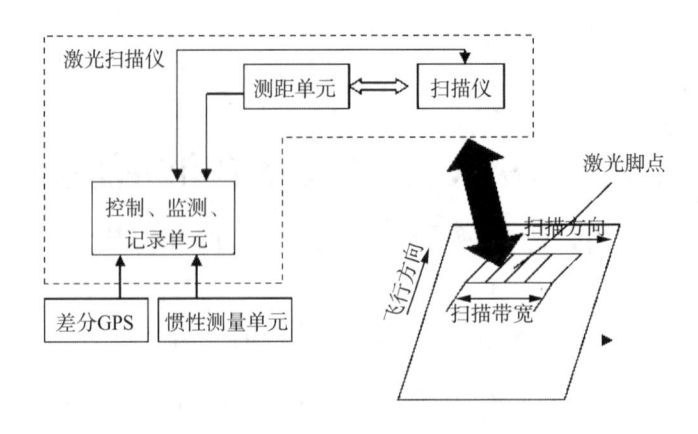

图 1　机载激光雷达测量系统组成

3　机载激光雷达测量技术在水文大数据采集中的应用

3.1　项目区域概况

本研究以某水库坝体作为研究对象。测区地处泰山南麓,测区内平均海拔高度为 90 m,库区测区范围为 103 m 等高线以下,相对高度 26 m。测区内村庄较多且分布均匀,利于布设像控点。库区内植被较稠密,耕地以小麦为主,乔木、灌木覆盖率较高。库区连续水面面积约为 2 km²,河道、坑塘等水面面积较小。测区省级干线济(南)微(山)、泰(安)东(平)公路在此交汇,东西各距 104、105 国道和京福、京沪高速公路 30 km。

该水库是一座以防洪为主兼顾灌溉、水产养殖等综合利用的中型水库。水库枢纽工程包括大坝、溢洪道和东、西放水洞等。水库所在地属温暖带大陆性季风气候区,四季分明。据 1958—1987 年气象资料统计,累计年平均气温在 12～14℃之间,最冷在 1 月份,平均气温－2.7℃;最热在 7 月份,平均气温 26.5℃。年较差为 29.2℃,年极端最低气温为－20℃,年极端最高气温为 39.6℃。

3.2　雷达点云数据采集

3.2.1　技术路线及流程

雷达点云数据采集的技术路线及流程如图 2 所示。

3.2.2　基本平面高程控制

基本平面高程控制测量利用我省建立的全球导航卫星系统连续运行参考网站站点,运用 GPS 实时动态测量 RTK(Real-Time Kinematic)技术,采用星状布网方式进行测量。平面坐标系采用 2000 国家大地坐标系,3 度分带,中央经线为东经 117 度;高程系采用 1985 国家高程基准。

3.2.3　航摄参数设置

航空摄影测量使用云影 C200 无人机配备的 PPK 模块获取像片曝光点坐标,PPK 技术需在地面已知点架设基站,进行静态同步观测。因空三加密软件 GODWORK 采用的 GPS 辅助空中三角测量算法对 POS 数据精度要求满足 GNSS RTK 定位精度即可,故基站点可选择已知点、平高控制点,也可重新布设,基站点点位坐标等级可降低为 RTK 一级。各摄影分区基准面的地面分辨率应根据不同比例尺航摄成图的要求,结合分区的地形条件、测图等高距、航摄基高比及影像用途等,在确保成图精度的前提下,本着有利于缩短成图周期、降低成本、提高综合效益的原则选择地面分辨率。

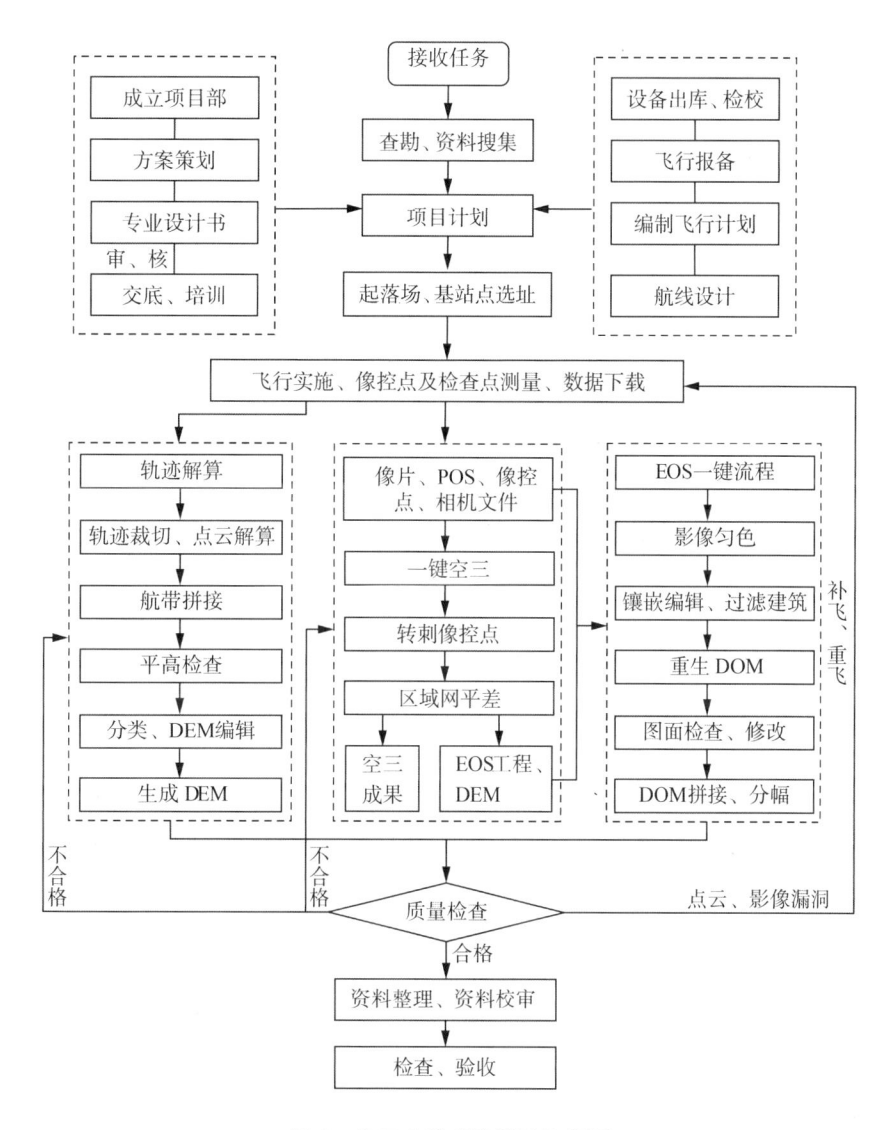

图 2　各工序技术路线及流程图

3.3　点云数据预处理

激光雷达系统的原始数据包括激光束的扫描角度、发射点到目标的距离、回波强度和回波次数。该数据有非常多的冗余信息及噪声，需要对点云数据进行预处理，然后才能进行地物识别和分类。点云数据的预处理分为校正误差、拼接数据、分割区域、去噪、半滑、抽稀压缩等。

3.3.1　校正误差

许多人员研究机载激光雷达系统的误差及校正方法。系统误差的种类有 GPS 定位误差、姿态误差、扫描角度误差和测距误差。需要先校正误差才能有效利用机载激光雷达数据。经过校正系统硬件误差，可以运用特殊地面控制点提高数据精度。

3.3.2　拼接数据

受限于旁向扫描视场，利用机载激光雷达进行航空作业，每条航带只能覆盖一定的地面宽度，要规划多条航线才能进行大面积作业，航线间的重叠度要在 10%～20%。由于相对复杂的飞行条件，相邻航带扫描数据的重叠度通常不同，即使航带重叠部分的数据也会有些许差异，数据的整体点密度分布及后续点云滤波分类都会受影响。鉴于以上原因，去除航带重叠之后，才能进行数据拼接。尤红建等人采用加权平均法重新计算重叠区域,从而进行相邻航带的数据拼接。

3.3.3 分割区域

扫描区域较大时,点云数据量也会相应很大。如果对整个扫描区域的点云数据进行后续操作处理,很可能十分困难。为了更方便快捷地进行数据后处理,依照扫描区域总体地形来分割点云数据,将整体点云数据分割成若干部分,然后再对这些小区域分别进行操作,从而提升数据处理精度和效率。

3.3.4 去噪处理

原始数据有许多噪声,包括无穷远点(如天空)及杂点(如树木、玻璃)噪声。由于噪声是错误或无用的扫描点,不但造成数据的冗余,而且还会影响对数据的有效利用,所以需要对原始点云数据进行去噪处理。去除这些无效点和干扰点,可以减少对数据处理的影响。

3.3.5 点云的平滑

在对点云数据进行去噪处理后,三维点云表面依然不平滑,需要进一步进行处理以获得平滑数据。目前对点云数据的平滑处理方法主要有高斯滤波、平均滤波和中值滤波三种。

3.4 点云数据过滤与分类

机载激光雷达系统取得的数据是分布不规则的离散点云,反映了地面及地物的空间分布特点。需要先处理原始点云数据,点云数据处理的关键是数据的过滤与分类,这项工作极具挑战。

数据过滤和分类是从激光雷达点云数据中分离出地形表面激光脚点数据子集以及区分不同地物(如房屋、植被、地面附属物等)激光脚点的数据子集,并且把点云分成地面点、植被点、建筑物点、噪声点及其他点。

LiDAR 系统获得在空间里不规则分布的三维点云。通常激光脉冲以固定频率发射,激光脉冲遇到规则平整的建筑物屋顶和光秃地面形成一次回波,产生的点云规则地分布在空间上。但发射的脉冲遇到植被,因脉冲穿透植被的特性会产生多次的回波,点云的分布规则会被破坏,从而以不规则形状分布,且很难分辨激光扫描的方向。另外有部分其他物体,比如雨、水、云及烟雾等会吸收近红外波段的激光脉冲,形成局部区域点云的缺失。激光脉冲发射到玻璃、光亮金属和建筑物边缘表面,有可能形成脉冲的折射,导致点云坐标的 $X、Y、Z$ 值异常,从而产生了噪点。可以得出点云空间分布形态因地物不同会有较大差异。地物的高程由点云的 Z 值表示,通常高大植被和建筑物的点云有较大 Z 值(如在城市区域,建筑物点云的 Z 值最大),光秃裸露的地表点云的 Z 值最小,灌木丛和地面突出的物体(如围墙、立交桥、花坛等)的点云的 Z 值位于两者之间,从而在垂直方向上产生有层次的分布。一般情况下,地面上的各个物体高度不同,相互邻近的地物点云通常在过渡地带产生高程突变,可以以此为依据过滤点云和分类地物。

3.5 点云与影像叠加的三维场景构建

将机载 LiDAR 测量技术三维点云数据与航空摄影测量技术像片进行叠加,构建三维场景。构建的三维场景不仅具有三维坐标信息,还能真实再现现实情境,展示了数据的可视性。

4 展望

水文大数据信息结合 GIS、GPS、RS 和其他信息技术,将多源数据汇总整合,进行总体规划,建设多源信息于一体的综合监管平台,初步建立大数据共治共享体系,强化遥感技术、航测摄影技术、雷达扫描技术的应用，全面支撑防汛、水资源、河湖管理等工作，为资源规划、管理、保护、利用和共享服务提供信息保障，促进管理制度化、更新日常化，提高资源数据管理信息化水平。资源管理的主体是多源数据，而多源数据的获取成为水文大数据内容的根本支撑。针对海量数据的获取，机载激光雷达扫描技术日臻完善并被广泛应用。

机载LiDAR因其数据产品丰富、自动化程度高、获取数据精度高、生产周期短等优势，在水利枢纽工程中得到了较好的应用，可减小外业调查的工作量、提高工作效率、降低生产成本；无人机机载LiDAR系统更可在防汛抗旱、抢险救灾、水土保持监管、河道监管、冻土监测、山洪灾害调查、水温分析等水利行业的多个领域进行应用，具有较好的应用前景。

机载激光雷达技术在河流监控和治理中意义重大。通过机载激光雷达数据构成的数字高程模型，来为不同高程值预设不同的颜色值，就可以直接观察水位淹没的范围，还可以估算水位到某高程时淹没的区域面积和危害程度。水利相关部门可采用行之有效的方法进行工程设计、水灾的防治、河流监控与治理。

目前LiDAR硬件技术飞速发展，行业应用不断拓展和深入，激光遥感技术也正处于快速发展阶段。但在具体研究和应用中，依然存在很多的不足和需要改进之处，主要有以下几点。

（1）实践性的基础研究。LiDAR技术是实用型技术，最终目标应满足用户生产需求，但目前还有很多基础问题需要在生产实践中不断实验才能解决。例如，点云密度问题。DEM生产行业规范规定了点云的密度要求，但在实践中该密度很难保证产品质量，有些单位则要求达到每平方米几十个点的点云密度，增大了数据采集的困难和成本，也带来数据处理的不便。因此，有必要研究不同产品对点云密度的最低要求。这个问题不仅取决于产品的质量需要、生产便利，还取决于成本控制以及硬件能力，需要不断在实践中研究和修正。

（2）创新性的应用研究。目前，LiDAR数据主要用于生产基础测绘产品和简单的三维产品，而这些产品目前已有成熟的技术、方法、流程和规范。因此，很多生产单位无法认同LiDAR技术的先进性，这是目前急需突破的关键。值得注意的方向是基于LiDAR数据和DEM数据的三维变化检测，如果能有突破，将会为LiDAR技术的应用带来巨大进展。

（3）数据处理关键技术的理论研究。目前，LiDAR数据获取技术已经发展得比较成熟，但与之对应的应用处理技术相对滞后，特别是LiDAR数据处理中的关键技术——LiDAR数据滤波和分类。这主要是因为数据采集对象和应用目的的不同，致使需要采用的LiDAR数据滤波和分类的方法也有所差异。目前，国内科研单位购买了多种商用LiDAR设备，并生产了大量的原始LiDAR数据和影像数据，但由于数据处理的限制，使得这些数据没有很好地发挥其应有的价值。

[参考文献]

［1］Baltsavias E P. Airborne Laser Scanning: Existing Systems and Firms and Other Resources [J]. ISPRS Journal of Photogrammetry and Remote Sensing, 1999, 54(2/3):164-198.
［2］Schenk T, Seo S, Csathó B. Accuracy Study of Airborne Laser Scanning Data with Photogrammetry[J]. International Archives of Photogrammetry and Remote Sensing, 2001, XXXIV-3/W4:113-118.
［3］罗沛. 机载激光雷达测量系统关键问题的研究与应用[D]. 上海：华东理工大学, 2015.
［4］彭莉. 地基和机载激光雷达数据处理关键技术及应用研究[D]. 成都：电子科技大学, 2015.
［5］张卫正. 机载激光雷达点云数据处理及建筑物三维重建[D]. 青岛：山东科技大学, 2012.
［6］Baltsavias E P. A Comparison Between Photogrammetry and Laser Scanning [J]. ISPRS Journal of Photogrammetry and Remote Sensing, 1999, 54(2/3):83-94.

[7] Favey E. Investigation and Improvement of Airborne Laser Scanning Technique for Monitoring Surface Elevation Changes of Glaciers[D]. Zurich:ETH Zurich,2001.
[8] 李树楷,薛永祺.高效三维遥感集成技术系统[M].北京:科学出版社,2000.
[9] Mao J H, Liu Y J, Cheng P G, et al. Feature Extraction with LIDAR Data and Aerial Images[C]// The Proceedings of the 14th International Conference on Geoinformatics. 2006.
[10] 毛建华,何挺,曾齐红,等.基于TIN的LIDAR点云过滤算法[J].激光杂志,2007,28(6):36-38.

[作者简介]

李晓晨,男,1979年9月生,高级工程师,主要研究方向为摄影测量,18653111772,723112390@qq.com。

关于治淮数字化风险及其应对的研究

吴隽雅　徐曼溪

（河海大学法学院　江苏 南京　211000）

摘　要：淮河流域数字化建设在取得显著成效的同时，仍存在着信息泄露、技术漏洞或缺陷、流域环境标准难以确定等相关风险，制约着数字化治理效能，威胁着淮河数字化建设的稳定发展。文章结合智慧淮河建设存在的潜在风险，分析了淮河数字化治理风险防控面临的核心问题，提出完善信息安全保障、技术标准、环境标准等策略，尝试通过建立配套的信息安全评估制度、应急管理制度等，强化对数字化技术发展创新的法律政策支持，建立健全科学的风险防控机制，构建淮河数字化治理的法律规则体系，使得淮河流域数字化治理在与之契合的法律体系内顺利运作。

关键词：数字化；智慧淮河；流域治理；风险防控；法律规制

1　淮河数字化治理的现实需求

在新发展阶段，全球气候变化与人类活动的日渐频繁，极大程度地改变了流域的下垫面状况，淮河流域水患风险激增、水土流失增加、水资源供需矛盾日益突出等新问题急需解决[1]。传统的流域治理模式难以化解交织复杂的新、老水问题，无法满足当下淮河治理的要求，以新一代人工智能、大数据等信息技术为基础的流域治理数字化转型建设迫在眉睫。近年来，国内外对于流域数字化治理均开展了大量的研究工作，且取得了积极的成效，无论是美国密西西比河的水情自报网络信息系统、防洪自动预警及监测系统，还是国内的"智慧长江"生态环境监管体系、三峡集团"黑臭水"智能治理系统，均取得了相较于传统流域治理方式更为高效的治理成果[2]。日益崛起的网络化、数字化和智能化平台，为淮河治理开辟了新渠道和新路径。

党的十八大以来，中共中央基于"节水优先、空间均衡、系统治理、两手发力"的治水思路，做出一系列关系全局和长远的重大决策部署。2018年，《淮河生态经济带发展规划》明确要求共建信息网络设施体系，打造信息共享服务平台，构建现代信息网络。2020年5月，《智慧淮河总体实施方案》进一步为智慧淮河的建设筑牢了政策基础、指引了实施内容与框架。2021年，《中华人民共和国国民经济和社会发展第十四个五年规划和2035年远景目标纲要》更是明确提出"构建智慧水利体系，以流域为单元提升水情测报和智能调度能力"的总要求。对标国家信息化战略和治水战略，以智慧水利为依托，提升流域治理效能，推进淮河流域数字化治理已成必然趋势。

2　淮河数字化治理面临的两类风险

数字化治理在改善淮河治理成效的同时，诸如信息数据泄露、技术失灵、技术人员失职等各类风险也随之扩散。正确认识数字化治理中的风险与困境并予以梳理分析，才能更好地推动流域数字化治理的可持续发展。

2.1 淮河数字化治理的自有风险

2.1.1 信息安全风险

淮河数字化治理以信息网络平台之下的大数据为基础。实践中，流域环境数据在收集完成后，必须经过大数据平台的再处理和分析才能用于流域治理。在大数据收集、使用的过程中，极易产生数据泄露、非法交易等问题，引发信息安全法律风险。一方面，流域信息网络平台中包含着大量高价值的水利项目信息，易引起不法分子对信息网络的恶意攻击，进而导致安全防护系统失效、泄露信息数据。另一方面，流域信息数据的拥有与使用主体较为分散，无论是公共部门或私人部门都可以对流域信息数据进行收集使用。但各部门人员工作素养、信息安全管理能力均不可知，加之各流域信息平台的运维能力参差不齐，扩大了信息泄露的风险。同时，现有数字化治理的信息安全监管机制尚不完善，亟需提高流域信息数据平台的准入标准，加强对数据平台的科学管控，明确流域数字化治理各方主体的权利与义务，进一步细化相关法律法规。

2.1.2 依赖性风险

便捷高效的数字化技术运用于治理过程中可能会导致治理主体对于技术、设备的过度依赖，而以数字化技术代替传统治理技术长期发挥着作用，传统的治理方法和治理经验逐渐被取代甚至消失。同时，基于数字化技术的自动性能，技术人员在数字化治理过程中容易忽视信息备份、资料保存、数据核实等监督管理数字系统运行的重要内容，一旦出现技术失灵、供电中断、算法失误等突发情况，工作人员很难及时察觉、反应和补救，造成管理无序甚至危害公共安全的不良后果。

2.1.3 技术缺陷风险

淮河数字化治理以数字化技术的建设发展为基础。而淮河数字化技术的基础建设是一项整体性、系统性的工程。在实践中，相关科技创新能力的短板明显，系统稳定性不强，数字化治理技术尚存的缺陷与不足，极易影响淮河数字化治理的稳定运作，甚至流域治理相关监测数据失真的情况时有发生。如2019年生态环境部于珠三角等地区开展的排污单位自行监测质量专项检查，229家企业里有159家自动监测设备比对监测不合格，占比接近70%；算法自动化决策因其过程具有不确定性也存在较为普遍的决策瑕疵现象，因采集数据不全面、误差或算法程序不透明，导致输出不合理甚至与人类福祉相悖的结果[3]。此外，技术风险的不确定性，增加了投资回报周期，造成"高投入，低产出"投资风险的存在[4]。

2.2 淮河数字化治理的新增风险

2.2.1 治淮标准科学性风险

随着社会经济的发展，人民对生态环境的追求也在不断提高，实现符合人民理想需求的流域生态环境，必然应以科学合理的流域环境标准为基础。淮河数字化治理亦是如此，淮河流域环境标准的科学设置决定着数字化治理的合理性。即便数字化治理运用智能化、自动化技术，但究其本质，仍以人定标准的预设为基础，一旦标准设置丧失科学性，运行过程将被错误引导，数字化技术以之为基础做出的决策必然产生偏差，甚至可能造成不可逆转的损失。同时，因流域环境具有不确定性，当流域环境突发变化时，预先设置固定代码程序下的数字化技术往往难以依据环境变化做出相应的灵敏反应，预防性的流域环境治理难以在固有标准与程序下实现与完成。在目前的科学技术发展状况之下，淮河流域环境标准设定的科学性还有待研究考量。

2.2.2 淮河数字化治理人才匮乏

完备的人才体系是实现淮河数字化治理的基础。基于淮河数字化治理工程的庞大性、复杂性与混合性,对跨专业人才的大力培养也十分必要。无论是数字化技术人才、法治建设人才,还是环境治理专业人才,在淮河数字化治理的建设过程中都极其重要。然而,我国的跨专业人才培养体系并不完善,流域环境治理专业化人才培养不足,监管部门人员配置较少,阻碍着淮河数字化治理的建设与发展。除却人才培养建设系统自身原因,还存在淮河数字化治理所在城市难以引进与留住人才的因素。以数字化治理的运维过程为例,该阶段往往需要技术人员留在流域数字化治理项目地点进行系统升级与设备设施维护活动,然而现实中,城市是否能留住这类人才是一个突出问题,且各城市的流域数字化治理人才团队建设往往与城市的经济发展状况等因素密切相关。人才的不均匀分布以及部分地区的人才缺口是淮河治理数字化不容忽视的局限性因素。

3 淮河数字化治理的风险应对之策

面对现实风险,应建立健全相应风险防控机制,完善配套的法律法规,明确淮河流域数字化治理的运行规则与体系,才能更好地推进淮河数字化治理的建设与发展。

3.1 加强信息安全保护

制定相关信息安全管理制度,如信息安全风险评估制度和信息安全应急管理制度。《中华人民共和国数据安全法》(以下简称《数据安全法》)明确提出建立数据安全风险评估机制的重要意义,应以流域数据共享平台为基础展开信息安全风险评估,并在评估发现存在危机风险的发生可能性时,通过对评估数据的分析研究,探求消减风险的方法途径,及时建立与之相适应的紧急应对制度。具体机制运行应根据《数据安全法》《中华人民共和国网络安全法》等法律中所涉及的有关"数据安全风险评估"[①]内容加以建构。同时,健全流域数字化治理信息安全法律法规,在流域治理领域积极落实《中华人民共和国个人信息保护法》《数据安全法》《信息网络传播权保护条例》等法律法规,不断细化数据安全政策法规实施细则,进一步加强对信息安全的保护,同时注意数字信息技术法律法规与环境法律法规的衔接与契合,形成制度合力,使得流域数字化治理能在与之匹配的法律制度之下高效运转。还应规范、培训、管理相关信息平台管理人员的专业技术能力、责任意识、管理水平,旨在建立健全完备可靠的信息安全管理人员队伍,保障流域治理信息平台的数据安全[5]。鉴于数据共享使用主体多元,需引导各监管机构加强合作、协商共治,明确信息安全监管检查要求,严格规范信息安全监督管理机制,为流域数字化治理提供坚实的信息安全保护屏障。

3.2 规范技术运行标准

探寻设立真正科学合理的淮河流域环境标准。流域环境标准在数字化治理过程中发挥着举足轻重的作用,但目前我国水环境标准还存在着研究不足、更新缓慢等问题[6]。在实践当中,硬性环境标准无法适应动态变化的复杂流域环境,可能导致无法逆转的环境损害,推荐性标准又极易被忽视或虚置,难以发挥应有效用。同时,基于流域环境的不稳定性与复杂性,标准也应及时更新,传统的标准制定模式效率较低,无法根据流域环境因素变化而相应做出改变,难以满足数字化治理转型下的快速便捷之要求,亟需将淮河流域环境标准纳入重点构建内容的范畴。紧随数字化建设脚步,标准化规范的构建也应实现数字化实时分析制作,以新型规范制定模式更好契合流域环境治理的同时,实现预防性

---

① 《中华人民共和国数据安全法》第二十二条规定:国家建立集中统一、高效权威的数据安全风险评估、报告、信息共享、监测预警机制。国家数据安全工作协调机制统筹协调有关部门加强数据安全风险信息的获取、分析、研判、预警工作。

环境治理。

　　构建以技术研发、应用创新为核心的数字化技术创新体系。出台相关法律政策鼓励相关企业在完善现有技术的基础上发展创新，强化国家自然科学基金支撑源头创新的作用，构建专业化的数字化治理技术服务平台，夯实数字化治理的技术基础，运用技术创新突破满足流域数字化治理建设进程中的技术需求[7]。设立科学严谨的数字化技术准入标准与使用规范，减少因技术缺陷而导致的技术失灵、系统崩溃等风险。

　　建设完备的高质量流域数字化治理人才队伍。淮河数字化治理涉及多方面的综合问题，应当针对性扩大跨专业法治人才培养建设以满足人才缺口，同时结合地方及人才自身的具体情况调整淮河流域环境法治人才岗位，提高人才适配度以达到充分运用人才之目的。针对部分城市中存在的人才流失现象，政府机关应当为人才引留提供切实的政策保障，同时优化落实具体细则以调动人才的工作积极性。数字化治理转型下，运用数字化技术远程协作，能够突破传统的专人专岗模式，实现跨地区、跨级别的人才协同共治，在一定程度上缓解人才紧缺的现实风险。

3.3　健全运行监管机制

　　明确淮河数字化治理的运行规则。基于流域的跨地域性，流域治理主体涉及多个行政区政府部门，各地区经济发展状况不同，设置统一的治理模式不利于各地区行政部门结合地方情况与特点开拓数字化流域治理模式，故流域数字化治理模式的构建应以信息安全保障为底线，以数字化治理机制高效稳定运作为目标，根据地方特点分类创设。数字化技术的运用，不应局限于流域本身的数据监控、风险评估等方面，须知流域数字化治理法律问题的高效处理，应实现数字化技术与法治的融会贯通。将数字化技术运用于流域环境立法、司法、执法、公众参与等各个方面，如通过数字化监测技术得到的流域环境数据变化评估法律法规的可行性、通过网络信息平台征求公众关于流域治理的意见，使得数字化技术与法治本身紧密结合，流域数字化治理建设日臻完善，更高效地解决流域数字化治理当中的法律问题。

　　健全淮河数字化治理的监管机制。针对技术标准与代码协议等技术规范问题，确立明晰的数字化治理规范，并严格监督审查各项数字化技术是否符合相应规范，加强数字化技术内容透明化，预防数字化技术因不透明性导致的数据遗失或者代码篡改等情况。强化监管力度，加强对监管人员的培训，打破数字化技术与监管队伍的壁垒，避免因长期依赖数字化技术而导致人治缺位风险，做到对数字化运行的全过程紧密监督控制，如通过对算法决策的监督管理，从源头化解算法运行规则瑕疵、避免预置程序误差等。健全应急响应制度，强化突发情况下监管人员的应对能力，及时救济紧急事故对淮河流域造成的损害。对监管人员"不作为""慢作为"等未尽监管义务或监管过程中有泄露数据等造成较为严重后果等的不法行为，建立民事、刑事、行政相结合的多重责任体系，追究相应的法律责任。以法律责任为强制后盾，督促监管人员尽职尽责，保障监管机制的顺利运作。

[参考文献]

[1] 钱名开. 以数字孪生淮河建设引领淮河保护治理事业高质量发展[J]. 中国水利，2022(8):36-38.

[2] 刘陶，李浩. 长江污染治理数字化智能化存在的难点与对策建议[J]. 长江技术经济，2021,5(5):26-30.

[3] 马长山. 人工智能的社会风险及其法律规制[J]. 法律科学(西北政法大学学报)，2018,36(6):47-55.

[4] 吴勇，黎梦兵. 新兴信息技术赋能环境治理的风险及其法律规制[J]. 湖南师范大学社会科学学报，2022,51(2):76-85.

［5］高凯,邹凯,蒋知义,等.智慧城市信息安全风险评估指标体系构建[J].现代情报,2022,42(4):110-119.
［6］何淑芳,贾宝杰,黄茁.我国水环境标准问题研究及发展建议[J].中国标准化,2021(24):21-23+53.
［7］任晓刚.数字政府建设进程中的安全风险及其治理策略[J].求索,2022(1):165-171.

[作者简介]

吴隽雅,女,1991年10月生,河海大学法学院讲师,环境法研究所副所长,研究方向为环境法学、环境社会学,ccdxwjy1991@126.com。

连云港市智慧水利建设存在问题及提升措施

许志明 彭 晨 王浩杰 金宏庆

(连云港市市区水工程管理处 江苏 连云港 222006)

摘 要:智慧水利的建设能提高水利管理能力,是实现水利现代化的必要途径。本文以连云港智慧水利建设为例,阐述当前港城智慧水利建设存在的不足,阐述加快建设智慧水利的实际需求,并从体系、标准化建设、人才团队建设等方面提出建议,为智慧水利建设提供重要参考。

关键词:智慧水利;水利信息化;智能化水利;支持路径

1 引言

信息化是当今世界发展的大趋势,在国家加快信息化建设的背景下,智慧水利是推进现代化水利建设的重要举措。所谓"智慧水利"就是利用物联网、云计算、大数据等先进信息技术提升水资源管理、水文预报、防汛抗旱、工程管理等能力。

近年来,连云港深入贯彻落实国家智慧水利建设的战略部署,在水利信息采集方面实现了自动化,在大中型水库、灌区、集中式饮用水水源地等地实现了信息网络全覆盖,在各级水行政主管部门构建高标混网视频会商系统,遥测传输系统、无人船、无人机区域组网等现代化产品被广泛应用于水资源管理、水政监察、水文信息采集等,这加快了水利信息化建设步伐。然而随着水利建设项目的不断扩大,涉及水利问题也相继产生。本文以连云港市建设智慧水利为例,分析构建智慧水利存在的问题,阐述加快建设智慧水利的实际需求,提出建议,为港城建设现代化智慧水利提供重要参考。

2 智慧水利建设路径存在的问题

连云港市地处淮河流域、沂沭泗水系最下游,境内河网发达,可分为沂河、沭河、滨海诸小河三大水系。两条流域性行洪河道新沂河、新沭河从境内穿过,汛期要承泄上游近 8.0 万 km² 面积洪水入海,是著名的"洪水走廊"。由于连云港兼具了海洋水资源的特色,在复杂的气候环境的影响下增加了连云港市在管理水资源、水环境特别是防污、防台、防洪、防汛工作中的难度。通过调研,连云港市在智慧水利建设中存在信息采集系统不完善、系统标准化落实不具体、专业化团队人才短缺等问题。

2.1 信息采集系统不完善

目前,连云港市水利部门在水利信息采集监测方面的建设较为完善,已建成水文站 6 处、水位站 8 处、降水量站 45 处、蒸发站 3 处、泥沙站 2 处、墒情站 2 处、地下水站 75 处、水土保持站 2 处。初步建立起相对全面的采集体系,实际采集工作多以自动化设备来完成,一方面大幅提升了信息采集的速度与准确度,另一方面借助于信息系统,推动防汛指挥能力的提升。然而对比落实习近平总书记"十六字"治水思路及重要讲话精神要求上还存在较为突出的差距：首先，信息采集缺乏系统化，目前连云港市虽已经初步建立起相对全面的信息采集制，但在实际中多数业务部门之间相对独立，相互采集的信息难以共享；其次，信息采集末端尚未打通，小型水库、灌区、闸站等水利工程没有完善的安全监测设施和数据自动采集系统，未实现监测对象信息化全覆盖；最后，现有信息传输效率较慢，面对基层测站大量数据的汇集，信息回传速度给防汛决策带来了新一轮的挑战。

2.2 系统标准化落实不具体

现有水利业务政务应用等都是单独实施开发建设，满足本业务的基本业务工作需求，如水利办公平台、省河长制工作平台、省水文监测平台、省防汛决策系统、省水保监测系统等，成为纵向分割的局面，在这些系统中水利信息不互通、不共享，数据矛盾，呈现出一种混乱的局势。对于水利监管部门而言，数据管理标准化滞后是导致数据更新及分析能力落后的关键因素。首先，业务部门各科室数据保管责任不清，数据没有标准化，各处室数据交流融合时相互矛盾，这些数据的价值则会大打折扣；其次，数据缺乏统一管理导致了数据资源的开发工作也相对滞后，导致以共享为基础的智慧水利建设工作增加了难度。

2.3 专业化团队人才短缺

水利工作往往非常注重基层水利技术的深入发展。水利专业如给排水及土木工程类等相近专业的人才库构建已然逐步完善。但是其他专业的人才极度匮乏，如智慧水利中端构建、前端展示及终端管理同样也需要计算机、视觉设计、信息管理类的人才来进一步搭建、修饰和管理系统的生成、维护。当前水利部门人才专业种类相对单一，其他专业的人才匮乏成为建设智慧水利的短板。

3 智慧水利建设路径的实际需求

3.1 提升水利智能化水平

水利智能化的首要条件便是在智能安全检测体系中要确保技术成熟。"水能载舟亦能覆舟"的道理同样适用于日常的水生产和水利用工作上。如自来水生产企业及城郊水库要在智能系统的运用上利用到位，扩大信息采集范围。此外，区域内河流沿线管理、各级取水口水质检测管理、入海口水源污染混合管理中同样需要相应的智能系统及专业人员的介入来实现水利质量的源头化提升。

3.2 推动水利科技发展

现代化信息技术推动了以互联网技术和交互平台技术融合水利科技较好地发展，因此水利科技化对于水利事业、国家发展起到直接推动作用。水利科技化必然依托于互联网设备、交互平台来合作完成水利资源线上整合、共享、管理、开发等一系列网状化参与流程。加快推进水利科技发展，拥有完备的信息整合系统、信息共享系统、信息管理系统以及信息开发平台。那么对于水利发展而言必将是科技化和引领化的。

3.3 实现水利绿色可持续

推行可持续发展政策是国内各行各业的发展前提。对于水、电、煤等行业，可持续发展更是行业发展的根基所在。同理，水利行业可持续发展不仅关系到农业、工业，还关系到生态、环境等可持续发展。全面推进连云港市智慧水利平台建设,既有利于提升港城综合发展和综合管理水平,又关系到全市生态、水利事业以及用水安全。深入开发地方性水资源信息不仅能从小处做好水利智能化工作,更能在大处实现智慧水利整体工程。

4 完善智慧水利建设的根本措施

4.1 完善水利规划体系,满足城市用水发展战略

水利规划体系是水利改革发展的顶层设计,也是开展水利建设与管理的重要依据。为进一步完善水利规划体系,加强规划的动态管理,连云港市需从水利部门自身角度出发,在以往已编规划的基础上,梳理各规划之间的关系,结合本市市情,调查治理开发对象的要求和条件,更加准确、全面地识别问题,构建连云港水利规划体系,以扭转水利规划的被动和落后局面。具体措施涵盖水利发展思路变更、协同不同经济部门合作发展、对不同时期水利风险进行合理预估以及跟随"十四五"规划要求形成水系、资源、科技、单位、人才、节水层面"六位一体"建设规划。只有从思路出发进而展开合理合作发展并对风险防控作出相应的举措,再结合国家发展规划进行水利多元化、多角度发展,才能在今后的发展道路中及时地保障城市用水安全及用水生产发展。

4.2 建立水利智慧格局,支撑城市产业蓬勃发展

水利行业的发展趋势也正从信息化向智慧化升级转型,智慧水利是智慧城市的重要组成部分。推进水利智慧化体系建设,首先要建立健全水利智慧型格局,高度重视城市智慧水利建设;其次要加快建设水利智能感知网络,包括升级市区河道现有水量、水位、水质、工情等自动监测设备,增设闸门设施等自动调控系统;最后努力冲破滞后的信息营运布局,抓住部门间协调可持续的合作发展机遇,从平台架构工作出发建立健全数据库的信息融合技术,并在信息数据板块结合水利相关影响因素建立关联性数据整合如气象类数据库、水质类数据库、OA类数据库、勘察类数据库、电气类数据库、文献类数据库等,通过数据库信息的反馈系统分析下发至对应的处理部门,再由部门进行数据总结汇报,以此来融合支撑水质检测、防洪防汛、管网安全及水量调用等"一张图"式的决策管理措施。

4.3 落实水利科创要求,发挥人才技术双向价值

水土流失、水污染、洪涝灾害、干旱缺水是当前我国水资源领域面临的严峻挑战,科学治水是解决这些问题的正确方法。科技创新既是国家强大的客观要求,也是民族强盛的重要动力。政府部门始终要起到统筹全局的作用。其一,水利规划要做到高标准、高要求;其二,对水利建设部门、单位及相关企业的质量评估工作要具体、到位;其三,关于人才引进的统筹安排工作要做到带头执行并设立相应的人才储备资金供水利建设使用;其四,水利技术研发工作需带入年度重点工作中,这样即使是在脱离校园科研的环境下仍然有不少人才拥有稳定的平台供其研究供其发展,做到始终成长、始终进步,为水利事业永续奋斗与创造新的活力。

5 智慧水利建设的主要目标与内容

5.1 完善信息化设施建设

5.1.1 基础设施建设

智慧水利平台的基础设施建设包括两个方面：一方面是城市控水建设，另一方面是城市自然水环境。前者包括市内的水厂、水质检测中心、泵房、二次供水设施、城郊的水库、水坝等，后者则包括自然雨量、运河流量、水位、水质、取用水量、地下水等方面。基础类设施是智慧水利的基础信息构成，也是水利安全的基础保障层面，所以在构建时务必要将相应的设备做精、做细及做实。

5.1.2 融合设施建设

平台的融合设施不仅要在技术设施建设之前规划建设，还要在后期的技术支撑设备方面做好监管营运。连云港市融合设施建设应包含数据暂储平台、多元应用支撑平台、水利水务综合服务平台等。特别是水利水务综合服务平台需要囊括和管理的子级平台较多，如水利管网"一图通"平台板块、市内管网管理一体化平台、市内水资源调度及配置型平台等。

5.1.3 技术设施建设

技术设施建设是平台长期运转和协调工作的核心设施建设。技术设施包括常规的监控型设备平台、全市水利互通板块、政务常规缴费板块、物联网数据反馈板块及智能化报警调度和展示板块等。对于通水工作可依附于 GIS 系统来进行管网最基础的查看和控制，对于漏点同样可以通过 GIS 系统来及时监测和展开维修工作。

5.2 智慧水利平台布局

参考其他城市的水利平台布局，以连云港市的水利环境为例，本文将智慧水利平台进行布局分布，见表 1。

表 1 智慧水利平台布局分布表

标准和规范		相关领导、相关业务人员、基层维护人员			运行与管理
	应用交互层	调度展示及智能监控中心	LED 显示屏、视频会议系统、分布控制器、视频网络切换系统		
	应用管理层	连云港市智慧水利水务服务平台	新闻信息门户		
			水资源调度、水厂营运、水库营运管理系统		
			平台一体图		
	技术支撑层	支撑平台	基础支撑	服务层	管理层
	数据资源层	数据中控台	数据服务	数据汇集	数据治理
	营运环境层	技术接收与运行环境	模块机房	处理环境室	
		连云港市政务云	计算存储	综合存储	资源存储
	信息传输层	上级水利信息网	公网	政务外网	系统专网
	采集汇总层	水利物联网及感知层	雨水、河流、出入库、大坝、取用水、流失水等		

6　结语

建设智慧水利平台从城市整体发展方面而言是相对夯实了城市的数字经济发展基础;从政府管控职能层面而言则是进一步提升了政府智能化管理水平;从社会服务层面而言则是通过科学技术来实现行业对个体的感受互动和意见整合。连云港市因地理位置优渥、水源构成多样、气候样式稳定等特点具备了高质量发展水利事业的先天优势,本文分析、总结港城水利发展的诉求、存在的问题及对应策略,只有在完善水利规划体系、满足城市用水发展战略、建立水利智慧格局、支撑城市产业蓬勃发展、落实水利科创要求、发挥人才技术双向价值层面做具体做到位,才能使得智慧水利在落实的同时也有最坚固最全面的团队将其蓬勃发展开来。

[参考文献]

[1] 谢靖,盛思远,张博洋,等. 论水利改革创新在规划设计中的探究[J]. 水利规划与设计,2020(12):80-82+86.
[2] 颜建,林俊强,刘赟,等. 连云港市水利高质量发展路径的思考[J]. 江苏水利,2021(7):52-54.
[3] 宋彦伸. 连云港市小型水库除险加固方案比选与分析[D]. 扬州:扬州大学,2021.
[4] 张洪瑞. 连云港市节水型社会建设研究[D]. 苏州:苏州大学,2010.
[5] 张建云,刘九夫,金君良. 关于智慧水利的认识与思考[J]. 水利水运工程学报,2019(6):1-7.
[6] 连彬,魏忠诚,赵继军. 智慧水利关键技术与应用研究综述[J]. 水利信息化,2021(5):6-18+31.

[作者简介]

许志明,男,1992年8月生,技术员,从事水利工程管理工作。

江风口分洪闸危险源辨识与安全风险分级管控探讨

钟海滨 贾庆晓

(沂沭河水利管理局江风口分洪闸管理局 山东 临沂 276211)

摘 要：文章依据《水利水电工程（水库、水闸）运行危险源辨识与风险评价导则（试行）》，提出解决水闸工程运行危险源辨识与风险评价的应用方法与管控措施，结合江风口分洪闸实际运行，便于上级单位、单位主要负责人及相关部门加强管控，科学有效地指导江风口闸的安全生产管理工作。

关键词：江风口分洪闸；安全风险；危险源；分级管控

为有效防范江风口分洪闸生产安全事故，根据《国务院安委会办公室关于印发标本兼治遏制重特大事故工作指南的通知》（安委办〔2016〕3号）对安全风险分级管控提出的总体纲领和《国务院安委会办公室关于实施遏制重特大事故工作指南构建双重预防机制的意见》（安委办〔2016〕11号）对安全风险分级管控进行了全面部署。随之各行业纷纷开展危险源辨识与安全风险分级管控相关工作。

1 工程简介

1.1 工程概况

江风口分洪闸工程等别Ⅱ等，主要建筑物级别2级，抗震设防烈度8度。该闸共11孔，全长109.0 m，总宽154.4 m，单孔净宽12.0 m。7孔为胸墙式结构，胸墙底高程57.30 m，单孔净高6.5 m；工作闸门采用12.0×8.38 m（宽×高）露顶式弧形钢闸门，QHLY-2×500 kN液压启闭机启闭（2套，1控3，1控4）。4孔后扩建为开敞式结构，单孔净高8.0 m，门顶高程59.25 m；工作闸门采用12×8.5-8.18 m（宽×高-水头）露顶式斜支臂弧形钢闸门，QH-2×225 kN卷扬启闭机启闭，该闸采用坝地和集中两种方式控制。该闸设计防洪标准50年一遇，设计分洪流量4 000 m³/s，相应闸上水位58.39 m，闸下水位57.93 m，设计防洪水位闸上58.98 m，闸下51.00 m，闸上正常蓄水位53.50 m。

1.2 工程运行管理概况

江风口分洪闸管理局（以下简称江风口局）作为江风口分洪闸的管理单位，负责江风口分洪闸的工程管理、防汛、维修养护等工作，并在管理范围内依法行使水行政管理职责。江风口局曾7次获得全国水利管理先进单位或集体，被财政部授予会计工作达标单位1次，被水利部评为全国水利财务会计工作先进集体1次，多次被山东省政府评为水利工程管理先进单位，连续10年被沂沭泗局评为优胜红旗闸。近几年来，江风口局始终坚持自力更生、艰苦奋斗的优良作风，大力弘扬"忠诚、干净、担当，科学、求实、创新"的水利行业精神，积极争创文明单位，工程管理工作取得了丰硕成果。先后荣获山东省档案工作科学化管理先进单位、临沂市文明单位、沂沭泗直管水利工程一级管理单位、国家级水管单位、水利安全生产标准化一级单位、水利档案工作规范化管理三级单位、水利工程标准化管理试点单位等荣誉称号。

2 前期工作准备

2.1 建立组织机构,明确职责分工

成立危险源辨识与风险评价小组,组长由主要负责人担任,小组成员包括分管负责人、部门负责人、安全人员、相关部门运行人员。小组成员按照人事变动,及时调整,严格落实主要负责人、分管领导、部门负责人、安全人员、相关部门运行人员的安全风险分级管控职责。

2.2 结合工作实际,制定工作方案

结合江风口分洪闸工程实际情况,明确各个部门工作职责、辨识范围、辨识与评价方法,按照《水利水电工程(水库、水闸)运行危险源辨识与风险评价导则(试行)》(以下简称《导则》)制定辨识方案,确定危险源与风险点。

2.3 开展全员培训,提高管控能力

将危险源辨识与安全风险分级管控体系培训纳入年度安全培训计划,组织开展全员培训,通过安全教育培训、近期安全警示培训、应急措施培训、危险源辨识与安全风险分级管控体系培训等相关培训,逐步提升全体人员安全风险分级管控工作能力。

2.4 开展辨识前资料收集

危险源辨识前广泛收集有关工程管理资料,主要包括:水闸管理运行总则;初步设计报告或竣工验收鉴定书或工程概况介绍;水闸工程平面布置图、立面图、剖面图等;水闸周边堤坝工程信息;工程设备检查情况、设备维修记录;工程观测记录及整编分析资料;设备设施管理资料,包括机电设备汇总表、设备等级评定资料等;水闸工作桥资料;单位安全生产管理基本情况;危险化学品使用或者储存情况及清单;现有安全管理制度、操作规程、技术细则、应急预案等资料。

3 危险源辨识

3.1 水闸运行危险源辨识

水闸运行危险源是指可能造成人员伤害、职业病、财产损失、作业环境破坏、生产中断的根源或状态。危险源是自身属性,不可消除,不会因为外界因素而改变,是客观存在的。水闸危险源通常分为六个类别:构(建)筑物类、金属结构类、设备设施类、作业活动类、管理类和环境类;危险源分为两个级别:重大危险源和一般危险源。危险源辨识应由在工程运行管理和安全管理方面经验丰富的管理人员采用科学、有效的方法进行。由危险源辨识与风险评价小组负责具体讨论,并对水闸危险源清单进行打分,留存各级人员打分表。必要时,可邀请专家参与。

3.2 选择辨识方法

（1）江风口分洪闸危险源辨识优先采用直接评定法，当工程出现符合《导则》中《水闸工程运行重大危险源清单》中的任何一条要素的危险源时，直接判定为重大危险源。不能用直接评定法辨识的，评价方法采用风险矩阵法（LS法）或者采用作业条件危险性评价法（LEC法）。

（2）对于重大危险源，其风险等级应直接评定为重大风险；对于一般危险源，其风险等级应结合实际选取适当的评价方法确定。当水闸工程的闸前水位超过设计洪水位时，构（建）筑物类、金属结构类、设备设施类的各项一般危险源的风险等级可直接评定为重大风险。

（3）对于工程维修养护等作业活动或工程管理范围内可能影响人身安全的一般危险源，评价方法推荐采用作业条件危险性评价法（LEC法）。作业条件危险性评价法（LEC法）：D=LEC。

①三级人员的 L 平均值计算：分别计算每一层级内所有人员所取 Lc 值的算术平均值 $Lj1$、$Lj2$、$Lj3$。L 最终值计算 $L=0.3Lj1+0.5Lj2+0.2Lj3$，以此确定 L 值，打分人员 L 值取值参考表1。

表1 事故发生的可能性

分数值	事故发生的可能性	分数值	事故发生的可能性
10	完全可以预料（1次/周）	0.5	很不可能，可以设想（1次/20年）
6	相当可能（1次/6个月）	0.2	极不可能（1次/大于20年）
3	可能，但不经常（1次/3年）	0.1	实际不可能
1	可能性小，完全意外（1次/10年）		

②安全生产领导小组结合实际参照危险源清单评判讨论给出 E，打分人员 E 值取值参考表2。

表2 人员暴露于危险环境的频繁程度（E）

分数值	人员暴露于危险环境的频繁程度	分数值	人员暴露于危险环境的频繁程度
10	连续暴露	2	每月一次暴露
6	每天工作时间内暴露	1	每年几次暴露
3	每周一次或偶然暴露	0.5	非常罕见的暴露（1次/年）

③安全生产领导小组结合实际参照危险源清单评判讨论给出 C，打分人员 C 值取值参考表3。

表3 发生事故可能造成的严重性（C）

分数值	发生事故可能造成的严重性	分数值	发生事故可能造成的严重性
100	大灾难，许多人死亡或造成重大财产损失	7	严重，重伤或造成较小财产损失
40	灾难，数人死亡或造成很大财产损失	4	重大，致残或很小财产损失
15	非常严重，一人死亡或造成一定财产损失	1	引人注目，不利于安全健康基本要求

（4）对于可能影响工程正常运行或导致工程破坏的一般危险源，应由管理单位不同管理层级以及多个相关部门的人员共同进行风险评价，评价方法推荐采用风险矩阵法（LS法）。风险矩阵法（LS法）：R=LS。

①三级人员的 L 平均值计算：分别计算每一层级内所有人员所取 Lc 值的算术平均值 $Lj1$、$Lj2$、$Lj3$。L 最终值计算 $L=0.3Lj1+0.5Lj2+0.2Lj3$，以此确定 L 值。

②在分析水闸工程运行事故所造成危害的严重程度时，仅考虑工程规模这一因素，S 值应按照《导则》附件四表4取值。江风口闸属大（2）型水闸，$S=40$。

表 4　所造成危害的严重程度（S）

工程规模	小(2)型	小(1)型	中型	大(2)型	大(1)型
水闸工程S值	3	7	15	40	100

（5）最终统计 LS 和 LEC 数据形成江风口闸危险源风险等级评定记录表，结合《导则》将水闸运行构（建）筑物类、金属结构类、设备设施类、作业活动类、管理类、环境类六大类数据形成江风口分洪闸危险源风险等级评定记录表，本文结合《导则》设计了表样（见表5）。

表 5　江风口分洪闸危险源风险等级评定表

序号	风险点	危险源名称	可能导致的后果	事故诱因	危险源分级	L	E	S 或 C	R 或 D	风险等级

3.3　形成风险分级管控清单

（1）在3.2辨识方法的基础上，结合收集的工程资料，本文结合《水库（水闸）运行风险分级管控清单》设计了表样（见表6），用于水闸运行构（建）筑物类、金属结构类、设备设施类、作业活动类、管理类、环境类风险管控措施、管控层级、责任人、联系方式的制定及落实。

表 6　江风口闸安全风险分级管控清单

序号	风险点	危险源名称	事故诱因	可能导致的后果	危险源分级	风险等级	安全管控措施					管控部门	责任人
							工程技术	安全管理制度	人员培训	个体防护	应急处置		

（2）形成重大风险管控和一般风险管控统计表。为了便于上级单位、单位主要负责人及部门加强管控，根据上述江风口分洪闸安全风险分级管控清单进行分类，将重大风险管控和一般风险管控分类进行填报。

（3）绘制江风口分洪闸运行安全风险比较图（见图1），形成辨识结果。分项目统计不同风险等级危险有害因素数量，依据统计数据快速绘制江风口分洪闸运行安全风险比较图，可使上级单位及单位主要负责人、部门直观了解本单位安全风险的分布状况。

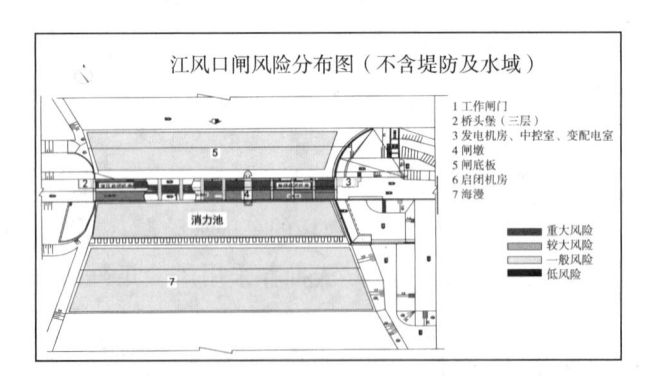

图 1　江风口闸风险分布图

（4）编制危险源辨识与风险评价报告。按照《导则》中《危险源辨识与风险评价报告主要内容及要求》，结合以上表格内容及数据，编制危险源辨识与风险评价报告。

4 制定危险源辨识与风险评价管理制度

结合江风口分洪闸实际,组织安全生产领导小组制定《危险源辨识与风险评价管理制度》,水闸工程运行危险源辨识与风险评价是安全风险管控的基础,其报告成果可运用于安全教育培训、安全风险公告警示,落实安全风险管控措施,编制或更新水库运行隐患排查清单,制定或修订完善管理制度、操作规程、应急预案等,能科学有效地指导本单位的安全生产管理工作,经单位主要负责人批准后以正式文件下发实施。

5 结语

党的十八大以来,党中央本着人民至上、生命至上的理念,就加强安全生产工作作出一系列重要部署,将"统筹发展和安全"提到了前所未有的高度。江风口分洪闸管理局将持续强化安全生产责任落实,进一步压实安全生产监管责任和主体责任,做到知责、负责、尽责,在安全生产标准化建设上持续用力,做细做实安全风险分级管控工作,动态更新危险源辨识管控清单,落实水利安全风险隐患查找、研判、预警、防范、处置、责任"六项机制",实施风险全链条全方位管控,不断提升本质安全水平,确保江风口分洪闸安全生产形势持续稳定向好,推动淮河保护治理高质量发展。

[参考文献]

[1] 国家市场监督管理总局,中国国家标准化管理委员会. 危险化学品重大危险源辨识:GB 18218—2018[S].北京:中国标准出版社,2018.
[2] 中华人民共和国水利部. 泵站安全鉴定规程:SL 316—2015[S].北京:中国水利水电出版社,2015.
[3] 龙艺,张元军,胡兴富. 水库(水闸)工程运行危险源辨识与风险评价的应用方法与技术[J].中国水能及电气化,2022(4):5-9+4.
[4] 王永刚,许树芳,杨振鹏. 水利工程安全风险分级管控工作探讨[J].海河水利,2021(S1):5-8.

[作者简介]

钟海滨,男,2000年2月生,沂沭河水利管理局江风口分洪闸管理局科员,15270914213。

建设数字孪生流域、提升济宁"四预"能力

刘 驰 王凤其 刘 影

(济宁市水利事业发展中心 山东 济宁 272100)

摘 要：通过水务各业务系统建设,数据中台整合,完善水务感知体系,以流域为单元搭建泗河、白马河数字孪生流域；集成气象预报、水文动态监测,研发模型算法,完成洪水预报、三维演进、联合调度、水库安全预警等应用,实现对泗河、白马河全流域洪水科学精准调度,提升"预报、预警、预演、预案"能力。

关键词：数字孪生；提升；四预

《中华人民共和国国民经济和社会发展第十四个五年规划和2035年远景目标纲要》提出了"构建智慧水利体系,以流域为单元提升水情测报和智能调度能力"的明确要求。李国英部长提出要以数字化、网络化、智能化为主线,以数字化场景、智慧化模拟、精准化决策为实施路径,全面加强算据、算法、算力建设,构建具有"四预"功能的智慧水利体系。泗河是济宁防汛的重点,是淮河的重要支流。济宁积极践行急用先行,找准数字化改革的突破点,针对南四湖东部地区(泗河、白马河等流域)建设数字孪生流域防洪系统,提升水旱灾害防御能力,是济宁市水务高质量发展的必然,也是淮河流域高质量发展的必由之路。

济宁地跨黄淮两大流域,西北部梁山县43 km²属于黄河流域,其余11 144 km²都属淮河流域。境内有流域面积50 km²以上的河流109条,堤防长度3 511 km,各类水库248座、规模以上水闸153座、重点拦河橡胶坝34座、规模以上机电井12.69万眼、泵站1 923座。境内拥有我国北方最大的淡水湖南四湖,湖面面积1 266 km²,处于南四湖流域最下游,承接着4省8市34个县的客水。湖东地区覆盖面积近全市面积一半,该区域有水库、河道、湖泊、蓄滞洪区,防汛地理条件偏差,所有山塘、重点闸坝都建设在该区域,历年是防汛的重中之重。泗河长度159 km,流域面积2 357 km²,其中大中小水库149座,干流闸坝14座,汛期降水集中,防汛压力大,同时极端天气频发,传统的防汛措施已不满足现代防汛需要。济宁以水利高质量发展为契机,充分运用物联网、云计算、大数据、人工智能、数字孪生等新一代信息技术,以智慧水利建设为突破,着力提升"四预"水平,全力以赴抓好水旱灾害防御工作。

1 大力度推进智慧水务建设

按照水利部、山东省水利厅安排部署,提前谋划、大力推进以数字孪生流域为重点的智慧水务建设。将智慧水务建设纳入城乡水务事业发展规划,在组织领导、资金投入、体制机制、科技创新上下功夫、求实效,取得阶段性成效。

一是构建数据中台。按照水利部《智慧水利总体方案》要求,综合水旱灾害、水资源、水文、农村水利、水利移民、水网工程、水利电子政务、水土保持、重点工程视频监控等9大涉水数据,建成了水务大

数据仓库，打通数据孤岛。二是提升硬件环境。数据系统机房整合增加温感、烟感、防火、监控等监测设备，设立运行维护室，监控机房内部情况，全部业务系统迁移政务云并逐步进行二级等保测评。三是完善业务系统。强化对各业务系统功能的整合提升，实现综合首页、一点登录，完善水旱灾害防御系统，增加手机端APP。建设泗河数字孪生流域，着力提高防汛抗旱应急调度能力，区域预报、预警、预演、预案"四预"水平不断提升，为提升全市乃至山东省水旱灾害防御能力提供更加坚强有力的智慧支撑保障。

2 重点开展泗河数字孪生流域建设

一是研制开发产流汇流模型。尼山、西苇、贺庄、华村、龙湾套、尹城6座水库分别编制新安江三水源蓄满产流模型和地貌单位线流域汇流模型洪水预报方案。书院、波罗树、马楼3个水文站，黄阴集、泗水、红旗、龙湾店闸4个闸坝站，大禹中路桥、大石桥2个新建断面分别编制区间新安江三水源蓄满产流模型和滞后演算流域汇流模型洪水预报方案，上游根据站节点采用马斯京根河道演算模型。根据《淮河流域济宁市实用洪水预报增补方案》，尼山、西苇水库，书院、马楼水文站及南四湖上、下级湖分别编制P+Pa降雨径流相关图模型和经验单位线汇流模型的洪水预报方案。制作南四湖南阳、微山岛2个水位站预报，编制水位相关经验模型的洪水预报方案。以尼山水库预报为例，模型预计2021年7月29日6时最高水位可达117.59 m，实际7月30日8时库水位117.56 m。预报成果贴近实际情况。

二是泗河流域水力学EFDC模型研制。基于泗河干流2 m高分辨率地形，构建济宁泗河全干流、沿河中泓线横向1 km的范围，30 m网格的水力学模型，用于日常洪水演进模拟。基于泗河水系全流域1∶5万地形图，结合干流30 m水力学模型，构建全流域100 m网格的水力学模型，用于超标准洪水演进模拟。基于实时洪水、预报洪水、指令洪水和设计洪水等四种工况，研发洪水演进模型系统，实现四种工况条件下数据提取、模型计算、成果保存、成果提取、成果渲染、成果统计等可视化集成系统。选择2020年8月14日至8月16日实测洪水过程进行模型率定。2020年8月15日，泗河流域出现暴雨洪水，8时泗河干流书院水文站洪峰流量1 230 m³/s，经过模拟演进显示洪水淹没范围覆盖兖州区田家村、河头村、焦家村，曲阜市时庄街道马家村、古柳树村、八里铺村6个村庄，其中兖州区河头村最大水深0.95 m，曲阜市时庄街道马家村最大水深2.6 m。据当时洪水灾害调查情况，2020年8月15日暴雨洪水中，兖州区田家村、河头村、焦家村，曲阜市时庄街道马家村、古柳树村、八里铺村等6个村不同程度受淹，其中调查兖州区河头村水深1.1 m，曲阜市时庄街道马家村村南玉米地水深1.4 m。通过模拟对比分析，模拟情况与洪水灾害调查情况基本相符。

三是研制库河湖联合调度模型。针对尼山、贺庄、华村、龙湾套、西苇水库开发集规则调度、指令调度、闸门调度的单库、多库联合调度的库河湖模型。模拟以上5座水库各种调度工况下的泗河书院站、白马河马楼站水位、流量及南四湖上、下级湖水位等水情。综合考虑流域内水工程槽蓄、下游南四湖顶托、蓄滞洪区的调蓄作用等影响，通过模型模拟生成洪水演进时空分布过程。实现对特定量级或实测洪水在流域的实际演进情况的展示，从而为预报预警、辅助决策和防灾减灾提供更好的技术支撑。

利用泗河数字孪生系统进行流域内24 h 300 mm降雨模拟，重点关注贺庄、华村、龙湾套、尹城、尼山5座大中型水库入库洪水过程，黄阴集闸、泗水大闸、红旗闸、龙湾店气盾坝4座闸坝洪水过程，泗河干流书院、大禹中路桥、大石桥，泗河重点支流石漏河、险河、小沂河等断面洪水过程。模拟上游水库不拦洪情况下，预报黄阴集闸最大洪峰流量997 m³/s，泗水大闸2 200 m³/s，红旗闸2 795 m³/s，书院站 2 856 m³/s,书院站最高水位 70.42 m(书院站 50 年一遇参考流量 4 056 m³/s,对应水位 70.93 m),超过保证水位 69.29 m,低于书院站岸堤顶高程(书院站左岸堤顶高程约 71.94 m,右岸堤顶高程约 71.66 m)。P+Pa 模型计算书院站洪峰流量为 1 480+487+686+331=2 984 m³/s。各水库以汛限水位起调进行联合调度,生成初始调度方案,对水库进行规则调度,模拟仿真结果如下。贺庄水库调洪最高水位 150.11 m(允许最高水位 149.24 m),削峰率为 57.73%;华村水库调洪最高水位 151.17 m(允许最高水位 154.79 m),削峰率为 80.97%;龙湾套水库调洪最高水位 149.02 m(允许最高水位 149.86 m),削峰率为 48.67%;尹城水库调洪最高水位 121.39 m(允许最高水位 123.15 m),削峰率为 15.73%;书院断面最大洪峰流量为 1 830 m³/s。初始调度方案中,贺庄水库的调洪最高水位 150.11 m,超过了允许最高水位 149.24 m,其余各水库的调洪最高水位均低于允许最高水位。为此,重点针对贺庄水库以上局部洪水进行二次会商,转入贺庄水库防洪调度会商模块,制定贺庄水库预泄方案,使得贺庄水库的最高水位不高于149.24 m。经过多轮会商,贺庄水库通过前期预泄(按最大泄流能力)的方式在预泄段将水位由汛限水位 148.0 m 提前降低至 146.6 m,以应对后续的入库洪峰(预泄水量为 9.95×10⁶ m³)。完成预泄操作后,根据断面防洪情势,利用前期预泄腾空的库容,控制贺庄水库的出库流量以拦蓄洪水,对区间洪水实施错峰调度。整个调度期内贺庄水库的调洪最高水位由 150.11 m 降低至 149.1 m,达到了控制在允许最高水位以下的目标。此外,由于贺庄水库的补偿错峰作用,书院断面的最大洪峰流量进一步削减到 1 720 m³/s。泗河数字孪生系统建设,提高了对洪水的预报精度,提前了预见期,提升了南四湖湖东地区水旱灾害防御能力,为水利高质量发展奠定了基础。

3 综合提升水旱灾害防御"四预"水平

一是在预报方面。济宁市整合水文系统雨量、水位、墒情、流量、城区河流数据站 207 个,接收山洪灾害防御和农村基层防汛系统雨量、水位站点 485 个,实现南四湖东部所有 246 座大中型水库照明、雨量、水位、渗压、视频全覆盖,逐步完成小型塘坝视频监控建设。建立级联集控平台,建设监控站点 796 处。重点研发泗河全流域(144 个小水库、5 个大中型水库、14 个闸坝、1 个蓄滞洪区 2 356 km²)集成"降水—产流—汇流—演进"全过程模型,实现气象水文、水文水力学耦合预报以及预报调度一体化,并针对泗河重要支流小沂河、险河、石漏河等研发预报模型,按照未来三天天气预报滚动预报全流域水情,提前了洪水预见期。二是在预警方面。以泗河为例,系统依据预报自动计算大中型水库纳蓄能力,对泗河书院、金口坝、兖州大石桥、波罗树等各控制典型断面、泗沂蓄滞洪区、28 处险工险段、14 座闸坝、38 处桥梁、43 处穿堤涵闸等工情安全状况作出初步判断。对预报超过预警标准的河道断面、水库自动识别,智能生成预警单,实现预警信息一键发送,并根据书院控制水位生成水库闸坝联合调度最优方案,最大限度调峰错峰,有效提升了预警水平。三是在预演方面。构建泗河、洸府河、白马河大尺度数字流域场景(1:10 000)4 949 km²,河道三维数字场景(1:2 000)泗河 308.5 km²、白马河 101.3 km²、洸府河 81.9 km²。水下三维数字场景泗河 44 km²、白马河 6 km²、洸府河 4.8 km²。根据洪水预报和河流工况模拟推演洪水演进过程,对桥梁、管涵、路缺口、险工险段、蓄滞洪区进行三维展示,支撑防洪调度方案集合生成,为预演提供智慧化支撑。四是在预案方面。集成各类防洪方案并做数字化处理,根据预报的水情、工情自动触发相应级别的预警、响应模板,也可根据上报的险情点,快速建立险情点和抢险物资、抢险队伍和抢险方案关联,自动匹配抢险专家、物资、队伍,自动生成抢险技术方案及调度路线,第一时间对险情作出快速反应,提升了预案执行性。

4 结束语

搭建数字孪生流域底座,以流域水循环机制为纽带,运用新一代信息技术,研制各类专业模型,开展智慧水务建设,提升流域防洪减灾应对及决策能力,是淮河流域高质量发展的必然,是水利高质量发展实施必由之路。

[作者简介]

刘驰,男,1978年12月生,高级工程师,主要研究方向为智慧水利、防汛抗旱,18815376886,jnslfzxxkjk@126.com。

淮河流域水土流失动态监测数据类型及其特点

赵传普　杜晨曦　张洪达

（淮河水利委员会淮河流域水土保持监测中心站　安徽　蚌埠　233001）

摘　要：水土流失动态监测主要选用高分辨率遥感影像，采用遥感监测、野外调查、模型计算和统计分析相结合的方法，分析评价水土流失状况，按年度形成了大量的空间数据及电子表格数据，本文结合近年来参与水土流失动态监测工作经历，重点介绍了土地利用、植被覆盖、土壤侵蚀等监测成果空间数据类型及特点，以期为数字孪生淮河L1级宏观尺度数据底板构建和更新、水土保持智能业务应用系统建设等提供可参考的基础数据，助力数字孪生淮河建设。

关键词：淮河流域；数字孪生淮河；水土流失动态监测；数据底板

水土流失动态监测主要采用遥感监测、野外调查、模型计算和统计分析相结合的方法，选用高分辨率遥感影像，运用地理信息系统及无人机航测等技术，开展水土流失因子提取、土壤侵蚀模数计算，分析评价水土流失面积、强度和分布等[1]，淮河流域采用的土壤侵蚀模型主要有风力侵蚀模型、水力侵蚀模型。水利部定期组织流域机构人员对年度水土流失动态监测成果进行汇总分析，以保障数据共享和深度应用，形成了大量的空间数据及电子表格数据。本文结合近年来参与水土流失动态监测工作经历，系统介绍了监测成果数据结构及其特点，以期为数字孪生淮河数据底板构建和更新、水土保持智能业务应用系统建设等提供可参考的基础数据。

1　数字孪生流域建设

进入新发展阶段，水利部党组将推进智慧水利建设作为推动新阶段水利高质量发展的六条实施路径之一，按照"需求牵引、应用至上、数字赋能、提升能力"要求，以数字化、网络化、智能化为主线，以数字化场景、智慧化模拟、精准化决策为路径，全面推进算据、算法、算力建设，加快构建具有预报、预警、预演、预案功能的智慧水利体系，并将构建数字孪生流域作为智慧水利建设的核心和关键[2]。数字孪生流域是物理流域在数字空间的映射，通过信息基础设施和数字孪生平台实现与物理流域同步仿真运行、虚实交互、迭代优化，目前数字孪生流域在水利领域仍处于探索和推进阶段[3]。

淮委认真贯彻落实部党组部署要求，结合"三对标、一规划"专项行动的深入开展，积极行动、多措并举，扎实推进数字孪生淮河建设，努力构建具有"四预"功能的数字孪生淮河体系，编制完成《数字孪生淮河总体规划》《数字孪生淮河智慧防洪体系建设试点方案》《数字孪生淮河实施方案》等。数字孪生淮河建设是一项系统工程，需要多方参与、多方配合、形成合力，整合现有数据资源，解决数据脱密、脱敏等问题，实现数据开放共享，统筹推进数字孪生淮河建设。

2　水土流失动态监测

为全面贯彻落实中央关于生态文明建设的重大决策部署和国务院批复的《全国水土保持规划

(2015—2030年)》。2018年2月,水利部印发《全国水土流失动态监测规划(2018—2022年)》,将水土流失动态监测范围扩展到全国范围,明确要求水利部、流域机构和省级水行政主管部门,按照"统一标准、分级负责、协同开展、不重叠、全覆盖"的原则,开展国家级和省级区域水土流失动态监测。通过开展年度水土流失动态监测,定量掌握全国各级行政区、重点区域的水土流失面积、强度和动态变化情况,并定期向社会公开发布,为生态文明建设、生态保护和高质量发展提供了有力的基础支撑。

从2018年开始,年度水土流失动态监测实现国土面积全覆盖(不含港、澳、台数据),采用的卫星遥感影像分辨率为2 m和16 m;2019年起,采用当年2 m分辨率卫星遥感影像开展解译和专题信息提取;2020年,在全国、省级行政区、国家级重点防治区、大江大河流域、国家重点关注区域基础上,增加了全国水土保持区划一级区、大江大河支流流域、国家重点生态功能区、黄河流域生态保护和高质量发展规划区等数据汇总统计单元;2021年,对不同坡度和植被盖度等级园地、林地和草地的水土流失状况开展深度分析。随着水土流失动态监测范围实现全覆盖、卫星遥感影像精度提升、汇总统计单元和深度分析专题增加,年度监测成果数据量已显著增加。

3 动态监测成果数据汇总

2018—2022年,全国水土流失动态监测工作由水利部、流域管理机构和省级水行政主管部门,按照统一的技术标准协同开展,以县级行政区范围为基本单元,分别形成国家级和省级监测成果。县名称、面积采用民政部2018年3月公布数据,行政区边界采用自然资源部(国家测绘局)公开的1∶100万边界。

监测成果数据汇总工作由水利部组织各流域管理机构水土保持监测中心(站),采用集中办公方式开展,基于国家级和省级以县级行政区为基本统计单元的年度监测成果,通过汇总、审核、统计分析,形成全国、省级行政区、国家级重点防治区、重点关注区域、大江大河流域及其上中下游、主要支流流域、全国水土保持区划一级区、国家重点生态功能区、三江源国家公园等自然保护地、《黄河流域生态保护和高质量发展规划纲要》规划区域等统计单元的年度监测及其动态变化成果。

在年度汇总工作中,淮河流域水土保持监测中心站主要承担安徽、江苏、河南、山东4省,桐柏山大别山预防区、黄泛平原风沙预防区、沂蒙山泰山治理区3个国家级重点防治区,淮河流域及其上中下游(不含山东半岛)、沙颍河支流,大别山水土保持生态功能区,南方红壤区全国水土保持区划一级区等成果数据的汇总工作。其中,淮河流域及其上中下游、沙颍河支流流域边界涉及的不完整县级行政区数据统计分析工作量大,是汇总工作的难点。淮河流域涉及62个不完整县级行政区,其中,国家级数据涉及长委所负责的桐柏山大别山预防区、丹江口库区及上游预防区的6个县级行政区,黄委所负责的伏牛山中条山治理区、沂蒙山泰山治理区的5个县级行政区,详见表1。淮河流域上中下游及沂沭泗水系划分,新增24个不完整县级行政区,沙颍河支流流域新增18个不完整县级行政区。淮河流域数据汇总共涉及104个不完整县级行政区。

表1 淮河流域涉及长委、黄委国家级重点防治区情况表

省级行政区	县级行政区	国家重点防治区	流域机构
湖北省	大悟县*	桐柏山大别山预防区	长江水利委员会
	广水市*		
	随 县*		
安徽省	岳西县*		
	舒城县*		

续表

省级行政区	县级行政区	国家级重点防治区	流域机构
河南省	栾川县*	丹江口库区及上游预防区	黄河水利委员会
	嵩 县*	伏牛山中条山治理区	
	伊川县*		
	偃师市*		
	巩义市*		
山东省	新泰市*	沂蒙山泰山治理区	

4 数据类型及特点

水土流失动态监测成果主要包括土地利用、植被覆盖、土壤侵蚀、水土保持措施、人为扰动等5类空间数据及统计表，本文重点介绍前3类数据。空间数据采用的坐标系为CGCS2000国家大地坐标系，1985国家高程基准，投影方式为正轴等面积割圆锥投影（Albers投影），中央经线105°E，标准纬线25°N和47°N。

4.1 土地利用

土地利用数据主要基于高分辨率遥感影像人工解译提取，并对数据进行年度更新，淮河流域范围内一般采用当年1—6月份GF、ZY卫星遥感影像，分辨率为2 m。每个县级行政区土地利用解译前，结合外业调查，建立解译标志，解译时保证水系、道路连通，解译成果应进行拓扑检查，解译最小图斑面积为400 m²，保证无空值、重叠、缝隙等拓扑错误，野外验证准确率需在90%以上，野外验证图斑不少于总图斑数的0.5%。流域内省级土地利用汇总数据为矢量数据（shp），存储于文件地理数据库（File Geodatabase），各省数据量大小在2~4 GB，数据属性字段包括"TDLYDM""TDLYMC""AREA"。其中，"TDLYDM"表示土地利用代码，"TDLYMC"表示土地利用类型的名称，"AREA"表示土地利用图斑面积。淮河流域土地利用数据为8位无符号整型栅格数据（tif），分辨率为10 m，存储于文件地理数据库，数据量约为290 MB。土地利用分类及编码详见表2。

表2 土地利用分类及编码

一级类		二级类	
编码	名称	编码	名称
1	耕地	11	水田
		12	水浇地
		13	旱地
2	园地	21	果园
		22	茶园
		23	其他园地
3	林地	31	有林地
		32	灌木林地
		33	其他林地

续表

一级类		二级类	
编码	名称	编码	名称
4	草地	41	天然牧草地
		42	人工牧草地
		43	其他草地
5	建设用地	51	城镇建设用地
		52	农村建设用地
		53	人为扰动用地
		54	其他建设用地
6	交通运输用地	61	农村道路
		62	其他交通用地
7	水域及水利设施用地	71	河湖库塘
		72	沼泽地
		73	冰川及永久积雪
8	其他土地	81	盐碱地
		82	沙地
		83	裸土地
		84	裸岩石砾地

注：人为扰动用地指监测当期正在发生的因建设、生产等人为活动扰动，可能引起水土流失的地类。

4.2 植被覆盖

植被覆盖度计算数据来源于 NASA 网站下载的 MODIS 遥感数据，采用监测年上一年 23 个半月 NDVI 产品中的 MOD13Q1 数据，分辨率为 250 m，以第 8 期和第 9 期 NDVI 产品均值作为第 9 期产品，原第 9 期至 23 期产品序号依次递推，与前 8 期共同形成 24 期 NDVI 产品。基于第一次全国水利普查土壤侵蚀普查 250 m 分辨率 MODIS-NDVI 和 30 m 分辨率 TM 计算的植被覆盖度 FVC 产品，计算二者之间的修正系数，利用修正系数对 24 个半月 250 m 空间分辨率 MODIS-NDVI 计算的植被覆盖度 FVC 进行修订，得到 24 个半月 30 m 空间分辨率的植被覆盖度 FVC，选取植被最茂盛时期（一般为 14 期）的植被覆盖度监测成果，结合土地利用解译成果，形成园地、林地、草地不同植被覆盖度等级数据。流域内省级植被覆盖度汇总数据为矢量数据（shp），是由栅格数据经众数滤波处理后转换而来，存储于文件地理数据库，各省数据量大小在 200～500 MB，数据属性字段包括"ZBFGDDM""ZBFGDFJ""AREA"。其中，"ZBFGDDM"表示植被覆盖度代码，"ZBFGDFJ"表示植被覆盖度分类分级，"AREA"表示植被覆盖图斑面积。淮河流域植被覆盖数据为 8 位无符号整型栅格数据（tif），分辨率重采样为 10 m，存储于文件地理数据库，数据量约为 978 MB。植被覆盖度分类分级代码详见表 3。

表 3　植被覆盖度分类分级代码和 CMYK 配色值

植被覆盖度分类分级	代码	C	M	Y	K
高覆盖园地	25	60	20	60	0
中高覆盖园地	24	48	15	48	0
中覆盖园地	23	35	8	35	0

续表

植被覆盖度分类分级	代码	C	M	Y	K
中低覆盖园地	22	25	6	35	0
低覆盖园地	21	15	5	30	0
高覆盖林地	35	88	61	100	0
中高覆盖林地	34	84	45	76	0
中覆盖林地	33	76	29	61	0
中低覆盖林地	32	57	25	49	0
低覆盖林地	31	25	10	29	0
高覆盖草地	45	53	49	92	0
中高覆盖草地	44	49	33	88	0
中覆盖草地	43	33	18	73	0
中低覆盖草地	42	22	14	61	0
低覆盖草地	41	10	6	29	0

注：在水力侵蚀区，园地、林地、草地等的植被覆盖度划分的范围为：高覆盖(75%～100%)、中高覆盖(60%～75%)、中覆盖(45%～60%)、中低覆盖(30%～45%)、低覆盖(<30%)。

4.3 土壤侵蚀

基于地理信息系统应用平台，采用水力、风力侵蚀模型计算土壤侵蚀模数，后依据《土壤侵蚀分类分级标准》(SL 190—2007)，重分类得到土壤侵蚀强度栅格数据。对于发生水力侵蚀和风力侵蚀的评价结果，按照仅保留高强度等级侵蚀类型的原则，确定每个栅格的侵蚀类型及其面积。若侵蚀强度相同，则确定为水力侵蚀强度等级。省级、淮河流域土壤侵蚀强度数据为 8 位无符号整型栅格数据(tif)，分辨率为 10 m，存储于文件地理数据库，各省数据量大小为 20～90 MB，淮河流域数据量约为 100 MB。土壤侵蚀强度代码见表 4。

表 4 土壤侵蚀强度的代码和 CMYK 配色值

土壤侵蚀及强度		代码	C	M	Y	K
水力侵蚀	微度	11	10	4	17	0
	轻度	12	0	18	30	0
	中度	13	0	35	53	0
	强烈	14	0	50	70	0
	极强烈	15	10	65	100	0
	剧烈	16	20	70	100	0
风力侵蚀	微度	21	10	4	17	0
	轻度	22	0	17	50	0
	中度	23	0	33	100	0
	强烈	24	10	40	100	0
	极强烈	25	34	56	100	0
	剧烈	26	55	70	100	0

5 结语

建设数字孪生淮河是新阶段淮河保护治理高质量发展的显著标志,是强化流域治理管理的迫切要求,需要各部门积极参与配合,整合共享数据资源,实现数字孪生流域共建共享。水土保持作为智慧水利"N"项业务应用之一,应该深入分析水土流失动态监测等业务需求,依托数字孪生流域建设,实现数字赋能,提升动态监测成果数字化场景展示、智慧化模拟和支持宏观决策能力,加快构建不同尺度的气象、植被、土壤、地形等水土保持数据底板,完善侵蚀模型和水土流失分析评价方法,提升智能化应用水平。

水土流失动态监测成果可为淮河流域及山东半岛 L1 级宏观尺度数据底板构建提供年度土地利用、植被覆盖、土壤侵蚀等基础空间数据,也可提供降雨侵蚀力 R 因子、土壤可蚀性 K 因子等反映气象、土壤等自然因素的空间数据参考。

[参考文献]

[1] 李子轩. 海河流域水土流失动态监测现状与思考[J]. 海河水利,2020(4):9-12.
[2] 李国英. 推动新阶段水利高质量发展 全面提升国家水安全保障能力——写在 2022 年"世界水日"和"中国水周"之际[J]. 中国水利,2022(6):2-3.
[3] 刘昌军,吕娟,任明磊,等. 数字孪生淮河流域智慧防洪体系研究与实践[J]. 中国防汛抗旱,2022,32(1):47-53.

[作者简介]

赵传普,男,1990 年生,山东临沂人,工程师,硕士,主要从事区域水土流失监测工作。

关于淮河流域蓄滞洪区预警信息系统建设的研究

李维纯　马艳冰

（淮河水利委员会通信总站　安徽 蚌埠　233001）

摘　要：蓄滞洪区作为淮河流域防洪体系的重要组成部分，在流域防汛减灾中发挥了重要的且不可替代的作用。蓄滞洪区预警信息系统作为蓄滞洪区安全建设内容之一于20世纪80年代开始建设，随着社会发展、信息化水平提高，预警信息系统不断升级完善，承载业务也由单一的语音转变为语音、数据及图像的综合业务。本文将对淮河流域蓄滞洪区预警信息系统建设历程进行简要的描述，总结分析预警信息系统的现状及存在问题，并结合信息化技术的发展和新时期水利业务的新特点探讨发展与对策，对数字流域下的预警信息业务进行应用展望。

关键词：淮河流域；蓄滞洪区；预警信息；系统建设

1　概述

蓄滞洪区作为淮河流域防洪体系的重要组成部分，在流域防汛减灾中发挥了重要的且不可替代的作用。淮河流域蓄滞洪区几经调整后现有濛洼、城西湖等14处干支流蓄滞洪区，姜唐湖、寿西湖等13处淮河干流行洪区，涉及河南、安徽、江苏三省。蓄滞洪区预警信息系统作为蓄滞洪区安全建设内容之一于20世纪80年代开始建设，随着社会发展、信息化水平提高，预警信息系统不断升级完善，承载业务也由单一的语音转变为语音、数据及图像的综合业务。根据《淮河流域蓄滞洪区建设与管理规划》，河南、安徽、江苏三省陆续进行蓄滞洪区建设与管理可行性研究，在数字流域的背景下，预警信息系统必将进一步优化，将为蓄滞洪区安全建设提供更为强有力的技术支撑。

2　预警信息系统建设历程

淮河流域蓄滞洪区预警信息系统建设起始于20世纪80年代，最早采用鸣枪、有线广播、乡村干部开会传达、无线电警报器等手段。之后，淮委及各省相继开展了相关的系统建设及更新改造，采用的预警技术也随着信息化的发展和蓄滞洪区安全启用的要求不断更新，也积累了一定的建设经验和成果。

2.1　蓄滞洪区预警窄带信息系统建设

1994年，由国家防办牵头建设淮河干流800 MHz集群系统，在防汛要点上（县、乡、闸坝）也配置了800 MHz双工固定台或车台，系统覆盖距淮河干流30～50 km范围内的各级水利防汛部门和行蓄洪区，并能进行全网用户手动或自动漫游，该系统于1995年7月投入运行。1997年和1998年，为解决城西湖闸和城西湖蓄洪区的防汛通信需求，又增设了集群基站。

1994年至1998年由国家防办牵头，在淮河流域濛洼、城东湖、城西湖、方邱湖、寿西湖、泥河洼、黄墩湖等7个行蓄洪区组建首批应急反馈通信系统,采用大区制半双工450 MHz通信系统,用手机、固定台(车台)及基地台组成村—乡—县三级以行政体系为主的通信网络。

1998年底,开始进行淮河干流正阳关以上行蓄洪区通信报警系统的建设,于2000年汛前建成并投入运行。该系统采用450 MHz无线接入设备,实现"村村通电话"。

2.2 蓄滞洪区预警宽带信息系统建设

2008年,淮委组织进行淮河流域行蓄洪区通信报警系统建设,该系统采用SCDMA宽带无线接入技术,使用400 MHz频段,基本覆盖淮河流域22个行蓄洪区,于2010年投入使用,提供无线语音、数据、图像传输等综合应用业务。2017年河南省开始组织实施河南省行蓄洪区防汛通信预警及反馈系统建设,2020年建设完成,该系统覆盖杨庄、老王坡、蛟停湖、泥河洼四个滞洪区。安徽、江苏两省蓄滞洪区预警信息系统初步设计已批复,正在数字孪生淮河的技术框架下组织实施。

2.3 数字流域背景下蓄滞洪区预警信息系统规划

2011年水利部批复了《淮河流域蓄滞洪区建设与管理规划》,根据该规划,河南、安徽、江苏三省陆续进行蓄滞洪区建设与管理可行性研究,目前在数字流域的背景下,各省对预警信息系统的技术方案都进行了优化调整,以适应新时期水利发展的要求。2015年江苏省完成了《黄墩湖滞洪区调整与建设工程可行性研究报告》编制并得到批复,于2020年完成了黄墩湖滞洪区调整与建设工程滞洪预警、反馈通信系统建设。2016年安徽省组织编制《安徽省淮河流域重要行蓄洪区建设与管理可行性研究报告》和《安徽省淮河流域一般行蓄洪区建设与管理可行性研究报告》,通信预警系统专题报告随之编制,目前安徽省淮河流域重要行蓄洪区安全生产建设已开工建设。

3 当前形势下预警信息系统现状分析

预警信息系统是流域蓄滞洪区安全建设与管理的重要内容之一,作为非工程措施,一直以来都发挥着一定的作用。由于水利信息化技术的快速发展和水利专网的逐渐萎缩,行蓄洪区预警信息系统由前期的简单、单一化技术手段向多元化技术发展,从以前的以专网为主逐渐向公网靠近。

3.1 覆盖范围

经过不同水利单位的多次建设,已经形成了一定的规模性发展,淮河流域行蓄洪区预警信息系统覆盖了流域内23个行蓄洪区濛洼、城西湖、南润段、邱家湖、城东湖、瓦埠湖、泥河洼、杨庄、老王坡、蛟停湖、老汪湖、黄墩湖、姜唐湖、寿西湖、董峰湖、汤渔湖、荆山湖、方邱湖、临北段、花园湖、香浮段、潘村洼、鲍集圩。

3.2 技术手段

在传输网络方面,因公网的快速发展,大部分业务应用系统从前期的依托于水利专网向公专结合转变,在公网覆盖有保障的情况下优先考虑公网,在公网不能有效保障的情况下才考虑自建水利专网,未来,若公网实现全覆盖,水利专网可能会进一步弱化。

在应急通信方面,从最早期的无应急通信手段发展到现在形成的卫星通信车、单兵、移动视频采集、无人机、卫星电话等多种手段并行。

在预警信息广播方面,从早期的鸣枪发展到现在的无线预警广播,可采用语音、短信、传真、广播等多种方式远程发布预警信息,且基本实现在行蓄洪区内按行政村的数量配置警报器。

在信息采集和显示方面,从早期的单一的语音信息传递到现在的语音、图像、数据各类信息的有效采集和传输,信息采集手段也呈现多样化发展。

3.3 应用情况

在信息化技术更新换代日益加快的情况下,一些早期建设的行蓄洪区通信预警系统已不能跟上技术发展,不能有效地发挥其效益。如移动通信技术现已进入 5G 时代,淮河流域行蓄洪区通信报警系统所建 SCDMA 无线通信网络仍为 3G 网络,对于带宽要求日益提高的视频图像信息传输已不能满足,行蓄洪区内所建的无线用户台因为诸多原因也没有得到有效的利用,基本处于闲置状态。所建的应急通信目前应用良好,在历年的流域防汛抢险救灾中均发挥了较好的作用,比如 2020 年的淮河流域大水,就通过卫星通信车和无人机设备将王家坝开闸分洪画面第一时间传回淮河防总会商室,同时通过视频会议系统将现场画面实时传送水利部和安徽省水利厅。黄墩湖滞洪区调整与建设工程滞洪预警、反馈通信系统和河南省防汛通信及预警反馈系统刚刚建设完成,目前应用情况良好。

3.4 存在问题

3.4.1 制式标准不一,信息资源共享困难

淮河流域的行蓄洪区预警信息系统由不同水利单位不同时期建设,淮委、河南、安徽、江苏在建设时是单独设计、单独建设,所建的业务系统和采用的制式标准不能保证全流域的一致性,资源整合共享存在困难。

3.4.2 公网快速发展带来巨大冲击

公网的快速发展对行蓄洪区预警信息系统的专网建设产生了较大的冲击,在未来的项目立项上可能会越来越难,但是水利行业的特殊性又要求预警信息系统不能只依赖于公网,这就给系统发展带来了一定的制约性。

3.4.3 运行维护保障不足,导致系统可靠性降低

淮河流域蓄滞洪区预警信息系统建成后使用频率不高,且运行维护经费保障不足,如果预警信息系统只有在蓄滞洪区启用时才运用,那么系统的效益以及运行的可靠性都会大大降低。

3.4.4 技术手段无法满足数字孪生淮河的需求

因信息化技术发展很快,虽然现在行蓄洪区预警信息系统建设取得了一定的成绩,但是在今后的可持续建设和技术、业务更新上未有稳定的保障,尤其是无法满足水利行业正在推进的数字孪生流域的技术框架要求。

4 发展与对策

目前,信息化技术的发展和新时期水利业务的新特点,必将使行蓄洪区预警信息系统在发展环境和业务内容上发生变化。同时,公网和专网如何有机融合以及新的信息技术如何应用于行蓄洪区安全建设也是我们面临的挑战。解决这些现实的问题,预警信息系统作为行蓄洪区安全建设的非工程措施才能得到健康持续的发展。

4.1 资源整合,按需共享

淮委所建的行蓄洪区预警信息系统在技术上已逐渐不能适应行蓄洪区预警预报防汛抢险救灾的

需求。而江苏、河南近期已相继建立了本省的预警信息系统,安徽也即将开建。为使淮河防总能全面有效调度全流域27个行蓄洪区预警信息资源,同时避免重复建设,应考虑将江苏、河南已建信息资源与淮委共享,安徽拟建系统在设计时即考虑与淮委共享的实施方案。

4.2 公专网结合,保障最后一公里

积极利用公网资源,公网和专网相融合,坚持互联互通、互为备份的原则,将公网适用于行蓄洪区安全建设的网络资源作为提升预警信息系统水平的一个重要途径。在公网覆盖有一定保障能力的区域以公网为主,专网为辅,在公网不能覆盖区域或没有保障能力的区域建设水利专网,以专网为主,公网为辅。

除此之外,因水利行业的特殊性和行蓄洪区在流域大水中启用时期通信的特殊性,行蓄洪区预警信息系统建设应充分加强应急通信保障能力,确保最后一公里通信畅通。对于最后一公里信息采集和传输,应时刻关注信息化技术发展并有选择性地进行,比如卫星通信、无人机航拍、移动图传等,应考虑在各行政区域按需配置,确保关键时期有的用、用得好。

4.3 "平战结合",确保预警信息系统运行正常

淮河流域蓄滞洪区预警信息系统建成后使用频率不高,且运行维护经费保障不足,如果预警信息系统只有在蓄滞洪区启用时才运用,那么系统的效益以及运行的可靠性都会大大降低。在项目设计建设时,技术方案的选择上应尽可能地考虑"平战结合"原则。例如在语音报警业务中,考虑一机双号的建设思路,实现公网编号与专网编号之间的转换衔接,有效解决无线用户终端的公网出口问题,使无线用户终端同时具备水利专网和公网市话的功能,以提高相关用户的使用积极性,也利于运行管理部门第一时间了解排查相关故障。

4.4 加强新技术应用,建立行蓄洪区综合信息系统

4.4.1 淮河流域行蓄洪区综合信息系统

为更好地掌握淮河流域行蓄洪区基本信息,全面掌握行蓄洪区的相关数据并能及时更新,可考虑建设淮河流域行蓄洪区综合信息系统,该系统可包括行蓄洪区基础工情数据库、历史运用数据库、社会经济数据库、洪水淹没预测分析等。在数据库系统中可录入基础地理和断面资料、水文资料、工程及调度资料、社会经济资料、规划资料、历史洪水及洪水灾害资料等。

4.4.2 无人机低空遥感技术

利用无人机低空遥感技术,对行蓄洪区重点区域进行突发应急二维数字正射影像和三维模型制作,并基于GIS地理信息系统平台进行加载,并对行蓄洪区洪水淹没区域重要基础信息进行数据存储,为各级防汛决策指挥部门提供技术支撑。

4.4.3 视频大数据技术

在行蓄洪区建设视频监测系统,推进视频大数据技术,采用智能视频检测技术对移动目标、动态变化的水面及夜间环境进行检测跟踪,探索视频海量数据的处理分析技术。

4.4.4 人员转移热力图实时监测

基于运营商运用大数据技术,对无固定对象预警,实现人员转移热力图实时监测。根据预警信息发布区域,并将区域信息推送给运营商,运营商通过区域自动匹配相应的基站,对基站探测到的人员手机信令运动轨迹进行实时热力分析,然后通过基站短信的方式将短信推送至预警对象,进而实现向预警区域内的手机用户及时发送预警信息的目的,提升预警时效、预警精度和预警覆盖范围,运动轨

迹以实时热力图形式在地图上进行反映,并具备对历史轨迹进行回放演进功能,为下阶段人员转移和抢险救援等决策提供科学依据。

5　结束语

蓄滞洪区是流域综合防洪体系的重要组成部分,是保障重点区域防洪安全,减轻灾害的有效措施。在历次洪水中,沿淮蓄滞洪区人民发扬着"舍小家、为大家"的顾大局精神,同时也在党的政策恩泽下,不断探索做活水文章、发展经济建美好家园的路子。蓄滞洪区预警信息系统作为蓄滞洪区安全生产的重要组成部分,其建设也需加快发展步伐,探索信息化技术与蓄滞洪区启用的切合点,推进资源整合和数据挖掘应用工作,注重系统的运行保障,为蓄滞洪区的安全启用以及人民美好家园建设提供持续可靠的技术支撑,让"走千走万,不如淮河两岸",重新成为这里的印记。

[参考文献]

[1] 朱秀全,余彦群,徐艳.淮河干流行蓄洪区调整规划及实施情况[J].治淮,2020(12):17-19.
[2] 张鑫,刘坤.利益相关者视角下行蓄洪区预警模式选择——以淮河干流蒙洼蓄洪区为例[J].江西农业学报,2015,27(6):142-146.

[作者简介]

李维纯,男,1981年7月生,高级工程师,从事水利信息化系统的规划、科研、设计、建设与管理等工作,13865078106,lwc@hrc.gov.cn。

基于数字高程模型(DEM)的洪泽湖库容分析研究

姜健俊[1] 储龙胜[2]

(1. 淮委水利水电工程技术研究中心 安徽 蚌埠 233001；
2. 中水淮河安徽恒信工程咨询有限公司 安徽 合肥 230601)

摘 要：库容计算传统的方法有断面法、方格网法和等高线法。为了提高洪泽湖库容的计算结果精度和库容成果的现势性，利用洪泽湖最新测绘成果，采用先进、科学的计算方法，通过可靠的验证、验算过程，选择不同的高程面分别计算洪泽湖的面积和库容。

关键词：洪泽湖；库容计算；数字高程模型；研究

1 DEM 技术发展概况

数字高程模型(Digital Elevation Model，DEM)提出于 20 世纪 50 年代，最早应用于土木工程领域。美国测量专家 Miller 成功解决了将数字化运用到道路设计的问题，并与 LaFlamme 共同提出数字地面模型(DTM)的概念。DEM 就是 DTM 的具体运用，DEM 的数据结构组织表达主要包括二维数据矩阵、规则格网(GRID)、不规则三角网(TIN)等。DEM 数据的获取途径主要有地形图等高线的数字化、基于矢量数据转换的规则格网模型、基于航空影像的摄影测量数据、基于立体卫星影像的数字摄影测量、基于合成孔径的雷达成像技术(SAR)以及激光扫描点云等。随着 DEM 的发展，DEM 在城市规划、城市数字化、地质调查、土地管理、道路建设选址、地籍调查、植被覆盖调查、人口普查、电信线路规划等多方面得到广泛应用。"数字地球""智慧地球"的建立和发展加快了 DEM 与 3S 技术的应用结合与一体化进程，DEM 相关技术进步更加显著。

2 洪泽湖的范围界定

洪泽湖是中国五大淡水湖之一，位于江苏省西部淮河下游，苏北平原中部西侧，淮安、宿迁两市境内，地理位置在北纬 33°06′~33°40′，东经 118°10′~118°52′之间，为淮河中下游结合部。

洪泽湖库容的计算范围，主要依据江苏省《洪泽湖湖泊保护规划》划定的洪泽湖湖泊保护线，而在淮河西堤和洪泽湖大堤两部分则以两段堤线为界。洪泽湖保护范围为设计洪水位 15.80 m(1985 国家高程基准，下同)以下区域，湖泊西部考虑斜蓄影响保护范围增至 16.30 m 等高线，东部按 15.80 m 等高线和洪泽湖大堤等主堤防确定，包括泊岗引河口以下的淮干、鲍集圩行洪区、洪山头以下沿淮湖泊、溧河洼、怀洪新河、新汴河、新(老)濉河、徐洪河、入成子湖诸河道以及洪泽湖大堤、三河闸、高良涧闸、二河闸、周桥洞、洪金洞、蒋坝船闸、堆头涵洞、洪泽泵站等设施的保护范围。

虽然七里湖不在洪泽湖保护范围界桩内，但鉴于七里湖水系通过淮河干流与洪泽湖连通，本次洪泽湖库容计算将七里湖纳入洪泽湖库容的计算范围。而七里湖水系与女山湖水系之间有女山湖节制闸控制,因此女山湖库容不计入洪泽湖库容。

3 数字高程模型建模

首先对新测的洪泽湖周边滞洪区和洪泽湖水下地形图进行整理,确定 DEM 的制作范围;地形图中的人工设施如水闸、桥梁等,高程点不一定在地面上,因此不能正确反映该位置的地形变化趋势,需要手动删除;剩下的图层如道路、高程点等,则按照需要进行保留;根据地形图分析该地区的地形变化趋势,并绘制等高线;在一些地貌特征明显的地区如堤防、池塘、坡坎等处,需要绘制附带高程信息的特征线。

然后利用软件 ArcGIS 创建 TIN,需要选择地形图中的特征点、特征线,之后对 TIN 进行编辑,根据实际地形变化趋势调整 TIN 中不合理的部分,如两段堤防的间隔部分容易出现三角网网形错误等,使得 TIN 合理、准确,最后保存 TIN。

最后利用软件 ArcGIS 中的"TIN 转栅格"命令将生成的 TIN 转换成栅格,同时检查栅格中有无错误的地方,如有,在上面的步骤中重新处理;将整理好的栅格数据根据需求进行裁剪,之后将其输出为 DEM,格式为 .img,如图 1 所示。

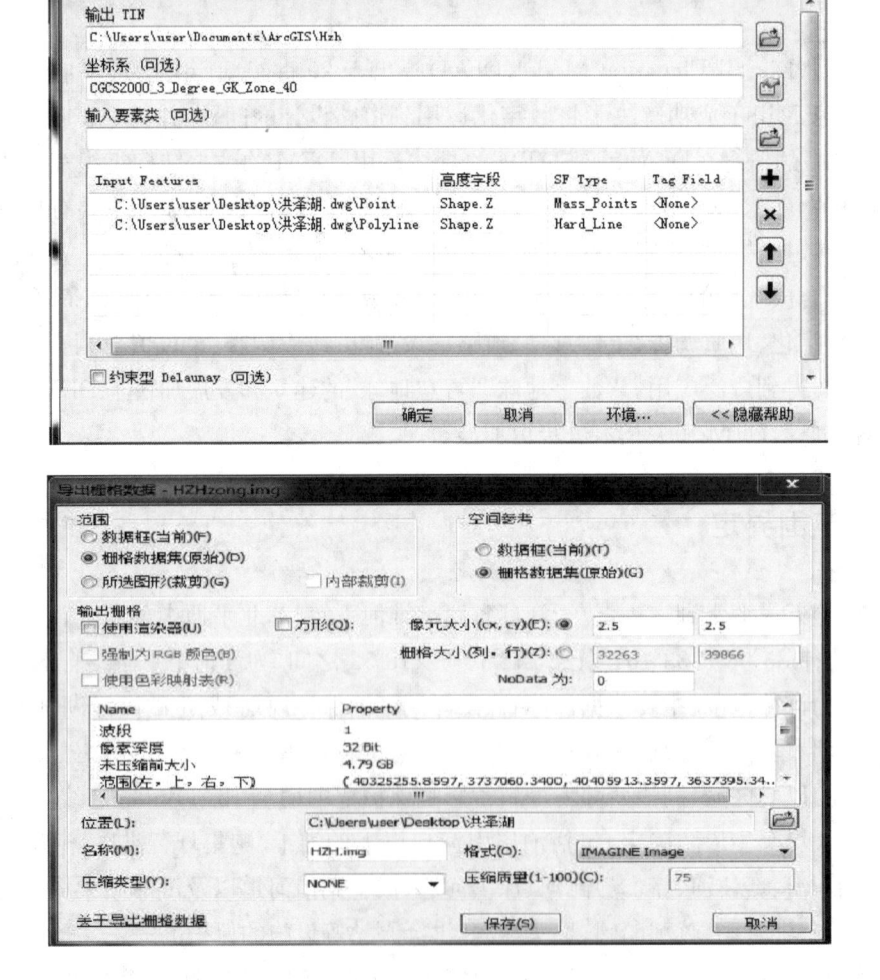

图 1 利用软件 ArcGIS 制作 DEM

4 洪泽湖库容分析

洪泽湖库容是在静水面状态下的计算结果,是假定洪泽湖在无潮汐、无风浪、无流动条件下的湖区容积。库容分三种不同的工况分别计算:(1)圩区自由蓄水:假定洪泽湖不受迎湖挡洪堤和圩堤阻隔,滞洪区圩区与湖区同步蓄水;(2)圩区不蓄水:假定滞洪区圩区自始至终都不蓄水;(3)圩区正常蓄水:当湖区水位在14.3 m高程以下时圩区不蓄水,而当湖区水位上涨至14.3 m高程后滞洪区圩区蓄水。

洪泽湖库容分析首先根据需要计算的库容范围对DEM进行镶嵌、裁剪等操作,之后利用ArcGIS中的"表面体积"命令,依次输入不同的高程值,在DEM中逐一计算不同高程值所对应的淹没面积及库容。"表面体积"命令计算库容的原理是取某一个高程值作为计算平面,计算此平面与DEM面之间的体积。因而,除特殊处理外,利用DEM计算的库容是包含所有高程低于计算高程的区域。

根据需要,分别计算了洪泽湖在静水面状态下,圩区与湖区同时蓄水的情况下的水位与库容成果;计算了洪泽湖在静水面状态下,滞洪区圩区自始至终不蓄水情况下的水位与库容成果;计算了洪泽湖在静水面状态下,滞洪区圩区在14.3 m高程以下不蓄水,而在14.3 m高程以上蓄水情况下的水位与库容成果。

5 结语

洪泽湖在淮河流域防洪体系和水资源配置中所处位置十分特殊,它承泄淮河上中游15.8万 km^2 面积的洪水,在防洪、灌溉、供水、航运、保障水生态环境等方面发挥着重要的作用。洪泽湖库容是南水北调东线工程、淮河入海水道工程、淮河入江水道工程、淮河流域行蓄洪区调整与建设工程等重大治淮工程规划的重要参数,是淮河流域洪水调度、水资源调蓄等工作中的关键依据。利用洪泽湖最新测绘成果,通过建立数字高程模型分析计算洪泽湖在不同节点水位下相对应的淹没面积和洪泽湖库容,可以为淮河流域洪水调度、防汛抗旱、南水北调工程水量调蓄及洪泽湖治理、周边引灌水工程设计及运用、洪泽湖水利监管提供决策依据。

[参考文献]

[1] 罗杨. 数字高程模型发展与应用前景概述[J]. 化工管理,2019(9):21.
[2] 曹杰. 数字高程模型在白马湖库容计算中的应用[J]. 治淮,2015(5):24-25.
[3] 程启明. 基于不规则三角网DEM的水库库容计算研究[J]. 治淮,2022(5):29-31.

水利高质量发展背景下泗河流域信息化分析探讨

赵园园 刘驰

(济宁市水利事业发展中心 山东 济宁 272000)

摘 要:泗河流域目前存在如下亟须解决的问题:水文设施自动化程度低,技术装备落后,基础工作条件差,水文标志基本设施准确性不够;水库管理的规范化、精细化和现代化不足;监测设备密度不够,监测能力不足,在部分重点入境河流、重点排水口等位置不能有效获取水质数据;管控手段信息化程度较低,不能及时有效地获取分析数据;供水工程老化、失修严重,信息化管控程度较低,用水水平不高,流域水资源浪费严重,有效利用程度低等。结合近年来对泗河流域综合治理的需要,建设泗河数字化,建设覆盖全流域、布局合理、信息畅通、运行高效的信息管理系统,保证泗河安全、可靠运行,实现防汛减灾、水资源综合调配、水质污染治理与监测、水利工程运行与管理等功能,为泗河综合治理工程充分发挥经济和社会效益起到技术支撑作用。泗河流域数字化建设可为其他流域信息化建设提供借鉴和参考。

关键词:泗河;数字流域;信息化

1 研究背景

泗河发源于山东省泰安市新泰太平顶西,流经济宁市泗水、曲阜、兖州区、邹城、高新区、微山,于太白湖新区辛闸村入南阳湖,河道全长 159 km,流域面积 2 357 km^2,其中,济宁市境内长 138.6 km,流域面积 2 030 km^2,主要涉及泗水、曲阜、兖州区、高新区、邹城、太白湖新区、微山等 7 个县市区共 22 个乡镇(街道)。

泗河流域是济宁市的经济中心,是济宁市经济增长最快的地区,保护区涉及济宁市 7 个县(市、区)135 万亩耕地和 86 万人,区内既有历史古城、文化名城和重要的交通枢纽,又有众多的厂矿企业和重要设施,一旦遇到洪涝灾害,损失巨大。泗河虽然堤防工程已经达到了 50 年一遇防洪标准,但因为泗河属洪水型季节河流,且山洪河道,河道弯曲,堤距宽窄不一,河道流速大,堤防迎流顶冲段较多,势必对现有堤防产生防洪影响,泗河也并未形成完善的全流域调度控制。特殊的地理位置决定了其防汛任务的艰巨和复杂。

随着全球气候变化的加剧,极端天气对济宁的影响频率日益增高,危害日益严重。2020 年汛期,泗河书院站发生了 1992 年以来的最大洪峰流量(历史第三位),贺庄水库发生设站以来最高水位,华村水库发生 1992 年以来最高水位(历史第二位),洸府河发生了 2004 年以来的最大洪峰流量,龙湾套水库为 2008 年以来最高水位,南四湖上、下级湖均为 2012 年以来泄洪量新高。其中泗河书院水文站 8 月 15 日 7:54 最大实测流量 1 230 m^3/s[1992 年以来的最大洪峰流量(历史第三位)],8 月 15 日 4:00 汛期最高水位 68.08 m。洸府河黄庄水文站 8 月 15 日 20:07 最大实测流量 106 m^3/s,8 月 15 日 20:07 汛期最高水位 37.09 m。白马河马楼水文站 8 月 7 日 9:10 最大实测流量 15.2 m^3/s,8 月 9 日 5:00 汛期最高水位 4.99 m。

二十世纪五十年代至六十年代,山东省水文部门在泗河流域设 3 处国家基本水文站,即贺庄水库水文站、尼山水库水文站和书院水文站。书院水文站为泗河干流控制站,控制流域面积 1 542 km^2。

泗河流域有贺庄水库、华村、陈村、青界岭、龙湾套、泗水、陈庄、歇马亭、书院、罗头、八里碑、小河、尼山水库、息陬、兖州、波罗树 16 处雨量站。现有水文(水位)站均应防汛需要而建,不具备对河流引水量进行监测的能力。同时,在水文测验技术上仍为传统的观测方式,即水位采用人工观测、流量测验以缆道测流为主。水文基础设施如观测井、缆道、站房均存在建设时间长、陈旧老损的问题。水文设施尚不能满足河道防汛工作的需要,存在自动化程度低,技术装备落后,基础工作条件差,水文标志基本设施准确性不够等亟待解决的问题。

泗河流域现有大型水库 2 座、中型水库 3 座、小(1)型水库 18 座、小(2)型水库 132 座及众多塘坝。白马河原为古泗河支流,南四湖形成以后逐渐独立水系,白马河支流大沙河中段建有西苇水库,其流域小型水库 39 座;洸府河流域现有小水库 2 座。长期以来,土石坝类水库大坝位移、渗流问题都靠人工定期观测,费工费时,低效高耗,观测成果的精度和同步性较差,加之水库管理单位缺乏专业观测和数据整编人员,导致基本未形成具有连续性和长系列的水库观测数据资料,无法直观掌握水库大坝安全技术指标和大坝实时安全状况。水库的"水库组织管理""工程信息""工程检查""安全监测""维修养护""调度运行""应急管理""设备管理""上下级联动"等 9 大常规检查和维护台账管理并未能实现水库标准化管理平台,水库管理的规范化、精细化和现代化还亟待加强。

泗河流域部分河道河段水质较差,工业污染、农业农村污染较为严重,部分工矿企业排放污水不达标,农村生活污水散排等现象导致部分河段水质较差,部分国控省控断面不能达到考核目标。监测设备密度不够,监测能力不足,在部分重点入境河流、重点排水口等位置不能有效获取水质数据。管控手段信息化程度较低,不能及时有效地获取分析数据。

同时由于供水工程老化、失修严重,信息化管控程度较低,用水水平不高,泗河流域水资源浪费严重,有效利用程度低,且尚未形成协调统一的水管理体制,水资源保护、开发、利用缺乏统一的规划,无法实现统一管理和联合优化调度,也无法实现水资源的合理开发和集约利用。

近年来,我省已建成了覆盖全省的水利专网。但信息采集站点少、自动化程度低、信息传输和计算机网络、决策支持系统覆盖面窄,省至地市、市至各县、大中型水库及沿河闸坝的通信,目前尚无专网通信给予保证,远达不到中央及国家防总对防汛通信的要求。

结合近年来对泗河流域综合治理的需要,迫切需要建设泗河数字化,建设覆盖全流域、布局合理、信息畅通、运行高效的信息管理系统,保证泗河安全、可靠运行,实现防汛减灾、水资源综合调配、水质污染治理与监测、水利工程运行与管理等功能,为泗河综合治理工程充分发挥经济和社会效益起到技术支撑作用。

2 泗河流域信息化建设原则

(1) 统筹谋划,聚焦防洪

按照水利数字化转型总体要求,遵循区域和流域治水规律,强化顶层设计,统筹全流域防洪核心业务,按照规划、建设、预报、调度等洪水防御全过程开展平台建设。

(2) 问题导向,实用管用

根据济宁市防洪的实际和已有工作基础,坚持问题导向、需求指引,以应用为驱动,围绕兴利除害总体目标建设实用、管用、好用的平台。

(3) 数据共享,业务协同

强化全流域水利防洪数据资源的整合汇集、开放兼容,实现各部门间数据资源共享。坚持"平台上移、服务下延"的理念,强化区域内各部门角色定位,优化、再造业务流程,建立横向协同、纵向联动的机制。

（4）创新驱动，技术领先

以创新为引领、以高效为目标，科学运用物联网、大数据、人工智能等新一代技术，借鉴防洪治理先进经验，保障平台的前瞻性和先进性。

（5）安全可靠，有序运行

坚持网络安全与系统建设同步规划、同步建设、同步运行，严格执行市政府数字化转型公共数据安全保护各项规定，建立数据安全责任制度和关键信息基础设施保护制度，明确各类管理运维人员的相关责任，构建全流域防洪网络安全综合防御体系，保障关键信息系统和公共数据安全。

3 泗河流域信息化建设方案

3.1 配套硬件设施建设

（1）水文设施完善

为更准确、快速掌握泗河流域河道及关键断面处的水位、流量信息，在重点河道断面及主要支流汇入口（如泗沂滞洪区、险河汇入口等）处设置流速、水位测定设备共计 22 处，其中电磁流量计、电磁水位计 3 处，AiFlow 智能视频测流设备 15 处，拦河闸电磁水位计 4 处。

（2）闸坝监测与控制设施建设

在泗河 4 座拦河闸及 5 座大中型水库（不包含尹城水库）溢洪道闸进行现地自控设备改造，共计 9 处。对流域内 19 处闸坝（含橡胶坝和拦河闸）进行远程自动控制设备改造，并建设点对点办公专线进行数据传输。

（3）水资源监控设施建设

在泗河干流流经县区交界处依托邻近闸坝建筑物，增设生态流量监测设备，共计 4 处，采用电磁流量计，为水资源调度与管理提供数据支撑。由于济宁市生态环境局将于 2021 年建设 36 处水质监测站，本次系统不再新增水质监测设备，相关数据后期由生态环境局提供并接入。

（4）视频监控与会商建设

根据对泗河、白马河、洸府河现场踏勘，本次工程将在河道险工段、缺口处、主要支流及重点河道断面处新建 41 处视频监控，其中 15 处视频摄像头与 AiFlow 测流设备共用。在城乡水务局指挥中心增设在线防汛视频会商系统 1 套，含电视墙服务器 1 套，抓包服务器及混合音频处理器 1 套，视频会议终端和配套设备（话筒、控制平板等）各 2 套（布设市水务局和市水利事业发展中心各 1 套）。

3.2 基础支撑平台建设

支撑平台主要包含：平台总体框架开发、水利物联网平台建设、三维实景平台开发、短信服务平台、安全设计、专业应用基础支撑平台、数据交换与共享平台、远程闸坝监测平台、部署架构等内容。

3.3 业务数据库建设

围绕流域水旱灾害防御相关的各类数据资源，构建系统运行业务数据库。整合流域内水文气象、空间地理、河流水系、水利工程、社会经济等基础数据，统一接收水雨情、工情险情等实时监测数据，汇聚预报预测、调度管理、水利工程抢险支持等业务数据，建设全流域业务数据库。

3.4 数字流域建设

以济宁市水旱灾害防御系统一张图为基础底图，逐步完善济宁市河流水系、重要河段三维模型和涉河涉堤建筑物等，实现基础地理、水利专题、涉水建筑等多源数据融合和图属一体化管理，进一步完善具有水利特色、全市统一的电子地图，为全市洪水防御提供统一地图服务、空间拓扑分析等空间地理支撑。其中包括水利一张图提升和全流域数字场景建设。

3.5 应用系统开发

在水利一张图的基础上，围绕水利兴利除害相关的四大数据资源，构建水资源、水利工程、模型计算参数及方案管理等基础数据业务库。整合区域内水文气象、空间地理、河流水系、水利工程、水资源开发利用、社会经济等基础数据，统一接入工情险情、取水口、水质监测等实时监测数据，研发预报预测、调度管理、水利工程抢险支持、水资源优化调度、水质监测分析等专业业务数据模型，为应用程序提供计算核心。开发智慧防汛减灾、工程建设管理以及水资源管理调度、数据大屏和移动端等应用。

4 结论

建设泗河数字化，建设覆盖全流域、布局合理、信息畅通、运行高效的信息管理系统，保证泗河安全、可靠运行，实现防汛减灾、水资源综合调配、水质污染治理与监测、水利工程运行与管理等功能，为泗河综合治理工程充分发挥经济和社会效益起到技术支撑作用。泗河流域数字化建设可为其他流域信息化建设提供借鉴和参考。

[参考文献]

[1] 王玫丽.新疆玛纳斯河流域信息化发展策略探讨[J].低碳世界,2017(25):79-80.
[2] 夏润亮,李涛,余伟,等.流域数字孪生理论及其在黄河防汛中的实践[J].中国水利,2021(20):11-13.
[3] 马斌.基于信息技术的渭河流域水资源管理研究[D].西安:西安理工大学,2005.
[4] 马兴冠,高春鑫,冷杰雯,等.智慧河流体系构建及生态评估管理实现[J].中国水利,2016(12):5-7.
[5] 何云,王军,胡啸,等.关于河流的"生态化和智慧化"治理对策的思考[J].中国发展,2014,14(6):13-16.
[6] 刘昌军,吕娟,任明磊,等.数字孪生淮河流域智慧防洪体系研究与实践[J].中国防汛抗旱,2022,32(1):47-53.
[7] 李国英."数字黄河"工程建设实践与效果[J].中国水利,2008(7):30-32.

"数字沙颍河"信息管理平台建设的初步设想

田雨丰　李森

(周口市水利信息中心　河南　周口　466000)

摘　要:沙颍河是淮河的主要支流,研究沙颍河的数字化将为"数字淮河"工程的建设和进一步完善提供必要的数据支撑,同时建设"数字沙颍河"信息管理平台也将全面提升周口市沙颍河流域现代化治水能力。本文主要描述了笔者关于建设"数字沙颍河"信息管理平台理念的形成,并根据当地水利工程和水务工作特点对该平台建设的主要模块提出了初步设想,阐述了当前推动平台建设的基础和存在困难,并提出了合理建议,为周口市"数字沙颍河"信息管理平台建设提供参考。

关键词:数字孪生;沙颍河;信息管理平台;周口市

1 "数字沙颍河"理念的形成

1998年1月31日,时任美国副总统的艾伯特·戈尔在加利福尼亚科学中心演讲时首次提出了"数字地球"这个名词。在戈尔的理念中,"数字地球"就是利用现代信息数字化手段将地球中所有实物信息进行采集、传输、存储、处理、分析、模拟、衍生。随着对"数字地球"理念的研究和扩展,产生了以流域为单位,统筹流域内水工建筑、水文环境、地理资源、生态以及人文景观、社会和经济状态等信息的数字化管理平台——"数字流域"[1]。它可以通过数字化模拟,建立三维影像模型,形成综合性信息管理平台,实现流域内各级水行政主管部门或其他相关行业部门之间的政务互通和数据共享,开展宏观、科学的规划和决策部署,进行虚拟现实交互和移动端动态管理等。

在"数字流域"概念的基础上,2001年,时任黄河水利委员会主任、党组书记的李国英同志提出建设"数字黄河",2003年《"数字黄河"工程规划报告》正式获批,这是国家水利部批复的第一个流域水利信息化工程,开创了我国"数字流域"建设的先河,为全国大江大河"数字化"工程提供了参考。2021年11月,国家水利部发布了《关于大力推进智慧水利建设的指导意见》,要求"到2025年,通过建设数字孪生流域、'2+N'水利智能业务应用体系、水利网络安全体系、智慧水利保障体系,推进水利工程智能化改造,建成七大江河数字孪生流域,在重点防洪地区实现'四预',在跨流域重大引调水工程、跨省重点河湖基本实现水资源管理与调配'四预',N项业务应用水平明显提升,建成智慧水利体系1.0版"[2]。

2022年4月,淮河水利委员会印发《淮委"十四五"时期推进数字孪生淮河建设实施方案》。方案中明确表示"计划构建具有预报、预警、预演、预案'四预'功能的数字孪生淮河"[3]。

而沙颍河作为淮河流域最大的支流,它的数字化建设也将是未来数字孪生淮河建设中的重要一环。因此,为了提高周口地区沙颍河流域水利设施防灾减灾、环境恢复、工程管理能力水平,加强防洪安全、供水安全、水生态安全保障能力,依托《淮委"十四五"时期推进数字孪生淮河建设实施方案》《周口市现代化水网规划》《周口市"十四五"水安全保障和水生态环境保护规划》等相关内容,初步形成了集防灾减灾、生态环境、工程管理、电子政务等四大模块为一体的周口市"数字沙颍河"信息管理平台的设想。

2 "数字沙颍河"信息管理平台的基本框架设想和主要技术

2.1 整体框架结构设想

"数字沙颍河"工程初步建设目标是以三维地理模型为基础，通过数据的采集、传输、储存和处理应用等基本功能，形成集防灾减灾、生态环境、工程管理、电子政务等四大模块为一体的可视化信息管理应用平台。

2.1.1 防灾减灾模块

主要通过该模块实现日常雨量水量、险工险段的监测及预警预报；推算上游洪峰路径、大小、时间；模拟泄洪影响区并评估灾情；推算决口洪水淹没深度、范围；模拟人员转移、物资运输路线；统筹防汛通信、视频会商、防汛指挥等功能。

2.1.2 生态环境模块

主要通过该模块实现水域岸线管理信息与责任权限划分、水土保持区划分、流域内地表水体监测分析预警、地下水水质水位监测、黑臭水体预警预报、入河排污口水质检测预警及水体污染扩散面积预测、全流域采砂监控等功能。

2.1.3 工程管理模块

利用三维地理模型实现全流域水利工程分布定位、远程监控；实现全流域天然来水量精确分配、大中型节制工程调度、灌区渠首工程取水量控制、机井超量取水控制、水厂跨区域调水等功能。

2.1.4 电子政务模块

该模块主要对其他模块功能产生的监测数据进行汇总、统计，同时融合政务处理和水务服务，依托外置输出设备，实现水务工作PC端和移动端即时查询办理、动态显示事务处理流程、精确统计报表分析、提供工程精确位置服务等功能。

2.2 主要技术支持

根据拟定的"数字沙颍河"信息管理平台基本模块功能，参考《淮委"十四五"时期推进数字孪生淮河建设实施方案》，周口市"数字沙颍河"信息管理平台应融合地理信息系统（GIS）、遥感技术、卫星定位系统、软件开发以及云计算、大数据、人工智能、物联网、数字孪生等技术为该平台建设提供支撑。

3 推动"数字沙颍河"信息管理平台建设的基础

3.1 "智慧城市"建设基础

2013年周口市人民政府办公室印发了《"智慧周口"建设工作推进方案》，对周口市"智慧城市"的建设目标提出了明确的要求。该方案的印发，也标志着周口市城市信息化建设工作的全面实施。近几年"5G"基站建设、"智游周口"、"智慧城管"、"智慧城市运营指挥中心"、"大数据中心机房建设"、"智慧工地监管平台"等新型智慧城市建设内容逐步完善并投入使用，为"数字沙颍河"工程提供了建设基础。

3.2 "数字流域"指导性文件不断完善

近几年水利部积极推动"数字流域"建设相关工作,2022年2月,"《数字孪生流域建设技术大纲(试行)》《数字孪生水利工程建设技术导则(试行)》《水利业务'四预'功能基本技术要求(试行)》等文件通过水利部技术审查"[4],为"数字沙颍河"信息管理平台建设提供了技术指导。2022年5月水利部印发了《数字孪生流域建设先行先试台账》,"确定了94项任务,包括46项数字孪生流域建设任务、44项数字孪生水利工程建设任务及4项水利部本级任务"[5],为平台建设实施提供项目参考。

3.3 通信设施建设

目前,沙颍河沿线已建设了微波基站共6个,其中干线基站4个,分别位于沈丘槐店闸、项城水厂、周口闸、逍遥修防段;支线基站2个,分别位于周口市水利局、贾鲁河管理处。通过微波基站可以实现视频、语音、图像等数据传输。同时,依托已建好的数字微波基站通信塔建设了以4个频率为400 MB的摩托罗拉数字中继台、3部车载台、16部对讲机为基础的应急无线通信系统,并通过IP网络将它们连接起来,实现信息互连与漫游、异地通信,为周口市水利系统日常生产、管理调度,特别是汛期中的应急指挥提供可靠的无线通信支持。(沙颍河应急通信系统示意图,见图1;沙颍河微波通信系统示意图,见图2)

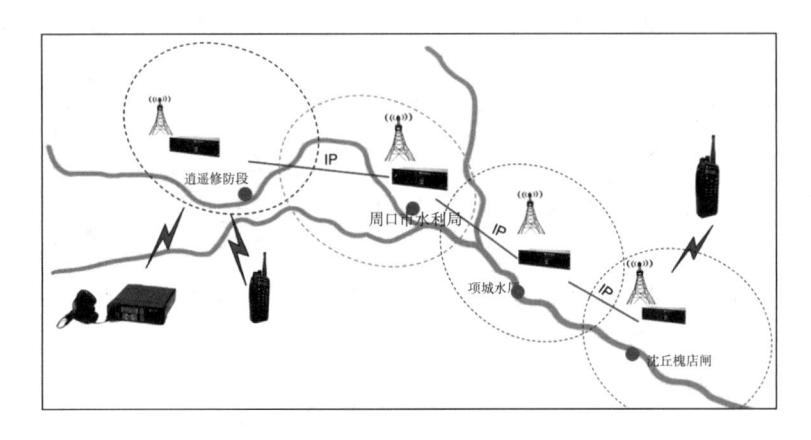

图1 沙颍河应急通信系统示意图

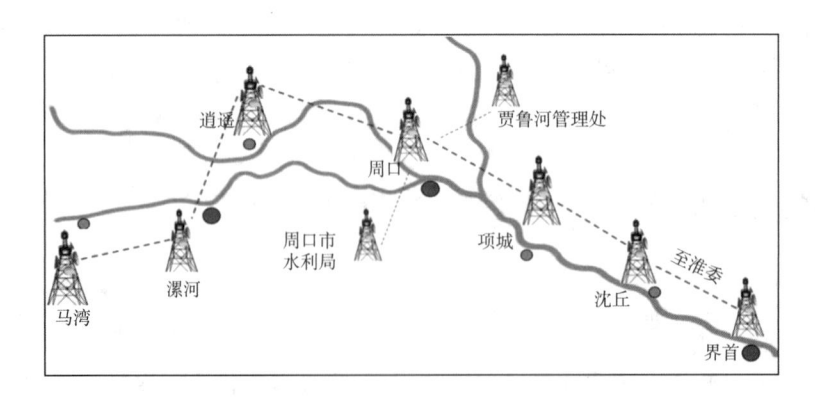

图2 沙颍河微波通信工程示意图

3.4 农村基层防汛预报预警体系建设

截至2020年,全市已建成农村基层防汛预报预警体系。建设范围涉及川汇区、淮阳区、太康县、项城市、西华县、沈丘县、扶沟县和郸城县等8个县(市、区),雨水情监测站点密度以及图像监测站基本满足中小河流预警需要,其中雨水情可通过省雨水情监测数据中心统一接收处理,图像监控可以利用省级图像监控系统调用查看。为"数字沙颍河"信息管理平台部分模块构建提供了建设基础。

4 "数字沙颍河"建设存在的困难

4.1 思想认识不到位

"数字流域"概念对于县、乡级基层工作人员来说仍是个新型概念,部分人对于建设"数字化"平台的意义没有深刻的理解,对于新型的"数字"技术使用存在困难,对于项目建设管护没有积极性,存在排斥、畏难情绪。

4.2 前期工作资金缺口大

该项工程的实施需要多项高精尖信息技术和设备,前期资金投入较高,但水利项目作为公益性建设项目对于财政资金的依赖性强,特别是平原地区水利项目的可商业化程度不高,商业附加值不足,也导致了社会资金投入缺乏动力。同时,市、县资金配套率低的现象,也增加了资金筹措难度。资金缺口将是制约该项目推进的重要因素。

4.3 工程项目数量多,数字化水平不高

目前,全市各类水利设施远未做到全面监测。例如,沙颍河流域目前共有大中小型水闸739座,能全面做到远程监测监控和信息采集的水闸不足10%,地下水位、排污口、水源井等监控设施也没有建立统一平台,部分"数字化"功能仍处在初步规划阶段尚未实施。

4.4 基础设备能力不足

"数字沙颍河"信息管理平台建设需要搭建大型的数据处理设备和存储设备,来支撑大量的信息采集、传输、运算、模拟工作,但市、县级水利主管部门的机房规模和计算机运行存储能力不足,部分设备年久失修,无法承担大量数据运存,个别计算机系统落后,与新型软件不能兼容。基础设备不能发挥模块正常功能。

5 "数字沙颍河"信息管理平台建设保障措施

5.1 做好顶层设计

要认真研读国家水利部出台的《智慧水利建设顶层设计》等有关指导性文件,组织多领域专家根据周口市沙颍河流域城市规划实际和高质量发展要求,坚持以补足短板弱项为导向,以全面统筹为核心,以强化监督管理能力为主要路线,以推动高质量、现代化发展为最终目标,开展"数字沙颍河"的基础框架规划和基本技术体系建设工作,为沙颍河流域管理数字化转型赋能。

5.2 提供技术支撑

从目前设想的平台模块类型来看,"数字沙颍河"需要利用海量的数据处理来完成现有模块功能,当进一步完善模块功能,扩展模块类型后,平台需要的数据将呈现指数型增长,存储、计算、处理等设施设备也要随之扩展提升,相关专业技术人员的整体能力也要与日俱进。

因此,"数字沙颍河"平台建设,不仅需要强有力的计算和存储等基础设施支撑,更需要高层次的专业性人才对整个平台进行管理、维护、升级、研发。一是要在现有的设备基础上,进一步扩展升级市、县两级水利主管部门的计算和存储设备。二是要加强现有机房的环境建设,为系统平台的升级、改造提供必要的场所和环境。三是要进一步加快城市信息模型(CIM)平台建设,为"数字沙颍河"提供中心城区规划模型数据支撑。四是落实人才引进和人才培养。要积极引进水利、通信、计算机等专业高层次人才,扩充人才队伍总量,改善现有人才队伍结构,提高人才队伍素质,同时完善人才服务和人才培养,为"数字沙颍河"提供充沛的技术动力。

5.3 提高行业信息共享和信息保护

"数字沙颍河"信息管理平台的建设不能仅依靠水利部门实现,应该冲破思维约束,破除部门利益,结合流域特点,利用好"智慧城市"平台,参考政务信息平台一体化建设经验,加强环保、自然资源、农业农村、交通、港航、文旅等部门数据信息共享。实现流域数字水利、数字水文、数字旅游、数字航道和数字农业等平台信息互通互联。

在促进数据信息共享的同时也要加强数字信息安全建设,要研发相适配的电子信息安全"装备",构建全方位数字信息安全保障制度体系,提高管理人员的信息安全保障技术和应急处突能力,为"数字沙颍河"信息管理平台的信息传输、共享创造安全稳定的发展环境。

5.4 加大资金投入

要结合周口市实际,建立政府主导、市场推动、多元投入、社会参与的资金投入机制,地方财政应主动争取上级资金支持并积极投入配套;整合与"数字沙颍河"概念相同或相近的项目资金,比如中小河流治理、大中型病险水闸除险加固、高标准农田建设、防灾减灾能力提升等项目资金。建设内容尽可能向"数字沙颍河"信息管理平台建设模块功能靠拢倾斜。同时,应根据我市沙颍河流域开发实际,结合环保、自然资源、农业农村、交通、港航、文旅等部门与商业性银行共同商讨谋划新型贷款模式,吸引更多社会资本投入,实现沙颍河流域水利、农业、环保、城市规划、航道、旅游等产业相互融合、协调发展。

[参考文献]

[1] 谭德宝.数字流域技术在流域现代化管理中的应用[J].长江科学院院报,2011,28(10):193-196+209.
[2] 佚名.水利部印发关于推进智慧水利建设的指导意见和实施方案[EB/OL].(2022-01-06).
[3] 高博.淮河水利委员会印发"十四五"时期推进数字孪生淮河建设实施方案[EB/OL].(2022-04-27).
[4] 杨柳.水利部对数字孪生流域建设技术大纲等文件进行技术审查[EB/OL].(2022-02-25).
[5] 魏永静.水利部印发数字孪生流域建设先行先试台账[EB/OL].(2022-05-07).

[作者简介]

田雨丰,男,1993年12月生,周口市水利信息中心副主任,18039529981,2435772186@qq.com。

出山店水库数字孪生平台建设的研究

张新豫[1]　李柄邑[2]

(1. 河南省出山店水库建设管理局　河南　信阳　464000；
2. 河南省水利勘测设计研究有限公司　河南　郑州　450000)

摘　要：文章介绍了数字孪生的定义和水利部对数字孪生流域的要求，结合出山店水库介绍了数字孪生平台的建设内容和关键技术需求，并提出了建设的几点建议，可为数字孪生平台的建设提供参考。
关键词：出山店水库；数字孪生；建设；信息化

1　引言

近年来，党和国家对水利信息化的发展提出了更高的要求，各级水利部门深入贯彻落实新时代"十六字"治水思路和"推动新阶段水利高质量发展"总要求。新建水利工程在前期设计阶段加入了信息化、智能化的设计，在施工阶段信息化的建设跟随工程建设一同进行；已建水利工程也都陆续在后续改造中加入了信息化的建设内容。基本实现了水利工程前端感知信息的自动采集、分析、处理，为水利工程的运行管理提供有力保障。

但是，水利工程信息化系统大多只是对前端基础数据的采集分析，缺少与水文模型、水动力模型、工程调度模型等模型的深度融合，而且系统多服务于单个水利工程，独立存在，未与流域内的其他工程进行联合调度管理。随着云计算、大数据、物联网、人工智能等为代表的数字孪生信息技术的不断发展，数字孪生技术可以促进水利业务不断深度融合，有力促进了高新技术在水利行业的适配、升级、落地，这些新技术不仅深刻改变着水利工程的管理模式、服务模式和运行模式，而且促使水利信息化发生新的变革。水利工程数字孪生平台的建设是贯彻落实新发展理念的重要体现，是推动新阶段水利高质量发展的必然要求。

2　数字孪生的定义

数字孪生主要是通过模型构建软件在虚拟世界中构建物理世界的模型，然后将物理世界中的各类信息数据通过数据采集系统采集并添加到虚拟世界的模型中，与物理世界一一映射，模仿物理世界真实发生的一切。

利用实时数据通信技术、大数据技术、虚拟仿真技术等高新技术，物理世界的任何变化都实时反映在虚拟世界的模型上，使虚拟世界随之变化；同时虚拟世界模型上的各类仿真模拟也能反馈到物理世界中，使物理世界随之变化[1]。

3 数字孪生平台的要求

2022年,水利部下发了《数字孪生流域建设技术大纲(试行)》,大纲中要求数字孪生平台是以物理工程为单元、时空数据为底座、数学模型为核心、水利知识为驱动,对物理工程全要素和水利治理管理活动全过程的数字化映射、智能化模拟,实现与物理工程同步仿真运行、虚实交互、迭代优化,实现对物理水利工程的实时监控、发现问题、优化调度的新型基础设施[2]。

4 出山店水库数字孪生平台的建设

出山店水库数字孪生平台建设充分调研和分析数字孪生技术发展带来的新需求,进行数字孪生平台的整体设计,充分结合出山店水库已建的各类信息化系统,尽可能地避免重复建设,同时也考虑平台建成后运行维护的继承性、延续性以及对未来模式的适应性、融合性、可扩展性,妥善合理地配置各种软硬件资源,保证出山店水库数字孪生平台稳定、科学地发展,实现既实用又好用的目的。

出山店水库数字孪生平台逻辑架构共包含五层和三纵,五层即物理实体层、基础设施层、数字孪生平台层、业务应用层和系统用户层,三纵分别是标准规范体系、安全管理体系和运行维护体系。各层次相关互联、融合,形成完整的出山店水库数字孪生平台。

4.1 物理实体层

物理实体主要包括水库实体和前端感知网络。水库实体主要包括出山店水库大坝、库区、闸门、电站厂房等主要实体,前端感知网络主要包括水雨情、视频监控、工情、安全监测等监测设施。物理实体是建设数字孪生工程的实体映射对象。

4.2 基础设施层

基础设施包括通信网络、机房和会商室等,为数字孪生工程的监测数据获取、信息数据传输、信息数据存储和计算机系统安全提供硬件支撑及服务。

4.3 数字孪生平台层

数字孪生平台层包括工程数据底板、水库模型库、水库知识库,为出山店水库数字孪生平台信息数据获取、工程全景可视化展示、洪水预报调度决策、运行维护管理提供支撑与服务。

4.4 业务应用层

业务应用层分为三部分,分别是数据库、应用支撑服务和应用系统。

数据库:出山店水库建设有标准、可靠、先进的数据库系统,建立高效的数据更新机制,整合数据资源,保证数据的完整性和一致性。数字孪生平台部分基础数据可以通过接口模式从已建数据库中调用。

应用支撑服务:建设有统一的应用支撑平台,为业务应用系统提供可靠、稳定的支撑,提供基于统一技术架构的业务开发与运行支撑环境,为应用建设提供基础框架和底层通用服务,为数据存取和数据集成提供平台。

应用系统:基于出山店水库数字孪生平台数字化场景的构建,建设流域防洪调度系统、运行监测系统、安全监测预警系统、会商预演决策系统等应用系统,并兼顾与现有信息化系统的互联互通。

4.5 系统用户层

系统用户层主要有水库管理局、水库上级管理单位,涵盖防汛和运维管理业务工作人员、管理人员。

4.6 标准规范体系

标准规范体系是平台设计、建设和运行的相关技术标准,为系统平台建设提供标准、规范的理论与实践指导。

4.7 安全管理体系

安全管理体系为业务应用层提供统一的信息安全服务,确保系统的良性运转和可持续运行。

4.8 运行维护体系

运行维护体系为系统建设提供科学有效的融合组织、制度、流程、技术的 IT 运维管理体系。

5 数字孪生平台建设的关键技术需求

5.1 多源数据融合技术需求

目前,重要河流和重要水利工程基本都建设有信息化系统或者计划建设信息化系统。需要运用多源数据融合技术,将数字孪生平台的建设与已有的或者在建的信息化系统相结合,以多源、多类型数据为基础,以时空数据为主要索引,构建多层次时空数据融合框架,形成全空间、全要素、全过程、一体化的时空数据体系。使数字孪生得到更为准确全面的呈现和表达,更准确地实现动态监测、趋势预判、虚实互动等核心功能。

5.2 精准模型构建技术需求

数字孪生平台是依靠模型进行构建的,模型是数字孪生平台的底层建筑,模型的精度决定了平台的功能效果。数字孪生平台要求模型与物理世界深度融合,各类信息数据一一对应,而不像传统的建模,仅对物理外观和框架进行建模,实现展示的功能。因此需要精度建模技术将物理世界呈现在数字孪生平台上,并将各类数据与模型深度融合,以实现更好的数字孪生交互效果。

5.3 模型轻量化技术需求

数字模型轻量化可以将模型大小降低,减少运行时间,降低数字孪生平台的运行压力,使平台运行更流畅。

研究主流模型轻量化方法并找出最适合本项目的轻量化方案,包括 LOD 轻量化技术、瓦片化分级显示技术、实例化技术、视觉范围遮罩技术等;针对不同平台和数据类型,收集、开发和改进 BIM 模型及主流 GIS 数据提取、轻量化转换辅助工具集,帮助进行各类异构数据的轻量化。

5.4 数据安全技术需求

数据是数字孪生平台的基础,平台的运行需要大量的数据进行支撑,涉及数据的存储和数据的传输两部分。

在数据传输的过程中,容易受到网络攻击,造成数据的丢失和损坏。

在数据存储的过程中,数字孪生系统会产生和存储海量的数据,这些数据的安全是数字孪生平台的关键,任何一个安全问题,都有可能造成数据的丢失和泄露,导致平台无法正常运行。需要运用先进的数据安全技术,保障数字孪生平台数据传输和存储的安全,确保数字孪生平台安全运行。

6 数字孪生平台建设的几点建议

6.1 注重顶层设计

注重顶层设计,建设内容应符合国家、省、市及流域的数字孪生规划要求,以统一信息资源技术标准为原则,坚持一盘棋规划,使得数据资源可持续地得到充分整合。

6.2 统筹规划、逐步完善

在顶层设计的框架下,统筹规划建设内容,为后续工程建设奠定基础,不断优化完善建设内容,最终实现数字孪生平台的建设。

6.3 注重队伍建设

通过在项目建设、运行维护中的全面参与、深度合作,培养锻炼一支技术扎实、业务熟练的信息化人才队伍。

6.4 多行业融合

数字孪生平台的建设和发展不仅仅需要水利行业内部系统的科学规划和技术指导,还要依靠各行业人士的不断努力,共同促进水利行业同其他行业间的交叉融合,全面推动数字孪生平台的发展和进步。

7 结语

数字孪生平台的建设,实现全要素的数字化映射,实现物理工程与数字工程之间的动态实时信息交互和深度融合,构建具有预报、预警、预演、预案功能的智慧防洪调度管理体系,实现工程防洪调度与运行管理的数字化、信息化、智能化。为保障工程抗洪抢险和沿线城市防洪安全提供技术支撑,为新阶段水利高质量发展提供有力保障。

[参考文献]

[1] 陈华鹏,鹿守山,雷晓燕,等.数字孪生研究进展及在铁路智能运维中的应用[J].华东交通大学学报,2021,38(4):27-44.
[2] 水利部部署数字孪生流域建设工作[EB/OL].(2021-12-27).

[作者介绍]

张新豫,男,1985年10月生,副科长,从事水利工程方面的工作,13607695909,276968378@qq.com。

高质量发展背景下流域数字孪生建设的思考

俞 瑾

(淮河水利委员会治淮工程建设管理局　安徽 蚌埠　233001)

摘　要：水利数字孪生技术是综合利用多种智慧科学的技术。数字孪生技术能完善流域江河湖泊和水工程监控体系，加强新技术应用，提升监测技术水平。因此打造水利工程的数字孪生体，建立水资源统一调度管理系统，构建水情气象灾害与应急预案模拟预演系统，进行重点流域综合态势分析，完善运河、内河通航管理系统，优化水利相关资产管理系统等，是水利治理现代化的有益探索。

关键词：数字孪生；水利治理；智慧科学

1 数字孪生定义

数字孪生，也被称为数字映射、数字镜像，是智慧科学领域最热门、最前沿的概念，其显著特征是对实体对象的动态仿真。

数字孪生流域是通过综合运用全局流域特征感知、联结计算(通信技术、物联网与边缘计算)、云边协同技术、大数据及人工智能建模与仿真技术，实现平行于物理流域空间的未来数字虚拟流域孪生体。通过流域数字孪生体对物理流域空间进行描述、监测、预报、预警、预演、预案仿真，进而实现物理流域空间与数字虚拟流域空间交互映射、深度协同和融合。

2 水利数字孪生的政策环境

随着社会经济的发展，科学技术的进步，水利数字孪生是推动水利高质量发展的必然结果。2021年8月水利部印发《智慧水利建设顶层设计》《"十四五"智慧水利建设规划》，12月水利部召开推进数字孪生流域建设工作会议，水利部部长李国英提出加快推进数字孪生流域建设，实现预报、预警、预演、预案功能。2022年6月水利部启动七大江河数字孪生流域建设方案审查。

3 水利信息化发展存在的不足

3.1 透彻感知能力不足

水利感知的覆盖范围和要素不全，对于水文信息、环境信息、工程信息等方面的监测能力已经不能满足工程管理的需要，虽然现在能够通过地面、水上、航空、航天等技术与设备进行信息采集工作，但整体智能化水平仍处于相对较低的程度。离将要建设的数字孪生流域体系要求仍有较大的距离，物联网技术与设备也没有得到充分的利用，且通信基础能力较为薄弱，在网络带宽、应急措施方面均有不足。

3.2 信息基础设施"算力"欠缺

目前,水利业务网与乡镇级水利单位联通率低,严重阻碍了水利业务应用"三级部署、多级应用"的发展原则。骨干网络不能满足现有数据传输、服务调用的需要。面对现在影像、图像等数据的快速增长,缺乏大数据处理、云计算与数据存储能力。

3.3 信息资源开发利用有待提升

水利内部信息系统缺乏整合,导致现有水利设施基础信息不全、准确性不高、基础数据不统一、对象代码不统一、数据标准不统一等问题,各类业务和各级部门间存在数据"重采、重存"的现象。同时对所需要的如地质信息等联系紧密的外部信息缺乏共享,联动不足。

3.4 业务应用智能化水平差距较大

现有水利信息系统中的水利工程、水资源开发、水灾旱灾防御、水土保持等业务均存在业务与信息技术融合不深入,智能化水平不足,对于5G、AI、大数据、物联网等新兴技术未能充分应用,最终导致信息系统对业务发展支撑能力薄弱的问题。

3.5 保障体系建设不够健全

现有信息化系统未能充分适应新时代水利信息化建设的组织体系、规章制度、法律法规、考核体系等体制机制不够健全,与新一代信息技术应用要求相配套的水利装备、物联通信、网络安全、应用支撑、系统建设与运维等技术和管理标准欠缺。重建设轻运维的现象普遍存在,运维队伍不健全,运维技术水平和效率不高,信息化建设成果的继承性不够。

4 水利工程数字孪生技术的应用

4.1 完善流域江河湖泊和水工程监控体系

4.1.1 完善江河湖泊感知体系建设

水文水资源信息是实现流域数字映射的基础信息,涉及水量、水位、流量、水质、泥沙、降雨量等信息。推进建立流域洪水"空天地"一体化监测系统,提高流域洪水监测体系的覆盖度、密度和精度;优化山洪灾害监测站网布局,将雷达纳入雨量常规监测范畴;确保该监测的断面均纳入监测范围,需要视频监测的部位部署视频监测设施;提高采集信息源数据的准确度,摸清水资源取、供、输、用、排等各环节的底数。[1]

4.1.2 完善水利工程设施感知体系建设

水利工程信息是流域数字映射的重要内容,涉及水库(含水电站)、泵站、水闸、堤防、灌区、蓄滞洪区等各类水利工程。针对流域内的水利工程,利用视频、监测设施、BIM等技术,实现水利工程建设全过程数据采集和管理;完善流域内水利工程建筑物、机电设备运行工况在线监测。对于新建、改扩建和除险加固工程,要从前期工作和设计阶段加强自动化监控设施和智慧管理系统设计,确保自动化监控经费,为实现数据采集打下较好基础。

4.2 加强新技术应用、提升监测技术水平

加强3S智能感知技术手段应用。使用卫星、雷达等遥感监测手段实现大尺度的动态监测预警；运用智能视频监控，通过图像智能分析，实现自动识别、智能监视与自动预警；根据监测感知需要使用无人机、无人船、机器人等监测手段；根据网络传输需要推进5G、物联网等新技术应用。创新监测设施设计，针对"一杆通"等新型监测设施，要加大试点推广力度，推动监测设施改革创新。

4.3 打造水利工程的数字孪生体

对流域重要的水库、堤防、蓄滞洪区、水闸、泵站等水利工程运用BIM+GIS、数字孪生技术建立数字映像，并接入实时监测设备，能够对重点工程对象实现实时监控。通过打造水利工程数字孪生体，实现重要数据的精准映射，实现三维场景的仿真模拟，辅助以无人机倾斜摄影等技术能够使数字孪生体更加逼真。[1]

4.4 水量统一调度管理系统

南水北调东线一期工程山东段水量调度系统利用数字孪生技术建立了二三维一体模拟仿真平台，在计算机中建立了一个与现实引调水工程相对应的数字模拟体。同时，结合工程特点，利用渠池蓄量平衡原理自主研发了"同步控制自适应平衡"调度控制模型，实现水量调度方案及实时调度过程相关要素的仿真模拟，有效提高了水量调度决策的科学化、精细化水平。[2]

4.5 水情气象灾害与应急预案模拟预演系统

以水情气象灾害分析模型库为支撑，基于历史数据、实时监测数据，模拟特定条件下的流域演进过程，结合AI算法建立流域样本数据库，强化模型训练，提取关键参数，通过数字孪生场景对模拟结果的复刻、还原，完善对流域险情、灾害的预案系统。

根据模拟预演结果，将应急预案与数字孪生平台深度融合，实现模拟险情状态、定位出险位置、发布响应信息、调拨应急物资、模拟处置效果等功能，实现应急预案的数字化应用和现场处置方案智能推荐。

4.6 重点流域综合态势分析

支持基于地理信息系统，对江河湖泊流域、水库、电站、重要设备等管理要素的分布、范围、类型、状态等信息进行综合监测；支持融合水利管理各部门现有数据资源，对水文气象信息监测、调度业务管理、清洁能源、防洪等各业务领域的关键指标进行多维可视分析；支持通过三维建模，多种角度直观展示大坝主体、船闸、电站机组、闸门泄水建筑物等重点管理对象的运行态势，实现水利管理综合运营态势一屏掌握。[2]

5 数字孪生流域关键技术

数字孪生流域管理系统是数字孪生水利信息化监管平台的基础，主要是建设数据底板，为模拟仿真、知识服务提供海量数据支撑。数字孪生流域管理系统是新一代信息通信技术与传统流域管理技术深度融合的创新应用。

5.1 面向复杂环境的低功耗新型传感技术及综合阵列传感技术

流域运行状态的全面、准确数字化表征是构建数字孪生流域的基础。为此,以重点流域水环境阵列传感技术传感器为数据来源,以多源数据融合为技术手段,是打造数字孪生流域的首要关键。

5.2 边缘智能与协同技术

边缘计算是面向流域智能化需求,构建基于流域海量数据采集、汇聚、分析的服务体系,支撑流域泛在连接、弹性供给、高效配置的流域边缘计算节点。其本质是通过构建精准、实时、高效的数据采集,建立面向流域轻量级大数据存储、多传感器数据融合、特征抽取等基础数据分析与边缘智能处理及流域云端业务的有效协同。

5.3 流域通信与数据传输技术

针对数字孪生流域的物联网感知数据传输问题,需要探索覆盖重点流域断面、支撑多源数据传输的无线通信技术,为数字孪生流域多源数据传输提供安全可靠保障。

5.4 流域数字孪生体构建与数据驱动及仿真技术

流域孪生体的构建需要采集流域各要素数据、构建各类型模型,并进行数据、模型集成融合,以实现流域孪生体与物理实体精准映射镜像。其中从流域实景三维建模到动态数据驱动的数字孪生流域模型以及数字孪生模型的反向推演仿真成为数字孪生流域的核心技术。在大数据、云计算、物联网、人工智能等新技术蓬勃发展的背景下,水利工程数字孪生技术必将引领水利工程运行管理进入更加智慧的新阶段。[3]

6 结语

近年来,大规模洪水频发,为保障人民群众的生命财产安全,政府对水利行业更加重视,要求也更加严格。数字孪生技术,是推动水利行业发展的重要一步。数字孪生涉及多种跨学科技术,对海量数据进行组织与挖掘,辅助解析流域演化过程的物理机理,以大数据为背景建立新一代数学模型,不断推动水利治理能力现代化、智能化,助力水利高质量发展。

[参考文献]

[1] 刘海瑞,奚歌,金珊.应用数字孪生技术提升流域管理智慧化水平[J].水利规划与设计,2021(10):4-6+10+88.
[2] 霍建伟,李永胜,张军珲,等.数字孪生技术在引调水工程运行管理中的应用[J].小水电,2021(5):15-17.
[3] 张绿原,胡露骞,沈启航,等.水利工程数字孪生技术研究与探索[J].中国农村水利水电,2021(11):58-62.

[作者简介]

俞瑾,女,1985年1月生,科长,高级工程师,主要研究方向是水利工程建设管理,1075415512@qq.com。

议题五
建立健全节水制度政策

基于史密斯模型的县域节水型社会达标建设政策执行研究

马天儒[1]　张　慧[2]

（1. 水利部淮河水利委员会　安徽 蚌埠　233001；
2. 蚌埠学院　安徽 蚌埠　233000）

摘　要：县域节水型社会达标建设是国家节水行动的重要内容，涉及县域社会治理管理多个方面，影响因素复杂，工作推进困难。本研究基于史密斯政策执行过程模型，从理想化政策、执行机构、目标群体和环境因素等方面分析县域节水型社会达标建设执行困境。结合实际情况，提出优化顶层设计，健全执行机制；强化组织领导，增强执行能力；提升人员素质，提高治理水平；精准实施奖补，增强目标感知；加强宣传引导，凝聚社会合力等对策建议，为提升县域节水型社会达标建设政策执行效能提供参考和借鉴。

关键词：县域节水型社会达标建设；史密斯模型；政策执行

1　引言

开展县域节水型社会达标建设，是贯彻"节水优先"方针、落实《国家节水行动方案》的重要举措，对保障区域供水安全、推进生态文明建设、促进经济社会高质量发展具有十分重要的意义。近年，各省、自治区、市县域节水型社会达标建设工作取得良好成效，但建设质量参差不齐，工作推进快慢不一、节水成效不够显著等问题也愈发突出。系统分析县域节水型社会达标建设政策执行过程并提出相关问题的破解之道，对提升政策执行效能、提高治理水平、保障该项工作顺利推进十分必要。

2　县域节水型社会达标建设政策执行现状

2.1　政策解释

县域节水型社会达标建设是为推进供给侧结构性改革、推行绿色生产方式、增强可持续发展能力而确立的一项政策。2017年中央一号文件提出开展县域节水型社会建设达标考核。随后，水利部部署开展县域节水型社会达标建设工作，要求各省级水行政主管部门广泛动员各县级人民政府积极推进节水型社会建设并组织实施技术评估和达标考核。县域节水型社会达标建设政策的总体目标是通过推进达标建设，全面提升全社会节水意识，倒逼生产方式转型和产业结构升级，促进供给侧结构性改革，更好满足广大人民群众对美好生态环境的需求，增强县域经济社会可持续发展能力，促进社会文明进步。

县域节水型社会达标建设工作内容主要包括用水定额管理、计划用水管理、用水计量、水价机制、节水"三同时"管理、节水载体建设、供水管网漏损控制、生活节水器具推广、再生水利用、社会节水意识等10个方面。《国家节水行动方案》要求到2022年，北方50%以上、南方30%以上县（区）级行政区达到节水型社会标准。《"十四五"节水型社会建设规划》提出到 2025 年，北方 60% 以上、南方 30% 以上县（区）级行政区达到节水型社会标准。

2.2 政策实施

2021 年，水利部印发《县域节水型社会达标建设管理办法》，明确水利部负责达标建设的组织指导、标准制定、复核认定和监督管理等工作；流域管理机构根据职责分工负责达标建设的复核、监管等工作；省级水行政主管部门负责推动县级人民政府开展达标建设，组织开展审核、监管、评估等工作；县级人民政府落实主体责任，组织制定达标建设具体方案，分解落实目标任务和保障措施，建立健全工作机制，确保按期完成达标建设任务。

2.3 政策监控

县域节水型社会达标建设实行年度复核与动态评估机制。水利部组织流域管理机构按照职责分工对备案县（区）的达标建设情况进行复核，复核主要包括节水型社会指标复核、取用水户检查、达标建设效益分析和问题梳理等，复核结果经水利部审议通过后向社会公告。省级水行政主管部门对达标县每五年开展一次评估，评估发现不满足节水型社会评价标准的县（区），水利部取消其达标县命名。

3 研究方法及分析框架

3.1 研究方法选择

自 20 世纪 70 年代以来，为消除政策目标与实际效果之间的差距，公共管理学者们把研究方向由政策制定转向政策执行，提出了许多有关政策执行的理论和模型。从研究路径上，这些理论可以分为自上而下、自下而上以及整合网络三种主要研究范式。

我国政府组织是典型的科层制，上下级有着明确的行政隶属关系，不同部门之间权力分割较为明显。从政府运转体制来看，我国政策实施基本上都采取自上而下的执行方式，由法定授权的决策者确定政策目标，按隶属关系管理的执行者逐级分解目标并根据职能负责具体落实。

县域节水型社会达标建设是为促进供给侧结构性改革、增强可持续发展能力而确立的政策，是由政府主导的具有较强外部性的政策行为，短期收益不明显，天然缺乏内生动力，其作为考核类型的政策需要采取高位推动、逐级落实的执行方式。因此，研究过程中选取自上而下的研究范式对县域节水型社会达标建设政策执行过程进行分析。

3.2 史密斯政策执行过程模型

史密斯模型是由美国政策科学家史密斯在其《政策执行过程》专著中提出的用于分析政策执行的模型，作为政策执行自上而下研究范式的典型代表，能够较好地分析复杂因素作用下的政策执行过程。史密斯模型假定影响政策执行效果的归因因素包括：理想化政策、执行机构、目标群体、环境因素等四个方面。在政策执行过程中，这四个要素相互作用、相互影响，产生一种张力并带来冲突，需要采取一定措施进行处理并反馈，确保各要素协调，从而推动政策执行。

3.3 县域节水型社会达标建设政策执行分析框架

在史密斯模型理论基础上，根据县域节水型社会达标建设政策执行情况和具体工作特点，可以厘

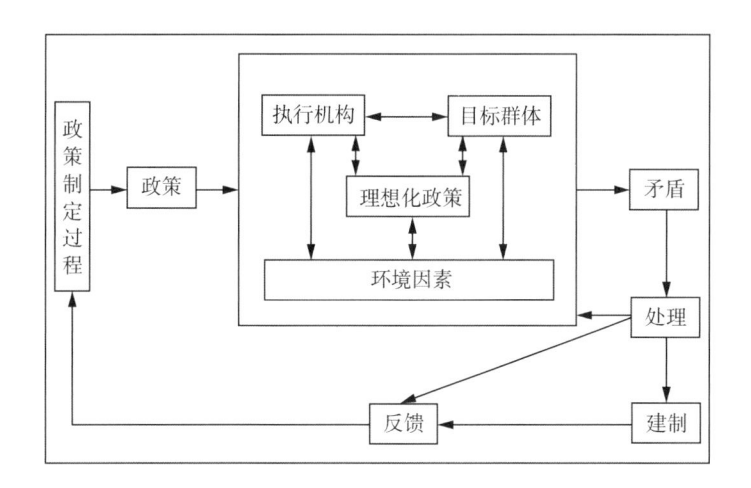

图 1　史密斯政策执行过程模型

清影响政策执行的四大要素,并构建出县域节水型社会达标建设政策执行分析框架。县域节水型社会达标建设决策者为水利部,其政策本身的设计思路和内容作用于其他要素,政策理想化程度也受其他要素制约;政策的执行机构主要是省级水行政主管部门和县级人民政府;按照现行政策内容,目标群体覆盖了县域内取用水户和社会公众;对县域节水型社会达标建设起主要作用的环境因素包括经济因素和社会因素。

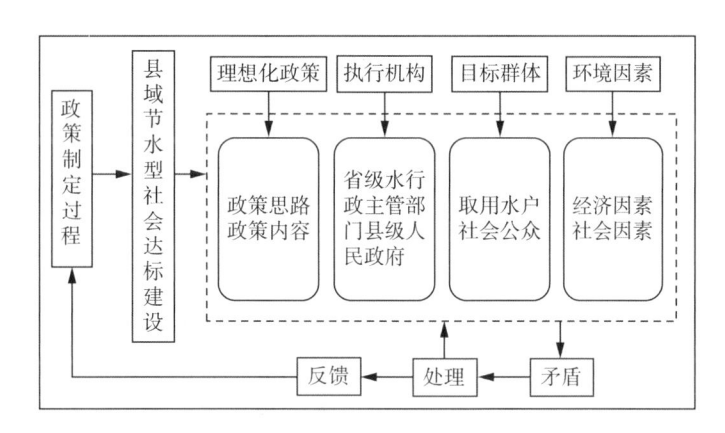

图 2　县域节水型社会达标建设政策执行分析框架

4　县域节水型社会达标建设执行困境

4.1　理想化政策

从政策思路看,县域节水型社会达标建设政策由省级水行政主管部门推动县级人民政府实施,由于二者没有明确隶属关系,实际执行中需要经过省级计划、地市分解、县级水行政主管部门报请地方政府组织实施,政策传播链路较长,人力资源投入较大,基层执行机构把握政策要求存在一定困难;由于缺少明确的奖罚机制,导致执行机构积极性不强。

从政策内容看,县域节水型社会达标建设不仅涉及水行政主管部门职能,还涉及发改、住建、农业、工信、财政等多个部门,对执行机构协调能力要求较高,易出现分工不明确、挂名不出力、责任难追溯的情况;由于目标群体覆盖了县域内取用水户和普通公众,不易精准发力,投入需求极大,对经济社会发展和社会支持力度有较高需求。

4.2 执行机构

就省级水行政主管部门而言，需要负责组织推动、审核、监管、评估等工作，对责任要求高，对人力需求大，实际执行过程中往往需要大量的外聘专家等外部人力，外部人力的专业素质和责任心对工作结果影响极大，往往造成把关不严、监管失位、标准不一致的情况。由于省级水行政主管部门受政策目标，即建成比例考核约束，但不负责最终命名并向社会公示，执行过程中易出现审核责任上推的倾向。

就县级人民政府而言，需要负责工作协调和具体落实，其组织领导和人员素质对政策执行具有关键影响。在实际工作中，由于政治效益和经济效益不明显，很多县对县域节水型社会达标建设政策重视程度不高，议事协调机制不发挥作用，部门分工不具体、责任不明确，水行政主管部门独自承担创建任务，创建效率低，工作开展困难。部分县区人员素质不高，无法准确领会政策精神和要求，盲目整编材料，机械应付工作，不仅造成人力物力浪费，一些生硬的甚至错误的执行方式还加重了目标群体负担，造成了政策曲解和不良社会影响。

4.3 目标群体

目标群体是政策执行的直接影响者，其政策认同及执行配合很大程度上取决于社会道德氛围和对自身利益的考量。在县域节水型社会达标建设政策执行过程中，很多县区不重视节水激励政策，不情愿支出奖补资金，政策宣传力度薄弱，群众对有关政策感知不强、对政府信任程度不高、配合意愿较弱，进而导致政策执行难度加大。尤其是在节水载体建设方面，取用水户既没有积极性，又不愿意配合，许多载体建设靠政府强制推行，导致节水载体创建水平低，示范效应差，节水成效不明显。在政府强制推行背景下，群众对政策的抵触情绪和对政府的不信任心态又会进一步破坏政策执行环境。

4.4 环境因素

经济因素和社会因素共同以复杂形式作用于县域节水型社会达标建设政策执行过程。经济因素主要体现在执行机构为政策实施配置资源的多寡。县域节水型社会达标建设需要投入较多的人力物力，节水载体建设，再生水利用，高效节水灌溉等指标都需要较大资金支持。一些经济力量薄弱的县区由于财政压力会尽可能压减达标建设支出，放弃投入需求较大的考核指标，同时，这些县区也不愿把资源耗费在此类经济效益不明显的工作上。社会因素主要体现在目标群体对政策执行配合意愿的强弱。一些水资源条件较好、经济社会发展对水资源要求不高的县区在政策执行上缺乏动力，往往难以达到较好的政策执行效果。需要指出的是，不同区域之间经济因素和社会因素的不平衡也加大了政策统筹的难度，想要制定理想的政策目标和考核指标十分困难。

5 县域节水型社会达标建设对策建议

5.1 优化顶层设计，健全执行机制

第一，县域节水型社会达标建设政策应考虑按照分级建设思路开展工作，由部、省、市设立不同级别的县域节水型社会达标荣誉。分级建设的方式，一是缩短了政策链路，有助于提升部署效率，保证政策理解一致性；二是提高了人力资源投入产出比例，部、省、市、县不再为同一县区重复投入；三是增

强了政策灵活性与适应性,政策目标和考核指标的设置可以充分考虑区域政策环境;四是保证了政策含金量与可持续性,部、省可以制定更高标准并进一步严格把关,让各县区良性竞争并持续提升,让达标荣誉名副其实。第二,县域节水型社会达标建设应考虑出台配套奖励政策,除资金奖补外,把达标建设与考核、评先、项目审批等联结起来,充分调动执行机构积极性,保证政策响应与执行效能,同时,在顶层设计中统筹考虑节水载体税收优惠、再生水利用补贴等激发市场活力的措施。

5.2 强化组织领导,增强执行能力

省级水行政主管部门应做好政策解释并发挥地市水行政主管部门作用,确保政策信息不失真,保障政策执行走正道,同时,要进一步严格把关,切实担起审核、监管、评估的重任,设置工作专班,建立专家库,规范工作档案管理,明确奖惩,严肃追责。县级人民政府应全面考虑建设任务和各部门职能,合理确定工作重点和优先顺序,对照职能明确分工、抓好督办,积极开展议事协调,充分发挥政府主导作用,构建水利、财政、生态、住建和发改等多部门共同参与、协同联动的工作推进体系。

5.3 提升人员素质,提高治理水平

水利部和省级水行政主管部门要加大基层人员培训力度,做好政策解释,明确政策要求,介绍先进经验,统一执行标准。省级水行政主管部门要加大指导力度,一是对达标创建过程中各县区出现的普遍问题给出指导意见,二是引导达标创建的县区互帮互学,使其发扬优势、补齐短板,三是规范县域节水型社会达标建设实施方案和申报材料等文本编制,四是加强外聘专家的资质审核及培训力度。县级人民政府要深刻认识县域节水型社会达标建设的背景和内涵,提高政治站位,把握创建契机,加强专业学习,推动县域治理体系和治理能力现代化。

5.4 精准实施奖补,增强目标感知

省级水行政主管部门和县级人民政府要积极探索面向特定目标群体的奖补措施,充分调研目标群体利益需求,合理制定奖补政策,做到精准发力,让目标群体有感知、愿配合、真受益。一是要认真抓好农业水价综合改革,解决农民用水难、用水贵、引水设施重复投入、开采地下水大水漫灌的问题;二是要切实做好节水载体奖补工作,对省、市、县三级节水载体分级分类开展奖补,让取用水户感知到节水投入回报,引导其积极开展节水载体建设并持续提升用水效率,形成典型示范效应;三是要实施再生水利用补贴,根据财政情况,合理设置补贴标准,鼓励污水处理厂积极开展提标改造并与工业园区等用水大户签订供水协议,引导取用水户积极利用再生水;四是要开展节水器具补贴,可以采取政府发放电子优惠券等形式,让更换、购买节水器具的群众得到实惠,从而推动节水器具普及。

5.5 加强宣传引导,凝聚社会合力

各级水行政主管部门要开拓创新、多措并举,继续加强《国家节水行动方案》《公民节约用水行为规范》等节水政策宣传力度,大力倡导绿色生产、生活方式,持续提升公众节水意识;要扩大节水宣传阵地,积极对接生态、住建等部门、行业协会和学校,开展多平台多层级联动;要充分利用世界水日、中国水周、全国城市节水宣传周等宣传窗口,贴近群众开展水情教育,普及节水知识,介绍节水经验,增强公民节约用水的责任感,使节水理念深入人心,营造全社会关注支持节水工作的良好氛围。

6 结语

县域节水型社会达标建设是一项立足长远的安全工程、生态工程、经济工程。虽然,该项工作短

期效益不明显,社会影响因素复杂,工作自上而下推动较为困难,但是,能够很好地反映出我国以人民为中心的执政理念和突出的制度优势。通过史密斯模型可以较为完备地分析这一自上而下的政策执行过程的问题根源和优化路径。作为典型县域治理,该项工作在执行机制、执行能力、市场参与等方面仍有较大提升空间。只要形成统一认识,做好统筹协调,充分调动执行机构和目标群体积极性,就能在很大程度上提升政策执行效能,保障政策目标落实,加快取得工作进展。

[作者简介]

马天儒,男,32岁,主要从事水资源管理与节约保护相关研究工作,mtr@hrc.gov.cn。

关于治淮灌区农业节水管理研究

张恒瑞　何艺璇

(河南省陆浑水库运行中心　河南　洛阳　471003)

摘　要：水是生命之源、生产之要、生态之基。粮食生产根本在耕地，命脉在水利。在人多、地少、水缺矛盾加剧，全球气候变化影响加大的大背景下，保障国家粮食安全是一个永恒的课题。我国是一个农业大国，大中型灌区既是我国农业节水的主战场，又是我国农业生产的主力军，推进以"按方计费"为主的灌区用水总量控制与定额管理，是实现农业节水的必经之路，也是确保国家粮食安全，实现灌区现代化管理的重要举措。本文根据陆浑灌区在推行"按方计费"的节水管理过程中取得的成效和发现的问题，提出对未来灌区现代化内涵的思考和研究。

关键词：治淮；灌区；农业节水；管理；研究

1　陆浑灌区基本情况

陆浑灌区以陆浑水库为灌溉水源，纵跨黄河、淮河两大流域，灌溉范围包括洛阳、平顶山、郑州三市的嵩县、伊川、汝阳、偃师、汝州、巩义、荥阳等七个县(市)的42个乡（镇）、470个行政村。

陆浑灌区是丘陵灌区，工程规划有总干渠、东一干渠、东二干渠、西干渠和滩渠五条干渠，总长377公里，建筑物1100多座。设计灌溉面积89 494 hm²，有效灌溉面积43 334 hm²。陆浑灌区总干渠于1970年开工，1974年和1987年总干渠、东二干渠和东一干渠先后建成通水。自灌区开灌以来，灌区数万亩耕地得到灌溉，昔日干涸的土地变成了良田，彻底摆脱了十年九旱、水贵如油、靠天吃饭的贫困面貌，也为豫西地区粮食核心区农业大丰收和灌区工业及城市居民生活用水提供了充足的水源，促进了灌区社会经济的繁荣发展。

灌区是我国经济发展的重大公益性基础设施，是我国粮食安全与农产品有效供给的命脉，是城镇和工业以及生态环境供水的重要载体，也是山林水湖草系统治理和乡村振兴的重要支撑。我国是一个农业大国，据统计，目前大中型灌区已经发展到近7800处，灌溉面积超过5亿亩，生产出全国粮食总量的50%，同时农业用水占社会总用水量的62%，而大中型灌区年均灌溉用水总量达2150亿 m³，占全国农业总用水量的63%；因此，大中型灌区既是我国农业节水的主战场，又是我国农业生产的主力军[1]。推进灌区用水总量控制与定额管理，是一项长期性、系统性工作，需要持续推进，久久为功。下面我们从陆浑灌区推行"按方计费"的实施过程，来剖析当前大型灌区的管理现状和存在问题。

2　"按方计费"管理办法的实施过程

由于节水意识不强和管理模式粗放，陆浑灌区自1974年开始灌溉以来，大多采用"按亩包浇"的收费方式，随着我国农业发展进程的不断推进和市场经济体制发展的逐步完善，灌区管理模式的不足所导致的水资源浪费的问题逐渐暴露。在我国全面建设节水型社会的今天，实行以"按方计费"为主的用水总量控制与定额管理,改变过去粗放式灌溉模式,是全面推行灌区节水的必经之路,为此陆浑灌区结合丘陵灌区的实际,对"按方计费"分三个阶段逐步推行。

第一阶段:建立"按方计费"制度,压实三级责任

陆浑灌区根据《农田水利条例》《河南省节约用水条例》《水利工程供水价格管理办法》,结合灌区实际情况制定相关制度。建立灌区管理局—灌区管理处—渠道管理段(所)三级责任制,其中灌区管理局(以下简称管理局),负责全局"按方计费"工作的指导、监督和检查;灌区管理处(以下简称管理处),负责"按方计费"管理办法宣传及灌区所有引水口门的内部用水调度、引水计量、水费结算等工作;渠道管理段(所)(以下简称段所),负责管辖范围内口门的闸门启闭管理,配合管理处做好对用水户宣传、用水协调和引水量测算工作。根据工作责任体系划分,明确"按方计费"管理工作责任人,做到任务明确,责任到人。

第二阶段:加大宣传力度,开展业务培训

因为沿渠群众节约用水意识不强,对"按方计费"收费方式缺乏了解,害怕灌溉成本提高,普遍存在抵制情绪。为使"按方计费"顺利推广,管理处加大对沿渠群众节水意识的宣传力度,深入受益乡(镇),向各村支书及村代表宣传"按方计费"管理办法:一是符合国家节水政策,二是能有效节约用水,三是可以降低水费。并对其他已实施"按方计费"村的每亩平均水费价格,进行分析和横向对比,对各村代表提出的问题一一进行解答,打消村民顾虑。

为了更好地施行"按方计费",管理局对管理人员测水、量水设备操作规范及信息化技术的应用开展技术培训,提高了灌区管理员的测水、量水技术水平,从而可以更好地为沿渠受益村群众提供服务。

第三阶段:全面推行"按方计费"管理办法

通水灌溉前,由段(所)通知各受益村灌溉时间安排,让各受益村与管理局签订农业灌溉单价协议,并先预交水费;管理局根据各段(所)提前1~2天收集到的各村用水计划,向水库管理处下达渠首闸调水指令。

灌溉开始后,各段(所)管理人员按时开启灌溉口门;管理处负责与受益村代表用流速仪进行现场测水量水、定期复测和记录;受益村代表对供水流量、口门开、关时间进行审阅,无异议后签字确认。同时将各口门每天用水量及灌溉面积,计算汇总上报管理局。各受益村在预交水费用完前,如仍需灌溉,可继续预交水费。如果干渠内水位变化较大或口门开启度调整,工作人员会重新测量口门流量,并对供水量进行分段计算。

灌溉结束后,管理处和财务人员一起与受益村进行用水量复核、水费结算和签字确认,预缴水费,采取多退少补的办法管理。

3 灌区节水管理的成效、存在问题及建议

3.1 灌区节水管理取得的成效

3.1.1 有利于节约用水,缩短灌溉周期

实行"按方计费"后,群众灌溉集中,有序轮灌,基本不存在跑水、漏水现象,根据2022年陆浑灌区两次小麦春灌情况,对比往年单个口门用水量,节约用水量在30%~50%,灌溉周期缩短1/3以上。

3.1.2 有利于田间管理水平逐步提升

实行"按方计费"后,因出口门水量,已经折算为现金,各村非常珍惜,为了节约水费,各村自觉按渠道上、下游,实行分区、分片排序灌溉,蹲田管水,促使田间灌溉管理水平大幅度提升。

3.1.3 有利于水费征收

实行"按方计费"后,在口门停止供水,水量、水费结算确认后,多余水费及时退还,让各村打消了提前缴费的顾虑。在供水前群众能够积极、足额地缴纳水费,有利于水费正常征收,长期拖欠水费现象,得到了有效扼制。

3.1.4 有利于灌区用水精准调度

实行"按方计费"后,由于各个口门启、闭及时,测流准确,对于计算每段干渠来水、用水量非常方便和准确,有利于整个灌区的灌溉用水调度。

3.2 当前存在的问题和建议

灌区农业节水,实行用水总量控制与定额管理,"按方计费"长期以来都在提倡,实践证明它确实是一项科学又实用的管理办法,在丘陵灌区一直处在探讨和改进中,但实施中发现存在以下几方面的问题。

3.2.1 测水量水信息化程度不高,建议进一步加大信息化投资力度

由于管理人员中,专业技术人员比例低,加上管理模式落后,管理效率低下,用水监控体系尚未建立,灌区信息化建设仍处于试点和探索阶段,已建成的信息化系统,好看不好用,不能满足实时监测、精准计量的管水和用水需求。造成目前所有口门,仍需要用流速仪人工测水,导致工作量急剧增加,测水水平也参差不齐,效果不直观,受益村代表不易接受。

建议未来陆浑灌区的现代化建设,能加大信息化投资力度,在支、斗、农渠都安装实用、可靠的测流设备和信息化管理系统,缓解渠道管理段(所)管理员人数少、工作量大的压力,以更精准的数据服务沿渠群众。

3.2.2 田间渠道设施损坏严重,建议完善合理高效的配水设施

由于前期国家对大中型灌区的节水改造,仅重点对灌区干渠、支渠部分实施,斗、农渠等田间工程和末级渠系,属于地方政府建设和管理,地方政府受配套资金所限,造成灌区"最后一公里"灌排工程不畅通。支、斗口门下游远端受益村,由于田间供水渠道损坏严重,水量损失较大,不仅增加了渠道看护费用,还增加了水费支出,造成下游受益村水费负担过重,农业灌溉难以组织。

建议完善合理高效的配水设施,畅通灌区"最后一公里"灌排工程,为节约用水提供基本条件。

3.2.3 灌溉管理制度、机制不完善,建议进一步健全投资、服务机制

目前,农民用水者协会很多流于形式,灌区抗旱服务队、节水灌溉技术服务队等准专业化服务体系建设,存在投入机制不健全、服务水平不高等问题,没有充分发挥其应有的作用。例如,一渠多村,存在上游村拖延不浇,下游村害怕要水浇地时,上游村偷水。甚至导致部分下游村开灌时,干渠停水,因错过了有效的灌溉时间,想灌而无水可灌。

建议地方政府出面沟通协调,配套支持政策,完善节水灌溉制度,健全准专业化服务体系的投资、服务机制,实现灌区规范化管理和良性运转,构建高质量发展的和谐灌区。

4 对灌区现代化建设内涵的思考

灌区现代化是我国农业农村现代化的重要内容之一。先进的管理理念是灌区现代化的保障。必须建立职能清晰、权责明确的管理体制,加快建设高素质、专业化的人才队伍,建立健全安全生产管理体系,不断增强灌区抵御水旱灾害的能力。因此,灌区现代化应该是灌排工程设施现代化、管理方式现代化、创新能力现代化的系统集成,最终实现灌区节水高效、生态健康和高质量发展[2]。

4.1 灌排工程设施现代化

现代化灌区应有完善可靠的水源保障工程、输配水工程、田间灌水设施、计量监测设施,信息化工程等,能够实现高效引水、输水、配水和排水,从而达到提高灌排保证率和旱涝保收能力,提高农业用水效率和效益,达到灌区生态环境的质量标准。

4.2 灌区管理方式现代化

现代化灌区要有相对稳定、具备现代科学技术知识和技能的灌区管理队伍,具有较高的组织、管理能力与管理水平,拥有先进的管理技术和手段,对灌区进行标准化、规范化管理;需要具有一定专业水准的服务体系和农民组织体系,建立完善的农民用水合作组织和完善的水权交易市场体系;灌区的"两费"财政补贴,应该足额落实工程运行维护经费,并切实得到保障;灌区的信息化应切实管用实用,能真正发挥精准管水和用水的作用。

4.3 灌区创新能力现代化

现代化的灌区,应该具有适合当地的先进实用技术,管理人员应该普遍具有运用先进实用技术的能力,才能真正实现灌区的科学管理,满足灌区节水高效、生态健康和高质量发展的需求。

4.4 节水高效和生态健康

灌排工程设施现代化、管理方式现代化、创新能力现代化的最终表现,是实现灌区节水高效、生态健康和高质量发展。灌区只有拥有先进的节水灌溉技术、节水灌溉制度和节水型种植制度,优化配置灌区的各种水资源,才能实现灌区高效节水;只有建立健全权责分明的投资机制和激励机制,才能调动农民主动节水的积极性,提高灌溉水的有效利用率和效益。灌区拥有了良好的生态环境,才能维持山水林田湖草生命共同体和谐稳定,实现灌区的生态健康和高质量发展。

[参考文献]

[1] 纪平.推进大中型灌区现代化建设 筑牢国家粮食安全根基[J].中国水利,2020(9):卷首。
[2] 康绍忠.加快推进灌区现代化改造 补齐国家粮食安全短板[J].中国水利,2020(9):1-5。

[作者简介]

张恒瑞,男,1995年10月生,河南省陆浑水库运行中心助理工程师,主要从事大型灌区的运行管理工作,17634238157,995478519@qq.com。

洪凝街道创新零碳灌溉措施的探索与实践

管恩军[1]　胡凤华[2]　时伟[3]

(1. 五莲县洪凝街道农业综合服务中心　山东　五莲　262300；
2. 五莲县水利工程技术服务站　山东　五莲　262300；
3. 日照市市河湖管理中心　山东　东港　272800)

摘　要：五莲县是一个山区县，境内现有水库塘坝1 127座，其中中型水库7座、小型水库175座、塘坝945座，总蓄水能力1.6亿立方米。洪凝街道位于五莲县城驻地，其地形地貌也最有山区县的代表性，近年来，街道在农田灌溉工程的智能化取水终端方面积极探索创新，在全自压、智能化、零碳、零排放上下功夫，尽最大努力少花钱、多办事、为群众办好事。与目前同类应用相比，大大降低了成本，提高了安全性能。

关键词：洪凝街道；存在问题；创新；智能化取水终端

1　农田水利概况

五莲县是一个山区县，总面积1 497平方公里，辖12个乡镇(街道)和风管委，632个行政村，51万人口。境内现有水库塘坝1 127座，其中中型水库7座、小型水库175座、塘坝945座，总蓄水能力1.6亿立方米。境内有四大水系，分别是沭河水系、潍河水系、付疃河水系和潮白河水系。共有河流64条，其中重要干流3条(潍河、潮白河、付疃河)，重要支流5条(洪凝河、中至河、山阳河、涓河、袁公河)，长度10公里且流域面积20平方公里以上河流10条(包含重要干流、支流)，长度10公里或流域面积20平方公里以下河流46条。

洪凝街道地处五莲县城驻地，其地形地貌也最有山区县的代表性，是全县的一个缩影。街道总体地形中间高，四周低，像一口倒置的锅，全域雨洪资源四处流淌。街道总面积198平方公里，下辖73个行政村，11个居委会，农业人口8.2万人，耕地面积6.3万亩。全街道无客水来源，水库、塘坝是街道主要的农田灌溉蓄水工程，共有水库21座，塘坝63座，总蓄水量1 365万立方米。其中，可自流灌溉的水库19座，塘坝39座，自流可覆盖56个村(居)，2.6万亩土地。

另据统计数据分析，洪凝街道务农人员多数是50岁以上的本地居民，受制于山区地形复杂、地块小、用水不便、粮食价格不高等因素，农民种地积极性下降，多数农民外出务工，大量土地撂荒。种地的农民多半等雨灌溉，多数人"靠天吃饭"。

2　目前灌溉系统存在的问题

2.1　高位水本身具备的势能用不上，农民浇地非常不便

洪凝街道地处山区，水库、塘坝多建于山涧沟谷，有较高的自流灌溉优势，据统计，全街道69%的

水库、塘坝可以实现自流灌溉。但是，由于过去吃"大锅水"、管理不善、年久失修等原因，原有的灌区配套设施大部分已经毁坏。每当遇到旱季，为了满足群众灌溉需求，村集体只能打开水库、塘坝的放水洞，将丰水季节拦蓄的雨水下泄到下游的河道当中，群众再用抽水机将河道中的水抽到田间地头去浇灌庄稼和菜园。这样做，不仅浪费了一大部分水资源，而且浪费了高位水本身具备的势能，群众使用起来也很不方便。经估算，群众用于抽水的油、电、机器购置及设备折旧的费用，每灌溉1亩地，成本在40元左右，而且村集体见不到1分钱的收益。

2.2 已建成的管道灌溉工程，在管理和使用过程中也存在着各种问题

一是群众使用起来不方便。为了方便管理，村集体委派水管员集中时间统一放水，计时、计量或按亩数收费。但是，有些农户白天在外打工，等到休假或者晚上回到家的时候想要浇地，却错过了统一浇地的时间。由于农户不能利用自己的空闲时间灌溉庄稼，对村里很有意见。二是村里管理起来不方便。每浇一茬地，管理人员要分片区来回跑着开、关阀门，并计时、计量、计亩数、收缴水费，群众往往在某个时间段争先恐后地要浇地，水管员忙活一天，还要遭受未能在自己空闲时候浇上地的农户的指责。三是收费困难。大部分农户习惯于免费取水，而忽略了对抽水设备的投资、折旧、能耗等费用，对于浇地需要收取水费这件事很难接受，所以水费收缴难度相当大。

3 因地制宜，探索合理的供水模式

总结过去所建的扬水站由于设备能耗、设施毁坏及被盗、管护困难以及群众种地积极性普遍下降等问题，结合自身的区位优势，洪凝街道提出：无论是各村自筹费用搞灌溉项目，还是上级关于农田灌溉方面的扶持项目，优先考虑"零碳、无能耗"的自压管道灌溉。鉴于已有的管道灌溉系统存在的"群众使用不方便、村里管理不方便、收费困难"等一系列问题，在发展自压管道灌溉系统时，提出了"用尽可能低的成本发展智能取水终端"的课题，以"少花钱、多办事、办好事"为原则，解决灌溉系统的管理、使用不方便和水费收缴困难等问题。先前，群众用于抽水的油、电、机械的投资、设备的折旧等费用，每灌溉1亩地平均需要40元左右。街道统一规定，自压管道灌溉项目建成后，农户每浇1亩地费用不超过10元。这样，群众用水方便了，灌溉成本也降低了，先充值交费再浇地，村集体也见到收益了。村里将收取的水费专项用于供水设施的维修和养护，以实现"以水养水"的良性循环。

2016年，洪凝街道在新兴村水库下游380亩土地上打造了一个试点，建成了"新兴村智能插卡管道灌溉系统"，把自压供水管道铺设到上游水库自流可覆盖范围内的田间地头，取水口处采用智能取水终端，农户只需带1把铁锹和1张预先充值的IC卡就可以浇地了，且随用随取。每套设备的投资总价控制在700元内（目前广泛应用于灌溉的射频卡灌溉技术多采用架线或铺设电缆供电，每套成本在5 000元左右）。与同类应用相比，不仅降低了工作电压，提高了安全性，而且大大降低了成本。

智能取水终端主要设备价格表

名称	单位	单价(元)
HF-660计量型水控机	套	160
DN50-12V自复位电动球阀	只	360
AC12V小型中间继电器	只	20
12V电子流量计	个	80
合计		620

试点项目建成后,系统管网内 24 小时有水,实现了浇地时间的自由化,全自压全天候待机。先交费、后浇地,提高了农民节水意识,降低了管理成本和收费难度,村集体有了收入,就可以维修养护灌溉设备,不仅实现了灌区管理的自动化,而且实现了"以水养水"的良性循环。农民白天晚上都可以浇地,男女老少都能干,一张几克重的 IC 卡代替了一台几百斤重的抽水机,对新兴村农民来讲,除去了载重长途跋涉的艰辛,省去了油耗、设备折旧等费用,同时,一个出水点可设多个智能插卡取水口,即使农忙时节,也不会出现"争水"现象,群众非常欢迎。

4 采取的主要措施

发展智能取水终端,洪凝街道主要从以下两个方面采取措施。

4.1 优化供水设备的用电问题

虽然不用电抽水,但智能取水终端的水控设备是电子产品,虽然耗电甚微,但必须解决设备用电问题。在设备的用电方面,洪凝街道不拘一格、因地制宜,目前主要采取借电、微型水力发电机发电、引线、自备电源等方式解决。

4.1.1 借电

在新兴村水库下游搞试点时,经过查看现场,发现路边的太阳能路灯可以为智能水控设备供电,于是沿着路灯杆将灌溉主管道从上游的新兴村水库放水洞铺设了 1 600 米至下游邻村地界,每隔 100 米左右在主管道上开一个口(两根路灯杆的间距为 100 米左右),为防止农忙时节出现争水现象,每个口再分出 2~4 个智能取水点。

采用这种供电方式,每个取水点用于借电的投资在 150 元左右(包含电线、12V 稳压器)。

4.1.2 微型水力发电机发电

将 12 V 微型水力发电机安装在灌溉管道上,让管道中的水在流出来灌溉之前,先发一次电,解决水控设备的用电问题。微型水力发电机成本大于 200 元,且目前市场上没有与灌溉管道匹配的口径,发出的电压、电流等参数也不完全合适,所以应用较少。

4.1.3 引线

在上水峪、西庄蔬菜大棚提水灌区实施智能化取水终端论证时发现,项目区离市电不超过 50 米,于是就在这两个项目区采用就近引线供电的方式。

这种供电方式,每个取水点用于电源的投资小于 100 元。

4.1.4 用户自备电源

用户自带香烟盒大小的 12 V 3 000 mAh 的可充锂电池作为供水设备的电源。每个取水口配备 1 组 12 V 3 000 mAh 的可充锂电池,平时放在村委会办公室,农户可以根据自己需要灌溉的时间,向村委交一定的押金租借 1—2 组锂电池,灌溉结束后归还村委并取走押金。

这种供电方式,每个取水点用于电源的投资,每组一般在 60 元左右(含充电器),这是目前探索到的最经济、最方便的一种供电方式。

4.2 降低用电设备能耗

解决了供水设备用电问题,下一步就是降低用电设备能耗。

经计算,12 V 的水控机,待机功率 1.56 W,如果选配 DN50 的常闭电磁阀,其工作功率大于 40 W。对于借用太阳能路灯的电源来讲,势必会缩短路灯的照明时间;对于用户自备的 12 V 3 000 mAh 的锂电池来说,更是承受不了这么大的功率。因此,降低水控设备能耗,成了首要问题。

通过测试发现,电动球阀开启后,耗电甚微,但存在二大难题:一是当自备电源的电能耗尽时,球阀就关不掉了;二是当时市场上 12 V 的电动球阀内径只有 20 mm,无法满足灌溉需求。经过与多次各大电动球阀生产厂家沟通,开发出一种通电开启、断电自关闭的 DN50 电动球阀。该球阀在插卡启动时的瞬间最大电流 0.35 A,10 秒完成开启动作。开启后,其工作功率为 2.05 W。使用过程中,即便电池电能耗尽,电动球阀中储备的电能也可以完成关闭任务,用自备的 12 V 3 000 mAh 的锂电池可以为这套设备供电 7 小时以上。这样,不仅有效降低了能量消耗,而且避免了因中途断电而造成的球阀不关闭问题。与目前同类应用相比,大大降低了成本。

5 主要部件及技术原理

IC 卡水控机(相当于电脑的 CPU,它的作用是获取信息、分析数据、下达指令)、IC 卡(记录充值和消费金额)、电动球阀(执行 CPU 的指令)、流量计(获取流量信息,供大脑决策)。

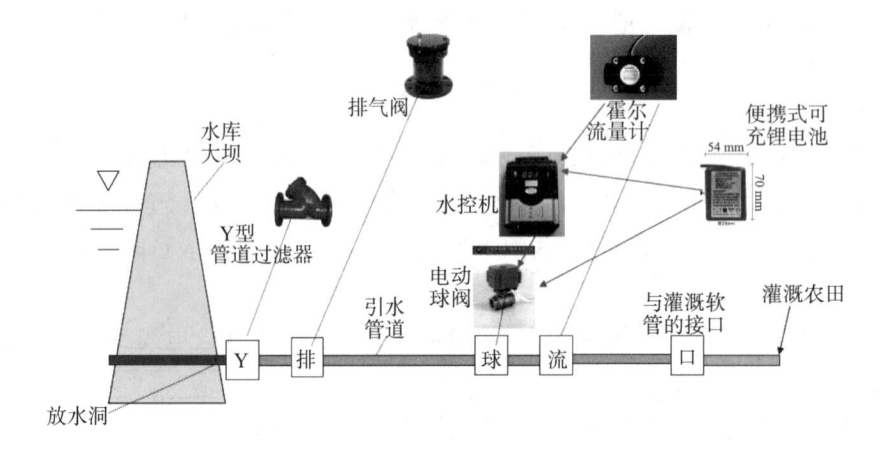

智能插卡自压管道灌溉系统示意图

6 项目应用及几点建议

当前,国内外节水灌溉技术突飞猛进,一些地区灌溉已经实现了自动化,足不出户便可以完成灌水操作,但这些先进技术应用成本较高,比较合适规模化生产。五莲县洪凝街道因地制宜,降低成本发展智能化取水终端,非常适合人均耕地面积只有 1 亩左右的小规模耕种,尤其是菜园的灌溉。

目前,已在街道 6 座水库下游发展自压管道灌溉面积 5 890 亩。与以前的抽水灌溉相比,项目区群众年节约燃油费 20 多万元。项目区的花生、小麦、玉米、地瓜、黄桃、蔬菜等,年增收 117.6 万元。

谨以此文抛砖引玉,希望与各位同仁携手,共同探索,继续优化智能取水终端项目,用最少的投资发展"零碳"灌溉项目,解决群众灌溉和村集体的管理、收费问题,真正实现"以水养水"的良性循环。

[作者简介]

管恩军,1978 年生,男,高级工程师,山东省日照市五莲县洪凝街道水利管理服务助理,研究方向为水利水电工程、农田水利、农业技术,18763395087,guanenjun1133@163.com。

胡凤华,1976年生,女,工程师,水利工程管理,研究方向为水利水电工程、水利工程管理、农田水利,13863325571,hfh5988@126.com。

时伟,1974年生,男,高级工程师,水利工程管理,研究方向为水利水电工程、水利工程管理、农田水利,13646331639,rzslzl@163.com。

基于南四湖水量刚性约束的调节计算方法探讨

花金祥[1] 储德义[2] 武惠娟[3] 李洪逵[1] 隋颜篷[3]

(1. 绿水青山水务有限公司 山东 济南 250014；
2. 水利部淮河水利委员会 安徽 蚌埠 233001；
3. 山东水之源水利规划设计有限公司 山东 济南 250014)

摘 要：基于南四湖水量分配方案，以通用的长系列调节计算方法为基础，增加《南四湖水量分配方案》山东、江苏两省分配水量约束条件，提出新的调节计算公式，建立相关数学模型，对南四湖水资源刚性约束条件下的兴利调节计算方法进行分析；并以"某公司引湖供水工程"新增取水项目为例，对南四湖上级湖水进行调节计算，提出供水保证率。基于南四湖水资源刚性约束的兴利调节计算方法对于新上项目能否取水、现有各用水户的用水优先顺序以及水资源优化配置具有一定的指导意义，可促进滨湖区用水户节约用水，有利于水资源的可持续利用。

关键词：南四湖；水量分配方案；刚性约束；水资源调节计算

1 引言

南四湖地处江苏省与山东省交界地区，南四湖地区历来是淮河流域水事矛盾和纠纷较多的地区。随着经济社会的快速发展，南四湖滨湖地区用水迅速增加，水资源供需矛盾进一步加剧。为了解决用水矛盾，1980年5月原国家农委和水利部提出了对南四湖水量分配的意见，意见中对南四湖分水原则、工程控制运用等问题进行了规定，对协调苏鲁两省水事矛盾，推进两省团结治水起到了重要的作用，但意见未对两省分配水量进行确定。《中华人民共和国水法》明确规定"应当依据流域规划和水中长期供求规划，以流域为单元制定水量分配方案"。2011年的中央一号文件《中共中央 国务院关于加快水利改革发展的决定》提出要"确立水资源开发利用控制红线，抓紧制定主要江河水量分配方案"。因此，2019年12月—2021年8月，淮委组织编制完成了《南四湖水量分配方案（征求意见稿）》，将进入南四湖可供利用的当地水资源（即正常蓄水位以下，死水位以上的当地蓄水量）分配给山东、江苏两省。南四湖水量分配工作的开展，明确了本流域可分配水量及各相关省份水量分配份额，建立了南四湖水资源刚性约束机制。

随着《南四湖水量分配方案（征求意见稿）》对山东、江苏两省取水量的约束，水资源调节计算方法也需进行相应的调整；本文通过南四湖取水项目案例对基于南四湖水资源刚性约束下的兴利调节计算方法进行分析，为新增取水项目的南四湖水保障程度提供技术支撑，对于实现水资源综合管理和水量调度具有重要意义。

2 研究思路与方法

以通用的长系列调节计算方法为基础，增加《南四湖水量分配方案》山东、江苏两省分配水量约束条件，提出新的调节计算公式，以"某公司引湖供水工程"新增取水项目为例，对南四湖上级湖水进行调节计算，提出供水保证率。

3 约束条件及数学模型分析

根据南四湖蓄水特性与边界条件，基于水量平衡原理及通用的长系列调节计算方法，增加《南四湖水量分配方案》山东、江苏两省分配水量约束条件，建立数学模型，采用循环调算的方式进行长系列调节计算，分析确定南四湖供水保证率。

其中边界条件包括：

（1）规划入湖径流量

参考《南四湖水量分配方案》中规划年来水量。

（2）用水情景设置

以保护南四湖湖泊基本生态为目标确定南四湖河道内用水情景，综合考虑南四湖现状水资源承载状况，以南四湖周边现状取水工程取用南四湖水量为基础，统筹需求与供给，作为模型调算的河道外用水情景。

（3）调入与调出水量

来水中只考虑南四湖湖内当地水资源，不考虑外调水入湖过程的影响。

3.1 通用长系列调节计算方法

长系列调节计算方法通常是根据水文的随机原理，分析得出来水量的系列，要求不少于30年；对应分析提出30年系列的需水量，按年对年进行供需平衡计算分析，得出满足要求的供水年份，得出供水保证率及供水量等值。

该方法计算根据各年份时段的水库来水量及初步确定的同步用水量，按设定的调节库容顺序进行径流调节计算，第 i 时段的计算公式为：

$$V_i = V_{i-1} + W_{来} - W_{增损} - \sum W_{用} - W_{弃} \tag{1}$$

式中：V_i、V_{i-1} 为第 i 及 $i-1$ 月末上级湖中的蓄水量；$W_{来}$ 为第 i 时段入湖河流来水量；$W_{增损}$ 为第 i 时段上级湖水面蒸发+渗漏损失量-湖面产水量；$\sum W_{用}$ 为第 i 时段综合利用各部门用水量之和；$W_{弃}$ 为第 i 时段上级湖弃水量。

正常供水保证率根据计算系列中的正常供水年数（按水文年统计）与计算系列年数的比值计算，

$$P = \frac{m}{n+1} \tag{2}$$

式中：P 为供水保证率；m 为正常供水年数；n 为计算系列年数。

3.2 基于南四湖水资源刚性约束下的兴利调节计算方法分析

3.2.1 南四湖水量分配方案

《南四湖水量分配方案》中提出南四湖2030水平年平水年可分配水量12.44亿 m^3，上级湖可分配水量7.47亿 m^3，下级湖可分配水量4.97亿 m^3。并分别提出了上下级湖在山东、江苏两省平水年及25%、75%、90%不同来水频率下的水量分配方案。

3.2.2 基于南四湖水量分配方案约束下的兴利调节计算方法

（1）约束条件

对长系列南四湖来水量进行排频，确定25%、50%、75%、90%来水频率对应年份，找到对应频率下山东、江苏两省的分配水量，然后根据山东、江苏两省25%、50%、75%、90%频率年份的分水量进行内插得到长系列逐年的山东省、江苏省可引水量。调算时，当可引水量大于本年度累计用水量时，本时段用水量等于需水量；当可引水量小于本年度累计用水量时，以可引水量为限制作为用水量。

（2）调节计算公式

根据水量平衡原理，调节计算公式为：

$$V_i = V_{i-1} + W_{来} - W_{增损} - \sum W_{用} - W_{弃} \quad (3)$$

$$\sum W_{用} = W_{江苏用水} + W_{山东用水} \quad (4)$$

当 $W_{江苏需水} < W_{江苏可引}$，$W_{江苏用水} = W_{江苏需水}$；当 $W_{江苏需水} > W_{江苏可引}$，$W_{江苏用水} = W_{江苏可引}$

当 $W_{山东需水} < W_{山东可引}$，$W_{山东用水} = W_{山东需水}$；当 $W_{山东需水} > W_{山东可引}$，$W_{山东用水} = W_{山东可引}$

当 $V_i > V_0$ 时，V_i 值取 V_0，$V_i - V_0 = W_{弃}$

式中：V_i、V_{i-1} 为第 i 及 $i-1$ 月末上级湖中的蓄水量；V_0 为弃水水位相应的库容；$W_{来}$ 为第 i 时段入湖河流来水量；$W_{损}$ 为第 i 时段上级湖水面蒸发+渗漏损失量-湖面产水量；$\sum W_{用}$ 为第 i 时段综合利用各部门用水量之和（$W_{江苏用水}$ 为江苏用水，$W_{山东用水}$ 为山东农业用水、城市用水（包含工业、水厂、航运用水等）、山东生态补水项目用水等）；$W_{江苏需水}$ 为江苏省各用水户需水量；$W_{江苏可引}$ 为南四湖水量分配方案中江苏省可引水量；$W_{山东需水}$ 为山东省各用水户需水量；$W_{山东可引}$ 为南四湖水量分配方案中山东省可引水量；$W_{弃}$ 为第 i 时段上级湖弃水量。

（3）调算原则

在兴利调算时，来水量中不考虑南水北调引江水量；用水中也不考虑南水北调引江水用水户的用水量。

用水量包括上级湖农业、工业、城市生活、航运、生态各用水部门的用水量。在调算中，可供水量不能满足需水量时，同一时段用水的优先保障顺序为城市及航运用水、农业用水、生态用水。

供水保证率：一般工业、水厂、船闸等供水按95%；农业灌溉用水旱田为50%、水田为75%，依据灌溉面积计算农业灌溉用水综合保证率为54.5%；生态补水项目用水保证率取50%。

供水调算控制水位：上限控制水位汛期为汛限水位，非汛期为正常蓄水位；下限控制水位为死水位；

兴利调节计算采用循环调算的方式，起调水位为死水位，调算后用最后一年的年末库容作为起调库容再进行调算，直至起调库容与最后一年的年末库容一致。

4 案例

4.1 项目概况

某公司引湖供水工程规划年2025年计划总取水量2 564万 m^3/a（其中生态464万 m^3/a，工业2 100万 m^3/a），取水水源为南四湖上级湖地表水；其中生态供水保证率50%，工业供水保证率95%。

4.2 取水水源论证主要内容

4.2.1 水平年

本次论证选取2021年为现状水平年,2025年为规划水平年。

4.2.2 取水水源论证

(1) 来水量:规划年2025年上级湖来水量与《南四湖水量分配方案》成果相协调,采用1961—2018年来水系列,多年平均来水量20.24亿 m³。

(2) 用水量

用水量包括上级湖现有各用水部门的用水量以及已获得批复的规划新增项目用水量。

(3) 损失水量的计算

湖面降水量的计算:湖面降水量采用二级湖闸、南阳站的平均年月降水量,乘以湖面面积求得。

湖面蒸发损失水量的计算:采用二级湖闸水文站实测蒸发资料,先统一换算为E601蒸发器的蒸发量,然后乘以换算系数(二级湖闸水文站蒸发试验分析成果),换算为水面蒸发量,以此乘以水面面积,求得各月蒸发损失水量。

渗漏损失水量的计算:上级湖月渗漏损失量采用月平均库容的0.143%。

(4) 调节计算方法

采用南四湖上级湖水量约束条件下的长系列时历法进行调算,调节计算公式及调算原则内容同本文3.2.2小节。

4.3 调节计算结果

规划2025年,在不考虑外调水量,且在保证上级湖规划年用水户和本项目用水量2564万 m³ 时,农业灌溉用水年保证率55.2%,工业用水月保证率97.2%;生态用水年保证率53.4%。

5 结语

基于南四湖山东、江苏两省水量分配约束条件下的水资源调节计算,可计算出山东、江苏两省各用水类型用水户的供水保证率,对于新上项目能否取水、现有各用水户的用水优先顺序以及水资源优化配置具有一定的指导意义,可促进滨湖区用水户节约用水,有利于水资源的可持续利用。

[参考文献]

[1] 水利部淮河水利委员会.南四湖水量分配方案[Z].2021.
[2] 周毅.水库联合调度中长系列与典型年调节计算方法探讨与应用[J].中国水能及电气化,2011(7):35-39.
[3] 郭伟,陆平.南四湖上级湖水量分配方案探讨[J].山东水利,2017(1):51-54.

[作者简介]

花金祥,男,1980年8月生,高级工程师,研究方向为水文与水资源,15376190818。

水权交易在盱眙县清水坝灌区实践

李志勇[1]　高　晶[1]　寻乃婕[2]　刘　军[3]

(1. 盱眙县水务局　江苏　淮安　211700；
2. 盱眙县鲍集水利服务站　江苏　淮安　211765；
3. 盱眙县水利工程发展服务中心　江苏　淮安　211700)

摘　要：水权制度是现代水资源管理的有效制度，是市场经济条件下科学高效配置水资源的重要途径，是深化水利改革的重点领域。盱眙县通过选择典型试点开展水权交易试点工作，遵循水资源使用初始水权确权登记，逐步开展水权交易流转、建设形成水权交易制度，促进社会主动节水，实现用水公平。

关键词：水权交易；影响分析；可行性

1　受让方取用水及合理性分析

1.1　受让方概况

光大生物能源(盱眙)有限公司位于江苏省盱眙经济开发区，公司成立于2014年，主要从事农林废弃物综合利用及开发区集中供热项目，总投资为2 800万美元。

该公司原设计生产用水，采用盱眙第二城市污水处理厂再生水为主要取水水源，项目于2016年10月建成，项目建成运行后，建设单位不定期对该污水处理厂尾水多次取样化验，监测结果显示"氨氮、铁离子、锰离子、碱度"等多项指标超出项目原有设计进水水质要求，无法满足生产用水指标要求。为保证项目正常运行，建设单位决定临时在厂区南侧的维桥河边采用泵站取水，通过管道将原水输送至厂内。

2020年7月取得淮安市水利局《关于光大盱眙生物质能热电项目应急备用水源取水的行政许可决定》(淮水许可〔2020〕31号)，同意光大盱眙生物质能热电项目应急备用水源取水许可申请，取水水源为维桥河K1+680处滚涧闸上右岸，核定项目年取水总量为112.60万 m³。

1.2　受让方需水量分析

光大盱眙生物质热电联产项目，以供热为主，取水主要用于机组循环冷却水、锅炉用水、机务用水等。原设计项目生产用水取自污水处理厂再生水，设计最大取水流量为0.05 m³/s，年取水总量112.94万 m³，生活用水取自市政自来水。

光大盱眙生物质热电联产项目主要用水对象为循环冷却补充水、锅炉补给水、工业用水等生产取水及生活用水，年运行小时数为8 000 h，生活取水为厂内91名职工日常生活取水。提出取水量为112.94万 m³/a，其中生产取水量为112.60万 m³/a，取水流量为140.75 m³/h，生活取水量为0.34万 m³/a。

为满足生产用水指标要求，使得企业用水需求得到有效保障，按原设计方案取用污水处理厂再生水,把维桥河作为应急备用水源,合理解决企业的用水需求,当再生水水质部分指标达不到项目取水水质要求时,配合取用地表水进行再生水稀释后再利用;当再生水水质连续不达标,完全无法满足项目取水水质要求时,直接取用地表水用于项目生产,设计取用新水流量为140.75 m³/h。

通过估算,光大盱眙生物质热电联产项目全年大概112天可直接利用再生水,再生水水量为34.55万 m³;253天进行再生水稀释再利用,掺水比例按照1∶1.7计算,取用再生水水量为28.11万 m³,取用地表水水量为47.78万 m³;同时,为防止机电设备维修等突发情况,预留7天应急地表水量,地表水应急水量为2.16万 m³。光大盱眙生物质热电联产项目合计取用再生水62.66万 m³,地表水49.94万 m³。

综上,光大盱眙生物质热电联产项目年取水总量为112.94万 m³,其中再生水62.66万 m³,地表水49.94万 m³,自来水0.34万 m³。

2 转让方可交易水量分析

2.1 转让方概况

清水坝灌区位于江苏省盱眙县境内中部丘陵岗地,规划设计灌溉面积39.8万亩,现状有效灌溉面积31.84万亩,灌区是一个大型综合灌区,根扎河湖,长藤结瓜,站库联合调用,2020年灌溉水利用系数已提高到0.606。

2.2 可交易水量分析

2.2.1 现状年节水量计算

现状年节水量的计算采用目前较常用的水利部计算公式,该公式的计算结果是考虑采取调整农作物种植结构、改造大中型灌区、扩大节水灌溉面积、提高灌溉水利用系数、改进灌溉制度和调整农业供水价格等措施的综合节水潜力。计算公式如下:

$$W = A_0 \times \left(\frac{Q}{\eta_0} - \frac{Q}{\eta_t}\right)$$

式中:W 为农田灌溉节水潜力,单位万 m³;A_0 为现状灌溉面积,单位万亩;Q 为作物净灌溉定额,单位 m³/亩;η_0、η_t 为分别为现状水平年灌溉水利用系数和规划远期水平年灌溉水利用系数。

2020年清水坝灌区有效灌溉面积31.84万亩,节水灌溉面积达到23.86万亩,灌溉水有效利用系数为0.606。根据《2020年淮安市农田灌溉水有效利用系数测算分析成果报告》,作物净灌溉定额为273.76 m³/亩,计算得到节约的水量为1 011.72万 m³。

2.2.2 规划节水量预测

清水坝灌区取水许可证编号:取水盱眙字〔2020〕第 N08300001号,年许可取水量11 460 m³。结合盱眙县实际,规划年2025年盱眙县灌溉水利用系数达到0.61,节水灌溉面积可达到31.84万亩。根据计算得到盱眙县农业节水潜力为94.32万 m³。预估未来可交易的地表水量为94.32万 m³。

3 交易价格评估及水权交易期限

3.1 水权交易定价体系

根据江苏省物价局江苏省财政厅江苏省水利厅《关于调整水资源费有关问题的通知》(苏价工〔2015〕43号),取用地表水的高耗水自备水企业,按照0.3元/立方米征收水资源费,同时按照0.09元/立方米加收一部分水利工程费。因此,光大生物能源(盱眙)有限公司取用地表水的基本水价为0.39元/立方米。

此外,水费的计算要考虑灌区的节水投入,根据实际情况,截至目前淮安市清水坝灌区续建配套与节水改造项目工程累计总投资40 087万元。根据水利电力部、财政部关于颁发水利工程管理单位《水利工程供水部分固定资产折旧率和大修理费率表》的通知(水电财字〔1985〕93号)和水利部、能源部《关于水利电力基本建设单位、施工企业实行固定资产分类折旧和按机械台班提取折旧的通知》(水财〔1988〕29号)的规定进行计算其折旧年限,混凝土40年,钢筋混凝土结构30～35年,干渠、支渠15～25年,泵类8～10年,机电排灌设备8～12年等。

采用直线法即平均年限法计算折旧:

年折旧率=(1-预计净残值率)÷预计使用寿命(年)×100%

年折旧额=固定资产原价×年折旧率

由于项目工程涉及的固定资产折旧年限不同,假定以30年为工程使用年限,预计净残值取5%,固定资产原价取节水投资值40 087万元,预计使用寿命以30年计。计算得到年折旧率约3.2%,年折旧额约1 269.42万元。

根据灌区许可水量计算得到的水价为0.11元/m³。

综上,本次水权交易价格为0.50元/m³。其中,基本水价(水资源费和水利工程费)0.39元/m³由盱眙县水务局根据实际取用水量收费;节水投资附加水价0.11元/m³,由县龙王山水库管理所按照总交易水量50万m³收取水权费。

3.2 交易价格参考范围

水权交易定价系统较为复杂,除了直接和间接产生的成本外,还受到水权交易中的政策因素、水权购买者的经济承受能力等因素的影响,没有也不可能有一个统一的、公认的、各地区都普遍适用的模式。水权交易的最终价格由受让方与转让方共同协商确定。因此,结合交易双方的实际情况,给出水权交易价格的参考值为0.50元/m³。

3.3 水权交易期限确定

依据《中华人民共和国水法》《取水许可和水资源费征收管理条例》《水权交易管理暂行办法》《江苏省水权交易管理办法》《取水许可管理办法》等规定,综合考虑节水工程设施的使用年限和受水工程设施的运行年限,结合节水投资估算,兼顾交易双方的利益,初步确定交易期限为1年,后期可视相应情况延续或改变。

4 水权交易的影响分析

4.1 水权交易对用水总量的影响

2020年分析范围用水总量控制在54 400万 m³ 以内,其中地表水用水总量控制在53 990万 m³ 以内。现状水平年农业灌溉用水按照保证率50%年型用水定额计算,分析范围用水总量为52 245万 m³,其中地表水51 904万 m³,与2020年总量控制指标相比,还有约2 086万 m³ 地表水的用水量空间。光大生物能源(盱眙)有限公司申请取用的地表水量(73.06万 m³)通过水权交易取得,对用水总量影响甚微。

4.2 水权交易对水功能区的影响

受让方建设项目取水水域为维桥河上段,水功能区划分为维桥河农业用水区;维桥河水源来自区间降雨径流及龙王山水库的泄洪、冲淤、生态环保放水。影响水功能区纳污能力的主要因素是河段水量、水位、排污以及水生态等。项目取水量小,对维桥河的水资源量、水位影响很小,不向河段内排放污染物。淮河河面宽广,水量丰沛,项目取水量所占维桥河径流量比例较小,对河段水资源配置及水位影响较小。对维桥河农业用水区的纳污能力基本没有影响。

5 水权交易可行性分析

5.1 政策支持

2012年,《国务院关于实行最严格水资源管理制度的意见》提出,"建立健全水权制度,积极培育水市场,鼓励开展水权交易,运用市场机制合理配置水资源"。2019年4月,国家发展改革委、水利部联合印发《国家节水行动方案》,方案要求探索流域内、地区间、行业间、用水户间等多种形式的水权交易。2019年5月22日,江苏省水利厅发布《江苏省节水行动实施方案》,指出要加强节水产业培育,完善市场机制,充分发挥市场在水资源节约与配置中的作用和政府的组织与调控作用,激发全社会节水内生动力。

5.2 水权交易水量和水质的可行性

5.2.1 水量可靠性和可行性

本次水权交易转让方为清水坝灌区,位于盱眙县古桑街道办,受让方为光大生物能源(盱眙)有限公司,位于盱眙经济开发区,交易双方不在同一区域,受让方取水水源为维桥河(龙王山水库来水),龙王山水库来水主要通过流域降雨径流,在枯水年份,可通过清水坝引淮河水向水库进行补水。

此外,根据《光大盱眙生物质能热电联产项目应急备用水源水资源论证报告书》,2020年分析范围用水总量控制在54 400万 m³ 以内,其中地表水用水总量控制在53 990万 m³ 以内。现状水平年农业灌溉用水按照保证率50%年型用水定额计算,分析范围用水总量为52 245万 m³,其中地表水51 904万 m³,与2020年总量控制指标相比,还有约2 086万 m³ 地表水的用水量空间。该项目采用低参数生物质供热、发电,用水量为112.60万 m³/a,增加该项目用水后,不超过分析范围地表水的用水总量控制指标。

5.2.2 水质可靠性和可行性

受让方项目取水泵站位于河道上段 K1+680 滚洞闸上，由于该段距龙王山水库溢洪道闸较近，且该段内无其他支流和污水汇入，故水质分析评价资料以龙王山水库站为依据，龙王山水库水功能区划为饮用水源、农业用水区，水功能区的水质管理目标是地表水环境质量Ⅲ类。

根据龙王山水库站水质评价结果，水质为Ⅱ—Ⅲ类，超标项目均为总磷。受让方项目原定取用再生水为生产用水，但污水处理厂的再生水水质无法满足企业用水要求，因此通过取用地表水进行掺水稀释，并通过厂内净水站处理后能够满足项目锅炉供热、汽轮机发电供汽及冷却系统冷却用水对水质要求。

6 水权交易保障措施

（1）交易前期做好充足的准备工作。水行政主管部门积极引导有需求的交易双方，通过组织双方进行座谈、磋商等形式，为交易双方友好协商创造有利条件。制定初步交易方案，细化实化交易过程工作内容，针对可能出现的问题提前准备好解决措施。

（2）水行政主管部门加强引导，协调推进，统筹管理。水行政主管部门应予以高度重视，针对该项工作设立专门的工作小组，按照《水权交易管理暂行办法》中的相关规定，制定一套完整的实施方案，规范交易程序。从明确可交易水量、提出交易申请到开展交易协商、签订交易协议，整个过程涉及多个相关部门，工作小组应加强统筹安排和综合协调，推进相关部门密切合作，协同推进关键环节的进展，同时要加强对水权交易双方的引导，针对交易工作中存在的问题及时予以帮助和指导，确保整个交易过程合法合规进行。

（3）建立和健全交易工作机制，加强宣传监督。针对水权交易工作建立信息报送和动态跟踪机制，及时掌握各项工作进程。交易过程中做好舆论引导和宣传工作，形成良好社会共识。交易实施后水行政主管部门应依法将确定的用水权益及其变动情况向社会公布，接受社会的监督。

（4）水权交易双方应积极配合水行政主管部门开展工作。交易前期双方应主动明确用水需求，积极提供取用水资料作为确定交易水量的支撑。交易过程中双方应根据相关法律法规完善各项手续（如受让方应进行水资源论证等），并按照《水权交易管理暂行办法》中规定的交易流程逐步进行。交易完成后，取水企业应安装计量设施，做好日常用水计量和管理，严格按照取水许可量和水行政主管部门下达的计划量取水，按时缴纳水资源费。

[参考文献]

［1］河海大学，江苏省水利厅.重大引调水工程水源地水权交易与生态补偿机制研究[J].江苏水利，2022(3)：10001.
［2］邢望明.用户水权交易与水资源配置[J].水利科技与经济，2005(5)：262-264.
［3］吴凤平，邱泽硕，邵志颖，等.中国水权交易政策对提高水资源利用效率的地区差异性评估[J].经济与管理评论，2022(1)：23-32.
［4］水利部.水权交易管理暂行办法[Z].2016.

[作者简介]

李志勇，男，1975 年 11 月生，工程师，从事水利水电工程和农业水价综合改革工作，15952386780，1564374226@qq.com。

安徽省农业用水定额评估

王一杰[1]　樊孔明[1,2]　吴漩[1]　郑紫薇[1]

(1. 安徽淮河水资源科技有限公司　安徽 蚌埠　233000;
2. 水利部淮河水利委员会水文局　安徽 蚌埠　233000)

摘　要:开展农业用水定额评估对加强区域农业用水管理、推动农业节水工作具有重要意义。本文以《安徽省行业用水定额》(DB34/T 679—2019)为研究对象,基于水利部发布的《用水定额评估技术要求》(办资源函〔2015〕820号),开展安徽省农业用水定额"四性"评估(覆盖性、合理性、实用性和先进性),同时对用水定额修编单位修订工作开展评估。结果表明:安徽省农业用水定额修编工作符合要求,主要农作物种类覆盖程度高,用水定额制定基本合理、实用性较强、先进性良好。评估结论可为安徽省开展新一轮农业用水定额修编工作提供一定指导。

关键词:农业用水定额;"四性"评估;安徽省

1　引言

安徽省水资源时空分布不均,属水资源紧缺省份。随着经济社会快速发展,全省特别是沿淮淮北地区缺水态势严峻,生活、工业用水挤占农业用水现象时有发生,用水矛盾突出,已成为制约安徽省经济社会可持续发展的重要因素。《中华人民共和国水法》第四十七条规定"国家对用水实行总量控制和定额管理相结合的制度",因此科学合理地制定用水定额,对提高水资源利用效率,实现水资源优化配置,落实最严格水资源管理制度,推进节水型社会建设,具有十分重要的现实意义。

2013年水利部印发《水利部关于严格用水定额管理的通知》(水资源〔2013〕268号),提出各流域机构要结合定额修订周期,开展本流域有关省区的用水定额评估工作。2015年水利部印发《水利部办公厅关于做好用水定额评估工作的通知》(办资源函〔2015〕820号)进一步明确了用水定额评估工作安排和技术要求。根据水利部统一部署,2021年,水利部淮河水利委员会结合以往的工作基础和评估总体计划,根据安徽省2019年修订并颁布的最新用水定额标准《安徽省行业用水定额》(DB34/T 679—2019),开展农业用水定额评估工作。

2　现行安徽省行业用水定额简介

2019年安徽省水利厅组织对2014版《安徽省行业用水定额》(DB34/T 679—2014)修订,2019年12月25日发布《安徽省行业用水定额》(DB34/T 679—2019),其中涉及农、林、牧、渔业4个大类11个行业种类49个产品316个定额标准值。

3 评估对象及评估方法

3.1 评估对象

本次用水定额评估对象为《安徽省行业用水定额》(DB34/T 679—2019)中的农业用水定额及相关修订工作。

3.2 评估方法

基于水利部发布的《用水定额评估技术要求》(办资源函〔2015〕820号),对安徽省农业用水定额开展"覆盖性、合理性、实用性和先进性"评估。同时对农业用水定额修编单位的修订工作进行评估。

4 农业用水定额评估主要内容与结论

4.1 覆盖性评估

安徽省农业用水定额覆盖性评估主要通过对比《安徽省统计年鉴》(2020)、《安徽省2019年国民经济和社会发展统计公报》,评估农业用水定额对农作物、牲畜、渔业、林业的覆盖程度。

4.1.1 作物定额覆盖性

根据《安徽省2019年国民经济和社会发展统计公报》,农作物主要产品有7类(含油料、棉花、烤烟、茶叶、蔬菜、水果等),均制定用水定额,作物种类覆盖度100%。根据《安徽省统计年鉴》(2020),农作物主要产品18个(含中草药材、糖料、棉花等),有3个未制定定额(分别为糖料、芝麻、生麻),覆盖度83.33%,作物用水定额覆盖度好。

4.1.2 牲畜定额覆盖性

根据《安徽省2019年国民经济和社会发展统计公报》,牲畜种类包括猪、牛、羊、家禽等,均制定用水定额,覆盖度100%。根据《安徽省统计年鉴》(2020),牲畜种类共4类,均制定用水定额,覆盖度100%。牲畜用水定额覆盖度好。

4.1.3 林业定额覆盖性

安徽省林业用水定额按照分区原则分别制定50%、75%、90%水文年型下苗木用水定额。根据《安徽省统计年鉴》(2020),林业种植指人工造林、封山育林、育苗、森林抚育等,均制定用水定额,覆盖度100%。而在《安徽省2019年国民经济和社会发展统计公报》中未说明林业种植情况。林业用水定额覆盖度好。

4.1.4 渔业定额覆盖性

安徽省地处内陆地区,渔业养殖仅考虑淡水鱼养殖定额,现行渔业补水定额按照分区原则制定渔业综合补水定额值。

4.2 合理性评估

农业用水定额合理性评估为评估定额制定、修编是否合理,是否制定不同农业灌溉分区、不同水文年型下的用水定额等;同时评估农业用水定额标准与现状用水水平是否符合。

4.2.1 农业用水定额分类体系的合理性

（1）基于不同的灌溉分区制定定额

根据农业生产地域、气候特点和水资源条件，安徽省农业灌溉分区划分淮北平原区、江淮丘陵区、沿江圩区、皖南山区、大别山区，其中淮北平原区进一步划分为淮北平原区北部、中部、南部三个二级亚区。灌溉用水定额分区制定合理。

（2）需要基于不同水文年型制定定额

安徽省主要作物制定50%、75%、90%水文年型下的灌溉用水定额，制定不同水文年型下的用水定额合理。

（3）用水定额修订合理性

2007年，安徽省水利厅组织开展行业用水定额编制工作，发布实施第一版行业用水定额，2012年启动用水定额首次修订工作，2019年组织对2014版《安徽省行业用水定额》修订，用水定额定期或适时修订合理。

4.2.2 农业用水定额值合理性

依据安徽省农业灌溉分区，选择具有代表性的县区作为典型县，分析、计算其区域内2014年、2015年度主要农作物生育期灌溉需水情况，结果见表1。

表1 2014年、2015年安徽省主要农作物生育期灌溉需水情况　　　　单位：m^3/hm^2

年份	分区	淮北平原区 北部	淮北平原区 中部	淮北平原区 南部	江淮丘陵区	沿江圩区	皖南山区	大别山区
	典型区县	砀山、萧县、灵璧	亳州、颍泉	怀远	霍邱、全椒、明光、定远、肥东	太湖、桐城	泾县、郎溪	舒城、宿松
2014	水文年型	60%	40%	60%	50%	60%	70%	50%
	早稻	—	—	—	—	1 260	1 830	—
	中稻	—	—	3 135	2 400	1 290	2 325	1 495
	晚稻	—	—	—	—	2 040	2 235	—
	小麦	1 545	1 365	990	1 260	—	—	—
	玉米	285	—	—	450	—	—	—
	大豆	180	—	—	—	—	—	—
	油菜	—	—	—	1185	—	570	—
2015	年降雨排频	65%	60%	40%	40%	50%	40%	40%
	早稻	—	—	—	—	1 095	1 185	—
	中稻	—	—	2 670	2 115	1 545	—	—
	晚稻	—	—	—	—	2 190	—	—
	小麦	600	630	900	1 080	—	—	—
	玉米	855	1 260	—	345	—	—	—
	大豆	420	720	—	—	—	—	—
	油菜	—	—	—	1 095	—	—	—

根据《安徽省行业用水定额》(DB34/T 679—2019)，主要农作物灌溉基本用水定额见表2。

表 2　安徽省主要农作物灌溉基本用水定额　　　　单位：m³/hm²

作物	水文年型	淮北平原区 北部	淮北平原区 中部	淮北平原区 南部	江淮丘陵区	沿江圩区	皖南山区	大别山区
早稻	50%	—	—	—	1 890	1 470	1 155	1 155
	75%	—	—	—	2 520	1 890	1 470	1 470
	90%	—	—	—	—	3 795	—	—
中稻	50%	3 165	3 165	2 310	1 890	1 680	1 260	1 260
	75%	4 005	4 005	3 165	3 165	2 625	2 205	2 205
	90%	4 845	4 845	4 320	4 005	3 795	3 585	3 585
晚稻	50%	—	—	—	2 205	2 205	1 680	1 680
	75%	—	—	—	3 165	3 165	2 310	2 310
	90%	—	—	—	—	4 845	—	—
小麦	50%	1 005	495	495	495	0	—	—
	75%	1 500	1 005	1 005	600	495	495	495
	90%	—	—	—	—	1 005	—	—
玉米	50%	1 005	1 005	495	495	0	—	—
	75%	1 500	1 500	1 335	1 005	495	495	495
	90%	—	—	—	—	1 005	—	—
大豆	50%	1 005	495	495	495	—	—	—
	75%	1 500	1 005	1 335	1 005	495	495	495
	90%	—	—	—	—	1 005	—	—
油菜	50%	1 005	660	495	—	—	—	—
	75%	1 500	1 335	1 005	495	—	—	—
	90%	—	—	—	—	495	—	—

由表 1、表 2 可知，2014 年皖南山区水文年型为 70%，早稻、中稻灌溉需水量分别为 1 830 m³/hm²、2 325 m³/hm²、2 235 m³/hm²，根据安徽省用水定额标准，75% 水文年型下皖南山区早稻、中稻、晚稻灌溉用水定额值分别为 1 470 m³/hm²、2 205 m³/hm²、2 310 m³/hm²。早稻、中稻灌溉需水量略高于定额值，晚稻需水量略低于定额值。定额值制定基本合理。

4.3　实用性评估

通过对安徽省农业用水定额的实际应用情况开展实用性评估。根据调查，安徽省农业用水定额在水资源规划工作方面的应用，主要体现在现状用水水平分析、节水潜力分析和需水预测等方面；同时农业用水定额广泛应用于建设项目水资源论证编制与审查、取水许可管理、计划用水管理、节水型社会建设、农业水价综合改革推进工作等方面。

4.4　先进性评估

根据安徽省农业灌溉分区，通过与相邻省条件相近地区的农业用水定额对比，开展用水定额值先进性评估。

安徽省相邻省份有河南、湖北、山东、江西、江苏、浙江等，根据各省农业灌溉分区情况，考虑页面篇幅，本文仅评估淮河流域内安徽、河南、山东主要农作物（小麦、玉米、水稻、大豆、花生等）先进性。

考虑河南省未制定 90% 水文年型下作物用水定额，因此，对比 50%、75% 水文年型下主要农作物定额值。参考文献[1-2],进行用水定额值对比时,若用水定额值差值在-20%～20%,定义用水定额值合理;差值≥20%,定义用水定额值宽松;差值≤-20%,定义用水定额值严格。

安徽省与河南、山东省相邻分区主要农作物定额对比情况见图1～图3。

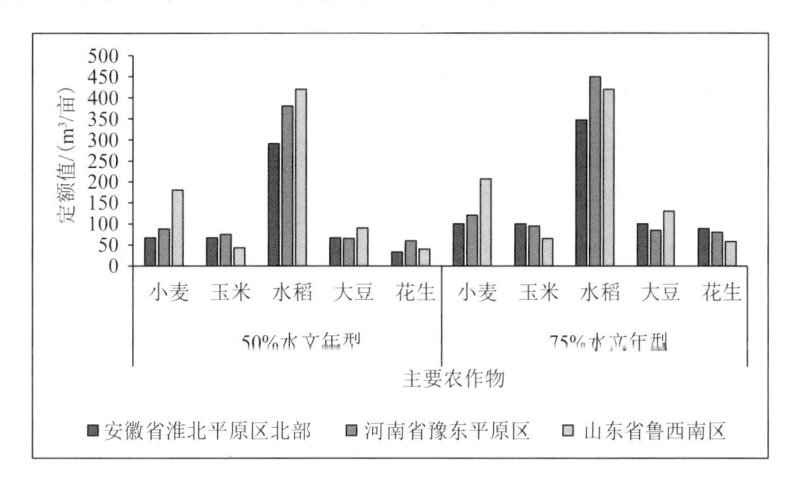

图1 安徽省淮北平原区北部与河南、山东省相邻分区主要农作物定额对比

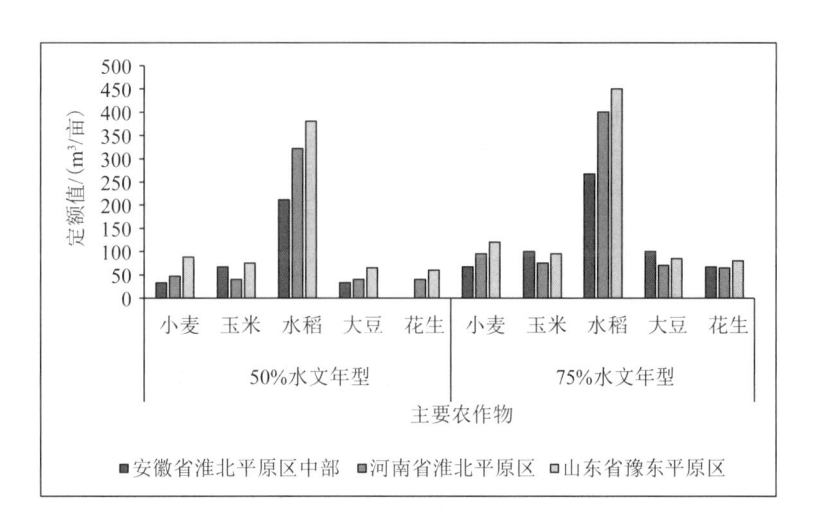

图2 安徽省淮北平原区中部与河南、山东省相邻分区主要农作物定额对比

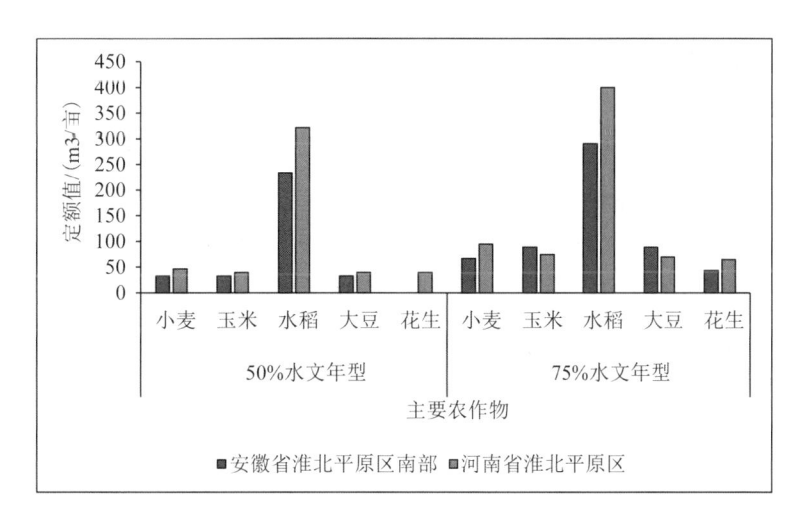

图3 安徽省淮北平原区南部与河南省相邻分区主要农作物定额对比

1023

安徽省淮北平原区北部玉米、75%水文年型下大豆宽松于河南省淮北平原区,其余合理或严格于河南省;安徽省淮北平原区南部75%水文年型下的玉米、大豆定额值宽松于河南省淮北平原区,其余合理或严格于河南省;安徽省淮北平原区北部玉米、75%水文年型下的花生定额值宽松于山东省鲁西南区,其余严格于山东省。

4.5 农业用水定额修订工作评估

通过评估定额修编单位组织体系是否健全、定额值确定方法是否合理、调查样本资料是否足够等,开展用水定额修订工作评估。

(1) 成立组织机构

安徽省水利厅成立安徽省用水定额修订工作领导小组和技术工作组。其主要职责是负责指导和把握用水定额修订工作的方向,协调各部门之间关系。技术工作组以省水科院主管领导为总负责,成员由省水科院、安徽省六安水文水资源局等组成,其主要职责是负责本次用水定额修订的具体修订工作。定额修订组织体系完善。

(2) 制定工作大纲

定额修编单位在持续关注《安徽省行业用水定额》(DB34/T 679—2014)应用的基础上,根据近年开展的灌溉水利用系数测算成果、农作物灌溉试验、墒情监测等工作实践,结合当前及未来农业种植结构调整、农业灌溉发展水平等因素,编写完成《安徽省用水定额修订工作大纲》。组织召开专家审查会议,为下一步开展修订工作奠定基础。

(3) 调查样本资料

水稻灌溉用水资料调查采用了120个灌区灌溉用水量资料;中药材灌溉用水资料采用了1个灌溉试验点灌溉用水量资料;桃树灌溉用水资料用水调查采用了2个灌溉试验点灌溉用水量资料;其他作物基本每定额值调查2~5个样本。调查样本数量足够。

(4) 用水定额值确定方法

种植业灌溉用水定额根据调查、灌溉试验、理论计算,结合历年灌溉水有效利用系数测算成果及文献资料,通过综合分析得出;茶树、林业灌溉用水定额结合安徽省相邻省份用水定额标准,拟定安徽省林木育苗用水定额指标;畜牧业用水定额根据动物生理需水、圈舍清洁用水和污染物达标排放要求,结合调查成果,综合分析确定;渔业用水定额根据各分区降水补给、鱼塘蒸发和渗漏损失等因素,采用水量平衡原理并结合调查资料确定。用水定额值确定方法合理。

5 结论

(1) 安徽省农业用水定额覆盖性好,农业用水定额标准与现状农业用水水平基本吻合,现行农业用水定额广泛应用于水资源论证编制与审查、取水许可管理、计划用水管理、节水型社会建设、农业水价综合改革推进工作等方面,与相邻省对比,整体定额值合理或严格于相邻省灌溉分区用水定额值。

(2) 安徽省农业用水定额修编工作开展情况较好,收集数据和资料完整翔实,开展典型调查代表性强,确定用水定额方法合理,符合《用水定额编制技术导则》(GB/T 32716—2016)、《灌溉用水定额编制导则》(GB/T 29404—2012)等要求。

[参考文献]

[1] 郑江丽,李兴拼,张康,等.贵州省农业用水定额评估[J].人民珠江,2022,43(3):16-22.

[2] 张晨,田元.河北省农业用水定额分析评估[J].河北水利,2018(3):18-19.

[作者简介]

王一杰,男,1994年11月生,工程师,主要研究方向为水文水资源,18726025653,376790101@qq.com。

安徽省县域节水型社会达标建设经验总结与成效分析

杨 笑 梁丹丹 李家田

（淮河水利委员会水利水电工程技术研究中心 安徽 蚌埠 233001）

摘 要：在参与2021年安徽省县域节水型社会达标建设复核工作的基础上，总结分析了安徽省节水型社会达标建设中具有代表性的经验和成效，并针对农业水价综合改革、再生水利用、完善节水评价标准、节水投入激励机制等分析了存在的问题，提出了对策建议，以期为各地区开展县域节水型社会达标建设提供参考和借鉴。

关键词：县域节水型社会；经验总结；成效分析；存在问题；对策建议

1 背景及政策要求

党的十八大报告明确要求推进水循环利用，建设节水型社会，党的十九大报告提出坚持节约资源和保护环境的基本国策，将实施节水行动上升为国家战略，把节水工作提升至前所未有的战略高度[1]。开展县域节水型社会达标建设是推进节约用水工作的重要手段，2017年水利部印发《水利部关于开展县域节水型社会达标建设工作的通知》（水资源〔2017〕184号），在全国范围内开展县域节水型社会达标建设，根据水利部的统一部署，安徽省水利厅印发了《安徽省县域节水型社会达标建设工作实施方案》（皖水资源〔2017〕85号），明确提出到2020年，全省25个县（市、区）达到《节水型社会评价标准（试行）》要求，建成率23.8%。

2 总体工作开展情况

截至2020年底，安徽省共有54个县（市、区）通过水利部复核并公布为节水型社会建设达标县（市、区），建成率51.4%，超额完成《安徽省县域节水型社会达标建设工作实施方案》确定的到2020年的目标，超额完成《水利部关于开展县域节水型社会达标建设工作的通知》中到2020年南方地区建成率20%以上的目标，提前达到《国家节水行动方案》中到2022年南方地区30%以上、《"十四五"节水型社会建设规划》中到2025年南方地区建成率40%以上的目标。

2021年，安徽省持续推进县域节水型社会达标建设工作，共有19个县（市、区）完成了县域节水型社会达标建设任务并通过省级验收，根据《水利部办公厅关于对2021年度县域节水型社会达标建设开展复核工作的通知》（办节约〔2022〕40号）要求，淮委制订了《2021年度县域节水型社会达标建设复核工作计划》，对2021年度备案的县级行政区开展初步复核和指标复核，抽取4个县级行政区进行现场复核，经复核，安徽省18个县级行政区达到了节水型社会标准。

3 经验总结

3.1 强化监督管理，从源头上拧紧"节水阀门"

2021年，安徽省在推进县域节水型社会达标建设工作中，除落实最严格水资源管理制度，规划和建设项目水资源论证及计划用水、取水许可、水资源有偿使用等制度外，还利用水资源监控平台强化了对用水户日常监管，对超计划超定额的非居民用水户实行累进加价制度。《安徽省行业用水定额》的修订，将用水定额管理贯彻到整个水资源管理工作中，给计划用水指标不超过定额核算量提供了保障，譬如定远县以《安徽省行业用水定额》为抓手，在水资源论证、取水许可审批和节水载体创建过程中均将符合定额标准作为先决条件，对不符合定额标准的坚决不予审批取水、暂缓延续取水许可证，直至整改措施落实到位，确保了节水型社会建设工作有组织、有步骤地推进。

3.2 健全市场调节机制

落实节水优先，要充分发挥市场机制的调节作用。党的十八届三中全会明确提出，要使市场在资源配置中起决定性作用。在县域节水型社会达标建设工作中，政府应在加强监管的前提下，充分发挥市场机制的调节作用，加快推进水价、水资源税费的改革，通过水价来有效调节水资源的供需，推进水资源的高效循环利用。

2021年，安徽省在县域节水型社会达标建设工作中发挥了价格杠杆对水资源的配置作用，例如灵璧县实施城市供水阶梯式水价，同时实行了非居民用水超计划超定额累进加价制度，收到了公共管网非居民用水户未出现超计划用水户的良好成效，对超计划用水的自备水非居民用水户也施行了累计加价收费，促进了水资源的合理使用和节约用水，发挥出了价格机制在水资源配置中的调节作用。

3.3 打造节水型载体亮点，树立节水典型

节水载体建设，是县域节水型社会评价体系中的一个重要考核评价类别，安徽省在县域节水型社会达标建设工作中开展了高效节水灌溉、高标准农业示范建设，实施了灌区配套与节水改造，并以火电、钢铁、化工、造纸、纺织等高耗水或重污染行业为重点，启动了"百家企业节水行动"，指导工业企业开展节水对标达标。通过树立节水典型，带动、促进了安徽省节水工作更加全面、深入地开展。

以界首市为例，该地区在创建节水型社会过程中，一是让水利行业发挥出节水引领示范作用，水利局率先成功创建市级水利行业节水型机关；二是实施工业节水增效，推进节水型企业创建，建设了省级节水型企业7家、县级节水型企业2家；三是树立城市节水示范单位，创建节水型公共机构共计25家；四是深入开展节水型小区创建，共创建13家节水型小区。在全面推进节水型载体建设中树立了一批节水型载体示范典型，取得了良好的节水成效。

3.4 开拓创新，探索高效节水模式

安徽省在老旧供水管网改造工作中加大了新型防漏、防爆、防污染管材的更新力度，提高检测手段，有效降低了供水管网漏失率。推广绿色建筑，鼓励居民住宅使用建筑中水，新建公共建筑和新建小区做到节水器具全覆盖，在餐饮、宾馆、娱乐等行业采用中水和循环用水技术，实施了节水技术改造。同时，安徽省在县域节水型社会达标建设工作中，完成部分省、市两级监控系统的建设，推进了水资源管理信息系统一体化，对重要取用水户进行计量设施建设，提高了非农业用水计量率。在农业用

水计量设施建设方面,推进了大中型灌区渠首和干支渠口门取水计量设施建设,完善农业用水计量初见成效。

灵璧县通过安装取水计量远程监控系统,加强了对重点用水户日常监管,取水计量远程监控不仅能省时提效,而且为规范企业用水行为和征收监管提供了依据,进而提升了节水科技化、现代化、规范化管理水平;休宁县在非常规水源利用方面,将污水处理厂生产中水用于市民中心景观带生态补水、市政园林绿化、道路喷洒和垃圾发电厂工业用水,进一步节约了水资源,同时对地下水起到保护作用;界首市水利局为规范和全面推行用水计量工作,组织相关企业、科研机构研发节水新技术,加强了节水工作信息化、智能化。

4 成效分析

4.1 用水效率明显提升

通过分析19个县(市、区)用水指标汇总,安徽省2021年较2020年行业节水效率整体取得了良好成效。万元国内生产总值用水量降幅平均值为45.15%,15个县(市、区)已提前达到2022年目标值;万元工业增加值用水量降幅平均值为35.3%,11个县(市、区)提前达到2022年目标值;农田灌溉水有效利用系数最高值为0.69,最低值为0.53,平均值0.59,其中12个县(市、区)农田灌溉水有效利用系数高于安徽省水平,14个县(市、区)已提前达到2022年目标值。

4.2 节水载体建设成效较显著

2021年,安徽省完成县域节水型社会达标建设工作的19个县(市、区)重点用水行业企业共261家,节水型企业平均建成率为59%,高于《节水型社会评价标准(试行)》关于南方地区节水型企业建成率≥40%的满分标准,且其中7个县(市、区)建成率达到100%;19个县(市、区)公共机构共1 087家,建成节水型单位675家,节水型单位平均建成率为62.1%,高于节水型单位建成率≥50%的满分标准;建成节水型小区213个,节水型小区平均建成率为19.58%,高于南方地区节水型居民小区建成率≥15%的满分标准,节水载体总体建成率较高。

4.3 节水管理制度逐步健全

对县域节水型社会达标建设工作来说"工程是支撑,管理是手段",安徽省先后印发了《安徽省县域节水型社会达标建设实施方案编制大纲(试行)》(皖水资源函〔2017〕869号)、《安徽省县域节水型社会达标建设工作实施方案》(皖水资源〔2017〕85号)、《安徽省县域节水型社会达标建设验收技术评估指南》(皖水资源〔2018〕2023号)、《关于在节水型社会建设中进一步加强用水效率评价工作的指导意见》(皖水节办〔2019〕1号)等,对深化县域节水型社会达标建设实施方案编制、建设管理程序、用水效率评价等关键环节提出了明确要求,进一步完善了制度体系建设,以制度体系为先导,推进节水型社会有序、有效建设。

5 存在的问题及建议

5.1 存在的问题

(1)农业水价综合改革尚未全面深入落实

2021年安徽省参与县域节水型社会达标建设的19个县（市、区）除淮上区、颍泉区、青阳县、徽州区无农业水价综合改革任务，其他县（市、区）在指标复核阶段平均得分0分，扣分比例在农业水100%，未能全面落实2016年6月安徽省人民政府办公厅印发的《安徽省推进农业水价综合改革实施方案》有关要求，突出表现为水价形成机制与精准补贴制度尚未有效建立，部分县（市、区）在农业水价综合改革方面的工作尚未全面开展，未对农业供水工程运行维护成本进行全面核算，在农业用水过程中水价精准补贴尚未完全落实到位，水权制度尚未建立健全。

(2) 再生水利用设施建设力度不足

再生水利用是县域节水型社会评价体系中的一个重要考核评价类别，在指标复核阶段，安徽省19个县（市、区）再生水利用平均得0.89分，扣分比例88.82%，再生水利用设施偏少和技术推广力度不足的问题凸显，各达标县（市、区）再生水回用渠道有限，再生水管网及再生水厂等设施的投资建设力度不足。从县域节水型社会达标建设复核工作的情况看，各达标县（市、区）的再生水多集中用于景观绿化、市政消防用水等方面，而河道、湿地生态补水、工业再生水利用率相对偏低，且市政再生水管网覆盖率低，市政用水取水点数量不足，在环卫作业、绿化浇灌等方面发挥作用有限。

(3) 县域经济体量规模小、资金投入不足

节水型社会建设是一项长期工作，建设过程中需要大量资金投入，目前县域节水型社会建设资金主要依靠财政投入，资金来源单一，而县域经济体量小，财政资金有限，在县级财政运行困难的情况下，很难挤出专项资金用于引导节水型社会建设[2]，例如企业要上马再生水处理设施，前期投入大，运行成本高，政府对其政策和资金扶持力度不够，会造成使用再生水的内在动力不足，城市污水再生处理投资大，需要综合采用物理、化学、生物等处理技术，如果资金投入不足，扶持力度不够，会导致再生水处理设施不足，难以实现节水项目的建设和推广。

5.2 对策建议

(1) 完善节水型社会考核评价类别的内涵与指标算法

充分考虑不同地区资源条件和经济发展水平，优化完善考核评价指标的适用性、可操作性，确保节水型社会达标建设技术评估结果的科学性和公正性。例如，安徽省关于农业水价综合改革虽然已经推出了较多的政策内容，同时还细化了农业水价计量等制度，但是由于各个农村地区在农业用水计量设施、农业灌溉信息化管理水平及农业供水工程运行管护等方面的实际情况存在较大的差异，当前推出的政策体系只能作为战略指导文件，具体水价计量与计算工作的执行落实还需要结合区域实际情况进行相应的调整。

(2) 制定评定与考核工作细则，规范资料管理

在评定与考核方面，建议省级水行政主管部门加强技术评估赋分标准的统一工作，规范评估程序，严格按照《节水型社会评价标准》有关要求，对存在分歧的指标项应充分讨论并形成统一意见，最终打分表应由专家组讨论确定。

在资料管理方面，建议水行政主管部门进一步加强对基层节水型社会达标建设相关人员培训工作，提升基层人员的专业素养与管理水平，搭建节水服务平台，拓展节水技术服务供给；若委托第三方服务机构编制达标建设创建材料，在支撑材料编制过程中，水行政主管部门有关对接人员应加强与第三方服务机构沟通交流，帮助其充分熟悉有关节水工作开展内容及成果，以保证支撑材料的质量；重视档案资料收集整理，完善工作过程痕迹管理，做好资料存档备查工作。

(3) 加快推进农业水价综合改革

加快推进农业水价综合改革，建立农业水权制度，健全农业水价形成机制。一方面，应进一步加

强农业水价综合改革的宣传培训,帮助农业用水户充分了解农业水价改革的工作内容及重要意义,同时构建农业节水激励奖补制度,提高农业用水户参与改革的积极性;另一方面,继续加强农业节水基础设施建设,完善和优化供水计量体系,积极搭建农业灌溉信息化管理平台,提高农业用水计量自动化、智能化水平,同时做好现状工程的维修养护工作,不断提升农业供水工程的信息化管理水平。

（4）探索高效节水,提高再生水回用率

推广先进污水处理技术,降低污水处理成本;并制定合理的再生水水价,促进再生水利用。完善再生水系统配水管网,将污水处理厂的供水管线布置纳入工业园区和城镇相关规划中,以优质再生水作为新建工业园区和大中型企业的规划供水水源,提高再生水利用率。加大政府节水资金投入,充分发挥公共财政在推进再生水利用工作的重要作用;拓宽投融资渠道,通过采取合同节水、PPP模式等[3],鼓励非常规水源利用项目建设,提高再生水利用率。

（5）健全节水投入激励机制

一是加大奖补力度.对达标县(区)予以适当经费支持,提高县(区)工作积极性;二是引导地方增加预算内节水投资比重。推进水资源费(税)收入的固定比例用于节水工作;三是加大节水技术的研发与成果转化支持力度,采取以奖代补等形式鼓励用水户自主研发或使用节水设备。

[参考文献]

[1] 于琪洋,孙淑云,刘静. 我国县域节水型社会达标建设实践与探索[J]. 中国水利,2020(7):14-16+19.

[2] 雷文俊. 县级节水载体创建的几点思考[J]. 山西水利,2020,36(3):49-51.

[3] 陆沈钧,陈华鑫,姚俊. 县域节水型社会达标建设典型案例浅析[J]. 中国水利,2020(1):36-38.

[作者简介]

杨笑,男,1996年8月生,助理工程师,主要从事水利水电工程技术咨询与水工消能研究,861149415@qq.com。

淮河流域县域节水型社会达标实践与建议

扶清成[1]　袁锋臣[2]　姜健俊[1]

(1. 淮河水利委员会水利水电工程技术研究中心　安徽 蚌埠　233001；
2. 水利部淮河水利委员会　安徽 蚌埠　233001)

摘　要：通过梳理近年来淮河流域县域节水型社会达标建设进展情况,总结取得的实践成效,分析存在的主要问题,对下一步达标建设工作提出建议,为进一步推动淮河流域县域节水型社会达标建设提供参考,持续提升达标建设工作质量。

关键词：县域；节水型社会；达标建设；实践成效；建议

1　背景和建设目标

党的十八大以来,习近平总书记多次就治水工作发表重要讲话、作出重要指示,明确提出"节水优先、空间均衡、系统治理、两手发力"的治水思路,强调"从观念、意识、措施等各方面都要把节水放在优先位置",为新时代水利工作提供了根本遵循和行动指南。县域作为我国经济发展的基本单元,开展县域节水型社会达标建设是落实节水优先方针的重要举措,对强化水资源刚性约束、推动水资源集约节约利用具有十分重要的意义。2017年中央1号文件明确要求开展县域节水型社会建设达标考核。2017年1月,《节水型社会建设"十三五"规划》提出"到2020年,全国北方40%以上、南方20%以上的县级行政区达到节水型社会标准"。2017年5月,水利部印发《水利部关于开展县域节水型社会达标建设工作的通知》,发布了《节水型社会评价标准(试行)》,要求到2020年,北方各省40%以上县级行政区、南方各省20%以上县级行政区应达到《节水型社会评价标准(试行)》要求。2019年4月,《国家节水行动方案》要求"以县域为单元,全面开展节水型社会达标建设,到2022年,北方50%以上、南方30%以上县(区)级行政区达到节水型社会标准"。2021年10月,《"十四五"节水型社会建设规划》要求"到2025年,北方60%以上、南方40%以上县(区)级行政区达到节水型社会标准"。

2　达标建设进展情况

按照水利部统一部署,淮委负责河南、安徽、山东三个省级行政区的县域节水型社会达标建设复核工作。三个省级水行政主管部门印发实施方案、明确达标建设目标、分解年度目标、加强对县(区)节水型社会达标建设工作检查指导。各县(区)成立工作领导小组、编制实施方案、制定相关制度文件,确保县域节水型社会达标建设工作有序开展。截至2020年底,流域三省共243个县域完成节水型社会达标建设工作,已在水利部第一批至第四批节水型社会建设达标县(区)名单中予以公布,建成率61%,其中,河南省共有95个县(区),建成率60%,安徽省共有54个县(区),建成率51%,山东省共有94个县(区),建成率69%,均完成了《水利部关于开展县域节水型社会达标建设工作的通知》中的达标建设目标,提前达到《"十四五"节水型社会建设规划》目标要求。

流域三省县域节水型社会达标建设进展情况见表1。

表1　县域节水型社会达标建设进展情况

行政区	达标县(区)数量(个)					建成率(%)
	第一批 (2017年)	第二批 (2018年)	第三批 (2019年)	第四批 (2020)	合计	
河南省	0	41	30	24	95	60
安徽省	0	4	15	35	54	51
山东省	14	23	26	31	94	69
合计	14	68	71	90	243	61

3　实践成效

3.1　用水效率得到明显提升

自2017年启动县域节水型社会达标建设工作以来,流域三省用水效率得到明显提升。流域层面,淮河流域用水总量由2015年的540.15亿 m^3 下降到526.92亿 m^3 ,人均综合用水量由337.4 m^3 下降到317.85 m^3 ,2020年万元GDP用水量、万元工业增加值用水量分别为54.72 m^3 、19.94 m^3 。河南省2020年万元GDP用水量比2015年下降28.4%,万元工业增加值用水量降低到20 m^3 ,农田灌溉水有效利用系数0.617,城市公共供水管网漏损率10.8%。安徽省2020年万元GDP用水量、万元工业增加值用水量分别比2015年下降39.38%、35.66%,农田灌溉水有效利用系数0.55,城市公共供水管网漏损率低于10%。山东省2020年万元GDP用水量、万元工业增加值用水量分别比2015年下降21.72%、13.56%,农田灌溉水有效利用系数0.646,城市公共供水管网漏损率7.95%。

典型达标县(怀远县)主要用水指标变动情况见图1。

图1　怀远县2016—2020年部分用水指标变动情况(单位: m^3)

3.2　节水制度体系逐步完善

流域三省均颁布实施了节约用水条例、印发了落实国家节水行动省级实施方案,进一步完善了节水的体制、机制和制度,细化实化了节水规划、用水管理、节水管理以及保障措施,强化了政府、部门、企业和社会的节水责任。各县(区)以创建县域节水型社会为契机,根据省、市要求,结合自身实际,出台了相关节水管理制度、实施细则、奖励办法等,进一步在用水定额管理、计划用水管理、水价机制、节水"三同时"管理、节水载体建设、再生水利用、节水激励等方面对节水制度体系进行补充,对取用水行为进行规范,节水的制度体系逐步完善。

3.3 节水基础设施得到强化

农业节水方面,通过推进大中型灌区续建配套和现代化改造、开展农业水价综合改革、推广喷灌、微灌、低压管道输水灌溉、水肥一体化等技术,节水灌溉面积逐年增加,山东省节水灌溉面积占有效灌溉面积的比例达67.4%。工业节水方面,通过开展企业节水技术改造、污废水循环利用等,万元国内生产总值用水量、万元工业增加值用水量指标逐年下降,工业节水减排效果显著。城镇节水方面,通过改造老旧供水管网、推广使用节水器具、加强城镇公共建筑和新建住宅的节水设施建设,城镇供水管网漏损率得到了有效控制,山东省2020年度城镇供水管网漏损率下降到7.95%,烟台市芝罘区仅3.27%。非常规水利用方面,加强非常规水利用设施建设,面向工业、市政园林、景观、消防等领域推进再生水、雨水、矿井水等非常规水多元利用,非常规水利用量逐年增加,河南、安徽、山东三省2020年度非常规水利用量占总用水量的比例分别为4.5%、2.2%、5.4%,均高于全国平均水平。

3.4 节水载体建设成效显著

各部门联合推进,通过抓重点、树典型,积极开展节水载体建设,建设了一批节水型企业、节水型公共机构、节水型居民小区等节水载体,带动了节水型社会达标建设全面铺开。2021年度,流域三省共建成节水型企业656个,建成率54.4%,建成节水型公共机构2 335个,建成率59.1%,建成节水型居民小区925个,建成率22.5%,流域三省节水载体建设情况详见表2。

表2 2021年度流域三省节水载体建设情况表

行政区	类型	总数(个)	建成节水载体数(个)	建成率(%)
河南省	企业	140	82	58.6
	公共机构	1 126	678	60.2
	居民小区	568	140	24.6
安徽省	企业	261	155	59.4
	公共机构	1 087	675	62.1
	居民小区	1 088	213	19.6
山东省	企业	804	419	52.1
	公共机构	1 738	982	56.5
	居民小区	2 455	572	23.3
合计	企业	1 205	656	54.4
	公共机构	3 951	2 335	59.1
	居民小区	4 111	925	22.5

4 存在的主要问题

4.1 部门联动机制作用不足

建立节水工作部门协调机制,是加强工作会商、强化协作配合、深入推动节水工作有力有序有效实施的重要举措。各县(区)虽然均成立了以县(区)长或分管领导为组长的工作领导小组,明确各成员单位的任务分工,但在实际创建过程中,领导小组未能充分发挥政府主导、组织协调作用。例如在提高再生水利用率、推进农业水价综合改革、创建节水载体等工作方面需要发改、工信、住建、农业等部门深度参与,但目前大部分县(区)此项工作都是由水行政主管部门承担,缺少相关部门的参与和配合,联动机制作用不足,县域节水型社会达标建设工作成效受到较大限制。

4.2 节水技术力量有待加强

县域节水型社会达标建设工作涉及面广,行业众多,对从事节约用水管理的工作人员在人员力量和专业知识储备等方面有着较高要求。部分县(区)节约用水办公室与水资源科合署办公,存在节水管理人员不足、技术力量薄弱等问题,达标建设工作难以有序、高效、深入开展,创建工作成效受到较大限制。虽然地方水行政主管部门将节水载体创建、水平衡测试等相关工作委托第三方技术服务机构,但由于对法律法规、制度政策以及相关标准理解不深刻、把握不准确,导致最终成果质量不高。

4.3 节水内生动力与节水资金投入不足

各地区普遍未出台对各类节水载体在财税、金融、水价等方面的优惠政策,政府财政经费补助主要用于水平衡测试、节水载体创建等一次性奖励,同时,节水技术升级改造等需要大量的资金投入,改造周期长,投资回收期较长,企业等在开展节水改造方面的内生动力普遍不足。从历年复核情况来看,节水资金投入主要用于节水宣传培训、水平衡测试等日常性节水工作,在节水技术研发与推广应用、节水设施改造、节水项目建设等方面仍存在大量的资金缺口,节水项目多为公益性,社会资本参与节水领域项目的积极性普遍不高,政府、企业、社会多元化节水投融资机制尚未成熟,在吸引社会资本投入节水领域方面存在较大的提升空间。

5 建议

5.1 完善达标建设技术标准体系

自 2017 年,县域节水型社会达标建设已历经 5 年,《节水型社会评价标准(试行)》在使用过程中暴露出标准不够细化、指标分值设置不够合理等问题,亟待考虑地区差异、经济差异、行业差异等因素进行修订。《县域节水型社会达标建设管理办法》进一步规范了达标建设的组织、申请、审核和监督管理等工作,要求对达标县(区)进行日常监管、每五年开展一次评估,但对日常监管的形式、监管过程中发现的问题如何应用、评估程序及标准等未进行明确,亟待出台相关技术标准以完善县域节水型社会达标建设技术标准体系。

5.2 充分发挥流域机构监管职能

为推动县域节水型社会达标建设高质量开展,应充分发挥流域机构监督管理职能。一是建立健全流域层面的节水制度体系,结合新发展阶段对节水型社会建设的新要求,编制流域层面的节约用水规划、县域节水型社会达标建设管理办法、县域节水型社会达标监督管理办法等。二是加强工作指导,指导流域各省准确把握建设要求,规范县域节水型社会达标建设的申报、备案、审核认定等工作,提高达标建设质量。三是对已达标县(区)加强日常监管,持续提升监管工作质量,督促达标县(区)强化水资源刚性约束、提高水资源利用效率、巩固深化节水成效,推动达标建设提质增效。

5.3 提升节水科技创新能力

一是强化流域内水利企事业单位的创新主体作用,着力增强节水科技创新能力,围绕用水精准计量、水资源高效循环利用、节水灌溉控制、管网漏损监测智能化、管网运行维护数字化、污水资源化利用等领域,开展节水关键技术和重大装备研发,全面提升节水科技创新能力,为流域县域节水型社会达标建设高质量开展提供科技支撑。二是紧扣水资源节约集约安全利用目标要求,实施一批以农业、工业、城镇生活、非常规水利用等领域为重点的节水研究项目,以项目为抓手,在培养节水科技人才、提升节水科技创新能力的同时推动新阶段节水工作的高质量发展。

5.4 加大政策支持和节水资金投入

一是完善财税、金融、水价等优惠政策,加大对各类节水载体在政策方面的支持力度、奖补力度,提高企业等参与节水工作的内生动力。二是通过对企业等提供金融支持、在节水领域开展PPP项目试点等,探索建立多渠道、多元化投入机制,吸引社会资本更多地投入节水领域。三是加大在节水技术、设备、器具的研究开发、推广应用和节水项目建设等方面的资金投入,进一步加强节水基础设施建设。

5.5 提高节水载体建设级别

自开展县域节水型社会达标建设以来,节水型企业、节水型公共机构、节水型居民小区等节水载体建设成效显著,但节水载体创建级别较低的问题逐渐凸显,2021年度,流域三省共建成节水型企业656个,其中县级占比72.1%,建成节水型公共机构2 335个,其中县级占比98.5%,建成节水型居民小区925个,其中县级占比92.8%,仅建成国家级、省级节水标杆企业各1个、国家级灌区水效领跑者1个,建议进一步扩大节水载体建设成效,提高国家级、省级节水载体占比,突出各类节水载体的示范引领作用,以节水标杆示范带动流域整体节水。

5.6 提升档案管理数字化水平

档案管理数字化是信息时代的必然要求,也是推动水利发展向数字化、网络化、智能化转变的必然要求。截至2020年底,流域三省共243个县域完成节水型社会达标建设工作,但达标建设资料仅以电子文档的形式报水利部备案,资料难以有效利用。建议依托现有水资源管理信息平台,融合数字孪生淮河建设,建设数据库,开发档案管理系统,将达标创建过程资料数字化,将达标建设后节水载体创建、日常监管等资料归档制度化,为淮河保护治理高质量发展和流域治理管理提供支撑。

[作者简介]

扶清成,男,1989年10月生,工程师,主要从事水资源分析研究工作,18605526863,915701171@qq.com。

基于灌水满足情况的再生稻种植适宜性评价
——以淠史杭灌区为例

吴 汉

(安徽省淠史杭灌区灌溉试验总站 安徽 六安 237158)

摘 要:对再生稻生长期的灌水满足情况进行评价,为淠史杭灌区再生稻科学推广和种植结构调整提供科学支持及理论指导。利用2000—2021年的气象数据,计算出生长期有效雨量、作物需水量,结合水分平衡的原理,得到灌溉需水量,并将分别与双季稻、单季中稻的基本用水定额进行比较,最终得出灌水满足度。研究结果显示,2000—2021年再生稻生长期的有效降雨量为306.0~600.1 mm,平均为494.7 mm;作物需水量为568.4~849.3 mm,平均为659.9 mm。按照双季稻的基本用水定额来分析再生稻的灌水满足情况,其灌水满足度为0.65—1.49,平均1.10,适宜再生稻种植。按照单季中稻分析,其灌水满足度为0.42~0.89,平均0.59,再生稻种植适宜性较差。由于淠史杭灌区大部分地区种植单季中稻,因此从灌水满足情况来看,在淠史杭灌区大面积推广再生稻种植存在一定的风险。

关键词:再生稻;基本用水定额;水量平衡;灌水满足度

1 引言

由于农村劳动力非农化转移,节省劳动力和资源高效利用的再生稻种植正快速发展。尽管再生稻种植有利于稻区提高复种指数、增加单位面积稻谷产量和经济收入,但是其对温、光、水资源有着一定的要求[1]。

再生稻生产优势明显,省去了再生季的播种、育秧和移栽的工作量,具有省工省时、省种节水、省肥省药、增产保收、节本增效、生态环保、米质更优等特点,已成为我国光、温资源一季有余、两季不足稻区和劳动力短缺地区一种重要的轻简化种植制度。一般来说,再生稻可以在年平均温度超过18℃、有效积温4 200~4 800℃的地区生长[2]。前人认为[3],头季稻收割后30天内日平均温度超过23℃能确保再生季水稻安全开花。段里程等[4]选用种子萌发的起始温度10℃和水稻安全齐穗日平均温度22℃作为再生稻安全种植的界限温度。谢源泉[5]分析了再生稻萌芽期自然降水对水稻需水满足情况,并据此给出了川东南地区适宜种植再生稻的区域。可以看出前人研究再生稻在某一地区是否适宜种植主要依赖自然资源评价[6],然而人类的生产活动,尤其是灌溉,对再生稻种植亦有着重要影响。水分供应不足,水稻产量将大幅下降[7,8]。近年来,随着水利事业的发展,原本一些不适宜种植水稻的地区,如淮北平原也开始大面积种植水稻[9]。

大中型灌区是我国重要的粮食生产功能区和重要农产品生产保护区,亦是我国农业节水的主战场[10]。淠史杭灌区是我国三个特大型灌区之一,灌区位于安徽省西部和河南省东南部,雨热同季,水资源总量丰富。江淮分水岭从灌区穿过,这使得灌区也容易受到干旱灾害影响,灌区的农业生产很大程度上依赖灌溉。随着农村劳动力的转移以及人工成本的增加,节本增效的"头季稻-再生稻"种植模式已开始在淠史杭灌区逐渐推广[11,12]。然而,再生稻生长期的增加,对水资源的需求增多,盲目推广存在一定风险。因此需要对再生稻生长期的灌水满足情况进行评价,为灌区再生稻科学推广和种植结构调整提供科学支持及理论指导。

2 材料与方法

2.1 研究区域概况与数据来源

淠史杭灌区始建于1958年,由毗邻的淠河、史河、杭埠河三个子灌区组成,控制面积13 130 km²,设计灌溉面积73.3万hm²,是我国三座特大型灌区之一。灌区具有防洪、灌溉、城镇供水、生态供水、发电、航运、旅游等综合功能。

2000—2021年逐日气象数据来自安徽省淠史杭灌区灌溉试验总站内的自动气象站(Watch Dog2900ET,SPECTRUM,USA)。

2.2 研究方法

2.2.1 再生稻生长期

研究区域内再生稻一般于4月下旬至5月上旬移栽,再生季于10月下旬至11月上旬收割。为方便计算,将再生稻大田生长期定为5月1日至10月31日。

2.2.2 水文年型

对于时间序列数据$(x_1,x_2,\cdots,x_n)$,x_i的经验频率计算公式[13]为

$$p_i = \frac{m}{n+1} \times 100 \tag{1}$$

式中:p_i为x_i的经验频率,%;m为时间序列数据$(x_1,x_2,\cdots,x_n)$中大于等于x_i的个数,n为时间序列数据总项数。

由于《安徽省行业用水定额》(DB 34/T 679—2019)[14]只规定了50%、75%、90%水文年型的水稻基本用水定额,所以本文中将$p_i \leqslant 50\%$的年份定义为50%水文年型,$50\% < p_i \leqslant 75\%$的年份定义为75%水文年型,$p_i > 75\%$的年份定义为90%水文年型。

2.2.3 有效雨量

以旬为单位,采用FAO参考作物蒸散量和降水量的比率法来计算有效降水量,并结合渗漏[11],逐旬有效降雨量可采用以下简化方法计算:

$$P_{ei} = \begin{cases} P, & P \leqslant ET_c + S \\ ET_c + S, & P \geqslant ET_c + S \end{cases} \tag{2}$$

式中:P_{ei}为逐旬有效雨量,mm;P为逐旬累积降雨量,mm;ET_c为逐旬作物需水量,mm;S为逐旬渗漏量,根据我站以往测定的结果以1.4 mm/d计[15]。

再生稻生长期内有效降水的计算公式:

$$P_e = \sum_{i}^{n} P_{ei} \tag{3}$$

式中:P_e是再生稻生长期内的有效降水量,mm;n是该生育时段包含的旬数。

2.2.4 作物需水量

作物需水量根据作物系数法计算：

$$ET_c = K_c \times ET_0 \tag{4}$$

$$ET_0 = \frac{0.408\Delta(R_n - G) + \gamma \dfrac{900}{T+273} u_2(e_s - e_a)}{\Delta + \gamma(1 + 0.34 u_2)} \tag{5}$$

式中：ET_c 为作物需水量，mm；K_c 为作物系数，利用 FAO 推荐的作物系数法计算，结合再生稻的生长特性、我站测定的及前人[16]的试验结果，各月旬值如表 1；ET_0 为参考作物蒸腾蒸发量，mm；Δ 为温度-饱和水汽压关系曲线在 T 处的切线斜率，kPa/℃；Rn 为净辐射，MJ/(m²·d)；G 为土壤热通量，MJ/(m²·d)；γ 为湿度表常数，kPa/℃；T 为平均气温，℃；u_2 为 2 m 高处风速，m/s；e_s 为饱和水汽压，kPa；e_a 为实际水汽压，kPa。

表 1 作物系数 K_c

月旬	5月	6月	7月	8月	9月	10月
上	1	1.05	1.2	1	1.1	0.9
中	1	1.05	1.2	0.9	1.1	0.9
下	1	1.05	1.2	1	1.1	0.9

2.2.5 灌水量

灌水量根据水量平衡原理计算：

$$I = ET_c + S - P_e \tag{6}$$

式中，I 为灌水量，mm；ET_c 为需水量，mm；S 为渗漏量，mm；P_e 为有效降雨量，mm。

2.2.6 灌水满足度

$$K(I) = \frac{\eta \times I_r}{I} \tag{7}$$

式中，$K(I)$ 为灌水满足度；I 为灌水量，mm；η 为田间水有效利用系数，根据我站以往试验结果取 0.92；I_r 为水稻基本用水定额（最末端渠道放水口以下灌溉需水量）。

适宜评价标准：$K(I) \geq 1$ 为适宜；$1 > K(I) \geq 0.85$ 为较适宜；$0.85 > K(I) \geq 0.7$ 为一般；$0.7 > K(I) \geq 0.5$ 为较差；$K(I) < 0.50$ 为不适宜。

2.3 数据计算方法、处理与分析

采用 Excel 2016 整理汇总数据，用 SPSS 19.0 软件进行方差分析，使用 OriginPro2019 绘图。

3 结果与分析

3.1 生长期雨量

如图 1 所示，2000—2021 年生长期的降雨量范围为 341.3~1 625.8 mm，平均为 791.3 mm。22 年中共有 11 年为 50.0% 水文年型（占比 50%），6 年为 75% 水文年型（占比 27.3%），5 年为 90% 水文年型（占比 22.7%）

研究计算有效雨量当以日为计算时段时,比率法计算的有效降雨量会过小,而以月为计算时段时,该方法计算的有效降雨量会偏大[17]。因此本研究中有效降雨量以旬为计算时段。此外,在大田生产中,降雨会渗漏至作物根区以下,为此本文将这一部分计算入有效雨量。由图1(b)可知2000年—2021年生长期的有效降雨量为306.0~600.1 mm,平均值为494.7 mm。

3.2 作物需水量

经国内外大量分析研究表明,在近20多种参考蒸散量计算作物需水量的计算方法中,彭曼-蒙蒂斯(Penman-Monteith)公式的计算结果在不同条件下都与实测值非常接近,精度较高。并结合我站2021年的作物系数的测定结果计算水稻需水量。

如图2所示,2000年—2021年生长期的参考作物需水量范围为546.8~817.0 mm,平均为632.5 mm。2000年—2021年生长期的作物需水量为568.4~849.3 mm,平均为659.9 mm。

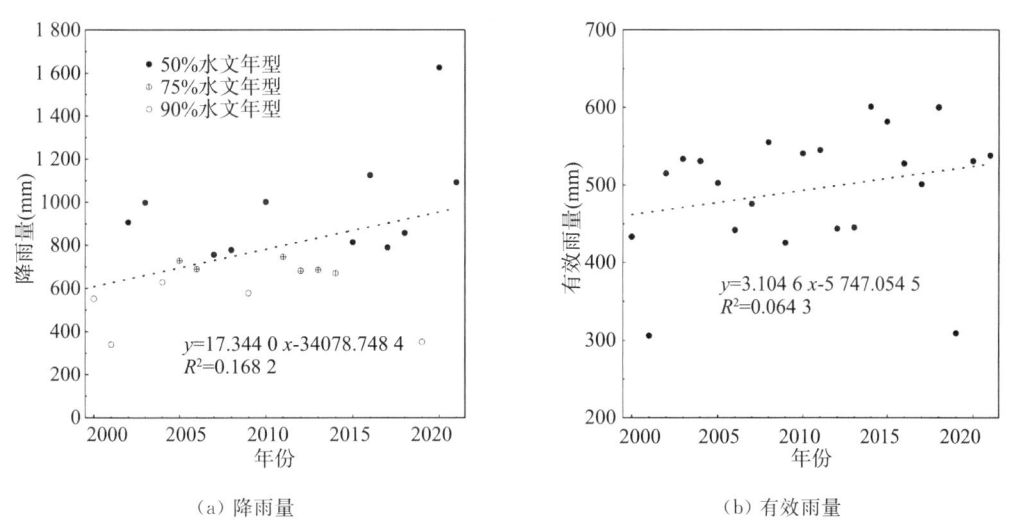

(a) 降雨量

(b) 有效雨量

图1 再生稻生长期降雨量及有效雨量

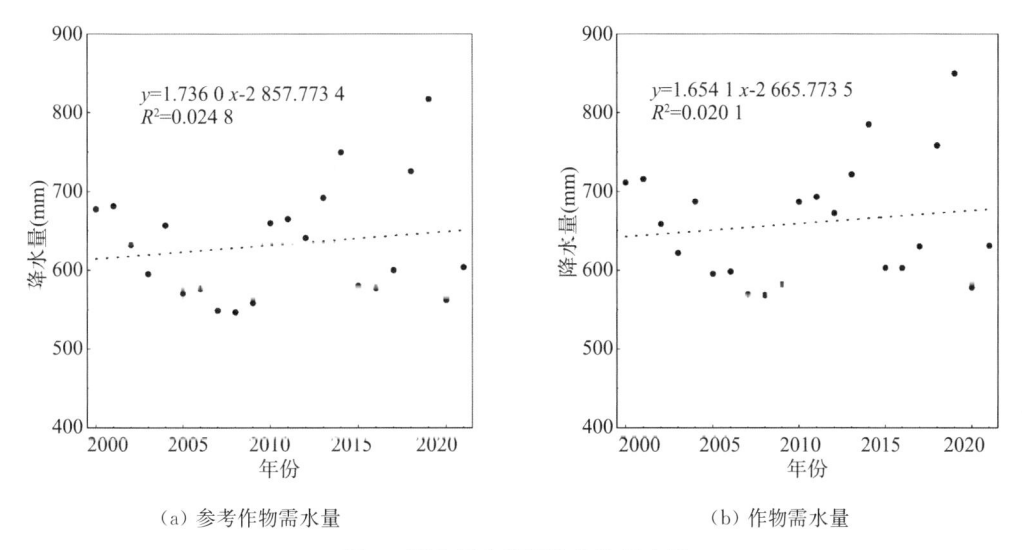

(a) 参考作物需水量

(b) 作物需水量

图2 再生稻生长期的作物需水量

3.3 灌水量与灌水满足度分析

根据水量平衡原理计算所需灌溉水量,由于淠史杭灌区地下水位低,因此地下水利用量为0。如

图 4(a)所示,2000—2021 年生长期的灌水量为 270.9~797.8 mm,平均为 422.8 mm。

由于《安徽省行业用水定额》(DB 34/T 679—2019)只规定了双季稻、单季中稻基本用水定额,因此本文分别用双季稻、单季中稻的基本用水定额分析再生稻的灌水满足度。

双季稻 50%水文年型基本用水定额为 409.5 mm,75%水文年型基本用水定额为 568.5 mm(90%水文年型未作规定,按 75%水文年型计算)。由图 4(b)可知,2000—2021 年生长期的灌水满足度为 0.65~1.49,平均 1.10。63.63%的年份灌水满足度为适宜,27.27%的年份灌水满足度为较适宜,4.55%的年份灌水满足度为一般,4.55%的年份灌水满足度为较差。

单季中稻 50%水文年型基本用水定额为 189.0 mm,75%水文年型基本用水定额为 316.5 mm,90%水文年型基本用水定额为 400.5 mm。由图 4(b)可知,2000—2021 年生长期的灌水满足度为 0.42~0.89,平均 0.59。9.09%的年份灌水满足度为较适宜,13.63%的年份灌水满足度为一般,45.45%的年份灌水满足度为较差,31.82%的年份灌水满足度为不适宜。

可以看出,按照双季稻的基本用水定额来分析再生稻的灌水满足情况,其灌水满足度为适宜。然而,按照单季中稻分析,其灌水满足度为较差。淠史杭灌区大部分地区种植单季中稻,从水资源配置角度来看,大面积推广再生稻存在一定的风险。此外,再生稻在基本用水定额上也存在"一季不足、两季有余"的情况,需要制定适宜再生稻生长的基本用水定额。

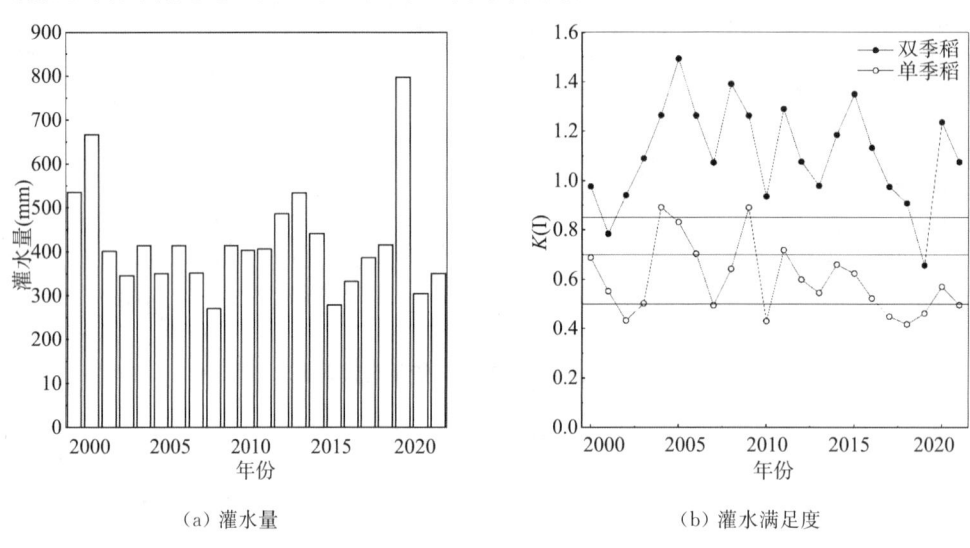

(a) 灌水量

(b) 灌水满足度

图 3 再生稻生长期的灌水量与灌水满足度

4 结论

2000—2021 年再生稻生长期的有效降雨量为 306.0~600.1 mm,平均为 494.7 mm;作物需水量为 568.4~849.3 mm,平均为 659.9 mm。按照双季稻的基本用水定额来分析再生稻的灌水满足情况,其灌水满足度为 0.65~1.49,平均 1.10,适宜再生稻种植。按照单季中稻分析,其灌水满足度为 0.42~0.89,平均 0.59,再生稻种植适宜性较差。由于淠史杭灌区大部分地区种植单季中稻,因此从灌水满足情况来看,在淠史杭灌区大面积推广再生稻种植存在一定的风险。

[参考文献]

[1] WANG W, HE A, JIANG G, et al. Ratoon rice technology: A green and resource-efficient way for rice produc-

tion [J]. Advances in Agronomy, 2020, 159:135-167.
[2] XU F, ZHANG L, ZHOU X, et al. The ratoon rice system with high yield and high efficiency in China: Progress, trendof theory and technology [J]. Field Crops Research, 2021, 272:1-13.
[3] YU X, YUAN S, TAO X, et al. Comparisons between main and ratoon crops in resource use efficiencies, environmental impacts, and economic profits of rice ratooning system in central China [J]. Science of The Total Environment, 2021, 799:1-7.
[4] 段里成,郭瑞鸽,蔡哲,等.南方九省再生稻生长期及高温热害时空变化[J].中国生态农业学报(中英文),2021,29(12):2061-73.
[5] 谢源泉.川东南再生稻优质与水分高效栽培的生理生态基础研究[D].南京:南京农业大学,2015.
[6] 蔡少杰,徐峰增,张晓勇,等.气候变暖背景下黑龙江省水稻适宜种植区时空变化特征[J].中国农村水利水电,2020,448(2):133-137+142.
[7] 毛心怡,王为木,郭相平,等.不同节水灌溉模式对水稻生理生长和产量形成的影响[J].节水灌溉,2020,293(1):25-28+33.
[8] 陈书强.不同节水栽培方式对水稻产量和生育性状的影响及效益风险分析[J].节水灌溉,2020,296(4):1-5+10.
[9] 高芸,胡铁松,袁宏伟,等.淮北平原旱涝急转条件下水稻减产规律分析[J].农业工程学报,2017,33(21):128-136.
[10] 倪文进.大中型灌区现代化建设需处理好几个问题[J].中国水利,2020(9):6-7.
[11] 孔令娟,潘广元.安徽省再生稻生产现状与发展[J].中国稻米,2020,26(4):47-50.
[12] 习敏,吴文革,季雅岚,等.双季稻北缘区水稻"一种两收"绿色增效技术模式探讨[J].中国稻米,2019,25(6):36-8+42.
[13] 俞建河,吴永林,丁长荣,等.皖东江淮丘陵区不同水文年水稻优化灌溉制度的研究[J].节水灌溉,2017,257(1):94-97.
[14] 安徽省质量技术监督局.安徽省行业用水定额[S].2014.
[15] 翟厚松.渒史杭灌区灌溉水有效利用系数实测与估算法比较[J].中国农村水利水电,2020(11):143-156+50.
[16] 罗万琦,吕辛未,吴从林,等.中国主要稻区水稻灌溉需求变化及其规律分析[J].节水灌溉,2021,316(12):1-7.
[17] 刘钰,汪林,倪广恒,等.中国主要作物灌溉需水量空间分布特征[J].农业工程学报,2009,25(12):6-12.

[作者简介]

吴汉,男,1992年7月生,工程师,从事水稻节水灌溉技术研究,18255373060,1002380284@qq.com

地下水浅埋条件下夏玉米蒸腾耗水规律试验研究

梅海鹏[1,2] 章启兵[1,2] 胡 军[1,2] 张乃丰[1,2] 赵家祥[1,2] 王向阳[1,2]

（1. 水利部淮河水利委员会水利科学研究院 安徽 合肥 230008；
2. 水资源安徽省重点实验室 安徽 蚌埠 233000）

摘 要：为探究夏玉米在地下水浅埋条件下的蒸腾耗水规律，在2018—2021年间利用五道沟水文水资源实验站地中蒸渗仪装置，控制地下水埋深在0.2 m、0.4 m、0.6 m、0.8 m、1.0 m五个层级，进行了四季夏玉米全生育期蒸腾耗水试验。以影响蒸腾量表征夏玉米在不同地下水埋深下的蒸腾耗水规律，探索了不同地下水埋深下夏玉米的产量规律、耗水特征及水分利用效率变化情况。结果表明：不同层级的地下水浅埋对夏玉米产量影响存在差异，地下水埋深0.6 m为玉米较适宜生长地下水埋深，埋深在0.2 m时夏玉米会因受到一定程度渍害而减产；地下水浅埋下夏玉米蒸腾耗水量与降水关系密切，降水过多会抑制夏玉米耗水，降水过少会促进夏玉米耗水；当降水条件改变时，地下浅埋下的夏玉米耗水规律变化较大，地下水埋深在0.6~1.0 m区间，随着埋深的增加夏玉米的产量降低，但水分利用效率变大，地下水埋深0.8 m时水分利用效率为3.31 g/mm，地下水埋深1.0 m时水分利用效率为4.56 g/mm。根据区域水资源分配、降水情况及地下水埋深变化，合理控制灌溉水量对保障夏玉米产量、提高农业水分利用效率和农业节水具有重要意义。

关键词：蒸腾；蒸散；地下水埋深；夏玉米

0 引言

保障水资源与粮食生产安全对区域经济持续、稳定发展有着重要意义。随着人口增加、经济增长，生活、工业用水比例不断加大，农业用水权重不断降低，在有限的水资源供给下，粮食生产受到了一定制约[1]。因此发展农业节水、提高农业用水效率成为保障区域水资源和粮食安全的重要途径。淮河流域作为我国主要的农业生产区，水资源缺乏问题严重，流域内人均水资源量仅为全国人均的25%[2]，但耕地面积约占全国11%，粮食产量约占全国的18%[3]。在淮河流域水量分配的背景下[4]，如遇枯水年份农业生产用水还会被进一步压缩。夏玉米作物淮河流域主要的秋粮作物，在生育期内水分亏缺现象较为严重[5,6]，因此，在淮河流域开展夏玉米的蒸腾耗水规律研究，揭示夏玉米在不同地下水埋深条件下的蒸腾耗水特征以及不同耗水特征对经济产量的影响，能够为地下水浅埋区的田间水分管理提供科学依据，对制定合理的灌溉制度、优化农业用水管理、开展非充分灌溉研究和减少灌溉用水等具有重要意义。

1 材料与方法

1.1 试验区概况

试验于2018年6月—2021年9月在位于淮河流域中游、淮北平原区南部的安徽省（淮委）水利科学研究院五道沟水文水资源实验站(东经117°20′、北纬33°09′)地中蒸渗仪试验场内进行。该区域属于暖温带半湿润气候区,试验期间年均降水985.0 mm,年均蒸发914.2 mm,年均日照时数1 658.3 h/a,平均日气温16.3℃,当地主要种植作物为玉米、小麦。

1.2 试验材料

试验利用地中蒸渗仪装置控制测筒内地下水埋深,地中蒸渗仪结构如图1。试验测筒为有底测筒,面积为0.3和0.5 m²,测筒最深1.4 m,底部滤层厚0.3 m,滤层由不同规格砂石组合而成,滤层底部设有连通管连接控制室内平衡器及马氏瓶,可对测筒内地下水埋深进行控制。测筒内为原状砂姜黑土,可种植试验作物。砂姜黑土质地黏重,0～30 cm土层容重为1.36 g/cm³,田间持水率为28.3%,吸湿系数7.4%。

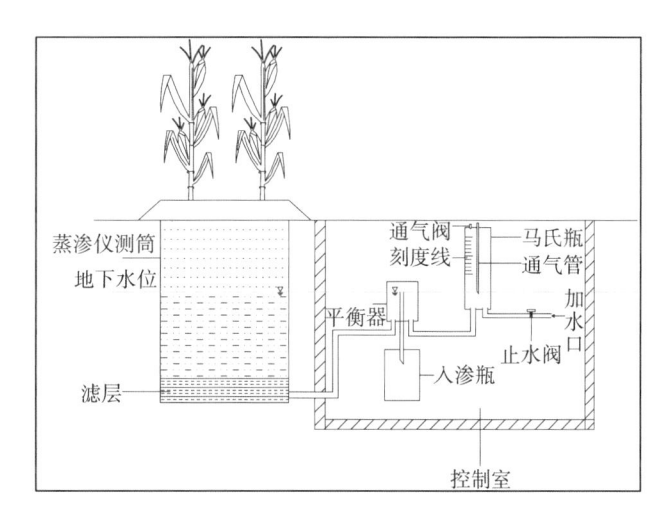

图1 地中蒸渗仪结构图

供试夏玉米品种为"登海"系列,种植方式为点播,平均种植密度为8株/m²,种植前每个测筒内施氮磷钾玉米专用肥(50 kg/亩)、尿素(30 kg/亩)。测筒周围大田种植同种玉米,各种植玉米测筒内除地下水埋深不同外,其他管理方式均与大田相同。根据试验期间玉米生长记录,将夏玉米生育期划分为4个阶段,见表1。

表1 各年度夏玉米生育期划分

作物	年度	品种	土壤类型	苗期	拔节期	抽雄期	成熟期	总生长时间/d
夏玉米	2018	登海618	砂姜黑土	32	14	17	42	105
	2019	登海618		29	14	18	43	104
	2020	登海618		33	16	19	48	116
	2021	登海533		28	17	20	41	106

1.3 试验处理

本研究利用地中蒸渗仪装置将地下水埋深分别控制在0.2 m、0.4 m、0.6 m、0.8 m和1.0 m五个梯度,来确定地下水浅埋条件下夏玉米适宜地下水埋深阈值。试验共设置5个处理,其中每个处理分为种植玉米测筒和同期无作物测筒,其他条件相同,用于分析在不同地下水埋深条件下作物影响蒸腾量(有、无作物测筒潜水蒸发差值)差异性,各处理设置设计如表2所示。试验共进行4个年度

（2018—2021年），同一处理下夏玉米整个生育期内地下水埋深始终保持不变，因试验条件限制，0.4 m埋深下仅有面积为 0.3 m² 测筒用于试验，其余处理均有面积为 0.3 m、0.5 m² 两种规格测筒用于作为同一年内的2次重复。作物收获后进行考种，以测筒内玉米平均单株产量作为产量指标。

表2 2018—2021年夏玉米蒸腾耗水规律试验处理设计

处理	地下水埋深/m	测筒直径/m	测筒编号	种植作物情况
T1	0.2	0.3 m	a1	有作物
			A3	无作物
		0.5 m	a2	有作物
			A4	无作物
T2	0.4	0.3 m	a3	有作物
			A5	无作物
T3	0.6	0.3 m	a4	有作物
			A6	无作物
		0.5 m	a5	有作物
			A7	无作物
T4	0.8	0.3 m	a6	有作物
			A8	无作物
		0.5 m	a7	有作物
			A9	无作物
T5	1.0	0.3 m	a8	有作物
			A10	无作物
		0.5 m	a9	有作物
			A11	无作物

1.4 分析方法

1.4.1 作物影响蒸腾量

作物蒸散量包括土壤蒸发和作物蒸腾两部分，在以往的研究中常利用棵间蒸发器[7]或植物茎流计[8]对作物蒸腾量较为精确的测量。本文主要研究地下水埋深对夏玉米蒸腾耗水规律影响，利用种植作物下的测筒蒸散量减去相同条件下裸土测筒蒸散量得到作物影响蒸腾量，研究其变化规律。作物影响蒸腾量计算方法见式1：

$$E_{TI} = E_{TC} - E_{TN} \tag{1}$$

式中：E_{TC} 为夏玉米生长阶段蒸散量（单位：mm）；E_{TN} 相同条件下裸土蒸散量（单位：mm）；E_{TI} 为夏玉米的影响蒸腾量（单位：mm）。

1.4.2 水分利用效率

以单位产量所消耗的水分作为夏玉米的水分利用效率，如下式2：

$$WUE = Y/E_{TI} \tag{2}$$

式中：Y 为作物产量（单位：g）；E_{TI} 同上式。

2 试验结果及分析

2.1 适宜玉米生长地下水埋深

为统一不同面积测筒内玉米产量,以测筒内平均单株产量作为相应指标来观测各年度不同地下水埋深下玉米产量变化情况。通过对各年度不同处理下玉米产量进行方差分析,并利用字母标记法[9]对各处理间的显著性差异性进行标记。2018年和2019年度各处理下玉米产量差异不显著($P>0.05$),在2020年、2021年,T1处理下玉米产量与T3、T4、T5处理下玉米产量有显著差异($P<0.05$),如图2。在试验期内有3个年度T3处理下玉米产量均最高,与相关研究结果[10,11]类似,在地下水埋深1.0 m内,随着地下水埋深的增加,玉米产量总体表现为先增高后降低的趋势,当地下水埋深小于0.4 m时,土壤通气率不足,玉米根系无法正常呼吸,因受到渍害导致减产;当地下水埋深大于0.8 m时,玉米根系因不能正常获取水分而减产。因此地下水埋深0.6 m附近为夏玉米生长适宜地下水埋深。

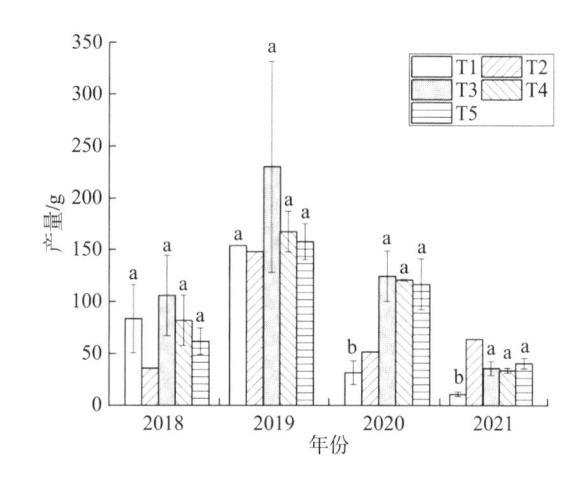

图2 2018—2021年度不同地下水埋深下玉米单株产量

在不同处理下的玉米产量变化规律不明显,研究表明[12-14]水热耦合对玉米产量有显著影响,由图3可知2021年玉米生育期内最高温度高于30℃阈值的天数为75天,高于32℃阈值的天数为52天,明显多于其他年份。结合图2和图3分析,降水量及高温天气较少的2019年,玉米产量处于较高水平,水热耦合胁迫对本试验造成了一定影响。因此在不考虑2021高温气候影响情况时,地下水埋深在0.6 m左右时应为玉米生长适宜地下水埋深。

根据上文分析结果,在不考虑极端高温带来的水热耦合对玉米产量影响情况下,以地下水埋深0.6 m作为玉米适宜生长埋深,研究不同地下水埋深下玉米蒸腾耗水规律。由表3,地下水埋深在0.2 m、0.4 m时,均导致玉米不同程度减产,除2020年T1处理导致玉米减产率最高,达74.57%外,其余年份均为T2处理下造成玉米减产率最高,这与一些研究中认为[10,11]的玉米产量随着渍水严重而降低的结果不一致。经分析,该试验测筒内原状土取于1988年,并始终控制地下水浅埋状态,表层土壤盐分长期累积形成盐渍化[15],相比于地下水埋深0.4 m,在埋深0.2 m情况下地下水能够一定程度稀释土壤盐分,降低土壤盐溶液对根系的影响[16],因此在渍水胁迫和土壤盐离子胁迫交互作用下,造成二者产量规律差异。在地下水埋深在0.8 m、1.0 m时,夏玉米因根系缺水出现不同减产现象,地下水埋深1.0 m时比埋深0.8 m减产更严重。

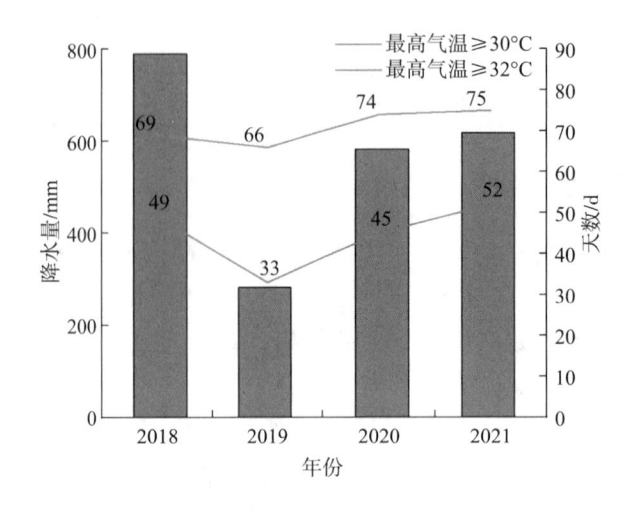

图 3　试验期间降水量及高温天气情况

表 3　不同地下水埋深下玉米产量情况

年度	处理	单株产量(g)	相对产量(%)	减产率(%)
2018	T1	83.79	79.06	20.94
	T2	36.00	33.97	66.03
	T3	105.98	100.00	0
	T4	81.99	77.36	22.64
	T5	62.14	58.63	41.37
2019	T1	154.10	66.93	33.07
	T2	148.10	64.32	35.68
	T3	230.25	100.00	0
	T4	167.68	72.83	27.17
	T5	158.01	68.63	31.37
2020	T1	31.70	25.43	74.57
	T2	51.67	41.45	58.55
	T3	124.65	100.00	0
	T4	121.16	97.20	2.80
	T5	117.09	93.94	6.06

2.2　不同埋深下夏玉米影响蒸腾量

由于夏玉米生长影响棵间蒸发[17],以各处理中有、无作物测筒的潜水蒸发差值(如式1)作为夏玉米影响蒸腾量表征耗水量,为减小不同年度测筒内玉米株数差异影响,以单株近似蒸腾量进行分析。不同年度夏玉米生育期内单株耗水量和降水量关系如图4。各夏玉米耗水量变化趋势与降水趋势相反,其中T1处理在各年度耗水量均处于较低水平且受降水影响大,是因为受渍情况下玉米根系受到水分胁迫、盐渍胁迫,对玉米对水分利用产生影响[18];T2与T3处理下地下水埋深接近夏玉米生长适宜埋深,耗水量处于较高水平;T4与T5处理下耗水量处于较低水平与地下水埋深较深,玉米根系对水分利用相对困难有关。

分别计算不同处理下的夏玉米水分利用效率,结果见表4,其中T1处理下2020年的耗水量与其他年份相比差异较大,未参与计算。由表4可知,在地下水埋深接近适宜埋深的T2、T3处理下,单位

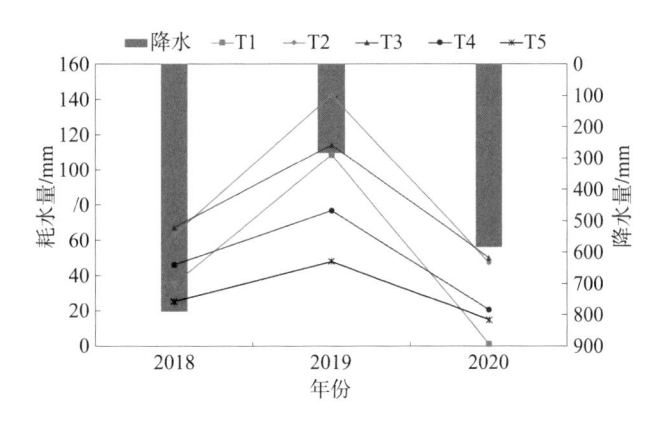

图 4 夏玉米生育期影响耗水量与降水量关系

耗水的产量较低；T1 处理下虽然夏玉米水分利用效率较高，但是夏玉米受到渍害胁迫，总产量较低；T4 与 T5 处理下的分利用效率均高于适宜埋深条件下玉米的水分利用效率，但总产量均比 T3 处理低。因此在水分亏缺条件下，虽然水分利用效率会得到提高，但是夏玉米产量会受到一定影响。

表 4 不同地下水埋深下夏玉米水分利用效率

处理	年度	耗水量(mm)	产量(g)	水分利用效率均值(g/mm)
T1	2018	35.11	83.79	3.81
	2019	108.40	154.10	
T2	2018	63.40	36.00	0.90
	2019	142.15	148.10	
	2020	47.07	51.67	
T3	2018	67.38	105.98	2.03
	2019	114.24	230.25	
	2020	49.97	124.65	
T4	2018	46.28	81.99	3.31
	2019	76.85	167.68	
	2020	20.31	121.16	
T5	2018	25.38	62.14	4.56
	2019	48.01	158.01	
	2020	14.77	117.09	

3 结论

（1）地下水埋深 0.6 m 较适宜夏玉米生长，在此埋深下夏玉米产量最高；地下水埋深减小会导致玉米受渍减产；地下水埋深较大会导致玉米水分亏缺减产。

（2）地下水浅埋下夏玉米全生育期耗水量变化趋势与降水趋势呈负相关，与减产率变化趋势呈负相关；生育期降水多会使夏玉米耗水量受到抑制，降水少会促进夏玉米耗水；不同地下水埋深下夏玉米耗水量一般规律为：埋深 0.4 m＞0.6 m＞0.2 m＞0.8 m＞1.0 m。

（3）在地下水浅埋条件下，当地下水埋深超过适宜埋深时，随着埋深的增加夏玉米的水分利用效率变大，地下水埋深 0.8 m 时为 3.31 g/mm，地下水埋深 1.0 m 时为 4.56 g/mm，但玉米的总产量减少。

[参考文献]

[1] 孙世坤,王玉宝,刘静,等.中国主要粮食作物的生产水足迹量化及评价[J].水利学报,2016,47(9):1115-1124.

[2] 刘利萍.淮河流域水量分配与水资源优化调度[J].治淮,2017(11):18-19.

[3] 姜健俊,万瑞容,牛战富.淮河流域主要社会经济指标统计分析研究[J].治淮,2022(1):34-36.

[4] 常春晓,李忠莉,李瑞杰,等.淮河流域水量分配技术方法与实践[J].治淮,2020(12):76-79.

[5] 高超,李学文,孙艳伟,等.淮河流域夏玉米生育阶段需水量及农业干旱时空特征[J].作物学报,2019,45(2):297-309.

[6] 王晓东,马晓群,许莹,等.淮河流域主要农作物全生育期水分盈亏时空变化分析[J].资源科学,2013,35(3):665-672.

[7] 王健,蔡焕杰,刘红英.测定农田蒸发量的小型棵间蒸发器的制作与应用[J].广东农业科学,2012,39(20):170-172.

[8] 聂文果,张盹明,徐先英,等.玉米茎流速率及耗水量研究[J].中国农学通报,2009,25(7):230-234.

[9] 邓代信,邓代宇,刘进平,等.田间试验多重比较结果字母标记的差值计数法及其字母精简[J].种子,2018,37(5):131-132.

[10] 俞建河.不同淹水时期与历时对夏玉米生长和产量的影响试验研究[J].中国农村水利水电,2016(3):149-153.

[11] 俞建河,丁必然,陈静,等.不同地下水位对玉米生长性状及产量构成的影响[J].节水灌溉,2010(11):43-45.

[12] 岳伟,陈曦,伍琼,等.气候变化对安徽省淮北地区夏玉米气象产量的影响[J].长江流域资源与环境,2021,30(2):407-418.

[13] 韦丹,曾晓豪,罗宁,等.京津冀地区极端高温发生对夏玉米产量的影响[J].中国农业大学学报,2021,26(1):1-17.

[14] 徐欣莹,邵长秀,孙志刚,等.高温胁迫对玉米关键生育期生理特性和产量的影响研究进展[J].玉米科学,2021,29(2):81-88+96.

[15] 郭枫,郭相平,袁静,等.地下水埋深对作物的影响研究现状[J].中国农村水利水电,2008(1):63-66.

[16] 吕桂军,袁巧丽,康银红.不同灌水处理对盐渍土壤中玉米生长发育的影响[J].节水灌溉,2010(3):1-4+7.

[17] 孙仕军,樊玉苗,刘彦平,等.土壤棵间蒸发的测定及其影响因素[J].节水灌溉,2014(4):79-82.

[18] 刘景利,史奎桥,梁涛,等.锦州玉米地地下水位、降水与土壤含水量的关系分析[J].安徽农学通报,2008(20):126-130.

[作者简介]

梅海鹏,男,1996年6月生,助理工程师,主要从事农业水土方面研究,17375262791,1015499414@qq.com。

关于火力发电老机组提高节水水平的途径探讨
——以淮南市田家庵电厂为例

汪智群 张 瑞

（安徽淮河水资源科技有限公司 安徽 蚌埠 233001）

摘 要：火力发电属于高耗水行业，尤其是90年代的一些老机组，循环水浓缩倍率低，除灰方式落后，导致循环水排量大，一方面浪费了大量的水资源，另一方面循环水排污难以全部回收利用，排入河流进一步加剧了河湖污染。本文以淮河流域淮南市田家庵电厂为例，通过对现有♯5、♯6老机组进行节水改造，将电厂循环水浓缩倍率提高到4.0左右，年实现节约水量500万 m³。

关键词：火力发电；节约用水；浓缩倍率；干式除灰

1 机组概况及存在的主要问题

火力发电厂是工业用水大户，其用水量和排水量十分巨大，随着国家《节约能源法》《环境保护法》以及各地市节水型社会达标建设等规定的逐步实施，对火电厂取用水、排水、单位产品用水指标都有严格的限制。从可持续发展的角度考虑，要达到这些目标，实施深度节水措施是一条最佳途径。

1.1 机组概况

淮南田家庵发电厂（原淮南发电厂）始建于1941年，原中压站8台中压机组于1993年初停运开始进行拆除技改。技改一期工程建设的1×300 MW 燃煤发电机组即♯5发电机组，于1993年底开工建设，1996年11月投运。2009年完成了脱硫装置改造及除尘装置改造。在技改一期工程设计中对技改二期工程作了统一规划，预留了第二台300MW 机组的位置及建设条件即♯6发电机组，于2005年12月投运，同步建设脱硫装置。现有的三大主机分别由上海锅炉厂、上海汽轮机厂和上海电机厂制造。锅炉为亚临界压力、一次中间再热、控制循环汽包炉，汽轮机为亚临界、一次中间再热、单轴、双缸双排汽、凝汽式汽轮机，发电机为水-氢-氢冷却的汽轮发电机。

电厂现状生产及生活水源为淮河地表水，年用水量1 500万 m³。

1.2 机组现状用水水平

田家庵发电厂取用淮河地表水，原水经补给水泵升压后进入原水预处理系统，在原水预处理系统中经混凝、澄清、过滤、杀菌处理后用于补充工业用水等。现状田家庵发电厂实际水的损耗一是循环冷水塔挥发损失，年平均工况下冷却塔年损失水量约550万 m³；二是冷却塔的循环水排污。由于该厂机组为九十年代机组，冷却塔浓缩倍率低，仅1.8，冷却塔循环水年排污量约600万 m³，大量循环水排污用于除灰用水。冷却塔蒸发风吹损失以及循环冷却塔排污占电厂总水量的80%左右。根据电厂2021年实际发电、供热以及取水情况，计算2021年田家庵发电厂实际单位发电耗水指标为

4.2 m³/MWh,不能满足水利部关于钢铁等十八项工业用水指标中 300 MW 级机组一般用水定额 2.70 m³/MW·h 的通用指标要求。开展电厂节水改造是十分必要的。

1.3 现状节水存在的主要问题

电厂现状节水存在的主要问题在于循环水浓缩倍率太低以及灰厂除灰用水比例太高。由于电厂两台机组建成年代较早,其中 5#机组为 90 年代机组,6#机组为 2005 年投入运行,现状循环水浓缩倍率仅为 1.8,超过 1 000 m³/h 的循环水进入废水回用水池消耗于除灰、渣用水,电厂目前实际用水水平较大,节水潜力巨大。

2 节水的主要措施

2.1 提高浓缩倍率

田家庵电厂水源为淮河水。由于水源中含盐量、氯根、碱度较高,在提高循环水浓缩倍率时,需要考虑淮河水的水质特点,并考虑水质的波动性。在对改造后的循环水排污进行回用处理时,需要考虑循环水对膜污堵的影响,主要考虑的因素包括:有机污染物、钡离子、锶离子、硫酸根离子、氨氮、微生物以及循环水系统在运行过程中投加的水质稳定剂等。需要根据水源水质、凝汽器管材、全厂废水"零排放"要求等,通过试验确定循环水处理工艺、运行方式、循环水浓缩倍率等参数。确定现有凝汽器材质、辅机冷却系统是否满足循环水高浓缩倍率运行要求,凝汽器材质是否需要更换,辅机系统冷却方式是否需要改造等。

根据循环水排污水质特点,需要进行"除硅、除硬、除浊、脱盐、浓缩"处理。所需处理工艺包括"除硅、除硬、除浊"预处理工艺和"脱盐、浓缩"工艺。由于实测淮河水全硅含量 28.3 mg/L,其中胶硅含量 10.29 mg/L,通过石灰混凝澄清处理,活性硅含量降低为 12.51 mg/L,循环水浓缩倍率为 4 倍,循环水脱盐处理中反渗透回收率设计为 75%,反渗透浓水中硅含量将达到 225 mg/L,超过反渗透运行过程中对硅的限值(全硅<150 mg/L)。反渗透系统在长期运行的过程中,过饱和的二氧化硅能够自动聚合形成不溶性的胶体硅或胶状硅,引起膜污堵。由于循环水排污中硅和硬度的含量均较高,为确保反渗透系统稳定运行,需要除硬和除硅。综合考虑,本电厂选择在药剂软化法的基础上投加镁剂,达到软化和除硅的双重效果。

"脱盐、浓缩"工艺主要功能是降低待处理污水中含盐量,使产水满足回用水水质要求,同时要求本单元有尽可能高的水回收率,尽量减少高浓盐水的生成量。田家庵电厂循环水浓缩 4 倍后,循环水有机物、硅酸盐等含量较高。采用反渗透膜处理工艺作为脱盐和浓缩工艺,可控制原水 pH=9.5 条件下运行,以避免有机物和硅酸盐造成反渗透膜污堵。综合考虑田家庵电厂循环水系统的水质特点及水量平衡,选择常规反渗透工艺作为循环水排污回用系统的脱盐处理工艺。循环水排污回用处理采用"镁剂除硅+软化+纤维过滤器+超滤+反渗透"处理工艺。

2.2 脱硫废水系统改造

对于火力发电老机组,脱硫废水消耗占电厂总耗水的比例较大,淮南田家庵发电厂脱硫用水耗水量 70 m³/h,年耗水量 50 万 m³。对于火力发电老机组,普遍存在脱硫废水处理系统污泥量过大,设备、管道和阀门堵塞现象严重,污泥输送泵的冲洗水压力不足,对管路不能进行有效冲洗等问题。如果脱硫废水处理设施能力不足,大部分脱硫废水未得到有效处理直接排放到总排水沟,最后集中到灰场,也会浪费相当一部分新鲜水。脱硫系统改造可以分为两个方面进行,一是脱硫补水改造方案,在不影响脱硫系统正常运行的前提下,增加由循环水去脱硫系统工艺水箱的管道、阀门、提升泵等,使用能满足工艺用水水质要求的循环水排污和化学预脱盐反渗透浓水作为脱硫系统补水。二是对脱硫废水系统进行更新改造,具体方案包括在石膏脱水机上部增加一个废水旋流站,将石膏旋流站上清液经过废水旋流站的二级旋流,将大部分悬浮杂质沉降后,上清液由脱硫废水泵送入脱硫废水池;更换污泥输送泵,增大冲洗水泵的扬程和流量,满足冲洗压力要求;更换清水泵和排污泵;脱硫脱水区地坑泵出口接一个三通、两个阀门,采用管道直接将滤布冲洗水回用至脱硫工艺水箱。

脱硫废水中既含有一类污染物,又含有二类污染物。所含的一类污染物有镉、汞、铬、铅、镍等重金属,对环境有很强的污染性;二类污染物有铜、锌、氟化物、硫化物等。另外脱硫废水 COD、悬浮物等都比较高。实现脱硫废水的回用和零排放,不仅可以节约一部分水资源,更重要的是可以减少外排废水,保护河湖生态环境。

2.3 除渣方式优化

现有省煤器、空预器水力除灰和炉底水力除渣系统耗水量大,废水对环境污染较大,而且冲灰渣水通过老厂泵送至灰场能耗也大,对省煤器、空预器水力除灰和炉底水力除渣系统的改造是必要的。主要改造方案为将除渣用水采用经过沉淀处理的脱硫废水和循环水回水作为补充水,减少新鲜水耗和对机组真空的影响。将原先捞渣机移出炉底,进行分割拆除。安装一台干除渣式捞渣机机体,捞渣机刮板链条采用双驱动方式,驱动电机采用变频调速电机,将捞渣机头部落料口直接伸出锅炉房进入带脱水功能的渣仓。在锅炉房外建造带脱水功能的渣仓,并铺设析水管路,安装立式排污泵。

3 结论

在电厂采取循环水排污水脱盐处理、脱硫废水处理系统改造、干法除灰渣系统改造之后,循环水浓缩倍率可以提高至 4.0,年节水量 500 万 m³,达到现状实际用水的三分之一,节水效果较为显著。作为火力发电企业,必须摒弃传统的粗放式用水方式,积极采用节水技术和措施,在节约水资源的同时,可以减少污水排放,保护河湖生态环境。

[作者简介]

汪智群,女,1990 年 4 月生,工程师,研究方向为水资源论证、水资源规划等,17355205486,245798525@qq.com。

河南省淮河流域节水布局探究

王亚慧　张洁祥　王允琪

(河南省水利勘测设计研究有限公司　河南　郑州　475000)

摘　要：节水是解决我国水资源短缺、水生态损害、水环境污染问题的重要举措，是生态文明建设的重要环节，是经济社会高质量发展的重要支撑。本文以河南省淮河流域为研究范围，基于区域特征、社会经济发展状况、水资源禀赋条件等分析探讨了该区域的节水布局和节水措施，对助推河南省淮河流域节水工作的开展和实施具有重要意义。

关键词：淮河流域；节水布局；节水措施

1　前言

水是万物之母、生存之本、文明之源，是国家重要战略资源。水安全是国家安全重要组成部分，关系到资源、生态、经济和社会安全。河南省水资源禀赋不足，多年平均水资源量403.53亿立方米，仅占全国总量的1.4%，人均占有水资源量为381立方米，耕地亩均占有水资源量为340立方米，仅为全国平均水平的1/5和1/4，属于严重资源性缺水地区。

河南省地跨长江、淮河、黄河、海河四大流域，其中淮河流域面积8.83万平方公里，约占河南省总面积的53%，涉及信阳、驻马店、平顶山、漯河、许昌、周口、郑州、开封、商丘、南阳、洛阳11个市。四流域中淮河流域水资源总量最多，达246.08亿m^3，约占河南省水资源总量的61%，但区域内水资源自然分布与经济社会发展空间布局不相匹配，如郑州、开封、许昌、周口等淮河流域北部区域集聚了全省近40%的人口、GDP和灌溉面积，但水资源总量仅占19%；郑州市作为国家中心城市、"一带一路"重要枢纽及中部崛起战略核心城市，人均水资源量仅为全国平均水平的3.5%，河南省平均水平的17%；全省水资源最为丰沛的信阳市，人均水资源量达到郑州市的15.2倍。

随着工业化、城镇化的快速发展，全省人口和产业向重要经济区、城市群聚集的态势不断增强，水资源约束将进一步趋紧，经济社会高质量发展压力加大。坚持节水优先，把节水工作贯穿于经济社会发展和群众生产生活全过程，实现水资源节约集约利用将是解决区域水资源短缺、时空分布不均和水资源供需矛盾突出问题的有效途径[1,2]。

2　区域特征

根据流域内社会经济发展状况、水资源禀赋条件、水资源需求及节水潜力等将河南省淮河流域以沙颍河为界分为淮北和淮南区域。

2.1　淮北区

淮北区位于豫中地区东部，区内有淮河的沙颍河、黑茨河、涡河、惠济河、浍河及南四湖水系新汴河等重要河流,涉及郑州市、开封市、商丘市、许昌市、平顶山市、漯河市、周口市、洛阳市等地区。该区是河南省经济社会最发达、城镇最密集的地区,既是河南省粮食核心区建设重点地区,区内分布赵口、三义寨、杨桥、黑岗口、三刘寨、詹庄、逍遥、黄桥、张柿园、纸坊等大中型灌区,也是河南省的重要能源基地。

区域内本地水资源十分匮乏,地下水超采严重。在水资源开发利用程度方面,随着经济社会的发展,目前该区地表水已达到中高开发利用程度,同时现有水利工程的供水能力存在逐渐下降的趋势,其主要原因是来水量和当地产水量减少,从而造成了很多地表水工程闲置、老化速度加快和严重失修甚至报废,因此,地下水源成为各地区供水结构中的主要水源,尤其是新郑市等地区供水过度依赖地下水源,地下水开采率已经达到90%左右;在用水效率方面,该区域再生水工程建设滞后、利用率不高,但整体用水效率高于河南省平均水平,处于全省靠前水平。总体而言,该区域虽然引黄区位优势明显,但水源工程不足,节水力度不足,虽有南水北调水补充,但水资源短缺、水环境恶化、地下水超采、浅层地下水遭受污染问题仍比较严峻,水资源供需矛盾突出、节水潜力尚待挖掘。

2.2 淮南区

淮南区位于豫南地区东部,包括淮河干流及其南岸支流史灌河、潢河、白露河、浉河、竹竿河和北岸的洪汝河水系,主要涉及驻马店市、信阳市二市和平顶山市、南阳市局部地区。区域内信阳市是以机械、电子、现代家居、纺织服装、食品加工、新型建材为主的区域性中心城市;驻马店市形成了医药、机械、化工、电子、建材、食品、粮油加工、畜牧等支柱产业;平顶山市是以能源、化工、纺织为主的综合性工业城市。同时,该区农业生产发达,分布有宿鸭湖、板桥、薄山、白龟山、石山口、南湾、泼河、鲇鱼山、梅山、下宋、双沟、魏楼、同心寨、九龙、五岳、陈兴寨等大中型灌区。

区域内水资源丰富,人均水资源量约为全省人均水资源量的2倍左右,但节水潜力也较大,主要体现在城市非常规水的利用上,以及部分地区仍然存在节水运行机制、激励机制等尚不完善,水资源对经济社会发展的刚性约束不强,未能充分发挥应有的倒逼作用,城市里跑冒滴漏、粗放利用等水资源浪费现象,区域内整体用水效率处于河南省偏下水平。总体而言,该区域水资源丰沛,但分布不均,社会节水意识有待进一步提高,对节水的重要性、紧迫性和长期性认识不足,需在节水减排的基础上,提高用水效率;同时该区大型控制性骨干工程较多,但多以防洪为主,水资源调控能力不足,还需结合洪水控制要求,进一步加强水源调蓄能力,提高水资源利用效率。

3 节水布局

3.1 淮北区——提效率治污水促节水

围绕黄河高质量发展区、粮食核心区及河南省豫东能源基地建设要求,通过节水改造提高粮食生产能力,促进区域产业结构调整,促进节水减污。

一是加强赵口、三义寨、杨桥、黑岗口、三刘寨、詹庄、逍遥、黄桥、张柿园、纸坊等大中型灌区续建配套与现代化改造建设,大力发展"四优四化",加快推进农业现代化,推进农业生产集约化、规模化和产业化发展;结合高标准农田建设,扩大农田水利高效节水灌溉面积,推广喷灌、微灌、滴灌、水肥一体化等技术,在许昌等地区高效节水灌溉示范区升级改造的基础上,再建设一批规模化节水灌溉增效示范区。

二是优化作物种植结构和种植技术。推进适水种植、量水生产,积极发展旱作农业,实现以旱补水,大力推广测墒节灌、水肥一体化和保护性耕作,优化输水、灌水方式,实施科学灌溉,提高水资源利用率;逐步推广循环农业技术,大力发展绿色、有机、无公害食品,尽量减少农业生产中使用化肥、农药的数量,逐步解决农业面源污染问题,恢复和改善生态环境;

三是淘汰落后产能,推动工业绿色发展,严把建设项目审批关,限制发展高耗水、重污染产业,严格执行建设项目"三同时"制度,对流域内的重点工业污染源全面实施排污许可证制度,严禁企业超标排污,对威胁饮用水水源地安全的重点污染源,要制定应急预案。

四是鼓励水质要求不高的工业企业生产用水、厂区杂用水或河湖生态补水积极使用再生水等非常规水;推行水循环梯级利用,鼓励企业间串联用水、分质用水,一水多用和循环利用,促进重点工业园区实现"近零排放",以促进节水减污,提高工业用水重复利用率。

五是加强郑州、商丘、许昌等城市公共供水公共管网改造,进一步降低城市管网漏损率,加大城市污水管网建设力度,提高污水收集率,确保已建成的污水处理设施充分发挥作用;全面推广节水型器具,研发节水技术,不断提高节水器具节水能力。

六是在新郑、平顶山等山丘区,通过建设水库、塘坝、井窖、泵站等小工程、大群体、蓄引提多方位联合的供水系统,挖掘当地水供水潜力。

七是强化用水计量管理和节水监督,推进取用水计量统计,提高农业灌溉、工业和市政用水计量率;加强行业监管,完善公众参与机制,并对重点地区、行业、产品等进行专项监督检查,把好节水关。

3.2 淮南区——节水减排高效利用促节水

围绕区域经济社会发展水平、水资源禀赋和节水要求,该区域的节水的重点为节水减排,高效利用水资源。

一是加快宿鸭湖、板桥、薄山、白龟山、石山口、南湾、泼河、鲇鱼山、梅山、下宋、双沟、魏楼、同心寨、九龙、五岳、陈兴寨等大中型灌区现代化改造和田间末级渠系改造以及排涝设施建设,推进高标准农田建设,积极推广节水灌溉技术,提高灌溉工程配套水平,打造高效节水灌溉示范区,提升灌溉水利用效率。

二是调整产业结构,改进生产工艺,建立节水型企业,加强企业内部的用水行政管理,逐步实现节水的法制化,限制高污染工业的发展,推动工业绿色发展,大力发展生态旅游业。重点抓好钢铁、电力、造纸、化工、采矿、冶炼、纺织、农副食品加工等高耗水行业的节水工作,抓好重点企业的用水考核,推行工业集聚区一水多用、串联式循环用水、厂际用水串联使用、污水处理厂再生水回用等,加强废水综合处理,实现废水资源化。

三是加强城镇供水和公共用水的节水管理,加强用水定额制定工作,逐步扩大计划用水和定额管理的实施范围,加强用水总量控制、用水计划分解、超定额计划加价;开展供水管网检漏普查,对锈蚀老化的铸铁管、镀锌管和受损失修的供水管网进行更新改造,降低管网漏损率;进一步推广节水型器具,新建、改建、扩建的公共和民用建筑,节水器具的普及率要达到100%;加强节水宣传,强化节水意识,使人们认识到在水资源相对丰富地区开展节水的必要性和重要性。

四是加强水质保护,完善水质监测体系,实行分质供水,特别是针对工业以及特种行业的用水,优先使用再生水等非常规水;另外要严格入河污染物总量控制,确保污染物达标排放,以保护水源地;通过地下水源置换压减地下水开采量,增加非常规水利用,缓解新鲜水的供水压力,提高水资源利用效率和效益。

五是在城市居民小区、大型公共建筑等建设下凹式绿地、下沉式广场、渗透铺装、植草沟、雨水花园等工程,提高雨水收集利用率,用于小区绿化、道路冲洗及景观补水等,农村因地制宜建设集雨水窖、水池、水柜、水塘等小型雨水集蓄工程，解决山区和岗地平原过渡地带严重缺水地区的农业灌溉和生活用水问题。

六是多种措施推进农村生活节水，全面普及计量设备，实施城镇管网向农村延伸，推行村镇建设集中供水管网，合理利用多种水源等，逐步提高农村生活节水水平和农村自来水普及率。

4 结论

根据水资源条件、产业结构和用水水平，因地制宜确定节水目标、方向和重点任务；以水资源承载力为依据，进行产业结构调整、城市规模控制和功能布局优化，构建适水的产业和城镇发展格局。坚持节水优先方针，深入实施国家节水行动，以水定城、以水定地、以水定人、以水定产，把水资源作为最大的刚性约束，切实推动用水方式向节约集约转变，是实现区域经济社会高质量发展的重要支撑。

[参考文献]

[1] 李国英.推动新阶段水利高质量发展 为全面建设社会主义现代化国家提供水安全保障[J].中国水利,2021(16):1-5.

[2] 郭兴利.河南省农业水价综合改革思考[J].河南水利与南水北调,2019(2):25-26.

[作者简介]

王亚慧,女,1995年7月生,助理级工程师,主要从事水利规划设计研究工作,15736798509,1281356414@qq.com。

省级节水型工业园区建设探索

张 喜[1] 仲兆林[1] 吴金宁[1] 纪海婷[1] 张孟丹[1] 沈静艳[2]

(1. 江苏省水文水资源勘测局常州分局 江苏 常州 213001;
2. 常州市武进区水利局 江苏 常州 213100)

摘 要: 工业园区是社会经济发展的重点区域,也是用水、排水的集中区,开展节水型工业园区创建,有利于提高工业用水节水管理水平,提升用水效率,尤其对落实长江保护法以及深入贯彻最严格水资源管理制度和区域水资源节约和保护均具有重要意义。本文从用水效率、节水设施、节水管理和鼓励性指标 4 个方面,对照《江苏省节水型工业园区建设标准(试行)》,梳理了常州高新区生命健康产业园区节水型工业园区建设的主要措施、工作成效及创建经验,为全省乃至全国节水型工业园区创建提供有益的借鉴。

关键词: 节水型工业园区;节水型企业;用水效率;节水设施;节水管理

1 前言

江苏省作为全国经济强省、水资源大省,节水工作历来走在全国前列,常州市近年来始终处于全省最严格水资源管理工作第一方阵,新北区作为常州市经济社会较为发达的一个辖区,更是高度重视节水工作,在全区加强节水宣传,推广节水器具,鼓励辖区内企业进行节水改造,大力推动节水型载体建设,开展节水减排,提高用水效率,在常州市乃至江苏省节水工作中起到了很好的示范带头作用。

为认真执行江苏省水利厅、江苏省工业和信息化厅《关于开展省级节水型工业园区建设的通知》的要求,常州市新北区积极贯彻落实《中华人民共和国长江保护法》,决定以常州高新区生命健康产业园区为载体先行先试创建省级节水型工业园区,旨在树立节水型园区的示范标杆,进一步带动各类节水型园区的建设,不断提高水资源利用效率和效益,逐步实现园区发展与水资源、水环境承载能力相协调,更好地支撑经济社会高质量发展[1]。

2 园区情况

常州高新区生命健康产业园区位于常州新北区薛家镇,其前身为"生物医药产业园",是常州高新区建设国家创新型科技园区"一核八园"的重要组成部分,也是常州高新区的生物医药产业集聚区和重点特色专题园区,2014 年,常州高新区"生物医药产业园"正式更名为"生命健康产业园";2018 年成功创建"国家外贸转型升级基地",2019 年位列国家生物医药产业园综合竞争力 18 强。

园区内企业主要分为医药制造业、专用设备制造业等 2 大类,共有企业 16 家,其中重点为生物医药、医疗器械及设备、现代中药及保健品、健康服务业等产业。先后签约落户扬子江紫龙药业、扬子江海浪药业、恒邦药业、千红制药、方圆制药、常药所、兴和制药等产业化项目(其中外资企业 5 家);百瑞吉生物、康蒂娜医疗科技等中、小型加速企业,总投资超过 300 亿元。

园区内企业取用自来水由常州通用自来水有限公司统一供应，取用蒸汽由常州广达热电有限公司和常州广通热网有限公司两家供应。企业生产废水处理达标后部分回用，剩余排至常州市江边污水处理厂，生活污水接入市政管网。

3 建设主要做法

3.1 坚持高位推动，强化组织领导

区政府高度重视节水型工业园区创建，以薛政发〔2021〕57号文明确成立江苏省节水型园区创建工作领导小组，由薛家镇镇长任组长；明确成立以园区管理局局长为组长的节水领导小组，领导小组下设办公室，设在园区管理局筹备组，具体负责落实园区节约用水管理工作和创建工作推进，把节水型工业园区创建工作纳入议事日程，实施政府监督，形成了政府推动、部门联动、企业互动的良好工作格局。

3.2 发挥规划引领，确保落实落地

常州高新区生命健康产业园区积极开展节水专项规划编制工作，高标准指导节水型工业园区建设，于2020年编制了《常州市新北区薛家镇生命健康产业园规划水资源论证报告书》，切实发挥规划引领作用，加强规划科学实施，强化规划督导检查，以科学规划推进合理布局，确保规划节水工作高质高效完成，助推节水型园区创建再上新的台阶[2]。之后于2021年初，结合园区实际制定了《常州高新区生命健康产业园区省级节水园区实施方案》，明确各责任单位的职责、任务和要求，为创建打牢基础。

3.3 制订节水制度，实现精细化管理

薛家镇园区管理局结合园区实际制订了《常州生命健康产业园区节约用水管理制度》和《常州市生命健康产业园区节水"三同时"制度实施细则》，并指导企业建立《节水管理制度》《用水设施巡检维护制度》《用水计量管理制度》《节水目标责任制和考核制度》及《水务经理岗位职责》等规章制度；鼓励企业建立水务经理制度，负责日常用水管理工作；以园区内部用水总量控制和定额管理为核心，下达内部用水计划；建立"一户一档"，定期对企业开展用水数据统计分析。

3.4 完善水平衡测试，挖掘用水潜力

为有序推进工业园区节水载体建设，提高节水型载体覆盖率，常州高新区生命健康产业园区以水平衡测试为切入点，严格对照《常州市水平衡测试管理规定》，对园区内所有企业用水计量设施设备统一摸排调查，对不符合要求的计量器具责令其重新安装，对安装不到位的计量器具责令其补充完善[3]。截至目前，园区内企业除常州药物研究所有限公司厂区管道为暗管无法安装二级计量以外，其余15家企业全部完成水平衡测试，水平衡测试覆盖率达93.8%。

3.5 鼓励技改提升，促进节水减排

全面加强园区内企业节水技术、产品、设备的推广应用，引导企业淘汰现有不符合节水标准的用水器具，禁止继续使用国家明令淘汰的用水器具；全面推动公共场所、绿地草坪、公共洗手间、办公楼等使用生活节水器具；鼓励企业采用新材料、新工艺开展供水管网新建及老旧管网改造工作；发展高

效节水灌溉模式,园区绿化全部采用喷灌等高效节水灌溉方式。其中,方圆制药、恒邦药业等5家企业开展了中水回用技术改造,扬子江药业、千红药业等4家企业通过收集、储存、净化雨水用于景观及绿化用水,节水基础设施实现了应改尽改。

3.6 强化载体建设,树立典型先进

园区在水平衡测试基础上,严格对照《常州市节水型企业考评标准》,指导企业开展市级节水型企业对标创建工作,通过节水型企业创建,树立先进典型,复制节水经验,引导园区内其他企业对标达标,并在资金与政策上给予扶持[4]。截至目前,园区内企业除兴和制药(中国)有限公司和常州药物研究所有限公司以外,其余14家全部通过市级节水型企业验收,节水型企业创建率达87.5%。

3.7 打造典型示范,推动管理创新

一是建立节水教育展示馆。在生命健康产业展示中心内打造了"生命之水"主题教育示范园区,采用图文展板、影像资料、模型、动漫、投影等多种方式向不同受众群体展现节水知识和节水技术;二是打造节水灌溉示范带。运用"物联网"技术打造250 m智能节水灌溉典型示范带,实现景观绿化远程控制节水灌溉;三是建立水耗信息化管理平台。引导扬子江药业自行开发节水信息化管理系统,实时查看各生产生活环节的用水情况,形成分析报表,实现了即时开展水平衡测试,大大提高了节水管水效率。

3.8 注重节水宣传,形成良好风尚

一是制定年度宣传计划,在"世界水日""中国水周""全国城市节水宣传周"等重要时间节点,组织开展一系列集知识性、趣味性、互动性为一体的节水宣传活动,集中开展园区的节水宣传活动,把节水宣传重点放在普及节水知识和提高节水意识上;二是举办水法知识线上有奖竞答活动,在"薛家印象"微信公众号开展"深入贯彻新发展理念,推进水资源集约安全利用"知识竞答活动,并在微信朋友圈开展广告推送,鼓励网民积极参加线上活动;三是开展以"徒步水法宣传"为主题的活动,倡导低碳环保、节约用水的生活方式。通过一系列的节水宣传活动,常州高新区生命健康产业园区构建了节水文化,塑造了节水核心灵魂,将节水文化不断引向深入,形成了"节约用水光荣,浪费水资源可耻""节水即是增效"的良好风尚。

4 建设工作成效

通过近年来节水型园区建设,园区各项指标全面提升。

4.1 用水效率取得新突破

园区万元工业增加值取水量由10.3 m³/万元降为8.31 m³/万元;工业用水重复利用率由97.5%提高至98.2%;万元工业增加值废水排放量由3.77 t/万元降为3.64 t/万元,主要考核指标均达到省级节水型工业园区建设要求。

4.2 节水设施获得新成就

通过创建省级节水型工业园区,供水管网漏损率得到了有效控制,园区节水型器具普及率达到了100%,园区内半数企业实施了节水技术改造,节水基础设施实现了应改尽改;载体建设成效显著,园

区内企业水平衡测试覆盖率由 0 提升至 93.8%,市级节水型企业创建率由 6.25% 提升至 87.5%;非常规水源利用方面,园区再生水回用率由 23.8% 提高至 30.6%。

4.3 节水管理跨上新台阶

制度建设方面,园区和企业均建立了相应的节水管理制度、用水计量制度和岗位责任制等制度;计划用水和定额管理方面,计划用水率达到了 100%;计量统计方面,工业用水计量设施均按照相关要求全部安装到位,工业用水计量率达 100%,园区用水原始记录和统计台账完整规范,达到了标准化管理水平;节水宣传方面,形成了"园企互补、共同推进"的常态化宣传模式。

4.4 管理创新步入新领域

园区内生命健康产业展示中心申报常州市"生命之水"主题教育示范园区;扬子江药业集团江苏紫龙药业有限公司建立了包含水、汽、电的能耗自动监控平台;园区管理部门创新宣传形式,采用喷、滴灌节水灌溉方式,打造 250 m 道路绿化典型示范带。

5 建设效果评价

5.1 经济效益评价

常州高新区生命健康产业园区通过优化工业结构,鼓励企业采用先进的节水技术,发展低耗水高产出产业,园区万元工业增加值取水量、工业用水重复利用率和万元工业增加值废水排放量等指标数值均达到了创建标准,减少了用水量、排污量,降低了生产成本,提高了生产水平;通过节水管网改造及节水器具普及,供水管网漏损率得到有效控制;通过节水工程的实施,节省了水费、减少了供水、排水和污水处理工程投资及污水处理费用等,经济效益显著[5]。

5.2 生态效益评价

节水型工业园区的建设为企业创造了良好的发展条件,并能有效推进产业集群的发展,推动整个区域的新型工业化的转变,进而推动经济结构的调整和优化,实现工业园区的生态化[6]。可以充分发挥土地、资金、水、电、人才、信息等生产要素的集聚效益,集约利用各种资源,特别是土地资源,突破资源有限性的制约,使资源发挥更大效益。同时,工业园区可以通过集中联片生产,对污水等"三废"进行统一综合治理,降低治理成本,促进园区及整个区域经济和社会的可持续发展。

5.3 社会效益评价

通过一系列"节水、惜水、科学用水"宣传和行动,节约用水意识和理念得到人民群众普遍的认同,"惜水、爱水、节水"深入人心,形成了自觉节水的社会风尚,增进了社会文明。通过节水意识的转变,有效地推进了节水工作全面开展。将节水宣传与文化教育紧密结合,提高了节水宣传社会影响力。加快节水技术的普及,企业广泛应用节水先进技术,公共区域节水设备齐全,节水型器具全面普及。节水型工业园区建设工作开展以来,园区人员和企业职工从以前的"要我节水"转变成了"我要节水",节水意识渗透到社会生活的方方面面,形成了良好的社会风气和行为习惯。

常州高新区生命健康产业园区以创建江苏省节水型工业园区为契机,先行先试,凝心聚力促节水,以推进国家节水行动为抓手,通过坚持高位推动、发挥规划引领、加强制度建设、开展节水技改、推进载体建设、强化节水宣传、聚焦管理创新7大重要举措,助推节水型社会建设。

[参考文献]

[1] 何菡丹,陈松峰,孙晓文.节水型工业园区指标体系探讨[J].中国水利,2020(1):39-42.

[2] 葛子辉.长丰县节水型社会建设成效和存在问题及对策[J].内蒙古水利,2021(1):61-63.

[3] 张少杰,陈辉,景卫华.节水型工业园区建设初探[J].中国水利,2015(17):38-39.

[4] 沈静艳,蒋晔,贾熠霆.节水型工业园区创建探讨[J].理论研究,2020(5):781.

[5] 刘景洋,董莉,孙晓明,等.工业园区节水减排技术途径分析[C].2015.

[6] 马俊杰,张志杰,王伯铎.工业园生态化建设方法研究[J].人文地理,2007,22(2):10-13+114.

[作者简介]

张喜,女,1987年2月生,工程师,主要从事水文水资源方面研究工作,18015859780,465311014@qq.com。

裕安区农村集中供水实施路径探索

刘玉成

(中水淮河规划设计研究有限公司　安徽 合肥　230051)

摘　要：广大农村用户对同水网、同水质、同水价、同服务需要愈加强烈，本文结合当前政策要求和裕安区现实区情，分析农村集中供水的关键点，形成"两环六支三水源、分区供水、互为备用"的总体布局，借助已有设施分步骤实施计划，逐步完成水厂经营机制改革，按照"统一建设、统一运营、统一维护、统一服务、统一管理"的模式，全面实现农村集中供水规范化管理、专业化运营，为其他丘陵山岗地区集中供水提供思路。

关键词：裕安区；农村集中供水

1　引言

农村居民饮水安全保障是农民群众最关心、最直接、最现实的利益问题，事关广大农村用户安居乐业和健康福祉，是农村饮水和乡村振兴战略的重要的标志性工程[1]。九部委《关于做好农村供水保障工作的指导意见》(水农〔2021〕244 号)以及安徽省、六安市出台的一系列政策文件，更是将农村饮水的重要性提升至新的高度。农村用户对水质、水压、水价、服务等同城市集中供水标准一致的期盼和希望愈加强烈，当前农村供水保障水平与中央提出的实施乡村振兴战略和农村居民对美好生活的向往仍有一定的差距[2]。本文通过对裕安区农村饮水现状分析，剖析存在的问题并提出对应的解决方案和路径，供其他丘陵山岗地区农村集中供水参考。

2　裕安区农村饮水现状

至 2020 年 3 月，裕安区农村供水人口 86.424 万人，面积 1 926 km²，涉及 19 个乡镇及开发区的 280 个行政村。现有农村供水工程分为集中式供水工程和分散式供水工程两类，集中式供水工程供水人口 76.64 万人，其中通水行政村 223 个，部分通水行政村 24 个；分散式供水工程供水人口 9.784 万人，分布在 10 个乡镇的 46 个行政村(和部分通水行政村有重合)。农村自来水普及率 88.68%，集中供水率 88.68%，水质达标率 81.52%。

2.1　集中供水工程

自"十二五"开始，裕安区在全区范围内实施农村饮水安全工程建设，当前共完成集中供水工程 23 处，其中千吨万人供水工程 19 处，城市管网延伸工程 4 处，日处理水规模 1 000 m³/d≤W<5 000 m³/d 的水厂有 15 座，日处理水规模 5 000≤m³/dW<10 000 m³/d 的水厂有 5 座，日处理水规模 W≥10 000 m³/d 的水厂有 2 座。集中供水水源共 19 处，其中除单王乡的胡台水厂、郭店水厂 1 和单王水厂采用中深层地下水外，其余水厂取水水源均为地表水，水质达到Ⅱ类水的 2 处，达到Ⅲ水的 17 处。22 处水厂采用常规处

理方法进行水质处理,胡台水厂增加了除锰工艺。

水源保证率、供水保证率和水质均满足规范要求。因多年运行和其他工程建设,配水管网损坏较多,漏损率为30%~40%。

2.2 分散供水工程及供水人口

全区分散式供水人口为9.784万人,主要以户为单位分布在顺河、独山、丁集、石婆店、分路口、江家店、狮子岗、罗集、单王等9个乡镇辖区内。工程的类型分为两类,一是采用浅井(井深15~30 m)工程29 722处,供水人口9.512万人,二是通过引泉工程742处,供水人口0.272万人。分散式供水工程现状水源保证率、供水保证率和水质基本达标。

2.2 农村供水管理现状

裕安区农村自来水厂工程产权分为两部分,一是国家全额投资建设的,产权属国有;二是由招商引资企业兴建的,企业投资部分属企业所有,国家投资部分属政府所有。根据现状调查,裕安区全部23座水厂,有14座水厂产权归政府所有,其中4座暂由私人承包租赁经营;其余9座水厂为民营性质。

裕安区已经成立了裕安区农村饮水管理站,统一管理裕安区规模化水厂,现有工作人员5人。目前主要是以各水厂为单位进行管理,共有管理人员174人,但在运行管理过程中存在管理不规范、制度不完善等问题。

水价管理方面,目前各水厂执行"两部制"水价,基本水价为每户每月10元,水费收缴率在84.8%左右,大部分水厂处于亏损运行状态。

维养基金方面,裕安区按照省、市要求由区财政按当年农饮工程投资额的1‰列入预算,设立了区级农村饮水安全工程维修养护基金。但在实际运行管理中,维修管护经费超支情况突出,维修管护经费严重不足。

水质监测方面,裕安区农村饮水安全工程建设管理局通过招投标方式委托第三方专业检测机构每月对全区农饮工程水源水、出厂水和末梢水进行检测,并出具检测报告。裕安区农村饮水安全工程建设管理局已建立了全区农村饮水工程信息管理中心,对全区规模化水厂的水质、水压、水量等运行情况进行信息采集和监控。裕安区现状所有集中供水工程的水源均已划定了饮用水源保护区。

3 存在问题

3.1 管理体制与经营机制

全区农村安全饮水工程管理模式多样,公办自营5处、公办承包4处、民办公助8处、乡镇政府管理5处、民营1处,管理流程复杂、冗长且低效,经营方式和机制未实现标准化和规范化。

3.2 工程建设规模与城镇发展不同步

(1)"十三五"期间建设的规模水厂,设计规模偏小,后期管网延伸时水处理设施处理能力有限,水泵流量扬程较小,同时水厂输配水主管道管径普遍偏小,限制了其后期区域供水规模化、全区供水一体化发展。例如,苏埠水厂供水能力5 000 m³/d,需供应集镇近10万人口和大量工业用水,早期铺设的配水管网主干管直径仅为DN200,严重制约苏埠镇发展;分路水厂供水规模从早期1 000 m³/d,扩建至 3 600 m³/d,后改建为 6 000 m³/d,而供水主干线受制于铁路、国道、桥梁等因素,未实现全线更换,阻水严重。

(2)裕安区地处江淮分水岭,区内地形复杂,平原、丘岗、山丘各类地貌参差分布,村庄布点较为分散,导致农饮工程管网布局分散,输配水管线较长,给工程建设和后期管理带来极大挑战。西河口水厂供应范围覆盖 133.86 km²,至用户终端供水管线长达 18 km,地形高差接近 60 m,极其考验供水能力。

(3)由于其他城镇工程的建设及改造,农饮工程配水管网经常遭到破坏,造成了管道漏损率较大,影响水厂供水的稳定性,而且因维修频繁,维修费用加大,水厂不能及时维修,配水管网水质受到污染影响,造成部分群众不满意,投诉率变高。2022 年 6 月,受中央薄弱环节衔接资金项目、农田水利项目、到村道路等项目影响,民众投诉量较 5 月攀升 3 倍。

3.3 专业化管理水平有限

裕安区探索"以水养水"模式进行专业化管理,但在实践过程中困难重重,大部分水厂均为亏损运行,后期维修、养护成本缺口较大,导致各水厂压缩管理成本,专业技术人员配备不齐。制水专职人员厂均配置不足 2 人,水质检测人员仅能维持在 1 人,一人身兼多职现象普遍。

3.4 运行维护力量不足

水厂负责厂区及供水管网的日常管护,各水厂均建立了管护抢修队伍及报修台账,确保了水厂工程设施和管道的正常运行。

但由于水厂目前专业技术人员较少,在岗人数无法达到水厂规范化管理的实际需要,往往无法及时对水厂运行过程中出现的紧急问题进行处理。

3.5 信息化程度不高

现状管理运行基本依靠人工,如管网漏损只能依靠巡检人员及居民反映,对隐蔽地区及漏损不明显的问题很难及时发现并处理,问题的发现与定位效率低。

3.6 水质检测能力有待提升

裕安区大部分水厂具备水质化验室,仍有小部分水厂不具备,且裕安区水质监测中心还未建设完成,全区水质检测能力依赖第三方服务。

4 对策与建议

4.1 重构管理体制和经营机制

坚持政府主导、公益属性,建立健全农村供水保障工程长效管理机制,成立农村集中供水管理体制和机制改革领导小组,全面统筹全区改革事项。

组建裕安区供水集团,纳入国有资产管理,对现有水厂进行兼并和收购,按照"评估-谈判-审计-预收购-回头看"的流程,全程接受监督,确保国有资产不流失,民众利益受保护。

同时,开展水价的综合研判和分析,按照价格调整的程序开展调研、分析、听证、公示等步骤,研制出适宜区情的水价制度,同步配套制定供水公司的人材机等管理定额,由供水集团开展农村集中供水专业化管理和公司化运营。

4.2 集中供水基本原则

（1）统筹全局，压茬推进

按照城乡融合发展和乡村振兴梯次推进步骤，依据村庄发展规划，统筹考虑城乡供水基础设施和农村人口变化等因素，对水源条件、供水规模等进行充分论证，以乡镇村为单元，进行统一规划，落实到具体工程项目，突出重点，分步实施。着眼于未来15～30年内用水需求，构建供水的基础网络，避免重复投资或破坏。

（2）控制规模，量财立项

综合考虑实际需求、地方财力、未来可能等因素，合理确定规划建设规模，与城镇规划同步，甚至适度超前。

（3）强化管理，落实责任

明晰工程产权，落实工程管护主体，由区与供水集团、区与乡镇界定管理和服务范围。健全水源保护、净化消毒和水质检测监测的水质保障体系。将建立合理水价机制作为农村集中供水工程建设和改造的前置条件，强化水费收缴，落实管护经费，确保建一处、成一处、发挥效益一处。

（4）新建与改造兼具

综合采取改造、配套、升级、联网、新建等措施，重点完善千人以上工程净化消毒设施设备，持续改善水窖水柜等分散工程的供水条件，不断提升农村供水保障水平。在规划设计时，充分考虑利用既有水源工程、供水设施和输配水管网。在建设大中型水源与引调水工程时，要统筹考虑工程沿线周边农村饮用水需求和输水管道建设。

（5）引导并吸收社会力量

鼓励和吸引社会资本参与规模化供水工程建设和管理。在工程规划、建设和管理的全过程中，充分尊重用水户意愿，真正做到问需于民，问计于民。

4.3 总体布局

结合裕安区地形地貌、水源条件等分析，确定县域总体供水方式为区域规模化供水，打破了乡、村行政区划界限，充分考虑"一县一网、多乡一网"等规模化集中式供水工程，形成城乡供水一体化发展格局，使农村自来水基本覆盖全区。

4.4 规划分区

裕安区集中供水4大片区内均有核心水厂，片区内的规模水厂均运行正常。综合考虑供水现状、工程可实施性及后期运行管理等因素，尽可能利用核心水厂的供水能力覆盖整个片区，优先采用核心水厂供水至水厂的方式，再由原有水厂对用户进行配水。远期通过兼并、回购等措施减少区域内规模水厂数量。综合考虑以上因素，给出以下供水方案。

4.4.1 区域供水规模化

（1）城乡一体化供水：以新安、顺河、单王为重点的东北部平原区供水自六安市自来水公司的市政管网连接，当前正在实施东北部城乡供水一体化项目，远期新建裕安第三水厂，结合开展地下应急水源项目，改由第三水厂供水，将原新安水厂、单王水厂、胡台水厂改为备用水源，新增少量加压站，并利用现有配水管网进行管道延伸，扩充覆盖面。

（2）中北部丘岗区供水：以裕安第二自来水厂为核心，其水源为汲东干渠和响洪甸水库，二者互为备用水源,远期寻求新建汲河流域中小型水库,实现第三水源保证。

(3) 东部丘岗区供水:以裕安水厂为核心,新建骨干管网与陶洪集水厂、苏埠水厂连接,在分路口水厂与裕安第二自来水厂的管道互通,形成统一的供水网络。

(4) 南部山丘区供水:将独山水厂和西河口水厂进行串联,其水源互为备用水源。扩建独山水厂并延伸至石婆店镇、石板冲乡,在充分利用现有配水干网的基础上对未通水居民进行管网延伸,提高自来水普及率。

4.4.2 全区供水一体化

4个供水片区均可通过铺设管道,实现水源互通,清水互备。其中,裕安水厂、第二水厂、第三水厂之间采用大管加主干管连接,成为全区供水核心三角,南部、北部区域分别与上述节点形成环线,延伸6条支干线,核心水厂日常供水互不干扰,紧急状态下由裕安区供水管理单位统一调度,提高应急供水保障能力。

4.4.3 小型供水规范化

裕安区部分山区村庄因自然条件(地处山区高处、水压供应不上)受限,规模水厂即便二次加压仍无法覆盖,为保障该部分人口的供水安全,规划通过小型供水工程建设,保障该部分人口供水的水源、水质,实现专区专供。

4.5 信息化配套

由供水集团开展人财物的集中化和集约化管理,确定稳定的专业维养队伍,组建水质监测中心、信息中心和客服中心,整合报装、收费、监测等系统,对重要设备、关键节点进行实时监控,逐步实现远程监测、少人值守。

5 结语

裕安区农村集中供水中长期实施策略已基本明确,最终形成"两环六支三水源、分区供水、互为备用"的总体布局,借助已有设施分步骤实施计划,逐步完成水厂经营机制改革。

前述事项还需要地方行政部门在明确职责、通力协作,多方筹集并购和改造资金,引入市场机制,规范基建管理、确保实体质量,加强运管维护、完善机制等方面下功夫,才能确保农村供水安全持续有序运转。

[参考文献]

[1] 马晓莉.中国德州市陵城区农村饮水安全"十四五"规划思路[J].水利科学与技术,2020,3(4):20-22.
[2] 陈小洪.云南省农村供水现状评价及"十四五"供水保障规划要点分析[J].水利发展研究,2021(6):74-77.

[作者简介]

刘玉成,男,1989年8月生,工程师,主要从事水利工程总承包管理工作,18063060595,18063060595@163.com。

多目标协同的骆马湖水量调度方案研究

焦 军 孟 伟 詹同涛

(中水淮河规划设计研究有限公司 安徽 合肥 230601)

摘 要:骆马湖是一座集防洪除涝、水资源供给、生态保护、航运、渔业养殖、旅游等多功能于一体的综合利用湖泊,在现有各单一功能调度方案分析基础上,立足于骆马湖保护治理、开发利用全局,研究提出骆马湖综合调度目标和协同调度原则,以统筹协调各单一功能调度关系为重点,形成多目标协同的骆马湖水量调度方案框架,与各单目标调度方案共同构成多目标协同的骆马湖水量综合调度系统,可为骆马湖水资源统一调度、数字孪生骆马湖建设提供参考与借鉴。

关键词:骆马湖;水量调度;多目标协同;综合调度

1 骆马湖概况

骆马湖古称乐马湖,位于江苏省徐州市、宿迁市境内,为浅水型湖泊,整个湖盆由西北向东南倾斜,湖底高程一般在18.5~22.2 m(废黄河高程基准,下同)。骆马湖死水位20.50 m,库容2.55亿m³;汛限水位22.50 m,库容7.73亿m³;正常蓄水位23.00 m,库容9.18亿m³。骆马湖具有防洪除涝、水资源供给、生态保护等多种功能[1],具体体现在以下方面:

(1)骆马湖汇集沂河及中运河来水,经嶂山闸控制由新沂河入海,经宿迁闸控制入下游的中运河,是沂沭泗流域洪水调度的重要组成部分。

(2)南水北调东线工程利用京杭大运河将沿线洪泽湖、骆马湖、南四湖、东平湖作为调蓄水库,经泵站逐级提水北送,经过多年运行,骆马湖在南水北调东线工程的作用越来越重要。

(3)湖区分布着徐州市骆马湖窑湾水源地、新沂市骆马湖新店水源地、宿迁市骆马湖宿城水源地和宿迁市骆马湖嶂山水源地,是徐州、宿迁重要的城乡供水水源地。

(4)骆马湖沿湖分布着邳城灌区、刘集灌区、皂河灌区等,沿湖有大量的农业用水口门,是沿湖周边农田灌溉用水的重要水源。

(5)骆马湖及其出入湖的中运河是京杭运河的重要组成部分,骆马湖湖区目前是高等级航道。

(6)骆马湖湖内有新沂骆马湖省级湿地公园、宿迁骆马湖省级森林公园、骆马湖国家级水产种质资源保护区、骆马湖青虾国家级水产种质资源保护区等重要生态保护对象,是江苏省重点湿地自然保护区。

除以上主要功能外,骆马湖还兼有水力发电以及渔业养殖、采砂、旅游等功能。按照最严格水资源管理制度[2]的要求,坚持"系统治理"的治水思路,全面统筹骆马湖水安全、水资源、水生态、水环境,必须立足于骆马湖保护治理、开发利用全局,在骆马湖各单目标功能调度方案和管理规定基础上,协调整合形成多目标协同的骆马湖水量调度方案,以最大程度发挥骆马湖整体效益,充分保障防洪、供水、生态、灌溉、航运等多目标用途。

2 单一功能骆马湖调度分析

2.1 洪水调度

骆马湖洪水调度遵照《沂沭泗河洪水调度方案》相关规定,具体调度方案如下:

(1)当骆马湖水位达到22.5 m并继续上涨时,嶂山闸泄洪,或相机利用皂河闸、宿迁闸泄洪;如预报骆马湖水位不超过23.5 m,照顾黄墩湖地区排涝。

(2)预报骆马湖水位超过23.5 m,骆马湖提前预泄。预报骆马湖水位不超过24.5 m,嶂山闸泄洪控制新沂河沭阳站洪峰流量不超过5 000 m³/s,同时相机利用皂河闸、宿迁闸泄洪。

(3)预报骆马湖水位超过24.5 m,嶂山闸泄洪控制新沂河沭阳站洪峰流量不超过6 000 m³/s;同时相机利用皂河闸、宿迁闸泄洪。

(4)当骆马湖水位超过24.5 m并预报继续上涨时,退守宿迁大控制;嶂山闸泄洪控制新沂河沭阳站洪峰流量不超过7 800 m³/s;视下游水情,控制宿迁闸泄洪不超过1 000 m³/s;徐洪河相机分洪。

(5)如预报骆马湖水位超过26.0 m,当骆马湖水位达到25.5 m时,启用黄墩湖滞洪区滞洪,确保宿迁大控制安全。

2.2 供水调度

骆马湖汛期来水比较丰富,各部门用水需求往往能得到满足,供水调度主要是做好用水统计,在非汛期或枯水时段,湖内水资源不能全部满足所有用户用水时,需要根据各用水户的优先保障次序,协调各用水户之间的关系。

骆马湖供水调度的核心是确定各用水户的优先保障次序,根据骆马湖供水功能定位,骆马湖应优先满足城乡居民生活用水、保障生态用水、合理安排工业生产用水、兼顾农业灌溉用水及航运用水。

当骆马湖水资源不足时,按照供水优先次序进行保障,必要时采取限制低优先级用水户的措施保障高保障率用水需求,当采取限制用水措施时,根据旱情灾害程度,限制用水次序为:农业、高耗水工业、一般工业、河道外生态等用水。

2.3 引调水工程调度

在南水北调东线一期工程调度期间,按照《南水北调东线一期工程水量调度方案(试行)》规定调度,具体如下:

(1)骆马湖入湖径流优先满足当地原有用水需求后参与东线一期工程统一调度。

(2)调水入骆马湖时间为10月—翌年9月。

(3)骆马湖汛限水位22.5 m(洋河滩站,下同),正常蓄水位23.0 m。抽蓄控制水位汛期为22.5 m,非汛期为23.0 m。北调控制水位22.1～23.0 m。

(4)非汛期(10月—翌年5月)调度

①骆马湖水位高于北调控制水位、低于正常蓄水位23.0 m时,按照骆马湖以北调水、当地用水和骆马湖充蓄水要求抽水北送。

②骆马湖水位高于正常蓄水位23.0 m时,按照骆马湖以北调水要求调水出骆马湖。

(5)汛期(6—9月)调度

①骆马湖水位高于北调控制水位、低于汛限水位22.5 m时,视雨水情,按照骆马湖以北调水、当

地用水和骆马湖充蓄水要求抽水北送。

②骆马湖水位高于汛限水位 22.5 m 时,按照骆马湖以北调水要求调水出骆马湖。

(6) 枯水时段调度

骆马湖水位低于北调控制水位时,新增装机规模抽江水量优先满足北方受水区城市用水,按骆马湖以北苏鲁两省的分时段城市供水比例调水出省。按照骆马湖以北调水、当地用水、骆马湖充蓄水要求启用洪泽湖～骆马湖段各梯级泵站逐级抽水北送。

(7) 北调控制水位,是为保护洪泽湖、骆马湖、南四湖下级湖原有用水利益而确定的湖泊水位,一般情况下,低于此水位时,停止抽湖泊既有蓄水北调出省。

2.4 生态调度及应急调度

骆马湖生态调度按照《骆马湖最低生态水位保障实施方案(试行)》规定调度,具体如下:

(1) 骆马湖最低生态水位以杨河滩闸上水位作为保障控制断面,最低生态水位 20.5 m。

(2) 骆马湖最低生态水位保障情况按旬均水位进行评价,保证程度要求不小于 90%。

(3) 当骆马湖水位小于预警水位时,在保障生活供水和高保证率生产用水安全的前提下,适时采取跨流域调水工程体系、重要水利工程以保证最低生态水位。

(4) 江苏省和沂沭泗水利管理局按照管理权限加强取用水管理,依据区域供水和需水情况、来水条件、调水条件,合理安排用水次序及用水量,通过工程调度和取用水管控实现最低生态水位目标。

(5) 应急调度。遇特殊干旱年、突发事件等情况危及区域供水安全、生态安全时,水量应急调度按照国家和省、市有关规定执行。

3 多目标协同调度方案研究

3.1 综合调度目标

多目标协同的骆马湖综合调度旨在通过统筹协调骆马湖保护治理、开发利用各种功能目标,在现有各单目标功能调度基础上实现多目标协同、多方案集成,更大程度发挥骆马湖整体效益,促进骆马湖水资源治理提质增效,大幅提高骆马湖"防洪保安全、优质水资源、健康水生态、宜居水环境"的幸福河湖社会功能,实现骆马湖涉水效益"帕累托最优"。

3.2 协同调度原则

遵循"安全第一、保护生态、节水优先、优化配置、统筹兼顾、协调发展"系统治水基本准则,结合骆马湖开发利用服务功能,确定骆马湖多目标协同调度原则具体如下:

(1) 骆马湖水量调度服从防洪调度,确保防洪安全的原则。

(2) 坚持生态保护原则。在保障基本生活、生态基流前提下,加强骆马湖生态保护。

(3) 坚持节水优先、优化配置原则。把区域节水水平作为年度用水计划审核的重要环节和前提条件,强化水资源需求管理。

(4) 坚持用水总量控制和重要断面水量控制原则。按照最严格水资源管理制度和骆马湖水量分配方案,各行政区实施区域用水总量控制,重要控制断面实施断面水量或水位控制。

(5) 坚持统一调度原则。流域、区域、引调水等水利工程加强统一联合调度,骆马湖区域水量调度服从沂沭泗流域水资源统一调度。

(6)坚持滚动修正、适时调整原则。骆马湖多目标协同调度要密切关注不同时间尺度的调度执行情况,根据实时水情、雨情、旱情、墒情、水库蓄水量及用水情况等,对已下达的调度方案和调度指标进行滚动修正、适时调整,并下达实时调度指令。

(7)坚持统筹兼顾、公平公正原则[3]。合理安排供水对象及供水次序,协调好流域内外、上下游、左右岸和相关地区利益。

3.3 多目标协同调度方案

基于骆马湖多目标协同调度原则,按照系统优化理论[4-6],重点协调防洪与兴利之间、供水与航运生态之间、各部门供水之间、湖内生态航运之间的关系,以控制性水工程联合统一调度为手段,提出多目标协同的骆马湖水量调度方案如下:

(1)骆马湖联合统一调度的控制性水工程包括出入湖水利控制工程(杨河滩闸、嶂山闸及皂河闸)、南(江)水北调翻水泵站以及骆马湖取用水口门。

(2)骆马湖洪水调度服从沂沭泗河洪水统一调度,骆马湖洪水调度按照《沂沭泗河洪水调度方案》(国汛〔2012〕8号)规定调度。

(3)汛期统筹兴利协同需要,在初汛(6月1日—15日),视天气情况及用水需要,可逐步控制湖泊水位至汛限水位;在主汛期后(8月15日—9月30日),视雨水情及中长期预报,决定骆马湖是否由汛限水位逐步抬高到汛末蓄水位。

(4)下泄水量调度以年度水量调度计划确定的月下泄水量指标为依据,年总量控制为目标。通过出湖控制工程(杨河滩闸、嶂山闸及皂河闸)调度和骆马湖取用水口门取用水管控共同实现调度目标。

(5)供水调度优先满足城乡居民生活用水、保障生态用水、合理安排工业生产用水、兼顾农业灌溉用水及航运用水。当供水不能完全满足或下泄水量不满足相应下泄指标时,根据旱情灾害程度,限制用水次序为:农业、高耗水工业、一般工业、河道外生态等用水。

(6)生态水位调度以保障骆马湖月平均最低生态水位为目标,以生态预警水位为调度启动指标,主要利用南(江)水北调翻水泵站对骆马湖进行及时补水。调度期间,严格湖区周边取用水管控,禁止违规引用湖泊生态水量。

4 结语

(1)提出的多目标协同的骆马湖水量调度方案框架与各单目标调度方案共同构成骆马湖水资源综合调度有机整体,通过子方案内部及子方案间互适性协同优化,最大程度发挥骆马湖整体效益。

(2)加大遗传算法、神经网络、人工智能等新技术、新方法的应用,不断提高雨水情预报精度、延长预见期、提高预报效率是实现骆马湖水资源科学调度、优化调度、精准调度的重要保障。

(3)按照系统观念、全局思维,充分运用物联网、大数据、云计算等新一代信息技术,建设数字孪生骆马湖,实现骆马湖场景数字化、模拟智慧化、决策精准化,是实现骆马湖多目标协同调度的必然选择。

[参考文献]

[1] 苑希民,王华煜,李其梁,等. 洪泽湖与骆马湖水资源连通分析与优化调度耦合模型研究[J]. 水利水电技,2016(2):9-14.

[2] 管光明,雷静,马立亚.以水量统一调度促进长江流域水资源有效管控[J].中国水利,2019(17):62-63.
[3] 栗飞,高仕春,李响.丹江口水库多目标调度方式研究[J].中国农村水利水电,2010(9):18-20.
[4] 潘灵刚,王正中,刘计良.基于多目标规划方法的水资源优化调度[J].人民黄河,2011,33(3):49-50.
[5] 王少波,解建仓,孔珂.自适应遗传算法在水库优化调度中的应用[J].水利学报,2006,37(4):480-485.
[6] 刘喜峰,于雪峰.基于遗传算法的梯级水库多目标联合调度仿真[J].计算机仿真,2020(7):432-445.

[作者简介]

焦军,男,1989年5月生,工程师,主要研究水资源配置和水量调度,13665695601,1014069375@qq.com。

基于熵权法和改进层次分析模型在水库初始水权分配中的应用

岳 宁[1]　王君诺[1]　张永平[1]　刘友春[1]　王 刚[2]　张 军[1]

(1. 山东省湖泊流域管理信息化工程技术研究中心　山东 济南　250100；
2. 山东农业大学 水利土木工程学院　山东 泰安　271018)

摘　要：为了解决北方地区日益严重的水库供需矛盾问题，贯彻落实党中央国务院有关政策法规，合理有效地改善水利民生问题，制定水库初始水权分配方案尤为重要。以岸堤水库为例，基于熵权法和改进层次分析法构建了初始水库水权分配模型，运用全概率统计公式计算权重，最后计算出各行业分配结果。结果表明：岸堤水库初始水权分配为农业用水9 004 万 m³/年，生产和生活用水15 829 万 m³/年，生态用水4 211 万 m³/年，模型计算结果与长序列时历法基本符合，水权分配方案中各行业用水量的增减更能体现出国家政策和民生的要求。模型构建因素得到了多方面利益的认可，适用性强，结果可靠，为水库及其流域的水权分配提供理论依据及借鉴参考。

关键词：熵权法；改进层级分析法；长序列时历法；水库初始水权分配

当前我国水利资源面临着巨大挑战和压力，水资源在我国经济社会发展中发挥着极其重要的作用。为了进一步提升水资源有效利用率，对水环境进行有效保护，2011年中央"一号文件"中明确提出对国家水权制度进行健全和完善，水资源配置中要将市场化机制引入其中。2014年1月水利部印发了《水利部关于深化水利改革的指导意见》，提出要开展水资源使用权确权登记。2016年6月，水利部印发《关于加强水资源用途管制的指导意见》，提出各省、自治区、直辖市对辖区内生产、生活和生态用水实施统筹管理，对用水总量进行控制，并且将指标细化到各个水行业，让各个主要用水行业遵照执行。党的十九大报告中也明确提出，新时代水利发展方针为"节水优先、空间均衡、系统治理、两手发力"，同时提出了新时代治理水资源生态环境的新思路，全面落实最严格水资源管理制度。

水库作为北方重要的地表水水源地，在地方生产、生活和生态维护中发挥了极其重要的作用。目前北方流域局部水库蓄水得不到合理的利用，无法体现最近的国家政策方针要求和专家理念，导致水库周围区域供需水矛盾越来越严重，因此科学分配水库的初始水权意义重大[1-2]。本文按照水权分配的根本思路，全面考虑和统筹多方面的因素，科学的构建水库水权分配指标体系，同时选取岸堤水库为研究对象，基于熵权法和改进层次分析模型开展初始水权分配研究，为优化水库的管理运行提供理论依据及参考价值。

1　材料与方法

1.1　水库基本情况和供需问题

岸堤水库位于泰沂山南、蒙山北麓，东汶河与梓河的交汇处，蒙阴县域西南，属淮河流域沂河水系,是一座以防洪、灌溉、发电于一体的大(2)型水库。目前水库主要的供需矛盾主要体现在和规划方案的不匹配、分配方案老旧、不能及时反馈国家政府的相关水资源行业分配的政策、很难综合多方面专家的意见等方面。

1.2 模型建立的指标分析

水库主要作用是拦洪蓄水,同时还能对区域水流进行调节。结合岸堤水库和蒙阴灌区实际情况以及水库初始水权分配原则,本水权分配模型主要考虑到供水前后顺序、现状用水量、未来用水量、社会经济发展效益、政策支持、水资源利用的可持续性等因素。

在研究本文前,作者对相关水利专家专门征求了意见建议,专家不同导致其工作经验和工作阅历都各不相同,因此对每位专家的意见建议不容易进行取舍,综合考量上述状况,通过对各个专家的工作年限、工作经历及所发表的学术论文,取得的研究成果等因素进行综合考评,最终确定专家认可度权重从而采纳专家的意见。

1.3 研究方法

层次分析法(AHP)属于数学决策分析法的一种,该方法主要是由专家主观进行评估,通过计算不同层的评价指标赋予不同指标不同的权重。当前层次分析法最不利的方面就是由于对专家进行赋权,导致主观因素过强[3],因为不同专家经验不同,所以做出的主观判断也各不相同,直接影响评价的最后结果。在以往的研究中,为了避免这样的结果,通常情况下会对多个专家的打分情况计算出平均值,得出一个比较一致的结论。然而这样并不能有效反映真实状况,且在征求一致意见方面存在难度。熵权法是依据样本数据中的信息量,通过计算评价指标的变异性进而得出指标权重的一种方法。熵权法对指标权重进行计算必须基于数学理论,这使主观因素不再对结论产生影响,但由于对数据的依赖性,导致计算结果容易被样本数据的浮动和极值所干扰,使结果过于客观[4]。

鉴于以上原因,本文通过熵权法修正后的 AHP 计算专家权重和初始水权分配,并用全概率统计公式进行计算,使水库初始水权分配方案得以形成。以往的研究中[3-4]已经非常详尽地对层次分析法和熵权法的原理和公式进行了概述,所以本文不再描述,主要计算步骤如下:

(1) 基于 AHP 法计算水库初始水权分配体系中第 i 项指标权重 h_i,即构建比较判断矩阵。

(2) 基于熵权法计算比较判断矩阵的熵权和熵值,得到权重 y_i。

(3) 计算各项指标的相对综合权重 z_i。相对综合权重 z_i 的计算公式为:

$$z_i = h_i y_i / \left(\sum_{i=1}^{n} h_i y_i \right) \tag{1}$$

式中,n 为评价指标的总数量。

(4) 同样运用熵权法结合 AHP 法计算专家认可度体系中第 i 项指标的权重 w_i。

(5) 在确定专家认可度权重后,采用全概率公式对最后的结果进行计算,从而得到各指标最终的综合权重 s。

2 结果与分析

首先利用长序列时历法,对水库进行供水调节计算,得到不同保证率下的可供水量,作为水库的可分配水权总量和不同用水需求的分配方案,然后,利用基于熵权法和改进层次分析模型对农业灌溉、工业和生活、生态用水等行业水权进行优化分配,最后提出符合本水库科学的初始水权分配方案,为当地水利部门提供借鉴方案。

2.1 水库流域的行业水权分配

对水库初始水权的分配,其基础依据是水库的多年平均来水量及水库的供水水平情况。采用1951—2013年期间的水库径流量实测资料中的数据进行还原,利用长系列时历法计算出多年来水库供水调节水量。设定水库的上限水位为兴利水位,在上限水位以上时需要水库放水,与此同时,水库放水量要保证其下游的河道的生态和其他用水量。农业用水保证率定为50%,生态用水保证率定为75%,生活和工业用水保证率定为95%。

经计算得出该水库能够供应下游河道用水 4 036 万 m^3/年,供应下游农业灌溉用水 10 787 万 m^3/年,供应工业及城市生活用水 14 221 万 m^3/年。要关注的是,不同行业的水量分配是在相应的供水保证率的基础上,在一些年份比如水库枯水年份,需要先保证城市工业及生活用水。本文工业和生活用水量根据地方提供的分配指标供水,在优先满足生活用水的基础上,再供给工业用水,在查阅和分析岸堤灌区相关取水许可证书批复文件的基础上,得到岸堤水库年均提供生活用水 8 102 万 m^3/年,工业用水 6 119 万 m^3/年。水库可分配水量的计算采用多年平均来水量减去水库蒸发和弃水量,得到岸堤水库多年可分配水量约为 29 044 万 m^3/年。

2.2 建立初始水权分配模型

(1) 按照改进层级分析法的基本原理,综合考虑影响岸堤水库初始水权分布的因素,本文构建的岸堤水库初始水权分配层次结构见图1。

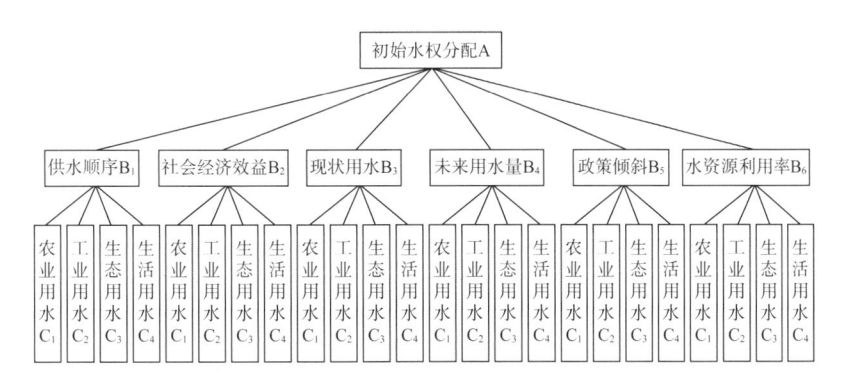

图 1 岸堤水库初始水权分配层次结构图

为了使实际状况更好地得到体现,同时又使工作量最小,本文选取 5 位专家,开展调查问卷来征求他们的意见和建议。本研究以 G_1 专家为例,对层次分析法的步骤进行展示。根据层次分析法基本原理,构造目标层 A 和准则层($B_1 \sim B_6$)相对应的比较判断矩阵 F,准则层 B 和指标层 C 相对应的比较判断矩阵 F_1、F_2、F_3、F_4、F_5、F_6:

$$F = \begin{bmatrix} 1 & 3 & 2 & 5 & 4 & 6 \\ 1/3 & 1 & 1/2 & 3 & 2 & 4 \\ 1/2 & 2 & 1 & 4 & 3 & 5 \\ 1/5 & 1/3 & 1/4 & 1 & 1/2 & 3 \\ 1/4 & 1/2 & 1/3 & 2 & 1 & 2 \\ 1/6 & 1/4 & 1/5 & 1/3 & 1/2 & 1 \end{bmatrix}$$

$$F_1=\begin{bmatrix} 1 & 4 & 2 & 3 \\ 1/4 & 1 & 1/3 & 1/2 \\ 1/2 & 3 & 1 & 2 \\ 1/3 & 2 & 1/2 & 1 \end{bmatrix} \quad F_2=\begin{bmatrix} 1 & 1/5 & 3 & 1/3 \\ 5 & 1 & 7 & 3 \\ 1/3 & 1/7 & 1 & 1/5 \\ 3 & 1/3 & 5 & 1 \end{bmatrix} \quad F_3=\begin{bmatrix} 1 & 3 & 5 & 2 \\ 1/3 & 1 & 3 & 1/2 \\ 1/5 & 1/3 & 1 & 1/3 \\ 1/2 & 2 & 3 & 1 \end{bmatrix}$$

$$F_4=\begin{bmatrix} 1 & 3 & 4 & 2 \\ 1/3 & 1 & 2 & 1/2 \\ 1/4 & 1/2 & 1 & 1/4 \\ 1/2 & 2 & 1/4 & 1 \end{bmatrix} \quad F_5=\begin{bmatrix} 1 & 1/3 & 5 & 2 \\ 3 & 1 & 7 & 4 \\ 1/5 & 1/7 & 1 & 1/4 \\ 1/2 & 1/4 & 4 & 1 \end{bmatrix} \quad F_6=\begin{bmatrix} 1 & 1/2 & 1/3 & 1/5 \\ 2 & 1 & 1/2 & 1/2 \\ 3 & 2 & 1 & 1/3 \\ 5 & 4 & 3 & 1 \end{bmatrix}$$

（2）计算矩阵 F 的最大特征值 λ_{max} 及所对应的特征向量 H_F，得 $\lambda_{max}=6.178$，$H_F=[0.381, 0.160, 0.250, 0.071, 0.094, 0.044]^T$，则 AHP 一致性比例 $R_C=0.0261<0.1$。从一致性检验公式能够得出，矩阵 F 满足一致性要求，故 $H_F=[0.381, 0.160, 0.250, 0.071, 0.094, 0.044]$ 即为准则层指标 $B_1 \sim B_6$ 对目标层 A 的权重系数。

（3）运用熵权法修正由层级分析法初步计算得到的水权分配权重。依据熵权法基本原理将 $B_1 \sim B_6$ 各个指标的熵值及熵权计算，得出修正后的权重标值：$Y=[0.139, 0.227, 0.224, 0.152, 0.172, 0.085]$。

（4）对综合权重进行计算。依据公式（1）对不同层的评价指标的综合权重进行计算：准则层 B 中各个指标的相对综合权重，就是其目标层 A 分配的综合权重。

（5）同理，由 AHP 法可得指标层 C 各指标对准则层 B 的权重系数 $H_{F_1} \sim H_{F_6}$。

（6）在计算的过程中借助 Matlab 2016a 软件计算与特征值相对应的特征向量，同时进行检验，并求解比较矩阵的权重结果，如表 1 所示。相对权重值得出后，运用全概率公式组合相应结果计算得出专家 G_1 的最终分配权重结果分别是 0.369,0.264,0.135,0.232。按照同样的步骤可以把专家 $G_1 \sim G_5$ 的意见进行计算，结果见表 2。

表 1 准则层 B 和 C 两两比较判断矩阵权重

A	B_1	B_2	B_3	B_4	B_5	B_6
C	0.381	0.160	0.250	0.071	0.094	0.044
C(修正)	0.301	0.206	0.318	0.061	0.092	0.021
C_1	0.468	0.117	0.477	0.468	0.243	0.082
C_2	0.095	0.566	0.174	0.160	0.552	0.143
C_3	0.277	0.055	0.079	0.095	0.053	0.231
C_4	0.160	0.262	0.270	0.277	0.152	0.544

表 2 各专家对水库初始水权分配权重表

A	G_1	G_2	G_3	G_4	G_5
C_1	0.369	0.277	0.289	0.303	0.294
C_2	0.264	0.234	0.262	0.284	0.248
C_3	0.135	0.122	0.145	0.138	0.167
C_4	0.232	0.367	0.304	0.275	0.291

（7）本文对于专家认可度的权重计算继续按照 AHP 的计算方法计算，综合考虑影响专家认可度的分配因素，其中 $E_1 \sim E_5$ 的权重确定继续采用熵权法修正，另外专家之间的比较矩阵可以通过查询

专家的资料确定,相关结果见图 2 和表 3。同样计算得到 5 个专家的所占的权重分别是 0.243,0.100,0.318,0.107,0.232。

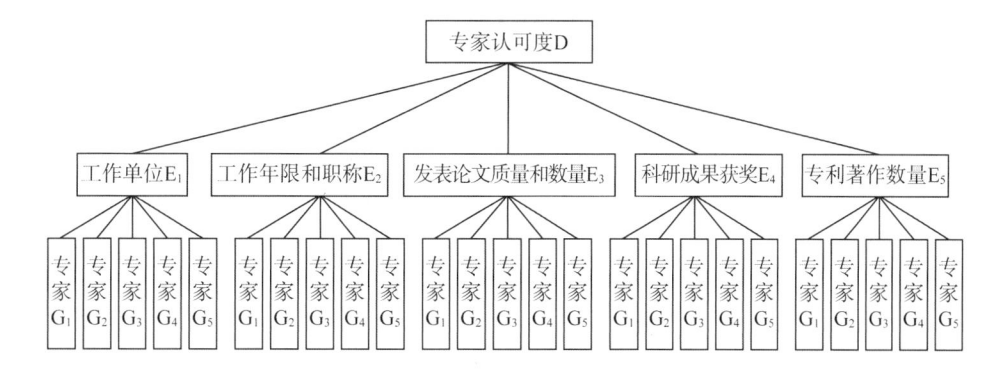

图 2 确定专家认可度权重层次结构图

表 3 准则层 E 和 G 两两比较判断矩阵权重

D	E_1	E_2	E_3	E_4	E_5
G(修正)	0.153	0.177	0.287	0.294	0.089
G_1	0.232	0.253	0.271	0.212	0.250
G_2	0.115	0.087	0.094	0.105	0.104
G_3	0.323	0.341	0.259	0.336	0.357
G_4	0.105	0.114	0.124	0.092	0.088
G_5	0.225	0.205	0.252	0.243	0.201

(8)根据表 4,采用全概率公式得到基于熵权法和改进 AHP 法计算的岸堤水库初始水权分配权重表,农业、工业、生态、生活初始水权的权重依次为 0.310,0.259,0.145,0.286。

表 4 水库初始水权权重分配表

	G_1	G_2	G_3	G_4	G_5
C	0.243	0.100	0.318	0.107	0.232
C_1	0.369	0.277	0.289	0.303	0.294
C_2	0.264	0.234	0.262	0.284	0.248
C_3	0.135	0.122	0.145	0.138	0.167
C_4	0.232	0.367	0.304	0.275	0.291

2.3 水库初始水权分配结果分析和讨论

本研究结合熵权法和改进的 AHP 法得到的岸堤水库各行业初始用水量分配,与岸堤水库采用长序列时历法进行水库兴利调节计算得到的水权分配情况进行对比,见表 5。

表 5 岸堤水库初始水权分配表

分配结果	农业用水/万 m³	生产生活用水/万 m³			生态用水/万 m³
		工业用水	生活用水	求和	
本文计算模型	9 004	7 522	8 307	15 829	4 211
水库兴利调节	10 787	6 119	8 102	14 221	4 036
增减量	−1 783	1 403	205	1 608	175

由上表的对比结果可以看出,本文构建模型计算的水库初始水权分配,除农业用水有较大幅度的减小外,生态用水、城市工业用水和生活用水均呈增长状态,其中增长最为明显的为城市工业用水。而农业用水与其他用水产生明显增长差异的原因一是蒙阴县近些年实施了节水灌溉工程,使农业灌溉效率得到有效提升;二是临沂市已经完成了岸堤水库除险加固工程,随着社会经济的快速发展,再加上城市化进程的加快,政府对工业生产投入力度的加大,产业化改革造成农业用水大幅减少的同时,城市工业用水和生活用水需求也在进一步增长;另外,目前生态需水已经上升到国家层次的战略问题,为了践行"绿水青山就是金山银山"的重要理念,水库所提供的生态用水也应该略有增加。水库进水量是动态变化的,通过分析用水量在各个行业所占比重的不同,能够对水库水量按月科学进行分配,使水资源得到最大限度的利用。当前采用熵权法和层次分析法相结合的优势还不够明晰[5],而本文采纳了每一个专家的意见,相比较而言规避了在专家打分时不同专家给出的意见不一致问题,并且用熵权法从客观角度约束专家打分带来的主观误差,体现出了较好的实用性。

3 结论

水库初始水权分配过程是一个复杂的过程,涉及多方利益和相关政策的影响。对于以水库供给水源的北方地区,水库的初始水权分配是解决水库供需矛盾最重要的环节,综合多方面的影响,用科学的手段进行分配显得极其重要。

(1) 以岸堤水库为例,综合考虑影响水库水权分配的因素和确定专家认可度权重的因素,构建了基于熵权法和改进层次分析法的初始水库水权分配模型,经过计算得出各行业分配结果。

(2) 模型方法计算的岸堤水库初始水权分配结果为农业用水 9 004 万 m^3/年,生产和生活用水 15 829 万 m^3/年,生态用水 4 211 万 m^3/年,计算结果与长序列时历法基本相符,用水量的增减更能体现出国家政策和民生的要求,为当地水权分配提供了宝贵的指导意见和理论依据。

[参考文献]

[1] 张雷,仕玉治,刘海娇,等.基于物元可拓理论的水库初始水权分配研究[J].中国人口·资源与环境,2019,29(3):110-117.

[2] 王贺龙,李其峰,温进化,等.基于水库资产分配的水库行业水权分配研究[J].水力发电学报,2019,38(3):83-91.

[3] 尹云松,孟令杰.基于 AHP 的流域初始水权分配方法及其应用实例[J].自然资源学报,2006(4):645-652.

[4] 虞未江,贾超,狄胜同,等.基于综合权重和改进物元可拓评价模型的地下水水质评价[J].吉林大学学报(地球科学版),2019,49(2):539-547.

[5] 李刚,李建平,孙晓蕾,等.主客观权重的组合方式及其合理性研究[J].管理评论,2017,29(12):17-26+61.

[作者简介]

岳宁,男,1993 年生,硕士,工程师,研究方向为水资源配置,18615176753,yuen15@lzu.edu.cn。

新时期治水思路下的节水型机关建设探讨

——以淮委节水型机关建设为例

谷琪琪 陈瀚博 张金源

(淮河水利委员会后勤服务中心 安徽 蚌埠 233001)

摘 要：党的十八大以来，习近平总书记多次就治水发表重要讲话，明确提出"节水优先、空间均衡、系统治理、两手发力"的治水思路，为推进新时代治水提供了科学指南和根本遵循。党的十九大报告提出实施国家节水行动，将节水工作上升到国家战略，水利部明确节约用水攻坚战重点工作任务。促进水资源集约节约利用，加快建设节水型社会，是贯彻落实习近平总书记关于节水工作重要讲话和指示批示精神的具体行动，是适应我国水资源紧缺严峻形势、推进经济社会高质量发展的必然要求。开展节水型机关建设是响应节水型社会建设的要求，也是真正做到"节水引领、示范标杆"。本文将对新时期治水思路下的节水型机关建设进行深入的探讨和研究，以淮委节水型机关建设为例，通过对淮委节水型机关建设的特点、现状以及存在的问题进行探讨，在此基础上探讨新时期构建节水型机关建设新格局，提出合理的对策和措施，为其他节水型单位建设提供参考。

关键词：新时期；节水型机关建设；新格局；淮委

节水型社会建设相较于传统意义上的节水更偏重以经济手段为主的节水机制，通过生产关系的变革进一步推动经济增长方式的转变，推动社会走上资源节约和环境友好的道路，以制度建设推动节水建设，把水资源的粗放式开发利用转变为集约型、效益型开发利用，是一种资源能耗低、利用效率高的社会运行状态。

节水型社会建设是一个平台，通过这个平台来探索和实现新时期水利工作从工程水利向资源水利的根本性转变；新时期治水思路和治水理念的大跨越；从传统粗放型用水向提高用水效益和效率转变；人水和谐、人与自然和谐的新方法。社会公共机构在维护社会经济的正常运行方面也在发挥着越来越重要的作用，建设节水型社会也对公共机构建设提出了更高的要求。

1 淮委节水机关建设现状

1.1 建设背景及意义

水利部淮河水利委员会(简称"淮委")作为公共管理机构，受到社会大众的广泛关注，具有较强的社会影响力，在建设节水型社会中必须充分履行其职能，通过使用先进的节水技术、完善节水管理制度、提高精细化管理水平等手段和措施，着实开展节水型机关建设工作。一方面响应节水型社会建设的要求，另一方面带动全社会节水建设工作，为我国社会经济实现可持续发展做出表率，真正起到"节水引领、示范标杆"的作用。

2010年初，中央国家机关启动节水型机关创建工作，在全国范围内的节水工作中起到表率示范作用。截至2019年3月,中央国家机关全部建成"节水型单位",用水总量和人均用水量实现双下降,居于社会先进水平。同年3月,水利部下发《关于开展水利行业节水机关建设工作的通知》,对水利行业节水机关建设提出了新的要求,要求2019年底前,水利部机关、各直属单位机关、各省(自治区、直辖市)水利厅(局)机关建成节水机关;2020年底前,各省地(市)、县级水利(水务)局机关建成节水机关;同时要求水利行业其他机关单位积极开展节水机关建设。

2019年4月起,淮委认真贯彻水利部党组部署,坚持节水优先、机关先行,发扬"刀刃向内、自我革新"的精神,扎实开展节水机关建设。成立淮委节水机关建设工作领导小组,编制印发《淮委节水机关建设工作方案》,4月底向全国节水办报送了《淮委节水机关建设工作计划》,通过加强节水机关建设组织领导,改造节水管理制度,实施精细化管理,深入开展节水宣传,营造了浓厚的节水机关建设氛围,取得了预期效果。2019年12月,淮委节水机关建设工作通过水利部水利行业节水机关验收。

2019年8月,为深入贯彻"节水优先"方针,坚决打赢节约用水攻坚战,进一步推动公共机构节水示范推广影响力、影响面,淮委印发《关于开展淮委系统节水机关建设工作的通知》(淮委节保〔2019〕183号),要求"2020年底前,将淮委直属有关单位建成节水机关",并对淮委系统开展节水机关建设工作目标、主要任务、建设标准、建设程序、保障措施作出部署。2020年6月,淮委印发《关于深入推进淮委系统节水机关建设工作的通知》(办节保〔2020〕94号),对淮委系统节水机关建设作出进一步部署、要求。

1.2 建设前用水特性

淮委东海大道办公区占地32 296 m²,由淮河防汛调度设施、档案馆、综合楼及附属值班室等组成,为淮委(驻蚌)机关办公场所。淮河防汛调度设施建筑面积19 096 m²,为地上15层、地下1层。档案馆建筑面积为3 485 m²,为地上4层。淮委综合楼建筑面积5 360 m²,地上4层。办公区内绿化面积11 000 m²,道路面积13 000 m²,配备1座200 m³消防室外蓄水池。

淮委已于多年前开展用水情况统计工作,从表1、2中可以看出,近年来,淮委东海大道办公区用水量平均在43 800 m³左右,个别年份用水总量较大。2017—2018年水利部各直属单位用水量统计中淮委连续两年用水总量、人均用水量能控制增长、略有下降,但是人均用水量较高,经初步分析,主要原因包括个别单位统计用水量过高、缺少有效分级分层计量、非常规水未得到有效利用、使用年限较久管网锈蚀老化等。

表1 淮委东海大道办公区(含综合楼)多年用水量统计

单位:m³

年份	2011	2012	2013	2014	2015	2016	2017	2018
东海大道办公区	47 990	50 040	49 580	47 560	42 422	34 590	39 960	43 350
防汛调度设施及档案馆	33 593	35 131	34 936	33 248	29 727	24 337	27 935	30 345
综合楼	14 397	14 909	14 644	14 312	12 695	10 253	12 025	13 005

表2 2017—2018年水利部各直属单位用水量统计(淮委)

单位	用水总量(万m³) 2018	用水总量(万m³) 2017	增幅(%)	人均用水量(m³/人) 2018	人均用水量(m³/人) 2017	增幅(%)
淮委	29.4	29.77	−1.2	122.8	123.22	−0.3

1.3 主要建设措施

淮委东海大道办公区自 2005 年投入运行至 2019 年已有 14 年,当时设计建设标准较高,并获得中国建筑工程鲁班奖,但经过长年使用,部分管道超过设计年限,存在管网老化、用水器具损坏等现象,已不能全面满足节水要求。淮委从强化组织领导、改造节水设施、加强精细化管理、新增非常规水利用设施设备、健全节水管理制度、加强节水宣传教育、推动节水示范引领等几个方面入手,开展节水型机关建设。

一是细化用水单元,完善分级计量。在一级计量总表下,对淮河防汛调度设施、档案馆、食堂、活动室、消防池、绿化等用水单元安装二级计量水表,在淮河防汛调度设施蓄水箱、消防栓、消防喷淋、空调补水和值班室用水等控制阀门处安装三级计量水表,在冷却塔补水安装四级计量分表,并安装非常规水利用水箱计量表。实现用水单元计量全覆盖,利用智能水表数据传输功能实现动态监控,及时了解用水单元的用水状况。

二是全面查漏止损,降低管网漏损率。聘请专业队伍查找管网漏损,开展水平衡测试,全面了解管网状况,分析各单元用水情况。共修复漏损点 10 个,其中较大漏损点 2 个,更换老旧管道 50 m。修复漏损点后,通过对一段时间内用水数据的监测分析,针对办公用水量进行专门分类测(估)算,节水改造后不到往年同时段用水量的 80%,节水效果显著。

三是开展非常规水利用,提高水的重复利用率。首先根据现有空间、管网布设情况,在防汛调度设施地下 1 层,制作安装 1 座 10 m^3 不锈钢水箱,用于收集空调冷凝水和屋面雨水,并配备水泵、管道和移动喷灌,用于日常绿化养护;其次合理利用消防池弃水,室外消防水池每年至少清洗、换水 2 次,约产生 400 m^3 弃水,通过移动喷灌器具,分批将弃水用于院区绿化灌溉;最后利用中央景观池汇集周边的雨水,用于绿化灌溉。据估算,每年利用非常规水可达约 700 m^3。

四是加强宣传教育,机关节水氛围浓厚。营造节水氛围,在主要用水场所和用水器具的显著位置张贴 200 多处节水标识和宣传标语,制作带有节水宣传标语的一次性纸杯;开设淮委节水机关建设网站专栏,定期发布节水信息,宣传全国节约用水知识大赛;发挥新媒体作用,通过微信、办公楼 LED 屏幕等平台普及节水知识,提升职工节水意识;开展节水宣传主题活动,开展节水知识网络答题,举办"节水惜水"主题摄影大赛;发挥青年节水宣传队的作用,引导干部职工参与节水志愿活动,组织开展节水知识进校园、节水宣传骑行等志愿服务活动。

1.4 建设后节水效果

通过节水终端器具改造、非常规水有效利用、节水制度建立,淮委机关用水量明显减少。据统计,淮委机关办公院区 2019 年 9 月用水量为 1 140 m^3、10 月用水量为 893 m^3,比 2018 年同期分别减少 1 358 m^3、1 707 m^3,2019 年淮河防汛调度设施用水 25 766 m^3,比 2018 年 30 345 m^3 减少 4 576 m^3,2020 年淮河防汛调度设施(受疫情影响)用水 10 860 m^3,2021 年淮河防汛调度设施用水 11 600 m^3,2019—2021 年水利部各直属单位用水量统计中淮委连续三年用水总量、人均用水量均呈下降趋势,节水效果明显。职工节水意识增强,随着节水机关建设的深入推进,各项节水措施的落地生效和节水宣传教育的深入开展,职工节水意识有了较大提高,"节水优先、机关先行"成为共识。爱水惜水,从我做起,积极参加节水志愿服务活动,争做节水护水的倡导者践行者传播者。示范标杆作用初步显现,2019 年 10 月,淮委邀请驻蚌水利系统单位、淮委直属事业单位到淮委机关参观淮委节水机关建设成果,向其介绍、展示和推广淮委节水建设工作经验、做法,示范推广作用初步显现。

2 构建节水型机关建设新格局

2.1 节水工作面临新形势

2021年11月,国家发改委、水利部等部门印发《"十四五"节水型社会建设规划》(以下简称《规划》),《规划》明确到2025年,基本补齐节约用水基础设施短板和监管能力弱项,水资源利用效率和效益大幅提高,节水型社会建设取得显著成效。到2035年,人水关系和谐,节水意识深入人心,节水成为全社会自觉行动。《规划》围绕"提意识、严约束、补短板、强科技、健机制"等方面部署开展节水型社会建设,具体为提升节水意识、强化刚性约束、补齐设施短板、强化科技支撑、健全市场机制。

当前,节水工作进入新的发展阶段,面对新形势、新要求,如何推动节水工作高质量发展是当务之急。水利部精准部署节水工作,深刻领会节水优先的丰富内涵,准确把握习近平总书记关于节水重要论述的思想主线,将"建立健全节水制度政策"作为推动新阶段水利高质量发展的六条实施路径之一,强调要坚持量水而行、节水为重,建立健全初始水权分配和交易制度、水资源刚性约束制度、全社会节水制度,建立健全水量分配、监督、考核的节水制度政策,为激发节水内生动力、高质量推进节水工作指明方向。

2.2 节水机关建设新格局

自淮委推动节水型机关建设工作以来,已经形成一系列的规章制度、标准、技术等管理工具。新时期治水思路下节水型机关建设探讨对进一步节约水资源与真正起到"节水引领、示范标杆"作用具有重大意义。

一是要进一步建立健全节水规章制度。建立完善系统的规章制度是有效地开展节水型单位建设的重要保障。在已建立制度的基础上,进一步完善节水制度,加强制度执行力度。建立和完善目标考核制度及节水奖惩制度,按照节水目标责任书等落实节水目标考核制度,通过开展节水行动情况的督导检查以及落实相应的奖惩制度,达到督促进一步节约水资源的目的。

二是要加强节水技术的推广和改造。加强公共机构节水建设,提高节水效率。淮委机关办公院区已投入使用约17年,部分设备超期服役,地下供水管道老化锈蚀,破损渗漏现象随时可能再次发生,需在今后的日常维护中加大投入改造节水设施设备,以保证用水设施处于良好运行状态。进一步完善计量措施,运用现代化技术手段加强用水重要部位监控,量化管理,精细化管理。进一步加强非常规水利用,增设隔夜水、凉水、废水回收桶,加大雨水、空调冷凝水等非常规水利用力度,实现水资源回收循环利用,提高水资源使用效率。

三是要加强基础工作建设。在对各项节水规章制度进行有效落实的基础上,做好台账记录,结合用水实际,找准短板,改进提升,保障职工参与节水监督,增强节水意识。进一步提升单位供水系统的精细化管理水平,通过实时传输数据、第一时间发送警报、精准锁定问题的"三步骤"智能监控平台,全面实现实时监测、动态管理、异常报警、能耗分析等自动化管理,为节水建设工作的有效开展,提供科学、客观的指导,为公共机构推进节水建设提供重要的基础保障。

四是要争取资金扶持。无论是巩固节水机关建设成果,还是要进一步在新时期治水思路下开展节水型机关与节约型机关建设工作,都需要投入大量的资金,节水建设单位要积极通过多渠道争取在政策、经费上的扶持,积极筹措资金与加强节水节约投入,认真做好预算,合理安排相应资金。强化科技支撑,加强重大技术研发,加大推广应用力度,创新推进节约能源资源及新技术应用。

五是要加强节水宣传教育。近年来,随着节水机关建设与节约型机关建设工作的开展,职工的节水意识有所提高,但仍存在节水意识不强或思想无法约束行为的问题,进一步加强节水宣教工作仍是必不可少的重要措施。进一步强化日常管理,持续提升职工节水意识,培养良好的用水习惯,通过节水宣教树立良好舆论形象,同时让节水真正成为自觉行动。

3 展望

开展节水工作是高质量发展的现实要求,是生态文明建设的应有之义,也是实现经济社会发展与人口、资源、环境良性循环的必然要求。新时期治水思路下的节水型机关建设探讨,要在原有建设基础上创新方式方法,进一步完善与发展节水型机关建设,发挥示范引领作用,激发公众节水内生动力,唤起全社会力量节约用水,久久为功,形成节水型生产生活方式。

[参考文献]

[1] 王新,李晓南.节水型社会建设的公众参与途径[J].党政干部学刊,2010(1):64-65.
[2] 崔旭光,刘彬,肖佳.机关节水建设的实践探索——以水利部机关为例[J].城市建设理论研究(电子版),2020(15):104.
[3] 孔庆捷,崔旭光.推动公共机构节水型单位建设工作的探讨[C]//中国水利学会.中国水利学会2020学术年会论文集.北京:中国水利水电出版社:223-225.
[4] 李肇桀,张旺,王亦宁,等.加快建立健全节水制度政策[J].水利发展研究,2021,21(9):18-21.

[作者简介]

谷琪琪,女,1994年6月生,助理经济师,硕士研究生,主要从事综合管理和节能节约工作,17760809033,gqq@hrc.gov.cn。

论河流生态环境需水

王云飞

(中水淮河规划设计研究有限公司　安徽 合肥　230601)

摘　要:回顾了生态环境需水量研究的进展,讨论了实现河流各项基本功能目标的河流生态环境用水分类、各类生态环境用水量的计算方法及其间关系。提出了河流生态环境用水量及其阈值确定的各项原则,包括功能性需求原则、分时段考虑原则、分河段考虑原则、主功能优先原则、效率最大化原则、后效最小化原则、多功能协调原则和全河段优化原则。

关键词:河流;生态环境需水量;功能;阈值;原则

1　生态环境需水量的界定

生态和环境需水的研究,国外始于20世纪70年代,并且侧重河道内的研究,而在我国则是90年代以后,随着经济、社会和生态环境可持续发展战略的实施而受到广泛的关注,并且研究领域比国外宽泛得多。因研究对象和研究目的的不同,不同的学者使用不同的概念并给予其不同的界定,出现对同一概念有多种不同的认识,但概念的基本内涵大同小异。

什么是生态需水量,对此目前还没有一个公认的定义。生态需水量应该是特定区域内生态系统需水量的总称,包括生物体自身的需水量和生物体赖以生存的环境需水量,生态需水量实质上就是维持生态系统生物群落和栖息环境动态稳定所需的用水量。

什么是环境需水量,对此迄今也没有一个统一的认识。在美国,环境需水量系指服务于鱼类和野生动物、娱乐及其它具有美学价值目标的水资源需求[1]。在中国,环境需水量被看作为满足水质改善、生态和谐与环境美化目标的水资源需求[2]。环境需水量实质上就是为满足生态系统的各种基本功能健康所需的用水。只有在明确目标功能的前提下,环境需水量才能够被赋予具体的含义[3]。

合理确定生态和环境需水,关系到生态系统的稳定和健康发展,在研究生态和环境需水量时,只有明确概念的内涵,才能确定出科学合理的生态和环境需水量,其研究结果才具有实际应用价值。因此,加强生态和环境需水概念、需水机理、方法理论等基础理论的研究是发展资源水利的迫切需要,是实现人与自然和谐共处和可持续发展的迫切需要。

2　河流水资源利用与生态环境需水概念与内涵

人类历史文明发源地都是在世界河流丰富的区域,像尼罗河下游的埃及文明,两河流域的波斯文明,黄河、长江流域的中华古文明。河流系统与人类活动的关系非常密切,世界各国都通过不同的法律和管理手段来保证对河流系统中水资源的合理开发和利用[4,5]。我国主要利用工程措施调节和分配水资源,是满足河流各种主要功能的重要途径[6,7]。

国内外在对河流生态环境需水研究中没有形成统一的概念,缺乏明确的定义,而是出现与河流生态环境需水相似或相近的概念。随着人们水利工程及河道外用水等对河流生态与环境功能的影响与破坏,河流生态环境需水便得到了人们的普遍关注与重视,有关河流生态环境需水的研究便逐步展开。基本生态需水的概念框架,即提供一定质量和一定数量的水给天然生境,以求最小化地改变天然生态系统的过程,并保护物种多样性和生态整合性。

在我国,系统研究河流生态环境需水的工作尚处于起步阶段,对生态环境需水的概念、内涵与外延等没有形成统一的定义。与生态环境需水相关的概念不少,有生态环境耗水、生态需(用)水、环境需(用)水等。虽然不同的学者对河流生态环境需水量有着不同的认识和定义,但从天然河流系统所具有的功能来看,河流生态环境需水量研究对象应该是一个既包含水量又包括水质的问题,生态环境需水量的确定首先是要有足够的水量以满足河流生态系统的需要,其次是要保证一定质量的水质以使河流生态系统处于健康状态。

3 河流生态环境需水量研究内容和计算方法

3.1 河流基本生态环境需水量

河流基本生态环境需水量指维持河流系统最基本的生态环境功能所需要的最小水量。以河流最小月平均实测径流量的多年平均值作为河流的基本生态环境需水量。其计算公式为:

$$W_b = \frac{T}{n} \sum_{i=1}^{n} Q_{min}$$

式中:W_b 为河流基本生态环境需水量(10^8 m³);Q_{min} 为第 i 年实测最小月平均流量(m³/s);T 为换算系数,其值为 31.536×10^{-2};n 为统计年数。

3.2 河流输沙需水量

河流输沙用水是从中国河流特殊的生态系统考虑而提出的概念。鉴于中国北方的一些多沙河流普遍存在河道径流减少、断流现象增多和洪水威胁,河流输沙用水不仅直接影响泥沙输移过程,而且还会影响河床变化过程和河流中污染物的迁移转化过程。因此,在致力于满足输沙相对平衡的同时,还需要考虑水资源利用效率、河床形态优化、泄洪通畅以及其它河流功能的要求。由于生态环境需水量的研究历史较短且过去主要针对西方的少沙河流展开,所以关于河流输沙用水方面值得借鉴的研究成果很少,应该是今后重点的研究问题之一,主要指河流中下游冲淤平衡所需要的水量。其计算公式为:

$$W_s = S_t \times \frac{1}{n} \sum_{i=1}^{n} \max(C_{ij})$$

式中:W_s 为河流输沙量;S_t 为多年平均输沙量;C_{ij} 为第 i 年第 j 月的月平均含沙量;n 为统计年数。

3.3 水面蒸发生态需水量

为维持河流系统正常的生态环境功能,当水面蒸发量高于降水量时,必须从流域河道水面系统接纳以外的水体来弥补,这部分水量为水面蒸发生态需水量。计算中首先调查、测量水面面积,分析典型年的逐日水面水分蒸发深度,计算水体的蒸发量,再扣除降雨量后即为该水体的净蒸发水量。其计

算公式为 $V_e = H \times A - P$，其中 Ve 为水面蒸发生态需水量；H 为计算时段内水面蒸发深度(m)；A 为计算时段内水体平均蓄水水面面积(m^2)；P 为计算时段内降雨量(m^3)。

3.4 湿地生态环境需水量

根据湿地来水量的差异，丰水年、平水年和枯水年会导致湿地不同的生态特征，特别是湿地边界的明显变化，在3类水平年不同需水量的基础上，加入湿地生态环境的理想需水量和最小需水量，并在考虑不同情况下的变化参数来确定湿地生态环境需水量。

3.5 河口区生态环境用水量

先根据河口含盐度分布和水流循环特征将河口分为高度成层型河口(盐水楔型、峡湾型，$n>7$)、缓混合型、强混合型($n<0.1$)4类(n 为掺混系数，即涨潮期内径流的平均流量与涨潮总量的比值)。前两类用盐水入侵长度关于流量的表达式来计算最小流量，后两类用一维水量和水质模型来推求盐水入侵长度的表达式，再反推最小流量。将河口区生态环境用水量单独列出的主要原因是由于河流在河口段具有许多特殊性。河口区往往是具有重要生态价值的栖息环境和饵料来源，因而其种群数量及生物多样性特征也非常典型。河口区生态环境需水量与径流和潮流双向作用的对比有很大关系。河口区生态环境用水需要同时满足水盐平衡、水热平衡、海岸线进退相对平衡和动植物生境动态平衡。相应地，河口区生态环境需水量的确定受制于径流量、潮流量、河口地形、河相来沙、海相来沙、温度、含盐量、生物量和生物多度等众多因素。尽管这样，人们仍然结合不同河流的具体情况对维持河口生态赖以生存的环境条件所需的生态环境需水量进行了估算。以黄河为例，国家水产总局在80年代中期对其河口渔业生态环境需水量的评估结果认为[8]，黄河河口海域鱼虾生长需要黄河每年在4—6月份下泄入海水量60亿m^3，枯水年需要在4月份下泄20亿m^3。

4 河流生态环境用水及其阈值的确定原则

河流系统功能需要满足的程度应该由相应的标准来衡量，同时保护目标的实现必须通过一定的水量和水质来体现。河流生态环境需水量是为满足河流系统各项基本功能必需的用水量。河流生态环境用水量应该有一个范围，也应该存在满足各种功能的阈值，当河流系统中水量低于最小需水量或超过最大可能的容纳水量后，河流的某种生态环境功能就会受到影响。上述河流生态环境用水量的各个组成部分，可能在一定的水量范围内相互涵盖(即在一定水量范围内其它功能被同时部分地或全部地满足)。因此，河流生态环境用水量及其阈值需要在综合考虑河流各种功能的基础上确定。

河流生态环境用水应该是由最小需水量和最大用水量两个阈值(即上限与下限)限定的一系列区间值，在阈值范围内河流生态环境用水量的大小基本上决定了河流系统功能所处的状态。河流生态环境的最小需水量可以由多种方法获得，但是通常比前述十年最枯月平均流量更小的机会不大。河流生态环境的最大用水量同样可以针对不同功能的要求确定，但是一般很少比研究河段所能抵御的洪水流量更大。正确理解河流生态环境需水量和用水量对于河流功能的影响是实现面向生态的水资源开发和利用的基础，也是实现水资源优化配置的重要科学依据。

[参考文献]

[1] 林超,田琦.美国的环境用水[EB/OL].[2015-07-22].

［2］崔宗培.中国水利百科全书(第2卷)[M].北京:中国水利电力出版社,1990.

［3］Arthington, A H, King J M, Development of an holistic approach for assessing environmental flow requirements of riverine ecosystems[A]. In:Pigram, J. J., Hooper, B. P. (Eds.), Water Allocation for the Environment, the Center for Policy Research, University of New England, Armindale,1992:69-76.

［4］世界观察研究所.世界环境报告.1996[M].济南:山东人民出版社,1999.

［5］波斯泰尔.最后的绿洲[M].吴绍洪,等译.北京:科学技术文献出版社,1998.

［6］方子云.水资源保护工作手册[M].南京:河海大学出版社,1988.

［7］方子云.水利建设的环境效应分析与量化[M].北京:中国环境科学出版社,1993.

［8］水利部黄河水利委员会设计院.黄河水资源利用[R].1986.

[作者简介]

王云飞,男,1981年12月生,辽宁省丹东人,高级工程师,主要从事水利工程建设管理,13464540168,4445473@qq.com。

浅谈沂河、沭河流域水资源调度试行成效

孟 伟 曹先树

(中水淮河规划设计研究有限公司 安徽 合肥 230601)

摘 要:水资源调度是落实区域用水总量控制指标和流域水量分配方案的重要工作。沂河、沭河作为淮河流域首批印发水资源调度方案的河流,自2020年10月起试行流域水资源统一调度。本文通过调查分析沂河、沭河首个调度期内各项调度指标的执行情况和调度管理制度的建立情况,总结评价沂河、沭河水资源调度成效,对淮河流域后续水资源调度工作提出建议。

关键词:水资源;统一调度;成效;制度建立

1 引言

水资源调度是水资源管理工作的重要内容之一,是实现流域或区域水资源合理配置、充分发挥水资源综合利用效益的有效措施,是协调流域或区域内部用水矛盾,落实江河流域水量分配的重要保障。

2011年的中央一号文件《中共中央 国务院关于加快水利改革发展的决定》提出:要"要强化水资源统一调度""完善水资源调度方案、应急调度预案和调度计划"。2018年7月,水利部《关于做好跨省江河流域水量调度管理工作的意见》明确提出:"各流域管理机构要抓紧组织有关省(自治区、直辖市)人民政府水行政主管部门,根据批准的跨省江河流域水量分配方案编制水量调度方案"。

2016年,水利部以263、264号文批复《沂河流域水量分配方案》《沭河流域水量分配方案》,批复文件中明确提出:"水利部淮河水利委员会要组织制定沂河、沭河流域水量调度方案和年度水量调度计划,加强流域水资源统一调度管理"。2020年,水利部淮河水利委员会以33、34号文批复《沂河流域水量调度方案》《沭河流域水量调度方案》。自2020年10月起,淮委试行沂河、沭河2020—2021年度水资源调度计划。

本文正是基于沂河、沭河2020—2021年度水资源调度计划实施情况,总结评价沂河、沭河首个调度期的调度成效,进而对淮河流域下一步水资源调度提出建议。

2 流域概况与水资源调度目标

2.1 流域概况

沂河发源于山东省沂源县鲁山南麓,流经山东省沂源、沂水、蒙阴、平邑、费县、沂南、临沂、郯城和江苏省邳州、新沂10个县(市),于新沂苗圩注入江苏省骆马湖,全长331 km,流域面积11 820 km²。沭河源自沂山南麓,南流经山东省沂水、莒县、莒南、临沂、临沭、郯城和江苏省东海、新沂等8个县

(市),于新沂市头口村注入新沂河,全长 300 km,流域面积 6 400 km²。

沂河、沭河流域水资源总量不足,时空分布不均,水资源与人口和生产力布局不相适应。仅为全国平均水平的 1/4,远低于人均 1 000 m³ 的国际水资源紧缺标准。流域降雨时空分布差异性较大,从时间上看,年内降水主要集中在汛期,且多以洪水形式出现,汛期 6—9 月降水量和径流量分别占全年的 80% 以上,同时年际间降雨悬殊,最大年降水量为 1 098 mm(1964 年),最小年降水量为 562 mm(1966 年)。

2.2 水资源统一调度面临的困难

沂河、沭河流域水资源统一调度当前面临以下困难:

(1) 现有水资源开发利用工程调节能力有限

非汛期径流占比很少,汛期大量弃水,不能满足社会经济发展的需求,水资源供需矛盾突出。

(2) 水资源调度涉及多个部门,缺乏沟通协调机制

沂河、沭河均流经山东、江苏两省多个县(区),流域水资源统一调度跨省、市、县三级行政区,且涉及多个县级行政区的生活、工业、农业等诸多行业,长期以来,各行政主体单一决策,缺乏相互协商机制。

(3) 现有水工程调度权限大多由地方掌握,流域管理机构难以实施统一调度与管理

沂河、沭河上的控制性工程刘道口枢纽和大官庄枢纽为淮河水利委员会直管工程,调度权归属沂沭泗水利局;而上游山区的大型水库和下游干流的梯级闸坝均由市、县级的水行政管理部门执行调度,流域管理机构难以实施水资源统一调度和管理。

2.3 水资源调度目标

按照已批复的沂河、沭河流域水量分配方案,沂河、沭河水资源调度目标包括:地表水取用水总量满足分配的水量控制指标、各控制断面下泄水量满足下泄水量控制指标、各控制断面下泄流量满足生态基流控制指标。

(1) 年度地表水取用水量控制指标

以 2020—2021 年来水预测成果确定来水频率,再根据多年平均和特定频率水量分配成果,结合流域实际来水情况、水库蓄水情况、地方上报用水计划建议,以近几年实际用水量为重点,在统筹考虑河道内生态环境用水需求的前提下,确定年度分配水量指标。比较各省上报的用水计划和年度分配水量,各省上报的 2020—2021 年度用水计划均没有超过年度分配水量指标,因此按各省上报的用水计划确定本年度地表水取用水总量指标,见表 1。

表 1 沂河、沭河年度地表水取用水量控制指标

单位:亿 m³

省	沂河			沭河		
	年度分配水量	用水计划	年度用水指标	年度分配水量	用水计划	年度用水指标
山东省	16.39	12.11	12.11	8.46	5.75	5.75
江苏省	3.75	3.03	3.03	3.01	2.69	2.69
合计	20.14	15.14	15.14	11.47	8.44	8.44

(2) 各控制断面下泄水量控制指标

以水量分配方案确定的断面生态基流、下泄总水量等指标为控制,结合 2020—2021 年度来水预

测确定的来水年型,综合确定年度主要控制断面指标。各断面下泄水量指标以各来水频率下断面地表径流量扣除断面以上地表水耗损量,考虑调入、调出水量和重要控制工程的调蓄后确定,见表2。

(3)各控制断面生态基流控制指标

按《水利部关于印发第二批重点河湖生态流量保障目标的函》(水资管〔2020〕285号)中沂河、沭河控制断面生态水量确定,见表2。

表2 沂河、沭河控制断面年度下泄指标

沂河			沭河		
断面名称	年度下泄水量指标(亿 m³)	生态基流指标	断面名称	年度下泄水量指标(亿 m³)	生态基流指标
临沂	7.96	643 万 m³/月	大官庄	6.9	295 万 m³/月
苏鲁省界(港上)	4.83	汛期(7—9月):451 万 m³/月	红花埠	1.99	汛期(7—9月):168 万 m³/月
		非汛期(10月—次年6月):4 104 万 m³			非汛期(10月—次年6月):1 533 万 m³
沂河末端	4.18		老沭河末端	2.09	

2.4 水资源调度原则

沂河、沭河水资源调度在防洪安全的前提下遵循以下原则:

(1)坚持节水优先与生态保护原则。把区域节水水平作为年度用水计划审核的重要环节和前提条件。在保障基本生活、河道生态用水的前提下,适当增加丰水年份河道生态流量(水量)和河道外湿地等生态用水,加强流域生态保护。

(2)坚持统一协同调度原则。流域与区域水利工程加强联合调度,区域水资源调度服从流域水资源统一调度,供水、灌溉、水力发电、航运等服从流域水资源统一调度。

(3)坚持用水总量控制和重要断面水量控制原则。流域水资源调度应以流域水量分配方案、水资源综合规划相关成果为依据,结合流域干支流或分区的水资源条件、用水需求、工程条件等,各行政区实施区域用水总量控制,重要控制断面实施断面水量或流量控制。

(4)坚持滚动修正、适时调整原则。沂河、沭河水资源调度要密切关注不同时间尺度的调度执行情况,根据实时水情、雨情、旱情、墒情、水库蓄水量及用水情况等,对已下达的月水资源调度方案和调度指标进行滚动修正、适时调整,并下达实时调度指令。

(5)坚持统筹兼顾、公平公正原则。合理安排供水对象及供水次序,优先满足城乡生活用水,保障流域内基本生态用水,合理配置工业、农业等用水,保证供水安全和生态安全,按照公平公正原则,协调好流域内外、上下游、左右岸和相关地区利益。

3 调度计划效果评价

3.1 地表水取用水量

根据调查统计,2020—2021年度山东省沂河、沭河流域实际取用水量分别为10.64亿 m³、4.86亿 m³;江苏省沂河、沭河干流实际取用水量分别为0.36亿 m³、0.59亿 m³。实际取用水量均满足地表水取用水量控制指标要求。

3.2 控制断面下泄水量

2020年10月—2021年9月,沂河临沂、港上断面年度下泄水量分别为26.29亿 m³、10.11亿 m³,沭河大官庄、红花埠断面年度下泄水量分别为26.67亿 m³、6.97亿 m³,均满足控制断面下泄水量指标要求。

3.3 控制断面生态基流

2020年10月—2021年9月,沂河临沂断面月下泄水量最小值0.62亿 m³,港上断面2020年10月—2021年6月下泄水量4.30亿 m³,2021年7月—9月下泄水量最小值1.53亿 m³,均满足相应生态基流控制指标要求。

2020年10月—2021年9月,沭河大官庄断面月下泄水量最小值0.24亿 m³,红花埠断面2020年10月—2021年6月下泄水量1.77亿 m³,2021年7月—9月下泄水量最小值1.08亿 m³,均满足相应生态基流控制指标要求。

表3 调度期内沂河、沭河各控制断面月下泄水量过程

单位:亿 m³

时间	断面	沂河		沭河	
		临沂	港上	大官庄	红花埠
2020年	10月	0.64	0.40	0.24	0.02
	11月	1.01	0.22	0.45	0.18
	12月	1.02	0.68	0.50	0.18
2021年	1月	0.74	0.41	0.58	0.13
	2月	0.74	0.81	0.43	0.15
	3月	0.83	0.17	0.90	0.13
	4月	0.62	0.24	0.69	0.57
	5月	1.29	0.65	0.55	0.27
	6月	1.32	0.71	1.31	0.13
	7月	5.80	2.40	5.65	1.08
	8月	3.82	1.53	4.16	1.33
	9月	8.46	1.88	9.21	2.79
合计		26.29	10.10	24.67	6.96

4 调度管理制度建立情况

4.1 调度计划的编制、执行与调整情况

沂河、沭河水资源调度实行年度水资源调度计划、月水资源调度方案和实时调度指令相结合的调度方式。在编制年度水资源调度计划前,山东、江苏两省水行政主管部门根据本省区用水总量控制指标和沂河、沭河流域水量分配方案,提出年度用水计划建议和工程运行计划建议,并于2020年9月前上报淮河水利委员会。

(1) 年度水资源调度计划

由淮河水利委员会依据沂河、沭河流域水量分配方案、年度预测来水量和水库蓄水量，在综合平衡山东、江苏两省上报的年度用水计划建议和工程运行计划建议基础上制定，并于2020年10月1日前下达山东、江苏两省水行政主管部门。

(2) 月水资源调度方案

由淮河水利委员会依据年度水资源调度计划，结合月水资源调度执行情况、水利工程蓄水情况、下月来水预报和各省月用水计划调整申请情况，按照月滚动、年总量控制的原则，对年度水资源调度计划中提出的非汛期月调度过程进行动态调整，并于月底前下达。

4.2 调度管理

淮河水利委员会负责组织沂河、沭河流域水资源统一调度和监督管理，并组织山东、江苏两省水行政主管部门对省界控制断面的水量、流量计量成果进行确认。在调度期结束后30日内，完成年度调度工作总结。

山东、江苏两省水行政主管部门负责实施本行政区域内的水资源调度。山东省负责保障沂河港上断面、沭河红花埠断面下泄水量满足调度计划制定的年度下泄水量目标、生态基流目标。在每年调度期结束后20日内，上报本省年度调度工作总结。

4.3 保障措施

为保障首个调度期内沂河、沭河调度计划的顺利实施，各级水行政机构各司其职、密切配合，实施了以下保障措施：

(1) 改进调度或增设必要的泄放设施；

(2) 完善地表水取水口计量设施建设，利于取用水总量的核算；

(3) 加强水文监测站网建设，监测数据实时传送；

(4) 取用水高峰时段加强取（退）水工程、水库、闸坝等监督检查，必要时组成联合督查组实施重点监督检查；

(5) 推动落实沂河、沭河流域水资源调度工作的人员组织、经费来源、物资安排、管理措施和责任制度。

5 结论与建议

试行调度期间，沂河、沭河流域地表水取用水总量和沂河临沂、港上断面，沭河大官庄、红花埠断面年下泄水量及生态水量均满足控制指标要求，调度管理制度基本建立，各项任务分工明确，保障措施实施有力。总体看来，沂河、沭河首个调度期内水资源调度执行情况良好。

为了水资源调度计划切实有效地继续实行，需要提出相应的保障措施，包括强化组织领导、健全工作机制、加强能力建设、严格考核问责等相关工作要求。目前沂河、沭河作为实施水资源统一调度的跨省河流，淮委组织编制水资源调度方案并下达调度指令，组织开展水资源调度监督管理工作，各相关单位、地方水行政主管部门、水工程管理部门承担水资源调度任务及取用水户的日常监管。工作内容繁杂、难度较大，受人员、经费的限制，当前水资源调度工作难以实现精准调度，水资源调度各项保障能力亟待加强。

[参考文献]

[1] 鄂竟平.坚定不移践行水利改革发展总基调 加快推进水利治理体系和治理能力现代化——在2020年全国水利工作会议上的讲话[J].中国水利,2020(2):1-15.
[2] 孙卫,邱立军,张园园.水资源统一调度工作进展及有关考虑[J].中国水利,2020(21):8-10+7.
[3] 乔钰,胡慧杰.黄河下游生态水资源调度实践[J].人民黄河,2019(9):26-30.
[4] 杨朝晖,余登科.关于沂沭河流域水资源综合调度的几点思考[J].治淮,2017(11):23-24.

[作者简介]

孟伟,女,1985年6月生,工程师,主要从事水利规划、水量分配与调度、工程水文等工作,13359912923,mwpippo@qq.com。

关于六安市水资源开发利用现状与思考

王雨生

(六安市水利工程建设管理处　安徽　六安　237000)

摘　要：水是生命之源,是基础性的自然资源和战略性的经济资源,是生态环境的重要控制要素,是经济社会可持续发展的重要保障。本文在研究分析六安市水资源开发利用现状的基础上,针对当前水资源开发利用中存在的水资源供需矛盾依然突出、利用程度不高、水环境保护压力巨大等一系列问题,提出水资源合理开发利用对策建议。

关键词：水资源；思考；开发利用；环境保护

1 水资源概况

1.1 自然地理与水文气象

六安市地貌类型复杂多样。有山地、丘陵、岗地、平原,呈梯形分布,河流、盆地、湖泊相间其中。全市可分为大别山北坡山地、江淮丘陵、江淮岗地和平原四大地貌单元。大别山北坡山地分布在梅山、响洪甸、佛子岭、龙河口四大水库北线以南,海拔高度在400 m以上,随着山体的垂直高度变化,土壤、气候、植被差异十分明显,山间分布着平缓而较开阔的盆地,有限耕地集中于此；江淮丘陵是大别山余脉的延伸,一般海拔高度在100～400 m之间,呈波状起伏,峰原坡缓,盆地开阔；江淮岗地,位于六安市中部,海拔高度在50～100 m之间,该地区地貌最大特点是既呈台状,又有相对高差在10～30 m左右的岗冲起伏；平原分布在淮河南岸,沣、汲、淠河下游河谷,沿湖周围和杭埠河、丰乐河下游两侧。

六安地处北亚热带的北缘,属湿润季风气候,全市大部分地区多年平均气温为14.6℃～15.6℃,自东北向西南随地势抬高而递减,多年平均降水量为1241.6 mm,具有南多北少、山区多平原少、夏春季多、冬秋季少以及年际间降水悬殊过大等特点。全市整体气候特征是：季风显著,雨量适中；冬冷夏热,四季分明；热量丰富,光照充足,无霜期较长；光、热、水配合良好。但由于处在北亚热带向温带转换的过渡带,冷暖气流交会频繁,年际间季风强弱程度不同,进退迟早不一,因而造成气候多变,常受水、旱灾害威胁,如近期发生的2019年旱灾、2020年水灾。

由于地形的关系,六安市境内自然形成了众多的河流,流经境内河流主要有淮河、长江两大水系,其中一级支流7条,二级支流21条,流域面积在100～1 000 km²之间的河流有40条,1 000～3 000 km²之间的河流8条,5 000 km²以上的河流1条。境内淮河由霍邱县临水镇入境,于寿县郝家圩出境,流经六安市河道长达125 km,约占淮河总长度的12.5%,主要支流有淠河、史河、汲河、沣河、东淝河；长江在六安市境内有杭埠河、丰乐河2条主要支流。

1.2 水资源量

六安市多年平均水资源量89.12亿 m³(1956—2016年),其中地表水资源量86.11亿 m³,地下水资源量 23.14 亿 m³。地表水与地下水重复量 20.13 亿 m³，地表水与地下水不重复量 3.01 亿 m³。按照六安市第七次全国人口普查数据常住人口 439.37 万人来算，我市人均水资源量为 2 028 m³，属于轻度缺水城市。

1.3 水资源特点

时空分布不均。六安市水资源量主要受降雨影响，全市降水主要集中在 5—8 月，占年降水量的 54.6%，年内降水量最多月份为 7 月，占年降水量 16.6%，年内降水最少月份为 12 月，占年降水量的 2.6%，由于水资源季节分配不均，易造成旱涝交替现象。水资源量在地域上的分布为：从南部山区到北部平原递减。

地表水与地下水不断重复转化。六安市地下水补给以大气降水为主，通过地表径流转化而形成地下水，地下水在地下径流活动中通过水文地质条件和人为作用，又从地下径流转化为地表径流，反复如此。全市多年平均地表水资源量 86.11 亿 m³，地下水资源量 23.14 亿 m³，地表水与地下水重复量 20.13 亿 m³，重复量占比 22.6%。

水量稳定。六安市现有大中小型水库 1 339 座（其中大型 6 座、中型 6 座、小型 1327 座），塘坝 115 678 座，蓄水工程总库容 87 亿 m³，通过科学调度蓄水工程，可实现全市范围稳定用水。

水质较好。六安市境内六大水库水质总体保持良好，常年保持在Ⅱ类以上；2021 年市县两级集中式饮用水水源地水质达标率为 100%，全市 11 个地表水国控考核断面水质优良比例 100%，达标率 100%，纳入监测、考核的 17 个重要水功能水质达标率 100%。

2 水资源开发利用现状

六安市多年平均水资源量 89.12 亿 m³（1956—2016 年），其中地表水资源量 86.11 亿 m³，地下水资源量 23.14 亿 m³。水资源可利用量 53.58 亿 m³，其中地表水 51.4 亿 m³，地下水 2.18 亿 m³，可利用率 60.12%。

2021 年六安市用水总量为 22.46 亿 m³，其中农业用水量为 17.52 亿 m³，占全市用水总量的 78.0%，是第一用水大户；工业用水量为 1.83 亿 m³，占全市用水总量的 8.1%；生活用水量为 2.32 亿 m³，占全市用水总量的 10.3%；生态环境用水量为 0.79 亿 m³，占全市用水总量的 3.5%。

3 水资源开发利用存在的问题

水资源供需矛盾依然突出。一是存在水源性缺水。六安市多年平均水资源量 89.12 亿 m³，人均水资源量约为 2 023 m³，按国际标准属轻度缺水地区。二是工程性缺水。目前水利工程项目结构和区域结构不甚合理，江淮分水岭地区以丘陵为主，农业生产主要依靠小型水利设施，对小型水库、水塘建设投入不足，供水设施陈旧、供水能力亟待改善，工程性缺水严重。三是结构性缺水。我市水资源时空分布不均，水旱灾害频繁，地表水资源较为丰富，但降雨时空分布极不均匀，利用率低；洪旱灾害频繁，防洪抗旱减灾基础设施仍较薄弱，水土流失严重。南部山区河道为季节性山溪河流，水资源的 70% 集中在 5—9 月的汛期，丰、枯年份总量相差 2.4 倍，特枯年份工农业用水匮乏，甚至生活饮水存在困难。四是存在水质型缺水隐患。（一）农村面源污染严重，主要表现为畜禽、水产养殖污染和农药、化肥污染，绝大部分小城镇生活污水、生活垃圾未经处理直接排放，已成为农村面源污染的重要来源。（二）中小河流污染突出，特别是伴随城镇化步伐的加快，小城镇的生活污水直接排入中小河流，而中小河流的流量小、自净能力弱,直接影响到城镇自来水厂的取水和饮用水安全。(三)个别地方存在工业废污水偷排、不达标排放等现象。

水资源利用效率低下。根据 2020 年数据统计,六安市各项用水指标均低于全省平均水平(见表 1),可见我市目前水资源利用效率不高、用水方式比较粗放,与"高质量发展"目标存在较大差距。

表 1 2020 年六安市主要用水指标与全省指标比较

指标项	我市 2020 年当年值	全省 2020 平均值
人均用水量(m^3/人)	480.5	430.4
万元 GDP 用水量(m^3/万元)	133.4	69.4
万元工业增加值用水量(m^3/万元)	45.2	29.6
农业灌溉亩均用水量(m^3/亩)	321.1	235.9
农田灌溉水有效利用系数	0.5167	0.5512

水环境保护压力巨大。我市是全国重要饮用水水源地,河流源头保护区面积 7 451 平方公里,占全部国土面积 42%,保护任务艰巨。加之近年来经济社会的快速发展,城市化、工业化进程不断加快,水资源开发利用程度日益增大,工业废水、农业及生活污水排放量逐年上升,水体污染程度在加剧,水环境保护压力巨大。

缺乏优质水资源品牌战略规划。当今世界面临着人口、资源与环境三大问题,其中水资源是各种资源中不可替代的一种重要战略资源。然而我市境内优质水资源在国内知名度不高,"品牌形象"有待树立,究其原因是由于缺乏品牌战略规划,直接影响到我市优质水资源的商业价值开发利用,资源优势未能有效转变为发展优势。拥有"天下第一秀水"美誉的千岛湖,平均水质达到国家Ⅰ类水质标准,成就了农夫山泉的优质天然水,农夫山泉的品牌推广给千岛湖带来了巨大的经济价值。而我市佛子岭水库等库区的水质也能够保证常年Ⅰ类水质标准,由于缺乏叫得响的品牌,却未能产生如同千岛湖般的经济价值。这暴露出我市在水资源品牌战略规划和推广上的短板。

4 水资源合理开发利用对策建议

综合全市水资源现状和存在问题,下一步推进水资源保护和开发利用建议在以下几方面着力:

编制《六安水资源发展战略规划》。当前,亟须探索一条水资源集开发、保护、利用、节约于一体的最佳技术路径。总体思路是:严格控制用水总量,推广农业节水措施,有效减少农业灌溉用水量;推广节水器具和采取强制性措施,合理减少生活用水量;加强技术改造,降低万元工业增加值用水量;优化激励机制,鼓励循环用水、再生水、中水回用,提高用水效率等。因此,建议市级层面与高等院校和科研院所合作,顶层设计六安水资源品牌形象,探索水资源保护和开发利用路径,举全市之力编制《六安水资源发展战略规划》。

落实最严格水资源管理制度。一是落实政府各部门水资源保护责任,各负其责,齐抓共管。二是严格取用水管理,按照总量控制指标制定年度用水计划,实行各县区年度用水总量控制,对超过取水总量控制指标的,不再审批新增取水。三是推进节水型社会建设,大力发展节水型农业,建设节水型、智慧型灌区。四是探索建立水权制度,推进关键领域和关键环节改革。五是加强水资源保护宣传,营造人人节水、人人护水的良好氛围。

加强水源工程建设。一是持续加大水利工程建设投入。加快配套完善现有水源和供水设施建设,充分发挥现有工程的供水能力。同时要合理规划建设一批重点水源工程,重点加强农村饮水安全工程、农田灌溉渠道修筑等工程的建设力度。二是优化水利建设投资结构。项目结构上,在重视大中型水利工程投资的同时,加大对小型水源工程的投入;区域结构上,根据自然地理和人口分布特点,加大向人口集聚区和产业集聚带的投入力度。三是加大非常规水源的利用,特别是中水的回用,加大六安华电中水使用量,推进光大生物能源使用中水,逐步替代地表水使用。

狠抓水环境污染防治。一是严格控制工业污染。根据主体功能区规划和本行政区域的资源环境承载能力与水环境容量,合理规划工业布局,禁止引进高污染、高环境风险项目,限期淘汰严重污染水环境的工艺和设备,公布不符合产业政策的污染企业名单,限期整治或者关闭不符合产业政策的污染企业。二是防止农村面源污染。加快乡镇污水处理厂、垃圾处理厂建设,尽快实现乡镇生活垃圾及污水的无害化处理,在没有集中进行污水处理的农村地区,采取人工快速渗透、接触氧化技术等简易处理法对污水进行处理。在农业生产中,实施土地测土配方施肥,推广缓释可控化肥和有机复合肥的生产使用,大力发展农村沼气,妥善处理人畜禽粪便。三是大力开展河流综合整治。按照河流区位和水域功能要求分类整治,重点实施截污控源和严重污染河段清淤,严格控制畜禽养殖污染,坚决取缔肥水养殖等。四是加强水环境监测。建立水质监测实验室,对重要流域断面开展监测,发现问题、及时防治,同时加大行政执法力度,强化监测结果运用。

[作者简介]

王雨生,男,1993年7月生,六安市水利工程建设管理处工程师,主要从事水资源管理、节约用水研究工作,15956420090,2284568178@qq.com。

浅谈六安市创建节水型社会建设的有效途径

张旺南

(安徽省六安市水利局　安徽　六安　237000)

摘　要：随着城市发展对水资源需求的快速加大，对水资源的优化配置、环境保护和综合利用提出了更高要求。节水优先，促进水资源节约集约利用，把节约用水作为水资源开发利用的前提，强化指标刚性约束，严格用水全过程管理，强化节水监督考核，从源头上把好节水关，大力推动节水制度、政策、技术、机制创新，是推动经济社会发展与水资源水环境承载能力相适应的重要举措。本文简述了六安市水资源状况，总结了"十三五"节水成效，针对新时期新要求，分析了"十四五"节水工作面临的形势，提出了全面建设节水型社会的有效途径，包括实施水资源消耗量和强度双控、农业节水、工业节水、城镇节水、非常规水源利用、节水能力建设、节水载体建设、节水宣传教育等八个方面，建议在推进节水工作中落实相应保障措施，以全面推进节水型社会建设。

关键词：创建；节水型社会；建设；途径

0　引言

六安市位于安徽省西部，地处国家级皖江城市带，承接产业转移示范区、大别山区域中心城市、合肥经济圈的副中心城市、国家级交通枢纽城市。现辖四县三区，国土总面积15 458平方公里。2020年，常住人口463.33万人。境内多年平均水资源总量达89.12亿 m³，是下游合肥、淮南沿线城市近千万人口的重要水源地。水资源集约节约利用事关经济安全、生态安全、国家安全。为全面推进节水工作，"十三五"期间，六安市深入贯彻落实习近平生态文明思想，全面贯彻落实党的十九大和十九届历次全会精神，坚持"节水优先、空间均衡、系统治理、两手发力"的治水思路，以实现水资源节约集约安全利用为目标，以农业、工业和城镇生活节水以及非常规水源利用为重点，以加强各类节水型载体创建为抓手，以节水科技创新和市场机制改革为动力，把节水融入经济社会发展和生态文明建设各方面，落实新时期节水工作要求，坚持以水而定，强化水资源刚性约束，加强监督管理，增强全社会节水意识，提高用水效率，加快形成节水型生产生活方式，大力推进节水型社会建设，助力经济社会高质量发展。六安市多年平均水资源总量为89.12亿 m³，按照六安市第七次全国人口普查数据常住人口439.37万人来算，全市人均水资源量为2 028 m³，还达不到全国平均水平，按照国际缺水标准划分，当前六安市仍属于轻度缺水城市。"十四五"时期是"两个一百年"奋斗目标的历史交汇期，也是水利治理体系和治理能力现代化建设开篇起步，水资源管理由"重建轻管"向"建管并重"转变的关键时期，必须准确把握节水工作，牢固树立新发展理念，遵循新时代水利工作方针和治水新思路。通过总结六安市"十三五"节水成效，针对新时期新要求，分析了"十四五"节水工作面临的形势，提出了全面建设节水型社会的有效途径，以及推动落实节水工作的各项保障措施，全面加快推进节水型社会建设，为六安市实施绿色振兴、赶超发展战略提供坚实的水利支撑和保障。

1 六安市水资源状况

六安市多年平均水资源总量为89.12亿 m^3（采用安徽省第三次水资源调查评价成果数据），其中地表水资源量86.11亿 m^3，地表水与地下水不重复计算量3.01亿 m^3。六安市境内多年平均地表水资源可利用量47.24亿 m^3（采用安徽省第三次水资源调查评价成果数据），可利用率53.0%。

2 节水工作取得的主要成效

"十三五"期间，六安市积极践行新时代治水思路，深入贯彻落实国家节水行动方案，坚持"节、引、调、管"多措并举，全面推进节水工作，取得显著成效。至2020年末，全市用水总量严格控制在24.96亿 m^3 目标值以内。其中2020年用水总量为22.26亿 m^3；万元GDP用水量147.93 m^3，比2015年同期224.1 m^3 下降34%；万元工业增加值用水量44.9 m^3，比2015年同期98.1 m^3 下降54.3%；农田灌溉水有效利用系数0.516 7；城镇供水管网漏损率降低至9.1%；节水型器具155 876件。

2.1 农业节水增效显著

"十三五"期间，通过实施大中型灌区节水改造，开展高效节水灌溉建设；大力实施农田水利设施建设，实施农田水利"最后一公里"项目。建成大中型灌区节水改造项目13处；实施高效节水灌溉面积4.42万亩；完成小型泵站更新改造19 531 kW，小型水闸新建、加固470座，中小灌区21万亩，塘坝扩挖46 985座，河沟整治1 423条，末级渠系536 kW；完成水利专项资金治理面积36.6万亩。2020年底，六安市农田灌溉水有效利用系数达到0.516 7，有效灌溉面积达到656.16万亩，建成节水灌溉面积265.43万亩，大中型灌区渠首计量率达100%。"十三五"期间，六安市先后有六个县区农业水价改革试点工作实施完成，农田亩均年节水达100～150 m^3，带动了试点项目区由传统农业向现代高效节水农业转变，在用水量减少的条件下，农业收入稳步增加，实现了经济效益、社会效益双丰收。

2.2 工业节水降耗成效明显

加大工业节水技术改造，促进节水降耗，扎实开展省级节水型企业创建，2020年底，已完成81家省级节水型企业创建。加强用水监督，夯实管理制度，完善企业用水计量体系。在工业持续增长的情况下，2020年底，万元工业增加值用水量降到44.9 m^3，较2015年下降54.3%。

2.3 城镇节水建设扎实推进

深入开展节水型城市建设，2015年六安市成功创建"安徽省节水型城市"，2017年六安市被正式命名为"国家节水型城市"。加快推进城镇供水管网改造，加大老旧小区管网改造力度，开展小区漏损管控在线监测，降低管网漏损率；加强市政公共用水管理，建设市政定点取水点，实现市政公共用水定点取水、计量取水；加强执法，打击偷盗水、违章用水行为；大力推广节水器具普及和节水型单位建设。2020年底，城镇管网漏损率有效降低至9.1%；全市共有节水型器具155 876件，城镇节水器具普及率达100%；完成市级机关52家公共机构节水型单位创建，创建率82.5%；完成市级事业单位145家节水型单位创建，创建率62.2%。结合国家节水型城市创建，"十三五"期间已完成19家节水型小区创建，已完成金安、金寨、霍山3个县区节水型社会达标建设。通过对用水和节水的科学预测和规划，调整用水结构,加强用水管理,合理配置、开发、利用水资源,使有限的水资源满足人民生活需要,保障城市经济和建设可持续发展。

2.4 建立健全节水能力与制度建设

一是加快农业用水计量设施建设。目前六安市大中型灌区渠首计量率已达100%。二是推进水资源管理信息系统一体化建设。已建立市、县重点取用水户监管名录,重点用水户均已完成取水在线计量安装,逐户建立档案,推进取用水户监管规范化。三是完善用水总量控制体系。按照"优先保障居民生活用水,确保生态基本需水,优化配置生产用水"的原则,统筹生活、生产和生态用水。按时下达年度用水计划,确保全市年度用水总量和计划控制有效。建立重点取用水户监控名录范围,按照计划用水总量,强化管理。四是强化取水许可与节水监督管理。全面落实建设项目节水"三同时"制度和水平衡测试制度。严格执行取水许可制度,依法加强取水许可审批管理,加强取用水的监督管理和行政执法,依法查处无证取水等违法行为。严禁在地下水严重超采区新增地下水取水量。坚持"以水定城、以水定产",加强建设项目水资源论证审批管理。五是健全节水标准体系。制定《国家节水行动六安市实施计划》和《六安市行业用水定额》,完善节水标准体系,为推进节水型社会建设提供技术指导。六是顺利完成水权确权改革试点。2019年六安市金安区被列为全省唯一水权制度改革试点单位,制定《金安区水权确权登记试点工作实施方案》,完成水权确权登记改革的各项任务并顺利通过评估验收。2019年与257个权利人签订了确权协议,已经金安区人民政府审定批准;至2020年底,为权利人发放水权证共计1140本,其中小型水库292本、塘坝338本、直灌涵闸302本、提水泵站208本,基本实现一户一证。建成取水口取水量信息和确权登记信息管理系统,实现确权水量核算、水权证申请、延续、变更、注销及确权户取水实时计量等功能。制定《金安区水权确权登记实施办法(试行)》,总结了工业取水确权的"六个步骤"和农业取水确权的"三个明确",制定了水资源使用权证书,初步建成金安区水权分配、确权、登记制度体系,为下一步探索开展水权交易及强化水资源管理奠定了基础。

2.5 全民节约用水意识逐步提升

每年充分利用"世界水日""中国水周""全国城市节水宣传周""世界环境日"等重要时间节点,举办节水进社区、进农村、进企业、进校园等集中宣传活动;利用"报、刊、屏、媒"等平台,广泛开展丰富多彩的水法规宣传教育活动,大力宣传节水知识,营造节水氛围,提升全民节水意识。建成九里沟水利文化公园省级中小学节水教育社会实践基地,适时组织中小学生到节水教育基地参观学习,营造浓厚的节水文化宣传氛围。每年按期发布《六安市水资源公报》,让社会公众了解六安市水情。

3 "十四五"节水工作面临的形势

3.1 节水是解决水资源时空分配不均、水资源短缺的重要手段

"十四五"时期是大力推进生态文明建设、落实"节水优先"方针,破除国家水安全制约瓶颈问题的重要时期。六安市降水时空分布差异较大,受气候、地形和经济条件等因素的限制,遭遇偏干旱年份时,就会出现水资源短缺、供求矛盾紧张的局面。与此同时,六安市属于合肥市生活用水的主要源头区,承担着向合肥市供水的任务,进一步加剧了水资源的供需矛盾。

3.2 节水是农业可持续发展的保障

六安市2020年农田灌溉用水和林牧渔畜用水量为17.23亿 m^3,占全市用水总量的77.4%,节水

成了农业可持续发展的重要保障措施。干旱缺水已成为威胁粮食安全、制约农业可持续发展的主要限制因素。六安市农业节水任务重,大力发展节水农业、推广普及农田节水技术、全面提升水分生产效率是保障粮食安全、发展现代节水型农业、促进农业可持续发展的必由之路。

3.3 节水是高质量发展的内在要求

与高质量发展的要求及国际先进水平相比,六安市尚有节水潜力可挖。农业方面,2020年底,全市农田灌溉水有效利用系数为0.5167,与世界先进水平0.7~0.8相比仍有一定差距;工业方面,万元工业增加值用水量44.9 m³,虽低于安徽省平均水平(74.3 m³),但与安徽省用水先进城市相比,仍有一定差距(合肥25.7 m³,滁州25.1 m³);城镇方面,2020年底,城镇管网漏损率有效降低至9.1%,但仍有提升空间。所以,要通过节水倒逼产业转型升级、经济提质增效,推动形成绿色生产方式、生活方式和消费模式。

随着六安市经济快速发展及水生态文明建设的要求,节水型社会建设迫切需要大量的资金投入,需要通过大力推进水价改革、建立稳定增长的节水资金投入机制,进而形成持久推进节水型社会建设的社会力量,以水资源的可持续利用保障经济社会的可持续发展。通过水价机制、水权交易市场,充分发挥市场在水资源配置中的基础性作用,激发各主体的经济动力;积极探索建立多渠道、多元化、多层次的节水资金投入机制,不断加大节水型社会建设投入。同时引导社会资本参与投资节水服务,推行合同节水管理等第三方节水服务模式,培育和发展一批专业化、规范化的节水服务企业。

4 全面推进节水型社会建设的有效途径

4.1 实施水资源消耗总量和强度双控

强化指标刚性约束。制定六安市"十四五"水资源消耗总量和强度双控工作方案,严格控制用水总量,强化节水指标刚性约束。科学制定区域年度用水计划,实施差别化管控。加强用水定额管理,严格执行《安徽省行业用水定额》。

严格用水全过程管理。严格控制水资源开发利用强度,完善规划和建设项目水资源论证制度。在编制各类密切相关的规划时,充分考虑水资源承载能力,并进行规划水资源论证,按照确定的可用水总量和用水定额,提出城市生活、工业、农业用水的控制性指标,真正实现以水定城、以水定地、以水定人、以水定产。

严格实行取水许可制度。加强对重点用水户、特殊行业用水户的监督管理。全面开展水利相关规划和建设项目节水评价工作,从严审批新增取水许可申请,叫停节水不达标的项目,推行水效标识、节水认证和信用评价。

强化节水监督考核。逐步建立节水目标责任制,将水资源节约和保护的主要指标纳入经济社会发展综合评价体系,实行最严格水资源管理制度考核。完善监督考核工作机制,强化部门协作,严格节水责任追究。

4.2 大力实施农业节水

大力推进节水灌溉技术。结合高标准农田建设,推进规模化高效节水灌溉,加大田间节水设施建设力度,进一步完善灌排体系,推广节水灌溉方式;抓好小型农田水利设施建设,发展低压管道输水灌溉、喷灌、微灌等高效节水灌溉,推广水肥一体化技术。积极配合国家节水行动和农业水价综合改革,推动实现新增高效节水灌溉面积符合农业用水、计量条件和节水要求。

加快大中型灌区续建配套和现代化改造。持续推进中型灌区续建配套与节水改造，重点改造渠首引水工程，清淤疏浚整治骨干灌排沟，拆除重建、改造或新建渠系配套建筑物，开展灌区量测水设施及信息化建设，推进大中型灌区由渠首计量向干支渠口计量逐步延伸。

完善田间灌溉工程体系。加快小型灌区节水改造，加强田间渠系配套和河流沟塘治理，利用大沟引水、发展引河灌溉，积极拦蓄降雨，因地制宜，在大沟控制点建设闸（坝）等雨洪资源调蓄工程，以改善农田生态环境。

优化作物种植结构。推进适水种植、量水生产，优化配置水源，充分利用天然降水，高效使用地表水，优化灌区供需水结构，通过调减部分水田面积，改种耗水更少的作物，引导种植经济价值更高的单季作物替代两季作物等措施减少农田灌溉取水量。

推广畜牧渔业节水。实施规模养殖场节水改造和建设，推进养殖无水无害化处理和适度再生利用，提高畜禽饮水、畜禽养殖场舍冲洗、粪便污水资源化等用水效率。发展节水渔业，大力推进稻渔综合种养。

加快推进农村生活节水。在实施农村集中供水、污水处理工程和保障饮水安全基础上，加强农村生活用水设施改造。加快村镇生活供水设施及配套管网建设与改造，推进小厂整合，有条件的地区推进城乡供水一体化，保障饮水安全，安装计量设施。推广使用节水器具，创造良好的节水条件。

4.3 大力实施工业节水

大力推进工业节水技术改造。落实《重点工业行业用水效率指南》，支持企业开展节水技术改造及再生水回用技术改造，推广高效冷却、洗涤、循环用水、废污水再生利用、高耗水生产工艺替代等节水工艺和技术。

强化生产用水管理。督促重点企业定期开展水平衡测试、用水审计及水效对标，对用水水平达不到国家定额标准或政策要求的企业要采取切实可行的整改措施，并认真组织实施，着力提高用水效率。把节水工作贯穿于企业管理、生产全过程，制定企业节水目标、节水计划，强化节水管理和节水技术改造。

完善供用水计量体系。建立健全企业用水原始记录和统计台账，定期开展用水统计和用水合理性分析。实施企业取水口规范化管理，完善企业用水三级计量体系。

推动企业节水增效。实施节水管理和改造升级，促进高耗水企业加强废污水深度处理和达标再利用，严控废污水排放。加快实施《国家鼓励的工业节水工艺、技术和装备目录（第一、二批）》，严格控制高耗水新建、改建、扩建项目，推进高耗水企业向水资源条件允许的工业园区集中。推进火力发电、钢铁、纺织、造纸、石化和化工、食品和发酵等高耗水行业全部建成节水型企业。积极推进水循环梯级利用。推进现有企业和园区开展以节水为重点内容的绿色高质量转型升级和循环化改造，加快节水及水循环利用设施建设，促进企业间水梯级串联循环利用。

4.4 持续实施城镇节水

强化节水型城市建设。继续开展节水型单位和社区建设，加强城镇建设项目的监督管理，落实节水"三同时""四到位"制度。完善节水管理机制，严格管理监督考核制度，调整用水结构，促进经济发展方式转变，确保完成六安市全部县域节水型社会达标建设，保障县域各行业节水工作全面推进。

加快推进城镇供水管网改造，有效降低供水管网漏损率。加强公共供水系统运行的监督管理，推进城镇供水管网分区计量管理，协同推进二次供水设施改造和专业化管理。

深入开展公共领域节水。城市园林绿化宜选用适合本地区的节水耐旱型植被,采用喷灌、微灌等节水灌溉方式。公共机构要建立用水监控平台,推广应用节水新技术、新工艺、新产品和雨水积蓄利用,新建公共建筑必须使用节水型器具。推动城镇居民家庭节水,普及推广节水型用水器具。

严控高耗水服务业用水。积极推进餐饮、宾馆、娱乐等行业实施节水技术改造,从严控制洗浴、洗车、宾馆等行业用水定额。在安全合理的前提下,洗车、娱乐等特种行业积极推广循环用水技术、设备与工艺,优先利用再生水、雨水、矿井水等非常规水源。合理确定特种用水范围和执行特种用水价格。严禁盲目扩大景观、娱乐用水的水域面积。

4.5 加强非常规水源利用

将再生水利用的有关要求和配套设施建设列入相关规划。加快推进城镇污水处理设施及污水再生利用设施建设,建设城市污水处理设施时,应预留再生处理设施空间。优化城市供水系统与配水管网,推动具备条件的城市建立再生水利用管网系统,建立分质供水管网。

4.6 强化节水能力建设

完善市、县级重点监控用水单位名录,强化取用水计量监控、取用水统计和核查体系。对重点用水单位用水效率等进行监控管理,推进实施节水技术改造,健全节水管理制度,提高内部节水管理水平。逐步实现城镇和工业用水计量率达100%,水表到期轮换,实现DMA分区计量,全市主要工业取水口及排水口基本实现在线监测,大中型灌区渠首计量率达到100%。积极开展水权制度探索。通过水权制度促进水资源的优化配置,促进区域节水;建立水价约束机制,通过市场价格调节的杠杆作用节水,使其成为"节水优先"的有力抓手。

4.7 加快节水载体建设

加快推进节水载体建设,积极创建一批节水型学校,逐步实现省级公共机构全部完成节水单位建设,市级机关及事业单位85%完成节水型公共机构建设,具备创建条件的县级全部机关单位和60%事业单位完成节水型公共机构建设,所有县域完成节水型社会达标验收。

4.8 注重节水宣传教育

建设节水型社会是全社会的共同责任,需要动员全社会的力量积极参与。加强节水宣传教育,营造氛围,充分利用电视、网络、手机、社区报栏等多种宣传方式,大力宣传当地的水资源和水环境形势以及建设节水型社会的重要性,宣传资源节约型、环境友好型社会建设的发展战略,节约用水的方针、政策、法规和科学知识等,使每一个公民逐步形成节约用水的意识,养成良好的用水习惯。建设与节水型社会相符合的节水文化,倡导文明的生产和消费方式,逐步形成"浪费水可耻、节约水光荣"的社会风尚,建立自觉节水的社会行为规范体系。

5 保障推动节水工作措施

5.1 加强组织领导,强化部门合作

加强组织领导,统筹推动节水工作。由水利部门牵头,会同发展改革、城市管理、住房城乡建设、经济和信息化、农业农村等部门建立节约用水工作协调机制,协调解决节水工作中的重大问题。实现

权责分明、政策协同,各相关部门切实履行职责,加强沟通协调,合力推进节水型社会建设,确保国家节水行动落地见效。

5.2 严格节水执法,规范管理用水行为

全面贯彻落实《中华人民共和国水法》及《安徽省节约用水条例》等法律法规,不断完善节水管理配套制度,强化节水执法,规范管理行为和用水行为。

5.3 加强政策引导,拓展金融保障

建立绿色信贷机制,鼓励金融机构对符合贷款条件的节水项目优先给予支持。规范推行政府和社会资本合作(PPP)模式,鼓励和引导社会资本参与有一定收益的节水项目建设和运营。

5.4 推进节水载体建设,强化考核监督

实施农业节水增产、工业节水增效、城镇节水降损及节水载体创建行动,将节约用水主要控制指标和节水载体建设进展情况,纳入年度"实行最严格水资源管理制度"考核内容,加强日常节水载体建设的工作督查和指导,高起点推动节水型社会建设。

5.5 加强宣传教育,增强民众节水意识

持续开展"世界水日"、"中国水周"和"全国城市节水宣传周"等节水宣传活动,动员全社会力量参与节水型社会建设。强化舆论监督,公开曝光浪费水、污染水的不良行为。加强在校学生节水教育,使中小学生从小养成爱惜水、节约水、保护水的行为习惯。大力开展群众性节水活动,实施人人节水行动。

6 结束语

节约用水对建设资源节约型、环境友好型社会具有重大的现实意义和推动作用。开展节水型社会建设,通过转变生产、社会服务和生活用水方式,提高用水效率,做到社会经济发展的同时需水量微增长甚至零增长,减少全社会用于供水、废(污)水处理等方面的基建投资和工程运行费用,以及相应的能源消耗。节省下来的社会公共资金,可用于增加其他方面的社会福利事业的开支,以促进经济增长方式的转变、促进经济社会又好又快发展。其次,通过开展节水型社会建设,进一步规范用水秩序、减少水事纠纷、促进社会和谐稳定,促进社会公众提高资源节约和环境保护的意识,支撑和保障经济社会可持续发展。

[作者简介]

张旺南,女,1983年2月生,工程师,主要从事水利水电工程建设管理工作,13856458982,zwn8982@163.com。

探讨优化节水法规制度提升水资源节约水平的有效策略

王 禹

(淮北市水资源管理办公室 安徽 淮北 235000)

摘 要：水是我国重要自然资源之一,对于我国整体经济建设水平的发展起着至关重要的作用。我国是一个水资源总量非常丰富的国家,但由于我国地域面积较大,人口较多,因此现阶段水资源在我国逐渐呈现出人均占有量少、时空分布不均匀的发展劣势,且近年来由于社会发展过程中,社会大众的节水意识普遍比较薄弱,水资源的供需矛盾也愈发明显。基于此,本文将以《"十四五"水安全保障规划》作为理论基础,研讨优化节水法规制度提升水资源节约水平的有效策略。

关键词：节水法规制度；水资源；节约水平；策略

党中央提出"十六字"治水方针以来,"节水优先"已经是我国节水工作开展过程中的一个重要的工作思路,同时也是能够有效解决我国当前面临的水问题的关键。在此发展背景下,各地政府以及相关管理部门,也应当结合当地水资源利用情况以及《"十四五"水安全保障规划》,对地区内节水原则、节水标准、节水措施等提出针对性的落实机制,旨在有效推进节水制度政策落地,提升地区内水的利用率,最终有效缓解水资源的供需矛盾[1]。

1 构建初始水权分配与交易机制

要想在地区内全面实现水资源合理配置,地区内政府与相关管理部门应结合地区现阶段用水情况,构建初始水权分配与交易机制。该机制的构建能够有效助推地区内的节水内生动力,同时也能够助推地区水价改革,夯实市场配置资源基础,具体如下：

1.1 构建初始水权分配制度

其一,应推进明晰各个地方的取用水权益,根据地区内水资源情况确定该区域内主要控制断面基本生态流量。并在此过程中积极推进流域内的水量分配水平,确定科学合理的地下水管控指标。最终在整个地区内形成完善的省、市、县三级行政区用水量指标与相应的管控机制。并将用水总量进行分解,将其配置在地区内不同区域的水资源中[2]。其二,各地政府应明晰区域内居民或单位的用水权限。一些直接从区域内取用水资源的个人或者企业,应为其办理取水许可资质,明确居民与企业的取水权限。与此同时,对于已经办理取水许可资质的用户,应对其取用水量进行合理核定,最终明确所有用户的取用水权。对于需要运用灌区内的公共供水系统的人群,当地相关管理部门可为该类用户发放用水权属凭证,并明确该类人群的用水指标与额定用水量。而处于乡镇或农村集体经济组织的水资源如水塘、水库等,其用水权则由农村集体经济组织及其成员享有。

1.2 构建完善水权市场化交易制度

为全面贯彻落实节水政策制度,各地区在构建水权分配机制的基础上,还应积极构建水权市场化交易制度[3]。在此过程中,相关管理部门应重点助推所辖范围内的各个流域之间、区域之间、用户之间以不同方式开展用水权交易。对于区域内一些已经达到额定用水量的用户或者地区,需通过用水权交易来解决自身的用水需求。并且在保障农业稳定发展的基础上,各地区还可鼓励各大企业通过对地区内农业节水设施进行投资,来获取相应水权,鼓励各个企业与农业生产领域通过投资方式开展水权交易,最终有效强化各个地区内的水资源用途管制水平,从宏观角度提升地区节水水平。

1.3 重构用水价格形成机制

水价机制是全面体现水市场配置资源作用的核心因素。当前我国正在致力于将传统水资源费改税。在此背景下,要想全面落实节水制度,推进水利改革,还应对当前各个地区的用水价格形成机制进行分析与重构。在重构过程中,相关管理部门可尝试综合考量当前地区内的用水户数量、类型以及地区内水资源的承受能力等因素,最终确定科学合理的水资源税率。在制定过程中,对于地下水超采区域以及水资源相对比较短缺的区域,其取用地下水的税额应略高于其他水资源。另一方面,在重构用水价格形成机制过程中,当地政府还应尝试将农业水价进行分级分类,并构建科学合理且高度可行的用水精准补贴机制。对于在农业生产过程中节约用水的用户,应结合农户的实际节水量给予其一定的财政补贴或者政策奖励,基于"准许成本+合理收益"的监审原则,对当地水资源的实际稀缺情况与市场供求现状进行系统考虑与分析后,最终形成保证供水工程与设施稳定运行,提升水资源的利用水平的科学供水价格形成机制[4]。

2 结合地区情况构建水资源约束机制

《"十四五"水安全保障规划》指出:"应按照严管控、抓重点、建机制的思路,实施国家节水行动方案,加快形成节水型生产、生活方式与消费模式"[5]。基于此,各地区应结合实际情况,构建针对性的水资源约束机制。首先,应做好整个地区内水资源的消耗总量的管控,将水资源消耗量作为一个刚性约束的指标。在对水资源进行日常管理过程中,应以"以水而定、量水而行"作为工作目标,并将地区内的整体水资源总量控制指标进行分解,明确地区内不同类型的水源需承担的可用用水量目标。具体如下:对于可开采利用的地下水,在取用过程中应严格按照地下水水位控制要求制定可用水量。地表水则需按照该资源的生态流量要求合理确定规定驱动水量。对于一些水资源超采的区域,相关管理部门应按照水源的实际类型,暂时停止新增对该水源的高耗水的取水许可证,保证水资源的可持续发展。其次,应在地区内的建设项目水资源论证工作中,设计针对性的节水评价。在此过程中,相关管理部门应给予节水评价高度重视,并将其作为建设项目水资源论证工作中的重要论证内容,全面分析整个建设项目在投产过程中的用水水平与节水潜力,并对该项目取用水方式进行可行性分析,最终确定科学合理且具有高度可行性的用水规模。对于一些高耗水建设项目,相关管理部门应将该类项目纳入负面清单,严格把控该项目在地区内的建设数量,并要求建设项目开展过程中应同步展开节水设施设计,并同时投产使用。

3 提升节水宣传教育水平

要想全面提升地区内节约水资源水平,相关管理部门还需通过一系列宣传教育引导社会大众在日常生产生活中养成节约用水的意识。在此过程中,相关管理部门可通过制作节约用水宣传片、知识普及、信息公开、政策解读等多个方面对社会大众展开针对性引导[6]。并且针对不同的社会群体,还应运用现代化、智能化的信息传播渠道。对于不同学段的学生,应将节水意识渗透在日常教学中,引导学生们能够了解我国当前水资源的稀缺程度,并掌握日常生活中的节水方式。对于社会大众,相关管理部门可开展"世界水日""中国水周""全国城市节水宣传周"等活动,通过电视、网络等媒体投放相应的宣传片,最终向社会大众倡导简约适度的用水模式,最终有效增强社会大众的节水意识。

综上所述,近年来我国水资源供需矛盾的问题日益凸显,为我国整体经济发展带来很大制约影响。伴随"十六字"治水思路的提出以及《"十四五"水安全保障规划》的发布,各地区政府与相关部门应结合所辖地区的水资源发展现状,制定个性化的节水法规制度,并加强对节约用水的宣传,最终有效提升水资源集约节约和安全利用水平。

[参考文献]

[1] 河北省水利厅节约用水处.建立健全节水法规制度 全面提升水资源集约节约安全利用水平[J].河北水利,2021(12):8-9.
[2] 顾宝群,刘晓亮,张玮,等.坝上地区设施架豆耗水规律及节水灌溉制度试验研究[J].北京水务,2021(6):26-30.
[3] 水利部.建立健全节水制度政策的指导意见[R].2021
[4] 周宏伟,姚俊,陆沈钧.节水型社会创建实践对节水"三同时"制度实施的启示与思考[C]//中国水利学会.中国水利学会2021学术年会论文集第五分册.北京:中国水利水电出版社.
[5] 王腾,周海炜,张阳.社会责任视角下企业节水行为的促进机制探析[J].水利经济,2021,39(5):66-71+82.
[6] 李肇桀,张旺,王亦宁,等.加快建立健全节水制度政策[J].水利发展研究,2021,21(9):18-21.

[作者简介]

王禹,男,1978年10月生,淮北市水资源管理办公室副主任(高级工程师),主要从事水资源管理、节约用水方面的研究工作,18856181008,tony1008@163.com。

议题六
强化水利体制机制法治管理

淮河流域农业农村水利助力乡村振兴路径初探

顾雨田　庞　冉

(中水淮河规划设计研究有限公司　安徽 合肥　230601)

摘　要：本文简要介绍了淮河流域基本情况,分析了流域社会经济发展呈现"洼地"特征的主要原因,剖析了流域农业农村水利现代化的主要差距,指出了国家和区域发展战略赋能流域农业农村现代化和乡村振兴的历史机遇,给出了流域农业农村水利高质量发展助力乡村振兴的路径选择。作者认为,要坚守粮食安全底线,实现抗御自然灾害风险和防灾减灾能力现代化;要坚持城乡融合发展,推进农村供水设施提档升级,全面改善农村水环境;要激发数字技术引领作用,加速实现灌区现代化、信息化;要增强绿色发展理念,鼓励农村小水电绿色转型升级,加大山洪沟治理和生态清洁小流域建设;要创新公共政策和体制机制,推动农业农村水利现代化投融资改革,构建"一体多元"运行有效的基层水利技术服务保障体系。

关键词：淮河流域；乡村振兴；农村水利；路径选择

1　流域农业农村现代化战略意义

1.1　流域简述

淮河流域位居中国大陆东中部,南北与长江黄河接壤,东临黄海,山区丘陵分布在流域周边的西部、南部和东北部,面积仅占1/3左右,其余为广阔的平原和湖泊洼地,是黄淮海平原的重要组成部分。整个流域处在南北气候过渡带上,天气系统复杂多变,降水量年内年际变化极大,空间分异显著,多年平均降水量878 mm(1956—2016年系列,下同),山区丘陵和沿海地带一般超过1 000 mm,南部山区可达1 600 mm以上；中部平原地区一般为600~800 mm,自南向北递减,北部沿黄地区甚至不足600 mm。流域多年平均水资源总量812亿 m^3,其中地表水资源量606亿 m^3,占水资源总量的75%。淮河流域是我国人口密度最大、耕地率最高的地区之一,人均和亩均水资源占有量均不足全国的1/4,而且丰枯变化大、拦蓄条件有限,水资源赋存状况与耕地分布、产业和人口集聚区耦合度差。

淮河流域面积27万 km^2,地跨鄂豫皖苏鲁5省、40个地级市、237个县(市、区),流域人口1.91亿(常住人口约1.64亿),约占全国总人口的13.6%,城镇化率为54.2%,流域平均人口密度707人/km^2,是全国平均人口密度的近4.8倍。流域耕地面积约2.21亿亩,约占全国耕地面积的11%,粮食产量约占全国总产量的1/6,提供的商品粮约占全国的1/4。2018年全流域国内生产总值8.36万亿元,人均4.37万元,总量占比不足全国(近92万亿元)的10%,人均数更是低于全国人均数(6.59万元)2万元以上。[1]

1.2　流域战略地位

淮河流域因其自然地理和气候条件特殊,加之12世纪以降黄河夺淮近700年,原有水系淤塞紊乱,入海尾闾丧失殆尽,遂成为极易孕灾区域。据考证统计,16世纪至新中国成立初期的450年间,平均每百年发生水灾94次,几乎年年有灾,非涝即旱。[1]新中国成立以来,经过70余年系统治理,"大雨大灾、小雨小灾、无雨旱灾"局面得以极大改观,促进了流域经济社会发展。但是,淮河流域农村人口接近一半,农业经济和农村地区发展长期滞后,整个区域仍然是东中部地区的"经济洼地",流域水利基础设施体系支撑保障能力不强,特别是农业农村水利存在诸多短板弱项,是制约流域经济社会发展的重要因素。

淮河流域地势平坦,土地肥沃,物产丰饶,水陆交通便利,现代工业基础较好,人力资源丰富,市场空间广阔,是长江经济带及长三角区域一体化发展、黄河流域生态保护和高质量发展、中部地区高质量发展、淮河生态经济带发展等国家战略高度重叠覆盖区域。这里有着超过7 000年的农耕文明发展史,独特的农业生态功能区是构筑南方北方过渡带生态屏障的基础;居东望西的区位优势,是长三角区域一体化发展、蓝色经济带发展的纵深腹地;该区域具有加速实现农业农村现代化、建设现代农业文明先行区的得天独厚的优势,有望成为拓展东中部发展空间的新增长极,在我国经济社会发展大局中具有十分重要的战略地位。

2　国家和区域战略赋能乡村振兴

国家现代化和民族复兴,任务最繁重、基础最深厚的在农村,发展不平衡不充分问题最突出的在"三农",构建新发展格局、应对内外风险压力、稳固经济基本盘,迫切需要加快补齐农业农村短板弱项、加速农业农村现代化进程、全面推进乡村振兴作为基础支撑。对流域农业农村水利现代化及其支撑保障作用,应有新的认识,就是要全面对接乡村振兴行动计划、夯实农业农村现代化水利基础、推动新阶段农业农村水利高质量发展。

2.1　乡村振兴行动

乡村振兴总体要求是"产业兴旺、生态宜居、乡风文明、治理有效、生活富裕",远景目标是"农业强、农村美、农民富"。经过二三十年持续不断地努力,逐步实现:农业综合生产能力显著提升;城乡融合发展,城乡基本公共服务共享、均等;农村三次产业结构合理体系完备,农民就业质量改善、增收渠道稳定;农村环境生态、宜居、美丽,基础设施体系更加完善;乡村良治,乡风文明;农业农村达到现代化水平。

2.2　新时代中部地区高质量发展

国家出台新时代推动中部地区高质量发展的重大政策,就是要充分发挥中部地区承东启西、连南接北的区位优势和资源要素丰富、市场潜力巨大、文化底蕴深厚等比较优势,着力推动内陆高水平开放、构建以先进制造业为支撑的现代产业体系、增强城乡区域发展协调性、提升基本公共服务保障水平、建设绿色低碳美丽中部,促进中部地区加快崛起。中部地区高质量发展,乡村振兴是题中之意。政策明确了水利支撑保障作用和目标任务。

2.3　长三角区域一体化发展

长三角区域一体化发展战略是面对"两个大局"的又一个"加速器",其战略定位是"一极三区一高地":全国发展强劲活跃增长极、高质量发展样板区、率先基本实现现代化引领区、区域一体化发展示范区、改革开放新高地。一体化的一个重要目的是要增强欠发达区域高质量发展动能,解决区域发展不平衡问题。习近平总书记指出,不同地区的经济条件、自然条件不均衡是客观存在的,如城市和乡村、平原和山区、产业发展区和生态保护区之间的差异,发展落差往往是发展空间,要精准施策,推动欠发达地区跟上长三角一体化高质量发展步伐。"一体化发展规划"覆盖和直接辐射淮河流域全境,必将为东中部这块"经济洼地"注入高质量发展新动能。

2.4 淮河生态经济带发展

国务院批准的淮河生态经济带发展规划明确提出,要依托粮食生产核心区,推进农田水利等基础设施建设,完善农田灌排体系,建设高标准农田;建设现代化灌区,发展规模化高效节水灌溉,夯实农业生产能力基础;要着力改善生产生活条件,加快推动农村供水等基础设施提档升级,加快推进农村现代化。

3 流域农业农村水利现代化差距

新中国治淮70多年来,流域农业农村水利取得巨大成效,但是对照新阶段高质量发展要求,还存在一些差距。譬如,与农业农村现代化要求相比,农业农村水利基础不牢、标准不高、体系不完整,抗御自然灾害风险、防灾减灾能力不强;与城乡融合发展的要求相比,农村供水短板明显,不少地区尚未实现城乡同网同质同服务同待遇,部分地区水源不稳定、保障程度偏低;与农村宜居宜业宜游、三产融合发展的要求相比,农村水环境还没有根本改观,尚有不小的落差;农业节水和灌溉事业发展还有些滞后,灌区现代化建设、智慧化管理成效不够显著;小型农田水利"最后一公里"微循环不畅,明显地影响到农业生产稳定高效;有的地区农业水价综合改革进展较慢;有的小水电站还未严格按照"一站一策"清理整改到位,等等。这些问题,都需要我们引起高度重视,采取更加有力的举措,加以解决。[2]

4 农业农村水利高质量发展路径选择

农村水利特别是农田水利,是传统农业生产的最基本条件,农村大包干以后,经历了持续三十年的滑坡,近十几年来有了恢复性发展,但与农业农村现代化目标要求相比,还有较大差距,要谋划加快推进建设与农业农村现代化相适应的水利基础设施体系,有效助力乡村全面振兴。一要坚守粮食安全底线,加大农业水利设施建设力度,增强抗御自然灾害风险和防灾减灾能力,全面提高农业高产稳产水利保障条件。二要坚持城乡融合发展,按照城乡基本公共服务均衡合理便利共享的要求,推进农村供水设施提档升级,全面改善农村水环境,提升农村三产融合发展水利条件。三要激发数字技术引领作用,加速实现灌区现代化、信息化,以此为引领,推动农业水利智慧化发展,助力建设智慧农业。四要增强绿色发展理念,鼓励农村水电绿色转型升级,加大山洪沟治理,建设生态清洁小流域。五要创新体制机制和公共政策,推动农业农村水利现代化投融资改革,构建"一体多元"运行有效的基层水利技术服务保障体系。

4.1 农业农村抗灾减灾能力现代化

依托国家和流域水网主框架,建设自然河湖水系连通工程,完善引水调水蓄水排水工程体系,按照"系统完备、安全可靠、集约高效、绿色智能、循环通畅、调控有序"的目标要求,织密区域水网,应用智慧化调控系统,健全运行管护制度体系,全面提升水旱灾害防御、水资源优化配置和集约节约利用、河湖生态保护修复能力,农业生产水安全保障能力显著增强,农村水环境根本改观,再现水清岸绿河畅景美的田园风光。

4.2 农村供水保障水平提档升级

农村供水是关乎民生最为直接、也最为薄弱的环节之一。要统筹谋划农村供水基础设施提档升级,有条件的地区加快推进城乡供水一体化、水源地表化,加速实现农村居民享有城市居民同等的基本公共服务。要健全农村供水管理的责任体系和制度体系,加强水源保护和水质检测,确保供水设施安全有效运行,让农村居民喝上"放心水"。部分居住分散、水源条件差的山区,要因地制宜采取可靠措施,有效解决用水问题。

4.3 农村绿色小水电和生态小流域

农村小水电在波折中探索前行,曾经在山丘区农村能源保障、伐薪护绿、农民增收中发挥过历史性作用。随着生态文明建设要求的逐步提高,需要转变发展理念与方式,遵循山水林田湖草沙系统治理和绿色发展理念,有序有力有效地推进农村小水电清理整治和增效扩容绿色改造,鼓励和引导绿色小水电示范电站创建,更好地发挥示范电站的引领作用。生态清洁小流域建设和山洪沟治理,不仅是保障山区居民生命财产安全和有效防止水土流失的重要举措,从各地经验看,还是发展乡村休闲旅游、复甦传承传统文化、寄情乡愁的载体,是因地制宜推进乡村振兴的可选路径。

4.4 高效节水与灌区现代化

淮河流域农业用水占比一般都超过60%,在水资源作为最大刚性约束条件下,加大农业节水力度、加快推进农业用水总量控制和定额管理势在必行。在粮食核心产区,应大力推动灌区现代化建设,加强灌区水效领跑者创建和示范引领,提升灌区管理智慧化水平,实现对农田灌溉用水有效监控和测算评估,不断提升农业用水效率和效益。要加强部门协同,结合农业种植结构调整,大力发展高效节水灌溉。要高度重视面上农田水利建设,破解"最后一公里"和"毛细血管"难题,在平原地区推广具有"排、蓄、补、灌"多种功能的农田沟网化模式,实现浅层地下水有效调控、旱涝均衡治理的目标。[3]

4.5 公共政策和运行管护体制机制

公共政策创新是推动农业农村水利现代化的重要实现路径。依托"两手发力"的政策优势,激发政府作用和市场机制协同发力,破解长期困扰农业农村水利建设投融资难题。农业农村水利工程长效运行管护,也是一个需要妥善解决的问题,可以通过农业水价综合改革、小型水利工程产权制度改革、农村专业合作组织等制度创新寻求有效路径;也可以充分利用现有的基层技术服务机构,采用"一体多元"模式、物业化管理模式、集中采购服务方式,实现运行管理养护技术服务的有效供给。[4]

[参考文献]

[1] 水利部淮河水利委员会.新中国治淮70年[M].北京:中国水利水电出版社,2020:1-5.
[2] 中国工程院淮河流域环境与发展问题研究项目组.淮河流域环境与发展问题研究(综合卷)[M].北京:中国水利水电出版社,2016:475-476.
[3] 顾雨田,刘猛.淮北农作物生长适宜地下水位与调控技术措施体系研究[J].治淮,2017(11):59-61.
[4] 王丽芹.山东临沂农村水利设施产权与管护改革试点探索[J].中国水利,2022(5):62-64.

[作者简介]

顾雨田,男,1992年4月生,工程师,主要从事流域规划、水文水资源、农业水土工程研究工作,yutian@hrc.gov.cn。

在水利工程中推行总承包模式的认识与思考

王钰雯　秦小桥

（中水淮河规划设计研究有限公司　安徽 合肥　230601）

摘　要：近年来，为贯彻落实国家关于推进工程总承包的有关要求，水利工程开始大力推行总承包模式，淮河流域有关省也相继印发有关指导意见。本文主要阐释了总承包模式下的建设管理优势，分析了水利工程在推行总承包方面存在的问题，对完善工程总承包管理提出了建议。

关键词：水利工程；总承包；认识；思考

引言

工程总承包是当前国际通行的建设项目实施方式，为深化建设项目组织实施方式改革，2016 年住房和城乡建设部印发了《关于进一步推进工程总承包发展的若干意见》，随后，2019 年住房和城乡建设部、国家发展改革委制定了《房屋建筑和市政基础设施项目工程总承包管理办法》；为了贯彻落实国家关于推进工程总承包发展的意见，创新水利工程建设管理模式，近年来，水利工程总承包在全国各地试点推广，自 2016 年至 2019 年，淮河流域湖北、安徽、山东三省结合自身水利建设情况，相继制定出台了水利建设项目工程总承包指导意见，水利工程总承包在淮河流域得到了较快发展。

1　水利建设项目总承包模式

水利建设项目工程总承包，是指工程总承包单位（或联合体，下同）受项目法人委托，按照合同约定对工程项目的勘察、设计、采购、施工、试运行等实行全过程或若干阶段的承包，并对承包工程的质量、安全、工期、造价等全面负责的承包方式。工程总承包的方式一般采用设计-采购-施工总承包（EPC）或设计-施工总承包（DB）模式。

1.1　工程总承包项目的发包管理

水利建设项目工程总承包应严格遵守《中华人民共和国招标投标法》等法律法规，采用公开招标选择满足工程总承包要求、符合相应资质条件的单位。招标人公开发包前已完成可行性研究报告、勘测设计文件编制的，其可行性研究报告编制单位、勘察设计文件编制单位，在工程总承包招标过程中应将已完成的可研报告、初步设计报告等作为招标文件的附件进行公布，前期参加该工程可研报告、初步设计报告编制的单位可参与该项目工程总承包的投标。水利建设项目工程总承包采用综合评估法评标，综合评估承包人工程总承包报价、规划设计方案、组织实施方案、资信业绩情况等因素。

1.2　工程总承包项目的承包管理

工程总承包单位应当具有相应设计资质或施工总承包资质，具有相应组织机构、项目管理体系、项目管理专业人员、工程施工或工程设计业绩以及相应财务、风险承担能力。或具有相应设计、施工资质单位组成的联合体,联合体协议中应明确成员单位的责任和权利。对于技术较为复杂、专业交叉多的项目(如水库枢纽、泵站、水闸等建筑物类)宜由具有相应设计资质的单位作为工程总承包单位。总承包项目经理应具备水利水电类高级技术职称或相应注册执业资格,且担任过类似工程设计项目负责人或者施工项目经理,熟悉工程建设相关法律法规和技术标准。工程总承包单位可以根据合同约定或经项目法人同意,将工程总承包合同中的设计或施工业务分包给具有相应资质的单位。工程总承包单位同时具有相应设计和施工资质的,可将工程设计或施工业务分包给具备相应资质的单位,但不得将设计和施工同时分包。工程总承包单位仅具有设计资质的,应将总承包项目全部施工业务分包给具有相应施工资质的单位。工程总承包单位仅具有施工资质的,应将总承包项目全部设计业务分包给具有相应设计资质的单位。拟分包方案应在投标文件中明确,选定的分包单位应报项目法人备案。

1.3 工程总承包项目的责任管理

工程总承包单位按照合同约定向项目法人出具履约担保,项目法人向工程总承包单位出具支付担保。除项目法人承担的风险外,其他风险可以约定由工程总承包单位承担。项目法人要做好工程建设前期工作,按相关规定选择工程总承包单位、监理单位、第三方检测等单位,并协调各方关系,落实工程征地拆迁、移民安置及其他建设条件,保障工程正常实施;按规定办理工程质量与安全监督手续,办理开工备案;加强合同管理,督促工程总承包单位严格履行合同义务;严格执行水利基本建设财务管理相关规定,及时按合同约定支付工程进度款项;做好审计和验收相关工作;设计优化引起的工程价款结算变化,按合同约定的激励条款和风险分担原则处理。工程总承包单位要按国家法律法规、相关强制性标准条文、规程规范和合同约定,组织实施设计、设备采购、施工和试运行,承担合同约定相关工作,并建立相关管理体系,按照合同约定的时间节点完成各项工作;协助项目法人办理项目审批、核准或备案手续,配合项目法人开展征迁工作,配合办理项目用地手续;并积极配合政府相关部门的检查、稽查、审计等工作,及时整改各类问题。

2 水利建设项目总承包模式的优势

大力推行工程总承包,有利于提高项目可研和初步设计深度,实现设计、采购、施工等各阶段工作的深度融合,提高工程建设水平;有利于发挥工程总承包企业的技术和管理优势,促进企业做优做强,推动产业转型升级,更好地服务于"走出去"战略。特别在现阶段,对于加快水利基础设施建设,服务国家重大战略,支持经济社会发展具有现实意义。

2.1 实现建管职能转变,减轻管理压力

在总承包管理模式下,能够简化工程项目管理中的各项程序,有利于减轻项目法人单位的管理压力,项目法人单位做好统筹谋划后,由工程总承包企业统一协调管理。项目法人主要与总承包及监理单位签订合同,合同关系简单,通过对承包单位进行合同执行状况的监督,即可完成总承包的管理工作,组织协调工作量减小,管理的负担减轻。且项目法人无须另外聘请专业的团队组织项目管理,依托总承包单位的技术力量及项目管理优势,减轻了项目法人单位人、财、物的投入。

2.2 保证工程质量与进度,有效控制工程投资

工程总承包单位熟悉工程设计,能够有效化解设计、施工分离的矛盾,避免施工环节没有完全理

解设计意图而造成的错误和问题,使得总承包单位对重要的质量节点可以精准把控,实现设计、采购、施工、竣工验收全过程的质量控制,从而可以很大程度上消除质量不稳定因素。对工程项目的设计、采购、施工等全过程的承包,减少招标次数、节省过程协调的时间,在一个平台下,通过总承包将项目参建各方组成一个有机的整体。设计、采购和施工有序衔接、有机融合,能有效地克服以往三者分立、分属不同单位存在相互制约和脱节的矛盾,减少了业主多头合同管理的负担,在保证各自合理周期的前提下可以随时检查、纠偏、调整,有效地保证进度目标,缩短建设周期,从而保障工程进度。在强化设计责任的前提下,实施总承包可以把工程预算控制在发包之初,从源头上对成本进行了控制和把握,且总承包单位需承担变更风险,负担超出费用,所以特别是以设计为主体的总承包单位,一般都会加强管理,优化设计,减小风险,从而能够有效控制工程造价。

2.3 公平合理风险分担,降低项目管理风险

项目管理主要风险在于项目的工期与投资两个方面,由于项目建设手续、项目设计、项目供货施工各方的责任界线很难很好地协调,极易造成工期与造价的索赔。采用工程总承包承模式后,设计、采购与施工的责任由同一家单位承担,两单位的协调由业主协调转变成为承包商的内部协调,简化了管理程序,减少了索赔理由,从而大大降低了索赔风险。

3 水利工程推行总承包面临的问题

近年来,淮河流域各省相继开展水利工程总承包试点,淮委 2019 年部署推行工程总承包模式,首先在直属工程中进行试点,引江济淮省界段工程建设管理采用了 EPC 模式发包。这是对治淮工程建设采用总承包的尝试,从实践结果看是成功的,也是多方共赢的新模式,总承包项目实现了设计与施工的高度融合,形成了协同效应,为建设多快好省的优质工程奠定了基础。2019 年,安徽省也开展了第一批水利工程总承包的试点,其中淮河流域的怀洪新河水系洼地治理工程实施了总承包。治淮工程总承包的推行,为深化流域水利改革、创新水利工程建设管理模式探索了经验。但从治淮工程总承包的具体实施情况来看,也还存在一些问题和不足。

3.1 工程总承包的建管制度亟待完善

目前,流域各省出台的政策并不一样,总承包实施的情况和推进的进度也不大相同。政策不同,造成项目实施过程中存在的问题也不同。目前水利工程总承包方面的规章制度还不健全,没有可遵循的工程总承包实施规范,形不成统一的规定,造成监管找不到依据;目前的建设管理制度,在合同管理、施工许可、资质管理、工程验收、结算审计、资料验收等管埋和监管坏节,与总承包模式的要求还不匹配,比如按照市场规则,总承包工程项目完工后,按合同约定进行结算,实施总承包一般采用总价合同,根据合同规定的功能要求和质量标准,以及其他支付条件,满足合同要求就可以支付。但在现行工程审计和工程竣工移交的相关规定中,基本上只承认单价计价方式,而不承认总价计价方式,而若完全采用单价合同,就失去了总承包的优势,总承包管理制度上的不健全,客观上造成了工程管理上生搬硬套和收尾困难。另外,从施工管理的角度来看,当前水利总承包项目施工管理上也没有具体的规定,而施工过程直接关系到最终工程质量,针对当前工程建设发展的速度以及发展中层出不穷的问题,政府层面尚未能及时实现规范化的管理,行业层面在进行 EPC 模式的研究时也并未在施工管理上投入很多精力,更多的则是关注如何节约设计费用和成本费用,在如何更好地进行施工管理上规定较少。

3.2 工程总承包的市场培育力度不够

近年来,流域内相关省对水利建设项目总承包进行了积极的推进和市场试点培育,水利企业也进行了大胆的尝试和实践,取得了一些成绩。但目前由于工程总承包还未在法律法规层面正式进入工程建设管理体系,《若干意见》的内容多是建议性的,约束性较弱,不具强制性;流域内也只有湖北、安徽和山东省发布了总承包的指导意见,发布的总承包指导意见都处于试行阶段,而且安徽、山东两省的指导意见都规定了有效期,目前有效期都已过期,还没有出台新的政策,可以看出,两省对水利建设项目实施总承包仍抱有很大程度上的"试验"态度,河南、江苏两省还没有出台关于水利工程总承包的指导意见,总承包在短期还面临较大的政策不确定性;同时对水利工程总承包是采用以设计为龙头的模式还是以设计—施工联合体的模式,认识也还不够统一,项目法人观望情绪浓重,也只有一些大型的设计单位参与了流域内总承包市场的探索实践,影响了工程总承包实施水平的提高和市场发展。

3.3 水利企业难以适应工程总承包高质量发展要求

"十四五"新时期,水利进入了高质量发展阶段,工程总承包会逐渐成为水利工程建设的主流模式,总承包项目会日渐增多,这也给从事总承包的水利企业带来了更高的要求,水利企业面临量的转折、质的提升趋势叠加,面临由高速发展向高质量发展的产业结构升级,低端无序竞争将逐步退出历史舞台。工程总承包项目规模大,管理要求高,工程总承包需要对勘察设计、设备采购、安装施工、调试运营等方面进行系统管理的复合型项目管理人才,对一些设计单位从事总承包业务提出了挑战,设计单位由单一的技术服务向统筹性、全局性、高视角的集成服务转变,一些勘察设计企业从做设计业务转型做工程总承包还存在很多困难,企业的战略规划面临重整,组织结构需进行调整和重构,人才资源短缺等,设计单位普遍缺乏开展工程总承包项目配套的公司及项目层级的组织架构、管理体系等关键因素,勘察设计单位人员主要都是专业技术人员,人才结构相对单一,还不能满足工程总承包高质量发展的要求。

4 有关建议

4.1 尽快完善相关政策和管理制度

加快制度建设,从试点中总结经验,完善水利工程项目总承包相关的政策制度,解决水利工程总承包实行过程中的政策障碍。加强总承包建设和技术研究,尽快出台水利工程总承包模式和相关管理办法,制定水利工程总承包实施规范,包括工程总承包政府各级的监管、合同范本、各方的责权利、审计与项目验收、施工管理等,规范水利项目总承包市场的管理,使工程总承包更好地发挥出它应有的优势和作用。

4.2 大力培育以设计为主体的总承包市场

推行以设计为主体的总承包,有利于发挥设计单位的技术和管理优势,能够充分发挥设计单位在工程建设过程中技术主导作用,设计单位了解工程项目的全局以及各个工程之间的相互关系,能准确把握施工方案、进度和质量管理中的关键因素,可以提高设计和施工之间的协作效率,减少相互之间的矛盾,较好地统一项目建设目标。同时,以设计为主体的总承包也可以把设计技术和施工组成一体,对工程实施统筹安排,合理组织工程施工,在保证工程质量和安全的前提下,优化工程建设周期,更好地发挥投资效益。总之,大力推进以设计为主体的工程总承包,有利于提高项目前期工作和施工质量,实现设计、采购、施工等各阶段工作的深度融合,提高工程建设管理水平。

4.3 深化水利企业体制机制改革

水利企业做好工程总承包还面临着方方面面的挑战,要深化体制机制改革,特别是勘察设计企业,要明确定位,平衡好长期利益和短期利益,采取多种措施苦练内功,实现高质量发展。要改善自身不足,按工程总承包业务特点进行转型,制定切合自身特点的发展战略,从组织架构、体制机制、管理体系、管理人才、信息管理体系等多方面进行改革创新,加强项目管理能力培养和提升解决人员结构、知识体系问题,采取多种措施,培养人才队伍;要转变设计服务意识,改变和增强设计服务理念,加强企业之间的合作,提高自身实力和管理水平,以适应水利建设高质量发展的需要。

5 结语

近年来水利工程施工建设中不断探索总承包模式,在成功应用的水利工程中可以看出该模式在推进水利工程建设、提高企业经济效益和社会效益方面发挥着非常重要的作用。从水利行业的自身发展需求看,应该在总结经验的基础上,加快改革步伐,加强顶层设计,加大市场培育力度,深化水利企业改革,推进工程总承包高质量发展。

[参考文献]

[1] 住房城乡建设部.住房城乡建设部关于进一步推进工程总承包发展的若干意见[R].2016.
[2] 李懋淋.《房屋建筑和市政基础设施项目工程总承包管理办法》解读[J].江西建材,2020(11):269-270.
[3] 王盟,龚秋明.水利工程总承包模式选择探讨[J].水利建设与管理,2019(9):64-67+47.

[作者简介]

王钰雯,女,2000年5月生,助理工程师,主要研究方向为工程总承包等,19855028817,2415622991@qq.com。

关于山区型小城镇山洪治理的思考
——以随州柳林镇为例

万 伟 李 斌

（湖北省水利水电规划勘测设计院　湖北 武汉　430070）

摘　要：我国山区型城镇分布较广，近年来，极端天气气候事件风险进一步加剧，暴雨引发的山洪灾害已成为影响山区型城镇公共安全的突出问题和制约城镇经济社会发展的重要因素。为此，借助随州市柳林镇"8·12"重大山洪灾害事件调查成果，以柳林镇为例对山区型城镇山洪成因分析并提出相应的治理思路。提出通过山洪灾害防御规划与城镇规划一体化发展，从工程规划与超标洪水应对两方面来控制山洪灾害风险的增量，为山区城镇防洪规划提供思路。

关键词：山洪灾害防御；洪涝成因；"8·12"重大山洪灾害

引言

根据最新发布的《中国气候变化蓝皮书（2021）》[1]，由气候观测数据与多项关键指标表明，气候系统变暖仍在持续，极端天气气候事件风险进一步加剧。从1951至2020年我国地表年平均气温呈显著上升趋势，每10年升温0.26摄氏度。同时，1961至2020年我国平均年降水量呈增加趋势，平均每10年增加5.1 mm。我国是全球气候变化的敏感区和影响显著区，随着气候变暖，大气层在饱和前可容纳更多水汽，极端强降水发生的可能性增大。在当前全球气候变化背景下，今年，无论是中国还是全球其他地方，极端天气事件出现的频次和强度都明显增加。中国气象局新闻发言人、应急减灾与公共服务司司长王志华表示，现在发生的破纪录极端事件将会随着气候变暖成为经常发生的事件，这是未来气候的"新常态"。

暴雨引发的山洪灾害已成为影响山区型城镇公共安全的突出问题和制约城镇经济社会发展的重要因素[2-4]，按照"人民至上、生命至上"理念，需要对山洪灾害防御工作进行全链条部署、全方面监管。本文结合柳林镇洪涝历史资料分析和"8·12"重大山洪灾害事件调查分析成果，以柳林镇为例对山区型城镇山洪成因进行分析并提出相应的治理思路。

1　基本情况

柳林镇位于随州市西南部，地处大洪山东北侧、随县南部，镇区平均海拔168 m，位于东经113°09′~113°18′，北纬31°21′~31°35′。总面积：197.49 km²（2017年），根据第六次人口普查数据显示柳林镇总人口合计21 229人，家庭户共6 514户。镇区涉及的主要河流为浪河，发源于柳林镇大堰角村，在镇区与太平冲支流汇合后穿柳林镇而过，汇入白果河水库。

据调研，柳林镇是随县洪涝灾害较为严重的地区，基本上每逢大暴雨均存在一定程度的水害损失。受自然气象及地理位置影响，基本上镇区每2年受灾一次，其中受灾较严重的有2001年、2016年和2021年。2021年8月11日21时至12日9时，12小时累计降雨515 mm；其中12日凌晨4时—7时降雨量达到373.7 mm，达到了有气象记录以来的历史极值。柳林镇下游中型水库白果河水库于当日9时30分达104.36米，超正常蓄水位3.36米，超校核洪水位0.09米。柳林镇镇区三面环山，平均积水深度达3.5米，最深处达5米。据初步排查，此轮强降雨造成柳林镇8 000余人受灾，21人死亡、4人失联。

2　洪涝成因分析

结合柳林镇洪涝历史资料分析和"8·12"重大山洪灾害事件调查分析成果，对造成柳林镇洪涝灾害现象频繁的原因进行分析。洪涝致灾因素复杂，对柳林而言，外因主要是极端强降水与沿河地形地貌的影响，内因主要是流域本身城镇化不合理开发，防洪工程能力不足以及非工程管理措施不到位有关[5-6]。

2.1　短历时强降雨频发

柳林镇多年平均降水量1 050 mm，5—10月降水占全年的70%～80%，7、8、9三个月占全年降水量的40%～60%，降雨极为不均。汛期常发生短历时强暴雨，据资料统计，自2000年以来20年间有3场洪水24 h降雨超过400 mm，有23场洪水24 h降雨超过100 mm，暴雨洪水十分频繁。分析2001—2021年柳林镇测站监测的短时段降水数据资料，通过筛选获得造成柳林镇严重洪涝灾害的2016年和2021年强降雨过程区域分布情况，表现出柳林镇为府南大洪山区的降雨中心区域之一，强降雨过程多以小范围、短历时、高强度暴雨或大暴雨形式出现，难以及时准确测报。

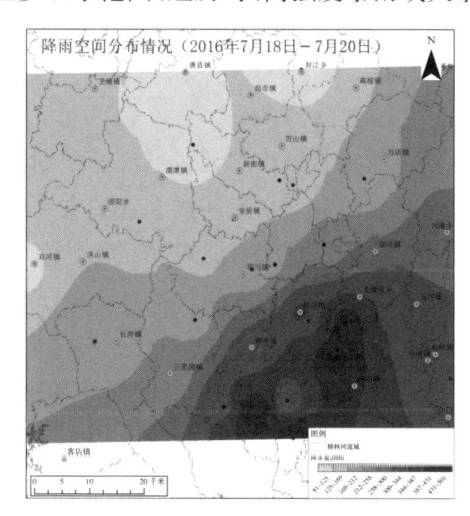

(a) 2016年7月18日洪水降雨空间分布图　　(b) 2021年8月12日洪水降雨空间分布图

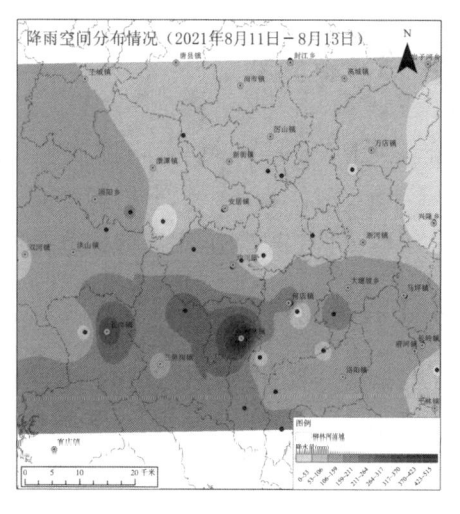

图1　典型降雨空间分布图

2.2　地形陡峻狭窄

柳林镇位于浪河支流浪河源头峡谷段，高山环绕。镇区依山谷沿河而建，地理位置狭窄，峡谷最宽处仅230 m，最窄处不足50 m；镇区上游坡势较陡，平均比降8.44‰，主要支流太平冲坡势更陡，比降达18.07‰，极易形成山洪；且由于地形陡峻狭窄，山洪汇流时间短，预警时间极为不足。镇区上游3条支沟直接在镇区范围汇集，太平冲与主干河流近直角交汇，水流不顺畅。同时山区陡峭地形也会形成狭管效应,加大风势和雨势,导致所在区域突发性短历时强降雨更加频繁、强度更大,对降雨有一定的增幅作用。

2.3　城镇布局不合理导致河道排水能力不足

大量研究表明,我国山区城镇化过程中的无序开发建设正是造成山洪灾害频发的主要原因之一[7]。长期以来县级以下的小城镇缺乏编制城镇防洪规划,城镇建设与防洪规划存在一定脱节,城镇规划过程未充分考虑防洪排涝要求。如沿河建筑物与镇区主干街道道路挤压河道行洪空间,切断自然状态的天然排水路线,改变了汇水格局,道路两侧依靠涵洞连接,排水由"线"变"点",如太平冲支流排洪能力严重受限于涵洞过流能力,极大地增加了支流汇入干流的排洪压力。城镇发展无序侵占河岸滩地,导致行洪通道一再萎缩,浪河河道断面宽度现状仅有 13~22 m,现状过流能力不足 10 年一遇,太平冲镇区段仅有 4~8 m,过流能力不足 5 年一遇。河道上交通便桥未统一规划,常形成卡口,阻水严重。

2.4　非工程措施不到位

当前对短历时、突发性强降雨的预报整体水平不高,中长期预测有效性和针对性不够强;山洪监测系统、中小水库水雨情监测预警系统尚不完善;集中居民点规划山洪灾害防御系统建设仍需巩固强化;同时由于地区遭受灾害影响频繁,群众存在麻痹思想,避险意识不足。尚未制作洪水淹没风险图,在遭遇超标准洪水时,现有流域防洪工程体系的防洪作用无法正常发挥,群众避险组织方案、转移方案、保障措施不明确,当发生大面积、毁灭性的洪水灾害时,容易造成人员、财产、基础设施的损失;缺乏有效的沟通协调机制,在发生极端情况下的应对措施尚不明确,各部门尚未形成合力。

3　洪涝防治对策规划

为系统解决山区小城镇的防洪问题,就必须以城镇河流所在流域为单元进行统一规划,统筹考虑好干支流、上下游、左右岸的关系,分析清楚干、支流的洪水组成,针对区域防洪存在的主要问题,拟定经济合理的工程和非工程措施,提高柳林镇的防洪标准和超标准洪水应对能力。

3.1　防洪工程措施规划思路

防洪工程措施一般围绕提升区域的"排、挡、蓄、滞、撤"等防洪能力展开[8],而如柳林镇等汇水面积较小的山区小城镇一般地形狭窄,地势陡峻,土地空间有限,洪水来得急去得快,很少利用堤防挡洪;同样是由于土地空间有限,上游一般很难找到合适建库的地方调蓄洪水,也很少利用防洪水库蓄洪,因此,类似山区小城镇山洪治理一般采用"排、滞、撤"等工程措施较可行。

提升河道排洪能力。本着依法依规、绿色生态、经济可行的原则,在不过分制约和影响城市发展空间的前提下,尽可能地恢复河流原有形态、行洪通道和生态空间,以满足常规标准下的行洪要求,保障城镇空间布局规划与防洪体系建设一体化发展。严禁在河流空间规划范围内新建房屋,逐步引导现状房屋搬迁至安全区。对于切断自然状态的天然排水路线的卡口暗涵,原有暗涵应改为明渠,并将桥梁卡口进行改扩建提标。依山势引导城镇建设向地势较高处发展,进行科学合理布局。

发挥好区域滞洪作用。山区小流域山洪治理要特别注意分析干支流、上下游的洪水组合关系,对于下游有集镇的小流域,并不是全流域河道越通畅越好,要尽量维持现状,充分利用上游和支流蜿蜒曲折的河道、两岸垦殖的农田滞蓄洪水,达到自然前峰错峰的作用;同时,可结合道路、桥梁等建筑物实施，有意识地在部分较开阔区域建设滞洪区，以减轻下游城镇防洪压力。

适度建设撇洪工程。对于山区小城镇，由于城市发展空间受限，天然河道被侵占、覆盖现象严重，为不影响城市发展，地方政府在防洪治理时新建撇洪工程的冲动较大。但一撇了之并不适合所有的小流域山洪治理，不仅投资大，且会改变原有水系格局，对原有生态系统会造成不可逆的影响，还有可能导致原有河道进一步萎缩，不符合新时期生态优先的治水理念。因此，新建撇洪工程要慎重为之，要与平原区分洪措施一样作为防洪达标建设的最后一环，在其他工程措施无法满足防洪要求或实施有困难的情况下，通过经济性、社会影响、环境影响等综合比选确定合理的撇洪方案，适度建设撇洪工程。如湖北省枝拓河流域现状出口为地下暗河，常常淤塞，只能新建撇洪工程解决防洪问题。

通过以上治理思路，对柳林镇的防洪达标建设拟定了河道疏挖、太平河撇洪、太平河撇洪＋浪河滞洪三种方案进行比较分析，最后经过比选，认为河道疏挖方案从经济性、社会影响、环境影响等多方面均较优。

3.2 超标准洪水应对措施

由于山洪灾害突发性强特点，受山洪灾害影响的城镇建设较为落后，工程建设难度较大，短期进行大规模建设，目前的经济水平难以承受。结合山洪灾害的实际特点，规划山洪防治需要从经济和科学两方面出发，将预防和治理有机结合，通过非工程措施降低洪灾损失[9-10]。

（1）绘制洪水风险图与防汛转移路线方案

开展洪水风险管理，根据洪水来源，水系特征等，对柳林镇区利用水动力模型分析发生不同标准来水情况下洪水区划风险图，确定洪水淹没范围、淹没水深流速、淹没历时等致灾特性指标，结合社会经济图层，获得洪水影响范围内对镇区经济财产价值的评估分布，并对洪水风险等级进行分级。依据洪水风险的分析成果，确定避险范围和人口，划分避险转移单元，规划安置点，对群众转移、物资运输、抢险物料储备进行详细周密安排，使群众遇到灾害时能及时遵守和落实。同时对风险区内现有房屋避险改造或分批次搬离，并作为指导镇区未来工程规划建设的科学依据。

（2）完善镇区山洪防汛配套工程

据调研结果统计情况：当发生极端天气时，会出现防汛公路难以通行，抢险物资难以上坝情况；现有小型水库基本无管理房，现场值守人员无处安身，防汛物资无处存放；同时水库监控系统视频系统因供电不足，只能6小时传输一次图片等。针对以上情况，建议新建防汛道路与巡查值守管理房，对水库监控视频系统提档升级。此外过去主要对30平方公里以上小流域进行山洪灾害防御系统建设，但柳林镇等重要集镇上游仅23平方公里，没有预警设施，建议对其规划山洪灾害预警系统，新建小水库信息化提升项目与河流信息化系统建设。在汛前做好防洪工程的规范化管理，特别要做好小型水库监测预报预警通信、调度运用方案、防汛应急预案"三个重点环节"和"三个责任人"的管理工作，使防洪排涝工程管理和防汛工作走向规范化。

（3）加强法制建设，把防洪排涝规划有关要求作为城镇建设的刚性约束

根据城镇洪水风险图的编制应用，合理制定洪泛区土地利用规划，避免在风险大的区域出现人口和资产的过度集中。将洪灾风险论证作为城镇发展规划和重要项目建设的前置条件。将城镇山洪灾害防治规划纳入城镇总体规划，在新开展的国土空间规划基础上进行多部门合作，在总体规划基础上编制山洪防御专项规划，在规划中严格落实山洪灾害风险区划要求。将"洪水控制"转向"洪水风险管理"。

4　结论

在全球气候异常、极端超标暴雨频发的情况下,依据《防洪标准》(GB 50201—2014),山区城镇一般和平原区城镇防洪标准接近,但相比于平原地区,山区集镇往往面对更大的人员伤亡威胁,暴雨引发的山洪灾害已成为影响山区型城镇公共安全的突出问题和制约城镇经济社会发展的重要因素。本文以柳林镇"8·12"重大山洪灾害事件调查分析为基础,对山区小城镇山洪成因进行分析并提出相应的治理思路。

按照分步实施、近远结合的原则,山区型城镇防洪规划思路分两步进行。第一步实施镇区防洪达标治理,根据城镇现有的工程体系现状,采取合理的工程措施,提升镇区防洪能力,达到满足规范要求的防洪标准;第二步完善非工程措施,编制超标准洪水应急预案,绘制洪水风险图,完善山洪灾害预警预报系统,提高超标准洪水应对能力,加强法制建设,把防洪排涝规划有关要求作为城镇建设的刚性约束。

[参考文献]

[1] 中国气象局气候变化中心.中国气候变化蓝皮书(2021)[M].北京:科学出版社,2021.
[2] 孙东亚.新时期全国山洪灾害防治项目建设若干思考[J].中国防汛抗旱,2020,30(9):18-21.
[3] 丁留谦,郭良,刘昌军,等.我国山洪灾害防治技术进展与展望[J].中国防汛抗旱,2020,30(9):11-17.
[4] 刘志雨.山洪预警预报技术研究与应用[J].中国防汛抗旱,2012,22(2):41-45+50.
[5] 程晓陶,李超超.城市洪涝风险的演变趋向、重要特征与应对方略[J].中国防汛抗旱,2015,25(3):6-9.
[6] 陈廷方.山区城镇规划与泥石流灾害[J].水土保持研究,2006,13(4):193-196.
[7] 邹毅.面向山洪灾害防御的山区城镇规划技术标准与规划模式探讨[J].广西城镇建设,2020(9):78-81.
[8] 汪良珠.南方丘陵地区小城镇排水规划中的山洪防治设计[J].工程建设与设计,2012(9):75-77.
[9] 沈斌.小城镇山洪灾害的防治对策探析——以云南省为例[J].小城镇建设,2007(8):52-54.
[10] 何芩,张帆,魏保义,等."7.21"暴雨带来的城市防灾减灾思考[J].北京规划建设,2012(5):66-69.

[作者简介]

万伟,男,1981年4月生,高级工程师,主要从事水利规划设计工作,39744398@qq.com。

淮河流域河道治理情况和防洪标准复核

陈 婷 谌 诚

（中水淮河规划设计研究有限公司 安徽 合肥 230601）

摘 要：淮河流域经过 70 年全面系统治理，已基本形成以水库、河道堤防、行蓄洪区和调蓄湖泊组成的防洪工程体系，有力保障了流域内人民生命财产安全，但洪水风险依然存在，从 2020 年洪水来看，流域防洪工程体系仍不完善，主要河流泄流能力达不到设计要求，应对极端灾害天气的能力还不足。本文系统地针对流域内淮河水系和沂沭泗水系干支流河道治理情况进行梳理，从保护耕地面积、人口、经济发展规模等方面对河流防洪标准进行复核，从过流能力、堤防建设情况、险工险段问题等方面对河道防洪能力进行复核。分析干支流防洪标准、防洪能力与规划目标间的差距，归类分析原因，并研究提出河道治理的相关对策和建议。

关键词：体系不完善；治理情况；防洪标准复核；对策和建议

淮河历史上是一条水系畅通、独流入海的河道，十二世纪以后，黄河长期夺淮，改变了流域原有水系形态，淮河失去入海尾闾，被迫改道入江，淮北支流河道、湖泊多遭淤积，沂、沭、泗诸河排水出路受阻，中小河流河道泄流能力减小、排水困难。新中国成立后经过 70 年全面系统治理，淮河流域已基本形成以水库、河道堤防、行蓄洪区和调蓄湖泊组成的防洪工程体系，随着防洪治理的不断推进，防洪体系越来越完善，防汛抗洪、防灾减灾能力不断提高。

1 河道防洪标准复核必要性

1.1 淮河上中游防洪能力仍然不足

淮河流域上游防洪标准仅 10 年一遇，2020 年洪水，白露河上游无控制性水库，北庙集连续 39 个小时超保证水位，过洪量超过 2.05 亿 m³，极大增加了淮干防洪压力。中游在不启用行洪区时，淮干多处超保证水位，王家坝超保证水位历时 42 个小时、润河集超保证水位历时 23 个小时、正阳关超保证水位历时 14 个小时，其中正阳关水位在下游水位、流量均未达到设计标准时却高于保证水位，暴露出淮干王家坝—临淮岗段、正阳关—涡河口段，特别是浮山以下段淮干滩槽达不到规划的行洪能力的问题。

1.2 淮河支流防洪不达标

淮河干流有一级支流 22 条，其中列入防洪规划进行标准治理的有 13 条，但规划内的支流还有部分防洪不达标，如淮北支流洪汝河、沙颍河防洪保护区的防洪标准偏低，洪汝河现状防洪标准仅 10 年一遇，沙颍河为 20 年一遇，未达到规定的 20 年和 50 年一遇防洪标准，支流洪水下泄能力不足，导致对沿线洼地排涝造成严重不利影响。随着上一轮规划的逐步实施，支流的防洪标准亟待进一步提高。

1.3 新时期防洪体系完善的必要要求

习近平总书记关于淮河治理、南水北调工程等重要讲话，从全面提升淮河流域抗御自然灾害的现代化水平、促进流域经济社会高质量发展方面，对完善流域防洪工程体系提出了新的要求，淮河流域要系统梳理复核防洪标准设定和现状防洪能力，查找防洪风险隐患，加强新时期防洪体系建设，补齐补强防洪短板，做好防洪减灾体系顶层设计，切实提升洪涝灾害防御能力。

2 河流治理情况

1991年淮河流域大水以后，国务院作出《关于进一步治理淮河和太湖的决定》，确定实施治淮19项骨干工程。治淮19项骨干工程全面建成后，国务院部署了进一步治理淮河工作，确定并实施了进一步治淮38项工程。通过治淮19项骨干工程、进一步治淮38项工程和其他工程的实施，防洪规划中确定的大部分项目已完成。

（1）淮河干流治理

淮河干流上中游实施了河道整治及堤防加固工程，包括河道疏浚、行蓄洪区堤防加固、退建、淮北大堤加固、蚌埠闸加固、生产圩治理、一般堤防加固等32个工程，其中实施完成29项，占比90.6%；下游实施了洪泽湖大堤加固、入海水道近期治理、分淮入沂整治、入江水道整治、灌溉总渠加固等淮河干流下游河道治理工程等8个工程，已实施完成。目前淮河干流上游防洪标准达到10年一遇以上，中、下游防洪保护区的防洪标准达到100年一遇。

（2）淮河支流治理

淮河支流实施了洪汝河、沙颍河、新汴河、溧河、史灌河、池河等9项治理工程，使淮河主要支流防洪标准已基本达到10~20年一遇，现在已经实施完成8项，占比89%。

（3）沂沭泗骨干河道治理

沂沭泗骨干河道通过沂沭邳治理、刘家道口枢纽、分沂入沭治理、新沭河治理、南四湖加固、韩庄运河治理、中运河及骆马湖治理、新沂河治理等11项工程，使沂沭泗河中下游地区防洪标准达到50年一遇，骨干河道工程已全部实施完成。

（4）沂沭泗支流治理

沂沭泗水系支流通过洙赵新河治理、泗河治理、白马河治理、洸府河治理等9项工程，使主要支流防洪标准基本提高到10~20年一遇。其中1项已实施完成部分河段，占比11%；3项正在实施，占比33%；3项正在开展前期工作，占比33%；1项未开展前期工作，占比11%；1项暂缓实施（梁济运河治理工程）占比11%。已实施的项目占44%，尚未实施项目占56%。

3 河道防洪能力复核

3.1 复核范围

淮河流域内以废黄河为界分为淮河和沂沭泗河两大水系，面积分别为19万 km^2 和8万 km^2。淮河水系呈扇形羽状不对称分布，北岸支流多，南岸支流少，干流两侧多分布湖泊、洼地，其中蚌埠以上淮北支流水系又呈近似平行排列汇入干流。沂沭泗河水系位于流域东北部，由沂河、沭河、泗河组成，经新沭河、新沂河东流入海。两大水系通过废黄河分界，但水系之间又通过京杭运河、分淮入沂水道和徐洪河沟通。

经统计,淮河流域 1 000 km² 及以上有防洪任务的河流共 97 条,其中大江大河 10 条、主要支流 37 条、中小河流 39 条,重要洪道 6 条,重要运河 5 条。淮河水系数量占淮河流域水系的 71%,淮河水系中主要支流数量占 39%,中小河流数量占 46%。沂沭泗水系数量占淮河流域水系的 29%,沂沭泗水系中主要支流数量占 36%,中小河流数量占 25%。大于 1 000 km² 且小于 3 000 km² 的河流 72 条,河流长度 8 299.48 km;大于 3 000 km² 且小于 10 000 km² 河流 30 条,河流长度 5 334.74 km;10 000 km² 以上河流 18 条,河流长度 4 079.03 km。

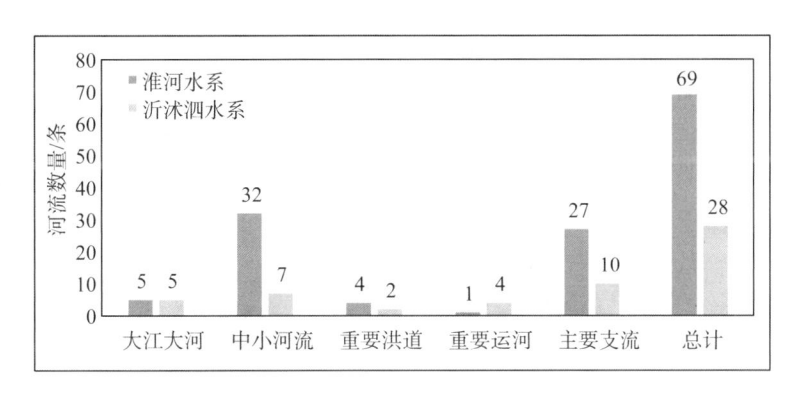

图 1　淮河流域流域面积 1 000 km² 以上的河流数量统计表

3.2　复核方法

统计大江大河及主要支流、独流入海河流等流域面积 1 000 km² 以上河流的重点河段和与之直接相关的较为集中连片的重点防洪(潮)保护区,以及流域面积 1 000 km² 以下河流的县城(含)以上城市河段的基本情况,特别是防洪河段行洪能力和防洪保护区对应的人口、耕地、经济规模情况,并统计相关规划确定的设计行洪流量和规划防洪标准,分析现状防洪能力、防洪标准与所应达到的要求之间存在的差距及其主要原因。

对未达规划防洪标准的按不达标计,对已达规划防洪标准,但行洪流量不足的,按不达标计,对行洪流量和防洪标准均已达规划防洪标准的,按达标计。

3.3　防洪标准复核结果

本次复核考虑到每条河道分段防洪标准不同,将复核工作细化到防洪河段,整体上对淮河流域面积 1 000 km² 以上河流防洪保护区、1 000 km² 以下与县级及以上城市(镇)防洪直接相关的防洪河段进行了梳理,共有防洪河段总长度 17 703 km。

3.3.1　按防洪标准分类

以河段防洪(过流)能力相对应的防洪标准分级统计,100 年(含)一遇以上达标河段长度 1 157 km,达标率 79.51%,50 年(含)~100 年一遇达标河段长度 1 530 km,达标率 69.16%,20 年(含)~50 年一遇达标河段长度 2 732 km,达标率 47.11%,20 年一遇以下达标河段长度 730 km,达标率 8.86%。

3.3.2　按河道长度分类

淮河流域共有防洪河段总长度 17 703 km,其中河段防洪(过流)能力达标或基本达标河段长 6 148 km,占 34.73%,不达标河段长 11 555 km,占 65.27%。

表 1 淮河流域河道分级达标统计表

类别	分级达标情况											
	100年(含)一遇及以上			50(含)～100年一遇			20(含)～50年一遇			20年一遇及以下		
	河段长度(km)	达标长度(km)	达标率(%)	河段长度(km)	达标长度(km)	达标率(%)	河段长度(km)	达标长度(km)	达标率(%)	河段长度(km)	达标长度(km)	达标率(%)
淮河水系	1 434	1 135	79.21	894	573	64.09	4 194	1 913	45.63	6703	730.24	10.89
沂沭泗水系	21	21	100	1 317	956	72.60	1 604	817	50.98	1 534	0	0.00
合计	1 455	1 157	79.51	2 212	1 530	69.16	5 799	2 732	47.11	8 238	730	8.86

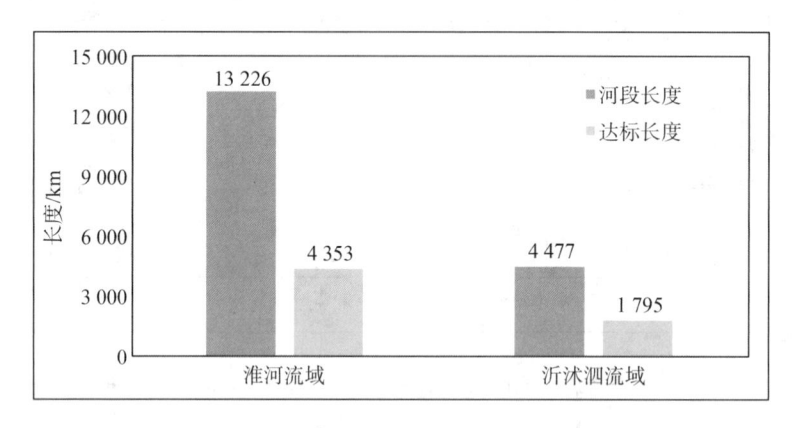

图 2 淮河流域防洪河段达标长度统计表

3.3.3 不达标河道统计

不达标河段共涉及226条河流,其中流域面积1 000 km² 及以下的重要河流有155条,1 000～3 000 km² 的河流有45条,3 000～10 000 km² 的河流有16条,10 000 km² 及以上的河流有10条。

表 2 淮河流域河流防洪不达标情况统计表

单位:km²

河段	<1 000	1 000～3 000	3 000～10 000	>10 000	小计
淮河水系	92	35	12	5	144
沂沭泗水系	63	10	4	5	82
合计	155	45	16	10	226

4 不达标原因分析

对河流治理情况及过流能力情况进行分析,不达标河段总长为17 703 km,对河道按不达标原因进行分类统计,共存在四类原因,分别为缺少堤防、堤防不达标、河道淤积、存在险工险段。

缺少堤防。涉及15条河流,河段长度为707.17 km。其中20年一遇以下缺少堤防河段长度为585.21 km,20年(含)～50年一遇长度为109.99 km,50年(含)～100年一遇长度为0.00 km,100年(含)一遇以上长度为11.97 km。

堤防不达标。主要包括堤高不足、堤宽不足等问题。涉及168条河流,河段长度9 121.08 km。其中20年一遇以下堤防不达标河段长度为5 522.74 km,20年(含)～50年一遇长度为2 480.60 km,50年(含)～100年一遇长度为1 117.74 km,100年(含)一遇以上长度为0.00 km。

河道过流能力不足。包括河道淤积、卡口或天然断面不足等问题。涉及188条河流,河段长度

8 224.95 km。其中20年一遇以下河段长度为4 850.20 km,20年(含)~50年一遇长度为2 137.68 km, 50年(含)~100年一遇长度为466.27 km,100年(含)一遇以上长度为770.80 km。

存在险工险段。包括河段崩岸、坍塌或堤防险工。涉及24条河流,河段总长度为2 424.76 km。其中20年一遇以下河段长度为1 192.84 km,20年(含)~50年一遇河段长度为733.02 km,50年(含)~100年一遇河段长度为498.90 km,100年(含)一遇以上河段长度为0.00 km。

除上述四类原因外,还有部分河道虽然按照规划治理,泄流能力满足设计要求,但由于河道上游规划的调蓄工程或分洪工程尚未建设,防洪体系不达标,导致防洪保护区或城镇防洪不达标。

表3 各类风险隐患长度统计表

防洪标准分级	合计长度(km)	隐患分类长度(km)			
		缺少堤防	堤防不达标	河道淤积等	崩岸、坍塌或堤防险工
20年一遇以下	12 150.99	585.21	5 522.74	4 850.20	1 192.84
20年(含)~50年一遇	5 461.29	109.99	2 480.60	2 137.68	733.02
50年(含)~100年一遇	2 082.92	0.00	1 117.74	466.27	498.90
100年(含)一遇以上	782.77	11.97	0.00	770.80	0.00

5 下一步治理对策和建议

5.1 骨干河道治理

淮河干流的治理,分为三段。上游以除险加固为主。中游结合淮河干流行洪区调整,主要采取疏浚河道、退建和加固堤防等措施整治河道,进一步扩大行洪通道,巩固河道设计泄洪能力。下游主要采取扩大行洪通道、疏浚河道、加固堤防等工程措施,提高淮河下游的防洪除涝标准。沂沭泗河道通过扩挖河道、扩建拦河闸、新建及加高培厚堤防、险工险段防护、穿堤建筑物及堤顶防汛道路建设等工程措施,提高沂沭泗水系防洪标准。主要支流根据规划的防洪标准和设计流量,实施河道疏浚、加固堤防、扩建涵闸和险工处理。

5.2 加快蓄滞洪区建设与蓄洪空间管控

为解决淮河干流行洪不畅、设计行洪能力不足、行洪区启用频繁且运用效果差等问题,王临段、正峡段行蓄洪区调整工程建设和安全建设正在开展,应加快峡涡段、浮山以下段行蓄洪区调整和建设工程实施,使淮河中游淮北大堤防洪保护区和沿淮重要工矿城市的防洪能力达100年一遇标准。

5.3 实施城区段防洪河道达标治理

城区段河道普遍存在防洪体系不完整、防洪排涝标准低、险工险段多、建筑物老化失修、排水河道淤积严重、排涝系统不健全等问题,根据各城市的特点和河流水系分布情况,对各城市不同片区通过加高加固城区段河道堤防、新建防浪墙、新建城市圈堤等措施形成防洪屏障;通过疏浚排涝河道、新建排涝泵站等措施提高排涝标准。

5.4 加强防洪体系智能调度系统建设

建立健全水旱灾害"六大体系",开展监测预警和智能调度控制能力建设,建立和完善布局合理、功能完善的水文站网体系,技术先进、准确及时的水文监测体系,基于工程数字化建设和自动化控制提升,形成工程全要素立体在线监测体系和水情、工情、灾情、生态环境和经济社会全要素工程大数据。按照水利工程全生命周期的数字设计、智能建造、智慧调度、安全可控的理念,建设智能水利工程,实现水利工程全生命周期的多维监测、协同联网、预测预警、远程可控、人机可视、在线评估的管控能力。

6 结论

经复核分析,淮河上中游及主要支流基本达到防洪规划确定的近期目标,淮河下游和中游部分河道还未达远期目标,沂沭泗河流基本达到近期目标,远期目标还没达到,随着人口增加、经济增长,水旱灾害风险加大,防洪任务依然艰巨,淮河治理亟待进一步加强,淮河防洪体系尚需进一步完善。

[参考文献]

[1] 水利部淮河水利委员会.淮河流域防洪规划[R].2008.
[2] 水利部淮河水利委员会.治淮19项骨干工程总体评估[R].2007.
[3] 水利部淮河水利委员会.进一步治理淮河38项工程中期评估[R].2016.
[4] 淮河水利委员会水利水电工程技术研究中心,中水淮河规划设计研究有限公司.淮河流域防洪规划中期评估报告[R].2019.
[5] 中水淮河规划设计研究有限公司.沂沭泗河洪水东调南下工程提高防洪标准规划[R].2019.

[作者简介]

陈婷,女,1981年6月生,高级工程师,从事水利规划与设计工作,18096680627,chenting0939@126.com。

淮南西淝河片采煤沉陷区综合利用思路探讨

方 超

(中水淮河规划设计研究有限公司 安徽 合肥 230601)

摘 要:淮南西淝河片采煤沉陷区处于高潜水位平原地区,采煤沉陷造成大面积常年或季节性积水,深刻影响了当地的生态、生产、生活,制约了区域经济社会可持续高质量发展。通过对西淝河片采煤沉陷区现状特点、变化趋势、水环境状况、与周边河流水系及水利工程关系等的分析,研究提出了"水资源调蓄利用＋生态养殖＋湿地构建"的沉陷区综合利用思路,从而有效利用沉陷区水资源,同时促进水生态修复并改善人居环境,为类似地区的开发利用提供借鉴。

关键词:采煤沉陷区;引江济淮工程;综合利用

煤炭资源开发利用在为经济社会发展做出巨大贡献的同时,也对矿区原有自然生态环境造成了不同程度的破坏,尤其是煤炭被采出以后,开采区周围岩体的原始应力平衡状态被打破,使上覆岩层移动、变形和破坏,最终导致地表产生大面积沉陷或塌陷,在高潜水位地区受大气降水与地下水补给等因素的共同作用,沉陷区域内形成大面积积水,原有的陆地生态系统转化为水陆复合生态系统[1],深刻地影响了当地的生态、生产、生活,成为制约经济社会可持续发展的瓶颈。安徽省淮南矿区是我国 13 个亿吨煤炭生产、6 大煤电生产基地之一,截至 2018 年底,淮南矿区采煤沉陷范围已达 233.3 km²,其中积水面积 96.7 km²,积水面积占沉陷面积的 41.4%[2]。随着煤炭开采的继续,淮南矿区沉陷面积、积水面积仍将逐年扩大。本文拟从水资源调蓄利用、水生态环境建设的角度提出淮南西淝河片采煤沉陷区综合治理的新思路,为淮南矿区今后的沉陷区治理实践提供参考,促进采煤沉陷区的良性发展。

1 西淝河片沉陷区情况

1.1 矿区概况

西淝河片采煤沉陷区位于淮南潘谢矿区内,涉及张集矿、谢桥矿等 2 对矿井。潘谢矿区地处淮河中游淮河以北地区,地理坐标为东经 116°02′~117°11′、北纬 32°33′~33°00′,东西长约 95 km,南北宽约 25 km,面积约 2 300 km²。区内地形平坦,地面标高一般在＋19.0~＋27.0 m,总体呈西北高、东南低的趋势。

张集矿井田位于潘谢矿区的西部,地处陈桥背斜的东南倾伏端。2001 年 11 月正式投产,原设计生产能力 400 万 t/a,现生产能力 1 230 万 t/a。矿区东西走向长约 12 km,南北倾斜宽约 9 km,面积约 71 km²,地面标高一般在＋21.0~＋26.0 m,总体呈西南高、东北低的趋势[3]。西淝河在工业广场以东 2 km 处贯穿矿区全境,在凤台县鲁台孜入淮河,常年有水。

谢桥矿井田位于潘谢矿区的西端,地处陈桥背斜的南翼、谢桥向斜的北翼。1997 年 5 月正式投产,原设计生产能力 400 万 t/a,现生产能力 960 万 t/a。矿区东西走向长约 12 km,南北倾斜宽约 4 km,面积约 38 km²,其中约有 2 km² 位于淮南市凤台县、36 km² 位于阜阳市颍上县[4]。地面标高一般在 +24.0～+25.0 m。济河自西向东横贯矿区中部,上接沙颍河永安闸,向东汇入西淝河,雨季易形成内涝。

潘谢矿区水资源丰富,南靠淮河干流、北接茨淮新河,西有淮河最大的支流沙颍河,通过西淝河、架河、永幸河和泥河的下段与淮河干流相连,通过西淝河、永幸河、架河的上段以及大沟与茨淮新河相汇,通过济河与沙颍河相通,区内还与西淝河、港河、泥河下游洼地连成一片。

1.2 沉陷区现状及发展预测

1.2.1 沉陷及积水现状

西淝河片采煤沉陷区当地潜水埋藏深度约 1.5 m,在地下煤炭开采沉陷后,地表极易形成积水。截至 2019 年底,张集矿区内沉陷面积约 37.4 km²,积水面积约 20.6 km²,积水面积占沉陷面积的 55%;谢桥矿区内沉陷面积约 22.1 km²,积水面积约 14.5 km²,积水面积占沉陷面积的 66%[3,4]。沉陷区内的建筑、铁路、公路、农田灌排系统等基础设施均遭到不同程度的变形与破坏,积水区域主要用途为水产养殖、光伏发电。积水区域丰水期的最大水深为 2.4～15.4 m,平均水深为 2.1～8.4 m;枯水期的最大水深为 2.0～14.5 m,平均水深为 1.5～7.5 m。

1.2.2 沉陷情况发展预测

随着煤炭资源的持续开采,西淝河片采煤沉陷区沉陷范围和程度将不断加深。由于潘谢矿区的地表沉陷(移动、变形)在空间和时间上是连续的、渐变的,具有明显的规律性,可以通过地表变形移动计算方法和煤矿的地质地形图、煤炭资源储量图、开采计划图、煤矿井上井下对照图等相关地质资料来预测地表变形沉陷状况。陈小凤等[5]报道,至 2030 年,西淝河片采煤沉陷区沉陷面积 92.84 km²,积水面积 79.37 km²;李金明等[6]报道,至 2030 年,西淝河片采煤沉陷区沉陷面积 93.21 km²。按以上预测结果,与 2019 年相比,2030 年,西淝河片采煤沉陷范围将扩大 0.5 倍以上、积水范围将扩大 1 倍以上。

1.3 沉陷区水环境情况

西淝河片采煤沉陷区汇水区域基本为农田和自然村,污染源来源主要为种植业、养殖业、农村生活污水等,如化肥农药、食用菌残渣、畜禽粪便、污水直排等,通过地表径流或地下渗透进入沉陷积水水体;周边除煤矿外,基本无大型的工业企业,煤矿企业的职工生活污水集中处理后排放,污染较小;此外,沉陷区毗邻公路、煤矸石堆场等亦会造成水体污染。

根据多年水质监测结果,丰水期和平水期张集、谢桥沉陷区内水质以Ⅲ类水为主,枯水期沉陷区内水质以Ⅲ～Ⅳ类水为主;主要污染物为营养盐类,富营养化程度为轻度富营养化到重度富营养化,以重度富营养化为主,基本不存在重金属(Cu、Cr、Pb、Zn、As、Se、Hg 等指标)和有机物污染[7]。

2 引江济淮工程与西淝河片沉陷区关系

2.1 引江济淮工程概况

引江济淮工程是一项沟通长江、淮河两大流域,惠及皖豫两省的大型综合基础工程。工程开发任务以城乡供水和发展江淮航运为主,结合农田灌溉补水,兼顾改善巢湖及淮河水生态环境。工程区域包括安徽省安庆、铜陵、芜湖、马鞍山、合肥、六安、滁州、淮南、蚌埠、淮北、宿州、阜阳、亳州以及河南省周口、商丘 15 个市 55 个县(市、区),受水区总面积 7.06 万 km²,受益人口 5 117 万人。

引江济淮工程自南向北划分为引江济巢段、江淮沟通段、江水北送段三大段。其中引江济巢为济淮提供水源并兼顾巢湖生态引水,江淮沟通承担济淮调水和发展江淮航运,江水北送是将江水向淮河以北地区输水。近期规划水平年 2030 年工程多年平均引江水量 34.27 亿 m³,其中向河南省供水量 5.41 亿 m³。

2.2 沉陷区在引江济淮工程中的调蓄运用

西淝河输水线路是引江济淮江水北送段的主体工程,主要解决受水区生活用水、工业用水。西淝河输水线路穿过潘谢矿区的西淝河片采煤沉陷区和港河下游的姬沟湖、西淝河下游的花家湖等天然湖泊,在引江济淮工程前期研究中,建议论证利用采煤沉陷区进行调蓄的可行性和合理性,改善工程供水的水质水量条件。但根据引江济淮工程规划设计的实际情况,工程跨越江淮分水岭是由航运控制河道的断面规模,利用西淝河片采煤沉陷区调蓄减少规模对整个工程影响较小,同时考虑一些不可预见因素,不将其调蓄纳入调水规模,而作为未来引江济淮工程调度运用的余度,以降低淮河干流突发污染团事故对供水产生的不利影响,提高工程向淮河以北输水的灵活性。

3 西淝河片沉陷区综合利用面临问题

3.1 沉陷动态发展,未来沉陷情况难以精确预测

地表沉陷(移动、变形)是一个复杂的运动过程,在潘谢矿区受到厚松散层条件影响,地表移动盆地形态呈非对称性,基于模型预测的开采沉陷状况往往与实际发展有差别。另一方面,煤炭资源开采活动受市场供需波动可能调整开采计划,也会影响沉陷预测。因此,沉陷区未来的沉陷状况有赖于空间上长期持续的动态监测,难以做到精确预测。

3.2 沉陷区土地权属复杂,开发利用难度大

沉陷区分布范围广、地形复杂,涉及的行政村及自然庄多,境内沟渠、道路、铁路、村庄、泵站、圩堤等纵横交错,造成了沉陷区面积分散、不稳定,使得界限权属不清,确权和划分较为困难。加之复杂多元的乡情村情、群众诉求等因素,推进沉陷区实施土地复垦等单一的开发利用方式难度较大。

3.3 生态环境遭受破坏,水质风险仍然存在

煤炭开采导致了地表塌陷、耕地破坏、地表积水严重、水土流失、土壤贫瘠化等一系列生态环境问题,在沉陷积水区原有的陆生生态系统发生颠覆性变化,转变为水生生态系统或水陆复合生态系统,植物群落发生改变,生态恢复或重建所需周期较长。西淝河片沉陷区目前水质较好,但鉴于采煤活动仍在进行,会持续扰动水体及周边环境,且汇水区点源、面源污染未能完全消除,沉陷区水体仍然存在被污染的风险。

4 综合利用思路

综合考虑淮南西淝河片采煤沉陷区发展变化、生态环境、周边水系及水利工程、群众诉求等情况,

从"水资源调蓄利用＋生态养殖＋湿地构建"的角度提出一种综合开发利用模式,既利用好当地水源为重大引调水工程做好调度保障,又立足区域特色因地制宜发展沉陷区经济模式,并人工引导逐步恢复受损生态环境,以期为淮南采煤沉陷区综合开发利用提供的新的方向。

4.1 沉陷区水资源调蓄利用

4.1.1 利用思路

西淝河采煤沉陷区包括谢桥洼地、张集洼地等沉陷洼地,由于当前矿区采煤工作面在空间上尚未连成整体,沉陷洼地分布处于分散状态。从现状来看,张集洼地与西淝河、西淝河下游的花家湖和港河下游的姬沟湖存在天然汇流联系;谢桥洼地现状为三块小洼地,与西淝河干流没有形成一体。

但随着沉陷区不断扩大,沉陷区与水系、蓄水洼地交织,将形成更大范围的蓄水体。根据中国水利水电科学研究院承担的《西淝河采煤沉陷区水资源利用关键技术研究》报告,预测至2030年,谢桥洼地、张集洼地将连为一体,并与西淝河干流、姬沟湖、花家湖相通,按西淝河片采煤沉陷区(含连片的天然湖洼)死水位17.50 m、蓄水位20.00 m控制运行,沉陷区调节库容可达1.08亿 $m^{3[8]}$。鉴于沉陷区水体现状水质较好,将来生态环境状况趋于改善,与引江济淮工程西淝河输水线路沟通条件好,并具备一定的调度水量,可以在远期将其作为引江济淮调蓄工程的一部分,尤其在淮河干流遭受短期突发性污染团事故时,用以调蓄,保障工程向淮河以北地区输水的水质水量安全。

4.1.2 可行性分析

(1)沉陷区蓄水水源分析。沉陷区蓄水水源较多,水系发育良好,有西淝河下段、济河、港河等河道水、周边地下水补给、自身产水、大气降水等。区域内降水丰富,且洪水期可通过节制闸分蓄正阳关以下部分淮干洪水。因此沉陷区有较高的蓄水保证。

(2)沉陷区生态环境影响分析。随着积水面积与深度的不断加大,沉陷区周围原有农田会逐步演替为水域,形成水陆复合生态系统。目前沉陷区水体水质在丰水期、平水期以Ⅲ类水为主,枯水期以Ⅲ~Ⅳ类水为主,水环境总体状况较好,随着汇水区污染治理的持续深入,将来沉陷区水体质量有望稳中向好。

(3)沉陷区蓄水渗漏损失分析。沉陷区地层中第四系较厚,在100~400 m之间,主要由粉质黏土、重粉质壤土、沙壤土、中细砂层组成;第三系厚度在50~200 m之间,主要由黏土岩、粉砂岩、泥质砂岩组成,透水性不强,渗漏损失小。综上所述,沉陷区蓄水是可行的。

4.2 沉陷区生态养殖模式

沉陷区水面资源丰富,水环境状况较好,可结合区域实际,引进先进技术及管理方式,发展生态养殖产业。对于沉陷区内稳沉和非稳沉的水域,合理规划不同的生态养殖生产模式。对已经稳沉且深度较大的水域,选择投放鲢鱼、鳙鱼等中上层鱼类,其生长周期以浮游植物、浮游动物为主食,可以不投喂饲料,且鱼类滤食性活动将消减水中的营养物质,起到改善水质、促进水域生态良性循环的作用。对尚未形成稳定水面的区域,因地制宜适当发展稻米、养殖复合种养方式,如稻虾共作、稻蟹共作、鱼菜共生等,综合利用水中多种生物之间的相互关系,在不破坏水域生态环境的前提下,获得较好的产业经济效益。

4.3 沉陷区湿地构建

平原高潜水位采煤沉陷区由于长期大面积积水而天然具备营造良好湿地环境的禀赋,从而发挥湿地拦截污染、生态碳汇、净化空气、调节气候、景观提质的多种功能,一定程度上引导沉陷区受损的自然环境往良性方向发展，并为周边群众提供观赏休憩的亲水空间。

沉陷区湿地构建以本土湿生、水生植物恢复为主，适当搭配景观效果良好的广布种湿生植物。挺水植物可选择芦苇、荷花、香蒲、水芹等；浮水植物可选择睡莲、菱角、浮萍等；沉水植物可选择苦草、金鱼藻、狐尾藻等。种植水深上，常年水深小于 0.5 m 的水域，较适宜挺水植物；常年水深在 0.5～1.5 m 的水域，较适宜沉水植物，并可适当点缀浮水植物；常年水深大于 1.5 m 的水域，可采用生态浮岛型式。

5 结语

本文以淮南西淝河片采煤沉陷区为例，通过分析沉陷区现状特点、沉陷发展预测、水环境及污染源、水资源及周边水利工程等情况，提出了"水资源调蓄利用＋生态养殖＋湿地构建"的沉陷区综合利用思路。以西淝河片采煤沉陷区调蓄利用作为引江济淮工程远期调度运用的余度，对于提高工程向淮河以北地区输水的灵活性具有十分重要的现实意义，尤其当淮河干流遭受短期突发性污染团事故时，沉陷区的水资源调蓄利用可以为输水安全提供保障。同时，运用平原高潜水位采煤沉陷区的水资源禀赋，因地制宜发展生态养殖、构建湿地，实现社会经济与生态环境的共同协调发展，对于类似地区的采煤沉陷区综合开发利用具有积极启示。

[参考文献]

[1] 陈晓谢,张文涛,朱晓峻,等.高潜水位采煤沉陷区积水范围动态演化规律[J].煤田地质与勘探,2020,48(2):126-133.
[2] 李兵,张传才,陈永春.基于智能无人船技术与GIS的采煤沉陷区水下地形构建方法研究[J].中国煤炭,2020,46(1):28-35.
[3] 朱小美.张集矿区地表建筑物破坏多源因素探析[J].科技创新与生产力,2020(8):69-71.
[4] 贺威.谢桥煤矿主要开采过程自然资源价值核算及其动态变化研究[D].徐州:中国矿业大学,2021.
[5] 陈小凤,王再明,李瑞.淮北平原西淝河下段采煤沉陷区浅层地下水补排关系研究[J].地下水,2018,40(1):67-68.
[6] 李金明,周祖昊,严子奇,等.淮南采煤沉陷区蓄洪除涝潜力分析[J].水利水电技术,2014,45(2):43-46.
[7] 李兵,陈晨,安世凯,等.淮南潘谢采煤沉陷区水生态环境评价与功能区划[J].中国煤炭地质,2020,32(3):15-20.
[8] 陈昌才.引江济淮工程沿淮湖洼调蓄方案与布局[J].治淮,2015(9):23-24,25.

[作者简介]

方超,男,1992年12月生,工程师,研究方向为河湖水生态保护与修复,0551-65707941,colin_fang@qq.com。

河道砂石实行国有化统一开采经营模式的思考

王怀冲 郭明磊

(淮河工程集团有限公司 江苏 徐州 221008)

摘 要：在当前全面推进生态文明建设的大背景下，为进一步落实水利发展改革新要求，近几年来，中央及各级地方人民政府密集出台多项关于河道采砂管理的相关政策文件，对进一步规范河道合法采砂行为提出了更高、更新的要求。笔者通过调研实践和思考认识到，河道砂石实行国有化统一开采经营模式极具优势，符合当前河道采砂管理新形势、新要求，是规范合法采砂行为的一个有效方式，能有效缓解管理单位监管压力，避免无序、超量开采和恶性竞争等问题，实现河湖保护和社会经济效益共赢。

关键词：河道采砂；国有化统一开采经营；采砂平台

1 背景

2017年以来，随着河湖长制的全面推行、河湖"清四乱"专项行动的开展，沂沭泗水利管理局按照"要抓大保护，不搞大开发""重在保护，要在治理"等要求，不折不扣地落实中央关于推进新时代生态文明建设的决策部署，充分认识到河道采砂管理工作重要性、紧迫性、长期性、艰巨性和复杂性，按照水利部、淮委工作要求，大力开展专项整治行动，强化采砂日常监管，积极落实两高司法解释，完善联合执法机制，河湖实现全面禁采，采砂船只全部清零，规模性非法采砂杜绝，零星偷采势头得到遏制，采砂管理秩序持续稳定可控。

近期，在当前全面推进生态文明建设的大背景下，为进一步落实水利发展改革新要求，推进河湖长制有名有实，全面落实采砂管理责任制，切实承担采砂管理职责，沂沭泗局提前谋划，紧跟国家政策变化，及早预判新形势下采砂管理工作新要求，积极探索采砂管理新举措，一方面进一步提高认识，落实责任，强化监管，继续保持非法采砂高压严打态势，加强非法采砂综合治理；另一方面积极研究相关政策要求，开展调研学习，认真思考规范采砂许可、监督、经营工作的新举措，积极探索"统一开采管理"和"集约化、规模化"开采模式，维护河湖采砂秩序，提升河湖管理监管能力。

2 近期相关政策要求

近几年来，中央及各级地方人民政府密集出台多项关于河道采砂管理的相关政策文件，对进一步规范河道采砂行为，推行河道采砂国有化统一开采经营模式提供了积极的指导作用和政策支撑。如：

2019年2月，水利部印发《关于河道采砂管理工作的指导意见》(水河湖〔2019〕58号)对加强河道采砂管理提出一系列具体要求，指出采砂应"积极探索推行统一开采经营等方式"。

2020年3月，国家发展改革委、水利部等十五部门和单位联合印发了《关于促进砂石行业健康有序发展的指导意见》，围绕推动机制砂高质量发展、加强河道采砂综合整治与利用、有序推进海砂开采利用及推进砂源替代利用等提出一系列措施意见,再次提出"鼓励和支持河砂统一开采管理,推进集约化、规模化开采"。

2020年10月,水利部印发《水利部流域机构直管河段采砂管理方法》(水河湖〔2020〕218号),对流域机构直管河段采砂管理提出了具体要求,也提出"优先选择信誉好、实力强、有河道修复能力的企业,推进集约化、规模化、规范化开采"。

3 江西省国有化统一开采经营的实践

笔者通过调研了解到,2009年以前,江西省各地市采用招标、拍卖等方式进行砂石开采许可,但受利益驱使,恶性竞争、河道超采非法采砂乱象频发,曾发生拍卖价格高出实际价值数倍的恶性竞拍事件,对采砂管理工作造成极大困难,河道采砂一时成为政府管理的难点和社会关注的焦点。为解决这一乱象,江西省积极探索实践,走出了一条国有化统一开采经营的新路子。

2009年,九江市首开江西省河道采砂统一经营之先河,成立市政府领导任组长的采砂管理工作领导小组,下设采砂管理办公室;针对过去鄱阳湖采砂多头管理和"有责即推,有利则争"的现象,成立了采砂管理局,推出鄱阳湖采砂"统一组织领导、统一开采经营、统一税费征收、统一综合执法、统一利益分配"的"五统一"管理模式;并组建国有砂石公司,负责砂石的开采运输销售,实现采砂国有化统一经营管理。国有砂石公司严格按照"定点、定时、定量、定船、定功率"的"五定"要求生产作业,有效遏制了"湖霸""砂霸"等不法行为,维护了鄱阳湖区的安全稳定,较好地解决了鄱阳湖砂石资源节约有效利用与鄱阳湖生态环境保护的矛盾,"大一统"终结"小散乱"长江采砂治理走出九江模式,走出了一条实现鄱阳湖砂石资源保护开发的新路子。

继九江市实行河道采砂国有化统一开采经营之后,江西省又积极推动南昌、抚州、吉安、赣州等设区市,余干、鄱阳、丰城等县(市、区)陆续探索实施符合当地实际的统一开采经营管理模式。其中,2012年6月,在南昌市政府的组织领导下,南昌市政投资集团有限公司、南昌水利投资发展有限公司、南昌工业控股集团有限公司出资组建成立了南昌赣昌砂石有限公司,主要从事河道砂石的开采和经营。赣昌砂石公司每年根据规划申请获得南昌市各个采区的采砂许可,组织对南昌市河道砂石资源的采、运、销一体化运营,实现南昌市国有公司河道采砂统一开采经营。国有化统一开采经营近十年,有效解决了无序、超量开采和恶性竞争等问题,实现了河湖保护、社会经济效益双赢。

江西省的实践证明,实行河道采砂国有化统一开采经营模式,能有效缓解监管力量不足,避免无序、超量开采和恶性竞争等问题,该模式受到水利部、长江委等上级部门及各地的广泛认可,目前全国各地在积极推行,每年都有多个省份采砂管理单位到江西省考察交流采砂管理特别是国有化统一开采经营管理经验。

4 实行国有化统一开采经营的优势

从历史背景、政策要求结合相关省市的成功实践经验来看,河道采砂推行国有化统一开采经营模式,以规模化、集约化开采经营解决小、散、乱开采所带来的监管难题,具有很大的借鉴意义和推广价值。具体优势分析如下。

4.1 有利于减轻监督管理的压力

根据《水利部关于河道采砂管理工作的指导意见》要求,河道采砂按照"谁许可、谁监管"的原则,加强许可采区事中事后监管。要求必须严格按照许可的作业方式和数量进行开采,采砂结束后及时撤离采砂船和机具、平复河床,要建立进出场计重、监控、登记制度等,采、运、销全过程监管,等等。对监管部门提出了更高的要求。另外,砂石开采项目涉及标的价值高,对实施单位的经济利益诱惑大,尤其是私营业主为了利益铤而走险的可能性大,对于监管部门来说进一步增加了监管难度。

实行国有化统一开采经营模式,选择国有企业作为河砂开采经营主体,有党纪国法的约束和社会责任的使命,能够坚持河湖保护优先的原则,严格服从监督管理,依法依规按照批复的实施方案进行河砂开采经营,大大降低监督管理工作的难度。

4.2 有利于河道安全和生态保护

实行国有化统一开采经营模式,选择具有河道治理修复、维护能力的国有公司作为河道砂石统一开采经营主体,能够有效地发挥国有公司在河湖保护方面的优势,在开采经营的同时利用其先进的施工技术和丰富的施工经验,确保采砂行为在确保河道安全的前提下运行。同时,采砂完成后能够及时对河道进行有效的修复治理,以及持续开展后续的河道维护,最大程度上消除采砂对河道安全和生态的影响。

4.3 有利于实现专业化、规范化开采

实行国有化统一开采经营模式,选择国有公司作为河道砂石统一开采经营主体,能够根据上级要求和自身发展的需要,有计划、有规划地加强采砂能力的建设,加大采砂管理和作业能力方面的投入,不断提高采砂管理和作业水平,逐步实现采砂的专业化和规范化,为砂石合法有序开采经营提供了管理和技术能力保障。

4.4 有利于平抑砂价,保障地方经济发展稳定

实行国有化统一开采经营模式,选择国有公司作为河道砂石统一开采经营主体,能够解决私营业主哄抬市场价格,影响地方经济发展稳定的问题。私营业主为使利益最大化,会无视地方经济发展要求,哪里价格高就卖到哪里,大量砂石销往外地,甚至囤积居奇、哄抬物价,造成本地建设项目无砂可用,不得不提高砂石收购价,从而影响地方经济发展。

国有化统一开采经营的国有企业能够服从经济发展大局,可以实行河砂资源指定统一价格,统一供应等方式,优先保障地方重点工程和民生工程等建设项目的需求,同时为地方平抑砂价,保障市场供应和经济发展稳定起到积极的作用。

5 实行国有化统一开采经营的举措

5.1 依据相关政策,制定管理办法

河道管理单位应依据相关政策文件精神,结合采砂管理工作实际,制定相应的管理办法,确定河道砂石实现统一开采经营模式,明确经授权的平台公司的职责、作用和工作要求。通过管理办法的制定,为河道砂石实现统一开采经营模式提供依据和工作指导。

5.2 成立国有化采砂平台,实行统一开采经营

根据相关制度办法要求,授权国有公司作为河道砂石统一开采经营平台公司,全面负责组织对河

道砂石的统一开采经营。由平台公司组建砂石开采经营项目具体实施单位,依法依规全面开展砂石的采、运、销全过程、一体化运营。

平台公司严格按照批复的实施方案和施工组织计划实施。平台公司统一组织专业人员、机械设备或委托专业开采单位,严格按照批复的开采位置、范围、开采量、开采期限的要求进行开采、运输和堆放,不超采、乱采乱堆、超时限开采。平台公司对开采出的砂石进行统一处置。平台公司要多样化砂石处置方式,可采用拍卖、招标、零售等多种方式进行处置。也可根据市场需求,采取临时堆存、分批处置、深加工等处置方式。砂石处置完成后,要按照砂石综合利用实施方案,及时将采砂船只、挖掘机械等作业工具调离并运出河道,平整弃料砂堆,对堆放场地、临时设施进行清理恢复。清理恢复完成后,及时向河道管理单位提交专项验收申请。

5.3 强化采砂平台作用,提高统一开采经营能力

为实现河道砂石专业化、规范化开采,平台公司要强化采砂平台作用,不断提高统一开采经营能力。平台公司要加强采砂作业的管理。一是加强采砂作业制度建设。制定详细可行的采砂作业管理制度和采砂作业流程标准,逐步实现规范化、标准化、精细化开采作业。二是加强采砂作业能力建设。加强人员培训,提高采砂作业管理水平;配置现代化采砂作业设备和工器具,提高采砂作业技术能力。平台公司要严格落实砂石处置监管要求。落实砂石采运管理单制度,管理范围内的运砂船舶(车辆)装运砂石,均需持有砂石采运管理单。要加强采砂管理信息化建设,全面推动现场监控、电子围栏、称重计量设施的使用,实现采砂实时监控,推进形成砂石开采、运输、销售的实时监控一体化。

6 结语

河道砂石实行国有化统一开采经营模式,符合当前河道采砂管理新形势、新要求,是规范合法采砂行为的一个有效方式,能有效缓解管理单位监管压力,避免无序、超量开采和恶性竞争等问题,实现河湖保护和社会经济效益共赢。

[作者简介]

王怀冲,男,1982年10月生,总工程师(高级工程师),从事水利工程建设与管理工作,13505211621,3613293@qq.com。

航海雷达在日照水库数字管理中的应用探讨

丁照平[1] 彭 涛[2] 郭 宇[2]

(1. 日照水库管理运行中心 山东 日照 276816
2. 日照市河湖管理中心 山东 日照 276800)

摘 要:航海雷达系统作为日照水库管理方式的创新之举,该应用模式对改善水库管理现状具有重要意义。本文对日照水库航海雷达系统建设的必要性和可行性进行分析,详细介绍了航海雷达系统的架构、系统组成、建设及运行效益。通过航海雷达在日照水库的应用,有效地遏制了日照水库库区非法清淤、非法捕鱼、围库造田活动,对水库清淤及库区管理、渔业生产等提供了可靠的技术保障。为水库的防洪防汛、工程管理提供了更好的科技手段,提高了库区管理人员的工作效率,提升了水库库区信息化管理水平。也为山东省智慧水利做了局部探索和尝试,为日照市数字孪生水利建设打下了基础。

关键词:航海雷达;水库;管理;应用

1 工程概述

日照水库是一座多年调节综合利用的大(2)型水库,总库容 3.356 9 亿 m^3,流域面积 548 km^2,是日照市区主要的防洪枢纽工程和水源地,2021 年水库城市及工业实际供水量 15 527 万 m^3。

日照水库上游涉及 3 个乡镇 28 个自然村,影响人口 1.78 万人。水库上游库岸线 60 余公里,水域面积广、库区周边地形复杂,岸线曲折、湾塘浅滩众多,巡查管护难度较大。库区非法捕捞、采砂、围库造地等破坏水资源及生态的环境的事件时有发生、屡禁不止,致使渔业资源遭到破坏,污染了饮用水水源,亟须加强水域监管,维护水库健康生态。

2 应用航海雷达技术的必要性和可行性分析

2.1 必要性分析

2.1.1 水库工程管理现代化的需要

日照水库管理运行中心从工程管理的角度出发,先后建成了一系列水库工程自动化系统,使工程管理的现代化水平有了一定提高,但已建成的自动化系统主要针对日照水库枢纽工程及其设施,未涉及水库上游库区及水域。上游库区及水域急需建设一套行之有效的信息化系统,来改变目前管理的现状,提高库区及水域的现代化管理水平。

2.1.2 切实掌握工程运行状况的需要

日照水库上游库区及水域内的非法捕捞、采砂、围库造田等行为严重破坏了水资源及生态环境,影响了日照水库的蓄水能力和供水安全。应用雷达探测技术后,将实时掌握库区及水域的运行状况,对出现的非法行为及时进行制止。减少了人力和物力,增强了执法力度,保护水资源及生态环境,确保水库工程的安全运行。

2.2 可行性分析

2.2.1 日照水库具有良好的工程技术基础

日照水库管理运行中心努力提高工程管理水平,先后建成了雨水情自动测报系统、洪水预报调度系统、溢洪闸自动化控制系统、防汛视频监视系统、大坝测压管理自动化观测系统、防汛会商室系统、信息管理系统等自动化,网络覆盖了全部枢纽工程及工作区、生活区,为系统建设提供了基础保障。

2.2.2 科学技术的发展为项目建设提供了可靠技术支持

2011年,中央1号提出"推进水利信息化建设,提高水利工程和工程运行的信息化水平,以水利信息化带动水利现代化"。近几年来,随着计算机技术、微电子技术、通信技术与网络技术、自动化技术以及数据库技术的飞速发展,使得远程雷达监控技术日益成熟。在水域管理方面的应用前景目前,雷达已广泛应用于气象观测、资源探测、环境监测、导航等诸多社会经济领域。航海雷达由于其信号覆盖范围广、穿透力强、提高效率等特点,在水库水域管理方面也显现出了良好的应用潜力。

3 航海雷达系统在日照水库管理中的应用

3.1 系统架构

日照水库航海雷达系统是在原有的防汛视频监控系统的基础上进行扩展和延伸,该系统是一套集监控、识别、指挥、目标控制等多种功能于一体的大型监控指挥系统,实现了监控指挥中心对库区和水域内所有船只、车辆、机械(包括自有船只和车辆、非法作业船只和车辆机械等)进行监控跟踪、指挥调度和执法管理等功能。

航海雷达系统中的雷达终端和CCTV视频终端,将对水库库区、水域内的信息进行全方位采集,然后通过无线数据通信链路向指挥中心发送雷达目标数据、雷达视频信息数据、CCTV视频数据,而且执法船只、车辆通过AIS通信链路也将本船(车)的动态信息发送至监控指挥中心,中心在掌握多种信息来源之后,可更加有效地进行判断和指挥。一旦雷达发现不明船只、车辆、机械进入水库库区或水域,视频摄像机通过雷达回传的方位距离等有效数据进行判断,直接转向该区域进行拍摄。而中心也可通过系统软件平台向执法船只、车辆上的分显终端发出执法指令,使得管理人员在水库库区和水域内的执法方式变得更加简单有效、科学合理。

3.2 可行性分析

3.2.1 雷达24 h无盲区不间断监控

雷达作为主动性的监控手段,将对水库上游库区和水域范围进行24 h不间断作业,防止出现非法捕捞渔业资源的船舶、非法采砂船舶机械、上游库区围库造地行为等出现在库区范围。

3.2.2 视频24 h无盲区不间断监控

视频也是监控系统的必要手段,通过视频自动巡航和抓拍,将对水库库区和水域进行全方位的视频扫描,而且可通过与雷达的数据信息联动功能,主动找到非法入库捕捞和采砂船只、围库造田机械等,并进行视频跟踪和收集视频证据,白天主要通过高清摄像机工作,夜间主要通过热成像摄像机进行工作。

3.2.3 AIS自动识别系统进行身份验证

库区内原有执法船舶、车辆进行巡航,通过AIS系统可将执法船舶、车辆进行编号,且将其位置信息实时向监控中心发送，以便监控中心得知所有执法船舶、车辆的位置和动态，当出现非法作业船只、车辆、机械时，监控中心可通过监控显示平台直观地看到其位置，并迅速指挥最近的执法船舶、车辆前往非法作业地点进行执法。

3.2.4 无线数据链路传输通道

雷达和视频由于安装地点较远，系统综合布线无法实现，所以雷达视频数据信息和视频数据信息都可通过无线业务方式或微波点对点无线数据传输方式进行远程无线传输。

3.2.5 监控中心安装 AIS 基站

AIS 基站可实现对执法船舶、车辆安装的船（车）载 AIS 数据进行接收，实现对自有船只、车辆的身份识别验证和指挥工作。

3.2.6 数据信息综合服务系统

雷达数据、雷达视频信息、雷达远程控制、CCTV 视频信息、CCTV 视频控制、数字云台控制、AIS 数据信息等信息通过无线数据链路发送给监控指挥中心后，监控指挥中心对数据进行数据处理、解析、计算和存储，并将数据显示在地理信息显示平台上，并指挥人员可随时调用数据记录，实现数据回放。

3.2.7 基于 GIS 平台的数据信息显示平台

监控中心通过该平台显示当前自有船只和车辆与雷达目标船只和车辆的位置和动态、视频监视画面、雷达视频信息界面，使指挥人员可直观地看到各执法船只、车辆的分布情况和库区安全情况，一旦雷达扫描到有非法作业船只、车辆或机械进入，视频立即启动目标联动功能进行证据收集，监控系统自动提示报警，指挥人员可迅速通过显示平台向现场执法人员下达集结指令，进行有效执法。

3.2.8 执法船只终端系统

执法船只、车辆可通过船（车）载/手持式终端，根据指挥中心下达的指令，迅速赶往指定地点进行执法。终端与中心通过无线方式相连接，指挥中心将非法作业目标地点发送到与其最近的终端，执法船只、车辆也可通过移动平台分显终端直观地看到目标位置和本船（车）位置，并迅速赶往指定地点，实现执法可视化和最大效率化，并可通过终端系统与其他执法船只（车辆）的联合执法、协同工作。

3.3 系统主要建设内容

日照水库航海雷达系统主要建设了雷达监控中心 1 处、雷达及夜视视频监控点 5 处、GPS 定位和身份识别点 10 个、无线数据通信链路子系统 1 套、雷达监控中心 1 处、显示终端子系统 10 套、天线铁塔 6 套等。

3.4 系统效益

系统于 2017 年底通过竣工验收并交付使用，自系统运行以来发挥了较大的作用，系统对水库上游库区和水域进行实时监视监控，实现了日照水库工程监控监视全覆盖。有效地遏制了库区非法清淤、非法捕鱼、围库造田活动，对水库清淤及库区管理、渔业生产等提供了可靠的技术保障，经济效益显著提高。为水库的防洪防汛、工程管理提供了更好的科技手段，提高了库区管理人员的工作效率，提升了水库库区信息化管理水平。

4 结语

航海雷达系统作为内陆水域管理方式的创新之举，该应用模式对改善水库管理现状具有重要意义,尽管在雷达探测技术应用面进行了初步探索,积累了一定经验,尤其是将雷达结合视频监控系统用于内陆水域管理,达到了增强水库监管工作机动性、灵活性的目标,但各站点之间未能完全实现电子信号的互联和信息实时共享。雷达探测对于库湾河岔及浅水区域,干扰信号较多、仍有较多监控盲区,需要结合实际情况实时对雷达信号进行修正,雷达探测技术在内陆的可靠性有待改进和提高。

山东省省水利厅、日照市水利局历来高度重视数字水库的建设和管理,2015年,把日照水库航海雷达系统列为山东省水利现代化示范项目。通过航海雷达在日照水库的应用,提高了日照水库的数字管理水平,也为山东省智慧水利做了局部探索和尝试,为日照市数字孪生水利建设打下了基础。

[参考文献]

[1] 黄永军.航海雷达在水库渔业管理上的应用[J].现代农业,2019(4):79.
[2] 牛金洲,李国庆,高月.雷达结合视频监控在水库安全防护中的应用[J].水与技术,2018(9):139-140.

[作者简介]

丁照平,男,1979年6月生,科长、高级工程师,主要从事水利工程、信息化管理工作,13863335496,inton@163.com。

济宁市农村人居水域环境整治问题与对策研究

孟 军 李 雪 唐 辉

(济宁市水利事业发展中心 山东 济宁 2721000)

摘 要:推进农村人居环境整治,建设美丽宜居乡村,是实施乡村振兴战略的重要抓手。农村人居环境整治三年行动已圆满结束,农村人居环境面貌较大幅度改善。但是由于济宁市农村人居环境整治开展时间短、涉及内容多、资金缺口大、地域差异大,农村人居环境整治问题依然较多,长效管护机制亟待解决。水域作为农村人居环境的重要组成部分,主要包括农村生活污水和黑臭水体治理,具有动态性强、分布范围广、易反弹、管护难的特点,无疑为农村人居环境整治提出了更高的挑战。针对存在的问题,加强组织领导、强化资金保障、创新治理技术、健全完善长效管护机制,从而进一步改善我市农村人居环境,改善农村人居水域环境,显著增强广大农民群众幸福感。

关键词:农村人居环境;水域环境;生活污水;黑臭水体;长效机制

1 研究背景

开展农村人居环境整治是实现乡村振兴、建设美丽中国的重要举措。济宁市认真贯彻落实中央决策部署和省委、省政府工作要求,坚持把推进农村人居环境整治作为实施乡村振兴战略的重要抓手,以农村垃圾治理、厕所革命、污水治理、黑臭水体和村容村貌提升作为主攻方向,强力推进农村人居环境整治五年行动。本文在充分调研济宁市农村人居水域环境现状的基础上,对农村生活污水和黑臭水体治理进行充分剖析,分析整治过程中存在的问题,并对进一步改善农村人居水域环境提出相应的对策。

2 农村人居水域环境整治现状

济宁市坚持全市域统一规划设计,统一建设运行,完成 2 963 个行政村生活污水治理,数量居全省之首,累计投入治理资金 6.6 亿元。建立济宁市农村生活污水治理设施信息化管理平台,出台《济宁市农村生活污水治理设施运行维护管理办法》,探索建立农村生活污水治理与运行管护长效机制。把农村黑臭水体治理纳入河湖长制管理,推进河湖长制向农村黑臭水体延伸,明确镇、村两级坑塘长 410 名,提前 5 个月完成省定农村黑臭水体治理任务,全面推行黑臭水体管护"二维码",实现农村黑臭水体长治久清,农村人居环境得到了明显改善,农村居民生活品质不断提升。在省生态环境厅指导帮助下,今年济宁市以全省唯一成功创建农村黑臭水体治理国家试点地区。

3 存在的突出问题和困难

3.1 治理资金保障有待强化

根据几年的建设实际来看,平均每村开展100户左右农村生活污水示范工程建设投入要35～40多万元,还不计征地费、青苗补偿费等。农村生活污水治理工程属于公益性项目,需要大量公共财政资金投入,而大部分行政村村级集体经济很薄弱,财政补助又有限,无法承担这项开支。随着物价、人工工资的飞涨,按照现有的各级村镇财力无法完成生活污水治理工程的建设,全面开展农村生活污水整治难度较大。因此,资金投入问题已成为农村生活污水治理的首要问题。

3.2 长效运维机制有待完善

农村生活污水治理是项耗资很大的民生工程,一个村庄的污水处理投入的费用在几十万元到上百万元不等,大部分农村的财政能力和农村地区家庭的支付能力都严重不足。许多地区在政府出资建设污水处理设施后常常存在"重建设,轻管理"的现象,由于缺乏长期资金来源致使村镇无法承担污水处理设施的运行维护费用,导致污水处理设施因缺乏费用逐渐被停用。此外,农村地区环境保护机构不健全,污水处理设施缺少专业人员监管。由于长期无人负责维护,污水处理效果下降甚至处理设施停止运行,容易造成二次污染,并且出水水质没有专业人员定期检测,难以对处理效果进行评价。维护管理资金投入不足和专业技术人员缺乏是造成大部分农村地区污水处理设施不能长期有效运行的重要原因。

3.3 污水治理效果有待加强

从农村生活污水处理设施运行情况来看,大部分尚未达到理想效果。主要是由于以下四个方面的原因:一是生活污水收集难,由于村镇居住区分散,管网不配套等原因,不能把所有农村集中居住区的生活污水集中收集;二是处理设施、设备简单,由于受资金、技术等因素制约,部分生活污水处理效果不好;三是处理设施设计不符合标准,规模偏大,管网建设没有充分考虑地势,造成污水难以流入处理设施;四是处理后的废水不能得到有效利用,由于受地理条件和污水管网建设影响,处理后的大部分生活污水除用于农业灌溉外,其他用途较少,不能得到有效利用,发挥应有的经济效益。

3.4 工程建设缺乏科学规划

一方面,农村居民住宅规划滞后,农村居民点分散不集中,对农村污水治理工程的建设带来建设难、管理难、投资大等困难,影响污水治理工程的建设。另一方面,由于缺乏资金投入,在实施农村生活污水治理工程时,缺少科学、统一、完整的规划编制和实施方案,主要体现在:

一是污水处理站改造标准过低,明污转为暗污。虽然漂亮的公厕和整洁的户厕均已建成,但是,改建后能真正达到无害化标准的站数量不多,导致生活污水绝大部分不经任何治理,直接排入了河道或经化粪池简单治理后渗入地下,严重污染河水和井水,由明污转为暗污,致使一些河道和水塘成了天然的集污池。

二是部分铺设污水管道的集镇和农村,一般采用雨污合流的排水体制,污水由明渠或明沟形式任意排放,而且沟渠的排水断面普遍偏小,常被垃圾堵塞,街巷污水漫流,严重影响周围环境。随着农村居住人口不断增加,生活污水产生量呈快速增大趋势,这将给地表水环境质量带来严重的危害。

三是布局不够合理,资源浪费严重。一直以来,农村生活污水的治理,注重形式、应付检查者居多,治标不治本。各集镇行政村缺乏系统整体的、科学合理的规划布局,站不到位、资源极度浪费现象严重。

3.5 工程施工缺乏监管指导

对新农村人居水域环境整治的长期性、艰巨性及阶段性的考虑不足。近年来,虽然对新农村水域环境整治做了不少工作,也取得了巨大成效,但也存在急功近利的心态,片面追求短期,对长远规划和建设问题考虑得比较少,导致后期管理跟不上,使得已建成生活污水治理工程不能长效发挥作用。例如,工程施工方案虽然有专业设计,但土建施工多由村里自行建设,缺乏技术人员指导,施工随意性较大。部分乡镇、街道对农村生活污水治理工作的重视不够,没有专人监管,施工质量难以保障。在工程验收中,由于缺乏专业指导和农村生活污水治理排放标准引导,导致竣工验收无章可循。有些项目污水产生量远远低于设计参数,污水治理效益难以显现,造成资金的浪费。

4 治理对策

4.1 加强组织领导,形成联动机制

成立由市政府主要领导同志任组长、分管领导同志任副组长、市直有关部门主要负责同志为成员的市级农村生活污水治理工作领导小组,领导小组下设办公室,办公室设在市城乡水务局,各部门加强统筹协调、分工协作,合力推进农村生活污水治理。同时,各县(市、区)要成立县级农村生活污水治理工作领导小组,做好项目落地、资金使用、推进实施、运行维护等工作。

为进一步发挥市、县(市、区)、镇街、行政村四级组织优势,把农村生活污水治理工作作为人居环境整治建设内容的重中之重。建立健全目标考核机制,把农村生活污水治理工作纳入各县(市、区)、镇街、相关部门年度工作目标考核范围,进一步强化资金保障,实行考核激励。落实专人负责本辖区农村生活污水治理和长效运维工作,形成市、县(市、区)、镇街、行政村上下联动、齐抓共管的良好工作格局。

4.2 强化目标导向,构筑建管体系

农村生活污水和黑臭水体治理涉及范围广、涉及部门多,部门协调难度大,要建立统一的建管体系,统筹农村黑水、灰水治理。明确农业农村、财政、生态环境、住建、水务等部门的建设和后续维护管理责任,负责做好项目设计、设备采购、工程监管、资金管理、竣工验收,管护方案制定、运行管护等工作。各地各部门要从实际出发,各司其职,密切配合,主动服务,形成共同抓好农村污水治理工作的良好氛围。

4.3 坚持因地制宜,推进科学治理

遵循"科学规划,绿色发展;先易后难,梯次推进;因地制宜,分类治理"。对所辖行政村经济基础、区位生态环境敏感程度、污水产生情况、地形地貌、村民治理意愿等情况进行深入分析研究,逐村确定治理方式、建设时序和资金来源,实行"一村一策"。优先治理南四湖周边、梁济运河沿线、饮用水水源地保护区等生态环境敏感区范围内的行政村。对人口较为集中、能够产生污水径流的村庄,采用纳入城镇管网、建设污水处理站、生态处理等集中处理方式;对人口较少、居住分散、不能产生污水径流的

村庄,采用分散处理就地利用、分散收集集中处理等分散处理方式。

4.4 创新治理技术,提高资源利用

现有的农村生活污水治理技术大多套用城市污水治理,不能充分考虑农村生活污水的特点进行合理的创新。特别是济宁地处南水北调干线、南四湖生态保护区,治理要求高,同时,农业种植、美丽乡村环境用水多,因此在选用污水治理技术时应充分考虑出水水质和尾水资源化利用,积极创新,探索出适合济宁农村的一套生活污水治理技术。创新采用"农村生活污水和黑臭水体一体化治理及污水资源化利用模式",结合村庄防洪、除涝水位疏挖村庄坑塘、排水沟,利用疏挖后坑塘、排水沟种植多种水生植物接纳、净化污水处理站中水用于生态补水灌溉农田、种植水生经济植物,产生的效益用于污水处理站运行维护。

4.5 统筹治理资金,加大专项投入

目前,我市农村污水治理资金缺口很大,初步估算总投资约108亿元。要建立起政府主导、市场运作、社会参与的多元化投融资格局。市、县两级财政要进一步加大支持力度,建立健全合理有效的费用分担机制和项目运营维护长效机制,确保市级补助资金、县级配套资金落实到位。要认真研究上级扶持政策,继续加大对上协调,争取政府专项债券、乡村振兴、中央农村环境整治等资金,并优先用于农村生活污水和黑臭水体治理。积极与国开行、农发行对接,了解各项贷款政策,争取专项贷款支持,积极推进农污资源化利用,适时探索建立农污处理付费制度,不断拓展融资渠道。

4.6 实行建维一体,建立长效机制

采用"统一规划,统一设计,统一建设,统一维护,统一监管"的总体思路,实行建设运行维护一体化,建立市、县、镇、村、运营单位"五位一体"农村生活污水治理设施运维管理体系,实行工程建设和运行维护一体化招投标,优选一个投融资能力强、技术可靠的企业,按照一个标准建设、一种方式运行维护,把责任主体落实到一个单位,形成农村生活污水治理全过程解决方案,将全市农村生活污水处理设施(包括已建、在建、新建)委托给中标企业进行统一建设运行维护,不断提高农村生活污水治理率,切实改善农村生态环境。

4.7 加大宣传造势,营造浓厚氛围

充分利用新闻媒体和宣传工具,广泛宣传农村生活污水和黑臭水体治理重要意义,发动广大干部群众积极参与,增强全社会治污意识,提高群众的建设参与度和长效运维自觉性,形成全社会开展农村生活污水治理的良好氛围,推动城乡水环境改善和美丽乡村建设。

[参考文献]

[1] 于法稳,侯效敏,郝信波. 新时代农村人居环境整治的现状与对策[J]. 郑州大学学报:哲学社会科学版,2018(3):64-68.
[2] 王富国. 农村人居环境整治存在的问题及对策[J]. 城市建设理论研究(电子版) 2019(18):7.
[3] 中共中央办公厅 国务院办公厅. 农村人居环境整治三年行动方案[R]. 2018.
[4] 鞠昌华,张卫东,朱琳,等. 我国农村生活污水治理问题及对策研究[J]. 环境保护,2016,44(6):49-52.
[5] 沈兴刚,栗霞,董清国,等. 农村生活污水治理现状及对策研究[J]. 环境与发展,2018,30(12):49-50.

[6] 济宁市人民政府办公室.济宁市农村生活污水治理实施方案(2019—2025年)[R]. 2019.

[作者简介]

孟军,男,1992年12月生,工程师,主要从事农村生活污水治理、水旱灾害防御、农村饮水安全等方向的工作,18266831201,1984084350@qq.com。

关于淮河流域洪泽湖水政公安联合执法新模式之探索

荣海北 李 欣 陈星辰 付 兵 吴晓兵 霍中元 郭 军

(江苏省洪泽湖水利工程管理处 江苏 淮安 223100)

摘 要：基于水行政执法中，水利工程管理机构作为条例授予相对单一处罚权的水行政管理机构，处罚执法中的违法行为存在处罚方式单一、处罚力度不足、案件处理时限较长的问题，无法有效保障水利工程的安全运行，甚至危及民众的财产与生命安全。执法困境的原因包括法律依据、部门队伍建设、公民守法意识三方面的不足。而多部门水上联合执法活动以及水政公安联合执法警务室为解决此困境提供新思路、新模式，值得总结经验并不断完善，形成更为成熟的联合执法示范基地。

关键词：联合执法；水行政执法；水利工程管理

省洪泽湖水利工程管理处管理着三河闸、洪泽湖大堤等水利工程。其中洪泽湖大堤是淮河下游地区重要的防洪屏障，三河闸更是淮河流域第一大闸，成功抗御了 1954、1991、2003、2007 年等流域性特大洪水。汛期确保水利工程的安全运行是历年工作重点。但目前在三河闸、洪泽湖大堤等管理范围的违法捕钓鱼、违法建设、非法占用、倾倒工程垃圾、破坏水利工程设施等违法行为依旧较为严重。尤其开闸期间，警戒区内的捕钓鱼情况严重，钓鱼人员不同时间段聚集，甚至破坏安全防护围栏，既影响三河闸汛期的安全运行，也危及钓鱼人员自身的生命安全。为了保障水利工程的安全运行，维护好管理范围内水事秩序，必须增大巡查范围与巡查频率，延长巡查时间，增大了水政巡查人员的工作难度。因此，亟须探索更为有效的水行政执法方式，进一步提升执法水平。

1 水行政执法困境现状

1.1 处罚方式轻

目前，省洪泽湖水利工程管理处作为水利工程管理机构，根据《江苏省水利工程管理条例》的第三十条等相关规定，可对实施水事违法行为的单位和个人处以行政处罚。处罚方式主要有警告、没收非法所得、罚款等。

1.2 执法难度大

经一般程序立案的水事违法案件，案件处理时间较长，无法及时恢复对水行政秩序的破坏。由于水利工程管理机构的处罚权限实际落实尚存在问题，实际受处罚的单位与个人，均是停止违法行为、恢复原状等，无其他更有效的惩罚性措施，导致实际水行政执法过程中执法难度较大，破坏水事秩序的行为人违法成本较低，导致行政机关责令其履行相应义务时推脱与不配合。水行政主管部门相对单一的行政执法权，使得维护水事法律法规的权威和良好的水事秩序在实际执法中受到了挑战。

1.3 决定难落实

虽然在《中华人民共和国水法》(以下简称《水法》)第六十五条、第六十七条,以及《中华人民共和国防洪法》(以下简称《防洪法》)第四十二条有相应规定,如建设妨碍行洪的建筑物的,责令拆除,逾期不拆除或不恢复原状的,强行拆除。但往往调查前期并不能获取完整的证据与调查情况报告,不能直接判断出对水利工程的损害程度。实际行政处罚中强行拆除的案例也较少。

2 执法困境的原因探索

水行政执法中面临的困境与挑战,其形成的因素不是单一的,而是多种复杂因素长期造成的,主要包括以下几方面。

2.1 法律依据层面

水上行政执法涉及法律等文件种类繁多,不仅包括全国人大及其常委制定的法律,如《水法》《防洪法》,也包含了许多地方法规与条例、实施办法、细则等,如《江苏省湖泊保护条例》《江苏省河道管理条例》《江苏省水行政处罚自由裁量权实施办法》等。尤其江苏作为湖泊大省,已初步形成了较为完备的水事法律体系和比较具体的实施细则。根据《中华人民共和国行政处罚法》(以下简称《行政处罚法》)所规定的行政处罚种类以及第二十八条规定的行政机关实施行政处罚时,应当责令当事人改正或者限期改正违法行为。可以得出,责令当事人改正或者限期改正违法行为实际是一种命令其履行原有法定义务的宣告,并不是一种减损权益或增加义务的处罚。因此,目前水事法律中规定的行政处罚种类仅包括警告、罚款、没收违法所得、吊销许可证等几种。反观最新的《行政处罚法》中则明确列举了十一种行政处罚方式,且处罚程度轻重差异明显,可根据实际情况做出相对适宜的处罚。而对于水事违法行为,水政监察员在行政执法中,通常只能选择责令停止违法行为,恢复原状或者采取其他补救措施,可以处一定数额的罚款这一种法定处罚方式,处罚形式过于单一。水事法律的处罚权较小且单一差异导致实际处罚效果较差,处罚力度不足。

2.2 部门队伍建设层面

一方面水事案件通常涉及多部门,无法及时发现与查处。一个违法案件往往不仅涉及水利、农业、渔业行政主管部门,而且可能还会涉及环保、交通、规划、国土资源等多个部门。这对水行政执法人员的专业知识的广度与深度提出了更高的要求。管理中,多个部门之间也会发生管理权与部门利益上的碰撞,如何兼顾洪泽湖的开发与利用的同时,稳步落实各部门对洪泽湖的保护职责,也导致了洪泽湖治理的困难。另一方面,执法队伍专业性建设难度较大,有效监管需要投入较多人力、财力。以洪泽湖水利工程管理处为例,水行政执法队伍共有水政监察员51人,专职19人,兼职32人,分配到各个执法大队的专职水政监察员只有一至二个,专业能力和硬件有限,不足以应对各种各样的水事问题。但是洪泽湖工程范围大,点多、面广、线长,而各种违法行为层出不穷,日常执法监管任务较重。而根据实际情况建立的现有巡查制度要求,非汛期每周至少巡查三次,巡查频次不够多,巡查范围不够全面,并且一进入汛期,水闸泵站开始运行时,周边违法捕钓鱼现象爆炸式增多,而现有的执法人员和装备无法充分应对此类水事乱象,也给保证工程运行安全和人民群众生命财产安全带来了很大的隐患。三河闸开闸泄流时期,为保障三河闸水利工程的安全运行,省洪泽湖水利工程管理处落实领导带班、值班人员24 h巡查制度,重点位置安排人员现场值守。以巨大财力、人力投入来保障"人员陆上巡、无人机天上飞、执法艇水上赶",形成全方位巡查体系。虽然取得了一定的效果,但是始终是扬汤止沸,短时间内超高的投入并非长久之计。另外,洪泽湖的非法围垦(养)问题、非法建设问题依旧是水执法管理工作中的难点与重点,仍需要持续、长效的监管投入。

2.3 公民守法意识层面

由于长期以来公民遵守水法意识淡薄,相比水生态保护,更注重水域内个人经济效益,尤其是经济发展薄弱的地区,百姓不能意识到法治水利建设的重要性。相比较于公安机关,其他行政机关的执法人员往往对百姓缺乏震慑性,制止违法行为不能通过简单的警告,而是要采取更加烦琐、严格的手段才能制止违法行为,执法效率低下。违法行为主要突出领域有非法圈圩、非法采砂、非法建设、非法排污,其中洪泽湖非法采砂问题在2018年底得到基本解决,在水利公安联合执法行动下,所有滞留洪泽湖的采砂船全部驶离或拆解。[1]洪泽湖非法采砂全面禁止,水利公安联合执法模式被证明成效斐然。

3 执法模式的探索

3.1 开展多部门水上联合执法活动

依据可持续发展与绿色经济的理念,经济增长,不仅是数量上,更是追求质量和效益,所以保护洪泽湖的生态与洪泽湖水利工程安全是必然选择。针对上述的问题,省洪泽湖水利工程管理处在实践中不断摸索,总结经验。形成了以联合执法的模式,推进管理的水利工程安全与水域生态健康。2021年,联合当地政府水警、渔政等部门集中开展禁止捕(钓)鱼执法活动,共驱离驱赶捕(钓)鱼人员两千余人次、捕鱼船三百余艘次,处罚了两起进入警戒区无证捕捞行为,有效地管控非法捕(钓)鱼行为,维护三河闸开闸期间良好的水事秩序,保障重要活动的顺利开展。

3.2 建成三河闸水利公安联合执法警务室

和地方公安局水警大队联合,在省三河闸管理所设置水利公安联合执法办公室[2],成立由省洪泽湖水利工程管理处领导和地方公安局分管负责同志组成的领导小组,负责组织协调联合执法工作,管理处水政支队和地方水警大队通力协作,负责各项任务的落实。日常主要围绕三河闸、洪泽湖大堤开展巡查,重点巡查三河闸警戒区范围内捕(钓)鱼、违法建设等违法行为,做到问题早发现、违章早遏制。加强对各类水事违法行为执法打击力度,及时研判河湖违法形势,做到有案必查、查则必严。以强有力的执法手段,严厉打击各类水事违法行为,震慑违法人员,保障水利工程的安全。

4 水政公安联合执法模式的完善

4.1 加大执法队伍建设,促进交流学习

执法的创新,核心是执法队伍的专业能力的增强。首先是落实联合执法专项经费,加大执法装备投入,定期开展执法人员培训,为基层执法人员投人身伤害保险,免除执法人员的后顾之忧,保证基层执法队伍稳定,切实发挥基层执法机构强监管职能。其次,水政执法中,必须通过加强水上执法队伍规范化、专业化建设,才能真正发挥这个模式的作用与功效。这需要从水利和公安两个部门同时发

力,既需要专业水警加强水法等专业法律法规学习,水行政执法机关也要利用好联合执法行动,促进水利部门与公安部门之间的互相学习、共同提高,使水政执法人员能学习到公安部门执法规范化、正规化经验,提升执法办案水平[3]。此外,各部门间可以通过定期研讨与交流学习,尝试构建联合执法的组织范本,形成逐渐成熟的联合执法模式与构建水政公安警务室示范基地。

4.2 建立联合执法体制机制

建议省水利厅与公安厅联合出台《联合执法的指导意见》等指导性文件,并建立了执法联动机制示范点,执法人员实行双重领导机制,构建以专职执法队伍为核心、内部执法机构为补充的水利综合执法体系,实现了省级水行政处罚一个窗口对外。给基层执法提供制度上的依据和实践上的指导。

4.3 建立执法联席会议机制

参照省水利厅牵头成立省管湖泊管理与保护联席会议[4]模式,成立执法联席会议,该会议是为了加强湖泊管理与信息共享的积极探索,将办公室设在相关的厅直属水利工程管理处,成员包括地方市、县人民政府,环保、渔业、农业、林业、交通等行政主管部门。联席会议作为成员建立信息交流和互动的平台,可以促进多个管理机构间的湖泊管理信息共享与交流,集思广益,因地制宜,为治理地方湖泊、河流等提供新思路与新方法,更便捷和有效的开展联合行动。但在具体的实际运作中比如非汛期时间各单位间的联系还需加强。

4.4 严格遵守水行政执法程序

一方面水行政执法机关要充分利用证据登记保存制度,针对严重危害水利工程安全或汛期行洪的情况,可以通过证据保存登记的方式,及时控制违法行为人的违法工具与危害程度,及时维护水事秩序,确保紧急情况下人民群众的生命与财产安全;另一方面,也要注意规范执法,加强执法记录仪规范使用培训,及时公示权力清单,确保人民群众的监督权行使。只有确保权力的公开透明,才能有效防止权利滥用。既要行政机关高效有力、公开透明执法,也要人民群众全过程监督与全过程参与。

4.5 建立健全信息化执法模式

对于夜间盗采河砂及水资源等违法行为进行人为监管极为困难。采取计算机智能网络方式,能够实现24 h连续监控,且采集证据公开透明。为此,建议在重要河段、水库、水闸布设监控点,实现计算机远程监控,并且与智能手机进行无线连接,推行水行政执法APP掌上执法,实现随时随地动态监管,确保水政执法在重点地区实现全覆盖、无死角。还可以通过设立举报电话等方式,广开信息渠道,强化信息交流,推进执法办案信息共享。

4.6 联合宣传教育,营造浓厚法治氛围

除了联合检查,可以开展多形式的水法律法规教育宣传。抓好全民普法基础性工程,推进"八五"普法,压实"谁执法谁普法"的普法责任制。以点带面,扩大水事法律法规的宣传范围与丰富宣传的形式。水利公安联合组织开展国家宪法日、法治宣传月、世界水日和中国水周活动。健全以案普法长效机制,推进法律进乡村、进学校等。通过曝光一批重大水事违法行为,强化水法律法规宣传,在全社会营造遵法、守法、护法的良好氛围。

5 结语

近年来,江苏省各级水利部门借助公安机关的力量,开展水利与公安联合执法工作,水行政执法力度越来越强,水行政执法的威慑力越来越大,水事管理秩序越来越好,水行政执法呈现了前所未有的良好局面,更加有力地保障和支撑水利事业长远健康发展。

[参考文献]

[1] 张德进,刘欢,杜凯. 联合执法机制在独流减河河口区域水政管理中的实践与发展[J]. 海河水利,2020(1):18-21.
[2] 左顺荣. 河湖的难题 浪花的思考[M]. 香港:香港天马出版社,2018.
[3] 戴军利,宋文冉. 水利综合执法工作探索和经验借鉴[J]. 治淮,2021(5):61-63.
[4] 马宇. 辽宁水利与公安联合执法的实践探索与思考[J]. 水利发展研究,2019(3):48-50.

[作者简介]

荣海北,男,1976年8月生,科长(高级工程师),主要从事水利工程运行管理、水行政执法等方向的研究,13327961196,183540591@qq.com。

从泰州市"以水定产"落实情况浅谈水资源刚性约束制度

杨 菁

(泰州市水利局　江苏 泰州　225300)

摘　要：习近平总书记在深入推动黄河流域生态保护和高质量发展座谈会上强调,"十四五"是推动黄河流域生态保护和高质量发展的关键时期,"要全方位贯彻'四水四定'原则,坚决落实以水定城、以水定地、以水定人、以水定产,走好水安全有效保障、水资源高效利用、水生态明显改善的集约节约发展之路"。本文从"以水定产"的角度,通过了解泰州市水资源概况及落实"以水定产"的现状,分析推动水资源刚性约束制度建立过程中存在的问题,并提出解决建议。

关键词：泰州市；"十四五"；以水定产；水资源；刚性约束制度

近年来,泰州市深入贯彻落实习近平总书记"四水四定"要求,积极探索、推动水资源刚性约束制度建立,通过制定相关政策措施,推动"四水四定"落地生根。本文从"以水定产"的角度,分析推动水资源刚性约束制度建立过程中存在的问题,并提出解决建议。

1　泰州市概况

1.1　自然地理及经济社会概况

1.1.1　自然地理

泰州市位于江苏省中部,长江北岸,北部与盐城毗邻,东临南通,西接扬州,是长三角中心城市之一。泰州市行政区划三个区和三个县级市,即姜堰区、海陵区、医药高新区(高港区)、兴化市、靖江市和泰兴市,总面积5 787.98 km^2,其中河网水面积1 266.4 km^2。

泰州市地理坐标从东经119°38′21″至120°32′20″,北纬32°01′57″至33°10′59″,地跨长江三角洲平原和里下河平原两个单元,中部较高,向南北两侧倾斜。

泰州市全境属亚热带季风气候,四季分明,光照充足,多年平均气温15.0℃,雨量夏丰冬少,入汛以梅雨为主,汛中、汛末以暴雨台风危害最大。多年平均降水量1 027.0 mm。降水年际变化较大,最大年降水量为2 075.5 mm(1991年兴化市兴化站),最小年降水量为328.8 mm(1978年兴化市安丰站);年内降水约66.7%集中在汛期(5—9月),汛期多年平均降水量为684.7 mm。

1.1.2　经济社会

2021年泰州市完成地区生产总值(GDP)6 025.27亿元,比上年增长10.1%。其中,第一产业增加值318.14亿元,增长2.8%;第二产业增加值2 918.60亿元,增长9.3%;第三产业增加值2 788.53亿元,增长11.8%。三次产业结构调整为5.3∶48.4∶46.3。

年末,全市户籍总人口492.70万人,其中市区162.75万人;常住人口452.18万人,其中市区173.69万人。城镇化水平有所上升,常住人口城镇化率为68.64%,比上年提高0.58个百分点。

1.2 水资源禀赋特点及集约节约利用水平

1.2.1 水资源禀赋特点

泰州市是全省水域面积占有比例较大的地级市之一,水网稠密,全市有骨干河道近60条,中心河、排涝河、生产河等类型的小河流多达数千条,小型湖泊6个。依地势和主要河流的分布状况,泰州市分属淮河、长江两大流域,也分为里下河和苏北沿江地区两大水系。横贯东西的328国道即江淮分水线,国道以南属长江流域,面积 2 711.15 km², 占全市总面积的46.8%, 以北属淮河流域,面积 3 076.11 km², 占全市总面积的53.2%。北部里下河地区骨干河道有卤汀河、泰东河、蚌蜒河、车路河、海沟河、兴盐界河、盐靖河、雌雄港、串场河等。南部通南地区骨干河道有古马干河、如泰运河、天星港、焦土港、周山河、夏仕港等。

泰州市境内水资源分属于淮河区和长江区2个一级区;中渡以下和湖口以下干流2个二级区;里下河区和通南及崇明岛诸河区2个三级区;里下河腹部区和通南沿江区(扬)2个四级区。因此,泰州市境内作为江、淮流域分水岭的328国道既是泰州市一级水资源区的分界线,也是泰州市二、三、四级水资源区的分界线。

泰州市水资源四级区套县级行政区分为8个计算单元,其中淮河区3个、长江区5个,具体情况见表1。

表1 泰州市水资源四级区套县级行政区表

一级区	二级区	三级区	四级区	计算单元
淮河区	中渡以下区	里下河区	里下河腹部区	兴化、姜堰、海陵
长江区	湖口以下干流区	通南及崇明岛诸河区	通南沿江区(扬)	海陵、姜堰、高新(高港)、泰兴、靖江

1.2.2 水资源集约节约利用水平

2019—2021年,泰州市用水总量控制指标分别为 33.63 亿 m³、33.79 亿 m³、33.79 亿 m³;供用水量分别为 28.61 亿 m³、26.67 亿 m³、24.37 亿 m³。2021年,泰州市农业、工业、生活、生态供用水量分别为 18.81 亿 m³、2.25 亿 m³、3.11 亿 m³、0.2 亿 m³,其中农业用水耗水率约为72.53%、工业用水耗水率约为5.58%(直流火电耗水率约为4%,循环火电耗水率为97%,非火电耗水率约为20.67%)、生活用水耗水率约为31.55%、生态用水耗水率约为100%。

1.3 泰州市"十四五"产业发展基本情况

"十四五"期间,泰州市委、市政府聚力转型、构建现代产业体系,奋力打造崛起中部的产业增长极,大力推进战略性新兴产业快速发展。

到2025年,力争将泰州市建成长三角区域具有重要影响力的特色战略性新兴产业集聚地,医药、高技术船舶、节能与新能源等产业全国领先,更好地发挥战略性新兴产业重要引擎作用。

"十四五"期间,泰州市将以创新发展为引领,聚力突破产业中高端发展的短板,聚焦医药、高端装备、高技术船舶、节能与新能源、新材料、新能源汽车及零部件、新一代信息技术等重点领域做大做强、做精做优,优先扶持数字经济等新兴产业,形成创新能力强、特色鲜明的战略性新兴产业体系。

2 泰州市落实"以水定产"现状

结合泰州市自然地理、社会经济及水资源禀赋情况,"水"的刚性约束主要体现在"量"和"质"上,主要以用水总量、用水效率及水质达标率进行约束。

根据泰州市各部门管理职责,在落实"以水定产"相关工作中,水利部门主要负责用水总量控制,住建部门主要负责供水保障,发改、工信涉及用水效率控制,生态环境部门主要负责水质监测,目前泰州市尚未形成跨部门协同管理机制。

泰州市积极推动水资源刚性约束制度落地,将"以水定产"相关内容列入地方发展规划。《泰州市国民经济和社会发展第十四个五年规划和二○三五年远景目标纲要》中,将"全力打造令人向往的'幸福水天堂'、崛起中部的产业增长极"明确为泰州市"十四五"时期经济社会发展指导思想,将"地表水省考以上断面水质达到或优于Ⅲ类比例(%)"列为泰州市"十四五"经济社会发展主要指标,着力提升供水保障能力,提高现代水利支撑能力,强化水资源高效调配,进一步化解水资源约束,完善调配水工程体系,强化依法治水,提出"基本建立节约集约、高效供给的资源水利"目标。

泰州市泰兴经济开发区作为全省首批试点,已组织编制了《泰兴经济开发区水资源刚性约束"四定"试点实施方案》,试点研究工作以"生活用水保障、工业节水减排、城镇节水降损"为抓手,以"水安全有效保障、水资源高效利用、水生态明显改善"为目标,通过水资源刚性约束,打造园区水资源利用"三级循环"新典范,为经济开发区经济社会高质量发展提供水资源支撑和保障。

为落实"以水定产",近年来,泰州市不断加强节水管理。一是严格用水总量控制。根据各市(区)用水实际,压缩下达省用水总量控制指标,节余部分水量至市级,用于突发情况下的水资源调配;探索实行开发区区域论证评估制度,确定开发区项目准入水效指标;将用水总量、用水效率控制指标纳入最严格水资源管理考核及高质量发展考核,促进各市(区)切实节约用水。二是加强定额管理。严格落实省定额标准,修订市级定额,要求计划用水户强化定额控制,对超定额取水户严格加价收费,倒逼企业淘汰落后产能,抑制不合理用水需求,提升节水能力。三是强化取用水监管。严格取水许可审批,加大"双随机 一公开"、"四不两直"和取用水专项检查工作频率,强化取用水事中、事后监管,督促企业强化节水意识。四是推进非常规水源利用。扩大示范影响,推广各市(区)非常规水源利用成功经验,加强非常规水源利用宣传;强化规划引领,泰兴市制定了《泰兴市非常规水利用规划》,以泰兴市经济开发区为引领,推动再生水利用;落实考核机制,将非常规水源利用量指标纳入最严格水资源管理考核,多措并举,提升非常规水源利用率。五是落实"节水三同时"制度。泰州市水利局联合发改、行政审批、住建等部门出台《泰州市建设项目节水设施"三同时"实施细则》,从严从实,将节水评价作为项目验收的刚性约束,推动用水效率提升。

此外,泰州市还注重运用市场手段推进落实"以水定产"。2021年,泰州市完成了全市首例地下水权交易,该项目是在地下水总量控制指标不可突破的刚性要求下,利用市场经济手段创新解决地下水供需矛盾的有力举措,也是落实"精打细算用好水资源,从严从细管好水资源"的重要手段之一。水权交易通过市场机制和价格杠杆作用,倒逼企业提升节水效果,同时将水资源配置到真正有需求的地方,实现水资源刚性约束制度下用水效率的提升。

3 泰州市推动水资源刚性约束制度存在的问题

3.1 缺乏制度引导

从"以水定产"的落实情况来看,泰州市"四水四定"工作目前尚处于探索阶段,主要依靠自身经验及地区特色推进水资源刚性约束制度建立,缺乏上位制度引导,对制度框架体系建设、指标覆盖范围、指标内容理解等具体工作内容的执行尺度难以精准把握。

3.2 缺少部门联动

水资源刚性约束制度主要由水利部门在推动，住建、发改、工信、生态环境等相关部门未形成协同管理机制，使得不同部门在政策制定、数据共享、指标设立等各方面存在"屏障"与理解上的偏差，不利于工作推进。

3.3 标准难以统一

受产业布局、产业结构影响，泰州市各市（区）对"水"的刚性约束要求不同，难以用统一的标准约束所有地区。如地属泰州北部淮河区里下河腹部地区的兴化市是泰州的农业大市，农业有效灌溉面积占泰州全市43.5%，农业用水总量占全市用水总量的48.4%，受第一产业经济效益较第二、三产业低且需水量高的影响，该市单位GDP用水量较其他各市（区）都高，如果以"单位GDP用水量"作为水资源刚性约束制度考核指标，则该地区考核排名会一直偏后。诸如此类的标准设定问题还有一些，导致水资源刚性约束制度考核标准尚未统一。

3.4 约束手段单一

"以水定产"虽已纳入地方发展规划，但主要体现在环境治理（水生态）方面，对水资源量的重视程度及抓手不够。

4 有关建议

4.1 强化制度引领，加强部门联动

上级部门及地方政府要加快出台相关政策法规及指导意见，帮助基层厘清工作思路，推动工作进展。地方政府应该加强"四水四定"工作重视程度，建立联席会议制度，在水资源刚性约束制度探索阶段加强部门间的交流，实现大数据共享，强化指标理解、统一指标内涵，共同促进指标体系建立。

4.2 鼓励因地制宜，全面考核方式

针对不同的自然地理及水资源禀赋情况，制定不同类型的水资源刚性约束框架体系，让水资源真正成为助力经济社会发展的重要支撑。创新多种考核方式，如设立多种指标属性，针对不同地区设定不同指标的加减分项等，提升"水"的重要性，强化全民节水意识。

[参考文献]

[1] 泰州市水资源公报.
[2] 泰州市"十四五"战略性新兴产业发展规划.
[3] 泰州市国民经济和社会发展第十四个五年规划和二〇三五年远景目标纲要.
[4] 泰兴经济开发区水资源刚性约束"四定"试点实施方案.

[作者简介]

杨菁，女，1992年1月生，一级科员，从事水资源管理与保护工作，18860890418，626863824@qq.com。

关于水利工程工程总承包项目管理的探讨

徐 然　史 玮

（中水淮河规划设计研究有限公司　安徽 合肥　230601）

摘　要：我国传统的水利工程项目管理模式多以业主自制管理模式为主，随着市场经济发展，在质量管理、进度管理、投资控制、系统协调、人员管理等方面，这种模式都有很多的问题，无法满足发展的需要。目前国际水电工程承包市场中EPC模式已占有较大份额，而我国在"一带一路"的战略背景下，在国际市场中占据的市场份额也越来越大，因此水利工程总承包项目管理采用更先进的模式就具有了非常重大的现实意义。本文研究的内容是我国水利工程工程总承包项目管理的模式，对这些模式进行比较，根据当下的行业发展情况和政策情况，选择EPC模式，成为当下水利工程项目管理的一种趋势所在。以某水利勘察设计企业牵头的EPC工程总承包模式为案例，探讨存在的问题和解决方法。

关键词：水利工程；工程总承包；项目管理；EPC

1　工程总承包模式定义、分类、发展

1.1　工程总承包模式定义、分类

工程总承包是指业主委托工程总承包方，对工程整体进行承包，而工程总承包方需要根据合同对业主负责。工程总承包方可以将所承包的工作进行分包，分包方对总承包方负责。

目前主要的工程总承包方式包括：①设计—施工总承包（DB模式），②设计—采购总承包（EP模式），③采购—施工总承包（PC模式），④设计—采购—施工（EPC模式）。

表1　工程总承包方式

总承包模式	项目程序					
	项目决策	初步设计	技术设计	施工图设计	材料设备采购	施工安装	试运行
交钥匙总承包							
设计—采购—施工总承包							
设计—施工总承包							
设计—采购总承包							
采购—施工总承包							

1.2 工程总承包模式发展

我国水利工程在改革开放以前,基本上还属于用政府用行政手段去进行管理的模式,如黄河刘家峡、长江葛洲坝、浙江新安江、汉江丹江口等水电站。但随着改革开放,计划经济向市场经济的转型,这种模式逐渐不再适应发展需要,在借鉴西方先进工程技术和建设管理体制的情况下,逐步形成了业主自营负责制、三方制、建设指挥部制等。

在1984年的时候,政府明确提出实施招标承包制,DBB模式在我国得到长足发展,成为水利行业主要项目管理模式。

随着社会的进一步发展,经济与运行的主要载体之一的企业出现了重大变革和发展,工程的管理模式也发生了变化,传统的DBB模式已经不能完全满足建设发展的需要。

建设项目总承包研究会于1991年成立,目的是对工程总承包工作进行指导,以及促进其发展。此后近三十年来,国家相关部委都会出台促进工程总承包的文件,以及对其的指导性文件,尤其是针对EPC模式进行了详细的规定。

现在除了DB模式外,越来越多的水利工程尝试了EPC模式。

1.3 我国水利工程工程总承包常见模式比选

中华人民共和国成立以来,DBB、DB和EPC模式是我国水利工程工程总承包项目管理中常见的模式。

水利工程EPC总承包是指从事水利工程总承包的企业受业主委托,按照合同约定,对水利工程项目的勘察、设计、采购、施工、试运行等实行全过程的承包,工程承包企业按照合同约定对水利工程项目的质量、工期、造价等向业主负责,也可依法将所承包工程中的部分工程发包给具有相应资质的分包企业,分包企业按照分包合同的约定对总承包企业负责。以下用表格形式来对比这三个模式。结合不同模式的特点及国家政策,选择EPC模式成为当下水利工程项目管理的大势所趋。

表2 不同水利工程总承包模式比较

模式	DBB	DB	EPC
业主介入施工的程度	业主聘人承担项目管理,不直接介入	业主直接承担相应项目管理	业主代表或业主委托的咨询机构参与
设计人员参与工程管理的程度	设计人员参与管理程度最高	设计和施工属于同一公司,参与程度很高	部分参与
工程责任的明确程度	承包商按照设计图施工,若有分包商,工作责任划分起来会更复杂	承包商对工程项目总负责	总承包商负全责
适用项目的复杂程度	适用简单工程	适用简单或较复杂工程	适用大型复杂、技术含量高的项目
工程建设的进度	进度最慢	设计和施工可以搭接,可提前开工	可较好控制项目进度
工程成本的早期明确程度	有较早的成本明确程度	成本可能较高,但早期成本最明确	业主与总承包商签订总价合同,成本明确

2　以勘察设计企业牵头的 EPC 工程案例分析

2.1　总承包模式分析

2007 年建设部颁布的《工程设计资质标准》，推出了工程设计综合甲级资质，要求国内勘察设计企业向工程公司转型，要求获得该资质的企业要积极开展以设计为牵头单位的工程总承包业务。

在传统的项目管理模式下，设计、采购、施工、监理都是独立开的，分别向业主负责，业主需要掌控的事情非常繁杂。

而在 EPC 模式下，作为总承包商的勘察设计企业，会接受业主的全权委托，负责设计、采购、施工等工作。业主可以委托业主代表与勘察设计企业进行沟通交流。

勘察设计企业商直接向供应商统一进行采购，并把项目的不同工作分包给各分包商。勘察设计企业设监理工程师或委托监理公司，对设计—采购—施工全过程进行监督，监理工程师对勘察设计企业负责。

2.2　案例详情

2.2.1　项目概况

引江济淮工程（安徽段）江水北送西淝河省界段项目的业主是安徽省引江济淮集团有限公司，委托了淮河水利委员会治淮工程建设管理局进行代建，中水淮河规划设计研究有限公司牵头与淮河水利水电开发有限公司组成联合体中标成文工程总承包商，安徽省大禹水利工程科技有限公司对项目进行监理工作。该工程采用了较为先进的 EPC 模式。

2.2.2　项目背景及项目工作内容

引江济淮工程（安徽段）江水北送西淝河省界段横跨河南和安徽两省，涉及安徽省、河南省两省三市、三县（区）。

引江济淮工程是国务院重大水利工程之一，由长江向淮河地区跨流域补水，对水资源进行合理调配和利用，缓解缺水问题以及水环境生态问题。

江水北送段纳入主体工程的建设内容主要有三大项：西淝河线输水工程、向阜阳供水工程、向亳州供水工程。

西淝河输水线向沿线安徽部分农业、工业、生态和涡河以西片城市生活供水；西淝河上段接清水河，向河南全部 9 个县市区工业、生活供水。

2.2.3　总承包项目工程概况及工作内容

引江济淮江水北送西淝河省界段工程的设计从输水线路桩号 174+319 开始，到输水线路桩号 185+872 结束，覆盖了多条河流。

招标划分为一个标段，中水淮河规划设计研究有限公司按照水利部交通运输部的批复，引江济淮江水北送西淝河省界段初步设计报告及初步设计图纸内工程项目的工程规模、功能、主要建设内容、技术标准从项目工程总承包合同签订后至工程竣工验收止的工程建设项目的工作进行总承包。

2.2.4　EPC 模式分析

引江济淮工程（安徽段）江水北送西淝河省界段项目由中水淮河规划设计研究有限公司和淮河水利水电开发有限公司作为联合体进行投标。

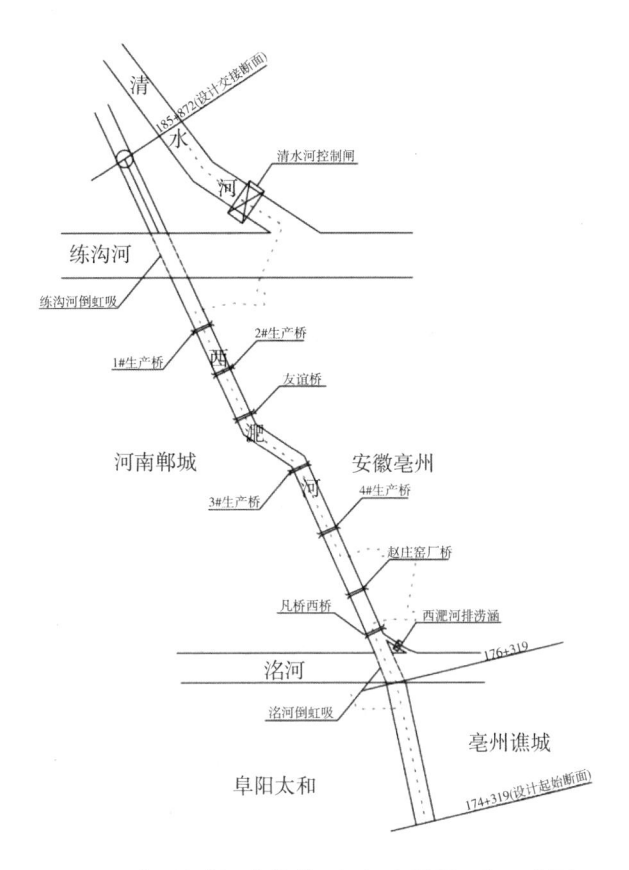

图 1　引江济淮江水北送西淝河省界段工程示意图

中水淮河规划设计研究有限公司,是一家拥有九种甲级和两种乙级资质证书的勘察设计企业,原名水利部淮委规划设计研究院,前身是淮委勘测设计院,后转制为国有企业,其拥有勘察、设计咨询信用评价 AAA 等级、水资源论证单位水平评价 AAA+等级和水文、水资源调查单位水平评价 AAA+等级,是国家级高新技术企业,也是全国工程勘察设计先进企业。

淮河水利水电开发有限公司,原名淮河水利水电开发总公司,是具有水利水电工程施工总承包一级资质的国有独资综合型施工企业。

中水淮河规划设计研究有限公司作为牵头单位,联合其他单位组建了 EPC 项目部。

中水淮河规划设计研究有限公司-淮河水利水电开发有限公司设计施工总承包联合体项目部下设了设计部、采购部、施工部、计划合同部、质量安全部、综合事务部等,对设计、采购、施工进行总体管理和调控。

设计组包括四个小组:第一小组为水文、水工、地质、测量专业;第二小组为建筑、电气、施工专业;第三小组为水土保持、移民、环境保护专业;第四小组为造价、土木工程、工程管理专业。

施工组也包括四个小组:第一小组为施工员和材料员;第二小组为质检员和资料员;第三小组为安全负责人和安全员;第四小组为财务员和造价员。

引江济淮工程(安徽段)江水北送西淝河省界段项目采用了联合采购和工程总承包方自购相结合的采购模式。

在项目质量和安全管理方面,成立了质量安全部,对整个工程的质量进行把握,及时发现问题并落实整改,加强安全监管。

在进度管理方面,通过设计-采购-施工一体化的管理方式,以保障项目的进度。设计组和施工组同时存在,加强沟通,增大了设计方案的可实施性。设计方参与到施工组织计划的编制,使得施工方

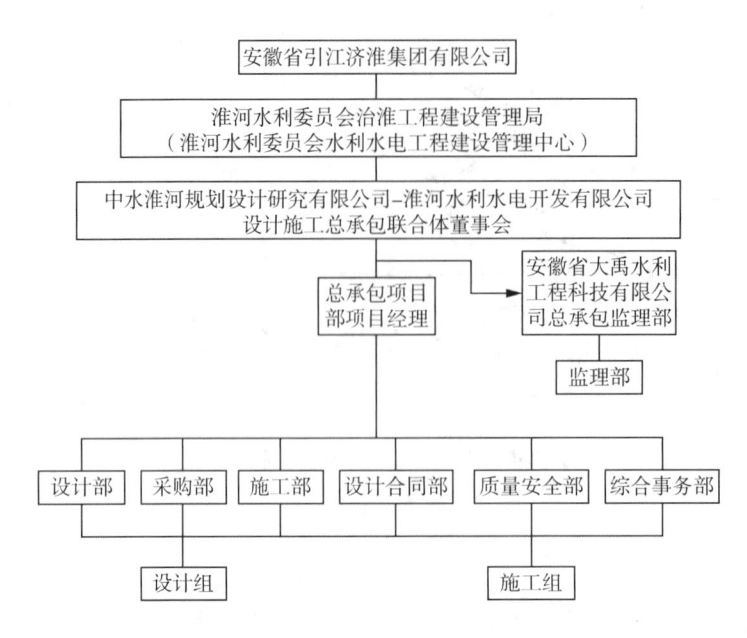

图2　引江济淮工程(安徽段)江水北送西淝河省界段项目 EPC 模式组织结构图

案更加合理。采购工作充分考虑到了设计的目的和施工需求,实现了设计、采购、施工高度一体化管理,提升了项目整体实施效率。对于特殊地质条件等重要风险,业主、设计方、施工方、监理方、外部专家等共同进行研讨,及时提出了解决方案,并且利用 BIM 等信息化的管理技术,提高了项目的实施效率。重视安全与环保问题,避免了相关问题对项目进度的影响。同时设置了与进度挂钩的激励措施,促进了工程总承商方重视进度管理,落实进度目标。

在合同管理方面,引江济淮工程(安徽段)江水北送西淝河省界段项目成立了计划合同部,对合同的条款、风支付方式等都进行了研判。

在人力管理方面,总承包联合体项目部均职责到人,其中设计部设设计经理一人,设计副经理一人;采购部设采购经理一人,采购副经理一人;施工部设施工经理一人,安全生产负责人一人,施工技术负责人一人;计划合同部设主任一人,副主任一人;质量安全部设主任一人,副主任一人;综合事务部设主任一人,副主任一人。

2.2.5　项目目前存在问题

省界移民征迁协调难度大,地方配套资金暂未全部落实,个别部位征地暂未解决,移民征迁严重制约工程施工;施工区域内临时用地手续暂未办理完毕,影响施工进度;桥梁工程图纸存在一定问题还未正式确定,制约有关施工方案编制、项目划分等,影响施工进度,导致后续工程无法施工;工作中部分责权划分存在一定困难。

3　主要问题分析及解决建议

3.1　主要问题分析

通过查证各大水利工程案例,以及结合上述案例,可发现 EPC 总承包模式在水利工程项目管理中依然存在一些问题。

(1) 现有的法律法规还不能完全满足 EPC 模式在我国的实践需求,如业主、工程总承包商和监理方的职责、权利、风险还不够明确,尤其是联合体中标后,在责权划分上还需要进一步明确。

(2) 项目存在风险较大,如移民征地风险、地质风险、用地手续滞后等,会导致风险费率确定难度变大。如果不利条件所造成的处置成本超出预期,则工程总承包商要承担额外风险。

(3) 仍然存在设计和施工脱节现象,导致施工进度受阻。

(4) 在市场竞争中,为了尽可能中标,投标人往往会将工期和报价压缩,就导致提前进行设计工作,而实际用地审批后滞现象。

3.2 解决建议

(1) 建议完善法律制度环境,进一步探索 EPC 模式与相关法律法规的衔接。需要进一步通过法律、法规明确工程总承包的分包管理责任、安全质量要求,加快 EPC 总承包模式相关的加快相关规程、规范、标准的修编进程。

(2) 对于联合体总承包,需要进一步划分责权,在合同签订之处就进行明确。

(3) 建立更加完善的项目风险管理体系,加强对风险的研判。对于政策风险、法规风险、地质风险、审批风险等都需要事先进行预估,调整风险费率,合理计算风险费,预备风险处理方案。

(4) 总承包项目部应加强进度管理,充分发挥协调管理作用,改善设计与施工环节脱节现象。当出现设计、施工无法良好衔接时候,要有预备方案,将损失降低到最低程度。

4 结语

水利工程工程总承包项目管理是一个比较复杂的课题,从国外到国内,从古至今,产生了许多不同种类的项目管理模式。新中国成立后,我国的水利工程建设也经历了漫长的探索,对项目管理模式不断进行改进。相比于传统的 DB、DBB 模式,以勘察设计企业牵头的 EPC 工程总承包模式是现今较为流行以及先进的模式,也是国家大力推行的模式,但是在实际工作中仍然存在许多问题。

水利工程工程总承包 EPC 模式的长足发展,需要国家法律、法规、制度的进一步完善,水利工作者在工作中摸索前进。需要重视风险管理、合同管理、质量管理、安全管理、项目进度管理,对投资与成本进行合理评估,使 EPC 总承包模式可以更好地服务于水利工程建设,为社会主义事业添砖加瓦。

[参考文献]

[1] 俞洪良,毛义华.工程项目管理[M].杭州:浙江大学出版社,2015:121-122.

[2] 蔡绍宽,钟登华,刘东海.水电工程 EPC 总承包项目管理理论与实践[M].北京:中国水利水电出版社,2011:13.

[3] 张奇铭.以勘察设计企业为主的 EPC 工程总承包管理模式研究[D].北京:北京建筑大学,2018.

[4] 陈映.以专业勘察设计企业为龙头的 EPC 工程总承包管理模式研究[D].武汉:武汉理工大学,2017.

[5] 吕彦朋.我国 EPC 工程总承包存在的问题与对策研究[D].北京:中国铁道科学研究院,2019.

[6] 刘庆贺.中国市政工程华北设计研究总院实行 EPC 总承包的对策研究[D].天津:天津大学,2019.

[7] 李超.西北电力勘察设计企业 EPC 工程总承包管理模式研究[D].西安:西北大学,2012.

[8] 詹丽华.EPC 总承包模式在水利工程中的应用[D].广州:华南理工大学,2010.

[9] 孙威.以勘察设计企业为核心的工程总承包合作及其实现研究[D].北京:中国科学院大学,2014.

[10] 何彦舫,陶自成.大型设计院开展国际 EPC 项目总承包项目管理研究[J].建筑技术,2016(10):905-908.

[11] 王旭,苏华,刘芳,等.基于设计院承建 EPC 工程总承包几个问题探讨[J].科技资讯,2014(36):115-116.

[12] 石永,李永清.水利水电工程 EPC 工程总承包风险控制管理[J].河南水利与南水北调,2014(18):55-56.

[13] 李月英.EPC 工程总承包项目模式及其应用性研究[J].价值工程,2019(29):3.

[14] 张俊寒.EPC 工程总承包模式下的设计管理研究[J].建筑技术开发,2017(22):86-87.

[作者简介]

徐然,女,1984 年 11 月生,工程师,主要研究方向为水利工程管理,15056562922,114387170@qq.com。

浅谈政府购买服务在五莲县河湖管护中的探索与应用

谭 飞[1] 丁 琳[2] 时 伟[2]

(1. 五莲县水库管理服务中心 山东省五莲县 262300；
2. 日照市河湖管理保护中心 山东省日照市 276812)

摘 要：本文结合近年来五莲县河湖长制工作实施情况，深刻剖析现行河湖管护存在的几方面问题，针对河湖管护面临现状和考验，结合实际探讨了通过社会力量提升河湖管护能力的可行性和必要性，提出了河湖管护社会化运作的可行方案，并取得了显著成效，同时对下步河湖长制工作提出几点建议，为探索河湖管护工作从"有名"到"有实"到"有能"不断走向深入提供借鉴。

关键词：河湖管护；政府购买服务；意见建议

五莲县总面积 1 497 km²，辖 12 处乡镇（街道）和五莲山省级旅游度假区，632 个行政村，51 万口人。境内现有水库塘坝 1 115 座，其中中型水库 7 座、小型水库 163 座、塘坝 945 座，总蓄水能力 1.6 亿 m³。境内有四大水系，分别是沭河水系、潍河水系、傅疃河水系和潮白河水系。共有河流 64 条，其中重要干流 3 条（潍河、潮白河、傅疃河），重要支流 5 条（洪凝河、中至河、山阳河、涓河、袁公河），长度 10 km 且流域面积 20 km² 以上河流 10 条（包含重要干流、支流），长度 10 km 或流域面积 20 km² 以下河流 46 条。

1 五莲县河湖管护情况

自 2017 年实施河（湖）长制以来，按照省、市统一要求，五莲县全县上下落实各自职责，加强协调联动，重点开展河（湖）"清四乱"、河湖清违清障等专项治理工作。通过一系列有效的工作，河（湖）水质逐渐向好，生态环境持续改善，管护成效明显。

随着河（湖）长制工作不断向纵深发展，河（湖）管护标准逐渐提高、管理流程日趋繁杂，传统的由乡镇、村居聘用临时人员兼任河（湖）管理员等形式已不能满足实际工作需要。自 2021 年开始，山东省河长制办公室将河湖管护社会化购买服务实施情况列入山东省年度河湖长制工作要点，要求在全省落实。

2 存在问题

（1）多头管理，人员庞杂。河管员、水管员、库管员都是由水利部门不同科室牵头成立的河湖管护队伍，但普遍存在多头管理、人员庞杂的现象，在使用管理中往往存在人员交叉等问题，且人员待遇普遍不高。

（2）待遇较低，难以兑现。因以前的管理体制为上级拨付河湖补助资金到乡镇，由乡镇根据各种河湖管理人员的考核结果发放,而目前乡镇财政普遍困难,很难保证水利资金专款专用。即时部分资金发到河湖管理员手中,也往往是拖欠一年半载,到时河湖管理员工作积极性普遍不高。

(3)不能满足现行河湖管护工作要求。自2020开始,山东省河长制办公室就将河湖管护由第三方提供物业化服务列为河湖长制年度工作重点,鼓励有条件的地方尽快组织开展实施。自河湖长制实施以来,虽然先后实施了"清清河流""清违清障"等专项行动,河湖整体面貌有所改善,但河湖生态环境形势依然严峻。省河长制办公室通过卫星遥感云图等一系列手段进行日常监管,不定期地向各地反馈疑似违建问题。从目前反馈的情况来看,河湖管护问题还比较多,日常管护的力度还是不够。同时全县面上河湖管护教育培训普遍缺失,基本停留在上面怎么要求下面就怎么干。最新的政策文件学得少,甚至基本的河湖管理知识都不了解,造成工作很被动,

3 对策措施

(1)整合管护力量。将河管员、水管员、安管员等管护力量统一规范为河湖管理员,通过加强管理、细化考核等措施,抓好河管员队伍建设,让河湖管理员有队伍、有待遇、有战斗力,成为全县河湖管护的"主力军"。

(2)实行政府购买服务。对全县64条河流(县级以上河流18条,镇级河流46条)和179座水库,按"流域+区域"划分为东部、西部两个片区,通过政府购买服务的方式选定两个片区的管护企业,实行企业化运作、物业化管理、专业化考核。其中东部片区主要是潮白河、涓河和傅疃河流域,包括潮河、叩官、户部、松柏、街头、许孟及五莲山旅游度假区7个乡镇;西部片区主要是墙夼水库和袁公河流域,包括洪凝、高泽、于里、汪湖、中至及石场6个乡镇。管护企业的服务期原则上约定为3年,每年一签订合同,如出现重大河湖管护问题,可约定解除合同。县域内的其他河湖继续由属地乡镇和村居落实管护责任。

(3)理顺考核体制。建立水利局考核乡镇、乡镇管理企业的体制。水利局将管护企业中标金额的30%作为绩效工资,根据乡镇政府每月对管护企业考核结果发放,进一步发挥乡镇政府职能;水利局从河湖长履职尽责、河湖清"四乱"、每月巡河巡湖完成情况等方面对乡镇进行考核。

(4)开展志愿护水活动。联合县新时代文明实践服务中心,不定期开展"推进河湖长制 建设幸福河湖"系列志愿护水活动,鼓励各部门单位及志愿者组织积极参加,发挥示范带动作用,倡树"关爱河湖、保护生态"理念,打造生态文明志愿服务品牌。

(5)建设美丽河湖。每年创建1至2条(座)河(湖)为省级美丽河湖。县级层面开展美丽河湖创建,每个乡镇每年至少创建1条镇级河道、1座小型水库为县级美丽河湖。

4 实施效果

(1)创新河湖管护机制。由五莲县委、县政府制定印发《五莲县全域绿水实施方案》,创新河湖管护体制机制,采取政府购买服务的方式将先前各级管护力量拧成一股绳,做好河道、水库日常巡查、养护、垃圾清理等工作,通过统一管理、细化考核等措施,让河湖管理员有待遇、有战斗力,锻造成河湖管护的"主力军",打造一支懂业务、能吃苦、会管理的专业化队伍。

(2)横向生态补偿机制成效显著。自2011年开始,先后投资1.5亿元对龙潭河开展综合整治,加固堤防16.5 km,建景观湖1处、湖心岛(白鹤岛)1座、景观溢流堰10道、亲水广场3个,修筑滨河路和健身绿道8 km。形成一河+一湖的"群山环水、水中映山"的自然景观,为绘就"山水画卷、水墨五

莲"增添神来之笔,2013 年被评定为省级水利风景区。同步对全县重点河湖进行综合整治,经过多次系统治理,目前龙潭河水质稳定在地表水Ⅲ类。根据五莲县与相邻区县签订的流域横向生态补偿文件,我县 6 个断面可每年为县级财政增加收入约 3 000 万元。

(3) 省、市均给予高度认可。在实施前,五莲县在 2021 年上半年市河长制办公室组织的半年河湖长制评估的 7 个区县中位列第六,7 月份实施后,各乡镇真正将管护企业利用起来,用激励措施激发河湖管理员的主观能动性,在 2021 年底的河湖长制评估排名中上升到第一名。做法得到人民网、水利部、新华社等网站、报刊的推广,山东省水利厅汇编了经验做法。

(4) 助力乡村振兴。2020 年度创建的省级美丽示范河湖龙潭河将河流、公园、城市融为一体,大量使用生态护岸,打造的亲水平台、步道、休闲绿道、广场等与河湖相映成趣。描绘出"人水和谐幸福"新画卷,依托龙潭河基础设施,同时购置了游船,开辟了进入九仙山风景区的水上通道,在上游修建了玻璃栈道等网红打卡点,进一步丰富了全县的旅游资源;龙潭河沿岸上沟村、黄崖川村等依托龙潭湖旅游资源,发展民宿旅游业,在胡林村沿岸建设了滑雪场、农家乐等项目,促进群众增收,进一步发挥了美丽河湖的综合效益。2022 年,龙潭河成功创建为水利部淮河流域美丽幸福河湖,周边群众的安全感、获得感、幸福感进一步提升。

5 下步工作建议

(1) 压实河湖长责任。压实县乡村三级河湖长职责,常态化开展巡河巡湖,县级河湖长每月、镇级河湖长每旬、村级河湖长每周至少完成有效巡河湖 1 次。对达不到巡河湖次数的,首次由县委办通报;累计 2 次的,由县级副总河湖长约谈;累计 3 次的,由县级总河湖长谈话诫勉。

(2) 加大排查力度。根据有关规定,水利局负责制定绿水标准,凡不符合绿水标准的情况,均视为河湖违法问题。问题排查主要通过以下几种方式:一是通过各级河湖长、县级河湖长联系单位及河湖管理员巡河湖发现问题;二是县河长制办公室每月组织分组对全县重点河湖进行巡查发现问题。三是利用无人机等手段常态化开展河湖监管,重点对河湖垃圾、违法建筑、非法排污、偷盗砂石等违法行为进行巡查;四是实施群众监督举报奖励制度,发动社会团体、志愿者,鼓励全社会对河湖垃圾、非法排污、围垦河湖等涉河湖违法行为进行监督举报。

(3) 明确整改责任。原则上所有河湖管理范围内问题,乡镇履行属地责任,主管部门履行监管责任。农业面源污染、渔业养殖污染等由农业农村局负责,畜禽养殖污染由畜牧中心负责,城镇生活污水污染、城市黑臭水体治理由住建局负责,工业企业污染由县生态环境分局负责,以堤代路的由道路主管部门负责沿河湖道路卫生,其他方面产生的污染由相关主管部门负责解决。

(4) 限期整改河湖问题。对垃圾等轻微河湖问题,即发现即整改,原则上当日整改完毕;其他不能立即整改的问题,要于次日明确整改责任人、整改标准和完成时限。县河长制办公室及时督导问题整改,未按规定要求完成整改的,首次由县河长制办公室通报;累计出现 2 次的,由责任河湖长召开现场会解决;累计出现 3 次的,由县委县政府"两办"通报并上"锤炼榜"。

(5) 水质定期监测通报。生态环境部门将全县重点河湖按乡镇划分断面进行监测,每月定期向县级、镇级河湖长通报重点河湖水质监测结果。对市级以上监测断面,提前 15 天进行自主设点监测,不达标的提出相应措施;对县级以上河湖及镇级河道合理设置监测断面,每季度进行监测通报,确保全流域水质达标。连续 2 个月不达标的河湖,进行媒体曝光,并由县级总河湖长或副总河湖长对河湖长进行约谈。属于行业主管部门责任的,相关部门上"锤炼榜"。

(6) 建立长效机制。将乱倒垃圾、非法排污等河湖管理内容写入村规民约;综合利用大数据手段对涉河湖违法问题查根溯源,采取罚款、扣分、曝光等方式运用法律手段依法打击;行政审批部门严格入河排污口设置许可,及时将入河排污口设置许可情况推送相关部门和单位加强监管,生态环境部门负责对全县重要河湖的排水口进行排查,合格的登记造册,建立管理台账,设立公告牌;对发现问题较多或者问题整改较慢的河湖,由责任河湖长召开现场办公会督导解决。

同时,由水利局负责制定具体考核方案,采取日常考核和专项考核的方式对乡镇进行考核,得分情况纳入县考乡镇分值中。对管护企业的考核,由乡镇结合市精致城市考核中河湖管护得分、上级水利部门检查抽查及河湖管理员日常表现情况每月打分,得分情况与管护经费挂钩。

[参考文献]

[1] 谭飞,徐锡恺,张作兵.五莲县实施河(湖)长制存在的问题及建议[J].山东水利,2020(7):70-71

[2] 王金剑.关于建立五莲县河湖管理长效机制的探析[J].砖瓦世界,2019,28(8):225

[作者简介]

谭飞,男,1987年11月生,山东省五莲县水利局石亩子水库管理所所长(工程师),主要研究方向为基层河湖管护,18706338246,tanfei3718@163.com。

对长江防汛抢险技术支撑工作的几点思考

徐艳举　胡永森

(安徽省怀洪新河河道管理局(安徽省淮水北调工程管理中心)　安徽　蚌埠　233000)

摘　要：从池州市长江防汛抢险技术支撑工作的实践，分析长江一线防汛抢险体系存在的薄弱环节，总结并提出完善体系、加强能力建设的经验及对策。

关键词：长江；防汛抢险；体系能力建设

1　引言

2020年6月底到7月中旬，长江流域普降大到暴雨，部分河流堤段超过保证甚至历史水位，长江沿岸汛情持续严重。按照省水利厅的安排部署，本人有幸作为专家组成员参加了池州市防汛抢险技术支撑专家组，防汛时间持续一个月，经过专家组与属地水利部门的共同努力，圆满完成了防汛抢险技术支撑工作任务，现把技术支撑工作当中的感受及其他方面的几点思考叙述如下，以供参考。

2　关于技术支援方式的思考

池州市境内河流湖泊较多，河道堤防较长，防汛工作存在着汛情急、险情多、任务重的特点，在前期的防汛工作中，地方水利部门明显感觉到防汛抢险人手不足、技术力量存在短板的问题，一是现有的防汛抢险技术人员不足，人少任务重，同时对于繁重的防汛工作疲于应付，难以有效全面完成防汛工作任务；二是缺少专业化的防汛抢险队伍，面对长江堤防险工险段的处理以及堵塞堤防决口等技术性、时效性很强的工作，难以做到及时发现、精准判定、科学处理；因此从汛情不太严重的地区调用防汛抢险方面的专家，进行跨地区对口技术支援，既是有效消解以上问题的措施及手段，又是发挥社会体制统筹兼顾、相互帮扶、集中力量办大事优越性的较好体现。而从本次技术支撑工作的实践结果来看，确实也是在最合适的时间、采取了最合适的解决办法、解决了最难以解决的问题，收到了很好的效果。个人以为在以后类似的工作中，跨地区、跨部门的支援方式应该大力借鉴推广应用。

3　关于如何开展好技术支援的思考

怎样组织协调好技术支援人员，怎样尽快熟悉并掌握当地的水工程及汛情险情状况，怎样尽快融入当地水利防汛抢险队伍中并形成合力，做到不添乱、帮好忙、抢好险、防好汛的要求，是开展技术支撑工作面临的首要困难及问题；我们首先明确了职责任务、各担其任、各负其责，将人员分组，每组由一名业务能力较强的人员担任组长，分别负责各市县(区)的技术支撑工作，市组负责各县组的协调统筹、居中调度、汇总汇报、人员支援等工作，要求各组要尽快熟悉并掌握当地的水工程及汛情险情状况,尽快融入当地水利防汛抢险队伍中并形成合力,要充分发挥技术特点,与属地防汛部门做好沟通联系,为地方防汛补短板、解难题献计献策、亲力亲为,各组成员要最大限度发挥技术支援人员效用,尤其党员同志要坚决发挥好先锋模范带头作用,充分发扬水利精神,达到技术支撑工作有序、有力、有效。其次要求各组在做好本职工作的同时,要严肃执行防汛抗旱有关纪律要求,严格执行各项调度指令,做到纪律严明,令行禁止,敢打能赢。在整个防汛期间内,所有成员都是按照这一思路及方式开展各项工作,都能够以身作则、遵规守矩,较好完成了工作任务。通过实践检验,这种开展工作的方式及工作状态还是比较有效可行的。

4 关于信息技术支撑防汛工作的思考

在开展工作过程中,大家首要的工作就是及时了解掌握自己负责地区的天气情况及堤防河道、节点水闸等工程的水情工情状况,以便据此精准制定防汛方案、抢险救灾处置措施、拟定巡查检查路线等。随着网络信息技术的进步,大家通过国家卫星云图、雷达图及天气预报对未来天气状况进行预判,通过省级防汛图网对干支流各个节点的水情进行判断,通过网上属地水利部门的每日汛情简报准确掌握工程状况等,为掌握各类工程情况及部署抢险工作提供了极大便利。因此,水利网络信息技术已经成了防汛决策的好帮手、好参谋,大大提高了防汛工作的科学性、实用性、效率性,应在以后的防汛工作中,进一步加强实施实践。

5 关于工作精神的思考

长江干堤及其他主要河流湖泊堤防高水位持续时间较长,险工险段随时都可能发生险情,因此要做好防汛抢险工作无疑是责任重大、辛苦劳累的,但在整个防汛工作期间,大家都能与属地水利工作人员不畏艰苦、并肩作战,首先与属地水利部门交叉协作做好日常险情巡查巡视工作,尤其加强对险工险段的巡查、检查,做到脚到、眼到、手到。其次做好每一个出险点的排查处理工作,对于发现的出险点或者疑似险情,每次专家组都会同属地技术人员,及时拿出精准科学的处理措施及方案,及时进行处理或者排除,一个月时间里,大家几乎查勘了所有险工险段,遍访了险情较重的所有出险点,发现问题,记录、上报、会商、处理,专家组累计查勘险情103处,制定抢险方案18个,每处险情都得到了及时安全处置。从上可以看出,这次防汛抢险任务的顺利完成,也体现出工作精神的重要性,因为所有水利工作人员的任劳任怨、迎难而上、勇于担当,才带来了防汛抢险工作任务的圆满完成,所以要做好防汛工作,我认为优良的工作精神也是必不可少的。

6 关于技术经验的思考

对于长时间经受高水位浸泡标准较低的江河圩堤来说,极易出险,险情的类别也会多种多样,不管啥样的险情,都要求在及时发现的同时,专家技术人员能够迅即拿出科学精准、可靠实用的处理方案及措施,以避免险情的进一步扩大,这也就要求作为技术支撑的专家人员必须有过硬的防汛抢险技术知识储备及敢于负责的工作精神,不然就难以做到处变不惊,妥善处置;如我们刚到技术支撑地区便接报某县长江干堤一处穿堤水闸箱涵漏水险情,专家组立即马不停蹄直奔一线,经现场察看,险情为穿堤涵箱混凝土壁出现裂缝,闸门向内侧约 13 m 处出现漏水。由于该段堤防防汛地位十分重要,专家组抵达后通过查勘会商,分析研判险情类别,当即科学准确拟定了迎水坡面土工膜覆盖封堵渗漏点截渗,并筑黏土戗台压盖渗漏位置,背水面筑月堤、建养水盆的处置方案。实施完成后,我们先后两次对该处险情处置后情况进行复勘,5天后已无渗水,说明该处险情处置非常及时科学、安全有效,没有出现险情的进一步扩大及后续隐患。因此防汛期间出现险情,及时发现很重要,但及时处理更重要,不然只能看着险情进一步扩大,危害也会几何级增长,作为负责提供处理方案的技术人员具有娴熟的防汛抢险知识及担当奉献精神是必备的素质及要求。

7 关于防汛物资及抢险队员的思考

做好防汛抢险工作,及时发现、及时给出处理方案是技术基础,而充足的防汛物资及敢打能赢的抢险队员是物质基础,我们在多次的抢险活动中,能够顺利圆满完成,是与属地防汛部门在汛前各个河段堤段、险工险段储备的充足的防汛物料及素质较高的防汛队员的艰苦奋战分不开的。每处险情出现时,当地防汛部门都能组织起充足的人员、机械设备、防汛物料等,包括上堤民工、抢险队员、挖掘机铲运机运输车辆、黏土砂石块石土工布(膜)等等,为完成防汛抢险工作提供了充足的物料,使得各个除险方案及措施能够迅即实施,险情得以及时排除。

8 关于工程维护的问题

在检查巡查中发现,由于管理维护经费短缺,部分工程级别及管护标准偏低,致使局部堤段、建筑物工程管理达不到规范化管理的标准,有的工程隐患没有被及时发现处理,有的白蚁洞穴没有预先预防处置,部分堤段坡面杂草较高较多,不利于工程巡查检查及险情的及时发现等,一旦汛情来临,水位持续高涨,容易引起相应的险情发生。从发现处理的险情类型来看,主要为管涌、渗漏、散浸、跌窝、滑坡等,其中管涌、渗漏、散浸险情数量较多,分析产生的原因,除了一些工程地质原因外,大多为检查发现隐患不及时、圩堤内部滋生白蚁产生洞穴、工程标准偏低等原因,因此进一步增加管护经费,提高工程等级及维护标准是减少工程安全隐患的必要措施。

9 结语

通过大家的共同努力,我们负责的地区范围内没有出现一处突发较大险情事故,没有一处造成较大财产损失,没有出现一例人员伤亡事故,每处险情都得到了及时发现、及时处置,确保了工程设备、人员财产安全无恙。面对历史罕见的洪涝灾害,能够取得这样的成绩,得益于技术支援方式的得力、专家技术人员娴熟的技术、水利信息网络技术的进步、充足的防汛物资及抢险队员的艰苦努力。但也要看到,由于管理经费的不足,也导致部分水工程维护水平达不到规范化标准化的要求,汛情来临时,可能就会出现意想不到的险情,在今后的工程管理中,应进一步加大维护费用,提高工程标准及管护水平,保证工程安全。以上为本人开展防汛抢险技术支撑工作的几点思考,不对之处敬请批评指正。

[作者简介]

徐艳举,男,1968年11月生,高级工程师,主要从事水利工程管理工作,13955275657,1012182254@qq.com。

"水行政执法＋检察公益诉讼"中的行政公益诉讼与民事公益诉讼分析与适用

宋京鸿

(淮委沂沭泗水利管理局　江苏　徐州　221018)

摘　要：根据最高人民检察院、水利部联合印发的《关于建立健全水行政执法与检察公益诉讼协作机制的意见》，淮委直管河湖正式建立了"水行政执法＋检察公益诉讼"协作机制。本文对"水行政执法＋检察公益诉讼"协作中的民事公益诉讼和行政公益诉讼两种诉讼类型进行比较分析，探讨从法律适用层面认识和发挥水利领域检察公益诉讼的作用。

关键词：水行政执法＋检察公益诉讼；诉讼类型；比较分析

2022年5月24日，最高人民检察院、水利部联合印发《关于建立健全水行政执法与检察公益诉讼协作机制的意见》(以下简称《意见》)。6月15日，《淮河流域(蚌埠片)水行政执法、水生态环境监管与检察公益诉讼协作机制实施方案(合作协议)》正式签署。7月28日淮委沂沭泗局与徐州市人民检察院建立"水行政执法＋检察公益诉讼"协作机制。淮委直管河湖"水行政执法＋检察公益诉讼"协作机制正式建立，其运用需要在实践中不断丰富和完善。在"水行政执法＋检察公益诉讼"协作中辨析民事公益诉讼和行政公益诉讼两种诉讼类型，有助于更好认识和发挥水利领域检察公益诉讼的作用。

1　"水行政执法＋检察公益诉讼"中的诉讼类型

1.1　法律对于检察公益诉讼类型的规定

依据《中华人民共和国民法典》《中华人民共和国民事诉讼法》《中华人民共和国行政诉讼法》，人民检察院提起公益诉讼包括民事公益诉讼和行政公益诉讼。

民事公益诉讼是法律规定的有关机关和组织依法对损害公共利益的行为提起的民事诉讼。具体到"水行政执法＋检察公益诉讼"中，就是检察机关对水利领域侵害公共利益的行为提起民事诉讼，以要求行为主体承担整改、修复、赔偿等法律责任。

行政公益诉讼是指拥有原告资格的当事人对执法履职不到位或者不作为，致使国家利益或公共利益处于受侵害状态的行政机关提起的行政诉讼。具体到"水行政执法＋检察公益诉讼"中，就是对河湖保护治理负有监督管理职责但是执法履职不到位的各级行政机关，包括水行政主管部门、流域管理机构，检察机关提起行政诉讼，通过司法的强制力来督促行政机关纠正其违法行政或不当行政行为。

1.2　《意见》关于民事公益诉讼和行政公益诉讼的表述

《意见》对检察公益诉讼的诉讼类型未明确区分，但是基于协作目标，建议包括民事公益诉讼和行政公益诉讼。

《意见》在"线索移送"中规定"对涉及多个行政机关职责、协调处理难度大、执法后不足以弥补国家利益或者社会公共利益损失，以及其他适合检察公益诉讼的问题线索，及时移送有关检察机关"。该规定既可以包括行政机关依法履职移交的涉及民事公益诉讼的问题线索，也可以包括涉及多个行政机关职责，可能因履职不到位涉及行政公益诉讼的问题线索。

《意见》在"案情通报"中规定"检察机关发现水行政主管部门或者流域管理机构可能存在履职不到位或者违法风险隐患的，及时通报，督促其依法履职"。该规定主要涉及的是水行政主管部门或者流域管理机构违法行使职权或者不作为面临的行政公益诉讼。

2 民事公益诉讼与行政公益诉讼的比较

2.1 相同之处

2.1.1 理论逻辑相同

检察机关维护水生态水环境方面的国家利益和公共利益的形式包括刑事公诉、民事公益诉讼、行政公益诉讼。检察机关作为法律监督机关，在"水行政执法＋检察公益诉讼"协作中，对妨碍行洪，非法取水，侵占河湖、堤防、水库库容，毁坏水库大坝，人为造成水土流失等行为提起民事公益诉讼、行政公益诉讼都是履行法律监督职能。

2.1.2 保护目的相同

《意见》指出的妨碍行洪，非法取水，侵占河湖、堤防、水库库容，毁坏水库大坝，人为造成水土流失等违法行为，侵害水资源、水生态、水环境。纠正这一类违法行为，保护国家利益和公共利益，是深入贯彻习近平生态文明思想、习近平法治思想的必要要求，也是解决新老水问题的实践需要，对于民事公益诉讼和行政公益诉讼的目的而言都是一致的。

2.1.3 均设置前置程序

民事公益诉讼、行政公益诉讼均设置前置程序。在保护水利领域国家利益、社会公共利益时，首先应当发挥水行政主管部门、流域管理机构等各级行政机关的行政职能作用，积极进行事前治理保护、事中事后监督管理。在民事公益诉讼中，设置公告前置程序，是为了寻找提起公益诉讼的合法主体行使保护公共利益的诉权。在行政公益诉讼中，前置程序是检察机关提出检察建议，督促行政机关积极行使水资源保护、水污染防治、水环境治理等方面的河湖管理保护职权。

2.2 不同之处

2.2.1 诉讼请求不同

检察机关提起涉水领域民事公益诉讼的目的，在于维护受到损害的公共利益。诉讼请求一般是要求停止侵害水环境、排除妨碍行洪危险、恢复河湖原状、赔偿损失等。检察机关提起涉水领域行政公益诉讼的目的，在于督促行政机关履行河湖管理保护职权。诉讼请求一般是要求撤销或者部分撤销违法行政行为、履行法定职责、确认行政行为违法或者无效等。

2.2.2 诉讼目的实现方式不同

检察机关提起民事公益诉讼的诉讼请求与保护公共利益的目的一致。民事公益诉讼产生的效果是直接的效果，即胜诉与否就是公共利益得到保护与否。例如，最高检、水利部联合发布的涉水领域检查公益诉讼典型案例，2021年浙江省越城区人民检察院刑事附带民事公益诉讼，诉请判令5名被告连带承担受损海塘的全部修复费用23.8万元,维护了钱塘江安全屏障。检察机关提起行政公益诉讼的诉讼请求与保护公共利益的目的是手段与结果的关系,判决或推动行政机关依法履行职责,从而使公共利益得到保护,才是最终目的。例如,2020年河南省荥阳市人民检察院行政公益诉讼,督促地方人民政府和河务局清理整治违建设施,其目的在于消除河道行洪隐患。

2.2.3 参与主体定位不同

民事公益诉讼属于民事诉讼,适用民事诉讼的规则和程序。检察机关作为原告,履行民事诉讼权利和义务。水行政主管部门、流域管理机构可以提供技术支持或出具专业意见,其定位是支持起诉者或者证人。行政公益诉讼属于行政诉讼,遵循行政诉讼的规则。行政机关作为被告,则应证明其已经依法履职或作出行政行为的合法性。

3 民事公益诉讼与行政公益诉讼适用

建立健全"水行政执法+检察公益诉讼"协作机制,推进水利领域检察公益诉讼,目的在于加强对水利领域国家利益和社会公共利益的保护,推动新阶段水利高质量发展,保障国家水安全,基于此,在实践中运用民事公益诉讼与行政公益诉讼,应当遵循以下原则。

3.1 优先保护公共利益

"水行政执法+检察公益诉讼"协作机制的初衷在于水灾害、水资源、水生态、水环境与公共利益密切相关,其治理管理工作具有很强的公益性特征。这一领域的国家利益和社会公共利益受到损害,应当及时进行救济保护。行政管理具有效率高的优势,但是行政管理也不是万能的。对于可提起民事公益诉讼和行政公益诉讼的情形,应当充分考虑最有效恢复、保护受损的水资源、水生态、水环境等公共利益,由检察机关提起公益诉讼。

3.2 分类适用诉讼类型

根据"水行政执法+检察公益诉讼"协作机制,针对不同的情形,适用民事公益诉讼或行政公益诉讼。对于水行政主管部门、流域管理机构移送的问题线索和水旱灾害防御、水资源管理、河湖管理、水利工程管理、水土保持等重点领域的水事违法行为,检察机关可以通过民事公益诉讼诉请行为人赔偿损失、恢复原状或者赔礼道歉。对于应当追究侵权人刑事责任的,可以提起刑事附带民事公益诉讼。对于行政机关不作为或者违法履职使公共利益受损的,则应当提起行政公益诉讼。

3.3 保持公益诉讼谦抑性

当水利领域国家利益和社会公共利益受到侵害时,运用"水行政执法+检察公益诉讼"协作机制,积极地发挥公益诉讼的监督、支持和法治保障作用,这是应有之义。但是检察公益诉讼需要保持一定的谦抑性,以行政机关依法全面履职、严格规范执法优先。对履职不当但造成水生态水环境方面公共利益损害较轻的情形,应当通过磋商、通报方式,督促水行政主管部门、流域管理机构等行政机关履职。对履职中严重违法或者造成水生态水环境方面公共利益损害较重的情形,应当向水行政主管部门、流域管理机构等行政机关提出检察建议,督促依法履职,推动整治整改。对行政机关仍未依法履职,致使水生态水环境方面公共利益不能得到保护的,应当向人民法院提起诉讼。依据最高人民检察院发布的数据,2017年7月至2022年6月底,检察机关共立案行政公益诉讼61.4万件,诉前检察建议52万余件,行政机关诉前阶段回复整改率达99.5%。可见诉是最后的手段,"水行政执法+检察公益诉讼"协作目的是为了推动问题整改,在法治轨道上推进水治理能力和水平提升。

[参考文献]

[1] 水利部与最高人民检察院就建立"水行政执法＋检察公益诉讼"协作机制进行座谈[J].中国水利,2022(5):I0008.
[2] 李国英.推动新阶段水利高质量发展 全面提升国家水安全保障能力[N].人民日报,2022-03-22.
[3] 林莉红.检察机关提起民事公益诉讼之制度空间再探——兼与行政公益诉讼范围比较[J].行政法学研究,2022(2):77-92.
[4] 郭宗才.民事公益诉讼与行政公益诉讼的比较研究[J].中国检察官,2018(9):3-6.

[作者简介]

宋京鸿,男,1988年9月生,工程师,法律硕士,主要从事文秘和综合政务工作,15950672567,262262429@qq.com。

安徽省淮河流域蓄滞洪区居民安置建设历程及方式比较

陈 婷 朱秀全 王长明

(中水淮河规划设计研究有限公司 安徽 合肥 230601)

摘 要：20世纪50年代初期，淮河流域蓄滞洪区陆续兴建了一批低标准的保庄圩、庄台等安全建设工程。1991年淮河大水后，国务院治淮治太会议确定了19项治淮骨干工程，全面启动行蓄洪区安全建设，其中通过建设居民安置工程安置蓄滞洪区内低洼地不安全人口，以保障人民生命财产安全，减少撤退成本，使蓄滞洪区运用更灵活。本文在概述居民安置建设历程的基础上，梳理现状保庄圩、庄台的分布、建设方式与标准，从防洪保安、生产生活、交通出行、工程和社会管理等方面对比分析了保庄圩与庄台建设方式的优缺点，并根据各行蓄洪区的特点，结合国家方针和行业政策提出了安徽省淮河流域蓄滞洪区内居民安置方式的建议，并从缓解行蓄洪区防洪和发展的矛盾考虑，阐述今后居民安置方式变化的主要趋势。

关键词：蓄滞洪区；居民安置；安全建设

1950年淮河大水后，根据中央人民政府确定的"蓄泄兼筹"的治淮方针，在建设山区水库、整治河道、加固堤防的同时，陆续建设了一批蓄滞洪区分蓄淮河洪水，同步开展蓄滞洪区内安全建设。1991年淮河大水后，在"国务院关于进一步治理淮河和太湖的决定"中明确提出加强淮河流域蓄滞洪区安全建设，并将其作为19项治淮骨干工程之一，自此淮河流域全面启动行蓄洪区安全建设。通过保庄圩、庄台、避洪楼、撤退转移道路等安全建设措施，保障区内群众生产、生活安全。安徽省内的蓄滞洪区启用相对频繁，安全建设以保庄圩和庄台方式为主，截止目前，安徽省淮河流域蓄滞洪区共有43座保庄圩和199座庄台。

1 建设历程

20世纪50年代，安徽省在濛洼、城西湖等蓄洪区和南润段、润赵段、姜家湖、董峰湖等行洪区兴建了一些低标准的围村堤和庄台。1954年淮河发生了全流域大洪水，多处行蓄洪区内农田房屋受淹，1955年冬至1956年春，在行蓄洪区内按照每人8~10 m² 的标准又实施了一批庄台工程。总体来说，50年代安全建设刚刚起步，安置区仅仅考虑防洪避险，安置方式以庄台为主，安置标准偏低。

20世纪70年代，治淮规划提出，对沿淮两岸的蓄滞洪区(除一水一麦的行洪区外)修建一批庄台，并加高现有庄台，但由于工程建设补助的标准太低，居民自筹资金的能力有限，最终工程未能落地实施。

20世纪80年代，1982年大水后，国家将淮河流域蓄滞洪区安全建设项目列入"六五"治淮基建计划。在濛洼、南润段、邱家湖、姜家湖、唐垛湖、董峰湖、下六坊堤、石姚段、幸福堤（洛河洼）、荆山湖等12处蓄滞洪区修建庄台和保庄圩等工程。

20世纪90年代，1991年淮河大水后，在"国务院关于进一步治理淮河和太湖的决定"中明确提出加强淮河流域蓄滞洪区安全建设，并将其作为19项治淮骨干工程之一，全面启动蓄滞洪区安全建设。

从方便就近生产、减少对库容影响等方面考虑,低标准行蓄洪区内人口安置方式还是以庄台安置为主。

2003年淮河发生流域性大水,分散庄台充分暴露出居住拥挤、"人畜"混住、环境恶劣、交通不便、基础设施缺乏等一系列问题,蓄滞洪区安置方式逐步向对外交通方便、人均面积较大、费用较小的保庄圩安置方式转变。目前保庄圩安置在安徽省各个蓄滞洪区内有较为普遍的应用。

自2020年以来,为彻底解决行蓄洪区低洼地不安全人口居住问题,安徽省提出三年时间内通过新建保庄圩、新建庄台、人口外迁等方式,解决设计蓄洪线以下低洼地和庄台超容量居住人口安置,规划新建保庄圩8座,安置32.23万人,新建庄台4座,安置1.73万人。

2 保庄圩、庄台分布和建设方式

2.1 现状数量及分布

安徽省淮河流域现有保庄圩43座,总面积27 064万 m²,其中濛洼6座、城西湖1座、董峰湖1座、南润段1座、邱家湖3座、姜唐湖4座、城东湖7座、瓦埠湖10座、花园湖1座、老汪湖9座;现有庄台199座,总面积576万 m²,其中濛洼131座、南润段4座、邱家湖5座、姜唐湖23座、城西湖12座、城东湖2座、寿西湖6座、董峰湖6座。

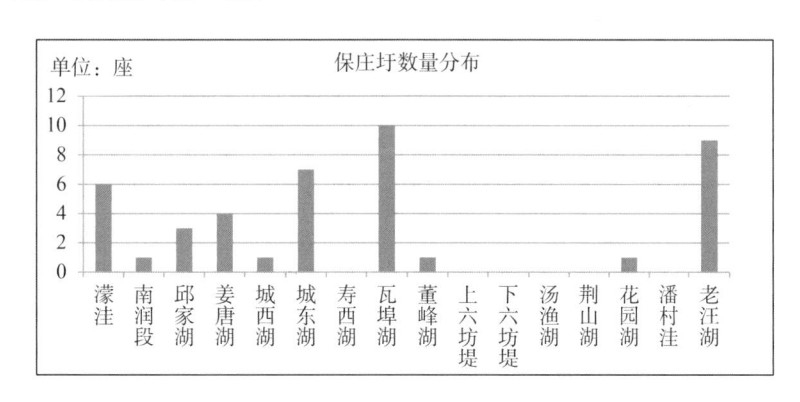

图1 安徽省淮河流域蓄滞洪区保庄圩数量分布

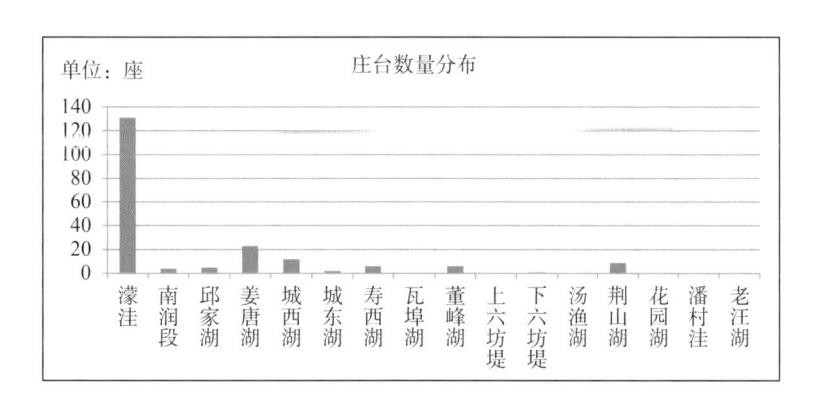

图2 安徽省淮河流域蓄滞洪区庄台数量分布

2.2 建设方式

2.2.1 保庄圩

保庄圩是在蓄滞洪区周围，利用蓄滞洪区圩堤的一部分或独立在蓄滞洪区内修建的圩区，蓄滞洪水时不受淹，区内建设房屋和基础设施用来安置居民，以满足生活以主，部分具备生产条件。安徽省内保庄圩建设方式可细分为四种。

（1）区内保庄圩。利用蓄滞洪区圩堤的一部分在蓄滞洪区内建保庄圩，形成封闭圩区，此类保庄圩建设需占用蓄滞洪区蓄洪库容。例如濛洼的安岗、曹集、段台等保庄圩。

（2）区外保庄圩。利用蓄滞洪区圩堤的一部分在蓄滞洪区外建保庄圩，形成封闭圩区，此类保庄圩建设不占用蓄滞洪区库容，也不影响行洪断面。例如邱家湖的古城、岗庙保庄圩，姜唐湖的庙台、垂岗保庄圩。

（3）封闭保庄圩。独立在蓄滞洪区内建封闭堤，一旦蓄洪，对外交通影响较大，例如城东湖的胡姚、固镇、彭桥保庄圩。

（4）半封闭保庄圩。独立在蓄滞洪区内建部分圩堤与自然高地相接，形成封闭圈，利用了区内岗地，一旦蓄洪，对外交通不受影响，如城东湖的新湖、龙腾保庄圩，瓦埠湖的史院、庄墓、罗塘保庄圩，老汪湖的孙寨、贡山保庄圩。

2.2.2 庄台

庄台是建筑在蓄滞洪区或圩区沿堤地带，高于设计洪水位的土台，供蓄滞洪区内居民定居或分蓄洪运用时临时避洪的场所。安徽省内庄台基本都为居民定居使用，建设方式分为两种。

（1）顺堤庄台。庄台紧靠着蓄滞洪区堤防建设，顺堤方向呈长条状，筑台土方采用堤外滩地取土或堤内取土，庄台台脚多因取土形成长条状的沟塘。顺堤庄台一般出现在人口较多的蓄滞洪区，例如濛洼的濛堤内、城西湖的蓄洪大堤内。顺堤庄台利用了堤身断面，节省土方，对外交通方便，蓄洪期间对生活影响较小。

（2）湖心庄台。湖心庄台是离蓄滞洪区堤防较远，为了便于农业生产，以小组团为单位，就地取土填筑的土台，整体呈圆形或方形，台脚一圈为取土筑台后改造的鱼塘。以庄台为圆心向外发散，中间为庄台，内圈为鱼塘，外圈为耕地，形成有特色的小组团生产、生活方式。湖心庄台一般出现在面积较大的蓄滞洪区内，如濛洼蓄洪区、城西湖蓄洪区等。湖心庄台生产方便，但生活设施不足，蓄洪期间易形成孤岛，对生活影响较大。

2.2.3 建设标准

庄台建设初期，人均面积只有 $8\sim10$ m^2，即便后期不断提高标准，人均也不足 50 m^2。而保庄圩因圈堤建圩，受地形和村庄分布影响，人均面积 $100\sim200$ m^2 不等，保障群众居住安全的同时也保护了很多耕地。2012 年发布《蓄滞洪区设计规范》（以下简称《规范》）(GB 50773—2012)后，庄台和保庄圩的建设有了明确的标准可依。《规范》中规定：安全区的面积宜按安全区永久安置人口人均占用面积 $100\sim150$ m^2 的标准分析确定；若地形条件允许，安全区人均面积可适当放宽。安全台台顶面积宜按其永久安置人口人均占用面积 $50\sim100$ m^2 的标准分析确定。

3 建设方式对比分析

3.1 防洪保安方面

保庄圩和庄台方式均可确保行蓄洪区内居民生命财产安全。遇防洪抗灾时不需要临时撤退转移,内部基础设施不受洪水影响。居民搬入保庄圩和庄台后,可减轻蓄滞洪区启用的后顾之忧,提高蓄滞洪区的防洪抗灾能力。从防洪保安方面看,保庄圩和庄台方式都能满足要求。其中,保庄圩人均建设标准高,占地面积大,在区内建设时占用蓄洪库容相对较大,一般按影响库容不超过总库容的5%控制,庄台因占地面积小,对库容影响相对较小。

3.2 生产生活方面

保庄圩均位于蓄滞洪区内或附近,居民搬迁后,基本满足耕作半径要求,百姓仍能到自有土地上耕作,避免了大规模土地调整和不必要的生产安置,减小居民因搬迁造成的生产不便;但搬迁后生产半径跟搬迁之前相比相对较大,耕作点与居住区可能在1～2 km以上。庄台一般位于原居住区附近,生产半径相对较小,对生产的影响也较小。相比较保庄圩而言,庄台对生产的影响更小。

保庄圩就地保护人口多,保庄圩的选址一方面要考虑地质安全,进洪影响小;另一方面要考虑人口集中,保庄圩安置方式可对现有房屋就地保护,减少搬迁规模和投入,减轻对部分群众的生活影响。保庄圩人均建设面积较大,且无淹没受灾的顾虑,可提高房屋建设标准,同时圩内基础设施不受洪水影响,可以建设高标准的基础设施,并配套医院、学校、活动场所等完善的公共设施,甚至可以开展一定规模的第三产业。但由于保庄圩位于蓄洪区内,四周是高达数米的封闭堤,群众居住在"盆底",蓄滞洪区启用时会出现三面或四面临水,百姓居住地位于洪水位以下数米,群众心里承受压力大;蓄滞洪区不启用时,圩内同样会有排涝压力。

庄台人均面积小,基础设施配套能力有限,特别是历史遗留的低标准庄台,生活改善的空间有限。如濛洼蓄洪区现有的131座庄台,台顶面积337.8万 m²,人均面积约22 m²,其中人均面积小于50 m²的庄台117座,庄台上"户对户,窗对窗",巷道只能容一人通过,居住十分拥挤,且无分户建房空间,容易导致群众返迁或违章建设的现象。同时由于庄台面积小,供水、文化、教育、卫生、医疗等基本条件不足,群众生产生活极为不便。

从生活方面比较,保庄圩比庄台更能满足要求。

3.3 交通出行方面

大部分保庄圩和顺堤庄台均结合现状蓄滞洪区堤防或岗地建设,内部交通道路与蓄滞洪区撤退道路相连,或者与岗地道路相通,即使蓄洪,交通出行所受影响较小。而湖心庄台在蓄滞洪区启用后,迅速变成"孤岛",严重影响对外交通,如濛洼蓄洪区内各庄台周边地面高程不一,蓄洪期间,最浅处水深约1 m,最深处可达7 m,庄台内居民出行及学生上学均需靠渡船,安全受极大影响。同时由于已建庄台内部空间有限,无法满足高标准道路建设要求,对区内生活品质的提高也有一定限制。

从交通出行方面看,保庄圩比庄台更能满足要求。

3.4 工程和社会管理方面

保庄圩内人口密集,依靠堤防挡水,圩堤一旦出险后果极为严重,汛期需24 h沿堤巡查防守,防汛时各级单位需严阵以待。同时为满足保庄圩内灌排需求,圩堤穿堤建筑物较多,也带来一定的安全隐患,日常运行管理和维护检查工作量大。

庄台不作为挡洪措施,在设计洪水下,基本无防汛任务,庄台上无灌排建筑物,台坡上也禁止违章建设,基本无防洪日常运行管理工作。

从工程管理方面看,庄台比保庄圩管理更简便,防汛压力更小。

保庄圩内既有就地保护人口,又有圩外迁入人口,无法保证整村搬迁,不可避免地会出现人口跨村组、户籍跨乡镇的问题,容易产生区域交叉管理的现象,对社会管理的工作带来一定难度。庄台安置人口相对较少,人员属性均为迁入人口,类型单一,便于组建新的管理机构进行统一管理。

从社会管理方面看,庄台比保庄圩更容易开展工作。

4 今后安置方式发展趋势

由于庄台发展空间有限,安徽省鼓励逐步将老庄台超容量人口外迁或搬迁至现有保庄圩,用足现有保庄圩的安置空间,对居住人口较少的湖心庄台进行铲除。随着时间的推移,湖心庄台将逐步退出历史舞台。对安置人口较多的顺堤庄台,地方更能接受以村组为单位的大规模庄台,既方便社会管理,也便于群众生活水平的提高。

随着国家持续加大耕地保护力度,坚持节约集约用地,严守耕地红线的准则,在蓄滞洪区内建设保庄圩、庄台的安置方式可行性越来越小,总体安置方式将会转变为主动外迁。为顺应发展趋势,应主动控制蓄滞洪区内人口增长,鼓励、引导低洼地、庄台人口外迁,保庄圩超容量人口自愿搬迁,减少返迁;对地质条件差、人口逐年减少的"老、破、小"保庄圩结合群众意愿逐步进行外迁和废除。

5 结语

到目前为止,安徽省淮河蓄滞洪区内总人口为 80.52 万人,蓄滞洪区 43 座保庄圩共保护了 41.2 万人,庄台保护了 19.4 万人。保庄圩、庄台内群众生命财产安全得到有效保障,避免了蓄滞洪区运用时大量的人口临时转移,大大降低了蓄滞洪区运用的社会成本,为实现蓄滞洪区及时有效安全运用以及功能正常发挥提供必要条件;为群众提供了安全的居住场所同时,也提供了学校、卫生所及文化娱乐等公共设施建设发展空间,为蓄滞洪区群众的安全与发展提供了基础保障。保庄圩、庄台的建设对保障区域社会和谐稳定,保障蓄滞洪区经济社会可持续发展具有重要意义。

[参考文献]

[1] 安徽省水利水电勘测设计院.安徽省淮河行蓄洪区及淮干滩区居民迁建规划[R].2016.
[2] 中水淮河规划设计研究有限公司.淮河流域蓄滞洪区建设与管理规划[R].2011.
[3] 中水淮河规划设计研究有限公司.淮河干流行蓄洪区调整规划[R].2008.

[作者简介]

陈婷,女,1981 年 6 月生,高级工程师,从事水利规划与设计工作,18096680627,chenting0939@126.com。

浅析水行政处罚自由裁量权

苏雪晴　龙殿满　胡恩兴　沈　硕

（骆马湖水利管理局邳州河道管理局　江苏　徐州　221300）

摘　要：水是生命的源泉、农业的命脉、工业的血液；水利是一项庞大的系统工程，事关党执政兴国、事关人民幸福安康、事关党和国家长治久安；水行政执法工作是依法行政、依法治水的重要组成部分，也是全面推进依法治国的重要内容。本文浅要分析水行政处罚自由裁量权的基本内涵，强调基层水行政执法人员在作出水行政处罚时，合理行使自由裁量权的重要性，同时指出当前基层行使自由裁量权时存在的问题，并以此为基础提出防止水行政处罚自由裁量权滥用的防范对策建议。

关键词：水行政处罚；自由裁量权；存在问题；防范对策

1　水行政处罚自由裁量权的概念及背景

水行政处罚自由裁量权，是指流域管理机构或地方水行政主管部门在法律授权范围内，以公正、合理为原则，在法律事实要件确定的情况下，依据一定的制度标准和价值判断，根据水事违法案件的具体情况，对该案件是否给予行政处罚、给予何种类的行政处罚、给予何种幅度的行政处罚以及行政处罚执行方式的自主决定权。主要表现在：有水行政执法权的机关要在法律规定的处罚幅度内，对具体水事违法行为造成的损害大小行使自由裁量权；有水行政执法权的机关要根据具体水事违法行为的情节轻重选择不同的处罚种类。

我国已颁布了《中华人民共和国水法》《中华人民共和国防洪法》《中华人民共和国河道管理条例》等一系列的水法律法规，明确了流域管理机构或地方水行政主管部门的水行政执法主体地位，为其实施水行政处罚行为提供法律支撑。在行政执法过程中，有水行政执法权的机关依据法律法规对行政相对人作出行政决定时，为保证法律公平正义的实现，需要再二者间搭建"自由裁量权"这一桥梁，在避免行政权力滥用的同时保护行政相对人的合法权益。2015年7月，水利部在《关于全面加强依法治水管水的实施意见》中提出要规范自由裁量权，将依照法律法规合理行政放到首要地位，因此，健全水行政自由裁量权的体制机制势在必行。

2　水行政处罚自由裁量权的重要性

2.1　水行政处罚自由裁量权是加强水行政监督管理的关键措施

法律具有相对滞后性，我国幅员辽阔，水事违法行为涉及的内容广泛、情况复杂，各地情况有所不同。立法者无法完全预见水行政管理中会出现的所有问题，难以规定的事无巨细、面面俱到。若是在实际执法中严格采用"一刀切"的行为模式、以单一的处罚标准来衡量每一起具体案件，会导致对行政相对人作出不公平、不合理的决定,不利于水域岸线的规范化管理,对水行政监督管理工作具有极大的负作用。自由裁量权的存在则可以使执法人员因人、因时、因事作出公平公正的决定,实现对水域岸线水事违法行为的有效管理。因此,自由裁量权在我国的水行政监督管理中是重要的,也是必要的。

2.2 水行政处罚自由裁量权是提高行政执法效率的重要保障

效率是行政的命脉,流域管理机构或地方水行政主管部门在坚持合理行政原则的基础上,在一定范围内行使自由裁量权,使得执法人员在作出具体行政行为时具有一定的自由,在依据法律原则的基础上,能够根据案件具体情况、法律精神,充分发挥主观能动性加以灵活分析、权衡轻重,快捷高效地作出处罚决定。同时结合水行政管理事项的客观实际、价值分析和判断。从而积极应对,采取适当、合理的方式及时予以处理。做到"同等情况同等对待,不同情况差别对待",在提高行政效率的同时,更好的应对案件的多样性,保证了对行政相对人的公平公正。

3 当前水行政处罚自由裁量权存在的问题

3.1 违反合理行政原则,滥用自由裁量权实施水行政处罚

根据行政考虑相关因素原则的要求,在作出行政决定和进行行政裁量时,只能考虑符合立法授权目的的各种因素,不得考虑不相关因素。这就要求水行政执法人员在行使自由裁量权所采取的具体措施,必须符合目的和动机,在不忽视相关因素的基础上,不考虑不相关因素。不得因人而异,缺乏平等性,水行政执法人员若在实施水行政处罚时,任由自己的主观心理肆意发挥,在个人情绪等因素的影响下作出处罚决定,或者人情处罚,不仅对处罚对象不公平、对社会造成不良影响,也将使得水行政处罚的预防性,因确定性和可预期性不足而弱化,乃至丧失。

基层水行政执法机构在执法过程中发挥着重要作用,基层执法人员的执法能力及法律素质参差不齐,在一定程度上制约了水行政执法工作深入高效的开展,直接影响水行政执法裁量权的运用。以骆马湖水利管理局邳州河道管理局(以下简称邳州局)为例,2021年邳州局共有水政监察员24人,其中专职水政监察员4人,兼职水政监察员20人。本科以上学历占比少,具有法律本科专业学历的更为少数,执法人员整体年龄偏大,年龄断层严重。这就容易导致在案件查处过程中因执法人员对法律知识的学习不够深入、理解不够到位,易导致滥用自由裁量权,造成裁量不公。

3.2 违反比例原则,对水行政处罚方式的选择过于随意

当前,我国水行政处罚相关法律法规规定的对水事违法行为进行行政处罚方式,主要有罚款、没收非法财物、责令限期拆除等。对某一行政相对人的某一项水事违法行为,既可仅给予一种处罚,也可以与其他处罚并处。例如,《中华人民共和国水法》第七十条规定:"拒不缴纳、拖延缴纳或者拖欠水资源费的,由县级以上人民政府水行政主管部门或者流域管理机构依据职权,责令限期缴纳;逾期不缴纳的,从滞纳之日起按日加收滞纳部分千分之二的滞纳金,并处应缴或者补缴水资源费一倍以上五倍以下的罚款。"

但在实际执法过程中,存在少数水行政执法人员在实施行政处罚时,或本应并处两种以上处罚的却仅给予一种处罚,或对仅须处以一种处罚的违法行为却并处了其他处罚,使个案中的处罚结果与违法行为的过错程度不相适,忽视违法行为的情节和危害后果,任意选择处罚方式,违反了比例原则。

4 对水行政处罚自由裁量权进行优化的思考

水行政处罚归根结底是具体行政行为，受到行政法律法规的约束，为防止水行政执法人员在给予相对人水行政处罚时，滥用自由裁量权，影响行政行为的公信力，合理行使自由裁量权尤为重要。

4.1 细化水行政处罚自由裁量基准并严格执行

我国水系复杂，分布较广，基层水行政执法人员需要的是处罚幅度具体、内容详细的自由裁量权基准。根据《中华人民共和国行政处罚法》第三十四条规定："行政机关可以依法制定行政处罚裁量基准，规范行使行政处罚裁量权"。流域管理机构或者各个行政区水行政主管部门，可以根据当地经济发展水平、人文社会环境，在不违反上位法规定的幅度和范围内，细化上位法，精准控制行政裁量权，以减少人为因素的影响，保证自由裁量权的准确行使。

制定更具灵活性与执法可操作性的自由裁量基准，在一定程度上缩小水行政执法人员自由裁量的空间，使其在实际执法工作中作出的每一项处罚都有章可循、有据可依，有效解决部分水行政执法人员利用自由裁量权的幌子，打滥用职权的"擦边球"。

对常见情况进行规定，例如，对于个案中出现水行政执法人员拟作出的处罚决定与规定的自由裁量基准不一致时，应当说明理由并且报请上级单位行政执法部门预审，交由法制审核部门审核，再由上级单位主要负责人审批，经层层报批后手续后，方可作出超越自由裁量基准的处罚决定。这样可以有效防止水行政执法人员随意超越裁量基准实施处罚，确保裁量基准有效落实到位。

4.2 提高水行政执法人员的整体素质及执法水平

在基层水行政执法队伍中开展学法懂法用法知识培训，既要学习具有普遍约束力的行政法律法规，又要学习具有特殊性的水事法律、法规和规章。对于处理水事违法行为常用法律法规，如《中华人民共和国水法》《中华人民共和国防洪法》《中华人民共和国行政处罚法》等着重学习，深入理解水行政处罚自由裁量权的原则，熟练掌握业务工作所涉及的技术规范，提高执法水平。

提高基层水行政执法人员的思想道德素质，以习近平新时代中国特色社会主义法治思想为导向，充分发挥自身主观能动性，勤于学习，勇于实践，积极践行公正执法、执法为民的理念，坚决杜绝在执法时受个人主观因素的影响，人情执法，维护法律法规尊严，真正做到处罚相适应，准确量裁。

4.3 完善自由裁量权监督体系

加强对水行政处罚自由裁量权的监督，是依法治国和依法行政的基本要求。

完善水行政执法机关内部对自由裁量权的监督。健全法制审核体制机制，将监督职责独立出来，单独设置专门承担行政处罚自由裁量权监督职责的法制审核机构，合理赋权，做到一案一审，实现过程性监督，将滥用自由裁量权的行为纠正于初始，最大程度地实现内部监督的可视化和有效性。

健全行使水行政处罚自由裁量权的外部监督机制。水行政执法机构还应自觉地接受社会监督、司法监督以及行政相对人的监督，不断提高执法水平、完善执法工作。应充分发挥社会监督的作用，鼓励群众积极参与，在群众与行政主体之间搭建真实的交流沟通平台，发挥网络媒体等舆论监督的作用，起到对水行政执法行为强而有力的辅助监督。同时要注重加强司法监督，司法是行政处罚自由裁量权规制的最后一道防线，扩大行政诉讼的受案范围，将自由裁量权的行使纳入司法审查的范围，对权力行使的过程和结果进行全面监督。

[参考文献]

[1] 沈海澄.浅析水行政处罚自由裁量权的适用与规制[J].中国水利,2009(10):59-60.
[2] 肖宗伟.水行政处罚自由裁量权细化量化必要性分析[J].治淮,2021(1):46-47.
[3] 陈君彦.海事行政处罚自由裁量权滥用的防范[J].水运管理,2021,43(3):27-29.

[作者简介]

苏雪晴,女,1998年11月生,19852169260,411406194@qq.com。

淮河干支流滩区生产圩综合治理思路探讨

何夕龙　王长明

(中水淮河规划设计研究有限公司　安徽 合肥　230601)

摘　要：淮河干流及颍河等支流存在众多生产圩，结合新阶段经济社会发展需求，根据综合考虑各生产圩所处位置、面积、人口以及行洪效果初步提出退圩还河、维持现状或退建加固等治理思路。为分析淮河干流滩区生产圩的治理效果，选定蚌埠以下段的晏甘圩、大新圩、小香圩、香庙北圩4处生产圩，通过MIKE11软件建立淮河干流蚌埠小柳巷段一维河道模型，计算分析4处生产圩退圩还河治理效果。计算结果表明，淮干滩区生产圩治理，将扩大干流河道的行洪断面，进一步提高行洪能力。

关键词：淮河；生产圩；综合治理；治理思路

1　背景回顾

淮河干流及颍河等支流生产圩堤众多，形成年代较早，当地群众为防洪水沿河主槽修筑堤防。由于滩区水土条件较好、土地肥沃，加之沿线人多地少，当地群众不断培修老堤，围圩保地，又为保麦争秋的需要逐年加高，逐渐在淮干及支流滩区形成众多生产圩。

淮河干流原有生产圩50多个，这些生产圩有的是20世纪50年代堤防退建时形成，有的是20世纪60年代后陆续围筑而成，堤身高度一般2~3 m，堤顶宽2~3 m，少数4 m。20世纪80年代清障时铲除或铲低40处(河南2处，安徽38处)，以后又有恢复和加高。目前淮河干流滩区生产圩共计21处，区内人口2.6万人，耕地8.4万亩。

颍河滩区生产圩堤大多形成于新中国成立前，历史上生产圩为颍河河滩洼地，因元、明、清历代黄水多次入颍，漫溢成灾，当地群众沿河主槽修筑堤防。20世纪90年代，颍河滩地生产圩有87处，通过沙颍河近期工程治理、淮北大堤颍左堤加固等工程实施，废弃、退建了部分生产圩堤，目前颍河滩区生产圩共计51处，面积60.9 km²，耕地6.9万亩，人口7万人。

对淮河干支流滩区生产圩的治理措施已有很多研究。陈平以扩大淮河泄量为目标，按照局部利益服从整体利益，同时兼顾局部利益的原则对安徽省淮河干流生产圩提出废除、维持现状、提高标准三种处理措施。程志远通过分析淮河干流生产圩形成的原因，提出了淮干生产圩整治的必要性以及整治中须处理的几个问题，包括生产圩整治中要处理好人、水、地之间的关系，要充分考虑生产圩整治的可行性与艰巨性等。高强针对颍河生产圩存在防洪标准偏低、影响河道泄洪能力等问题，按提高类生产圩、限制类生产圩、还河类生产圩三种分类，结合河道整治需要，提出了颍河生产圩分类治理、分级设防的处理措施。陈鸥等针对江苏省淮河行蓄洪区与"三滩"内存在大量的生产圩和村庄，为确保淮河干流行洪通畅、行蓄洪区及时运用以及区域内人身财产安全，研究提出了淮河行蓄洪区及三滩居民迁建规划，对提高抗洪减灾能力和改善生态环境具有重要作用。

本文在回顾以往淮河干支流滩区生产圩治理相关成果的基础上，结合新阶段经济社会发展需求，进一步分析淮河干支流生产圩治理的必要性，提出了淮河干支流滩区生产圩治理思路，并选定蚌埠以下段的晏甘圩、大新圩、小香圩、香庙北圩4处生产圩开展治理效果分析。

2 生产圩治理的必要性

多年来，淮河干支流滩地生产圩一直缺少系统治理。生产圩堤身单薄，堤顶较窄，防洪标准偏低，启用频繁，一般紧邻河道主槽，由于圩内居住人口多，房屋密集，加之受崩岸影响，历来是防汛中重点和难点。2020年7月17日至28日淮河大水，干流生产圩破口天河圩、曹洲湾圩、黄疃圩、窑河圩、临北圩、毛滩圩、香北圩、北湖圩、靠山圩、程小湾圩等10处，面积7.1万亩，耕地6.46万亩，影响居住人口0.47万人。同时，颍河滩地生产圩堤高程较高，部分圩堤高程甚至超过了设计洪水位，严重影响河道的排洪能力。

（1）生产圩治理对进一步扩大河道泄洪能力十分必要

2020年洪水，淮河干流遇中小洪水水位偏高且持续时间长、沿淮关门淹等问题依然突出，研究淮河干支流滩区生产圩分类治理等工程措施，对进一步扩大淮河干流河道泄洪能力，降低中等洪水位，优化淮河中游防洪布局和工程体系，意义重大。

（2）生产圩治理对保障区内人民群众防洪安全意义重大

淮河干支流滩区生产圩多，居住人口多，防洪标准低，一旦破圩进洪，将对区内的人民生命财产安全产生严重威胁。通过系统实施生产圩治理工程，在保证淮河干支流泄洪能力前提下，通过人口外迁、就地保护等措施，可有效保障圩区内人民防洪安全。

（3）生产圩治理是改善人民生产生活条件，实现幸福河的重要措施

淮河干支流滩区生产圩内发展空间不足，生活环境差，结合生产圩整治，实施河道岸线环境综合治理，是提高人民群众生产生活条件，实现幸福淮河的重要举措。

3 治理思路

淮河干流及支流滩区生产圩分类治理以扩大河道行洪能力为目标，综合考虑各生产圩所处位置、面积、人口以及行洪效果等，初步提出淮干滩区生产圩各类治理措施，见表1。

对阻水明显、圩内人口较少的郎河湾圩、陈沙段、老婆家圩、灯草窝圩、程小湾圩、黄疃窑圩、曹洲湾圩、天河圩、临北圩、大新圩、小香圩、晏甘圩、香庙北圩等13处生产圩实施退圩还河；对姚家湖圩、东湖闸左圩、汲河圩、新城口圩、临东圩等5处生产圩采取维持现状的措施；对圩内人口较多，迁移安置难度大的东淝闸右圩、靠山圩、魏郢子圩等3处生产圩，实施退建加固，留足过洪断面。

表1 淮干滩区生产圩各类治理措施汇总表

处理措施	生产圩名称	数量
退圩还河	郎河湾圩、陈沙段、老婆家圩、灯草窝圩、程小湾圩、黄疃窑圩、曹洲湾圩、天河圩、临北圩、大新圩、小香圩、晏甘圩、香庙北圩	13
维持现状	姚家湖圩、东湖闸左圩、汲河圩、新城口圩、临东圩	5
退建加固	东淝闸右圩、靠山圩、魏郢子圩	3
合计		21

4 治理效果分析

根据淮河干流及支流滩区生产圩分类治理研究目标,拟初步选定蚌埠以下段的晏甘圩、大新圩、小香圩、香庙北圩4处生产圩进行治理效果分析。4处生产圩现状无人居住,圩堤堤顶高程接近设计水位,对淮河干流蚌埠—小柳巷段阻水较为明显,拟采取退圩还河的治理措施。采用MIKE11软件建立淮河干流蚌埠—小柳巷段一维河道模型,通过典型年洪水演进计算,分析4处生产圩退圩还河的治理效果。

模型计算范围见图1。根据河道设计资料与断面实测成果,采用不等间距的节点布置断面,实测河道断面间距约为200~400 m,共布设400个断面。选取2007年洪水对模型参数进行率定。模型上边界采用蚌埠闸下实测流量过程,模型下边界采用小柳巷实测水位过程。经率定,淮河主槽糙率取0.020~0.023,滩地取0.03~0.04。

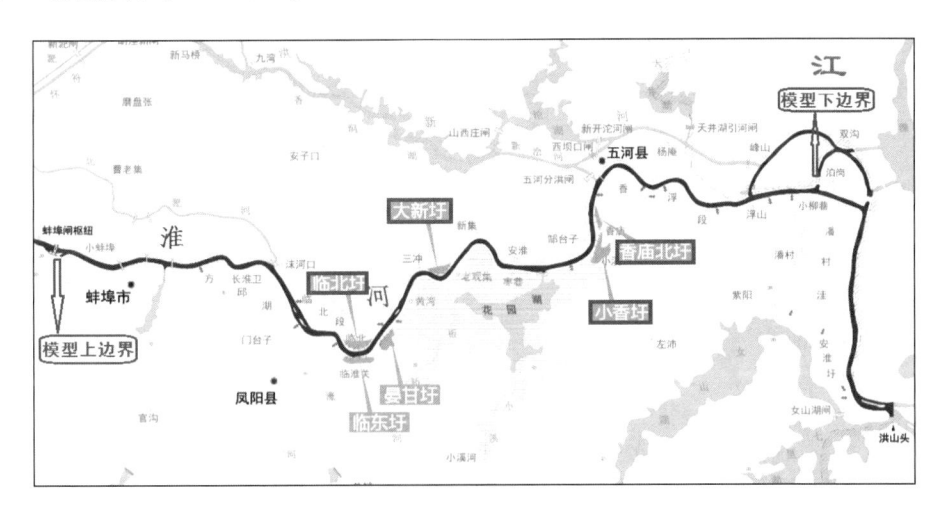

图1 模型计算范围示意图

为分析蚌埠以下段的晏甘圩、大新圩、小香圩、香庙北圩4处生产圩的治理效果,选取2003年及2007年典型年洪水对生产圩治理前后2种工况条件进行模拟计算。模型上边界为流量过程,下边界为小柳巷水位-流量关系。计算采用淮河干流蚌埠至浮山段行洪区调整和建设工程实施完成后的工况。淮河干流蚌埠至浮山段行洪区调整工程实施完成后,该段保留有花园湖行洪区,花园湖行洪区位于淮河右岸,晏甘圩下游。为准确分析4处生产圩的治理效果,本次计算的2003年及2007年典型年洪水不考虑启用花园湖行洪区。如图2至图7所示。

(1) 2003年洪水计算结果

遇2003年洪水,4处生产圩退圩还河后,淮河干流浮山洪峰水位不变,五河洪峰水位降低0.01 m,临淮关洪峰水位降低0.07 m,吴家渡洪峰水位降低0.05 m。

(2) 2007年洪水计算结果

遇2007年洪水,4处生产圩退圩还河后,淮河干流浮山、五河洪峰水位不变,临淮关洪峰水位降低0.06 m,吴家渡洪峰水位降低0.04 m。

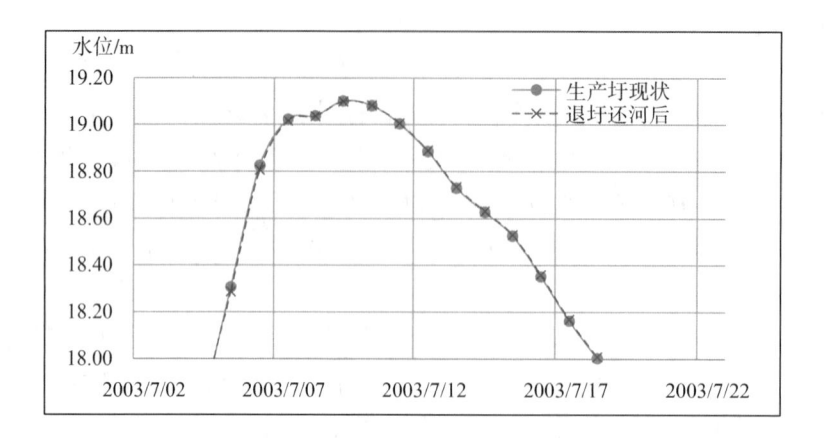

图 2　2003 年五河水位对比图

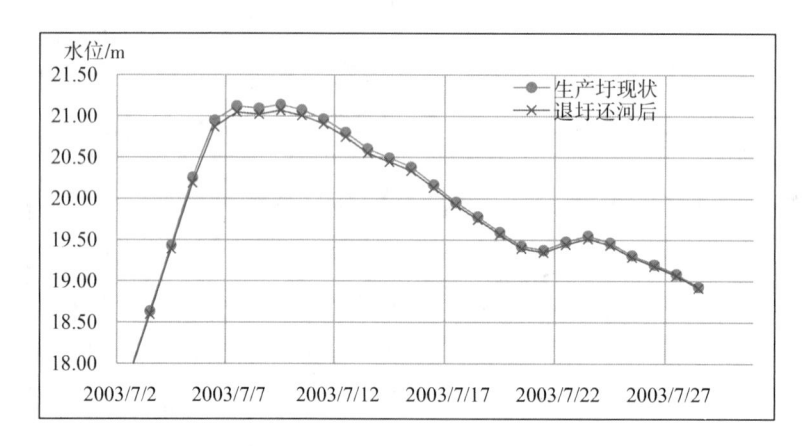

图 3　2003 年临淮关水位对比图

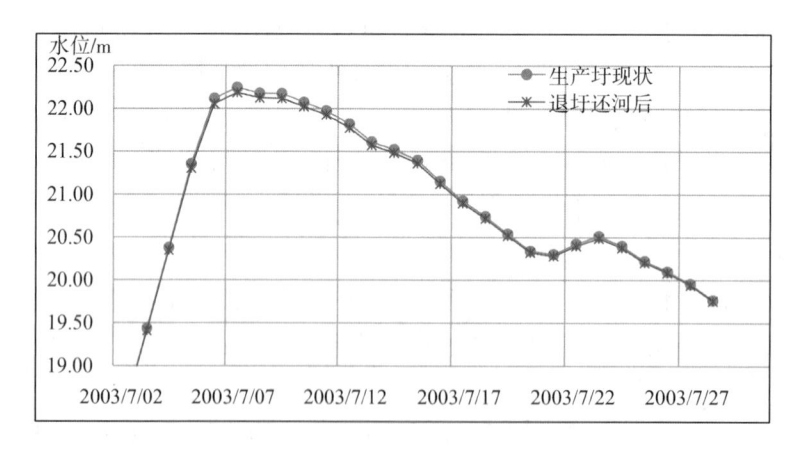

图 4　2003 年吴家渡水位对比图

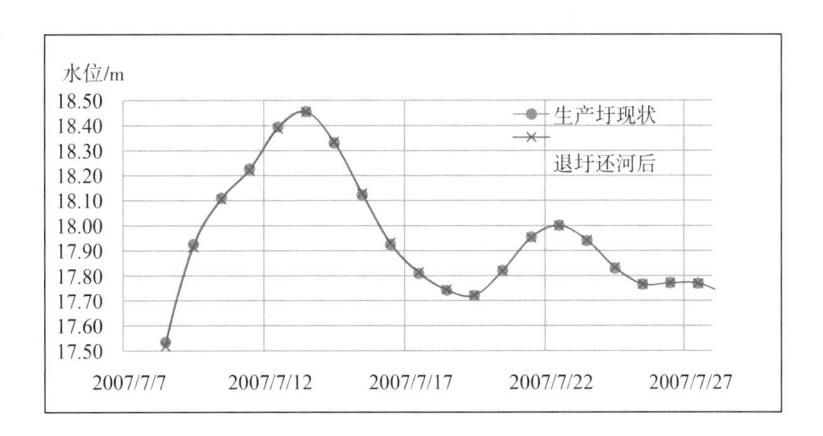

图 5 2007 年五河水位对比图

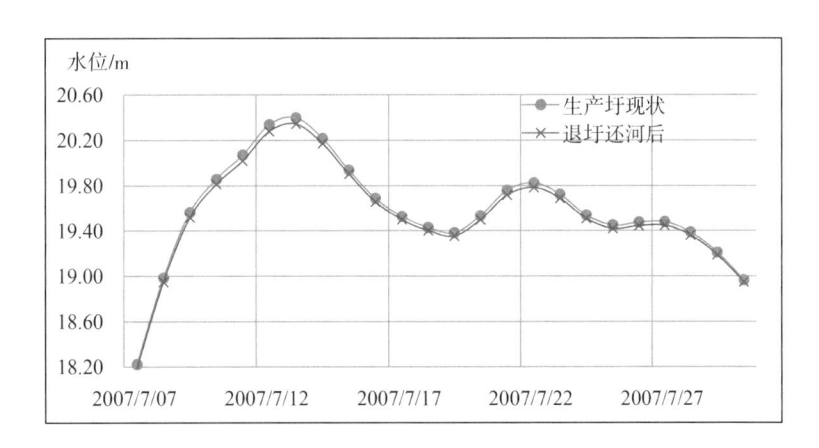

图 6 2007 年临淮关水位对比图

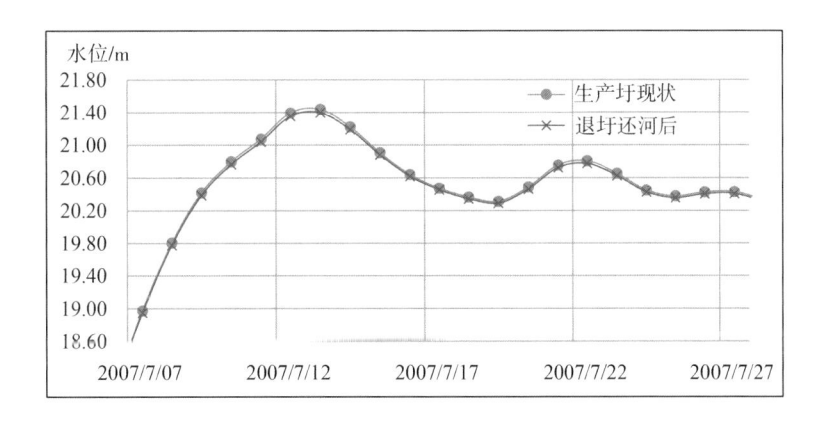

图 7 2007 年吴家渡水位对比图

5 结语

（1）淮干滩区生产圩治理，将扩大干流河道的行洪断面，进一步提高行洪能力，减轻淮干洪水的防汛压力，尤其是中等洪水的防汛压力。蚌埠以下段的晏甘圩、大新圩、小香圩、香庙北圩 4 处生产圩退圩还河后，遇 2003 年洪水可降低蚌埠—临淮关段洪峰水位 0.05～0.07 m，遇 2007 年洪水可降低蚌埠—临淮关段洪峰水位 0.04～0.06 m。

（2）淮河干流及沙颍河等支流滩区生产圩治理工程涉及面广，问题较为复杂。本文仅对淮干滩区生产圩防洪影响及治理措施进行了初步分析，具体治理方案应在前期工作中进一步论证分析，沙颍河滩区生产圩治理措施应在沙颍河治理工程中重点论证分析。

[参考文献]

[1] 中水淮河规划设计研究有限公司. 淮河干流行蓄洪区调整规划[R]. 2008.
[2] 中水淮河规划设计研究有限公司. 淮河干流浮山以下段行洪调整和建设工程可行性研究报告[R]. 2019.
[3] 水利部淮河水利委员会. 淮河流域综合规划(2012—2030年)[R]. 2012.
[4] 陈平. 安徽省淮河干流生产圩处理措施分析[J]. 江淮水利科技, 2013(6):8-10.
[5] 程志远. 淮河干流生产圩整治的若干问题思考[J]. 安徽农学通报, 2015, 21(18):141-142.
[6] 高强. 颍河生产圩治理探讨[J]. 安徽农学通报, 2020, 26(11):77-78.
[7] 陈鸥, 杨树梅, 徐永波, 等. 江苏省淮河行蓄洪区及三滩居民迁建规划研究[J]. 江苏水利, 2019(6):19-23.

[作者简介]

何夕龙，男，1978年9月生，高级工程师，从事水利规划与设计工作，18155183109，hexilong323@126.com。

浅谈水利工程竣工财务决算编制

左亚楠[1]　郭奕婷[2]

(1. 河南省出山店水库建设管理局　河南 信阳　464000；
2. 河南省水利第二工程局集团有限公司　河南 郑州　450000)

摘　要：本文章表明了竣工财务决算的重要作用，并以河南省出山店水库工程竣工财务决算编制为例，分析了大型水利项目竣工财务决算编制的过程中值得注意的关键点。总结了编制体会和经验，对有关水利工程项目竣工财务决算有一定的借鉴意义。

关键词：水利工程；财务决算；竣工

竣工财务决算是综合反映竣工项目建设成果和财务情况的总结性文件，是基本建设程序的重要环节，也是核定资产价值、办理资产交付使用的依据。对竣工项目来说，竣工财务决算具有重大意义和作用。作为竣工财务决算的编制人员，不仅要做到对编制规程熟悉、掌握，更要对自身项目特点、财务核算情况掌握充分，抓住编制的重点、难点，以高度的责任心、求实心，真实完整地编制好工程竣工财务决算。

1 编制竣工财务决算的作用

1.1 正确核定新增资产价值

新增资产的价值取决于项目的建设成本，而建设成本正是竣工财务决算所要反映的重点内容。

竣工财务决算对项目建议过程中所发生的各类费用按支出的用途，依照会计核算的口径和方法进行分类、归集、分摊和确认。

1.2 考核概、预算，投资计划，基本建设支出预算等执行情况

竣工财务决算在对建设成果总结的过程中，考核和评价是其重要手段。考核的依据主要是项目的初步设计文件，重点是项目的初步设计概算。通过对概算的具体明细项目进行同口径比较，揭示项目实际支出对应概算的偏离程度，分析形成差异的原因。

1.3 分析投资效果，总结建设经验，提高管理水平

通过对工程质量、工期、投资来源、使用、实际生产能力、单位生产能力投资等指标的分析，衡量实际投资和预期值的差距，进而分析原因，总结经验和教训，指导今后项目的管理工作。

2 竣工决算编制的重点和难点

2.1 收集整理项目资料

竣工财务决算的编制是一项综合性工作,涉及财务、合同、环境移民、工程、综合、质量安全等各个方面。会计核算只能形成决算的部分货币指标,其他决算指标和决算说明书的部分内容必须依赖于项目的其他资料。

除会计核算资料外,需要收集整理资料主要有:

2.1.1 设计文件

项目自项目建议书以来,各阶段设计形成的设计文件及批复。特别是初步设计文件以及项目实施过程中的重大设计变更。

2.1.2 投资计划与预算下达

各个年度的基建投资计划与预算下达的相关文件。

2.1.3 招、投标及合同资料

各标段的招标、投标文件;合同及补充合同。

2.1.4 工程量

各工程项目的设计工程量;实际完成的工程量统计资料。

2.1.5 主要材料消耗量

钢材、木材、水泥等主要材料的设计用量、实际消耗的统计资料。

2.1.6 工程验收资料

各分部、单位工程验收鉴定书、合同工程完工验收决定书、各阶段验收的鉴定书、各专项验收的成果性文件。历次验收中的遗留问题及其处理情况。

2.1.7 征地移民及安置资料

有关协议;各项补偿费的明细清单及其实物量的统计资料。

2.1.8 动用预备费资料

动用预备费的上报及其批复文件。

2.1.9 已完工程、设备等资产的清查盘点资料。

2.1.10 其他有关资料。

2.2 竣工财务清理

项目法人在编制竣工财务决算前,要对各类债权债务、各种资产以及项目合同(协议)执行进行清理,要做到账账、账证、账实、账表相符,以达到规范资金管理、提高资金效率的目的。

合同清理的重点是对以前历次工程价款结算进行汇总分析、进行一次总的清理的基础上,及时办理完工结算。完工结算在实事求是的前提下,既不要漏项、也不要重项。尤其是要对历次工程结算中悬而未决的事项要认真清理,达成共识。要保证完工结算金额与历次工程价款结算的累计额相等。

债权债务清理的重点是日常就要严格控制各种应收款、预付款、应付款、预收款的收支,经常性督促有关单位或经办人员及时办理结算和报销手续。清理时要核对往来账目,按期足额收回,防止可能发生的意外和损失,对确实无法收回的往来款项,要查明原因,按规定办理相关手续,并将损失纳入决算。特别注意:除按规定扣留的质量保证金和预留的未完工程及费用外,其他各项债权债务均应清理完毕。否则，竣工决算编制后，债权债务将缺乏相应的资金清偿渠道。

结余资金清理的主要内容是盘点核实构成结余资金的实物清单，确定处理方式，办理处置手续，将实物形态的竣工结余资金（如库存物资）转化为货币形态的竣工结余资金。对于自用固定资产，因工程建设周期长、施工现场条件差，大都超期服役，很多已经淘汰，应请示上级主管部门，按评估价采用公开招标的办法对这部分资产进行变价处理。

2.3 概算与核算口径的对应分析

竣工财务决算报表（特别是表3-水利基本建设项目投资分析表）的重要功能就是对基本建设项目的概算和基本建设投资计划的执行情况进行考核、总结。为顺利填写决算报表，就应做到建设项目实际发生的支出与该项目的概算在核算口径上保持一致。所以，我们在最初建账时，就应以项目概算中相应工程和费用明细项目等为基础进行成本核算，使之与项目概算的费用构成在口径上保持一致。而在日常工作中，我们发现参建单位的工程价款结算中的具体项目往往与概算项目不对应，差距很大，无法做到按概算项目核算，这就需财务人员及相关工程人员仔细研究概算与招标、合同项目之间的逻辑，找到对应关系，做到每次工程价款结算的核算口径与概算一致。在编制竣工决算报表时，有关报表项目实际支出数可按账上累计核算数直接填列。

填写投资分析表应在财务决算编制基准日轧账以后，以科目余额表为基础，建安投资和设备投资可按对应关系直接填列，待摊投资对应概算项目按实际情况分至建安工程、临时工程、环境移民、独立费用等。其他投资一般归入独立费用。具体明细项目按相关对应关系填列。

2.4 未完工程及预留费用

项目在办理竣工财务决算时，仍存在部分工程项目尚未实施完成，一些费用还将在决算基准日后继续发生。我们在账务处理时应按实际测算的费用将未完工程、预留费用分别计入"建筑安装工程投资""设备投资""待摊投资"等有关科目。

重点注意的是：(1) 按现行规定，大、中型项目须控制在总概算的3%以内，小型项目须控制在5%以内，超过此标准的费用，不得列入竣工财务决算。(2) 未完工程及预留费用项目应清晰简洁，对于同一列别的工程或费用，应合并为一项。(3) 依据要充分，未完工程和预留费用应满足项目实施和管理的需要，以项目概算、合同等为依据，已签订合同的，应按照合同进行测算；尚未签订合同的，未完工程投资不应突破相应概算标准。预留费用常指竣工决算编制费、审计费、竣工验收费、建设单位管理费等，这些费用预留应有充足的测算依据，并符合相关制度和法规的要求。

2.5 待摊投资分摊

待摊投资是指建设项目实际发生的构成建设成本，按照规定应分摊计入交付使用资产价值的各项费用类支出。待摊投资虽不直接构成固定资产，但有助于固定资产的形成。首先应确定分摊对象为房屋、建筑物等固定资产、专用设备、需安装的通用设备、其他分摊对象。而不需安装设备、工具、器具等固定资产和流动资产的成本以及单独移交运行管理单位的无形资产和递延资产的成本，一般不分摊待摊投资。分摊方法一般分为两种：一是按概算数的比例分摊，二是按实际数的比例分摊。按照待摊投资的合计数（扣除直接计入的部分）比上分摊对象的合计数得出分摊率。分摊率乘上分摊对象中具体资产的原价值得出该项目分摊的待摊投资，再加上该资产的建安、设备、其他投资和直接计入的投资得出该资产的最终价值。

2.6 交付资产

交付使用资产的确定在竣工财务决算中尤为关键，会直接影响以后管理单位的资产使用和管理。水利项目交付使用资产一般分为3类：固定资产、流动资产、无形资产。一般大型水利项目交付资产会达数百上千项，要保证资产划分合理、资产的特征规格型号、单价、数量及坐落位置真实准确，这是非常不易的。重点要注意以下几点。

一是合理确定需交付的资产，对资产的分类、编码应仔细考量，按国家标准固定资产分类与代码进行分类。凡是单独构筑物、房屋、单台设备、单项工具均作为资产交付对象；对不宜分割的资产，其主体与配套设施共同作为交付对象。

二是交付资产要清晰，如一座房屋，屋内单独运行的设备也合并入房屋价值，不单独列示。这样处理，会使接收单位在后续管理时，如果出现设备的损毁报废，难以准确核算。而单独列示的话，会便于后续核算与管理。

三是要注意移民征地的情况，工程征地一般分为划拨和出让两种类型，出让地应确定为无形资产，而划拨地应作为费用进行分摊。

2.7 竣工财务决算说明书

竣工财务决算说明书涉及内容较多，涉及面较广，为编制高质量的说明，应制定一定的编制程序，一般在项目法人负责人的领导下，由财务部门牵头，其他部门配合。

竣工财务决算说明书一般包含以下内容。

2.7.1 项目基本情况

一般根据项目设计文件、工程建设管理报告、历年工作总结及经验资料分析编写。

2.7.2 预算和资金到位

一般根据预算、资金下达文件、会计核算等分析编写。

2.7.3 概算执行

一般根据项目设计文件、预算、计划下达文件、工程建设管理报告、竣工财务决算报表、财务核算资料等分析编写。

2.7.4 招（投）标及政府采购

一般根据项目招投标及政府采购资料、工程建设管理报告、会计核算等资料分析编写。

2.7.5 合同履行

一般根据项目招投标、项目合同（协议）、工程建设管理报告分析编写。

2.7.6 征地补偿和移民安置

一般根据工程建设管理报告、移民安置验收报告、会计核算资料进行分析编写。

2.7.7 预备费动用

一般根据工程建设管理报告、预备费动用及审批文件、会计核算资料进行分析编写。

2.7.8 未完工程及预留费用

一般根据未完工程及预留费用测算报告进行分析编写。

2.7.9 财务管理情况

一般根据财务内部制度、历年工作总结及经验、历年审计检查报告及整改情况进行分析编写。

2.7.10 其他需说明事项

一般根据项目竣工财务决算编制中遇到的问题、需要向报表审查方披露的事项进行分析编写。

2.7.11 概算执行差异的因素分析

一般根据项目实施中的具体情况进行分析编写,列明差异,逐项分析差异原因。

3 经验与体会

3.1 领导重视

出山店水库工程竣工财务决算具有时间紧、任务重、内容多、涉及面广等特点,工作量大协调难度高。决算编制工作几乎涉及各个局属科室和参建单位,如果没有建管局领导的高度重视和组织协调,将无法开展工作。只有领导重视,积极动员,督促和协调各有关科室及参建单位通力合作,及时研究和解决编制中的问题,决算编制工作才能顺利进行。

3.2 制定方案

竣工财务决算编制前要制定详细的编制方案,凡事"预则立",工作方案编制的好坏,直接决定决算编制的质量和进度。编制方案应注意:一是分工要具体,各部门任务不交叉,不扯皮;二是程序、顺序安排要得当,避免应顺序安排不当造成返工;三是任务要求要明确,具有可操作性,让人一看就懂。

3.3 注重过程记录

编制竣工财务决算过程中可能存在着多次的修改、调整,各相关部门提供的资料都可能存在变化,这就要求主编人员一定要经常性地进行记录,所谓"好记性不如烂笔头",随时记录编制中的变化、造成变化的原因,做到版本每次更新,相关的数据都能做到真实准确。

3.4 注意决算报表表间勾稽关系

在编制决算报表时,主编人员要吃透《水利基本建设项目竣工财务决算编制规范》,特别是要理会这8张表之间的勾稽关系,数据保持一个口径,做到表与表之间同类别数据对应上,表与账之间相关数据对应上,相同类别的数据无论在哪张报表都要保持其唯一性。

[参考文献]

[1] 安徽省淮河会计学会.水利基本建设项目竣工财务决算编制教程[M].北京:中国水利水电出版社,2009

[2] 中华人民共和国水利部.水利基本建设项目竣工财务决算编制规程:SL19—2014[S].北京:中国水利水电出版社,2014.

[3] 刘云杰.浅谈大型水利工程竣工财务决算编制[J].行政事业资产与财务,2015(34):75-77.

[作者简介]

左亚楠,男,1991年9月生,中级会计师,财务管理,13193887728。

防洪除涝工程涉及生态保护红线措施初探

——以安徽省一般行蓄洪区建设工程为例

景 圆 万瑞容 刘华春

（淮河水资源保护科学研究所 安徽 蚌埠 233001）

摘 要：近年来，随着国土空间规划及管控政策的变化，水利工程特别是防洪除涝工程普遍涉及到生态保护红线。2020年5月，安徽省印发了建设用地过渡期工作实施方案，发布了工程建设占用生态保护红线的论证政策，要求严格压实生态保护红线论证责任，需围绕项目必要性、选址唯一性和减缓生态影响的主要措施等提出论证建议，本文基于安徽省一般行蓄洪区建设涉及生态保护红线情况下提出相应避让、减缓、补偿等措施，探讨防洪除涝工程涉及生态保护红线的审批程序与不可避让合理性分析。

关键词：防洪除涝工程；生态保护红线；不可避让；减缓措施

1 引言

据2019年11月1印发的《中共中央办公厅、国务院办公厅关于在国土空间规划中统筹划定落实三条控制线的指导意见》（以下简称《指导意见》），生态保护红线[1]是指在生态空间范围内具有特殊重要生态功能、必须强制性严格保护的区域。优先将具有重要水源涵养、生物多样性维护、水土保持、防风固沙、海岸防护等功能的生态功能极重要区域，以及生态极敏感脆弱的水土流失、沙漠化、石漠化、海岸侵蚀等区域划入生态保护红线。生态保护红线内，自然保护地核心保护区原则上禁止人为活动，其他区域严格禁止开发性、生产性建设活动，在符合现行法律法规前提下，除国家重大战略项目外，仅允许对生态功能不造成破坏的有限人为活动。

2020年5月13日印发《安徽省人民政府关于印发承接国务院建设用地审批权委托试点工作实施方案的通知》（皖政〔2020〕25号）文件要求，严格压实生态保护红线论证责任。建设项目选址应当尽可能避让国务院批准的生态保护红线范围。确实无法避让的，应当符合指导意见精神、自然资源部关于过渡期内生态保护红线临时管控规则限定的建设项目范围和要求。省级以上投资项目（含跨市水利工程建设项目），由项目主管部门对项目占用生态保护红线情况进行论证，围绕项目必要性、选址唯一性和减缓生态影响的主要措施等提出论证建议报省政府，省政府办公厅根据项目占用生态保护红线的类型组织协调省有关部门进行审查，提请省政府出具论证意见，随用地审批件一并存档备查。

目前，生态保护红线划定成果有很多将水域生态保护作为重点，造成水利工程特别是大型防洪除涝工程建设均或多或少涉及到生态保护红线。根据以上规范性文件要求，对于工程占用生态保护红线情况需进行论证，提出相应措施。本文以安徽省一般行蓄洪区建设工程占用生态保护红线情况为例对洪除涝工程涉及生态保护红线建设方案和保护措施进行探讨。

2 安徽省生态保护红线划定概况

依据原环境保护部办公厅、国家发展改革委办公厅印发《生态保护红线划定指南》(环办生态〔2017〕48号)[2],2018年6月27日安徽省政府正式印发实施《安徽省生态保护红线》[3],省内生态保护红线总面积为21 228.41 km²,占全省国土总面积的15.15‰。按照生态保护红线的主导生态功能将红线划分为水源涵养、水土保持、生物多样性维护等3大类共16个片区。安徽省生态保护红线基本空间格局为"两屏两轴":"两屏"为皖西山地生态屏障和皖南山地丘陵生态屏障,主要生态功能为水源涵养、水土保持与生物多样性维护;"两轴"为长江干流及沿江湿地生态廊道、淮河干流及沿淮湿地生态廊道,主要生态功能为湿地生物多样性维护。安徽省生态保护红线集中分布于:皖西大别山区的梅山、响洪甸、磨子潭、佛子岭、龙河口和花凉亭等水库库区及上游山区,皖南的黄山九华山区、率水上游的中低山区、登源河和水阳江上游山区等水源涵养重要区域;皖西的天柱山区和岳西盆地地区,沿江以北丘陵区、沿江以南低山区、青弋江和漳河上游丘陵区,新安江中游的西天目山山区、江淮分水岭地区、皖北黄泛平原等水土保持重要区域;皖东南山区、牯牛降及周边地区、巢湖湖区、滁河上游的滁西丘陵区、皖北皇藏峪及周边、沿江以北华阳河湖群区、长江沿江湿地区、淮河中游、下游的沿淮湖泊湿地区等生物多样性富集地区。

3 安徽省一般行蓄洪区建设工程涉及生态保护红线内容

3.1 项目概况

淮河流域地势低平,平原面积大,河流众多,历来就是洪水多发地区。新中国成立后,按照"蓄泄兼筹"的治淮方针,在加固堤防、整治河道、修建水库的同时,在湖泊、洼地开辟了行蓄洪区,形成了以水库、行蓄洪区和各类堤防为主体的防洪工程体系,其中行蓄洪区在流域防洪体系中起到分洪削峰、有效降低河道水位、减轻上下游河段防洪压力的重要作用,为流域防洪减灾做出了巨大贡献。根据2007年《全国蓄滞洪区建设与管理规划》统计,淮河流域蓄滞洪区调整完成后共有21处,其中安徽省淮河流域蓄滞洪区13处。根据国务院办公厅批转的《关于加强蓄滞洪区建设与管理的若干意见》(国办发〔2006〕45号),水利部编制了《全国蓄滞洪区建设与管理规划》,将蓄滞洪区分为重要蓄滞洪区和一般蓄滞洪区,其中安徽省淮河流域行蓄洪区中重要蓄滞洪区9处,包括濛洼、邱家湖、城西湖、城东湖、姜唐湖、寿西湖、汤渔湖、荆山湖、花园湖;一般蓄滞洪区4处,包括南润段、瓦埠湖、董峰湖、老汪湖。

安徽省淮河流域一般行蓄洪区建设工程任务为通过重建水闸、堤防加固、疏挖排涝沟、建设排涝站及穿堤涵闸等,完善保庄圩防洪排涝体系,使得行蓄洪区能够适时启用,行蓄洪水时保庄圩内居民生命和财产安全,改善保庄圩内群众的生产、生活和安全条件,促进人与自然和谐相处,促进行蓄洪区经济社会协调、稳定发展。2009年,国务院以国函〔2009〕134号批复《全国蓄滞洪区建设与管理规划》(《淮河流域蓄滞洪区建设与管理规划》内容已纳入该规划),该规划的内容包括行蓄洪区调整、行蓄洪区工程建设、安全建设及行蓄洪区管理等。2011年,国务院办公厅《转发发展改革委水利部关于切实做好进一步治理淮河工作指导意见的通知》(国办发〔2011〕号)提出"用5~10年的时间,基本完成38项进一步治理淮河的主要任务"。安徽省淮河流域一般行蓄洪区建设是38项淮河水利工程之一。

3.2 工程涉及生态保护红线情况

经对照《安徽省生态保护红线》(2018年版),项目南润段蓄洪区及董峰湖行洪区工程均不涉及,瓦埠湖、老汪湖蓄洪区工程涉及红线面积2.031 hm^2(包括新增永久占地0.447 hm^2、工程扰动1.584 hm^2),涉及类型包括宿州市北平原北部生物多样性维护及水土保持生态保护红线0.315 hm^2、合肥市淮河中下游湖泊洼地生物多样性维护生态保护红线1.689 hm^2、淮南市淮河中下游湖泊洼地生物多样性维护生态保护红线0.027 hm^2。项目不涉及自然保护地、各级自然保护区、风景名胜区、湿地公园、地质公园、森林公园等。

项目涉及涉及安徽省生态保护红线类型及特点见表1,项目新增永久占地和工程扰动生态保护红线位置关系见图1、图2。

表1 项目涉及生态保护红线情况汇总一览表

行蓄洪区	保庄圩	工程内容	涉及生态保护红线类型	生态保护红线片区	生态系统特征	项目涉及红线范围(hm^2) 工程占地 新增永久	项目涉及红线范围(hm^2) 工程占地 临时	项目涉及红线范围(hm^2) 工程扰动	穿越方式
南润段	—								
董峰湖	—								
老汪湖	大尚庄圩	新建大尚庄圩站	Ⅲ生物多样性维护生态保护红线	Ⅲ-1淮北平原北部生物多样性维护及水土保持生态保护红线	暖温带叶阔叶林带	0.164	—	—	点状直接占用
老汪湖	贡西圩	新建贡西圩站				0.096			
老汪湖	前李圩	新建前李圩站				0.055			
瓦埠湖	窑口	堤防加固		Ⅲ-5淮河中下游湖泊洼地生物多样性维护生态保护红线	暖温带与北亚热带落叶阔叶林过渡带;河流和湖泊湿地类型为主	—	—	0.011	线性直接占用
瓦埠湖	史院	堤防加固				—	—	0.016	
瓦埠湖	徐庙	堤防加固及相应建筑物工程				0.132	—	1.554	
瓦埠湖	罗塘	堤防加固				—	—	0.003	
合计						0.447	0	1.584	—

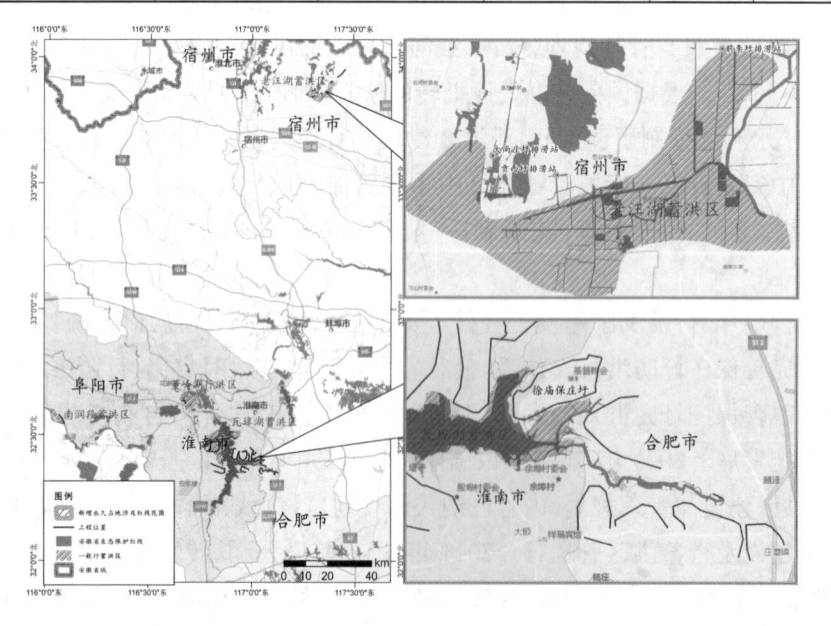

图1 项目新增永久占地与生态保护红线位置关系图

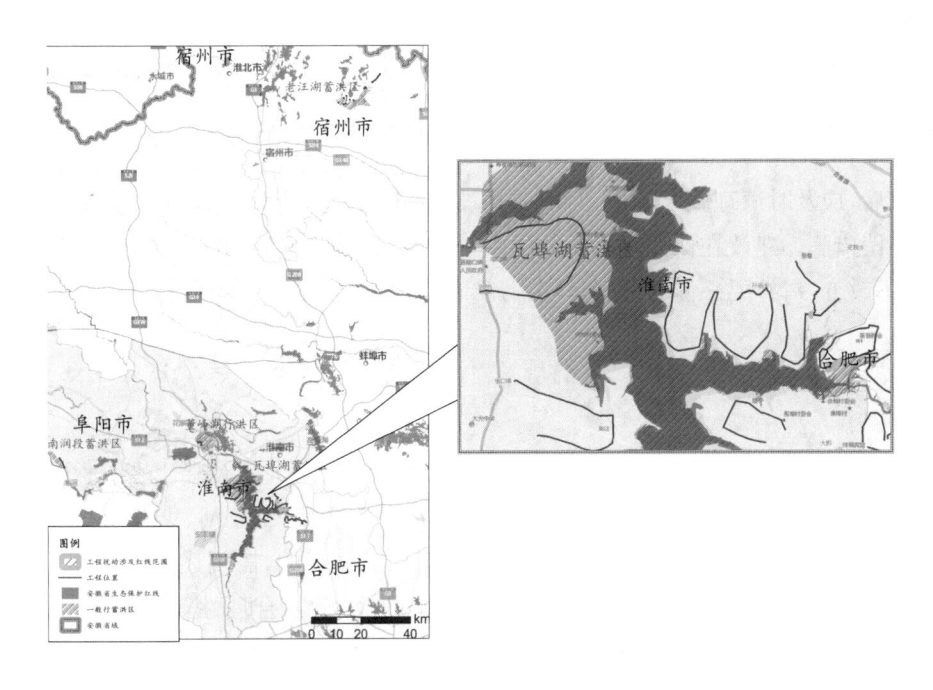

图 2　工程扰动与生态保护红线位置关系图

4　生态保护红线不可避让影响措施分析

4.1　工程保护措施

安徽省淮河流域一般行蓄洪区建设工程运行期对环境的影响较小，主要的不利影响是发生在施工期的噪声、污水排放、大气环境污染及垃圾等，需要严格落实环境影响评价报告确定的措施，主要如下。

4.1.1　生态影响避让措施

按照有利于避让生态影响的原则优化工程设计方案。优化施工布置，优化施工时序，严格工程管理，加快施工进度。严禁在生态保护红线范围内设置取弃土场、施工营地等大临设施。

4.1.2　生态影响减缓措施

严格做好施工期水污染物、大气污染物、固体废弃物等污染物处理及噪声管控。

陆生生态：施工场地边界设挡墙或隔板，不得随意扩大作业面，不得越界施工滥采滥伐，以减少施工占地对植被的影响。施工前进行表土剥离，单独堆存并回用。尽量减少高噪声施工。优化施工组织设计，减少对于周边动物的扰动。

水生生态：施工废水处理达标后回用，严禁将施工废水直接排入水域中。施工围堰选用袋装土构筑，降低水体中悬浮物产生量。围堰布置施工前对工程区域的底栖动物进行转移。

4.1.3　水土保持措施

严格落实该项目水土保持方案，根据工程区水土流失防治责任范围内不同的水土流失形式及特点，在工程完工后可能造成水土流失的部位，采取工程措施：泵站工程可剥离表土进行剥离施工结束后，对绿化区域进行土地整治；泵站出水池临水侧堤防采取生态砼铰接式护坡，对进、出水渠道两侧和与堤防连接段的裸露地采用狗牙根草皮进行防护；植物措施：泵站按照植被恢复2级标准进行植物措施设计,乔、灌、草结合绿化,乔木选用雪松和桂花,灌木选用月季和栀子,草皮选用高羊茅和狗牙根;临时措施:临时堆土区周边采用袋装土临时拦挡,土堆外侧设置简易排水沟相结合的方法进行防治。

4.2 生态补偿措施

施工结束后,应及时清理施工场地,对堤防边坡、建筑物运行管理区域进行防护和绿化,以及其他必要的生态补偿措施。建议在保证生态功能的系统性和完整性的基础上,按照生态功能不降低、面积不减小、性质不改变、占补要平衡的原则落实占用生态保护红线相关补偿措施。

5 建议

项目可行性研究报告编制阶段应结合生态保护红线分布情况,尽量避让生态保护红线。防洪除涝工程一般存在涉及面广、工期长等特点,新建堤防、堤防加培、退田还河、渠道疏挖及闸站兴建等一般均需新增永久用地,此类工程永久用地范围占用生态保护红线的,需阐述工程类别、占用位置、占用长度、占用面积等,并围绕项目特点、受益对象以及方案的经济性、合理性等方面进行方案比选论证,无法避让生态保护红线情况下采取相应措施进行保护或进行生态补偿并履行相应审批程序。

[参考文献]

[1] 中共中央办公厅,国务院办公厅.关于在国土空间规划中统筹划定落实三条控制线的指导意见[R].2019.
[2] 环境保护部,国家发展改革委.生态保护红线划定指南[R].2017.
[3] 安徽省人民政府.安徽省生态保护红线[R].2018.

[作者简介]

景圆,女,1987年3月生,高级工程师,研究方向为环境影响评价,18655297200,267319177@qq.com。

浅析水利工程标准化管理的经验和对策

王 冲[1] 王秀智[1,2] 崔维让[1,3] 孔 民[1] 谷洪涛[1] 陈 琛[1]

(1. 济宁市水利事业发展中心 山东 济宁 272400;
2. 山东农业大学 山东 泰安 271000;
3. 水利部淮河委员会 233001)

摘 要：党的十九届五中全会明确提出，"十四五"时期经济社会发展要以推动高质量发展为主题。在水利部"三对标、一规划"专项行动总结大会上，李国英部长指出新阶段水利工作以高质量发展为主题。新时代提出新要求，加快推进水利工程标准化管理，改变水利工程粗放的管理模式，是推动新阶段水利高质量发展，保障水利工程安全运行的必然要求。近年来，浙江、江苏、江西、山东、安徽等省份及黄委、淮委等流域管理机构，结合自身管理实际，积极探索水利工程标准化管理，在保障工程安全、增强管理能力、提高管理水平方面，取得了明显工作成效。本文分析了水利工程管理现状，总结了江苏、山东、江西三地的标准化做法，提出了进一步做好标准化管理工作的对策和建议。

关键词：标准化管理；水利工程；经验；对策

水利工程标准化管理是提升工程运行管护水平、推动新阶段水利高质量发展的必然要求。"标准化"最早来源于习近平总书记主政浙江时做出的重要批示："加强标准化工作、实施标准化战略，是一项重要和紧迫的任务，对经济社会发展具有长远的意义"[1-2]。2016年，浙江省被国务院确定为全国唯一的标准化综合改革试点省份，浙江省水利工程标准化管理工作也随之启动，从此拉开了水利工程标准化管理工作的序幕。浙江省全面梳理水利工程管理事项，确定标准流程和要求，细化和量化关键控制点，建立起涵盖技术标准、工作标准和管理标准的水利工程管理综合性标准体系[2-3]；山东省按照"简化、统一、协调、优化"的原则，聚焦标准体系、制度规程、记录格式、标识标牌的"四个统一"，形成岗位配置、设施配备、工作流程、操作运行、工作记录五个标准化，构建水利工程标准化管理体系[4-5]；江西省按照理清管理事项、确定管理标准、规范管理程序、科学定岗定员、建立激励机制、严格考核评价"六步法"工作要求，基本形成了"岗岗有标准规范，事事有标准可依，人人按标准履职"的水利工程标准化管理体系[6-7]。2022年，水利部制定出台《关于推进水利工程标准化管理的指导意见》，要求从工程状况、安全管理、运行管护、管理保障和信息化建设等5个方面，实现水利工程全过程标准化管理，这标志着我国以标准化管理为代表的水利工程运行管护工作迎来了高质量发展新篇章。

1 水利工程管理中存在的问题

我国已建成由水库、堤防、水闸等工程组成的水利工程体系，这些水利工程在防洪减灾、供水灌溉、生态保护中发挥了巨大的效益。但是，由于工程的公益属性、经费人员不足、位置偏远等原因，导致工程运行管理方面存在许多问题。

1.1 重视程度不足，责任落实不到位

水利工程"重建轻管"的观念根深蒂固，水利工程管护所需人员、经费落实程度底或难以落实，部

分管理人员对运行管理的概念仅仅停留在"看管",难以做到"管护"。大中型水利工程一般都设有管理站所,但其位置多位于偏远地区,人才吸引力小,人员配备也难以满足要求;小型水利工程大多由乡镇管理,基层事务繁多,人员不足,也难以将管护责任落实。

1.2 制度适用性不强,管理标准不完善

水利工程因其个性强,国家或部门出台的一些制度和标准,难以对水利工程运行管理进行全面的指导规定,这就导致水利工程运行管理并没有形成一个系统性的体系。有些制度、标准只适用于常见的水利工程,对于一些综合性水利枢纽来说,尚未有适合的制度、标准对其运行管理进行指导。对于小型水利工程来说,制度和规范往往是参照大中型来执行,这就使其在管理过程中容易出现一些不确定因素,造成小型水利工程"似管非管"的局面。

1.3 技术力量不足,基层管理有缺位

水利工程多位于偏远地区且工作条件艰苦,对人才吸引力不足,即便吸引到人才也难以留住。大中型水利工程管理人员普遍年龄较大,年轻后备力量不足,而且大部分人员为军队转业人员,技术力量难以达到要求;小型水利工程点多面广,交通不便,加上基层水利管理人员缺乏,导致部分小型水利工程常年无人管理。

1.4 经费投入不足,管理保障不健全

水利工程由于其公益属性,各项支出只能依靠政府财政补助。全国来说,管护资金落实并没有形成统一的机制,各地情况也有很大差异。大中型水利工程虽然能按时落实经费,但数额难以满足测算标准,小型水利工程中水库资金落实较为及时,但仅能满足日常管理需要,其他小型工程几无经费落实。尤其是近几年,各级政府财政吃紧,本来不多的经费被一减再减,导致水利工程"无钱管"的现象愈加严重。

1.5 信息化水平不高,管理效能难提升

一方面大多水利工程建成时间较早,设计施工时没有考虑到信息化、自动化模块;另一方面"重建轻管"思想导致水利工程运行管理方面创新性不足,管理模式落后,缺乏先进管理手段,导致管理效率低下。虽然部分大中型工程带有工程、视频、雨水情等监测设施,但距离信息化、自动化的要求还有一定距离。目前,对于小型水利工程来说,除小型水库开始建设雨水情测报、安全监测系统外,其他工程均无信息化建设计划。

2 水利工程标准化管理采取的措施

为补齐水利工程管理短板,浙江、山东、江西省采取一系列的标准化管理措施,着力提高管理规范化、智慧化、标准化,大大提升了工程运行管理能力和水平。

2.1 压实管理岗位责任

岗位责任是标准化管理的基础。浙江省水利厅印发了《浙江省水利工程管理定岗定员标准(试行)》,要求各水利工程按照"因事设岗、以岗定责、以量定员;优化模式,整合资源;客观实际,按规入岗"的工作原则,开展管护人员落实工作;山东省水利厅制定印发《山东省水利工程运行管理制度及操

作规程标准范本(试行)》,规定各项岗位职责,制定各类事项制度,要求管理单位结合工程实际将岗位落实到人,明确工作职责,设置岗位职责公示栏,保证重要工作有人管、有人做;江西水利厅科学定岗定员,按照"因事定岗"原则,制定"岗位、事项、人员"对应表,做到事项到岗、责任到人。

2.2 建立标准化管理体系

体系建设是标准化管理的重要保障。浙江省出台了《全面推进水利工程标准化管理实施方案(2016—2020年)》,针对水库、堤防、水闸等工程编制了8项《管理手册》及12项《管理规程》,制定或修编了《浙江省水利工程管理定岗定员标准(试行)》《浙江省水利工程维修养护经费编制细则》等10余项规定、办法,建立起涵盖技术标准、工作标准和管理标准的水利工程管理综合性标准体系;山东省水利厅先后印发了《工程标准化管理手册编制指南(试行)》《山东省水利工程运行管理制度及操作规程标准范本》《山东省水利工程运行管理标识牌设置指南(试行)》《山东省水利工程标准化管理评价标准(判定标准、示范工程赋分标准)》等,各工程管理单位按照省厅统一标准,从自身工程实际出发,构建出岗位配置、设施配备、工作流程、操作运行、工作记录标准化管理体系;江西省水利厅相继制定了标准化考核评价标准及管理操作手册编制指南,印发了《江西省水利工程标准化管理标识标牌设置标准》《江西省水利工程标准化管理考核评价办法》等一系列标准规定。形成了"岗岗有标准规范,事事有标准可依,人人按标准履职"的水利工程标准化管理体系。

2.3 提升管理技术水平

管理技术水平是标准化管理的重要支撑。浙江省重视标准化管理人员培训工作,逐步形成了顺畅的培训机制,通过"送出去,请进来"的培训方式,建立"省、市、县"三级问题沟通解决机制;山东省多次组织手册、规程、指南等视频培训,培训对象直指工程一线管理人员,线上解决标准化管理工作中的难题、疑惑,与此同时,积极开展"岗位创新"活动,加大奖励,激发基层管理人员管理积极性,提升基层管理人员技术水平;江西省针对管理方式粗放,管理技术薄弱等问题,积极探索和推行物业化管理,通过政府购买服务等方式交由有技术力量社会力量或事业单位承担。

2.4 加大经费保障力度

经费保障在标准化管理中起到决定性作用。浙江省按照"按实测算,合理增长;区分属性,分类保障;多元投入,拓宽渠道"的工作原则,保障水利工程管护经费的合理使用;山东省根据水管体制改革财政支付政策,落实管护经费,积极争取乡村振兴重大资金支持,确保标准化经费落到实处;江西省级财政连续四年每年安排4亿多元维修养护补助资金专项用于标准化管理,发挥省级资金的导向作用。

2.5 加快管理信息化建设

信息化建设是标准化管理的重要一环。浙江省在建设管理单位平台的基础上同时开发省、市、县三级共用标准化管理监督与服务平台,实时掌握各类水利工程安全状态和管理动态,提升监管效能;江西省以"互联网+"的理念推动水利工程的信息化管理,整合现有信息资源,建设水利工程标准化管理监管服务平台和水利工程标准化运行管理平台,纳入全省"智慧水利"系统,把水利工程各项管理内容逐项细化为管理人员职责和岗位工作流程,实现工程管理精细化、痕迹化和溯源化;山东省建立"四个平台",通过数字化形式设定水利工程运行管理工作程序,推动标准化管理的数字化、精细化落实。

3 进一步做好标准化管理工作的对策和建议

3.1 加强组织领导

水利工程在防汛抗旱中起到了至关重要的作用,是筑牢全社会安全底线的保障。标准化管理应该由政府牵头全社会共同参与,水务部门负责制定实施方案,财务部门负责协调所需资金,国土部门负责调整所需土地指标,人社部门负责配备管理人员,有了各部门的支持,各工程管理单位才能顺利实施标准化管理工作。

3.2 发动全员参与

水利行业不像其他行业一样可以形成批量的、统一的管理模式。由于每个水利工程具有自身的特点,这就要求各管理单位根据制度要求和各自工程实际形成一套自身标准化管理模式。从管理单位主要负责人到工程保洁人员,每个人都在标准化管理中有自己负责的一部分内容,每一部分内容都有相应的制度标准,每个人都要参与到标准化管理中。

3.3 增加公益岗位

水利工程自身就带有公益属性,专业技术类岗位多配备于大中型水利工程,但配备数量不满足要求。公益岗位的出现能大大的缓解水利基层管理人员短缺的问题,同时又能解决的了标准化管理中人员不足的问题。水利部门要积极争取,合理利用公益岗位,各级政府要适当倾斜,合理调整公益岗位分配情况,在汛期增加水利公益岗位的数量,非汛期适当增加维修养护公益岗位数量。

3.4 加快信息化建设

水利工程管护人员不足的局面越来越严峻,调度过程也愈发趋于复杂化。加快信息化建设,建设自动化水利工程,实现工程运行无人化,决策智慧化,启闭自动化,是提升工程管理效能,解决水利行业"重建轻管"有效且可行的办法。

3.5 加强监督考核

水利工程"重建轻管"的观念仍深入人心,工程管理从"无人管"到"标准化管理"是一个非常大的跨越,管理人员需要一个适应的过程。要想顺利的推动水利工程标准化管理,必须加强监督考核。各级政府要合理利用高质量发展考核项,把标准化管理纳入对下级政府的考核内容,水利部门要做好行业监督作用,建立调度通报制度,开展现场督导活动,适时对推动不力的单位进行挂牌督办等措施,制定奖励机制,对于进度较快、效果较好的单位或个人,采取通报表扬或者给予职称评定上面的倾斜。

[参考文献]

[1] 董明锐,郑盈盈,徐鹤群.浙江标准化.定标对标水利现代化[J].中国水利,2016(24):206-209.

[2] 陈龙.浙江省水利工程标准化管理的探索实践[J].中国水利,2017(6):15-17+32.

[3] 曾瑜,徐海飞,沈坚.浙江水利工程标准化管理体系的研究与应用[J].浙江水利水电学院学报,2017,29(5):86-90.

[4] 韩涵.山东:聚焦"四个统一" 建立"四个平台"[EB/OL].(2022-04-13).

[5] 张尊喜,刘林.山东省水利工程标准化管理工作研究[J].治淮,2021(7):41-42.

[6] 黎凤赓,周志维,罗梓茗.江西水利工程标准化管理的经验与思考[J].水利建设与管理,2019,39(12):57-60.

[7] 徐炳伟,彭月平.江西省水利工程标准化管理实践及问题对策探讨[J].江西水利科技,2019,45(3):228-230.

[作者简介]

王冲,男,1991年8月生,工程师,从事水利工程运行管理工作,714347434@qq.com。

山东省治淮工程财务管理突出问题及对策

高 冉 孔德荣 徐建国

(山东省海河淮河小清河流域水利管理服务中心 山东 济南 250100)

摘 要:财务管理是水利工程建设管理中的一项重要工作,能否科学进行会计核算和财务管理,直接影响工程的资金安全和建设进度。山东省治淮工程在具体财务管理工作中积累了一定的经验,但是在强化内控制度建设、规范会计核算、防范资金使用风险、提高财务人员素质方面尚有很多问题亟待解决。本文分析了山东省治淮工程财务管理方面存在的突出问题,并提出了对策,对强化水利工程财务管理、规范资金使用有重要意义。

关键词:治淮工程;财务管理;问题;对策

1 山东省治淮工程财务管理现状

近五年来,山东省治淮工程跨市实施的主要包含南四湖片洼地治理工程、湖东滞洪区建设工程和沿运片邳苍郯新片区洼地治理三项工程,这三项工程是进一步治淮 38 项工程中的重要建设内容,涉及四市 27 县(市、区),概算总投资达 61.3 亿元。

三项工程项目法人组建模式均采用"1+N"模式(即"省级项目法人"和"工程各相关市分别组建项目法人"模式),各法人共同履行项目法人职责。根据工程建设需要,市级项目法人组建县现场建管机构。财务管理模式以建设管理模式为依托,构建省市县三级财务核算体系。省级项目法人作为总牵头单位,市级项目法人负责本市工程的招投标、签订合同及具体财务管理工作。中央及省级资金由省级法人支付并核算,市县配套资金由市级法人及县级现场建管机构支付并进行会计核算。省级项目法人对工程资金使用实施全过程财务监督。

工程总体具有点多、现长、面广的特点,资金量大,财务管理工作的任务重、难度大。在制度建设、会计核算、资金监管等工作中积累了一定的经验,但也存在一些的问题。如何解决这些问题,使财务工作适应"水利行业强监管"的新形势,是我们下一步研究的方向。

2 山东省治淮工程财务管理存在的突出问题

2.1 财务管理制度不健全

部分现场建管机构财务管理制度不完善,无内控制度或内控制度不够全面,没有覆盖到所有部门及环节,权责设置及分工不明确。单项财务制度的可操作性不强、修订不及时,执行财务制度的刚性不足,工程款的结算审批不严格、流于形式。另外,基建财务没有配备专门的会计人员,多由事业会计人员兼职,基本建设会计知识缺乏,不能完全适应项目建设管理的要求,不能有效的履行财务管理职责。

2.2 会计核算的规范性不足

实施政府会计制度后，基本建设项目的会计核算不再需要单独建账，要在"大账"中按照项目单独核算，对会计科目的设置提出了新的要求。部分单位无法做到及时建账并按照要求设置会计科目，部分单位未对照概算设置会计科目或设置的会计科目不够明细，无法满足决算编制的要求，部分单位未做到按照项目单独核算等，会计核算的规范性不足。

2.3 财务人员对工程建设管理的参与度不高

财务人员很少参与到项目前期立项及组织实施过程中，在工程招投标、签订合同、设计变更等问题上参与较少，造成部分合同条款不符合财务规定等问题发生。在工程建设过程中，与计划部门、建设部门沟通有限，加之受自身知识结构的限制，对工程建设情况了解不深，对工程进度掌握较少。

审核工程款支付时，对工程量的审核难以把握，财务监督职能发挥不足，使得工程款结算中有时会出现超合同额、超概算的现象。

2.4 工程地方配套资金足额到位难度大

目前，山东省治淮工程省及以上资金的配套比例大部分为75%，剩余25%由工程所在市县配套。工程所涉及的地市财政力量均相对薄弱，加之受疫情的影响，地方财政资金到位存在困难。虽然在工程建设过程中，项目法人采取了一些措施，省以上资金优先保障工程款的支付，一定程度上保证了工程建设，但市县资金未足额到位最终导致移民迁占实际完成投资与概算差异较大、工程验收后应付款项的清理难度较大等问题。

2.5 资金支付进度较慢

山东省治淮工程资金量较大，在省、市、县三级建管模式下，省以上预算资金全部下达至省项目法人，工程进度及资金支付效率却很大程度上由地市主导，权责的不一致导致资金支付进度较慢。另外，预算执行考核采取序时进度考核方式，但由于水利工程受招投标、开工时限、季节气候等因素的影响，有其自身特点，工程进度款无法按时间顺序均量支付，导致部分月份工程预算执行达不到要求。

2.6 移民迁占资金核算无法及时反映完成情况

山东省治淮工程移民迁占资金的拨付核算存在两种情况：第一，项目法人按照协议拨付移民迁占资金即列成本，所附资料仅有协议；第二，项目法人拨付资金时列预付款，待移民工程审计完成才算支付，所附资料为移民工程审计意见。两种情况下均无法在工程建设过程中及时反映移民工程完成情况，前者还存在以拨代支的问题。另外，移民迁占资金支付所需资料没有明确的要求，导致移民迁占资金支付、核算不规范，管理不统一。

2.7 完工结算不及时

山东省治淮工程均具有投资大、工期长的特点，工程分年度招标实施，在工程建设过程中，有的单位存在等待工程全部完工后统一进行完工结算审定、结算工程款的现象，这样就导致前期项目早已完工，未及时进行完工结算，后期施工单位已撤离施工现场，完工结算审定难度大，对竣工财务决算编制造成不利影响。

2.8 缺乏准确的绩效考核指标

随着绩效管理制度的不断优化,绩效管理工作水平在不断提高,但是,因工程绩效评价目标定量化、准确化存在困难,绩效评价体系建立要求高,项目存在差异化等原因,难以制定统一的、全方位的绩效评价指标,对绩效考核结果的准确性造成一定影响。另外,对绩效评价结果的运用还存在一定的局限性,反馈体系还不完善,对绩效评价结果缺乏有效应用,导致绩效评价难以发挥应有的价值。

2.9 资产移交、入账不及时

山东省治淮工程建设单位与使用、管理单位是相分离的,在工程竣工验收后,资产移交不及时、存在滞后性,办理资产移交后,部分管理单位对移交的资产未及时入账转入固定资产或公共基础设施。项目建设单位在资产移交后,未进行必要的后评价,对资产管理单位是否入账也不掌握情况,容易造成工程资产管理监管的缺失,容易造成资产的流失,不利于资产管理工作的有效落实。

3 加强山东省治淮工程财务管理的对策建议

3.1 加强制度建设,强化内控管理

树立"规范管理、制度先行"的理念,在基本建设项目开工前即着手制定符合工程实际的财务管理、价款结算及移民资金监管等相关制度,改革创新财务管理办法和机制,保证资金的安全运转和有效使用。按照有关规定,完善会计机构设置,配备专门的基建财务人员,压实岗位责任。在工程财务管理过程中,以制度为基础,以信息化手段为依托,强化过程管理,规范资金使用。在工程各类款项的支付方面,规范审核签批,加强与建设部门的沟通,强化支出概算、预算控制,避免超概算、超预算开支。

3.2 强化资金监管力度,防范资金使用风险

加大对市级项目法人工程资金的监督力度,加强从内部控制到财务监督检查的全方位、全过程监管,要求市级项目法人定期报送有关财务报告,加强财务管理工作指导,严防出现资金使用风险。年初制定工程资金监督检查工作方案,组织或委托第三方机构对市级项目法人计划下达与执行、工程资金使用等情况进行监督检查,形成情况通报,强化整改落实,切实强化资金监管,保障资金安全。

3.3 科学设置基建会计科目,规范会计核算

科学建账是会计核算的基础,在每项工程设置会计科目的时候,充分对照概算进行研究,与单位"大账"并账之后还要考虑各个项目之间科目的共性,科学设置会计科目,在满足核算要求的同时,使整个会计科目简单明了。

在规范会计核算的同时,要建立合同台账,定期对照概算和投资计划完成情况分析工程款支付情况,编制相关报表进行分析,及时发现问题,并提出解决问题的建议,发挥好会计的决策支持功能。

3.4 深入参与管理,实现财务管理转型

财务人员要积极参与项目的建设管理,要对项目实施全过程成本管控。参与项目的立项、招投标、合同的签订、设计变更及工程实施等工作,强化事中控制,做好项目立项阶段、实施阶段、竣工阶段

的成本管控。加强工程相关知识的学习,加强与计划、建设部门的沟通,了解工程进度,对照工程量审核工程进度款结算,规范资金支付。通过全过程管控,实现基本建设项目财务管理从核算职能向决策支持、监督管理等职能转变。

3.5 完善相关制度,规范移民资金管理

国务院《大中型水利水电工程建设征地补偿和移民安置条例》发布后,多个省份制定了相应的实施办法,如四川省制定了《四川省大中型水利水电工程移民资金管理办法》。南水北调工程有专门的征地移民资金核算办法。建议有关部门根据本流域或本省实际完善水利工程移民资金管理办法,为水利工程移民资金的管理及核算提供依据。

3.6 科学设置地方配套资金比例,助力工程建设

建议水利工程按管理级次定性,取消下级资金配套,如省批项目建议由省级及以上资金全部配套,取消市县配套,解决地方配套资金到位困难的问题。或者按照水利工程性质,科学设置地方配套资金比例,比如,对于防洪除涝等公益性较强的项目加大省级及以上资金配套比例,有效提高工程资金的到位率。

3.7 梳理建管流程,强化财务管理

全面梳理基本建设工程财务管理各项流程,加强各级项目法人、现场建管机构之间的沟通协调,理顺建管程序,加快资金支付进度。积极协调落实地方配套资金,加强控制,省级及以上资金优先用于主体工程建设,保障工程顺利实施。对已完工程及时进行完工结算,为竣工财务决算编制做好准备。工程验收后及时清理应付款项、及时办理资产移交手续,移交资产后,对工程进行适当的后评价,确保资产及时入账,规范管理。

3.8 树立绩效管理理念,提高绩效管理水平

牢固树立"用钱必问效,无效必问责"的理念,高度重视项目绩效管理工作,合理制定绩效目标,细化绩效评价指标,对重点指标进行突出,完善绩效评价方式,必要时引入第三方评价机制,不断提高绩效管理水平。在预算执行考核方面,建议根据项目实际制定合理的考核指标,不能片面追求预算执行率。加强对绩效评价结果的运用,压实整改责任,保证绩效评价的效果,助力水利工程发挥应有的效益。

3.9 开展业务培训,强化业财融合

近几年财务准则、制度、软件不断更新,财务人员的能力需进一步提高。要全面提升基建财务人员的业务能力,落实基建财务管理制度的培训,重点培训现场建管机构的财务人员。在开展财务培训的同时,要重点提升财务人员的专业能力,同时强化业财融合,促进财务管理与概算有效衔接,加强与招投标、计划管理、合同管理的有机结合,促进财务工作顺利开展。

[参考文献]

[1] 周海花. 水利工程基建项目财务管理存在的问题及改善措施分析[J]. 企业改革与管理,2021(22):155-156.
[2] 左淑娟. 水利基建项目财务管理存在的问题和对策[J]. 现代审计与会计,2021(4):23-24.

[3] 翟朝君.分析水利基建财务管理存在的问题与对策[J].财会学习,2018(30):75-77.

[作者简介]

高冉,女,1986年12月生,高级会计师,主要从事水利基本建设项目财务管理理论及实务研究,15066652083,gaoranhhj@shandong.cn。

关于系统化推动农村供水基础设施建设的几点思考

苏 坤

(日照市岚山区水利局 山东 日照 276800)

摘 要：农村饮水安全事关民生大计，直接关系到广大群众的切身利益，是做好脱贫攻坚与乡村振兴有效衔接的关键一招。"十三五"期间，水利部门聚焦农村饮水安全脱贫攻坚，将贫困地区的饮水安全工作作为重点工程来抓，扎实推进农村供水基础设施建设，现行标准下贫困人口饮水安全问题全面解决，为打赢脱贫攻坚战提供了有力的水利保障。"十四五"期间，农村饮水安全进入新的发展阶段，农村饮水安全标准不断提高，群众对生活用水需求有了更高的期待。为此，水利部门要认清形势，统筹考虑，在做好脱贫攻坚与乡村振兴高质量衔接的同时，不断创新建设和管理两个层面的方式方法，打破传统农村供水的建管模式，结合区域实际，探索新模式，在保证群众饮水安全的前提下，逐步实现"安全水"向"幸福水"的过渡。

关键词：农村；供水；基础设施

1 当前农村供水现状及薄弱环节

1.1 农村供水现状

当前，淮河流域农村供水方式主要是规模化集中供水和单村供水两种，存在个别分散式供水的山区村庄。总体上来讲，农村集中供水覆盖率较高，但信息化、智能化水平不高，与南方一些地区存在较大差距。

1.2 薄弱环节

1.2.1 水源地建设管理不规范

部分饮用水水源建设力度不够，存在防护网、警示标志缺失，视频监控系统停摆等问题。饮用水水源地巡查工作敷衍了事，有的水源地巡查记录只为应付上级督导检查。饮用水水源地保护力度不够，水源地垂钓、洗澡等行为屡禁不止，未采取有效有力措施制止。水源地单一，未建设备用水源地，存在供水风险。

1.2.2 水厂建管水平不高

水厂作为农村供水工程的"心脏"，是整个供水系统的核心，但现在运行的水厂基本建成于"十二五"期间，随着社会经济的变化，用水量需求逐渐增加，部分老水厂的水处理能力已经远远落后于实际用水需求，而且老的水处理工艺也很难应对现在水源出现的突发现象。例如，夏季来临，水源地易出现富营养化现象、藻类爆发，老水厂传统工艺中一般不含生物预处理设施，出厂水水质是否符合饮用水标准存疑。水厂管理人员较少，管理水平需进一步提高，特别是应急抢险队伍建设，存在人员配置不齐、物资储备不全、专业化水平不高等问题，与规范化应急抢险队伍建设还有一定差距。

1.2.3 供水管道敷设不合理

供水管道铺设规划不合理,部分地区因地势起伏较大,在前期设计规划过程中只考虑最高点供水水量水压问题,未能统筹考虑,导致有的住户水压太大,无法使用,有的住户水压较小,影响正常使用。供水村庄入户率不高,前期建设可能受资金投入影响,未能长远考虑,只将已缴纳入户工程建设资金的群众进行入户自来水改造,未提前预留其余入户接口,导致后续想接入自来水工程的群众无法及时接入,工程效益大打折扣。

1.2.4 单村供水工程运行管理薄弱

与规模化集中供水水厂相比,单村供水工程"硬件"配置不全,大部分单村供水工程水源地无围网、警示标志、视频监控等。"软件"配置不合理,水源地保护范围内仍存在耕种、垃圾乱堆等现象,管水员管理水平不高,不能对泵房内水泵、电机等进行正常的日常维修养护,导致基础设施使用寿命大大缩短,无形中加大供水后期维护成本。

1.2.5 管水员队伍建设不规范

因报酬较低,大部分管水员都是兼职,不能及时处置一些突发供水情况,容易引发舆论;管水员管理水平参差不齐,不能合理解决一些供水工程问题,例如管道焊接、水表更换等。部分地区未出台关于管水员的一些制度措施,约束管水员行为,导致管水员队伍散漫、冗杂,不能形成工作合力,导致管水效能低下。水费收缴力度不够,部分村庄采用机械水表,强制关闭闸阀效果不大(群众可以自己打开),加上部分群众"水商品"意识淡薄,导致部分水费难以收取。

2 农村供水工作的对策建议

2.1 合理优化水源配置,加大水源保护

一是联合公安部门设置警示标志及围网,确保水源地视频监控系统正常运行,设置自动报警系统,一旦有人进入围网内会自动报警,确保饮用水水源地安全。

二是加强水源地巡查力度,定期对饮用水水源地水面垃圾进行清理,及时制止危害水源地安全的行为。

三是加强水源地水质监测,可通过来水水质监测与取水口水质监测相结合的方式进行,预判水质变化情况,一旦出现来水水质变化较大,可提前部署安排,启动应急措施。

四是及时配置备用水源,建议每个规模化供水水厂都要有"一备一用"两个水源,备用水源管理要与现用水源一致,预防极端天气等突发事件,确保农村饮水安全。

五是对于缺水、水源不稳定的地区,可采取调水、联网互通、建设地下水库等措施,解决水源短缺问题。

2.2 因地制宜,系统化推进供水工程建设

一是水厂建设水平要提升。在水厂改造过程中,建议不要仅仅局限于"混凝、沉淀、过滤、消毒"常规处理工艺,要新增生物预处理,臭氧-活性炭吸附等深度处理工艺,应对复杂多变的水源变化情况。

二是管道敷设要合理。在管道敷设规划设计阶段,要统筹考虑,以镇为单位,认真分析地势地形,合理布局,分层敷设。特别是地势起伏较大的区域,建议采取"回"字型敷设方法,将相近高程的村庄接入同一条主管道,形成"全程自流+局部加压"的供水模式。

三是供水工程建设前要沟通。充分征求当地居民意见,项目村要统筹项目建设,特别是同时存在

着公路"户户通"工程、雨污分流工程等,建议由项目村统一招标建设,确定一个施工主体,避免重复投资,同时又容易推动工程建设进度。

2.3 兼小并大,提高供水工程精细化管理水平

一是成立供水公司,将水厂、单村供水工程全部移交至供水公司,由供水公司统一负责管运行管理、维修养护等工作,不断提高供水工程精细化管理水平。

二是加强管水员队伍建设。统一招聘管理,建议结合城乡公益性岗位开发利用,将管水员纳入城乡公益性岗位,提高管水员福利待遇,稳定管水员队伍。统一开展培训,建议邀请供水专家采取理论教学与实际操作相结合的方式对农村供水管水员进行技能培训,提高农村供水服务水平。统一标准考核,建议从水费收缴、日常巡查、问题处置、畅通服务渠道等方面对管水员进行考核,发挥考核"指挥棒"作用,提高管水员的工作实效。

3 农村供水工程未来发展趋势

农村供水发展逐步向信息化、智能化方向发展。目前,智能水表逐步替代机械水表,智能化水平不断提高,部分农村地区的供水已经实现了"网上缴费、水质实时查看、一键报修、个人用水量查询"等功能,极大方便了群众的生活用水,有利于群众树立"水商品"观念,节约水资源。但农村采用智能水表也存在一定弊端,例如,偏远地区受移动信号弱的影响,容易导致数据传输不及时,无线远传式智能水表使用易受限;智能水表一般保质期为5～6年,后期维修养护费用较高,经济压力较大;智能水表因安装在地面以上,冬季易冻损,保温工作压力较大,各地区在选用智能水表时,要结合当地实际,切勿照搬照抄,影响正常供水,造成投资浪费。另外,农村使用智能水表建议集中安装,方便运行管理及后期维修养护。

水厂也逐步采用信息化集成系统,近年来出现了无人值守智能化泵房、自动化加药车间等,极大节约供水成本,对水量、水质、水压、村庄用水情况进行实时在线监测,确保农村供水全流程安全。

[参考文献]

[1] 李云玲,孙素艳.关于巩固提升脱贫地区农村供水保障水平的思考.中国水利,2022(3):1-6.

[作者简介]

苏坤,男,1993年2月生,日照市岚山区水利局移民办负责人,主要从事水库移民项目、农村饮水安全工程建设工作。

浅谈引江济淮工程档案管理工作

王丽君　胡竹华

(中水淮河安徽恒信工程咨询有限公司　安徽 合肥　230601)

摘　要：工程档案管理工作是工程建设的真实记录，是工程验收、审计稽查、运行管理、维修养护、改建、扩建以及工程质量责任认定等工作的重要依据，是工程建设历史察考、总结经验、技术交流以及科学研究的重要信息资源。随着社会经济和科技的飞速发展，工程档案管理模式也在不断地更新和变化，本文结合引江济淮工程，阐述工程档案管理工作任务、原则、保证措施等，为其他项目工程档案管理工作提供一定的理论参考依据。

关键词：引江济淮；工程档案；管理

1　工程概况

引江济淮工程从长江下游上段引水，向淮河中游地区补水，是一项以城乡供水和发展江淮航运为主，结合灌溉补水和改善巢湖及淮河水生态环境等综合利用的大型跨河流域调水工程，是集供水、航运、生态等效益的一项水资源综合利用工程。引江流量 300 m^3/s，入淮流量 280 m^3/s。输水干线长 723 km，自南向北可划分为引江济巢、江淮沟通、江水北送三大工程段，共设八大节制枢纽。引江济淮工程在建设过程中形成了种类繁多、数量庞大的工程资料，所以要实现工程档案管理高效便捷十分重要。

2　工程档案管理工作任务和原则

工程档案是工程建设项目在前期、实施、竣工验收等各阶段过程中形成的，具有保存价值并经过整理归档的文字、图表、音像、实物等形式的工程建设项目文件。它具有专业性、成套性、现实性特点。工程档案管理工作是以完整地保存和科学地管理工程档案，充分发挥工程档案作用为目的的诸项管理活动的总称。在按照档案法的规定，实行统一领导、分级分类管理的原则下，建立、健全工程档案工作的法规制度，科学地管理工程档案，积极开发工程档案信息资源，及时、有效地提供利用。

3　做好工程档案管理工作的保证措施

首先，引江济淮集团公司要求各参建单位建立工程档案工作领导责任制，集团公司实施标准化统一管理、统一制度，将工程档案管理工作纳入对各参建单位的季度、年度考核中。其次，要求各参建单位档案工作与工程建设进程同步管理；建立健全工程档案管理制度，包括档案管理制度、汇总制度、保密制度、利用制度、图纸更改制度、竣工图编制办法、项目文件归档范围、文件收发文登记制度、文件流程控制制度等，并配备专门的档案管理用房，所有制度必须上墙。集团公司每年至少进行一次档案业务培训和实操演练，每季度定期对各参建单位进行现场考核打分，对不满足要求的单位进行通报批评并限期整改。最后，要求各参建单位档案管理人员不仅要树立牢固的档案工作意识，深刻认识工程档案工作的重要性和严肃性，还要熟知档案工作的法律法规和工程档案的规章制度、技术标准、工程管理、工程技术知识。档案管理人员要做到参加工程建设有关会议；参加工程项目的验收；参加设备、仪器的开箱工作；还要做到下达计划任务时，要同时提出文件材料的归档要求；检查工程进度时，要同时检查文件材料的形成情况，评审、鉴定成果和工程验收时，要同时验收工程档案的完整、准确、系统情况，上报登记和奖励科技成果及人员提职考核时，档案部门要同时出具专题归档情况证明材料。

4　明确参建各方职责

4.1　引江济淮集团公司职责

引江济淮集团公司负责工程档案管理工作的统筹规划、组织协调和监督指导，组织工程档案的验收工作。各部门负责职责范围内，在规划立项、勘察设计、审批、建设、验收等阶段工程建设全过程中形成的应归档文件。建设管理部负责工程规划、专题研究、可行性研究、初步设计、审批、招标及施工图设计、工程建设管理相关技术文件的收集、整理、归档工作；合同管理部负责工程合同、合同谈判记录、招标投标等相关项目文件的收集、整理、归档工作；发展计划部负责工程投资计划、土地报批、征地移民合同、征地移民专项验收等相关项目文件的收集、整理、归档工作；质量安全部负责工程建设质量、安全、进度及竣工验收全过程相关项目文件的收集、整理、归档工作；综合管理部负责工程建设往来文件、会议纪要、工程建设大事记等相关项目文件的收集、整理、归档工作；财务管理部负责工程财务预算、决算、外部审计、稽查等相关项目文件的收集、整理、归档工作。

4.2　建管处职责

集团公司各建管处负责所建设管理的项目（包括委托管理项目）土建工程施工、设备建造采购、枢纽工程试运行等各阶段的全过程项目文件收集、整理、归档工作；合同完工验收后，及时向集团公司提交工程档案资料。勘察、设计单位负责收集工程建设前期勘察、设计、招标、施工图等有关设计基础资料和设计文件，并按合同规定统一向集团公司提交。监理单位负责所监管项目全过程项目文件的收集、整理、归档工作，同时要对设计单位、施工单位的材料质量审核，并履行审核签字手续。合同完工验收后，向所属建管处提交工程档案资料。项目施工文件由各参建单位负责其项目全部文件的收集、整理、归档工作。合同完工验收后，向所属建管处提交工程档案资料。项目施工竣工图必须真实反映工程建设的实际情况，要求做到内容完整、准确、系统，字迹清楚、图样清晰、图表整洁、图物相符、竣工图签字（章）手续完备。竣工图由施工单位按单工程或专业为单位编制，同时做好变更文件材料的收集、整理、归档工作。

4.3　工程各参建单位职责

工程各参建单位负责对所承建部分文件材料的收集、整理，在工程完工验收前，应完成对有关文件材料的收集、整理、归档工作。归档文件材料须交监理单位审查，并签署鉴定意见。工程档案通过验收后由各参建单位按规定移交给项目建设管理单位，项目建设管理单位将档案移交项目法人，交接双方应认真履行交接手续。工作调动时未交清有关应归档文件材料的人员不得办理调动手续。任何个人或部门均不得将应归档的文件材料据为己有或拒绝归档。

5 实现档案管理信息化

电子档案是信息时代的产物,是现代档案管理工作中不可回避的。档案管理手段的现代化是实现档案管理现代化的基本标志,包括载体材料的现代化、翻拍、复印、装订手段的现代化等等,引江济淮工程现代化、多样化的档案管理设备与模式为工程档案管理工作发挥了重要作用。引江济淮工程专门邀请了软件开发公司开发了档案管理系统和建设管理信息系统,为确保各参建单位对档案管理信息化的运用,在工程建设过程中,引江济淮集团公司多次组织专题业务培训和实操会,邀请软件开发单位对各参建单位进行培训和指导,在运用过程中进行技术指导,发现问题及时解决,经过不断的学习培训,档案管理系统和建设信息管理系统已成功运用,实现档案资料的数据化管理和网络化的报送、传递,满足各工程参建者多方位、多区域利用档案资料的需求,为工程建设和管理者提供了方便、快捷、高效的档案服务。

引江济淮档案管理系统包括我的首页、档案检索、信息收集三大版块。工程档案管理资料主要是在我的首页里的目录树下的分类树里。档案管理信息系统的运用可以带来时间和空间上的便利,节省了人力、物力。在工程实际建设过程中,要求各参建方按照档案管理信息系统里的要求及时收集整理上传档案资料,保证资料的完整性,在上传的过程中,能及时发现工程资料的问题,及时整改,保证了工程档案资料的准确性,有利于后期档案资料整理,节省时间。档案管理信息系统的运用最大的便利就是案卷列表里的卷内文件可以自动生成表格,自动排序,自动保存,案卷题名和文件题名等如果输入有错,系统会自动提醒用户及时改正。各参建单位都有独立的账号和密码,也确保了档案管理的安全性。

6 档案的验收工作

引江济淮工程档案验收需要提交验收申请,验收申请需要具备一定的条件:各参建单位合同工程完工验收后,完成归档文件材料的收集、整理、归档工作,按要求完成了档案自检工作,且达到合格;监理单位对施工或总承包单位提交的工程档案的整理与内在质量进行审核,认为已达到验收标准,并提交了专项审核报告;档案验收申请应包括参建单位开展档案自检工作的情况说明、自检结论等内容,并将档案自检工作报告和监理单位专项审核报告附后。各建管处应在合同工程完工验收后三个月内组织档案验收工作,收到参建单位自检申请报告的 10 个工作内作出答复,并组织开展项目法人档案验收。验收由各建管处牵头组织,根据工程实际情况,由综合管理部、建设管理部、质量安全部、运营管理部、合同管理部、发展计划部组成验收工作小组。重要枢纽工程可邀请水利、交通等行业的档案管理、工程技术专家组成验收小组,人数为不少于 5 人单数。档案验收应形成验收意见。验收意见须经验收工作小组三分之二以上成员同意,并履行签字手续,注明单位、职务、专业技术职称。验收成员对验收意见有异议的,可在验收意见中注明个人意见并签字确认。

7 档案的移交

引江济淮工程档案保管期限定为永久、长期、短期三种,长期为 10～30 年(含 30 年),短期为 10 年以下。长期保管的档案实际保管期限不得低于工程项目的实际寿命,短期保管的档案在工程全线通水前保存。各参建单位须提交原件档案材料一式三份(电子版一份);重大设计变更、合同完工验收报告、竣工图、竣工验收资料一式六份,其中向省发改委、省水利厅或省交通运输厅、省档案局各报送一套完整档案。工程档案的归档与移交必须编制档案目录,并填写档案交接单,交接双方应认真核对目录与实物,并由经手人签字、加盖单位公章确认。各建管处与各参建单位工程档案移交应在合同完工验收之后的 3 个月内办理完成移交手续。

8 结语

作为引江济淮工程档案管理工作的参与者,收获最大的是它将档案管理的各项工作真正的做到了从理论到实践,特别是档案管理系统的应用,使档案工作从纸质载体到档案数字化工作的重大进展,更重要的是在工程建设中档案管理工作的质量得到了很大的提高,为各参建单位档案管理方面提供了有效的管理手段,取得了较好的经验和做法,也为今后水利工程建设档案管理工作提供了有益的借鉴和参考。

[参考文献]

[1] 水利部.水利工程建设项目档案管理规定[S].2021.
[2] 国家档案局.建设项目档案管理规范:DA/T 28—2018[S].2018.

[作者简介]

王丽君,女,1988 年 4 月生,监理工程师,从事工程档案工作,18175009043。

水利工程总承包智慧管控平台研究

李圣杰

(中水淮河规划设计研究有限公司　安徽 合肥　230051)

摘　要：近年来，BIM技术在国内发展迅速，智慧水利建设全面开展。同时，工程总承包管理模式在水利工程建设中的应用也越来越广泛；两者相结合的管理模式将是水利工程建设行业发展的一大趋势。通过搭建总承包智慧管控平台，为水利工程施工期项目信息化、智慧化管理提供了一套可行的解决方案，为总承包项目管理方式提供了新思路。

关键词：智慧管控平台；总承包；BIM；水利工程

1　引言

随着物联网、大数据、5G、数字孪生等技术的发展和无人机等硬件的成熟应用，如何充分利用新技术，推进水利工程运行管理的数字化、智能化水平，已经成为当前水利工程信息化研究的热点。

数字化与数字孪生是建设智慧水利的重要基础。水利工程数字化主要手段是BIM技术的应用，BIM技术应用是构建数字孪生水利工程以及智慧化模拟的基础，也是实现水利工程建设和运行管理智慧化的技术支撑[1]，如何以BIM技术促数字赋能、推进智慧水利工程建设、实现水利高质量发展需要认真思考和积极实践。

而水利工程一般区域跨度大、范围广、线路长，涉及建筑物数量多、类型多，给总承包管理带来诸多挑战。总承包管理模式进入快速发展阶段，但与其对应的信息化发展水平却并不匹配[2]，亟须搭建符合工程项目管理需求的智慧管控平台，提高总承包单位工作和沟通效率，强化水利工程建设过程的信息一体化程度。

2　智慧管控平台的应用目标

2.1　构建数字孪生体

利用BIM技术和数字孪生技术在项目智慧管控平台中对物理实体进行忠实的刻画，构建工程数字孪生体，孪生体与物理实体在几何、物理、行为、规则等方面有着精确的映射关系，并且处于实时的交互之中，可以实现项目施工及运行管理过程的模拟仿真、评估、优化、预测和决策。虚实同步，以实映虚，以虚控实。

2.2　项目智慧化管理

通过布设感知设备、智能技术应用、无人机航测等信息化技术得到最准确的工程基础数据，利用项目智慧管控平台精细化、信息化、智慧化的管理方式，在进度、成本、质量、安全等方面实现项目降本增效的目的。

2.3 数字孪生交互接口

项目智慧管控平台及工程建设数字化模型向上可作为流域数字孪生平台的基础数据。在工程完工后,向流域管理中心交付共享承载全部工程建设信息的工程 BIM 成果,最终形成工程全生命周期的完整数字模型。

2.4 新型管理体系

通过项目智慧管控平台的实施及应用,建立一套总承包项目管理通用的 BIM 族库,在不同项目实施过程中,深入研究各流域自然规律,融合流域多源信息,研发新一代通用性水利专业管理平台,形成一套数字孪生流域多维度、多时空尺度的的水利工程信息化管理体系。

2.5 人才培养

项目智慧管控平台的构建,为项目管理人员的管理方式,管理思路进行革新,通过一两个项目的跟进,培养出一批能管理,会管理的新型管理人才[3]。

3 智慧管控平台工作流程

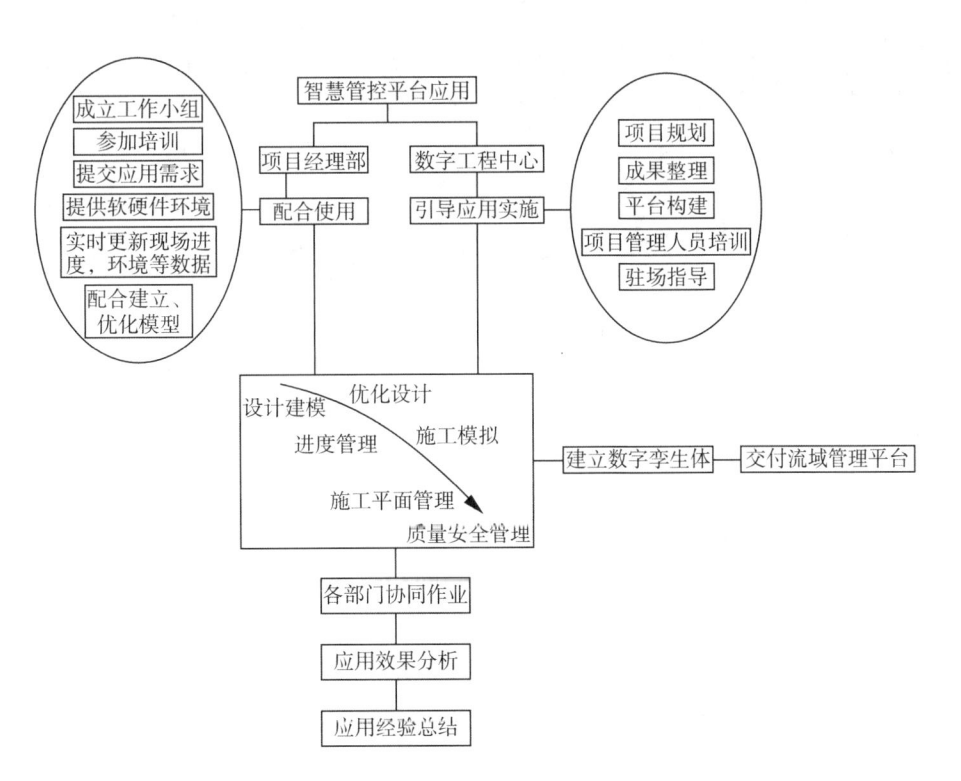

图 1 智慧管控平台应用流程

4 智慧管控平台主要功能

4.1 设计建模

使用实景建模和三维测绘软件,借助无人机拍摄的重叠影像和地面影像,辅以必要的激光扫描,生成高分辨率的三维实景模型。实景模型/格网信息按空间进行了分类,各个建筑物、堤防和其他要素与地表适用的 GIS 数据关联在一起,构建天、空、地一体化水利感知网,生成原始的工程级别实景模型,该模型具有足够的分辨率和可扩展性,可以放大某个区域并脱离网格直接执行工程工作。如图 2 所示。

图 2　三维实景模型参考图

4.2 优化设计与方案

颠覆传统的二维看图模式,利用 BIM 技术,结合施工环境,快速、全面、直观地展示工程内容,从而对相关模型和施工工艺进行优化设计,提高工作效率,促进沟通,提升项目管理能力。

基于智慧管控平台开展智慧化模拟。施工期可以对运用的施工方案及工艺进行模拟检查和不同施工方案进行比较、优化施工方案。施工方案模拟包括了施工工序、施工方法、设备调用、资源(包括建筑材料及人员等)配置等。通过模拟,可发现不合理的施工程序、设备调用程度与冲突、资源的不合理利用、安全隐患、作业空间不充足等问题,并及时更新施工方案,以解决相关问题,尽最大可能实现流水作业过程,在实现可视化交底的同时,降低不必要的返工成本,减少资源浪费与施工安全问题。

4.3 施工平面管理

水利工程项目一般现场施工条件受到限制,对施工过程中的场地规划要求更高。通过 BIM 技术对场地、临时道路的需求进行模拟,并对比分析物料的运输距离,制作场地布置动态平衡图,优化施工部署,从而达到最大限度的发挥场地价值的目的。

场地模型包括场地边界、原始地形表面、场地现有建筑和设施、场地道路和场地设计方案等,可根据场地坡度、坡向、高程、纵横断面、土石方挖填量等数据,对场地设计方案或者工程设计方案的可行性和优劣性进行评估。

总承包项目部可以通过 BIM 对施工现场的主要出入口、临时施工道路、材料堆场、周转场地、大型机械占位、临时水电、CI 布置设计等实施科学严密的动态平面管理,避免相互影响导致施工阻滞。

4.4 进度管理

按单项工程、单位工程、分部工程、分项工程等层级依次划分模型,分解任务结构,在工程量估算的基础上,分配劳动力与机械,估算工作的持续时间,并通过施工进度模拟,以动画的方式表现进度安排情况,直观检查不合理安排,持续优化进度安排。

同时,在施工过程中实现实际进度、工程量、资源消耗的自动采集和后台同步,进而通过进度计划与实际施工情况对比来统计施工进度关键指标。对关键作业设置滞后阈值,实现进度滞后的自动预警,并以二维图表与数字信息模型相结合的方式展现分析结果,服务于进度纠偏及工程量统计。自动生成日报、周报、月报等进度报告,实现全方位的进度可视化管控。

4.5 质量管理

4.5.1 事前可视化交底

通过建立模型,事前对混凝土浇筑、脚手架搭设等工序进行交底,实现数字化样板引路,让较为生动的图文、影音并茂的交底代替传统交底模式。

4.5.2 事中跟踪检查

在施工过程中,将通过传感测控技术自动采集的质量安全动态信息、视频监控信息、工程质量文件与施工数字信息模型挂接,并利用数据挖掘和分析技术对质量安全数据进行智能分析处理以及时发现工程质量安全隐患。例如,在堤防填筑压实机械上安装高精度卫星 GPS 定位模块、传感器、通信模块、显示模块、主控模块,项目管理人员通过智慧管控平台对土方碾压进行实时监测质量监测和控制,对于碾压过程中出现的质量波动,系统会自动显示在驾驶舱,给操作手进行智能碾压导航,可以让施工过程精准、快速完成工程目标、避免和降低过压、漏压、返工等施工风险。如图 3 所示。

图 3 智能碾压模块工作效果图

在三维环境下直观展示工程质量分布情况及质量安全隐患点位,及时对出现的工程质量问题进行通报与预警,以便施工人员发现和处理施工质量问题与质量事故。项目管理者通过移动端、网页端以及客户端就能实时了解现场发生的问题并提出整改要求,问题不闭合不消项,保证整个项目的工程质量。

同时在模型中建立相应视点,在相同部位拍下现场照片,通过与移动端应用集成,自动将现场施工现场质量员与安全员所拍摄的照片上传到系统中指定位置,形成 BIM 质量安全管理资料,并可以直接在模型内部直接查看。

系统自动推送质量管控过程中涉及单位工程、分部工程、单元工程、专项工程的质量验收评定部分,三检、评定、试验检测、现场图片、报审表等质量验收评定记录可实时可以查阅。

4.5.3 事中关联模型,动态直观反映现场质量验收情况

实现在 BIM 施工模型的基础上,实时反映施工质量控制进度的模型。BIM 质量显示模型可以同时反映实际工程进度和质量验收结果,使项目管理者一目了然了解施工情况,合理调动施工资源。

4.6 安全管理

4.6.1 数字化安全体验区

基于 BIM 对施工过程中安全防护、施工安全通道等进行设计和优化,实现安全管理规范化,安全设施标准化,建设标准化工地。

4.6.2 现场防护设施模型布置

采用 BIM 技术,将施工现场所有的生产要素都绘制在模型中。同时,结合施工模拟,安全管理人员能够在计算机环境下对施工组织设计进行直观地展示。此外,借助 BIM 技术可以将各施工阶段中的危险源进行动态辨识和动态评价。在此基础上,编制出更为完善的安全策划方案。

4.7 劳务管理

通过对现场施工人员进退进行人脸识别打卡与体温测量,后台对人员实名制信息进行备案。每天现场施工人员进出场的时间,人数,体温传入智慧管控平台劳务管理模块。

4.8 车辆管理

平台展示各运料车辆的接料时间、下料时间、摊铺位置、车辆轨迹,行驶速度的检测信息。一方面对运输车辆位置及工作状态进行监控,方便车辆后台调配,实现资源利用效率最大化,对运输车辆运输轨迹与运输时间进行记录,寻找最优运输路径;另一方面,对某单元土方工程运输车辆数量、运输趟数进行统计分析,估算已调配土方工程量。如图 4 所示。

图 4 车辆管理模块工作效果图

5　结语

鉴于 BIM 技术在水利工程总承包项目中的具有巨大优势，本文通过 BIM 技术建立智慧管控平台，极大地促进了设计和施工的融合发展，有效解决了水利工程总承包项目质量、安全及进度管理难度大的问题，提高现场管理水平，为总承包管理模式提供了新思路。

[参考文献]

[1] 刘志明. 以 BIM 技术促数字赋能推进智慧水利工程建设[J]. 中国水利，2021(20)：6-7.
[2] 张社荣，潘飞，吴越，等. 水电工程 BIM-EPC 协作管理平台研究及应用[J]. 水力发电学报，2018，37(4)：11.
[3] 陈建华，李松晏，李祥进，等. BIM 总承包模式在大型施工总承包项目中的应用案例分析[J]. 施工技术，2017(S2)：3.

[作者简介]

李圣杰，男，1993 年 11 月生，工程师，主要从事水利工程总承包管理工作，18756000124，879314491@qq.com。

提升基层党建活力 推动淮管事业发展

蔡涛涛

（安徽省淮河河道管理局 安徽 蚌埠 233001）

摘 要：2020年8月18日，习近平总书记亲临淮河，详细了解淮河治理历史和淮河流域防汛抗洪工作，充分肯定淮河治理取得的显著成效，并指出淮河是新中国成立后第一条全面系统治理的大河，要把治理淮河的经验总结好，认真谋划"十四五"时期淮河治理方案。实践证明，只有在中国共产党领导下，坚持发挥社会主义制度的优越性，才能彻底扭转淮河流域"大雨大灾，小雨小灾，无雨旱灾"的落后面貌。坚持党的领导是做好淮河治理的根本保证，本文以安徽省淮河河道管理局测绘院党支部为示例，主要阐述如何巩固深化基层党建工作，强化党支部的战斗堡垒作用，充分发挥党建凝心聚力作用，提振精神、拉高标杆、奋勇争先、干事创业，奋力谱写新时代"四个淮河"的新篇章，积极推动淮管事业高质量发展。

关键词：集中教育；班子建设；典型引领；深度融合

中共安徽省淮河河道管理局测绘院支部成立于1973年7月，隶属于安徽省淮河河道管理局党委。多年来，测绘院党支部始终以习近平新时代中国特色社会主义思想为指导，不断思考与总结，以基层党建工作"领航计划"为契机，紧紧围绕"四个坚持"，强基固本抓党建，示范引领促发展，不断开创工作新局面，党建工作捷报频传，发展工作成绩斐然，在多年摸索和实践过程中探求出了一套具有自身特色行之有效的党建工作方法。

1 "集中教育+"，不断凝聚淮管事业动力

测绘院党支部立足实际、守正创新，积极探索和不断丰富党员"集中教育+"模式，在规范执行各项组织生活制度的基础上，相继出台了《"我们谈学习"主题党日活动制度》和《党支部"学习强国"激励办法》，让学习教育在坚持中深化发展，形成了每月谈"学习"、每季评标兵的新形态和新常态，切实提高了学习效果。但由于院业务工作主要以野外测绘为主，以致于外勤队伍长期奋战一线，人员相对分散，项目面广点多，学习集中困难。面对这一难点，院党支部努力"将难点转化为特点，将特点打造为靓点"，一是充分利用远程视频等，积极探索党支部智慧"云党建"的工作模式；二是主动到测绘一线送党课、送学习，不断拓展"集中教育+"的内涵和外延，并且将送党课、送学习与深入一线调研和送温暖相结合，时刻关注了解外业人员的思想动态，切实解决外业工作人员的后顾之忧，既强化理想信念教育，又不断增强一线人员的幸福感和归属感，党建工作辐射作用显著，党支部的吸引力和战斗力不断提高，不断凝聚了淮管事业发展的源源动力。

2 "班子建设+"，不断引领淮管事业进步

测绘院党支部始终秉持"打铁还需自身硬"，不断强化自身建设，做到守土有责、守土负责、守土尽责。支委班子团结、职工队伍和谐。在急难险重任务面前，班子成员充分发挥"头雁效应"，总是首先

冲在一线、走在前面，不断提升党支部战斗堡垒作用。贯彻上级工作部署宁早勿迟、快速反应，全力以赴、积极落实。支委班子成员，大事集体议、小事多通气，既能够发挥主动谋划协调各方的中枢作用，面对困难挑战又能够和干部职工一道积极想办法、出实招，风雨同舟、勠力同心，确保了各项工作圆满完成，持续引领淮管事业的长足进步。

3 "典型引领＋"，不断提振淮管事业热情

测绘院党支部积极选树优秀党员代表，通过先进事迹发挥引领效应。多年来，院党支部秉持"把党员打造为业务骨干、把业务骨干培养为党员"的理念，积极营造全体党员和业务骨干互学、互帮、互融、互促的良好氛围，激发全院干部职工忠诚尽职奋勇争先的干事热情，不断提升领航计划的内驱作用。无论酷暑严冬，还是艰难险阻，面对工作任务，测绘院党员干部不怕苦、不怕累，不畏险、不畏难，始终冲锋在前、战在一线，在推动和引领单位向前发展中发挥着主要作用，更是提振了拼搏奋斗干事创业的淮管热情。

4 "深度融合＋"，不断丰富淮管事业内涵

院党支部将党建和业务深度融合，努力实现党建业务互促共进、同频共振，积极践行"服务淮河、奉献社会"的大局理念。按照上级党委工作部署与要求，院党支部及早谋划细致安排，实行分工负责序时推进，对河势变化、涵闸位移、险工险段以及堤防安全等进行动态监测，切实保障淮河工程安全；在工程基建中主动作为坚持测绘先行，当好工程调研查勘放样等参谋助手作用；并且充分发挥技术优势，成立防汛抗洪抢险和技术支持保障党员先锋队，全力以赴做好防汛抢险支援保障和应急测绘工作；积极落实"我为群众办实事"，通过结对共建、社区志愿活动等形式，主动开展助残帮困等社会公益活动。一直以来，测绘院党支部利用自身特长，发挥测绘工作基础性前瞻性作用，在脱贫攻坚和乡村振兴中先后为颍上县敦黄村、韩庄村和五河县石巷村测绘基础地形图，为村集体发展规划提供坚实的数据支撑，用实际行动让党旗在脱贫攻坚和乡村振兴事业中高高飘扬，充分展现出高度的社会责任感和深切的为民情怀，进一步丰富了淮管事业的内涵。

党的建设伟大工程永远在路上，测绘院党支部坚持以习近平新时代中国特色社会主义思想为指导，初心如磐、矢志如斯，强化责任担当、勇于攻坚克难，多次获得省水利厅党组、中共蚌埠市委、省淮河局党委等授予"先进基层党组织"荣誉称号，并且连续多年被评为省淮河局局直单位"优秀领导班子"，精准施测的数项测绘成果多次获省国土资源科学技术奖一等奖、三等奖等，2021年被省水利厅、省人力资源社会保障厅授予"全省水利系统先进集体"称号，不断发挥党建引领作用，在推动淮河河道管理事业高质量发展中贡献力量。

5 结束语

习近平总书记在党的十九大报告中深刻指出，党的基层组织是确保党的路线方针政策和决策部署贯彻落实的基础。基层党建如跬步，如小流，加强基层党建工作是发挥基层党组织作用的有效途径，我们要深刻认识加强基层党组织建设的重要性、必要性和紧迫性。如果我们不能有效加强基层党组织建设和加强对党员的教育和管理，基层党组织就会迷失方向，就会软弱涣散，丧失先进性和战斗力。党员不能发挥先锋模范作用，党组织没有较强的执行能力，不能发挥战斗堡垒作用，党和国家的路线方针政策的贯彻执行就无处落地生根，党和国家的各项任务就不能顺利完成，两个一百年奋斗目

标和中华民族伟大复兴的中国梦也就难以实现。因此,适应世情、国情、党情变化对我们党提出的新要求,契合人民群众对美好生活的新期待,这就迫切需要加强党的基层组织建设,使之更好地承担起新时代的伟大使命,以优异成绩迎接党的二十大胜利召开!

水管单位安全生产标准化创建实践与思考

李兴德　黄东晓　王彦法

（刘家道口水利枢纽管理局　山东 临沂　276024）

摘　要：2018年，刘家道口水利枢纽管理局以高分顺利通过水利安全生产标准化一级单位验收，2021年再次顺利通过复核。本文通过对刘家道口水利枢纽管理局水利安全生产标准化达标工作的总结，探讨安全生产标准化达标工作的开展流程，分析达标中可能遇到的重点和难点，阐述达标的具体措施，从而为水管单位安全生产标准化达标创建提供参考。

关键词：水管单位；安全生产标准化；重点和难点；措施

安全生产标准化，是指通过建立安全生产责任制，制定安全管理制度和操作规程，排查治理隐患和监控重大危险源，建立预防机制，规范生产行为，使各生产环节符合有关安全生产法律法规和标准规范的要求，人（人员）、机（机械）、料（材料）、法（工法）、环（环境）、测（测量）处于良好的生产状态，并持续改进。目前，水管单位已广泛开展水利安全生产标准化达标工作。2018年，刘家道口水利枢纽管理局（以下简称刘家道口局）以高分顺利通过水利安全生产标准化一级单位验收，2021年再次顺利通过复核。刘家道口局在达标过程中的经验和做法值得总结，可以为水管单位达标创建提供借鉴。

1　创建工作过程

刘家道口局水利安全生产标准化达标工作"以标准为抓手，以问题为导向"，紧紧围绕《水利工程管理单位安全生产标准化评审标准》（以下简称《评审标准》）8个一级项目，28个二级项目，126个三级项目开展具体工作。

（1）成立安全生产标准化创建领导小组和创建办公室；（2）组织全员培训，特别是对《评审标准》的学习，提高职工意识，实现全员参与；（3）开展现状分析、初始状态评估；（4）根据初始状态评估发现的问题和薄弱环节制定创建实施方案；（5）结合刘家道口局实际，编制安全生产管理相关制度文件，修订操作规程和应急预案并发布实施；（6）按照已经制定、修订（调整）的创建方案、相关制度和文件规定组织实施，开展日常管理工作，持续运行并不断整改；（7）依据评审标准进行自评并形成自评报告；（8）提出达标申请；（9）现场评审。

以上过程简单概括起来主要有四个环节：贯标培训、运行整改、自查申请、现场评审。

2　创建工作的重点与难点

安全生产标准化创建的重点是现场管理。从《评审标准》分值分布看，第4部分现场管理分值为470分（1 000分制），占全部分值近一半，包括设施设备管理、作业安全、职业健康和警示标志四部分。

要抓好这个重点,主要做好三个方面的工作:一是加强对人员的管理,包括管理人员、施工人员、外来人员。具体措施有通过培训提高管理人员的操作技能水平,要求施工人员持证上岗,对外来人员加强安全意识宣传教育,对违反操作规程的行为加强监督和及时制止等。二是加强对设备的管理,包括通用设备、专用设备、特种设备。具体措施有制定相应的设备管理制度,特种设备要登记建档,设备运行要有规范记录,通过定期检测评价设备状态等。三是加强对环境的管理,提高环境的安全性。具体措施有划定工作区间,增加必要的安全防护措施(如栏杆、隔离带)和警示标志,按规定管理和控制有毒有害物质等。

创建的难点是危险源辨识和风险评价。主要表现在两个方面:一是危险源、风险与隐患的概念混淆。危险源是指可能导致人身伤害或健康损害的根源、状态或行为,危险源是自身属性,不可消除,不会因为外界因素而改变,是客观存在的;隐患是指危险源失去控制而成为现实存在,进一步发展可能成为事故;而风险简单的讲就是危险源成为隐患进而发展为事故的可能性。概念不清往往表现为以风险评价结果代替危险源辨识,提供的危险源清单实际为隐患清单等。二是安全风险分级动态管控难。按照标准化要求,应根据评价结果,确定安全风险等级,实施分级分类差异化动态管理,制定并落实相应的安全风险控制措施(包括工程技术措施、管理控制措施、个体防护措施等);在重点区域应设置醒目的安全风险公告栏,针对存在安全风险的岗位,制作岗位安全风险告知卡,明确主要安全风险、隐患类别、事故后果、管控措施、应急措施及报告方式等内容。

3 创建过程中的常见问题

安全生产标准化创建的过程中经常存在十大问题。
(1) 安全生产经费有限,安全生产投入的保障制度不完善,安全生产经费使用台账记录不完整。
(2) 安全生产各类会议开展不及时,达不到规定频次要求,比如,安全生产领导小组会议应每季度开展一次。
(3) 未建立并发布适用的安全生产法律法规、标准规范清单,管理制度不健全,应急预案可操作性差。
(4) 未实行工作票、操作票制度。
(5) 特种设备未建档,未按规定纳入特种设备管理。
(6) 隐患排查治理未实现闭环整改。
(7) 未及时组织开展各项应急培训和演练。
(8) 安全警示标志设置不统一、不规范。
(9) 安全生产氛围差,未实现全员参与,安全文化建设不足。
(10) 重工作实施,轻绩效评价。安全生产标准化是一个持续、动态的过程,绩效评价是重要环节之一,有了评价,才能持续改进。

4 经验总结

刘家道口局在水利安全生产标准化一级单位达标中获得高分的经验总结起来主要有以下几点。
(1) 建立安全生产投入保障机制。"巧妇难为无米之炊",资金保障是创建的前提,领导班子要开动脑筋,多渠道筹措资金,保证安全生产标准化达标经费投入。
(2) 扎实开展评审标准的全员培训。采取专家授课、现场答疑、交流座谈等方式,对职工进行安全生产标准化知识培训，让员工"吃透"《评审标准》和行业标准的具体要求。

（3）建立行之有效的创建机构，制定科学合理的实施方案。从各科室抽调业务骨干组成达标创建办公室，统一协调实施相关事宜；科学合理的制定标准化实施方案，全面分解达标任务，依据标准将工作内容、责任人、时间节点等一一进行确定，增强达标责任意识。

（4）加强隐患排查和治理。通过日常检查、经常性检查、定期检查和特别检查保证隐患排查"横向到边、纵向到底、不留死角、不留隐患"，对排查的隐患及时闭环整改并注意留存整改过程资料。

（5）强化作业现场安全管理，规范使用工作票、操作票，严格现场监督，做到"四全"（全员参与、全方位管理、全过程控制、全天候监控）。

（6）营造良好安全生产氛围，广泛悬挂安全生产宣传条幅，规范设置警示标志，拓宽思路开展安全生产文化建设等。

（7）适时、反复开展自评，抓好持续改进。多次组织有关人员或技术专家依据评审标准进行现场查评，分析安全生产标准化达标的差距，提出改进意见。根据改进意见，及时跟进整改，持续改善。

5 结语

安全生产标准化是一项需要动态管理、持续改进的系统工程，实施的关键在于要将标准化的要求细化贯穿至工程管理的各个角落、各个层面、各个步骤。达标不是创建的最终目的，创建的最终目的是用安全生产标准化达标"倒逼"工程管理水平提高，建立安全生产长效管理机制，真正为水利事业高质量发展保驾护航！

[作者简介]

李兴德，男，1985年11月生，高级工程师，主要研究方向为水利工程管理和生态水利，18266728628，470872875@qq.com。

浅谈淮河流域采砂管理可采区现场监管措施

吴玉桃　薛东升

（安徽省淮河河道管理局　安徽 蚌埠　233000）

摘　要：水利部淮河水利委员会批复《淮河流域重要河段河道采砂管理规划（2021—2025 年）》，作为淮河流域河道采砂管理的重要依据，划定淮河流域采砂管理可采区、禁采区等，为加强淮河流域采砂管理可采区现场监管管理体系。本文就如何治理淮河流域采砂管理可采区现场监管措施提出设想：建立健全涉砂船舶、车辆定位系统；设置电子监控警报系统；从事采砂作业人员信息监管；强化砂堆场监管。

关键词：淮河流域；采砂管理；可采区；现场监管

河道砂石是天然石材在自然状态下，经水的作用力长时间无规则冲撞、摩擦产生的非金属矿石，受到河道水流流速、上游来水流量等外界环境因素变化的影响，颗粒大小不同的砂石分别沉淀堆积在不同河道上，成为构成河床的主要物质要素，使河床保持相对平衡，同时也为减缓河床遭受破坏起到了重要作用。河道砂石作为自然资源，利用的前景十分广阔，是国家进行基础设施建设的重要物质资源，可用于建筑、吹填造地和堤防加固等工程。

随着淮河流域社会经济的高速发展，我们对河道砂石的需求量不断增加，流域内河道采砂规模逐渐增大，河道砂石非法开采、滥采及乱挖现象，对河势稳定及河道防洪、供水、航运和生态环境等安全造成极大威胁。为落实《中华人民共和国水法》实行河道采砂许可制度和全面推行河长制的任务要求，加强流域河道采砂管理，水利部淮河水利委员会全面调研淮河流域河道采砂及管理现状，充分考虑各河段来水来砂条件和泥砂补给情况，组织编制了《淮河流域重要河段河道采砂管理规划（2021—2025 年）》，划定可采区、禁采区等。

随着社会经济的快速发展，河道砂石的需求量增加，越来越多非法采砂人员铤而走险，在经济利益的驱动下，偷采、盗采河砂，河道采砂是一项水上作业，流动性大，管理难度大，因此加强淮河流域采砂管理可采区现场监管措施尤为重要。

1　建立健全涉砂船舶、车辆定位系统

1.1　涉砂船舶 AIS 辨识系统

1.1.1　船舶自动辨识系统 AIS

按照交通运输部《内河船舶法定检验技术规则（2019）》（以下简称《规则》）中华人民共和国海事局 2019 年第 23 号公告公布，自 2020 年 6 月 1 日起实施。《规则》明确，船舶配备的电子定位装置（包括船上 AIS 和 ECS 配备的电子定位装置）接收设备的性能标准均应满足北斗定位系统接收设备的相关性能要求，鼓励和支持中国籍内河船舶使用北斗系统，服务国家时空信息安全重要战略。

可采区采砂业主进场前,可采区监管人员一是查验采砂业主提供的可采区中标通知、合同签署证明材料,同时采砂业主须提供采砂船只、运砂船只合格有效的船舶检验证书、船舶国籍证书和按船舶最低安全配员证书配备的船员及适任证书;二是查验船名、船籍港、载重线标志是否正确、齐全,对无证照船舶依法移交水行政执法部门,并给予相应处罚;三是检查船舶是否安装自动辨识系统 AIS(全称 Automatic Identification System)。

自动辨识系统 AIS 的功能有:识别船只;协助追踪目标船只;简化信息交流;提供其他辅助信息以避免碰撞发生等。采砂船只、运砂船只安装 AIS 并正确使用有助于加强生命安全、提高航行的安全性和效率。

1.1.2 涉砂船舶、车辆安装 GPS

利用现代化高新技术实施河道采砂现场监管,在采砂船只、运砂船只、运砂车辆上安装 GPS 定位设备,同时在淮河流域内建立采砂管理电子地图,对河道内采砂船只、运砂船只、运砂车辆实行 24 h 电子监控管理。

GPS 定位设备基本分为磁性和线接两种。磁性 GPS 定位设备是由内置电池和强性磁铁组成,优点是磁性便于安装,缺点就是电池使用受局限性,易拆卸;线接 GPS 定位设备,是直接接在内置电源线上的,优点供电便捷,不易拆卸。管理区内 GPS 定位设备统一使用线接,在线接接口处安装防拆卸警报装置,定位设备的固定采用防盗螺丝,同时采砂监管人员采取定期不定期查验 GPS 定位设备工作情况。

2 设置电子监控警报系统

2.1 定点视频监控

在许可开采区域通过合理设置,增加雷达监控、双光谱一体化云台网络摄像机、GPS 等智能感知与信息融合技术,对淮河流域采砂管理可采区现场实时监控,对采砂作业船只行为进行跟踪、分析。

设置禁采、敏感区域视频监管,一是利用现有闸管监控设施及无人机基站设施对重点水域、敏感水域的非法采砂行为进行全天候监管;二是设置合法采砂区域监管,通过预先设定或现场监管人员手动输入的方式划定合理采砂区域,对可采区船只实施监管;三是新建雷达监控和双光谱一体化云台网络摄像机对淮河流域采砂管理可采区现场进行安全生产监管和对禁采区非法采砂行为录像取证。

2.2 电子警报系统

结合涉砂船舶、车辆定位系统,利用 GPS 定位设备功能。一是设立禁止长时间泊船警示牌,减少船只停靠,避免隐形船只实行泊船偷采;二是划定可采区区域电子围栏,在电子围栏设防状态下,采砂船只、运砂船只、运砂车辆移动超过设定范围,将会触发警报,第一时间警报信息将自动发送至现场监管人员进行人工核实,同时提醒越界船舶返回可采水域;三是划定敏感水域、禁采水域监控,通过定点视频监控及雷达,对监控水域进行扫描并记录,对长时间停靠敏感水域、禁采水域船舶,及时提醒水行政执法人员,开展现场核实。

2.3 移动轨迹跟踪

定期不定期查看船只移动轨迹,一是可采区现场监管人员设定时间段,查询采砂船只、运砂船只、运砂车辆在此时间段内的活动轨迹和停靠位置,查询采砂船只有无超区作业现象;二是视频监管人员不定期通过视频监控开展巡查,发现可疑船只,设置目标锁定,查看船只运动轨迹,跟踪船只动态,及时向水行政执法人员告知船只动向,及时出警核查船只,有效执法。

3　建设采砂作业人员信息监管系统

采砂作业人员信息监管实行实名制管理,建设采砂作业人员信息监管系统,设置人员信息数据库,从现场监管人员、可采区采砂作业人员、非法采砂失信人员三方面进行统一管理。

采砂作业人员信息监管系统将实现人员信息采集、数据统计分析、智能化管理,收集淮河流域可采区现场监管人员、可采区采砂作业人员及查获非法采砂失信人员的基本信息资料,使可采区现场监管人员能够清晰掌握可采区人数、情况明细,做到人员对号;同时,水行政执法人员能够清晰判别采砂作业人员是否为非法采砂失信人员,可以更好地记录非法采砂作业人员违法次数,处罚情况。

3.1　现场监管人员监管

建设采砂作业人员信息监管系统,现场监管人员、水行政执法人员可通过监管系统实现高效移动办公,及时观察到可采区、禁采区等的信息情况,实现采砂作业现场作业人员实时动态管理和安全监督,杜绝非法采砂行为。

3.2　采砂作业人员监管

建设可采区采砂作业人员数据库,可以有效对可采区进行现场监管,有利于加强可采区从业人员监管;建设采砂从业人员数据库,明确每个可采区域内许可同意的采砂船只的所有人及具体工作人员,对船只所有人及工作人员进行身份信息数据录入。

可采区现场实时监管,一是可采区现场设置人脸识别门禁,对进入可采区域的人员进行识别,通过脸部识别,比对数据库人员信息核查人员信息;二是通过定点视频监控对可采区内正在施工的人员进行人脸采集、核实,确为可采区工作人员,监管人员可在电脑查询施工人员基础信息,包含姓名、身份证号码、从事岗位、联系信息等数据。

3.3　非法采砂人员监管

建设采砂作业人员信息监管系统,设置非法采砂失信人员信息库,可以更好地管理采砂从业人员,起到警示作用,同时避免非法采砂人员进入可采区进行施工作业,有效地保障淮河河道砂石资源。

非法采砂失信人员信息库获取方式,一是收集沿淮各单位水行政执法人员已查处水事违法案件的违法人员信息,记录人员信息上传系统,列为非法采砂失信人员;二是可采区监管人员现场监管时,发现可采区业主存有非法偷采行为,对非法采砂船只所有非法采砂人员进行现场取证,记录人员信息上传系统,列为非法采砂失信人员;三是系统建成投入使用后,水行政执法人员日常执法,查获非法采砂船只,对船只所有人及工作人员进行取证,记录人员信息上传系统,列为非法采砂失信人员。

建设非法采砂人员数据库,加强对淮河流域采砂作业人员信息化监管。在水行政执法人员日常巡查、可采区现场监管人员巡查、电子智能化监控巡查等情况下,发现非法采砂船只,通过现场取证,使用采砂作业人员信息监管系统,录入人员信息,即可显示采砂工作人员是否在数据库内,如显示该人员信息,即根据数据库信息进一步调查核实,依据最高人民法院、最高人民检察院《关于办理非法采矿、破坏性采矿刑事案件适用法律若干问题的解释》(法释〔2016〕25号),对情节严重的无证采砂行为以非法采矿罪定罪量刑。

4 强化砂堆场监管

4.1 砂场统一规划、合理布设

明确堆砂场地范围。堆砂场范围应设立明显界限标识,砂堆场堆放现场管理工作须实行 24 h 服务,堆砂场选址须结合可采区域设置,在申报开采计划项目时,统筹考虑,减少砂石临时周转空间、时间长度。

4.2 砂场统筹兼顾、规范管理

4.2.1 运砂车辆

一是进出堆砂场的运砂车辆采用停车场智慧识别系统,记录进场、出场时间,结合运砂车辆 GPS 定位设备进行实时监控;二是进出堆砂场的运砂车辆驾驶人员需堆砂场现场管理工作人员利用采砂从业人员数据库进行比对,核实身份。

4.2.2 砂石智慧称重

安装计量称重监控设备,砂场必须安装电子信息监控设备,对采、运、销进行全程监控,地磅采用视频监控、自动识别运砂车辆信息进行称重、记重。

4.3 落实砂堆场环保措施。

砂堆场设置必要的环保设施,如堆砂场场地周边建立安全围挡,砂堆应予防尘网覆盖;堆砂场设置砂石污水截渗沟、沉淀池、排水沟等系列防护措施,防止砂场污水直排河道,保护河湖生态环境。

[参考文献]

[1] 水利部淮河水利委员会. 淮河流域重要河段河道采砂管理规划(2021—2025 年)[S]. 2021.
[2] 安徽省人民政府. 安徽省河道采砂管理办法[S]. 2009.
[3] 中华人民共和国海事局. 内河船舶法定检验技术规则(2019)[S]. 2019.
[4] 中华人民共和国交通运输部. 道路运输车辆卫星定位系统车载终端技术要求[S]. 2011.

[作者简介]

吴玉桃,1995 年 12 月生,助理工程师,研究方向为水利水电工程,188555790905,194438695@qq.com。

从制度建设角度浅谈水行政执法工作

李素雅　杨建义

(青岛市水务管理局　山东 青岛　266071)

摘　要：水资源是国家发展、人们生产生活必不可少的最重要基础能源。最近几年，随着我国整体经济建设的快速发展，对水资源的需求与日俱增。机构改革以来，区市层面水利部门的机构设置方式不一，水政执法人员分布在农业农村、综合执法、城市管理等部门，水行政执法面临众多挑战，执法力度也有待于进一步加强。为了统筹解决水利发展改革中面临的各种复杂问题，必须加快推进水利依法行政，加强执法制度建设，确保水事违法行为"及时发现、依法打击、精准防控"。

关键词：水行政执法；制度建设

水行政执法是一项复杂的系统工程。建立完善制度体系是水行政执法工作经常化、规范化的基本保证。近年来，青岛市围绕"系统、全面、配套"工作思路，从水行政执法主要方面着眼，立足工作实际，注重和加强执法制度建设，促进了全市水行政执法工作扎实开展。

1　水行政执法存在的问题

1.1　职责边界不清晰

近年来，随着各级机构改革的相继实施，市、区（市）水务主管部门的组织架构、部门职能都发生了较大变化，也随之出现了上下关系不顺畅、监督指导不到位、职责边界不清晰等问题，影响和制约了水行政执法工作的有序开展。

1.2　执法不严格不规范，执法人员法制素养有待提高

基层水行政执法人员入职门槛低，文化程度不高，自身素质参差不齐，存在执法手段缺乏统一性，执法效率低，执法程序不规范的问题。另外，兼职执法现象较为普遍，很多执法人员大部分为工程技术人员兼职，他们在水利工程技术方面比较有优势，但是法律理论知识相对欠缺，对水法律法规等专业知识并不精通，执法能力和执法水平有限，导致在执法过程中遇到问题无法进行细致分析。执法人员在执法过程中存在执法行为不规范、调查内容不清、引用法律条文不准确、为了便利随便缩减程序等问题，使水政执法工作受阻。

2 从制度建设角度,解决当前问题的几点对策

2.1 着眼职能到位,厘清执法职责

权责明确,是做好水行政执法工作的核心。为此,山东省水利厅、省委编办、省司法厅联合印发了《关于进一步完善执法体制机制加强水行政执法工作的通知》(省厅鲁水政字〔2020〕3号),针对水行政执法的薄弱环节、困难问题和下一步要如何解决进行了指导。为解决青岛市水行政执法环节存在的问题,青岛市独立或会同相关部门制定了《关于进一步完善执法体制机制 加强水行政执法工作的意见》《青岛市城市管理行政执法案件移送处理规定》,以及青岛市水务管理局《关于进一步明确本级水务综合执法职责和工作协作机制的意见》《关于建立涉水执法协作配合机制的意见》《水行政执法责任制施行办法》等制度规定,进一步厘清了市局内部、区市水务与执法部门间的职责边界,形成了权责明确、各司其职、各负其责的责任体系。

2.2 着眼公正文明,规范执法行为

规范执法行为,促进公正执法,是适应依法治国新形势、建设法治政府的迫切需要。2019年以来,国务院下发了《关于全面推行行政执法公示制度-执法全过程记录制度-重大执法决定法制审核制度的指导意见》,就全面推行行政执法公示制度、执法全过程记录制度、重大执法决定法制审核制度工作有关事项提出明确要求。

为全面推行落实行政执法"三项制度"工作要求,2019年青岛市先后制定了全面推行落实行政执法"三项制度"责任分工方案,水行政执法信息公示、全过程记录、重大执法决定法制审核、执法案卷评查、执法音像记录信息收集保存管理使用和水行政执法全过程记录实施办法、水行政执法文书格式文本等制度规定。2020年配套制定了《执法音像记录设备配备使用管理制度》《青岛市水行政执法人员行政执法行为规范》,分别对水行政许可、处罚、强制、征收、检查等执法行为全过程记录和水行政执法主要职责、执法行为、履行职责、作风纪律、执法过程、执法语言、工作态度等进行了详细规范,提升了执法规范化水平。

2.3 着眼无缝衔接,强化执法监督

实践证明,执法工作任何一个环节的失误,都会导致执法的无效,引起行政复议或行政诉讼。要解决这一问题,除了执法人员严格依法执法,公正处理每一起处罚案件之外,还需要建立起严格、规范、完善的监督制约机制,加强对水行政执法行为事前、事中、事后全过程的监督。执法监督制度机制的建立,既能促进执法人员依法行政,防止出现执法过错,保护行政管理相对人的合法权益,同时也是保护执法人员的必要措施。根据《山东省行政执法监督条例》、水利部和省水利厅《水行政执法监督检查办法(试行)》等规定,结合轻青岛实际,制定了青岛市《水行政执法监督检查制度》《水行政执法评议考核制度》等。制定实施的其他一些执法制度规定,也都把执法监督作为一项重要条款,明确执法过错的情形和执法过错责任追究方式,做到有权必有责、有责要担当、用权受监督、失责必追究,对改进执法作风、提高执法质量起到了积极作用。

2.4 着眼阳光透明,约束权力运行

把行政权力关进制度的"笼子"里。围绕权力的配置、运行和使用结果等关键环节,列出详尽的行

政权力目录清单,自下而上逆向梳理权力运行轨迹;编制权责清单,对事项名称、实施机构、部门职责、设定行使依据、实施层级、实施权限、追责情形等作了详细明确;绘制并公开了贯穿事前、事中、事后各环节的水行政许可、水行政处罚、水行政强制、水行政征收、水行政监督检查流程图;为有效避免权力自由裁量滥用、化解廉政风险,根据机构改革后职能的调整变化,在梳理公示权责清单基础上,制定了水行政处罚裁量基准,把行政处罚事项划分为5个裁量等级,最大限度地压缩执法人员自由裁量空间,增强行使"公权"透明度。同时,为规范和加强水行政审批工作和水行政审批专家评审管理,确保审批事项评审的公正性和规范性,制定《青岛市水务管理局行政审批管理办法》《青岛市水务管理局行政审批专家评审管理暂行办法》,对评审专家应具备的条件、工作权利、工作义务、违法违规行为处理等进行详细规范,杜绝了违法违规行为的发生。

2.5 着眼精湛高效,强化能力建设

加强执法能力建设,提高水行政执法队伍整体素质,是推进依法行政,建设法治政府,树立水行政机关公信力的内在要求。近年来,青岛市积极围绕"打造一支作风硬、业务精、效率高的水行政执法队伍"的目标,制定《青岛市水务管理局水行政执法人员教育培训制度》,健全行政执法人员岗位培训制度和领导岗位法治理论学习制度,采取举办执法骨干培训班、邀请专家教授进行法治专题辅导等形式,加强对执法人员的法治教育培训和业务培训。建立实施法律顾问制度,外聘业内信誉度高、业务能力强、工作认真负责的优秀律师作为局法律顾问,在立法草案起草、重大行政决策、行政案件诉讼、政府合同订立等工作中,发挥法律顾问咨询、论证、把关、代理等方面的专业优势和作用,使行政行为最大限度地降低法律风险。建立健全水行政执法评议考核制度,通过强化对行政执法人员的考核评价,变压力为动力,增强行政执法人员的自律意识。建立完善执法保障制度,制定执法音像记录设备配备使用管理等制度。同时,按照省厅要求,加强了水行政执法保障体系的研究,从法律保障、经费保障、装备保障、人身安全保障等方面进行探讨,力争拿出切实可行的研究成果,为水行政执法工作提供坚实保障。

2.6 着眼释法止争,创新执法文书

执法文书既是执法活动的载体,也是执法人员与行政管理相对人之间沟通交流的桥梁。如何通过完整的证据链条和严谨的逻推理,说服行政管理相对人心悦诚服地接受处罚,达到良好的惩戒、预防违法行为的效果,是行政执法工作的最终目的。为此,青岛市水务管理局组织相关人员,详细研读最高人民法院公报案例司法裁判文书,对释法说理形式以及如何将释法说理与行政处罚文书相结合进行深入探索,最终确立了适用演绎推理三段论的模式,通过外部证成明确案件事实和适用的法律规范,通过内部证成完成逻辑推理得出执法结论。"教科书式"执法文书遵循法定职权、突出重点、紧扣事实、效率优先的原则,重点对需要送达当事人的相关文书和调查终结报告进行了修改。在调查终结报告、行政处罚决定书中加入证据及证明事项、依据的法律法规、自由裁量及演绎推理过程,在行政处罚事先告知书、听证告知书中详细列举作出拟处罚决定的事实、理由和依据,通过严谨的逻辑论证,实现行政处罚文书的释法说理,在文书中将事实依据和作出处罚时的自由裁量进行完整的表述,最大限度地做到信息公开,既有利于约束行政权力,增强执法行为的公正度和透明度,也有利于及时化解纠纷和减少行政争议。

3 结束语

严格执法,是社会主义法治的基本要求。通过大抓制度建设,以制度规范执法,青岛市各级执法

职责更加清晰,执法队伍整体素质有了新的提高,执法工作力度进一步加大,水行政执法严格规范公正文明程度得到了全面提升。自机构改革以来,青岛市水行政执法工作稳步推进,未出现因水政执法产生的行政复议、行政诉讼案件,全市水事秩序基本实现了和谐稳定。

[参考文献]

[1] 张楠.基层水行政执法工作存在问题及解决措施分析[J].基层建设,2020(30).

[作者简介]

李素雅,女,1985年12月生,三级主任科员,15898812266。

杨建义,男,1963年4月生,二级调研员,18562505822。

山东省水闸运行管理存在问题及对策研究

王 爽 梁晨璟 刘栋梁

（山东省海河淮河小清河流域水利管理服务中心 山东 济南 250100）

摘 要：本文简述了山东省水闸概况及管理现状，对水闸运行管理中存在的小型水闸安全运行存短板、管理粗放、缺少长效管护机制、现状管理与标准化管理存差距、管理人员不足、技术力量薄弱等问题进行了探讨，提出了针对性的对策建议，为水闸安全运行和规范管理提供借鉴。

关键词：水闸；运行管理；存在问题；对策建议

1 山东省水闸概况及管理现状

山东省现有注册登记的水闸3 392座，其中大中型水闸541座，小型水闸2 851座。山东省水闸实行属地管理，现有水闸管理单位52个，其中南水北调东线一期山东段工程、胶东调水工程的水闸，以及小清河部分拦河闸由省级直接管理，其余水闸工程由市、县河道行政主管部门管理。

山东省的水闸在洪水灾害防御、工农业生产、输水调水中都发挥着十分关键的作用。近年来，山东省尤为重视水闸运行管理工作，一是对水闸注册登记、信息填报等提出了明确要求，全省水闸在水利部堤防水闸基础信息数据库中均已填报入库，并及时开展年度复核工作。二是积极推动水闸安全鉴定和除险加固，"十三五"期间完成266座大中型水闸的安全鉴定，完成255座大中型病险水闸的除险加固；2021年完成2 804座水闸工程的安全鉴定，2022年542座病险水闸列入除险加固或拆除重建计划。三是推进水闸标准化管理工作，开展"一闸一档"建设，制定水闸工程标准化管理验收标准，2021年132座大中型水闸完成标准化管理达标评价。四是常态化开展水闸工程安全运行监督检查，暗访检查制度逐步完善，2019年、2020年、2021年分别对全省110座、89座、102座大中型水闸进行暗访督查，力求以查促管。虽然山东省水闸运行管理工作取得一些成效，但是仍存在多方面问题。本文就提高全省水闸运行管理水平进行思考和探讨。

2 山东省水闸运行管理存在问题

2.1 小型水闸安全运行存短板

山东省大中型水闸自水管体制改革以来，工程管理体制机制不断理顺，大多具有明确的管理单位，配备有专业的技术人员，管理维护方面做得相对较好。然而，由于历史早期投入不足等原因，小型水闸大多存在建设标准低、工程质量差、维修养护资金缺口大、没有专门的管理机构和专业技术人员等突出问题，也没有创新出优秀的管理模式，长期存在体制机制不顺、人员经费匮乏、管理制度不完备、运行管护缺失、管理设施短缺、未划定工程管理和保护范围水闸数量较多、安全鉴定超期、病险隐患突出等难题,制约着小型水闸功能发挥,特别是在汛期,小型水闸的安全运行面临很大风险和压力,给水利工程安全运行带来严重隐患。

2.2 管理粗放,管理制度待完善

近几年来,山东省水闸工程的管理水平有了一定提高,管理制度、应急预案编制、日常巡查等基础性工作开展,但部分水闸管理单位存在应付心态,各类制度、预案编制存在"照搬照抄"现象,实用性和可操作性不强;水闸技术管理实施细则未根据工程运用情况进行适时修订的现象时有发生,存在管理懈怠思想。

另一方面,部分管理单位不重视水闸的安全鉴定与安全检测工作,至2020年底,全国有超过半数的水闸未按规定开展安全鉴定与检测工作[1]。至2021年年初,山东省也存在大量超期未鉴定水闸遗留问题,同时存在水闸经安全鉴定后报废拆除程序不规范和废弃水闸拆除不及时的问题,给全省掌握水闸具体数量和病险水闸情况带来了困难。

2.3 缺少长效管护机制,现状管理与标准化管理存差距

水利部和山东省近几年对全省水闸安全运行开展专项监督检查时发现管护机制仍未健全问题凸显,工程实体和日常管理维护问题数量居高不下。目前,山东正在积极探索水闸工程的规范化管理和物业化管理工作,从实际执行的情况看,各地管理水平不一,缺少统一的管养标准和考核评价体系,管护人员对岗位职责和业务掌握能力参差不齐,配套制度和保障体系不够健全完善,工程得不到及时维护,工程实体存在着不同程度的损坏,影响了工程面貌和效益的正常发挥。

在推进水闸工程标准化管理工作方面,受经济财力、管理基础、重视程度等因素影响,地区之间差异较大。个别地区对标准化管理工作重视不到位,"上热下冷"使整体推动工作缓慢,成效不显著,现状管理水平距离达到全省水闸工程标准化管理还有很大差距。

2.4 管理人员不足,专业技术力量薄弱

部分地区和单位受当地财政困难的制约,在水管体制改革过程中存在人员定编定岗不合理现象,管理人员达不到定额标准,客观上加剧了水管单位人才缺失。现有水管单位职工的年龄层次普遍偏高,存在断层现象,水管体制改革完成后,大中型水闸工程管理单位由于受事业单位选人进人制度的限制,管理人员后续力量不足。虽然有些地区水闸管理技术人员专业知识和操作技能都处于领先,但全省人才储备不均衡,没有良好的管理人员学习交流培训模式和竞争机制,无法带动技术人员提高自己业务水平的积极性。小型水闸工程更是缺乏专业人员管护,现有的稀缺管理员也普遍年龄偏大且专业素养低,导致管理粗放,但因工作环境条件恶劣又难以吸引人才,总体管理水平不高。

3 提高水闸运行管理水平的对策建议

3.1 创新管护机制,加大经费投入

加大对水闸工程运行管理的重视程度,借鉴省内外管理先进县(市、区)经验做法,探索适合山东省情的水闸运行管理体制改革思路,突破体制机制不顺难题。针对管理单位人员少、管理能力严重不足的水闸,可鼓励推行物业化、市场化管理模式,通过政府购买服务的方式委托优秀企业管理,培育维修养护市场、出台相应管理考核标准。针对未设置管理单位的水闸,县级水行政主管部门指导乡镇落

实具有管理能力的机构对无管理单位的水利工程实行统一管理,并建立考核机制以激励管理水平的提升。

建议国家和省级安排专项资金用于水利工程特别是水闸等工程维修养护补助;建议省级针对不同管理层次的水闸工程,建立薄弱环节维修养护经费补助和标准化工程管护经费奖励机制,对基础条件差的工程实施公益性维修养护财政补助,保障工程安全,对基础条件好、验收达标的标准化工程给予奖励。通过"以奖代补"等方式,带动各级财政加大对维修养护经费的投入,形成齐抓共管良好格局。

3.2 完善管理制度,规范相关程序

根据省级出台的运行管理制度标准范本,各地应结合工程实际完善具体内容,做到制度、预案编制具备实用性、时效性和可操作性强。预案编制应涵盖突发事件、安全生产各个方面;工程长效管护制度应当从设施养护、日常运行和设施维修三个基础方面进行完善,以适应新时期水利设施管理养护需求[2]。同时建立考核制度,以考核促管理。

充分运用好水利部堤防水闸基础信息数据库系统,严格规范水闸注册登记、安全鉴定、报废注销等程序。一方面省级出台水闸安全鉴定实施细则,规范指导全省水闸安全鉴定工作,坚持"到期及时鉴"的原则,避免出现大规模超期未鉴定现象;另一方面省级出台水闸报废管理办法,建立批复备案程序,规范水闸报废工作,坚持"有险及时除"的原则,对于经安全鉴定后证实功能已丧失且无其他利用价值、病险严重且除险加固技术不可行或经济不合理的工程做到应拆尽拆,以此准确掌握全省水闸和病险水闸数量及运行状况。

3.3 全面提升水闸运行管护人员专业技能水平

健全水闸管理人员结构,明确具体职责分工,做到人岗相适、人尽其才。紧抓水闸工程现场管护、操作人员这个关键环节和关键人群,加大培训、考核力度,做到有名有实,建立竞争机制,适时开展优秀水闸管理员、闸门运行工的评选、宣传和交流学习活动。在职务晋升和职称评选时多考虑一线优秀技术人员,以专业水平和业务贡献作为衡量加分标准,而不是只以论资排辈。持续开展好岗位创新及技术比武活动,加大岗位创新活动奖励力度,使年轻人专注于业务,有新的小发明、小创造、小革新、小建议;大力宣传创新工作中的先进个人和攻关团队,不断增强职工获得感。积极推广新结构、新材料、新设备、新工艺[1],努力提高基层管理手段和运行管理人员的技能水平。

3.4 更加有力的推进标准化管理工作

紧抓水闸运行管理突出问题纳入省级河湖长制考核的契机,全面推进水闸工程标准化管理工作。建议省级和市级成立水利工程标准化管理指导小组,分别指导市级和县级水闸等工程标准化管理推进工作。一是加强引领,使基层水管单位进一步明确水闸标准化管理的必要性、时间紧迫性,确保重视到位。二是解决不会管和要管得好的问题,全省可采取分层次召开现场观摩会的形式,充分发挥典型引领作用,优先选出一批示范水闸工程,通过示范带头作用,全面提升标准化管理水平。三是上级部门继续加大标准化管理督导检查和问责整改力度,按照水闸标准化管理评价标准,通过现场督导提出问题,帮助管理单位审视推进工作中的不足;管理单位整改问题的过程中举一反三,进一步完善水闸标准化管理的细节内容,同时结合管理面临的所有突发状况,形成完备的多个领域应急体系[3],助推水闸标准化管理工作出现新亮点、取得新成效。

3.5 不断提升数字化管理水平

传统管理模式存在诸多瓶颈,结合山东水利工程运行管理需求,构建科学高效、协调有序的数字化管理平台,通过深化采集数据的利用,开发数据内在信息价值[4],逐步实现水闸信息化数据管理、动态化安全监测、自动化远程控制、智能化故障报警,高效率运行管理。加快市、县各级与省级水闸工程运行管理"一张图"资源融合、信息共享,促进管理扁平化、决策精准化,为水闸安全鉴定、除险加固、报废拆除、安全度汛措施的实时更新提供智能管理和决策支持。

数字化管理的实现需要在借鉴国内外先进经验的基础上,在试行过程中结合山东省实际不断对平台进行优化,不断解决应用过程中遇到的各类困境,以此适应水利现代化新形势,实现山东省水闸运行管理高质量发展。

4 结语

水闸工程作为经济社会发展的重要基础设施,后期运行管理是其充分发挥兴利除害功能的关键。不断提升水闸运行管理水平,有利于保障工程自身安全,保障人民群众生命财产安全,推动新阶段水利高质量发展。

[参考文献]

[1] 李皓,方文杰. 大中型水闸运行管理现状与对策建议[J]. 工程管理,2021(5):181-182.
[2] 徐徐. 水闸的维护与管理措施探析[J]. 陕西水利,2018(6):283-284.
[3] 邵豫东. 水闸工程运行管理及日常维护[J]. 河南水利与南水北调,2020(11):60-61.
[4] 杜巍. 浅析自动化监控系统在水闸运行管理中的应用[J]. 治淮,2021(4):38-39.

[作者简介]

王爽,女,1992年9月生,工程师,主要从事水利工程运行管理工作,18363031216,672214590@qq.com。

浅谈一体化净水设备在安徽省农饮工程中的应用

应 玉[1] 扶清成[2]

(1. 安徽省阜阳水文水资源局 安徽 阜阳 236000;
2. 淮河水利委员会水利水电工程技术研究中心 安徽 蚌埠 233001)

摘 要:通过持续实施农村饮水安全工程建设,安徽省农村饮水安全工程的建设得了一定的成效,但因农村饮水安全工程点多面广,资金投入不足,尤其是部分偏远、居住分散地区,工程规模小、建设标准低,在运行中存在维修养护困难、管理人员技术力量薄弱等问题。近年来,中小型一体的净水设备相继被应用,一体化集成净水设备性能稳定、维修容易、管理操作方便,可较好地解决工程运维困难、对管理人员技术要求高等问题,较好地保障了农村居民的饮水安全。

关键词:农村饮水安全工程;一体化净水设备;"十四五";偏远分散地区

1 前言

农村饮水安全事关民生,直接影响着农民群众的生活质量和生命安全,是满足农民群众对美好生活的向往的基本保障。安徽省自2005年开始实施农村饮水安全工程,通过持续实施农村饮水安全工程建设,取得了巨大的成就,困扰众多农民祖祖辈辈的吃水难问题历史性地得到了解决,农民群众从喝水难到有水喝,从拉水挑水到喝上自来水,有力改善了农民健康水平和生活质量。

安徽省农村饮水安全工程的建设虽然已取得了一定的成效,但因农村饮水安全工程点多面广,资金投入不足,尤其是部分偏远、居住分散地区,工程规模小、建设标准低,在运行中存在维修养护困难、管理人员技术力量薄弱等问题,导致一些工程低标准运行,可持续性较差。

2 农饮工程建设存在的问题

2.1 运行维护困难,可持续较差

对于部分人口分散、地形起伏较大的区域,采用土建结构的农村饮水安全工程因占地面积大、工程投资大,普遍存在选址困难、建设标准低等问题,现有农饮工程多由个人、村委会、企业主等非专业人员进行管理,管理人员专业水平低、技术力量差,导致工程运行状态不佳,运行维护困难,可持续性较差。

2.2 自动化程度低,供水水质难以达标

现有农饮工程多为配备自动过滤冲洗等设备,自动化程度低,受限于管理人员的技术水平,很难正确使用现有净水、消毒以及水质检测等设备,部分供水工程存在仅简单消毒后直接供向用户的现象,供水水质难以达到设计标准,且运行维护需要耗费较大的人力和物力,工程运行维护困难,因运行

维护不到位时常出现停水现象。

2.3 工程建设趋向一体化、规模化，偏远地区、人口分散地区供水难以保障

"十四五"时期，安徽省将逐步推进城乡供水一体化，对暂不具备实施城乡供水一体化的地区，实施区域供水规模化。城乡统筹、设施完备的供水工程体系可实现城乡居民共享优质供水，是未来农饮工程的发展趋势，但对于皖西、皖南山区等人口分散、地处偏远区域，一体化、规模化无法从根本上解决问题。

3 一体化净水设备的优势

安徽省现采用的一体化集成净水设备通常由本体设备、前置设备、后置设备等三体式设备组合而成，本体综合了常规土建结构农村饮水安全工程的反应、沉淀、过滤三大工艺；前置设备常规可配置加药装置、管式静态混合器；后置设备常规配置消毒装置，此外，可根据工程实际，配备自动反冲洗设备等模块化组件。

与常规土建结构农村饮水安全工程相比，采用一体化集成净水设备的农村饮水安全工程具有自动化程度高、出水水质稳定、节水效果好、占地面积小、可根据需要进行增减组件等优势。

3.1 自动化程度高，杂质颗粒去除率高

除了对一级泵房及加药系统的管理外，净水装置集成从絮凝（反应）、沉淀、过滤、排泥、集配水、反冲洗、排污等一系列工艺流程，可以达到自动运行的状态，值班人员除定时做水质监测工作外，无须对净水装置操作管理。

高浓度的絮凝层，能使原水中的杂志颗粒，在絮凝（反应）期间得到充分的碰撞接触，提高吸附的概率，因为能适应各种原水的水温和浊度，杂质颗粒去除率高。自动排泥系统能保证多余的泥渣杂质及时排除，从而保证稳定的杂质颗粒去除率。

3.2 出水水质稳定

高效的絮凝及沉淀效果，使沉淀出水水质一直保持良好的状态，净水系统的高度自动化，既保证了净水系统的高效过滤，保证出水水质的稳定，又能自动反冲洗，无须另设反冲洗水泵或空压机等电器设备，可节省大量的基建投资及日常运行、维修、保养费用。

3.3 节水效果显著

自耗水率低，设备自用水率能稳定保持在 5% 以下，排泥系统部分水量可供重复使用，与常规土建结构农村饮水安全工程相比，节水效果显著，对建设节水型社会起着积极的作用。

3.4 占地面积小，节约投资费用效果显著

净水系统的高度自动化，可保证净水系统的高效过滤，无须另设反冲洗水泵或空压机等电器设备，同时，与常规土建结构农村饮水安全工程的净水构筑物相比，一体化净水设备可节省占地一半以上，且一体化净水设备高度通常在 4.1 m 左右，室内外均可安置。较小的占地面积以及稳定的运行效果，可节省大量的基建投资及日常运行、维修、保养费用。

3.5 模块化集成,可根据需要进行增加设备

可根据供水规模、取水水源水质等实际情况进行组装或拆分,实现功能目标,更大程度地满足工程建设需要,也便于后期扩建、改造或易地再用。见表1。

表1 工艺方案对比表

对比项目	常规土建结构农村饮水安全工程	一体化集成净水设备农村饮水安全工程
技术设计	周期长	集成化设计,周期短,可靠高效
投资成本	高	仅为前者的2/3
运维成本	对管理人员、技术人员要求较高,操作维护较为复杂,运维成本高	操作维护简单,运维成本仅为前者的1/2
建设周期	较长	仅为仅为前者的1/5
占地	面积大	仅为仅为前者的2/5
使用寿命	50年	采用不锈钢材质的一体化集成净水装置,理论寿命可达100年
后期增加需求	困难	可模块化组装,后期增加需求简单
可移动性	不可移动	可拆卸搬迁,利用率高
自动化水平	/	具有"集成化、模块化、设备化"的发展趋势,自动化水平高
残余价值	建筑垃圾	废料可变卖,资产残值较高

4 一体化集成净水设备在安徽省的应用

2010年以后,采用一体化集成净水设备的中小型净水设备开始在安徽省农村饮水安全工程中应用。2015年以后,采用一体化集成净水设备的农村饮水安全工程数量增长较为迅速,对2015年以后采用一体化集成净水设备的霍山县、歙县、祁门县、石台县等30家农村饮水安全工程进行统计分析,供水规模500 m³/d以下的数量占比37%,供水规模500~2 000 m³/d的数量占比达43%,供水规模逐渐从小型到中大型过渡,最大供水规模达8 000 m³/d。如图1所示。

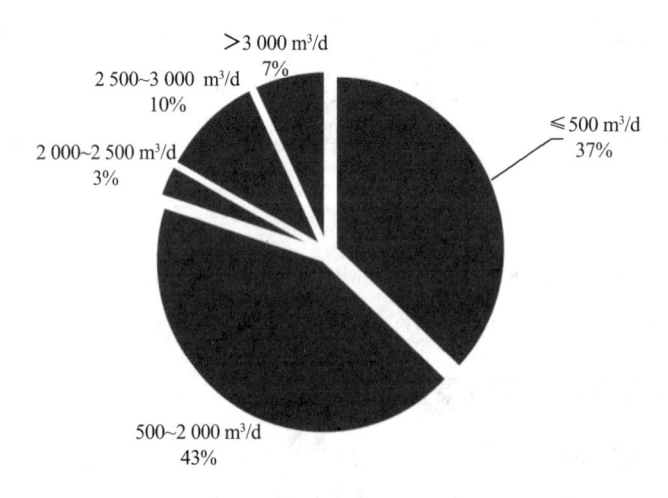

图1 2015年以后采用一体化集成净水设备的农饮工程统计分析

"十四五"时期,安徽省围绕建立健全"一个体系、三个机制"做好农村饮水安全工作,"一个体系、

三个机制"即城乡统筹、设施完备的供水工程体系,责任明确、分工协作的监管责任机制,管理专业、运行规范的工程管理机制,财政扶持、要素支撑的政策保障机制,总体目标是要不断提高供水保障与服务水平,实现农村饮水安全工程良性可持续运行。

城乡统筹、设施完备的供水工程体系可实现城乡居民共享优质供水,但对于皖西、皖南等人口分散、地处偏远区域,由于不具备联网供水条件,且常规农村饮水安全工程存在的问题短期内无法得到阶段,因此,一体化集成净水设备性能稳定、维修容易、管理操作方便的优势可较好地解决工程运维困难、对管理人员技术要求高等问题,较好地保障了农村居民的饮水安全。

5 结语

当前,安徽省农村饮水安全工程建设虽然取得了巨大的成就,但农村供水保障水平总体仍处于初级阶段。未来,随着农村经济社会发展,农村人口和村庄发生变化,顺应农村居民对美好生活的向往,需要进一步提高农村自来水的普及率,提升农村供水水质标准,优化调整农村供水工程布局。

随着原材料、加工工艺、自动化技术的不断进步,一体化集成净水设备已经朝着集成、模块、高效、节能的方向发展,净水设备的耐用性、安全性、稳定性大幅提高,安装以及后期运行维护成本大大降低。"十四五"期间,在不具备实施城乡供水一体化及区域规模化的人口分散、地处偏远地区,一体化集成净水设备将在保障农村居民饮水安全领域发挥更大的经济、社会效益。

[作者简介]

应玉,女,1989年6月生,工程师,主要从事水资源分析研究工作,13855838787,8488695@qq.com。

浅析防汛物资储备管理的现存问题及优化措施

汪 洋

（周口市水旱灾害防御物资储备中心　河南 周口　466000）

摘　要：防汛救灾关系人民生命财产安全，做好防汛救灾工作十分重要。众所周知，突发性的洪涝灾害发生具有不确定性，随着全球气候变暖，极端天气气候事件频发，不断提高防汛应急管理水平成为我国当前防汛工作的重要内容，而防汛物资储备管理直接关系着防汛工作的顺利开展，是各项防汛工作的前提和保障。当前防汛物资储备管理中存在一些难题，本文立足防汛工作实际，分析防汛物资储备管理的现存问题及优化措施，探讨防汛物资储备管理的优化措施，为做好防汛物资储备管理工作提供参考。

关键词：防汛物资；物资储备管理；优化措施

1 防汛物资储备管理的重要性

我国的季风气候异常明显，降水的时空分布不均、差异明显，导致洪涝灾害频发、易发，而河南作为中国南北气候的过渡区、山区和平原的过渡区，极端天气易发、频发，驻马店"75·8"特大暴雨、郑州"7·20"特大暴雨都给当地人民带来严重的生命和财产损失。特大降雨来袭，河道水量暴涨，一旦超过堤防防洪标准或出现管涌等险情，就需要数量巨大的防汛物资用于抢险救灾，如果平时的防汛物资储备管理出现问题，关键时刻防汛物资缺失、品种不全、损坏、不实用、不能及时运输到位，抢险工作就无从下手，无疑会导致洪涝灾害的进一步扩大。从大禹治水开始，防汛救灾一直是中国人民的心中之痛，中国几千年的文明史也是中国人民抗击洪水的历史，在当前我国社会主义现代化建设过程中，防汛影响着社会发展和安全的方方面面，是统筹社会发展与安全的一项重要内容，而防汛应急物资是防汛工作必要的物资保障，防汛物资储备管理必须引起高度重视。

2 防汛物资概述

2.1 防汛物资分类

从防汛实际工作中来看，防汛物资主要包括抢险物料、救生器材、抢险机具和应急通讯设备4类。具体而言：一是抢险物料，如草袋、麻袋、编织袋、编织布、桩木、防水卷材、快凝快硬水泥、钢丝绳、铅丝网片、管涌探测仪、彩条布、土工布等；二是救生器材，如橡皮舟、冲锋舟、红外探测器、救生衣、救生圈、帐篷、专用机油等；三是抢险机具，如巡堤查险灯具、柴（汽）油发电机、照明设备、排涝设备、管涌袋等；四是应急通讯设备，如海事卫星电话、移动电话、有线广播器材等。

2.2 防汛物资需求特点

防汛应急物资需求的特点主要体现在3个方面：第一，法律强制性。国家已经对防汛物资储备制定相关法律，《中华人民共和国防汛条例》中明确指出，各级防汛指挥部应当储备一定数量的防汛抢险物资，由商业、供销、物资部门代储的，可以支付适当的保管费。受洪水威胁的单位和群众应当储备一定的防汛抢险物料。第二，突发性。因为当前天气的超前预报相当困难，洪涝灾害的发生具有不可预测性，往往灾害在短时间内发生，因此要随时能保证大量防汛应急物资的供应，并且要保证防汛物资的及时供应，否则灾害会进一步扩大，造成更大损失。第三，不确定性。洪涝灾害或堤防等险情发生时，大量生活供应、交通等基础设施损坏，灾害造成的危险状况不可预测，需求的应急物资的种类和数量不能确定，无法准确估计物资需求。

3 当前防汛物资储备管理现状

3.1 缺乏科学的管理运行机制

现行的管理运行机制是政府制定防汛物资储备定额，政府拨款购置防汛物资，物资管理单位管理防汛物资的采购、入库、保养维护、出库、更新换代、报废等工作。

采购机制不够灵活。采购操作程序冗长，应急状态下的简易采购程序需完善，采购前缺乏对各类采购物资的科学评估，导致所采购物资和实际应用情况不匹配，欠缺采购前对所购物资性价比的综合分析，对产品质量、售后服务等隐形成本考虑不周，导致后期维修养护困难。

调运机制需完善。尽管已经制定了流程化的调运方案，但存在各使用单位与存储单位沟通不足的问题，没有能建立有效的库内资源信息共享，造成大批物资闲置，经济效益和社会效益低。

维修保养机制逐渐松弛化。一是在于维修保养专款来源于政府每年拨款，款项来源不够稳定且数量与库内物资维修保养所需不相匹配；二是由于相当部分物资设备技术门槛高，普通维修人员不足以应对，需要请专业技术人员进行维修保养，对于重复使用的物资设备缺乏正确的保养修护，致使预期寿命大大减少；三是现存仓库大多年代久远，建设标准较低，仓库内环境差，致使储存物资锈蚀、腐烂、变质、损坏现象严重。

更新换代机制需完善。现存仓库物资大多经过多年存放，特别是多年未经历防汛抢险，库内物资超期储备，对储存物资的核算不清晰，档案资料不够明确，尽管还存在于清单之上，但部分已失去使用功能或已经超期，亟须更新换代，但因当前缺乏成熟的更新换代机制，仓储更新只能维持原状。

3.2 储备模式单一

现行防汛物资储备主要是实物储备，由于储备物资数量大、品种多，储备点分布广泛，每年需要政府耗费的财力、人力巨大，而且存在大批物资闲置和各单位仓库重复储备，不能起到很好的经济效益。由于只注重实物储备，合同储备和生产能力储备模式应用不足，不能充分发挥市场的作用，实际上，真正洪涝灾害来临时，尽管仓库已经存储了大量物资，但对于应急抢险的需要来说仍然是不足的，只有发挥市场的作用才能真正有效应对风险。

3.3 物资品种单一、智能化程度不高

现存防汛物资品种单一，往往只采购储备一些堤防抢险的常用物资，而这些物资在以往可能是简单有效的，但近年来防汛技术迅猛发展，一些更高效、更可靠的技术出现，采用这些新技术、新设备可能对灾害的应对更加有效，以往一些无法应对的灾害现在也能够成功处置，从各地近年来发生的洪涝灾害来看，城市洪涝灾害的应对也很重要，对于城市防洪涝的物资设备也应给予更多关注；现存物资

还存在设备老套不适用、智能化程度不高的问题,需要对现行物资的实际作用进行科学评估,顺应设备智能化、现代化大趋势,对于能够进行现代化更新换代的物资设备逐步进行更新补充,才能适应新形势下的防汛需求。

3.4 应急保障能力不足

在防汛物资存储的过程中,因为缺少科学的理论指导,导致物资的仓储方式陈旧、僵化,包括物资的存放、堆码缺乏标准化的管理,物资的调运缺乏正规化的措施,仓库自动化、智能化程度低,对于新技术的应用较少,对于先进仓储理念的学习不够;对仓库没有进行科学的风险分析,缺乏科学的应急保障能力评估,对于风险分级不够明确,仓库到底能够应对多大的应急风险不够明确。

4 对防汛物资储备管理优化措施的思考

4.1 优化管理运行机制

现行的管理运行机制已沿用多年,根据新的防汛形势,基于新发展理念,应该与时俱进及时进行优化、创新。

在采购上应把物资仓库应急保障能力评估和物资定额评定结合起来,按照实际需求科学、准确确定防汛物资定额;采购前对所购物资性价比进行综合分析,对产品质量、售后服务等隐形成本进行综合考虑;考虑建立应急状态下简易采购程序,简化采购流程。在采购前形成专项采购方案,对采购物资的品种、数量、采购方式、资金支付、到货时间、入库前核查进行明确,必要时可以请专家对方案进行审查评议。

在调运方案上进一步完善,应该将现有物资的适用范围、规格数量、现状等描述清楚,形成一份专门的物资清单,并对有权限的各调拨单位及时共享清单信息,在应急抢险中能够及时有效提供可靠的物资信息,提高抢险效率。

强化维修保养。加强防汛物资的科学养护,熟悉防汛物资设备的常见养护问题,对管理养护人员进行专门的培训,使其掌握常见物资设备的保养手段,每年汛期前应进行一次全面的质量检查。科学规划物资的存放位置,并将存放位置和物资编码一一对应,便于查找和调运出库;为保证物资设备的正常使用功能,应积极与原厂家保持常态化联系,在必要时邀请原厂家对物资设备进行专业的维修保养,学习一些基本的保养技能,保证设备的使用寿命;筹划建设更高标准的物资仓库,引进现代化设备,保证物资设备适宜的存储环境,减少物资的损耗。

4.2 探索建立物资储备新模式

探索建立以实物存储为主,合同存储和生产能力存储为辅的物资储备新模式。

实物存储在存储形式上主要表现为实物,实物储备在防汛救灾前期作用明显,因为实物储备能够短时间提供来源稳定、功能可靠的防汛物资,能够有效稳定前期防汛形势,但实物储备的缺点是不易存储保质期限短暂的物资,而一旦物资存储数量过大,就会造成物资超期储备和资金浪费。

合同存储主要由物资管理单位与拥有物资存储能力的单位或个人签订协议,主要适用于建筑类企业大型机械设备、建筑材料以及食药品等,一般来说,这些企业平时会储存大量相关物资,和企业签署协议后,一旦灾害来临,能够迅速组织企业优先转运大量救灾物资设备,提高了抢险效率,避免了物资的闲置浪费,但企业的营利特性具有一定的局限性,应急物资的需求数量和时间具有不确定性,因此抢险救灾时,企业能否保证按照协议提供防汛物资存在问题。

生产能力储备主要是生产、研制救灾物资的单位或个人与物资管理单位签署协议,当需要应急救灾时,能够将大部分产能转移到救灾物资的生产上来,生产能力储备模式一般适宜不宜长期储存、储占用空间大、转产时间短以及生产周期短的物资,主要包括食品、药品等物资,主要优点是物资获取容易,周期短,短时间能大量供应,如果依靠实物存储,必然造成超期储备,导致大量浪费,但是转产需要时间,生产能力储备对于灾害的前期应对有一定的局限性。

在探索建立物资储备新模式的过程中,要注意防汛物资在实际应用中的需求变化,当需求物资数量大时,要注重三种储备模式的结合,科学分配各种模式物资配置的比例。由于各地洪涝灾害的特点各异,因此在物资储备数量和模式上进行因地制宜的调整,在经济发达、灾害频发的地区,应加大实物储备的比例,在经济落后地区,应充分考虑合同储备和生产能力储备的辅助作用。同时,应在物资储备的基础上,考虑预置一部分资金储备,有效减少资金占用,缓解库房压力,提高应急保障能力。

4.3　探索物资更新换代新思路

防汛物资存在使用期限,很多库存物资年久失修,部分物资已经不适应当前防汛工作要求,需要及时更新补充。对于有使用年限要求的物资,应对其种类、数量、年限、功能和使用价值进行综合评估,建立物资总的核算清单,建立物资更新的优先级,分比例逐步进行物资的退出、更新,应从每年的物资定额中划定部分资金用于每年的物资更新,保证防汛物资的使用功能和质量。

4.4　探索基于风险分析的应急保障能力评估

要综合考虑当地政府的经济和社会发展情况,仔细审定当地洪涝灾害的主要种类、级别和应对方式,进行科学的风险分析,确定政府需要应对防汛应急的规模和级别。同时根据各级政府需要应对突发事件的种类和级别,确定应急物资的种类和数量,确定防汛物资仓库需要的应急保障能力级别,建设应对不同风险等级的防汛物资仓库,考虑社会效益和经济效益,避免防汛储备物资的浪费。

5　结语

综上所述,防汛物资储备管理是防汛工作的重要前提保障,针对现行防汛物资储备管理中出现的管理运行机制、储备模式、维修保养、更新换代、智能化等方面的问题,各级政府和防汛职能机构要不断探索物资储备管理的新模式、新技术,立足新发展理念,树立市场观念、经济效益观念,努力开创防汛物资储备管理新局面。

[参考文献]

[1] 陈建华,刘博文.应急物资的储备模式研究[J].中国管理信息化,2014(3):105-107.
[2] 孙志强.防汛物资储备仓库管理现代化思考[J].建筑学研究前沿,2017(9).

[作者简介]

汪洋,男,1994年4月生,助理工程师,从事水旱灾害防御物资储备管理工作,19337309035,wyksrxy@163.com。

持续加强洼地治理 保障国家粮食安全

王晓亮[1] 姜 歆[2]

(1. 淮河水利委员会水利水电工程技术研究中心 安徽 蚌埠 233001；
2. 水利部淮河水利委员会 安徽 蚌埠 233001)

摘 要：淮河流域地处我国东部，气候、土地、水资源等条件较优越，是我国重要的粮食产区。受自然地理条件、黄河夺淮影响及长期除涝工程投入不足等因素影响，长期以来，除涝问题一直是威胁流域粮食稳定生产的重要因素之一。目前，已治理区域洼地除涝问题已得到显著改善，但仍存在部分易涝洼地尚未治理、治理体系不够系统等问题，继续实施平原洼地治理，提高除涝能力，对保障国家粮食安全，助力乡村振兴战略具有重要意义。

关键词：淮河流域；洼地；粮食安全

粮食安全是经济发展、社会稳定和国家自立的基础，党和政府始终将保障粮食安全放在重要战略地位，党的十八大以来，习近平总书记对粮食安全工作作出许多重要批示，强调要牢牢把握粮食安全主动权。长期以来，流域平原洼地的除涝问题一直是威胁粮食稳定生产、阻碍区域农业综合生产能力提高的重要因素之一。实施平原洼地治理，提高除涝能力，改善群众生产生活条件，对保障国家粮食安全，助力乡村振兴战略具有重要意义。

1 淮河流域基本情况

淮河流域地处我国东部，跨豫皖苏鲁四省40个地级市，237个县(市、区)，流域面积27万 km²，其中平原区面积约18万 km²，气候、土地、水资源等条件较优越，适合发展农业生产，耕地面积约2.21亿亩，约占全国耕地面积的10.9%，粮食产量约占全国总产量的1/6，提供的商品粮约占全国的1/4，是我国重要的粮食产区。

淮河流域平原区易涝土地面积约10万 km²，约占平原区总面积的56%，其中易涝耕地约1亿亩，主要分布在沿淮及淮北地区、湖洼周边、分洪河道两岸及行蓄洪区。据不完全统计，自1949年至2007年的59年中，流域平均成灾面积为2 664万亩/年，平均成灾率(成灾面积与同期耕地面积之比)超过14.3%。严重的洪涝灾害，对社会、经济、环境、安全造成很大的负面影响。其中沿淮地区及淮北支流是淮河流域洪涝灾害最为频繁的地区，因洪致涝"关门淹"现象较为严重。在历年洪涝灾情统计中，涝灾面积大都占受灾面积的三分之二以上。

2 涝灾成因分析

2.1 自然地理条件及黄河夺淮，造成洪涝灾害频发

淮河流域地处我国南北气候过渡带，气候条件十分复杂，雨期长、范围广、暴雨集中，极易产生洪

涝灾害。流域2/3面积为平原，地势平缓，遭遇暴雨时，山丘区洪水很快汇入干河，由于中下游河道比降平缓，排水不畅，干流洪水下泄缓慢，且高水位维持时间较长，致使支流和排涝干沟排水困难，大量涝水聚积于平原区，常形成"关门淹"，农作物长时间受淹，造成涝灾。黄河长期夺淮，造成淮河水系紊乱，使淮河失去了入海通道，干支流河道淤塞，排水不畅。

2.2 排水工程建设不足，除涝体系不完善

长期以来，由于投入不足，部分河道未经过系统治理，河道淤积严重，排水能力严重不足；部分易涝地区的干沟以下未经治理，大、中、小沟不配套，使得排水系统不通畅，面上涝水不能及时有效排出，延长了洼地受淹时间；部分涵闸、桥梁等建筑物规模小，阻水、损毁严重，部分桥梁、涵闸成为排水卡口，进一步加重涝灾；部分圩区内排涝站规模较小，标准偏低，部分泵站建设年代较早，年久失修，实际抽排能力远低于设计值；工程管理手段和管理设施落后，经费不足，管理维护不到位，影响工程效益的发挥；20世纪60—70年代，由于对自然规律的认识不足，对粮食产量的片面追求，部分蓄水湖荡被围垦种植粮棉，洪涝水蓄滞能力严重降低，如1965年里下河腹部地区湖泊湖荡尚有1 073 km²，调蓄库容20亿 m³，到2006年，湖泊湖荡面积仅为58.1 km²，库容已不足1亿 m³。

3 除涝工程体系建设情况

从治淮初期开始，排涝就被提上重要位置，按照规划对淮河流域低洼易涝地区先后进行了多次不同程度的治理，对重要支流及部分湖洼等易涝地区，采取圈圩建站、骨干河道整治、疏沟排水、出口建闸、面上配套、农业结构调整等多种治理措施，洼地除涝条件有所改善，但总体排涝标准仍然偏低。

2010年，水利部批复《淮河流域重点平原洼地治理规划》，规划治理沿淮片、淮北平原片、淮南支流片、里下河片、白宝湖片、南四湖片、邳苍郯新、沿运片、分洪河道沿线和行蓄洪区洼地等10大片，总面积约6万 km²，耕地5 505万亩。2011年，国家发展改革委和水利部印发了《进一步治理淮河实施方案》，将重点平原洼地治理作为进一步治理淮河的重要建设内容。按照成片治理的原则，近年来，安徽省已批复实施淮河流域西淝河等沿淮洼地治理应急工程、怀洪新河水系洼地治理工程，江苏省已批复实施里下河川东港工程，江苏重点平原洼地近期治理工程（包括里下河、黄墩湖地区、南四湖湖西洼地3片洼地），山东省已批复实施南四湖洼地、沿运洼地及邳苍郯新洼地治理工程，此外河南、安徽、江苏、山东还利用世界银行贷款实施完成本省部分重点平原洼地治理工程。目前，河南、安徽、江苏、山东四省共批复治理投资近230亿元，安排治理重点平原洼地分别达0.28万 km²、1.11万 km²、0.8万 km²和0.85万 km²，累计达到3.02万 km²，占批复规划治理面积的51%；已治理区除涝标准达到5年一遇，部分区域达到10年一遇。据统计，截止2019年，淮河流域除涝标准在3~5年一遇的耕地达到4 266万亩，除涝标准5~10年一遇的耕地达到3 942万亩，除涝标准10年一遇以上的耕地达到3 108万亩。

4 当前洼地治理存在的问题

4.1 部分易涝洼地尚未治理，涝灾问题依然严重

淮河流域易涝洼地面积广，近年来，流域各省虽然开展了大规模治理，已累计安排治理约3万 km²的易涝洼地，但规划内仍有近五成的洼地未安排治理，规划外尚有4万 km²洼地未系统治理，部分

已治理区域除涝标准不满足新阶段经济社会高质量发展要求,涝灾问题依然严重,如2021年7月河南省遭遇极端强降雨,引发严重城市内涝和流域局部洪水,造成重大人员伤亡和财产损失,平原洼地内涝严重。

4.2 治理不够系统,效益发挥不充分

淮河干流中、小洪水排水的出路不足,中游高水位持续时间长,影响沿淮地区、淮北平原支流洪涝水排泄;汾泉河、包浍河、怀洪新河、奎濉河等部分排水干河的排涝标准不足3~5年一遇,需要进一加快治理,提高除涝标准。已实施的重点平原洼地除涝工程,基本解决了治理区内部骨干河道(包括骨干排涝干沟)的排涝问题,但中、小沟不在工程治理范围内,小沟与中沟不通,中沟与大沟不通,"一尺不通,万丈无功",需加强面上配套工程的规划和建设,让滞蓄在面上的涝水排得出来,充分发挥工程效益。

4.3 工程管理依然存在薄弱环节,影响工程效益发挥

通过多年持续不懈努力,中小型水利工程建设和管理取得积极成效,但建设标准低、工程老化失修、管护不到位等问题依然突出,仍是制约灌溉、除涝等工程效益发挥的薄弱环节。随着土地流转规模扩大和新型农业生产经营主体发展壮大,迫切需要通过深化改革创新,探索建立与集约化、专业化、组织化、社会化的现代农业经营体系相适应的中小型水利工程建设管理机制,更好地发挥灌溉、排水等水利工程效益,促进粮食稳定高产,农村经济社会快速发展。

5 下一步建议

5.1 加快治理进度,提升洼地除涝标准

加快实施《淮河流域重点平原洼地除涝规划》确定的河南省沿淮、洪汝河、沙颍河和惠济河洼地,安徽省沿淮、行蓄洪区等其他洼地,江苏省淮河流域邳苍郯新、沿运、白宝湖、行蓄洪区及淮沭河以西等重点平原洼地治理工程。同时,根据新阶段经济社会高质量发展的需求,针对近年来洼地涝灾严重的突出问题,研究适当扩大洼地治理范围,提升洼地除涝标准。根据各分片洼地地形特点、涝灾成因、现状排涝分区、现有水利条件及社会经济状况,确定合理的治理标准和措施,以治涝为主要目标,兼顾洪、旱、渍的防治,处理好防洪与治涝、临时滞蓄洪涝水与洪水资源利用、生态保护等的关系,工程措施与非工程措施相结合,实施综合治理。

5.2 加强系统治理,全面发挥除涝工程效益

推进淮河中游河道治理,在淮河干流行蓄洪区调整和建设工程实施完成的基础上,实施淮河中游河道整治工程,扩大河道泄流能力,有效降低中小洪水时水位,为支流洪涝水下泄创造条件。治理汾泉河、包浍河、怀洪新河、奎濉河等重要排水河道,提高干河的除涝标准;同时加强面上配套工程和农田水利的基本建设,为面上农田排涝创造条件。针对湖泊调蓄能力不断衰减的状况,推进实施退田还湖,研究抬高湖泊洼地蓄水范围,一方面可有效降低抽排规模,另一方面可实现洪水资源化。

5.3 进一步强化管理,提升运行管理水平

创新管护模式,加强农田排涝、灌溉沟渠管护,在"河长制""湖长制"的基础上,建立灌溉渠道、排

水沟的"沟渠长制",强化沟渠管理保护责任,解决沟渠乱占乱建、乱围乱堵、乱排乱倒等问题,实现沟渠畅通、环境整洁、设施完好、运行正常;探索建立与集约化、专业化、组织化、社会化的现代农业经营体系相适应的小型水利工程建设管理机制,落实管理职责,更好发挥灌溉、排水等水利工程效益;强化大中型排涝泵站调度管理,特别是跨行政区划排水的大型泵站,及时合理调度运用;落实大中型排涝泵站的运行经费筹措渠道,建议大型骨干泵站由省级统一支付电费,面上中小型排涝泵站由各级政府和受益村集体分级筹措。

5.4 调整农业种植结构,发展适应性农业

引导易涝地区发展适应性生态农业,提高避灾能力,一方面通过合理调整农业种植结构,选择耐淹能力强的农作物和相配套的栽培技术,提高农作物耐淹能力;另一方面围绕水资源做文章,调整低洼地农业结构,针对洼地特点,选择适宜的生态经济模式,如合理利用水面,提高渔业产值占农业产值的比重;考虑到动物的耐湿程度,低洼地可以发展鹅、鸭等畜禽养殖。

[参考文献]

[1] 淮河水利委员会.淮河流域重点平原洼地除涝规划[R].2010.
[2] 张维,刘锦霞.以生态理念科学谋划平原洼地近期治理工程的探索实践[J].中国水利,2020(23):38-39.
[3] 路广芳.淮河流域重点平原洼地治理对策思考[J].门窗,2019(19):238-241.

[作者简介]

王晓亮,男,1981年5月生,高级工程师,主要从事规划计划管理、水利水电工程技术研究等工作,18055202616,wxl81@hrc.gov.cn。

新阶段水利高质量发展背景下水利施工企业人才发展探究

田梦斯

(淮河水利水电开发有限公司　安徽　蚌埠　233001)

摘　要：2022年以来,水利工程投资提速推进,水利施工企业又迎来了新的发展机遇。但随着企业规模的快速扩张,人力资源相对匮乏、人才总量不足、高层次人才短缺等问题逐步凸显,严重影响限制了企业发展。本文结合水利施工企业实际,深入分析了水利施工企业人才培养存在的问题和原因,并提出相应对策,以期对水利施工企业人才培养提供参考。

关键词：新发展阶段；国有水利施工企业；教育培训；人才培养

当前中国经济进入以国内大循环为主体、国内国际双循环相互促进的新发展阶段。作为基础设施投资的重要领域,水利工程建设,能充分发挥吸纳投资大、产业链条长、创造就业多的优势,对扩内需、稳投资、稳住经济基本盘具有重大意义。2022年以来,为深入贯彻落实中央财经委员会第十一次会议精神和国务院常务会议部署,各级水利部门加快推进水利工程建设,水利工程投资提速推进,截至今年8月底,全国在建水利项目达到3.52万个,投资规模超过1.8万亿元,创历史新高,其中8月份增加了1 730亿元,落实水利建设投资9 776亿元,这也是历史同期最高,较去年同期增加了3 296亿元、同比增长50.9％。水利施工企业迎来了新的发展机遇。在此形势下,面对旺盛的水利建设市场,水利施工企业人才缺乏问题正逐渐凸显,如何加强企业人才的培养与开发,促进企业的高质量发展,已经成为当前水利施工企业亟待解决的重要课题。本文通过对水利施工企业人才培养现状与面临的困境的分析,提出了几点意见建议,以期为提高企业人才培养的速度和质量,从而推动国有企业的高质量发展提供帮助。

1　企业人才培养的重要意义

人才属于企业生产性要素,会直接参加企业各项经营活动之中,通过间接或直接形式,为国有企业创造价值与效益。在众多资源中,人力资源属于企业的宝贵财富,是强化企业生存力、竞争力及发展动力的一大支点。此外,人才是企业进入市场的基本准入条件,也是国有企业朝向现代化方向发展的内在需求,企业在申报等级资质时,必须具备相应的人才标准,包括工程技术人员、经济管理人员、建造师人数及工程师人数等。在国有企业现代化管理时,通过人才培养,能真正增强国有企业管理水准,真正激活国有企业内部人员潜力,实现高效配置国有企业人力资源,提高企业劳动生产效率的目的。

因此,在企业发展过程中,应有计划、有目的地培养企业人才,这是保障企业旺盛生命力的关键手段,也是企业未来发展的源头与活水。一方面,企业注重人才培养,能真正提高企业内部员工自身价值,有效激活企业员工的创造性和积极性,促使企业内部员工统一企业发展目标及自身发展目标,助力企业冲破竞争窘境,持续增强凝聚力及战斗力;另一方面,加强人才培养,还能塑造优良的企业文化,营造气氛浓郁的文化氛围,真正提高企业管理水准,保障国有企业在发展过程中协同创收社会效益以及经济效益。

2 水利施工企业人才培养的特殊性

不同于其他的企业,水利施工企业员工具有自身的特殊性。

2.1 员工的工种类别多

水利施工企业既要有经验丰富的工程技术人员,也要有项目经理等管理决策人员,还要有专家型的技术骨干,当然,更多的是一线施工工人。劳动密集型的行业属性决定了员工数量大、种类多,而且涉及工程领域的承包、分包,不同的形式对应不同的工种,而且作业标准、工作环境相差很大,这对人才培养来说是一个巨大的考验。

2.2 员工所在区域分散

水利施工企业主要的存在形式是项目部,一项工程配套一个项目部管理,企业80%以上的员工都常年在项目部工作,项目大多分布在全国各个省份,像淮河水总在全国设有近30个项目部,员工分布的地域广、工程点多、流动性大,集中性的培训既耽误时间又增加了巨大的交通成本,可以说,水利施工企业生产的流动性决定了员工的分散性,这是其他企业没有的特点。

2.3 员工的整体素质参差不齐

随着承揽工程数量的增加、规模的扩大,企业对人才的招聘需求不断增长。但由于水利施工单位长时间在偏远地区的工地,工作环境艰苦,所以很多年轻的毕业生存在畏难情绪,施工企业招聘时为了满足数量要求,可能降低标准,从而使得员工的整体素质不高。

3 水利施工企业人才培养面临的困境

3.1 人才结构不合理,缺少高素质的经营管理人才

由于水利行业自身特点,大多数国有水利施工企业都是从传统的水利部门分离出来的,进入市场竞争对比其他行业企业较晚,尤其是经营管理人才大多是在工程建设时期成长起来的,具有较强的水电工程建设本领,但缺乏一定的市场经营分析能力和人力资源管理能力。同时,现有水利施工企业人才引进大都存在以下几个特点:一是在应届大学生中招聘。这一方式很难引入具有实际市场运作能力的高级经营管理人才。二是招聘的专业往往局限于水利工程建设相关专业。三是水利施工企业实际工作地点大都远离城市,会长时间待在工地,工地的工作环境比较差,条件较为艰苦,很难吸引到高层次经营管理人才的加入。

3.2 教育培训缺乏实效

水利施工企业是以项目部的形式来经营管理的,人员培训大多在项目部内,基本上是以会代训和短期培训为主,方法途径单一,同时,很多培训常常是为了应付检查和申报奖项等进行的突击培训,走

过场，随意性较强，员工无从习得系统完整的知识结构，有些内容设置也不科学，不能满足不同岗位、不同层次对知识的需求，缺乏针对性、兴趣性和有效性，导致教育培训事倍功半。

3.3 薪酬管理机制有待完善

公平的薪酬体系是维护、促进职工工作热情的重要手段，也是企业良性发展的必要条件，薪酬机制需要根据企业发展需要和外部薪酬水平不断进行调整和完善，但国有水利施工企业大多成立时间长，在退休职工多，机制老化，负担沉重的同时，劳动用工基数又大，在工资总额的严格管控下可分配资金少，对人才吸引力度不够。

3.4 人才流失严重

水利施工企业与其他企业的工作性质不同，临时工、农民工比例高，流动性强，员工自身对施工行业认可度不高，觉得自己的岗位不起眼、不受重视，心理容易失衡，期待在新的工作岗位得到更大满足感，而一些高技术的骨干型人才在猎头公司中经常会被重金挖走，导致一些实力不够雄厚的水利施工企业沦为人才"培训机构"，企业人才流失率较高。

4 人才培养面临困境的原因分析

4.1 缺乏先进的人才管理意识

当前仍有不少企业将人才管理视为短期的战术问题，而不将其视为长期战略中的重要组成部分，缺乏先进的人才管理意识，没有制定贴合实际的长期人才培养规划，仍继续沿用传统的人才管理模式开展工作，对人才的重要性认识不足，培养的目的性不明确，培养周期普遍较短，因此，难以达到理想的人才培养效果。

4.2 缺乏健全的人才培养体系

现阶段，很多水利施工企业缺乏完善的人才培养体系，没有完善的培训制度与培训目标，培训满足于"培训过"，而对效果如何、方法见效与否重视度不够，对下一步如何改进培训更缺乏思考。培训内容更集中在安全生产等"老生常谈"的内容，先进技术成果没有列入培训计划。而且在培训时，将不同工种的员工集中到一起，而忽视了工种之间的不同要求，培训的针对性不强。而且受限于工程驻地的客观条件，还不同程度地存在多媒体教学使用偏少，员工参训的兴趣不高，工学矛盾尖锐，培训时间难以保证等问题，在这种情况下，企业人才培训缺乏针对性，没有结合企业的发展需求而设置培训目标，从而难以提高人才培养的质量。

4.3 人才队伍缺乏稳定性

当前，复合型的水利专业人才已成为市场争夺的焦点。但由于企业体制、企业工资制度以及工作环境的制约，水利施工企业人才队伍缺乏稳定性，特别是国有水利施工企业，体制远远不及民营企业制度灵活，与职位（职称）挂钩的工资制度不利于专业人才的工作积极性调动和人才队伍的稳定，已成为不争的事实。专业人才一旦失去提高工资的岗位，或升迁通道，就会产生职业倦怠，对工作失去热情，加之艰苦恶劣的工作环境，人才队伍缺乏归属感、被动性较大，严重打击了人才的进取积极性与工作热情，甚至造成了严重的人才流失，不利于企业的和谐稳定，也降低了企业人才队伍的稳定性，不符合国有企业的可持续发展需求。

4.4 缺乏健全的人才培养考核体系

目前，一些国有企业缺乏健全的人才培养考核体系，从而导致在人才管理过程中，企业的工作目标、任务、岗位考核指标等与企业考核机制存在脱节现象。很多企业只是为了走个形式，单纯地为了考核而考核，容易造成职工的不满情绪，难以达到提高职工工作积极性的目的，也没有因此而提高员工的业绩，促进企业的人才培养，无法充分发挥考核评价体系的重要作用。

5 改进国有水利施工企业人才培养的措施建议

国有水利施工企业要牢固树立"人才资源是第一资源"的理念，认识到"人才兴企"的价值，真正从思想上认识到人才培养发展不仅关系到企业未来的发展，还能更好地挖掘员工的优势，让员工准确找到自己的定位和价值，并充分发挥员工所长，为企业创造更大利益。只有在思想上提高了人才培养意识，才会在行动上为人才培养做出改变，才会科学、合理地分析企业人才管理制度，做到"人尽其才，物尽其用"。

5.1 优化人才培养制度

一是要合理制订人才培养计划，根据职工学历、专业、经历等不同，坚持因人而异，量体裁衣，有针对性地进行差异化培养；二是要大力推行导师带徒的"传帮带"制度，安排优秀干部、业务骨干以及专家等在思想上与业务上对年轻职工进行培训教育，对职工在职称评级、职业资格考试、奖项申报以及学历提升等方面进行跟踪培养，并帮助职工制订个人成长计划，解决工作或学习方面的问题，从而使企业形成良好的人才培养氛围与人才成长环境；三是要加强教育培训的规范化制度化建设，要根据工程建设管理、计划经营、人力资源、综合管理部等部门的实际需求，按年度制订详细的教育培训计划，完善教育培训管理流程，明确组织分工等，并支持鼓励各部门、项目部结合业务实际，有序开展自主培训、专题研修等。

5.2 创新培训方式和手段

一是要利用好互联网教学资源，积极推广"互联网+技术"，做好微课程培训，以视频教学为主要呈现方式，围绕疑难问题、实践操作等重点内容进行教学，并适时组织现场观摩会、技能大赛、交流座谈会等，进一步提高现场管理实操能力。二是强化挂职实践锤炼。要注重基层实践导向，加强人才流动，鼓励优秀人才到基层项目中进行实践锻炼，担任重点课题、重要任务、重大项目的负责人，使其在处理复杂困难过程中不断成长。三是推动定期轮岗交流。要按照复合型人才培养要求，推动多岗位轮岗，将人才放在不同岗位上加强锻炼，实现多岗位锻炼，提高工作能力，尤其是注重党群与行政岗位的交流锻炼，做好优秀人才的培养工作。

5.3 构建科学有效的薪酬管理和考核评价体系

一是要加强人才市场调研，调整好企业的薪资，充分考虑经营业绩、管理成效等因素，积极探索工资性收入以外的分配方式，构建以经营业绩为核心，以营业性收入、利润总额、资产保值增值情况为主要的年薪制、协议工资制等多元化的收入分配政策，充分发挥薪资的杠杆作用。二是要加大对优秀人才、具有突出贡献人员的奖励力度，设立项目专项奖、安全经营奖等多种奖项，通过物质奖励、精神奖励相结合的形式,激发职工干事创业的热情,确保企业"留得住人才、养得出人才、吸引进人才"。三是要建立健全科学合理的考核评价体系。要结合企业当前的现状与发展需求,制定有针对性、可操作性的考核指标与流程,并对各工作环节与考核重点进行明确的划分,从而提高考核评价的有效性。

5.4 做好人才储备和梯队建设

要大力引进培养经营管理人才。要充分认识经营管理人才的积极作用,把经营管理人才的引进培养和企业的长远发展有机结合起来,结合企业实际,在充分考虑工程管理、经济管理、人力资源管理等相关专业的需求基础上,通过人才招聘、人才引进、挂职锻炼、合作培养等方式,努力培养出一支思想过硬、专业过硬、管理过硬的经营管理人才队伍。要加强人才梯队建设,不仅需要大力引进专业强、技术水平高的人才,还要保证人才能在各个工作岗位有效配合,并跟上时代发展节奏,为企业打造高效的人才梯队。

5.5 加强企业文化建设

一是要不断培养员工积极向上的思想作风,注重培养员工吃苦耐劳的品德。水利施工企业项目上的工作环境相对艰苦,长时间在艰苦的环境中工作,对每个员工都是一种挑战。因此,要大力培养员工爱岗敬业、吃苦耐劳的品质。二是要尊重员工意见,关切员工家庭情况,及时给外派人员送去温暖和关注,并依据工作的时间年限以及灵活度,合理地制定员工的探亲休假制度,消除员工长期驻外对家庭的影响。三是要注重企业品牌形象和文化建设,要让员工认可企业,确保企业的执行力、员工福利等都是理想的,这对有效吸纳人才有重要作用。

6 结语

人才培养是企业持续发展的根本保证,在新阶段国有水利施工企业改革发展的关键时期,只有不断优化人才培养机制,将人才培养作为企业发展的一项重要工作来认识、来谋划、来推进,精准推动优秀人才培养工作的有效开展,才能为推动新阶段水利施工企业高质量发展提供坚强的人才保障和智力支持。

[作者简介]

田梦斯,女,1989年8月生,淮河水利水电开发有限公司人力资源部副经理,主要研究方向为人力资源管理,17709629772,tms9772@126.com。

新阶段水利高质量发展背景下治淮科技发展思考

戴 飞[1] 李 欢[2] 田梦斯[3]

(1. 水利部淮河水利委员会　安徽 蚌埠　233001；
2. 淮河水利委员会淮河流域水土保持监测中心站　安徽 蚌埠　233001；
3. 淮河水利水电开发有限公司　安徽 蚌埠　233001)

摘　要：高质量发展是全面建设社会主义现代化国家的首要任务，没有坚实的科技支撑，就不可能全面建成社会主义现代化强国。教育、科技、人才都是高质量发展的关键要素，科技创新更是高质量发展的核心驱动力，必须坚持创新在现代化建设全局中的核心地位，坚持和强化创新驱动在实现高质量发展中的重要作用，真正实现人才强、科技强、行业强、国家强。

1　立足水利，树立强烈的科技创新使命感责任感紧迫感，把握大有可为的历史机遇，担当大有作为的历史重任

1.1　从国家发展战略来看

科技是第一生产力，创新是第一驱动力。抓住了科技创新就抓住了牵动我国发展全局的"牛鼻子"，我们要心怀"国之大者"，从党和国家事业发展全局的高度，增强政治责任感和历史使命感，找准水利科技创新在建设创新型国家中的历史方位和时代坐标。

1.2　从科技发展形势来看

当前，新一轮科技革命和产业革命加速演进，各种新技术、新应用不断涌现，水利科技创新更要把握科技发展新形势、新态势，准确识变、科学应变、主动求变，赋能推动新阶段水利高质量发展的先进引领力和强劲驱动力。目前，水利行业大力推行的"智慧水利"建设就是顺应科技发展形势，将数字孪生、大数据、人工智能等新一代信息技术与水利业务深度融合，推进水利治理体系和治理能力现代化的生动实例。

1.3　从新阶段淮河保护治理高质量发展需求来看

经过多年努力，淮委水利科技创新工作取得了一些成绩，但从相对于推动新阶段淮河保护治理高质量发展对科技创新的要求看，仍存在着不少短板弱项，比如，科技管理能力不强、科研经费缺乏保障、创新体系仍需完善、研究流域重大问题能力不足、科研平台建设对科技工作的支撑水平不足、高新技术应用不足、人才培养亟待加强等。进入新发展阶段、贯彻新发展理念、构建新发展格局，必须推动淮河保护治理向形态更高级、基础更牢固、保障更有力、功能更优化的阶段演进。推动新阶段淮河保护治理高质量发展，比以往任何时候都更迫切需要水利科技创新的支撑和引领，这是大有可为的历史

机遇,也是必须大有作为的历史重任。

2 重在落实,锚定新阶段治淮科技创新目标任务,凝聚磅礴智慧力量

新阶段治淮科技创新工作要深入贯彻习近平总书记"节水优先、空间均衡、系统治理、两手发力"治水思路和关于治水重要讲话指示批示精神、关于科技创新重要论述精神,坚持面向水利科技前沿、面向治淮目标任务、面向高质量发展需求,认真落实创新驱动发展战略,围绕推动新阶段水利高质量发展的总体目标和实施路径,全面提升治淮科技创新支撑力和引领力,着力在水利科技创新领域树起淮委形象、发出淮委声音、拿出淮委技术、提供淮委产品、推出淮委人才。

2.1 加快重大治淮问题科技攻关

立足淮河流域实际和特点,坚持需求导向、问题导向、效用导向,集中力量、重点突破,建立并动态更新"新阶段治淮若干重大科技问题清单",重点从淮河入海水道二期建设技术难题、洪泽湖浅槽行洪及湖床演变研究、淮河蓄滞洪区调整(弃用)与蓄水兴利关系、数字孪生淮河、智慧水利、水旱灾害防御、水资源集约节约利用和优化配置、水工程建设运行等方面开展重点课题研究,努力形成一批高水平、可应用、开创性、具有淮委特色的研究成果,努力研究一批新阶段淮河保护治理最需要、最紧迫的新技术,努力研发一批拿得出手、站得住脚、有市场、有前景的水利科技产品。

2.2 强化治淮科技创新力量

创新基地、科研院所、科技人才是治淮科技创新的中坚力量。现阶段,要紧紧把握强化科技创新发展的大好机遇,以机构改革为契机,整合委属科技资源,推动成立专门从事治淮水利科学研究的直属单位,进一步提升淮委整体科技管理能力和科技创新实力。同时,在提高自身科研能力水平的基础上,找准淮委优势和流域特点,努力争取联合有关高等院校、高新企业等共建专项领域的实验室、科研中心或科技创新基地,以治淮发展需求为导向,承担科技任务,突破关键技术。

2.3 强化智慧水利科技支撑

作为科技管理部门,发挥平台协调优势,积极参与淮委智慧水利建设,立足淮河流域实际,结合智慧水利建设需求,聚焦构建数字孪生淮河、数字孪生水利工程组织开展科技合作、智力引进、技术推广,推动构建完善的淮委智慧水利建设四梁八柱,努力通过智慧水利建设造就淮委一批创新团队、培育一批科技骨干、凝练一批科研项目、产出一批科研成果、申报一批科技奖项、推出一批行业专家。

2.4 做好科技创新成果推广转化

强化需求凝练、成果集合、示范推广、成效跟踪,健全完善成果推广工作链条。积极推动成熟适用水利科技创新成果同治淮需求精准对接,不断提升水利科技创新成果推广的针对性、实用性。加强水利科普,充分利用各类科普宣介平台,加强对淮委水利科技创新成果的宣传、展示、推介,发挥科普对水利科技创新成果转化的促进作用,加快新技术"走出去""引进来"步伐。

2.5 创新科技管理体制机制

吃透政策要求,建立淮委科研经费稳定支持机制,推动设立"淮河科研基金"。探索科研任务"军令状"责任制、"揭榜挂帅"、"赛马"等新型管理制度,进一步破除制约水利科技创新的体制机制障碍。

优化完善"淮委科学技术奖"评审机制,提高奖励质量,将"淮委科技奖"打造成导向鲜明、结构合理、标准规范、公信力强、影响广泛、流域权威的水利专业科技奖项。夯实人才基础,建立健全治淮科技人才培养和使用机制,把治淮科技人才培养和科研任务部署结合起来,让治淮事业激励水利人才,让水利人才成就治淮事业。

[作者简介]

戴飞,男,1987年9月生,四级调研员,主要从事科技管理、水政执法等工作,15855768816,df@hrc.gov.cn。

关于流域河道管理单位安全生产工作的几点体会和思考

许志新　张广伟

（新沂河道管理局　江苏 新沂　221400）

摘　要：安全生产事关人民福祉,事关经济社会发展大局。习近平总书记多次就安全生产工作作出重要指示,提出了"人命关天,发展绝不能以牺牲人的生命为代价,这必须作为一条不可逾越的红线",体现了以人为本、生命至上发展的理念;强调安全生产工作要实行"党政同责、一岗双责、齐抓共管、失职追责",要求落实安全生产责任,切实把确保人民生命安全放在第一位落到实处。

关键词：基层单位;安全管理;体会;思考

1　单位基本情况

新沂河道管理局(以下简称新沂局)管辖沂沭泗流域新沂境内的沭河、沂河、中运河、骆马湖、新沂河,管理河道总长 101.8 km,堤防总长 206.2 km。"安全重于泰山",新沂局始终坚持以"安全第一,预防为主,综合治理"为工作方针,将安全生产管理工作与党建工作深度融合,实现党建和安全生产双提升;不断完善制度,明确职责,细化责任,全员参与,于 2020 年成功创建安全生产标准化二级单位;关口前移,源头管控,率先在沂沭泗流域建立健全水管单位安全风险分级管控体系。多措并举,提质增效,确保了新沂局安全生产工作持续稳定向好。笔者结合基层实际,浅谈流域基层水利管理单位安全生产工作几点体会和思考。

2　经验与做法

2.1　党建引领,为安全生产规范管理注入"红色动力"

新沂局牢固树立安全发展理念,始终坚持把安全生产作为党支部参与中心工作的切入点,把安全工作作为发挥党支部战斗堡垒作用的发力点,把安全生产工作放在党建全局工作中谋划布局,确立以"党建引领安全生产管理提质"的安全管理思路,以"党建＋"和安全生产专项整治为抓手,积极推进"发挥党建领引作用,助推安全生产工作"基层党支部书记项目,大力推动党建与安全管理深度融合。一是将"思想教育"与"安全教育"相融合,通过"三会一课"和主题党日活动开展"党员身边零事故、零违章、零隐患"等形式多样的主题党日＋安全活动,既充实了主题党日的形式,又丰富了安全生产活动的内容,实现党建与安全双提升。二是党支部设置了"党员示范岗""党员安全监督台",使党员担负起责任区域内的运行管理、危险源辨识、安全隐患等监管职责,发挥党员示范岗的引领作用,真正把党支部建成安全生产的"堡垒"。通过党建引领,不断创新优化安全管理举措,激发抓安管安全的主动性,积极落实安全主体责任,营造全体党员干部齐抓共管的良好安全管理氛围。

2.2 分险预控，关口前移，率先在沂沭泗流域建立健全水管单位安全风险分级管控体系，不断促进安全生产工作稳定发展

新沂局牢固树立把风险挺在隐患前、把隐患挺在事故前的工作理念，以防范安全事故为重点，以危险源辨识和风险管控为基础，以安全生产教育培训为支撑，全力开展安全风险分级管控工作；制定了符合新沂局实际的安全风险分级管控工作制度和方案，全面落实了安全风险分级管控工作责任，共辨识出作业环境、人员行为和管理体系等方面存在的危险源 437 个，落实管控措施 437 余条，建立了安全风险清单，绘制"红橙黄蓝"四色安全风险空间分布图 2 个。2020 年 8 月，率先在沂沭泗基层河道局建成了安全风险分级管控体系的试点单位，形成了一整套可推广的安全风险分级管控工作成功经验和工作成果，不断推动安全风险关口前移，风险预警 靶向施策，保障新沂局安全生产形势持续稳定向好。

2.3 全员参与齐心协力，以标准化创建达标推动全局安全生产管理水平全面提升

安全生产标准化代表了现代先进的安全管理发展方向，是新形势下进一步规范水管单位安全运行的需要，是安全生产管理水平的重要标志。新沂局充分认识到安全生产标准化创建工作是一个长期的、动态的基础性工作，在委局的统一部署下，高度重视，成立安全生产标准化建设领导小组，动员全体职工全部参与创建，制定了切实可行的工作计划和建设目标，明确了建设任务分工和时间节点，不断完善安全管理体系，健全各类制度，聘请专业评审咨询机构和相关专家进行现场培训指导，克服了河湖管理线长面广、标准化建设标准变化大、单位人员频繁变动等困难，于 2019 年成功创建水利部安全生产标准化二级单位，新沂局水利工程建设安全生产管理水平再上一个新台阶。

2.4 根植安全生产文化，加强宣传和引导，营造良好的安全生产氛围

安全文化建设是提高单位职工安全意识的重要途径，也是一个单位可持续发展的重要保障。新沂局多措并举，从物质层、制度层、精神层面入手，把安全管理和安全文化建设有机结合起来，不断提升单位安全管理的软实力。首先，加强思想政治和安全价值理念的教育，充分运用门户网站、微信公众号、蓝信等载体，利用安全生产月窗口期，采取现场教学和专家授课等形式，打造思想宣传新高地，以丰富的内容以及多样的形式让安全生产入心入脑；其次，搭建了安全生产法治长廊，加入典型的安全生产事故案例及事故分析和处置结果，时刻警醒全局职工切莫越过安全生产红线；最后，加大安全投入，列支安全生产专项经费改善安全生产软硬件设施，保障安全设施、职工教育培训、隐患治理顺利实施。通过以上举措，安全生产管理工作的凝聚力、引导力、推动力不断加强，安全生产文化似春风化雨般润物无声，潜移默化地影响着全局上下从"要我安全"到"我要安全"的本质变化。

3 安全生产管理中存在的问题

流域基层河道水管单位的安全生产工作涉及水利工程及附属设施安全，车辆安全、消防安全等，安全生产工作存在占线长、范围广、情况复杂等特点，在日常管理过程中存在如下问题。

（1）安全生产管理人员专职化程度不高，且流动性大；基层水管单位存在人员老化、学历不高，特别是安全专业技术人才短缺已成为制约安全规范化管理的瓶颈。主要原因是基层水管单位办公场所一般位于县城，条件艰苦，待遇不高，且安全管理分险较大，责任重，无法留住专业的安全管理人才。

（2）安全生产专项经费保障率不高。当前基层局作为五级预算单位，安全生产项目经费少，远不

能满足安全管理的需要。

4 水管单位安全生产措施建议

一是优化单位机制引进人才,加强专业培训提高人才素质,改善基层待遇留住人才。针对流域基层单位特点,首先,要加快安全生产队伍体制改革,把安监职责从目前的水政股单列出来,从招录源头着手,加大安全专业人才的引进力度,打造专职专业的安全生产管理队伍;其次要提高基层安全管理人员的待遇,建立健全安全管理激励机制,提高从业人员的责任意识,调动安监人员的积极性和创造性;最后要强化从业人员的培训力度,通过定期培训、专业培训、线上培训及"传帮带"等方式,不断提高安全管理人员的能力,以满足新形势下安全生产管理工作的需要。

二是加大安全生产专项经费的投入,提高安全生产的经费保障水平。加强预算管理,优化预算结构。结合本次撤销基层法人机构改革之契机,增大基层安全专项经费的幅度,优化安全经费的使用,提高专项经费的使用效率和工作效率,保障安全教育、安全培训、安全文化建设、隐患排查治理等安监工作的正常开展。

5 结束语:安全生产工作永远在路上,只有起点,没有终点

新沂局将持续深入学习贯彻习近平总书记关于安全生产的重要指示批示精神,坚持统筹发展和安全,自觉将强化安全生产摆在推动新阶段水利高质量发展的突出位置来抓,进一步健全水利安全生产责任体系,全面落实水利行业安全管理职责,从严从细从实抓好安全生产各项工作,努力保持安全生产形势持续稳定,牢牢守住安全底线,为着力打造"安全、美丽、智慧、和谐"沂沭泗添砖加瓦,为流域经济社会高质量发展提供坚实水利支撑和保障。

[作者简介]

许志新,男,1996年3月生,助理工程师,从事安全生产等工作,15190707875,1205154469@qq.com。
张广伟,男,1979年12月生,新沂河道管理局副局长,从事安全生产、水政监察、水资源等方面工作,13951591900,53189365@qq.com。

浅谈水利体制机制法治管理的"软规则"建设

王多梅

（治淮档案馆-治淮宣传中心　安徽　蚌埠　233001）

摘　要：新阶段水利体制机制法治管理能否起到固根本、稳预期、利长远的效果，还需要重视历史文化、哲学理念、价值观等"软规则"的建设，软规则对体制机制法治的认同度直接影响其实施成本和成效。本文从加强"软规则"建设在水利体制机制法治管理的现实意义入手，探索加强"软规则"建设的实施路径，以期为新阶段水利高质量发展体制机制法治管理提供思路。

关键词：软规则；体制机制法治；思想文化

1 "软规则"建设的现实意义

当前，我国水安全呈现出新老问题相互交织的严峻形势，水资源短缺、水生态损害、水环境污染等新问题很突出，有自然因素，但更多是思想认识、发展方式和制度安排等主观原因，有其深刻的历史文化和体制根源。党的十八大以来，习近平总书记非常重视水法规和制度建设，对长江、黄河保护法等作出明确指示，对全面推行河长制、建立水资源刚性约束制度提出明确要求。强化体制机制法治管理既是贯彻习近平总书记重要讲话指示批示精神的政治要求，也是新发展阶段保障国家水安全的现实要求。

近年来，我国水治理的体制机制和法治体系取得了长足进步，具备了从粗放式管理向精细化、规范化、法治化管理转变的制度基础，为水利改革发展提供了重要支撑。对照推进新阶段水利高质量发展的目标要求，水利部对现行体制机制和法治建设中亟待补齐的短板弱项也进行了深入分析，提出了许多"硬规则"举措。2021年，李国英部长在"三对标、一规划"专项行动总结大会上强调推动新阶段水利高质量发展要以健全的体制机制法治管理为保障；在2022年全国水利工作会议上将强化体制机制法治管理，不断提升水利治理能力和水平作为2022年的十项重点工作之一；12月24日，水利部印发《关于强化体制机制法治管理指导意见》，提出总体要求和具体任务。

新阶段水利体制机制法治管理能否起到固根本、稳预期、利长远的效果，还需要重视历史文化、哲学理念、价值观等"软规则"的建设，软规则对体制机制法治的认同度直接影响其实施成本和成效。由于体制机制法治是外在约束，当软规则未有效实践、发挥作用不充分时，社会主体就可能"越轨"或不完全按照规定去做。例如，法律规定企业污水必须经过处理达标后才能排放，但由于企业数目巨大，对每个企业实行在线监测的成本过高，若企业环保和法治意识不强，社会还没有形成良好的生态环境保护意识，加上利益的驱使，偷排污水就可能成为其认可的选择。再者，像节水型单位的建设，既要完善的节水制度和监管手段，更需要社会主义核心价值观引导职工将节水内化为自发行为，才能真正实现自觉节水。

2 加强"软规则"建设的实施路径

2.1 要以习近平新时代中国特色社会主义思想为指导

党的十九届六中全会明确指出,党确立习近平同志党中央的核心、全党的核心地位,确立习近平新时代中国特色社会主义思想的指导地位;指出"习近平新时代中国特色社会主义思想是当代中国马克思主义、二十一世纪马克思主义,是中华文化和中国精神的时代精华,实现了马克思主义中国化新的飞跃"。因此,强化软规则建设,构建新阶段水利高质量发展的环境道德伦理规范体系要以习近平新时代中国特色社会主义思想为指导,深入贯彻落实习近平总书记关于保护传承弘扬利用黄河文化、长江文化、大运河文化的重要指示精神,挖掘传统文化、水文化蕴含的时代价值,延续历史文脉,坚定文化自信,推动中华优秀传统文化在治水实践中实现创造性转化、创新性发展,让治水新思路变成文化现象融化为社会大众的世界观和价值取向,为新阶段水利高质量发展提供思想文化支撑。

2.2 要传承弘扬中华优秀传统文化中人与自然的哲学思想

中华优秀传统文化中关于人与自然的哲学思想源远流长,像儒家的"与天地合其德",道家的"道法自然",墨家的"以天为法",把人类社会的道德规范建立在自然规律协调一致的基础上,以此影响治水理念和实践发展。像都江堰水利工程的"无坝引水"建设,正是受到"天人合一""道法自然"理念的深厚影响。习近平总书记在2014年3月14日关于保障水安全讲话中明确提出治水要从改变自然、征服自然转向调整人的行为、纠正人的错误行为,体现治水要做到人与自然和谐,天人合一。因此,要充分认识到中华优秀传统文化中人与自然的哲学思想对构建人们环境道德伦理观念、指导治水实践的重要价值,深入挖掘,强化宣传利用。

2.3 要传承利用好历代治水理念

数千年的治水实践积淀了丰富的治水智慧、经验和教训,留下了大量的治水典籍,像《山海经》《尚书·禹孟》《水经注》《农政全书》等,蕴含的治水理念至今仍对治水实践产生重要影响。例如,明朝潘季驯在《河防一监》中提出"以河治河,以水治沙"的治水方略,被黄河水利委员会变成治水实践,成为"调水调沙"治理黄河的重大措施。要充分利用历代先人优秀的治水理念,与贯彻落实习近平总书记关于治水的重要指示批示精神的实践相融合,强化社会大众对治水理念思路的文化认同,建立人水和谐相处的正确价值观。

2.4 要重视水环境道德伦理教育

长期以来,道德伦理规范被限定在调整人与人、人与社会之间的行为规范和善恶评价标准。近年,我国越来越重视人与自然和谐共生,但人与自然的相互关系、人的利益与生态环境价值的相互关系、人对自然界所有行为的善恶评价标准还未真正纳入道德范畴,未得到全社会的重视和普遍认同。建立社会层面的水环境道德伦理规范,推进水环境道德伦理规范渗透到社会管理中,有利于建立起人与水相互尊重、相互依存的平等关系,激发社会主体参与水治理的内生动力,有效长效发挥多元主体参与水治理的作用。因此,要重视环境道德伦理教育,加强水环境道德伦理观念、水文化建设的研究,建立常态化教育机制,强化新媒体融合,下功夫创新宣传教育内容、手段、形式,以大众喜闻乐见的方式形成潜移默化的影响氛围。

淮委作为流域管理机构,在贯彻落实强化体制机制法治管理的各项举措时,也要注重流域层面的软规则建设,完善环境道德伦理规范体系。流域内宣传部门要在软规则建设中勇担当善作为,一是要充分发挥专业技术优势,努力推进淮河水文化建设。挖掘淮河保护治理实践中蕴含的治水理念、经验和教训,提升研究水平,加强流域内外合作交流,形成价值较高、可读性强的研究成果。二是要自觉担负起宣传引导职责,充分利用宣传平台,依托淮河文化研究成果开展专题展览、宣传片、微视频、H5、图文故事等制作,组织开展富有流域特色水文化活动,有效提升淮河文化宣传、展示、教育能力。三是要加强流域媒体矩阵建设,淮委加强与流域四省水利宣传部门的协同配合,做好与主流媒体联动,充分利用融媒体集群优势,取得淮河保护治理新闻宣传最大合力,大力弘扬淮河文化,讲好淮河故事。

3 结语

软规则与硬规则是制度的一体两面,软规则要受到硬规则规范,而硬规则需要以软规则为基础。当前,国家治理范式处于从传统的"强制管理"转向"公共治理"的过程中,法治体系也更具有包容性、开放性、协同性,现状背景下软规则与硬规则的互补并进为实现良法善治提供更多路径。新阶段水利体制机制法治管理即处于国家治理的范畴,也隶属于法治体系内,加上新时代治水主要矛盾已发生深刻变化和推动水利高质量发展的现状背景,强化完善硬规则举措的同时,要重视软规则建设,软规则的质量影响水利体制机制法治管理的成本和绩效,要充分发挥软规则在构建价值认同、规范行为、促进协商、均衡利益等多方面的作用,促进软规则与硬规则在水利体制机制法治管理过程中实现优势互补、资源共建。

[参考文献]

[1] 肖晨阳,李其亮.试论我国水治理及水治理体制现状[J].企业文化,2017(1):272.
[2] 郑通汉.中国水危机——制度分析与对策析[M].北京:中国水利水电出版社,2006.
[3] 付春.软治理:国家治理中的文化功能[J].中国行政管理,2009(3):124.
[4] 罗豪才,等.软法与公共治理[M].北京:北京大学出版社,2006.
[5] 潘怀平,石颖.软规则——公域之治的法理指引与规范性实现[J].中共杭州市委党校学报,2019(3):52-57.
[6] 张诚.农村环境软治理:内涵、挑战与路径[J].求实,2020(5):84-95.

[作者简介]

王多梅,女,1995年10月生,编辑,研究方向为新中国淮河保护治理文化传承与发展,15855755771,wangduomei@hrc.gov.cn。

议题七
强化流域治理管理

沙颍河阜阳闸来水条件对引江济淮工程
西淝河取水口水质的影响研究

杨 旭[1,2] 杨安邦[3] 朱 海[1,2] 饶贵康[1,2] 王玲玲[1,2]

(1. 水文水资源与水利工程科学国家重点实验室 江苏 南京 210098；
2. 河海大学水利水电学院 江苏 南京 210098；
3. 中水淮河规划设计研究有限公司 安徽 合肥 230601)

摘 要：为探究沙颍河突发水污染事件对淮河干流引江济淮工程西淝河取水口水质的影响，根据2004年沙颍河特大水污染事件的实测资料，采用MIKE11搭建了研究区段的水动力-水质耦合模型，基于污染物质量守恒理论构建了不同下泄流量时阜阳闸处的来水条件，模拟了不同来水条件对西淝河取水口水质的影响。模拟结果表明：随着阜阳闸下泄流量的减少，取水口的氨氮峰值浓度逐渐降低，影响时长先增后减；当沙颍河下泄流量≤25 m³/s时，取水口氨氮峰值浓度小于1 mg/L，达到了Ⅲ类水标准。本研究的成果可为淮河中游展开闸坝防污调度提供技术支持。

关键词：闸坝调控；突发水污染事件；淮河；水动力-水质耦合模型

1 引言

淮河上建有大量闸坝，这些闸坝不仅具有防洪除涝、蓄水灌溉、航运、发电、城市供水等功能，而且对改善河流水环境也起着重要作用[1-3]。淮河上游干、支流每年汛初闸蓄污水下泄，存在污染淮干水质的风险。2004年7月汛前，淮河以北地区普降暴雨，淮北沙颍河、涡河等支流相继开闸放水，10天的时间内下泄1 750吨氨氮，污水总量达到1.6亿方，使淮干水质受到严重污染，氨氮全线超过Ⅴ类水标准，污染带长度最长达到150 km左右，对下游沿线生产、生活和社会经济等造成严重损失。

为了减轻类似污染事故对引江济淮工程西淝河线造成的不利影响，需研究上游闸坝拦蓄污水，控制下泄流量对下游淮干的水质影响[4-5]。阜阳闸作为沙颍河上的重要闸坝，既要在汛前腾出防洪库容保证防洪安全，又要拦蓄上游下泄污水避免淮干水质污染。本文以阜阳闸为研究对象，基于2004年沙颍河特大水污染事件的实测资料，运用MIKE11搭建了研究区段的水动力-水质耦合模型，分析阜阳闸不同来流条件对西淝河取水口水质的影响，为淮河流域展开闸坝防污调度提供技术支持。

2 研究方法及模型建立

2.1 控制方程

基于丹麦水动力研究所(DHI)开发的MIKE11软件的水动力(HD)和水质(AD)模块构建一维水动力-水质耦合模型，一维河道水动力过程可描述为Saint-Venant方程组，包括连续方程和动量方程：

$$\frac{\partial Q}{\partial x} + B\frac{\partial Z}{\partial t} = q \tag{1}$$

$$\frac{\partial Q}{\partial t} + 2u\frac{\partial Q}{\partial x} + (gA - Bu^2)\frac{\partial Z}{\partial x} - u^2\left.\frac{\partial A}{\partial x}\right|_z + g\frac{n^2|Q|Q}{AR^{4/3}} = 0 \tag{2}$$

AD 模块的控制方程为对流扩散方程：

$$\frac{\partial(AC)}{\partial t} + \frac{\partial(QC)}{\partial x} = \frac{\partial}{\partial x}\left(AD\frac{\partial C}{\partial x}\right) - AKC + C_2 q \tag{3}$$

式中：x 为河道纵向坐标；t 为时间；n 为糙率系数；Q 为断面流量；Z 为水位；q 为单位河长的旁侧入流量；D 为各污染物弥散系数；A 为过水断面面积；u 为过水断面平均流速；C 为水深平均污染物浓度值；R 为过水断面水力半径；$\left.\frac{\partial A}{\partial x}\right|_z$ 为水位相同时的断面沿程变化率；g 为重力加速度；B 为河道宽度。

2.2 模型范围

本文研究区域为淮河中游淮滨到蚌埠段，计算区域包含：淮河干流长约 300 km、大洪河（班台～入淮口）74 km、沙颍河（阜阳闸～入淮口）115 km 及涡河（蒙城闸～入淮口）87 km，其他支流如茨淮新河、西淝河、东淝河、淠河、史河、白露河等以旁侧入流形式加入模型。数学模型范围见图1，模型包含 1 660 个水位和流量计算节点，3 个闸坝调蓄节点。

图 1　数学模型及河道大断面示意图

2.3 模型基本设置

2.3.1 模型边界条件

水动力边界类型包含流量、水位和旁侧入流等，水质模型边界包含浓度边界、零梯度边界和自由出流边界，本模型所涉及的各边界及其类型见表1。

表 1　模型边界统计表

边界名称	水动力边界类型	水质边界类型	边界名称	水动力边界类型	水质边界类型
淮滨	流量边界	浓度边界	西淝河	旁侧入流	浓度边界
大洪河班台闸	流量边界	浓度边界	茨淮新河	旁侧入流	浓度边界
沙颍河界首	流量边界	浓度边界	东淝河	旁侧入流	浓度边界

续表

边界名称	水动力边界类型	水质边界类型	边界名称	水动力边界类型	水质边界类型
蒙城闸	流量边界	浓度边界	蚌埠闸	水位边界	零梯度边界
白露河	旁侧入流	浓度边界	怀洪新河	旁侧出流	零梯度边界
史河	旁侧入流	浓度边界			

2.3.2 模型参数的选取

（1）水动力模型参数

MIKE11模型需要确定的水动力参数主要是糙率值，糙率是反映河床对水流阻力影响的一个综合性无量纲数，其取值的合理性及准确性对一维河道水动力模型的计算而言至关重要，需要率定验证。

（2）水质模型参数

一维水质模型中，污染物衰减系数是关键的参数，衰减系数 k 可以表示污染物的降解、沉降等过程，衰减系数的确定可以采用水团追踪试验、实测资料反推、类比等方法。数学模型参数可以采用经验法和实验法确定，并且需要进行相关的率定和验证。

2.4 模型的率定和验证

基于2004年7月10—30日发生的淮河特大水污染事件实测水动力和水质过程对所开发的一维水动力-水质模型进行率定和验证，初始条件采用2004年7月10日的实测值。经模型反复率定和验证，最终水动力模型糙率取0.025，扩散系数取0.5 m²/s，由于淮河干流与支流衰减系数不同，所以需要分区给定衰减系数，模型各区域衰减系数取值见表2。

表2 模型各段衰减系数取值表　　　　　　　　单位：d^{-1}

淮干	大洪河	沙颍河	涡河
0.139	0.068	0.065	0.05

具体验证成果见图2。

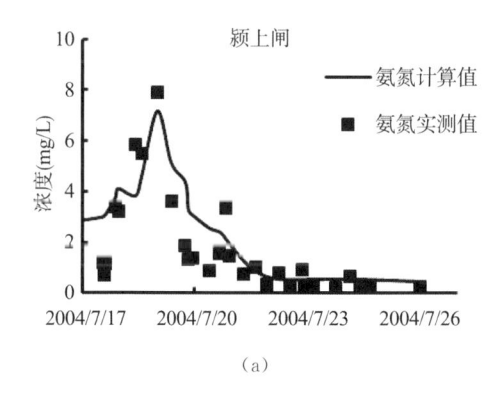

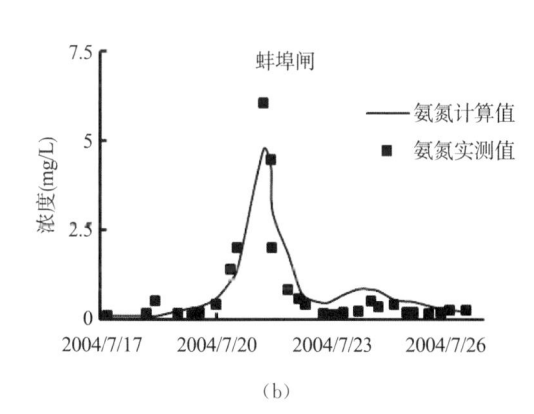

图2 2004年7月氨氮过程验证

从图2可看出，水质的计算与实测值峰谷对应，整体误差在25%以内，这说明本次所建的MIKE11水动力-水质耦合模型水动力模块具有极好的模拟精度，水质模块模拟结果总体合理可信，可用于淮干污染团演进模拟后续研究工作。

3 场景模拟及结果分析

3.1 场景模拟

本节研究在2004年特大水污染事件过程中,阜阳闸上氨氮污染总量不变的条件下,该闸采用不同的控泄过程对淮干水质的影响。由于阜阳闸上游河段在该时段内有清水汇入,因此在阜阳闸控泄污水的过程中,虽然过闸流量可设定为恒定值,但污水浓度将逐步降低(如图3所示),且降低过程与上游汇入的清水流量有关。为实现上述研究目标,本节在下泄氨氮总量不变的前提下,首先研究阜阳闸以不同恒定流量下泄时对应的氨氮浓度降低过程。

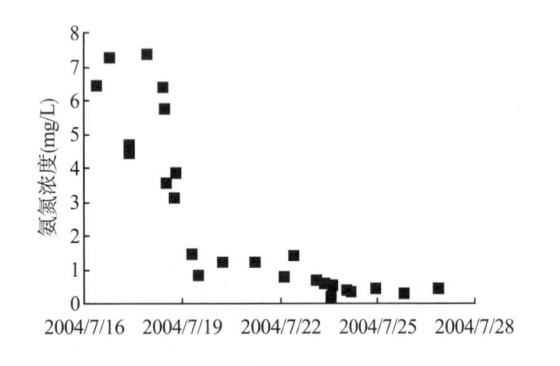

图3 2004年阜阳闸实际氨氮过程

图4 闸上游污水河段示意泄水示意图

如图4所示,假设阜阳闸上游的污染团都集中在图4中的污染河段内,河段的进流量与出流量相等,即河段内的总水量 V 不变,且该河段内水质充分均匀混合,浓度为 C。C_0 为上游清水的氨氮浓度,设为恒定值,t 时刻污水河段内的总污染量为 W,污染物总质量为总污水体积与污染物浓度的乘积,即:

$$W = CV \tag{1}$$

式中,C 为阜阳闸边界处污染物浓度,g/m^3。将式(1)两边对时间进行求导:

$$\frac{dW}{dt} = C\frac{dV}{dt} + V\frac{dC}{dt} \tag{2}$$

上式中,由于 V 不变,所以 $C\frac{dV}{dt}$ 为0,下面对上述常微分方程进行求解:

$$V\frac{dC}{dt} = -QC + QC_0 \tag{3}$$

上式的右端 $-QC$ 表示从污水河段出去的污染物质量,QC_0 表示上游补充进来的污染物质量,进一步求解并带入初始条件得:

$$C = (C_{初} - C_0)e^{-\frac{Q}{V}t} + C_0 \tag{4}$$

式中,$C_{初}$ 为未下泄时上游污水的氨氮浓度即初始氨氮浓度;C_0 为上游流入的清水氨氮浓度;Q 为下泄流量,m^3/s;t 为计算时间,s;$C_{初}$ 可以通过总污染物质量除以上游总污染水体积求出,即:

$$C_{初} = \frac{W_0}{V} \tag{5}$$

根据式(4)和(5),即可获得特定污染事件下阜阳闸处不同下泄流量时对应的浓度随时间变化过程。本次模拟一共分为8个工况,各工况氨氮初始浓度$C_{初}$取11.06 mg/L,背景浓度C_0为0.5 mg/L,流量Q从300 m³/s递减至10 m³/s,工况安排见表3。

表3　阜阳闸不同下泄流量工况表

工况	阜阳闸流量(m³/s)	淮干流量(m³/s)	流量比(沙颍河/淮干)
本底工况	2004年7月实际流量过程（平均流量为600）	2004年7月实际流量过程（平均流量为980）	0.600
1	300	1 000	0.300
2	150	1 000	0.150
3	100	1 000	0.100
4	75	1 000	0.075
5	50	1 000	0.050
6	40	1 000	0.040
7	25	1 000	0.025
8	10	1 000	0.010

运用公式(4)和(5)得到各模拟工况下阜阳闸边界处的水质浓度过程,图5为阜阳闸边界工况1～8的浓度过程。从图中可以看出,在阜阳闸上游氨氮总量不变的条件下,随着下泄流量的减少,阜阳闸的氨氮浓度下降速度在减缓,排完污水所需要的时间也就更长,与基本物理规律相符。

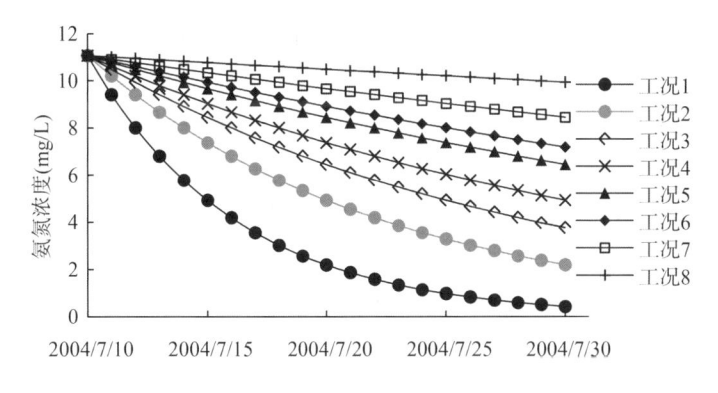

图5　各工况界首水质过程(氨氮)

3.2　结果分析

为了定量分析沙颍河污水下泄流量对西淝河取水口水质的影响,本节选取西淝河取水口的峰值浓度、超Ⅲ类(氨氮浓度＞1 mg/L)和超劣Ⅴ类(氨氮浓度＞2 mg/L)水质的持续时长等指标进行统计分析,具体结果见表4。

从西淝河峰值浓度来看,随着阜阳闸下泄流量的减少,西淝河峰值浓度逐渐降低,尤其当下泄流量≤25 m³/s时,氨氮峰值浓度甚至小于1 mg/L,达到了Ⅲ类水标准,这说明支流流量的减少会导致污染团传播速度减慢,使传播时间增长,进一步让污水的自然降解更充分,降低了污染团对淮干的影响。同时,支、干流量比下降也降低了污染团对淮河干流的影响。

从污染团到达取水口的时间来看,随着阜阳闸流量的减少,污染团传播速度下降,污染团到达西淝河时间也从最短的7.33天增至最长的20.42天。

表 4 沙颍河恒定下泄流量氨氮结果统计表

工况	阜阳闸流量 (m³/s)	支、干流量比	西淝河峰值浓度(mg/L)	到达取水口时间(d)	超Ⅲ类水质时长(h)	劣Ⅴ类水质时长(h)	备注
本底工况	平均流量 600	0.600	7.68	9.00	112	42	沙颍河非恒定来流
1	300	0.300	2.46	7.33	84	36	沙颍河恒定来流
2	150	0.150	1.49	9.67	118	0	
3	100	0.100	1.21	12.25	136	0	
4	75	0.075	1.14	16.08	108	0	
5	50	0.050	1.09	18.50	34	0	
6	40	0.040	1.03	20.42	14	0	
7	25	0.025	0.96	—	0	0	
8	10	0.010	0.84	—	0	0	

从西淝河超Ⅲ类水质和劣Ⅴ类水质时长来看,阜阳闸的流量从 300 m³/s 减小至 100 m³/s 时,尽管西淝河的峰值浓度在减小,但传播速度的减慢导致污染扩散更充分,污染团向两侧坍化,超Ⅲ类水质时长反而在增加;随着阜阳闸流量的进一步减小,虽然坍化过程仍在加剧,但西淝河峰值浓度已经趋近 1 mg/L(Ⅲ类水标准),所以污染时长又逐渐减小。具体来看,工况 1 到 3,虽然超Ⅲ类水质时长在增加,但是劣Ⅴ类水质时长在减少,这说明大部分超标时间里的氨氮浓度都集中在 1~2 mg/L 甚至是 1~1.5 mg/L 之间。在引水工程中,劣Ⅴ类水质往往是更严重、更难处理的,从这个角度看,阜阳闸下泄流量的减少对西淝河取水口水质的影响是逐渐减小的,并且当阜阳闸下泄流量≤150 m³/s 时,西淝河取水口不会出现劣Ⅴ类水。从安全的角度来分析,当阜阳闸流量≤40 m³/s 时,西淝河超Ⅲ类水影响时长不到 1 天,这种情况下可以通过短时间关闭取水口来避开污水团的影响。

4 结论

本文以阜阳闸为研究对象,根据 2004 年沙颍河特大水污染事件的实测资料,运用 MIKE11 搭建了研究区段的水动力-水质耦合模型,通过该模型,研究阜阳闸不同下泄流量对引江济淮工程西淝河线中西淝河取水口水质的影响,得出结论如下:

(1)沙颍河发生污染事件时,减小阜阳闸下泄流量能有效降低污染团对西淝河取水口的影响。

(2)当阜阳闸下泄流量≤150 m³/s 时,西淝河取水口不会出现劣Ⅴ类水;当阜阳闸下泄流量≤40 m³/s 时,西淝河超Ⅲ类水影响时长不到 1 天,这种情况下可以通过短时间关闭取水口来避开污水团的影响。

[参考文献]

[1] McCully P. Silenced Rivers: the ecology and politics of large dams[M]. London:Zed Books,1996.
[2] 索丽生.闸坝与生态[J].中国水利,2005(16):5-7.
[3] 赵娟,李冬锋,左其亭.颍上闸汛前泄流量对淮河干流水质影响[J].南水北调与水利科技,2012,10(4):21-23+29.
[4] 阮燕云,张翔,夏军,等.闸门调控对污染物迁移规律的影响实验研究[J].中国农村水利水电,2009(7):52-54+60.

[5] 李冬锋,左其亭.重污染河流闸坝作用分析及调控策略研究[J].人民黄河,2014,36(8):87-90.

[作者简介]

杨旭,男,1996年7月生,博士研究生,主要从事水力学数值模拟研究工作,1785818015@qq.com。

基于MIKE11的淮干中游突发水污染事故模拟研究

陈瀚[1,2] 方超[3] 朱海[1,2] 胡鹏杰[1,2] 王玲玲[1,2]

（1. 水文水资源与水利工程科学国家重点实验室 河海大学 江苏 南京 210098；
2. 河海大学水利水电学院 江苏 南京 210098；
3. 中水淮河规划设计研究有限公司 安徽 合肥 230601）

摘 要：河流突发水污染事故会对沿岸城市的生产、生活及社会经济等造成严重的破坏和不可预估的影响。本文建立了淮干中游淮滨至蚌埠闸段一维水动力-水质模型，并对模型进行率定及验证。应用该模型模拟了丰、平、枯水年洪水期和枯水期下，寿阳淮河大桥、沙颍河口等五处代表性位置突发水污染事故，统计并分析污染物下泄到西淝河取水口的时间、峰值浓度及影响历时。结果表明，突发水污染事故时，污染物最快可在15小时到达西淝河取水口，设定工况条件下峰值浓度可高达1.08 mg/L，影响历时可长达15.07天；当事故发生地离西淝河取水口越远，污染物到达时间越长，峰值浓度越小，影响历时相应变长。成果可为淮干中游突发水污染事故应急方案的制定及引江济淮工程西淝河线的运行提供科学依据。

关键词：MIKE11；淮干中游；突发水污染；水动力-水质模型

1 引言

近年来，我国水污染事故频发，如2004年3月四川沱江发生特大工业废水污染事故；2005年11月100 t含苯系物污染物进入松花江；2005年12月北江出现严重镉污染；2012年1月广西龙江的镉污染事件等。由于突发水污染事故的发生地点和时间、污染物性质、影响范围和污染程度存在不确定性，在短时间内难以采取较为有效的应对措施，且污染物随河道向下游输移，对下游沿岸的生产、生活、生态及社会经济等造成严重破坏和深远影响[1-2]。

自20世纪80年代以来，淮河干流突发水污染事件有十余起，对流域内供水、水产养殖和工农业生产造成过重大损失[3]。西淝河线是引江济淮中江水北送的主体工程，是向淮河以北安徽、河南受水区输水的清水廊道。鉴于淮河干流上游及流域重要支流如沙颍河存在突发性水污染事故的风险，将会对引江济淮工程西淝河线取水造成不利影响，因此，研究淮干中游突发水污染事故对西淝河取水口的影响具有非常重要的现实意义。

2 研究方法和模型分析

2.1 研究区域概化

模型以淮河淮滨以下干流至蚌埠闸，连同大洪河、沙颍河、涡河等支流为研究区域，其他支流如东淝河、浍河、北庙集等以旁侧入流方式进行考虑。模型以淮滨为上游边界，蚌埠闸为下游边界，考虑沿程支流入汇对淮干水质的稀释作用，研究典型空间位置污染物输移至西淝河取水口时的浓度变化规律,分析总结污染物的输移转化规律,为淮河干流突发水污染事故的应对方案制定提供科学依据。

2.2 一维水动力模型

河道水动力过程采用一维圣维南方程组进行描述,包括连续方程和动量方程:

$$\frac{\partial Q}{\partial x} + B\frac{\partial Z}{\partial t} = q \tag{1}$$

$$\frac{\partial Q}{\partial t} + 2u\frac{\partial Q}{\partial x} + (gA - Bu^2)\frac{\partial Z}{\partial x} - u^2\frac{\partial A}{\partial x}\bigg|_z + g\frac{n^2|Q|Q}{AR^{4/3}} = 0 \tag{2}$$

式中:x 为河道纵向坐标;t 为时间;n 为糙率系数;Q 为断面流量;Z 为水位;q 为单位河长的旁侧入流量;A 为过水断面面积;u 为过水断面平均流速;R 为过水断面水力半径;$\frac{\partial A}{\partial x}\big|_z$ 为水位相同时的断面沿程变化率;g 为重力加速度;B 为河宽。

对上述控制方程采用隐式有限差分法(Abbott 六点隐格式)进行离散,计算网格由交错排列的流量点和水位点组成,在同一时间步长下分别进行计算,流量点位于两个相邻水位点之间,如图 1 所示。

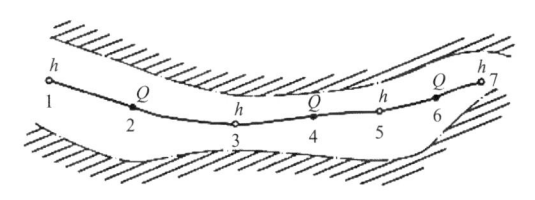

图 1 河道断面计算网格

2.3 一维水质模型

河道水质采用一维水质(对流扩散)控制方程进行描述,对于横、垂皆平均的纵向一维模型来说,其控制方程如下:

$$\frac{\partial(AC)}{\partial t} + \frac{\partial(QC)}{\partial x} = \frac{\partial}{\partial x}\left(AD\frac{\partial C}{\partial x}\right) - AKC + C_2 q \tag{3}$$

式中:Q 为流量;C 为水深平均污染物浓度值;D 为各污染物弥散系数;A 为横断面面积,m^2;K 为污染物的衰减系数;C_2 为源汇污染物浓度;q 为旁侧入流量;x 为空间坐标。

对于水质控制方程,时间项采用向前差分格式,对流项采用迎风差分格式,扩散项采用中心差分格式。水质模型的求解过程中,初始条件对因变量的变化过程有显著影响,因此,水质模型必须给定所有未知的物理因子在计算初始时刻的空间分布。

$$C(t = 0) = c1(x) \tag{4}$$

$c1(x)$ 是空间分布已知的浓度函数。

一维水质模型的边界条件包括入流边界和出流边界二类:

入流边界:

$$C = C(t) \tag{6}$$

出流边界采用零梯度边界:

$$\frac{\partial C}{\partial n} = 0 \tag{7}$$

2.4 模型率定及验证

利用2017年的实测洪水过程对水动力模型进行验证。模型上游边界淮滨站采用实测流量过程,下游蚌埠闸采用实测水位过程,区间的主要支流大洪河、沙颍河、涡河采用流量边界,模型范围内的其他河流简化为点源,基于水量平衡以旁侧入流的方式考虑区间汇水对模型的影响,一维模型的时间步长拟定取值120 s。模型经率定后,得到淮河干流主槽糙率在0.024~0.025区间,滩地糙率在0.030~0.037区间,其余支流糙率在0.025~0.030区间。

采用2004年发生的淮河特大水污染事件资料对水质模型进行验证。由于缺乏同时期淮滨站的水质过程,本次验证模型上游边界从距离淮滨下游约20 km处的王家坝起算,边界条件取实测流量-水质过程,下游边界蚌埠闸采用实测水位过程及零梯度水质边界;沙颍河入口界首站及涡河入口蒙城闸采用流量-水质边界,模型范围内的其他河流简化为点源,基于水量平衡原则以旁侧入流的方式考虑区间汇水对模型的影响,水质指标选择氨氮和高锰酸盐指数。模拟结果显示,模型复演出的水情成果和水质变化过程与2004年7月污染事件期间实测水情变化及污染团的时空演进过程吻合较好,说明模型具有较好的模拟精度,可用于开展后续的研究工作。

3 突发水污染事故工况模拟

突发水污染事故按照成因可分为两类:一类是由于车船倾覆、大坝垮塌、燃爆或其他事故造成的污染物泄露形成的突发水污染事故,其污染物种类随机性较大;另一类则是企业工厂或其他污染源的超量排放,致使入河污染物超过河流生态环境可负担的浓度,进而造成水污染事件,主要污染物多为常规污染物[4]。因事故的偶发性、多样性、严重性和难解性等特点,风险源按其位置不同可分为固定源、移动源、流域源三类[5-6]。本文通过在淮干中游不同位置设定车船等移动源突发事故的方法进行模拟研究。

3.1 模拟工况设定

分别选取丰(2017年)、平(2015年)、枯(2013年)3类典型年中洪水期和枯水期开展模拟计算,具体流量情况见表1。同时,在每个时期内分别在寿阳淮河大桥、沙颍河口、浉河口、临淮岗和大洪河口5处具有代表性的位置设定突发污染下泄(如车船倾覆等事故),预测污染物下泄到西淝河口的时间、峰值浓度及影响历时。污染物假定为可溶性危化品,设置其相对于水的密度为1,浓度为1 kg/L(1 000 000 mg/L),排放流量为0.01 m³/s(相当于36 m³/h),共排放1小时[7-8]。

表1 典型年洪、枯水期平均流量表

典型年	时期	淮滨流量 (m³/s)	大洪河流量 (m³/s)	沙颍河流量 (m³/s)	白鹭河流量 (m³/s)	史河流量 (m³/s)	浉河流量 (m³/s)	淮干西淝河断面流量 (m³/s)
枯水年 2013	洪水期	59.7	8.3	62.9	7.7	31.6	126.0	296.2
	枯水期	23.7	4.5	4.4	1.4	7.4	2.5	43.7
平水年 2015	洪水期	198.7	28.3	57.8	50.3	154.5	159.0	648.6
	枯水期	51.2	7.1	0.0	6.2	31.0	4.9	100.4
丰水年 2017	洪水期	213.1	59.5	73.9	33.4	61.2	152.7	593.8
	枯水期	87.2	42.9	25.8	6.0	35.1	48.7	245.6

3.2 突发水污染事件模拟结果分析

基于《地表水环境质量标准》中对污染物的限值要求，本文以西淝河取水口断面污染物浓度高于(含)0.01 mg/L为条件，统计事故中污染物到达取水口的时间、峰值浓度以及污染物在西淝河取水口所流经的时长，即影响历时，并对以上参数进行定量分析，为应急处理提供依据[9]。

3.2.1 不同地点突发水污染事件模拟结果分析

根据表2分析所列的模拟结果可知：在上游来流量相同的情况下，污染物到达西淝河取水口的时间长短取决于事故发生地与西淝河取水口间的距离，距离越远，则到达时间越长，且到达时污染物峰值浓度越小，但影响历时可能会增加。其主要原因在于污染团经过沿程支流入汇稀释作用及纵向离散作用后，将导致距离事故发生地远的地方污染物浓度过程的坦化，使得峰值浓度减小而影响历时增长。在枯水年枯水期工况下，平均流量远小于其他模拟工况，以至于污染团到达西淝河取水口的时间及对西淝河取水口影响历时相对更长。

表2 突发水污染事故模拟工况结果表

突发水污染事故发生地	距西淝河取水口(km)	到达西淝河取水口时间(d)	污染物峰值浓度(mg/L)	对取水口影响历时(d)
寿阳淮河大桥	13.0	0.65～7.51	0.35～1.08	0.28～8.11
沙颍河河口	35.4	1.62～19.70	0.25～0.82	0.35～10.90
溧河河口	40.8	1.84～22.56	0.22～0.64	0.38～12.13
临淮岗	65.5	2.54～29.23	0.21～0.58	0.41～12.60
大洪河河口	165.8	7.29～62.36	0.14～0.33	0.65～15.07

3.2.2 突发水污染事故对西淝河取水口断面浓度过程影响

以距离西淝河取水口最近的两处污染物下泄地点——寿阳淮河大桥和沙颍河河口为例，分析突发水污染事故对西淝河取水口断面的浓度过程影响(见图2和图3)。图中以污染事故发生的时间作为起始时刻，当西淝河取水口污染物浓度高于(含)0.01 mg/L时统计为到达时间，由到达时间至污染物浓度低于0.01 mg/L之间的时长为影响历时。

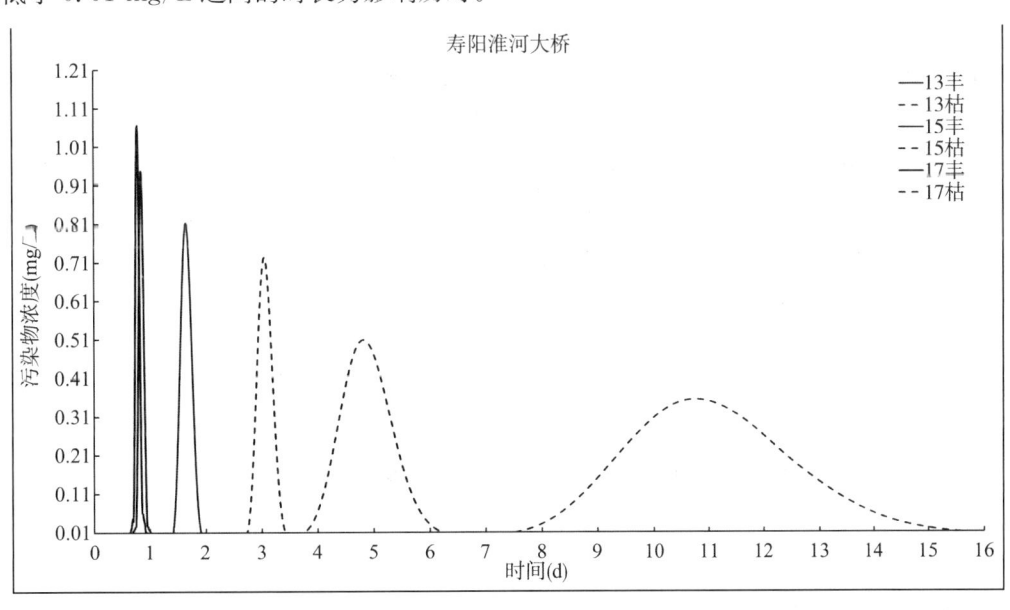

图2 西淝河取水口断面浓度过程(寿阳淮河大桥污染物下泄工况)

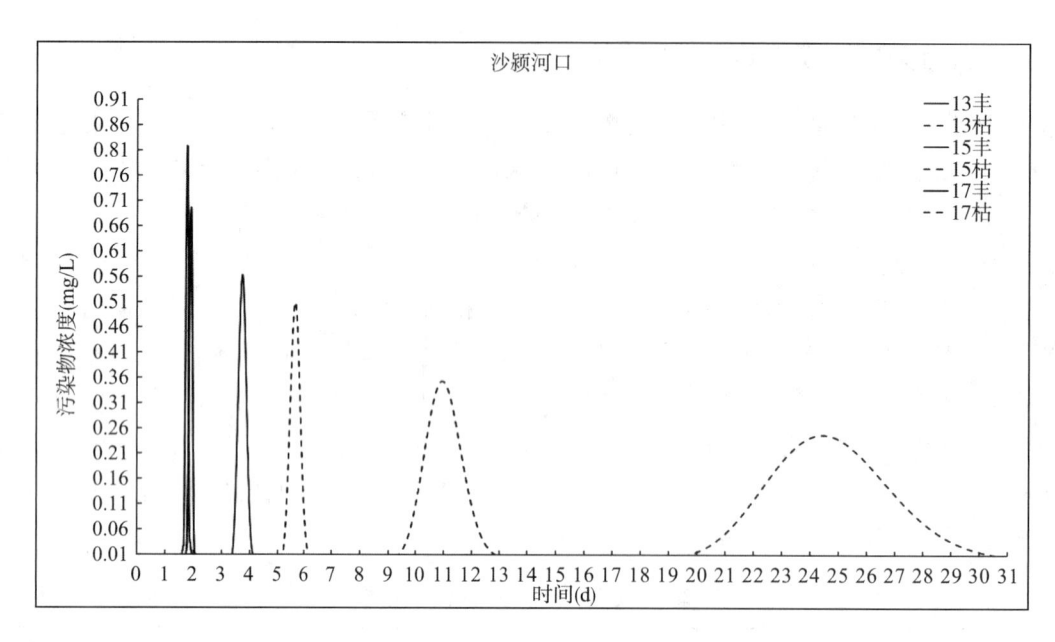

图 3 西淝河取水口断面浓度过程(沙颖河河口污染物下泄工况)

结果表明,在同一地点发生突发污染事故且上游来流量越大时,挟污水流输移速度越快,污染物到达西淝河取水口的时间越早,影响历时越短,同时污染物仍未受到更大程度的稀释和掺混,最终使得西淝河取水口峰值浓度较高。换言之,在不同来水条件下,相同地点出现突发水污染事故时,污染物到达西淝河取水口的时间随流量的增大而缩短,峰值浓度随流量的增大而增大,影响历时随流量的增大而减短。

4 结语

本文采用 MIKE11 建立了淮干中游淮滨至蚌埠闸段一维水动力-水质耦合模型,利用实测水位、流量和水质等数据对模型进行率定和验证。利用率定验证后的模型,在丰、平、枯三类典型年洪水期和枯水期条件下,分别对寿阳淮河大桥等五处位置设定的突发水污染事故进行模拟。结果表明,污染团最快可在 15 小时到达西淝河取水口,峰值浓度可高达 1.08 mg/L,影响历时可长达 15.07 天;在相同来水条件下,事故发生地距西淝河取水口越远,污染团到达时间越晚,峰值浓度越小,影响历时可能越长;在相同地点、不同来水条件下突发水污染事故时,来流量越大,污染团到达西淝河取水口时间越早,峰值浓度越大,影响历时越短。依据上述结论可知,一旦淮干中游突发水污染事故,可根据事故发生的实际情况制定闸坝调度、支流及沿程水量汇入等方案进行应急处理,减少突发性水污染事故带来的危害。

[参考文献]

[1] 陈弘扬,任华堂,徐世英,等.淮南市水厂取水口水质指标预警研究[J].北京大学学报(自然科学版),2012,48(3):469-474.
[2] 李青云,赵良元,林莉,等.突发性水污染事故应急处理技术研究进展[J].长江科学院院报,2014,31(4):6-11.
[3] 吴辉明,雷晓辉,廖卫红,等.淮河干流突发性水污染事故预测模拟研究[J].人民黄河,2016,38(1):75-78+84.
[4] 陶亚,任华堂,夏建新.河流突发污染事故下游城市应急响应时间预测——以淮河淮南段为例[J].应用基础与工

程科学学报,2012,20(S1):77-86.
[5] 刘璐瑶,冯民权,张茜.引汉济渭工程水源区突发水污染事故模拟研究[J].河北农业大学学报,2018,41(6):130-136.
[6] 汤曙光,董红,郭文娟,等.城市供水水源潜在风险源识别方法探析[C]// 全国给水排水技术信息网年会暨技术交流会论文集.2011.
[7] 于磊,顾华,楼春华,等.基于MIKE21FM的北京市南水北调配套工程大宁水库突发性水污染事故模拟[J].南水北调与水利科技,2013,11(4):67-71.
[8] 余歆睿,刘蔚.基于MIKE11的突发性水污染事故模拟及应急机制研究[J].江苏水利,2018(3):43-47+51.
[9] 董瑞瑞,陈和春,王继保,等.汉江中下游突发性水污染事故预测模型研究[J].水力发电,2017,43(12):1-5.

[作者简介]

陈瀚,男,1999年6月生,硕士研究生,主要从事计算水力学、工程水动力学、数值模拟等研究工作,hanchen@hhu.edu.cn。

王家坝罕见持续高水位原因分析

苏 翠 王 凯 胡友兵

(淮河水利委员会水文局(信息中心) 安徽 蚌埠 233001)

摘 要：作为淮河干流重要蓄洪区的蒙洼蓄洪区的分洪控制站，王家坝站的洪水预报尤其是对水位的精准预报尤为重要。由于降雨时空分布对径流形成影响较大，不同的降雨时空分布可导致洪水组成及形态差异巨大，为实际作业预报增加了不确定性及难度，因此针对王家坝的洪水尤其是较为特殊的洪水分析其降雨分布特征很有必要。"淮河 2015 年第 1 号洪水"发生的 6 月底至 7 月初，王家坝站水位长达 2 天维持在洪峰水位 27.83 m 附近的高水位，历史罕见。本文从此次降水特殊的时程分布和空间分布着手，深入分析导致王家坝持续高水位的原因，可为未来洪水预报提供参考，为流域防洪安全提供技术支撑。

关键词：王家坝；持续高水位；洪水预报；原因分析

1 引言

王家坝站是淮河上游总控制站，集水面积 30 630 km²，是淮河由豫入皖的第一个重要控制站，作为淮河干流重要蓄洪区蒙洼蓄洪区的分洪控制站，王家坝站的洪水预报尤其是对水位的精准预报尤为重要。王家坝站上游落差大、支流多，下游平缓行洪不畅，且王家坝以上流域南北下垫面差异大，上游南岸支流为山区性河流，河道坡降大，汇流速度快，北岸地势平坦，洪水过程缓慢，不同的降雨时空分布导致的洪水特性差异巨大，这些均为实际洪水预报增加了难度及不确定性。在"淮河 2015 年第 1 号洪水"中，王家坝站水位长达 47 小时维持在洪峰水位 27.83 m 附近的高水位，属历史罕见。本文从降水的时程和空间分布特点展开，分析导致王家坝持续高水位的原因，可为未来王家坝的洪水预报提供相似性洪水样本依据。

2 雨水情概况

2015 年 6 月 23 日至 30 日，淮河流域出现较强降水过程，流域平均降水量 155.7 mm，淮河水系平均降水量 175.3 mm，其中王家坝以上 156.4 mm，洪泽湖以上 175.3 mm，累积最大点降水量王家坝站 378 mm。受持续降水影响，王家坝水文站水位于 6 月 29 日 14 时 36 分涨至警戒水位 27.50 m，相应流量 2 653 m³/s，为 2010 年以来淮河干流首次超警，是"淮河 2015 年第 1 号洪水"；30 日 15 时 12 分出现洪峰水位 27.83 m，超警戒水位 0.33 m，相应流量 3 320 m³/s。受区间降水、上游来水和下游洪水顶托叠加影响，洪峰水位附近的高水位持续约 2 天(水位在洪峰水位 27.83 m 以下 3 cm 幅度内波动)，至 7 月 2 日 21 时 36 分退至警戒水位以下 0.01 m，历史罕见(见图 1)。

3 王家坝站高水位原因分析

2015 年 6 月 30 日 3 时至 7 月 2 日 2 时王家坝水位历时长达 47 小时维持在 27.80 m 附近，最高

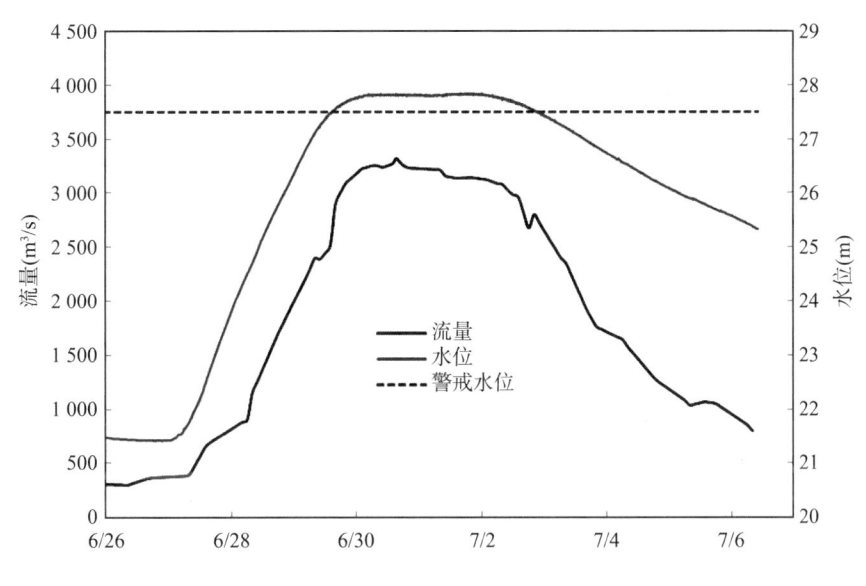

图1 "淮河2015年第1号洪水"中王家坝站水位流量过程线

水位达到27.83 m,较为罕见。以下从本次降水的时空特性详细展开,分析导致本次王家坝站持续高水位的原因。

3.1 间歇性强降水组合,导致干支流洪水遭遇组合,洪峰交替叠加

3.1.1 降水时程分布分析

从时程分布来看,本次强降水可划分为前期(6月23—25日)、中期(6月26—28日)和后期(6月29—30日)3个阶段,这种间歇性强降雨组合,导致干支流洪水遭遇组合,洪峰交替叠加至王家坝,是王家坝长时间维持高水位的主要因素之一。

前期(23—25日):降水主要在淮河以北,王家坝以上过程雨量38.4 mm,该阶段为补充底水阶段,对王家坝产流影响较小。

中期(26—28日):降水主要分布在沿淮及以南,王家坝以上过程雨量88.4 mm,王家坝上下游同时降水,且下游降水持续大于上游。尤其是27日,王家坝—润河集降水量为98.7 mm,为王家坝以上的面雨量(32.8 mm)的3倍。该阶段为主要的降水和产流阶段,其中26—27日为王家坝的造峰阶段。

后期(29—30日):降水主要分布在沿淮及以南,且王家坝以上下游降水量大于上游,王家坝以上过程雨量25 mm,其中息县以上区域28.3 mm,潢川以上区域57.6 mm,班台以上区域11.1 mm,息、潢、班至王家坝区间38.4 mm。该阶段间歇性降水导致北庙集、潢川和息县形成复式洪峰,洪峰交替叠加至王家坝。

2015年6月23—30日王家坝—正阳关各区段逐日及累积降水量见图2。

3.1.2 间歇性强降水组合,导致干支流洪水遭遇组合,洪峰交替叠加至王家坝

(1)受26—28日强降水影响,白露河北庙集站、潢河潢川站和淮河干流息县站先后出现第一次洪峰。其中,北庙集站6月29日0时出现洪峰流量948 m³/s,潢川站6月29日0时出现洪峰流量425 m³/s,息县站6月29日14时出现洪峰流量1 810 m³/s。《淮河流域防汛抗旱水情手册》河道洪水传播时间历时分析结果显示,北庙集到王家坝的传播时间为4~6小时,潢川、息县到王家坝的传播时间约为24小时,北庙集、潢川和息县站洪峰演进至王家坝的时间分别为6月29日4时、6月30日0时和6月30日14时,交替叠加形成王家坝6月30日15时的洪峰(见图3)。

(2)受29—30日间歇性的降水影响,息县、潢川站在第一场洪水尚未完全消退的情况下,再次起

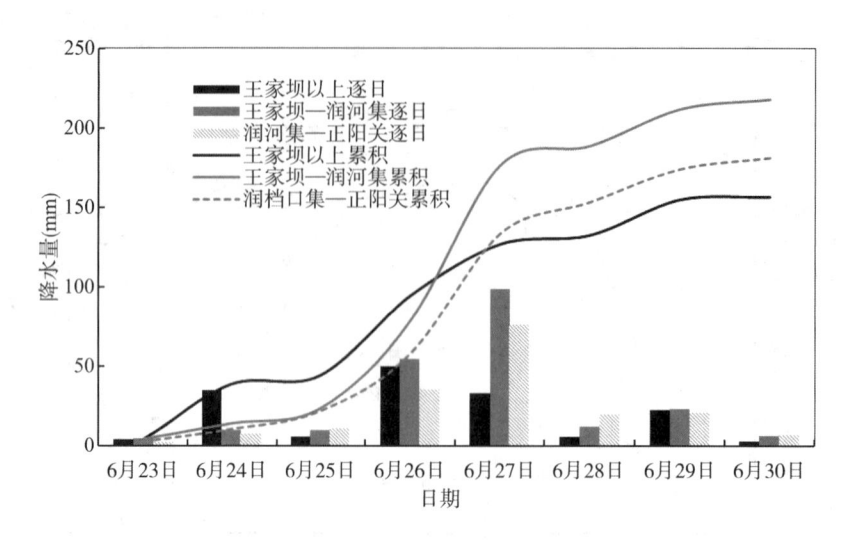

图2 2015年6月23—30日王家坝—正阳关各区段逐日及累积降水量

涨形成第二场洪水过程。潢河潢川站从6月30日7时开始再次起涨(流量244 m³/s),7月1日7时达到最大流量592 m³/s;淮河息县站从7月1日2时开始再次起涨(流量1 040 m³/s),7月1日12时13分达到最大流量1 260 m³/s;白露河北庙集站从6月30日8时开始再次起涨(流量407 m³/s),7月1日6时达到最大流量702 m³/s(见图3)。第二次洪水过程北庙集站6月30日12时左右最先到达王家坝站,7月1日10时对王家坝洪水影响最大;潢川站7月1日7时左右到达王家坝站,7月2日7时左右对王家坝影响最大;息县站7月2日2时左右到达王家坝站,7月2日12时左右对王家坝影响最大。综合而言,上述三部分洪水从6月30日开始先后到达王家坝站,并不断叠加,直至7月2日开始减少,抵达的洪水迅速抵消王家坝站洪水的消退,从而致使王家坝站水位从6月30日3时至7月2日2时维持在27.80 m的高水位附近,历时47小时。

综上所述,间歇性的强降雨组合,导致干支流洪水遭遇组合,洪峰交替叠加至王家坝,是导致王家坝长时间维持高水位的主要因素之一。

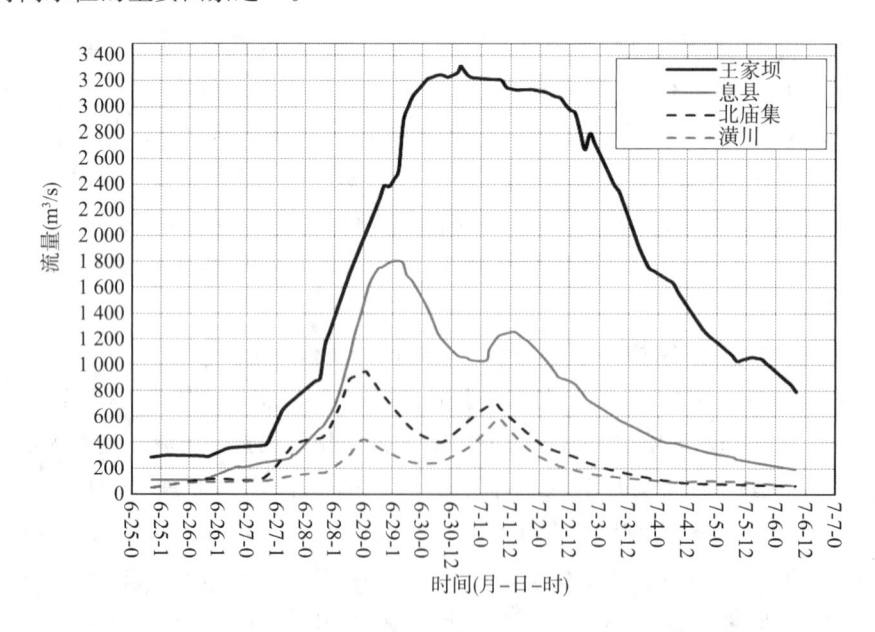

图3 "淮河2015年第1号洪水"中王家坝以上主要控制站流量过程线图

3.2 下游顶托作用

本次降水上下游同时出现强降雨、下游大于上游的降水空间分布，导致下游洪水顶托更为明显，是王家坝长时间维持高水位的另一重要因素。

选取洪峰水位在 27.5～28.5 m 之间的 5 场历史相似洪水，分析比较包括本次在内的 6 场洪水的降水空间分布、上下游水位落差等，发现仅有本次降水下游大于上游，降水空间分布较为罕见。选取的 5 场历史洪水分别发生于 2008 年 4 月 18—20 日、2008 年 7 月 21—23 日、2008 年 8 月 13—17 日、2008 年 8 月 28—30 日、2010 年 7 月 15—25 日，分析结果见表 1。

表 1　6 场历史相同量级洪水降水空间分布对比分析

场次降水	各区段雨量(mm) 王家坝上游 王家坝以上	各区段雨量(mm) 王家坝下游 王家坝至润河集	各区段雨量(mm) 王家坝下游 润河集至正阳关	王家坝洪峰水位时各段水位差(m) 王家坝—润河集	王家坝洪峰水位时各段水位差(m) 润河集—正阳关
2008.4.18—4.20	105.8	83.3	55.1	5.25	2.95
2008.7.21—7.23	114.7	48.1	25.6	5.35	2.31
2008.8.13—8.17	120.4	134.2	114.8	4.83	2.84
2008.8.28—8.30	60.8	60.7	68.9	4.79	2.63
2010.7.15—7.25	207.0	147.0	110.0	3.89	2.43
2015.6.23—6.30	153.7	211.1	171.8	2.71	2.04

由表 1 可知，对于王家坝站而言，历史相同量级洪水的降水空间分布一般呈现上游大于下游的特点。而 2015 年 6 月 23—30 日降水呈现下游降水大于上游的空间分布，下游降水比上游降水偏多 3 成，较为罕见。同时本次洪水王家坝—润河集及润河集—正阳关水位落差均为 6 场中最小。与前 5 场洪水相比，王家坝—润河集水位落差比前 5 场中的最大值偏小 2.54 m，比最小值的 3.89 m 还偏小 1.18 m。

综上，从强降水的空间分布来看，与历史洪水不同的是，本次降水呈现下游大于上游的空间分布，导致中下游水位持续偏高，上下游水位比降偏小，洪水顶托作用更加显著，是导致王家坝长时间维持高水位的另一重要因素。

3.3 河道附近排涝影响

根据《2007 年淮河暴雨洪水》统计，王家坝以上沿淮排涝泵站 50 座，设计排涝能力约 401 m³/s；根据历史洪水统计，淮河排涝占王家坝洪峰的 10%～15%，本次王家坝以上沿淮地区降水量约为 300 mm，产水量较大，因此，沿淮排涝也可能对王家坝高水位持续时间长有影响。河道附近排涝影响也是造成王家坝维持高水位的可能原因。

4　结论

本文从降水的时空特性出发，分析了"淮河 2015 年第 1 号洪水"中王家坝持续高水位的原因。总的来说原因主要有以下 3 点：第一，间歇性的强降雨组合，导致干支流洪水遭遇组合，洪峰交替叠加至王家坝，是导致王家坝长时间维持高水位的主要因素之一。第二，本次降水呈现王家坝下游大于上游的罕见空间分布，导致中下游水位持续偏高，上下游水位比降偏小，洪水顶托作用更加显著，是导致王家坝长时间维持高水位的另一重要因素。第三，河道附近排涝也是造成王家坝维持高水位的可能原因。

[参考文献]

[1] 水利部淮河水利委员会.淮河流域防汛抗旱水情手册[Z]. 2014.
[2] 淮委防汛抗旱办公室.淮河流域行蓄洪区运用预案[Z]. 2009.
[3] 包为民. 水文预报(第5版)[M]. 北京:中国水利水电出版社,2017.

[作者简介]

苏翠,女,1988年3月生,工程师,主要从事水文情报预报工作,18055225985,sucui@hrc.gov.cn。

基于层次分析法的淮河流域计划用水管理评估体系构建

扶清成　邬旭东　查　亮

(淮河水利委员会水利水电工程技术研究中心　安徽　蚌埠　233001)

摘　要：针对计划用水管理的特点，基于层次分析法探索构建计划用水管理评估体系，以期通过对流域相关各省计划用水管理情况进行的客观评估，分析流域各省在计划用水管理方面存在的问题，推动流域各省加强计划用水管理，完善计划用水管理制度，提高计划用水管理的严肃性、科学性和规范性，进而提升水资源集约节约利用水平，有效管控水资源开发利用总量。

关键词：计划用水；评估体系；层次分析法

1　前言

我国从20世纪70年代末开始对城市用水实行计划管理，1988年颁布的《中华人民共和国水法》第七条规定："国家实行计划用水，厉行节约用水"。2002年、2009年、2016年修正颁布的《中华人民共和国水法》均明确规定应当按照批准的用水计划用水。2011年，《中共中央 国务院关于加快水利改革发展的决定》提出了加快制定区域、行业和用水产品的用水效率指标体系，加强用水定额和计划管理。2012年，《国务院关于实行最严格水资源管理制度的意见》第十一条明确指出"对纳入取水许可管理的单位和其他用水大户实行计划用水管理，建立用水单位重点监控名录，强化用水监控管理。"2014年，水利部印发了《计划用水管理办法》，进一步明确了计划用水管理的对象、主要管理内容与管理程序等。

计划用水管理制度是水资源管理的重要制度之一，是落实"节水优先"方针，是推进水资源规范管理、精细化管理的有效途径。流域内河南、安徽、江苏、山东各省均出台了节约用水条例，建立了计划用水管理制度，各市县针对当地节水工作实际情况，细化制定管理办法，进一步明确了计划用水指标申报、核定、下达、考核程序和方法，规范了计划用水档案管理，但是对于计划用水管理的评估仍处于探索阶段，还未建立一套完善的、统一的评估方法。本文针对计划用水管理的特点，探索构建计划用水管理评估体系，通过对流域相关各省计划用水管理情况进行客观的评估，分析流域各省在计划用水管理方面存在的问题，以推动流域各省加强计划用水管理，完善计划用水管理制度，提高计划用水管理的严肃性、科学性和规范性，进而提升水资源集约、节约利用水平，有效管控水资源开发利用总量。

2　计划用水管理评估对象

淮河流域计划用水管理评估的评估对象为省级行政区域。计划用水包括两个层次，一是制度建设层面，主要是省、市、县出台的相关法律法规、制度政策、管理办法等组成的计划用水管理制度约束体系；二是管理层面，主要是省、市、县三级依据相关法律法规、制度政策、管理办法等开展的计划用水管理活动,不同级别的行政区域,计划用水管理的对象不同,省级、市级年度计划用水的管理对象包含两个层面,一是所辖各下级行政区域,属于区域层面的计划用水,二是其直管的计划用水户,县级年度计划用水的管理对象仅为计划用水户。

计划用水管理网络如图1所示。

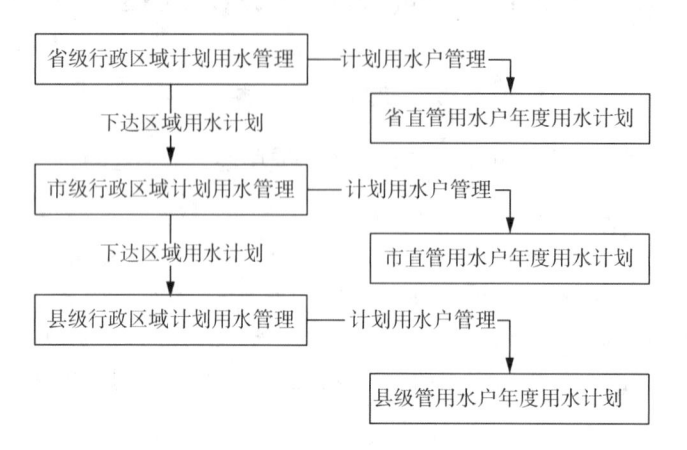

图1 计划用水管理网络图

3 计划用水管理评估体系构建

3.1 评估指标体系构建的原则

计划用水管理评估工作应能全面、系统地反映计划用水管理的现状及存在的问题,针对计划用水管理的特点,提出计划用水管理评估应遵从的原则,具体如下。

全面性:评估体系应能够涵盖反映计划用水管理过程的申报、核定、下达、调整、预警、考核等环节,充分展现不同行政层级的管理特点及不同行业用水户用水差异,客观反映计划用水的管理水平。

系统性:影响计划用水执行效果的不仅是制度,管理人员的技术水平亦十分重要,因此评估体系的构建应从"制度＋管理"两个主要层面系统反应评估体系的层次架构。

指导性:评估结果应对水行政管理部门加强计划用水管理,为提升计划用水管理效果提供指导依据。

3.2 构建评估指标体系

从制度建设和管理两个层面构建二级评估指标体系,其中管理层面细分为水行政主管部门对计划用水户的管理及用水户内部的计划用水管理两个层面,一级为准则层,包括制度建设、水行政主管部门计划用水管理、用水户内部计划用水管理3项,二级为指标层,主要包括政策制度情况等共12项,构建的递阶层次结构指标体系如图2所示。

4 基于层次分析法确定评价指标权重

在构建的评估指标体系的基础上,采用层次分析法进行分析,确定指标权重是层次分析法的前提和核心,决定着评价结果的合理性与可靠性。

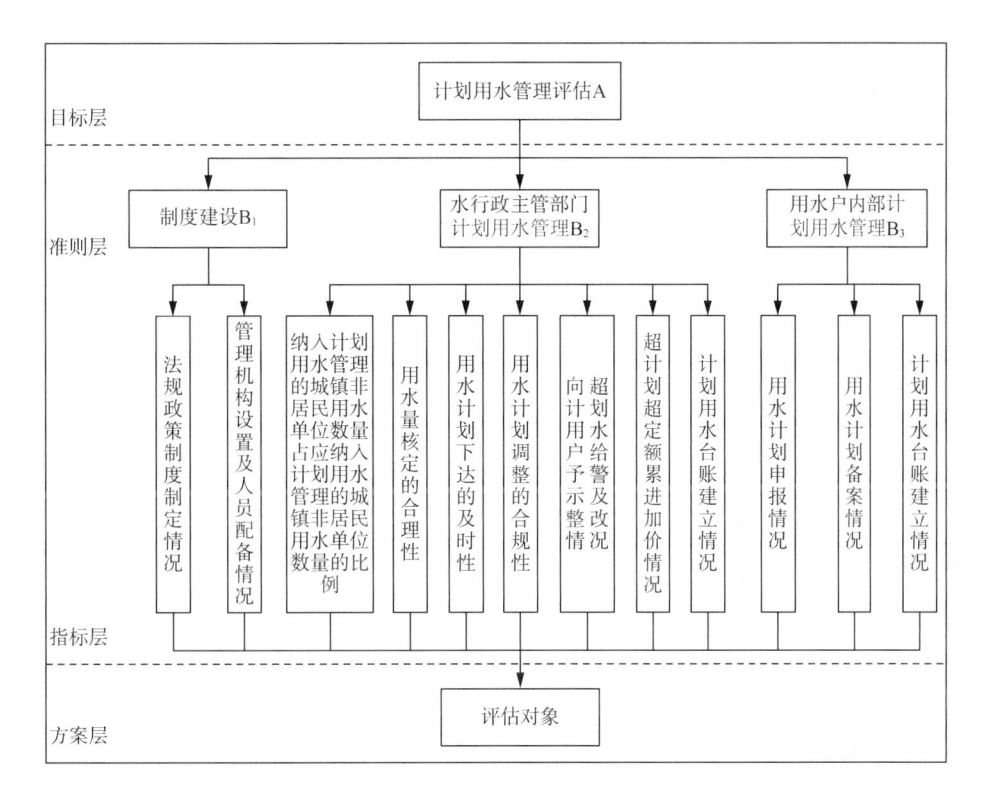

图 2 计划用水管理评估递阶层次结构指标体系

4.1 构建判断矩阵

以上层次的元素为准则，对下一层次各影响因素的相对重要性进行两两判断与比较，引入两两比较的 Saaty 标度，建立判断矩阵，对各目标及其影响因素进行相关度评定。

两两比较的 Saaty 标度意义见表 1，准则层对目标层的判断矩阵见表 2，同理，可构造指标层对准则层的判断矩阵 B_1—C、B_2—C、B_3—C。

表 1 两两比较的 Saaty 标度

标度值	标度意义	
1	前者与后者同等重要	$b_i = b_j$
3	前者比后者稍微重要	$b_i = 3b_j$
5	前者比后者相当重要	$b_i = 5b_j$
7	前者比后者强烈重要	$b_i = 7b_j$
9	前者比后者极端重要	$b_i = 9b_j$
2、4、6、8	表示上述相邻判断的中间值	

表 2 判断矩阵 A—B

A	制度建设 B_1	水行政管理部门计划用水管理 B_2	用水户内部计划用水管理 B_3
制度建设 B_1	1	3	5
水行政管理部门计划用水管理 B_2	1/3	1	3
用水户内部计划用水管理 B_3	1/5	1/3	1

采用和法计算 A—B 矩阵的层次单排序，利用 Saaty 定义的一致性指标 C^I 及矩阵的平均随机一致性比例 C^R 检验矩阵的一致性。C^I、C^R 的计算公式分别为：

$$C^I = (\lambda_{\max} - n)/(n-1)$$

$$C^R = C^I/R^I$$

式中，$\lambda_{\max}$ 为判断矩阵 A—B 的最大特征根，R^I 为随机一致性指标，R^I 标准值见表3。

表3 平均随机一致性指标 R^I 标准值

矩阵阶数 n	1	2	3	4	5	6	7	8	9
R^I	0	0	0.58	0.9	1.12	1.24	1.32	1.41	1.45

表3中 $n=1,2$ 时 $R^I=0$，因此，1,2 阶判断矩阵总是一致的。当 $n \geq 3$ 时，称 C^R 为一致性比例，若 $C^R < 0.1$，认为判断矩阵的一致性可以接受，否则应对判断矩阵作适当的修正。

同理，可求得 B_1—C、B_2—C、B_3—C 三组判断矩阵的层次单排序及一致性指标。

4.2 确定指标权重

当一致性检验通过以后，最大特征值 $\lambda_{\max}$ 所对应的特征向量即为权重向量。

按照准则层权重计算方法，对指标层权重进行计算，进而通过指标层权重和对应准则层权重的乘积计算各指标对目标层的权重。

表4 计划用水管理评估指标体系权重表

目标层 A	准则层 B	B 相对于 A 的权重	指标层 C	C 相对于 B 的权重	C 相对于 A 的权重
计划用水执行情况	B_1 制度建设	X_1	C_1 法规政策制度制定情况	Y_1	$X_1 Y_1$
			C_2 管理机构设置及人员配备情况	Y_2	$X_1 Y_2$
			C_3 纳入计划用水管理的城镇非居民用水单位数量占应纳入计划用水管理的城镇非居民用水单位数量的比例	Z_1	$X_2 Z_1$
	B_2 水行政主管部门计划用水管理	X_2	C_4 用水量核定的合理性	Z_2	$X_2 Z_2$
			C_5 用水计划下达的及时性	Z_3	$X_2 Z_3$
			C_6 用水计划调整的合规性	Z_4	$X_2 Z_4$
			C_7 向超计划用水户给予警示及整改情况	Z_5	$X_2 Z_5$
			C_8 超计划超定额累进加价情况	Z_6	$X_2 Z_6$
			C_9 计划用水台账建立情况	Z_7	$X_2 Z_7$
	B_3 用水户内部计划用水管理	X_3	C_{10} 用水计划申报情况	W_1	$X_3 W_1$
			C_{11} 用水计划备案情况	W_2	$X_3 W_2$
			C_{12} 计划用水台账建立情况	W_3	$X_3 W_3$

4.3 指标赋分

借鉴最严格水资源管理制度考核、"双控"目标评价考核、水资源管理和节约用水监督检查、县域节水型社会达标建设、重点监控用水单位监督管理、国家节水行动实施方案等的工作内容和要求，研究确定每项指标的赋分标准，并进行无量纲化处理，基于层次分析法的计划用水管理评估指标体系总分值设定为100分。

表 5　计划用水管理评估指标体系赋分值

一级指标	二级指标	分值
制度建设	法规政策制度制定情况	10
	管理机构设置及人员配备情况	8
水行政主管部门计划用水管理	纳入计划用水管理的城镇非居民用水单位数量占应纳入计划用水管理的城镇非居民用水单位数量的比例	10
	用水量核定的合理性	10
	用水计划下达的及时性	10
	用水计划调整的合规性	10
	向超计划用水户给予警示及整改情况	10
	超计划超定额累进加价情况	10
	计划用水台账建立情况	10
用水户内部计划用水管理	用水计划申报情况	4
	用水计划备案情况	4
	计划用水台账建立情况	4
	合计	100

4.4　计划用水管理评估

将指标层各指标所得的分值与其对应的总排序权重进行相乘，即可得到计划用水管理评估的具体分值，计算公式如下：

$$F = \sum_{i=1}^{12} W_i C_i$$

式中：F 为计划用水管理的评估分值；12 为指标层指标个数；W_i 为指标层第 i 个指标的总排序权重；C_i 为指标层第 i 个指标按表 5 的评分值。

将省、市、县层面的得分进行加权求和，即可得到该省级行政区域计划用水管理评估的具体分值，计算公式如下：

$$F_{总} = W_1 F_{省} + W_2 \frac{1}{n}\sum_{j=1}^{n} F_{j市} + W_3 \frac{1}{m}\sum_{k=1}^{m} F_{k县}$$

式中：$F_{总}$ 为省级行政区域的计划用水管理的评估分值；W_1，W_2，W_3 为省、市、县级行政区分值权重系数；$F_{省}$ 为省级层面的评估分值；$F_{j市}$ 为涉及的第 j 个市级层面的评估分值；$F_{k县}$ 为涉及的第 k 个县级层面的评估分值。

将计划用水管理评估划分为 4 个等级，评估分值 90 分以上为优秀，80～90 分为良好，60～80 分为合格，60 分以下为不合格。

5　结语

近年来，计划用水逐步成为微观层面水资源刚性约束的有力抓手，在控制用水总量、提高用水效率和约束不合理用水行为等方面发挥了重要作用，但对于计划用水管理的评估，目前还未建立一套完善的、统一的评估方法，计划用水管理评估亦未全面开展，对计划用水管理过程的规范性等难以有效评估。本文针对计划用水管理的特点，探索构建基于层次分析法的计划用水管理评估体系，可直接定量反映计划用水管理的水平,以期能为水资源管理与节约用水监督检查等提供技术手段,进而提高淮河流域计划用水管理水平、促进淮河流域节水控水工作高质量发展。

[作者简介]

扶清成,男,1989年10月生,工程师,主要从事水资源分析研究工作,18605526863,915701171@qq.com。

极端天气影响下流域防洪治理对策与思考
——以郑州"7·20"特大暴雨为例

万瑞容 景圆 刘华春

(淮河水资源保护科学研究所 安徽 蚌埠 233001)

摘 要：近年来全球极端气候和事件不断增多，极端暴雨过程突发性强、短时雨量大。如2021年7月20日河南郑州出现历史罕见的极端暴雨导致严重城市内涝、河流洪水、山洪滑坡等多灾并发，造成了重大人员伤亡和经济损失。贾鲁河流域中牟-扶沟段出现有实测记录以来最高水位洪水，中牟站最高水位79.40 m，最大流量600 m³/s，扶沟站最高水位59.54 m，为有实测记录以来最大。本文结合沙颍河流域气象、水文、地形等特征，分析此次暴雨导致的洪涝灾害影响，从防洪体系建设角度，探讨了流域治理工程建设对流域防洪和郑州等大型城市安全的重要作用，为后续强化流域治理管理提供思路和建议。

关键词：郑州"7·20"特大暴雨；水文特性；流域治理；洪涝灾害

1 前言

近年来，全球极端气候和事件不断增多，城市作为基础设施、人口集聚的中心，对气候变化的反应更加敏感。联合国政府间气候变化专门委员会(IPCC)发布的第六次评估报告也指出，全球气候变化背景下，暴雨发生呈现增多趋强的趋势，且城市对高温热浪、强降水和洪涝灾害的影响具有加剧作用。2021年我国自然灾害形势复杂严峻，极端天气气候事件多发，河南等地出现严重暴雨灾害，降水导致城市内涝严重，造成巨大经济损失。张建云院士"大型城市极端天气应对与思考——给洪水一条'出路'"报告总结，我国部分大型城市几乎"年年看海"；2012年北京市遭遇超百年一遇的设计暴雨；2013年宁波、上海强降雨；2016年武汉、南京等长江沿线城市严重洪涝；2019年深圳短历时强暴雨；2021年7月郑州极端暴雨。国务院调查组《河南郑州"7·20"特大暴雨灾害调查报告》指出，河南郑州"7·20"特大暴雨是一场极端暴雨，导致了严重城市内涝、河流洪水、山洪滑坡等多灾并发，造成重大人员伤亡和财产损失。暴雨洪涝灾害是全世界非常典型的气象灾害，也是我国防灾治理工作的关键对象。袁宇锋等[1]研究指出未来包括中国大型城市区域在内的全球诸多地区的夏季将会变得更热，黄河中下游地区以及淮河中下游地区极端降水事件的概率将会明显增加。

本文以2021年郑州"7·20"特大暴雨为例，结合沙颍河流域的水文、地形特点，分析极端暴雨对防洪治理体系的影响，提出强化流域治理管理应对极端气候事件的措施和建议方向。

2 郑州"7·20"特大暴雨过程

2.1 降水情况

2021年7月20日，郑州及周边多个城市出现破纪录极端强降水事件，降水过程累计雨量大、强降水范围广、降水极端性强、短时强降水时段集中且持续时间长。河南有39个县市累计降水量达年降水量的一半(图1,河南降雨量实况图),累计雨量超过250 mm的覆盖面积占河南全省面积的32.8%[2]。郑州降水量超过常年的年降水量(图2,郑州降雨量实况图),最大小时降雨量达到了201.9 mm,超过我国大陆极值(198.5 mm,1975年8月5日河南林庄),单站最大24 h降雨量696.5 mm(郑州尖岗站),超过郑州市多年平均降雨量。

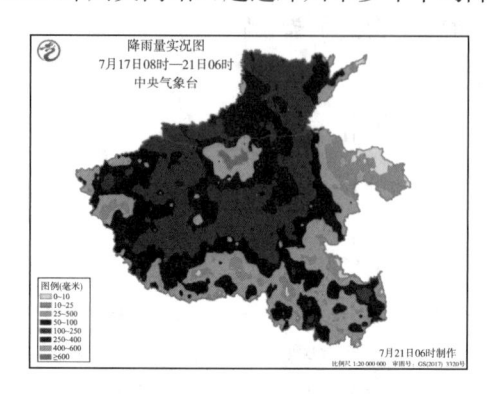

图1　河南降雨量实况图
(7月17日08时—21日06时)

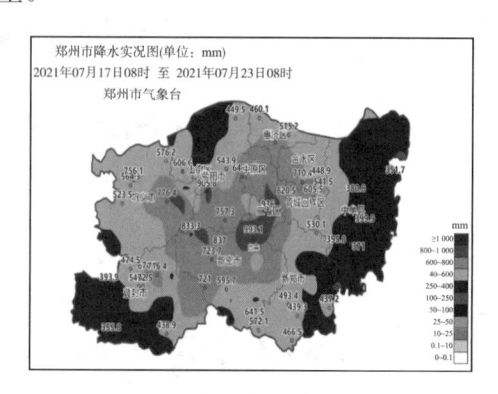

图2　郑州降雨量实况图
(7月17日08时—23日08时)

2.2　暴雨成因

此次极端暴雨是由多重因素共同引起的罕见的气象灾害,主要有以下特点:一是罕见的环流背景,二是极端的水汽条件,三是地形条件的叠加影响。副热带高压、大陆高压、低涡、台风、低空急流互相配合,为暴雨提供了非常有利的环流背景。2021年6号台风"烟花"和异常偏北偏强的副热带高压造成偏东风气流加强,7号台风"查帕卡"在7月19日不断向北移,伴随着郑州南部的气流、东部的偏东风气流,以及河南北部经太行山脉阻挡后的偏东北风气流集聚在郑州地区[3-4]。暴雨有两条显著的水汽通道,在郑州地区长时间辐合,形成了郑州上空极端的水汽条件[5]。特殊的地形也使得暴雨极端性进一步增强。郑州东南地区属于淮河流域,西北地区属于黄河流域,是我国地貌台阶第二和第三阶的过渡区。西南方向有伏牛山、嵩山,北部是太行山。来自东部和南部富含大量水汽的气流顺着地形抬升,使得气流运动加强,降水量增加,在高空辐散的配合下,增强了暴雨的稳定性[6]。

2.3　暴雨造成的洪涝影响

暴雨强度和范围突破历史记录,远超出郑州市防洪排涝能力,超标准降雨造成了城外洪水、城内涝水并发,形成了洪涝交织的严峻局面。郑州城区大面积内涝,同时西南部山丘区发生洪水,郑州市的排涝河流贾鲁河等河流均出现超保证水位的大水,河流水位持续壅高,行洪不畅,导致城区涝水排泄受阻,外洪内涝叠加影响下,郑州的洪涝灾害升级加剧[9-10]。城镇街道洼地积涝严重、河流水库洪水短时猛涨、山区溪流沟道大量壅水、交通瘫痪、电力中断,直接经济损失超过409亿元。7月20日,京广快速路附近两小时降水量达到127 mm,郑州地铁5号线五龙口停车场发生严重积水,围挡倒塌,积水满溢,地铁停电,造成14人遇难。全市超过一半的地下空间被淹,道路交通阻断[7]。

郑州市境内共有河流124条,发生险情418处,143座水库中有84座水库出现险情,103座水库超汛限水位,淮河流域贾鲁河中牟-扶沟段出现有实测记录以来最高水位洪水,中牟站最高水位79.40 m,超过历史最高洪峰水位1.71 m;洪峰流量608 m³/s,是历史最大洪峰流量的2.5倍[8]。扶沟站最高水位59.54 m,均为有实测记录以来最大[2]。郑州市常庄水库、郭家咀水库及贾鲁河、伊河等多处工程出现险情。

3 沙颍河流域治理概况

3.1 流域基本情况

郑州市主城区的主要排涝河流贾鲁河、双洎河属于沙颍河流域（如图3所示），沙颍河是淮河的最大支流，山丘区面积占流域总面积的1/3以上，是洪涝灾害多发地区（见图4）。流域包括郑州、许昌、平顶山、漯河、洛阳、开封、周口、阜阳等8市，周口以上控制面积25 800 km²，其中山丘区面积占56%，大多分布在京广铁路以西，京广铁路以东除贾鲁河流域有部分山丘外，其余均为平原。

沙颍河流域治理坚持"上下游兼顾，蓄泄兼筹，统一规划，统一治理"的原则，上游通过修建水库、中游修建滞洪区拦蓄干支流洪水，中下游通过疏浚干支流河道、培修堤防、开辟分洪通道等，初步建立起"蓄、滞、排"相结合的防洪工程体系。国家及豫、皖两省对沙颍河的治理历来重视，先后在上游山区修建了昭平台、白龟山、孤石滩、白沙、前坪水库，漯河以西修建泥河洼滞洪区，开辟了茨淮新河增加洪涝水出路[11]。

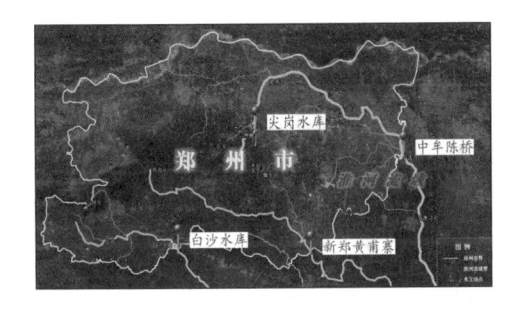

图3 郑州市地形及主要河流分布图 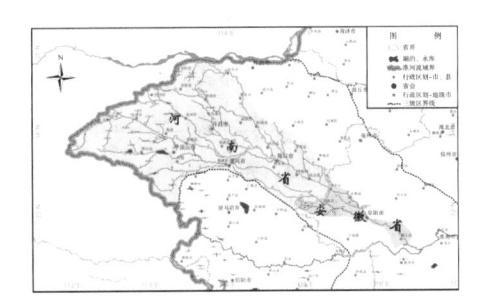　　图4 沙颍河流域地理位置与水系示意图

3.2 存在的风险和不足

郑州"7·20"特大暴雨在一定程度上暴露出了流域防洪工程体系存在的不足。历史上，黄河夺淮期间，沙颍河是黄河南侵的泛道之一，也是黄河在淮北泛流的南界，沙颍河北岸各支流受黄泛影响淤塞严重、排泄不畅，周口以下沙河槽有较大冲宽刷深，河道弯曲大、险工多，洪水期间易受水流冲刷和侵蚀。1991年淮河流域大水后，实施完成了沙颍河近期治理工程，但和《淮河流域防洪规划》《淮河流域综合规划（2012—2030年）》确定的50年一遇防洪标准还有差距[11]，需进一步通过疏浚河槽等工程措施完善防洪体系。

流域内部分水库淤积严重、排涝河流被建筑垃圾堆放非法侵占，一定程度上加重了暴雨情况下的洪涝程度，城市内涝水无法及时通过排涝河流排出，甚至因为干流水位顶托、倒灌而加深城区内涝灾害。另外，堤外滩地生产圩多、人口多，需要通过有效的监督管理充分发挥水库、闸坝、行蓄洪区等的运用效果。

"7·20"特大暴雨后沙颍河流域贾鲁河、双洎河等河流沿线道路桥梁损毁严重，大小涵闸工程老化失修、病险问题突出，且流域内水文监测站网覆盖不够，实时水位、流量等监测要素不全，精度、密度无法及时满足大型城市应急防洪预警精准化、精细化的需求。

4 流域治理应对极端气候措施建议

4.1 完善防洪工程体系与监测站网建设

在流域治理管理中,应坚持"统一规划、统一治理、统一调度、统一管理",进一步开展强降水-洪涝预警研究,构建"天-空-地"一体化防灾体系。不断完善流域防洪工程体系,加快上游规划内控制性工程建设,扩大淮河中游行洪通道,提升下游入江入海泄洪能力。系统部署流域内水库、河道及地方分蓄洪区建设,统筹安排洪水出路。根据上下游防洪保护对象的特点,科学确定工程布局、规模、标准、运行方式,实现流域区域相匹配、骨干配套相衔接、治理保护相统筹。

目前淮河流域内小型河流、湖泊的水文监测设施不足,部分小型水库缺少水位站等监测设施;约1/3中型水库,90%以上的小型水库,大多数堤防、中小型水闸等缺乏相应监测手段;部分防洪排涝重点城市的水文监测设施不足,如郑州市主要行洪河道水情监测站仅5处,全市易涝点监测覆盖率仅达到15%,应逐步提高监测设备的覆盖率和智能化水平。

4.2 强化工程安全运行监督管理

郑州"7·20"暴雨发生时,郭家咀水库溢洪道被弃土弃渣堵塞,库区被侵占、库容减小,降低了河道行洪能力,严重威胁防洪安全;王宗店村行洪通道被村居和村道建设侵占,导致暴雨时洪峰流量达到 768 m³/s,水位迅速升高。

相关部门应严格按照《中华人民共和国水法》等法律法规要求,加强对建设施工过程中随意弃土弃渣、违法改建、侵占河道等行为的严厉查处;严格进行各类应急预案的审核备案,加强在水库运行期间的监管。坚持人民至上、生命至上,把安全生产工作落实到运行调度、应急管理、防汛度汛、设备设施维修养护等各个环节[12]。

4.3 推进数字孪生流域建设

郑州等重要防洪城市已建成防汛抗旱决策系统、城市排涝系统,但预报精度、预警时效性有待提高。根据《数字孪生淮河总体规划》要求,在国家防汛抗旱指挥系统的基础上,扩展定制流域防洪数字化场景,升级完善流域防洪"四预"功能,补充综合旱情监测预测功能,搭建防汛抗旱"四预"业务平台。集成"降水-产流-汇流-演进"全过程模型,实现气象水文、水文水力学耦合预报以及预报调度一体化[13];完善洪水预报、水情工情预警、调度方案预演、预案智能生成等功能,在未来遇到类似"7·20"极端暴雨情况时,能够做到实时模拟,在线分析,迅速决策,为流域洪水防御提供超前、快速、精准的决策支持,逐步提高流域精细化防洪预警调度能力。

[参考文献]

[1] 袁宇锋,翟盘茂.全球变暖与城市效应共同作用下的极端天气气候事件变化的最新认知[J].大气科学学报,2022,45(2):161-166.

[2] 中国气象局国家气候中心.2021年中国气候公报[R/OL].2022.

[3] 张入财,田金华,陈超辉,等.郑州"7·20"特大暴雨极端性成因分析[J].气象与环境科学,2022,45(2):52-64.

[4] 任宏昌,张恒德.郑州"7·20"暴雨的精细化特征及主要成因分析[J].河海大学学报(自然科学版),2022,50(5):

1-9.

[5] Zhou T J, Zhang W X, Zhang L X, et al. 2021: A year of unprecedented climate extremes in Eastern Asia, North America, and Europe[J]. Advances in Atmospheric Sciences, 2022,39(10):1598-1607.

[6] 史文茹,李昕,曾明剑,等."7·20"郑州特大暴雨的多模式对比及高分辨率区域模式预报分析[J].大气科学学报,2021,44(5):688-702.

[7] 苏爱芳,吕晓娜,崔丽曼,等.郑州"7.20"极端暴雨天气的基本观测分析[J].暴雨灾害,2021,40(5):445-454

[8] 国务院灾害调查组.河南郑州"7·20"特大暴雨灾害调查报告[R/OL].2022.

[9] 徐卫红,刘昌军,吕娟,等.郑州主城区2021年"7·20"特大暴雨洪涝特征及应对策略[J].中国防汛抗旱,2022,32(5):5-10.

[10] 刘南江,靳文,张鹏,等.2021年河南"7·20"特大暴雨灾害影响特征分析及建议[J].中国防汛抗旱,2022,32(4):31-37.

[11] 王希之,陈彪.沙颍河近期治理规划及其调洪演算分析[J].水利规划与设计,2005(1):11-13+28.

[12] 李开峰,王义,吕游.2021年淮河流域水旱灾害防御工作实践与思考[J].中国防汛抗旱,2021,31(12):19-21.

[13] 陈胜,刘昌军,李京兵,等.防洪"四预"数字孪生技术及应用研究[J].中国防汛抗旱,2022,32(6):1-5+14.

[作者简介]

万瑞容,女,1995年2月生,助理工程师,从事水文水资源研究工作,18351961263,wanruirong@hrc.gov.cn。

最低水位保障法在南四湖下级湖干旱预警水位（流量）确定工作中的应用实践

杜庆顺[1]　王　建[2]　邱岳阳[2]

（1. 沂沭泗水利管理局水文局（信息中心）　江苏 徐州　221018；
2. 沂沭河水利管理局沭河水利管理局　山东 临沭　276000）

摘　要：建立江河湖库干旱预警指标体系，推动干旱主动防御工作，可以为抗旱指挥决策和统筹调度流域骨干水库提供科学依据和技术支撑。本文以南四湖下级湖为例，以3—10月为干旱预警期，开展了《江河湖库干旱预警水位（流量）确定技术指南（试行）》中的最低水位保障法的应用，采用外包线法和叠加法初步确定微山岛站的干旱预警水位（流量）。

关键词：干旱预警；最低水位保障法；南四湖下级湖

1　引言

江河湖库水文干旱预警水位（流量）是江河湖库水资源管理由日常管理进入应急管理的分水岭，到达干旱预警水位（流量）后，江河湖库进入缺水状态，社会各部门应采取更严格的节水措施和应急管理措施，保障社会经济平稳发展和生态安全基本用水。2011年，原国家防办提出了旱限水位（流量）概念，出台了《旱限水位（流量）确定办法》（以下简称《办法》），在7大流域和30个省（自治区、直辖市）开展试点，初步推动了旱限水位（流量）制度应用。针对近几年抗旱实践中发现的旱限水位（流量）计算方法单一，制约其推广应用的情况，水利部水旱灾害防御司组织开展了江河湖库水文干旱预警水位（流量）确定方法的深化研究工作，在《办法》基础上，中国水利水电科学研究院进一步修订完善了干旱预警指标的概念、功能、使用对象和范围，出台了《江河湖库干旱预警水位（流量）确定技术指南（试行）》。鉴于此，本文以南四湖下级湖微山岛站为例，探讨湖泊干旱预警水位（流量）确定的方法应用，以期为全国其他湖泊抗旱调度提供实践支持。

2　湖泊断面干旱预警水位（流量）确定方法

2021年12月，《江河湖库干旱预警水位（流量）确定技术指南（试行）》中明确，湖泊干旱预警水位确定方法主要有最低水位保障法、分级分期综合法。其中，最低水位保障法综合考虑了大型湖泊内外多种服务功能对水位的要求，适用于水量丰富、年内水位波动较小的大型湖泊。

干旱预警水位（流量）建议划分为旱警水位（流量）和旱保水位（流量）两个级别。旱警水位（流量）指轻度干旱情况下，保障城乡生活、工农业生产、生态环境主要供水需求的水位（流量）阈值。旱保水位（流量）指严重干旱情况下，保障城乡生活、工农业生产、生态环境基本供水需求的水位（流量）阈值。

根据干旱期湖泊生态、航运、水产养殖、生活生产用水等多个行业的最低水位要求，采用外包线法确定湖泊干旱预警水位。具体步骤如下：

（1）确定干旱期湖泊生态环境、航运、水产养殖的水位等要求，收集沿湖取水口取水高程等资料；

（2）对湖泊生态、航运、水产养殖等要求的水位和沿湖取水口取水高程取最大值，作为干旱预警水位。

湖泊干旱预警水位（水量）采用外包线和逐级叠加的方法计算，原理见图1。

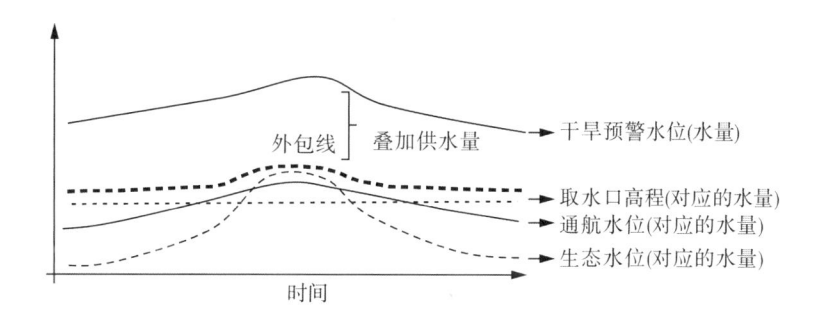

图1 湖泊干旱预警水位（水量）计算示意图

湖泊干旱预警水位（水量）计算公式如下：

$$Z_{hx,i} = \max(H_{e,i}, H_{h,i}, H) + f(\max(W_{s,i} + W_{loss,i} - W_{p,i}, 0))$$
$$Z_{hx,i} = \max(H_{e,i}, H_{h,i}, H) + f(\max(W_{s1,i} + W_{loss,i} - W_{p,i}, 0)) \quad (1)$$

$$W_{hx,i} = f^{-1}(Z_{hx,i}) \quad W_{hx,i} = f^{-1}(Z_{hx,i}) \quad (2)$$

式中：$Z_{hx,i}$ 为 i 月（旬）湖泊干旱预警水位(m)；$W_{hx,i}$ 为 i 月（旬）湖泊干旱预警水量（万 m³）；$W_{s,i}$ 为干旱预警水位（水量）对应的 i 月（旬）社会经济需水量（万 m³）；$W_{loss,i}$ 为干旱预警水位（水量）对应的 i 月（旬）湖面蒸发渗漏量（万 m³）；$W_{p,i}$ 为干旱预警水位（水量）对应的 i 月（旬）入湖水量（万 m³）；$H_{e,i}$ 为干旱预警水位（水量）对应的 i 月（旬）湖泊生态水位(m)；$H_{h,i}$ 为干旱预警水位（水量）对应的 i 月（旬）湖泊通航水位(m)；H 为取水口高程(m)；$f()$ 为湖泊蓄水量-水位转换函数。

根据干旱预警分期，取各分期内最高月（旬）初水位作为该分期湖泊干旱预警水位（水量）。

3 南四湖下级湖干旱预警水位（流量）确定

3.1 研究区域概况

南四湖由南阳湖、昭阳湖、独山湖、微山湖等四个湖泊组成，南北长约 125 km，东西宽 6～25 km，周边长 311 km，湖面积 1 280 km²，总库容 60.12 亿 m³，流域面积 31 180 km²，是我国第六大淡水湖，具有调节洪水、蓄水灌溉、工业供水、航运交通、改善生态环境等多重功能，亦是南水北调东线调蓄湖泊。

南四湖承接苏、鲁、豫、皖四省 53 条河流来水，调蓄后由韩庄运河、伊家河、老运河、不牢河下泄，各出湖河口均建有控制工程。南四湖防洪工程主要包括湖西大堤、湖东堤、二级坝枢纽、韩庄枢纽、蔺家坝枢纽及湖东滞洪区。二级坝水利枢纽横跨昭阳湖湖腰最窄处，将南四湖分为上下两级湖，是蓄水灌溉、防洪排涝、南水北调、工业供水、水陆交通、水产养殖和改善生态环境等综合利用的枢纽工程。

依据水量丰富、年内水位波动较小的大型湖泊的适用条件以及综合考虑湖泊内外多种服务功能的原则，本文选取沂沭泗流域南四湖下级湖为例，微山水文站是下级湖的水位代表站，集水面积约 3

万平方公里,是泗运河水系的一个重要控制站。

3.2 计算过程

3.2.1 资料介绍

本项目收集了微山岛站1953—2020年日均水位变化过程,水位-库容关系曲线,江苏和山东两省南四湖下级湖沿湖取水口汇总表,京杭运河湖西航道设计通航水位等资料。

3.2.2 计算过程及结果

南四湖下级湖生态水位是31.05 m(废黄河口高程,下同),湖西航道最低通航水位31.29 m。下级湖及主要入湖支流河段有城乡生活、工业、农业灌溉三类用水户,共179个取水口,其中6个取水口为城乡生活供水,供水对象为徐州粤海水务、济宁城乡水务局、沛县兴蓉水务等;19个取水口是工业取水,供水对象为华电国际电力股份有限公司十里泉发电厂、枣庄北控智信水务有限公司等;154个取水口是农业取水,供水对象为枣庄市潘庄灌区、湖西农场以及湖内外各村镇灌溉用水等。各类用水户设计年取水量如表1所示。

表1 南四湖下级湖各类用水户设计年取水量　　　　　　　　　　　　　　　　　　　单位:万 m^3

用水户类别	城乡生活	工业	农业灌溉
年取水量	7 600	7 485	50 259

对生产生活年取用水量进行年内平均分配,对农业年取用水量参考临近区域作物灌溉用水过程进行年内分配,得到微山站预警期内各月社会经济设计取水流量如表2所示。

表2 微山岛站干旱预警期内各月设计取水量　　　　　　　　　　　　　　　　　　　单位:$10^6 m^3$

月份	3	4	5	6	7	8	9	10
取水流量	37.7	52.8	88.0	108.0	98.0	83.0	72.9	62.9

由于生态用水、航运用水需要保证,取二者外包络线,叠加社会经济设计取水流量作为微山站各月旱警水位;叠加城乡生活、工业设计取水流量以及0.7倍农业设计取水流量,作为微山站各月旱保水位。不考虑冬季冰封期,设定3—10月为微山岛干旱预警期,并按照该区域的来水、用水的季节性特点,区分3—5月为灌溉期、6—9月为汛期、10月为汛后期。取各分期中最大月旱限水位作为微山站该分期旱限水位如表3所示。

表3 微山站分期旱限流量和水位　　　　　　　　　　　　　　　　　　　　　　　　　　单位:m

分期	灌溉期			汛期				汛后
月份	3	4	5	6	7	8	9	10
旱警水位	31.40	31.45	31.50	31.55	32.13	31.99	31.86	31.64
旱保水位	31.38	31.42	31.44	31.48	31.97	31.84	31.72	31.50

3.3 合理性分析

本文江河断面干旱预警水位(流量)确定方法采用重现期法进行合理性分析,北方湖泊当所计算的各个分期旱警水位出现频率约5年一遇,各个分期旱保水位出现频率约为10年一遇时,认为计算的结果具有合理性。本项目按照持续30天日均水位低于旱限水位发布预警的原则,根据1953—2020年68年逐日流量资料进行统计分析,统计结果如表4所示。该结果表明所计算的微山岛站分期旱限水位合理。

表 4 微山岛站分期旱限水位重现期统计表

分期	月份	旱警水位 连续30天低于次数	旱警水位 重现期(年)	旱保水位 连续30天低于次数	旱保水位 重现期(年)
灌溉期	3—5	13	5	11	7
汛期	6—9	11	6	8	9
汛后	10	11	6	8	9

4 结论

本文对江河断面干旱预警水位(流量)的确定工作进行了应用实践,并以南四湖下级湖微山岛站为例进行分析计算,使南四湖水系遭遇干旱年份时抗旱调度具有可操作性。但受经济社会发展迅速的影响,本文收集的取用水资料可能存在一定滞后性,且尚未考虑同期其他可利用水源情况,对于指导南四湖下级湖流域的抗旱工作有一定的局限性,后续相关工作有待进一步探索和完善。

[参考文献]

[1] 国家防洪抗旱总指挥部办公室.关于开展旱限水位(流量)确定工作的通知[Z].2011.
[2] 中国水利水电科学研究院.江河湖库干旱预警水位(流量)确定技术指南(修订稿)[Z].2022.
[3] 刘宁.中国干旱预警水文方法探析[J].水科学进展,2014,25(3):444-450.
[4] 张艳玲.陕西省主要江河水库旱警水位(流量)确定及思考[J].中国防汛抗旱,2017,27(5):100-103.

[作者简介]

杜庆顺,男,1982年1月生,高级工程师,从事水文预报、水文分析等相关工作,13685194703,duqingshun@126.com。

新格局视野下淮河流域水利与经济社会协同发展初步思考

顾雨田 吴晨晨

(中水淮河规划设计研究有限公司 安徽 合肥 230601)

摘 要：构建新发展格局，是经济社会发展实现历史性大跨越的伟大进程。本文从自然地理、水系变迁、社会历史环境演变等方面解析了极为鲜明的淮河流域特征，归纳为"四个特殊"；探讨了流域发展战略和功能定位，即淮河流域是承载人口和经济活动的重要地区、国家粮食安全保障战略区域、国家综合交通运输枢纽区域、国家能源原材料及新兴现代制造业基地。对照新格局内涵要求，作者认为在防洪除涝、水资源、水生态、农业农村水利、流域综合管理等方面还有"五大问题"亟待破解，尝试给出了流域水利与经济社会协同发展的思路和"五大战略举措"，明确提出了流域水安全保障的"四大安全"目标和"四大体系"建设的关键任务。

关键词：淮河流域；水利；经济社会；协同发展；战略举措

1 引言

改革开放40多年以来，中国经济持续保持高中速增长，"十四五"时期经济社会发展进入高质量发展的新阶段，实现由初级阶段向更高阶段迈进的历史性跨越。面对"两个大局"战略机遇和风险挑战，新发展理念更加突出人民至上、生态优先、绿色发展，更加注重统筹发展与安全，更加注重发展的高质量与可持续；构建"新发展格局"，其本质的特征就是实现高水平自立自强，是生存能力强韧、发展动力澎湃、积极有为、生机蓬勃、不断发展进步、实现由量的积累到质的飞跃的伟大历史进程。习近平总书记高度重视国家水安全，提出"节水优先、空间均衡、系统治理、两手发力"治水思路，就统筹长江经济带发展与保护、黄河流域生态保护和高质量发展、淮河治理与规划等发表了一系列重要讲话，指明了破解重大水问题、推动水利事业高质量发展的方向和着力点。处在"两个一百年"历史交汇期和构建新发展格局的历史起点，要把握大势，认清新时代水利改革发展所处的历史方位和发展阶段，运用战略思维，在历史大背景和国家发展全局中，认识和分析我国复杂水问题，找准发展方向和路径，谋划保障国家水安全的新方略、新举措。

2 淮河流域及其特征

2.1 流域概况

淮河流域位于中国大陆东中部，西起桐柏山和伏牛山，东临黄海，南以大别山、江淮丘陵、通扬运河及如泰运河与长江流域毗邻，北以黄河南堤和沂蒙山脉与黄河流域接壤。流域地跨鄂豫皖苏鲁5省、40个地级市、237个县(市、区)，面积27万 km²。历史上12世纪至19世纪，黄河夺淮近700年，留下一条黄河故道，将一个完整的流域分割为相对独立的淮河水系和沂沭泗河水系，流域面积分别约为19万 km²和8万 km²，现在两大水系之间有京杭大运河、淮沭新河、徐洪河沟通。

淮河干流发源于河南桐柏山,东流经鄂豫皖苏4省,在江苏三江营注入长江,全长1 000 km,总落差200 m。淮河干流洪河口以上为上游,河长360 m,落差178 m;洪河口至中渡为中游,河长490 km,落差16 m;中渡以下为下游入江水道,河长150 km,落差6 m。淮河上中游支流众多,大体呈不对称羽状分布。南岸支流多发源于山区和丘陵,源短流急;北岸支流主体部分大都分布在淮河平原上,河势平缓。沂沭泗河水系由沂河、沭河、泗运河组成,均发源于沂蒙山脉,历史上曾是淮河的支流。

2.2 流域特征

淮河流域特征极为鲜明,可以从自然地理、水系变迁、社会历史环境演变等方面归纳概括为"四个特殊"。

(1) 特殊的气候条件。淮河是中国南北方的一条自然气候分界线,北部属暖温带半湿润季风气候区,南部属亚热带湿润季风气候区。气候特点是四季分明,夏冬季节略长,过渡季节春秋略短,全年在东亚季风影响下,呈现出夏季炎热多雨、冬季寒冷干燥、春季天气多变、秋季天高气爽的鲜明特征。在气候类型过渡区,气候态不稳定,易变性大;天气系统复杂,变化剧烈。降水量年际变化大、年内分布极不均匀、空间分异显著。降水量年际相对变率大体在0.16~0.27之间,总体上南部小北部大,丰水年往往是枯水年的数倍,如2003年流域平均年降水量1 282 mm,而1966年仅为578 mm,前者约是后者的2.2倍;年内降水,夏季最多,其中汛期5—9月占到全年的72%;空间分布上,山区丘陵和沿海地带一般超过1 000 mm,南部山区可达1 600 mm以上,中部平原地区一般为600~800 mm,自南向北递减,北部沿黄地区甚至不足600 mm。径流量的年际变化、年内分配、区域分布规律与降水变化规律具有近似性,但变化幅度更为剧烈。流域多年平均降水量878 mm(1956—2016年系列),多年平均水资源总量812亿 m³,其中地表水资源量606亿 m³,占水资源总量的75%,由于人口密度大、耕地率高,人均和亩均水资源占有量不足全国的1/4。淮河流域灾害性天气气候发生频率高,旱涝交替和旱涝急转特征明显,是典型的气候脆弱区和极易孕灾的区域[1]。

(2) 特殊的地形地貌。淮河流域位于中国大陆地势第二阶梯前缘、大多处在第三阶梯上,地形大体由西北向东南倾斜,淮南山区、沂沭泗山区分别向北和向南倾斜。流域北邻黄河、南连长江,自中原腹地绵延至黄海之滨,西部、南部和东北部为山区丘陵,面积约占流域总面积的1/3;中部腹地是广阔的平原,面积要占2/3。平原地区有众多的湖泊和洼地,地势平缓低洼,土地肥沃,气候温和,物产丰饶,人口稠密,是中国农耕文明的发源地之一,据考古发现,至今已有7 000~9 000年历史。农业生态功能区,同样拥有丰富独特的生物多样性。由于平原广袤,地势低平,淮河流域防洪保护区面积达15.8万 km²,高居各大江河流域之首。因此,抗御洪水风险、减除渍涝灾害始终是流域至关重要的使命。

(3) 特殊的河流水系演变历史。淮河古称淮水,与长江、黄河、济水并称四渎,《尔雅·释水》中写道:"江河淮济为四渎。"《尚书·禹贡》也曾记载"导淮自桐柏,东会于泗、沂,东入于海。"古老的淮河曾经是一条独流入海的河流,流域水系完整,湖泊陂塘众多,尾闾深阔通畅,水旱灾害相对较少。自古民间就流传着"江淮熟,天下足""走千走万,不如淮河两岸"的赞誉。流域北面邻居是黄河,历史上以"善淤、善决、善徙"著称,淮河曾长期遭受黄河决口南泛的侵扰,最早在汉文帝十二年(公元前168年)就有记载,其中1194—1855年黄河夺淮660余年,为害甚为惨烈,河流水系发生巨变,入海出路淤塞受阻,干支流河道排水不畅,洪涝灾害加剧,逐渐沦为"大雨大灾,小雨小灾,无雨旱灾""十年倒有九年荒"的境地。黄河夺淮的影响至为深远,至今难以根除。

(4) 特殊的社会人文环境。淮河流域历史文化极为厚重,是中华文明重要发祥地,曾孕育了光辉灿烂的古代文化,也承载了中国几千年历史进程中群雄逐鹿的梦想。中国历史上伟大思想巨匠老子、孔子、孟子、庄子、墨子、韩非子，均在淮河流域。几千年的社会发展史，同时也是一部波澜壮阔的治水历史，远古时期就有大禹治水和伯益作井的传说；春秋战国时期兴建的芍陂（现称安丰塘），是中国现存最古老的蓄水灌溉工程；始建于东汉、增筑于明朝的高家堰（即洪泽湖大堤），拦淮蓄水形成洪泽湖，现在是中国五大淡水湖之一；历经数个朝代开凿的京杭大运河，沟通海河、黄河、淮河、长江和钱塘江五大水系，对当时经济社会发展起到了至关重要的作用，对后世也影响深远。淮河流域在中国数千年文明发展史上，始终占有极其重要的位置。现在的淮河流域，人口总量已达1.91亿，约占全国的13.6%，人口密度707人/km^2，是全国平均人口密度的近4.8倍；耕地面积约2.21亿亩，约占全国耕地面积11%，粮食产量约占全国总产量的1/6，提供的商品粮约占全国的1/4[2]。

3 四点共识与五大问题

3.1 流域发展功能定位"四点共识"[3]

随着国家现代化进程的加速，淮河流域也将进入加快发展的重要历史时期。淮河流域腹地广阔，通江达海，南北联结着长江、黄河，具有人口、资源、市场和区位优势，是长江经济带及长江三角洲区域一体化发展、黄河流域生态保护和高质量发展、新时代中部地区高质量发展、淮河生态经济带发展等国家重大战略规划高度重叠的区域。长三角区域一体化发展势如破竹，中部地区快速崛起，淮河生态经济带绿色发展纵深推进，京津冀一体化发展亟须持续注入更加充沛的"水动能"，国家重大战略的持续实施，更加突显淮河流域在国家经济社会发展大局中十分重要的战略地位，有望成为拓展东中部发展空间的新增长极。综观历史和未来发展的大局，不难形成淮河流域发展战略与功能定位的"四点共识"：

（1）淮河流域是承载人口和经济活动的重要地区；
（2）淮河流域是国家粮食安全保障战略区域；
（3）淮河流域是国家综合交通运输枢纽区域；
（4）淮河流域是国家能源原材料及新兴现代制造业基地。

3.2 新格局视野下流域水利"五大问题"[4]

新中国成立后，党和国家始终把治淮作为治国安邦的大事来抓，始终把治淮放在国民经济发展的重要位置予以推进，始终致力于淮河的系统治理、开发与保护，持续70余年从未中断，重视程度之高、投入力度之大、持续时间之长、取得成就之巨，前所未有。新中国治淮70多年来，基本建立了防洪除涝减灾体系、初步形成了水资源综合利用体系、逐步构建了水资源与水生态环境保护体系、不断健全流域综合管理体系，初步形成了与经济社会发展相适应的流域水安全保障体系，极大地促进了流域经济社会发展，满足了流域人民群众日益增长的水资源、水生态、水环境需求。但是，由于淮河流域特殊的自然地理、河流水系和社会环境，加之国家和区域战略对构建"新发展格局"提出了新的更高要求，流域水利高质量发展面临着协同、适应、甚至适度超前的重大挑战，仍然存在亟待解决的"五大问题"：

（1）流域防洪除涝减灾体系仍存在短板弱项，减灾标准不高，抗灾能力不强，难以有效应对极端天气灾害和特大洪水风险；
（2）流域水资源赋存状况与耕地分布、产业和人口集聚区在时空维度上耦合度差，水资源配置体系不够完善，影响区域均衡发展；
（3）流域水生态环境脆弱，承载容量有限，减排降污压力大，维护和复苏河湖功能及其原真性、完整性任务艰巨；

（4）流域城乡发展差距问题突出，有效衔接乡村振兴，促进农村三产融合发展，亟须夯实农业农村水利现代化的基础支撑和保障；

（5）流域综合管理理念尚需突破、法治基础依然薄弱、体制机制有待创新、能力建设亟须加强。

4 基于新格局的流域水利与经济社会协同发展思路[4-6]

4.1 总体战略与愿景

应着眼"两个大局"和"国之大者"，做好与国家重大战略的衔接，谋划新格局下流域全面协调发展战略。淮河流域具有人口、资源、环境、区位独特优势，历史文化极为厚重，现在虽未摆脱东中部"经济洼地"窘境，但从发展趋势研判，淮河流域无疑是极具发展潜力的区域之一，高度重叠的国家重大发展战略多重覆盖流域全境，淮河流域有望成为中国大陆南方北方过渡地带上的璀璨明珠。我们设想的总体战略与目标是：

①理念与原则：生态优先、绿色发展、区域统筹、城乡融合。

②目标与愿景：生态良好、环境宜居、就业充分、民生保障、发展协调均衡、基本公共服务均等便利共享的美好城乡。

③发展模式：新型城镇化先行区；新兴产业绿色发展样板区；现代农业文明综合示范区。

4.2 五大战略举措

（1）全域融入长三角区域一体化发展战略，主动对接和承接东部发达地区优势产业辐射带动和扩能转移，建设新兴产业聚集地和绿色发展样板区；

（2）全面对接新时代中部地区高质量发展战略，以新型城镇化先行先试，推动中部地区加快崛起，填平淮河流域经济发展"洼地"；

（3）全面对接乡村振兴战略，坚持城乡一体化融合发展，增强城乡区域发展协同性，建设现代农业文明综合示范区，实现就业充分、收入稳定目标，再现山明水秀、沃野良田、阡陌纵横、恬静宜居、乡情浓郁的现代版"富春山居图"。

（4）依托流域雄厚的水利基础，率先建成流域国家水网，延伸覆盖和织密省市县三级水网，增强流域水利基础设施体系的适配性，保障流域水利与经济社会高质量协同发展。

（5）探索大河流域综合治理与管理新模式，统筹推进安心、清澈、生态、富庶、共享、智慧"六个淮河"建设，建成与基本实现社会主义现代化相匹配的流域现代水治理体系，让淮河成为造福流域人民的幸福河。

4.3 流域水安全保障

2020年，适逢新中国治淮70周年之际，习近平总书记两度亲临淮河视察并作出重要指示，他指出，要尊重自然、顺应自然规律，积极应对自然灾害，与自然和谐相处；要坚持生态湿地蓄洪区的定位和规划，防止被侵占蚕食，保护好生态湿地蓄洪区的行蓄洪功能和生态保护功能；要因地制宜安排生产生活，扬长避短。同时引导和鼓励乡亲们逐步搬出去，减存量、控增量，不搞大折腾，确保蓄洪区人口不再增多；要聚焦河流湖泊安全、生态环境安全、城市防洪安全，谋划建设一批基础性、枢纽性的重大项目；全面建设社会主义现代化，抗御自然灾害能力也要现代化。在视察南水北调东中线龙头工程江都枢纽和陶岔枢纽时,他强调指出,我国基本水情一直是夏汛冬枯、北缺南丰,南水北调旨在破解水资源时空分布极不平衡的状况,事关战略全局、事关长远发展、事关人民福祉,是优化水资源配置、保障供水安全、复苏河湖生态环境、畅通南北经济循环的"生命线";构建"四横三纵、南北调配、东西互济"水资源配置格局,是中华民族的世纪创举,关乎经济安全、粮食安全、能源安全、生态安全;进入新发展阶段、贯彻新发展理念、构建新发展格局,形成全国统一大市场和畅通的国内大循环,促进南北方协调发展,需要水资源的有力支撑。

治淮事业发展再一次迎来战略机遇期,要增强忧患意识和责任担当,加快把战略机遇转化为行动计划,从服务国家发展战略全局的高度,找准流域水利高质量发展在国家经济社会发展中的历史方位和时代坐标,梳理全局性、战略性、关键性问题,谋划淮河保护治理的方略与任务,围绕流域防洪安全、供水安全、生态安全、粮食安全等"四大安全"目标,全力推进巩固提升防洪减灾体系、健全水资源保障体系、强化水生态环境保护体系、完善流域综合管理体系等"四大体系"建设,为流域经济社会高质量发展提供更为坚实的水安全保障。

[参考文献]

[1] 程兴无,等.淮河旱涝气候演变[M].北京:中国水利水电出版社,2019.

[2] 水利部淮河水利委员会.新中国治淮70年[M].北京:中国水利水电出版社,2020.

[3] 肖幼.聚焦淮河流域水安全重大问题引领新时代治淮事业更好发展——在新时代治淮科技研讨会暨淮委科学技术委员会会议上的讲话[J].治淮,2018(11):4-7.

[4] 唐洪武.新时代淮河规划治理的思考与初探[R].2019.

[5] 中国工程院淮河流域环境与发展问题研究项目组.淮河流域环境与发展问题研究(综合卷)[M].北京:中国水利水电出版社,2016.

[6] 肖幼.在淮河流域水治理战略研讨会上的讲话[R].2020.

[作者简介]

顾雨田,男,1992年4月生,工程师,主要从事流域规划、水文水资源、农业水土工程研究工作,yutian@hrc.gov.cn。

2020年新沂河嶂山—沭阳河段行洪能力分析

于百奎　王秀庆　屈　璞

（沂沭泗水利管理局水文局（信息中心）　江苏　徐州　221009）

摘　要：新沂河是淮河流域沂沭泗水系泄洪入海的主要河道，其洪水过程受工程调度影响较大。为分析2020年新沂河上段行洪能力，本文选择沭阳站作为代表控制站，通过分析2020年洪水组成、比较近年来断面变化情况、对不同高水位下河道过流能力的影响因素分析，提出了水位流量关系成果，对嶂山—沭阳断洪水水面线、河段糙率、以及主要控制站洪峰传播时间变化进行初步统计分析，得出以下结论：1）沭阳断面受洪水冲刷有轻微下切；2）2020年新沂河沭阳站行洪能力较设计防洪标准变化不大。本文可为流域洪水预警、防汛决策调度等提供参考依据。

关键词：断面面积；水位流量关系；糙率；传播时间；行洪能力

1　基本情况

新沂河西起骆马湖嶂山闸向东至燕尾港灌河口入海，河道全长146 km。两岸汇入支流较少，区间流域面积2 543 km²。新沂河是沂沭泗水系泄洪入海的主要河道，或相机分泄淮河洪水[1]。

沭阳水文站位于新沂河干流，距上游嶂山闸43 km，距离下游入海口101 km。沭阳站测验断面为双复式断面，宽为1 300 m。南北主泓宽分别为260 m和190 m，中泓滩地有多处积沙、串沟、沙塘[2]。

2020年，新沂河沭阳站出现了3次3 000 m³/s以上的洪水过程，最大流量4 860 m³/s（8月15日），位列连续实测资料以来第5位，相应水位10.07 m，最高水位10.39 m（8月16日），超警戒水位（9.50 m）0.89 m，相应流量4 680 m³/s，超警戒运行151 h。

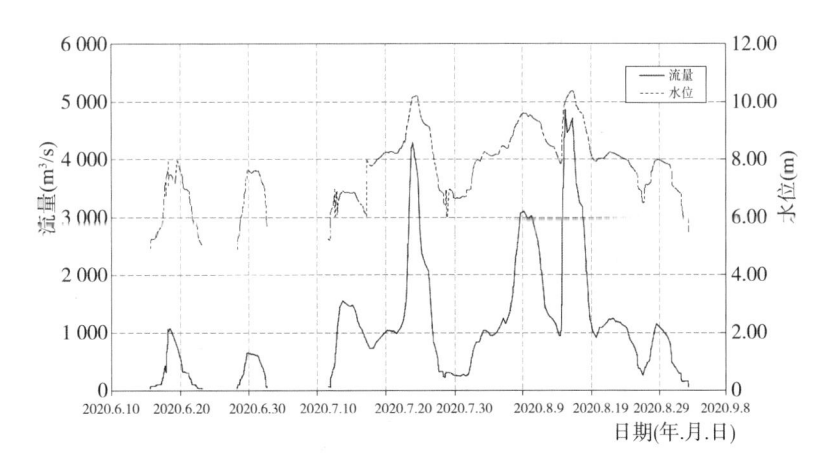

图1　2020年新沂河沭阳站6月1日—9月30日洪水水位流量过程线

2 行洪能力分析

河道行洪能力是指河道某一水位下,能够正常通过的流量,或者在一定流量条件下,断面水位能达到的高度[1]。本文根据实测水文数据,从六个方面分析新沂河嶂山—沭阳段行洪能力的变化。

2.1 洪水组成

选取新沂河沭阳站年最大洪峰流量过程。本场次洪水主要由沂河嶂山闸、老沭河新安站、新开河桐槐树站和区间来水组成,淮沭河沭阳闸未开闸。经分析计算,沭阳站洪水总量为14.4亿 m^3,沭阳站的来水主要由新沂河嶂山闸和老沭河新安站组成,两站来水分别占比83.3%和12.5%,沭阳站洪峰组成受嶂山闸等工程调度影响较大。新沂河沭阳站及上游干支流控制站场次洪水洪量组成见表1-1。

表1 2020年新沂河沭阳站场次洪水洪量组成成果表

洪水起止时间(月.日—月.日)	沭阳洪水总量(亿 m^3)	新沂河嶂山闸 洪量(亿 m^3)	新沂河嶂山闸 占总量(%)	沭河新安 洪量(亿 m^3)	沭河新安 占总量(%)	新开河桐槐树 洪量(亿 m^3)	新开河桐槐树 占总量(%)	淮沭河沭阳闸 洪量(亿 m^3)	淮沭河沭阳闸 占总量(%)	区间 洪量(亿 m^3)	区间 占总量(%)
8.14—8.18	14.4	12	83.3	1.8	12.5	0.2	1.4	0	0	0.4	2.8

2.2 断面变化分析

新沂河自建成以后,受人类活动和泥沙淤积等因素的影响,河道逐年退化,河床抬高,1950年到2006年,过水断面有逐年减少的趋势。2006年新沂河开始整治,沭东段主要是疏浚扩挖南北偏泓,南偏泓的整治起点刚好位于沭阳站测流断面,从测流断面向东逐渐扩挖;北偏泓的整治起点则位于测流断面上游大约100 m并向东扩挖,整治后与整治前的北偏泓断面变化明显。中间滩地部分的变化主要是采砂取土所致。2007年(汛前)的河底高程为8.78 m,至2008年断面有所扩大。2007年(汛前)的河底高程为8.78 m,到2012年汛前为4.55 m。

计算分析新沂河整治前历年不同水位下的断面面积,可以看出,新沂河整治前,各级水位下的断面面积呈逐年减少的趋势,2007年较1974年,断面面积减少5.32%。2008年至2020年,各级水位下的断面面积呈逐年增大的趋势,2020年较1974年,断面面积增大18.29%。新沂河断面整治效果明显。

新沂河整治后,各级水位下的断面面积呈逐年增大趋势,水位11.0 m时,2020年断面面积6 210 m^2,高于其他年份面积。比较新沂河整治前后的断面,同水位下整治后比整治前断面有所增加,水位11.0 m时,2012年较1974年,断面面积增加了8.6%,2020年较1974年,断面面积增加了12%。

沭阳站典型年实测大断面对照见图2;沭阳站历年断面面积变化统计见表2。

表2 沭阳站典型年断面面积变化统计表

水位(m)	面积(m^2) 1976年	1990年	2003年	2007年	2012年	2020年
9.0	3 050	3 000	2 910	2 790	3 570	3 761
9.5	3 660	3 600	3 520	3 400	4 180	4 678
10.0	4 284	4 210	4 130	4 010	4 790	4 977

续表

水位(m)	面积(m²)					
	1976年	1990年	2003年	2007年	2012年	2020年
10.5	4 913	4 830	4 750	4 630	5 400	5 590
11.0	5 545	5 450	5 370	5 250	6 020	6 210

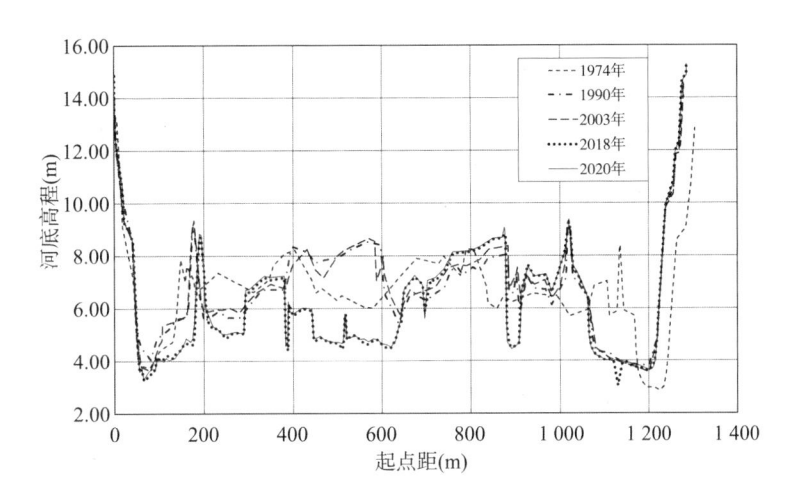

图 2 沭阳站典型年实测大断面对照图

2.3 水位流量关系分析

沭阳站典型年水位流量关系见图3。从图中可以看出,2008年以来实测水位流量点据呈密集条带状分布,受洪水涨落影响,均呈不稳定绳套曲线关系。受嶂山闸门泄流快速加大影响,2020年水位流量关系峰值处拐点明细,与周中甫等分析基本一致,即当闸门变动频繁,水位流量关系拐点增多[3]。沭阳站警戒水位9.5 m时,2020年涨水段流量3 356 m³/s,较2020年第一场同水位级流量3 184 m³/s(内插,7月23日)大172 m³/s。分别较2008年、2012年、2018年、2019年同水位级流量增加−1.3%、−1.9%、−0.2%、11.9%。涨水段流量3 500 m³/s时(见表3),2020年较2008年、2012年、2018年、2019年同流量级水位分别增加0 m、−0.1 m、0.19 m、0.16 m。

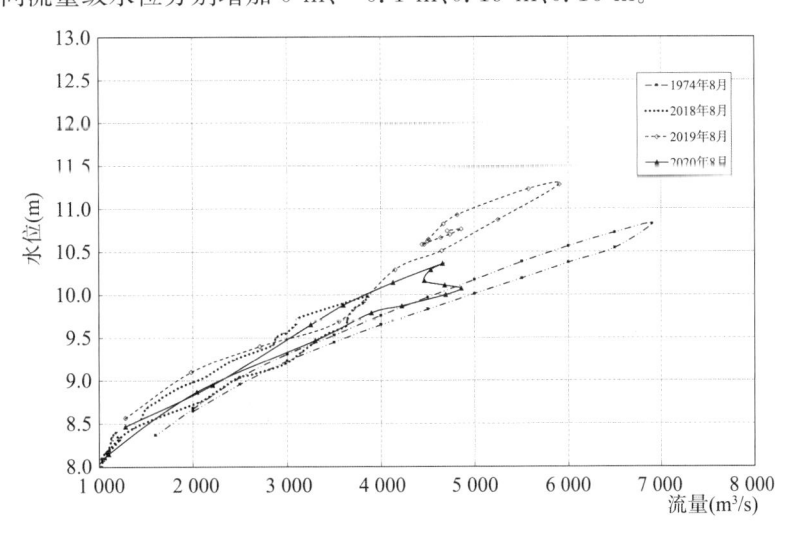

图 3 沭阳站典型年洪水水位流量关系对比图

2020年沭阳站与往年各级水位下流量比较计算表见表3,从表中可以看出,各级水位下,较2008—2018年,2020年新沂河沭阳段流量变化不大,流量最大偏差6%;2019年各级水位下流量较小,2020年沭阳段行洪流量较去年显著增大。

2020年沭阳站与往年各级流量下水位比较计算见表4。从表中可以看出,各级流量下,较2008年、2012年,2020年沭阳断面水位变化不大;较2018年、2019年,2020年沭阳断面水位降幅较大,行洪能力明显提高。

沭阳站20年一遇设计水位为11.20 m(废黄河口基面),设计流量为7 000 m³/s。根据2020年沭阳站水位流量关系线,并作适当外延,可推理出沭阳站水位11.20 m时的流量为7 270 m³/s,较设计流量大270 m³/s;流量7 000 m³/s时,水位为11.10 m,较设计水位高0.1 m。

根据东调南下续建工程新沂河治理工程相关设计,沭阳站50年一遇设计水位为11.40 m,设计流量为7 800 m³/s。同理可得,沭阳站水位11.40 m时,流量为7 750 m³/s,较设计流量小50 m³/s;流量7 800 m³/s时,水位为11.45 m,较设计水位高0.05 m。2020年实际行洪能力与设计防洪标准基本一致。

表3 沭阳站2020年与典型年各级水位下流量比较计算表

水位(m)		流量 Q(m³/s)					较2008年		较2012年		较2018年		较2019年	
		2008年	2012年	2018年	2019年	2020年	变量(m³/s)	(%)	变量(m³/s)	(%)	变量(m³/s)	(%)	变量(m³/s)	(%)
9.0	涨	2 230	2 180	2 428	1 927	2 313	83	4%	133	6%	−115	−5%	386	20%
9.5	涨	3 400	3 420	3 363	3 000	3 356	−44	−1%	−64	−2%	−7	0%	356	12%
10.0	涨	3 820	—	—	3 860	4 690	870	1%					830	22%
10.5	涨	4 680		—	4 626	—								

表4 沭阳站典型年各级流量下水位比较计算表

流量(m³/s)		水位(m)					水位差(m)			
		2008年	2012年	2018年	2019年	2020年	2020年与2008年相比	2020年与2012年相比	2020年与2018年相比	2020年与2019年相比
3 000	涨	9.26	9.25	9.64	9.44	9.33	0.07	0.08	−0.31	−0.11
3 500	涨	9.58	9.48	9.77	9.74	9.58	0	0.10	−0.19	−0.16
4 000	涨	10.14			10.26	9.82	−0.32			−0.44
4 500	涨	10.37			10.48	9.95	−0.42			−0.53

2.4 糙率分析

新沂河是一个行洪为主的季节性河道,河床滩地具有种植功能,不同季节河床植被情况有差别,糙率结果根据不同年份(月份)或同年不同场次洪水计算结果是不一样的。根据曼宁公式,选用2020年沭阳站行洪过程资料计算新沂河嶂山—沭阳河段糙率,结果为0.025～0.043,洪峰糙率0.027。2003年7月或9月两场洪水糙率分别为0.026 6、0.022 4[1]。新沂河嶂山～沭阳河段规划主槽糙率0.028,滩地糙率0.038,所选洪水过程均为全断面行洪,2020年河段糙率较2003年糙率、规划糙率变化不明显。

2.5 最高水面线分析

根据年鉴、报汛数据和现场洪痕调查资料,简要分析2020年新沂河行洪,新沂河宿新高速新沂河特大桥(9k+860)以下河段洪水期均出现漫滩,最高水位均低于设计水位,沭阳站最高水位10.39 m,低于设计水位1.01 m,为嶂山至沭阳河段较设计水位最小差值,嶂山至沭阳段河道平均比降0.25‰[4],最高水面比降[0.16‰,0.3‰],新沂河最高水位较设计水位差自上而下整体呈减小趋势。

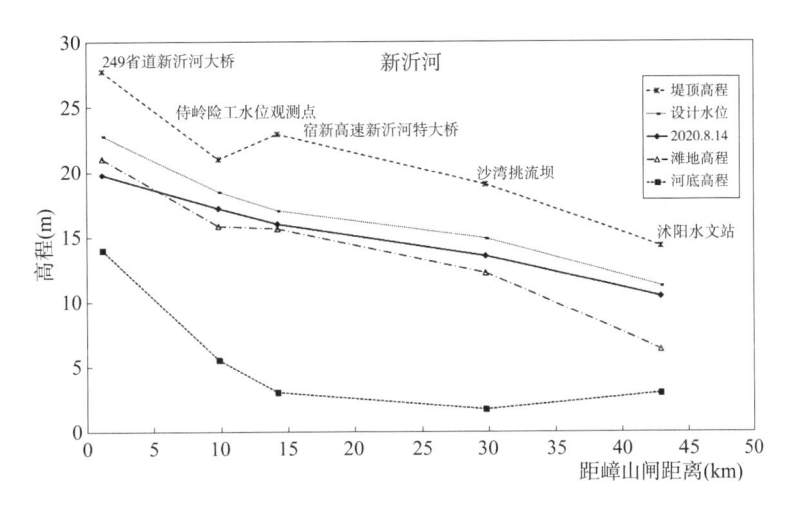

图 4　2020 年新沂河行洪水面线

2.6　洪水传播时间分析

新沂河整治工程通过对行洪通道的整理、扩挖、疏浚,加快了洪水波的传播速度,缩短了洪水(洪峰)的传播时间。新沂河上游的控制站嶂山闸至沭阳水文站距离43 km,本次主要分析嶂山闸站至沭阳站的洪峰传播时间。采用统计分析的方法,分别计算新沂河整治前后的洪水传播时间。1990 年至2006 年间,19 场洪水洪峰传播时间为8~19 h,平均传播时间为12.2 h。整治后的2007—2019 年间的9 场洪水,洪峰传播时间为8.5~13 h,平均传播时间为10 h,整治后比整治前的洪峰传播平均时间缩短2.2 h。

2020 年洪水传播时间约16 h,较河道整治后场次洪水平均传播时间多6 h。嶂山闸自8 月14 日8 时25 分至13 时50 分,流量从517 m³/s快速涨至最大下泄流量5 520 m³/s,受嶂山闸调度及洪水漫滩影响,洪水传播时间延长。

3　结论

通过对新沂河嶂山至沭阳河段行洪能力的分析,可以初步得出以下结论:

(1)2020 年新沂河洪水主要为嶂山闸下泄水量和沭河来水,沭河来水受大官庄枢纽和下游拦河闸坝调节;2020 年嶂山闸至沭阳站的洪峰传播时间约16 h,较河道整治后场次洪水平均传播时间多6 h,沭阳站洪峰组成和洪水传播时间受工程调度影响明显。

(2)2007 年新沂河河道整治后,河底高程降低明显。东调南下续建工程新沂河整治效果明显,行洪能力明显改善。各级水位下2020 年断面面积较2012 年显著增大,2018 年、2019 年新沂河均有较大行洪过程,受行洪冲刷影响,河道有下切趋势。

(3)2020 年较2019 年涨水段流量明显增大,较其他年份变化不大;各级涨水段流量下,2020 年较2018 年、2019 年水位明显减小,较2002 年、2012 年变化不大。2020 年沭阳段行洪能力较2019 年明显提高,与设计防洪标准基本一致。

（4）2020年沭阳站行洪过程资料计算新沂河嶂山—沭阳河段糙率为0.025～0.043,较规划糙率变化不明显。

[参考文献]

[1] 陈家大,周中甫,范荣书. 新沂河行洪能力分析[J]. 治淮,2005(7):9-10.

[2] 水利部淮河水利委员会. 2012年沂沭河暴雨洪水[M]. 北京:中国水利水电出版社,2014.

[3] 周中甫,张荣生. 新沂河沭阳站水位流量关系分析[J]. 江苏水利,2006(9):33-34.

[4] 沂沭泗水利管理局. 沂沭泗防汛手册[M]. 徐州:中国矿业大学出版社,2018.

[作者简介]

于百奎,男,1991年3月生,工程师,从事水文测报工作,18752585638,2398480445@qq.com。

关于淮河流域水资源变化特征研究

魏　硕　黄秀如

（江苏省骆运水利工程管理处　江苏 宿迁　223700）

摘　要：为总结淮河流域水资源变化特征，本文通过1997—2020年淮河流域水资源公报，得出淮河流域的降雨量、地下水资源、地表水资源、水资源总量、跨流域调水、其他水源供水量、大中型水库蓄水量呈增加趋势的结论。用水方面总用水量、居民生活用水量、生态用水量呈增加趋势，其中生态用水量增长迅速，而工、农业用水量呈降低趋势。淮河流域主要城镇入河排污量COD及氨氮明显减少，河流水质得到明显改善，Ⅲ类以上水质显著增加，2018年流域内Ⅲ类及以上水质占62.9%，Ⅴ类及以上水质所占比例显著降低。研究结果可为淮河全流域治理提供技术支撑。

关键词：淮河流域；水资源；变化特征；结论建议

1　研究背景

淮河流域已实施最为严格的管理制度，新时期也在不断完善流域治理管理机制，关于淮河流域水资源状况的研究受到学术界更多学者的关注，研究内容从水资源特征变化分析、水资源承载能力等不断深入。如：梅梅、刘琦等以2015年淮河流域为基础，研究表明淮河流域用水总量和浅层地下水开采量指标评价的结果中处于超载状态和严重超载状态的占41.56%[1]；潘扎荣、郭东阳等通过研究1956—2018年淮河流域径流的时空变化特征，得出风险评估结论，即淮河流域的水资源短缺风险将增大，且这种风险呈上升趋势[2]；田贵良、赵佳茹等对2007—2018年淮河流域40个城市的工业绿色用水效率进行了分析，认为近年来淮河流域水资源利用效率有所提升，且在发展工业经济的同时，较以往更注重生态保护[3]；付小峰、庞兴红等认为淮河流域水资源短缺生态流量调度难，流域完整的生态监测、预警需要完善，加强流域内协调机制建设、生态补偿机制等措施科学配置生态用水[4]；杨琴、汤秋鸿等对淮河流域河南段水质研究发现，2009—2017年淮河流域河南段水质有所改善，污染严重区域仍存在主要污染物化学需氧量（COD）和氨氮等，主要来自工农业及城市污水[5]。近年来关于淮河流域治理、管理制度、生态承载力等研究比较丰富，对于淮河流域的水资源变化特征趋势研究较少，本文拟开展相关研究，发现变化趋势，以期为流域水资源管理提供参考。

1.1　数据来源

本文所涉及的数据主要来源于1997—2020年《淮河片水资源公报》《淮河流域及山东半岛水资源公报》，主要包括降雨量、年径流量、地下水资源量、地表水资源量、供水与用水情况、跨流域调水、人均用水量、工农业及生活用水，主要污染物排放量及河流水质类别等，并搜集了相关省市的年鉴数据。

1.2　数据分析

本文的计量分析工具有限，主要是利用excel表格做了有关数据的相关性分析、线性变化特征及图表分析,总结变化的趋势和规律,在水资源变化、承载力等方面的影响因素及影响程度上没有做更深层次的科学研究。

2 淮河流域水资源变化特征分析

淮河流域水资源总量约占全国的3.2%,但是淮河流域的常住人口超过1.9亿,人均水资源占有量为456 m³,[6]承载全国11%的耕地面积,粮食总产量约占全国1/6。人多水少,分布不均的水资源短缺问题仍是淮河流域长期面临的基本水情。

2.1 淮河流域水资源量变化特征

从表1可知:1997—2020年淮河流域水资源总量均值为856.62亿 m³,较多年平均值812亿 m³有所增加。在统计的24年数据中有13年低于平均值,还有5年(1998年、2003年、2005年、2007年、2020年)发生大的洪涝灾害,降雨量被急排,利用率很低。地表水资源受降雨量影响年际变化幅度较大,最大值1 400.69亿 m³,最小值288.38亿 m³,1997—2020年淮河流域地表水资源量均值为627.615亿 m³,较多年平均621亿 m³呈增加趋势,地下水资源量相对平稳。2008年以前地表水资源、水资源总量波动幅度较大,2008—2020年相对波动幅度较小。通过对数据进行比较分析发现波动幅度较大的年际变化与降雨量年际变化相似。

表1 1997—2020年淮河流域水资源量　　　　　　　　　　　　　　单位:亿 m³

年份	地表水资源量	地下水资源量	地表与地下水资源不重复量	淮河流域水资源总量
1997	340.700	297.70	205.40	546.10
1998	927.000	462.10	342.60	1 269.60
1999	292.300	285.60	222.40	514.70
2000	828.900	458.30	335.80	1 164.70
2001	288.610	264.68	194.35	482.96
2002	414.370	317.25	242.21	656.58
2003	1 400.690	519.65	294.35	1 695.04
2004	440.430	330.31	212.77	653.20
2005	1 009.720	439.06	256.17	1 265.89
2006	600.740	341.71	225.70	826.44
2007	949.630	410.78	249.24	1 198.87
2008	670.910	363.35	234.43	905.34
2009	483.270	335.21	227.65	710.92
2010	632.600	353.60	227.00	859.60
2011	643.300	328.20	106.80	750.10
2012	452.700	294.90	196.70	649.40
2013	380.000	286.00	189.00	569.00
2014	471.000	315.00	218.00	689.00
2015	574.000	335.00	225.00	799.00
2016	705.900	380.70	249.72	955.62
2017	645.140	369.33	235.71	880.85

续表

年份	地表水资源量	地下水资源量	地表与地下水资源不重复量	淮河流域水资源总量
2018	662.060	360.43	224.95	887.01
2019	288.380	231.21	153.63	442.01
2020	960.410	393.08	226.48	1 186.89
均值	627.615	353.05	229.00	856.62

2.2 淮河流域水量平衡情况

本文选取 2001—2017 年淮河流域水量平衡分析情况数据，2017 年后水资源公报未公布相关数据。数据显示淮河流域水量平衡情况不乐观，2010—2017 年平均水量平衡差 59.59 亿 m³，随着经济社会的发展，淮河流域工程性、水质性缺水问题突显，淮河流域水量平衡差较大，流域水资源承载力受到严峻挑战。

表 2 2001—2017 年淮河流域水量平衡情况

年份	水量平衡情况	年份	水量平衡情况
2001	水量基本平衡	2010	平衡差 17.10 亿 m³
2002	水量基本平衡	2011	平衡差 117.97 亿 m³
2003	水量基本平衡	2012	平衡差 99.57 亿 m³
2004	水量基本平衡	2013	平衡差 106.60 亿 m³
2005	水量基本平衡	2014	平衡差 10.40 亿 m³
2006	水量基本平衡	2015	平衡差 79.75 亿 m³
2007	水量基本平衡	2016	平衡差 24.92 亿 m³
2008	水量基本平衡	2017	平衡差 20.39 亿 m³
2009	水量基本平衡		

2.3 1997—2000 年淮河流域供用水量变化

本文研究数据主要选取地表水资源供水、地下水资源供水、跨流域调水及其他水资源供水。在用水方面主要选取农业灌溉用水、工业用水、生活用水、生态用水等主要数据，具体对 1997—2020 年淮河流域供用水情况进行分析。

在供水方面，1997—2020 年淮河流域总供水量变化幅度较小，年际平均总供水量 531.08 亿 m³，但总体呈上升趋势如图 1 所示。在总供水量中地下水源和地表水源占据主导地位，地下水供水量平均占总供水量的 22.36%，地表供水量占总供水量的 74.35%。从供水量的数据分析可以发现地下供水量呈递减趋势，地表水供水量呈递增趋势。其他水源供水量显著增加，尤其在 2012 年以后增幅较大，2020 年其他水源供水量是 1997 年的 5.45 倍，2020 年其他水源供水量占总供水量的 3.27%，而在 1997 年只占总供水量的 0.047%。

淮河流域总用水量如图 2 所示，1997—2020 年年平均用水量在 530.95 亿 m³，上下浮动幅度较小，总体呈上升趋势。在不同的用水情况中，农业用水占据比重最大，从数据中多年平均来看，农业用水约占总用水量的 65.5%，居民的生活用水量在逐年增加，与 1997 年相比，2020 年的居民用水量增加了 26.34 亿 m³；生态用水量也是显著增加，2003—2020 年，生态用水量增加了 25.46 亿 m³。随着不断地实施严格的水资源管理制度、工业技术革新等措施，工业用水由 2006 年的 96.2 亿 m³ 下降至 2020 年的 62.25 亿 m³，工业用水量呈递减趋势，但是可以预测随着边际效应的出现，工业用水递减幅度将会变缓。

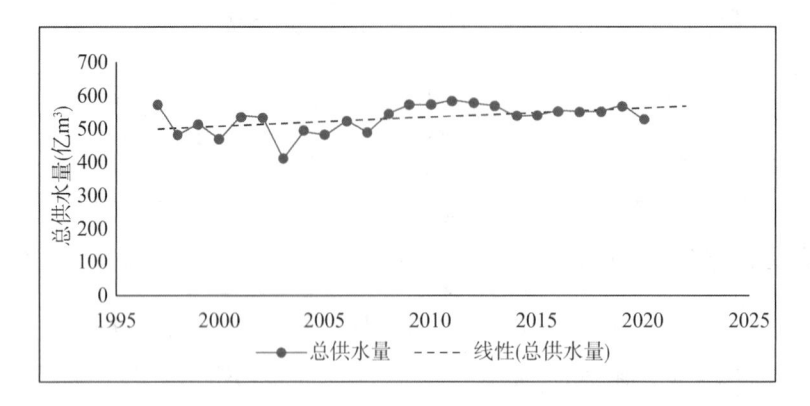

图 1　1997—2020 年淮河流域总供水量变化特征

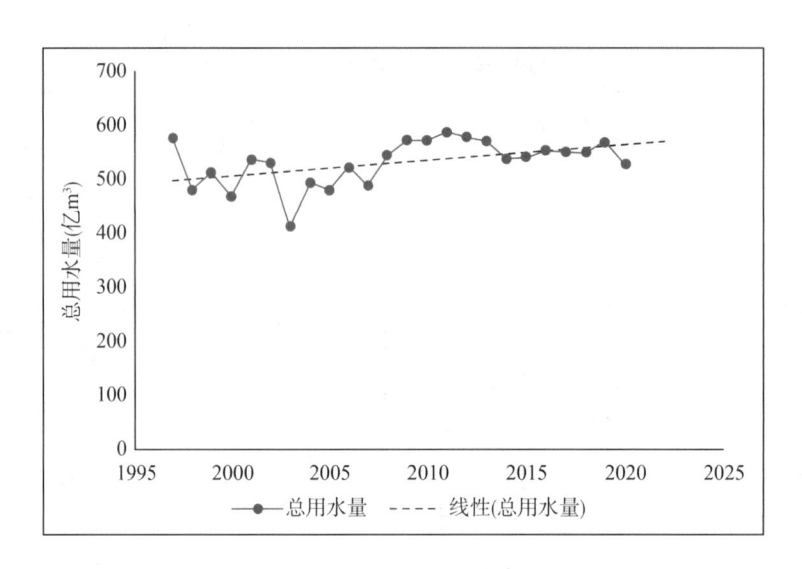

图 2　1997—2020 年淮河流域总用水量变化特征

2.4　淮河流域跨流域调水状况

淮河流域跨流域调水,在保障流域航运、生产生活、改善生态环境、促进区域协调发展方面作用突出。淮河流域目前主要的调水工程由南水北调东线、中线工程,引黄济淮,引江济淮工程实现试通水。从图 3 中可知,未来跨流域调水量呈增长趋势,1997—2020 年引长江水占跨流域调水均值的69.92%,长江作为济淮的主要水源为缓解淮河流域水资源短缺、改善水生态环境具有重要意义。

2.5　各类水资源间相关性

不同水资源指标间存在一定的相关性,见表 3。例如,降水量与地表水、入江和入海量、水资源总量显著正相关,降水量与总用水、总供水显著负相关。入江量、入海量、水资源总量与地表水量显著正相关,总供水量和总用水量显著正相关。

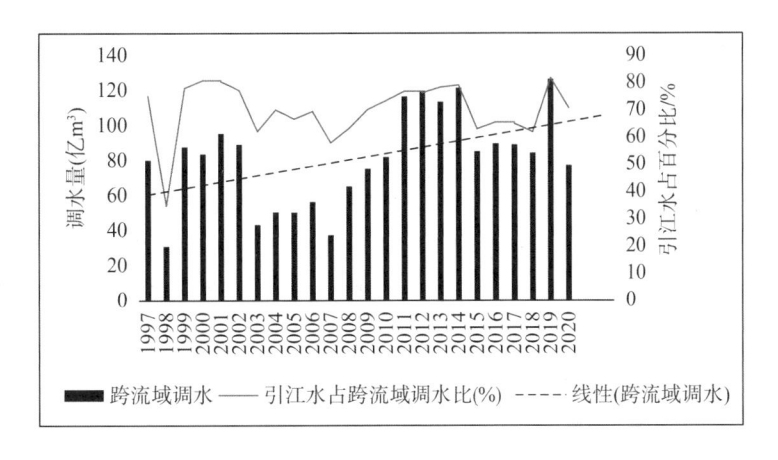

图 3 1997—2020 年淮河流域跨流域调水、引长江水量及占比

表 3 水资源相关性

	降雨量	地表水量	入江量	入海量	水资源总量	总供水量	总用水量
降雨量	1	0.972 926**	0.702 231*	0.894 711*	0.979 789**	−0.691 92*	−0.690 37*
地表水量		1	0.935 167**	0.902 120*	0.991 679**	−0.700 57	−0.698 59
入江量			1	0.775 376**	0.712 115*	−0.632 14	−0.683 32
入海量				1	0.902 341**	−0.572 27	−0.582 52
水资源总量					1	−0.743 58	−0.742 15
总供水量						1	0.999 95**
用水量							1

注:* 为 5% 的显著水平;** 为 10% 的显著水平。

2.6 蓄水工程变化

在蓄水工程方面,淮河流域大中型蓄水水库由 1997 年的大型 36 座、中型 156 座,增长至 2020 年的大型 41 座、中型 172 座。1997—2020 年淮河流域大型水库增加 5 座,中型水库增加 16 座,为更好地实现流域水资源保供、提高水资源利用率提供支撑。1997—2020 年淮河流域大中型水库蓄水量平均值为 81.65 亿 m³,整体呈增加趋势,如图 4 所示。

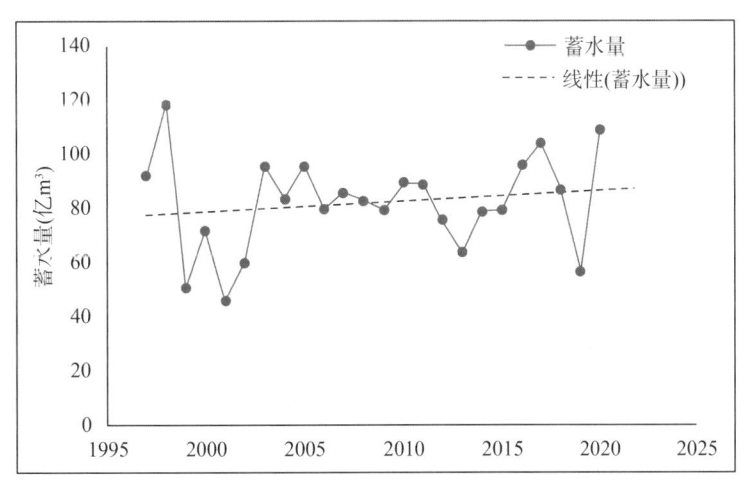

图 4 1997—2020 年淮河流域大中型水库蓄水变化特征

2.7 水质变化特征

本文参考淮河流域各类水质占比数据,选取淮河流域 1999—2018 年全面起水质情况,2019 年后《淮河流域及山东半岛水资源公报》未公布具体的水质情况。以 2018 年为例,淮河流域水质Ⅲ类＞Ⅳ类＞Ⅱ类＞Ⅴ类＞劣Ⅴ类＞Ⅰ类。Ⅰ类、Ⅱ类、Ⅲ类水质从 21.6%增长至 62.9%,Ⅴ类、劣Ⅴ类水质从占比 65.3%下降到 14%。Ⅰ类水质的水资源在淮河流域中占比常年最低;Ⅱ类占比呈增加趋势,从最低的 2000 年的 3.8%上升到 2018 年的 17.7%;Ⅲ类比重最大且增幅最大,2018 年较 1999 年增加了 31.5%,Ⅳ类经历增加和下降的两个趋势,1999—2015 年呈增长趋势,Ⅳ类从占比 14.8%增加至 29%,2015 年后呈下降趋势;Ⅴ类所占比例由 1999 年的 15.2%下降至 9%;劣Ⅴ类占比呈下降趋势,变化显著,从 1999 年的 48.3%下降至 2018 年的 5%。2015 年以后,淮河流域水质向好变化显著,说明淮河流域的水环境治理效果显著。

2.8 淮河流域主要城镇入河污染物变化特征

本文选取了 2002—2018 年淮河流域官方公布的相关数据。2018 年入河废污水排放量较 2002 年相比增加 12.6 亿 t/a。图 5 中数据显示,COD 排放量由 2002 年的 110.7 万 t/a 下降至 2018 年的 20.69 万 t/a;氨氮排放量由 2002 年的 12.72 万 t/a 下降至 2018 年的 1.77 万 t/a。淮河流域主要城镇入河污染物 COD 及氨氮入河排放量有明显的减少并呈明显下降趋势,但是下降幅度在逐渐减小,同时淮河流域的主要城镇排污口数量在增加(如图 6 所示),入河污染物排放管控难度将会有所增加。

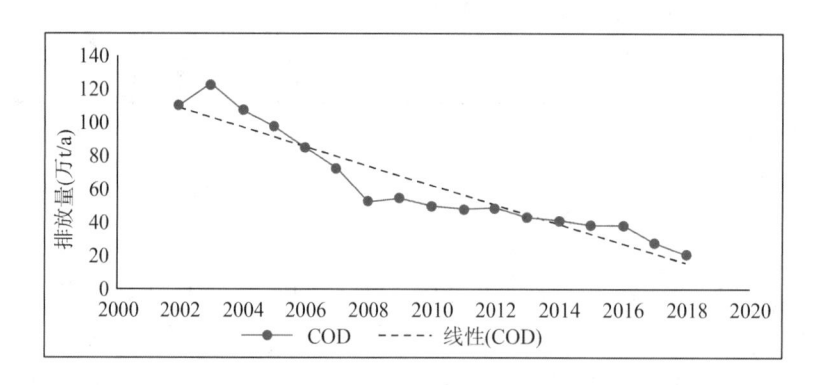

图 5 2002—2018 年淮河流域主要城镇污染物 COD 排放量变化特征

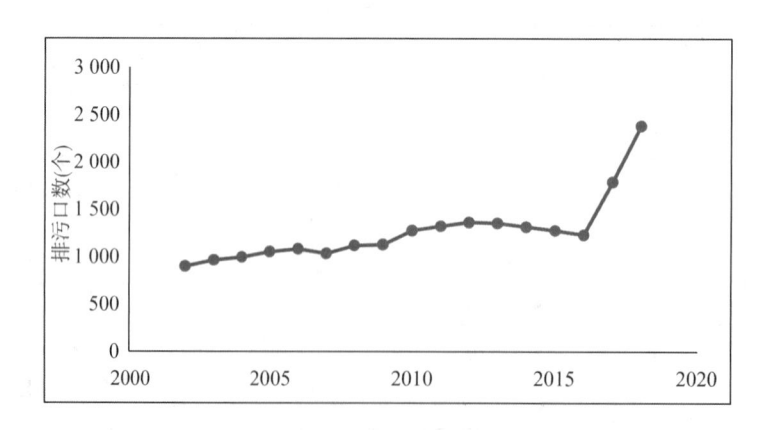

图 6 2002—2018 年淮河流域主要城镇排污口个数变化特征

3 结论与建议

3.1 结论

从国家层面和流域内各地方层面的有关政策来看,以解决实际问题为导向,科学合理,有序推进是70余年淮河治理工作的显著特征。研究表明,在推进流域内各类水利工程建设,实施严格的监管制度,系统治理后使得淮河流域有效地改善了水资源短缺问题,工、农业用水得到有效控制且均呈下降趋势,各类污染物排放量显著降低,流域水质得到明显改善。但是淮河流域水资源短缺的基本水情还将长期存在,淮河流域地表水资源开发利用率均值为56.68%,平原区浅层地下水开采利用率均值达到45.94%(本文选取2001—2014年数据),水资源开发利用率高,挤占河湖生态流量。从数据的线性预测可以发现,淮河流域水资源短缺会随着经济社会快速发展及用水需求的增加而加剧,用水的刚性需求增长与流域内资源性、工程性缺水的现实矛盾将更加显现。

3.2 建议

淮河流域发展方式和规模要在水资源承载能力范围内发展,否则水资源过度开发,难以实现水资源的可持续利用,从而影响供水安全、水生态、水环境。

为解决淮河流域水资源问题,必须深入贯彻习近平总书记"节水优先、空间均衡、系统治理、两手发力"的治水思路,大力推进流域节约集约型用水,强化流域水资源监管,提升社会面参与度,推动淮河流域幸福河湖建设。以系统治理为抓手,以流域为单元对淮河流域水资源进行综合管理,研究和掌握淮河流域水资源自然运动规律[7],才能更加充分地发挥流域水资源功能。

[参考文献]

[1] 梅梅,刘琦,詹同涛.淮河流域水资源承载能力与承载状况评价[J].治淮,2020(12):79-82.

[2] 潘扎荣,郭东阳,唐世南.淮河流域径流时空变化特征分析[J].水资源与水工程学报,2017,28(5):8-14.

[3] 田贵良,赵佳茹,吴正.淮河流域工业绿色水资源效率测度分析[J].水利经济,2021,39(5):53-59+81-82.

[4] 付小峰,庞兴红,韦翠珍.淮河流域重要河湖生态流量保障现状与对策研究[J].中国水利,2022(7):67-70.

[5] 杨琴,汤秋鸿,张永勇.淮河流域(河南段)水质时空变化特征及其与土地利用类型的关系[J].环境科学研究,2019,32(9):1519-1530.

[6] 刘冬顺.切实强化刚性约束 促进流域水资源集约安全利用——写在2021年世界水日和中国水周之际[J].治淮,2021(3):4-6.

[7] Li B D, Zhang X H, Xu C Y, et al. Water balance between surface water and groundwater in the withdrawal process: a case study of the Osceola watershed [J]. Hydrology Research,2015,46(6):943-953.

[作者简介]

魏硕,男,1992年6月生,硕士研究生,从事水利工程管理工作,15050030986,highpla@163.com。

淮河流域省界断面水质现状及氮磷营养盐变化特征分析

张金棚[1]　彭　豪[1]　陈　希[1]　赵永俊[2]

（1. 淮河水利委员会水文局(信息中心)　安徽　蚌埠　233001；
2. 江苏水文水资源勘测局　江苏　南京　210000）

摘　要：根据2020年1月至2022年5月淮河流域省界断面的水质监测，分析省界断面的水质现状和氮磷营养盐的时空变化特征。研究结果表明：监测期间淮河流域省界断面水质优良比例为59.20%；断面水质有逐年向好的趋势，但苏-鲁(鲁-苏)省界劣Ⅴ类水质比例占比依旧有15%。省界断面发生氮磷营养盐超标严重的时间约为每年的6至10月，季节性明显且省界断面按区域由西向东氮磷营养盐超标情况逐渐加剧；省界断面的水环境质量问题受人为活动的影响较大，特别是农业活动施肥所造成的面源汇聚。

关键词：省界；水质现状；氮磷营养盐

1　前言

淮河流域地处我国中东部，干流全长1 000 km，流域面积270 000 km²，降水量多年平均值为600～1 400 mm[1]。淮河是新中国成立后开始治理的第一条大河，70余年淮河治理硕果累累，但淮河流域人口密度稠密，城市化、工业化、农业发展导致流域水污染和环境恶化，水环境质量问题在淮河流域依旧长期存在，生态水量不足、水体污染等综合作用导致了相当部分的河湖水环境系统失衡[2]。随着淮河流域水污染防治工作的不断加强，淮河流域地表水水质持续改善，但目前达标率仍相对偏低；流域内点源污染得到一定控制，但面源和内源污染防治工作亟待加强。

近年来，人民群众对优质水资源、健康水生态、宜居水环境的需求越来越迫切[3]。开展水资源质量监测、了解水资源质量现状，是深入贯彻新发展理念、国家生态文明建设和水安全重大战略的重要举措，更是落实水利部推动水利高质量发展系列部署的有力抓手。淮河流域省界水质断面一直是水资源质量监测的重点，研究通过2020年1月至2022年5月对淮河流域省界断面水质的持续监测，分析评价省界断面的水质现状，并通过氮磷营养盐的时空变化特征分析淮河流域省界断面的水质优劣的成因，以期进一步加强污染控制、强化水资源保护监督与管理并提出水污染防治措施等。

2　材料与方法

2.1　采样点分布

为了较好地分析淮河流域省界断面的水质现状，在淮河流域内共设置了39个省界断面，其中鄂-豫省界1个，豫-皖(皖-豫)省界17个，皖-苏(苏-皖)省界8个，苏-鲁(鲁-苏)省界13个。

2.2 监测指标与采样方法

水质监测指标为水温、pH、溶解氧、高锰酸盐指数、化学需氧量、氨氮、五日生化需氧量、总磷、总氮、氰化物、挥发酚、氟化物、六价铬、硒、铜、锌、镉、砷、铅、总汞、硫化物、阴离子表面活性剂和石油类共23项。根据《水环境监测规范》(SL 219—2013)对省界断面进行采样,记录采样时间并使用GPS测定各采样点的经纬度;为减少采样时间不同造成的误差,每次采样工作均于上午8时至下午5时之间进行;样品采集后即对部分指标进行现场监测,其余样品做保存处理后运往实验室进行分析;采样频率为每月1次。

2.3 分析方法

水质评价遵循《地表水资源质量评价技术规程》(SL 395—2007),采用最差的水质单项指标所属类别确定水体的综合水质类别。所有监测指标除总氮外均参与评价。评价标准执行《地表水环境质量标准》(GB 3838—2002)Ⅲ类水标准。

3 结果与分析

2020年1月至2022年5月,共采样29次,39个省界断面应采样品数1 131个,实际采得样品1 098个,因河干断流未采样品33个。

3.1 水质总体状况

在监测期间,淮河流域省界断面水质优良(Ⅲ类及优于Ⅲ类水质)比例为59.20%;2021年(58.79%)较2020年(56.86%)保持稳中向好趋势;鄂-豫省界水质状况较好,水质优良比例为96.55%,未出现劣Ⅴ类水质状况;豫-皖(皖-豫)、皖-苏(苏-皖)、苏-鲁(鲁-苏)省界水质优良比例保持持平状态,分别为57.85%、60%和57.5%,其中苏-鲁(鲁-苏)省界劣Ⅴ类水质比例最大。淮河流域省界断面水质状况见图1。

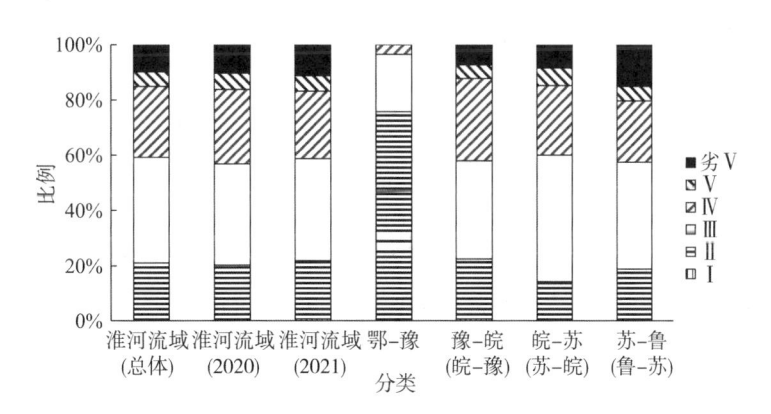

图1 淮河流域省界断面水质状况

淮河流域省界断面超过Ⅲ类水标准的水质指标有pH、溶解氧、高锰酸盐指数、化学需氧量、生化需氧量、氨氮、总磷、氟化物和硫化物,其中化学需氧量、总磷和高锰酸盐指数为主要超标污染物,超标率分别为21.95%、17.49%、11.75%。

3.2 营养盐时空变化特征

省界断面由于其特殊的地理位置,水污染事件发生时处理困难;氮磷营养盐作为水质评价的重要指标,同时作为水体营养状态的重要衡量因子[4-5],研究其时空变化特征,对分析淮河流域省界断面水质优劣成因、采用何种措施避免水污染事件的发生具有重要意义。研究选取省界断面监测指标氨氮和总磷分析时空变化特征。

3.2.1 时间变化特征

在监测期间,氨氮、总磷超标次数分别为110、192次,省界断面发生氮磷营养盐超标严重的时间为每年的6至10月,呈现明显的季节性,这与有关研究一致[6]。有研究表明,在施肥导致周边农业面源汇入的情况下,河流水质会恶化,湖泊会富营养化[7];故分析这种情况的出现是因为研究选取的省界断面所在区域农业活动程度较强,种植小麦、玉米等作物较多,在耕种季节农作物化肥的施用会导致土壤中的氮磷营养盐含量增加,随着五六月份降雨增加,污染物质随地表径流进入河流[8],进而造成氮磷营养盐超标严重;通过分析各监测断面的数据发现氮磷营养盐的含量变化也与之吻合。淮河流域省界断面氮磷营养盐超标次数时间变化特征见图2。

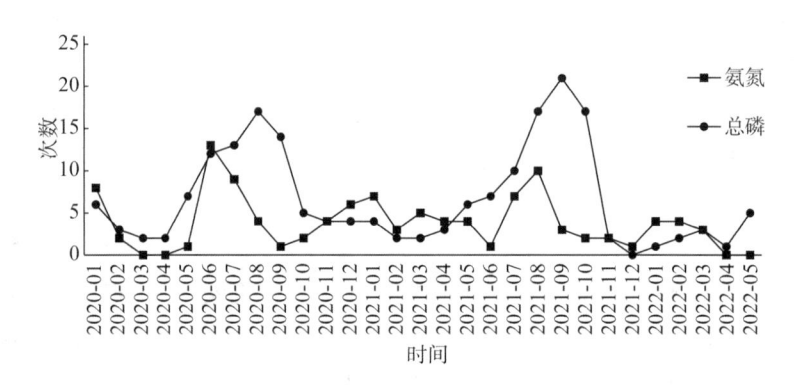

图2 淮河流域省界断面氮磷营养盐超标次数时间变化特征

3.2.2 空间变化特征

在监测期间,鄂-豫省界氮磷营养盐未超标,豫-皖(皖-豫)、皖-苏(苏-皖)、苏-鲁(鲁-苏)省界的氨氮、总磷超标率分别为7.85%、14.67%、12%、16%和12.5%、23.61%。省界断面按区域由西向东氮磷营养盐超标情况逐渐加剧,皖-苏(苏-皖)、苏-鲁(鲁-苏)省界为氮磷营养盐超标的主要区域。有研究表明,人类的活动在很大程度上会影响水体的环境质量[9-10];因此考虑这种情况的发生是因为由西向东,城市发展越来越成熟化,东边城市人口数量高于西边城市,人类活动的影响使水环境质量变差。经现场调查发现,氮磷营养盐超标严重或是水质较差的断面处,人类活动程度明显较高,这与上述推测结论一致。淮河流域省界断面氮磷营养盐超标比例空间变化特征见图3。

4 结论

1) 研究表明,在监测期间淮河流域省界断面水质优良比例并不高,为59.20%;断面水质有逐年向好的趋势,但苏-鲁(鲁-苏)省界劣Ⅴ类水质比例占比依旧有15%。

2) 研究表明,在监测期间省界断面发生氮磷营养盐超标严重的时间为每年的6月至10月,季节性明显,且省界断面按区域由西向东氮磷营养盐超标情况逐渐加剧;省界断面的水环境质量问题受人为活动的影响较大,特别是农业活动施肥所造成的面源汇聚。

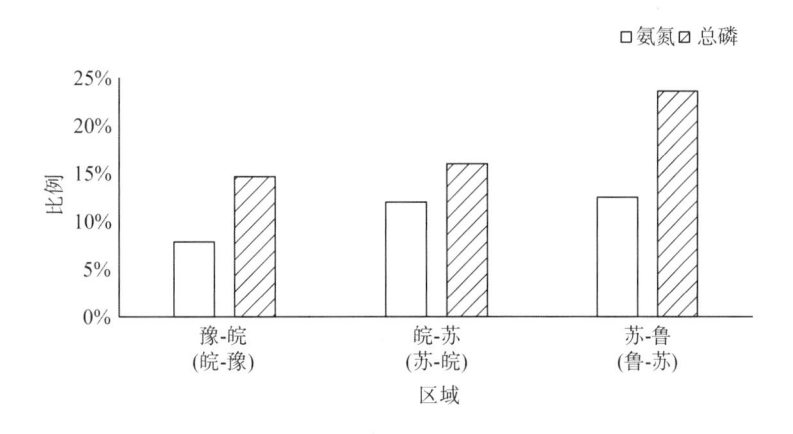

图 3　淮河流域省界断面氮磷营养盐超标比例空间变化特征

3）省界断面作为水资源监测的重点，其水质优劣直接关系到人民群众对优质水资源、健康水生态、宜居水环境的需求是否得到满足。省界断面所处的位置带来管理制度欠缺的问题，无法从源头上拦污截污，省界区域的水环境质量与上下游的关系密切，水污染问题极易引起纠纷；同时由于多数省界断面在非汛期流量不大，水体流通慢，水体自净能力下降，污染物的超标对区域的生态功能影响较大。因此加强省界断面的水质监测对了解断面的水质现状，及时地发现潜在水污染危机，保护水环境，为管理机构更好更快地作出决策与措施赢得时间具有重要意义。

4）研究认为省界断面水污染主要是由于人为活动以及农业面源污染，对此，流域机构可以加强流域管理治理，加快推进新阶段淮河流域水环境保护治理，从顶层设计层面发挥流域机构的作用来推动水利高质量发展。具体到淮河流域省界断面的营养盐超标问题，可以通过减少面源污染中的化肥施用量，采取高效施肥的方式；或在考虑社会经济效益的前提下在汇入区修建拦截物和种植生态修复植物等方法减少面源汇入；或在重点区域采取强制措施控制水中的氮磷营养盐等方法稳步提升水质，从根本上解决流域水环境问题。

[参考文献]

[1] 徐伟义,王志强,张桐菓.淮河流域河南段水环境空间异质性分析[J].湿地科学,2017,15(3):425-432.

[2] 韦翠珍,李洪亮,付小峰,等.淮河流域新时期突出水生态问题探讨[J].安徽农业科学,2021,49(15):55-57.

[3] 权燕.四川江河生态流量管控的思考[J].中国水利,2019(17):55-56.

[4] 胡春华,周文斌,王毛兰,等.鄱阳湖氮磷营养盐变化特征及潜在性富营养化评价[J].湖泊科学,2010,22(5):723-728.

[5] 范廷玉,张金棚,王顺,等.封闭式采煤沉陷积水区富营养化评价方法比较[J].安徽理工大学学报(自然科学版),2020,40(3):8-15.

[6] 柴夏,史加达,刘从玉,等.大钟岭水库氮磷营养盐季节变化及其与水质的关系[J].安徽农业科学,2008(13):5398-5399.

[7] 王珂.农业面源污染对水质的影响和防治对策研究[J].农业灾害研究,2021,11(12):110-111.

[8] 唐立敏.浅谈农业面源污染对柳河水质造成的影响及防治对策分析[J].黑龙江科技信息,2016(35):25.

[9] 金赞芳,张文辽,郑奇,等.氮氧同位素联合稳定同位素模型解析水源地氮源[J].环境科学,2018,39(5):2039-2047.

[10] 范宏翔,徐力刚,朱华,等.气候变化和人类活动对鄱阳湖水龄影响的定量区分[J].湖泊科学,2021,33(4):1175-1187.

[作者简介]

张金棚,男,1994年9月生,助理工程师,从事水污染治理工作,15705541091,jpzhang@hrc.gov.cn。

淮河流域行蓄洪区建设与管理对策研究

王雅燕[1] 王晓亮[2]

(1. 水利部淮河水利委员会 安徽 蚌埠 233001；
2. 淮河水利委员会水利水电工程技术研究中心 安徽 蚌埠 233001)

摘　要：淮河流域行蓄洪区数量多、启用频繁且启用标准偏低，是人水争地矛盾问题的焦点，也是治淮的难点和重点。本文简述了淮河行蓄洪区的基本情况，从建设和管理两个方面对行蓄洪区的现状以及存在问题进行了分析。为了让行蓄洪区更"好用"，本文针对性地提出了相应的对策和建议，建设方面要继续实施行蓄洪区调整和建设工程，加快推进行蓄洪区居民迁建；管理方面要建立健全行蓄洪区内相关政策法规，进一步加强行蓄洪区管理。

关键词：淮河；行蓄洪区；运用；减灾

1 基本情况

淮河流域地处我国东中部腹地和南北气候过渡带，通江达海，沟通南北，连接东西，区位条件优越。自黄河长期夺淮后，淮河河床抬高，各支流入淮口淤塞，先后形成了大小不一的湖泊洼地，在历年淮河洪水中形成天然行滞地区，新中国治淮以来，将这些湖泊挖地开辟为行、蓄洪区。这些行蓄洪区是淮河防洪工程体系的重要组成部分，行洪区设计条件下可分泄淮干相应河道设计流量的20%～40%，濛洼、南润段、城西湖、邱家湖、城东湖、瓦埠湖6个蓄洪区蓄洪库容65.41亿 m^3，可滞蓄洪量约占正阳关30天洪水总量的六分之一，在防御历次淮河洪水中发挥了分洪削峰的重要作用。经过70余年的不断建设，特别是治淮19项骨干工程和进一步治淮38项工程的建设，使得淮河流域防洪标准得到明显提高，行蓄洪区也得到进一步优化和调整。

淮河流域现共有27处行蓄洪区，其中行洪区13处，蓄洪区6处，滞洪区8处。2020年7月，淮河发生流域性较大洪水，重现期约10年，其中淮南正阳关以上为区域性大洪水。经过科学决策，先后启用了濛洼等8处行蓄洪区，共蓄滞洪水20.5亿 m^3，分蓄洪水、削减洪峰，大大降低了淮河中下游防洪压力。

2 现状及存在问题

2.1 现状

2.1.1 建设情况

列入治淮19项骨干工程中的淮河干流上中游河道整治及堤防加固工程已实施完成，将河南省淮干童元、黄郢、建湾三处行洪垾区废弃还给河道，安徽姜家湖和唐垛湖联圩改为有闸控制的姜唐湖行洪区，洛河洼、石姚段行洪堤退建改为一般保护区，对河南、安徽、江苏三省的行蓄(滞)洪区进行了安全建设。

列入进一步治淮 38 项工程中的淮河行蓄洪区调整和建设工程正在加快推进。其中,淮干蚌埠—浮山段、河南省蓄滞洪区、江苏省黄墩湖滞洪区调整建设工程已基本实施完成,方邱湖、临北段、香浮段 3 处行洪区已具备调整为防洪保护区的条件,黄墩湖滞洪区范围有所调整;淮干王家坝—临淮岗段、正阳关—峡山口段行洪区调整和建设、山东省南四湖湖东滞洪区建设、安徽省淮河流域重要行蓄洪区建设、江苏省洪泽湖周边滞洪区建设等工程已先后开工建设;淮干峡山口—涡河口段、浮山以下段行洪区调整和建设工程尚未开工。

2003、2007 年淮河大水后,国家安排对汛期运用的行蓄洪区和滩区内受灾群众实施了灾后移民迁建,共安排约 13.3 万户、48.5 万人,解决了一批群众的安全居住问题。移民迁建范围主要是城东湖、城西湖、濛洼、上六坊堤、下六坊堤、瓦埠湖、汤渔湖、香浮段、临北段、花园湖、潘村洼、鲍集圩和洪泽湖周边等行蓄洪区以及淮干滩区内的受灾人口,安置方式主要采用外迁至安全区、后靠到岗地和新建保庄圩等。

2010 年以来,按照"政府主导、群众自愿、统一规划、分步实施"的原则,国家安排对河南淮干上游滩区、安徽淮河行蓄洪区及淮干滩区、江苏鲍集圩行洪区及淮干滩区的不安全人口以及庄台超容量人口进行居民迁建。根据各省批复的迁建规划和年度实施方案,目前,河南省淮干滩区累计批复安置人口 6.11 万人,近期迁建任务已完成;安徽省淮河行蓄洪区和淮干滩区已累计批复安置人口 30.06 万人;江苏省淮河行蓄洪区及淮干滩区批复安置人口合计 2.99 万人。

2.1.2 管理政策及管理现状

《中华人民共和国防洪法》《关于加强蓄滞洪区建设与管理的若干意见》等法律法规明确了行蓄洪区的管理政策。目前,淮河流域行蓄洪区暂未设立专门管理机构,基本由地方各级水行政主管部门负责水利工程管理,地方政府其他部门负责其他社会事务管理。

国家防总批复的《淮河洪水调度方案》《沂沭泗河洪水调度方案》是流域行蓄洪区调度运用的依据,按照批准的调度方案,分别由国家防汛抗旱总指挥部、淮河防汛抗旱总指挥部或有关省、市防汛指挥部调度。

《蓄滞洪区运用补偿暂行办法》《蓄滞洪区运用补偿核查办法》等,为行蓄洪区运用补偿提供了法律保障。

2.2 存在问题

2.2.1 建设方面

淮干行蓄洪区数量多、启用标准低的问题仍未解决。由于淮河行蓄洪区调整和建设工程尚未实施完成,淮干王家坝～涡河口段、浮山以下段滩槽未达到规划的行洪能力。2020 年洪水中,淮干中游长时间保持高水位,在不启用行洪区时淮干多处超保证水位,正阳关水位在下游水位、流量均未达到设计标准时却高于保证水位,小柳巷水位在干流流量不高的情况下长时间超过保证水位;为缓解干流高水位状况,淮河干流共启用了 8 处行蓄洪区。淮河干流行洪不畅、设计行洪能力不足、行洪区启用频繁等问题仍待进一步解决。

进退洪控制工程不达标比例较高,影响使用效果。现状寿西湖、董峰湖、上六坊堤、下六坊堤、汤渔湖以及潘村洼等行洪区没有进退洪闸,行洪时需要破堤行洪,口门大小、进洪量和进、退洪时间难以控制,难以满足及时、适量分洪削峰的要求,行洪流量、滞蓄洪量远未达到规划要求,行洪效果差、滞蓄洪量不足。洪泽湖周边滞洪区未建设专门进退洪设施,现状进退水主要依靠通湖河道节制闸和圩区排涝涵洞,但目前这些节制闸和排涝涵洞直接进洪存在困难,需进行反向进洪加固改造等。

部分行蓄洪区内低洼地人口较多,造成运用决策困难。城西湖、寿西湖、汤渔湖等行蓄洪区内低洼地仍居住大量人口,运用前需要撤退转移大量人口,不仅影响防洪决策,而且很可能错过最佳的分洪时机;加之区内经济发展,一旦运用财产损失较为惨重,救灾安置工作繁重,社会影响较差,影响启用决策。如,2020年运用的8处行蓄洪区大多已完成移民迁建,使用较为顺利、迅速;但部分行蓄洪区虽已达到启用条件,但因区内低洼地人口较多,转移、安置压力大等原因,难以决策运用。

2.2.2 管理方面

无专门针对行蓄洪区特点的管理模式和管理机构。目前淮河流域行蓄洪区管理现状与周边非行蓄洪区管理模式基本相同,无专门针对行蓄洪区这一特殊社会单元的管理模式和管理机构,现状一般由省、县和乡村分级管理,省级仅负责重点闸站管理,行蓄洪区堤防基本由所在县(区)水利局管理,内部灌排设施、庄台、保庄圩、撤退道路等基本由乡镇管理,受行政、行业、经费等诸多方面因素的制约,行蓄洪区工程设施难以及时保养和维修。

管理政策和法规不健全。目前,区内管理政策和法规尚不健全,难以对区内土地利用、经济社会发展、人口控制等实行有效管理。受自然灾害影响、功能定位的限制,淮河流域行蓄洪区经济发展缓慢,处于区域经济的低谷,是自然地理和经济发展的"双洼"地区。

3 对策与建议

3.1 加快实施行蓄洪区调整和建设工程,完善区内安全措施

尽快完成淮河干流行蓄洪区调整和建设工程,进一步优化行蓄洪空间布局,完善进退洪设施和区内撤退道路、通讯预警系统等安全措施,改善行蓄洪区居民生产生活条件。

在行蓄洪区调整和建设工程实施完成的基础上,研究实施淮河中游河道整治工程,通过进一步疏浚淮干中游河道和开展局部退堤等工程,提高河道滩槽泄量,扩大河道泄流能力,有效降低中小洪水时水位,进一步改善行蓄洪区启用条件,使10年一遇洪水基本在河道滩槽内运行或尽可能减少行蓄洪区运用数量,20年一遇洪水位较设计水位明显降低。

3.2 加快实施居民迁建,引导和鼓励区内居民逐步外迁

行蓄洪区是降低淮河中下游防洪压力的重要防洪措施,"宁可备而不用,不可用时不备"。为了降低运用难度、减轻流域区域洪水风险,应严格控制区内人口,使其不再增加,大力鼓励外迁。

继续推进淮干滩区和淮河行蓄洪区居民迁建,进一步完善安置区生产生活条件,研究制定差别化居民迁建政策,以及教育、就业引导、经济补助、贷款优惠等政策措施,增强低洼地、庄台超安置容量居民外迁意愿,从严控制人口迁入,达到有效控制区内人口增长的效果。

同时,发展多种经营,行蓄洪区内鼓励土地流转,减少老百姓对土地的依赖;保庄圩内积极培育新型经济主体,优先发展劳动密集型企业,解决好群众生产生活问题,缓解水人地矛盾,使行蓄洪区运用更加安全、及时、有效。

3.3 因地制宜开展湿地行蓄洪区研究

河流湖泊和生态湿地在历史上长期发挥着水文"调节器"的作用。2020年8月,习近平总书记在巢湖十八联圩生态湿地蓄洪区考察时强调:"要坚持生态湿地蓄洪区定位和规划,防止被侵占蚕食,保护好生态湿地行蓄洪功能和生态保护功能。"淮河流域行蓄洪区数量多,建议进一步深入开展淮河行

蓄洪区分类研究,对运用几率较高、居住人口较少、耕地较少的行蓄洪区,强化行蓄洪功能,在确保行蓄洪功能的前提下,"退耕还湿""退建还湿""退居还湿""退渔还湿",谋划建设生态湿地型行蓄洪区。

3.4 成立行蓄洪区专门管理机构,加强行蓄洪区运用管理

建议建立专门的行蓄洪区管理机构,配备专管人员管理行蓄洪区基础设施维修养护资金,减轻地方维护管理压力,确保行蓄洪区更好地服务于防洪安全大局;加强洪水灾害防御风险管理,排查风险隐患。进一步创新完善蓄滞洪保险制度,积极探索国家、社会、企业共同支持的蓄滞洪救助、保障机制。

3.5 建立健全生态补偿制度

行蓄洪区的运用是为保防洪大局,行蓄洪区工程及相关基础设施建设,非仅本辖区受益,具有全民公益性质。加之行蓄洪区为限制发展区域,区内居民为此牺牲了较多的发展机遇。建议在开展试点研究的基础上,从国家层面逐步建立行蓄洪区生态补偿长效机制,对行蓄洪区群众损失的生存成本进行财政补贴,逐步弥补与周边地区发展的落差,提高区内群众生活水平、改善人居环境,也有利于行蓄洪区后续运行管理。

3.6 进一步提升预报水平

为适应淮河流域下垫面、工程、河势动态变化的形势,应基于数字孪生淮河平台,进一步织密流域雨水情监测站点,优化流域预报模型,校准边界参数,充分发挥雨水情预报预警在淮河干流调度中的关键技术支撑作用,建设淮河流域重点防洪区域水旱灾害防御"四预"系统,实现预报、预警、预演、预案等功能,便于洪水时及时启动应急响应、撤退转移行蓄洪区内人口,有利于更快决策启用行蓄洪区、降低洪水损失。

[参考文献]

[1] 徐迎春,陈平,陈锡炎.淮河中游行蓄洪区的运用与减灾[J].中国水利水电科学研究院学报,2004,2(1):65-69.
[2] 王晓亮,王雅燕.加强系统治理 全面提升淮河流域洪涝灾害防御能力[J].中国水利,2022(6):24-26.
[3] 吴永生,官剑颖.淮河干流行蓄洪区土地利用研究[J].水利发展研究,2012,12(10):52-54.
[4] 宋豫秦,张晓蕾.淮河行蓄洪区湿地化的必要性与可行性探讨[J].人民长江,2014,45(3):12-15+28.
[5] 刘艳.脱贫与发展:后脱贫时代行蓄洪区生态发展补偿制度的建构[J].山东农业大学学报(社会科学版),2021,23(2):64-73.

[作者简介]

王雅燕,女,1995年5月生,四级主任科员,主要从事水利规划计划管理工作,15255395879,wangyayan@hrc.gov.cn。

关于济宁市水资源开发利用与可持续发展研究

刘晓艳　胡笑燕　石　宁　寇珊珊　汪　栋

(济宁市水利事业发展中心　山东　济宁　272100)

摘　要：济宁市水资源短缺已成为经济社会可持续发展的制约因素，为促进全市水资源可持续发展，结合市情水情对水资源开发利用情况进行回顾，总结工作成绩，分析存在问题，探求工作措施，提出合理化建议，对今后保障城乡供水、支持区域高质量发展及保护生态具有参考价值。

关键词：济宁市；水资源；开发利用；可持续发展；措施

水是人类生存、经济发展和生态维系不可或缺的控制性要素，属于极为重要的自然资源和战略资源。兴水利、除水害，历来是治国安邦大事，随着经济社会的发展，水安全已上升为国家战略。济宁市属于黄淮海地区，人口高度集中、平原土地丰富、矿产资源富集、光热资源充足，而水资源严重短缺，已经成为经济社会发展的重要制约因素[1]。多年来，济宁多措并举，水资源开发利用和保护取得一定成效，在人口和经济布局难以大规模改变的情况下，供需矛盾依然突出[1]。以问题为导向，济宁市2019年成立了城乡水务局，整合优化涉水职能，统筹管理涉水事务，使水资源管理和可持续利用走上了新的发展之路。

1　济宁概况

1.1　基本市情

1.1.1　地理概况

济宁市为淮海经济区中心城市，位于山东省西南部，总土地面积11 187 km²，全市地貌复杂，地势东高西低、北高南洼，自东北向西南倾斜，形如簸箕状盆地，地形以平原、洼地为主。受地理、地质、地形等因素影响，全市降水量及水资源量分布时空不均。

1.1.2　社会经济概况

济宁市现辖任城、兖州2区，曲阜、邹城2市，泗水、微山、鱼台、金乡、嘉祥、汶上、梁山7县，济宁高新区、太白湖新区、济宁经济技术开发区3个功能区[2]。2020年全市常住人口835.8万人，城镇化率达60.10%，全市生产总值达4 494.3亿元，农业总产值999.52亿元，工业总产值3 335.27亿元[3]。济宁市经济社会发展呈上升趋势，进入新世纪以来，地区生产总值、城镇化率及城乡居民可支配收入等上升幅度陡增。

表1 济宁市重要年份部分经济指标表

年份(年)	2000	2005 数值	2005 5年增率(%)	2010 数值	2010 5年增率(%)	2015 数值	2015 5年增率(%)	2020 数值	2020 5年增率(%)
地区生产总值(亿元)	552.3	1 166.5	111	2 237.2	92	3 658.1	64	4 494.3	23
城镇化率(%)	23.8	40.4	70	43.0	6	52.8	23	60.1	14
城镇居民收入(元)	5 774.0	9 226.0	60	16 849	83	27 887	66	38 368.0	38
农村居民收入(元)	2 621.0	3 900.0	49	6 783.0	74	12 570	85	18 653.0	48

1.2 基本水情

1.2.1 水文气象

济宁市属暖温带季风型大陆性气候区,四季分明,暖湿交替,年均气温13.6℃,年降水量695.3 mm[3]。由济宁市多年平均年降水量差积曲线可见降水量年际变化具有丰枯交替、连续丰水和枯水现象,大致以2002年大旱为界,1956—2002年为一个大的升降周期,2002—2017年为一个小的升降周期。近几年,丰枯交替,且极端天气增加,2018年为769.2 mm,2019年减少至531.5 mm,2020年多达784.3 mm,且春初雨雪天多、夏初风雹灾重、秋末罕见暴雨、冬季寒潮暴雪并发,以至于2020年济宁西南部出现涝灾。济宁市河川径流量由降雨补给,其变化规律与降水一致,汛期径流量占全年径流量的80%左右,在地区分布变化上比降水量变化更大,年径流深的分布趋势从湖东山区向湖西平原递减,湖东区200 mm左右,湖西平原75mm左右,全市多年平均水面蒸发量变化范围在800~1 200 mm之间,分布上自南向北递增[4]。

图1 济宁市1956—2020年降雨量差积曲线图

1.2.2 水利工程概况

济宁市境内河流纵横交错,其中流域面积50 km²以上河流117条,境内南四湖兴利库容11.28亿m³。2020年底全市水库243座、塘坝1 761座、窖池219处、泵站1 914座、水闸750处;跨区域调水配套工程14处,城乡集中式供水工程3 219处,其中城市水厂21座,设计供水能力77.9万m³/d[9];城市污水处理厂28座,其中城区10座,设计污水处理能力124.5万m³/d。经多年建设,现调水、蓄水、排水、供水、污水处理设施基本齐全。

表2 济宁市水利设施供水能力一览表　　　　　　　　　　　　单位：亿 m³

县市区	全市水利工程供水能力							非常规水源利用工程		
^	总计	跨区域间调水	本区域供水工程					小计	再生水	其他
^	^	^	小计	水库	塘坝窖池	河湖引水	取水泵站	机电井	^	^	^
合计	46.23	5.63	41.60	2.84	0.60	1.62	12.69	21.83	2.04	1.62	0.42
任城区	12.20	1.08	11.12	0.18	0	0.28	3.02	7.15	0.50	0.50	0
微山县	3.39	0	3.39	0	0	0.15	2.27	0.97	0	0	0
鱼台县	4.59	0.40	4.19	0.26	0.03	0	3.26	0.54	0.10	0	0.10
金乡县	6.82	0.30	6.52	0.10	0.002	0.35	1.21	4.85	0.01	0	0.01
嘉祥县	2.29	0.50	1.79	0	0	0.28	0.61	0.75	0.15	0.04	0.11
汶上县	2.00	0.68	1.32	0.12	0.001	0.13	0.04	0.99	0.05	0.05	0
泗水县	1.24	0	1.24	0.55	0.12	0	0.21	0.30	0.03	0.01	0.02
梁山县	4.66	2.20	2.46	0	0	0	0.76	1.61	0.08	0	0.08
曲阜市	2.75	0.11	2.64	0.81	0.05	0	0.16	1.53	0.10	0	0.10
兖州区	2.75	0.16	2.59	0	0.02	0.40	0.74	0.98	0.45	0.45	0
邹城市	4.54	0.20	4.34	0.82	0.38	0	0.41	2.16	0.57	0.57	0

2　济宁水资源开发利用回顾

2.1　多年开发利用情况

依据济宁市水资源公报[6-7]，2010年、2015年、2020年全市用水总量分别为26亿 m³、23.6亿 m³、21.31亿 m³，期间用水总量减少4.69亿 m³，尤其用地下水减少了3.43亿 m³，减少30%。全市水资源配置及用水结构日趋好转，用水总量明显下降，农业用水逐年下降，生态用水逐年上升。

表3　济宁市各行政区多年平均地下水资源开发利用程度　　　　　　　单位：万 m³

县市区	多年平均地下水资源总量	2010年开采情况		2015年开采情况		2020年开采情况	
^	^	开采量	开采率	开采量	开采率	开采量	开采率
合计	176 735	116 799	66%	107 238	60%	88 953	50%
任城区	17 938	17 683	98%	13 448	75%	12 070	67%
微山县	10 347	7 844	76%	7 887	76%	7 000	68%
鱼台县	11 974	7 651	64%	6 335	53%	4 830	40%
金乡县	15 302	11 116	73%	9 521	62%	7 891	52%
嘉祥县	16 521	10 900	66%	9 585	58%	8 810	53%
汶上县	16 943	11 761	69%	11 609	68%	9 874	58%
泗水县	14 412	2 423	17%	3 150	22%	2 850	20%
梁山县	17 427	10 812	62%	10 337	59%	8 451	48%
曲阜市	16 007	10 991	69%	8 832	55%	7 470	47%
兖州区	13 106	8 750	67%	10 352	79%	7 716	59%
邹城市	26 758	16 868	63%	16 182	61%	11 991	45%

表 4　济宁市多年供水和行业用水情况一览表

年份(年)	总用水量(亿 m³)	农业 用水量(亿 m³)	农业 占比(%)	工业 用水量(亿 m³)	工业 占比(%)	生活 用水量(亿 m³)	生活 占比(%)	生态 用水量(亿 m³)	生态 占比(%)
2010	26.00	21.11	81.19	2.19	8.42	2.5	9.62	0.20	0.77
2011	24.76	19.32	78.03	2.92	11.79	2.34	9.45	0.18	0.73
2012	24.01	19.05	79.34	2.32	9.66	2.35	9.79	0.29	1.21
2013	24.10	18.99	78.80	2.42	10.04	2.42	10.04	0.27	1.12
2014	22.39	17.25	77.04	2.41	10.77	2.53	11.30	0.19	0.85
2015	23.60	18.46	78.22	2.27	9.62	2.53	10.72	0.34	1.44
2016	23.50	18.18	77.36	2.27	9.66	2.59	11.02	0.46	1.96
2017	21.59	16.11	74.62	2.35	10.88	2.6	12.04	0.53	2.45
2018	21.53	15.85	73.62	2.46	11.42	2.68	12.45	0.54	2.51
2019	21.36	15.40	72.10	2.50	11.71	2.72	12.74	0.74	3.47
2020	21.31	15.33	71.94	2.40	11.26	2.84	13.34	0.75	3.50

2.2　治理成效

目前,济宁市已成功创建国家节水型城市、7个县成为全国县域节水型社会达标县,创建节水型企业(单位、小区)478家,居全省前列。全市先后投资 10.72 亿元,完成了全市水库、塘坝除险加固并累计增加库容 1.2 亿 m³;实施了引汶入济、引黄西线、南水北调续建配套等工程,兴建了长江、运河两个地表水厂以逐步压减地下水开采量;2021 年提标改造了 5 个城市污水处理厂,同时创新开展农村治污工作,治理黑臭水体 558 个、整治污水 816 个村;深入推进全国取用水管理专项整治行动,进一步规范了取用水秩序;特别是 2017 年来牢牢抓住国家实施地下水超采综合治理项目试点县的历史机遇,超采区整治成效显著,近两年超采区地下水位呈回升趋势,尤其深层地下水水位有两个季度升幅排名全国第一[9]。积极开展水权、农业综合水价改革,2021 年全省首单工业水权交易落户济宁。

表 5　济宁市重点年份主要用水指标情况

年份(年)	生活人均日用水量/L 城镇居民	生活人均日用水量/L 农村居民	单位国内生产总值用水量(m³/万元)	单位工业增加值用水量(m³/万元)	耕地灌溉亩均用水量(m³)	节水灌溉面积(hm²)	灌溉渠系利用系数	非常规水利用量(亿 m³)
2010	88	66	107.36	18.55	312.53	161.47	0.59	0.15
2015	81	61.8	58.81	16.44	249.39	261.94	0.64	1.62
2020	73	59.9	47.41	15.98	208.74	333.98	0.66	2.02

2.3　存在问题

2.3.1　水资源总量不足,保护意识需再加强

全市多年平均水资源总量为 46 亿 m³,人均占有量为 550 m³,为典型缺水区域。济宁市是全省重要农业区和国家商品粮棉基地,农用地占总土地面积的 68.8%,农业用水与水资源禀赋不协调。全市水资源空间分布不均,2015 年济宁市超采区总面积达 2 194.6 km²,约占全市总土地面积的 1/5,全市资源性、工程性、水质性、管理性缺水共存,全民节约保护意识仍有待加强。

2.3.2 水资源配置不优,用水结构需再完善

水资源优化配置体现在取、用水两个方面。济宁市当地地表水、黄河水、长江水、非常规水置换能力逐步提升,蓄水工程利用不足且利用程度不均;从引调水设施建设和能力看,由于需水预测与实际供水有偏差、水价机制不合理、配套工程建设滞后等原因,导致外调水指标消纳不足。受南水北调工程影响,黄河水多年未充分利用,长江水价偏高,地方引用积极性不高;地表水厂受土地制约选址难、受资金制约建设慢。全市农业用水约占总用水量的 75%,工业和生活用水量各约占总用水量 11%,用水结构和效率与先进地区还有差距。

2.3.3 水务统管起步晚,管理水平需再提高

2019 年济宁市城乡水务局成立,由市水利事业发展中心为其提供技术支持,对供水、节水、排水、中水、污水等涉水事务统管,实现了几代水利人涉水事务统一管理的夙愿。济宁境内河湖众多,南四湖属于流域管理,河道跨流域和市域较多,其中流域面积 100 km² 以上河流 63 条中有 41 条跨市。省市两级水务改革不同步,济宁水资源管理及水环境保护还涉及省级城乡建设、生态环境、自然资源等部门,增加了市级工作难度。水务业务统管后,部分涉水数据不准不全,全市缺少统一规划,与新时期水务强监管不相适应。

3 建议措施

3.1 上下齐心珍爱水

3.1.1 加大理论学习,提高认知程度

"善治国者,必善治水"。党中央、国务院一直高度重视水利工作,十八大以来水资源保护和河湖健康保障受到党中央、国务院高度重视,当前水安全已上升为国家战略,涉水政策法规陆续下发,我国印发了《全民节水行动计划》《公民节约用水行为规范》《地下水管理条例》等,省市相继出台了各类配套措施及办法。各级、各部门领导班子是贯彻落实决策部署、推动各项工作的"指挥部",近年来习近平总书记系列讲话中涉及治水论述 50 余次,可见治水工作的重要性。建议全市各级领导班子带头加强政策法规学习,提高领导决策水平;同时加强行业培训,提高工作人员执行力;加大对民众的宣传力度,形成全社会人人守法、护法的良好局面。

3.1.2 增强行动自觉,切实落到实处

节约和保护水资源已"渴"不容缓,涉及社会各行业领域,需要全体公民共同行动。将政策精准落实到位,唯有"上下同欲者胜",可借鉴全民抗击疫情的宝贵经验,借鉴济宁市、区、镇街、社区四级职工和群众合力"创建文明城市"的典型做法,走法治、德治、自治结合的路子。充分发挥党建引领作用,结合济宁"万名干部下基层""乡村振兴服务队""民情手记"等下沉工作,联合社会志愿者服务队加大宣传,将水资源集约节约宣传做到"报纸上有字,电视上有影,广播上有声,自媒体有文"。当各级政府、各部门、各行业切实树立了"以水定城、以水定地、以水定人、以水定产"观念,当民众切实意识到水资源的稀缺性,才能自觉担责,使节水、护水、惜水切实成为自觉行动。

3.2 精打细算保障水

3.2.1 统筹各类水资源,优化水资源配置

按照"充分利用地表水、控制利用地下水、高效利用黄河水、积极引用长江水、鼓励利用非常规水"的水资源开发利用总思路,科学推进现代水资源网建设,加大引蓄水工程建设,实现"地表水、地下水、

黄河水、长江水、非常规水"五水并用,构建可靠的水资源工程保障体系。鼓励利用再生水、科学配置地表水、严格控制地下水开采;统筹防洪与蓄水,依据汛期防洪安全、来水情势和水库整体蓄水形势最大限度地留住雨洪水。济宁人民为南水北调工程通水安全做出了巨大牺牲,建议南四湖流域机构和省厅大力支持济宁湖水东调、引湖济西工程建设,逐步优化当时水资源配置。

3.2.2 提升集约利用水平,逐步缩减区域差异

地方政府积极推动全国县域节水型社会达标县建设,推进节水产业和节水技术的应用,推动工业节水提质增效,促进农村和农业节水;结合实际加快新一轮超采区划定工作,据实"摘帽"和"带帽",精准实施新一轮超采区治理;对长江水与黄河水、当地水、中水等进行统筹定价,建立一套有利于受水区地下水压采、禁采的供水价格;强化属地责任,加快整治非正规排污口,防控农业点面源污染,继续实施河道黑臭水体和农村生活污水处理;通过水权交易、用水总量指标动态调整等措施,协调解决县域和行业间缺水问题。

3.2.3 从严从细管好水

建议成立市、县水资源保护管理工作领导小组,党政负责人参与跨流域和行业的水资源利用、水生态修复、水污染防治等工作统筹协调,加快破解水资源短缺和污染问题;水行政部门严把水资源论证审查关口,指导项目优先使用地表水,控制开采地下水,鼓励采用非常规水,对取用水总量已达到或超过控制指标的区域一律暂停审批新增取水;积极推进智慧水务建设,按照"整合已建、统筹在建、规范新建"要求统筹规划,强化资源整合[10],对涉水数据进行整合共享,提升计量监控能力;水资源管理法规日趋完善,对违反者严惩力度逐步加大,建议对违法取水行为严格执法,树立水务行业执法权威,有效推动监管工作。

[参考文献]

[1] 王慧,韦凤年.南水北调是优化我国水资源配置格局的重大战略工程——访中国工程院院士王浩[J].中国水利,2019(23):26-28+32.

[2] 方莉莉.孔孟之乡 运河之都 文化济宁 魅力之城[N].中国质量报,2015-07-27(4).

[3] 济宁市统计局.济宁市统计年鉴[R].2020.

[4] 济宁市城乡水务局.济宁市第三次水资源调查评价报告[R].2018.

[5] 济宁市水利局.济宁市水资源公报[R].2010—2018.

[6] 济宁市城乡水务局.济宁市水资源公报[R].2019—2020.

[7] 济宁市城乡水务局.济宁市水利统计年报[R].2010—2020.

[8] 水利部办公厅.地下水超采区水位变化通报[R].2020—2021.

[9] 中共水利部党组.为黄河永远造福中华民族而不懈奋斗[J].水资源开发与管理:2022(2):1-4.

[10] 李伟,万毅,林绵,等.国家水资源管理系统地下水监测和管理信息展示初步设想[J].中国水利,2019(1):62-64.

[作者简介]

刘晓艳,女,1981年4月6日生,工程师,主要研究方向为水利工程管理和水资源技术,13608913912,aabblxy@163.com。

怀洪新河灌区农业灌溉退水水质影响分析

徐 康 喻光晔 陈军伟 刘华春

(淮河流域水资源保护局淮河水资源保护科学研究所 安徽 蚌埠 233001)

摘 要：怀洪新河灌区设计灌溉面积22.87万hm^2，规划水平年(2035年)多年平均和75%保障率灌溉退水量分别为1.13亿m^3和1.35亿m^3。灌区最终的退水方向是怀洪新河和淮河，退水不利时段为每年的6—11月。根据预测结果，环保措施未落实前提下，北淝河入淮河口国控断面、沫河口闸断面和老胡洼闸断面等水质超过相应水质管理目标要求；采取有效措施、从源头削减退水污染物后，收纳水体水质能达到相应水质管理目标要求，灌溉退水对怀洪新河、淮河水质影响很小。

关键词：怀洪新河灌区；灌溉退水；水质

怀洪新河灌区工程已列入2014年水利部印发的《全国现代灌溉发展规划》[1]，是国务院确定的150项重大水利工程之一，也是治淮以来蚌埠市单体投资最大的水利工程。工程实施后，怀洪新河灌区灌溉面积将增加至22.87万hm^2，新增灌溉面积11.47万hm^2，一方面可达到恢复和新增灌溉面积，另一方面可改善除涝条件，同时依托水系连通、灌溉补水，促使水体流动和补充地下水，修复和改善区域生态环境，对促进区域经济社会可持续发展具有重要意义。但灌区的建设将对当地的水资源和水环境产生重大影响[2]，本文对灌区农业灌溉退水的污染负荷进行核算，分析其对收纳水体怀洪新河和淮河的水质影响，为进一步开展怀洪新河灌区退水污染控制关键技术与政策管理体系研究、保障区域水质安全提供参考。

1 灌区工程和流域概况

怀洪新河灌区涉及安徽省蚌埠市的怀远县、固镇县、五河县、淮上区4个县区，属淮河中游，怀洪新河贯穿其中。灌区范围南至淮河干流及涡河下游，西抵蚌埠与亳州、淮北市界及浍河祁县闸，北依南沱河，东达天井湖，国土面积3 850 km^2，设计灌溉面积22.87万hm^2。按水源分布特点及河道重要节制闸工程结合行政区划大致可分为独立的5大片区，分别为四方湖灌区、浍漴灌区、北淝河下游灌区、沱湖天井湖灌区及怀洪新河直灌区。

怀洪新河灌区工程取水水源有地表水和地下水，其中地表水包括8部分：北淝河(含四方湖)、浍河、漴河、怀洪新河(含符怀新河、漴河洼、香涧湖)、沱河、湖、天井湖、淮河(蚌埠闸上、蚌埠闸—洪泽湖)；地下水为河井混灌区范围内的地下水源井。

2 农业灌溉退水污染负荷分析

2.1 农业灌溉退水量分析

(1) 作物种植结构及种植面积

灌溉退水指在农田灌溉中，流经渠系和田间的地表水和地下渗流汇集到下游河道的灌溉余水，主要来源于田间渗漏损失、渠道输水损失以及稻田的落干排水。农田灌溉对水质的影响主要为田间灌溉退水的影响，通过直排、渗流到沟渠后汇入河流。

灌区范围内现状以种植水稻、小麦、大豆、玉米、蔬菜为主，有效灌溉面积 11.40 万 hm^2（河灌区 7.88 万 hm^2，井灌面积 3.52 万 hm^2），复种指数为 160%；灌区水源覆盖不到的耕地 11.47 万 hm^2，均为旱作物，利用当地沟塘等灌溉。

随着淮水北调和引江济淮工程的实施，且灌区范围内大型水利控制工程较完备，河湖众多，水源条件较好，将因地制宜对种植结构实行调整，加大产量大、附加值高的农作物种植面积，主要是增加中稻、糯稻种植面积，保障粮食增产，扩大经济作物和蔬菜种植面积。

2035 年规划设计灌溉面积 22.87 万 hm^2，其中井渠结合灌区 3.52 万 hm^2，复种指数达 190%，主要农作物为水稻、小麦、油菜、秋季旱作和蔬菜，秋季旱作以玉米、大豆为代表。

(2) 灌溉退水量

灌区各片现状年（2019 年）多年平均和 75% 保障率灌溉定额分别为 7.53 m^3/hm^2 和 8.67 m^3/hm^2，规划水平年（2035 年）水稻种植面积扩大，复种指数有所增加，灌溉定额相应增加，多年平均和 75% 保障率灌溉定额分别为 9.53 m^3/hm^2 和 10.87 m^3/hm^2。

灌区主要农作物水稻灌溉退水季节在 6—11 月，灌溉退水全被视为水稻灌溉而产生的退水量。从供需水平衡分析可知多年平均和 75% 典型年各片灌区的灌溉总水量，退水量按退水系数 0.3 计算，得到各片灌区典型年灌溉退水量（表 1），2035 年全灌区多年平均和 75% 典型年灌溉退水量分别为 1.13 亿 m^3 和 1.35 亿 m^3。

表 1 规划水平年不同保证率灌区农田灌溉退水量　　　　　　　　　　　单位：万 m^3

灌区	保证率	总取水量	水稻取水量	灌溉退水量
四方湖灌区	多年平均	16 483	9 586	2 876
	75%	18 143	11 031	3 309
浍澥灌区	多年平均	16 896	4 969	1 491
	75%	21 077	5 811	1 743
北淝河下游灌区	多年平均	9 358	6 264	1 879
	75%	10 485	7 686	2 306
沱湖天井湖灌区	多年平均	10 719	6 707	2 012
	75%	11 953	8 294	2 488
怀洪新河直灌区	多年平均	19 284	10 113	3 034
	75%	22 141	12 273	3 682
全灌区	多年平均	72 741	37 639	11 292
	75%	83 798	45 096	13 529

注：因四舍五入，全灌区数据与各灌区数据总和有微小差距。

2.2 农业灌溉退水去向

本灌区地势为由西北向东南倾斜,地面坡度平缓。灌溉退水部分被下游农田利用,其余以地表径流或地下径流的方式进入下游河道,最终的退水方向是怀洪新河和淮河。各片灌区退水去向具体如下:

①四方湖灌区位于北淝河及四方湖沿岸,地势呈西北向东南倾斜,灌溉水源为北淝河及下游四方湖,灌溉退水沿两岸以地表径流形式进入北淝河及四方湖经四方湖闸汇入怀洪新河。

②浍澥灌区主要分布于浍河、澥河沿岸及南沱河南岸,灌区总体地势由西北向东南倾斜,以浍河固镇闸上和澥河老胡洼闸上河道蓄水为水源地,灌溉退水沿地势主要进入浍河、澥河后汇入怀洪新河。

③北淝河下游灌区位于北淝河下段沿岸,水源为沫河口闸以上的北淝河下游及符怀新河,灌溉退水进入北淝河下段后经沫河口闸汇入淮河。

④沱湖天井湖灌区分布于沱湖、天井湖沿岸,水源为沱湖、天井湖及沱河濠城闸以下段,灌溉退水沿地势通过片区内沟渠进入沱湖、天井湖后汇入怀洪新河。

⑤怀洪新河直灌区位于怀洪新河干流沿岸,水源为安徽与江苏省界以上段怀洪新河干流,灌溉退水经地表径流进入香涧湖,最终汇入淮河。

2.3 退水不利时段分析

灌区主要种植农作物为水稻、小麦、油菜、秋季旱作和蔬菜,秋季旱作以玉米、大豆为代表。水稻作物灌溉时间在6月中旬至11月中旬,稻田排水主要包括分蘖后期的烤田排水、黄熟期落干排水和雨量较大时的多余雨水。

本灌区作物以水稻、小麦、玉米为主,从最不利角度考虑,灌溉退水全被视为水稻灌溉而产生的退水量。中稻、糯稻返青期和分蘖初期为6—7月,据水稻适宜水深和耐淹水深分析,在返青期和分蘖初期,水稻耐淹水深小,排涝要求高,因此排涝期宜选取6—7月,其中主排涝期确定为6月中旬—7月下旬(6月11日—7月26日)。因灌溉用水主要集中在每年的6—11月,此时也是灌溉退水产生最多的时段,为灌区退水影响怀洪新河和淮河水质的主要时段。

2.4 灌区污染物排放、入河量

灌区现状以种植水稻、小麦、大豆、玉米、蔬菜为主,规划水平年主要种植农作物为水稻、小麦、油菜、秋季旱作和蔬菜,秋季旱作以玉米、大豆为代表。灌区建成后,灌区复种指数由现状160%提高到2035年的190%,作物种植面积由现状11.40万 hm² 提高到2035年的22.87万 hm²。

(1) 化肥施用情况

根据蚌埠市2019—2021年国民经济和社会发展统计公报,2019—2021年蚌埠市化肥施用量(折纯)分别为29.00万 t、27.67万 t、26.62万 t。通过化肥折纯计算公式,结合2019年灌区作物组成及种植面积,得到灌区现状水平年2019年作物施肥量(化肥折纯量参考计算表),总计14.18万 t。

设计水平年灌区复种指数由现状160%提高到2035年的190%,种植面积将会增加到42.30万 hm²,灌区总施肥量随之增大,达到16.52万 t,比现状年增加2.34万 t。

在绿色发展大背景下,怀洪新河灌区工程须落实蚌埠市化肥使用量"零增长"行动,推进化肥、农药"减量增效"工作。因此,规划水平年2035年区域内施肥量将控制在现状水平年14.18万 t/a以内。

（2）农田面源污染物排放量、入河量

根据相关文献资料中灌区农田退水水质监测结果及蚌埠市耕地化肥农药使用情况，灌溉退水水质按化学含氧量（COD）50 mg/L、氨氮（NH$_3$-N）1.5 mg/L、总磷（TP）0.35 mg/L 控制。

根据农田污染排放量及入河系数（渠道取系数 0.3），预测得到规划水平年各片灌区面源污染入河量（表2）。

表2 规划水平年农田面源污染物入河量

灌区	年型	2035年退水量（万 m³）	COD(t/a)	NH$_3$-H(t/a)	TP(t/a)
四方湖灌区	多年平均	2 876	431.36	12.94	3.02
	75%	3 309	496.40	14.89	3.47
浍澥灌区	多年平均	1 491	223.59	6.71	1.57
	75%	1 743	261.51	7.85	1.83
北淝河下游灌区	多年平均	1 879	281.90	8.46	1.97
	75%	2 306	345.89	10.38	2.42
沱湖天井湖灌区	多年平均	2 012	301.84	9.06	2.11
	75%	2 488	373.25	11.20	2.61
怀洪新河直灌区	多年平均	3 034	455.09	13.65	3.19
	75%	3 682	552.28	16.57	3.87
全灌区	多年平均	11 292	1 693.77	50.81	11.86
	75%	13 529	2 029.33	60.88	14.21

3 灌溉退水对地表水水质影响

3.1 水质预测方法

浍澥灌区的浍河和澥河、北淝河下游灌区的北淝河下段水质预测采用河流一维稳态降解模型，四方湖灌区的四方湖、怀洪新河直灌区的香涧湖水质预测采用狭长湖移流衰减模式，沱湖天井湖灌区的沱湖、天井湖水质预测采用无风大湖（库）移流模式。

3.2 预测边界条件

怀洪新河灌区分为五个相对独立的分灌区，本文对五个分灌区的汇水河湖 2035 年水质进行预测。

四方湖灌区以四方湖闸为预测节点，浍澥灌区以澥河老胡洼闸、浍河珍珠沟涵闸断面（浍澥灌区与怀洪新河直灌区边界）为预测节点，北淝河下游灌区以北淝河下段北淝河入淮河口国控断面和沫河口闸为预测节点，沱湖天井湖灌区以沱湖新沱河闸、天井湖引河闸为预测节点，怀洪新河直灌区以西坝口闸为预测节点。

考虑最不利条件，各灌区区间天然径流量取90%保证率径流量（表3）。

表 3 灌区多年平均和 90% 保证率天然径流量

序号	区间范围		来水面积(km²)	多年平均(亿 m³)	90%保证率(亿 m³)
1	浍河固镇闸上		4 580	8.45	3.17
2	北淝河片		1 975	4.65	1.89
	其中	四方湖引水闸上	1 470	3.28	1.28
		北淝河下游洼地	505	1.37	0.54
3	怀洪新河香涧湖片		2 123	4.74	1.85
	其中	老胡洼闸上	957	2.14	0.83
		香涧湖	1 166	2.60	1.01
4	沱湖流域		2 983	5.74	2.25
	其中	青龙闸上	1 026	1.81	0.71
		壕城闸上	656	1.23	0.48
		沱湖	1301	2.70	1.06
5	天井湖流域		868	1.74	0.68
	合计		12 529	25.32	9.84

规划水平年 2035 年,各灌区汇水河湖地表水本底水质方面,沱湖、怀洪新河(香涧湖)、浍河取《地表水环境质量标准》(GB 3838—2002)Ⅲ类水质标准,四方湖、天井湖、北淝河下游、濉河取Ⅳ类水质标准。

3.3 降解系数及预测范围

灌区退水首先通过田间渠道,再经灌片渠道网络进入各分灌区汇水河湖,最终汇入怀洪新河或淮河。预测不考虑田间渠道对污染物的降解和吸附等有利条件,把各小灌片概化成集中退水,仅考虑受纳河道的降解,降解系数选取参考《淮河流域重要河流湖泊水功能区纳污能力核定和分阶段限制排污总量控制方案报告》中的淮河干流地表水污染物降解系数:COD 降解系数为 0.05 d⁻¹,氨氮降解系数为 0.06 d⁻¹,总磷降解系数 0.06 d⁻¹。

3.4 预测结果

工程建成后环保措施未落实前提下,北淝河下游灌区北淝河入淮河口国控断面多年平均 6 月和 8 月 COD 浓度,75% 保证率年型 6 月 COD、TP 浓度,8 月 COD 浓度均超过管理目标(GB 3838—2002)Ⅳ类标准要求;沱河口闸断面多年平均 6 月 COD 浓度,75% 保证率年型 6 月、8 月 COD 浓度也均超过Ⅳ类标准要求,对淮河水质会产生不利影响。浍濉灌区濉河老胡洼闸断面 75% 保证率年型 6 月 COD 浓度超过Ⅳ类标准要求,对怀洪新河水质会产生不利影响,因此需对当地面源和点源污染进行治理。

规划水平年不同保证率下灌区工程建设后,实行最严格的水资源保护制度,落实控制化肥零增长、灌区精测土施肥等措施后,各预测断面多年平均和 75% 保证率年型下 COD、NH₃-N 和 TP 浓度均达到相应水质管理目标要求。由于上游来水和区间径流水量较大、水质较好,所以虽然有灌区退水进入本计算区间,但是水质仍能达到相应水质管理目标要求,灌溉退水对怀洪新河、淮河水质影响很小。

4 灌区水污染防治措施

根据灌区现状监测资料,灌区工程范围内主要的纳污河流怀洪新河及其支流水质现状一般,普遍存在氨氮超标的问题。而根据预测结果，灌区范围内各类退水新增污染负荷较大，若不采取有效防治措施，灌溉退水会造成区域水环境质量恶化，灌区水污染防治建议从削减区域主要退水污染负荷着手[3]，实现源头防控[4]。在灌区工程主要退水排入的田间沟道、河沟，建设生态沟渠、污水净化塘、地表径流集蓄池等设施[5]，净化农田排水及地表径流。此外，还需推广低毒、低残留农药使用补助试点经验，开展农作物病虫害绿色防控和统防统治。实行测土配方施肥，推广精准施肥技术和机具。落实高标准农田建设、土地开发整理等标准规范。推进农业面源污染综合治理示范建设，开展农业面源污染监测，建立健全农业面源污染综合防治运行机制。

5　结论

怀洪新河灌区灌溉退水涉及的主要地表水体为怀洪新河、淮河及其支流，根据现状水质监测结果，怀洪新河及其支流水质现状一般。农业灌溉退水新增污染负荷较大，采取有效措施、从源头削减退水污染物后，收纳水体水质仍能达到相应水质管理目标要求，灌溉退水对怀洪新河、淮河水质影响很小。

[参考文献]

[1] 安徽省水利水电勘测设计院.怀洪新河灌区规划报告[R].2013.
[2] 曹笑笑.人工湿地净化农田退水的工艺设计[D].中国科学院研究生院(东北地理与农业生态研究所),2013.
[3] 马勇骥,陈晓燕,崔禹.污染物入河量分析技术方法浅析[J].环境影响评价,2016,38(6):88-91.
[4] 张爱平,杨世琦,张庆忠,等.宁夏灌区农田退水污染形成原因及防治对策[J].中国生态农业学报,2008,16(4):1037-1042.
[5] 王沛芳,娄明月,钱进,等.农田退水净污湿地对污染物的净化效果及机理分析[J].水资源保护,2020,36(5):1-10.

[作者简介]

徐康,男,1987年1月生,工程师,主要从事环境技术咨询工作,kxu0130@outlook.com。

浅谈无人机协同无人船在河道监测中的应用

陈 祥

(安徽省淮河河道管理局测绘院 安徽 蚌埠 233000)

摘 要：随着淮河管理现代化、河道监测智能化水平的提升，无人机、无人船等测绘新设备、新技术在淮河管理工作中应运而生。无人机具有获取影像机动灵活、分辨率高和速度快、成本低等特点；无人测量船小巧灵活，兼有智能化程度高、获取数据快速精准等优点；而无人机、无人船协同作业实现了测区自动巡航、数据自动采集以及水陆空一体化相互配合、相互补充的测绘优势，达到了提速、提质、提效的应用效果。本文结合实例就无人机协同无人船在河道监测中的应用进行了探讨。

关键词：无人机；无人船；河道监测；协同应用

1 引言

无人机航摄测量主要通过对无人机进行操作，利用地面站软件提前规划好航摄范围、航测分辨率、重叠率，自动生成航摄航线，自动提取测区高程信息，无人机飞到需要测量的地域，航摄相机自动拍摄地物影像，从而达到航空拍摄测量的目的。无人机航摄技术具备数据获取准确性高、数据处理分析速度快、数据采集范围广等优点。伴随着该项技术的日益成熟，其运行成本低、外业速度快、执行任务灵活性高、地形地貌对于生产作业影响因素小，能在短时间内获得精确的绘图（数据）。在实际应用中，具有传统航空遥感装置所没有的优势。所以，利用无人机航空摄影测量技术进行河道地形测量，不仅能降低外业测绘的工作强度，而且能大大缩短成图周期。

水深测量是河道地形测绘、河道监测的重要手段，传统的测量方式一般采用船载测深仪配合全球导航卫星系统（GNSS）设备获取水下点的三维坐标。这种作业方式能够得到精准的水深数据，但由于载人测量船只较大，复杂或近岸浅水区域无法进入，需橡皮船和人工补测，特别是在各地水域禁捕政策出台后，作业效率低且存在安全隐患。无人测量船测量载体小巧，极大程度上填补了水下测量领域载人船无法到达的危险、浅滩、近岸等空白区域。

2 无人机工作原理及其特点

2.1 无人机航测系统工作原理

无人机航测系统由无人机飞行平台、飞行控制系统、航空摄影设备、数传系统、图传系统、电台、地面工作站等系统组成。无人机航测技术是将测绘技术、数字化成图技术和自动化技术等众多领域中的高新技术有效集成在一起。

2.2 无人机航测技术的特点

2.2.1 精准水平高
航摄测绘的测量精度达到了厘米级,可以满足1∶1 000测图精度。如果测绘需要更高的精度,那么无人机也能满足测量需求。另外,航摄测绘还具有丰富的三维地理信息,可以捕获大比例尺地形的数据。

2.2.2 监测范围广
目前无人机已经能在搭载测图设备的情况下在300~500 m的高度飞行超过2 h,搭配上先进的航测传感器后一次飞行能对10~20 km² 范围内地面信息采集。

2.2.3 灵活性高,操作简单
无人机的飞行高度低的50 m、高可达1 000 m,环境产生的变化对无人机几乎没有什么影响,相比于传统的测量技术,无人机具有广泛的应用空间,具有更好的灵活性。

2.2.4 成本低
传统测绘方式大多存在成本投入过高,时间过长的弊端。而无人机测绘可以有效地解决这一问题,它利用飞行器结合航摄相机进行拍摄,不但降低了劳动力成本,缩短了测量周期,大大地减少了人力、物力、财力的投入。

3 无人船测量系统的工作原理及优势

3.1 无人船测量系统的工作原理

无人船测量系统分为船体系统和测量系统两个部分。船体系统由岸基控制单元和测深船两个单元组成,包括船体、动力、船载主控、电源、无线传输、岸基控制软件等分系统。岸基控制系统和测深船两个单元之间采用无线通讯。测量系统主要由数字测深仪、姿态传感器、GNSS接收机、全角度摄像头及距离传感器等多种高精密传感设备组成,具备水深测量、导航定位及避障功能。在联通了无人船和岸基端之后,岸基端可以远程操控无人船进行测深,亦可使无人船按照既定路线借助卫星定位自动巡航测深,测深系统同步采集相关数据信息并通过无线电波传回岸基端进行储存,测量完成后自动返航。

3.2 相比传统水深测量方法无人测量船的优势

3.2.1 无人测量船水深测量的特点
(1)船体小巧、吃水浅、能贴岸及在浅水区作业,减少了测量空白区,提高了测量效率,避免了测量人员水上作业的危险。

(2)抗风浪能力较强,航行平稳。可以使用手动模式,采用遥控器控制航行,也可以根据事先布设好的航线严格按照测量断面自主航行,提高了测深定位的精准度。

(3)具备智能避障系统,碰到障碍物可以绕道航行。

(4)测深模块位于船体内部,天线高度与吃水深度均为固定值,避免了测深仪每次安装量测的误差,同时由于吃水较浅,浅水区也可以获取较为精准的测深数据。

(5)可以以无线传输的方式实时把船的工作状态、航姿、测深数据、视频图像传回岸基系统,实现数据的同步存储。

(6)无人测量船测量软件具备导航、采集存储测深数据及后处理功能,可以实现测深模拟信号与水深数字数据叠加,能更好地对水深数据进行准确判读。

4 无人机协同无人船在淮河河道测量中的应用

本文结合无人机协同无人船在淮河干流蚌埠(蚌埠闸~浮山)段(以下简称蚌浮段)应用实例进行阐述。

4.1 测区概况

淮河干流蚌浮段河道长约 102 km,蚌浮段左岸为淮北平原,由淮北大堤保护;右岸为丘陵岗地,筑有蚌埠城市防洪圈堤。在淮北大堤和南岸岗地之间分布有方邱湖、临北段、香浮段三个防洪保护区和花园湖行洪区。

本次测量区域位于淮河花园湖进洪闸下游 3.5 km 处,该处河道蜿蜒曲折,左岸岸滩狭窄,右岸宽阔。本次采用纵横大鹏 CW-15 长航时电动小型垂直起降固定翼无人机系统进行河道岸滩及堤防测量,中海达 iBoat BS2 智能无人测量船进行水下地形测量,两者同时进行作业。

4.2 无人机航测的外业作业及内业处理

4.2.1 外业作业流程

外业作业阶段,首先在奥维地图上根据河道走向进行像控点布设。像控点的布设将对河道地形图测绘的精度产生重要的影响。通常应在无人机航向或者旁向 5、6 片相互重叠的片区内平高点设置像控点,这样可以提高像控点的利用率。同时应尽量选择邻近旁向重叠中线的位置来设置像控点。按照每 500 m 布置 1 个点的原则,结合河道高程落差的变化,最终制定像控点布置方案及航线规划。像控点坐标测定时,采用网络实时动态差分(RTK)技术,对像控点中心位置连续测量 2 次,并在固定解状态下获取坐标,汇总整理后,用于飞行计划制定及后期图像精度的校核。

在飞行航线规划阶段,首先将像控点坐标导入地面站软件,在做像控点规划时,考虑到了地形的影响,同时在现场布置像控点时也根据现场实际地形进行了些许调整,尽量做到高程控制和平面控制。确保覆盖河道治理区域和满足飞行安全要求,此次航测的相对航高为 350 m,航向重叠率为 80%,旁向重叠率为 60%,航测地形图比例尺设定为 1∶2 000。现场实施飞行前,必须进行飞前检查,包括机务检查、常规检查与航电检查,采用笔记本实时监控无人机的飞行状态,确保安全飞行。

4.2.2 内业处理

本次只选取 个架次的影像数据进行处理,首选将获取的航测数据按照格式要求分次合并,输入至 PPS 后处理软件进行一键解算,将解算后的航测数据按照 Pix4D 软件的要求输入。对 Pix4D 软件而言,航测数据的处理共分为 3 个步骤,即初始化处理、点云及纹理、DSM 和正射影像图。

在初始化处理阶段,首先进行无控制点生成影像,运行完成后,导入像控点坐标,在生成的模型中找到对应的像控点进行刺点,用于分析航测精度。刺点结束后,重新优化运行一段时间则可生成相应的质量报告,并得到像控点的误差范围。同时,河道内布置了一些特征鲜明的检查点进行精度对比(见表 1),平均平面中误差 0.04 m(见表 1),平均高程中误差为 0.11 m(见表 2),误差较小,可以发现像控点匹配情况较好。在精度分析中,通过现场选取的一些检查点和像控点误差情况,综合分析认为满足航测 1∶2 000 地形图测制要求。

表1 检核点平面精度统计表

点号	x野外(m)	y野外(m)	x量测(m)	y量测(m)	ΔY(m)	ΔX(m)	ΔZ(m)
J1	243.964	263.084	243.943	263.106	−0.02	0.02	0.03
J2	1 740.606	454.023	1 740.576	454.020	0.00	0.03	0.03
J3	2 943.651	895.742	2 943.600	895.742	0.00	0.05	0.05
J4	3 905.915	707.295	3 905.938	707.307	−0.01	−0.02	0.03
J5	4 637.707	732.246	4 637.765	732.253	−0.01	−0.06	0.06
J6	777.675	286.156	777.666	286.135	0.02	0.01	0.02
J7	492.290	460.759	492.314	460.754	0.00	−0.02	0.02
J8	1 894.240	698.044	1 894.222	698.018	0.03	0.02	0.03
J9	2 103.301	749.863	2 103.238	749.861	0.00	0.06	0.06
J10	2 598.816	52.325	2 598.769	52.320	0.01	0.05	0.05
J11	2 929.831	219.439	2 929.763	219.399	0.04	0.07	0.08

表2 检核点高程精度统计表

点号	h野外(m)	h量测(m)	Δh(m)	点号	h野外(m)	h量测(m)	Δh(m)
J1	23.809	23.874	−0.06	J7	23.152	23.186	−0.03
J2	23.620	23.724	−0.10	J8	22.497	22.604	−0.11
J3	23.730	23.825	−0.10	J9	23.137	23.257	−0.12
J4	23.624	23.717	−0.09	J10	22.979	23.105	−0.13
J5	23.405	23.383	0.02	J11	22.639	22.709	−0.07
J6	17.407	17.516	−0.11				

4.3 无人船水下数据采集及处理

4.3.1 数据采集及处理

本次测量河道断面间距平均按照50 m左右布设一条，加密段河道断面25～50 m布设一条。利用无人船搭载的RTK采集动态高精度瞬时平面坐标，结合同步采集的测深数据，经测深处理软件对所采集的数据进行分析处理，然后制作生成水下地形及断面文件。

首先在电脑上安装USR虚拟串口软件进行网桥链接，打开船控iBoatUSV软件进行无人船控制，然后通过HiMAX测深仪软件进行无人船坐标参数设置、吃水设置，相关设置完成后放船下水使无人船按事先布设好的航线进行测量，并根据软件的偏航显示数据，随时修正测船的航向，使测船始终沿着断面线方向航行，测量点与测线距离控制在3 m范围内，断面线上水深点采点间距为2 m。断面点定位精度平面小于0.05 m，高程小于0.06 m，水深测量精度为±10 mm+0.1%h。水下测量结束进行数据后处理先水深取样、数据改正、成果预览，最后输出南方CASS的数据格式。

4.3.2 精度检核

在河床平坦河段（水闸底板附近）和河道固定断面位置，采用船载测深仪结合人工测量的方法，对无人船的测深数据进行精度验证。取检测线与主测线交叉处、图上1 mm范围内水深点的高程进行统计，经数据比对，平坦河段无人测量船的水深数据误差在5 cm以内，固定断面平面位置接近点的水深数据误差在8 cm以内。统计结果显示，无人测量船的测深精度满足项目测量要求。

5　结语

实践证明,无人机协同无人船河道监测的技术应用,其精度能够满足大比例尺河道地形图的要求,可满足水上、水下地理信息数据的全天候、高精度、自动化的实时获取需要,能完成多种复杂环境下的河道地形测量任务,完全实现了水上、水下作业的无人化,大大降低外业测量工作强度,实现了测区自动巡航、数据自动采集以及水陆空一体化相互配合、相互补充的测绘优势,达到了提速、提质、提效的应用效果,具有很高的运用和推广价值。

[参考文献]

[1] 马江河.无人机航测在水利水电工程中的应用[J].农业科技与信息,2021(5):79-81.
[2] 孙治华.无人机航测技术在水利工程测绘中的应用[J].住宅与房地产,2019(16):206.
[3] 王光明,丛联宇.无人机航空摄影测量在地形图测绘中的应用[J].测绘与空间地理信息,2017,40(6):220-221+224.

[作者简介]

陈祥,男,1985年11月生,高级工程师,主要研究方向为工程测绘,15212158263,254846754@qq.com。

淮河流域省界和重要控制断面水资源监测现状分析与思考

戴丽纳 李文杰 刘开磊

(淮河水利委员会水文局(信息中心) 安徽 蚌埠 233001)

摘 要:淮河流域省界和重要控制断面水资源监测信息是落实最严格水资源管理制度考核以及流域水资源调度管理的重要抓手。摸清淮河流域跨省河流省界和重要控制断面水资源监测站网建设与管理现状,科学分析存在的短板,为下一步流域水文规划提出工作思路,是十分必要的。

关键词:淮河流域;水资源监测;现状

1 淮河流域省界和重要控制断面水资源监测站网现状

淮河流域地处我国东部,跨鄂、豫、皖、苏、鲁5省40市(地),181个县(市),流域面积27万 km²。人多水少,水资源时空分布不均且与生产力布局不相匹配,是淮河流域经济社会发展长期面临的突出问题,其中跨省的河流、湖泊的水事关系更为复杂。因此,加强对跨省河湖水资源开发利用的监测和管控,落实最严格水资源管理制度以及流域水资源调度管理,是流域机构十分重要的、持续性的工作。

"十二五""十三五"期间,国家持续加大水文基础设施建设投入力度,《全国水文基础设施建设规划(2013—2020年)》(淮委部分)得到了较为全面的实施,淮河流域水文工作得到了长足进步,站网体系逐步完善,监测能力不断增强。截至2021年年底,淮河流域(含山东半岛)水文部门共有水文站890处,水位站396处,雨量站3810处,水质站1338处,墒情站310处,蒸发站1处,地下水监测3723处,实验站3处,承担省级以上报汛任务的测站2625处。

与常规水文站网不同,水资源监测站的功能主要是准确测算行政区域的水资源量,满足以行政区为区域的水量控制需要。其监测要素主要有水位、流量,监测站位置一般需要设在跨行政区界河流上、重要取用水户(口)水源地等[1]。

根据2014年水利部印发的《全国省际河流省界水资源监测断面名录》,淮委在淮河、沂河、沭河等7条跨省河流上规划了83个省界断面水资源监测站点,其中,利用已有水文站32个,新建水文站51个(淮委水文局新建42个,省水文部门建设9个)。目前,新建的51个水文站中,淮委水文局拟建的后吕家北桥和北王庄桥2个水文站因集水面积较小暂缓建设,其余49个站点都已建成并投入使用。即已运行的省界断面共有81个[2]。

目前已获得水利部批复的水量分配方案、水资源调度方案、生态流量保障实施方案,跨省河湖包含了淮河、沭河、沂河、沙颍河、涡河、洪汝河、史灌河、奎濉河、新汴河、包浍河、池河、史河、竹竿河、白塔河等14条河流及南四湖、高邮湖、骆马湖等3个湖泊,控制断面包含了25个省界断面及25个重要控制断面。

综合以上,目前淮河流域有水资源监测任务的省界和重要控制断面有106个。

2 淮河流域省界断面水资源监测站点管理与运行现状

2.1 运行管理单位

上述的106个省界和重要控制断面,分布在流域五省,其中由淮委管理的有40个,由湖北省管理的有1个,由河南省管理的有17个,由安徽省管理的有22个,由江苏省管理的有16个,由山东省管理的有10个。由于这些站点分属管理机构不同,建设时间跨度大,建设目标、建设标准不尽相同,监测任务、数据上报要求也不统一,为统一服务于淮河流域水资源管理等工作带来困难。

2.2 水文监测能力

水位监测基本全部实现遥测,遥测手段有浮子式水位计、气泡压力式水位计、雷达水位计等,个别先进的站点配备了图像法水位自动识别设备。大部分站点只配备一套水位遥测设备,遥测设备故障或者超出适用范围时,只能依靠人工观读。例如,枯水期河道水位低于进水管底高程时,浮子式水位计失效。

流量监测以人工测验为主,测验设施主要有自动缆道、手摇缆道、水文测桥等,测验设备主要有流速仪、声学多普勒流速剖面仪(ADCP)、电波流速仪、遥控船等。流量监测自动化程度较低,个别闸坝站有稳定的水位流量曲线,能够根据需要推求流量;22个站点建有二线能坡法、时差法、雷达波法等流量自动监测设备,但低水流量监测精度较差。个别站点只监测水位,不具备测流条件。

2.3 监测数据上报

水资源管理工作需要的监测数据包括水位、流量的实时监测数据和月度、年度整编数据。

断面实时监测数据一般能够通过水情信息交换系统共享,断面整编数据能够通过全国省界断面水文水资源监测信息系统共享。目前,除基本站和部分报汛站能够每日测报外,淮委管理的省界断面水资源监测专用水文站、省管中小河流站等站点暂不具备每日测报的条件,对淮委水量分配与调度、生态流量保障等工作要求的下泄水量日预警、旬预警造成障碍。

根据水利部关于省界和重要控制断面监测及报送的规定,水文监测数据全年报送水位、流量;整编数据及水文特征值通过全国省界断面水文水资源监测信息系统向水利部报送,其中月整编数据和月水文特征值应于次月8日前报送,年整编数据和更新的水文特征值于次年2月8日前报送,整编数据能够满足目前水利部、淮委编制水资源监测月报的要求。

3 问题梳理分析

3.1 现有水文站网布局不够完善

目前水文站网的布设、监测要素和监测频次仍无法完全满足水量分配方案等的要求,主要支流进入淮河干流河口控制断面、跨省河流湖泊出入水量控制站点等尚不能满足需求,需进行动态调整和补充完善[3-4]。

3.2 水资源监测能力不足

一方面,受建设投资限制,水资源监测站点建设标准低,基础设施不够完备,测验设备不够先进,距离水文现代化有很大差距。大部分站点水位遥测手段单一,做不到全量程监测;低水流量测验手段落后,流量自动监测覆盖率低且精度较差;个别站点根据建设目标,只监测水位,无测流条件。

另一方面,测站运行费用存在缺口,测站功能未完全发挥,优先保证了中高水测流,低水流量监测频次不足。

3.3 数据共享与同步存在障碍

水资源监测断面的实时监测数据主要依赖水情信息交换系统共享,但目前有的站点有监测数据,但未纳入系统或未交换到淮委,需要进一步梳理整合。此外,监测数据的汇集、整合、管理、计算分析等大多需要通过不同的系统或者人工解决,工作效率较低。

4 思考与建议

4.1 健全完善水文站网布局和功能

科学谋划水文站网建设布局,充分把握水文现代化、水文"十四五"规划等有利时机,推动项目立项实施,加快流域水文水资源监测站网优化升级。对照水资源管理等需求,在充分调研查勘的基础上,优化完善站网布局,增加监测要素,提高监测频次,以满足新时期水资源管理和保护需要。新建站优先按无人值守测站建设,控制征地规模和大型固定设施建设规模;改建站应注重技术手段提档升级,提高自动在线监测水平[5]。

4.2 加快实现水资源监测能力提档升级

通过深入分析测站功能和定位,改革测验模式,创新监测方式方法。加强河流低水流量监测设施升级改造,加大高效率、高精度的ADCP、遥控船等测验设备的应用率,提高人工测验效率和安全性;逐站研究适用的流量自动化监测手段,逐步实现流量自动监测,重点提升低水流量测验精度[6]。

4.3 提升水文信息智能处理服务水平

加强流域内跨省区、跨部门的合作和信息共享,加快推进水文业务系统建设,打破数据共享壁垒。应用大数据、云计算、人工智能等现代技术,建成统一的集水文业务管理、水文数据处理于一体的功能强大的水文业务系统,提升水文信息处理和服务智能化水平,实现工程效益最大化。

[参考文献]

[1] 章雨乾,章树安.对我国水资源监测的认识与分析研究[C]//英爱文,等.水文水资源监测与评价应用技术论文集.南京:河海大学出版社,2020.

[2] 肖珍珍,赵瑾,王天友,等.淮河流域省界断面水资源监测站网建设项目综述[J].治淮,2019(1):4-5.

[3] 欣金彪,王启猛,张志刚,等.淮河流域水资源监控能力建设及思考[J].治淮,2020(11):7-9.

[4] 赵瑾,江守钰,钱名开.淮河流域省界断面水资源监测站网管理体制的几点思考[J].治淮,2015(12):34-36.
[5] 林祚顶.加快推进水文现代化 全面提升水文测报能力[J].水文,2021,41(3):4-7.
[6] 张群智,黄侃.水文水资源监测现状及应对措施的思考[J].节能与环保,2019(2):34-35.

[作者简介]

戴丽纳,女,1990年4月生,工程师,主要从事水文基建管理工作,15105523752,dailina@hrc.gov.cn。

浅谈明光市旱情及农业灌溉供水保障规划

梁学旭　徐甲昊

(明光市水务局　安徽 明光　239400)

摘　要：结合安徽省滁州市明光市2019年旱情程度与特点，对明光市旱情及农业灌溉供水保障规划进行分析研究。为抗御旱灾，保障城市供水安全、农村饮水安全，缓解农业灌溉供水困难，通过水源工程、提水工程、引调水及水系连通工程、灌区续建配套更新改造、农业灌溉供水保障措施解决旱情。

关键词：旱情；农业灌溉；供水保障；安徽省滁州市明光市

1　研究背景

综合安徽省滁州市明光市2019年旱情程度与旱情特点，对比分析历史年份旱情，以解决旱情实际为落脚点，结合需要与可能、投入与效果和轻重缓急等诸多方面因素，确定旱情主要分布在管店、三界、张八岭等南部乡镇。根据境内农业灌溉工程因干旱而暴露的问题，提出工程措施和非工程措施：水源工程、提水工程、引调水及水系连通工程、灌区续建配套更新改造、高标准农田建设、提升其他灌溉工程供水能力、完善旱情监测系统[1-3]。

1.1　旱情分析

明光市地处东南季风区，由于受过渡性季风环流的影响，冷暖气团交锋频繁，降水时空分布极不均匀，年内、年际变化大，旱涝频繁。年内气温变化与降水量分布基本一致，全市雨量从东南向西北呈递减趋势。据气象和水利资料显示，明光市在自中华人民共和国成立以来的70多年中，共发生较大旱灾26年次，平均2.7年一遇。

通过对历年逐月降雨资料分析，明光市在过去的70多年间共出现旱情43次，干旱发生频率61.4%。旱情主要分为春旱、夏旱、秋旱、冬旱、春夏连旱、夏秋连旱、春夏秋连旱、夏秋冬连旱8类。根据单季旱发生的最高频次确定主要易发类型为单季旱和冬春旱。各个区域在发生干旱时出现的缺水情况不同，提水灌区的城市供水易出现水质性缺水，南部山丘区易出现工程性缺水，中部水库、提水灌区易出现资源性缺水。

2019年5月以来，灌溉供水水源特别是林东、分水岭、燕子湾、南沙坝、石坝5座中型水库蓄水量接近死库容。小二型水库干涸39座，塘坝干涸5 030面。全市总耕地面积154.7万亩，受旱灾耕地面积达80.9万亩，因旱灾秋收减产面积49.4万亩，影响秋种面积59.7万亩，受旱灾情况调查统计见表1。

面对严重旱灾，在市委、市政府的正确领导下，各部门迅速行动，全力抗御旱灾，有力保障了城市供水安全、农村饮水安全，缓解了农业灌溉供水困难。但当前底水接近耗近，内水严重不足，全市人饮水安全、秋种和第二年春耕生产用水将愈发紧张。

表 1　明光市 2019 年受旱灾情况调查统计表

乡镇名称	人口 万人	受旱影响人口 万人	总耕地面积 万亩	旱灾耕地面积 万亩	固旱秋收养减产面积 万亩	因旱影响秋种面积 万亩	现有可用重点水源名称
潘村镇	6.65	6.65	15.18	6.47	4.26	5.45	淮河、护岗河、女山湖
古沛镇	3.20	2.50	10.90	4.50	3.00	3.00	女山湖
管店镇	1.68	0.76	3.53	1.94	1.92	1.56	南沙、林东水库
女山湖镇	4.50	1.38	12.00	1.36	1.36	3.50	女山湖、七里湖
自来桥镇	3.15	0.85	8.10	6.60	2.50	2.50	水库、塘坝
苏巷镇	2.47	0.66	9.50	2.90	0.60	0.40	女山湖、七里湖
涧溪镇	5.50	3.50	14.80	10.50	3.50	5.80	分水岭、涧溪河
明东街道	1.85	0.99	4.63	1.97	2.15	2.51	池河、石坝河
明西街道	3.20	0.80	10.80	4.50	2.00	6.00	池河
明南街道	1.84	1.26	7.24	1.40	1.30	1.20	池河、南沙河
柳巷镇	3.20	3.20	8.20	4.50	2.00	3.50	淮河、护岗河
泊岗镇	1.75	0.00	2.15	0.64	0.68	0.54	淮河、怀洪新河
桥头镇	3.50	2.20	11.00	7.00	7.00	9.00	女山湖、花园湖
石坝镇	5.20	3.80	18.10	12.00	7.00	2.70	石坝河、七里湖
三界镇	1.95	1.23	9.14	7.04	6.89	5.69	南沙河
张八岭镇	3.67	0.60	9.46	7.60	3.20	6.34	燕水湾水库
合计	53.31	30.38	154.73	80.92	49.36	59.69	

1.2　旱灾特点分析

2019 年明光市农业旱灾主要发生在夏季、秋季,而由于存蓄水量即将耗尽,全市正面临冬旱以及第二年春季干旱。受降雨持续减少影响,区域内水严重告急,同时受城镇供水保障影响,农业灌溉严重缺水。对照《干旱指标确定与等级划分》,明光市 2019 年干旱程度属严重干旱。从受旱成灾比来看,属严重干旱;从干旱分布来看,主要位于西部山区、大中型水库尾数灌区等;从干旱成因来看,因降雨严重偏少区域内水严重不足,进而造成水源型缺水和工程型缺水;从 1978 年以来 41 年降雨统计来看,2019 年同期降雨量最少,干旱重现期约 40 年一遇。

表 2　明光市 2019 年干旱特点及干旱程度分析表

干旱指标	单位	指标数值	干旱程度	干旱类型	备注
作物生长需水关键期持续无效降雨日数	天	37	严重干旱	夏旱	4月28日—6月4日
降水距平百分率	%	−44%	中度干旱	夏旱	4月—6月
水库蓄水量距平百分率	%	−53%	严重干旱	中型水库	大中型水库
受旱面积百分率	%	52%	严重干旱		
成灾面积百分率	%	61%	特大干旱		

2　存在的主要问题

根据旱灾调查和旱情分析,明光市农业灌溉供水保障存在的问题主要包括水源工程、引调水工程、水系连通工程、提水工程等方面。

1. 水源工程:林东水库、南沙坝水库、燕子湾水库库容系数较小。分水岭水库、石坝水库库容系数相对较大,但干旱季节受降雨影响,水库来水量有限,抗旱供水保障能力不足。5座中型水库均有城乡供水兼农业灌溉功能,功能间存在用水矛盾。

部分小型水库和大量塘坝等淤积严重,蓄水能力降低;河道拦蓄工程设施建设标准低,损毁严重,同时存在布局不合理和配套提水工程设施不到位等问题,灌溉供水保障能力不足。

2. 引调水工程、水系连通工程:沿淮引提骨干工程存在规模不足问题,旱时受水位影响,无法发挥设计提水效用。七里湖受淮河干流水位影响,蓄水能力不足。花园湖与女山湖未形成水网连通格局,未充分利用大容量调蓄水体之间联调、分蓄等功能的有利条件以及水资源跨区域调配的优势。水系连通能力薄弱,水库相互补给调度能力差。目前已建的连通工程主要为林东、石坝水库抗旱应急水源工程以及山高站抗旱应急水源工程,而上述水源工程旨在解决城市供水问题,无法形成对于灌溉供水的保障体系。

3. 提水工程:现明光市提水工程总体规模及提水灌溉总面积已较为可观,但是提水效果难达预想要求。分析原因主要为:第一,提水工程布局不合理,没有充分利用淮河、三座湖泊丰富的来水资源,特别是沿女山湖、七里湖提水灌区建设滞后,未能充分辐射周边可提水灌溉区域;第二,缺乏统一规划,未建成规模化的骨干提水工程,未形成提水灌溉体系,以替代传统自流灌溉灌区;第三,现状提水灌溉泵站大多建设标准低,经多年运行陈旧老化,运行状况差。

4. 其他:缺乏及时准确的旱情监测系统。

3 灌溉供水保障对策

3.1 完善水资源配置总格局

明光市水资源及其开发利用区划将全市划分为沿淮圩区、女山湖及池河沿岸提水灌区、中部水库灌溉区及南部山丘区4个水资源开发利用区。

根据内部水资源条件以及与过境外水的相互关系分析,4个区域中沿淮圩区水资源条件最优,具有过境淮水和女山湖来水的双重水源保障;女山湖及池河沿岸提水灌区依托淮河一级支流池河及引淮灌溉工程的一级枢纽,水资源条件相对良好;中部水库灌溉区以水库作为供水水源,由于近年灌溉与城市供水功能间调整,供水矛盾逐渐凸显;南部山丘区由于受过境水资源条件限制,供水对象分散,水资源利用工程建设条件不理想,局部地区工程性缺水突出,目前仅利用水库、塘坝等蓄水工程存蓄水量加以利用,水资源利用情势最为严峻。

水源配置范围:境内水源包括分水岭、林东等中小型水库拦蓄径流以及南沙河、石坝河等中小河流来水;过境、境外包括淮河干流、池河、涧溪河、二道河、百道河等水量;非常规水源包括城镇再生水利用和中水回用等。用水配置范围:包括城市居民生活用水、工业用水、农村饮水、农业用水、河道内和河道外生态环境用水等。

(1) 地表水与地下水配置布局

女山湖以及林东、南沙河、石坝3座中型水库,主要为城镇生活、工业等配置供水水源;河流、七里湖以及分水岭、燕子湾2座中型水库以及众多小型水库、塘坝,主要为农村饮水、农业灌溉和养殖业供水;明光市地下水资源贫乏,开发利用价值不大,此外全市位于郯庐断裂地震带经过区,不允许大量开采地下水,地下水主要用于抗旱应急备用水源、城镇周边自来水厂管网未覆盖区域及自然村提供生活、生产用水,严禁超采。

(2) 境内、过境与境外调水配置布局

明光市过境与境外水源主要为淮河干流,淮水自流入女山湖、七里湖,并通过沿淮众多泵站提水入圩、入田。水资源均由外水入境内后统一调配,置换以两湖为源的城镇生活、工业、农业灌溉、农村饮水等水量,对于无法直接干预的境内原有水库、塘坝灌区通过提、引、调等多措施配置。

(3) 河道外与河道内用水配置布局

河道外经济社会发展用水,主要由两湖、中小型水库和塘坝等配置供水;河道内生态、景观等非耗水型用水,由河道径流量和控制型工程下泄水量保障。

(4) 非常规水源配置布局

明光市污水处理厂再生利用和城镇中水回用等非常规水量,主要提供城镇生活杂用水、环境绿化景观和水质要求不高的工业等用水。

(5) 城镇与农村供水配置布局

根据湖库来水情况配置,城镇供水丰水年份来水条件较好时,加大湖库供水量,将优质水源尽可能用于城市生活供水以达到优水优用,枯水年份来水条件较差时,通过淮水补给配置;农业灌溉丰水年份来水条件较好时,尽量利用湖库、沿河骨干工程及淮河干流引水自流灌溉,枯水年份来水条件较差时,沿淮、沿池河、沿湖灌区提淮水补给灌溉,而单一水库灌区无法利用外水补给,采用抗旱应急连调等工程引调配置。

(6) 应急供水备用水源配置布局

城市抗旱应急备用水源:以林东水库、南沙河水库、石坝水库为水源的水厂以女山湖作为城镇抗旱应急备用水源,利用山许站、山高站补给南沙河乃至林东水库,而林东水库已于石坝水库连通。特大干旱时林东水库灌区农业用水由戴巷、五一及抹山电灌站替代。

农村抗旱应急备用水源:以分水岭水库、燕子湾水库为水源的水厂以七里湖为农村抗旱应急备用水源,利用新建岗头等提水站补给;南部山丘区及西北部缺水死角新建中小型水库、塘坝、拦河坝以及对已建小水库除险加固的蓄水保水工程,新建、扩建沿线提水泵站,作为抗旱应急备用水源,必要时新建浅层地下水井。

3.2 引调水骨干工程格局

(1) 总体思路

本区拥有沿淮的地理优势以及丰富的淮水资源,而境内女山湖和七里湖为天然的大容量存蓄水体,由此确定本市引调水工程总体格局:完善淮干引水骨干工程,并以此为依托,充分利用两湖水量存蓄能力以及沿湖提、引、调水工程水资源调配能力,强化"外水转内水"的置换能力和水资源调配基础设施网络建设,提高城乡供水安全保障程度,改善区域水源条件。

(2) 工程布局

淮河干流控制工程:旱时受淮干水位影响,区域现有提水泵站工程无法发挥设计效益;规划于淮河入明光界处新建节制闸工程,完善淮干水资源利用体系。该工程规模及影响较大,本规划仅考虑提出该构思及设想,不涉及具体规模。

花园湖、女山湖连通工程:规划将花园湖、女山湖连通,旱时可抗旱联调,涝时可调水分蓄,通过引水渠及隧洞工程实现,拟定连通流量 2 000 m³/s。新建花园湖、女山湖连通沟提水 1 站、2 站,设计提水总流量 2.04 m³/s,沿程替代团山丁水库灌区,补充陈郢二、三级站灌区,灌溉面积约 2.91 万亩。

七里湖控制工程:规划在冯郢村至对岸东咀新建七里湖控制工程,拦蓄来水面积约 19.13 km²,新增蓄水量约 4 000 万 m³,并新建翻水站,提淮水入湖,设计提水流量 20 m³/s。七里湖控制工程建成后,将可在此基础上,扩建沿湖提水泵站,扩大沿湖提水灌区灌溉范围;此外,通过新建梯级提水泵站王桥 1 站、王桥 2 站,替代分水岭水库灌区用水并向水库补水;沿石坝河新建提水站,替代石坝水库灌区用水。

淮河干流提水工程:扩建东西涧排灌站,扩建后提水灌溉流量 15.0 m³/s,提水至护岗河。

3.3 优化农业灌溉水利工程机制

我国在 20 世纪 50 年代到 70 年代期间,建设了大量的水利工程和灌溉工程,但是受到当时的技术和财力条件限制,制造出来的水利工程建筑的施工质量比较低,设计人员设计的要求也不明确,这些都是造成水利工程在投入使用时效果不佳的原因。同时,水利工程的建筑经过十几年,甚至二十几年的运行,设施老化,个别水利工程出现垮塌现象,水资源的利用率降低,当地的农业生产跟不上经济发展速度,存在的安全隐患巨大。由于水利工程的运行机制和管理机制不清晰,人民财产损失严重,因此,对水利工程运行机制的改革是提高水资源利用率的关键,也是难点[4]。

从水利部门角度来说,在呼吁投资的同时,还应着重检查和防止水利资金的浪费和积压。造成浪费积压有多方面的原因。投资机制的不合理,是一个重要原因。长期以来,水利工作中存在着"几重几轻"的问题,如:重大型工程,轻中小型工程;重骨干工程,轻配套工程;重新建工程,轻续建改造;重建设、轻管理;在水土保持等方面,重治理、轻保护,以及与其他部门重复投资、重复计算效益等等。这些都与投资机制的不合理有关。当前,国家如此重视水资源问题,决心投入大量资金,我们水利界应当进一步研究,如何用好这些资金,不负人民的重托与历史的重任[5]。

明光市农业灌溉供水保障以"水利工程补短板、水利行业强监管"总基调来规划,依托淮干引水及两湖调水配置骨干工程格局,统筹区域内水库、塘坝、河道等内水,着力构建多水源联合供水的灌溉供水保障体系,提升区域抗旱供水保障能力。根据区域灌溉供水保障需求和水利工程条件,进一步优化各类水利工程调度方案,拟通过优化水利工程调度方案、建立多工程多水源联合调度等措施;同时创新管理体制机制,建立统一指挥、反应灵敏、协调有序、运转高效的应急管理机制及抗旱减灾管理体系,提升水利工程供水保障能力,确保工程发挥最大效益。

4 保障措施及建议

1. 加强组织领导,落实工作责任体系。
2. 创新筹资方式,加大资金投入管理。
3. 加强前期工作,科学组织顺利实施。
4. 加强协调配合,部门联合形成合力。

[参考文献]

[1] 安徽省水利厅,安徽省农业农村厅.关于开展农业灌溉供水保障规划编制工作的通知[EB/OL].(2019-12-23)[2021-05-16].

[2] 安徽省水利厅,安徽省农业农村厅.安徽省农业灌溉供水保障规划编制大纲[EB/OL].(2019-12-14)[2021-05-16].

[3] 刘幸.新时期农田水利工程灌溉规划设计研究[J].农业开发与装备,2020(1):55+58.

[4] 翟朋云.水利工程与水文预报在防汛抗旱中的作用[J].河南水利与南水北调,2019,48(7):14-15.
[5] 钱正英.中国水资源战略研究中几个问题的认识[J].河海大学学报(自然科学版),2001(3):1-7.

[作者简介]

梁学旭,男,1986年12月生,安徽省滁州市明光市水务局水利工程建设服务中心主任,15755066658。

茨淮新河灌区信息化综合管理平台系统框架思路浅析

路玉锋

(安徽省茨淮新河工程管理局　安徽　蚌埠　233010)

摘　要：本文对茨淮新河灌区信息综合管理平台建设的系统框架思路进行浅析，为提升灌区信息化建设水平提供参考。

关键词：灌区信息化建设；系统框架浅析

1　灌区概况

茨淮新河灌区位于安徽省淮北平原粮食主产区，涉及颍东、颍泉、利辛、蒙城、凤台、潘集、怀远七个县(区)，设计灌溉面积201万亩，实灌面积175万亩，是以茨淮新河作为水源工程的大型提水灌区[1]。

2　系统建设框架

2.1　建设思路

茨淮新河灌区信息化综合管理平台严格按照安徽省水利厅"统一技术标准、统一运行环境、统一安全保障、统一数据中心和统一门户""五统一"的水利信息化建设总体要求[2]，以安徽省茨淮新河灌区最迫切的水工程管理和水资源调度职能业务为出发点，紧密结合茨淮新河灌区运行与管理现代化切实需求，在GIS+BIM、三维可视化等技术支撑的基础上，开发灌区"一张图"综合展示、水利工程安全运行、水旱灾害防御、工程档案管理、视频综合监控、办公自动化(OA)，依托综合门户、移动服务等访问手段提升茨淮新河管理局灌区综合业务服务能力[3]，促进灌区运行管理信息化建设。

2.2　系统框架

茨淮新河灌区信息化综合管理平台总体框架如图1所示，主要由最低层感知层、网络层、基础设施层、数据资源管理平台、应用支撑平台、应用层及展现层组成。另外还包括标准规范体系、运行保障体系和统一安全体系等。充分融合遥感、物联网、大数据、云计算、虚拟现实、BIM及人工智能等先进技术，采用松耦合架构模式，构建数据采集、数据分析、综合调度、科学决策四个维度的智慧灌区一体化管控体系，实现灌区监控自动化、应用智能化及决策实用化的全过程一体化管控。

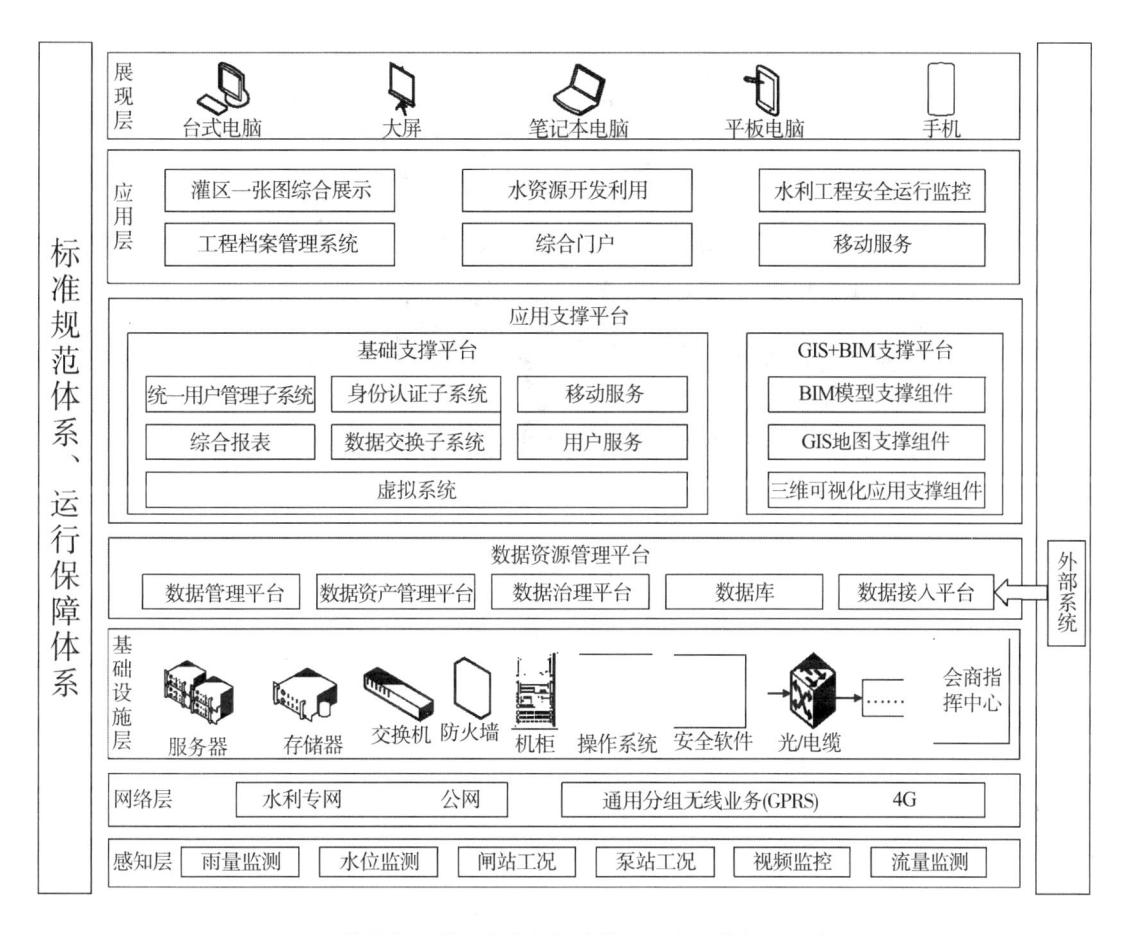

图 1　茨淮新河灌区信息化综合管理平台总体框架示意图

3　建设内容

3.1　感知层建设

感知层主要是整合已建、新建、灌区其他项目建设的水雨情监测系统、泵站与水闸工况监测系统、视频监控系统、水位与流量监测系统的数据，最大范围为灌区的信息化系统建设提供数据支撑，保证数据类型的广泛性、数据量的丰富性。

3.1.1　灌区水文信息整合

基于GIS"一张图"对灌区的各类测站实时监测数据、供水量、用水量、土壤墒情等信息进行集中展示（见图2），提供交互式查询，鼠标悬停测站位置即可查看时间监视和过程数据，直接融入三维数字模型进行呈现，实现与省水文局雨量站点的实时信息共享，通过水文局提供的 API 接口开发数据通信软件进行数据通信，为灌区防汛抗旱的科学调度提供基础数据支持。

3.1.2　泵站、水闸的实时监控

新建茨淮新河灌区 5 座泵站计算机监控系统，分别是利辛县谢刘站、阜阳阜蒙河站、凤台小黑河站、怀远河西站、蒙城蒙凤沟站，并与建成 57 座泵站（含凤台境内 6 泵站）计算机监控系统[4]，通过整合并部署通信前置机，开发通信共享软件，完成对灌区泵站电机运行状态、灌溉水闸状态等信息数据采集、上传和共享图。实时响应控制指令，实现闸门开度的调节控制，结合现场传感器以及定流量、定

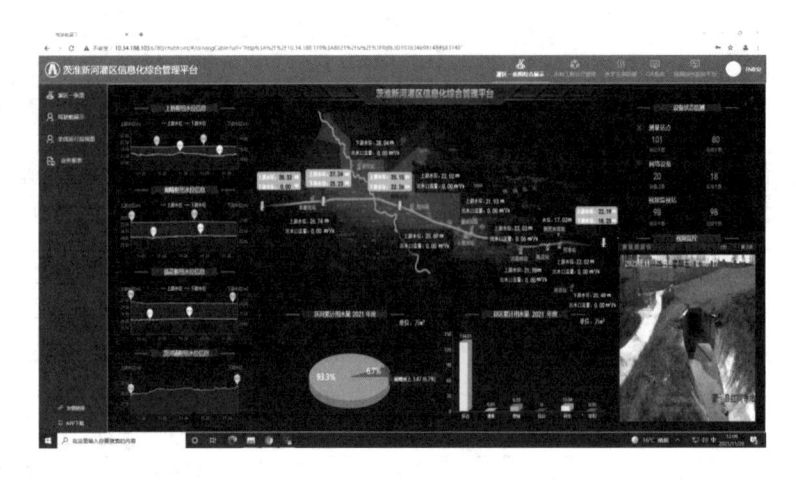

图 2 灌区 GIS "一张图"

水位、定开度的控制模式,达到现场无人值守、供配水合理调度的目的。

基于 BIM 技术实时监控平台在上桥泵站运行与管理信息化平台的应用,通过 BIM 的实景化建模(图 3),在虚拟空间上实现精准映射,相关人员可直接通过漫游的方式进行整体和局部全方位、多角度地在线浏览。同时,平台还集成了供水、供气、供油、消防等相关数据,能够实现相关信息一屏展示、一键查询、协同共享等功能。辅助不同角色更客观、准确、高效地进行问题的判断和处理。

通过模型可以实时了解相关设施设备的运行状态数据(图 4)、故障部件及故障发生位置等信息,避免因隐患没有被及时发现而导致更大的事故发生,从而确保了设施设备的安全稳定运行。

系统除了整合实时动态数据外,还整合相关视频和信息化系业务数据,只需点击相应的模型就可以实时掌握该设备的能耗、厂商信息、安装时间、维护计划、维修保养记录、维修方法及相关图纸等。对于即将需要检修的设备会提前进行提醒和预警,为日常运维管理提供一个直观的支撑平台,提升上桥泵站运行管理的智能化水平。

平台还利用三维动态的方式对上桥泵站所涉及的三大场景运行状态和工作原理进行模拟和展示。利用 BIM 和大数据灾害预警和分析模型,可以在事故发生前进行预警并对可能的事故进行模拟,分析其发生的原因,制定避免事故发生的措施,以及发生事故后人员疏散、救援支持的应急预案。

图 3 实景化建模   图 4 实时动态数据

3.1.3 测水位、流量监测系统实现水量查询统计与精准控制

针对不同的灌溉方式,建设 65 座泵闸站水位、流量监测站点,选择利用泵后渠道测流,采用雷达测流装置建设水量监测站点,同时结合水泵功率曲线法或闸门开度推流法实现部分站点的测流,并结合操作日志,查阅闸站的启闭运行和用水统计情况,实现水量精确计量、精准控制。通过部署现地监测设备,实现水量信息的采集,同时通过网络将数据上传至灌区信息控制中心。

3.1.4 视频监控系统建设

采集建设在沿茨淮新河泵站、水闸的视频监控设备提供的信息，及其他60多座量测水站点部署视频点图，整合永幸河灌区管理处视频监控系统，通过租用公网专线或4G无线方式将视频信息传输至茨淮新河管理局信息控制中心，对现场情况实现动态监测，直观了解现场情况；控制中心通过视频管理服务器和存储设备实现视频信息的存储和转发，最终使省厅信息中心能够随时调用茨淮新河管理局信息控制中心的灌区视频图像。

3.2 网络通信层系统

网络通信层以茨淮新河上桥枢纽信息数据中心为基础，建成灌区信息化综合管理平台的骨干网络核心，主要实现灌区主要泵站、水闸时实监控信息、视频监控等的采集与处理；整合茨淮新河灌区系列工程已有的网络资源，如水利专网、租用运营商PTN方式的专线、无线网桥等，结合灌区信息化建设要求逐步实现灌区的网络全覆盖。

3.3 基础设施层软硬件设备

新建与部署在茨淮新河管理局信息控制中心的数据服务器、交换机、VPN防火墙等硬件设备，为数据资源管理平台提供部署及运行环境。

3.4 数据资源管理平台

建设位于茨淮新河上桥枢纽的灌区数据中心是接入灌区外部系统的数据及内部系统数据，对接入的数据的汇集、交换、处理、存储、备份管理等实现数据资源的共享与开发，为灌区业务提供信息支持与服务的信息基础设施，也是安徽省水利信息资源的重要组成部分。

3.5 应用支撑平台

为应用系统的运行提供支撑环境和数据流转接口，最大程度共享共用各类资源，保证资源的集约化；包含基础应用支撑模块、GIS地址支撑模块、BIM模型支撑模块等支撑应用组件[5]。根据安徽省水利信息化省级共享平台建设要求，安徽省茨淮新河灌区信息化综合管理平台将在安徽省水利厅应用支撑平台的基础上，开发、建设、完善，统一用户管理和认证、统一通信录、统一短信服务、统一视频服务、统一数据总线、统一开发工具等用应用支撑服务，为灌区工程运行管理及水灾害防御等核心业务应用系统提供统一的运行环境。

同时，在安徽省水利厅"一张图"成果基础上，安徽省茨淮新河工程管理局的灌区信息化综合管理平台整合灌区业务工作中的需要，补充、完善水利对象的图形要素，构建茨淮新河灌区"一张图"，提供多种类型的地图服务，满足灌区综合业务开展与应用。

3.6 应用层

主要是建设的各类业务应用软件，为水利相关业务的信息化管理提供工具，提高相关工作效率[6]。按照"整合已建、统筹在建、规范新建"的集成整合原则优化系统软、硬件资源。系统构建灌区"一张图"综合展示、水利工程运行管理、水旱灾害防御、档案管理、视频综合监控平台等应用软件模块，通过OA办公、泵站移动应用APP提供实时数据、闸泵控制、移动GIS"一张图"展示、查询统计分析、通知管理、通信录管理、信息上报等，实现灌区工作人员随时随地办公，提高工作效率。并统一综合信息门户，进行信息的集中综合展示和所有系统的一站式登录入口。

4 结语

茨淮新河灌区信息化综合平台的建设是安徽省茨淮新河管理局贯彻落实习近平总书记重要讲话精神,践行"水利工程补短板、水利行业强监管"的新时期水利改革发展总基调的具体实践,补强安徽省茨淮新河灌区信息化短板,强化整合枢纽、泵站、水闸等工程信息实时监测,为实现防汛抗旱调度、水资源配置调度科学化,灌区工程运行管理智慧化提供有力保证。

[参考文献]

[1] 董爱军.茨淮新河灌区续建改造项目实践及效益分析[J].中国水利,2013(21):26-27+23.
[2] 杨冰.安徽省淮河河道管理系统建设浅谈[J].治淮,2021(1):38-40.
[3] 甘卫国.茨淮新河灌区现代化改造需求分析及改造思路探讨[J].治淮,2021(1):64-66.
[4] 高升.浅谈大中型灌区现代化改造的总体思路[J].治淮,2021(1):60-61.
[5] 廖晓云,刘业伟,张为.袁惠渠灌区信息化建设探讨[J].江西水利科技,2016,42(3):222-225.
[6] 乔小天.加信灌区信息化建设及预期效益分析[J].黑龙江水利科技,2016,144(7):157-158.

[作者简介]

路玉锋,男,1981年6月生,工程师,主要从事大型泵站运行管理和设备维护工作,13956376483,lujvfeng@126.com。

河南省水资源监控能力建设实施成效评估

王敬磊[1]　刘开磊[2]　周耀坤[3]

（1. 中水淮河规划设计研究有限公司　安徽 合肥　230601；
2. 水利部淮河水利委员会水文局（信息中心）　安徽 蚌埠　233000；
3. 水利部淮河水利委员　安徽 蚌埠　233000）

摘　要：为贯彻和落实最严格水资源管理制度，按照水利部的总体部署，自2012年，河南省开始实施水资源监控能力建设项目。项目分两个阶段实施，一期项目于2016年4月通过验收，二期项目于2021年7月通过验收[1]。本文对河南省水资源监控能力一期、二期项目建设成效进行了评估，通过项目的实施，河南省基本建立了取用水监控体系，实现了水功能区和重要饮用水水源地监控全覆盖，初步构建了水资源监控管理一体化信息平台，为推动河南省新阶段水利高质量发展提供了基础支撑。

关键词：水资源；监控能力；河南省；实施成效

1　引言

河南省水资源监控能力项目第一阶段（2012—2014年）（简称"一期项目"）共投入资金5 218万元（中央投资3 732万元，省配套1 486万元），第二阶段（2016—2018年）（简称"二期项目"）下达资金3 795万元（中央投资2 635万元，省配套1 160万元），建设内容包括取用水监控体系、水功能区监测体系、重要饮用水水源地监测体系、水资源监控管理信息平台等四个方面[2]。其中，一期项目于2015年9月完成建设任务，2016年4月通过竣工验收；二期项目于2019年6月完成建设任务，2021年7月通过竣工验收[3]。河南省水资源监控能力项目建设成效指标一览表，见表1。

表1　河南省水资源监控能力项目建设成效指标一览表

指标		一期项目	二期项目
取用水监测	全省河道外许可水量	83%	91.23%
	全省河道外总用水量	—	51.33%
水功能区监控体系建设		100%	
饮用水水源地监测数量/个	水库型	2	6
	河道型	4	4
	地下水类型	6	2
水资源监控管理信息平台环境		搭建	企业服务总线（ESB）软件
		—	移动数据终端

续表

指标		一期项目	二期项目
水资源监控管理应用系统	信息服务	取用水、水源地监测	水资源实时监控与预警子系统
	深化水资源业务管理	开发44个模块	深化开发6个未定型的业务模块,新增9个管理业务模块
	水资源监测数据交换平台	数据采集、转换、校验、输出、数据库优化	完善
	水资源预警及调配系统开发		新增
应用系统定制及开发	水资源预警及调配系统	常规、应急水资源调度	定制
	水资源应急管理系统定制开发	—	完善基础信息平台 实时监控与预警子系统
	应急响应与决策支持子系统	—	应对突发性水质污染事件
数据库建设完善	元数据库	建库	完善
	基础数据、监测数据	整理、审核、入库	完善

2 建设成效评估

2.1 取用水监控体系

河南省水资源监控能力项目累计完成499个取用水户1 169个取用水在线监测点设施建设任务,其中灌区52个(灌区渠首取水监测点66个),对应设计灌区面积5万亩以上的重点中型以上灌区35个。河南省水资源监控能力项目建设任务达标率如下:

2.1.1　全省河道外颁证许可水量监测量目标

一、二期项目累计监测颁证许可水量45.03亿 m^3,南水北调河南受水区颁证许可水量37.69亿 m^3,黄委监测颁证许可水量32.6亿 m^3,累计监测颁证许可水量115.32亿 m^3,占2015年底水资源管理年报保有河道外颁证许可水量(126.40亿 m^3)的91.23%,实现了对全省河道外许可水量的80%以上的监测目标。

2.1.2　全省河道外总用水量监测量目标

一、二期项目累计监测取用水量48.09亿 m^3,南水北调水河南受水区监测水量19.91亿 m^3,黄委监测水量27.22亿 m^3,海河流域监测水量0.59亿 m^3,通过河南省水资源税改系统接入水量18.58亿 m^3,共计监测水量114.39亿 m^3,占2015年河南省水资源公报中河南省总取用水量(222.83亿 m^3)的51.34%,实现了对全省总用水量的50%以上的监测目标。

2.2 水功能区监测体系

河南省水资源监控能力一期项目完成了河南省水环境监测中心以及9个分中心的实验室仪器设备的采购任务,省级水环境监测中心和9个分中心均具备了水功能区常规与应急监测能力,对列入全国重要江河湖泊水功能区划的197个水功能区监测断面实现了水质监测全覆盖。

2.3 重要饮用水水源地监控体系

对照《全国重要饮用水水源地名录(2016年)》,河南省供水人口20万以上的水源地共有25处,分布在黄河、淮河、海河、长江四大流域。河南省水资源监控能力项目累计建设完成8处水库型和8处河道型水源地的水质在线监测、8处地下水水源地巡测,其他1处已由省生态环境厅实施完成在线监测(郑阁水库水源地),实现了对供水人口20万以上的水源地水质在线监测全覆盖。

表2 河南省重要饮用水水源地类型及监控基本情况表　　　　　　　　　　　　　单位:个

水源地类型	2016年国家名录	一期建设	二期建设	其他	备注
水库	9	2	6	1	水质在线监测
河道	8	4	4		水质在线监测
地下水	8	6	2		巡测
小计	25	12	12	1	全覆盖

备注:其他1处为郑阁水库水源地,已由河南省生态环境厅实施监测。

2.4 水资源监控管理信息平台

河南省水资源监控能力一期项目完成了网络平台设备购置及部署、调度会商室建设、商业软件购置及部署,完成了水资源五个标准数据库(水资源基础库、水资源监测数据库、水资源业务数据库、水资源空间数据库、水资源多媒体数据库)的建库与数据入库,开发了水资源信息服务系统、水资源业务管理系统(部署、定制与开发)、水资源调配决策支持系统、水资源应急管理系统四个业务系统,建设了内外网门户,对一期项目监测数据、应用系统、平台与中央/流域的贯通等进行了系统集成。

河南省水资源监控能力二期项目加强应用系统在省、市、县不同层级应用的定制设计与开发,切实保证"系统的业务化运行"要求,对政务外网门户、信息服务、业务应用、调配决策、应急管理、监控运维和移动服务等系统进行了深化完善,对部项目办统一开发的三级通用软件和调配决策系统进行了定制和二次开发,完成了统一用户与单点登录功能开发,开发了黄委监测水量、南水北调水量、红线考核、改革试点管理、重点监控用水单位管理、节水单位管理、地下水取水工程管理、节水三同时管理、监控运维等特色功能模块,集成了省水利信息、水资源税信息管理等系统,系统功能比较齐全、实用;完成数据库建设任务;采用项目标准进行了数据库建设,并按照业务应用的需求进行了扩展;制定了数据库安全方案,定期进行备份。

河南省水资源信息管理平台围绕水资源管理业务需求建设,集成了已建的河南省数据交换平台、信息服务、业务管理系统等系统中的数据,初步构建了与最严格水资源管理制度相适应的水资源管理一体化信息平台。

3 结语

河南省水资源监控能力项目基本建立了取用水监控体系,实现了全省河道外颁证许可水量的80%以上和总用水量的50%以上取用水量在线监测的建设目标;实现了全省国家重要地表水饮用水水源地水质在线监测全覆盖、全省国家重要江河湖泊水功能区水质监测全覆盖;构建了比较齐全、实用的水资源管理信息平台,实现了与水利部核心业务和数据的互联互通,系统在省、市、县三级水行政主管部门实现了应用;水资源税用水量核定、最严格水资源管理制度考核、水资源公报编制、用水总量统计等水资源管理业务已实现在线应用;取用水监测数据已应用于取用水户监督检查、水资源税征收水量核定、水资源管理监督检查、取水许可、计划用水、最严格水资源管理制度考核、水资源公报编制、用水总量统计等日常水资源管理工作。

河南省水资源监控能力项目的实施,为河南省落实最严格水资源管理制度、加快建立水资源刚性约束制度、推动新阶段水利高质量发展提供了数据化和信息化技术支撑。

[参考文献]

［1］姚广华.国家水资源监控能力建设河南省项目建设经验与建议[J].河南水利与南水北调,2021,50(6):70-71.
［2］安徽省(水利部淮河水利委员会)水利科学研究院.国家水资源监控能力建设河南省项目(2016—2018年)设计工作报告[R].2021.
［3］水利部办公厅关于印发国家水资源监控能力建设(2016—2018年)省级项目技术评估工作方案的通知[J].中华人民共和国水利部公报,2019(4):46-49.

[作者简介]

王敬磊,男,1991年12月生,工程师,从事水文水资源研究工作,15855762892,2375094034@qq.com。

实施四水同治助推淮河生态经济带高质量发展

张 振[1] 段 练[2] 王 玮[2] 代杰文[3]

(1. 信阳市泼河水库管理局 河南 信阳 464000;
2. 信阳市水利局 河南 信阳 464000;
3. 信阳市淮河管理处 河南 信阳 464000)

摘 要：信阳市位于河南省南部，鄂豫皖三省交界处，淮河上中游，淮河自西向东横贯全境，长363.5公里。辖区内河湖众多，流域面积1 000平方公里以上河流10条，现有各类水库1 115座。受特殊地理位置和气候的影响，信阳洪涝灾害频繁发生，水利治理任务繁重。聚焦水资源、水生态、水环境、水灾害问题，紧紧围绕淮河生态经济带发展，结合信阳市情水情，坚持"项目为王"，狠抓治理保护，打赢了四水同治攻坚战，河湖生态持续向好。

关键词：四水同治；信阳实践；水资源配置；水生态环境；水旱灾害

1 前言

实施四水同治是贯彻落实"节水优先、空间均衡、系统治理、两手发力"新时代治水思路的生动实践，是河南省委、省政府统筹解决水资源、水生态、水环境、水灾害问题而作出的战略决策。信阳生态环境优美，是国家级生态示范市、国家绿化模范城市、国家森林城市、国家园林城市、全国黑臭水体治理示范城市，在实施四水同治推动淮河生态经济带高质量发展方面具有充分的资源优势。

2 信阳市水利现状及面临的形势

信阳市位于河南省南部，鄂豫皖三省交界处，淮河上中游，淮河自西向东横贯全境，长363.5 km，辖区内河湖众多，流域面积1 000 km^{2}以上河流10条，已建成水库1 115座。全市多年平均水资源总量86.76亿m^3，占全省的21.5%，人均水资源量是全省人均水资源量的2倍多，但不到全国人均水资源量(2 100 m^3)的二分之一。受特殊地理位置和气候的影响，降水时空分布不均，降水量年内、年际之间变化很大，降水主要集中在主汛期的6—8月，占全年的54%；丰、枯年相差可达2~3倍，径流量相差8~9倍。加之境内的淮河干流及南部支流大多发源于桐柏山和大别山，源短、坡陡、流急，经常发生突发性大洪水；淮河北侧支流多为坡水河道，河身狭窄，河道弯曲，流经平原洼地，沟洫排水不畅，极易酿成内涝。这些降水特点和河道行洪特点，决定了信阳洪涝灾害频繁发生，水利治理任务繁重。

3 探索四水同治的信阳实践

3.1 着力打造"千湖之市、生态水城"

在四水同治工作中，我们将建设"千湖之市、生态水城"作为近期的主攻方向。截至目前，全市已

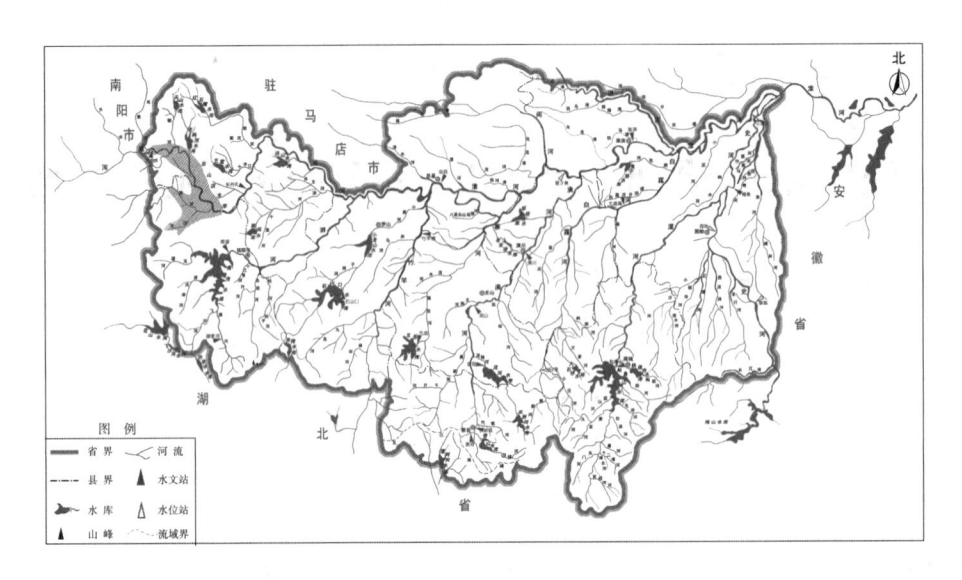

图 1 信阳市淮河上游水系图

建成大中小型水库1 115座,提前完成了"千湖之市"建设目标。同时,谋划实施的信阳市四水同治及城市供水工程,连通出山店水库与浉河水系,将从根本上改善中心城区水生态环境。目前主体工程已全面开工建设,"碧水绕城,绿荫满城"的"生态水城"愿景正在逐步变成现实,让"千湖之市、生态水城"这块金字招牌名实相副。

3.2 积极探索水权交易试点工作

水权确权和交易,是指在合理界定和分配水资源的使用权的基础上,通过市场机制实现水资源使用权在地区间、流域间、流域上下游间、行业间、用水户间的流转的行为。对转让方而言,开展水量交易,转让结余水量可以通过市场带来经济效益,可建立节约用水的激励机制。水资源刚性约束制度逐步建立,浉河、竹竿河水量分配方案经水利部印发;洪汝河、史灌河水量分配方案经省水利厅印发;淮河干流等重点河流生态流量保障目标经省水利厅予以明确。全市"十四五"时期各年度用水总量及效率目标基本确定。积极探索水权交易路径,2021年实地召开了南湾、鲇鱼山、泼河库区取水户水权交易调研座谈会,听取各方意见,就下一步水权交易工作形成了共识。目前,已经起草完成《信阳市水权交易管理试行办法(征求意见稿)》。近年来,五岳水库管理通过加强灌区技改和节水管理,将节约出来的138万 m^3 水资源转让给河南新华五岳抽水蓄能发电有限公司,并于2022年4月26日举行水权转让签约仪式。这是信阳市完成的首例水权转让,更是我市用市场化手段盘活了五岳水库的水资源存量的例证,标志着我市"五水综改"的水权改革工作迈出了坚实的步伐,信阳市水权转让实现"零突破"。

4 以项目助推淮河生态经济带高质量发展

将项目建设作为推进四水同治的有力抓手,全市2020年度四水同治项目完成投资近80亿元,2021年度四水同治项目完成投资超90亿元,今年四水同治项目年度完成投资有望突破100亿元。

4.1 深耕政策抓机遇

结合和坚持规划引领,建立和充实项目储备库。对标对表"十四五"规划,围绕提升"防洪安全、供水安全、粮食安全、生态安全",谋划建立"十四五"重点水利项目库作为"压舱石",共谋划项目5类77项。围绕把信阳淮河上游防洪标准提高到30年一遇的目标,将新建大型水库、新建和加固堤防、新建和改造排涝闸站、险工险段治理等7大类项目,作为新阶段治淮的"顶梁柱"。

4.2 用心用力抓建设

抓实重点项目建设。筛选的13个近期重点推进的水利项目,3项纳入国务院150项重大水利项目、5项纳入河南省"十四五"25重点水利项目、2项列入河南省十大水利项目,总投资200多亿元;截至目前,已开工12项,形成了重大项目滚动发展的良好态势。

创新PPP项目监管模式。派驻项目监督指导组和质量监督站,对总投资150亿元的大别山革命老区引淮供水灌溉、袁湾水库建设、信阳市四水同治及城市供水工程建设进度、质量安全全面督导,保证了3项工程建设全过程可控。

4.3 多层次多渠道筹措建设资金

信阳市重大项目单体投资较大,仅靠地方财政投资远远不够,有关部门打破传统思维,积极利用市场化手段,拓宽融资渠道,形成了"财政资金引导、专项债券支持、金融贷款扶持、社会资本共同投入"的投融资格局,一方面积极争取上级补助资金,另一方面利用政府专项债券、PPP等模式融资,破解了资金瓶颈,筹资400多亿元,开工建设了大别山革命老区引淮供水灌溉、信阳市四水同治及城市供水、浉河三期水环境综合治理、黑臭水体治理攻坚行动暨示范城市等一大批项目。首次使用PPP模式和特许经营模式建设大别山革命老区引淮供水灌溉、袁湾水库2项国家级工程,为重大水利工程投融资提供了可复制推广的经验和思路。信阳市入选2021年全国20个海绵城市建设示范城市,也是河南省唯一一座入围城市,三年内将获得10亿元的国家补助资金。信阳市光山县进入2022年水系连通及水美乡村建设试点县名单,是河南省唯一获此殊荣的县,获得国家补助资金1亿元。

5 四水同治工作全面提质增效

统筹推进水资源、水环境、水生态、水灾害综合治理,促进实现防洪保安全、优质水资源、健康水生态、宜居水环境,为信阳经济社会高质量发展提供水安全保障,为淮河流域河湖安澜贡献信阳力量。

5.1 科学布局水资源配置体系

以"一横八纵四区"为依托,"一横"即淮河,"八纵"即浉河、竹竿河、潢河、白露河、史灌河等信阳境内淮河八条一级支流,"四区"即淮河西部区、淮南东部区、淮南中部区和淮河北部区,因地制宜补齐增强水利基础网络体系,逐步形成"总量可控、高效利用、多源互补、安全可靠"的水资源配置格局。

在淮南西部地区,以出山店水库供水工程、南湾水库、张湾水库、引九济石工程为骨干,实现中心城区、罗山县双源保障,出山店水库供水工程年设计引水2.13亿立方米,建成后不仅满足中心城区供水及河湖生态补水需求,而且可以从根本上解决明港镇及沿线乡镇城乡供水问题,兼顾驻马店市正阳、平舆两县供水需求。引九济石工程年引九龙河水0.21亿 m^3,将切实解决罗山县城城市供水不足的问题。

在淮河北部地区,以淮河引水提质增效为核心,通过大别山革命老区引淮供水灌溉工程建设,缓解城乡缺水问题,置换和保护地下水源;积极发展高效节水灌溉,优化产业布局,促进经济社会发展与水资源条件相协调;每年可提供城市生活用水1.03亿 m^3,解决103万人吃水问题,为两岸灌区提供

6 200万m^3农田灌溉用水、年增产粮食9 350万kg,将彻底扭转项目区群众"靠着淮河没水吃"的尴尬局面,让淮河更好地造福革命老区人民。

在淮南中部地区,结合洪水控制要求,建设淮南支流袁湾水库、晏河水库、白雀园水库以及豫东南高新产业技术开发区供水专线等,新建新县第二水源工程青龙沟水库,扩大引泼入潢受水区域,建立多源互济的供水网络,有效应对部分支流来水偏枯时蓄水不足、供水保证率低的问题,保障供水安全。

在淮南东部地区,扩大引鲇入固工程沿线覆盖范围,有效提升城乡供水保障水平,建设石壁、白果冲和东方河水库,在发挥防洪作用的同时为乡镇提供稳定水源。

5.2 推进水生态环境保护综合治理

强化河流生态流量保障。2018年以来,我市积极实施生态水量调度,南湾、鲇鱼山、泼河等水库结合水力发电,年均生态放水2亿m^3,有效改善了淮干、潢河等河流环境质量。

开展水土保持综合治理。以国家水土保持重点工程为主要抓手,实施小流域综合治理,我市水土流失面积、强度均呈减少态势,水土保持率不断提高。截至目前,全市水土保持率达到89.3%,比上年度提高了0.3个百分点。2021年9月,商城县里罗城小流域顺利通过水利部评估,于同年12月被水利部命名为国家级生态清洁小流域。

扎实修复河道生态。制定了《信阳市淮河干支流生态廊道建设方案》,2019、2020年两年完成淮河干支流水系廊道绿化597.5 km、面积0.73万hm^2,淮河干支流两岸初步形成了"百里生态长廊、万亩绿色屏障"。

5.3 着力提高水旱灾害防御水平

牢记防汛抗旱是水利部门义不容辞的职责,紧盯"四不"目标,落实"五预措施",进一步强化安全意识和底线思维,提高水旱灾害防御能力,构建抵御水旱灾害的防线,强化防汛责任。严格落实水库安全度汛"三个责任人"和"三个重点环节",压实重点在建工程项目、重点河段防汛责任人和山洪灾害防御责任人责任,实行责任一律到人、人员一律上册、风险一律上图。强化对相关责任人水旱灾害防御业务知识培训,提高基层一线应对突发工程险情应急处置能力。严格落实监督检查,汛期不间断对各类责任人履职尽责情况进行明查暗访,对责任不落实、履责不到位的人员予以问责。

防洪工程体系建设取得重大进展。《淮河流域综合规划(2012—2030年)》明确要在淮干修建出山店水库、竹竿河修建张湾水库、潢河修建袁湾水库、晏家河修建晏河水库,使淮河干流淮滨站20年一遇设计洪水流量控制在7 000 m^3/s以内,王家坝以上圩区的防洪标准由现状的10年一遇提高到20年一遇。目前,"千里淮河第一坝"出山店水库已建成,在2019年防御淮河流域性大洪水中发挥了重要作用。2021年11月25日,袁湾水库工程开工建设,今年全面启动张湾水库、晏河水库前期工作,标志着淮河上游防洪工程体系建设再次迈出关键性步伐。

精准调度水工程。建立了以淮河干流出山店、淮河南支南湾、石山口、五岳、泼河、鲇鱼山等大中型水库为骨干的水库联合调度群,按年度修订大中型水库汛期调度运用计划,划定水库主汛期汛限水位,利用水库汛限水位与防洪高水位之间库容,有效调蓄入库洪水,充分发挥水库拦洪、蓄洪、滞洪、错峰的防洪功效,减轻下游河道行洪压力。同时,在确保水库防洪安全的前提下,通过实施兴利调度,发挥供水、发电、灌溉等兴利作用,增加水库效益。

6 结语

近年来,信阳市扎实践行"十六字"治水思路和"四水同治"治水理念,聚焦水资源、水生态、水环境、水灾害问题,紧紧围绕淮河生态经济带发展,结合信阳市情水情,坚持"项目为王",狠抓治理保护,打赢了四水同治攻坚战,河湖生态持续向好。

[参考文献]

[1] 成晨光,刘德波,孙熙,等.淮河上游拟建水库洪水调度方式与防洪库容优化研究[J].治淮,2020(4):15-19.
[2] 杜青辉,刘晓琴.河南省四水同治建设规划探索与思考[J].吉林水利,2020(7):59-62.

[作者简介]

张振,男,1988年12月生,工程师,研究方向为水利工程规划,15290296906,xysljhk@163.com。

淮河疏浚工程对洪泽湖行洪过程的影响研究

汪 露 吴玉栋 张 开 叶 瑛

(江苏省洪泽湖水利工程管理处 江苏 淮安 223100)

摘 要：淮河流域中下游发生中小洪水时，洪泽湖处于中低水位，泄流能力不足，洪水下泄时间大幅延长，淮河两岸涝灾较大情况时更为严重。建立淮河蚌埠至洪泽湖出湖口三河闸段一、二维耦合水动力模型，研究河段疏浚对洪泽湖中低水位下泄能力的影响，分析切滩前后的流域行洪过程。结果表明：疏浚后，在五年一遇洪水过程下，蚌埠、临淮关、香庙、小柳巷及洪山头站的峰值水位分别下降 0.89 m、0.82 m、0.34 m、0.31 m 及 0.78 m，漫滩时间分别减少了 15 天、17 天、5 天、11 天及 37 天。洪泽湖蒋坝、老子山及二河闸三站点整治后的峰值水位上升值分别为 0.23 m、0.35 m 及 0.15 m，湖区流速增长值在 0～1.0 m/s。

关键词：疏浚；洪泽湖；行洪；研究

1 研究意义

淮河蚌埠至洪山头段的河道坡降较小[1]，洪水过程较为平缓。一旦流域发生中小型洪水，洪泽湖处于中低水位下，泄洪能力不足[2]，导致淮河行洪不畅。加之流域平原洼地众多，平缓的洪水过程大幅延长了漫滩的时间[3]，两岸涝灾较大时更为严重[4]。因此，本文建立了淮河干流蚌埠至洪泽湖出湖口的一、二维水动力模型，研究在五年一遇常见洪水情景下，蚌埠至洪山头段疏浚工程对研究区行洪过程的影响，为实际的工程规划与设计提供借鉴。

2 模型建立

一维模型的范围为淮河干流蚌埠至洪山头，全长约 130 km，共有实测断面数据 41 个。上边界为蚌埠站，采用流量进行控制，下边界是与二维网格模型的耦合边界，设置为名义水位边界，其数值不影响实际的计算。

图 1 一维模型范围

二维模型包括洪山头至洪泽湖出口三河闸段，并包括部分圈圩及行洪区，起到行洪与调蓄的作用。网格设置为非结构化模型,包含网格 62 319 个,节点 32 894 个。模型除耦合断面外共有 9 个开边界,其中,池河、怀洪新河、新汴河、濉河、徐洪河、老濉河为上边界,采用流量控制。三河闸、二河闸、高良涧为下边界,采用水位流量关系曲线进行控制,同时考虑计算精度,在入湖河道及各开边界处设置网格加密为 200 m,其余区域网格设置为 1 000 m。

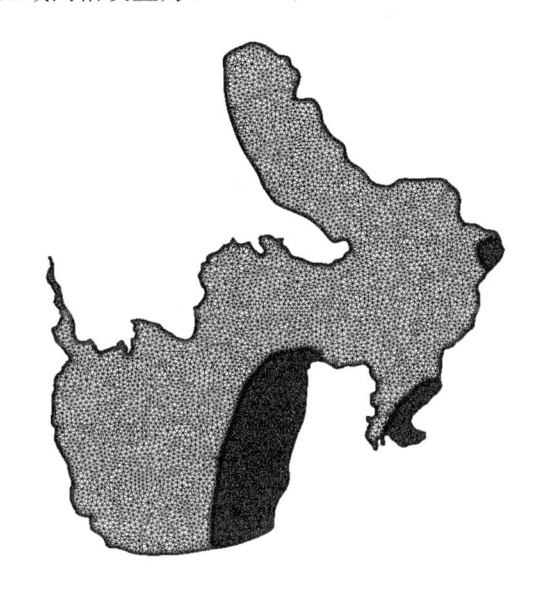

图 2 二维模型范围

3 模型率定与验证

根据研究区域的历史水文资料,率定期选择 2015 年 6 月 26 日至 2015 年 8 月 22 日,淮河干流蚌埠实测洪峰流量 5 700 m³/s,小柳巷实测洪峰流量 5 500 m³/s;验证期为 2017 年 9 月 1 日至 2017 年 11 月 1 日,蚌埠站实测洪峰流量 5 000 m³/s,小柳巷实测洪峰流量 4 600 m³/s。率定站点选取淮河干流蚌埠、小柳巷站,洪泽湖入湖口老子山站及洪泽湖出湖口三河闸站。率定与验证结果如图 3 和图 4 所示,率定期淮河干流小柳巷流量模拟 NSE 效率系数达到了 0.98,蚌埠、老子山、三河闸站点的水位过程模拟精度分别达到了 0.96、0.91 和 0.94;验证期小柳巷流量 NSE 效率系数为 0.99,蚌埠、老子山、三河闸的水位模拟精度为 0.92、0.97 和 0.94,说明模型可以很好地模拟中低水位下洪泽湖的行洪过程。

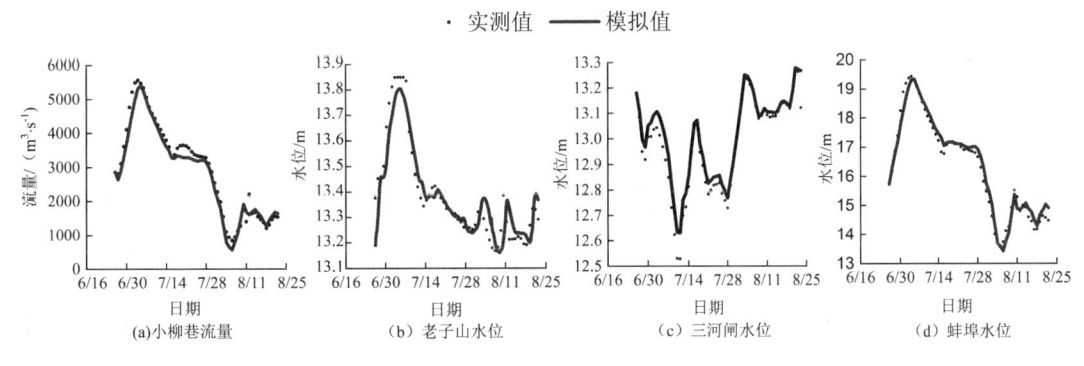

图 3 率定期结果

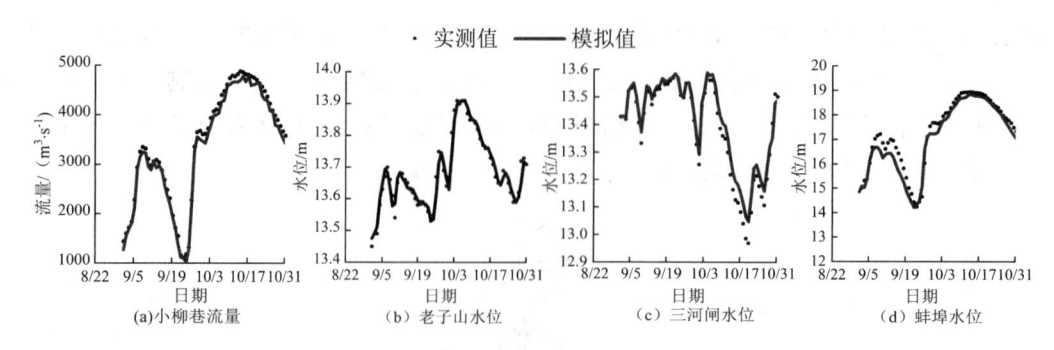

图 4 验证期结果

而水动力模型的糙率如表1所示。

表1 水动力模型糙率率定结果

区域	淮河干流			其余入湖河道	滩地圈圩	洪泽湖湖区
	蚌-临	临-浮	浮-洪			
n	0.024	0.029	0.027	0.029	0.033	0.020

4 疏浚方案设定

按照河道的特性，淮河干流蚌埠站的河底高程为 8 m（依据"1985 国家高程基准"，下同），小柳巷上游浮山站为 5 m，而洪山头处河底高程约为 8 m。同时，结合淮河中游的水动力特性，可将河段分为上段（蚌埠-小柳巷）及下段（小柳巷-洪山头）。因此，本文的疏浚方案可分为上段与下段。

上段疏浚：吴家渡和小柳巷的河底高程分别为 8 m 和 5 m，按照线性插值进行疏浚，断面形式设置为梯形断面，坡度为 1∶4，疏浚过程中，如果河道断面的高程比预计的插值高程小，则不对其进行处理。

下段疏浚：由于洪山头处的河底高程约为 8 m，高于浮山站的 5 m，为保证水流的稳定性，采用浮山和洪山头全程河底高程均为 5 m 的疏浚方式。疏浚断面设置为梯形断面，断面的坡度设置为 1∶4。其余的设置如河底高程的处理及底宽的设置采取与上段疏浚相同的方式。

5 疏浚效果分析

5.1 疏浚工程对洪泽湖湖区的水动力影响

老子山、二河闸及蒋坝为洪泽湖的三个重要的控制站点，老子山位于洪泽湖入湖河道及湖区的交界处，二河闸是洪泽湖分淮入沂的控制站点，而蒋坝是洪泽湖三河闸的控制站点，确定着洪泽湖的下泄流量。因此，以 2005 年洪峰流量为 6 200 m³/s 的五年一遇小洪水（2005 年 7 月 7 日—2005 年 8 月 26 日）为研究时段，对这三个站点整治前后的水位过程进行分析，如图 5 所示。

在整治后，洪泽湖整体的水位升高，而三个站点的水位也有着明显的升高。在涨洪时，由于洪水尚未进入洪泽湖，整治前后的站点水位处于相似的状态，而在第一个洪峰来临后，由于洪水下泄速度的加快，三个站点的水位均较整治前有着明显的上涨，同时这种水位上涨的幅度也一直延续到了三个站点水位到达顶峰时。蒋坝站整治后的峰现时间为 2005 年 8 月 9 日，洪峰时刻水位为 13.80 m，整治前的峰现时间为2005年8月9日,洪峰时刻水位为13.57 m,整治前后的峰现时间并无变化,而洪峰时刻水位上升了0.23 m。老子山站整治后的峰现时间为2005年8月9日,洪峰时刻水位为14.39 m,整治前的峰现时间为2005年8月10日,洪峰时刻水位为14.04 m。整治后的峰现时间提前了1天,洪峰时刻水位上升了0.35 m。二河闸整治后的峰现时间为2005年8月8日,洪峰时刻水位为13.97 m,整治前的峰现时间为2005年8月10日,洪峰时刻水位为13.82 m,峰现时间提前了两天,水位升高了0.15 m。洪泽湖各站点的洪峰时刻水位有着一定的前提。而在洪峰过后由于淮河干流洪水流量的减小,整治前后的水位趋于一致。

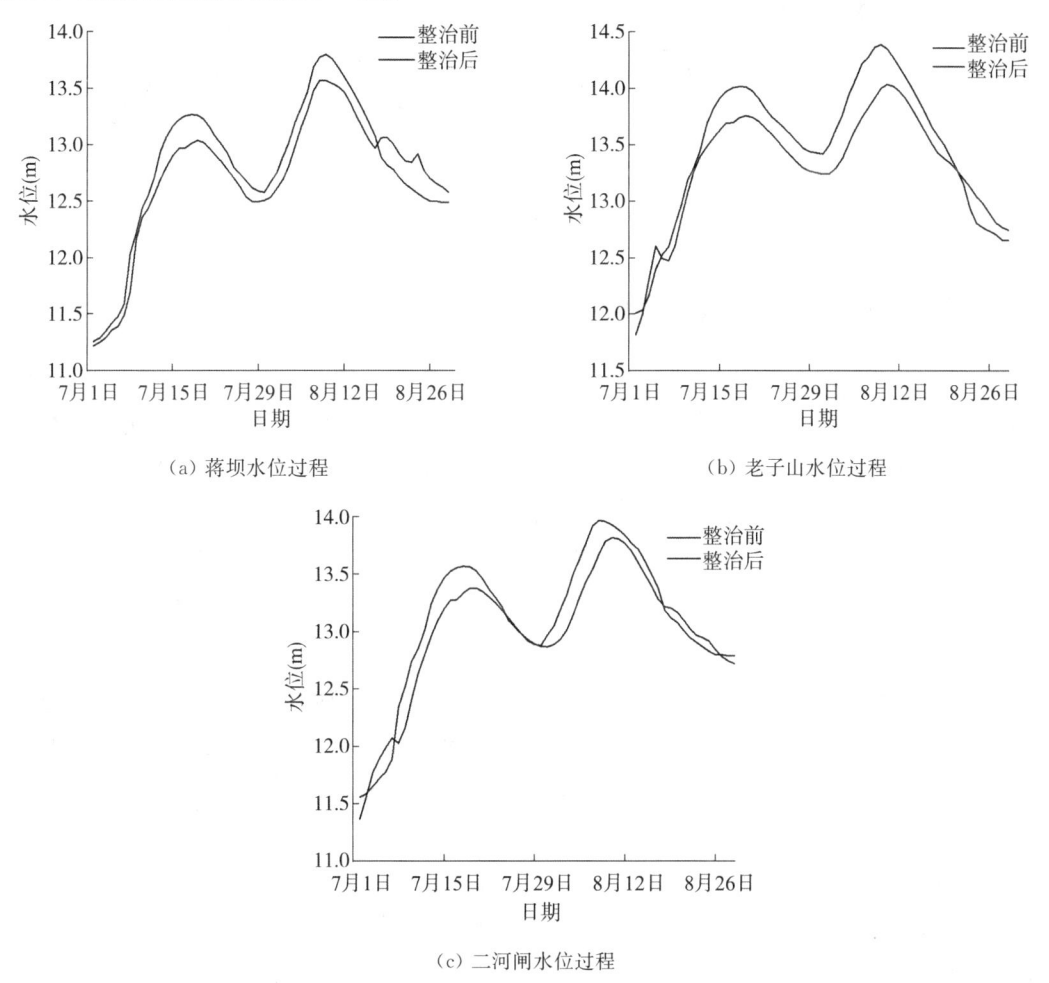

(a) 蒋坝水位过程

(b) 老子山水位过程

(c) 二河闸水位过程

图5 洪泽湖主要站点整治前后水位过程

分析洪泽湖的主要站点的水动力过程后,需要对洪泽湖湖区整体的水动力情况进行分析。由于淮河干流的洪水过程非恒定,所以选取整治后蒋坝站的洪峰时刻(2005年8月9日)进行水动力的分析,图6反映了洪泽湖湖区水位对整治策略的响应,根据图6(b)可知,洪泽湖湖区整体的水位增高值在0.2~0.5 m之间,湖区的水位分布为西部最高,湖区中部次之,二河闸出湖口水位分布最低。而洪泽湖的入湖河道水位降低值在0~0.8 m之间,下降幅度较大,越靠近洪山头水位下降值越大,并且,在池河与洪泽湖入湖河道的交界处,水位下降值在0.8~1.0 m之间,下降幅度较淮河干流更大,同样说明了在整治前,池河的入湖也存在不畅的现象,而在经过整治后这种入湖不畅的现象大大地减轻了。

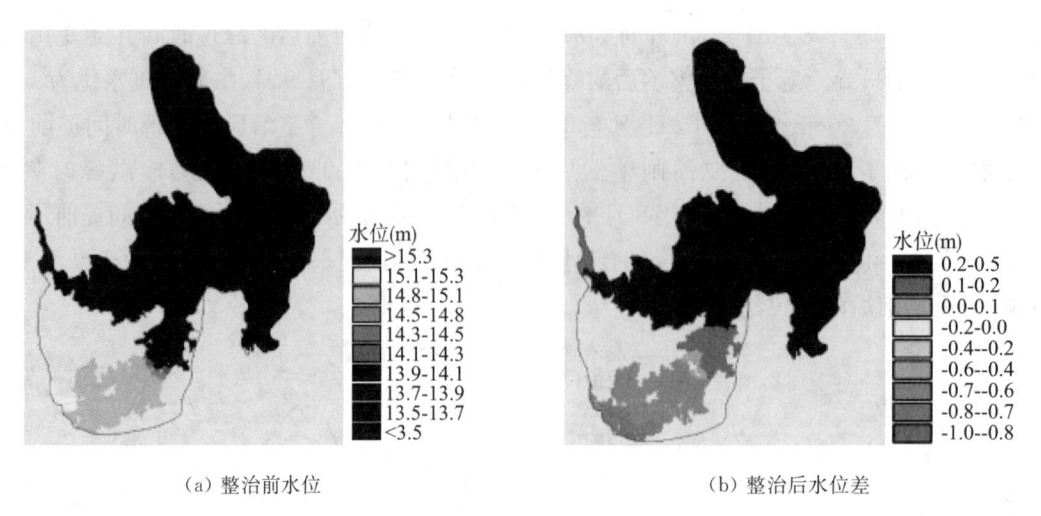

（a）整治前水位　　　　　　　　　　　　　　（b）整治后水位差

图 6　蒋坝洪峰时刻洪泽湖湖区水位变化

5.2　疏浚工程对淮河干流的水动力影响

淮河干流作为洪泽湖上游的主要来水河道，在流域整体的行洪过程中占据重要地位。评价淮河干流蚌埠以下段洪涝灾害的减轻效果，还是要以淮河干流各站点的水位为标准。因此，本文对淮河干流各站点的水位过程及水面比降进行深入的研究，同时分析整治后淮河各站点的漫滩时间变化情况。

图 7 展示了淮河干流的 5 个主要站点整治前后的水位过程的差别，五处站点在整治后水位均有了一定程度的下降，然而各站点对整治工程的敏感程度存在显著的差异。其中，洪山头站距离切滩工程最近，并且位于下段疏浚的终点，所以水位变化的幅度最大，峰值水位可由 15.61 m 降低为 14.84 m，水位降低值达到了 0.77 m。而小柳巷和香庙两站对于整治工程的敏感度则相对降低，峰值水位分别为 16.85 m 与 18.24 m，整治后的峰值水位为 16.54 m 与 17.9 m，水位降低值分别为 0.31 m 与 0.34 m。而在流量降低后，整治后小柳巷与香庙的水位反而较整治前高，其原因可能是在河道进行疏浚后，河道整体的比降变得平缓。除此之外，两站点的敏感性较低，很大程度是香庙至小柳巷段的河道过流能力在疏浚后也较低所致，再加上两站点处于河道中段，对河道的疏浚工程的叠加效果不明显。相比之下，蚌埠站及临淮关站的水位受整治工程的影响更大，两站点整治前的峰值水位分别为 20.56 m 与 19.93 m，整治后的水位分别为 19.67 m 与 19.11 m，水位下降值分别为 0.89 m 与 0.82 m。总体来看，整治工程对上游及下游站点的影响最大，对中游站点的水位降低影响不大。

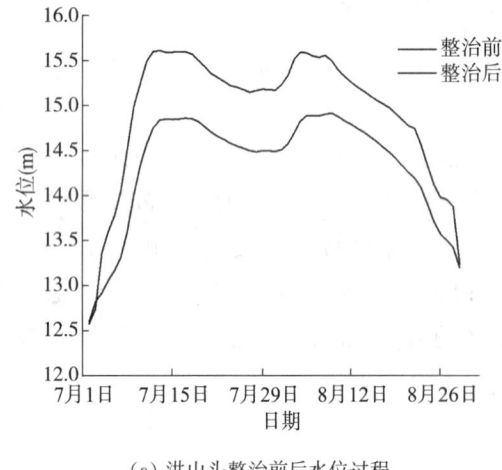

（a）洪山头整治前后水位过程　　　　　　　　　（b）小柳巷整治前后水位过程

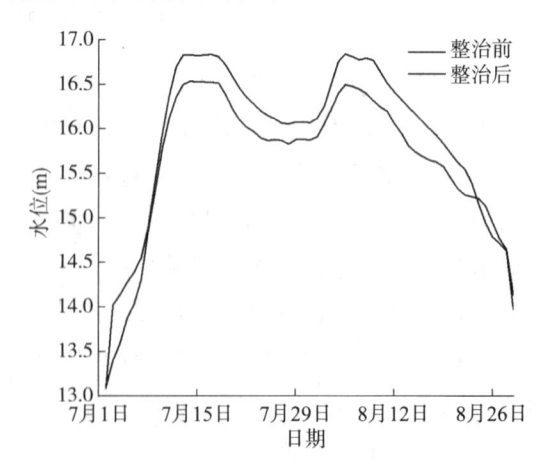

(c) 香庙整治前后水位过程

(d) 临淮关整治前后水位过程

(e) 蚌埠整治前后水位过程

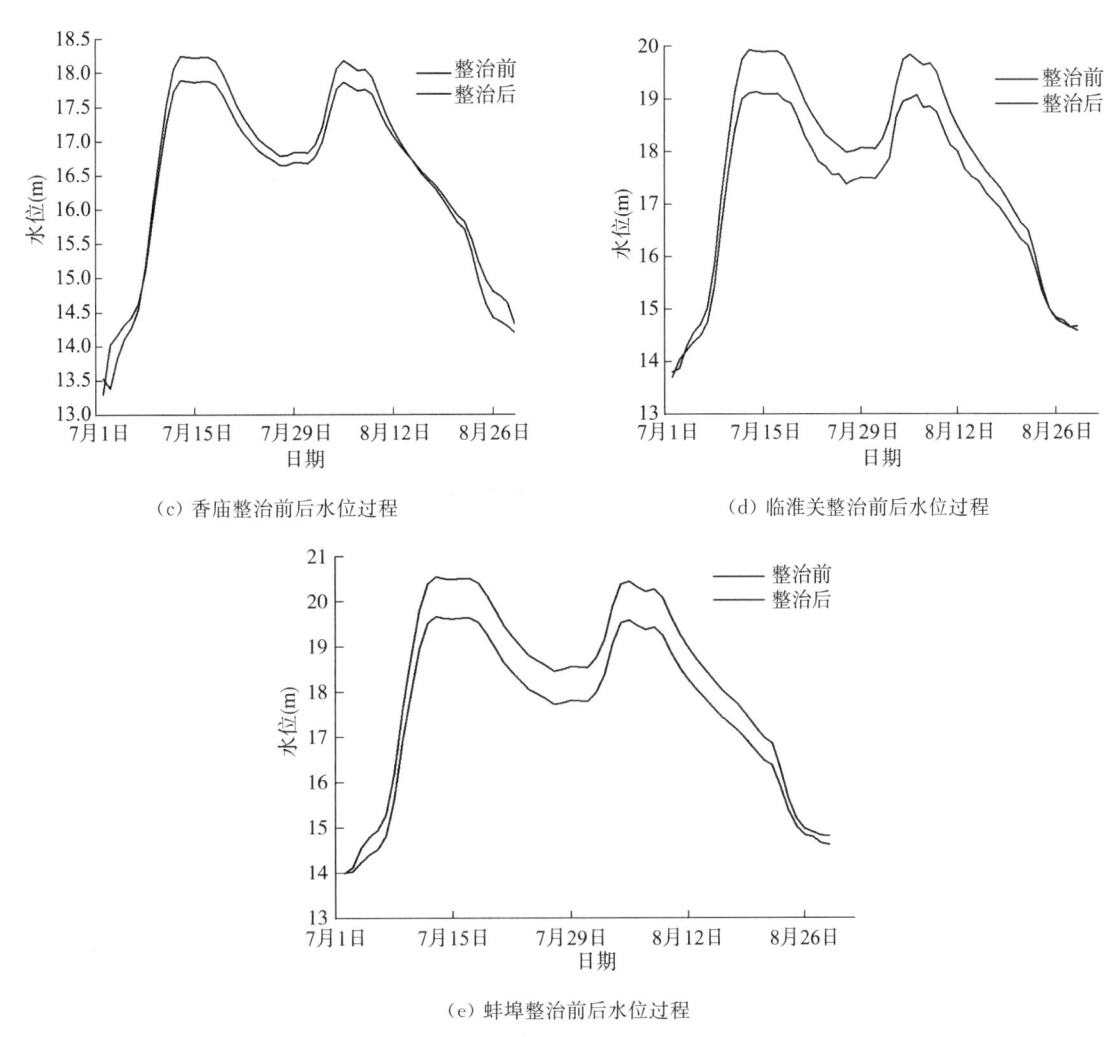

图 7 淮河干流各站点整治前后水位过程

根据淮河五站点的水位,可以绘制出蚌埠站洪峰时刻的淮河干流水面线,如图 8(a)所示,从全河段的水面线来看,香庙至小柳巷的水面比降在整治后有着明显的增大,说明在整治之后淮河干流的洪水下泄地更快,而蚌埠至香庙的水面比降却升高了,是由中游站点对整治工程效果不敏感导致的。而将整治后的干流水位与各站点的平滩水位进行比较,发现总体来说淮河干流洪峰时刻站点水位仍然高出平滩水位较多,蚌埠、临淮关、香庙及小柳巷分别高于其自身平滩水位 1.3 m、1.24 m、1.66 m 及 1.07 m,距离五年一遇洪水过程不漫滩的目标还相去甚远。不过,虽然淮河两岸仍然有漫滩风险,但是根据图 8(b)的整治前后的漫滩时间来看,淮河各站点的漫滩时间显著降低,蚌埠、临淮关、香庙、小柳巷及洪山头的漫滩时间分别减少了 15 天、17 天、5 天、11 天及 37 天,下降幅度较大,上下游站点较中游站点下降幅度大,整治工程有着较明显的效果(表 2)。综合来看,虽然经过整治之后淮河干流在经历五年一遇洪水过程时还会发生漫滩的情况,但漫滩时间大大缩短了,整治效果明显。

6 结论

疏浚工程可以有效降低洪泽湖上游河道及淮河干流蚌埠以下段的站点水位。蚌埠、临淮关、香庙、小柳巷及洪山头站的峰值水位分别下降 0.89 m、0.82 m、0.34 m、0.31 m 及 0.78 m。漫滩时间分别减少了 15 天、17 天、5 天、11 天及 37 天。另外,香庙至洪山头的水面比降有所增加,也说明了该

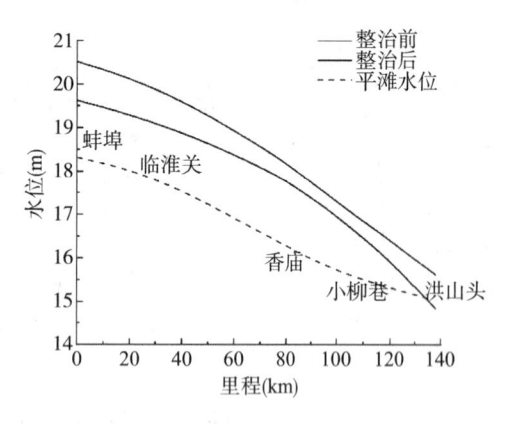

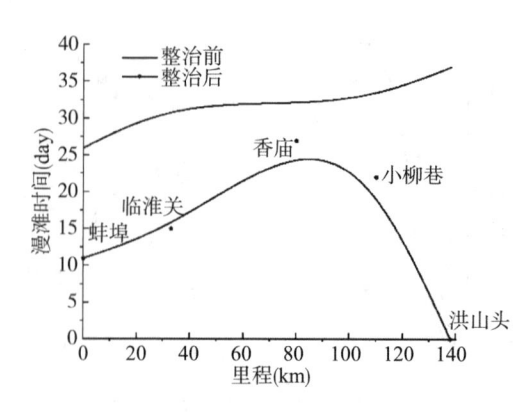

(a) 淮河干流整治前后水面线及平滩水位 (b) 淮河干流整治前后漫滩时间

图 8　淮河干流整治前后水面线及漫滩时间变化

表 2　淮河干流各站点整治前后水动力变化情况

站点	里程数(km)	整治前水位(m)/漫滩时间(d)	整治后水位(m)/漫滩时间(d)	平滩水位(m)
蚌埠	0	20.52/26	19.63/11	18.32
临淮关	33	19.91/32	19.1/15	17.86
香庙	80	18.24/32	17.88/27	16.22
小柳巷	110	16.83/33	16.53/22	15.46
洪山头	138	15.62/37	14.85/0	15.04

河段的洪水下泄速度加快。而整治工程同样对洪泽湖湖区的水动力过程有较大影响,洪泽湖整体的水位升高,蒋坝、老子山及二河闸三站点整治后的峰值水位上升值分别为 0.23 m、0.35 m 及 0.15 m,入湖河道水位降低值在 0~0.8 m 之间,下降幅度较大,越靠近洪山头水位下降值越大。湖区整体的流速存在着较大的变化,流速增长值在 0~1.0 m/s。与此同时,洪泽湖入湖河道在整治后也变得更加顺滑,湖区的水流方向也改变为更有利于下泄的方向,整治工程可以有效地加快洪水的下泄。

[参考文献]

[1] 佚名.淮河流域的较大湖泊[J].治淮,2008(10):7.

[2] 张瑞娟.1931年江淮流域水灾及其救济研究[D].南京:南京师范大学,2006.

[3] 郭庆超,关见朝,韩其为,等.冯铁营引河对淮河干流洪水位及河床演变影响的研究[J].泥沙研究,2018,43(6):1-7.

[4] 邓恒.洪泽湖与淮河河湖关系及其调蓄能力研究[D].天津:天津大学,2018.

[作者简介]

汪露,女,1987年2月生,江苏省洪泽湖水利工程管理处副科长、工程师,主要研究方向为湖泊管理,15189509511,609509098@qq.com。

推进"两手发力" 助力南四湖统一治理管理

姜 珊 刘西苓

(沂沭泗水利管理局综合事业发展中心 江苏 徐州 221000)

摘 要:南四湖是我国北方最大的湖泊,是苏鲁两省主要的供水水源地,同时也是南水北调东线主要调蓄枢纽之一和大运河文化带的重要节点,助力南四湖统一治理管理意义重大。本文阐述了推进水利领域"两手发力"工作对助力南四湖统一治理管理的意义,南四湖统一治理管理的必要性,深入分析了南四湖治理管理存在的薄弱环节,提出了管好"盛水的盆""盆中的水"——提高南四湖治理管理能力的意见和建议。

关键词:两手发力;南四湖;流域治理管理

1 推进水利领域"两手发力"工作对助力南四湖统一治理管理的意义

1.1 深刻领会习近平总书记关于"两手发力"重要论述的精神实质

水是经济社会发展不可缺少和不可替代的重要自然资源和环境要素,水利是国民经济和社会持续稳定发展的重要基础和保障,水安全是涉及国家长治久安和中华民族永续发展的大事。习近平总书记深刻把握水安全保障的特殊性和战略性,提出了"节水优先、空间均衡、系统治理、两手发力"的治水思路。"两手发力"是"十六字"治水思路的重要内容。水治理中既要发挥市场在资源配置中的决定性作用,也要更好发挥政府作用,从而实现"有效的市场"与"有为的政府"有机统一,强调要坚持政府作用和市场机制"两只手"协同发力。推进水利领域"两手发力"工作要求切实把思想和行动统一到党中央对经济形势的科学判断和对当前水利工作的重大决策部署上来。

1.2 "两手发力"是助力南四湖统一治理管理的重要手段

推动新阶段水利高质量发展,要把握治水规律,勇于改革创新,提高流域治理管理能力和水平。《水利部关于强化流域治理管理的指导意见》明确提出强化流域治理管理的重点任务是强化流域统一规划、统一治理、统一调度、统一管理。"四个统一"的提出基于流域治理管理特性,以提升流域治理管理能力和水平为目标,为实现流域持续、协调、健康发展指明了方向。立足新发展阶段、贯彻新发展理念、构建新发展格局、推动高质量发展,统筹水灾害、水资源、水生态、水环境系统治理,对强化流域治理管理提出了一系列新要求。按照"加快构建现代化水利基础设施体系,推动新阶段水利高质量发展,全面提升国家水安全保障能力"的目标要求推进当前和今后一个时期水利领域"两手发力"工作,运用好政府"看得见的手",做好流域水安全战略、规划、政策、标准等的制定与实施,加强行业监管和公共服务供给。运用好市场"看不见的手",充分发挥好市场在资源配置中的决定性作用,助力流域统一治理管理。

2 南四湖统一管理治理的必要性

2.1 防洪效益显著

南四湖由南阳、独山、昭阳、微山 4 个天然湖泊组成,湖面面积 1 280 km²,大部分位于济宁市微山县境内。湖东为山丘区,地势东高西低,入湖河流 28 条,源短流急,主要河流有泗河、白马河等;湖西为黄河淤积平原,地势西高东低,入湖河流 25 条,汇水面积大,占南四湖总流域面积的 68%,主要河流有梁济运河、洙赵新河等。环湖地势低洼,受湖水顶托涝水难排,洪涝灾害易发频发。

经过几十年治理,南四湖区域改变了以往"大雨大淹、小雨小淹"的局面,初步建立起独立的防洪除涝工程体系,先后建成二级坝枢纽、韩庄枢纽、蔺家坝枢纽、湖西大堤、湖东堤及湖东滞洪区等骨干工程,防洪保障体系基本成形;湖东山丘区相继建成尼山、西苇、庄里等大中型水库,防洪灌溉效益显著;湖西平原区东鱼河、洙赵新河等经过多次清淤疏浚,河道行洪排涝能力显著提升。

2.2 综合效益突出

南四湖区域矿产资源丰富,是山东省重要的煤炭能源基地和轻稀土产区;动植物资源丰富,设有省级自然保护区;土地肥沃,灌溉条件良好,为著名的鱼米之乡;运河文化底蕴深厚,至今仍发挥着重要的航运作用;调蓄潜力巨大,被南水北调东线工程作为重要的调蓄枢纽,具有调节洪水、蓄水灌溉、发展水产、航运交通、改善生态环境等多重功能。

3 南四湖治理管理存在的薄弱环节

3.1 作为"盛水的盆",南四湖蓄水能力衰退

南四湖是具有蓄水功能的湖泊,作为"盛水的盆",一是盛水能力并没有因为工程标准的提高而提升;二是南四湖因过去引黄补湖引入了大量的泥沙,加之洪水入湖造成大量泥沙入湖,年平均入湖沙量为 441.71 万 m³,出湖沙量仅为为 3.83 万 m³,环湖低洼地区河渠淤积,同时湖内大量水生物死亡、沉积,也会减少库容;三是南四湖流域内经济欠发达,长期向湖内进军,牺牲水生态换取表面繁荣。据卫星遥感统计,非汛期南四湖水面仅占全湖面积四分之一,剩余的湖面被湖内耕地 113.3 km²、永久基本农田 53.3 km²、建设用地 30.7 km²,和 400.0 km² 圈圩和林地以及 14 km² 庄台和湖区小岛等占用,无序的圈圩和围垦形成大面积的行洪障碍,降低了湖面的行洪能力,严重破坏了湖泊水面的整体景观;封闭的圈圩和大湖隔离,降低了湖泊的水环境容量,加剧了湖泊水质的恶化,减少了蓄洪和兴利库容。

南四湖蓄水能力严重衰减,总库容已经缩减 5.2 亿 m³。从长江调水花费巨大,南水北调东线一期工程自正式通水以来,累计调入山东省水量已达 52.9 亿 m³。若能通过工程和技术手段提高南四湖蓄水能力,以南四湖蓄水沿线供水则能节省调水成本。

3.2 作为"盛水的盆",南四湖防洪除涝体系不完善

一是当下南四湖湖东堤郗山至韩庄段无堤防、湖南堤韩庄至景山段无堤防,景山至蔺家坝段为 20 世纪 60 年代修建的生产堤,防洪标准约 10 年一遇,致使南四湖地区不能形成一个完整的防洪封闭

圈,南四湖湖南地区整体防洪标准偏低,防洪标准低、防洪保安能力不足是该区域水利工程短板,已严重制约了区域经济社会发展;二是湖东滞洪区建设尚未完成,滞洪区安全运用条件暂不具备;三是排水泵站等建筑物老化失修,排涝能力不足;四是部分湖内庄台未达50年一遇防洪标准,南水北调二期工程实施后南四湖将长期维持较高水位运行,面临浸渍影响和洪涝灾害威胁。此外,湖区群众居住较为分散,发生超标准洪水时转移安置难度大。

3.3 "盆中的水"——南四湖水资源管理存在的问题

建局四十多年来,沂沭泗水利管理局(下称沂沭泗局)对职权内的水资源统一管理做了大量工作,但时至今日尚未实现真正意义上的统一管理。究其原因主要有两方面:一是各类涉水工程和水资源开发利用活动由不同部门按权属分别管理,涉及流域水行政主管部门、南水北调运行管理部门和山东、江苏两省各级水行政主管部门、航运部门、农业渔业部门、生态环境部门、文化旅游部门等,多头治水、政出多门,存在管理权交叉和权责不对等的问题;二是沂沭泗局缺乏取用水的控制手段,目前沂沭泗局统一管理的水利工程,主要是控制性闸涵、骨干河道湖泊堤防和少部分的取用水口门。大部分取用水口门、涵闸、提灌站、自来水厂、水力发电、船闸等皆由地方企业或政府控制使用,涝时争排,旱时争灌,统一管理没有真正地实现。需要在行政层面、技术层面、工程层面等采取对应措施和手段加强对南四湖水资源管理。

4 关于管好"盛水的盆""盆中的水"——提高南四湖治理管理能力的意见和建议

4.1 充分用好金融手段支持水利基础设施政策,拓宽水利基础设施建设长期资金筹措渠道

沂沭泗局应争取预算内和财政水利投入,通过沂沭泗河洪水东调南下提标工程等重大规划建设项目充分利用金融资金、地方政府专项债券和社会资本,与相关规划相衔接,不断扩大水利建设投资规模。

4.2 适度增加南四湖蓄水量

4.2.1 提高南四湖蓄水位

通过提高工程防洪标准加固堤防,抬高上、下级湖蓄水位,可以增加调节库容,除能调节南四湖流域来水与充分利用当地径流减少弃水外,更重要的是能增加东线工程向北的供水量,提高北调供水的保证率。因此,规划将上级湖汛限水位由 34.2 m 抬高至 34.5 m(废黄河高程,下同),可增加调节库容约 1.8 亿 m^3,将下级湖汛限水位自 32.5 m 抬高至 33.0 m,可增加调节库容约 3.0 亿 m^3。

4.2.2 开展南四湖清淤疏浚项目

结合沂沭泗河洪水东调南下提标工程中南四湖湖内工程——南四湖浅槽开挖工程的开展,全面实施湖内清淤工程,挖深南四湖,增加蓄水量,充分利用雨洪资源,加大水循环更新速度。因地制宜采用合适的工程技术手段,快速处理淤泥是南四湖疏浚的关键。根据年平均入湖沙量为 441.71 万 m^3,出湖沙量仅为 3.83 万 m^3,估算出湖区的淤积年平均高度为 3 mm,1988 年至今 34 年,湖区淤积高度已达 102 mm,库容减少已达 1.3 亿 m^3。南四湖清淤疏浚工程范围为全湖,采用绞吸船清淤。一般清淤按照方量计算。根据挖泥深度和排泥距离,用绞吸船清理,按照清理 1 m^3 淤泥的市场价格计。本项目设计概算约为 40 亿元。

4.3 加快补齐南四湖涉水基础设施短板

完善沿湖防洪排涝体系。加快湖东滞洪区建设,结合沂沭泗河洪水东调南下提标工程规划实施南四湖湖东堤(郗山至韩庄段)封闭工程,尽快建成环湖防洪封闭圈,将区域整体防洪标准提高到20年一遇。统筹上下游、左右岸,系统推进入湖河道防洪治理,开展提标工程建设,加快构建安全可靠的环湖防洪排涝体系。

4.4 科学划分南四湖功能区

南四湖功能区的开发利用应符合《沂沭泗流域直管河道(湖泊)岸线利用管理规划》《山东省南四湖保护条例》及相关其他专业规划。坚持"在保护中开发,在开发中促进保护"的原则,在保障南四湖水域生态系统和农田生态系统两大支柱性生态系统的健康稳定的基础上,根据南四湖蓄水、调水、渔业、旅游、水运、文化等多种功能作用分区,这样才能保障南四湖湿地生态系统服务功能基本建设的有序推进。

4.5 加强用水计量和监测

充分利用数字孪生南四湖二级坝工程安全监测预警相关功能,对水资源调度、航运调度等工作提供科学的决策支持;监控南四湖进出水量。提高取用水监测能力,完善水资源监测网站,扩展完善水资源管理信息系统。

4.6 逐步探讨水权交易

这是两手发力的重要一手,是管好"盆里的水"的调控手段。激活水权交易市场,发挥好水市场的作用,拓展水市场,向管理要效益,只有壮大了自我才能更好地为流域服务,才能践行好新时期的治水思路。

5 强化沂沭泗流域管理机构职能,发挥好"主力军"作用

沂沭泗流域管理机构是集行政机关、事业单位、企业(工程管理单位)多种角色于一身的,既有对沂沭泗全流域的指导、监督、协调作用,又直管部分河道,还承担不少工程管理任务,是江河湖泊的"代言人"。强化流域治理管理是推动新阶段水利高质量发展的重要保障。强化流域"四个统一",必须着力提升流域管理机构能力和水平,更好发挥流域管理机构在流域治理管理中的主力军作用。南四湖流域生态环境脆弱,水资源管理能力薄弱,涉水冲突甚至涉水违法现象屡见不鲜。南四湖流域这些属性和特点,要求一个"有为"的流域管理机构,发挥政府作用,强化顶层设计和系统治理。

1. 全力推动沂沭泗河东调南下提标工程建设。推动沂沭泗水系的防洪标准逐步提高到100年一遇。

2. 加快数字孪生水利工程建设。进一步统筹谋划沂沭泗干支流数字孪生工程建设,努力实现数据互通、成果共享,大力提升沂沭泗流域水利智慧化水平,全面实现沂沭泗水利事业高质量发展各项目标任务。

3. 完善节约用水、水资源管理方面的制度。完善执法机制,形成执法合力,不断健全法治保障。

4. 探索区域综合水价改革。优化配置长江水等客水资源,建立合理的水价模型,探索实施区域综合水价,降低总体用水成本,增强经济社会发展的动力。

5. 开展好沂沭泗当地水与南水北调水的关系。南水北调借沂沭泗局的中运河、韩庄运河输水,借骆马湖和南四湖蓄水,应当与其协商给与补偿。

[参考文献]

[1] 水利部办公厅.水利部关于强化流域治理管理的指导意见[R].2022.
[2] 王建平,李发鹏,夏朋.两手发力——要充分发挥好市场配置资源的作用和更好发挥政府作用[J].水利发展研究,2018,18(9):33-41.
[3] 程霞,冯江波,翟子昊.山东省南四湖保护利用对策建议[J].水利技术监督,2020(6):114-116.

[作者简介]

姜珊,女,1996年3月生,助理工程师,主要从事水利管理政策、流域防洪减灾等研究工作,以及水土资源开发与利用工作,15805208264,2427089669@qq.com。

论基层"水行政＋司法"河湖保护体制构建

薛 迪

(骆马湖水利管理局新沂河道管理局 江苏省徐州市 221400)

摘 要:《中华人民共和国水法》的颁布实施,有效维护了河湖管理保护秩序。2018年全面推行河湖长制后,各地均成立了河长制工作办公室,地方党政负责人担任各级河长,全面推进河湖"四乱"清理整治,取得了显著成果,但近两年来"清四乱"专项行动所产生的问题也逐渐显现出来,如何让水行政主管部门、河长办和司法机关共同发挥河湖治理作用成为当下值得思考的问题。

关键词:水行政执法;司法;河长制;河湖保护

1 前言

骆马湖水利管理局新沂河道管理局(以下简称新沂局)作为流域机构的基层单位,驻地为徐州市新沂市,直管新沂市境内的沭河、沂河、中运河、骆马湖,隶属于淮委沂沭泗局骆马湖局,是新沂市河长制办公室成员单位。尽管新沂局并非属地政府直管部门,但各项工作均受属地政府领导,所面临的诸多河湖问题也需要地方政府推动解决,如何构建多元、有序、有效的新型河湖保护体制是接下来一个阶段所需要解决的问题。

2 当前存在的问题

2.1 河湖问题历史欠账多

新沂局成立于1985年,接管相关河道堤防,然而确权划界工作2019年才基本完成,许多百姓世代祖居沿河湖附近繁衍生息,在交接之际未较好地完成对此类问题的处理。管辖河道、堤防大多地处农村、野外,沿河百姓法律意识相对淡薄,常抱有"靠水吃水"心态,同时,基于早年经济发展为先的特定历史时期与历史条件,不乏政府通过招商引资在河湖管理范围内建设厂房、码头、酒店的现象,存在大量"四乱"历史遗留欠账,且情况较为复杂,难以顺利处理。

2.2 责任部门分工不明晰

第一,河长制、清四乱工作中流域机构定位不够明确,联调机制尚未健全,河长与各责任单位分工不明确。在河长制推行过程中,水利部赋予流域机构"指导、协调、监督、监测"的职责,但具体工作内容及要求并未明确。多数河湖跨省(市、县)界,各地方河长以行政区划为管理范围,强调属地管理,在一定程度上造成片段化管理,地方河长制在统筹考虑流域整体协调发展方面不够全面,河长制和流域机构在职责划分、分工配合上存在不足,无法真正达到河长制统筹协调、长效发展的目的。

第二，按照在水利部"清四乱"规范化常态化的新要求，各地政府落实属地责任，是清理整治的责任主体，流域管理机构要主动配合。在实际工作开展过程中，河长办在接到水利部、省河长办的任务交办单后，直接向流域机构下达督办单，要求立案查处履行强制拆除程序，此类交办任务均为历史欠账，或为签订的协议、或为早年政府扶持项目，仅通过基层流域机构立案查处难以有效解决，也不符合河长制成立的初衷。

2.3　专项行动引发的诉讼风险较高

专项行动往往工作时间紧，工作进度要求"短频快"，地方政府要求流域机构立案查处、在规定期限内清理整治到位，但专项行动所要求的期限与法律规定的期限存在矛盾，通过履行法定程序完成整治行动必然引发执法违法的问题，极易导致败诉和行政赔偿问题。

2.4　各部门缺乏配合机制

在河湖治理和保护工作中，涉及的部门众多，包括环保、水利、发改、财政、国土、交通、卫生等多个部门，在整治行动中也需要多个部门的共同配合，但尚未完善配套的协作机制，也未明确各部门的职责，实际行动中各部门配合度不够。

2.5　司法机关与行政机关对专项行动理解不同

"清四乱"专项行动所带来的后续问题在近两年逐渐突出，行政机关认为专项行动属于执行政府政策行为，而非行政执法，根据文件要求迅速行动，不需要按照行政强制的时间和程序，在初期的摸索状态中，全国范围内的"清四乱"模式也大都如此，但是在后续引发的诉讼问题中，审判机关认为专项行动依然是行政机关、政府依靠公权力对行政相对人实施的具体行政行为，专项行动必须符合行政强制法的有关规定。如今大部分"四乱"问题清理完毕，但是在行动之处初未与司法机关有效沟通衔接、预判诉讼风险、考虑合法性问题，败诉案件便随之而来。

3　"水行政＋司法"新体制构建的必要性

3.1　适应新形势的趋势

习近平总书记强调"绿水青山就是金山银山""宁要绿水青山，不要金山银山"，辩证分析了环境保护与经济发展的关系，为当前和今后一个时期的环境保护与经济发展指明了方向。同时，依法治国是坚持和发展中国特色社会主义的本质要求和重要保障，是实现国家治理体系和治理能力现代化的必然要求。因此，要构建"水行政＋司法"新型河湖治理模式，建立责任明确、协调有序、监管严格、保护有力的河湖管理保护机制，积极适应新时期河湖治理的趋势。

3.2　符合清四乱常态化、规范化的新要求

河湖治理保护只有进行时没有完成时，2020年水利部办公厅发布了《关于深入推进河湖"清四乱"常态化规范化的通知》，对责任落实、规范管理、监督检查作出了新要求，在处置历史遗留问题的过程中，不可避免地涉及群众利益与政府职权问题。公权力不可滥用、有效保护群众合法利益、切实解决河湖问题都是当下亟需解决的问题，构建新型、有效、规范的河湖治理体系，符合"清四乱"常态化、规范化的新要求。

4 "水行政+司法"新型河湖保护制度构想

4.1 联合出台区域整治行动实施细则　确保河湖治理规范有序

根据目前的法院判例,整治行动被认定为具体行政行为,是人民法院的受案范围,行政机关、政府部门对法律和司法审判的认识不够深入,应由属地政府主导推动、司法机关提供技术支持,组织河长办、水行政主管部门和其他职能部门就本地区河湖治理出台有针对性、可操作的实施细则,细化牵头部门、分工部门责任、公布职权清单、制定实施流程、分析法律法规和政策文件,最大程度地保证整治行动的合法性、部门分工的合理性、诉讼风险的最小化。

4.2 加强与审判机关的沟通　提升河湖执法的公信力

第一,建立行动前风险分析机制。审判机关作为审查行政行为合法与否的主体,对整治行动有更加权威的认识,事先做好诉讼风险分析研判,对即将开展的执法行动会商沟通,将问题前移解决,尽最大可能同时保证整治行动的到位和行政行为的合法。

第二,建立共享联系机制。2019年,江苏省"9+1"环境资源审判机制的建立对新沂地区的水行政管理产生了很大影响,骆马湖局、新沂局主动对接,加强与环境资源审判庭的沟通联系,与宿城区人民法院在骆马湖建立了生态修复基地,涉及刑事犯罪的环境资源类案件当事人到修复基地从事义务劳动、主动上缴生态修复基金,为骆马湖生态增添了新绿。2021年,联合共建了生态法治基地,将文化宣传、生态保护、警示教育融为一体,增进了与审判机关的沟通交流,为接下来与法院更加深入的协作配合、信息共享打下了基础。

4.3 加强与检察机关的交流　充分发挥检察监督的作用

第一,检察机关充分发挥公益诉讼职能,对破坏水生态环境、非法利用水资源等损害公共利益的行为提起公益诉讼,推动河湖环境问题的解决。通过联合巡查摸排公益诉讼线索,在公益诉讼中向河长办移交相关线索并及时通报处理,在办理公益诉讼案件过程中,邀请河长办及有关职能部门提供协助,从而共同促进河湖生态恢复。

第二,发挥检察监督职能,督促依法履职。在建立河湖治理保护的权责清单、实施细则的基础上,严格责任落实,督促依法履职。理顺涉水违法行为的立案、移送、起诉、审判、执行工作,建立联合办案、互通办案数据等信息共享机制。综合运用检察建议、线索移送等手段,督促各部门依法履职,推动解决河湖问题整治中的难点和顽疾。

第三,加强日常交流和重大问题协商。检察机关与河长办、水行政部门围绕公益诉讼和检察监督推进协作沟通,通过联席会议、联络室等方式对河湖治理中存在的问题进行会商,打通河长办、水行政部门与检察机关的联系通道,强化协作。做好信息共享,立足各部门职责权限,共同协调推进解决重难点工作,通过共同开展普法宣传、培训交流等活动,提升执法、司法规范化水平。

第四,加强与公安部门的配合协作。基于当前水行政执法取证难、执行难的问题,与公安部门建立涉水违法人员身份识别制度、联合执法配合机制,有效解决当事人拒不配合、虚假陈述、阻挠调查的问题。

4.4 构建新型联合执法模式　合力推动河湖问题解决

一方面,进一步明确流域机构所属管理单位性质,确定行政执法权限清单。编制行政处罚、行政强制的事项清单,明确在"清四乱"过程中的职责范围、操作流程,避免出现推诿扯皮、程序混乱的问题。

另一方面,强化执法联动机制,弥补基层执法力量不足的问题。强化联合执法机制,充分利用河长制、湖长制平台,扩大合作机制规模,统筹流域机构和地方政府各部门及社会群众的力量,建立"河长挂帅、水利部门牵头、有关部门协同、社会力量参与"的联合监管模式,发挥"河长""检察长""警长""水务长"等在水行政管理工作中的作用,提升监管合力,解决执法力量不足的问题,做好"清四乱"的"后半篇文章",共同构建"无违河湖"。

5 结语

在建立河长制的背景下,在反复强调让人民群众在每一个司法案件中都感受到公平正义的论调中,积极探索构建"水行政+司法"新型河湖治理模式,是促进流域各方共同抓好大保护、协同推进大治理,全面推进河湖整治,全力保障水环境、水生态的重要举措。淮河流域历经七十多年的辉煌岁月,取得了一系列的成就,但依然存在发展质量不高、生态环境脆弱等问题,要解决问题,就必须跳出流域看流域,跳出水利看水利,坚持问题导向,不断创新河湖治理保护新思路,深化与河长办、司法机关的合作,为建设幸福河湖保驾护航。

[参考文献]

[1] 宋书强.浅议水行政执法与司法部门的配合[J].治淮,1994(9):22-23.
[2] 纪金彪,李鹏.从司法改革角度探讨水行政执法体制改革[J].水利天地,2014(5):10-11.

[作者简介]

薛迪,女,1995年1月生,四级主任科员,从事水行政执法监督工作,18752592972,8977107961@qq.com。

南四湖地区洙赵新河流域雨洪水资源利用研究

魏 帅[1] 孟祥瑞[1] 张 琦[2] 芦昌兴[1]

(1. 水发规划设计有限公司 山东 济南 250013；
2. 山东省水利勘测设计院有限公司 山东 济南 250013)

摘 要：基于南四湖流域水资源短缺现状，选取南四湖地区典型流域洙赵新河流域为研究对象，根据收集的水文数据和相关工程资料，建立流域水文水动力耦合模型。结合流域上游菏泽境内雨洪水资源利用条件，以市际边界拦河闸为工程调度对象，在不影响河道防洪安全的前提下，通过设置拦河闸不同时期、不同开度调度方案，运用耦合模型进行模拟分析，研究不同拦蓄方案下流域上游菏泽境内河道可利用水量变化，选取最优开度方案，为缓解区域水资源供需矛盾及增加雨洪水资源利用提供一定技术支撑。

关键词：洙赵新河流域；水文水动力模型；边界闸调度；雨洪水资源

1 绪论

1.1 研究背景

南四湖流域面积3.17万km^2，经济社会地位显著，但人均水资源占有量不足300 m^3，亩均水资源占有量不足250 m^3，随着经济社会的快速发展，流域内水资源供需矛盾日趋尖锐，水资源短缺已成为制约经济社会发展的关键因素。降水作为南四湖流域水资源的主要来源，受季风气候影响，70%以上的降水量集中在汛期1~2场降雨过程。长期以来，人们从防洪保安的角度出发，秉持"入海为安"的洪水治理理念和治水手段，使得原本就不富裕的水资源量，在汛期快速下泄，非汛期水资源则显得捉襟见肘。因此，对这1~2场洪水过程的控制程度，就直接决定了全年的水资源供需情势。

在保障河道防洪安全的前提下，合理开发利用雨洪水资源是破解水资源段短缺问题的重要途径之一。目前国内在流域雨洪水资源潜力和利用研究方面开展了许多工作，罗乾[1]、周肆访[2]、田友[3]等先后对淮河流域、海河流域的洪水资源化问题作了研究；苏广勇[4]、赵雯雯[5]等探讨了跨流域的洪水资源利用方式，具有一定的可行性和良好的效益。因此本文基于南四湖地区的水文水资源特性，选取洙赵新河流域为典型研究对象，利用数值模拟方法，通过工程调度，提前拦蓄部分汛末雨洪资源，提高工程蓄水程度，为流域雨洪资源利用和缓解水资源供需矛盾提供技术支撑。

1.2 研究区概况

洙赵新河全长145.05 km，源头位于菏泽东明县宋寨村，经菏泽、济宁8个县（区）向东流入南阳湖。流域地处黄泛冲积平原，地势西高东低，流域面积4 206 km^2。作为南四湖湖西平原的重要支流，洙赵新河一直为湖西地区发挥重要的防洪除涝功能。随着历次河道治理工程的建设，基本形成了由拦河闸（坝）、河道堤防等工程构成的河道防洪工程体系，流域防洪能力显著提高。

2 模型建立及验证

2.1 模型原理及设置

MIKE11系列软件是研究一维水动力、水质、洪水预报等方面的专业水利软件[6][7],其降雨-径流(RR)模块能够较好地模拟流域内总体的产汇流规律;水动力(HD)模块相较于其他模型具有算法可靠、计算稳定、前后处理方便、水工建筑物调节功能强大等优点。综合考虑模型的适用性及未来对流域模型进一步管理开发的可能,选取MIKE11软件作为此次模拟研究的工具,选用降雨径流(NAM)模块及水动力(HD)模块,构建流域水文水动力耦合模型,能够为接下来的水利工程建设、水资源规划等提供一定技术支持。

2.1.1 降雨径流模型

降雨径流模型共划分18个产汇流区域。由于上、下游支流对干流汇流影响不同,将干流洙赵新河分成上游和下游两个汇流流域,分别设置参数,其余16个汇流区域包含9条流域一级支流,7条流域二级支流。流域内雨量站点均采用国家基本雨量站小时雨量数据,利用泰森多边形法确定各雨量站权重,采用加权平均的方式确定流域的降雨量。

2.2.2 水动力模型

水动力模型采用六点中心隐式差分格式(Abbott-Lonescu)求解圣维南方程,方程离散后的形式无条件稳定,可以在相当大的Courant数下保持计算稳定,能取较长的时间步长以节省计算时间。

为满足模型精度以及运行稳定性要求,将流域内主要行洪干、支流河道概化入河网中,共设置河道长度509.06 km、断面477处,河网模型文件如下图1所示。将河道主要拦河建筑物概化进模型,添加主要拦河建筑物40座,对建筑物特性参数及汛期调度原则进行逐个设置,在模拟过程中按照各种预设的调度规则,模型可自动判断并调整运行方式。

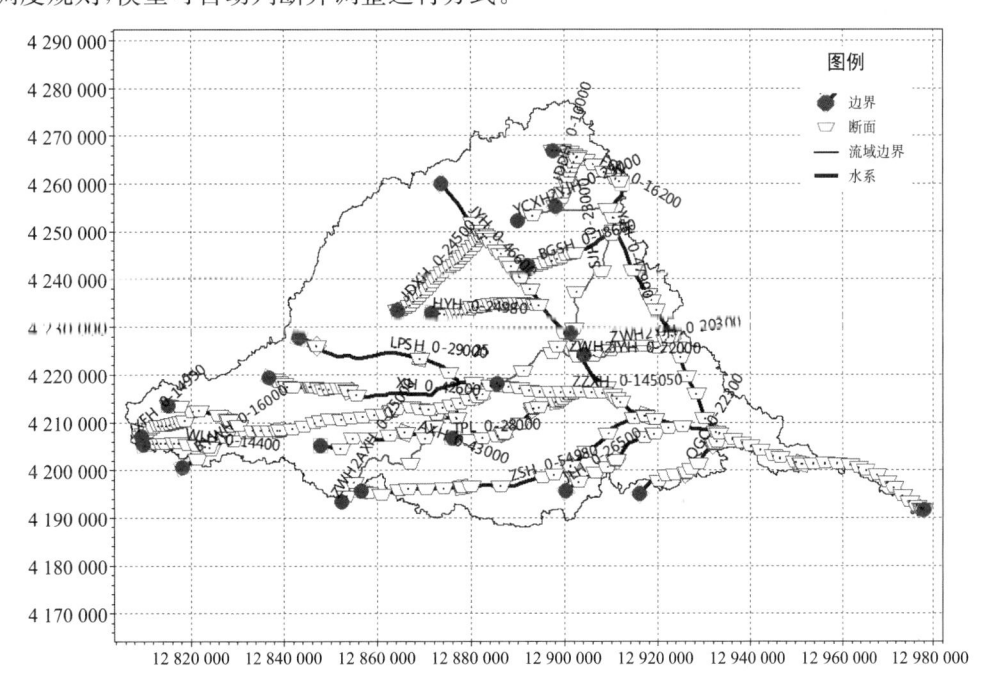

图1 洙赵新河流域河网模型平面图

模型共设置 23 个边界条件,其中河道上游边界多位于河流源头,考虑模型计算稳定性,流量边界取极小值入流;下游边界采用南四湖辛店站实测水位过程。河道计算初始流量设置为 0,初始水深根据汛期河道内平均水深设为 0.5 m。

对水动力模型精度影响较大的参数是河道糙率值,前期相关研究对洙赵新河的糙率进行过分析、验证,取主槽糙率在 0.022 5~0.025,滩地糙率 0.03~0.04,局部河段根据实际情况进行调整。

2.2 模型率定及验证

按照"可能"和"不利"原则,选取洪水序列完整、峰型集中且主峰靠后的典型洪水过程进行耦合模型的率定和验证。

2.2.1 参数率定

对流域历史洪水资料进行统计,选用 1994 年 8 月 6 日至 1994 年 8 月 14 日洪水进行率定。分别选取干流上游魏楼闸(桩号 88+013)、下游梁山闸(桩号 24+383)作为率定站点,输入站点相应时期实测流量过程资料,经过试算调整结合模型自动率定,使所选定断面的模拟值和实测值达到最佳吻合效果,模拟与实测对比结果如图 2 所示。

通过结果对比可以看出,两站点的实测与模拟洪峰误差较小,洪水总量模拟效果较好。

2.2.2 模型验证

以率定参数为基础,选取 1982 年 8 月 10 日至 1982 年 8 月 16 日的洪水过程进行验证,两站点处洪水模拟与实测对比结果见表 1。

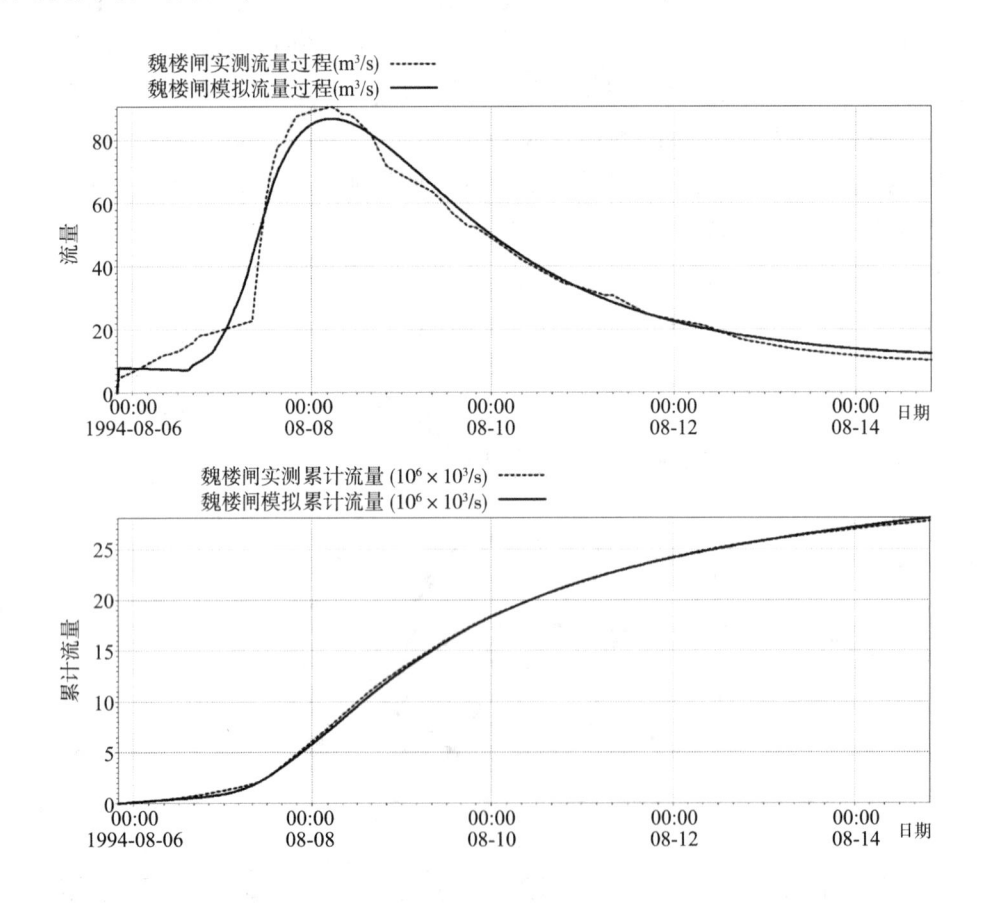

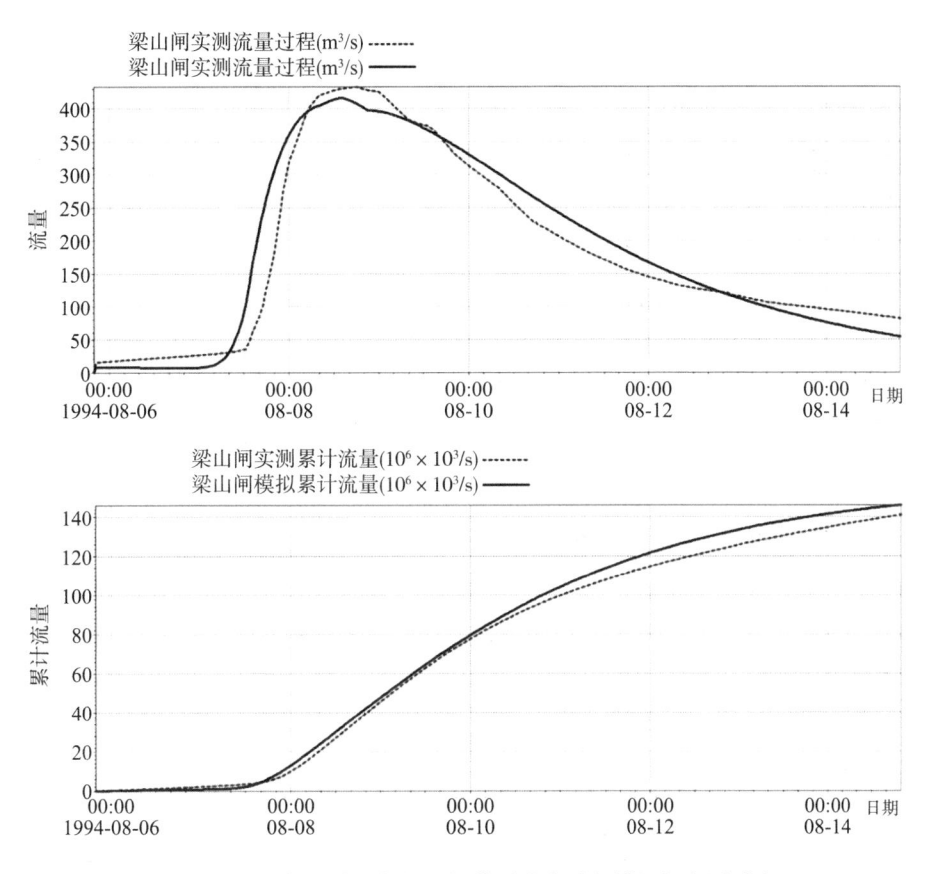

图 2　1994年魏楼闸与梁山闸典型洪水过程模拟与实测对比

表 1　1982年典型洪水过程模拟与实测结果对比

监测站点	模拟洪峰(m³/s)	实测洪峰(m³/s)	误差	模拟洪量(万m³)	实测洪量(万m³)	误差
魏楼闸	150.64	148.42	1.50%	3 509.02	3 730.43	−5.94%
梁山闸	348.14	338.29	2.91%	9 665.91	9 862.25	−1.99%

从验证结果可以看出,模型在总体洪水过程方面模拟效果较好,总洪量平衡误差控制在较小的范围以内,误差主要因为NAM模型只对降雨与实测流量进行拟合,并未考虑河道断面变化和河道工程调度的影响。总体上本次模拟精度能够满足计算要求,选取的参数能够较好地使洪水过程模拟与实测相吻合,可用于下一步的洪水方案模拟与分析。

3　方案模拟与分析

拦河闸在调蓄调度河网水量,有效蓄渗利用雨洪资源方面具有重要作用。通过在汛末提前对河道拦河闸采取不同调度方案,拦蓄部分汛末雨洪资源,发挥拦河闸在雨洪资源调蓄中的作用。

工程调度方案的设置必须以不影响河道防洪安全为前提,节制闸拦蓄后闸上水位原则上不得超过防洪警戒水位。根据实际工程调度经验,汛期闸前水位一旦达到防洪警戒水位,应全开闸门保证洪水安全下泄,确保节制闸工程安全,此时河道下泄水量增加,工程拦蓄水量减少,因此各拦蓄方案下河道实际可拦蓄水量受防洪警戒水位限制。假定水位在汛末时刻达到警戒水位,此时闸前高水位运行时间最长,河道可拦蓄水量最大,基于此设定各计算方案。

3.1 计算方案

取整个汛期作为研究时段,选用洙赵新河流域范围内1964—2019年东明、魏楼闸、闫什口、鄄城、巨野、吕陵、郓城、章逢、大周等国家基本雨量站雨量数据,利用加权平均确定流域汛期6—9月降雨量,运用P-Ⅲ型曲线进行频率分析。结合频率分析结果和历史降水资料,统计流域典型年降水量,得到典型频率降水量代表系列如表2所示。

表2 洙赵新河流域典型年降水量统计表

典型频率	保证率	降水量(mm)	典型年份	典型年降水量(mm)
5年一遇	20%	558.8	1994	583.7
20年一遇	5%	708.0	2004	711.4
50年一遇	2%	796.8	2004(放大)	711.4

模型中拦河闸闸门类型均选择底流出流,设置的拦河闸调度方案共考虑三层目标,第一层是结合不同降水频率,可分为$P=20\%$、$P=5\%$、$P=2\%$;第二层是考虑汛末不同关闸时刻,根据多年实测数据和已有研究成果,南四湖流域一般在8月20日前后出主汛期进入后汛期[8],拦蓄方案的时间控制也主要集中在后汛期,可分为全汛期开敞、汛末提前5天、汛末提前10天和汛末提前15天;第三层是考虑不同闸门开度,可分为2.0 m、1.5 m、1.0 m、0.5 m、0.4 m、0.3 m、0.2 m及0.1 m。方案共计60组,各调度计算方案具体见表3。

表3 水闸调度计算方案设置

序号	关闸时刻	频率方案	水闸调度	频率方案	水闸调度	频率方案	水闸调度
1	汛期结束		敞开		敞开		敞开
2			2.0 m开度		2.0 m开度		2.0 m开度
3			1.5 m开度		1.5 m开度		1.5 m开度
4	汛末提前5/10/15天	$P=20\%$	1.0 m开度	$P=5\%$	1.0 m开度	$P=2\%$	1.0 m开度
5			0.5 m开度		0.5 m开度		0.5 m开度
6			0.3 m开度		0.4 m开度		0.4 m开度
7			0.2 m开度		0.3 m开度		0.3 m开度
8			0.1 m开度		—		—

3.2 模拟结果分析

采用前述论证汛期降雨系列分别进行$P=20\%$、$P=5\%$、$P=2\%$典型洪水过程演进模拟,选取市际边界拦河闸于楼闸(里程104 000,桩号39+749)闸上断面进行流域菏泽境内河道水量分析。在不影响河道行洪安全的前提下,通过提取不同方案提前关闸的过闸流量,计算得到相应的过闸水量,与闸门开敞方案过闸水量之差,得到不同方案的可利用拦蓄水量,以此确定各频率下拦蓄最多雨洪资源的最优开度方案。

3.2.1 汛末水位分析

根据《山东省洙赵新河2022年防御洪水方案》,于楼闸防洪警戒水位,即除涝水位为37.80 m,统计$P=20\%$、$P=5\%$、$P=2\%$频率下各调度方案汛末最高水位(如图3~图5)。

从汛末各调度方案可以看出,$P=20\%$频率下闸门控制在0.1 m和0.2 m开度、$P=5\%$频率下闸门控制在0.3 m和0.4 m开度、$P=2\%$频率下闸门控制在0.3 m和0.4 m开度时于楼闸闸前水位将会达

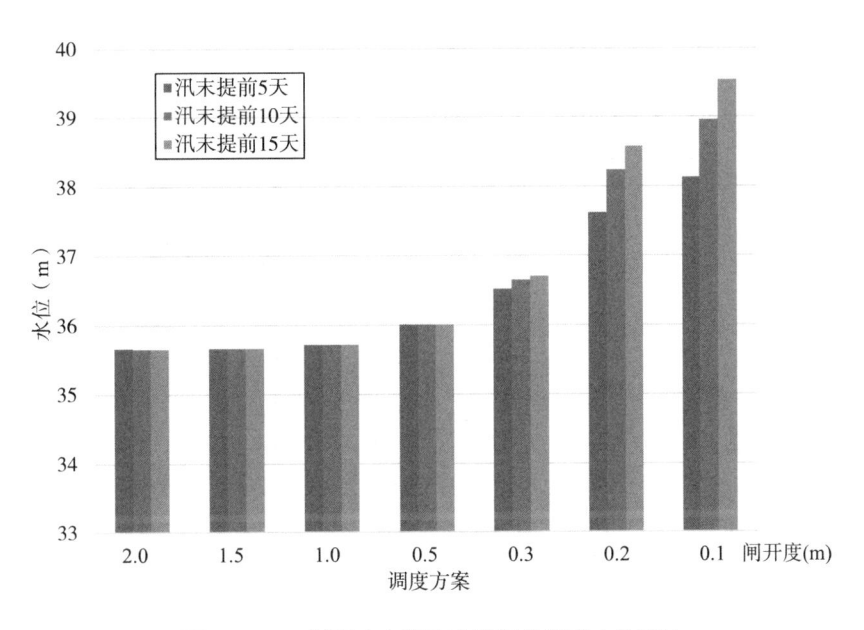

图 3　$P=20\%$ 汛末各调度方案闸前最高水位对比

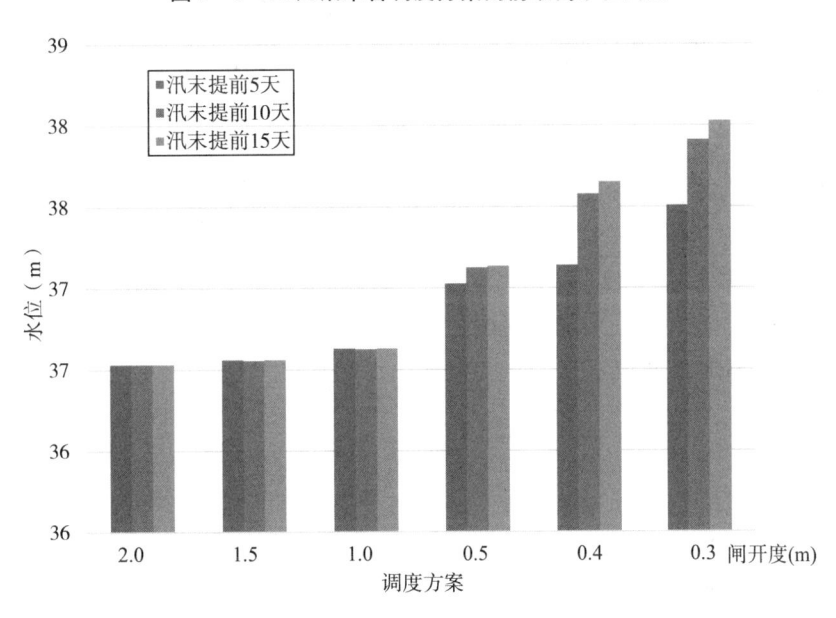

图 4　$P=5\%$ 汛末各方案最高水位对比

到防洪警戒水位。在每种频率两种开度控制方案之上进一步增加计算方案,并对计算结果进行统计。

3.2.2　最优开度方案选取

表 4　各频率下最优开度方案选取计算分析

序号	频率	水闸调度	提前关闸天数	汛末水位(m)	拦蓄水量(万 m³)
1	$P=20\%$	0.1 m 开度	4	37.81	1 806.78
2	$P=20\%$	0.2 m 开度	6	37.83	1 824.81
3	$P=5\%$	0.3 m 开度	7	37.79	1 836.48
4	$P=5\%$	0.4 m 开度	13	37.77	1 798.21
5	$P=2\%$	0.3 m 开度	6	37.79	1 817.67
6	$P=2\%$	0.4 m 开度	8	37.78	1 801.34

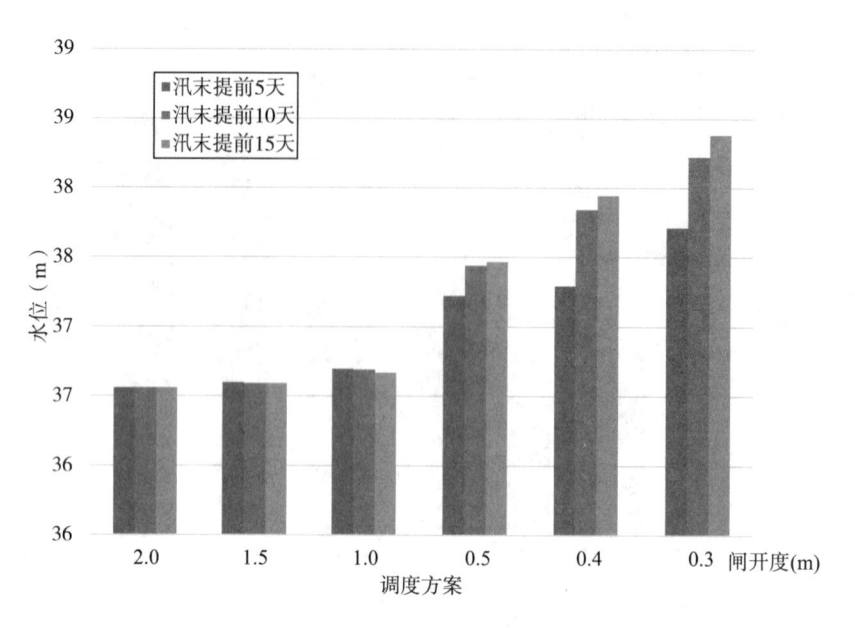

图 5 $P=2\%$ 汛末各方案最高水位对比

在不影响河道防洪安全前提下,对比以上方案可得:$P=20\%$ 降水频率下,控制 0.2 m 开度提前 6 天关闸,可在汛末拦蓄最多可利用雨洪水资源,可利用拦蓄水量 1 824.81 万 m³;$P=5\%$ 降水频率下,控制 0.3 m 开度提前 7 天关闸,可在汛末拦蓄最多的雨洪水资源,可利用拦蓄水量 1 836.48 万 m³;$P=2\%$ 降水频率下,控制 0.3 m 开度提前 6 天关闸,可在汛末拦蓄最多的雨洪水资源,可利用拦蓄水量 1 817.67 万 m³。

基于计算结果,可以对比 $P=20\%$、$P=5\%$、$P=2\%$ 降水频率下不同调度方案与最优方案的可利用拦蓄水量情况,见图 6—8。通过采取不同调度方案,可增加河道水面面积和区域水资源供给能力,改善河道生态,补充回灌地下水,促进工、农业生产。

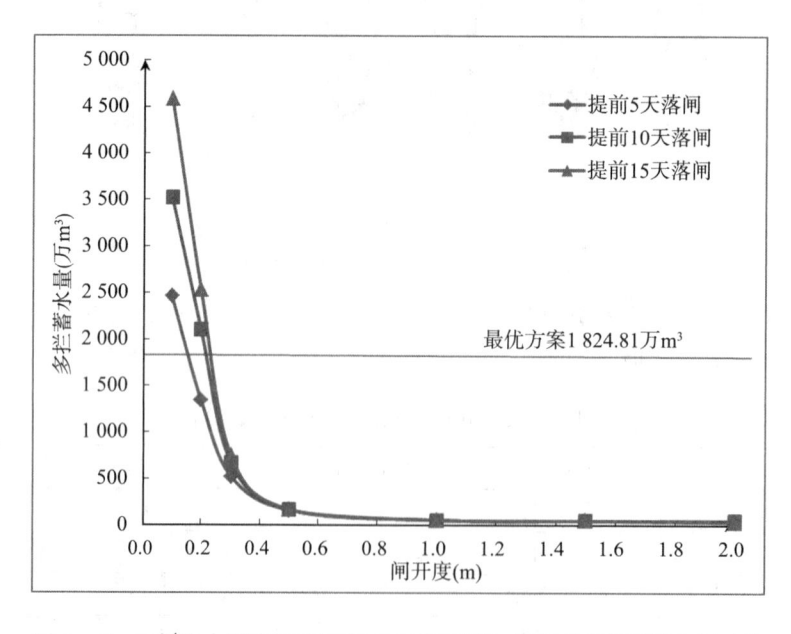

图 6 $P=20\%$ 降水频率下不同调度方案与最优方案可利用拦蓄水量对比

1392

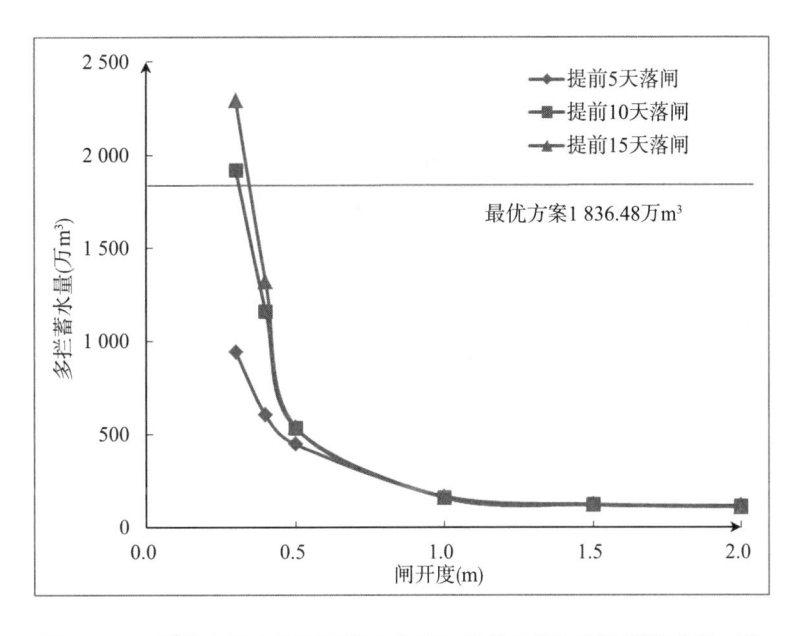

图 7 $P=5\%$ 降水频率下不同调度方案与最优方案可利用拦蓄水量对比

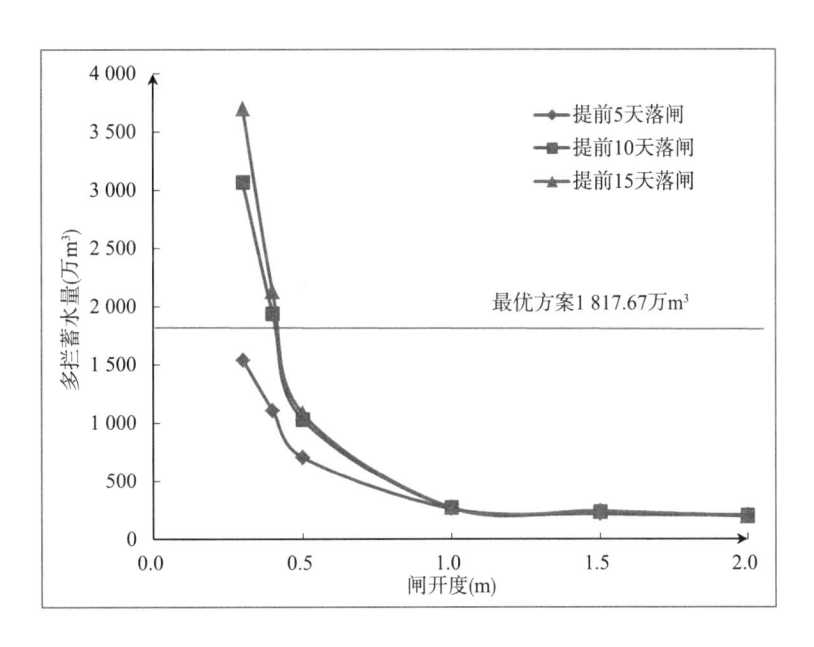

图 8 $P=2\%$ 降水频率下不同调度方案与最优方案可利用拦蓄水量对比

4 总结

本次研究基于洙赵新河典型流域基础地理信息、水文气象和工程建设等资料,建立了流域水文水动力耦合模型,通过典型洪水过程率定及验证了模型的有效性,结合流域上游菏泽境内雨洪水资源利用条件,以边界于楼闸为调度对象,在不影响河道防洪安全的前提下,通过设置拦河闸不同时期、不同开度调度方案,研究不同方案下流域上游菏泽境内拦蓄最多可利用水量的优化调度方案,能够为缓解上游菏泽地区水资源供需矛盾提供必要的技术支撑,对洙赵新河流域雨洪水资源利用具有一定指导意义。

[参考文献]

[1] 罗乾,方国华,黄显峰,等.流域下游缺水区雨水资源利用潜力研究[J].水电能源科学,2011,29(12):5-7+214.
[2] 周肆访.基于雨洪资源利用的徒骇河流域水量调控研究[D].济南:济南大学,2016.
[3] 田友.海河流域生态流量保障工作思路与推进对策探讨[J].中国水利,2020(15):50-52.
[4] 苏广勇.山东聊城市雨洪资源利用问题探讨[J].水资源开发与管理,2019(2):20-24.
[5] 赵雯雯.临沂市祊河雨洪资源利用规划研究[J].山东水利,2019(5):25-27.
[6] Danish Hydraulic Institute (DHI). Mike Zero, the common DHI user interface for project oriented water modelling user guide [M]. Horsholm: Danish Hydraulic Institute, 2013.
[7] Danish Hydraulic Institute (DHI). Mike11: A modelling system for rivers and channels reference manual [M]. Horsholm: Danish Hydraulic Institute, 2013.
[8] 陈立峰.南四湖洪水调控模型及分期汛限水位调整研究[D].济南:山东大学,2012.

[作者简介]

魏帅,男,1990年12月生,工程师,主要研究方向为水利工程规划与设计,15624539176,347764751@qq.com。

新形势下水利基本建设项目概算与会计核算衔接关系研究

刘建树　马　茵　张静宜

（水利部淮河水利委员会　安徽 蚌埠　233001）

摘　要："十四五"规划纲要明确了加强水利基础设施建设等目标任务，水利部等部门多措并举，持续推进水利基础设施建设，水利基本建设投资规模不断加大，水利基本建设财务工作面临新的机遇和挑战。随着财税体制改革不断深入，一系列基本建设财务管理制度办法相继出台，2019年新《政府会计制度》正式施行，都对水利基本建设项目财务管理和会计核算提出新要求。水利基本建设项目概算、价款结算与会计核算的项目构成和成本费用归集口径差异，一直困扰财务人员进行准确的会计核算和财务管理。新形势下，对水利基本建设项目概算与会计核算关键技术进行研究，不断提高会计核算的科学性、规范性和精准性，增强水利基本建设财务管理的精细化水平，尤其重要。

关键词：新形势；水利基本建设项目；概算；会计核算；技术研究

1　水利基本建设项目会计核算面临的形势与挑战

在新发展阶段，党中央、国务院作出加强水利基础设施建设决策部署，水利部等部门认真贯彻落实部署要求，多措并举、"两手发力"扩大水利基本建设投资，水利基本建设财务工作面临新机遇和挑战。同时，随着财税体制改革不断深入，一系列财务管理制度办法相继出台，对水利基本建设财务工作提出新要求。而水利基本建设项目概算、价款结算与会计核算的项目构成和成本费用归集口径不一致的问题，长期困扰财务人员进行准确、规范的会计核算。新形势下，财务人员应深刻认识水利基本建设财务工作面临的机遇和挑战，谋划提高会计核算精准性和财务管理精细化水平的新思路、新举措。

1.1　水利建设有效投资给会计核算带来新挑战

1.1.1　"十四五"规划纲要明确把水利作为基础设施建设投入重点

"十四五"规划纲要明确提出，"加强水利基础设施建设"，实施"国家水网骨干工程"等重大工程，推进"重大引调水""防洪减灾"等一批"强基础、增功能、利长远的重大项目建设"等，明确加大水利投资的目标任务，作出加强水利基础设施建设的决策部署。

1.1.2　水利部等部门多措并举扩大水利建设投资

水利部等部门对标习近平总书记"十六字"治水思路和关于治水重要讲话指示批示精神，坚决贯彻党中央、国务院部署要求，切实担负水利稳经济大盘政治责任，多措并举、"两手发力"，持续加大水利建设投资力度，2022年1—5月，完成水利投资3 108亿元，全年水利投资规模将超8 000亿元。水利基本建设项目会计核算关乎水利资金合法合规高效使用，持续加大的水利投资形势下，科学精准的会计核算尤为重要。

1.2 财税体制深化改革对会计核算提出新要求

1.2.1 体制机制改革新要求

"十四五"规划纲要明确提出建立现代财税体制,深化预算约束。《国务院关于进一步深化预算管理制度改革的意见》就进一步深化预算管理制度改革作出明确部署。根据"十四五"规划纲要有关精神,财政部制定《会计改革与发展"十四五"规划纲要》,持续深化的财税体制改革对水利基本建设财务工作和会计核算提出了新要求。

1.2.2 基本建设财务管理制度新要求

2016年起,财政部陆续出台《基本建设财务规则》《基本建设项目建设成本管理规定》等基本建设财务管理制度办法,对水利基本建设项目价款结算、会计核算等基础工作作出新规定。2017年,财政部印发《政府会计制度—行政事业单位会计科目和报表》,要求自2019年1月1日起,各单位要严格按照新制度规定进行会计核算。对基本建设投资不再执行《国有建设单位会计制度》,而应按照《政府会计制度》规定统一进行会计核算,不再单独建账,重构政府会计核算模式,这一重大变革对水利基本建设会计核算产生重大影响。

1.3 概算与核算口径差异给会计核算带来难题

1.3.1 水利基本建设项目会计核算特点

水利基本建设项目具有投资规模大、建设周期长等特点,会计核算较为复杂,对财务人员专业素质要求较高。财务人员需了解项目实施全过程,掌握有关基本建设程序、工程概算、招投标管理、合同管理、价款结算等知识,严格按照《政府会计制度》《基本建设财务规则》《基本建设项目建设成本管理规定》等有关规定,设置账簿进行会计核算。会计核算应适应资金流特点,满足建设管理和财务管理需要,以概算项目划分和费用明细项目等为基础进行成本核算,使会计核算内容与概算费用构成保持口径一致。

1.3.2 水利基本建设项目会计核算现状

水利基本建设项目概算对于会计核算和建设成本控制至关重要,但概算与会计核算的目的和体系不同,导致两者存在项目构成和成本(费用)归集标准不同的问题,给建设单位财务管理和会计核算带来难题。另外,水利基本建设项目财务人员由于专业所限,综合能力不足,对项目概算掌握不够深入,客观上影响了会计核算的准确性,特别是设计变更和索赔处理支出,进一步加大成本(费用)归集难度。

2 水利基本建设项目会计核算的重要性

首先,精准的会计核算是新形势下规范水利基本建设财务行为的必然要求。新形势给水利基本建设财务管理带来机遇和挑战,不断提高会计核算精准性,体现了水利基本建设财务管理的规范化和精细化,有利于实现水利资金从"花钱"到"花好钱"的转变。其次,精准的会计核算是准确进行建设成本归集,真实反映投资完成情况的必然要求。实现概算项目和会计科目融合统一,精准进行会计核算,可以准确归集成本费用,有效控制建设成本,同时便于动态掌握水利工程概预算执行情况。最后,精准的会计核算是提高水利基本建设项目竣工财务决算编制质量的必然要求。精准的会计核算实现了竣工财务决算编制由事后控制转变为工程价款结算环节的事前和事中控制,为编制竣工财务决算打下良好基础。

3 技术原理及性能指标

该方法是以批复概算的项目内容为基础,按照《政府会计制度》《基本建设财务规则》《基本建设项目建设成本管理规定》等规定要求,研究项目概算与会计科目有机衔接的技术方法。该技术方法有效解决水利基本建设项目概算、价款结算与会计核算三者之间有效衔接的问题,实现了由竣工财务决算编制环节的事后控制转变为工程价款结算环节的事前和事中控制,提高了会计核算的准确性,实现了财务工作的精细化管理。

3.1 技术原理

该方法技术原理是为概算批复的每个单位工程赋予一个编码,如同每位公民的身份证号码,是唯一的代码。通过编码识别方法填制会计凭证,并进行成本(费用)归集,以提高会计核算的准确性。

3.2 性能指标

该方法通过对水利基本建设项目概算中的单位工程进行分类,并采用数字代码结构,一般分五层。第一层为会计核算一级科目,由4位阿拉伯数字表示,为"1613"在建工程。第二层为会计核算二级科目,由2位阿拉伯数字表示,分别为"01 建筑安装工程投资""02 设备投资""03 待摊投资""04 其他投资""05 待核销基本建设支出""06 基本建设转出投资""07 待交付资产"。接下来对每级科目进行细分,第三层至第五层的代码分别由两位阿拉伯数字表示。

具体分类结构如下(图1):

图1 数字代码分类结构示意图

第二层按照《政府会计制度》规定设置三级科目;

第四和第五层根据概算项目设置编码,代表概算的一级项目和二级项目(单位工程),且均留有适当空码,以备设计变更或新增项目时使用。《水利基本建设项目竣工财务决算编制规程》中关于概预算与核算口径对应分析中明确要求,大型工程应按概算二级项目分析,中型工程应按概算一级项目分析,所以一般设置编码对应到概算二级项目,也可根据建设单位实际需要进一步细化。

总概算包含若干个单项工程概算的,为便于核算到各单位工程,五个层级不能满足核算要求时,可分为六个层级,并赋予2位数字编码。

4 技术的创造性与先进性

该方法有效解决工程价款结算支出分类不清晰、成本归集不准确的问题，在水利基本建设财务管理与会计核算方面具有创新性，在全国水利基本建设财务管理专业方面具有先进性。

4.1 实现成本归集流程再造，将复杂工作简单化、条理化

由于工程价款结算中的项目名称、计量与支付具有较强的专业性，以及财务人员专业所限，财务人员难以准确理解、掌握和进行支出类别划分，采用该成本归集编码技术，使得成本归集简单化、条理化。首先将工程中标合同项目按概算口径进行划分，并逐个将核算项目予以编码；其次工程技术人员与合同管理人员依据编码对工程价款结算进行支出划分；最后财务人员根据支出划分结果，录入编码填制会计凭证，进行精准会计核算。

4.2 编码设置体现科学性、合理性和适用性

由于每个项目编码具有唯一性，即使多个结算项目之间，也不会出现漏项、串项和重复。改变了以往在竣工财务决算编制环节事后集中进行支出划分，变为在工程价款结算过程中进行支出划分，实现了事前、事中的过程管理，提高了成本归集的科学性。在实际工作中，因其易于理解和掌握，受到财务人员、合同管理人员及工程技术人员的良好评价，具有较强的适用性。

4.3 降低会计核算难度，提高工作质量

由于水利基本建设项目会计科目是按照《政府会计制度》等进行设置，概算是按照《水利工程设计概（估）算编制规定》进行项目划分，两者在口径上存在较大差异，不能满足一一对应关系，甚至部分项目之间表现为"一对多"或"多对一"的关系，财务人员进行会计核算难度较大。采用该方法后，每个概算项目（单位工程）编码与会计科目编码相一致，降低了会计核算难度，提高了工作质量。

4.4 夯实会计核算基础，强化过程控制

在该方法的基础上，作者优化设计出项目《进度结算对应概算表》，首先，表体横栏要素有"科目编码、概算项目名称、中标合同合价、以前结算金额、本期结算金额、累计结算金额"。其次，为便于概算与会计科目对照，在"中标合同合价、以前结算金额、本期结算金额、累计结算金额"下设二级栏要素"建筑费用、安装费用、设备费用"。最后，明确标识设计变更项目与会计核算科目之间的关系，有利于清晰区分结算项目构成，以及动态考核合同执行情况。实现了多要素、多功能、多手段的控制，夯实会计核算基础，强化过程控制。

5 技术应用实例解析

某水利基本建设项目批复概算部分内容如下（表1）：

表1 某水利基本建设项目批复概算表（部分）

序号	工程和费用名称
1	工程部分投资

续表

序号	工程和费用名称
	第一部分 建筑工程
一	主体建筑工程
(一)	河道堤防工程
1	河道疏浚工程

以批复的概算表项目内容为基础,按照新《政府会计制度》《基本建设项目建设成本管理规定》等要求,设计会计科目与概算项目衔接表如下(表2):

表2 会计科目与概算项目衔接表(范例)

会计科目(一级科目——1613 在建工程)				
科目编码	二级科目	三级科目	四级科目	五级科目
161301	建筑安装工程投资			
16130101	建筑安装工程投资	建筑工程投资		
1613010101	建筑安装工程投资	建筑工程投资	主体建筑工程	
161301010101	建筑安装工程投资	建筑工程投资	主体建筑工程	河道堤防工程
16130101010101	建筑安装工程投资	建筑工程投资	主体建筑工程	河道堤防工程
概算项目				
项目编码	项目划分		一级项目	二级项目
161301	第一部分建筑工程			
16130101	第一部分建筑工程			
1613010101	第一部分建筑工程		主体建筑工程	
161301010101	第一部分建筑工程		主体建筑工程	河道堤防工程
16130101010101	第一部分建筑工程		主体建筑工程	河道堤防工程

设计进度结算对应概算项目表如下(表3):

表3 进度结算对应概算项目表(范例)

项目编码	概算项目	合同合价				以前结算金额				本期结算金额				累计结算金额			
		建筑费用	安装费用	设备费用	合计	建筑费用	安装费用	设备费用	合计	建筑费用	安装费用	设备费用	合计	建筑费用	安装费用	设备费用	合计
16130101	建筑工程投资																
1613010101	主体建筑工程																
161301010101	河道堤防工程																
16130101010101	河道疏浚工程																

实际工作中,项目单位按照批复概算项目内容合理设置会计科目,做好建账工作,并将工程中标合同项目按概算口径进行划分,逐个将核算项目编码。其次工程技术人员与合同管理人员依据编码对工程价款结算进行支出划分,填列《价款结算对应概算项目表》。然后财务人员根据支出划分结果,录入编码填制会计凭证,并进行会计核算。

该方法将成本归集和会计核算条理化、简单化,实现了概算项目与会计核算的有机融合,大大提高成本控制和会计核算的精准性,为水利基本建设项目竣工财务决算编制打下坚实基础,增强财务管理精细化水平,是新阶段水利财务工作高质量发展的必然要求和深刻体现。目前,该方法已在黄河内蒙古段二期防洪工程、黄藏寺水利枢纽工程等国家重大水利工程中推广应用并得到一致好评。笔者通过本文对该方法进行研究概述,以期在流域内推广应用,为推动水利财务高质量发展谋划新思路、新举措贡献力量。

[参考文献]

[1] 宋宇.水利基础设施建设项目的财务管理和会计核算探析[J].东北水利水电,2021,39(12):69-70.
[2] 张文秀.政府会计制度对水利基本建设单位会计核算的影响[J].中国总会计师,2020(2):102-103.

[作者简介]

刘建树,男,1970年2月生,研究员,水利基本建设财务会计。
马茵,女,1967年4月生,副处长,水利基本建设财务会计。
张静宜,女,1991年4月生,副科长,水利基本建设财务会计。

倾斜摄影与贴近摄影相结合的一种三维建模方法

谢玉强 沙 涵

(中水淮河规划设计研究有限公司 安徽 合肥 230601)

摘 要：在建筑物高精细实景模型重建工作中，采用倾斜摄影技术往往无法得到全面的建筑物纹理信息，在建筑物底部一般会存在相片缺失或者不精细的情况。本文提出结合贴近摄影的方案，通过无人机手动飞行、地面相机拍摄等方式来补充细节及缺失部分，利用软件融合多高度、多角度、多设备拍摄的相片来进行三维重建，有效提升模型精度。

关键词：无人机测绘；倾斜摄影；三维实景模型

0 前言

随着社会的发展，人们对"数字城市"三维空间信息的需求逐日增加，通过摄影测量技术获取的城市三维实景模型，在城市规划、建设、管理等各种信息化建设中得到了日益广泛的应用。相比于传统的无人机摄影测量技术，倾斜摄影技术一般要求无人机搭载多个影像传感器，同时从垂直、倾斜等多个角度采集影像数据，来获取更为完整的地面物体信息。根据这些影像信息建立相应的三维实景模型，能够更加直观地展现地物与地貌，但由于倾斜摄影相片大多数是从空中俯视拍摄，在建筑物的低处部分存在遮挡现象，照片生成的模型中会存在漏洞。因此，本文提出结合多高度、多角度、多设备来获取相片的一种方法，能够充分获取建筑物各处的相片信息，对比单无人机拍摄和无人机结合相机拍摄的成果模型，论证此方案的可行性及优缺点。

1 技术方案及应用案例

1.1 测区情况简介

本次测区位于安徽省中部某城市附近，为当地一普通建筑物，测区整体是约为 180 m×130 m 的矩形区域，该建筑物主体部分高约 100 m。外业采集时天气为晴朗无风，天气条件较适合采集，本文只论证模型的精细程度，因此未布设像控点。

1.2 实测方法和外业采集

本次外业拍摄采用的是大疆精灵 4RTK 多旋翼无人机以及某品牌相机，平面坐标系选用 CGCS2000 坐标系，本次采集主要分为：无人机倾斜摄影采集，无人机手动采集，地面相机采集三个部分。因本次飞行包含无人机手动飞行近距离采集，因此在摄影前充分踏勘了解现场情况，确定操控人员观察点及无人机起降点，确保作业的安全。

1.2.1 无人机倾斜摄影采集

本次倾斜摄影飞行方式为五向飞行,倾斜摄影需要采集测区内容的多角度相片,通常为测区的一个垂直角度以及四个倾斜角度,通过这种方式获取测区较为全面的影像信息,结合无人机自带的POS系统,使得相片呈现出位置及姿态信息。本次飞行采用的无人机镜头为单镜头,需要采用大疆公司的配套遥控器软件对测区进行五向飞行规划,经导入软件规划后,本次无人机飞行垂直方向对地高度约为130 m,航向重叠率为80%,旁向重叠率为70%,此次采集完全覆盖测区面积。本次飞行时间约10分钟,共采集相片176张。

1.2.2 无人机手动飞行采集

本次无人机手动飞行方式为环绕飞行,即控制无人机对主体建筑物进行环绕拍摄,此方法可以获取建筑物的大量侧面纹理信息,以便于后续的模型重建,因大疆精灵4RTK无人机不支持自动环绕拍摄,故本次拍摄均为手动控制,因此需要人工控制相片重叠度。

由于安全问题,无人机飞行高度不宜过低,因此本次飞行高度选取了100 m、75 m和40 m三个高度进行手动飞行拍摄,本次飞行时间约9分钟,采集相片119张。

1.2.2 地面相机采集

本次地面相机采集也为环绕拍摄结合重点拍摄,即首先采用相机对主体建筑物进行环绕拍摄,之后在较容易被遮挡的部位进行重点补充拍摄,拍摄时重点在于与无人机相片的重叠度问题,因此尽可能采取比较短的焦距,同时考虑到远距离拍摄与近距离拍摄地面分辨率差异的问题,相机对主体建筑物的距离要适当把握,本次拍摄时间约为5分钟,采集相片165张。

1.3 内业处理和成果对比

野外数据采集结束后,统一对影像成果进行预检查处理,检查是否出现漏拍少拍,确保相片有足够的重叠度,本次内业处理采用的是Bentley公司的ContextCapture软件,目前ContextCapture软件已经具备了非常强大的无人工干预下的处理能力,本次处理为多设备相片融合,因此需要一定的人工干预,具体做法如下:

将三次采集的相片整理分为三组,首先导入无人机倾斜摄影采集的相片,经过常规的空三处理后,查看空三报告和三维视图,确认无误后,进行三维实景重建,得到模型一。然后复制本次空三成果,导入无人机手动飞行采集的相片,再次进行空三运算,确认无误后,将结果存档为空三结果二。

下面就是本次处理难点:新建区块,导入地面相片部分,进行第一次空三运算,一般结果非常差,然后利用模型一的坐标,对空三结果进行手动添加控制点,注意要有足够的控制点及控制点覆盖相片数量,之后选择控制点刚性约束,再次进行空三运算,基本上能得到比较不错的结果,将此次结果与空三结果二合并,进行三维实景重建,得到了整个测区的完整模型,命名为模型二。

分别对模型一与模型二,在第二、三组相片覆盖的地方分别对两次成果进行模型比较。通过对比结果我们可以发现,成果二在建筑物的立面以及底部的细节更加丰富,成果一在底部的某些区域有空洞现象,而成果二则补充了空洞部分;同时成果一侧面的某些纹理略显模糊,而成果二纹理更加明显,清晰度更好,如图1和图2所示。

2 分析总结与展望

综上所述,倾斜摄影结合贴近摄影的方法,所得到的结果更能反映出建筑物的侧面及底部细节,同时也具备更好的纹理清晰度。但是我们也发现,不同拍摄设备的镜头参数不一致,如焦距、感光度、

图 1　侧面纹理及细节对比

图 2　底部纹理及细节对比

曝光等会导致相片的差异,而且相机拍摄不具备完整的 pos 信息,这会对多源数据的融合带来一些困扰,可能会对模型的精度及色彩的匀称等有一定的影响,而且无人机手动飞行会因为操控人员的原因,没法严格地执行飞行参数,因此,现阶段可能需要用于规划贴近飞行的软件及飞控系统,来代替不稳定的人工操作。截至今日,市场上已经面世手动拍摄设备,在拍摄的同时,能够记录相片的拍摄位置与姿态信息,可直接与无人机相片进行混合空三,降低内业的难度。

总体来看,倾斜摄影与贴近摄影相结合的三维建模方法能带来更好的模型可靠性,补充了倾斜摄影的某些缺点,此方法可应用于独立的水利建筑物,如大型水闸、泵站等,对倾斜摄影无法顾及的地方手动补拍,进行精细化建模;也可以在大场景实景建模中,首先由大型无人机进行整体倾斜摄影,再由操控人员操控小型无人机进行手动飞行,作为对重点建筑物的细节补充。该方法可以增强实景模型的重点区域精细化程度,提升实景模型的利用价值,将倾斜摄影技术更好地服务数字孪生淮河建设。

[参考文献]

[1] 张钊,吴锋,尚海兴,等. 贴近摄影与倾斜摄影测量技术融合在水电站高坝精细建模中的应用[J]. 西北水电,2021(5):47-50+55.

[2] 李兆均,蒋新华,杨岩.倾斜摄影与地面照片相结合的三维建模浅析[J].山西建筑,2017,43(25):195-196.
[3] 曹爽,马剑,马文.基于单镜头无人机倾斜摄影的建筑物三维模型构建[J].桂林理工大学学报,2019,39(3):643-649.

[作者简介]

谢玉强,男,32岁,工程师,主要研究方向为测绘工程。

淮河干流上游段多年径流变化分析

彭 豪 张 白 张金棚 陈 希

(淮河水利委员会水文局(信息中心) 安徽 蚌埠 233001)

摘 要：本文主要采用不均匀系数 Cn、变差系数 Cv 等水文统计参数，以及 Mann-Kendall 趋势检验和突变检验法，探求淮河干流上游段的年内、年际径流变化特征以及年际径流变化趋势。考虑到水文资料的代表性、可靠性，本文采用淮河干流上游段的长台关、息县、淮滨三个水文站 1972—2020 年的实测径流数据进行相关分析。经计算，三站不均匀系数分别为 0.75、0.72、0.75，变差系数分别为 0.57、0.52、0.53；三站年内、年际径流分配特征表现出程度相似的不均匀性；三站 Mann-Kendall 趋势检验统计量 Z 值分别为 -1.52、-0.91、-0.50，都没有通过置信度 95% 的显著性检验，说明三站年际径流序列呈现出不明显的下降趋势。由此可以得出：淮河干流上游段的年内径流分布较不均匀，集中分布在汛期；年际径流序列离散程度较高，多年径流序列呈下降趋势。

关键词：Mann-Kendall 法；不均匀系数；变差系数；径流；淮干

径流变化规律是水文水资源学中的一个热点问题，径流的形成受降水、温度、下垫面、气候以及人类活动因素的影响。最近几十年来，气候变化、水利工程等因素对天然径流形成的影响与日俱增，径流演变规律研究也随之深入。欧阳卫运用 M-K 法、滑动 t 检验等方法对沣河不同时期的径流量进行突变分析和可信度检验[1]；代俊峰采用统计学方法对北部湾的降雨、径流年内分配和年际变化特点进行分析[2]。淮河流域属于我国七大流域之一，淮河径流变化规律也是一个热点问题，本文主要是借助相关统计学方法、滑动平均法和 Mann-Kendall 法对淮河干流上游段的径流分布特征以及变化规律进行相关分析。

1 研究区概况

淮河流域地处我国东部，西起桐柏山、伏牛山，东临黄海，南部与长江流域分界，北与黄河流域毗邻。淮河发源于河南桐柏山，自西向东经湖北、河南、安徽，入江苏洪泽湖，洪泽湖南面有入江水道，经三江营流入长江，东面由灌溉总渠、二河及入海水道入黄海。淮河干流全长 1 000 km，总落差 200 m，其中在河南、安徽交界处王家坝(洪河口)以上为上游，长 360 km，地面落差 178 m，淮河干流上游河道比降大，径流汇集快。为合理探求淮干上游年际径流序列变化趋势及年内、年际径流分布特点，本文选取了长台关、息县、淮滨三个水文站 1972—2020 年的连续实测径流数据作为基础资料。长台关水文站于 1950 年建站，至河口距离 634 km，集水面积为 3 090 km²；息县水文站于 1950 年建站，至河口距离 540 km，集水面积 10 190 km²；淮滨水文站于 1952 年建站，至河口距离 461 km，集水面积 16 005 km²。三站径流数据有很好的连续性和较高的可靠性，而且地理位置分布合理，在淮河干流上游段测站中具有一定代表性。

2 研究方法

2.1 统计学方法

本文应用统计方法对淮河干流上游段径流年内分布特征进行分析。不均匀系数 Cn 是水文统计中用来说明径流分配不均匀性的重要参数,计算方法见参考文献[3][4],Cn 值越大,年内径流分配越不均匀,Cn 值越小,年内径流分配越均匀。变差系数 Cv 和极值比 K 可用于表示年际径流的变化特性。运用统计量变差系数 Cv 及年际径流极值比 K,对淮河干流上游段的年际径流变化特征进行分析,计算方法见参考文献[5],变差系数 Cv 越大,则淮河干流上游段的年际径流变化特征越不均匀,反之越均匀;年际径流极值比遵循同样规则,K 值越大,年际分配越不均匀,反之越均匀。

2.2 Mann-Kendall 趋势检验及突变检验

Mann-Kendall 法是探求长时间序列的水文径流变化趋势较为成熟的方法,M-K 法可以进行时间序列的趋势检验,其优点是监测能力强,不需要样本遵从一定的分布,也不受少数异常值的干扰[3]。张营营等采用 M-K 法对黄河上游径流变化趋势和突变特征进行了分析[5]。本文采用 M-K 法结合线性趋势以及滑动平均法对淮干上游段年际径流变化趋势进行分析,并进行突变检验。通过计算 M-K 法统计量 Z 值的正负来判断数据序列的变化趋势,统计量 Z 为正值,则表明径流序列存在上升趋势;若统计值 Z 为负,则径流序列存在下降趋势。其次绘制统计曲线,并通过观察 UFk、UBk 两条统计曲线的在 $UF_{0.05}=\pm1.96$ 区间内是否有交叉点,判断三站径流序列是否产生突变,如有交叉点位于信度线内,则表明径流序列存在显著的变化趋势[6]。计算原理与计算方法见参考文献[7]。

3 径流变化分析

3.1 年内径流变化分析

淮河干流上游段长台关、息县、淮滨水文站的多年月平均径流分配图如图 1 所示。

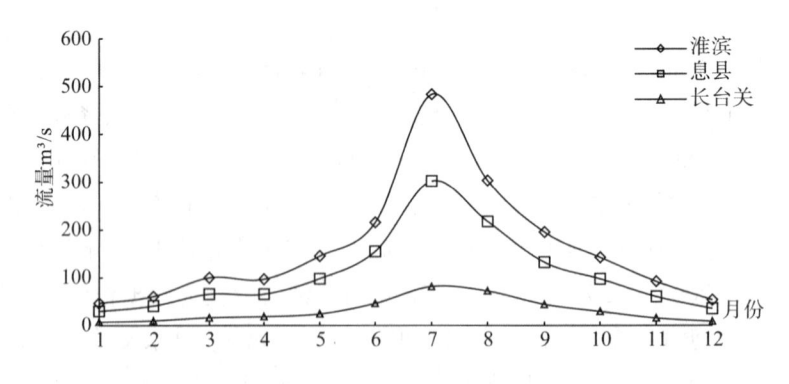

图 1 淮干上游三站多年平均径流分配

由图 1 可以看出,淮干上游年内径流分配极不均匀,主要集中在夏季,以 7 月最为突出,三站径流年内分配规律相似。由表 1 可知,三站多年月平均径流量中 6—8 月的径流量占多年平均径流量的 50% 以上。通过统计方法,计算出长台关不均匀系数 Cn 为 0.75,息县水文站不均匀系数 Cn 为 0.72,

淮滨水文站不均匀系数 Cn 为 0.75，三站不均匀系数相差不大，三站径流年内分配规律具有一定的相似性，整体上都表现出强烈的不均匀性。

表 1　多年月平均径流总量占多年平均径流总量百分比(%)

	1	2	3	4	5	6	7	8	9	10	11	12
长台关	2.02	2.80	4.49	5.13	6.56	12.34	21.57	19.12	11.68	7.78	4.17	2.33
息县	2.36	3.21	5.07	5.07	7.53	11.91	23.21	16.68	10.14	7.48	4.65	2.70
淮滨	2.44	3.16	5.19	5.02	7.50	11.13	24.97	15.66	10.07	7.33	4.76	2.76

3.2　年际径流变化分析

3.2.1　变化特征

由表 2 可得，长台关水文站 1972—2020 年多年平均径流量为 31.6 m³/s，最大年平均径流量为 68.7 m³/s，出现在 1989 年；最小年平均径流量为 4.43 m³/s，出现在 2019 年。息县水文站 1972—2020 年多年平均径流量为 109 m³/s，最大年平均径流量为 231 m³/s，出现在 1987 年；最小年平均径流量为 24.5 m³/s，出现在 2019 年。淮滨水文站 1972—2020 年多年平均径流量为 162 m³/s，最大年平均径流量为 342 m³/s，出现在 1987 年；最小年平均径流量为 37.7 m³/s，出现在 1999 年。

运用统计学方法得出，长台关、息县、淮滨水文站年际径流量极值比分别为 15.5、9.4、9.1；其中长台关水文站极值比较其他两站更大，年际变化不稳定性更为突出。三站变差系数 Cv 分别为 0.57、0.52、0.53，三站变差系数整体偏大，其中靠近河源的长台关水文站变差系数稍大于其他两站，不均匀性更强。综合以上两种统计方法计算的统计量，不难看出淮河干流上游段的年际径流分布同样具有较为强烈的不均匀性。

表 2　年际径流变化特征值

	多年平均径流量 (m³/s)	最大年均径流量 (m³/s)	最小年均径流量 (m³/s)	极值比 K	变差系数 Cv
长台关	31.6	68.7	4.43	15.5	0.57
息县	109	231	24.5	9.4	0.52
淮滨	162	342	37.7	9.1	0.53

3.2.2　变化趋势

(1) 采用滑动平均法和线性趋势法对三个水文站的多年平均径流量进行趋势分析，由图 2～图 4 可知，各水文站年径流量时间序列的变化过程吻合度较高，具有较强的一致性。变化趋势方面，长台关、息县、淮滨三个水文站的年平均径流量线性相关性均呈下降趋势，线性趋势线 k 值分别为 −0.32、−0.6、−0.35。其中息县站的 k 值明显大于其他两站，线性下降趋势更加明显；5a 滑动平均过程线，三站均表现出波动趋势，波动趋势大致相似，长台关水文站 5a 滑动平均径流量最大值为 44.3 m³/s，为 1980—1984 年 5 年年平均径流量；最小值为 16.1 m³/s，为 2011—2015 年 5 年年平均径流量。息县水文站 5a 滑动平均径流量最大值为 151 m³/s，为 1980—1984 年 5 年年平均径流量；最小值为 53.0 m³/s，为 2011—2015 年 5 年年平均径流量。淮滨水文站 5a 滑动平均径流量最大值为 225 m³/s，为 2003—2007 年 5 年年平均径流量；最小值为 79.7 m³/s，为 2011—2015 年 5 年年平均径流量。三站 5a 滑动平均径流量最小值分布在 2011—2015 年。淮滨水文站 5a 滑动平均最大值分布在 2003—2007 年，其他两站 5a 滑动平均最大值分布在 1980—1984 年，淮滨水文站径流在 5a 滑动平均最大值的分布年份上存在差异，究其原因可能为支流水库蓄泄以及相关水利附属工程影响。结合三站多年径流量线性趋势与三站 5a 滑动平均径流量极值的分布年份可看出淮河干流上游多年径流量总体呈下降趋势。

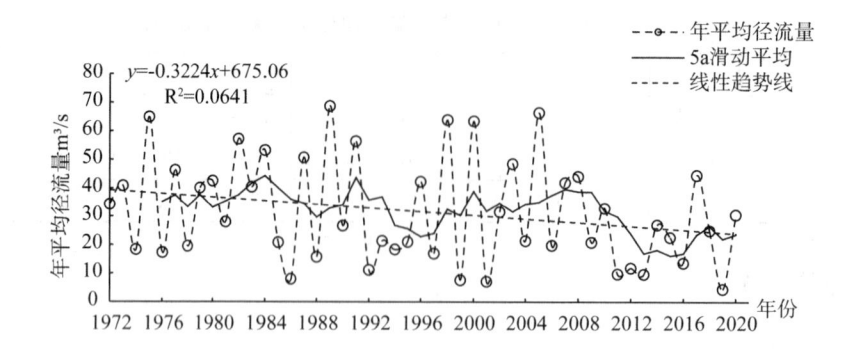

图 2 长台关水文站年际径流变化趋势

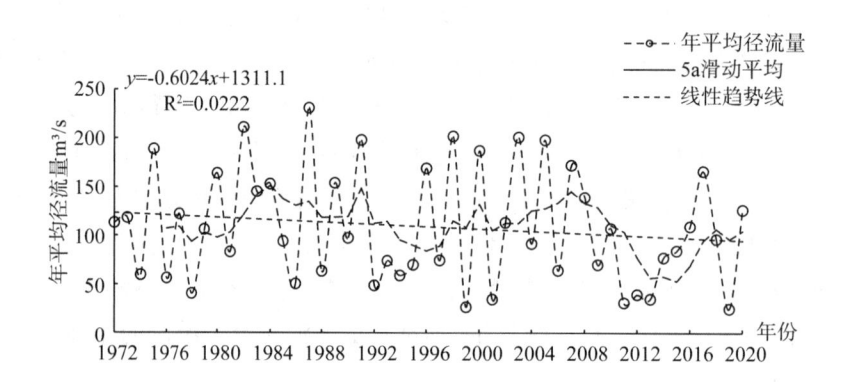

图 3 息县水文站年际径流变化趋势

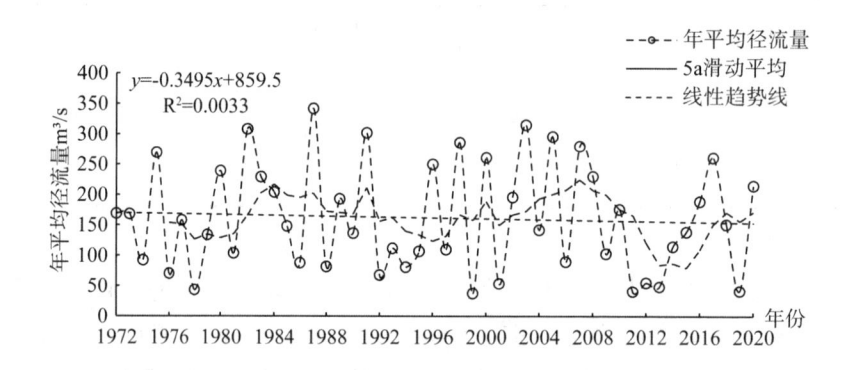

图 4 淮滨水文站年际径流变化趋势

（2）采用 M-K 趋势检验法，对淮河干流上游年际径流进行非参数统计检验。计算得到长台关、息县、淮滨 1972—2020 多年年均径流量统计量 Z 值分别为 -1.52、-0.91、-0.50；三站 Z 值均小于零，但没有突破 $\alpha=0.05$ 的显著性检验，三站的年际径流序列呈不明显的下降趋势。三站 Z 值较于其他研究中早期径流序列计算出的 Z 值均有下降，整体趋势保持一致[3][8][9]；从统计量 Z 值的变化趋势可得出三站年际径流序列下降趋势逐渐减弱，淮河干流上游段的年际径流整体呈下降趋势，与上述相关方法得出结论相符。

3.2.3 突变检验

采用 M-K 突变检验法对淮干上游三个水文站的年际径流序列进行突变分析,分别绘制了 UFk、UBk 两条统计曲线以及显著水平 α=±0.05 的临界线。长台关水文站 1972—2020 年的 UFk 统计曲线呈波动下降趋势,UFk 与 UBk 统计曲线在显著水平区间内有交点,径流序列存在明显变化,并在 1982、1986、1987、2005、2007、2011 年径流序列发生突变;息县水文站在 2006、2007、2008 年发生突变;淮滨水文站统计曲线交点较多,在 1973、1975……等多个年份发生突变,集中分布在 1975 年前后,2000 年前后,2007 年前后,径流序列突变频率高。三站径流序列均在 2008 年前后发生突变,发生突变后 UFk 统计线均呈显著下降趋势。由此可见,淮河干流上游段的多年径流序列突变年份多,径流序列不稳定,造成这种情况的原因可能有年际降水变化较大,人为取用水以及水利工程调蓄等。三站突变检验曲线如图 5~图 7 所示。

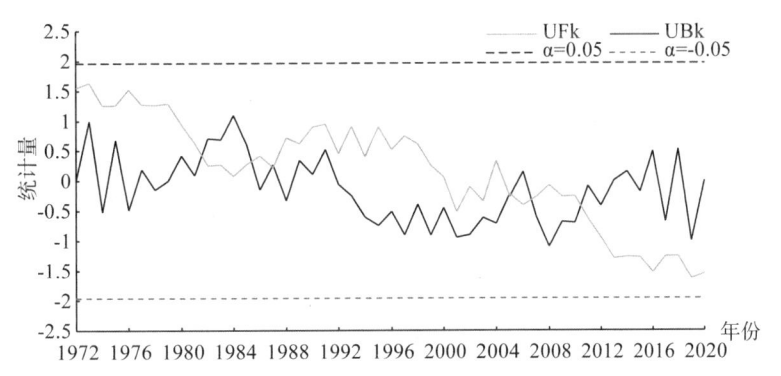

图 5　长台关水文站 M-K 突变检验结果

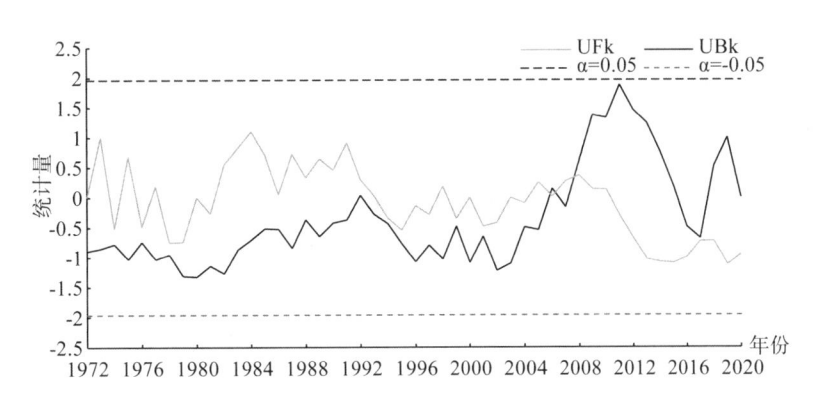

图 6　息县水文站 M-K 突变检验结果

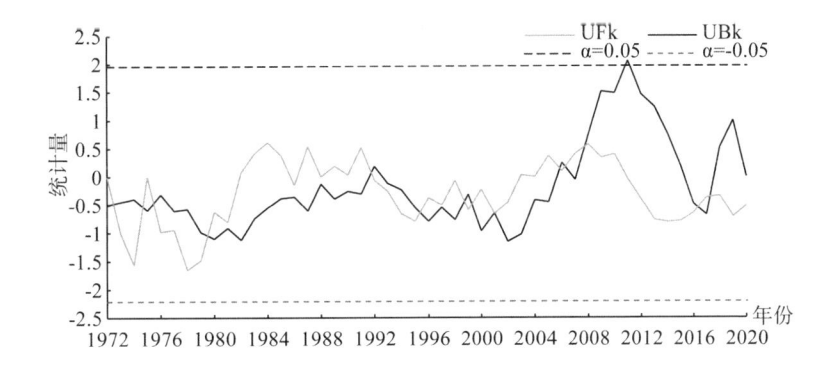

图 7　淮滨水文站 M-K 突变检验结果

4 结论

本文选取了淮河干流上游的长台关、息县、淮滨三个水文站1972—2020年的实测径流数据对淮河干流上游近50年的径流变化特征以及径流变化趋势进行了分析,得出了以下结论:

1. 参与径流分析水文站的不均匀系数普遍偏大,说明淮河干流上游段年内径流分布具有强烈的不均匀性。淮河干流上游段年内径流量集中分布在7月前后,多年月平均径流量分配呈现两头低,中间高的抛物线形。年内径流分配的不均匀性对淮河干流上游防汛抗旱及水资源利用造成不利影响,加上淮河干流上游河床比降大,夏季径流量分配多,对防汛工作提出重大考验。

2. 采用变差系数以及年际极值比等统计量对淮河干流上游区年际径流分配特征进行分析,结果发现三站的变差系数均大于0.5,年际径流量极值比在9.0~16.0之间,年际径流极值比较大,两种统计量均表现出淮河干流上游区年际径流分配的强烈不均匀性。

3. 运用M-K趋势检验对三站水文序列进行变化趋势分析,发现三站趋势检验统计量Z值都为负值,结合线性趋势检验以及5 a滑动平均径流量的数值分布,三站年际径流分配总体呈下降趋势,由此得出近50年来,淮河干流上游区的年际径流变化呈下降趋势。造成此种趋势的原因可能与气候环境变化、人为取用水、水利工程的调蓄有关。

4. 运用M-K突变检验法分析发现三站的径流序列均发生不同频率的突变,其中淮滨水文站的径流序列突变年份最多,突变频率最高,可能由人类活动以及河流比降突变等因素引起。

[参考文献]

[1] 欧阳卫,王筱,周维博. 1956—2016年沣河径流量变化特征分析[J]. 水资源与水工程学报,2021,32(3):118-123.
[2] 代俊峰,张学洪,王敦球,等. 北部湾经济区径流、降雨分配特点及其变化分析[J]. 中国农村水利水电,2011(6):1-3+6.
[3] 潘扎荣,阮晓红,朱愿福,等. 近50年来淮河干流径流演变规律分析[J]. 水土保持学报,2013,27(1):51-55+59.
[4] 王金星,张建云,李岩,等. 近50年来中国六大流域径流年内分配变化趋势[J]. 水科学进展,2008,19(5):656-661.
[5] 张营营,胡亚朋,张范平. 黄河上游天然径流变化特性分析[J]. 干旱区资源与环境,2017,31(2):104-109.
[6] 许景璇,代俊峰. 漓江流域上游径流变化分析[J]. 人民长江,2018,49(10):41-46.
[7] 刘叶玲,翟晓丽,郑爱勤. 关于盆地降水量变化趋势的Mann-Kendall分析[J]. 人民黄河,2012,34(2):28-30+33.
[8] 张文浩,瞿思敏,徐瑶,等. 泼河水库对潢河径流过程及水文情势的影响[J]. 水资源保护,2021,37(3):61-65.
[9] 刘永婷,徐光来,李鹏,等. 淮河上游径流年内分配均匀度及变化规律[J]. 水土保持研究,2017,24(5):99-104.

[作者简介]

彭豪,男,1997年8月生,助理工程师,主要研究方向为水文监测及水文水资源,19972255133,1770681822@qq.com。

加快建立健全节水制度政策
全面提升流域水资源集约节约利用能力

李瑞杰[1]　张树鑫[2]

(1. 中水淮河规划设计研究有限公司　安徽 合肥　230601；
2. 水利部全国节约用水办公室　北京 西城　100053)

摘　要：建立健全节水制度政策是推动新阶段水利高质量发展的六条实施路径之一，要加快建立健全初始水权分配和交易制度，下大力气建立水资源刚性约束制度，积极推动建立健全全社会节水制度政策。要把握水资源节约与管理以流域为基础单元的重要性，锚定实施路径，强化流域"四个统一"，当好"代言人"，大力提升淮河流域水资源集约节约利用能力。

关键词：节水制度；水资源；刚性约束；集约节约；淮河流域

在水利部"三对标、一规划"专项行动总结大会上，李国英部长明确了新阶段水利工作的主题为推动高质量发展，确定了全面提升国家水安全保障能力的总体目标，构建了全面提升"四种能力"的次级目标，确立了"六条实施路径"的战略部署[1]。其中，提升水资源集约节约利用能力为"四种能力"之一，建立健全节水制度政策是推动新阶段水利高质量发展的重要实施路径。节约用水涉及各行业各部门，涉及生产、生活、生态各领域，必须深入贯彻"十六字"治水思路，坚持量水而行、节水为重，加快建立健全节水制度政策，为全面提升水资源集约节约利用能力提供政策和制度保障。

1　节水相关概念内涵

习近平总书记在关于治水重要讲话中多次提到"节水优先""量水而行、节水为重""水资源集约节约利用能力"等重要概念[2]。目前，鲜有相关文献对节水相关概念进行清晰界定与定义，本文基于文献研究法，以"节水"及其次级相关概念进行文献检索，通过信息挖掘，在对节水研究的现状、热点和趋势进行多元历时性分析的基础上，并结合节约用水管理实践，研究提出节水相关重要概念的内涵定义。

1.1　节水优先

"节水优先"作为十六字治水思路的首要内容，是其方针与旗帜。"节水优先"是指在治水理论和实践中，观念、意识、措施等各方面，开发利用、保护治理、配置调度等各环节，生产、生活、生态各领域，农业、工业、服务业等各行业，城镇、乡村、家庭等各层面，都应该把节约用水放在前面。

1.2　量水而行、节水为重

量水而行。"量"有估计、衡量的含义。"量水而行"是指根据水的多少采取行动，在水资源、水环境、水生态承载能力范围内,因水制宜进行经济、社会、人口等发展布局的活动。

节水为重。"重"有表示分量、程度深、数量多、紧要、不轻率的含义。与节水优先的"先"强调次序相比,"重"更强调重量、重要和郑重的态度。"节水为重"可以定义为在节水优先前提下,真正把节水当成重头戏和必须要抓的大事,进一步突出节水的极端重要性,把节水放在意识行动和全局重中之重的地位。

量水而行,节水为重。从两者关系看,量水而行是节水为重的手段和方式,节水为重是量水而行的前提和基础。"量水而行、节水为重"可以理解为:针对水资源短缺的突出矛盾,把水资源作为刚性约束,把节水放在重中之重的位置,坚持以水定城、以水定地、以水定人、以水定产,合理规划人口、城市和产业发展,坚决抑制不合理用水需求,推动用水方式由粗放低效向节约集约转变,实现人与自然的和谐共生。

1.3 水资源集约节约利用

水资源集约利用。目前集约利用大都广泛应用于土地利用领域,从土地资源集约利用的概念引申来看,集约用水至少满足以下几个条件:一是水作为其中一个生产要素,其使用效率需要提高;二是水需要与其他生产要素重组,实现低投入高产出;三是集约用水是基于集团化、规模化经营模式的水资源利用。因此"水资源集约利用"是基于规模化运营模式下,通过水与其他生产要素的重组,提高生产要素综合使用效率,实现低投入高产出的一种水资源利用方式。

水资源节约利用。"节约"是指节省、俭约,节约利用是以生产和使用效率为核心强化各类资源的减量利用,在满足相同需要或达到相同目的前提下尽可能降低资源的消耗。因此"水资源节约利用"是指在不影响生活、生产和生态正常状态,不降低生活水平、生产条件和生态功能的前提下,在水资源的汲取、供给、使用等各个环节中,提高水资源利用效率,尽可能减少水资源的损失和浪费。

水资源集约节约利用。从"集约""节约"两者比较看,水资源集约指的是通过优化组合水的要素,提高综合效率,对应定额指标;水资源节约指的是用水量的减少,对应水量指标;从两者相互联系看,强调节约,控制总量,能促进水资源利用效率提高,达到集约的效果;强调集约,能提高水资源利用效益,减少水资源浪费,实现节约的目的。综合来看,"水资源集约节约利用"可以定义为:通过用水总量控制和定额管理等手段,以规模化运营模式为依托,改变水资源粗放利用方式,抑制不合理用水需求,通过水与其他生产要素的组合,大幅提高水资源利用效率和效益。

2 加快建立健全节水制度政策

加快构建落实"节水优先"方针的"四梁八柱",建立健全节水制度政策,是长期有效推进节水工作的根本保障,是推动新阶段水利高质量发展的关键环节,必须全方位贯彻"四水四定"原则,精打细算用好水资源,从严从细管好水资源,加快建立健全初始水权分配和交易制度,下大力气建立水资源刚性约束制度,积极推动建立健全全社会节水制度政策[3]。

2.1 建立健全初始水权分配和交易制度,实现水量分配到位

习近平总书记指出,政府和市场要协同发挥作用,既使市场在水资源配置中发挥好作用,也更好发挥政府在保障水安全方面的统筹规划、政策引导、制度保障作用。通过合理分水明确初始水权,才能使各级行政区域和取用水户知悉自己的水资源"账单""余额",合理规划自己的用水行为,水资源的监督管理才能有据可依,市场配置资源的基础才得以夯实,这也是践行"两手发力"的实践要求。一是

守住"底线"。要科学确定河湖基本生态流量保障目标和地下水水位控制目标,这是河湖健康和地下水可持续利用的底线,也是"分水到位"的基础和前提。二是明晰"账本"。加快明晰区域的初始水权和取用水户的用水权,健全流域和省、市、县三级用水总量管控指标体系并落实到具体水源,加快推进江河湖泊水量分配,明确流域区域地表水、地下水、外调水可用水量;组织逐步明晰直接从江河湖泊或地下水取用水资源的取水户和灌溉用水户的用水权。三是建立"市场"。引导推进水权交易,推动建立水权交易平台,培育和扩大水权交易市场,推进区域间、上下游、行业间、用水户间等多种形式的水权交易,充分发挥市场资源配置的作用。

2.2 建立水资源刚性约束制度,实现水资源监管到位

习近平总书记多次强调把水资源作为刚性约束,坚持以水定城、以水定地、以水定人、以水定产;党的十九届五中全会明确要求建立水资源刚性约束制度。与最严格水资源管理制度相比,水资源刚性约束制度除了要求对水资源进行严格管理,还特别强调经济社会发展必须以水而定、量水而行,反映的是水资源管理从严、从细、从实的发展趋势,也更突出制度的可操作性,突出流域治理,突出动态评价,是最严格水资源管理制度的提升和发展。一是建立"硬指标"。包括河湖生态流量、地下水水位等保护生态方面的指标,江河水量分配方案、地下水取水总量、各地区可用水量等总量控制方面的指标。通过这些指标,定总量、控增量、减存量,倒逼改进用水方式,不断提升用水效率,着力提高水资源集约节约利用水平。二是采取"硬措施"。包括严格生态流量监管和地下水水位管控,严格水资源论证和取水许可管理,严格取用水监管,对水资源超载地区暂停新增取水许可,加快推进水资源超载问题治理。通过这些措施,规范全社会水资源开发利用行为,约束和抑制不合理用水需求,把刚性约束指标落到实处。三是形成"硬约束"。通过建立硬指标和采取硬措施,切实落实以水而定、量水而行,推动各地根据水资源承载能力优化国土空间格局、产业结构规模、城市发展布局,真正做到"四水四定""有多少汤泡多少馍"。

2.3 建立健全全社会节水制度政策,推动全社会共同节水护水

习近平总书记在"3·14"讲话中强调指出,要大力宣传节水和洁水观念。他指出,倡导节约每一滴水,使爱护水、节约水成为全社会的良好风尚和自觉行动。李国英部长特别强调,节水是面向全社会的,是全社会行为的调整问题,要下更大的功夫,加快建立健全节水制度政策,发挥制度政策的支点和杠杆作用,来撬动全社会参与节水建设。一是制定"标尺"。节水指标和标准定额是衡量节水水平的尺度,是节水工作的重要基础。要建立健全省、市、县三级用水效率管控指标体系,并推动纳入政绩考核;强化标准定额在水资源论证、节水评价、计划用水、节水载体建设等工作中的执行应用。二是实施"行动"。要深入实施国家节水行动,落实《"十四五"节水型社会建设规划》,大力推进农业节水增效、工业节水减排、城镇节水降损,推动形成节水型生产生活方式。三是建立"机制"。要围绕发挥"约束和激励""责任与利益"双重作用,建立健全节水监督管理、激励考核机制,遏制不合理用水需求,激活节水内生动力。四是强化"支撑"。要强化科技支撑,加强节水基础和应用技术研究,推广应用成熟适用新技术;要广泛开展节水宣传教育、知识普及和政策解读,鼓励引导社会各界和公众自觉参与节水护水行动。

3 锚定路径,全面提升流域水资源集约节约利用能力

流域性是江河湖泊最根本、最鲜明的特性,这种特性突出了水资源节约与管理以流域为基础单元

的重要性。淮河水利委员会刘冬顺主任在淮委2022年工作会议上强调,要锚定"六条实施路径",强化流域"四个统一",当好"淮河代言人",建立健全节水制度政策,提升水资源集约节约利用能力[4]。

淮河流域是长江经济带、长三角一体化、黄河流域生态保护和高质量发展、中原经济区等重大国家战略规划重叠较高的区域,也是大运河文化带主要聚集地区,在我国社会经济发展大局中具有十分重要的地位。淮河流域水资源自然禀赋条件先天不足,进入新发展阶段,流域水资源、水环境、水生态承载能力的瓶颈制约愈发明显。

为保障流域水安全,提升水资源集约节约利用水平,流域机构要发挥流域"代言人"的职责作用,以提升水资源集约节约利用水平为牵引,以强化流域治理管理为主线,围绕建立健全初始水权分配和交易制度,提档加速推进跨省河湖水量分配,推动流域五省科学确定地下水管控指标,积极开展流域水权交易试点;围绕建立健全严格水资源监管制度,严格流域重点河湖生态流量(水位)监管,严格地下水水位和取水总量管控,严格建设项目水资源论证和取水许可监管;围绕建立健全全社会节水制度政策,做好国家节水行动实施的组织推动,加快统筹推进节水型社会建设,加强水资源节约保护宣传教育;抓重点、抓关键,力求在明晰水权、严格监管、严控总量、智慧监测、全面节水等工作上取得实效,实现到2025年,淮河流域年用水总量控制在724亿 m^3 以内,农田灌溉水有效利用系数提高到0.60,河南、山东省70%以上,安徽、江苏省50%以上县级行政区达到节水型社会建设标准。

[参考文献]

[1] 李国英.推动新阶段水利高质量发展 为全面建设社会主义现代化国家提供水安全保障——在水利部"三对标、一规划"专项行动总结大会上的讲话[J].中国水利,2021(16):1-5.

[2] 习近平.为全面建设社会主义现代化国家提供有力的水安全保障[J].环境,2022(4):10-11.

[3] 李肇桀,张旺,王亦宁,等.加快建立健全节水制度政策[J].水利发展研究,2021,21(9):18-21.

[4] 刘冬顺.锚定六条实施路径 强化流域四个统一 全面推进新阶段淮河保护治理高质量发展——在淮委2022年工作会议上的讲话[J].治淮,2022(2):4-13.

[作者简介]

李瑞杰,男,1991年11月生,工程师,主要从事水资源规划与评价工作,13855155751,liruijie1231@126.com。

淮委省界水文站水文资料整编问题分析

戴丽纳　李文杰

（淮河水利委员会水文局(信息中心)　安徽　蚌埠　233001）

摘　要：淮河流域省界断面水文监测数据是淮委开展流域省际河流水量分配与调度、水生态管理与保护等工作的重要依据。论文结合淮委水文局省界断面水文站点数据整编工作实际开展情况,分析了现阶段存在的问题并提出了建议,对今后把好流域水文资料整编质量关,提供可靠的整编成果,具有积极的推动作用。

关键词：淮委省界水文站；水文资料整编

1　概况

1.1　淮委省界水文站水文资料整编的重要意义

水文资料整编是将测验人员收集到的人工观测资料、系统遥测资料等即时按科学的方法和统一的规格,分析、统计、审核、汇编、刊印或储存等工作程序的总称。各项原始资料是基层水文测站职工在外业测验中测取和调查得来的,部分资料是零星的、不连续的、可能含有错误的原始数据,不能反映出资料要素的完整变化过程和变化规律,其数值只能代表测验时的瞬时情况,且部分测验过程中的数据是没有使用意义的。只有按一定的方法和技术标准进行资料整编处理的资料才是可靠、完整、连续、能够使用的。除此以外,经过水文资料整编工作,还能发现水文测验过程中出现的技术问题,提出改进测验的意见并即时予以纠正,提高测验水平[1],从而促进资料质量的提高,形成良性循环。

淮委直管的省界水文站共39处,于2018年底建成并于2019年投入运行,是水资源监测专用水文站,其设站目的主要是为淮委开展淮河流域省际河流水量分配与调度、水生态管理与保护等工作提供监测数据,是淮委落实最严格的水资源管理制度的重要抓手。因此,淮委39处省界水文站水文资料整编必须严把质量关,保障数据的权威性。

1.2　淮委省界水文站水文资料整编的特点

为积极适应经济社会的快速发展,满足最严格水资源管理制度、河湖长制工作考核、水文水资源统计分析和月(年)报编制等对水文资料时效性的要求,淮委省界水文站的水文资料整编工作要求做到日清月结、逐月整编。报送的水文监测要素主要为水位、流量,报送频次为次月8日前报送当月的月度整编数据(逐日平均水位表、逐日平均流量表),次年1月份报送当年年度整编数据(逐日平均水位表、逐日平均流量表)。此外,根据工作需要,部分重要站点需提供水位、流量的实时监测数据。

淮委39处省界水文站地理分布点多面广,涉及流域5省的11个市：湖北省随州市4处,河南省信阳市1处、周口市3处、商丘市2处,安徽省六安市2处、阜阳市3处、蚌埠市1处、宿州市5处、滁州市5处,江苏省徐州市4处,山东临沂市9处。受淮委人员编制以及地理因素限制,淮委省界水文站水文测验工作目前采用委托当地水文部门代为测验和整编的工作方式,其测验、整编工作在满足国家规范的基础上,各省市在细节标准、具体要求上还存在一定差异。

2 整编工作存在问题

2.1 测站运行管理与测验方面

一是存在遥测设备维护不及时问题。淮委省界水文站均为巡测水文站,现场无驻守人员,有时遥测设备故障维修、校准不及时,导致数据错误、局部中断等异常情况,从而影响水文资料整编工作的效率及整编成果的准确性和完整性[2]。

二是存在测验频次不充足问题。测验频次越密,整编成果精度越高;测验过程越规范,整编成果越可靠。近几年省界水文站运行经费存在缺口,在满足管理部门对水资源监测数据精度的前提下,仅保证了基本的测验频次。另一方面,省界水文站巡测工作均委托当地水文部门实施,当地基层测验任务已经非常繁重,而省界水文站都分散于省界位置,交通不便,地市水文部门只能重点保障报汛站点的测验,水资源监测站点的测验的时机、频次难以充分保证。水资源管理部门重点关注的中、低水时的流量数据,其测验手段相对单一、落后,测次耗时较长,也需要作为重点问题进一步改进。

2.2 水文资料审核与整编方面

一是各省市水文资料整编细节要求存在差异。淮委省界水文站测验和水文资料整编工作均委托站点所在地当地水文部门,在原始资料记载、定线处理等工作环节中的细节标准存在差异。当前淮委对该问题的处理方式是在满足国家规范的基础上,尽量尊重各省工作标准。目前,亟需针对存在问题出台淮委水文监测数据整编规范,细化工作标准,保证数据整编成果质量。

二是无法实现流量即时整编。大多测站地处淮河中游平原区,运行时间短,积累资料少,无法建立合理的水位流量关系,在巡测频次有限的情况下,流量资料无法做到即时整编。目前应用较广泛的接触式或非接触式自动测流设备,普遍存在测量高流速时的精度较高但中低流速时的精度较差的问题,而水资源管理和生态保护等工作需重点关注中低水时的水量,因此,需要提高对中、低流速时的水文测验精度。

三是整编软件安全性、稳定性不足。淮委省界水文站目前使用的整编软件为流域 5 省水文部门均在使用的南方片水文资料整编系统 2.0(SHDP2.0)单机版,该版本生成的成果格式与现行标准不完全匹配,且已无人维护,安全性、稳定性不足,不能完全满足水文站的功能需求。

3 提高水文资料整编质量的措施

3.1 加强测站运行管理,严把测验整编质量关

一要积极争取合理的运行维护经费,保障设施设备的正常运行及测验工作的正常开展。

二要结合工作实际逐站修订监测方案和测站任务书,明确监测任务和标准。结合实际制定专门的淮委省界水文站运行管理制度,包括设施设备管理养护、水文测验、资料整编制度,资料"四随"工作管理制度等,并定期或不定期对测验、整编过程进行质量监督考核。

三要制定统一的原始资料记载簿与整编成果汇交标准,编制符合实际的水文资料整编补充规定。

在现有条件下,考虑统一应用长委水文局开发的水文资料整编系统 5.0(HDP5.0)网络版,既能提高水文资料整编效率,又能统一各省上报成果的格式。

四要重视原始资料和整编成果审查工作。由于淮委省界水文站是委托当地水文部门代为管理,日常现场工作参与较少,因此必须对原始资料和整编成果进行全面审查。根据淮委编制的审查指南,各省市分组交叉审查,既达到了资料审核的目的,也达到了各省市之间互相借鉴交流的目的。

四要加强测验、整编人员的业务学习和思想教育。测验、整编工作都是复杂的、经验性较强的技术工作且联系紧密。要通过多途径、多方法提高测验、整编人员的业务能力和计算机应用能力,同时考虑重点将职工尤其是年轻职工都向测验整编一专多能的方向培养,既熟悉本区域的测验情况又能熟练掌握整编规范和使用整编程序,更能保证测验整编质量。测验、整编过程必须本着严谨、负责的态度,向决策者提供可靠的整编成果,因此需要在提高综合业务水平的同时,强调水文监测数据的重要意义,增强水文工作的责任感和价值获得感[2]。

3.2 提高水文现代化水平,提高全流程工作效率

对标水文现代化建设目标,深入分析淮委省界水文站的功能和定位,改革测验模式,创新监测方式方法。增配不同原理的水位遥测设备,提高水位遥测保障率;加强河流中、低水流量监测设施升级改造,加大高精度、高效率的 ADCP(走航式多普勒流速剖面仪)、遥控船等测验设备的应用率,提高人工测验效率和安全性;逐站研究适用的流量自动化监测手段,逐步实现流量自动监测,重点提升中、低水流量测验精度[3]。

适时开发省界水文站业务管理系统,包含站网管理,遥测数据与测验数据的统一采集、入库、存储、展示,各水文要素在线实时分析计算整编与审查管理,月报、年报生成与发布等功能。注重数据服务的及时性,突出水文数据价值。

做好淮委水文资料整编工作任重而道远,需要所有运行维护、测验、整编等人员们的共同努力,在水文资料整编工作中总结经验,不断提高水文测验与整编水平,形成可靠的水文资料整编成果,更好地服务于淮河流域生态保护和高质量发展。

[参考文献]

[1] 尚艳丽,侯元,李军,等.水文资料整编工作相关问题分析[J].地下水,2010,32(3):137-138.
[2] 张哲文.对水文资料即时整编工作的思考[J].农业科技与信息,2022(5):37-39.
[3] 林祚顶.加快推进水文现代化 全面提升水文测报能力[J].水文.2021(3):4-7.

[作者简介]

戴丽纳,女,1990 年 4 月生,工程师,主要从事水文基建管理工作,15105523752,dailina@hrc.gov.cn。

以系统思维擘画周口现代水网蓝图

——周口市现代水网规划

刘明洋 李 洋

(周口市水利规划院 河南 周口 466000)

摘 要：为做好周口现代水网建设顶层设计，在分析现代水网内涵及现代水网建设需求的基础上，提出了构建供水水网、安澜水网、环境水网、生态水网、文化水网、智慧水网六网合一的现代水网，并结合实际，提出了周口现代水网建设的总体思路及布局。

关键词：现代水网；建设需求；总体思路；建设布局

1 引言

2014年习近平总书记提出了十六字治水思路，为我国治水新时代开启了新篇章。2017年党的十九大报告指出，要推进绿色发展，着力解决突出环境问题，加大生态系统保护力度。2019年的黄河生态保护和高质量发展座谈会指出，共同抓好大保护，协同推进大治理，把水资源作为最大刚性约束。2020年中央深改委第十三次会议指出，要统筹山水林田湖草一体化保护和修复、整体改善自然生态系统质量、全面增强生态产品供给能力。2021年的推进南水北调后续工程高质量发展座谈会要求以全面提升水安全保障能力为目标，以优化水资源配置系统、完善流域防洪减灾体系为重点，加快构建国家水网主骨架和大动脉。要求加快构建系统完备、功能协同、集约高效、绿色智能、调控有序、安全可靠的国家水网，全面增强水资源统筹调配能力、供水保障能力、战略储备能力。

周口属于《河南省重要生态系统保护和修复重大工程总体规划》中的平原生态涵养区、黄淮平原农田生态系统保护和修复区，属于《淮河生态经济带规划》中推进内河港口二类口岸建设、推进流域重点平原洼地治理、依托水利和湿地等资源发展旅游业的地域范围，且《国家综合立体交通网规划纲要》中明确了将周口港纳入国家36个内河主要港口之一。多层次的战略叠加为周口现代水网建设提出了新的要求，也提供了新的机遇。

2 现代水网的基本内涵

现代水网是指以江河湖泊水系为基础、引调排水工程为通道、调蓄工程为节点、智慧化调控为手段，集水资源调配、防洪减灾、水生态保护等功能为一体，在空间上具有显著网络形态、在功能上发挥着"五水统筹"作用，实现水资源空间均衡调配的综合立体水流网络体系[1]。李国英部长指出，要以重大引调水工程和骨干输配水通道为纲，以区域河湖水系连通工程和供水渠道为目，以控制性调蓄工程为结，构建"系统完备、安全可靠，集约高效、绿色智能，循环通畅、调控有序"的国家水网，全面增强我国水资源统筹调配能力、供水保障能力、战略储备能力。

3 河流水系概况及水网存在的问题

3.1 河流水系概况

周口市河流均属淮河流域,分属沙颍河、涡惠河、茨淮新河、洪汝河四大水系,其中沙颍河水系最大,主要有沙河、颍河、贾鲁河、双洎河、清漪河、清流河、汾泉河、泥河、新蔡河、新运河等河流,流域面积7 084.8 km²,占全市总面积的60.9%,耕地约722万亩,占全市总耕地面积的61.5%;涡惠河水系次之,有涡河、惠济河、老涡河、铁底河、清水河等河流,流域面积2 725 km²,占全市土地面积的23.4%,耕地约268万亩,占全市总耕地面积的22.8%;再之为茨淮新河水系,是由沙颍河水系分出的新水系,有黑茨河、李贯河、晋沟河、西洺河、皇姑河等河流,流域面积746.2 km²,占全市土地面积的15%,耕地面积约177.5万亩,占全市总耕地面积的15.1%;洪汝河水系最小,仅81 km²,主要是南新河西支和东支两条小支沟,占全市土地面积的0.7%,耕地约7万亩,占全市总耕地面积的0.6%。全市100 km²以上骨干河道60条,30~100 km²的沟河107条,河道防洪能力10~20年一遇,排涝能力3~5年一遇。沟河纵横,水网发达。

3.2 存在的问题

3.2.1 水资源调配能力不足,供水保障能力亟需提升

(1) 水资源短缺且时空分布不均,与经济社会发展不相适应。

周口市人均水资源量228 m³,是河南省平均水平的60%(381 m³)、全国平均水平的12%(1 905 m³)。周口是农业主产区,以全省6%的水资源量支撑全省近11%的人口和耕地面积用水。

降雨时空分配不均,夏汛冬枯、南多北少。6—9月汛期降雨量占全年降水量64%,主汛期7、8月份占42%,非汛期10月—次年5月占全年的36%。年际变化大,丰水年(1 287.7 mm)与枯水年(419.7 mm)来水平均相差3.1倍。

(2) 水资源调配能力不足,季节性缺水问题突出

周口地处平原,无大型拦蓄工程,调蓄能力弱,加之沙颍河、贾鲁河、涡河等骨干河流缺乏有效连通,不能实现丰枯调剂,尤其是枯水年,缺水问题更加突出。现状地表水开发利用率28%,入境水量33.9亿m³,出境水量44.9亿m³,过境水利用不足。现状年缺水量5.89亿m³,缺水率达31.1%。

(3) 供水水源结构不合理,地下水超采严重

全市地下水供水占总供水量的77.4%,地下水超采区面积占全市总面积的49%;地下水超采量2亿m³,超采率15%,占全省总超采量的10%,占全省深层承压水超采量的27%。

3.2.2 洪涝问题交织,存在突出短板和薄弱环节

(1) 洪涝问题交织,防洪排涝体系不完善

周口位于淮河流域下游,黄淮平原腹地,地势平坦,且地处沙河、颍河、贾鲁河三川交汇处,在承接上游洪水的同时,自身涝水问题突出。受自然地理条件影响,基本无大中型调洪滞洪工程。现状防洪排涝体系"以排为主",但体系不完善、系统性不强、标准不够、智能化水平不高。

(2) 工程存在突出短板和弱项,水利基础设施总体较为薄弱

系统性不强。河道缺乏系统的规划治理,重要支流存在堤防工程标准偏低,不系统不连续等薄弱环节,目前仍有12条中小河流未治理,23座大中型水闸存在病险隐患。

（3）灾害防御能力、工程管护能力有待提高

防汛预报预警体系仍需完善，水利工程运行管护能力急需加强，水利信息化基础设施薄弱，建设相对滞后。防洪减灾数字化、智慧化、智能化水平不高，洪水调控体系不完善，工程调控能力不足。

3.2.3 境内河流水质分化严重，水环境质量持续改善存在压力

（1）境内部分河流不能稳定达标，"大河清，小河污"现象普遍存在

贾鲁河部分月份水质类别为Ⅴ～劣Ⅴ类，颍河、沙河、涡河、黑茨河部分月份水质类别为Ⅳ类，主要超标因子为化学需氧量及总磷。此外，颍河支流众多，重建沟、双狼沟、枯河、清水河等支流水质污染严重，对颍河干流水质稳定达标造成直接影响。

（2）城镇生活污水处理短板明显，黑臭水体尚未完全消除

2020年周口市城市生活污水收集率仅58.1%，低于全省平均水平，部分城镇环境基础设施建设仍然薄弱。同时，周口市现有城镇生活污水处理厂部分已经满负荷运行。此外，城镇黑臭水体尚未实现长治久清，农村黑臭水体治理工作亟待开展。

（3）农业农村污染防治滞后，面源污染防治有待突破

目前周口市大部分村镇污水收集、排污管道和处理系统等基础设施建设滞后，雨水和污水均沿道路边沟或路面排至就近水体，导致水环境恶化。流经农村区域的河道，河道两岸滩地被农业种植，侵占河滩地，农药、化肥使用，在雨水季节随径流入河对河道水质影响较大。

3.2.4 水生态系统恶化，水生态环境质量下降

（1）河道水域岸线遭侵占，水生态空间和生物生境萎缩

境内河流沿岸围垦种植行为没有得到有效管控和约束，城市、乡镇建设活动挤占水生态空间。

（2）水系纵向连通性下降，支流河道生态流量无法保障

周口市共分布大中小型水闸1 316座，干支流水系上下游连通被阻隔，影响鱼类洄游及物质能量交流，连通性不足；沙颍河、贾鲁河等过境河流水量丰富，但境内黑茨河、新蔡河、新运河等支流为季节性河道，来水量少，无水源补给，呈"有河无水、有水无流"态势，生态流量无法得到保障。

（3）生态缓冲带受到破坏，污染拦截和水体自净能力弱

全市水土流失面积182.54 km^2，占土地面积的1.7%；部分地区农田防护林网覆盖程度不高，大量城市建设活动加重了水土流失防治任务。且当地地下水资源长期超采，地下水生态环境逐渐受到损害，地下水的过量开采引发地表水地下水交换补给不足，污染河水下渗补给后进一步污染地下水。局部含水层地下水源枯竭，生物群落衰减甚至消亡。

3.2.5 水文化遗产待挖掘，特色水文化彰显不足

周口有着6 400多年的灿烂文明史，是中华民族文明的发祥地之一，享有"华夏先驱，九州圣迹"之誉。周口因水而生，因水而荣，时至今日已有4 500年的建城史和2 300年的漕运史，周家口（周口市川汇区）为中国最早的古城址之一，历史遗存丰富。但诸多水系因历史发展、城市建设、洪涝等原因消失或局部断流，水利工程遗存目前尚未得到有效的保护和利用。漕运文化未塑造出特色，主要的漕运河道治理碎片化，不能形成完整的文化体系。

3.2.6 水管理体系不完善，水治理能力亟待提升

水管理体系不完善。目前周口市在节水制度、政策、工程、技术、监督体系等方面尚不完善；最严格水资源管理制度落实不足；山水林田湖草缺乏系统治理。水作为重要的公共产品，市场机制和政府作用发挥不充分，协同性差。

水治理能力亟待提升。现状基层管理力量尚薄弱，存在管理不到位现象；水管队伍专业人员匮乏；因涉及征地、资金问题，个别县河湖水系的划界确权工作进展慢，行政管护缺乏依据，执法难度进一步加大。

4 总体思路及建设布局

4.1 总体思路

以习近平新时代中国特色社会主义和生态文明思想为指导,认真践行"节水优先、空间均衡、系统治理、两手发力"治水思路,遵循治水兴水新发展理念,紧紧围绕周口作为连接长三角地区的"桥头堡"、连接东南沿海地区的水运大动脉、"通江达海、黄金水道、中原港都"的战略定位,依托周口"地势平坦、河网密集、过境水资源量丰富"的生态本底优势,深入推进"供水水网、安澜水网、环境水网、生态水网、文化水网、智慧水网"六网融合、兴利除害的现代化水网体系建设。

4.2 建设布局

围绕周口市城市总体规划战略定位、经济社会发展和国土空间规划布局,立足周口"通江达海、黄金水道、中原港都"的区位优势和资源优势,依托周口平原水网地形地貌和水系特点,按照"外连内通、区间互济","以干强支,以多补少"的空间布局原则,以"三横两纵多水脉"的水系网络为基础,在全市范围内构建形成"两源三脉保供给,五连百蓄调丰枯"的立体综合水网布局。

"两源"指引黄水、引江水两大外部水源工程。"三脉"指贾鲁河、沙河、颍河三大过境水脉,年过境水资源量达 30.5 亿 m^3。按照"以干强支,以多补少"的原则,通过"五连"及各县区水系连通工程,实现市域范围内的南水北调。"五连"指引沙入商水系连通工程、贾鲁河~涡河水系连通工程、引沙入黑水系连通工程、沙河~颍河水系连通工程、引沙入汾水系连通工程,五大水系连通工程,连通沙颍、涡惠、茨淮三大水系,实现三大水系之间"外连内通、区间互济"。"百蓄"指扶沟县孟亭引黄调蓄工程、太康县引黄调蓄工程两大引黄调蓄工程,以及贾鲁河摆渡口闸、高集闸、北关闸、惠济河东孙营闸、涡河魏湾闸等近百座大中型水闸蓄水工程。

5 规划工程及实施安排

5.1 规划工程

按照规划目标、规划任务需求,系统谋划、科学设计、统筹安排,有针对性地逐步解决周口市现代水网水利基础设施短板,规划重点项目共 6 大类 23 小类 176 项,分类如下:

1. 安澜水网工程。包括重要支流重点河段治理工程、200~3 000 km^2 中小河流治理工程、淮河流域沙颍河重点平原洼地治理工程、大中型水闸除险加固工程、灾后恢复重建工程等 5 小类,67 项。

2. 供水水网工程。包括重点调水工程、引黄调蓄工程和水系连通工程,3 小类,18 项。

3. 环境水网工程。包括城镇污染治理工程、饮用水水源地保护工程、黑臭水体治理工程、重点河湖治理与保护工程,4 小类,21 项。

4. 生态水网工程。包括生态廊道建设工程、地下水超采治理工程、湿地建设工程、水土流失治理工程,4 小类,43 项。

5. 文化水网工程。包括漕运文化景观提升工程、农耕治水文化景观工程、滨水文化景观工程、水文化宣教工程,4 小类,24 项。

6. 智慧水网工程。包括水利工程数字化建设工程、水利应用智慧化建设工程、水利信息安全化建设,3 项。

5.2 实施安排

项目规划总投资591.0亿元,其中近期投资429.0亿元,远期投资162.0亿元。安澜水网投资213.7亿元,供水水网投资102.6亿元,环境水网投资137.3亿元,生态水网投资99.8亿元,文化水网投资37.1亿元,智慧水网投资0.65亿元。

6 展望

周口现代水网规划立足周口市经济社会可持续发展要求,构建人水和谐、宜居、宜游、宜发展的新型城市。统筹协调开发与保护、兴利与除害、整体与局部、近期与长远的关系,明确了供水水网、安澜水网、环境水网、生态水网、文化水网、智慧水网构建等重点任务,规划的建设为实现周口成为中原城市群重要节点城市、中原内陆地区直通华东地区的水运通道、豫东南商贸物流中心、中部地区具有重要影响的商贸物流枢纽城市之一、中原经济区重要的商贸基地的发展目标提供强有力的水利支撑。

[参考文献]

[1] 王平,郦建强,何君,等. 现代水网规划编制的战略思考[J]. 水利规划与设计,2021(9):3-6+43.
[2] 左其亭,郭佳航,李倩文,等. 借鉴南水北调工程经验 构建国家水网理论体系[J]. 中国水利,2021(11):22-24+21.
[3] 刘德东,石飞,刘廷廷,等. 滕州市现代水网建设规划研究[J]. 水利规划与设计,2019(7):4-6+47.
[4] 刘璐. 对国家水网的认识[J]. 水利发展研究,2021,21(12):22-25.
[5] 兰林,张颖,毛媛媛. 江苏省水网规划建设实践与发展思考[J]. 水利发展研究,2022,22(2):45-50.
[6] 李原园,刘震,赵钟楠,等. 加快构建国家水网全面提升水安全保障能力[J]. 水利发展研究,2021,21(9):30-31.

[作者简介]

刘明洋,男,1989年9月生,工程师,从事水利工程规划与设计工作,18530995297,18530995297@163.com。
李洋,男,1976年6月生,高级工程师,从事水利工程规划与设计工作,18539726979,2592115691@qq.com。

小清河流域运行管理体制与机制研究

孙中峰　孙新收　鲁庆超　杨　涛

（山东省海河淮河小清河流域水利管理服务中心　山东 济南　250100）

摘　要：2018年和2019年连续受台风影响，小清河流域发生严重洪涝灾害，严重威胁两岸人民群众的生命财产安全。为补齐水利工程短板，山东省委、省政府决定对小清河进行全面综合治理，同时航运工程也同期开工建设。并产生两个工程在建设后，工程运行管理由谁承担，现行管理体制能否保障工程长效运行，如何协调与复航工程、水生态保护以及胶东调水工程之间的关系等一系列问题。为回答以上问题，我们进行了课题研究，主要采取调研和座谈的方法，广泛调研了国内外水利及流域管理经验，先后组织多次座谈会，听取各级管理部门建议，总结小清河流域管理工作现状和存在的问题，为小清河流域长效运行管理体制与机制建立提出可参考建议。

关键词：流域管理；小清河

2018年和2019年连续受台风影响，小清河流域发生严重洪涝灾害，严重威胁两岸人民群众的生命财产安全。为补齐水利工程短板，山东省委、省政府决定对小清河进行全面综合治理，小清河防洪综合治理工程于2019年12月28日正式开工，2020年主汛期前完成主体工程，工程总投资182亿元；交通部门同步实施的小清河通航工程投资136亿元。通过两大工程建设，小清河的整体面貌发生了很大变化，但管理体制和机制所面临的问题一直是备受关注的焦点问题。

1　小清河流域概况

小清河是鲁中地区重要排水河道，是山东省跨行政区划最多、水系最为复杂的骨干河道，具有防洪、除涝、灌溉、航运、调水、生态等多种功能，对保障流域防洪安全、实现区域绿色和高质量发展具有举足轻重的作用。小清河流域位于鲁北平原南部，东邻弥河，西靠玉符河，南依泰沂山脉，北以黄河、支脉河为界。小清河发源于济南市南部山区，干流自玉符河右堤的睦里闸起，自西向东流经济南、淄博、滨州、东营、潍坊5市的12个县、市、区，汇集20个县、市、区的来水，于寿光市羊口镇东注入莱州湾。小清河干流全长229 km，控制流域面积10 433 km²。小清河流域地势南高北低，南部鲁山最高海拔1 108 m，北部地面高程为301.5 m。小清河流域面积占山东省总面积的1/15，GDP约占全省的1/7，是山东省政治、经济、科技、文化的重要地区，在全省国民经济和社会发展中占有重要地位。

流域内水系复杂，支流众多，一级支流48条，几乎全部由南岸注入干流，呈典型的单侧羽状分布，多数支流为源短流急的山溪性河道，比降上陡下缓，暴雨期仅一条支流的洪水流量就能给干流造成较大的洪水压力。沿河湖泊洼地较多，主要有白云湖、马踏湖、巨淀湖等，均为天然滞洪区。流域内现有1座大型水库，8座中型水库，154座小型水库。小清河干流共有节制闸6座；沿河排涝泵站13座，分洪道全长83.3 km。

1.1　水资源状况

小清河流域年均降水量在583～705 mm之间，多年平均降水量为641.5 mm。根据山东省水科院《第三次全国水资源调查评价》数据统计,小清河流域多年平均河川径流量为 12.98 亿 m³,且夏秋雨季径流量占常年径流量的 59% 以上;小清河流域内多年平均地表水资源量 10.12 亿 m³,地下水资源量为 17.68 亿 m³,总量为 20.48 亿 m³。小清河流域不仅资源性缺水矛盾突出,而且工程性缺水、水质性缺水、管理性缺水并存。小清河流域现状年可供水量 18.30 亿 m³,需水量 32.61 亿 m³,缺水 14.31 亿 m³,缺水率 44%,水资源短缺对流域内经济社会发展形成"瓶颈"制约。

1.2 航运工程状况

小清河复航工程起点自济南市荷花路,终点为潍坊港西港区羊口作业区,全长 169.2 km,按Ⅲ级航道标准建设。2019 年 4 月 10 日,山东省小清河复航工程 PPP 项目中标,概算投资 135.9 亿元,项目合作期 30 年,其中建设期 3 年,运营期 27 年。建成后小清河将成为贯穿山东省中部工业走廊的一条内河水运大通道,也将是济南核心区直接通向海洋的对外开放通道。

1.3 防洪治理工程状况

2018 年和 2019 年连续受"温比亚"和"利奇马"台风影响,小清河流域发生严重洪涝灾害,干支流出现多处险情,严重威胁两岸人民群众的生命财产安全。为补齐水利工程短板,省委、省政府多次召开会议研究小清河治理问题,决定投资 182 亿元,对小清河干流和主要支流、蓄滞洪区实施全流域系统治理,2021 年主汛期前已完成主体工程建设。

2 小清河流域管理体制现状

2.1 小清河工程建设期间的管理

小清河防洪综合治理工程建设期间,工作由省重点水利工程建设联席会议统一协调推进。联席会议办公室下设小清河防洪综合治理和复航工程协调专班,由省水利厅、自然资源厅、交通厅抽调人员组成,负责及时研究解决工程用地、施工衔接等有关问题,及时研究解决工程建设中的重大技术问题。省重点水利工程建设联席会议发挥了很好的协调推进作用。

2.2 小清河水利管理机构现状

2019 年机构改革后,小清河水利管理发生了很大变化。一是独立的小清河管理机构已不复存在。原省小清河管理局并入山东省海河淮河小清河流域水利管理服务中心(副厅级一类公益事业单位),原省小清河管理局人员整体转设为流域三处(实行参公管理),共有编制 22 人。二是管理职能出现了弱化。改革前,原省小清河管理局一直承担小清河工程运行管理维护等行政职能;改革后,主要承担小清河流域技术服务工作。三是必要的维护资金无法落实。改革前,省里每年从省级财政列支 500 万元维修养护资金,定期对小清河干流水利工程进行维修养护;改革后,省级维护资金没有了。四是分级管理沟通渠道不顺。济南、淄博、滨州市小清河管理机构相继裁撤或并入相关职能部门,虽然东营市和潍坊市暂时保留小清河管理机构,但两市管理机构均为县级人民政府管理,业务沟通渠道极为不顺,省级管理机构对各市管理机构业务指导作用进一步弱化。

2.3 小清河航运管理机构现状

2019 年机构改革前,省交通厅航运管理局更名为省交通厅港航局,同时挂省地方海事局、省船舶检验局的牌子。黄河小清河港航监督局更名为省黄河小清河海事局,挂黄河小清河航务管理处的牌子,行使两条河系的行业管理职能。2019 年机构改革后,原山东省交通运输厅公路局、道路运输局、港航局(省地方海事局、船舶检验局)承担的行政职能划入省交通运输厅,上述三个专业局承担的公益服务职能进行有效整合,组建山东省交通运输事业服务中心。

2.4 各市小清河水利管理机构

2.4.1 济南市

2020 年 11 月,济南市成立济南市水利工程服务中心,为济南市城乡水务局代管正局级事业单位,原济南市小清河管理处成为内设处室小清河服务处。济南市城建集团是小清河济南市区段运行管理单位,每年列支 6 000 万元作为维修养护经费。

2.4.2 淄博市

2019 年,更名为淄博市河湖长制调度指挥中心(加挂淄博市小清河服务中心牌子),为市水利局所属公益一类副处级事业单位,经费来源为财政拨款,下设 5 个闸管所,编制 20 名,管理的 5 座闸站年度运行维护经费 20 万元。

2.4.3 滨州市

机构改革后,原滨州市小清河管理局并入滨州市水利资源开发建设中心(公益一类,正处级,人员经费原渠道),人员经费和运行维护经费没有保障。

2.4.4 东营市

东营市小清河管理机构为东营市小清河管理服务中心,为东营市水务局所属、广饶县政府代管的副处级公益一类事业单位,编制 12 名,内设 3 个副科级科室,管理经费由广饶县财政统一列支,每年安排王道闸运行经费 10 万元。

2.4.5 潍坊市

潍坊市小清河管理机构为潍坊市小清河管理服务中心,为寿光市政府直属副处级公益一类事业单位,编制 19 名,内设 3 个科级科室。工作经费由寿光市级财政承担,2021 年度河道建设与维护项目经费 175 万元,另外安排新建成的小清河堤防和大型构筑设施的管理运行维护经费 80 万元,是第一个落实小清河综合治理新建成工程运行维护经费的市县。

3 小清河流域管理面临的问题

3.1 没有专管机构,不适应流域管理的需要

机构改革后,原小清河管理局并入省流域中心,济南、淄博、滨州市小清河管理机构都进行了整合,东营和潍坊两市暂时保留管理机构,县级管理机构也进行了整合,原有小清河分级管理体制已不复存在。在目前的形势下,如何处理好防洪除涝与复航、调水、生态之间的矛盾;如何协调好水利、交通、生态环境、应急管理、自然资源等多个部门以及 5 个地市 12 个县(市区)的涉水问题;如何统筹流域管理与区域管理工作,协调好上下游、干支流、左右岸的关系;如何建设高效、长效管理体系,发挥投资效益,保障防洪安全、航运安全、供水安全、水生态安全,保障小清河流域高质量发展、可持续发展是当前小清河运行管理面临的重大课题。

3.2 防洪工程尚未实现统一调度,不适应全流域防洪安全需要

小清河流域洪涝灾害频发,防御难度加大,灾害防御形势非常严峻。小清河所处的自然地理位置

特殊,支流多,且是山区河道,坡陡流急,暴雨期仅一条支流的洪水流量就能给干流造成较大的洪水压力。而干流比降平缓,属典型平原河道,洪水下泄慢。小清河综合治理后,干支流防洪能力有效提升,但小清河流域防洪调度体系涉及干流、分洪道、主要支流、蓄滞洪区、水库、排涝泵站,并且与南水北调、胶东调水和航运调度相互影响。目前,小清河流域洪水没有实现全流域统一调度,防汛工作很难做到上下游协调、左右岸兼顾,以及干支流、蓄滞洪区、水库相互配合。

3.3 水资源短缺且未能统一调度,不适应水生态保护、通航、灌溉等需求

小清河是以防洪为主的季节性河流,兼顾水生态保护、航运、灌溉等功能,水资源短缺的矛盾较为突出。小清河流域多年平均降雨量为 641.5 mm,较全省偏少 10.5%,水资源短缺已成为流域内经济社会发展的"瓶颈"制约。当前,小清河流域上下游、左右岸、市县间水资源开放利用还缺乏系统性管理,流域用水秩序尚不规范,水资源统筹调度相对滞后,特别是农业灌溉取水管理难度大。复航后,若遇到干旱季节,小清河航运、灌溉、水生态保护、沿河农田盐碱等矛盾突出,亟需加强水资源精准、统一调度,确保河道的流量、水质满足各方面的需要。

3.4 管理经费不足,不适应工程规范化运行管理需要

从调研情况看,小清河沿河 5 市 11 县(市、区)仅济南市市区段落实运行管理维护经费较为到位;济南市章丘区段、东营市段及潍坊段落实了部分重点工程看护经费;其他市、县(市、区)没有列支工程运行管理维护经费。目前,小清河综合治理工程管护资金数额和渠道尚不明确,难以保障小清河工程移交后的正常调度、安全运行和综合效益的发挥。

3.5 缺少专门立法,不适应依法管理的需要

在小清河立法方面,除济南市制定了区域性的《济南市小清河管理办法》,滨州市制定了相关政府性规章条例。省级层面上的《山东省小清河管理保护办法》尚在立法调研阶段。由于省级的规章没有出台,赋予小清河的管理机构职能和权限得不到有效保证。再加上各项水事违法行为屡禁不止,对多年形成的历史遗留问题处理缺少法律依据,影响了对违法行为的打击力度。

4 小清河流域水利管理体制与机制建议

4.1 建立高效的专门流域管理机构

建议省市县三级建立专门的小清河管理机构,分清各自职责,共同管理好小清河的事务。省级负责小清河流域的规划、建设、防汛、调度、协调等管理事务的行政职能;市县两级管理机构负责干流节制闸、分洪道分泄洪闸、排涝泵站、支流入口涵闸、堤防、防汛道路、小型穿堤建筑物、绿化等工程的日常运行管理维护,以及重要节点工程的非汛期调度运用等事务。

4.2 逐步健全部门及系统内部协作机制

小清河流域管理涉及水资源调度、航运管理、水利工程维护、水生态保护、河道管理等一系列问题,需不同部门之间协作进行管理。因此,在建立流域管理的模式下,要加强与胶东调水、南水北调、交通运输、生态环境、自然资源、应急管理等部门的协作,明确职责交叉和协作管理原则。建议省政府成立小清河议事协调领导小组,负责协调各部门之间的关系。

4.3 适时推动流域立法

在小清河综合治理工程和复航工程完工后,应及时出台《山东省小清河管理保护办法》,保障小清河流域管理机构权威性,明确流域管理机构行政管理权限,理清部门协作原则,统一完善协调机制来避免造成各行业、各区域水资源使用方面的矛盾和冲突充分发挥应有的作用。

4.4 建立稳定的管护资金保障机制

小清河工程规模庞大,作为山东省唯一的省管河道,小清河的管理是山东省水利管理的窗口,加大维护投入,充分发挥小清河综合效益,必须要有管护资金的保障。建议稳定小清河工程维修养护资金渠道,小清河干流济南市区段因城市建设需要,除水利外,还涉及城建、交通、绿化、环保等方面,建议仍由济南市财政负担;济南市区以下段以省级财政为主(投资比例50%以上),省、市、县财政分级负担。

[作者简介]

孙中峰,男,1979年6月生,高级工程师,从事流管管理工作,15553186176,sunzhongfeng@shandong.cn。

"靓淮河"工程对治理淮河蚌埠段的研究

王 超

(蚌埠水利建设投资有限公司 安徽 蚌埠 233000)

摘 要:千百年来,蚌埠伴水而生、因水而兴、治水而荣,今日蚌埠,已经到了"靠水而美""靠水而靓""靠水而强"的新阶段。针对穿城而过的淮河两岸多年来群众反映环境较差、休闲锻炼功能缺失等问题,蚌埠市委市政府立足于为民办实事,因势利导,提出"相看两不厌、最美淮河岸"的治理理念,将"靓淮河"工程确定为2021年蚌埠市六大工作主线之一,由蚌埠水利建设投资有限公司作为融资贷款主体,自筹资金,打造集防洪、交通、生态为一体的"靓淮河"工程。项目在提高防洪能力的前提下,下大力气修复优化淮河生态,依托蚌埠悠久厚重的历史文化,紧密结合自然人文景观、城市道路交通、水利工程建设,完善城市功能、拓宽城市空间、提升城市品位,大力发展旅游经济,利用自然、人文景观打造更多"网红打卡点",扮靓淮河两岸风景线,把淮河打造成蚌埠新时代"会客厅",实现"相看两不厌、最美淮河岸"的综合治理效果。

关键词:靓淮河;蚌埠;蚌埠水利建设投资有限公司

1 淮河蚌埠段基本情况

淮河发源于河南省南阳市桐柏县的桐柏山主峰太白顶的西北侧河谷,流经河南、湖北、安徽、江苏四省,全长1 000 km,总落差200 m。蚌埠市位于淮河中游下段,淮河自西向东穿城而过,是淮河生态经济带唯一拥河发展的城市,也是全国首批确定的25座重点防洪城市之一。蚌埠市目前城市人口约135万人,预计至2030年城市人口将达到220万人,是淮河流域和皖北中心城市、华东地区综合交通枢纽和先进制造业基地。淮河蚌埠段全长147 km(怀远县尹家沟至五河县东卡子),其中,流经蚌埠市区河长约38 km(马城镇至沫河口镇),主城区长约17 km(蚌埠闸下至吴小街镇西门渡),涉及龙子湖、蚌山、禹会、淮上四区以及经开区,沿河主城区是人口密度最大、城市化率最高、文化底蕴最为深厚的地区。淮河蚌埠主城区段现有堤防35 km,均为一级堤防,主要包括南岸的城市圈堤和北岸的淮北大堤,两岸堤防间距为1 000~1 500 m,水面宽度400~500 m,闸下常年水位为12.5~13.5 m,滩地高程17.5~20.0 m,宽度50~900 m;两岸沿线共有友谊路、席家沟、新船塘、治淮路、青年街等9处排涝站;现有大庆路、朝阳路、京沪铁路客运、货运线、解放路、长淮卫路等6处跨河桥梁。

2 淮河蚌埠段主要存在问题

近年来,蚌埠市围绕淮河生态景观进行了部分改造和建设,市水利局和市住建局分别于2013年和2016年累积投入1.57亿元建设实施蚌埠城市圈堤外滩地环境综合整治工程和淮河北岸滨河绿地景观工程,项目的实施取得一定的成效。但是淮河两岸没有经过系统性、整体性规划治理,除了防洪功能外,生态、景观、市政交通效益没有得到有效发挥,远不能满足蚌埠市"三地一区"两个中心的城市发展战略定位要求。沿河主城区依然存在排涝能力不足、交通路网不完善、城区沿河环境较为杂乱差、休闲锻炼功能缺失、水污染等种种问题。

2.1 防洪功能单一,"绿"水脱节

过往淮河治理以保障防洪安全和保护水环境为主,河道、滩地没有系统规划和有效利用;入淮河支流旱季截污标准较低,存在旱季污水入河、初期雨水面源溢流入河,水体自净能力弱、生态功能退化严重等现象;汛期与非汛期淮河蚌埠闸下水位落差大,滩地生态景观设施布设和打造难度较大,景观设计与水利防洪结合度欠佳。目前河与城处于脱离状态,缺乏有机联系;河堤屏障、景观视廊都表明人河互动性差;与城市建设发展脱节,河城相融度不够。

2.2 交通拥堵,空间不足

淮河横跨蚌埠市区,给了蚌埠市良田千亩,同时也造成了淮河两岸沟通交通瓶颈。淮河南岸老城区堤后空间不足,影响城市拥河发展和堤防改造提升,两岸城区人口集中,交通路网还不完善,交通压力大,随着北岸淮上区的不断开发,两岸发展互融更加紧密,过河需求将进一步增长,跨河通道不足严重影响两岸居民出行。

2.3 文旅弱,功能效益差

现状淮河在产业功能、城市形象、文化展示、旅游生态等内容薄弱,相应的社会、经济、生态效益差。随着城市建设的深入,特别是老城区拆迁改造未充分利用曾经伴随着几代蚌埠人的成长,记载着蚌埠老城区繁华,能唤起人们共同的情感记忆的二马路市场、新船塘、津浦铁路等具有标志性记忆的城市名片,甚至有的已逐渐消失,老蚌埠风貌无迹可寻。

2.4 建设投资大,资金筹措难

淮河沿岸治理项目规划建设范围较大、征地拆迁面较广、涉及领域和建设内容较多,建设投资巨大,明确资金来源和筹集项目资金难度较大,市区两级财政难以短时间筹措落实。

3 "靓淮河"工程主要措施

近年来广大市民要求治理淮河主城区段河道的呼声日益高涨,蚌埠市委市政府立足于为民办实事,因势利导,提出"相看两不厌、最美淮河岸"的治理理念,将"靓淮河"工程确定为2021年于蚌埠市六大工作主线之一。项目以"一川清、两岸靓、三脉通、四态合"为总体规划思路,以"一河、两岸、四区、五线、十九景"为总体布局,与蚌埠历史文化、水利工程建设等相结合,全面优化主城区淮河防洪交通生态体系,着力打造"堤固、水清、岸绿、景美"的幸福淮河,实现"河湖清亲两岸绿"的生态愿景,努力推动蚌埠从"跨河发展"向"拥河发展"时代转变。

3.1 整合空间,打造"一河三湖"环形生态旅游景观带

"靓淮河"项目以习近平生态文明思想为指引,跳出过往淮河治理以防洪为主的固性思维,把生态保护和环境治理放在重要位置,以新理念、新思路,高标准、系统性规划"靓淮河"工程项目设计。项目实施范围西起荆涂峡,东至长淮卫大桥,全长 26 km,治理面积 15.6 km²,分步实施河道生态修复、龙子河口综合枢纽、南岸滨河大道、滨河北岸堤后生态绿色廊道等七大工程。工程实施后,一方面将彻底改善两岸滩地生态环境,有效改善河道防洪除涝能力,增强水体自净能力,提升河道内水质。针对

河道、滩地没有系统规划和有效利用以及河城相融度不够等问题，"靓淮河"工程通过整合河城空间，使现有沿岸绿地系统相互融合，维护生态系统的良性循环，打造人文与自然生态融合发展的绿色滨水空间，让蚌埠主城区段淮河成为千里淮河一道亮丽的生态景观绿带。另一方面通过水污染防治、水生态修复与治理建设，将滨河生态休闲风景区与龙子湖风景区、天河湖风景区、张公湖风景区有机串联起来，形成蚌埠市"一河三湖"环形生态旅游景观带。同时也积极外出考察，充分吸纳借鉴上海、南京、芜湖等沿江滨河治理经验，推动规划设计优化、细化，使方案更加符合新发展理念、更加贴近蚌埠实际。

3.2 科学规划，连结"三横三纵一联"城市快速路网

针对淮河南北岸交通拥堵等问题，"靓淮河"工程重点规划了解放路的快速改造跨淮河大桥工程，项目北起解放北路在建春江花月小区附近K2+500，随后继续向南与淮上大道设互通式立交相交，路线向南跨越淮河，与原有淮河大桥保持40 m净距，新建淮河特大桥，路线继续向南，路线终止于治淮路K4+550，高架在治淮路设置一对上下匝道，方便过淮河车辆上下解放路高架层，道路全长2.05 km。该项目的实施会使蚌埠市中心城区形成由泗河快速路、东海大道、南环快速路、大庆路、解放路、老山快速路以及长淮卫快速路连结而成的"三横三纵一联"城市快速路网，总规模达到111.3公里。项目的实施不仅能缓解既有的交通压力，而且能在淮上区和龙子湖区、蚌山区之间形成便捷的交通网络，对打造蚌埠市滨水商务商贸、凸显滨水特色的经济生活带和城市景观带，改善投资环境和生活环境有着重要的作用。

3.3 文旅升级，融合蚌埠历史文化与水利生态

"靓淮河"工程在设计之初就充分考虑将丰富多彩的蚌埠地标性文旅建设和文旅元素等融入到建设中。一期工程龙子河口湿地公园位于淮河与龙子河交汇处东侧，以防洪保安为生命线，以海绵城市建设为根本，以促进文旅产业升级为精髓，将蚌埠独特的淮河文化、大禹文化、南北文化、珍珠文化融入湿地景观和人文业态设计中，建成集"吃、住、行、游、购、娱"于一体的综合性城市中心湿地公园，将淮河沿岸打造为开阔大气的城市阳台。同时滨河北岸堤后生态绿色廊道工程、主城区防洪生态景观带等工程均与蚌埠历史文化、自然人文景观相结合，与水利工程建设相结合，在提高防洪能力的同时，不断拓宽城市空间，持续修复淮河生态，为蚌埠市大力发展旅游经济带来积极影响。

3.4 市场筹措，多渠道解决融资问题

"靓淮河"工程推进最难的是资金问题。为避免新增政府隐性债务，市委市政府多次组织召开专题会议商讨项目建设资金筹集事宜。最终确定工程融资贷款采取市场化方式，由市水投公司作为"靓淮河"工程融资贷款主体，利用农发行中长期贷款解决部分工程建设资金（20年贷款周期，基准利率4.65%），融资贷款担保由市城投公司和受益区（管委会）投资平台公司分别承保，贷款、担保原则是"用多少贷多少，贷多少保多少"。融资贷款还款来源为天河湖清淤扩容疏浚弃料处置和淮河干流采砂收益。根据农发行贷款要求，弃料处置权和淮河干流采砂权需要市政府授权给市水投公司。采用专项债和银行贷款（债贷组合）方式解决市级承担约20亿左右的建设资金。同时也通过天河湖EOD项目、生态环保中央补助资金、金砖银行贷款等多种渠道解决建设资金问题。

4 "靓淮河"工程进展及成效

"靓淮河"工程目前正有力有序加快推进：由市水利局负责实施投资460万元1.6 km淮北大堤堤

顶道路工程已完工并投入使用;投资 3.37 亿元的龙子河口枢纽工程于 2021 年底开工建设,目前已建设完成附属设施并投入使用,枢纽泵站主体工程正在加快建设;投资 19 亿元的主城区淮河河道修复工程于 2022 年初开工建设,目前已完成小蚌埠四十米大沟至津浦铁路桥段河道切滩工程,正在进行滩地塑形作业,及滩地园路、景观小品、体育公园等建设。由市重点工程中心负责实施投资 1.3 亿元长度 1.32 km 的滨河南路一期工程(胜利路至纬四路段)已完成路基工程、市政雨水管道施工,预计 8 月底建成通车;投资 1.2 亿元长度 1.1 km 的滨河南路一期工程(新城路—龙子河口段)已完成路基开挖、土方换填,正在进行灰土填筑及雨水管道施工作业,预计 11 月底建成通车。由淮上区负责实施投资 5 800 万元的滨河北路(朝阳路至小蚌埠四十米大沟、盛中路至马园路、昌平街至解放路)一期工程,目前滨河北路(盛中路至马园路、昌平街至解放路)已基本建成,近期可以通车运行;滨河北路(朝阳路至小蚌埠四十米大沟)已完成水稳填筑作业,正在进行面层施工,预计 6 月底建成通车。工程目前正在按照规划设计的方案进行逐一建设实施,成效已初显,相信按照既定目标任务,蚌埠主城区淮河一定会打造成为千里淮河首段国家级幸福示范河湖,同时也力争将蚌埠主城区淮河打造成国家级和世界级的旅游风景区。

[参考文献]

[1] 蚌埠市政协专题调研组.关于"打造城中淮河两岸景观带 加快建设美丽生态蚌埠"专题调研报告[R].
[2] "靓淮河"工程领导小组办公室."靓淮河"项目进展情况汇报[R].

[作者简介]

王超,男,1992 年 9 月生,16655266808,461896530@qq.com。

关于洪泽湖蒋坝水位变化规律及影响因素研究

霍中元

(江苏省洪泽湖水利工程管理处　江苏 淮安　223100)

摘　要：国家及省防汛防旱指挥部门以蒋坝水位站水位作为洪泽湖的代表水位，作为水情调度的主要依据。蒋坝水位日变幅较大，如果仅以当日8时的瞬间水位作为调度依据，则可能出现偏差。本文主要从风力风向、三河闸行洪等主要影响因素入手，研究蒋坝水位变化规律。

关键词：蒋坝水位；变化规律；风力风向；工程调度

1　工程概况

蒋坝水位站位于淮安市洪泽区蒋坝镇老船坞内，为国家重要水情站、基本水文站，其水位是淮河洪泽湖代表水位之一，测站位置见图1。该站由原江淮水利测量局于1914年1月设立，2005年1月经江苏省防汛防旱指挥部批准，从船坞南岸搬迁至北岸。

该站自设立以来承担水位观测与报汛任务。100多年来，该站在淮河流域的防汛抗旱、水资源供给、水文预报、规划设计、工程管理、航运、生态环境保护等方面发挥着巨大作用，也见证了淮河流域人民与洪水抗争的光辉历史。

图1　蒋坝水位站测站位置图

2 蒋坝水位测报存在的问题

洪泽湖的特征水位为警戒水位 13.60 m,汛限水位 12.50 m,旱限水位 11.80 m,生态水位 11.50 m,死水位 11.30 m。国家及省防汛防旱指挥部门以蒋坝水位作为洪泽湖的代表水位,因此,对蒋坝水位数据的准确性要求极高。

然而,洪泽湖正常蓄水面积超过 1 300 km^2,水面开阔,蒋坝水位每日每时都在变化。2019 年 6 月 6 日最高水位 12.59 m,最低水位 11.70 m,日变幅达 0.89 m,见图 2。年变化幅度更大,见表 1。

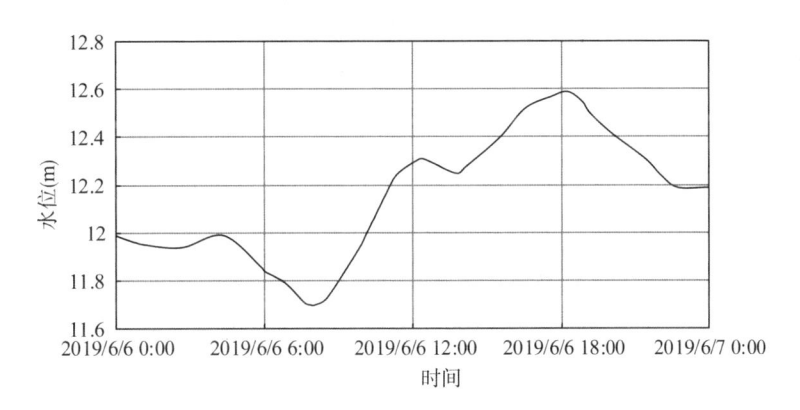

图 2　2019 年 6 月 6 日蒋坝水位变化过程线图

表 1　2009—2018 年蒋坝水位年度特征值统计表　　　　　　　　　　　　　单位:m

年份	年最高水位	发生时间	年最低水位	发生时间	年平均水位	年水位变幅
2009	13.54	12.25	11.74	7.6	12.82	1.80
2010	13.91	3.9	11.54	7.9	13.04	2.37
2011	13.74	9.19	11.06	6.23	12.78	2.68
2012	13.55	9.28	11.15	6.28	12.79	2.40
2013	13.70	3.9	11.50	9.9	12.68	2.20
2014	13.83	12.4	11.73	7.11	13.06	2.10
2015	13.85	4.12	12.19	10.7	12.98	1.66
2016	13.99	12.5	11.39	9.25	12.94	2.60
2017	13.90	3.1	11.74	7.7	13.22	2.16
2018	13.82	3.15	11.99	8.14	12.97	1.83

如果仅以当日 8 时的瞬间水位作为调度依据,则可能出现偏差问题。如依据当日 8 时蒋坝水位,判断高于汛限水位,或旱限水位,或发布枯水黄色预警,随后水位抬高,高于设定的水位,就可能造成主管部门工作被动,因此研究蒋坝水位的变化规律,非常必要。

3 数据准确性保障方法分析

3.1 基点考证

对蒋坝水位值的准确度要求极高,基点考证技术要求见表 2。

表2 蒋坝水位站基点考证技术要求一览表

工作任务	具体要求
测验河段平面图	1. 逢0、逢5年份应开展测验河段及其周边区域的地形测量工作,编制测站说明表和测验河段平面分布图; 2. 测验河段地形发生显著变化时应重测或修测
水准点高程	1. 基本水准点每年检查一次,发现有异常情况时及时校测,逢0、逢5年份必须校测一次; 2. 校核水准点每年汛前至少检查、校测一次,发现有变动迹象随时校测;若被洪水淹没,退水后及时进行校测
水尺零点高程	1. 汛前对所有水尺进行校测,汛期使用过的水尺汛后再校测一次; 2. 当水尺受外力影响发生变动、损坏或设立临时水尺时,应随时校测

3.2 日常校核

3.2.1 自动监测

(1) 新安装自记水位计或改变仪器类型时应进行比测。比测合格后,方可正式使用,比测有关要求按照《水位观测标准》(GB/T 50138—2010)执行。

(2) 每月定期对自记水位计进行检查,记录自记值并与校核水位进行对照,若差值超过0.02 m时,则对自记仪器进行校正,并根据实际情况对有差错的自记数据进行订正。每月校核不少于3次,校核间隔时间要基本一致。

(3) 当自记水位计出现故障时,启用备用方案观测水位,直到自记水位计恢复正常为止。

3.2.2 人工观测

(1) 水位观测的段次应根据河流特性及水位涨落变化情况合理分布,以能测得完整的水位变化过程,满足日平均水位计算、各项特征值统计、水文资料整编及水情拍报要求为原则。

(2) 每日8时、20时定时观测,洪水及水位变化较大时应增加测次,以观测到水位变化过程为准。

(3) 每次观测水位的同时,应测记风向、风力、水面起伏度,风力、风向观测宜采用器测法。

(4) 当水位的涨落需要更换水尺观测时,应对两支相邻水尺同时比测一次。

3.3 蒋坝与三河闸(闸上游)水位比较

3.3.1 2018年日均水位对比

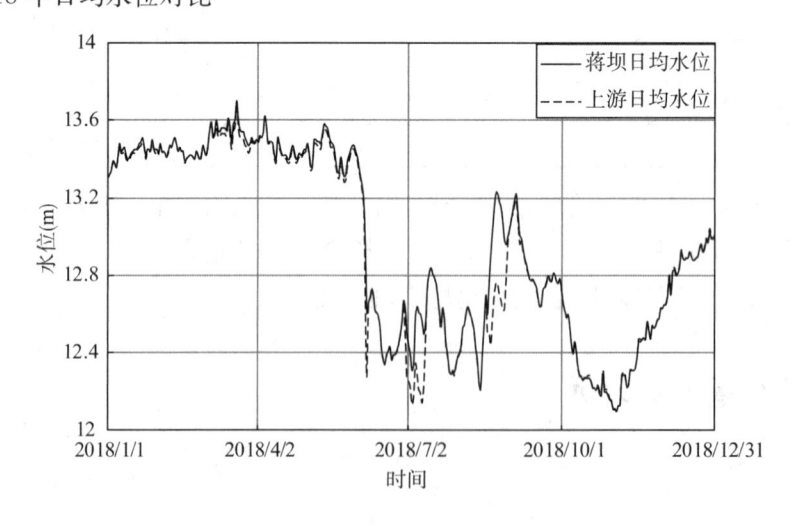

图3 蒋坝与三河闸(闸上游)日均水位对比图

将2018年蒋坝与三河闸(闸上游)的日均水位进行对比,见图3。经对比分析,2018年蒋坝与三河闸(闸上游)日均水位差值在-0.02~0.49 m之间。其中,三河闸工程关闸期间,蒋坝日均水位和三河闸(闸上游)日均水位变幅为-0.02~0.04 m,日均水位基本一致;三河闸工程开闸泄洪期间,蒋坝日均水位和三河闸(闸上游)日均水位变幅为0~0.49 m。

表3　2018年蒋坝站与三河闸(闸上游)水位年统计表

年统计	蒋坝	三河闸(闸上游)
年平均水位(m)	12.97	12.94
最高水位(m)	13.82	13.82
发生日期	3月15日	3月4日
最低水位(m)	11.99	11.96
发生日期	8月14日	7月11日

3.3.2　2018年度瞬时水位对比

(1) 三河闸关闸期间

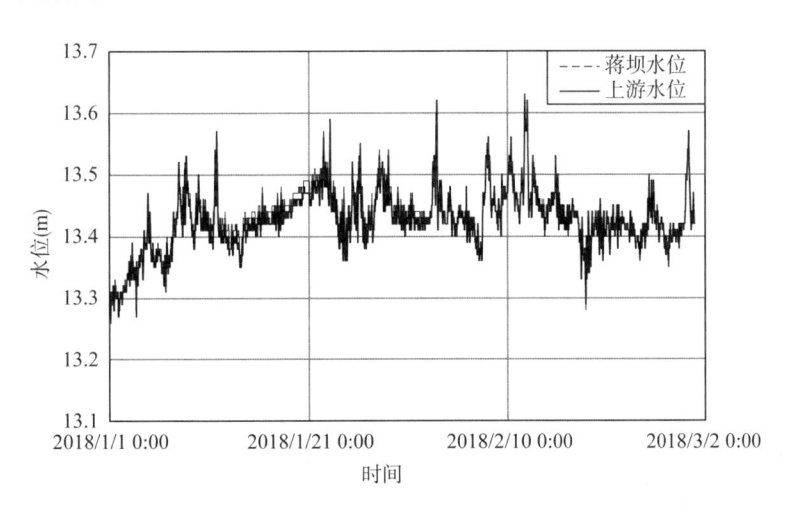

图4　三河闸关闸期间蒋坝与三河闸(闸上游)瞬时水位对比图

三河闸关闸期间,选取1月1日0:00—3月1日0:00时段数据进行比较,见图4。经对比分析,蒋坝与三河闸(闸上游)瞬时水位过程线基本趋同,瞬时水位差值变幅-0.02~0.04 m,其中差值-0.02~0.02 m,占比97.98%,变幅0.03 m,占比2.01%,变幅0.04 m,占比0.01%。

(2) 三河闸流量小于1 000 m³/s(淹没式孔流状态)

流量小于1 000 m³/s期间,选取3月14日14:10—3月20日10:00数据进行比较,见图5。蒋坝与三河闸(闸上游)瞬时水位变化过程形状基本一致,蒋坝瞬时水位比三河闸(闸上游)略高,瞬时水位差值变幅0~0.06 m,其中差值0~0.02 m,占比14.00%,差值0.03 m,占比47.83%,差值0.04 m,占比36.27%,差值0.05~0.06 m,占比1.90%。

(3) 三河闸流量大于1 000 m³/s(淹没式孔流状态)

流量大于1 000 m³/s期间,选取6月29日17:10—7月12日10:00数据进行比较,见图6。蒋坝与三河闸(闸上游)瞬时水位变化过程线形状基本一致,但蒋坝瞬时水位比三河闸(闸上游)明显增高,瞬时水位差值变幅-0.02~0.52 m。经统计与分析,主要总结规律如下:

①差值0.05~0.11 m,主要出现在流量2 000 m³/s左右时段;

②差值0.12~0.22 m,主要出现在流量3 000 m³/s左右时段;

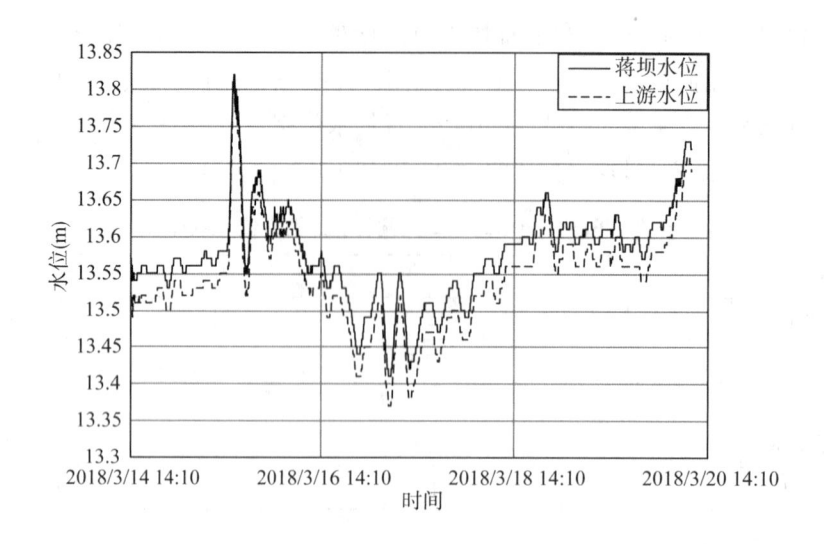

图 5　三河闸流量小于 1 000 m³/s 期间蒋坝与三河闸(闸上游)瞬时水位对比图

③差值 0.23～0.30 m,主要出现在流量 4 000 m³/s 左右时段;
④差值 0.31～0.38 m,主要出现在流量 4 500 m³/s 左右时段;
⑤差值 0.39～0.46 m,主要出现在流量 5 000 m³/s 左右时段。

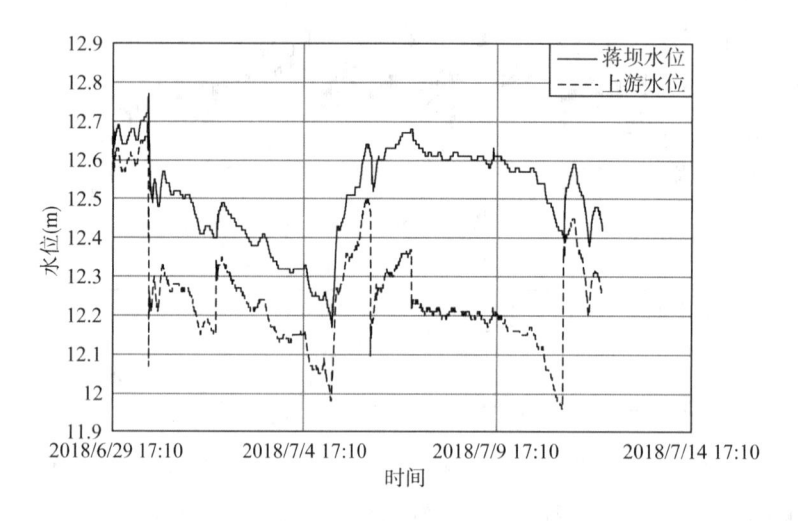

图 6　三河闸流量大于 1 000 m³/s 期间蒋坝与三河闸(闸上游)瞬时水位对比图

(4)三河闸闸门提出水面期间(淹没式堰流状态)

当三河闸闸门提出水面畅流期间,选取 8 月 19 日 20:00—8 月 27 日 18:35 的数据进行比较,见图 7。蒋坝瞬时水位变化过程线与三河闸(闸上游)形状一致,水位差值变幅 0.45 m～0.63 m。闸门初提出水面时,水位差值较大,随着时间延长,河道内水流逐渐稳定,导致水位差值逐渐减小至一个稳定范围。

3.4　蒋坝与其他洪泽湖站点水位比较

洪泽湖代表水位站共有四个,分别为蒋坝水位站、高良涧水位站、尚咀水位站、老子山水位站,四个站点的平均水位作为洪泽湖湖区平均水位。利用 2018 年蒋坝与洪泽湖湖区日均水位进行比较,得图 8。2018 年日均水位差值在 －0.27～0.11 m 之间;三河闸闸门提出水面畅流期间,日均水位差值在 －0.27～－0.22 m 之间,见表 4。

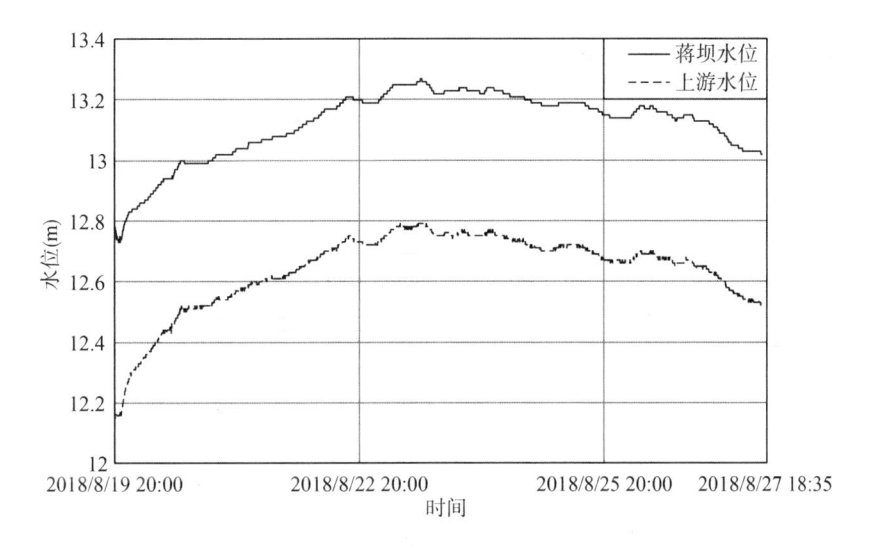

图 7　三河闸闸门提出水面期间蒋坝与三河闸（闸上游）瞬时水位对比图

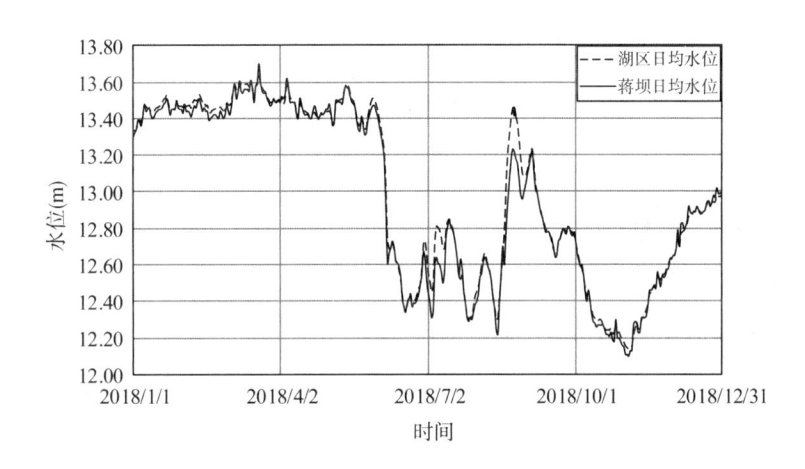

图 8　蒋坝与湖区日均水位对比图

表 4　蒋坝日平均水位与湖区日平均水位对比数据分析

时间	蒋坝与湖区日平均水位对比	原因分析
2014 年 2 月 9 日	多 7 cm	北风 4～5 级
2014 年 7 月 13 日—7 月 21 日	少 6～18 cm	东南风 3～4 级
2015 年 6 月 21 日—8 月 3 日	少 6～36 cm	三河闸行洪
2015 年 11 月 30 日	多 16 cm	西北风 3～4 级
2016 年 6 月 23 日—7 月 26 日	少 6～31 cm	三河闸行洪
2016 年 9 月 28 日	多 19 cm	北风 5～6 级
2017 年 9 月 26 日—11 月 6 日	少 6～29 cm	三河闸行洪
2018 年 6 月 30 日—7 月 12 日	少 10～20 cm	三河闸行洪
2018 年 7 月 22 日	多 11 cm	东北风 6～7 级
2018 年 8 月 18 日—9 月 30 日	少 9～24 cm	三河闸行洪

4 蒋坝水位变化主要影响因素及规律分析

4.1 风力风向

《风力作用下洪泽湖西部圩区漫溢可靠性分析》文中提到风涌水高度模型:在较稳定风场作用下,风剪切力作用于湖水表面,可引起湖泊迎风岸增水,背水岸减水的"风涌水"现象。

风涌水计算公式:

$$Z = \frac{v^2 F}{gD} \tag{1}$$

式中:Z 为风涌水高度,m;v 为风的湖面摩擦速度,$v = a_0 u_{10}$,a_0 为摩擦系数,a_0 取用 1.33×10^{-3},u_{10} 为离湖面 10 m 高处风速,m/s;g 为重力加速度;D 为平均湖水深,m;F 为湖面吹程,km。

检验:2019 年 6 月 6 日最高水位 12.59 m,平均水位 12.13 m,东北风,平均风速 11.2 m/s,计算 $Z=0.486$ m,实际风涌水高度为 0.46 m,误差 0.026 m,由此可见,该公式具有一定的可信度和参考价值。

由于蒋坝水位站位于洪泽湖东南角,抬高蒋坝水位的风向主要有西风、西北风、北风,降低蒋坝水位的风向有南风、西南风、东风。

4.2 三河闸闸门提出水面行洪

根据 2003—2018 年整编资料建立三河闸亮板行洪期间蒋坝水位与三河闸流量之间关系,关系较好。根据蒋坝水位,可以估算三河闸泄洪能力,为防汛调度提供技术支撑。见图 9。

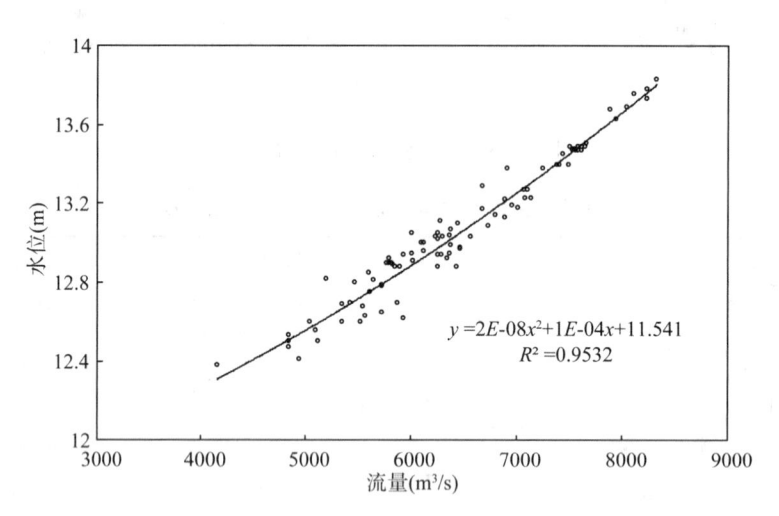

图 9 三河闸亮板行洪期间蒋坝水位变化值与三河闸流量变化值关系图

4.3 降雨

蒋坝水位受洪泽湖中上游区间降雨影响较大,流域上降雨扣除植物截留、下渗、填洼等损失转化为净雨,净雨沿地面和地下汇入河网,并经河网汇集形成流域断面径流,最后汇入洪泽湖,引起蒋坝水位的变化。由于洪泽湖上游入湖河道多,区间情况各不相同,给洪泽湖蒋坝水位的预报增加了难度。

4.4 其他

2005年蒋坝新水位站启用，2019年船坞淤积1 m多。当蒋坝水位低于11.50 m时，因淤积，水位测井已不具备遥测观测条件，考虑三河闸（闸上游）遥测水位数据正常，三河闸关闸期间蒋坝水位与三河闸（闸上游）基本齐平，经论证，可借用三河闸（闸上游）遥测、每日2次人工观测蒋坝水位站临时水尺辅助，确保蒋坝水位数据准确性。

5 结论

（1）受到风力风向、三河闸行洪、降雨等因素影响，洪泽湖蒋坝水位日波动较大，仅以当日8时瞬时值判断是否达到洪泽湖特征值进行调度，存在误判的风险。

（2）每日8时发布蒋坝水位数据时，宜同时公布风力、风向。应定期校验风力、风向观测仪器，确保数据准确。

（3）水位波动较大时，宜使用日平均水位和洪泽湖平均水位，作为水情调度的参考依据。

（4）今后可搜集洪泽湖湖区及上游实测降雨、蒸发等相关资料，探索区域降雨、蒸发量与蒋坝水位的关系。

（5）可建立洪泽湖区域数学模型，研究影响蒋坝水位的各种因素及程度。

[参考文献]

［1］张敏，楚恩国.洪泽湖蒋坝水位站迁址重建的分析与设计［J］.中国水运（学术版），2007（11）:93-95.
［2］张敏，刘洪林，谢洪举.风力作用下洪泽湖西部圩区漫溢可靠性分析［J］.人民长江，2008，39（8）:9-10+24.
［3］霍中元，薛松，荣海北.三河闸淹没式堰流水位流量关系初探［J］.湖南水利水电，2015（1）:79-81.
［4］张友明，霍中元，王莉莉，等.定流量调度时三河闸开高确定方法研究［J］.水利与建筑工程学报，2018，16（5）:176-180.

[作者简介]

霍中元，男，1984年12月生，高级工程师，主要从事水文水资源工作，13776724091，497532496@qq.com。

联合优化调度,提升总体效益

李程纯子　刘德波

（河南省水利勘测设计研究有限公司　河南　郑州　450000）

摘　要：随着经济发展、社会进步,淮河流域的全面系统治理为防洪除涝、灌溉、城市供水、生态系统等方面提供支撑和保障。淮河流域工程体系的逐步完善,使得上下游、左右岸水利工程之间联系更加紧密,工程调度相互牵动。在目前已建立工程体系的条件下,从水力联系紧密、控制性工程响应要求直接分析,以流域为基本范围单元,利用雨、水情测报信息进行预报调度,合理制定实时防洪联合调度方案、应急预案,并开展优化调度研究,实现水库防洪减灾和兴利效益最大化,从流域的角度调度洪水和管理水资源,保证水库及下游防洪安全,兼顾供水、发电,充分发挥水库综合效益。

关键词：淮河流域；联合优化调度；调度机制

1　工程体系

河南省淮河流域主要包括淮河干流及淮南支流、沙颍河、洪汝河、贾鲁河及涡惠河等水系。截至2020年,淮河流域河南省境内已建成水库1 651座,其中大型15座,中型55座;修建蓄滞洪区4处;已建大型水闸31座,中型水闸261座。

人多水少、时空分布不均、水资源自然分布与经济社会发展空间布局不相匹配是河南省基本省情水情,新的历史时期对河南省水利工程提出了更新更高的要求。水利高质量发展是经济社会高质量发展的重要基础和保障。淮河流域总体规划、防洪规划及时修编,骨干水利工程逐步完善,工程布局加密,工程体系化、水网化,在防洪除涝、灌溉、城市供水、生态保障等方面起到了支撑作用。随着工程体系的逐步完善,流域水系作为一个整体,工程的运行应是联动的。洪水的调度方面：上游要考虑下游,下游要及时响应上游,并为配合上游做准备。水资源的调度方面：包括正常任务及规则调度,需求变化、特殊情况的应急水量调配等,也需要对上下游、左右岸的工程联合调度。防洪与兴利综合利用调度,涉及到汛前蓄水量的利用、洪水的资源化利用,汛后期蓄水的次序,泄洪、蓄水统筹兼顾,适时适量。

2　工程运用

目前,大型水库多为综合利用,有防洪、灌溉、供水、发电等,河道拦河水闸多为灌溉、航运等。有些工程功能随时间发生了一定的变化,也涉及调度问题。运行上也存在管理、调度的统一协调问题,如果河流上下游的防洪运行调度统筹考虑不足,协调机制不完善,流域的防洪安全会不同程度受到影响。对于河南省的大部分河流、水库,洪水是径流的一部分,且所占比重较大,汛期一般一、两场洪水,多数年份洪水较小,非汛期径流较少,处理好防洪安全与水资源利用之间的矛盾,洪水调度与管理是水库调度的重要内容,科学迎接洪水、调度洪水、利用洪水,才能实现综合效益最大化。

随着地区社会经济的持续发展,对水安全、水资源、水生态、水环境提出了新的要求。在科技进步、水文资料和调度经验积累的条件下,人们对洪水径流的规律有了更多的研究和认识,实施水利工程联合优化调度的条件逐渐成熟。

3 联合调度,提升效益

3.1 联合调度的内容

在目前已建立工程体系的条件下,需要统筹运用,联合作战,发挥好每个工程的作用,优化群体配合,实现总体效益最大化。联合调度最主要原因是水情的时空不均和工程的位置、承担任务及能力不同。指导思想就是根据各流域情况确定的治水基本方针和举措,具体调度还要结合实际情况。工程、社会环境、影响和需求发生变化,调度方案的制定和实施直接关系着各个目标和综合效果。

鉴于水利工程综合利用涉及防洪排涝、水资源利用等多功能,工程上下游水力联系和水文情势的随机性、不确定性特点,实施全流域、跨流域联合调度,是更好地应对降雨不均匀,水资源不均衡问题,发挥综合最大效益的必然要求和途径。联合调度考虑范围,从水力联系紧密、控制性工程响应要求直接分析,主要是以流域为基本范围单元。作为一个整体,兼顾上下游水情,适时调整运行方式。

充分认识水系、工程体系为一个系统,树立体系观、功能观、大局观、综合观,考虑互有影响、多功能、大范围、综合效益。

"系统"即水库、调蓄湖泊、河流、沟渠、土地、滞洪区,上、下游及左右岸。

"多功能"即综合利用,防洪排涝,水资源利用(包括发电、引蓄、地下水补充、生态),河道基流,通航等。

"大局"即覆盖全流域或跨区域调节利用。

"综合"即总体考虑,统一协调,个体兼顾全局,综合效益最大化。

3.2 调度方案的制定

"防洪调度"首先分析各种可能情况制定调度预案,实时联合调度原则和目标的制定可以按照水系单元编制。明确水系防洪任务、防洪控制断面[1]安全泄量以及承担任务的闸坝工程,根据防洪保护对象的防洪标准,结合洪水预报和传播时间,制定有关闸坝工程的调度方式;发生标准内洪水时,按照设计调度方式运行,发生标准外洪水时,相关闸坝工程相机调度,采取预泄和错峰等调度方式,减轻下游防洪压力。

以沙颍河流域为例,漯河以上有昭平台、白龟山、燕山、前坪等大型水库,有泥河洼等滞洪区,涉及到平顶山、许昌、漯河、周口等地区防洪安全和水资源利用。流域工程体系中现状各闸坝工程有各自的调度方式,考虑范围仍有局限性。每个工程作为流域大范围中的一个点,其运行调度都需要与整体协调,局部服从大局,个体服从整体。结合闸坝工程布局及河道防洪控制节点,以主要干支流分区制定闸坝调度方案,以澧河调度运行方式为例。

现状工程条件下,达到 20 年一遇的防洪标准。

1) 汛期无雨情时,孤石滩水库控制在汛限水位 151.5 m 以下,燕山水库控制在汛限水位 104.2 m 以下,龙泉水源工程节制闸闸上水位控制在正常蓄水位 71.3 m 以下。

2) 当预报即将发生雨情时,龙泉水源工程节制闸提前放空闸上蓄水量,当预报未来 24 h 降雨将达到 280 mm 以上,或预报将发生超 20 年一遇洪水时,孤石滩、燕山水库考虑提前开闸腾库,为充分拦洪削峰做准备。

3）当发生20年一遇及以下洪水时，孤石滩水库5年一遇以下控泄250 m³/s，5～20年一遇控泄500 m³/s；燕山水库控泄300 m³/s。

龙泉水源工程节制闸在涨水阶段，按照闸门启闭规程逐步开启闸门，以自身放空流量、上游孤石滩和燕山水库泄洪、孤山滩燕山水库～闸址区间洪水预报流量之和为控制泄量，直至上下游水位衔接，闸门全开，洪水自由渲泄。

当罗湾下泄流量超过澧河干流罗湾至漯河段河道的安全泄量1 900 m³/s（水位69.70 m），开启罗湾闸分洪入泥河洼滞洪区；

澧河发生20年一遇洪水，可控制何口站最大流量不超2 400 m³/s，配合泥河洼滞洪区满足罗湾以上保证流量2 400 m³/s、罗湾以下保证流量1 900 m³/s。

4）当澧河全流域发生20年一遇以上洪水时，孤石滩水库敞泄运行；燕山水库50年一遇以内，控泄300 m³/s，超50年一遇敞泄，并在退水段控制出库不大于入库，为下游河道错峰。龙泉水源工程节制闸逐步开闸敞泄。

若孤石滩水库下泄流量、燕山水库下泄流量与孤燕何区间来水叠加超过澧河干流何口至罗湾段河道安全泄量2 400 m³/s时，按何口2 400 m³/s泄洪，多余水量分洪入唐河洼；若泥河洼已蓄满或罗湾进洪闸达设计流量500 m³/s后，罗湾下泄流量仍超过澧河干流罗湾至漯河段河道安全泄量时，多余水量向唐河洼分洪，以保证澧河干流罗湾至漯河段河道按安全泄量下泄。

5）当沙颖河全流域或沙颖河其他支流发生洪水时，澧河上的闸坝工程应服从全流域防洪联合调度。

"综合利用调度"存在于洪水期和非洪水期，包括水资源的调配、多元化利用，涉及到系统的预案、方案分析和具体措施，考虑范围从工程本身到流域、区域，根据水系水情、蓄水情况、地下水等实际情况，采取相应的方案措施，这方面也需要进一步相关的分析研究，需要完善基础条件，水系、水网构建，需要大量信息支撑，有统一调度机制去实现。

4 加强技术研究

4.1 水库优化调度

结合水库具体情况开展优化调度研究，实现水库防洪减灾和兴利效益最大化，包括防洪作用、洪水资源化利用、提升蓄水和供水量等。结合流域防洪、水资源利用、水生态保护等目标要求，合理安排水库的蓄、泄水时机，上下游兼顾、左右岸联合，优化水库水位、泄量等参数控制。在研究汛期分期、动态控制，洪水预报、径流预报的基础上，制定水库防洪和兴利调度方案。分析洪水资源化利用条件、范围，规划利用渠道等。

河南省白龟山、陆浑等一些水库已开展相关研究，为水库优化调度提供了经验。结合流域洪水规律研究，大型水库采取主汛期分段汛限水位控制，在保证防洪安全的前提下，增加了可蓄水量，提高了水资源利用效益；采用实时精细调度，依托气象洪水预报，在洪水过程中，充分利用防洪库容，最大限度拦蓄洪水，增加水力发电量；通过优先水电上网，在洪水到来前利用水力发电尽可能降低库水位，增大调洪库容，最大限度减少无功弃水，通过梯级水库联合削峰、错峰，提升流域整体调洪能力[2]。

4.2 水文、调度模型和支持系统

水情调度具有典型的时效性，需要提前做好准备，凡事预则立，预测预报是重要手段，预知才可能

主动,面对雨水情的随机性、不确定性,制定实时调度方案、措施的基础是理论方法,以系统论思想,研究工程之间、任务目标之间的统筹协调关系,准确的水情预报需要利用相应模型方法和技术[3]。

除了工程基础外,水情信息是调度的依据,包括区域划分,数据库建设,水情预报。根据流域产汇流条件分区细化产汇流计算,研究产汇流机理,建立基础理论加实时修正的数学模型。提高水情预报精度,为优化调度提供基础条件。水库调度模型以最高库水位、最大下泄流量、后汛期调度期末水位作为评价指标。兼顾供水蓄水目标,调度期内平均缺水率也作为评价指标。同时为提高水资源利用率,水库群调度时总弃水量越小越好,将弃水量也纳入社会目标评价指标集。经济目标主要包括发电、供水、航运、灌溉等目标,有水电站水库,可选取总发电量和最小时段出力作为评价指标。

多目标综合研判,涉及各工程安全、水系安全、各功能、效益,水资源利用,发电、航运等。属多节点、多目标。调度方案的制定需要基础调度模拟模型,研究对象包括调节工程、串并联大系统的河网,分滞通道等。进行方案的拟定、效果与影响分析、评价,调度方案选择,需要系统优化理论和模型。

将以上模型方法转化为技术手段,进行水情预报及防汛决策支持系统设计开发。

4.3 洪水资源化

洪水资源化包括在不成灾的情况下,尽量利用水库、拦河闸坝、自然洼地、人工湖泊、地下水库等拦蓄洪水,延长洪水在河道、蓄滞洪区等的滞留时间,恢复河流及湖泊、洼地的生态环境,以及最大可能补充地下水。

从流域的角度调度洪水和管理水资源,实际调度中根据上、下游水情,合理制定实时防洪调度方案,利用雨、水情测报信息进行预报调度[4],保证水库及下游防洪安全,兼顾供水、发电,充分发挥水库综合效益。

1) 洪水资源化主要途径

一是在充分论证的基础上,提高水库汛限水位或蓄洪水位,多蓄洪水;二是在洪水发生时,利用洪水前峰清洗河道污染物;三是建设洪水利用工程,引洪水于田间,回灌地下水;四是在不淹耕地、不淹村、不增加淹没损失的前提下,利用洼地存蓄洪水;五是利用流域河网的调蓄功能,使洪水在平原区滞留更长的时间。

2) 洪水资源化主要内容

包括洪水资料收集整理、洪水资源利用潜力分析、方案编制、引(调)水工程建设、方案实施及效果评价等。在确保防洪安全的前提下,根据防洪形势、气象水文预报,综合考虑水资源、水生态等需求,干支流控制性水库可采取汛期适度蓄水、汛末提前蓄水、流域调水补水等措施,合理利用洪水资源。

5 健全机制

工程体系调度运行管理包括防洪、水资源利用等任务目标,多个工程间的协调,涉及管理多方,需要信息畅通、高效运行的调度管理体系保障。分级负责、统一联合。统筹大局,局部服从整体。结合已建立的防汛调度机制,综合利用、水资源调度常规,应急情况下进一步完善预案,依托水利一张图、雨水情及工程信息数据库等支撑,建立相应的指挥和协同机制。

1) 全流域实行统一指挥,各类大型水库、重点中型水库、重要水闸、分滞洪区和主要防洪河段由省防汛抗旱指挥部负责,结合实时雨情、水情及工情变化,制定调度方案,并分级分部门负责实施。一般中型水库和其他河道的调度方案分别由所在市、县防汛抗旱指挥部负责制定。

2) 各大型及重点中型水库、重要水闸、分滞洪区分洪及主要河段的调度命令由省防汛抗旱指挥部下达,航运枢纽工程的节制闸必须服从省防汛抗旱指挥部统一调度。

3）上游闸坝调度调整闸门启闭状态、改变泄流量应考虑下游泄流安全,提前将水情、调度方式报河道管理部门或上级防汛调度部门批准,并及时通知下游闸坝管理部门。下游闸坝调度根据上游来水,结合区间来水预报、闸前蓄水情况合理安排下泄,确保工程和河道行洪安全。

[参考文献]

[1] 张忠波,薛仓生,何晓燕,等.淮河流域支流溮河流域联合防洪调度研究[J].中国防汛抗旱,2020,30(12):13-18.

[2] 陈桂亚,冯宝飞,李鹏.长江流域水库群的联合调度有效缓解了中下游地区防洪压力[J].中国水利,2016(14):7-9.

[3] 任明磊,丁留谦,何晓燕.流域水工程防洪调度的认识与思考[J].中国防汛抗旱,2020,30(3):37-40.

[4] 张改红,王国利,张静,等.确定梯级水库联合防洪预报调度方式优化方法研究[J].大连理工大学学报,2010,50(1):123-130.

[5] 郭生练,刘攀.梯级水库群洪水资源调控与经济运行[M].北京:中国水利水电出版社,2012.

[作者简介]

李程纯子,女,1988年4月生,工程师,主要从事工程规划、水库调度等工作,18039291502,1191437214@qq.com。

从生态水利角度探讨袁湾水库工程建设

余登科　付小峰

(淮河水资源保护科学研究所　安徽 蚌埠　233001)

摘　要：水利工程是经济社会发展的重要支撑和保障，在人民生态环境保护意识不断提高的当下，水利工程带来的生态破坏也越来越得到重视，对于水利工程建设如何与生态环境保护实现统一成为当下水利建设的重点。本文以河南省袁湾水库工程为例，从生态水利角度对大型水库工程建设展开探讨。

关键词：生态水利；水利工程；生态环境

1　生态水利概述

近年来，随着经济社会的快速发展，群众对于水利工程的定位和需求发生转变，在继续提高水利工程安全性和经济性保障水平的同时，进一步对水利景观、水休闲娱乐、高品质用水等舒适性需求以及良好水生态环境表现出了更高的要求。[1]传统水利工程往往以安全经济为主要目的，忽略了施工建设对生态环境的破坏和影响，渐渐不适应如今以生态文明建设和水利高质量发展的战略形势，生态水利的概念应运而生。生态水利是在传统水利的基础上发展而来，旨在将生态保护和高质量发展有机结合，兼顾生态系统健康和可持续性需求，实现人与自然的和谐相处。[2]本文以河南省袁湾水库建设工程为例，分析该工程建设遇到的生态问题，并从生态水利角度提出解决措施。

2　袁湾水库概况

潢河是淮河上游南岸的一级支流，发源于新县万字山，经光山县、潢川县至踅孜镇两河村入淮河，全长140 km，流域面积2 400 km²。袁湾水库坝址位于潢河上游光山县晏河乡袁湾村附近，总库容2.513亿m³，控制流域面积480 km²。袁湾水库工程规模为大(2)型水库，工程任务以防洪为主，结合供水、灌溉，兼顾发电、改善生态等综合利用。水库建成后，可使潢河和竹竿河下游防洪标准达到20年一遇，将淮河干流王家坝以上圩区的防洪标准由现状的10年一遇提高到20年一遇，并提高本区域水资源利用水平，新增供水量5 040万 m³，新增灌溉面积7 733 hm²，利用城市供水和河道基流常年发电，利用灌溉和部分弃水季节性发电，多年平均发电量302万 kW·h。

袁湾水库区域位于淮河之南大别山北麓，地势南高北低，是岗川相间、形态多样的阶梯地貌形态。气候属于亚热带向暖温带的过渡区域，季节气候明显，又兼有山地气候特点，多年平均气温15.47℃，多年平均降雨量1 338 mm，植被以亚热带植被占优，如马尾松、马尾松及栓皮栎混交林、杉木林、毛竹林、桂竹及栎林等，农作物以水稻为主。周边区域内共调查到维管植物464种，两栖动物17种，爬行动物46种，哺乳动物23种，鸟类221种，浮游植物43种，浮游动物22种，大型底栖动物78种，鱼类40种。

3 水库工程建设产生的生态问题[3,4]

结合工程内容和袁湾水库当地现状,以下工程建设中产生的不良影响均会引起相关生态问题:

①土方开发和占地影响

袁湾水库淹没影响涉及信阳市光山县泼陂河镇、晏河乡,新县吴陈河镇、浒湾乡、金兰山办事处2县5个乡(镇、办事处),淹没对象主要为耕地、林地和园地,工程建设征地总面积1 506.68 hm²。施工期间大量的土方开挖和施工占地等对植被破坏严重,存在大面积地表扰动和大量弃渣,有大面积水土流失风险,严重影响土地生产力、河道水质、行洪安全等,项目建设会造成林草植被损失、动物生境减少、物种数量减少、生物多样性降低等消极生态影响。

②水文水质影响

水库在施工期间以及初期蓄水时,施工或拦水造成下游来水水量减少,水流变缓,下游水体自净能力降低,水质恶化,造成下游河道水体的水生生境劣化,对浮游底栖的优势种类和鱼类资源产生较大的影响;同时处于蓄水初期的库区水体生态循环较为脆弱,在上游来水携带的大量营养物质蓄积情况下,以及库底残留物的影响下,库区初期水体有恶化风险。

③对生物生境的影响

水库大坝阻断了自然河流的流动,改变了连续性河流的生态规律,库区水生生境发生了巨大变化,流动的河流变成相对静止的人工湖,大量周边陆生生境转变为湿生生境,同时河流上下游之间的自然交流产生隔离,鱼类资源受到较为明显的影响;同时水库坝前水温若发生分层,则低温水下泄会对下游河道水生生境产生较大影响。

④其他影响

主要为施工期人员施工活动产生的影响以及运行期水库易发生的环境风险,若处置不当均会对河流以及库区水质造成一定的影响,主要包括施工期施工,施工区产生的固体废物、生活污水、施工废水等,运行期水库由于富营养化产生的水华等。

4 生态水利角度的分析与建议

袁湾水库作为历次淮河治理规划中均明确需修建的大型水库,是淮河流域上游防洪体系中的重要一环,同时也起到缓解区域水资源供需矛盾,填补农业生产短板的民生工程,其重要性不言而喻。但上述水库建设对生态环境的影响同样不可忽视,如何减轻对生态环境的破坏,维持住河流生态的平稳、区域环境的保护与生活环境的稳定,需要从生态水利的角度将水利工程与生态环境保护结合起来。由此根据生态水利理念中实现工程与自然和谐相处的原则,提出如下建议。

①降低施工影响

加强工程区域的生态保护宣传教育,严禁乱砍滥伐和非法猎捕野生动物;严格控制施工作业范围,禁止施工人员到非施工区域活动,减少对植物生境的扰动;减少夜间施工对夜间野生鸟类的影响;在施工区、临时占地以及施工道路等周边进行了绿化措施、安装施工围挡、洒水降尘、减震减噪等措施,减少了对周边陆生动物生境的影响;收集淹没区上层表土,对临时用地进行恢复,其上植被可充分利用淹没区移栽出来的各种乔木;施工结束后结合主体工程的复耕措施及时将库区外的施工生产生活区恢复为耕地,对其他施工迹地进行植被恢复等;对施工过程中可能发现的国家重点保护野生植物,应将其就近移栽到生境条件相似的适宜地。

②加强环境保护

加强施工期间弃渣场防护,减少水土流失;施工污水应经处理达标后回用,禁止直接排入河道;严禁施工人员破坏水生植被、捕鱼,保护水生生物及其生境;运行期实施鱼类人工增殖放流、下泄生态流量及生态调度等措施组成的水生生态保护措施体系,水库初期蓄水以及运行期必须保证拟定的最小生态流量,并在水库下游生态放水闸处设置在线流量监控系统进行监控、记录;加强潢河干流鱼类栖息地保护,选择邻近支流的相似生境作为潢河干流重要栖息地进行专门保护。

③补偿生态损失

对受影响较大的鱼类资源进行补偿性放流,在工程管理区域建设鱼类增殖放流站,鱼类增殖放流以近期放流翘嘴鲌、黄尾鲴、细鳞斜颌鲴、黄颡鱼等潢河常见鱼类为主,近期放流50万尾/年,5年后根据增殖放流效果评估规划调整增殖放流计划。

④保障生态稳定

为保障潢河水生生境的生物多样性稳定,需保持潢河干流的连通性,应在袁湾水库坝址处以及上游龙山闸、官渡河1#橡胶坝等处建设过鱼设施,促进生物交流。同时,若水库蓄水初期发生水质恶化,应及时展开生态修复工作,采取人工栽种水生植被,增加底栖生物放流等措施。

⑤开展风险防范

水库管理部门应建立事故风险应急管理机构,并制定工程安全运行规程及环境风险管理制度,针对如油库及炸药仓库、公路交通事故污染、水体富营养化等风险制定安全规程、事故防范措施及应急预案。

5 小结

水库工程由于其自身存在施工周期长、淹没范围广、施工人员多等特征,加上建成后会永久性改变区域气候水文、地形地貌、植被景观等,容易对周边生态环境造成破坏,产生不良影响。因此,工程设计初期应优先从生态水利角度出发对工程任务进行解读,从设计阶段发现并重视可能产生的生态问题,并提出措施结合工程内容进行实施,可以有效防止对环境的污染和破坏,在保护生态环境的基础上实现水利工程的高质量发展。[5]

[参考文献]

[1] 王亚华,黄译萱,唐啸.中国水利发展阶段划分:理论框架与评判[J].自然资源学报,2013,28(6):922-930.
[2] 黄强,邓铭江,畅建霞,等.生态水利学初探[J].人民黄河,2021,43(10):17-23.
[3] 廖世洁.水利工程中的生态问题与生态水利工程[J],2006(1):21-23+47.
[4] 杨朝飞.对大型水坝工程的生态反思.环境经济[J],2004(4):33-41.
[5] 唐保山.浅谈生态水利工程建设的作用.农业科技与信息[J],2022(10):44-46.

[作者简介]

余登科,男,1993年8月生,助理工程师,主要从事水利工程生态环境影响评价工作,17305526351,838455614@qq.com。

关于南四湖流域统一治理管理的思考与探索

马 莹

(淮委沂沭泗水利管理局 江苏 徐州 221000)

摘 要:南四湖由南阳、昭阳、独山、微山等4个水面相连的湖泊组成,具有调节洪水、蓄水灌溉、发展水产、航运交通、南水北调,改善生态环境等多重功能,也是南水北调东线重要输水通道和调蓄湖泊。南四湖流域涉及山东、江苏两省多地市,管理形式复杂。统管以来,在防洪减灾工程体系建设、水旱灾害防御、省际边界水事纠纷调处、水域岸线管理保护及水资源管理等方面取得显著成效。面对南四湖保护治理的新形势、新要求,综合考虑南四湖流域现状,进一步探索优化流域统一治理管理思路举措,强化流域统一规划、统一治理、统一调度、统一管理,不断提升流域治理管理能力和水平,促进南四湖生态保护和高质量发展。

关键词:南四湖流域;统一治理管理;四个统一;幸福河湖

1 引言

南四湖是泗河水系重要组成部分。《禹贡》记载:"导淮自桐柏,东会沂泗,东流如海。"南宋以前,沂、沭、泗水排泄较为通畅,泗水是沟通黄、淮的重要运道。1194年—1855年,黄河夺泗夺淮,逐步淤废了淮河下游及泗水干流河道,逼淮入江,沂、沭、泗诸河洪水出路受阻,泗水在徐州与济宁间逐渐潴壅成南四湖[1]。

南四湖大部分在山东省济宁市微山县境内,周边与济宁任城区、鱼台县,枣庄市滕州市,徐州市铜山区、沛县接壤。水域岸线诸多"插花地段",沿湖群众在湖田、湖产(芦苇等)、渔业、水资源等方面争议不断。水利工程也是两省分别建设,水政、鱼政等管理也存在争议。

为进一步促进安定团结和生产发展,1981年10月,国务院批转水利部《关于对南四湖和沂沭河水利工程进行统一管理的请示》,成立沂沭泗水利管理局,对沂沭泗流域的主要河道、湖泊、控制性枢纽工程及水资源实行统一管理和调度运用。1983年6月,成立南四湖水利管理局,对南四湖水利工程进行统一管理。

2 流域概况

南四湖由南阳、昭阳、独山、微山等4个水面相连的湖泊组成,南四湖为浅水型湖泊,湖形狭长,南北长125 km,上级湖67 km,下级湖58 km,东西宽6~25 km,周长311 km,湖面面积1 280 km²,总库容60.22亿m³,流域面积31 400 km²,是我国第六大淡水湖,具有调节洪水、蓄水灌溉、发展水产、航运交通、南水北调,改善生态环境等多重功能。

1958年兴建的二级坝枢纽将南四湖分为上、下级湖。上级湖包括南阳、独山及部分昭阳湖,流域面积27 439 km²,下级湖包括部分昭阳湖及微山湖,流域面积3 742 km²。全湖总防洪库容43.29亿m³,总兴利库容12.87亿m³。南四湖承接苏、鲁、豫、皖四省53条河流来水,洪水主要由韩庄运河、伊家河、老运河、不牢河下泄。

南四湖南四湖直管工程包括南四湖及其湖西大堤、湖东堤、韩庄运河、伊家河，堤防总长343.37公里，水闸16座。直管工程涉及苏鲁两省3市12个县（区）[1]。

3 管理治理取得的成效及存在问题

统管以来，南四湖局各级管理单位按照法定职责，认真做好水旱灾害防御、水利工程管理、水域岸线管理保护、水资源管理及水行政执法等各项工作，取得明显成效，为流域社会经济发展提供坚实保障。

3.1 防洪工程体系逐步完善

根据"上蓄下排，统筹兼顾，合理调度"的治理原则，实施"沂沭泗河洪水东调南下工程"，韩庄运河、伊家河已按50年一遇防洪标准治理，南四湖湖东堤老运河口～泗河段、二级坝～新薛河段堤防设计防洪标准为可防御1957年洪水（相当于90年一遇），其余堤段设计防洪标准为50年一遇[2]。遥感遥测信息管理系统等非工程措施相继投入使用，防洪减灾和水资源配置、调控能力显著增强。

3.2 水旱灾害防御成效显著

充分发挥流域防洪体系的整体优势，科学合理调度水利工程，坚持防洪、抗旱、防污、排涝并举，连续战胜了2019年、2020年、2021年等流域洪水，保证了南四湖地区河湖安澜、百姓平安。充分利用雨洪资源，最大限度增加直管河湖汛末蓄水，2016年以来汛末各湖库蓄水较往年普遍偏多2成以上，为当地工农业、城镇用水提供了充足水源。发挥统一调度优势，每年通过有计划实施河道分洪促进河湖换水，有效改善水环境。

3.3 水利工程管理能力不断加强

根据跨省河道管理的特点，逐步建立健全管理机构，制定和完善各项规章制度，完成水管体制改革，建立了职能清晰的管理体制和科学高效的运行机制，维修养护全面实现市场化，工程标准化管理体系基本建立。上级湖水利管理局成功创建为国家级水管单位，韩庄运河被评为山东省省级示范河湖，微山湖成为国家5A级风景区，直管工程逐步呈现"绿荫掩长堤，清波映水闸"的美丽画卷。

3.4 直管河湖管理秩序持续向好

直管河湖和水利工程划界工作全面完成。严格河道管理范围内建设项目监管，做好河湖岸线开发利用的管控。持续开展采砂专项整治行动，直管河湖规模性盗采杜绝，零星偷采"露头就打"，实现采砂管理稳定可控持续向好的良好局面[3]。在实践中探索建立了"水事纠纷联处、防汛安全联保、水资源联调、非法采砂联打、河湖四乱联治"的"五联"工作机制，形成了团结治水的良好氛围，有效化解了苏鲁省际边界的长期纠纷，得到了国务院领导的充分肯定。南四湖局被中央综治办、水利部授予"全国调处水事纠纷创建平安边界先进集体"荣誉称号。

3.5 水资源管理不断规范

强化水资源刚性约束，严格建设项目水资源论证和取水许可管理。落实国家节水行动方案，全局7家具备条件的单位节水机关创建全部通过验收。着力加强南水北调东线一期工程调水监管，保障供水安全,累计向山东调水超 52 亿 m³。2022 年实施北延应急调水,成功助力京杭大运河全线通水。严格执行南四湖主要控制断面生态水位、流量目标,完善生态流量监管体系,建立预警响应机制,加强取用水管理,守住河湖健康底线,推动流域生态文明建设。

3.6　依法行政进程稳步推进

水行政执法力度持续强化,"河湖执法 2018—2020"、"陈年积案"清零等专项执法行动顺利完成,执法巡查、违法行为查处等常态化执法工作有序开展,执法标准化、规范化水平不断提高,有力遏制了侵占河湖水域岸线、非法采砂等水事违法行为,维护了南四湖流域水事管理秩序。

3.7　河湖长制"有能有效"

南四湖局及所属的各基层局分别成为直管河湖所在地的市、县级河长办成员单位,全面融入了地方河湖长制组织体系,有力推进了直管河湖河湖长制"有名有实""有能有效";先后组织了 6 轮直管河湖问题排查,协调各级地方河长办全力推动问题整改。截至 2021 年底,直管河湖累计清理整治存在问题 2 000 余处。河湖面貌不断提升,水生态水环境不断改善,美丽幸福河湖逐步形成[4]。

流域治理管理工作取得了巨大的成绩,也仍然存在着一些不容忽视的问题和挑战:河湖防洪减灾体系还存在弱项短板,部分河湖堤防险工隐患没有消除,部分控制性涵闸仍带病运行;防洪和水资源统一调度工作机制有待健全完善,主要行洪河道上拦河闸坝较多且分属多个部门管理,对统一调度影响较大;河湖存量问题尚未完全解决;河湖管理能力尚需进一步强化,信息化、智慧化程度不够;河湖长制平台作用尚未充分发挥,流域与区域协商协作的联防联控联治机制仍需进一步健全完善[5]。

4　流域统一治理管理探索

流域性是江河湖泊最根本最鲜明的特性,强化流域治理管理必须坚持系统观念,需从统一规划、统一治理、统一调度、统一管理着手,实现全流域持续、协调、健康发展,推动南四湖流域水利事业高质量发展。

4.1　强化流域统一规划

立足新发展阶段、贯彻新发展理念、构建新发展格局,落实水利高质量发展要求,统筹加强流域统一治理管理能力规划,推进南四湖流域防洪规划、河湖岸线保护与利用规划、水资源规划、水网建设规划、水文化建设规划、水利风景区建设规划、直管河湖信息化规划,逐步提高直管河湖防洪标准、水利工程管理标准、水利建设信息化标准,推进水资源配置高效、水文化充分弘扬、水环境逐步改善,适应流域经济社会快速发展形势。强化规划对水利建设和涉水事务社会管理的法规性作用。

4.2　强化流域统一治理

坚持山水林田湖草沙一体化保护与修复,实行自然恢复为主、自然恢复与人工修复相结合的系统治理。按照水灾害、水资源、水生态、水环境统筹治理的要求,建立流域治理管理防洪、水资源配置和河湖生态修复与保护等工程项目库;从流域全局着眼,区分轻重缓急,有序管控和推进项目实施。着力推动病险水闸除险加固和堤防险工隐患治理,整体提升防御洪水能力;有序推进直管河湖拦河水工程、取水设施建设,积极实施水利风景区创建、河湖水生态修复、水环境改善等项目内容,整体提升流域生态环境质量。

4.3 强化流域统一调度

完善流域多目标统筹协调调度机制。围绕流域防洪、供水、水生态、水环境、发电、航运等多目标，统筹各方需求，推动完善直管河湖多目标统筹协调调度机制。探索湖泊汛限水位动态控制，将南四湖及入湖重要河流生态用水调度纳入统一调度范畴。科学论证抬高南四湖汛末蓄水位方案，为河湖生态、经济、社会等效益彰显提供丰富水资源支撑，促进综合效益的最大化。

4.4 强化流域统一管理

4.4.1 建立健全河湖长联席会议制度

充分发挥流域管理机构协调作用，建立健全直管河湖市级河湖长联席会议制度，实现联合会商、联合巡查、联合执法、信息共享等有效路径，推动建立健全河长挂帅、水利部门牵头、有关部门协同、社会监督的联合共治机制，进一步提升涉水事务综合监管能力。

4.4.2 推进直管河湖水域岸线保护和生态复苏工作

遵循"确有必要、无法避让河湖管理范围"的原则，强化水域岸线节约集约利用，强化河湖岸线空间管控；强化采砂管理协调联动，建立健全边界河段采砂管理联防联控机制；推进河湖存量问题清理整治，推动退圩还湖、退养还湖、渔民上岸等规划并有序实施，恢复湖泊萎缩生态环境；配合苏鲁两省河长办高质量滚动编制；完善"一河（湖）一策"方案，及时反馈直管河湖存在问题，建立河湖健康档案，推动河湖生态系统治理和修复。

4.4.3 强化水资源统一管理

推动流域内跨省河湖水量分配方案编制和批复，指导流域各省确定地下水取用水总量和水位"双控"指标。制定流域水资源刚性约束制度实施方案，建立完善流域水资源刚性约束指标体系。建立流域水资源承载能力监测预警机制，实施流域及重点区域水资源承载能力动态评价，划定地表水和地下水超载区、临界超载区名录及范围并及时动态调整，提出水资源分区管控措施。抓住国家水网建设机遇，加强南四湖流域内重要水资源配置工程互联互通，进一步优化南四湖地区水资源配置与调度。

4.4.4 强化日常监管和行政执法

不断加强河湖日常监管，健全强化水域岸线监管长效机制，推动直管河湖监管从平稳起步向全面完善转变，从重点突破向纵深发展转变，做到"百分百"监管。持续加大执法监管力度，对水事违法案件严格做到应立尽立、有案必查、有查必果，坚决杜绝新增违法问题。进一步巩固"流域+区域"联合执法模式，健全水行政执法与检察公益诉讼协作机制，优化涉水管理执法，提升流域涉水行政管理执法效能。

4.4.5 强化智慧监管体系建设

按照"需求牵引、应用至上、数字赋能、提升能力"要求，强化水利创新驱动，抓住"数字孪生淮河"建设机遇，结合5G技术、卫星遥感、无人机自动巡河、沿河湖视频监视监控设施等技术手段，打造"空天地人"一体化智慧监管体系。

4.4.6 打造美丽幸福南四湖

加强水利工程管理维护，打造工程沿线微景观，改善工程生态面貌，逐步实现"堤是风景线、闸是风景区"全覆盖。以大运河文化带及南水北调东线工程等重点区域为轴线，做好大运河文化保护传承利用相关工作，推进运河沿线生态环境不断改善，把南四湖流域建设成为让人民满意的幸福河湖。

[参考文献]

[1] 沂沭泗水利管理局.沂沭泗防汛手册[M].徐州:中国矿业大学出版社,2003.

[2] 水利电力治淮委员会.治淮案例(第十辑)[Z].1984.

[3] 魏蓬,马莹.全力推进直管河湖河长制 建设人水和谐美丽沂沭泗[J].中国水利 2017(24):94-97.

[4] 阚善光.沂沭泗直管河湖管理中面临的问题及对策思考[J].中国水利 2014(8):16-17+50.

[5] 刘小勇,陈健,王佳怡.加强中央直管河湖河湖长制工作对策研究——以沂沭泗水利管理局直管河湖为例[J].水利发展研究,2019,19(2):1-4.

[作者简介]

马莹,女,1987年3月生,工程师,主要从事河湖管理与防汛抗旱工作,18051377531,2544289168@qq.com。

浅析淮河流域防洪规划修编的必要性

何夕龙 季益柱

(中水淮河规划设计研究有限公司 合肥 230601)

摘 要：淮河流域地处南北气候过渡带，气候复杂多变，且受黄河长期夺淮影响，洪涝灾害严重。经过70多年的治理，淮河流域已初步形成由水库、堤防、行蓄洪区、湖泊、水土保持和防汛指挥系统等组成的防洪减灾体系，可防御新中国成立以来发生的流域性最大洪水，能够基本满足重要城市和保护区的防洪安全要求。上一轮淮河流域防洪规划以来，流域水情、工情、社情均发生了较大变化，新发展阶段流域防洪安全保障乃至水安全保障均有了全新要求，流域和区域防洪策略、标准及安全保障能力需要相应改变。针对流域新老防洪问题，以优化防洪排涝布局，合理安排洪水出路，强化防洪短板和薄弱环节建设，提高洪涝风险应对能力为目标，开展规划修编是十分迫切和必要的。

关键词：防洪规划；修编；形势和问题；必要性

1 上一轮规划实施情况

1.1 规划实施情况及成效

淮河流域防洪规划拟定的近期目标已基本实现，远期规划任务中前坪水库、淮河干流行蓄洪区调整和建设等项目已完成或部分单项正在实施，入海水道二期工程即将批复立项建设，已建的防洪工程在流域防洪减灾中发挥了重要作用。

依据《淮河流域防洪规划》，实施了治淮19项骨干工程、进一步治淮38项工程，目前治淮19项骨干工程已全部完成，进一步治淮38项工程已开工32项，建成了较为完善的防洪除涝减灾体系，防洪保护区的防洪标准和抗洪减灾能力得到很大提高，河流生态环境得以改善，有力保障和促进了流域经济社会的可持续发展，社会、经济与生态效益显著。据分析，治淮19项骨干工程多年平均减淹面积3 493 km²，多年平均减灾效益82亿元。通过淮干河道整治和行蓄洪区调整，石姚段、洛河洼、方邱湖、临北段、香浮段行洪区调整为防洪保护区，设计标准内洪水不再启用，较好地解决了行蓄洪区安全与发展的问题；通过主要支流河道治理，使主要支流防洪标准和抗洪灾风险的能力有效提高；淮南、蚌埠等全国和流域重要防洪城市经过建设，抗洪能力明显提高，减轻了防汛压力；临淮岗洪水控制工程的实施，使淮河正阳关以下重要防洪保护区的防洪标准达到100年一遇，淮河防汛局面大为改观；燕山、白莲崖、江巷、前坪和出山店水库的实施，增强了对上游山区洪水的拦控能力，有效提高了水库下游河道的防洪标准；重点平原洼地治理工程的实施，使治理区域形成了较为完整的防洪排涝体系，提高了治理区的防洪标准，为治理区社会经济发展起到了重要保障作用；防洪调度系统的建设，为淮河流域防汛指挥调度决策提供了有力支撑。

1.2 规划实施过程中存在问题

规划实施过程中也存在一些问题。新建水库、新设滞洪区受土地、环境、经济社会发展等因素影响,立项实施难度大;另外,已开工建设的水库总库容、防洪库容未达到防洪规划确定的标准,降低了上游拦蓄洪水能力。行蓄洪区调整和建设工程征地量大,省际协调难度大,部分行洪区地方提出调整既定规划方案,导致前期工作推进缓慢;淮河行蓄洪区和居民迁建总体进展缓慢,自 2019 年安徽省出台新的政策后,居民迁建工作进度有所加快。入海水道二期工程由于线路长、工程项目复杂、工程占地和搬迁移民数量大,加之江苏省土地资源非常紧张,耕地占补平衡难度大,因此工程占地也成为了二期工程前期论证及推进过程中的难点。

2 流域防洪面临的形势和问题

经过 70 余年建设,治淮工作取得了巨大成就,随着流域经济发展,人口的不断增加,城市化进程的加快,流域防洪安全要求不断提高。在新形势下,与全面建设社会主义现代化国家的要求相比,与流域高质量发展新要求相比,流域防洪仍存在一些突出问题和薄弱环节。

2.1 淮河水系

淮河上游拦蓄洪水能力仍然偏低,规划竹竿河张湾水库、沙河下汤水库和白露河白雀园水库、潢河袁湾水库均未建设,支流洪水缺少有效拦蓄。2020 年洪水中,白露河北庙集连续 39 个小时超保证水位,过洪量超过 2.05 亿 m³,极大地增加了淮干防洪压力;潢河上游建有泼河水库,但防洪库容仅 0.28 亿 m³,7 月 17 日至 18 日 24 小时之内,共拦蓄洪水 0.18 亿 m³,但同一时段潢河潢川累计过洪量达 1.19 亿 m³,水库拦蓄水量仅相当于过洪量的 15%。

淮河中游干流高水位时间长、行洪不畅,行蓄洪区启用标准低、居住人口多等问题依然没有解决,洼地排涝能力仍然不足。2020 年洪水中,在不启用行洪区时淮干多处超保证水位,正阳关水位在下游水位、流量均未达到设计标准时高于保证水位;王家坝仅 5 400 m³/s 流量就超过了保证水位,开启蒙洼蓄洪区后,王家坝仍长时间超过保证水位,历时 42 个小时方退至保证水位以下;小柳巷水位在淮干入洪泽湖水位较低、干流流量不高的情况下,累计超保证水位时长超过 140 个小时。2020 年洪水充分暴露了淮河中游及浮山以下段高水位时间长、泄流不畅的问题,既严重威胁两岸防洪保护区安全,也对支流洪水下泄、沿线洼地排涝造成了严重不利影响。2020 年洪水共启用了 8 处行蓄洪区,防汛救灾投入了大量人力、物力,对经济社会造成了较大影响,与新阶段经济社会高质量发展要求不相适应。

淮河下游洪水出路依然不足,洪泽湖中低水位时泄流能力偏小,影响中游洪水下泄。2020 年洪水中,入江水道三河闸和苏北灌溉总渠敞泄,分淮入沂也相机泄洪,洪泽湖最大出湖流量为 9 260 m³/s,其中入江水道最大泄量为 7 600 m³/s;在洪泽湖水位 13.0 m 时三河闸泄量仅有 6 360 m³/s,13.5 m 时仅有 7 970 m³/s,充分暴露了洪泽湖中低水位泄流能力不足的问题。

2.2 沂沭泗水系

沂沭泗地区防洪保护对象及重要性较以前发生了较大变化,防洪标准与新阶段经济社会高质量发展不相适应,迫切要求提高防洪标准。南四湖湖内有渔湖民 17.5 万人,渔民湖区养殖等湖区围垦生产活动,严重影响南四湖行洪和蓄洪能力。2020 年洪水中,暴露出部分河道(段)、枢纽行(泄)洪能力不足的问题,新沂河、新沭河及沂河入骆马湖段流量未达设计标准,但水位接近或超过设计水位;彭家道口闸等枢纽泄流能力严重不足。

2.3 重要支流及其他

沙颍河、贾鲁河等重要支流及面上诸多中小河流未系统治理,难以形成完整的防洪体系。如沙颍河干流仅按 20 年一遇标准治理了漯河陈湾以下河段,且达不到规划确定的 50 年一遇防洪标准,其支流贾鲁河、北汝河等仅治理了局部河段,河道泄洪不畅,标准低;洪汝河仅安排了宿鸭湖水库以下河段治理。2021 年"7·20"郑州特大暴雨中,贾鲁河下段、双洎河、索须河等泄洪不畅,河道堤防漫溢,险情频发,受灾十分严重。

随着城镇化发展造成下垫面进一步变化,重要城市和区域排涝能力不足,涝水外排与骨干河道行洪矛盾突出。另外,众多水库、闸坝仍存在安全隐患。

3 规划修编必要性

（1）贯彻落实党中央重要指示精神的要求

习近平总书记新时期治水思路为推进新发展阶段治水提供了根本遵循,防洪减灾系列重要讲话和新时期淮河保护治理要求对防洪安全提出了更新更高的内涵和使命。因此,及时对流域防洪规划进行修编,全面提升流域水安全保障能力,是贯彻落实党中央重要指示精神的需要,解决人民群众最关心、最直接、最现实的防洪安全问题,不断满足人民日益增长的美好生活需要,使人民获得感、幸福感、安全感更加充实、更有保障、更可持续。

（2）流域高质量发展对防洪提出新要求

淮河流域是长三角一体化、长江经济带、黄河流域生态保护和高质量发展、中原经济区等重大国家战略规划重叠较高的区域,也是大运河文化带主要集聚地区,在我国社会经济发展大局中具有十分重要的地位。淮河流域具有防洪保护区面积大,区内人口、经济总量等占流域总量比重较高等特点,防洪保护区对保障人民生命财产安全意义重大。随着流域经济总量的快速增长、城市化进程的加速,防洪保护区内人口和社会财富也快速聚集,洪涝灾害可能造成的经济损失和风险程度将同步增长,对防洪保护区的防洪安全保障和抵御洪水风险能力的需求将逐步提高。现有的淮河流域防洪规划已实施 12 年,流域内社会经济和水情、工情发生了很大的变化,部分工程未完全满足规划目标,需要进一步研究已有方案,合理调整方案,以实现规划目标。淮河上游新建水库在规划和实施阶段,防洪库容有所调整,需进一步分析水库防洪库容变化对淮河中游王家坝及以下的防洪影响;沙颍河远期通过修建下汤水库、前坪水库和新建大逍遥滞洪区,将防洪标准提高到 50 年一遇,受土地、人口及经济社会发展等因素制约,现阶段新设滞洪区难度大,需要研究大逍遥滞洪区规划方案或替代方案;沂沭泗地区经济社会快速发展,防洪保护对象及重要性发生了较大变化,迫切要求提高防洪标准。流域现状防洪除涝能力与经济社会高质量发展水平尚未完全相适应。结合 2020 年淮河大水暴露的问题,对标对表进入新发展阶段、贯彻新发展理念、构建新发展格局、推动高质量发展的战略要求,淮河流域需研判新形势、谋划新思路、满足新要求,尽快开展新一轮流域防洪规划的修编工作。

（3）提升流域水治理能力现代化水平的新要求

近年来淮河流域防洪管理水平、手段、措施已有较大提升,但防洪管理体系、管理水平与水利现代化要求还有差距,流域防洪管理体制机制仍需进一步完善。流域水利信息化技术水平不高,水利信息化基础设施薄弱,重要河湖视频监控、安全监测设施仍不完善,水政执法能力难以满足执法工作需要,防汛抗旱指挥调度系统和监测预警系统还需进一步完善,洪水过程预测预报精细化和水工程联合调度水平还需提升,整体信息化系统保障体系与国家网络安全要求仍有差距。《国民经济和社会发展第十四个五年规划和 2035 年远景目标纲要》对水利改革发展作出战略部署,提出"要加强水利基础设施建设,构建智慧水利体系,以流域为单元提升水情测报和智能调度能力"。智慧流域防洪体系建设,是推进水利现代化和新时期淮河流域治理能力现代化的重要举措和抓手。针对流域现状管理存在的问题,抓紧开展淮河流域防洪规划修编,完善流域非工程体系规划,加强智慧流域防洪体系建设,提高预报、预警、预演、预案能力,健全流域防洪管理体制机制,对有效降低洪水风险,不断提升决策的科学性和服务效率具有十分重要的意义。

(4) 充分发挥流域防洪工程体系综合效益的需要

经过70余年的建设,淮河流域防洪体系不断完善,防洪能力持续增强,如何在发挥防洪工程防洪效益的同时,兼顾生态、灌溉、供水等综合效益将成为重要任务。流域内已修建水库6 300余座,其中大型水库44座,汛期调控洪水能力不断增强,开展汛期洪水资源化利用和汛末提前蓄水,对提升枯水期供水保障率意义重大。临淮岗洪水控制工程是淮河中游防洪体系中重要的控制性骨干工程,研究在确保防洪安全和不影响排涝的前提下,兼顾洪水资源利用,发挥其综合效益,可有效缓解沿淮淮北地区水资源供需矛盾,提高区域水资源安全保障能力,对实施乡村振兴战略,促进区域经济社会的可持续发展具有重要意义,也符合流域生态保护和高质量发展最新要求。洪泽湖是淮河中下游结合部的巨型平原水库,是淮河流域最大的调蓄洪水湖泊,也是江苏省苏北地区的重要供水水源地及南水北调工程东线的水源调蓄水库,在确保防洪安全的前提下,研究洪泽湖洪水资源综合利用,可实现防洪安全与洪水资源化双赢。流域内南四湖、骆马湖、高邮湖等众多重要湖泊,以及城东湖、城西湖、瓦埠湖等蓄洪区,实施综合治理,提高调蓄能力,可进一步改善水生态环境,维持并提升湖泊生态功能。因此,新一轮淮河流域防洪规划修编应充分挖掘防洪工程体系综合效益,在切实提高防洪减灾能力的同时,为流域水资源、水生态、水环境问题的统筹解决和建设幸福淮河创造有利条件。

4 结语

开展淮河流域防洪规划修编,是贯彻党中央国务院加强自然灾害防治工作总部署、践行新发展阶段防灾减灾新理念新思路的形势要求,是服务国家经济社会发展"两个一百年"奋斗目标、保障国家重大发展战略实施的支撑要求,是切实落实水利改革发展新思路、适应防洪形势变化的现实需要,是顺应社情、水情和工情新情况、统筹解决流域新老防洪问题的内在需求。通过开展流域防洪规划修编工作,解决当前淮河流域防洪体系建设中存在的突出问题和难点,优化完善淮河流域防洪工程体系和非工程体系,科学指导未来一段时期流域防洪减灾体系建设工作。

[作者简介]

何夕龙,男,1978年9月生,高级工程师,主要从事水利规划与设计工作,18155183109,hexilong323@126.com。

基于 SWOT 的基层视角下智慧水利发展战略分析

张 龙

(安徽省茨淮新河工程管理局 安徽 蚌埠 233000)

摘 要: 智慧水利是水利建设的既定发展目标,是优化水资源配置、提升水旱灾害防御能力的强力驱动。长期以来,智慧水利的建设注重顶层设计,但其应用成果最终依托于各基层水利单位,因此探讨其在基层单位的建设发展很有必要。本文以基层单位为视角,采用 SWOT 分析法,以智慧水利在基层单位的现状为切入点,进行优势、劣势、机遇及威胁分析。在这一基础上,提出 SO、WO、ST、WT 策略,为推动顶层设计与基层建设相融合提供借鉴。

关键词: 基层视角;智慧水利;SWOT 分析;发展战略

智慧水利是依托于云计算、互联网、物联网,实现水利信息数字化的管理体系[1]。2022 年,水利部就智慧水利建设工作制定远景规划,2025 年初步完成智慧水利体系建设,2035 年全面实现水利管理智能化[2][3]。本文在顶层设计的基础上,以基层为视角,引用管理学 SWOT 分析法,结合水利单位的工作特点,探索建设的新途径和新模式[4]。

1 研究方法概述

SWOT 分析法(道斯矩阵),由韦里克提出,广泛应用于发展战略的制定。通过分析内部优势(S)、劣势(W)、外部机会(O)、威胁(T),将这些关键因素以矩阵形式进行区分,寻求问题解决的策略与最佳方案[5]。

2 基层智慧水利建设现状与问题

2.1 建设现状

茨淮新河,淮河支流之一,入淮口位于蚌埠市怀远县。其建设的茨淮新河灌区信息化管理平台,于 2022 年上线测试,是基层智慧水利建设的代表性工程,本文以此为例介绍基层智慧水利发展的现状。

(1)初步具备智慧水利信息化基础支撑能力

该平台在辖区涵闸、泵站、取水口、重点水文测站等位置上建设了视频监控点及数据采集点,利用虚拟化技术整合物理服务器资源,采用水利专网与外网相结合方式,构建存储资源池,初步具备智慧水利信息化建设的基础支撑能力。

(2)基本完成信息化业务系统建设

在综合信息化系统建设方面,完成了水雨情系统、泵站系统、涵闸系统等建设,初步完成信息自动化存储、处理,基本实现水利工程调度与水文气象预报的耦合与互联,在水旱灾害防御中发挥作用良好。

在工程管理系统建设方面,完成了茨淮新河水政执法系统、项目管理系统、调度命令等系统建设,能够实时获取各泵闸站的工程信息,为防汛抗旱、工程管理等业务提供科学决策支持。

2.2 存在问题

(1) 人员力量薄弱,信息化技术能力不强

受地理限制,基层水利单位多处于偏远地区,交通不便,人员编制少,力量薄弱,现有职工平均文化水平低,无法满足智慧水利建设的需求。加之缺乏系统性、针对性的培训,职工信息化专业能力和知识普遍偏低。

(2) 智慧化程度低

目前,基层水利单位主要采取传统人工管理模式。工程观测、巡查等依赖于眼看手算,效率低、错误率高。感知技术运用较少,工程管理与现代信息技术融合乏力,智慧化程度较低。

(3) 通信手段落后

随着信息化的建设与发展,视频监视、数字传输等应用被大力推广。而现有通信通道无法应对激增的数据流量,卡顿掉线等情况愈发明显。信息设备基础投入不足,通信传输手段单一,未建立多通道通信模式,传输安全性、稳定性建设乏力。

(4) 数据资源共享不深入

水利基层单位之间,距离较远,各单位之间缺乏信息共享,未形成流畅的数据共享机制,信息孤岛现象时有发生。现场的数据资源共享模式,距离智慧水利的一体互联目标还有差距。

3 基层智慧水利 SWOT 分析

3.1 优势分析 (Strengths)

(1) 新进水利职工综合素质高。水利单位新进职工大多由省统一招考,是经历大学培养教育,综合素质优秀的学生。因此,水利单位信息化的整体综合素质越来越高,是一个既有较高科技文化水平又有较强创新实践能力的群体。

(2) 单位人员流动率低。作为编制单位,用工总体环境较好,与社会企业相比,单位人员稳定性强,流动率低。

3.2 劣势分析 (Weaknesses)

(1) 后备人员不足。限于编制定额等原因,单位每年新进人员较少,加之部分中、老年职工学习意愿不强,致使信息化专业队伍人员不足。

(2) 技术人员业务不熟练。信息技术更新换代速度快,前沿性强,基层单位信息化人员多为兼职,缺乏系统培训,业务技能有待提高。

(3) 推进信息化建设的积极性不高。一是基层水利职工习惯于传统人工操作,思维定势难以改变;二是部分信息化系统流程复杂,操作感官差,人员使用积极性差。

(4) 信息化建设客户端覆盖面小,缺乏移动媒介。以茨淮新河灌区信息化平台为例,其目前仅支持电脑端操作,手机端设计方向为安卓系统,无法覆盖 IOS 等系统,覆盖范围小,缺乏移动媒介。

3.3 机遇分析(Opportunities)

(1)国家高度重视智慧水利建设工作。水利部相继出台《"十四五"智慧水利建设规划》等系列文件,在顶层设计上更加重视智慧水利建设工作。

(2)信息技术的迅速发展。以量子通信为代表的信息技术飞速发展,智能化操作受众更多、传播方式更加吸引人、表达方式也更加多样,使得时间、空间等问题不再是工程管理的限制因素。

3.4 威胁分析(Threats)

(1)网络安全防护的挑战。伴随数字化、智能化的进程加快,黑客攻击手段更新迭代,造成的网络安全事件时有发生。信息化建设中的数据收集、存储、传输、处理、使用等活动均有可能发生泄露滥用的风险。

(2)制度统筹协调性不足。在信息化建设过程中,其行政管理流程、责任归属等发生改变,传统管理制度无法应对新技术的变化,制度架构统筹性和综合协调性不足。

表1 智慧水利SWOT矩阵分析表

	优势(S)	劣势(W)
内部因素	S1:新进水利职工综合素质高 S2:单位人员流动率低	W1:后备人员不足 W2:技术人员业务不熟练 W3:推进信息化建设的积极性不高 W4:信息化建设客户端覆盖面小,缺乏移动媒介
	机会(O)	威胁(挑战)(T)
外部环境	O1:国家高度重视智慧水利建设工作 O2:信息技术的快速发展	T1:网络安全防护的挑战 T2:制度统筹协调性不足

4 基层智慧水利发展战略分析

4.1 实施SO策略——把握机遇,发挥优势

(1)利用新进人员优势,加强基层信息采集系统建设

数据是建设智慧水利的基础,基层单位是采集数据信息一线单位,数据失真会影响后续工作流程,使决策计划造成偏差,智慧水利的科学决策、智能决策则无法实现。

水利单位新近人员多为大学生,整体综合素质高,接收新事物能力强。因此,水利单位要结合大学生的自身特点,充分挖掘自身优势,学习信息化设备操作技术,加强信息采集系统建设,通过视频监控、水文测报、传感器输出等系统、整体、多类型的获取信息,进行存储、汇集、评价、校正和融合。

(2)发挥人员稳定优势,实现信息化业务轮岗培训

基层水利信息化技术人员多为兼职,所学专业差异大,技能水平不熟练,加之常规的课堂培训时间短,内容少,并不能满足信息化建设工作的需求。另一方面,一些人员长期在某一部门或者负责某一项工作,缺少接触新系统、新媒介的机会。

水利单位人员流动率低,在业务工作方面职工熟悉度高,适应性强,这为轮岗培训打下坚实的基础。通过轮岗培训,提升信息化业务人员技能水平,注重培养"专家型""复合型""创新型"信息化队伍。

4.2 实施 WO 策略——克服劣势,抓住关键

(1)明确智慧水利建设目标任务,加强基层推广深度

根据智慧水利建设的要求,明确基层智慧建设的目标及任务流程:一是根据工程状况开展需求调研,为智慧水利的实施方案提供现实支撑;二是构建智慧水利建设的总体方案,选择合适工程进行试点运行;三是构建智慧水利评价指标体系,完善建设流程。

同时,要加强云数据库建设,通过基础设施、管理平台、物联网平台的搭建,实现数据信息支撑。积极开展水利专业高新技术研究,提升水利信息化技术基础,为智慧水利的可持续建设奠定基础。

(2)开发基层智慧水利服务体系,增强使用端覆盖面

智慧水利是系统性的复杂工程,基层水利单位技术薄弱,需要加大资金投入,增强使用端覆盖面,建立起一套完整的基层技术服务体系。

基层单位针对智慧水利服务体系的需求,重点为人工智能辅助人类决策。其设计目标是为决策提供方案支持,使决策更加科学合理。智慧水利应集成各子系统,通过应用平台建设,实现各子系统的人机数据交互,使决策者对现场物联网的信息应用内容一目了然。通过分级管理自动审核数据,实现数据渗透查看、自动汇总采集,为智能管理提供支持,达到安全管理和动态管理的目标。

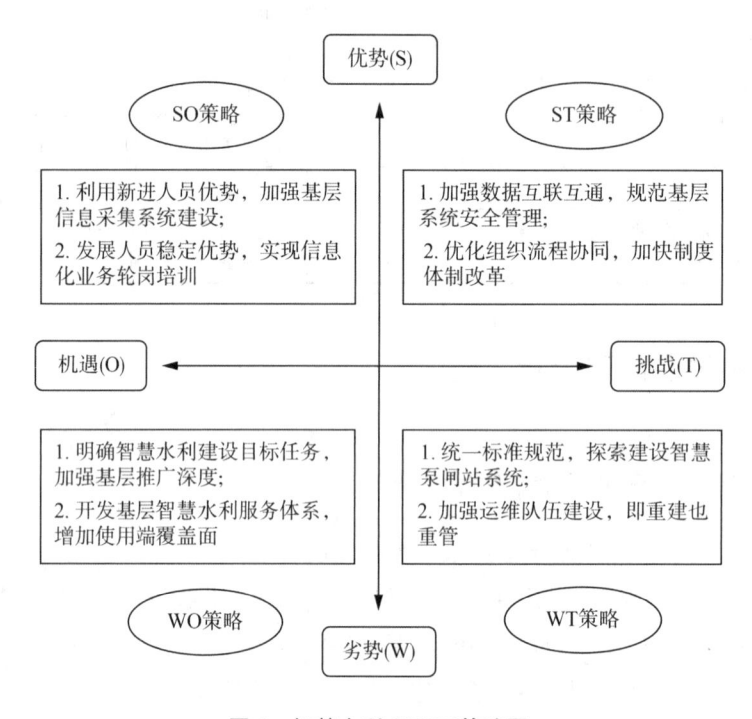

图 1 智慧水利 SWOT 策略图

4.3 实施 ST 策略——发扬优势,应对挑战

(1)加强数据互联互通,规范基层系统安全管理

由于信息化终端操作的复杂性和数据格式的可变性,传统的数据分析需要随着终端类型的变化而变化。智慧水利应用平台需加强数据互联互通,检索不同类型的数据,将其分析从编码更改为配置,可持续动态扩展,增强设备终端的互通,同时应用软件可根据不同的数据需求进行拓展和开发。

在系统管理上,着重规范物理安全、网络安全、使用安全、通信安全、控制安全等行为。

物理安全主要包括服务器等电子设备的环境安全,可通过增设消防设备,安装指纹识别、面部识

别等提升电子设备防护能力。

网络安全主要包括网络防护能力、抵御病毒黑客攻击的能力,关键性的核心设备、电源、软件应事先备份,具有快速恢复通信传输和网络运行的能力。

使用安全主要包括用户访问控制、身份验证、限制访问设备、禁用危险程序、限制源文件变更以及控制进程访问等。

通信安全包括建立安全的数据存储策略、备份策略、完善敏感数据防御能力,确保数据不被外泄、窃取,确保不被篡改失真等。

数据安全包括建立和完善数据管理系统,规范数据权限,加强对系统操作人员的保密信息培训,增强业务人员的信息安全意识,对系统数据资源进行监控等。

系统安全包括规范操作规程,建立管理制度,完善信息审核和监督检查等机制,设立信息安全防护岗位,落实信息攻防安全检测等。

(2)优化组织流程协同,加快制度体制改革

智能水利是管理的革命性变革,需顶层积极推动,员工转变观念,因地制宜创建适合智能化管理的工作组织模式,将智能系统与生产组织结构相结合。

一是修改完善内部管理制度,以单位良性运行为目标,建立符合智慧水利的运行管理机制;二是确立审批流程,在防汛抗旱、工程管理、水行政执法、项目管理等方面明确审批流程,实现组织的优化和流程的变革;三是明确责任权限,在管理系统中,明确各级人员档案调阅、财务审批、人员增减等管理与责任权限;四是精简管理流程,以提高治理能力和效率为核心,优化工作组织,合理管理流程,避免多重审批,促进模式转变,实现智能化的成功应用。

4.4 实施 WT 策略——弥补不足,加快改革

(1)统一标准规范,探索建设智慧泵闸站系统

泵闸站是智慧水利建设的核心,而泵闸站的核心则是自动化控制系统。由于缺乏智慧水利建设总体意识,传统泵闸站数据收集无统一标准规范。因此,需规范新建泵闸站的智能化建设和后期老泵闸站的智能化改造,制定一套泵闸站自动化控制系统的建设标准。

泵闸站现有自动控制系统须及时组合应用,在符合统一参数采集传输协议规范的基础上,进行转换与集成。智能化的泵闸站建设标准,应统一运行功能、数据采集配置、主要设备配置、PLC 地址编码等。自动化控制系统的建设标准,应统一传输接口协议、工控安全防护等,从而达到控制命令、音频视频、工况数据、预警报警等共享互通。

(2)加强运维队伍建设,既重建也重管

基层水管工程较为分散,"重建轻管"的情况时有发生。智慧水利的运维技术性强,故障影响范围大,需要一支专业的运维队伍。

一是优化运维岗位建设,通过购买厂家运维服务,构建运维评价体系,搭建故障处理平台等,合理配置人员;二是建立部门合作沟通机制,开展日常运维工作,细化职责,落实各部门的职责、权益;三是加强一线操作人员和维护人员培训工作,组织硬件产品、管理系统、架构体系的技术培训;四是制定合理规章制度,建立应急救援预案,确保智能系统的正常使用和有效运行维护。

5 结语

智慧水利是推进水利高质量的必要途径,本文以基层单位为视角,分析智慧水利建设的现状和存

在的问题,根据 SWOT 影响因素分析,制定相应发展战略,为推动顶层设计与基层建设相融合提供借鉴。

[参考文献]

[1] 吴鳃,王振兴.鄱阳湖数字湿地生态调控智慧管理平台设计与应用[J].水利技术监督,2022(5):29-32+97.
[2] 王志东,魏至胜,孙赟恽,等.新时期智慧水利内涵及框架体系研究[J].智能城市,2022,8(3):75-77.
[3] 柴慧.浅析新形势下智慧水利建设的现状及未来发展[J].陕西水利,2022(3):195-196+199.
[4] 曾焱,程益联,江志琴,等."十四五"智慧水利建设规划关键问题思考[J].水利信息化,2022(1):1-5.
[5] 冷丰.基于 SWOT 分析的自媒体时代高校学生基层党组织建设研究[J].沈阳工程学院学报(社会科学版),2017,13(2):201-206.

[作者简介]

张龙,男,1993 年 6 月生,工程师,研究方向为水利工程管理,18297313171,1475506200@qq.com。

沂沭河直管堤防工程双重预防机制下的隐患排查管控体系

许纪坤[1]　孙　涛[2]　庄逸民[3]

（1. 沂沭河水利管理局大官庄水利枢纽管理局　山东 临沂　276000；
2. 沂沭泗水利管理局沂沭河水利管理局　山东 临沂　276000；
3. 沂沭河水利管理局刘家道口水利枢纽管理局　山东 临沂　276000）

摘　要：为实现沂沭河水利事业高质量发展，强化流域治理管理，确保生产安全。沂沭河局逐步建立了堤防安全风险分级管控和隐患排查治理双重预防机制下的隐患排查管控体系。该体系通过对直管堤防工程可能发生的事故进行认真分析，客观梳理出存在风险隐患点以及前期表征，为开展堤防工程隐患排查管控提供理论基础。

关键词：隐患排查；安全风险；分级管控

1　直管堤防工程概况

沂沭河局直管堤防总长 738.991 km。其中沂河干流 263.294 km，邳苍分洪道 80.2 km，祊河 36.35 km；沭河干流 181.8 km，新沭河 36.072 km，分沂入沭 38.575 km，老沭河 62.76 km，总干排 23.1 km，汤河回水段 12 km，莒南围堤 4.84 km。

其中沂河祊河口至省界、分沂入沭水道、沭河汤河口至省界段、新沭河已按 50 年一遇防洪标准治理；沂河东汶河口至祊河口沭河浔河口至汤河口已按 20 年一遇防洪标准治理。

2　堤防工程险情及预防措施分析

堤防工程是指沿河、渠、湖、海岸或行洪区、分洪区、围垦区的边缘修筑的挡水建筑物。堤防工程的作用就是约束洪水在河道内，从而保护两岸生产生活设施不受洪水的侵害。

2.1　堤防工程险情原因分析

堤防遇洪水可能出现漏洞、管涌、渗水、滑坡、崩岸、裂缝、坍塌、陷坑、漫溢等事故险情，事故险情可能多类同时发生，如果处理不及时，最终可能引发堤防决口，造成重大损失。

2.1.1　漏洞

堤防漏洞是指渗流通过堤防的漏水通道，从背水坡溢出的现象。漏洞进一步发展可能造成堤防溃决。

堤防漏洞产生的原因（事故隐患）：

（1）施工质量原因导致上下游水头差作用下形成渗流通道；

（2）地基产生不均匀沉陷，堤防中产生惯穿性横向裂缝，进而形成渗漏通道；

（3）动物在堤防中筑巢打洞，如蚁、蛇、鼠等；

（4）建筑物与土堤结合处,高水位时浸泡渗水,从而导致漏洞;

（5）背水坡无反滤设施或反滤设施标准较低等。

2.1.2 管涌

管涌为砂性土在渗流力作用下被水流不断带走,形成管状渗流通道的现象,也称翻沙鼓水、泡泉等。管涌一般发生在背水坡脚附近地面或较远的潭坑、池塘或洼地,多呈孔状冒水冒沙。

管涌形成的主要原因（事故隐患）：

（1）堤防、水闸地基土壤级配缺少某些中间粒径的非黏性土壤,在上游水位升高,出逸点渗透坡降大于土壤允许值时,地基土体中较细土粒被渗流推动带走形成管涌;

（2）基础土层中含有强透水层,上面覆盖的土层压重不够;

（3）工程防渗或排水（渗）设施效能低或损坏失效;

（4）护堤地或堤防工程保护范围内有沟渠、水坑等。

2.1.3 渗水

高水位下浸润线抬高,背水坡出逸点高出地面,引起土体湿润或发软,有水逸出的现象,称为渗水,也叫散浸或泅水。

堤防产生渗水的主要原因（事故隐患）：

（1）超警戒水位持续时间长；

（2）堤防断面尺寸不足；

（3）堤身填土含砂量大,临水坡无防渗斜墙或其他有效控制渗流的工程措施,或者防渗设施损坏；

（4）堤防本身质量问题,填土质量差,填筑时含有团块和其他杂物,夯实不够等；

（5）堤防的历年培修,使堤内有明显的新老结合面存在；

（6）堤身隐患,如蚁穴、蛇洞、暗沟、易腐烂物、树根等；

（7）堤顶裂缝、破损导致堤顶存水下渗,导致堤防浸润线抬高；

（8）护堤地或堤防工程保护范围内有沟渠、水坑等。

2.1.4 穿堤建筑物接触冲刷

穿堤建筑物与土体结合部位,由于施工质量问题,或不均匀沉陷等因素发生开裂、裂缝,形成渗水通道。

2.1.5 漫溢

遇超标准洪水、洪水通道受阻等原因时,可能造成堤防漫溢,土堤洪水漫顶过水,极易形成溃决大险。

堤防产生漫溢的主要原因有（事故隐患）：

（1）洪水超过河道的设计标准；

（2）堤顶未达设计高程。或因沉陷过大,使堤顶高程低于设计值；

（3）人为建筑物或高杆作物阻水或河道淤积导致河势变化过洪断面减小产生壅水,水位抬高；

（4）防浪墙高度损坏,波浪翻越堤顶。

2.1.6 风浪

堤防临水坡在风浪的连续冲击淘刷下,易遭受破坏。当洪水接近堤防顶部时,风浪作用还易造成漫溢。

2.1.7 滑坡

堤防滑坡,也叫堤防脱坡,是散浸或裂缝等险情的恶性发展。脱坡险情能在短时间内削弱堤防断面,使堤防失去御洪能力。

堤防产生滑坡的主要原因（事故隐患）：
(1) 高水位持续时间长，浸润线升高，土体抗剪强度降低，导致背水坡失稳；
(2) 坡脚附近有沟渠、水坑等导致抗剪强度低；
(3) 填筑土体的抗剪强度不能满足稳定要求；
(4) 堤防加高新旧土体之间结合差，在渗水饱和后，形成软弱层；
(5) 堤防背水侧排水设施堵塞，浸润线抬高，下游浸水面增加，土体抗剪强度降低；
(6) 河道水位骤降，临水坡失去外水压力支持，可能引起失稳滑动；
(7) 堤坡养护不当，存在坡面不平整、雨淋沟等。

2.1.8 崩岸

崩岸是在水流冲刷下临水面土体崩落的险情。当堤外无滩或滩地极窄的情况下，崩岸将会危及堤防的安全。

堤防产生崩岸的主要原因（事故隐患）：
(1) 人为改变河势引发的水流漩涡可能引发崩岸；
(2) 违规盗采等违法活动影响河势稳定，改变了河床边界条件；
(3) 风浪淘刷作用，水流对防护不到位的岸坡冲刷严重，易导致岸坡失稳。

2.1.9 裂缝

堤防裂缝按其出现的部位可分为表面裂缝、内部裂缝；堤防裂缝是常见的一种险情，裂缝持续发育会引发诸如漏洞、滑坡等其他险情，极端情况下可造成溃堤决口。

堤防产生裂缝的主要原因有（事故隐患）：
(1) 因不均匀沉降等产生沉陷裂缝；
(2) 因滑坡产生滑坡裂缝；
(3) 因堤坡干涸、植被破坏等产生干缩裂缝；
(4) 因超载车辆、违规放炮施工或极端地震产生震动裂缝。

2.1.10 跌窝

俗称陷坑。一般出现在大雨过后或持续高水位情况下，指堤防突然发生局部塌陷。

堤防产生跌窝的主要原因（事故隐患）：
(1) 堤、坝内埋设管道断裂漏水，土壤被冲失，均会造成跌窝险情，如伴随漏洞发生，险情将更为严重；
(2) 动物在堤内打洞导致河水灌入，雨水泡浸使洞周土体浸软形成局部陷落。

综上，以上10类常见堤防事故的发生均有前期表征，即事故隐患，事故对应事故隐患分析详见表1。

表 1　事故隐患分析

重大险情	可能引发堤防决口的事故	事故隐患分析
堤防决口	漏洞	地基产生不均匀沉陷，在堤防中产生惯穿性横向裂缝，进而形成渗漏通道
		动物打洞活动
		与建筑物结合部位薄弱
		背水坡无反滤设施或反滤设施标准低
	管涌	工程防渗或排水（渗）设施效能低或损坏失效，护堤地或堤防工程保护范围内有沟渠、水坑等

续表

重大险情	可能引发堤防决口的事故	事故隐患分析
堤防决口	渗水	堤身填土含砂量大,临水坡无防渗或防渗设施损坏
		堤顶裂缝、破损导致堤顶存水下渗,堤防浸润线抬高
		蚁穴、蛇洞、暗沟、易腐烂物、树根;护堤地或堤防工程保护范围内有沟渠、水坑等
	穿堤建筑物接触冲刷	不均匀沉陷等引发开裂、裂缝,形成渗水通道,造成结合部位土体的渗透破坏
	漫溢	人为建筑物或高杆作物阻水或河道淤积、过洪断面减小产生壅水,洪水位增高
		防浪墙高度不足或损坏,波浪翻越堤顶。
		河道乱采乱挖乱堆等违法活动破坏河势稳定,引起了河势的变化
	滑坡	边坡过陡,坡脚附近有沟渠、水坑等
		堤防背水侧排水设施堵塞,浸润线抬高,下游浸水面增加,土体抗剪强度降低
		堤坡养护不当,存在坡面不平整、雨淋沟等现象
	崩岸	水流的侵蚀、主流顶冲、弯道环流动力作用、高低水位的突变作用,以及违规盗采等违法活动改变河势引发的水流漩涡
		水流对岸坡对防护不到位的岸坡冲刷严重,洪水和风浪较大期间尤为严重,易导致岸坡失稳
	裂缝	堤坡干涸、植被破坏等
		车辆超载、违规施工或极端地震
	跌窝	堤、坝内埋设管道断裂漏水,土壤被冲失
		动物在堤内打洞,河水灌入,或雨水泡浸使洞周土体浸软形成局部陷落

2.2 河道堤防工程安全风险分析及管控

事故一般是由多个隐患综合引发的,为确保客观、科学、定量分析堤防发生事故的风险程度,参照《堤防工程安全评价导则》(SL/Z 679—2015)、《水利水电工程(堤防、淤地坝)运行危险源辨识与风险评价导则(试行)》(办监督函〔2021〕1126号)等有关文件,利用风险矩阵法(LS法),逐一对某一特定长度堤防进行分析。详见表2河道堤防安全风险分析及管控表(桩号0+000—5+000)示例。

河道堤防安全风险等级,应当由该段堤防任一部位最高风险等级确定。对于风险等级确定为较大风险等级(含)以上的,应当列为险工险段建档管理,并增加巡查检查频次,制定相应应急预案。

3 河道堤防工程隐患排查

根据河道堤防工程安全风险分析,为确保堤防安全,在堤防工程日常管理过程中应当根据河道堤防安全风险分析中堤防各部位对应的事故隐患逐项排查,具体排查周期可根据风险等级统筹确定。

3.1 工程隐患排查(示例)

以堤身为例,对照表2应当主要排查以下内容,其他部位可参照开展。

(1)堤顶:有无凹陷、裂缝、残缺,相邻堤段之间有无错动。是否存在硬化堤顶与土堤或垫层脱离现象。路沿石有无缺损。防浪墙是否完整、倾斜。

议题七 强化流域治理管理

表2 河道堤防安全风险分析（桩号0+000—5+000）示例

序号	堤防部位		可能发生的事故	事故隐患	风险评价方法	L值	S值	R值	风险等级	安全管控措施				
										加强巡查检查	建立健全规章制度	加强人员培训	制定应急预案、现场处置方案	
1	堤身	堤顶（防浪墙）	渗水、裂缝、漫溢	堤顶陷、裂缝、残缺、相邻堤段之间错动、硬化堤顶与土堤或垫层脱离、路沿石缺损、防浪墙倾斜损坏等	LS法									
2		堤坡	滑坡、崩岸、裂缝漏水	堤坡有雨淋沟、滑坡、裂缝、洞穴、塌坑、渗水；排水沟、排水孔不顺畅；堤身有溶蚀、侵蚀和冻害、开裂、破损、老化等；砌石结构松动、塌陷、脱落、风化、架空等										
3		堤脚	漏洞、管涌	隆起、下沉、有冲刷、残缺、洞穴等										
4	护堤地和堤防工程保护范围		管涌、渗水	护堤地或堤防工程保护范围内有沟渠、水坑等										
5	堤岸与防护工程	护坡与护岸	滑坡、崩岸、裂缝跌窝	护面不平整、相邻段有错动、伸缩缝开合和止水不正常、砌体有松动、塌陷、脱落、架空、垫层淘刷现象；排水孔不正常；混凝土异形块体、合金钢网垫块体等防护设施有损坏、缺失										
6		护脚	崩岸、跌窝	护坦、大放脚出现裂缝、塌陷、冲刷，体下部冲刷松动、走失；岸滩塌陷										
7	防渗排水设施	防渗设施	渗水、管涌	保护层损坏、失效、异常渗水等										
8		排水设施	滑坡、管涌	排水设施结构不完整、有漏水、阻水现象；排水体排水不顺畅；存在淤堵现象										
9	交叉建筑物与堤防结合部	连接段	漏洞、裂缝、穿堤建筑物接触冲刷	连接段存在异常渗漏、变形等情况；拦河堤坝上、下游两侧堤防存在护面冲损、堤脚淘空等										
10		交叉建筑物	漏洞、裂缝、穿堤建筑物接触冲刷	交叉建筑物有破损、开裂、变形、异常渗水等现象；不能安全运行；交叉建筑物对堤防工程安全有影响										
11	生物防护工程	护堤林带	滑坡、管涌	护堤林有缺损										
12		草皮护坡	滑坡	草皮护坡存在缺损现象、有荆棘或灌木										
13	河道、滩地、护堤地		漫溢、崩岸、裂缝	河道管理范围内有影响河势稳定或危害堤防安全的违法违规行为，堤防保护范围内有危害堤防安全的活动等										

（2）堤坡：有无雨淋沟、滑坡、裂缝、塌坑、洞穴，有无杂物垃圾堆放，有无害堤动物洞穴和活动痕迹，有无渗水。排水沟、排水孔是否完好、顺畅。混凝土结构有无溶蚀、侵蚀和冻害、开裂、破损、老化等情况。砌石结构是否完好、紧密，有无松动、塌陷、脱落、风化、架空等情况。

（3）堤脚：有无隆起、下沉，有无冲刷、残缺、洞穴。

3.2 其他（保障措施）

（1）为确保堤防工程不均匀沉降现象被及时发现，应当定期开展垂直位移观测，在安全生产隐患排查过程中应当确保观测设施无损坏；标志、盖锁、围栏等完整。

（2）为确保堤防工程管理和保护范围内不得从事影响河势稳定和堤防安全的行为被有效告知。在安全隐患排查过程中应当确保各类工程管理标志、标牌（公里桩、百米桩、拦路卡、界柱、警示牌、宣传牌、险工险段及工程标牌、工程简介牌等）完整。

（3）为提高堤防安全管理效率，在安全隐患排查过程中应当确保信息化设备、线路无损坏，系统运行正常。

（4）为确保极端条件下堤防工程出现的险情得到有效控制，在安全隐患排查过程中应当确保各类防汛物资配备齐全、无损坏。

（5）为确保堤防工程隐患排查整改得以有效实施，应确保安全生产隐患排查整改设备设施、体制机制健全，使各项工作高效开展。

4 结语

2022年1月10日—1月16日，沂沭河局安全生产领导小组办公室组织成立安全生产专项摸底大排查领导小组，抽调相关科室和基层局的专业技术人才依据堤防工程隐患排查内容对重要水闸工程上下游1 km范围内直管堤防工程开展了专项排查，取得了较好效果。同时也发现对堤脚、堤坡、堤顶、防渗、排水等的检查需要徒步开展，容易出现疏漏。在检查效率方面，由6人组成的检查小组每天排查长度往往不超过5 km。下一步建议加快数字孪生沂沭河工程建设，提高巡查检查科技化水平，利用高清摄像头等开展线上巡查检查，确保堤防工程隐患排查取得实效。

PRC 管桩在引江济淮小合分线 Y003 标工程上的应用

管宪伟[1]　胡竹华[2]

（1. 中水淮河规划设计研究有限公司　安徽 合肥　230601；
2. 中水淮河安徽恒信工程咨询有限公司　安徽 合肥　230601）

摘　要：管桩由于其单桩承载力高在工程应用中已越来越多，近几年的大量理论研究和工程实例表明 PRC 管桩在工程的应用中是可行的，且具有施工速度快、施工工期短、造价便宜等优点，使施工现场文明、整洁，具有很好的环境效应。与传统预应力管桩相比，PRC 管桩水平承载力有所提高，变形性能得到改善，可用于边坡、堤岸等工程。本文针对 PRC 管桩在水利工程上的应用，分析 PRC 管桩质量控制及常见问题，并有针对性地提出防止措施及处理方法。

关键词：PRC 管桩；水利工程；质量控制

1　工程概况

引江济淮小合分线 Y003 标工程，位于杭埠河倒虹吸工程至派河口泵站间，桩号 6+156～20+848，长 14.692 km，本工程包括渠道开挖、堤防填筑、膨胀土治理、护坡、13 座跨河桥及 2 座管护道路桥、两岸管护道路、管桩墙、3 座渡槽、1 座穿堤涵、1 座跌水、安全监测等。

渠道设计输水位 5.36～4.1 m，除涝水位 5.8 m，设计渠底高程-0.14～-1.4 m，开挖深度 8～18 m，渠底高程以上大约 6 m 高处设 2 m 宽平台，两侧边坡设计坡比 1∶3，渠道底宽 42 m，其中 16+295～19+855 管桩墙段渠道底宽 48 m。

1.1　管桩工程简介

本工程桩号 16+295～19+855 段长 3.56 km 渠道设计底宽为 48 m，两侧采用双排预应力管桩加挂板连续墙结构，设计渠底高程-1.01～-1.32 m。两侧连续墙分成两级平台布置，一、二级平台宽均为 5.0 m，一级平台顶高程 1.49～1.18 m，悬臂段高 2.5 m；二级平台顶高程 4.7 m，兼作亲水平台，悬臂段高 3.21～3.52 m。

本工程采用 PRC I 800(130)-C 预应力管桩，桩体混凝土强度 C80，桩径 0.8 m，壁厚 0.13 m。是前后双排桩，前排桩长 8 m，后排桩长 11.5 m，桩中心距均为 1.2 m，桩顶设 C30 钢筋混凝土冠梁，梁高 0.4 m，宽 1.0 m。桩体临土侧设 0.2 m 厚 C30 预制钢筋砼挂板，挂板临土侧外包土工布（500 g/m²），挂板与土体之间注水泥黏土浆。典型断面示意图如图 1 所示。

1.2　工程地质情况

根据地质勘察资料，预应力管桩连续墙（16+295～19+855）段主要分布深厚的⑤层重粉质壤土（Q_{al}^3）和⑤₁层轻粉质壤土（Q_{al}^3）。⑤层重粉质壤土（Q_{al}^3）：灰、灰黄、棕黄色，硬可塑状，局部硬塑，湿。属中等压缩性土。本层自由膨胀率为 18.0%～99.0%，平均值 53.2%，一般具弱～中等膨胀潜势。

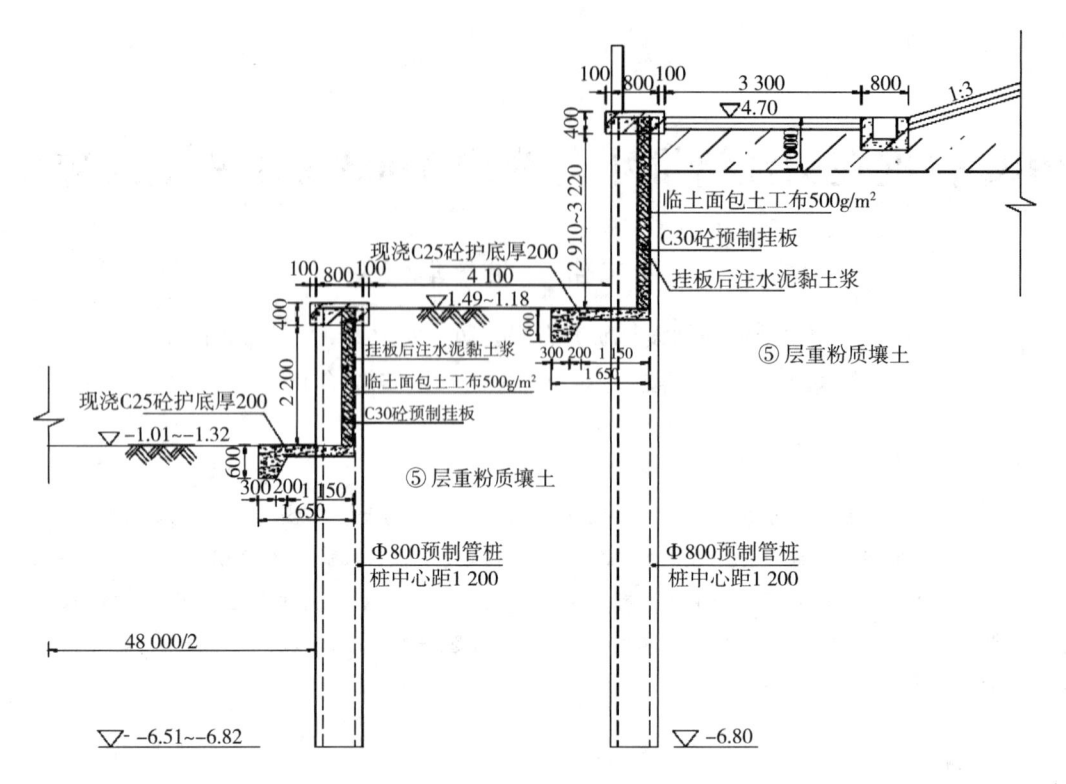

图 1　典型断面示意图

⑤₁层轻粉质壤土（Q_{al}^3）：灰黄、褐黄色，可塑，饱和，夹中粉质壤土。属中等压缩性土。

2　主要施工方法选择与施工工艺

经过试验总结，本工程 PRC 管桩沉桩采用引孔法锤击施工，长螺旋钻机引孔直径 600 mm，引孔的Ⅰ序桩高于桩底 2.5 m，Ⅱ序桩引孔底高程加深 1 m，垂直偏差不大于 0.5%，锤击选用柴油导杆锤施工，锤重 12.8 t。采用引孔法沉桩施工，其桩身完整性较好，且未发现明显裂缝；沉桩过程引起地面轻微隆起、邻桩上浮最大上浮 78 mm，最小上浮 10 mm，存在挤土现象，但能保证工程质量；桩位偏差能够满足规范要求；垂直度偏差能够满足规范要求。

施工分两序进行，两序之间间隔一个桩位。施工顺序是先将Ⅰ序 5 根桩引孔完成，按顺序进行各管桩沉桩施工，再进行Ⅱ序桩引孔施工，再沉桩施工 5 根管桩。

锤击法沉桩时桩帽套筒应与施打的管桩直径相匹配，严禁使用过渡性钢套。打桩时桩帽套筒底面与桩头之间应设置桩垫，可采用纸板、棕绳、胶合板等材料，厚度应均匀一致，压缩后桩垫厚度应为 120~150 mm，且应在打桩期间经常检查，及时更换或补充。

表 1　打桩机技术性能参数表

设备名称及型号	气缸体质量（kg）	气缸体最大冲程（m）	频率（min⁻¹）	最大能量（KJ）	压缩比	机锤总量（kg）	最大爆炸力（KN）	燃油消耗量（l/h）	导轨中心距（mm）
打桩机 DD180	18 000	3.0	38~50	540	30	34 800	4 510	48	600

表 2　引孔机技术性能参数表

设备名称	钻孔直径(mm)	额定扭矩(KN·m)	工作状态(m)	托运状态(m)	钻杆转速(r/min)	钻孔深度(m)	电机功率(KW)
引孔机	400—800	48.1	10.6×5×29.55	14.5×3×3.96	23.5	24	110

3　管桩施工流程

施工前应完成下列准备工作：认真检查打桩设备各部分的性能，以保证正常运作；按规定检查所有 PRC 管桩桩身质量。根据施工图绘制整个工程的桩位编号图。专职测量人员分批或全部测定标出场地上的桩位，其偏差不得大于 30 mm。在桩身上划出以米为单位的长度标记，并按从下至上的顺序标明桩的长度，以便观察桩的入土深度及记录锤击数。

PRC 管桩沉桩施工主要工艺流程：场地整平→测量定位→引孔→桩机就位调平→吊桩→桩位及垂直度校正→锤击沉桩→移桩机。

测放桩位时，根据轴线与桩位的关系，采用坐标法测放样桩，样桩用木桩或钢筋标记，并涂以红油漆以便查找。引孔施工及桩机沉桩施工分别进行桩位放样测量。引孔采用长螺旋钻机引孔，Ⅰ序桩孔底高程高于桩底 2.5 m，Ⅱ序桩孔底高程加深 1 m，引孔垂直偏差不宜大于 0.5%，引孔作业和沉桩作业应连续进行，间隔时间不宜大于 12 h。锤击沉桩采用柴油导杆锤施工，根据《预应力混凝土管桩技术标准·附录 H》，打桩机就位后，将桩锤和桩帽吊起，然后吊桩并送至导杆内，使桩、桩帽、桩锤在同一铅垂线上，垂直对准桩位缓缓送下插入土中。经水平和垂直度校正后，开始采用不点火空锤的方式沉桩。待桩入土至一定深度且稳定后，再按要求的落距锤击，宜用"重锤轻击""低提重打"，施打过程中随时检查桩身的垂直度，使用柴油锤时，应使锤跳动正常。

4　管桩施工质量控制

本工程 PRC 管桩连续墙完成后，都是部分外露悬臂段，桩位偏差及桩身垂直度尤为重要，直接影响工程外观质量，同时沉桩锤击数也影响桩体质量，施工中做到精心控制，确保沉桩质量。质量控制措施为：轴线控制。各桩位引孔采用坐标法放样，并测量校核孔间距尺寸是否满足规范要求。引孔完成后，安放定位导向架，待沉桩桩机就位后，管桩就位时再次复核管桩入土位置是否满足规范要求，超规范及时调整、纠偏。垂直度控制。用两台全站仪校正和监控引孔和沉桩桩身的垂直度，发现偏斜超限及时停机调整。进尺深度和锤击数记录控制。提前在桩架或桩身每米刻划标识，在施工过程中做好每次每米进尺深度和锤击数，现场安排专人观测和记录，统计分析引孔法沉桩锤击数情况，同时沉桩过程中密切关注相邻已引孔的孔壁是否被破坏。锤击过程中若有异常情况应停止施工。

每个单元管桩施工完成后，对施工质量进行检查检验，主要项目有桩的完整性、裂缝、断桩的检验。采用低应变法检测桩身的完整性；按图纸尺寸开挖后检查管桩外露悬臂段是否有裂缝；检查桩顶高程偏差小于 ±50 mm，桩位偏差小于 20 mm，桩身垂直度偏差不应大于 1/100。

5　常见问题的防止措施及处理方法

PRC 管桩沉桩施工常见问题的防止措施及处理方法见下表。

表 3 常见问题的防止措施及处理方法

常见问题	产生原因	防止措施及处理方法
桩头打坏	桩头强度低;桩顶凹凸不平;保护层过厚;锤与桩不垂直;落锤过高;锤击过久;遇坚硬土层或夹层	按产生原因分别纠正
桩身扭转或位移	桩尖不对称;桩身不垂直	可用棍撬、慢锤低击纠正;偏差不大,可不处理
桩身倾斜或位移	一侧遇石块等障碍物,土层有陡的倾斜角;桩帽与桩身不在同一直线上	若偏差过大,应拔出移位再压;入土不深(<1 m)偏差不大时,可利用木架顶下,再慢锤打入;障碍物不深,可挖出回填土后再打
桩身破裂	突遇坚硬岩层;锤身落距过高	调整锤身
桩涌起	桩位布置过密;遇流砂或较软土	将浮起量大的重新打入,静载荷试验,不合要求的进行复打或重打,必要时可能还需引孔处理
桩急剧下沉	遇软土层,土洞;接头破裂,或桩尖劈裂;桩身弯曲或有严重的横向裂缝;落锤过高,接桩不垂直	将桩拔起检查改正重打,或在靠近原桩处补桩处理
桩不易沉入或达不到设计标高	遇到埋设物,坚硬土夹层;打桩间隙时间过长,摩阻力增大	遇障碍或碎石层,用钻孔机钻透后再打入;根据地质资料正确定桩位

6 结语

采用 PRC 管桩施工在很大程度上节省了工期,相应降低了工程造价,具有较好的技术效益和经济效益,同时还具有较好的环境效益和社会效益。

PRC 管桩应用还不够成熟及广泛,应对其支护结构采用监测手段,观测开挖过程中 PRC 管桩的变形情况、桩土挤密效应,及时反馈信息,让 PRC 管桩更广泛地运用于水利工程中。

[参考文献]

[1] 中华人民共和国水利部. 水利水电工程施工质量检验与评定规程:SL 176—2007[S]. 2007.
[2] 中华人民共和国国家质量监督检验检疫总局,中国国家标准化管理委员会. 先张法预应力混凝土管桩:GB 13476—2009[S]. 2010.
[3] 中华人民共和国水利部. 水工混凝土施工规范:SL 677—2014[S]. 2015.
[4] 中华人民共和国住房和城乡建设部. 预应力混凝土管桩技术标准:JGJ/T 406—2017[S]. 2018.
[5] 中华人民共和国住房和城乡建设部,中华人民共和国国家质量监督检验检疫总局. 混凝土结构工程施工质量验收规范:GB 50204—2015[S]. 2015.

[作者简介]

管宪伟,男,高级工程师,主要研究方向为水利水电工程施工、建设管理等,hwgxw@163.com。

淮河流域湖泊保护存在问题研究

——以焦岗湖为例

孙金彦[1]，黄祚继[1]，王春林[1]

（1. 安徽省·水利部淮河水利委员会水利科学研究院 安徽 合肥 230088）

摘 要：淮河两岸湖泊众多，水域岸线情况复杂，湖泊保护治理难度大。近年来，淮河流域大力推进湖泊保护和治理工作，湖泊形态保护、水质保护、功能保护得到有力加强，但一些深层次矛盾依然存在，一些重点难点问题不易解决。本文以焦岗湖为例，通过介绍焦岗湖基本情况、湖泊功能、生态环境及水域岸线管护现状，分析焦岗湖保护在水灾害、水资源、水环境和水生态四个方面存在的问题，为下一步淮河流域湖泊治理提供参考，助力淮河流域河湖精准监管。

关键词：淮河流域；湖泊管理；焦岗湖

1 基本情况

淮河流域地处我国东中部腹地，是极具发展潜力的重要经济带，是和合南北的重要生态过渡带，在经济社会发展大局和生态安全全局中具有十分重要的地位[1]，承担防洪、灌溉、供水、航运、发电和维护生物多样性等多项功能[2]。流域内以废黄河为界分为淮河和沂沭泗河两大水系，面积分别为19万平方千米和8万平方千米。沿淮湖泊众多，多分布在支流入河口附近，左岸有焦岗湖、花家湖、四方湖、沱湖等，右岸有城西湖、城东湖、瓦埠湖、高塘湖、天河湖、龙子湖、花园湖、女山湖等[3-4]。

焦岗湖位于淮河左岸[5]，阜阳市颍上县和淮南市毛集实验区境内，南临淮河，西临颍河。焦岗湖水利普查面积为37.7平方千米，正常蓄水位18米对应水面面积39.87平方千米。5年、10年一遇除涝水位分别为18.5米、20.6米。湖区历史最高水位22米（2003年7月18日），历史最低枯水位16.5米（1966年9月29日），平均水深为1米。夏季汛期水深可达5~6米，枯水季节水深不足1米。淮河一级支流老墩沟横贯焦岗湖，老墩沟来水经焦岗湖调蓄后，通过老墩沟便民沟段、焦岗闸汇入淮河。

2 湖泊功能

焦岗湖具有防洪滞洪、蓄水除涝、灌溉供水、维护生物多样性等多种功能。焦岗湖湖区建有涵闸、泵站23处，其中颍上县10处，毛集实验区13处。通常焦岗湖来水通过焦岗闸排入淮河；受淮河高水位顶托影响，汛期焦岗闸常关闸，焦岗湖来水从丁家沟闸经丁家沟由禹王排涝站排入淮河，或从大黄闸经老墩沟、新建河由鲁口排灌站排入淮河。目前承担焦岗湖防洪的任务有杨湖圩、乔口圩、枣林圩、农场圩4个圩区，均为万亩大圩。杨湖圩、乔口圩、枣林圩堤防等级4级，防洪标准为20年一遇，除涝标准为5年一遇；农场圩位于焦岗湖管理范围外缘边界线和临水边界线之间（即岸线范围内），由一分场、二分场、三分场组成。

焦岗湖年均地表水资源总量为1.28亿立方米,其中颍上段多年平均地表水资源量为0.96亿立方米,毛集实验区段多年平均地表水资源量为0.32亿立方米。直接从焦岗湖取水的农业取水口共计6处,均位于毛集实验区,年取水总量约600万立方米。焦岗湖作为一个物种丰富的生态系统,区内水生生物种类繁多,湿地生物资源较为丰富,是许多候鸟迁徙的必经之地和水禽的重要栖息地,生物多样性维护功能重要。焦岗湖湖区湿地保有面积为40.02平方千米,是淮北平原重要湿地,也是淮河左岸重要的生态屏障。

3 湖泊生态环境及水域岸线利用现状

焦岗湖水质目标为Ⅲ类,2018年焦岗湖水质为Ⅳ类,主要超标因子为总磷(超标0.6倍);2019年焦岗湖水质为Ⅳ类,主要超标因子为化学需氧量和总磷;2020年焦岗湖水质为Ⅳ类,主要超标因子为总磷和高锰酸盐指数。

焦岗湖涉及的生态敏感区主要包括焦岗湖国家湿地公园、焦岗湖芡实国家级水产种质资源保护区。2009年,焦岗湖被评定为国家4A级旅游景区;2010年,分别被国家林业局、水利部批准为焦岗湖国家湿地公园、国家水利风景区;2013年,列入国家水质良好湖泊名录(2013—2016)。焦岗湖芡实国家级水产种质资源保护区由农业部于2008年批准设立。保护区位于安徽省淮南市毛集实验区的焦岗湖,总面积1 000公顷,其中核心区700公顷,实验区300公顷。安徽省将焦岗湖划分为"淮河中下游湖泊洼地生物多样性维护生态保护红线"范围。焦岗湖湿地生物资源较为丰富,是许多候鸟迁徙的必经之地和水禽的重要栖息地,有野生动物21目50科104种,鸟类占其中的大多数,有13目34科77种,有许多珍稀鸟类,国家Ⅰ级重点保护鸟类有白鹤、东方白鹳、黑鹳、大鸨,国家Ⅱ级重点保护鸟类有灰鹤、白枕鹤、鸳鸯和白尾鹞等。现有水生、湿生维管束植物40科92属122种,其中国家Ⅱ级重点保护植物2种:野莲、野菱。浮游植物共5门25属45种,浮游动物63种。鱼类物种资源十分丰富,有15科50种,其中鲤科为主体。

焦岗湖环湖岸线总长为35.54公里(设计洪水位22米划定的外缘边界线)、36.80公里(正常蓄水位18米划定的临水边界线);管理范围为外缘边界线以内水域、滩地和堤防及护堤地,岸线功能区以临水边界线36.80公里划分,其中颍上县15.67公里,毛集实验区21.13公里。焦岗湖水域利用主要为光伏电站,焦岗湖部分湖面建有光伏电站,主要为淮南金辉光伏科技有限公司建设20 MW光伏并网发电项目、安徽淮南平圩发电有限责任公司建设淮南平圩焦岗湖20 MW光伏发电项目、淮南中电焦岗湖光伏发电有限责任公司建设20 MW(二期)光伏发电项目和颍上县焦岗湖光伏发电与生态观光农业示范园区一期60 MWp光伏发电项目等。焦岗湖岸线利用主要包括涵闸泵站等水利工程、景区码头、桥梁等。焦岗湖岸线资源现状利用总长为6.34公里,其中淮南市境焦岗湖岸线资源现状利用长1.51公里,开发利用率为7.14%,阜阳市境焦岗湖岸线资源现状利用长4.83公里,开发利用率为30.84%。

4 湖泊保护存在的主要问题

焦岗湖受地形、降水、河湖关系和人类活动等影响,湖情、河情、水情背景特殊,保护、治理、开发矛盾交织。在当前和今后相当长一个时期,既要妥善保护集国家湿地公园、国家级水产种质资源保护区以及候鸟迁徙线路和水禽的重要栖息地为一体的焦岗湖生态敏感区,又要充分发挥焦岗湖的防洪滞洪、蓄水除涝、灌溉供水等开发任务,同时解决历史遗留的流域洪水出路不畅等问题。

(1)水灾害。汛期受淮河高水位顶托影响,湖区自排能力不足,抽排标准仅为5年一遇,且湖区与泵站距离较远，圩内局部低洼地排涝大沟隔堤低矮，标准低、质量差；焦岗湖流域防洪与蓄水灌溉、生态修复、环境改善等仍有短板，流域滞洪空间缩少，区域防洪排涝要求提高，湖区及主要支流的防洪调度趋于复杂，监测调度抢险能力有待提高；围湖侵占缩减湖泊容积，湖区内尚存在少量围埂圈圩建房、围湖养殖等问题，湖区建设光伏发电，入湖支流及湖区周边水土流失严重，造成湖泊淤积；现状环湖防汛道路主要由沿湖杨湖圩、枣林圩、乔口圩堤顶道路组成，建设标准低，除焦岗湖旅游核心景区段为混凝土路面外，其余30公里圩堤为土路，且杂草丛生，防汛道路不畅。

(2) 水资源。焦岗湖流域多年平均水资源总量1.52亿立方米，其中地表水资源量0.97亿立方米，流域水资源具有时空分布不均匀，且湖区消落区较大，部分岗地地形起伏，缺水易旱，干旱年份干旱季节农业灌溉用水、生活用水、生态需水等各类用水需求难以统筹；水资源利用效率总体不高，农业灌溉存在水资源浪费的现象，用水效率有待进一步提高；农业节水增产、工业节水增效、城镇节水减排等重点领域节水有待加强，个别县尚未完成节水型社会达标建设验收工作；取水口缺少科学、统一的总体布局，焦岗湖共有农业取水口6个，基本无计量监控设施，存在水资源浪费现象，节水能力建设有待提高。

(3) 水环境。流域城镇人口快速增长和生活水平提高，生活污水量随生活用水同步增长，城镇生活污水收集和处理没有能同步实现全覆盖。目前，结合城乡污水管网提升工程，正在推进8个小区和夏集街区的雨污分流，管网能力建设需要加快实施。农村生活垃圾分类减量进展缓慢，资源回收利用不足，无害化处理技术水平不高；由于缺乏污水收集、处理设施，湖区周边大部分村落生活污水直排入湖，缺少农村生活污水处理设施建设，集改厕没有全面覆盖。焦岗湖周围有大量的基本农田，土地经营规模小，化肥、农药投入量大、利用率低，近年来虽然通过调整农业种植结构等多种措施减少了化肥、农药使用量，但农田与河流水体之间无植物隔离带，仍存在未能有效利用的化肥、农药残留物随农田退水进入湖泊现象，给湖区生态环境带来了一定影响。湖区周边现有养殖场污染物处理设施建设滞后，场地内污水就近排放最终通过沟渠，雨污混流后进入湖区，畜禽养殖场标准化改造和污染防治设施建设与改造工作需进一步加强。

(4) 水生态。焦岗湖废弃物沉积，氮磷积聚，且湖体水动力条件不足，污染负荷能力弱，对污染响应比较敏感，生态系统自我修复能力较弱，生态补偿机制尚未建立；随着流域社会经济发展和城镇化进程的加快，加上湖泊淤积、历史围湖养殖和农业围垦，2011年焦岗湖平均水深1米，2019年焦岗湖平均水深0.8米，湖泊面积渐趋萎缩，破坏了湖泊生态系统的完整性，虽已开展退耕还湖等措施恢复原有水面，但仍然遗留部分围埂堤坝，湖区退埂还湖还湿工作相对滞后；焦岗湖芡实国家级水产种质资源保护区为生态敏感区，其核心区700公顷范围内存在多处光伏发电项目和圩埂等乱占问题，导致生物生境萎缩，水生生物多样性保护面临压力；虽然焦岗湖部分湖区实施了湖泊清淤、网箱拆除和退网环湖等工程措施削减了内源负荷，但受历史围垦耕种、围埂养殖、旅游开发、光伏发电、环境污染等干扰和影响，湖沼湿地呈现碎片化，降低湖泊自净能力，削弱生态系统自我调控能力。

5 展望

焦岗湖是淮北平原重要湿地，也是淮河左岸重要的生态屏障，有"淮河大湿地，华东白洋淀"的美誉。鉴于焦岗湖管理保护存在的问题，湖泊生态环境保护任重道远，治理难度大、见效慢，必须持续治理，在确保焦岗湖防洪安全、生态安全、供水安全的要求下，妥善处理好保护和发展的关系、整改和提升的关系、当前和长远的关系，科学划定岸线功能分区、有效发挥湖泊功能、合理利用湖泊资源、维护湖泊生态环境，着力打造建设"湖畅、水清、岸绿、景美、人和"的示范河湖、幸福河湖。

[参考文献]

［1］赵金玉. 近三十年淮河流域地表水时空演变遥感监测研究[D]. 开封:河南大学,2020.
［2］张风菊,邹伟,桂智凡. 淮河流域湖泊沉积与环境变迁[J]. 江苏师范大学学报(自然科学版),2019,37(1):5-9.
［3］许丽丽. 淮河流域湿地变化及其影响因素研究[D]. 南京:南京大学,2013.
［4］宋昊明,汪振宁,顾雯. 安徽省淮河流域湖泊保护探讨[J]. 水资源开发与管理,2021(7):41-43+32.
［5］张毅敏,石效卷,彭福全,等. 水质较好湖泊生态保护对策分析——以安徽焦岗湖为例[J]. 环境保护,2016,44(18):28-31.

[作者简介]

孙金彦,女,1988年10月生,在读博士,工程师,主要研究方向为河湖管理保护技术、遥感解译方法,13170257157,sjy@ahwrri.org.cn。

流域防洪减灾工程措施方案优选研究

李海霞[1]　张　娜[2]

(1. 水利部黄河水利委员会　河南 洛阳　471000；
2. 内蒙古自治区水利事业发展中心　内蒙古自治区呼和浩特市　010000)

摘　要：随着我国社会经济的快速发展，流域防洪减灾工程建设更加普遍。但在实际运行中，由于受到自然环境、人为因素等影响造成的洪涝灾害问题较为突出，为了能够更好地保障人民群众生命财产安全和生态环境建设，本文利用河网模型系统MIKE11，MIKE21，模拟计算了流域洪水淹没过程中的洪水风险，并且分析了基于可变模糊集理论的流域防洪减灾工程措施方案优选模型，通过对模型的参数进行分析，选择合理可行的方案措施，从而达到较好的防洪减灾工程实施效果。

关键词：流域防洪减灾工程；措施方案；优选研究

1 引言

我国的防洪工程建设主要以水库、河道和水文站为载体，进行大规模洪水治理，对其采取综合措施，在保证安全稳定的前提下实现经济效益与社会效果。但是目前我国的防洪工程建设中仍存在着一些问题，比如说：泄洪能力差、水毁隐患多；水库水位高、库容小且不稳定；汛期洪水对下游河道造成影响等。并且，目前泄洪方式较为单一，泄洪方式主要以拦蓄为主，而对于抗冲措施则多采用河道内径流、河流汇流等。这些方法都无法满足防洪减灾的要求。随着我国水资源匮乏问题愈加凸显，防洪安全问题成为此类建设当前面临的突出矛盾。因此为了有效缓解水土流失造成灾害频发所带来一系列影响及损失等现象，应制定合理防洪减灾工程措施方案来改善现状，减少洪水对下游河道的冲刷，提高防洪安全，以减轻洪涝灾害。由此，本文提出基于可变模糊集理论的流域防洪减灾工程措施方案优选模型。

2 流域防洪减灾工程措施的理论基础

2.1 流域防洪减灾工程措施的内涵

根据流域防洪减灾工程措施的定义，其为在国家法律法规及相关政策规定下，对洪水风险进行预测、分析与评价，通过采取相应的技术手段和管理方法降低洪峰流量汛期中可能出现的洪水风险，从而保障下游人民生命财产安全、促进社会可持续发展，并且对已实施水利规划或水利工程建设项目的水文特征信息加以综合利用，对洪水风险进行评估，并采取相应的技术措施和管理手段。根据流域防洪减灾工程措施要求可知，其主要针对的是洪涝等自然灾害情况下的防洪减灾措施，其中主要包括拦涝工程、水库综合治理以及水土保持等方面[1]。

2.2 流域防洪减灾的相关规定

流域防洪减灾工程措施主要是通过对洪水的控制、泄流和排洪,来确保在汛期能够快速及时地进行排水,从而减少水土流失,并保证河流下游河道畅通。

(1)防洪保护规划。根据《国家水利水电部关于加强流域管理与保护水利工程建设工作通知》要求,"各级人民政府应认真编制有关防洪减灾工程措施方案",制定流域的洪水控制、防冲和排洪等专项整治计划以及配套实施细则及标准体系,加强流域管理与保护工作。

(2)防洪减灾工程建设。水利工程是国家基础设施建设的重要组成部分,其对区域安全和人民生活具有重大影响,所以各级水利部在制定流域洪水保护措施时应充分考虑各方面要求以及当地水文特点、气候条件等因素,同时还应对水利工程建设计划进行合理评估与评价,做好水库洪峰流量及流域管理规划工作与控制工作。

(3)加强水利工程建设管理。各级水利部要加强水利工程建设管理水平,完善防洪保护制度和相关法律法规体系,加强水利工程建设管理。通过制定科学合理的防洪减灾工程措施方案,实现对水土流失、洪涝灾害以及洪水等情况的有效控制,减少洪灾造成损失。在实施流域排水减免设计时应考虑到当地实际经济发展状况和水资源现状,做好水库与下游河道治理规划工作及相关配套设施的衔接工作,确保防洪减灾工程措施方案的科学合理性、有效性。

3 流域防洪减灾工程措施方案优选模型计算步骤

(1)应用 MIKE11,MIKE21 软件计算各待选方案的部分优选指标特征值。MIKE11,MIKE21 软件主要是计算洪水指数和洪道的流量,并根据流域防洪减灾工程措施方案、洪涝灾害预测预报模型等指标对部分地区进行评价。

(2)确定方案集合及每个方案的特性,对洪水风险进行研究。通过分析比较不同方案的洪涝特征,选取相应的防洪减灾工程措施,在确定洪水标准等级后制定合理可行的防抗设计和泄水总图等水利规划指标体系,防洪调度计划及相关技术经济综合评价方法与参数,并根据洪害情况选择最优设计方案[2]。设有对流域防洪减灾工程措施方案作识别的 n 个方案集合,该集合如公式(1)所示,其中第 j 个方案的特性用 m 个指标特征值表示,如公式(2)所示。

$$X = \{x_1, x_2, \cdots, x_n\} \quad (1)$$

$$x_j = (x_{1j}, x_{2j}, \cdots, x_{mj})^T \quad (2)$$

(3)计算方案对每个指标的相对差异度和相对隶属度,计算流域防洪减灾工程措施方案的综合效益值。通过对洪涝风险指标、洪水灾害指数和社会经济状况进行分析,并结合流域实际情况,选择最优对策。

(4)应用二元比较模糊决策分析法确定指标权重,二元比较模糊决策分析法是一种较为综合的方法,其主要是将决策变量之间存在一定程度上相互联系的因素进行量化,然后再通过建立相应模型来计算出各指标在流域防洪减灾工程措施方案中所占权重。并且通过模糊可变识别模型计算出方案的优属度,计算如公式(3)所示,进而确定流域防洪减灾工程措施方案的最优决策指标。

$$u' = 1 / \left\{ 1 + \left[\frac{\sum_{i=1}^{m} [w_i(1-\mu_A(u_i))]^p}{\sum_{i=1}^{m} (w_i \mu_A(u_i))^p} \right]^{\frac{a}{p}} \right\} \quad (3)$$

4 应用实例

4.1 待选工程措施方案的确定

以洛河的故县水库为例,水库下游一级防洪标准洪水为 20 年一遇,经过对水库下游河道实地考察和研究,确定了 2 级标准洪水风险等级,并根据相关规范要求及当地实际情况对方案进行调整和建议。具体的工程措施方案内容如下所示:

第一步:不采取工程措施,保持下游现状防洪标准(防洪能力)洪水为 11 年一遇,但洪水发生后,能否继续进行下游治理,是衡量防洪减灾工程实施效果的重要指标。

第二步:加固险堤,疏浚防洪标准较低的部分河道,使下游防洪标准(防洪能力)洪水为 15 年一遇,并根据洪水发生的频次和流量变化情况确定防洪标准。流域上游段主要为河道、水库及塘坝等洪状水系,由于各自的泄水方式不同,导致下游水位差异较大,下游区域内存在大量淤泥或冲沟渠分流的河段,洪峰流量较大,汛期洪水已成为河道防洪标准的主要影响因素。

第三步:加固险堤,疏浚防洪标准较低的部分河道,使下游防洪标准(防洪能力)洪水为 18 年一遇,并在 18 年一遇的基础上,根据洪水风险等级、水文特征以及上游防洪标准进行拟定。

第四步:加固险堤,疏浚防洪标准较低的部分河道,使下游防洪标准(防洪能力)洪水为 20 年一遇,洪水大小与流域内洪涝情况相适应,并根据防洪标准的水文条件和下游河道现状,提出泄流、排沙及减灾对策措施。

4.2 工程措施方案的优选指标确定

流域河道洪水演进、易淹没区洪水淹没过程中存在的防洪减灾问题,是我国流域水功能区划和建设项目的重要组成部分,对水资源保护具有重大意义。河道洪水演进模拟计算控制方程采用一维明渠非恒定渐变流数学模型,对流域洪水进行了数学建模,并分析了河网的流量、流速和洪量,计算出了不同泄洪能力下的河网流量、流速和洪水峰值。其中对于数学模型的计算方法是采用六点 Abbott 有限差分格式对其进行离散,并采用一阶差分法对其进行计算,得到河网流量和流速,进而分析流域洪水的演变趋势。有限差分法求解如图 1 所示。

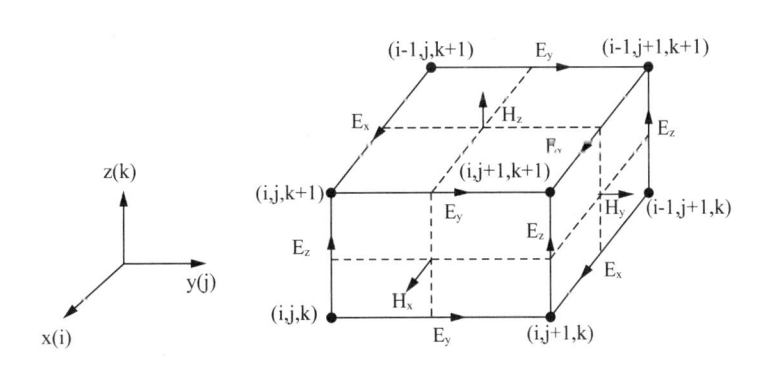

图 1 有限差分法求解

易淹没区洪水泛滥水流控制方程采用平面二维非恒定流数学模型,所采用数学模型中含有非线性混合算子,所以利用交替方向隐格式 ADI(alternating direction implicit)数值分析方法,方程矩阵采用双向消除 DS(double sweep)算法进行求解。

优选指标的确定

(1) 从易淹没区淹没情况角度出发,将城镇淹没面积、淹没最高水深确定为优选指标,并根据洪涝标准、防洪责任等级和社会经济发展情况确定了最优方案。流域工程措施是指出于保护与治理的目的,在暴雨条件下,对已建成的水库进行坝基排水或抗冲填土方开挖等综合整治而采取的防汛减灾措施。由于洛河的故县水库下游一级防洪标准洪水为20年一遇,采用故县水库下泄的20年一遇设计洪水,对易淹没区淹没情况进行分析。

(2) 从经济角度出发,将城镇淹没经济损失、工程措施建设费用确定为优选指标,对其进行优化。流域防洪减灾工程措施方案是在洪水风险、洪涝灾害和生态损失等的基础上综合考虑,以保证区域社会经济发展为目标,从实际出发选择合适的抗旱能力强弱程度作为最优决策指标体系。

(3) 当前,社会和谐程度和生态环境越来越受到人们的重视,流域防洪减灾工程的建设已经成为了社会发展过程中不可或缺的重要环节。通过对洪涝灾害发生现状进行分析,根据洪水风险等级划分,将洪灾损失分成重大和一般两个部分。其中主要表现为:①汛期来临前造成下游水位过低;②汛期内淹没或未被利用而导致河道出现塌方现象;③在洪涝灾害期间由于降雨、径流等因素影响下可能会引发水土流失情况。因此对防洪减灾工程措施进行分析与讨论就显得极为重要,通过对洪涝灾害发生现状的分析,制定出洪水风险等级划分和泄水方式,并在防洪减灾工程措施方案中提出相应建议[3]。

4.3 各方案的优选指标特征值

根据方案(1)各优选指标特征值的确定方法,确定其他3个方案的优选指标特征值,其中设计洪水采用水库下泄20年一遇标准,各方案的优选指标特征值见表2。

表2 优选指标特征值

待选方案	城镇淹没面积/km²	城镇淹没最高水深/m	城镇淹没经济损失/万元	工程措施建设费用/万元	社会和谐度	生态环境影响系数
(1)	0.86	4.57	1 590	0	0.05	0.35
(2)	0.50	2.66	630	750	0.42	0.27
(3)	0.20	1.43	180	1 150	0.32	0.18
(4)	0	0	0	1 600	0.26	0.22

由表2得流域防洪减灾工程措施方案的指标特征值矩阵如公式(4)所示。得到相对隶属度如公式(5)所示。

$$X = \begin{bmatrix} 0.86 & 0.50 & 0.20 & 0 \\ 4.57 & 2.66 & 1.43 & 0 \\ 1590 & 630 & 180 & 0 \\ 0 & 750 & 1\,150 & \\ 0.05 & 0.42 & 0.32 & 0.26 \\ 0.35 & 0.27 & 0.18 & 0.22 \end{bmatrix} \quad (4)$$

$$U = \begin{bmatrix} 0.210 & 0.624\ 5 & 0.850 & 1 \\ 0.108 & 0.557 & 0.726 & 1 \\ 0.410 & 0.790 & 0.940 & 1 \\ 1 & 0.750 & 0.617 & 0.400 \\ 0.125 & 0.867 & 0.700 & 0.600 \\ 0.375 & 0.550 & 0.700 & 0.633 \end{bmatrix} \quad (5)$$

5 结语

随着社会经济的发展,防洪减灾工程在我国已成为必不可少的基础设施建设工程,对流域水利资源优化配置、水土流失治理也发挥着越来越重要的作用。本文利用河网模型系统 MIKE11、MIKE21 软件,对流域防洪减灾工程措施方案进行了综合分析,并在水工模型基础上建立流域防洪减灾的风险指标体系,对流域防洪减灾工程措施方案的风险进行计算和分析,得到了水工模型下不同设计目标值、运行标准以及效益指标。结果表明,无论决策侧重于何种优选指标,还是运行标准侧重于技术指标,都会对防洪减灾工程措施方案的风险产生影响,且不同决策目标下的水文、地质条件也存在一定差异。

[参考文献]

[1] 周惠成,李伟,张弛,等.流域防洪减灾工程措施方案优选研究[J].大连理工大学学报,2009,49(2):267-271.
[2] 汪卫军.水利工程施工方案优选方法研究[J].水利水电,2017(3):169+191.
[3] 李韩笑.万松河小流域综合治理防洪工程措施研究[J].东北水利水电,2015,33(1):24-27+72.

[作者简介]

李海霞,女,1985年3月生,工程师,主要从事水文测验分析研究工作,15036372985,304655815@qq.com。

扎实推进山东省淮河流域治理管理重大水问题研究

张 静 金瑞清 窦俊伟 满 曼

(山东省海河淮河小清河流域水利管理服务中心 山东 济南 250100)

摘 要：山东治淮工作紧跟党中央、淮委决策部署,70余年来取得了显著成就。本文总结了山东省淮河流域治理的成绩,分析了存在的问题,提出了推进山东省淮河流域水治理重大科技问题的思路建议。

关键词：山东治淮；流域治理；重大水问题

近年来,在党中央、国务院的领导和部署下,在水利部、淮委的关心支持下,山东治淮工作深入贯彻落实习近平总书记新时期治水方针,按照"补短板、强监管"的总基调,不断构建完善蓄泄结合、排灌兼顾的流域水利工程体系,持续推进流域治理管理重大水治理研究,流域水治理能力持续提升,有力支撑了流域经济社会高质量发展。围绕强化流域统一规划、统一治理、统一调度、统一管理的新要求,山东治淮工作面临着新的机遇与挑战。

1 山东淮河流域水治理取得显著成效

千里长淮,云水苍茫。山东省淮河流域位于山东南部及西南部,流域面积5.1万 km²,占全省总面积的32.6%。流域内既有山区、丘陵,也有平原、洼地及湖泊,地形、地貌复杂多样,且位于暖温带半湿润季风气候区,降雨时空分布变化较大,水旱灾害十分频繁。中华人民共和国成立以来流域内发生的大涝之年有1957、1963、1964、1991、2003、2018、2019年,发生较大旱灾的年份有1959、1966、1977、2002、2012年,常有年内旱涝交替的现象,给当地人民群众带来了惨重损失。

在淮河治理的每一个重要阶段,党中央审时度势、果断决策,及时作出重大部署,山东治淮紧跟党中央步伐,全力抢抓机遇开展了大规模的治淮工程建设。70年间,流域内形成了以控制性枢纽工程、河道堤防、湖泊、水库为基础的防洪减灾体系框架,重点河道防洪标准总体上达到20年一遇,骨干工程达到50年一遇。流域内共建成水库1915座,防洪堤防长10 164.44 km,大中型水闸2 769座,2019年省内改革开放以来兴建的第一座大型山丘区水库庄里水库已下闸蓄水验收,较为完善的工程体系为保障流域内3 000多万人口、上万个规模以上企业生命财产安全、促进高质量发展提供了有效支撑。特别是2020年汛期,山东淮河流域遭遇连续强降雨过程,沂河最大洪峰流量为1960年以来最大值,沭河发生1974年以来最大洪水,南四湖连续34天超汛限水位,经过各类水利工程联合应对、科学调度,实现了"有大汛无大灾",为流域经济发展提供了坚强有力的安全保障。

此外,山东省淮河流域水利建设产生的经济效益显著,水利在整个国民经济、尤其是在水资源配置、防洪、除涝和农业灌溉中占有重要的地位。1949年至2019年底,流域各类水利工程的经济净效益按当年现行价计算为4 067.07亿元,累计增产粮食1 750.21亿kg,棉花79.76亿kg,油料作物68.00亿kg,总效益投入比为3.72。70年治淮历程改变了黄泛区数百年来生态环境恶化的局面,改善了沿淮重点城市发展条件,促进了鲁西南地区煤炭、电力、重化工等行业的快速发展,过去的"贫困区"如今变成了"钱袋子""米粮仓",5万平方公里的山东淮河流域正焕发出勃勃生机。

2 新时期山东淮河流域水治理面临更大挑战

山东淮河流域地处全省西部经济隆起带、京津冀协同发展战略辐射地带,城镇化、工业化和农业现代化不断加速,争水争地、河湖污染等新问题凸显,与长期存在的洪涝干旱问题相互叠加交织,流域治理呈现出愈加复杂的局面。

2.1 水旱灾害防御压力增大

从客观上来看,流域特殊的地理气候条件和复杂的河流水系特征,形成了典型了孕灾环境。流域降水量的多年变化过程具有明显的丰、枯水交替出现的特点,连续丰水年和连续枯水年十分常见,且71.3%的降雨量集中在汛期,极易形成降雨量较大的气旋雨或台风雨。此外,流域内平原及洼地面积约占流域总面积的2/3,且平原地区地面高程大部分在河湖洪水位以下,汛期易受干支流洪水顶托,内水无法外排,时常出现因洪致涝,洪涝并发的局面。从主观上看,流域跨行政区域多,人口密集,高强度的人类社会活动,又进一步加剧了灾害程度。截至2018年底,流域内总人口3 560.38万人,约占山东省的36%,生产总值(GDP)17 861.48亿元,共有耕地面积3 697.46万亩,战略地位日益重要,也对区域防洪提出了更高要求。目前,流域防洪体系仍不够完善,洪水出路规模不足,中小河流防洪除涝标准较低,安全压力大的山丘区水库、源短流急的大小河道,仍然是制约流域经济社会发展的重要隐患。

2.2 水资源供需矛盾依然突出

一方面,山东省淮河流域总体上属资源性缺水区域,当地水资源总量为123.83亿 m^3(1956—2000年),总体人均水资源占有量仅360 m^3,亩均水资源占有量330 m^3,仅为全国人均占有量的1/6。另一方面,流域内水资源量地区分布很不均匀,且与生产力布局不相协调。东部沂沭河流域面积占到全省淮河流域面积的40%左右,水资源量较丰富,人均水资源量为400 m^3,亩均水资源占有量为420 m^3;西部南四湖流域面积占全省淮河流域面积的60%左右,但水资源量较匮乏,人均水资源量及亩均水资源占有量均不足300 m^3。对照国际公认的水紧缺指标,流域人均水资源量远远小于维持一个地区经济社会发展所必需的1 000 m^3的临界值,属于人均占有量小于500 m^3的严重缺水地区。南水北调东线一期等水资源配置工程建成使用后,一定程度上改善了流域水资源紧缺的局面,但随着流域经济的不断发展,工农业生产、生态用水和生活用水不断增加,水资源供需矛盾将日益突出。

2.3 水生态损害状况尚未彻底扭转

自1987年以来,流域内南四湖入湖径流量持续下降,自然湿地面积锐减,湖床大面积裸露,水生物减少,草类植物丛生,特别是2002年、2014年两度遭遇严重干旱,几近干涸,为我们敲响了生态危机的警钟。多年以来,山东淮河流域实行重要河湖水质分级控制和达标考核,通过河湖治理和清"四乱"、全面推行河长制湖长制等各种措施,沂河、沭河、南四湖水位处于相对较高的稳定状态,水质也得到逐年改善,沂河环境综合治理工程被评为"中国人居环境范例奖",获评为"全国十大最美家乡河",南四湖跻身全国水质优良湖泊行列,流域生态得到明显提升。但目前流域内水资源、水环境监测网络仍需进一步健全,市级之间在南四湖水污染防治和水生态保护管理上还缺乏有效的协调机制,一些河道断流或有水无流情况仍有发生,南四湖景观破碎化等生态问题仍未从根本上扭转。

3 水利部对流域治理管理提出新的要求

2021年水利部部署强化流域治理管理工作,李国英部长指出"强化流域治理管理是对表对标习近平总书记重要讲话指示批示的政治要求,是遵循自然规律的客观要求,是坚持系统观念的必然要求,是涉水法律法规的法定要求,是总结历史经验教训的迫切要求",进一步深化了对流域治理管理工作的认识。随后,水利部印发实施《水利部关于强化流域治理管理的指导意见》,在完善流域防洪工程体系、实施国家水网重大工程、复苏河湖生态环境、推进智慧水利建设、建立健全节水制度政策等方面提出流域治理管理的新要求。面对新形势、新任务,省级流域管理机构要更好发挥好主力军作用,在淮委及山东省水利厅的坚强领导下,把握机遇、找准定位,超前谋划好各项工作,深入分析流域治理管理工作面临的机遇和挑战,努力在流域规划、项目建设等方面强化省级流域管理机构职能。

4 深入研究保障山东淮河流域水安全的重大课题

在社会主要矛盾发生深刻变化和经济发展转型升级阶段,山东治淮工作要深入贯彻习近平总书记"要把治理淮河的经验总结好,认真谋划'十四五'时期淮河治理方案"重要指示精神,坚决落实淮委有关决策部署,主动适应新形势和新要求,进一步找准山东淮河流域水治理在整个淮河流域及山东经济社会发展中的历史方位和时代坐标,扎实推进流域水治理管理重大水问题研究,努力推动治淮事业实现更高质量发展。

4.1 科学谋划山东淮河流域水利发展战略,加强重大水问题研究

坚持问题导向,抓住亟待创新突破的关键问题,积极谋划和推进重大科研项目。部署开展山东省淮河流域重大水问题调研,拟利用两年时间完成并汇编工作成果,对强化山东省淮河流域治理管理提出有针对性的建议,为各级领导决策提供依据。加强流域适水发展战略和河湖水域岸线综合开发利用研究,在保护优先的前提下,高效利用水域岸线资源,积极拓展发展空间,深度融入山东水利"十四五"发展规划。重点围绕智慧流域建设、跨设区市边界工程科学调度、邳苍沿运农村现代水治理模式、湖东滞洪区BIM管理和技术应用、山东适水发展战略等开展调研和科学研究,努力为流域经济社会高质量发展提供更加可靠的水利保障。此外,目前流域信息化建设相对滞后,关于南四湖水量水质监控系统、水资源综合管理业务系统等信息化支撑平台尚未建立,流域管理的信息化保障能力较低,迫切需要着力加强智慧流域领域研究,推动新技术与治淮工作深度融合,规划实施流域边界水利工程调度指挥能力改造提升等项目,推进数据资源整合和开放共享,逐步构建准确高效、实时快速、要素齐全、智能联动的自动化防洪调度指挥系统,推进实现全流域数字化、智能化、现代化。

4.2 落实山东省水安全保障总体规划,规划实施重大水利工程建设项目

2017年,山东省政府从长远和战略的高度研究解决山东水资源问题,着眼于建立与经济社会发展相匹配、能应对百年一遇特大干旱的水安全保障体系,印发实施了《山东省水安全保障总体规划》,2018—2020规划期内共实施31类、614项、2 860个水利重点项目,总投资达384亿元。目前,山东省淮河流域重点平原洼地南四湖片治理工程等工程已建成投入使用,明显提升了山东淮河流域水系网络的综合保障能力。下一步山东将按照淮委部署实施沂沭泗河洪水东调南下提标工程,将沂沭泗河水系南四湖、韩庄运河、新沂河的防洪标准逐步提高到100年一遇。同时按照"确有需要、生态安全、

可以持续"的原则,组织做好一些重大项目的谋划和储备,加快构建完善的山东淮河流域水旱灾害防御工程体系,为流域经济社会跨越发展提供支撑。

4.3 加强水资源科学配置和有效管理,推进流域水安全风险前端管控

落实节水优先方针,研究健全用水指标和用水计划管理制度,探索完善行业用水定额标准。深入推进南四湖水量分配工作,科学研究确定区域用水总量控制指标、水量分配指标、生态流量管控指标、水资源开发利用和地下水监管指标,保障南四湖生态流量。从流域实际情况和流域经济社会发展对水利的需求出发,优化水系、完善水网,规划实施沂沭河、南四湖雨洪资源利用工程以及南四湖湖西水系连通等工程,积极破解工程性缺水问题,不断完善"空间均衡"的用水格局。把防范化解水安全风险作为重大课题,组织实施流域内中小型水库、塘坝、水闸等改造提升工作,重点落实好农村饮水安全、水土流失治理、河湖清违清障等与人民群众息息相关的工作举措,提高防范化解重大风险的能力,为经济社会可持续发展提供强有力的水安全保障。

4.4 强化水生态文明建设,实现水文化融入城市建设、带动地域发展

牢记习近平要求的"山东在全面建成小康社会进程中走在前列,在社会主义现代化建设新征程中走在前列,全面开创新时代现代化强省建设新局面"殷切嘱托,在山东主体功能区划的框架下,根据流域水资源水环境自然资源空间差异,进一步深入研究细化优化空间规划,努力打造清洁流域、生态流域、经济流域,实现区域合作共赢、乡村全面振兴。巩固提升全国重要粮食生产基地的地位,推进济宁等地重点采煤沉陷区、独立工矿区治理,以水为突破口探索推进资源枯竭城市、老工业基地转型升级的有效途径,促进新旧动能转换和产业转型升级。强化大运河水体和河道保护,加强山丘区小流域综合治理,提升生态环境质量。深入挖掘大运河历史文化价值,传承运河文化和精神,整合文化资源,打造流域优秀传统文化传承发展示范区。

4.5 搭建聚能展才平台,发挥治淮青年骨干人才作用

近年来,山东省海河淮河小清河流域水利管理服务中心依托重点水利工程,围绕流域水利工程建设与管理、水旱灾害防御、水生态水环境治理等工作,选定数十项科研课题,与南开大学、山东大学、山东农业大学等单位加强横向合作,列支科研经费1 950万元,140余名青年骨干参与了项目研究,形成了一批高质量的科研成果,有力提升了青年人才能力水平。联合山东省水生态文明促进会、山东省农业农村顾问团水利分团举办青年论坛,建立督导暗访成果、调研课题成果评审机制,成立专家(资深专家)委员会,通过以老带新、以学促思、以研促工等形式不断提高青年职工谋划发展、破解难题、推动落实的实际本领,为山东治淮事业发展夯实了根基。

[参考文献]

[1] 山东省水利厅.山东省治淮70周年社会经济效益测算分析[Z].2020.
[2] 侯效敏,石晓艳.山东南四湖流域生态经济与可持续发展研究[J].生态经济.2009(3),151-155.

[作者简介]

张静,女,1988年8月生,馆员,研究方向为水利工程档案管理,15589999363,499025950@qq.com。

河湖长制下跨省河湖管理问题探讨

曾令炜　董　睿

（水利部淮河水利委员会建设局　安徽 蚌埠　233001）

摘　要：以习近平同志为核心的党中央高度重视河湖管理工作，全面建立河湖长制体系，持续推动落实河湖长制考核机制，推进河湖"清四乱"常态化规范化。但是在跨省河湖的管理上，仍然存在河湖管理体制机制不够健全、河湖管理体系不完善、河湖管理范围划定不统一等问题，本文以两条跨省河流的管理为研究对象，分析了跨省河湖管理存在的共性问题，探讨了加强各级水行政主管部门的责任联动，以及流域管理机构在跨省河湖管理中起到的指导作用。

关键词：河湖长制；跨省河湖管理；河湖管理范围划定；智慧水利

1　前言

以习近平同志为核心的党中央高度重视河湖管理工作，统筹生态文明建设和经济社会发展，作出全面推行河湖长制的重大决策部署。2018 年以来，在我国 31 个省（自治区、直辖市）全面建立河湖长制体系，持续推动落实河湖长制，着力强化河湖管理与保护，严格落实河流湖泊水域岸线管控与河道采砂综合管理，持续推进河湖"清四乱"常态化规范化，努力守护河湖健康。

通过运用和广泛推广河湖长制河湖管理模式，通过开展全覆盖、高频次河湖管理监督检查，向全社会传递高压严管信号。逐步实现了河湖长制从"有名"向"有实""有责""有能""有效"转变，河湖管理从"没人管"向"有人管"，从"没人管、管不住"向"有人管、管得好"的转变。人与自然和谐相处，河湖整体面貌明显改善。事实证明，河湖监管是河湖管理保护的重要抓手，是解决河湖突出问题的关键一招。通过河湖监管，有效地保障了河湖长制各项任务措施的落实落地，夯实了各地区各部门管理职责，为总结治水管水规律提供实践参考。

为深入贯彻落实习近平总书记"节水优先、空间均衡、系统治理、两手发力"十六字治水思路和治水重要讲话指示批示精神，本文以沙颍河豫皖省界段和沂河苏鲁省界段河湖管理为对象，研究探讨如何加强流域内各地区协同，强化流域统一管理，进一步推进河湖"清四乱"常态化、规范化。

2　跨省河湖情况及管理存在的主要问题

沙河发源于鲁山县尧山，颍河发源于登封市嵩山，于周口汇流后统称沙颍河。沙颍河是淮河最大的一条支流，西起河南省伏牛山东麓，东至安徽省正阳关入淮，全长约 620 多 km，流域面积近 4 万 km^2，约为淮河流域总面积的 1/7。沙颍河流经豫皖两省。

沂河发源于沂蒙山区鲁山南麓沂源县，于临沂市郯城县吴道口村出山东境，流经江苏省邳州市，汇入骆马湖，沂河全长 386 km，流域总面积约 11 600 km^2。沂河流经鲁苏两省。

2.1　河湖管理体制机制不够健全

跨省河湖管理的统筹协调机制、联合考核制度等体制机制亟需完善。沙颖河、沂河均为跨省河流,在省界段其上下游、左右岸,不同省份地区、不同部门之间在"四乱"问题认定、水污染防治、水资源保护、水行政执法等有关事项的协调与合作机制还不够健全,整体衔接和协调的机制和模式亟需协同提升。

2.2　河湖管理体系不完善

由于我国特殊的管理体系结构,我国对河湖等水资源管理是流域机构与地方水行政主管部门共同管理,形成了统一管理与分级、分部门管理并存的"多龙管水"模式,造成了在流域管理上条块分割,在地域划分上城乡分割,在机构职能上部门分割,在规章制度上政出多门的情形。经过长期的河湖管理及河湖长制落实的实践证明,河湖等水域水资源的分割化管理,导致河湖管理管护水平较低,制约了社会经济的可持续发展。

2.3　河湖管理范围划定不统一

在河湖水域岸线管理范围划定中,对于无堤防的河流河道,在法律法规中没有明确规定划定标准和依据,使得各地区在河湖划界中采用的标准不一致,有以历史最高洪水位划定的,也有以河道设计洪水位划定的。各地区针对本辖区内河流湖泊的特点,所颁布实施的相关技术细则、指导指南、标准规范等仍有所差别,尤其是跨经多省份的河流湖泊在省界处仍然存在上下游、左右岸管理和衔接的困难问题。目前,河湖水域岸线管理范围划定成果的运用,主要表现在河湖的定桩立牌,对于河湖长制管理、水域岸线管控、河湖监管执法、"清四乱"常态化的支撑不到位。

3　意见建议

3.1　持续健全河湖长制组织体系与运行机制

必须坚持流域统筹与属地管理相结合的原则,加快推进落实河长制工作。一是发挥国务院河湖长制部际联席会议制度作用,督促各部门履职尽责、相互协作、形成合力;二是研究建立对各省全面推行河湖长制实施考核制度,以推动各地政府切实守河尽责;三是加强流域统一管理,持续健全流域内跨省河湖长联席会议机制,完善流域机构与流域内省级河长办的协作机制;四是充分发挥流域管理机构统筹指导作用,协调跨省河湖上下游、左右岸、干支流的联防、联控、联治,有针对性地做好跨省河湖管理保护工作,积极进行沟通协商,分别与各省河长办、水利厅签署相关跨省河湖"一河一策"修编和实施合作协议;五是各水利工程管理单位要统一建立跨省河湖管理保护标准体系,统一制定"四乱"整治原则,强化日常监管体系,切实压紧压实主体责任,充分发挥水管单位的作用,让"最初一公里"到"最后一公里"畅通无阻;六是在监督考核方面,将河湖长制纳入年度目标责任考核重要内容,完善考核评价办法,强化结果运用,发挥考核"指挥棒"作用,推动河湖管理高质量发展;七是加强社会群体对河湖管理的参与,支持和引导成立民间河湖长,带动全社会形成爱河护河良好氛围。[1]

3.2　以智慧水利建设提升跨省河湖管理水平

抓住机遇,以建设幸福河湖为契机,打造"智慧幸福河湖"。一是加快数字化建设,对重要的河流湖泊、省界断面、河道水生态监测点、重要取水口和重点入河排污口等进行监测和监控;二是加强跨省河流湖泊信息的互联互通,持续完善河湖长制管理信息系统,建立信息共享机制和平台,通过近年来高速发展的大数据技术,为各级河长湖长决策提供服务;三是利用遥感技术推进跨省河湖综合管理,利用卫星遥感、人工智能等先进技术,提升河湖"四乱"问题的识别准确性;四是打造"互联网+河湖监管",充分运用卫星遥感、无人机、无人船、视频监控、手机 APP 等技术,加强跨省河湖水域、岸线、水量、水生态等情况动态监控,更好地支撑河湖管理监督检查等工作。

3.3 持续完善河湖管理范围划定工作

一是强化顶层设计,综合考虑河道形态、周边现状、规划红线、历史遗留问题等因素,尤其对于无堤防河道应该怎样划定管理范围出台更有操作性的指导文件;二是强化统一指导,河湖水域岸线管理范围划定是一项专业性高的工作,应结合跨省河湖特点,出台相应的划定标准,突出指导作用;三是强化核查整改,针对河湖划界中存在的问题,流域机构有关部门应持续开展河湖管理范围划定核查工作,确保管理范围划定工作质量;四是强化成果运用,在"水利一张图"信息系统中动态更新河湖管理范围。[2]

4 结语

强化流域统一管理是强化流域治理管理"四统一"的重要方面,强化河湖管理是强化流域统一管理重要内容之一,强化跨省河湖管理是强化河湖管理的重要抓手。要对习近平总书记关于治水重要讲话指示批示精神,进一步增强保护河湖的责任意识;对标新阶段水利高质量发展要求,全面提高服务流域发展的水平;对标水治理的先进理念与典型,持续提升河湖系统治理的能力;对标数字流域建设任务,不断丰富河湖管理信息化手段;对标幸福河湖的建设目标,努力让每条河湖成为造福人民的幸福河,着力打造"堤固、水清、岸绿、景美"的幸福淮河。

[参考文献]

[1] 祖雷鸣.完整、准确、全面贯彻新发展理念推动"十四五"河湖管理高质量发展[J].水利发展研究,2021,21(7):23-26.

[2] 朱锐,冯晓波.河湖管理范围划定情况调查研究[J].水利发展研究,2021,21(5):57-60.

[作者简介]

曾令炜,男,1989 年 8 月生,科长(高级工程师),主要研究方向为信息与通信技术,15855780232,920532824@qq.com。

董睿,男,1999 年 8 月生,助理工程师,主要研究方向为电气工程及其自动化,19810602596,19810602596@139.com。

河道内取水项目水源界定浅析

吴 漩

(安徽淮河水资源科技有限公司 安徽 蚌埠 233001)

摘 要:2021年12月1日施行的《地下水管理条例》明确将集水池、渗渠等取水设施确定为地下水取水工程,本文以山东省沂水县水务公司沂河取水工程为例,就河道内取水项目水源界定、河流与地下水关系的演化进行分析,为行政主管部门就类似河道内取水项目的管理提供参考。

关键词:地下水管理条例;渗渠;河流与地下水;关系演化

1 引言

沂河、沭河作为临沂市主要过境河流,在临沂市用水系统中承担中重要作用,但受河流水文特点所限,沂沭河在枯水期断面流量较小,水位低,因此沂沭河地表水取水户在取水时,多采用河床渗渠取水,河岸大口井集水的方式,以提高取水保证程度。长期以来,地方水资源管理部门在日常管理中,考虑到项目取水口位于河道内,埋深较浅,一般不超过5～10 m,因此项目取水水源归于地表水进行管理。

2021年12月1日《地下水管理条例》实施后,根据其第八章附则第六十三条,"地下水取水工程,是指地下水取水井及其配套设施,包括水井、集水廊道、集水池、渗渠、注水井以及需要取水的地热能开发利用项目的取水井和回灌井等",明确将集水井和河床渗渠等取水设施归于地下水取水工程,取水水源界定的变化,为河道内已建取水水源的管理造成一定的疑惑。

本文结合条例实施后水资源管理实际,就新时期取水水源界定问题,进行分析,为行政主管部门就类似河道内取水项目的管理提供参考。

2 沂河取水工程概况

山东省沂水县水务公司承担着沂水县境内城北、河西和滨河项目区的工业供水任务,该水厂从跋山水库至下游15 km之间沂河段河道内取水,共设有五个取水口,各取水口基本信息见表1。

表1 项目各取水站信息统计表　　　　　　单位:万 m^3/a

序号	名称	所在水功能区	取水规模	取水用途	取水方案
1	黄家安取水口	沂河沂水饮用水源区	320	制水供水, 工业供水	均采取渗渠从沂河取水,大口井集水方式取水,深约10 m
2	古城取水口	沂河沂水饮用水源区	510		
3	石良取水口	沂河沂水饮用水源区	280		
4	沂河取水口	沂河沂水排污控制区	350		
5	滨河取水站	沂河沂水排污控制区	474		

项目由于建设时间较早,当时虽然办理了取水许可,但近年来随着经济的发展以及地下水压采的需要,沂水县先后关停了热电公司、青援食品、大地玉米公司、隆科特酶制剂等14家用水量较大的重点企业自备水井,全部改由沂水县水务公司统一供水后,沂河取水工程取水量从2016年的500万 m³/a 提升至2020年的1 911万 m³/a,超出了原有510万 m³/a 的许可取水量。2020年沂沭河局沂河水利管理局按照《水利部关于印发取用水管理专项整治行动方案的通知》中有关要求,以沂河局办函〔2020〕59号文,《沂河水利管理局关于依法规范取用水行为的函》要求业主尽快依法办理取水许可手续,据此沂水县水务公司委托安徽淮河水资源科技有限公司开展《山东省沂水县水务公司沂河取水工程水资源论证报告书》的编制工作。

3 河流与地下水演化关系分析

项目自2009年建成运行以来,一直按照地表水取水进行管理,2021年底最新颁布的《地下水管理条例》中将原有集水井、渗渠取水界定为地下水取水,为了解项目实际取水来源,就河流和地下水演化关系分析如下。

黄家安取水站、古城取水站、石良取水站、沂河水站及滨河取水站五处取水站均采用傍河取水形式,通过埋设在河道的渗渠激发沂河地表水补给进行取水,截取的河流地表水量受到河流水位变化影响,当截取的河流地表水量不能满足取水要求时,则需要通过抽取地下水作为补充。针对渗渠形式的傍河取水,采用达西公式估算地表水入渗至渗渠流量:

$$Q_{渗} = L_{渗渠} 2\pi R_{渗渠} K_{河} (H_{河} - H_{渗渠})/(H_{河床} - H_{渗渠}) \tag{1}$$

式中:$Q_{渗}$=渗渠流量(m³/d);$K_{河}$=河床渗透系数(m/d);$H_{河}$=河水位(m);$H_{河床}$=河床高程(m);$H_{渗渠}$=渗渠中心高程(m);$R_{渗渠}$=渗渠半径(m);$L_{渗渠}$=渗渠取水段长度(m)。

根据5个取水站渗渠布置情况确定渗渠长度、渗渠直径、渗渠高程等参数,结合取水河段具体情况确定河床高程、河流高水位、河流低水位等参数,主要参数取值如表2所示。

表2 取水站参数设置 单位:m

取水站名称	渗渠长度	渗渠直径	渗渠中线高程	河床高程	河水高水位	河水低水位
黄家安取水站	206	1.0	143.2	144.19	144.89	144.36
古城取水站	126	1.0	142.2	143.15	144.80	143.42
石良取水站	195	1.0	136.9	138.00	139.20	138.40
沂河水站	178	1.0	132.5	133.54	134.95	134.30
滨河取水站	154	1.0	131.6	133.21	134.90	134.20

根据收集的沂水县相关地质及水文地质资料,对各取水点处河床渗透系数进行推算,黄家安取水站及古城取水站均位于上游,给定河床渗透系数为18 m/d;石良取水站、沂河水站及滨河取水站处河床渗透系数为16 m/d。采用公式(1)计算高水位、低水位情形下的地表水入渗至渗渠流量,当地表水不能满足该站设计日取水量时,则其余部分为抽取地下水的水量,河水高水位和低水位时不同取水点取水水源组成计算结果见表3。

表3 河水高水位和低水位时不同取水点取水水源组成计算结果　　　　　　　　单位：万 m³/d

取水站名称	日取水量	河水高水位时取水来源		河水低水位时取水来源	
		地表水取水量	地下水取水量	地表水取水量	地下水取水量
黄家安取水站	1.5	1.5	0	1.37	0.13
古城取水站	1.5	1.5	0	0.92	0.58
石良取水站	1.0	1.0	0	1.34	0.16
沂河水站	1.5	1.5	0	1.5	0
滨河取水站	1.5	1.5	0	1.25	0.25

由表3计算结果可知，沂河水站在河水处于高水位、低水位时，地表水入渗量均能够满足取水需求，取水水源全部为地表水。黄家安取水站、石良取水站、沂河水站及滨河取水站在河水处于高水位时，地表水入渗量能够满足取水需求，取水水源全部为地表水，但是，当河水处于低水位时，地表水入渗补给渗渠的水量不足以满足取水需求，此时超出地表水入渗量的部分即来源于地下水。其中古城取水站在低水位时期地下水取水量最大，约占取水站总取水量的38%。综上说明，五处取水站取水的主要水源来自渗渠激发的沂河地表水的入渗补给，当沂河水位很低时，有可能地表水入渗量达不到取水需求，此时，取水站取水水源组成就包括地表水和地下水两部分。

表4 各站开始抽取地下水的临界河流水位值（米）

黄家安取水站	古城取水站	石良取水站	水站副井
144.47	144.20	138.58	134.72

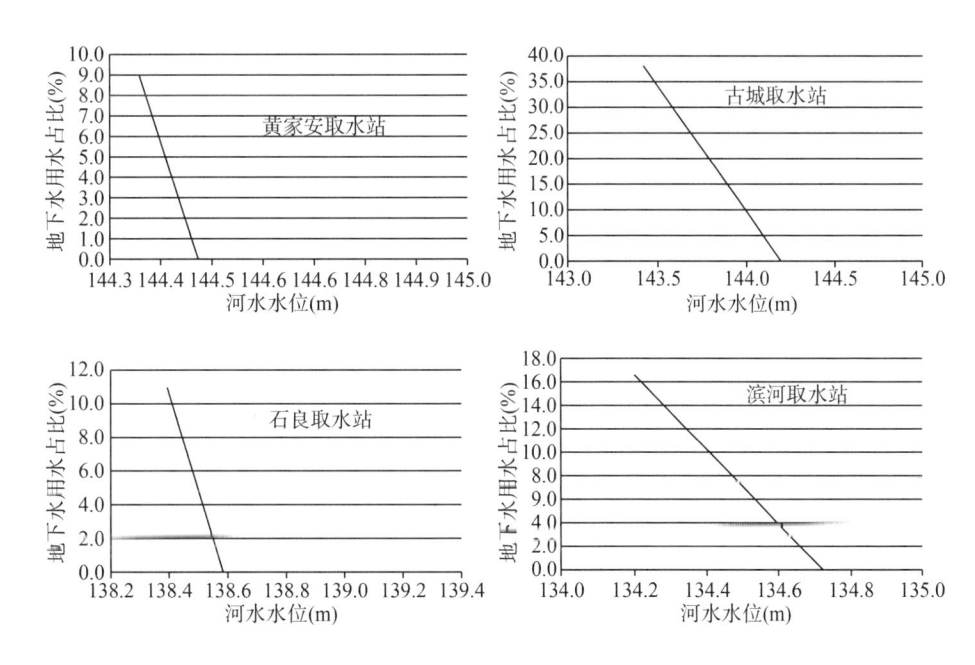

各取水站地下水用水占比随河水水位变化关系图

4 解决方案

考虑到项目取水用途，工业用水不宜采用地下水作为取水水源，因此项目业主最终对原有取水方案进行了整改，将原有的集水井渗渠取水改以在河道用透水砖建设圆形取水口，内设DN1000口径圆形引水管,地表水通过引水管自流至取水站圆形清水池,之后通过取水站机组送至输水管线,改建后经当地水资源管理部门认证,确定项目取水水源为地表水,不再涉及地下水取水。

5 结语

沂河取水工程最终通过取水口的改建解决了取水水源难以界定的问题,顺利获得取水许可,启发着我们水利行业工作者们,不可因循守旧,要时刻不忘学习,才能跟上时代发展的步伐,为水利行业更好的发展而奋斗。

[作者简介]

吴漩,男,1984年3月生,主要研究方向为水文水资源、水环境保护,13695527275,114395275@qq.com。

基于 GNSS 的水汽反演技术及应用研究

姜广旭[1]，刘宏伟[2,3]，沈　建[1]，田　立[1]，张哲文[1]，洪美玲[1]

（1. 江苏省水文水资源勘测局南通分局　江苏 南通　226006；
2. 南京水利科学研究院　江苏 南京　210029；
3. 水文水资源与水利工程科学国家重点实验室　江苏 南京　210029）

摘　要：大气水汽含量表现较为活跃多变，是最难以准确描述的气象参数之一，而其在气候变化、水文循环过程、强对流天气系统、短历时临近降水预报、中小河流水库预警预报等方面的重要应用使其成为必须重点监测的对象之一。本研究利用滁州综合水文实验基地站点的监测数据，并结合探空数据、再分析数据等多源资料，厘清了 GNSS 水汽反演的技术方案，验证了基于 GNSS 解算水汽含量的可靠性，以及降水事件的发生与水汽含量及其变化幅度的相对同步性，探索出研究区发生降水的水汽含量阈值。

关键词：大气可降水量；地基 GNSS；水汽反演技术；阈值

1　前言

近年来，由极端天气和气候事件所引发的城市暴雨洪水、农田内涝、山体滑坡和泥石流等突发性自然灾害，呈现出增多、加强的变化趋势，给人民的日常生产生活带来了巨大的影响，更是直接影响到人民群众的生命财产安全，增加社会的不稳定性因素[1]。为了更好地解决水旱灾害问题，水利部部长李国英在 2021 年全国水旱灾害防御工作视频会议上，指出要强化预报、预警、预演、预案"四预"措施，加强实时雨水情信息的监测和分析研判，进行提前预报预警[2]。当下，科学技术的快速发展，使我们有机会提前感知、预测天气的变化过程，通过感知引起降水发生的大气可降水量，进一步预测降水和洪水。

众所周知，充足的水汽是降水发生的必要条件，大气水汽含量与降水的关系则成为研究降水预测预报避不开的话题。早在 1986 年，宋乃公从特大暴雨的水汽特征以及水汽因子对暴雨的作用等方面探讨了大气水汽含量与暴雨的关系[3]。21 世纪初，杨光林等基于 GPS 资料反演得到大气水汽含量分析发现，西藏地区大气水汽的累积增加量与降水关系密切[4]；姚建群等比较 2002 年 9 月 10—20 日 GPS 的可降水量资料与实况降水场的关系，大气水汽含量达到 50 mm 的阈值与降水有很好对应关系[5]。

然而，由于对流层大气中影响水汽含量及其分布的因素较多，且在太阳辐射强度、下垫面情况等影响下，同一位置下不同时间的空中水汽含量也有很大差别；同时由于目前探测技术的局限性，测定大气水汽含量仍是一个比较困难的问题，仍缺乏充足的实时观测资料[6]。目前，监测大气水汽含量的方法主要包括无线电探空仪探测、水汽辐射计探测、卫星观测、雷达探测、地面湿度计观测、GNSS 遥感探测等，且各种方法之间有着不同的优缺点[7]。GNSS 遥感探测作为一种跨学科结合发展起来的新型探测技术，具有探测精度高、时空分辨率高、全天候监测、成本低廉等特点，且其获取的监测数据可以广泛应用在灾害性天气监测和预报、中尺度数值预报模式初始场构建等方面,具有其他监测方式不可比拟的优势[8]。

2 研究方法

2.1 技术原理

GNSS 水汽探测技术最早起源于美国,大致经历了理论技术研究、方法比较验证、GNSS/MET 站网建立、业务化应用等阶段;由于其早期主要利用 GPS 卫星,故也有习惯称其为 GPS 水汽反演[6]。1987 年,Askne 等人最早发现,天顶湿延迟与垂直水汽总量或者可降水量之间存在联系,并提出利用 GPS 探测大气可降水量的设想[9]。在此基础上,Bevis 等从理论上研究了使用 GPS 技术对大气水汽进行探测,并提出了"GPS 气象学"的概念,后逐渐改称为"GNSS 气象学"[10]。GNSS 气象学是利用 GNSS 的理论、技术方法探测地球大气和地表环境状态,进行气象学的理论方法应用,属于大地测量学、卫星动力学、地球物理学、气象学等多学科交叉的新兴学科[6]。

当无线电信号穿越大气时,由于不同高度下大气结构、性质、组成的差异,无线电信号的频率和传播路径会发生改变;位于 2 万多公里处的 GNSS 卫星发出的无线电信号在到达地面或低轨卫星上的接收机之前,会受到电离层和对流层折射的影响,造成传播路径的弯曲和传播信号的延迟[11]。其中传播路径的弯曲量很小,可以忽略不计;GNSS 信号主要受到对流层大气折射造成的延迟。在 GNSS 精密定位测量中,要尽可能消除大气折射引起的延迟;而在 GNSS 水汽解算中,恰恰正是利用这部分影响定位精度的延迟量,并将其作为研究大气、表征对流层大气特征的工具[12]。

2.2 数据处理方法

GNSS 反演大气水汽含量只是 GNSS 定位的一个副产品,而大气水汽含量的反演精度与 GNSS 定位的精度息息相关、密不可分,在对 GNSS 数据进行解算获取 PWV 时要求软件基线解算的精度至少要满足 10^{-7} m 的要求[13]。常用的高精度 GNSS 处理软件包括 GAMIT/GLOBK、BERNESE、GAS、GIPSY、SHAGAP、PANDA、SNAP 等。

通常情况下,GNSS 反演大气水汽含量的过程可概括为以下 6 步[14]:

(1) 采用数据编辑软件将接收机获取的观测数据(非标准形式数据;如为标准 RINEX 格式,此步忽略)转化为 RINEX 格式数据文件。

(2) 通过高精度 GNSS 处理软件处理原始观测数据,得到对流层天顶总延迟(ZTD)。

(3) 结合探空数据、地面气象数据进行局地建模,根据天顶静力学延迟模型,计算天顶静力学延迟(ZDD)。

(4) 从天顶总延迟中减去天顶静力学延迟,进而得到与水汽密切相关的天顶湿延迟(ZWD);

(5) 通过当地或临近的探空数据获取加权平均温度(T_m),利用加权平均温度与地面气象参数的关系进行建模,根据本地化模型及气象参数计算得到加权平均温度,进一步求得转换系数(Π)。

(6) 根据大气湿延迟与转换系数之间的关系,反演得到大气水汽含量(PWV)。

2.3 站点建设

为更好地开展基于地基 GNSS 的水汽解算技术研究,在南京水利科学研究院滁州综合水文实验基地内设立了 GNSS 站点,定期开展数据收集,并基于站点数据进行分析处理。

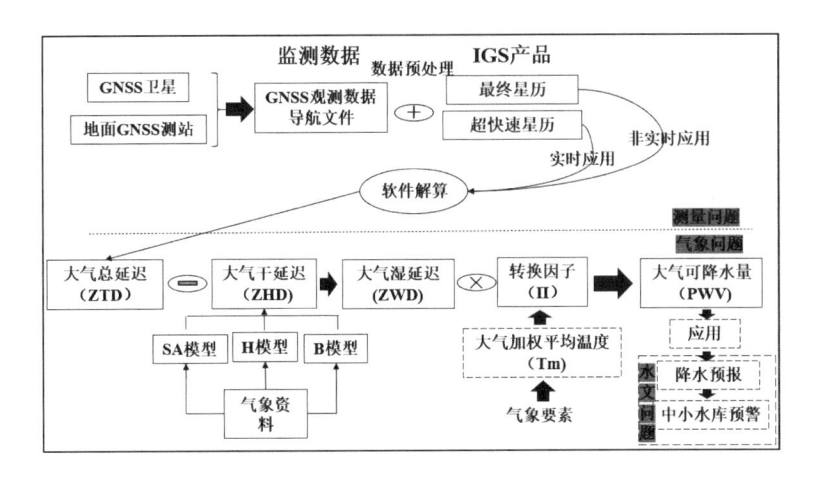

图 2-1　GNSS 反演大气水汽含量流程图

站点建设过程主要包括：仪器选型、位置筛选、土建施工、设备安装、供电保障、防雷安全等，土建、设备安装、数据记录等情况应编制信息记录报告，并在开始记录数据前，设置好接收机参数。如将截止仰角设置为 10°，可以保证站点接收到 10 颗以上卫星的数据；将 GNSS 接收机与自动气象站数据的采样频率设置为 30s/次，可以获取大气水汽含量的小时变化情况等。

图 2-2　滁州基地 GNSS 自设站设备情况

3　数据分析

3.1　实验观测期数据情况统计

为更好地研究大气水汽含量的变化情况，以数据观测质量可靠、连续性好等原则筛选了原始数据序列，统计分析了滁州基地 2018—2020 年的大气水汽含量的小时变化量，3 年内分别获取了 1 592、3 216 和 1 608 个数据样本，PWV 监测期对应发生的降水累积量分别为 263 mm、369.4 mm、527.4 mm。由下图 3-1 可以看出，2018—2020 年 7—9 月的 PWV 均在 40~60 mm 之间。2018—2020 年的数据序列内，PWV 超过 70 mm 累计发生 32 次，60~70 mm 的小时总数为 509，这些高 PWV 值一般对应着降水的发生。

图 3-1 实验观测期大气水汽含量的统计情况

数据起止日期	20180722—20180929	20190617—20201029	20200710—20200916
样本数	1 592	3 216	1 608
降水发生次数	134	142	180
70 mm 以上	11	19	2
60~70 mm	231	158	120
50~60 mm	646	509	397
40~50 mm	213	783	542
30~40 mm	229	656	257
小于 30 mm	262	1 091	290

3.2 解算结果对比

3.2.1 仪器可靠性对比

选取 2019 年 7 月 1 日—2019 年 10 月 24 日逐小时的同步监测数据，比较放置在相邻位置（间隔约 3.6 m）的两台监测仪器 2 784 组 PWV 的结果：由下图 3-2 可以看出，两组数据变化的趋势完全相同，且变化的大小基本上无差异。为比较其在统计结果的差异，假定一台仪器所获得的结果为固定值，计算与另一台仪器相差值获得一组变化的序列值，不难发现两站的相差值大多数均在±1 mm 之内变化。计算两台仪器获得的数据相关系数、相似系数值均为 1，在统计数值上验证了两组数据基本上完全相同，数据无差异。

由此可以得到结论，两台仪器的数据相互验证结果可靠，使用单台仪器的结果可以满足研究的需要，可以获取当地的水汽变化情况。

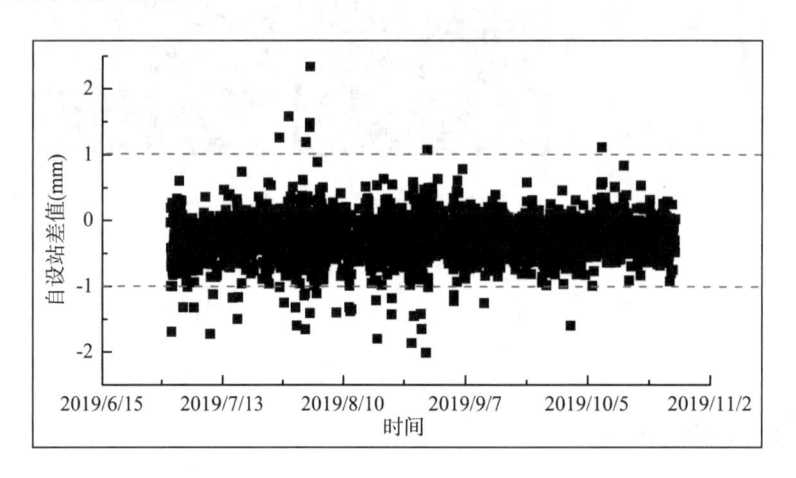

图 3-2 自设站结果的对比

3.2.2 日尺度下的水汽含量对比

为更好地在同一时间尺度下对比不同数据源的大气水汽含量的精度情况，将 GNSS 反演得到的大气水汽含量 GNSS/PWV 与再分析资料获取的大气水汽含量 ERA5/PWV 转化为日尺度变化数据。由于测站所在的滁州境内无探空站，选择了临近的南京站代替；ERA5/PWV 为滁州基地所在的格点，所选用的数据为欧洲气象中心的 ERA5 数据集。分别以 GNSS/PWV 与 ERA5/PWV 与探空资料作差，得到 2019 年 7 月 1 日—2019 年 8 月 21 日逐日 00 时大气水汽含量的多源数据变化结果对比图。

由图 3-3 可以看出，GNSS/PWV 与探空数据计算值的差值及 ERA5/PWV 与探空资料差值多数在-10~5 mm内变化,且获取的水汽变化量趋势一致、变化幅度基本相同。而由于南京站距离滁州基地存在一定距离差,逐日差值比较仍存在一定波动,尤其是在水汽含量发生变化时。再分析资料与探空资料的一致性较好,能够反映区域内大气水汽含量的变化情况。根据日变化情况基本一致的前提,进一步比较GNSS与再分析资料分别获取的大气水汽含量在小时尺度上的精度情况。

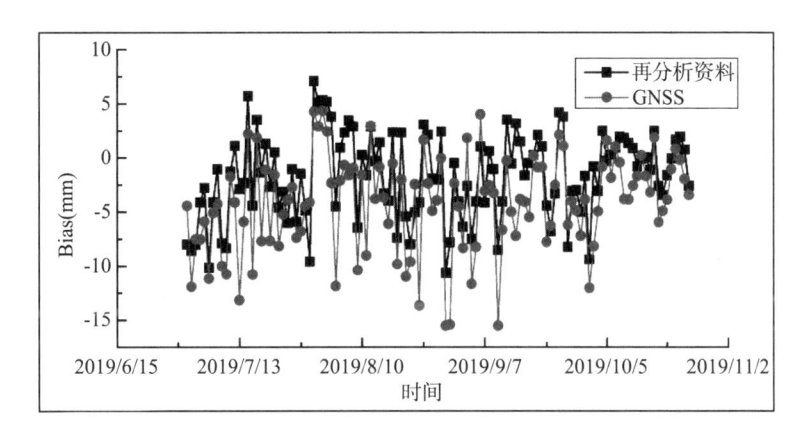

图 3-3　不同数据源日尺度结果比较

3.2.3　GNSS/PWV与再分析资料小时尺度对比

选用2020年5月14日—2020年5月20日逐小时的GNSS/PWV和ERA5/PWV的大气水汽含量进行分析,由下图3-4可以发现:再分析资料在变化趋势上平滑增加(或减少),而GNSS解算得到的大气水汽含量在很多情况下能够出现锯齿状的变化,即GNSS/PWV能够更加细腻的反映短时间内的变化情况,在图中反映最为明显的就是2020年5月16日12时—23时的变化值。从整体变化的趋势来看,GNSS/PWV与ERA5/PWV的变化趋势一致,增加/减少的拐点、幅度也基本是相同的。

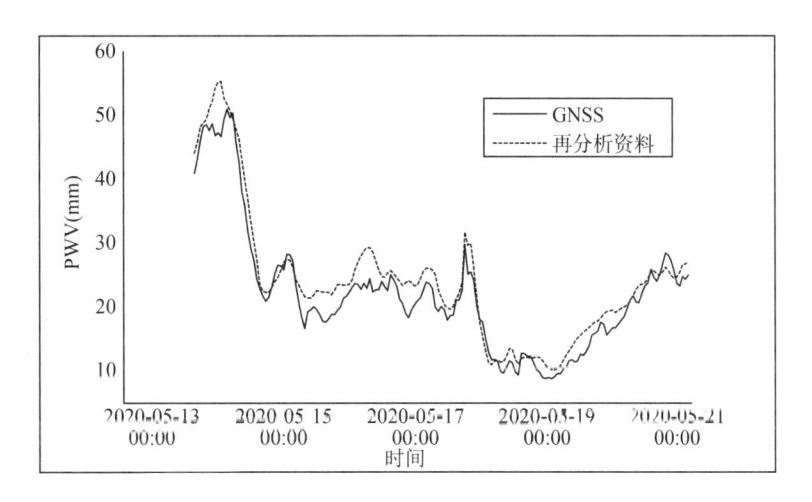

图 3-4　GNSS与ERA5小时尺度上的对比

3.3　大气水汽含量与降水之间的关系

3.3.1　大气水汽含量与降水过程的同步性对比

为了探究大气水汽含量与降水之间可能存在的关系,以南京站2018年和2019年的6—8月探空数据为数据样例,将得到的00时与12时的大气水汽含量与对应日期的日降水量进行对比分析。由图3-5可以看出:降水实际发生的日期与大气水汽含量的变化有着十分密切的关系,降水发生直接对应着大气水汽含量的高值,且降水量越大对应的大气水汽含量也越大。降水发生前的几天,大气水汽含量的值逐渐增加至或处于大于 50 mm 的高值区;降水发生后,大气水汽含量的值会出现明显下降的现象,下降的幅度一般超过 10 mm,如果下降的幅度不大且仍处于高值区,则会有持续的降水发生。

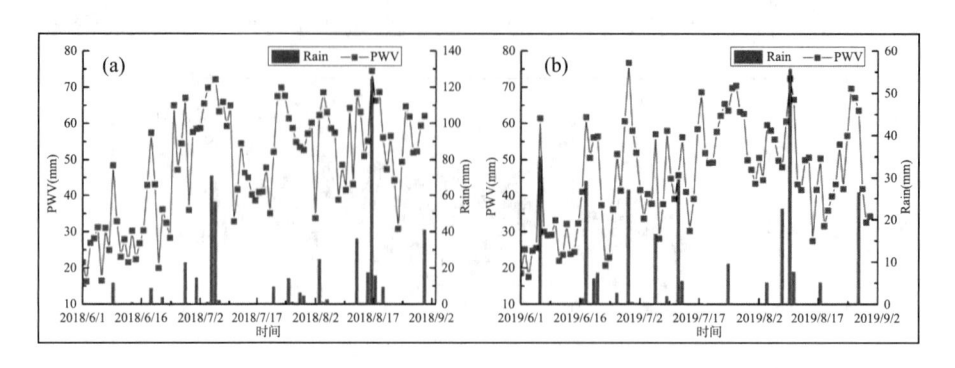

图 3-5　探空资料 PWV 值与降水的对应关系

3.3.2　降水发生时 PWV 的阈值

以滁州基地 2018 年 7 月 22 日—9 月 29 日、2019 年 6 月 17 日—10 月 29 日以及 2020 年 7 月 10 日—9 月 30 日的 GNSS 大气水汽含量数据和地面气象数据进行分析统计,当大气水汽含量达到 70 mm 及以上时,则该时刻一般会正在发生降水;且大气水汽含量持续在 70 mm 以上的时间越长,降水的持续时间也越长、降水量也越大。如在图 3-6 中,2018 年 8 月 17 日 8 时大气水汽含量超过了 70 mm 并持续至当日 18 时,持续时间超过 10 h,对应的时段的降水达到了 76.5 mm。

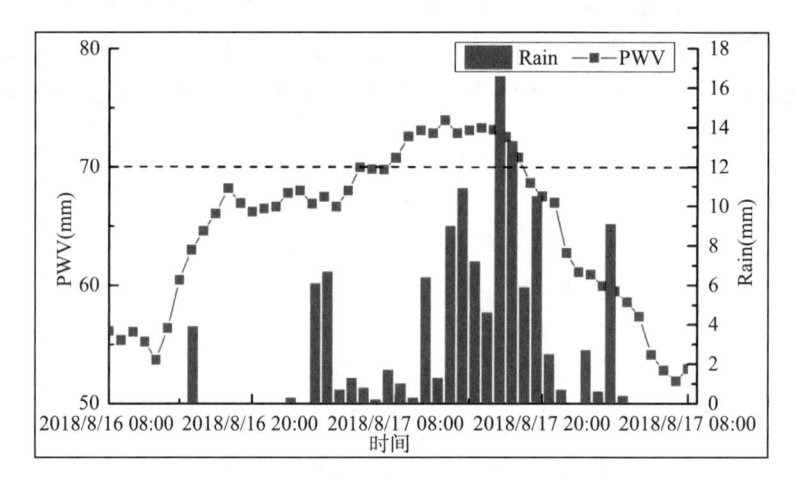

图 3-6　PWV 达到 70 mm 时对应的降水情况

当大气水汽含量达到 70 mm 及以上时,即使在当前时刻未发生降水,在未来的几个小时内(8 h)也一定会发生降水。如下图 3-7 所示,大气水汽含量在 2019 年 6 月 28 日 13 时首次超过 70 mm 并且保持超过 70 mm 直至 17 点,在这个时间段内无降水发生;但是在 6 月 28 日 22 点至 6 月 29 日 0 时发生了降水。从大气水汽含量超过 70 mm 至降水发生经过了 10 h。

4　结论与建议

(1)基于 GNSS 反演获取的大气水汽含量值是可靠的,不同数据源的数据能够彼此印证;但是,解决获取数据的时效性是大气水汽含量应用的关键问题之一。

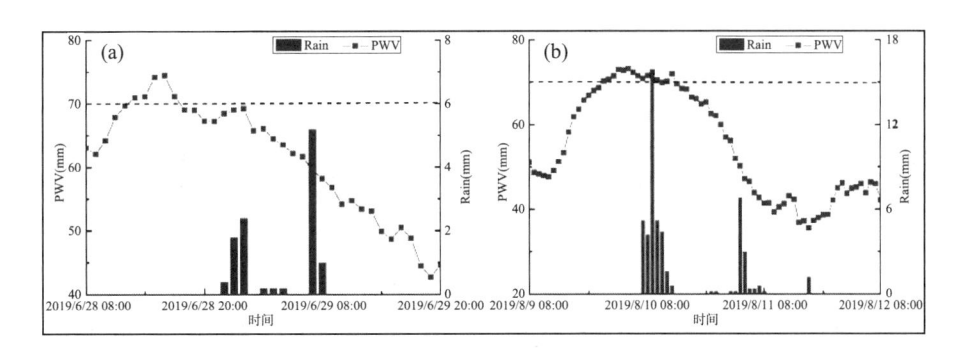

图 3-7　PWV 达到 70 mm 时未来发生降水的情况

（2）降水事件的发生与水汽含量及其变化幅度的相对同步性，为水汽含量及其变化的拓展应用奠定了坚实基础；当实验区大气水汽含量达到 70 mm 的阈值时，基本都会有降水发生；这一阈值在其他地区的适用性以及水汽含量变化与降水发生的时间提前量仍需进一步加强研究。

（3）GNSS 的水汽反演应用，应逐步转化到基于北斗卫星导航系统的研究，并发展配合北斗应用的软、硬件产品。

[参考文献]

[1] 张颖娴, 孙劭, 刘远, 等. 2021 年全球重大天气气候事件及其成因[J]. 气象, 2022, 48(4): 459-469.

[2] 王慧. 水利部安排部署"十四五"时期和 2021 年水旱灾害防御工作[J]. 中国水利, 2021(5): 6.

[3] 宋乃公. 大气含水量与暴雨的关系[J]. 水利学报, 1986(6): 48-53+70.

[4] 杨光林, 刘晶淼, 毛节泰. 西藏地区水汽 GPS 遥感分析[J]. 气象科技, 2002(5): 266-272.

[5] 姚建群, 丁金才, 王坚捍, 等. 用 GPS 可降水量资料对一次大—暴雨过程的分析[J]. 气象, 2005(4): 48-52.

[6] 李国平, 黄丁发, 郭洁, 等. 地基 GPS 气象学[M]. 北京: 科学出版社, 2010.

[7] 刘立龙, 黎峻宇, 黄良珂, 等. 地基 GNSS 反演大气水汽的理论与方法[M]. 北京: 测绘出版社, 2018.

[8] 张豹. 地基 GNSS 水汽反演技术及其在复杂天气条件下的应用研究[D]. 武汉: 武汉大学, 2016.

[9] J. Askne, H. Nordius. Estimation of tropospheric delay for microwaves from surface weather data[J]. Radio Science, 1987, 22(3): 379-386. DOI: 10/c7hqpd.

[10] Michael Bevis, Steven Businger, Thomas A. Herring, et al. GPS meteorology: Remote sensing of atmospheric water vapor using the global positioning system[J]. Journal of Geophysical Research, 1992, 97(D14): 15787. DOI: 10/ghzphr.

[11] 王明明. 地基 GPS 水汽反演的误差分析与资料应用[D]. 南京: 南京信息工程大学, 2013.

[12] 赵峰. 近实时 GPS 水汽自动处理系统的初步研究[D]. 南京: 南京信息工程大学, 2006.

[13] 谷晓平. GPS 水汽反演及降雨预报方法研究[D]. 北京: 中国农业大学, 2004.

[14] 邹蓉, 陈超, 李瑜, 等. GNSS 高精度数据处理: GAMIT/GLOBK 入门[M]. 武汉: 中国地质大学出版社, 2019.

[作者简介]

姜广旭, 男, 1995 年 7 月生, 助理工程师, 主要研究方向为站网规划、水文测验、水文气象等, 15896266537, jiangguangxu123@163.com。

关于淮河流域水土保持监测站点布局的思考与建议

袁 利 张春强

（淮河水利委员会淮河流域水土保持监测中心站 安徽 蚌埠 233001）

摘 要：本文通过分析淮河流域水土保持监测站点的现状、成果应用以及存在的问题，提出了优化监测站点布设、做好水土流失预警预报、多源数据协同以及定期发布公报等建议，为淮河流域水土流失防治效果和水土保持目标考核提供数据支持，满足公众的知情权。

关键词：淮河流域；水土保持；监测站点；布局

2010年全国水土保持监测网络基本建成，经过10多年运行，随着国家重点防治区的调整以及新时期水土流失特征的变化，监测站点布局的基础条件也发生了明显的变化，同时，新时代水土保持工作对水土保持定位观测也提出了新要求，政府决策和目标考核、重点地区生态环境建设等都需要监测站点数据的支撑，原有的水土保持监测网络已经明显跟不上当前水土保持工作形势的需要。自2018年开始，水利部开始推进水土保持监测站点优化布局工作，2019年4月，淮河水利委员会针对当前淮河流域河南、安徽、江苏和山东四省水土流失监测站点的现状及其监测成果应用，结合全国水土保持监测网络体系优化布局与升级改造开展的研究工作，提出一些问题和建议。

1 流域水土保持监测点现状

淮河流域涉及河南、湖北、安徽、江苏和山东五省，共有水土保持监测站点43个，包括坡面径流场18个，综合观测场13个，小流域控制站1个，水文站点11个。监测站点包括了耕地、林地、草地、建设用地、园地、灌木林等6种土地利用类型，涵盖了棕壤、褐土、潮土、沙土等4个土壤类型，主要集中分布在鲁中南低山丘陵土壤保持区、豫西黄土丘陵保土蓄水区、桐柏山大别山山地丘陵水源涵养保土区等5个水土保持区划三级区。各省监测站点运行管理中除河南省采取水行政主管部门分级管理外，其他三省均采取水行政主管部门分级管理与水文系统垂直管理相结合的模式。

2 监测站点监测成果应用情况

多年来，水土保持监测站点通过持续监测积累了数据，监测数据已为省级和全国水土保持公报发布和科学研究等提供了服务和支撑。

2.1 支撑省级水土保持公报发布

河南省连续10年发布了全省水土保持公报，对监测站点的降雨量、侵蚀量，应急调查监测获得的降雨量、冲刷量等数据进行公告；安徽省发布2011—2020年全省水土保持公报；江苏省先后发布了

2011年、2013年、2018年和2020年等多期的水土保持公报；山东省发布了2011年、2013—2020年的水土保持公报；监测成果数据有力支撑了省级水土保持公报发布，对于宣传水土保持工作重要性、提高全社会水保意识以及为政府部门提供决策参考等方面，发挥了积极作用。

2.2 支撑水土保持科学研究

监测成果为水土保持基础科学研究提供了重要的数据支撑，河南省监测点成果数据应用于《伏牛山地水土保持型生态农业建设途径研究》等研究课题，相关成果获得省水利厅以及市科技进步奖；安徽省基于长序列的径流泥沙监测数据，开展了全省土壤可蚀性的研究工作，完成了全省土壤可蚀性一张图，为全省动态监测及相关研究提供了数据支撑；江苏省利用监测站点的数据，开展水土流失定量研究，掌握全省水土流失量；山东省利用观测数据以及区域水土流失状况，开展了典型区域水土流失动态监测研究，分析由点到面水土流失的相互关系，相关成果获得省水土保持学会科技进步奖。

3 监测站点存在的主要问题

淮河流域水土保持监测站点已取得了一定成效，但对照水利部"全面开展水土流失动态监测，及时发现违法行为"等要求，如何发展水土流失定位监测在水土保持监督监管中的支撑作用，还存在很多不足和问题。

3.1 监测点布局难以满足实际水土流失推算需要

（1）监测站点布局合理性不足

一是水土保持区划三级区覆盖不全，目前水土保持监测点主要集中于鲁中南低山丘陵土壤保持区、豫西黄土丘陵保土蓄水区、桐柏大别山山地丘陵水源涵养保土区等5个区，南阳盆地及大洪山丘陵保土农田防护区、津冀鲁渤海湾生态维护区等2个区存在监测点空白；二是水土流失类型区覆盖不均衡，淮河流域水土流失类型主要有水力侵蚀、风力侵蚀，但目前流域内还未有风蚀观测点。

（2）监测站点代表性不足

一是径流小区下垫面配置难以反映当地实际情况，如个别站点布设在水库或堤防坝坡，土壤类型明显与当地不一致；径流小区下垫面配置景观绿化苗木，土地利用与当地实际情况不一致；经济林栽植密度或配置方式明显与当地实际不符；缺乏当地代表性坡面工程措施径流小区等。二是部分小流域土地利用和水土保持措施代表性不足，或水库、堰坝等水利工程建设多，拦蓄了地表径流泥沙，观测结果区域代表性差或难以反映当地实际水土流失情况的问题。三是纳入水土保持监测站点中的水文站，控制断面多在200 km²以上，受上游水库、闸坝、枢纽等工程影响，径流泥沙数据难以代表其与降雨、水土流失的关系。

3.2 监测能力难以保证水土保持监测的持续发展

（1）专职观测人员少，专业技术力量薄弱

水土保持监测站点中只有1名专职人员的占到27.62%，少于5人的占到76.19%，个别站点无专职监测人员，运行管理责任主体不明确，人员不固定，投入技术力量少，设施维护跟不上，管理不到位，资料整编不规范；部分水土保持监测站点的现场观测人员为水文观测人员或委托其他人员，没有受到过专业培训、不具备水土保持相关知识，监测结果的准确性、可信性较低。

(2) 设施设备类型标准不一,自动化不足,管理设施不到位

目前小流域卡口站观测断面类型多样,有巴歇尔量水堰、三角堰等;泥沙采样设备有 ISCO 自动设备、轮式泥沙采集设备等;径流小区集流设备有传统的、半自动以及全自动观测设备。水土保持监测仪器设备的开发与生产尚未实现规模化、市场化,缺乏稳定性和可靠性的检验,泥沙含量监测等设备缺乏计量认证,设计标准不清楚,各水土保持要素监测的集成化程度较低,无法形成一套系统的监测设备体系,与行业现代化发展不相适应。

3.3 监测点观测数据与水土流失动态监测数据难以协同应用

近几年,基于遥感影像和土壤侵蚀模型,实现了水土流失动态监测全覆盖,掌握了年度水土流失面积、强度分布及动态变化,但由于监测点观测数据的代表性不足和尺度转换问题,无法回答区域实际土壤流失总量及其对土壤资源的损坏风险,"点、面"监测数据协同应用有待进一步探索。

4 监测站点布局思路和建议

目前,全国水土流失动态监测已实现了全覆盖,回答了面上水土流失面积及其变化,但不能解决年度实际发生的水土流失量,而水土保持监测点肩负着实际径流泥沙发生情况的实时观测,既反映了特定条件或边界下的径流泥沙过程,也反映了不同立地条件下径流泥沙量。因此,合理的水土保持监测站点布设,其观测数据对水土流失量的估算、预警预报、维护水土资源可持续利用决策等具有重要的作用。

4.1 明确功能定位,做好顶层设计

科学定位水土保持监测点的功能,做好顶层设计,监测站网优化布局应坚持统一规划、分类布设,国家负责不同类型区基本监测站点规划和建设,省级负责一般监测站点规划和建设,国家基本监测站点主要用于全国实际水土流失量推算,一般监测站点主要用于水土保持效益分析、模型参数率定等。对于国家基本监测站点应以微型小流域、坡面径流场为主,省级一般监测站点可以立足于现有监测站点,采取径流小区、小流域卡口站为主,适当利用水文站点数据共享。

4.2 完善监测站点管理体制,保障长期稳定运行

建议参照水文行业模式,进一步完善监测站点管理体制,采用垂直管理模式,将监测网络人员工资及运行经费纳入财政预算,建立水土保持定位观测的长效投入机制,积极引进专业技术人才,确保站点长期稳定运行。

4.3 加快推进自动化、信息化软硬件研发、认定与应用

鉴于目前市场水土保持监测设备自动化程度不高,标准不统一的情况,建议依托高校、大型企业,加快推进自动化、信息化软硬件和设施设备的研发工作,并完善相关设备认定工作,逐步规范监测设施设备和软硬件应用,全面提升监测站点自动化、信息化水平和监测技术服务能力。

4.4 优化监测站点布设,开展区域实际水土流失量推算

围绕"为什么建、建什么样的、干什么用"的导向,科学分析现有监测站点优化布局,如桐柏大别山区应增设防护林地、经济林地微流域或坡面径流场监测站点;伏牛山山区应增设防护林、经济林地、坡

耕地或梯田等具有典型代表性分布微流域监测点，增加沙化严重的或低标准梯田监测小区；鲁中南低山丘陵区，增设防护林、经济林地、梯田等具有典型代表性分布的微流域监测点。充分利用监测站点观测的数据，分析年度不同坡度、不同土地利用下特定区域径流泥沙情况，结合水土流失动态监测的相关数据，推算区域年度实际发生的水土流失量。

4.5 多源数据协同，为区域水土流失防治效果和水土保持目标考核提供数据支持

通过水土保持监测站点径流泥沙长序列数据，进一步分析不同降雨年份区域水土流失与河道、水库淤积，以及水土流失综合防治措施配置下的蓄水保土效果，为有效评价重点区域年度"水土保持三条红线"的落实提供数据支持。

[参考文献]

[1] 杨伟,李璐,赵辉,等.省级水土保持监测站点优化布局思考与建议[J].中国水利,2021(4):56-58.
[2] 钱堃,喻荣岗,胡松,等.江西省水土保持监测站点优化布局思路探讨[J].水利技术监督,2022(4):28-30.
[3] 杨伟,高超,李璐,等.湖北省水土保持监测网络体系优化布局与升级改造[J].中国水土保持,2020(11):51-53.
[4] 谢颂华.江西省土壤侵蚀与防治重点实验室发展的制度经验与未来思考[J].水利发展研究,2020,20(8):53-56.
[5] 赵院,马力刚.浅析全国水土保持监测站网布设方案[J].中国水土保持,2016(1):23-25.
[6] 陈妮,王静,李健,等.新昌县水土保持信息化监管平台建设[J].水利规划与设计,2021(5):32-37.

[作者简介]

袁利,男,1980年7月生,高级工程师,主要研究方向为区域水土流失动态监测和水土保持定位观测等,13665621435,yuanli@hrc.gov.cn。

水利施工企业安全评估研究

邬旭东　查　亮

（淮河水利委员会水利水电工程技术研究中心　安徽　蚌埠　233001）

摘　要：为提升水利施工企业安全管理水平，基于安全生产标准化，提出了一种安全评估方法。首先，借鉴HSE管理体系，划分评估等级；其次，依据《水利水电施工企业安全生产标准化评审标准》，构建评估指标体系及评估标准，通过构建蛛网模型图，分析影响安全的主要要素；最后结合实例分析，验证了评估方法、评估模型的可行性、有效性。

关键词：水利施工；安全评估；安全生产标准化

1　引言

十八大以后，水利工程建设随着国家对水利的投资力度不断增加而前进，随之而来的安全事故经常发生，给人民群众带来了重大的生命财产损失，造成了恶劣的社会影响。根据工作性质和任务的特点，水利安全事故多发生于施工企业中。为统筹发展与安全的关系，提升我国水利工程建设的安全生产水平，对水利在建工程施工企业进行安全评估，降低安全生产事故发生率，保障人民群众生命财产安全，具有十分重要的意义。

安全标准化作为一种提升安全生产水平有效方法，正成为国内外研究热点[1]，陈述等根据水利工程施工安全标准化特点，借鉴软件能力成熟度评估框架，提出水利工程施工安全标准化体系成熟度评价方法[2]。蔡志良、孟朋飞、薛文萍等介绍了水利安全生产标准化的主要做法以及建议[3-5]；冯爱斌分析了新旧版本水利安全生产标准化评审标准的变化[6]；张立新等对水利安全生产评审标准的适用性进行分析[7]。

以上研究为论文基于安全生产标准化提升水利施工企业安全评估提供了参考与借鉴。论文借鉴中国石油集团HSE体系运行质量评估系统提出一种水利施工企业安全评估方法，为掌握施工企业工程总体安全状况提供方法手段。

2　等级标准

借鉴中国石油集团HSE管理体系运行质量评估等级，结合水利施工企业安全生产建设阶段特征，将其安全评估等级进行阶梯式分级，评估等级分为启动级、基础级、良好级、优秀级、卓越级五个等级，具体情况如图1所示。

启动级，是水利施工企业安全评估等级标准最低级别，基本没有安全标准化制度、安全设施和安全投入，安全管理仅限于安全标准化中一个或几个要素，职工基本靠经验及自我保护"本能"进行作业。

基础级，水利施工企业按照安全生产标准化要求，基本制定、完善了相关制度，实施了员工培训计

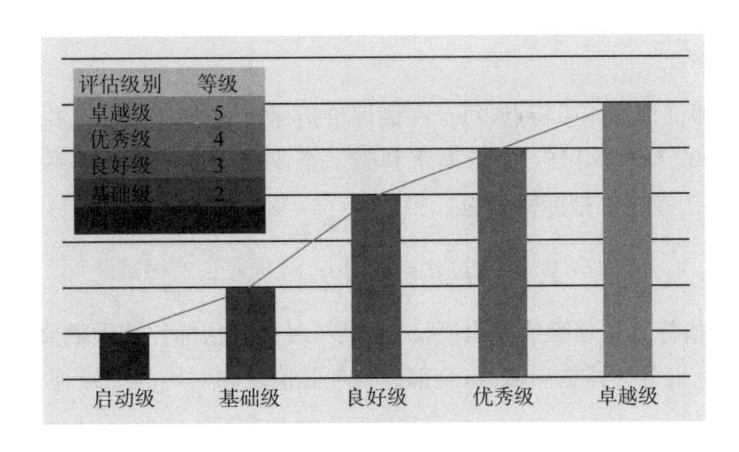

图 1 评估等级

划,各级领导及安全管理人员明白自身的职责、作用和权限,但是自身缺乏带头遵守有关安全方面的规章制度,部分安全标准化要求还没有完全落实。

良好级,水利施工企业安全生产标准化要求几乎都得到了落实,所有从业人员都能做到遵守安全方面的规章制度,但是主要还是依赖安全管理规定、纪律等进行约束。

优秀级,水利施工企业坚持安全生产标准化的实践做法,已经达到水利安全生产标准化达标单位的达标要求,安全管理的各方面被行业内有关企业模仿。企业的大部分安全生产管理要求是通过包含各级领导的全体职工自主管理来实现的。

卓越级,水利施工企业安全生产标准化要求主要通过全体职工的自觉行为和自主管理来实现,企业的安全生产管理水平已处于同行业的领先水平。

3 模型构建

3.1 构建安全评估指标体系

依据《水利水电施工企业安全生产标准化评审标准》(以下简称"评审标准")[8],评审标准核心要素设置 8 个一级项目,28 个二级项目。模型构建依据这些核心要素设置两级评价指标,其中一级评价指标 8 个,二级评价指标 28 个,构建的水利施工企业安全评估指标体系如表 1 所示。

表 1 水利施工企业安全评估指标体系

一级评价指标(S_i)	二级评价指标(S_{ij})
S1 目标职责	S11 目标;S12 机构与职责;S13 全员参与;S14 安全生产投入;S15 安全文化建设;S16 安全生产信息化建设
S2 制度化管理	S21 法规标准识别;S22 规章制度;S23 操作规程;S24 文档管理
S3 教育培训	S31 教育培训管理;S32 人员教育培训
S4 现场管理	S41 设备设施管理;S42 作业安全;S43 职业健康;S44 警示标志
S5 安全风险管控及隐患排查治理	S51 安全风险管理;S52 重大危险源辨识和管理;S53 隐患排查治理;S54 预测预警
S6 应急管理	S61 应急准备;S62 应急处置;S63 应急评估
S7 事故管理	S71 事故报告;S72 事故调查和处理;S73 事故档案管理
S8 持续改进	S81 绩效评定;S82 持续改进

3.2 评估标准

根据构建的安全评价指标体系特点，每个一级评价指标由其所拥有的的多个二级评价指标决定，依据评审标准，按 1 000 分设置得分点。依据水利施工企业安全评估指标体系设计调查问卷，设有 n 位专家填写调查问卷，二级评价指标得分为

$$\overline{S}_{ij} = 1/n \sum S_{ij}, i = 1, 2 \cdots, 8, j = 1, 2, \cdots m \tag{1}$$

式中 $\overline{S}_{ij}$ 为某二级评价指标评估项赋值平均值，S_{ij} 为某二级评价指标评估项赋值。

每个二级评价指标得分为评估项赋值，全部评估项赋值之和对应为一级评价指标的要素赋值，则一级评价指标得分为

$$S_i = \sum_{j=1}^{m} \overline{S}_{ij} \tag{2}$$

式中 S_i 为某一级评价指标得分。

各一级评价指标要素赋值之和为总赋值，则总赋值为

$$A = \sum_{i=1}^{8} S_i \tag{3}$$

式中 A 为总赋值。

将总赋值按照百分制换算，最后评估得分为

$$P = A/(1\ 000 - B) \times 100 \tag{4}$$

式中 P 为评估得分值，B 为各合理缺项赋值之和。

根据评估得分大小将水利施工企业安全划分为 5 个等级，具体如表 2 所示。

表 2 水利施工企业安全评估等级划分标准

等级	启动级	基础级	良好级	优秀级	卓越级
P	(0,40)	[40,60)	[60,80)	[80,90)	[90,100]

3.3 蛛网模型

蛛网模型利用各一级评价指标得分率来构建，蛛网模型可以直观反映出各一级评价指标得分率大小，迅速找出水利施工企业表现较好和薄弱的要素。一级评价指标得分率为

$$K_i = S_i/S \tag{5}$$

式中 S 为某一级评价指标满分值。

得分率 K_i 越大，表示企业在该一级评价指标上得分较高，表现较好；反之，则一级评价指标得分较低，表现较差，需要在该项指标上改进完善，加强管理。

4 实例分析

4.1 工程背景

某河道疏浚工程位于淮河中游河段，某施工企业承建了部分标段工程，承建工程主要内容包括疏

浚河道,新建防汛抢险通道,拆除重建生产桥、交通桥,拆除重建泵站涵闸等。为评估该施工企业安全管理状况,采用专家调查法进行了安全评估调查。邀请了10位有关专业专家,开展现场调研,并填写调查问卷。

4.2 统计分析

根据式(1)计算十位专家每个二级评价指标平均得分;式(2)计算每个一级评价指标得分;式(3)计算总得分;式(4)计算换算成百分制之后的评估得分 P。

$$P = A/(1000 - B) \times 100 = 72.2$$

说明该施工企业安全评估得分为72.2,评估级别处于3级良好级。表明该企业安全生产标准化要求几乎都得到了落实,所有从业人员都能做到遵守安全方面的规章制度,但是主要还是依赖安全管理规定、纪律等进行约束。

根据8个一级评级指标构建一个8边形的企业安全蛛网模型图,如图2所示。从蛛网模型图可以直观看出现场管理得分率K4相对较小,说明企业在该指标表现相对较弱,需要重点关注,投入相应资源进行改进完善;目标职责得分率K1和教育培训得分率K3相对较大,说明企业在这两项指标表现相对较好,应继续保持。其他指标得分率表现相对较为均衡,可以投入适当精力进行改进完善。

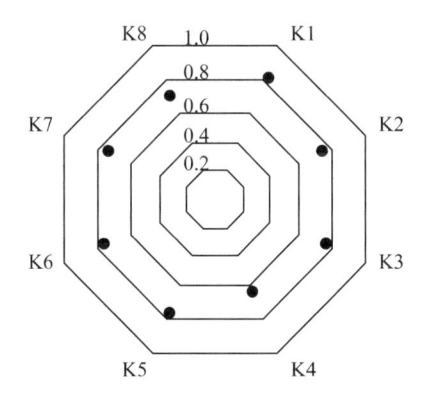

图2 蛛网模型图

5 结论

(1)提出将水利施工企业划分为5个安全等级,通过构建安全评估指标体系、评估标准,可以量化水利施工企业安全状态,明确其安全等级。

(2)通过构建企业安全蛛网模型图,可以直观判断出影响安全的主要要素得分率相对大小,明确企业安全管理的短板所在,为后续持续改进指明方向。

(3)通过某水利工程施工企业实例分析,验证了评估结果的准确性和可靠性,验证了该方法的可行性、有效性。

[参考文献]

[1] Enright Cicely. Standards enable worker safety [J]. Standardization News, 2012, 40 (2):40-45.

[2] 陈述,郑霞忠,余迪.水利工程施工安全标准化体系评价[J].中国安全生产科学技术,2014,10(2):167-172.

[3] 蔡志良,蒋晨,徐飞.水利安全生产标准化建设实践与建议[J].长江技术经济,2021,(S1):126-128.

[4] 孟朋飞.水利安全生产标准化一级达标创建中的思考[J].水利技术监督,2020,(4):23-25+294.

[5] 薛文萍.水利安全生产标准化建设实践与建议[J].山西水利科技,2017(2):87-90.

[6] 冯爱斌.新标准下水利安全生产标准化建设的几点认知[J].河北水利,2018(10):26+30.

[7] 张立新,张振宇,张钊.水利安全生产标准化建设实践中几点认识[J].山东水利,2016(12):7+17.

[8] 水利部安全监督司.水利水电施工企业安全生产标准化评审标准[S].2018.

[作者简介]

邬旭东,男,1992年3月生,工程师,主要研究方向为水利工程,15855748868,1586529816@qq.com。

查亮,男,1985年4月生,高级工程师,主要研究方向为水利工程,15155276826,369322637@qq.com。

山东省淮河流域水利工程稽察典型问题分析

梁晨璟　戴光鑫　王　爽

(山东省海河淮河小清河流域水利管理服务中心　山东 济南　250100)

摘　要：为落实"节水优先、空间均衡、系统治理、两手发力"新时期治水方针，加强省、市、县三级水利工程建设的规范管理，指导项目建设单位不断改进建设管理工作，山东省水利厅加强了水利工程稽察技术力量，加大了稽察的覆盖面和深度。本文梳理了2019—2021年省级层面开展的山东省淮河流域水利工程稽察工作成果，分析了稽察过程中发现问题的频率和主要原因，提出了整改建议，以为在建水利工程的管理提供有益的借鉴和参考。

关键词：山东省；淮河流域；水利工程稽察；典型问题

"节水优先、空间均衡、系统治理、两手发力"是新时期治水方针，山东省省级层面开展水利工程稽察工作较早，自2011年至2021年，山东省水利厅组织技术力量开展中央、省级投资的大中型水利工程稽察286个项目，对提高全省水利工程建设管理水平、减少工程质量安全隐患、保证"四个安全"起到了重要的作用。2019年，基于现行《水利建设项目稽察常见问题清单》的使用，对于稽察中发现的问题的描述、定性、研判更为准确科学，从而使稽察问题呈现出新的特点。[1]本文通过总结2019—2021年山东省淮河流域水利稽察的典型问题并提出整改建议，为在建水利工程的管理提供有益的借鉴和参考。

1　山东省淮河流域水利稽察概况

山东省淮河流域面积5.1万km^2，涉及菏泽、济宁、枣庄、临沂、日照5个地市和淄博、泰安市的一部分，共45个县(区)，约占全省总土地面积的三分之一。人口3 755万人，约占全省人口的36.8%。因此，为规范流域内水利工程建设程序，提高水利工程建设管理水平，在流域内开展水利稽察十分必要。

2019—2021年山东省共稽察了60个水利工程项目，其中淮河流域水利工程项目为36个，占比60%；工程概算总投资337.30亿元，其中淮河流域水利工程项目概算总投资为270.12亿元，占比80.08%。2019年—2021年，针对淮河流域水利工程建设项目，山东省水利厅组织36个稽察组，252人次对水库除险加固工程、水闸除险加固工程、水库工程、河道综合治理工程、灌区续建配套节水改造工程、调蓄水工程6类、36个水利工程项目进行稽察。稽察共发现问题860个，其中：前期与设计问题96个，建设管理问题208个，计划管理问题39个，资金使用与管理83个，质量管理问题244个，质量安全问题190个。2019年平均问题数量25.67个，2020年平均问题数量23.5个，2021年平均问题数量20.69个，平均问题数量逐年递减，表明水利稽察工作有利于规范在建水利工程的建设管理。山东省淮河流域稽察开展情况，如表1所示。

表1 山东省淮河流域稽察开展情况

年度	项目类型	项目个数	前期与设计	建设管理	计划管理	资金使用与管理	质量管理	安全管理	小计	年度平均问题数量
2019	水库除险加固工程	5	19	37	6	18	35	25	140	25.67
	水闸除险加固工程	5	25	22	7	14	39	24	131	
	水库工程	2	5	9	2	4	10	7	37	
2020	水库除险加固工程	2	3	13	4	5	19	18	62	23.5
	河道综合治理工程	3	3	26	1	8	24	29	91	
	灌区续建配套节水改造工程	2	5	3	2	5	10	10	35	
	水库工程	1	4	9	4	4	6	6	33	
2021	河道综合治理工程	9	21	46	9	14	72	52	214	20.69
	水库工程	5	7	26	3	8	23	13	80	
	调蓄水工程	2	4	17	1	3	6	6	37	
合计		36	96	208	39	83	244	190	860	
专业问题占比			11.16%	24.19%	4.53%	9.65%	28.37%	22.09%		

2 山东省淮河流域水利工程稽察典型问题及原因分析

根据2019—2021年36个山东省淮河流域水利工程稽察项目,按照前期与设计、建设管理、计划管理、资金使用与管理、质量管理和安全管理这6个专业,总结了如下几个典型问题。

2.1 前期与设计存在的典型问题

(1)设计变更程序不合规。在36个项目中有10个项目存在该问题,占总项目的27.78%。其中有8个项目为重大设计变更文件未由项目法人按原报审程序报原初步设计审批部门审批。2个为一般设计变更项目未由项目法人组织有关参建方研究确认后实施变更,并未报项目主管部门核备。

导致出现这样的问题,有以下几点原因:一是由于项目法人多数由县级成立的,从而造成项目法人组建人员少,技术力量薄弱,对相关法律法规不熟悉,不了解履行变更手续的相关程序;二是由于相关技术人员自身业务水平有限,无法界定重大设计变更和一般设计变更,造成了设计变更程序不合规;三是由于多数建设项目时间紧任务重,而报批程序过于烦琐耗时长,因此项目法人不愿意按规定履行设计变更手续。

(2)施工图纸设计文件编制不满足规范要求,施工图纸及设计文件存在"错、缺、碰、漏"等现象。在36个项目里有11个项目存在该问题,占总项目的30.56%。其中9个项目存在施工图纸及设计文件存在"错、缺、碰、漏"等现象,其余项目存在设计深度不满足相应设计阶段有关规定要求或设计依据的基础资料不可靠的问题。

导致出现这样的问题,有以下几点原因:一是由于设计人员缺乏责任心,对设计成果只是签名字走流程,并未真正做到严格审查审核,保证设计质量;二是由于有些设计单位为扩展业务,借资质进行承揽业务,设计水平有限,影响设计质量;三是由于设计人员对有关设计规范要求不熟悉,工作不细致粗心导致施工图或设计文件存在"错、缺、碰、漏"等现象。

2.2 建设管理存在的典型问题

(1) 监理机构编制专业工作监理实施细则内容不完整或未编制。在 36 个稽察项目里有 13 个项目存在该问题,占总项目的 36.11%。其中 12 个项目的监理机构编制专业工作监理实施细则中不是缺少内容就是没有针对专业工作进行编制。还有 1 个项目未编制专业工作监理实施细则。

导致出现这样的问题,有以下几点原因:一是由于监理人员业务水平不高,不熟悉编制专业工作监理实施细则的要点及主要内容;二是由于有的监理人员为了应付检查,慌忙整理材料甚至出现"补"材料等现象,对监理工作缺乏责任心,敷衍了事;三是由于项目法人对监理单位监管力度不够,对监理行为约束力不强。

(2) 未编制水土保持方案或未按规定履行水土保持方案批准手续,建设项目开工建设。在 36 个项目里有 7 个项目存在该问题,占总项目的 19.44%。其中 6 个项目项目法人未编制水土保持方案。《山东省水利厅关于印发〈山东省生产建设项目水土保持方案编报审批管理办法〉的通知》(鲁水规字〔2020〕4 号)中明确规定:"征占地面积在 5 公顷(含)以上或者挖填土石方总量在 5 万立方米(含)以上的生产建设项目应当编制水土保持方案报告书,征占地面积在 0.5 公顷以上 5 公顷以下或者挖填土石方总量在 1 千立方米以上 5 万立方米以下的项目编制水土保持方案报告表。"还有 1 个项目建设单位未报县级以上人民政府行政主管部门审批,并未按照经批准的水土保持方案,采取水土流失预防和治理措施。出现这样的问题,责任在于项目法人,原因与设计变更未履行手续相同,这里就不再做赘述。

2.3 计划管理存在的典型问题

地方投资计划未分解。在 36 个项目里有 6 个项目存在该问题,占总项目的 16.67%。主要问题是省以上投资计划未及时按要求在收到文件的 20 个工作日内分解转发,市县投资计划未分解下达。

出现这样的问题,有以下几点原因:一是文件在市县有关部门流转较慢,造成研究落实到具体项目时间不足;二是申请省以上投资计划的项目不够明确、前期工作深度不够导致无法明确总概算;三是市县资金不足,不能足额及时按照省级投资计划文件要求分解、转发、下达投资计划。

2.4 资金使用与管理存在的典型问题

地方资金未到位或未足额到位。在 36 个稽察项目里有 16 个项目存在该问题,占总项目的 44.45%。其中 14 个项目地方资金未足额到位;2 个项目地方资金未到位。这 16 个项目均未履行申报项目时提出确保资金落实到位的承诺,对承诺投入不到位的,也没做到限期落实资金到位。

出现这样的问题,有以下几点原因:一是地方财政确实无力承担项目配套资金;二是对地方配套资金缺少约束力,当年配套资金不足,不影响下一年度的投资计划。

2.5 质量管理存在的典型问题

(1) 未按设计和施工技术标准施工。在 36 个稽察项目里有 17 个项目存在该问题,占总项目的 47.22%。这 17 个项目的施工单位没做到依据国家、水利行业有关工程建设法规、技术规程、技术标准的规定以及设计文件和施工合同的要求进行施工,并未对其施工的工程质量负责。

(2) 重要隐蔽单元工程(关键部位单元工程)质量等级检查核定工作不合规。在 36 个稽察项目里有 17 个项目存在该问题,占总项目的 47.22%。这些项目验收存在验收不规范的现象,没有落实重要隐蔽单元工程及关键部位单元工程质量经施工单位自评合格、监理单位抽检后,由项目法人(或委托监理)、监理、设计、施工、工程运行管理(施工阶段已有)等单位组成联合小组,共同检查核定其质量等级并填写签证表,报工程质量监督机构核备的相关要求。

导致上述两个问题的出现,有以下三点原因:一是由于施工单位组织管理水平不高,施工管理人员不熟悉相关法律、规范等相关要求;二是由于项目法人相关工作人缺乏对相关法律规范的了解;三是由于水利主管部门对建设项目缺乏有效监管。

2.6 安全管理存在的典型问题

(1)未按规定提取、使用、支付安全生产费用。在36个稽察项目里有15个项目存在该问题,占总项目的41.67%。施工单位未做到根据施工现场安全作业环境的需要,足额提取安全生产措施费;提取安全措施费用也未列入工程造价(国家对基本建设投资概算另有规定的,从其规定);安全措施费使用范围也不符合规定。

(2)施工现场危险部位未设置安全警示标志。在36个稽察项目里有14个项目存在该问题,占总项目的38.89%。施工单位未做到在危险部位设置符合国家标准的安全警示标志。

导致出现上述两个问题,有以下两点原因:一是由于相关人员对有关法律法规规范不熟悉;二是由于施工单位对安全管理工作认识不够,缺乏责任心,存有侥幸心理。

3 典型问题整改建议

水利工程建设项目涉及多个参建单位,如项目法人、设计单位、施工单位、监理单位、质量检测单位、质量与安全监督机构等。水利工程稽察出现的问题可能是由一个或者多个参建单位未按规范要求而造成的。下面为避免出现上述典型问题提出整改建议。

3.1 扛起工作责任,做有担当水利人

在前期与设计、建设管理、安全管理典型问题分析中,均发现部分参建单位的工作人员缺乏责任心,存在侥幸心理,敷衍了事的现象。作为水利人要有"责任在肩、重于泰山"的意识,把建设项目的质量安全放在首位,认真细致做好本职工作,以提高工程建设水平,充分发挥投资效益。

3.2 锤炼业务能力,提升业务水平

通过典型问题分析发现,各参建单位均需要通过熟悉有关法律法规及规范,才能避免问题的发生。建议各参建单位对有关人员进行业务培训或座谈交流,以提升其业务水平。也可通过考核、技术比武等方式,倒逼有关人员通过自学或向老同志请教来弥补自身短板。

3.3 强化计划执行,保障水利工程建设有序推进

一是加强申报省以上资金项目的前期工作深度和把关力度,事前明确项目概算和中央、省市县分摊比例和其他资金筹措方式;二是建立市县层级发改、财政、水利部门的投资计划编制会议制度,及时根据上级政策研究投资计划编制、调整、分解和下达问题,提高文件流转效率。

3.4 多重方式保证资金,确保建设项目顺利实施

一是可根据地区差异合理确定地方配套比例,对公益性水利工程特别是基础性的民生水利工程建议从中央或省级层面统筹安排项目投资;[2]二是尝试用多种方式筹措资金,如国内银行及非银行金

融机构贷款、经国家批准由有关部门和单位向国外政府或国际金融机构筹措资金、经国家批准由有关部门发行债券等方式筹措资金,以保证建设项目顺利实施;[3]三是建议制定相关文件,明确规定如果当年配套资金不足,将影响下一年度的投资计划。以此强制约束地方配套足额资金。

4 结语

水利工程稽察是依照国家有关法律法规、政策和技术标准对水利工程建设活动进行全过程监督检查。运用水利工程稽察报告的成果进行典型问题的总结,通过对典型问题的分析提出建议,为参建单位规范建设行为提供了参考和借鉴,以达到规范建设的行为,确保"工程安全、资金安全、干部安全、生产安全"。

[参考文献]

[1] 包科,王翔,张志勇,等.基于稽察常见问题清单的水利建设项目管理评价[J]人民长江.2021,52(10):183-188.
[2] 彭晓兰,许树芳.水利工程建设稽察常见问题及对策探讨[J].海河水利,2018(1):19-23.
[3] 康健,贺骥,张闻笛.水利工程建设项目稽察问题研究[J].水利水电技术(中英文).2022,53(S1):432-435.

[作者简介]

梁晨璟,女,1988年12月生,工程师,从事水利工程建设管理工作,18764439528,liangmeng88-12@163.com。

南四湖湖长制的济宁实践与探索

贾晓冬 王 利 张 力 李怀耿

(济宁市水利事业发展中心 山东 济宁 272000)

摘 要:济宁市以"湖长制"为抓手,围绕"生态保护"这条主线,通过流域间、区域间、部门联动、齐抓共管,在水域岸线、水资源保护、水污染防治、水环境整治、水生态修复、水环境执法监管等方面,形成了南四湖生态大保护的良好局面。

关键词:湖长制;南四湖;生态保护

1 南四湖概况

南四湖位于济宁市南部,由南阳、昭阳、独山、微山四湖连接而成,承接4省8地市34个县市区的来水,是我国北方最大的淡水湖。南四湖东西宽5~25 km,南北长126 km,湖面面积1 266 km²,总库容60.22亿 m³,兴利库容18.82亿 m³,最大防洪库容54亿 m³,入湖河道53条(湖东28条,湖西25条),济宁市境内流域面积1.1万 km²,占南四湖总流域面积3.17万 km²的34.7%。南四湖属浅水湿地型湖泊,为省级自然保护区,同时也是国家南水北调东线重要调蓄水库,具有防洪、除涝、蓄水、供水、灌溉、养殖、航运、旅游、生态保护、调节水环境等多种功能,南四湖湿地生态系统典型、自然景观独特、生物多样性丰富、历史文化丰富。

南四湖地理位置特殊,由苏鲁两省7县(市、区)分管,湖东与济宁邹城市、枣庄滕州市、济宁微山县毗邻,湖西与济宁任城区、鱼台县接壤,湖东南、西南、南面济宁微山县与江苏省沛县、铜山区插花,部分堤段至今没有明确的行政界线,插花地点多线长,造成监管难、执法难、长效管护更难的局面。二十世纪八九十年代,随着社会经济发展进程不断加快,沿湖群众大肆侵占湖面,围垦湖田,湖底采砂,从事渔湖业养殖和种植,依湖岸兴建码头、圈地建厂,南四湖资源过度无序开发利用导致了湖泊生态环境退化、湖面萎缩、自然面貌破坏、水生植被大量消失,湖泊丰富的资源日趋低值化、低龄化,南四湖生态保护亟需修复整治。

自2017年全面实行河长制湖长制以来,济宁市以习近平新时代中国特色社会主义思想为指导,积极践行"节水优先、空间均衡、系统治理、两手发力"的治水方针,坚持问题导向,细化实化河长制湖长制六大任务,聚焦管好"盆"和"水",着力推动南四湖湖长制从"有名"到"有实、有能"转变,逐步形成了流域统筹、区域协同、部门联动,系统管理、综合保护的南四湖生态保护新格局,湖长制的制度优势得到充分显现。

2 主要做法及成效

2.1 坚守"五个坚持",全面落实湖长负责制

2.1.1 坚持党政齐抓,强化组织领导

济宁市高度重视南四湖湖长制开展工作,市委常委会、市政府常务会、市长办公会多次专题研究,召开动员会、现场会安排部署。市县党委、政府主要领导为总湖长,制发了济宁市全面实施湖长制工作方案,把责任落实到市、县、乡、村。出台1—8号总河(湖)长令,印发河(湖)长制工作要点,市总河(湖)长与县(市、区)总河(湖)长签订年度目标责任书,明确任务目标,压实工作责任,建立工作台账,实行挂图作战,推动了南四湖湖长制工作顺利开展。

2.1.2 坚持制度先行,健全保障措施

制定部门联动、督察督办和考核问责等9项制度,在山东省率先出台河长制工作问责办法、投诉举报制度。建立河(湖)长巡河(湖)制度,规范巡河(湖)行为,各级河(湖)长严格按照"四个一"要求开展巡河(湖)。执行河(湖)长巡河(湖)交办制度,推行"河(湖)长+助手"工作法,构建横到边、纵到底的河湖管护格局。自南四湖开展湖长制以来,各级湖长巡湖达3.6万余次。

2.1.3 坚持统筹治理,完善管理体系

南四湖涉及济宁市微山县、任城区、鱼台县、太白湖新区共22个乡镇、279个村,沿湖4县区共落实市县乡村四级湖长276名,设置安装湖长公示牌101块,市、县均成立河(湖)长制办公室,市县乡村四级湖长体系全面建立,同时济宁又在全市范围内实行了河(湖)警长制,实现了南四湖立体化、全方位管护全覆盖。

2.1.4 坚持严督细考,层层压实责任

出台《济宁市河长制湖长制监督检查实施意见》,每月两次开展暗访活动,发现问题通过巡湖APP推送到河(湖)长制信息平台,实现线上调度、线下跟踪整改落实,办理结果公开通报,坚持"每月一通报、每季度一排名",奖优罚劣,有效促进了各项工作落到实处、见到实效;把湖长制工作纳入沿湖4县区经济社会发展综合考核,出台了市级考核实施细则;创新监督机制,在山东省率先组织开展湖长制审计工作,由市审计局牵头,与河长制办公室联合组成审计组,对4县区湖长制工作进行专项审计。

2.1.5 坚持全民参与,营造良好氛围

建立"互联网+河(湖)长制"智慧信息平台,公开监督举报电话,开设微信公众号,有效提升南四湖管护智慧化水平。充分发挥护河湖志愿者和社会公益组织作用,落实河湖管理员和民间湖长,设立南四湖义务监督员,开展"河小青""党员爱心护河"等护河湖行动,多方位宣传动员,带动沿湖群众全民参与,取得了突出效果,形成了社会共治的水生态保护工作新局面。

2.2 聚焦六大任务,扎实推进南四湖湖长制

2.2.1 全面强化水资源保护

落实南四湖最严格水资源管理制度,强化水资源开发利用控制、用水效率控制、水功能区限制纳污"三条红线"的刚性约束,严控用水总量、严管用水强度、严格节水标准、严控高耗水项目。开展浅层地下水、深层承压水超采区压采,万元GDP用水量48.9 m³,降低率1.6%,连续五年持续下降,实现了增产增效不增水。南四湖农业取水许可基本实现全覆盖,南四湖水功能区水质持续改善,重点水功能区水质达标率81.8%,高于省控达标率13.6个百分点。推动节水型城市、节水型社会建设,济宁市

成功创建为全国节水型城市。

2.2.2 全面强化河湖水域岸线治理管护

坚持统筹规划、科学布局、强化监管,严格水生态空间管控,突出抓好南四湖保护管理范围划定工作。严格南四湖水域分区管理和用途管制,圆满完成了南四湖及济宁境内41条入湖河流的岸线管理保护范围划定工作;加大南四湖流域治理,以全省第2名成绩完成东鱼河、洙赵新河两大干流综合治理工程,完成投资13亿余元;继续推进南四湖"四乱"问题排查整治,查处整治涉湖问题600余项,实现动态清零;完成经水利部批准延期销号的南四湖59处违建住房、8处苏鲁插花段违建厂房清理拆除,南四湖面貌明显改善。

2.2.3 全面强化水污染防治

严格落实国务院"水十条"和水污染防治行动计划,实行陆水统筹,加强南四湖污染综合防治,沿湖县区编制出台水污染防治预案。一是严控农田、畜禽养殖等污染,最大限度减少农业面源污染,推广水肥一体化面积8万亩,测土配方施肥技术覆盖率80%以上,秸秆综合利用率达到96%;推广双降解生态地膜2万亩,对禁养区内的649个畜禽养殖场全部进行了清理取缔;规模化养殖场(户)畜禽粪便处理利用率达到96%以上,规模养殖场粪污处理设施装备配套率达到100%。二是着力抓好船舶港口污染防治,制定港口码头船舶污染物接转处技术导则和月度考核办法,开展港航污染防治、污染物接收转运处置专项治理行动等攻坚行动,全市船舶封仓运营率达到100%,对全市登记在册的8500多艘船舶全部配备了垃圾收集装置,安装率达到100%,累计清理取缔小码头522处,现有内河港口基本符合有关技术标准和航运污染防治要求。三是加大沿湖工矿企业污染管控,严厉打击偷排漏排,确保沿湖4县区入湖河道,国控、省控断面长期符合地表水Ⅲ类水标准,目前济宁市南四湖及南水北调输水沿线稳定达到规划水质目标,南四湖水质连续15年持续改善、跻身全国14个水质良好湖泊行列,3次代表山东省迎接国家淮河流域治污考核,均获得第一名。

2.2.4 全面强化水环境治理

强化南四湖水环境质量目标管理,加大饮用水水源地环境保护力度,加强南四湖水质监管。推进城中村、老旧城区、城乡结合部污水收集处理和雨污管网分流改造,科学实施沿湖截污管道建设,加大农村污水处理和垃圾治理,完善了湖区内污水集中处理体系,南四湖区域城镇污水收集处理率98%,城镇污水处理厂2019年处理量3300万吨,2020年处理3832万吨,均达到排放标准一级A排放标准;2019年农村生活污水治理率达到7.3%,2020年达到19.3%,2021年达到38.9%,2022年达到70%,均达到农村生活污水处理处置设施水污染排放一级标准。

2.2.5 全面强化水生态修复

统筹实施"山水林田湖草沙"一体化治理,建立生态保护补偿机制,大力推进南水北调沿线湿地恢复、采煤塌陷湿地治理、人工湿地水质净化工程三大湿地修复工程,同时以南四湖周边及南水北调沿线生态带建设为重点,大力实施水系绿化工程,截至目前南四湖自然湿地恢复到226万亩、人工湿地25万亩;沿南四湖县(区)加快实施退田还湖还湿、退渔还湖,推进标准化养殖鱼塘建设改造,"鱼塘+湿地"模式改造,深入组织实施"测水配方、放鱼养水"工程,规范渔业捕捞行为,加大南四湖自然保护区保护力度,完成南四湖核心区、缓冲区网箱网围清理任务,2018年南四湖自然保护区核心区、缓冲区3.33万亩网箱、网围已全部清理完毕,2019—2020年核心区、缓冲区退养池塘约26.1万亩池塘已完成退养并通过市县验收。

2.2.6 全面强化水环境执法监管

充分发挥"五联机制"作用,积极组织开展南四湖联合执法巡查、专项执法检查和集中整治行动,严厉打击涉南四湖违法行为。对南四湖非法采砂持续保持严打高压态势,巩固前期"清零整治"成果,严格防范非法采砂反弹。健全行政执法与刑事司法衔接制度,建立政府主导、相关部门共同参与的南四湖管理保护联合执法机制。达到动态监管全覆盖,全面实现网格化环境监管责任体系,加强部门沟通联动,进一步完善联合执法机制,实现湖区联合执法的制度化和常态化。近年来湖区共立刑事案件 46 起,刑事拘留 98 人,批捕 13 人,拆解采砂船只 400 余艘,采砂船只实现"全面清零",非法采砂得到全面整治。

3 几点建议

南四湖水域开阔,地理位置特殊,涉及鲁苏豫皖 4 省 8 市 34 个县市区,管理上属流域统筹、行政区域协同管理,故南四湖生态保护涉及到区域间、省际间协调合作、社会参与等诸多因素,牵涉到社会经济和人民生活的各个方面,是一项综合实施、统筹推进的复杂系统工程。只有遵循南四湖生态功能特性,着力改善提升南四湖生态环境,继续落实南四湖湖长制,才能为实现南四湖湖泊功能永续利用提供坚实有力的措施保障。

3.1 落实湖长制,创新河湖保护管理机制

要充分发挥各级湖长在南四湖管理保护中的主体责任和综合协调作用,建立多部门、跨区域协作协商管理保护机制,统筹解决南四湖水域空间管控和岸线管理保护;统筹解决南四湖与入湖河流上下游、左右岸水资源保护和水污染防治;严格按照限制排污总量控制入湖污染物总量,确保水质不退化;加强对湖区周边及入湖河流工矿企业污染、城镇生活污染、畜禽养殖污染、农业面源污染、内源污染等综合防治,严厉打击废污水直排入湖和垃圾倾倒等违法行为;清理整治围垦湖泊、侵占水域岸线、污染水体以及非法采砂等活动,严厉打击涉湖违法违规行为。

3.2 打破行政线,推进治水"五联"机制

要继续加强与枣庄、泰安、菏泽和徐州等市合作,探索建立边界水问题处理"五联"机制。建立情况信息联通机制,实现信息互通共享、协调联动。建立矛盾纠纷联调机制,对涉及跨流域水事案件及引发的各种矛盾解决在萌芽状态,防止事态扩大。建立非法行为联打机制,开展联合执法行动,严厉打击南四湖非法采砂等涉水违法行为。建立南四湖污染联治机制,设立南四湖污染联通热线,强化重点区域、重要时段、敏感水域执法监管,对边界水域岸线联合巡查保护,及时整治违法行为。建立防汛安全联保机制,联手建立边界防汛"共同体",共保南四湖安澜。

3.3 加快现代化建设,推动南四湖智慧化管理

要统筹流域、地方、行业协同,打造南四湖孪生数字流域,建立水务、生态环境、农业农村、交通运输、自然资源、能源等行业部门与流域机构互通共享的信息智慧检测系统,建设成集水工程水情检测、岸线资源化利用、农业排灌系统、水环境和污染源检测、航运检测、水质检测、矿尾水等一体的智慧化管理系统,实现资源化利用最大化,共同推进南四湖生态保护和高质量发展。

[作者简介]

贾晓冬,男,1981 年 1 月生,工程师,主要从事水利工程管理工作,13863756741,ljyhjxd1117@126.com。

关于流域治理项目建设管理体制研究

熊乐章

(六安市水利局　安徽 六安　237000)

摘　要：流域治理是覆盖区域和行业的综合性工程，同时具有范围广、投资大和周期长的特点。流域治理项目建设涉及技术、经济和社会等方面。因此，为了保证流域治理项目的顺利实施，需要基于项目开发建设具体情况，确保在管理制度、资金保障等方面采取一定的管理措施。基于此，本文在分析流域管理建设特点的基础上，根据流域管理要求及管理内容，提出具体的建设管理体制，完善建设管理体系，拓宽建设融资渠道，合理选择项目管理模式，为流域治理项目管理提供一定的保障措施。为流域管理建设提供决策支持，促进项目的统一管理。

关键词：流域治理项目；建设管理；体制研究

引言

当前，我国水利工程体制改革逐步深化。流域治理项目包括防洪减沙、水资源保护、水污染防治和水土保持等。随着市场经济体制的完善，建设工程管理与市场经济体制的改革尤为重要。流域管理体制的建设，确保可以科学、高效地实施流域治理，是提高工程建设管理水平的关键。因此，流域治理项目管理体制的建设，需要解决传统项目管理存在的问题，进一步促进流域治理项目的顺利实施。

1　流域治理项目体制建设的思路

根据流域管理项目建设环境和项目管理的原则，制定具体的建设思路。体制建设需要以科学为导向，基于现行法律结合实际情况，着眼于流域管理和治理的现实，借鉴流域经验和实践，立足于流域治理项目管理的客观要求，优化建设管理组织。建立管理保障体系，拓宽项目的筹资渠道，创新信息化管理方法，建设资金多元化和经营专业化的目标体系，确保管理机制与市场经济相适应。基于规范的流域治理项目管理体系，完善建设管理方法，为流域项目的顺利实施提供支持和保障。推进流域一体化管理，以此来促进流域治理项目的可持续发展。

2　流域治理项目管理特点

流域管理是对水土资源开发、应用、保护等活动的综合管理，以增强江河湖泊抗洪救灾能力，改善流域水资源，为经济的发展提供合理的水资源保障。流域管理包括防洪减灾工程、水源恢复、灌溉保护和水污染防治工程。流域管理除具有水利建设的特点外，还具有对社会大系统和经济子系统的影响。流域管理主要是公益性工程，其效益体现在流域经济和社会发展上。流域管理是跨区域、跨部门的综合管理，存在涉及范围广和投资大的特点。由于流域管理项目工程量大，建设任务艰巨。在开展流域管理的过程中,需要以流域为单位进行管理,水资源管理要在综合规划下,确保系统有全面有效的开发与建设。

3 流域治理项目管理要求和目标

流域治理项目管理需要在现有系统的基础上,将工程的每一项工作转化为单独的运行模块,按照工作关系相互连接,形成有机的整体。基于流域治理项目实际情况,建立信息化管理系统,针对流域重点管理具体实施而设计。根据现状和应用,主要目标是以项目管理为核心,集决策和服务于一体的管理系统。用来完成项目规划和管理中的工作,将手动完成的管理模式转变为计算机管理模式。集工程规划、勘察设计、造价管理、合同管理、物资管理和电子系统集于一体。同时,可以及时与相关部门进行交流。信息系统综合考虑工程的各个方面的管理。包括规划、建设管理功能模块。在信息系统中,模块都与不同的对象接触。信息服务模块是传播信息的平台,在建设管理中,业务公开有助于"公平、公正"原则的落实。模块分为信息发布、资源管理、信息交互和土木工程等部分。资源信息投放子系统,为施工发布各种文件而设计。项目建设子系统要公布建设进度、重点项目开工等,并接受社会的监督,提高决策管理的水平。工程规划是按照项目的总体目标和要求,通过对项目系统分析和操作,在施工中选择施工时间和结构的最佳组合。施工管理的任务是在可行性研究上,基于计划、协调、控制、实施到验收等全过程的活动。通过合同管理和目标控制等措施,确保项目进度和质量目标更好地实现。

4 流域治理项目管理体制的建设

4.1 建立健全建设管理组织机构

鉴于流域治理建设中没有强有力的组织管理机制支撑,存在部门管理分散的情况。因此,根据要求和建设实际,需要不断优化现有的组织机构。基于流域,明确项目的管理和决策的层次,建立科学的机制。结合建设管理的环境,提出管理组织的机制。建立施工管理保障制度,在工程实施中,要按照项目管理制度,完善建设管理保障体系,引入施工监理制度、招投标和合同管理制度,实行质量终身责任制,按照施工程序,加强资金管理,在保证流域治理工程质量的基础上,加快建设进度,以此来实现工程开发效益的最大化,使流域治理项目管理逐步规范化,进而提高施工管理整体水平[1]。

4.2 建设管理保障体系

流域治理项目建设管理体制,需要促进流域管理的完善。目前,主要流域尚未完善管理体系。基于流域管理的发展趋势要求对现有管理体制进行完善。因此,需要结合流域管理和开发现状,明确流域管理权限。明确流域管理机构,同时还需要明确各相关参与单位在流域管理框架下的重要作用,建立综合决策机制,以此来完善流域协调管理机制。考虑到流域项目规模大和复杂程度高等特点,施工管理流程存在管理专业化程度低的问题。因此,需要根据项目特点、管理水平等,加强制度化的建设,以此来满足项目管理的专业化和市场化要求。流域治理项目建设管理是一项复杂的工作,没有行之有效的制度保障,就不可能协调有效地开展。因此,在流域治理项目建设中,应建立各项规章制度、施工监理制度、合同管理制度和其他工程制度等。必须严格执行施工程序,以保证质量为前提,加快流域治理工程建设,充分实现项目开发的工程效益。施工管理需要逐步向科学化和规范化的方向发展,提高施工管理水平。工程实施中,要按照项目管理制度,完善施工管理体系,基于完善职责明确和有效的组织管理,确保流域治理项目的有序推进。组织体系是建设管理的重要保障,工程管理体系包括行政监督、咨询服务和工程管理。流域管理需要明确责任,引入工程责任制度和运营管理责任制,以完善组织管理和项目进度管理,加强项目建设及运营管理,确保项目的顺畅推进。为保证流域治理项目建设的公平、公正,需要依法进行招标。在招标中要解除区域封锁,打造有序的招标市场。主管部门承担行政监督,在保证投标独立性的同时,加强对评标人的监督,引入竞争机制,鼓励各单位提高技术水平,确保工程建设质量满足预期要求,提高项目的投资效益。结合工程项目管理体制,建立独立的施工监理体系,借鉴其他流域治理项目管理经验,形成适合当前形势的监理体系。为监理创造良好的环境,通过招标选择最佳的监理单位。利用项目管理和业务经验,鼓励监督组以适度的约束力,确保项目顺利完成。建立完善的合同制度,明确合同权利和义务,建立和运用管理监督机制,确保工程开发的效率。在项目管理中,确保善用建设资金,杜绝违纪行为的发生。完善合同担保制度,加强合同制度的管理。建立规范、科学的施工管理体系,明确流域管理建设管理制度。通过建立和完善管理制度,确保对流域治理项目工程进行规范化、科学化的管理[2]。

4.3 创新管理信息平台

在流域治理项目管理体制建设中,以信息技术为基础,创新工程建设管理办法,打造工程信息化平台支撑,为规划建设管理提供信息支持。完善管理决策,降低了项目管理及沟通成本,提高了业务管理与沟通的及时性,推动流域管理体制的进一步改革与创新[3]。

4.4 拓宽资金筹措渠道

流域治理项目多为社会保障项目,主要由政府投资和银行贷款,对于流域治理项目建设资金来源比较单一。因此,按照市场经济的要求,结合职能的转变,拓宽建设筹资渠道,引入以公共投资为主体的筹资体制,关注市场融资。完善对重点工程的财政出资,健全项目责任制,调动财政投入的积极性。为保障流域工程建设的顺利实施,需要投入大量资金。随着资金缺口的不断增加,仅靠公共投资是无法顺利展开的。因此,为了拓宽长期稳定的资金来源,同时还需要形成稳固的循环,需要拓宽融资渠道,建立公共投资。按照市场经济的总体要求,建立以市场融资的多元化体制。拓宽资金渠道的同时,还需要稳定现有资金渠道。各级财政要按照资金增长增加财政拨款,体现流域治理项目作为国民经济的地位。扩大流域治理项目建设资金来源,同时还需要延长筹资的期限,积极开辟投资新渠道,扩大财政投资的比重。适当发行专项国债,进一步支持流域治理项目的建设。与其他融资相比,国债成本更低,同时筹资的主动性更强。由于公共债务仍有一定的发展空间。通过发行国债,将部分储蓄转化为对流域治理项目的投资,如果债务结构得当,可以保持良好的社会稳定性,以此来促进经济的可持续发展。积极推行保险制度,加大对项目的经济补偿。积极寻求银行贷款,利用外资渠道,加强与银行的合作,以此来获得更多的资金。此外,地方防汛、内涝等保障项目所需的投资,需要基于地方财政资金、农业发展基金、农业补贴和专项资金等地方资金,重视农业生产经营对资金的使用。水利建设的资金主要由财政、水利基金,对于流域治理项目,需要合理配置投资,以确保项目的正常发展。基于金融贷款的融资,可以将项目水电收缴作为抵押,以此来获得银行贷款,建设项目可以质押从银行获得贷款[4]。

5 结束语

综上所述,流域治理项目建设与管理是系统化的工程。为了加强项目建设管理,需要确保流域管理体制的完善,明确管理机构的地位,基于统一管理,创建协调管理综合机制,确保流域治理项目的顺利实施。

[参考文献]

[1] 梁素萍,李钦琳.基于模糊综合评价法的PPP项目绩效评价体系研究——以广西壮族自治区那考河流域治理项目为例[J].财政监督,2018(23):55-58.

[2] 马海玉,陈占涛.流域治理投资模式市场化——永定河流域治理与生态修复案例研究[J].经营与管理,2018(11):109-111.

[3] 房引宁.流域综合治理PPP项目核心利益相关者利益诉求与协调研究[D].西安:西北农林科技大学,2018.

[4] 李蕊.流域水环境治理PPP项目绩效评价研究[D].北京:北京建筑大学,2017.

[作者简介]

熊乐章,男,1991年10月生,六安市水利局助理工程师,主要从事水利工程项目管理工作,15305641706,xiong2612@163.com。

河道堤防护堤换林的实践与思考

杜春秧[1]　付玉超[1]　王玉先[1]　庄逸民[2]

(1. 沂沭河水利管理局郯城河道管理局　山东 临沂　276100；
2. 沂沭河水利管理局刘家道口枢纽管理局　山东 临沂　276000)

摘　要：林木采伐管理对河道护堤护岸林保护与开发起着至关重要的作用，科学实施河道护堤护岸林的采伐不仅有助于避免破坏林木行为的发生，还能促进河道林木资源的可持续发展。本文结合已公布的法律、法规及护堤换林工作实际，从护岸护堤林管理队伍建设、采伐限额、树木承包户管理、采伐招标运作方式等方面对河道堤防护堤换林中存在的问题进行了分析总结，以期为河道护堤护岸林管理工作提供参考。

关键词：护堤护岸林；林木采伐管理；非林地

护堤护岸林既是河道堤防工程的主要防护屏障，又与堤防工程形成有机的防洪工程统一体系。护堤护岸林的建设与管理不仅体现了堤防工程的管理水平和形象，而且事关河道防洪减灾体系的健全完善和流域生态文明的建设。同时，护堤护岸林作为水利经济的重要增长点和基层水管单位稳定创收的重要途径，经济效益显著，较好地弥补了单位经费的不足。[1]现根据郯城河道管理局（以下简称郯城局）林木管理过程中发现的问题，结合已公布的法律、法规要求及对当前护堤护岸林建设管理中林木采伐管理存在的问题进行研究。

1　郯城局护堤护岸林建设管理概况

郯城局根据制定的水土资源开发利用规划，积极开发利用水土资源，目前已确权划界的可开发利用土地资源开发利用率达到85%以上，其中开发利用的土地资源现有树木10万余株，形成了真正的"绿色银行"。郯城局根据护堤护岸林生长实际情况，制订了树木间伐更新计划，并逐年按上级批复进行采伐更新。2021年，郯城局实施了沂河左岸、老沭河右岸2.4万多棵树木的护堤换林，完成沿河48个村庄、280余户护堤护岸林木的申请、评估、竞拍、采伐和分成工作，实现树木销售收入190余万元。

2　护堤护岸林管理中面临的问题

护堤护岸林的管理涉及管理单位、树木承包户及树木采伐人等多个参与方，并且由于林木管理工作自身的特殊性，造成管理工作时间跨度长，管理战线漫长，社情民情复杂，存在一些亟待解决的问题。

2.1　护堤护岸林管理缺乏专门机构及专职人员

护堤护岸林的管理是一项复杂的系统性工作，涉及沿河林木变化情况的统计及分析、树木承包户及承包合同的管理、林木采伐招标出售的管理及林木更新补植的管理等业务,需要管理人员长期跟踪管理,熟悉堤防护堤护岸林的变化情况,对接各管理相关方。

随着水利系统改革,流域机构各级经营中心撤销,护堤护岸林管理归入工程管理部门,不再设专门机构和专管人员,由于人员变动频繁、工作衔接出现断层、部分资料流失等原因,管理力量逐步弱化,而护堤护岸林的管理逐步细化,使管理任务的难度与复杂程度迅速增加。仅以树木承包户管理为例,郯城局登记在册的树木承包户分布在百余座村庄中,且人数众多,部分承包合同已签订超过20年,因承包户失去劳动能力及死亡等原因需要变更承包人的情况较多,管理难度极大。同时由于缺乏护堤护岸林的专职管理人员,基层河道管理单位对林业的新科技、新品种、新工艺等难以进行及时有效的推广应用。

2.2 采伐限额对护堤换林的影响

长期以来,我国的林木采伐遵循凭证采伐的基本原则,旧森林法规定了采伐林木必须办理采伐许可证。随着《中华人民共和国森林法》(2020版)的实施,护堤护岸林的表述也出现变化,护岸护堤林作为非林地,应当按照《中华人民共和国防洪法》规定,在征得河道、湖泊管理机构同意后,办理采伐许可手续。

根据现有法律、法规的规定,基层水管单位在实施护堤护岸林采伐更新的过程中应继续办理采伐证并凭证采伐,因护堤护岸林位于堤防及护堤地内属非林地,不纳入当地的林木采伐限额。但在管理实际中,因为各种原因,仍有部分堤段被划入当地林地,造成护堤护岸林采伐更新过程中需要按照林地相关规定办理手续,不但延误相关采伐工作的实施,更对河道堤防水土资源利用的长远规划带来负面影响。

2.3 承包户在护堤护岸林管理中作用偏低

护堤护岸林路线长、面积大、覆盖面广,管理单位在沿线组织群众对林木实施管理。在管理过程中,承包户是否能积极履行管护责任对护堤护岸林的管理起到重要作用。在郯城局管理实际情况中,部分承包户因各种原因未能完全履行合同约定的管理义务,对堤防面貌和护堤护岸林的经济效益产生不利影响。

在护堤护岸林的管理过程中,育林、管护、防虫都有管理单位的水利工程维修养护经费投入,承包人没有投入,也无需投入,采伐、销售阶段则由双方共同负担成本,现行承包分成的模式下,管理单位和树木承包户的投入、产出、管理责任及效益分配不完全平衡,容易造成国有资产的流失。

3 意见和建议

3.1 建立稳定的专业管理队伍

各级水管部门应建立适应护堤护岸林管现状的专业队伍,并保持管理人员的相对稳定,保障林木管理稳定高效。目前简单的依靠树木承包户管理及维修养护项目的养护模式难以科学地进行护堤护岸林的养护,需要专业技术人员的参与,增强护堤护岸林日常管理中的科技含量,以科技的推广运用促进管理手段和理念从传统的粗放型向现代的精细化跨越,为流域堤防林业实现可持续发展提供保证。同时,稳定的专业管理队伍也可以避免出现工作衔接断层和资料遗失等问题,在合同管理、树木采伐招投标管理日趋严格的当下,降低单位经营管理风险。

3.2 明确林地性质，排除外界影响

根据现行法律法规的规定及国家林业局等各级林业部门通知要求，护堤护岸林地应属非林地，林木更新采伐由水利部门自行依法组织实施。各级流域管理单位应与林业部门核实所属土地性质，将因历史原因划为林地的堤防及护堤地依法变更为非林地。排除林地采伐限额对管理单位河道堤防水土资源利用造成的不利影响，以更科学更符合实际的规划来对河道堤防水土资源进行利用。

3.3 调动承包户积极性

为督促承包户更好地履行管护职责，管理单位可以在合同中明确要求承包户缴纳保证金，若承包林木被盗或因其他原因损毁的，则按照缺损数量及销售单株平均收益在保证金中扣除。尝试采用浮动的分成比例调动承包户积极性，管理单位根据树木实际成材情况及完好率等指标适当调整双方林木销售分成比例，增强承包户的主人翁意识，最大限度地调动起一线管理人员的积极性。

3.4 建立健全招投标机制，确保工程合法规范运作

在护堤护岸林采伐更新阶段，要积极充分发挥招投标机制优势，力求效益最大化。通过网上信息发布、邀标、广告等多种方式宣传，让更多的单位和个人参与竞争投标；提高押金和报名费数额，防止"一户多投、变相围标"的情况发生；规定在招标结束最短时间内签订合同，防止串标、恶意压价、串通内部人员等违纪情况发生；组织销售人员与承包户对林木进行预先估价，避免管理单位与承包户发生意见矛盾。

4 结语

当前，流域机构基层水管单位的创收渠道仅有采砂管理、建设项目管理、水费收取及护堤护岸林采伐更新等几类。采砂及建设项目管理都存在较大的不确定性，环境资源总量有限制，水费收取收入较少，无法满足单位运行需要，仅有护堤护岸林采伐更新是相对稳定的创收渠道。流域机构直管河道范围内拥有丰富的水土资源，合理开发利用护堤护岸林等现有的水土资源，研究探索护堤护岸林的科学管理，可以避免资源的闲置和浪费，将资源优势转化为经济优势，弥补财政供给缺口，改善职工福利条件，稳定职工队伍，为流域水利事业的长远发展打下基础。

[参考文献]

[1] 刘西苓.水管体制改革于护堤护岸林管理之思考[J].治淮，2015(10)：39-41.

[2] 范洪涌，刘争真.汉江护堤护岸林建设管理问题及对策[J].科技经济市场，2014(4)：68-69.

[3] 辛亚龙，瞿绍宏，董章宏，等.林木采伐管理制度的应用探析[J].现代农业科技，2021(9)：149-151.

[作者简介]

杜春秧，男，1995年2月生，科员，主要研究方向为防汛、水利工程管理，17852797089，2218304949@qq.com.

VMD-LSTM 组合模型在王家坝月径流预测中的应用

鲁志杰 冯志刚 吴 琪 赵梦杰

(淮河水利委员会水文局(信息中心) 安徽 蚌埠 233001)

摘 要：为了提高王家坝月径流预测的精度，应对径流预测过程中非平稳性序列的影响，本次研究引入信号分解方法，基于变分模态分解(VMD)与长短期记忆神经网络(LSTM)构建一种组合月径流预测模型(VMD-LSTM)。该模型在淮河流域王家坝站的月径流预测应用中，经过与BP、LSTM神经网络模型的预测结果对比发现，VMD-LSTM组合月径流预测模型在均方根误差(R_{RMSE})、平均绝对误差(M_{MAE})以及确定性系数(D_{DC})评价指标上均有显著提升，说明该模型能够有效解决径流序列的非平稳特性，学习长期依赖性，提高月径流预测精度。

关键词：月径流预测；信号分解；LSTM 神经网络；淮河流域

1 引言

水情径流预测是水量分配和水资源调度管理的基础，精确的径流预测能为淮河流域水资源统一配置、调度与监管提供重要依据。但在气候变化和人类活动的影响下，许多学者的研究表明实测的径流序列存在显著的非平稳性特征，导致现有预测模型与方法的适用性面临巨大挑战[1]。月径流量序列的非平稳性，造成使用单一模型进行月径流量预测的时候，不能充分识别序列的非平稳性特征[2]。信号分解可以将径流量序列分解为多个相对平稳的子序列，使得预测模型能够更好地捕捉序列非线性特征[3]。信号分解在径流预测问题上有很多应用，邵骏等[4]基于 Bayes 框架和信号分解建立了中长期径流预测模型。研究结果表明，信号分解使预测模型在径流预测中具有较好的适应性。

长短期记忆神经网络(LSTM)在循环神经网络的基础上，增加了门控制单元结构，对于长期依赖性的时间序列预测有较好的应用效果[5]。胡庆芳等[6]在汉江流域基于长短期记忆神经网络(LSTM)建立日径流序列预测模型，结果表明长短期记忆神经网络模型对于径流序列峰值的拟合更加精确。

为了更好地提升中长期径流预测的精度，适应水文序列的非线性变化，通过结合信号分解与神经网络方法，构建基于 VMD-LSTM 的组合月径流预测模型。将该模型应用于淮河流域王家坝站的月径流预测，VMD 用于分解原始径流序列，LSTM 可以捕捉子序列的长期依赖关系，在具备更好适应性的同时提高径流预测的精度。

2 基于 VMD-LSTM 的月径流预测模型

2.1 变分模态分解

Dragomiretskiy 等[7]基于非平稳信号自适应分解提出了变分模态分解(VMD)，其利用非递归和变分模型能够将水文序列分解为多个相对稳定的分量。

VMD将非线性序列$h(t)$分解为r个分量序列,具体步骤[8]为:①通过希尔伯特变换对各分量$d_r(t)$相应的解析信号进行计算;②调整各分量$d_r(t)$到对应的基频带;③各分量$d_r(t)$以估计带宽之和最小作为目标,利用解调信号的高斯平滑度估计频率带宽,得到:

$$\min_{\{d_r\},\{\omega_r\}}\left\{\sum_r\|\partial_t[(g(t)+j/\pi t)d_r(t)]e^{-j\omega_r t}\|_2^2\right\} \quad (1)$$

$$\text{s.t.} \sum_r d_r = f \quad (2)$$

式中,dr为第r个模态;ω_r为第r个本征模函数对应的中心频率;$g(t)$为单位脉冲函数。

引入二次惩罚因子α及拉格朗日乘子λ构造增广 Lagrange 函数,将式(1)转化为无约束问题,并通过交替方向乘子法(ADMM)进行求解。

2.2 长短期记忆神经网络

长短期记忆神经网络(LSTM)在循环神经网络的基础上增加了门控制单元结构[9],其针对循环神经网络在具有长程依赖关系的时间序列预测上的问题进行了优化。与循环神经网络相似,每个模型单元结构具有输入层S_t、输出层C_t和隐藏层F_t,增加了单元结构状态Z_t。从模型结构上看,LSTM在循环神经网络的基础上增加了内部的自循环,可关联长距离信息,学习长程依赖关系,从而提高LSTM模型训练性能。

2.3 VMD-LSTM 月径流预测模型

河川径流的形成过程机理复杂,从降雨到形成出口断面流量的径流过程受多重因素影响,单一影响因子序列作为 LSTM 模型输入的拟合效果不好,很难达到满意的训练效果。因此,通过结合信号分解与神经网络方法,构建基于 VMD-LSTM 的组合月径流预测模型。该模型的径流预测步骤为:

1) 利用 VMD 将月径流序列分解为多个子序列;

2) 对分解后的多个子序列进行归一化处理;

3) 模型输入输出的确定。根据月径流序列特性,选取每一个子序列的前 12 个月作为模型的输入,下一个月的径流量作为模型输出,预见期为 1 个月。模型输入输出如下式所示:

$$\text{input} = [S1_{(t-12,t)}, S2_{(t-12,t)}, \cdots, Sn_{(t-12,t)}, R_{(t-12,t)}] \quad (3)$$

$$\text{output} = L_{t+1} \quad (4)$$

式中:$t>12$;L为原始月径流序列。

1) 将选择好的输入输出放入 LSTM 模型训练,进行预测。其流程如图 1 所示:

2.4 模型评价指标

采用《水文情报预报规范》[9]中的均方误差(R_{RMSE})、平均绝对误差(M_{MAE})、确定性系数(D_{DC})作为评价指标,对 VMD-LSTM 组合模型的预测精度进行评估。

$$RMSE = \sqrt{\frac{1}{n}\sum_{i=1}^{n}(y_i - y_0)^2} \quad (5)$$

$$MAE = \frac{1}{N}\sum_{i=1}^{N}|y_i - y_0| \quad (6)$$

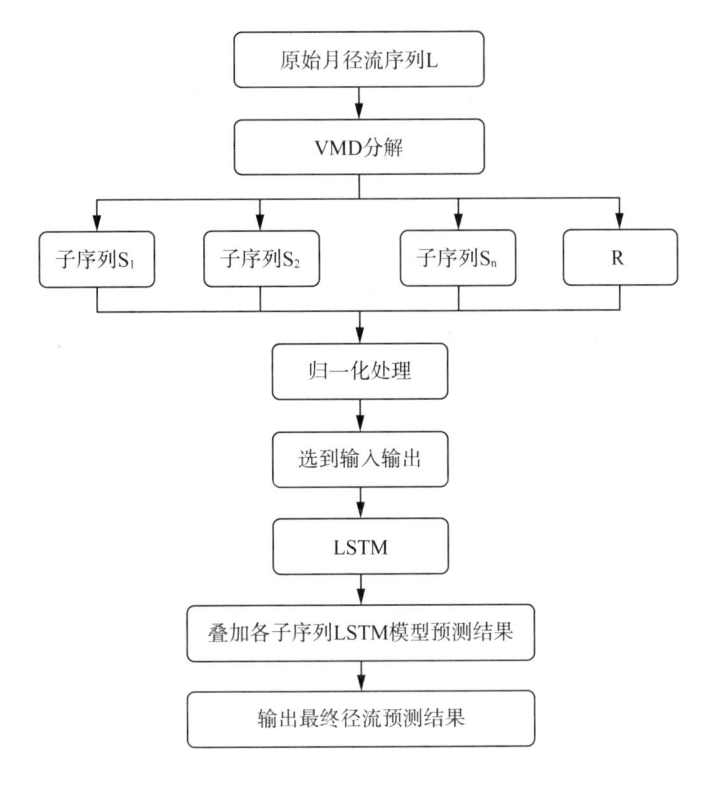

```
        原始月径流序列L
             │
          VMD分解
    ┌────┬────┬────┬────┐
  子序列S₁ 子序列S₂ 子序列Sₙ   R
    └────┴──┬─┴────┴────┘
         归一化处理
             │
         选到输入输出
             │
           LSTM
             │
    叠加各子序列LSTM模型预测结果
             │
       输出最终径流预测结果
```

图 1　VMD-LSTM 模型流程图

$$DC = 1 - \frac{\sum_{i=1}^{n}[y_i - y_0]^2}{\sum_{i=1}^{n}[y_0 - y]^2} \tag{7}$$

式中：y_i 为 i 时刻的预测值；y_0 为 i 时刻的实测值；y 为实测值的均值。

3　实例应用

3.1　概况

近年来，淮河流域极端降水频发，洪涝灾害频繁。2017 年淮河水系发生严重秋汛，2018 年及 2019 年山东半岛弥河流域相继遭受"温比亚"台风和"利奇马"台风灾害；2020 年淮河发生流域性较大洪水。因此，径流预测的研究对于淮河流域的水资源统一配置与调度具有重要的战略意义。

王家坝水文站是淮河上游控制站，王家坝水文站集水面积 30 630 km²，王家坝水文站的总流量组成包括：淮干王家坝站、官沙湖分洪道钐岗（设立于 1951 年 7 月）、进水闸（设立于 1953 年）、洪河地理城（设立于 1963 年 8 月）4 个断面流量之和。本次研究选取王家坝站 1956—2016 年的 732 个实测月径流资料，其中王家坝站前 532 个月数据作为模型训练集，后 200 个月数据作为测试集。

3.2　径流序列 VMD 分解

为提高 VMD-LSTM 模型训练效率和拟合精度，利用变分模态分解（VMD）方法对王家坝月径流量序列进行分解，充分识别序列非线性特征。对王家坝月径流量序列进行变分模态分解，确定变分模态分解的模态数 F 是最重要的。通过多次预实验，将每个模态分量进行 Fourier 变换，发现王家坝月

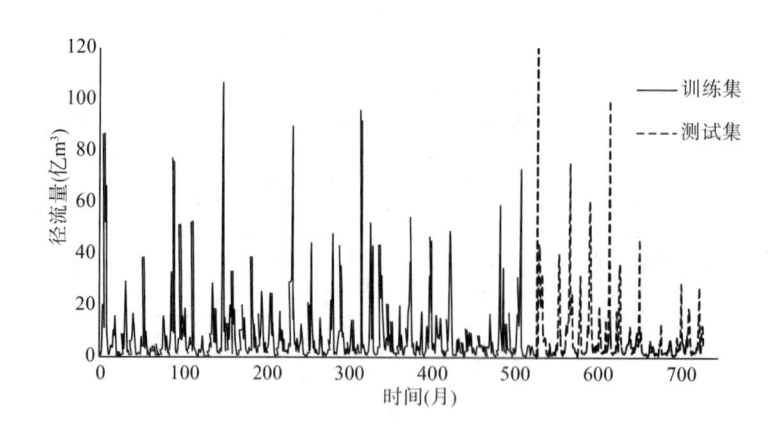

图 2　王家坝站月径流量序列

径流量序列变分模态分解层数大于9时,末尾子序列标度指数小于0,中心频率开始出现混叠现象,即不同频率的尺度未完全分离。因此,设置 K=9,即通过 VMD 分解将 1956—2016 年王家坝站历史月径流序列分解为9个有限带宽的子序列。

3.3　结果与分析

预报因子的针对性选择是影响径流预测模型的重要因素,为提高模型预测精度,根据相关分析确定选择王家坝站前期径流、淮河支流潢川、班台站的径流量以及集水区的预测面雨量等因子作为模型输入。通过对模型输入进行归一化处理,分别对各个子序列构建 LSTM 模型,最后叠加各个序列的预测结果,得到王家坝站最终的预测结果,如图3所示。

3.3.1　VMD-LSTM 组合模型预测结果

对模型训练期和检验期的各项评价指标进行分析,结果如表1所示。由表1可知,确定性系数(D_{DC})均可达到0.9以上,检验期与训练期的均方误差(R_{RMSE})、平均绝对误差(M_{MAE})比较接近,前者略大于后者。说明输入数据集划分合理,且所提模型具有很好的泛化能力。

表 1　VMD-LSTM 模型评价指标统计

项目	R_{RMSE}	M_{MAE}	D_{DC}
训练期	3.46	1.93	0.92
检验期	3.75	2.02	0.91

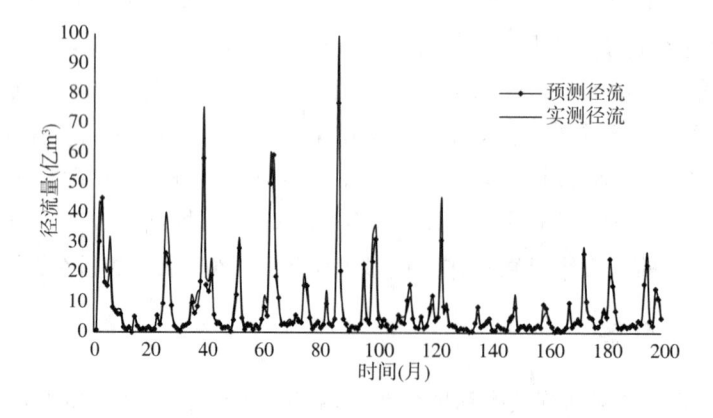

图 3　VMD-LSTM 组合模型检验期预测结果

选取检验期王家坝站后200个月径流序列进行分析,得到王家坝站的实测和预测径流序列,如图4所示。由图4可知,王家坝站实测和预测的月径流过程曲线基本吻合,表明VMD-LSTM组合月径流预测模型具有较强的非线性拟合能力。同时由图4可知,在汛期间月径流预测值要略低于实测值,其原因在于LSTM是基于时间序列进行预测的,而王家坝站月径流量在年内和年际之间极度不平衡,因此在汛期王家坝站径流量变幅较大时,LSTM模型在预测时可能存在一些迟缓,造成径流量预测值偏小。

3.3.2 不同模型预测结果对比分析

通过王家坝站月径流量序列分别建立BP神经网络、长短期记忆神经网络(LSTM)两种月径流预测模型,并与VMD-LSTM组合模型进行对比,进而检验VMD-LSTM组合月径流预测模型的预测精度和优点。预测结果如图4、图5所示。

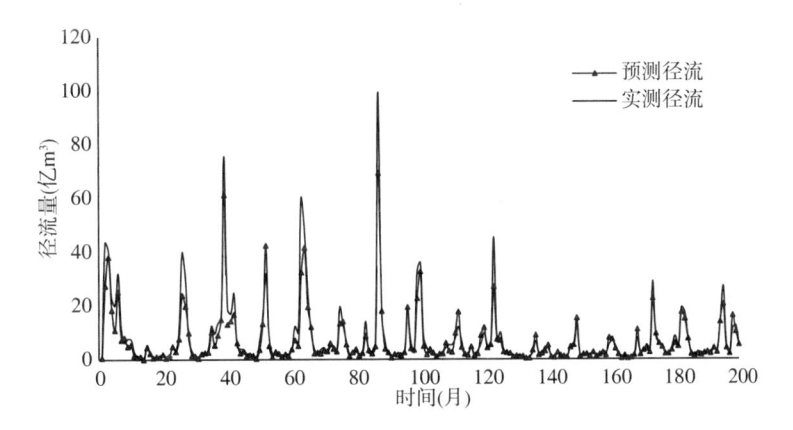

图4　LSTM模型检验期预测结果

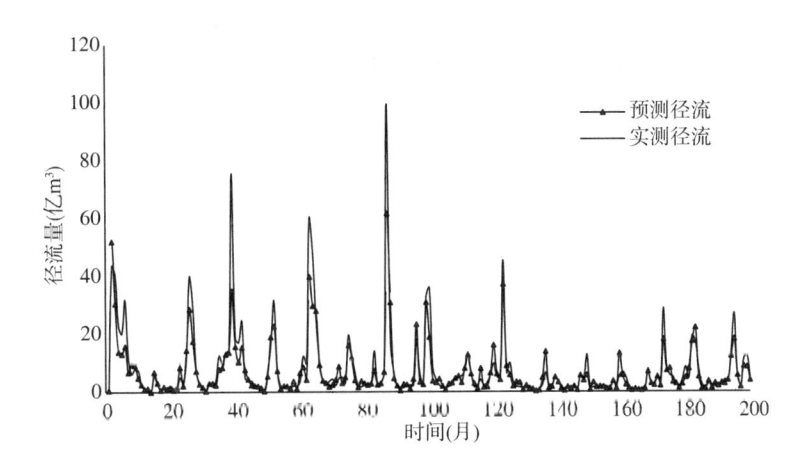

图5　BP模型检验期预测结果

不同模型的统计参数见表2,由表2可知,VMD-LSTM组合模型相比于BP、LSTM单一的预测模型在均方根误差(R_{RMSE})、平均绝对误差(M_{MAE})以及确定性系数(D_{DC})评价指标上均有显著提升,径流预测过程与实测过程拟合度最好,预测性能明显优于其他两种模型。组合模型预测精度优于单一模型,且对峰值的拟合更为准确,说明对原始径流序列进行合理分解能有效提高预测精度,同时通过VMD将其分解为径流子序列,进一步提高了月径流预测模型的精度。

表 2　几种模型预测结果统计对比

模型	训练期			检验期		
	R_{RMSE}	M_{MAE}	D_{DC}	R_{RMSE}	M_{MAE}	D_{DC}
BP	5.53	2.59	0.81	6.02	2.87	0.77
LSTM	4.47	2.15	0.88	4.88	2.31	0.85
VMD-LSTM	3.46	1.93	0.92	3.75	2.02	0.91

图 6 为 3 种模型检验期预测和实测径流量的散点图。由图 6 可知，单一的神经网络模型 BP、LSTM 模型结果分布较为分散；VMD-LSTM 组合模型在一定程度上收敛于 45°线，和实测径流量最为接近。

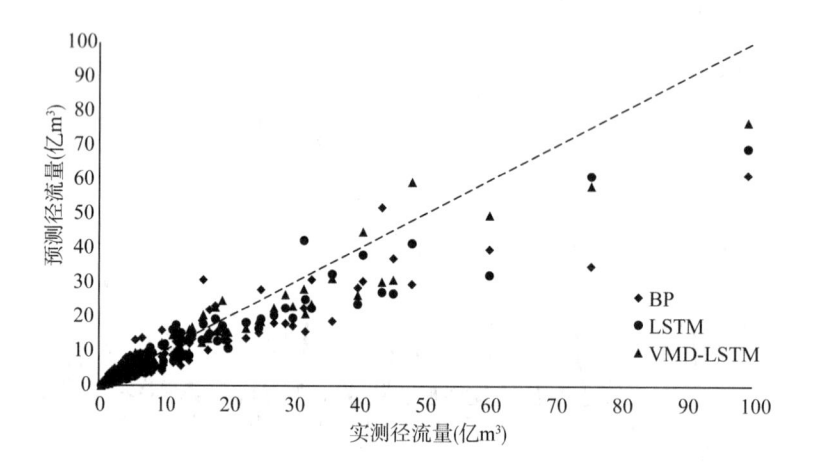

图 6　几种模型预测与实测月径流散点图

由此可知，单一神经网络预测模型中，LSTM 相比于 BP 模型有更好的应用效果；基于信号分解组合模型能充分识别月径流量序列局部特征，能够有效避免单一模型在训练期的"时滞"误差，从而提高模型预测精度。本文构建的 VMD-LSTM 组合模型能充分发挥 VMD 分解和 LSTM 神经网络的优势，表现出明显优于单一神经网络模型的预测性能和优势，可为提高月径流量的预测精度提供新的思路和参考。

4　结论

为了提高王家坝月径流预测的精度，有效识别月径流序列中的局部特征信息，本文提出了基于 VMD-LSTM 的组合预测模型，并应用于淮河流域王家坝站的月径流预测中，得出的结论如下。

（1）对于月径流序列的非线性特征，通过 VMD 将原始径流资料分解为多个子序列，为神经网络等数据驱动模型提供了良好的数据基础。

（2）VMD-LSTM 组合预测模型较单一模型能更好地提取序列局部特性，且对于序列峰值的拟合更为精确。本文将 VMD-LSTM 模型应用于淮河的月径流预测中，相较于单一的 BP、LSTM 模型能取得更高的精度，为王家坝的月径流预测提供了一种新的选择。

[参考文献]

[1] 秦毅,李时.应对水文序列非一致性变化影响的溯源重构法研究[J].水利学报,2021,52(7):807-818.

[2] 杨丽洁.数据驱动模型在洪水预报中的应用及其发展趋势[J].电脑知识与技术,2018,14(17):275-277.

[3] 孙国梁,李保健,徐冬梅,等.基于VMD-SSA-LSTM的月径流预测模型及应用[J].水电能源科学,2022,40(5):18-21.

[4] 邵骏,袁鹏,张文江,等.基于贝叶斯框架的LS-SVM中长期径流预报模型研究[J].水力发电学报,2010,29(5):178-182+189.

[5] 陶思铭,梁忠民,陈在妮,等.长短期记忆网络在中长期径流预报中的应用[J].武汉大学学报(工学版),2021,54(1):21-27.

[6] 胡庆芳,曹士圯,杨辉斌,等.汉江流域安康站日径流预测的LSTM模型初步研究[J].地理科学进展,2020,39(4):636-642.

[7] DRAGOMIRETSKIY K,ZOSSO D. Variational Mode Decomposition[J]. IEEE Transactions on Signal Processing,2014,62(3):531-544.

[8] 孙望良,周建中,彭利鸿,等.DFA_VMD_LSTM组合日径流预测模型研究[J].水电能源科学,2021,39(3):12-15.

[9] HOCHREITER S, SCHMIDHUBER JURGEN. Long short-term memory[J]. Neural computation,1997,9(8):1735-1780.

[10] 水利部水文局.水文情报预报规范:GB/T 22482—2008[S].北京:中国标准出版社,2008.

[作者简介]

鲁志杰,男,1994年10月生,助理工程师,主要研究方向为水文预报,18555524487,luzhijie@hrc.gov.cn。

浅谈淮河流域治理与管理

孙少君

(中水淮河规划设计有限公司 安徽 合肥 230000)

摘 要：中华人民共和国成立后，淮河流域治理取得显著成效，流域内基础水利设施建设完善，防洪排涝标准提高，区域水利建设管理一体化，使得流域预防水灾害能力不断提高，为水资源及水生态环境安全提供有力保障。随着社会发展，新阶段淮河流域仍需完善防洪体系建设，加强综合治理。总结过往、放眼未来，分析目前淮河流域治理与管理现状，结合淮河流域相关管理制度，治淮工作需要以规划为方向，坚持统筹规划，综合治理，深化流域规划编制；以工程建设为载体，完善流域水利工程建设，提高行蓄洪区建设标准，保障区域人民生命财产安全，加强推进EPC总承包模式，在流域治理中发挥重要作用；以制度为保障，强化流域综合管理，严格落实制度要求，积极完善配套制度建设，加强相关法制宣传；以科技为支撑，推进数字淮河及智慧流域建设，实现治淮工作现代化。新阶段淮河流域高质量建设，也成为流域发展的必由之路，在此基础上，提出加强流域治理，实施流域综合管理的一些建议。

关键词：淮河流域；治理管理；高质量发展；建议

淮河流域物产丰富，交通便利，地理位置突出，在国家社会经济发展中发挥着重要作用。党中央、国务院以及流域内人民群众对淮河流域生态文明建设，保障流域防洪安全寄予了厚望。"十三五"期间，淮河流域大规模防洪治理在提升洪涝灾害防御能力、抵御洪涝灾害风险等方面发挥了重要作用，各项水利工程建设加强了区域防洪体系的整体性。"十四五"期间，流域防洪减灾工作面临新形势、新要求、新挑战，淮河流域需要进一步加强流域综合治理与管理，大力推进生态修复与水环境治理，为流域高质量发展提供重要支撑和物质保障。

1 淮河流域目前存在的问题

1.1 防洪体系不够完善

近年来，淮河流域防洪排涝工程体系建设对流域内治涝减灾发挥了重大作用，面临数次超标准洪水考验，同时也暴露了出一些问题。比如，淮河干流在洪泽湖下游段的入江入海能力受限；中游河段，尤其是入洪泽湖上游河段，泄流能力不够，导致入洪泽湖水位较高；淮河重要堤防段存在险工险段，建设标准偏低；行蓄洪区不安全居住的人口较多；上游水库、洼地汇水面积较小，拦洪蓄水能力不足等。

1.2 水资源总体短缺

淮河流域人均可用水资源量与社会经济发展不均衡，随着近年来淮河流域不断建设，城乡供水得到基本保障，但是面对流域内经济发展高质量要求、人民群众对美好生活的迫切需要，还存在一些弱项短板。流域内用水效率不高，农业、工业、居民生活出行等重点领域还存在节水空间，在水资源总体调控上仍有不足，对取、用、耗、排等方面监管控制不到位。供水系统上也存在短板，南水北调东线二期等一些重大工程尚未建设完成，湖泊、河流、水库的水资源调蓄功能需要提高，供水系统不够完善，总体可利用水资源短缺。

1.3 水生态、水环境需要改善

淮河流域介于长江与黄河之间，在我国南北方过渡地带，构成了南北方分界处的独特生态廊道，独特的地理位置使我国保护好该区域生态环境更有重要意义。现阶段，淮河流域超过60%的水资源得以开发利用，其中个别区域水资源开发利用程度超过了当地水生态环境及水资源的承载能力，水生态环境问题也随之产生，流域内生态用水被生产生活用水占用，部分河道支流存在生态流量不足等突出问题。淮河流域内北方地区对于地下水依赖程度较高，部分地区地下水超采严重。淮河流域内河湖水质经过治理，总体水质趋于改善、提升，也同时存在部分河道支流及部分河流段的水污染情况。因此淮河流域水生态、水环境还需要持续改善，在新阶段，建设一个环境友好型的生态廊道是淮河流域迫切的任务。

1.4 流域相关水法、制度执行及宣传不到位

流域内《中华人民共和国水法》(以下简称《水法》)等相关法律法规宣传的深度和广度不够，存在少数用水单位和居民对水资源利用及保护问题认识不足，部分河道水污染严重。对水利工程设施、河道内砂石资源依法管理及开发利用意识缺失，局部出现违法采砂，水土流失严重，部分河道滩地侵占严重，河道划界与保护范围不明确，水行政巡查执法力度不够，流域水源地保护不够重视。

1.5 规划深度不够，建设模式落后，工程建设与设计不融合

在淮河流域综合治理中存在部分项目前期工作深度不够，审批核准把关不严，建设程序和管理不到位，配套资金和政策不落实等问题。水利工程由于其特性导致与其他工程建设模式相比较为落后，缺少高水平、高质量工程，对流域水利建设高质量发展有一定制约。工程建设过程中设计与施工不融合，设计阶段勘察工作不全面，施工阶段优化设计不到位，导致工程落地发挥作用有限，与原有的设计初衷背离，浪费建设资金。

2 加强淮河流域治理管理建议

2.1 以规划为方向，坚持统筹管理，综合治理

积极贯彻习近平总书记视察淮河时的重要讲话精神，发挥市场优势，系统开展流域综合治理相关规划，统筹总体规划与局部分项规划的关系，规划前期调查详实，规划内容达到足够深度，具有严谨性、适用性和超前性。分期分段实施《新阶段淮河治理方案》及《淮河流域"十四五"水安全保障规划》编制工作，深化淮河流域防洪规划的修编工作，积极推进流域水利基础设施空间布局规划、国家水网工程规划编制，加强成果审查，以全面综合治理、高质量发展为准则。

2.2 以工程建设为载体，完善流域水利工程建设

加大重点河湖保护治理工程与综合治理推进力度，积极落实规划建设内容，推动淮河流域重要行蓄洪区及大中型水库项目开工建设，严格落实在建工程建管职责。规范引江济淮、溧河总干渠渡槽等

工程阶段验收,完成重大水利工程竣工验收。进一步加强治淮和引水重大工程建设投资,积极推进规划项目落地建设。严格落实监管职责,积极创新建设模式,加强利用市场化高水平、高质量的建设管理,重点推进 EPC 模式在流域治理中发挥作用,规划设计与工程建设深度融合,保证流域治理高质量建设,建设一批优质、长期发挥功能效益的工程。

2.3 以制度为保障,强化流域综合管理[1]

加强落实流域河湖及水利工程综合管理制度的实施。在流域内通过多种方式广泛宣传《水法》等相关法律法规,针对不同行业和群体重点专题宣传。深入对水资源的理解与认识,严格落实对水利设施类、河道砂石等资源依法管理维护和开发利用的规章制度。

协调好省界流域管理,加强联防联控管理机制,推进开展淮河流域一湖一策方案编制。定期开展专项水行政巡查执法活动,开展淮河干流、直管河湖等"四乱"问题的整治清理,分段分片完成河湖专项检查、监督任务,严查"四乱"问题并督促整改完成。严格对水利工程范围内非水利建设项目方案的行政许可审查,开展流域内建设项目专项监管检查。

为做好流域综合管理工作,各级责任主体要进一步提高认识,采取针对性措施,完善相关机制,落实工作责任,规范流域管理,促进有关治污项目尽快发挥效益。不断加强河湖生态保障流量监管,编制河湖生态流量保障的目标,制定并印发河湖生态流量保障目标的实施方案。密切关注主要河流控制性断面生态流量保障情况,信息及时畅通,并发布预警。

全面加强对流域内水土流失的综合治理。开展实施水土流失动态监测及常态化水土保持监管,推进开展重要水源区水资源保护及水土保持建设,强化流域内生产建设项目水土保持事中事后监管。

2.4 以科技为支撑,推进数字淮河及智慧流域建设[2]

新阶段需要推动淮河治理工作高质量发展,智慧流域作为新时代水利高质量发展的一部分,须大力推进,为淮河保护治理和高质量发展提供有力支撑。智慧流域建设需遵循"智慧模拟、数字赋能、精确计算"现代化智慧水利建设要求,"大系统设计、分系统建设、模块化链接"原则以及"数字化场景、智慧化模拟、精准化决策"路径等,进一步理清思路,做到规划全面、思路清晰、可操作性强,能够科学指导数字淮河建设;建设任务方面,要进一步明确任务分工,重点突出,分期分区分块建设,优先把防洪和水资源管理领域"四预"体系建设起来,其他领域逐步推进。加强梳理基础工作,明确建设需求、建设目标、系统功能和工作流程等,完善大数据建设。同时,加强与市场、高校、科研机构的交流与合作,共同推动数字淮河和智慧流域体系建设。

加强淮河流域数字孪生的实践与探索,制定科学合理的流域治理方案,针对性加强流域管理。加强数字孪生基础工作建设,完善优化区域监测网点布局,建立监测站网与地方防汛调度、水资源管理等相匹配,提高水系边界、行政管理内容、重要节点网点覆盖率;深化淮河流域水利工程专题图绘制,制定水利工程实体模型化,系统地建立基础数据库,并及时更新扩容。通过流域数字孪生,深入探索淮河流域自然规律,针对性研发淮河流域专属的产汇流、水资源调配、工程调度等水利专业模型,实现变化流场下淮河流域数字孪生不同维度及空间的模拟。

[参考文献]

[1] 徐雪红.加强流域综合治理与管理 推动太湖流域水生态文明建设[J].中国水利.2013(15):63-65.

［2］刘冬顺.锚定六条实施路径 强化流域四个统一 全面推进新阶段淮河保护治理高质量发展——在淮委2022年工作会议上的讲话[J].治淮，2022(2):4-13.

[作者简介]

孙少君，男，1990年6月生，中级工程师，主要研究方向为水利工程建设与管理，15855156057。

议题八
淮河水文化传承与发展

从古代诗词情景描述中解析
淮河下游河道与海岸线演变及社会经济变迁

李 晶

(淮委规划计划处 安徽 蚌埠 233000)

摘 要：历史上的淮河与长江、黄河、济水并称为"四渎"，水系完整，独流入海。1194年黄河大规模夺淮后，泛滥的河水带着巨量泥沙，改变了淮河流域原有的河流水系、地形地貌，淮河中下游河道与海岸线发生了剧烈演变，导致古代，特别是唐宋时期的部分诗词中关于淮河下游的情景描述，如涟水观海、盱眙观潮、浩淼射阳湖等，于现今已难寻踪迹，溯其原因，主因是黄河夺淮造成的沧桑巨变，次因是"蓄清刷黄"、围湖造田等人类活动影响。

关键词：古诗词；淮河；下游；演变

1 引言

古诗词是中华传统文化的精髓，是中华文明的瑰宝，是数千年来最能表达中国人思想感情和丰富内涵的文化载体。淮河流域是中华文明的发祥地之一，曾孕育了光辉灿烂的古代文化，诞生了老子、孔子、孟子、庄子等众多思想家，历史文化底蕴深厚，无数文人墨客在此生活居留，并留下许多诗词，相当部分的古诗词对彼时的自然和社会进行了大量的描述，成为研究古代地理、人文、历史、社会经济的重要参考。1194年黄河大规模夺淮后，带来的巨量泥沙使淮河下游地区河流水系、地形地貌发生了剧烈变化，并对社会经济造成严重影响。本文选取若干篇古诗词，对其中的情境描述进行深度发掘，尝试解析千余年来淮河下游地区，特别是古淮河入海口与海岸线的演变情况，以及社会经济的变迁。

2 淮河下游河道及海岸线演变概述

淮河，古称淮水，发源于河南省桐柏县桐柏山太白顶，干流全长1 000公里，流经湖北、河南、安徽、江苏四省，主流在江苏省扬州市三江营注入长江。春秋时的地理著作《禹贡》记载："导淮自桐柏，东会于泗、沂，东入于海"。历史上的淮水是一条独流入海的河流，与长江、黄河、济水并称为"四渎"。据考证，公元12世纪以前，淮河水系完整，独流入海，水流畅通，见于史籍的水旱灾害相对较少，且有航运、灌溉之利。

古淮河在盱眙以西大致与今淮河相似，至盱眙后折向东北，经淮阴向东，在涟水县云梯关(今属响水县)入海。当时淮河并没有洪泽湖，干流河槽也较宽深，沿淮无堤。南宋建炎二年(1128年)，为防御金兵南下，东京守将杜充"以水代兵"，在河南省汲县和滑县之间人为决堤，造成黄河改道，大部分黄水从泗水分流入淮；南宋绍熙五年(1194年)，黄河全河夺淮，历661年。据有关文献估计，约有700亿吨泥沙淤积于淮北平原，使淮河水系遭受巨大破坏，特别是淮河下游故道被淤成地上河后，淮河入海出路受阻，黄淮两水使盱眙与淮安之间的洼地在自然和人为的共同作用下，逐渐形成今天的洪泽湖。由于湖盆淤积,水位不断抬升,洪泽湖大堤上的礼坝于1851年被冲决,淮河沿三河入宝应湖、高邮湖,经邵伯湖由夹江在三江营入长江,自此,三河以下入江水道成为淮河新的主要排洪水道。

巨量的泥沙也使古淮河入海口发生了翻天覆地的变化,常年的泥沙淤积使古淮河入海口由云梯关向东推移了70余公里,原海岸线由海州—海安一线向东平均推移了60公里以上,并造就串场河(范公堤)以东2万余平方公里的沉积陆地,原本悬于海中的云台山也于康熙年间与大陆连成一体。清咸丰五年(1855年),黄河再次北迁改道由山东大清河入渤海,但淮河入海故道已淤成一条高出两侧地面数米的废黄河,这条地上河将淮河流域分为淮河水系和沂沭泗河水系。

河流水系、地形地貌的巨大变化,使唐宋时期诗词中关于淮河下游地区的部分情景描述于现今难寻踪迹。

3　汴水、泗水、淮水与长江互联互通,构成南宋之前的"水网"

唐代诗人白居易有一篇著名的《长相思》:"汴水流,泗水流,流到瓜州古渡头。吴山点点愁。思悠悠,恨悠悠,恨到归时方始休。月明人倚楼。"从现在的淮河流域水系图上看,汴水、泗水和长江边的瓜州(今属扬州)很难联系到一起。汴水已无踪迹,能沾上"汴"的,大概只有新中国成立后开挖的新汴河了;泗水(今泗河)发源于蒙山,流经泗水、曲阜等地后,入南四湖。

查看南宋之前的淮河水系图以及相关记载,汴水其中一个定义为泗水的支流,于今天的徐州一带汇入泗水,泗水纳汴水后复又纳沂、沭、濉等大河,至淮阴清口一带入淮河,由此也可看出泗水是古代淮河一条非常大的一级支流;汴水的另一个定义为隋炀帝开挖的大运河一部分,即通济渠,自汴梁(开封)向东南方向,大致沿着今天的新汴河,于古泗州(位于今盱眙县城北)汇入淮河。无论是哪一种定义,南宋之前,泗水为淮河的一级支流,汴水为淮河的二级支流或一级支流。淮河自清口继续向东十余公里至楚州(今淮安区),通过古邗沟水道于瓜州与长江牵手。人工开挖的邗沟、通济渠(汴水)、鸿沟,将黄河、淮河、长江、颍水、泗水沟通交织,构成唐宋时期的国家"水网"。

1194年黄河夺淮后,泛滥的河水带着巨量泥沙,或侵入泗水,或侵入颍水、涡河,彻底打乱了原有的淮河水系,淤废了淮河的入海尾闾。明万历年间,潘季驯等人治理黄河,通过修建遥堤、缕堤,彻底将黄河由汴水、泗水入淮河,至1855年黄河改道北去,给淮河流域留下一条长700余公里、地势高亢的废黄河,同时也湮没了古汴水、古泗水。据考证,今徐州以上的废黄河就是古汴水,徐州至淮阴段的废黄河就是古泗水。

4　古淮河下游河道呈宽深型,海潮可上溯影响到盱眙

盱眙,位于今淮河入洪泽湖的河口处,距离最近的海岸线直线距离约有160公里,基本上算是一个内陆县城。唐宋时期,盱眙为淮河中下游重要的集镇和漕运码头,南来北往的官员、文人、客商在此驻留,并留下许多诗词。唐代韦建《泊舟盱眙》:"泊舟淮水次,霜降夕流清。夜久潮侵岸,天寒月近城。"北宋苏轼《龟山》(龟山,今盱眙境内):"地隔中原劳北望,潮连沧海欲东游。"北宋苏舜钦《淮中晚泊犊头》(犊头,今淮阴区境内):"春阴垂野草青青,时有幽花一树明。晚泊孤舟古祠下,满川风雨看潮生。"南宋杨万里《至洪泽》(节选):"舟人相贺已入港,不怕淮河更风浪。早潮已落水入淮,晚潮未来闸不开。"通过这些诗词中的情景描述,我们可以得出这样一个结论:在唐宋时期,淮河下游航运发达,河槽宽深,水流畅通,海潮可直达(影响到)盱眙。乾道五年(1169年),南宋大臣楼钥《北行日录》记载:"至洪泽,过渎头,舟胶候潮,潮应,乘风过欧家渡(今淮阴区境内)。"南宋诗人戴复古的《频酌淮河水》

也间接说明了这一点,诗云:"有客游濠梁,频酌淮河水。东南水多咸,不如此水美。"濠梁,今凤阳一带,位于盱眙以西约100公里。该诗也说明凤阳一带受海潮影响较小,再往下游受海水上溯影响,水质多咸。

据有关研究成果,黄河夺淮前,今洪泽湖处的地面高程约为5米左右,洪水位约7米左右(今正常蓄水位12.5米),下游河道洪水水面及河床纵比降为十万分之七,入海口云梯关处河底高程约为－4.2米左右,以此推算盱眙段淮河底高程应在2米左右。彼时的淮河下游河道与今天的长江下游类似,河槽呈宽深型。以今天的长江为例,潮水(位)可上溯影响到距离长江口400余公里的南京、芜湖一带,因此,在唐宋时期,古人在距离入海口100公里左右的盱眙观淮河潮起潮落是再正常不过的事了。1194年黄河夺淮后,在自然和人为干预("蓄清刷黄")下,洪泽湖及下游地区地面高程普遍抬高了5米左右,导致蚌埠至洪泽湖段淮河河底形成今天的倒比降(洪泽湖底高程在10～11米,上游浮山段河底高程5～7米,蚌埠段河底高程在8米左右),这也成为淮河中游洪涝泛滥、难以治理的重要原因。

5 古代江苏北部淮河下游地区数个大湖逐步消亡

范仲淹,北宋杰出的政治家、文学家,曾在泰州、盐城一带为官数年,期间留下《射阳湖》一诗:"渺渺指平湖,烟波极望初。纵横皆钓者,何处得嘉鱼?"古射阳湖,位于今扬州、泰州至盐城、淮安一带,烟波浩渺,广阔无垠,宋代《太平寰宇记》记载道:"射阳湖长三百里,阔三十里。"测算下来当时射阳湖的面积大约有2500平方公里。在当时,洪泽湖等大湖还未形成时,射阳湖是苏北的第一大湖,可与太湖齐名。今天的地图上再也找不到这样的大湖了,留下来的只有射阳湖镇和射阳河。

据相关资料记载,古射阳湖即古射陂,为古海湾淤没形成的潟湖。古射阳湖南北狭长,地势南高北低,曾经是古邗沟水道上的重要湖泊,在今天的里运河形成之前,此湖为江淮通道,南北要冲。为防止海潮入侵,范仲淹在射阳湖以东沿着海岸线主持修建了捍海堰"范公堤",并在堤身的古潮汐水道处修建了数座水闸。自此,"西塍发稻花,东火煎海水",范公堤以东煮海制盐,以西稻香满岸、鱼肥水美,呈现出一片繁荣富庶的景象。

黄河南徙后,至明代中下叶,为保证南北漕运畅通,历代治水官员不断加高洪泽湖大堤(高家堰)和里运河大堤,洪泽湖水位高出射阳湖5～7米,黄淮合流后的洪水压力导致堤坝时常溃决,带来的大量泥沙使得射阳湖区迅速淤垫,同时,明代为了保护明祖陵,开高家堰泄洪归海更加速了湖区的消亡。到了清代,里运河大堤上陆续修建了"归海五坝",不断涌进的泥沙将原本尚属宽阔的射阳湖面彻底淤积,"射阳一湖,全然淤垫,中间隔断,上下不通"。这其中,随着湖区的逐步淤积,沿湖居民为了农业生产开始了大规模的围湖造地,"射阳两岸农田逐成上腴",同时,为了区域排洪排涝,明朝开始逐步疏浚排水通道,曾经2000余平方公里的射阳湖逐步消亡,萎缩成射阳河、新洋港、大纵湖、乌巾荡等河湖(荡)。

几乎同时代,因为类似原因消亡的还有北部(今沭阳、涟水、灌南、东海等地)的硕项湖、青伊湖、桑墟等大湖。当然,也正是因为黄河夺淮而发生的剧烈变化,在自然和人力的双重作用下,逐步形成了今天的洪泽湖、南四湖、骆马湖等大湖。

6 南宋以前淮河下游地区河清海晏,时和岁丰

涟水,汉时建县,古称淮浦、安东,古淮河从县境东部云梯关(今属响水县)入海。今位于淮安市东北,县城距离东边的黄海约110公里。史载:"淮河下游,地势低平,田畴肥沃,宜植五谷。"唐代著名边塞诗人高适有诗《涟上题樊氏水亭》(节选):"亭上酒初熟,厨中鱼每鲜。煮盐沧海曲,种稻长淮边。四

时常晏如,百口无饥年。"到了宋代,苏轼有词《蝶恋花·过涟水军赠赵晦之》(节选):"自古涟漪佳绝地。绕郭荷花,欲把吴兴比。左海门前酤酒市。夜半潮来,月下孤舟起。"诗词中描述的情景通俗易懂、令人向往,在唐代和北宋时期,涟水一带沿海煮盐,淮畔种稻,盛产美酒,鱼鲜常有,荷花绕村,四季祥和,几乎没有饥荒年份,水光潋滟的环境"欲把吴兴比",繁华富庶的生活状态"四时常晏如"。淮河下游的其他地区,如楚州(今淮安区)等地,在当时同样是一片富饶的景象,唐代刘禹锡有诗《送李中丞赴楚州》(节选):"万顷水田连郭秀,四时烟月映淮清。"那个时期关于这一地区的诗词,大多充满了喜悦和欢快,如北宋米芾《中秋登海岱楼作》:"目穷淮海两如银。万道虹光育蚌珍。天上若无修月户。桂枝撑损向西轮。"(海岱楼,位于旧涟水云梯关一带,是唐宋时期十分著名的望海楼。)

这些繁荣景象在1194年以后逐步改变了,黄河夺淮的661年时间里,地处古淮河入海口的涟水饱受水患之苦,长期的沉积和黄泛冲击淤垫,使涟水境内陆势地貌发生巨大改变,境内河湖几近淤平,水系全被打乱,大片沃土变成"是田皆斥卤,有地但蓬蒿"的盐碱荒滩之地,过去"四时常晏如"的涟漪佳绝地一去不复返。据清康熙本《安东县志》记载:"安东水毁水饥,无岁无之。民皆野外路躟,而轻去其乡。"古淮河入海口云梯关外沧海变桑田,清代龚自珍在此吟诗惆怅:"云梯关外茫茫路,一夜吟魂万里愁。"

据统计,1194年到1855年的661年中,淮河流域平均每2.5年发生一次水灾,平均每1.8年发生一次旱灾,极度频繁的水旱灾害不仅造成人口、耕地损失和耕作制度逆变,还给人们心理和社会风气带来消极影响。

7　后记

粗略查阅古诗词中关于淮河下游地区的情景描述,唐宋时期大多是"黄金印绶悬腰底,白雪歌诗落笔头。笑看儿童骑竹马,醉携宾客上仙舟"的欢快祥和景象,到明清时期大多是"水落州痕在,田荒陇地存。坐沙百里眼,烟火数家村"的荒凉凋敝景象。这其中,有绵延的战争、腐败的吏治等原因,而黄河夺淮所带来的沉重影响更是其主因之一。同时我们也要看到,大自然的沧桑巨变也是自然演进的一部分,人也是自然的一部分。中华人民共和国治淮70余年来,淮河下游地区苦难深重的水旱灾害在中国共产党的领导下得到了彻底治理,淮河入江入海基本畅通,江水、淮水滋养着广阔的淮河中下游平原,繁荣富强的盛世亘古未有。

[参考文献]

[1] 水利部淮河水利委员会.淮河流域修订规划纲要(1991年修订)[Z].
[2] 《淮河水利简史》编写组.淮河水利简史[M].北京:水利电力出版社.1990.
[3] 毛世民,许浒.洪泽湖对淮河中游河道纵剖面的影响[J].治淮,2009(2):23-25.
[4] 卢勇.明清时期淮河水患与生态社会关系研究[M].北京:中国三峡出版社.2009.
[5] 柯长青.人类活动对射阳湖的影响[J].湖泊科学,2001(2):111-117.
[6] 房晓军.黄河夺淮及其对淮阴的影响[J].淮阴师专学报 1996(3):49-52.

[作者简介]

李晶,男,1979年10月生,高级工程师,主要研究方向为水利前期工作、建设管理、水文化,13855225108,28890487@qq.com。

国媒视角:从《人民日报》看洪泽湖发展转向

李向向　吴晓兵

(江苏省洪泽湖水利工程管理处　江苏 淮安　223100)

摘　要:以人民日报图文数据库为史料来源,选取中华人民共和国成立以来《人民日报》关于洪泽湖的58篇专题报道进行量化研究,窥探出洪泽湖的发展经历了治理、开发、开发与保护并行、综合保护四大阶段。每个阶段的发展都是党和国家以人民利益为出发点,做出的符合洪泽湖发展的最优决定。

关键词:洪泽湖;《人民日报》;治理;开发;保护

1　引言

洪泽湖位于江苏省西部,为我国第四大淡水湖,是淮河流域大型的蓄水性湖泊,素有"淮河明珠"之称。明清时期,受黄河夺淮和洪泽湖大堤不断加高的影响,洪泽湖水位逐年高涨,长期肆虐苏北地区。明清两代统治者虽采取多种措施治理,但受囿于保祖陵和重漕运等主观因素的影响,治理成效甚微。中华人民共和国成立后,党和国家领导人坚持人民利益至上,毛泽东同志发出"一定要把淮河修好"的伟大号召,根治淮河和治理洪泽湖的水患被提上日程。此后几十年间,洪泽湖区在顺应国家大政方针的情况下,历经不同的发展阶段。《人民日报》作为我国历史最为悠久、影响最为广泛的报刊之一,相关报道展示国内最前沿资讯,体现时代最强音。洪泽湖的发展模式可视为淮河发展的缩影,以《人民日报》视角窥探洪泽湖发展模式颇具创新性。本文收集整理中华人民共和国成立以来《人民日报》关于洪泽湖的专题报道进行量化研究,进而管窥洪泽湖区发展历程。自1949年中华人民共和国成立至今,《人民日报》关于洪泽湖的专题报道共有50余篇,洪泽湖区的发展经历了治理、开发、开发与保护并行、综合保护四大阶段。

2　治理阶段

第一阶段为中华人民共和国成立后到1976年,共有专题报道13篇,为综合治理水患阶段。1950年,毛泽东同志在《皖北淮河灾区视察报告》上批示"除目前防救外,须考虑根治办法",政务院于同年颁布了《关于治理淮河的决定》,周恩来总理亲自主持淮河治理工作,确定了"蓄泄兼筹"的治淮方针。淮河下游水患施行"以泄为主"的治理方针,党和国家领导人出于控制洪泽湖水量的考虑,在听取专家意见和充分调研的基础上,确定了"三分入海、七分入江"的治水方略,三河闸被确定为入江水道的口门,作为水量的控制枢纽。该工程借鉴苏联不打基桩的经验,傍地势而建。在几平方公里的建设工地上,十余万名建设工作者展现了极高的热情与效率,从破土动工到建成放水仅用时10个月。1953年一篇名为《洪泽湖的故事》的报道,记述了记者在看到三河闸工作热火朝天的工作盛况后,由衷地感慨人力的伟大[1]。

在三河闸建成后,洪泽湖的水位通过闸门启闭得到有效控制,汛期泄水入江平息水患,旱期蓄水满足农田灌溉需要,进而为当地群众增加经济效益。民众不再负有旱期难以灌溉之忧,将所种生长周期短、产量低的水稻舍弃,改种生产周期长、产量高的水稻。在三河闸开闸放水时,洪泽湖水位下降,可捕鱼群增多,渔民纷纷整理渔具,进行捕鱼。1958年的报道称:"洪泽湖渔民根据鱼虾生长特性,革新养鱼技术,采取'无堤''大赦''密放''渔具改革'四大增产措施,实现了鱼虾产量的大跃进"[2]。在1959年的一篇报道中,言明鱼虾日产量从8月初的两三万斤激增到9月初的20万斤[3]。言语虽有所夸大,但渔获产量激增却是不争的事实。在平息水患的同时,洪泽湖东岸的洪泽县(今洪泽区)稳步推进基础配套设施的建设,专设无线电台播报气候预报,为渔民提供预警,提醒渔民暂避台风。

洪泽湖区民众感受到党和国家建设三河闸实为利民之举,自发学习毛泽东语录和著作,追求精神向上和向党看齐。洪泽县根据民众向学的良好风气,大力发展基础教育,两大公社在7年内建成15所渔读小学(湖上小学)。通过放映电影和文艺宣传队下乡演唱泗州戏、坠子戏等活动,丰富渔民的精神生活。

3 开发阶段

第二个阶段为1977年至2000年,为洪泽湖综合开发阶段,共有专题报道19篇。以1987年为界,分为初步开发期和持续开发期。1984年胡耀邦同志视察洪泽湖,做出了综合开发洪泽湖的指示。江苏省委根据指示精神,将开发洪泽湖列入国民经济和社会发展第七个五年计划,洪泽湖成为我国第一个综合开发的大型湖泊。发展规划指出:重点发展湖区的水产、湖特产和旅游业,开发总体目标分两期实现。到1990年初步建成水产品和湖特产品基地,2000年建成人人向往的旅游、疗养胜地[4]。淮阴市(今淮安市)根据规划要求,在多次论证后,最终确定"统一规划、综合治理"的方案,选择池塘精养鱼为突破口,实行水面承包到户经营,一包三十年不变,助力洪泽湖大开发[5]。

洪泽湖周边县区抢抓发展机遇,多方争取财政支持。渔业发展得到了世界粮食计划署的援助,名为"2633"援助计划,包括渔业资源增值等17项内容。伴随着援助计划和所定规划的有序推行,洪泽湖水运行业兴起,仅洪泽县就有1400多支运输船,总吨位超4万吨。洪泽湖螃蟹交易市场旺盛,螃蟹被定为二类水产品,养殖户采取幼蟹网箱养殖提高存活率,通过派购(计划收购)和议购相结合的方式实现销售。1987年底,援助计划全部完成并验收合格,洪泽湖初步开发基本完成。

1988年至2000年为持续开发期,共有专题报道11篇。此时期,洪泽湖主管部门重视基础建设。在1989年全线接通了西线航道25座新航标,结束洪泽湖西部航线不能夜航的历史;连通了淮河、洪泽湖、大运河和苏北灌溉总渠,年设计运量达1000万吨的高良涧复线船闸建成通航。注重重点工程的排险加固。1991年淮河流域连降暴雨,致使洪泽湖水位暴涨,超过警戒线0.64米,各大水利工程全力泄洪,力保洪泽湖大堤万无一失;在安全度汛之后,相关部门进行清障除险工作,加固三河闸工程,清理入江水道废土。

同时,立足养殖业实现创收,进行持续开发。在坚持养殖虾蟹的同时,大力发展特色养殖业。洪泽湖西岸的泗洪县、乡两级领导在资金、技术等方面提供一条龙服务,助力村民养殖海狸鼠、甲鱼、蓝狐等特色品种,进而实现创收[6]。

4 开发与保护并行阶段

第三个阶段为21世纪前十年(2001—2010年),为洪泽湖开发与保护并行阶段,共有专题报道16

篇。世纪之初,洪泽湖区走上农业与科技结合发展之路。2001年,启动环洪泽湖农业工程项目,采取"公司+农户+科技"的模式,吸引外来资金和社会资源进行开发。前期以洪泽县(现为洪泽区)为切入点,进行规划和申报立项,将洪泽县作为中国科学院用现代高科技农业技术集成示范的重要基地。

在开发的同时,注重发现生态问题并展开治理。针对洪泽湖大堤周边古树遭到破坏、部分岸线堆放有砂石料可能危及堤防安全等问题,《人民日报》发文提醒对洪泽湖大堤的保护急需重视,发出了急需"美容"的号召[7]。由于大规模圈圩养殖,洪泽湖的行洪、生态、供水等功能受到影响,相关部门高度重视,在调研的基础上转变发展思路,启动洪泽湖生态修复工程,注重保护洪泽湖生态环境,通过开发旅游资源保障农民增收。被誉为"湖上明珠"的穆墩岛7 000亩蟹塘退养还湖,改种水生植物,引导渔民实现养殖业向旅游业的转变。2008年3月1日起,洪泽湖开始为期3个月的禁渔。经过几年的努力,生态环境得到改善,入秋后吸引大批候鸟在此繁衍,《洪泽湖风光》和《洪泽湖湿地生态修复》两篇报道专门刊图记载洪泽湖修复后美景[8]。

与此同时,洪泽湖周边县区注重发展民生,为渔民家庭保驾护航。盱眙县成立洪泽湖苏安水上小学,官滩镇百名渔民儿女得以在新装修的渔船上就读学习。洪泽县实施关爱留守儿童爱心活动,计划征集1万名爱心志愿者,与全县2 600多名父母皆外出的留守儿童建立爱心家庭,通过带留守儿童逛博物馆等爱心活动,让留守儿童感受到温暖的同时,也开阔了视野。该县还将建立100个留守儿童校外活动场所,以解决节假日留守儿童管护"真空"问题。

5　综合保护阶段

第四个阶段是2011年至今,为综合保护阶段,共有专题报道10篇。洪泽湖因过度开发,生态环境遭到破坏,引起了各部门的高度重视。江苏省人民政府办公厅出台《关于加强洪泽湖科学保护和科学利用的实施意见》,从政策层面上提供治理依据。相关单位高度重视环境污染问题,如2018年,江苏省环保厅收到入湖污水影响水产的汇报,当即启动应急响应,并函告安徽省环保厅,商请协同应对,共同调查原因,力求全力解决水污染问题。

洪泽湖区各相关管理单位积极设法恢复生态环境和渔业资源。在多方努力下,洪泽湖在退渔还湿9.2万亩基础上,计划再对2万亩还湿土地进行生态修复。2020年,江苏省洪泽湖渔业管理委员会收回洪泽湖省管水域渔业生产者捕捞权,撤回捕捞许可,相关证书予以注销,省管水域作业的渔业生产者,于10月10日起全部停止捕捞作业。江苏泗阳县"退圩还湖"37.64平方公里,还洪泽湖一汪清水,以养殖青虾为突破口,实现渔民增收。泗洪县转变发展思路,按照"生态、高效、特色、现代"的农业发展定位,实现稻(藕)虾套养近5万亩,既增加了农民收入,又发展了乡村旅游。

洪泽湖生态修复得到了当地群众的鼎力支持,热心渔民自发参与到洪泽湖治理与保护的工作中来,78岁的华敬友每天驾驶小船打捞洪泽湖上的垃圾,他说他这一生与洪泽湖为伴,年纪大了要为洪泽湖的生态修复出一份力[9]。如今的洪泽湖,碧波荡漾,栖息候鸟越来越多,人民尽情地享受着生态修复带来的美景福祉。

6　结语

通过系统梳理中华人民共和国成立后《人民日报》关于洪泽湖的专题报道,可以窥探出洪泽湖的发展经历了治理、开发、开发与保护并行、综合保护四个阶段。洪泽湖区发展的核心是与国家、民族同呼吸、共命运,不同发展阶段皆有支持国家建设的洪泽湖区群众出现。在新的发展征程上,洪泽湖人民与水利工作者将继续坚持"听党话 跟党走"的光荣传统,为洪泽湖的治理保护出一份力。

表1 《人民日报》关于洪泽湖报道附录表

年份	1950	1952	1953	1954	1957	1958	1959	1968	1969	1975
次数	1	1	1	3	1	1	2	1	1	1
年份	1981	1985	1986	1987	1988	1989	1991	1992	1993	1994
次数	1	1	5	1	1	1	2	1	1	3
年份	1995	2001	2002	2003	2004	2005	2006	2007	2008	2009
次数	2	1	1	6	1	1	1	1	2	1
年份	2010	2014	2015	2016	2017	2018	2019	2020	2021	
次数	1	2	1	1	1	2	1	1	1	

[参考文献]

[1] 白原.洪泽湖的故事[N].人民日报,1953-6-15(2).

[2] 严锋明.革新技术 密放精养 洪泽湖增产鱼虾两倍半[N].人民日报,1958-12-13(3).

[3] 新华社.党的战斗号召鼓起了沿海渔民的更大干劲 决心乘风破浪多捕鱼虾 洪泽湖上鱼虾日产量激增到二十万斤[N].人民日报,1959-9-7(2).

[4] 新华社.经科学工作者调查论证 江苏省即将综合开发洪泽湖[N].1985-9-17(3).

[5] 陈先兰.淮阴市综合开发洪泽湖 兴建了一批生产生活设施促进了生态平衡[N].人民日报,1986-10-29(2).

[6] 魏全胜,石冰.管理好洪泽湖 保护水产资源[N].人民日报,1988-9-7(5).

[7] 石文.洪泽湖大堤须"美容"(耳闻目睹)[N].人民日报,2003-4-24(14).

[8] 王进龙摄.洪泽湖风光[N].人民日报,2002-6-22(6);王开成.洪泽湖湿地生态修复(图文广角)[N].2007-8-16(2).

[9] 许昌亮.华敬友——洪泽湖上"清道夫"[N].人民日报,2019-5-16(4).

[作者简介]

李向向,男,1996年11月生,历史学硕士,主要从事水利史志、水文化传承与发展研究,15136027309,2982507058@qq.com。

江苏治淮历程与文化建设实践初探

徐建建　孔莉莉　王新儒

（江苏省河道管理局　江苏　南京　210000）

摘　要：在梳理江苏治淮历程的基础上，总结江苏在治淮文化资源调查、工程文化内涵提升、文化载体建设等方面的经验做法及成效，结合治淮文化建设实践，明确当前亟待解决的问题，提出应该充分把握新时期形势机遇，通过强化顶层设计、丰富文化内涵、落实建设保障等举措，推进江苏治淮文化建设高质量发展。

关键词：治淮文化；水利遗产；挖掘展示

2020年8月，习近平总书记视察淮河时指出，要把治理淮河的经验总结好，认真谋划"十四五"时期淮河治理方案。同年11月，习近平总书记在全面推动长江经济带发展座谈会上强调，要统筹考虑水环境、水生态、水资源、水安全、水文化和岸线等多方面的有机联系，推进协同治理。深入贯彻落实习近平总书记重要讲话精神，积极推进治淮历程研究、治淮文化建设，是当前水利工作的一项重要任务。江苏治淮历史悠久，从大禹治水到潘季驯"蓄清刷黄"，再到新中国全面治淮高潮，淮河治理从未中断。加强治淮文化建设，对于总结历史经验、传承流域文化遗产、丰富当下精神文明内涵，具有深厚的历史意义和现实意义。

1　淮河流域江苏段基本情况及历史治淮记忆

1.1　基本情况

江苏地处淮河流域下游，境内淮河流域面积6.53万 km²，占全流域面积的24.46%，涉及徐州、连云港、宿迁、淮安、盐城五市全部及扬州、泰州、南通三市部分地区，是淮河入江入海的"洪水走廊"。江苏淮河水系，北至废黄河，南抵通扬运河及如泰运河，分为洪泽湖上游入湖水系、洪泽湖下游水系、里下河腹部水系、滨海垦区水系和废黄河水系等5个水系。淮河是中华文明发源地之一，也是南北文化过渡地带，流域内土地肥沃，资源丰富，交通便利，自古便是兵家必争之地。如今，淮河流域已成为我国重要的粮食生产、能源矿产和制造业基地，作为长江经济带、长三角一体化、淮河生态经济带中原经济区的覆盖区域，在经济社会发展大局中地位突出。

1.2　历史治淮记忆

自原始社会，淮河大小水患不断，"为政之要，在于治水"，治淮历史悠久，孕育了治水思想的传承、治水精神的升华、治水实践的延伸。从治水的远古起始走向历史，走向今天，又走向未来。具体见表1。

表1 治淮大事记

时期	治水思想及措施	治水文化遗产
原始氏族	共工、鲧主张"壅防百川,堕高堙庳"[1]	羽山
	禹主张"疏川导滞、蓄水滞洪"	禹王河工程
春秋时期	齐桓公、管仲主张"无障谷""毋曲堤""毋壅泉"	解决区域间水利矛盾一次有历史意义的尝试
曹魏时期	邓艾主张"治水屯田,通漕运输"	陂塘
西晋	杜预主张"废除兖、豫界内陂塘,宁泄不蓄"	如何处理好蓄与泄的治水经验
南宋绍熙四年—明朝中叶	保漕重于治河,多采用北堵南疏,抑河南行夺淮的方针	太行堤
明朝中叶以后	潘季驯主张"筑堤束水,以水攻沙""蓄清刷黄"	高家堰(洪泽湖大堤)
	张企程、杨一魁主张"分黄导淮"	武家墩闸、高良涧闸、周家桥闸
清代	靳辅、陈演继续推行"蓄清刷黄",并提出"黄淮相济"	减水坝、清口、归海闸、归江坝
	丁显、裴荫森、蔡则云、刘坤一等主张修复淮河故道	淮河故道
	张謇主张"复淮浚河,标本兼治",以工代赈	淮河中下游各河道、地形、测量图表和水文、气象观察记录资料
北洋政府	张謇提出淮水"七分入江、三分入海"	
国民政府	《导淮工程计划》采用江海分疏,沂、沭、泗分治原则	《导淮委员会组织法》《工程施政纲要》等法规性导淮政策
中华人民共和国成立后	1950年10月,《关于治理淮河的决定》确立"蓄泄兼筹"治淮方针	一批红色治淮工程
	1950—1960年,以"导沂整沭"为重点	
	1961—1970年,逐步转入治理区域涝水灾害;实施跨流域调水工程	
	1971—1980年,治水改土;江水北调、淮水北送工程基本建成	
	1981—1990年,继续实施区域治理骨干工程;中低产田改造	
	1991—2003年,进一步治理淮河,淮河入海水道近期、通榆河中段等工程基本建成	
	2003—至今,黄墩湖滞洪区调整建设等进一步治淮38项工程陆续实施。2022年7月,淮河入海水道二期开工	

历史上,黄河数次侵夺淮河流域,但为时较短,对流域影响不大,直至南宋以后,黄河从南泛侵淮变为全面夺淮,淮河水系开始变得紊乱,整个流域遭受到巨大的破坏[2]。

1.2.1 宋元时期

宋朝期间,淮河处于短期内尚较稳定的状态。元朝,贾鲁主张疏塞并举,于1351年大举治河,共浚深河道80余里,堵决口20余里,修各种堤坝36里(1里=0.5公里),使黄河自黄陵岗以东河道改在徐州会入泗水。

1.2.2 明清时期

1493—1495年,刘大夏采取遏制北流、分流入淮的策略,于黄河北岸筑太行堤,阻黄河北决,疏浚贾鲁旧河,分泄部分黄水出徐州会泗河。1578—1589年,潘季驯采取"蓄清、刷黄、济运"的治河方针,大筑黄河两岸堤防,堵塞决口,束水攻沙,同时修筑高家堰,迫淮水入黄河攻沙。清朝,靳辅主张"疏以浚淤,筑堤塞决,以水治水,藉清敌黄",治河22年,结果不仅是黄、淮、运河的水位日益抬高,洪泽湖大堤不断延长、加高、加固,还花了很多人力、物力。

1.2.3 民国时期

1919年,张謇提出淮水"七分入江、三分入海"的主张。1928年,南京国民政府设立"导淮图案整理委员会"。1929年7月,成立国民政府导淮委员会。一批爱国知识分子于1931年4月,制定《导淮工程计划》,采用江海分疏,沂、沭、泗分治的原则。1931年,国民政府开展第一期导淮工程。

1.2.4 中华人民共和国成立后

中华人民共和国成立以来,江苏先后在20世纪50年代、70年代、90年代掀起三次大规模治水高潮,以及21世纪以来,掀起持续的治水高潮[3],开展流域防洪、区域防洪排涝、跨流域跨区域调配水和农田水利等工作建设,建成较为完善的防洪挡潮、除涝、调水、灌溉、降渍等工程体系。

20世纪50年代,以"导沂整沭"为重点,新开新沂河、新沭河、灌溉总渠,兴建三河闸、高良涧闸,加固整治淮河入江水道、洪泽湖大堤等,初步实现洪涝分开。20世纪70年代,全面掀起以治水改土为重点的农田水利建设高潮,开挖区域河道,兴建调蓄水库,形成灌排调蓄水系。此间,江水北调、淮水北送工程系统基本建成,江淮沂沭泗水系初步实现互连互通、互济互调。20世纪90年代,沂沭泗洪水东调南下一期、怀洪新河、淮河入海水道近期、淮河"老三项"续建等流域骨干防洪工程以及泰州引江河一期、通榆河中段等供水工程基本建成。

2003年淮河大水后,国务院再次作出加快淮河治理的重大决策部署,新沂河整治、中运河骆马湖治理等工程全面展开。2013年,《进一步治理淮河实施方案》印发,黄墩湖滞洪区调整和建设等进一步治淮38项工程前期工作全面启动,并陆续实施。2022年7月30日,淮河入海水道二期工程正式开工建设。

2 江苏治淮文化建设成效

2021年,江苏省政府印发《江苏省"十四五"水利发展规划》(以下简称《规划》),《规划》明确了水文化建设的发展目标,要求以长江、大运河、淮河文化研究为重点,系统推进水文化理论研究,深入研究历史文脉与当代治水实践关系等。江苏以《规划》为治淮文化建设依据,开展治淮文化资源调查,提升治淮工程文化内涵,突出治淮文化载体建设,取得了丰硕成果。

2.1 开展治淮文化资源调查,夯实建设基础

水利遗产是治淮文化重要载体。2015年,江苏在全国率先组织开展水文化遗产调查工作,共调查登记各类水文化遗产8 322个,建成全国首个水文化遗产管理信息系统[4],为治淮文化建设夯实基础;2021年在全国率先部署开展水利遗产的管理与保护,着力构建省级、国家级、世界级的三级水利遗产体系,同期启动"寻找江苏水工记忆——江苏省水利工程遗产调查"项目,形成河道堤防、闸站工程等5大类别遗产名录;2021年在全国率先公布首批省级水利遗产名录117处,其中涉及淮河流域60余处,初步在历史竖轴上展现出不同时期规划、设计、技术、管理等方面的治淮标志性工程。

2.2 着力提升工程文化内涵,打造样板工程

坚持"工程为骨、生态为体、文化为魂"理念,推动和引导水利工程打上文化烙印。沂沭泗河洪水东调南下续建工程、新沂河整治工程、淮河入海水道近期工程等治淮工程荣获中国水利工程优质(大禹)奖,其中,淮河入海水道近期工程此前先后被评为"2006年度中国建筑工程鲁班奖""2007年度中国土木工程詹天佑奖"。2017年江苏开展"最美水地标"推选活动,寻找最能代表江苏地域特征的水工程、水景观、水聚落标识,淮河入海水道大运河立交、洪泽湖大堤与三河闸等9座淮河流域水利工程成功入选"最美水工程地标",成为当地向外推介的治淮文化符号。

2.3 突出治淮文化载体建设,促进文化传承

营造多样化的滨水空间和治淮景观,截至 2021 年底,淮河流域江苏段已建成省级以上水利风景区 98 家,其中国家水利风景区 34 家,日益成为传播、传承治淮文化的绝佳场所;打造治淮特色水情教育基地,依托淮河流域大型水利枢纽,建成河道总督府(清晏园)、安澜展示园(淮安水利枢纽)等国家级水情教育基地,充分展示治淮历史、治淮文化、治淮精神;面向社会公众,出版《江苏水情读本》《江苏水文化丛书》《最美不过家乡水》,策划制作《水润江苏》《水·江苏》等一批反映江苏省情水情的公益宣传片,各类网络平台下载量超千万。

纵观江苏治淮文化建设发展实际,虽然取得了一定成效,但与新时代水文化建设新要求相比,还存在一些问题:一是文化资源挖掘不够深入,顶层建设有待深化,治淮遗产保护利用不够;二是展示不够充分,宣传内容及方式较为单一,实体展示创建不足;三是保障措施不够完善,缺乏针对治淮文化建设的专门组织机构、资金及专业化人才。

3 治淮文化建设思路建议

治淮文化建设必须坚持以习近平总书记治水重要讲话精神为指导,围绕治淮各项工作的重点、焦点、亮点,不断创新治淮文化展示手段,丰富宣传载体,倡导全流域合力共建"幸福淮河"。

3.1 强化顶层设计,优化发展布局

完善规划体系,编制好新时期江苏省治淮文化建设总体规划,健全以总体规划、专项规划和项目规划为主体,省、市县、景区多级覆盖的发展规划体系,为治淮文化高质量发展画好线、指好路、铺好道。优化发展布局,有效衔接城镇化建设、乡村振兴、大运河文化带等政策要求,持续推动规划重点项目落地落实,引导各地深化跨界合作、资源共享,推进跨地区、流域资源要素整合。突出江苏特色,抓好淮河流域江苏段各功能区(带)、节点间的差异化、特色化发展,通过"点线面"有机结合,形成各具特色、各展所长、各现其美的高质量治淮文化展示集群。

3.2 丰富文化内涵,塑造治淮品牌

探索构建布局合理、类型齐全、功能完备的水文化公共空间展示体系。新编或修编水工建设及河湖治理建设相关地方规程、规范,将打造水工文化品牌、河湖滨水空间文化提升等内容纳入规范要求,形成一批反映时代主题、弘扬水利精神、群众喜闻乐见的治淮文化精品水利工程。打造融合流域水文化、治淮经典故事等具有丰富文化内涵的水利风景区,推动治水成就可见、可知、可感。充分发挥水情教育基地的教育功能和示范引领作用,科学阐释治水经验。持续开展水利遗产调查、认定、修复、展示,推介重要治淮遗产申报国家水利遗产、世界灌溉工程遗产。打造一批展现淮河历史风貌、演进过程和治淮风采的公共文化空间,推出一批文旅精品线路,创新治淮故事当代表达。

3.3 落实建设保障,讲好治淮故事

健全工作机制,从省级层面成立治淮文化专门研究机构,不断推进研究的深度和广度。加大资金投入,把水文化建设经费纳入各级财政预算,对相关基础设施建设、宣传教育活动等予以保障,并引导和鼓励社会投资、民间集资等参与治淮文化建设。加强人才培养,选调一批熟悉文化政策、善于文化研究、乐于文化管理的干部职工,广泛吸纳与水文化建设相关的规划、设计、运营、管理和宣传团队,充

实水文化建设队伍。抓好宣传推介，注重与文旅、文保、宣传、旅行社等部门、社团的联合营销，借题大运河文化、河湖长制、水生态文明建设等中心工作，形成治淮文化一体化宣传；依托博物馆、水文化展馆等场景，构建展示传播体系，举办主题活动，讲好淮河故事。

4 结语

淮河治理千秋业，文化传承烁古今。我们要以治淮文化资源为依托，主动作为，努力把千里淮河打造成为推动淮河两岸经济发展、造福两岸人民群众的"黄金水道"，更要通过挖掘、弘扬治淮文化，保护好淮河水文化遗产，为实现水文化大发展大繁荣作出应有贡献。

[参考文献]

[1] 唐元海.古人治淮思想与治淮方略[J].治淮汇刊,1998:324-330.
[2] 沈雨珣.近代以来治淮思想变迁研究[D].南京:南京农业大学,2017.
[3] 周萍.励精治水七十载 淮河安澜谱华章——江苏治淮70年回顾与展望[J].治淮,2019(10):10-12.
[4] 张劲松.江苏省水利风景区高质量发展思路与措施[J].中国水利,2020(20):52-54.

[作者简介]

徐建建,男,1995年1月生,江苏省河道管理局四级主任科员,主要从事大运河文化带和国家文化公园建设、水利遗产管理与保护、水利风景区建设管理工作,15077881463,2567235594@qq.com。

淮河治水重器

——"分淮入沂·淮水北调"工程兴建追溯

宋 峰[1] 江如春[2] 高 堃[2]

(1. 江苏省淮沭新河管理处 江苏 淮安 223005;
2. 江苏省江都水利工程管理处 江苏 扬州 225220)

摘 要:"分淮入沂·淮水北调"工程是淮河下游洪水出路之一,是淮河下游防洪体系的重要组成部分,是江苏省治理淮河工程从单一治理走向综合开发利用的标志,也是江苏省最早的跨流域调水工程。"分淮入沂·淮水北调"工程起源于国家三年困难时期,是江苏省当时最大的水利工程。工程建成使得淮河水系和沂沭泗河水系联系更为紧密,从而实现了淮水与沂沭泗水互调互济,充分发挥泄洪、灌溉、航运、供水、发电等综合效益。

关键词:淮水北调;分淮入沂;规划建设

作为淮河下游防洪体系的重要组成部分,起建于1958—1960年间的"分淮入沂·淮水北调"工程,是江苏省治理淮河工程从单一治理走向综合开发利用的标志,也是江苏省最早的跨流域调水工程,由于它的存在,使得淮河水系和沂沭泗河水系联系更为紧密[1],从而实现了淮水与沂沭泗水互调互济。"分淮入沂·淮水北调"工程建成以来,发挥了巨大的经济社会效益,多次分泄淮河洪水并多次为战胜淮北干旱作出重要贡献,最关键的是,该工程每年能向淮北地区输送工农业及生活生态用水近百亿 m^3,为地区经济社会发展和百姓安居乐业提供了最基础的水利支撑。

1 "分淮入沂·淮水北调"工程规划缘由

自1194年黄河夺淮以后,淮北平原曾连续数百年遭受洪、涝、旱、渍、潮和碱淤危害,广大人民处于水深火热之中。中华人民共和国成立后,开挖了新沂河,一举结束了苏北平原遭受洪水任意吞噬的悲惨历史。虽然中华人民共和国成立后新建的三河闸、苏北灌溉总渠发挥了巨大作用,但是雨涝、干旱威胁严重,粮食产量低而不稳。1954年淮河发生大水,洪泽湖上游洪水来势凶猛,江淮之间又连续大暴雨,根据当时雨情、水情分析,这次洪水百年一遇,但尚未达到历史最高,如果发生更大洪水,必须要保证给它一条出路。严峻的防洪形势告诉我们,淮水出路并没有从根本上解决。为根治徐淮地区的洪涝灾害,江苏省委作出"改制除涝"的战略决策,提出"洼地必须结合除涝、治碱,改旱作物为水稻"的治理路子。江苏省水利部门在具体实施中,经过多方面的水情、工情、地形等分析研究,提出了打破淮北淮南治水界限,跨流域从洪泽湖调水至淮北的设想,定名为"淮水北调,分淮入沂[2],综合利用"工程规划,"分淮入沂·淮水北调"工程规划及其依托的淮沭新河的开挖,便是在这一背景下产生的。

在淮河流域规划及沂沭泗流域规划的基础上,编制了《分淮入沂综合利用工程规划》。该规划在不影响新沂河分洪的原则下,利用新沂河分泄淮河洪水 3 000 m^3/s,提高淮河防洪标准至 300 年一遇,并对更大洪水可以采取渠北临时分洪措施;同时输送淮水 900 m^3/s,使历年受涝的低产地成为耐涝的高产地,改变贫困的面貌,提前实现全国农业发展纲要。为此,分淮入沂综合利用工程成为江苏地区消除淮河洪水威胁的关键工程。

2 "分淮入沂·淮水北调"工程规划依据

2.1 "分淮入沂"的合理性与可能性

根据历史记载,淮河下游开归海坝分洪及决口有160年,平均三年一次。中华人民共和国成立后大力治淮,进行了加固里运河堤防、开辟灌溉总渠及兴建三河闸等工程,但没有从根本上解决淮河洪水问题。另一方面,1954年淮河洪水,沂河下游平均2 km宽、泄洪能力为3 500 m³/s的新沂河没有被利用。假如当时能利用新沂河分泄淮河洪水,将会减小淮河下游防汛压力。

沂沭泗洪水源短流急,峰高量小,历时很短。据统计,新沂河在1950年建成后的8年中,在中上游工程未完工的情况下,行洪2 000 m³/s以上只有8天,而淮河行洪时间每年长达1~2月。总之,淮、沂同时发生洪水的可能性极小,即万一同时发生,洪峰也不会碰到一起,故利用新沂河分泄淮河洪水,是一个花钱少、收效快的方案,"分淮入沂"就有了可能。"分淮入沂"方案是自洪泽湖向北经过二河、淮阴至沭阳开辟一条分洪道,对照入海水道的比选方案,无论土方、占地还是投资均较少,还可以顺便解决渠北区遗留问题,更重要的是可以北送灌溉水700 m³/s,为沂河下游大片洼地改种水稻创造条件。因此"分淮入沂"就成为花钱少、收效大的合理方案。

2.2 "淮水北调"的必要性与可能性

根据江苏省及天津专区洼地改造等经验,低洼地区改种耐淹的水稻,并开河沟排水是解决内涝的最有效办法。这样不但可以使水稻保产,而且可以增产一倍以上,但要有可靠的灌溉水源,以免在干旱年份造成被动的局面。高地开河沟及低地改种水稻与开挖河沟相结合的办法,才是解决内涝的有效措施,而可靠的灌溉用水却是洼地改种水稻以防止与减轻内涝的先决条件。

沂河枯水流量很小,骆马湖水库目前不宜蓄水,即使蓄水也不够。但淮河大量灌溉水源目前却白白流入海中。从客观需要出发,淮水较多地北调至沂沭河下游易涝地区进行改种水稻,是十分必要且十分适宜的,这不仅能解决该地区人民吃饭的问题,还能大力支持灾区人民早日摆脱贫困、从经济上翻身,同时这也是一个较重的政治任务。如从照顾各地区人民生活均衡发展的观点出发,既然淮阴地区人民经济条件欠佳,而且洪泽湖蓄水后淹没的土地绝大部分也是淮阴地区(现淮安市),那就应该首先照顾该地区,淮水较多地北调,优先发展为灌区。如中上游灌区发展,用水紧张时,淮河下游则可引取长江水源,接济靠近长江地势较低的里下河等灌区,以解决上、中、下游的用水矛盾。

3 "分淮入沂·淮水北调"工程规划过程

中华人民共和国成立以来,淮河按照"蓄泄兼筹"治淮方针,曾进行四轮淮河规划,四轮规划作为不同时期治淮决策的基础和依据[3],对"淮水北调·分淮入沂"工程的规划也产生了不同程度的影响。

1950年淮河流域发生大水,灾情严重。同年10月,中央人民政府政务院作出具有历史意义的《关于治理淮河的决定》。1951年水利部淮河水利委员会(以下简称淮委)第二次全体会议制定了《关于治淮方略的初步报告》,之后又根据1954年淮河特大洪水经验,对初步规划进行了调整,于1956年5月编制完成《淮河流域规划报告(初稿)》。

1955年淮委组织豫皖苏三省共同编制淮河流域规划,在苏联专家指导下,对淮河洪水重新进行分析计算。1955年9月治淮委员会勘测设计院编制了《淮河下游入海分洪工程计划任务书》报水利部批复同意。

1956年5月淮河流域规划报告完成后,决定采用入海水道方案,1956年8月江苏省治淮总指挥部根据淮河流域规划报告编拟《淮河入海水道工程计划任务书》,报请中央核备。1956年11月29日水利部"水设计传字4279号"批复并指示:"为了及早取得淮河下游广大地区防洪安全的保证,免除遇到特大洪水时陷于被动,应先集中力量设计泄洪闸,以便创造早日施工条件,但在设计中应阐明闸下泄洪道工程的初步比较方案。"

1956年7月19日,中共江苏省第三届委员会第一次全体会议上作出了关于根治徐淮地区洪涝灾害,帮助徐淮人民彻底摆脱贫困的决议,提出淮北地区要走除涝改制、发展水稻的路子[4]。会后,省委书记刘顺元带领农业、水利等有关部门人员组成调查组,对徐淮地区进行全面综合调查后,确定了"洼地必须结合除涝、治碱,改旱作物为水稻"的方针[5]。针对淮阴地区水资源时空分布不均,淮北水少,淮南水较多,涝年水多成灾,旱年缺水造成旱灾,淮河每年有大量水资源废泄入江入海的客观状况,确定了跨流域调水、治水兴利的路子。江苏省水利厅根据江苏省委的决定,编制了徐淮地区除涝发展水稻的规划,水源通过整治盐河和兴建骆马湖、石梁河水库等方式解决。

1957年3月,时任水利部副部长钱正英率规划局李化一局长等到淮阴实地审核盐河整治工程,提出:淮河流域规划和沂沭泗流域规划应结合考虑,并应通盘研究发挥现有工程及水利资源的潜力,原规划对长远发展方面考虑不够,还应该争取大部分地区能发展自流灌溉。根据这一指示,江苏省研究除利用盐河、废黄河为灌溉分干渠外,新开一条淮沭新河。另外,一般淮水早,沂沭水迟,在淮沂洪水不同时遭遇时可以利用新沂河分泄3 000 m³/s淮水入海,使淮河防洪标准从50年一遇提高到300年一遇。于是,江苏省在盐河整治方案的基础上,大胆地提出跨流域调水的思路,重新制定了"分淮入沂·淮水北调"工程规划。同年3月15日,江苏省委在阜宁县召开旱改水工作会议,提出徐、淮、盐三地区进一步扩大旱改水工作的意见,有力地推动淮阴地区灌溉事业的发展,推动了"分淮入沂·淮水北调"工程迅速立项。

1957年4月,淮河流域和沂沭泗流域两个流域规划报告指出,在江苏省境内对两个流域的洪水处理和灌溉水量分配有统一考虑的必要。江苏省编拟了《淮水北调、分淮入沂工程规划设计任务书》,提出:"淮水北调·分淮入沂"工程是江苏省淮阴地区人民摆脱贫困,经济上翻身的关键,经中央水利部和江苏省人民委员会共同研究,确定兴办并应尽快进行规划设计工作,争取1957年冬开工。水利部以"(57)水计张字第1456号"函复同意,同时由水利部报国家计委及国家经济委员会,同意按照"淮水北调·分淮入沂"方案进行规划。该规划经半年的研究讨论,取得有关方面的一致意见,水利部据此出具《对江苏淮水北调分淮入沂工程规划设计任务书的意见》,同意江苏根据"三湖统筹考虑,淮水北调,分淮入沂,引江济淮,改制防涝,兼顾航运"的原则进行工程规划,还提出设计文件审批应按照审批程序办理,但为不误施工,将来由水利部与建设管理委员会研究适当下放省人民委员会审批。《淮水北调、分淮入沂工程规划设计任务书》提出"淮水北调·分淮入沂"工程规划要求:规划的主要内容分为六部分,分别为淮沂沭泗水安排、淮沂沭泗下游水量分配、灌溉工程规划、沂南沂北排水工程规划及沟洫畦田和沟洫圩田等防涝工程研究、农田水利工程规划、其他工程规划。

1957年12月,江苏省委向国家计委、水利部编报了《分淮入沂综合利用工程规划(初稿)》,省委书记刘顺元带队去北京向周恩来总理汇报。周恩来决定要亲自听取家乡对这一规划的汇报,当时的治淮委员会、江苏省水利厅、淮阴专署水利局的专家们,向周恩来汇报了规划指导思想和规划内容。也有与会的同志提出耗资搞跨流域调水,过去没有先例,现在条件还不具备。刘顺元说:"淮水北调,不仅有利于苏北的农业、工业和交通,还可以把水一直送到新海连市(今连云港),支援那里的海军设施和部队,有利于国防建设。"周恩来听了,称赞江苏有全局观点,想得好,搞水利工程,还想到支援国防。当听到这条河是取淮阴、沭阳、新海连三地的首字为"淮沭新河"时,大加赞赏:"淮沭新河好。"因为这条河既具有显著的地域特征,又是一条人工新河,既除水患,又兴水利。国家计委和水利部也很支持,工程立即定了下来。

1958年1月,水电部(1958年水利部与电力工业部合并)以"(58)水设计李字第59号"批准淮沭新河设计任务书。2月,江苏省水利厅、省治淮总指挥部报送淮沭新河(二河工程)扩大初步设计。3月,江苏省计划委员会以"计建杨(58)字第18号"批准该扩大初步设计。至此,"分淮入沂·淮水北调"工程全面规划完成,具备开工条件。

4 结语

"分淮入沂·淮水北调"工程,是淮河下游防洪、灌溉、调水体系的一个重要组成部分,集淮沂洪水调度,淮北除涝改制,改良盐碱地,向连云港、宿迁、盐城三市供水,增辟淮沂沭航道以及小水电开发于一体,是一项多功能的综合利用工程[6]。"分淮入沂·淮水北调"工程建成以来,发挥了巨大的经济社会效益,多次分泄淮河洪水并多次为战胜淮北干旱作出重要贡献,每年向淮北地区输送工农业及生活生态用水近百亿m^3。昔日的淮北,洪水泛滥、碱地茫茫;今日的淮北,麦田成片、稻谷飘香。

[参考文献]

[1] 江苏省淮沭新河管理处,淮安市水利勘测设计院有限公司.分淮入沂·淮水北调——江苏省最早的跨流域调水综合利用工程[M].南京:河海大学出版社,2018.
[2] 叶新霞,翟高勇,张炜.洪泽湖湖泊保护规划研究[J].水利科技与经济,2012,18(7):25-29.
[3] 刘玉年.治淮工程质量安全管理的认识与思考[J].治淮,2010(10):37-40.
[4] 金其鼎,李金铃,许夕保.淮阴地区中低产田改造规划与治理[J].水利规划,1995(10):89-94.
[5] 陈克天.江水北调 为民造福——为纪念治淮40周年而写[J].治淮,1990(6):10-12.
[6] 张以欣,王道虎,王丽娜.沟通淮沂水系的"运河"——淮沭河规划设计思想借鉴[J].治淮,2002(1):14-16.

[作者简介]

宋峰,男,1989年1月生,江苏省淮沭新河管理处沭新闸管理所副所长(工程师),主要研究水闸运行管理、防汛抗旱工作,18662965662,493560787@qq.com。

从宋公堤的建设看中国共产党领导人民群众治水兴水的伟大光荣传统

李 晶　肖思强　孙 宇

(水利部淮河水利委员会　安徽 蚌埠　233001)

摘　要：宋公堤位于今天的江苏省滨海县境内,是新四军于1940年到盐阜地区后在最困难时期领导人民群众修建的一项重要水利工程,保障了沿海一带数十万百姓的生命财产安全,连年被海水所淹的50万亩土地得以重振生产,其建设的背后集中体现了中国共产党人坚持以人民为中心、艰苦奋斗、不怕牺牲等光荣传统,传承弘扬这些光荣传统,对于指导新时期的治淮事业具有重要的现实意义。

关键词：宋公堤;治水兴水;光荣传统

1　前言

在黄海之滨的盐阜大地上,提起"宋公堤",无人不知。这条建成于1941年的海防大堤位于今天的江苏省滨海县境内,是中国共产党领导新四军到盐阜地区后在最困难时期为人民群众办的一件大实事,是中国共产党人一心为民的历史见证和生动缩影,也是影响深远、伟大而艰难的"民生工程",更成为了矗立苏北沿海的民心长城。

2　宋公堤建设情况

2.1　建设背景

1194年黄河大规模改道南下夺淮后,带来的巨量泥沙逐步淤积形成今天的江苏省滨海、响水、射阳等县的大部分地区。1855年,黄河改道山东,泥沙骤然停供,海洋侵蚀力量随即显现,海岸线急剧内退,尤以今滨海县沿海一带为重。近代以来,海岸线已蚀退近17公里,海啸亦加凶猛、频繁,沿海民生不堪。仅1939年8月滨海境内发生的特大海啸就造成1万多人死亡。1940年春,海啸又起,因偷工减料、层层腐败,修成的一条"豆腐渣"海堤,未经大潮就被一般海浪冲破,所修海堤全部崩溃,淹死了数万人,使沿海一带成了遍地盐碱的不毛之地,沿海人民再次遭受劫难。开明绅士杨芷江痛恨国民政府腐败无能,悲愤填膺："捍患未周无远虑,堤防重决有深悲。桑田坐看成沧海,庐舍行间痛离别。"

面对着一场场惊涛拍岸的海啸和灾后惨不忍睹、惊心噩梦的场面,阜宁(包含今天的滨海县)沿海人民在苦难中挣扎,日夜盼望着能够有一条坚固的海堤矗立在海边,挡住肆虐的海潮。

2.2　修建过程

1940年10月,黄克诚率领的八路军第五纵队南下,与北上的新四军在盐城、东台之间的白驹镇会师,在苏北建立了抗日民主政权,原八路军第五纵队供给部长宋乃德被任命为阜宁县中共政府的首任县长。1941年,中共中央华中局领导下的阜宁县抗日民主政府成立后不久,就下决心为当地群众修建海防大堤,宋公堤的修建即将拉开帷幕。

宋乃德在上任之初,即召开各界座谈会,征求对县政府工作的意见和建议。会上,杨芷江等人提出"欲稳政权,先修海堤"的建议。在华中局和新四军的全力支持下,抗日民主政府成立了修堤委员会,宋乃德任主任委员。年轻的政权掷地有声地表示:"修堤全部费用不由人民负担。"1941年5月15日起,宋乃德等共产党人克服缺钱缺粮缺水、敌伪土匪破坏等重重困难,利用战争间隙,争分夺秒,率领各方力量修筑海堤,仅用84天时间就建成了长近45公里的高标准坚固长堤。

1941年8月中旬,海啸翻腾而至,水位比1939年海啸最高水位要高出20厘米,时间也延长了20分钟,但海堤在狂风巨浪的冲击下,岿然不动,保护了人民群众生命财产安全。海堤修筑成功后,新四军及时兑付了公债,兑现了对人民群众的承诺。当地群众齐口称赞共产党、新四军和抗日民主政府,人们将此堤媲美宋代名臣范仲淹在盐城一带修建的"范公堤",誉为"宋公堤",并在海堤处修建"宋公碑"以作纪念。

2.3 历史意义

宋公堤的修建,保障了阜宁沿海一带数十万百姓的生命财产安全,连年被海水所淹的50万亩土地得以重振生产。宋公堤的成功修建考验了年轻的抗日民主政府,对巩固苏北抗日根据地意义重大,让人们看到了民族的希望,认识到共产党领导下的政府才是真正为人民谋幸福、求解放的政府。在随后几年抗日战争和三年解放战争中,只要是党和人民政府发出的号召,苏北沿海人民总是积极响应、踊跃参加。黄克诚大将的女儿黄楠回忆道:"我们部队整个下来的时候(1941年)大概万把人。到最后走的时候,整个部队加上地方部队有7万人。7万人中有将近3万人是苏北的。"

3 宋公堤建设背后的治水兴水经验

3.1 坚持党的领导,是宋公堤建设的根本保证

研究宋公堤的修建过程发现,中国共产党的领导贯穿了工程建设的全过程。工程筹备之初,刘少奇、陈毅等党和军队领导人便给予工程持续的关注与支持,多次作出指示批示,从政治的高度确定了宋公堤建设的重要意义,为宋公堤建设提供了根本遵循。建设过程中,黄克诚、张爱萍、曹荻秋等人多次到施工现场视察工程进展情况,要求共产党员一定要冲在最前,靠前指挥,和群众同甘共苦。宋乃德、陈振东等人驻扎现场,允分发挥共产党员先锋模范作用,为工程建设倾尽全力。在南堤建设过程中,现场连续多天阴雨,宋乃德带领党员干部们设法排除积水,并且带病前往现场坚持修堤直到昏倒被抬出,广大民工和开明绅士们见此情景,无不为共产党人担当使命、不怕牺牲的精神所感动,从而更加坚定了齐心协力修建海堤的决心。

宋公堤的顺利建设充分证明,中国共产党是中国革命各项事业的引领者、掌舵者,是中国人民的坚强主心骨。只有坚持共产党的领导,才能集中力量办大事,才能充分发挥党总揽全局、协调各方的领导核心作用,我们的各项事业才能取得成功。

3.2 坚持以人民为中心,是宋公堤建设的核心要义

宋公堤是中国共产党领导新四军来到盐阜地区后,在最困难时期为沿海人民办的一件大实事,是

刘少奇、黄克诚、宋乃德等共产党人始终坚持以人民为中心的初衷与使命。宋乃德刚到阜宁，看着灾后惨不忍睹的场面，看到阜宁人民在苦难中挣扎，被深深地震撼。宋乃德在一次讲话中表示："共产党、八路军来到苏北，就是为了解救广大人民群众于水火。共产党一切为了人民……百姓家破人亡，抗日民主政府绝不能坐视不管，绝不让历史悲剧重演，这海堤一定要修。"刘少奇在接到宋乃德递交的《关于批准修筑海堤的报告》后说："新政权刚刚建立，要办的事情千头万绪，但是应该先抓大事。什么是大事？凡是人民群众迫切需要解决的问题，再小的事情也是大事。"黄克诚司令员在听取了宋乃德关于修建海堤的汇报后表示："这是一件关系民生的大事，再困难也要修筑，这不仅仅是修筑一道海堤，而是筑起共产党部队、新政权同广大人民群众联系的坚不可摧的通道。"

宋公堤开工后，首批到达工地的物资就是新四军第三师新购进的12万斤军粮，整个宋公堤的建设未给当地民众增加一丝负担。一切为了人民，宋公堤见证了共产党坚持以人民为中心，全心全意为人民服务的历史，即便连年征战、处境艰难，前进路上有多少艰难险阻，面临着那么多的生死考验，却依然把响应人民期盼、办好民生实事作为头等大事。

3.3 团结和凝聚各方力量，是宋公堤建成的动力源泉

宋公堤建设之时，抗日民主政府刚刚成立，此时修建宋公堤存在根据地不稳、资金匮乏、技术力量短缺、日伪顽部队和土匪骚扰等困难，更大的困难是国民党修建"韩小堤"的失败导致的民心涣散，广大民众不相信共产党能够无私奉献为人民修建海堤。因此，如何团结凝聚各方力量，赢得大家的信任成为必须解决的首要问题。宋乃德多次召集各界人士座谈会，并登门拜访当地绅士、相关技术人员和群众，积极听取他们意见建议，他身边也聚拢了一批开明绅士、文化教育界人士和进步群众。共产党人的诚意和决心逐渐感动了大家，各界人士在修建海堤问题上达成共识。会议宣布成立修堤委员会，宋乃德任主任委员、修堤总指挥，技术专家江擎宇、王玉书任勘测设计负责人，开明绅士田厚斋被聘为修堤工程驻八滩办事处主任。宋乃德等人在修建时身先士卒，积极筹备粮食和淡水，以实际行动感动了大家，社会各界的积极性被广泛调动起来，数万民工在共产党的领导下，仅仅用了84天便修建完成45公里长的高标准海堤。

历史实践证明，宋公堤的修建成功不仅在于中国共产党的核心领导作用，还在于共产党能团结民主进步人士及广大民众等各方力量，调动一切积极因素，形成强大合力，取得最终胜利。在日后的淮海战役和新中国治淮中，广大苏北民众紧密团结在中国共产党周围，取得了一个又一个胜利。

3.4 坚持艰苦奋斗、无私奉献、不怕牺牲，是取得成功的精神底色

宋公堤修筑之时形势复杂又严峻，自然灾害方面有暴雨和大潮，社会方面有资金粮食紧张、敌顽谣言惑众等问题，然而所有的困难都没能阻止共产党人的修堤脚步。在修堤最困难的时候，宋乃德等人坚持常住工地，以他为模范，工程技术人员和政府、部队派来的同志都和民工在一个锅里吃饭，在一个工棚里睡觉，在工地上一起劳动，当地乡绅和群众感叹"艰苦廉洁，莫有如此者"。在南段工程宽8丈、深5丈(1丈≈3.33米)的河口即将合龙之时，由于平缓的潮水突然回潮，水流湍急，数百辆小推车推来的用蒲包袋装的泥土倒入水中也无济于事。危急时刻，新四军二十三团的指战员们赶到堵口现场，与管理人员、民工一起跳入水中，两臂相挽，形成人墙，挡住汹涌而至的潮水，才使河口如期合龙。

修堤过程中，日、伪军和土匪多次进行武装破坏干扰工程建设，八滩公粮管理局局长陈景石、负责工程建设的共产党员陈振东等人先后惨遭杀害。面对匪徒的威逼利诱和酷刑，陈振东大义凛然，毫无惧色："你们要杀我，就把我带到海堤上。我为筑堤而来，今为筑堤而死，死而何憾！"巍然屹立的大堤，融注了烈士们的鲜血，更显神圣、庄严，那些为海堤付出生命的烈士们，化为海堤的一部分，守护着这

片土地。

中国共产党员这种艰苦奋斗、无私奉献、不怕牺牲的精神让修堤民工与当地群众无不为之深深震撼,他们惊异于共产党人高尚的情操,愿意和群众打成一片,同甘共苦。这种艰苦奋斗的优良作风,产生了强大的凝聚力、向心力、战斗力。

3.5 抓准事物的主要矛盾,是破解难题的重要法宝

宋公堤的建设,困难重重,各种矛盾复杂交错。就宋公堤本身而言,工程建设的关键节点就是能否及时完成五丈河河口封堵,这关系到海啸来临前能否如期完成工程建设。五丈河宽约26米,深约17米,封堵极为困难,封堵工作必须在潮涨前结束,不然前功尽弃。宋乃德等人从实际出发,认真研究论证,紧紧抓住五丈河口封堵这个"牛鼻子",明确了封堵方案,为确保万无一失,在优化封堵路线的同时,还采用了"分段放浅""门板堵流"等方法提高封堵效率,集中人力物力,最终在涨潮之前顺利完成封堵工作。宋乃德总结宋公堤修建成功的原因时曾经说过:"去年抢修险工失败,因不明移浅辟开之理,今年我修成功,即在移浅辟开一法。"宋乃德等人解决问题从实际出发,善于抓住事物主要矛盾,彰显了马克思主义认识论和辩证法思想。这也是共产党领导新四军在面对恶劣复杂环境时总是能够抽丝剥茧,快速有效解决问题的重要原因。

宋公堤的顺利修建充分证明,解决复杂问题,就是要善于抓住事物主要矛盾和矛盾的主要方面,这样才能增强工作的计划性和目标性,做到"牵一发而动全身",起到"四两拨千斤"的作用。毛泽东同志指出:"任何过程如果有多数矛盾存在的话,其中必定有一种是主要的……研究任何过程,如果是存在着两个以上矛盾的复杂过程的话,就要用全力找出它的主要矛盾。捉住了这个主要矛盾,一切问题就迎刃而解了。"

4 宋公堤建设的光荣传统在治淮事业上的实践与发展

4.1 坚持党对治淮事业高质量发展的全面领导

习近平总书记在党的十九大报告中指出:"党政军民学,东西南北中,党是领导一切的。"坚持中国共产党的领导,是中国特色社会主义最本质的特征,是我国社会主义现代化建设取得成功的根本保障。中华人民共和国治淮70余年来,党和国家始终把淮河治理这一国之大者放在各项事业的首位,摆在关系国家发展全局的战略地位。70余年来,毛泽东、周恩来、邓小平、江泽民、胡锦涛等党和国家领导人都对治淮事业给予了高度关注。2020年8月18日,习近平总书记亲临淮河视察,对淮河保护治理事业作出重要指示。进入新时代、踏上新征程,治淮事业的高质量发展要坚持和加强党的全面领导,不断增强党的创造力、凝聚力、战斗力,要深入学习领会习近平总书记治水重要论述精神,更好地运用"十六字"的治水思路指导治淮工作实践,只有这样,才能更好凝聚起磅礴力量,保障淮河幸福久安。

4.2 坚持全心全意为人民服务的根本宗旨

江山就是人民,人民就是江山。中国共产党是为人民奋斗的政党,始终把人民放在第一位,坚持尊重社会发展规律和尊重人民历史主体地位的一致性,坚持为崇高理想奋斗和为最广大人民谋利益的一致性,我们紧紧依靠人民创造历史,站稳人民立场,坚持以人民为中心的发展思想。70余年来,治淮始终坚持全心全意为人民服务这一根本宗旨,始终坚持一切为了人民、一切依靠人民,始终着眼于

把解决好涉及人民群众切身利益的水忧、水患、水难、水盼问题作为工作的出发点和落脚点，保证了治淮工作始终不偏航、不离航。今后一个时期淮河保护治理更需要积极响应党中央号召，自觉践行党的初心使命，把满足群众的水利需求和保障百姓涉水权益作为核心任务，牢牢树立"人民至上、生命至上"的理念，落实"两个转变、三个坚持"，聚焦推动新时期水利高质量发展"六条实施路径"，为流域经济社会发展提供可靠的水安全保障。

4.3 坚持全流域团结治水、系统治水

"事成于和睦，力生于团结"。习近平总书记指出："团结是中国人民和中华民族战胜前进道路上一切风险挑战、不断从胜利走向新的胜利的重要保证。"淮河治理是一个有机的整体，上下游互为一体，左右岸唇齿相依，兴利除害相辅相成。70余年来，淮委按照"蓄泄兼筹"的治淮方针，加强顶层设计和统筹协调，妥善处理好全局与局部、近期与长远的关系，积极协调平衡各方利益，基本建立了防洪减灾除涝体系，初步形成了水资源综合利用体系，逐步构建了水资源与水生态环境保护体系，形成了与全面建成小康社会基本相适应的流域水安全保障体系。在新阶段淮河保护治理工作中，要切实强化流域治理管理，高举团结的旗帜，以大团结凝聚大力量，以大力量推动大发展，广泛凝聚共识，努力寻求最大公约数、画出最大同心圆，积极推动事关全流域防洪安全的骨干工程、跨省跨流域引调水工程的实施。

4.4 坚持发扬艰苦奋斗、甘于奉献的精神

艰苦奋斗是我们党的宝贵精神财富，永远不会过时。党的十八大以来，习近平总书记把能不能坚守艰苦奋斗精神作为关系党和人民事业兴衰成败的大事，多次强调坚持和发扬艰苦奋斗精神。回首中华人民共和国70余年治淮史，从佛子岭水库到进一步治淮38项工程，一代又一代治淮人的身上始终闪亮着"艰苦奋斗、甘于奉献"这一优良传统和作风，驰而不息、接续奋进，踏出了一条"治淮长征路"。征途漫漫，唯有奋斗，进入新时代，治淮工作依然面临各种风险挑战，治淮人要继续传承和发扬艰苦奋斗、甘于奉献精神，下好先手棋、打好主动仗，以"逢山开路、遇水架桥"的奋进精神，以更昂扬的斗志，更加踏实的作风，在披荆斩棘中开辟天地，在攻坚克难中创造业绩。

4.5 坚持用辩证思维来研究解决治淮问题

习近平总书记指出："辩证唯物主义是中国共产党人的世界观和方法论。"辩证思维能力，就是承认矛盾、分析矛盾、解决矛盾，善于抓住关键、找准重点、洞察事物发展规律的能力。纵观新中国治淮取得的伟大成就，辩证思维贯穿着每一个节点。面对复杂的淮河水系和上下游、左右岸不同的需求（矛盾），周恩来总理确定了"蓄泄兼筹"的治淮方针，上游建成了一大批拦蓄水库，中下游扩大了河道行洪能力，基本形成完善的流域防洪体系。但淮河是一条极其复杂的河流，我们要清醒地认识到治淮的长期性、复杂性，同时要认识到当前的治淮成就与流域经济社会发展高质量发展和人民群众对美好幸福生活向往仍有差距，洪涝风险依然是流域高质量发展最大的威胁，水资源供给不足愈发成为流域高质量发展的制约因素，健康宜居的水生态环境治理保护任务艰巨，流域治理能力现代化水平亟待加强。当前和今后一个时期的治淮工作，要坚持用辩证思维方法统揽全局，要站在流域维度进一步提升和完善流域防洪除涝抗旱减灾体系，加快淮河入海水道二期、浮山以下等流域性骨干工程的实施；进一步优化水资源配置格局，谋划好南水北调后续、临淮岗水资源综合利用等重大引调水和水源工程；进一步把握幸福淮河的内涵，切实解决河湖"四乱"，系统构建生态廊道，不断增强流域人民的获得感、幸福感、安全感。

5 小结

80年斗转星移,宋公堤岿然而立,护佑着沿海人民的生产生活,宋公堤已成为江苏省首批省级水利遗址和盐城著名的红色地标,是新四军"铁军精神"的重要标识。1998年,滨海县开始海堤达标工程,原来的宋公堤,部分改造为达标海堤,仍承担着捍海的重担;部分离海岸线较远的,则加高加宽变成沿海公路;部分完整保留下来。宋公堤北堤下,国家一类口岸滨海港10万吨级航道已成功开港试航,国电投煤码头、疏港航道等项目正在建设中……黄海新区日新月异,革命先辈们的艰辛付出、流血牺牲,终于让旧貌变新颜,换了人间。昔日宋公堤,见证着历史的沧桑变化,诉说着中国共产党人的为民情怀,更成为盐阜人民心中不朽的丰碑。

[参考文献]

[1] 汪汉忠.转折年代的苏北海堤工程——从"韩小堤"和"宋公堤"看历史转折的必然性[J].江苏地方志,2011(4):26-29.
[2] 马在途.宋乃德与"宋公堤"[J],世纪风采.2019(2):34-40.
[3] 张晟泽.宋公堤,盐阜大地上的历史传奇[J].华人时刊.2022(1):44-45.
[4] 魏浩.抗战时期宋公堤建造纪实[DB/OL].江苏党史网,2020-04-29.

[作者简介]

李晶,男,1979年10月生,高级工程师,主要研究方向为水利前期工作、建设管理、水文化,13855225108,28890487@qq.com。

神话传说视角下的淮河文化精神分析

赵常斌 崔 培

(中水淮河规划设计研究有限公司 安徽 合肥 230601)

摘 要：神话传说包含丰富的历史信息，内蕴的精神影响着人们的思维、习惯、价值观，承载着民族的精神印记，是一个民族和国家文化不可或缺的组成部分。中华民族历史悠久，以盘古、大禹为代表人物的神话传说，孕育了中华民族精神的雏形，是中华文化的源头。本文以查阅文献记载为主，辅以民间传说，分析淮河与盘古开天神话、大禹治水传说之间的联系，挖掘神话传说的文化意蕴，揭示其背后承载的民族精神基因，彰显神话传说对淮河文化发展的重要性。基于神话传说视角，解析淮河文化中的创新、奉献、奋斗精神基因，追溯精神源头，传承思想精髓，促进淮河文化的发展与传播。

关键词：神话传说；淮河文化；盘古开天；大禹治水

1 引言

神话传说凝聚着先人对宇宙的思考与探索，以及对自然现象的解释与疑问，展现了人类当时的生活情景，展示了人类精神与内心世界，是古代人民智慧的结晶。中华文明源江河而起，广袤土地上纵横交错的河流、星罗棋布的湖泽，滋养了大量的神话与传说，这是先民的文化积淀和民族记忆，是宝贵的精神财富，更孕育了民族精神的雏形，是中华民族精神的力量源泉。

淮河，古称淮水，为"四渎"之一，介于长江、黄河两大水系之间。淮河源头位于河南省桐柏山太白顶，干流经豫、鄂、皖、苏四省至洪泽湖后，一支由中渡经入江水道于扬州市三江营入长江，一支经入海水道直接注入黄海，辅以苏北灌溉总渠，分淮入沂。淮河因其独特的地理位置、差异的南北气候、频发的水旱灾害，形成独具特色的流域文化。淮河文化自淮源盘古开天、大禹劈山导淮的神话传说起，历经数千年传承至今而绵延不绝。数量众多的神话传说承载了丰富的历史信息，蕴含了具有传承意义的精神食粮和文化基因，记录着淮河人民奋争的童年足印，影响了淮河儿女的思维、审美和价值观，滋养繁荣了淮河文化，并使其逐渐成长为中华民族精神的一种。本文从文献中挖掘不同时期盘古与大禹的神话传说，阐述淮河与神话传说之间的关系，提炼淮河文化精神内核，以促进淮河文化的传播。

2 淮河与盘古开天辟地的神话

中国自古就有盘古创世的神话，南北朝时期任昉在《述异记》中开篇写道："昔盘古氏之死也，头为四岳，目为日月，脂膏为江海，毛发为草木"，认为盘古是开天辟地的创世神，为天地万物之祖。唐代欧阳询领衔编撰的《艺文类聚》卷一引徐整《三五历纪》曰："天地混沌如鸡子，盘古生其中。万八千岁，天地开辟，阳清为天，阴浊为地。盘古在其中，一日九变，神于天，圣于地。天日高一丈，地日厚一丈，盘古日长一丈。如此万八千岁，天数极高，地数极深，盘古极长。后乃有三皇。数起于一，立于三，成于五，盛于七，处于九，故天去地九万里。"宋代官修的《太平御览》中的创世记载，也引用了《三五历纪》中关于盘古创世的描述。

明代周游在盘古神话中加入五行观念,赋予了新的民间传说色彩,其所撰《开辟衍绎》第一回"盘古氏开天辟地"云:"盘古将身一伸,天即渐高,地便坠下。而天地更有相连者,左手执凿,右手执斧,或用斧劈,或以凿开。自是神力,久而天地乃分。二气升降,清者上为天,浊者下为地,自是混沌开矣。"与其他盘古创世神话相比,多了用斧凿工具的描述,用巨斧开天辟地的说法也被道家《历代神仙通鉴》、《元始上真众仙记》等书籍收录并广为传播。

淮源桐柏山相传为盘古开天血化淮渎之地,奔流向东的淮水就是盘古血脉的延伸。明代董斯张撰《广博物志》卷九行《五运历年纪》记载:"盘古之君,龙首蛇身,嘘为风雨,吹为雷电,开目为昼,闭目为夜。死后骨节为山林,体为江海,血为淮渎,毛发为草木。"

盘古的神话在河南省桐柏县、泌阳县之间广为流传,桐柏县成为盘古文化的根源地。据郦道元《水经注》卷二十九"比水注"曰:"余以延昌四年蒙除东荆州刺史,州治比阳县(今为泌阳县)故城,城南有蔡水,出南磐石山,故亦磐石川";清代陈梦雷《古今图书集成·方舆汇编·山川典·泌水部汇考》将《水经注》中的"磐石山"改为"盘古山"。桐柏县对盘古文化非常重视,将其与文化旅游相结合,2005 年桐柏县被中国民间文艺家协会命名为"中国盘古文化之乡",当地的"盘古庙会"也被确定为国家非物质文化遗产,不仅促进了盘古文化的发展,也彰显了文化对经济发展的价值[1]。

3 淮河与大禹治水的传说

3.1 关于治水的远古传说

中国幅员辽阔、环境复杂多变,在漫长历史中,华夏先民不断与自然环境特别是水旱灾害做斗争,中华民族的历史在某种意义上也是一部与洪水、干旱作斗争而不断演进的斗争史。古人对水与水利有着较为充分的认识,"水者何也?万物之本原也"(《管子·水地篇》);"夫山,土之聚也……泽,水之钟也……夫水土演而民用也,水土无所演,民乏财用"(《国语·周语下》)。治水传说众多,以禹为最,在禹治水之前的传说人物尚有女娲、共工、鲧等。

女娲是最早治水的神话传说人物,相传往古之时,天崩地裂,山洪暴发,洪水汪洋。女娲"杀黑龙以济冀州""积芦灰"以止"浩洋不息"之水,"水涸而冀州平"(见《淮南子·览冥训》)。女娲治水与炼石补天、断鳌足立四极等传说并列,极富想象力,充满神话色彩。

共工氏族善于水,"共工之王,水处什之七,陆处什之三"(《管子·揆度篇》)。共工氏采用筑堤蓄水以利农业生产,治水思路也沿用农田水利之法,高地铲低、低处垫高、修筑堤防,用堵水而不是疏水来治理洪水。《山海经·海内经》云:"祝融降处于江水,生共工,共工生术器,术器首方颠,是复土穰,以处江水。"

鲧被帝尧委任治水,沿用共工氏"土石湮水"法,以土克水,"壅防天下百川"。鲧虽未曾懈息,然治水九年终无成效,洪水泛滥依旧,造成族人伤亡,后被帝杀,其治水传说常与其子大禹相连,称鲧禹治水。《山海经·海内经》曰:"洪水滔天。鲧窃帝之息壤以堙洪水,不待帝命。帝令祝融杀鲧于羽郊。鲧复生禹。帝乃命禹卒布土以定九州。"又见《史记·夏本纪》载:"于是尧听四岳,用鲧治水。九年而水不息,功用不成。于是帝尧乃求人,更得舜。舜登用,摄行天子之政,巡狩。行视鲧之治水无状,乃殛鲧于羽山以死。天下皆以舜之诛为是。于是舜举鲧子禹,而使续鲧之业。"

大禹继承父志,在大量实地考察基础上,反思筑堤湮堵之法,改堵为疏,采用泄、注、洒、凿、漏、流等多种不同的治理方案,历千辛万苦,费十数载之功,"舜乃使禹疏三江五湖,辟伊阙,导廛涧,平通沟陆,流注东海"(《淮南子·本经训》),终于带领民众平定洪水,留下众多禹迹与传说。《墨子·兼爱》篇曰:"古者禹治天下。西为西河渔窦,以泄渠、孙、皇之水;北为防、原、泒,注后之邸,嘑池之窦,洒为底柱,凿为龙门,以利燕、代、胡、貉与西河之民;东方漏之陆,防孟诸之泽,洒为九浍,以楗东土之水,以利冀州之民。南为江、汉、淮、汝,东流之注五湖之处,以利荆、楚、干、越与南夷之民。"

大禹治水,足迹遍布九州,亚圣孟子赞曰:"禹疏九河,瀹济漯,而注诸海,决汝汉,排淮泗,而注之江;然后中国可得而食也。禹掘地而注之海,驱蛇龙而放之菹,水由地中行,江、淮、河、汉是也。险阻既远,鸟兽之害人者消,然后人得平土而居之"(《孟子》)。

3.2 大禹与淮河的治水传说

大禹传说发展和演变的历程贯穿整个中华文化历史,治水传说由地方逐步向全国扩展,记录治水和划分九州传说的《禹贡》被奉为经典,在中华传统文化中占有重要地位[2]。大禹在淮河流域的治水传说见载于郭店楚简《容成氏》,其中有关于治水路径记载得较为详尽。篇曰:"禹亲执耒耜,以陂明都之泽,决九河之阻,于是乎夹州、徐州始可处……禹通淮与沂,东注之海,于是乎競州、莒州始可处也……"大禹导淮自桐柏山,锁无支祁,于荆涂峡处劈山导淮,娶涂山氏女娇生子启,治水十余载,三过家门而不入,留下许多与淮河有关的传说。

3.2.1 禹锁无支祁

无支祁在传说中为淮河水怪,"水兽好为害,禹锁于军山之下,其名曰无支祁"(见《山海经》),后渐演变为淮涡水神。宋李昉所编《太平广记》云:"禹理水,三至桐柏山,惊风走雷,石号木鸣……禹因囚鸿蒙氏、章商氏、兜卢氏、犁娄氏。乃获淮涡水神,名无支祁……禹授之童律,不能制;授之乌木由,不能制;授之庚辰,能制……颈锁大索,鼻穿金铃,徙淮阴之龟山之足下。俾淮水永安流注海也。"

大禹派大将庚辰降服无支祁,淮水始安,一说桐柏山淮源处建有淮井,相传为镇锁无支祁之处;另有传说无支祁被锁于龟山脚下。无支祁的传说随淮水东流,在洪泽湖和泗水区域广为流传和演变,成为民间传说和信仰中的重要形象原型,为大禹传说在淮河流域内的发展提供支撑,进一步丰富了淮河文化内容。苏轼诗曰:"川锁支祁水尚浑,地理汪罔骨应存,樵苏已入黄熊庙,乌鹊犹朝禹会村。"

3.2.2 劈山导淮

大禹自桐柏山一路向东疏导淮水,行至荆涂山峡处,彼时涂山和荆山相连,淮水在此由东折向北流,地势东高西低。自南而来的淮水汇聚于荆涂山下,因峡口狭窄束水阻流,淮水不得不绕涂山西向北去,与西北而来的涡水相汇,聚集在此的淮水与涡水漫流,百姓纷纷逃往山丘避难。大禹查勘地势,望山川之形,分析水情,决定将涂山与荆山从中劈开,使淮水从峡口流出,让涡水在涂山之北注入淮水,于泗水、沂水相汇后流入东海。"劈山导淮"之词即源于此,至今,在涂山的山脚下的上洪村周围附近,禹当时劈山所留下的斧凿痕迹仍然清晰可见,"劈山导淮"的故事也一直在涂山广为流传,为当地人津津乐道[3]。

3.2.3 "三过家门而不入"

荆山峡两岸有大量的大禹传说痕迹,涂山之巅建有禹王宫,涂山西南又有禹会村,盖禹会诸侯之地,村中有一人形巨石称"启母石"。相传大禹因一心治水尚未结婚,行至涂山,遇见一位仪态大方,面容姣好的涂山氏女娇,两人相爱并结为夫妻。为治理水患,大禹不惜牺牲自己和家人的团圆,婚后第四日便率众外出治理洪水。《吕氏春秋》曰:"禹娶涂山氏女,不以私害公,自辛至甲四日,复往治水。"

"禹治洪水,通辕山……石破北方而启生"(《淮南子》)。大禹儿子启出生后,由其母女娇抚养,大禹则外出治水,三过家门而不入。该说法最早见于《孟子》,"当是时也,禹八年于外,三过其门而不入"(《孟子·滕文公》),"禹、稷当平世,三过其门而不入,孔子贤之"(《孟子·离娄》),又见《史记·河渠书》曰："禹抑洪水十三年,过家不入门。"这些文献记载表明,大禹与女娇婚后一别就是十数载,女娇抱子思念大禹,"亭亭独立向江滨,四伴无人石作邻",后化成望夫石等待大禹归来。大禹"三过家门而不入"的事迹不仅在涂山当地盛传不衰,也在华夏民族中广为流传。为了治水事业,大禹和女娇彼此牺牲个人"小家",把生命精力奉献给"大家",这种精神,如今仍是世人学习的典范。

4 神话传说与淮河文化精神

淮河是一条历史悠久、多灾多难的文化河流,黄河夺淮频发水旱灾害,淮河既以宽广的胸怀哺育了两岸人民,也因深重的水患让两岸人民困苦不堪。淮河人民在长期与水患斗争的过程中,创造了灿烂的文化,盘古开天、大禹治水神话传说内蕴的精神内核,早已深入淮河人民的内心世界,中华民族的精神基因也因此一脉相承。

4.1 开拓进取的创新精神

盘古的生长"自生自化、自行自色、自智自力、自消自息",体现出自力更生、独立自强的精神;盘古使用的是新工具巨斧开天辟地,开天之后"一日九变",开辟的是人类文明之路,体现了自我检查、自我切割、自我革新的创新精神[4]。大禹治水不因循守旧,在大量实地考察的基础上,不断调整治水方案,变堵为疏,锁妖镇淮,劈山导淮,体现的勇于开拓、不断进取的创新精神,与"求真、务实、创新"的新时代水利精神不谋而合。

4.2 先公后私的奉献精神

盘古"垂死化身"表达了先人积极、旷达的生死观,表现了人类自我意识的觉醒与强化,体现了伟大的无私奉献和牺牲精神。大禹不计个人荣辱得失,勇担治水重任;治水在外十余载,三过家门不入,体现了先公后私、大公无私的奉献精神[5]。"舍小家、为大家"的王家坝精神,就是淮河儿女这种精神风貌的真实写照,无怨无悔的奉献精神与数千年前的大禹精神遥相呼应。

4.3 持之以恒的奋斗精神

盘古在枯燥无感的混沌中日长一丈,生长一万八千岁,长高九万里,生命不息,生长不止,最终完成开天辟地的伟业。大禹治水"陆行乘车,水行乘船,泥行乘橇,山行乘檋"(《史记·夏本纪》),以身作则,"禹亲自操橐耜,腓无胈,胫无毛,沐甚雨,栉疾风"(《庄子》),艰苦奋斗十余载,治水事业终获成功。淮河根治难度大,从导淮到治淮,新时代淮河保护治理事业路艰且长,淮河水利人唯有继承先人之志,传承奋斗精神,同向聚合,以永葆接续奋斗、艰苦奋斗、不懈奋斗的精神状态,为淮河安澜、幸福河湖保驾护航。

5 结语

淮河是南北分界线,具有独特的地理位置,中原文化、吴楚文化、齐鲁文化在此融而不阻,南船北马的交通方式、南米北面的生活习俗在此兼容过渡,形成多元繁荣而地域鲜明的淮河文化。盘古开天辟地、"垂死化身",大禹劈山导淮、"三过家门不入",这些流传在淮河流域的神话传说是淮河人民宝贵的精神财富,蕴含的创新、奉献、奋斗精神内核,汇入奔流浩荡的淮水之中,并融进淮河两岸人民的血脉骨髓。这些内核精神历久弥新,内化成淮河文化的一部分,烙印在淮河两岸人民心灵深处,薪火相传,并成为中华民族精神的一部分。神话传说蕴藏的精神内核成为淮河文化之源,与新时代水利精神同频共振,新时代治淮要始终坚持以民族精神引领文化发展方向,以优秀文化引导价值走向,服务淮河保护治理事业,不断推动淮河文化的繁荣发展。

[参考文献]

［1］黄剑华.略论盘古神话与汉代画像[J].地方文化研究,2014(5):8-28.

［2］孙国江.大禹传说的文本演变与文化内涵[D].天津:南开大学,2011.

［3］曾艳,周永媛,高善春.蚌埠区域大禹治水口述史研究——兼与文献互证[J].社会学论,2017(23):154-156.

［4］罗家湘,盘古形象与盘古精神[J].河南师范大学学报(哲学社会科学版),2020,47(2):108-112.

［5］张丽丽.大禹治水神话的文化重构——以山西河津龙门村为例[D].太原:山西师范大学,2015.

[作者简介]

赵常斌,男,1988年3月生,工程师,从事水利工程规划设计工作,15956966680,changbinzhao@126.com。

水文化传承视域下水利工程建筑设计探讨

何晶晶　王亚东

（中水淮河规划设计研究有限公司　安徽 合肥　230000）

摘　要：水文化是中华传统文化的重要组成部分，是支撑水利事业改革与发展的软实力。对淮河水文化的传承与弘扬，可为淮河治理与流域经济社会的健康发展提供强大的思想、科学和精神力量。在水利工程的建筑设计中保有对自然环境及传统文化的敬畏与尊重，将提升水利工程的文化内涵，使建筑成为水文化传播的容器与载体。文章阐述了对水文化及水工程文化的理解，剖析了亳州市中心城区水系贯通控制工程及河南省大别山革命老区引淮供水灌溉工程息县枢纽的上部建筑设计，探讨了水工程文化的传承方式和途径，表达了对未来的展望。

关键词：水文化传承；水利工程；建筑设计

1 水文化及水工程文化的内涵解读

1.1 水文化的内涵

水文化是人类在与水打交道的社会实践活动中所获得的物质财富、精神财富和生产能力的总和。物质财富体现在水利工程、水利工具、桥梁及建筑等方面，精神财富则体现在人与水互动过程中总结并传承的水精神方面，如"滴水石穿""上善若水"等[1]。

1.2 水工程文化的内涵

为了生存和更好地生活，人类对自然界的水及水依存的条件、环境进行干预，兴建各类工程的过程及该工程建成后对人所产生的各种文化现象，统称为水工程文化，包括水工程的物质、行为和制度、精神三类文化[2]。水工程文化作为水文化的重要组成部分，是融合技术与艺术、物质与精神、自然与人文、传统与创新等于一体的综合研究领域。水利工程不仅包含灌溉、防洪、供水、航运这些传统工程概念，还持续将人文、历史、生态、环境等新的要素融入工程规划设计中。

党中央自十八大以来做出"大力推进生态文明建设"的战略决策，水利建设作为生态文明建设的重中之重，不仅应成为造福一方的民生工程，还要在与自然环境和谐共生的基础上实现对当地文脉的传承与发展。

2 水工程文化在水利工程建筑设计实践中的传承与发展

笔者对于水利工程建筑设计中如何融入水文化理念的问题，进行了一些思考和尝试。下面笔者以亳州市中心城区水系贯通控制工程及河南省大别山革命老区引淮供水灌溉工程息县枢纽这两个工程为例，交流介绍水工程文化的传承方式和途径。

2.1 融古汇今,建筑设计在尊重传统文化的基础上体现时代特征

一个城市的历史与文化凝聚了一代又一代人的创造和智慧,更承载了无数洗尽铅华又饱含沧桑的集体记忆。只有留住城市厚重的"根脉",才可跨越肤浅和苍白,保持特色凝聚人心。因此,在城市高速发展的今天,我们更应该从历史长河和文化积淀中汲取养料,将城市传统文化的精髓融入时代发展的潮流中,使悠久的历史文化和现代文明交相辉映。

千里淮河源远流长,淮河文化博大精深,淮河流域名人辈出,开放、包容的社会环境,为多元文化提供了融合、交流的温床,使淮河流域成为中华文明的重要发源地之一,影响中国数千年的思想家老子、庄子、孔子、韩非子等皆诞生于此。汉献帝建安年代,掀起了我国诗歌史上文人创作的第一个高潮。由沛国谯郡(今安徽亳州)人曹操及其子曹丕、曹植开创的建安文学,兴盛于建安年间,被后世称为建安风骨。建安作家用自己的笔直抒胸臆,表达渴望建功立业的雄心壮志,建安诗歌具有慷慨悲凉的艺术风格,对后世产生了深远的影响。

亳州市中心城区水系贯通控制工程包括了亳菊路钢坝闸、亳芜大道闸、凤尾沟涵、建安路闸以及牡丹路橡胶坝闸,实现了亳州宋汤河、凤尾沟、龙凤新河之间的水系贯通和水位分级控制,满足了城市发展对城区河流的景观需求。"亳州一涵四闸"项目上部建筑物风格设计结合亳州市悠久丰富的历史文化特色,从汉代庄重大气的传统建筑中汲取灵感。厚重的基座,出挑的屋檐,收分的立柱形式,我们提取这些古典元素(如图1所示)进行抽象简化后将建安路闸、牡丹路橡胶坝闸、亳菊路钢坝闸和亳芜大道闸上部建筑物进行统一设计:建筑造型上均做三段式处理,在建筑材料的选择和色彩的搭配上也力求统一。底部"基座"墙面采用米灰色天然石材铺贴,"腰身"部分墙面喷涂深咖色真石漆,屋面采用灰蓝色瓦坡屋面,庄重淡雅的色彩与材质同为烘托整体建筑稳重敦厚的形象。

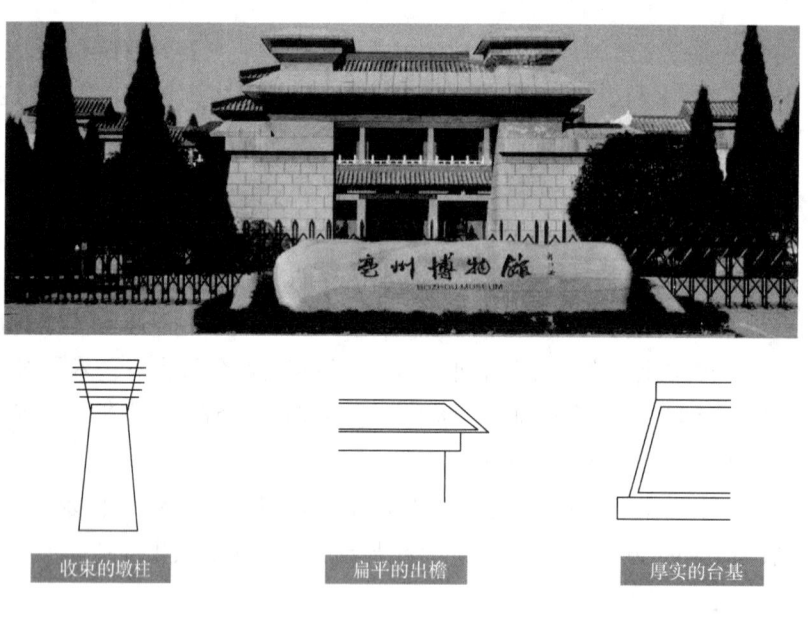

图 1 传统建筑元素提取

河南省大别山革命老区引淮供水灌溉工程是解决区域工程性缺水问题的重大水利基础工程,工程建成后,将形成以息县枢纽为控制、以城镇供水和灌溉渠系为骨干的引淮供水灌溉工程体系。工程多年平均可向受水区供水 1.65 亿立方米,发展灌区 35.7 万亩,受益总人口 125.8 万人。

息县枢纽工程位于河南省东南部、中原腹地南侧的的息县。息县有三千多年的建县历史,有"郡县制的活化石""中华第一县"之称,境内历史遗迹丰富,历史名人从春秋时期至革命战争年代层出不

穷;当代息县依托一批重大交通项目的规划实施所带来的区位优势,抢抓发展机遇,将生态优势、资源优势转化为产业优势和发展优势。

结合息县的历史文化背景,综合考虑其他因素,设计人员最后给息县枢纽大闸建筑定义的风格为"简洁、古朴、大方、严谨而不失活泼"。此建筑方案融合了木塔、廊桥等传统建筑元素,力图营造一种古香古色、典雅别致的建筑氛围,表达了一种"玉宇琼楼天上下,长虹飞渡水中央"的诗情画意。但在设计中又去其繁复,取其精华,将中式古典建筑元素简洁化,使用克制的现代建筑语言将其表达出来,以达到现代与古典的完美结合,亦与息县承古融今、继往开来的整体风貌相契合,图2为息县枢纽效果图。

图2 息县枢纽效果图

息县枢纽大闸两端桥头堡高耸的塔楼与启闭机房水平方向上的长直廊桥形成对比;桥头堡塔楼层层向上收束使得建筑整体具有一种稳定感,廊桥顶部高低起伏层层叠叠的屋面从平直的启闭机房背景中跳脱出来,与两端的桥头堡塔楼遥相呼应,使得原本26孔的启闭机房天际线不再平庸乏味,且更添一份灵动与活泼。该建筑方案还创新性地将排架柱与启闭机房进行了一体化设计,不同于以往水利工程设计中排架柱与启闭机房在外观上互不相干的脱节情况,该方案对排架柱进行了装饰美化,与桥头堡下部塔楼基座同做仿城墙砖的外饰面处理,并在视觉上将排架柱加至与闸墩同样的厚度,更增加了上部建筑物的整体性与稳定性。

2.2 因地制宜,建筑设计与自然环境相协调

我国古代伟大的哲学家和思想家老子,以及道家学派的创始人及其思想传承者庄子皆诞生于淮河流域,道家思想所倡导的"道法自然""天人合一"的人文内涵已经深深烙印在了淮河流域水文化的精神内核之中。水利工程作为以控制、使用水流为目标而建设的建筑物或构筑物,也同样应尊重自然,顺应自然。自然规律客观存在,人不能游离于自然之外,更不能凌驾于自然之上,工程建设者应遵循"道法自然""天人合一"的价值导向,追求水利工程与生态自然之间的和谐统一、协调发展。

在亳州市中心城区水系贯通控制工程四个闸的建筑设计中,根据每个地段具体闸型(亳芜大道普通节制闸、亳菊路钢坝闸、牡丹路橡胶坝、建安路升卧式闸)对于上部建筑物的不同要求以及每个闸所处地段周边环境的不同,采取因地制宜的建筑处理方式,做到统一中又有变化,从而达到丰富城市景观层次的效果。

其中亳芜大道闸(图3)位于城区规划范围之外,位置偏远,对景观要求度不高,因此在普通节制闸型的选择要求下,做出了较高大的的建筑体量,高耸的建筑形象也与河道两岸密植且高大挺拔的乔木林景观在垂直方向上的线条相和谐。通过将两侧桥头堡基座提高和向上收缩的造型处理以及桥头堡和中间启闭机房的屋顶的不同处理方式,形成两侧稳固突出的视觉形象。

亳菊路钢坝闸(图4)河道东侧为105国道,周边公路景观单调乏味,在建筑方案的选择上,我们将钢坝闸两侧的上部建筑物做成两个矩形平面相叠合的形式,使得建筑外立面和屋顶形成转折的锯齿状,为周围原本单调乏味的公路景观增添了观赏性和趣味性。

牡丹路橡胶坝(图5)位于一个在建的景观公园内,视野开阔,景色宜人,地形起伏平缓,对景观要求高,为了与周边开阔的景象相适应,橡胶坝泵房与管理用房的建筑方案采取压低至一层的处理方式,力求不在垂直方向上造成对周围环境的影响和遮挡,而在水平方向上伸展以与蜿蜒的河流、平缓起伏的地形等自然界水平线条相适应;并在室内与室外之间加设有顶无围护结构的半室外雨篷灰空间,使建筑物从室内向室外的过渡不显得突兀。橡胶坝两侧的观景平台也随着上下游水位的高低变化因循就势设置高差,整体人工构筑物与周边自然环境和谐共生。

建安路闸(图6)所处地段位于城市中心,且其近处有一高压输电线路铁塔,所以设计之初的定位就是让建安路闸的整体形象尽可能低调隐蔽,杜绝高耸突兀而破坏城市景观,常规的启闭机房和桥头堡不适合在此建设,因此在闸型的选择上我们采用了升卧式闸门,并降低了两侧桥头堡与中间启闭机房的高度,在建筑上我们将桥头堡与启闭机房连为一体进行设计,不再凸出桥头堡的屋顶,但为了丰富建筑物的屋顶天际线,就在桥头堡两侧增加半室外雨篷灰空间,既使得屋顶有所变化,又不对周边环境造成太大影响。

图3　亳芜大道闸效果图

图4　亳菊路钢坝闸效果图

图5　牡丹路橡胶坝效果图

图6　建安路闸效果图

2.3　以人为本,建筑设计为水文化的传播提供容器与载体

传播对于文化的形成与发展、传承与创新、交流与融合具有重要的意义。水文化的繁荣基于水文化的普及,因此,水文化重在建设、成在传播。加强水文化传播,是传统水利向现代水利转变的必经之路,是推动生态文明建设的重要途径,是每一个水利工作者的崇高使命。

水闸原本是一种水利工程设施,具有防洪、泄洪、控制流量、调节水位等功能。但随着社会进步和经济发展,及现代旅游业的兴起,其旅游价值逐渐被认识和挖掘。水利风景区不仅具有地域旅游资源的属性,同时也承担着科普教育的职责,每一个水利风景区独特的自然、建筑、人文景观,都为推广科普水情知识与水文化教育提供了实体平台。

息县枢纽有着积淀深厚的人文历史环境、优美宜人的自然景观环境,可谓天时地利又人和。息县枢纽大闸交通桥联系着两岸,启闭机房连接着两侧的桥头堡横跨于碧波之上,形成了一条视野开阔、可凭栏漫步的空中景观廊道。我们在息县枢纽大闸建筑方案的设计中,将桥头堡加高设计成七层高塔的形式,内部除满足基本的管理控制及电气设备布置要求外,设置淮河水文化展馆,游人由室外楼梯拾级而上,登高望远,可穷千里之目,展馆内徘徊驻足,可感受淮河水文化的源远流长;启闭机房顶部加设一层有顶的廊桥,内部作为水情教育展廊,游人可漫步其上,凭栏远眺,无虑风霜雨雪,一饱眼福的同时亦增进了对水利工程的了解。夜晚,灯带勾勒出坡屋顶层层叠叠的屋脊线,与水中的光影相映成趣,两岸之间,火树银花,流光溢彩,成为一道靓丽的风景线(图7)。秉承着建设优美生态水利风景区的目标,未来这里必将成为一处融合市民、亲近自然与满足淮河治水需求的观景胜地,也必将成为一条展示息县城市魅力、弘扬淮河历史文化、重拾淮河旖旎风光的活力带。

图7 息县枢纽夜景效果图

3 对未来的展望

淮河水文化,书写着淮河流域人类文明发展的历史,淮河流域人民在长期的实践中,不仅创造了大量的物质文化产品,而且通过对事物的认识、感悟、理解和思考,产生了许多充满智慧的哲思,留下了丰富的精神产品,共同构成了淮河水文化的丰厚底蕴。淮河水文化是推进淮河水利事业改革与发展的软实力,淮河水文化的传承与发展任重而道远,需要每一位水利工作者牢记初心与使命,在不断的工程实践中进行创造和积累、传播与弘扬,使淮河水文化在新时期焕发出时代的光彩,为淮河治理与流域经济社会的健康发展提供强大的精神力量。

[参考文献]

[1] 李宗新.浅议中国水文化的主要特性[J].华北水利水电学院学报:社会科学版,2005(1):111-112.
[2] 董文虎.水工程文化学基础研究[J].水资源开发与管理,2019(11):79-84.
[3] 郑茂盛,张凌.水文化理念在工程规划设计中的应用[J].办公室业务,2019(4):43-44.

[作者简介]

何晶晶,女,1988年10月生,工程师,建筑设计专业,18355220625,849488730@qq.com。

三河闸技术管理70年

陆美凝　曹恒楼　陈　钟　徐　铭

（江苏省洪泽湖水利工程管理处　江苏 洪泽　223100）

摘　要：三河闸工程是1951年5月毛主席发出"一定要把淮河修好"的号召后最早建设的大型水利工程之一，也是淮河流域的控制性工程，通过回顾三河闸设计、施工、管理近70年的历程，深入了解建闸史、运行管理史，对激发管理热情、履行担当使命十分有益。

关键词：技术管理；三河闸；水利工程

1　工程概况

三河闸，淮河流域第一大闸，1952年10月开工建设，1953年7月建成，位于江苏省洪泽区蒋坝镇南，为淮河下游入江水道的控制口门，是中华人民共和国成立初期我国自行设计、自行施工的大型水闸。三河闸共63孔，每孔净宽10 m，闸身总宽697.75 m，原设计流量8 000 m³/s，加固后设计流量为12 000 m³/s。工程自建成以来，在历代三河闸人精心呵护、科学管理下，效益得到充分发挥，已累计安全泄洪近1.4万亿 m³，为淮河流域防汛工作作出了巨大的贡献。在三河闸工程开工建设70周年之际，本文将历史镜头回放到20世纪50年代初，再现工程规划设计、施工建设、运行管理的历程。

2　工程兴建缘由

旧淮河自安徽经盱眙、淮阴至涟水云梯关（今属江苏省响水县）入海[1]，黄河夺淮后下游淤淀，淮水没有出路。后筑高堰（现称洪泽湖大堤）阻水，常溃决侵白马、高宝等湖。明万历时，建武家墩、高良涧、周桥三闸分泄淮水。清初，几次修筑洪泽湖大堤，并修筑临湖石工墙，修建仁、义、礼、智、信等多座石滚坝以泄洪水。仁、义、礼、信四坝损坏后，重建信坝及林坝，并移仁、义、礼三坝于蒋坝镇南，下接头、二、三河。此后淮水大量南下，三河逐渐扩大。清咸丰元年（1851年）淮河洪水冲开礼坝后，洪泽湖洪水没有控制，一遇淮河大水，下游即遭受严重灾害。1921年、1931年淮河大水，里下河地区灾情惨重。

苏北淮河下游地区在灌溉时期，约有2 580万亩良田需依赖淮水灌溉。洪泽湖在枯水季节水位低落，水量不满足灌溉需要，船只航行亦有困难。为保证苏北里下河区不再受淮河洪水灾害，必须控制淮水来量，除上中游水库蓄洪外，还需尽量发挥洪泽湖的拦洪蓄洪效能，以减少下泄流量。因此需要建闸控制。

3 工程规划设计

3.1 规划文件

1952年治淮委员会编制的《一九五二年工程计划纲要》指出:"为保证里下河地区不受洪水灾害,必须减少洪水来量,除上、中游水库蓄洪外,建筑三河闸一座,以发挥洪泽湖蓄水、防洪和灌溉的效能,并控制入江流量。"

3.2 规模核定

经中央水利会议研究决定:河湖不分,淮河洪水总量为800亿 m^3,上中游有效蓄洪量为87亿 m^3,自然蓄洪为17亿 m^3,洪泽湖出水量为8 500 m^3/s,最高水位为15.32 m。入海部分,灌溉总渠原设计流量700 m^3/s;入江水道应负担7 800 m^3/s流量,为安全起见,最大设计流量为8 000 m^3/s。

3.3 工程布置

三河闸工程共设63孔,每孔净宽10 m,每3孔合为一块底板,共21块底板。工作桥设于闸墩之上,安装电动及人力两用式启闭机。闸门采用弧形钢闸门,支铰设置在公路桥墩上,支铰高程11.7 m。上下游引河河底宽730 m,底板及上游河底高程7.5 m,下游河底高程6.0 m。

4 工程施工建设

三河闸工程从1952年8月开始筹备[2],10月1日正式开工,至1953年7月25日全部完成,7月26日开闸放水。计动员民工15.86万多人,技工2 400多人,干部3 600多人;运送各项器材32万多吨;完成混凝土5.14万多方,石方7.82万多方,土方939万余方。

4.1 建设队伍

1952年10月,苏北行署成立"三河闸工程指挥部",负责三河闸工程施工,指挥部下设秘书、财务2室及政治、工务、卫生3处,处室以下设科,计有政工、工务、财务、卫生等各种干部3 696人。另先后设有12个县的治淮工程总队部,动员民工158 647人(其中党员4 429人,青年团员9 078人,民兵39 350人,农会会员48 340人),负责土方工程的施工。从江苏、浙江、山东、安徽、湖南、湖北6个省和上海、南京市招了各种技工2 403人。为保证15万多员工的生活供应,计成立了13个粮草站,12个供应站。

4.2 器材、机械和粮草调运

三河闸需用钢筋、水泥、木料、钢料、黄砂、石子、块石、油料等达32万余吨,机械工具有发电机5部,拌和机18部,抽水机20余部,轻便铁道40余公里,斗车500辆,平车1 500辆,以及车床、手摇绞车等。这些器材是从国内9个省计几十个城市运来。有远从7 000里外的东北和内蒙运来的木料和钢料,有上海制成的闸门和开关机,有天津、济南、汉口运来的机器和钢筋,有本省运来的水泥、石子、黄砂、块石等。在"赢得时间就是赢得胜利"的口号下,担负运输器材任务的干部和工人克服了种种困难,如期完成了艰苦复杂的运输任务。

全部生活供应，计运输大米 3 727 万余斤，杂粮 546 万余斤，煤 36 万余斤，收购伙草 5 137 万余斤，小麦、面粉、玉米 5 万余斤，各种菜蔬 28 万余斤，油盐 75 万余斤。在供应工作中也战胜了很多困难，保证了 15 万多员工生活需要。

4.3 工场布置

三河闸闸址三面临水、地形起伏，有高达 23 米的土丘，也有深达 10 多米的淤泥塘，在长不足 1.5 公里、宽不足 1 公里的狭小地区内布置工场，要容纳不同工种的 6 万～7 万人，同时进行挖土运输材料、搬移机械、浇筑混凝土等工作，要尽可能地减少拥挤，避免工作中的相互矛盾，受到客观制约条件影响很大。

工场布置方面，干部技工的办公室、宿舍和仓库、材料加工厂等，基本上都筑在闸址北岸，仅部分仓库与水泥大队工房筑在闸址南岸，砂石材料与水泥仓库，堆筑在闸西三河草坝西岸，并做临时码头 2 座，以便卸料后就地淘洗，根据施工需要，以轻便铁道斗车运入工场；员工饮水分别在闸址东西两端设抽水站，分别用抽水机由老三河和洪泽湖内吸取，经引水沟流至工场，由于地形起伏，并于适宜地点设蓄水池转水站，才能及时供应。

4.4 混凝土施工

三河闸全部混凝土计 5 万多方，自 1952 年 11 月 7 日开始，至 1953 年 4 月 11 日完成，除去雨雪天外，计 126 个工作日。全部混凝土分 3 个阶段浇筑。第一阶段浇筑闸基底板，计 21 块。浇筑顺序，自北向南，先单数后双数，每块底板用分层浇筑方法，每层厚度 25～30 厘米，自下游向上游进行。第二阶段浇筑门墩、闸墩及岸墙、翼墙和上游护坦。这一阶段由于门墩、闸墩等工程比较细致，岸翼墙和护坦工程数量较大，所以在人工的分配上，木工、扎铁工以门闸墩及岸翼墙为主，以护坦为辅，水泥工则以护坦为主，以门闸墩及岸翼墙为辅。施工程序，也由北向南。门墩闸墩及岸翼墙分 3 层浇筑，每层浇高 25～38 厘米。第三阶段浇筑工作桥、公路桥与消力池。在门墩及胸墙浇筑完成后，接着浇筑工作桥、公路桥，同时浇筑消力池。

4.5 闸门及启闭机安装

闸门安装工作除由工地指挥部及华东钢铁厂联合成立闸门安装委员会外，华东钢铁厂还在工地成立三河闸闸门安装办事处，领导技工专门负责安装工作。自 1953 年 4 月 10 日开始安装，至 5 月 23 日基本完成。

启闭机是由上海烟草机器厂、通用机器厂、浦江机器厂分别制造。各厂均派员到工地与工地指挥部机械大队组成 5 个安装组，共同负责安装。自 1953 年 5 月 10 日开始，至 6 月 23 日完成。

闸门及启闭机钢料很多，全部铆钉达 21 万只，安装任务很重，当时因天气干旱河水低落，运输闸门及启闭机极为困难，但由于工地全体员工的积极努力，克服了交通运输上的种种困难，将闸门及启闭机器如期运达工地，技工开展了劳动竞赛，提高了劳动效率，每挡铆钉工由每天 400 只提高到 900 只，解决了工地技术设备与人员不足的困难，并按时完成了安装任务。

4.6 上游拦河坝施工

上游拦河坝系堵闭老三河河槽的土坝，由于河槽淤土深达 10 米多，最终采用了挤淤筑坝的施工方法。先从两岸运土向前堆筑，而后在中间接做一较狭坝心，再从坝心向两侧进土挤淤。由于大量进土且速度较快，致使中泓部分坝身下面淤未挤净，坝成后发生撕裂沉陷，因此不得不随沉随加，至 1953

年 8 月 25 日达到计划高度,计完成土方 83 万余方,抛石 7 000 余方,厢埽 12 000 余方。

4.7 "鸡爪山"施工[3]

三河闸下游引河上有 5 个砂礓土墩,俯视形象鸡爪,人称"鸡爪山"。"鸡爪山"砂礓土中夹有砂礓板,像石头一样坚硬,高程在 20 米左右,挡住了大半个三河闸,将严重影响三河闸的泄洪能力。1953 年 4 月时任江苏省治淮副总指挥、三河闸工程指挥部总指挥陈克天向时任江苏省委书记柯庆施汇报,5 月柯庆施赶到三河闸工地,亲自部署拿下砂礓土墩大会战,5 月下旬,淮阴、扬州地委书记亲自带队,新增加 10 多万民工,加之原有的 5 万多民工,组成 15.8 万的劳动大军,投入搬掉"鸡爪山"的攻坚战。经过 50 多个昼夜奋战,搬走砂礓土 440 万方,取得了"鸡爪山"攻坚战的胜利。

4.8 施工先进性

为提高工作效率,避免窝工、浪工,在三河闸工程建设中,广大建设者集思广益、深入研究,先后发明了"钢筋工流水作业法"[4]、"土方开挖龙翻身挖土法"和"劈土法",极大地提高了工作效率。三河闸施工还是首批专门设立试验室进行混凝土配合比及抗压强度试验的工程项目[5]。

5 工程运行管理

5.1 控制运行

全国首创调度曲线。工程运行初期,每次调整泄流量时,都要经过繁琐的计算,且计算采用的流量系数值是水工模型试验的资料,与实际情况相差较大。1954 年在积累了一些实测数据的基础上,技术人员绘制了"闸门同高时上游水位-流量-闸门开启高度关系曲线"[6],后经运行实践不断修正,基本符合实际情况,在流量大于 300 m³/s 时,误差不超过 5%。1991 年大水后,为了查询更加快速,数据更加准确,技术人员利用计算机技术,将曲线转化为"上游水位-下游水位-闸门开高对照表",一目了然读取数据,且更加准确可靠。1959 年为解决闸门初始开启或中间调整闸下消能安全问题,通过积累的实测数据,绘制了"始流时流量-闸下安全水位曲线",后进一步推算绘制了"上下游水位-安全流量关系曲线",这样可以查出闸门初始开启或中间调整最大允许流量,如超出则需要分次开启。这些曲线经 20 世纪 50 年代全国首创后,经过历年修正完善,目前已经应用到三河闸自动监控系统中,经水文缆道和 ADCP 测流校核,调度准确率很高。

全国较早自动监控。为提高三河闸闸门控制技术,科学准确控制闸门,1999 年通过申报国家"948"重点计划项目[7],于 2001 年建成了三河闸闸门自动监控系统,2018 年对该系统进行了升级改造,目前系统运行平稳可靠,实现了一键启闭闸门。

5.2 检查观测

在建闸初期就制定了《三河闸临时管理规范》[6],其中包括观测工作、闸门启闭机操作以及各项岁修养护等细则,对管理工作顺利开展起到了很大的作用。水利部水利管理司于 1990 年编制的《水闸工程管理通则》、于 1994 年编制的《水闸技术管理办法》中,三河闸管理处均作为主要参与编制单位,许多管理条款均来自三河闸工程管理实践。1973 年 1 月,三河闸开展了"五查四定"工作,1982 年 1 月开展了"三查三定"工作,均形成了检查报告。三河闸还率先制定水闸日常检查表、定期检查表和水下工程检查表,对水工建筑物、闸门、启闭机、电动机、开关柜等明确检查内容、频次和标准。2016 年,三河闸管理处开展精细化管理研究,逐步形成《三河闸精细化管理体系》,2020年成为江苏省首批精细化管理单位。

5.3 岁修养护

三河闸自建成以来,除1968年防洪标准加固、1976年抗震加固、1993年除险加固以及2012年更新改造外,每年还有岁修养护经费投入,特别是2000年以后,每年均有超过200万元的岁修养护项目经费,据统计,2000—2020年已经投入7 800余万元,这些经费主要用于工程汛前保养、混凝土防碳化、机电设备维修、上下游河道堤防维修以及防汛物资管理等,以保证工程处于完好状态,延长工程使用寿命。

在岁修养护中,三河闸积极应用新技术、新材料、新方法,结合工程实际开展革新、发明活动,取得一定成效[8]。1982年3月,"金属闸门喷锌防腐蚀技术"获得国家农业科学技术委员会农业技术推广奖,1993年1月,该技术经建设部批准为国家级工法,2003年研制的"钢丝绳清洗机"和2012年承担的项目"三河闸泄流流态与进流纠偏措施研究"获得江苏省水利科技进步一等奖,2016年承担的项目"水闸闸孔潜水发电站研究"获省水利科技进步奖二等奖。另外,获得国家发明专利3项,实用新型发明专利12项,获得水利部水利职工创新活动一等奖2项、二等奖3项和优秀奖5项,发表科技论文140余篇。

6 结语

三河闸工程安全运行近70载,成功抵御1954年、1991年、2003年、2007年、2020年大洪水,年平均泄洪量200亿 m³以上,这得益于老一辈建设者们筚路蓝缕的辛勤劳作,得益于历代管理者们求真务实的精心呵护。"回首来时路,砥砺再出发",作为新时代三河闸管理者,我们有能力、有智慧用现代化技术精细管理,让"年迈"的三河闸永葆青春的活力。

[参考文献]

[1] 苏北治淮指挥部. 三河闸工程规划概要[J]. 治淮汇刊,1952:225-231.
[2] 苏北治淮指挥部. 三河闸工程总结[J]. 治淮汇刊,1953:387-403.
[3] 陈克天. 三河闸工地的拼搏[J]. 江苏水利,2000(3):47-48.
[4] 韦乙. 三河闸扎铁工场是怎样推行苏联流水作业法的[J]. 治淮,1952(7):16-17.
[5] 江苏省地方志编委会. 江苏省志. 13. 水利志[M]. 南京:江苏古籍出版社,2001.9:562.
[6] 三河闸管理处. 三河闸的管理工作经验[J]. 中国水利,1963(12):24-26,23.
[7] 徐善安,张立师,张敏. 三河闸工程安全运行50年[J]. 人民长江,2004(3):42-44.
[8] 韦凤年. 三河闸的变迁[J]. 中国水利,1995(6):22-23.

[作者简介]

陆美凝,女,1986年1月生,高级工程师,主要从事水利工程运行管理工作,13952312228,83025677@qq.com。

江风口局水文化建设的实践与探索

公 静[1] 王 冬[2]

(1. 沂沭河水利管理局江风口分洪闸管理局 山东 临沂 276111
2. 沂沭河水利管理局刘家道口水利枢纽管理局 山东 临沂 276111)

摘 要：水文化建设是坚持以人民为中心的必然要求，是提升水工程文化内涵的有效手段，是传承保护好水利遗产的现实需要，也是推动水生态文明建设的有力举措。江风口局深入贯彻落习近平总书记关于文化建设的重要论述，积极探索淮河水文化传承与发展方式，结合江风口局实际，把水文化与水工程有机融合，充分挖掘水文化的丰富内涵和时代价值，大力弘扬新时代水利精神，讲好水利故事，传播水利声音，不断丰富发展江风口特色水文化，对推进基层水利单位水文化建设进行了有益的探索与实践。本文对江风口局水文化建设工作的经验进行总结，以供大家进行交流与探讨。

关键词：水利单位；水工程；水文化建设

习近平总书记在全面推动长江经济带发展座谈会上强调，要"统筹考虑水环境、水生态、水资源、水安全、水文化和岸线等多方面的有机联系"，并指出"要把长江文化保护好、传承好、弘扬好"。为深入贯彻落实习近平总书记关于文化建设的重要论述和党的十九届五中全会决策部署，积极践行"节水优先、空间均衡、系统治理、两手发力"的治水思路，江风口局积极适应新阶段水利高质量发展对水文化建设提出的更高要求，深入挖掘优秀治水文化的丰富内涵和时代价值，传承感人水故事、厚植红色水基因、弘扬先进水文化，提升水利工程的文化品位，满足广大人民群众日益增长的精神文化需求；同时加大水文化传播力度，构建起具有沂蒙特色、水利特点的文化建设新高地，为新阶段淮河水利事业高质量发展注入强大力量。

1 高位推动，水文化建设组织有力有序

江风口分洪闸，位于山东省郯城县，沂河右岸、邳苍分洪道入口处。主要作用是分泄沂河超标准洪水入邳苍分洪道，以减轻沂河江风口以下行洪压力。1951年，毛泽东主席发出"一定要把淮河修好"的伟大号召，掀起新中国第一轮治淮高潮。江风口分洪闸工程顺应时代潮流于1954年11月1日破土动工，1955年6月10日胜利建成，被誉为"山东治淮第一闸"，1955年9月17日管理单位被正式命名为武河江风口分洪闸管理所。1969年与沂河管理所合并，改为沂武河管理所，1983年江风口闸实行国家统一管理，单位改名为沂河管理所。1987年，河道与水闸管理分离，分为沂河管理所和江风口闸管理所。2003年5月，更名为江风口分洪闸管理局。

1.1 加强组织领导

江风口局历史水文化底蕴深厚，水文化历史资源丰富，院区不同年代的办公场所、办公设施等遗存众多。江风口局利用自身优势，积极开展水文化的挖掘、宣传和保护工作。成立水文化建设工作领

导小组，由主要负责人担任组长，由分管副局长带队开展具体工作，在各部门抽调精干力量，分别负责文字采写、摄影摄像、协调沟通等工作。并制定水文化建设工作方案。定期召开水文化建设领导小组会议，及时召开领导班子会议，专题讨论研究水文化建设工作，高质量推进水文化建设工作。

1.2 开展走访活动

为进一步做好江风口局水文化建设资料搜集工作，江风口局开展了"追寻闪光的足迹"口述历史专题活动。为做好此次专题活动，江风口局专门召开动员会，在保证日常工作的前提下，历时三个月，对老一辈江风口人进行走访。分别走访了老所长、退休职工、在江风口工作过的老领导、已故领导的家人等等，以确保全方位走访、全方面采访，认真聆听他们讲述江风口的往事，并做好音频、视频资料采集，及时对走访的资料进行整理完善。

1.3 开展资料收集

为保障资料收集的真实性，水文化建设工作领导小组开展了系统的资料收集工作，先后到临沂市档案馆、郯城县档案局、兰山区档案局、沂沭河局档案室进行资料收集查询。"他山之石，可以攻玉"，江风口先后到嶂山闸、二级坝、韩庄闸、石梁河水库、刘家道口局等多家单位进行调研学习，通过学习借鉴其他兄弟单位的水文化建设的经验，取长补短，稳步提升水文化建设能力和水平。

1.4 开展水文化讲解

江风口局"初心·使命"展馆建设过程中，除了资料收集、展馆设计、现场施工等基础工作外，展馆的文化内涵发掘和编写也是展馆文化宣传的关键，讲解工作更是展馆工作重点和难点。为更好发挥展馆水文化宣传作用，江风口局组织专人一卷一卷埋头钻研，一点一滴不断积累，从档案资料中勾勒江风口局水利发展全过程，总结江风口水利治理管理在党的领导下取得的丰硕成果，研究沂蒙精神对江风口水利事业的促进与推动作用。通过查阅大量档案资料、走访老一辈水利人，完成了近万字讲解词，并在历次领导检查、学习交流活动中，提供水文化讲解服务，通过水利人讲述水利故事，讴歌水利精神，得到了良好的反响。

2 聚焦历史，水文化挖掘研究走深走实

江风口分洪闸在建设上融入了生态、环境、人文等理念，外观设计以白墙黛瓦、飞檐翘角的中式建筑为主，桥头堡矗立东西两侧。江风口分洪闸作为邳苍分洪道的源头，工程主体与邳苍分洪道内的武河湿地公园浑然一体，既有历史的古朴厚重，又有现代的文化气息。江风口局积极利用历史资源，因地制宜开展"一厅一馆"水文化体系建设。从保护传承弘扬的角度将水利工程与其蕴藏的水文化元素有机融合，不断提升江风口分洪闸的文化品位。

2.1 建立闸区水文化展厅

充分利用"山东治淮第一闸"水文化资源，在闸区利用桥头堡及启闭机房连接段，建立水文化展厅。江风口分洪闸主体有机融合了古代水利工程建筑风格与现代水利工程管理需要。江风口局将收集的各种品类的工程管理实物用照片、实物、影像等形式进行了实景展示，充分营造室内外水文化展示空间，修建了"工程印记""水润江风口"等五处水文化展馆，宣传工程初建时期国家大兴水利、人民群众积极参与、支持工程建设的治水历史，让流域治理历程、流域历史和沂蒙文化得到直观展现。

2.2 建立"初心·使命"展馆

在院内利用1978年全国水利工程管理现场会旧址，设立"初心·使命"展馆。内设"江风·记忆""江风·足迹""江风·启航"等四个展室，用实物和图片等方式，展示了江风口局近七十年的奋斗历程。在展览理念上，突破传统的局限，不仅将主建筑作为展品，还创新性地将展览陈列由室内延伸到室外，在主建筑周围，打造了一个露天的"水文化展区"，从荣誉展示牌到备用发电机，从巍巍青松到葱葱玉兰，从记忆展馆的老桌椅到星火展馆的一件件珍贵实物，每一处都记载着风雨治淮的峥嵘岁月。

3 多措并举，水文化宣传教育高质高效

3.1 积极开展水情教育基地建设

近年来，江风口局结合水情教育基地建设工作，不断地宣传推介水文化，先后从不同角度制作了宣传光盘，整编宣传手册。积极开展第三届水工程与水文化有机融合案例征集活动，拓宽水文化宣传教育渠道。积极向上级单位网站投稿宣传江风口局水文化工作，并在淮委、沂沭泗、沂沭河等微信公众号及《大江文艺》《沂蒙晚报》等杂志报刊发布多篇宣传水文化文章。通过定期举办公众开放日、与周边学校共建实践教育基地等方式，充分发挥水文化的教育、激励、引导、凝聚功能，搭建了流域管理单位对外展示窗口，年均接待社会各界人士千余人次。

3.2 开展丰富多彩的水文化宣传活动

江风口局在每年的"世界水日""中国水周""安全生产月"活动期间都会开展丰富多彩的宣传活动，坚持"请进来"和"走出去"相结合，不断拓宽文化宣传教育渠道。开展节水宣传进社区、进校园，并邀请周边小学的小学生走进江风口，共同开展科普宣传活动，为他们讲解水资源、水环境、水保护、水节约、水安全等知识，循序渐进，逐渐引导，让小朋友们了解日常生活中的一些水利知识，并鼓励小朋友积极争当"水利志愿者"。通过科普宣传活动，将水文化与单位文化建设巧妙融合，为青少年树立科学文明健康的生活方式，也进一步提升了水文化建设工作的社会公认度。

3.3 不断提升水文化辐射力和影响力

江风口局积极贯彻执行上级党组织要求，组织全体在职党员到所在的社区报到。结合社区工作需求和党员实际，组织党员参加社区工作，服务社区群众。并与驻地周边社区开展"文明共建"活动，积极组织开展"防溺水宣传进校园""安全生产宣传进社区""防诈骗宣传进社区""节水宣传进社区""移风易俗 倡树新风"等一系列志愿者和宣传活动。通过开展党员进社区活动，加深了社区居民对水资源、水安全、水环境、水生态重要性的认识，进一步增强了社区居民对水文化的认同，不断提升水文化辐射力和影响力。

4 深度融合，与水利事业高质量发展共振共赢

4.1 水文化＋党建引领

以高质量党建工作引领高质量水文化建设。坚持正确导向，坚持社会主义核心价值观，充分利用"固定学习日""主题党日"等集中学习时间，传承中华优秀传统文化、革命文化、社会主义先进文化、沂蒙精神等，将水文化建设理念融入组织生活。不断提取江风口局作为老红旗闸具有的红色基因，通过水文化展室、水文化讲解科学阐释党领导人民治水兴水的经验与优势，积极打造党领导人民治水的精品展陈，从治水角度生动传播红色文化。

4.2 水文化＋水工程

作为水闸管理局，江风口局历来把工程管理作为首要工作抓紧抓好。以江风口分洪闸为依托，采用"工程＋文化"的形式，将水文化元素纳入江风口分洪闸工程建设规划，以工程管理创建为契机，将水文化元素列入工程管理规范、标准，深度融合到水利单位日常管理。2019年，江风口局成功创建国家级水利工程管理单位、水利安全生产标准化一级单位、水利档案规范化管理三级单位；2021年，顺利通过水利工程标准化管理验收，成为淮委首家水利工程标准化管理单位。

4.3 水文化＋精神文明建设

江风口局积极探索水利单位文化建设，探索水利基层单位精神文明建设、文化建设和思想政治工作融合发展的路径。在水文化建设过程中，江风口局提炼总结出"自力更生、艰苦奋斗的创业精神，恪尽职守、赤诚于心的奉献精神，凝神聚力、砥砺前行的开拓精神"。单位文化氛围浓厚，环境整洁卫生，顺利完成临沂市文明单位创建工作，并积极开展省部级文明单位创建工作。江风口局坚持开展群体性文体活动，图书室、职工活动室、乒乓球室、羽毛球场、篮球场等职工活动场所一应俱全。江风口局积极探索实施"红、绿、橙"三色教育法，通过"红"色党性教育，"绿"色人文关怀教育，"橙"色廉政教育，扎实推进职工思想教育工作，引导全体干部职工更加自觉、主动地弘扬水文化。

4.4 水文化＋制度建设

水文化建设是一项长久的工作，不能急于一时，要坚持不懈地开展，与时俱进地创新，持之以恒地发展。制度的优势是根本的优势，江风口局结合自身实际，按照规范化、精细化要求，从岗位制度到部门规章，从工程管理到党务政务等，不断完善制度建设。经过全局性的制度"立改废释"，及时进行资料汇编整理，用制度管人，用制度管事，保障了良好的干事创业文化氛围。在具体实践过程，江风口局根据人员变动及时调整水文化建设工程领导小组，明确负责水文化具体工作的机构、人员，将水文化建设工作纳入年度工作计划及年底工作报告，不断加强水文化基础理论与政策制度体系研究，促进水文化持续健康发展。

5 结束语

近年来，在全体干部职工的共同努力下，在上级单位的支持和帮助下，江风口局水文化建设成果丰硕，水文化宣传成效显著。江风口局水文化以国家级水利工程管理单位、工程标准化管理、省部级

文明单位创建等为依托,深度挖掘江风口分洪闸的文化内涵,充实完善水文化宣传载体,水工程融合水文化的步伐不断加快,水文化建设取得了长足进步,形成了较为完备的具有江风口特色的水文化阵地,进一步满足了全体干部职工及周边群众亲水爱水的精神文化需求,为推动新阶段水利高质量发展提供文化支持。

[作者简介]

公静,女,1986年2月生,沂沭河水利管理局江风口分洪闸管理局副局长,15020986502。

跟随新中国脚步 感悟治淮思想升华

——河南治淮历程感悟

李晓莹[1] 钱昱西[2]

(1. 周口市水利信息中心 河南 周口 466000；
2. 周口市贾鲁河工程服务中心 河南 周口 466000)

摘 要：中华人民共和国成立伊始,伟大领袖毛主席即发出了"一定要把淮河修好"的伟大号召。伴随着中华人民共和国发展强大的脚步,治淮已走过70多个春秋。在这70多年的光辉历程中,我们经历了修水库、建水闸、疏浚河道、修筑堤防、除涝治碱、引水灌溉等水利工程建设。经过几代人的艰苦努力,无私奉献,淮河流域呈现出一片欣欣向荣的景象。回顾这些历史,从20世纪50年代初期千军万马修水库的威武雄壮,到"75·8"洪水事件后当地人民展开艰苦卓越抗灾斗争的自强不息,无不体现出淮河儿女战天斗地的英雄斗志和追求幸福生活的坚定决心。我们曾受到洪水带来的深刻教训,也积累了战胜洪水的经验,在这些治淮实践中所萃取的治淮思想,随着时代的变迁、科学技术的发展以及人民对水安全意识的提高,不断丰富、精炼、更新和升华,也让我们明白治水无止境的道理。

关键词：淮河;治理;思想

河南省位于淮河流域上游,是国家重要的粮食主产区、能源基地和交通枢纽。境内淮河流域涉及郑州、开封、洛阳、南阳、平顶山、许昌、漯河、周口、商丘、驻马店、信阳等11个农业和人口大市。中华人民共和国成立之前,河南省境内淮河流域是一个灾难多发的地区,由于所处的地理位置受到南北过渡性气候和东西过渡性地形特点的影响,加上历史上黄河多次泛滥夺淮,淤塞河道,造成了洪、涝、旱、碱、渍多种灾害并存又频繁发生的局面。中华人民共和国成立伊始,毛主席即发出了"一定要把淮河修好"的伟大号召,百万民众、大批青年学子、工程精英涌向淮河两岸,投身于波澜壮阔的治淮事业。淮河成为新中国第一条全面、系统治理的大河。河南省在党中央、国务院的领导下,同安徽、山东、江苏三省携手开展了大规模治淮工程建设,治淮事业取得了丰硕成果,淮河流域面貌发生了翻天覆地的变化,使"走千走万,不如淮河两岸"的美好传说变成了现实。

伴随着中华人民共和国发展强大的历史,整个治淮的进程已走过了70多个春秋,治淮思想也在不断丰富升华。这些治淮思想,来源于治淮实践,丰富于治淮实践,吸取了正反两方面的经验教训,经历了艰苦卓绝的斗争验证,是无数治淮人智慧的结晶,是可以在伟大治淮事业中永续传承并发扬光大的精神财富。

1 为人民生存而治淮

在中华人民共和国成立初期的50年代,治淮的主题思想是以防洪为主。河南省内淮河上游山区洪水下泄时峰高量大,平原河道浅小。又因1938年黄河花园口开口之后,黄河水泛滥于贾鲁河、涡惠河之间的豫东平原,地面淤高,河沟淤塞,排水不畅,造成沙河在漯河以下经常出险,每年都要发生决口,使周口人民深受其害。民间常言的"开了葫芦湾淹的没有边""开了母猪圈淹了颍州十八县"是对淮河最大支流沙颍河洪水的真实写照。为了治理洪水灾害,河南省按照中央"蓄泄兼筹"的淮河治理方针,上游修建了诸如石漫滩、白沙、板桥、南湾等大型水库,有效地拦蓄山洪,减轻了平原地区的洪水负担。平原地区对洪灾较重的沙颍河等河道干支流进行了整治,局部疏浚河道、整修险工、兴修涵闸、加固堤防、修建滞洪区等,对消减上游来水洪峰、减轻下游防洪压力、保证防洪安全起到重要作用。由此可见,中华人民共和国成立初期国家治淮的方针政策是十分正确的。但修建水库时,由于缺少水文资料,施工技术落后,对稀遇洪水的推算值偏小,水库的设计标准普遍偏低,再加上其他历史原因,后期管理存在一些漏洞,也曾导致我们受到了深刻的教训。如1975年8月,以驻马店林庄为中心骤降特大暴雨,板桥、石漫滩两座水库相继垮坝,坝下沿河两岸被冲刷一空,国家和人民生命财产遭受严重损失。据资料记载,当时板桥以上平均3天降雨量1 007.5毫米,3天洪量6.97亿立方米,入库洪峰流量13 000立方米/秒;石漫滩以上平均3天降雨量1 041.5毫米,3天洪量2.18亿立方米,入库洪峰流量6 180立方米/秒。两座水库虽经过扩建和改建,洪水却仍超过两座水库当时最大抗洪能力1倍左右,这是两座水库失事的主要原因。

有教训才会有改进。"75·8"事件后,国家开展了大规模的水库防洪安全复核工作,制定了水利水电枢纽工程设计的国家防洪标准和行业标准,防洪工作逐渐步入正轨。到20世纪90年代,防洪工程已初具规模,可以防御一般洪水,大大地减轻了淮河平原的洪水灾害。

2 以农业增产为主的治淮

在20世纪60年代,治淮的主题思想是以除涝为主。河南省的涝灾也非常严重,为了治理涝灾,河南省对汾河、泥河、惠济河、新运河等平原河道进行了治理,在面上开挖沟洫以排泄涝水。因当时采用的标准太低,并不能真正解决问题。在20世纪50年代末全省掀起的以小型水利工程为主的群众性治水活动中,济源县漭河小流域治理的成功案例让我们看到了群众的力量和智慧,由此提出了以蓄为主、以小型为主、以社办为主的"三主治水方针"。然而济源地处山区,将山区小流域治理经验移植到豫东平原,不符合平原治水实际。1962年,河南省总结经验,吸取教训,提出平原治水思想要以除涝治碱为中心,以排为主,排、灌、滞相结合,拆除阻水工程,恢复原有排水走向。后又提出"挖河排水,打井抗旱,植树造林,保持水土"的治水思想,对涡河、惠济河、颍河等主要排涝河道的干支流进行疏浚治理,使涝、碱灾明显减轻,粮食产量连年上升,除涝效益显著。

20世纪70年代,治淮的主导思想则是以灌溉为主。随着排涝河道的疏浚治理,涝、碱灾明显减轻,但干旱缺水问题日趋凸显。1965年、1966年连续干旱,面积甚至遍及全省,掀起了以灌溉为目标的水利建设高潮,重点进行打井修泵站、水库灌区建设、在部分河道上修建引水灌区和提水灌区、恢复引黄灌溉等工程。至此,排水、灌溉系统建立,农业抗灾能力大幅提升。"大雨大灾、小雨小灾、无雨旱灾"的历史基本结束,而且变水害为水利,扭转了河南省淮河流域几千年来农业靠天吃饭的历史。

3 综合治理淮河,满足工农业新形势发展

从20世纪80年代开始,治淮走上了综合治理开发利用的阶段。河南省工农业生产发展的新形势,对治水提出了更高的要求,在综合治理旱、涝、碱的同时,又要满足工业用水、城市生活用水和乡镇企业用水迅速增加的需求。因此,河南省在河道上修建了一批大中型水闸,用以拦蓄地表径流、抗旱灌溉、控制地下水位、补充地下水源、分配用水数量,为工农业增产服务。特别是1991年国务院发布

《进一步治理淮河和太湖的决定》之后,19项治淮骨干工程建设加快实施,把河南治淮事业推向一个新的历史发展阶段。建设水库、滞洪区、灌区、水闸,修筑堤防,打机电井等相继落地实施。与此同时,防汛通讯设施也得到了长足发展,配合水利部淮河水利委员会实施淮河流域防洪调度自动化系统建设,建设以微波通信、移动通信和卫星通信为支撑的流域骨干防汛通讯系统。利用防汛通信网和公共通信网,构成了连接流域内重要水利工程和主要防汛机构的计算机广域网。建立了远程图像实时监控系统和防汛异地会商系统,初步形成流域防洪排涝减灾体系,为淮河流域防洪排涝减灾发挥了重要作用。

至此我们可以看到,前期治淮的思想核心传承了我国历史上治水的思想,总体上是如何以更好的工程体系兴水之利、除水之害,这在本质上就是如何更好地与自然共生,如何更有效地提高水利的生产力。水有多重属性,水既是生命之基、生产之要,同时也有"洪水猛兽"之说。可以看出,因自然和人为因素影响,一个区域的水量一直在丰水和枯水之间呈现不确定性变化,以现有科学知识尚不能完全理解这些变化成因和变化周期。所以我们以前治水主题思想一直是围绕着解决水多和水少的问题。随着我国经济的发展和人类活动的拓展,在防洪除涝、抗旱灌溉方面得到极大提高的同时,我国的水问题仍很严重,尤其是水资源短缺、地下水超采、水生态损害、水环境污染,已成为当前和今后一段时期最主要的水问题,这些问题从本质上看都是人类的错误行为所导致的不良后果。为了与我国经济发展速度相适应,新时代治水思想也必然需要从改变自然、征服自然转向调整人的治水行为、端正人的用水观念、培养人的节水意识,走向以人类为主导的人水和谐的阶段。

4 走可持续发展之路,实现人水和谐共生目标

进入21世纪,面对水资源约束趋紧、水环境污染严重、水生态系统退化的严峻形势,国家提出了人水和谐共生,走可持续发展之路。十八大以后习近平总书记提出"节水优先,空间均衡,系统治理,两手发力"的治水思路,从生态系统整体性出发,坚持山水林田湖草沙一体化保护和系统治理。河南省委、省政府紧紧围绕中央统一部署,作出了以水资源高效利用、水生态系统修复、水环境综合治理、水灾害科学防治为主要内容的"四水同治"的决策,持续提升水灾害防治能力、优化水资源配置、水生态修复、水环境治理,以水资源的可持续利用助推全省经济高质量发展;南水北调、引江济淮、宿鸭湖水库清淤等重大水利工程相继开工建设,进一步提高了重点领域、重点区域供水安全保障;推进水资源消耗总量和强度双控制,实施节水行动方案,大力推进节水型城市创建工作,郑州、平顶山成功创建国家节水型城市,郑州经验在全国推广;构建覆盖省水利厅及市、县级水利部门的计算机网络系统及防汛指挥视频会商系统,实现了水利信息的同网传输,初步建设完成了水土保持信息化网络平台,动态监测实现了全省全覆盖,河湖长制信息管理系统、水资源监控系统等水利应用系统的建设,实现了水利业务、政务的普遍覆盖和应用。

近年,根据智慧社会建设和实际工作需要,国家提出了智慧水利建设,这是水利行业基于可持续发展理念的高技术发展战略,也是适应新时代中国特色社会主义的必然要求。根据国家"十四五"规划纲要,水利部将在2025年建成七大江河数字孪生流域,在重点防洪地区实现预报、预警、预演、预案"四预"系统等智慧水利体系,淮河水利委员会已在推进数字孪生淮河建设试点项目,河南省也将跟着"智慧水利"研究建设步伐,实现新时代河南水利现代化。

回顾70多年的治淮历程,淮河治理从单一的防洪除涝转变为有力保障水安全、节约集约利用水资源、全面改善水生态、有效治理水环境的系统治理,从原始的人拉肩挑转变为机械化、自动化、数字化等高新技术手段治理,从为了生存需要转变为促进淮河流域经济社会高质量发展而治理。时代在

变,思想在变,但治淮的决心不变。治水无止境,在新时代,新一代水利人任重而道远,我们要向水利战线前辈们学习,秉承忠诚、干净、担当、科学、求实、创新的水利行业精神,牢固树立新发展理念,贯彻新思想,遵循新思路,学习新技术,为进一步加快淮河治理而不懈努力,为淮河流域经济建设提供坚强的水利支撑和水安全保障!

[参考文献]

[1] 陈惺.治水无止境[M].北京:中国水利水电出版社,2009.
[2] 河南省人民政府.河南省人民政府关于印发河南省"十四五"水安全保障和水生态环境保护规划的通知[Z].2021.

[作者简介]

李晓莹,女,1985年1月生,副高级工程师,从事水利通信工作,13839436911,86419361@qq.com。

浅析新沂河水文化及传承

何 津

(骆马湖水利管理局灌南河道管理局 江苏 连云港 223500)

摘 要：新沂河是中华人民共和国成立后人工开挖的河道，是沂沭泗水系的重要排洪河道，结束了苏北地区长期饱受洪涝灾害的局面。新沂河从无到有，由建到治，经历了中华人民共和国发展历程上的数个时期，也先后经历导沂整沭司令部直管、地方多部门分管、地方水利部门垂管、设立专职机构专管、交付流域机构统管，工程面貌翻天覆地，防洪标准日趋提升，其内涵丰富的水文化极具研究价值。笔者深感水利行业对水文化的挖掘研究传承不能头重脚轻，只有从基层从青年发起，才能发挥水文化的巨大价值和生命力，才能助力基层解决管理上的沉疴痼疾。本文在浅析新沂河水文化的同时，也结合实际经验，探寻一条适合基层、切实可行、行之有效的水文化传承道路。

关键词：新沂河；历史；水文化；青年培养

1 新沂河建设背景概述

沂、沭、泗水原属淮河水系，沂、沭入泗后再入淮，水系稳定，水患甚少。1194 年，黄河决阳武，侵泗夺淮，夹带的大量泥沙泛滥四溢，不断淤高下游河床，造成水系紊乱。处于下游的苏北平原连年遭受洪水侵扰，每逢大汛，尽成泽国，饿殍遍野，民不聊生。在此背景下，淮河成为中华人民共和国第一条全面系统治理的大河，"导沂整沭"成为中华人民共和国头号水利工程。"导沂整沭"的关键，就是为沂、沭两河挖掘新的入海通道，新沂河伴随着中华人民共和国的成立应运而生，采用"筑堤束水漫滩"形式，使洪水归槽入海，危害苏北大地数百年的沂、沭、泗洪水终于有了泄流通道。

2 新沂河史年代划分

在中华人民共和国成立初的开挖建设时期，新沂河整体均在淮阴专区，跨新安、睢宁、沭阳、宿迁、淮宝、泗阳、邳睢、涟水、淮阴、灌云等县，后各县域逐渐发生变化，1958 年灌云、涟水两县分别划出部分县域成立灌南县，目前新沂河南堤 77+383～145+620 在灌南县境内。本文浅析新沂河史主要着眼于灌南县境内河段，按时间顺序和管理模式的变更划分。第一段为 1949 年至 1953 年，在建设阶段由苏北导沂整沭司令部直管。第二段为 1953 年至 1964 年，由县水利部门、林业部门、村大队等分治。第三段为 1964 年至 1974 年，成立灌南县堤防管理所，负责全县堤防涵闸的管理工作。第四段为 1974 年至 1985 年，对堤管所进行改制，成立新沂河堤防管理所，专职管理新沂河堤防。第五段为 1985 年至今，灌南县新沂河堤防管理所交接至沂沭泗骆马湖管理处，实行流域统管。

2.1 侵泗夺淮洪旱生 导沂整沭功名存(1949—1953 年)

早在 1947 年，党就对鲁南苏北的洪患灾害非常关切，着手编制导沂整沭工程初步方案。1949 年 10 月，在导沭成功经验的基础上，中共苏北区委、苏北人民行政公署、苏北军区司令部提出导沂计划，自骆马湖嶂山起至灌云县堆沟处,新筑两岸堤防232.53公里,河长144公里。1949年11月22日,苏北导沂整沭司令部、政治部在沭阳县成立,11月25日开挖新沂河工程全面开工。原方案中,新沂河计划利用灌河入海,但根据计算,灌河无法承受上游来水,开工当日,华东水利部林平一委员一行来到灌云的岑池、小潮河,至堆沟勘测后,提出新沂河下口应改由燕尾港汇灌河口后入海的意见。

在用工上,因沂沭河遭遇连续第五年洪水,饥荒严重,工地采取"以工代赈"的方式,按受灾程度、工种、工作量发放工资粮,让灾民可以通过做民工解决自身和家人的口粮问题,这一方法不但有效赈灾,也为新沂河工程动员来了大量民工,共计淮北7个县及淮阴军区特务团24.56万人参加施工。虽然当时技术不成熟,经济物资得不到保障,但民工们仅靠着推车、扁担、铁锹、镐头、铁锨、石夯等简陋的工器具,在短短几个月时间内克服连日阴雨等不利因素,完成土方3 800万立方米。

小潮河坝工程是导沂整沭的关键环节、重点工程,经历四次合龙失败后,华东水利部副部长钱正英亲莅工地视察指导,先后借调刘老涧坝、江都归江坝、上海港务局及黄河河务局工程队等单位技工技干来工地协助。中共淮阴区委书记兼导沂司令部司令员李广仁吃住在堤、亲自指挥,终于在1950年4月29日午时成功合龙,赶在1950年汛前顺利完成了导沂整沭第一期工程任务。新沂河开挖当年,就经历了最大流量达2 551 m³/s的五次行洪过程,充分发挥了筑堤束水工程的泄洪作用[1]。

1950年冬起实施二期工程,开挖南偏泓并巩固堤防,同时疏浚周边五图河、一帆河、南六塘河、柴米河等河道,1951年春完工。1952年,在新沂河南北堤上分别兴建盐河南北闸,次年六月竣工,恢复了盐河航道,并可排除新沂河底水,保证沂河淌滩地汛后可种麦。整个"导沂整沭"工程历经5年,至1953年全部竣工。

在中华人民共和国成立之初的艰难时刻建设起来的新沂河,反映了长期饱受洪水肆虐的苏北人民根除水患的迫切期望和强烈决心,验证了江山就是人民,人民就是江山的真谛!

2.2 培修并举固堤坝 管理紊乱权责混(1953—1964年)

新沂河的开挖虽解决了洪水约束能力从无到有的问题,但受施工条件限制没有经过机械碾压,每到大流量行洪时还是险象环生,沿堤乡村也只能倾其所有,耗费大量人力物力,采取人海战术来守卫新沂河堤。

1956年,按行洪流量3 500 m³/s堤顶超高1.5米培修沭阳至海口段南、北堤。1957年,遭遇3 710 m³/s流量的超标准洪水,涉险过关。1958年刚成立的灌南县动员1.35万人,对境内大堤尾闾段25.5千米按新沂河行洪6 000 m³/s标准进行复堤,标准为超高2米,顶宽6米,完成土方216万立方米。1963年遭遇4 150 m³/s的大洪水,又是接近临界点,总算逢凶化吉[2-3]。

新沂河建成后,迎水面由水利部门负责,背水面由农林部门负责,公社一级无管理机构,村大队各自成立小林场,组织不落实,任务不明确,管理紊乱,偷块石、伐树木、搞种植、挖地窖、埋棺材等现象频繁发生。1960年,灌南县发出《对工程管理工作的意见》,但在"浮夸风"的笼罩下,并没有实质性措施。灌南县于1962年10月发布了《保护灌河、新沂河堤的布告》,破坏行为才有所收敛,但时隔不久后,各类破坏行为又死灰复燃,且变本加厉。

这一时期,新沂河的重点在于行洪能力的提升上,堤坡滩地的经营管理单位多而杂,"各匀一杯羹"思想严重,堤身的管理几乎无人问津,无统一管理机构的弊端暴露无遗。

2.3 十年"文革"多动荡 重建轻管险象生(1964—1974年)

为了构建管理队伍,1964年3月20日,灌南县人民委员会批准成立灌南县堤防管理所,驻北陈集大埝口供销站。1966年迁至小潮河闸管理所,实行"两块牌子,一套班子"。"文革"时期,堤防管理工作实际上处于瘫痪状态,破坏堤防安全的事件时有发生,堤顶全是泥泞不堪的土路,行走都很困难,每年汛期行洪堤防险象环生,危急万分。灌南县于1973年11月发出关于《认真保护新沂河大堤》的布告,但缺乏可操作性,加上当时人心涣散,因此实际收效甚微。

新沂河的加固建设并未因"文革"止步。1965年,根据国家计委、水电部批准的"新沂河续建工程总体设计",按10级台风下安全行洪6 000 m³/s标准施工,到1973年结束,总投资4 417万元。

新沂河的管理乱象就如同那个动荡年代的缩影一般,脱离了正常轨道,对周边群众的生产生活秩序造成严重的负面影响。

2.4 堤防管理步正轨　万众一心抗洪魔(1974—1985年)

新沂河管理处的全体职工再也看不下去损毁堤防的各种乱象了,他们拿起笔,于1974年3月10日联名写出一张"'中庸之道'要批深,新沂河管理要斗争"的革命大字报给水电部、国务院,反映新沂河工程管理存在的问题,中央领导极为重视,时任中央政治局委员华国锋作圈阅,国务院副总理李先念作了"应立即检查处理,对人民要耐心教育,保河保堤"的重要指示。

指示传达后,很快引起各级领导和业务部门的高度重视,灌南县委于6月下旬,在张店南闸仓库召开第一次大规模的堤防管理会议,对堤管所进行改制,由县革命委员会确定一位副主任挂帅,由水利部门具体领导,成立"新沂河堤防管理所",形成专职化管理,沿堤公社、大队成立7个管理站和42个管理组,落实了234名护堤人员。根据毛主席"支部建在连队上"的光辉思想,把支部建在堤上,管理所及管理站建立8个党支部和22个党小组,共有党员109人,加强了党对堤防管理工作的领导。会间,对白皂公社李埠、陆湖大队砍伐大堤树木的事件进行了严肃处理,撤职一人,行政拘留二人,并责成有关部门迅速处理其他有关问题,有效地制止了各种破坏事件的发生。当年汛期,由于提标工程加固完成、管护人员调整到位,加上沿堤干群的共同抗击,战胜了实测资料以来历史最大流量6 900 m³/s的洪水。

随着专职机构的完善和护堤队伍的壮大,堤防面貌很快得到提升,堤管所成立宣传队,大张旗鼓地在沿堤乡村、路边田头积极宣传相关法规、护堤公约等,做到家喻户晓,妇孺皆知。1975年2月修订了《新沂河护堤人员守则》、《堤防规则九条》和《水利工程管理通则》,新沂河管理工作逐步走上系统化、规范化轨道,水利管理出现了前所未有的崭新局面。

1974年特大洪水造成堤基严重渗漏,但由于国民经济困难,除险"有案无钱",一直未能实施。1980年11月新沂河大陆湖流沙层渗漏处理工程开工,次年5月竣工。1983年11月,新沂河南堤灌南段按安全行洪6 000 m³/s,争取行洪7 000 m³/s的标准实施除险加固工程,工程采用机械化施工,12月完成竣工验收。

在党中央的关心和支持下,新沂河防洪标准稳步提升,工程面貌持续向好,依法治水管水的基础条件不断具备,而"文革"也在这一时期相继结束,拨乱反正在社会的各个方面逐步展开,反映了我党勇于自我革命的鲜明品质。

2.5 流域统管展新颜　颂歌大美新沂河(1985年至今)

1981年,国务院发文对南四湖和沂沭河水利工程进行统一管理,成立淮委沂沭泗水利工程管理局及下属三个直属局。1985年4月27日至29日,骆马湖管理处同淮阴市水利局开展交接商谈,交接纪要中记载了交接工程现状及存在的主要问题,包括大小陆湖险工的堤基渗漏问题依然存在、存在堤身裂缝、新沂河南北两堤基本无防汛公路问题等。

统管后,新沂河管治工作加速开展。科学规划,合理布局,治滩治碱,治穷治懒,整治滩地变良田、变鱼塘;打破"大锅饭"式的管理制度,扩大经营收入调动护堤员的积极性,交接当年与护堤员开始签订合同,将新沂河国有水土资源承包到户,全面推行承包管理责任制,按照"三包三定"进行管理,即包工程管理、包绿化植被、包警戒水位以下防汛,定职责范围、定工程管理标准、定生产效益指标,同时以定期检查、评分考核来实现奖勤罚懒,有效激发护堤员的竞争意识[4]。管理体制的改变无异于给职工及承包户打了一剂强心针,绿化收益和分成收入大大提高,这是对包产到户的一次大胆尝试,也是对改革开放的积极响应,灌南局也因此成为沂沭泗局首家"五化"堤防达标所。

针对交接时存在的工程问题坚持问题导向。在上级部门的正确领导下,积极争取中央财政经费,运用高科技手段,消除大陆湖堤基渗水、堤防堤身裂缝等隐患。2006—2009年,沂沭泗河东调南下续建新沂河整治工程按50年一遇标准,设计行洪流量7 800 m³/s,对险工隐患进行了加固处理。2019年汛期,灌南局成功防御了台风"利奇马"带来的5 900 m³/s的洪水,检验了堤防防洪标准,交接后,先后15个年份战胜最大流量超3 000 m³/s的较大洪水,有效发挥了新沂河对人民生命财产和地区经济发展的保驾护航作用。

市场化的脚步在21世纪后加快。2005年进行水管体制改革,实行"管养分离",提高管护专业性,修建公路化堤顶路,于2010年实现堤顶路面全面硬化,大大方便了沿堤群众生产出行。新沂河2008年复堤后,栽培了12万余株的防浪林、2 880亩的草皮,初步建成了较为完善的生物防护体系,现按照树木生长情况更新轮伐,成为"绿色银行",创造了巨大的经济价值和环保效益。新沂河的水滋润了两岸土壤,昔日时常一片泽国的河床及两岸滩地已被建成为农业部稻麦绿色高质高效创建万亩示范片、国家级农业公园,金黄麦浪在新沂河两岸及沂河淌内荡漾,灌云、灌南等周边县市均已成为全国闻名的商品粮及蔬菜生产基地,成为"苏北粮仓"。

在一批批干部职工的艰苦奋斗下,灌南局收获了淮委第一个"国家级水管单位"、全国总工会"工人先锋号"、"全国水利文明单位"等众多荣誉,以实实在在的成绩证明了流域管理制度的先进性科学性,在沂沭泗水系最下游大力构建"大美新沂河",积极响应习近平总书记"建设幸福河"的伟大号召。

3 新沂河水文化传承

伴随新中国建设而生的新沂河,其开挖续建加固是一部厚重的水文化史,历史应被人讲述、铭记,对于基层单位而言,学习历史、传承水文化更与业务工作直接挂钩。灌南局大胆尝试,创新机制,在水文化传承中获得了实实在在的效益。

3.1 水文化传承方式

灌南局坚持问题导向和党建引领,把水文化融入党建品牌打造、水利工程标准化管理创建等具体工作中。硬件上,建设水文化室、水文化长廊、模范职工事迹栏、小微景观平台,构建系统的水文化学习阵地。软件上,搜集整理典型职工的先进事迹编制成视频和文章,成为党支部独有的学习素材;制作单位宣传册、宣传片,回顾创业史、奋斗史;编制职工工作手册,融入新沂河概况、历史沿革等应知应会十六条。

在党史学习教育中,灌南局党支部创新开展"谈单位史 论发展路"小讲堂,每期控制在20分钟左右,小讲堂分为"谈单位史"前半部分和"论发展路"后半部分,前半部分主要由了解历史、富有经验的干部职工主讲,结合工作经历从不同角度讲述新沂河开挖史、加固史,单位创建史、奋斗史,后半部分主要由青年职工在学单位史的基础上自选角度谈论单位未来发展,目前已进行六讲,对青年学习历史有很大帮助,活动结束后还将整理课件内容装订成册。

实践出真知,灌南局还大力创造客观条件,做好思想工作,推动青年到一线干事创业,让他们在与沿堤干群接触中面对问题、了解历史、锻炼本领。

3.2 水文化传承效益

管理效益:随着大批老同志的退休,青年职工已成为管理主力军,因为人员招录机制,大多数新职工是应届生、外地人,而基层的工作性质又注定要直接面对沿线村镇干群、承包户,不了解历史、听不懂方言、说不上话这样的尴尬情景比比皆是,管理队伍和管理需求不匹配是基层下一步发展面临的最大瓶颈,学习历史有助于攻克该问题。

政治效益:水文化研究可以为党建提供实质性内容,学习水文化的特色做法也可作为特色自选动作,增加党建成果的亮点,灌南局也在水文化建设助力下于2020年成功创建水利部第一届"水利先锋党支部"。

工程效益:作为水利工程标准化管理的一项重要内容,水文化建设与直管工程下一步建设规划相吻合,是工程面貌提标的重要一环,同时也有助于管理队伍了解水系、险工段等情况。

4 结语

淮河水系、沂沭泗水系河道众多、错综复杂,水文化挖掘潜力巨大,对于管理单位尤其是基层单位更是有重要实际意义。本文仅以新沂河为案例,分析了青年一代研究传承水文化的可行性必要性。笔者也将继续围绕"大美新沂河"品牌红色、生态、安澜、人文、和谐、智慧的具体内涵,在基层一线继续探索水文化传承的有效途径,让党建"红"与水利"蓝"在新沂河交相辉映!

[参考文献]

[1] 苏北导沂整沭工程司令部,政治部.新沂河年鉴第一卷[M].
[2] 江苏省灌南县水利史志编纂委员会.灌南县水利志[M].北京:方志出版社,2000.
[3] 水利部淮河水利委员会沂沭泗水利管理局.沂沭泗河道志[M].北京:中国水利水电出版社,1996.
[4] 王传斌.历史在变迁 灌南局在在巨变[C]//水利部淮河水利委员会沂沭泗水利管理局.沂沭泗水系统一治理统一管理三十年纪念文集.

[作者简介]

何津,男,1991年6月生,现任灌南河道管理局副局长,13961338278,243747714@qq.com。

融媒体视阈下淮河文化的传播策略探究

杜雅坤[1] 杨蕴恒[2]

(1. 水利部淮河水利委员会 安徽 蚌埠 233001;
2. 安徽财经大学马克思主义学院 安徽 蚌埠 233000)

摘 要:淮河文化是中华传统文化的重要组成部分,是凝聚人民精神的重要纽带,是坚定文化自信的重要载体。但当下淮河文化传播渠道较窄,传播效果欠佳。本文通过探究在媒体融合发展的时代背景下淮河文化的传播路径,分析融媒体在淮河文化传播中的作用,提出适应融媒体环境的淮河文化传播策略,希望能够对新阶段淮河文化的传播、传承提供一定的参考。

关键词:淮河文化;融媒体;文化传播

党的十八大以来,党中央、国务院高度重视文化建设,习近平总书记先后就大运河文化保护传承利用作出重要指示批示,对黄河文化保护传承弘扬提出明确要求。为适应新阶段水利高质量发展对水文化建设提出的更高要求,中华人民共和国水利部印发《"十四五"水文化建设规划》。淮河文化是中华传统文化的重要组成部分,是凝聚人民精神的重要纽带,是坚定文化自信的重要载体。在媒体融合发展的时代背景下,数字化、信息化的技术支撑和多元化、交互式的传播形式手段,为淮河文化的传播、传承提供了机遇。

1 淮河文化的传播困境

1.1 "淮河文化"概念的模糊界定

"淮河文化"概念是20世纪80年代由皖北学者率先提出的,而在30多年的研究历程中,"淮河文化"概念在学术界的争议一直不断。淮河处于我国南北气候过渡带,是划分我国南北的重要地理标识,虽然古时为"四渎"之一,尾闾通畅、独流入海,但由于黄河长达600余年的侵淮夺淮,被打乱了原有水系,失去了原有入海通道。一些学者因淮河夹在黄河、长江两条大河之间,便把淮河流域看作黄河流域和长江流域之间的过渡地带,忽视其流域的独立性;在文化研究上,淮河流域早期文化发展也存在争议,一些考古学研究者多将河南的淮河流域与泗水流域归于黄河流域范畴,将淮河两岸及其江淮之间视为:长江、黄河两流域的过渡地带,从而忽视了淮河流域文化形成发展的独特性。

"淮河文化"概念内涵、外延的模糊界定,在一定程度上阻碍了淮河文化的挖掘、保护、传承、利用。但淮河不仅是一条自然河,更是一条历史文化的河流,中原文化、楚文化、吴越文化、齐鲁文化多元文化的交汇碰撞、南北之间的过渡共生、历史环境的沧桑巨变,构成淮河流域独特的区域文化特性;淮河流域历史悠久、人文荟萃,产生了老子、孔子、墨子、庄子、孟子、韩非子等思想家,开放包容的社会环境,使各种思想文化在此交流、碰撞、融合,孕育出深刻影响中华文明进程的思想与睿智哲学。可以说,淮河文化是中国思想文化的代表之一,在中华文化发展和传承中具有特殊的重要地位。

1.2 淮河文化的传播形式存在局限性

在传统文化传播过程中,纸质文献书籍是主要传播载体,博物馆、图书馆、陈列馆等是主要的传播场所,淮河文化的传播也不例外。通过对当当、京东等国内图书交易平台进行内容搜索可以发现,在淮河相关内容的书籍中涉及淮河文化的书籍占比率较低,由此可见,以文献书籍为传播载体的淮河文化,其传播效果势必会受到一定影响。在互联网时代,人们的阅读方式与媒介不断发生变化,转化成电子形式的淮河文化书籍数量也有限,进一步限制了淮河文化的传播。

在传播场所方面,淮河文化的传播展示时常交融在地方、区域的历史文化展陈内容之中,例如在蚌埠博物馆中,淮河历史文化只作为其中一个部分形成展示。近年来,流域内虽有一些水利部门单位,围绕水利工程、淮河治理历程等建设了一批陈列馆、展览室,但总体建设规模较小,参观人数较少,影响力有限。相较于以黄河、长江、大运河等大江大河为展示主题的黄河博物馆、长江非遗博物馆、长江文明馆、大运河博物馆等大型主题展馆,淮河流域缺少以淮河为主题的大型展馆,这也在一定程度上限制了淮河文化的传播。

1.3 群众对淮河文化缺乏认同感

文化是民族的根和魂,是民族生存发展的内在动力和精神源泉永续发展的活力。文化认同是指个人受其所属的群体或文化影响,而对该群体或文化产生的认同感。相较于大家对黄河文化、长江文化等文化符号的认同,对淮河文化的认同感还是相对低的,特别是年轻一代,对于淮河故事、淮河文化、淮河价值的认同相对模糊,对淮河文化缺乏共鸣,是有碍淮河文化传播的一个重要因素。

亘古流淌的淮河承载了历史的辛酸荣辱,书写了文化的兼容并蓄,塑造了淮河人民的精神骨气,镌刻了治淮事业的波澜壮阔,谱写了淮河保护治理的壮丽篇章,淮河文化不仅是中华文明的重要组成部分,更是淮河流域的文化符号,是凝聚人民精神的重要纽带。因此,淮河文化需要丰富传播形式、提升传播力度,激发群众的情感共鸣和文化认同,进而成为增强文化自信的重要载体。

2 融媒体在淮河文化传播中的作用

融媒体不是一个独立的实体媒体,而是把传统媒体与新媒体的优势互为整合,互为利用,使其功能、手段、价值得以全面提升的一种运作模式。利用融媒体进行淮河文化的传播可以起到积极有效的作用。

2.1 有利于拓宽淮河文化资源整合渠道

融媒体的基本属性是在不同的社会群体之间建立起信息传递关系。对淮河文化资源整合而言,媒体融合发展能够为其提供强有力的技术支持,多种媒体形式的交融,也将成为推动淮河文化资源发展的主要动力。融媒体的运用,能够为群众提供丰富多彩的淮河文化内容,使其感受淮河文化的魅力。融媒体通过借助融媒体内容兼容的优势,实现线上线下联动,利用多种不同方式搜集有关淮河自然地理、历史人文、地域风俗、文化遗产、水利景观、淮河保护治理等各种数据、资料,整合淮河文化资源,优化淮河文化内容,以此提升淮河文化的传播面和影响力,为淮河文化更好地传播、传承提供技术支撑。

2.2 有利于助推淮河文化的共享与互动

媒介融合发展下,融媒体资源共享、更新快捷、互动开放的优势不断凸显,新技术应用及多平台跨界合作,构建起立体化传播格局,这为助推淮河文化的传播发展提供了新契机。通过信息化、数字化、网络化技术的应用,将现有淮河文化资源进行充分整合,相关宣传单位、文化场馆、水文化景区等可在信息资源、体制机制等多方面深度融合,实现淮河文化资源的互联共享,并通过利用公众号、微博等新兴媒体,打造淮河文化传播矩阵,提升淮河文化传播力度。

与此同时,融媒体背景下,去中心化的传播格局打破了既有模式,受众既是信息接受者也是信息传播者。据中国互联网络信息中心发布的第49次《中国互联网络发展状况统计报告》显示,截至2021年12月,我国网民使用手机上网的比例达99.7%,随着新媒介受众覆盖扩张,文化资源受众群体也在不断扩大。不同于淮河文化"直给"的传统宣传展现形式,融媒体环境下,淮河文化的传播可以针对受众的个性化需求实现文化信息的精准传播,做到与受众实时互动,为受众带来更优质的文化体验。

2.3 有利于创新淮河文化的表达方式

融媒体时代,以视听为主的叙事方式被更普遍的应用。将新兴技术应用在淮河文化内容表达上,可以将抽象的文化内容以更直观的形式展现,VR、AR、XR等视觉传播技术形式,云端博物馆、数字展览馆等数字展陈形式,微视频、微动漫等视频展现形式,新媒体客户端等内容生产平台、传播媒介……这些都将弥补传统媒体宣传方式的不足,不断丰富和创新淮河文化的表达方式。受众在丰富的文化产品和全景式的文化体验中理解和认知淮河文化的内涵、价值,不断推动淮河文化的传播和传承。

3 融媒体时代淮河文化的传播对策

3.1 内容为王,打造淮河文化品牌

融媒体时代,新媒介方式提高了文化传播的深度、广度,增加了单次信息传播的总量和容量,为淮河文化的传播发展创造了新的机遇。

当前,淮河文化在新媒体端的传播内容繁杂且缺乏新意,要提升传播效果,需要深入挖掘淮河文化的内涵,实现淮河文化元素的提取转译及延伸演变,构建淮河文化的传播符号。例如总结形成以淮河流域文明发展为内容的人文符号、以淮河文化遗产为内容的文物符号、以淮河流域区域经济社会发展为内容的区域符号、以淮河流域产生的先贤诸子和治水名人等为内容的人物符号、以淮河治理过程中提炼的精神为内容的精神符号等等,这些符号既是淮河文化的历史追溯,也实现了文化语境的再生产、再传播;据统计,截至2022年6月,我国短视频用户规模达9.62亿,短视频用户使用率达91.5%,可见受众更偏向于富有感官冲击的光影传播,因此,在淮河文化的传播中,可以借助数字技术和视听语言表达,与主流媒体平台合作,创作可视化的电子读物、影视作品、主题展览和主题景观等一系列视觉设计产品,构建淮河文化系统、多元、立体的视觉形象,打造淮河文化品牌,形成"品牌效应",并利用"沉浸模式"、微端表达以及全息呈现等方式为受众带来沉浸式、交互式、仿真式的情景体验,使受众在享受文化浸润的过程中,增强对淮河文化的价值认同和情感共鸣。

3.2 技术赋能,优化淮河文化传播效果

智能融媒体平台是智能媒体发挥作用的"基础设施"。利用数字化、信息化技术手段建设淮河文

化资源数据库,以区域(淮河流域五省)、文化形态(物质形态、行为制度形态、精神形态)、展现形式(文字、图片、视频素材)等内容对淮河文化资源进行分门别类,实现文化资源整合,构建淮河文化的数据底板;在数据库基础上搭建互联平台,将从事淮河文化保护、研究、展示相关工作的政府部门、高校研究机构、文化景区、展览场馆等单位纳入平台,拓宽淮河文化资源研究成果、保护利用措施等信息的共享交流渠道。

借助人工智能、三维动画、AR、VR等新兴技术,打造形式多样、内容丰富的淮河文化产品,综合利用报纸、网站、客户端等平台以及直播、短视频、H5等形式,开展多媒介、跨平台合作,形成传播矩阵,借助主流媒体平台,提升传播影响力。在文化传播过程中,按照"数据挖掘—用户画像—信息推送"的技术逻辑,及时将个性化、分众化的信息传达给受众,并根据反馈数据,科学地评估文化产品的选题及质量,探索创新更多元的展现形式,及时调整内容生产与传播策略,增强用户黏性,实现传播效果最大化。

3.3 创新管理,培养推动淮河文化传播的复合型人才

融媒体时代,要实现淮河文化的创造性转化、创新性发展,人才储备和机制创新至关重要,不仅需要一批政治素质硬、业务能力强的专业技术人才,更需要掌握新媒体技术和融媒体传播规律的复合型人才。

在淮河文化研究领域,注重提升研究人员的学术研究水平和多学科联合攻关能力,加强淮河文化价值研究,深入挖掘淮河文化蕴含的丰厚内涵、系统阐释淮河文化的时代新意;联合区域间的人才力量,建立淮河文化发掘、保护、传承、利用人才协作机制,成立淮河文化研究协会,定期组织开展淮河文化实地调查研究,召开淮河文化研讨会等,营造淮河文化研究的浓厚氛围。

在淮河文化传播领域,注重培养宣传人员的信息技术能力与宣传推广能力,熟练掌握文案写作、视频拍摄剪辑等业务知识技能,在坚持专业内容生产前提下,顺应新媒介传播规律,借鉴商业化网络媒体的"破圈"逻辑,为淮河文化融入时代新元素,打造群众关注度高的热门活动,制作广为传播的现象级作品,讲好淮河故事,让淮河文化成为广大群众喜闻乐见的文化内容。

[参考文献]

[1] 陈立柱.淮河文化研究的现状与反省[J].学术界,2016(9):153-166.
[2] 陈立柱,洪永平.浅谈"淮河文化"概念[J].学术界,2006(4):183-188.
[3] 胡焕龙.淮河文化精神结构与历史蜕变考察[J].学术界,2021(2):16-31.
[4] 中国互联网络信息中心.中国互联网络发展状况统计报告[R].2022.
[5] 王佳.新发展理念下媒体深度融合的实践逻辑与发展方向[J].编辑学刊,2022(4):66-70.
[6] 刘嘉.全媒体时代传统文化的传播创新[J].传媒,2019(9):75-77.
[7] 周静宜.智能融媒体平台推进媒体深度融合探析[J].传媒,2022(3):31-34.

[作者简介]

杜雅坤,女,1990年10月生,淮河水利委员会治淮档案馆(治淮宣传中心)编辑,15855798809,954207976@qq.com。

杨蕴恒,男,1990年8月生,安徽财经大学马克思主义学院,研究生,18096556978,952495884@qq.com。

挖掘治淮文化　弘扬治淮精神

贾学松

(淮河水利委员会水文局(信息中心)　安徽 蚌埠　233001)

摘　要：几千年来,淮河儿女在除水害、兴水利的过程中,不仅积累了丰富的治水经验,创造出灿烂的水文化,而且孕育出具有强大号召力的治水精神。当前,站在实现"两个一百年"奋斗目标的历史交汇点,我国已进入新发展阶段,国家信息化战略和治水方略的重大布局、水安全保障的迫切需求、强化流域治理管理以及信息技术的快速发展,都对智慧水利和数字孪生流域建设提出了新的更高要求。

关键词：水文化；淮河；治淮；精神

1 挖掘治淮文化,展示治淮魅力

淮河地处中原腹地,北临黄河,南靠长江,地理位置十分重要。淮河是新中国第一条全面系统治理的大河。淮河文化始于治水。治淮文化是人们在治理淮河过程中形成的思想观念的总和,是治淮人宝贵的精神财富。淮河水系的分布和变迁,既是大自然的鬼斧神工,更离不开治淮人的艰苦拼搏。自大禹导淮至今已4 000多年,淮河儿女在与水长期抗争中积累了丰富的治水经验,创造了灿烂的治淮文化。

1.1 以"大禹治水"为代表的古代治淮文化

淮河古称淮水,与长江、黄河、济水齐名,合称"四渎"。在治理淮河的漫长岁月中,形成了大量丰富的历史典籍,从先秦的诸子百家到中国历代的二十五史,从《禹贡》到明清的地方志,都可以找到有关淮河水利和水害的记载。

远在原始社会的末期,就有大禹三至桐柏治淮的传说。大禹在治水中采取"高高下下",疏导归下,辅以湖泊蓄水的方法,以分判水陆,使陆地种植五谷,水地养鱼虾,通舟楫。治水过程中,八年于外,三过家门而不入。至今在涂山坡还矗立着一块天然石像,相传是大禹的妻子涂山氏,念夫心切,终日伫立,故名"望夫石"。淮河很多地方被视为大禹治淮遗址,例如蚌埠禹会区境内的涂山一带。

大禹治水不畏艰险、公而忘私,大禹精神是中华民族高尚精神的象征。大禹文化作为中华民族文化的重要组成部分,一直影响了几千年的文化发展。淮河和运河几千年的水利发展史,是一部中华民族同自然灾害作斗争的壮丽史诗,谱写了一曲充满淮河流域劳动人民智慧和创造性的光辉乐章。

1.2 以"蓄洪兼筹"为方针的当代治淮文化

由于淮河流域处于我国地理位置和气候的南北过渡带,自然条件复杂,社会经济发展缓慢,1950年10月14日,当时的中央人民政府政务院颁布《关于治理淮河的决定》,确定了"蓄泄兼筹"治淮方针。1951年,毛泽东题词"一定要把淮河修好"。70多年来,党和国家始终把淮河作为全国江河治理的重点,先后12次召开治淮会议,对淮河治理作出一系列重大决策部署;编制了5轮淮河流域综合规划,规划治淮发展蓝图;持续稳定加大投入,掀起了三次大规模治淮高潮,不断推进淮河保护治理体系与治理能力现代化。

淮河治理现代化衍生了更多的生态自然保护区、生态旅游休闲区。其中,淮河蚌埠闸水利风景区是一个集多种功能为一体的综合型水利风景区,也是淮河风情游中的第一个国家4A级水利风景区。

当代治淮人始终坚持"蓄泄兼筹"的治淮方针,始终坚持尊重自然、尊重科学的治淮思路,充分认识淮河流域气候地理、河流水系和经济社会发展的规律,使治淮的各项举措更贴近实际、贴近需求。今日的淮河流域,已经是全国重要的粮、棉、油生产基地和能源基地;今日的沿淮人民,不仅远离洪水威胁,更实现了安居乐业。

2 弘扬治淮精神,塑造治淮形象

淮河的形象有其十分光辉的一面,历代就有"走千走万,不如淮河两岸"的民谚,中华人民共和国成立不久,就有《淮河两岸鲜花开》的名曲。但由于淮河流域水旱频发,淮河又有"十年倒有九年荒,身背花鼓走四方"的苦难写照。经过70年的治理开发,淮河已然变成流域经济发展的"命脉河",成为流域的"幸福河"。淮河形象的重塑离不开伟大的治淮精神。

2.1 顾全大局的奉献精神

从大禹治水"三过家门而不入"开始,泱泱淮水一直生动讲述着淮河儿女"顾大局、保大家"的奉献精神。新中国成立以来,"千里淮河第一闸"——王家坝,多次分洪保障淮河中下游安全,锤炼出感人肺腑、令人景仰的"王家坝"精神。为拦蓄大别山区洪水,兴修佛子岭、梅山、磨子潭、响洪甸、龙河口五大水库,建成灌溉1 000万亩的特大型淠史杭灌区,几十万群众抛家舍业、迁徙他乡,为淮河治理作出了巨大牺牲。

弘扬顾全大局的奉献精神,就是要敢于担当作为、勇于奉献牺牲。

2.2 不屈不挠的奋斗精神

淮河流域曾经是富足的鱼米之乡,但长期为灾害所困。其"两头高,中间低"的独特地形,暴雨集中、历时长、强度大的气候特点,使淮河成为中国历史上最难治理的河流之一,一度被老百姓称为"坏河"。新中国成立后,党带领淮河两岸人民展开了不屈不挠、如火如荼的治淮斗争,推动了从"约束洪水""控制洪水"到"管理洪水""人水和谐"的转变,实现淮河安澜、人民安居乐业。在战胜灾难、治理淮河的过程中,锻造出淮河人民面对激流而奋发有为、历经磨难而自强不息的精神。

弘扬不屈不挠的奋斗精神,就是要愈挫愈奋,愈战愈勇。

2.3 勇于开拓的创新精神

72年的治淮历程,充满艰辛探索,积累了很多宝贵经验。在艰难曲折的治淮实践中,坚持以人为人,转变观念,大胆实践,着力从工程水利向资源水利、可持续发展水利转变,不断创新治淮工作理念,努力推进从单纯控制洪水向有效管理洪水转变。2007年淮河防汛抗洪,是在推进由控制洪水向管理洪水转变进程中的一次生动实践,体现了以人为本、尊重自然规律、人与自然和谐相处的现代防洪理念。实践证明,在创新中发展,在尝试中提高,敢于突破和勇于创新,推动了治淮工作的新进展。

弘扬勇于开拓的创新精神,就是要敢于突破尝试,勇于攻坚创新。

3 创新治淮技术，推进治淮事业

面向淮河保护治理实际需求，瞄准流域系统治理研究前沿，深入开展宏观战略研究和应用基础研究，力争在重大科技平台建设、重大原创成果产出方面取得突破，用伟大的治淮精神与创新的治淮技术，推进治淮事业的发展。

3.1 健全流域水旱灾害综合防御体系

70多年来，新中国治淮始终秉承"蓄泄兼筹"方针，坚持上中下游系统治理。在上游，兴建佛子岭、梅山、燕山、板桥等水库，控制面积和防洪库容大幅度增加，有效提高了拦蓄洪水的能力。在中游，建成临淮岗洪水控制工程，实施河道整治，兴修加固淮北大堤等重要堤防及淮南、蚌埠等城市圈堤，建设蒙洼、姜唐湖等干支流行蓄洪区。开挖怀洪新河、茨淮新河等人工河道，治理涡河、史灌河等重要支流，有效提升了蓄洪、滞洪和分泄洪水的能力。在下游，加固洪泽湖大堤，实施入江水道、分淮入沂整治，完成淮河入海水道近期工程，实施沂沭泗河洪水东调南下工程，不断巩固和扩大入江入海能力。这些工程的兴建，使淮河流域的水旱灾害防御能力有了前所未有的提升。淮河防御洪水已由人海防守战术转变为科学调度水利工程的从容应对局面。

3.2 优化流域水资源配置体系

优化完善水资源配置格局，加强供水安全风险应对，依托国家水网建设，逐步建成丰枯调剂、联合调配的流域水资源配置和城乡供水安全保障体系。全面完成引江济淮、加快推进南水北调东线二期工程等重大跨流域调水工程建设。开展蓄水湖泊控制水位优化调整研究，逐步织密骨干水网、区域水网体系，提升流域水系互联互通水平，增强洪水调度、水资源调配、应急生态补水和改善河流水动力条件等综合能力。加快大型灌区建设及续建配套与现代化改造，推进农业节水，积极发展高效农业节水灌溉；推进农村供水提档升级，加快推进农村供水城乡一体化、水源地表化。加强上游生态修复和涵养，开展水土流失综合治理，实施小流域综合治理及生态清洁型小流域建设。推进沿淮干支流及洪泽湖、骆马湖等重要河湖生态治理与修复。

3.3 推进数字孪生淮河建设

加快推进数字孪生淮河建设，进一步完善雨情、水情、工情监测站网覆盖和信息感知体系，以自然地理、干支流水系、水利工程、经济社会信息为主要内容，对物理流域进行数字化映射，构建数字孪生流域，实现动态实时信息交互和深度融合。构建模拟仿真平台，全力支撑防洪"四预"模拟仿真，提升洪水预报调度的信息化、数字化、智能化水平，努力实现及时准确预报、全面精准预警、同步仿真预演和精细数字预案，构建流域智慧防洪体系，为流域水利工程安全运行和优化调度提供超前、快速、精准的决策支持，进一步提升淮河流域水旱灾害防御能力。

社会在发展，时代在进步，治淮文化源远流长，深入人心，治淮精神在传承中创新，持续推动治淮事业灿烂发展。

[参考文献]

[1] 杨新宇,苟志琳.推动新时代淮河文化的创造性转化与创新性发展——"淮河文化的传承与创新"全国学术研讨

会综述[J].阜阳师范大学学报(社会科学版),2022(2):30-34.

[2] 李梦雅,王多梅.浅谈讲好治淮故事在发扬淮河文化中的独特作用和举措[J].治淮,2021(3):63-64.

[3] 梁家贵.新时期淮河文化的核心:王家坝精神及其时代价值[J].阜阳师范大学学报(社会科学版),2020(4):1-6.

[4] 方柳青.淮河文化特色与传播研究[J].中国多媒体与网络教学学报(上旬刊),2018(4):47-48.

[作者简介]

贾学松,男,1990年11月生,科员(工程师),从事网络信息化工作,18705527992,jxs@hrc.gov.cn。

水文文化建设实践与思考

王琳琳

(淮委水文局(信息中心)　安徽 蚌埠　233001)

摘　要：水文文化作为水文化的重要组成部分，是历代水文工作者在长期水文实践中积累的精神财富，是水文事业发展的重要成果，是水文行业文明程度的重要标志。开展水文文化建设，对推动新阶段水文和水利事业高质量发展意义重大。本文结合单位水文文化建设的实践，思考提出推进水文文化建设的意见和建议。

关键词：水文；文化建设；实践；思考

文化兴则国运兴，文化强则民族强。水文文化作为水文化的重要组成部分，是历代水文工作者在长期水文实践中积累的精神财富，是水文事业发展的重要成果，更是代表水文行业文明程度的重要标志。开展水文文化建设，对于传承水文精神，凝聚水文力量，铸造水文灵魂，塑造水文形象，推动新阶段水文和水利事业高质量发展意义重大。

1　水文文化的内涵

水文文化源远流长，水文石刻是最早的水文文化表现。可以说，水文文化是水文人在长期的工作实践中，伴随着认识水、利用水、开发水、保护水、治理水和鉴赏水的过程，形成的具有自身特色的物质文化、制度文化和精神文化的总和。作为一种行业文化，水文文化从本质上来说就是关于水文与水、水文与人、水文与社会之间关系的文化。其内涵主要体现在三个方面：一是水文行业的物质实体等表层文化，主要包括站容站貌、水文设施设备、办公环境等；二是水文行业的制度文化等中层文化，如水文人的行为准则、办事规程和管理制度等；三是水文行业的精神文化等深层文化，如工作实践中形成的价值追求、管理理念、职业道德、精神文明建设等。水文文化是水文行业的灵魂，集中体现了水文的主体价值和精神风貌，是水文凝聚力和创造力的重要源泉，也是增强水文核心力的重要因素。

2　水文文化建设的重要性

2.1　推进水文事业发展的重要保障

《中华人民共和国水文条例》指出："水文事业是国民经济和社会发展的基础性公益事业。"新发展阶段，经济社会发展对水文提出了新的更高的要求，水利改革与发展赋予了水文更重的任务，水文事业作为水利的技术支撑和服务社会的基础性公益事业，必将迎来新的发展。作为水文软实力核心的水文文化，成为推动水文事业发展的重要保障。通过开展水文文化建设，进一步提升水文发展理念，拓宽水文工作思路，扩大水文服务领域，增强水文支撑能力，进而有力推进新阶段水文事业可持续发展。

2.2 增强水文职工凝聚力的重要途径

水文文化本身就是一种凝聚力,具有丰富的精神内涵和强大的精神力量,可以"内聚人心"。通过水文文化建设,一是能够形成单位共同的精神理念、价值追求、理想愿景,使职工把自己的命运与水文事业紧密联系在一起,形成感情融洽的共同体;二是能够激发水文职工的积极性、创造性和主动性,促进职工发挥聪明才智,为水文事业和水利事业的发展提供激励力量;三是能够营造积极健康的文化舆论氛围,引导全体职工心往一处想、劲往一处使,形成奋发有为、积极向上的良好工作氛围,增强凝聚合力,促进水文事业良性发展。

2.3 提升水文社会地位的重要手段

水文文化建设立足于水文行业,把坚持和丰富自身特色作为保持水文文化旺盛生命力的关键,其中的制度文化和精神文化具有一定的约束作用,通过各种规章制度、行为准则、道德规范等,约束和规范水文职工的思想和行为,对内可以形成良好的职业道德,对外可以树立良好的水文形象。通过水文文化建设,不断把文化优势转化为水文的服务优势、效益优势和发展优势,充分发挥水文文化在构建水文核心竞争力上的独特作用,成为"外塑形象"、提升水文社会地位的重要手段。

3 水文文化建设的实践

水文文化建设关系到水文事业的可持续发展。作为流域水文机构,淮委水文局(信息中心)始终高度重视水文文化建设,结合水文行业的特点和发展方向,充分发挥文化对水文工作的促进作用,使文化建设融入水文职工的思想和行动,不断规范流域水文工作,拓展水文社会公共服务能力,更好地发挥文化建设推动新阶段水文和水利事业高质量发展的文化效应。

3.1 推进水利工程与文化的融合,展现水文物质文化

水利部《"十四五"水文化建设规划》中强调要"着力推进水利工程与文化融合"。淮委水文局(信息中心)严格落实水文化建设相关要求,在流域省界断面水资源监测站建设过程中,充分考虑水文工程与水文文化的有机融合,以水工程为体,以水文化为魂,进一步展示和丰富现有水文工程的文化内涵和艺术美感。例如,位于江苏徐州境内的燕桥水文站,其站名源于下游172 m处的燕桥古桥,在水文站的建设过程中,统筹考虑站与桥的和谐,站点外观采用仿明清建筑设计,做到有机融入燕桥古桥,实现了站与桥的遥相呼应、相辅相成,充分体现了"站桥合一"的理念。工程建设中又充分运用现代水文信息采集技术,落实最严格水资源管理制度,加强对河流水资源的管理和保护,为燕桥古桥注入新的生命力,实现了水工程与水文化的有机融合,成功打造"站桥合一"的水工程景观文化。

3.2 完善水文行业制度规范,体现水文制度文化

《中华人民共和国水文条例》的颁布实施,填补了我国水文立法上的空白,标志着水文事业进入了有法可依、规范管理的新阶段。为加强行业和人员管理,淮委水文局(信息中心)也相继制定出台、修订完善了业务、政务等方面管理制度,并将这些制度进行汇编,强化制度的执行,实现用制度管人、管事,不断推进水文行业管理向规范化和法治化管理转变,体现了水文制度文化的特色。随着水利行业水文标识的启用,淮委水文局(信息中心)全力打造统一的水文形象标识系统,在各水文监测站点加强

对水文标识、水文测站标牌的宣传推广和使用保护力度,逐步丰富和完善水文视觉识别各要素,并在测站内部醒目位置悬挂规章制度,如省界断面水文站运行管理制度、安全生产管理制度、设备操作规程、ADCP测流规范等,进一步营造浓厚的制度文化环境,塑造水文行业良好形象,增强社会的认知度和美誉度。

3.3 打造独具特色的流域水文文化,丰富水文精神文化

淮委水文局(信息中心)始终坚定"强基础、上水平、成事业、惠民生"的发展目标,坚持以技术支撑为主体、水文测报预报和水利信息化为两翼的"一体两翼"发展模式,坚持抓党建促业务、抓科研促发展的"四轮驱动"管理思路,努力推动事业朝着"绿色+智慧"方向发展,为治淮和经济社会发展提供越来越全面的技术支撑。通过多年的努力,形成了兼具行业和流域特色的水文文化,一是淮河水文精神:求实进取、科学预报、团结奉献、服务治淮;二是管理理念:以人为本、科学管理、精兵强将、优质服务;三是人才理念:敢干事的人有环境,想干事的人有平台,能干事的人有激励;四是执行文化:多一点发现、多一点思考、多一点创新;五是安全文化:安全第一、预防为主、科学发展。这些独具特色的行业文化的提炼和培育,已经深入融合到水文业务工作中,成为水文干部职工的精神支柱,也为淮河保护治理高质量发展提供了精神力量。

4 思考与建议

相对于水文业务工作的快速发展,水文文化建设还存在薄弱环节。比如,对水文文化的内涵缺乏科学系统认识,一定程度上存在"重业务发展,轻文化建设"的现象;水文职工自身对水文文化重视和参与度不足,导致水文文化宣传力度不够,水文和水文文化的社会影响力不高;组织开展文化活动内容和形式不够丰富,未能较好体现单位特色,等等。水文文化建设是一项长期系统工程,建设和发展任务任重道远。

4.1 加强组织领导,统筹水文文化建设

水文文化建设是水文事业发展的深层推动力。要把水文文化建设列入单位发展总体规划,加强组织领导,加大资金支持,为文化建设提供有力的组织保障和物质保障。结合单位实际,可统筹考虑制定本单位的水文文化建设实施方案,确定水文文化建设重点工作,细化年度工作任务,明确责任分工,确保水文文化建设任务落到实处,起到实效,进一步发挥水文文化在水文事业高质量发展中的推动作用。

4.2 加大宣传培训,扩大水文文化影响

水文是防汛的"耳目"、御洪的"尖兵",这是社会对水文工作的一种认知,水文文化同样需要社会的关注和认可。通过加大宣传培训,对内进一步提高水文职工对水文文化的认知度、关注度和参与度,使每一位职工成为水文文化建设的参与者和推广者,不断凝聚水文人的智慧、力量和勇气,进而培养一支高素质的水文职工队伍;对外充分利用各类宣传载体和宣传形式,多角度、全方位的宣传水文文化建设,打造具有单位特色的文化品牌,树立水文行业形象,不断扩大水文行业在社会的影响力和竞争力。

4.3 开展特色活动,丰富水文文化生活

归属感是人的基本需求。关爱职工,不断丰富职工文化生活,也是水文文化建设的一项重要工

作。通过组织开展丰富多彩且具有水文特色的文体活动、技能竞赛活动等,可以提升职工的精神境界、生活品质和审美情趣,调动职工的积极性、创造性,营造轻松愉快、健康向上的和谐工作氛围,促进水文文化和水文工作共同良性发展。

进入新发展阶段,面对新的形势、任务和要求,水文工作和水文文化建设均须与时俱进,开拓创新,进一步树立精品意识,拓展水文文化建设领域,提升水文文化水平档次,以高品质的水文文化推动水文和水利工作的高质量发展。

[参考文献]

[1] 王冬梅,曹雪峰,崔玉静.水文文化建设的任务及建议[J].山东水利,2013(6):29-30.
[2] 许仁康.加强水文文化建设的探索[J].江苏水利,2014(4):47-48.
[3] 李海燕,吴静敏.关于水文文化及其体系建设的思考[J].低碳世界,2016(15):85-86.
[4] 刘素云.加强水文基层单位文化建设的研究[J].江苏水利,2015(1):46-48.
[5] 吕兰军.水文文化建设的几点思考[J].水利发展研究,2012(5):75-78.

[作者简介]

王琳琳,女,1981年4月生,淮委水文局(信息中心)办公室副主任,高级政工师,主要从事综合政务工作,13505624600,wll@hrc.gov.cn。

浅析淮河水文化建设的内涵及功能价值

王园园[1] 杨 洋[2]

(1. 周口市水利规划院 河南 周口 466000;
2. 周口市水利局 河南 周口 466000)

摘 要：水利工程是关系到国家建设社会发展的宏观重点工程，传统的水利工程与现代水利工程建设的典型差异，主要表现在水利工程建设中文化建设内容的融入以及文化建设功能价值的体现。淮河的水文化内涵和价值具有丰富性和多元性的特征，是非常珍贵的文化遗产。本文立足于淮河水文化建设的内涵以及功能价值进行分析，以便在针对性的分析研究中明确淮河水文化建设的价值，从功能性文化传播价值等多个角度对淮河水域的水利工程建设以及文化内涵进行分析和研究。以便更深层次地体会水利工程建设对于社会发展和经济建设的重要作用。

关键词：淮河；水文化建设；内涵分析；表现形式；功能价值

1 淮河水文化内涵分析

淮河水文化内涵的分析中，应当分为两个基本层次进行分析和研究。首先，水文化是淮河水文化内涵分析的基础，在我国的传统文化体系中，水文化主要是指依托水为载体的一系列实践活动中所产生的文化认知、文化现象的综合体。从民族文化维度上来讲，水文化是具有综合性的文化主体。在水文化的结构中不仅包括了水文化本身，也包含了人与水之间所产生的密切关系。当水作为独立的物质与人们的生产劳动产生联系后，人们就会对水的功能特点以及水给人们带来的主观感受进行思考和分析，水在这时就有了更加深刻的利用价值，古代的水资源利用、河道治理的实践就是人们对水文化进行探索和利用的典型代表。因此，水文化从本质上来说是由人这一主体带动而来的一种具有丰富性的文化主体[1]。在初步了解了水文化的内涵后，可进一步深入到本文探讨的淮河水文化内涵的角度进行分析。具体来说，淮河水文化强调的是以淮河水为主体的一系列人与水资源产生的文化活动和联系的现象。淮河水文化从基本特征上来讲，受到淮河流域自然环境条件、人们风俗习惯等多方面因素的影响，形成了具有显著特色的水文化内涵。从地理结构上来说，淮河地处我国东部地区的重要区域，并且养育着生活在东部平原上的世世代代的人们。从现代文化内涵的角度分析，淮河水文化也是现代社会背景下我国水资源治理、农业发展、水利工程建设中非常具有代表性的成果。

2 水文化的基本表现形式分析

水文化内涵的丰富性意味着水文化本身会有多种不同类型的表现形式。不同类型的水文化从本质上来说都是对综合性区域内水文化的呈现和反映。了解不同维度的水文化表现形式，是进一步挖掘水文化内涵的基础条件。

2.1 以表层形态为表现形式的水文化

以表层形态为表现形式的水文化以水利工程为代表。在淮河流域的发展历史中,水利工程建设也有非常悠久的历史。最早可追溯到春秋战国时期,淮河流域的诸侯国为了在争霸中占据有利地位,通过新建水利工程的方式为战争提供服务,同时也意在利用水利工程打通淮河流域的相关通道,促使淮河流域的水利工程能够在实践中发挥出应有的作用[2]。回归到古代的实际需求上来讲,这一时期的淮河水利工程建设主要是为了满足农田灌溉以及人工运河的实际需求。除了独立的水利工程建设外,淮河水文化的表层形态形式还在于水利景区的建设,水利景区的建设主要是为了从精神和文化层面满足居民的实际需求。在淮河流域的水利景区建设中,蚌埠市的淮河蚌埠闸水利工程风景区可作为典型代表,该景区的建设不仅从自然环境条件的角度实现了美化和完善,也为当地生态环境的建设和完善提供了一定的支持,还融合了一部分文化元素,将景区内的涂山作为文化内涵集中体现的标志自然景观,以大禹治水这一经典故事为主题,更加凸显出了水利工程建设在古代的功能性特征以及在现代的文化传承传播功能[3]。

2.2 以深层形态为表现形式的水文化分析

以深层形态为表现形式的水文化包括了水利文化与生态文化两方面内容。首先,水利文化在淮河流域最早起源于隋唐时期,从南北大运河这一大型工程建设开展以来,长江、淮河、黄河三大水系就得到了有效的沟通。运河的出现也促进了阶段性的区域经济发展,而经济发展带来的积极作用一直延续到北宋王朝,当时的京都汴梁就成为了天下富商的聚居之地。从水利文化延伸的传统文化方面来讲,张择端所绘制的《清明上河图》正是当时开封府由于运河的建设和发展带来的经济发展的繁荣景象的局部呈现。其次,就生态文化方面来讲,主要包括了淮水活动、淮河管理以及法律法规的针对性建设三方面。例如,在淮水活动方面的文化体现上,淮河时而温柔静谧,时而波涛汹涌,在淮河水流趋势变化的过程中也衍生出了人们对淮河水给予精神寄托的民俗文化[4]。例如,祭祀河神、祈求降雨都是人们围绕淮河这条赖以生存的河流所进行的文化活动。而从淮河管理的角度上来说,淮河水的基本功能集中在农业畜牧业发展中的用水以及城市供水方面。从传统文化的角度上来讲,淮河水域主要承担水上运输功能,因此,淮河管理的侧重点也集中在充分发挥出淮河上述基本功能方面,现阶段主要通过建立水利工程的专属委员会,并且组织当地的干部进行管理和维护,为更好的发挥出淮河水在现代环境下的运输灌溉等积极作用提供帮助。法律法规方面的文化主要是指淮河所在的安徽地区通过颁布专项的水利工程治理条例和相关规范为淮河的长期管理和针对性治理工作提供重要的参考,并将淮河水的治理工作纳入到整个区域的经济发展和生态文明建设的工作内容体系中。

3 淮河水文化的功能价值分析

淮河水文化的功能价值分析工作的开展意在从历史文化维度和实践应用维度对淮河水文化的听证功能进行分析和研究,促使淮河水文化的价值研究更加具有方向性和针对性。同时,对淮河水文化价值功能的分析,也能够为未来的淮河流域经济发展、水利工程建设以及水文化传承传播奠定一定的基础。

3.1 整合功能分析

无论是对于淮河的治理还是对于淮河文化的传播来说,群体成员的实践行动所发挥的作用是非常突出的。不同的个体会结合自身的需求以及真实的情境对淮河水文化产生个性化的理解,并进一步付诸于实践行动,文化是其进行沟通交流的重要依托载体,当文化实现共享时,沟通的有效性也能进一步地提升,双方的合作或群体与群体间的合作关系也就能够有效达成。具体来说,淮河水文化的整合作用表现在以下两个方面。一是通过对水文化的研究将文化作为基础载体,分别对漫长发展历史进程中人们对淮河文化的研究以及水利工程建设水利科技发展情况以及水利工程建设中文化维度产生的诗词歌赋、书画摄影作品等各种类型的元素实现有效的整合,围绕淮河水形成了独特且具有丰富性的文化体系。二是通过对淮河流域水文化的整合将淮河流域的传统文化与其他文化联动融合[5]。例如水文化与当地的风俗习惯、饮食文化的结合有利于凸显出水在人们饮食中的重要作用。除此之外,农业生产灌溉文化与水文化的融合也是其整合功能体现的一个重要方面。对于淮河水的治理以及淮河水文化的传播来说,整合多种不同类型的资源并且发挥出不同类型资源的积极作用是整合淮河水文化,并且发挥出其文化宣传作用的重要途径。不同类型文化载体的相互融合本身也是一种针对性的整合表现,能够进一步促进文化交流和资源共享。

3.2 引导功能分析

文化作为具有综合性和发散性的载体,对于群众的引导作用非常显著。在现代社会背景下,文化引导所发挥的作用也非常重要。在淮河流域的水文化建设和传承的过程中,文化共享、文化引导都是提升淮河水流域文化传播有效性、帮助人们更加深刻的学习和了解到淮河水文化的重要途径。从文化传播和文化建设的角度上来说,利用文化载体或丰富的文化内涵进行舆论和文化氛围的引导,也有利于树立淮河流域良好的水文化形象,使得淮河流域的水文化进一步升华为当地群众的精神风貌、民俗文化、传统文化的载体和代表,发挥出以淮河水文化为核心的文化引导作用。对于当地居民来说,针对性的淮河水文化建设也能够增强区域群众的文化自信以及对地区性传统文化的认同感。从地区文化建设的角度上来说,当一个地区的文化氛围更加浓厚,且文化载体的形象更加鲜明而突出,也有利于激发当地民众立足于文化传承和文化保护从而更好地投身到淮河水利工程建设、水文化载体完善建设的工作中,这最终也能够为地区性的水利资源开发利用以及环境保护工作起到针对性的促进和辅助作用[6]。

3.3 规范化功能分析

规范化的功能分析主要是指依托文化来源于生活的典型特征,应用文化的系统性和指向性对人民群众的行为方式、思想状态、精神状态进行一定程度的约束和指导。当区域性的文化能够与人们的日常生活实现紧密的关联,则也意味着人们对区域性特色文化的认同感和依从性同步得到了提升。因此,在区域经济发展社会管理的过程中,应当充分利用来源于日常生活的文化元素的约束和规范功能,依托深入人心的规范载体和元素,促使一系列的水文化活动在规范性和实效性上得到提升。从制定具体的规范化内容的角度来说,水文化的规范功能在制度层面主要体现在以下两个方面。首先,依托淮河治理和流域管理的工作开展情况制定区域特色的规章制度、法律法规,对违反水文化建设或水利工程治理的行为进行约束和控制。在这个过程中,文化规范功能具有一定的强制性,情感色彩相对比较淡薄,但在规范功能的发挥效果上更加突出。这与具体的制度规范的强制性有一定的关系。其次,通过文化和情感维度的引导,以总结分析为基础,通过规范性的总结分析得出人们在长期从事水事活动的过程中形成的自然习惯、思想认知以及行为规范等。将水利工程建设的质量、水文化传播的质量以及淮河流域经济发展的状态作为这种文化约束规范功能发挥效果的检验标准。以水利工程工作者和水域治理工作者为代表,通过文化维度的规则遵守和工作模式推进,促使淮河流域的水文化建设在规范性功能的效果作用发挥方面达到更加良好的状态。

3.4 文化传承功能的分析

文化传承在水利工程建设、水文化建设中发挥着非常重要的作用，文化本身也具有传承的价值和意义。从淮河水文化的传承功能上来讲，其悠久的发展历史和深刻的文化内涵都为淮河水文化的传播和推广奠定了一定的基础，同时，也形成了非常鲜明的水文化建设与实践成果，这是淮河流域传统水文化传承发扬过程中所积累的典型优势。作为区域的管理者以及淮河流域的人民群众，应当立足于淮河水文化丰富的文化内涵与悠久的发展历史，通过加大宣传推广力度、丰富水文化宣传推广形式为水文化的推广以及文化传承功能的发挥奠定一定的基础。对于传承者和管理者来说，应积极形成协同合作关系，结合淮河流域的发展历史以及现代化的社会主义建设成果，从文化传承、功能传承、水利工程建设技术和思想意识传承等多方面入手实现文化传承；立足于文化这一词汇的丰富内涵，从多个不同的角度促使淮河水文化在历史维度和现代社会发展维度都体现出文化传承的价值和意义。

4 结束语

综合本文的分析可知，淮河水文化建设的内涵具有丰富性，且在不同的历史发展时期也呈现出不同的内容侧重点。借助淮河水文化内涵的深刻性与丰富性，可结合实际对淮河水文化的应用功能价值进行进一步的分析研究。本文分别从历史文化价值以及现代建设实践价值两方面入手深入进行分析研究，为发挥出淮河水文化的积极作用、体现出淮河流域深厚的传统文化内涵提供重要的支持，同时，也能为依托文化载体开展好淮河流域的一系列建设完善工作提供参考。

[参考文献]

［1］时正杰.推动淮河生态经济带高质量发展的思考[J].经济研究导刊,2021(26):38-40.
［2］吴建勇,张洪艳.苏北水文化景观格局生成探讨——以大运河为中心[J].中国名城,2021,35(4):82-88.
［3］刘冬顺.深入践行水利改革发展总基调 奋力书写"十四五"淮河保护治理新篇章——在淮委2021年工作会议上的报告[J].治淮,2021(2):4-14.
［4］杜晨,孙凯莲,王君诺.山东省淮河流域70年治理社会效益分析[J].山东水利,2020(12):16-18.
［5］李艳.高职院校特色水文化教育实践研究——评《中华水文化通论》[J].灌溉排水学报,2020,39(10):145.
［6］赵武京.新时代治淮应肩负起流域生态文明建设的神圣使命[J].中国水利,2020(1):5-8.

[作者简介]

王园园,女,1986年8月生,工程师,从事水利规划与设计工作,18238921386,270241120@qq.com。
杨洋,男,1988年2月生,水旱灾害防御科科长,从事防洪抢险工作,15890577715,59135849@qq.com。

试论洪泽湖形成于万历初年的必然性

马雪柔　吴晓兵

（江苏省洪泽湖水利工程管理处　江苏 淮安　223100）

摘　要：洪泽湖是淮河中下游浅水型湖泊，位于淮河经济带、大运河文化带和长三角地区交汇点。自明清开始，洪泽湖就在关系国家命脉的保漕通运中发挥重要作用。当今时期，洪泽湖作为淮河流域重要调蓄湖泊，在南水北调工程、淮河流域防汛以及维护生态平衡中继续发挥重要作用。洪泽湖的形成有自然原因，也有人为因素，本文从历史地理、河流变迁以及明代经济社会发展特点等方面分析、研究洪泽湖形成发展的规律，为进一步治理好洪泽湖提供借鉴。

关键词：洪泽湖；明朝；京杭运河；漕运；必然性

1　引言

洪泽湖是淮河中下游一浅水型湖泊，在其代表站点蒋坝水位 13.5 米时，蓄水面积 1 780 平方千米，为我国第四大淡水湖泊，是淮河流域防洪和国家南水北调东线工程的重要调蓄湖泊，在淮河流域、黄淮、江淮等地区经济社会发展中具有十分重要的作用。

明万历以前，洪泽湖并没有出现在中国版图之中。明中叶后期，由于黄河逐步南流，黄河的高含沙量使得淮河尾闾迅速淤积，最终导致漕运的中断，治河名臣潘季驯采用"蓄清刷黄"策略统筹治理黄淮运，洪泽湖初具规模且作用凸显。因此，明万历初期实际上是洪泽湖迅速形成和发展的重要阶段。

2　洪泽湖成因分析

洪泽湖是属于河成湖，其形成是自然和人力共同作用的结果[1]。

2.1　自然因素

2.1.1　地理因素

洪泽湖位于黄淮海平原东部，黄淮海平原是一个大的冲积平原，位于我国地势的第三级阶梯。在地质构造上，黄淮海平原的基础是一个受燕山运动影响、于白垩纪前后形成的断陷盆地。在距今 1 亿年至 300 万年的时间里，由于地壳运动发生断裂，郯庐断裂带和淮阴断裂带从湖西和湖东穿过，形成苏北拗陷区，为洪泽湖形成提供了地理条件。

2.1.2　黄河因素

黄河携带巨量泥沙，以"善淤、善徙、善决"著称。由于黄河在南宋建炎至清咸丰 600 余年间，多次侵入淮河下游的苏北平原，并在此区域多次决口、漫流，给这一地区带来大量的洪水，为洪泽湖的形成提供了水源条件[2]。同时，黄河带来的巨量泥沙在这一地区沉淀、壅堆，形成了这一地区的沟壑和隆起，也为洪泽湖的形成提供了地貌条件。

2.1.3 湖塘因素

洪泽湖处于淮河中下游结合部,历经这一地区的河湖变迁,在淮河左右岸形成了大大小小众多的湖泊,如富陵湖、万家湖、泥墩湖、塔影湖、成子湖等。这些湖泊在淮河水位高时,与淮河融为一体,在淮河水落时又各自成湖。因此,当这一地区水位普遍抬高时,这些湖泊就成为形成洪泽湖的基础水面。

2.2 人为因素

仅有地域凹陷和足够的水源并不足以形成洪泽湖,社会因素对洪泽湖的形成影响也是巨大的[3]。

2.2.1 政治经济中心的分离

随着东晋的"衣冠南渡",北方的豪门贵族携带大量的资金、技术和人才迁移到南方,中国南方的经济发展水平迅速提高,到南宋时,南方的经济发展水平已经远远超过了北方,有"苏湖熟、天下足"之称,南方成为中国的经济重心。而自元代以后,北京成为元明清三朝的政治中心。由于气候和地形地貌等原因,北方的物产并不足以维持朝廷的运转和满足军队的给养需求,因此,运输南方物资到北方成为朝廷"刚需"。水路运输特有的载重量大、方便快捷的特点,成为朝廷物资运输的首选。

2.2.2 治河策略和主张

纵观元明清三朝,在对京杭运河的治理上策略不尽一致,对洪泽湖的形成和发展影响也颇深。元代开始定都北京,原来东西走向的唐宋运河走向开始改变,运河开始和黄河发生交汇,朝廷不得不重视黄河的治理问题,同时面临着治河策略和方法的选择。而这些治河策略和主张的选择往往和当时国内外环境、当权者对治水的认知、国库实虚情况、治河技术发展以及国计民生关系等因素有关,这些因素也会对洪泽湖形成的进程产生影响。明成化七年(1471年),任命王恕为工部侍郎,奉敕总理河道,治理河道的总河职位开始设立,由于个人的阅历、关注重点以及对河道、水性等认识的不一致,具体实施的治理措施很不相同。明清时期由于对京杭运河的依赖,关于黄河、淮河和运河的治理方案最多,争论也最多,也是人为因素对洪泽湖形成影响最大的时期。

2.2.3 洪泽湖大堤(高家堰)的修筑

在所有人为因素之中,洪泽湖大堤的修筑是影响最直接也是最大的一个因素[4]。从东汉开始,当今的洪泽湖地区就多有驻兵屯田的开发利用,陈登所筑的30里捍淮堰据说是今天洪泽湖大堤的滥觞,其后,唐代修筑唐堰,宋元明清也均有修筑拦水堰。洪泽湖大堤从最初的30里捍淮堰逐渐接长、加高、培厚,最终形成今天逶迤67公里长的洪泽湖大堤,为洪泽湖的形成奠定了堤防基础。

3 洪泽湖形成的必然性

3.1 物资运输的重要性

由于中国国土面积很大,南北气候差异以及地区的天然禀赋不同,物资运输的问题由来已久,古代人们基本临水而居,因此水路运输成为当时主要的运输方式。

明代实施严格的"海禁"政策,成祖迁都北京后,漕运成为明代朝廷的"刚需",漕运的数额也逐年增大,宣德时最高达674万石。清代承明代漕运的格局,沿用明代的治河策略,直到1855年黄河北归后,运河逐渐通航困难,后随着津浦铁路的建成,运河漕运才逐渐退出历史舞台。

3.2 京杭运河存在问题分析

尽管京杭运河自元代就开通,但是近1 800公里的运河全线通航面临很多问题,元明清为保运河畅通也颇费周折[5]。

3.2.1 河底高差问题

据现代观测,京杭运河线上的山东南旺平均海拔40米,苏州海拔只有4米,36米的落差对于靠风力和人力牵挽的水运时代来说不算是一个巨大的障碍。元末明初,由于黄河泛滥基本从淮阴(今淮安)至徐州间入海,因而徐淮间运道也经常受阻,黄河泥沙淤积导致此段运道河底高程也不断抬高,正是由于洪泽湖的出现,使运道淤积问题得以放缓,也提高了明万历后期运河的畅通率。

3.2.2 调节水源问题

运河由于线路长、河底高程起伏大,为保持足够的通航水深,充足的调节水源是必备条件。由于"借黄行运",明代运河淮安至徐州段受黄河暴涨暴跌干扰很大。洪泽湖地处黄淮运交汇位置,特殊的地理位置决定了她特殊的使命,也决定了她形成的必然性。

4 洪泽湖形成于万历初年的必然性

4.1 为什么不会在明以前形成

根据上文分析,洪泽湖形成是自然和人力共同作用的结果。自然因素方面,除了黄河南侵,其它条件都客观存在,因此,从自然方面说,洪泽湖形成最早应在黄河主流南侵(1194年)以后。人力方面,元代以前,历朝基本定都开封以西,南宋定都杭州,都没有经徐州淮阴一线漕运的需求,因此,从人力方面说,洪泽湖形成最早应在元建立且定都中都(今河北)以后。

元朝时期不会形成洪泽湖的主要原因,一是元朝对"南人"的漠视。元朝建立以后,为维护蒙古贵族的专制统治,采用"民分四等"的政策,淮河以南原南宋统治地区的人是第四等"南人"。在吞并南宋以后,由于黄河南泛,刚好有利于漕运通行,因此,对于南人居住的洪泽湖地区水旱灾害朝廷当然是不予重视的,只有在危及漕运的时候才不得不派人治理。二是对治理黄河态度的分歧。元朝政府在对待黄河水患问题上,朝廷一直存在"治还是不治"和"如何治"的争议,主要原因一方面担心大规模民众(特别是"南人")的聚集对其统治造成威胁;另一方面治理黄河造成朝廷经济上的负担。三是海运发达。元朝时海运是漕运的主要方式,运河运输只占整个漕运数量的10%左右。

4.2 洪泽湖形成于明朝万历初年必然性分析

4.2.1 对京杭运河的依赖

明朝迁都北京后,由于长时间失修,京杭运河会通河段早已淤塞,不能通航,为了接济北方物资,成祖时期采取"河海相济"的办法完成每年约300万石的物资运输来满足北方需求。但是因为海运船只经常有触礁沉没的危险,有时候还有倭寇前来骚扰,因此,疏通南北大运河迫在眉睫。

随着明朝统治的延续,朝廷对物资的需求量也不断增长[6],主要来自三个方面。一是对付北方的鞑靼和瓦剌。由于明朝和这两个部落的边境线很长,所以明朝在北部设立了九个重镇,驻以重兵加以防守,称为"九边",因而需要大量的物资补给。二是宗室队伍急剧扩大。据徐光启《处置宗禄查核边饷议》记载,洪武年间明朝宗室58人,永乐年间增长至127人,正德年间2 980人,隆庆年间在籍45 000人,万历甲午年(1573)在籍103 000人,宗室队伍的扩张需要大量的消费物资供给。三是朝廷官员数量的激增。《明史·刘体乾传》对历朝历代的官员也有一个统计数据,"历代官制,汉七千五百员,唐万八千员,宋极冗至三万四千员,本朝自成化五年,武职已逾八万,合文职,盖十万余。"当时明朝人口也只才6 000万。而当时官员的俸禄基本是以实物支付的,这又是一笔巨大的物资需求。

4.2.2 治河重点的转移

明朝是我国历史上黄河决溢最频繁的时代之一。明代前期河患多发生在河南境内，尤其集中于开封上下，弘治年间河南境内北岸堤防逐渐形成，随后南岸也修了堤防。明代后期的河患向下游转移，尤其集中在济宁、徐州、沛县、曹县等地，万历时期重点则转移到淮阴清口即现在洪泽湖一带。

4.2.3 海禁政策影响

明朝前期，经过连年战争，国内商品经济发展程度并不高，对于海运并没有强烈的要求，加上明朝时期采取的"厚往薄来"的对外政策，也给明朝经济带来了巨大的压力。嘉靖年间，倭寇势力死灰复燃，甚至愈演愈烈，与泉州、宁波等地的海盗勾结，影响沿海的安定，此时，嘉靖帝痴迷道教，专心于成仙修道，朝政被严嵩所把持，明朝无法也不想在海上牵扯过多精力，因此实施"海禁"政策，运河成为漕运的唯一选择。

4.2.4 洪泽湖在明万历朝形成的有利条件

（1）治河经验的积累

在万历以前，明朝有多位治河专家对黄河进行了治理，有宋礼、陈瑄、白昂、刘大夏、刘天和以及万恭等；在治河思路上，有复故道、开新河、塞决口、开支河等多种治河策略、思想，并一次次经受实际效果的检验。再加上1128年至元朝间治河的种种努力，可以说，到明万历以前，已经积累了很多治河经验。

（2）水工技术的准备

经过长期积累和总结，一是形成了丰富的水工技术经验，比如堤防填筑、堤防防护、堵口、河道踏勘、河道开凿以及设置水门、水柜等技术；二是加深了对水性和黄河泥沙的认识，经过历朝的多次治理实践和理性思考，治河专家们对水性形成了全面而深刻的认识，对黄河含沙的特性也有了进一步的认识和理解，积累了丰富的治水经验，形成了丰富的历史典籍，如刘天和的《问水集》、万恭的《治水筌蹄》、治水官员给朝廷的奏疏以及朝廷敕喻等，这些资料都给后来治水人提供了丰富的借鉴。

（3）内外条件的准备

张居正任首辅的隆庆末至万历初年，对内一是通过推行"考成法"，提高官僚机构工作效率；二是重新丈量全国土地，增加税源；三是实行"一条鞭法"改革税收体制和机制，提高财政收入。同时大力减少皇室支出，使得万历初年国家的财政状况大为好转。对外则任用戚继光、俞大猷等平定东南沿海倭寇；通过封贡和开关互市，解决了北方鞑靼、瓦剌的威胁；调戚继光、谭纶等得力大将镇守蓟州和辽东两个关键边防，抵御进犯。通过对内对外的一系列措施，国家收入大大增加，商品经济空前繁荣，形成了《明史》称为"中外乂安，海内殷阜"的"万历中兴"局面，为治河创造了良好的环境。

（4）治水人才的准备

万历初期，张居正主持内阁，几经调换，选择潘季驯、江一麟等治水专家治理黄淮运。张居正虽然不是治河专家，但他对治河问题的前瞻性和战略性思考以及治河思路的准确性、明晰性，使得他成为治河工作的领导者，对治河工作起了决定性的作用[7]。他十分信任潘季驯，通过裁撤河道机构，处理不支持治河官员，消弭不利治河言论的方法，给予潘季驯极大的支持。潘季驯，历经前两次治河经历的考验，在他第三次治河时厚积薄发，宏图大展。

（5）治水思想的成熟

"蓄清刷黄、束水攻沙"的理论虽然不是潘季驯首先提出来的，但潘季驯是对这套理论思考最深、最成熟且贯彻最坚定的第一人[8,9]。在研读前人治水历史、踏遍黄淮运河道的基础上，结合前两次治河的实践，他对治河工作进行了深入的思考和研究，使得这一理论日益成熟并最终付诸实施。

洪泽湖的形成是明代治河中的一个重要节点，具有里程碑式的意义，正是因为有了洪泽湖，作为明清两朝命脉的漕运才得以畅通 270 余年。

[参考文献]

[1] 荀德麟. 北京:洪泽湖志[M]. 北京:方志出版社,2003.
[2] 韩昭庆. 洪泽湖演变的历史过程及其背景分析[J]. 中国历史地理论丛,1998(2):61-76.
[3] 卞宇峥,薛滨,张风菊. 近三百年来洪泽湖演变过程及其原因分析[J]. 湖泊科学,2021,33(6):1844-1856.
[4] 刘时藩. "蓄清刷黄"未遂愿,积水成湖淹泗州:洪泽湖形成及与黄河、大运河的三角关系[J]. 化石,2002(2):22-24.
[5] 张锦家. 略谈洪泽湖堤防的形成与修筑史[J]. 江苏水利,2011(4):47-48.
[6] 张含英. 明清治河概论[M]. 郑州:黄河水利出版社,2014.
[7] 朱东润. 张居正大传[M]. 西安:陕西师大出版社,2009.
[8] 贾征. 潘季驯评传[M]. 南京:南京大学出版社,2006.
[9] 马雪芹. 大河安澜:潘季驯传[M]. 杭州:浙江人民出版社,2005.

[作者简介]

马雪柔,女,1995 年 12 月生,工学硕士,主要从事环境工程、水文化研究、河湖管理与保护等方面工作,18251957208,940269324@qq.com。

关于治淮水工程文化品位提升研究

马福正[1]　李家田[1]　李　婷[2]

(1. 淮河水利委员会水利水电工程技术研究中心　安徽 蚌埠　233001；
2. 水利部淮河水利委员会　安徽 蚌埠　233001)

摘　要：本次研究以淮河流域治水文化繁荣发展历程为主线，立足流域内典范工程，通过实地调研与案例分析相结合的方式，发掘水工程与水文化相关联的实质与"绿水金山"深厚的文化内涵，提出水工程文化提升要素，把"绿色"融入水利工程，探讨总结水工程文化品位提升相关对策，为进一步提升淮河流域水工程文化品位提供参考。

关键词：水文化；水工程；对策

1　水文化时代背景

水是生存之本，文明之源。中华民族有着善治水的优良传统，中华民族几千年的历史，从某种意义上说就是一部治水史，悠久的中华传统文化宝库中，水文化是中华文化的重要组成部分，是其中极具光辉的文化财富。淮河文化、黄河文化、长江文化、大运河文化等，见证了中华文化的起源、兴盛、交融，积累、传承、丰富了中华民族繁荣发展的时代记忆，因此以治水实践为核心，积极推进水文化建设，是推动新阶段水利高质量发展的应有之义。

1.1　治水文化时代价值

党中央、国务院高度重视文化建设工作，党的十九届五中全会进一步强调要在2035年建成文化强国。习近平总书记在黄河流域生态保护和高质量发展座谈会上指出"黄河文化是中华文明的重要组成部分，是中华民族的根和魂"，要"保护、传承、弘扬黄河文化"；在全面推动长江经济带发展座谈会上强调，要"统筹考虑水环境、水生态、水资源、水安全、水文化和岸线等多方面的有机联系"，并指出"要把长江文化保护好、传承好、弘扬好"。

1.2　水工程文化品位提升必要性

为深入贯彻落实习近平总书记关于文化建设的重要论述和党的十九届五中全会决策部署，积极践行"节水优先、空间均衡、系统治理、两手发力"的治水思路，加快推进水文化建设，助力推动新阶段水利高质量发展，2021年10月，水利部印发《水利部关于加快推进水文化建设的指导意见》，引导全国进行水工程文化品位提升研究，同时也彰显出在人们物质文化生活水平不断提高、对水工程建设精神文化需求越来越强烈的形势下，必须建设更高文化品位的水工程，以适应我国经济社会发展对水工程的文化品质提升需求[1]。

当前，为适应新阶段水利高质量发展对水文化建设提出的更高要求，水利人迫切需要深入挖掘中华优秀治水文化的丰富内涵和时代价值，提升水工程的文化品位，满足广大人民群众日益增长的精神文化需求；迫切需要加大水文化传播力度，增进全社会节水护水爱水的思想自觉和行动自觉，引导建立人水和谐的生产生活方式。

2 淮河流域水工程文化品位提升要素

通过发掘淮河流域内水利工程在不同文化背景下的水文化内涵，对比分析流域内不同工程案例的亮点特色，探索水工程文化品位提升关键节点。

2.1 河湾水源工程文化理念

河湾水源工程位于山东省临沂市境内，工程主要建设内容为拦河闸（包括放水洞）、东西岸引水闸、护岸、滩地整治、管理设施等工程。河湾水源工程设计一次蓄水为5 860万 m^3，相应水面面积9.97平方公里。结合水工程文化与生态文明建设相融合的契机，河湾水源工程桥头堡以及启闭机房的设计方案既能令人感受到中华传统历史文脉赓续，又能彰显时代精神。

河湾水源工程文化理念主要体现在以下几个方面：一是时代感，该项目作为临沂市重点项目，主要体现未来感、超前感，展现临沂紧随时代步伐的决心与态度，建筑整体可看为相向而视的大鹏鸟，鸟头、鸟身、鸟尾三位一体，展翅飞翔，似乎正预示着临沂的经济发展腾飞，使建筑整体这一凝固的艺术，更具有动态的美感；启闭机房的中部似一双灵动的眼睛，正好奇地观察着整个世界，寓意临沂也在以谦逊开放的心态汲取世界的优秀文化与理念。二是历史文化感，项目工程整体色调采用红白两色，桥头堡玻璃体分割采用三向度交叉形状，符合临沂市红色革命老区的文化背景，桥头堡整体造型犹如一双展开的翅膀，如鸟斯革，如翚斯飞。三是亲民性，建筑主体与广场设计相结合，不仅成为临沂水利的地标性建筑，还是一个能为周边居民及游客提供休闲赏景的场所。

2.2 淮河入海水道大运河立交文化理念

淮河入海水道大运河立交位于入海水道与京杭大运河交汇处，处于淮安水利枢纽内，坐拥淮河、长江、运河三大黄金水源，水网交错纵横，是淮河入海水道工程的第二级控制工程，其立交地涵是亚洲同类工程规模最大且极具特色的上槽下洞的水上立交工程，作用是满足入海水道泄洪和京杭运河通航。为充分体现本工程造福人民并与地域文化融为一体的水文化特点，立交地涵上下游分别建设高31.9米、7层塔式仿古建筑，用悬索桥连接，桥头堡内部设有观光电梯。

大运河立交工程文化基因植根于淮安水利枢纽水文化之中，淮安水利枢纽内水系纵横，京杭运河、苏北灌溉总渠、淮河入海水道，一纵两横；长江水、淮河水、运河水，交汇贯通，各类水文化在这里交织相融。与运河相关的漕文化，"漕"即漕运，明、清两代，在淮安府城中心专门设立漕运总督和下属庞大的机构，负责漕运事宜，在道路运输高速发展的今天，站在淮河入海水道立交地涵双塔之上，俯瞰运河，依然是舟行如织；与淮河相关的治水文化，大运河立交工程地处淮河下游，工程所在的淮安水利枢纽因治淮而肇始，亦因治淮而发展壮大，在淮河下游四大通道中独占两条——苏北灌溉总渠及淮河入海水道；与南水北调相关的跨流域调水文化，"南水北调"的核心就是"调水"，"调水"是优化水资源配置，服务经济社会发展的重要举措，南水北调东线输水河道大运河穿立交工程而过，淮安一、二、三、四站位于工程附近；与水结缘的地方文化，大运河立交所在地淮安区是一块浮在水上的热土，地处淮河下游，江淮和黄淮两大平原交界处，地势平坦，由西向东南坡降，大小沟渠纵横成网，大运河、里运河、废黄河、盐河、苏北灌溉总渠、淮河入海水道穿境而过，淮安水利枢纽工作桥两侧塔架采用战国时期的建筑元素，融入了楚国地域文化，从水工建筑物外观亦可体现其地域性；

水利工程物态文化,大运河立交所在的淮安水利枢纽工程林立,数量繁多,种类齐全、功能各异,建有涵闸、大型电力抽水站、船闸、水电站等 20 余座水工建筑物,与大运河立交工程毗邻的淮安抽水站区将改造淘汰的水泵和闸门陈列科普,建成水泵广场和闸门广场,实境科普水工程,将原有的水利功能转变为文化功能,近年来作为水利科普的重要场所,吸引了众多中小学以及高校的学生前来参观学习,传颂水利故事。

2.3 水工程文化品位关键节点

淮河流域水工程建设与文化相融一般有决策、规划、设计、施工、管理五个关键节点。

决策是水工程项目前期的首要节点。水工程建设应符合水利高质量发展需求,紧跟时事政策,从文化创意到文化水工程的实施,需要在政府的严格把控下多部门协同配合,水工程文化的理念、创意的落实能否通过审查,关键在于决策者对水工程文化功能的认知程度。

规划是依据国家及行业颁布的法律、法规展开工作,目前国家已明确要求开展水工程文化提升研究。为了更好地在水工程中融入文化内涵、提升工程品位,在水工程规划中可将建设文化水工程、发展民生工程与促进国家、地区水利旅游业作为规划目标,列入国家和地方水利多目标规划或综合整治规划中,通过规划目标来指导规划编制内容、规范下位规划,直至规划项目正式落成。

设计节点是水工程文化品位提升的灵魂,是文化创意与水工程有效融合的关键。水利工程有着治水历史传承的使命,在设计时应考虑工程当地历史沿革、传统文化、风土人情、人文轶事等,同步纳入方案总体布局、平面布置、技术图纸绘制,计算工程总量,提出施工方法,制定进度及计划,编制工程概算,塑造具有当地文化特色的水工程。

施工节点是文化品位提升具象化的关键,文化水工程的价值体现在通过施工落成各项要素,发挥建筑物基础功能,搭配水文化氛围,取得经济社会环境效益等实现的。在此环节,水工程文化创造应贯穿于工程设计、施工的全过程,在建筑物表面艺术造型、外装饰处理、艺术灯光布设、绿化植物配置、雕塑艺术造型等方面应通过多层次艺术创意叠加,反复修改设计和创作[2],由具有能满足各种不同文化需求的施工队伍完成。具有文化内涵与艺术品位的水工程需要提供施工者深研细磨的时间以及科学合理的施工周期,方能创作出高品位的文化工程。

管理节点,主要体现在文化水工程的施工管理与日常运行维护管理,文化水工程建设应抓好施工计划、现场、经济等方面。对建成后的文化水工程,运行管理单位要对体现水文化的主体工程建筑的外形、装饰、亮化工程定期维护,对落成的文化水工程实施针对性的管理方式,以实现宣扬传统水文化,树立水文化招牌的目标。

3 淮河流域水工程文化品位提升对策分析

3.1 关键节点文化品位提升对策

在决策节点,决策者需要进一步认识流域水文化与时代水文化,通过参观已建成的优秀水文化案例,接触文化水工程前期工作,以增加对文化水工程的理性认识和感性认识,认清本地水工程与先进文化水工程的差距。在规划节点,淮河流域内的文化水工程规划可依据工程地理背景对流域与地区水系进行思考,参考地区主要河流或湖泊特有的、个性的文化元素,彰显两淮文化特色,并对下辖区域水系文化规划和设计提出方向、意见或建议;在编制水利专业规划时,应按照流域规划中提出的有关水系文化内涵、品位目标或某一地区水利规划的文化概念去设计独有的文化主题概念[3]。在设计节点,水工程文化创意重在调查研究,要深入了解水工程所在流域、地区的历史底蕴、文化习俗、民生民情、风景名胜、交通状况等信息,经综合研判,探索出能融入水工程的文化要素,探究出文化水工程总目标,使具体工程项目形成符合可持续发展要求的综合性文化创意。

3.2　强化水工程文化规划、设计和目标管理

抓好项目规划、设计中的文化因素是提升水工程文化品位的关键举措,其次是制定具体的目标,明确水利项目中的文化内容建设,使水工程文化品位提升具象化。一是在水工程设计中增加提升文化品位的指标,通过具体的水利设计管理手段促进水工程文化品位提升,在指标制定过程中,应重点考量水工程的文化内涵,考虑文化自身规律、水生态文明和流域内不同区域的闪光点,突出地域性、独特性;在水利事业发展规划中增加水工程文化发展目标,水工程文化内涵与品位提升需要紧扣生态保护和高质量发展的新时代主题,在制定前沿发展规划时及时制定水工程文化品位提升的具体目标和落实措施,通过目标管理把水工程文化品位提升问题落到实处;在水利项目验收中增加水工程文化建设的具体要求,当前我国水工程项目一般为单项水利项目,未注明涉及水工程文化内容的建设项目与资金,在水工程项目验收中,可要求项目法人明确水工程文化品位提升建设具体项目与启用资金,通过验收环节落实水工程文化品位提升。

3.3　宣扬淮河流域水工程文化成果案例

优秀水工程文化成果展示着水利人的智慧和精神,水利部精神文明建设指导委员会自2016年起在全国水利系统开展水工程与水文化有机融合案例征集展示活动,截至2021年底已开展三届活动确认37个案例。为了弘扬水利精神、优化水利基础设施功能性、展示淮河流域水利现代化成果、激发全流域创造水工程文化杰作的积极性,淮河流域可设立流域水工程优秀文化成果(作品)奖,举办水工程文化论坛,建立水文化发展专项资金,扶持初具发展能力并有发展潜力的水文化产业项目,引导流域各级水利部门重视水工程文化产业的开发,扩大水文化影响力,增强淮河水利软实力,为丰富水工程文化内涵注入生机活力。

4　结论及建议

在我国水利事业大发展大繁荣的大好形势下,我们应该科学发扬国家水工程文化资源,做好水工程文化资源战略开发与保护工作,传承水利人的精神品格,把淮河流域内的水工程建设得更好、更新、更美、更有文化品位。以淮河流域特有的韵味,向世人讲述淮河文化光荣而悠久的历史与两岸人民古朴而传奇的故事;以淮河流域具体的水工程形象与深厚的文化内涵,彰显水利情怀;以淮水为魂,展现淮河蕴含的独特魅力,为新阶段淮河保护治理高质量发展助力。

[参考文献]

[1] 李宗新.以文为魂 提升水工程的文化品位[J].河南水利与南水北调,2012(23):21-24.
[2] 董文虎.提升水工程文化内涵及品位的主要环节[J].水资源开发与管理,2020(1):78-84.
[3] 周小华.提升国家现代水利工程文化内涵与品位的对策建议[J].中国水利,2012(12):1-3.

[4] 刘冠美.水工程文化的综合开发[J].水利发展研究,2012,12(7):90-94.

[5] 赖穗斌.文化元素融入水工程建设中的途径与方法研究[J].广东水利水电,2021(4):109-112.

[作者简介]

马福正,男,1995年7月生,工程师,从事项目管理工作,13095526520,2051498@qq.com。

关于淮河水文化发展与传承的研究

周 洁 辛忠徽

(沂沭河水利管理局郯城河道管理局 山东 临沂 276000)

摘 要：淮河水文化，是指人类在从事淮河水务活动中以水为媒介而产生的文化现象和文化规律，包含物质文化和非物质文化。淮河水文化内容形式丰富，蕴含在农业生产中、水利建设中、社会治理中、思想哲理中、文学作品中、民风民俗中。深入挖掘淮河水文化的起源，梳理淮河水文化从古至今的发展历程，对于进一步弘扬优秀的淮河水文化、促进淮河流域经济社会发展具有重要意义。

关键词：淮河；水文化；发展；传承

1 淮河水文化的起源

中国是诞生于"两河"流域的文明古国，河流为人类的生存发展提供了基本环境和物质条件。人类在社会生产实践过程中，对客观存在着的河流加以利用和改造，使河流中蕴含了丰富的"人类精神"。因而，铸就了中华民族历史上灿烂的水文化。淮河，作为我国一条古老的大河，在人类文明发展过程中发挥着巨大作用，由沿河居民衍生出的淮河水文化成为中国水文化的重要组成部分。研究淮河水文化的起源和发展过程，对于新时代发扬优秀传统文化、展示中国水利风采具有深厚的历史意义和重大的现实意义。

1.1 淮河流域概况

淮河，古称淮水，与长江、黄河、济水并称"四渎"，是我国七大江河之一。淮河发源于河南省桐柏县桐柏山太白顶西北侧河谷，干流流经河南、湖北、安徽、江苏四省，在江苏省扬州市三江营入长江，全长约为1 000千米。

从流域范围看，淮河西起桐柏山、伏牛山，东临黄海，南以大别山和皖山余脉、通扬运河、如泰运河的东段与长江流域毗邻，北以黄河南堤和沂蒙山脉西段与黄河流域分界[1]。流域地跨河南、湖北、安徽、江苏、山东五省，东西长约700千米，南北宽约400千米，流域面积约为27万平方千米。从地形地势看，淮河流域处于我国地势的第二阶梯前缘和第三阶梯上，根据地势和海拔，其西、南、东北部为山丘和丘陵区，其余为平原、湖泊和洼地，总体地势西高东低。从自然气候看，淮河是我国南北方的一条自然气候分界线，《晏子春秋》中记载"橘生淮南则为橘，生于淮北则为枳"。以淮河—秦岭一线为界，划分成了南方地区和北方地区，界限以南为亚热带湿润地区，界限以北为暖温带半湿润区。正是因为淮河流域面积广阔、地形地势多样、自然气候适宜，所以才在这片广袤的地域上，诞生了历史悠久的淮河水文化。

1.2 淮河水文化起源

水文化，是中华民族优秀传统文化的重要组成部分，广义上指人们在水事活动中创造的精神和物质上的成果总和,包括经济、技术、思想、名胜、风俗等。

在远古时期,淮河流域就出现了人类活动的痕迹,最早可追溯到山东省"沂源人"。伴随着氏族社会的兴起,在新石器时代,社会生产力较之前有了提高,多种器具为从事生产活动提供了技术支撑,流域内先后出现农业、渔业、畜牧业、纺织业和手工业。公元前21世纪,夏王朝的建立标志着我国进入奴隶社会。在这个时期,出现了一位"治水专家"——夏禹。相传,在治理淮河的时候,夏禹三至桐柏,足迹遍布淮河流域,其"三过家门而不入"的故事流传至今。夏朝覆灭后,汤建商朝,商朝的十代二十王(商汤至盘庚)绝大部分时间居住在淮河流域的鲁西南和豫东[2],创造了灿烂的文明,淮河的"淮"字也在甲骨文中首次出现。到了春秋战国时期,各个流派此起彼伏,形成了"思想解放、百家争鸣"的局面。出生于泗水岸边鲁国的孔子,在《荀子·宥坐》中对水给予了很高的评价:"夫水大,遍与诸生而无为也,似德。其流也埤下,裾拘必循其理,似义……[3]"出生于淮河支流涡河岸边的伟大思想家——老子,开创了道家学派。老子对水心怀崇敬,把水和"道"相提并论,在《道德经》中论述了水的三大特性,即"滋养万物而不居功、顺其自然而不争、卑下地位而不惑[4]",表达了对水的高度赞美之情。出生于淮河支流颍水岸边的管仲,是朴素唯物主义代表者,他在《管子·水地篇》中提出,水是万物的本源,是治理国家和教化人民的关键,把水提升到了一个"万物根源"的高度。在远古时期,由水而诞生了许多水利技术,如鲁班发明了用于舟战的"钩强",大禹提出了"疏川导滞,钟水丰物"的方法,孙叔敖兴建的芍陂大型灌溉工程,商周时期开凿的水井,春秋战国时期用于提水的机械桔槔,等等。总之,远古时期的淮河流域水文化起源较早。

2 淮河水文化的发展

从封建社会、近代社会到现代社会,淮河水文化的发展一脉相承,从未停止。文学艺术、城镇建设、宗教演化、农业技术、名胜古迹、治淮经验,都展现出淮河水文化的丰富内容。

2.1 封建社会时期的发展

两汉至南北朝时期,淮河流域的文学艺术繁荣发展,汉赋民歌、正始文学、山水诗篇、文墨书法,无不展示着淮河流域的生活百态。到了隋唐时期,随着大运河的开通,沿淮地区出现很多新兴城镇。泗州城、淮阴、颍州因交通便利,很快在沿淮城镇中脱颖而出,商贾云集、胜景如画、经济发达,一派富庶景象。与此同时,宗教也伴随着人类活动不断形成、演化。淮河流域是道教发源地,是道教活动的主要地区。唐玄宗时期,老庄道学盛极朝野,除道教外,受唐朝开放文化的影响,佛教、伊斯兰教也相继传入中国。在当地的民风民俗传统中,一些庙宇、宫观也融入了宗教元素,如扬州的蕃釐观(道教)、大明寺(佛教)、仙鹤寺(伊斯兰教)。在水利技术、管理方面,汉武帝时期,淮河流域仅此新县(阜南县)一处设置陂官、湖官,专门管理水利工程;南朝梁武帝时期,在淮河中游浮山段修建拦淮大坝浮山堰,这在中外大坝史上是最早的记录;北宋时期,在淮河流域内运河上由沈括主持的汴渠疏浚工程,出现了比西方水准高度测量早几个世纪的分层筑堰测量技术。在航运工程中,建于宋朝、位于淮阴沙河(又名西河)的西河闸是我国单级船闸的最早记述。这些都说明了我国封建社会的水利管理技术在世界上遥遥领先。

到南宋时期,黄河发生了一次严重改道,开始了长达662年的夺淮历史。黄河夺淮,给沿河百姓带来巨大伤害和损失,导致流域内地形、地貌、水系、城镇发生变化,对两岸文化也产生冲击影响。治理淮河,也成为了元、明、清三朝帝王的主要任务之一。由于黄强淮弱,不少水利技术在实施过程中发挥的作用有限。到了清代,靳辅认识到洪泽湖对淮河径流的调解作用,修筑了洪泽湖大堤,至今仍被作为一处水利文物遗址。尽管黄河夺淮对淮河两岸水文化冲击不小,但是,淮河流域的文化依旧没有停息,例如明朝时期的淮盐、清中叶进京的徽班、元明清时的小说等,这是因为相对自由的生活环境使淮扬文化得到了一定发展。

2.2 近现代时期的发展

近代社会,内忧外患,战争不断。但是,黄河夺淮的局面结束了。有识之士认为,这是淮河导治的大好时机,张謇发表了《江淮水利计划第三次宣言书》《江淮水利施工计划书》,孙中山在《建国方略》一书中,提出了"修浚淮河,为中国今日刻不容缓之问题"[5]。伴随着工业文明的到来,淮河流域也渐渐形成了以采矿、纺织、化工、机械等多门类为主的近代工业体系,水文化也在不断发展。

中华人民共和国成立初,国家还处于"一穷二白"的状态,淮河地区的连年水患灾害使沿河百姓民不聊生,给国家经济发展造成严重阻碍。在党中央的高度关注下,开始实现由"导淮"到"治淮"的转变,毛泽东发出"一定要把淮河修好"的号召,治理淮河成为国家一项重要任务。党带领淮河两岸的人民开展了不屈不挠、如火如荼的治淮斗争,最终,实现了"人水和谐"的局面,锻造出奋发有为、自强不息的奋斗文化。进入改革开放时期,思想解放之风吹到淮河之滨的凤阳小岗村,家庭联产承包责任制"进驻"农村,再一次开创了敢为人先的改革文化。

进入中国特色社会主义新时代,在以习近平同志为核心的党中央带领下,国家水利事业发展步入新的阶段。围绕"节水优先、空间均衡、系统治理、两手发力"的十六字治水思路,淮河水文化也被赋予新内容、新形式,这种文化体现在科技力量上,淮河委员会以水利部出台的《关于大力推进智慧水利建设的指导意见》为基础,对智慧水利和数字孪生流域建设工作推进部署,编制完成数字孪生淮河总体规划,完成淮河流域河湖水文映射试点,初步建立具有"四预"功能的淮河流域河湖水文映射系统,助力推动水利事业高质量发展。这种文化体现在新发展理念中,习近平总书记强调,人与水的关系很重要,人类在与自然共处、共生和斗争的进程中不断进步。和谐是共处平衡的表现。要立足于山水林田湖草是一个生命共同体的系统思维,坚持生态优先,构建高质量发展的绿水青山,开启新时代治淮绿色新征程。这种文化体现在大无畏精神里,2020 年 8 月,习近平在考察安徽时,第一站就考察了"千里淮河第一闸"——王家坝闸。自 1954 年以来的 13 个年份里,王家坝共开闸蓄洪 16 次,蓄洪区内化为一片汪洋;体现了舍小家、为大家的顾全大局精神;不畏艰险、不怕困难的自强不息精神;军民团结、干群同心的同舟共济精神;尊重规律、综合防治的科学治水精神。正是王家坝人、王家坝闸、王家坝精神,才换来了整个淮河流域的安澜,淮河水文化才能得以充分发展。

3 淮河水文化的传承

深入挖掘淮河水文化的起源,梳理淮河水文化从古至今的发展历程,对于进一步弘扬优秀的传统文化,促进淮河流域经济社会发展具有重要意义。

3.1 传承的意义

一是有利于展现文化底蕴。中国文化源远流长、博大精深,淮河水文化作为中国优秀文化的重要组成部分,蕴含着丰富的内容和形式,充分发扬淮河水文化,有利于我们更好地了解淮河从古至今的发展历程,流域两岸百姓的生活面貌,了解水利工程的功能技术,展示中华儿女的智慧成果。二是有利于总结治淮经验。淮河水文化的发展过程包含了淮河治理的过程,从远古时期的大禹治水到封建社会的水利设备,从近代的"导淮"计划到现代的"智淮"工程,我们可以从几千年的淮河治理中吸取教训、总结经验,推动淮河水利事业高质量发展。三是有利于促进社会发展。生活在淮河流域的人类在社会生产实践中以淮水为媒介,衍生出与淮水有关的思想、典籍、文物、名胜、风俗等,这些都是促进淮河领域经济社会发展的无限资源,可以被充分挖掘。

3.2 传承的路径

一要去粗取精,创新发展。文化具有两面性,优秀文化会促进社会进步发展,而糟粕文化则会阻碍社会进步发展。对待淮河水文化,我们要取其精华,去其糟粕,汲取优秀的淮河水文化,在传承的基础上,结合新的时代条件,创新发展。以著述典籍为依托,通过出版、多媒体网络等途径进行淮河水文化传播;以民俗风俗为依托,开展丰富多彩的体验活动;以名胜古迹为依托,组织实地参观游览,多种形式开展淮河水文化传承工作。

二要文化工程,结合发展。当前,我国人与自然、人与水的关系临着突出矛盾,水文化传承发展要与水利发展实践相结合。一方面,要加大对水利工程遗址和现有水利工程的时代背景、人文历史以及地方民风民俗的挖掘与整理。另一方面,要用新时代水利发展理念、新时代设计思维,将水文化元素融入到水利规划和工程建设中,既能体现文化的力量,又能发挥科技的职能。

三要多方调动,积极发展。一方面,淮河水文化归根结底来自于群众,是淮河流域百姓在生产生活实践中产生发展的,淮河水文化要服务于群众,从群众中来,到群众中去,充分利用人民群众的力量,继续讲好水文化故事。另一方面,水利工作者、治淮工作者、专业研究者也要做好淮河水文化的宣传工作,既要宣传传统水文化,又要宣传现代水文化,使淮河这条古老的河流更加璀璨夺目。

[参考文献]

[1] 敬正书. 中国河湖大典 淮河卷[M]. 北京:中国水利水电出版社,2010:1.
[2] 汪斌. 淮河人文志[M]. 北京:科学出版社,2007:6.
[3] 汪斌. 淮河人文志[M]. 北京:科学出版社,2007:7.
[4] 汪斌. 淮河人文志[M]. 北京:科学出版社,2007:8.
[5] 汪斌. 淮河人文志[M]. 北京:科学出版社,2007:346.

[作者简介]

周洁,女,1996年5月生,主要研究新时代中国特色社会主义思想,13608903236,873196165@qq.com。
辛忠徽,男,1989年12月生,郯城河道管理局副局长,三级主任科员,主要从事行政管理工作,18865491611,546183996@qq.com。

水工程在水文化传承和发展中的时代价值
——以南四湖韩庄水利枢纽为例

张彦奇[1] 李国一[2]

(1. 水利部淮河水利委员会 安徽 蚌埠 233001；
2. 南四湖局下级湖水利管理局 江苏 沛县 221600)

摘 要：党的十八大以来，我国把文化建设提升到一个新的历史高度，把文化自信和道路自信、理论自信、制度自信并列为中国特色社会主义"四个自信"。水文化作为中华传统文化的重要组成部分，所蕴含的精神是中华民族的宝贵精神财富，影响着社会的方方面面。本文以水工程为载体，选取典型水利工程为案例，通过研究水文化、水工程的内涵，找出水工程在水文化传承和发展中的作用和价值，针对性地提出水工程建设管理促进水文化继承发展的意见建议，为传统的工程水利向可持续发展的文化水利转变提供参考。

关键词：水工程；水文化；传承和发展

1 水文化、水工程的涵义

1.1 水文化的涵义

中华民族的发展史从某种视角看就是一部中华儿女逐水而居、兴水治水的奋斗史，从惧怕水、敬畏水、崇拜水、认识水到开发水、利用水、治理水、保护水，人们对水的认知不断提升，逐步孕育了"上善若水"的深厚水文化，并融入中华传统文化，影响着一代又一代的中国人。学术界对于水文化的内涵界定有广义和狭义之分：广义上的水文化，包括人类创造的与水有关的科学、人文等方面的有形与无形的文化成果总和；而狭义上的水文化就是指观念形态水文化，是人们对水事活动的一种理性思考或者说人们在水事活动中形成的一种社会意识。因此，水文化就是指人类在长期的水实践过程中，形成的与水有关的一切物质文化与精神文化的总和。

1.2 水工程的涵义

水是人类生产和生活必不可少的宝贵资源，但其自然存在的状态并不完全符合人类的需要，只有通过修建水利工程，才能控制水流，防止洪涝灾害，并进行水量的调节和分配，以满足人民生活和生产用水的需要。水利工程，也称为水工程，其作为一种公共产品，是防洪、除涝、灌溉、发电、供水、围垦、水土保持、移民、水资源保护等工程(包括新建、扩建、改建、加固、修复)及其配套和附属工程的统称。

2 韩庄水文化和韩庄水利枢纽

2.1 韩庄水文化概述

2.1.1 儒家文化

韩庄镇隶属于山东省济宁市微山县,毗邻曲阜市、邹城市,是传统孔孟儒家文化的核心区域所在。儒家思想博大精深,核心思想集中为"仁义礼智信忠恕孝悌节恕勇让"等,儒家思想经过数千年的发展,已成为中国文化非常重要的组成部分,对中国人的价值观念、生活方式和社会发展具有深刻影响。儒家文化思想在韩庄镇代代相传,宗族中重视儒家思想的言传身教,老幼妇孺在为人处事中均以儒家道德为标准,韩庄人的乡俗旧约、人情世故中处处透露着儒家文化的影响,可以说儒家文化在韩庄社会治理、文化发展上发挥着非常重要的作用。

2.1.2 微山湖文化

微山在隋朝时已形成沼泽湖泊,元代开始形成昭阳湖和独山湖,明代受黄河泛滥影响,微山附近出现多个相连的小湖,最终扩大合为微山湖。微山湖文化源远流长,古迹众多,境内有殷周微子墓、汉初张良墓、春秋目夷墓、伏羲陵(庙)、仲子路庙、郗公墓,以及大量的古碑刻石、汉画像石等古迹,文化景观资源丰富。微山湖是由湖泊湿地、岛屿、相邻水田及集水面山林组成的自然综合体和生态系统,风景秀丽、物产丰富,是国家级风景名胜区,国家级生态示范区,国家级湿地公园,国家 5A 级旅游景区。

2.1.3 京杭大运河文化

京杭大运河与韩庄闸并肩而行,于 2014 年被正式列入世界遗产名录。京杭大运河的治水科技、运河漕运、商贸业、市井民俗文化等,融汇成运河文化。京杭大运河和韩庄的历史中还要提到"泇河之役",历经明朝两代皇帝,三十余年,经三位河道总督的努力完成了泇运河开挖,打通了京杭运河的通道,使京杭大运河的漕运盛极一时,既沟通了周边水系,解除了当地的水患,形成了现在的微山湖,又给当时的社会经济带来了极大的繁荣。

2.1.4 抗战文化

微山湖是著名现代革命战争纪念地,在抗日战争时期,以微山湖为根据地的"微湖大队""运河支队"等革命武装,坚持湖区斗争,同日伪军和顽固势力展开了英勇顽强的斗争,同时,还在鲁南军区、湖西军区和沛滕边县委的领导下,为开辟和巩固由延安至华东的湖上交通线,护送过往干部,作出了贡献。坐落于微山岛风景区内的铁道游击队纪念碑,于 1996 年 8 月建成,真实再现了当年铁道游击队抗击日寇的英勇事迹。

2.2 韩庄水利枢纽

2.2.1 历史上的韩庄闸

韩庄闸始建于明万历三十二年(1604 年)。清顺治年间,两侧加筑,石坝拦湖,遂成"湖口观鱼"之奇观。康熙中期,改建为石闸。雍正六年整修,乾隆二十三年重修加高,乾隆二十九年建湖口新闸。韩庄是微山湖和大运河的出口,韩庄闸在历史上发挥了极其重要的作用。乾隆皇帝曾数次途经处于微山湖湖口的韩庄,并留下《韩庄闸》诗二首。第一首叙述了"去岁"黄河泛滥给微山湖地区造成的灾难;第二首赞扬了"贤臣"在闸北添建新闸,收到了"济运利农"两大效益。1998 年,在韩庄发现了珍贵的乾隆诗碑,碑上刻有《韩庄闸》诗第二首。诗曰:"韩庄实泄微湖水,筹涸金鱼闸建新。济运利农期两益,每因触景忆贤臣。"

2.2.2 新中国成立后的韩庄水利枢纽

韩庄水利枢纽由韩庄节制闸、韩庄船闸、韩庄泵站、伊家河节制闸、老运河节制闸、胜利渠首闸和刘桥提水站等组成,其中以韩庄节制闸为关键工程。中华人民共和国成立后,应毛泽东主席"一定要把淮河修好"的号召,韩庄节制闸于1958年动工兴建,1960年建成17孔老闸,1980年在老闸两侧各扩建7孔新闸。韩庄闸建成后,经过多年运行,存在安全隐患。2002年韩庄节制闸加固改建,更新闸门、启闭机;拓宽交通桥;增建启闭机房;增设微机监控系统,实现远程监控,2005年完成加固改造。今天的韩庄节制闸总宽435.6 m,共31孔,单孔净宽12 m,设计流量2 050 m³/s,校核流量4 600 m³/s。韩庄节制闸作为南四湖洪水经韩庄运河南下的关键性控制工程,在防洪安全保障上发挥了重要作用。

3 韩庄水利枢纽传承和发展水文化的时代价值

3.1 韩庄水利枢纽的社会价值

韩庄水利枢纽位于苏鲁两省三市交界处,地理位置十分重要,有着保一方安澜的重要社会责任。韩庄节制闸是南四湖下级湖洪水的主要出口控制工程,先后在战胜1991年、2003年和2005年等多次流域性洪水中发挥了重要作用;韩庄船闸是京杭大运河上的重要工程,目前正在实施航道"三改二"升级改造工程,扩大航道后运力将大幅提高;104国道通过韩庄节制闸交通桥连通苏鲁两省,闸下游有京沪高铁、京福高速公路,陆路交通地位重要。该区域内形成了由京杭运河三级航道、京沪铁路、京福高速公路及104国道组成的立体复合式交通枢纽。韩庄水利枢纽本身发挥着蓄水、泄洪、灌溉、航运和公路交通等重要作用,综合社会效益和经济效益巨大。

3.2 韩庄水利枢纽的文化载体属性

韩庄水利枢纽因水而建,因水而存在,因水而发展。韩庄闸的历史本身就是一部生动的治水史,中华人民共和国成立后韩庄水利枢纽的建设、运行管理过程也是与属地各种文化充分交织、融合的过程。韩庄水利枢纽是水工程与水文化的有机融合,庞大工程艰辛的修建过程、周围悠久的人文历史、工程发挥和取得的卓越成效、英雄人物和水利精神等充分体现了中国传统水文化中包含的锲而不舍的实干精神、海纳百川的包容精神、公而忘私的奉献精神、惜时如金的进取精神等。

3.3 韩庄水利枢纽的文化传承责任

水文化作为中国传统文化的重要组成部分,在其形成和发展的过程中深深影响着中华民族的品格和概念。现在的韩庄水利枢纽需要把水利工程建设与地方人文景观充分结合,既要进一步突出水利标识建设,丰富水工程的文化内涵,全面营造水文化氛围,又要展示水与自然、水与人类的和谐魅力,展现周围诸多文化的源远流长与博大精深,力求做到"水清、河畅、岸绿、景美"。

4 韩庄水利枢纽传承和发展水文化的举措建议

4.1 以实现水工程功能为核心,扩展水工程文化外延

韩庄水利枢纽核心功能是蓄水、泄洪、灌溉、航运和公路交通等,为湖周边地方经济发展和社会稳

定发挥了重要作用。在满足工程运行安全,正常发挥工程效益的基础上,要把文化元素融入水利建设,充分展示独特的水文化内涵和浓厚的地域文化底蕴。目前,韩庄枢纽已完成了"韩庄闸记""湖口观鱼""京杭运河之伽运河"等多处水文化设施建设。除此之外,要摸清家底,重点开展水文化遗产征集和调查活动,组织进行档案核对、综合评价、系统完善等,对水文化遗产按照水利工程类、相关物质类、非物质类遗产等进行分门别类的整理,不断挖掘历史文化、水文化,通过水文化展室、水文化长廊、互动水景等建设,拓展水工程的文化外延,讲好治水故事,打造具有文化底蕴、文化特色的水工程。

4.2 以打造水工程风貌为突破口,积极开展水利风景区建设

韩庄水利枢纽还要注重对生态环境的保护,实现由水工程向水生态的转变,坚持以人为本的理念,加快生态景观设施建设。目前,工程管理区内已陆续建设了假山凉亭、廉政长廊,西大堤也依水建设了亲水平台走廊、生态护坡,在此基础上,要继续做好统筹规划,进一步加强水工程与水文化的有机融合,按照国家级水利风景区的标准开展建设,建设一座匠心独具、赏心悦目的水利工程好风景,打造一处清新靓丽、休闲娱乐的群众康养好场所,实现水利与园林、防洪与生态、亲水与安全的有机结合,促进人与环境和谐统一。

4.3 体现水利人的时代担当,积极投身地方文化和社会建设

韩庄水利枢纽充分体现了微山湖文化、古代水工程文化、运河文化,展示了近年来水工程建设管理取得的成就。要处理好传统与现代、继承与发展的关系,在更好地体现地域特征、时代风貌的同时,注重对韩庄水利枢纽精神的进一步总结、凝练,以体现当代水利行业精神,激励后面的水利人接续奋勇拼搏,砥砺前行。同时,要敢于担当、勇于奉献,积极投身地方文化和社会建设,努力参与到精神文明创建、社会节水教育建设、学校实践基地建设等工作中,最大限度发挥水工程的社会公益属性。

习近平总书记指出:"要坚定文化自信,推动中华优秀传统文化创造性转化、创新性发展,继承革命文化,发展社会主义先进文化,不断铸就中华文化新辉煌,建设社会主义文化强国。"水不仅是生命的摇篮、文明的根基,更是人类生存与发展、社会和谐与进步、国民经济可持续发展的命脉。文化兴水,水兴文化,水与文化密切相关,相辅相成,互相促进。可以预见,以水工程为载体、以水文化为基石来弘扬水利行业精神,必定可以"守正创新,开辟未来。"

[参考文献]

[1] 靳怀堾.漫谈水文化内涵[J].中国水利,2016(11):60-64.
[2] 史鸿文.论中华水文化精髓的生成逻辑及其发展[J].中州学刊,2017(5):80-84.
[3] 乔再超.浅谈传统水文化内涵及其当代价值[J].南方论刊,2021(3):94-95.
[4] 沈高洁.中国传统水文化及其当代传承与发展研究[J].延边教育学院学报,2022,36:116-118.

[作者简介]

张彦奇,男,1984年3月生,水利部淮河水利委员会人事处副处长,三级调研员,13909652016,zyq@hrc.gov.cn。

多维度视域下的潘季驯治水实践及思想考察

郑朝纲 孙 慧

(水利部淮河水利委员会 安徽 蚌埠 233001)

摘 要：潘季驯是明清时期最著名的治水专家,他创造性地提出了"筑堤束水,以水攻沙"的治河方针,实施了规模空前的治理黄、淮、运总体工程,一定程度上缓解了明中后期极其复杂的水利形势,对后世治河理论和实践产生了极其深远的影响。明清时期是中国传统水利的总结时期,也是世界发生深刻变化的时期。以潘季驯《河防一览》为代表的一系列著作,是十六世纪中国河工水平、水利科学技术和治理水平的集大成之作。中国的河工水平和水利科学技术曾在世界上处于领先地位,但受制度、文化、社会的影响,在十七世纪以后陷入了长期停滞状态。本文从黄河大改道历史维度、中西水利分野维度等方面对潘季驯治水事件及思想进行了初步探讨。

关键词：潘季驯；黄河大改道；筑堤束水；以水攻沙；中国传统水利

潘季驯是十六世纪中国杰出的治河专家。他一生四次出任总理河道都御史,主持治理黄河、淮河、运河,前后持续二十七年。他在总结前人理论基础上,结合自己的实践经验,根据黄河含沙量大的特点,提出了"筑堤束水,以水攻沙"的治河方策,采取了一系列堤防修守的措施,改变了自宋代以来黄河下游分支纵横、泛滥四野的局面,稳定了下游河道,延缓了河床堆积,维护了漕运畅通。他系统的治河理论和成功的治河实践被后来治河者奉为圭臬,为我国古代的治河事业做出了重大贡献。

1 "筑堤束水,以水攻沙"——第四次、第五次黄河大改道背景下黄、淮、运问题解决方案的提供者

黄河是我们中华民族的摇篮。千百年来,浩浩黄河水在哺育中华民族、孕育灿烂华夏文明的同时,也因频繁泛滥给中下游带来沉重的灾难。"中国之水非一,而黄河为大。其源远而高,其流大而疾,其质浑而浊,其为患于中国也,视诸水为甚焉。"黄河泛滥的危害性远高于其他河流,产生危害的原因之一就是黄河改道频繁,"三十年河东,三十年河西"是黄河频繁改道历史的真实写照。

历史上黄河以"善淤、善决、善徙"著称,向有"三年两决口,百年一改道"之说。胡渭在《禹贡锥指》中指出："河自禹告成之后,下迄元、明,凡五大变,而暂决复塞者不与焉。"胡渭首次提出了清代以前黄河五次大改道的说法,并指出了黄河夺淮之害,对后世研究黄河变迁史影响极大。后人系统研究历史文献记载后加以修正,据统计,从先秦到1949年以前的2500多年间,黄河下游共决溢1 500多次,改道26次,北达天津,南抵江淮。其中最重大的改道有6次,即在胡渭提出的"五大变"基础上增加清咸丰五年(1855年)铜瓦厢决口改道。

黄河大决口给沿线的百姓带来深重灾害,大改道更是深刻地影响了中国的历史进程。顾祖禹在《读史方舆纪要》中指出："夫自禹治河之后,千百馀年,中国不被河患。河之患,萌于周季,而浸淫于汉,横溃于宋。自宋以来,淮济南北,数千里间,岌岌焉皆有其鱼之惧也。神禹不生,河患未已,国计民生,靡所止定矣。"

在中国古代治水实践中,由于地理位置、水患程度、大禹治水观念影响等原因,治理黄河始终居于核心的地位。黄河的周期性泛滥、改道带来的社会治理需求,是早期国家治理体系形成的重要推动力。西汉时,汉武帝曾动用数十万军队和大量人力,亲自指挥和参与了著名的"瓠子堵口",使黄河回归故道,两岸人民得到安宁,促进了西汉经济社会的发展。黄河第二次大改道,经王景综合治理后,决溢灾害明显减少,下游长期驻足河北平原,黄河八百年不曾大改道,出现了一个相对安流时期,有"王景治河、千载无恙"之说。

从十世纪开始,在人为因素和自然因素交织影响下,黄河下游的决堤愈演愈烈,短短两百年间,黄河发生三次大改道(宋仁宗庆历八年、金章宗明昌五年、元世祖至元中)。特别是金明昌五年(1194年)的第四次大变道,是有史以来黄河下游最重要的一次改道。此后七百年间,黄河逐渐固定在今郑州—徐州—淮安一线,以东南流入淮河为常,这是黄河和淮河治理历史上一个划时代的大事件,也是中国政治、经济、历史上的一个大事件,黄河下游河道进入历史上最紊乱的时期。

在第四次黄河大改道夺淮之初,北流黄河故道通路尚未断绝,黄河下游依旧分南北两路出海,时而北决多股入运,时而南决多股入淮。据记载,历经宋、元直至明前期,淮河出海口并没有严重淤塞,黄、淮水灾也相对有限。随着明永乐十三年(1415年)京杭大运河全线畅通、永乐十九年(1421年)正式迁都北京后,大运河成为明清时期的主要经济命脉,形势才发生了深刻变化。

1.1 潘季驯治水面临的形势

1.1.1 治河目的错综复杂

治河在于因地势而导水,黄河泛滥如果单纯从治河角度上解决,采用拓宽河道、疏浚河道、加高和加固堤坝等手段,完全可以人为治理好,但黄河治理之所以难,就在于它的治理是和漕运联系在一起的。治水脱离本身治理的根本目的——除水害,而承载太多的外在东西,是治河困难重重所在。明人治河诸多顾虑,谢肇淛所著《五杂俎》中讲得十分清楚:"善治水者,就下之外,无他策也。但古之治水者,一意导水,视其势之所趋而引之耳。今之治水者,既惧伤田庐,又恐坏城郭;既恐妨运道,又恐惊陵寝;既恐延日月,又欲省金钱;甚至异地之官竞护其界,异职之使,各争其利。"伤田庐、坏城郭、妨运道、惊陵寝四项之中,运道与陵寝至关重要。运河是南北物资交流的命脉,其重要性自不待说。而陵寝在古人的理念中也同样不可忽视,明祖陵即明太祖朱元璋的高祖、曾祖、祖父的衣冠冢及其祖父的实际葬地,都紧邻黄河河道所经之处。既要治理黄河,又不能阻断漕运、惊扰陵寝,这使治河变得十分棘手。明孝宗在弘治六年(1493年)二月的敕书最能代表明代治河与保运的大政方针:"朕念古人治河只是除民之害,今日治河乃是恐妨运道,致误国计,其所关系盖非细故。"在这一原则指导下,治河活动一直把北岸筑堤、南岸分流,以保证漕运畅通作为决策的主要内容。对于明朝的治河者来说,治河已经从一个单纯的技术问题上升到了政治觉悟的高度,既要保障国家南北经济命脉,又要维持统治者的孝道体面,可用的技术手段、可以周旋的余地极其有限。

1.1.2 河槽基础变化深刻

黄河中游流经数十万平方公里的黄土高原,黄土疏松,易于侵蚀。黄河含沙量有一个由小到大的变化过程。秦汉到隋唐,是黄河含沙量增大促使黄河发生善崩多决质变的演进期,这期间随着西汉武帝北伐匈奴、开拓西域和初唐对突厥用兵大胜、拓地千里,农耕经济不断扩张,中国人口从2 000万增加到8 300万,而森林覆盖率由46%下降到33%。黄河上游游牧区逐渐被农耕区挤压,植被破坏日益严重,最终导致宋元黄河进入多决大决期。频繁决口又使两岸地质日益沙化,治理黄河、畅通漕运难度日益增大。

1.1.3 前期治理基础较为薄弱

宋金时期,黄河改道的决口与泛滥之地在两个政权的交界地带,各方忙于战事不仅无暇顾及河事、无意堵塞决口,而且还先后多次"以水代兵"(南宋建炎二年李固渡、金开兴元年凤池口、南宋端平元年寸金淀),河道长期保持多股并存,加剧了黄河的决溢泛滥。至元朝初年,"堤防不议四十年,河行虚壤任徙迁"(王恽《小边行》),有"黄河史空页的四十年"(岑仲勉语)之说。后虽有贾鲁治河,然"贾鲁治黄河,恩多怨亦多",国祚既短,又内乱频发,不能善始克终。至明朝初年,朝廷长期把北岸筑堤、南岸分流,以保证漕运畅作为决策的主要内容。弘治三年(1490年),白昂提出"北堵南分"的治河方略,并在今原阳县到兰考县之间筑金堤,挽河南流。弘治六年(1493年),刘大夏在组织人力堵塞张秋运河决口、整治河道的同时,在黄河北岸筑大堤500余里阻断黄河北流,即所谓"太行堤"。从此,黄河水被人为地全部逼入淮河。在治标不治本的治河方略指导下,明朝河患日益严重。黄河在曹县、单县、金乡、鱼台、徐州、砀山一带,或南或北窜扰泛滥,治河官吏六年六易,束手无策,至此泛道情势业已巨变,不论"抑河南行"还是"北堤南分"都已无可保运,单纯夺淮保运策略走向全面失败。

1.2 潘季驯的主要治水理念和实践

潘季驯治河结合实地勘验和历史考察,提出了一系列创新性的理论和举措。其治河理论和具体措施在他第三、四两次治河中得到了完全的实施,经过整治的河道在十余年间没有发生大的决溢,河道稳定,行水顺畅,这些成绩都是同时代其他人所从未取得的。

——黄、淮、运综合治理。经多次深入实地调查研究,在总结前人经验基础上,潘季驯提出了对黄河、淮河和运河进行综合治理的原则,"通漕于河,则治河即以治漕。会河于淮,则治淮即以治河。合河、淮而同入于海,则治河、淮即以治海"。他认为黄河威胁运河安全,所以治河即是治运;黄河与淮河在淮安相会,所以治淮就是治河。他反对以前"抑河南行夺淮"的消极保运方案,把治河与治漕,治河与治淮,治河、淮与治海口,兴利与除害结合起来,统一规划,综合治理。

——对黄河自然之性的深刻把握。潘季驯在《河防一览》中指出"治河者,必先求河水自然之性,而后可施其疏筑之功"。黄河为患,根在泥沙。虽然西汉以来已知"河水重浊,号为一石水而六斗泥",但历代治河者遇到夏秋汛期决口,洪水滔天淹没大地,往往本能地认为黄河之患在洪水,治河必先治水,殊不知洪水之患实由泥沙引起。明朝隆、万年间,治水专家逐渐对泥沙性质有了更深入的认识,但却很少有人提出明确的治理意见。潘季驯经过长期的观察和实践,在前人基础上则更进一步对黄河的地理特性有了深刻的认识,他指出"黄河与清河迥异,黄性悍而质浊",揭示了黄河含沙量高和洪水季节来势迅猛的特性。他明确提出黄河之患主要在于中游以下的泥沙,指出"兰州以下,水少沙多","黄流最浊,以斗计之,沙居其六。若至伏秋,则水居其二矣。以二升之水,载八升之沙,非极迅溜,必致停滞",认为"水分则势缓,势缓则沙停,沙停则河饱"。

——束水攻沙。《汉书》记载,王莽当政时,大司马张戎就提出使用"借水刮沙"的办法治理黄河,但当时并未引起人们重视,后代也没有人实行这种办法。直到16世纪后半期的明朝隆庆年间之前,治理黄河的方针还都是以治水为目的,无非是疏、浚、塞几种手段,都着眼于洪水的堵截或疏导。但人们逐渐认识到,黄河的根本问题是泥沙,不解决泥沙的淤积,再好的工程防治也难以持久。隆庆末年总理河道的万恭在《治水筌蹄》一书中说:"水专则急,分则缓。河急则通,缓则淤。"潘季驯借鉴张戎的治河理念,明确地提出了"以河治河,以水攻沙"的治河方针。为了达到束水攻沙的目的,他主张将两岸的分水口全部堵住,改分流为单一河槽。要做到这一点,牢固稳定的堤防就必不可少,他把堤防工程分为四种:遥堤、缕堤、格堤、月堤。他对堤防质量提出极高要求。

——蓄清刷黄。潘季驯认识到仅仅依靠黄河本身的水量还不足以冲刷泥沙,特别是在下游水势平缓以后,所以在黄淮相交的淮安清口兴建工程,利用淮河清水冲刷黄河浊流。但在黄河洪峰产生后,淮河的水量就显得不足,易引起黄水倒灌,为此他修了归仁堤和从清浦至柳浦湾的堤防,防止黄水南下洪泽湖和淮河。又在洪泽湖东岸筑高家堰,将淮河水全部拦蓄在洪泽湖中,抬高湖内水位,再从清口注入黄河,以起到增加流量、加快流速、稀释泥沙的作用。

潘季驯治水二十七年,提出和实践了全新治河方略,较好地解决了第四次、第五次黄河大改道带来的黄、淮、运交织的难题,扭转了黄河长期分流的混乱局面,使多支分流归于一槽,河道保持了两百多年的基本稳定。经过整治,黄河冲刷泥沙的能力极大地得以提高,1194—1578 年,黄河下游三角洲陆地平均每年向海洋延伸 33 米,1597 年—1591 年猛增为 1540 米/年,1592—1855 年,仍维持 110—500 米/年的速度。

1.3 潘季驯的治水遗产

潘季驯的治水实践特别是他提出的"束水攻沙"理论,对后世治河产生了深远影响,三百多年来一直为治河者所遵奉。《四库全书总目提要》所谓"后来虽时有变通,而言治河者终以是书为准的"。

万历二十年(1592 年)潘季驯致仕后,其治河理论与实践曾受到短暂的颠覆和再认。针对洪泽湖水位抬高危及明祖陵的问题,总河杨一魁提出"分杀黄流以纵淮,别疏海口以导黄"的"分黄导淮"治河措施。分黄是在清口以北分黄河另寻入海口,导淮是在洪泽湖口以外另辟淮河泄洪通道,这一定程度上起到了降低洪泽湖水位的作用。但究其实质,仍是潘季驯治河之前"分流杀势"的翻版,必然会导致黄河重新进入滚动不定、流缓沙积、河身日高的恶性循环。

万历二十四年(1596 年),分黄导淮河工告成,取得了"泗陵水患平,而淮、扬安"暂时治绩。但杨一魁像以前分流杀势者一样,不堵在他看来一时于行漕无害的黄河决口,"专力桃、清、淮、泗间,而上流单县黄堌口之决,以为不必塞",以黄堌支流接济运河水源。万历二十五年(1597 年),"河复大决黄堌口,溢夏邑、永城,由宿州符离桥出宿迁新河口入大河,其半由徐州入旧河济运。上源水枯,而义安水横坝复冲二十余丈,小浮桥水脉微细,二洪告涸,运道阻涩"。但他仍不急于堵塞黄堌决口,而是将黄堌支流引向小浮桥入运了事。万历三十年(1602 年),"帝以一魁不塞黄堌口,致冲祖陵,斥为民",从此"分黄导淮"之议遂息。

清代河臣几乎全盘承袭了潘季驯的治河主张,虽然在具体河工技术上有不少进展,但在基本思路上一直没有超越潘季驯。明清鼎革之初,战乱导致河道、堤防缺乏维护,再加上黄河、淮河合流,河水入海不畅通,因此中下游频频决口,河水泛滥,酿成水灾,仅从康熙元年到十六年(1662 年到 1677 年),黄河就发生了约 70 次水灾,黄淮、江淮平原经常一片汪洋。康熙十五年(1676 年),黄、淮同时发生大水,砀山以东,黄河两岸决口 21 处,黄河倒灌洪泽湖,高家堰决口,淹没淮、扬 4 个州县,运道中断,京师有断粮之虞。大水灾促使康熙皇帝立下了"务为一劳永逸之计"解决河务、漕运的决心。他将"三藩、河务、漕运"三件大事书于宫内立柱上,并任命靳辅为河道总督。靳辅继承潘季驯方法,对黄河水患进行了全面勘察,提出了对三大河流进行综合整治的详细方案,并积极组织实施,改变了清初以来河患严重的局面,保证了漕运畅通。

实践证明,根据时势对潘季驯的治河方略适当调整,辅以正确的章法和管理,是黄、淮、运交汇背景下解决漕运的不二选择。近代水利专家李仪祉赞扬潘季驯是"深明乎治导原理"。潘季驯的治河理论和实践在中国水利史上写下了光辉的一页,具有非常重大的意义。

2 《河防一览》与《泰西水法》——晚明大变局下中国传统水利的走向

十五世纪末至十六世纪初,世界历史经历了前所未有的大变局,全球化初露端倪,历史学家称其为地理大发现时代或大航海时代,西方历史学家又把它作为中世纪与近代划分的里程碑。梁启超在《中国近三百年学术史》中说:"中国知识线与外国知识线相接触,晋、唐间的佛学为第一次,明末的历算学便是第二次。"佛学传入对于中国文化影响之深远,人所共知;而明末西学东渐的影响可以与之媲美,或许更胜一筹。晚明时期,传统中国社会在世界大变局——全球化浪潮的激荡下,看到了欧洲先进的天文历算、数学物理、农田水利、机械制造等领域的新知识,在经济、文化、思想、社会等方面发生了翻天覆地的大变局。

中国传统水利与传统社会总进程相联系,明清时期是中国传统水利的总结时期,大批有关水利工程技术、治河防洪和农田水利的专著陆续问世。其中影响较大的有刘天和的《问水集》、万恭的《治水筌蹄》、徐光启的《农政全书》等,这些都是我国古代水利建设的经验总结。潘季驯在为治河殚精竭虑的同时,十分重视对治河工作进行总结,第四次主持治河时,他自感于世不多,为后世治河考虑,决心把自己近三十年的治河经验和思想系统进行整理。万历十八年(1590年)《河防一览》编成,十九年(1591)年刻印成书。《河防一览》记录了潘季驯治理黄、淮、运的基本思想和主要措施,既较全面继承了前人治河的主要成就,又系统总结了长期治河的实践经验,是十六世纪中国河工水平、水利科学技术和治理水平的重要标志。在其问世后的三百多年中,《河防一览》的重要性得到高度重视,对治河方针和河工实践一直起着指导性作用。清治河署屡有刊印,以供治河人员参考,甚至河属人员"人授一帙"。

大约在同时期,以利玛窦为代表的耶稣会士来到中国,他们在传播天主教的同时,传播欧洲文艺复兴以来的科学文化。徐光启吸收欧洲先进的天文学知识,编成《崇祯历书》,使中国传统天文学得以转型,开启了中国人认识宇宙的新阶段;李之藻刊刻出版《坤舆万国全图》,让中国人认识到人类居住的地方其实是一个圆球,打破了中国传统的"天圆地方"的观念;艾儒略编辑《职方外纪》,介绍了地球上的五大洲,大大开拓了士大夫的眼界,改变了中国人的世界观。1612年,在潘季驯逝世十八年后,徐光启结合中国农业实际需要译成《泰西水法》,书中既讲取水、蓄水之法,也讲水质、水理,是传入中国的第一部西方水利专著。

西学东渐对中国传统水利来说既是一个借鉴吸收的良机,也是一个参考对照的坐标。对照《河防一览》等中国传统治水论著与《泰西水法》,可以得到许多有益的启示。以潘季驯治河为代表的我国十六世纪的河流动力学的理论成就,位居当时世界前列。西学东渐本来应该能为中国传统农业和水利注入新的活力,但随着闭关锁国的开始,一切戛然而止。中国传统水利与同时期在欧洲崛起的近现代技术相比,逐渐相形见绌。究其原因,主要有以下几方面:

2.1 意识形态上重道术而轻技术

古代中国是一个以农为本的社会,但是绝大数知识阶层关心的重点是农业问题的社会层面、道德层面、政治层面,很少关心农业问题的技术层面和环境层面,整个意识形态表现出来即重人文轻自然。质诸《四库全书总目提要》,二百卷中只有"子部"的"农家"、"医家"和"天文算法"六卷可以划入自然科学的总类之中,但以全书而言,这三科不仅分量较轻,而且处于中国学术系统的边缘。具体到水利来说,"水利"一词在英语国家中没有对应的词汇,一般使用 water conservancy 或者 water resources。区别于西方侧重自然范畴的水文,在中国古代意识形态范式中是经济和人文范畴,主要是以人的利益为标准而被讨论。司马迁作《河渠书》,感慨"甚哉,水之为厉害也",即强调兴利除害。重道术而轻技术导致了观念层面和实践层面的割裂,观念层面上黄河是诸水之宗,河图洛书、河清海晏寄托了人们对理想政治社会和美好生活的向往。田蚡因私利而谏阻治河时,就冠冕堂皇的提出"江河之决皆天事,未易以人力为强塞,塞之未必应"。实践层面,寻常百姓看到的却是"黄河百害""洪水猛兽"。

1629

2.2 治水理论重大义而轻技法

章学诚在《文史通义》指出"史迁为《河渠书》,班固为《沟洫志》,盖以地理为经,而水道为纬。地理有定,而水则迁徙无常,此班氏之所以别《沟洫》于《地理》也。顾河自天设,而渠则人为,迁以《河渠》定名,固兼天险人工之义;而固之命名《沟洫》,则考工水地之法,井田浍畎所为,专隶于匠人也。不识四尺为洫,倍洫为沟,果有当于瓠子决河、碣石入海之义否乎?"章学诚区分"河渠"和"沟洫",提出了"治水技术"(即考工水地之法)与"治水大义"(即瓠子决河、碣石入海),认为没有技术支撑无法明大义。知识精英参与治水主要是阐述治水的意义,而真正的治水人员是懂得施工经验的一线工匠。从水利发展的角度设想,水工们所积累的实践知识本可以发展出深入系统的水文学,但由于更多地满足于眼前问题的解决,没有能力进行更广泛的概括性探索。另一方面,具有广泛探索能力的知识精英,却更多的高谈治水大义,很少躬身汇集基层的经验知识,更罕有去观察归纳河流的具体现象与规律。

2.3 治水目的重政治轻民生

为政之要,其枢在水。千百年来,劳动人民不断与河患展开斗争,却始终无法彻底根治河患,这与治水直接服务于统治者和利益集团有直接关系。新莽始建国三年(11年)第二次黄河大改道,黄河决口于今河北大名东,泛滥五十余年而不治,与当时执政者王莽直接相关。王氏祖坟位于今河北大名东,河决东流,正好避免祖坟被淹之难,所以王莽不主张堵口。清咸丰五年(1855年)第六次黄河改道,下游河道迟迟不能固定,人为因素起了决定作用,一个很重要的原因是南北政治集团利益之争。黄河北流,首当其冲的是河北、山东等北方之地,山东巡抚丁宝桢等代表北方利益者坚决要求堵住决口,恢复南行;安徽、江苏等黄河南行之地的政治人物李鸿章等代表南方利益者,提出因势利导,维持北流。在君权极端强化的明清时代,治水始终首先服从于政治需要,服从于维护君权的需要。朝臣议防治洪水,考虑的各事项次序为:"祖陵水患为第一义,次之运道,又次之民生。"清代治河时虽没有了维护泗州祖陵这一政治任务,但维持运道的畅通远远重于保障民生的安全,漕运仍是国家必须顾全的大局。陈子龙指出,"漕能使国贫,漕能使水贵,漕能使河坏"。服务于政治需要,为维持空洞的政治象征与实质性的漕粮供应利益,治理黄河、淮河水灾等这样事关民瘼的大事,在国家政略上一概变成次要之事。所谓"黄河之徙,国家之福,运道之利也。当冲郡邑,作堤障之,不坏城郭已矣;被灾军民,免其租役,不致流徙已矣",正其意也。淮河流域更是一度成为被传统专制权力牺牲的局部,原本一条经济之河、文化之河,硬生生被改造成政治之河,必须使出浑身解数来完成"蓄清、刷黄、济运"的使命,淮河下游地区的生态恶化趋势几乎被完全忽视,这也加重了黄河夺淮带来的灾难,加速了这一区域的衰落,给国家和百姓造成了不可估量的损失。潘季驯在一定程度上能纠正前人"只治水、不治沙,只分疏、不合流,只保漕、不治河"的传统方略,维护了黄河下游河道的稳定,减缓了清口及清口以下至云梯关海口河床的淤积速度,对保证运河的畅通起到了积极的作用。然而,从民生角度看,在多目标掣肘下,高家堰的加筑极大增加了洪泽湖上游地区的水患,在东面则如同在淮、海、扬等地生灵头上高悬一把"达摩克利斯之剑",随时都可能卷起滔天浊浪,侵夺田庐家园。时谚有所谓"决高堰,淮、扬不见面"。反观四百多年以后的新中国治淮,无论是苏北灌溉总渠,还是三河闸,它们修建的出发点都十分清楚,蓄水、排涝、泄洪、灌溉、通航、发电,无不都是为了民生。为了民生,才能蓄、泄由理而不由权,才没有特权阶级可以干扰整体布局,才能实施"河南上游,以蓄为主;安徽中游,泄蓄兼施;江苏下游,以泄为主、蓄为辅"的系统治水,淮河流域的千万百姓才能积极响应,才会取得举世瞩目的成就。

2.4 治水方法重实用而轻凝练

清人阮元认为传统科学"但言其当然,而不言其所以然"。与西方传统科学技术重视理论问题有所不同,中国传统科学技术的显著特点首先表现在重视解决实际问题,重视实践经验,而疏于理论概括。中国古代有很多优秀的数学和物理成就,比如勾股定理,一元二次方程求解,甚至有微积分思想的雏形,但是始终没有发展出系统的理论。我国古代的水利著述甚丰,但这些著作多为建设实录,主要是经验性或描述性的科学形态,缺乏抽象概括,未能上升为具有普遍意义的理论认识,类似战国时代的《管子•度地》对水流运动规律和土壤特性的归纳,宋元时期的《河防通议》对河流水势、水汛以及防洪工程规范之类的总结。即使类似潘季驯《河防一览》、靳辅《治河方略》这样的大家著述以及像束水攻沙这样重大的创新,对传统水利的认识也停留在对现象的直接观察上,且多局限于定性分析和趋势的描述,未能应用当时已有较高水平的数学进行量化并进一步提升。在西方,1738 年"流体力学之父"丹尼尔•伯努利通过无数次实验,发现了"边界层表面效应"即"伯努利定理",提出在一个流体系统,如气流、水流中,流速越快,流体产生的压强就越小,对水力学和应用流体力学发展产生了广泛而深刻的影响。

2.5 治水方针重指标而轻治本

潘季驯的理论和实践在取得巨大成就的同时,仍存在一定的局限,他明确提出黄河之患主要在于中游以下的泥沙,但他的治理仍然只限于河南以下的黄河下游。由于中游的来沙源源不断,束水攻沙又不能将全部泥沙都排入海中,必定有一部分泥沙在下游河道中淤积起来。随着河床的不断淤高,河堤也必须越筑越高,形成两岸的悬河。因此,仅仅用这种指标的办法不可能根本解除黄河水患,更不会长治久安。民国时期,李仪祉、沈怡、郑肇经、张含英等人学习西方先进的水利工程理论和技术后,才逐渐将视野从黄河下游拓展到全流域,提出了全面治理黄河思路,即近代中国治河实践的基本指导原则。而真正的付诸实践,直到中华人民共和国成立后大规模的人民治黄才有所实现。

李约瑟在《文明的滴定》中指出,中国传统社会显示了整体以及科学上的连续进步,但在欧洲文艺复兴之后被以指数速度增长的现代科学所猛然超越。这个结论在治水领域同样适用。以欧洲文艺复兴为代表的资本主义的兴起,极大地推动了科学技术的进步,西方水利科学技术开始领先于世界,而中国传统水利技术在完成全面总结后长期陷入停滞不前的困境。可以说,十五世纪末至十六世纪初是传统水利和现代水利的分野。

3 结语

潘季驯从嘉靖四十四年(1565 年)开始治河生涯,到万历二十年(1592 年)以衰老病休去职还乡,奉三朝简命,四称行河使者,其"耳目之所狃,精神之所寄,若与水相忘者",殚心力专河务达 27 年。从"生而颛蒙,居东海之滨,不知所谓黄与淮者",到一代治水名臣,潘季驯创立和实践了一套系统的"以河治河,以水攻沙"的治河思想,实施了规模空前的治理黄、淮、运总体工程,深刻地影响了后世人们的治河思想和实践活动。在《河防一览》中,他全面总结毕生治河实践后提出,"可因则因之,如其不可则亟反之。毋以仆误后人,后人而复误后人矣"。高山仰止,景行行止。四百多年俱往矣,潘季驯主持兴建的各种工程基本都已随着时间流逝而烟消云散,但他在实践中所发现和总结出来的治河理论,在治水中展现出来的积极有为、担当负责、求实创新、乐观豁达,以及在拒权挡干托时展现的凛然操守,救张居正母一疏中展现的慷慨激楚,仍跨越时空,迸发着激荡人心的强大力量,至今仍为人所赞扬、所传承。

[参考文献]

[1] 潘季驯.潘季驯集[M].杭州:浙江古籍出版社,2018.
[2] 顾炎武.天下郡国利病书[M].上海:上海古籍出版社,2012.
[3] 顾祖禹.读史方舆纪要[M].北京:中华书局,2020.
[4] 胡渭.禹贡锥指[M].上海:上海古籍出版社,2013.
[5] 利玛窦,金尼阁.利玛窦中国札记[M].何高济等,译.桂林:广西师范大学出版社,2001.
[6] 姚汉源.京杭运河史[M].北京:中国水利水电出版社,1998.
[7] 周魁一.水利的历史阅读[M].北京:中国水利水电出版社,2008.
[8] 周魁一.中国科学技术史·水利卷[M].北京:科学出版社,2016.
[9] 顾浩.中国治水史鉴[M].北京:中国水利水电出版社,1997.
[10] 李国英.治水辩证法[M].北京:中国水利水电出版社,2001.
[11] 邹逸麟.椿庐史地论稿续编[M].上海:上海人民出版社,2014.
[12] 葛剑雄.黄河与中华文明[M].北京:中华书局,2020.
[13] 赵维平.中国治水通运史[M].北京:中国社会科学出版社,2019.
[14] 黄仁宇.明代的漕运[M].张皓等,译.北京:新星出版社,2005.
[15] 陈方正.继承与叛逆——现代科学为何出现于西方[M].北京:生活.读书.新知三联书店,2011.
[16] 张芳.二十五史水利资料综汇[M].北京:中国三峡出版社,2007.
[17] 贾证.潘季驯评传[M].南京:南京大学出版社,2011.
[18] 马俊亚.被牺牲的"局部":淮北社会生态变迁研究(1680—1949)[M].北京:北京大学出版社,2011.
[19] 马俊亚.区域社会经济与社会生态[M].上海:生活.读书.新知三联书店,2013.

[作者简介]

郑朝纲,男,1985年10月生,淮委办公室政策研究室主任,从事淮河保护治理、水利史、淮河水文化工作,18055266093,bgszcg@hrc.gov.cn。